JN291627

旧日本軍朝鮮半島出身軍人・軍属死者名簿

菊池英昭 編著

新幹社

本書を植民地支配の犠牲になったすべての人々に捧げます。

目次

I 陸軍篇――7

II 海軍篇――493

III 解説・ほか――1259

I

陸軍篇

●旧日本軍在籍朝鮮出身死亡者連名簿（陸軍）

◎全羅南道　一二五八名

原簿番号	所属	死亡場所 死亡事由	死亡年月日 生年月日	創氏名・姓名 親権者	階級 関係	死亡区分	本籍地 親権者住所
一一〇六	海上輸送二大隊	不詳	一九四四・〇九・〇四 一九一七・〇六・〇五	山田正男 —	船員	戦死	咸平郡日也面龍月里一六 —
一一四三	海上輸送二大隊	ニューギニア、ソロン 脚気	一九四四・一二・一八 一九二二・〇八・一五	玉山双来 玉山日九	傭人 父	戦病死	高興郡占若面沙亭里一七七六 下関市竹崎町
八五三	海上輸送二大隊	ニューギニア、マノクワリ	一九四五・〇五・三〇 一九二〇・〇五・二九	徳川勤一 徳川用国	軍属 父	戦死	済州島城山面始興里一〇七一 済州島城山面始興里一〇七一
五八九	海上輸送三大隊	南支那海	一九四四・〇九・二七 一九二五・〇五・二九	金海岩雄 金新月	雇員 母	死亡	高興郡蓬莱面新錦里九七五 高興郡蓬莱面新錦里九七五
五一〇	海上輸送八大隊	セブ島ホカバヤン	一九四四・一〇・二八 一九二〇・〇七・〇二	金山錦介 金山快叔	軍属 母	戦死	長興郡安良面沙村里五六〇 長興郡安良面沙村里五六〇
五〇九	海上輸送八大隊	セブ島ポンタ	一九四五・〇四・二五 一九二五・一一・二八	平山寛湜 平山雲鐘	軍属 父	戦死	済州島翰林面帰徳里一二八五 済州島翰林面帰徳里一二八五
九九八	海上輸送八大隊	セブ島ポンタ	一九四五・〇四・二八 一九一六・〇四・〇四	金大者 金性仁	軍属 父	戦死	珍島郡大島島村四四 珍島郡大島島村四四
一一二一	海上輸送八大隊	セブ島ポンタ	一九四五・〇四・二八 一九二一・〇九・二〇	張本元吉 —	船員	戦死	麗水郡三山面巨文島徳村里二四九 —
九九一	海上輸送九大隊	比島マニラ	一九四五・〇二・二二 一九二九・一二・〇四	金原大浩 金原萬實	軍属 父	戦死	済州島翰林面高山里二二八七 長崎県下県郡船村加美谷
九九二	海上輸送九大隊	比島マニラ	一九四五・〇二・二二 一九二一・〇九・二三	郭二翰 —	軍属	戦死	莞島郡蘆花面梨布里七一三 —
九九三	海上輸送九大隊	セラム島	一九四五・〇八・一〇 一九二〇・〇五・一四	天野龍男 天野礼子	軍属 母	戦死	光山郡大村面新社里二九一 木浦市山亭里一〇四九
九九五	海上輸送九大隊	比島マニラ	一九四五・〇二・二二 一九一八・〇九・二三	河原今明 河原浩人	軍属 兄	戦死	長興郡安良面村里六六二 福岡県遠賀郡北村木通町桶休
七三	海上輸送一〇大隊	ボルネオ島タンクフリン マラリア	一九四五・〇七・〇六 一九二〇・〇二・一五	木村成玉 木村必珍	傭人 父	戦病死	珍島郡鳥島面観梅島里六八八 珍島郡鳥島面観梅島里六八八
七四	海上輸送一〇大隊	ボルネオ島サンダカン マラリア	一九四五・〇八・〇八 一九二五・〇五・二四	呉本永久 呉本意玉	軍属 父	戦病死	済州島城山面始興里一一四 済州島城山面始興里一一四
九七六	海上輸送一〇船舶司令（白淳丸）	比島マニラ（タルラワク付近）	一九四五・〇三・一五 一九二〇・〇四・一〇	山本健一 山本安國	軍属 父	戦死	済州島安徳面沙渓里二七〇六 和歌山県加古郡阿間村大字住石橋

番号	部隊	死亡場所	死亡年月日 生年月日	氏名 関係者氏名	階級 続柄	死因	本籍 住所
九八五	海上輸送一〇船舶司令	マニラ北方タルラワク	一九四五・〇三・一五 一九〇一・〇六・一七	鄭太柄 福本松一	軍属 知人	戦死	済州島表善面下川里九七〇 山口県山口市阿知須町東
四八二	海上輸送一二大隊	浙江省南田県	一九四五・〇五・二四 一九二一・〇一・二三	神田永環 神田丙夏	軍属 母	戦死	済州島南元面為美里一六七 済州島南元面為美里一六七
一一八〇	海上輸送一四大隊	ウェーク島	一九四四・一〇・〇九 ×	黄龍淵 黄義哲	船員	戦傷死	務安郡智島面内揚里二七 全羅北道群山府海望町九九九
一二三九	海上一五戦隊	ルソン島ナスグク湾	一九四五・〇一・三〇 ×	野山在旭 野山仁亀	伍長 父	戦死	済州島旧左面終達里一七七五 兵庫県加古郡八幡村下村
一〇一三	騎兵一旅団戦車隊	綏遠省　樹林省	一九三九・〇八・一二 一九二〇・〇八・三〇	李鐘熙 李得春	通訳 父	戦死	長城郡南面杏亭里二五〇 錦州省黒山県栄輿農和本平安河四二
四一五	騎兵四九連隊	ビルマメイクティラ県ミヤ	一九四五・〇四・〇五 一九二二・一〇・一七	延山柄務 延山竹城	伍長 母	戦死	済州島済州邑禾北里二区二九五四 済州島済州邑禾北里二区二九五四
六一八	騎兵四九連隊	ビルマ、ボグドウ	一九四五・〇六・〇二 ×	新井源吉 新井正武	兵長 父	戦傷死	麗水郡麗水邑東町一二一五 麗水郡麗水邑東町一二一五
九七一	騎兵四九連隊	ビルマ、シヌ	一九四五・〇四・〇五 一九二二・一一・二五	金光龍植 金光源浪	兵長 父	戦死	長城郡東化面九林里五三七 長城郡東化面九林里五三七
九七二	騎兵四九連隊	ビルマ、カンダン	一九四五・〇四・〇二 一九二二・〇一・一三	金光鐘容 金光哥甫	伍長 兄	戦死	光山郡極楽面東林里七三二 光山郡極楽面東林里七三二
九七三	騎兵四九連隊	ビルマ、カンダン	一九四五・〇四・〇二 一九二三・〇六・一一	森田崙玉 森田文平	伍長 父	戦死	済州島中文面中文里二一一八 済州島西帰面六
一〇一五	京城師管区歩二連補	京城陸軍病院	一九四五・〇四・〇四 ×	李光鉉 李家公点	二等兵 父	戦病死	光山郡西倉面金湖里五五四 光山郡西倉面金湖里五五四
一〇四九	光州師管区工兵補	不詳	一九四五・〇八・〇三 ×	星本元三 星本徳礼	二等兵 妻	公病死	潭陽郡昌平面梧江里四五七 潭陽郡古西面山徳里
四四二	工兵二〇連隊	台湾高雄沖	一九四五・〇一・〇九 一九二四・〇五・一八	金本鏡鶴 金本××	一等兵 父	戦死	灵光郡塩山面松浦里五四一 灵光郡塩山面松浦里五四一
四四三	工兵二〇連隊	台湾高雄沖	一九四五・〇一・〇九 一九二四・一〇・一七	金星中 金×史	一等兵 義父	戦死	長城郡黄龍面月坪里四四一 長城郡黄龍面月坪里四四一
四四四	工兵二〇連隊	台湾高雄沖	一九四五・〇一・〇九 一九二四・〇三・一九	仁同春錫 仁同平×	一等兵 父	戦死	羅州郡鳳凰面新洞里四一九 羅州郡鳳凰面新洞里四一九
四四五	工兵二〇連隊	台湾高雄沖	一九四五・〇一・〇九 一九二四・〇七・二二	松田瑞玩 松田一春	一等兵 父	戦死	務安郡巌泰面瓦村一一一六 木浦府×××八五
七〇四	工兵二〇連隊	ニューギニア、旗山 マラリア	一九四四・〇九・一六 一九二五・〇二・二〇	木下潤石 木下達洪	上等兵 父	戦病死	羅州郡洞江面玉亭里一八 羅州郡洞江面玉亭里一八
七〇五	工兵二〇連隊	ニューギニア、ダクア	一九四四・一二・〇八	尚山孝英	伍長	戦病死	順天郡上沙面草谷里五八〇

		マラリア	×	尚山宗彦	父		順天郡上沙面草谷里五八〇
七〇六	工兵二〇連隊	ニューギニア、ダクア	一九四四・一一・一五	松山奉根	兵長	戦病死	光州府東町二〇九
		マラリア	×	松山殷基	父		光山郡孝地面雲林里
八九八	工兵二〇連隊	ニューギニア、ダクア	一九四四・一一・一五	千原三旭	伍長	戦死	長城郡南面芬香里一八二
			一九二一・〇六・〇九	千原圭禄	父		長城郡南面芬香里一八二
四七四	工兵四九連隊	比島マニラ海域	一九四四・一〇・一八	呉　正	兵長	戦死	康津郡康津邑所城里一四九八
			一九二四・〇三・〇五	呉京秋	父		康津郡康津邑所城里一四九八
四七六	工兵四九連隊	比島マニラ海域	一九四四・一〇・一八	西山洙容	兵長	戦死	光山郡松汀里六九
			一九二五・〇七・二九	西山西完	父		光山郡松汀里六九
四七七	工兵四九連隊	カムラン湾	一九四四・〇八・二一	柳星迪	兵長	戦死	潭陽郡大徳面章山里二一六
			一九一九・〇三・二〇	柳炳源	父		潭陽郡大徳面章山里二一六
九七四	工兵四九連隊	ビルマ、インボソ	一九四五・〇四・〇六	黄山玄辰	伍長	戦死	寶城郡会泉面郡豊里三六八
			一九二五・〇二・〇七	黄山公水	父		麗水郡麗水邑東町一〇九五
一二四九	工兵四九連隊	比島	一九四四・一〇・一八	平木勝雄	兵長	戦死	光山郡松汀邑松汀里九九三
			一九二三・〇三・一八	平木孝介	父		光山郡松汀邑松汀里九九三
四九七	高射砲一三七連隊	熊本陸軍病院	一九四五・〇八・一九	金山亨洙	上等兵	戦傷死	順天郡松光面鳳山里五九六
		左上膊部破傷風	一九二四・〇八・二四	金山敬云	父		—
六四二	山砲一一連隊	徳島県徳島病院	一九四五・〇五・〇三	金光東逸	一等兵	戦死	光山郡松汀邑道山里六二七
		クループ性肺炎	一九二四・〇二・二八	金光判振	父		平安南道鎮南浦府麻沓町三菱鮮工社宅
二八四	山砲二五連隊	ルソン島マンカヤン	一九四五・〇六・一一	北原萬澤	兵長	戦死	長興郡長興邑汭陽里一八
			一九二三・〇五・〇二	北原奉化	父		長興郡長興邑汭陽里一八
四五二	山砲二五連隊	台湾安平沖	一九四五・〇一・〇九	新井寅緒	兵長	戦死	務安郡二老面山帝里七六二
			一九二六・〇三・一九	新井道淳	父		村州府須寄屋町六九
四五三	山砲二五連隊	台湾安平沖	一九四五・〇一・〇九	金村富夫	伍長	戦死	光陽郡×上面旨元里一三三四
			一九二三・〇七・〇二	金村成起	父		光陽郡×上面旨元里一三三四
五九一	山砲二九連隊	カムラン湾	一九四四・〇八・二一	正木金満	兵長	戦死	灵巌郡三湖面三湖里
			一九二二・〇七・〇八	正木金丸	兄		灵巌郡三湖面三湖里
四二三	山砲三一連隊	ビルマ、カロビーチン	一九四五・〇四・二三	駕宮閔熙	兵長	戦病死	順天郡楽安面下松里二七四
		コレラ	一九一六・〇六・一八	駕宮相彦	父		順天郡楽安面下松里二七五
四二四	山砲三一連隊	ビルマ、アレイフ	一九四五・〇六・一五	姜文玉	兵長	戦病死	海南郡玉泉面永春里五三六
		マラリア	一九二一・〇五・二四	姜子壬	母		海南郡三山面山林里一八
四二五	山砲三一連隊	ビルマ、レトマワ	一九四五・〇三・一六	町田日用	兵長	戦死	海南郡門内面曳洛里八五九
			一九二二・〇四・〇二	町田奉俊	父		海南郡門内面曳洛里八五九
四二六	山砲三一連隊	ビルマ、メイクテーラ県タベイワ	一九四五・〇三・〇五	良田華承	兵長	戦死	和順郡清豊面閑池里二五八
			××××・××・二五	良田会乙	父		和順郡清豊面閑池里二五八

四五四	山砲三一連隊	ビルマ、カマン一〇七兵病	一九四五・〇七・一一	長田貞秀	兵長	戦病死	麗水郡南面仲鶴里九二九
		赤痢	×	長田大辰	父		麗水郡南面仲鶴里九二九
六〇六	山砲四九連隊	比島マニラ	一九四四・一〇・一八	松田益漢	兵長	戦死	務安郡三郷面麦浦里一二七七
			一九二三・一一・三〇	松田學南	父		務安郡三郷面麦浦里一二七七
六〇三	山砲四九連隊	雲南省マンパツ	一九四四・一〇・二七	森本泰泳	上等兵	戦病死	光州府社町一二六
			一九一九・〇一・〇一	森本呉海	祖父		光州府社町一二六
六〇七	山砲四九連隊	ビルマ、タジ	一九四五・〇二・一九	島津鉄之輔	兵長	戦死	順天郡海龍面旺三里五九〇
			一九二二・〇五・一六	島津顕介	父		福岡市東堅柏二－二四九島津方
六〇四	山砲四九連隊	ビルマ、カンギイ	一九四五・〇三・二〇	新井文在	上等兵	戦死	海南郡松旨面加次里七四一
			一九二二・〇三・二〇	新井化植	父		海南郡松旨面加次里七四一
六〇五	山砲四九連隊	ビルマ、ラングーン	一九四五・〇三・二〇	三井元錫	兵長	戦死	高興郡豊陽面栗峙里四〇五
			一九二三・〇二・二三	三井重成	父		高興郡豊陽面栗峙里四〇五
六〇九	山砲四九連隊	ビルマ、イニドワ	一九四五・〇四・〇五	永川喜得	伍長	戦死	灵光郡灵面道東里二七八
			一九二五・〇五・二二	永川段基	父		灵光郡灵面道東里二七八
六〇八	山砲四九連隊	ビルマ、バフヘ	一九四五・〇七・二九	池田岩男	兵長	戦死	済州島翰林面東明里南門外
			一九二六・〇四・二二	池田永豪	母		済州島翰林面東明里南門外
一二四八	山砲四九連隊	ビルマ、トングー一一八兵病	一九四五・〇八・二六	松山　茂	兵長	戦病死	順天郡道沙面鴻内里二八八
			×	松山元石	父		順天郡道沙面鴻内里二八八
一二三〇	輜重一〇連隊	ルソン島、アリタオ東方	一九四五・〇六・〇五	金山幸雄	上等兵	戦病死	長興郡長平面辺里四五三
		マラリア	一九二三・〇六・三〇	金山國元	父		長興郡長平面陽村里二二八
七七一	輜重一〇連隊	ルソン島、アリタオ東方	一九四五・〇六・二〇	河原吉男	兵長	戦病死	順天郡外西面錦城里五七二
		マラリア	×	河原元學	母		順天郡外西面錦城里五七二
七七二	輜重一〇連隊	ルソン島ピナパガン	一九四五・〇八・一四	山中正次	兵長	戦病死	霊岩郡新北面葛谷里二二〇
		マラリア	×	山中清秀	父		霊岩郡新北面葛谷里二二〇
七七三	輜重一〇連隊	ルソン島ピナパガン	一九四五・〇八・〇七	金海光島	兵長	戦病死	珍島郡義新面松亭里六七九
		マラリア		金海良造	兄		珍島郡義新面松亭里六七九
七七四	輜重一〇連隊	ルソン島ピナパガン	一九四五・〇七・〇八	大山　麟	兵長	戦病死	霊光郡仏甲面富春里三九二
		マラリア	×	大山徳順	父		霊光郡仏甲面富春里三九二
七七五	輜重一〇連隊	ルソン島ピナパガン	一九四五・〇八・〇五	松田炳連	兵長	戦病死	莞島郡古今面青龍里五三
		マラリア	×	松田楠永			莞島郡古今面青龍里五三
六六	輜重一九連隊	ルソン島バクロガン	一九四五・〇八・〇四	南×琦	兵長	戦病死	康津郡箕営面道龍里二八三
			×	南駿泉	従兄		康津郡箕営面道龍里二八三
六七一	輜重二〇連隊	ニューギニア、リオ	一九四四・一一・〇一	岩村　春	上等兵	戦病死	珍島郡義新面草四里一－一二二
			一九二〇・〇九・〇九	岩村　杼	父		珍島郡義新面草四里一－一二二
六七二	輜重二〇連隊	ニューギニア、ウルプ	一九四五・〇七・〇八	金本吉平	兵長	戦死	長城郡長城面白鶴里一〇四

			一九二三・〇二・二二	金本宇平	兄		長城郡長城面白鶴里一〇四
六七五	輜重二〇連隊	ニュアタヤ島ウルプ	一九四五・〇七・〇八	芳村義雄	兵長	戦死	羅州郡茶道面芳山里八五五
			×	芳村勝次	兄		羅州郡茶道面芳山里八五五
六七三	輜重二〇連隊	ニューギニア、マルジップ	一九四四・〇八・一八	金山尭甲	上等兵	戦病死	長城郡北一面星山里一六六
		マラリア	一九二〇・〇一・〇六	金山仙礼	妻		長城郡北一面星山里一六六
六七八	輜重二〇連隊	ニューギニア、マルジップ	一九四四・〇八・二七	南川淳烈	兵長	戦死	莞島郡莞島面花興里七二三
			一九二一・〇三・二四	南川在烈	父		莞島郡莞島面花興里七二三
六八一	輜重二〇連隊	ニューギニア、マルジップ	一九四四・〇八・二一	金光秀成	上等兵	戦病死	海南郡花山面
		マラリア	一九二四・〇九・〇五	金光基岩	父		海南郡花山面
六八九	輜重二〇連隊	ニューギニア、マルジップ	一九四四・〇八・二〇	蜜山聖太郎	上等兵	戦病死	和順郡和順面訓里四四
			×	蜜山錦順	妻		和順郡和順面訓里四四
六九二	輜重二〇連隊	ニューギニア、マルジップ	一九四四・〇六・二八	利川福珠	上等兵	戦病死	光山郡大村面月城里八〇二
		マラリア、大腸炎	一九二三・〇六・一七	利川望礼	母		光山郡大村面月城里八〇二
六七七	輜重二〇連隊	ニューギニア、ボイキン	一九四四・〇九・〇一	新井鐘明	上等兵	戦病死	高興郡道化面内鉢里六七〇
		マラリア	×	新井洪東	兄		高興郡道化面内鉢里六七〇
六八〇	輜重二〇連隊	ニューギニア、ボイキン	一九四四・〇九・一〇	林錫圭	上等兵	戦病死	和順郡和順面郷庁里三六
		マラリア	一九二一・〇七・〇三	林栄植	叔父		和順郡和順面郷庁里三六
六七四	輜重二〇連隊	ニューギニア、テリアタ岬	一九四三・一〇・一五	金元泰完	上等兵	戦死	長興郡冠山面下鉢里七六四
			一九二〇・〇一・〇六	金本永煥	兄		長興郡冠山面下鉢里七六四
六七六	輜重二〇連隊	ニューギニア、テリアタ岬	一九四三・一〇・一五	永川増作	上等兵	戦死	清道郡清道面巨淵洞八〇七
			×	永川道分	母		清道郡清道面巨淵洞八〇七
六七九	輜重二〇連隊	ニューギニア、テリアタ岬	一九四三・一〇・一五	廣泉孝真	上等兵	戦死	羅州郡平洞面連山里六四六
			一九一八・〇四・一一	廣泉義順	妻		羅州郡平洞面連山里六四六
六八二	輜重二〇連隊	ニューギニア、カイグム	一九四五・〇三・一三	原川圭三	上等兵	戦病死	済州島涯月面古城里一二三九
		両下腿熱帯潰瘍	一九二二・〇五・〇七	原川載昊	兄		済州島涯月面古城里一二三九
六八三	輜重二〇連隊	ニューギニア、フブオム	一九四五・〇八・一五	黄辺圭淵	上等兵	戦死	長城郡北二面新月里一五
			一九二二・一二・二四	黄辺太元	母		長城郡北二面新月里一五
六八四	輜重二〇連隊	ニューギニア、クソレマネープ	一九四五・〇七・〇四	夏山鐘燮	上等兵	戦死	和順郡寒泉面牟山里一五
			一九一九・一〇・〇一	夏山男順	妻		和順郡寒泉面牟山里一五
六八五	輜重二〇連隊	ニューギニア、ミンデリ	一九四四・〇二・二一	吉川　泳	上等兵	戦死	潭陽郡大田面展鳳里二四四
			×	古川斗錫	父		潭陽郡大田面展鳳里二四四
六八六	輜重二〇連隊	ニューギニア、ノコポ	一九四二・〇二・一二	石田炳哲	上等兵	戦死	移島郡古都面香洞里一三三九
			×	石田蓮心	妻		移島郡古都面香洞里一三三九
六八七	輜重二〇連隊	ニューギニア、ソナム	一九四四・〇五・二五	金田賢奉	上等兵	戦死	海南郡馬山面松石里五三五
			×	金田相玉	父		海南郡馬山面松石里五三五

六八八	輜重二〇連隊	ニューギニア、マダン	一九四四・〇三・〇二	林正男	上等兵	戦死	麗水郡突山面石斗里五五七
			×	林敬吉	兄		麗水郡麗水邑錦町一五七
六九〇	輜重二〇連隊	ニューギニア、バロン マラリア、脚気	一九四四・一一・一六	竹村東蔵	上等兵	戦病死	求禮郡龍方面四林里四六八
			一九二三・〇二・〇一	竹村淵泓	父		求禮郡龍方面四林里四六八
六九一	輜重二〇連隊	ニューギニア、ダニイエ マラリア	一九四四・〇八・一六	津山乙善	上等兵	戦病死	和順郡和順面萬淵里一〇四
			一九二三・〇一・一五	津山吉俊	父		和順郡和順面萬淵里一〇四
六九三	輜重二〇連隊	ニューギニア、ブーツ 脚気、マラリア	一九四四・〇九・一五	原川永五	上等兵	戦病死	済州島涯月面古城里一二三〇
			×	原川裁具	兄		済州島涯月面古城里一二三〇
六九四	輜重二〇連隊	ニューギニア、マルンバ	一九四五・〇六・一三	金光泰炯	兵長	戦死	潭陽郡潭陽面客舎里二五二
			一九二〇・〇七・〇四	金光錫祚	父		光州府湖南町一三一
六九五	輜重二〇連隊	ニューギニア、バリフ島 脚気	一九四五・〇二・〇八	金山喜洙	兵長	戦病死	羅州郡三道面道徳里
			一九二四・〇一・二三	金山興中	父		羅州郡三道面道徳里
六九九	輜重二〇連隊	ニューギニア、ウルプ	一九四五・〇六・二二	房村萬植	伍長	戦死	長興郡長興邑忠烈里一一〇
			一九二二・〇八・一〇	房村相睦	父		長興郡長興邑忠烈里一一〇
九〇〇	輜重二〇連隊	ニューギニア、バナギ	一九四五・〇四・〇二	石川大奎	伍長	戦死	灵巌郡灵巌面大新里一一八
			一九二三・〇一・〇八	石川雲煥	父		灵巌郡灵巌面大新里一一八
九〇一	輜重二〇連隊	ニューギニア、ボイキン	一九四四・一〇・〇三	宮城成吉	兵長	戦死	海南郡門内面龍岩里二二〇
			一九一九・〇一・〇八	宮城云日	父		海南郡門内面龍岩里二二〇
九一九	輜重二〇連隊	ニューギニア、ソナム	一九四四・〇八・二五	白澤秀男	伍長	戦死	高興郡豆原面雲岱里五五一
			一九二三・〇六・一八	白澤敏男	父		高興郡豆原面雲岱里五五一
九二〇	輜重二〇連隊	ニューギニア、ウェワク	一九四四・〇五・一〇	海本判錫	兵長	戦死	寶城郡兼白面龍山里一六八
			一九二二・〇四・〇二	海本致圭	父		寶城郡兼白面龍山里一六八
九六七	輜重二〇連隊	ニューギニア、ノコポ	一九四四・〇二・〇九	木村秀治	兵長	戦死	光陽郡光陽面七星里一〇
			一九二一・一一・二五	木村喜代	母		光州府大正町一八一
五〇	輜重三〇連隊	ミンダナオ島ダラエ	一九四五・〇六・一五	池田耕一	兵長	戦死	済州島旧左面上道里五五一
			×	池田成雄	父		済州島旧左面上道里五五一
七一五	輜重三〇連隊	ミンダナオ島ウスヤン河	一九四五・〇六・二三	平元炳卓	兵長	戦死	珍島郡郡内面鹿津里四二七
			×	平元明周	父		珍島郡郡内面鹿津里四二七
五一	輜重三〇連隊	ミンダナオ島ブランケ河	一九四五・〇六・〇一	大山炳年	兵長	戦死	長城郡森西面リ黄里三九三
			×	大山二光	父		長城郡森西面リ黄里三九三
五二	輜重三〇連隊	ミンダナオ島	一九四五・〇七・××	松岡景龍	伍長	戦死	済州島済州邑二徒里一四八七
			×	松岡千年	父		済州島済州邑二徒里一四八七
五三	輜重三〇連隊	台湾・火焼島	一九四四・〇六・〇二	金澤福珉	上等兵	戦死	珍島郡鳥島面新陸里三七七
			×	金澤當珍	妻		珍島郡鳥島面新陸里三七七
五四	輜重三〇連隊	台湾・火焼島	一九四四・〇六・〇二	西村在彬	兵長	戦死	珍島郡郡内面粉土里九八七

			×	西村裕祚	父		珍島郡郡内面粉土里九八七
五五	輜重三〇連隊	台湾・火焼島	一九四四・〇六・〇二 一九二四・〇四・二三	綿城相逑 綿城在槇	兵長 弟	戦死	珍島郡郡内面龍城里二一七 珍島郡郡内面龍城里二一七
五六	輜重三〇連隊	台湾・火焼島	一九四四・〇六・〇二 ×	新井仁洪 新井包心	兵長 妻	戦死	珍島郡郡内面海倉里四二五 咸鏡南道咸興邑龍興里四八一
五七	輜重三〇連隊	台湾・火焼島	一九四四・〇六・〇二 ×	漆本長根 漆本尚玉	曹長 兄	戦死	光山府孝池面仙橋里五一 —
五一二	輜重四九連隊	ビルマ、ゼダン	一九四五・〇四・二七 一九二三・〇二・三〇	島原勇作 島原益老	兵長 父	戦病死	光山郡林谷面山幕里 光山郡林谷面山幕里
五一三	輜重四九連隊	ビルマ、ペイヨウ	一九四五・〇五・〇四 ×	清水洪變 清水竜太郎	兵長 父	戦病死	光山郡松汀邑松汀里一〇三一 光山郡松汀邑松汀里一〇三一
五一四	輜重四九連隊	カムラン湾	一九四四・〇八・二一 一九二一・〇五・一六	文岩南變 文岩也無	兵長 母	戦病死	麗水郡麗水邑徳忠里九二一 麗水郡麗水邑徳忠里九二一
五一五	輜重四九連隊	カムラン湾	一九四四・〇八・〇二 一九二四・〇二・一五	三機×× 三機奇順	兵長 父	戦病死	木浦府大成洞一二〇 務安郡岩泰面松谷里
六〇	ジャワ俘虜収容所	シンガポール南一陸病 脚気	一九四四・一二・二〇 ×	完山常春 完山家實	雇員 父	戦病死	羅州郡金川面新加里六五七 羅州郡金川面新加里六五七
六一	ジャワ俘虜収容所	長崎沖	一九四四・〇六・二四 一九二三・〇八・〇一	高本政明 高本武芳	傭人 父	戦死	済州島邑内面一徒里一〇七－三 済州島邑内大昌町一七〇－三
六二	ジャワ俘虜収容所	長崎沖	一九四四・〇六・二四 一九一八・一一・〇六	金本炳坤 金本水南	傭人 父	戦死	光山郡極楽面東林里五八二 光山郡極楽面東林里五八二
六三	ジャワ俘虜収容所	長崎沖	一九四四・〇六・二四 一九〇九・〇三・〇八	山本　茂 山本政子	傭人 母	戦死	羅州郡栄山浦邑三栄里三一 羅州郡栄山浦邑三栄里三一
六四	ジャワ俘虜収容所	長崎沖	一九四四・〇六・二四 一九一九・一一・二八	大原盛泰 大原鐘昊	傭人 父	戦死	光州府錦町二九 咸平郡咸平面賢閣里八九四
六〇二	ジャワ俘虜収容所	スマトラ島	一九四四・〇六・二六 一九一二・〇五・〇八	西原廣夫 韓柄徳	軍属	戦死	珍島郡珍島面校洞里 木浦府常盤町
一一一〇	ジャワ俘虜収容所	不詳	一九四三・〇一・一五 ×	昌山喜喆 昌山順煥	軍属	戦死	灵光郡西面松鶴里四三九 灵光郡西面松鶴里四三九
一一四四	ジャワ俘虜収容所	セレベス	一九四四・〇九・二〇 ×	柳井教淵 —	傭人	戦死	高興郡豊陽面野暮里六〇 —
一二一〇	ジャワ俘虜収容所	不詳	一九四七・〇二・〇四 一九二二・〇二・〇五	西原得玲 西原致洙	傭人	病死	順天郡道沙面下垈里五 順天郡道沙面下垈里五
九	水上勤務五九中隊	ニューギニア、ボイキン	一九四四・〇八・二〇 一九二一・〇二・〇三	金田元熙 金田裕咸	上等兵 父	戦死	和順郡春陽面佳鳳里 和順郡春陽面佳鳳里

番号	部隊	死亡場所	死亡年月日	生年月日	氏名	親族氏名	階級	続柄	死因	本籍	親族住所
一〇	水上勤務五九中隊	ニューギニア、バラム	一九四四・〇八・二四	一九二三・〇八・二三	金本守安	金本徳安	上等兵	兄	戦死	長興郡冠山面新東里	長興郡冠山面新東里
一一	水上勤務五九中隊	ニューギニア、バラム	一九四四・一〇・一〇	一九二一・〇一・二〇	川村孝雄	川村公心	上等兵	母	戦死	麗水郡麗水邑住十里	順川郡松光面洛木洞高山方
一二	水上勤務五九中隊	ニューギニア、バラム	一九四四・一一・一八	一九二二・〇四・一四	金原月出	金原相徳	兵長	父	戦死	寶城郡×白面雲林里	寶城郡×白面雲林里
一三	水上勤務五九中隊	ニューギニア、ソナム	一九四五・〇一・二〇	一九一九・〇一・二七	金澤吉煥	金澤彩変	兵長	父	戦死	和順郡綾州面貫永里	和順郡綾州面貫永里
一四	水上勤務五九中隊	ニューギニア	一九四五・〇三・〇二	一九一九・〇二・一四	木山鐘彦	木山永基	兵長	父	戦死	康津郡鶴川面内基里	康津郡鶴川免三烈里
一五	水上勤務五九中隊	ニューギニア、バラム	一九四四・一〇・〇二	一九二一・〇一・二四	新城良洙	新城致郁	上等兵	父	戦死	海南郡花山面方丑里	海南郡花山面方丑里
一六	水上勤務五九中隊	ニューギニア、バラム	一九四四・〇九・〇九	一九二四・〇五・一三	新本鍾華	新本奉水	上等兵	父	戦病死	高興郡錦山面大興里	高興郡錦山面大興里
一七	水上勤務五九中隊	ニューギニア、バラム	一九四四・〇九・二八	一九二四・〇八・〇二	宜原麟基	宜原忠植	兵長	父	戦死	海南郡三山面昌里	海南郡三山面昌里
一八	水上勤務五九中隊	ニューギニア、ブーツ	一九四四・〇九・二四	一九二三・〇四・〇九	柳川甲奉	柳川玉枝	上等兵	妻	戦死	海南郡黄山面富谷里	海南郡黄山面富谷里
一九	水上勤務五九中隊	ニューギニア、バラム	一九四四・一〇・〇五	一九二二・〇五・一八	善元南洙	善元冠辰	上等兵	父	戦死	長興郡冠山面龍田里	長興郡冠山面龍田里
二〇	水上勤務五九中隊	ニューギニア、バラム	一九四四・一〇・一七	一九二二・〇一・二九	吉元平河	吉本二順	兵長	妻	戦死	高興郡豊陽面普天里	高興郡豊陽面普天里
二一	水上勤務五九中隊	ニューギニア、ソナム	一九四四・一二・二五	一九二三・〇八・二三	吉田鐘乙	吉田斗新	上等兵	父	戦死	麗水郡麗水邑東町一〇九七	麗水郡麗水邑東門町三九
六二一	戦車六連隊	ルソン島ムエオス付近	一九四五・〇二・〇七	一九二五・〇七・〇二	新本昌雄	—	軍曹		戦死	光陽郡光陽面木城里八三一	
一〇一二	戦車二七連隊	沖縄県首里市石嶺	一九四五・〇五・一〇	×	国本永守	国本永昌	兵長	兄	戦死	順天郡順天邑南亭里四二一	大分県西國本郡高田町大字美和
一一一七	船舶工兵一八連隊	モルッカ諸島ハルマヘラ	一九四五・〇九・一六	一九一三・一一・〇八	豊川相洙	豊川享洙	傭人	父	戦病死	麗水郡華陽面龍洙里	麗水郡華陽面龍洙里
一〇〇六	船舶輸司工兵隊	シンガポール・南方一陸	一九四五・〇七・三〇		宮本鐘律	宮本東玄	軍属	父	戦死	潭陽郡陽西郷校一二三六	東京都江戸川区小松川町二―一六
一二〇三	日吉丸	ボルネオ	一九三六・一二・二一	一九一一・〇七・〇四	朴春道	—	軍属		戦死	済州島翰林面瓮浦里五五四	—
八五二	船舶輸送司令部	不詳		一九三八・一一・一二	梁亥守		軍属		公病死	務安郡玄廃面龍井里七二六	

			×	梁秀宗日	妻		—
八五〇	船舶輸送司令部	不詳	一九三九・〇七・二六	崔壹在	軍属	戦死	務安郡黒山面鎮里三五二
			×	崔弘変	父		—
八四九	船舶輸送司令部	不詳	一九四〇・〇六・一一	許昌生	軍属	戦死	済州島朝天面新興里七一九〇一
			×	許昌覧	兄		—
一六二	二船舶輸送司令部	安徽省	一九四一・〇三・一九	張徳日	軍属	公務死	光陽郡骨老面太仁里五三六
			×				
八三八	船舶輸送司令部	不詳	一九四一・一一・三〇	宗岡永文	軍属	戦死	済州島済州邑二徒里
			一九一七・〇六・〇一	宗岡永文（ママ）			済州島済州邑二徒里
八一六	船舶輸送司令部	不詳	一九四二・〇二・一九	木村圭一	軍属	戦死	康津郡兵営面城東里三一
			×	—			—
七五三	船舶輸送司令部	不詳	一九四二・〇二・二〇	金基萬	軍属	戦死	麗水郡三山面徳村里八二九
			×	—			釜山府温州郡四八八
八〇五	船舶輸送司令部	不詳	一九四二・〇二・二五	李権熙	軍属	戦病死	麗水郡三山面徳村里五二三
			一九一七・〇六・〇二	李根寶			—
八二七	三雲洋丸	不詳	一九四二・〇三・〇三	壺山太鉢	軍属	戦死	済州島済州邑吾羅里
			一九一六・〇九・一五	—			—
一一八七	金剛丸	伊豆	一九四二・〇五・〇四	尹宗化	船員	死亡	済州島旧左面金寧里一一七二
			一九〇〇・〇五・一四	—			—
七八七	船舶・日電丸	不詳	一九四二・〇五・〇八	豊川石培	軍属	戦死	済州島旧左面
			一九一三・〇二・一七	—			—
一一一九	撫順丸	N二〇・一八E一二一・一七	一九四二・〇五・〇八	金重根	船員	戦死	麗水郡三山面東島里九六八
			一九一二・〇八・二五	—			—
一一三三	乾瑞丸	比島リンガエン	一九四二・〇五・二〇	山西道雄	船員	戦死	麗水郡三山面東島里八八四
			一九一九・〇五・二六	—			—
一一〇二	三雲洋丸	不詳	一九四二・〇七・〇二	木下漢石	船員	戦死	長興郡長平面珍山里二四四
			一九二三・〇四・一〇	—			—
八一八	三雲洋丸	不詳	一九四二・〇七・〇二	木戸均碩	軍属	戦死	長城郡黄龍面鳥山里
			一九二四・〇一・一五	—			長城郡黄龍面鳥山里
一一五三	一多聞丸	スマトラ	一九四二・〇七・〇四	尹奉鐘	船員	戦死	済州島翰林面全陸里一六七〇
			一九〇八・〇八・〇七	—			—
七七九	船舶輸送司令部	不詳	一九四二・〇七・一〇	康洪金	軍属	戦死	済州島城山面吾照里七二九
			×	徳原達行			済州島城山面吾照里七二九
一一〇八	大華丸	台湾沖	一九四二・〇九・〇四	郭千寿	船員	戦死	莞島郡青山面三三九
			一八九七・〇七・一五	—			—

七九二	船舶輸送司令部	不詳	一九四二・〇九・二七 ×	平山鐘淏 平山草金	軍属	戦死	羅州郡平洞面月田里七〇一 羅州郡平洞面月田里七〇一
一一六〇	波上丸	不詳	一九四二・一〇・〇七 一九二四・〇三・〇五	西原在数 ―	船員	戦死	木浦府山亭里 ―
七七八	船舶輸送司令部		一九四二・一一・〇六 一九二〇・〇六・〇五	草川明輝 ―	軍属	戦死	麗水郡三山面東島里一一四九 麗水郡三山面東島里一一四九
一〇〇四	日昭丸	N九・三二E五四・四	一九四二・一二・三〇 一九一五・〇四・〇五	木村良玉 木村柱春	軍属 妻	戦死	済州島旧佐面杏源里 済州島旧佐面杏源里
七八六	船舶・日電丸	不詳	一九四三・〇一・〇七 一九二一・〇六・〇三	徳山汝淳 徳山成春	軍属	戦死	済州島翰林面狭方里一六一九 済州島翰林面狭方里一六一九
一一一八	明光丸	ニューギニア	一九四三・〇一・〇八 一九一四・〇六・〇一	韓明龍 ―	船員	戦死	麗水郡三山面東島里九七四 ―
八二八	湖　丸	不詳	一九四三・〇一・一六 一九一六・〇九・二〇	鄭子吉 鄭巳吉	軍属	戦死	済州島中文面汀土里四三八五 済州島中文面汀土里四三八五
七四七	船舶山月丸	不詳	一九四三・〇一・三一 一九二三・〇八・一八	金岡斗萬 金岡珍考	軍属 兄	戦死	麗水郡雙鳳面仙泉里 台湾高雄入船町五ー一〇
一一九八	八東洋丸	不詳	一九四三・〇二・〇二 一九〇六・〇五・二三	兪泰甲 ―	船員	戦死	済州島翰林面金陵里 ―
一一九七	八東洋丸	不詳 沈没	一九四三・〇二・〇二 一九一六・〇六・三〇	金大保 ―	船員	戦死	済州島朝天面新村里三三六三 ―
七五四	船舶輸送司令部	不詳	一九四三・〇二・一九 一九一九・一一・一三	金四男 ―	軍属	戦死	― ―
八四二	大井川丸	N六〇・五八E一六八・一六	一九四三・〇三・〇三 一九二三・〇四・一〇	康達鐘 康達守	軍属 父	戦死	済州島南元面
一一九四	大井川丸	N六〇・五八E一六八・一六	一九四三・〇三・〇三 ×	谷山平吉 ―	船員	戦死	済州島南元面馬×里七九六 ―
五八二	船舶輸送司令部	タイ、ランタイ島	一九四三・〇四・〇六 一九二〇・〇六・二七	崔山乭 崔山應文	軍属	戦死	光陽郡光陽面亀山里西亭地 麗水郡三山面三文里一四九
八一〇	船舶輸送司令部	不詳	一九四三・〇五・〇七 ×	兪清一 ―	軍属	戦死	済州島済州邑寧坪里一〇六六 ―
七四二	船舶輸送司令部	ニューギニア、マダニ 投下爆弾片割	一九四三・〇五・〇八 一九一八・一一・二三	岩崎均(一) 岩崎果烈	軍属 父	戦死	霊岩郡霊岩面塞大里 海南郡松白面月松里
一一四七	博進丸	釜山港	一九四三・〇五・二二 一九一八・〇六・一六	文野元吉 ―	船員	戦死	済州島翰林面瓮浦里五五二 ―
七五六	船舶輸送司令部	パラオ諸島	一九四三・〇五・二七	金光熙 ―	軍属	戦死	済州島朝天面朝天里二八三四

			一九二六・〇二・二八	高山春一			—
八五一	船舶輸送司令部	ショートランド島	一九四三・〇六・〇五	禾田学賢	軍属	戦死	長興郡蓉山面月松里七八
			一八八六・〇一・一三	—			—
七九五	船舶輸送司令部	不詳	一九四三・〇六・〇五	朴仁逑	軍属	戦死	莞島郡莞島面六六
			一九一五・〇三・一八	—			莞島郡莞島面六六
一一五一	神祭丸	支那	一九四三・〇六・〇六	原川如燦	船員	戦死	済州島翰林面板浦里二九二〇
			一九一八・一一・一七	—			—
一五三	船舶輸送司令部	ボルネオ島前田島	一九四三・〇六・〇八	金村福重	軍属	戦死	莞島郡青山面池里七四三
			一九二〇・〇三・××	金村房礼	妻		莞島郡青山面池里七四三
八〇一	船舶輸送司令部	ニューギニア	一九四三・〇六・三〇	山田茂吉	軍属	戦死	麗水郡三山面徳村里二七
				山田正吉	弟		麗水郡三山面徳村里二七
一二〇六	三船舶輸送隊	不詳	一九四三・〇六・三〇	山田成吉	船員	戦病死	済州島翰林面
			一九〇七・〇六・〇一	—			—
一〇三	二船舶輸送司令部	ボルネオ・パリクパパン	一九四三・〇七・〇二	金大根	軍属	戦死	木浦府陽洞一九
			×	金今植			木浦府陽洞一九
九八	二船舶輸送司令部	沖縄県地間島	一九四三・〇七・二三	新井仙吉	軍属	戦死	珍島郡義新面玉岱里
			一九一一・〇六・〇二	—			珍島郡義新面玉岱里
八二六	三雲洋丸	ボルネオ方面	一九四三・〇八・〇四	坪田鳳吾	軍属	戦死	済州島旧左面下道里一六六八
			一九一三・一〇・一五	坪田弘権	父		済州島旧左面下道里一六六八
八三〇	船舶・漢江丸	不詳	一九四三・〇八・〇九	二木長福	軍属	戦死	麗水郡三山面巨文里一一七
			×	—			麗水郡三山面巨文里一一七
一一五二	六江口丸	不詳	一九四三・〇八・一三	車赫南	船員	戦死	済州島翰林面瓮浦里六〇八
			一九一六・一二・二二	—			—
一一八六	三二良友丸	N五・二一E一三四・一五	一九四三・〇九・〇六	木下鐘一	船員	戦死	康津郡鵲川面峴山里九五〇
			一九二二・〇四・二九	—			—
一二〇二	三二良友丸	N五・二一E一三四・一五	一九四三・〇九・〇六	直本義玲	船員	戦死	済州島旧左面東福里一四八四
			一九一九・〇三・一九	—			—
一一四六	神隆丸	静岡県浅尾病院	一九四三・〇九・二五	李晟燦	船員	戦死	済州島翰林面挾才里一七四四
			一九一二・一〇・〇五	—			大阪市×成区北中道町一〇七九
八〇七	船舶輸送司令部	不詳	一九四三・〇九・二七	利川本植	軍属	戦死	麗水郡三日面月下里二四三
			一九二七・〇八・一七	利川漢水			—
七八四	船舶輸送司令部	不詳	一九四三・〇九・二八	高島東河	軍属	戦死	済州島済州邑龍潭里二九五
			一九二〇・〇五・二一	高島昌求	父		済州島済州邑龍潭里二九五
八三三	船舶・漢江丸	不詳	一九四三・一〇・〇六	孫本方云	軍属	戦死	務安郡飛禽面於里七七七
			一九二四・一二・一五	—			—

八一三	船舶輸送司令部	不詳	一九四三・一〇・〇六 一八九八・〇三・〇五	金宮承林 洪同心	軍属 妻	戦死	済州島朝天面朝天里三一四二
八四一	船舶輸送司令部	不詳	一九四三・一〇・〇六 一九二一・〇九・二九	梁川浩造 柳川記子	軍属 妻	戦死	済州島旧左面東福里一五二 慶尚南道釜山府流川町
八二九	船舶・漢江丸	不詳	一九四三・一〇・〇六 一九二四・一二・一〇	長澤昌模 長澤泰守	軍属 父	戦死	光陽郡多×綿道土里七八八 ―
七七六	船舶輸送司令部	ルソン島ピナパガン	一九四三・一〇・二六 ×	木田覚賢 ―	軍属	戦死	長興郡蓉山面月松里七八 長興郡蓉山面月松里七八
七八五	船舶輸送司令部	不詳	一九四三・一一・〇二 ×	丁文守 丁汝星	軍属 父	戦死	麗水郡南面心張里一九八 麗水郡南面心張里一九八
一一四一	でらこあ丸	土佐沖	一九四三・一一・〇二 一九一八・〇六・〇五	山本承平 山本王仙	船員 母	戦死	高興郡高興面玉下里一七六 ―
一一八	二船舶輸送司令部	土佐沖	一九四三・一一・〇二 ×	金順萬 金順石	軍属 兄	戦死	莞島郡莞島面郡内里三二三 莞島郡莞島面郡内里三二三
九七	二船舶輸送司令部	沖縄諸島大東島	一九四三・一一・〇九 一九一三・〇二・一五	新井炫在 新井鳳作	軍属 父	戦死	霊巌郡鶴山面龍山里二九九 ―
七四五	船舶輸送司令部	パラオ諸島南方 沈没	一九四三・一二・一五 一九一九・〇五・〇五	金本昌玉 金本昌女	軍属	戦死	済州島安徳面沙渓里二七四 済州島安徳面沙渓里二七四
七八	二船舶輸送司令部	ビルマ、ミンデン	一九四三・一二・二一 ×	金永萬 中山利道	軍属 父	戦死	高興郡南陽面新興里八六七 統営郡長木浦邑長木浦里
四一一	船舶輸送司令部	ニューギニア、ウウェワク	一九四三・一二・二二 一九一八・〇七・一五	星光春光 星光邦五	軍属 父	戦死	済州島旧左面月汀里六七五 済州島旧左面月汀里六七五
八二四	三雲洋丸	豪北方面	一九四三・一二・二五 一九一一・〇四・一六	高禨児 洪達浩	軍属 養父	戦死	済州島涯月面納邑里三二八 済州島城山面城山里
一二〇〇	平明丸	南方	一九四四・〇一・〇四 一九一九・〇八・〇四	金岡文培 ―	船員	戦死	済州島済州邑道頭里一九一八 ―
一二〇	二船舶輸送司令部	チモール島	一九四四・〇一・〇四 一九一六・〇六・二五	金谷順福 金谷寛植	軍属	戦死	済州島中文面江汀里 済州島中文面江汀里
八四〇	船舶輸送司令部	不詳	一九四四・〇一・一〇 ×	梁川哲明 ―	軍属	戦死	済州島翰林面上明里九一八 ―
七四四	船舶輸送司令部	不詳	一九四四・〇一・一二 ×	金木文逑 金本慶逑	軍属	戦死	慶尚南道金海郡生林面羅日里九一一 慶尚南道金海郡生林面羅日里九一一
七八三	船舶輸送司令部	不詳	一九四四・〇一・一二 一九一三・〇六・〇一	高山信卓 李琴伊	軍属	戦死	済州島旧左面終達里七二七 済州島旧左面終達里七二七
七九〇	船舶輸送司令部	不詳	一九四四・〇一・一二	新山重珍	軍属	戦死	莞島郡外面黄津里

			一九一四・一一・一五	新山彩逢			釜山府塩仙町一八五二
五八三	船舶輸送司令部	ニューギニア	一九四四・〇一・一八	坂平斗錫	軍属	戦死	済州島旧左面演坪里三一
			一九二三・〇四・〇五	坂平道公	孫		済州島旧左面演坪里三一
一一三	二船舶輸送司令部	ニューギニア	一九四四・〇一・一八	松井吉周	軍属	戦死	麗水郡華井面根島里三〇六一一
			一九二二・〇六・一九	松井福周			麗水郡華井面根島里三〇六一一
五七五	船舶輸送司令部	比島方面	一九四四・〇一・二四	金光容泰	軍属	戦死	光山郡瑞坊面眞庵里六五四
			一九二〇・〇三・一〇	金在峯	父		光山郡瑞坊面眞庵里六五四
一一一	二船舶輸送司令部	ニコバル島	一九四四・〇二・〇五	松谷明熔	軍属	戦死	麗水郡三山面島里二四四三
			一九一八・〇六・二三	松谷烓徳	妻		麗水郡三山面島里二四四三
八二三	三雲洋丸	不詳	一九四四・〇二・〇五	玉村王珍	軍属	戦死	莞島郡青山面道清里
			一九一四・〇二・〇四	玉村文子	妻		—
六三七	船舶輸送司令部	セブ島	一九四四・〇二・〇六	金山昌石	軍属	戦死	莞島郡青山面堂洛里
			一九一八・〇六・一一	金山重石	兄		莞島郡青山面堂洛里
一〇五	二船舶輸送司令部	東支那海	一九四四・〇二・〇八	金光清正	軍属	戦死	潭陽郡鳳山面淵洞里二九〇
			一九二六・〇三・三一	金光清一			—
五二五	船舶輸送司令部	チモール島スマウ島	一九四四・〇二・〇八	岩谷周泰	軍属	不慮死	珍島郡智山面東浦里一一七
			一九二一・一二・二〇	岩谷世知	父		—
七五一	船舶輸送司令部	ルソン島マニラ	一九四四・〇二・一四	金山鎮奉	軍属	戦死	莞島郡青山面池里六二五
			一八九九・〇四・〇一	金山洪梅	妻		釜山府溢仙町一七八四
八	三野戦船舶廠	ウウェワク兵病	一九四四・〇二・一五	高山什佛	軍属	戦病死	務安郡玄慶面養鶏里七七六
		マラリア、大腸炎	×	朴大同	母		務安郡玄慶面養鶏里
一一五八	平安丸	トフツ島	一九四四・〇二・一八	庚平官	船員	戦死	済州島城山面吾照里八二二
			一九〇八・〇九・二三	—			—
一〇八	二船舶輸送司令部	バシー海峡	一九四四・〇二・一九	壬山斗鎬	軍属	戦死	長興郡安良面芷川里九二
			一九二二・〇三・三〇	壬山大心			長興郡安良面芷川里九二
八一九	三雲洋丸	南太平洋方面	一九四四・〇二・二五	清川永彦	軍属	戦死	麗水郡栗村面新豊里五五五
			一九二三・〇五・二八	清水昌守			—
八三九	船舶輸送司令部	不詳	一九四四・〇二・二六	山本文玉	軍属	戦死	済州島表善面下川里五九二
			一九二〇・一一・三〇	山本斗満			済州島表善面下川里五九二
四七五	船舶輸送司令部	伊豆諸島御蔵島	一九四四・〇三・〇一	秋本相輝	軍属	戦死	莞島郡青山面華島里四八三
			一九二二・〇三・二〇	秋本信愛	妻		釜山府揚亭里
二四五	船舶輸送司令部	ニューギニア、サラップ	一九四四・〇八・〇三	神農裕豊	兵長	戦病死	寶城郡寶城邑玉蔵里六二三
		脚気	一九二一・〇八・一七	神農栄造	父		寶城郡寶城邑玉蔵里六二三
一四三	二船舶輸送司令部	千島	一九四四・〇三・一三	高公林	軍属	戦死	済州島翰林面頭毛里二七二五
			一九一八・〇二・一四	高泰興	父		—

番号	所属	死亡場所	死亡年月日／生年月日	氏名／遺族	身分／続柄	事由	本籍／遺族住所
七九九	船舶輸送司令部	不詳	一九四四・〇三・一二 一九二三・一一・〇一	松堂研二 ―	軍属	戦死	麗水郡三山面草島里二二〇二 麗水郡三山面草島里二二〇二
八〇〇	船舶輸送司令部	不詳	一九四四・〇三・一三 一九一九・〇六・一五	山西岩雄 山西半礼	軍属 妻	戦死	麗水郡三山面東島里七〇四 麗水郡三山面東島里七〇四
八三二	船舶・漢江丸	中千島方面	一九四四・〇三・一三 一九二〇・〇三・二〇	福専汰功 ―	軍属	戦死	和順郡同福面亀岩里二三五 ―
八二二	三雲洋丸	中千島方面	一九四四・〇三・一三 一九二一・〇二・二八	崔木欣初 崔木亭俊	軍属 父	戦死	麗水郡南面牛鶴里五八七 麗水郡南面牛鶴里五八七
七四三	船舶輸送司令部	N四二・一八E一四五・一一 潜水艦による	一九四四・〇三・一六 一九二七・〇八・三一	金本昌一 金本左鐘	軍属	戦死	済州島済州邑三陽里二二三三 ―
五一六	船舶輸送司令部	ニューギニア、ブーツ	一九四四・〇三・二一 ×	×山×× ―	軍属	戦死	済州島城山面吾照里一八六 済州島城山面吾照里一八六
五〇〇	船舶輸送司令部	ニューギニア、ブーツ	一九四四・〇三・二一 一九一九・一一・一三	安東天圭 ―	軍属	戦死	済州島旧左面終達里八五一 ―
五〇一	船舶輸送司令部	ニューギニア、ブーツ	一九四四・〇三・二一 一九二六・〇三・二一	康本幸作 ―	軍属	戦死	済州島城山面新川里三七二 ―
一三八	二船舶輸送司令部	ニューギニア、ブーツ	一九四四・〇三・二一 一九二二・〇九・一五	金山泰祐 ―	軍属	戦死	済州島旧左面坪岱里三四 ―
一三九	二船舶輸送司令部	ニューギニア、ブーツ	一九四四・〇三・二一 一九二〇・〇九・二四	金光京玉 ―	軍属	戦死	済州島旧左面終達里七三三 ―
一四五	二船舶輸送司令部	ニューギニア	一九四四・〇三・二一 一九二三・〇一・一三	池田賛文 ―	軍属	戦死	済州島旧左面下道里一三五三 ―
九九	二船舶輸送司令部	ブーツ西北	一九四四・〇三・二一 ×	富田雲白 ―	軍属	戦死	済州島旧左面東福里一六九一 ―
七九三	船舶輸送司令部	ニューブリテン島	一九四四・〇三・二六 一九一〇・〇三・三〇	朴本採童 朴本彩祥吉	軍属	戦死	務安郡長山面五音里六〇六 務安郡長山面五音里六〇六
八三五	船舶輸送司令部	スマトラ方面	一九四四・〇三・二八 一九一七・一二・一六	宮本泰允 宮本在元	軍属 父	戦死	済州島旧左面西金寧里一〇〇六 済州島旧左面西金寧里一〇〇六
一一〇一	松栄丸	パラオ	一九四四・〇三・三一 一九二〇・〇六・〇八	玉川観浩 ―	船員	戦死	寶城郡寶城面龍面里二六六 ―
五三四	船舶輸送司令部	N一六・二〇E九六・一八	一九四四・〇四・〇三 ×	木村陵奎 木村忠圭	軍属 弟	戦死	莞島郡古今面青龍里三八〇 莞島郡古今面青龍里三八〇
四八八	船舶輸送司令部	ラバウル	一九四四・〇四・〇四 一九一二・〇三・三〇	金村吉益 ―	軍属	戦死	済州島翰林面米原里六七四 ―
四八九	船舶輸送司令部	ラバウル	一九四四・〇四・〇四	國本昌津	軍属	戦死	康津郡城田面秀陽里二九九〇

			一九二四・〇二・〇九				
七五〇	船舶輸送司令部	ラバウル	一九四四・〇四・〇四 一九二五・一〇・〇八	河原萬石	軍属	戦死	長興郡安良面沙村里
四九四	船舶輸送司令部	ニューギニア、アイタベ	一九四四・〇四・〇九 一九一七・一〇・二〇	文川小× 文川出仁	軍属 父	戦死	灵光郡灵光面武灵里 灵光郡灵光面武灵里
五七〇	船舶輸送司令部	広島市陸軍病院	一九四四・〇四・一一 一九二〇・一一・二一	金村亨完 金村亨斗	軍属 兄	戦病死	麗水郡突山面郡内里八九〇 麗水郡突山面郡内里八九〇
七九一	船舶輸送司令部	病院船サイベリア丸 肺結核	一九四四・〇四・一六 一九二五・〇四・〇一	羽谷玄鐘 洞谷長日	軍属 祖父	戦病死	莞島郡青山面堂洛里八七六 莞島郡青山面堂洛里八七六
二五	三船舶輸送司令部	セレベス島	一九四四・〇九・〇七 一九一六・〇一・二三	王本東赫 —	雇員	戦死	光山郡孝池面月南里二八二 —
一一三二	一関西丸	パラオ諸島	一九四四・〇四・一九 一八九三・一〇・〇八	金本義煥 —	船員	戦死	務安郡安佐面内湖里一一八 —
一一九六	国津丸	インド洋	一九四四・〇四・一九 一九〇四・〇五・〇八	金元澤 —	船員	戦死	済州島朝天面朝天里二八三九 —
七九六	船舶輸送司令部	ニューギニア	一九四四・〇四・二三 一九二五・〇六・〇七	崔金烈 山本寶烈	軍属 兄	戦死	霊岩郡新北面明洞里六二九 霊岩郡新北面明洞里六二九
一〇二	二船舶輸送司令部	南支那海	一九四四・〇四・二六 一九二二・一一・一四	菊山顕浩 菊山正夫	軍属	戦死	莞島郡莞島面郡内里三三三 莞島郡莞島面郡内里三三三
一四六	二船舶輸送司令部	南支那海	一九四四・〇四・二六 ×	昌本号司 昌本有三	軍属	戦死	和順郡綾川面谷庫里三一〇 和順郡綾川面谷庫里三一〇
五六九	一野戦船舶廠	ラバウル	一九四四・〇四・三〇 ×	金岡秀太郎 金基三	軍属 父	戦死	麗水郡南面斗母里一四三四 麗水郡南面斗母里一四三四
一六九	二船舶輸送司令部	湖南省	一九四四・〇五・一三 一九二三・〇二・一八	青松明奎 沈昌薫	軍属 父	戦死	麗水郡華陽面華東里一五〇〇 麗水郡華陽面華東里一五〇〇
五七三	船舶輸送司令部	E一二七・二四	一九四四・〇五・二二 一九一六・一二・〇八	神農奉祉 神農興昧	軍属	戦死	済州島旧左面東福里一四七七 —
七五五	船舶輸送司令部	中千島松輪島	一九四四・〇六・〇一 一九〇六・〇七・〇六	金城和男 金城祥中	軍属	戦死	長城郡黄龍面月坪里三五 長城郡黄龍面月坪里三五
八〇九	船舶輸送司令部	中千島松輪島	一九四四・〇六・〇一 一九二〇・〇八・二四	陳善吾 —	軍属	戦死	順天郡順天邑桐谷里三四七 —
八〇	二船舶輸送司令部	中千島松輪島	一九四四・〇六・〇一 ×	石田健蔵 陳善吾	軍属 義兄	戦死	済州島城山面蘭山里九一 —
一一二	二船舶輸送司令部	中部太平洋	一九四四・〇六・〇七 一九一九・〇五・一七	木原弼陵 木原基陵	軍属 兄	戦死	済州島西帰面甫木里 済州島西帰面甫木里

九六	二船舶輸送司令部	中部太平洋	一九四四・〇六・〇七 一九一五・一二・一五	富永大権 富永主膳	軍属 祖父	戦死	済州島旧左面松堂里九二〇 済州島旧左面松堂里九二〇
一七二	船舶輸送司令部	南太平洋方面	一九四四・〇六・一五 一九一一・一〇・二三	岩本千壽 岩本判石	軍属 兄	戦死	咸平郡新光面月岩里三七三 咸平郡新光面月岩里三七三
一七三	船舶輸送司令部	南太平洋方面	一九四四・〇六・一五 一九一九・〇五・三〇	大川萬玉 朴洞善	軍属 父	戦死	寶城郡寶城邑元峰里四 寶城郡寶城邑元峰里四
一二六	二船舶輸送司令部	中部太平洋	一九四四・〇六・一六 一九〇九・〇二・二一	金平明善 金平幸子	軍属 妻	戦死	麗水郡三山面東島里一一九六 麗水郡三山面東島里一一九六
一一二〇	雄基丸	南方	一九四四・〇六・一六 一九一七・一一・二六	朴賢哲 ―	船員	戦死	麗水郡三山面東島里一二九〇 ―
一七八	二船舶輸送司令部	ニューブリテン島	一九四四・〇六・一七 一九一九・〇一・二一	金山成奎 金山能七	軍属 兄	戦死	務安郡二老面龍塘里一〇九 務安郡二老面龍塘里一〇九
一〇六	二船舶輸送司令部	ニューギニア、ソロヒン	一九四四・〇六・一七 一九二六・一二・〇四	金本彌男 金本衛長	軍属	戦死	霊巌郡始終面錦池里 木浦府旭町四九一
五七八	船舶輸送司令部	東支那海	一九四四・〇六・二四 一九二三・〇五・〇八	高山泰世 高山達國	軍属 父	戦死	済州島旧左面終達里一九一五 済州島旧左面終達里一九一五
八一	二船舶輸送司令部	南洋諸島方面	一九四四・〇六・二四 一九二二・〇八・三一	康本仁吉 康本乙生	軍属	戦死	済州島城山面新山里 ―
五八四	船舶輸送司令部	セラム島	一九四四・〇七・〇一 一九一二・一〇・一六	星山南突 裵良秋	軍属	戦傷死	麗水郡南面牛鶴里七七〇 麗水郡南面牛鶴里七七〇
一一六四	大倫丸	不詳	一九四四・〇七・〇三 ×	孫田泰石 ―	船員	戦死	莞島郡青山面新興里四〇一 ―
五二八	船舶輸送司令部	中部太平洋	一九四四・〇七・〇六 一九〇四・一〇・〇八	昌山孟煥 昌山秉燮	軍属 兄	戦死	済州島済州邑吾羅里一三二四 済州島済州邑吾羅里一三二四
一二五	二船舶輸送司令部	中部太平洋	一九四四・〇七・〇八 一九二一・〇四・〇六	金井基済 金井仲丸	軍属 父	戦死	済州島旧左面金寧里一三〇一 済州島旧左面金寧里一三〇一
八五五	四船舶輸送司令部	ラバウル	一九四四・〇七・一五 一九〇七・〇九・〇九	新田公什 ―	軍属	戦死	済州島翰林面高山里二〇五五 ―
八五六	四船舶輸送司令部	ラバウル	一九四四・〇七・一五 一九〇九・一〇・〇三	金順福 金敏柱	軍属	戦死	寶城郡筏橋邑長佐里二八〇 寶城郡筏橋邑長佐里二八〇
九九六	四船舶輸送司令部	ラバウル	一九四四・〇七・一五 ×	文平奥桂 ―	軍属	戦死	麗水郡突山面鳳里四九 ―
八二五	三雲洋丸	南支那海	一九四四・〇七・一七 一九〇九・〇二・〇六	高田成極 高田萬花	軍属 母	戦死	済州島旧左面演坪里下手目河二三三九 済州島旧左面演坪里下手目河二三三九
一〇一	二船舶輸送司令部	比島六二兵站病院	一九四四・〇七・二五	金城萬順	軍属	戦死	済州島旧左面東福里一四六七

			一八九九・〇二・一一	金城大玉	妻		済州島旧左面東福里一四六七
一〇〇〇	三船舶輸送司令部	マレー沖	一九四四・〇七・二九	正木仁魯	軍属	戦死	順天郡住岩面鴻島里
			×	正木三郎	父		神戸市長田区庄日町三八四一
六五	一船舶輸送連隊	ルソン島	一九四四・〇七・三一	金本東性	雇員	戦死	順天郡副良面徳亭里七五四
			×	金本正洙	父		順天郡副良面徳亭里七五四
七八一	船舶輸送司令部	N一一・二〇E一二三・九 頭部打撲	一九四四・〇八・〇一	千源吉丸	軍属	不慮死	海南郡海南面新南里一〇四
			一九二〇・一二・〇二	千源清次郎	兄		海南郡海南面新南里一〇四
一二三	二船舶輸送司令部	ビルマ、ラングーン沖	一九四四・〇八・〇一	宮田萬九	軍属	戦死	珍島郡義新面晩吉里三〇九
			×	宮田萬孫			珍島郡義新面晩吉里三〇九
七六四	船舶輸送司令部	ボルネオ方面	一九四四・〇八・〇四	金大根	軍属	戦死	務安郡飛禽面新元里五九九
			×	ー			ー
八一一	船舶輸送司令部	ボルネオ方面	一九四四・〇八・〇四	金海玉均	軍属	戦死	莞島郡青山面茅島里内犬勇里三七九
			×	金海栄魯	父		莞島郡青山面茅島里内犬勇里三七九
八一五	船舶輸送司令部	ボルネオ方面	一九四四・〇八・〇四	金田正圭	軍属	戦死	済州島旧左面東福里一四九〇六
			一九二〇・〇五・二二	金田正仲	兄		済州島旧左面東福里一四九〇六
八一七	船舶輸送司令部	ボルネオ方面	一九四四・〇八・〇四	木原成春	軍属	戦死	麗水郡三山面西島里五九九
			一九二四・一〇・二四	木原哲南	父		麗水郡三山面西島里五九九
八三六	船舶輸送司令部	スマトラ方面	一九四四・〇八・〇四	光山一仙	軍属	戦死	済州島涯月面下貴里三七〇
			一八九八・〇五・〇五	光山順福	妻		ー
一一三三	利根川丸	小笠原諸島智島	一九四四・〇八・〇四	文日龍	船員	戦死	務安郡玄慶面東山里六二八
			一九二五・〇六・〇九	文泰鉉	父		鹿児島県沼農郡×祇園町
五六三	船舶輸送司令部	ニューギニア、コール	一九四四・〇八・〇五	徳田大孫	雇員	戦死	珍島郡鳥島面新陸里八八二
			一九一六・〇九・二七	ー			ー
五六四	船舶輸送司令部	ニューギニア、コール	一九四四・〇八・〇五	金基植	雇員	戦死	長興郡蓉山面上金里四〇八
			一九一四・〇九・一五	ー			ー
一七〇	二船舶輸送司令部	湖南省	一九四四・〇八・〇六	金田土根	軍属	戦死	務安郡飛禽面新元里五九九
			一九二三・〇二・一九	金田好奉	父		ー
一一二	二船舶輸送司令部	マニラ沖	一九四四・〇八・〇六	松堂益斗	軍属	戦死	麗水郡三山面草島甲山八六一
			一九〇八・〇八・一〇	松堂安熙	妻		ー
八九	二船舶輸送司令部	ハルマヘラ島	一九四四・〇八・〇九	西原鐘喆	軍属	戦死	谷城郡持洞面坪里三四四
			×	西原基淡	父		光州府泉町二五二
九〇	二船舶輸送司令部	セレベス島	一九四四・〇八・〇九	坡平順水	軍属	戦死	済州島旧左面演坪里一〇〇九
			一九一八・〇八・〇六	坡平石主	妻		釜山府青鶴洞三一八
九一	二船舶輸送司令部	セレベス島	一九四四・〇八・〇九	金×嘉干	軍属	戦死	麗水郡麗水邑西町一三六
			一九一二・一〇・一	金寧龍	妻		麗水郡霊水邑幸町二〇一

番号	所属	死亡場所	死亡年月日／生年月日	氏名	身分／続柄	死因	本籍／住所
一二九	二船舶輸送司令部	ニューギニア	一九四四・〇八・一一 一九二二・〇四・二〇	金海周善 金海明煥	軍属 父	戦死	莞島郡古今面農桑里二六七 莞島郡古今面農桑里二六七
一二四	二船舶輸送司令部	中千島	一九四四・〇八・一二 ×	金谷東禹 金谷舗浩	軍属 父	戦死	麗水郡麗水邑西町六六四 麗水郡麗水邑道燈町八七一
五八七	船舶輸送司令部	南支那海	一九四四・〇八・一三 一九二五・〇二・一〇	森本博方 森本和作	軍属 父	死亡	木浦府竹洞一八九 木浦府竹洞一八九
七七七	船舶輸送司令部	アドミラルティ	一九四四・〇八・一五 一九二三・〇三・〇五	黄原南休 黄原南石	軍属	戦死	莞島郡青山面茅島里 莞島郡青山面茅島里
六一三	船舶輸送司令部	ニューギニア、ユール	一九四四・〇八・一五 一九一〇・〇八・二一	新井鐘鶴 新井錠圭	雇員 父	戦死	莞島郡古今面鳳鳴里三一六 莞島郡古今面鳳鳴里三一六
六一四	船舶輸送司令部	ニューギニア、ユール	一九四四・〇八・一五 一九二一・〇七・一二	木村順一 木村成心	雇員 母	戦死	莞島郡青山面芽島里八八 莞島郡青山面芽島里八八
六一五	船舶輸送司令部	ニューギニア、ユール	一九四四・〇八・一五 一九二一・〇五・〇八	崔鳳仁 崔良光	雇員 父	戦死	麗水郡三山里巨文里宗島村 麗水郡三山里巨文里宗島村
六一六	船舶輸送司令部	ニューギニア、ユール	一九四四・〇八・一五 一九二一・〇三・〇九	崔有圭 崔洛干	雇員 父	戦死	珍島郡鳥島面西巨次島里七九 珍島郡鳥島面西巨次島里七九
五七一	船舶輸送司令部	台湾方面	一九四四・〇八・二四 一九一九・〇三・三〇	吉田済一 —	軍属	戦死	済州島済州邑寧坪里一〇六六 —
八二〇	三雲洋丸	台湾	一九四四・〇八・二四 ×	康田基在 —	軍属	戦死	済州島南元面為美里二八三六 —
一一二七	船舶輸送司令部	台湾	一九四四・〇八・二四 一九二三・〇八・一七	金山永泰 金山永燮	軍属 兄	戦死	長興郡冠山面竹橋里三一二 長興郡冠山面竹橋里三一二
一三七	二船舶輸送司令部	沖縄方面	一九四四・〇八・二七 一九一四・〇五・〇七	河本天得 —	軍属	戦死	寶城郡金泉面普堂里三一三 寶城郡金泉面普堂里三一三
五〇二	船舶輸送司令部	沖縄方面	一九四四・〇八・二七 ×	金相哲 —	軍属	戦死	珍島郡珍島面東巨次島里甲内五八 —
八六	二船舶輸送司令部	フィリピン方面	一九四四・〇八・二九 一八九九・〇一・〇七	李天成 國本明彦	軍属	戦死	済州島朝天面新村里中部× 済州島朝天面新村里中部×
二七二	二船舶輸送司令部	平橋里野戦病院	一九四四・〇九・〇二 一九一五・〇五・〇七	徳山城直 徳山昌谷	軍属 妻	戦死	済州島翰林面金陵里 済州島翰林面金陵里
八〇三	船舶輸送司令部	不詳	一九四四・〇九・〇三 ×	康洪圭	軍属	戦死	済州島城山面吾照里七二九
二四	三船舶輸送司令部	セレベス島	一九四四・〇九・〇三 一九二六・〇一・〇七	平田和局 平田南里	軍属 父	戦死	海南郡松旨面海元里七四 海南郡松旨面海元里七四
五六五	船舶輸送司令部	ニューギニア、サルミ	一九四四・〇九・〇四	山田正夫	雇員	戦病死	寶城郡一六

		マラリア	一九二三・〇二・二八				
八一二	船舶輸送司令部	ボルネオ方面	一九四四・〇八・〇四	金子永采	軍属	戦死	光山郡極楽面東林里六五六
			×	金子萬龍	父		光山郡極楽面東林里六五六
八二一	三雲洋丸	不詳	一九四四・〇九・〇八	小島伝吉	軍属	戦死	麗水郡三山面西島里二八五六
			一九二一・〇九・〇五	小島洪日	父		麗水郡三山面西島里二八五六
八〇六	船舶輸送司令部	比島方面	一九四四・〇九・〇九	梁永祚	軍属	戦死	麗水郡三月面月下里二四三
			一八九一・〇二・一二	—			—
六六七	船舶輸送司令部	比島ソセンガー	一九四四・〇九・〇九	光金大一	軍属	不詳	済州島旧左面細花里八三九
			一九一八・一二・二八	光金大舜	兄		済州島旧左面細花里八三九
八五	二船舶輸送司令部	北流黄島	一九四四・〇九・一〇	安田祐求	軍属	戦死	済州島城山面吾照里一八〇
			×	—			—
九三	二船舶輸送司令部	比島	一九四四・〇九・一二	新井大興	軍属	戦死	済州島涯月面旧厳里五七七
			一九〇三・〇六・一一	新井寛出	父		済州島涯月面旧厳里五七七
一二〇五	慶安丸	ミンダナオ島ダバオ沖	一九四四・〇九・一二	梁徳善	船員	戦死	済州島旧左面演坪里四九
			一九〇六・〇二・〇七	—			—
八八	二船舶輸送司令部	台湾方面	一九四四・〇九・一三	林炳文	軍属	戦死	済州島翰林面金陵里
			一九〇五・〇三・〇六	林賢興			済州島翰林面金陵里
一二五三	船舶輸送司令部	ミンダナオ島	一九四四・〇九・一三	林柄元	甲板員	戦死	済州島翰林面金陵里一五五九
			一九〇五・〇三・〇六	—			—
一一八四	四船舶輸送司令部	ニューギニア、ハンサ	一九四四・〇九・一四	松田武雄	船員	戦死	高興郡大西面雁南里三五一
			一九〇六・〇九・一二	—			—
四五／一一四九	二船舶輸送司令部	広東省広州湾	一九四四・〇九・一四	清本君吾	傭人	戦死	済州島大静面下摹里九〇七
			一九一五・〇二・〇七	清本王干・君七	父・弟		済州島大静面下摹里九〇七
四六	二船舶輸送司令部	広東省広州湾	一九四四・〇九・一四	新井桂萬	傭人	戦死	高興郡浦頭面玉嵐里五七八
			一九一一・〇五・〇五	新井×安	妻		—
四七	二船舶輸送司令部	広東省冷竹島	一九四四・〇九・一四	河千周	傭人	戦死	長興郡安良面水門里一〇〇
			一九二六・〇一・二九	—			
四八	二船舶輸送司令部	香港柱半島	一九四四・〇九・一四	白川承奎	傭人	戦死	莞島郡蘆花面礼松里四二六
			一九二三・〇九・一七	—			—
五七二	船舶輸送司令部	南支那海	一九四四・〇九・一七	高倉吾一	軍属	戦死	済州島旧左面演坪里一四七七
			×	李萬花	母		済州島旧左面演坪里一四七七
八一四	船舶輸送司令部	東支那海	一九四四・〇九・一八	韓田永富	軍属	戦死	麗水郡三山面西島里九七四
			一九一四・〇六・〇一	韓田用仁	妻		麗水郡三山面西島里九七四
八三一	船舶・漢江丸	樺太方面	一九四四・〇九・二一	原梁箕洪	軍属	戦死	長興郡安良面川里一〇七
			一九一八・一一・一八	原梁半	母		長興郡安良面川里一〇七

一一四	二船舶輸送司令部	比島	一九四四・〇九・一九 ×	華山洪彩 華山子吉	軍属 父	戦死	莞島郡所安面榧子里一二七三 莞島郡所安面榧子里一二七三
一三五	二船舶輸送司令部	ビルマ方面 マラリア	一九四四・〇九・二一 一九〇八・〇一・一五	金平乭 朴点礼	軍属 妻	戦病死	莞島郡金日面東日里 釜山府溢仙町一二六〇
五七六	船舶輸送司令部	比島方面	一九四四・〇九・二四 一九二二・〇七・〇七	金村東仁 金村泰準	軍属 父	戦死	済州島旧左面下道里二一九九 済州島旧左面下道里二一九九
五八〇	船舶輸送司令部	比島方面	一九四四・〇九・二四 一九二六・〇三・〇五	梁川文生 梁川元吉	軍属 父	戦死	済州島旧左面西金寧里八五八 釜山府溢仙町二三四
一四四	二船舶輸送司令部	長崎県対馬	一九四四・〇九・二八 ×	金原正浩 金原斗理	軍属	戦死	麗水郡下浦面楽洞里八四七 —
四四	二船舶輸送司令部	南支那海白邦土湾	一九四四・一〇・〇一 一九一四・〇九・〇六	金富正太郎 —	傭人	戦死	済州島城山面城山里三九九 —
一三三	二船舶輸送司令部	比島方面	一九四四・一〇・一〇 一九一一・〇一・〇三	金本武石 金本在順	軍属 子	戦死	霊光郡沙農面七谷里 霊光郡沙農面七谷里
二七〇	船舶輸送司令部	久米島西方海上	一九四四・一〇・一〇 一九二三・〇四・〇四	金原晋煥 —	軍属	戦死	済州島翰林面大林里一四九 —
一二五六	春日丸	沖縄	一九四四・一〇・一〇 一九一九・〇六・〇三	倉元折弘 倉元卦炎	機関員 父	戦死	済州島安徳面倉川里四〇三 済州島安徳面倉川里四〇三
一〇〇	二船舶輸送司令部	台湾高雄	一九四四・一〇・一二 ×	長田金銭 長田大俊	軍属 父	戦死	高興郡蓬莱面鳳栄里一〇八三 高興郡蓬莱面鳳栄里一〇八三
五〇三	船舶輸送司令部	台湾方面	一九四四・一〇・一二 一九〇五・〇八・〇八	東本泰洙 東本浦×	軍属	戦死	務安郡×山面曳里三六〇—一 務安郡×山面曳里三六〇—一
五八一	船舶輸送司令部	沖縄県	一九四四・一〇・一二 一九二五・〇二・一八	安東昌仁 安東順悟	軍属 父	戦死	莞島郡蘆花面亭子里一七〇 済州島翰林面畋徳里
一一四二	三船舶輸送司令部	台湾高雄湾	一九四四・一〇・一二 一九二六・〇九・二三	長田金洙 長田大俊	船員 父	戦死	高興郡蓬莱面新錦里一〇八三 —
五〇六	船舶輸送司令部	比島方面	一九四四・一〇・一八 ×	新井正夫 新井成玄	軍属 父	戦死	麗水郡突山面右斗里一二五 麗水郡突山面右斗里一二五
五七四	船舶輸送司令部	台湾方面	一九四四・一〇・二三 一九二四・〇一・一四	星本錫鳳 星本萬吉	軍属	戦死	済州島朝天面北村里西洞内一三二六 済州島朝天面北村里西洞内一三二六
一二一	二船舶輸送司令部	広東省九龍	一九四四・一〇・一五 一九二五・〇二・二六	季本乙峯 季本甲峯	軍属	戦死	済州島表善面下川里三四四 済州島表善面下川里三四四
一一九	二船舶輸送司令部	台湾方面	一九四四・一〇・二三 ×	金島喜一 金島溶援	軍属	戦死	長城郡長城面聖山里一三七 —
九二	二船舶輸送司令部	比島方面	一九四四・一〇・二四	徳宗芳善	軍属	戦死	莞島郡青山面道清里三四一

番号	所属	場所	年月日	氏名	身分・続柄	状況	住所
			一九二二・〇五・〇一	丁明局	父		莞島郡青山面道清里三四一
八四	二船舶輸送司令部	バシー海峡	一九四四・一〇・二四 一九一五・〇五・二〇	康原奉七 康原寶善	軍属 妻	戦死	済州島表善面下川里六四一 釜山府溢仙町三二一八
一一〇〇	大明丸	ボルネオ	一九四四・一〇・二四 一九一四・〇一・一〇	小山道出 —	軍属	戦死	寶城郡筏橋邑筏橋里一九 —
一一〇	二船舶輸送司令部	バシー海峡	一九四四・一〇・二四 一九一七・〇九・二五	松井炳燮 松井同春	軍属 兄	戦死	高興郡南陽面新興里一三六 高興郡南陽面新興里一三六
一〇七	二船舶輸送司令部	スマトラ島	一九四四・一一・〇二 一九一九・〇五・一〇	趙萬斗 趙漢緑	軍属 父	戦死	光州府河南面長水里一五八 光州府河南面長水里一五八
五八五	船舶輸送司令部	スマトラ島	一九四四・一一・〇二 一九一七・〇三・一五	高山尤鳳 高山奉春	軍属 妻	死亡	済州島城山面古城里 済州島城山面古城里
五八六	船舶輸送司令部	スマトラ島	一九四四・一一・〇二 一九一八・〇五・一八	真本用吉 金萬姫	軍属 妻	死亡	済州島朝天面新村里二〇五五 済州島朝天面新村里二〇五五
一二二一	二立山丸	スマトラ島	一九四四・一一・〇二 ×	趙漢緑 —	傭人	戦死	光山郡河南面長水里一五八 —
八七	二船舶輸送司令部	スマトラ島	一九四四・一一・〇二 一九一八・〇九・二三	李仁甲 國本尚烈	軍属 父	戦死	麗水郡南町面斗母里一四六八 麗水郡南町面斗母里一四六八
一二三	三船舶輸送司令部	××タイホサン	一九四四・一一・〇二 一九二三・〇一・一五	河石南旭 河石秀基	軍属 父	戦死	灵岩郡灵岩面駅里 —
一一四〇	日××丸	バシー海峡	一九四四・一一・〇三 一九二二・〇二・一六	斎木子遠 —	船員	戦死	光陽郡光陽面仁西面六二 —
七五七	船舶輸送司令部	比島北部	一九四四・一一・〇五 一九一六・〇七・一五	松本宗宜 松本守葉	軍属 母	戦死	莞島郡蘆花面 莞島郡蘆花面
一一二四	船舶輸送司令部	小笠原父島陸病	一九四四・一一・一〇 一九二六・〇六・一〇	金田玉仁 金田良永	船員 父	戦病死	麗水郡突山面平沙里八一八 麗水郡突山面平沙里八一八
一〇九	二船舶輸送司令部	小笠原諸島父島陸病	一九四四・一一・一〇 ×	金田栄一 金田玉千	軍属 兄	戦死	麗水郡葵山面平沙里 麗水郡葵山面平沙里
四一二	船舶輸送司令部	オルモック付近	一九四四・一一・一一 一九二八・〇二・二三	野山成玉 野山左鳳	軍属 父	戦死	済州島旧左面終達里一七七九 —
五〇五	船舶輸送司令部	東支那海	一九四四・一一・一二 一九二一・〇五・〇八	慎炅志 —	軍属	戦死	済州島済州邑三陽里一九六八 —
五七九	船舶輸送司令部	東支那海	一九四四・一一・一二 一九一四・〇九・〇一	木村元弘 木村順女	軍属 叔母	戦死	済州島涯月面古城里七〇一 —
六三六	船舶輸送司令部	雲南省清淋 マラリア	一九四四・一一・一二 一九二一・一〇・〇七	林鐘完 林興圭	兵長 父	戦病死	木浦府北橋洞一三五 木浦府竹橋町二一六

六六五	船舶輸送司令部	香港港外	一九四四・一一・一二	松江啓童	軍属	戦死	務安郡一老面望月里三区
			×	松江相南	父		務安郡一老面望月里三区
一一五七	熱田丸	N一一・〇七E一一九・一九	一九四四・一一・一二	李周成	船員	戦死	済州島旧左面下道里
			×	―			―
九四	二船舶輸送司令部	黄海	一九四四・一一・一八	新井漢基	軍属	戦死	莞島郡郡斗面新鶴里二四八
			一九二九・〇五・一〇	新井尚敏	父		莞島郡郡斗面新鶴里二四八
九八三	船舶・七福栄丸	レイテ島オルモック	一九四四・一一・一八	林斗珍	軍属	戦死	済州島安徳面沙渓里
			一九二三・〇六・二五	林東出	叔父		和歌山県東牟婁郡太地町水浦
六二〇	船舶輸送司令部	ルソン島	一九四四・一一・一九	坡子演根	軍属	戦死	済州島旧左面演坪里八六三
			×	―			―
一一〇五	晴安丸	ルソン島沖	一九四四・一一・一九	申金権	軍属	戦死	長城郡北二面茅峴里二八九
			一九一九・〇四・〇七	―			―
一三一	二船舶輸送司令部	比島	一九四四・一一・一九	高原義錫	軍属	戦死	麗水郡南面斗母里籾浦三一九
			一九二三・〇八・二〇	高原在敬	父		麗水郡南面斗母里籾浦三一九
五〇七	船舶輸送司令部	台湾方面	一九四四・一一・二一	朴又同	軍属	戦死	麗水郡麗水邑鳳山里一五二
			一九一四・〇三・〇二	朴復同			麗水郡麗水邑鳳山里一五二
五〇八	船舶輸送司令部	台湾方面	一九四四・一一・二一	朴漢山	軍属	戦死	寶城郡得粮面飛鳳里七七
			一九二一・〇五・〇八	新井太淑			珠島郡温進面南洞里
五〇四	船舶輸送司令部	比島方面	一九四四・一二・〇六	呉山正男	軍属	戦死	長興郡長興邑新興里一三六
			一九二三・一〇・〇一	呉山　勇	父		長興郡長興邑新興里一三六
三九五	船舶輸送司令部	ニューギニア、ソロンマラリア	一九四四・一二・〇六	星本佐根	軍属	戦病死	済州島朝天面北村里一三七二
			一九二六・〇二・二七	星本昌善	父		済州島朝天面北村里一三七二
一〇四	二船舶輸送司令部	比島	一九四四・一二・〇六	大山権鎬	軍属	戦死	和順郡春陽面会松里一九七
			×	大山在×	父		和順郡春陽面会松里一九七
一一五五	新東丸	N一・八〇E一二〇・五七	一九四四・一二・〇六	金性杓	船員	戦死	済州島旧左面坪垈里
			一九一〇・〇五・一四				
一七七	船舶輸送司令部	レイテ島	一九四四・一二・〇七	韓奇宣	軍属	戦死	珍島郡鳥島面羅坪島里一一八一
			一九〇四・〇七・一九				
七五八／一二五五	船舶輸送司令部	レイテ島オルモック	一九四四・一二・〇七	國元昌奎	甲板員	戦死	済州島朝天面朝天里三一四
			一九〇九・〇八・二二	國元出生	妻		釜山府溢仙町一二八
一三六	二船舶輸送司令部	ビルマ方面	一九四四・一二・一〇	金永元	軍属	戦病死	高興郡古岩面荘南里二二〇
			一九二一・〇一・二八	金×局			高興郡古岩面荘南里二二〇
九五	二船舶輸送司令部	比島	一九四四・一二・一一	福村奎南	軍属	戦死	麗水郡三山面徳村里六一二
			×	福村順来	父		麗水郡三山面徳村里六一二
八三	二船舶輸送司令部	比島方面	一九四四・一二・一一	安東恃目	軍属	戦死	済州島旧左面終達里一一〇八

			×	安東信連			済州島旧左面終達里一一〇八
一四一	二船舶輸送司令部	比島方面	一九四四・一二・一一	趙玉寅	軍属	戦死	高興郡蓬莱面鳳栄里
			×	趙正太			高興郡蓬莱面鳳栄里
五七七	船舶輸送司令部	スマトラ方面	一九四四・一二・一一	岩本演雨	軍属	戦死	莞島郡金日面柯栢里一五七一
			×	岩本徳寛			莞島郡金日面柯栢里一五七一
一一六	二船舶輸送司令部	漢口二陸軍病院	一九四四・一二・一七	金本在植	軍属	戦病死	和順郡道谷面美谷里
			一九二一・一二・一六	金本白吰	父		和順郡道谷面美谷里
一四七	二船舶輸送司令部	ニューギニア	一九四四・一二・一八	玉山雙来	軍属	戦病死	高興郡古岩面呂浦里一二二六
			一九二二・〇八・一五	玉山日九	父		高興郡古岩面呂浦里一二二六
一一五六	瑞光丸	比島リンガエン	一九四四・一二・二三	梁川元河	船員	戦死	済州島旧左面東金寧里一六一
			一九一九・〇七・二六				
一一六八	三船舶輸送司令部	ビルマ、モルメン	一九四四・一二・二四	平田京水	船員	戦死	灵光郡法聖面鎮内里一二二
			×	｜			｜
四六五	船舶輸送司令部	ルソン島	一九四四・一二・三〇	黄原南休	軍属	戦死	莞島郡青山面芽島里内
			×	黄原南石			莞島郡青山面芽島里内
七六九	船舶輸送司令部	N一五・四三E一二七・一九	一九四四・一二・三〇	木村良玉	軍属	戦死	済州島旧左面杏源里一四五〇
			×	木村美鳳仙	母		済州島旧左面杏源里一四五〇
一三四	二船舶輸送司令部	福建省	一九四四・一二・三一	金山猛秋	軍属	戦死	珍島郡智山面素浦里
			×	金山成萬			珍島郡智山面素浦里
一四二	二船舶輸送司令部	海塩島	一九四四・一二・三一	姜本甲守	軍属	戦死	務安郡安佐面者羅里
			×	姜本仁×			｜
二二九	二船舶輸送司令部	福建省	一九四四・一二・三一	山村光華	軍属	戦死	珍島郡智山面素浦里一一七
			一九二〇・〇一・一二	山村東津	父		珍島郡智山面素浦里一一七
二九七	船舶輸送司令部	比島サンフェルナンド	一九四五・〇一・〇六	文章玉	軍属	戦死	済州島済州邑禾北里四二〇五
			×				
七一	船舶・大川丸	台湾安平沖	一九四五・〇一・〇九	金田樽一	軍属	戦死	済州島安徳面東廣里一八九
			一九二九・〇九・〇一	金田小女	父		
七八〇	船舶輸送司令部	不詳	一九四五・〇一・〇九	清水吉洙	軍属	戦死	金堤郡金溝面至成里二一八
			×	清水京心	父		金堤郡金溝面至成里二一八
四二〇	船舶輸送司令部	ルソン島沖	一九四五・〇一・一九	原川漢玉	軍属	戦死	長興郡長興邑平化里一一七
			×	原川徳萬	父		長興郡長興邑平化里一一七
七九四	船舶輸送司令部	沖縄県宮古島	一九四五・〇一・二二	清水公熙	軍属	戦死	済州島城山面古城里一三五四
			一九二一・〇六・二〇	清水承夫	父		済州島城山面古城里一三五四
八三四	船舶輸送司令部	沖縄県宮古島方面	一九四五・〇一・二三	松山石鐘	軍属	戦死	莞島郡金日面月松里六三九
			一九二六・〇一・三〇	松山興斗	父		莞島郡金日面月松里六三九

番号	所属	死亡場所	死亡年月日／生年月日	氏名／親族氏名	身分／続柄	死因	本籍／親族住所
一七五	七野戦船舶廠	沖縄県	一九四五・〇一・二五 一九一九・〇一・二四	朴本健一郎 朴本愛子	雇員 妻	戦死	務安郡錦城面玖里九二二 —
一七六	船舶輸送司令部	スマトラ島	一九四五・〇一・二五 一八九一・〇一・一四	松山甲淵 松山甲淳	軍属 弟	戦死	康津郡郡東面龍沼里七〇一 康津郡郡東面龍沼里七〇一
五二一	船舶輸送司令部	比島バリトルナオ港	一九四五・〇一・二七 ×	金本道岩 金本有用	軍属 父	戦死	麗水郡華陽面長水里 麗水郡華陽面長水里
五二二	船舶輸送司令部	比島バリトルナオ港	一九四五・〇一・二七 一九二二・〇九・一四	木村東了 木村二文	軍属 父	戦死	莞島郡蘆花面右幕里三一 莞島郡蘆花面右幕里三一
五二三	船舶輸送司令部	比島バリトルナオ港	一九四五・〇一・二七 一九一六・〇三・一〇	光田徳市 光田局南	軍属 妻	戦死	灵光郡弘農面桂馬五八六 大連入船一
五二四	船舶輸送司令部	比島バリトルナオ港	一九四五・〇一・二七 一九一一・〇五・〇九	張太順 張在男	軍属 妻	戦死	長興郡安良面木門里五三六八 旅順市西町三六
一一六二	三船舶輸送司令部	ロンボック島	一九四五・〇一・二八 一九二八・〇一・一七	木村福東 木村王逑	船員 父	戦死	莞島郡青山面洛里五三七 木浦府竹洞一四二
一〇〇二	二野戦船舶廠	ジャワ島ブレオク	一九四五・〇一・二九 ×	大山元男 —	不詳	戦病死	咸平郡羅山面松岩里 —
七八九	船舶・日電丸	ビルマ一〇六兵病 アメーバ赤痢	一九四五・〇一・三〇 一九〇二・〇八・〇九	共田判守 黄致萬	軍属 父	戦病死	高興郡浦頭面南村里三二七 高興郡浦頭面南村里三二七
九八六	三船舶輸送司令部	不詳	一九四五・〇一・三〇 一九二二・〇六・〇一	李本春芳 李本順玉	軍属 妻	戦死	済州島安徳面上川里二区八二〇 済州島安徳面上川里二区八二〇
九八九	三船舶輸送司令部	不詳	一九四五・〇一・三〇 一九一五・〇八・〇一	金本藤吉 金本壽礼	軍属 妻	戦死	麗水郡華陽面華水里一〇九〇 長崎県上県郡豊崎村
六三五	船舶輸送司令部	ルソン島マニラ	一九四五・〇二・一五 一九二八・〇三・〇五	延安禧擇 延安奉孝	軍属 母	戦死	済州島翰林面金陵里四四三 —
一一五四	五野戦船舶廠	ルソン島ソサリル河	一九四五・〇二・一五 ×	善元萬玉 善元洙鎬	雇員 父	戦死	済州島安徳面和順里 東京都荒川区日暮里町三－七九
四八三	船舶輸送司令部	東支那海	一九四五・〇二・一六 一九二七・〇三・一四	金田石彬 金田昌元	甲板心得	戦死	高興郡占岩面沙亭里六四五 高興郡占岩面沙亭里六四五
五六二	船舶輸送司令部	ニューギニア、一二五兵病 脚気・マラリア	一九四五・〇二・一六 ×	善元東牛 善元準千	軍属 父	戦病死	莞島郡青山面復興里七六七 莞島郡青山面復興里七六七
一一六五	三船舶輸送司令部	ニューギニア、ソロン	一九四五・〇二・一六 一九二一・〇三・〇四	良本炳洙 —	船員	戦死	莞島郡青山面邑里一二七三 —
六三九	船舶輸送司令部	スマトラ島アオニグミアユ川	一九四五・〇二・一七 一九〇九・一一・一一	南原斗千 金発生	軍属 妻	戦死	済州島中文面河源里 —
八三七	船舶輸送司令部	不詳	一九四五・〇二・一七	豊永保則	軍属	戦死	光山郡松汀邑松汀里五一一

			×	豊永銀一	兄		光山郡松汀邑松汀里五一一
八四八	船舶輸送司令部	比島マニラ	一九四五・〇二・二三	山田武吉	軍属	戦死	済州島済州邑道頭里
			一九〇七・〇六・一七	山田静子	妻		—
六三一	船舶輸送司令部	比島マニラ	一九四五・〇二・二二	金谷孝烈	軍属	戦死	麗水郡三山面徳村里五五六
			一九一四・〇三・一五	金谷學三	父		麗水郡巨文島五五六
八〇八	船舶輸送司令部	鹿児島県久慈湾	一九四五・〇三・〇一	李萬宰	軍属	戦死	和順郡同福面楡川里一二二
			一八七六・〇六・二八	李康詰	父		和順郡同福面楡川里一二二
二六八	船舶輸送司令部	伊豆諸島御蔵島	一九四五・〇三・〇一	呉本恒斗	軍属	戦死	済州島城山面吾照里七二〇
			一九〇八・〇六・〇一	呉本永珍	妻		—
二六九	船舶輸送司令部	伊豆諸島御蔵島	一九四五・〇三・〇一	木村文彦	軍属	戦死	済州島旧左面東福里一六一三
			一九二三・〇五・一二	木村二琳	母		—
一五二	船舶輸送司令部	伊豆諸島御蔵島	一九四五・〇三・〇一	金福南	軍属	戦死	康津郡郡東面三新里七九六
			×	金　堤	父		—
一七九	船舶輸送司令部	伊豆諸島御蔵島	一九四五・〇三・〇一	宮本安根	軍属	戦死	済州島旧左面坪垈里六〇四
			一九二二・一一・二五	宮本龍根	兄		—
二八六	船舶輸送司令部	伊豆諸島御蔵島	一九四五・〇三・〇一	松宮基均	軍属	戦死	順天郡松光面新興里二四〇
			一九二六・一一・二七	—			—
二八七	船舶輸送司令部	伊豆諸島御蔵島	一九四五・〇三・〇一	金光哲士	軍属	戦死	済州島旧左面東福里一六三七
			一九〇八・〇一・一七	金光好有	妻		—
二八八	船舶輸送司令部	伊豆諸島御蔵島	一九四五・〇三・〇一	真本汝泉	軍属	戦死	済州島旧左面東福里一六三七
			×	真本祥生	妻		釜山市溢仙町一四二八
二八九	船舶輸送司令部	伊豆諸島御蔵島	一九四五・〇三・〇一	坡平仁壽	軍属	戦死	済州島旧左面終達里一一〇〇
			一九二三・〇五・〇五	坡平希善	父		済州島旧左面終達里一一〇〇
二九〇	船舶輸送司令部	伊豆諸島御蔵島	一九四五・〇三・〇一	蜜原仲訓	軍属	戦死	済州島旧左面金寧里一八四
			一九二七・〇六・〇四	蜜原熊男	叔父		—
二九一	船舶輸送司令部	伊豆諸島御蔵島	一九四五・〇三・〇一	坡平京慶	軍属	戦死	済州島旧左面金寧里一一七二
			一九二六・〇三・〇一	坡平桂順	妻		—
一一九〇	立山丸	伊豆諸島	一九四五・〇三・〇一	慎汝宗	船員	戦死	済州島旧左面東福里一五五四
			一九〇八・〇七・一五	—			—
七六一	船舶輸送司令部	セブ島陸病	一九四五・〇三・〇二	完山漢会	軍属	戦死	務安郡慈恩面綿田里四〇
			一九一六・〇九・一九	完山潤澤	父		務安郡慈恩面綿田里四〇
四八四	船舶輸送司令部	アンボイナ付近	一九四五・〇三・〇九	丸山永光	操機手	戦死	務安郡望霊面蓮里八九五
			一九二二・〇三・二〇	—			—
七四六	船舶輸送司令部	東支那海	一九四五・〇三・一〇	金本洪侠	軍属	戦死	麗水郡華陽面華東里七五八
			一九〇〇・〇二・二六	金本三必	母		麗水郡華陽面華東里七五八

一二〇八	南京丸	沖縄海上	一九四五・〇三・一七 一九〇九・〇五・〇四	洪汝進 —	船員	戦死	済州島翰林面挟才里一七一七 —
一一一六	和養苑丸	N二九・一二E一二三・〇一	一九四五・〇三・二三 一九一四・一〇・〇六	金範五 —	船員	戦死	麗水郡三山面徳村里六五六 —
四一三	船舶輸送司令部	南支那海	一九四五・〇三・二四 一九二〇・〇五・〇八	高野美佐男 高野昌之助	軍属	戦死	済州島済州邑道頭里七七〇一 大阪市天王寺区小橋東乙町五六
七七〇	船舶輸送司令部	不詳	一九四五・〇三・二七 一九二二・〇八・〇三	張本炫石 張本炫彩	軍属 兄	戦死	高興郡大西面金馬里四七一 —
七九七	船舶輸送司令部	バシー海峡	一九四五・〇四・〇一 一九二三・〇三・二七	岡本昌俊 岡本元澤	軍属	戦死	済州島旧左面東金寧里一三三四 済州島旧左面東金寧里一三三四
七四九	船舶輸送司令部	台湾方面	一九四五・〇四・〇二 一八九七・〇五・一四	神農栽林 神農仲伊	軍属 妻	戦死	済州島旧左面東福里一六一五 済州島旧左面東福里一六一五
五五一	船舶輸送司令部	N三四・二〇E一二四・〇〇	一九四五・〇四・〇二 一九二三・〇一・一二	國本元珩 國本曽雨	操舵手 父	戦死	済州島翰林面金陵里一四七四 済州島翰林面金陵里一四七四
五五二	船舶輸送司令部	N三四・二〇E一二四・〇〇	一九四五・〇四・〇二 一九二〇・〇三・〇八	昌山光熙 —	副×手	戦死	寶城郡筏橋邑洛城里五四四 —
七八八	船舶・日電丸	台湾	一九四五・〇四・〇二 一九〇九・一一・二〇	豊原吉秀 豊原　里	軍属	戦死	咸平郡大洞面金山里三一四 大連市松林町三
一〇九七	二東海丸	南方	一九四五・〇四・〇五 一八九七・〇二・一五	柳　正男 —	軍属	戦死	木浦府南諸洞 —
一一五〇	甲子丸	支那	一九四五・〇四・〇五 一九二二・〇六・二四	完山用碩 —	船員	戦死	済州島翰林面洙源里三四六 —
九八七	三船舶輸送司令部	コタバル沖	一九四五・〇四・〇七 ×	高山承鳳 高山萬保	軍属 父	戦死	済州島済州邑三陽里一七七 済州島済州邑三陽里一七七
九八八	三船舶輸送司令部	コタバル沖	一九四五・〇四・〇七 ×	金本成順 金本仁順	軍属 母	戦死	済州島涯月面音於里一一四八 済州島涯月面音於里一一四八
五一九	船舶輸送司令部	インドシナ、ツーラン	一九四五・〇四・〇八 ×	岩本漢文 高県木	軍属 父	戦死	済州島旧左面潭坪里一二四一 済州島旧左面潭坪里一二四一
五二〇	船舶輸送司令部	インドシナ、ツーラン	一九四五・〇四・〇八 一九二一・一二・一四	屋木基守 屋木斗業	軍属 妻	戦死	麗水郡南面心張里六六四 麗水郡南面中鶴里七一九
七五二	船舶輸送司令部	セブ島決勝山陣地	一九四五・〇四・一〇 ×	金本泰寿 金本吉生	軍属 母	戦死	済州島南元面水望里 —
六三八	船舶輸送司令部	ビルマ、ピヨボエ	一九四五・〇四・一〇 一九二二・〇三・二〇	和田鍾律 和田鍾浩	兵長 兄	戦死	長興郡省治面丹山里三七三 長興郡省治面丹山里三七三
六三二	船舶輸送司令部	セブ島決勝山陣地	一九四五・〇四・一〇	金本泰寿	軍属	戦死	済州島南元面木望里

			一九二二・〇五・一〇	金本吉生	母		済州島南元面木望里
七三一	船舶輸送司令部	小笠原諸島御蔵島	一九四五・〇四・一六	林公根	軍属	戦死	高興郡占岩面南悦里一〇三六
			一九二一・〇五・二六	林瑛澤	父		高興郡占岩面南悦里一〇三六
七三二	船舶輸送司令部	小笠原諸島御蔵島	一九四五・〇四・一六	林昌根	軍属	戦死	高興郡占岩面南悦里一三二
			一九一七・〇二・〇八	―			―
七九八	船舶輸送司令部	大瀬崎南西一八〇浬	一九四五・〇四・一七	朴村義雄	軍属	戦死	和順郡道岩面源泉里八
			×				和順郡道岩面源泉里八
八〇二	船舶輸送司令部	大瀬崎南方一八〇浬	一九四五・〇四・一七	山本寛治	軍属	戦死	済州島表善面細花里二一六
			×	―			―
二四八	一船舶輸送司令部	ルソン島	一九四五・〇四・一七	金井彩玄	軍属	戦死	済州島旧左面終達里九〇五
		腹部損傷	一九一六・〇三・〇六	明　玉	父		済州島旧左面終達里九〇五
二七	三船舶輸送司令部	泰国降谷	一九四五・〇四・一八	河本大浩	傭人	戦死	珍島郡智山面××里二五一
			一九二三・〇九・二九	河本得伐	伯父		珍島郡智山面××里二五一
二八	三船舶輸送司令部	泰国降谷	一九四五・〇四・一八	良川智勇	傭人	戦死	済州島輪林面龍水里
			一九一八・一一・一二	良川成権	父		済州島輪林面龍水里
二六	三船舶輸送司令部	泰国降谷	一九四五・〇四・一八	金本正均	傭人	戦死	莞島郡金日面花木里
			×	―			―
六六六	船舶輸送司令部	セブ島決勝山陣地	一九四五・〇四・二〇	呉木達功	軍属	戦死	済州島城山面新豊里七九九
			一九一五・〇六・〇二	呉木震弼	父		済州島城山面新豊里七九九
四一〇	船舶輸送司令部	ニューギニア、ウウェワク	一九四五・〇四・二五	清水顕守	軍属	戦死	済州島子月大西里一九八
			一九二五・〇五・〇三	―			済州島子月大西里一九八
七八二	船舶輸送司令部	福岡県若松市	一九四五・〇四・二五	高原斗錫	軍属	戦死	済州島翰林面新昌里二八九
			一九二二・〇四・二〇	高原蓮伊	妻		済州島翰林面新昌里二八九
六一九	船舶輸送司令部	セブ島決勝山陣地	一九四五・〇四・二八	金田明哲	軍属	戦死	済州島旧左面下道里西間洞
			一九一九・〇一・一六	金田明愛	妻		済州島旧左面下道里西間洞
七〇九	船舶輸送司令部	セブ島決勝山陣地	一九四五・〇四・二八	金澤鏞澤	雇員	戦死	済州島旧左面演坪里二五一
			一九一三・〇六・二〇	金澤順培	妻		済州島旧左面演坪里二五一
七一〇	船舶輸送司令部	セブ島決勝山陣地	一九四五・〇四・二八	高山博文	雇員	戦死	済州島旧左面坪岱里一九八二
			一九一七・〇三・〇四	高山漢赫	父		済州島旧左面坪岱里一九八二
七一一	船舶輸送司令部	セブ島決勝山陣地	一九四五・〇四・二八	神野在水	不詳	戦死	麗水郡華井面狼島里三一四
			一九一八・〇五・一二	神野學用	父		麗水郡華井面狼島里三一四
七一二	船舶輸送司令部	セブ島決勝山陣地	一九四五・〇四・二八	国光成守	不詳	戦死	麗水郡華水面蓋島里
			一九二三・〇七・二三	国光南石	父		麗水郡華水面蓋島里
六三三	船舶輸送司令部	セブ島決勝山陣地	一九四五・〇四・二八	木村成叔	軍属	戦死	莞島郡青山面清渓里
			一九二二・〇四・一二	木村保國			莞島郡青山面清渓里

六三四	船舶輸送司令部	セブ島決勝山陣地	一九四五・〇四・二八	財津相業	軍属	戦死	珍島郡鳥島面東区次島里
			一九二三・〇八・一三	林仕右	父		珍島郡鳥島面東区次島里
六六四	船舶輸送司令部	セブ島決勝山陣地	一九四五・〇四・二八	波平炳訓	軍属	戦死	済州島済州邑都坪里一二六五
			一九二一・一一・二三	波平元妹	母		済州島済州邑都坪里一二六五
九八四	三船舶輸送司令部	セブ島ポンタ	一九四五・〇四・二八	李順學	軍属	戦死	莞島郡蘆花面都廣里
			一九一七・〇八・一八	—			—
九九〇	船舶・硯山丸	マカッサル港	一九四五・〇五・〇七	金杓吉	軍属	戦死	済州島旧左面金寧里八九七
			一九一二・一二・二一	金杓権	兄		済州島旧左面金寧里八九七
七三三	船舶輸送司令部	比島マニラ	一九四五・〇四・二五	木村用吉	軍属	戦死	務安郡里山村沙里二九〇
			一九一五・〇六・二九	木村×叔	父		
二四四	船舶輸送司令部	比島サンフェルナンド	一九四五・〇五・〇七	國本和漢	軍属	戦死	済州島旧左面東金寧里一五〇〇
			一九二一・〇一・〇九	—			—
八四六	五野戦船舶廠	ルソン島チャゴ	一九四五・〇五・〇七	前田憲作	軍属	戦死	康津郡康津邑松田里六四〇
			×	—			—
五一八	船舶輸送司令部	サイゴン市	一九四五・〇五・一〇	金奉友	軍属	不慮死	済州島中文面穡達里
			一九一七・〇七・一一	金儀釜	父		済州島中文面穡達里
一二〇七	三船舶輸送司令部	沖縄県那覇	一九四五・〇五・一〇	原田正吉	船司	戦死	済州島翰林面頭毛里二四一五
			一九二一・〇五・二六	—			—
一〇二三	七船輸司沖縄支部	沖縄県首里	一九四五・〇五・一〇	張本允玄	軍属	戦死	長興郡安良面芷川里
			一九二一・一〇・二八	張玉鉉	兄		福岡県若松氏大正町五丁目松本方
七六六	七野戦船舶廠	沖縄県浦添村	一九四五・〇五・一〇	善山智水	雇員	戦死	済州島済州邑建入里一一四八
			一九一二・〇二・〇六	善山訓光	叔父		—
七六八	七野戦船舶廠	沖縄県浦添村	一九四五・〇五・一〇	木下忠美	雇員	戦死	順天郡雙岩面鳳徳里三一四
			一九二六・〇三・二八	木下福武良	父		順天郡雙岩面鳳徳里三一四
八〇四	船舶輸送司令部	神戸市和田岬	一九四五・〇五・一七	康村浩義	軍属	戦死	済州島表善面加時里一八四八
			一九二四・一二・二五	康村眞敬	父		済州島表善面加時里一八四八
五三三	船舶輸送司令部	比島セブ島五〇五高地	一九四五・〇五・二一	金本一郎	軍属	戦死	麗水郡三山面巨文里
			一九二九・〇五・一四	金本道仁	父		麗水郡三山面巨文里
一〇九六	大東丸	朝鮮麗水沖	一九四五・〇五・二七	大林政吉	船員	戦死	木浦府竹橋里二三二
			一九〇一・〇九・一九	—			—
一〇〇九	船舶輸送司令部	ニューギニア、ソロモン間	一九四五・〇五・三〇	西原清治	軍属	戦死	済州島旧左面杏源里
			一九二〇・〇八・〇二	實（日鳳）	父		大阪市東区入尾町六六〇
一一八八	大東丸	内地	一九四五・〇六・〇一	安有国	船員	戦死	済州島旧左面東金寧里一三二六
			×	—			—
四一六	船舶輸送司令部	朝鮮海峡又者島	一九四五・〇六・〇七	明春珉	軍属	戦死	高興郡蓬莱面新錦里二五五

			一九二二・〇三・〇一	明春興	兄		高興郡蓬莱面新錦里二五五
五五七	船舶輸送司令部	N四七・二三E一四九・一〇	一九四五・〇六・一〇	徳山昌禹	軍属	戦死	済州島翰林面瓮浦里二五七
			×	—			
七六二	船舶輸送司令部	セブ島	一九四五・〇六・一〇	姜又岩	軍属	戦死	高興郡東江面掌徳里二二九
			一九〇一・〇九・一四	神農俊名	妻		釜山府草桑町九〇三
七五九	船舶輸送司令部	セブ島	一九四五・〇六・一〇	草川三均	軍属	戦死	麗水郡三山面巨文里徳村里
			一九二二・〇九・二七	草川権藤	父		麗水郡三山面巨文里徳村里
四一四	船舶輸送司令部	朝鮮羅津	一九四五・〇六・一一	金河栄明	軍属	戦死	潭陽郡南面燕川里一三九
			一九二一・一一・〇九	金河五男	父		潭陽郡南面燕川里一三九
一〇〇一	船舶輸送・大安	シンガポール、一陸病	一九四五・〇六・一六	李原行淑	軍属	戦傷死	済州島安徳面徳修里二七六一
			一九一五・〇八・二〇	—			済州島安徳面徳修里二七六一
九九九	一船舶輸送司令部	沖縄県摩文仁村	一九四五・〇六・二〇	岡田頭奉	軍属	戦死	済州島旧左面龍坪里
			一九一九・〇七・三〇	岡田令連	妻		大阪市此花区正博町北四丁目五四
一一七五	四船舶輸送司令部	沖縄県摩文仁村	一九四五・〇六・二〇	文平興柱	船員	戦死	麗水郡突山面金鳳里九九七
			一九二二・〇九・一四	—			—
四八七	船舶輸送司令部	比島カングン	一九四五・〇六・二一	金村東律	軍属	戦死	莞島郡蘆花面三三
			一九二三・〇二・二三	金村道結	父		莞島郡蘆花面三三
七三七	船舶輸送司令部	仏印コンビン	一九四五・〇六・二三	青松用燮	兵長		光州府北町二〇八
			×	青松仲集	父		光州府柳町四六
四二二	船舶輸送司令部	釜山沖	一九四五・〇六・二三	西原正雄	軍属	戦死	済州島旧左面坪岱里二〇二四
			×	西原己虫	妻		済州島旧左面坪岱里二〇二四
三三一	船舶輸送司令部	北海道知田村沖	一九四五・〇七・一四	徳山宗良	軍属	戦死	済州島旧左面東金寧里
			一九一五・〇八・〇三	徳山宗代	母		—
九九四	三船舶輸送司令部	タイ、バンコック	一九四五・〇七・一七	金本正杓	軍属	戦死	長興郡金日面桐相里
			一九一二・一〇・二〇	金本興五	兄		門司市住吉町三丁目
四一七	船舶輸送司令部	福岡県門司大里沖	一九四五・〇七・一九	金井洪太	軍属	戦死	済州島朝天面北村里一三五九
			一九二七・〇四・〇二	金井元吉	叔父		済州島朝天面北村里一三五九
七六〇	船舶輸送司令部	セブ島	一九四五・〇七・二〇	金村鎬覧	軍属	戦死	済州島旧左面東金寧里一六一八
			×	金村基妹	妻		済州島旧左面東金寧里一六一八
一一五九	博造丸	内地	一九四五・〇七・二〇	京勇雄	船員	戦死	木浦府北橋洞一二七
			×	—			—
一〇九九	昌海丸	下津沖合	一九四五・〇七・二四	李太文	軍属	戦死	寶城郡弥力面
			一九一七・〇六・〇五	—			—
一一〇七	昌海丸	下津沖合	一九四五・〇七・二四	林大奉	船員	戦死	莞島郡青山面五六八
			一九一七・〇六・〇五	—			—

四一八	船舶輸送司令部	沖島五〇度二〇里	一九四五・〇七・二六 一九〇三・〇六・〇九	金谷古億 金谷烈宅	軍属 父	戦死	高興郡錦山面五馬里三九一 高興郡錦山面五馬里三九一
七六七／一一六三	七野戦船舶廠	沖縄県摩武仁村	一九四五・〇六・二一 一九一七・〇七・〇七	石川光夫 安山萬秘	雇員 父	戦死	莞島郡青山面一六八 莞島郡青山面一六八
一二五七	船舶輸送司令部	不詳	一九四五・〇七・二六 一九二三・〇六・一七	高村晟赫 高林祭賢	操機長 父	戦死	済州島城山面水山里二三九二 —
六九六	船舶輸送司令部	ルソン島ナクホク	一九四五・〇七・二八 一九二八・〇一・一〇	徳山一鳳 徳山在鳳	軍属 兄	戦死	済州島城山面古城里一三五〇 済州島城山面古城里一三五〇
七三四	船舶輸送司令部	ルソン島サリオク	一九四五・〇七・二八 一九一四・〇六・〇一	韓順学 西永京五	軍属 父	戦死	済州島城山面古城里二区 済州島城山面古城里二区
七六三	船舶輸送司令部	ルソン島サリオク	一九四五・〇七・二八 一九〇九・一〇・一三	玉東庄子 朴英凡	軍属	戦死	麗水郡三山面巨文里徳村里 麗水郡三山面巨文里徳村里
四一九	船舶輸送司令部	鵂西方七浬	一九四五・〇七・三〇 一九二三・〇四・一一	宮本永俊 宮本貞娥	軍属 妻	戦死	済州島旧左面坪岱里二〇二一 済州島旧左面坪岱里二〇二一
一一二六	裕山丸	北海道	一九四五・〇七・三〇 一九一一・一二・〇八	蔡玉基 —	船員	戦死	務安郡望雲面安亜里二四 —
四二一	船舶輸送司令部	N三四・三八E一三〇・二二	一九四五・〇八・〇六 一九〇二・〇八・〇八	平沼有元 平沼善心	軍属 妻	戦死	麗水郡草井面下花里 麗水郡草井面下花里
一一七二	二日進丸	不詳	一九四五・〇八・二四 一九〇七・〇九・二七	金莞同 —	船員	死亡	麗水郡三山面徳村里九三六 —
三四	船舶輸送司令部	富山県伏木港	一九四五・一〇・二五 ×	武村正平 —	司厨員	戦死	務安郡清渓面台岑里五一六 —
三五	船舶輸送司令部	富山県伏木港	一九四五・一〇・二五 ×	平本穆憲 —	操機手	戦死	務安郡海際面原壮里七九三 —
三六	船舶輸送司令部	富山県伏木港	一九四五・一〇・二五 ×	高山　錫 —	機×員	戦死	光山郡河南面安清里 —
三七	船舶輸送司令部	富山県伏木港	一九四五・一〇・二五 一九一九・〇六・一一	金城元淳 金石奉	司厨員	戦死	済州島翰林面金陵里一六九四 済州島翰林面金陵里一六九四
一〇一一	三イロ輸送司令部	山口県国立療養所	一九四五・一二・一九 一九二三・〇三・〇三	呉本昌一 呉本奉國	軍属 父	病死	済州島城山面吾照里九五 —
一二〇四	五野戦船舶廠	不詳	一九四八・一〇・〇六 ×	金山茂男 —	船員	戦死	済州島済州邑外都里一九 —
一二一七	二船舶輸送司令部	不詳	一九四四・××・×× ×	谷山達化 —	軍属	戦死	済州島旧左面終達里七五二 —
一二一八	二船舶輸送司令部	不詳	一九四四・××・××	谷山性宗	軍属	戦死	済州島城山面吾照里一八六

			一九一六・〇四・二三	—			—
一〇九八	昌海丸	下津沖合	不詳 一九一一・〇三・〇八	金福奐 —	船員	戦死	寶城郡綵力面六三一 —
一一一五	東山丸	不詳	不詳 一九一三・〇三・〇三	富田正一 —	船員	戦死	麗水郡南面千母里八七一 —
一一一七	船泊工兵一八連隊	モルッカ諸島ハルマヘラ	一九四五・〇九・一六 一九一三・一一・〇八	豊川相洙 豊川享洙	傭人 父	戦病死	麗水郡華陽面龍洙里 麗水郡華陽面龍洙里
四二	捜索一九連隊	台湾安平沖	一九四五・〇一・〇九 一九二四・〇三・二四	豊川公平 豊川卒庄	上等兵 父	戦死	済州島翰林面洙源里七四八 済州島翰林面洙源里七四八
四二九	捜索二〇連隊	台湾安平沖	一九四五・〇一・〇九 一九二一・〇四・二四	長谷川博之 長谷川チエ子	一等兵 妻	戦死	済州島朝天面朝天里二四六〇 —
四三〇	捜索二〇連隊	台湾安平沖	一九四五・〇一・〇九 一九一九・〇七・一九	二宮達二郎 二宮秋玉	一等兵 妻	戦死	済州島済州邑梨湖里五二九 —
四三一	捜索二〇連隊	台湾安平沖	一九四五・〇一・〇九 一九二五・〇九・〇二	朴六栄 朴愛順	一等兵 妻	戦死	求禮郡求禮面鳳東里参番地 求禮郡求禮面鳳東里参番地
四三二	捜索二〇連隊	台湾安平沖	一九四五・〇一・〇九 一九二九・〇八・二七	徳山祥浩 徳山得周	一等兵 父	戦死	莞島郡古今面細東里六〇七 康津郡七良面梅山里一一四七
四三三	捜索二〇連隊	台湾安平沖	一九四五・〇一・〇九 一九二四・〇四・〇三	富山正植 富山金順	一等兵 妻	戦死	済州島表善面表善里五九三 済州島表善面表善里五九三
四三四	捜索二〇連隊	台湾安平沖	一九四五・〇一・〇九 一九二五・〇八・二四	大平相悦 大平高英	一等兵 父	戦死	務安郡錦城面城内里五二 務安郡錦城面城内里五二
四三五	捜索二〇連隊	台湾安平沖	一九四五・〇一・〇九 一九二五・〇六・一〇	脇田永文 脇田範潤	一等兵 父	戦死	灵巌郡都浦面永湖里五三七 灵巌郡都浦面永湖里五三七
四三六	捜索二〇連隊	台湾安平沖	一九四五・〇一・〇九 一九二四・〇二・二七	金山漢燮 金山福烈	一等兵 父	戦死	長城郡珍原面龍山里六五三 長城郡珍原面龍山里六五三
四三七	捜索二〇連隊	台湾安平沖	一〇四五・〇一・〇九 一九二二・〇三・〇九	金山兼鎬 金山良任	一等兵 父	戦死	灵光郡大馬面松竹里五一七 灵光郡大馬面松竹里五一七
四三八	捜索二〇連隊	台湾安平沖	一九四五・〇一・〇九 一九二三・〇六・一六	金光日燮 金光太成	一等兵 父	戦死	灵光郡灵光面武灵里一九五 灵光郡灵光面武灵里一九五
四三九	捜索二〇連隊	台湾安平沖	一九四五・〇一・〇九 一九二四・〇八・二一	良川徳承 良川　清	一等兵 父	戦死	光州府瑞石町二五—一 光州府瑞石町二五—一
四四〇	捜索二〇連隊	台湾安平沖	一九四五・〇一・〇九 一九二四・〇七・〇六	海本順奉 海本順玉	一等兵 兄	戦死	光州府白雲町一七四 光州府白雲町一七四
四四一	捜索二〇連隊	台湾安平沖	一九四五・〇一・〇九 一九二四・〇一・一〇	菊田重王 菊田迨燮	一等兵 父	戦死	潭陽郡月山面廣岩里二五〇 黄海道延白郡延安邑長谷里五二八

五八八	タイ俘虜収容所	ルソン島スピック沖	一九四四・〇九・二一 一九一八・〇九・〇一	松山博茂 松山文子	傭人 妻	死亡	済州島済州邑龍潭里四〇 木浦府大正町一四－二
五九〇	タイ俘虜収容所	タイ、ターチン	一九四五・〇一・二三 一九一八・〇八・〇九	平山仲伊	雇員	戦病死	霊岩郡霊岩面開新里
七二六	タイ俘虜収容所	シンガポール、チャンギ	一九四六・××・×× ×	金岡貴好 金岡梅女	雇員 母	死亡	済州島翰林面甕浦里 済州島翰林面甕浦里
一一七〇	中支碇司監	漢口上流	一九三八・一二・一二 ×	朴冠五 ―	船員	戦死	麗水郡三山面徳村里五〇八 ―
一一八五	中支碇司監	江西省馬当領	一九三八・〇八・二四 ×	朴昌五 ―	船員	戦死	康津郡道光面沙華里四六八 ―
四四八	中支野戦補馬廠	江蘇省鎮江一七兵病	一九四五・〇七・一五 一九二一・〇二・〇六	松原　清 松原　×	傭人 兄	戦病死	光州府山手町三七三 光州府山手町三七三
四二八	挺身四連隊	レイテ島リヨット	一九四五・〇四・二二 一九二二・一一・一三	富田性重 富田培遠	軍曹 父	戦死	済州島済州邑三陽里一八五八 済州島済州邑三陽里一八五八
七九	電信五連隊	華北防給部診療所	一九四一・〇七・〇二 ×	山本賢二 山本亀治郎	上等兵 父	戦病死	木浦府温錦洞一二二 木浦府温錦洞一二二
一二二七	電信五連隊	華北	一九四五・〇一・〇九 一九二四・〇九・一二	利川三柱 ―	二等兵	戦死	務安郡清渓面道岱里一九六 ―
七〇二	電信二七連隊	セブ島タユボン	一九四五・〇五・二三 一九二六・〇四・〇五	金谷光都 金谷　勝	軍曹 父	戦死	麗水郡麗水邑西町 麗水郡麗水邑西町
一六〇	特設自動車二三中隊	ネグロス島	一九四五・〇八・〇六 ×	大島享律 大島有菜	伍長 妻	戦死	莞島郡金日面車牛里七四五 莞島郡金日面車牛里七四五
二九	特設自動車二四中隊	ミンダナオ島	一九四四・〇四・二五 ×	高本鎔錫 高本潤福	伍長 父	戦死	潭陽郡昌平面柳川里二八三 潭陽郡昌平面柳川里二八三
三〇	特設自動車二四中隊	ミンダナオ島カバネサン	一九四五・〇七・〇四 一九二三・〇三・〇五	松石光浩 松石華植	伍長 父	戦病死	長興郡長東面鳳洞里四六六 ―
六七〇	特設自動車二四中隊	ミンダナオ島パルヤ	一九四五・〇五・〇二 ×	豊井南淳 豊井珠見	上等兵 兄	戦死	光州府六五 光州府六五
五二七	特陸勤務一一九中隊	大分県別府陸病	一九四五・〇九・二二 一九二四・〇四・一五	松原基玄 松原洪南	上等兵 妻	病死	順天郡海龍面狐頭里八九八 順天郡海龍面狐頭里
一二三八	独警歩一七大隊	河北省	一九四四・〇七・二九 ×	陽川太龍 ―	一等兵	戦死	済州島済州邑建入里一三七九 ―
六一〇	独警歩四五大隊	山東省夏江県	一九四五・〇八・〇九 一九二〇・〇一・一三	金本宗色 金本正雄	伍長 父	戦死	済州島翰林面翰林里一一〇〇 済州島翰林面翰林里一一〇〇
六八	独混五旅団司令部	河北省石門陸病	一九四四・〇二・一四	平山為治	上等兵	戦病死	長城郡北上面銅峴里二一七

		ネフローゼ	×	平山×谷	父		長城郡北上面銅峴里二一七
三五一	独立混成九連隊	ニューギニア、バカン島	一九四四・〇六・二三	柏谷和市	伍長	戦死	霊光郡西面加沙里三七五
			一九二二・一〇・二〇	柏谷進義	父		霊光郡西面加沙里三七五
一二三六	独混九連	マリアナ諸島	一九四四・〇七・一一	大豊純一	准尉	戦死	光州府旭町六〇
			×	—			—
一二〇九	独混一〇連	ロタ島	一九四五・〇三・〇三	玄聲鏡	船員	戦死	済州島済州邑寧坪里
			×	—			—
一一六七	独混一〇連隊	ロタ島	一九四五・〇六・〇四	金学洋	傭人	戦死	灵岩郡金井面
			×	—			—
四九八	独混一九旅団司令部	広東省恵来県	一九四五・〇三・〇五	朱山必植	上等兵	戦死	羅州郡旺谷面本良里六四
			一九二三・一二・〇七	朱山珞達	父		羅州郡旺谷面本良里六四
一二三五	独混三五連	不詳	一九四五・一二・二〇	金光成太郎	兵長	戦病死	光州府北町二八〇
			一九一九・〇五・二一	金東俊	父		光州府北町二八〇
六一七	独混五八旅団工兵隊	ルソン島七八兵病	一九四五・〇四・〇一	広村容善	伍長	戦傷死	寶城郡得粮面五寧里三八二
		頭部砲弾破片創	×	—			—
八四七	独立工兵六中隊	ビルマ、トングー県	一九四五・〇七・二七	大山英雄	兵長	戦死	順天郡順天邑東外里一三六
			一九二四・〇一・二三	大山　勲	父		順天郡順天邑東外里一三六
八四四	独立工兵八中隊	ビルマ、	一九四五・〇五・一五	高山光竣	軍属	戦死	谷城郡石谷面淩波里四二九
		行方不明	一九二三・〇九・〇八	高山秀峯	父		谷城郡石谷面淩波里四二九
二四〇	独立工兵六六大隊	沖縄本島首里	一九四五・〇五・二二	美村隣鉉	兵長	戦死	海南郡縣山面白浦里三八四
			一九二二・〇七・〇三	美村在規	父		木浦府竹洞一三九－四
七六五	独立工兵六六大隊	沖縄本摩文仁	一九四五・〇六・一九	杉原美智男	兵長	戦死	務安郡安佐面内湖里一六九
			一九二三・一二・〇九	杉原順子	妻		木浦府常盤町二
五三六	独立自動車六一大隊	ビルマ、ミートキナ	一九四四・〇五・一〇	高原京興	伍長	戦死	済州島南元面衣貴里一三一五
			×	高原順臾	母		済州島南元面衣貴里一三一五
五三七	独立自動車六一大隊	ビルマ、ミートキナ	一九四四・〇九・一二	原田龍燮	兵長	戦死	寶城郡熊峙面江山里一〇八一
			×	原田守根	父		寶城郡熊峙面江山里一〇八一
五三八	独立自動車六一大隊	ビルマ、ラシオ一二一兵病	一九四四・一一・二〇	山本鐘漢	兵長	戦病死	和順郡和順面蓮陽里九二
		マラリア	一九二二・一二・二〇	山本永午	祖父		和順郡和順面蓮陽里九二
五三九	独立自動車六一大隊	ビルマ	一九四四・一一・二九	大澤吉永	兵長	戦死	求禮郡求社面新月里二五六
			一九一九・一一・二七	大澤秋實	父		求禮郡求社面新月里二五六
五四〇	独立自動車六一大隊	ビルマ、カレン州	一九四五・〇七・二七	木原炯乙	兵長	戦死	寶城郡蘆洞面玉馬里二八六
			一九二一・一二・〇八	木原宗柱	父		寶城郡蘆洞面玉馬里二八六
七四八	独立自動車六二大隊	ルソン島サラクサク	一九四五・〇四・二九	松原在順	伍長	戦死	麗水郡五川里一一六
			一九二二・〇九・一八	松原在文	兄		麗水郡五川里一一六

一二四四	独立自動車六二大隊	ルソン島バンテ峠	一九四五・〇七・一〇 一九一八・一二・一三	金村健一 金村得玉	兵長 父	戦死	順天郡西面権橋里一七九 順天郡西面権橋里一七九
四九九	独立自動車二九七中隊	ルソンイフガオ州パラオ	一九四五・〇六・一七 一九二四・一〇・〇九	金山棟元 金山毎實	兵長 母	戦死	康津郡兵営面城東里一七二 康津郡兵営面城東里一七二
一〇五二	独立野砲六連隊	済州島	一九四五・〇七・〇六 一九二三・一二・一九	平山永浩 平山京彬	一等兵 父	戦死	灵岩郡始終面月寺里四七一 灵岩郡始終面月寺里四七一
六四八	独歩七大隊	山西省	一九四五・〇四・二四 一九二四・〇八・二八	江陵亨東 江陵徳南	兵長 父		莞島郡所安面萬鶴里四五四 莞島郡所安面萬鶴里四五四
三七七	独歩四三大隊	山東省	一九四五・〇三・一七 一九二四・〇七・〇三	岩本在煥 岩本一玟	伍長 父		莞島郡古今面青龍里三七六 莞島郡古今面青龍里三七六
一二三二	独歩四三大隊	山東省	一九四四・〇九・一四 一九二八・〇四・一六	金井王善 ―	兵長	戦死	―
三三	独歩四五中隊	山東省	一九四五・〇八・〇九 一九二〇・〇一・一三	金本京武 金木正雄	伍長 父	戦死	済州島翰林面翰林里一一〇〇 済州島翰林面翰林里一一〇〇
一五六	独歩五四大隊	不詳	一九四五・〇八・二〇 一九二四・〇四・××	森田×× 森田照薫	兵長 父	戦病死	潭陽郡昌平面長華里四五二 忠清南道太田府春日町二―六六
六七	独歩五五大隊	山東省	一九四五・〇五・二三 一九二二・一一・二五	松岡東淳 松岡蘭同	伍長 父	戦死	海南郡山二面松月里三八 海南郡山二面松月里三八
四八一	独歩七三大隊	河北省	一九四四・〇七・一八 ×	金光永柱 金光亨通	軍属 父		灵光郡南面雲梅里五三一 灵光郡南面雲梅里五三一
一四八	独歩九九大隊	廣東省	一九四五・〇七・二〇 一九二四・〇三・〇七	木村男植 木村文宅	上等兵 父	戦死	潭陽郡潭陽面半月里二四九 ―
一〇三五	独歩一一一大隊	山東省済南陸病 腸チフス	一九四四・〇五・〇三 一九二三・〇八・二六	新井周鐘 新井永培	一等兵 父	戦病死	珍島郡義新面昌浦里一一二 珍島郡義新面昌浦里一一二
一七四	独歩一九一大隊	山東省	一九四四・〇五・〇九	金田容吉 金田文洪	兵長 父	戦傷死	莞島郡莞島面中道里一〇八七
七〇	独歩二二七大隊	湖北省一五二兵病 結核	一九二五・〇三・三一 一九二四・〇四・三〇	吉原幸雄 吉原正之助	兵長 父	戦病死	高興郡豊馬面豊南里 高興郡豊馬面豊南里
六九	独歩二八一大隊	廣東省仙頭 細菌性赤痢	一九四五・〇八・二七 一九二四・〇一・二三	海金正鉉 海金相喆	兵長 父	戦病死	光陽郡玉竜面汀川里八三五 光陽郡玉竜面汀川里八三五
四〇六	独歩四八四大隊	湖南省一二七兵病 瓦斯壊疽	一九四五・〇二・二二 一九二四・〇六・二八	大山隆雄 大山炳米	一等兵 父	戦傷死	順天郡雙巌面月渓里七七四
一六一	独歩五一五大隊	湖南省	一九四五・〇八・〇八 一九二四・〇五・二九	木村成太 木村順用	兵長 父	戦死	海南郡海南面旧校里七四〇 海南郡海南面旧校里七四〇
四四六	独歩五五三大隊	ボルネオ島シリリャム	一九四五・〇九・二七	松田炯南	上等兵	戦病死	莞島郡青山面道洛里一六三

		マラリア	一九二四・〇六・〇二	松田昌吾	父		莞島郡青山面道洛里一六三
四〇五	独歩五五四大隊	北ボルネオ マラリア	一九四五・〇八・二三 一九二四・〇三・二〇	和田左良 和田啓烈	兵長 父	戦病死	莞島郡青山面菊山里七九九 莞島郡青山面菊山里七九九
三二一	独歩五九八大隊	湖南省長沙一八四兵病	一九四五・〇九・二四 一九四四・〇八・〇六	門文春植 門文長烈	上等兵 父	戦病死	光山郡林谷面斗亭里七一 光山郡林谷面斗亭里七一
四〇三	独歩五九八大隊	湖南省　七二兵站病院	一九四五・〇九・〇七 一九二四・〇八・〇二	金本正奉 金本　俊	上等兵 父	公病死	海南郡黄山面松湖里四二三 海南郡黄山面松湖里四二三
四〇四	独歩五九八大隊	湖北省漢口二陸病	一九四六・〇一・三一 一九二四・〇三・一八	金村龍洙 金村小春	兵長 父	公病死	光山郡大村面昇村里九四 光山郡大村面昇村里九四
一〇八九	独歩五九八大隊	広東省坪石	一九四五・〇七・〇七 一九二四・〇六・〇二	池田基赫 池田発生	上等兵 妻	戦病死	済州島済州邑禾北里三五一八 済州島済州邑禾北里三五一八
四九五	独歩六二三大隊	広東省荘海	一九四五・〇九・〇二 一九二四・〇三・二三	昌山圭元 昌山長煥	上等兵 父	戦病死	潭陽郡古西面分香面一七八 潭陽郡古西面分香面一七八
四九六	独歩六二三大隊	広東省一三〇師二野病 マラリア	一九四六・〇一・二九 一九二四・〇三・〇六	宜本宰烈 宜本貴文	上等兵 父	戦病死	麗水郡桑山面鏡湖里四九一 麗水郡桑山面鏡湖里四九一
三九六	独歩六二五大隊	福州北方 回帰熱	一九四五・〇五・一〇 一九二四・〇二・〇九	山中成煥 山中有文	兵長 父	戦死	木浦府大成洞一九五 木浦府竹里橋一五五
五九三	独守歩三六大隊	ハルマヘラ島	一九四四・〇九・〇五 一九二四・〇三・一九	姜大廣 姜生秀	上等兵 父	戦死	長城郡北下面月城里二七〇 長城郡北下面月城里二七〇
五九四	独守歩三六大隊	モロタイ島二〇八高地	一九四五・〇五・一〇 一九二五・一一・〇二	光山承起 光山甲鎬	伍長 父	戦死	順天郡西面雲坪里一四一 順天郡西面雲坪里一四一
五九五	独守歩三六大隊	ハルマヘラ島	一九四五・〇四・二五 一九二四・〇四・二四	渭川承録 渭川長山	上等兵 父	戦病死	長城郡南面芬香里四七二 長城郡南面芬香里四七二
一一八三	南支碇監	廣州市珠江	一九四〇・〇八・三〇 ×	安本錦龍・金綿龍 —	船員	不慮死	高興郡南陽面新興里一四 —
一一九一	南支防疫給水部	広東省曲江県	一九四五・〇八・二七 ×	徳山泰一 徳山清契	技手 父	戦死	済州島旧左面下道里 —
四二七	南方軍総司令部	タイ、ノンブラドッグ駅	一九四四・一二・〇三 ×	金郷　浩 金郷静代	軍属	戦死	珍島郡義新面王岱里九〇九 珍島郡義新面王岱里九〇九
九七七	南方軍通信隊司令部	バシー海峡	一九四四・〇七・三一 ×	金光敏男 金光熙周	雇員 父	戦死	和順郡南面舟山里 兵庫県加古郡阿間村大字住石橋
一二〇一	南方運航部二海軍丸	不詳	不詳 ×	大原弘植 大原京龍	船員 母	戦死	済州島済州邑三柳三区 —
四〇	南方二測量隊	ルソン島チサンガン	一九四五・〇八・一四 ×	金光三岩 金白童	測手 兄	戦死	羅州郡南平面光明里一六三 羅州郡南平面光明里一六三

番号	所属	死亡場所	死亡年月日／生年月日	氏名／親族	階級／続柄	死因	本籍／親族住所
五六七	広島燃料廠	倉橋市 沈没	一九四五・〇七・二四 一九一六・〇五・一三	斎藤文秀 斎藤基赫	傭人 父	戦死	済州島翰林面明月里一六七四 —
五六八	広島燃料廠	倉橋市 沈没	一九四五・〇七・二四 一八九九・一〇・一〇	文長玉 大玉ケアキ	傭人 妻	戦死	済州島城山面温平里七二三 —
一一八九	広島燃料廠	瀬戸内海	一九四五・〇七・二四 一九一六・〇五・一三	斎藤文秀 —	船員	戦死	済州島翰林面明月里一六七四 —
四五〇	飛行二〇戦隊	ニューギニア、テンビ飛行場	一九四三・一一・一九 一九一八・〇四・一四	川内正雄 川内徳太郎	軍曹 父	戦病死	務安郡錦城面龍月里七二七 務安郡錦城面龍月里七二七
一〇〇八	飛行六六戦隊	鹿児島県海面	一九四五・〇三・三〇 ×	金山常吉 金山君平	飛行兵 父	戦死	済州島済州邑寧坪里工洞一八三〇 大阪府中河内郡×町大字西先代三六七
一二二五	飛行七九戦隊	沖縄	一九四五・〇四・〇六 ×	豊山成烈 豊山浩範	伍長 父	戦死	灵光郡大馬面月山里三三二 灵光郡大馬面月山里三三二
四五一	ビルマ方面軍司令部	ビルマ、モールメン	一九四四・〇四・二八 ×	梁鉄斗 —	軍属	戦死	済州島大静面摹瑟浦三六 済州島大静面摹瑟浦三六
四七三	北支憲兵隊司令部	安徽省野戦病院	一九四〇・一二・〇五 ×	中谷勝雄 中谷雅江	雇員 妻	戦病死	灵巌郡都浦面木山里 灵巌郡都浦面木山里
六六八	鉾田教導司令部	レイテ島メラック飛行場	一九四四・一〇・二七 一九二四・〇五・二一	柳義錫 柳炳韓	伍長 父	戦死	羅州郡多持面月台里二三 羅州郡多持面月台里二三
二六七	歩兵一六連隊	ビルマ、バーモ	一九四四・一一・一八 一九二四・〇七・二七	松谷次郎 松谷菊一	兵長 父	戦死	光陽郡光陽面世豊里七四 光陽郡光陽面世豊里七四
二二八	歩兵二〇連隊	広東省曲江県 マラリア	一九四五・〇三・〇九 ×	園野典憲 —	上等兵	戦病死	全南 —
一二五四	歩兵二六連隊	ニューギニア、カブトモン	一九四四・〇一・二九 ×	河石勇雄 河石敦秀	上等兵 父	戦死	井邑郡新泰仁面九石里七四二（全北） 井邑郡新泰仁面九石里七四二（全北）
五九	歩兵三〇連隊	ルソン島タクボ	一九四五・〇六・二五 一九二二・〇八・一七	新井東奎 新井文徳	兵長 妻	戦死	珍島郡×浦面三幕里一〇四五 珍島郡×浦面三幕里一〇四五
一七一	歩兵四一連隊	ミンダナオ島	一九四四・〇五・二八 一九二〇・一二・三〇	木村晴明 木村龍之	伍長 父	戦死	務安郡清渓面月仙里三三六 木浦府大成洞八二
二一二	歩兵四六連隊	鹿児島県	一九四五・〇一・二五 一九二四・〇三・二八	宜原鐘鏑 宜原三禮	一等兵 母	戦死	長興郡興良面道巌里三二八 長興郡興良面道巌里三二八
六六一	歩兵五四連隊	ミンダナオ島ウマヤン	一九四五・〇七・一〇 一九二三・〇二・一四	金光好洙 金光允光	兵長 父	戦死	光山郡瑞坊面梅谷里六〇 光山郡瑞坊面梅谷里六〇
五九六	歩兵五六連隊	ビルマ、メークテラー	一九四五・〇三・一〇 ×	國本二奉 國本長根	軍属 父	戦死	莞島郡莞島面大新里六二九 莞島郡莞島面大新里六二九
一二二九	歩兵七四連隊	ミンダナオ島	一九四四・一〇・一五	安田清武	兵長	戦死	務安郡智島面廣井里一二一〇

			×	—			—
一	歩兵七四連隊	ミンダナオ島サンボアンガ	一九四四・一〇・一五	安田節雄	兵長	戦死	務安郡智島面廣井里一二〇
		頭部貫通銃創	一九二四・〇一・二二	安田清武	父		務安郡智島面廣井里一二〇
三	歩兵七四連隊	ミンダナオ島タグロン	一九四四・一〇・二二	金本章勝	兵長	戦死	務安郡智島面曽東里一〇一
		頭部貫通銃創	一九一五・〇三・一四	金本眞祚	父		務安郡智島面曽東里一〇一
四	歩兵七四連隊	ミンダナオ島サランガン	一九四四・一一・二五	金岡在×	兵長	戦病死	長興郡山面鹿院里一二六
		マラリア	一九二二・一〇・一〇	金岡德根	祖父		長興郡山面鹿院里一二六
七二三	歩兵七四連隊	ミンダナオ島サランガン	一九四四・一二・三〇	西村謙廣	兵長	戦死	莞島郡金日面花木里九八
			×	西村圭弘	父		莞島郡金日面花木里九八
四九二	歩兵七四連隊	ミンダナオ島マンジヤ	一九四五・〇二・二七	金本文雄	兵長	戦死	順天郡別良面徳亭里
			一九二四・〇六・〇二	金本永植	父		順天郡別良面徳亭里
一五八	歩兵七四連隊	ミンダナオ島	一九四五・〇三・〇五	金田吉平	兵長	戦病死	高興郡南陽面大谷里
		マラリア	一九二五・〇六・三〇	金田草久	父		高興郡南陽面大谷里
六六三	歩兵七四連隊	ミンダナオ島マナテック	一九四五・〇五・〇一	金海義植	兵長	戦死	務安郡長山面彭津里一二〇七
			一九二四・〇七・一四	金海健珍	祖父		務安郡長山面彭津里一二〇七
七二二	歩兵七四連隊	ミンダナオ島ユタベト	一九四五・〇五・〇一	山本正圭	兵長	戦死	高興郡道化面鳳流里一一〇四
			一九二四・〇七・一〇	山本守口	父		高興郡道化面鳳流里一一〇四
二	歩兵七四連隊	ミンダナオ島カバングヨサン	一九四五・〇五・一〇	松島吉秀	伍長	戦死	咸平郡務仏面山南里七〇二
		頭部貫通銃創	一九二五・〇三・二四	松島吉明	兄		咸平郡務仏面山南里七〇二
四九〇	歩兵七四連隊	ミンダナオ島マラヌグ	一九四五・〇五・一一	亀川雨永	兵長	戦死	求禮郡土旨面把道里五七二
			×	亀川華玉	父		求禮郡土旨面把道里五七二
七一六	歩兵七四連隊	ミンダナオ島スマジマ	一九四五・〇五・二〇	金河相斗	兵長	戦死	長城郡北二面一二一
			×	金河晃洙	父		長城郡北二面一二一
七一七	歩兵七四連隊	ミンダナオ島スマジマ	一九四五・〇五・二〇	竹山昌明	兵長	戦死	求禮郡馬山面三八
			一九二三・〇四・二七	竹山基英	父		求禮郡馬山面三八
七一八	歩兵七四連隊	ミンダナオ島スマジマ	一九四五・〇五・二〇	西原幹夫	伍長	戦死	済州島済州邑一四一—八
			一九二一・〇七・二〇	西原哲根	父		済州島済州邑一四一—八
七一九	歩兵七四連隊	ミンダナオ島スマジマ	一九四五・〇五・二〇	松本忠雄	伍長	戦死	順天郡外西面
			一九一九・〇九・二〇	松本常生	父		順天郡外西面
七二〇	歩兵七四連隊	ミンダナオ島スマジマ	一九四五・〇五・二〇	金原永同	兵長	戦死	高興郡錦山面於田里一〇二
			一九二六・〇三・一二	金原甫根	父		高興郡錦山面於田里一〇二
四七九	歩兵七四連隊	ミンダナオ島ミラエ	一九四五・〇六・一二	江原貴文	上等兵	戦死	谷城郡石谷面湊波里四六四
			一九二四・〇二・二八	江原貴大	兄		谷城郡石谷面湊波里四六四
四七八	歩兵七四連隊	ミンダナオ島ミラエ	一九四五・〇六・一二	平岡慶治	伍長	戦死	長城郡南面芬香里四四五
			一九二一・〇八・二三	平岡桂煥	兄		長城郡南面芬香里四四五

七二一	歩兵七四連隊	ミンダナオ島ワロエ	一九四五・〇六・一五	松浦鐘充	兵長	戦死	高興郡浦頭面上大里八二五
			×	松浦基聲	父		高興郡浦頭面上大里八二五
七二四	歩兵七四連隊	ミンダナオ島サンルイス	一九四五・〇六・一五	松山忠文	伍長	戦死	長城郡長城面鈴泉里九一二
			一九一九・〇一・二四	松山ミツエ	妻		長城郡長城面鈴泉里九一二
四九三	歩兵七四連隊	ミンダナオ島サランガン マラリア	一九四五・〇六・二五	白田倒善	兵長	戦病死	羅州郡文平面清井里四九八
			一九二二・〇二・二六	白田享琦	父		羅州郡文平面清井里四九八
四九一	歩兵七四連隊	ミンダナオ島キオマング	一九四五・〇七・一六	新安景鐘	兵長	戦死	順天郡住巌面於吐里三七八
			×	新安順鐘	父		順天郡住巌面於吐里三七八
六二九	歩兵七四連隊	ミンダナオ島ウマヤン	一九四五・〇七・二〇	金田秀文	兵長	戦死	灵巌郡霊岩面駅里二五四
			×	金田博光	兄		咸平郡咸平面石成里一三
六四九	歩兵七四連隊	ミンダナオ島ウマセン	一九四五・〇七・一〇	呉本泳均	兵長	戦死	求禮郡山桐面院村里一六七
			一九二三・〇一・二〇	呉本徳主	祖父		求禮郡山桐面院村里一六七
七二五	歩兵七四連隊	ミンダナオ島バレンシヤ	一九四五・〇七・一四	延平栄員	兵長	戦死	海南郡山二面錦湖里五九八
			一九二二・〇五・一一	延平永達	父		海南郡山二面錦湖里五九八
六六二	歩兵七四連隊	ミンダナオ島ウマヤン	一九四五・〇七・一五	金本宜宮	兵長	戦死	光山郡瑞坊面中興里一六八
			一九二五・〇三・三〇	金本積平	父		光山郡瑞坊面中興里一六八
六三〇	歩兵七四連隊	ミンダナオ島ウマヤン	一九四五・〇七・一〇	清水培興	兵長	戦死	灵巌郡徳津面長全里一三七
			×	清水在煥	父		灵巌郡徳津面長全里一三七
六五七	歩兵七四連隊	ミンダナオ島ウマヤン	一九四五・〇七・二〇	金井丁鎬	伍長	戦死	南海郡花山面月湖里六〇八
			×	金井在根	父		南海郡花山面月湖里六〇八
一二三三	歩兵七四連隊	ミンダナオ島アグサン	一九四五・〇八・二六	山本永喆	伍長	戦死	光州府本町四－三二六
			一九二四・〇二・一〇	山本承宗	父		光州府本町四－三二六
五三一	歩兵七四連隊	ミンダナオ島	一九四五・〇九・一〇	西村謙廣	一等兵	病死	珍島郡義新面金甲里七八
			一九二四・〇一・〇九	―			―
一五七	歩兵七四連隊	ルソン島	一九四五・〇八・三〇	康原拓一	兵長	戦死	済州島南帰面法還里一〇八八
			一九二三・〇五・一八	康原圭平	父		済州島南帰面法還里一〇八八
七一三	歩兵七五連隊	台湾安平沖	一九四五・〇一・〇九	朴原正桂	兵長	戦死	和順郡梨陽面五柳里九七
			×	朴原徐柱	父		和順郡梨陽面五柳里九七
七一四	歩兵七五連隊	ルソン島ヌエバビ	一九四五・〇五・〇二	安田富栄	伍長	戦死	咸平郡羅山面羅山里
			一九一四・〇一・〇三	安田伯翰	父		羅州郡文平面北洞里
二二七	歩兵七七連隊	レイテ島オルモック	一九四四・一二・一七	城山勝三	伍長	戦死	潭陽郡金城面石峴里一七八
			一九二〇・一二・二九	城山在×	父		潭陽郡金城面石峴里一七八
六一一	歩兵七七連隊	ミンダナオ島シラエ	一九四五・〇六・〇一	宮田正男	伍長	戦死	光州府北町一一三
			×	宮田正男(ママ)	父		光州府北町一一三
一二四五	歩兵七七連隊	ミンダナオ島	一九四五・〇六・〇四	増永国雄	兵長	戦死	順天郡西面九上里

			一九一三・〇一・二五	増永静子	妻		順天郡西面九上里
八五八	歩兵七八連隊	ニューギニア、マダン	一九四四・〇一・一四	山本庄男	兵長	戦死	麗水郡召羅面徳陽里二〇一
			×	山本喆柱	父		ー
八五七／一二四二	歩兵七八連隊	ニューギニア、マダン	一九四四・〇一・一五	井上奎煥	兵長	戦死	済州島済州邑健入里一三四三
			×	井上瑞煥	兄		済州島済州邑健入里一三四三
一八一	歩兵七八連隊	パラオ島東南沖合	一九四四・〇一・二一	松山萬燮	兵長	戦死	霊光郡郡南面雪梅里五八三
			×	松山棋碩	父		ー
一八四	歩兵七八連隊	パラオ島東南沖合	一九四四・〇一・二一	松山栄煥	兵長	戦死	光州府南町三
			×	松山永周	兄		光州府東町一〇三
二一四	歩兵七八連隊	ニューギニア、屏風山	一九四四・〇一・二三	竹山明道	兵長	戦死	霊巌郡始終面鳳栄里
			×	竹山自郁	父		ー
一八九	歩兵七八連隊	ニューギニア、歓喜峯	一九四四・〇一・二五	吉原正鎬	兵長	戦死	霊巌郡三浦面望山里七八〇
			×	吉原在化	父		ー
一九六	歩兵七八連隊	ニューギニア、クインボ マラリア	一九四五・〇二・一四	金田在乙	伍長	戦病死	霊巌郡三湖面月湖里
			×	金田洪彩	父		霊巌郡三湖面月湖里
二〇八	歩兵七八連隊	ニューギニア、マルジノクロ	一九四四・〇二・二四	梁本坪承	伍長	戦死	順天郡海龍面×珠里四一九
			×	梁本会敬	父		ー
二一五	歩兵七八連隊	ニューギニア、戸里川 マラリア	一九四四・〇三・〇二	高原秀夫	伍長	戦病死	済州島大静面安城里
			×	高原清泰	兄		ー
二一〇	歩兵七八連隊	ニューギニア、坂東川	一九四四・〇三・一〇	平山文哲	兵長	戦死	羅州郡羅州邑石峴里
			×	平山漢金	父		ー
二一一	歩兵七八連隊	ニューギニア、マスダノン マラリア	一九四四・〇三・一〇	平山石主	伍長	戦病死	咸平郡咸平面箕×里
			×	平山伸南	父		ー
一八〇	歩兵七八連隊	ニューギニア、ラレグ	一九四四・〇四・〇一	松田文男	兵長	戦死	光山郡極楽面徳興里五五五
			×	松田月憲	父		ー
二〇六	歩兵七八連隊	ニューギニア、ラレフ マラリア	一九四四・〇四・〇六	栗山栄治	兵長	戦病死	麗水郡東村面桐禾里
			×	栗山正光	父		ー
一九四	歩兵七八連隊	ニューギニア、セピック マラリア	一九四四・〇四・二〇	金岡久雄	伍長	戦病死	済州島翰林郡
			×	金岡静子	妻		ー
一九五	歩兵七八連隊	ニューギニア、セピック マラリア	一九四四・〇四・二一	金本在道	伍長	戦病死	麗水郡華井面月湖里
			×	金本頓金	父		麗水郡華井面月湖里
一九九	歩兵七八連隊	ニューギニア、アイタベ	一九四四・〇四・二五	金川慎鎮	兵長	戦死	海南郡山三面富洞里
			×	金川大珍	父		海南郡山三面富洞里
一九七	歩兵七八連隊	ニューギニア、バナギ	一九四四・〇五・〇六	金海成一	兵長	戦死	済州島済州邑一徒里
			×	金海　茂	兄		ー

二一九	歩兵七八連隊	ニューギニア、弘川	一九四四・〇五・一七	天本昌錫	伍長	戦病死	長城郡黄龍面月坪里一五
		マラリア	×	天本萬成	父		長城郡黄龍面月坪里一五
一九三	歩兵七八連隊	ニューギニア、ハンサ	一九四四・〇五・二〇	金光仁在	兵長	戦病死	長興郡山面茅山里
		マラリア	×	金光允煥	父		ー
一八八	歩兵七八連隊	ニューギニア、坂東川	一九四四・〇六・〇二	安田相鳳	兵長	戦病死	麗水郡栗村面新豊里六八二
		マラリア	×	安田周錫	父		ー
九六九	歩兵七八連隊	ニューギニア、ウェワク	一九四四・〇六・〇八	高木在岳	兵長	戦病死	光山郡林谷面林谷里
		マラリア	×	高木光五	父		ー
二二六	歩兵七八連隊	ニューギニア、戸里川	一九四四・〇六・〇八	伊原在烈	伍長	戦病死	求禮郡山洞面華鶴里
		マラリア	×	伊原栄燮	父		求禮郡山洞面華鶴里
一八五	歩兵七八連隊	ニューギニア、ブーツ	一九四四・〇六・二〇	増山哲堂	兵長	戦病死	長興郡大徳面蓮池里二三七
		マラリア	×	増山湊都	父		ー
一九八	歩兵七八連隊	ニューギニア、アイタペ	一九四四・〇六・二九	金本庄平	兵長	戦死	光州府東町一〇三
			×	金本國利	父		光州府東町一〇三
二三一	歩兵七八連隊	ニューギニア、オルザイ	一九四五・〇六・三〇	綾原斎弘	兵長	戦死	和順郡綾州面南亭里
			×	綾原泰祐	父		和順郡××宗山里
二〇一	歩兵七八連隊	ニューギニア、戸里川	一九四四・〇七・〇一	金本奉錫	伍長	戦病死	海南郡黄山面閑子里
		マラリア	×	金本敏用	父		海南郡黄山面閑子里
二〇〇	歩兵七八連隊	ニューギニア、戸里川	一九四四・〇七・〇二	金山永玉	兵長	戦死	光陽郡骨若面中洞里
			×	金山採玉	兄		光陽郡骨若面中洞里
一一三六	歩兵七八連隊	ニューギニア	一九四四・〇七・〇二	金山永玉	軍夫	戦病死	光陽郡骨若面黄金里
		マラリア	×	金山敬玉	妻		光陽郡骨若面黄金里
一八六	歩兵七八連隊	ニューギニア、坂東川	一九四四・〇七・一〇	南川奎明	兵長	戦死	務安郡清渓面台峯里四七一
			×	南川輔鳳	父		ー
二〇三	歩兵七八連隊	ニューギニア、坂東川	一九四四・〇七・一〇	金田平原	兵長	戦死	順天郡別良面鳳林里
			×	金田洪根	父		ー
二一八	歩兵七八連隊	ニューギニア、坂東川	一九四四・〇七・一〇	茂森在俊	伍長	戦死	寶城郡蘆洞面錦湖里四二〇
			×	茂森子燮	父		ー
二二三	歩兵七八連隊	ニューギニア、坂東川	一九四四・〇七・一〇	池田富浩	伍長	戦死	済州島城山面古城里
			×	池田衡権	父		済州島城山面古城里
一九二	歩兵七八連隊	ニューギニア、坂東川	一九四四・〇七・一一	中島判栄	兵長	戦死	光州郡飛鴉面新昌里
			×	中島太完	父		ー
一九一	歩兵七八連隊	ニューギニア、坂東川	一九四四・〇七・一二	夏山弘鉉	伍長	戦死	霊光郡霊光面南川里
			×	夏山美枝	妻		光州府錦町二一五
二二〇	歩兵七八連隊	ニューギニア、アファア	一九四四・〇七・一五	荒木英三	兵長	戦死	麗水郡麗水邑東町一一〇

			×	荒木英二	兄		麗水郡麗水邑東町一一〇
一九〇	歩兵七八連隊	ニューギニア、アファ	一九四四・〇七・二〇	吉本億朱	兵長	戦死	咸平郡新光面月雲里二九一
			×	吉原長玉	父		―
一八二	歩兵七八連隊	ニューギニア、アファ	一九四四・〇七・二一	松山栄知	兵長	戦死	木浦府竹橋里一一二
			×	松山春茂	父		―
二一七	歩兵七八連隊	ニューギニア、ダンダヤ マラリア	一九四四・〇八・〇二	利川英次郎	兵長	戦病死	康津郡七良面松路里
			×	利川勝次	父		―
二二四	歩兵七八連隊	ニューギニア、戸里川	一九四四・〇八・〇五	伊本在人	兵長	戦死	康津郡道岩面項村里
			×	伊本永夏	父		康津郡道岩面項村里
二二二	歩兵七八連隊	ニューギニア、坂東川	一九四四・〇八・一〇	新井吉龍	兵長	戦死	潭陽郡潭陽面川辺里五九一
			×	新井正得	父		潭陽郡潭陽面川辺里五九一
九〇二	歩兵七八連隊	ニューギニア、オルランジヤ	一九四四・〇八・一〇	松山清吉	兵長	戦死	灵巖郡金井面南松里六九二
			×	松山明順	父		―
九〇三	歩兵七八連隊	ニューギニア、オルランジヤ	一九四四・〇八・一〇	文本達会	兵長	戦死	順天郡海龍面蓮香里
			×	文本在玉	養父		順天郡海龍面蓮香里
二〇五	歩兵七八連隊	ニューギニア、バロン マラリア	一九四四・〇八・一二	鄭川大鳳	兵長	戦病死	長城郡東化面東新里二八四
			×	鄭川大龍	兄		―
二二五	歩兵七八連隊	ニューギニア、ブーツ マラリア	一九四四・〇八・二九	伊道正淳	兵長	戦病死	康津郡道岩面鶴亭里
			×	伊道宗鉉	父		康津郡道岩面鶴亭里
二一三	歩兵七八連隊	ニューギニア、ボイキン マラリア	一九四四・〇九・〇三	高山秀男	兵長	戦病死	済州島城山面水上里
			×	高山明允	父		
一八七	歩兵七八連隊	ニューギニア、ボイキン マラリア	一九四四・〇九・二五	安本好吉	伍長	戦病死	咸平郡巌多面茂用里九三五
			×	安本浩元	父		―
二〇七	歩兵七八連隊	ニューギニア、バロン マラリア	一九四四・一〇・〇九	国本康憲	伍長	戦病死	海南郡門内面西上里
			×	―	父		―
二二六	歩兵七八連隊	ニューギニア、バロン マラリア	一九四四・一〇・一五	許海煐	兵長	戦病死	珍島郡珍島面東外里三一
			×	許天丹	母		珍島郡珍島面東外里八四一
一八三	歩兵七八連隊	ニューギニア、ボイキン	一九四四・一〇・一八	松山正石	兵長	戦死	麗水郡華井面狼島里
			×	松山石本	父		―
二〇九	歩兵七八連隊	ニューギニア、ウエワク マラリア	一九四四・一一・〇五	光山甲出	兵長	戦病死	寶城郡文徳面徳峙里二四八
			×	光山敬彦	父		―
二〇二	歩兵七八連隊	ニューギニア、バロン マラリア	一九四四・一二・〇二	金江勝義	伍長	戦病死	務安郡智島面邑内里
			×	金江成富	父		務安郡智島面邑内里
八八七	歩兵七八連隊	ニューギニア、ウィトベ	一九四五・〇三・二五	青山又良	伍長	戦死	莞島郡青山面菊山里七五一
			×	青山時良	兄		莞島郡青山面菊山里七五一

二〇四	歩兵七八連隊	ニューギニア、オランバ マラリア	一九四五・〇五・一〇	金徳錬	兵長	戦病死	莞島郡外面大地里
			×	金在弘	父		莞島郡外面永豊里五四〇
二一二	歩兵七八連隊	ニューギニア、ガリブツ	一九四五・〇七・一二	高山栄人	伍長	戦死	霊光郡法聖面法聖里
			×	高山　赫	父		―
二一六	歩兵七八連隊	ニューギニア、ムンマ島 マラリア	一九四五・一二・三〇	利川英福	伍長	戦病死	羅州郡鳳凰面周洞里一三
			×	利川永煥	伯父		―
一二三二	歩兵七九連隊	ニューギニア、ウウェワク	一九四三・〇一・二八	金宮佳逑	兵長	戦死	灵巌郡始終面月缶里
			一九二四・〇八・二二	金宮判用	父		灵巌郡始終面月缶里
一二一八	歩兵七九連隊	不詳	一九四三・〇三・一〇	文元同一	一等兵	戦死	海南郡玉泉面二四一
			×	文元潭默	父		―
三八五	歩兵七九連隊	ニューギニア、ナバリバ	一九四三・一〇・〇一	武田栄吉	伍長	戦死	霊光郡霊光面武英里三〇二
			×	武田光鎬	父		―
三六四	歩兵七九連隊	ニューギニア、ヤマノザコ	一九四三・一〇・一三	中山松旭	伍長	戦死	長城郡南面芬香里一九五
			×	中山文根	父		―
二七六	歩兵七九連隊	ニューギニア、ワレオ	一九四三・一〇・二一	新井連俊	伍長	戦死	珍島郡珍島面浦山里
			×	新井鐘植	父		―
三〇九	歩兵七九連隊	ニューギニア、ソング	一九四三・一〇・一七	安田　洵	伍長	戦死	順天郡順天邑
			×	安田　勉	父		―
二七九	歩兵七九連隊	ニューギニア、ソング	一九四三・一〇・二二	新井性淳	伍長	戦死	麗水郡麗水邑麗水里
			×	新井正仁	父		麗水郡麗水邑麗水里三四四
三四二	歩兵七九連隊	ニューギニア、ソング	一九四三・一一・二三	金光弘周	伍長	戦死	求禮郡土旨面外谷里
			×	金光正洙	兄		―
二九五	歩兵七九連隊	ニューギニア、ニネバネン	一九四三・一〇・三〇	原田海紘	伍長	戦死	務安郡三郷面芝山里
			×	原田成淵	父		―
三五〇	歩兵七九連隊	ニューギニア、ジベバネン	一九四三・一〇・三〇	金澤光高	伍長	戦死	長興郡大徳面徳山里七二七
			×	金澤永糸	父		―
三四五	歩兵七九連隊	ニューギニア、ノンガカマ	一九四三・一一・〇三	金岡起録	伍長	戦死	霊光郡大鳥面元興里
			×	金岡起雲	兄		―
三一一	歩兵七九連隊	ニューギニア、ボンガ	一九四三・一〇・二七	梁川洪錫	伍長	戦死	潭陽郡昌平面一山里
			×	梁川達水	父		―
三一六	歩兵七九連隊	ニューギニア、ボンガ	一九四三・一一・一六	松本完石	伍長	戦死	海南郡山二面湖里
			一九二三・〇八・一五	朴順石	兄		―
三二八	歩兵七九連隊	ニューギニア、ボンガ	一九四三・一一・二六	咸豊俊清	伍長	戦死	羅州郡多待面永洞里
			×	咸豊儒一	父		―
三三五	歩兵七九連隊	ニューギニア、ボンガ	一九四三・一一・二六	金井正吉	伍長	戦死	順天郡住巌面飛流里二五八

			×	金井石雄	父		―
三三八	歩兵七九連隊	ニューギニア、ボンガ	一九四三・一二・一四	金光剛三郎	伍長	戦死	順天郡西面板橋里
			×	金光　昇	兄		―
三二三	歩兵七九連隊	ニューギニア、ノンガカコ	一九四三・一一・二七	安東水山	伍長	戦死	求禮郡光義面
			×	安東×中	父		―
三五八	歩兵七九連隊	ニューギニア、ノンガカコ	一九四三・一一・三〇	木下正義	伍長	戦死	羅州郡洞江面玉停里
			×	木下吉培	兄		―
四〇〇	歩兵七九連隊	ニューギニア、ノンガカコ	一九四三・一二・〇四	豊川永福	伍長	戦死	潭陽郡潭陽面柏洞里五七六
			×	豊川×男	父		―
三五九	歩兵七九連隊	ニューギニア、ノンガカコ	一九四三・一二・〇六	木山俊基	伍長	戦死	和順郡清豊面新石里
			×	木山炳殷	父		―
三六八	歩兵七九連隊	ニューギニア、マエサン	一九四三・一二・〇三	新村周元	伍長	戦死	光州郡松汀邑松汀里
			×	新村宗文	父		長城郡長城面鈴泉里
二九六	歩兵七九連隊	ニューギニア、ラゴナ	一九四三・一二・〇八	林会鎮	伍長	戦死	長興郡長平面登村里
			×	林洪鎮	兄		―
三二六	歩兵七九連隊	ニューギニア、ナバリバ	一九四三・一二・一一	光山宗治	伍長	戦傷死	咸平郡鶴橋面鶴橋里
		左大腿部砲弾破片創	×	光山政華	父		―
三一七	歩兵七九連隊	ニューギニア、ナバリバ	一九四三・一二・二五	松江清吉	伍長	戦死	莞島郡薪智面松谷里
			×	松江長彦	兄		―
三一三	歩兵七九連隊	ニューギニア、ワレオ	一九四三・一一・二八	孫田康雄	伍長	戦死	谷城郡石谷面陵波里
			×	孫田一成	父		―
三七九	歩兵七九連隊	ニューギニア、ワレオ	一九四三・一一・二七	晋山　勇	伍長	戦死	莞島郡古今面道南里一―三五
			×	晋山道夫	父		―
三八七	歩兵七九連隊	ニューギニア、ワレオ	一九四三・一一・二六	高島昌彦	軍曹	戦死	済州島翰林面新昌里三三五
			×	高島性和	母		―
八六四	歩兵七九連隊	ニューギニア、ワレオ	一九四三・一〇・二五	金井秀夫	伍長	戦死	光陽郡骨若面黄吉里
			×	金井敏夫	祖父		―
八六五	歩兵七九連隊	ニューギニア、ワレオ	一九四三・一〇・二五	金井武士	伍長	戦死	麗水郡南面安嘉面
			×	金田茂正	兄		―
八七一	歩兵七九連隊	ニューギニア、ワレオ	一九四三・一一・二三	咸豊年憲	伍長	戦死	羅州郡多待面月台里
			×	咸豊敏國	父		羅州郡多待面永洞里
八七二	歩兵七九連隊	ニューギニア、ワレオ	一九四三・一一・一二	密山光一	伍長	戦死	灵岩郡新北面西谷里
			×	密山勤礼	妻		―
八七九	歩兵七九連隊	ニューギニア、ワレオ	一九四三・一〇・二五	松山炳洙	伍長	戦死	海南郡黄山面院湖里
			×	松山昇鎮	父		―

八六〇	歩兵七九連隊	ニューギニア、ワレオ	一九四三・一二・〇五	定山起鴨	伍長	戦死	珍島郡古郡面古城里
			×	定山抗×	父		—
三三六	歩兵七九連隊	ニューギニア、ワレオ	一九四三・一二・二八	金川琪鉉	伍長	戦死	長城郡森渓面仁倉里六一
			×	金川明作	父		—
三〇一	歩兵七九連隊	ニューギニア、カテカ	一九四三・一〇・〇二	文光平吉	伍長	戦死	霊巌郡美岩面春道里
			×	文光巌澤	兄		—
三三七	歩兵七九連隊	ニューギニア、カテカ	一九四三・一〇・二五	加島民成	伍長	戦死	珍島郡鳥島面加沙里
			×	加島今洞	父		—
三一四	歩兵七九連隊	ニューギニア、カテカ	一九四三・一〇・一七	松村正太郎	伍長	戦死	順天郡道面也興里
			×	松山隆吉	父		—
二七五	歩兵七九連隊	ニューギニア、カテカ	一九四三・一〇・二一	新井仁在	軍曹	戦死	霊巌郡郡内面東鳩村里
			×	新井×壎	父		—
三一〇	歩兵七九連隊	ニューギニア、カテカ	一九四三・一〇・二二	柳沢光男	伍長	戦死	高興郡高興面虎東里
			×	柳沢吉原	父		—
二七八	歩兵七九連隊	ニューギニア、カラカ	一九四三・一〇・二四	新井正毅	伍長	戦死	羅州郡羅州邑西門町
			×	新井宗玉	父		—
三六七	歩兵七九連隊	ニューギニア、カテカ	一九四三・一〇・二四	西原文球	伍長	戦死	順天郡道沙面下岱里
			×	成原日×	父		—
三六二	歩兵七九連隊	ニューギニア、カテカ	一九四三・一〇・二七	国本金満	伍長	戦死	羅州郡金川面新加里
			×	國本廷宜	父		—
三九二	歩兵七九連隊	ニューギニア、カテカ	一九四三・一〇・三〇	豊川英世	伍長	戦死	済州島中文面中文里一四九二
			×	豊川朝則	父		—
三九八	歩兵七九連隊	ニューギニア、カテカ	一九四三・一〇・二五	富源龍長	伍長	戦死	務安郡夢×面夢江里
			×	富源 ×	父		木浦府大×洞四六八
八六六	歩兵七九連隊	ニューギニア、カテカ	一九四三・一〇・二五	金井海善	伍長	戦死	灵光郡仏甲面建裁里
			×	金井長順	父		—
八六一	歩兵七九連隊	ニューギニア、カテカ	一九四三・一〇・二五	高橋点作	伍長	戦死	済州島中文面中文里一五一〇
			×	高橋君伯	兄		—
八七三	歩兵七九連隊	ニューギニア、カテカ	一九四三・一〇・二五	海山漢ト	伍長	戦死	寶城郡福内面獐川里九〇六
			×	海山権鏞	父		—
三五三	歩兵七九連隊	ニューギニア、カラカ	一九四三・一一・二〇	金山二玄	伍長	戦死	海南郡北平面東田里
			×	金山×珉	父		—
三六一	歩兵七九連隊	ニューギニア、カテカ	一九四三・一一・二四	国本 薫	伍長	戦死	光陽郡玉龍面東谷里
			×	國本仁其	父		—
八六七	歩兵七九連隊	ニューギニア、ラゴナ	一九四三・一〇・二五	金田鐘洪	伍長	戦死	長城郡珍原面善積里六五五

			×	金田凍奎	父		—
三九九	歩兵七九連隊	ニューギニア、ラゴナ	一九四三・一二・〇九	利川奇煥	伍長	戦死	灵興郡西面松鶴里四三五
			×	利河柄攜	父		—
四〇二	歩兵七九連隊	ニューギニア、マサンコ	一九四三・一〇・一三	崔原東周	伍長	戦死	羅州郡文平面北洞里五九五
			一九二三・〇二・二〇	崔原炳男	父		—
八六八	歩兵七九連隊	ニューギニア、シオ	一九四三・一二・一〇	金村義雄	伍長	戦死	順天郡楽安面平沙里二二六
			×	金村泰沃	父		—
八七六	歩兵七九連隊	ニューギニア、シオ	一九四三・一〇・二五	孫本永録	伍長	戦死	寶城郡福内面福内里三〇九
			×	孫本宇吉	兄		—
八七四	歩兵七九連隊	ニューギニア、サッテルグ	一九四三・一〇・××	大山奉斗	伍長	戦死	済州島大静面東日里
			×	大山奉福	兄		—
八八〇／一二四六	歩兵七九連隊	ニューギニア、サッテルグ	一九四三・一〇・二五	青松相煥	伍長	戦死	順天郡別良面鳳山里四八五
			×	青松長澤	父		—
八八一	歩兵七九連隊	ニューギニア、ミオ	一九四三・一一・一二	岩本鐘善	伍長	戦死	羅州郡栄山浦邑栄山里
			×	岩本鐘洙	兄		—
八八二	歩兵七九連隊	ニューギニア、ザガヘミ	一九四三・一一・一二	山本順吾	伍長	戦死	木浦府竹橋里二八三
			×	山本白龍	父		—
八八三	歩兵七九連隊	フィンシュハーヘン	一九四三・一一・〇三	慶村五鎮	伍長	戦死	灵岩郡三湖面龍仲里
			×	慶村周光	父		—
一二一二	歩兵七九連隊	ニューギニア、エサゾノ	一九四三・一二・〇三	宮本英雄	兵長	戦死	寶城郡寶城面洙峯里四六五
			×	宮本義雄	父		—
一二三〇	歩兵七九連隊	N三・三〇E三・三〇	一九四三・一二・一三	利川在夏	軍曹	戦死	務安郡智島面曽東里一一三三
			×	利川甲洙	父		—
八六三	歩兵七九連隊	ニューギニア、マサエン河	一九四三・一二・一八	金本守泰	伍長	戦死	谷城郡竹谷面
			×	金本成大	父		—
八七〇	歩兵七九連隊	ニューギニア、マサエン河	一九四三・一二・二二	松岡邦夫	伍長	戦死	長城郡長城面流陽里
			×	松岡高平	兄		—
三〇三	歩兵七九連隊	ニューギニア、ダルマン河	一九四四・〇一・〇四	星羽茂雄	伍長	戦死	求禮郡良文面壽坪里
			×	星島敬洙	父		—
三五四	歩兵七九連隊	ニューギニア、フカロ河	一九四四・〇一・二二	金本学新	伍長	戦死	海南郡松旨面山停里
			×	金本面徳	妻		—
三一四	歩兵七九連隊	ニューギニア、ケンブン	一九四四・〇二・〇一	松田正憲	兵長	戦死	霊光郡法聖面徳興里
			×	孫田奇逑	父		—
一二一三	歩兵七九連隊	ニューギニア、クコンゲン	一九四四・〇二・〇一	孫田秉九	伍長	戦死	灵光郡畝良面
			×	孫田奇逑	父		灵光郡畝良面

番号	部隊	死亡場所	死亡年月日	氏名	階級・続柄	死因	本籍・住所
二八二	歩兵七九連隊	ニューギニア、クノックナル	一九四四・〇二・〇四	禾山正雄	伍長	戦死	済州島表善面加時里
			×	禾山常吉	父		玉城邑七六五
二八一	歩兵七九連隊	ニューギニア、マラグン	一九四四・〇三・〇五	岩本鐘琦	伍長	戦死	高興郡道化面
			×	岩本承熙	兄		―
九三一	歩兵七九連隊	ニューギニア、パーペン	一九四四・〇一・三〇	金田皆洞	伍長	戦死	海南郡北手面臥龍里
			×	金田×復	父		―
九三八	歩兵七九連隊	ニューギニア、パーペン	一九四四・〇二・〇四	長沢光淡	伍長	戦死	潭陽郡昌平面三川里
			×	長沢光熙	兄		―
九四八	歩兵七九連隊	ニューギニア、パーペン	一九四四・〇三・二〇	松岡永杓	伍長	戦死	灵光郡西面萬金里
			一九二一・〇五・〇七	松岡文廉	父		―
三五二	歩兵七九連隊	ニューギニア、ノコボ	一九四三・一二・〇三	金城東約	伍長	戦死	寶城郡鳥城面新月里
			×	金城泰千	父		―
三四八	歩兵七九連隊	ニューギニア、ノコボ	一九四四・〇一・一〇	金田甲順	伍長	戦死	高興郡道陽面鳳徳里
			×	金田俊方	父		―
九四三	歩兵七九連隊	ニューギニア、ノコボ	一九四四・〇二・〇二	三中憲武	伍長	戦死	不詳
			×	三中潭洙	父		―
九三七	歩兵七九連隊	ニューギニア、ノコボ	一九四四・〇二・〇五	夏山義雄	伍長	戦死	珍島郡義新面枕渓里
			×	夏山忠勝	父		―
三八一	歩兵七九連隊	ニューギニア、ノコボ	一九四四・〇二・〇七	須川光夫	伍長	戦死	潭陽郡潭陽面川辺里二〇
			×	須川豊次郎	父		―
九二四	歩兵七九連隊	ニューギニア、ノコボ	一九四四・〇二・一一	鶴山春招	伍長	戦死	務安郡飛高面
			×	×			―
九三九	歩兵七九連隊	ニューギニア、ノコボ	一九四四・〇二・一四	西原命洙	伍長	戦死	潭陽郡昌平面三川里
			×	西原基逑	父		―
九三五	歩兵七九連隊	ニューギニア、ヨガヨガ	一九四四・〇二・一三	金田武夫	伍長	戦死	不詳
			×	金田信正	父		―
九四二	歩兵七九連隊	ニューギニア、ヨガヨガ	一九四四・〇二・一五	金城千煥	伍長	戦死	光山郡河南面河南里三一四
			×	金城東爕	父		―
九六三	歩兵七九連隊	ニューギニア、ヨガヨガ	一九四四・〇二・一六	山本基煥	伍長	戦死	麗水郡麗水邑徳忠里九八五
			×	山村在煥	兄		―
九二七	歩兵七九連隊	ニューギニア、ヨガヨガ	一九四四・〇二・一六	平康友健	伍長	戦死	和順郡綾州面貫永里三〇八
			×	平康基尚	父		―
五三二	歩兵七九連隊	S××・××T一四〇・一六	一九四四・〇三・二六	廣李正憲	兵長	戦死	寶城郡開泉面会寧里三四三
			×	廣李明均	父		寶城郡開泉面会寧里三四三
一二三四	歩兵七九連隊	ニューギニア、マダン	一九四四・〇四・〇五	瑞島哲哉	兵長	戦死	光州府南町五五

			×	瑞島基浩	父		光州府社町九五
九〇九	歩兵七九連隊	ニューギニア、セピック河口	一九四四・〇四・二〇 ×	金光萬斗 金光今光	伍長 父	戦死	寶城郡筏橋里 ｜
九一〇	歩兵七九連隊	ニューギニア、セピック河口	一九四四・〇四・二六 ×	金村米蔵 金村英熙	伍長 父	戦死	順天郡雙巌面鳳徳里 ｜
九一五	歩兵七九連隊	ニューギニア、セピック河口	一九四四・〇四・三〇 ×	手山琪元 手山三巌	伍長 父	戦死	順天郡雙巌面新田里三七四 ｜
九一四	歩兵七九連隊	ニューギニア、セピック河口	一九四四・〇五・〇八 ×	原田修身 原田二郎	伍長 父	戦死	麗水郡南面安島里八四六 ｜
九〇六	歩兵七九連隊	ニューギニア、セピック河口	一九四四・〇五・〇八 ×	安田　博 安田奉燮	伍長 父	戦死	順天郡楽安面李谷里三一五 ｜
三九三	歩兵七九連隊	ニューギニア、マンデス	一九四四・〇四・二八 ×	富田鐘光 富田龍均	伍長 父	戦死	務安郡三郷面任城里一二七一 ｜
三七三	歩兵七九連隊	ニューギニア、ウウェワク マラリア	一九四四・〇五・二三 ×	西山勝雄 西山奉須	伍長 父	戦病死	麗水郡麗水邑美坪里七八一 ｜
九二八	歩兵七九連隊	ニューギニア、ウウェワク	一九四四・〇五・三〇 ×	國岡錫鳳 國岡基斗	伍長 父	戦死	名城郡竹谷面 ｜
三二九	歩兵七九連隊	ニューギニア、アファ	一九四四・〇七・二二 ×	金本熙仲 金本柄権	軍曹	戦死	光山郡松汀邑新村里 光山郡松汀邑東町
三二五	歩兵七九連隊	ニューギニア、ウウェワク マラリア	一九四四・〇九・〇八 ×	三原鎮果 三原洪吉	伍長 父	戦病死	務安郡押海面東西里 ｜
三七五	歩兵七九連隊	ニューギニア、ボイキン	一九四四・〇六・〇四 一九二二・一〇・二七	永井庄次郎 永井景洙	伍長 兄	戦死	長城郡西三面錦渓里一九一 ｜
九〇七	歩兵七九連隊	ニューギニア、マンデー	一九四四・〇六・二〇 ×	柳在洪 柳炳烈	伍長 父	戦死	求禮郡山洞面水基里 ｜
三四〇	歩兵七九連隊	ニューギニア、ブーツ	一九四四・〇六・三〇 ×	神農承橋 神農尚安	伍長 祖父	戦死	済州島大静面上摹里 ｜
二九八	歩兵七九連隊	ニューギニア、アファ	一九四四・〇七・二〇 ×	平江哲柱 平江洛明	伍長 父	戦死	羅州郡茶道面板村里 ｜
二九九	歩兵七九連隊	ニューギニア、オーム岬	一九四四・〇八・〇一 ×	平野海烈 平野京華	伍長 父	戦死	寶城郡得粮面海千里五五七 ｜
三八四	歩兵七九連隊	ニューギニア、ハタ山	一九四四・〇七・二六 ×	武田功雄 武田大勇	伍長 父	戦死	咸平郡鴎橋面伏東里五一三 ｜
三九〇	歩兵七九連隊	ニューギニア、アファ	一九四四・〇七・二二 ×	水良長太郎 水良華錫	軍曹 父	戦死	珍島郡古郡面五山里一三一二 ｜

三一五	歩兵七九連隊	ニューギニア、アファ	一九四四・〇七・二四	松山　郁	軍曹	戦死	霊巌郡金井面燕巣里
			×	松山　佳	父		―
三六〇	歩兵七九連隊	ニューギニア、アファ	一九四四・〇七・二四	清澤輝雄	伍長	戦死	高興郡豆原面雲岱里
			一九二二・〇一・一四	清澤龍起	父		―
九〇五	歩兵七九連隊	ニューギニア、アファ	一九四四・〇七・二五	新井成鉉	伍長	戦死	寶城郡寶城邑元峯里四二七
			×	新井重馨	父		―
三七一	歩兵七九連隊	ニューギニア、アファ	一九四四・〇七・二八	野村良太郎	軍曹	戦死	済州島城山面城山里
			×	野村祐造	父		―
三八〇	歩兵七九連隊	ニューギニア、アファ	一九四四・〇七・二八	季川炳珠	伍長	戦死	長興郡長東面山里一八九
			×	季川点徳	兄		―
三二〇	歩兵七九連隊	ニューギニア、アファ	一九四四・〇七・二九	岡村正男	伍長	戦死	咸平郡羅山面九山里
			×	岡村彦敬	父		―
二八三	歩兵七九連隊	ニューギニア、アファ	一九四四・〇七・三〇	池原原植	伍長	戦死	順天郡海龍面狐頭里
			×	池原高烈	父		―
三〇八	歩兵七九連隊	ニューギニア、アファ	一九四四・〇八・〇一	山本成植	伍長	戦死	海南郡三山面昌里
			一九二一・一〇・一二	山本健七	父		―
九一六	歩兵七九連隊	ニューギニア、アファ	一九四四・〇八・〇三	松山判宗	伍長	戦死	求禮郡求礼面新月里二七六
			×	松山貫亀	妻		―
九一一	歩兵七九連隊	ニューギニア、アファ	一九四四・〇八・〇三	江原武宏	伍長	戦死	光陽郡鳳岡面石社里
			×	江原載晾	父		―
三一二	歩兵七九連隊	ニューギニア、アファ	一九四四・〇八・〇七	昌山萬福	伍長	戦死	務安郡岩泰面瓦村里
			×	昌山吉三	父		―
九一二	歩兵七九連隊	ニューギニア、ヤカムル	一九四四・〇六・二四	金本秀雄	伍長	戦死	務安郡智島面内楊里
			×	金本龍根	父		―
九一七	歩兵七九連隊	ニューギニア、ヤカムル	一九四四・〇七・〇四	華山岐相	伍長	戦死	済州島旧左面松堂里
			×	華山炳華	妻		寶城郡蘆洞面玉島里六八
三六五	歩兵七九連隊	ニューギニア、ヤカムル	一九四四・〇八・〇三	成田豊茂	伍長	戦死	務安郡望雲面牧東里
			×	成田耕春	父		―
二九二	歩兵七九連隊	ニューギニア、ヤカムル	一九四四・〇八・〇四	大島炯洞	軍曹	戦病死	務安郡岩泰面瓦村里
		脚気	×	大島今長	父		―
九一三	歩兵七九連隊	ニューギニア、ヤカムル	一九四四・〇八・二九	高山在源	伍長	戦死	潭陽郡古西面山徳里
			×	高山永順	妻		―
三四四	歩兵七九連隊	ニューギニア、マルジップ	一九四四・〇九・〇一	金井照治	伍長	戦死	珍島郡智山面仁智里
			×	金井萬田	父		―
八九七	歩兵七九連隊	ニューギニア、マルジップ	一九四四・〇九・〇三	金本炳強	伍長	戦死	咸平郡鶴喬面錦松里

			×	金本華桂	父		—
九〇八	歩兵七九連隊	ニューギニア、ソナム	一九四四・〇八・一〇	善田哲良	伍長	戦死	長興郡北面新興里六〇四
			×	善田武信	父		—
三〇五／一二四一	歩兵七九連隊	ニューギニア、ソナム	一九四四・〇九・〇五	山本勇雄	軍曹	戦死	済州島旧左面西金寧里
			一九二一・〇六・二四	山本世×	父		—
三〇四	歩兵七九連隊	ニューギニア、チンブ河	一九四四・〇一・一二	星川庄×	伍長	戦死	麗水郡三山面巨文里東島
			×	星川天同	父		—
一二四〇	歩兵七九連隊	ニューギニア	一九四四・〇九・一五	高村武男	伍長	戦死	済州島涯月面下貴里二二六二
			×	高村承夫	父		宮城県仙台市柳町二三
三七二	歩兵七九連隊	ニューギニア、ボイキン	一九四四・〇九・三〇	松本潤植	伍長	戦死	海南郡門内里古平里
			×	松本日仁	父		—
三九四	歩兵七九連隊	ニューギニア、マグコハ	一九四四・一〇・〇一	豊川文澤	伍長	戦死	康津郡咸田面明三里三七八
			×	豊川洪鉉	父		木浦府竹橋里三六九
三八三	歩兵七九連隊	ニューギニア、ダクア	一九四四・〇九・一五	高村武男	伍長	戦死	済州島涯月面下貴里二三六二
			×	高村承夫	父		—
三八八	歩兵七九連隊	ニューギニア、ダクア マラリア	一九四四・一〇・〇五	山本基石	軍曹	戦病死	咸平郡羅山面頭里
			×	山本奉燮	父		—
八九三	歩兵七九連隊	ニューギニア、ダクア	一九四四・一〇・〇五	大山宗鉱	伍長	戦死	寶城郡福内面桂山里一四一
			×	大山馬金	父		—
三七〇	歩兵七九連隊	ニューギニア、ダクア	一九四五・〇三・〇四	宜本武夫	伍長	戦死	寶城郡筏橋邑壮陽里
			×	宜本珉植	父		—
八九六	歩兵七九連隊	ニューギニア、ブーツ	一九四四・一〇・一〇	金田世珍	伍長	戦死	羅州郡羅州邑上界里
			×	金田奉順	父		—
二七七	歩兵七九連隊	ニューギニア、マクイル	一九四四・一〇・一〇	新井隆宅	伍長	戦死	霊光郡霊光面月平里
			×	新井　豊	父		—
三八九	歩兵七九連隊	ニューギニア	一九四四・一〇・一五	良本永承	伍長	戦死	寶城郡文徳面徳崎里八五四
			×	良本会洵	父		—
三四九	歩兵七九連隊	ニューギニア、スマイシ	一九四四・一〇・二九	曲原吉同	伍長	戦死	寶城郡文徳面龍岩里七六四
			×	曲原改化	父		
三〇六	歩兵七九連隊	ニューギニア、ターベン	一九四四・〇一・二二	梁川銀次郎	伍長	戦死	務安郡郷面龍浦里
			×	梁川梅子	妻		—
三五六	歩兵七九連隊	ニューギニア、ノンガカコ	一九四四・一二・〇四	木下正勝	伍長	戦死	康津郡鶴川面梨南里
			×	木下勝吉	兄		—
三五七	歩兵七九連隊	ニューギニア、ハッポコ	一九四四・一二・三〇	清湖根鍍	伍長	戦死	羅州郡公山面今谷里
			×	清湖順礼	妻		—

四〇一	歩兵七九連隊	ニューギニア、ガリ	一九四四・〇一・〇五	豊岡昌善	伍長	戦死	灵光郡灵光面道東里三三七
			×	豊岡点金	父		灵光郡灵光面道東里三三七
三二二	歩兵七九連隊	ニューギニア、ガリ	一九四四・〇一・一〇	大原咸奉	伍長	戦死	霊巌郡始終面
			×	大原連礼	妻		―
三七八	歩兵七九連隊	ニューギニア、ガリ	一九四四・〇一・一〇	徐本廷龍	伍長	戦死	麗水郡西木村面桐禾里六八八
			×	徐本丙根	父		―
八六二	歩兵七九連隊	ニューギニア、ガリ	一九四四・〇一・一〇	金本吉雄	伍長	戦死	灵岩郡西湖面
			×	金本×光	父		―
八五九	歩兵七九連隊	ニューギニア、ガリ	一九四四・〇一・一〇	山村　皓	兵長	戦死	海南郡馬山面山幕里四二五
			×	山村東植	父		―
八六九	歩兵七九連隊	ニューギニア、ガリ	一九四三・〇一・一〇	西原　勇	伍長	戦死	木浦府陽洞
			×	西原智恵子	妻		―
八七五	歩兵七九連隊	ニューギニア、ガリ	一九四四・〇一・一〇	崔山和洙	伍長	戦死	羅州郡南平面南平里
			×	載山東錫	父		―
八七七	歩兵七九連隊	ニューギニア、ガリ	一九四四・〇一・一〇	松井仁奎	伍長	戦死	済州島楸子面礼単里
			×	松井顕玉	父		―
八七八	歩兵七九連隊	ニューギニア、ガリ	一九四四・〇一・一〇	正木洛淳	伍長	戦死	長城郡森渓面内渓里四八
			×	正木鐘善	父		―
八八四	歩兵七九連隊	ニューギニア、ガリ	一九四四・〇一・一〇	春田在淑	伍長	戦死	長興郡天山面内安里八一六
			×	春田徳煥	父		―
三七四	歩兵七九連隊	ニューギニア、ガリ	一九四四・〇一・一四	長水義虎	伍長	戦死	莞島郡新智面大谷里九二三
			×	長水命同	父		―
九三〇	歩兵七九連隊	ニューギニア、ガリ	一九四四・〇一・一五	仁山武慶	伍長	戦死	麗水郡三日面中興里
			×	仁山政義	父		―
九二三	歩兵七九連隊	ニューギニア、ガリ	一九四四・〇一・一七	蔡原世×	兵長	戦死	務安郡望雲面皮西里二〇三
			×	蔡原良×	父		―
三一八	歩兵七九連隊	ニューギニア、ガリ	一九四四・〇一・一八	大川載日	伍長	戦死	求禮郡山河面屯寺里
			×	大川載奎	兄		―
三〇〇	歩兵七九連隊	ニューギニア、ガリ	一九四四・〇一・一八	文山勝夫	伍長	戦死	和順郡梨陽面
			×	文山昌溢	父		和順郡清豊面新里
三七六	歩兵七九連隊	ニューギニア、ガリ	一九四四・〇一・一九	長山光雄	伍長	戦死	海南郡山二面錦湖里五一〇
			×	長山仲實	父		―
九四一	歩兵七九連隊	ニューギニア、ガリ	一九四四・〇一・一九	國本宙煥	伍長	戦死	咸平郡孫仏面
			×	國本鐘云	兄		―
九二九	歩兵七九連隊	ニューギニア、ガリ	一九四四・〇一・二〇	文元勤弼	伍長	戦死	灵光郡塩山面道東里二一七一

			×	文元哲善	父		—
九四七	歩兵七九連隊	ニューギニア、ガリ	一九四四・〇一・二〇	新川英賢	伍長	戦死	麗水郡三山面西島里
			×	新川正任	妻		—
九五一	歩兵七九連隊	ニューギニア、ガリ	一九四四・〇一・二〇	大山喬本	伍長	戦死	灵光郡西面南竹里
			一九一五・〇三・一六	大山平俊	父		—
三二一	歩兵七九連隊	ニューギニア、ガリ	一九四四・〇一・二一	岡田在基	伍長	戦死	海南郡北平面木田里
			×	岡田在温	兄		—
九五六	歩兵七九連隊	ニューギニア、ガリ	一九四四・〇一・二三	由田判乭	伍長	戦死	順天郡松光面三清里三三一
			×	由田明玄	父		—
九二五	歩兵七九連隊	ニューギニア、カブトモン	一九四四・〇一・一五	豊田永吉	伍長	戦死	灵光郡灵光面道東里
			×	豊田允昌	父		—
九三二	歩兵七九連隊	ニューギニア、カブトモン	一九四四・〇一・二〇	高山武三	伍長	戦死	珍島郡智山面古野里
			×	高山永周	父		—
三六六	歩兵七九連隊	ニューギニア、カブトモン	一九四四・〇一・二四	西原大錫	伍長	戦死	寶城郡熊峙面江山里
			×	西原在亀	父		—
三六三	歩兵七九連隊	ニューギニア、カブトモン	一九四四・〇一・二五	中山松旭	伍長	戦死	海南郡黄山面南利里
			×	國本成平	父		—
九五二	歩兵七九連隊	ニューギニア、カブトモン	一九四四・〇一・二七	押海正浩	伍長	戦死	光山郡松汀邑道湖里四九〇
			×	押海永修	父		—
九五七	歩兵七九連隊	ニューギニア、カブトモン	一九四四・〇一・二八	李原永轍	伍長	戦死	寶城郡福面鳳川里七五四
			×	李原大会	父		寶城郡福面鳳川里七五四
三三四	歩兵七九連隊	ニューギニア、カブトモン	一九四四・〇二・〇一	金城泰泉	伍長	戦死	済州島南元面新興里
			×	金城祐完	父		—
三一七	歩兵七九連隊	ニューギニア、カブトモン	一九四四・〇二・〇二	光原廣志	伍長	戦死	康津郡康津邑瑞山里
			×	光原　實	兄		—
九二二	歩兵七九連隊	ニューギニア、カブトモン	一九四四・〇二・〇五	林秀鎬	軍曹	戦死	光山郡林谷面登任里四七九
			×	林錫國	父		—
九三四	歩兵七九連隊	ニューギニア、カブトモン	一九四四・〇二・〇五	金光影三	伍長	戦死	長城郡北二面
			×	金光秀人	父		—
九四九	歩兵七九連隊	ニューギニア、カブトモン	一九四四・〇二・〇五	原田武義	伍長	戦死	海南郡縣山面黄山里七
			×	原田奎泰	父		—
九五八	歩兵七九連隊	ニューギニア、ウィンバル	一九四四・〇二・〇五	林路童	軍曹	戦死	潭陽郡鳳山面鋳谷里
			×	林春吉	父		—
九六四	歩兵七九連隊	ニューギニア、カブトモン	一九四四・〇二・〇五	安田在順	伍長	戦死	和順郡梨陽面草坊里二七七
			×	安田正煥	父		—

九三三	歩兵七九連隊	ニューギニア、ウィニドル	一九四四・〇二・一一	高山　茂	伍長	戦死	莞島郡古今面
			×	高山ソゲ	母		—
九五九	歩兵七九連隊	ニューギニア、ウィンバル	一九四四・〇二・〇七	新井鐘龍	伍長	戦死	海南郡花山面方辺里七八八
			一九二〇・〇一・一五	新井王哲	父		—
九三六	歩兵七九連隊	ニューギニア、ハンサ	一九四四・〇二・〇七	金本真作	伍長	戦死	光陽郡光陽面仁東里
			一九二〇・〇八・〇七	金本在栄	父		—
一二二六	歩兵七九連隊	ニューギニア、ハンサ	一九四三・〇四・二一	柳容泰	上等兵	戦病死	羅州郡三道面松山里九四〇
			×	柳考逑	父		—
一二四三	歩兵七九連隊	ニューギニア、ハンサ	一九四三・〇五・二〇	徳富戈夏	兵長	戦病死	済州島南元面水望里一三一
			×	徳富山一	母		—
二九三	歩兵七九連隊	ニューギニア、ハンサ	一九四四・〇三・〇七	林　明	伍長	戦死	咸平郡厳多面鴎野里
			一九一九・〇七・一五	林　豊治	父		—
九四五	歩兵七九連隊	ニューギニア、ハンサ	一九四四・〇三・一〇	宮本春浩	伍長	戦死	求禮郡龍方面龍江里
			×	宮本丁祚	兄		—
九二六	歩兵七九連隊	ニューギニア、ハンサ	一九四四・〇三・二〇	中原鐘晩	伍長	戦死	務安郡綿城面城本里
			×	中原順玉	母		—
九四〇	歩兵七九連隊	ニューギニア、ハンサ	一九四四・〇三・二〇	河東俊采	伍長	戦死	羅州郡番南面大安里
			×	河東銀株	兄		—
九四六	歩兵七九連隊	ニューギニア、ハンサ	一九四四・〇三・二〇	光山駿智	伍長	戦死	光陽郡玉龍面栗川里
			×	光山順岳	妻		—
九五〇	歩兵七九連隊	ニューギニア、ハンサ	一九四四・〇三・二〇	岩川舜喆	伍長	戦死	羅州郡公山面福龍里
			×	岩川明在	妻		—
九五三	歩兵七九連隊	ニューギニア、ハンサ	一九四四・〇三・二〇	金澤文鎬	伍長	戦死	光山郡西倉面
			×	金澤奇煥	父		—
九五四	歩兵七九連隊	ニューギニア、ハンサ	一九四四・〇三・二〇	金谷正男	曹長	戦死	光陽郡光陽面仁東里
			×	金谷永喜	父		—
九五五	歩兵七九連隊	ニューギニア、ハンサ	一九四四・〇三・二〇	金李判術	伍長	戦死	羅州郡鳳凰面松峴里
			×	金李諮鍋	父		—
九六〇	歩兵七九連隊	ニューギニア、ハンサ	一九四四・〇三・二〇	秋田　実	伍長	戦死	潭陽郡鳳山面大秋里
			×	秋田　忠	父		—
九六一	歩兵七九連隊	ニューギニア、ハンサ	一九四四・〇三・二〇	新井充晧	伍長	戦死	莞島郡蘆光面梨花里五八九
			×	新井基燮	父		—
九六二	歩兵七九連隊	ニューギニア、ハンサ	一九四四・〇三・二〇	伊泉南鉉	伍長	戦死	康津郡城田面桃林里二九
			×	伊泉在杓	父		—
三六九	歩兵七九連隊	ニューギニア、ハンサ	一九四四・〇三・二七	西村賛漠	軍曹	戦死	莞島郡新智面東古里

			×	西村賛悦	兄		—
九四四	歩兵七九連隊	ニューギニア、ハンサ	一九四四・〇三・三〇	三豊炳宇	伍長	戦死	咸平郡月也面治林里
			×	三豊房子	妻		—
三九一	歩兵七九連隊	ニューギニア、ハンサ	一九四四・〇四・二八	田中正雄	伍長	戦病死	寶城郡筏橋邑壯陽里八六〇
		マラリア	×	申京守	父		—
三三九	歩兵七九連隊	ニューギニア、ハンサ	一九四四・〇七・二七	金田光雄	伍長	戦病死	谷城郡谷城面邑内里
		マラリア	×	金田基玉	父		—
三一九	歩兵七九連隊	ニューギニア、ハンサ	一九四四・一二・〇六	大星文夫	伍長	戦死	務安郡夢灘面鳳山里
			×	大星　元	父		—
三八六	歩兵七九連隊	ニューギニア、チャイゴール	一九四五・〇一・一〇	高山済之	軍曹	戦死	長城郡北上面水城里二五四
			×	高山辰山	母		—
八八九	歩兵七九連隊	ニューギニア、ニブリハーヘン	一九四五・〇三・〇一	秋井萬植	伍長	戦死	全羅北道錦山郡秋富面自畠里（全北）
			×	鄭鐘年	父		—
一二五〇	歩兵七九連隊	ニューギニア、ニブリハーヘン	一九四五・〇三・〇一	秋　萬	伍長	戦死	光山郡秋畠面白富里二三三一
			×	鄭鐘年	父		—
二八〇	歩兵七九連隊	ニューギニア、ニブリハーヘン	一九四五・〇七・三〇	新本武正	伍長	戦死	高興郡豆凍面龍盤里七一七
			×	新本景×	父		—
三四三	歩兵七九連隊	ニューギニア、ニブリハーヘン	一九四五・〇八・一〇	金城斗学	軍曹	戦死	海南郡海南面大正町三
			×	金城龍淵	父		
三四六	歩兵七九連隊	ニューギニア、マグエル	一九四五・〇三・二〇	河本寅炳	伍長	戦死	霊光郡法聖面化千里
			×	河本十一	父		霊光郡法聖面法聖里
三四一	歩兵七九連隊	ニューギニア、クルナキ	一九四五・〇三・二〇	金村鳳俊	軍曹	戦病死	済州島翰林面洙原里
		マラリア	×	李守家	母		—
八九一	歩兵七九連隊	ニューギニア、ブーツ	一九四五・〇三・二五	安本忠治	伍長	戦死	順天郡外西面錦城里五八二
			×	安本在治			—
三三〇	歩兵七九連隊	ニューギニア、マグヘル	一九四五・〇三・二五	金田光原	伍長	戦死	務安郡玄慶面五柳洞
			×	金田光國	兄		—
二八五	歩兵七九連隊	ニューギニア、マグヘル	一九四五・〇三・二五	江口昂穆	伍長	戦死	高興郡豊陽面松亭里
			×	江口張雨	父		—
八九五	歩兵七九連隊	ニューギニア、マグエル	一九四五・〇三・二五	澤野安夫	伍長	戦死	寶城郡筏橋邑筏橋
			×	澤野感心	母		—
八九四	歩兵七九連隊	ニューギニア、オランド	一〇四五・〇三・二八	完山康木	伍長	戦死	順天郡月燈面桂月里四四七
			×	完山尚鎮	兄		—
二七四	歩兵七九連隊	ニューギニア、ハムシック	一九四五・〇四・〇七	新井錫珉	伍長	戦死	珍島郡古郡面香洞里
			×	新井明義	父		—

八九二	歩兵七九連隊	ニューギニア、十国峠	一九四五・〇四・一〇	木山文助	伍長	戦死	麗水郡召羅面
			×	木山炷英	父		―
八八八	歩兵七九連隊	ニューギニア、十国峠	一九四五・〇四・一五	岩村鐘会	伍長	戦死	寶城郡得粮面五峯里七〇六
			×	岩村　録	兄		―
八九〇	歩兵七九連隊	ニューギニア、十国峠	一九四五・〇四・一五	伊泉東夏	伍長	戦死	康津郡城田面桃林里三〇七
			×	伊泉桂大	父		―
三〇七	歩兵七九連隊	ニューギニア、ブオフヲ	一九四五・〇四・二六	安子恒次	軍曹	戦死	光陽郡津月面申蛇里
			×	安子洞淳	父		―
三五五	歩兵七九連隊	ニューギニア、ニブリ	一九四五・〇七・〇五	金光学潤	伍長	戦死	順天郡栄興面東内里
			×	金光貴岩	父		―
三八二	歩兵七九連隊	ニューギニア、スンバオ	一九四五・〇七・二〇	田中奉一	准尉	戦死	和順郡穆川面貫永里三〇二
			一九一八・一〇・一一	田中連米	父		―
三四七	歩兵七九連隊	ニューギニア、スンバホ	一九四五・〇七・二五	金田忠久	兵長	戦死	霊巌郡新北面明洞里
			×	金田守永	父		―
三〇二	歩兵七九連隊	ニューギニア、モンブック	一九四五・〇三・〇五	文元明宇	伍長	戦死	寶城郡文徳面徳崎里一五六
			×	文元昌淑	弟		―
三三三	歩兵七九連隊	ニューギニア、ワンブフン	一九四五・〇八・〇七	金澤七鉉	軍曹	戦死	光山郡極楽面東林里
			×	金澤中渚	兄		―
九〇四	歩兵七九連隊	ニューギニア、オルランジア	一九四四・〇八・一〇	相艮光宣	兵長	戦死	順天郡別良面斗×里一九
			×	相良賜羅	妻		―
三三一	歩兵七九連隊	ニューギニア、マレング	一九四五・〇八・一三	金山昌国	伍長	戦病死	麗水郡三山面徳村里
		マラリア	×	金山昌萬	兄		麗水郡麗水邑本町一
二九四	歩兵七九連隊	ニューギニア、ムシュウー島	一九四五・一〇・一六	原田健男	軍曹	戦傷死	海南郡馬山面孟津里五一一
			×	原田吉允	父		―
五三五	歩兵七九連隊	台湾琉球興南東に漂着	一九四五・〇一・一三	黄原哲夏	上等兵	戦死	海南郡花山面富吉里六二九
			×				―
一二二一	歩兵七九連隊	台湾高雄沖	一九四五・〇一・〇九	金海祐演	一等兵	戦死	莞島郡青山面堂洛里五五八
			一九二四・〇八・二二	金海鏞敏	父		莞島郡青山面堂洛里五五八
六四七	歩兵七九連隊	台湾新竹沖	一九四五・〇一・〇九	吉田成基	一等兵	戦死	海南郡馬山面路下里一六〇
			一九二四・〇九・〇九	吉田碩順	父		―
一〇二八	歩兵七九連隊補充隊	台湾高雄沖	一九四五・〇一・〇九	金山徳介	一等兵	戦死	長興郡蓉山面雨岩里一四〇七
			一九二四・〇七・一〇	金山順愛	妻		長興郡蓉山面雨岩里一四〇七
一〇二九	歩兵七九連隊補充隊	台湾高雄沖	一九四五・〇一・〇九	金本龍辰	一等兵	戦死	長興郡安良面芷川里一三八
			一九二四・〇一・〇六	金本洽先	父		長興郡安良面芷川里一三八
一〇三〇	歩兵七九連隊補充隊	台湾高雄沖	一九四五・〇一・〇九	大林宰怯	一等兵	戦死	長興郡蓉山面桂山里五七八

			一九二四・〇四・二一	大林周植	父		長興郡容山面桂山里五七八
一〇三一	歩兵七九連隊補充隊	台湾高雄沖	一九四五・〇一・〇九	本丁済煥	一等兵	戦死	長城郡森渓面針山里三六六
			一九二四・〇四・一〇	本丁四八	父		長城郡森渓面針山里三六六
一〇三二	歩兵七九連隊補充隊	台湾高雄沖	一九四五・〇一・〇九	佳山鶴基	一等兵	戦死	長城郡長城邑鳳徳里三二一
			一九二四・〇三・三〇	佳山古奎	父		長城郡長城邑鳳徳里三二一
一〇三三	歩兵七九連隊補充隊	台湾高雄沖	一九四五・〇一・〇九	神農宗達	一等兵	戦死	長城郡珍原面鶴田里三一七
			一九二四・〇九・二五	神農大津	父		長城郡珍原面鶴田里三一七
一〇三四	歩兵七九連隊補充隊	台湾高雄沖	一九四五・〇一・〇九	金在植	一等兵	戦死	長城郡黄龍面華湖里一四〇
			一九二四・〇七・一〇	金明大	父		長城郡黄龍面華湖里一四〇
一〇三七	歩兵七九連隊補充隊	台湾高雄沖	一九四五・〇一・〇九	宮本康臣	一等兵	戦死	和順郡綾州面萬水里二三三
			一九二四・一一・二四	宮本修義	父		和順郡綾州面萬水里二三三
一〇三八	歩兵七九連隊補充隊	台湾高雄沖	一九四五・〇一・〇九	豊山佶植	一等兵	戦死	和順郡春陽面牛峰里三四一
			一九二四・〇二・二七	豊山潤植	兄		和順郡春陽面牛峰里三四一
一〇三九	歩兵七九連隊補充隊	台湾高雄沖	一九四五・〇一・〇九	金本光浩	一等兵	戦死	和順郡綾州面亭里二七二
			一九二四・〇九・二一	金本潤燮	父		和順郡綾州面亭里二七二
一〇四〇	歩兵七九連隊補充隊	台湾高雄沖	一九四五・〇一・〇九	成田泰鎬	一等兵	戦死	海南郡花山面臥牛里八〇六
			一九二四・一二・二六	成田正任	妻		海南郡花山面臥牛里八〇六
一〇四一	歩兵七九連隊補充隊	台湾高雄沖	一九四五・〇一・〇九	金光正行	一等兵	戦死	海南郡門内面蘭大里四五五
			一九二四・〇一・〇二	金光栄子	妻		海南郡門内面蘭大里四五五
一〇四二	歩兵七九連隊補充隊	台湾高雄沖	一九四五・〇一・〇九	金城済民	一等兵	戦死	海南郡山二面松川里三五七
			×	金城×運	妻		海南郡山二面松川里三五七
一〇四三	歩兵七九連隊補充隊	台湾高雄沖	一九四五・〇一・〇九	石川甲逑	一等兵	戦死	海南郡黄山面中項里八一五
			一九二四・〇八・一〇	石川善平	伯父		海南郡黄山面中項里八一五
一〇四四	歩兵七九連隊補充隊	台湾高雄沖	一九四五・〇一・〇九	呉山永春	一等兵	戦死	咸平郡鶴橋面谷昌里四九七
			一九二三・一二・〇五	―	父		咸平郡鶴橋面谷昌里四九七
一〇四五	歩兵七九連隊補充隊	台湾高雄沖	一九四五・〇一・〇九	金平寧浩	一等兵	戦死	咸平郡咸平面水湖里二七五
			一九二四・〇四・〇九	金平鳳覧	叔父		咸平郡咸平面水湖里二七五
一〇四六	歩兵七九連隊補充隊	台湾高雄沖	一九四五・〇一・〇九	羅本喆洙	一等兵	戦死	咸平郡大潤面龍城里二二一
			一九二四・〇四・二七	羅本順子	妻		咸平郡大潤面龍城里二二一
一〇四七	歩兵七九連隊補充隊	台湾高雄沖	一九四五・〇一・〇九	安田泰仙	一等兵	戦死	咸平郡咸平面咸平里二九七
			一九二四・〇二・二五	安田泰鐘	兄		咸平郡咸平面咸平里二九七
一〇四八	歩兵七九連隊補充隊	台湾高雄沖	一九四五・〇一・〇九	東原玉山	一等兵	戦死	莞島郡所安面榧子面七一八
			一九二三・一二・〇二	東原木見	妻		莞島郡所安面榧子面七一八
一〇五〇	歩兵七九連隊補充隊	台湾高雄沖	一九四五・〇一・〇九	國本承吉	一等兵	戦死	潭陽郡古西面校山里二四三
			一九二四・〇三・一五	國本琪善	父		潭陽郡古西面校山里二四三

番号	部隊	死亡場所	年月日	氏名	階級・続柄	事由	本籍
一〇五一	歩兵七九連隊補充隊	台湾高雄沖	一九四五・〇一・〇九	金海四洙	一等兵	戦死	潭陽郡水北面井坪里七五一
			一九二四・〇一・〇八	金海達文	父		潭陽郡水北面井坪里七五一
一〇五三	歩兵七九連隊補充隊	台湾高雄沖	一九四五・〇一・〇九	孫田吉用	一等兵	戦死	灵岩郡始終面臥牛里八〇六
			一九二四・〇三・三〇	孫田公順	妻		灵岩郡始終面臥牛里八〇六
一〇五四	歩兵七九連隊補充隊	台湾高雄沖	一九四五・〇一・〇九	曾田臣煥	一等兵	戦死	灵岩郡灵岩面南豊里二四四
			一九二四・〇三・〇八	曽田採煥	兄		灵岩郡灵岩面南豊里二四四
一〇五五	歩兵七九連隊補充隊	台湾高雄沖	一九四五・〇一・〇九	中山雲泳	一等兵	戦死	灵岩郡鶴山面金渓里五五四
			一九二四・一〇・二〇	中山容善	父		光州府鶴岡町二区八八〇
一〇五六	歩兵七九連隊補充隊	台湾高雄沖	一九四五・〇一・〇九	木下贊元	一等兵	戦死	灵岩郡始終面沃野里六一三
			一九二四・〇八・三〇	木下緒日	父		灵岩郡始終面沃野里六一三
一〇五七	歩兵七九連隊補充隊	台湾高雄沖	一九四五・〇一・〇九	林漢柱	一等兵	戦死	灵光郡南面梧桐里八七五
			一九二四・〇三・二二	林繁一	父		灵光郡南面梧桐里八七五
一〇五八	歩兵七九連隊補充隊	台湾高雄沖	一九四五・〇一・〇九	平山在鳳	一等兵	戦死	灵光郡西面加沙里一五八
			一九二四・一〇・〇三	平山中王	祖父		灵光郡西面加沙里一五八
一〇五九	歩兵七九連隊補充隊	台湾高雄沖	一九四五・〇一・〇九	柳善隆	一等兵	戦死	灵光郡仏甲面廉山里
			一九二四・一〇・二〇	柳淑子	妻		光州府門治町五ー三二
一〇六〇	歩兵七九連隊補充隊	台湾高雄沖	一九四五・〇一・〇九	金川横胤	一等兵	戦死	灵光郡西面徳山里四三三
			一九二四・〇二・〇三	金川奇萬	父		灵光郡西面徳山里四三三
一〇六一	歩兵七九連隊補充隊	台湾高雄沖	一九四五・〇一・〇九	大本鐘安	一等兵	戦死	灵光郡落月面上落月里七七二
			一九二四・〇三・〇三	大本同河	妻		灵光郡落月面上落月里七七二
一〇六二	歩兵七九連隊補充隊	台湾高雄沖	一九四五・〇一・〇九	大山漢秀	一等兵	戦死	灵光郡白岫面大新里六六一
			一九二四・〇二・二一	大山南律	父		灵光郡白岫面大新里六六一
一〇六三	歩兵七九連隊補充隊	台湾高雄沖	一九四四・〇八・一五	森藤西蔵	一等兵	戦病死	羅州郡細板面五峰里
			×	森藤達吉	父		羅州郡細板面五峰里
一〇六四	歩兵七九連隊補充隊	台湾高雄沖	一九四五・〇一・〇九	山本寿男	一等兵	戦病死	羅州郡旺谷面石川里一四八
			一九二三・一二・二七	山本生彬	父		羅州郡旺谷面石川里一四八
一〇六五	歩兵七九連隊補充隊	台湾高雄沖	一九四五・〇一・〇九	坡手相洙	一等兵	戦死	羅州郡羅州邑大正町二六二
			一九二四・〇三・一三	坡手萬郷	父		羅州郡羅州邑大正町二六二
一〇六六	歩兵七九連隊補充隊	台湾高雄沖	一九四五・〇一・〇九	國置甲炳	一等兵	戦死	羅州郡旺谷面松竹里二三一
			一九二四・〇八・一五	國置東彬	父		羅州郡旺谷面松竹里二三一
一〇六七	歩兵七九連隊補充隊	台湾高雄沖	一九四五・〇一・〇九	完山甲炳	一等兵	戦死	羅州郡羅州邑青洞里一四七
			一九二三・一二・〇七	完山今同	母		羅州郡羅州邑青洞里一四七
一〇六八	歩兵七九連隊補充隊	台湾高雄沖	一九四五・〇一・〇九	松村旭星	一等兵	戦死	務安郡智島面内楊里一四七四
			一九二四・〇三・二四	松村仁澤	―		京城府梨泰院町二二五ー三五
一〇六九	歩兵七九連隊補充隊	台湾高雄沖	一九四五・〇一・〇九	文川在吉	一等兵	戦死	務安郡望雲里菏苗里二六〇

			一九二四・〇七・一二	文川良實	父		務安郡望雲里荷苗里二六〇
一〇七〇	歩兵七九連隊補充隊	—	—	成田堵南	一等兵	戦死	務安郡慈恩面閑雲里四一九
			×	成田聖順	父		務安郡慈恩面閑雲里四一九
一〇七一	歩兵七九連隊補充隊	台湾高雄沖	一九四五・〇一・〇九	坡平金巖	一等兵	戦死	務安郡飛禽面新元里二六八
			一九二四・〇四・二五	坡平有卜	父		務安郡飛禽面新元里二六八
一〇七二	歩兵七九連隊補充隊	台湾高雄沖	一九四五・〇一・〇九	山本江口	一等兵	戦死	務安郡荷衣面玉島里二八七
			一九二四・一〇・二五	山本喜燮	父		務安郡荷衣面玉島里二八七
一〇七三	歩兵七九連隊補充隊	台湾高雄沖	一九四五・〇一・〇九	金光朱同	一等兵	戦死	務安郡聖雲面皮西里四二五
			一九二四・〇二・二七	金光君玉	父		務安郡聖雲面皮西里四二五
一〇七四	歩兵七九連隊補充隊	台湾高雄沖	一九四五・〇一・〇九	綿城英福	一等兵	戦死	務安郡飛禽面水雉里五四八
			一九二四・一一・一六	綿城玄東	父		務安郡飛禽面水雉里五四八
一〇七五	歩兵七九連隊補充隊	台湾高雄沖	一九四五・〇一・〇九	金田胃吉	一等兵	戦死	務安郡夢灘面社倉里五七六
			×	金田三順	妻		務安郡夢灘面社倉里五七六
一〇七六	歩兵七九連隊補充隊	台湾高雄沖	一九四五・〇一・〇九	金本相模	一等兵	戦死	務安郡玄慶面玄化里五九六
			一九二四・〇二・〇三	金本福礼	妻		務安郡玄慶面玄化里五九六
一〇七七	歩兵七九連隊補充隊	台湾高雄沖	一九四五・〇一・〇九	渭川大珍	一等兵	戦死	務安郡玄慶面東山里七五三
			×	渭川成文	父		務安郡玄慶面東山里七五三
一〇七八	歩兵七九連隊補充隊	台湾高雄沖	一九四五・〇一・〇九	新井興洙	一等兵	戦死	務安郡黒山面沙里三四四
			一九二四・〇三・〇六	金同金	母		務安郡黒山面沙里三四四
一〇八一	歩兵七九連隊補充隊	台湾高雄沖	一九四五・〇一・〇九	牧井炯順	一等兵	戦死	高興郡高興面池下里一〇一
			一九二四・〇二・一〇	牧井成春	父		高興郡高興面池下里一〇一
一〇八二	歩兵七九連隊補充隊	台湾高雄沖	一九四五・〇一・〇九	松原在圭	一等兵	戦死	高興郡綿山面於田里一一三四
			一九二四・一二・〇一	松原栄圭	兄		高興郡綿山面於田里一一三四
一〇八三	歩兵七九連隊補充隊	台湾高雄沖	一九四五・〇一・〇九	金本基柱	一等兵	戦死	高興郡道陽面柯也里二六〇〇
			一九二四・〇六・一三	金本東柱	兄		高興郡道陽面柯也里二六〇〇
一〇八五	歩兵七九連隊補充隊	台湾高雄沖	一九四五・〇一・〇九	青松相領	一等兵	戦死	谷城郡立面立石里二九〇
			一九二三・一二・一三	青松君澤	父		谷城郡立面立石里二九〇
一〇八六	歩兵七九連隊補充隊	台湾高雄沖	一九四五・〇一・〇九	高山秀巖	一等兵	戦死	康津郡城田面桃林里四三八
			×	高山五錦	妻		康津郡城田面桃林里四三八
一〇八七	歩兵七九連隊補充隊	台湾高雄沖	一九四五・〇一・〇九	木村逢春	一等兵	戦死	康津郡道岩面支石里三八七
			一九二四・〇三・二五	崔大見	母		康津郡道岩面支石里三八七
一〇八八	歩兵七九連隊補充隊	台湾高雄沖	一九四五・〇一・〇九	人木鍾洙	一等兵	不明	康津郡鵲川面土馬里三九七
			一九二四・〇四・二八	人木崙圭	父		康津郡鵲川面土馬里三九七
一〇九〇	歩兵七九連隊補充隊	台湾高雄沖	一九四五・〇一・〇九	文村定秀	一等兵	戦死	済州島翰林面東明里一五二四
			×	文村玉蓮	妻		済州島翰林面東明里一五二四

一〇九一	歩兵七九連隊補充隊	台湾高雄沖	一九四五・〇一・〇九 一九二四・〇七・一九	佐野元一 佐野連玉	一等兵 妻	戦死	済州島翰林面板浦里二八九七 済州島翰林面板浦里二八九七
一〇九二	歩兵七九連隊補充隊	台湾高雄沖	一九四五・〇一・〇九 一九二四・〇五・二五	李山東祐 金海壽生	一等兵 父	戦死	済州島大静面下摹里八八三 済州島大静面下摹里八八三
一〇九三	歩兵七九連隊補充隊	台湾高雄沖	一九四五・〇一・〇九 一九二四・〇八・二〇	金海影 金海壽生	一等兵 父	戦死	済州島済州邑龍潭里四五四 済州島済州邑龍潭里四五四
一〇九四	歩兵七九連隊補充隊	台湾高雄沖	一九四五・〇一・〇九 一九二四・〇五・二八	岩村晧世 岩村泰一	一等兵 祖父	戦死	順天郡雙岩面月渓里七五三 順天郡雙岩面月渓里七五三
一〇九五	歩兵七九連隊補充隊	台湾高雄沖	一九四五・〇一・〇九 一九二四・一〇・一一	金本章柱 金本李鉉	一等兵 祖父	戦死	光山郡飛鴉面雲岩里二二四 光山郡飛鴉面雲岩里二二四
一二二八	歩兵七九連隊	台湾安平沖	一九四五・〇一・〇九 ×	李山幸輔 李山小児	上等兵 母	戦死	務安郡一老面竹山里五六 務安郡一老面竹山里五六
一二五八	歩兵七九連隊	台湾新竹沖	一九四五・〇一・〇九 一九二四・〇九・〇九	吉田成基 吉田碩順	一等兵 父	戦死	海南郡馬山面路下里一六〇 海南郡馬山面路下里一六〇
一〇一四	歩兵八〇連隊	山西省	一九三九・〇七・〇八 一九一六・〇一・一五	李享洙 又仁	上等兵 父	戦死	順天郡別良面鳳林里一二〇 順天郡別良面鳳林里一二〇
四六六	歩兵八〇連隊	ニューギニア、ナラモア	一九四三・〇七・二八 ×	金光治一 金光崙洙	軍曹 父	戦死	潭陽郡潭陽面柏羽里七九 潭陽郡潭陽面柏羽里七九
八八五	歩兵八〇連隊	ニューギニア、フィンシュハーヘン	一九四三・〇九・一七 ×	河原龍雄 河原永朝	准尉 父	戦死	光山郡河南面長水里六三〇 光山郡河南面長水里六三〇
八八六	歩兵八〇連隊	ニューギニア、シオ	一九四四・〇一・一〇 ×	甲平鳳喆 甲平小南	兵長 妻	戦死	長城郡東北面九林里五七六 長城郡東北面九林里五七六
四六九	歩兵八〇連隊	ニューギニア、ノコボ	一九四四・〇二・一〇 ×	長谷川正雄 長谷川龍鉉	兵長 父	戦死	順天郡月燈面葛坪里一五八 順天郡月燈面葛坪里一五八
四七〇	歩兵八〇連隊	ニューギニア、ノコボ	一九四四・〇二・一〇	長谷川永玉 長谷川興哲	兵長 父	戦死	康津郡東面三新里七一六 康津郡東面三新里七一六
一二四七	歩兵八〇連隊	ニューギニア、ウウェワク	一九四四・〇三・二一 ×	松原荘鎬 松原載鉉	伍長 父	戦死	順天郡松光面鳳山里七五九 順天郡松光面鳳山里七五九
四七一	歩兵八〇連隊	ニューギニア、ウウェワク	一九四四・〇四・二〇 ×	平岡勝利 平岡小礼	兵長 母	戦死	海南郡王泉面鹿里三八八 海南郡王泉面鹿里三八八
四六七	歩兵八四連隊	ニューギニア、アファア	一九四四・〇六・〇五 ×	金谷勝鶴 金谷在衡	兵長 父	戦病死	灵巌郡西湖面長川里三三六 灵巌郡西湖面長川里三三六
一〇二一	歩兵八四連隊	浙江省	一九四一・一一・二一 一九一九・〇三・二〇	安金洪方 河鎮	通訳 父	戦病死	咸平郡鶴橋面芝幕里三一四 咸平郡鶴橋面芝幕里三一四
四七二	歩兵八〇連隊	ニューギニア、アファア	一九四四・〇八・〇四	松本重信	伍長	戦死	珍島郡珍島面校洞里一八一

			×	松本富吉	兄		大阪市阿倍野区天王寺町三五一四
四六八	歩兵一〇〇連隊	ニューギニア、ダンダイア	一九四四・〇八・二四	良本晶宜	伍長	戦病死	光山郡瑞坊面片山里四七二
			×	良本仁澤	父		光山郡瑞坊面片山里四七二
四五七	歩兵一〇〇連隊	ビルマ、カンダン	一九四五・〇三・一四	金園洪喆	兵長	戦死	高興郡豆湅面見徳里八九
			一九二一・〇一・一一	金園泰鎔	父		高興郡豆湅面見徳里八九
四五九	歩兵一〇〇連隊	ビルマ、カンダン	一九四五・〇三・一四	豊川錫宰	兵長	戦死	済州島済州邑龍潭里一五三
			×	豊川宮代	母		木浦府大成洞一〇九
四五八	歩兵一〇〇連隊	ビルマ、トーマ	一九四五・〇三・二〇	呉宮玉錫	兵長	戦死	谷城郡谷城面邑内里
			一九二三・一二・〇九				谷城郡谷城面邑内里
四六二	歩兵一〇〇連隊	ビルマ、ミヤ	一九四五・〇四・〇五	房村極洙	兵長	戦死	寶城郡兼田面雲村里三七五
			一九二四・一〇・一八	房村烈方	父		寶城郡兼田面雲村里三七五
四六〇	歩兵一〇〇連隊	ビルマ、タビエビン	一九四五・〇四・〇六	西山嘉一	兵長	戦死	谷城郡谷城面邑内里四一三
			一九二一・一〇・二五	西山　清	父		谷城郡谷城面邑内里四一三
四五五	歩兵一〇〇連隊	ビルマ、タビエビン	一九四五・〇四・〇六	大都桂淳	兵長	戦死	長城郡森西面大都
			一九二二・〇八・一五	大都賢順	妻		長城郡森西面大都
四六三	歩兵一〇〇連隊	ビルマ、チボエ	一九四五・〇七・二六	福田萬平	伍長	戦死	咸平郡鶴橋面馬山里一九九
		マラリア	一九一四・〇二・〇九	福田一肇	父		咸平郡鶴橋面馬山里一九九
四五六	歩兵一〇六連隊	ビルマ、タビエビン	一九四五・〇四・〇六	金田秀陽	伍長	戦死	灵光郡灵光面月坪里二八九
			一九一九・〇三・〇九	金田光治	父		灵光郡灵光面月坪里二八九
四六一	歩兵一〇六連隊	ビルマ、パブン	一九四五・〇五・〇九	仁山玉漢	伍長	戦病死	莞島郡新智面松谷里二八七
		マラリア	一九二五・〇三・一五	仁山錫之	父		光州府校門町九三
九八二	歩兵一〇六連隊	不詳	一九四五・〇四・〇一	新井鐘烈	上等兵	戦死	莞島郡古今面鳳鳴里
			×				莞島郡古今面鳳鳴里
九七五	歩兵一〇六連隊	ビルマ、トングー	一九四五・〇四・〇七	新井鐘培	兵長	戦死	莞島郡古今面鳳鳴里三三一
			一九二〇・〇一・二〇	新井文珍	父		莞島郡古今面鳳鳴里三三一
九八一	歩兵一〇六連隊	ビルマ、メークテラー	一九四五・〇四・二〇	金城子亨	兵長	戦死	済州島表善面細花里二〇七
			×	金城佐三	父		東京都葛飾区堀切八一五岩崎方
四六四	歩兵一一九連隊	ビルマ、タビンエン	一九四五・〇四・〇六	宮本錫煥	兵長	戦死	長興郡大徳面都庁里一四七
			一九二五・〇二・一二	宮本文三	父		長興郡大徳面都庁里一四七
一〇二四	歩兵一一九連隊	台湾高雄沖	一九四五・〇一・〇九	松井基春	一等兵	戦死	寶城郡兼白面西湖里四一三
			一九二四・〇二・〇三	松井×玉	父		寶城郡兼白面西湖里四一三
一〇二五	歩兵一一九連隊	台湾高雄沖	一九四五・〇一・〇九	金本泰淳	一等兵	戦死	寶城郡文徳面圓甲里四七
			一九二四・〇二・二五	金本新礼	妻		寶城郡文徳面圓甲里四七
一〇二六	歩兵一一九連隊	台湾高雄沖	一九四五・〇一・〇九	竹山武英	一等兵	戦死	寶城郡寶城邑牛山里四八
			×	竹山泰宙	父		寶城郡寶城邑牛山里四八

番号	部隊	死亡場所	年月日	氏名	階級・続柄	死因	本籍・住所
一〇二七	歩兵一一九連隊	台湾高雄沖	一九四五・〇一・〇九	山原正根	一等兵	不明	寶城郡泉於面長洞里二七七
			一九二四・〇九・一五	山原霊徳	父		寶城郡泉於面長洞里二七七
五四七	歩兵一五三連隊	ビルマ、ラニワ	一九四五・〇二・一〇	松島鐘一郎	伍長	戦死	羅州郡老安面烓林里六八
			一九一九・一二・三一	松島均平	父		羅州郡老安面烓林里六八
五四四	歩兵一五三連隊	ビルマ、レッセ陣地	一九四五・〇三・二〇	平山奉植	兵長	戦死	海南郡松×面於蘭里一四五八
			一九二〇・〇一・二一	平山宗根	父		海南郡松×面於蘭里一四五八
五四九	歩兵一五三連隊	ビルマ、パコソク	一九四五・〇三・二〇	李家沅範	兵長	戦死	羅州郡公山面今谷里六七八
			一九二一・一二・一六	李家勝煥	父		羅州郡公山面今谷里六七八
五四八	歩兵一五三連隊	ビルマ、スパコック	一九四五・〇三・二一	義本漢玉	兵長	戦死	鎮南郡馬寧面平地里八五八
			一九二三・〇九・二九	義本在鎬	父		鎮南郡馬寧面平地里八五八
五四一	歩兵一五三連隊	ビルマ、レッセ陣地	一九四五・〇三・二八	金本幸雄	兵長	戦死	麗水郡占羅面徳陽里八三六
			一九二二・〇五・〇九	金本良雄	弟		麗水郡占羅面徳陽里八三六
五四三	歩兵一五三連隊	ビルマ、パヤテク	一九四五・〇四・二九	武澤氾晃	大尉	戦死	康津郡康津邑東成里四一五
			一九二〇・〇七・一五	武澤宏法	父		寶城郡寶城邑寶城里七五
一二五一	歩兵一五三連隊	不詳	一九四五・〇五・一四	金光冷舜	一等兵	戦死	光山郡芝山面月山里
			×	金光洪柱	父		ー
五四六	歩兵一五三連隊	ビルマ、ペグン	一九四五・〇七・〇一	孫田才煥	兵長	戦死	高興郡道化面加禾里一四四七
			一九二五・〇四・一五	孫田武昌	父		高興郡道化面加禾里一四四七
五四二	歩兵一五三連隊	ビルマ、コホテ マラリア	一九四五・〇七・一五	木戸敬治	兵長	戦病死	務安郡玄慶面松亭里一七九
			一九二一・一〇・二七	木戸奉春	父		務安郡玄慶面松亭里一七九
五四五	歩兵一五三連隊	ビルマ、カナンビン	一九四五・〇八・〇九	藤原基春	伍長	戦死	咸平郡鶴橋面鶴橋里六六七
			一九二三・〇一・二三	藤原斗里	父		咸平郡鶴橋面鶴橋里六六七
六二五	歩兵一六八連隊	ビルマ、バーモ	一九四四・一二・一三	森山桐玘	軍曹	戦死	珍島郡古郡面五柳里七三一
			一九一九・〇五・一七	森山静子	妻		忠清南道大田府春日町三
六一二	歩兵一六八連隊	ビルマ、センウイ	一九四五・〇二・〇三	東村車輔	兵長	戦死	高興郡豊陽面豊南里一〇五八
			一九二二・〇九・〇四	東村永實	父		高興郡豊陽面豊南里一〇九八
六一四	歩兵一六八連隊	ビルマ、サンパンカ	一九四五・〇二・〇四	曺起炳烈	兵長	戦死	順天郡順天邑玉川里一六六
			一九二一・〇一・一四	曺起長安	父		順天郡順天邑玉川里一六六
六一六	歩兵一六八連隊	ビルマ、インドウ	一九四五・〇四・〇五	神農奇龍	兵長	戦死	木浦府陽洞四一
			一九二一・一二・二一	神農春化	父		木浦府竹橋里一四五
六一三	歩兵一六八連隊	ビルマ、インドウ	一九四五・〇四・〇六	片斗範	兵長	戦死	霊光郡法聖面法聖里七四八
			一九二一・一〇・〇七	片武錫	父		霊光郡法聖面法聖里七四八
六二二	歩兵一六八連隊	ビルマ、トングー	一九四五・〇六・一〇	金澤奉萬	兵長	戦死	唐津郡唐津邑校村里二四九
			一九二一・一一・〇二	金澤米弘	父		唐津郡唐津邑校村里二四九
六一七	歩兵一六八連隊	ビルマ、バーモ	一九四四・一二・一四	金澤梁錫	兵長	戦死	長城郡珍東面善積里六三二

			一九二五・〇七・一八	金澤益仲	父		長城郡珍東面善積里六三二
六二八	歩兵一六八連隊	雲南省遮放	一九四四・一一・二八	大山 勇	兵長	戦死	霊光郡畝良面嶺陽里一三七〇
			一九二二・〇八・一一	武街載	妻		霊光郡畝良面嶺陽里一三七〇
一二一七	歩兵一六八連隊	ビルマ、ケンドフン	一九四五・〇六・二〇	昌県胤緝	伍長	戦死	珍島郡臨海面龍虎里
			一九二二・〇二・一九	昌県信得	父		珍島郡臨海面邑内洞里
七三九	歩兵二二五連隊	不詳	一九四四・〇一・一二	新井清銀	雇員	戦死	麗水郡三山面東島里九九〇
			一九一〇・〇二・〇三	新井守用			麗水郡三山面東島里九九〇
七四一	歩兵二二五連隊	スマトラ島	一九四四・一二・一〇	岩本浜爾	傭人	戦死	莞島郡金日面楓柏里五七一
			×	岩本徳覚			莞島郡金日面楓柏里五七一
七三六	歩兵二二五連隊	仏印アタゾフ四陸病	一九四五・〇二・二六	山本皓玟	兵長	戦病死	咸平郡咸平面大徳里一〇〇六
		パラチフス	×	山本守福	兄		咸平郡咸平面大徳里一〇〇六
七四〇	歩兵二二五連隊	伊豆諸島御蔵島	一九四五・〇三・〇一	秋本相燁	雇員	戦死	莞島郡青山面茅島里四八三
			×	秋本新愛	妻		釜山府塩州町一七八四
七三八	歩兵二二五連隊	仏印ルクナム	一九四五・〇五・一八	島田哲男	上等兵	戦病死	済州島済州邑××里一四三〇
		マラリア	×	島田豊宗	父		済州島済州邑××里一四三〇
七三五	歩兵二二五連隊	仏印アタゾフ一三七野病	一九四五・〇五・一三	文元率郷	兵長	戦病死	済州島涯月面下貴里二七〇五
		マラリア	×	文元華郷	父		済州島涯月面下貴里二七〇五
七三七	歩兵二二五連隊	仏印東京州ニンビン	一九四五・〇六・一二	青松周燮	兵長	戦死	光州府北町二〇八
			×	青松仲集	父		光州府柳町四六
五九九	歩兵二二七連隊	湖南省湘潭県	一九四五・〇二・一七	木下竒奉	上等兵	戦死	務安郡望雲面東岩里四九
			×	木下元連	父		務安郡望雲面東岩里四九
六〇〇	歩兵二二七連隊	湖南省東安県	一九四五・〇三・一二	金澤順坤	兵長	戦死	光山郡芝山面五龍里六三六
			×	金澤斗元	父		光州府場林町一五
六〇一	歩兵二二七連隊	湖南省東安県	一九四五・〇三・一二	夏山南鉄	兵長	戦死	霊光郡南面梧桐里七八〇
			×	夏山喜因	父		霊光郡南面梧桐里七八〇
一五一	歩兵二三四連隊	湖南省長沙	一九四五・〇三・一〇	星山方植	上等兵	戦死	霊巌郡鶴山面鶴渓里一二四
			×	星山植生	父		霊巌郡鶴山面鶴渓里一二四
二七一	歩兵二三四連隊	湖南省	一九四五・〇二・二四	原李錫圭	兵長	戦死	咸平郡咸平面石城里
			×	原李錫鎬	兄		咸平郡咸平面石城里
五五三	歩兵二三四連隊	湖南省三七兵站病院	一九四五・〇四・〇二	杞本南植	上等兵	戦病死	高興郡道陽面二二六六
			一九二四・一一・二〇	杞本新方	兄		高興郡道陽面二二六六
一六八	歩兵二三四連隊	安徽省鞍山	一九四六・〇一・〇一	片山善宰	兵長	公病死	霊巌郡三湖面東湖里三四二
		破傷風	×	片山致権	父		霊巌郡三湖面東湖里三四二
一六七	歩兵二三五連隊	江西省泰和県	一九四五・〇七・二四	昌山漢均	上等兵	戦死	高興郡東江面魯東里五六一
			一九二四・一〇・三〇	昌山奉×	父		高興郡東江面魯東里五六一

一三〇	歩兵二三六連隊	江西省	一九四五・〇七・一七 ×	金海発同 ―	兵長	戦死	海南郡北平面 ―
五五四	歩兵二三六連隊	湖南省相陰県	一九四五・〇五・〇七 一九二四・一一・〇七	玉川博康 玉川禾年	兵長 父	戦病死	康津郡兵営面城南里七三 康津郡兵営面城南里七三
二七三	歩兵四六一連隊	平橋里野戦病院 結核性脳膜炎	一九四五・〇八・〇五 一九二四・〇一・〇二	大山炳烈 大山再還	上等兵 父	戦病死	光山郡林谷面新龍里三五 光山郡飛鴉面二区二八
五五八	マレー俘虜収容所	スマトラ島	一九四四・〇六・二六 ×	大原喜正 大原一順	軍属	戦死	灵光郡灵光面白鶴里一三九 灵光郡灵光面南川里一四一
五五九	マレー俘虜収容所	スマトラ島	一九四四・〇六・二六 ×	宜原炳武 宜原鎔植		戦死	谷城郡木寺洞面新基里五四 全羅北道全州府完山町イ－五二
五六〇	マレー俘虜収容所	スマトラ島	一九四四・〇六・二六 ×	山本永秀 山本昌辰		戦死	灵光郡灵光面道東里二五三 灵光郡灵光面道東里二五三
五六一	マレー俘虜収容所	不詳	不詳 一九一八・一〇・××	松田官× 松田淵承	軍属	戦死	羅州郡南平面雨山里九六四 羅州郡南平面雨山里九六四
一一七九	マレー俘虜収容所	シンガポール	一九四七・〇六・二六 ×	金子長象 金子栄蘭	雇員 妻	死亡	務安郡一老面二一三 全羅北道群山府海望九九九
一四九	野戦高射砲五一大隊	××兵病 赤痢	一九四四・〇九・×× 一九二一・〇九・〇五	池田福萬 池田水明	兵長 父	戦病死	莞島郡莞島面加用里二四一 莞島郡莞島面加用里二四一
一五〇	野戦高射砲五一大隊	山西省 栄養失調症	一九四五・〇八・〇九 一九二四・〇八・二二	伊村×根 伊村石原	兵長 伯父	戦病死	康津郡道岩面萬徳里八〇二 康津郡道岩面萬徳里八〇二
七〇一	野砲一連隊	レイテ島リモン西方	一九四四・一二・二五 一九二三・〇六・一一	金宮　岩 金宮移浜	軍曹 父	戦死	長興郡長興邑新興里三八 長興郡長興邑新興里三八
七〇三	野戦高射砲五八大隊	ニューギニア、ウウェワク	一九四五・〇二・二五 一九一六・〇四・一四	金澤章憲 金澤鎬権	上等兵 兄	戦病死	羅州郡平洞面長録里六三 羅州郡平洞面長録里六三
一二三七	野戦機関砲四七大隊	ニューギニア、	一九四五・〇四・〇二 一九二一・〇七・二二	石川大奎 石川×任	一等兵 妻	戦死	康津郡兵営面城南里一六五 康津郡兵営面×南里一六五
五一七	野砲二連隊	インドシナ三七師二野病 回帰熱	一九四五・〇六・〇二 一九二四・〇九・〇四	神木信吾 神木萬玉	兵長 父	戦病死	羅州郡栄山浦邑東水里三三 羅州郡栄山浦邑東水里三三
二三一	野砲二六連隊	ニューギニア、キアリ	一九四四・〇八・〇一 ×	新本鍾祥 新本占培	上等兵 父	戦死	海南郡花山面方辺里一〇四二 海南郡花山面方辺里一〇四二
九六六	野砲二六連隊	ニューギニア、ヨガヨガ	一九四四・〇二・〇五 ×	松本勝造 松本永俊	伍長 父	戦死	灵巌郡三湖面山湖里六 灵巌郡三湖面山湖里六
二四一	野砲二六連隊	ニューギニア、アレキス	一九四四・〇二・一〇 ×	竹山瑞淳 竹山鍾鉉	上等兵 父	戦死	寶城郡寶城邑半山里二〇五 寶城郡寶城邑半山里二〇五
九六五	野砲二六連隊	ニューギニア、ハンサ	一九四四・〇三・二〇	澤田潤琪	兵長	戦死	求禮郡土旨面把道里四四五

			×	澤田合錫	父		求禮郡土旨面把道里四四五
二六四	野砲二六連隊	ニューギニア、ボイキン	一九四四・〇五・一三	金川閔史	一等兵	戦病死	高興郡浦頭面細洞里五七〇
		大腸炎	×	金川映吉	父		高興郡浦頭面細洞里五七〇
二四六	野砲二六連隊	ニューギニア、オーム	一九四四・〇五・一三	清原茂雄	一等兵	戦病死	高興郡豆原面龍盤里四四
		マラリア	×	清原龍夫	父		高興郡豆原面龍盤里四四
二六三／一二三四	野砲二六連隊	ニューギニア、ダンダヤ	一九四四・〇六・二九	金岡相亀	上等兵	戦死	霊光郡郡斗面雪梅里二〇〇
			一九二三・〇八・二七	金岡孝信			霊光郡郡斗面雪梅里二〇〇
二三六	野砲二六連隊	ニューギニア、ボイキン	一九四四・〇七・〇五	山村空白	上等兵	戦死	霊巌郡郡西面馬山里六三
			×	山村海客	兄		霊巌郡郡西面馬山里六三
二五〇	野砲二六連隊	ニューギニア、坂東川	一九四四・〇七・一〇	福山武雄	兵長	戦死	高興郡占岩面聖基里八七二
			×	福山紳相	父		高興郡占岩面聖基里八七二
二三七	野砲二六連隊	ニューギニア、坂東川	一九四四・〇七・一一	玉川良守	兵長	戦死	求禮郡良文面興大里七八二
			×	玉川洙龍	父		求禮郡良文面興大里七八二
二五二	野砲二六連隊	ニューギニア、アファ	一九四四・〇七・一七	平海貴煥	上等兵	戦病死	羅州郡全川面新川里
		脚気	一九一八・〇七・一五	平海貴童	兄		羅州郡全川面新川里
二五六	野砲二六連隊	ニューギニア、坂東川	一九四四・〇七・二一	原川成俊	兵長	戦死	康津郡郡東面石橋里
			×	原川致×	父		—
二三四	野砲二六連隊	ニューギニア、アファ	一九四四・〇八・〇二	山村忠輝	上等兵	戦死	長興郡冠山面外洞里二〇一
			×	山村×鐵	兄		長興郡冠山面外洞里二〇一
二一二	野砲二六連隊	ニューギニア、アファ	一九四四・〇八・〇二	竹岡鐘晩	上等兵	戦死	長興郡蓉山面鶴池里
			×	竹岡鍾培	弟		長興郡蓉山面鶴池里
二六五	野砲二六連隊	ニューギニア、マルジップ	一九四四・〇八・一五	金谷高光	兵長	戦病死	長興郡大徳面金鎮里七四
		脚気	×	金谷國弘	父		長興郡大徳面金鎮里七四
二四三	野砲二六連隊	ニューギニア、カラップ	一九四四・〇八・一六	利川学烈	上等兵	戦死	莞島郡新智面大谷里九九七
			×	利川聖俊	父		莞島郡新智面大谷里九九七
二三三	野砲二六連隊	ニューギニア、ダンダカ	一九四四・〇八・二三	安奥忠吉	上等兵	戦死	求禮郡山洞面外山里七四
			×	安奥吉燮	兄		求禮郡山洞面外山里七四
二五七	野砲二六連隊	ニューギニア、マルジップ	一九四四・〇八・二五	海尹盛夏	上等兵	戦病死	海南郡花山面栗洞里
		大腸炎	×	尹柱燁			海南郡花山面栗洞里
二六二	野砲二六連隊	ニューギニア、ブーツ	一九四四・〇八・二五	金光正燮	上等兵	戦病死	全南
		マラリア	×	金光二浩	父		海南郡光山面東洞里四六八
二五三	野砲二六連隊	ニューギニア、バロン	一九四四・〇八・二五	平川裕坤	兵長	戦死	長興郡夫山面内安里
		マラリア	×	平川斗植	父		長興郡夫山面内安里
二五五	野砲二六連隊	ニューギニア、ダグア	一九四四・〇八・三〇	羽谷嘉祐	上等兵	戦死	長興郡長興邑洞楊里二〇一
			×	羽谷漢池	父		長興郡長興邑洞楊里二〇一

二六一	野砲二六連隊	ニューギニア、バラム	一九四四・〇九・二三	金光××	兵長	戦死	咸平郡鶴橋面錦松里二四八
			×	金光在浩	父		咸平郡鶴橋面錦松里二四八
二三八	野砲二六連隊	ニューギニア、マグエル	一九四四・一〇・〇七	高島孝杉	上等兵	戦死	求禮郡鳳山面一三二
			×	高光栗	父		―
二三五	野砲二六連隊	ニューギニア、カラップ 脚気	一九四四・一〇・〇九	山村龍澤	上等兵	戦病死	長興郡冠山面三山里一九一
			×	山村龍来	兄		長興郡冠山面三山里一九一
二六六	野砲二六連隊	ニューギニア、カラップ マラリア	一九四四・一〇・〇九	金山勇雄	上等兵	戦病死	海南郡門内面古坪里二五七
			×	錦山良俊	父		海南郡門内面古坪里二五七
二三九	野砲二六連隊	ニューギニア、ボイキン 大腸炎	一九四四・一〇・一〇	玉山東漢	一等兵	戦病死	高興郡大西面禾山里一四五三
			×	玉山東漢（ママ）	父		高興郡大西面禾山里一四五三
二五一	野砲二六連隊	ニューギニア、マグエル	一九四四・一二・〇三	平原元模	上等兵	戦死	海南郡花源面厚山里三八
			×	平原一五	父		海南郡花源面厚山里三八
二四九	野砲二六連隊	ニューギニア、ダグア マラリア	一九四四・一二・〇三	松本三珍	上等兵	戦病死	長興郡安良面海倉里四二四
			×	松本斗福	父		長興郡安良面海倉里四二四
二六〇	野砲二六連隊	ニューギニア、カノミ	一九四四・〇二・一〇	金吉明晤	上等兵	戦死	務安郡荘子面鎮里二四〇
			×	金吉玄淑	父		務安郡荘子面鎮里二四〇
二五九	野砲二六連隊	ニューギニア、ダグア	一九四五・〇二・一〇	金光×男	兵長	戦死	咸平郡月也面流月里五一八
			×	金光吉順	妻		咸平郡月也面流月里五一八
二五四	野砲二六連隊	ニューギニア、ダグア	一九四五・〇二・二三	林英洙	兵長	戦死	求禮郡山洞面屯寺里五一一
			×	林鐘九	父		求禮郡山洞面屯寺里五一一
二五八	野砲二六連隊	ニューギニ、スパオ	一九四五・〇四・一五	金本巖燮	兵長	戦死	康津郡七良面長渓里六一七
			×	金本昌逑	父		麗水郡麗水邑鳳山里一－二
二三二	野砲二六連隊	ニューギニア、バナイタム	一九四五・〇六・一〇	明村東浩	上等兵	戦死	高興郡錦山面石井里
			×	金良徳	母		康津郡康津邑南城里
二四二	野砲二六連隊	ニューギニア、アイグリン	一九四五・〇八・〇三	豊川貴生	軍曹	戦死	谷城郡悟谷面鴨栄里二八〇
			×	豊川猛道	父		谷城郡悟谷面鴨栄里二八〇
二四七	野砲二六連隊	ニューギニア、アリス 大腸炎	一九四五・〇八・三一	清原末松	上等兵	戦病死	孝興郡道陽面官一〇六三
			一九二四・〇八・一五	清原末松（ママ）	兄		孝興郡道陽面官一〇六三
四九	野砲三〇連隊	ミンダナオ島ウフヤム	一九四五・〇一・三〇	安田吉邦	伍長	戦死	霊巌郡新北面月坪里七〇三
			一九二二・〇八・〇六	安田龍生	父		霊巌郡新北面月坪里七〇三
七〇八	野砲三〇連隊	ミンダナオ島パンタドン	一九四五・〇六・二五	昌山権換	伍長	戦死	珍島郡古郡面五山里一三六二
			一九二〇・一二・〇九	昌山綱岩	妻		珍島郡古郡面五山里一三六二
五二九	野重砲二〇連隊	満州牡丹江穆陵	一九四五・〇八・一六	松原基桂	兵長	戦死	寶城郡弥力面徳林里六七四
			一九二四・〇二・一〇	松原泰×	父		寶城郡弥力面徳林里六七四
五三〇	野重砲二〇連隊	満州牡丹江穆陵	一九四五・〇八・一六	金康圭福	上等兵	戦死	康津郡康津邑牧里二九〇

一〇八四	野重砲二〇連隊	ソ連バルバウル収容所	一九二四・〇九・二〇	金康太仁	父		康津郡康津邑牧里二九〇
			一九四六・〇五・〇一	秋田来炫	二等兵	死亡	谷城郡谷城面邑内里四〇八
			一九二三・一二・一三	秋田王巡	母		谷城郡谷城面邑内里四〇八
五一一	陸軍運輸部	ニューギニア、一二五兵病	一九四五・〇二・一六	善丸東平	軍属	戦病死	莞島郡青山面復興里七六七
			一九一七・〇三・一〇	善丸準千	父		莞島郡青山面復興里七六七
一二一九	陸上勤務九七中隊	不詳	一九四五・一二・一七	柏谷霊体	上等兵	戦死	咸平郡羅山面古西里四八〇
			×	—			—
一〇七九	陸上勤務一八二中隊	不詳	一九四五・〇六・一三	中原鎬玉	二等兵	戦死	光陽郡骨若面黄吉里
			一九二四・一〇・二一	中原泰炫	父		光陽郡骨若面黄吉里
一〇〇三	呂三四七部隊	不詳	—	中野孝一	兵長	不詳	不詳
			×	—			光山郡松町邑松汀里鐵道信舎一
一〇〇二	二野戦船舶廠	ジャワ・タンレヨン・ブリオリ	一九四五・〇一・二九	大山元男	不詳	戦病死	咸平郡羅山面松岩里
			×	—			—
一一六六	二野戦補馬廠	牡丹江市陸軍病院	一九四四・〇八・〇六	南陽元錫	傭人	戦死	潭陽郡昌平面三川里一五五
			×	—			—
三一	七野戦航空修理廠	ネグロス島ファブリカ	一九四四・一一・一九	田原凍善	雇員	戦死	羅州郡鳳凰面島林里一五五
			×	—			—
七三〇	七野戦航空補給廠	ルソン島バレテ峠	一九四五・〇五・三〇	金村武治	雇員	戦死	霊岩郡始終面月亭里四二五
			×	金村月礼	妻		霊岩郡始終面月亭里四二五
一一二五	九航空通信隊	龍江省白城	一九四五・〇一・二〇	金海根鎬	傭人	戦病死	羅州郡鳳凰面竹石里五八五
			一九二七・〇一・一三	金海右成	父		羅州郡鳳凰面竹石里五八五
一一四五	七航空地司令部	ビルマ、トングー	一九四四・〇一・一六	金福伊	軍属	戦死	光州府極楽面雲岩里
			×	金小岳	父		光州府極楽面雲岩里
一二二〇	九航通連	不詳	一九四四・〇二・二五	金澤好雄	伍長	戦死	咸平郡海保面文場里七二〇
			一九二三・〇二・二三	金澤氏	母		
五五〇	一〇気象隊	沖縄県島尻山城	一九四五・〇六・一九	新井玉右	上等兵	戦死	海南郡門内面古橋里一六一七
			一九二一・〇八・〇二	—			—
一五九	一一軍野戦貨物廠	湖南省	一九四五・〇七・二九	高原 清	雇員	戦死	済州島大静面安城里一五三五
			一九二三・〇六・〇四	高原成花	母		—
五	一二師団通信隊	ニューギニア、ニズリノレク	一九四五・〇五・〇五	金原在植	伍長	戦死	康津郡七良面冬柏里二三五
		頭部貫通銃創	×	金原玉法	父		康津郡七良面冬柏里二三五
六	一二師団通信隊	ニューギニア、スマクイン	一九四四・〇八・二八	長谷川雄烈	上等兵	戦死	康津郡郡東面三新里七七七
		左胸貫通銃創	一九一二・〇一・二五	長谷川良淑	父		同上
七	一二師団通信隊	ニューギニア、マダン	一九四四・〇三・〇二	亀本章萬	上等兵	戦死	康津郡大口面九修里八二二
		頭部貫通銃創	×	亀本相記	父		康津郡大口面九修里八二二

八四五	一四方面軍野貨物廠	比島クラーク西方	一九四五・〇六・二五	平山丙埼	軍属	戦死	海南郡馬山面龍田里
			×	平山徳彦	父		海南郡馬山面龍田里
一〇二二	一四方面軍	ルソン島モンタルハン	一九四五・〇七・二〇	金本慶次郎	伍長	戦死	済州島旧左面西金寧里八六四
			×	金本金蔵	父		大阪府生野区北生野町一ー一二
九八〇	一四方面軍	ルソン島ガラパン	一九四五・〇八・一四	蓮村清一	雇員	戦死	高興郡道陽面鳳岩里二一八八
			一九一四・一〇・一三	蓮村愛子	妻		ー
一二一四	一四方面軍	ルソン島バギオ	一九四五・〇六・〇二	松本煕達	軍曹	戦死	長城郡北上面徳在里
			×	松本正學	父		長城郡北上面徳在里
一一三七	一四師団司令部	不詳	一九四五・〇一・一九	金本福晩	軍夫	戦病死	光陽郡津上面錦梨里
			×	金本奉錫	兄		光陽郡珍上面内今里
六四一	一四師団司令部	パラオ島	一九四五・〇二・〇一	清川興基	軍属	戦死	光陽郡鳳田面島嶺里
			×	清川八客	父		光陽郡鳳田面島嶺里
一一三八	一四師団司令部	パラオ島	一九四五・〇二・〇七	林鶴斗	軍夫	戦病死	光陽郡津上面蟾居里
			×	林學基	兄		光陽郡珍上面城玄里
六四六	一四師団司令部	パラオ島	一九四五・〇二・一七	林学年	軍属	戦死	光陽郡津上面
			×	ー			ー
六四三	一四師団司令部	パラオ島	一九四五・〇三・〇七	金本守萬	軍夫	戦死	光陽郡津月面新鵝里
			×	ー			ー
六四〇	一四師団司令部	不詳	一九四五・〇五・一〇	鄭有福	傭人	戦死	順天郡黄田面徳林里
			×	ー			ー
一一三五	一四師団司令部	不詳	一九四五・〇五・一四	羅元鐘夏	軍夫	不明	光陽郡玉龍面栗川里
			×	羅元洪文	父		光陽郡玉龍面大鐵里
六四五	一四師団司令部	パラオ島	一九四五・〇五・二七	崔鎮九	傭人	戦死	光陽郡骨若面桃李里
			×	ー			ー
一一三九	一四師団司令部	不詳	一九四五・〇六・〇八	玉山仲元	軍夫	戦病死	光陽郡多鴨面道士里
			×	玉山日光	兄		光陽郡王龍面秋山里
六四四	一四師団司令部	パラオ島一二三兵病	一九四五・〇六・一八	長田清洙	傭人	戦死	順天郡月燈面月林里
			×	長田京奎	父		順天郡月燈面月林里
一一三四	一四師団司令部	不詳	一九四五・一二・〇四	海州奉寛	軍夫	戦病死	光陽郡光陽面亀山里
			×	海州点俊	父		光陽郡多鴨面道士里
六五〇	一四師団管理部	パラオ、ガスパン一二三兵病	一九四五・〇三・一一	金大月	傭人	戦病死	順天郡順天邑南亭里一七〇
			×	金貴礼	妻		順天郡順天邑南亭里一七〇
六五一	一四師団管理部	パラオ、ガスパン一二三兵病	一九四五・〇五・一五	新井尚燮	傭人	戦病死	順天郡順天邑一四六
			×	新井基順	父		順天郡順天邑一四六
六五二	一四師団管理部	パラオ、ガスパン一二三兵病	一九四五・〇七・二六	平沼善同	傭人	戦病死	順天郡西面大九里

			×	平沼良葉	妻		順天郡西面大九里
六五三	一四師団管理部	パラオ、ガスパン一二三兵病	一九四五・〇七・二六	安本×基	傭人	戦病死	寶城郡栗於面七音里
			×	安本守京	父		寶城郡栗於面七音里
六五四	一四師団管理部	パラオ、ガスパン	一九四五・〇七・一二	林相淳	傭人	戦死	寶城郡弥力面華傍里
			×	林相砂月	母		寶城郡弥力面華傍里
六五五	一四師団管理部	パラオ、ガスパン一二三兵病	一九四五・〇六・一二	廣村斗紘	傭人	戦病死	寶城郡得粮面海坪里
			×	廣村太任	妻		寶城郡弥力面道開里
六五六	一四師団管理部	パラオ、ガスパン一二三兵病	一九四五・〇六・〇七	金田徳子	傭人	戦病死	寶城郡島城面新月里
			×	金田日旅	父		寶城郡島城面新月里
六五八	一四師団管理部	パラオ、ガスパン一二三兵病	一九四五・〇七・〇五	高村太三	傭人	戦病死	順天郡松光面梨邑里一二五九
			×	高村孟甲	父		順天郡松光面梨邑里一二五九
六五九	一四師団管理部	パラオ、ガスパン一二三兵病	一九四五・〇八・二四	金二煥	傭人	戦病死	寶城郡熊峙面江山里
			×	金禾彦	妻		寶城郡熊峙面江山里
七〇七	一四師団経勤隊	パラオ、ガスパン一二三兵病	一九四五・〇七・一四	廣理周宗	傭人	戦病死	寶城郡蘆洞面錦湖里
			×	村長			寶城郡蘆洞面錦湖里
六六〇	一四師団管理部	パラオ、ガスパン一二三兵病	一九四五・〇九・〇五	神農星秀	傭人	戦病死	順天郡住岩面杏亭里
			×	神農点礼	妻		順天郡住岩面杏亭里
一一七一	一七碇司令部	江西省九江野病	一九三八・一〇・〇五	金大根	船員	戦病死	麗水郡三山面草島里
			一八九九・〇九・一六	—			—
七二八	一九師団衛生隊	ルソン島バクロガン	一九四五・〇八・〇四	金子公準	傭人	戦病死	霊岩郡霊岩面南豊里
			一九一七・一一・〇六	金子仁準	兄		霊岩郡霊岩面南豊里
七五	二〇師団	ニューギニア、オクナル	一九四五・〇四・一二	岩城銓黒	兵長	戦死	康津郡大口面五六三
			一九二三・〇五・一八	岩城相表	父		康津郡大口面五六三
七六	二〇師団	ニューギニア、タン××	一九四四・〇六・〇六	金岡正雄	上等兵	戦死	海南郡東山面孟津里
			一九二一・一一・〇四	金岡裕煥	父		海南郡東山面孟津里
七七	二〇師団	ニューギニア、オクナル	一九四四・〇九・三〇	高野倉吉	兵長	戦死	高興郡高興面南渓里四五八
			一九二二・〇六・一一	高野×元	父		高興郡高興面南渓里四五八
六九七	二〇師団一野戦病院	ニューギニア、ルニキ	一九四五・〇八・〇九	金海泗鎬	上等兵	戦死	麗水郡南面陽徳里一一三一
			×	金海現龍	父		麗水郡南面陽徳里一一三一
六九八	二〇師団一野戦病院	ニューギニア、ハソポコ	一九四五・〇三・〇五	金城政雄	上等兵	戦死	麗水郡三山面徳村里六八七
			×	金城光雄	兄		麗水郡三山面徳村里六八七
六九九	二〇師団一野戦病院	ニューギニア、ダクア	一九四五・〇一・二四	松井大恩	上等兵	戦死	麗水郡突山面新福里一九〇八
			×	松井仁秀	父		麗水郡突山面新福里一九〇八
七〇〇	二〇師団一野戦病院	ニューギニア、ダンダヤ	一九四四・〇六・一〇	渭川正雄	上等兵	戦死	麗水郡敏良面新川里四六五
			一九一九・一〇・二五	渭川京秀	弟		麗水郡敏良面新川里四六五

九二一	二〇師団一野戦病院	ニューギニア、ウラウ	一九四五・〇五・三〇	羅本永基	兵長	戦死	長城郡森西面石馬里七六三
			×	羅本聖希	父		長城郡森西面石馬里七六三
九七〇	二〇師団一野戦病院	ニューギニア、三五高地	一九四四・〇八・〇五	星山再燮	兵長	戦死	潭陽郡龍面道林里
			×	李生林	母		潭陽郡龍面道林里
九七九	二〇師団一野戦病院	ニューギニア、クロヤリ	一九四四・〇五・一一	圓山勝美	上等兵	戦死	谷城郡谷城面邑内里四一五
			×	圓山栄一	父		―
三八	二〇師団衛生隊	ニューギニア、ボイキン	一九四五・〇二・一八	福川浦舟	上等兵	戦死	海南郡山二面相公里三九九
			一九二一・〇一・二〇	福川瑢鐸	父		咸鏡北道清津府康徳町敬和×
三九	二〇師団衛生隊	ニューギニア、ブーツ	一九四四・一〇・〇二	良田会順	上等兵	戦死	霊光郡大馬面禾坪里五九
			一九二〇・一〇・〇四	吉田新亭	妻		霊光郡大馬面禾坪里五九
九一八	二〇師団通信隊	ニューギニア、ウラウ	一九四四・〇五・〇三	張川鉉基	伍長	戦死	順天郡西面飛月里六一七
			×	張川印基	弟		順天郡西面飛月里六一七
一一一二	二三軍野戦貨物廠	香港沖	一九四四・〇四・〇二	柳下順洙	軍属	戦死	麗水郡麗水邑東町八五八
			一九二二・〇一・一〇	―			―
一一一三	二三軍野戦貨物廠	香港沖	一〇四四・〇四・二三	金谷達逑	軍属	戦死	麗水郡三山面徳村里四四五
			一九二三・〇四・二〇	―			―
一一一四	二三軍野戦貨物廠	香港沖	一九四四・〇四・一二	宮崎義雄	軍属	戦死	麗水郡三山面竹里千一五三
			一九二一・一〇・一三	―			―
六六九	二九軍軍政監部	ブーゲンビル島エレベンタ	一九四四・〇九・二三	文元寿南	雇員	戦病死	済州島旧左面二二二一
			×	文元元金	父		済州島旧左面二二二一
一一〇九	二七軍野戦貨物廠	ニューギニア、ハンリー	一九四三・〇九・〇九	金田八郎	雇員	戦病死	莞島郡古今面細洞里三四六
			一九一〇・〇二・〇八	金田河今	妻		莞島郡古今面細洞里三四六
一六三	二九軍司令部	タイ	一九四四・一一・一二	岩本相温	軍属	戦死	高興郡浦頭面玉崗里一二三二―一
			一九二一・〇五・二〇	岩本得奐	兄		慶南道南海郡三東面洞天里三〇九
一六四／四四九	二九軍司令部	シンガポール一陸病	一九四五・〇二・〇三	金松永済	軍属	戦病死	海南郡花山面海倉里五三
			一九〇一・〇八・〇一	金松春南	妻		慶北道迎日郡九龍赤邑西町七八九
一六五	二九軍司令部	南支那海	一九四五・〇二・二一	楊川友次郎	雇員	戦死	寶城郡筏橋邑七星里五九四
			一九一一・一〇・〇九	楊川甲栄	父		寶城郡筏橋邑七星里五九四
一六六	二九軍司令部	南支那海	一九四五・〇二・二一	村星洪玉	雇員	戦死	莞島郡蘆花面登山里一二三二
			一九〇七・〇八・一四	村星順吉	兄		莞島郡蘆花面登山里一二三二
一一七六	三一碇司令部	ニューギニア、カイソル島	一九四三・〇九・二七	申鐘淏	不詳	戦死	羅州郡平洞面月田里七〇一
			一九二三・〇八・一五	―			―
一二一五	三一飛行大隊	ルソン島クラーク	一九四五・〇五・二七	金川泳鎮	伍長	戦死	長城郡黄龍面華湖里二四九
			一九二三・〇四・二九	金川載奎	父		長城郡黄龍面華湖里二四九
五二六	三二軍防衛築城隊	沖縄県和志村松川	一九四五・〇五・一五	国本平吉	雇員	戦死	光州府白雲町一五七

			一九二九・〇九・〇一	国本東勲	父		光州府白雲町一五七
八四三	三二軍防衛築城隊	沖縄県	一九四五・〇六・二〇 一九二八・〇九・〇七	安田辰二 安田ヨシ子	軍属 母	戦死	海南郡玉泉面永春里四二〇 ―
七二	三五軍司令部	ルソン島ソボンガオ	一九四四・一二・一九 ×	東條平治 東條弘政	軍属 父	戦死	光陽郡多鶴面荷川里一七九 光陽郡多鶴面荷川里一七九
一一五	三六野戦勤務隊	済州島翰林面 爆破頭部受傷	一九四五・〇八・〇四 一九二四・〇八・二〇	梁川鶴吉 ―	上等兵	公傷死	務安郡押海面鶴橋里九二 ―
一五四	三六野戦勤務隊	木浦臨時患者静養所 A型パラチフス	一九四五・〇七・三一 一九二三・一二・三〇	安田国銀 ―	兵長	公病死	海南郡海南面壽町一五四 海南郡海南面壽町一五四
一五五	三六野戦勤務隊	京城陸軍病院 肺結核	××××・〇三・〇七 一九二四・〇三・一五	松田順吉 ―	兵長	公病死	務安郡三郷面多浦里一二七八 務安郡三郷面多浦里一二七八
一二三一	三七教育飛行隊	不詳	一九四二・〇七・三〇 ×	金田鎮岳 金岡清光	軍属 兄	戦死	務安郡安佐面大天里五七四 大阪府河内郡大戸村松附
一一八二	三八碇司令部	マンダレー五五師野病	一九四二・一〇・一三 一九一九・〇三・一七	崔善作 ―	船員	戦病死	光陽郡鳳岡面西堂里六一六 ―
四〇七	三八軍司令部	サイゴン五五野病	一九四五・一〇・二〇 ×	栗山喆金 栗山宗雲	傭人 父		羅州郡多侍面新石里二五八 羅州郡多侍面新石里二五八
一一二三	三八碇司令部	ビルマ、クワ河口	一九四三・〇六・二九 一九一六・〇三・一八	徐順用 ―	船員	戦死	麗水郡南面鳶島里八九六 ―
一一七七	四六碇司令部	シンガポール南方一陸病 マラリア	一九四三・〇六・一六 ×	神農君彦 神農　徳	船員 父	戦病死	羅州郡栄山浦邑二倉里五一〇 羅州郡栄山浦邑二倉里五一〇
四八五	四九師団衛生隊	ビルマ、キュル	一九四五・〇三・二二 ×	茂山南鐘 茂山左元	兵長 父	戦死	光山郡瑞坊面中興里一六五 光山郡瑞坊面中興里一六五
四〇九	四九師団衛生隊	ビルマ、メークテーラ	一九四五・〇四・〇六 ×	原本正成 ―	兵長	戦死	莞島郡郡外面黄津里一五七 ―
四八六	四九師団衛生隊	ビルマ、キュクチャンギー	一九四五・〇四・一五 ×	大原炳錫 大原志壽	兵長 父	戦死	順天郡西面池木里九三 順天郡西面池木里九三
四〇八	四九師団衛生隊	ビルマ、シッタン河トング	一九四五・〇七・二〇 一九二二・一〇・二五	金木京一 ―	兵長	戦死	高興郡 ―
四八〇	四九師団衛生隊	ビルマ、チナヨウキン	一九四五・〇七・二二 一九二〇・〇三・〇四	平山福次郎 平山炳朝	伍長 兄	戦死	務安郡智島面廣井里一〇一六 務安郡智島面廣井里一〇一六
五八	四九師団衛生隊	ビルマ、シッタン河トング	一九四五・〇七・二八 ×	文元常雄 ―	伍長	戦死	済州島 ―
四二／八五四	四九師団病馬廠	ビルマ、モールメン	一九四五・〇七・三一 一九二二・〇四・二八	松田安修 松田安司	伍長 父・兄	戦死	順天郡順天邑大手町七五 順天郡順天邑大手町七五

四一	五二師団野戦病院	トラック島五二師野戦病院	一九四四・一〇・一四 ×	秋田徳任 —	傭人	戦病死	羅州郡羅州邑南門里 —
九七八	五四飛行中隊	レイテ島ブラウエン	一九四四・一〇・三〇 ×	高山和典 高山眞一	伍長 兄	戦死	高興郡南陽面大谷里四三二 高興郡南陽面大谷里四三二
五九二	五八師団司令部	湖北省武昌一二八兵病	一九四六・〇四・一八 一九二四・〇九・〇一	中島芳彦 中島栄一郎	上等兵 父	戦病死	順天郡西面九上里三一七 順天郡西面九上里三一七
九九七	五九碇司令部	小笠原諸島嫁島	一九四五・〇六・一九 一九二二・〇九・二二	徳山富三 徳山景一	不詳 父	戦死	済州島済州邑健入里一〇二一 大阪府生野鶴揚北×町三―二二九
七二九	九八飛行大隊	レイテ島ブラウエン	一九四四・一二・〇六 ×	岡村宰吉 岡村有雄	兵長 父	戦死	高興郡蓬莱面外草里六〇九 高興郡蓬莱面外草里六〇九
一一八一	一〇二碇司令部	安徽省湖港	一九四一・〇三・一九 ×	張本金谷 —	船員	不慮死	光陽郡骨若面大仁里五三六 —
一四〇	一〇九師団突撃中隊	硫黄島	一九四四・〇七・〇四 ×	柴田正夫 柴田栄吉	伍長 父	戦死	務安郡一老面義山里五五六 務安郡一老面義山里五五六
九六八	一五四飛行大隊	ニューギニア、サラワサク峠	一九四五・〇六・〇一 一九一九・〇八・三〇	金康奎寿 金康鶴仁	軍属 父	戦死	康津郡康津邑 康津郡康津邑
一一二七	一五四飛行設営隊	玄慶面勤報隊宿舎 急性肺炎	一九四五・〇三・二九 一九〇七・〇七・二〇	平山金岩 平山女子心	軍属 妻	戦病死	務安郡智島面廣井里四六四 —
一一二八	一五四飛行設営隊	木浦病院 左側脛骨骨折	一九四五・〇二・〇七 一九〇九・〇二・〇四	大谷林三 大谷睦徳	軍属 妻	戦病死	務安郡一老面竹山里一六三 —
一一二九	一五四飛行設営隊	全南望雲陸軍作業所	一九四五・〇二・〇二 一九一一・〇四・三〇	安田玉銀 —	傭人	戦傷死	務安郡荏子面二黒岩里四八〇 —
一一三〇	一五四飛行設営隊	全南望雲陸軍作業所	一九四四・一二・二〇 一九一九・一〇・〇三	町田大奉 町田愛子	軍属 妻	戦傷死	務安郡一老面龍塘里九四 —
五六六	不詳	不詳	不詳 一九一九・〇一・二六	新井泰三 新井王蓮	雇員 妻	不詳	済州島城山面温平里七三一 —
五九七	不詳	不詳	不詳 ×	松本守永 松本奉七	軍属 父	不詳	咸平郡咸平面石成里三一二―二 咸平郡孫仏面鶴山里五四
五九八	不詳	不詳	不詳 ×	金谷正一 金谷貴奉	一等兵	不詳	麗水郡麗水邑西町三九二 麗水郡麗水邑西町三九二
一〇〇五	不詳	渭州海林	一九四五・一〇・一二 ×	今西永祥 今西敬助	技手 父	戦病死	蔚山郡下廂面揚亭里六四九 蔚山郡下廂面揚亭里六四九
一〇〇七	不詳	台湾高雄沖	一九四五・〇一・〇九 ×	国本合一 —	二等兵	不詳	莞島郡青山面陽仲里一三一 —
一〇一〇	不詳	雲南省龍陵	一九四四・〇九・一七	密山憲央	兵長	戦死	済州島西帰面法還里一三九

			×	密山忠成	父		済州島西帰面法還里一三九
一〇一六	不詳	湖北省	一九三八・一二・一二	朴性局	軍属	戦死	麗光郡三山面重島里一三二
			×	鍾順	従弟		—
一〇一七	不詳	不詳	不詳	安田東秀	傭人	戦病死	全南
			×	—			—
一〇一八	不詳	不詳	一九三九・〇七・一六	崔×在	軍属	戦病死	務安郡黒山面鎮里三五二
			×	—			—
一〇一九	不詳	不詳	不詳	岩崎　均	傭人	戦病死	全南
			一九一八・一一・一三	—			—
一〇二〇	不詳	不詳	不詳	金井四男	傭人	戦病死	全南
			×	—			—
一一〇四	不詳	不詳	一九四五・〇七・〇六	金本徳湯	船員	戦死	長城郡南面鶴里九六五
			一九二二・一二・一五	—			—
一一一一	不詳	不詳	不詳	上原勝豊	上等兵	不詳	光州府鶴岡町二
			×	上原静六	父		光州府鶴岡町二
一一三一	不詳	香港沖	一九四五・〇四・二二	新井春道	軍属	戦死	務安郡里山面西北里五七
			×	—			—
一一四八	不詳	南支那海	一九四五・〇一・〇五	高本斗玉	船員	戦死	済州島旧左面演坪里二九〇
			一八九九・〇九・一〇	高本花春			済州島旧左面温仙町一四六〇
一一六一	不詳	不詳	一九四五・〇二・〇一	朴星洪玉	船員	戦死	莞島郡蘆花面登山里一三三二
			一九〇七・〇八・一四	—			—
一一七三	不詳	不詳	一九四四・〇一・一八	松原吉仲	船員	戦死	麗水郡三山面西島里
			一九〇四・〇六・〇六	—			—
一一七四	不詳	セブ島	一九四五・〇四・二八	張本福吉	船員	戦死	麗水郡三山面巨文島徳村里
			×	—			—
一一七八	不詳	不詳	不詳	宋處仲	船員	戦死	務安郡夢灘面社倉里
			一九一八・一〇・〇七	—			—
一一九二	不詳	広島陸軍病院	一九四二・〇三・二九	平山昌湜	船員	戦病死	済州島朝天面新村里一八五一
			一九二〇・〇九・〇四	—			—
一一九三	不詳	台湾花蓮港	一九四五・〇一・〇九	×夫	傭人	戦死	済州島
			×	—			—
一一九五	不詳	不詳	一九四四・〇七・一七	高山雲集	船員	戦死	済州島旧左面下道里
			一九二三・〇六・三〇	—			—
一一九九	不詳	N三・〇一 E一五一・〇九	一九四三・一二・二〇	山本海宗	船員	戦死	済州島旧左面東福里一四八四
			一九一九・〇八・〇四	—			—

一二五二	不詳	ルソン島アンガヤン	一九四五・〇六・一七 ×	北原萬澤 北原奉化	兵長 父	戦死	長興郡長興邑沈陽里一八 長興郡長興邑沈陽里一八

原簿番号	所属	死亡場所 死亡事由	死亡年月日 生年月日	創氏名・姓名 親権者	階級 関係	死亡区分	本籍地 親権者住所
二一一	延吉陸軍病院	延吉陸軍病院 栄養失調症	一九四五・〇五・二四 一九〇七・〇五・〇四	石川忠太郎 石川連兆	雇員 妻	戦死	完州郡両田面石九里 間島市大正区青葉町七
四〇五	騎兵四九連隊	ビルマ、カンダン	一九四五・〇四・〇三 一九二二・〇五・〇五	廣瀬享武 廣瀬和子	兵長 妻	戦死	錦山郡錦山邑上玉里七五 錦山郡邑下玉里三七六
四三四	騎兵四九連隊	不詳	一九四五・〇七・二八 ×	開地文一 ―	兵長	戦死	益山郡望城面新鶴里五二 ―
四六八	京城師団工兵補充隊	台北陸軍病院	一九四四・〇六・一七 ×	美好英夫 ―	一等兵	戦病死	金堤郡金堤邑新豊里二六八 ―
四六九	京城師団工兵補充隊	京城陸軍病院 胸部爆弾破烈創	一九四四・一二・〇四 一九二七・〇一・二一	三松炳斗 ―	兵長	死亡	井邑郡山外面水城里 ―
四六四	高射砲一二三連隊	兵庫明石市・高射陣地	一九四五・〇一・〇九 ×	金本文太郎 ―	見習士官	戦死	南原郡南原邑造山里二二八 ―
四六五	高射砲一三一連隊	鹿児島	一九四五・〇五・〇五 ×	金本寧喆 ―	上等兵	戦死	益山郡龍安面石洞里三七〇 ―
三九八	工兵二〇連隊	ニューギニア、ボギヤ	一九四四・〇三・〇四 ×	泰田奎鉉 泰田敬道	兵長 父	戦死	任實郡屯南面奨×里八二 任實郡屯南面奨×里八二
四三八	工兵二〇連隊	ニューギニア、ワンガン	一九四四・〇四・二三 一九二三・〇七・一九	豊原吉星 豊原相奉	上等兵 父	戦死	金堤郡金溝面青雲里一四七 ―
三三八	工兵二〇連隊	ニューギニア、ウウェワク マラリア	一九四四・〇五・二八 ×	徳山寅雄 徳山吉雄	上等兵 父	戦病死	完州郡両田面文亭里二八四 完州郡両田面文亭里二八四
三三七	工兵二〇連隊	ニューギニア、ユープ マラリア・大腸炎	一九四四・〇八・二五 ×	清原正洙 清原康来	兵長 妻	戦病死	南原郡二百面利×里二〇五 南原郡二百面利×里二〇五
一九五	工兵二〇連隊補充隊	台湾高雄沖	一九四五・〇一・〇九 一九二五・〇六・一二	平沼忠良 平沼久岩	一等兵 父	戦死	全州府大和町二〇九 完州郡高山面邑内里六四〇
一九七	工兵二〇連隊補充隊	台湾高雄沖 艦載機爆撃	一九四五・〇一・〇九 一九二四・一一・一三	孫田炳五 孫田永化	一等兵 父	戦死	南原郡水旨面南山亭里七五〇 南原郡水旨面南山亭里七五〇
一九八	工兵二〇連隊補充隊	台湾高雄沖 艦載機爆撃	一九四五・〇一・〇九 一九二四・〇一・一〇	玉川×龍 玉川鎮出	一等兵 兄	戦死	茂朱郡茂朱面邑内里一一三〇 茂朱郡茂朱面邑内里一一三〇
一九九	工兵二〇連隊補充隊	台湾高雄沖 艦載機爆撃	一九四五・〇一・〇九 一九二四・一一・二九	玉川在玉 玉川東金	一等兵 兄	戦死	高原郡朱川面渓見里三一一 高原郡朱川面渓見里三一一
二〇〇	工兵二〇連隊補充隊	台湾高雄沖	一九四五・〇一・〇九 一九二四・一一・二五	武城炳基 武城判成	一等兵 父	戦死	高敞郡岩水面隠士里八一八 高敞郡岩水面隠士里八一八

二〇一	工兵二〇連隊補充隊	台湾高雄沖	一九四五・〇一・〇九 一九二四・〇六・一三	江本判哲 江本×五	一等兵 父	戦死	鎮安郡上田面月浦里七八 鎮安郡上田面月浦里七八
二〇二	工兵二〇連隊補充隊	台湾高雄沖	一九四五・〇一・〇九 一九二四・〇三・一二	徳永重成 徳永永安	一等兵 父	戦死	沃溝郡火野面山月里四〇一 沃溝郡火野面山月里四〇一
二〇三	工兵二〇連隊補充隊	台湾高雄沖	一九四五・〇一・〇九 一九二五・〇九・一八	木村忠雄 木村同×	一等兵 父	戦死	金堤郡城鴎面三亭里三八 金堤郡城鴎面三亭里三八
二〇四	工兵二〇連隊補充隊	台湾高雄沖	一九四五・〇一・〇九 一九二四・〇三・一三	羅相奭 羅××	一等兵 父	戦死	金堤郡金堤邑玉山里一五 金堤郡金堤邑××里一五二
二〇五	工兵二〇連隊補充隊	台湾高雄沖	一九四五・〇一・〇九 一九二四・〇二・二七	朴鐘玉 朴仲集	一等兵 父	戦死	井邑郡新泰仁面邑×里三七三 益山郡王宮面××里三四
二〇六	工兵二〇連隊補充隊	台湾高雄沖	一九四五・〇一・〇九 一九二四・〇一・一五	梁川東淳 梁川敬學	一等兵 父	戦死	錦山郡富利面縣内里二一七 錦山郡富利面縣内里二一七
二〇七	工兵二〇連隊補充隊	台湾高雄沖	一九四五・〇一・〇九 一九二四・〇一・一〇	野山東俊 野山東珍	一等兵 兄	戦死	××郡××三〇一 京城府×岩町六三－二七
一九三	山砲二五連隊	台湾安平沖 機関銃貫通銃創	一九四五・〇一・〇九 一九二一・〇五・一九	清水成満 清水昌充	上等兵 祖父	戦死	金堤郡金山面雙龍里四八一 金堤郡金山面雙龍里四八一
二四八	山砲二五連隊	台湾安平沖 溺水	一九四五・〇一・〇九 一九二三・一一・〇二	豊山圭水 豊山祥貴	兵長 父	戦死	長水郡渓南面東陽里四二二 長水郡渓南面東陽里四二二
二四九	山砲二五連隊	台湾安平沖 溺水	一九四五・〇一・〇九 一九二五・一一・一一	林東鍋 林雷烈	兵長 父	戦死	淳昌郡仁渓面×洞四五二 淳昌郡仁渓面×洞四五二
三五〇	山砲二五連隊	台湾安平沖	一九四五・〇一・〇九 一九二六・〇二・〇四	三川智換 全金春	兵長 母	戦死	鎮安郡馬霊面平地里九八一 鎮安郡馬霊面平地里九八一
一九〇	山砲三一連隊	ビルマ 銃創	一九四四・一〇・〇三 一九二三・一二・一二	天野相禹 天野道洙	兵長 父	戦傷死	淳昌郡金長面西礼里二九〇 淳昌郡金長面西礼里二九〇
一九一	山砲三一連隊	ビルマ 機関銃銃創	一九四四・一〇・〇三 一九二六・〇五・一〇	坂東鐘純 坂東興基	兵長 父	戦死	錦山郡錦山面××里二八〇 錦山郡錦山面××里二八〇
二九九	山砲四九連隊	カムラン湾 海没（ダアバン丸）	一九四四・〇八・二一 一九二五・〇一・二四	延原成均 延原丙金	兵長 兄	戦死	益山郡三箕面蓮洞里五三二 益山郡三箕面蓮洞里五三二
四五四	支那	支那海	一九四四・一一・一五 一九二四・〇八・〇九	金浦基淑 —	機関員心得	戦死	金堤郡竹山面竹山里三九一 —
二八七	支那駐屯歩兵二連隊	湖北省 赤痢	一九四四・一二・二〇 ×	松山丙祚 松山徳礼	上等兵 母	戦病死	南原郡己梅面大栗里四一〇 南原郡己梅面大栗里四一〇
一六二	輜重一〇連隊	ルソン島サニタコ マラリア	一九四五・〇六・一二 一九二四・〇一・二三	金澤鍾泰 金澤判順	兵長 父	戦病死	完州郡肋村面銅谷里三一六 完州郡肋村面銅谷里三一六
一六三	輜重一〇連隊	ルソン島ヒノン	一九四五・〇六・二三	利川光雄	上等兵	戦病死	金堤郡進鳳面加良里六八

		マラリア	一九二〇・〇二・一三	利川正子	妻		全州府兒山町三八一
一六四	輜重一〇連隊	ルソン島ドウバンクス	一九四五・〇六・〇四	正木政雄	上等兵	戦病死	完州郡参礼面海田里四四一ー一
		マラリア	一九二三・〇一・一六	正木順女	妻		完州郡参礼面海田里四四一ー一
三三六	輜重二〇連隊	パラオ	一九四三・〇四・一六	金谷英次	上等兵	戦病死	南原郡二白面書谷里五二三
			×	金谷並奎	父		
三〇九	輜重二〇連隊	ニューギニア、デリアタン岬	一九四三・一〇・一五	林英澤	兵長	戦死	淳昌郡八徳面月谷里三一一
		左側脚部貫通銃創	一九二二・〇二・二五	林鐘茂			淳昌郡八徳面月谷里三一一
三一六	輜重二〇連隊	ニューギニア、ラリアタ岬	一九四三・一〇・一五	木本鼎東	上等兵	戦死	益山郡聖堂面社洞里三五八
		左側頭部貫通銃創	一九二三・〇六・〇一	木本孝女	妻		益山郡聖堂面社洞里三五八
三一九	輜重二〇連隊	ニューギニア、デリアタン岬	一九四三・一〇・一五	徳山鉈逑	上等兵	戦死	井邑郡淨雨面両日里三九一
		頭部穿透貫通銃創	×	徳山貞義			井邑郡淨雨面両日里三九一
三三一	輜重二〇連隊	ニューギニア、マサエン	一九四三・一一・〇四	金本學泰	上等兵	戦死	南原郡金地面新月里四七八
		右大腿部貫通銃創	×	金本孟龍	父		南原郡金地面新月里四七八
三八三	輜重二〇連隊	ニューギニア、ヤシオ	一九四三・一一・一五	義岡雲植	兵長	戦死	錦山郡錦城面良茂塚里一九三
			一九二一・〇四・二九	義岡道文	父		錦山郡錦城面良茂塚里一九三
三一八	輜重二〇連隊	ニューギニア、ブリバ	一九四三・一一・一六	金澤健一	上等兵	戦死	金堤郡金堤邑校洞里九〇
		左胸部貫通銃創	×	金澤英二	父		金堤郡金堤邑校洞里九〇
三一二	輜重二〇連隊	ニューギニア、クワマ河	一九四四・〇一・一一	金本×夫	上等兵	戦死	完州郡雨田面石仏里三八三
			一九一九・〇二・二一	金本トシ	母		完州郡雨田面石仏里三八三
三三五	輜重二〇連隊	ニューギニア、ボイキン	一九四四・〇四・一四	石山　垣	上等兵	戦病死	完州郡鳳東面芼山里六二三
		マラリア・脚気	一九一九・一〇・一〇	石山正西	父		完州郡鳳東面芼山里六二三
三一一	輜重二〇連隊	ニューギニア、ガリ	一九四四・〇五・〇三	金山舜相	兵長	戦病死	任實郡呂沙面×渓里三三三
		マラリア	一九二一・一一・〇九	金山漢圭	父		任實郡呂沙面×渓里三三三
三三〇	輜重二〇連隊	ニューギニア、一一二兵病	一九四四・〇五・一九	林鐘勤	上等兵	戦死	益山郡金馬面東古都里
		マラリア	×	林漢周	父		益山郡金馬面東古都里
三一七	輜重二〇連隊	ニューギニア、マルジップ	一九四四・〇八・二四	重光洪吉	上等兵	戦死	錦山郡錦城面道谷里二七七
		腹部貫通銃創	×	重光洪錫	父		錦山郡錦城面道谷里四七八
三一九	輜重二〇連隊	ニューギニア、ソナム	一九四四・〇八・三〇	清原永柱	兵長	戦病死	扶安郡扶寧面仙隠里三二三
		マラリア・脚気	一九二〇・〇八・二九	清原乃萬	父		扶安郡扶寧面仙隠里三二三
三二一	輜重二〇連隊	ニューギニア、ソナム	一九四四・〇九・一二	松本火爽	兵長	戦死	任實郡屯南面×樹里一九八
		栄養失調症	一九二三・一一・〇六	松本占順	母		任實郡屯南面×樹里一九八
三三三	輜重二〇連隊	ニューギニア、ボイキン	一九四四・〇九・一六	吉野東植	兵長	戦病死	高敞郡海里面金平里
		マラリア	一九二〇・〇三・〇一	吉野大善	兄		高敞郡海里面金平里
三二四	輜重二〇連隊	ニューギニア、カラップ	一九四四・〇九・二六	木戸南洙	上等兵	戦病死	鎮安郡程川面鳳鶴里二七三
		脚気・マラリア	一九二三・〇六・一七	木戸乃成	父		鎮安郡程川面鳳鶴里二七三

三三三	輜重二〇連隊	ニューギニア、バロン 脚気	一九四四・一〇・一〇 一九二一・〇六・一五	安原貴洪 安原幸雄	伍長 兄	戦病死	鎮安郡鎮安面郡下里一六二 全州府老松町五二八
三二八	輜重二〇連隊	ニューギニア、ボイキン 栄養失調症	一九四四・一〇・一八 一九二一・〇一・二一	岩本将夫 岩本枚富	上等兵 父	戦死	任實郡雲岩面鶴岩里七二八 任實郡雲岩面鶴岩里七二八
三〇五	輜重二〇連隊	ニューギニア、ノナム 脚気	一九四四・一〇・二五 一九二〇・〇一・〇二	平山森雄 平山大均	軍曹 父	戦病死	益山郡五山面南田里一六二 益山郡五山面南田里一六二
三二六	輜重二〇連隊	ニューギニア、バロン 脚気・マラリア	一九四四・一一・一〇 ×	平山命九 平山高斗	上等兵 父	戦病死	茂朱郡安城面竹川里二四七 茂朱郡安城面竹川里二四七
三二五	輜重二〇連隊	ニューギニア、カラソプ 脚気・大腸炎	一九四四・一一・二〇 ×	安全京充 安全奉順	上等兵 兄	戦病死	淳昌郡淳昌面淳化里一五三 淳昌郡淳昌面南漢里六三一
三一三	輜重二〇連隊	ニューギニア、ワヒコ マラリア	一九四五・〇一・一六 一九一八・〇五・三〇	嘉林根英 嘉林寛荘	兵長 兄	戦病死	益山郡咸羅面咸悦里四五〇 益山郡咸羅面咸悦里四五〇
三一四	輜重二〇連隊	ニューギニア、ノコボ	一九四五・〇一・一六 一九二四・一〇・一五	吉田敏明 吉田壽永	上等兵 父	戦死	錦山郡富利面陽谷里六六三 錦山郡富利面陽谷里六六三
三三四	輜重二〇連隊	ニューギニア、西ブーツ 脚気	一九四五・〇一・一七 一九二四・〇一・二三	金原昌鎮 金原仁女	伍長 母	戦病死	井邑郡徳川面優徳里四〇一 井邑郡徳川面優徳里四〇一
三二二	輜重二〇連隊	ニューギニア、ケンバンガ 全身爆弾創	一九四五・〇五・一〇 一九一七・〇七・一〇	鳥山永喆 鳥山昧元	上等兵 妻	戦死	益山郡八峰面林相里三〇九 益山郡八峰面林相里三〇九
三二〇	輜重二〇連隊	ニューギニア、ジャメ 頭部迫撃砲弾創	一九四五・〇五・二〇 一九一九・〇五・〇六	昭元秀中 昭元志文	兵長 叔父	戦死	井邑郡新泰仁邑新泰仁里三三七－一二 井邑郡新泰仁邑新泰仁里三三七－一二
三二二	輜重二〇連隊	ニューギニア、ケンバンガ 右頚部迫撃砲弾創	一九四五・〇五・二〇 一九二一・〇七・一〇	柳川勝重 柳川誠台	兵長 父	戦死	南原郡松洞面松基里一三〇七 南原郡松洞面松基里一三〇七
三二七	輜重二〇連隊	ニューギニア、マルンバ 右臀部迫撃砲弾創	一九四五・〇六・〇二 一九二二・〇九・〇七	玉川圭善 玉川八文	兵長 母	戦死	任實郡江津面富興里六八 任實郡江津面富興里六八
三〇八	輜重二〇連隊	ニューギニア、ウルプ 右大腿部爆弾破片創	一九四五・〇六・二七 一九二三・〇二・二五	佳山奉烈 佳山氏	軍曹 母	戦死	淳昌郡柳寧面昌忠里四〇 淳昌郡柳寧面昌忠里四〇
三九〇	輜重二〇連隊	ニューギニア、ウルプ	一九四五・〇六・二七 一九二〇・〇九・〇二	柳東植 柳栄煥	伍長 兄	戦死	完州郡上関面衣岩里六三七 完州郡新九里
三一五	輜重二〇連隊	ニューギニア、ウルプ 玉砕	一九四五・〇七・〇八 ×	山木武忠 山本宮子	兵長 妻	戦死	完州郡参礼面参礼里一三二三 完州郡参礼面参礼里一三二三
三〇六	輜重二〇連隊	ニューギニア、ウルプ 玉砕	一九四五・〇七・〇八 一九二三・〇二・一五	金光二燮 金光昌允	軍曹 父	戦死	淳昌郡淳昌面南渓里四九〇 淳昌郡淳昌面淳化里一九五
三〇七	輜重二〇連隊	ニューギニア、ウルプ 玉砕	一九四五・〇七・〇八 一九二四・〇六・一二	金井洪逑 金井洛哲	軍曹 父	戦死	扶安郡東津面鳳凰里三二五 扶安郡東津面鳳凰里三二五
三一〇	輜重二〇連隊	ニューギニア、ウルプ	一九四五・〇七・〇八	金本昌永	兵長	戦死	任實郡屯南面葵樹里三四二

		玉砕	一九二三・一二・三〇	金本一奉	父		任實郡屯南面葵樹里三四二
一四	輜重三〇連隊	ミンダナオ島バクー	一九四四・〇九・二〇 ×	呉洲然學 呉洲銀錫	兵長 父	戦死	扶安郡扶寧面奉徳里三三一 扶安郡扶寧面奉徳里三三一
一五	輜重三〇連隊	ミンダナオ島ワマヤン川	一九四五・〇六・二九 ×	國平家老 國平家盛	伍長 父	戦死	井邑郡北面伏興里七三〇 井邑郡北面伏興里七三〇
一六	輜重三〇連隊	ミンダナオ島ワマヤン川	一九四五・〇六・二四 ×	斉藤光信 斎藤光顕	兵長 妻	戦死	金堤郡金山面九月里 金堤郡金山面九月里
一七	輜重三〇連隊	ミンダナオ島バタング	一九四五・〇六・二五 ×	智田正彦 智田金壊	伍長 妻	戦死	沃溝郡大野面地境里三二七 沃溝郡大野面地境里三二七
三四七	輜重三〇連隊	ミンダナオ島カバングラサン 右大腿部砲弾破片創	一九四五・〇六・〇八 ×	菊本相鳳 菊本龍奎	兵長 父	戦死	鎮安郡龍潭面壽川里二四四 鎮安郡龍潭面壽川里二四四
三四九	輜重三〇連隊	ミンダナオ島カバングラサン 腰部砲弾破片創	一九四五・〇六・一九 ×	文本嘉吉 文本忠蔵	兵長 父	戦死	沃溝郡開井面鉢山里一〇七 沃溝郡開井面鉢山里一〇七
三四八	輜重三〇連隊	ミンダナオ島マオゴック 腰部砲弾破片創	一九四五・〇六・二〇 ×	豊村三秀 豊村七順	兵長 妻	戦死	淳昌郡豊山面上村里三一九 淳昌郡豊山面上村里三一九
三四六	輜重三〇連隊	ミンダナオ島ウマヤン川	一九四五・〇六・二九 ×	海本福南 海本敬斗	兵長 父	戦死	金堤郡向鳴面柳江里四六三 金堤郡向鳴面柳江里四六三
一四	輜重三〇連隊	ミンダナオ島ピキウト 頭部貫通銃創	一九四五・〇八・一四 ×	慶本正一 慶本小中	兵長 妻	戦死	完州郡参礼面参礼里一四六 完州郡参礼面参礼里一四六
一八	輜重三〇連隊	台湾火焼島 全身爆雷爆創	一九四四・〇六・〇二 ×	金原玩培 金原顕珍	上等兵 父	戦死	茂朱郡赤農面三加里一二三九 茂朱郡赤農面三加里一二三九
一九	輜重三〇連隊	台湾火焼島 全身爆雷爆創	一九四二・〇六・〇二 ×	松本英三 松本敬先	上等兵 父	戦死	益山郡春浦面龍淵里五七七 益山郡春浦面龍淵里五七七
二〇	輜重三〇連隊	台湾火焼島 全身爆雷爆創	一九四五・〇六・〇二 ×	白　熙 李福礼	上等兵 妻	戦死	全州府清水町九〇 扶安白山竹林里一三
二一	輜重三〇連隊	台湾火焼島 全身爆雷爆創	一九四五・〇六・〇二 ×	木村東玉 木村東鎮	上等兵 父	戦死	金堤郡金堤面西巷里一一四 金堤郡金堤面西巷里一一四
二二	輜重三〇連隊	台湾火焼島 全身爆雷爆創	一九四五・〇六・〇二 ×	金本重樺 金本足干	上等兵 妻	戦死	完州郡東上面水満里五七九 完州郡東上面水満里五七九
二三	輜重三〇連隊	台湾火焼島 全身爆雷爆創	一九四五・〇六・〇二 ×	神崎清盛 神崎圭粉	上等兵 妻	戦死	茂朱郡安城面竹川里一八二四 茂朱郡安城面竹川里一八二四
二四	輜重三〇連隊	ミンダナオ島シラエ 頭部貫通銃創	一九四五・〇六・一四 ×	慶木正一 慶木小中	兵長 妻	戦死	完州郡参礼面参礼里一九六
二五六	輜重四九連隊	カムラン湾・タアバン丸 海没	一九四四・〇八・二一 ×	松本鐘実 松本史烘	伍長 父	戦死	南元郡二百面草村里四九九 南元郡二百面草村里四九九

二五七	輜重四九連隊	ビルマ、タトン四九療養所	一九四五・〇九・二一	豊原周燮	兵長	戦死	金堤郡金山面院坪里八四
		マラリア	一九一七・〇二・××	豊原昌燮	兄		金堤郡金山面院坪里八四
二九	ジャワ俘虜収容所	安南	一九四五・〇四・〇九	朱川根燮	雇員	戦死	完州郡九耳面亢佳里四四六
			一九二三・〇三・一〇	朱川相玉	父		完州郡完州面新田里
四五一	ジャワ俘虜収容所	不詳	一九四四・〇七・一二	梁川龍澤	傭人	戦病死	沃溝郡滄縣面月淵里四五九－一二
		肺結核	一九一六・〇八・〇三	梁川在光	父		郡山府仲町二七四
一九六	ジャワ俘虜収容所	N二・五五E一一六・二一	一九四四・一二・〇四	長本義×	伍長	戦死	完州郡龍通面×徳里
		××攻撃	×	長本判龍	父		完州郡龍通面×徳里
三七二	ジャワ俘虜収容所	ジャワ、バタビア	一九四七・〇一・二五	木村成根	軍属	死亡	群山府五龍町八三三
			一九二二・一〇・二五	木村昌煥	父		群山府五龍町八三三
一	水上勤務五九中隊	ニューギニア、ヤバラム	一九四四・〇九・〇二	青山泰求	上等兵	戦死	茂朱郡安城面魚進里
			一九二三・〇一・〇八	青川泰珍	兄		茂朱郡安城面魚進里
二	水上勤務五九中隊	ニューギニア、ヤバラム	一九四四・〇九・一一	荒木勇雄	上等兵	戦死	益山郡室華面単花里
			一九二三・〇一・二八	荒木性哲	兄		益山郡室華面単花里
三	水上勤務五九中隊	ニューギニア、ヤバラム	一九四五・〇一・二三	大丘政治	兵長	戦死	益山郡望城面華山里
			一九一九・一〇・三〇	大丘丙次	兄		益山郡望城面華山里
四	水上勤務五九中隊	ニューギニア、ヤバラム	一九四四・一〇・〇七	西山鏞俊	上等兵	戦死	茂朱郡雪川面所川里
			一九二〇・〇七・二九	西山舞峯	父		茂朱郡雪川面所川里
三六四	船舶輸司・すらはや丸	不詳	一九四三・〇一・二〇	金澤奉圭	軍属	戦死	全州府曙町イ－九二
			一九二四・〇二・〇一	金澤順乭	―		全州府曙町イ－九二
三六三	船舶輸司一八博鋭丸	不詳	一九四三・〇九・〇八	金本大亨	軍属	戦死	茂朱郡茂朱面邑内里一〇九八
			一九二六・〇八・一八	金本逢文	―		山口県宇部市沖宇部三八
四四	船舶輸送司令部	土佐沖	一九四三・一一・〇二	辰上一雄	軍属	戦死	井邑郡井川邑市基里二六
			一九二六・〇三・〇三	辰上倉八	―		大阪府泉北郡大津町字宇多上之町
四五三	船舶輸司・うめ丸	不詳	一九四三・一一・〇二	前田勝雄	機関員心得	戦死	益山郡黄登面栗村里
		沈没	一九一九・〇四・一五	―			―
四六〇	船舶輸司・うめ丸	不詳	一九四三・一一・〇二	山本健一	機関員心得	戦死	沃溝郡沃溝面耳谷
		沈没	一九二二・一二・一七	―			―
三七四	船舶輸司・うめ丸	不詳	一九四三・一一・一二	山井完東	軍属	戦死	沃溝郡米面新豊里一一一三
			一九一九・〇九・一〇	―			―
四五〇	船舶輸司・木曽丸	セブ島	一九四三・一一・一二	金月龍	甲板員見習	戦死	長水郡渓北面豊所里
			一九二八・〇五・〇七	―			―
三七一	船舶輸送司・隆亜丸	中千島方面	一九四四・〇三・一三	吉川寛龍	軍属	戦死	群山府錦光町一五八－二
			×	山下春吉	父		名古屋市南区大津通二－一四
三七〇	船舶輸送司・三巽丸	不詳	一九四四・〇二・〇五	柳川昌来	軍属	戦死	金堤郡孔徳面黄山里七〇〇

番号	部隊	場所	年月日	氏名	区分	状況	本籍・住所
			一九一二・〇三・〇五	梁川福来	兄		金堤郡孔徳面黄山里七〇〇
四一	船舶輸送司令部	ニューギニア	一九四四・〇三・一九	國本享重	軍属	戦死	完州郡龍進面雲谷里一八〇〇
			一九一五・〇七・〇三	國本享文	兄		完州郡龍進面雲谷里一八〇〇
四二	船舶輸送司令部	ニューギニア	一九四四・〇三・一九	黒田在東	軍属	戦死	全州府相生町一五八
			一九二三・〇六・二〇	金在良	弟		パラオ島清水村
四三	船舶輸送司令部	ニューギニア	一九四四・〇三・一九	斉藤湘國	軍属	戦死	完州郡雨田面長川里四一四
			一九一九・〇六・一六	林福礼	妻		パラオ島コロール町小島方
三五七	船舶輸司・三美津丸	ニューギニア、ホンランジア	一九四四・〇四・二二	安東東成	軍属	戦死	沃溝郡羅浦面將相里二一一
			一九二一・〇四・二八	安東今石	父		沃溝郡羅浦面將相里二一一
三五八	船舶輸司・三美津丸	ニューギニア、ホンランジア	一九四四・〇四・二二	金海炳甲	軍属	戦死	扶安郡山内面鎮成里八〇〇
			一九一六・〇四・一五	金海秋子	妻		群山府若松町四金井明良方
三五九	船舶輸司・三美津丸	ニューギニア、ホンランジア	一九四四・〇四・二二	金海炳二	軍属	戦死	扶安郡山内面鎮誓里八〇〇
			一九二五・一一・一七	金海鍾喆	父		扶安郡山内面鎮誓里八〇〇
四〇	船舶輸送司令部	南支那海	一九四四・〇四・二六	禹陽永泰	軍属	戦死	長水郡夫川面春松里七〇七
			一九一六・〇一・二八	禹陽桂小	—		長水郡夫川面春松里七〇七
三七六	四船舶輸送司令部	ラバウル近海	一九四四・〇七・一五	徐鎮吉	軍属	戦死	扶安郡幸安面三千里
			一九一八・〇四・一四	—			—
三六二	船舶輸司・光川丸	ボルネオ方面	一九四四・〇八・〇四	伊原南燮	軍属	戦死	南原郡王峙面龍程里二二八〇
			一九二七・〇九・二〇	伊原　恒	父		南原郡王峙面龍程里二二八〇
三六七	船舶輸司・光川丸	ボルネオ方面	一九四四・〇八・〇四	茂木連熙	軍属	戦死	金堤郡孔徳面馬峴里三三五
			一九二七・〇六・〇九	茂木義悦	父		金堤郡孔徳面馬峴里三三五
三六八	船舶輸司・光川丸	ボルネオ方面	一九四四・〇八・〇四	野村南植	軍属	戦死	金堤郡青帳面東元山里七九
			一九二六・〇九・二八	野村南守	兄		金堤郡青帳面東元山里七九
三六九	船舶輸司・光川丸	ボルネオ方面	一九四四・〇八・〇四	松本判圭	軍属	戦死	益山郡黄登面黄登里二九八
			一九二八・〇八・二〇	松本春逢	兄		益山郡黄登面黄登里二九八
三六〇	船舶輸送司令部	フィリピン方面	一九四四・〇九・〇九	木村相南	軍属	戦死	任實郡任實面大谷里二九四
			一九一七・〇八・一〇	國定吉夫	—		任實郡任實面大谷里二九四
四五	船舶輸送司令部	比島	一九四四・〇九・一二	金谷河燮	軍属	戦死	沃溝郡玉山面堂北里七八
			一八九八・〇九・二一	金谷百連	—		沃溝郡玉山面堂北里七八
二四四	船舶輸送司令部	南支那海	一九四四・〇九・一二	李権限	軍属	戦死	錦山郡南二面下金里七七五
			一九二一・〇九・一〇	李雲奎	父		慶尚南道迎月郡只杏面浦里二九六
三六六	船舶輸司・利山丸	樺太方面	一九四四・〇九・二一	呉川允寛	軍属	戦死	沃溝郡米面飛×里一五三
			一九一五・〇一・〇五	黄原龍八	父		山口県下関市上新地町二四七九
三五六	船舶輸司・岩城丸	レイテ島オルモック	一九四四・一二・〇七	松田好恩	軍属	戦死	益山郡五山面木川里四三〇
			一九一七・一二・二五	松田光原	父		益山郡程里邑本町一ー一二五

四五五	船舶輸司・福山丸	台湾高雄港	一九四五・〇一・〇九 一九二〇・〇七・二五	清水吉洙 清水京必	船匠 ―	戦死	金堤郡金溝面洛城里二一八 ―
四五九	船舶輸送司令部	沖縄渡久地海上	一九四五・〇一・二二 ×	金山萬斗 ―	傭人	戦死	任實郡聖壽面月坪里一三二 ―
二五八／四一一	船舶輸送司令部	ルソン島バリトソナオ港	一九四五・〇一・二七 一九一六・〇四・〇一	天本煥起 天本船二	軍属 妻	戦死	高敞郡富安面仙雲里五七六 釜山府温泉町九七五
二五四	船舶輸送司・岩××	N二×・×E××・× 全身砲弾創	××××・××・×× 一九二五・一二・〇三	金川鐘植 ―	軍属	戦死	茂朱郡茂朱面邑内里 ―
四一二	船舶輸送司令部	ルソン島マニラ	一九四五・〇二・一五 一九二一・一〇・二二	権春植 山口×一	軍属 船主	戦死	茂朱郡当川面深谷里九三 広島県呉市吉浦新町三
二一二	船舶輸送司令部	ニューギニア、ニヤンロソニ マラリア	一九四五・〇四・〇五 一九一五・〇九・一一	鄭夢逑 鄭夢雲	軍属 兄	戦病死	金堤郡鳳川面鳳山里二七 金堤郡鳳川面鳳山里二七
四四九	三船舶輸送司令部	ルソン島モンタルバン	一九四五・〇四・〇九 ×	魯川炳淳 ―	上廻上(ママ)	戦死	群山府錦光町一五八 ―
四一七	船舶輸送司令部	不詳	一九四五・〇六・二〇 一九二二・〇九・二一	松山在燮 貢　住貫	軍属 母	戦死	長水郡渓南面砧谷里四二五 八幡市中姫町四
四四八	三船舶輸送司令部	ルソン島モンタルバン	一九四五・〇七・〇九 ×	張本豊助 ―	不詳	戦死	群山府南屯栗町三七三 ―
四一六	船舶輸送司令部	ビスマルク諸島、ラベール	一九四四・〇七・一五 一九二三・〇七・二八	海徳守 ―	軍属	戦死	金堤郡下離面月城里 長崎市小曾根町二七
四一三／四六一	船舶輸送司令部	フィリピン、マウンテン州	一九四五・〇七・二八 一九二二・〇一・〇二	朴靖錫 朴在得	軍属 父	戦死	金堤郡竹山面大倉里六四九 金堤郡竹山面大倉里六四九
三六五	船舶輸送司・漢口	不詳	一九××・一〇・〇六 一九二〇・〇九・二三	金光得中 金光容	軍属 父	死亡	任實郡新徳面新徳里一〇八 任實郡新徳面新徳里一〇八
九／二四四	二船舶輸送司令部	南支那海	一九四五・一二・〇一 一九二一・〇九・一〇	李権限 李雲奎	軍属 父	戦死	錦山郡南二面下金里七七五 慶尚南道迎月郡只杏面浦里二九六
二八九	製材班	ニューギニア、西部	一九四四・一二・〇八 ×	春木久栄 春木恒春	雇員 ―	不慮死	全州府昭和町 ―
三〇〇	タイ俘虜収容所	南支那海 海没	一九四四・〇九・一二 一九一六・一一・一一	廣島判福 廣島判督	傭人 兄	戦死	南原郡南原邑東忠里二七三
三七三	タイ俘虜収容所	二一師団二野戦病院	一九四四・〇八・〇三 ×	富元壽丙 富元明旭	傭人 ―	戦病死	金堤郡竹山面竹山里七七〇 金堤郡竹山面竹山里七七〇
一五七	タイ俘虜収容所	タイ国ルノケー村 自動車撃×	一九四五・〇二・〇六 一九二一・〇六・一〇	金本正雄 金本光雄	雇員 兄	不慮死	井邑郡新×仁邑×汀里三〇三 井邑郡新×仁邑×汀里三〇三
二八八	タイ俘虜収容所	タイ一六七兵病	一九四五・〇七・二九	金山容斗	雇員	戦病死	沃溝郡米面新豊里一三九〇

			×	金山必柱	父		群山府豊西町九三二
四二六	タイ俘虜収容所	不詳	一九四七・〇七・一八	林永俊	軍属	死亡	群山府南屯栗町
			一九二二・一二・一四	林昭鐘	父		—
三四四	タイ俘虜収容所	シンガポール、チャンギー	一九四七・〇二・二五	金子長録	雇員	死亡	群山府海望町九九九
			×	金子實丹	妻		群山府海望町九九九
四一五	中国軍管区輜重補	広島一陸軍病院	一九四五・〇八・二二	平林洛成	一等兵	戦傷死	益山郡玉宮面郡辺里
			×	—	—		—
四七一	中国軍管区輜重補	広島市	一九四五・〇八・〇六	松原東燮	一等兵	戦死	茂朱郡雪川面基谷里
			×	松原淵九	—		—
一〇	中支野戦貨物廠	江蘇省一五七兵站病院	一九四五・〇八・〇五	豊田基安	雇員	戦病死	金堤郡月材面月閑里七三
			一九一九・〇二・一〇	豊田成局	父		金堤郡月材面月閑里七三
四二四	中支碇監部	不詳	一九三九・〇七・一三	金鐘逌	不詳	病死	扶安郡東津面堂上里六五
			×	—			—
二五五	挺身三連隊	ルソン島バレンテ峠	一九四五・〇四・三〇	朴龍雄	伍長	戦死	井邑郡新義仁邑清泉里
			一九二三・〇六・一七	朴明荀	父		井邑郡新義仁邑清泉里
二四〇	伏　四連（ママ）	奉天省海域陸病	一九四六・〇二・二六	呉在氷	上等兵	戦病死	任實郡新徳面吉里六三四
		肺結核	一九二四・〇三・一二	呉善水	母		任實郡新徳面吉里六三四
一五三	独警歩五大隊	安徽省	一九四五・〇八・一六	金田完喆	兵長	戦死	全州府完山町二四一
			×	金田英海	妻		全州府本町一—八〇
四四四	特設自動車二四中隊	ミンダナオ島ペルマ	一九四五・〇四・〇四	豊井南淳	兵長	戦死	全州府曙町六五
			×	豊井洙×	兄		—
三五四	独立工兵六中隊	ビルマ・シッタン河	一九四五・〇七・二七	長野三根	伍長	戦死	南原郡王峙面日洛里一五〇
		頭部砲弾破片創	一九二一・〇二・一七	長野洪宇	父		南原郡南原邑東忠里一九
二五九	独立工兵六六大隊	沖縄首里	一九四五・〇五・二二	洪原錫春	兵長	戦死	扶安郡東津面木徳里八八
		玉砕	一九二一・〇二・〇一	洪原福×	妻		扶安郡東津面木徳里八八
四二七	独混三五連隊	ラバウル	一九四三・一一・〇二	山本義浩	上等兵	戦死	群山府×××
			×	山本富郷	父		開福町一—六三
一三	独立鉄道一〇大隊	咸鏡北道	一九四五・〇八・一六	新井正均	上等兵	戦死	高敞郡古木面草乃里三八
			一九二四・〇二・〇六	新井公人	父		間島省和享県×域村福×洞区
四三五	独立鉄道一三大隊	不詳	一九四五・〇六・一六	松岡得伸	兵長	戦死	金堤郡白山面上井里一五一
			一九二四・〇三・一四	松岡成悦	父		金堤郡白山面上井里一五一
二六三	独立自動車六〇大隊	ビルマ、バーモ	一九四四・〇五・一八	吉原正治	伍長	戦死	完州郡高山面邑内里五八六
		左腹部損傷	×	吉原宜水	父		完州郡高山面邑内里七二
二六四	独立自動車六〇大隊	ビルマ	一九四五・〇一・二七	星山成鎬	兵長	戦死	茂朱郡茂豊面銀山里五九七
		貫通銃創	一九一六・〇一・一七	星山華玉	母		山口県吉牧郡西岐波村×生炭坑

二六五	独立自動車六〇大隊	タイ国、クニエアーム	一九四五・〇七・一二 一九二二・〇六・〇四	平文錫淳 平文四山	兵長 父	戦病死	沃溝郡開井面鉢山里八三 沃溝郡開井面鉢山里八三
三四五	独立自動車六二大隊	ルソン島カセサラクサク 頭部貫通銃創	一九四五・〇五・〇二 一九二三・〇八・一一	高本秀雄 高本駿一	兵長 父	戦死	鎮安郡龍潭面 鎮安郡龍潭面
三七五	独立自動車六二大隊	ルソン島ボリボッ	一九四五・〇五・一一 一九二二・〇六・二八	神農熙俊 神農宗秀	伍長 父	戦死	扶安郡幸安面眞洞里一〇四 扶安郡幸安面眞洞里一〇四
四六二	独歩二三大隊	山東省	一九四〇・一二・二八 ×	宮野能榎 —	傭人	戦死	全州府大和町二〇五 —
四六三	独歩四二大隊	山東省 クレープ性肺炎	一九四四・〇九・一一 ×	金海義次 金海永一	伍長 父	戦病死	扶安郡保安面新福里三八〇 扶安郡保安面富谷里三
一七六	独歩四七大隊	江蘇省蘇州陸病 腸チフス	一九四四・一二・一一 一九二一・〇五・二〇	金田光雅 金田祐吉	見習士官 父	戦病死	沃溝郡大野面地境里一六八〇 沃溝郡大野面地境里一六八〇
一七七	独歩四七大隊	江蘇省 心臓損傷	一九四五・〇九・一一 一九一八・〇五・二二	金義燮 金東翰	兵長 父	戦死	井邑郡七寶面盤谷里四八四 井邑郡七寶面盤谷里四八四
六	独歩四八大隊	河南省 脚気	一九四四・〇六・一九 一九二三・〇一・一八	新本熙吉 新本正和	上等兵 父	戦病死	益山郡咸峴面石×里二五八 益山郡咸峴面石×里二五八
四四六	独歩一八一大隊	ルソン島ボリボッ	一九四五・〇五・〇三 ×	南昌基煥 南昌貴東	一等兵 兄	戦死	完州郡助村面萬成里四八九 完州郡助村面萬成里四八九
三五三	独歩一八五大隊	ルソン島リザール州 頭部貫通銃創	一九四五・〇三・一五 ×	金岡始水 金岡永命	伍長 父	戦死	錦山郡南面駅坪里三五六 錦山郡南面駅坪里三五六
三八	独歩二八一大隊	広東省 右胸部貫通銃創	一九四五・〇七・一六 一九二二・一二・一六	三井淳吾 三井判同	兵長 父	戦死	高敞郡興徳面持留里四四 高敞郡興徳面持留里四四
二一四	独歩二八五大隊	N四六・四六E一四四・一五	一九四五・〇五・三〇 一九二四・一二・三〇	河本泰珪 河本奎鎬	兵長 父	戦死	任實郡新徳面照月里四一七 任實郡新徳面照月里四一七
二一五	独歩二八五大隊	N四六・四六E一四四・一五	一九四五・〇五・三〇 一九二三・〇八・〇六	張本泰鳳 張本孟完	上等兵 父	戦死	扶安郡山内面大頂里一三〇 扶安郡山内面大頂里一三〇
二一六	独歩二八五大隊	N四六・四六E一四四・一五	一九四五・〇五・三〇 一九二三・〇一・〇九	平田克培 平田清雲	上等兵 父	戦死	益山郡王宮面東龍里五七七 益山郡王宮面東龍里五七七
二一七	独歩二八五大隊	N四六・四六E一四四・一五	一九四五・〇五・三〇 一九二六・〇四・一七	梁川錫鎬 梁川鳳兆	上等兵 父	戦死	淳昌郡仁漢面細龍里 淳昌郡仁漢面細龍里
二一八	独歩二八五大隊	N四六・四六E一四四・一五	一九四五・〇五・三〇 一九二五・〇一・二七	江村×郎 江村×郷	上等兵 父	戦死	益山郡朗山面石泉里三四五 益山郡朗山面石泉里三四五
二一九	独歩二八五大隊	N四六・四六E一四四・一五	一九四五・〇五・三〇 一九一四・〇八・〇六	徳山鐘珍 徳山基山	上等兵 父	戦死	井邑郡北面高亭里二三三 井邑郡北面高亭里二三三
二二〇	独歩二八五大隊	N四六・四六E一四四・一五	一九四五・〇五・三〇	白川義雄	上等兵	戦死	益山郡裡里邑曙町八六

			一九二三・一一・一二	白河性明	祖父		益山郡裡里邑本町一－七八
二二一	独歩二八五大隊	N四六・四六E一四四・一五	一九四五・〇五・三〇	高島　淳	上等兵	戦死	益山郡裡里邑大正町八二
			一九二三・〇三・一五	高島永珠	父		莞州郡鳳来面場基里三三二
二二二	独歩二八五大隊	N四六・四六E一四四・一五	一九四五・〇五・三〇	河本一雄	上等兵	戦死	莞州郡龍東面場基里一七七
			一九一四・〇三・一五	河本　栄	父		高敞郡高敞面邑内里一五五
二二三	独歩二八五大隊	N四六・四六E一四四・一五	一九四五・〇五・三〇	徳原在喆	兵長	戦死	高敞郡高敞邑内里一八二－一
			一九二三・〇一・〇一	徳原玉満	父		茂朱郡安寧面×川里
二二四	独歩二八五大隊	N四六・四六E一四四・一五	一九四五・〇五・三〇	宮本×植	上等兵	戦死	茂朱郡安寧面×川里
			一九二三・〇七・三〇	宮本明順	母		長水郡渓南面槐木里二一〇
二六二	独歩二八五大隊	N四六・四六E一四四・一五	一九四五・〇五・三〇	山住洪植	兵長	不詳	長水郡渓南面槐木里二一〇
			一九二四・〇四・一六	山住鎬淳	父		益山郡八峰面八峰里五五三
二九六	独歩五九一大隊	江西省	一九四五・〇八・〇八	竹山鎮玉	兵長	戦死	益山郡八峰面八峰里五五三
		右頸部貫通銃創	×	竹山貞淑	父		鎮安郡上田面水東里三三
五	独歩五九二大隊	湖南省	一九四五・〇七・二九	金山福男	兵長	戦死	鎮安郡上田面水東里三三
			×	金山永×	父		茂朱郡安城面沙田里二一五
七	独歩五九三大隊	湖北省一六五兵病	一九四五・〇九・一一	林炳澤	上等兵	戦死	茂朱郡安城面沙田里二一五
		マラリア急性腸炎	×	林鳳植	父		井邑郡井州邑水城里六四
二七	独歩六〇六大隊	湖北省	一九四五・〇八・二五	金城鐘陸	一等兵	戦病死	咸鏡北道茂山郡延社面田基洞五九三
		流行性脊髄膜炎	一九二四・〇三・一五	金城芷基	父		茂朱郡雪川面深谷里一五三
二八	独歩六〇六大隊	湖北省一五八兵病	一九四六・〇一・二〇	茂山永錫	上等兵	戦病死	忠清南道公州郡維鳩面塔谷里三五三
		マラリア	×	茂山均相	父		錦山郡錦山面衡仁里七五
三〇	南方航空路部	ルソン島	一九四四・〇七・三一	大山茂文	雇員	戦死	京都市左京区吉田中阿達四方
		潜水艦攻撃で海没	×	大山源次	父		淳昌郡淳昌面佳南里二五〇
四〇六	飛行二戦隊	スマトラ島パレンバン	一九四五・〇一・二四	安本豊三	曹長	戦死	淳昌郡淳昌面佳南里二五〇
			一九二三・〇八・〇二	安本應周	父		金堤郡金堤邑堯将里四一八
一七五	北支憲兵隊司令部	山東省済南陸軍病院	一九四〇・〇二・一〇	濱奇男	雇員	戦病死	金堤郡金堤邑堯将里四一八
			一九一四・〇一・二〇	崔　民	母		金堤郡月南面堤徳里八〇
二六六	歩兵五三連隊	ビルマ、モナマン	一九四五・〇二・一八	石山　栄	兵長	戦死	金堤郡月南面堤徳里八〇
		破弾破牛創	一九二四・〇五・〇二	石山　光	兄		完州郡助村面東山里五五二
二六七	歩兵五三連隊	ビルマ、パウンジ兵病	一九四五・〇四・〇七	海山昌斗	兵長	戦傷死	完州郡助村面東山里五五二
		脚部貫通銃創	一九二五・一二・一六	海山基卓	父		錦山郡××面馬田里五六九
二六八	歩兵五三連隊	ビルマ、クエンビン	一九四五・〇二・一五	金村珍祐	兵長	戦死	錦山郡××面馬田里五六九
		頭部貫通銃創	一九二二・〇七・二〇	金村吉雄	父		長水郡長水面東村里二七三
二六九	歩兵五三連隊	ビルマ、インパクソ	一九四五・〇七・〇六	貞木×文	兵長	戦死	長水郡長水面東村里二七三
		貫通銃創	一九二五・××・二五	貞木吉玉	父		

二七〇	歩兵五三連隊	ビルマ、ターコ市四九師野病 赤痢	一九四五・〇八・二五 一九二三・〇八・一五	白川亮欽 白川基象	兵長 父	戦病死	全州府完山町二三一 全州府完山町二三一
二七一	歩兵五三連隊	ビルマ、ミイランビア 胸部貫通銃創	一九四五・〇三・〇二 一九二二・一〇・二三	扶金炳益 —	兵長 父	戦死	益山郡王宮面興岩里一八八 —
二七二	歩兵五三連隊	ビルマ、チャウクイラワジ 頭部貫通銃創	一九四五・〇二・〇七 一九二二・〇七・一八	文岩正根 文岩正子	兵長 内妻	戦死	金堤郡金溝面金溝里四一五 金堤郡金堤面上新里
二四二	歩兵七四連隊	ミンダナオ島マナカワク 脚部貫通銃創	一九四五・〇五・〇七 一九二二・〇九・二五	南忠雄 南相仁	兵長 父	戦死	益山郡開山面三潭里二六六 益山郡開山面三潭里二六六
三五一	歩兵七四連隊	ミンダナオ島センジマ 全身投下爆弾爆創	一九四五・〇五・二〇 一九二二・〇三・一八	平沼延寅 平沼判根	伍長 父	戦死	金堤郡鳳山面三八二 金堤郡鳳山面三八二
三五二	歩兵七四連隊	ミンダナオ島ワロエ 腹部貫通銃創	一九四五・〇七・一〇 一九二四・〇六・〇二	金光頂洙 金光永璜	伍長 父	戦死	南原郡周生面諸川里 南原郡周生面諸川里
四二九	歩兵七四連隊	ミンダナオ島 マラリア・肺結核	一九四六・〇二・二九 一九二四・〇九・二四	林田芳雄 林田茂實	上等兵 父	戦病死	沃溝郡玉山面堂北里九二九 沃溝郡玉山面堂北里九二九
一八九	歩兵七五連隊	ルソン島 頭部貫通銃創	一九四五・××・一六 一九二五・〇三・〇二	金澤昌男 金澤×鎬	一等兵 父	戦死	任實郡三渓面××里××× 任實郡三渓面××里×××
二一三	歩兵七五連隊	ルソン島 頭部貫通銃創	一九四五・〇三・〇八 一九二三・〇二・一六	野山洙薫 野山吉×	伍長 父	戦死	井邑郡甘谷面芳橋里 井邑郡甘谷面芳橋里
二四七	歩兵七六連隊	ルソン島 肩状腿部貫通銃創	一九四五・〇一・二九 一九二四・一〇・一三	華山明美 華山金治	伍長 父	戦死	金堤郡金堤邑龍洞里六—二 金堤郡金堤邑龍洞里六—二
三六一	歩兵七七連隊	レイテ島	一九四五・〇七・〇一 ×	金城武雄 金城忠信	伍長 父	戦死	益山郡皇峯面七三三 益山郡皇峯面七三三
四四三	歩兵七七連隊	レイテ島	一九四五・〇七・〇一 ×	松岡　瞭 松岡　静	兵長 妻	戦死	茂朱郡茂朱面邑内里東国民学校内 茂朱郡茂朱面邑内里東国民学校内
一一〇	歩兵七八連隊	ニューギニア、カイヤヒソト 胸部貫通銃創	一九四三・〇九・二〇 ×	平岡睦康 平岡睦基	兵長 父	戦死	郡山府栄町二一—一一四 —
一二六	歩兵七八連隊	ニューギニア、オリヤ川 頭部貫通銃創	一九四三・一〇・〇一 ×	新井魯逑 新井恒雄	伍長 父	戦死	扶安郡東津面銅田里 扶安郡扶寧面東中里二〇七
七三	歩兵七八連隊	ニューギニア、スリナム 頭部貫通銃創	一九四三・一〇・〇四 ×	山本英男 山本重吉	兵長 父	戦死	金堤郡金溝面龍池里 —
五二	歩兵七八連隊	ニューギニア、アスリナム 頭部貫通銃創	一九四三・一〇・〇四 ×	松山乙文 松山重夫	伍長 父	戦死	南原郡××面沃新里四一七 全州府相生町七二
一二四	歩兵七八連隊	ニューギニア、大畠村 肩部盲管砲弾破片創	一九四三・一〇・〇九 ×	白川博友 白川博正	兵長 兄	戦死	金堤郡馬頃面鴻頃里 全羅北道群山府若松町一六五
一三二	歩兵七八連隊	ニューギニア、ヨコヒ	一九四三・一二・〇三	海金太郎	伍長	戦病死	任實郡聖寺面任務里三五四

		マラリア	×	海金判鎔	父		任實郡聖寺面任務里三五四
一〇九	歩兵七八連隊	ニューギニア、東山高地	一九四三・一二・〇八	平山武男	伍長	戦死	井邑郡×仁面洛陽里
		胸部貫通銃創	×	平山月洙	父		—
六四	歩兵七八連隊	ニューギニア、入江村	一九四三・一二・一〇	梁川炳漢	兵長	戦死	錦山郡秋富面備礼里三四五
		頭部貫通銃創	×	梁川錫浩	父		—
五三	歩兵七八連隊	ニューギニア、ケセワ	一九四三・一二・一二	松井栄男	伍長	戦死	沃溝郡東面来龍里六五一
		頭部貫通銃創	×	松井壽廣	父		—
六一	歩兵七八連隊	ニューギニア、ラコナ	一九四三・一二・一七	安永仁旭	伍長	戦死	益山郡王宮面東龍里五七一
		胸部貫通銃創	×	安永昌善	父		—
九一	歩兵七八連隊	ニューギニア、入江村	一九四三・一二・一八	金本石基	伍長	戦死	南原郡金地面新月里
		腰部貫通銃創	×	金本順基	兄		南原郡金地面新月里
九〇	歩兵七八連隊	ニューギニア、屏風山	一九四三・一二・二七	金島昌洙	兵長	戦死	完修郡参礼面新金里
		腰部貫通銃創	×	金島達萬	父		完修郡参礼面新金里
八〇	歩兵七八連隊	ニューギニア、マダン	一九四三・一二・三一	金城遇瑾	兵長	戦死	南原郡松洞面蓮山里
		マラリア	×	金城重現	父		南原郡松洞面蓮山里
一〇五	歩兵七八連隊	ニューギニア、歓喜峯	一九四四・〇一・一五	林栄一郎	伍長	戦病死	淳昌郡柄等面昌申里一一三
		マラリア	×	林昌周	兄		—
八三	歩兵七八連隊	ニューギニア、歓喜峯	一九四四・〇一・二〇	金村正光	伍長	戦死	南原郡周生面緒川里
		胸部貫通銃創	×	金村春吉	父		南原郡周生面緒川里
三七七	歩兵七八連隊	ニューギニア、マダン	一九四四・〇一・二〇	岡村勝泰	伍長	戦死	錦山郡郡北面外釜里一一三
			×	岡村勝右	兄		錦山郡郡北面外釜里一一三
六〇	歩兵七八連隊	パラオ島東南	一九四四・〇一・二一	山田清美	軍曹	戦死	南原郡大山面雲橋里二一八
		海没	×	山田玉子	母		南原郡周生面貞松里五七
九三	歩兵七八連隊	パラオ島西南	一九四四・〇一・二一	金光正博	兵長	戦死	高敞郡茂長面茂長里
		海没	×	金光崙太	祖父		高敞郡孔肯面徳岩里
九四	歩兵七八連隊	パラオ島西南	一九四四・〇一・二一	金井栄四郎	兵長	戦死	群山府開福街
		海没	×	金井尚五	兄		忠清南道洪城郡洪城邑石岩里
一一六	歩兵七八連隊	ニューギニア、歓喜峯	一九四四・〇一・二五	高原久夫	伍長	戦死	南原郡二長面馬街里
		頭部貫通銃創	×	高原斗烈	父		—
一二八	歩兵七八連隊	ニューギニア、歓喜峯	一九四四・〇一・二五	安藤允宜	伍長	戦死	全州府多佳街一四三
		大腿部切断	×	白姓女	母		全州府華山町一九三―一
七二	歩兵七八連隊	ニューギニア、ミンデリ	一九四四・〇二・〇九	李在権	兵長	戦死	長水郡渓内面大谷里六〇五
		胸部貫通銃創	×	李守月	父		—
五五	歩兵七八連隊	ニューギニア、ミラフ	一九四五・〇三・一九	松井忠義	伍長	戦死	益山郡金馬面東××里六
		頭部貫通銃創	×	松井乗栄	父		—

一〇七	歩兵七八連隊	ニューギニア、アクア	一九四四・〇四・一四	林振澤	兵長	戦死	金堤郡孔徳面梯朱里五五五
		腹部貫通銃創	×	林石権	父		—
九八	歩兵七八連隊	ニューギニア、ケンダヤ	一九四四・〇四・一八	國本政琦	兵長	戦病死	長水郡渓比面×所里
		マラリア	×	國本忠靖	父		—
一〇八	歩兵七八連隊	ニューギニア、ラム河	一九四四・〇四・二五	平山彦相	伍長	戦死	錦山郡南二面下金里
		頭部貫通銃創	×	平山始均	父		—
九二	歩兵七八連隊	ニューギニア、オイキア	一九四四・〇五・〇六	金江煥洙	伍長	戦病死	完州郡参禮面海田里
		マラリア	×	金江光元	父		完州郡参禮面海田里
六七	歩兵七八連隊	ニューギニア、田中村	一九四四・〇五・〇三	吉田利政	伍長	戦死	鎮安郡白雲面白岩里四九八
		頭部貫通銃創	×	吉田康春	祖父		—
一一五	歩兵七八連隊	ニューギニア、ウウェワク	一九四四・〇五・一九	高宮命奎	伍長	戦死	長水郡山面柏花里
		マラリア	×	高宮成谷	父		—
一一一	歩兵七八連隊	ニューギニア、ウウェワク	一九四四・〇五・二〇	東宮信吉	伍長	戦病死	任實郡任實面城街里
		マラリア	×	東宮朴徳	父		—
三八四	歩兵七八連隊	ニューギニア、セピック河	一九四四・〇五・二〇	金光信明	伍長	戦死	南原郡
			×	金光芳明	父		南原郡
九五	歩兵七八連隊	ニューギニア、バンサ	一九四四・〇五・二二	金光海雄	伍長	戦死	高敞郡上下面劍山里
		頭部貫通銃創	×	金光判鉉	父		高敞郡上下面劍山里
五一	歩兵七八連隊	ニューギニア、ウウェワク	一九四四・〇五・二七	松江春雄	兵長	戦病死	群山府開福町二一一九
		マラリア	×	松江仁善	父		北栗町一七四
六九	歩兵七八連隊	ニューギニア、戸里川	一九四四・〇六・〇五	吉田正煥	伍長	戦病死	沃溝郡瑞穂面琴岩里四八八
		マラリア	×	吉田元益	父		—
八八	歩兵七八連隊	ニューギニア、ヤカムル	一九四四・〇六・〇五	金本一郎	伍長	戦死	南原郡徳果面金岩里
		腹部貫通銃創	×	金本政康	父		南原郡徳果面金岩里
一一四	歩兵七八連隊	ニューギニア、木浦村	一九四四・〇六・二三	竹本憲奎	伍長	戦病死	全州府徳津街二七六
		マラリア	×	竹本太淑	父		完州郡龍×面牙中里
一二七	歩兵七八連隊	ニューギニア、坂東川	一九四四・〇七・〇二	新井允洙	伍長	戦死	任實郡聖壽面陽化里
		胸部貫通銃創	×	新井成春	父		任實郡聖壽面陽化里
一二二	歩兵七八連隊	ニューギニア、坂東川	一九四四・〇七・〇九	澤田光助	伍長	戦傷死	茂朱郡茂朱面堂山里
		腹部貫通銃創	×	澤田源吉	父		—
六六	歩兵七八連隊	ニューギニア、川中島	一九四四・〇七・一〇	慶本東植	伍長	戦死	淳昌郡淳昌面南渓里四三八
		頭部貫通銃創	×	慶本柳鳳	父		—
七七	歩兵七八連隊	ニューギニア、坂東川	一九四四・〇七・〇四	金川奉炫	曹長	戦死	南原郡阿英面日×里
		頭部貫通銃創	×	金川相栄	父		—
五九	歩兵七八連隊	ニューギニア、坂東川	一九四四・〇七・一〇	光本正一	兵長	戦死	全州府本町二丁目六八

		胸部貫通銃創	×	光本　旭	父		全州府本町一—一四四
六二	歩兵七八連隊	ニューギニア、坂東川	一九四四・〇七・一〇	梁原在福	兵長	戦死	鎮安郡馬霊面平地里五七六—三
		胸部貫通銃創	×	梁原在豊	父		—
六三	歩兵七八連隊	ニューギニア、坂東川	一九四四・〇七・一〇	安川洛書	伍長	戦死	錦山郡珍山面墨小里二〇八
		頭部貫通銃創	×	安川鍵鐸	父		—
七六	歩兵七八連隊	ニューギニア、坂東川	一九四四・〇七・一〇	金澤宇一	曹長	戦死	鎮安郡龍澤面壽川里
		頭部貫通銃創	×	金澤用鉉	祖父		鎮安郡龍澤面壽川里
七九	歩兵七八連隊	ニューギニア、坂東川	一九四四・〇七・一一	金井昿憲	伍長	戦死	茂朱郡安城面貢道里
		左胸部盲管銃創	×	金井成貢	父		茂朱郡安城面貢道里
八九	歩兵七八連隊	ニューギニア、坂東川	一九四四・〇七・一〇	和本元賛	伍長	戦死	錦山郡錦山邑上里
		頭部貫通銃創	×	和本昌吉	父		錦山郡錦山邑上里
一〇〇	歩兵七八連隊	ニューギニア、坂東川	一九四四・〇七・一〇	國本実美	伍長	戦死	井邑郡所聲面新川里
		頭部貫通銃創	×	國本修正	父		—
一〇一	歩兵七八連隊	ニューギニア、坂東川	一九四四・〇七・一〇	國本三文	伍長	戦死	淳昌郡粕×面東山里
		腰部貫通銃創	×	國本東仁	父		—
一〇四	歩兵七八連隊	ニューギニア、坂東川	一九四四・〇七・一〇	原宮炳洵	伍長	戦死	長水郡長水面水里二一一
		腹部貫通銃創	×	原宮宗植	父		金堤郡金堤邑堯村里
一一三	歩兵七八連隊	ニューギニア、坂東川	一九四四・〇七・一〇	高山南秀	兵長	戦死	沃溝郡開井面×開井里
		貫通銃創	×	高山判乭	父		—
一二〇	歩兵七八連隊	ニューギニア、坂東川	一九四四・〇七・一〇	豊村喜汀	兵長	戦死	扶安郡茁浦面茁浦里
		頭部貫通銃創	×	豊村喜田	兄		—
一二九	歩兵七八連隊	ニューギニア、坂東川	一九四四・〇七・一〇	新井大煥	兵長	戦死	淳昌郡雙置面金城里
		頭部貫通銃創	×	新井幸雄	父		淳昌郡雙置面金城里
一三〇	歩兵七八連隊	ニューギニア、坂東川	一九四四・〇五・〇六	石川正義	伍長	戦死	完州郡江開面新里六〇
		頭部貫通銃創	×	石川鍾吉	父		完州郡江開面新里六〇
一三四	歩兵七八連隊	ニューギニア、坂東川	一九四四・〇七・一〇	大原清次	伍長	戦死	益山郡五山面枚鶴里
		胸部貫通銃創	×	大原元吉	父		—
四三二	歩兵七八連隊	ニューギニア	一九四四・〇七・一〇	金山俊教	伍長	戦死	南原郡朱川面高基里七二
			×	金山炳偉	父		—
五四	歩兵七八連隊	ニューギニア、坂東川	一九四四・〇七・一一	松川澄海	伍長	戦死	全州府高砂町三五一—三
		頭部貫通銃創	×	松川正清	父		—
五八	歩兵七八連隊	ニューギニア、坂東川	一九四四・〇七・一一	宮本思徹	伍長	戦死	金堤郡月村面×石里六〇六
		頭部貫通銃創	×	宮本福礼	妻		—
八六	歩兵七八連隊	ニューギニア、アファア	一九四四・〇七・一三	川内春永	兵長	戦死	益山郡五山面梧山里
		胸部貫通銃創	×	川内金烈	父		益山郡五山面梧山里

一一八	歩兵七八連隊	ニューギニア、三〇高地 大腿部砲弾破片創	一九四四・〇七・一八 ×	津山　晃 崔利徳	伍長 叔父	戦死	長水郡洛北面於田里 ―
一一七	歩兵七八連隊	ニューギニア、アファ 腹部貫通銃創	一九四四・〇七・一九 ×	竹村然平 竹村昌植	兵長 父	戦死	茂朱郡豊面宋内里 ―
八一	歩兵七八連隊	ニューギニア、三〇高地 右脚貫通銃創	一九四四・〇七・二〇 ×	金本鍾損 金本春圃	伍長 父	戦死	任實郡屯南面葵樹里 任實郡屯南面葵樹里
七〇	歩兵七八連隊	ニューギニア、歓喜峯 腹部貫通銃創	一九四四・〇七・二一 ×	和田在寛 和田大京	伍長 父	戦死	益山郡三箕面西豆里 ―
六五	歩兵七八連隊	ニューギニア、アファ 頭部貫通銃創	一九四四・〇七・二七 ×	山井富夫 山井俊一	兵長 父	戦死	沃溝郡穂米面山北里一一四 ―
一三五	歩兵七八連隊	ニューギニア、アファ 頭部貫通銃創	一九四四・〇七・二九 ×	大原常路 大原決徳	伍長 父	戦死	淳昌郡豊山面半月里五七四 ―
一〇二	歩兵七八連隊	ニューギニア、アファ 頭部貫通銃創	一九四四・〇八・〇一 ×	呉田東燮 呉田昌燮	伍長 兄	戦死	南原郡主將面内天里 ―
八七	歩兵七八連隊	ニューギニア、アファ 胸部貫通銃創	一九四四・〇八・〇一 ×	金村甲淑 金村昌善	伍長 父	戦死	鎮安郡鎮安面郡上里 鎮安郡鎮安面郡上里
七一	歩兵七八連隊	ニューギニア、戸里川 マラリア	一九四四・〇八・〇一 ×	李宮秀一 李宮永俊	兵長 兄	戦病死	南原郡黒節面善峙里八二 南原郡徳果面晩島里二六九
九六	歩兵七八連隊	ニューギニア、アファ 胸・腹部貫通銃創	一九四四・〇八・〇二 ×	清川輝雄 清川判金	伍長 父	戦死	高敞郡×安面水東里 ―
五〇	歩兵七八連隊	ニューギニア、アファ 頭部貫通銃創	一九四四・〇八・〇四 ×	松山勝勇 松山昌律	軍曹 父	戦死	益山郡裡里邑旭町七八
八二	歩兵七八連隊	ニューギニア、米子川 マラリア	一九四四・〇八・〇六 ×	金澤永壽 金澤基一	伍長 祖父	戦病死	金堤郡萬頃面松上里 金堤郡萬頃面松上里
一三一	歩兵七八連隊	ニューギニア、ボイキン 全身砲弾創	一九四四・〇八・二〇 ×	泉原泰洪 泉原判洙	伍長 父	戦死	茂朱郡雪川面所川里 ―
五七	歩兵七八連隊	ニューギニア、ヤカムル 頭部貫通銃創	一九四四・〇九・一六 ×	光永健雄 光永憲一	伍長 父	戦死	金堤郡金堤邑堯村里四〇一 金堤郡金堤邑堯村里四〇一
九七	歩兵七八連隊	ニューギニア、ボイキン マラリア	一九四四・〇九・一八 ×	菊山忠碩 菊山松吉	伍長 父	戦病死	金堤郡金溝面福里 ―
一三三	歩兵七八連隊	ニューギニア、ボイキン マラリア	一九四四・〇九・一八 ×	瀛山厚根 瀛山圭烈	伍長 父	戦病死	井邑郡新戸面新川里 ―
六八	歩兵七八連隊	ニューギニア、朝日山 頭部貫通銃創	一九四四・〇九・二五 ×	米田　稔 米田奉俊	伍長 父	戦死	完州郡伊西面上林里二六六 ―
九九	歩兵七八連隊	ニューギニア、バロン	一九四四・一〇・〇二	國本致仲	伍長	戦死	全州府曙町四一

番号	部隊	場所・死因	年月日	氏名	続柄・階級	区分	本籍・住所
		マラリア	×	國本徳順	母		全州府完山町三二三
一二三	歩兵七八連隊	ニューギニア、バロン	一九四四・一〇・〇二	昌山光孝	伍長	戦病死	南原郡王峙面山谷里
		マラリア	×	昌山 豊	父		—
一一二	歩兵七八連隊	ニューギニア、バロン	一九四四・一〇・〇三	藤井龍仁	伍長	戦死	益山郡春浦面大場村里
			×	藤井奉奇	父		—
三八八	歩兵七八連隊	ニューギニア、ボイキン	一九四四・一〇・〇五	玉川龍珖	伍長	戦死	淳昌郡淳昌面南渓里五一七
			×	玉川應俊	兄		—
八五	歩兵七八連隊	ニューギニア、ウウェワク	一九四四・一〇・〇九	松山健雄	伍長	戦死	完州郡助村面如忍里
		腹部貫通銃創	×	松山玉南	父		完州郡助村面如忍里
一二五	歩兵七八連隊	ニューギニア、ボイキン	一九四四・一〇・一五	安東栄次	曹長	戦死	扶安郡白山面新平里二四
		頭部貫通銃創	×	安東茂光	父		扶安郡白山面新平里二四
一〇六	歩兵七八連隊	ニューギニア、バロン	一九四四・一〇・二五	林鐘善	伍長	戦病死	益山郡五山面永方里四七〇
			×	林鐘片	兄		—
五六	歩兵七八連隊	ニューギニア、ボイコン	一九四四・一一・二〇	松田壽喆	伍長	戦病死	益山郡龍安面石洞里二一四
		マラリア・大腸炎	×	松田圭鳳	父		—
一一九	歩兵七八連隊	ニューギニア、ヤミール	一九四四・一二・〇九	富川馥性	伍長	戦病死	錦山郡郡北面虎峠里
		マラリア	×	富川大成	兄		—
一二一	歩兵七八連隊	ニューギニア、マルンバ	一九四四・一二・二一	貞本守康	伍長	戦病死	任實郡任實面城街
		マラリア	×	貞本好堂	父		—
一〇三	歩兵七八連隊	ニューギニア、バロン	一九四四・一二・二五	國盛鐘柱	伍長	戦病死	扶安郡白山面平橋里
		マラリア	×	國盛鳳奇	父		—
七四	歩兵七八連隊	ニューギニア、ヤミグム	一九四五・〇五・〇一	新本準吉	伍長	戦死	南原郡周生面緒川里
		頭部貫通銃創	×	吉村徳枝	妻		—
七八	歩兵七八連隊	ニューギニア、ケンパニガ	一九四五・〇五・一〇	金山喜喆	伍長	戦死	南原郡朱川面銀松里
		頭部貫通銃創	×	金山敬文	父		南原郡朱川面銀松里
七五	歩兵七八連隊	ニューギニア、トルコ	一九四五・〇七・二五	新本炳鎬	伍長	戦死	南原郡松洞面黒×里
		頭部貫通銃創	×	新本×東	父		—
四二五	歩兵七九連隊	山西省	一九三九・〇四・一一	金鴎植	通訳	戦死	南原郡松洞面奨國里六五二―二
			×	—	父		—
四三七	歩兵七九連隊	N三〇・三三E一三三・三〇	一九四三・一二・一三	稲田 稔	伍長	戦死	金堤郡月村面蓮井里二四〇
			×	松永勝平	叔父		—
三七九	歩兵七九連隊	ニューギニア、ワレオ	一九四三・一〇・二五	西原熙烈	伍長	戦死	沃溝郡瑞穂面琴岩里
			×	西原徳兼	祖父		—
一八六	歩兵七九連隊	ニューギニア、ワレオ	一九四三・一一・二二	高山守烈	伍長	戦死	群山府南屯栗街三七五
		右大腿部盲管破片創	×	高橋重合	父		—

番号	部隊	場所	年月日	氏名	階級・続柄	事由	本籍・住所
三七八	歩兵七九連隊	ニューギニア、シオ	一九四三・一二・一五 ×	星本昌基 星本英燮	伍長 父	戦死	沃溝郡米面開寺里六一〇 ―
三八二	歩兵七九連隊	ニューギニア、カブトモン	一九四四・〇一・〇七 ×	林洪鉄 林文賛	伍長 父	戦死	錦山郡南二面乾川里一二八 ―
一八五	歩兵七九連隊	ニューギニア、ナバリバ 胸部貫通銃創	一九四四・〇一・一〇 ×	高原　哲 高原彰松	曹長 兄	戦死	沃溝郡塩波面戊山里八一 ―
三八〇	歩兵七九連隊	ニューギニア、ヤグリ	一九四四・〇一・一〇 ×	玉川営鐘 玉川興烈	伍長 叔父	戦死	茂朱郡当南面 ―
三九五	歩兵七九連隊	ニューギニア、ガリ	一九四四・〇一・一〇 ×	春城康龍 春城其男	伍長 父	戦死	珍南郡白雲面平草里七八八 ―
一八三	歩兵七九連隊	ニューギニア、チング川	一九四四・〇一・一三 ×	金澤英夫 金澤×興	伍長 母	戦死	群山府開福町二 群山府上山上町九〇二
一八七	歩兵七九連隊	ニューギニア、ガリ	一九四四・〇一・一四 ×	義本寅雄 義本新碩	伍長 父	戦死	鎮安郡馬霊面浪成里 ―
三八一	歩兵七九連隊	ニューギニア、シオ	一九四四・〇一・一五 ×	花山棟煥 花山休暢	伍長 父	戦死	高敞郡星松面山水里 ―
一八二	歩兵七九連隊	ニューギニア、カブトモン	一九四四・〇一・二八 ×	朴山×奎 朴興作	伍長 父	戦死	任實郡聖壽面大平里 任實郡聖壽面大平里
三九三	歩兵七九連隊	ニューギニア、カブトモン	一九四四・〇一・二八 ×	岡村武雄 岡村勇一	伍長 父	戦死	扶安郡上西面儒林里 ―
三九七	歩兵七九連隊	ニューギニア、カブトモン	一九四四・〇二・〇一 ×	平尾田龍 平尾逢春	伍長 父	戦死	南原郡周生面貞松里四五 南原郡周生面貞松里四五
三九六	歩兵七九連隊	ニューギニア、カブトモン	一九四四・〇二・〇五 ×	梁川寛玉 梁川海龍	伍長 父	戦死	長水郡幡岩面魯壇里一〇六五 ―
四三〇	歩兵七九連隊	ニューギニア、ノコポ	一九四四・〇二・一二 ×	三中憲武 三中潭洙	伍長 父	戦死	沃溝郡聖山面内興里六六〇 ―
三九一	歩兵七九連隊	ニューギニア、ハンサ	一九四四・〇三・二〇 ×	松本判述 松本福順	伍長 妻	戦死	茂朱郡茂豊面 ―
三九二	歩兵七九連隊	ニューギニア、ハンサ	一九四四・〇三・二〇 ×	金海允根 金海容文	伍長 父	戦死	完州郡所陽面海月里 完州郡新元里
三九四	歩兵七九連隊	ニューギニア、ハンサ	一九四四・〇三・二〇 ×	大泉覚太郎 大泉賢夫	伍長 父	戦死	益山郡咸悦面瓦里 ―
三八六	歩兵七九連隊	ニューギニア、ハンサ	一九四四・〇四・〇三 ×	金岡萬永 金岡義鎮	伍長 父	戦死	錦山郡南二面羅坪里三四八 ―
四〇二	歩兵七九連隊	ニューギニア、ウウェワク	一九四四・〇五・一〇	三本征平	伍長	戦死	益山郡五山面五山里六六

			×	三本 晃	父		—
三八五	歩兵七九連隊	ニューギニア、セビックフ河	一九四四・〇五・一四	栟川佰鉉	伍長	戦死	扶安郡上西面龍西里三九一
			×	栟川恭鉉	兄		—
一八四	歩兵七九連隊	ニューギニア・ウラウ	一九四四・〇七・〇七	金山秀×	伍長	戦死	高敞郡上下面上長里
		腹部爆弾破片創	×	金山秀萬	兄		高敞郡上下面上長里
一七九	歩兵七九連隊	ニューギニア、ヤカムル	一九四四・〇七・一〇	石田忠志	伍長	戦死	完州郡南田面文亭里
		左腹部貫通銃創	×	石田泰雄	兄		完州郡南田面文亭里
二四五	歩兵七九連隊	ニューギニア	一九四四・〇七・二三	金村奉奇	伍長	戦死	南原郡山東面大基里
			×	金村×興	父		—
一八八	歩兵七九連隊	ニューギニア、アファ	一九四四・〇七・二九	玉峯潤入	伍長	戦死	南原郡己梅面梧新里六二一
		頭部貫通銃創	×	玉峯 音	母		—
三八七	歩兵七九連隊	ニューギニア、アファ	一九四四・〇八・〇五	金山 爕	伍長	戦死	高敞郡星松面岩崎里
			×	金山興春	母		—
二三六	歩兵七九連隊	ニューギニア、一一七兵病	一九四四・〇八・一九	山本武雄	伍長	戦死	金堤郡月村面明徳里二五四
		マラリア・大腸炎	×	山本義逑	父		—
一八〇	歩兵七九連隊	ニューギニア、一一七兵病	一九四四・一〇・二二	平山 勳	伍長	戦病死	益山郡裡里邑大正街
		マラリア	×	平山 鉉	父		—
一八一	歩兵七九連隊	ニューギニア、ボンガ	一九四四・一一・二六	松山石鐘	伍長	戦死	扶安郡保安面下立石里
		頭部貫通銃創	×	松山金鐘	父		—
四三一	歩兵七九連隊	不詳	一九四四・一二・一三	大成明源	兵長	戦死	沃溝郡沃溝面船堤里一三三
				大成昌錫	父		—
二四六	歩兵七九連隊	ニューギニア、東部	一九四四・一二・一九	金本成一	伍長	戦死	金堤郡竹山面竹山里
			×	金本成道	兄		—
四三九	歩兵七九連隊	ニューギニア	一九四五・〇三・〇一	秋井萬植	伍長	戦死	錦山郡秋富面自當里
			×	—	父		—
四三三	歩兵七九連隊	ニューギニア、マレンゲ	一九四五・〇八・一三	金山昌國	兵長	戦病死	南原郡山東面大基里
		マラリア・脚気	×	金山昌萬	兄		南原郡麗水邑本町一ー一五六一
一五八	歩兵七九連隊補	京城陸軍病院	一九四五・〇四・〇四	李光鉉	二等兵	戦病死	任實郡沙面雁下里五三四
		慢性腸炎	一九二三・一二・〇八	李慶信	父		淳昌郡東渓面丹月里一六七
二三九	歩兵七九連隊補	平安北道、四七東済医	一九四五・〇二・一一	金光永萬	不詳	公傷死	高敞郡上下面龍井里一〇六〇
		頭部×創	一九二四・〇四・一〇	金光永礼	妻		高敞郡上下面龍井里一〇六〇
一六七	歩兵八〇連隊	ニューギニア、カリ	一九四三・一二・二五	宮園秋雄	伍長	戦死	錦山郡錦山面上里一二五
		全身爆創	×	宮園茂衛	父		錦山郡錦山面上里一二五
一七一	歩兵八〇連隊	ニューギニア、ヤカムル	一九四四・〇六・一二	玉川二童	兵長	戦死	完州郡高山面邑内里三二四
		胸部貫通銃創	×	玉川春×	父		完州郡高山面邑内里三二四

一七三	歩兵八〇連隊	ニューギニア、ノコボ	一九四四・〇六・二一	呉山永煥	伍長	戦死	南原郡阿英面日山里一五三
		栄養失調症	×	呉山安洙	父		南原郡阿英面日山里一五三
一六九	歩兵八〇連隊	ニューギニア、アファ	一九四四・〇七・一〇	大山熙元	兵長	戦死	南原郡南原邑竹花里一八二
		頭部貫通銃創	×	大山　漢	父		南原郡南原邑竹花里一八二
一七四	歩兵八〇連隊	ニューギニア、ヤカムル	一九四四・〇八・〇四	呉山継善	兵長	戦死	完州郡南山面五山里五五一
		頭部貫通銃創	×	呉山康錫	父		完州郡南山面五山里五五一
一六六	歩兵八〇連隊	ニューギニア、ヤカムル	一九四四・〇八・一一	木山成根	兵長	戦死	完州郡華浦面上雲里六九八
		腹部砲弾破片創	×	木山逢春	父		完州郡華浦面上雲里六九八
一六五	歩兵八〇連隊	ニューギニア、ブーシ	一九四四・〇九・二五	菊本斗完	伍長	戦死	錦山郡富川面新村里六〇一
		マラリア	×	菊本載夏	父		錦山郡富川面新村里六〇一
一七二	歩兵八〇連隊	ニューギニア、ブーシ	一九四四・一〇・一一	高田客大	伍長	戦死	益山郡熊浦面熊浦里八二四
		栄養失調症	×	高田仁俊	父		益山郡熊浦面熊浦里八二四
一七〇	歩兵八〇連隊	ニューギニア、ソナム	一九四四・一一・一四	金澤折斗	兵長	戦死	完州郡助村面長洞里一三
			×	金澤昌杓	父		完州郡助村面長洞里一三
一六八	歩兵八〇連隊	ニューギニア、ソナム	一九四五・〇三・二二	大山泰白	伍長	戦死	沃溝郡会縣面金光里一〇二
		頭部貫通銃創	×	大山徳弘	父		沃溝郡会縣面金光里一〇二
一三六	歩兵一〇〇連隊	ビルマ、キニー高地	一九四五・〇三・〇八	岩村延述	伍長	戦死	高敞郡星内面山休里三七五
		腰部砲弾破片創	一九二二・〇五・〇五	岩村元國	父		高敞郡星内面山休里三七五
一三二	歩兵一〇〇連隊	ビルマ、カンダン	一九四五・〇三・一四	徳川元紀	伍長	戦死	高敞郡星内面新星里二六二
		胸部貫通銃創	一九二一・〇六・一二	徳川舜烈	祖父		高敞郡星内面新星里二六二
一三三	歩兵一〇〇連隊	ビルマ、メイクテーラ	一九四五・〇三・二二	安田哲煥	伍長	戦死	高敞郡茂長面江南里
		頭部砲弾破片創	一九二三・一〇・〇四	安田東×	父		高敞郡茂長面江南里
一三四	歩兵一〇〇連隊	ビルマ、カンギー	一九四五・〇三・二三	羅本承×	伍長	戦死	高敞郡孔音面九岩里八八〇
		背部砲弾破片創	一九二二・〇九・〇九	羅本柄淳	父		高敞郡孔音面九岩里八八〇
一三五	歩兵一〇〇連隊	ビルマ、カンギー	一九四五・〇三・二三	朝本洋一	曹長	戦死	益山郡裡里邑右縣町三四九
		胸部榴弾破片創	一九二〇・一二・二〇	朝本一世	父		益山郡裡里邑右縣町三四九
一三〇	歩兵一〇〇連隊	ビルマ、メイクテーラ	一九四五・〇四・〇四	高山鳳相	兵長	戦死	高敞郡高敞面邑内里
		胸部砲弾破片創	一九二二・一一・二七	高山錫奎	父		高敞郡高敞面邑内里
一三七	歩兵一〇〇連隊	ビルマ、ダビエビン	一九四五・〇四・〇六	江本忠光	伍長	戦死	高敞郡海里面下連里七二
		両大腿部砲弾破片創	一九二二・一二・一二	江本来弘	父		高敞郡海里面下連里安子市
一三八	歩兵一〇〇連隊	ビルマ、リダン	一九四五・〇四・〇八	大本幸吉	伍長	戦死	益山郡裡里邑水町一―一〇五
		胸部砲弾破片創	一九二二・一一・二二	大本幸一	兄		益山郡裡里邑本町一―五七
一三九	歩兵一〇〇連隊	ビルマ、ヤメセン	一九四五・〇四・一八	河東十里	兵長	戦死	金堤郡狀梁面月昇里六二九
		右胸部貫通銃創	一九二〇・〇一・〇七	河東福花	母		金堤郡扶梁面金江里一三〇
一三一	歩兵一〇〇連隊	ビルマ、ピンマナ	一九四五・〇四・二〇	田原克喜	伍長	戦死	益山郡裡黒邑大正町七〇

		全身迫撃砲弾創	一九二三・〇六・一七	田原カツ	母		益山郡裡黒邑大正町七〇
二三五	歩兵一〇〇連隊	タイ、ソワ	一九四五・〇八・〇二	大倉廷憲	伍長	戦病死	沃溝郡玉山面堂北里八〇七
		マラリア	一九二〇・〇一・二一	大倉夢礼	妻		沃溝郡玉山面堂北里八〇七
四〇三	歩兵一〇六連隊	ビルマ、ダビエビン	一九四五・〇四・〇六	松山有明	伍長	戦死	沃溝郡沃溝面上坪里四六七
			一九一九・〇七・一二	松山世煥	兄		沃溝郡沃溝面上坪里四六七
二八〇	歩兵一〇六連隊	不詳	不詳	大山鐘黙	伍長	戦死	益山郡春浦面川西里六三
		—	一九二四・〇一・二五	大山左悦	父		益山郡春浦面川西里六三
二七五	歩兵一五三連隊	ビルマ、エナジャン県	一九四五・〇二・二四	李家柱	兵長	戦死	群山府江戸町二五
		全身投下爆弾創	一九二四・〇三・〇三	李淳一	父		群山府江戸町二五
二七八	歩兵一五三連隊	ビルマ、ミイランビヤ	一九四五・〇三・〇二	平林正光	兵長	戦死	全羅北道
		頭部貫通銃創	×	—			—
四二八	歩兵一五三連隊	ビルマ、パコック県	一九四五・〇三・一九	義本漢玉	兵長	戦死	鎮安郡馬霊面平地里八五八
		両大腿部砲弾破片創	一九二三・〇九・二〇	義本在鎬	父		—
二七三	歩兵一五三連隊	ビルマ、レッセ	一九四五・〇三・二〇	松田永燮	兵長	戦死	全州府完山町四六六−一
		頭部砲弾破片創	一九二五・〇四・一九	松田東日	叔父		全州府本町一−一四〇
二七四	歩兵一五三連隊	ビルマ、レッセ	一九四五・〇三・二一	梁川大作	伍長	戦死	金堤郡竹山面竹山里五六〇
		頭部砲弾破片創	一九二三・〇一・二〇	梁川桂花	母		金堤郡竹山面竹山里五六〇
四〇一	歩兵一五三連隊	ビルマ、エナジャン県	一九四五・〇四・二一	安家泰封	兵長	戦死	井邑郡泰仁面弓田里二〇八
			一九二五・〇九・〇一	安家奉光	父		井邑郡泰仁面弓田里二〇八
四三六	歩兵一五三連隊	不詳	一九四五・〇五・一四	崔原覧実	一等兵	戦死	金堤郡進鳳面浄塘里七六三
			一九二四・〇二・二〇	崔原玉順			金堤郡進鳳面浄塘里七六三
二七六	歩兵一五三連隊	ビルマ、バアン一〇七兵病	一九四五・〇六・二九	河田布雄	伍長	戦病死	全州府老松町五六−二
		マラリア	一九二五・一〇・一〇	河田純正	父		全州府老松町五六−二
四〇九	歩兵一五三連隊	ビルマ	一九四五・〇七・二三	金井秀幸	兵長	戦死	扶安郡東津面鳳凰堂三二四
			一九二五・〇一・二六	金井湧弘	父		扶安郡東津面鳳凰堂三二四
四〇八	歩兵一五三連隊	ビルマ	一九四五・〇七・二五	金村文應	兵長	戦死	長水郡天川面南陽里五四六
			一九二五・〇九・二八	金村斉家	父		長水郡天川面南陽里五四六
四〇〇	歩兵一五三連隊	ビルマ、シッタン河	一九四五・〇七・二五	柳良燮	兵長	戦死	高敞郡心夭面月山里七二九
			一九二五・〇一・〇一	柳興大	父		高敞郡心夭面月山里七二九
三九九	歩兵一五三連隊	ビルマ、トングー	一九四五・〇七・二六	通山正太郎	伍長	戦死	金堤郡金溝面金溝里
			一九二五・〇七・二五	通山秀雄	父		金堤郡金溝面金溝里
四一八	歩兵一五三連隊	ビルマ、	一九四五・〇八・一四	金子南植	伍長	戦死	沃溝郡翠里一二八二
			一九二三・〇六・一四	金子賀蔵	父		沃溝郡翠里一二八二
二七七	歩兵一五三連隊	ビルマ、ウエガレ一〇六兵病	一九四六・〇三・〇八	山本富造	伍長	戦病死	沃溝郡沃溝面壽山里九九
		マラリア	一九二四・〇二・一〇	山本福同	父		沃溝郡沃溝面壽山里九九

四四〇	歩兵一六八連隊	ビルマ、メークテラー 胸部砲弾破片創	一九四五・〇四・〇五 一九二三・〇一・一九	金本泰京 金本妙秀	伍長 妻	戦死	茂朱郡赤裳面斜川里六九七 ー
四四五	歩兵一六八連隊	不詳	一九四五・〇四・二〇 一九二一・〇九・一六	新田清荘 新田伻三	軍曹 父	戦死	全州府本町三全州専売寮 全州府本町三全州専売寮
二三七	歩兵二三一連隊	湖北省警備隊 マラリア・大腸炎	一九四五・〇二・一七 一九二四・〇二・一二	苑山鐘夏 苑山昌面	上等兵 父	戦死	益山郡五山面松鶴里七六一
二三八	歩兵二三一連隊	湖北省雲夢県	一九四五・〇二・一七 一九二四・〇五・二〇	朴本光成 ー	上等兵 ー	戦死	錦山郡南一面馬壮里一〇八 ー
二七九	歩兵二三八連隊	ニューギニア、セピックブーツ	一九四四・〇六・〇二 ×	吉村文秀 吉村宋玉	上等兵 父	戦死	完州郡伊西面南渓里九九 完州郡伊西面南渓里九九
四四七	歩兵二三八連隊	ニューギニア	一九四四・〇七・一三 ×	金原在珠 金原鳳學	上等兵 父	戦死	完州郡伊西面南渓里九九 完州郡伊西面南渓里九九
四二三	歩兵二三九連隊	不詳	一九四四・〇四・一四 ×	金陵守彦 ー	兵長 ー	戦死	井邑郡梨坪面斗里六二八 ー
三〇一	歩兵三六六連隊	三江省チャバチー 頭部貫通銃創	一九四五・〇九・一二 一九二四・〇三・一八	金谷敏光 金谷宗洙	兵長 父	戦死	井邑郡梨坪面丹也里六 井邑郡梨坪面丹也里六
三〇四	歩兵四三〇連隊	全羅南道	一九四五・〇八・〇五 ×	山村×祥 山村聖郷	上等兵 父	不慮死	沃溝郡大野面地境里八二九 沃溝郡大野面地境里八二九
二八二	マレー俘虜収容所	スマトラ島	一九四四・〇六・二六 ×	古城　満 古城清子	軍属 妻	戦死	全州府大和町一九三 京畿道京城府外興稜町一〇七
二八三	マレー俘虜収容所	スマトラ島	一九四四・〇六・二六 ×	富永相亀 富永元鳳	軍属 ー	戦死	群山府東栄町イー一二 ー
二八四	マレー俘虜収容所	スマトラ島	一九四四・〇六・二六 ×	松原官作 松原永鎮	軍属 ー	戦死	南原郡山内面徳洞里三八七 南原郡山内面徳洞里三八七
二八五	マレー俘虜収容所	スマトラ島	一九四四・〇六・二六 ×	江村圭仙 江村星影	軍属 ー	戦死	金堤郡鳳山面貢興里四五 群山府栄町一ー二二
二九五	マレー俘虜収容所	スマトラ島サバン	一九四五・一〇・一三 一九二二・〇三・〇五	藤村明奎 朴　哲	軍属 叔父	戦病死	井邑郡浄雨面長鶴里 井邑郡浄雨面長鶴里
一五九	野戦高射砲五八大隊	コロンバンカラ島 全身爆創	一九四三・〇九・一一 ×	森町英世 森町幸子	伍長 妻	戦死	益山郡咸羅面金城里五八〇 益山郡咸羅面金城里五八〇
一六〇	野戦高射砲五八大隊	コロンバンカラ島 全身爆創	一九四三・〇九・一一 ×	崔山秉宮 崔山漢洪	兵長 父	戦死	金堤郡進圓面淨×里一二三 金堤郡進圓面淨×里一二三
二八六	野戦高射砲五八大隊	ニューブリテン島ラバウル 細菌性赤痢	一九四四・〇五・一三 一九二三・〇六・一五	金澤麗石 金澤姓女	伍長 ー	戦病死	長水郡長水面長水里一八一 長水郡長水面長水里一八一
一五五	野戦高射砲五八大隊	ソロモン、ボーゲンビル島	一九四三・一一・二二	西原安彦	伍長	戦死	益山郡春浦面龍溯里七九六

一五六		全身投下爆弾弾傷	一九二一・〇二・二五	西原好亮	父		益山郡春浦面龍測里七九六
	野戦高射砲五八大隊	ソロモン、マイカ	一九四四・〇五・二〇	大城廷植	伍長	戦死	完州郡兀耳面桂谷里六〇
		全身投下爆弾弾傷	一九二一・一一・〇三	大城廷奉	兄		完州郡兀耳面桂谷里六〇
一五二	野砲二六連隊	ニューギニア、エリマ	一九四三・一二・一六	國本福龍	上等兵	戦死	淳昌郡亀林面九曲里九八
			×	國本玉男	妻		淳昌郡淳昌面長徳里一四六
一五〇	野砲二六連隊	ニューギニア、カブトモン	一九四四・〇一・二七	金光一雄	上等兵	戦死	扶安郡茁浦面牡洞里三八八
			×	金光正姫	母		扶安郡茁浦面牡洞里三八八
一四八	野砲二六連隊	ニューギニア、カブトモン	一九四四・〇一・二九	河石勇雄	上等兵	戦死	井邑郡新泰仁面九石里六六
		右肩脚部貫通銃創	×	河石×秀	父		井邑郡新泰仁面九石里六六
一四七	野砲二六連隊	ニューギニア、フロトウ	一九四四・〇二・〇五	平山栄三	兵長	戦死	鎮安郡宋川面牛陽里四〇五
		胸部貫通銃創	×	平山芙蓉	妻		鎮安郡宋川面牛陽里四〇五
四一四	野砲二六連隊	ニューギニア、マルジップ	一九四四・〇五・一五	高山喜一郎	一等兵	戦病死	長水郡大川面南陽里九七九
		大腸炎	×	高山圓進	父		全羅南道全州府老松町二八九
一四一	野砲二六連隊	ニューギニア、ゼルエン	一九四四・〇七・一一	重光一鐘	上等兵	戦死	長水郡長水面長水里二三二
		腹部爆弾破片創	×	鄭元喆	父		長水郡長水面長水里二三二
一三六	野砲二六連隊	ニューギニア、アファ	一九四四・〇八・〇二	桜島廷俊	一等兵	戦死	淳昌郡豊山面斗升里六一八
		頭部砲弾破片創	×	桜島用良	父		—
一三九	野砲二六連隊	ニューギニア、ダンダセ	一九四四・〇八・一〇	忠本炳周	兵長	戦死	淳昌郡豊山面閑内里
		頭部貫通爆弾破片創	×	忠本文三	父		淳昌郡豊山面閑内里
一五一	野砲二六連隊	ニューギニア、ダンダヤ	一九四四・〇八・一〇	金原璟默	兵長	戦死	淳昌郡豊山面半月里五五二
		頭部貫通爆弾破片創	×	金原東吉	父		淳昌郡豊山面半月里五五二
一四五	野砲二六連隊	ニューギニア、バロン	一九四四・〇八・二五	平山鉉石	兵長	戦死	長水郡長水面斗山里一七〇
		胸部貫通銃創	×	平山徳煥	父		長水郡長水面斗山里一七〇
一三八	野砲二六連隊	ニューギニア、マルジップ	一九四四・〇八・二九	梁川東一	兵長	戦死	益山郡裡里邑旭町二六二
		腹部貫通銃創	×	梁川海俊	父		益山郡裡里邑旭町二六二
一一	野砲二六連隊	ニューギニア、ブーツ	一九四二・〇九・〇七	武本忠一	上等兵	戦死	淳昌郡福興面東山里
			×	武本重雄	父		淳昌郡福興面東山里
一四六	野砲二六連隊	ニューギニア、ブーソ	一九四四・一二・二一	岩村博人	兵長	戦死	扶安郡扶寧面東中里三七五
			×	岩村哲夫	父		扶安郡扶寧面東中里三七五
一四二	野砲二六連隊	ニューギニア、ダクア	一九四五・〇二・一〇	重光泳燁	兵長	戦死	扶安郡扶寧面西外里三〇〇
			×	重光仁錫	父		扶安郡扶寧面西外里三〇〇
三八九	野砲二六連隊	ニューギニア、ダクア	一九四五・〇三・一四	菊地充郎	兵長	戦死	南原郡南原邑東忠里
			×	菊地ハル子	妻		—
一四四	野砲二六連隊	ニューギニア、リオ	一九四五・〇四・一〇	清原康雄	伍長	戦死	任實郡任實面城街里三三八
			×	清原信幸	父		任實郡任實面城街里三三八

番号	部隊	場所・死因	死亡日・生年月日	氏名	階級・続柄	区分	本籍・住所
一四九	野砲二六連隊	ニューギニア、ベナイタム 胸部貫通銃創	一九四五・〇六・一〇 ×	金本請紀 金本龍宮	伍長 父	戦死	金堤郡萬頃面夢山里六三八 金堤郡萬頃面夢山里六三八
八四	野砲二六連隊	ニューギニア、バナイタム 腹部貫通銃創	一九四五・〇六・一〇 ×	和本成徳 松本義順	兵長 妻	戦死	扶安郡東立面長登里一六二 扶安郡東立面長登里一六二
一三七	野砲二六連隊	ニューギニア、バナイタム 腹部貫通銃創	一九四五・〇六・一〇 ×	山本忠南 山本春吉	兵長 兄	戦死	高敞郡新林面碧松里 高敞郡新林面碧松里
一四三	野砲二六連隊	ニューギニア、ヤミル 腹部盲管銃創	一九四五・〇六・一五 ×	木村正太郎 木村茂行	兵長 父	戦死	鎮安郡馬礼面平地里七七四 鎮安郡馬礼面平地里七七四
一四〇	野砲二六連隊	ニューギニア、ヤミル 頭部盲管銃創	一九四五・〇六・一五 ×	芳金重根 芳金泰奎	兵長 父	戦死	扶安郡下西面堰×里四二〇 扶安郡下西面堰×里四二〇
二六	野砲三〇連隊	ミンダナオ島ダバオ 頭部砲弾破片創	一九四五・〇八・一〇 ×	玉田一換 玉田洙三	兵長 父	戦死	井邑郡古阜面徳安里五三 井邑郡古阜面徳安里五三
三四〇	野砲三〇連隊	ミンダナオ島マライバライ 全身砲弾創	一九四五・〇五・二〇 一九二二・〇一・〇六	金原幸雄 金原芳一	伍長 父	戦死	群山府開福町二－一六 群山府開福町二－一六
一六一	二航空軍司令部	竜江省白城子陸病 肺結核・腹膜炎	一九四五・〇五・二七 一九二一・〇四・一六	金本英雄 金本容男	技手 父	戦病死	全州府老松町一－一－一 全州府老松町一－一－一
二〇九	二軍野戦貨物廠	セレベス島 マラリア	一九四四・一一・一一 一九二四・〇一・二一	良元完吉 良元一×	雇員 父	戦死	南原郡南原邑×橋里×× 南原郡南原邑×橋里××
二五〇	五方面軍司令部	N五一・二三E一五五 海没（大平丸）	一九四四・〇七・〇九 ×	松平民植 松平民治	雇員 ―	戦死	高敞郡星松面鴻陽里 新潟県中魚沼郡上野村
二五一	五方面軍司令部	N五一・二三E一五五 海没（大平丸）	一九四四・〇七・〇九 ×	劉桂順 劉桂喆	雇員 弟	戦死	沃溝郡羅浦面富谷里 沃溝郡羅浦面富谷里
二五二	五方面軍司令部	N五一・二三E一五五 海没（大平丸）	一九四四・〇七・〇九 ×	白川興越 白川興創	雇員 兄	戦死	任實郡雲岩面金基里一五七 任實郡雲岩面金基里一五七
二五三	五方面軍司令部	N五一・二三E一五五 海没（大平丸）	一九四四・〇七・〇九 ×	古木大理 古木在順	雇員 父	戦死	井邑郡古阜面富浦里六七八 井邑郡古阜面富浦里六七八
二六〇	五野戦船舶廠	ルソン島イボ	一九四五・〇七・〇五 ×	魯川須淳 魯川朱文	軍曹 母	戦死	群山府東栄町 群山府東栄町
二六一	五野戦船舶廠	ルソン島イボ	一九四五・〇七・〇五 ×	杉本謙吉 杉本順成	軍曹 妻	戦死	群山府開福町二 群山府開福町二
二一〇	五船舶×セブス	セブ島	一九四五・〇八・二七 ×	李元同来 李元元洙	傭人 父	戦死	沃溝郡聖山面屯徳里一六二 沃溝郡聖山面屯徳里一六二
二九七	七野戦航空修理廠	ネグロス島マンダラ山 マラリア	一九四五・〇六・二五 ×	宮本南鐸 宮本京順	雇員 母	戦病死	錦山郡錦山邑桂珍里三一九 錦山郡錦山邑桂珍里三一九
三一	一二野戦気象隊	ニューギニア	一九四四・一一・一一	林山丙勳	雇員	戦死	茂朱郡茂朱面邑内里

			×	林山丙文	父		茂朱郡茂朱面邑内里
三〇二	一四師団管理部	パラオ島一二三兵站病院	一九四五・〇八・〇三	松村奉俊	傭人	戦病死	任實郡街屯南面下四九
			×	松村龍萬	父		任實郡街屯南面下四九
三三九	一四師団経理部	パラオ島一四師野戦病院	一九四五・〇七・一二	金河次龍	傭人	戦病死	井邑郡梨坪面馬項里四四二
			×	金河×學	父		井邑郡梨坪面馬項里四四二
四〇四	一四方面軍野戦貨物廠	ルソン島バギオ	一九四五・〇四・二五	鄭仁煥	嘱託	戦死	全州府翠山町三二一
			×	鄭昌逑	父		全州府翠山町三二一
二〇八	二〇師団司令部	ニューギニア、タブレン	一九四五・〇四・〇二	竹村×化	傭人	戦死	金城郡月待面新徳里乞村山
		腹部貫通銃創	×	竹村大鉉	父		―
三九	二〇師防疫給水隊	ニューギニア、バナム	一九四四・一〇・一五	岩本勝徳	上等兵	戦死	任實郡任實面城街智六四
			一九一三・〇四・一四	岩本清政	父		任實郡任實面城街智六四
二四三	二〇師防疫給水隊	ニューギニア、バナム	一九四四・〇八・〇七	光山泉石	上等兵	戦死	益山郡金馬面東古都里
			一九二三・〇六・一九	光山五福	父		益山郡金馬面東古都里
三〇三	二五軍司令部	スマトラ島パレンバン	一九四五・〇七・三一	金川東起	雇員	戦病死	全州府曙街イ―八八
		マラリア	一九二五・〇二・〇八	金川順金	妻		全州府曙街イ―八八
三二	二六野戦勤務隊	河南省	一九四五・〇五・一一	木村鉉奎	一等兵	戦死	井邑郡笠山巌面蓮月里四二一
		全身爆創	一九二四・〇二・二九	木村然任	妻		井邑郡笠山巌面蓮月里四二一
三三	二六野戦勤務隊	河南省	一九四五・〇五・三〇	安田達弘	上等兵	戦死	長水郡渓内面務巌里五二七
		頭部爆創	一九二三・一二・一九	安田仁順	妻		長水郡渓内面務巌里五二七
三五	二六野戦勤務隊	河南省	一九四五・〇五・三〇	林洛碩	上等兵	戦死	淳昌郡押等面外伊里四九三
		右胸部爆創	一九二四・〇一・二六	林粉女	妻		淳昌郡押等面外伊里四九三
三六	二六野戦勤務隊	河南省	一九四五・〇五・三〇	山本殷晟	上等兵	戦死	任實郡雲岩面芝川里二一七
		腹部・大腿部爆創	一九二四・〇八・二八	山本宗煥	父		任實郡雲岩面芝川里二一七
三四	二六野戦勤務隊	河南省	一九四五・〇五・三一	長本圭玉	上等兵	戦死	淳昌郡金果面×含里二五〇
		右下腿部爆創	一九二四・一一・〇三	長本 宗	妻		淳昌郡金果面×含里二五〇
三七	二六野戦勤務隊	河南省一八六兵病	一九四五・〇八・〇一	朴夭宅	上等兵	戦病死	錦山郡南一面皇鳳里一七七
		流行性脳脊髄膜炎	一九二四・〇三・二三	―			―
三四三	三〇師団衛生隊	レイテ島ビリヤバ	一九四五・〇一・一八	金子鶴柱	兵長	戦死	茂朱郡茂朱面洼玉里四五七
		全身爆弾創	×	金子順伊	妻		茂朱郡茂朱面洼玉里四五七
二五	三〇師団衛生隊	ミンダナオ島ピキウト	一九四五・〇三・一七	良村奎錫	兵長	戦死	淳昌郡亀林面亀山里六六八
		頭部貫通銃創		良村永礼	妻		淳昌郡亀林面亀山里六六八
三四一	三〇師団衛生隊	ミンダナオ島ウビアン	一九四五・〇四・二九	李山春雄	兵長	戦死	鎮安郡龍潭面月渓里
		頭部貫通銃創	×	李山昌柱	父		鎮安郡龍潭面月渓里
三四二	三〇師団衛生隊	ミンダナオ島コタバト	一九四五・〇八・二一	平山熺根	兵長	戦死	淳昌郡亀林面金昌里
		頭部貫通銃創	×	平山大均	父		淳昌郡亀林面金昌里

四一九	三〇師団衛生隊	五六移動病院	一九四五・〇九・二〇	仁田政雄	兵長	戦死	高敞郡大山面山亭里四〇九
			×	仁田花開	妻		高敞郡大山面山亭里四〇九
四五六	三二軍防衛築城隊	沖縄県真和志村	一九四五・〇五・一六	金村石千	雇員	戦死	錦山郡錦山邑中島里五三六
			一九二一・〇二・二八	金村石千（ママ）	父		―
四五二	三二軍防衛築城隊	沖縄県摩文仁村	一九四五・〇五・一八	豊田覧九	雇員	戦死	南原郡徳泉面新陽里四八三
			一九二一・〇九・二八	豊田東植	父		南原郡徳泉面新陽里四八三
一九四	三三師団司令部	シマム、一四八兵站病院	一九四六・〇三・〇二	金本在根	伍長	戦病死	南原郡明生面大松里
		マラリア	一九二〇・〇四・〇五	金本昌順	父		南原郡明生面大松里
四四一	三五軍一開拓勤務隊	ミンダナオ島ワロエ	一九四五・〇七・三〇	金原鐘学	兵長	戦死	茂朱郡安城面貢進里一五一九
			×	―			―
四四二	三五軍一開拓勤務隊	ミンダナオ島ワロエ	一九四五・〇七・三〇	清本大辰	兵長	戦死	茂朱郡富南面
			×	―			―
四六	三六野戦勤務隊	光州陸軍病院木浦	一九四五・〇八・〇八	金山鳳連	兵長	公病死	高敞郡富安面鳳岩里四三〇
		肺結核・脳膜炎	一九二四・〇四・一〇	―			―
四七	四一師団司令部	ニューギニア、アレキシス	一九四四・〇四・二九	金田　博	雇員	戦病死	錦山郡南二面里岩里
		マラリア	一九二一・〇一・一〇	金田錫才	父		錦山郡南二面里岩里
四八	四一師団司令部	ニューギニア、ムシュ島	一九四五・一一・二二	金本甲斗	雇員	戦死	益山郡五山面松鶴里
		大腸炎	一九二一・〇九・〇一	金本又徹	父		益山郡五山面松鶴里
二九八	四一歩兵団司令部	ホルランジャ・ソウヨ	一九四四・〇八・一〇	木谷赫吉	傭人	戦死	益山郡成羅面咸悦里
		マラリア	×	木谷多勝	父		益山郡成羅面咸悦里
四五七	四八碇司令部	不詳	一九四五・〇四・二九	金正玉	操機手	戦死	井邑郡笠巌面接芝里
			一九一四・一〇・一六	―			―
一五四	四九師団衛生隊	ビルマ、ギョクチャンギー	一九四五・〇四・一五	柳澤炳龍	伍長	戦死	完州郡両田面文亭里七五四
		脳損傷	一九二一・一二・〇三	柳沢致善	父		完州郡両田面文亭里七五四
一七八	四九師団衛生隊	ビルマ、アレイフ	一九四五・〇五・〇六	三井文雄	伍長	戦死	益山郡富川面新村里五八三
		右胸部機関砲弾創	×	三井吉平	父		益山郡富川面新村里五八三
一九二	四九師団衛生隊	ビルマ、ザロギ	一九四五・〇七・二四	木原照夫	伍長	戦死	沃溝郡瑞穂面瑞穂里一〇四二
		頭部機関砲弾貫通創	一九一九・一〇・一九	木原聖夫	弟		沃溝郡瑞穂面瑞穂里一〇四二
二四一	四九師団衛生隊	カムラン湾	一九四四・〇八・二一	金岡錫珠	兵長	戦死	井邑郡新泰仁邑陽杷里
			×	金岡仁洙	父		井邑郡新泰仁邑陽杷里
四〇七	七〇碇司令部	マラヤ、コタバル沖	一九四五・〇五・〇七	金本成順	軍属	戦死	淳昌郡雙置面金城里七四〇
			×	―			―
三五五	一一四飛行大隊	レイテ島ブラウエン	一九四二・一〇・二九	國本翼燮	軍曹	戦死	鎮安郡鎮安面郡上里八三八
			一九二一・一〇・〇二	國本宗業	父		鎮安郡鎮安面郡上里八三八
八	一三二師団工兵隊	湖南省	一九四五・〇九・二二	平山鎮尚	上等兵	戦死	金堤郡白鶴面嶺上里一六〇

			一九二四・〇一・〇五	平山福順	妻		金堤郡白鶴面嶺上里一六〇
四九	一三二師団輜重隊	湖北省一七八兵病	一九四五・一二・一七	松村鮮植	上等兵	戦死	井邑郡井川邑市基里三〇九
		マラリア	一九二四・〇七・〇五	松村泳鶴	父		井邑郡井川邑市基里三〇九
三九九	一五三連隊	ビルマ、トングー	一九四五・〇七・二六	通山正太郎	伍長	戦死	金堤郡金溝面金溝里
			一九二五・〇七・二五	通山秀雄	父		金堤郡金溝面金溝里
一二	一五四兵站病院	河北省	一九四五・〇七・二四	金澤聲玉	一等兵	戦死	群山府若松町二
			一九二四・〇九・二〇	金澤寧鳳	父		群山府五龍町八九六
四二三	不詳	山東省	一九四一・〇六・一四	神川昌錫	傭人	戦死	井邑郡泰仁面泰昌里二〇五
			一九一八・〇一・一二	神川聖仕	妻		井邑郡泰仁面泰昌里二〇五
四七〇	不詳	ルソン島ソルソゴン川	一九四三・〇五・一二	吉田於乙	水手	戦死	群山府泉町九九一
			一九〇九・〇九・二八	—			—
四二一	不詳	ビルマ二一師野病タテン	一九四四・〇三・〇一	北本周永	傭人	戦病死	全州府花園町五三
			×	北本一永	兄		全州府完山町二六四
四二〇	不詳	ビルマ二一師野病タテン	一九四四・〇三・二一	島一台秀	傭人	戦病死	益山郡黄澄面黄澄里九二八
			×	島一平男	父		益山郡黄澄面黄澄里五七〇
四五八	不詳	台北	一九四四・〇五・二七	福内廣吉	傭人	戦病死	完州府助村面待川里四六一
			×	福内良吉	兄		完州府助村面待川里四六一
四六六	不詳	山東省	一九四四・〇九・〇三	金城秀樹	伍長	戦死	益山郡五山面水萬里八七三
			×	—			—
四七二	不詳	硫黄島	一九四四・一二・〇二	加藤木讓	軍属	戦病死	長水郡長水面長水里
			×	加藤木艶子			—
四六七	不詳	不詳	一九四五・〇三・〇一	稲原正憲	上等兵	戦死	益山郡裡里邑南中町一〇二
			×	稲原朝子	妻		益山郡裡里邑南中町一〇二
四一〇	不詳	石川県江沼郡篠原養療所	一九四五・〇九・〇五	金本在洪	伍長	戦病死	淳昌郡金果面青龍里
			×	金本永信	父		淳昌郡金果面青龍里
二八一	不詳	不詳	不詳	河本奎煥	一等兵	不詳	井邑郡北面新平里
			×	河本順福	妻		—
二九〇	不詳	不詳	不詳	廣田哲夫	軍属	不詳	金堤郡龍地面亀岩里三四三
			×	廣田瑞五	父		金堤郡龍地面亀岩里三四三
二九一	不詳	不詳	不詳	岩本相玉	不詳	不詳	井邑郡井州邑水城里六六五
			×	岩本喜正	父		—
二九二	不詳	不詳	不詳	松本吉三郎	軍属	不詳	完州郡伊西面金坪里一四二
			×	豊原判男	伯父		完州郡伊西面金坪里一四二
二九三	不詳	不詳	不詳	木村敬泰	不詳	不詳	群山郡昭和通三－三九
			×	木村達雄			平安南道平壌×町五〇

二九四

不詳

不詳

不詳
×

金重治郎
金重福枝

不詳
母

不詳

完州郡伊西面銀橋里一四四
全州府本町四－一八

原簿番号	所属	死亡場所 死亡事由	死亡年月日 生年月日	創氏名・姓名 親権者	階級 関係	死亡区分	本籍地 親権者住所
四九八	関東軍司令部	間島省延吉陸病	一九四五・〇一・〇九 一九一九・一一・二一	中本時雄 ―	軍属	病死	大邱府池山洞三七〇 ―
九三一	関東軍野戦自動車廠	関東軍野自廠	一九四四・〇七・二九 一九二六・〇三・二六	禹大鳳 禹萬出	雇員 ―	公務死	慶州郡内南面飛只里一二二五 東満総省牡丹江市掖河区大直街
九九四	関東軍経理部	満州四平 ワイル氏病	一九四四・〇八・〇五 ×	金山五鎮 金山慶業	軍属 妻	戦病死	安東郡吉安面古蘭洞二五九 安東郡吉安面古蘭洞二五九
九九七	関東軍経理部	大連陸軍病院	一九四四・一〇・一五 一九二二・〇三・〇一	林培根 ―	消防夫 ―	戦病死	尚州郡尚州邑×山里三八 上海市×路島一五
一〇〇二	関東軍経理部	不詳	一九四四・一一・二六 一九二〇・〇五・〇四	櫻井和男 櫻井君子	雇員 妻	戦病死	青松郡縣西面和睦洞一二五 哈爾浜市南嵐区南西道町二二
一〇一六	海上挺身一一戦隊	ルソン島タガイタイ	一九四五・〇五・一〇 一九二五・〇五・二五	石原栄次郎 石原慶太郎	軍属 父	戦死	迎日郡清河面下大里一二八 滋賀県滋賀郡堅田町〇九
一	海上挺身三〇連隊	ミンダナオ島サンタマリア	一九四五・〇三・二六 一九二七・〇七・〇五	岩本典久 岩本明久	軍曹 兄	戦死	醴泉郡慶州邑城川乾里二七 醴泉郡慶州邑城川乾里二七
五九二	海上輸送二大隊	ニューギニア、ンコーシン	一九四四・〇七・二〇 一九〇六・〇八・一七	金海方萬 ―	雇員	戦死	迎日郡大松面松亭里 ―
六二二	海上輸送二大隊	ニューギニア、カワレパ マラリア、脚気	一九四四・〇八・〇一 一九一九・〇六・一〇	海呉徳逑 海呉千玉	工員 父	戦病死	迎日郡浦項邑友南洞三四三 迎日郡浦項邑友南洞三四三
四九五	海上輸送二大隊	小笠原諸島智島	一九四四・〇八・〇四 一九二八・〇五・二五	松原正泰 ―	司厨員	戦死	星州郡草田面大鐘里五二〇 ―
五九一	海上輸送二大隊	ニューギニア、フール	一九四四・〇八・〇七 一九一三・〇一・三〇	金山和春 ―	機関員	戦死	盈徳郡安山面景河里一九 ―
七七三	海上輸送二大隊	ニューギニア、パテミナプアン	一九四四・〇八・二一 一九〇八・〇八・一〇	金平吉平 金本徳願	雇員 父	戦死	大邱府新町二八九 ―
八九一	海上輸送二大隊	ニューギニア、コール	一九四四・〇八・一五 ×	金海海晋 ―	雇員	戦死	迎日郡九浦邑 ―
四九四	海上輸送二大隊	S六・七 E一二七・二 全身投下爆弾破片創	一九四四・一二・二〇 一九二〇・〇五・一〇	金吉猛雄 金吉福松	操機手 兄	戦死	慶州郡州邑西部里一〇四 福岡県戸畑市日鉄戸畑作業場電気科
五八九	海上輸送二大隊	ニューギニア、オンブレ島 腹部・右足貫通銃創	一九四四・一二・二四 一九〇二・〇三・〇四	安田由松 倉田善平	雇員 ―	戦死	迎日郡只杏面山西里 福岡県若松市元海岸通三
七七二	海上輸送二大隊	ニューギニア、ソロン マラリア	一九四五・〇二・〇七 ×	金丸嘉市 金丸イサノ	雇員 妻	戦病死	盈徳郡盈徳面大天洞二五五 長崎市×佐野三一七七

九八二	海上輸送二大隊	セブ島ポンタ	一九四五・〇四・二八 一九二〇・〇三・二九	姜仁錫 —	操機手	戦死	迎日郡東海面馬山洞一七五 和歌山県法大和町一五五三
七五五	海上輸送四大隊	ニューギニア、ホンランシャ	一九四四・〇四・二〇 一九〇五・〇六・二〇	英木守萬 英木いね	操機手 —	戦死	達城郡瑜珈面陰洞三九五 茨城県鹿島郡波崎町西仲島町九三二
五四六	海上輸送八大隊	セブ島・六米海丸	一九四五・〇一・二四 一九一七・〇八・二八	松原能浮 松原居士	機関員 母	戦死	盈徳郡柄谷面町牙谷洞一二八 盈徳郡柄谷面町牙谷洞一二八
五四七	海上輸送八大隊	セブ島・三正宝丸	一九四五・〇六・二〇 一九〇八・一〇・〇八	金山龍秀 —	甲板員	戦死	迎日郡東海面林谷里二三二 —
六六四	海上輸送八大隊	セブ島ポンタ	一九四五・〇四・二八 一九一四・一二・一五	高山永出 青木半蔵	甲板員	戦死	迎日郡興海面江洞一五三二 徳島県徳島市中昭和町一ノ一二
八九九	海上輸送九大隊	ルソン島マニラ	一九四五・〇二・二二 一九二五・一〇・二二	廣山昌根 廣山幸市	軍属 父	戦死	高霊郡茶山面蘆谷一〇七七 門司市大里町西八坂町一丁目
九〇〇	海上輸送九大隊	ルソン島マニラ	一九四五・〇二・二二 ×	金原烔樂 金原ヨシエ	軍属 妻	戦死	慶州郡陽北面龍洞里一五八一 三重県西牟婁郡木本町一丁目
九〇二	海上輸送一〇大隊	ルソン島マニラ	一九四五・〇三・一五 一九二六・〇一・〇七	金國出 宝谷光夫	軍属 船主	戦死	慶州郡内東面晋門里 兵庫県津名郡浦村一〇三一
四五五	滑空一連隊	台湾沖	一九四四・一二・一九 一九二四・〇一・一〇	石原相源 石原錬柱	不詳 父	戦死	星州郡船南面文方洞六〇四 星州郡船南面文方洞六〇四
五四	騎兵五連隊	河北省	一九四三・一〇・一二 ×	菅城鐘徳 菅城尚均	雇員 父	戦死	善山郡玉城面注兒洞三二四 善山郡玉城面注兒洞三二四
九二四	騎兵一一旅機関銃隊	中華民国	一九三九・〇八・〇八 一九一六・〇二・一二	朴英鎮 島田大鎮	軍属 戸主	戦死	醴泉郡龍地面大渚洞二五七 京都市右京区嵯峨北堀町四
三五八	騎兵四九連隊	ビルマ、ピンマン 頭部貫通銃創	一九四五・〇四・〇八 一九二一・〇四・一一	川本盛一 川本伝信	兵長 父	戦死	大邱府新岩洞一二二九 大邱府七星町六一七
一〇六七	京城師区三補充隊	台湾高雄沖	一九四五・〇一・〇九 一九二四・〇三・一四	大原琫錫 大原在弘	上等兵 父	戦死	慶山郡南川面松柏洞七二一 慶山郡南川面松柏洞七二一
一〇七〇	京城師区三補充隊	台湾高雄沖	一九四五・〇一・〇九 一九二三・一二・〇二	江本盛九 —	上等兵	戦死	善山郡山東面桃山洞一二四〇 —
九二一	京城師区三補充隊	小倉陸病別府分院 肺結核	一九四五・〇一・二八 一九二三・一〇・〇二	大林海盛 —	軍属	戦病死	奉化郡乃城面海底里 —
四八	京城師区三補充隊	大邱陸軍病院	一九四五・〇二・一六 一九二三・一二・〇七	沖原毅夫 沖原澄子	一等兵 妻	公病死	達城郡玄風面元山洞八八二ー五 東京都本所区堅川町二ー一九
四九	京城師区三補充隊	大邱陸軍病院	一九四五・〇七・一八 一九二四・〇三・二五	清原康美 清原繁夫	一等兵 父	公病死	栄州郡長壽面葛山里一七七 栄州郡長壽面葛山里一七七
四三三	京城師区輜重補充隊	京城陸軍病院	一九四五・〇四・〇七	大山鎮祐	一等兵	戦死	大邱府山格洞八九八

		流行性脳脊髄膜炎	一九二四・〇一・二〇	大山錫衛	兄		大邱府山格洞八九八
五七四	飛行二戦隊	沖縄	一九四五・〇四・〇六	戸山秀雄	中尉	戦死	金泉郡甘文面九野洞三六八
			×	戸山壽弘	父		金泉郡甘文面九野洞三六八
九六八	高射砲一三一連隊	不詳	一九四五・〇二・一四	松山武二	一等兵	平病死	尚州郡尚州邑武陽町二二七
			×	—			—
五七五	飛行二戦隊	ルソン島クラーク飛行場	一九四五・〇一・〇三	宮本錫洪	曹長	戦死	高灵郡関津面新安洞一五八
			一九二四・一二・〇二	宮本在基	父		高灵郡関津面新安洞一五八
七二七	工兵二〇連隊	ニューギニア	一九四四・〇二・二八	長谷川昌翼	上等兵	戦死	醴泉郡南浦面黄山里三三七
		マラリア・大腸炎	×	長谷川星五	兄		醴泉郡南浦面黄山里三三七
七二八	工兵二〇連隊	ニューギニア、ウウェワク	一九四四・〇五・一一	山本和平	上等兵	戦死	安東郡北後面道林洞七五一
		マラリア・大腸炎	×	山本輝雄	父		安東郡北後面道林洞七五一
七二六	工兵二〇連隊	ニューギニア、アレキラス	一九四四・〇五・一二	金城達俊	上等兵	戦病死	迎日郡浦項邑大島洞四四八
		マラリア・大腸炎	一九二五・〇一・二二	金城道光	父		迎日郡浦項邑蔓山町八四－六
八一一	工兵二〇連隊	ニューギニア、ソナム	一九四四・〇八・一一	井上三康	兵長	戦死	青松郡青松面釜谷洞三九八
			×	井上永基	祖父		青松郡青松面釜谷洞三九八
八七〇	工兵二〇連隊	ニューギニア、ブナギ	一九四四・一〇・〇二	柳川寅藏	兵長	戦死	漆谷郡倭館面倭館洞二五〇
			×	柳川南純	父		漆谷郡倭館面倭館洞二五〇
八八二	工兵四九連隊	ビルマ、サダン	一九四五・〇四・〇八	岩本達鎬	伍長	戦死	達城郡求智面加川洞三九七
			一九二四・一二・〇四	在用	父		神戸市須磨区西代字小池内一七
五一八	山砲二五連隊	台湾安平沖	一九四五・〇一・〇九	白石雲錫	兵長	戦死	盈徳郡盈徳面大灘洞三三
		溺水	一九二二・〇二・一四	白石九完	父		盈徳郡盈徳面大灘洞三三
五一九／八九四	山砲二五連隊	台湾安平沖	一九四五・〇一・〇九	坡戸瑞法	上等兵	戦死	盈徳郡達山面梅日洞二一（一〇一）
		溺水	一九二五・〇九・一九	坡戸錫教	父		盈徳郡遠山面梅月洞二一
六三六	山砲二五連隊	ルソン島セルバンテス	一九四五・〇六・一四	原川晃一	兵長	戦死	尚州郡×東面柳谷里一〇一四
		腰部貫通銃創	一九二二・〇五・一五	原川貞子	母		尚州郡×東面柳谷里一〇一四
六三七	山砲二五連隊	ルソン島バクロガン	一九四五・〇八・〇七	岩本鐕浩	伍長	戦死	迎日郡九龍浦邑九龍浦里二八六
		腰部砲弾破片創	一九二一・一二・〇一	岩本學南	父		迎日郡九龍浦邑九龍浦里二八六
五五一	山砲二五連隊	ルソン島タクボ	一九四五・〇五・二〇	新井沂魯	兵長	戦死	慶山郡珍良面良基洞一五九
		N二・四E一二一四・五	一九二〇・〇九・〇五	新井昌洙	父		慶山郡珍良面良基洞一五九
六六一	山砲二五連隊	ルソン島タクボ	一九四五・〇五・二〇	松岡聖徳	兵長	戦死	盈徳郡柄谷面柄谷洞一六七
		腰部貫通銃創	一九二六・〇五・〇五	松岡良蔵	父		盈徳郡柄谷面柄谷洞一六七
六〇八	山砲四九連隊	カムラン湾沖	一九四四・〇八・二一	金山明本	伍長	戦死	尚州郡青里面三槐里一九六
			一九二〇・〇四・二七	金山振作	父		尚州郡青里面三槐里一九六
六二五	山砲四九連隊	比島マニラ西南海域	一九四四・一〇・一八	吉村重業	兵長	戦死	迎日郡竹長面立石里六七
		海没	一九二二・〇五・一六	吉村大駿	父		迎日郡竹長面立石里六七

六二六	山砲四九連隊	比島マニラ西南海域 海没	一九四四・一〇・一八 一九二五・〇一・〇五	山田長平 山田春郎	上等兵 父	戦死	迎日郡浦項邑初音町五九二 迎日郡浦項邑初音町六四八
六二七	山砲四九連隊	比島マニラ西南海域 海没	一九四四・一〇・一八 一九二二・〇九・三〇	沃野達錫 沃野萬須	伍長 ―	戦死	聞慶郡山陽面存道里 聞慶郡山陽面存道里
六二八	山砲四九連隊	ビルマ、シッタン河	一九四五・〇七・二三 一九二一・〇二・〇八	米田文一 米田定茂	伍長 父	戦死	醴泉郡甘泉面大麦洞五九二 醴泉郡甘泉面大麦洞五九二
九一七	新京憲兵隊	吉林省	一九三八・〇六・一三 ×	李載雨 金分禮	兵長 母	戦死	盈徳郡柄谷面柄谷洞 盈徳郡柄谷面柄谷洞
六二九	ジャワ俘虜収容所	スマトラ島	一九四四・〇九・一四 ×	金山長平 金山振有	傭人 父	戦死	尚州郡青里面三槐里一九六 尚州郡青里面三槐里一九六
九七三	ジャワ俘虜収容所	スマトラ島	一九四四・〇九・一八 一九一三・〇七・二二	多村學基 多村点姫	傭人 妻	戦死	醴泉郡醴泉邑清福洞八一二 醴泉郡醴泉邑清福洞八一二
八八六	ジャワ俘虜収容所	スマトラ島	一九四四・〇九・一九 ×	泉元用淳 ―	兵長	戦死	尚州郡功城面玉山洞 ―
四五一	ジャワ俘虜収容所	南方軍二陸軍病院	一九四五・〇七・一一 一九一四・一二・一一	横田時伯 横田壬戌	傭人 兄	戦病死	慶州郡西面阿火里一一二六 慶州郡西面阿火里一一二六
九七四	ジャワ俘虜収容所		一九四六・〇三・二三 ×	竹本渭俊 竹本成文	傭人 妻	平病死	醴泉郡醴泉邑通明洞二〇六 醴泉郡虎鳴梧川里一三四
八八七	ジャワ俘虜収容所	バタビア、チビアン刑務所	一九四六・一二・二三 ×	朴薫根 朴重浩	兵長 父	病死	大邱府三笠町五 ―
六四	輜重一九連隊	ルソン島カロット 頭部砲弾破片創	一九四五・〇三・三〇 一九一三・一一・一〇	橋爪宗人 橋爪治子	曹長 妻	戦死	大邱府錦町二丁目二一八 大邱府錦町二丁目二一八
七二一	輜重二〇連隊	ニューギニア、一一一兵病 マラリア	一九四三・〇八・一七 ×	平澤庚錫 平澤涯錡	上等兵 父	戦病死	青松郡青松面金谷洞七〇二 青松郡青松面金谷洞七〇二
七二〇	輜重二〇連隊	ニューギニア、カルキシス 爆弾破片創	一九四三・〇九・〇一 ×	水原占出 水原億萬	兵長 父	戦死	金泉郡牙浦面礼洞二八二 金泉郡牙浦面礼洞二八二
一〇四四	輜重二〇連隊	ニューギニア、ラリアタ	一九四三・一〇・一五 一九二一・〇五・〇二	永川増作 永川道分	兵長 ―	戦死	清道郡清道邑巨淵洞八〇七 清道郡清道邑巨淵洞八〇七
七〇〇	輜重二〇連隊	ニューギニア、ダンイエ マラリア・脚気	一九四四・〇八・一三 一九二二・一〇・〇一	柳一栄 柳泰祚	兵長 兄	戦病死	善山郡桃開面新林洞四七二 善山郡桃開面新林洞四七二
七〇六	輜重二〇連隊	ニューギニア、カブトモン 全身爆創	一九四四・〇二・〇二 ×	檜原仁政 檜原岩順	上等兵 妻	戦死	尚州郡外南面攸坪里七八三 尚州郡外南面攸坪里七八三
七〇九	輜重二〇連隊	ニューギニア、カブトモン 全身爆創	一九四四・〇二・〇二 ×	夏山大鉉 夏山欽煥	上等兵 祖父	戦死	漆谷郡若木面竹田洞四〇三三 漆谷郡若木面竹田洞四〇三三
一〇三八	輜重二〇連隊	ニューギニア	一九四四・〇二・〇二	松原仁政	上等兵	戦死	尚州郡外南面欣坪里七八三

			×	—			—
七〇七	輜重二〇連隊	ニューギニア、マシャヨシヤ	一九四四・〇四・一一	大野永述	上等兵	戦病死	迎日郡近日面島川洞九四一
		脚気	×	大野賛伊	父		迎日郡近日面島川洞九四一
七〇八	輜重二〇連隊	ニューギニア、マシャヨシヤ	一九四四・〇四・一二	南　極	上等兵	戦病死	栄州郡文殊面萬芳里一八一
		脚気	×	南木蘭	妻		迎日郡浦項邑杵島洞
七一七	輜重二〇連隊	ニューギニア、ザルップ	一九四四・〇六・一〇	松原清秀	兵長	戦死	漆谷郡枝川面蓮湖洞一二七
		右大腿爆弾破片創		松原順徳	妻		漆谷郡枝川面蓮湖洞一二七
七一一	輜重二〇連隊	ニューギニア、ウウェワク	一九四四・〇六・一二	徳原正秀	上等兵	戦病死	尚州郡青里面徳山里二八三
		マラリア・熱帯熱	×	徳原景心	母		尚州郡青里面徳山里二八三
七〇二	輜重二〇連隊	ニューギニア、サルップ	一九四四・〇六・一九	金本廣沢	兵長	戦病死	迎日郡杞渓面九上日洞一四八
		マラリア・急性大腸炎	一九二一・〇四・一一	金本璣澤	兄		迎日郡杞渓面九上日洞一四八
七一五	輜重二〇連隊	ニューギニア、マルジップ	一九四四・〇八・二三	金子忠義	伍長	戦病死	永川郡古鏡面道岩洞四九
		マラリア	一九二一・一〇・〇四	金子花杏	母		永川郡古鏡面道岩洞四九
七〇三	輜重二〇連隊	ニューギニア、サルップ	一九四四・〇九・〇二	成田正男	伍長	戦病死	金泉郡知礼西面校里五四八
		マラリア・脚気・熱帯熱	一九二二・〇五・一五	成田　實	父		金泉郡知礼西面校里五四八
七〇四	輜重二〇連隊	ニューギニア、サルップ	一九四四・〇九・〇二	喜島龍九	兵長	戦病死	慶山郡瓦村面隈陽洞四八二
		脚気	一九一七・一一・〇三	喜島英澤	父		慶山郡瓦村面隈陽洞四八二
七一八	輜重二〇連隊	ニューギニア、ソナム	一九四四・〇九・二〇	新井明夫	兵長	戦死	義城郡佳音面縣里洞
		左腰部機関砲破片	×	新井在鳳	父		義城郡佳音面縣里洞
七一九	輜重二〇連隊	ニューギニア、リニホク	一九四四・一〇・三〇	松山聖鎬	伍長	戦病死	高霊郡雲水面鳳坪里九〇八
		脚気	×	松山達慶	父		高霊郡雲水面鳳坪里九〇八
七一〇	輜重二〇連隊	ニューギニア、バロン	一九四四・一一・一六	柳清次郎	兵長	戦病死	善山郡亀尾面沙谷洞三一九三
		脚気・大腸炎	×	柳志元	父		善山郡亀尾面沙谷洞三一九三
七一四	輜重二〇連隊	ニューギニア、バロン	一九四四・一二・一三	青山幸弘	兵長	戦病死	盈徳郡江口面江口洞三四五
		脚気・マラリア	一九二二・〇三・〇五	青山芳雨	兄		盈徳郡江口面江口洞三四五
七一六	輜重二〇連隊	ニューギニア、ボイキン	一九四五・〇一・一〇	金林英吉	伍長	戦病死	大邱府本町一丁目三二
		脚気	一九二一・〇六・〇九	金林泰化	妻		咸鏡南道永興郡徳興面白北里一一四
七一二	輜重二〇連隊	ニューギニア、バロン	一九四五・〇一・二六	長島武雄	伍長	戦病死	善山郡亀尾面大坪洞八四〇
		脚気・マラリア	一九二一・〇五・二八	長島正通	父		善山郡亀尾面大坪洞八四〇
七一三	輜重二〇連隊	ニューギニア、カボエビス	一九四五・〇五・二八	石川丙洙	兵長	戦死	安東郡安東邑桜町四五五
		全身爆創	一九二三・〇二・一六	石川七里	父		安東郡安東邑桜町四五五
八七一	輜重二〇連隊	ニューギニア、ウルプ	一九四五・〇六・一四	星山判鳳	伍長	戦死	星州郡伽泉面倉井洞五三四
			×	星山徳明	父		星州郡伽泉面倉泉洞五五一
七〇五	輜重二〇連隊	ニューギニア、ブキナル	一九四五・〇八・一八	松本昌浩	兵長	戦死	尚州郡青里面遠墻里八〇九
		腹部貫通銃創	×	松本粉逑	妻		尚州郡青里面遠墻里八〇九

番号	部隊	死亡場所・死因	死亡年月日／生年月日	氏名／関係者氏名	階級／関係	区分	本籍地／関係者住所
七〇一	輜重二〇連隊	ニューギニア、クレン 脚気	一九四五・〇九・一六 一九二二・〇五・〇四	金原勇夫 金原道植	兵長 父	戦病死	英陽郡立岩面信邱洞二三四 英陽郡立岩面信邱洞二三四
九六九	輜重四四連隊	大阪陸軍病院 細菌性赤痢	一九四四・一一・二二 一九二三・一二・一二	杉山永大 杉山碩烈	一等兵 母	平病死	尚州郡尚州邑新鳳里三〇四 聞慶郡山北面大北里
二七四	輜重四九連隊	ニューギニア、ヤカムル	一九四四・〇七・〇一 ×	豊武元圭 豊武仁順	伍長 妻	戦死	醴泉郡知保面連圧里一一六 ｜
二七三	輜重四九連隊	仏印カムラン湾沖	一九四四・〇八・二一 一九一八・〇三・一六	光島一夫 光島武容	兵長 父	戦死	栄州郡豊基面城内洞一〇八 栄州郡豊基面城内洞一〇八
五五八	輜重四九連隊	カムラン湾	一九四四・〇八・二一 ×	大浦茂木 大浦渭南	伍長 妻	戦死	栄州郡内山面屏山里九八一 栄州郡内山面屏山里九八一
五五九	輜重四九連隊	カムラン湾	一九四四・〇八・二一 一九二一・〇二・二八	安藤仁植 安藤正熙	上等兵 妻	戦死	醴泉郡豊穣面興川里二八〇 醴泉郡醴泉面路下洞
五六〇	輜重四九連隊	カムラン湾	一九四四・〇八・二一 一九二〇・〇二・一五	金城聖済 金城太定	上等兵 父	戦死	慶州郡外東面鹿洞里四九六 慶州郡外東面鹿洞里四九六
五六一	輜重四九連隊	カムラン湾	一九四四・〇八・二一 一九二〇・〇二・〇八	吉本光成 吉本漢河	上等兵 兄	戦死	尚州郡青里面信川里五七九 尚州郡青里面信川里五七九
五五七	輜重四九連隊	ビルマ、パンチ 左大腿部貫通銃創	一九四五・〇四・〇三 一九二四・一〇・一二	新木茂光 新木千一	伍長 父	戦死	盈徳郡寧海面城内洞七三一 盈徳郡寧海面城内洞七三一
二七六	輜重四九連隊	ニューギニア、フィンシ 全身爆創	一九四三・一一・一六 ×	斉藤平富 ｜	伍長	戦死	達城郡河×面武等洞一三八三 達城郡河×面武等洞一三八三
八八一	輜重四九連隊	ビルマ、ペイヨウ	一九四五・〇五・〇四 一九二二・〇八・一一	宮本 明 宮本徳市	伍長 父	戦死	清道郡清道面霊山洞八六八 三重県北牟婁郡長島町旭四六
一〇〇一	支那派遣軍総司令部	湖北省漢口二陸病 腸チフス	一九四一・一〇・一三 一九二〇・〇八・〇一	清瀬啓正 清瀬 通	雇員 父	戦病死	清道郡華陽面合川洞七六 清道郡華陽面合川洞七六
	支那駐屯独歩二連隊	湖北省	一九四四・一二・二〇	松山丙祚 松山徳礼	上等兵 母	戦病死	南原郡己梅面大栗里四一〇 ｜
二	水上勤務五九中隊	ニューギニア、ブーツ	一九四四・〇五・二九 一九二一・一二・二六	梅元炳煥 梅元朱己	上等兵 妻	戦死	醴泉郡柳川面梅山洞 醴泉郡柳川面梅山洞
三	水上勤務五九中隊	ニューギニア、ブーツ	一九四四・〇五・二九 一九二一・一二・二七	烏川三教 烏川 仁	上等兵 兄	戦死	漆谷郡仁同面亀浦洞 漆谷郡仁同面亀浦洞
一〇	水上勤務五九中隊	ニューギニア、ブーツ	一九四四・〇五・二九 一九二〇・一一・〇八	桂田茂勲 桂田富源	上等兵 父	戦死	盈徳郡盈徳面南山洞 盈徳郡盈徳面南山洞
二五	水上勤務五九中隊	ニューギニア、ブーツ	一九四四・〇五・二九 一九二〇・〇五・〇三	長田吉宗 長田京一	上等兵 父	戦死	金泉郡甘文面三盛洞 金泉郡甘文面三盛洞
二〇	水上勤務五九中隊	ニューギニア、ブーツ	一九四四・〇六・二七	坂本一俊	上等兵	戦死	高霊郡運水面×坪洞

		胸部貫通銃創	一九二三・〇六・〇三	坂本旦任	母		高霊郡運水面×坪洞
四	水上勤務五九中隊	ニューギニア、パラム	一九四四・〇七・二七	梅田春光	上等兵	戦死	達城郡嘉昌面玉盆洞
			一九二一・〇四・二九	梅田基煥	父		達城郡嘉昌面玉盆洞
六	水上勤務五九中隊	ニューギニア	一九四四・〇八・〇五	大山亨翼	上等兵	戦死	慶州郡江南面安康里
			一九二二・〇二・一八	大山次英	母		慶州郡江南面安康里
三六	水上勤務五九中隊	ニューギニア、サルプ	一九四四・〇八・〇九	南清土	上等兵	戦死	盈徳郡瓦山面釜谷里
		頭部貫通銃創	一九二〇・〇一・一九	南龍達	父		盈徳郡瓦山面釜谷里
七	水上勤務五九中隊	ニューギニア、パラム	一九四四・〇八・一三	興本在哲	上等兵	戦死	英陽郡×比面水下洞
			一九二一・〇二・二三	興本鳳出	父		英陽郡×比面水下洞
一一	水上勤務五九中隊	ニューギニア、サルプ	一九四四・〇八・一四	金山龍根	上等兵	戦死	金泉郡金泉邑三楽洞
			×	金山武用	父		金泉郡金泉邑三楽洞
三一	水上勤務五九中隊	ニューギニア、パラム	一九四四・〇八・二〇	村田光政	上等兵	戦死	金泉郡鳳山面仁義洞
			一九一九・〇八・〇一	村田豊富	父		金泉郡鳳山面仁義洞
四三	水上勤務五九中隊	ニューギニア、パラム	一九四四・〇八・二五	任那正光	上等兵	戦死	大邱府徳山町二九〇
			一九二一・〇七・一一	任那朋代	母		大邱府大鳳町六〇六
一四	水上勤務五九中隊	ニューギニア、パラム	一九四四・〇九・〇四	金岡永基	上等兵	戦死	青松郡縣西面元山洞
			一九二三・〇二・一六	金岡達淵	父		安東郡安東邑八鉉町二─一一三
八	水上勤務五九中隊	ニューギニア、パラム	一九四四・〇九・〇八	大島晋軾	上等兵	戦死	迎日郡竹長面梅硯里
			×	大島秀煌	父		迎日郡竹長面梅硯里
一二	水上勤務五九中隊	ニューギニア、パラム	一九四四・〇九・一〇	金本元善	上等兵	戦死	盈徳郡柄谷面柄谷洞
			一九二三・〇八・二四	金本基洙	父		盈徳郡柄谷面柄谷洞
二八	水上勤務五九中隊	ニューギニア、パラム	一九四四・〇九・一五	林成學	兵長	戦死	醴泉郡下里面格洞
			一九二二・〇三・一六	林晩春	父		醴泉郡下里面格洞
五	水上勤務五九中隊	ニューギニア	一九四四・〇九・一六	海元紘夫	上等兵	戦死	奉化郡及城面浦底里
			一九一九・〇六・二四	海原和子	妻		安東郡安東邑本二─二〇四
一三	水上勤務五九中隊	ニューギニア、ソナム	一九四四・〇九・二〇	金山基洪	上等兵	戦死	尚州郡功城面金渓里
			一九二〇・〇八・二三	金山容玉	父		尚州郡功城面金渓里
二九	水上勤務五九中隊	ニューギニア、パラム	一九四四・〇九・二八	平治武憲	上等兵	戦死	青松郡青松面月春洞
			一九一九・〇五・二七	平治隆太郎	兄		青松郡安徳面紙所洞
三四	水上勤務五九中隊	ニューギニア、パラム	一九四四・〇九・二八	山村武信	上等兵	戦死	慶山郡孤山面佳川洞
			一九二二・〇八・〇八	山村清幸	父		慶山郡孤山面佳川洞
三五	水上勤務五九中隊	ニューギニア、ソナム	一九四四・一〇・〇三	吉田博一	上等兵	戦死	大邱府鳳徳洞五〇四
			×	吉田富江	母		大邱府鳳徳洞五〇四
二一	水上勤務五九中隊	ニューギニア、パラム	一九四四・一〇・〇四	大徐潤洙	上等兵	戦死	迎日郡東海面光坊洞
			一九二三・一二・〇四	大徐鋰洙	兄		迎日郡東海面光坊洞

番号	部隊	死亡場所・原因	年月日	氏名	階級・続柄	区分	本籍・住所
二七	水上勤務五九中隊	ニューギニア、ウマネープ マラリア	一九四四・一〇・二三 一九二〇・〇一・一三	永井壽千 永井幸伊	上等兵 母	戦病死	青松郡縣西面九山洞 青松郡縣西面九山洞
三二	水上勤務五九中隊	ニューギニア、ソナム	一九四四・一〇・二五 一九二一・〇一・一九	森山鐘得 森山敬述	上等兵 父	戦死	善山郡海平面五相洞 善山郡海平面五相洞
二二	水上勤務五九中隊	ニューギニア、パラム	一九四四・一〇・二八 一九一九・一〇・一五	高山亀岩 高山泰岩	兵長 父	戦死	醴泉郡虎鳴面稷山里 醴泉郡虎鳴面稷山里
二六	水上勤務五九中隊	ニューギニア、パラム	一九四四・一〇・三一 一九二一・〇五・〇五	長城輝旭 長城廣吉	兵長 兄	戦死	盈徳郡盈徳面南石洞 盈徳郡盈徳面南石洞
二四	水上勤務五九中隊	ニューギニア、ブーツ	一九四四・一一・一一 一九二二・〇四・一二	徳川俊泰 徳川敏善	兵長 兄	戦死	漆谷郡倭館面洛山里 漆谷郡倭館面洛山里
三〇	水上勤務五九中隊	ニューギニア、パラム	一九四四・一一・二五 一九二一・一一・一九	星本相振 星本豊潤	兵長 父	戦死	達城郡論工面下洞 達城郡論工面下洞
九	水上勤務五九中隊	ニューギニア、パラム	一九四四・一二・二二 一九二一・〇二・〇八	太山海津 太山鐘徳	兵長 兄	戦死	尚州郡尚州邑花山里 尚州郡尚州邑花山里
二三	水上勤務五九中隊	ニューギニア、ソナム	一九四四・一二・二三 一九二二・〇六・一〇	高田國男 高田憲治	上等兵 兄	戦死	聞慶郡山陽面薪田里 聞慶郡山陽面薪田里
一九	水上勤務五九中隊	ニューギニア、パラム	一九四四・一二・二八 一九二一・〇八・一三	國本源韶 國本仲来	上等兵 母	戦死	漆谷郡仁洞面黄桑洞 漆谷郡仁洞面黄桑洞
一八	水上勤務五九中隊	ニューギニア、ウマネープ 頭部貫通銃創	一九四五・〇三・一三 一九二一・〇六・二〇	金海鐘弼 金海永浩	兵長 父	戦死	高霊郡雙村面龍洞 高霊郡雙村面龍洞
一六	水上勤務五九中隊	ニューギニア、ソナム	一九四五・〇二・二七 一九二一・〇九・二七	金河華盛 金河義東	上等兵 父	戦死	安東郡安東邑法尚町三三六三 安東郡安東邑法尚町三三六三
三三	水上勤務五九中隊	ニューギニア、パラム	一九四五・〇三・一四 一九二二・〇四・二二	元川廣吉 元川東奎	兵長 父	戦死	慶州郡江西面根渓里 慶州郡江西面根渓里
一五	水上勤務五九中隊	ニューギニア、オクナール	一九四五・〇三・〇七 一九一九・〇七・二五	金陵鍾大 金陵在粉	兵長 妻	戦死	尚州郡銀尺面鳳忠里 尚州郡銀尺面鳳忠里
一七	水上勤務五九中隊	ニューギニア、ライフ	一九四五・〇三・二〇 一九二一・〇八・〇六	金岡顕祐 金岡桂植	兵長 父	戦死	漆谷郡若木面興洞 漆谷郡若木面福星里三三五
二三四	水上勤務五九中隊	ニューギニア、マグヘン 全身爆創	一九四五・〇六・一〇 一九一九・〇二・一四	平本炳武 ―	兵長	戦死	青松郡青松面月松洞 ―
二三五	戦車三師団防空隊	河南省 マラリア	一九四四・一二・一八 ×	三井順慶 三井文燮	一等兵 父	戦病死	尚州郡利安面小岩里三〇八 尚州郡利安面小岩里三〇八
二三三	戦車三師団防空隊	河南省 頭部貫通銃創	一九四五・〇四・〇四 一九二四・〇七・二八	金城安彦 金城粉星	上等兵 妻	戦死	醴泉郡羅井仙由宇旺新洞二〇七 醴泉郡羅井仙由宇旺新洞二〇七
二二四	戦車三師団防空隊	河南省	一九四五・〇五・一六	豊川勝昌	兵長	戦死	漆谷郡漆谷面鶴亭里一三〇

			一九二四・〇一・二八	豊川石伊	妻		漆谷郡漆谷面鶴亭里一三〇
二二二	戦車三師団防空隊	河南省	一九四五・〇七・二一	岩本鐘河	兵長	戦死	慶山郡龍城面松林洞四九一
		頭・脚部貫通銃創	一九二三・一二・二八	岩本必道	妻		釜山市凡一町一四八〇
二三七	前方軍総司令部	ルソン島マニラ沖	一九四四・一〇・一八	宮田文龍	上等兵	戦死	尚州郡青里面馬孔里七三二
			一九一八・〇一・〇三	宮田應逑	父		尚州郡青里面馬孔里七三二
九三	前方軍測量司令部	N一四・三E一一九・三九	一九四四・一〇・一八	林繁三郎	傭人	戦死	聞慶郡聞慶面下里三六
			×	林清一	父		忠清北道忠州邑龍山里五八九－三
五九三	捜索一九連隊	ルソン島	一九四五・〇七・二〇	石原命出	伍長	戦死	盈徳郡盈徳面南石洞四一
			一九二二・〇四・二四	石原方南	父		盈徳郡盈徳面南石洞四一
四三四	捜索一〇連隊補充隊	台湾高雄沖	一九四五・〇一・〇九	林昌圭	一等兵	戦死	奉化郡物野面格鹿里一六九
			一九二四・〇七・一五	林基純	父		奉化郡物野面格鹿里一六九
四三五	捜索一〇連隊補充隊	台湾高雄沖	一九四五・〇一・〇九	神田武雄	一等兵	戦死	義城郡義城邑候竹洞七一二
			一九二三・一〇・二九	神田熙伯	父		熊本県荒尾市木島区二八〇〇
四三六	捜索一〇連隊補充隊	台湾高雄沖	一九四五・〇一・〇九	金谷斗重	一等兵	戦死	迎日郡興海面薬城洞二〇四
			一九二三・〇五・〇五	金谷乃守	父		迎日郡興海面薬城洞一九九
四三七	捜索一〇連隊補充隊	台湾高雄沖	一九四五・〇一・〇九	荘田尚燮	一等兵	戦死	栄州郡豊基面城内洞五四
			一九二四・〇四・二〇	荘田義燮	父		栄州郡豊基面城内洞五四
四三八	捜索一〇連隊補充隊	台湾高雄沖	一九四五・〇一・〇九	碧山基顥	一等兵	戦死	永川郡紫陽面聖谷洞九三三
			一九二四・一二・〇二	碧山決魯	祖父		永川郡紫陽面聖谷洞九三三
四三九	捜索一〇連隊補充隊	台湾高雄沖	一九四五・〇一・〇九	林培根	一等兵	戦死	高霊郡星山面茂渓洞三二一
			一九二四・一〇・一一	林三錫	父		高霊郡星山面茂渓洞三二一
四四〇	捜索一〇連隊補充隊	台湾高雄沖	一九四五・〇一・〇九	星山明政	一等兵	戦死	義城郡義城邑元堂洞三八
			一九二四・〇六・二五	星山相一	父		義城郡義城邑元堂洞三八
四四一	捜索二〇連隊補充隊	台湾高雄沖	一九四五・〇一・〇九	金井錫玄	一等兵	戦死	鬱陵島西面台霞洞二〇三
			一九二四・〇八・〇七	金井圭祥	父		鬱陵島西面台霞洞二〇三
四四二	捜索二〇連隊補充隊	台湾高雄沖	一九四五・〇一・〇九	金澤鐘溢	一等兵	戦死	盈徳郡南亭面長沙洞二八五
			一九二四・一一・〇七	金澤武學	父		盈徳郡南亭面長沙洞二八五
四四三	捜索二〇連隊補充隊	台湾高雄沖	一九四五・〇一・〇九	武本亀錫	一等兵	戦死	英陽郡石保面宅田洞三七〇
			一九二四・一二・一七	武本載實	父		英陽郡石保面宅田洞三七〇
四四四	捜索二〇連隊補充隊	台湾高雄沖	一九四五・〇一・〇九	邵城×熙	一等兵	戦死	達城郡公山面西辺洞一〇九〇－二
			一九二三・一二・二七	邵城瓚熙	兄		大邱府新宮洞一一一八
四四五	捜索二〇連隊補充隊	台湾高雄沖	一九四五・〇一・〇九	中村壽福	一等兵	戦死	安東郡臨東面中平洞六一三
			一九二四・〇八・二四	中村行伊	母		安東郡臨東面中平洞六一三
四四六	捜索二〇連隊補充隊	台湾高雄沖	一九四五・〇一・〇九	海原鐘善	一等兵	戦死	金泉郡開寧面大児洞一一二五
			一九二四・一〇・一二	海原春吉	父		金泉郡金泉邑南町

四四七	捜索二〇連隊補充隊	台湾高雄沖	一九四五・〇一・〇九 一九二四・〇二・二五	安本文宣 安本柄國	一等兵 父	戦死	善山郡亀尾面元坪洞 善山郡亀尾面元坪洞
七七八	捜査一一九連隊	下関市	一九四四・〇一・一八 一九一二・〇二・〇二	鄭昌永 鄭連中	軍属 妻	不慮死	迎日郡九龍浦邑長吉里一三一 迎日郡九龍浦邑長吉里一三一
二六〇	捜査一一九連隊	興安省	一九四五・〇五・二七 一九二四・〇八・二〇	金本泰化 金本達斗	二等兵 父	死亡	迎日郡浦項邑東浜町二－一七八 吉林省江北区東雲町哈達湾七
七八七	光州丸	ボルネオ方面	一九三六・〇九・〇四 ×	吉本茂雄 吉本信雄	機関員 兄	戦死	大邱府南山町一二九－一 大邱府鳳山洞三五－一
七六一	神栄丸	ミンダナオ島	一九四二・〇六・〇七 一八八九・〇二・二九	石川幸次郎 石川暢男	調理手 長男	戦死	英陽郡青杞面青杞洞五九四 英陽郡青杞面青杞洞五九四
七七四／九〇八	帝洋丸・南洋丸	S六・五六E一四八・八	一九四三・〇三・〇三 一九二一・〇三・一五	呉義徳 呉文淑	機関員 父	戦死	達城郡玉浦面本里洞八九四 岐阜県支岐郡泉町久尻明治町
七七六	太明丸	S六・五六E一四八・八	一九四三・〇三・〇三 ×	姜暎熙 姜潤馨	機関員 父	戦死	漆谷郡枝川面新旧三区一四三 －
七六八	明海丸	N一三・一〇E一二一・五〇	一九四三・〇五・一五 一九〇六・〇四・二九	金井命述 金井顯甲	操舵手 －	戦死	青松郡己川面新基洞三六七 青松郡己川面新基洞三六七
九五二	甲南丸	不詳	一九四三・〇六・一三 一九二三・一一・二三	吉田昭一	機関員 －	戦死	義城郡鳳陽面花田里一〇三 －
七七〇／九二〇	漢国丸	ニューギニア、ウウェワク	一九四三・〇九・〇二 ×	金哲浩（義則） 金井　磯	操舵手 母	戦死	大邱府達城町二五四 大邱府大鳳町
七八一	天海丸	ニューギニア	一九四三・〇九・〇五 一九二二・〇七・一五	平田相俊 平田道石	機関員 母	戦死	盈徳郡柄谷面揮里洞 盈徳郡柄谷面揮里洞
七六四	漢国丸	N三七・一〇E一二九・三〇	一九四三・一〇・〇六 一九二五・〇五・〇六	内田鐘黙 内田尚祚	機関員 父	戦死	清道郡伊西面大洞六三八 清道郡伊西面大洞六三八
七八六	漢江丸	E一二九・三〇N三七・一〇	一九四三・一〇・〇六 一九二四・〇九・〇九	安原泰直 内田重鉱	機関員見 父	戦死	善山郡玉城面豊所洞六〇四 善山郡玉城面豊所洞六〇四
七七一	漢国丸	江原道	一九四三・一〇・〇六 一九二五・〇三・一一	金谷玉水	司厨員 父	戦死	尚州郡利佐九面中村里八五 尚州郡利佐九面中村里八五
一〇一	愛媛丸	土佐沖	一九四三・一一・〇二 ×	徳松三智明	機関員 父	戦死	聞慶郡山陽面仏岩里二〇八 聞慶郡山陽面仏岩里二〇八
三五六	八幡丸	土佐沖	一九四三・一一・〇二 一九二四・一〇・〇三	綾川完會 綾川健三郎	機関員 兄	戦死	迎日郡公山面東辺洞三一一 迎日郡公山面東辺洞三一一
七六七	船舶輸送司令部	ニューギニア、ゲンブナン湾	一九四三・一二・〇四 ×	金本泰鶴 金本鐘元	軍属 父	戦死	迎日郡滄州面九龍浦邑龍雲町 迎日郡滄州面九龍浦邑龍雲町
七七八	船舶輸送司令部	下関市	一九四四・〇一・一八	鄭昌永	軍属	不慮死	迎日郡九龍浦邑長吉里一三一

			一九一二・〇二・〇二	鄭連中	父		迎日郡九龍浦邑長吉里一三一
九二六	兵庫丸	不詳	一九四四・〇一・二七	金玄慶	軍属	戦死	醴泉郡龍宮面佳野里四九一
			一九一二・〇四・〇七				
一一二	リヨ丸	N三〇・八E一二九・三五	一九四四・〇二・〇八	平山虎達	機関員	戦死	青松郡邑川面中坪里一八八
		海没	一九一一・一〇・二六	平山容洙	父		青松郡邑川面中坪里一八八
九五	昭浦丸	南支那海	一九四四・〇二・一九	松本尚文	機関員	戦死	金泉郡方浦面義洞一〇八九
			一九二〇・〇八・一四	—			—
六〇〇	辰菊丸	ビスマルク諸島	一九四四・〇二・一九	徳原新吉	軍属	戦死	金泉郡亀城面末坪里六四三
			一九二二・一二・〇七	徳原態憲			金泉郡亀城面末坪里六四三
一一〇	崎戸丸	不詳	一九四四・〇三・〇一	松田基澤	機関員	戦死	青松郡邑川面徳川洞一七二
		海没	一九二四・〇七・〇一	柳川曽望			東京都小石川区豊川町柳川方
七九八	華陽丸	サイパン島	一九四四・〇三・〇三	金本聖七	軍属	戦死	迎日郡杞渓面仁庇洞一三三
			一九一七・〇四・〇六	—			山口県玖珂郡日宇町柏原
七八八	光州丸	ニューギニア、デムタ沖	一九四四・〇三・一三	余炳目	軍属	戦死	安東郡安東邑本町三丁目
			一八七七・〇五・一六	余炳目（ママ）	母		安東郡安東邑本町三丁目
五四四	八雲丸	ニューギニア	一九四四・〇三・一九	井上喜作	不詳	戦死	金泉郡禦海面徳馬洞一一四六
			×	井上日金	父		神戸市灘区都通三丁目一二九
五四二	大永丸	ニューギニア	一九四四・〇三・一九	高山福洋	軍属	戦死	慶州郡内南面伊助里四九一
			一八九八・〇三・〇五	久保田シズエ			大阪市港区八幡屋宝田一三丁目三四―五
九八三	北秦丸 爆撃破片創	パラオ港内	一九四四・〇三・三〇	呉鶴伊	甲板員	戦死	迎日郡只杏面鶴谷野七一三
			一九一九・〇九・一三	—			兵庫県川辺区園田村上坂郡赤壁方
一一五	松丸	ビルマ	一九四四・〇四・〇三	金井達春	傭人	戦死	迎日郡松羅面草津里
			×	金井存浩	父		迎日郡松羅面草津里
二四四	二船舶輸司令部	湖北省武文	一九四四・〇四・〇五	松田龍浩	操機手	戦死	慶州郡甘浦邑典村里一三
			一九一三・〇一・一〇	—			—
六一七	水戸丸	S二・二五E一二七・二四	一九四四・〇四・一六	石原大用	機関員	戦死	醴泉郡和保面道庄里三七八
			一九二二・〇七・二五	石原大只			醴泉郡和保面道庄里三七八
七八〇	柏丸	台湾	一九四四・〇四・二五	梁川英雄	機関員	戦死	金泉郡太徳面外甘里八〇八
			×	—			—
一〇四	一吉田丸	南支那海	一九四四・〇四・二〇	島津世煥	機関員	戦死	星州郡珍雲面亭洞一三六
			一九二三・〇六・一六	島津錫祥			京都府久世郡御牧村表畑六
七五六	良知丸	スラバヤ沖	一九四四・〇五・二四	山本泰述	甲板員	戦死	達城郡瑜珈面木末洞六四七
			一九二五・〇五・三一	—			門司市×××一三一三
五四五	高岡丸	N一八・四〇E四〇・三八	一九四四・〇六・〇五	高山在億	軍属	戦死	星川郡月恒面仁村洞一八五
			×	李順伊	祖母		福岡県門司市松江町恒見蓮在　屋

五六九	大丸	中部太平洋	一九四四・〇六・〇七	新井斗満	軍属	戦死	迎日郡九龍浦邑邱坪里一五六
			一九一六・〇七・一二	新井相基	妻		迎日郡九龍浦邑邱坪里一五六
一〇三	船舶輸送司令部	フィリピン、パナイ島	一九四四・〇六・二一	金田福生	軍属	戦死	迎日郡裡項邑上島洞二四二
			一九一三・一〇・一九	金本相宗	義弟		迎日郡裡項邑上島洞二四二
八八八	四船舶輸送司令部	ビスマルク諸島ラバウル	一九四四・〇七・一三	金山豊昌	不詳	戦死	達城郡城西面邑山洞九
			×	金山ミサタ	妻		福岡市姪浜町三二五九
八九七	四船舶輸送司令部	ビスマルク諸島ラバウル	一九四四・〇七・一五	岩本七萬	軍属	戦死	迎日郡松羅面×津里
			一九〇六・〇五・〇五	岩本古順	妻		—
一〇五	祥山丸	南支那海	一九四四・〇七・一七	金本彰塾	機関員	戦死	慶州郡江西面揚月里
			一九二〇・〇二・一八	金本炳燮	父		慶州郡江西面根湊里
五六四	祥山丸	N一八・五〇E一一九・四三	一九四四・〇七・一七	新井　昇	軍属	戦死	慶山郡孤山面願面洞一〇五
			一九二九・一二・〇六	新井鶴丸			大阪市東淀区川島一町一二九七
六一五	祥山丸	N一八・五〇E一一九・四三	一九四四・〇七・一七	廣島竹松	操機長	戦死	連城郡公山面坪公里
			一八九四・〇八・二七	廣島順子	妻		—
七六〇	帝竜丸	南支那海	一九四四・〇七・一九	天野賢錫	機関員見	戦死	金泉郡鳳山面禮智洞五一五
			一九二六・〇九・二一	天野用速			—
一一四	木曽丸	ビルマ、ダボイ沖	一九四四・〇七・二三	金山鏡宣	軍属	戦死	迎日郡九龍浦邑河亭里三区
			×	金山學樓			迎日郡九龍浦邑河亭里三区
五六八	船舶輸送司令部	バタン諸島	一九四四・〇七・二四	斗山大熙	軍属	戦死	慶州郡甘浦邑家各×
			×	斗山斗在	兄		慶州郡甘浦邑家各×
一〇八	高松丸	サブタン島	一九四四・〇七・二四	光田大熙	甲板長	戦死	慶州郡甘浦邑台本里一五二
			×	光田斗在			慶州郡甘浦邑台本里一五二
七五九	光州丸	ボルネオ方面	一九四四・〇八・〇四	新井義家	機関員	戦死	金泉郡金泉邑文唐洞三二八
			一九二五・〇七・〇八	新井千順	父		金泉郡金泉邑文唐洞三二八
七六九	光州丸	ボルネオ方面	一九四四・〇八・〇四	金村宇晄	甲板員見	戦死	迎日郡松羅面光川里二五四
			一九二四・〇二・〇三	金村光寧	父		迎日郡松羅面光川里二五四
一〇六	徳祐山丸	ハルマヘラ島	一九四四・〇八・〇九	金永學権	軍属	戦死	義城郡北安面現山洞六七六
			一九二五・〇九・一〇	金永武雄	父		義城郡北安面現山洞六七六
七七七	徳祐山丸	ハルマヘラ島	一九四四・〇八・〇九	城山海潤	操機手	戦死	善山郡長川面石陽洞九六三
			一九二五・〇三・二八	—			—
五六三	玉津丸	比島方面	一九四四・〇八・一九	清本炳雨	調理員	戦死	高灵郡雲水面花岩洞三〇八
			一九二九・一〇・〇八	清本宗仁	兄		広島県呉市宮原通二丁目
四六五	太加丸	ニューギニア、サルミ	一九四四・〇八・二三	金田駿泰	上等兵	戦病死	聞慶郡山北面大下里四七九
		マラリア	一九二三・〇一・二九	金田鐘武	父		聞慶郡山北面大下里四七九
九六	昭浦丸	沖縄方面	一九四四・〇八・二七	林奉絡	軍属	戦死	金泉郡曽山面黄天洞八四〇

			×	ー			金泉郡曽山面柳城里
九九六	興順丸	沖縄方面	一九四四・〇八・二七	林奉出	甲板員	戦死	金泉郡甑山面夢占里四四
			一九一一・〇六・〇三	ー			ー
九九	栄新丸	N一〇・四一 E一二四・一	一九四四・〇九・〇二	星田廣明	副×手	戦死	星州郡草田面七仙洞一四六
			一九二五・〇九・一八	星田逑			星州郡草田面七仙洞一四六
六九七	六東海丸	フィリピン・リャンガー	一九四四・〇九・〇九	仁澤潤澤	機関長	戦死	慶州郡甘浦邑甘浦里五〇四
			一九〇八・〇九・二三	仁澤又華	妻		慶州郡甘浦邑甘浦里五〇四
六九四	六東海丸	バシー海峡	一九四五・〇四・〇一	金山政雄	軍属	戦死	漆谷郡漆谷面鳩岩洞四七八
			×	金山鐵蔵	父		広島県高田郡志屋村上志地
九四	二博運丸	小笠原諸島	一九四四・〇九・一一	春山洙植	軍属	戦死	達城郡多新面梅谷洞
			一九二三・一二・〇三	春山奉鉤	祖父		達城郡多新面梅谷洞
一〇二	興安丸	セブ島	一九四四・〇九・一二	大野勝平	軍属	戦死	迎日郡清河面青津里二五四
			一九一四〇三・二一	大田寛女	妻		迎日郡清河面青津里二五四
一〇〇	慶安丸	セブ島	一九四四・〇九・一五	共田永甲	機関員	戦死	尚州郡咸昌面徳通里一四一
			一九二四・〇四・一二	共田振甲			尚州郡咸昌面徳通里一四一
七五八	暁空丸	東支那海	一九四四・〇九・一八	新井呉龍	火夫	戦死	漆谷郡若木面
			一九一八・〇二・一二	新井春二	長女		八幡市楠公北本町
九七	栄久丸	ルソン島マニラ	一九四四・〇九・二一	原松幸雄	操舵手	戦死	義城郡義城邑忠竹洞七五〇
			一九二二・〇九・一四	原松清茂	父		義城郡義城邑忠竹洞七五〇
一〇七	津山丸	比島	一九四四・一〇・〇二	金光重隆	軍属	戦死	金泉郡開寧面黄渓洞一一六七
			一九二七・〇八・二四	金光順吉	父		愛知県瀬戸市西本町一－四九
四七六	三船司パラオ支部	パラオ島アイミクーキ村	一九四四・一〇・〇五	三井義夫	傭人	戦死	栄州郡平思面金光里七五一
			一九一七・〇四・〇八	三井　清	父		栄州郡平思面金光里七五一
四七七	三船司パラオ支部	パラオ諸島	一九四四・一〇・〇五	上村秀夫	傭人	戦死	栄州郡栄州邑上苗里六五
			一九一七・〇四・〇八	上村柄喆	父		栄州郡栄州邑上苗里六五
六一四	三船司ジャワ支部	チモール島テリウ港沖	一九四四・一〇・一〇	秋田正求	甲板員	戦死	迎日郡東海面大冬背洞一〇
		爆弾破片創	一九一九・〇一・二一	ー			ー
六一六	樺山丸	マルメラ付近	一九四四・一〇・一〇	安原九基	傭人	戦死	盈徳郡江口面花田洞一九八
			一九二三・〇五・〇八	ー			ー
五四一	船舶輸送司・二山吹丸	台湾方面	一九四四・一〇・一二	山城順龍	軍属	戦死	迎日郡九龍浦邑長吉里
			一九二五・一二・〇五	山城×龍			迎日郡九龍浦邑長吉里
九八	栄新丸	カミクイン島	一九四四・一〇・一八	長谷川義夫	機関員見	戦死	金泉郡金泉邑富谷洞三二七
			一九二六・一二・二〇	長谷川政市			大田市中河内郡矢田村大字富一〇九
一一三	東海丸	セブ島	一九四四・一〇・二四	森本鳳伊	機関長	戦死	慶州郡甘浦邑羅亭里一三四
			一九二五・一一・〇五	森本七食	妻		迎日郡浦項邑大正町

五八八	御影丸	済州島	一九四四・一〇・二四	林鍾俊	通信士	戦死	漆谷郡漆谷面観音洞四七九
			×	林龍得	父		漆谷郡漆谷面観音洞四七九
九一六	船舶輸送司令部	バシー海峡	一九四四・一〇・二四	田中七郎	軍属	戦死	慶山郡慶山面三北洞
			一九三〇・〇三・一三	田中完一	父		山口県宇部市大字東須恵町二八九
五六二	江尻丸	バシー海峡	一九四四・一一・〇一	岩村 洙	軍属	戦死	金泉郡釜頂面寺谷里三六〇
			一九二六・〇四・二五	岩村善吉	―		朋可市松ケ江町会津町一〇
一一一	崎戸丸	N二一・四〇 E一三一・五〇	一九四四・一一・一三	高島健成	機関員	戦死	星州郡星州面京山洞五七八
			一九二七・〇三・一五	高島義成	弟		星州郡星州面京山洞五七八
五四三	はあぶ丸	サイパン島	一九四四・一一・一八	姜信福	甲板員	戦死	金泉郡甑山面黄亭里二四〇
			一九二五・一一・二五	姜鳳熙	父		金泉郡甑山面黄亭里二四〇
二四二	船舶輸送司令部	上海	一九四四・一一・二一	金泰守	軍属	戦死	漆谷郡架山面架山洞一〇〇
			×	金保木	父		大邱市達成町二三
四八〇	三船司パラオ支部	パラオ	一九四四・一一・二六	坂本夢龍	傭人	戦死	慶州郡内東面九政里二三三
		マラリア	一九一六・〇五・〇一	坂本馬穆	父		慶州郡内東面九政里二三三
六九八	船舶輸送司令部	ボネル島	一九四四・一一・三〇	徳山石伊	不詳	戦死	迎日郡浦項邑斗湖洞九〇
		左右下腿擦過銃創	一九〇三・一一・一八	徳山八倒	妻		迎日郡浦項邑斗湖洞九〇
四八五	神祥丸	レイテ島	一九四四・一二・〇七	金本周善	傭人	戦死	慶山郡龍城面松林洞四五一六
			一九二六・〇八・一二	金本七龍	父		山口県光市浅江
四五六	白馬丸	レイテ島西方	一九四四・一二・〇九	木村允善	機関員	戦死	金泉郡鳳山面禮智洞三〇
			一九二一・〇九・二六	山本忠吉	叔父		―
六〇五	五日南丸	台湾方面	一九四四・一二・一〇	岩本奉逑	傭人	戦死	迎日郡興海面城洞三八九
			×	岩本菊香	―		迎日郡浦項邑川口町一一
五〇二	船舶輸送司令部	ニューギニア、ソロン	一九四四・一二・二〇	原本守萬	軍属	戦死	迎日郡松羅面徳泉里二一六
			一八八〇・〇一・二八	松本七ノ(死亡)	知人		熊本県天草郡樋島村一一八
一〇九	船舶輸送司令部	中支方面	一九四四・一二・二一	金泰奈	傭人	戦死	大邱府達城町二三
			×	金保木	父		大邱府達城町二三
九四〇	平漢丸	南方陸軍病院	一九四四・一二・二一	大山宗椒	船員	戦病死	迎日郡九龍浦里邑大浦里
			×	―			―
五六六	船舶輸送司令部	硫黄島	一九四四・一二・二四	朱萬植	傭人	戦死	迎日郡只杏面水城四四三
			一九一四・〇五・二〇	―			―
二四三	船舶輸送司令部	浙江省	一九四四・一二・二九	石岡桂龍	軍属	戦死	迎日郡九龍浦邑石屏里
			×	―			―
七七五	室蘭丸	ルソン島	一九四四・一二・三〇	栗本鎮誅	機関員	戦死	慶州郡見谷面金丈里六〇〇
			一九二三・〇六・一〇	栗本 龍	父		―
四八一	三船司パラオ支部	パラオ、ペリリュー島	一九四四・一二・三一	平田相玉	傭人	戦死	栄州郡平恩面芝谷里三一

			一九一五・〇一・一七	平田相梧	弟		栄州郡平恩面芝谷里三一
七七九	四〇須磨丸	台湾花連港	一九四五・〇一・〇四	富井鎬鎮	操機手	戦死	漆谷郡若木面杏亭里一〇七
				富井丁生	妻		長崎県対島上県郡豊崎村加瀬加浦
六九九	三周南丸	南方一四陸軍病院	一九四五・〇一・一六	新井貞一	機関員	戦病死	迎日郡杞渓面大谷洞三一六
		脚気	一九一一・〇九・二六	新井順在	妻		清津府漁港原松郷町一一
五〇七	船舶輸送司令部	ボルネオ島ミリ沖	一九四五・〇一・一九	吉原台曄	注油手	戦死	迎日郡九龍浦邑九龍浦里三二六
			一九一九・〇八・一二	吉原末先	妻		迎日郡九龍浦邑九龍浦里三二六
五〇八	船舶輸送司令部	ボルネオ島ミリ沖	一九四五・〇一・一九	金山東燦	操機手	戦死	迎日郡東海面林谷洞二〇六
			×	金山蘭伊	母		迎日郡東海面林谷洞二〇六
五〇九	船舶輸送司令部	ボルネオ島ミリ沖	一九四五・〇一・一九	李村満雨	軍属	戦死	迎日郡東海面林谷洞二五
			×	李林府甲	兄		迎日郡東海面林谷洞二五
五一〇	船舶輸送司令部	ボルネオ島ミリ沖	一九四五・〇一・一九	金本用逑	水手	戦死	迎日郡浦項邑海島洞一五
			一九一七・〇七・一七	金本龍水	弟		迎日郡浦項邑海島洞一五
五一一	船舶輸送司令部	ボルネオ島ミリ沖	一九四五・〇一・一九	金井八萬	水手	戦死	迎日郡鳥川面金光洞
			×	金井斗珍	父		迎日郡浦項邑川口村町一七
四六二	新済丸	ボルネオ島ミリ沖	一九四五・〇一・一九	共田金続	軍属	戦死	迎日郡浦項邑斗湖洞七八
			×	共田基笄	叔父		迎日郡浦項邑斗湖洞七八
四六三	新済丸	ボルネオ島ミリ沖	一九四五・〇一・一九	金光昊培	甲板員	戦死	迎日郡浦項邑昌浦洞五〇三
			一九二四・××・××	金光仁伊	母		迎日郡浦項邑川口三九
五一六	大恭丸	ボルネオ島ミリ沖	一九四五・〇一・一九	金達允	軍属	戦死	迎日郡東海面××洞三区
			×	金貴光	妻		迎日郡東海面××洞三区
七六二	祥新丸	沖縄県宮古島平良港	一九四五・〇一・二二	岩本益祥	甲板員	戦死	迎日郡浦項邑浦頂洞一七〇
				岩本吉生			迎日郡浦項邑浦頂洞一七〇
一五三	船舶輸送司令部	沖縄宮古島	一九四五・〇一・二二	安本聖煥	甲板員	戦病死	奉化郡物野面皆竹里
			一九二一・一〇・一七	安本文煥			奉化郡物野面皆竹里
五一三	大恭丸	南支×川湾インコク	一九四五・〇一・二三	田村政雄	甲板員	戦死	金泉郡知禮面土部里六〇八
			一九一四・〇八・一八	田村早晄	父		―
七八二	千早丸	硫黄島	一九四五・〇一・二七	松田寧弼	機関長	戦死	迎日郡東海面興串洞
			一九一七・〇九・一九	久保コツル	妻		香川県香川郡香西町四八三―一
九三二	勝浦丸	N二五・四〇E一一九・四七	一九四五・〇二・〇二	孫印甲	操舵手	戦死	慶州郡内南面栗河里一六五一
			一八九二・〇七・〇六	―			―
九四一	一一恵長丸	南方一陸軍病院	一九四五・〇二・〇三	金松永庸	不詳	戦死	迎日郡滄州面九龍浦里
			×	―			―
三五七	三船舶輸送司令部	パラオ島一二三兵病	一九四五・〇二・〇四	金本英達	軍属	戦病死	栄州郡丹山面東元里六〇六
		脚気	一九二四・一〇・一三	金本聖洙			栄州郡丹山面東元里六〇六

七八五	船舶輸送司令部	静岡県伊東港	一九四五・〇二・〇八	河清一	傭人	不慮死	迎日郡延白面生旨洞一七二
				河鎮九	父		迎日郡延白面生旨洞一七二
四五	三船舶輸送司令部	パラオ島一二三兵病	一九四五・〇二・一三	金占出	傭人	戦病死	醴泉郡甘泉面西洞一九六
		アメーバ性赤痢	一九二三・〇四・一八	金成基	父		醴泉郡甘泉面西洞一九六
一九〇	西海丸	中部太平洋	一九四五・〇二・一六	上原福植	操機手	戦死	漆谷郡漆谷面琴湖洞三四〇
			×	西垣内辰雄	知人		―
七六五	三平海丸	ハルマヘラ方面	一九四五・〇二・一八	大島再鳳	機関長	戦死	迎日郡九龍浦邑九龍浦里四七
				大島温澤	妻		迎日郡滄州面九龍浦逢山町
七六六	船舶輸送司令部	ハルマヘラ方面	一九四五・〇二・一八	木村次雄	船長	戦死	迎日郡滄洲面九龍浦邑龍雲町
			一九一一・〇八・一五	大次順菊	妻		迎日郡滄洲面九龍浦邑龍雲町
一〇五八	三船舶輸送司令部	シンガポール港内	一九四五・〇二・二〇	金山順斤	操舵手	戦死	迎日郡九龍浦邑滄州町七三四
			一九一六・〇三・二六	―			―
九三四	海輸丸	不詳	一九四五・〇二・二二	金小出	甲板員	戦死	慶州郡川北面葛谷里五四一
		認定	一九〇三・〇八・一四	―			―
七三一	船舶輸送司令部	ハルマヘラ島三二師野病	一九四五・〇二・二八	金鶴謂甲	軍属	戦傷死	不詳
		右下貫通銃創・破傷風	×	―			―
四七一	立山丸	伊豆諸島御蔵島	一九四五・〇三・〇一	廣田奇吉	機関員	戦死	金泉郡大徳面中山里二〇〇
			×	廣田春夫	父		―
四九三	立山丸	伊豆諸島御蔵島	一九四五・〇三・〇一	金本光源	機関員	戦死	迎日郡松羅面光川里七五一
			一九一五・〇二・〇七	金本好石	父		迎日郡東海面興串洞二三二
五九七	二揚陸司クチン支部	ボルネオ島クチン	一九四五・〇三・〇八	松原乭岩	傭人	戦病死	迎日郡興海面龍平洞
		マラリア	×	松原斗光	妻		迎日郡浦項邑海鳥洞
七八三	船舶輸送司令部	福建省海壇島附近	一九四五・〇三・〇九	三上太岩	雇員	戦死	盈徳郡盈徳面梅亭里一二七
			一九二一・〇九・〇三	三上亨植	父		―
五一四	船舶輸司・大恭丸	ニューギニア、ソロン	一九四五・〇三・一七	大島珠鳳	軍属	戦病死	迎日郡浦項邑東浜町二―一一九
		マラリア	一九一五・一二・〇一	金甲伊	義兄		迎日郡浦項邑平湖洞
七四五	船舶輸送司令部	セブ島タブノク	一九四五・〇三・二六	林奉順	操機手	戦死	奉化郡法里面水池里四四
			一九三四・〇一・××	林奉圭	兄		奉化郡法里面水池里四四
七四六	船舶輸送司令部	セブ島タブノク	一九四五・〇三・二六	河本道燮	甲板員	戦死	迎日郡興海面半月洞一七八
			一九二六・一二・〇一	河本相東	父		迎日郡興海面半月洞一七八
七四七	船舶輸送司令部	セブ島タブノク	一九四五・〇三・二六	木本徳一	船長	戦死	慶州郡甘浦邑甘浦里二二
			一九一一・〇七・一六	木本致潤			慶州郡甘浦邑甘浦里二二
四七八	三船司パラオ支部	パラオ島パラオ医院	一九四五・〇三・二八	高山炳箕	傭人	戦死	栄州郡平恩面平恩里
		マラリア	一九二三・一一・一二	高山學伊	父		栄州郡平恩面平恩里
七六三	辰鳩丸	バシー海峡	一九四五・〇四・〇一	岩田哲哉	機関員	戦死	迎日郡浦項邑東浜一―五七

			×	岩本正二郎	父		ー
七五七	秋津島丸	バシー海峡	一九四五・〇四・〇一	木村永欽	操機手	戦死	奉化郡鳳城面遠屯里六一〇
			一九〇四・一〇・二八	木村秀吉			奉化郡鳳城面遠屯里六一〇
四九九	二船司　阿伎丸・順豊丸	バシー海峡	一九四五・〇四・〇一	松原宏昌	軍属	戦死	大邱府南山洞三七〇
			一九〇八・〇七・〇七	松原ヒロ	妻		ー
二五八	ばあふる丸	スル群島ネロ島	一九四五・〇四・〇九	岩本平助	機庫手	戦死	迎日郡東海面烏山洞一七三
			一九一八・〇四・二五	ー			ー
七三三	東海丸	ビルマ、モールメン	一九四五・〇四・二二	長田重賢	兵長	戦病死	盈徳郡柄谷面松川洞三九八
		マラリア	一九二四・一一・二〇	長田星列	父		盈徳郡柄谷面松川洞三九八
七三二	六東海丸	セブ島	一九四五・〇四・二二	岩原時逑	甲板長	戦死	盈徳郡南亭面長沙洞
		右下貫通銃創・破傷風	一九一〇・〇八・〇二	岩原粉光	妻		迎日郡浦項邑山町
九八一	二野戦船舶廠	タンポン	一九四五・〇四・二二	梁川再逑	雇員	戦死	迎日郡曲江面徳肛里一七七七
			×	ー			ー
二五七	ばあふる丸	スル群島ネロ島	一九四五・〇四・二五	石山武俊	甲板員	戦死	清道郡清道面松邑里一〇〇四
			一九二四・一二・〇六	石山先圭	ー		清道郡清道面松邑里一〇〇四
六九一	六東海丸	セブ島	一九四五・〇四・二八	山下方佑	軍属	戦死	慶州郡甘浦邑
			一九二五・〇六・〇四	山下南伊	母		慶州郡甘浦邑
六九二	六東海丸	セブ島	一九四五・〇四・二八	金山原石	機関員	戦死	迎日郡浦項邑東浜町二丁目二三
			一九一九・一〇・一五	金山未善	妻		迎日郡浦項邑東浜町二丁目二三
六九三	六東海丸	セブ島	一九四五・〇四・二八	金岡周錫	甲板員	戦死	安東郡安東邑泥川洞二区二七七
			一九二〇・〇一・一八	金岡土潤	父		安東郡安東邑泥川洞二区二七七
四八二	三船司パラオ支部	パラオ、清水村	一九四五・〇四・二九	金三武夫	傭人	戦死	慶州郡慶州邑東部里九二
			一九一七・〇六・〇三	金三×村	母		慶州郡慶州邑皇吾里七三五
四八三	三船司パラオ支部	パラオ、清水村	一九四五・〇四・二九	高山海賛	傭人	戦死	慶州郡西面泉浦里九三五
			一九一九・〇三・二三	高山徳賛	兄		ー
二五六	大和川丸	珍島東岸	一九四五・〇五・〇五	金山小碩	舵手	戦死	達城郡花園面川内洞七四八
			一九二二・〇八・〇二	金山先造	父		達城郡花園面川内洞七四八
四七九	三船司パラオ支部	パラオ、コロール島	一九四五・〇五・〇五	玉田璋玉	傭人	戦死	慶州郡外東面毛火里一三五五
			一九一一・〇六・一〇	玉田璋守	兄		慶州郡外東面毛火里一三五五
七九六	五野戦船舶廠	ルソン島モンタルパン	一九四五・〇六・〇四	金山正九	雇員	戦死	達城郡河浜面縣内洞四九八
			一九二六・〇八・二六	金山判祚	父		兵庫県明石市林宮の下町八六五
六九五	六東海丸	ネグロス島	一九四五・〇六・〇七	吉川福責	甲板員	戦死	慶州郡陽北面奉吉里二〇五
			一九二〇・一二・二四	吉川璟澤	父		慶州郡陽北面奉吉里二〇五
一〇四〇	二船舶輸送司令部	呉松	一九四五・〇六・〇八	福本相徳	兵長	戦死	漆谷郡架山面鶴一八七
			一九二四・〇八・〇五	福本源淵	父		京都市左京区原下野町二八

二五九	明星丸	羅津	一九四五・〇六・一一 一九二七・一〇・〇二	星山義信 星山義秋	甲板員 父	戦死	金泉郡禦海面玉東洞一七三 金泉郡禦海面玉東洞一七三
六九六	六東海丸	ネグロス島	一九四五・〇六・一三 一九二五・一二・二三	岩本龍雲 岩本道愛	機関員 母	戦死	迎日郡九龍浦邑九萬里一区一三一 迎日郡九龍浦邑九萬里一区一三一
一〇〇七	二船舶輸送司令部	呉松	一九四五・〇六・一八 一九二三・一二・二四	森本命壽 森本好作	兵長 父	戦死	達城郡花園面川内洞七八四 達城郡花園面川内洞七八四
七八四	船舶輸送司令部	ハルマヘラ島ワレシ	一九四五・〇六・一八 一九二〇・一二・二五	森本命方佑 森本鳳順	軍属 父	戦死	迎日郡浦項邑本浜町 迎日郡大松面内泊
九〇一	一船舶輸送司令部	沖縄県摩文仁村	一九四五・〇六・二〇 ×	吉田義政 吉田政市	軍属 父	戦死	達城郡柳司面一二 広島県山県郡筒賀町上筒賀二八二四
一五四	船舶輸送司令部	ジャワ、スラバヤ	一九四五・〇六・二五 ×	呉汀植 ―	傭人	不慮死	金泉郡南西面扶桑洞五二九 ―
五一五	大泰丸	沖の島	一九四五・〇八・〇六 一九二三・〇三・〇九	南原斗律 南原乙光	軍属 父	戦死	盈徳郡盈徳面烏洞四 盈徳郡盈徳面烏洞四
六三	五野戦船舶廠	セブ島 マラリア・脚気	一九四五・〇八・二六 ×	張元載植 張元萬福	傭人	戦病死	漆谷郡石積面中洞三一五 兵庫県尼崎市杭瀬町三坪二四
五〇六	六日鮮丸	北海道	一九四五・〇七・一四 一九二七・〇五・三〇	木村鶴中 木村景栩	操機手 父	戦死	盈徳郡寧海面糸津洞四九五 盈徳郡寧海面糸津洞四九五
四七五	三船司パラオ支部	パラオ、コロール島 マラリア	一九四五・〇七・二三 一九二〇・〇七・二五	金本元逑 金本粉行	傭人 妻	戦死	醴泉郡甘泉面敦山里一一三 醴泉郡甘泉面敦山里一一三
五一二	祐生丸	上海市	一九四五・〇七・二四 一九一一・一一・一〇	黄島政春 黄島金貞	機関長 父	戦死	義城郡鳳陽面鳳伸洞八六六 義城郡鳳陽面鳳伸洞八六六
八九六	船舶マニラ	ルソン島スピック湾	一九四五・〇七・二八 一九二五・〇三・一八	若松一雄 若松　繁	軍属 従兄	戦死	大邱府栄町四三 姫路市北神屋町三四
二四一	二船舶輸送司令部	安徽省 触機雷創	一九四五・〇八・〇一 一九二四・〇二・一七	新井泰憲 新井應拘	上等兵 父	戦死	軍威郡古老面槐山洞二二二 軍威郡古老面槐山洞二二二
七二五	九福栄丸	ラボール、ナガナガ 頭部爆弾破片創	一九四五・〇八・〇一 一九二四・一〇・二二	西原玉逑 ―	軍属	戦傷死	迎日郡浦項邑友南洞二九七 ―
五七三	タイ俘虜収容所	タイ、カンチャブリー	一九四四・一二・〇一 ×	芳澤壽星 芳澤定緒	軍属 ―	不慮死	聞慶郡聞慶面唐浦里七七五 忠清北道忠州郡忠川邑元龍山町四一一
六一八	タイ俘虜収容所	タイ、コンチャインナ マラリア	一九四五・〇七・二三 一九一八・〇一・一一	金原敏雄 ―	雇員	戦病死	大邱府鳳山町 ―
六一九	タイ俘虜収容所	タイ、バンコク	一九四五・〇七・一一 一九一九・〇八・二〇	杉山八壽 杉山萬石	雇員 父	戦死	尚州郡尚州邑新鳳里二一 尚州郡尚州邑新鳳里二一
六六六	タイ俘虜収容所	シンガポール、チャンギー	一九四五・〇二・二五	新井宏栄	雇員	死亡	義城郡比安面二杜里

			一九二一・〇九・一一	新井栄祖	父		義城郡比安面二杜里
五〇五	台湾拓殖株式会社	ジャワ、チラチャップ間	一九四五・一〇・一一	杉山日守	嘱託	戦死	清道郡華陽面茶里路
			×	杉山尚甲	妻		清道郡華陽面茶里路
五三	特設建勤務一〇一中隊	湖南省六八師野戦病院	一九四四・一二・〇五	松田鎬俊	雇員	戦病死	善山郡亀尾面廣坪里五四五
		マラリア	一九一五・一二・二七	松田命快	父		京城府中区大平通二丁目
九七一	特水上勤務一〇〇中隊	沖縄平良港	一九四五・〇三・〇一	廣川慶植	傭人	戦死	達城郡求智面柳山洞二二五
			一九二〇・〇三・二二	廣川浩澤	父		達城郡求智面柳山洞二二五
九七二	特水上勤務一〇〇中隊	沖縄平良港	一九四五・〇三・〇一	及部太雨	傭人	戦死	達城郡東村面板底洞九五
			一九二二・〇二・〇九	及部貴岩	兄		達城郡東村面板底洞九五
三七〇	特水上勤務一〇一中隊	沖縄県	一九四四・〇八・一九	大山租吉	傭人	公病死	永川郡新苧面旺山洞二一八
			一九二一・〇九・一五	大山晩鎬	父		永川郡新苧面旺山洞二一八
三七二	特水上勤務一〇一中隊	沖縄県宮古陸軍病院	一九四四・一二・二九	光本奇煥	傭人	戦病死	達城郡論工面三里洞四九五
		マラリア	一九一五・一一・一一	光本王根	父		達城郡論工面三里洞四九五
三七三	特水上勤務一〇一中隊	沖縄県石垣島陸軍病院	一九四四・一二・三〇	新井演相	傭人	戦病死	永川郡華北面安川洞五八三
		胃潰瘍	一九二一・〇一・一三	新井外熙	妻		永川郡華北面安川洞五八三
五三一	特水上勤務一〇一中隊	沖縄県石垣島陸軍病院	一九四五・〇二・一二	東鄭三乭	傭人	戦病死	達城郡求智面道東洞五〇〇
		マラリア	一九二〇・〇八・二〇	東鄭有守	父		達城郡求智面道東洞五〇〇
三七一	特水上勤務一〇一中隊	小倉陸軍病院	一九四五・〇二・一八	平本滋萬	傭人	病死	青松郡府東面上宜洞四九五
		急性肺炎	一九一五・〇七・一三	平本用蓮	妻		青松郡府東面上宜洞四九五
三八三	特水上勤務一〇一中隊	先島群島宮古島	一九四五・〇三・〇一	大山　登	傭人	戦死	大邱府新町一〇六
			一九二一・一二・二〇	大山英吉	弟		漆谷郡倭館面倭館洞二五八
三八四	特水上勤務一〇一中隊	先島群島宮古島	一九四五・〇三・〇一	青木命徳	傭人	戦死	達城郡王浦面本里洞八七七
			一九一七・〇一・〇三	青木且鶴	父		達城郡王浦面本里洞八七七
三八五	特水上勤務一〇一中隊	先島群島宮古島	一九四五・〇三・〇一	新井龍文	軍属	戦死	永川郡新寧面莞田洞八四九－一
			一九二二・〇六・〇五	新井玉善	妻		永川郡新寧面莞田洞八四九－一
三八六	特水上勤務一〇一中隊	先島群島宮古島	一九四五・〇三・〇一	石川測鴻	傭人	戦死	永川郡永川邑録田洞六九八
			一九二二・〇六・〇九	石川季出	父		永川郡永川邑録田洞六九八
三八七	特水上勤務一〇一中隊	先島群島宮古島	一九四五・〇三・〇一	岩本成熙	傭人	戦死	達城郡玄風面下洞二〇一
			一九一八・〇八・〇六	岩本武熙	兄		達城郡玄風面上洞二一四四
三八八	特水上勤務一〇一中隊	先島群島宮古島	一九四五・〇三・〇一	烏川源満	軍属	戦死	永川郡永川邑道林洞一一三六
			一九二三・〇三・二一	烏川徳杓	父		永川郡永川邑道林洞一一三六
三八九	特水上勤務一〇一中隊	先島群島宮古島	一九四五・〇三・〇一	大山源碩	傭人	戦死	達城郡河清面電山洞
			一九一八・××・一五	大山鳳会	父		漆谷郡倭館面倭館洞七八四
三九〇	特水上勤務一〇一中隊	先島群島宮古島	一九四五・〇三・〇一	大吉八龍	傭人	戦死	達城郡河清面武等洞四三八
			一九一九・一二・一五	大吉東安	父		達城郡河清面武等洞四三八

番号	所属	死亡場所	年月日	氏名	身分・続柄	死因	本籍
三九一	特水上勤務一〇一中隊	先島群島宮古島	一九四五・〇三・〇一 一九二二・〇二・一〇	大原殷順 大原夏淳	傭人 兄	戦死	達城郡嘉昌面蛛洞六六三 達城郡嘉昌面蛛洞六六三
三九二	特水上勤務一〇一中隊	先島群島宮古島	一九四五・〇三・〇一 ×	及部鐘洪 及部鍾達	傭人 父	戦死	達城郡東村面抜底洞一区九五 達城郡東村面抜底洞一区九五
三九三	特水上勤務一〇一中隊	先島群島宮古島	一九四五・〇三・〇一 ×	大島慶祚 大島錫均	傭人 父	戦死	達城郡東村面坪里洞九三 達城郡東村面坪里洞九三
三九四	特水上勤務一〇一中隊	先島群島宮古島	一九四五・〇三・〇一 一九二一・〇三・一二	金村炳祚 金村砺相	傭人 父	戦死	漆谷郡倭館面倭館洞六二二 漆谷郡倭館面倭館洞六二二
三九五	特水上勤務一〇一中隊	先島群島宮古島	一九四五・〇三・〇一 一九二二・〇一・〇五	金城元東 金城雨石	傭人 父	戦死	漆谷郡倭館面倭館洞七三一 漆谷郡倭館面倭館洞七三一
三九六	特水上勤務一〇一中隊	先島群島宮古島	一九四五・〇三・〇一 一九一七・一二・二一	金光相五 金光成玉	傭人 父	戦死	漆谷郡倭館面倭館洞二七七 漆谷郡倭館面倭館洞二七七
三九七	特水上勤務一〇一中隊	先島群島宮古島	一九四五・〇三・〇一 一九二三・〇一・一二	金山文玉 金山順伊	傭人 母	戦死	漆谷郡倭館面倭館洞三四一 漆谷郡倭館面倭館洞三四一
三九八	特水上勤務一〇一中隊	先島群島宮古島	一九四五・〇三・〇一 一九二二・〇四・二八	金谷占逑 金谷	軍属 父	戦死	漆谷郡倭館面倭館洞九九〇 漆谷郡倭館面倭館洞九九〇
三九九	特水上勤務一〇一中隊	先島群島宮古島	一九四五・〇三・〇一 一九一八・〇六・二八	金本文中 金本正明	傭人 父	戦死	永川郡永川邑道洞二五 永川郡永川邑道洞二五
四〇〇	特水上勤務一〇一中隊	先島群島宮古島	一九四五・〇三・〇一 一九二二・〇三・〇一	金井泰洙 金井永洙	傭人 兄	戦死	永川郡永川邑道洞六九五 永川郡永川邑道洞六九五
四〇一	特水上勤務一〇一中隊	先島群島宮古島	一九四五・〇三・〇一 一九一五・一二・二四	金城達洲 金城萬昡	傭人 父	戦死	慶州郡西面雲台里六二五 永川郡永川邑望底洞
四〇二	特水上勤務一〇一中隊	先島群島宮古島	一九四五・〇三・〇一 一九一七・〇七・一二	金島泳権 金島億祚	傭人 父	戦死	達城郡軍威面木里洞一四〇〇 達城郡軍威面木里洞一四〇〇
四〇三	特水上勤務一〇一中隊	先島群島宮古島	一九四五・〇三・〇一 一九二三・〇二・〇九	金永龍 金永炳學	傭人 父	戦死	達城郡河清面震洞七九 達城郡河清面震洞七九
四〇四	特水上勤務一〇一中隊	先島群島宮古島	一九四五・〇三・〇一 一九一九・一一・二一	辛島泰植 辛島錫術	傭人 父	戦死	達城郡玉浦面江洞三三九 達城郡玉浦面江洞三三九
四〇五	特水上勤務一〇一中隊	先島群島宮古島	一九四五・〇三・〇一 一九二二・〇四・〇七	木下壬釗 木下岩乙	傭人 父	戦死	達城郡嘉邑面巴洞三七〇 達城郡嘉邑面巴洞三七〇
四〇六	特水上勤務一〇一中隊	先島群島宮古島	一九四五・〇三・〇一 一九二三・〇七・二八	金孝允 金命岩	傭人 父	戦死	漆谷郡枯川面汶山洞三六三 漆谷郡枯川面汶山洞三六三
四〇七	特水上勤務一〇一中隊	先島群島宮古島	一九四五・〇三・〇一 一九二二・〇六・〇一	清本仁道 清本鳳作	傭人 父	戦死	漆谷郡倭館面錦山洞七九五 漆谷郡倭館面錦山洞七九五
四〇八	特水上勤務一〇一中隊	先島群島宮古島	一九四五・〇三・〇一	金×圭	傭人	戦死	星州郡船南面道成洞七五一

			一九二一・〇五・〇七	金容錫	父		星州郡船南面道成洞七五一
四〇九	特水上勤務一〇一中隊	先島群島宮古島	一九四五・〇三・〇一	佐藤敬俊	傭人	戦死	永川郡永川邑道林洞七七一
			一九一九・一一・〇六	佐藤花上	母		永川郡永川邑道林洞七七一
四一〇	特水上勤務一〇一中隊	先島群島宮古島	一九四五・〇三・〇一	玉村龍峰	傭人	戦死	漆谷郡倭館面三清洞四三二
			一九一九・一一・〇六	玉村道奉	父		漆谷郡倭館面三清洞四三二
四一一	特水上勤務一〇一中隊	先島群島宮古島	一九四五・〇三・〇一	高木春起	傭人	戦死	達城郡城西面竹田洞一七五
			一九二一・〇六・二一	高木泰正	妻		達城郡城西面竹田洞一七五
四一二	特水上勤務一〇一中隊	先島群島宮古島	一九四五・〇三・〇一	徳山文祥	軍属	戦死	漆谷郡倭館面鳳溪洞三七六
			一九二一・〇九・二一	徳山奉先	父		漆谷郡倭館面鳳溪洞三七六
四一三	特水上勤務一〇一中隊	先島群島宮古島	一九四五・〇三・〇一	共田福生	傭人	戦死	漆谷郡倭館面倭館洞二八一
			一九二二・一〇・〇六	共田谷生	妻		漆谷郡倭館面倭館洞二八一
四一四	特水上勤務一〇一中隊	先島群島宮古島	一九四五・〇三・〇一	夏山廷大	傭人	戦死	達城郡求智面修里洞七五二
			一九二〇・一〇・〇七	夏山瑨燮	父		達城郡求智面修里洞七五二
四一五	特水上勤務一〇一中隊	先島群島宮古島	一九四五・〇三・〇一	永本聖達	傭人	戦死	達城郡多新面金洞七二一
			一九一五・一〇・二七	永本元植	父		達城郡多新面金洞七二一
四一六	特水上勤務一〇一中隊	先島群島宮古島	一九四五・〇三・〇一	中山炳烈	傭人	戦死	漆谷郡石積面城谷洞七五二
			一九一七・〇一・〇七	中山二壽	妻		漆谷郡石積面城谷洞七五二
四一七	特水上勤務一〇一中隊	先島群島宮古島	一九四五・〇三・〇一	永田聖憲	軍属	戦死	永川郡永川邑鍬田洞三七三ー三
			一九一八・〇三・一九	永田琴賢	妻		永川郡永川邑鍬田洞三七三ー三
四一八	特水上勤務一〇一中隊	先島群島宮古島	一九四五・〇三・〇一	新山達伊	傭人	戦死	達城郡花園面城山洞一五一
			一九一五・一一・一一	新山玉順	妻		達城郡花園面城山洞一五一
四一九	特水上勤務一〇一中隊	先島群島宮古島	一九四五・〇三・〇一	林相鉉	傭人	戦死	永川郡嘉昌面三山洞四七九
			一九二二・〇九・二五	林禹淵	父		永川郡嘉昌面三山洞四七九
四二〇	特水上勤務一〇一中隊	先島群島宮古島	一九四五・〇三・〇一	平昭泰晋	傭人	戦死	達城郡多新面汶山洞二二六
			一九一九・〇七・一二	平昭元順	妻		達城郡多新面汶山洞二二六
四二一	特水上勤務一〇一中隊	先島群島宮古島	一九四五・〇三・〇一	廣本泰輔	傭人	戦死	達城郡東村面芳村洞一区二六六
			一九二〇・一二・一四	廣本壬壽	父		達城郡東村面芳村洞一区二六六
四二二	特水上勤務一〇一中隊	先島群島宮古島	一九四五・〇三・〇一	松永泰鳳	傭人	戦死	達城郡玉浦面松村洞八三
			一九一九・〇五・〇三	松永禧祚	父		達城郡玉浦面松村洞八三
四二三	特水上勤務一〇一中隊	先島群島宮古島	一九四五・〇三・〇一	松岡石基	傭人	戦死	達城郡東村面鳳舞洞二区一〇一九
			一九二三・〇四・〇七	松岡復興	父		達城郡東村面鳳舞洞二区一〇一九
四二四	特水上勤務一〇一中隊	先島群島宮古島	一九四五・〇三・〇一	三沼大承	傭人	戦死	達城郡月背面桃源洞一〇五〇
			一九一六・〇七・一三	三沼錫元	父		達城郡月背面桃源洞一〇五〇
四二五	特水上勤務一〇一中隊	先島群島宮古島	一九四五・〇三・〇一	光本元容	傭人	戦死	永川郡紫陽面忠差洞二一四七
			一九二〇・〇八・〇六	光本秀國	父		永川郡紫陽面忠差洞二一四七

番号	部隊	死亡場所	死亡年月日 生年月日	氏名 親族氏名	身分 続柄	事由	本籍 親族住所
四二六	特水上勤務一〇一中隊	先島群島宮古島	一九四五・〇三・〇一 一九二二・〇九・一二	苞山権燮 苞山東明	傭人 父	戦死	達城郡玄風面城下洞六一二 達城郡玄風面城下洞六一二
四二七	特水上勤務一〇一中隊	先島群島宮古島	一九四五・〇三・〇一 一九一八・一二・〇六	山田正男 山田順伯	傭人 父	戦死	星州郡碧珍面鳳渓洞七二 漆谷郡倭館面倭館洞一〇六
四二八	特水上勤務一〇一中隊	先島群島宮古島	一九四五・〇三・〇一 一九一八・〇一・〇九	安原命壽 安東賛成	傭人 父	戦死	漆谷郡倭館面倭館洞六八三 漆谷郡倭館面倭館洞六八三
四二九	特水上勤務一〇一中隊	先島群島宮古島	一九四五・〇三・〇一 一九二三・〇九・一六	山本満壽 山本鳳祚	傭人 母	戦死	永川郡永川邑城内洞一七九 永川郡永川邑城内洞一七九
四三〇	特水上勤務一〇一中隊	先島群島宮古島	一九四五・〇三・〇一 一九一五・〇三・二六	柳鍾泰 柳萬成	傭人 父	戦死	達城郡玄風面午山洞四八二 達城郡玄風面午山洞四八二
四三一	特水上勤務一〇一中隊	先島群島宮古島	一九四五・〇三・〇一 一九二二・〇四・〇二	安本永秀 安本柱彦	傭人 父	戦死	達城郡輪伽面鳳洞二八八 達城郡輪伽面鳳洞二八八
四三二	特水上勤務一〇一中隊	先島群島宮古島	一九四五・〇三・〇一 一九一九・一〇・〇二	李在河 李在植	傭人 兄	戦死	達城郡公山面西辺洞 達城郡公山面西辺洞
一〇〇〇	特水上勤務一〇一中隊	沖縄県宮古	一九四五・〇三・〇一 一九二二・〇八・〇三	金相逑 金學仙	傭人 妹	戦死	漆谷郡校川面龍山洞三〇 漆谷郡校川面龍山洞三〇
五三二	特水上勤務一〇一中隊	沖縄県宮古島平良港沖	一九四五・〇三・〇一 一九一八・〇一・〇五	大山玄錫 大山鳳会	傭人 父	戦死	達城郡河浜面×山洞七八四 漆谷郡倭館面倭館洞七八四
四五四	特水上勤務一〇一中隊	沖縄県宮古島陸病 細菌性赤痢	一九四五・〇五・〇九 一九一七・〇八・二五	山本鐘補 山本周善	傭人 妻	戦死	達城郡西面牡洞一四一 達城郡西面牡洞一四一
九九一	特水上勤務一〇一中隊	沖縄県宮古島陸病 細菌性赤痢	一九四五・〇六・一七 一九一九・〇九・二三	烏川允植 烏川分道	傭人 妻	戦病死	永川郡清通面甫城洞四六五 永川郡清通面甫城洞四六五
二四九	特水上勤務一〇一中隊	宮古二八師一野病 全身爆創	一九四五・〇七・一七 一九一九・〇六・一八	新井己出 新井泰宙	傭人 父	戦死	達城郡求智面鳥舌洞 達城郡求智面鳥舌洞
五三四	特水上勤務一〇一中隊	宮古島平良港沖	一九四五・〇七・二一 一九一五・一一・〇一	藤田乙萬 藤田恩龍	傭人 兄	戦死	永川郡臨皐面彦河洞四〇二 永川郡臨皐面彦河洞四〇二
五三三	特水上勤務一〇一中隊	宮古島平良港	一九四五・〇七・二三 一九一五・一一・〇一	森山再文 森山順南	傭人 妻	戦死	永川郡北安面新垈洞三五〇 永川郡北安面新垈洞三五〇
四四九	特水上勤務一〇一中隊	沖縄県二八師野病	一九四五・〇八・二七 一九二一・一一・一三	金本侑作 金本東武	傭人 父	公病死	永川郡北安面自浦洞二二二 永川郡北安面自浦洞二二二
四五〇	特水上勤務一〇一中隊	八重山群島石垣島	一九四五・〇九・〇三 一九一七・〇九・〇二	新本潤先 新本永伯	傭人 父	戦死	永川郡古鏡面巴渓洞一九六 永川郡古鏡面巴渓洞一九六
四四八	特水上勤務一〇一中隊	八重山群島石垣島	一九四五・〇九・一〇 一九二〇・〇六・二〇	鳥川成夫 鳥川東碩	傭人 父	公病死	永川郡華北面沙川洞五四〇 永川郡華北面沙川洞五四〇
一三二	特水上勤務一〇一中隊	沖縄県宮古二八師野病	一九四五・〇九・二三	富山英達	軍属	公病死	永川郡華北面龍沼洞四〇八

			一九二二・〇八・〇六	富山夢関	父		永川郡華北面龍沼洞四〇八
一三一	特水上勤務一〇一中隊	沖縄県宮古一二八師野病	一九四五・〇九・二七	晋川宮中	軍属	公病死	永川郡華北面立石洞四二二
			一九二〇・一一・〇七	晋川奇出	兄		永川郡華北面立石洞四二二
九九〇	特水上勤務一〇一中隊	沖縄県宮古	一九四五・〇九・二七	晋川永道	傭人	公務死	永川郡琴湖面奥隠洞三七七
			一九二〇・〇九・二七	晋川道川	母		永川郡琴湖面奥隠洞三七七
五三〇	特水上勤務一〇一中隊	沖縄県 マラリア	一九四四・一〇・一九	井本泳喆	傭人	公病死	永川郡北安面考洞三九一
			一九二〇・〇九・〇五	井本洙殷	兄		永川郡北安面考洞三九一
四七三	特水上勤務一〇一中隊	沖縄県宮古 ソチームアルコール	一九四五・一二・〇四	高村相浩	軍属	不慮死	慶州郡慶州邑路東里一七九
			一九一六・一二・二一	—			永川郡永川邑枝村洞
四七〇	特水上勤務一〇二中隊	不詳	一九四五・〇一・〇五	大山致道	軍属	戦病死	義城郡玉山面甘渓洞八二四
			一九二一・〇四・二一	大山徳根	父		義城郡玉山面甘渓洞八二四
四九一	特水上勤務一〇二中隊	沖縄	一九四五・〇四・二七	金海在坤	傭人	戦死	清道郡華陽面土坪洞一四四
			一九一六・〇六・一五	金海容達			清道郡華陽面土坪洞一四四
九九二	特水上勤務一〇二中隊	沖縄県	一九四五・〇五・〇二	西原亥逑	軍属	戦死	栄州郡丹山面屏山里七一五
			一九一六・〇二・〇五	西原梅月	妻		栄州郡順興面邑内里二七四
一〇五九	特水上勤務一〇二中隊	沖縄県	一九四五・〇五・〇六	竹山鍾玉	傭人	戦死	清道郡清道面松邑洞一一二
			一九一九・〇三・〇七	竹山丁鳳	父		清道郡清道面松邑洞一一二
三三九	特水上勤務一〇二中隊	沖縄県	一九四五・〇五・〇六	金陵南泰	傭人	戦死	清道郡清道面×山洞一三一三
			一九一八・〇五・一八	金岡朝範	父		清道郡清道面×山洞一三一三
一〇七二	特水上勤務一〇二中隊	不詳	一九四五・〇五・〇七	井本丙喜	傭人	戦死	栄州郡見後面糸台里三一
			一九一六・〇五・〇五	—			—
一〇六〇	特水上勤務一〇二中隊	沖縄県	一九四五・〇五・一二	金本栄洙	傭人	戦死	清道郡清道面雲山洞二四四
			一九二一・〇五・一五	金本逸泰	父		清道郡清道面雲山洞二四四
一〇六一	特水上勤務一〇二中隊	沖縄県	一九四五・〇六・二〇	文川西伯	傭人	戦死	清道郡清道面九尾洞三四九
			一九一九・一一・一〇	文川一彩	父		清道郡清道面九尾洞三四九
一〇六三	特水上勤務一〇二中隊	沖縄県	一九四五・〇六・二〇	丹禹玄九	傭人	戦死	栄州郡長壽面盤邱里四〇〇
			一九二〇・〇一・一〇	丹禹明煥	妻		栄州郡長壽面盤邱里四〇〇
一〇六五	特水上勤務一〇二中隊	沖縄県	一九四五・〇六・二〇	金光浩文	傭人	戦死	慶州郡内南面安心里一〇九六
			一九一八・〇三・一八	金光順南	妻		慶州郡慶州邑皇南里二二四
一〇六六	特水上勤務一〇二中隊	沖縄県	一九四五・〇六・二〇	金本億萬	傭人	戦死	金海郡生林面生林里七五
			一九一七・一二・〇七	金本末逑	妻		釜山府草場町三－八九
六一三	特設建勤務一〇二中隊	湖北省一五八兵站 栄養失調症	一九四六・〇一・〇八	山本富學	軍属	戦病死	—
			×	山本淳相			—
九二八	特水上勤務一〇三中隊	沖縄県沖縄病院 肺壊疽	一九四四・〇九・〇一	白川奉環	軍属	戦病死	慶山郡押果面賢興洞四九四
			一九一六・一〇・二〇	白川福旅	妻		慶山郡押果面賢興洞四九四

九七九	特水上勤務一〇三中隊	沖縄県 ××骨折	一九四四・〇九・〇四 一九一八・〇五・〇一	月村雪雨 月村甲順	傭人 妻	戦傷死	慶山郡龍成面加足洞三二三 慶山郡龍成面加足洞三二三
一〇〇三	特水上勤務一〇三中隊	沖縄県九師二野病	一九四四・〇九・〇七 一九二〇・〇三・〇一	南三植 南春植	軍属 兄	戦死	青松郡縣西面九山洞一七二 青松郡縣西面九山洞一七二
九四四	特水上勤務一〇三中隊	沖縄県那覇 脊髄貫通銃創	一九四四・一〇・一〇 一九一五・〇三・一七	成田睦祥 成田保在	傭人 妻	戦死	英陽郡青杞面青杞洞六五四 英陽郡青杞面青杞洞六五四
九四五	特水上勤務一〇三中隊	沖縄県那覇 左下腿部爆弾破片創	一九四四・一〇・一〇 ×	平田中五 平田魯璦	傭人 妻	戦死	英陽郡石保面宅田洞九五六 英陽郡石保面宅田洞九五六
九二七	特水上勤務一〇三中隊	沖縄県那覇 下腹部爆弾破片創	一九四四・一〇・一〇 一九二二・〇五・二七	松原聖泰 松原玉先	軍属 妻	戦死	慶山郡龍城面淨光洞一四〇 慶山郡龍城面淨光洞一四〇
九五四	特水上勤務一〇三中隊	沖縄県那覇 下腹部爆弾破片創	一九四四・一〇・一〇 一九一五・〇四・一五	金丸月出 金丸萬ト	傭人 父	戦死	金泉郡禦海面求禮洞一〇〇〇 金泉郡禦海面求禮洞一〇〇〇
九七八	特水上勤務一〇三中隊	不詳	一九四五・〇一・一八 一九〇〇・〇六・一〇	平田九岩 平田外錫	軍属 妻	戦病死	慶山郡南川面大鳴洞 慶山郡南川面大鳴洞
一〇七四	特水上勤務一〇三中隊	不詳	一九四五・〇三・〇七 一九一五・〇七・一七	金田大逑 ―	傭人	戦死	慶山郡押梁面三豊洞 ―
一〇六四	特水上勤務一〇三中隊	不詳	一九四五・〇四・二六 一九二二・〇八・一二	新井命逑 新井英淑	傭人 妻	戦死	盈徳郡盈徳面大夫洞三〇三 盈徳郡盈徳面大夫洞三〇三
九〇七	特水上勤務一〇三中隊	沖縄	一九四五・〇四・二九 一九一一・〇七・〇八	金山相鳳 金山相鳳(ママ)	軍属 兄	戦死	慶山郡珍良面仙花洞四八八 慶山郡珍良面仙花洞四八八
一〇六二	特水上勤務一〇三中隊	沖縄	一九四五・〇七・〇三 一九一八・〇五・一九	大野鍾聲 大野武道	傭人 父	戦傷死	英陽郡日月面道谷洞二五九 英陽郡日月面道谷洞二五九
九八七	特水上勤務一〇四中隊	沖縄県	一九四四・〇八・二一 ×	山本益源 ―	軍属	戦病死	聞慶郡永順面浦内里一三九 ―
一〇〇五	特水上勤務一〇四中隊	沖縄県読谷村	一九四五・〇一・二二 一九一五・〇七・一三	黄蘭在 黄粉南	傭人 妻	戦死	善山郡三城面竹廃洞 善山郡善山面莞田洞
一〇七三	特水上勤務一〇四中隊	不詳	一九四五・〇五・〇八 一九一六・一一・〇一	吉本道河 ―	傭人	戦死	善川郡桃開面直間里四二 ―
一〇六八	特水上勤務一〇四中隊	沖縄県	一九四五・〇六・二〇 一九一五・〇六・二〇	金城堪植 金城正萬	傭人 父	戦死	善山郡亀尾面元坪洞二四八 善山郡亀尾面元坪洞二四八
九二	独警歩七大隊	湖南省	一九四五・〇七・二八 一九二四・〇六・二七	波平聖晋 波平賛伊	一等兵 父	死亡	清道郡豊角面稲西洞五一〇 清道郡豊角面稲西洞五一〇
七七	独警歩八大隊	湖北省武昌一八三兵病	一九四五・〇八・三〇 一九二四・一一・二三	松岡重五 松岡永植	兵長 妻	戦傷死	聞慶郡永順面旺泰里二五六 聞慶郡永順面旺泰里二五六
七八	独警歩八大隊	上海一七三兵站病院	一九四五・一二・二八	南行良	兵長	戦病死	醴泉郡下里面共草洞三四八

		脚気・侵性腸炎	一九二四・〇一・一四	南次龍	妻		安東郡西俊面廣坪洞四〇五
五六七	独警歩八大隊	南京	一九四五・一二・二八	鳥本應達	兵長	戦傷死	聞慶郡永順面五龍里
			一九二四・〇四・一〇	鳥本應成	兄		聞慶郡永順面五龍里
一〇二一	独警歩八大隊	不詳	一九四五・〇八・三〇	松本澤珪	上等兵	戦傷死	聞慶郡虎渓面大灘里一八三
			一九二四・〇三・一三	松本永吉	弟		興安南省札寛徳旗・農場
一〇七五	独警備歩兵二七大隊	山東省東平	一九四五・〇五・二〇	金川龍司	伍長	戦死	迎日郡大松面松内洞
			一九二三・〇三・一八	―			―
二四〇	独警歩四三大隊	山東省	一九四五・〇八・一八	青木正寧	伍長	戦死	義城郡丹密面普視洞三〇〇
		腹・顔面手榴弾創	一九二三・〇一・一九	青木丙仁	父		義城郡丹密面普視洞三〇〇
六六	独警歩四八大隊	山東省	一九四五・〇七・一六	武山家卓	伍長	戦死	盈徳郡柄谷面新坪洞一九八
		右顳顬貫通銃創	一九二二・〇九・〇九	武山　剛	父		迎日郡浦項邑栄町八八六
一〇二五	独警歩五〇大隊	湖南省	一九四五・〇七・二四	永川東植	伍長	戦死	安東郡禄転面元山洞九〇六
		頭部貫通銃創	×	永川左出	妻		安東郡禄転面元山洞九〇六
六六七	独混三五連隊	ニューブリテン島ラバウル	一九四四・〇三・〇四	三山森弘	伍長	戦死	安東郡礼安面川前洞二九二
		全身爆創	一九一七・〇三・二八	三山勝平	父		安東郡礼安面川前洞二九二
五九四	独混八七旅砲兵隊	湖北省武昌一八三兵病	一九四五・一一・一二	金山月伊	兵長	戦病死	盈徳郡盈徳面南石洞一六九
		脚気	×	金山末吉			盈徳郡盈徳面南石洞一六九
一〇一〇	独混八七旅砲兵隊	湖北省一八五兵病	一九四五・一〇・二五	井上奉基	上等兵	戦病死	軍威郡古老面長谷洞四五七
			一九二四・〇九・三〇	井上官祚	父		軍威郡古老面長谷洞四五七
四七二	独混九一旅砲兵隊	南京二陸軍病院	一九四五・〇二・一一	金澤燦基	上等兵	戦病死	栄州郡順興面邑内里三三二
		パラチフス・気管支炎	一九一六・〇三・〇一	金澤昌徽	父		栄州郡順興面邑内里三三二
一〇二〇	独立臼砲二〇大隊	硫黄島	一九四四・一一・一三	松田昌林	上等兵	戦病死	聞慶郡加恩面葛田里五二八
		全身須弱心臓麻痺	×	松田蓮山	妻		慶尚南道釜山府温仙町一二六〇
一〇二九	独立高射砲四三中隊	サイパン島	一九四四・〇七・一八	野村武勇	兵長	戦死	盈徳郡江口面金津洞一五二
			一九二一・〇三・〇四	野村鳳海	父		盈徳郡江口面金津洞一五二
一〇三二	独立野戦商五八大隊	ニューブリテン島ラバウル	一九四五・一一・一六	針替哲夫	上等兵	戦病死	栄州郡栄州邑下望里一四四
		マラリア	×	山本徳容	母		大邱府東雲町二九八
五七八	独立自動車六一大隊	ビルマ、一二一兵病	一九四四・一一・一七	白川清一	兵長	戦病死	大邱府砧山洞六二
		マラリア	一九二二・〇一・二七	白川南伊	母		大邱府砧山洞六二
五二九	独立自動車六一大隊	ビルマ、一八師三野病	一九四五・〇三・一二	林琦鉉	兵長	戦病死	青松郡府東面梨田洞八五四
		マラリア	一九二二・一一・一七	林元碩	父		青松郡府東面梨田洞八五四
五八一	独立自動車六一大隊	ビルマ、チャイト	一九四五・〇七・〇一	金井容煥	伍長	戦死	大邱府市町一七五
		頭・胸部爆弾創	一九二〇・〇七・一八	金井福萬	父		大邱府新町二七四
五七九	独立自動車六一大隊	タイ、ランパン五六師野病	一九四五・一二・二五	金山文雄	伍長	戦病死	慶山郡孤山面三徳洞五〇七
		マラリア	一九一七・〇五・三〇	金山芥連	母		慶山郡孤山面三徳洞五〇七

五八〇	独立自動車六一大隊	タイ、南方一六陸病 マラリア	一九四六・〇一・一六 一九二一・〇四・一三	林長太郎 林判石	伍長 父	戦病死	達城郡花園面舌化洞六三三 達城郡花園面舌化洞六三三
七九七	独立自動車六一大隊	ビルマ、ピヤウベ	一九四五・〇四・〇九 一九二〇・〇四・一六	南壬洙 南又元	伍長 父	戦死	青松郡縣東面開日洞六六七 青松郡縣東面開日洞六六七
三五五	独立工兵九中隊	不詳 四エチルガス中毒	一九四五・〇一・一三 一九二二・〇六・二二	金田相培 金田裕経	上等兵 父	戦病死	清道郡清道面松邑洞二一〇 釜山市草場洞三－一三六
七三四	独立工兵九中隊	不詳	一九四五・〇一・一五 一九二五・〇三・〇四	岡本寛一 岡本整松	工員 父	戦死	善山郡桃南面多谷洞八一〇 愛知県岡崎市久衛門町二五
一〇三一	独立工兵一〇中隊	ビルマ、カタインジ マラリア	一九四五・〇五・一七 一九二五・〇三・一〇	山本柄國 山本荏吉	伍長 父	戦病死	栄州郡浮名面龍川里八八 栄州郡浮名面龍川里八八
一〇三四	独立工兵一〇中隊	ビルマ、チュタウク 頭部迫撃砲弾破片創	一九四五・〇四・二七 一九二二・一〇・一五	金田言王 金田北龍	兵長 父	戦死	金泉郡代項面香川洞一〇五 金泉郡代項面香川洞一〇五
一〇四二	独立工兵一〇中隊	ビルマ、サルウィン マラリア	一九四五・〇六・一〇 一九二一・一一・〇一	吉松鐘祐 吉松鳳基	兵長 父	戦病死	清道郡錦川面林塘洞二四〇 清道郡錦川面林塘洞二四〇
五八四	独立工兵六六大隊	沖縄県首里 手榴弾破片創	一九四五・〇四・二九 一九二〇・〇五・〇一	松山弘義 松山貞順	兵長 妻	戦死	安東郡安東邑鷺下洞二〇二 安東郡安東邑鷺下洞二〇二
一〇四三	独立工兵七〇大隊	台湾西南海上	一九四四・〇八・一九 一九二四・〇二・二〇	山本敬玉 ―	一等兵	戦死	清道郡角南面二〇九 ―
九三〇	独歩二四大隊	不詳	一九四五・〇二・二五 一九一九・〇六・〇八	三本柄文 ―	通訳	戦死	慶州郡江西面斗統里九九三 ―
七五二	独歩三〇大隊	ビルマ、メークテラー	一九四五・〇四・一一 一九二一・〇四・二四	金山清春 金山炳秀	伍長 父	戦死	青松郡縣西面徳城洞一〇一 青松郡縣西面徳城洞一〇一
六三一	独歩三二大隊	河北省 左胸部貫通銃創	一九四五・〇五・一二 一九二五・〇一・一四	松山許三郎 松山丙王	傭人 父	戦死	慶州郡外東面薪渓里四四 ハルピン市西伝泉区景陽分九界平街
九七五	独歩三三大隊	不詳	一九四五・〇五・一二 ×	松山炳玉 ―	軍属	戦死	慶州郡外東面薪渓里四四 ―
四六四	独歩三九大隊	河北省	一九四五・〇五・三一 一九一五・一一・二二	岩本鍾鮮 岩本圭階	通訳 父	戦死	尚州郡成昌面下萬里五〇九 尚州郡成昌面下萬里五〇九
九六一	独歩四一大隊	山東省 頭部貫通銃創	一九四四・〇八・〇三 ×	梧村忠雄 ―	上等兵 ―	戦死	聞慶郡聞慶面下草里二七 ―
八九五	独歩四一大隊	山東省	一九四五・〇六・〇七 ×	琴村錫鎬 ―	一等兵	不詳	奉化郡物野面北枝里八七一 奉化郡祥雲面文林里一〇七九
九六五	独歩四二大隊	山東省	一九四四・〇一・二九 一九二三・〇六・一五	竹本徳鎮 竹本貞玉	兵長 妻	戦死	義城郡多仁面三汾洞三一三 義城郡多仁面三汾洞三一三
九六三	独歩四三大隊	山東省	一九四四・一一・〇二	昌山章煥	兵長	戦死	永川郡華北面梧山洞九三

			一九二〇・〇一・二八	昌山来鎮	父		永川郡華北面梧山洞九三
五九九	独歩四四大隊	湖北省漢口	一九四五・〇二・〇一	鈴川夏植	兵長	戦死	醴泉郡龍宮面郷石里二二〇
			一九一三・〇六・一〇	鈴川成天	父		醴泉郡龍宮面郷石里二二〇
四五二	独歩四七大隊	山東省一五五兵病	一九四五・〇四・〇七	秋山村夫	上等兵	戦病死	聞慶郡麻城面新峴里三二〇
		発疹チフス	一九二四・一〇・二〇	秋山養治	兄		忠清北道槐山郡上毛面温泉里二七八
六一二	独歩五七大隊	湖北省武昌兵病	一九四五・一二・一二	高山元圭	上等兵	戦死	義城郡丹村面長村洞六八〇
		回帰熱	一九二三・〇五・二五	高山后植	父		義城郡丹村面長村洞六八〇
一五二	独歩六一大隊	湖南省一八五兵病	一九四五・一一・二四	玉川永善	上等兵	戦病死	漆谷郡北三面条鳥洞
		マラリア	一九二四・一一・一五	玉川載丹	祖父		漆谷郡北三面条鳥洞
一〇三六	独歩六二大隊	上海市一五九兵病	一九四六・〇六・一一	竹本景善	上等兵	戦死	尚州郡牟生面道安里四五二
			一九二四・一二・二五	竹本基祚	父		尚州郡牟生面道安里四五二
八七	独歩六三大隊	湖南省	一九四五・〇八・二九	豊泰相鎬	上等兵	戦病死	栄州郡文殊面月呟里三三一
		脚気	一九二四・〇五・〇二	豊泰栄洛	父		奉化郡春陽面牛口峙里三－一
八八	独歩六三大隊	武昌一二八兵站病院	一九四五・一一・一六	金城蓮淑	上等兵	戦病死	栄州郡伊山面新川里
		コレラ	一九二四・〇二・二一	金城斗祚	父		栄州郡伊山面新川里
八九	独歩六三大隊	湖南省一八四兵病	一九四六・〇二・一二	千田炳台	伍長	戦病死	安東郡臨泉面渭東六八四
		脚気・マラリア	一九二四・一一・二九	千田九學	父		安東郡臨泉面渭東六八四
九〇	独歩六三大隊	漢口一七八兵站病院	一九四六・〇三・二〇	金山尚根	上等兵	戦病死	奉化郡及城面奉徳里一九三
		マラリア（熱帯熱）	一九二四・一二・一二	金山木性	父		奉化郡及城面奉徳里一九三
六一	独歩六四大隊	湖南省一八五兵病	一九四五・〇九・一三	高木兄國	兵長	戦傷死	尚州郡利安面金安洞一六三
		右大腿骨折貫通銃創	一九二四・〇三・二二	高木世澤	父		尚州郡利安面金安洞一六三
六二	独歩六四大隊	湖南省一八五兵病	一九四六・〇四・一六	和山政雄	兵長	戦病死	金泉郡肋馬面新安洞六五
		右肺浸潤	一九二四・〇六・一四	和山清秀	父		金泉郡肋馬面新安洞六五
八二	独歩六五大隊	湖南省	一九四五・〇八・二一	蔡山周燦	兵長	戦死	達城郡玄風面下洞一五四
		腹部貫通銃創	一九二三・一二・〇三	蔡山×杓	父		達城郡玄風面下洞一五四
八三	独歩六五大隊	衡陽六八師野戦病院	一九四五・一一・一七	金本順相	上等兵	戦病死	尚州郡恭倹面曳舟里六二
		×性腸炎	一九二四・〇三・一五	金本鐘壽	父		尚州郡恭倹面曳舟里六二
八四	独歩六五大隊	武昌一五九兵站病院	一九四五・〇九・一〇	岩本相纁	一等兵	戦病死	尚州郡恭倹面光谷里三一六
		細菌性赤痢	×	岩本範再	父		尚州郡恭倹面光谷里三一六
八五	独歩六五大隊	湖南省長沙一八四兵病	一九四六・〇一・一二	弘川基源	兵長	戦病死	高霊郡問津面玉山洞六五一
		マラリア	×	弘川龍錫	父		高霊郡問津面玉山洞六五一
八六	独歩六五大隊	衡陽六八師野戦病院	一九四五・一〇・一三	玉山浩彦	上等兵	戦病死	漆谷郡東明面松山洞六一二
		マラリア・脚気	一九二四・〇二・一八	玉山末錫	父		漆谷郡東明面松山洞六一二
三五九	独歩九四大隊	湖南省	一九四五・〇三・〇八	今井正逢	上等兵	戦病死	大邱府徳山町
		狭心症	一九二三・〇二・〇九	金井丙逢	兄		大邱府南山町六七三

八〇	独歩九五大隊	南京二陸軍病院	一九四四・一〇・一三	松原汎鎮	上等兵	戦病死	尚州郡内西面古谷里七七四
		腸膜炎	一九二四・〇九・一五	松原在旭	父		尚州郡内西面古谷里七七四
八一	独歩九五大隊	武昌一五九兵站病院	一九四五・〇九・一二	野山秀吉	上等兵	戦病死	金泉郡開寧面慶川洞一一九二
		細菌性赤痢	一九二四・〇四・一九	野山占文	父		金泉郡開寧面慶川洞一一九二
九一	独歩九六大隊	漢口二陸軍病院	一九四五・〇二・〇五	金田溶錫	上等兵	戦病死	軍威郡友保面羅湖里洞一七四
		急性黄色肝萎縮	一九二四・〇一・一三	金田基鳳	父		軍威郡友保面羅湖里洞一七四
一〇一七	独歩一〇九大隊	山東省	一九四四・〇八・一五	島内漢翼	兵長	戦死	迎日郡竹頂面梅山里
		下腹部貫通銃創	一九二四・一二・二一	島内晋析	父		迎日郡竹頂面梅山里
五九八	独歩一一一大隊	山東省	一九四五・〇四・〇四	宜本準顕	伍長	戦死	安東郡豊山面上里洞
			一九二四・〇三・〇八	宜本周幸	祖父		安東郡豊山面上里洞
三八二	独歩一一五大隊	湖南省一八五兵病	一九四六・〇一・〇六	星山相洙	上等兵	戦病死	漆谷郡青木面観湖洞三七七
		回帰熱・脚気	一九二四・〇八・二〇	星山善伊	母		漆谷郡青木面観湖洞三七七
一〇二八	独歩一一五大隊	湖北省漢口	一九四四・一〇・二五	國本家弘	二等兵	公務死	義城郡新平面安平里九〇
			×	—			—
一〇四八	独歩一一五大隊	湖北省漢口	一九四四・一〇・二五	安田重達	一等兵	公務死	星州郡碧珍面伽岩洞二六三
			×	—			—
一〇四九	独歩一一五大隊	湖北省漢口	一九四四・一〇・二五	石原鎬文	一等兵	戦死	星州郡船南面道興洞一三六一
			×	—			—
九六四	独歩一一五大隊	湖北省漢口	一九四四・一〇・二五	中島道水	上等兵	戦死	栄州郡文殊面赤東里六二〇
			×	—			—
三七六	独歩一一五大隊	湖北省武昌一五九兵病	一九四五・〇五・二七	東　俊植	兵長	戦死	聞慶郡戸西南面興徳里五九八
		細菌性赤痢	一九二四・一一・一七	東　順澤	父		聞慶郡戸西南面興徳里五九八
三八一	独歩一一五大隊	湖北省漢口一五八兵病	一九四五・〇六・二六	岩本乙石	上等兵	平病死	聞慶郡聞慶面八霊里五三三
		マラリア・肺結核	一九二四・〇一・二二	岩本未吉	兄		聞慶郡聞慶面八霊里六六八
三八	独歩一一六大隊	湖南省	一九四五・〇七・〇一	烏川學鐵	兵長	戦病死	奉化郡法田面小魯里六二
			一九二四・〇九・二六	烏川周知	父		奉化郡法田面小魯里六二
三七九	独歩一一五大隊	湖南省一八五兵病	一九四五・〇七・一二	高本相用	兵長	戦病死	金泉郡南面×沙洞一七四四
		マラリア	一九二四・一〇・一〇	高本喜甲	父		金泉郡南面×沙洞一七四四
三七八	独歩一一五大隊	湖南省一八五兵病	一九四五・一〇・一一	仁張仁植	兵長	戦死	漆谷郡石積面中洞三三五
			一九二三・一二・〇八	仁張永漢	父		漆谷郡石積面中洞三三五
三七七	独歩一一五大隊	湖北省一七八兵病	一九四五・一二・〇二	金澤郁煥	上等兵	戦死	尚州郡尚州邑洛陽里五七
		脚気	一九二四・〇一・一六	金澤光定	父		尚州郡尚州邑洛陽里五七
三八〇	独歩一一五大隊	湖南省	一九四五・〇七・一一	玉山宗澤	兵長	戦死	慶山郡安心面栗下洞一六
		頭部盲管銃創	一九二四・〇二・二七	玉山徳壽	父		慶山郡安心面栗下洞一六
三九	独歩一一六大隊	上海一五七兵站病院	一九四五・一一・〇九	中江洛祐	兵長	戦病死	義城郡北安面二杜洞四五八

		コレラ・膊骨骨折	一九二四・一〇・〇九	中江天壽	父		義城郡北安面二杜洞四五八
七四	独歩一一六大隊	湖南省一八五兵病	一九四五・〇六・一八	吉田大麟	兵長	戦病死	安東郡陶山面大子洞七五八
		細菌性赤痢	一九二四・〇九・〇八	吉田蓮姫	妻		
七二	独歩一一七大隊	湖南省	一九四五・〇六・二三	松原南琮	上等兵	戦死	達城郡城西面長×洞二九六
		腰部貫通銃創	一九二三・一二・〇七	松原楽鳳	父		達城郡城西面長×洞二九六
七三	独歩一一七大隊	湖北省一八一兵病	一九四五・〇九・二九	國本性龍	上等兵	戦病死	善山郡海平面金湖洞四四八
		A型パラチフス	一九二四・一一・二〇	國本相楪	父		善山郡海平面金湖洞四四八
一五〇	独歩一一七大隊	湖北省漢口	一九四四・一二・一八	林鐘漢	兵長	戦死	清道郡豊角面月峰洞六八一
		窒息死	×	林三甲	父		清道郡豊角面月峰洞六八一
一五一	独歩一一七大隊	湖南省一八五兵病	一九四五・一一・三〇	玉岡銀瀬	兵長	戦病死	漆谷郡若木面水洞四二〇
			×	玉崗市珠	父		漆谷郡若木面水洞四二〇
一四九	独歩一一七大隊	湖南省	一九四五・〇七・二二	金田鍾銖	上等兵	戦死	清道郡豊角面聖谷洞五七一
		腰部盲管銃創	×	金田相玖	父		清道郡豊角面聖谷洞五七一
一〇二二	独歩一一七大隊	不詳	一九四五・一二・一〇	金澤翔喜	兵長	戦死	慶山郡慶山面新校洞二六
			×	金澤順伊	母		慶山郡慶山面新校洞二六
一〇二四	独歩一一七大隊	不詳	不詳	高木尚烈	上等兵	戦病死	高霊郡星山面沙鳧洞六一
			一九二三・一二・二四	高木経洙	父		高霊郡星山面沙鳧洞六一
一四三	独歩二三七大隊	湖北省	一九四六・〇二・一三	平山且福	上等兵	戦死	軍威郡召保面寶峴洞一二二
		両肺浸潤	一九二四・〇四・一〇	平山萬成	父		大邱府枯山洞一四二一
五〇	独歩三八一大隊	河南省	一九四五・〇二・二〇	岩見香雨	上等兵	戦病死	慶州郡月岩面金文里六三三
			一九二三・〇一・一七	岩見鐘覩(?)	父		慶州郡月岩面金文里六三三
七九	独歩五一四大隊	漢口一五八兵站病院	一九四五・一〇・二五	小川明圭	上等兵	戦病死	星州郡月恒面長山洞一一五七
		マラリア・回帰熱	一九二四・〇八・〇一	小川箕峻	父		星州郡月恒面長山洞一一五七
一三三	独歩五一五大隊	不詳	一九四五・〇八・〇五	大本明基	上等兵	戦病死	達城郡月背面上仁洞五九〇
			一九二四・〇二・二五	大林夏意	父		達城郡月背面上仁洞五九〇
三六五	独歩五一五大隊	湖北省一二八兵病	一九四五・一〇・〇八	平本快鎮	兵長	戦病死	善山郡舞乙面態谷洞一一二
		マラリア・栄養失調症	一九二四・一〇・〇三	平本点順	母		善山郡舞乙面態谷洞一一二
三六六	独歩五一五大隊	湖北省一八三兵病	一九四五・一一・二一	幸本重陽	兵長	戦病死	漆谷郡漆谷面邑内洞八六九
		マラリア	一九二四・〇八・一一	幸本末辰	父		漆谷郡漆谷面邑内洞八六九
三六七	独歩五一五大隊	湖北省一五九兵病	一九四五・〇九・一〇	木下圭哲	上等兵	戦病死	善山郡長川面五老洞一四一一
			一九二三・一二・一六	木下寅栄	父		善山郡長川面五老洞一四一一
三六九	独歩五一五大隊	湖北省一八五兵病	一九四五・一一・〇一	大山熙洙	上等兵	戦病死	慶山郡孤山面旭水洞一五二
		栄養失調症	一九二四・〇九・一三	大山中景	父		清道郡華陽面花路洞
六一一	独歩五一五大隊	湖北省	一九四五・一二・二三	新井範顕	兵長	戦死	尚州郡尚州邑南町一五
		脚気・衝心	×	新井性×	父		尚州郡尚州邑南町一五

一一七	独歩五一七大隊	湖南省	一九四五・〇八・〇六 一九二四・〇一・二五	美井郎男 美井邦夫	兵長 父	戦死	大邱府南山町二六四 大邱府南山町二六四
一一八	独歩五一七大隊	湖南省	一九四五・〇七・〇三 一九二四・〇三・二七	李田載春 李田成均	兵長 父	戦死	義城郡北安面龍南洞一五 義城郡北安面龍南洞一五
五六五	独歩五一七大隊	湖南省	一九四五・〇九・一〇 一九二四・〇七・二九	金子煕徳 金子順権	兵長 父	戦死	達城郡求智面牧円洞七〇二 慶尚北道昌寧郡熔面牧円里二三六
一〇〇六	独歩五一七大隊	江西省一七七兵病 マラリア・熱帯熱	一九四五・一一・〇四 一九二四・〇七・二〇	金光泰仁 福祚	上等兵 父	戦病死	大邱市七星町四四九－一六 星州郡伽泉面倉泉洞五一八
一〇五五	独歩五一七大隊	江西省	一九四五・〇九・一八 一九二四・一〇・二三	金川秀雄 金川大斗	上等兵 父	戦病死	善山郡高牙面槐坪洞二一〇 善山郡亀尾面芝山洞
一二六	独歩五一八大隊	江西省	一九四六・〇一・一四 一九二四・〇一・二八	岩崎鎮龍 岩崎成貴	兵長 母	戦病死	高霊郡雙村面山丹洞三四三 清道郡清道面尚樹洞四七八
一二七	独歩五一八大隊	江西省 回帰熱	一九四六・〇二・一二 一九二三・一二・一二	大原允実 大原洛基	兵長 父	公病死	醴泉郡虎鳴面穆山洞五三 醴泉郡虎鳴面穆山洞五三
一二八	独歩五一八大隊	江西省 マラリア	一九四六・〇一・一八 一九二四・〇一・一九	松山花祚 松山守學	上等兵 父	戦病死	善山郡高牙面多食洞五七 善山郡高牙面多食洞五七
一二九	独歩五一八大隊	江西省 回帰熱	一九四六・〇三・〇五 一九二四・〇六・〇五	大山載鶴 大山英然	兵長 父	戦病死	清道郡角南面九谷洞五〇四 清道郡角南面九谷洞五〇四
六二〇	独歩五一八大隊	江西省七七兵病 マラリア・脚気	一九四六・〇四・二九 一九二四・〇三・二五	松村鏞大 松村漢順	上等兵 父	戦病死	― ―
一〇三五	独歩五一八大隊	湖南省七二兵病	一九四五・〇九・三〇 ×	井上敏雄 井上光春	一等兵 父	戦病死	金泉郡開寧面東部洞二四六 金泉郡開寧面東部洞二四六
九六六	独歩五四一大隊	不詳	一九四七・〇四・一四 一九二四・〇三・一四	金原鍾圭 金原元培	一等兵 父	戦病死	義城郡多×面徳弥洞五七三 義城郡多×面徳弥洞五七三
九五三	南方軍運航部	不詳	一九四四・〇二・一九 一九二二・一二・〇七	宋在奎 ―	船員	戦死	金泉郡亀城面米評里六四三 ―
四五三	南方軍一通信隊	ルソン島リザール州 頭部砲弾破片創	一九四五・〇六・二五 ×	金本匡平 金本義洙	伍長	戦死	迎日郡竹長面月坪里三三五 迎日郡竹長面月坪里三三五
八九〇	南方軍通信隊司令部	ルソン島	一九四四・〇七・三一 ×	平治弘吉 平治正光	雇員 父	戦死	迎日郡只杏面竹井里二四五 迎日郡只杏面竹井里二四五
九〇九	南方軍通信隊司令部	ルソン島	一九四四・〇七・三一 ×	山本大英 山本李吉	軍属 父	生死不明	軍威郡友保面村北洞四三 静岡県浜名郡三方原村六四〇
六〇九	南方軍九陸軍病院	パレンバン 胃潰瘍	一九四六・〇一・一三 一九二一・〇一・〇五	安原南仙 安原成山	看護婦 父	公病死	慶小碎阿陽面琴著洞五三 慶小碎阿陽面琴著洞五三
九七〇	迫撃砲二九大隊	一〇一師野病（済州島）	一九四五・〇八・二七	中山元煕	一等兵	公務死	善山郡善山面生谷里二三七

		細菌性赤痢	一九二四・一一・〇三	中山頂金	父		善山郡善山面生谷里二三七
一〇五四	飛行七戦隊	不詳	一九四五・〇三・一六	豊山仁雄	兵長	公務死	善山郡善山面竹枝洞四五
			×	郭基陽	父		善山郡善山面竹枝洞四五
一一九	釜山三七野戦勤務隊	全羅南道麗水郡	一九四五・〇七・〇七	弘山淳黙	兵長	公病死	軍威郡二渓面東山洞一四〇八
		右顳顬骨部受傷	一九二四・〇四・二八	弘山延欽	父		軍威郡二渓面東山洞一四〇八
六〇三	俘虜収容所	スマトラ島	一九四四・〇六・二六	金本教周	傭人	戦死	永川郡華化面慈川洞二九
			×	金本教喜	―		永川郡華化面慈川洞二九
六〇四	俘虜収容所	スマトラ島	一九四四・〇六・二六	木村鐘萬	傭人	戦死	軍威郡美興面永化里六〇四
			×	木村次順	―		永川郡花山面連渓里二九七
六〇六	俘虜収容所	スマトラ島	一九四四・〇六・二六	夏川奎南	傭人	戦死	永川郡華北面安川里五〇五
			×	夏川崎煥	―		永川郡華北面安川里五〇五
六〇七	俘虜収容所	スマトラ島	一九四四・〇六・二六	金川時泰	傭人	戦死	永川郡北安面柳上洞一一六
			×	金川乙伊	―		永川郡北安面柳上洞一一六
五二	北支派遣憲兵隊	張家口陸軍病院	一九四三・〇九・三〇	野村武雄	雇員	戦病死	奉化郡春陽面宣里九五
		腸チフス	×	野村泰英	父		奉化郡春陽面宣里九五
一三〇	北支特警隊九警大隊	河北省	一九四五・〇五・二八	木戸憲三	軍属	戦死	金泉郡禦侮面徳馬洞三五
		左胸部利創	一九二六・〇三・〇三	木戸姫女	母		四平省昌図駅前福順大街六四
二六一	北支野戦貨物廠	天津陸軍病院	一九四四・一二・〇八	平野錬琪	軍属	戦病死	栄州郡平穏面川本里一〇六〇
		慢性腸炎	一九一三・〇七・二〇	平野世爛			栄州郡平穏面川本里一〇六〇
四七四	北支野戦貨物廠	蒙疆綏遠省	一九四四・〇九・二三	大原健一	雇員	不慮死	善山郡善山面東部洞
			×	大原千松	―		―
一〇〇四	北支野戦補給馬廠	河北省北京一陸病	一九四四・〇四・二〇	石原永富	軍属	戦病死	善山郡高牙面巴山洞二七九
		両側湿性胸膜炎	×	石原正基	父		善山郡高牙面巴山洞二七九
五二八	北部軍管区司令部	北海道上江別町立病院	一九四五・〇七・一〇	春本泰守	雇員	戦病死	英陽郡首北面五基洞一六七
		猩紅熱	一九一〇・〇二・一二	春本陳陽	父		義城郡義城邑道西洞二二五
九四六	北部軍管区経理部	根室市	一九四四・〇九・一三	松山朋世	軍属	死亡	栄州郡安定面龍出洞
		頭蓋破裂	一九二二・〇八・二一	松山且熊	妻		栄州郡安定面龍出洞
九三五	香港二〇〇兵站病院	香港二〇〇兵病	一九四五・一一・一六	金田徳祥	船員	戦病死	迎日郡九龍浦邑九龍浦里
		肺結核	一九一五・一二・一〇	金田格祚	兄		迎日郡九龍浦邑九龍浦里
一五六	歩兵二八連隊	ニューギニア、ダンダヤ	一九四四・〇六・一九	松本常廣	伍長		軍威郡山上面雪山洞三三一
		頭部貫通銃創	×	松本 三	父		―
一五五	歩兵二八連隊	ニューギニア、バロン	一九四四・一一・二三	松山重雄	曹長	戦死	栄州郡鳳峴面柳田洞四三一
		腹部貫通銃創	×	松山英雄	父		栄州郡鳳峴面柳田洞四三一
二三九	歩兵二八連隊	ルソン島マンカヤン	一九四五・〇七・〇一	武臣秀雄	兵長	戦死	永川郡永川邑門内洞一一五
		腹部盲官銃創	一九一九・〇四・二三	武臣岳伊	母		永川郡永川邑門内洞一一五

番号	部隊	死亡場所・死因	年月日	氏名	階級・続柄	区分	本籍・住所
三七	歩兵四六連隊	台湾海峡	一九四五・〇一・二九	金田洙栄	一等兵	海没	聞慶郡山陽面元川里四二〇
		海没	一九二四・〇五・〇二	金田瑞容	父		聞慶郡山陽面元川里四二〇
二四五	歩兵四六連隊	鹿児島沖	一九四五・〇一・二五	新安英一	一等兵	戦死	大邱府東城町二丁目一四〇
			一九二四・〇二・一一	新安 策	父		大邱府堅町五〇
一〇一三	歩兵七四連隊	ミンダナオ島ウマヤン	一九四五・〇七・二〇	三井昌國	伍長	戦死	慶州郡陽南面上渓里五〇一
			一九一八・〇四・一五	三井福金易	父		慶州郡陽南面上渓里五〇一
七三八	歩兵七四連隊	ニューギニア島ソーヨ	一九四四・〇八・一〇	松井 ×	傭人	戦死	金泉郡金泉邑城内町一八
			×	松井 堈	父		金泉郡金泉邑城内町一八
五六	歩兵七四連隊	ミンダナオ島ウマヤン	一九四五・〇七・〇五	平本英一	兵長	戦死	盈徳郡盈徳面南石洞三九
		頭部爆弾破片創	一九二一・〇九・〇九	平本正夫	父		奉化郡法用面桐井里一八二
七二二	歩兵七四連隊	ミンダナオ島ウマヤン	一九四五・〇八・〇四	光本命祚	兵長	戦死	永川郡大昌面江西洞一九七
		全身爆弾創	×	崔月光	母		永川郡大昌面江西洞一九七
七三六	歩兵七五連隊	台湾海峡	一九四五・〇一・〇九	金城仁植	上等兵	戦死	尚州郡外西面南積里
		海没	×	金城奉教	父		尚州郡外西面南積里
二五二	歩兵七五連隊	ルソン島ロー地区	一九四五・〇八・一〇	金城汶峰	上等兵	戦死	興陽郡北面新岩洞七三
		頭部砲弾破片創	一九二二・〇五・一〇	金城光相	父		興陽郡北面新岩洞七三
二五〇	歩兵七五連隊	ルソン島バタロガン	一九四五・〇八・一七	仁山海洙	上等兵	戦死	醴泉郡豊壌面憂忘里三二六
			一九二三・〇六・〇三	仁山龍洙	父		醴泉郡豊壌面憂忘里三二七
二五一	歩兵七五連隊	ルソン島アミン	一九四五・〇四・二三	清川致星	上等兵	戦死	慶州郡慶州邑城東里一六三
		腹部貫通銃創	一九二四・一二・二七	清川日東	父		慶州郡慶州邑城東里一六三
七三七	歩兵七五連隊	ミンダナオ島マクイバラヘ	一九四五・〇五・一〇	東本鎮燮	兵長	戦死	永川郡新寧面新徳里六三二
			一九二〇・〇五・〇三	東本香伊	母		永川郡新寧面新徳里六三二
五〇四	歩兵七六連隊	ルソン島バクロガン	一九四五・〇九・〇七	海平中吉	上等兵	戦病死	軍威郡軍威面政洞四〇五
		マラリア	一九二二・一〇・二八	―			―
七四八	歩兵七七連隊	ミンダナオ島ナンビット	一九四四・〇九・〇九	金田敬龍	上等兵	戦死	尚州郡咸昌面旧郷里四六
		全身爆弾創	一九二〇・〇六・二六	金田且鳳	母		尚州郡咸昌面旧郷里四六
七四九	歩兵七七連隊	ミンダナオ島カガヤン	一九四五・〇五・〇八	金山菊久	上等兵	戦死	尚州郡牟西面石山里四六
		頭部貫通銃創	×	金山基弘	父		尚州郡牟西面石山里四六
七五〇	歩兵七七連隊	ミンダナオ島ウマヤン	一九四五・〇六・二五	藤山根教	伍長	戦病死	達城郡達西面葛山里八一二
		マラリア	×	藤山判春	妻		達城郡達西面葛山里八一二
七八九	歩兵七七連隊	レイテ島ナグアン山	一九四五・〇七・〇一	木村鐘健	上等兵	戦死	永川郡大昌面求芝洞四八二
			×	木村甚文	父		永川郡大昌面求芝洞四八二
七九〇	歩兵七七連隊	レイテ島ナグアン山	一九四五・〇七・〇一	金田光正	上等兵	戦死	尚州郡尚州邑城下町三
			一九二〇・一二・二〇	金田光永	兄		尚州郡尚州邑城下町三
七九一	歩兵七七連隊	レイテ島ナグアン山	一九四五・〇七・〇一	金本雅雄	上等兵	戦死	清道郡清道面高樹洞

番号	部隊	場所・傷病	日付	氏名	階級・続柄	区分	本籍・住所
			×	金本忠雄	兄		清道郡清道面高樹洞
七九二	歩兵七七連隊	レイテ島ナグアン山	一九四五・〇七・〇一	高木鐘九	上等兵	戦死	漆谷郡倭館面倭館洞一一三四
			×	高木栄基	父		漆谷郡倭館面倭館洞一一三四
七九三	歩兵七七連隊	レイテ島ナグアン山	一九四五・〇七・〇一	松岡昇寧	伍長	戦死	醴泉郡虎喝面松谷洞二八八
			×	松岡炳植	父		醴泉郡虎喝面松谷洞二八八
七九四	歩兵七七連隊	レイテ島ナグアン山	一九四五・〇七・〇一	山本大成	伍長	戦死	慶州郡川北面東山里七五七
			×	山本錫斗	父		慶州郡川北面東山里七五七
一七〇	歩兵七八連隊	ニューギニア、坂東川	一九四三・〇七・一〇	吉山明顔	伍長	戦死	奉化郡春陽面西碧里七二〇
		胸部貫通銃創	×	吉山龍潭	父		ー
一九九	歩兵七八連隊	ニューギニア、サイパ	一九四三・〇二・二七	豊田長道	兵長	戦傷死	醴泉郡豊穣面青雲里七五四
		右脚貫通銃創	×	豊田義三郎	兄		ー
二〇七	歩兵七八連隊	ニューギニア、カイアピット	一九四三・〇九・二〇	新井海東	伍長	戦死	栄州郡豊基面西部洞一二〇
		胸部貫通銃創	×	新井上峰	父		栄州郡豊基面東部洞
一〇三九	歩兵七八連隊	ニューギニア、ガイアピット	一九四三・〇九・二〇	松平武雄	上等兵	戦死	尚州郡尚州邑南町九
			×	松平良市	父		尚州郡昌州邑成下里六
二一三	歩兵七八連隊	ニューギニア、入江村	一九四三・一〇・二〇	岩本武男	兵長	戦死	大邱府鳳山町一三七
		頭部貫通銃創	×	山本有之	父		大邱府南龍岡町四三
一八〇	歩兵七八連隊	ニューギニア、入江村	一九四三・一〇・三〇	金城正義	伍長	戦死	栄州郡浮伊市面愚谷里五五
		腹部貫通銃創	×	金城楽麟	父		栄州郡浮伊市面愚谷里五五
一〇五六	歩兵七八連隊	ルソン島マニラ二陸病	一九四三・一一・二七	玉山在漢	上等兵	戦傷死	善山郡海平面松谷洞二二八
			×	玉山泰蓮	妻		善山郡海平面松谷洞二二八
一七五	歩兵七八連隊	ニューギニア、歓喜谷	一九四三・一二・〇六	金田東権	兵長	戦死	軍威郡軍威面左陵洞四六〇
		腹部貫通銃創	×	金田和喜	父		軍威郡軍威面左陵洞四六〇
一八九	歩兵七八連隊	ニューギニア、ケトバ	一九四三・一二・〇九	古海正博	伍長	戦死	聞慶郡聞慶面下里五九
		腹部貫通銃創	×	古海　實	父		ー
二一四	歩兵七八連隊	ニューギニア、ダマイネ	一九四三・一二・二〇	岩本吉正	兵長	戦死	奉化郡鳳成面鳳城里五四〇
		大腿部砲弾破片創	×	岩本宗七	祖父		奉化郡鳳成面鳳城里五四〇
二〇二	歩兵七八連隊	ニューギニア、歓喜峯	一九四三・一二・二八	戸山正義	伍長	戦死	善山郡高牙面伊禮里一九三
		腹部貫通銃創	×	戸山夏浩	父		ー
一〇二三	歩兵七八連隊	不詳	一九四四・〇一・〇二	卒原丙起	軍曹	戦死	聞慶郡聞慶面下里五九
			×	ー			ー
一七二	歩兵七八連隊	パラオ島西南沖	一九四四・〇一・二二	中井一雄	兵長	戦死	青松郡青根面金谷洞七五五
		海没	×	中井富雄	父		ー
一六七	歩兵七八連隊	パラオ島東南沖	一九四四・〇一・二二	山崎善美	兵長	戦死	金泉郡金泉邑旭町一五〇
		海没	×	山崎義正			金泉郡黄金町楽水洞二九

一八五	1	歩兵七八連隊	パラオ島東南沖海没	一九四四・〇一・二一	花本五稷	一等兵	戦死	禮川郡新寧面草南洞五七〇
	2			×	花本五清	弟		―
一九二	1	歩兵七八連隊	パラオ島東南沖海没	一九四四・〇一・二一	幸原丙杞	伍長	戦死	聞慶郡聞慶面下里五九
	2			一九二三・〇五・〇九	幸原庚出	兄		聞慶郡聞慶面陣安面七
一六〇	1	歩兵七八連隊	ニューギニア、屏風山 腹部貫通銃創	一九四四・〇一・二二	松田泰喜	伍長	戦死	栄州郡安定面新田洞一九六
	2			×	松田淑子	妻		―
八五六	1	歩兵七八連隊	ニューギニア、マダン	一九四四・〇二・〇一	大浦晋壽	伍長	戦死	慶州郡江東面吾琴里九五五
	2			×	大浦季福	父		慶州郡江東面吾琴里九五五
二〇四	1	歩兵七八連隊	ニューギニア、バロン マラリア	一九四四・〇二・〇三	新井在煕	兵長	戦病死	漆谷郡枝川面龍山洞一五二
	2			×	新井仙鶴	父		漆谷郡枝川面龍山洞一五二
四九六	1	歩兵七八連隊	ニューギニア、ウウェワク マラリア	一九四四・〇三・〇二	壺山鐘洙	伍長	戦病死	栄州郡長寿面好文里九二五
	2			一九二四・〇五・〇三	壺山鳳祥	父		―
一六二	1	歩兵七八連隊	ニューギニア、ダマイネ 左前腰骨折銃創	一九四四・〇三・一〇	柳　光	曹長	戦傷死	義城郡北安面東部洞二四八
	2			×	柳道儀	父		―
二二一	1	歩兵七八連隊	ニューギニア、ハンサ マラリア	一九四四・〇三・三〇	村井誠一	伍長	戦病死	大邱府東雲町四五七二
	2			×	村井猶太郎	父		大邱府東雲町四五七二
八〇〇	1	歩兵七八連隊	ニューギニア、セピック河口	一九四四・〇四・一五	松山吉雄	伍長	戦死	金泉郡王海面南山洞一〇一三
	2			×	松山吉雄(ママ)			―
一八四	1	歩兵七八連隊	ニューギニア、田中村 腹部貫通銃創	一九四四・〇五・〇三	林裁鎬	伍長	戦死	青松郡府東面新花洞一一
	2			×	林基光	父		―
二一五	1	歩兵七八連隊	ニューギニア、パナギ	一九四四・〇五・〇七	岩本清出	伍長	戦死	星州郡船南面道成洞七六四―一
	2			×	岩本基粉	―		星州郡船南面道成洞七六四―一
一七四	1	歩兵七八連隊	ニューギニア、江東川 腹部貫通銃創	一九四四・〇六・〇六	勝田政光	伍長	戦死	尚州郡外南面新上里九八七
	2			×	勝田増美	父		―
二〇六	1	歩兵七八連隊	ニューギニア、ワナム 爆死	一九四四・〇六・一一	新井茂雄	伍長	戦死	醴泉郡虎鳴面稷山洞二〇三
	2			一九二二・〇二・二〇	新井勝泰	父		醴泉郡虎鳴面稷山洞二〇三
一七七	1	歩兵七八連隊	ニューギニア、戸里川 胸部貫通銃創	一九四四・〇六・一四	金澤萬祚	伍長	戦死	迎日郡大松面東村洞四七五
	2			×	金澤一道	兄		―
一七一	1	歩兵七八連隊	ニューギニア、戸里川 マラリア	一九四四・〇六・一八	吉村靖八	伍長	戦病死	慶州郡龍城面振竹洞七六五
	2			×	吉田タソメ	母		―
一八二	1	歩兵七八連隊	ニューギニア、坂東川 頭部貫通銃創	一九四四・〇六・二七	権藤周赫	曹長	戦死	漆谷郡枝川面蓮花洞五九九
	2			×	権藤気哲	父		漆谷郡倭館面倭館洞
一五八	1	歩兵七八連隊	ニューギニア、坂東川 右脚砲弾切断	一九四四・〇七・一〇	松浦武男	伍長	戦死	慶山郡押梁面夫迪洞
	2			×	松浦増次	父		―
一七八	1	歩兵七八連隊	ニューギニア、坂東川	一九四四・〇七・一〇	金岡炯一	兵長	戦死	義城郡金城面青路洞一九六

		腹部貫通銃創	×	金岡慶河	父		義城郡金城面青路洞一一九六
一七九	歩兵七八連隊	ニューギニア、坂東川	一九四四・〇七・一〇	金田茂男	伍長	戦死	安東郡禮安面
		腹部貫通銃創	×	金田伯壽	父		—
一六三	歩兵七八連隊	ニューギニア、アイタベ	一九四四・〇七・一〇	安原健一	曹長	戦死	善山郡善山面東部洞四六二
		左大腿部貫通銃創	×	安原賢太郎	父		釜山市瀛仙町三四二
一六六	歩兵七八連隊	ニューギニア、坂東川	一九四四・〇七・一〇	山本徳龍	伍長	戦死	醴泉郡醴泉邑龍山洞三六八
		腹部貫通銃創	×	山本萬俊	父		—
一六八	歩兵七八連隊	ニューギニア、坂東川	一九四四・〇七・一〇	山本甲龍	伍長	戦死	尚州郡内西面路西里二〇〇
		胸部貫通銃創	×	山本尚俊	父		—
一八三	歩兵七八連隊	ニューギニア坂東川	一九四三・〇七・一〇	張本炳益	曹長	戦死	漆谷郡北三面呉太洞五〇
		頭部貫通銃創	×	張本渭相	父		大邱府新川道一二二九
一八六	歩兵七八連隊	ニューギニア、坂東川	一九四四・〇七・一〇	日高光雄	伍長	戦死	青松郡青松面且暮洞三七四
		胸部貫通銃創	×	日高聖出	父		—
一九四	歩兵七八連隊	ニューギニア、坂東川	一九四四・〇七・一〇	高山聖徳	伍長	戦死	永川郡古鏡面道岩洞四七七
		頭部貫通銃創	×	高山武學	父		—
一九五	歩兵七八連隊	ニューギニア、坂東川	一九四四・〇七・一〇	武田寅助	伍長	戦死	尚州郡咸昌面旧郷里四七七
		頭部貫通銃創	×	武田久培	父		—
一〇六九	歩兵七八連隊	ニューギニア、セピック州	一九四四・〇七・一〇	新井南秀	傭人	戦死	善山郡山東面林泉洞四八〇
			一九二二・〇七・一〇	新井丹平	母		—
二〇八	歩兵七八連隊	ニューギニア、坂東川	一九四四・〇七・一〇	新井南秀	伍長	戦死	青山郡山東面林泉洞四八〇
		爆死	×	新井舟平	父		青山郡山東面林泉洞四八〇
二〇五	歩兵七八連隊	ニューギニア、坂東川	一九四四・〇七・一一	青木聖昌	伍長	戦死	英陽郡立岩面道悟洞三七三
		腹部貫通銃創	×	青木輝×	父		安東郡安東邑法尚町三—一八五
一九六	歩兵七八連隊	ニューギニア、ダンダヤ	一九四四・〇七・一四	高山鐵雄	伍長	戦病死	金泉郡金泉邑本町四〇
		マラリア	×	高山善鎮	父		—
二〇〇	歩兵七八連隊	ニューギニア、アファ	一九四四・〇七・一四	徳重勝龍	伍長	戦死	盈徳郡盈徳面菖浦洞六三一
		胸部貫通銃創	一九二一・〇三・一四	徳重裕一	父		—
二一〇	歩兵七八連隊	ニューギニア、坂東川	一九四四・〇七・一五	岩本圭容	伍長	戦死	永川郡琴湖面大美洞
		腹部貫通銃創	×	岩本元栄	父		永川郡琴湖面大美洞
一九七	歩兵七八連隊	ニューギニア、ダンダヤ	一九四四・〇七・二〇	武山順福	伍長	戦死	栄州郡伊山面院里一五六五
		マラリア	×	武山順福（ママ）	祖父		—
二一六	歩兵七八連隊	ニューギニア、アファ	一九四四・〇七・二五	伊東龍平	兵長	戦死	尚州郡化平面以所里七三二
		腹部貫通銃創	×	伊東正太郎	父		尚州郡化平面以所里七三二
一七六	歩兵七八連隊	ニューギニア、坂東川	一九四四・〇七・二九	金浦允栄	伍長	戦死	金泉郡牙浦面鳳土洞四五二
		胸部貫通銃創	×	金浦秉國	父		大阪府河内郡磯長村葉室

一六五	歩兵七八連隊	ニューギニア、アフア	一九四四・〇七・二九	安原在漢	伍長	戦死	英陽郡英陽面西部洞四六二
		頭部貫通銃創	×	安原在栄	父		—
一六九	歩兵七八連隊	ニューギニア、坂東川	一九四四・〇八・〇三	吉野武次	伍長	戦死	漆谷郡仁同面仁義洞四四〇
		腹部貫通銃創	×	吉野秋蔵	父		—
一九一	歩兵七八連隊	ニューギニア、アファ	一九四四・〇八・〇五	朴重根	伍長	戦死	義城郡北安面西部洞八二
		胸部貫通銃創	×	朴錫洪	父		—
八七二	歩兵七八連隊	ニューギニア、ソーヨ	一九四四・〇八・一〇	西川根泰	伍長	戦死	慶川郡江西面安東里三一五
			×	西川萬釗	父		—
八七三	歩兵七八連隊	ニューギニア、ソーヨ	一九四四・〇八・一〇	吉田再根	伍長	戦死	慶山郡龍城面孤竹洞七六五
			×	吉田美分	母		—
二一七	歩兵七八連隊	ニューギニア、ウウェワク	一九四四・〇八・一五	江原忠市	伍長	戦傷死	華化郡召城面三渓里六四
		胸部貫通銃創	×	江原貞子	妻		華化郡召城面三渓里六四
一八一	歩兵七八連隊	ニューギニア、ブーツ	一九四四・〇八・二五	菊地俊吉	伍長	戦死	慶山郡河陽面東西洞
		腹部貫通銃創	×	菊地俊吉（ママ）	父		慶山郡河陽面東西洞
一九三	歩兵七八連隊	ニューギニア、ブーツ	一九四四・〇九・〇二	高原柄奭	伍長	戦病死	金泉郡代頂面春川洞一〇二〇
		マラリア	×	高原月龍	父		—
二一九	歩兵七八連隊	ニューギニア、ボイキン	一九四四・〇九・二三	大林海光	伍長	戦病死	盈徳郡盈徳面華水洞七二一
		マラリア	×	大林聖作	父		盈徳郡盈徳面華水洞七二一
一八八	歩兵七八連隊	ニューギニア、ボイキン	一九四四・〇九・二五	廣田永吉	兵長	戦病死	青松郡府南面九川洞九〇六
		マラリア	×	廣田萬學	兄		—
一九八	歩兵七八連隊	ニューギニア、ウウェワク	一九四四・〇九・二七	共田致権	伍長	戦死	漆谷郡枝川面蓮花洞二三
		胸部貫通銃創	×	共田禮錫	兄		—
一八七	歩兵七八連隊	ニューギニア、バロン	一九四四・〇九・二八	平本斗福	伍長	戦死	盈徳郡柄谷面柄谷洞一〇四
		胸部貫通銃創	×	平本萬石	父		—
二〇九	歩兵七八連隊	ニューギニア、カラップ	一九四四・一〇・一〇	舟山元吉	伍長	戦病死	醴泉郡龍門面下鶴洞四〇二
		マラリア	一九二一・〇三・〇四	舟山良根	父		醴泉郡龍門面下鶴洞四〇二
四九七	歩兵七八連隊	ニューギニア、アイン	一九四四・一〇・二二	岩本槌南	伍長	戦病死	盈徳郡江口面金津洞一〇
		マラリア	×	岩本教復	母		盈徳郡江口面金津洞一〇
二一二	歩兵七八連隊	ニューギニア、ボイキン	一九四四・一〇・三〇	池原栄植	伍長	戦傷死	尚州郡内西面白鶴里四六
		胸部貫通銃創	×	池原幸龍	父		尚州郡内西面白鶴里四六
八一二	歩兵七八連隊	ニューギニア、ハンサ	一九四四・一二・一五	月山壽學	伍長	戦死	漆谷郡漆谷面邑内洞七九六
			×	月山鳳壹	父		漆谷郡漆谷面邑内洞七九六
二一八	歩兵七八連隊	ニューギニア、アイン	一九四四・一二・二〇	大原鎮植	伍長	戦病死	迎日郡曲江面梅山洞一九二
		マラリア・大腸炎	一九二一・一一・〇九	大原萬喜	父		迎日郡曲江面梅山洞一九二
二〇一	歩兵七八連隊	ゼルエン岬	一九四五・〇二・〇一	徳井善振	伍長	戦病死	尚州郡功城面草梧里四八九

		マラリア	×	徳井英夏	父		尚州郡功城面草梧里四八九
一六四	歩兵七八連隊	ニューギニア、バロン	一九四五・〇二・〇一	山田永一	伍長	戦病死	義城郡多仁面陽西洞六二三
		マラリア	×	山田緯環	父		―
一六一	歩兵七八連隊	ニューギニア、アヲリンピ	一九四五・〇二・一〇	山田基夏	曹長	戦病死	醴泉郡鹿鳴面本洞二一四
		マラリア	×	山田憲伊	父		―
一七三	歩兵七八連隊	ニューギニア、トルコ	一九四五・〇三・〇三	金田光雄	曹長	戦病死	盈徳郡南亭里長沙洞三四五
		マラリア	×	金田永吉	父		―
一五七	歩兵七八連隊	ニューギニア、ミラク	一九四五・〇三・二五	松山龍徳	伍長	戦死	鬱陵郡南面道三三六
		胸部貫通銃創	×	松山奉永	父		―
二二〇	歩兵七八連隊	ニューギニア、ヨネゴ	一九四五・〇五・一〇	大原武秀	伍長	戦病死	迎日郡清川面二如里一六七
		マラリア	×	大原信秀	兄		迎日郡清川面二如里一六七
二〇三	歩兵七八連隊	ニューギニア、オギマルプ	一九四五・〇五・一二	宋性坤	伍長	戦死	達城郡玄風面院×洞一二
		頭部貫通銃創	×	宋東坤	兄		下関市西大坪一二三八
一五九	歩兵七八連隊	ニューギニア、マルンバ	一九四五・〇六・二七	松山亨求	伍長	戦死	義城郡北安面安坪洞六五
		頭部貫通銃創	×	松山鐘九	父		―
二一一	歩兵七八連隊	ニューギニア、坂東川	一九四五・〇八・〇五	岩本相駟	軍曹	戦死	求川郡北安面磻湊洞一一六
			×	岩本相哲	兄		求川郡北安面磻湊洞一一六
六六八	歩兵七八連隊	ミンダナオ島ウマヤン	一九四五・〇七・二〇	安原良雄	伍長	戦死	永川郡永川邑泉田洞二七
		頭部貫通銃創	一九一九・一二・〇一	安原且祚	父		永川郡永川邑泉田洞二七
三〇九	歩兵七九連隊	ニューギニア、ラエ	一九四三・〇八・一〇	武泉　勇	不詳	戦死	尚州郡咸昌面梧桐洞五八八―二
		頭部貫通銃創	×	武泉秀雄	兄		尚州郡咸昌面梧桐洞五八八―二
一〇四五	歩兵七九連隊	N三〇・三〇E一三三・三〇	一九四三・一二・一三	高山在浩	上等兵	戦死	清道郡角南面日谷里一六九
			×	高山彦基	父		清道郡角南面日谷里一六九
一〇〇九	歩兵七九連隊	N三〇・三〇E一三三・三〇	一九四三・一二・一三	伊澤嘉泰	上等兵	戦死	醴泉郡龍宮面大隠里八〇八
			×	伊澤正浩	父		醴泉郡龍宮面舞紙里
八五九	歩兵七九連隊	ニューギニア、坂東川	一九四四・〇一・〇八	玉山甲植	伍長	戦死	高霊郡雙林面新谷洞六七五
			×	玉山永周	父		―
八六〇	歩兵七九連隊	ニューギニア、シオ	一九四四・〇一・〇八	平山東壽	伍長	戦死	漆谷郡若木面福里洞一〇〇八
			×	平山泰湜	父		―
八五七	歩兵七九連隊	ニューギニア、クワマ河	一九四四・〇一・一一	稲田　弘	伍長	戦死	英陽郡英陽面西部洞
			×	稲田豊次	父		―
八五八	歩兵七九連隊	ニューギニア、クワマ河	一九四四・〇一・一〇	西原水善	伍長	戦死	達城郡玄風面池洞一一〇四
			×	西原尚黙	父		―
八六一	歩兵七九連隊	ニューギニア、クワマ河	一九四四・〇一・一〇	平山泰潤	伍長	戦死	大邱府横町一四二
			×	平山泰星	兄		大邱府横町一四二

番号	部隊	場所・死因	年月日	氏名	階級・続柄	区分	本籍・住所
八六二	歩兵七九連隊	ニューギニア、クワマ河	一九四四・〇一・一〇	金山泗鎮	伍長	戦死	奉化郡明湖面刀川里一五七
			×	金山日圭	父		｜
一〇三七	歩兵七九連隊	ニューギニア、アクア	一九四四・〇一・一〇	國本庚勳	兵長	戦死	尚州郡恭儉面五台里六二三
			×	國本超徳	父		｜
八六三	歩兵七九連隊	ニューギニア、ガリ	一九四四・〇一・一〇	水原清之	伍長	戦死	軍威郡古老面華水洞一一〇
			×	水原　茂	父		軍威郡古老面華水洞一一〇
八二六	歩兵七九連隊	ニューギニア、ガリ	一九四四・〇一・一三	永田寅植	兵長	戦死	永川郡琴湖面新垈洞一六三
			×	永田眞太郎	父		｜
八三二	歩兵七九連隊	ニューギニア、ガリ	一九四四・〇一・一三	三井鐘直	伍長	戦死	醴泉郡豊穣邑青谷里五八八
			×	三井應寧	父		｜
八三五	歩兵七九連隊	ニューギニア、ガリ	一九四四・〇一・一三	坡原應洙	伍長	戦死	盈徳郡南寧面元尺洞一五八
			×	坡原潰局	父		｜
八四八	歩兵七九連隊	ニューギニア、ガリ	一九四四・〇一・一三	金本英正	伍長	戦死	安東郡月谷面美室洞九二五
			×	金本斗煥	父		｜
二六三	歩兵七九連隊	ニューギニア、ガリ 頭部貫通銃創	一九四四・〇一・一九	興本堪慶	伍長	戦死	迎日郡九龍浦邑江沙里
			×	興本甫彦	父		｜
二六七	歩兵七九連隊	ニューギニア、ガリ 頭部貫通銃創	一九四四・〇一・一九	金子東暉	伍長	戦死	迎日郡東海面大冬背洞一一四
			×	金子守賢	伯父		迎日郡東海面楽田洞
二六四	歩兵七九連隊	ニューギニア、カブトモン 全身爆創	一九四四・〇一・一九	大都順奉	伍長	戦死	英陽郡英陽面茂慈洞六二
			×	大都金石	父		｜
八二三	歩兵七九連隊	ニューギニア、カブトモン	一九四四・〇一・二五	鶴山有鎮	伍長	戦死	金泉郡助馬面新安洞八九〇
			×	鶴山生鎮	兄		｜
八二四	歩兵七九連隊	ニューギニア、カブトモン	一九四四・〇一・二五	金徳在徳	伍長	戦死	慶州郡内南面鳧池里
			×	孫末淳	母		｜
八二五	歩兵七九連隊	ニューギニア、カブトモン	一九四四・〇一・二五	成山學煥	伍長	戦死	尚州郡内西面綾岩里八二
			×	成山程煥	兄		｜
八三三	歩兵七九連隊	ニューギニア、カブトモン	一九四四・〇一・二七	水原賢基	伍長	戦死	漆谷郡若木面観湖洞二五三
			×	水原南基	父		｜
八三一	歩兵七九連隊	ニューギニア、カブトモン	一九四四・〇一・二七	松原宅薫	伍長	戦死	永川郡華北面立石洞四三一
			×	松原赫峻	父		迎日郡浦項邑竹島洞
八四九	歩兵七九連隊	ニューギニア、カブトモン	一九四四・〇一・二七	金谷應五	伍長	戦死	軍威郡古老面華北洞一七五
			×	金谷桐俊	父		福岡県嘉穂郡庄内村大字赤坂
五〇三	歩兵七九連隊	ニューギニア、ウィンズル	一九四四・〇二・〇四	林武夫	伍長	戦死	金泉郡金泉邑城内町一〇一
			｜	｜			｜
八五三	歩兵七九連隊	ニューギニア、カボシム	一九四四・〇二・一七	北岡倫太郎	伍長	戦死	大邱府本城町一｜九

番号	所属	死亡場所	死亡年月日	氏名	階級・続柄	事由	本籍・住所
			×	北岡源宇	父		大邱府本城町一—九
八五五	歩兵七九連隊	ニューギニア、ノコボ	一九四四・〇二・〇六	新浦和弘	兵長	戦死	尚州郡外南面新村里六六八
			×	新浦家正	父		尚州郡青里面栗里
八五四	歩兵七九連隊	ニューギニア、ノコボ	一九四四・〇二・一七	金本洪局	伍長	戦死	慶州郡江東面仁洞里一七八
			×	金本永壽	父		慶州郡江東面仁洞里一七八
八三四	歩兵七九連隊	ニューギニア、ミンデリー	一九四四・〇二・一三	大山寅燮	伍長	戦死	尚州郡内西面南長里
			×	大山寅出	父		—
八一四	歩兵七九連隊	ニューギニア、ヨガヨガ	一九四四・〇二・一三	星山允浩	兵長	戦死	高霊郡高霊面澤寶洞四九八
			×	星山妙岳	母		—
八五一	歩兵七九連隊	ニューギニア、ヨガヨガ	一九四四・〇二・一九	松村順権	兵長	戦死	高霊郡徳谷面後岩洞九七
			×	松村學範	叔父		高霊郡徳谷面後岩洞九七
八五二	歩兵七九連隊	ニューギニア、アッサ	一九四四・〇二・一九	富田寧大	兵長	戦死	安東郡南先面外下洞五四九
			×	富田泰賢	父		安東郡安東邑南門町二—一八七
八一五	歩兵七九連隊	ニューギニア、ハンサ	一九四四・〇三・二〇	松本忠雄	伍長	戦死	義城郡鳳陽面桃源洞一二七
			×	松本洛喆	父		—
八一六	歩兵七九連隊	ニューギニア、ハンサ	一九四四・〇三・二〇	松本秀光	伍長	戦死	星州郡草田面文徳洞二七九
			×	松本清吉	父		—
八一三	歩兵七九連隊	ニューギニア、ハンサ	一九四四・〇一・二〇	文川炳龍	伍長	戦死	栄州郡長壽面小龍里四〇八
			×	文川大淑	父		栄州郡栄州邑下望里二三八
八一七	歩兵七九連隊	ニューギニア、ハンサ	一九四四・〇三・二〇	平田明辰	伍長	戦死	聞慶郡麻城面下乃里七六
			×	平田正任	妻		—
八一八	歩兵七九連隊	ニューギニア、ハンサ	一九四四・〇三・二〇	弘中武雄	伍長	戦死	金泉郡釜項面沙等里五九五
			×	弘中性均	父		金泉郡釜項面沙等里五九五
八一九	歩兵七九連隊	ニューギニア、ハンサ	一九四四・〇三・二〇	平沼貴英	伍長	戦死	金泉郡金泉邑旭町四八
			×	平沼永樺	父		—
八二〇	歩兵七九連隊	ニューギニア、ハンサ	一九四四・〇三・二〇	錦本熹鎮	伍長	戦死	善山郡亀尾面沙谷洞
			×	錦本奎遠	父		—
八二一	歩兵七九連隊	ニューギニア、ハンサ	一九四四・〇三・二〇	仁本祐永	伍長	戦死	盈徳郡盈徳面徳谷洞三〇〇
			×	仁本鳳岐	父		迎日郡浦項面
八二二	歩兵七九連隊	ニューギニア、ハンサ	一九四四・〇三・二〇	竹本祐一	伍長	戦死	醴泉郡虎鳴面渓若洞一九三
			×	竹本光秀	父		—
八二七	歩兵七九連隊	ニューギニア、ハンサ	一九四四・〇三・二〇	金光輝剛	伍長	戦死	聞慶郡聞慶面上里三〇〇
			×	金光輝明	兄		蔚山方漢津港
八二八	歩兵七九連隊	ニューギニア、ハンサ	一九四四・〇三・二〇	金城平浩	伍長	戦死	尚州郡青里面青下里五四二
			×	金城炳鉉	父		—

番号	所属	死亡場所	死亡年月日	氏名	階級・続柄	死因	本籍
八二九	歩兵七九連隊	ニューギニア、ハンサ	一九四四・〇三・二〇	金城光根	伍長	戦死	軍威郡孝令面花渓里二六
			×	金城春潭	父		—
八三〇	歩兵七九連隊	ニューギニア、ハンサ	一九四四・〇三・二〇	神農重男	伍長	戦死	慶山郡南川面松柏洞
			×	神農鳳吉	父		—
八三六	歩兵七九連隊	ニューギニア、ハンサ	一九四四・〇三・二〇	松本載均	伍長	戦死	奉化郡乃城面浦應里二一五
			×	松本濤蓮	妻		—
八三七	歩兵七九連隊	ニューギニア、ハンサ	一九四四・〇三・二〇	張元燦文	伍長	戦死	醴泉郡豊穣面憂應里三三八
			×	張元用伊	父		—
八三八	歩兵七九連隊	ニューギニア、ハンサ	一九四四・〇三・二〇	大野奇植	伍長	戦死	安東郡豊山面晩雲洞四七〇
			×	大野洛菜	兄		—
八三九	歩兵七九連隊	ニューギニア、ハンサ	一九四四・〇三・二〇	金城圓曦	伍長	戦死	尚州郡中東面金堂里六三四
			×	金城丈煥	父		—
八四〇	歩兵七九連隊	ニューギニア、ハンサ	一九四四・〇三・二〇	吉山盛茂	伍長	戦死	慶山郡孤山面佳川洞四五〇
			×	吉山一成	父		—
八四一	歩兵七九連隊	ニューギニア、ハンサ	一九四四・〇三・二〇	安田善三郎	伍長	戦死	金泉郡金泉邑城内町二〇八
			×	安田善三郎(ママ)	兄		—
八四二	歩兵七九連隊	ニューギニア、ハンサ	一九四四・〇三・二〇	金城正雄	伍長	戦死	高霊郡開津面開浦洞三〇七
			×	金城末龍	父		—
八四三	歩兵七九連隊	ニューギニア、ハンサ	一九四四・〇三・二〇	金原壮鎮	伍長	戦死	尚州郡咸昌面旧郷里二四二
			×	金原基煥	祖父		—
八四四	歩兵七九連隊	ニューギニア、ハンサ	一九四四・〇三・二〇	岩本義雄	伍長	戦死	軍威郡義興面邑内洞五四三
			×	岩本徳出	父		—
八四五	歩兵七九連隊	ニューギニア、ハンサ	一九四四・〇三・二〇	岩本在治	伍長	戦死	星州郡修倫面白雲洞
			×	岩本尚亀	父		—
八四六	歩兵七九連隊	ニューギニア、ハンサ	一九四四・〇三・二〇	金本久義	伍長	戦死	青松郡×南面大前洞九一
			×	金本熙泰	父		—
八四七	歩兵七九連隊	ニューギニア、ハンサ	一九四四・〇三・二〇	金村政照	伍長	戦死	金泉郡南面松谷洞三〇四
			×	金村仁水	父		金泉郡金泉邑旭町
八五〇	歩兵七九連隊	ニューギニア、ハンサ	一九四四・〇三・二〇	金本剛武	伍長	戦死	軍威郡義興面海城洞
			×	金本剛武(ママ)	父		—
八八三	歩兵七九連隊	ニューギニア、ハンサ	一九四四・〇三・二〇	大野栄畯	伍長	戦死	軍威郡義興面区田里
			×	大野海鳳	兄		—
一〇一一	歩兵七九連隊	ニューギニア、ハンサ	一九四四・〇三・二〇	金本正義	伍長	戦死	軍威郡義興面梅城洞一〇五
			×	金本剛武	父		—
二一七一	歩兵七九連隊	ニューギニア、ガリ	一九四四・〇三・二一	咸原春郷	伍長	戦死	永川郡古鏡面倉下洞四九三

番号	部隊	場所・死因	年月日	氏名	階級・続柄	区分	本籍・住所
		全身爆創	×	咸原楽×	父		永川郡古鏡面倉下洞四九三
八〇八	歩兵七九連隊	ニューギニア、ハンサ	一九四四・〇四・〇一	南清次郎	伍長	戦死	金泉郡金泉邑黄金町七七—一
			×	南光姫	祖母		金泉郡金泉邑大和町
八〇一	歩兵七九連隊	ニューギニア、ハンサ	一九四四・〇四・〇三	岩本両観	伍長	戦死	慶州郡江西面玉山里七六八
			×	岩元謂甲			—
八〇二	歩兵七九連隊	ニューギニア、ハンサ	一九四四・〇四・一〇	柳川洪錫	伍長	戦死	善山郡高牙面文星洞五〇
			×	柳川基鐘			—
八〇九	歩兵七九連隊	ニューギニア、ハンサ	一九四四・〇五・〇一	平山　散	伍長	戦死	義城郡鳳陽面亀屋洞二五六
			×	平山楽道	兄		—
八〇四	歩兵七九連隊	ニューギニア、セピック河口	一九四四・〇五・〇五	美山河喆	伍長	戦死	高霊郡高霊面延詔洞五三三
			×	美山充龍			—
八〇五	歩兵七九連隊	ニューギニア、セピック河口	一九四四・〇五・一五	小川純助	伍長	戦死	奉化郡春陽面石峴里二七六
			×	小川仁資	父		奉化郡小川面×洞里
五〇〇	歩兵七九連隊	ニューギニア、ヤカムル	一九四四・〇六・一〇	秋山栄俊	伍長	戦死	尚州郡尚州邑伏龍町四四一
		頭部貫通銃創	×	秋山呉達	父		—
八〇三	歩兵七九連隊	ニューギニア、マンデー	一九四四・〇六・二〇	安田幸正	伍長	戦死	金泉郡聞寧面廣川洞一一三二
			×	安田基壽	父		—
二六六	歩兵七九連隊	ニューギニア、アファ	一九四四・〇七・一五	金田賛伊	伍長	戦死	迎日郡只杏面牟浦洞二三九
		頭部貫通銃創		金田景例	父		—
八〇七	歩兵七九連隊	ニューギニア、アファ	一九四四・〇七・二三	金山泰明	伍長	戦死	清道郡角南面礼里洞二八〇
			×	金山隆一	父		—
八〇六	歩兵七九連隊	ニューギニア、アファ	一九四四・〇七・二六	金光當押	伍長	戦死	慶州郡甘浦邑甘満里四二九
			×	金光振浩	父		—
二六八	歩兵七九連隊	ニューギニア、ヤカムル	一九四四・〇八・一〇	金村吉男	伍長	戦病死	尚州郡尚州邑軒新里一二六
		マラリア・大腸炎	×	金村吉男(ママ)			尚州郡外西面蓮峰里
二七二	歩兵七九連隊	ニューギニア、マルジップ	一九四四・〇八・一五	西原相甲	伍長	戦死	星州郡伽泉面倉泉洞四九三
		頭部爆弾破片創	×	西原洞洙	父		—
一〇一八	歩兵七九連隊	ニューギニア、ボイキン	一九四四・〇八・三一	竹橋容九	伍長	戦死	迎日郡杞渓面鶴野洞四七〇
			一九二一・〇四・二〇	竹橋西川	母		
二六二	歩兵七九連隊	ニューギニア、ヤカムル	一九四四・〇九・一六	平山國秀	兵長	戦死	軍威郡召保面鳳凰里
		マラリア	×	平山東秀	父		愛知県岡崎市旭日町
八六五	歩兵七九連隊	ニューギニア、ダクア	一九四四・一一・一〇	伊澤五漢	兵長	戦死	醴泉郡龍宮面都古里二〇九
			×	伊澤壁煥	父		—
二七〇	歩兵七九連隊	ニューギニア、アファ	一九四四・〇七・一〇	岡本康勲	伍長	戦死	祥州郡恭倹面吾台里
		全身爆創	×	岡本超徳	父		—

二六五	歩兵七九連隊	ニューギニア、マグエル	一九四四・一一・二六	金寧鎔洙	兵長	戦病死	迎日郡烏川面金光洞六一一
		マラリア・大腸炎	×	金寧鍊作	父		—
八六八	歩兵七九連隊	ニューギニア、ブーツ	一九四五・〇三・一五	高野澄次	伍長	戦死	金泉郡金泉邑城内町
			×	高野善行	父		金泉郡金泉邑黄金町六八－三
八六九	歩兵七九連隊	ニューギニア、ブーツ	一九四五・〇三・一五	金谷西明	兵長	戦死	清道郡清道面新道洞一〇三
			×	金谷粉明	妻		—
八六六	歩兵七九連隊	ニューギニア、オクナール	一九四五・〇四・〇一	金川正鎬	兵長	戦死	慶山郡龍城面古銀洞一七九
			×	金川文順	母		慶山郡龍城面龍山洞
二六九	歩兵七九連隊	ニューギニア、ウウェワク	一九四五・〇四・二一	木下順基	伍長	戦死	大邱府大明洞一七三六
		全身爆創	×	木下大仁			—
八六七	歩兵七九連隊	ニューギニア、ニブリハーエン	一九四五・〇五・〇七	高山億吉	伍長	戦死	尚州郡中東面竹岩里六七二
			×	高山田令	妻		—
八六四	歩兵七九連隊	ニューギニア、イリヤン	一九四五・〇六・二〇	平沼相月	伍長	戦死	金泉郡牙浦面大新洞五八九
			×	平沼遠×	父		—
三四三	歩兵八〇連隊	ニューギニア、ウウェワク	一九四三・〇五・〇三	松井三淵	兵長	戦死	奉化郡明湖面高甘里一一五〇
		全身爆創	×	松井辰百	父		奉化郡明湖面高甘里一一五〇
五〇一	歩兵八〇連隊	ニューギニア、サルモル	一九四三・〇七・〇九	岩本忠森	兵長	戦死	軍威郡義興面邑内洞五九一
		腹部貫通銃創	×	岩本奇秀	父		軍威郡義興面邑内洞五九一
三四一	歩兵八〇連隊	ニューギニア、サラモア	一九四三・〇八・〇四	松岡東善	兵長	戦死	尚州郡切城面干下里三三二
		頭部貫通銃創	×	松岡局泉	父		尚州郡切城面干下里三三二
三一一	歩兵八〇連隊	ニューギニア、フィンシ	一九四三・〇九・二五	高松世赫	不詳	戦病死	醴泉郡関浦面牛甘洞八二五
		マラリア	×	高松会林			醴泉郡関浦面牛甘洞八二五
二八一	歩兵八〇連隊	ニューギニア、フィンシ	一九四三・一〇・〇九	宮本泰男	伍長	戦死	盈徳郡寧海面大津洞二九九
		全身爆創	×	宮本武興	父		盈徳郡寧海面大津洞二九九
二八六	歩兵八〇連隊	ニューギニア、フィンシ	一九四三・〇八・二一	岡本鐘佑	伍長	戦死	清道郡錦川面東谷洞三八六
		頭部貫通銃創	×	岡本鐘彦	父		清道郡錦川面東谷洞三八六
二八八	歩兵八〇連隊	ニューギニア、フィンシ	一九四三・一〇・〇三	大原正寛	兵長	戦死	安東郡安東邑玉洞四〇三
		頭部貫通銃創	×	大原　豊	父		安東郡安東邑玉洞四〇三
二九七	歩兵八〇連隊	ニューギニア、フィンシ	一九四三・一〇・一六	金山景道	軍曹	戦死	盈徳郡盈徳面川前洞二四二
		頭部貫通銃創	×	金光信一	父		盈徳郡盈徳面川前洞二四二
三一九	歩兵八〇連隊	ニューギニア、ワレオ	一九四三・一〇・二九	青田武光郎	兵長	戦死	青松郡巴川面地境洞六三三
		頭部貫通銃創	×	青田東一	父		青松郡巴川面地境洞六三三
三三九	歩兵八〇連隊	ニューギニア、ブーツ	一九四三・一一・一四	松岡森正	不詳	戦死	醴泉郡龍宮面琴南里三二六
		全身爆創	×	松岡孝雄	父		醴泉郡龍宮面琴南里三二六
三四四	歩兵八〇連隊	ニューギニア、スインシ	一九四三・一一・二〇	松井　寛	兵長	戦死	尚州郡咸昌面旧郷里二三五

		頭部爆弾破片創	×	松井昌一	兄		尚州郡咸昌面旧郷里二三五
三〇八	歩兵八〇連隊	ニューギニア、フィンシ	一九四三・一一・二三	吉村眞之助	不詳	戦死	慶山郡瓦村面徳村洞五五
		頭部爆弾破片創	×	吉本益造	父		慶山郡瓦村面徳村洞五五
二七七	歩兵八〇連隊	ニューギニア、フィンシ	一九四三・一一・二四	木原海夫	伍長	戦死	軍威郡軍威面西部洞一一八七
		腰部盲管砲弾創	×	木原水白	父		軍威郡軍威面西部洞一一八七
三二八	歩兵八〇連隊	ニューギニア、フィンシ	一九四三・一二・〇五	國原繁藏	兵長	戦死	尚州郡咸昌面旧郷里二九一
		頭部爆弾破片創	×	國原山北	父		尚州郡咸昌面旧郷里二九一
二九四	歩兵八〇連隊	ニューギニア、ウウェワク	一九四三・一二・〇五	金岡成短	伍長	戦死	醴泉郡龍宮面邑部洞二八〇－一
			×	金岡震一	父		醴泉郡龍宮面邑部洞二八〇－一
二九六	歩兵八〇連隊	ニューギニア、ハンサ	一九四三・一二・二三	金川正憲	曹長	戦死	慶山郡龍城面徳川洞五七三
		頭部爆弾破片創	×	金川洪英	父		慶山郡龍城面徳川洞五七三
三一八	歩兵八〇連隊	ニューギニア、ワンドガイ	一九四三・一二・二五	新井淳正	伍長	戦死	迎日郡浦項邑浦項洞三三四
		全身爆創	×	新井徳一	父		迎日郡浦項邑浦項洞三三四
三〇一	歩兵八〇連隊	ニューギニア、ガリ	一九四四・〇一・二三	金本吉平	伍長	戦死	迎日郡杞渓面風渓洞七五五
		頭部爆弾破片創	×	金本道鎮	祖父		迎日郡杞渓面風渓洞七五五
二八九	歩兵八〇連隊	ニューギニア、ガリ	一九四四・〇二・〇一	岡本鐵藏	伍長	戦死	清道郡豊昇面松西里五二五
		頭部爆弾破片創	×	岡本金之助	父		平安北道江西面徳興里
三三二	歩兵八〇連隊	ニューギニア、ブーツ	一九四四・〇二・一〇	山本芳泊	伍長	戦死	安東郡北後面通村洞七五二
		頭部爆弾破片創	×	山本猛雄	兄		安東郡北後面通村洞七五二
二九五	歩兵八〇連隊	ニューギニア、マダン	一九四四・〇二・二五	川本淵宗	伍長	戦死	迎日郡興海面比松洞四五五
		頭部爆弾破片創	×	川本臣斗	父		迎日郡興海面比松洞四五五
二七五	歩兵八〇連隊	ニューギニア、ブーツ	一九四四・〇三・〇六	桐島正武	兵長	戦死	醴泉郡龍陣面上金谷洞五〇七
			×	桐島上枝	母		醴泉郡龍陣面上金谷洞五〇七
三二三	歩兵八〇連隊	ニューギニア、ブーツ	一九四四・〇四・〇五	長谷川一海	伍長	戦死	達城郡玄風面下洞一二二
		頭部爆弾破片創	×	長谷川甲龍	父		達城郡玄風面下洞一二二
二九八	歩兵八〇連隊	ニューギニア、ウウェワク	一九四四・〇四・一七	金山玉鎮	兵長	戦死	聞慶郡聞慶面龍淵里一七八
		頭部爆弾破片創	×	金山舜圭	父		聞慶郡聞慶面龍淵里一七八
二七八	歩兵八〇連隊	ニューギニア、ウウェワク	一九四四・〇四・一七	金城一輝	軍曹	戦死	求川郡花山面唐池洞二八四
		頭部爆弾破片創	×	金城冠玉	父		求川郡花山面唐池洞二八四
一〇三〇	歩兵八〇連隊	不詳	一九四四・〇四・二一	金田柄元	伍長	戦死	英陽郡石保面宅田洞五六三
			×	金田再発	祖父		英陽郡石保面宅田洞五六三
八一〇	歩兵八〇連隊	ニューギニア、ウウェワク	一九四四・〇五・〇五	泉　武男	伍長	戦死	金泉郡金泉邑黄金町二七
			×	泉　基	父		金泉郡金泉邑黄金町二七
三三五	歩兵八〇連隊	ニューギニア、ブーツ	一九四四・〇五・二一	山本師泰	伍長	戦死	栄州郡伊山面槽岩里五八五
		頭部貫通銃創	×	山本教文	父		栄州郡伊山面槽岩里五八五

三三三	歩兵八〇連隊	ニューギニア、ブーツ 頭部貫通銃創	一九四四・〇五・二二 ×	山川東煥 山川又権	兵長 祖父	戦死	清道郡角南面禮里洞二五七 清道郡角南面禮里洞二五七
三〇五	歩兵八〇連隊	ニューギニア、ボイキン 胸部貫通銃創	一九四四・〇五・二三 ×	金山武正 金山永守	兵長 父	戦死	醴泉郡南浦面長松里四三二 醴泉郡南浦面長松里四三二
二八七	歩兵八〇連隊	ニューギニア、ウラウ 頭部貫通銃創	一九四四・〇六・〇一 ×	岡本義雄 岡本啓祥	伍長 父	戦死	奉化郡物野面斗文里七四 奉化郡物野面斗文里七四
三三一	歩兵八〇連隊	ニューギニア、ヤカムル 全身爆創	一九四四・〇六・〇一 ×	山本瀅鍾 山本永斗	伍長 父	戦死	英陽郡立巖面新西里一八〇 英陽郡立巖面新西里一八〇
三四九	歩兵八〇連隊	ニューギニア、ヤカムル 頭部貫通銃創	一九四四・〇六・〇三 ×	朴井楨教 朴井完基	伍長 父	戦死	栄州郡伊山面院里七六八 栄州郡伊山面院里七六八
三〇六	歩兵八〇連隊	ニューギニア、アクア マラリア	一九四四・〇六・一〇 ×	金城斗洪 金城鍾洪	兵長 父	戦病死	求川郡草化面安川洞五七〇 求川郡草化面安川洞五七〇
三三四	歩兵八〇連隊	ニューギニア、ヤカムル 頭部貫通銃創	一九四四・〇六・一四 一九二一・〇五・二二	山本峰正 山本光輝	伍長 父	戦死	聞慶郡麻城面梧泉里一八一 聞慶郡麻城面梧泉里一八一
二八五	歩兵八〇連隊	ニューギニア、ヤカムル マラリア	一九四四・〇六・二四 ×	千原渭星 千原×河	兵長 父	戦病死	盈徳郡且山面景汀洞六四 盈徳郡且山面景汀洞六四
三二七	歩兵八〇連隊	ニューギニア、アファ 頭部貫通銃創	一九四四・〇六・二八 ×	苞山戊正 苞山慶植	伍長 父	戦死	法化郡物野面斗文里 法化郡物野面斗文里
三三六	歩兵八〇連隊	ニューギニア、ヤカムル 全身爆創	一九四四・〇六・二九 ×	山本　鉄 山本煥遠	兵長 父	戦死	安東郡北後面道村洞七五二 安東郡北後面道村洞七五二
三二四	歩兵八〇連隊	ニューギニア、ヤカムル 全身爆創	一九四四・〇七・〇六 ×	西山峴正 西山學来	伍長 父	戦死	高灵郡雲水面八山洞二四 高灵郡雲水面八山洞二四
三一六	歩兵八〇連隊	ニューギニア、ブーツ 頭部貫通銃創	一九四四・〇七・一〇 ×	上田富元 上田洋石	伍長 父	戦死	軍威郡義興邑内洞五九一 軍威郡義興邑内洞五九一
三〇四	歩兵八〇連隊	ニューギニア、ヤカムル 胸部貫通銃創	一九四四・〇七・一〇 ×	金川明弘 金川幸平	兵長 父	戦死	迎日郡鳥川面世界洞四二九 迎日郡鳥川面世界洞四二九
三三七	歩兵八〇連隊	ニューギニア、アファ 全身爆創	一九四四・〇七・一〇 ×	安田承煌 安田鏞基	不詳 妻	戦死	奉化郡物野面斗文里四二二 奉化郡物野面斗文里四二二
三四七	歩兵八〇連隊	ニューギニア、アファ 全身砲弾破片創	一九四四・〇七・一〇 ×	松岡昌彦 松岡應明	兵長 父	戦死	栄州郡伊山面院里七六八 栄州郡伊山面院里七六八
三四八	歩兵八〇連隊	ニューギニア、アファ 全身砲弾破片創	一九四四・〇七・一〇 ×	元原廣作 元原斗伯	伍長 父	戦死	軍威郡軍威面金鳩洞四六三 軍威郡軍威面金鳩洞四六三
二九〇	歩兵八〇連隊	ニューギニア、アファ 腹部貫通銃創	一九四四・〇七・一一 ×	大川海達 大川龍立	伍長 父	戦死	迎日郡浦項邑栄町八〇九 迎日郡興海面城内洞三八
二七九	歩兵八〇連隊	ニューギニア、アファ	一九四四・〇七・一四	金寧正圭	兵長	戦死	高灵郡星山面三大洞四四五

		全身爆創	×	金寧炯健	父		高灵郡星山面三大洞四四五
三五一／三五二	歩兵八〇連隊	ニューギニア、アファ	一九四四・〇七・二一	住原英一・英夫	軍曹	戦死	奉化郡春陽面鶴山里
		頭部貫通銃創	×	住原政治	父		英陽郡日月面住河洞五〇二
二八二	歩兵八〇連隊	ニューギニア、アファ	一九四四・〇七・二五	宮本炳駿	軍曹	戦死	義城郡鳳陽面粉吐洞七九七
		頭部貫通銃創	×	宮本相鎮	父		義城郡鳳陽面粉吐洞七九七
三四五	歩兵八〇連隊	ニューギニア、アファ	一九四四・〇七・三〇	平山寛湜	伍長	戦死	善山郡亀尾面元坪洞二七
		頭部貫通銃創	×	平野甲得	父		善山郡亀尾面元坪洞二七
三三〇	歩兵八〇連隊	ニューギニア、アファ	一九四四・〇七・三〇	山森允煥	伍長	戦死	軍威郡召保面渭城洞一一三七
		全身爆創	×	山森道出	父		軍威郡召保面渭城洞一一三七
三五〇	歩兵八〇連隊	ニューギニア、アファ	一九四四・〇八・〇二	本山健七	伍長	戦死	達城郡瑜伽面琴洞七九二
		胸部貫通銃創	×	本山南宿	父		—
三五三	歩兵八〇連隊	ニューギニア、アファ	一九四四・〇八・〇二	鈴木慶漠	伍長	戦死	義城郡安平面河寧洞五一七
		頭部貫通銃創	×	鈴木占伊	父		義城郡安平面河寧洞五一七
三四六	歩兵八〇連隊	ニューギニア、アファ	一九四四・〇八・〇三	弘中義輝	伍長	戦死	善山郡高牙面横山洞二〇八
		全身爆創	×	弘中伊伯	父		善山郡高牙面横山洞二〇八
三二〇	歩兵八〇連隊	ニューギニア、ヤカムル	一九四四・〇八・〇八	新井億萬	伍長	戦死	盈徳郡寧海面槐市洞六三三
		全身爆創	一九二二・〇一・二三	新井太植	父		盈徳郡寧海面槐市洞六三三
八七四	歩兵八〇連隊	ニューギニア、ソーヨ	一九四四・〇八・一〇	東　鎮行	伍長	戦死	聞慶郡聞慶面池谷里六四三
			×	東乭岩	父		聞慶郡聞慶面池谷里六四三
八七五	歩兵八〇連隊	ニューギニア、ソーヨ	一九四四・〇八・一〇	東海日出夫	兵長	戦死	英陽郡旨比面水×洞七〇九
			×	東海徳鉉	父		英陽郡旨比面水×洞七〇九
八七六	歩兵八〇連隊	ニューギニア、ソーヨ	一九四四・〇八・一〇	尼子梅吉	兵長	戦死	迎日郡浦項面鶴山里三七
			×	尼子××	母		迎日郡浦項面鶴山里三七
八七七	歩兵八〇連隊	ニューギニア、ソーヨ	一九四四・〇八・一〇	青山昇伍	伍長	戦死	義城郡金城面大里洞
			×	青山×佑	父		義城郡金城面大里洞
八七八	歩兵八〇連隊	ニューギニア、ソーヨ	一九四四・〇八・一〇	古川千鎬	兵長	戦死	慶州郡川北面聲池里三四四
			×	古川晋平	祖父		慶州郡川北面聲池里三四四
三二五	歩兵八〇連隊	ニューギニア、ダンエ	一九四四・〇八・二五	星田椿洛	兵長	戦死	義城郡玉山面甘渓洞七五六
		全身爆創	×	星田在白	父		義城郡玉山面甘渓洞七五六
三〇三	歩兵八〇連隊	ニューギニア、ブーツ	一九四四・〇九・一三	川本貞雄	伍長	戦死	迎日郡浦項邑龍興洞二一六
		頭部貫通銃創	×	川本先伊	父		迎日郡浦項邑龍興洞二一六
三四〇	歩兵八〇連隊	ニューギニア、ラエ	一九四四・〇九・一四	松山相一	不詳	戦死	尚州郡外西面宮洞里四一二
		全身爆創	×	松山義源	父		尚州郡外西面宮洞里四一二
二八三	歩兵八〇連隊	ニューギニア、ブーツ	一九四四・〇九・一五	新宮永禄	伍長	戦死	漆谷郡仁同面眞坪洞五四五
		全身爆創	×	新宮堅鎬	父		漆谷郡仁同面眞坪洞五四五

番号	部隊	死亡場所・死因	死亡年月日・生年月日	氏名・遺族氏名	階級・続柄	区分	本籍・遺族住所
九五八	歩兵八〇連隊	沖縄那覇病院 急性腸炎	一九四四・〇九・一九 一九二一・〇一・〇五	松田正熙 松田基順	軍属 妻	戦病死	善山郡桃開面加山洞一七七 善山郡桃開面加山洞一七七
二八〇	歩兵八〇連隊	ニューギニア、ブーツ 全身爆創	一九四四・〇九・二一 ×	三井性教 三井仁杓	伍長 父	戦死	奉化郡小川面承富里一四八 江原道蔚珍郡蔚珍面後亭里
三一七	歩兵八〇連隊	ニューギニア、ウウェワク 全身爆創	一九四四・一〇・〇五 ×	海野八郎 海野鍾洙	伍長 父	戦死	漆谷郡老木面竹田洞一三八 漆谷郡老木面竹田洞一三八
三二六	歩兵八〇連隊	ニューギニア、ブーツ 全身爆創	一九四四・一〇・一三 ×	星野順旭 星野弘先	伍長 父	戦死	奉化郡鳳城面遠化里二二七 奉化郡鳳城面遠化里二二七
二八四	歩兵八〇連隊	ニューギニア、ブーツ 全身爆創	一九四四・一〇・一六 ×	豊川旭郎 豊川周平	軍曹 父	戦死	迎日郡松羅面華津里六四九 迎日郡松羅面華津里六四九
二九一	歩兵八〇連隊	ニューギニア、ブーツ マラリア	一九四四・一〇・一八 ×	金海振奎 金海用弼	伍長 父	戦病死	義城郡義城邑致仙洞六八一 義城郡義城邑致仙洞六八一
三〇二	歩兵八〇連隊	ニューギニア、ブーツ マラリア	一九四四・一一・一一 ×	金井達文 金井守伊	兵長 父	戦病死	永川郡永川邑校村洞二四三 永川郡永川邑校村洞二四三
二九二	歩兵八〇連隊	ニューギニア、ブーツ 頭部貫通銃創	一九四四・一二・二〇 ×	金山武義 金山達守	兵長 妻	戦死	迎日郡九龍浦邑江沙里 迎日郡九龍浦邑江沙里
三一三	歩兵八〇連隊	ニューギニア、ブーツ 腹部貫通銃創	一九四五・〇一・一六 ×	月本明光 月本杓天	伍長 父	戦死	英陽郡石堡面院里洞一一五 英陽郡石堡面院里洞一一五
五七六	歩兵八〇連隊	台湾沿岸警備所沖	一九四五・〇一・一七 ×	青木奎燮 ―	上等兵 ―	戦死	奉化郡乃城面都村里三二 ―
三一四	歩兵八〇連隊	ニューギニア、ブーツ マラリア	一九四五・〇一・二七 ×	長野鎔植 長野義奉	伍長 父	戦病死	安東郡安東邑龍山洞 安東郡安東邑龍山洞
三一二	歩兵八〇連隊	ニューギニア、ブーツ 腹部貫通銃創	一九四五・〇一・一八 ×	武田連達 武田在潤	不詳 父	戦死	永川郡花山面道渓洞二四二 永川郡花山面道渓洞二四二
三〇七	歩兵八〇連隊	ニューギニア、ブーツ 腹部貫通銃創	一九四五・〇二・〇四 ×	吉村在萬 吉村京植	不詳 父	戦死	永川郡華北面三昌洞五五 永川郡華北面三昌洞五五
三一五	歩兵八〇連隊	ニューギニア、ブーツ 腹部貫通銃創	一九四五・〇二・二七 一九二一・〇五・〇三	宇原武勇 宇原一雄	兵長 父	戦死	安東郡南後面水夏洞三八一 安東郡南後面水夏洞三八一
三三八	歩兵八〇連隊	ニューギニア、ブーツ 全身爆創	一九四五・〇三・〇九 ×	松永茂永 松村茂男	不詳 兄	戦死	安東郡一直面松林洞一九一 安東郡一直面松林洞一九一
一〇三三	歩兵八〇連隊	不詳	一九四五・〇三・一九 ×	金本相烈 金本八康	兵長 父	戦死	義城郡舎谷面梅谷洞五三六 義城郡舎谷面梅谷洞五三六
二九九	歩兵八〇連隊	ニューギニア、ソナム 頭部貫通銃創	一九四五・〇三・二〇 ×	金岡政吉 金山永峰	伍長 父	戦死	安東郡安東邑安暮洞三四〇 安東郡安東邑明倫間二丁目一一七七
三五四	歩兵八〇連隊	ニューギニア、ユウカス	一九四五・〇三・二四	柳　時華	伍長	戦病死	安東郡中田化河面河回洞六七九

		マラリア	×	柳 仁植	祖父		安東郡中田化河面河回洞六七九
二九三	歩兵八〇連隊	ニューギニア、ウマアープ	一九四五・〇三・二九	金光英興	伍長	戦病死	義城郡金城面草田洞
		大腸炎	×	金光楽鍾	妻		義城郡金城面草田洞
三〇〇	歩兵八〇連隊	ニューギニア、ウブン	一九四五・〇五・二〇	金田文洙	伍長	戦死	大邱府新岩洞八二
		頭部貫通銃創	×	金田琪甲	父		大邱府新岩洞八二
三四二	歩兵八〇連隊	ニューギニア、ウマアープ	一九四五・〇五・二九	松浦正剛	伍長	戦死	醴泉郡甘泉面県内洞三四四
		胸部	×	松浦永祐	父		醴泉郡甘泉面県内洞三四四
三三二	歩兵八〇連隊	ニューギニア、ウブン	一九四五・〇六・〇一	石川政夫	伍長	戦死	尚州郡咸昌面曽村里二七四
		頭部貫通銃創	×	石川 濬	父		尚州郡咸昌面曽村里二七四
三三一	歩兵八〇連隊	ニューギニア、ムシュ島	一九四五・一一・一〇	伊東洪祚	軍曹	戦病死	義城郡点谷面鳴墨洞一〇七
		マラリア	×	伊東永鎮	父		ー
四六〇	歩兵八〇連隊補充隊	連隊兵営	一九四五・〇四・〇八	金澤泰鎬	二等兵	不慮死	栄州郡文殊面赤西里三八七
		頭蓋底骨折	一九二四・一〇・〇一	金澤載崗	父		栄州郡文殊面赤西里三八七
三六一	歩兵一〇六連隊補充隊	ビルマ、ダビンエン	一九四五・〇四・〇六	金子道玄	軍曹	戦死	義城郡鳳陽面豊里洞一〇五六
		頭・腹部貫通銃創	一九二一・一二・二六	金子甲伊	父		義城郡鳳陽面豊里洞一〇五六
三六二	歩兵一〇六連隊補充隊	ビルマ、メークテラー	一九四五・〇四・〇四	金子徳海	兵長	戦死	慶州郡川北面東山里七五二
		下腿部砲弾破片創	一九二一・〇七・〇五	金子學連	父		慶州郡川北面東山里七五二
三六三	歩兵一〇六連隊	ビルマ、ヤメセン	一九四五・〇四・一八	金本吉正	兵長	戦死	尚州郡沙伐面退江里三八五
		胸部貫通銃創	一九二二・〇九・一三	金本連希	妻		尚州郡尚州邑武陽街二五七
三六四	歩兵一〇六連隊	ビルマ、ミヤ	一九四五・〇四・〇五	木井金萬	兵長	戦死	慶山面孤仙面領母洞六五六
		腹部砲弾破片創	一九二三・〇七・三〇	木井三祚	父		慶山面孤仙面領母洞六五六
八七九	歩兵一〇六連隊	タイ、タソンヤン	一九四五・〇三・一五	山村相吉	伍長	戦死	軍威郡軍威面内良洞
			×	山村泯×	父		軍威郡軍威面内良洞
六三四	歩兵一〇六連隊	河南省	一九四四・〇四・二二	林鎮弘	上等兵	戦死	大邱府院垈洞二
		胸部貫通銃創	一九二三・〇九・〇三	林元統	母		大邱府町抬町一丁目五〇ー一
六〇二	歩兵一三九連隊	河南省	一九四五・〇四・一五	安田龍雲	伍長	戦死	達城郡多新面没陽洞八八九
		頭・胸・腹部砲弾破片創	一九二一・〇二・〇九	安田尚義	父		達城郡多新面没陽洞八八九
五八二	歩兵一五三連隊	ビルマ、ペグー西方	一九四五・〇七・一二	三正占得	伍長	戦病死	達城郡日背面辰泉洞七五二
		コレラ	一九二二・一〇・二二	三正米蔵	兄		大邱府南山町三九八
五八三	歩兵一五三連隊	ビルマ、ペグー西方	一九四五・〇七・一〇	安本龍學	兵長	戦死	清道郡伊西面八助洞二〇五
		胸部砲弾破片創	一九二一・〇七・二一	安本盛植	父		清道郡伊西面八助洞二〇五
一〇二六	歩兵一五三連隊	ビルマ、シッタン河	一九四五・〇七・二八	金城元済	伍長	戦死	義城郡新平面中汀洞二八五
			一九二三・一二・二二	金城×清	父		黄海道平山郡全岩面行浦里一五
六四三	歩兵一六三連隊	雲南省竜陵	一九四四・〇九・〇六	柳 時元	兵長	戦死	軍威郡友保面羅湖洞三一四
		大腿部砲弾破片創	一九二五・〇四・〇一	柳 江佑			軍威郡友保面羅湖洞三一四

番号	部隊	死亡場所・死因	死亡年月日・生年月日	氏名・親族	階級・続柄	区分	本籍・親族住所
七二三	歩兵一六三連隊	河南省洛陽県	一九四五・〇四・〇九 一九一七・〇七・一四	野村炳睦 野村命桂	通訳 父	戦死	安東郡安東邑大師町一二 江原道江陵邑本町
六三八	歩兵一六八連隊	カムラン湾	一九四四・〇八・二一 一九二二・〇三・一一	平山一均 平山弼爾	兵長 母	戦死	安東郡礼安面木部洞三〇一 咸鏡南道三水郡好仁面雲田里三九
六四五	歩兵一六八連隊	雲南省遮放 頭部貫通銃創	一九四四・〇九・一三 一九二二・一〇・二八	石本永又 石本在鶴	兵長 父	戦死	盈徳郡南苧面長沙洞三四三 盈徳郡南苧面長沙洞三四三
六四四	歩兵一六八連隊	雲南省竜陵 迫撃砲弾創	一九四四・一〇・〇五 一九二三・〇八・〇三	金山次郎 金山三角	兵長 父	戦死	迎日郡九龍浦邑九龍浦里七一四 迎日郡九龍浦邑九龍浦里七一四
六五八	歩兵一六八連隊	雲南省竜陵 腹部貫通銃創	一九四四・一〇・一五 一九二〇・一二・一八	松原秀森 松原茂吉	上等兵 父	戦死	青松郡府南面月淵里洞二〇 青松郡府南面月淵里洞二〇
六五六／八九二	歩兵一六八連隊	ビルマ、モパリン マラリア	一九四四・一一・一〇	丹山益榎 丹山龍浩	兵長 父	戦病死	聞慶郡聞慶面龍潤里一六七 聞慶郡聞慶面龍潤里一六七
六四六	歩兵一六八連隊	ビルマ、ムセ 腹部貫通銃創	一九四五・〇一・〇二 一九二四・一二・一一	金谷奉泰 金谷漢先	伍長 父	戦傷死	善山郡海子面松谷里一三八 善山郡海子面松谷里一三八
六四九	歩兵一六八連隊	ビルマ、モンヨウ 砲弾破片創	一九四五・〇一・〇八 一九二三・一二・〇九	平山鉉秀 平山東均	兵長 父	戦死	軍威郡母渓面春山洞一〇八 軍威郡母渓面春山洞一〇八
六五二	歩兵一六八連隊	ビルマ、ムヒ 左胸部砲弾破片創	一九四五・〇一・〇八 一九二一・〇九・二〇	山本常雄 山本福壽	兵長 母	戦死	善山郡亀尾面元坪洞三九四 善山郡亀尾面元坪洞三九四
六五〇	歩兵一六八連隊	ビルマ、ラシオ マラリア・脚気	一九四五・〇一・一八 一九二五・〇二・二八	福井徳次郎 福井道吉	兵長 父	戦病死	軍威郡召保面鳳凰堂三〇一 軍威郡召保面鳳凰堂三〇一
六五五	歩兵一六八連隊	ビルマ、ナンカッパ	一九四五・〇二・〇二 一九二五・〇二・一五	金田河栄 金田哲相	兵長 父	戦死	栄州郡文殊面月坪里七六三 栄州郡文殊面月坪里七六三
六五七	歩兵一六八連隊	ビルマ、ナンカッパ 胸部砲弾破片創	一九四五・〇二・〇二 一九二三・〇六・三〇	平山東樹 平山宰洙	兵長 父	戦死	義城郡鳳陽面花田洞二四八 義城郡鳳陽面花田洞二四八
六四二	歩兵一六八連隊	ビルマ、メークテーラ 腰部手榴弾破片創	一九四五・〇三・〇二 一九二二・〇九・二一	山村命逑 山村長秀	兵長 父	戦死	盈徳郡柄谷面栄洞九一五 盈徳郡柄谷面遠黄洞五〇一
六五三	歩兵一六八連隊	ビルマ、メークテーラ 左大腿部砲弾破片創	一九四五・〇三・〇二 一九二三・〇四・二七	三山水信 三山仁壽	兵長 父	戦死	慶州郡江西面楊月里一二二一 慶州郡江西面楊月里一二二一
六三五	歩兵一六八連隊	ビルマ、インドウ 右下腿破弾破片創	一九四五・〇三・〇四 一九二三・一二・一七	玉川永秀 玉川大鐘	兵長 父	戦死	栄川郡鳳峴面下村洞六八一 栄川郡鳳峴面下村洞六八一
六四七	歩兵一六八連隊	ビルマ・カンマイ 腹部貫通銃創	一九四五・〇三・二二 一九二一・〇四・一五	金山光鎮 金山大鎮	兵長 兄	戦死	奉化郡明期面墨湖里五三八 奉化郡明期面墨湖里五三八
六五一	歩兵一六八連隊	ビルマ、カンキフ 頭部貫通銃創	一九四五・〇三・二三 一九二四・一一・〇二	安田正夫 安田性泝	兵長 父	戦死	軍威郡友保面羅湖洞三一四 軍威郡友保面羅湖洞三一四
六四八	歩兵一六八連隊	ビルマ、カンマイ	一九四五・〇三・二四	金山淙健	兵長	戦死	聞慶郡聞慶面龍湖里三一〇

		前頭部砲弾破片創	一九二三・一一・〇五	金山容洛	父		聞慶郡聞慶面龍湖里三一〇
六五四	歩兵一六八連隊	ビルマ、カンバ	一九四五・〇四・〇五	松本宜教	兵長	戦死	青松郡府南面甘潤洞二〇
		胸部砲弾破片創	一九二一・〇六・一〇	松本元教	妻		青松郡府南面甘潤洞二〇
六四一	歩兵一六八連隊	ビルマ、インドウ	一九四五・〇四・〇五	岩本元福	伍長	戦死	慶州郡江東面旺信里四六五
		頭部砲弾破片創	一九二一・〇九・〇九	岩本圭×	兄		慶州郡江東面旺信里四六五
一〇二七	歩兵一六八連隊	ビルマ、インドウ	一九四五・〇四・〇八	岡田吉雄	兵長	戦死	義城郡安平面馬転洞三二一
			一九二四・一一・二九	岡田××	父		義城郡安平面馬転洞三二一
一〇五三	歩兵一六八連隊	ビルマ、インドウ	一九四五・〇四・〇八	徳山正一	上等兵	戦死	善山郡海平面洛城洞四七四
			一九二三・一〇・二三	徳山種哲	父		善山郡海平面洛城洞四七四
六三九	歩兵一六八連隊	ビルマ、インドウ	一九四五・〇四・〇八	鄭國泰和	兵長	戦死	迎日郡東海面興津洞八七
		×部砲弾破片創	一九二四・一〇・〇二	鄭國楠和	兄		迎日郡東海面興津洞八七
六四〇	歩兵一六八連隊	ビルマ、インドウ	一九四五・〇四・〇九	竹山炳台	兵長	戦死	漆谷郡栄山面下板洞二〇一
		胸部砲弾破片創	一九二四・〇九・一二	竹山×表	父		漆谷郡栄山面下板洞二〇一
六五九	歩兵一六八連隊	ビルマ、ケマビユ	一九四五・〇六・一〇	李宮竹彦	伍長	戦病死	聞慶郡聞慶面下里四二
		マラリア・脚気	一九二六・〇六・〇八	李宮光彦	父		聞慶郡聞慶面下里四二
六六〇	歩兵一六八連隊	タイ、チェンマイ	一九四五・〇七・三〇	大東照明	兵長	戦傷死	慶州郡内東面東方里六五
		右下腿砲弾破片創	一九二三・〇三・〇七	大東海原	父		慶州郡内東面東方里六五
四〇	歩兵二二六連隊	三四師野戦病院	一九四五・一〇・〇三	松島成鎔	兵長	戦病死	高霊郡牛谷面渭洞
		火傷	一九二四・〇九・二〇	松島載玟	父		高霊郡牛谷面渭洞
四一	歩兵二二六連隊	中支防疫給水部一一支部	一九四五・〇八・一七	高城在浩	一等兵	戦病死	慶山郡瓜村面倹陽洞二五八
		腸病	一九二四・〇五・二〇	高城徳在	父		慶山郡瓜村面倹陽洞二五八
六七	歩兵二二六連隊	湖北省漢口	一九四五・〇一・一五	金世守弘	上等兵	戦病死	清道郡清道面高樹洞八八〇
		全身投下爆弾創	一九二四・一一・一七	金世安正	父		清道郡清道面高樹洞三五四七
六八	歩兵二二六連隊	湖南省一二八兵站病院	一九四五・〇六・三〇	新井鐘和	兵長	戦病死	慶山郡珍良面文川洞六一七
		虫様突起炎・腸炎	一九二四・〇三・一九	新井文源	父		慶山郡珍良面文川洞六一七
六九	歩兵二二六連隊	湖南省一二八兵站病院	一九四五・〇七・一七	松岡輝尚	兵長/甲幹	戦病死	漆谷郡倭館面倭館洞二四八−二
		喝病	一九二四・〇一・一二	松岡義哲	父		漆谷郡倭館面倭館洞二四八−二
七〇	歩兵二二六連隊	湖南省	一九四五・〇七・一九	岡田翼点	上等兵	戦病死	達城郡玄風面城下洞六〇二
		喝病	一九二四・一〇・二九	—	—		—
二四八	歩兵二二七連隊	湖南省	一九四五・〇六・二三	月城學淵	兵長	不慮死	聞慶郡水順面栗谷里五〇一
		両大腿骨折・手榴弾創	一九二四・〇八・二四	月城守護	祖父		聞慶郡水順面栗谷里五〇一
四六六	歩兵二二七連隊	湖北省野戦貨物廠	一九四五・〇一・一五	金田富信	上等兵	戦死	醴泉郡豊穣面河豊里三一七六
		両大腿爆弾破片創	×	金田富昌	兄		醴泉郡豊穣面河豊里三一七六
四六七	歩兵二二七連隊	湖北省野戦貨物廠	一九四五・〇一・一五	東原萬秀	上等兵	戦死	金泉郡甑山面黄項里三二二
		左腹部爆弾破片創	×	東原雲禮	父		金泉郡甑山面黄項里三二二

四六八	歩兵二二七連隊	湖北省野戦貨物廠 全身爆創	一九四五・〇一・一五 ×	和山喜一 和山友鳳	兵長 父	戦死	金泉郡金泉邑三泳洞三二二 金泉郡金泉邑三泳洞三二二
六〇一	歩兵二二七連隊	河北省一五二兵病 脚気・衝心症	一九四五・〇九・二二 一九二四・〇四・三〇	東原小斤伯 東原出伊	上等兵 兄	戦病死	尚州郡成昌面胎封里三三一－一 尚州郡成昌面胎封里三三一－一
六五	歩兵二二八連隊	江西省三四師野病 腸閉塞・腸膜炎	一九四五・一一・二三 一九二四・〇九・二〇	張本吉鳳 張本基順	兵長 父	戦病死	義城郡安渓面安定洞五五九 義城郡安渓面安定洞五五九
一二二	歩兵二一九連隊	南洋諸島メリル島	一九四五・〇二・二八 一九二一・一二・二五	田中宗煥 田中南兆	五長 父	戦病死	青山郡縣西面徳渓里五八五 青山郡縣西面徳渓里五八五
一二三	歩兵二一九連隊	南洋諸島トユベイ島	一九四四・〇七・〇八 一九二四・〇三・〇九	大元勝雄 大元東坡	兵長 母	戦死	迎日郡達田面星仁洞五五〇 迎日郡達田面星仁洞五五〇
一二四	歩兵二一九連隊	南洋諸島ソンソル島 右下腿骨折貫通銃創	一九四五・〇九・〇二 一九二一・〇七・二二	吉原正世 吉原光平	軍曹 父	戦病死	義城郡義城邑×竹里七四五 義城郡義城邑×竹里七四五
一二五	歩兵二一九連隊	南洋諸島メリル島	一九四五・〇四・二九 一九二二・〇一・二〇	岩本鐘壽 岩本得伊	兵長 父	戦死	迎日郡興海面竹川洞六五六 迎日郡興海面竹川洞六五六
六六二	歩兵二一九連隊	タンホル島パクレキ	一九四四・〇八・一八 一九二五・〇三・〇二	金本成漢 金本春琮	兵長	戦死	清道郡雲門面亭上洞五四六 清道郡雲門面亭上洞五四六
六六三	歩兵二三〇連隊	ビアク島天水山	一九四四・〇六・二五 ×	大元相七 大元東坡	兵長 母	戦病死	迎日郡達田面里仁洞五六〇 迎日郡達田面里仁洞五六〇
五二一	歩兵二三〇連隊	ワイゲオ島 脚気	一九四五・〇三・二三 一九二三・〇一・一四	大原相元 大原在鳳	兵長 父	戦病死	迎日郡九龍浦邑九萬洞六五 迎日郡九龍浦邑九萬洞六五
五二二	歩兵二三〇連隊	ニューギニア、ソロン 脚気	一九四四・一二・二八 一九二五・〇一・一三	金山英治 金川保善	上等兵 父	戦病死	金泉郡金泉邑城内町六四 金泉郡金泉邑城内町六四
五二三	歩兵二三〇連隊	ニューギニア、一二五兵病 マラリア	一九四五・〇三・一九 一九二四・一二・三〇	松村承奉 松村孫元	兵長 父	戦病死	清道郡清道面巨潤洞六一九 清道郡清道面巨潤洞六一九
五二四	歩兵二三〇連隊	ニューギニア、ソリン 脚気	一九四五・〇二・一七 一九二三・〇九・一二	松田鍾泰 松田命守	兵長 父	戦病死	達城郡玄風面下洞七三 達城郡玄風面下洞七三
五二五	歩兵二三〇連隊	ニューギニア、ソリン 脚気	一九四五・〇八・二九 一九二四・〇一・〇一	清水一泰 清水三壽	伍長 父	戦病死	安東郡豊山面西薇洞六三四 安東郡豊山面西薇洞六三四
五二六	歩兵二三〇連隊	ニューギニア、ソリン 脚気	一九四五・〇三・一八 一九二〇・一二・二三	柳宗金 柳孝雲	兵長 父	戦病死	慶山郡珍良面富基洞五一七 慶山郡珍良面富基洞五一七
五二七	歩兵二三〇連隊	ニューギニア、ソリン マラリア	一九四五・〇三・二一 一九二四・一〇・〇九	花浦載煥 花浦相洛	伍長 父	戦病死	英陽郡青杞面幾浦洞三二 英陽郡青杞面幾浦洞三二
五二〇	歩兵二三〇連隊	N二・四〇E一二一・五	一九四四・〇五・〇六 ×	金岡東憲 金岡大済	上等兵 父	戦病死	尚州郡任北面龍遊里四一九 尚州郡任北面龍遊里四一九
五五一	歩兵二二一連隊	ナニラ、セレベス	一九四四・〇五・〇六	新井斤魯	兵長	戦死	慶山郡珍良面良基洞一五九

			一九二〇・〇九・〇五	新井昌洙	父		慶山郡珍良面良基洞一五九
五三五	歩兵二二一連隊	ビアク島モクメル	一九四四・〇六・一五 一九二五・〇八・二五	新井　輝 新井壽謙	兵長 父	戦死	慶州郡慶州邑城乾里一九五 慶州郡慶州邑城乾里一九五
五三六	歩兵二二一連隊	ビアク島モクメル	一九四四・〇六・一五 一九二四・〇九・二二	大原重信 大原永元	兵長 祖父	戦死	善山郡王城面農所洞七四六 善山郡王城面農所洞七四六
五三七	歩兵二二一連隊	ビアク島モクメル	一九四四・〇六・一五 一九二一・〇二・一六	岩本政吉 岩本鍾泰	兵長 兄	戦死	聞慶郡永順面金龍里二六四 聞慶郡永順面金龍里二六四
五三八	歩兵二二一連隊	ビアク島モクメル	一九四四・〇六・一五 ×	重光貞松 重光士黙	兵長 父	戦死	英陽郡英陽面県洞二九九 英陽郡英陽面県洞二九九
五三九	歩兵二二一連隊	ビアク島モクメル	一九四四・〇六・一五 一九二二・〇六・一七	光金容河 光金仁洙	兵長 父	戦死	盈徳郡南亭面洞谷洞二二一 盈徳郡南亭面洞谷洞二二一
五四〇	歩兵二二一連隊	ビアク島モクメル	一九四四・〇六・一五 一九二二・〇八・一三	金海栄作 金海龍澤	兵長 父	戦死	盈徳郡南亭面晦洞二五八 盈徳郡南亭面晦洞二五八
五五二	歩兵二二一連隊	ニューギニア、ソロン マラリア・脚気	一九四四・一〇・二〇 一九二三・〇二・〇六	栗原受厚 栗原學守	兵長 母	戦病死	栄州郡安定面東村洞一七八 栄州郡安定面東村洞一七八
九五九	歩兵二二一連隊	ホロ島木口部隊 脚気・急性腸炎	一九四四・一一・二六 一九二四・〇八・〇二	松岡永春 松岡茂雄	一等兵 父	戦病死	醴泉郡龍宮面琴南里二二五 醴泉郡龍宮面琴南里二二五
五四八	歩兵二二一連隊	ニューギニア、スニー マラリア	一九四四・一二・二〇 一九一二・〇九・一四	井賀武男 井賀鏞碩	伍長 父	戦病死	慶州郡慶州邑皇吾里二三五 慶州郡慶州邑路東里二二五
五四九	歩兵二二一連隊	ニューギニア、スニー マラリア	一九四四・一二・二三 一九二四・〇四・一二	金城國昌 金城泳穆	兵長 父	戦病死	慶山郡龍城面美山洞六九 慶山郡龍城面美山洞六九
五五〇	歩兵二二一連隊	ニューギニア、マノクワリ マラリア	一九四五・〇二・〇一 一九二三・〇九・二〇	原田壽欽 源田在環	一等兵 父	戦病死	栄州郡内山洞屏山里三一〇 栄州郡内山洞屏山里三一〇
五五三	歩兵二二一連隊	ニューギニア、ソロン マラリア・脚気	一九四五・〇二・〇七 一九二六・〇四・〇五	長岡水龍 金川同植	兵長 従兄	戦病死	醴泉郡醴泉邑路下村洞六七 醴泉郡醴泉邑路下村洞六七
六二三	歩兵二二一連隊	ニューギニア、一二五兵病 脚気	一九四五・〇三・〇四 ×	川本清光 川本原正	上等兵 ―	戦病死	迎日郡浦項邑上島洞二四五 迎日郡浦項邑上島洞二四五
五五四	歩兵二二一連隊	ニューギニア、ソロン マラリア・脚気	一九四五・〇四・一四 一九二四・〇六・一一	金本鍾福 金本浩坤	伍長 父	戦病死	達城郡論工面金田洞一九〇八 達城郡論工面金田洞一九〇八
五五五	歩兵二二一連隊	ニューギニア、ソロン マラリア・脚気	一九四五・〇七・二三 一九二四・〇六・一一	南亭朝 南在九	軍曹 父	戦病死	盈徳郡知品面新陽洞三〇四 盈徳郡知品面新陽洞三〇四
四六九	歩兵二三四連隊	湖南省 ××貫通銃創	一九四四・〇八・〇八 ×	武田龍雨 武田周萬	兵長 ―	戦死	安東郡禮安面西部洞二五 安東郡禮安面西部洞二五
一四五	歩兵二五四連隊	湖南省一八四兵站病院 回帰熱	一九四五・〇八・二八 一九二一・〇七・一五	林輝哲 林八龍	兵長 父	戦病死	尚州郡外西面開谷洞四三三 尚州郡外西面開谷洞四三三

一四六	歩兵二五四連隊	湖南省 頭部貫通銃創	一九四四・〇六・一〇 ×	玉山允美 玉山李任	兵長 母	戦死	清道郡清道面高樹洞 清道郡清道面高樹洞
一四八	歩兵二五四連隊	広西省 右頸部貫通銃創	一九四四・〇六・一一 一九二五・〇三・〇三	河本繁憲 河本英憲	兵長 兄	戦死	義城郡北安面東部洞二五五 義城郡亀川面内山洞三二〇
一四七	歩兵二五四連隊	湖南省 左大腿盲管銃創	一九四四・一一・一七 ×	平山鉉周 平山用順	兵長	戦死	聞慶郡聞慶面葛坪里五四八 ―
一四四	歩兵二五四連隊	一一軍野戦病院 右大腿爆弾破片創	一九四五・〇二・一七 ×	苞山盛根 ―	伍長	戦傷死	達城郡求智面倉洞五六五 ―
一三八	歩兵二三五連隊	湖南省 頚部後頭部砲弾創	一九四四・〇六・一六 ×	三井正雄 三井信一	上等兵	戦死	義城郡玉山面甘渓洞七四四 義城郡玉山面甘渓洞七四四
一三九	歩兵二三五連隊	廣西省 頭部山砲弾破片創	一九四四・一一・二一 一九二六・〇一・一二	橋田儀平 廣田玉伊	伍長 母	戦傷死	金泉郡金泉邑錦町一五二－一 金泉郡金泉邑錦町一五二－一
一四〇	歩兵二三五連隊	湖南省 胸骨部貫通銃創	一九四四・〇六・〇七 ×	玉川永義 ―	兵長	戦傷死	栄州郡伊山面院里七九四 ―
一四一	歩兵二三五連隊	湖南省 胸部貫通銃創	一九四四・〇八・〇七 ×	岩本満雨 岩本代逸	伍長 父	戦死	迎日郡東海面立岩洞四一四 迎日郡東海面立岩洞四一四
一四二	歩兵二三五連隊	湖南省一二八兵病 頭部貫通銃創	一九四四・〇八・一二 ×	丹上永燮 丹上裕楨	兵長 父	戦傷死	聞慶郡聞慶面龍淵里六〇 聞慶郡聞慶面龍淵里六〇
一〇四七	歩兵二三六連隊	不詳	一九四四・〇七・二九 ×	金山泳浩 ―	兵長	戦死	星州郡碧珍面伽岩洞五九二 ―
二二七	歩兵二三六連隊	湖南省一三二兵病 衝心脚気	一九四四・一二・二九 一九二〇・〇九・三〇	巌都晩燮 巌都淑坡	上等兵 妻	戦病死	聞慶郡山陽面渭満里四五四 聞慶郡山陽面渭満里四五四
五九六	歩兵二三六連隊	湖南省	一九四四・〇九・〇一 ×	南玄根 南永煥	伍長 父	戦死	慶州郡江東面虎鳴一三一 慶州郡江東面虎鳴一三一
二二六	歩兵二三六連隊	湖南省一三二兵病	一九四五・〇三・二七 一九二一・〇四・二三	永本鎮浩 永本英吉	上等兵 父	戦病死	英陽郡石保面北×洞一六〇 青松郡眞室面龍谷洞七五
一〇二三	歩兵二八一連隊	湖南省	一九四五・〇六・〇一 一九二四・〇五・二〇	阮山旭章 阮山性華	二等兵 兄	戦死	高霊郡牛谷面蓮洞六〇 浜江省巴彦果富裕
六三二	歩兵四一四連隊	大阪市 後頭部爆弾破片創	一九四五・〇八・一四 一九二四・一一・一六	車田錬壽 ―	上等兵	戦死	義城郡義城邑八城里二七一 ―
一二一	歩兵四三一連隊	京城陸軍病院	一九四五・〇八・二〇 一九二四・〇八・一五	大山秀七 大山永基	上等兵 父	平病死	永川郡古鏡面龍洞七六七 永川郡古鏡面龍洞七六七
九七六	マラヤ俘虜収容所	N三・一五 E九九・四七	一九四四・〇六・二六 一九二二・〇六・一五	岩本相達 岩本旅雨(仙伸)	傭人 妻	戦病死	慶州郡内東面徳洞里五一六 永川郡永川邑枝村洞一〇二
一〇七一	マラヤ俘虜収容所	マラヤ、シンガポール	一九四五・〇七・二六	大野秋満	傭人	戦病死	永川郡琴城面橋×洞一二七

			一九二〇・〇七・二六	|			|
七五一	マニラ高射砲司令部	ルソン島アンチポロ	一九四五・〇二・一〇	岩村岩爾	伍長	戦死	慶山郡河陽面東西洞八六
		頭部貫通銃創	×	岩村月福	妻		慶尚南道蔚山郡蔚山面北亭里八
二五四	夜警歩一〇大隊	湖南省一八五兵病	一九四五・〇九・〇一	南山根勲	上等兵	戦病死	大邱府凡勿洞八〇〇
		マラリア・脚気	一九二四・〇八・二七	南山得郎	父		大邱府凡勿洞八〇〇
二五五	夜警歩一〇大隊	上海一五七兵病	一九四五・一〇・〇六	木村光男	上等兵	戦病死	善山郡山東面林泉洞九四八
		回帰熱	一九二四・〇六・〇一	木村順連	母		善山郡山東面林泉洞九四八
二五三	夜警歩一一大隊	湖南省一八四兵病	一九四五・〇七・三〇	金光仁九	上等兵	戦病死	法化郡法田面尺谷里一五三
		栄養失調症	一九二四・〇一・〇一	金光泰石	兄		法化郡法田面尺谷里一五三
八八五	野戦高射砲五八大隊	ニューギニア、アレキシヌ	一九四三・一二・三〇	金田東元	兵長	戦死	聞慶郡戸西南面興徳里
			×	金田鱗済	父		|
二四七	野戦高射砲五九大隊	ボーゲンビル島エレペンタ	一九四三・一一・二三	松本有市	伍長	戦死	安東郡安東邑松峴里二九一
		爆傷	一九二三・〇八・一〇	松本斗實	父		安東郡安東邑松峴里二九一
八八〇	野戦高射砲八五大隊	朝鮮羅津湖洞	一九四五・〇八・〇九	金用漢	伍長	戦死	奉化郡明湖面刀川里一九三
		爆弾破片創	一九二四・一一・一二	金瑛鎮	父		東満総省和龍×和龍街南区
一〇五一	野砲二六連隊	ニューギニア	一九四三・一二・〇五	小松盛作	伍長	戦死	星州郡草田面鳳亭里
			×	小松　斉	父		高知県安芸郡西分村甲九〇七
二二八	野砲二六連隊	ニューギニア、シャルム	一九四三・一二・二八	大和鳳教	兵長	戦死	迎日郡浦項邑龍興洞一四一
			×	川本重太郎	|		迎日郡浦項邑繁町
一〇一五	野砲二六連隊	ニューギニア、エリマ	一九四四・〇三・一〇	菅村家久	上等兵	戦死	慶州郡慶州邑皇吾里
			×	菅村信子	妻		熊本市北千反畑一七
二二九	野砲二六連隊	ニューギニア、ブーツ	一九四四・〇四・〇三	亀峰敏尾	伍長	戦死	金泉郡金泉邑南山町三六二九
		全身爆弾破片創	×	亀峰金吉	父		金泉郡金泉邑南山町三六二九
二三〇	野砲二六連隊	ニューギニア、アファ	一九四四・〇八・〇四	岩村寅男	上等兵	戦死	栄州郡栄州邑下望里二八八
		右脚砲弾破片創	×	岩村融繁	父		栄州郡栄州邑下望里二八八
二三一	野砲二六連隊	ニューギニア、アファ	一九四四・〇八・〇二	岩本長龍	上等兵	戦死	醴泉郡柳川面星坪洞
		腰部貫通砲弾創	×	岩本鐘基	父		醴泉郡柳川面星坪洞
二三五	野砲二六連隊	ニューギニア、マグジップ	一九四四・〇八・二〇	久安祝二	伍長	戦死	金泉郡金泉面錦町一四九
		頭部貫通銃創	×	久安佐和子	妻		金泉郡金泉面錦町一四九
二三二	野砲二六連隊	ニューギニア、ブーツ	一九四四・一二・二七	東原善出	兵長	戦死	義城郡舟密面滝谷洞九三二
		全身爆創	×	東原寅碩	父		義城郡舟密面滝谷洞九三二
二三三	野砲二六連隊	ニューギニア、ヤカムル	一九四四・〇九・〇一	川内満家	兵長	戦死	大邱府田町二九四
		全身爆創	×	川内吉次郎	父		大邱府田町二九四
五九	野砲三〇連隊	ミンダナオ島スリガオ	一九四四・〇九・〇九	徳山文夫	兵長	戦死	高霊郡雙林面貴院洞二〇四
		全身投下爆弾爆創	一九二二・〇九・〇九	徳山家康	父		高霊郡雙林面貴院洞二〇四

五一	野砲三〇連隊	ミンダナオ島ウピアン	一九四四・一〇・三〇 一九二二・〇二・一九	原元清容 原元方光	伍長 叔父	戦病死	慶州郡江東面多山里一一五一 慶州郡江東面多山里一一五一
五八	野砲三〇連隊	ミンダナオ島ディゴス 腹部貫通銃創	一九四四・一二・〇二 ×	永山豊作 永山清一	伍長	戦死	大邱府七星里町二四〇 大邱府北内町二六
六〇	野砲三〇連隊	ミンダナオ島ダバオ 腹部砲弾破片創	一九四五・〇六・〇七 ×	圓山哲司 圓山梧司	兵長 兄	戦死	聞慶郡聞慶由上里二四二 聞慶郡聞慶由上里二四二
五五	野砲三〇連隊	ミンダナオ島ウマヤン 投下爆弾全身爆創	一九四五・〇七・二四 ×	藤原良太郎 藤山時太郎	兵長 兄	戦死	聞慶郡麻城面下乃里三九九 聞慶郡麻城面下乃里三九九
五五六	陸軍運輸部二大隊	ニューギニア、マル	一九四四・〇八・二〇 一九二三・〇二・一一	金井正義 金井年玉	操機手 妻	戦死	盈徳郡丑山面大天洞二五五 長崎市福富町二丁目七九
五一七	二警備隊	ボルネオ、パリクパパン 右腹・下肢貫通銃創	一九四五・〇八・二九 ×	藤田正雄 藤田×出	上等兵 兄	戦傷死	迎日郡興海面學城洞二一八 迎日郡興海面學城洞二一八
九〇三	二軍野戦貨物廠	ニューギニア、プラウイ	一九四五・〇三・〇四 ×	岩城隆雄 岩城元太郎	軍属 父	戦病死	大邱市場北道一一二 大邱市場北道一一二
五八六	四航空軍司令部	ルソン島マリキン山系 迫撃砲弾破片創	一九四五・〇六・〇六 ×	花田博泊 花田吉弘	軍曹 父	戦死	醴泉郡柳川面蓀基洞三三一 醴泉郡柳川面蓀基洞三三一
九二九	五方面軍経理部	N五一・二三E一五五・四七	一九四四・〇七・〇九 一八九八・〇三・二六	永山富源 永山於心	雇員 妻	戦死	慶州郡×西面泉浦里九九五 ｜
九五七	五方面軍経理部	N五一・二三E一五五・四七	一九四四・〇七・〇九 一九二一・〇二・二〇	西原載善 西原福連	雇員 妻	戦死	清道郡豊角面鳳岐洞二五二 清道郡豊角面鳳岐洞二五二
一〇五七	五特設鉄道司令部	ビルマ	一九四四・〇五・二五 ×	金山秀二 ｜	傭人	戦死	大邱府七星町二三六 ｜
七四四	七野戦航空補給廠	ルソン島ベレテ峠	一九四五・〇五・三〇 ×	月城聖烈 月城仁逑	雇員 父	戦死	迎日郡杷渓面禾岱里四三八 黄海道延白郡湖南面松×里三七八
六六九	八飛行団司令部	海南島	一九四五・〇二・二七 一九二七・〇四・一五	白川孝文 白川聖文	伍長 兄	戦死	漆谷郡若木面福生洞一〇六四 漆谷郡若木面福生洞一〇六四
九一八	八師歩兵二大隊	華龍大省	一九四三・〇四・二三 ×	金範俊 金致俊	通訳 弟	戦死	金泉郡金泉邑黄金町一八四—二五 金泉郡金泉邑黄金町一八四—二五
五八七	一〇野戦気象隊	沖縄英栄平 頭部貫通銃創	一九四五・〇六・二三 一九二五・〇六・一四	吉原泰宗 ｜	雇員	戦死	大邱府壽町一 ｜
	一〇野航空修理二独整		一九四五・〇六・二三	永本鎮浩			咸平郡咸平面水湖里二七五 咸平郡咸平面水湖里二七五
五八五	一〇野航空修理二独整	バシー海峡	一九四四・〇七・三一 ×	高山晋植 高山鍾潤	雇員 父	戦死	大邱府院岱洞一二九八 大邱府院岱洞一二九八
七九九	一〇航空情報連	ルソン島ピナパガン	一九四五・〇七・〇五	新井英雄	伍長	戦死	安東郡豊山面下里洞二三二

			×	新井吉伊	父		安東郡豊山面下里洞二三二
九六七	一一軍教育隊	湖北省漢口二陸病	一九四四・一二・一四	李海植	二等兵	戦病死	義城郡玉山面五柳洞六七二
		アメーバ赤痢		李日姫	母		義城郡玉山面五柳洞六七二
六六五	一二航空通信連隊	ルソン島サラクサ峠	一九四五・〇四・二〇	中山義雄	軍曹	戦死	聞慶郡聞慶面葛里二七五
			一九二四・〇一・一〇	中山義雄（ママ）	父		聞慶郡聞慶面葛里二七五
九九八	一三軍司令部	不詳	一九四五・〇三・〇九	金本九世	通訳	戦死	尚州郡尚州邑南町七〇一
		爆死	×	―			―
七五三	一四方面軍司令部	セブ島	一九四五・〇四・〇一	成田正秋	技手	戦死	金泉郡金泉邑黄金町二八－一二
			一九一五・〇七・二八	成田弘吉	父		金泉郡金泉邑黄金町二八－一二
七五四	一四方面軍司令部	ルソン島カンギポット	一九四五・〇七・〇一	片江照市	雇員	戦死	迎日郡神光面盤谷洞
			×	片江　茂	父		山口県下関市東大坪町九
九八九	一四師団司令部	不詳	一九四四・一〇・〇八	大山基永	軍属	戦死	盈徳郡盈徳面南石洞
			×	大山丑燮	長男		盈徳郡盈徳面南石洞
四五八	一四師団司令部	パラオ島一二三兵病	一九四五・〇三・二二	金田文吉	傭人	戦病死	軍威郡友保面羅湖洞二五三
		マラリア	一九〇八・〇九・一〇	金田武喜	妻		軍威郡友保面羅湖洞二五三
五七一	一四師団司令部	パラオ島アイミリーキ	一九四五・〇五・二〇	鄭泰文	軍属	戦病死	慶州郡江東面徳南里
		マラリア	×	鄭福伊	父		慶州郡江東面徳南里
四八四	一四師団司令部	パラオ	一九四五・〇六・二一	新井京文	軍属	戦病死	盈徳郡達山面鳳山洞
		熱帯熱	×	―			―
九八八	一四師団司令部	不詳	一九四五・〇六・二一	新井慶門	軍属	戦病死	盈徳郡知品面三和洞
			×	新井慶門（ママ）	長男		盈徳郡知品面三和洞
四五九	一四師団司令部	パラオ島一二三兵病	一九四五・〇七・〇一	徳川慶潤	軍属	戦死	慶州郡江東面徳南里
			×	徳川在順	妻		慶州郡江東面徳南里
三七四	一四師団司令部	パラオ島一二三兵病	一九四五・〇七・〇九	吉本道鶴	軍属	戦病死	軍威郡北渭面昌坪洞
		マラリア	×	吉本南順	妻		里蔵郡岳湊面佳湖面
六七〇	一四師団管理部	パラオ島一二三兵病	一九四四・一一・一七	朴田莫岩	傭人	戦病死	軍威郡古老面仁谷洞六九二
		脚気	×	朴田末順	妻		軍威郡古老面仁谷洞六九二
六七一	一四師団管理部	パラオ島一二三兵病	一九四四・一一・〇二	光山有錫	傭人	戦病死	軍威郡友保面梨花洞
		脚気	×	光山四根	長男		軍威郡友保面梨花洞
六七二	一四師団管理部	パラオ島一二三兵病	一九四五・〇一・二九	禹喆伊	傭人	戦病死	軍威郡軍威面務成洞
		脚気	×	禹相景	父		軍威郡軍威面務成洞
六七三	一四師団管理部	パラオ島一二三兵病	一九四五・〇二・〇九	新井東換	傭人	戦病死	軍威郡古楼面石山洞七〇九
		脚気	×	新井柱文	父		軍威郡古楼面石山洞七〇九
六七四	一四師団管理部	パラオ島	一九四五・〇二・二一	金本順明	傭人	戦病死	清道郡梅田面上坪洞一〇七
		マラリア	×	金本景斗	父		清道郡梅田面上坪洞一〇七

番号	所属	場所・死因	死亡年月日	氏名	身分・続柄	区分	本籍・住所
六七五	一四師団管理部	パラオ島一二三兵病 マラリア	一九四五・〇三・一五 ×	平山大元 平山泰武	傭人 父	戦病死	軍威郡古老面佳湖洞九一 軍威郡古老面佳湖洞九一
六七六	一四師団管理部	パラオ島一二三兵病 マラリア	一九四五・〇四・二二 ×	城泉守岩 城泉福先	傭人 妻	戦病死	軍威郡伽泉面倉泉洞五七 軍威郡伽泉面倉泉洞五七
六七七	一四師団管理部	パラオ島 マラリア	一九四五・〇五・二〇 ×	高山正甲 高山萬水	傭人 父	戦病死	軍威郡友保面達山洞 軍威郡友保面達山洞
六七九	一四師団管理部	パラオ島一二三兵病 マラリア	一九四五・〇六・一一 ×	井木太奉 井木基道	傭人 兄	戦病死	軍威郡山城面花田洞四五五 軍威郡山城面花田洞四五五
六七八	一四師団管理部	パラオ島一二三兵病 マラリア・脚気	一九四五・〇七・一九 ×	月村命石 月村細明	傭人 妻	戦病死	軍威郡友保面義成洞 軍威郡友保面義成洞
六八〇	一四師団管理部	パラオ島一二三兵病 マラリア・脚気	一九四五・〇七・三〇 ×	平山逸鳳 平山七月	傭人 父	戦病死	軍威郡缶渓面佳湖洞 軍威郡缶渓面佳湖洞
六八一	一四師団管理部	パラオ島一二三兵病 マラリア・脚気	一九四五・〇八・〇一 ×	金城潤九 金城分男	傭人 妻	戦病死	軍威郡山城面白篤洞 軍威郡山城面白篤洞
六八二	一四師団管理部	パラオ島一二三兵病 回帰熱	一九四五・〇八・〇三 ×	岩本圭浩 岩木圭燮	傭人 父	戦病死	軍威郡雲間面馬日洞 軍威郡雲間面馬日洞
六八三	一四師団管理部	パラオ島一二三兵病 回帰熱	一九四五・〇八・〇三 ×	李鐘澤 ―	傭人 父	戦病死	軍威郡義興面義興洞 ―
六八四	一四師団管理部	パラオ島一二三兵病 脚気	一九四五・〇八・〇六 ×	西村信義 西村春市	傭人 父	戦病死	軍威郡孝令面馬噺洞 軍威郡孝令面馬噺洞
六八五	一四師団管理部	パラオ島管理部 マラリア	一九四五・〇八・一七 ×	高山仁植 高山福介	傭人 妻	戦病死	清道郡雲間面芝村洞 清道郡雲間面芝村洞
六八六	一四師団管理部	パラオ島一二三兵病 マラリア	一九四五・〇八・二一 ×	金城道奎 金城分必連	傭人 妻	戦病死	軍威郡孝令面花渓里 軍威郡孝令面花渓里
六八七	一四師団管理部	パラオ島一二三兵病 マラリア	一九四五・〇八・二五 ×	千原敬煥 千原東漸	傭人	戦病死	軍威郡山城面花本洞 軍威郡山城面花本洞
六八八	一四師団管理部	パラオ島一二三兵病 マラリア	一九四五・〇八・三〇 ×	松本相水 松本明辰	傭人	戦病死	軍威郡孝令面花渓洞 軍威郡孝令面花渓洞
六八九	一四師団管理部	パラオ島管理部 マラリア	一九四五・〇九・〇八 ×	長谷充伊 長谷成岩	軍属 妻	戦病死	軍威郡召保面三法洞 軍威郡召保面三法洞
六九〇	一四師団管理部	パラオ島一二三兵病 マラリア	一九四五・〇九・一〇 ×	山村三徳 山村伊順	軍属 妻	戦病死	軍威郡孝令面場墓洞 軍威郡孝令面場墓洞
九八五	一四師団司令部	パラオ島一二三兵病	一九四五・〇六・〇七 ×	錦川出伊 錦川聖吉	傭人 父	戦病死	聞慶郡山北面内化里 聞慶郡山北面内化里
九八六	一四師団経勤隊	不詳	一九四五・〇六・二〇	平山今東	傭人	戦死	聞慶郡加恩面下槐里

				平山玉鉉	父		聞慶郡加恩面下槐里
五七〇	一四師団経勤隊	パラオ島 マラリア	一九四五・〇六・一六 ×	木村日岩 木村光照	傭人 妻	戦病死	盈徳郡南亭面×興洞
九九三	一四師団経勤隊	パラオ島	一九四五・〇七・二七 ×	植田松山 ｜	軍属	戦死	栄州郡伊山面 ｜
七二九	一四師団経勤隊	パラオ島大和村 マラリア	一九四五・〇八・〇四	大山在龍 大山日仙	傭人 妻	戦病死	迎日郡倉州面大×燈台 迎日郡倉州面大×燈台
七三〇	一四師団経勤隊	パラオ島大和村 マラリア	一九四五・〇八・一三 ×	青木藤雄 青木茂盛	傭人 長男	戦病死	鳳桂郡江口方面三×詞 鳳桂郡江口方面三×詞
六〇九	南方九陸軍病院	パレンバン、九陸病 胃潰瘍	一九四六・〇一・一三 一九二一・〇一・〇五	安原南仙 安原成山	看護婦 父	戦病死	慶小碎阿陽面琴著洞五三 慶小碎阿陽面琴著洞五三
六一〇	一七戦隊	ボーゲンビル島	一九四三・〇三・〇八 ×	金子貞 金子正一郎	軍属 ｜	戦病死	慶州郡慶州邑洛西里 慶州郡慶州邑洛西里
九〇六	一七教育飛行隊	ジャワ、ジャカルタ	一九四五・一一・二〇 ×	木山鎮福 李義斗	伍長 父	戦病死	漆谷郡北三面仁坪洞二八九 ｜
九六〇	一八軍臨道路構築隊	ニューギニア、ギルワ	一九四三・〇一・一八 一九一七・一二・二八	山村浩俊 山村城西	軍属 母	戦死	慶州郡慶州邑路西里二二一 慶山郡慶州邑沙正里二六〇
九三三	一八軍臨道路構築隊	ニューギニア、ギルワ	一九四二・一二・二九 ×	日川孝錫 日川弼伊	軍属 妻	戦死	慶州郡江西面霞谷里二七四 慶州郡江西面霞谷里二七四
九二五	一八軍臨道路構築隊	ニューギニア、ギルワ	一九四三・〇一・〇五 一九一九・〇二・〇六	権寧拍 権彦羅	兵長 母	戦死	醴泉郡龍宮面山沢里二六五 醴泉郡龍宮面山沢里二六五
九五五	一八軍臨道路構築隊	ニューギニア、ギルワ	一九四三・〇一・一六 一九〇九・一二・一二	金山文逢 金山演逢	軍属 兄	戦死	尚州郡化生面新鳳里四五 尚州郡化生面新鳳里四五
七六	一九師団一野戦病院	ルソン島オトガノ 後頭部弾創	一九四五・〇六・二五 一九一九・〇一・〇四	山本泳鳳 山本英國	兵長	戦死	奉化郡方山面葛山里一九三八 奉化郡方山面葛山里一九三八
七四〇	一九師団衛生隊	ルソン島ブラウエン	一九四四・一〇・二九 ×	順川暮草 順川命同	上等兵 父	戦死	清道郡溝通面釜巴洞一一三六 清道郡溝通面釜巴洞一一三六
七四一	一九師団衛生隊	ルソン島ブラウエン	一九四四・一〇・二九 ×	金本圭雄 金本潤忠	兵長 父	戦死	永川郡臨皐面莫崗洞五〇 永川郡臨皐面莫崗洞五〇
三七五	二〇師団司令部	ニューギニア、米子川	一九四四・〇八・一七 ×	岩本相炳 岩本東煥	伍長 父	戦死	盈徳郡柄谷面遠黄洞二区五〇六 盈徳郡柄谷面遠黄洞二区五〇六
七五	二〇師防疫給水部	ニューギニア、フバール	一九四五・〇三・一九 一九二〇・一〇・一五	松永炳祐 松永命亀	兵長 父	戦死	奉化郡祥雲面佐谷里八四三〇 奉化郡祥雲面佐谷里八四三〇
八八四	二〇師防疫給水部	ニューギニア、ヤカムル	一九四四・〇八・〇六 一九二四・〇三・三〇	吉川鎮泰 吉川聖根	伍長 祖父	戦死	奉化郡物野面比丹洞七四一七 奉化郡物野面比丹洞七四一七

番号	部隊	死亡場所・事由	死亡年月日	生年月日	氏名 / 親族	階級 / 続柄	区分	本籍 / 親族住所
四六	二〇師団衛生隊	ニューギニア、猛銀山	一九四四・一〇・〇一	×	大林正治 大林草谷	上等兵 母	戦死	金泉郡南面雲水洞五六七 金泉郡南面雲水洞五六七
四七	二〇師団衛生隊	ニューギニア、グンイエ	一九四四・〇七・一三	一九二四・〇四・〇三	東原明鐸 東原化實	上等兵 父	戦死	大邱府中洞四五四 大邱府中洞四五四
七二四	二〇師団一野戦病院	ニューギニア、板井川	一九四四・〇八・一〇	×	小島泰憲 小島庚姫	上等兵 妻	戦死	永川郡伊山面院里九二七 永川郡伊山面院里九二七
九五〇	二〇野戦飛行場設定隊	札幌陸軍病院 肺結核	一九四四・一一・三〇	一九二三・〇一・二五	新井貢作 新井貞男	不詳 妻	戦病死	義城郡鳳陽面豊里洞七二五 義城郡鳳陽面豊里洞七二五
三六八	二一野戦航空修理廠	ハルマヘラ島ガレラ 顔右爆弾破片創	一九四四・一二・〇七	×	金川道龍 金川道浩	雇員	戦死	迎日郡滄州面大浦里八〇 平壌府新里町一二八ー一八号
九八四	二二航空通信隊	ルソン島クラーク	一九四五・〇八・一〇	×	富永勝雄 富永八福	工員 父	戦死	聞慶郡龍岩面連川里徳川堂 名古屋市西区江西町一ー五
九八〇	二三軍野戦貨物廠	香港沖	一九四四・〇四・二二	一九一七・〇七・二〇	鄭壽岩 ー	軍属	戦死	迎日郡九龍浦邑三玖里一〇〇 ー
九七七	二八軍司令部	ビルマ、トングー 胸・大腿砲弾破片創	一九四五・〇七・二五	×	玉堂命奉祐 玉堂粉蘭	傭人	戦死	慶州郡江西面安巌里一三九〇 福岡県大畑市築地町二ー一〇加藤方
一三六	二九軍司令部	シンガポール一陸病 リンパ肉種・敗血症	一九四四・一二・二一	一九一九・〇九・二〇	大山相植 大山戴龍	軍属 父	戦病死	迎日郡九龍浦邑大甫里 迎日郡九龍浦邑大甫里
一三五	二九軍司令部	シンガポール一陸病 脳挫傷	一九四五・〇二・一四	一九二三・〇二・〇六	平沼福中 李　順	上等兵 母	戦病死	慶州郡陽北面安東里二九四 慶州郡陽北面安東里二九四
一三四	二九軍司令部	N一九・二五E一二一・二三	一九四四・〇九・一二	一八九三・〇二・一五	石原先奉 石原沙仙	嘱託 母	戦死	迎日郡曲江面七浦 迎日郡曲江面七浦
六三〇	三一軍司令部	サイパン島	一九四四・〇七・一八	一九二四・〇三・〇三	大島順一 大島禹善	雇員 父	戦死	安東郡豊山面上里洞三二〇 安東郡豊山面上里洞三二〇
六三三	三一軍司令部	サイパン島	一九四四・〇七・一八	一九二六・〇九・〇三	金井元花 金井新治	軍属	戦死	高霊郡徳谷面盤城洞七三六 東京都渋谷区千駄ヶ谷五ー九三
一〇一四	三一教育飛行隊	不詳	一九四四・〇七・一〇	×	金城炳浩 金城栄逑	見習士官 父	戦死	慶州郡山南面新院里七九九 慶州郡山南面新院里七九九
五九〇	三二軍貨物廠	沖縄県首里	一九四五・〇六・一〇	一九二四・〇三・二〇	玉川　熙 玉川柄侏	工員	戦死	鍾川郡洑(?)伐面化達里一二八 鍾川郡洑(?)伐面化達里一二八
七三五	三二軍防衛築城隊	台湾安平沖 海没	一九四五・〇一・〇九	一九二一・〇一・〇六	金本吉哲 金本鼎漢	上等兵 父	海没	尚州郡咸昌面校村里一六六 尚州郡咸昌面校村里一六六
九九五	三二軍防衛築城隊	沖縄真和志村	一九四五・〇五・一五	一九〇三・一二・二四	金本龍清 金本明壽	雇員 父	戦死	義城郡安渓面道徳洞 義城郡安渓面道徳洞
七九五	三二軍防衛築城隊	沖縄	一九四五・〇六・二〇		呉山義雄	雇員	戦死	迎日郡杏只面馬頂里

			一九二二・〇三・二七	呉本聖坤	父		ー
七一	三四師団司令部	湖南省一八五兵站病院	一九四五・〇八・〇五	千田炳周	上等兵	戦病死	慶山郡南川面図洞一六九
		アメーバ赤痢	一九二四・一〇・二九	千田潤子	妻		慶山郡南川面図洞一六九
九三八	四一碇司令部	不詳	一九四五・〇四・二八	金守岩	操機手	戦死	迎日郡松羅面光川里二区
			一九〇九・一一・〇六	ー			ー
一二〇／一〇〇八	三四師団輜重隊	武漢野戦貨物廠	一九四五・〇一・一五	林炳夏	上等兵	戦死	醴泉郡龍門面直洞三九七
		全身投下爆弾創	一九二一・一二・〇九	林吉相	父		醴泉郡龍門面直洞三九七
一〇四一	三四師団輜重隊	河南省	一九四三・一〇・三〇	金岡泰碩	一等兵	戦病死	漆谷郡若木面南渓洞二五八
		腸チフス・胸膜炎	一九二四・一〇・一〇	金岡鳳出	父		漆谷郡若木面南渓洞二五八
七三九	三四師団司令部	ルソン島タクボ	一九四五・〇六・一四	金山耕國	兵長	戦死	義城郡丹密面涼岩里六八一
			一九二一・〇八・一〇	金山魯東	父		義城郡丹密面涼岩里六八一
九二二	四五航空隊地区司令部	達城郡東村面立石洞	一九四五・〇五・二四	平山大奉	傭人	戦傷死	達城郡東村面不老洞五三二
		頭蓋骨骨折	一八七八・一一・〇六	平山咸平	妻		達城郡東村面不老洞五三二
四九〇	四九師団衛生隊	カムラン湾沖	一九四四・〇八・二一	野村永鎬	上等兵	戦死	盈徳郡
			×	ー			ー
四八六	四九師団衛生隊	不詳	一九四五・〇一・一二	海金尚仁	兵長	戦病死	英陽郡青杞面正足洞
		アメーバ赤痢・マラリア	一九一七・〇一・二二	海金義治	妻		英陽郡青杞面正足洞
二四六	四九師団司令部	ビルマ、チャイスロク	一九四五・〇七・三一	金村相我	伍長	戦死	慶州郡甘浦邑典村里一四六
		胸・腹部爆弾破片創	一九二三・〇五・〇五	金村光祚	叔父		慶州郡甘浦邑甘浦里三九六
三六〇	四九師一野戦病院	マニラ西南方海域	一九四四・一〇・〇八	松本萬燮	兵長	戦死	聞慶郡戸西南面×谷里
			一九一八・〇四・一〇	松本臺明	父		聞慶郡戸西南面×谷里
四九二	四九師団衛生隊	仏印シング	一九四五・〇二・一七	張昌福	兵長	戦死	聞慶郡麻城面南湖里一
		腹部盲管銃創	一九二二・〇七・一二	ー			ー
四八七	四九師団衛生隊	ビルマ、ルワセ	一九四五・〇三・二〇	花本樹欽	兵長	戦死	高灵郡首比面坪院洞一四
		後頭部貫通銃創	×	ー			ー
四八九	四九師団衛生隊	ビルマ、ピンマン	一九四五・〇四・一八	河本國雄	兵長	戦死	漆谷郡枝川面新洞五〇三
		喉部機関砲弾貫通創	×	河本玄次郎	父		漆谷郡枝川面新洞五〇三
四八八	四九師団衛生隊	ビルマ、アレイク	一九四五・〇五・〇八	岩本宰焜	兵長	戦死	醴泉郡
		腹部盲管銃創	×	ー			ー
一〇五二	四九師団衛生隊	ビルマ、トングー	一九四五・〇七・二一	金井福洙	上等兵	戦死	善山郡亀尾面宅坪里四一
			×	ー			ー
九九九	五〇野戦船舶廠	不詳	一九四五・〇八・二一	花房薫文	傭人	戦死	漆谷郡石積面中洞三一五
			×	ー			ー
八九八	五九碇司令部	小笠原諸島嫁島	一九四五・〇六・一九	中村次男(郭時官)	軍属	戦死	迎日郡曲江面七浦洞二二二
			一九一六・〇二・一一	中村福一(郭福龍)			福岡市大名町一二組

五七七	六二碇司令部	湖南省 頭部貫通銃創	一九四五・〇一・一一 ×	竹原允生 竹原允江	傭人	戦死	迎日郡東海面立岩洞一区 迎日郡東海面立岩洞一区
五七	五五師団司令部	江蘇省	一九四五・〇八・一七 一九三〇・〇四・〇二	林正治 林春逢	雇員 母	戦死	慶州郡慶州邑西部里 中華民国淮海省徐州市聖徳街五〇
四六一	六八師団五八根	湖南省一七九兵病 細菌性赤痢	一九四五・〇三・一八 一九二四・〇四・二三	安本顕正 —	二等兵	戦病死	醴泉郡豊穰面公徳洞 醴泉郡豊穰面公徳洞
六二一	八七旅臨録中隊	江西省七七兵病 マラリア	一九四六・〇五・〇一 一九二四・一〇・一〇	平元炳斗 平元明周	上等兵 父	戦病死	善山郡高牙面鳳山洞四四七 善山郡高牙面鳳山洞四四七
七四二	九八飛行大隊	レイテ島ブラウエン	一九四四・一二・〇六 ×	大原聖祐 大原任光	兵長 妻	戦死	漆谷郡漆谷大田洞四四四 漆谷郡漆谷大田洞四四四
七四三	九八飛行大隊	レイテ島ブラウエン	一九四四・一二・〇六 ×	徳山知三 徳山昌次	兵長 父	戦死	漆谷郡倭館面倭館洞二五五 漆谷郡倭館面倭館洞二五五
一〇四六	九八飛行大隊	レイテ島	一九四四・一二・〇六 ×	金本桐基 金本右鳳	兵長	戦死	星州郡草田面大徳洞六二四 —
二三七	一五五飛行大隊	バシー海峡	一九四四・〇八・一九 ×	文巌鏡玉 文巌任亭	上等兵 父	戦死	清道郡草陽面枝野洞二七 清道郡草陽面枝野洞二七
二三八	一五五飛行大隊	バシー海峡	一九四四・〇八・一九 ×	山本志東 山本永相	上等兵 父	戦死	清道郡角南面××洞二〇九 —
二三六	一五五飛行大隊	バシー海峡	一九四四・〇八・一九 ×	岡田允錫 岡田信煥	一等兵 父	戦死	善山郡舞之面安谷後一〇一八 善山郡舞之面安谷後一〇一八
五九五	不詳	不詳	不詳 ×	山本桟一 山本永文	不詳 父	戦死	尚州郡利安面安龍里五一二 尚州郡利安面安龍里五一二
六二四	不詳	不詳 遺髪	不詳 ×	慎昌動 —	不詳	不詳	尚州郡青里面三槐里一九六 京城府林町二三八
八九〇	不詳	ルソン島	一九四四・〇七・三一 ×	平治弘× 平治正光	雇員 父	戦死	迎日郡只杏面竹井里二四五 迎日郡只杏面竹井里二四五
八九三	不詳	不詳	一九四五・〇一・二〇 ×	萊山三逑 萊山千京	軍属 妻	戦死	達城郡月背面上洞一一六四 —
九一〇	不詳	不詳	一九四五・〇八・〇八 ×	金本貞得 金本金善	不詳 妻	戦病死	安東郡安東邑八鉱山町四〇 安東郡安東邑法尚町
九〇四	不詳	不詳	不詳 ×	高木清一 —	上等兵	不詳	大邱府徳山町一七六 —
九〇五	不詳	ビルマ、トングーパンチ	一九四五・〇四・〇三 ×	新本茂光 新本千一	不詳 父	戦病死	盈徳郡寧海面城内洞七三二 盈徳郡寧海面城内洞七三二
九一一	不詳	不詳	—	春本泰守	不詳	戦病死	英陽郡首比面五基洞

			×	春本春蘭	母		義城郡義城邑道西洞二三六
九一二	不詳	不詳	不詳	春本泰守	不詳	戦病死	盈徳郡南寧面土沙洞一一七
			×	義寧早洪	母		盈徳郡南寧面土沙洞一一七
九一三	不詳	不詳	一九四四・一二・〇七	金廣奎壽	不詳	戦病死	義城郡金城面道鏡洞
			×	李満壽	母		義城郡金城面道鏡洞
九一四	不詳	不詳	一九四五・〇七・二九	丹禹喜夫	不詳	戦病死	金泉郡×寧面
			×	丹禹絹代			金泉郡×寧面
九一五	不詳	不詳	一九四五・〇七・〇八	松本珠萬	不詳	戦死	金泉郡亀城面光明洞
			×	松本龍文			金泉郡亀城面光明洞
九一九	不詳	吉林省	一九四四・〇七・一一	姜炳宜	通訳	戦死	栄州郡平忍面川本里一〇〇
			×	×載元	父		栄州郡平忍面川本里一〇〇
九二三	不詳	不詳	一九四四・〇九・一一	林達洙	機関員	戦死	達城郡多斯面梅谷洞
			×	―			―
九三六	不詳	不詳	一九四五・〇一・一八	金本龍述	甲板員	戦死	迎日郡浦項邑海東洞一五
			×	―			―
九三七	不詳	モルッカ諸島、ハルマヘラ	一九四五・〇二・一八	大島濱雄	船長	戦死	迎日郡九龍浦邑九龍浦里
			×	―			―
九三九	不詳	不詳	一九四三・〇三・一五	岩田東雨	甲板員	戦死	迎日郡九龍浦邑九龍浦里
			一九一八・一二・二〇	―			―
九四二	不詳	N一六・二九E九七・三六	一九四四・〇五・一三	林萬金	操舵手	戦死	迎日郡只杏面牟浦里
			×	林逑龍	父		―
九四三	不詳	安徽省	一九三八・〇八・二四	金再黄	水手	戦死	盈徳郡寧海面槐洞六三三
			×	―			―
九四七	不詳	不詳	一九四四・〇九・〇九	安達和宏	軍属	戦死	安東郡豊川面佳谷洞四一七
			一九一七・〇七・一五	―			―
九四八	不詳	N三〇・四五E一二七・四〇	一九四四・〇五・〇八	南幸一	軍属	戦死	安東郡一直面望湖洞一六二
			×	―			―
九四九	不詳	不詳	一九四四・一〇・〇二	山田範圭	操機手	戦死	安東郡豊川面五美洞九九九
			一九一五・一〇・〇三				安東郡豊川面五美洞九九九
九五一	不詳	不詳	不詳	井上仁作	舵手	死亡	義城郡比安面雙渓洞五〇五
			×	―			―
九六二	不詳	不詳	一九四六・〇四・一一	静岡奎植	兵長	戦病死	高霊郡徳谷面後岩里
		回帰熱	一九二二・〇三・二〇	静岡奎一			高霊郡徳谷面後岩里
一〇一九	不詳	不詳	一九四四・〇七・〇一	富武元圭	伍長	戦死	迎日郡浦項邑斗湖洞一
			×	―			―

一〇五〇	不詳	不詳	不詳	海原正義	曹長	不詳	不詳
			×	｜			｜
一〇七六	不詳	不詳	不詳	金田元國	兵長	不詳	金泉郡金善邑
			×	｜			｜
一〇七七	不詳	レイテ島	一九四四・一一・一一	新井晋相	軍属	戦死	善山郡高牙面松林洞六〇
			×	｜			｜
一〇七八	不詳	不詳	不詳	安部聖三	軍属	不詳	義山区玉山面実業団三人
			×	｜			｜
一〇七九	不詳	比島	一九四五・〇四・〇九	金村臣雄	軍属	不詳	迎日郡滄井面九龍浦邑三沙
			×	｜			｜
一〇八〇	不詳	湖南省七九兵病	一九四五・〇四・二三	金田炳煥	二等兵	不詳	英陽郡里洞四〇九
			×	金田元得	父		｜
一〇八一	不詳	不詳	不詳	金澤在鳳	不詳	不詳	盈徳郡江口面鳥浦洞
			×	｜			｜
一〇八二	不詳	シンバル	一九四七・〇二・二五	朴栄組（新井完栄）	軍属	刑死	義州郡北桑面二ト里一八九
			×	朴泰東	父		｜
一〇八三	不詳	湖南省	一九四四・〇九・〇一	南玄根	伍長	戦死	慶州郡江東面虎鳴里一二一
			×	南泳煥	父		｜
一〇八四	不詳	不詳	不詳	清水亀雄	不詳	不詳	不詳
			×	｜			｜

◎慶尚南道　一一〇九名

原簿番号	所属	死亡場所 死亡事由	死亡年月日 生年月日	創氏名・姓名 親権者	階級 関係	死亡区分	本籍地 親権者住所
一〇四七	関東軍経理部	牡丹江省	一九四五・一〇・一二 一九二六・〇五・二〇	今西永祥 今西敬助	技術雇員 父	戦病死	蔚山郡下廂面楊亭里六四九 不詳
一〇六二	一般輸送司令部	広東野戦予備陸病 B型パラチフス・マラリア	一九四〇・〇一・〇八 ×	洪命用 ｜	船員	戦病死	昌原郡亀山面亀伏里九八 ｜
一〇二〇	海上輸送一大隊	マニラ一二陸軍病院	一九四四・〇九・二七 一九一三・〇二・一九	金亨允 金正日	傭人 母	戦傷死	統営郡統営邑坪林里 統営郡統営邑坪林里
七四一	海上輸送二大隊	アンボイナ島ワイエフ マラリア	一九四四・〇二・〇八 ×	金本次徳 金本仁順	傭人 妻	戦病死	泗川郡昆明面木村里 ｜
七五三	海上輸送二大隊	アンボン	一九四四・〇二・一六 一九二四・〇五・二〇	金林泰源 金林宗鶴	傭人 父	戦死	蔚山郡江東面旧村里六一 ｜
八四八	海上輸送二大隊春日丸	ニューギニア、マノクワリ 敵機襲撃	一九四四・〇六・〇六 一九二〇・〇五・〇一	金本尚浩 金本××	雇員 父	戦死	蔚山郡方魚津邑日山里三四 蔚山郡方魚津邑日山里三四
七四〇	海上輸送二大隊	ビルマ、イラワジ河	一九四四・〇七・一二 ×	金本基夫 金本守辰	傭人	戦死	統営郡山陽面永運里二〇 ｜
八八二	海上輸送二大隊	ニューギニア	一九四四・〇八・〇九 ×	石田政吉 國本治康・李康燁	船員 知人	戦死	統営郡光道面徳元浦四二 福島県小名浜町字下町一二
六〇二	海上輸送二大隊	アンボル 敵火により	一九四四・〇八・一五 一九一三・〇一・一五	水原清吉 金明俊	軍属 父	戦死	蔚山郡西生面鎮下里一八九 蔚山郡西生面鎮下里一八九
五六四	海上輸送二大隊	ニューギニア、ニアコール	一九四四・〇八・一五 一九一三・一〇・〇三	安本昌彦	雇員	戦死	河東郡全南面南河徳里一三一 釜山府谷町二－一八〇
五二二	海上輸送二大隊	ニューギニア、ニアマル	一九四四・〇八・二〇 一九二一・〇九・二〇	金本斗実 金本順吾	軍属 父	戦死	南海郡古縣面一七七 南海郡古縣面一七七
五六五	海上輸送二大隊	ニューギニア、サルミ マラリア	一九四四・〇九・〇一 一九一四・〇一・一九	李錬壽	雇員	戦病死	陜川郡双柏面陸里八九三 陜川郡双柏面陸里八九三
六〇〇	海上輸送二大隊	マノクワリ、一二五兵病 赤痢・脚気	一九四四・〇九・二五 一九二一・〇三・二三	青山　修 青山正義	甲板員 父	戦病死	統営郡遠梁面頭尾里三二一 統営郡遠梁面頭尾里三二一
六〇一	海上輸送二大隊	ニューギニア、サルミ マラリア・脚気	一九四四・一一・一三 一九二四・〇八・〇七	白川小逑 白川福今	軍属 妻	戦死	東莱郡機張面蓮化里四一 東莱郡機張面蓮化里四一
七三九	海上輸送二大隊	アンボン	一九四四・一二・一六 ×	大本在廣 ｜	軍属	戦死	統営郡沙等面徳湖里三九二 ｜
七三三	海上輸送二大隊	ニューギニア、リロン マラリア	一九四五・〇一・〇九 一九一八・一一・三〇	岩本鍾声 岩本圭月	船員 父	戦病死	蔚山郡蔚山邑玉橋洞一〇〇 南海郡南面平山里

五六三	海上輸送二大隊	ニューギニア、ソロン 脚気	一九四五・〇三・〇五 一九二〇・〇四・〇九	新本甲腹 新本甲桂	雇員 兄	戦死	南海郡三東面金松里二二二 南海郡三東面金松里二二二
八一七	海上輸送二大隊	ニューギニア、マノクワリ	一九四五・〇五・三〇 一九一九・〇一・〇八	徐政小命受 徐政先梅	軍属 母	戦死	南海郡南面仙区里一三三八 南海郡南面仙区里一三三八
八七九	海上輸送二大隊	ニューギニア、マノクワリ	一九四五・〇五・三〇 一九二二・〇四・〇一	鄭小得守 金南洙	甲板員 兄	戦死	南海郡雪川面徳甲里二〇〇 長崎県下浜郡佐賀村
一〇八三	海上輸送三大隊	マライダ三陸病 湿性癒着性腹膜炎	一九三三・〇七・〇九 一九一三・〇五・〇七	米村成贊 ―	工員	戦病死	統営郡巨済面何山里八七五 ―
一〇六四	海上輸送四大隊	ニューギニア、ゲンナゴン湾	一九四三・一二・〇四 一九二九・一二・三一	國本仁柱 國本泰根	傭人 父	戦死	昌原郡東面南山里九六 昌原郡東面南山里九六
一一〇〇	海上輸送四大隊	ニューギニア	一九四四・〇四・二二 欠	池田和生	父	戦死	高霊郡茶山面蘆谷一〇七七 高霊郡茶山面蘆谷一〇七七
一〇〇一	海上輸送八大隊	セブ島ポンタ	一九四五・〇四・二八 ×	杉本三郎 ―	操機手	戦死	泗川郡泗川面泗川里 和歌山市湊大和町一五五三
一〇八六	海上輸送八大隊	セブ島ポンタ	一九四五・〇四・二六 ×	金本連次 ―	機関長	不詳	統営郡山陽面坪林里三一〇 ―
六七四	海上輸送八大隊	セブ島ポンタ 戦火による	一九四五・〇四・二八	金村澤夫 ―	機関長	戦死	蔚山郡方魚津邑塩浦里柴田七三 ―
一〇八四	海上輸送八大隊	セブ島ポンタ	一九四五・〇四・二八 ×	朴学鳳 ―	甲板員	戦死	統営郡遠梁面老大里 和歌山市湊大和町一五五三
一〇八五	海上輸送八大隊	セブ島ポンタ	一九四五・〇四・二八 ××××・〇四・二五	玉山守栄 ―	操機手 父	不詳	統営郡遠梁面東港里 ―
六〇四	海上輸送八大隊	ネグロス島桜盆池 銃創による	一九四五・〇六・二〇	金本再教 金本丈善	伍長 父	戦死	密陽郡武安面熊同里四四九 昌寧郡吉谷面吉田第五区
八八〇	海上輸送九大隊	比島マニラ	一九四五・〇二・二二 一九一六・一一・〇一	李宗浩 若松勘次郎	甲板員 主人	戦死	河東郡古田面新日里一七 山口県萩市大字山田町五〇四二
一〇四六	海上輸送九大隊	比島マニラ	一九四五・〇二・二二 ×	安藤茂瑠 ―	甲板員 ―	戦死	南海郡雪川面徳田里 ―
一一一三	海上輸送一〇大隊	ボルネオ・一四七兵病 マラリア・脚気	一九四五・一〇・〇四 一九一六・一一・二五	玉山寛陽 玉山珂珠	傭人 父	戦病死	統営郡長承浦邑徳浦里七九六 統営郡長承浦邑徳浦里七九六
一一一二	海上輸送一〇大隊	ボルネオ、ゼッセルトン病 マラリア・脚気	一九四六・〇一・二四 ×	岩本政雄(崔社岩) 崔貴君	傭人 母	戦病死	統営郡山陽面楸島里 統営郡山陽面楸島里
六七五	海上輸送一〇大隊	比島マニラ	一九四五・〇三・一五 一九二五・一一・〇三	松原卜植 松原哥文	機関長 父	戦死	咸陽郡西下面松渓里一〇一三 ―
八七二	海上輸送一〇大隊	比島マニラ	一九四五・〇三・一五	李元洪根	軍属	戦死	河東郡東邑新基里九一―一

			×	李元祥水	父		河東郡東邑新基里九一ー一
八七六	海上輸送一〇大隊	比島マニラ	一九四五・〇三・一五	金井在辰	機関長	戦死	統営郡遠梁面老大里三三
			一九一五・〇九・〇七	浜田光枝	船主妻		広島県呉市廣町一六八七一
八四七	海上輸送一一大隊	福建省	一九四五・〇三・〇九	呉山慶慶	軍属	戦死	釜山府瀛仙町一四八八
			一九二一・〇七・二〇	呉山石順	母		釜山府瀛仙町一四八八
八四六	海上輸送一一大隊	福建省	一九四五・〇三・〇九	張本翼善	船員	戦死	南海郡南海面深川里四六二
			一九二一・〇七・二九	張本×菜	妻		―
一〇六三	海上輸送一六大隊	不詳	一九四五・〇七・〇九	金村萬五	機関長		昌原郡天加面城北里七一四
			一九二一・〇一・三〇	―	父		―
五五九	海上挺身一九戦隊	済州島沖 海没	一九四四・一一・一七	孫田明敏	軍属	海没	密陽郡山外面布谷魚一三七八
			一九二四・〇六・〇九	孫田慶鳳	父		密陽郡山外面布谷魚一三七八
九四八	騎兵二六連隊	河南省	一九四二・〇五・〇二	天野馬堯太郎	上等兵	戦死	晋州府南山町一九三
			一九一八・〇一・〇六	―			―
八四九	騎兵四九連隊	ビルマ、ビンマナ	一九四五・〇四・一八	有田任植	伍長	戦死	南海郡南海面北辺洞二一八
			一九二二・〇七・二〇	有田在植	兄		南海郡南海面北辺洞二一八
五五〇	小倉陸軍病院	小倉陸軍病院	一九四五・一二・一六	金山憲珠	上等兵	戦病死	昌寧郡軍泉面禮里二〇五
			×	金山順伊	母		昌寧郡軍泉面禮里二〇五
八一八	近衛二師団管理部	スマトラ島一〇陸病	一九四五・一二・一六	李又福	傭人	平病死	泗川郡泗川面貞義洞
			×	李相永	兄		泗川郡泗川面貞義洞
二三四	工兵一八連隊	台湾桃園 魚雷攻撃破片創	一九四五・一〇・二九	渡辺相乾	一等兵	戦死	統営郡龍南面長坪里七九四
			一九二四・〇二・〇五	渡辺局成	父		統営郡龍南面長坪里七九四
二三五	工兵一八連隊	台湾基隆、くらいど丸 海没	一九四五・〇一・二九	新井載孝	一等兵	戦死	昌原郡北面乃谷里六三四
			一九二四・〇三・二四	新井鳳烈	父		昌原郡北面乃谷里六三四
二三六	工兵一八連隊	鹿児島県西南方村沖 魚雷攻撃	一九四五・〇一・二五	新井性淑	一等兵	戦死	咸安郡伽倻面春谷里二三四
			一九二四・一〇・二七	新井技守	父		咸安郡伽倻面春谷里二三四
二三七	工兵一八連隊	鹿児島県西南方村沖 魚雷攻撃	一九四五・〇一・二五	房鐵圭	一等兵	戦死	統営郡龍南面霧田里一七七
			一九二五・〇二・二四	尹甘順	父		京都市下京区唐橋橋井園町四二一
二三八	工兵一八連隊	鹿児島県西南方村沖 魚雷攻撃	一九四五・〇一・二五	正木宗鐵	一等兵	戦死	統営郡光道面龍湖里六七八
			一九二四・〇三・〇八	正木南里	妻		愛知県知多郡常滑町北郷四
四四五	工兵一八連隊	高雄陸軍病院 マラリア・パラチフス・結核	一九四五・一〇・〇三	青松太元	兵長	戦病死	統営郡龍南面統坪里一五〇
			一九二四・一〇・一三	青松應順	母		統営郡龍南面統坪里一五〇
五九三	工兵二〇連隊	ウウェワク兵病 マラリア・大腸炎	一九四四・〇七・一一	高島奉邦	上等兵	戦病死	山清郡生比良面可渓里九五八
			一九二一・〇九・二〇	高島時鎰	父		山清郡生比良面可渓里九五八
五九四	工兵二〇連隊	ニューギニア、ダクア マラリア・大腸炎	一九四四・一〇・〇二	豊川興植	兵長	戦病死	咸陽郡柳林面菊渓里一五一
			×	豊川永植	兄		柳林面菊鶏里一〇〇

六六八	工兵二〇連隊	ニューギニア、ダクア マラリア・大腸炎	一九四四・一〇・二五 一九一七・〇六・〇四	金本海明 金本尹鐘	上等兵 父	戦病死	固城郡巨流面住麗里八一二 固城郡巨流面住麗里八一二
六六九	工兵二〇連隊	ニューギニア、アパナギ マラリア・大腸炎	一九四四・〇六・二九 一九二一・〇三・〇一	中尾富一 中尾洋石	上等兵 父	戦病死	宜寧郡正谷里竹田里九一 宜寧郡正谷里竹田里九一
六七〇	工兵二〇連隊	ニューギニア、マルジリプ マラリア・大腸炎	一九四四・〇六・二三 ×	平野寛二 平野誠三	兵長 父	戦病死	咸安郡軍北面幕老里四三四 咸安郡軍北面幕老里四三四
六七一	工兵二〇連隊	ニューギニア、マルジリプ マラリア・大腸炎	一九四四・〇六・二三 ×	慶山允銖 慶金琦性	兵長 父	戦病死	蔚山郡温陽面内光里六二一 蔚山郡温陽面内光里六二一
八三九	工兵二〇連隊	ニューギニア、ウウェワク	一九四四・〇五・一〇 一九二五・〇二・〇七	晋本　忍 晋本×相	伍長 父	戦死	山清郡今西面舟上里一〇六 山清郡今西面舟上里一〇六
八四四	工兵二〇連隊	ニューギニア、ウウェワク	一九四五・〇五・〇三 ×	玉山佳善 玉山台韓	兵長 父	戦死	泗川郡三千浦邑仙亀里八－一 泗川郡三善浦邑仙亀里三五－一
一九一	工兵三〇連隊	中支一三二兵站病院 細菌性赤痢	一九四五・〇六・二四 一九二四・〇九・二六	木村允聡 木村文昭	上等兵 父	戦病死	蔚山郡下廂面東里七八五 蔚山郡下廂面東里七八五
八九四	工兵二〇連隊	不詳	不詳 ×	田中壽夫 —	伍長	死亡	釜山府水晶町 —
一九四	工兵三七連隊	広西省 手榴弾破片創	一九四五・〇四・二八 一九二四・〇七・一一	廣田鐘旭 廣田周一	上等兵 兄	戦死	密陽郡三浪面松旨里二七五 忠清南道天安郡豊才面豊西里三一五
一九五	工兵三七連隊	広西省 手榴弾破片創	一九四五・〇四・二八 一九二四・〇五・二五	重光秀信 重光連伊	上等兵 —	戦死	密陽郡初同面徳山里 密陽郡初同面徳山里
一九六	工兵三七連隊	広西省 手榴弾破片創	一九四五・〇四・二八 一九二四・〇六・〇八	清水仁祥 清水克善	上等兵 —	戦死	蔚山郡熊村面曲泉里五五六 蔚山郡熊村面曲泉里五五六
四八〇	工兵四九連隊	比島マニラ 海没	一九四四・一〇・一八 ×	朱安二龍 朱安在厦	兵長 父	戦死	釜山府湓州町三－一 釜山府湓州町三－一
四八一	工兵四九連隊	雲南省 両大腿爆弾破片創	一〇四四・一一・一七 一九二二・〇二・〇五	海澤春美 海澤祥介	兵長 兄	戦死	釜山府東大新面二丁目二〇四－三 —
四八二	工兵四九連隊	ビルマ、カンタン 全身爆創	一九四五・〇四・二一 一九二六・〇五・〇七	東本雄太郎 東本文護	兵長 父	戦死	金海郡薬山面九朗里一六 金海郡薬山面九朗里一六
九九九	混成三旅団工兵隊	千島択捉島	一九四五・〇四・一四 ×	清水谷勉 清水在坤	雇員 兄	不詳	泗川郡西浦面内福里 泗川郡西浦面内福里
二五五	山砲二五連隊	ルソン島タクボ 頭部砲弾破片創	一九四五・〇六・〇八 一九二三・〇一・二一	平沼甲俊 平沼鳳善	兵長 父	戦死	金海郡進永面本山里一二二九 金海郡進永面本山里一二二九
二六〇	山砲二五連隊	台湾安平沖	一九四五・〇一・〇九 一九二三・〇一・二七	金本龍浩 金本聖伯	兵長 父	戦死	密陽郡下南面巴西里九五八 密陽郡下南面巴西里九五八
五七三	山砲二五連隊	台湾安平沖	一九四五・〇一・〇九	荒木炳根	上等兵	戦死	山清郡新等面陽前里六九

			一九二四・〇七・一七	—	—		—
四六六	山砲三一連隊	ビルマ、チャングワ	一九四五・〇三・一三	國本忠次郎	伍長	戦死	咸陽郡安義面下源里九七六
		機関砲弾破片創	一九二五・〇七・一〇	國本正雄	父		—
四六四	山砲三一連隊	ビルマ、シンガインショウ	一九四五・〇三・二六	華山奉謨	兵長	戦死	東萊郡北面久瑞里六一三
		胸部貫通銃創	一九二四・〇二・〇四	華山寅翰	父		東萊郡北面久瑞里六一三
四六五	山砲三一連隊	ビルマ、サマヒン	一九四五・〇三・二七	金山小善	兵長	戦死	釜山府鳴蔵里三三
		全身砲弾破片創	一九二六・〇四・〇七	金山南佑	父		釜山府鳴蔵里三三
六三七	山砲四九連隊	ビルマ、エダッシ	一九四五・〇四・二一	松山　清	伍長	戦死	泗川郡三千浦邑梨琴里二一六二
			一九二一・〇六・二八	松山謹浩	父		泗川郡三千浦邑梨琴里二一六二
四三一	自動車二九連隊	河北省天津陸病	一九四四・一二・二一	松村源珠	一等兵	戦病死	河東郡辰橋面良浦里一八四
		急性肺炎	一九二四・〇七・一〇	松村且遠	妻		河東郡辰橋面良浦里一八四
二五六	輜重一〇連隊	ルソン島アワタオ	一九四五・〇六・〇八	金村光雄	兵長	戦病死	蔚山郡蔚山邑大和里九二
		マラリア	一九一九・〇四・〇五	金村清江	妻		蔚山郡蔚山邑大和里九二
六六二	輜重二〇連隊	パラオ島	一九四三・〇六・二二	川本源碩	上等兵	戦病死	陝川郡大陽面陽山里一三九
			×	川本龍順	妻		陝川郡大陽面陽山里一三九
六五五	輜重二〇連隊	ニューギニア、マサエン	一九四三・一一・〇四	松山淳宅	兵長	戦死	居昌郡南下面武陵里一一九二
		頭部穿透性貫通銃創	×	松山錫尹	父		居昌郡南下面武陵里一一九二
八三六	輜重二〇連隊	ニューギニア、ノコボ	一九四四・〇一・〇五	牛山啓東	兵長	戦死	昌寧郡桂城面桂城里一〇八八
			一九二四・〇三・二三	牛山小南	妻		昌寧郡桂城面桂城里一〇八八
八三七	輜重二〇連隊	ニューギニア、ヨクヨガ	一九四四・〇二・〇五	平川丙斗	兵長	戦死	馬山府義山洞七八
			×	平川命三	父		晋陽郡寺奉面武村里五六二
八三八	輜重二〇連隊	ニューギニア、クンブン	一九四四・〇二・一四	河本龍水	兵長	戦死	泗川郡昆陽面城内里九五
			×	河本漢昭	父		泗川郡昆陽面城内里九五
六五一	輜重二〇連隊	ニューギニア、ハンサ	一九四四・〇三・二九	新井壽鎬	兵長	戦死	南海郡南海面坪里九五三
		爆弾破片創	一九二二・〇五・二二	新井漢俊	父		南海郡南海面坪里九五三
六五二	輜重二〇連隊	ニューギニア、一一兵病	一九四四・〇四・〇七	木村明賛	上等兵	戦病死	統営郡山陽面道坪里九九六
		マラリア・急性腸炎	一九一八・〇四・一五	木村尚九	父		統営郡長承面邑長承里
六五八	輜重二〇連隊	ニューギニア、ダンイエ	一九四四・〇七・二二	水原奉欽	上等兵	戦病死	咸安郡郡北面鳥谷里八一四
		脚気衝心	×	水原命任	妻		咸安郡法守面輪内里一六五
六五三	輜重二〇連隊	ニューギニア、サルップ	一九四四・〇八・〇七	金原命哲	上等兵	戦病死	梁山郡勿禁面凡魚里七〇二
		脚気	×	金原萬業	父		梁山郡勿禁面凡魚里七〇二
六五四／九一七	輜重二〇連隊	ニューギニア、サルップ	一九四四・〇八・二五	華山占石	上等兵	戦病死	咸陽郡席上面九龍里九七一
		大腸炎	×	華山涓任	妻		咸陽郡席上面九龍里九七一
六六三	輜重二〇連隊	ニューギニア、ソナム	一九四四・〇八・二八	金原敏夫	伍長	戦病死	密陽郡二東面玉山里二四
		脚気	一九二一・〇六・一四	金原正太郎	父		密陽郡二東面玉山里二四

番号	部隊	死亡場所・傷病	年月日	氏名	階級・続柄	区分	本籍・住所
八四五	輜重二〇連隊	ニューギニア、オクナール	一九四五・〇一・二〇	江本明九	兵長	戦死	咸安郡北面徳岱里二八八
			×	江本晋九	兄		—
六五七	輜重二〇連隊	ニューギニア、ボイキン	一九四五・〇一・〇四	金光炳達	上等兵	戦病死	東萊郡鐵馬面林基里六二九
		マラリア・脚気	一九一九・〇七・〇四	金光且茁	父		東萊郡鐵馬面林基里六二九
六六〇	輜重二〇連隊	ニューギニア、バナギ	一九四五・〇三・二七	大原昌植	兵長	戦死	統営郡巨済面南洞里二七
		頭部爆弾破片創	一九二二・〇八・一〇	大原奉俊	父		馬山府元町七一・清水花実方
六六一	輜重二〇連隊	ニューギニア、オクナール	一九四五・〇四・〇三	石原里己	兵長	戦病死	山清郡山清面池里
		マラリア	一九二三・〇三・〇三	石原上義	父		山清郡山清面池里
六五九	輜重二〇連隊	ニューギニア、ヌンボーク	一九四五・〇五・二四	金山道里	兵長	戦死	密陽郡道清面九谷里一三〇〇
			一九二二・〇二・九三	金山龍壽	兄		咸鏡南道長津郡車門面高岩里
六五六	輜重二〇連隊	ニューギニア、マルンバ	一九四五・〇六・〇二	新井學奎	伍長	戦死	咸陽郡咸陽面新官里一〇五
		左大腿部骨折貫通銃創	一九二二・〇五・〇四	新井点善	妻		咸陽郡咸陽面新官里一〇五
九三〇	輜重二〇連隊	ルソン島アリタオ	一九四五・〇六・〇五	金山光正	兵長	戦死	山清郡三壮面石南里
			×	金山治王	父		山清郡三壮面石南里
四四	輜重二〇連隊	ミンダナオ島ウマヤン河	一九四五・〇六・二九	蓬山圭龍	不詳	戦死	居昌郡南上面二洞里一一三〇
		貫通銃創	×	蓬山應煥	父		居昌郡南上面二洞里一一三〇
五四一	輜重二八連隊	沖縄県宮古島	一九四五・〇一・二三	鳩山龍澤	船員	戦死	釜山府草邑里五五
			一〇二〇・〇九・一七	—	父		—
五四二	輜重二八連隊	沖縄県宮古島	一九四五・〇六・二一	松村秀義	軍属	戦病死	釜山府薪元島青晃町三〇六
			×	松村勘蔵	父		釜山府薪元島青晃町三〇六
五八	輜重三〇連隊	台湾東岸火焼島	一九四四・〇六・〇二	金海鐘浩	上等兵	戦死	宜寧郡宜寧面鼎岩里三四三
		全身爆雷爆創	×	金海泰順	母		宜寧郡宜寧面鼎岩里三四三
五九	輜重三〇連隊	台湾東岸火焼島	一九四四・〇六・〇二	金本己因	上等兵	戦死	河東郡全南面松門里六五九
		全身爆雷爆創	×	金本成兒	妻		河東郡全南面松門里六五九
六〇	輜重三〇連隊	台湾東岸火焼島	一九四四・〇六・〇二	金本泰圭	兵長	戦死	居昌郡神院面徳三里一－二三
		全身爆雷爆創	×	金本灼郁	父		居昌郡神院面徳三里一－二三
六一	輜重三〇連隊	台湾東岸火焼島	一九四四・〇六・〇二	米田徳夏	上等兵	戦死	昌原郡熊川面南門里八五六
		全身爆雷爆創	×	米田徳春	兄		昌原郡熊川面南門里八五六
六二	輜重三〇連隊	台湾東岸火焼島	一九四四・〇六・〇二	廣田明東	兵長	戦死	昌寧郡霊山面西里七九
		全身爆雷爆創	×	廣田奉建	父		昌寧郡霊山面西里七九
六四	輜重三〇連隊	台湾東岸火焼島	一九四四・〇六・〇二	昌澤起鉉	上等兵	戦死	金海郡菉山面鳳方里二三五
		全身爆雷爆創	×	昌澤喜龍	父		金海郡菉山面鳳方里二三五
六五	輜重三〇連隊	台湾東岸火焼島	一九四四・〇六・〇二	金本鎔換	兵長	戦死	固城郡三山面豆布里五一八
		全身爆雷爆創	×	金本在京	父		固城郡三山面豆布里五一八
六六	輜重三〇連隊	台湾東岸火焼島	一九四四・〇六・〇二	新井守徳	兵長	戦死	密陽郡上東面玉山里一五九

番号	部隊	死亡場所・傷病	年月日	氏名	階級・続柄	区分	本籍・住所
		全身爆雷爆創	×	新井守龍	父		密陽郡上東面玉山里一五九
六七	輜重三〇連隊	台湾東岸火焼島	一九四四・〇六・〇二	三島昌輝	兵長	戦死	蔚山郡蔚山邑三山里八六〇
		全身爆雷爆創	×	三島鎮憲	父		蔚山郡下廂面東里二六四
八二	輜重三〇連隊	台湾東岸火焼島	一九四四・〇六・〇二	呉島浩造	上等兵	戦死	釜山府凡一町一二四九
		全身爆雷爆創	×	呉島徳一	父		釜山府凡一町一二四九
六八	輜重三〇連隊	ミンダナオ島スリガオ	一九四四・〇九・〇九	東原徳宰	兵長	戦死	金海郡金海邑米山町
		全身爆雷爆創	×	東原萬守	父		金海郡金海邑米山町
七九	輜重三〇連隊	ミンダナオ島カミギ	一九四四・〇九・二七	南健次	兵長	戦死	東莱郡亀浦面亀洲里三七九
		海没	×	南春三	父		東莱郡亀浦面亀洲里三七九
七七	輜重三〇連隊	ミンダナオ島サバカン	一九四四・一〇・三〇	金本在錫	兵長	戦死	昌原郡上南面吐月里九七六
		頭部貫通銃創	×	金本栄七	父		昌原郡上南面吐月里九七六
九五三	輜重三〇連隊	ミンダナオ島タゴン川	一九四四・一一・一一	金本澤謙	兵長	戦死	統営郡光道面平洞里
			×	金本　謙	父		統営郡光道面平洞里
九二二	輜重三〇連隊	ミンダナオ島サバカン	一九四五・〇二・一〇	金子吉成	兵長	戦死	南海郡三浦面知定里
			×	金子世桂	叔父		南海郡三浦面知定里
七八	輜重三〇連隊	ミンダナオ島シラエ	一九四五・〇六・〇二	河村龍煥	兵長	戦死	居昌郡神院面臥龍里九九
		左腰部砲弾破片創	×	河村龍文	兄		居昌郡神院面臥龍里九九
六九九	輜重三〇連隊	ミンダナオ島シラエ	一九四五・〇六・〇四	林盛吉	兵長	戦死	咸安郡漆原面龍亭里九六九
		右胸部貫通銃創	×	林性南	母		咸安郡漆原面龍亭里九六九
一一四	輜重三〇連隊	ミンダナオ島シラエ	一九四五・〇六・〇七	松本政雄	兵長	戦病死	釜山府谷町二丁目七三－一三
		マラリア	×	松本道弘	父		釜山府谷町二丁目七三－一三
六九五	輜重三〇連隊	ミンダナオ島タコン川	一九四五・〇六・一〇	岡田政雄	兵長	戦死	南海郡古縣面都面里
		頭部貫通銃創	×	岡田守信	父		南海郡古縣面都面里
七一	輜重三〇連隊	ミンダナオ島シラエ	一九四五・〇六・二〇	金本乭明	兵長	戦死	昌寧郡霊山面白南里五六三
		左腹部穿透性銃創	×	金本甚云	父		昌寧郡霊山面白南里五六三
九五二	輜重三〇連隊	ミンダナオ島ウマヤン	一九四五・〇六・二〇	武本平岩	伍長	戦死	統営郡統営邑曙里一〇二
		全身爆創	×	—			—
六九	輜重三〇連隊	ミンダナオ島ウマヤン	一九四五・〇六・二〇	武本平治	兵長	戦死	統営郡統営邑曙町一四二
		全身爆創	×	武本有祚	父		統営郡統営邑大和町二三三
五九七	輜重三〇連隊	ミンダナオ島ウヤマン	一九四五・〇六・二三	新井道仁	兵長	戦死	宜陽郡龍徳面橋岩里五六
		頭部貫通銃創	×	新井用範	父		宜陽郡龍徳面橋岩里五六
六七二	輜重三〇連隊	ミンダナオ島ウヤマン	一九四五・〇六・二三	岩城將元	兵長	戦死	泗川郡龍見面船津里一〇三五
		右腹部盲管銃創	×	岩城　實	父		泗川郡龍見面船津里一〇三五
七四	輜重三〇連隊	ミンダノ島ウマヤン川	一九四五・〇六・二五	眞田宗徳	兵長	戦死	居昌郡渭川面大亭里七八五
		頭部貫通銃創		眞田祥九	妻		居昌郡渭川面大亭里七八五

七二	輜重三〇連隊	ミンダナオ島ウヤマン 頭部盲管銃創	一九四五・〇六・二五 ×	廣田彰淑 廣田仙子	兵長 妻	戦死	梁山郡梁山面中部洞二五三 梁山郡梁山面中部洞二五三
八〇	輜重三〇連隊	ミンダナオ島ウヤマン 頭部貫通銃創	一九四五・〇六・三〇 ×	延日萬秀 延日甲南	兵長 父	戦死	固城郡下二面徳湖里二三六 固城郡下二面徳湖里二三六
六九〇	輜重三〇連隊	ミンダナオ島コモダ 下腹部貫通銃創	一九四五・〇七・二五 ×	玉本正吉 奎本廣吉	伍長 父	戦死	金海郡金海邑栄町七七七 金海郡金海邑栄町七七七
一八七	輜重三〇連隊	ミンダナオ島ダバオ 腹部貫通銃創	一九四五・〇七・〇八	安陵鉉成 安陵栄俊	兵長 祖父	戦死	晋陽郡晋城面中村里 晋陽郡晋城面中村里
六九八	輜重三〇連隊	ミンダナオ島ダバオ 腹部貫通銃創	一九四五・〇七・〇八 ×	夏山久輝 夏山明子	兵長 母	戦死	密陽郡武安面徳岩里三六〇 密陽郡武安面徳岩里三六一
六三	輜重三〇連隊	ミンダナオ島ウマヤン 右胸部貫通銃創	一九四五・〇七・一〇 ×	高峰昌錫 高峰在準	兵長 父	戦死	統営郡龍南面長坪里二六二 統営郡龍南面長坪里二六二
一八六	輜重三〇連隊	ミンダナオ島プランゲ川 頭部貫通銃創	一九四五・〇七・一八 一九一八・〇四・一三	新井萬逸 新井恩徳	兵長 妻	戦死	固城郡上里面鳥山里 固城郡上里面鳥山里
七〇	輜重三〇連隊	ミンダナオ島ウマヤン 右胸部貫通銃創	一九四五・〇七・二〇 ×	岡村健市 岡村富美子	兵長 妻	戦死	南海郡三東面弥助里鳥島九 南海郡三東面弥助里鳥島九
六九六	輜重三〇連隊	ミンダナオ島ウヤマン 下腹部手榴弾爆創	一九四五・〇七・二五 ×	金海洙文 金海洪泰	兵長 父	戦死	河東郡花開面 河東郡花開面
六九七	輜重三〇連隊	ミンダナオ島ウマヤン 腹部盲管銃創	一九四五・〇七・二五 ×	金澤南祚 金澤斗英	兵長 兄	戦死	統営郡遠梁面東港里五四一 統営郡遠梁面東港里五四一
七五	輜重三〇連隊	ミンダナオ島ウマヤン 首部手榴弾爆創	一九四五・〇七・二七 ×	壺山洛堯 壺山仁也	兵長 父	戦死	河東郡北川面玉亭里五二 河東郡北川面玉亭里五二
七六	輜重三〇連隊	ミンダナオ島ウヤマン 左胸部貫通銃創	一九四五・〇七・二七 ×	重光文弼 重光末典	兵長 妻	戦死	東萊郡北面久瑞里四八二 東萊郡北面久瑞里四八二
七三	輜重三〇連隊	ミンダナオ島ジョンソン 左胸部貫通銃創	一九四五・〇八・二八 ×	新井義隆 新井成實	伍長 父	戦死	泗川郡杻洞面駕山里四四二 泗川郡杻洞面駕山里四四二
八一	輜重三〇連隊	ミンダナオ島バンコット 頭部貫通銃創	一九四五・〇四・一八 ×	玉山成鎬 玉山秋順	兵長 妻	戦死	昌寧郡昌寧面校洞二三七 昌寧郡昌寧面校洞二三七
四三三	輜重三一連隊	湖南省 衝心性脚気	一九四五・〇三・〇七 一九二四・〇三・二五	金山在錫 金山恭正	上等兵 父	戦病死	密陽郡清道面小台里七三〇 密陽郡下南面邑西里九七五
九七〇	輜重三七連隊	山西省運城陸軍病院	一九四二・〇二・一六 一九一四・〇八・〇七	武山信雄 武山晴原	傭人 父	戦病死	咸陽郡休川面文正里三三一 咸陽郡休川面文正里三三一
九三九	輜重四七連隊	ミンダナオ島ウヤマン	一九四二・〇八・二一 一九二一・〇五・〇五	内田鐘泰 内田鎬錫	兵長 妻	戦傷死	密陽郡清道面九奇里八〇九 密陽郡清道面九奇里八〇九
五二三	輜重四九連隊	ビルマ、ダゼーク	一九四五・〇五・一一	金浦在奎	兵長	戦病死	統営郡統営邑北新里二二九

		マラリア	一九二五・一〇・二八	金浦基順	妻		統営郡統営邑北新里二二九
五二五	輜重四九連隊	ビルマ、ミャンガレー	一九四五・〇五・一五	巴山鶴齋	兵長	戦病死	陜川郡栗谷面栗津里一九三
		マラリア	一九二二・〇二・二二	巴山學仙	父		陜川郡栗谷面栗津里一九三
五二六	輜重四九連隊	ビルマ、ビリン	一九四五・〇五・一九	大原忠治	兵長	戦病死	昌原郡昌原面中洞里五〇九
			一九二四・〇四・二八	大原龍雄	父		居昌郡昌原面北洞里
五二四	輜重四九連隊	カムラン湾沖	一九四四・〇八・二一	中村文逑	上等兵	戦死	密陽郡上南面禮文里九五五
		海没（タアバン丸）	一九二二・〇五・一一	中村文守	母		密陽郡上南面禮文里九五五
五二七	輜重四九連隊	ビルマ、ビリン	一九四四・〇八・二一	新井局致	兵長	戦死	昌原郡熊東面南陽里七九
		海没（アバン丸）	一九二三・一〇・一四	新井在龍	父		昌原郡熊東面南陽里七九
五二八	輜重四九連隊	カムラン湾	一九四四・〇八・二一	内田鐘泰	兵長	戦死	密陽郡清道面九奇里八〇九
			×	内田鎬錫	妻		密陽郡清道面九奇里八〇九
五二九	輜重四九連隊	バンコク一六陸軍病院	一九四五・〇九・二四	新井貞甲	伍長	戦病死	泗川郡南洋面竹林里五九七
		マラリア・コレラ	一九二二・〇四・〇七	新井相点	妻		泗川郡南洋面竹林里五九七
八四三	輜重七〇連隊	ニューギニア、シオ	一九四三・一二・一〇	金山弼鎬	兵長	戦死	居昌郡北上面蘇井里二五八
			×	金山用甲	父		居昌郡北上面蘇井里二五八
一〇五七	上海憲兵隊	上海陸軍病院	一九四二・〇三・一四	坂本進晃	軍属	戦病死	金海郡篤洛面上徳里一〇四
		肺結核	一九一七・〇九・〇五	南順	母		福岡県筑紫郡築城村大字下別府一三三二
八九六	進撃二九大隊四中隊	済州島	一九四五・〇八・三〇	松本鐘煥	一等兵	公病死	南海郡三東面蘭陰里三六二
		細菌性赤痢	一九二三・一二・一〇	松本應鎮	父		南海郡三東面蘭陰里三六二
九一	ジャワ俘虜収容所	長崎沖	一九四四・〇六・二四	金宮在植	傭人	戦死	晋州府日出町七八
		海没	一九二一・〇一・一七	平沼　煌	母		晋州府桜町四九－九
九二	ジャワ俘虜収容所	長崎沖	一九四四・〇六・二四	山村清泰	傭人	戦死	昌原郡昌原面中洞里六八〇
		海没	一九一四・〇八・〇一	山村淑伊	妻		昌原郡内西面山湖里一八二一
九三	ジャワ俘虜収容所	長崎沖	一九四四・〇六・二四	吉原錬泰	傭人	戦死	咸安郡咸安面邑水里七六七
		海没	一九一九・一一・一〇	吉原信泰	弟		咸安郡咸安面北村洞九七九
九四	ジャワ俘虜収容所	ジャワ、バンドン	一九四五・〇八・二四	白川樂喆	雇員	戦傷死	固城郡巨流面佳麗里七六三
		大腿部貫通銃創	×	白川斗仙	妻		固城郡巨流面佳麗里七六三
九五	ジャワ俘虜収容所	ジャワ、ジャカルタ五陸病	一九四五・〇六・一五	白川市祚	雇員	戦病死	固城郡永縣面永芋里九三六
		敗血症	一九二三・一二・一〇	白川泰鉱	兄		固城郡永縣面永芋里九三六
九六	ジャワ俘虜収容所	ジャワ、ジャカルタ七陸病	一九四五・〇一・〇五	菊田壬珠	傭人	戦病死	咸安郡漆原面栖原里七九一
		クループ性肝炎	一九一二・一二・一〇	菊田瑞分	妻		咸安郡漆原面栖原里七九一
九七一	ジャワ俘虜収容所		一九四六・〇五・〇六	金川定男	什人	死亡	咸安郡漆原面亀城里五五一
			一九一八・一二・三〇	金川昌良	父		咸安郡漆原面亀城里五五一
一五	水上勤務五九中隊	ニューギニア、バラム	一九四四・〇七・一三	新本政範	上等兵	戦死	咸陽郡安義面堂本里
			一九二二・〇四・一五	新本隆光	父		咸陽郡安義面堂本里

一二	水上勤務五九中隊	ニューギニア、バラム	一九四四・〇七・二一 一九二三・一〇・三一	重光貴龍 ―	上等兵	戦死	金海郡進永邑進永里 ―
二三	水上勤務五九中隊	ニューギニア、バラム	一九四四・〇七・二三 ×	金子達洪 金子宗順	上等兵 父	戦死	釜山府東大新町二―三七五 釜山府東大新町一―八三
七	水上勤務五九中隊	ニューギニア、バラム	一九四四・〇七・二七 一九一九・一〇・二五	金川光壽 金川小順	上等兵 妻	戦死	密陽郡府北面舞鳶里 密陽郡府北面舞鳶里
一六	水上勤務五九中隊	ニューギニア、サルプ	一九四四・〇七・二八 ×	丹山一珠 丹山南祚	上等兵 妻	戦死	固城郡永縣面砧店里 固城郡永縣面砧店里
一七	水上勤務五九中隊	ニューギニア、バラム	一九四四・〇八・〇八 一九二〇・〇二・一五	巴山吉光 巴山秀雄	上等兵 父	戦死	咸安郡郡北面舎村里 咸安郡郡北面舎村里
四	水上勤務五九中隊	ニューギニア、ボイキン	一九四四・〇八・二〇 一九二一・一二・〇五	池本錫烈 池本宗壽	上等兵 父	戦死	晋陽郡晋陽面下村里 晋陽郡晋陽面下村里
八	水上勤務五九中隊	ニューギニア、サルプ	一九四四・〇八・二二 一九二一・一〇・二七	金村乗治 金村栄泰	上等兵 父	戦死	金海郡生林面馬沙里 金海郡生林面馬沙里
一三	水上勤務五九中隊	ニューギニア、バラム	一九四四・〇九・一六 一九二四・〇六・一八	豊原鐘得 豊原鐘徳	上等兵 父	戦死	昌寧郡都泉面松津里 昌寧郡都泉面松津里
九	水上勤務五九中隊	ニューギニア、サルプ	一九四四・〇九・二〇 一九二二・〇二・一九	金原甲徳 金原龍双	上等兵 父	戦死	金海郡酒村面内三里 金海郡酒村面内三里
一四	水上勤務五九中隊	ニューギニア、バラム	一九四四・〇九・二三 一九二三・〇七・一三	長澤　廣 長澤慶子	上等兵 妻	戦死	晋陽郡文山面×文里 晋陽郡文山面×文里
一八	水上勤務五九中隊	ニューギニア、ソナム	一九四四・一〇・〇三 一九一九・一二・〇六	廣山桂泰 廣山二順	上等兵 妻	戦死	梁山郡院洞面花済里 梁山郡院洞面花済里
一〇	水上勤務五九中隊	ニューギニア、ソナム	一九四四・一〇・〇二 一九二九・〇四・〇二	金井熙福 金井月姫	上等兵 母	戦死	東莱郡沙上面槐亭里 釜山府寶水町一―一二四
三	水上勤務五九中隊	ニューギニア、バラム	一九四四・一〇・一六 一九二二・一一・一八	新井徳苗 新井致洪	兵長 父	戦死	密陽郡上東面玉山里 密陽郡上東面玉山里
一一	水上勤務五九中隊	ニューギニア、バラム	一九四四・一〇・二七 一九一九・〇七・〇九	金谷斗千 金谷允伊	上等兵 母	戦死	固城郡会華面背屯里 固城郡会華面背屯里
二一	水上勤務五九中隊	ニューギニア、ソナム	一九四四・一一・三〇 一九一九・〇二・〇八	山村照雄 山村秀逑	上等兵 祖父	戦死	密陽郡丹陽面古×里 密陽郡丹陽面古×里
五	水上勤務五九中隊	ニューギニア、バラム	一九四五・〇一・〇七 一九二一・一一・〇二	石岡次郎 石岡茂蔵	兵長 父	戦死	居昌郡馬利面末屹里 居昌郡馬利面末屹里
二三	水上勤務五九中隊	ニューギニア、ソナム	一九四五・〇一・一七 一九二二・一〇・一〇	慶山来洞 慶山順燦	兵長 父	戦死	宜寧郡華井面徳橋里 宜寧郡華井面徳橋里
六	水上勤務五九中隊	ニューギニア、バラム	一九四五・〇一・三一	伊山正大	兵長	戦死	宜寧郡芝生面杜谷里

			一九二一・一〇・一三	伊山正大（ママ）	父		宜寧郡芝生面杜谷里
四二六	戦車一三連隊	湖北省	一九四五・〇四・〇八	松井東浩	上等兵	戦死	泗川郡南洋面松甫里九七三
		頭部貫通砲弾破片創	一九二三・〇八・二三	松井次祚	父		泗川郡南洋面松甫里九七三
一〇六八	船舶工兵一八連隊	三二師二野戦病院	一九四五・一一・二六	徐相東	傭人	戦病死	晋州郡伊予松面長原里
		マラリア	一九〇九・〇七・二三	玉川劉馬	友人		慶尚北道迎日郡九龍浦邑××九
五四八／一一〇四	船舶工兵二四連隊	比島ルニベン	一九四五・〇八・二一	山本永福	兵長	戦病死	固城郡固城邑基月里一八八
		マラリア	×	山本富子	母		固城郡固城邑基月里一八八
五七四	船舶工兵二四連隊	フィリピン、レイバン	一九四五・〇六・一九	黄山哲圭	上等兵	戦死	釜山府安楽町九三〇
			一九二三・〇二・〇五	―	―		―
九一三	船舶工兵三二連隊	比島ベンク市	一九四五・〇一・二〇	森山造延	上等兵	戦死	釜山府佐川町三四九
			×	森山静枝			釜山府佐川町三五〇
九五四	船舶工兵三二連隊	ルソン島ナンガエ湾	一九四四・一二・二三	松山晴洙	上等兵	戦死	統営郡巨済面南洞里五二
			×	松山鶴洙	兄		統営郡巨済面南洞里五三
二一九	船舶工兵三三連隊	江西省	一九四五・〇八・〇九	佐々木義人	上等兵	戦死	釜山府東大新町二―六九七
		腹部貫通銃創	一九二五・〇三・二四	佐々木永治郎	兄		―
八一四	漢口丸	漢口病院	一九四〇・一〇・一八	大川光周	船員	戦病死	釜山府伽倻里九〇
			一九一六・〇七・一〇	大川光浩	父		釜山府伽倻里九一
一〇五三	船舶輸送司令部	廈門警備隊本部	一九四二・〇一・二八	尹明突	水手	戦病死	固城郡大可面松渓里八九五
		化膿性肝臓炎	一九一六・〇四・〇二	尹九月	母		固城郡大可面松渓里八九五
七五二	横浜丸	不詳	一九四二・〇三・〇八	甲斐正志	船員	戦傷死	密陽郡下南面守山里八三五
			×	甲斐洵一	―		―
一三三	大洋丸	江蘇省南京	一九四二・〇四・〇六	学炳禹	船員	死亡	山清郡丹城面立石里七八五
			一九二〇・〇一・〇七	星山斗相	―		馬山府石町一四〇
七三七	大洋丸	N三〇・四五E一二七・四〇	一九四二・〇五・〇八	上原台栄	船員	戦死	咸陽郡席下面柏淵里三四八
			×	―			―
一〇四三	九船舶輸司南支支部	N三〇・四五E一二七・四〇	一九四二・〇五・〇八	金岡洪植	船員	戦死	南海郡南面仙区里五八四
		大洋丸	×	―			―
五五八	船舶輸送司令部	ビルマ、イラワジ河	一九四三・〇八・二九	金斗鳳	傭人	戦死	晋陽郡金谷面竹谷里七〇四
			一九一九・〇四・二五	金徳郁	父		晋陽郡金谷面竹谷里七〇四
一〇七五	二船舶輸送司南支支部	広東一陸軍病院	一九四三・一一・一二	森山景吉	工員	戦病死	統営郡統営邑新町二一四
		腸チフス	一九二一・〇七・一七	森山奉善	妻		統営郡統営邑新町二一四
七四六	鬼怒川丸	ガダルカナル島	一九四二・一一・一五	金山孝在	船員	戦死	密陽郡山内面鳳儀里一一二五
			一九二六・〇五・一〇	金山充是	父		―
七九四	ぼすん丸	N六・一一E一三五・一九	一九四二・一一・一六	趙龍鳳	船員	戦死	釜山府流州町六九八
			一九一七・〇三・二九	―			門司市須崎町三山本健一方

番号	所属	死亡場所	死亡年月日 生年月日	氏名 親族	身分 続柄	死因	本籍 親族住所
一〇五六	一ときわ丸	不詳	一九四二・一二・二八 一九一九・一一・〇五	金敬伯 ｜	司厨員	戦死	宜寧郡鳳樹面西徳里二五七 ｜
七三五	琴平丸	千島列島熱田島	一九四三・〇一・〇六 一九二四・〇九・一六	伊原南鎬 伊原泰三	船員 父	戦死	統営郡長承浦邑長承浦里四四〇 統営郡長承浦邑長承浦里四四〇
七六三	琴平丸	千島列島熱田島	一九四三・〇一・〇六 一九二四・〇四・一〇	李恒春 ｜	船員	戦死	宜寧郡富林面房原里七七 ｜
一〇四一	船舶輸送司令部	ルソン島マニラ一四陸病 胸部穿透性銃創	一九四三・〇一・二三 ×	洪原三永 ｜	水手	戦傷死	河東郡河東邑邑内洞 ｜
七七四	宏川丸	ガダルカナル島	一九四三・〇一・一五 一九二〇・〇七・一四	豊山哲三 洪祐祉	船員 ｜	戦死	昌原郡鎮海邑慶和洞四八七 ｜
八一六	すらばや丸	S六・五八E一四八・一六	一九四三・〇三・〇三 一九二〇・一〇・一四	朴在洪 朴小守	船員 父	戦死	密陽郡密陽邑内二洞八四三 密陽郡密陽邑内一洞五五五
七七六	太明丸	S六・五六E一四八・八	一九四三・〇三・〇三 一九一七・〇三・〇二	西原星光 西原明是	船員 ｜	戦死	釜山府安楽町一五〇 ｜
七七一	弥彦丸	N二七・一一E一二七・四〇	一九四三・〇三・〇三 一九一一・〇七・一六	田中永鎮 田中千秋	船員 叔父	戦死	咸安郡法守面大松里二三九 宜寧郡宮×面多峴里
七五四	二二良友丸	S三・二二E一三四・一五	一九四三・〇三・一五 一九一六・〇一・二〇	金城成萬 金城肯祚	船員 父	戦死	釜山府佐川町六九 釜山府南宮里代町一〇八
七九三	三庄生丸	ビルマ、タエットメヨー	一九四三・〇三・二六 一九一六・〇三・二四	金山永守 金山成祚	船員 ｜	戦死	釜山府岬町二一｜一九八一 釜山府岬町二一｜一九八一
七五一	しどに丸	ニューギニア、ハンサ湾	一九四三・〇四・一二 一九二一・〇二・二一	神田五文 神田且文	船員 兄	戦死	泗川郡泗川面洙石里五二一｜二 泗川郡泗川面洙石里五二一｜二
八八五	二船舶輸送司令部	ルソン島ブルサン	一九四三・〇四・一二 一九一八・〇二・〇五	金山烱泰 ｜	潜水夫	不慮死	釜山府温仙町二三二 ｜
一〇六六	二船舶輸送司令部	ルソン島ブルサン沖	一九四三・〇五・一二 一〇二四・〇一・一四	阿山鳳碩 ｜	甲板員	戦死	昌寧郡鎮田面昌浦里二五〇 ｜
一三八	米山丸	ボルネオ島パリクパパン	一九四三・〇七・〇二 一九一九・〇四・二三	鄭大益 鄭曽明	船員 ｜	戦死	釜山府草深町九〇六 釜山府佐川町三五
一〇八一	三船舶輸送司令部	S五・一八E一一一・五〇	一九四三・〇八・〇四 一九一八・〇二・一九	香目守明 ｜	機関員	戦死	統営郡遠梁面東港里三六｜一 ｜
一〇三四	四船舶輸司アラビア丸	N二一・三四E一二四・一〇 脳腫	一九四三・〇八・〇九 一九一八・〇九・一五	新井喜一 新井　満	工員 父	戦病死	馬山府上南洞三一五 馬山府上南進外山×里五八六
一四四	二船舶輸送司令部	福建省南日島	一九四三・〇九・一五 ×	名山吉秀 名山一太郎	船員 父	戦死	晋州府吉野町一三 晋州府玉嶺街四六九
一〇一三	二三良友丸	N一四・〇九E九七・四九	一九四三・一〇・〇六	中山漢烈	機関員	戦死	統営郡統営邑道南里四三七

				一九二一・〇八・三〇		—					—
七五六	漢口丸	E一二九・三〇N三七・一〇		一九四三・一〇・〇六	一九二四・〇五・一〇	金宅奎	—	船員		戦死	梁山郡東面法基里五五七 —
七六四	漢口丸	E一二九・三〇N三七・一〇		一九四三・一〇・〇六	一九一六・〇六・一二	西山永道	西山介伊	船員	父	戦死	密陽郡密陽邑一洞一六五 密陽郡密陽邑一洞一六五
七七五	二三良友丸	不詳		一九四三・一〇・〇六	×	中山永彦	中山敬作	軍属	—	戦死	統営郡統営邑道南里四三七 —
七八八	大日丸	N一八・四八E一一九・一二		一九四三・一〇・〇八	一九〇七・〇五・一七	森山景一	森山道寛	船員	—	戦死	泗川郡泗川面泗川里三三―六 —
七八四	神成丸	ニューブリテン島ラバウル		一九四三・一〇・一二	一九二三・〇一・一〇	宮崎裕祥	宮崎龍伊	船員	父	戦死	蔚山郡大峴面龍岑里七五四 蔚山郡大峴面龍岑里七五四
八一五	連回丸	S三・四九E一二七・四八		一九四三・一〇・一三	一九二二・一〇・一一	金田津吉	金田一郎	機関員	父	戦死	陝川郡妙山面館基里八二二 陝川郡妙山面館基里八二二
一五六	八幡丸	土佐沖		一九四三・一一・〇二	×	三原克之	三原秀人	傭人	—	戦死	昌原郡上南面知帰里 神戸市葺合区神若通一―六六―三
九五九	うめ丸	N二八・四〇E一三五・二五	魚雷爆破創	一九四三・一一・〇二	一九一六・一二・一四	香村海龍	—	軍属	—	戦死	釜山府草草町三丁目六八 —
二二六	二船舶輸送司令部	廈門港		一九四三・一一・〇七	一九二四・〇三・〇二	西原申祥	金正道	甲板員	—	戦死	蔚山郡大峴面長生浦里一三 蔚山郡大峴面長生浦里一三
四八	二船輸司南支支部	福建省		一九四三・一一・一八	一九一九・〇四・一一	井本佛礼	井本必件	傭人	母	不慮死	昌寧郡遊魚面金谷里四五七 釜山府温州町五三四
一〇三七	陸軍運輸部	N一四・五三E一一九・五六		一九四三・一一・一五	×	北村徳一	北村徳龍	甲板員	弟	戦死	東萊郡北面老圃里七七〇 東萊郡北面老圃里七七〇
一〇五五	東恭丸	台湾高雄沖		一九四三・一二・一三	一九二五・〇六・二〇	川本洙兌	—	甲板員		戦死	居昌郡南上面大山里一一六五 —
七六一	三新栄丸	ビルマ、ミンジャン		一九四三・一二・二一	×	金永萬	中山和道	軍属		戦死	泗川郡南陽面新碧里八六七 統営郡長承邑長承浦里二二八四
五二一	朝日丸	朝鮮城津沖		一九四三・一二・二三	一九四〇・〇六・二一	松原右鳳	松原漠根	操舵手	父	戦死	金海郡周川面周川里 蔚山郡松川面松天里
七八〇	船舶輸送司令部	不詳		一九四四・〇一・〇三	一九一八・〇七・一八	朴又福用	—	甲板員	—	戦病死	統営郡遠梁面敦池里五〇 広島県加茂郡御庄町
七七二	弥彦丸	N二七・一一E一二七・四〇		一九四四・〇一・一〇	一九二一・〇二・一四	田中在栄	—	船員		戦死	統営郡山陽面豊和里五六八 —
七三一	船舶輸送司令部	広島陸軍病院	肺結核	一九四四・〇一・一二	一九一九・〇八・一八	新井又龍	珙準	甲板員		戦病死	統営郡遠梁面敦池里五〇 —

七七〇	大明丸	N二二・三七E一二〇・一三	一九四四・〇一・一二 一九二〇・〇二・二五	高橋敬壽 高橋在俊	船員 ―	戦死	東萊郡北面南山里 東萊郡北面南山里
一〇〇五	竜野丸	バシー海峡	一九四四・〇一・一六 一九二七・〇三・〇一	連城錫順 ―	船員 父	戦死	昌原郡鎮海邑達川里四七四 大阪府三島郡高槻町真上三三九
七七七	太明丸	マンダレー、イラワジ河	一九四四・〇一・二六 ×	裵水岳 裵水成	傭人 兄	戦死	統営郡一運面三巨里三五九 ―
七八九	大敬丸	N二一・四八E一一九・五〇	一九四四・〇二・一九 ×	山本勘一 山本文次郎	船員 父	戦死	密陽郡密陽邑駕谷洞六一八 ―
四四二	南陽丸	久米島西方	一九四四・〇二・二〇 一九二一・〇五・〇七	竹田文相 ―	雇員 ―	戦死	咸安郡郡北面迎運面一九〇 咸安郡郡北面迎運面一九〇
七九二	昭風丸	マノクワリ	一九四四・〇三・〇一 ×	李鍾伯 ―	傭人	戦死	蔚山郡農所面松亭里七七四 ―
一〇五〇	一船舶輸送司令部	マノクワリ一二五兵病	一九四四・〇三・〇六 一九一八・〇九・二〇	門山鍾伯 門山卜南	機関長 母	戦傷死	蔚山郡農所面松亭里七七四 咸鏡北道羅津郡宮雀町清水××
七四七	鬼怒川丸	ニューギニア、デムクシ沖	一九四四・〇三・一二 一九一九・一〇・二四	金山容鍍 金山正基	船員	戦死	蔚山郡王南面方基里五二一〇 ―
五三六	北泰丸	パラオ島	一九四四・〇三・三〇 ×	呉鶴伊 ―	傭人	戦死	金海郡進永邑進永里三〇二 ―
一七四／七六六	二立山丸・二御影丸	パラオ島	一九四四・〇四・一一 ×	趙正実 趙元九	操舵手見 父	戦死	金海郡大溝面出斗里四〇一 金海郡大溝面出斗里四〇一
一七五	御影丸	済州島	一九四四・〇四・一七 一九二五・〇二・〇九	中村道雄 中村星極	機関員 父	戦死	釜山府温州町五五七－二 釜山府温州町五五七－二
七二八	美津丸	ニューギニア、ホンランジア	一九四四・〇四・二二 一八七九・一〇・〇九	藤井末男 藤井道須	甲板員 父	戦死	統営郡遠梁面頭尾里八〇 統営郡遠梁面頭尾里八〇
七三〇	船舶輸送司令部	ビルマ、サルウィン河	一九四四・〇四・二三 ×	陳原奉守 ―	軍属	戦死	統営郡東部面山村里一五八 ―
七五九	船舶輸送司令部	不詳	一九四四・〇四・二三 一九二一・〇八・二六	金壽龍 朴小点	船員 母	公傷死	統営郡遠梁面東港里五〇〇 ―
五三	船舶輸送司令部	広東市陸軍病院	一九四四・〇四・二三 一九二一・〇八・二六	山田政男 朴少点	傭人 母	戦病死	統営郡遠梁面東港里五七七－三 熊本県玉名郡表州町西荒神町一九七八
七九〇／八六一	柏丸	ボルネオ北西海上	一九四四・〇四・二五 一九二六・〇一・一五	梁川英雄 梁川光子	軍属 母	戦死	密陽郡密陽邑内二洞一〇四三 ―
一六四	黄甫丸	サイパン島	一九四四・〇五・一四 一九二七・一二・〇二	金田宗二 金田治郎	船員	戦死	昌原郡熊川面竹谷里一六七 ―
一四七	船舶司令部	小倉市砂津港	一九四四・〇五・一九	大山學善	機関長	戦死	南海郡雪川面露梁里三九一

			一九一九・〇五・二三	大山仁風	父		南海郡雪川面露梁里三九一
一三六	つえいる丸	仏領インドシナ	一九四四・〇五・二四	秋田光雄	船員	戦死	蔚山郡大峴面龍山里二〇九
			一九一六・〇七・二八	秋田長助	｜		蔚山郡大峴面龍山里二〇九
五四五	大壽丸	中部太平洋メレヨン島	一九四四・〇六・〇七	新井在郎	甲板員	戦死	南海郡二東面良河里五七〇
			一八九七・〇四・三〇	新井人文花	妻		南海郡二東面良河里五七〇
五四六	大壽丸	中部太平洋メレヨン島	一九四四・〇六・〇七	皇仁淑	甲板員	戦死	統営郡統営邑眞梁里一一二
			一九二七・〇二・一一	皇奉植	父		統営郡統営邑眞梁里一一二
一三二	船舶輸送司令部	ニューギニア方面	一九四四・〇六・〇七	李守福	傭人	戦傷死	金海郡大渚面桃島里一六八
			×	｜			鳥取県西伯郡境港花町
一九二	二船舶輸送司令部	安徽省	一九四四・〇六・一一	高山在煥	傭人	戦死	統営郡一運面知世浦里六七九
			一九〇三・一一・〇五	高山三先	妻		統営郡一運面知世浦里六七九
四三八	二船舶輸送司令部	安徽省	一九四四・〇六・一一	伊原武男	機関員	戦死	統営郡一運面上東里九〇三—三
			一九二九・〇五・一五	伊原久恵	妻		統営郡一運面上東里九〇三—三
二〇五	富国丸	サイパン島北方	一九四四・〇六・一五	菊川潤雨	機関員	戦死	晋陽郡井村面禮上里六四一
			一九二三・〇三・〇八	｜			｜
一一〇八	船舶輸送司令部	ハルマヘラ島	一九四四・〇六・一六	木下海郁	軍属	戦死	陝川郡青徳面赤布里四〇一—一
			一九二二・〇五・〇七	木下雲大	｜		｜
五四四	船舶輸送司令部	ハルマヘラ島	一九四四・〇六・一六	木下史郎	傭人	戦死	陝川郡青徳面赤布里四〇一—一
			一九二二・〇五・〇七	木下雲大	父		｜
一五五	玉鉾丸	南西諸島	一九四四・〇六・二四	三山庄文	傭人	戦死	宜寧郡宜寧面上里七七
			一九一七・〇四・〇七	三山順子	妻		｜
一四九	富山丸	N二七・四三E一二九・四海没	一九四四・〇六・二九	仁谷××	船員	戦死	統営郡一連面旧肋羅里三八六
			一九一八・一一・二〇	仁谷相桂	父		河東郡缶陽面美居里一二六
一七二	富山丸	東シナ海	一九四四・〇六・二九	廣川錫富	軍属	戦死	金海郡二北面匙山里四〇八—一
			一九二〇・〇六・二三	松川一夫	叔父		｜
一五一	十八州丸	ハルマヘラ島	一九四四・〇七・〇九	神田守人	操機手	戦死	釜山府海仙町一六九一
			一九二二・〇六・二八	神田進造	父		釜山府海仙町一六九一
一四五	大八州丸	ハルマヘラ島	一九四四・〇七・〇九	木下龍讃	司厨員	戦死	東萊郡北面仙里三五八
			一九二九・〇二・一二	木下長壽	父		｜
八七四	四船舶輸送司令部	ビスマルク島ラバウル	一〇四四・〇七・〇五	伊吉重	船員	戦死	釜山府草場町三丁目二九一
			一九二六・〇二・二四	伊在治	父		｜
八一九	四船舶輸送司令部	ビスマルク島ラバウル	一九四四・〇七・一五	西原龍伊	機関員	戦死	蔚山郡西生面
			一九一二・一二・二三	西原道夫	兄		蔚山郡西生面
八二〇	四船舶輸送司令部	ビスマルク島ラバウル	一九四四・〇七・一五	金鳳述	船員	戦死	馬山府城湖里
			一九〇七・〇六・一〇	丸福漁業団事務所	船主		福岡市北港町

番号	部隊	死亡場所	死亡年月日／生年月日	氏名／親族氏名	職／続柄	事由	本籍／親族住所
八二一	四船舶輸送司令部	ビスマルク島ラバウル	一九四四・〇七・一五 一九一四・〇三・一〇	重光採根 ー	傭人	戦死	統営郡沙等面支石里 ー
八二二	四船舶輸送司令部	ビスマルク島ラバウル	一九四四・〇七・一五 一九二六・一二・〇六	湖山政用 ー	船員	戦死	咸安郡咸安面一〇八〇 ー
八六六	四船舶輸送司令部	ビスマルク島ラバウル	一九四四・〇七・一五 一九二二・〇一・〇二	長原鎮守 長原致作	甲板員 父	戦死	統営郡龍南面軍門里三六〇 統営郡龍南面軍門里三六〇
八七一	四船舶輸送司令部	ビスマルク島ラバウル	一九四四・〇七・一五 一九〇八・〇三・二五	林玉丹 和田十七	甲板員 ー	戦死	統営郡沙等面友石里 香川県大川郡津田町曾根
八七五	四船舶輸送司令部	ビスマルク島ラバウル	一九四四・〇七・一五 一九二三・一〇・一二	尹日東 尹在浩	船員 ー	戦死	釜山府草場町三丁目二九ー一 下関市大字斉〇六〇
五一六	船舶輸送司令部	中部太平洋	一九四四・〇七・一八 ×	朴東煥 朴虎子	船員 姉	戦死	釜山府温州町一七 ー
四八七	三船輸司パラオ支部	パラオ島コロール	一九四四・〇七・二六 一九二三・〇三・〇五	大原勝模 大原幹陽	傭人 父	戦死	山清郡生草面於西里 山清郡生草面於西里
七八七	くらいど丸	アンダマン東方	一九四四・〇八・〇一 一九〇七・〇一・一二	水原徳用 水原有實	操機手 兄	戦死	南海郡二東面花渓里二六五 南海郡二東面花渓里二六五
七四二	光州丸	ボルネオ方面	一九四四・〇八・〇四 一八九九・〇一・〇四	金本平雄 金本次明	船員	戦死	東莱郡機張面清江里九〇 東莱郡機張面清江里九〇
七四五	光州丸	ボルネオ方面	一九四四・〇八・〇四 一九二六・〇四・一八	金澤文賛 金澤斗賛	船員 父	戦死	釜山府東洞八四五ー一 釜山府東洞八四五ー一
七六〇／一〇〇四	光州丸	ボルネオ方面	一九四四・〇八・〇四 一九一八・〇一・一七	金泰圭（金村） 金村今礼	軍属 妻	戦死	昌原郡上南面吐月里一〇六一 昌原郡鎮海邑慶洞下亀××
七六五	光州丸	ボルネオ方面	一九四四・〇八・〇四 一九二七・〇一・二六	櫻井忠雄 櫻井忠温	船員 兄	戦死	梁山郡梁山面北部里三八六ー五 梁山郡中部洞二四八
七六九	光州丸	ボルネオ方面	一九四四・〇八・〇四 一九二五・一二・一九	高島有声 李徳叔	船員 叔母	戦死	釜山府凡一町一〇五九 釜山府壽町四三
二〇四	利根川丸	小笠原諸島	一九四四・〇八・〇四 一九二四・一二・一七	森永虎龍 森永奉祚	船員 父	戦死	馬山府肩町三五 神戸市葺合区旭町二ー一一〇
二〇三	船舶輸送司令部	小笠原諸島	一九四四・〇八・〇四 一九二七・〇一・三〇	河本泰鳩 ー	船員	戦死	昌寧郡南旨面馬山里五三 ー
一五二	船舶輸送司令部	小笠原諸島	一九四四・〇八・〇五 一九一一・〇五・二〇	金本小斗伊 石田三郎	甲板員	戦死	東莱郡長安面孝岩里三六 ー
一四一	徳祐丸	ハルマヘラ島ワシレ	一九四四・〇八・〇九 ×	安山栄守 安山相春	操機手 父	戦死	釜山府水晶町八〇一 慶尚北道達城郡多斯面汶陽洞四一二
一五四	徳祐山丸	ハルマヘラ島	一九四四・〇八・〇九	金澤成玉	船員	戦死	釜山府大新町一丁目一〇七七

			一九二六・〇五・二七	金澤奉瑞	父		釜山府溢仙町二七八
五七一	徳祐山丸	ハルマヘラ島	一九四四・〇八・〇九	新本寛佑	調理員	戦死	固城郡巨流面華塘里三五〇
			一九二七・〇一・二〇	新本斗里	伯父		金海郡酒村面仙池里
一四二	三津丸	セレベス島	一九四四・〇八・〇九	新井應作	調理員	戦死	東萊郡沙上面周禮里七八三
			一九二七・〇九・〇一	新井武雄	兄		東萊郡沙上面周禮里七八三
一六二	三津丸	ハルマヘラ島	一九四四・〇八・〇九	玉原三守	傭人	死亡	釜山府溢仙町一〇七五一
			一九一六・〇五・一七	玉原乃文	—		釜山府溢仙町一〇七五一
五九二	玉津丸	フィリピン北方	一九四四・〇八・一九	山本寅太郎	軍属	戦死	蔚山郡熊村面石川里三五〇
			一九二三・一二・二〇	山本永雄	父		蔚山郡熊村面石川里三五〇
一七〇	興順丸	沖縄方面	一九四四・〇八・二七	金本元己	甲板員	戦死	統営郡閑山龍虎里八九六
			一九二一・〇四・〇五	—	—		統営郡閑山龍虎里八九六
七七三	弥彦丸	ビルマ一一八兵站病院	一九四四・〇八・二九	徳山相範	操機手	戦病死	統営郡長承浦邑長承浦里二九六
			一九一五・一二・〇五	白米連	妻		統営郡長承浦邑長承浦里二九六
五二〇	朝日丸	長崎県	一九四四・〇九・〇二	金原正浩	船員	戦死	蔚山郡下廂面楽泗里八四七
			×	金原斗理	—		下関市長崎町六一三小野正昭方
二二九	二船輸司海輸二大隊	ニューギニア一二五兵病	一九四四・〇九・〇二	江本萬善	雇員	戦死	釜山府瀛仙町五七九
			一九〇九・一二・二七	江本寅吾	父		釜山府瀛仙町五七九
一〇六五	高砂丸	ミンダナオ島スリガオ港	一九四四・〇九・〇九	岡本長治	機関員	戦死	昌原郡熊南面本里三八
			×	阿山峯治	父		釜山府瀛仙町二〇五三
一三四	京畿丸	ビルマ、アンペラ	一九四四・〇九・〇九	朴本尚文	甲板長	戦死	咸陽郡池谷面柿木里一四八
			一九〇一・〇二・〇一	朴本尚淑	兄		咸陽郡池谷面柿木里一四八
一五〇	武勲丸	スマトラ島	一九四四・〇九・一〇	神田栄淇	船員	戦死	釜山府温州町六〇五
			一九一六・〇八・〇九	神田独得	母		釜山府草梁町五九八李義根方
一〇三〇	京畿丸	不詳	一九四四・〇九・一〇	神田英甲	船員	戦死	釜山府温州町六〇五
			一九一一・一一・一九	—			—
一二八	船舶輸送司令部	小笠原諸島	一九四四・〇九・一一	柳海壽	軍属	戦死	釜山府草梁町九〇六
			一九二五・一一・二〇	柳尚奉			釜山府草梁町九〇六
一六〇	慶安丸	N一〇・四二E一二四・〇一	一九四四・〇九・一二	金田鳳珠	船員	戦死	密陽郡密陽邑内二洞九三八
			一九二三・〇二・二〇	金田福蓮			密陽郡密陽邑内二洞九三八
一六三	慶安丸	N一〇・四二E一二四・〇一	一九四四・〇九・一二	竹朴金市	機関長	戦死	南海郡古縣面浦上里仙源区四四二
			一九〇二・〇五・一〇	竹朴金造	—		南海郡古縣面浦上里仙源区四四二
一五八	慶安丸	比島西方	一九四四・〇九・一二	中山博史	船員	戦死	釜山府中島一丁目二八
			一九一四・〇四・一八	中山隆博	—		釜山府中島町一丁目三四
一三五	京畿丸	ミンダナオ島コロナート湾	一九四四・〇九・一二	道　秀	機関員	戦死	山清郡新等面可逑里八五一
			一九二二・一二・一八	道英奎	父		山清郡新等面可逑里八五一

五〇	二船舶輸司南支支部	広州湾口 海没	一九四四・〇九・一四 一九一九・〇四・〇二	金本萬守 金本恭益	傭人 兄	海没	南海郡三東面洞天里五六 南海郡三東面洞天里五六
一〇九	二船輸司漢口支部	湖南省長沙 胸部穿透性銃創	一九四四・〇九・一五 一九一八・一二・一五	山村寅雄 山村東治	傭人 父	戦死	釜山府草梁町四六七 釜山府草梁町四六七
一六一	慶安丸	マレー	一九四四・〇九・一五 一九〇九・〇八・〇八	金山鳳出 呉學天	傭人 妻	戦死	梁山郡梁山面多芳里四〇〇 咸鏡北道鏡城郡漁大津邑品九呼山五
一三〇	暁空丸	東支那海	一九四四・〇九・一八 一九二八・〇四・〇九	八渓好圭 八渓克預	軍属 父	不慮死	陜川郡雙柏面陸里八九八 ―
一六五	中華丸	比島西方	一九四四・〇九・二四 一九一九・一一・二〇	金本萬錫 金晋坤	船員 ―	戦死	居昌郡南上面七洞西一〇二八 居昌郡南上面七洞西一〇二八
一六八	金華山丸	セブ島	一九四四・〇九・二四 一九二五・一一・一一	河島恭元 河島道三	機関長 父	戦死	南海郡二東面茶下里三四八 南海郡二東面茶下里三四八
七四三	光州丸	比島マニラ一二陸病	一九四四・〇九・二七 ×	金本玄基 金本年石	船員	戦傷死	統営郡統営邑坪林里 ―
一〇〇三	うらる丸	不詳	一九四四・〇九・二七 一九一六・〇五・一四	宮野敏祐 ―	船員	戦死	昌原郡鎮海邑慶和洞五一〇
六七七	瑞祥丸	南西諸島 連合軍の反撃	一九四四・一〇・〇一 ×	林外秀 ―	軍属	戦死	宜寧郡大義面字外里三七八 ―
一四三	二船舶輸送司・津山丸	台湾方面	一九四四・一〇・〇二 ×	富永吉之助 富永清三郎	機関員 ―	戦死	釜山府東大新町二丁目二一八 ―
三三	富　丸	モロタイ島	一九四四・一〇・〇四 一九一四・一一・一八	李大元 李禹鎮	船員 父	戦死	宜寧郡宜寧面東洞一三九 山口県下関市富田町川崎歩
四九五	三船輸司パラオ支部	パラオ島アイミリーキ	一九四四・一〇・〇五 ×	玉川永秀 玉川点順	運輸工 母	戦死	宜寧郡鳳樹面外槽里一六八 宜寧郡鳳樹面外槽里一六八
四九八	三船輸司パラオ支部	パラオ島アイミリーキ	一九四四・一〇・〇五 一九二二・〇二・二七	文山壽容 文山賛鐘	運輸工 父	戦死	宜寧郡洛西面来済里 宜寧郡洛西面来済里
五一八	大甲丸	台湾海峡	一九四四・一〇・〇六 一九二二・〇四・二七	藤山東浩	操機手 父	戦死	蔚山郡上北面弓根亭里五六七 ―
一九三	二船舶輸送司令部	N九・三九 E九八・二三 海没	一九四四・一〇・〇六 一九〇七・〇七・〇七	元本命達 文本中順	嘱託判任 妻	海没	東莱郡亀浦面金谷里三一 咸鏡北道清津府巴町一
七五五	漢口丸	E一二九・三〇 N三七・一〇	一九四四・一〇・〇九 一九一七・〇二・〇一	金光照夫 金光義治	船員 父	戦死	統営郡光道面黄里三三〇 統営郡光道面黄里三三〇
五〇三	三船輸司パラオ支部	パラオ島ガスパン	一九四四・一〇・〇九 一九一四・一〇・〇一	木川時郁 木川龍伊	運輸工 父	不慮死	宜寧郡宜寧面東洞一四三七 宜寧郡宜寧面東洞一四三七
四九六	三船輸司パラオ支部	パラオ島ガスパン	一九四四・一〇・一〇	田中允碩	運輸工	不慮死	宜寧郡龍徳面佳楽里一四八

番号	所属	場所	年月日	氏名	身分・続柄	死因	本籍
			一九一八・一二・一二	田中点伊	妻		宜寧郡龍徳面佳楽里一四八
七九一	柏丸	沖縄県那覇港	一九四四・一〇・一〇	安田任逑	機関員	戦死	東萊郡機張面蓮花里一三三
			一九二八・〇三・二三	安田性佑	父		東萊郡機張面蓮花里一三三
五一五	大津丸	N二二・三E一二〇・四	一九四四・一〇・一二	平沼性龍	甲板員	戦死	泗川郡三千浦邑實安里六三六
			一九一二・〇八・一四	平沼可明	母		泗川郡三千浦邑實安里六三六
一四〇	一八多賀丸	ニコバル諸島ナンコーリ港	一九四四・一〇・一七	徳山重雄	傭人	戦死	蔚山郡方魚津邑日山里七三八
			一九〇八・〇五・一二	徳山性姸	妻		蔚山郡方魚津邑日山里七三八
四二七	三船舶輸送司令部	パラオ島一二三兵站病院 胸部穿透性銃創	一九四四・一〇・一八	完山東孝	運輸工	戦傷死	宜寧郡正谷面石倉里五三四
			一九一六・一〇・〇三	完山基壽	父		宜寧郡正谷面石倉里五三四
二六九	白根山丸	ボルネオ島 敵潜水艦の攻撃	一九四四・一〇・二〇	巌島健一	船員	戦死	密陽郡府北面龍池里一〇一
			一九二二・〇九・一二	畠山庄一	雇主		広島市宇品町三三九—一
一三七	羽後丸	ボルネオ島	一九四四・一〇・二〇	大城達根	船員	戦死	釜山府蓮山町一二四六
			一九二三・〇五・〇二	大城逸明	父		釜山府蓮山町一二四六
一五三	羽後丸	N四〇・四五E一三三・三〇	一九四四・一〇・二〇	金本光國	機関員	戦死	釜山府草梁町五八二
			一九〇一・〇五・二〇	金黄通	妻		釜山府凡一町一二一五
五六〇	御影丸	済州島 潜水艦攻撃を受け	一九四四・一〇・二四	金永貴童	傭人	戦死	釜山府凡田里一一
			×	金永善行	父		釜山府凡田里一一
一七一	徳祐山丸	バシー海峡	一九四四・一〇・二四	金澤貞術	船員	戦死	密陽郡三浪津面松旨里四二七—一
			一九二五・〇八・二七	金澤再寛	父		密陽郡三浪津面松旨里四二七—一
一二九	都　丸	北海道網走	一九四四・一〇・二五	西山萬玉	軍属	不慮死	馬山府上南里
			一九一五・〇三・二八	金本一郎	—		—
五一七	高岡丸	スマトラ島方面	一九四四・一〇・二八	廣川米岩	兵長	戦病死	統営郡河清面大谷里五四七
			×	廣川在華	母		統営郡河清面大谷里五四七
一五七	船舶輸送司令部	比島西方	一九四四・一〇・三一	義原義治	雇員	戦死	金海郡進永面朱来里七一〇
			一九二〇・〇三・〇四	義原秀義	父		金海郡進永面朱来里七一〇
四三七	晴海丸	N二四・二三E一二一・四一	一九四四・一一・〇二	星山泰學	操機手	戦死	南海郡二東面尚州里一六三二
			一九一八・〇八・〇三	星山錫兄	父		南海郡二東面尚州里一六三二
七四八	二立山丸	スマトラ島テニルボン沖	一九四四・一一・〇六	河奉考	操機長	戦死	南海郡雪川面鸞里六七七
			一九一三・〇六・一二	河斗心	妻		南海郡雪川面鸞里六七七
五〇〇	三船輸司パラオ支部	パラオ・ガスパン	一九四四・一一・〇七	鄭点宕	運輸工	不慮死	晋州府錦町一二一
			一九二三・一一・二六	鄭順伊	妻		宜寧郡宜寧面東洞九一七
一〇九八	三船舶輸送司令部	仏印ハイフォン	一九四四・一一・〇八	池田養源	傭人	戦死	永川郡永川邑道林洞一一三六
							永川郡永川邑道林洞一一三六
一六七	船舶輸送司令部	比島西方	一九四四・一一・一一	金谷　実	傭人	戦死	釜山府温山町一七八六—四
			一九二五・〇七・一九	金谷悦利	—		下関市長門町五—三六

三五	三笠丸	オルモック諸島	一九四四・一一・一一 一九一七・一二・一一	上原月舟 ―	機関員	戦死	泗川郡泗川面平和洞一四〇―三 ―
二七二	西豊丸	オルモック諸島 海没	一九四四・一一・一一 一九二一・〇一・二〇	金岡武春 鄭元岳只	船員 兄	戦死	南海郡三東面洞天里二六三 ―
二七三	船舶輸送司令部	N一〇・五〇E一二四・三〇 海没	一九四四・一一・一一 一九一八・〇七・〇一	梁川健一 梁川武雄	船員 弟	戦死	晋州府水晶町一四五 忠清北道沃川郡沃川面馬岩里泰昌製作所
二七四	国豊丸	N一〇・五〇E一二四・三〇 海没	一九四四・一一・一一 一九二八・〇二・〇四	鄭元東植 鄭元岳只	船員 兄	戦死	咸陽郡水東面花山里一〇六八―一 愛知県海部郡佐×町大字勝×一二一九
四八六	三船輸司パラオ支部	パラオ島一二三兵病	一九四四・一一・一六 一九二一・〇五・〇六	李家点伊 李家×世	傭人 父	戦死	宜寧郡芝玉面伍谷里 宜寧郡芝玉面伍谷里
七三八	江戸川丸	東支那海	一九四四・一一・一七 ×	江本永寛 江本鐘洙	軍属 父	戦死	咸陽郡安義面大垈里九一六 ―
七五〇	江戸川丸	東支那海	一九四四・一一・一七 ×	方山武夫 方山祥鳳	傭人 父	戦死	梁山郡上北面上木次里五四 広島県双×郡十日市壽町
五六二	船舶輸送司令部	ニューギニア、ソロン 脚気	一九四四・一一・二三 一九二一・〇八・〇七	諸萬守 諸連植	雇員 父	戦病死	固城郡会華面背屯里四四五 固城郡会華面背屯里四四五
四三六	マニラ丸	ボルネオ島方面	一九四四・一一・二五 一九二三・〇一・二九	達川泰奉 達川上達	傭人 ―	戦死	馬山府月影洞五四〇 馬山府月影洞五四〇
四九二	三船輸司パラオ支部	パラオ島ガスパン	一九四四・一一・二七 一九二一・〇七・二〇	金本令達 金本朱田	傭人 妻	戦病死	蔚山郡下廂面孝門里五四七 慶尚北道迎日郡浦項邑向島里二四五
六五〇	三国南丸	比島サバカン 頭部貫通銃創	一九四四・一一・三〇 ×	徳山殷実 徳山龍文	兵長 父	戦死	金海郡下東面草亭里九二 金海郡下東面草亭里九二
一七三	二立山丸	マレイ八陸軍病院	一九四四・一二・〇二 一九二五・〇九・三〇	金澤東洛 金澤鳳亥	船員 母	戦病死	釜山府東大新町三丁目四五九 釜山府東大新町三丁目四五九
三八	三船舶輸送司令部	パラオ島一二三兵病 アメーバ性赤痢	一九四四・一二・〇三 一九二二・〇二・二五	金本鐘洛 金本涓泰	傭人 姪	戦病死	宜寧郡宮柳面上谷里二九六 宜寧郡宮柳面上谷里二九六
三〇	三船輸司三支部	セレベス島バルー病院	一九四四・一二・〇三 一九二〇・〇七・二五	岩本正夫 岩本一代	雇員 父	戦病死	蔚山郡西生面新岩里三九九 蔚山郡西生面新岩里三九九
六四九	三国南丸	南方一四陸軍病院 心臓性脚気	一九四四・一二・〇五 一九二二・〇五・〇七	金本宮世 金本充鉉	軍属 父	戦死	泗川郡三千浦邑沙得里 泗川郡三千浦邑沙得里
七一六	高周丸	レイテ島オルモック	一九四四・一二・〇七 一九二一・〇七・二五	李炳興 平山光子	操舵手 妻	戦死	統営郡遠梁面東港里四二〇―四―一 釜山府汐見町三―一〇六五
二〇八	五××盛丸	レイテ島	一九四四・一二・〇七 一九二〇・〇七・二八	松村致鶴 松村奉鶴	船員 ―	戦死	南海郡雪川面井×里六一六 南海郡雪川面井×里六一六
八五六	たらまにや×安丸	比島方面	一九四四・一二・一一	金谷　実	軍属	戦死	釜山府瀛仙町一七八六

			×	金谷耕一	兄		|
六四六	紀運丸	沖縄県那覇	一九四四・一二・一九	山田性局	傭人	戦死	統営郡長木面二八二
		海没	×	山田學道	父		統営郡長木面二八二
七七八	大敬丸	南太平洋方面	一九四四・一二・一九	日出三郎	機関員	戦死	泗川郡昆陽面城内里二二九
			一九二一・〇二・二五	日出福子	|		泗川郡昆陽面城内里二二九
一三九	一八多賀丸	ハルマヘラ島一二六兵病	一九四四・一二・二一	徳山守福	傭人	戦死	統営郡長木面農所里七三六
			一九二六・〇五・〇五	徳山竹貴	母		統営郡長木面農所里七三六
七八二	順豊丸	ボルネオ方面	一九四四・一二・二五	松田富吉	軍属	戦死	金海郡大満面大地里二三
			一九二〇・〇六・一三	松田義夫	父		|
一五九	慶安丸	アンボナイト島	一九四四・一二・二六	金本在學	船員	戦病死	蔚山郡方魚津邑尾浦里
			一九〇三・〇四・二三	金本栗外	妻		蔚山郡方魚津邑尾浦里
四五六／七六七／一〇五四	室蘭丸	ルソン島北部	一九四四・一二・三〇	松山幸男（杉山）	軍属	戦死	山清郡今西面特里七四三＊
			一九二九・〇九・一七	松山但浩（杉山）	父		山清郡今西面特里七四三＊
四九一	三船輸司パラオ支部	ペリリュウー島	一九四四・一二・三一	金本康成	傭人	戦死	山清郡矢川面院里二七一
			一九一九・〇二・二八	金本昌燮	父		|
五六七	船舶輸送司令部	ビルマ一〇六兵站病院	一九四五・〇一・〇二	金本彩斗	操機手	戦死	統営郡遠梁面東港里四一三
			一九一九・〇六・二四	金本昌準	|		統営郡遠梁面東港里四一三
八六九	一船舶輸送司令部	沖縄県那覇	一九四五・〇一・〇二	金澤正守	甲板員	戦死	昌寧郡大麻面幽里一〇四四
			一九二八・一一・二五	金澤小得	父		岐阜県高山市島河原町田中善七方
九七三	三船舶輸送隊	台湾亀山島方面	一九四五・〇一・〇三	新井祥奎	機関長	戦死	南海郡三東面鳳花里二七七
			一九一八・〇九・一〇	|			|
一四六	たすまにあ丸	台湾高雄市	一九四五・〇一・〇三	金田富祚	甲板員	戦死	統営郡遠梁面東港里五二四
		海没	一九二五・一一・〇一	金田連福	父		統営郡遠梁面東港里五二四
二〇六	富国丸	台湾亀山島	一九四五・〇一・〇三	新本祥金	軍属	戦死	南海郡三東面風花里第一班内
		海没	×	新本龍基	兄		南海郡三東面風花里第一班内
二〇七	富国丸	台湾亀山島	一九四五・〇一・〇三	新山泰祐	甲板長	戦死	南海郡西面西上里六二八
		海没	一九〇五・〇七・〇二	新山也母	妻		南海郡西面西上里六二八
八七八	須磨丸	台北沖	一九四五・〇一・〇三	金本潤根	甲板員	戦死	咸安郡艅航面平岩里一〇四一
			一九二八・一一・〇四	金本令實	父		福井県敦賀市東津内小松通り
五六九	漁犬王丸	ビルマ、サルウィン河河口	一九四五・〇一・〇三	金本武根	甲板員	戦死	統営郡巨済面鳥首里五三一
			一九一六・一一・二七	金本康柱	父		統営郡巨済面鳥首里五三一
五九一	春日丸	台湾台北州	一九四五・〇一・〇三	新山有栄	軍属	戦死	南海郡西面西上里六二八
			一九二五・〇一・二五	新山奉植	父		南海郡西面西上里六二八
九六〇	昭東丸	N二九・三五E一四一・〇七	一九四五・〇一・〇五	金井春突	船員	戦死	釜山府谷町二丁目一〇九—二
			一九一二・〇五・一二	|			|

一〇九九	五八梅丸	台湾海峡	一九四五・〇一・〇六	金本炳杓	傭人 父	戦死	永川郡紫陽面忠差洞二一四七 永川郡紫陽面忠差洞二一四七
四五一	三船舶輸送司令部	ボルネオ島ミリー沖 作戦輸送病院の銃撃	一九四五・〇一・一八 ×	西山福出 西山敬尚	傭人 兄	戦死	昌原郡熊川面水島里 —
一〇四九	河内丸	不詳	一九四五・〇一・二〇 一九二二・一〇・一五	張性賛 —	機関長	病死	蔚山郡大峴面龍岑里四八五 —
八六二	三船舶輸送司令部	シンガポール、南方一陸病	一九四五・〇一・二一 ×	川村容琯 —	甲板員	戦病死	釜山府草梁町二三二 釜山府凡一町一二四
七七九	馬来丸	久慈湾沖	一九四五・〇一・二五 一九二五・〇一・二五	平川昌市 平川圭介	甲板員 兄	戦死	陝川郡双柏面平邱里 門司市清龍町二一一〇九〇
七八五	馬来丸	N三一・一八E一三〇・一一	一九四五・〇一・二五 一九一九・〇五・二三	光山善伊 光山龍二	船員 父	戦死	金海郡進永面進永里五三 金海郡進永面進永里五三
七八六	くらいど丸	台湾富貴	一九四五・〇一・二九 一九三〇・〇二・〇四	三中奇尹 三中鎮玉	船員 —	戦死	陝川郡治佐面丸汀里六二〇 —
五〇六	船舶輸送司令部	ビルマ、ラングーン港	一九四五・〇一・二九 一九一四・〇七・二七	豊川甲龍 豊川永完	船員 父	戦死	金海郡進永邑進永里一八〇
五六八	大成丸	ビルマ、サルウィン河河口	一九四五・〇一・三〇 一八九七・一二・〇七	梁彌壽 朴壽南	傭人 —	戦死	蔚山郡方魚津邑方魚里二九九 蔚山郡方魚津邑方魚里二九九
八五七	×水丸	台湾馬公沖	一九四五・〇二・〇七 一九二八・〇三・〇九	西原世正 —	甲板員 —	戦死	金海郡二北面退来町一六二 —
七四四	八伊勢丸	比島バタン島	一九四五・〇二・一一 ×	金本鍾洛 金本鍾大	船員 兄	戦死	南海郡古縣面梧谷里 —
二三一	三西海丸	中部太平洋	一九四五・〇二・一六 一九二三・〇一・〇九	金海一文	操機手	戦死	固城郡馬巌面佐蓮里六一七
四七三	予州丸	釜山港 敵潜水艦攻撃を受け	一九四五・〇二・一九	長井三平 —	船員	戦死	釜山府東大新町一丁目三〇五 —
四四一	三予州丸	釜山港 敵潜水艦攻撃を受け	一九四五・〇二・一九 ×	共田三俊 —	操舵手見	戦死	統営郡長承浦邑王浦里 統営郡長承浦邑王浦里
四九三	三船輸司パラオ支部	パラオ島一二三兵站病院	一九四五・〇二・二六 一九一五・〇九・二三	良原明石	傭人 父	戦病死	山清郡梧釜面内谷里 山清郡梧釜面内谷里
七三二	三三梅丸	片山島	一九四五・〇二・二七 一九〇七・一〇・〇九	有田泰俊 有田徳業	船長 妻	戦死	南海郡南面虹峴里二二 南海郡南面平山里
七四九	二梅丸	牛山島	一九四五・〇二・二七 一九二二・一〇・二七	河原東一 河原任順	軍属 妻	戦死	釜山府谷町二一一四五 釜山府谷町二一一四五
四七一	船舶司令部	伊豆諸島御蔵島	一九四五・〇三・〇一	華山寅壽	船員	戦死	釜山府温州町四四五

		敵潜水艦攻撃を受け	一九一五・××・××	華山斗善	妻		釜山府馬亭里三七六
四六七	立山丸	伊豆諸島御蔵島	一九四五・〇三・〇一	河本胡星	船員	戦死	南海郡二東面龍沼里五六二
		敵潜水艦攻撃を受け	一九二六・〇四・〇五	河本永蔵	父		—
四六八	立山丸	伊豆諸島御蔵島	一九四五・〇三・〇一	松本斗潤	船員	戦死	固城郡固城邑城内洞二三一
		敵潜水艦攻撃を受け	一九二七・一〇・〇九	松本鐘球	父		—
四六九	立山丸	伊豆諸島御蔵島	一九四五・〇三・〇一	鄭本告永	船員	戦死	昌原郡熊南面外洞里七二五
		敵潜水艦攻撃を受け	一九一二・〇四・一九	鄭本永発	妻		—
四七〇	立山丸	伊豆諸島御蔵島	一九四五・〇三・〇一	金本永根	船員	戦死	馬山府新町二五六
		敵潜水艦攻撃を受け	一九一九・〇二・一〇	金本俊浩	父		—
四七二	立山丸	伊豆諸島御蔵島	一九四五・〇三・〇一	文宜甲壽	船員	戦死	昌原郡上南面仏母山里二八一
		敵潜水艦攻撃を受け	一九二五・〇五・一九	文宜學龍	父		—
六七九	八福栄丸	比島マニラ	一九四五・〇三・〇一	國本康保	軍属	戦死	密陽郡下南面良洞里三六〇
		砲弾破片創	×	—			—
四七	二船輸司南支支部	広東省	一九四五・〇三・〇一	崔元春	傭人	戦死	東莱郡日光面伊川里
		海没	一九一五・〇四・二三	—	—		—
七八三	順豊丸	セレベス島	一九四五・〇三・〇五	宮本正夫	船員	戦病死	金海郡上東面余次里八八
		マラリア・熱帯熱	一九一一・〇五・二四	宮本華子	妻		金海郡上東面余次里八八
四五五	××丸	パラオ島清水村	一九四五・〇三・〇七	張山武先	傭人	戦病死	昌寧郡七谷面陶山里二四三
			××××・××・××	張山斗星	妻		昌寧郡七谷面陶山里二四三
七六二	直灌丸	東支那海	一九四五・〇三・一〇	木下春吉	軍属	戦死	釜山府東新町二ー八九
			一九二九・〇五・一四	木下好雄	父		下関市長府町野久留米二四七一
一〇四〇	三船隊・長福丸	比島マニラ	一九四五・〇三・一五	李本洪根	操機長	戦死	河東郡河東面邑新星里九一一
			一九二二・〇三・二八	—			—
六八一	紀東丸	セブ島	一九四五・〇三・一八	禹大井	船員	戦死	南海郡南面唐頂里三二
			一九二五・〇三・三〇	禹在原	父		南海郡南面唐頂里三二
二七〇	三築紫丸	沖縄方面	一九四五・〇三・一八	木原圭銀	船員	戦死	蔚山郡蔚山邑三山里二〇九
		海没	×	南原世煥	父		—
五三〇	船舶輸送司令部	サイゴン	一九四五・〇三・二二	朴仲乭	船員	戦死	南海郡南面石橋里七四四
		肝臓×傷	一九一一・〇三・一三	朴連傍	妻		南海郡南面石橋里七四四
二七一	杭州丸	南支那海	一九四五・〇三・二四	南原允植	船員	戦死	南海郡昌善面玉川里二〇八
		海没	一九二二・一一・二〇	梁川武雄	弟		泗川郡三千浦邑西里二一二ー二
六八三	政正丸	セブ島	一九四五・〇三・二六	李學順	船員	戦死	南海郡二東面金浦里
			×	李春成	母		南海郡二東面金浦里
七〇八	船舶輸送司令部	セブ島タブノク	一九四五・〇三・二六	平昭順平	船員	戦死	密陽郡上東面高亭里一七一八
			一九一八・〇三・〇三	平昭兇奎	父		密陽郡上東面高亭里一七一八

番号	所属	死亡場所	生年月日／死亡年月日	氏名	階級・続柄	死亡事由	本籍・住所
五一九	二三金剛丸	小倉沖合	一九四五・〇三・二八	松山在実	船員	戦死	統営郡長承浦邑長承浦里一一三－四
			×	松山順伊	母		統営郡長承浦邑長承浦里一一三－四
一三一	暁空丸	小倉沖合	一九四五・〇三・二八	柳岡三泳	軍属	戦死	統営郡長承浦邑長承浦里一〇六五
			×	柳岡萬水	｜		統営郡長承浦邑長承浦里一〇六五
四六二	船舶輸送司令部	福岡県機雷接触で爆死	一九四五・〇三・二八	山本載彦	操機長	戦死	昌原郡大山面加述里桑水村五四六
			一九二二・〇六・〇三	山本載吉	兄		昌原郡大山面加述里桑水村五四六
七二五	船舶輸送司令部	N一四・四四E一〇一・一六海没	一九四五・〇三・二九	岩本在珨	船長	戦死	宜陽郡華井面加樹里一〇〇
			一九二七・一一・二〇	岩本三郎	父		神戸市須磨区奥妙法寺字華前一八二
六三六	船舶輸送司令部	ビルマ、カンギ	一九四五・〇三・三一	武臣和泰	軍曹	戦死	宜寧郡嘉禮面嘉禮里三三三
			一九二三・一一・〇四	武臣性大	父		宜寧郡嘉禮面嘉禮里三三三
八六八	七船舶輸送司令部	上海	一九四五・〇四・〇一	権藤勝松	機関員	戦死	昌寧郡釜石面山里八八七
				権藤豊正	父		愛知県豊橋市花田町×光七八
一〇四	二船舶輸送司令部	サイゴン方面	一九四五・〇四・〇六	吉村宇廣	傭人	戦傷死	晋州府栄町一五九
			一九一七・〇二・一四	吉村宇平	父		晋州府栄町一五九
五一	二船輸司南支支部	南支那海	一九四五・〇四・〇七	呉本大成	傭人	不詳	南海郡三東面弥助里
			一九二二・一二・〇三	呉本松守	父		｜
八一一	大星丸	セブ島	一九四五・〇四・一〇	金森玉満	機関長	戦死	東莱郡機張面蓮花里
			一九二五・〇八・〇五	金森福伊	父		東莱郡機張面蓮花里
四八八	三船輸司パラオ支部	パラオ島瑞穂村	一九四五・〇四・一一	河本壽甲	傭人	戦死	宜寧郡七谷面外槽里二五二
			一九二一・〇四・一二	河本鳳順	母		宜寧郡七谷面外槽里二五二
四九七	三船輸司パラオ支部	パラオ島アイミリーキ	一九四五・〇四・一四	松原道植	運輸工	戦傷死	山清郡丹城面沙月里
			一九二〇・〇二・〇五	松原相文	兄		山清郡丹城面沙月里
七三四	六二北進丸	大瀬崎南西	一九四五・〇四・一七	岩本英靖	軍属	戦死	昌寧郡南旨面詩南里二九九
			×	岩本茂靖	兄		｜
七三六	六二北進丸	大瀬崎南西	一九四五・〇四・一七	井上精一	船員	戦死	釜山府温州町五四〇
			×	｜			｜
七六八	九北進丸	大瀬崎南西	一九四五・〇四・一七	千原任柱	船員	戦死	南海郡三東面弥助里一七二
			×	｜			｜
四五	船舶運営会神戸支局	大瀬崎南西	一九四五・〇四・一九	福田源蔵	通信士	戦死	宜寧郡鳳樹面森佳里二三六
			一九二七・〇四・一三	福田貴龍	父		｜
六四七	八松島丸	セブ島決勝山敵火により	一九四五・〇四・二〇	和田大烈	甲板長	戦死	南海郡二東面草陰里二三三
			一九二二・〇九・二一	和田逢模	母		｜
六八二	紀東丸	セブ島	一九四五・〇四・二〇	新井富栄	機関員	戦死	統営郡沙等面徳湖里六七
			一九二一・〇四・一四	新井中萬岳	母		統営郡沙等面徳湖里六七
六〇三	三平海丸	ハルマヘラ島	一九四五・〇四・二三	大島在道	機関長	戦死	統営郡遠梁面西山里

六四四	二長福丸	敵火により	一九一三・〇二・〇二	大島伊順	妻		統営郡遠梁面西山里
		セブ島	一九四五・〇四・二八	大川岩又	機関長	戦死	統営郡一連洞旧助羅里四〇〇
		敵火により	一九二〇・一〇・〇六	大川有奇	父		統営郡一連洞旧助羅里四〇〇
六四五	好栄丸	セブ島	一九四五・〇四・二八	金城正斗	軍属	戦死	統営郡東部面栗浦里二二一
		敵火により	一九二一・一二・二三	金城福牙	母		統営郡東部面栗浦里二二一
七〇五	船舶輸送司令部	セブ島	一九四五・〇四・二八	金本尚坤	船長	戦死	蔚山郡方魚津邑日山里二七六
			一九〇八・〇六・一一	金本福子	妻		蔚山郡方魚津邑日山里二七六
七八一	紅東丸	セブ島	一九四五・〇四・二八	星山載郁	甲板員	戦死	南海郡古縣面都馬里五一八
			一九〇五・〇二・一六	河ミムル	妻		ー
九八三	海輪・松島丸	セブ島	一九四五・〇四・二八	金子年一	傭人	戦死	南海郡昌善面五用里五〇五
			一九二七・〇八・二八	ー			ー
六八〇	船舶輸送司令部	セブ島	一九四五・〇四・二八	星田戴郁	不詳	戦死	南海郡古縣面都馬里五一八
			×	星山河三充	妻		南海郡古縣面都馬里五一八
四九〇	三船輸司パラオ支部	パラオ島一二三兵站病院	一九四五・〇五・〇六	亀旨山鳳模	傭人	戦病死	宜寧郡華井面上井里一一七
			一九二〇・一〇・〇七	亀旨山翔方	妻		宜寧郡華井面上井里一一七
一〇五一	一船舶輸送隊	北海道方面	一九四五・〇五・一三	大本乇用	機関員	戦死	不詳
			一九二三・〇三・一一	ー			ー
四六三	船舶輸送司令部	北海道方面	一九四五・〇五・一三	大島泰善	機関長	戦死	蔚山郡大峴面長生浦里一四六
			一九二三・〇八・一八	大島方守	ー		蔚山郡大峴面長生浦里一四六
八一三	五船舶輸送司令部	南千島	一九四五・〇五・一五	大谷志郎	船員	戦死	居昌郡熊陽面老玄里七七
			一九二二・〇五・二九	大谷松弘	兄		ー
四八九	三船輸司パラオ支部	パラオ島一二三兵站病院	一九四五・〇五・一七	神農大碩	傭人	戦病死	山清郡新等面栗峴里
			一九一三・〇三・〇七	神農連熙	父		山清郡新等面栗峴里
七〇六	船舶輸送司令部	シンガポール・カムラ島	一九四五・〇五・一九	金澤徳彦	軍属	戦病死	蔚山郡
		マラリア	×	ー			ー
九八六	船舶輸送司令部	シンガポール・カムラ島	一九四五・〇五・一九	金本徳彦	甲板員	戦病死	蔚山郡方魚津邑方魚里二八四
		マラリア	一九一三・一一・〇五	ー			ー
五五三	一共站丸	比島ネグロス島	一九四五・〇五・二一	岩本東一	傭人	戦死	咸安郡山仁面口弘里
			一九二三・〇三・二八	岩本永俊	兄		咸安郡山仁面口弘里
三六	三笠丸	千島列島新知島	一九四五・〇五・二七	金島鐘水	傭人	戦死	南海郡二東面草蔭里
			×	菊川又順	姉		南海郡二東面草陰里菊川垣変方
二二七	二船舶輸送司令部	台北	一九四五・〇六・〇二	井上政男	軍属	戦死	蔚山郡温山面元山里四九一
		輸送船が敵攻撃で	×	ー			ー
六四八	千鳥丸	比島	一九四五・〇六・〇三	金森正一	軍属	戦病死	金海郡大渚里徳斗里一九三
			一八九〇・〇三・〇八	金森勢津子	ー		釜山府寶水町一ー一六

一〇九四	船舶輸送司令部	ボルネオ島オゴラベンコー	一九四五・〇六・〇四	岡本　弘	雇員 父	戦死	大邱府市町一七五 大邱府新町二七四
一四八	梓丸	朝鮮海峡	一九四五・〇六・〇七 一九二〇・〇四・一〇	高昌厦 高山仁平	操機手 父	戦死	蔚山郡方魚津邑方魚里二六三 蔚山郡方魚津邑方魚里二六三
五二	二船舶輸司南支支部	広東省	一九四五・〇六・〇七 一九二一・〇二・二〇	成田八慶 成田善逑	傭人 父	戦死	釜山府本町五丁目一九 慶尚北道大邱府蓬城街三三一
一〇三五	三船舶輸送司令部	シンガポール附近海	一九四五・〇六・〇八 ×	中野龍錫 ―	操機手	戦死	東萊郡機張面東部里二四〇 大阪市港区南安治河通一―二五
七一七	高周丸	セブ島	一九四五・〇六・一〇 一九二七・〇六・〇一	川本壽巌 川本未萬	船員 父	戦死	密陽郡密陽邑駕谷里七六六 密陽郡密陽邑駕谷里七六六
六七八	瑞祥丸	セブ島北部山中	一九四五・〇六・一五 一九一六・〇九・〇一	金村秀秋 林教一	操機手 養父	戦死	統営郡遠梁面琴坪里一八六 下関市上新地町二五三四―七
五〇七	船舶輸送司令部	千葉県山武郡 敵機の銃爆撃により	一九四五・〇六・一六 一九一六・一二・一八	木村用植 ―	機関員	戦死	統営郡東部面多浦里二〇六 ―
八九〇	三野戦船舶廠	ルソン島ネバビスカヤ	一九四五・〇六・一八 一九二〇・〇二・二一	甲斐正則 甲斐基文	軍属 父	戦死	金海郡金海邑花木里一三 熊本県菊池郡大津町大字大津一四四二
一〇一九	三野戦船舶廠	南方八陸軍病院 マラリア・アメーバ性赤痢	一九四五・〇六・一八 一九一五・〇八・一一	金本声玉 金本春丸	甲板員 父	戦病死	統営郡東部面猪依里二一〇 統営郡東部面猪依里二一〇
八六七	四船舶輸送司令部	沖縄県那覇	一九四五・〇六・二〇 一九二二・〇一・〇二	金谷栄鎬 崎山ナツ	機関長 父(ママ)	戦死	釜山府多大里三五七 小倉市新京町四丁目第二隣組
一六六	船舶輸送司令部	N三六・一二E一三〇・二五 潜水艦と交戦の際	一九四五・〇六・二〇 ×	友山鶴求 ―	傭人	戦死	昌寧郡高岩面億萬里 ―
五八一	門司一船輸司	沖縄県宮古島陸軍病院	一九四五・〇六・二一 一九二五・一〇・一九	松村秀吉 松村勘蔵	船員 父	戦病死	釜山府薪元島青見町三〇六 釜山府薪元島青見町三〇六
四四三	船舶輸送司令部	沖縄方面	一九四五・〇六・二一 ×	徐福東 ―	甲板員	戦死	統営郡長承浦邑承浦里 ―
四七四	予州丸	済州島 両腹部貫通銃創	一九四五・〇六・二四 一九一八・〇七・二五	重光希尚 ―	傭人	戦死	統営郡一運面長坪里七五九 統営郡一運面長坪里七五九
四四六／四九九	二船輸司パラオ支部	パラオ島一二三兵站病院	一九四五・〇六・二六 一九二三・〇九・一四	高井茂男 高井貞男	傭人 兄	戦死	宜寧郡宜寧面西洞三五六 宜寧郡宜寧面西洞三五六
四九	六船舶輸送司令部	広州市 胸部貫通銃創	一九四五・〇六・二九 一九一八・〇三・一五	金本実雄 ―	傭人 父	戦死	河東郡金南面葛四里五〇七 河東郡金南面葛四里五〇七
七二〇	七野戦船舶廠	レイテ湾カンキボット山	一九四五・〇五・一〇 一九二一・〇九・二〇	夏山　清 夏山健一	雇員 父	戦死	昌原郡上南面南山里七一六 昌原郡上南面南山里七一六
二二五	二船舶輸送司令部	青島一六六兵站病院	一九四五・〇七・〇四	文井相大	傭人	戦病死	統営郡屯徳面述亦里四七六

			×	文井斗伊	母		統営郡屯徳面述亦里四七六
五〇四	三船輸司パラオ支部	パラオ島一二三兵站病院	一九四五・〇七・二二	木村鳳根	運輸工	戦病死	宣寧郡華井面上一里三三八
			一九二一・〇一・〇九	木村小介	父		宣寧郡華井面上一里三三八
一〇八〇	快速丸	不詳	一九四五・〇七・二五	斉藤龍之助	操舵手	戦死	統営郡統営邑道南里
			一九一六・〇一・〇八	—			—
四六〇	船舶輸送司令部	沖の島	一九四五・〇七・二六	李判伊	機関長	戦死	居昌郡月川面西辺里三六一
		敵潜水艦の攻撃	一九〇八・〇六・一二	李萬季	父		長崎県上×郡琴村
五三二	日久丸	黄甫港	一九四五・〇七・二六	韓愚麟	船長	不慮死	釜山府瀛仙町六五三
			一九一一・〇八・〇六	韓徳順	妻		河東郡辰橋面辰橋里
八二三	昭豊丸	ルソン島サリオク	一九四五・〇七・二八	大村高司	軍属	戦死	統営郡一運面杜母里八九
			×	—			—
七〇九	船舶輸送司令部	ルソン島サリオク	一九四五・〇七・二八	白川堪萬	船員	戦死	統営郡遠梁面東港里二〇八
			一九二四・〇三・二五	—	—		—
七一八	神国丸	ルソン島サリオク	一九四五・〇七・二八	門文泳勳	操舵手	戦死	昌原郡上南面龍池里六六八
			一九二〇・〇七・一五	門文×鎬	父		—
八七〇	三船舶輸送司令部	ルソン島サリオク	一九四五・〇七・二八	玉川金治	船員	戦死	昌原郡鎮東面枝洞里五四八
			一九一六・一一・一七	玉川順徳	母		名古屋市中川区高須賀町南出面一一七
八七三	三船舶輸送司令部	ルソン島サリオク	一九四五・〇七・二八	大石錫淳	船員	戦死	蔚山郡江東面亭子里二七
			一九二三・〇一・〇二	大石仁平	父		蔚山郡江東面亭子里二七
八六〇／一〇〇〇	一恵長丸	シンガポール、バンカ島	一九四五・〇七・三〇	金三禄	軍属	戦死	泗川郡昆陽面大突里七三九
			一九一二・〇五・〇八	金三洛洪	父		岡崎市稲熊町四－五四
七〇七	船舶司令部	マレー	一九四五・〇八・〇一	石山和利	船長	戦死	統営郡光道面安井里
			一九一七・〇一・〇四	—			—
五〇二	三船輸司パラオ支部	パラオ島一二三兵站病院	一九四五・〇八・一一	新井判石	軍属		山清郡車黄面長朴里
			一九二一・〇八・二五	新井朴又出	兄		山清郡車黄面長朴里
八一二／八八三	一二呉國丸	朝鮮海峡	一九四五・〇八・一四	檜山鐘相	船員	戦死	昌原郡上南面龍池里七七
			一九二九・一二・一二	檜山壽太郎	父		大阪市大正区南加島町二－七
五七八	博洋丸	タイ一二四兵站病院	一九四五・〇八・一五	金光文通	伍長	戦病死	昌寧郡吉谷面五湖里六四三
		マラリア	一九二五・〇五・一九	金光桂林	父		昌寧郡吉谷面五湖里六四三
四六一	船舶輸送司令部	北海道	一九四五・〇八・二六	大木心用	甲板員	死亡	固城郡巨流面新龍里一〇〇九
			一九二三・〇三・一七	大本性在	母		固城郡巨流面新龍里一〇〇九
一七九	船舶輸送司令部	ボルネオ島	一九四五・〇八・三〇	成定宗徳	船員	戦病死	金海郡大旨面沙徳里一九
		マラリア・脚気	一九一八・〇九・一三	成定俊鎬	父		金海郡大旨面沙徳里一九
九六四	三船輸司マニラ支部	ルソン島米軍一七四病院	一九四五・〇九・〇九	朝日正雄	潜水夫	死亡	釜山府凡一町三八九
		脚気	一九二〇・〇一・〇七	朝日武夫	父		—

五〇五	三船輸司パラオ支部	パラオ島清水村	一九四五・〇九・二〇 一九二二・〇二・二五	南甲成 南分玉	傭人 妻	戦病死	山清郡山清面并亭里 山清郡山清面并亭里
四九四	三船輸司パラオ支部	パラオ島一二三兵站病院	一九四五・〇九・三〇 一九一四・〇五・二五	田中容正 田中公鎮	運輸工 父	戦病死	宜寧郡七谷面外槽里一六八 宜寧郡七谷面外槽里一六八
一〇二八	三船舶輸送司令部	大阪二陸軍病院 肺結核	一九四五・一〇・二三 一九二三・〇三・一五	金田鎮桓 金田化中	軍属 父	戦病死	釜山府御影町三―六二九 釜山府御影町三―六二九
五〇一／九八九	三船輸司パラオ支部	パラオ島一二三兵站病院	一九四五・一一・一六	月城福斗 月城又七伊	傭人 父	戦死	宜寧郡華井面上井里五五七 宜寧郡華井面上井里五五七
五八八	船舶輸送司令部	台北蘇澳港	不詳 一八九九・一一・〇六	國本正男 ―	機関長	戦死	釜山府草梁町六八七 ―
五三三	八征丸	ルソン島ベリトリナオ港	一九四五・一一・二七 一九一〇・〇一・〇一	金乙石 金方時	船員 兄	戦死	泗川郡泗川面浦鳩里七二 泗川郡泗川面浦鳩里七二
二五九	立山丸	伊豆諸島御蔵島 敵潜水艦攻撃により	一九四六・〇三・〇一 一九二八・〇二・一二	中山平吉 中山参壽	船員 母	戦死	統営郡統営邑新町四〇 全羅北道慶州郡甘浦面同浦里
一〇七六	鞍馬丸	不詳	不詳 一九一五・一〇・一九	全永徳 ―	船員	死亡	統営郡長承浦邑長承浦里一五 ―
一〇一七	四船舶輸送司令部	不詳	不詳 一九一三・〇三・一五	徳山仁光 ―	甲板員	戦死	統営郡河清面蓮亀里一八七 ―
四四九	捜索二〇連隊補充隊	台湾高雄沖 肺結核	一九四四・一〇・〇九 一九二三・一二・二六	金光萬逑 金光武雄	一等兵 父	戦死	居昌郡高梯面鳳山里一一三〇 ―
二四八／九六五	タイ俘虜収容所	サイゴン一四九兵站病院	一九四五・〇三・二五 一九二二・〇四・一八	山木則敏(山本) 山本準倬(山木)	雇員 父	戦病死	釜山府鶴見町二四八 釜山府凡一洞一一〇八
九七二	タイ俘虜収容所	仏印フマンチェル省 投下爆弾破片創	一九四五・〇四・〇九 一九二一・〇八・一五	徳田光亮 徳田在宇	傭人 父	戦死	咸安郡咸安面鳳城洞一一六六 咸安郡咸安面鳳城洞一一六六
二四九	タイ俘虜収容所	タイ一四八兵站病院	一九四五・〇四・二二 一九一九・〇九・二三	結城研慈 結城清嘉	雇員 兄	戦死	東萊郡亀浦面葛恵里三八八―一 釜山府西大新町一―一六八
七二四	タイ俘虜収容所	シンガポール	一九四六・〇七・三〇 一九一七・〇一・〇九	金城健之 金城宏改	傭人 父	死亡	釜山府壽町三〇 ―
七〇一	タイ俘虜収容所	シンガポール、チャンギー	一九四七・〇五・一四 ×	金城健之 金城東治	雇員 父	死亡	東萊郡東萊邑栄町 東萊郡東萊邑栄町
六七六	タイ俘虜収容所	シンガポール、チャンギー	一九四七・〇四・〇三 一九一三・〇五・一八	武本幸治 武本治洙	雇員 兄	戦死	固城郡固城邑西外洞一一六 固城郡固城邑西外洞一一六
八八七	大邱師団一補充隊	不詳	不詳 一九二四・〇四・一〇	金海輝夫 金海草澤	兵長 父	戦死	山清郡新等面長川里一二四八 ―
八八九	朝鮮二〇五五部隊	ニューギニア、ホーランジア	一九四四・〇八・一〇	西河輝雄	伍長	戦死	咸陽郡池谷面寶山里

			一九二三・〇五・二三	西河　憲	父		大分県下毛郡三保村伊藤田字草場
二四七	朝鮮軍管区司令部	蔚山郡蔚山邑 頭蓋底骨折	一九四五・〇三・一三 一九二八・〇四・二三	米岩徳夫 米岩富助	雇員 父	不慮死	蔚山郡蔚山邑鶴山洞一〇四 蔚山郡蔚山邑鶴山洞一〇四
一〇五八	朝鮮軍管区司令部	湖南省 マラリア	一九四五・〇八・二九 一九一五・〇一・一七	大川正男 大川福光	庫手 妻	戦病死	密陽郡密陽面内二洞五七〇 咸鏡北道會寧邑五洞八八区八二号
七〇二	電信二七連隊	ルソン島アックレー	一九四五・〇六・二五 ×	金山敬允 金山一龍	伍長 父	戦死	釜山府青鶴洞三〇八 釜山府青鶴洞三〇八
三九一	挺身三連隊	ルソン島キアンカン 銃創	一九四五・〇七・一〇 一九二〇・〇五・一〇	金山昌平 金山武吉	軍曹 父	戦死	山清郡丹城面江×里七八 山清郡丹城面江×里七八
八九二	特陸上勤務一〇五中隊	釜山陸軍病院 肺結核	一九四五・〇八・一〇 一九二六・〇三・二九	三谷泰逑 ―	上等兵	戦病死	釜山府甘川里一三三 ―
二四四	特陸上勤務一〇六中隊	釜山陸軍病院	一九四五・〇四・〇四 一九二四・〇一・〇五	新井炳杓 ―	一等兵	病死	居昌郡主尚面玩坮里九一九 ―
九〇二	特陸上勤務一〇七中隊	山東省陸軍病院 肺結核	一九四五・〇九・二七 一九二三・一二・二五	権東宗圭 権藤衛康	上等兵 父	戦病死	昌寧郡霊山里二五二 昌寧郡霊山里二五二
二五〇	特陸上勤務一〇九中隊	全羅南道木浦病院 クループ性肺炎	一九四五・〇四・〇二 一九二四・〇五・〇一	金山政吉 金山判連	一等兵 妻	戦病死	宜寧郡宜寧面東洞八七一－一 宜寧郡宜寧面中洞三八六－二
四五七	特陸上勤務一〇九中隊	光州陸軍病院 ガス壊疽	一九四五・〇八・一三 一九二三・一二・〇七	松原参植 松原道順	一等兵 母	公病死	山清郡丹城面沙月里八五一 山清郡丹城面沙月里八五一
四五四	特水勤務一〇一中隊	宮古島	一九四五・〇三・〇一 ×	廣川慶植 廣川浩原	軍夫 父	戦死	昌寧郡城山面連塘里八八五 吉林省蛟河町中央街
五七九	特別警備一〇大隊	河北省 頭部貫通銃創	一九四五・〇六・一一 一九一九・一〇・一五	諸岡虎助 諸岡鳳竹	雇員 妻	戦死	統営郡延草面鳥飛里七五〇 満州四平省関原県樹街
八〇九	独立工兵九中隊	ビルマ、ケマピュ	一九四五・〇五・一五	中山琮鎬 中山議鉉	兵長 父	戦死	金海郡菉山面菉山里三八〇 金海郡菉山面菉山里三八〇
九四〇	独立工兵九中隊	ビルマ、五三師野病 腹部・両大腿挫傷	一九四五・〇四・一〇 一九二四・一一・二〇	金山龍特 金山龍壽	伍長 兄	戦死	密陽郡道清面九奇里 密陽郡道清面九奇里
八一〇	独立工兵一〇中隊	ビルマ、モチ山中	一九四五・〇四・二五 ×	山之内　薫 ―	兵長	戦死	釜山府大新町 ―
五三八	独立工兵六六大隊	沖縄県首里	一九四五・〇五・一八 一九一七・一一・一六	蘆田寧斗 玄　壽	兵長 妻	戦死	山清郡新安面新安里四六四 ―
五五四	独立自動車六一大隊	雲南省五六師野戦病院 腺ペスト	一九四三・〇六・二九 ×	大村徳允 大村琪均	上等兵 父	戦病死	金海郡生林面安養里四九 金海郡生林面安養里四九
五五五	独立自動車六一大隊	ビルマ、カロー一一八兵病 湿性胸膜炎	一九四四・〇六・二八 一九二四・〇一・一〇	玉山貞相 玉山達遠	兵長 父	戦病死	咸陽郡水東面花山里一〇九五 咸陽郡水東面花山里一〇九四－五

五五六	独立自動車六一大隊	ビルマ 左胸部投下爆弾創	一九四五・〇四・〇七 一九二一・一二・一〇	金田洙龍 金田点龍	伍長 兄	戦死	山清郡矢川面院里一八八 山清郡矢川面院里一八八
三七五	独立自動車二九七中隊	比島マニラ 全身爆創	一九四四・〇九・二一 一九二三・一二・三〇	大山柄載 ―	兵長	戦死	東莱郡亀浦面金谷里一七九 ―
三七六	独立自動車二九七中隊	比島、グングヤ 頭部貫通銃創	一九四四・〇七・〇八 ×	岩本圭司 岩本栄一	伍長 兄	戦死	咸安郡咸安面鳳城里八三二 咸安郡咸安面鳳城里八三二
五三四	独立臼砲二〇大隊	南方一六陸軍病院 マラリア	一九四五・〇七・二七 一九二四・一一・一〇	金山洞洙 金仁淑	上等兵 母	戦病死	蔚山郡農所面虎渓里一〇五 ―
五三五	独立臼砲二〇大隊	硫黄島	一九四五・〇三・一七 ×	巴山煥春 巴山順伊	上等兵 母	戦死	晋州府本町二八八 晋州府本町二八八
七一四	独立速射砲一三大隊	ビルマ、メイクテラー	一九四五・〇四・一一 一九二一・〇三・二二	和田住信 和田又範	伍長 ―	戦死	南海郡二東面草陰里一三七 南海郡二東面草陰里一三七
七一五	独立速射砲一三大隊	ビルマ、メイクテラー	一九四五・〇四・一一 一九一六・〇九・一〇	松原正武 松原田俊	伍長 兄	戦死	昌原郡鎮東面鎮東里四八四 馬山府元町一丁目
二四五	独立飛行二三中隊	沖縄西南 海没	一九四五・〇三・二六 一九〇〇・〇三・二五	岩本光守 岩本永祥	少尉 父	戦死	蔚山郡下廂面蓮岩里八一 ―
九〇一	独師団四二大隊	山東省済南陸軍病院 左大腿貫通銃創	一九四四・〇六・一八 一九二四・〇七・二〇	平山興木 平山岳玉	上等兵 母	戦病死	金海郡進永面佐昆里三三 金海郡進永面佐昆里三三
一九七	独警歩一一大隊	湖南省一八四兵站病院	一九四六・〇一・三〇 一九二四・〇二・二三	王本福萬 王本任成	上等兵 父	戦死	咸安郡郡北面沙道里三二 咸安郡郡北面沙道里三二
二六八	独警歩一一大隊	武昌一二八兵站病院 マラリア	一九四五・一一・一二 一九二三・一二・一八	高山又用 高山今喜	上等兵 妻	戦病死	金海郡金海邑仏岩里三六八 金海郡金海邑仏岩里三六八
九二九	独警歩一一大隊	湖南省一八四兵病 赤痢	一九四五・一〇・三〇 一九二四・一一・〇五	横山瑛九 横山祥珠	上等兵 父	戦病死	固城郡東海面内谷里一〇五四 固城郡東海面内谷里一〇五四
六三九	独警歩二〇大隊	蒙古	一九四五・〇六・一六 一九二三・一二・一六	殷山性樺 殷山就児	兵長 父	戦死	統営郡延草面徳峙里 統営郡延草面徳峙里
四六	独警歩兵二二大隊	蒙古連合自治政府 頭部貫通銃創	一九四五・〇五・一〇 一九二四・〇三・二〇	完山重淳 完山辰南	兵長 妻	戦死	固城郡大河面岩田里一八六 固城郡大河面岩田里一八六
二二四	独警歩四三大隊	山東省 頭部穿透性貫通銃創	一九四五・〇六・〇二 一九二〇・〇六・〇二	宮谷鐘声 宮谷善伊	伍長 妻	戦死	金海郡菉山面生谷里二一八 金海郡菉山面生谷里二一八
四四四	独警歩六四大隊	山東省 手榴弾破片創	一九四五・〇八・〇八 一九二四・〇三・一五	岩本英義 岩本啓春	兵長 父	戦死	密陽郡丹陽面南田里一一三 密陽郡丹陽面南田里一一三
一〇二	独警歩六五大隊	山東省青島一六五兵病 赤痢	一九四五・一〇・二一 一九二四・〇五・〇四	金田在福 金田尚用	上等兵 父	戦病死	蔚山郡温陽面徳新里九一二 蔚山郡温陽面徳新里九一二
一〇五	独混一七砲兵隊	上海一五九兵站病院	一九四五・一二・二六	新井福守	上等兵	戦病死	釜山府草場町三―二〇

		肺結核	一九二四・〇五・〇二	新井秦申	父		釜山府草場三―八九
六三八	独混八九旅通信隊	不詳	一九四五・〇六・二八	安原良典	上等兵	戦死	晋陽郡奈洞面三渓里七九九
			一九二一・〇二・一五	安原×淵	養父		―
一八一	独混九〇旅団砲兵隊	安徽省陸軍病院	一九四五・〇一・〇五	安本錫源	一等兵	戦病死	蔚山郡青良面徳岩里一六五
		クループ性肺炎	一九二四・〇六・二五	安本貞玉	妻		蔚山郡青良面徳岩里一六五
一八二	独混九〇旅団砲兵隊	安徽省	一九四四・一二・一九	武本外轟	上等兵	戦死	昌原郡熊南面黄谷里三二七
		胸・腹部投下弾破片創	一九二四・〇四・一五	武本孝善	父		昌原郡熊南面黄谷里三二七
一七六	独歩一大隊	蒙古一六六兵站病院	一九四五・〇六・〇五	松本昌壽	伍長	戦傷死	昌原郡上南面大方里五三九
		左大腿骨折・地雷片	一九二五・〇四・二〇	松本昌浩	弟		昌原郡上南面大方里五三九
一七八	独歩二大隊	河北省一五二兵站病院	一九四五・〇八・二三	金本次一	兵長	戦傷死	統営郡統営邑朝日町二五二―二
		腹部砲弾破片創	一九二四・〇三・二五	金本永吉	兄		統営郡統営邑朝日町二五二―二
二六一	独歩二大隊	蒙古	一九四五・〇五・一六	神農鎬根	伍長	戦傷死	統営郡開山面荷所里七六〇
		胸部手榴弾破片創	一九二四・〇四・三〇	神農星允	父		統営郡開山面荷所里七六〇
二六二	独歩二大隊	満州察哈爾	一九四五・〇八・一九	徳山炯古	伍長	戦死	統営郡河清面蓮亀里二〇五
		腹部貫通銃創	一九二四・〇二・二九	徳山泰三	父		統営郡河清面蓮亀里二〇五
二六三	独歩二大隊	宜北省	一九四五・〇五・一六	東阜鍾泰	伍長	戦死	金海郡進禮面古幕里六九六
		頭・腹部手榴弾破片創	一九二三・一二・二一	東阜崗壽	父		金海郡進禮面古幕里六九六
二四〇	独歩四大隊	蒙古	一九四五・〇六・〇三	清原基板	兵長	戦死	咸安郡法守面楡内里一四八四
		左頭部貫通銃創	一九二四・〇七・二五	清原鎮民	父		咸安郡法守面楡内里一四八四
五四七	独歩一一連隊	不詳	不詳	山本繁男	雇員	推定死亡	統営郡統営邑朝日町一二
			×	山本順南	妻		統営郡統営邑朝日町一二
一八〇	独歩一八大隊	山東省	一九四二・〇八・〇九	王成錬	軍属	戦死	統営郡屯徳面山芳里三七
			×	金本鶴吉	叔父		統営郡屯徳面山芳里三七
九六七	独歩三二大隊	河北省	一九四四・〇一・〇六	山本善夫	雇員	戦死	馬山府俵町三八
		頭部貫通銃創	一九××・一〇・三〇	―			釜山府福町九五―一岩本國志方
五九九	独歩三四大隊	河北省	一九四四・〇一・一九	山本大洛	雇員	戦死	蔚山郡下流面相坊洞
		頭・腹部貫通銃創	一九二〇・〇四・二八	李琪洛	兄		興安南省通遼県南順大街新興農場
八九八	独歩四三大隊	山東省	一九四四・〇一・二三	平沼根錫	上等兵	戦死	固城郡上里面鳥山里三五五
		頭部穿透性銃創	×	平沼鶴奎	父		固城郡上里面鳥山里三五五
八九七	独歩四四大隊	山東省	一九四四・一〇・一七	高山南出	兵長	戦死	蔚山郡方魚津邑西部里七〇三
			一九二三・一二・一一	―			―
九〇五	独歩四四大隊	山東省済南陸病	一九四四・〇八・二〇	東條　輝	一等兵	戦病死	泗川郡泗川面洙石里一九四―三
			一九二二・一二・〇一	東條　×	父		泗川郡泗川面洙石里一九四―三
四四〇	独歩四七大隊	江蘇省	一九四五・〇八・一九	松岡義富	伍長	戦死	釜山府凡一町二九一
		頭部銃創	一九二〇・〇九・二一	松岡勝平	叔父		釜山府凡一町二九一

番号	部隊	場所／死因	年月日	氏名	階級／続柄	区分	本籍／住所
三九	独歩四八大隊	湖南省 頭部貫通銃創	一九四四・〇八・三一 一九二四・〇二・一一	星山忠正 星山文弘	伍長 父	戦死	河東郡玉宗面文岩里三四五 河東郡玉宗面文岩里三四五
五八〇	独歩四八大隊	一七九兵站病院 右大腿骨折銃創	一九四五・〇四・〇三 ×	金村燮五 ―	上等兵 ―	戦病死	河東郡玉東面元渓里三七九－二 河東郡玉東面元渓里三七九－二
二七五	独歩五一大隊	江蘇省	一九四四・一一・三〇 一九二四・一〇・二三	天野判吉 天野弼奉	兵長 父	不慮死	居昌郡居昌邑上洞一四五－二 咸陽郡水東面はなやま里二〇六
五七六	独歩五一大隊	武昌一五九兵站病院 マラリア	一九四五・〇九・一〇 ×	金城正浩 金城旦福	兵長 父	戦病死	金海郡下東面鳥訥里六〇－一 金海郡下東面鳥訥里六〇－一
二〇一	独歩六一大隊	湖南省一五九兵站病院 細菌性赤痢	一九四四・一〇・〇六 一九二五・一〇・二三	川谷雅英 川谷徳晋	上等兵 父	戦病死	咸安郡咸安面康命里八六五 咸安郡咸安面康命里八六五
二〇二	独歩六一大隊	湖南省一一六師四野病 臀部盲管銃創	一九四四・〇七・〇八 一九二四・〇七・二九	岩本正基 岩本炳洛	上等兵 父	戦傷死	固城郡巨流面塘洞里七三 固城郡巨流面塘洞里七三
九〇	独歩六四大隊	中国一二八兵站病院 右肩胛貫通銃創	一九四四・一〇・〇八 ×	梁川秀雄 梁川勇吉	兵長 父	戦傷死	密陽郡密陽邑内一洞一九八 密陽郡密陽邑内一洞五〇七
一一〇	独歩九二大隊	湖南省長沙 頭部貫通銃創	一九四四・〇六・一七	梅田龍雲 梅田腥奎	兵長 父	戦死	昌寧郡大池面龍呂里六二二 昌寧郡大池面龍呂里六二二
一一一	独歩九二大隊	衡陽県 マラリア・心臓麻痺	一九四四・〇九・一九	金川奉碩 金川約訓	兵長 父	戦傷死	南海郡古縣面浦上里五五三 南海郡古縣面浦上里五五三
一〇七	独歩九三大隊	湖南省 腹部貫通銃創	一九四四・〇六・〇八 ×	河村州則 河村厚文	上等兵 父	戦死	山清郡丹城面城内里五九六－九 山清郡丹城面城内里五九六－九
一〇八	独歩九三大隊	湖南省 腹部貫通銃創	一九四四・〇六・〇八 一九二三・一二・二四	山佳景錫 山佳鎮現	兵長 父	戦死	咸陽郡安義面石川里一九一 咸陽郡安義面石川里一九一
一〇六	独歩九三大隊	湖南省 腹部貫通銃創	一九四四・〇七・二八 一九二四・〇四・〇五	佳山奎守 佳山世権	兵長 父	戦死	咸陽郡池谷面倉坪里七三六 咸陽郡池谷面倉坪里七三六
四二八	独歩九四大隊	湖南省 細菌性赤痢	一九四四・〇九・二八 一九二六・〇四・一五	金田命龍 金田萬俊	兵長 父	戦病死	東莱郡亀浦面萬徳里六四九〇 東莱郡亀浦面萬徳里六四九〇
四二九	独歩九四大隊	広西省 頭部貫通銃創	一九四五・〇七・二五 一九二六・〇四・一五	鶴山漢潤 鶴山漢滕	兵長 兄	戦死	釜山府牛岩里八二 釜山府牛岩里八二
一二四	独歩九五大隊	湖南省 大腿・腰部砲弾破片	一九四四・〇八・一五 ×	松岡性洙 松岡栄錫	兵長 父	戦傷死	宜寧郡大義面多士里四三二 宜寧郡大義面多士里四三二
一二五	独歩九五大隊	広西省 赤痢	一九四四・一一・二四 ×	松山貞浩 松山小岳	兵長 父	戦病死	陜川郡赤中面上部里六七一 陜川郡赤中面上部里六七一
四三九	独歩一〇二大隊	浙江省杭州陸軍病院 流行性脳脊髄膜炎	一九四五・〇一・一五 一九二四・〇四・〇一	山田且植 山田乙龍	上等兵 妻	戦病死	蔚山郡上北面徳×里八八八 岡山県阿哲郡萬本村原雄二二九
五五	独歩一〇六大隊	湖南省七二兵站病院	一九四五・〇一・二一	木本長云	兵長	戦病死	統営郡屯徳面述亦里三－九

			一九二四・〇二・一七	木本英順	父		統営郡屯徳面述亦里三－九
五六	独歩一〇六大隊	広西省	一九四五・〇八・〇二	河村永佑	上等兵	戦病死	咸安郡漆北面徳南里二五九
		脚気・衝心症	一九二四・〇八・〇四	河村乙瑛	母		咸安郡漆北面徳南里二五九
五七／一〇一八	独歩一〇六大隊	上海一七三兵站病院	一九四五・一〇・一九	岩本金鏞	兵長	戦病死	昌原郡東面蘆淵里一一六
		マラリア	一九二四・〇五・××	岩本南伊	母		昌原郡東面蘆淵里一一六
八九	独歩一〇七大隊	湖南省野戦予備病院	一九四四・一〇・一一	金本昌久	兵長	戦病死	馬山府業町六六
			×	金本昌久（ママ）	父		馬山府業町六六
一二六	独歩一〇七大隊	湖南省	一九四四・〇八・〇六	嘉藤東國	伍長	戦死	馬山府萬町一二三
		左胸部貫通銃創	一九二〇・〇九・二五	嘉藤彩五	父		馬山府萬町一二三
一二七	独歩一〇七大隊	広西省	一九四四・一二・一一	高山武松	伍長	戦死	統営郡東部面×仇里一一六
		右胸部貫通銃創	×	高山長幸	父		統営郡東部面×仇里一一六
二五三	独歩一〇七大隊	湖南省一七九兵站病院	一九四五・〇四・二一	青峰在鶴	上等兵	戦病死	統営郡屯徳面鶴山里三八九
		細菌性赤痢	一九二四・〇二・二〇	—			—
四七六	独歩一〇八大隊	広西省	一九四四・一〇・一八	金村信男	兵長	戦病死	蔚山郡三南面荷岑里一四四六
		頚部投下爆弾破片創	一九二五・一二・〇九	金村高明	父		蔚山郡三南面荷岑里一四四六
九二五	独歩一〇八大隊	広西省	一九四四・一〇・一八	金丸吉晃	兵長	戦死	蔚山郡三南面荷峰里一四四〇
			一九二五・一二・一七	—			—
四七八	独歩一〇八大隊	広西省	一九四五・〇一・〇七	金村信男	上等兵	戦病死	昌原郡大山面×開里一一
		クループ性肺炎	××××・××・××	—			長崎市××
四七五	独歩一〇八大隊	広西省	一九四五・〇八・一三	岩本成國	上等兵	戦死	昌原郡熊東面龍陰里七五〇
		頭部砲弾破片創	一九二四・〇八・二九	岩本仁局	兄		昌原郡熊東面龍陰里七五〇
四七七	独歩一〇八大隊	広西省	一九四五・〇七・一四	金本鐘萬	兵長	戦病死	昌原郡大山面一洞里五八
		頭部貫通銃創	一九二四・一一・〇五	金本順任	母		—
二三〇	独歩一〇八大隊	上海一九二兵站病院	一九四五・一二・一三	金龍出	上等兵	戦病死	金海郡進永邑進永里三七一
		結核性脳膜炎・胸膜炎	一九二四・一一・一六	金在浩	父		金海郡進永邑進永里三七一
五七七	独歩一一〇大隊	平原県城内	一九四五・〇三・〇一	巌城輝雄	上等兵	変死	梁山郡熊上面周津里三三七
			×	巌城秀畑	父		梁山郡熊上面周津里三三七
二五四	独歩一一一大隊	山東省	一九四五・〇三・一〇	張山貞求	軍曹	戦死	統営郡一運面上東里四八一
		左胸部貫通銃創	一九二二・〇三・三一	張山讃相	父		固城郡固城邑城内洞三二
四五三	独歩一一一大隊	山東省	一九四五・〇三・一〇	太田権雄	伍長	戦死	釜山府水晶町八七四
		右頭部砲弾破片創	一九二四・〇四・二二	大田尚佑	父		吉林省蚊河町中央街
八九三	独歩一一一大隊	山東省	一九四四・〇七・〇五	松山　茂	上等兵	戦死	釜山府壽町四八六
		頭部穿透性貫通銃創	×	松山一伊	祖母		釜山府××町二九
一九九	独歩一一五大隊	山東省	一九四四・〇六・一一	宮本哲夫	上等兵	戦死	釜山府草梁町六九
		頭部貫通銃創	×	宮本武人	父		釜山府草梁町一八七

番号	部隊	場所・死因	死亡日／生年月日	氏名／遺族	階級／続柄	区分	本籍／遺族住所
二〇〇	独歩一一五大隊	湖南省 両大腿部骨折破片創	一九四四・〇七・一五 一九二四・〇二・二七	大原東洙 大原錫源	兵長 父	戦死	河東郡良甫面長岩里八五三 河東郡良甫面長岩里八五三
三二	独歩一一六大隊	湖南省 胸部貫通銃創	一九四四・〇八・〇四 一九二三・一〇・二〇	大野海植 大野杜鶴	兵長 父	戦死	昌寧郡南旨面馬山里八〇三−一 昌寧郡南旨面馬山里八〇三−一
三一	独歩一一六大隊	湖南省 前頚部貫通銃創	一九四四・〇八・〇七 一九二四・一二・二〇	金城彬経 金城正憲	兵長 父	戦死	梁山郡上北面上森里三八八 梁山郡上北面上森里三八八
一〇〇	独歩一二一大隊	浙江省 左顳顬部坐創	一九四五・〇六・一八 一九二四・〇八・一四	神農孝司 神農一男	少尉 父	不慮死	東莱郡亀浦面亀浦里三五五 東莱郡亀浦面亀浦里三五五
二四二	独歩一二二大隊	奉天関東軍三陸病 急性肺炎	一九四五・〇九・〇五 一九二四・〇四・〇二	金光基出 金光在鎬	兵長 兄	戦病死	東莱郡長安面鳴禮里四八八 東莱郡長安面鳴禮里四八八
二四六	独歩一二三大隊	湖北省 ××貫通銃創	一九四五・〇四・二六 ××××・××・××	巌田元柱 巌田必礼	不詳 妻	戦死	蔚山郡熊村面枝舟里一〇八 蔚山郡熊村面枝舟里一〇八
一八三	独歩一二四大隊	浙江省一九一兵站病院 腸管閉塞	一九四五・〇七・一八 一九二四・〇八・〇三	高橋義俊 高橋伏順	兵長 母	戦病死	梁山郡院洞面西龍里九〇七−一 梁山郡院洞面西龍里九〇七−一
一七七	独歩一二四大隊	浙江省	一九四四・〇五・〇九 ×	白川南巡 —	上等兵	戦死	慶尚南道 —
二五二	独歩一八〇大隊	湖北省一七兵站病院 コレラ	一九四五・一一・二三 一九二四・〇三・一七	成村萬里 成村龍植	兵長 父	戦病死	金海郡大諸面出斗里一九三 金海郡大諸面出斗里一九三
九三二	独歩一八一大隊	ルソン島ボソボソ	一九四五・〇五・〇三 一九二三・〇二・一二	香川光本 香川武三	兵長 父	戦死	居昌郡居昌邑下洞里二七 居昌郡居昌邑下洞里二七
三七	独歩一九二大隊	山東省	一九四五・〇六・〇四 一九二二・一二・〇二	岩本明雨 岩本乙連	軍曹 母	戦死	釜山府草梁町八二三 釜山府佐川町七九一
二六七	独歩一九七大隊	河北省 頭・右胸部貫通銃創	一九四五・〇三・一五 一九二五・〇八・二四	新井鍾烈 新井珠煥	上等兵 父	戦死	密陽郡清道面古法里七四二 密陽郡清道面古法里七四二
二〇九／一二〇三	独歩五一七大隊	上海一七五兵站病院 アメーバ性赤痢・脚気	一九四六・〇三・一四 一九二六・〇二・二五	南川寛道 南川學祚	兵長 父	戦病死	統営郡山陽面延和里一四九一 統営郡山陽面延和里一四九一
一一〇五	独歩五五四大隊	北ボルネオ島	一九四五・〇三・一四 ×	松井虎治 松井泰蔵	一等兵 父	戦病死	泗川郡南陽面大鳳里九三 泗川郡南陽面大鳳里九三
五八九	独歩五七六大隊	武昌一二八兵病 マラリア	一九四五・一一・〇六 ×	岩村　福 岩村大規	上等兵 兄	戦病死	金海郡生林面都要里 金海郡生林面都要里
九〇七	独歩五七七大隊	江西省一七七兵病 マラリア・脚気	一九四五・一一・二九 一九二六・一一・二五	松澤一郎 松澤福太郎	上等兵 父	戦病死	昌原郡鎮海邑槐山里三四〇 兵庫県××市北×江四四二
九三八	独歩六〇九大隊	浙江州 腰・臀部貫通銃創	一九四五・〇五・一〇 一九二四・〇六・二九	山本甲俊 山本朱先	一等兵 父	戦死	密陽郡密陽邑龍平里七四〇 密陽郡密陽邑龍平里七四〇
二	独歩六一三大隊	安言県大団里	一九四五・〇七・一八	善金任五	上等兵	戦死	密陽郡丹陽面法興里六二五

			一九二四・〇六・二〇	善金丁順	妻		密陽郡丹陽面法興里六二五
五九五	独歩六一九大隊	浙江州	一九四五・〇八・〇二	森田成茁	兵長	戦死	蔚山郡江東面旧柳里一一〇
		敵地雷により	一九二四・〇九・一三	森田永茁	弟		蔚山郡江東面旧柳里一一〇
二三三	独歩一四四三歩兵団	不詳	一九四五・〇四・一七	岩本仁錫	軍属	戦死	金海郡進禮面新月里
			×	―			―
二六四	独野高射砲三八中隊	江西省一七七兵病	一九四五・〇四・二〇	水原忠義	兵長	戦死	密陽郡三浪津面倹世里七六一
			×	水原正義	兄		密陽郡三浪津面倹世里七六一
七九五	ニューブリテン島一六七兵病	香港沖	一九四五・〇一・一五	西原基錫	雇員	戦傷死	釜山府瀛仙町一七六四
		右半身爆弾破片創	×	本田源太郎	知人		台湾台北州基隆市義霊町六—三六
一〇一二	南支碇泊場監督部	六協運丸内	一九四一・〇九・〇一	李漢植	船員	不慮死	統営郡河清面皮清里四三
			一九二〇・〇一・二八	―			―
九七	南方軍航空路部	バシー海峡	一九四四・〇九・三一	潮山博夫	雇員	戦死	山清郡天川面川坪里六八〇
		海没	×	潮山鳳亮	父		福岡県宗像郡福間町四〇〇六
九八	南方軍航空路部	バシー海峡	一九四四・〇九・三一	高橋金作	雇員	戦死	釜山府名町二—一九五
		海没	×	高橋春三	父		山口県岩国市大字津五本松
九九	南方軍航空路部	不詳	一九四四・〇九・三一	金田相哲	雇員	戦死	密陽郡密陽邑駕谷洞二六八
		海没	一九二六・〇六・一五	金田且出	父		東京都荒川区三河島町七—八二五
一	南方軍測量本部	N一四・三E一一九・三九	一九四四・一〇・一八	霊山　剛	雇員	戦死	蔚山郡西生面新岩里四四五
			×	霊山賢蔵	兄		蔚山郡西生面新岩里四四五
一〇三一	南方軍運航部	不詳	不詳	松永哲一	船長	死亡	釜山府温州町四一五
			×	松永大玉	―		―
一〇三八	南方軍運航部	不詳	不詳	南平性福	調理員	死亡	河東郡赤良面東山里
			一九二六・〇七・二六	南平五福	―		河東郡赤良面東山里
一〇四二	南方軍運航部	シンガポール一陸軍病院	一九四五・〇五・一一	新井定玉	機関長	戦病死	咸陽郡柏田面敬白里七七
			×	甲姓女	―		咸陽郡柏田面敬白里七七
一〇五九	南方軍運航部	不詳	一九四五・〇三・〇四	張暦洪隆	機関員	戦死	昌寧郡遊漁面奎谷里四五七
			一九一三・〇九・〇五	―	妻		昌寧郡遊漁面奎谷里四五七
一〇八二	南方軍運航部	不詳	不詳	南平五福	甲板員	死亡	統営郡長承浦邑長承浦里一区一班
			×	南平次連	妻		―
七二二	南方給軍司令部	コレヒドール島沖合	一九四四・一〇・三一	金本鍾浩	軍曹	戦死	陜川郡伽郷面晴峴洞一六〇
			×	金本鶴根	父		―
七二三	南方給軍司令部	コレヒドール島沖合	一九四四・一〇・三一	松本秀明	伍長	戦死	宜寧郡宜寧面西洞四六八
			×	松本在根	父		―
五九六	飛行五戦隊	愛知県	一九四五・〇五・一三	茂山武男	伍長	不慮死	統営郡龍南面長坪里二六三—一
		墜落全身粉砕骨折	一九二四・〇九・一一	茂山福承	父		統営郡龍南面長坪里二六三—一

五六六	飛行四五大隊	一五一兵站病院	一九四六・〇二・〇七 ×	金光政基 金光栄相	曹長 父	不慮死	密陽郡上東面高亭里七八九 密陽郡上東面高亭里七八九
七一三	飛行二〇〇戦隊	ルソン島アリタオ	一九四五・〇六・〇七 一九二七・〇八・一五	山田文弘 山田小道	兵長 父	戦死	東萊郡沙下里多太寶二四〇 兵庫県尾ケ崎市西字南開七三九
九〇六	釜山憲兵隊	不詳	一九四五・〇八・一七 一九二〇・〇二・一二	石岡正信 ―	上等兵 父	不慮死	昌原郡鎮海邑大手通二八一 ―
二四三	平壌陸軍兵站廠	釜山港内 海没	一九四五・〇七・一三 一九〇八・〇一・一二	吉村大一 吉村ハナ	雇員 妻	不慮死	釜山府湓山町七六一 釜山府湓山町七六一
四二	歩兵三連隊補充隊	大邱陸軍病院 奨腹腸結核	一九四五・〇六・二六 一九二四・一一・〇三	李家遺幹 李家鳳岳	雇員 母	戦死	固城郡三山面三峯里五八〇 固城郡三山面三峯里五八〇
四二五	歩兵四連隊	ビルマ 右部機関砲弾創	一九四四・一〇・〇一 一九二二・〇三・〇六	蒔田清志 蒔田京作	一等兵 父	戦死	昌原郡内西面斗只里五八一 三重県四日市市海山道
五六一	歩兵四連隊	ビルマ、セイワイモンイシ 全身投下爆弾破片創	一九四四・一二・二三 一九二二・一二・一二	岩城岡憲 岩城鐘益	兵長 父	戦死	昌原郡東面武城里九〇 昌原郡東面武城里九〇
八五五	歩兵二二連隊	沖縄県	一九四五・〇五・一五 ×	川口　完 ―	兵長	戦死	釜山府 ―
四四八	歩兵二四連隊	台湾陸軍拘禁所 急性肺炎	一九四五・〇七・三〇 一九二四・〇四・〇三	金子顕植 金子恕俗	二等兵 父	平病死	宜陽郡洛西面如意里五九五 宜陽郡洛西面如意里五九五
七一一	歩兵四一連隊	レイテ島ビリヤバ	一九四五・〇七・一五 一九一四・〇三・一〇	夏山正雄 夏山安助	兵長 父	戦死	昌寧郡大合面茅田里一一八六 昌寧郡大合面茅田里一一八六
二五／九二四	歩兵四六連隊	鹿児島沖 潜水艦魚雷攻撃	一九四五・〇一・二五 一九二四・〇八・〇九	李山況胃 李正小娥	一等兵 母	戦死	南海郡南海面南辺洞三二一 南海郡南海面×辺洞三九五
二六	歩兵四六連隊	鹿児島沖	一九四五・〇一・二五 一九二四・一〇・三〇	神農壽中 神農六翼	一等兵 父	戦死	晋陽郡二班成面佳山里八二一 晋陽郡二班成面佳山里八二一
二九	歩兵四六連隊	台湾海峡	一九四五・〇一・二五 一九二六・〇六・一二	菁川珍光 菁川浄睦	一等兵 父	戦死	晋陽郡森本西鳳谷里四六 晋陽郡森本西鳳谷里四六
二七	歩兵四六連隊	台湾海峡	一九四五・〇一・二九 一九二四・〇九・一九	梅原桓壽 梅原甲花	一等兵 父	戦死	宜寧郡芝正面馬山里四九 宜寧郡芝正面馬山里四九
二四	歩兵四六連隊	歩兵四六連隊一中隊 マラリア	一九四五・〇九・〇五 一九二五・〇七・二六	王山武一 王山宅喜	上等兵 父	戦病死	河東郡全南面眞西里四一五 河東郡全南面眞西里四一五
八六	歩兵七三連隊	ルソン島タテアン 頭部砲弾破片創	一九四五・〇五・〇二 一九二六・〇三・一八	西山容漢 西山守葉	上等兵 父	戦病死	東萊郡亀浦面亀浦里二八二 東萊郡亀浦面亀浦里二八二
八七	歩兵七三連隊	ルソン島タクボ 左胸部貫通銃創	一九四五・〇六・一一 ×	松本安彦 松本静子	伍長 妻	戦死	密陽郡密陽邑朝日町 密陽郡密陽邑朝日町赤井平次郎方
六〇五	歩兵七三連隊	ルソン島ワクボ	一九四五・〇六・一四	共田義璟	伍長	戦死	咸陽郡水東面花山里一一〇四

		腰部貫通銃創	一九二五・〇二・〇七	共田弼関	父		咸陽郡水東面花山里一一〇四
六〇六	歩兵七四連隊	ルソン島バキオ	一九四五・〇七・一〇	金光鐘甲	伍長	戦死	東莱郡日光面三聖里四三三
		胸部爆弾破片創	×	金光信活	父		東莱郡日光面三聖里四三三
六三三	歩兵七四連隊	ルソン島アグサン	一九四五・〇六・二〇	徳山忠良	兵長	戦死	昌原郡鎮東面校洞里五四〇
		腰部貫通銃創	一九二〇・一〇・〇七	徳山恒光	父		昌原郡鎮東面銀東里五四〇
六四三	歩兵七四連隊	ミンダナオ島ウマヤン	一九四五・〇七・一〇	青松相台	機関長	戦死	梁山郡院洞面内浦里六八六
		頭部貫通銃創	×	青松梼澤	父		梁山郡院洞面内浦里六八六
二六五	歩兵七五連隊	ルソン島ベクロンガン	一九四五・〇八・一〇	金山吉郎	上等兵	戦死	蔚山郡鳳生面川上里四八二
		腹部砲弾破片創	一九二四・一二・二六	金山尚順	母		蔚山郡鳳生面川上里四八二
二六六	歩兵七五連隊	ルソン島ベクロンガン	一九四五・〇七・三一	松平栄穎	上等兵	戦死	晋州府幸町一六八
		頭部砲弾破片創	一九二五・〇三・一六	松平栄吉	兄		京城府東大門区囲墓街二〇
六三五	歩兵七六連隊	ルソン島グルゴス	一九四五・〇一・〇八	権登徳龍	一等兵	戦死	昌原郡鎮海邑儀鳳洞二〇四
		腹・胸部貫通銃創	一九二四・一一・一一	権藤萬作	父		昌原郡鎮海邑
二三〇	歩兵七六連隊	ルソン島アパリ	一九四五・〇一・二九	富田永萬	上等兵	戦死	山清郡梧釜面内谷里六二〇
		右胸部貫通銃創	一九二三・一二・〇九	富田岩鎬	父		山清郡今西面新代島里二四二
二三一	歩兵七六連隊	ルソン島マンカヤン	一九四五・〇七・一〇	檜山煥休	上等兵	戦死	統営郡統営邑道泉里九八
		腹部盲管銃創	一九二〇・一〇・二六	檜山宮振	父		統営郡統営邑道泉里九八
二三二	歩兵七六連隊	ルソン島ブタワク	一九四五・〇五・二一	南太也	上等兵	戦死	昌寧郡都泉面一里五一二
		左胸部盲管銃創	一九二二・〇七・二七	南奉守	父		昌寧郡都泉面一里五一二
二三三	歩兵七六連隊	ルソン島ベクロンガン	一九四五・〇七・〇三	山田一吉	上等兵	戦死	蔚山郡方魚津邑日山里八七三
		大腿部骨折貫通銃創	一九二五・一二・二一	山田　栄	父		蔚山郡方魚津邑華亭里
八四〇	歩兵七七連隊	ニューギニア、シオ	一九四三・一〇・二五	秋月哲男	曹長	戦死	釜山府草梁面二四七一
			×	秋月淳一	兄		釜山府草梁面二四七一
七〇〇	歩兵七七連隊	ミンダナオ島マンジヤ	一九四五・〇五・一六	岩村鐘規	上等兵	戦死	馬山府俵町一四三
		頭部貫通銃創	×	岩村圭瑄	父		馬山府俵町一四三
七一〇	歩兵七七連隊	ミンダナオ島ブギドノン	一九四五・〇七・二九	浅野　実	兵長	戦死	釜山府本町二－八
		腹部爆弾破片創	×	浅野吾五郎	養父		釜山府本町二－八
七五七	歩兵七七連隊	レイテ島	一九四五・〇七・〇一	武原苑玉	上等兵	戦死	晋陽郡文山面蘇文里一一一－一
			×	武原斗辰	父		晋陽郡文山面蘇文里一一一－一
七五八	歩兵七七連隊	レイテ島	一九四五・〇七・〇一	本田周治	伍長	戦死	釜山府西大新町一一九七
			×	本田三郎	父		釜山府西大新町一一九七
九一五	歩兵七七連隊	ミンダナオ島	一九四五・〇八・〇一	小川眞一	上等兵	戦病死	釜山府水晶町五四七
			×	―			―
九六二	歩兵七九連隊	不詳	一九四三・〇三・一八	千葉芳男	通訳	戦死	不詳
			×	―			―

番号	部隊	死亡場所・死因	死亡年月日	氏名	階級・続柄	区分	本籍・住所
三三八	歩兵八〇連隊	ニューギニア、ノコボ マラリア	一九四三・〇一・三〇 ×	善山瑞生 善山豊正	兵長 父	戦病死	河東郡河東面邑内洞 河東郡河東面邑内洞
三〇四	歩兵八〇連隊	ニューギニア、サラモア 頭部貫通銃創	一九四三・〇七・三一 ×	川島　旭 川島弥之松	兵長 父	戦死	晋州府昭和町二五一 晋州府昭和町二五一
三六二	歩兵八〇連隊	ニューギニア、サラモア 胸部貫通銃創	一九四三・〇八・〇四 ×	野村鐘洙 野村允錫	兵長 父	戦死	河東郡辰橋面良浦里二九一 河東郡辰橋面良浦里二九一
三二二	歩兵八〇連隊	ニューギニア、ブーツ 胸部貫通銃創	一九四三・〇八・〇四 ×	金徳正伯 金徳昌×	兵長 父	戦死	昌寧郡都泉面友江里二〇六 昌寧郡都泉面友江里二〇六
三八一	歩兵八〇連隊	ニューギニア、サラモア 頭部貫通銃創	一九四三・〇八・〇四 ×	花田鍾守 花田柳順	兵長 母	戦死	昌原郡内南面檜原里四六八 馬山府抗日活一〇一
三四四	歩兵八〇連隊	ニューギニア、サラモア 頭部貫通銃創	一九四三・〇八・一五 ×	竹森武雄 竹森分允	兵長 父	戦死	山清郡丹城面城内里一八三―一三 山清郡丹城面城内里一八三―一三
四〇六	歩兵八〇連隊	ニューギニア、サラモア 頭部貫通銃創	一九四三・〇八・一八 ×	松岡繁吉 松岡潤善	兵長 父	戦死	居昌郡下面大也里一四三三 居昌郡下面大也里一四三三
四一六	歩兵八〇連隊	ニューギニア、サラモア 全身砲弾破片創	一九四三・〇八・二二 ×	福井秀雄 福井彰浩	伍長 祖父	戦死	河東郡河東邑興隆里七八七 河東郡河東邑興隆里七八七
二八二	歩兵八〇連隊	ニューギニア、ミンデリ 全身爆創	一九四三・〇九・〇三 ×	三井萬植 三井正斗	伍長 父	戦死	統営郡東部面猪仇里二〇七 統営郡東部面猪仇里二〇七
三六六	歩兵八〇連隊	ニューギニア、サラモア 胸部貫通銃創	一九四三・〇九・〇二 ×	秋田俊雄 秋田正彦	兵長 父	戦死	蔚山府江東面新明里四五 蔚山府江東面新明里四五
三〇六	歩兵八〇連隊	ニューギニア、カイアビット 頭部貫通銃創	一九四三・〇九・一九 ×	金田行雄 金田浩充	伍長 父	戦死	東莱郡沙下面下瑞里七九 東莱郡沙下面下瑞里七九
三一二	歩兵八〇連隊	ニューギニア、フィシン 頭部貫通銃創	一九四三・〇九・二二 ×	金光千斗 金光玉允	兵長 父	戦死	統営郡巨済面南洞里八二 統営郡巨済面南洞里八二
四一一	歩兵八〇連隊	ニューギニア、フィンシ 頭部貫通銃創	一九四三・〇九・二五 ×	平端良生 平瑞久楠	伍長 父	戦死	釜山府瀛仙町一八八七 釜山府瀛仙町一八八七
三九三	歩兵八〇連隊	ニューギニア、フィンシ 胸部貫通銃創	一九四三・一〇・〇一 ×	安田文男 安田豊作	伍長 父	戦死	蔚山郡大峴面長生浦邑一五八 蔚山郡大峴面長生浦邑一五八
三九四	歩兵八〇連隊	ニューギニア、フィンシ 頭部貫通銃創	一九四三・一〇・〇一 ×	山本雲植 山本甲逑	伍長 父	戦死	密陽郡山内面院西里九〇〇 密陽郡山内面院西里九〇〇
三七〇	歩兵八〇連隊	ニューギニア、フィンシ 頭部貫通銃創	一九四三・一〇・一三 ×	明石秀吉 呉七岳	兵長 母	戦死	馬山府新町三一 馬山府新町三一
四〇二	歩兵八〇連隊	ニューギニア、フィンシ 胸部貫通銃創	一九四三・一〇・一六 ×	松原青植 松原渭介	伍長 父	戦死	咸安郡伽倻面黄沙里一三六 咸安郡伽倻面黄沙里一三六
三一八	歩兵八〇連隊	ニューギニア、ハンサ	一九四三・一一・〇六	香山義照	伍長	戦死	晋州府吉野町六五

		頭部貫通銃創	×	香山明枝	母		晋州府吉野町六五
三六九	歩兵八〇連隊	ニューギニア、フィンシ	一九四三・一一・〇七	新川用得	兵長	戦死	釜山府草梁町四五
		頭部貫通銃創		新川　圭	父		釜山府草梁町四五
三三九	歩兵八〇連隊	ニューギニア、フィンシ	一九四三・一一・一〇	余春敬龍	伍長	戦死	泗川郡杻洞西駕山里七六
		頭部貫通銃創		余春琪守	父		泗川郡杻洞西駕山里七六
三六七	歩兵八〇連隊	ニューギニア、フィンシ	一九四三・一一・一七	新本鍾嶋	兵長	戦死	咸陽郡水東面花山里二八四
		頭部貫通銃創		新本熙圭	父		咸陽郡水東面花山里二八四
三一五	歩兵八〇連隊	ニューギニア、フィンシ	一九四三・一一・一七	金岡正旭	兵長	戦死	南海郡南面上加里四九九
		頭部貫通銃創	×	金岡性灶	父		釜山府中島町一－三九
四一二	歩兵八〇連隊	ニューギニア、フィンシ	一九四三・一一・一七	平岩南好	伍長	戦死	密陽郡上南面花林里九二
		頭部貫通銃創	×	平岩尚住	父		密陽郡上南面花林里九二
四一七	歩兵八〇連隊	ニューギニア、フィンシ	一九四三・一一・一七	文山載近	兵長	戦死	咸陽郡林川面大峴里一〇二
		胸部貫通銃創	×	文山定勲	父		咸陽郡林川面大峴里一〇二
四〇八	歩兵八〇連隊	ニューギニア、ワレオ	一九四三・一一・二〇	松岡玉衛	兵長	戦死	東萊郡亀浦面徳川里一五三九
		全身爆創	×	松岡炳斗	父		東萊郡亀浦面徳川里一五三九
三一一	歩兵八〇連隊	ニューギニア、フィンシ	一九四三・一一・二一	金岡安彦	兵長	戦死	南海郡南面仙区里三三九
		頭部貫通銃創	×	金岡浩吉	父		蔚山郡温山面六島里一三四
四一九	歩兵八〇連隊	ニューギニア、フィンシ	一九四三・一二・〇三	李城昌道	伍長	戦死	咸安郡×航面十三原里四二五
		全身爆創	×	李城尚建	父		咸安郡×航面十三原里四二五
三八〇	歩兵八〇連隊	ニューギニア、フィンシ	一九四三・一二・〇四	原山斗然	兵長	戦死	宜寧郡宜寧面東洞九一三
		頭部貫通銃創	×	原山右門	父		宜寧郡宜寧面東洞九一三
三四六	歩兵八〇連隊	ニューギニア、フィンシ	一九四三・一二・〇六	田中採鳳	兵長	戦死	陝川郡青徳面三鶴里六一一
		胸部貫通銃創	×	田中在燮	父		陝川郡青徳面三鶴里六一一
四〇三	歩兵八〇連隊	ニューギニア、ワレオ	一九四三・一二・〇六	松山在夫	伍長	戦死	居昌郡加北面龍山里一七〇
		胸部貫通銃創	×	松山泉井	父		居昌郡加北面龍山里一七〇
三一九	歩兵八〇連隊	ニューギニア、フィンシ	一九四三・一二・一四	河本栄新	兵長	戦死	昌寧郡大合面十二里三一七
		腹部貫通銃創	×	河本栄新（ママ）	父		昌寧郡大合面十二里三一七
三六四	歩兵八〇連隊	ニューギニア、サテルベルク	一九四三・一二・二〇	権條哲雄	伍長	戦死	東萊郡沙下面堂里一四一
		胸部貫通銃創	一九二四・〇四・〇二	権條　汎	母		梁山郡梁山面中部洞一六五
三四一	歩兵八〇連隊	ニューギニア、アゴ	一九四三・一二・三一	慶村忠盛	伍長	戦死	晋陽郡井村面玉山里一六九七一
		胸部貫通銃創	×	慶村　清	父		晋陽郡井村面玉山里一六九七一
二七六	歩兵八〇連隊	ニューギニア、ナバリバ	一九四四・〇一・〇五	北谷吉十郎	兵長	戦死	釜山府瀛仙町二〇二三
		全身爆創	×	北谷延吉	父		釜山府瀛仙町二〇二三
八四一	歩兵八〇連隊	ニューギニア、ガリ	一九四四・〇一・〇七	岩本吉雄	上等兵	戦死	釜山府西大新町三－九二九
			×	岩本光雄	兄		釜山府西大新町三－九二九

番号	部隊	死亡場所・死因	死亡年月日	氏名	階級・続柄	区分	本籍・住所
三八九	歩兵八〇連隊	ニューギニア、ナバリバ 胸部貫通銃創	一九四四・〇一・〇八 ×	山口 清 山口一枝	伍長 妻	戦死	釜山府栄町二ー二八 釜山府土城町二ー九
二八一	歩兵八〇連隊	ニューギニア、フィンシ 全身爆創	一九四四・〇一・一三 ×	慎山明晟 慎山宗禹	伍長 父	戦死	居昌郡渭川面大亭里六三六 居昌郡渭川面大亭里六三六
二八六	歩兵八〇連隊	ニューギニア、ナベリバ	一九四四・〇一・一五 ×	茂松貞善 茂松宗虎	伍長 父	戦死	密陽郡密陽邑内二洞九七三 密陽郡密陽邑内二洞九七三
二九三	歩兵八〇連隊	ニューギニア、ガリ	一九四四・〇一・一七 ×	大村時雄 大村佐一郎	兵長 兄	戦死	釜山府釜山機関区 釜山府西大新町二ー三八
二八三	歩兵八〇連隊	ニューギニア、フィンシ 全身爆創	一九四四・〇一・二三 ×	南平壽賛 南平浩元	兵長 父	戦死	咸安郡法守面弓屯里三五二 咸安郡法守面弓屯里三五二
八九五	歩兵八〇連隊	ニューギニア、ヤゴミ	一九四四・〇一・二五 ×	松本貴男 松本昌五	伍長 父	戦死	河東郡横川面南山里一九七 河東郡横川面南山里一九七
三六〇	歩兵八〇連隊	ニューギニア、ヤゴミ	一九四四・〇一・二五 ×	上原英秋 上原知秋	伍長 父	戦死	密陽郡密陽邑内一洞六三六 密陽郡密陽邑内一洞六三六
二八五	歩兵八〇連隊	ニューギニア、ガリ 全身爆創	一九四四・〇一・二五 ×	茂山清一 茂山益次郎	伍長 父	戦死	昌原郡鎮北面梨木里九五 昌原郡鎮北面梨木里九五
三二三	歩兵八〇連隊	ニューギニア、サラモア マラリア	一九四四・〇一・二八 ×	金田嶋烈 金田洪龍	伍長 父	戦病死	南海郡二東面良阿里九七一 南海郡二東面良阿里九七一
四〇七	歩兵八〇連隊	ニューギニア、ノコボ マラリア	一九四四・〇二・〇五	松村鶴根 松村英道	兵長 父	戦病死	南海郡二東面席坪里五五三 南海郡二東面席坪里五五三
三四七	歩兵八〇連隊	ニューギニア、マダン	一九四四・〇二・〇七 ×	武村洙珍 武村應律	伍長 父	戦死	東萊郡機張面青江里五九〇 東萊郡機張面青江里五九〇
二九一	歩兵八〇連隊	ニューギニア、マダン	一九四四・〇二・〇七 ×	富山光雄 富山東明	兵長 父	戦死	河東郡金南面加得里一〇三 河東郡金南面加得里一〇三
三二〇	歩兵八〇連隊	ニューギニア、フィシン	一九四四・〇二・〇七 ×	河本隆義 河本永澤	兵長 父	戦死	金海郡大渚面出斗里四九七 金海郡大渚面出斗里四九七
九五一	歩兵八〇連隊	ニューギニア	一九四四・〇二・〇七 ×	玉山致× 玉山権煥	不詳 父	戦病死	統営郡一運面三巨里二八九 統営郡一運面三巨里二八九
三一七	歩兵八〇連隊	ニューギニア、バロン	一九四四・〇二・〇八 ×	河原泳宅 河原相守	伍長 父	戦死	晋陽郡水谷面土谷里一一二 晋陽郡水谷面土谷里一一二
三四〇	歩兵八〇連隊	ニューギニア、ミンテリイ 全身爆創	一九四四・〇二・〇九 ×	吉森郁太郎 吉森タケ	兵長 母	戦死	昌原郡鎮海邑霞山二〇 昌原郡鎮海邑霞山二〇
三四三	歩兵八〇連隊	ニューギニア、アソサ	一九四四・〇二・一四 ×	田口辰一 田口滋代	兵長 妻	戦死	釜山府大應面三ー七ー一 釜山府大應面三ー七ー一
三五五	歩兵八〇連隊	ニューギニア、ヨガヨガ	一九四四・〇二・一五	宋岩井柱洙	兵長	戦死	晋陽郡井村面禮上里三七二

			×	宋岩井徳祚	父		晋陽郡井村面禮上里三七二
三五八	歩兵八〇連隊	ニューギニア、カブトモン	一九四四・〇二・二〇	成本城鳳	兵長	戦死	昌寧郡梨房面城山里一四八
			×	成本炳泰	母		昌寧郡大地面孝亭里一五九七
三六八	歩兵八〇連隊	ニューギニア、ガリ	一九四四・〇二・二五	秋元隆雄	曹長	戦死	河東郡全南面西維川里二八〇
		全身爆創	×	秋田福正	父		河東郡全南面西維川里二八〇
三九八	歩兵八〇連隊	ニューギニア、ハンサ	一九四四・〇三・一六	靖武煥淑	伍長	戦死	咸安郡伽倻面倹岩里一〇二
		マラリア	×	靖武井儀	母		咸安郡伽倻面倹岩里一〇二
三七四	歩兵八〇連隊	ニューギニア、ハンサ	一九四四・〇三・三〇	指平　進	兵長	戦死	馬山府上南面西洞一四
			×	指平善太郎	父		馬山府上南面西洞一四
三七三	歩兵八〇連隊	ニューギニア、ウウェワク	一九四四・〇四・〇一	新井相泰	軍曹	戦病死	南海郡南面石橋里一七二
		マラリア	×	新井且學	父		—
四一八	歩兵八〇連隊	ニューギニア、ウウェワク	一九四四・〇四・二四	鈴木信雄	軍曹	戦病死	昌原郡鎮海邑登洞里一七七
		マラリア	×	鈴木健一	兄		昌原郡鎮海邑下亀里
九一一	歩兵八〇連隊		一九四四・〇五・〇一	酒井良運	兵長	戦死	釜山府大庁町三六ー八
			×	—			—
三五九	歩兵八〇連隊	ニューギニア、ボイキン	一九四四・〇五・〇二	中原将彰	兵長	戦病死	宜寧郡富林面新友里四一九
		マラリア	×	中原炳一	父		宜寧郡富林面新友里四一九
三四九	歩兵八〇連隊	ニューギニア、ブーツ	一九四四・〇五・一六	竹浦達盛	伍長	戦死	統営郡統営邑朝日町五八〇
			×	竹浦英基	父		統営郡統営邑日×町三四
二九七	歩兵八〇連隊	ニューギニア、ボイキン	一九四四・〇五・二四	大村俊治	兵長	戦死	釜山府水晶町一六〇
			×	大村文植	父		釜山府水晶町一六〇
九一八	歩兵八〇連隊	ニューギニア	一九四四・〇五・二八	長川永夫	上等兵	戦死	咸安郡漆西面天界里八〇八
			×	長川喆錫	父		咸安郡漆西面天界里八〇八
二九六	歩兵八〇連隊	ニューギニア、ヤカムル	一九四四・〇五・三一	大潭原吉	曹長	戦死	釜山府瓦一町一八四
		頭部貫通銃創	×	大潭泰昇	父		釜山府瓦一町一八四
三七九	歩兵八〇連隊	ニューギニア、ボイキン	一九四四・〇六・〇三	長谷川一夫	伍長	戦死	昌原郡昌原面中洞里五七一
			×	長谷川政喜	父		昌原郡昌原面中洞里五七一
三一三	歩兵八〇連隊	ニューギニア、ヤカムル	一九四四・〇六・〇三	河本清正	兵長	戦死	密陽郡密陽邑内一洞二四二
		胸部貫通銃創	×	河本月子	母		密陽郡密陽邑内一洞二四二
三〇五	歩兵八〇連隊	ニューギニア、ヤカムル	一九四四・〇六・〇三	金本漢敬	兵長	戦死	統営郡統営邑曙町一五七
		胸部貫通銃創	×	金本壁萬	父		統営郡統営邑曙町一五七
三八五	歩兵八〇連隊	ニューギニア、アファ	一九四四・〇六・〇三	西原勇男	曹長	戦死	金海郡金海邑二五〇
		全身砲弾破片創	×	西原義雄	父		金海郡金海邑二五〇
四〇四	歩兵八〇連隊	ニューギニア、ヤカムル	一九四四・〇六・〇三	松山干煥	兵長	戦死	統営郡道山面法松里三五九
		全身爆創	×	松山賛守	父		統営郡道山面法松里三五九

番号	部隊	死亡場所・傷病	年月日	氏名	階級・続柄	区分	本籍・住所
三九五	歩兵八〇連隊	ニューギニア、ヤカムル 全身爆創	一九四四・〇六・〇四 ×	安川昌秀 安川禧中	伍長 叔父	戦死	咸安郡伽倻面道×里四三五 咸安郡伽倻面道×里四三五
三〇〇	歩兵八〇連隊	ニューギニア、ヤカムル 頭部貫通銃創	一九四四・〇六・〇四 ×	大山栄洪 大山正治	兵長 叔父	戦死	南海郡西面南上里八三九 南海郡西面南上里八三九
三二六	歩兵八〇連隊	ニューギニア、ヤカムル 胸部貫通銃創	一九四四・〇六・〇六 ×	金原基台 金原沙村	兵長 母	戦死	居昌郡南上面王仏里一六五六 居昌郡南上面王仏里一六五六
二八七	歩兵八〇連隊	ニューギニア、ヤカムル 全身爆創	一九四四・〇六・一〇 ×	仁川永徳 仁川明錫	伍長 父	戦死	宜寧郡七谷面晋浦里八八 宜寧郡七谷面晋浦里八八
二七七	歩兵八〇連隊	ニューギニア、ヤカムル 胸部貫通銃創	一九四四・〇六・一二 ×	木下忠男 木下安太郎	兵長 父	戦死	南海郡古阜面伊於里六〇〇 —
三九〇	歩兵八〇連隊	ニューギニア、アフア 胸部貫通銃創	一九四四・〇六・二一 ×	山崎　茂 山崎シナ	伍長 母	戦死	釜山府中島町二－一 釜山府中島町二－二
二七九	歩兵八〇連隊	ニューギニア、アフア 頭部貫通銃創	一九四四・〇六・二四 ×	城戸元治 城戸又介	伍長 父	戦死	晋州府本町七四 晋州府南山町一二
三二九	歩兵八〇連隊	ニューギニア、ヤカムル 全身砲弾破片創	一九四四・〇六・二七 ×	金山信秀 金山勝一	兵長 父	戦死	咸陽郡西上面金塘里一九六 咸陽郡西上面金塘里一九六
三八二／九四一	歩兵八〇連隊	ニューギニア、ヤカムル 頭部貫通銃創	一九四四・〇六・二五 ×	春木亨建 春木栄浦	兵長 父	戦死	泗川郡三千浦邑東錦里四五二 泗川郡三千浦邑東錦里四五二
三八四	歩兵八〇連隊	ニューギニア、ヤカムル 全身爆創	一九四四・〇六・二八 ×	原田秀雄 原田又同	兵長 父	戦死	山清郡山清面塞洞三四五 山清郡山清面塞洞三四五
三五六	歩兵八〇連隊	ニューギニア、アフア 頭部貫通銃創	一九四四・〇七・一〇 ×	蘿井聖逑 蘿井成林	伍長 父	戦死	釜山府龍塘里二九三 釜山府龍塘里二九三
二八〇	歩兵八〇連隊	ニューギニア、アフア 全身爆創	一九四四・〇七・一〇 ×	木村天祐 木村道運	兵長 父	戦死	金海郡大渚面出斗里五〇七 金海郡大渚面出斗里五〇七
一九	歩兵八〇連隊	ニューギニア、アフア 胸部貫通銃創	一九四四・〇七・一〇 ×	竹谷充夫 竹谷國一	軍曹 父	戦死	昌原郡鎮田面五西里一六 昌原郡鎮田面五西里一六
三三五	歩兵八〇連隊	ニューギニア、アフア 頭部貫通銃創	一九四四・〇七・一〇 ×	金天斗完 金天守洪	軍曹 父	戦死	泗川郡泗川面洙石里八八 泗川郡泗川面洙石里八八
三〇三	歩兵八〇連隊	ニューギニア、アフア 胸部貫通銃創	一九四四・〇七・一一 ×	金井用洙 金井商祚	伍長 父	戦死	東萊郡機張面堂社里一〇五 東萊郡機張面堂社里一〇五
三八六	歩兵八〇連隊	ニューギニア、アフア 胸部貫通銃創	一九四四・〇七・一一 ×	呉山且錫 呉山有聖	伍長 父	戦死	咸安郡代山面平林里八一三 咸安郡代山面平林里八一三
三七一	歩兵八〇連隊	ニューギニア、アフア 全身爆創	一九四四・〇七・一一 ×	安東基夾 安東台憲	伍長 父	戦死	密陽郡山外面琴川里八六 密陽郡山外面琴川里八六
四〇〇	歩兵八〇連隊	ニューギニア、パウプ	一九四四・〇七・一一	山城福壽	兵長	戦死	東萊郡東萊邑壽町六五〇

		頭部貫通銃創	×	山城×伊	父		釜山府温泉町七三二九
三三一	歩兵八〇連隊	ニューギニア、アファ	一九四四・〇七・一七	神農允遠	兵長	戦死	河東郡花開面龍崗洞二六五
		胸部貫通銃創	×	神農士遠	兄		河東郡花開面龍崗洞二六五
四〇五	歩兵八〇連隊	ニューギニア、アファ	一九四四・〇七・二〇	眞村右範	兵長	戦死	居昌郡渭川面茅東里一〇六三
		全身爆創	×	眞村毅範	兄		居昌郡渭川面茅東里一〇六三
三三二	歩兵八〇連隊	ニューギニア、アファ	一九四四・〇七・二二	神農浩鐘	兵長	戦死	山清郡山清面釜里三九九
		頭部貫通銃創	×	神農鍾連	妻		山清郡車黄面上中里岩本鍾根方
四一四	歩兵八〇連隊	ニューギニア、アファ	一九四四・〇七・二二	東本　勝	伍長	戦死	蔚山郡方魚津邑方魚里一六〇－九
		頭部貫通銃創	×	東本秉學	父		蔚山郡方魚津邑方魚里一六〇－九
三四五	歩兵八〇連隊	ニューギニア、アファ	一九四四・〇七・二五	高山同春	伍長	戦死	蔚山郡江東面旧柳里五八
			×	高山承萬	父		蔚山郡江東面旧柳里五八
二七八	歩兵八〇連隊	ニューギニア、アファ	一九四四・〇七・二五	木下達雄	兵長	戦死	河東郡全南面露梁里四三八
		頭部貫通銃創	×	木下一郎	父		八幡市元城町祝八号
三七七	歩兵八〇連隊	ニューギニア、アファ	一九四四・〇七・二五	伊原亨重	兵長	戦死	咸安郡咸安面鳳城洞一一七二
		全身爆創	×	伊原碩元	父		咸安郡咸安面鳳城洞一一七二
三八七	歩兵八〇連隊	ニューギニア、アファ	一九四四・〇七・二八	車田幸應	兵長	戦死	宜寧郡宜寧面東洞九〇七
		頭部貫通銃創		車田穏衣	母		宜寧郡宜寧面東洞九〇七
三七八	歩兵八〇連隊	ニューギニア、アファ	一九四四・〇七・二九	岩本光雄	伍長	戦死	泗川郡三千浦邑東鶏里三〇五
		全身爆創	×	岩本徳化	父		泗川郡三千浦邑仙亀里八一
二九九	歩兵八〇連隊	ニューギニア、アファ	一九四四・〇七・二九	大山平午	兵長	戦死	密陽郡初同面倹岩里四三六
		腹部貫通銃創	×	大山正旭	父		密陽郡初同面倹岩里四三六
三二八	歩兵八〇連隊	ニューギニア、アファ	一九四四・〇七・三〇	金光勝正	兵長	戦死	金海郡下東面酒洞里二〇一
		頭部貫通銃創	×	金光萬甲	父		金海郡下東面酒洞里二〇一
三八三	歩兵八〇連隊	ニューギニア、アファ	一九四四・〇七・三〇	花田敬守	兵長	戦死	居昌郡居昌邑松亭洞一一七
		全身爆創	×	花田順元	父		居昌郡居昌邑松亭洞一一七
四二一	歩兵八〇連隊	ニューギニア、アファ	一九四四・〇七・三〇	富山承鳳	兵長	戦死	統営郡遠梁面東港里五七七－二
		腹部貫通銃創	×	富山正鳳	父		統営郡遠梁面東港里五七七－二
三〇一	歩兵八〇連隊	ニューギニア、アファ	一九四四・〇八・〇一	大山鶴永	兵長	戦死	居昌郡月川面西辺里九九九
		頭部貫通銃創	×	大山羽振	兄		ー
三三三	歩兵八〇連隊	ニューギニア、アファ	一九四四・〇八・〇三	河本泰龍	兵長	戦死	統営郡長永浦邑長泉開洞四九五
		頭部貫通銃創	×	河本起龍	兄		統営郡長永浦邑長泉開洞四九五
三三四	歩兵八〇連隊	ニューギニア、アファ	一九四四・〇八・〇三	金村徳盛	伍長	戦死	梁山郡院洞面籠里一三五九
		頭部貫通銃創	×	金村溶成	父		釜山府水晶町二二七
二九五	歩兵八〇連隊	ニューギニア、アファ	一九四四・〇八・〇四	大島達雄	兵長	戦死	泗川郡泗南面竹川里六三一五
		頭部貫通銃創	×	大島勝根	父		泗川郡泗南面竹川里六三一五

番号	部隊	場所・傷病	日付	氏名	階級・続柄	区分	本籍・住所
四〇九	歩兵八〇連隊	ニューギニア、アファ 胸部貫通銃創	一九四四・〇八・〇五 ×	松本道敬 松本仁碩	軍曹 兄	戦死	釜山府水晶町九六五 釜山府水晶町九六五
二九八	歩兵八〇連隊	ニューギニア、アファ 頭部貫通銃創	一九四四・〇八・〇五 ×	大林東振 大林龍五	伍長 父	戦死	昌原郡熊南面完岩里八一 満洲国安東市五番通九－一二三－七
三六五	歩兵八〇連隊	ニューギニア、アファ 頭部貫通銃創	一九四四・〇八・〇六 ×	江村文巨 江村大熙	伍長 父	戦死	梁山郡勿禁面勿禁里七四四 梁山郡勿禁面勿禁里七四四
三二七	歩兵八〇連隊	ニューギニア、アファ 頭部貫通銃創	一九四四・〇八・〇七 ×	金海　昭 金海龍助	軍曹 父	戦死	山清郡今西面舟上里三四 山清郡今西面舟上里三四
三七二	歩兵八〇連隊	ニューギニア、アファ 全身爆創	一九四四・〇八・〇七 ×	青山　清 青山金葉	兵長 妻	戦死	泗川郡三千浦邑西里一四 泗川郡三千浦邑東里一二三
二八四	歩兵八〇連隊	ニューギニア、ヤカムル 頭部貫通銃創	一九四四・〇八・一〇 ×	南大鉉 南基弘	伍長 父	戦死	宜寧郡正谷面坑陸里一八六 宜寧郡正谷面坑陸里一八六
八二六	歩兵八〇連隊	ニューギニア、ソーヨ	一九四四・〇八・一〇 ×	西河輝雄 西河　憲	伍長 父	戦死	咸陽郡池谷面寶山里一四四 ―
八二七	歩兵八〇連隊	ニューギニア、ソーヨ	一九四四・〇八・一〇 ×	檜原泰守 檜原長栄	兵長 父	戦死	咸陽郡瓶谷面月岩里六〇 咸陽郡瓶谷面月岩里六〇
八二八	歩兵八〇連隊	ニューギニア、ソーヨ	一九四四・〇八・一〇 ×	廣田容瀬 廣田容碩	兵長 兄	戦死	昌寧郡桂城面倉里九二五 昌寧郡桂城面倉里九二五
八二九	歩兵八〇連隊	ニューギニア、ソーヨ	一九四四・〇八・一〇 ×	金田大権 金田両連	兵長 母	戦死	晋陽郡寿奉面馬城里九七七 晋陽郡寿奉面馬城里九七七
八三〇	歩兵八〇連隊	ニューギニア、ソーヨ	一九四四・〇八・一〇 ×	神農徳萬 神農先峰	兵長 兄	戦死	梁山郡梁山面北部里四二七 梁山郡梁山面北部里四二七
八三一	歩兵八〇連隊	ニューギニア、ソーヨ	一九四四・〇八・一〇 ×	新井清源 新井洙鉉	兵長 兄	戦死	晋陽郡文山面象文里一一四八 晋陽郡文山面象文里一一四八
八三二	歩兵八〇連隊	ニューギニア、ソーヨ	一九四四・〇八・一〇 ×	陣川捧鎬 陣川医彦	兵長 父	戦死	昌原郡鎮田面鳳谷里一八八 昌原郡鎮田面鳳谷里一八八
八三三	歩兵八〇連隊	ニューギニア、ソーヨ	一九四四・〇八・一〇 ×	新井鏞範 新井正圭	兵長 父	戦死	陜川郡栗中面上都里一八六 陜川郡栗中面上都里一八六
八三四	歩兵八〇連隊	ニューギニア、ソーヨ	一九四四・〇八・一〇 ×	天野相文 天野漢且	伍長 父	戦死	昌原郡熊本面南陽里二一 昌原郡熊本面南陽里二一
八三五	歩兵八〇連隊	ニューギニア、ニアガリ	一九四四・〇八・一〇 ×	江城宇洪 江越任碩	伍長 父	戦死	山清郡丹城面城内里二六八 山清郡丹城面城内里二六八
二九四	歩兵八〇連隊	ニューギニア、ウウェワク マラリア	一九四四・〇八・一一 ×	大原光富 大原正富	兵長 弟	戦病死	晋州府蓬莱町二四五 晋州府蓬莱町二四五
三九二	歩兵八〇連隊	ニューギニア、ヤカムル	一九四四・〇八・一六	山佳判柱	伍長	戦死	山清郡今西面紙幕里三九七

		胸部貫通銃創	×	山佳善永	父		山清郡今西面紙幕里三九七
三五一	歩兵八〇連隊	ニューギニア、ダンダヤ	一九四四・〇八・二〇	高杉政男	伍長	戦死	統営郡統営邑朝日町七四
		胸部貫通銃創	×	高杉宗男	父		
九三七	歩兵八〇連隊	ニューギニア、ソナム	一九四四・〇八・二四	松川根碩	一等兵	戦死	密陽郡上南面外山里五〇三
				松川五用	父		密陽郡上南面外山里五〇三
八二五	歩兵八〇連隊	ニューギニア、ソナム	一九四四・〇八・二七	江原武一	伍長	戦死	咸安郡伽倻面道項里九七
				江原鐘善	父		咸安郡伽倻面道項里九七
三三〇	歩兵八〇連隊	ニューギニア、ブーツ	一九四四・〇九・一〇	金澤繁浩	兵長	戦死	金海郡長有面茂渓里二七六
			×	金澤斗萬	兄		金海郡長有面茂渓里二七六
三九九	歩兵八〇連隊	ニューギニア、ブーツ	一九四四・〇九・二〇	安田英鉉	軍曹	戦死	釜山府草場町三－九五
			×	安田在豊	父		釜山府草場町三－九五
三一〇	歩兵八〇連隊	ニューギニア、ブーツ	一九四四・〇九・二四	金本英正	兵長	戦死	東莱郡亀浦面華明里一二七
			×	金本一徳	父		東莱郡亀浦面華明里一二七
四二〇	歩兵八〇連隊	ニューギニア、ブーツ	一九四四・〇九・二七	高山賢朝	伍長	戦死	密陽郡三浪津面三浪里三一七
			×	高山永壽	父		密陽郡三浪津面三浪里三一七
三〇七	歩兵八〇連隊	ニューギニア、ブーツ	一九四四・一〇・〇四	金本長利	曹長	戦死	昌寧郡多山面白峰里九二八
			×	金本正吉	父		昌寧郡多山面白峰里九二八
二一〇	歩兵八〇連隊	ニューギニア、バラム	一九四四・一〇・〇五	古河在淳	上等兵	戦死	昌寧郡梨房面雁里
			一九二二・〇一・一三	古河姓女	母		昌寧郡梨房面雁里
二九二	歩兵八〇連隊	ニューギニア、ブーツ	一九四四・一〇・〇六	豊川仁燮	上等兵	戦死	咸陽郡咸陽面上洞二五九－一
			×	豊川駿相	父		咸陽郡咸陽面上洞二五九－一
三〇八	歩兵八〇連隊	ニューギニア、ブーツ	一九四四・一〇・一六	金城快胃	伍長	戦死	咸安郡伽倻面沙里一三〇
			×	金城相昆	父		咸安郡伽倻面沙里一三〇
三三七	歩兵八〇連隊	ニューギニア、ブーツ	一九四四・一〇・二〇	金山淳甲	兵長	戦病死	咸陽郡水東面花山里一〇九二－六
		マラリア	×	金山黄玉	父		咸陽郡水東面花山里一〇九二－六
三五四	歩兵八〇連隊	ニューギニア、ブーツ	一九四四・一〇・二一	向田金好	伍長	戦死	統営郡統営邑明井里一九九
			×	高田奉石	父		統営郡統営邑明井里一九九
三一六	歩兵八〇連隊	ニューギニア、フィンシ	一九四四・一〇・二三	金井信夫	伍長	戦死	南海郡南海面坪里九九五
			×	金井清吉	父		南海郡南海面坪里九九五
二八九	歩兵八〇連隊	ニューギニア、ブーツ	一九四四・一一・〇三	白玉錫淳	兵長	戦死	昌原郡熊東面所沙里二二
			×	白玉錫基	兄		昌原郡熊東面所沙里二二
四二四	歩兵八〇連隊	ニューギニア、ブーツ	一九四四・一一・〇七	呉島石造	伍長	戦病死	河東郡河東邑邑内洞一一八七
		マラリア	×	呉島弘一	父		河東郡河東邑邑内洞一一八七
三三六	歩兵八〇連隊	ニューギニア、ブーツ	一九四四・一一・一〇	金天章秀	兵長	戦病死	泗川郡三千浦邑臥龍里四一二
		マラリア	×	金天珠煥	父		泗川郡三千浦邑臥龍里四一二

二八八	歩兵八〇連隊	ニューギニア、ブーツ	一九四四・一一・一〇	百川友助	伍長	戦死	晋陽郡鳴井市面佳垣里二四三
			×	百川武昌	兄		晋陽郡鳴井市面佳垣里二四三
四一三	歩兵八〇連隊	ニューギニア、ブーツ	一九四四・一一・一〇	平沼昌壽	軍曹	戦死	蔚山郡温陽面南×里一六六一
			×	平沼丁道	父		蔚山郡温陽面南×里一六六一
三五三	歩兵八〇連隊	ニューギニア、ブーツ	一九四四・一一・一三	瀧澤在璟	兵長	戦死	統営郡統営邑堂洞里九九
			×	瀧澤壽伊	母		統営郡統営邑道泉里一四一－二
四一〇	歩兵八〇連隊	ニューギニア、ブーツ	一九四四・一一・二〇	平山恵徹	兵長	戦病死	密陽郡山内面×翠里二四五一
		マラリア	×	平山鉉局	父		密陽郡山内面×翠里二四五一
三四八	歩兵八〇連隊	ニューギニア、ブーツ	一九四四・一一・二五	高島炳玉	伍長	戦死	咸陽郡咸陽面下洞里八五五
			×	高島在明	父		咸陽郡咸陽面下洞里八五五
三五二	歩兵八〇連隊	ニューギニア、ブーツ	一九四四・一二・〇八	高山徳雄	伍長	戦死	南海郡丹東面茶下里二二五
			×	高山正信	父		南海郡丹東面茶下里二二五
三四二	歩兵八〇連隊	ニューギニア、ブーツ	一九四四・一二・一〇	香井忠治	兵長	戦死	晋陽郡文山面蘇文里五二－一
			×	香井朴周	兄		晋陽郡文山面蘇文里五二－一
三六一	歩兵八〇連隊	ニューギニア、ワレオ	一九四四・一二・一〇	梅田静夫	伍長	戦死	釜山府溢仙町二〇四七
		頭部貫通銃創	×	梅田禮蔵	父		釜山府溢仙町二〇四七
二九〇	歩兵八〇連隊	ニューギニア、バロン	一九四四・一二・一〇	鳥山性二	曹長	戦死	晋州府東鳳町四一
			×	鳥山　馨	父		全羅北道全州府八蓮町六三
四一五	歩兵八〇連隊	ニューギニア、ブーツ	一九四四・一二・一六	松原承吉	伍長	戦病死	南海郡雪川面眞木里八七六
		マラリア	×	松原貴透	妻		南海郡雪川面眞木里八七六
四二二	歩兵八〇連隊	ニューギニア、ブーツ	一九四四・一二・一九	丘山　実	伍長	戦病死	統営郡長木面外浦里七六
		マラリア	×	丘山文用	父		統営郡長木面外浦里七六
三九七	歩兵八〇連隊	ニューギニア、ブーツ	一九四四・一二・二〇	山内正雄	伍長	戦病死	泗川郡正東面豊井里二九八
		マラリア	一九一九・一〇・〇五	山内甚助	父		泗川郡正東面豊井里二九八
三五〇	歩兵八〇連隊	ニューギニア、ブーツ	一九四四・一二・二四	竹田千萬	伍長	戦死	東萊郡日光面文中里二
			×	竹田又根	父		東萊郡日光面文中里二
三二一	歩兵八〇連隊	ニューギニア、ハンサ	一九四四・一二・二七	金村翼斗	伍長	戦病死	咸陽郡梅谷面玉渓里四七五
		マラリア	×	金村昌奎	父		咸陽郡梅谷面玉渓里四七五
三八八	歩兵八〇連隊	ニューギニア、ブーツ	一九四五・〇一・一四	國本日出雄	伍長	戦死	咸安郡北面中岩里五八
			×	國本伝次郎	父		咸安郡北面中岩里五八
三二四	歩兵八〇連隊	ニューギニア、ブーツ	一九四五・〇一・三〇	金光鐘錫	兵長	戦死	馬山府月影洞二一五
		マラリア	×	金光小容伊	父		馬山府月影洞二一五
三二五	歩兵八〇連隊	ニューギニア、ブーツ	一九四五・〇一・三〇	金宮道植	兵長	戦死	河東郡北川面沙坪里四一二
		マラリア	×	金宮洛朱	父		河東郡北川面沙坪里四一二
三一四	歩兵八〇連隊	ニューギニア、ソナム	一九四五・〇一・三〇	金澤斗益	伍長	戦死	金海郡駕洛面竹林里一〇〇七

			×	金澤正圭	父		金海郡駕洛面竹林里一〇〇七
三六三	歩兵八〇連隊	ニューギニア、ロアン	一九四五・〇三・〇五	後藤忠八郎	伍長	戦死	南海郡雪川面徳申里四八二
		胸部貫通銃創	×	後藤清吉	父		大阪府中河内郡美村米沢町九－一一七
三五七／九二七	歩兵八〇連隊	ニューギニア、ソナム	一九四五・〇三・〇六	長弓彩圭	軍曹	戦死	陝川郡三嘉面錦里五三〇
			×	長弓振換	父		陝川郡三嘉面錦里五三〇
三九六	歩兵八〇連隊	ニューギニア、ブーツ	一九四五・〇三・一六	安田碩業	伍長	戦死	統営郡龍南面龍門里三〇
		全身爆創	×	安田乃秀	父		統営郡龍南面龍門里三〇
三〇九	歩兵八〇連隊	ニューギニア、サブルマン	一九四五・〇五・〇三	金田明律	兵長	戦死	昌原郡熊川面有徳里一七四－三〇
		頭部貫通銃創	×	金田梦治	父		昌原郡熊川面有徳里一七四－三〇
三〇二	歩兵八〇連隊	ニューギニア、ボニプ	一九四五・〇七・一三	金本点壽	伍長	戦死	宜寧郡柳谷面馬楊里二四二
			×	田村正順	母		宜寧郡柳谷面馬楊里二四二
四二三	歩兵八〇連隊	ニューギニア、マルベン	一九四五・〇八・一二	山本栄昌	伍長	戦死	居昌郡加祚面一釜里
		頭部貫通銃創	一九二二・〇七・一三	山本邦煥	父		居昌郡加祚面一釜里
八六五	歩兵八〇連隊補充隊	台湾高雄沖	一九四五・〇一・〇九	伊山宣文	不詳	戦死	咸陽郡休川面金盤里
			×	朴田九	父		咸陽郡休川面金盤里
九〇〇	歩兵八〇連隊補充隊	台湾高雄沖	一九四五・〇一・〇九	金川小鳳	上等兵	戦死	居昌郡南上面×尺里四一二
			一九二四・〇五・〇六	金川學文	父		居昌郡南上面×尺里四一二
九〇三	歩兵八〇連隊補充隊	台湾高雄沖	一九四五・〇一・〇九	河本正浩	上等兵	戦死	昌寧郡昌楽面玉泉里五三一
			一九二四・〇一・〇六	河本椎水	父		昌寧郡昌楽面玉泉里五三一
九〇四	歩兵八〇連隊補充隊	ニューギニア、ブーツ	一九四四・一〇・二一	山本英鎬	兵長	戦死	昌寧郡大合面宜介里四〇
			×	山本命伊	父		昌寧郡大合面宜介里四〇
四八三	歩兵一〇六連隊	ビルマ、ビエビン	一九四五・〇四・〇六	金本光成	伍長	戦死	金海郡二北面屛洞里三五七
		胸部戦車砲弾創	一九一八・一二・二〇	金本忠三郎	父		金海郡二北面屛洞里三五七
四八四	歩兵一〇六連隊	ビルマ、ビエビン	一九四五・〇四・〇六	金久吉輝	兵長	戦死	釜山府下瑞町四三一
		胸部砲弾破片創	一九二二・一〇・〇二	金久弼済	父		釜山府下瑞町四三一
四八五	歩兵一〇六連隊	ビルマ、ウエトレット	一九四五・〇三・〇八	狩野見重之	伍長	戦死	釜山府寶永町一－一二五
		腹部戦車砲弾破片	一九一九・〇四・二五	狩野見清武	父		釜山府寶永町一－一二五
九一三	歩兵一三七連隊	河南省	一九四四・一一・一〇	木下熙奎	兵長	戦死	南海郡雪川面直木里一一八
			×	―	父		―
六三四	歩兵一三九連隊	内郷県魁門関	一九四五・〇四・一七	竹山龍夫	兵長	戦死	釜山府草邑里五七二
		右肩部砲弾破片創	×	竹山仁洪	父		釜山府草邑里五七二
五五七	歩兵一五三連隊	ビルマ、ミンゴン	一九四五・〇四・二三	清水元植	伍長	戦死	咸陽郡咸陽面下洞八六六
		右腰部貫通銃創	一九二二・〇八・〇二	清水大善	父		咸陽郡咸陽面下洞八六六
六六四	歩兵一六三連隊	河南省	一九四四・〇五・〇三	江原成根	上等兵	戦死	蔚山郡三南面投洞里九九六－一
			一九二三・〇六・二三	江原×秀	父		蔚山郡三南面投洞里九九六－一

六六五	歩兵一六八連隊	河南省一一〇師野病	一九四四・〇七・二八	光山明助	上等兵	戦病死	南海郡南海面西辺洞一四五―三
			×	光山政孝	父		南海郡南海面西辺洞一四五―三
六一〇	歩兵一六八連隊	ビルマ、バーモ	一九四四・〇二・〇七	新井文祚	兵長	戦死	統営郡沙等面徳湖里五〇
		右胸部砲弾破片創	一九二一・〇三・〇二	新井道逸	父		統営郡沙等面徳湖里五〇
六二三	歩兵一六八連隊	カムラン湾	一九四四・〇八・二〇	奇渡均燮	兵長	戦死	統営郡統営邑朝日町五一八
		だあばん丸海没	一九二四・〇四・一八	奇渡又今	父		統営郡統営邑朝日町五一八
六三二	歩兵一六八連隊	カムラン湾	一九四四・〇八・二一	神農龍熙	兵長	戦死	居昌郡高梯面鳳山里一一五一
		だあばん丸海没	一九二五・〇一・〇五	神農玩馨	父		居昌郡高梯面鳳山里一一五一
六一三	歩兵一六八連隊	雲南省竜陵	一九四四・〇九・一二	大山福廣	兵長	戦死	咸安郡伽倻面来山里四九五
		腹部砲弾破片創	一九二三・一二・三〇	大山奉九	父		咸安郡伽倻面来山里四九五
六一五	歩兵一六八連隊	雲南省竜陵	一九四四・〇九・一四	倉田聖三	兵長	戦死	馬山府月影洞四一九
		左胸部貫通銃創	一九二二・〇一・一一	倉田康子	妻		馬山府元町二一五
八五四	歩兵一六八連隊	雲南省遮放	一九四四・一一・一一	白川龍雄	兵長	戦死	居昌郡主尚面南山里一一七二
		左胸部貫通銃創	一九二〇・一〇・〇七	白川明基			—
六三〇	歩兵一六八連隊	雲南省遮放	一九四四・一一・一七	岩本振學	伍長	戦死	密陽郡密陽邑内一洞二六八
		大腿部砲弾破片創	一九二四・〇九・一四	岩本分南	母		密陽郡密陽邑内一洞二六八
六一八	歩兵一六八連隊	雲南省遮放	一九四四・一一・二一	成岡晋漢	伍長	戦死	晋州府蓬莱町三八九
		頭部砲弾破片創	一九二四・〇八・二四	成岡吉龍	父		晋州府蓬莱町一一七
六二二	歩兵一六八連隊	雲南省遮放	一九四四・一一・二三	三成光弘	兵長	戦死	蔚山郡下廂面梁泗里八〇八
		腹部貫通銃創	一九二四・〇三・〇一	三成琪銘	父		蔚山郡下廂面梁泗里八〇八
六〇七	歩兵一六八連隊	ビルマ、バーモ	一九四四・一二・〇三	富原豊一	軍曹	戦死	蔚山郡蔚山邑鶴山洞一七五
		頭部貫通銃創	一九二四・〇三・〇一	富原星吉	兄		蔚山郡蔚山邑鶴山洞一七五
六二九／九一九	歩兵一六八連隊	ビルマ、バーモ	一九四四・一二・〇五	長川俊夫	兵長	戦死	咸安郡代山面大沙里三四七
		腹部貫通銃創	一九二五・〇二・〇五	長川永淳	父		咸安郡代山面大沙里三四七
六一七／九三四	歩兵一六八連隊	ビルマ、バーモ	一九四四・一二・一五	廣津光元	兵長	戦死	金海郡進禮面新月里三五
		頭部貫通銃創	一九二〇・〇一・二〇	廣津浩然	妻		金海郡進禮面新月里三五
八五九	歩兵一六八連隊	ビルマ、バーモ	一九四四・一二・一八	廣津光雄	兵長	戦死	馬山府横田町
			×	—	父		—
六二七	歩兵一六八連隊	ビルマ、ムセ	一九四五・〇一・一〇	平川淳源	伍長	戦死	東莱郡鼎冠面南禮里四三七
		右胸部砲弾破片創	一九二五・一二・二五	平川周鉉	父		東莱郡鼎冠面南禮里四三七
六〇八	歩兵一六八連隊	ビルマ、ムセ	一九四五・〇一・一〇	吉田久雄	兵長	戦死	蔚山郡方魚津邑方魚里六三
		頭部砲弾破片創	一九二三・一二・一二	吉田正守	兄		釜山府東大新町三丁目三三
六二〇	歩兵一六八連隊	ビルマ、ムセ	一九四五・〇一・一〇	宮國信義	兵長	戦死	釜山府
		腹部貫通銃創	×	—			—
六二一	歩兵一六八連隊	ビルマ、モンユク	一九四五・〇一・二四	金子正洙	兵長	戦死	陜川郡鳳山面霜峴里四〇六

		頭部迫撃砲弾創	一九二四・〇二・二〇	金山洪祚	父		陜川郡鳳山面霜峴里四〇六
九五五	歩兵一六八連隊	ビルマ、メイクテラー	一九四五・〇三・〇一	神農正淳	伍長	戦死	統営郡山陽面豊和里一七二一
		左胸部手榴弾破片創	一九二三・〇二・〇三	神農局六	父		統営郡山陽面豊和里一七二一
六二五	歩兵一六八連隊	ビルマ、メークテーラ	一九四五・〇三・〇三	西岡相珉	兵長	戦死	東莱郡鼎冠面月坪里二三六
		腰部爆弾破片創	一九二一・〇五・二〇	西岡俊河	父		東莱郡鼎冠面月坪里二三六
六一一	歩兵一六八連隊	ビルマ、メークテーラ	一九四五・〇三・〇五	大野永振	伍長	戦死	金海郡金海邑朝日町三〇五
		頭部砲弾破片創	一九二一・〇一・一二	大野宗協	父		岐阜県土岐津町高山二二六
九四二	歩兵一六八連隊	ビルマ、インドウ	一九四五・〇四・〇一	朝日宜徳	伍長	戦死	泗川郡泗川面亀岩里二二五
			一九一八・〇一・一五	朝日碩敏	父		泗川郡泗川面亀岩里二二五
九二〇	歩兵一六八連隊	ビルマ、カレッ	一九四五・〇四・〇五	栗山希済	兵長	戦死	咸安郡山仁面松汀里一二七
		戦闘中	一九一九・一二・一八	栗山鏞厚	父		咸安郡山仁面松汀里一二七
六二八	歩兵一六八連隊	ビルマ、インドウ	一九四五・〇四・〇七	岩村鏞道	軍曹	戦死	山清郡新安面新安里四五〇
		頭部貫通銃創	一九二四・〇五・二〇	岩村圭聲	父		山清郡新安面新安里四五〇
九三一	歩兵一六八連隊	ビルマ、インドウ	一九四五・〇四・〇七	平山泰興	伍長	戦死	山清郡三壮面洪界里三八六
			一九二二・〇一・二五	平山文祚	父		山清郡三壮面洪界里三八六
九三三	歩兵一六八連隊	ビルマ、インドウ	一九四五・〇四・〇七	眞山順締	伍長	戦死	居昌郡高梯面鳳山里一七二五
			一九二三・一二・〇五	眞山文先	―		居昌郡高梯面鳳山里一七二五
六一二	歩兵一六八連隊	ビルマ、サダ	一九四五・〇四・〇八	金城學龍	伍長	戦死	釜山府蓮山町一四六六
		頭部砲弾破片創	一九二五・〇七・二三	金城二桂	兄		釜山府蓮山町一四六六
六一六	歩兵一六八連隊	ビルマ、ビョウベ	一九四五・〇四・〇九	河本秀夫	兵長	戦死	河東郡花開面塔里八〇五
		頭部貫通銃創	一九二二・一〇・二四	河本清平	父		河東郡花開面塔里八〇五
九二一	歩兵一六八連隊	ビルマ、ヤメセン	一九四五・〇四・一三	青山武弘	上等兵	戦死	咸安郡咸安面北村洞一七九
		叛乱軍の襲撃により	一九二四・〇五・〇七	青山忠市	父		咸安郡咸安面北村洞一七九
九五六	歩兵一六八連隊	ビルマ、ヤタセン	一九四五・〇四・一三	高山仁錫	伍長	戦死	晋陽郡久山面象文里七三八
			一九二四・〇三・二八	高山半申	父		晋陽郡久山面象文里七三八
九四五	歩兵一六八連隊	ビルマ、ピンニナ	一九四五・〇四・二〇	吉原昌孝	兵長	戦死	昌原郡鎮東面古縣里二九二
			一九二六・〇一・一九	吉原正勝	父		昌原郡鎮東面古縣里二九二
六〇九	歩兵一六八連隊	ビルマ、メークテーラ	一九四五・〇五・〇三	檜山煉玉	兵長	戦死	統営郡統営邑道泉里九八
		腹部砲弾破片創	一九二四・一二・〇一	檜山甲振	父		統営郡統営邑新町二六六
六一九	歩兵一六八連隊	ビルマ、ビリン	一九四五・〇五・三〇	巴山宗済	兵長	戦病死	宜寧郡宜寧面東洞九〇九
		マラリア	一九二一・〇四・二〇	巴山鏞淳	父		宜寧郡宜寧面中洞三七七―九
六一四	歩兵一六八連隊	ビルマ、パプン	一九四五・〇六・〇一	千原　宏	兵長	戦死	統営郡統営邑吉野町一七四
		左胸部貫通銃創	一九二一・一〇・一六	千原　稔	兄		統営郡統営邑新町一〇七
六二四	歩兵一六八連隊	ビルマ、ビリン	一九四五・〇七・〇五	金海鐘學	兵長	戦死	昌寧郡都泉面徳谷里八七一
		腹部貫通銃創	一九二二・一〇・二六	金海徹注	父		昌寧郡都泉面徳谷里八七一

六三一	歩兵一六八連隊	タイ、チェンマイ一二一兵病	一九四五・〇八・〇五	松村在練	伍長	戦傷死	南海郡雪川面文巷里三七三
		腹部手榴弾破片創	一九二五・一二・二〇	松村學考	父		南海郡雪川面文巷里三七三
六一六	歩兵一八八連隊	ビルマ、タトン	一九四五・一〇・〇九	森正享龍	伍長	戦病死	河東郡横川面艾峙里五五〇
		マラリア	一九二四・〇五・〇二	森正正建	父		河東郡横川面艾峙里五五〇
五三七	歩兵一八八連隊	積第一五一〇二部隊	一九四五・〇五・〇三	金一玉	一等兵	戦病死	釜山府廣安里六三
			×	金川洪烈	父		蔚山郡青良面中里
七一二	マニラ陸軍航空廠	ルソン島一七四兵站病院	一九四五・一〇・〇四	木戸仁茁	軍曹	戦病死	釜山府釜田里二〇三
		赤痢	×	—			—
五八三	マレー俘虜収容所	不詳	一九四四・〇六・二六	完山明秀	傭人	戦死	固城郡大可面×興里六二五
			×	完山元康	父		固城郡大可面×興里六二五
一〇〇七	マレー俘虜収容所	不詳	不詳	今本茂作	通訳	戦死	晋陽郡一班城面南岩里
			×	リゼンケイ	—		晋陽郡一班城面南岩里
九〇九	野砲二一連隊	ニューギニア、ハンサ	一九四三・〇三・二〇	渡邊純一	兵長	戦死	釜山府東大新町一一一七
			×	渡邊ハリコ	妻		山口県豊浦郡神國村字××片岡方
八四二	野砲二一連隊	ニューギニア、マダン	一九四三・一二・一〇	金山衡運	兵長	戦死	昌寧郡梨房面長川里三〇二
			×	金山斗星	父		黄海道鳳山郡文井面門小里二四六
九一〇	野砲二一連隊	ニューギニア	一九四四・〇二・二三	水上　茂	兵長	戦死	釜山府草場町二一四四
			×	水上寅太郎	父		福岡県糸×郡北崎村宮浦二二九五
九三六	野砲二一連隊	ニューギニア	一九四四・〇八・一四	古賀正巳	軍曹	戦死	密陽郡上南面岐山里二八八
			×	古賀弥太郎	父		福岡県××郡竹野村大字竹野
九一二	野砲二六連隊	ニューギニア	一九四四・一〇・二一	福島　武	上等兵	戦病死	釜山府西町三三五
			×	福島武雄	父		釜山府西町三三五
二一六	野砲二六連隊	ニューギニア、シャルム	一九四三・一〇・二七	今井太喜治	伍長	戦死	釜山府大橋通一一九一
		頭部貫通砲弾破片	×	今井キクエ	妻		釜山府大橋通一一九一
二一七	野砲二六連隊	ニューギニア、コシヤマ	一九四四・〇三・一七	緒方壽一	兵長	戦死	馬山府柳町六
			×	緒方アサヨ	父		密陽郡密陽邑駕谷洞六五三
二一八	野砲二六連隊	ニューギニア、マラガ	一九四四・〇三・〇七	大山漢益	上等兵	戦死	居昌郡居昌邑下洞一二七一
			×	大山妙介	母		居昌郡居昌邑下洞一二七一
二一〇	野砲二六連隊	ニューギニア、坂東川	一九四四・〇七・一六	大山正済	兵長	戦死	咸安郡郡北面徳代士里八三一
		腹部貫通銃創	×	大山徳律	兄		—
二一三	野砲二六連隊	ニューギニア、スマイン	一九四四・一二・二一	光山正純	上等兵	戦病死	昌寧郡高岩面中川里四八四
		脚気	×	光山秀沃	父		昌寧郡高岩面中川里四八四
二八	野砲二六連隊	ニューギニア、ダクア	一九四四・一二・三〇	松山栄雄	兵長	戦死	河東郡黄川面如徳里三〇
			×	松山必順	妻		河東郡黄川面如徳里三〇
二一一	野砲二六連隊	ニューギニア、サウリック	一九四五・〇一・一六	山川祥奎	兵長	戦死	山清郡丹城面沙月里三五七

		頭部貫通銃創	×	山川守介	父		山清郡車黄面伝里
二一四	野砲二六連隊	ニューギニア、ヤミル 頭部貫通銃創	一九四五・〇四・一三 ×	河本成泰 河本右允	兵長 父	戦死	梁山郡院洞面龍塘里七一 梁山郡院洞面龍塘里七一
二一二	野砲二六連隊	ニューギニア、ヤミル 頭部貫通銃創	一九四五・〇六・一三 ×	白川正秀 白川猪太郎	兵長 父	戦死	居昌郡月川面西辺里七〇四 居昌郡月川面西辺里七〇四
二一五	野砲二六連隊	ニューギニア、アルス マラリア	一九四五・〇九・〇一 ×	岩谷世奇 岩本庄煥	兵長 父	戦病死	密陽郡丹城面泛棹里九〇一 密陽郡丹城面泛棹里九〇一
五八五	野砲六連隊補充隊	不詳	一九四五・〇一・一七 ×	松田尚道 —	上等兵	戦死	泗川郡泗川面洙石里 —
九一四	野砲三〇連隊	横須賀陸軍病院	一九四五・一一・二六 ×	村中二郎 —	兵長	戦病死	釜山府幸町二－九 —
六六七	野戦高射砲五八大隊	ニューギニア、ウウェワク	一九四四・〇六・〇八 一九二四・〇二・二〇	金澤秀岡 金澤咸武	上等兵 父	戦病死	山清郡山清面寒洞八六 山清郡山清面寒洞八六
六六六	野戦高射砲五八大隊	ニューギニア、ウウェワク	一九四五・〇八・二二 一九二〇・〇八・二五	中原武夫 中原　守	兵長 父	戦病死	釜山府区草梁町七二五 釜山府区草梁町七二五
二一八	野戦高射砲五九大隊	ソロモン島ボーゲンビル マラリア	一九四五・〇五・一〇 一九二三・一〇・〇七	守谷三郎 守谷シズ子	兵長 母	戦病死	密陽郡密陽邑駕谷洞一九三 密陽郡密陽邑駕谷洞一九三
八九九	野高射砲七五大隊	湖北省一七九兵病 マラリア	一九四六・〇三・二一 一九二四・〇一・二六	呉鐘洙 呉俊球	上等兵 父	戦病死	山清郡丹城面城内里二五八 山清郡丹城面城内里二五八
七二七	臨時野戦補充隊	ルソン島リザール州 全身砲弾破片創	一九四五・〇五・一〇 ×	福田卓巳 —	伍長 母	戦死	昌原郡鎮海邑日出通一三 昌原郡鎮海邑日出通一三
九三五	野戦高射砲八一大隊	沖縄県	一九四一・〇六・二三 一九二三・〇七・一〇	柳震仲 柳鳳永	兵長 父	戦死	金海郡進永面余乗里七〇〇 尼崎市健宗町六
一〇三九	陸軍運輸部	N一四・五〇E一二九・四五	一九四二・一一・一八 ×	金田平五 —	発動機工	戦死	河東郡金南面露梁里三七七 —
一〇九七	陸軍重砲兵学校 一野戦補給司令部	済州島沖	一九四四・〇四・二二	白石信一	伍長 父	戦死	迎日郡浦項邑上島洞二四五 迎日郡浦項邑上島洞二四五
一〇六一	陸軍船舶管理部	静岡県	一九四五・〇二・〇八 一九〇九・〇九・〇一	河清一 —	甲板員	戦死	昌原郡内西面檜城面里三六六 —
六七三	一挺身機関砲隊	ルソン島クラーク	一九四五・〇三・一〇 一九二四・一一・一三	花原宗鉉 花原誠貫	伍長 父	戦死	咸陽郡瓶谷面松坪里二八三 咸陽郡瓶谷面松坪里二八三
一八八	一野戦補給司令部	マニラ、モンテルパン 全身砲弾破片創	一九四五・〇六・一六 ×	河村仲信 河村厚文	軍曹 父	戦死	山城郡丹城面城内里五九六 山城郡丹城面城内里五九六
五七五	二揚陸司令部クチン支部	西ボルネオ	一九四五・〇五・一三 ×	李命作 —	傭人	戦病死	河東郡辰橋面安新里 —

一八四	六航空軍司令部	沖縄島附近	一九四五・〇五・一一 一九二〇・一一・〇六	光山文博 光山栄太郎	大尉 父	戦死	泗川郡西浦面外鳩里四五九 —
一〇九〇	六航空軍司令部	不詳		新井基淑	父	戦死	達城郡求智面倉洞五六五 —
一〇九一	六航空軍司令部			金井岩佑	父	戦死	義城郡玉山面甘渓洞七四四 義城郡玉山面甘渓洞七四四
七一九	七野戦船舶廠	沖縄本島前田	一九四五・〇五・一〇 一九一八・〇二・一二	富田泰鳳 富田雲敞	雇員 父	戦死	金海郡伽洛面鳳林里三八〇 金海郡伽洛面鳳林里三八〇
七二〇	七野戦船舶廠	沖縄本島前田	一九四五・〇五・一〇 一九二一・〇九・二〇	夏山　清 夏山健一	雇員 父	戦死	昌原郡上南面南山里七一六 昌原郡上南面南山里七一六
一〇八八	七野戦船舶廠	不詳		池本興賛	父	戦死	迎日郡東海面立岩洞四一四 迎日郡東海面立岩洞四一四
八六三	八砲兵隊司令部	ビルマ、レトペンザビン	一九四五・〇五・一五 一九二四・〇九・〇六	木下珉宰 木下學康	上等兵 父	戦死	統営郡東部面加背里二七三 統営郡東部面加背里二七三
八八四	八飛行師団司令部	不詳	不詳 ×	赤松禧富 赤松ミサオ	雇員 妻	不詳	東萊郡日光面横渓里一八八 福岡県遠賀郡遠賀村
五八四	一〇揚陸隊（五共進丸）	南アンダマン島 米潜水艦と交戦中	一九四五・〇一・二〇 一九一〇・一二・二三	金京正勝 金京一安	軍曹 長男	戦死	馬山府小湖里二八二 馬山府小湖里二八二
八五〇	一〇野戦気象隊	北投臨時航空病院 マラリア	一九四六・〇九・一一 一九三一・一二・三〇	河田昭二 河田準弼	曹長 父	戦病死	南海郡三東面蘭陰里五七八 南海郡三東面蘭陰里五七八
一八九	一三軍司令部	東支那海舟山列島 臍武爆弾破片創	一九四五・〇二・一二 一九一七・〇九・一五	金谷三柱 金谷相允	雇員 父	戦死	統営郡光道面魯山里四〇九 統営郡光道面魯山里四〇九
一九〇	一三軍司令部	東支那海舟山列島	一九四五・〇二・一二 一九二六・〇九・〇九	青山東玉 青山東碩	傭人 父	戦死	南海郡三東面知足里八一八 南海郡三東面知足里八一八
九九一	一四師団司令部	不詳	一九四五・〇二・二五 ×	梁川桂鎬 梁川益命	軍夫 父	戦死	金海郡下東面草亭里 金海郡下東面草亭里
二三二	一四師団司令部	パラオ島一二三兵站病院	一九四五・〇六・一二 ×	大山永萬 大山鳳桂	傭人 兄	戦病死	金海郡下東面大古里 金海郡下東面大古里
六四〇	一四師団司令部	パラオ島ガスパン	一九四五・〇六・二五 ×	金井珠石 金井点大	傭人 兄	戦病死	陜川郡三嘉面錦里 陜川郡三嘉面錦里
六四一	一四師団司令部	パラオ島一四師団野病	一九四五・〇七・〇一 ×	立石鳳義 金水林	傭人 母	戦病死	晋陽郡井村面禮下里 晋陽郡井村面禮下里
九九二	一四師団司令部	不詳	一九四五・〇九・〇一 ×	林令龍 林宗宅	軍夫 父	戦病死	金海郡進永邑進永里一二三七 金海郡進永邑進永里一二三七
二四一	一四師団経理部	不詳	一九四五・〇一・一八	山本独伊	軍属	戦傷死	昌寧郡昌寧面末訖里

			×	—			—
八五一	一四師団管理部	パラオ島ガスパン	一九四五・〇七・一二	玉山潤甲	傭人	戦死	河東郡玉泉面屏川里
		全身爆創	×	玉山時甲	兄		河東郡玉泉面屏川里
八五二	一四師団管理部	パラオ島ガスパン	一九四五・〇七・一二	金村徳作	傭人	戦死	河東郡北川面黄里中村
		全身爆創	×	金村萬善	父		河東郡北川面黄里中村
八五三	一四師団管理部	パラオ島アルミズ	一九四五・〇七・一四	槐原永信	傭人	戦死	居昌郡主尚面西玩垈里四一六
		全身爆創	×	徳原泰信	弟		居昌郡主尚面西玩垈里四一六
五八二	一四師団経理部	パラオ島瑞穂村	一九四五・〇八・〇七	菁川漢七	傭人	戦死	南海郡古縣面南峙里
			×	菁川漢石	父		南海郡古縣面南峙里
六四二	一四師団管理部	パラオ島一二三兵站病院	一九四五・〇九・一六	昌山泰煥	傭人	戦病死	河東郡北川面芳華里三三九
			×	昌山敬作	父		河東郡北川面芳華里三三九
九四三	一四方軍臨時野補充隊	ルソン島イポ	一九四五・〇五・一〇	神田卓巳	伍長	戦死	昌原郡鎮海邑日出町一三
			×	神田タカ	母		広島県呉市廣町字三坂池七九八
九八七	一四方軍情報部	ルソン島マゴック	一九四五・〇七・一五	金岩洪錫	雇員	戦病死	固城郡巨流面塘河里五六七
			×	金岩覚集	—		兵庫県多司郡西脇町東新町九二
一〇七二	一七碇司令部	三江省	一九三八・一〇・二四	崔産石	船員	戦死	統営郡一運面望崎里二〇
			×	—			—
一〇九三	一七碇司令部	ニューギニア、サプア	一九四四・〇一・一〇	天水華鎬	軍属	戦死	金泉郡金泉邑南山町三六二九
					父		金泉郡金泉邑南山町三六二九
九八一	一八軍臨時道路構築隊	ニューギニア、ギルワ	一九四二・一二・〇三	松原周興	軍属	戦死	南海郡昌善面東島里五八二
			一九二三・〇九・二〇	松原洪女	母		南海郡昌善面東島里五八二
一〇〇八	一八軍臨時道路構築隊	ニューギニア、ベザボア	一九四二・一二・〇三	高山壽永	軍属	戦死	晋州府南山町一二四
			×	—			—
九七六	一八軍臨時道路構築隊	ニューギニア、ザボア	一九四二・一二・〇八	星山根堅	軍属	戦死	南海郡三東面蘭陵里三六二
			一九二一・〇九・一一	星山千嘉	父		南海郡三東面蘭陵里三六二
九七九	一八軍臨時道路構築隊	ニューギニア、ギルワ	一九四二・一二・一二	河本太順	軍属	戦死	南海郡古縣面浦上里一七六
			一九〇七・〇七・〇七	河本春点	妻		南海郡古縣面浦上里一七六
一〇〇九	一八軍臨時道路構築隊	ニューギニア、ギルワ	一九四二・一二・二三	廣川未龍	軍属	戦死	晋州府南山町一六八
			×	廣川鳳順	母		晋州府南山町一六八
九九三	一八軍臨時道路構築隊	ニューギニア、ギルワ	一九四二・一二・二四	大原斗表	軍属	戦死	金海郡金海邑田下里一五四
			×	大原龍牙	—		金海郡金海邑田下里一五四
九八〇	一八軍臨時道路構築隊	ニューギニア、ギルワ	一九四二・一二・二八	松衛奎洪	軍属	戦死	南海郡吉縣面梧谷里一三七九
			一九二〇・〇八・〇七	松衛宗勳	父		南海郡吉縣面梧谷里一三七九
九七四	一八軍臨時道路構築隊	ニューギニア、ギルワ	一九四二・一二・三〇	松田忠根	軍属	戦死	南海郡東海面深川里四一〇
			一九二二・〇二・〇八	松田鳳燮	父		南海郡東海面深川里四一〇

九九四	一八軍臨時道路構築隊	ニューギニア、ギルワ	一九四二・一二・三〇 ×	華山鎮守 華山元謀	軍属 ー	戦死	金海郡金海邑亀山町五一 ー
九八二	一八軍臨時道路構築隊	ニューギニア	一九四三・〇一・〇二 ×	河本三郎 ー	軍属	戦死	南海郡古縣面浦上里 ー
九七八	一八軍臨時道路構築隊	ニューギニア、ギルワ	一九四三・〇一・〇三 ×	柳井敏碩 柳井星三	軍属 父	戦死	南海郡三東面蘭陰里一四八三 南海郡三東面蘭陰里一四八三
九六三	一八軍臨時道路構築隊	ニューギニア、ギルワ	一九四三・〇一・一一 ×	今井徳文 ー	軍属	戦死	釜山府蓮山町三九六 ー
一〇〇二	一八軍臨時道路構築隊	ニューギニア、ギルワ	一九四三・〇一・一二 ×	伊原永淳 ー	軍属 ー	戦死	昌原郡亀山面柳山里 昌原郡亀山面柳山里
九七五	一八軍臨時道路構築隊	ニューギニア、ギルワ	一九四三・〇一・一二 ×	眞城晩珠 眞城漢弥	軍属 父	戦死	南海郡二東面茂林里一五九 南海郡二東面茂林里一五九
九九七	一八軍臨時道路構築隊	ニューギニア、ギルワ	一九四三・〇一・一三 一九二三・〇一・〇九	大城成洙 大城分伊	軍属 ー	戦死	金海郡進禮面淡案里三四八 ー
一〇一〇	一八軍臨時道路構築隊	ニューギニア、ギルワ	一九四三・〇一・一三 一九二〇・〇六・〇四	平野忠洙 平野忠順	軍属 父	戦死	晋州府幸町二〇五 晋州府幸町二〇五
九九五	一八軍臨時道路構築隊	ニューギニア、ギルワ	一九四三・〇一・一五 ×	金本水龍 金本南茁	軍属 母	戦死	金海郡金海邑亀山町六八〇 金海郡金海邑亀山町六八〇
九七七	一八軍臨時道路構築隊	ニューギニア、ギルワ	一九四三・〇一・一六 一九一六・〇二・〇六	松本龍煥 松本斗点	軍属 妻	戦死	南海郡三東面蘭陵里三六二 南海郡三東面蘭陵里三六二
九九六	一八軍臨時道路構築隊	ニューギニア、ギルワ	一九四三・〇一・一六 ×	檜山且奉 檜山賛益	軍属 父	戦死	金海郡金海邑田下里一六六 金海郡金海邑田下里一六六
一〇二七	一八軍臨時道路構築隊	ニューギニア、ギルワ	一九四三・〇一・一六 ×	金聖振 金在鍾	不詳 父	戦死	晋陽郡集覧面亭坪里三一三 晋陽郡集覧面亭坪里三一三
九九〇	一八軍臨時道路構築隊	ニューギニア、ギルワ	一九四三・〇一・二〇 一九一二・〇八・〇五	重光奇煥 重光林氏	軍属 母	戦死	宜寧郡華井面華井里六八七 宜寧郡華井面華井里六八七
七〇三	一九師団衛生隊	ルソン島バギオ兵病 マラリア	一九四五・〇三・一三 ×	金谷宗達 金谷孝又	雇員 妻	戦病死	宜寧郡七谷面陶山里 宜寧郡七谷面陶山里
三四	一九野戦航空修理廠	タイ、バンコック	一九四五・〇八・一八 ×	金光文雄 金光明雄	雇員 弟	戦死	釜山府有楽町二三三 馬山府上南洞一三七
七〇四	一九野戦航空修理廠	ルソン島バングロガン マラリア	一九四五・〇七・二七 ×	檜山明甲 檜山栄憲	雇員 父	戦死	固城郡巨流面松山里一六四 固城郡巨流面松山里一六四
四〇	二〇師団衛生隊	ニューギニア、マルジップ	一九四四・〇九・一五 一九二三・〇三・二六	河野在徳 河野在鎬	上等兵 従兄	戦死	昌寧郡梨房面雁里一八〇三 昌寧郡梨房面雁里一八〇三
四一	二〇師団衛生隊	ニューギニア、ダンダヤ	一九四四・〇八・一五	東岡永達	兵長	戦死	山清郡新等面丹沃里三七二

番号	部隊	場所・死因	年月日	氏名	階級・続柄	区分	住所
			一九二〇・〇二・二五	東岡通清	父		山清郡新等面丹沃里三七二
一一八	二〇師団衛生隊	ニューギニア、サルップ	一九四三・〇七・一七	林章佑	上等兵	戦死	統営郡統営邑新町
			一九二一・一二・一八	林泰守	父		統営郡統営邑新町
一一九	二〇師団防疫給水部	ニューギニア、サルップ	一九四四・〇七・二八	東原正云	上等兵	戦死	晋陽郡一班面倉村里
			一九二二・〇四・〇四	東原高五	父		晋陽郡一班面倉村里
一一七	二〇師団防疫給水部	ニューギニア、バナム	一九四四・〇八・二〇	豊原　実	上等兵	戦死	東萊郡鼎冠面山田里
			一九二四・〇九・一一	豊原之宗	祖父		釜山府水晶町一〇〇
一二〇	二〇師団防疫給水部	ニューギニア、バナム	一九四四・〇九・〇九	本居義英	上等兵	戦死	河東郡河東邑蘭洞
			×	本居清常	父		河東郡河東邑蘭洞
一一五	二〇師団防疫給水部	ニューギニア、バナム	一九四四・〇九・一三	金岡享坤	上等兵	戦死	南海郡南海面北辺洞一四八
			一九二二・〇七・二〇	金岡容夏	父		南海郡南海面北辺洞一四八
一二一	二〇師団防疫給水部	ニューギニア、バナム	一九四四・〇九・二八	山村相驥	兵長	戦死	河東郡南面路梁里四三四
			一九二二・〇三・二〇	山村教雨	父		河東郡南面路梁里四三四
一一六	二〇師団防疫給水部	ニューギニア、オクナール	一九四四・一一・一七	金山勇雄	上等兵	戦死	居昌郡居昌邑下洞
			一九二二・〇七・二〇	金山基永	父		居昌郡居昌邑下洞
一二三	二〇師団防疫給水部	中支一七三兵站病院	一九四五・〇五・〇五	蘇山文子	傭人	戦病死	昌原郡大山面牟山里一六二
		急性腎臓炎・脚気	一九二九・〇四・二〇	蘇山大吉	父		金海郡進永邑進永里・上海市
一〇八七	二〇師団防疫給水部	南支那海香港沖	一九四五・〇七・二三	夏山種次		戦死	軍威郡友保面羅湖洞二五三
	二三野戦防疫給水部	ビルマ・クニクイン			父		軍威郡友保面羅湖洞二五三
九六一	二三軍野戦貨物廠	香港沖	一九四四・〇四・二三	金福元	軍属	戦死	不詳
			一九二二・〇二・一〇	―	父		―
一〇四八	二三軍野戦貨物廠	香港沖	一九四四・〇四・二二	山島判守	軍属	戦死	蔚山郡方魚津邑方魚里三一〇
		海没	一九一七・〇三・〇七	―	―		―
一〇一一	二三軍野戦自動車廠	香港沖	一九四四・〇四・一七	山本應実	軍属	戦死	統営郡統営邑直南里
			一八八九・〇八・二九	―			―
四三	三〇師団防疫給水部	ミンダナオ島	一九四五・〇七・一四	徳盛弘彰	兵長	戦死	梁山郡下北面芝山里
		左胸部貫通銃創	×	徳盛正忠	兄		梁山郡下北面芝山里
六九三	三〇師団防疫給水部	ミンダナオ島	一九四五・〇七・二三	原本東錫	兵長	戦死	固城郡永栄面鳳林里一六八
		頭部貫通銃創	×	原本基炘	父		固城郡永栄面鳳林里一六八
九四七	三〇師団衛生隊	ミンダナオ島ピナムラ	一九四五・〇七・一〇	神守大允	兵長	戦死	晋州府二班城面吉星里
			×	神守×鳳	父		晋州府二班城面吉星里
六九一	三〇師団衛生隊	ミンダナオ島ウピアン	一九四五・〇四・二九	中國茂男	兵長	戦死	馬山府俵町六七
		腹部砲弾破片創	×	中國柳三郎	父		馬山府南洞二二八
六九四	三〇師団衛生隊	ミンダナオ島カパンカ	一九四五・〇五・一〇	新井永助	兵長	戦死	釜山府中島町一―五
		腹部貫通銃創	×	新井恵雄	父		釜山府中島町一―五

八三	三〇師団衛生隊	ミンダナオ島マラマグ 右胸部貫通銃創	一九四五・〇七・〇一	中野東學 中野基守	伍長 父	戦死	東萊郡沙上面毛羅里八六三 東京都新市場
八五	三〇師団衛生隊	ミンダナオ島サンタロ 頭部貫通銃創	一九四五・〇七・〇一 ×	金本龍鶴 金本×準	兵長 父	戦死	蔚山郡温陽面望楊里 蔚山郡温陽面望楊里
六九二	三〇師団衛生隊	ミンダナオ島ピナムラ 頭部貫通銃創	一九四五・〇七・一〇 ×	神宇大允 神宇嶋鳳	兵長 父	戦死	密陽郡城面吉星里 密陽郡城面吉星里
八四	三〇師団衛生隊	ミンダナオ島プランゲ河 頭部貫通銃創	一九四五・〇八・二一 ×	大村四範 大村充錫	伍長 父	戦死	河東郡全南面弓項里一六六 河東郡全南面弓項里一六六
九一六	三〇師団衛生隊	ミンダナオ島エバサン	一九四五・〇四・二八 一九二二・〇七・〇二	香山春雄 香山順徳	上等兵 妻	戦死	河東郡北川面西黄里三七二 河東郡北川面西黄里三七二
一〇九六	三〇師団一野戦病院 三〇戦闘飛行集団	比島クラーク ルソン島カバツアン	一九四五・〇七・〇六	金文謙	伍長 父	戦死	軍威郡義興面義興洞 ― 軍威郡孝令面馬嘶洞 軍威郡孝令面馬嘶洞
四三〇	三一軍司令部	サイパン島	一九四四・〇七・一八 一九二七・〇一・一〇	松本廷老 松本甲哲	伍長 父	戦死	密陽郡初同面倹岩里二八三 密陽郡初同面倹岩里二八三
一〇一五	三一碇司令部（徳運丸）	ニューギニア・ウウェワク 右胸部爆弾破片創	一九四三・〇八・二四 一九一五・一二・一五	山村性振 山村鳳伊	工員 母	戦死	統営郡山陽面延和里九二七 統営郡山陽面延和里九二七
五四九	三二軍防衛築城隊	沖縄県宮古島	一九四五・〇四・一四 一九二三・〇二・〇二	高山小鳳 高山在敏	傭人 妻	戦死	梁山郡勿禁面勿禁里六五八 梁山郡勿禁面勿禁里六五八
七九九	三二軍防衛築城隊	沖縄県首里	一九四五・〇五・〇六 一九二〇・〇八・〇七	新井禎寛 新井小宣	雇員 父	戦死	釜山府龍湖里六八七 釜山府龍湖里六八七
五九八	三二軍防衛築城隊	沖縄県松川 玉砕	一九四五・〇五・一四 一九二〇・一一・二五	岩本久男 岩本逑龍	雇員 父	戦死	釜山府佐川町九六七 釜山府佐川町九六七
八〇五	三二軍防衛築城隊	沖縄県首里	一九四五・〇五・一五 一九一五・〇一・〇九	金山咸明 金山宅實	雇員 父	戦死	釜山府大淵里三〇六 釜山府大淵里三〇六
八〇四	三二軍防衛築城隊	沖縄	一九四五・〇五・一六 一九一七・〇九・二九	平沼繁盛 平沼五殷	雇員 父	戦死	釜山府龍湖里六六六 釜山府龍湖里六六六
六八八	三二軍防衛築城隊	沖縄県松川 玉砕	一九四五・〇五・一六 一九一七・〇八・〇二	大田昂平 大田耕三	雇員 兄	戦死	晋州府大正町五〇 晋州府明治町二四―四
六八九	三二軍防衛築城隊	沖縄本島首里 玉砕	一九四五・〇五・一六 一九一九・一二・〇三	東條永善 東條奎連	雇員 母	戦死	釜山府門峴里四九 釜山府門峴里四五
九五八	三二軍防衛築城隊	沖縄本島首里	一九四五・〇五・一七 一九一八・〇九・二七	三宅憲一郎 三宅岐鶴	雇員 父	戦死	釜山府草梁町九一七 釜山府草梁町九〇六
一〇〇六	三二軍防衛築城隊	沖縄本島	一九四五・〇五・一七	國定秀龍	雇員	戦死	晋州府本町九一

			一九一五・一一・一四	國定命世	母		晋州府本町九一
六八六	三二軍防衛築城隊	沖縄県松川 玉砕	一九四五・〇五・二八	大本　昇	雇員	戦死	晋州府明治町四三二
			一九二二・〇三・〇四	大本孝盛	父		晋州府明治町四三二
八〇三	三二軍防衛築城隊	沖縄県伊江島	一九四五・〇六・一〇	中原政治	雇員	戦死	釜山府大淵里一四三一
			一九二八・〇五・〇七	中原正雄	兄		釜山府大淵里一四三一
九五七	三二軍防衛築城隊	沖縄本島	一九四五・〇六・一五	平沼清助	雇員	戦死	釜山府龍湖里一四二
			×	平沼正道	父		釜山府龍湖里一四二
六八七	三二軍防衛築城隊	沖縄本島 玉砕	一九四五・〇六・二〇	王本庚得	雇員	戦死	釜山府龍湖里一〇八
			一九〇九・〇四・〇六	王本守廉	妻		釜山府龍湖里一〇八
七九六	三二軍防衛築城隊	沖縄本島	一九四五・〇六・二〇	新井充雄	雇員	戦死	東萊郡東萊邑深山洞二五二
			一九二一・一一・二四	新井小宣	父		東萊郡東萊邑深山洞二五二
七九七	三二軍防衛築城隊	沖縄本島	一九四五・〇六・二〇	坂平試鉉	雇員	戦死	陜川郡佳会面芳里
			一九二三・〇四・〇一	坂平蛽五	父		釜山府佳会面芳里（ママ）
七九八	三二軍防衛築城隊	沖縄本島	一九四五・〇六・二〇	岩本乙出	雇員	戦死	密陽郡下南面良湖里五四
			一九二四・〇八・三一	岩本明子	妻		釜山府谷町二－二〇七
八〇〇	三二軍防衛築城隊	沖縄本島	一九四五・〇六・二〇	金城尚吉	雇員	戦死	釜山府大湖里一〇七二
			一九一五・〇三・〇五	金城仁俊	父		釜山府大湖里一〇七二
八〇一	三二軍防衛築城隊	沖縄本島	一九四五・〇六・二〇	重光富甲	雇員	戦死	蔚山郡下廂面燕洞里
			一九一〇・〇三・〇一	重光×寸	母		蔚山郡下廂面燕洞里
八〇二	三二軍防衛築城隊	沖縄本島	一九四五・〇六・二〇	野田栄進	雇員	戦死	釜山府龍湖里三二八
			一九二四・〇一・二四	野田　實	兄		釜山府龍湖里三二八
八〇六	三二軍防衛築城隊	沖縄本島	一九四五・〇六・二〇	平沼礼萬	雇員	戦死	釜山府龍湖里三二八
			一九二五・一二・一五	平沼俊宅	父		釜山府龍湖里三二八
八〇七	三二軍防衛築城隊	沖縄本島	一九四五・〇六・二〇	山住萬錫	雇員	戦死	東萊郡南面廣安里一二八二
			一九二一・〇七・二八	山住守萬	兄		東萊郡南面廣安里一二八二
八〇八	三二軍防衛築城隊	沖縄本島	一九四五・〇六・二〇	山城大鳳	雇員	戦死	蔚山郡温山町梨津里一二三
			一九二二・〇二・〇一	山城豚伊	父		蔚山郡温山町梨津里一二三
八二四	三二軍防衛築城隊	沖縄本島	一九四五・〇六・二〇	丸山命逑	雇員	戦死	釜山府龍淵里六七一
			一九二一・〇九・一八	丸山英化	父		釜山府龍淵里六七一
六八五	三二軍防衛築城隊	沖縄本島 玉砕	一九四五・〇六・二二	青山斗頭	傭人	戦死	南海郡南海面南辺洞三四一
			一九二二・一〇・二四	青山永逑	父		南海郡南海面南辺洞三四一
九四四	三五軍一開拓勤務隊	ミンダナオ島	一九四五・〇七・三〇	武田勝恩	伍長	戦死	昌原郡大山面北部里
			×	武田宇蔵	父		—
四〇一	三七師団司令部	中支野戦病院 右下腿・大腿手榴弾創	一九四五・〇二・二五	新井保彦	上等兵	戦傷死	東萊郡機張面竹城里一二七
				新井灼得	父		東萊郡機張面竹城里一二七

四四七	三七師団司令部	北ボルネオ マラリア	一九四五・一〇・一九 ×	金満浄 金永洞	臨時雇員 —	戦病死	統営郡山陽面四九八 全羅南道光州府場林町二〇一
一〇九二	三八碇司令部	ビルマ、マンダレー	一九四二・一一・二六	新井連錫	機関員 父	戦死	迎日郡滄州面大浦里八〇 平壌府新里町一二八ー一八号
一〇六七	三八碇司令部	ビルマ、マンダレー	一九四三・〇一・一四 一九一四・一一・一一	金本學斗 —	傭人	公務死	昌原郡亀山面内浦里六一二 —
九八四	三八碇司令部	N一五・八〇E九五・三〇	一九四三・〇八・〇四 一九一一・〇八・〇七	玉山金乭 —	操舵手	戦死	南海郡雪川面徳申里 —
一〇一四	三八碇司令部	N一六・二九E九七・三六	一九四四・〇五・一三 一九一一・〇二・〇七	金岡尚守 沈任伊	船員 妻	戦死	統営郡山陽面楮林里三二 統営郡山陽面玉林里
一〇二四	三八碇司令部モルメン支部	N一六・二九E九七・三六	一九四四・〇五・一三 一九一五・一〇・二四	李村淑重 金徳岳	船長 妻	戦死	統営郡一運面玉林里二四九 統営郡一運面玉林里二四九
一〇二一	三八碇司令部モルメン支部	N一六・二九E九七・三六	一九四四・〇五・一三 一九一三・〇九・〇六	金本道根 金本聖洪	船員 兄	戦死	統営郡一運面三巨里三七二 統営郡一運面三巨里三七二
一〇二二	三八碇司令部モルメン支部	N一六・二九E九七・三六	一九四四・〇五・一三 ××××・一一・一一	鄭点道 鄭邦宅	船員	戦死	統営郡一運面玉林里二七一 統営郡一運面玉林里二七一
五七〇	三八碇司令部	ビルマ・サルウィン河	一九四五・〇二・一九 一九二一・一〇・二七	徳山永煥 徳山達伊	操機手	戦死	釜山府岩南里三三三 釜山府岩南里三三三
八六四	三八碇司令部	ビルマ、バヤガレー	一九四五・〇四・二八 一九二四・〇二・一九	呉光淡珠 呉光永俊	上等兵 父	戦死	統営郡菊山面比珍里四一一 統営郡菊山面比珍里四一一
九四九	三八碇司令部	ビルマ、バヤガレー	一九四五・〇四・二八 一九二三・一二・一七	伊原金石 伊原守英	上等兵 父	戦死	統営郡長承浦邑鵝州七二 統営郡長承浦邑鵝州七二
一〇二六	三八碇司令部モルメン支部	N一六・二九E九七・三六	一九四五・〇五・一三 一九〇五・〇二・〇三	諸岡東善 —	機関長	戦死	統営郡長承浦邑長承浦里五五三 —
九五〇	三八碇司令部	ビルマ、クンヤセ	一九四五・〇七・二六 一九二四・〇五・〇五	茂山吉允 茂山行賛	上等兵 父	戦死	統営郡霊南面沙里一三〇二 統営郡霊南面沙里一三〇二
一八五	三九師団兵器部	ニューギニア	一九四四・一〇・一六 一九二〇・〇二・〇三	松田永域 松田相泰	雇員 父	戦病死	晋州府玉峰町三三〇 晋州府玉峰町三三〇
四五二	三九師団兵器部	湖北省漢口 頭部投下爆弾破片創	一九四四・一二・一〇 ×	柳春秀 柳遠俊	軍属 父	戦死	咸陽郡西上面金塘里一四八 —
一〇二三	四一碇司令部	ビルマ、イラワジ河 頭蓋骨折	一九四四・〇一・二六 一九二〇・一二・〇一	平山水岳 —	甲板員	戦死	統営郡一運面三巨里三五九 —
九六六	四一碇司令部	N一六・二九E九七・三六	一九四五・〇五・〇九 一九〇七・〇七・一一	永本末守 —	甲板員	戦傷死	釜山府瀛仙町二〇五六 —
九八五	四一碇司令部	N一六・二九E九七・三六	一九四四・〇五・一三	金本徳彦	傭人	戦死	南海郡雪川面徳申里七二六

		触雷	一九二六・一二・一九	｜			｜
一〇二五	四一碇司令部	ビルマ、マンダル市	一九四三・〇六・一〇	権田廣守	船員	戦死	統営郡長承浦邑長承浦里四六三
		投下爆弾破片創	一九〇〇・〇一・一四	権田景浮	妻		統営郡長承浦邑長承浦里四六三
一〇九〇	四二碇司令部	不詳	一九四五・〇七・〇四	新井基淑	操機手	戦病死	義城郡丹密面涼岩里六八一
					父		義城郡丹密面涼岩里六八一
一〇九一	四二碇司令部	不詳	一九四五・〇八・一三	金井岩佑	甲板員	戦病死	迎日郡松羅面光川里二区
					父		｜
一〇三三	四四碇司令部	セブ島一四陸軍病院	一九四三・〇二・二〇	青山命奉	傭人	戦病死	釜山府瀛仙町二〇〇五
		頭部挫傷	一八九八・〇一・〇三	青山小順	妻		釜山府瀛仙町二〇〇五
一〇八八	四四碇司令部	ビルマ、マンダレー	一九四五・〇五・〇三	池本興贊	甲板員	戦死	盈徳郡
					父		｜
九八八	四七碇司令部	四船舶輸送司令部	一九四四・〇二・一〇	富山西云	傭人	戦病死	山清郡丹城面城内里一八三一－三〇
			一九二一・一〇・二七	道　長介	父		山清郡丹城面城内里一八三一－三〇
四五〇	四九師団兵器勤務隊	フィリピン、マニラ湾沖	一九四四・一〇・一八	菊田太郎	兵長	戦死	咸陽郡安義面大垈里六一六
		海没	一九二一・〇六・二九	菊田徳元	祖父		｜
二五一	四九師団衛生隊	雲南省	一九四四・一一・二八	釪川珪奉	兵長	戦死	南海郡雪川面文義里二〇六七
		頭・腹部迫撃砲弾片創	×	釪川熙壽	父		南海郡雪川面文義里二〇六七
五〇八	四九師団衛生隊	ビルマ、五六師野戦病院	一九四五・〇一・〇二	松本世柱	兵長	戦病死	南海郡南海面西辺三五六
		マラリア	一九二三・〇二・〇八	松本宇×	父		南海郡南海面北辺洞二－一
五一一	四九師団衛生隊	ビルマ、エナンジャン	一九四五・〇二・〇八	連城明洙	兵長	戦死	固城郡会華面三徳里一八六四
		投下爆弾破片創	×				｜
五一四	四九師団衛生隊	ビルマ、エナンジャン	一九四五・〇二・〇八	金本萬業	兵長	戦死	居昌郡比上面孟杏里八三二
		左胸部機関砲弾創	一九二〇・〇五・〇三	金本政×	父		｜
五一〇	四九師団衛生隊	ビルマ、レッセ	一九四五・〇三・二〇	梁川得柱	兵長	戦死	固城郡巨流面三徳里一八六四
		腹部貫通銃創	×				｜
二三九	四九師団衛生隊	ビルマ、マンダレー	一九四五・〇三・二三	徳原台文	兵長	戦死	晋州府昭和之九
		側頭部胸部破弾破片創	×	徳原允分	妻		晋州府南山町二五三
五一三	四九師団衛生隊	ビルマ、カンダン	一九四五・〇三・二五	金本梅三郎	兵長	戦死	昌原郡熊南面月林里
		頭部迫撃砲弾創	×	｜			｜
六八四	四六師団衛生隊	ビルマ一三二兵站病院	一九四五・〇四・一一	密原生白	兵長	戦傷死	泗川郡昆明面作入里五二
		左胸部砲弾破片創	一九二二・〇七・一三	密原允日	兄		泗川郡昆明面作入里五二
九六九	四九師団衛生隊	ビルマ、タビン	一九四五・〇四・一四	呉山錫泰	兵長	戦死	陜川郡鳳山面鳳渓里四〇八
			一九二三・〇三・〇三	｜			｜
九四六	四九師団衛生隊	ビルマ、グーダック	一九四五・〇五・〇三	厚木興萬	一等兵	戦死	昌原郡上南面龍池里三八七
			×	厚木興高	父		昌原郡上南面龍池里三八七

五〇九	四九師団衛生隊	ビルマ、チテヨキン	一九四五・〇七・二一	南揚祐	伍長	戦死	昌寧郡多山面一四七
		右胸部砲弾破片創	×	―	―		昌寧郡多山面一四七
五一二	四九師団衛生隊	ビルマ	一九四五・〇七・二七	岩本主孝	兵長	戦死	慶尚南道
		溺死	×	―			―
四三二	四九師一野戦病院	マニラ西南海域	一九四四・一〇・一八	大村洪道	兵長	戦死	昌寧郡丈麻面講里
		海没	一九二二・〇四・〇一	大村相互	父		長崎県下県郡鶏知町大字竹敷
九二八	四九師一野戦病院	ビルマ、アナクイン	一九四五・〇九・一六	安藤金岩	兵長	戦病死	陝川郡治炉面二八九
			×	安藤奉岳	母		陝川郡治炉面九汀里二四七
五八六	五五師団司令部	プノンペン一四九兵站病院	一九四五・〇九・三〇	中山綜鎬	上等兵	戦病死	金海郡菉山面菉山里三〇八
		マラリア・脚気	×	中山鶴亥	父		金海郡菉山面菉山里三〇八
八七七	五七碇司令部	小笠原諸島母島沖	一九四四・一一・一一	華山在満	軍属	戦死	宜寧郡宜寧面下里五七八
			一九二四・〇二・〇一	華山合俊	父		宜寧郡宜寧面下里五七八
四五八	六〇師団輜重隊	江蘇省南京	一九四五・〇四・〇三	金城敏文	曹長	戦病死	昌寧郡昌寧面校洞一〇五〇
		アメーバ性赤痢	一九一九・〇八・二〇	金城康隆	父		昌寧郡昌寧面校洞一〇五〇
四五九	六〇師団輜重隊	江蘇省蘇州陸軍病院	一九四四・〇七・〇六	松邦博教	上等兵	戦病死	蔚山郡蔚山邑鶴山洞一二八
		結核性腹膜炎	一九二〇・一二・二一	―			―
五五二	六二碇司令部	南ボルネオ	一九四五・〇四・二七	平野幸雄	傭人	戦死	統営郡沙等面沙等里八二九
			一九二二・一二・〇八	平野耕造	父		統営郡沙等面沙等里八二九
八八	六五師団	不詳	一九四六・〇四・三〇	金本鳳壽	兵長	戦死	泗川郡泗河面平和洞一四〇―一二
			一九二四・〇一・〇九	金本命吉	父		泗川郡泗河面平和洞一四〇―一二
五七二	六五師団司令部	浙江省	不詳	大本×洙	一等兵	不詳	晋陽郡琴山長沙里八三三―一
			一九二四・〇六・二八	大本丁甲	―		晋陽郡琴山長沙里八三三―一
一九八	六九師団司令部	浙江省	一九四五・〇七・一三	蘇山剛二	雇員	戦死	昌原郡大山面竿山里一六二
		腹部盲管銃創	一九一九・一〇・一九	蘇山静子	妻		昌原郡大山面竿山里一六二
九〇八	八六飛行中隊	ニューギニア、アイタベ	一九四四・〇八・一三	市野靖道	中尉	戦死	釜山府東大新町
			×	市野喜久治	父		釜山府東大新町
四七九	九一飛行大隊	フィリピン・クラーク西方	一九四五・〇二・〇六	金澤誠二	兵長	戦死	馬山府萬町一六一
			一九二〇・〇七・〇九	金澤誠一	兄		馬山府新町五
一〇四四	一〇一碇司令部	上海二陸軍病院	一九四一・一〇・一六	金本英柱	舵手	死亡	南海郡三東面勿巾里七一六
			×	―			―
一〇一	一三〇師団砲兵隊	広東八〇兵站病院	一九四五・一一・二五	西山一男	上等兵	戦病死	釜山府富民町三丁目一三
		マラリア・コレラ	一九二四・〇二・一七	西山心守	母		釜山府富民町三丁目一三
八九一	一一四飛行大隊	レイテ島	一九四四・一〇・二九	楠本菊郎	伍長	不詳	釜山府寶水町七三
			×	楠本三重子	妻		釜山府寶水町七三
一一二三	一三七兵站病院	湖南省	一九四四・〇八・〇六	野島一祐	伍長	戦死	河東郡河東邑×龍里七一三

		頭部砲弾破片創	一九二五・〇二・一〇	野島又京	叔父		河東郡河東邑西解良
一六九	一五三兵站病院	天津一五三兵站病院 胸膜炎	一九四五・一〇・二六 一九二五・〇四・二一	金村鳳燮 金村且萬	上等兵 父	戦病死	馬山府元町六五 馬山府平東洞五七－一九
四三四	一五三兵站病院	天津一五三兵站病院 結核性胸膜炎	一九四五・一二・〇六 一九三〇・〇四・二八	高田龍九 高田順伊	軍属 母	戦死	梁山郡東面沙松里二四三 梁山郡東面沙松里二四三
四三五	一五三兵站病院	天津一五三兵站病院 肺結核	一九四五・一二・二二 一九三九・〇五・〇八	金村有祚 金村源善	軍属 父	戦死	釜山府谷町二－八三 釜山府谷町二－八三
五四	一五六兵站病院	漢口二陸軍病院	一九四二・一一・二四 ×	方漢英 －	雇員	戦病死	釜山府草梁竹林洞一〇五 －
七二九	一八〇師団輜重隊	国立舞鶴病院 肺結核	一九四七・〇九・二五 一九二五・〇七・二八	河本宗雄 河本隆行	事務雇員 伯父	死亡	南海郡三東面洞天里八七四 南海郡三東面洞天里八七四
一〇三	不詳	中華民国	一九四五・〇八・三〇 一九一八・〇九・一九	金山在用 －	傭人	戦死	統営郡巨済面西亭里七〇〇 －
五三一	不詳	不詳	一九四五・〇五・〇三 ×	金基玉 金川洪烈	上等兵 父	病死	蔚山郡龍良面中里 －
五三九	不詳	不詳	一九四五・〇八・二〇 ×	平野栄俊 平野萬順	軍属 母	戦死	釜山府鶴見町三－一二 釜山府鶴見町三丁目
五四〇	不詳	岡山陸軍病院	一九四五・〇七・二九 ×	廷原　成 延原　戒	兵長 兄	戦病死	梁山郡東面法基里九二七 梁山郡東面法基里九二七
五五一	不詳	不詳	不詳 ×	金山鴻洙 －	上等兵	不詳	慶尚南道 －
五八七	不詳	ガダルカナル島	一九四三・〇一・〇二 ×	大津信雄 大津秀蔵	伍長 －	戦死	釜山府富老町三－二〇 釜山府富老町三－二〇
五九〇	不詳	不詳	不詳 ×	熊野卓司 熊野倬冬	不詳	不詳	釜山府三島町四丁目一一
八五八	不詳	不詳	不詳 ×	高山秀吉 －	一等兵		金海郡下東面月村里三四三 －
七九〇／八六一	不詳	北ボルネオ	一九四四・〇四・二五 一九二六・〇一・一五	梁川英雄 梁川朝雄	軍属 弟	戦死	密陽郡密陽面二×洞一〇三 岡山県倉敷市船金町一二三九
八八一	不詳	不詳 遺骨	不詳 ×	李寅板 山林東治	不詳 －	戦死	釜山府草梁町 釜山府草梁町
八八六	不詳	不詳	不詳 ×	洪命恩 －	水手 父	戦病死	慶尚南道 －
八八八	不詳	不詳	不詳 ×	平川龍鳳 －	軍属	戦死	釜山府 －

九六八	不詳	不詳	不詳	一九一七・一〇・一二	香村信朝	｜	機関員	｜	死亡	東萊郡亀浦面金谷里一八一	｜
九九八	不詳	ニューギニア、アバボ港	一九四四・〇一・一二	一九二二・〇三・一〇	金本文述	｜	甲板員		戦死	金海郡生林面羅田里九一	｜
一〇一六	不詳	不詳	一九四四・〇五・二三	一九一七・〇三・二〇	朴智性	｜	機関員		戦死	統営郡屯徳面巨林里一一一	｜
一〇二九	不詳	N三四・二〇E一二四・〇	一九四五・〇四・〇二	×	昌山光熙	｜	船員		戦死	釜山府寶水町三－五	｜
一〇三三	不詳	不詳	一九四五・〇六・一〇	×	姜又岩	｜	甲板員		戦死	釜山府草梁町九〇三	｜
一〇三六	不詳	不詳	不詳	×	呉海昜煥	｜	機関見習		死亡	東萊郡鐵馬面瓦禾里二二四	｜
一〇四五	不詳	不詳	一九四五・〇五・〇七	一九二一・〇六・一二	宮田鳳権	｜	機関手		戦死	南海郡丹東面松亭里一〇九九	｜
一〇五二	不詳	不詳	一九四二・〇九・一五	×	青山盛実	｜	船員		戦死	固城郡東海面外谷里一二四	｜
一〇六九	不詳	ラングーン一〇五兵站病院	一九四四・〇四・一六	一八九六・〇八・〇五	大原福祚	｜	工員		戦病死	統営郡屯徳面逑亦里五二九	｜
一〇七〇	不詳	不詳	一九四四・〇五・二三	×	密原智性	密原眞子	傭人	祖母	戦死	統営郡屯徳面巨林里一一一	統営郡屯徳面巨林里一一一
一〇七一	不詳	N二八・二五E一二三・三	一九四四・〇二・〇九	一九一五・一〇・一九	玉山一男	｜	傭人		戦死	統営郡長承浦邑長承浦里一五	｜
一〇七三	不詳	安徽省	一九三八・〇八・二四	×	姜琪煥	｜	船員		戦死	統営郡遠梁面邑徳里六七六	｜
一〇七四	不詳	呉松、九八三大新丸	一九四〇・一一・二一	一九一一・〇三・一八	湖山態伊	｜	船員		公務死	統営郡遠梁面老大里二四六	｜
一〇七七	不詳	不詳	不詳	一九一七・〇二・〇一	金光順植	｜	船員		戦死	統営郡光道面黄里三三〇	｜
一〇七八	不詳	N一四・五〇E一一九・四五	一九四二・一一・一八	×	安田嘉作	｜	発動機工		戦死	統営郡梁山面東港里七二〇－一	｜
一〇七九	不詳	不詳	一九四四・一一・一八	一九〇八・〇三・一五	西原鐘甲	｜	甲板員		戦死	統営郡道山面猪山里二九六	｜
一〇八九	不詳	千島列島択捉島	一九四四・一〇・一八		金山龍圭		甲板員	父	戦死	長興郡夫山面内安里	長興郡夫山面内安里
一〇九五	不詳	不詳	一九四二・〇六・〇五		清水容勉		不詳		戦死	長興郡長興邑洞楊里二〇一	

					父		長興郡長興邑洞楊里二〇一
一二〇一	不詳	不詳	一九四五・〇四・一四	呉山正泰	不詳	不詳	咸平郡鶴橋面錦松里一四八
					父		咸平郡鶴橋面錦松里一四八
一二〇二	不詳	不詳	不詳	金鐘明	軍属	不詳	求禮郡鳳山面一三一
					父		—
一二〇六	不詳	比島方面	一九四四・〇九・二四	河島奉元	軍属	戦死	南海郡二東面茶下里三四八
			×	河島道三	父		南海郡二東面茶下里三四八
一二〇七	不詳	ニューギニア、ニール	一九四四・〇八・一八	金山和春	軍属	戦死	河東郡金南面加徳里一三一
			×	—			—
一二〇九	不詳	ラングーン一〇六兵站病院	一九四四・〇八・二一	鳥川秀雄	兵長	戦病死	陝川郡大陽面我島川里九六九
			×	鳥川荘八			—

◎京畿道　九四一名

原簿番号	所属	死亡場所 死亡事由	死亡年月日 生年月日	創氏名・姓名 親権者	階級 関係	死亡区分	本籍地 親権者住所
七四六	仁川造兵廠平壌所	平壌病院 脳挫傷	一九四五・〇三・三一 ×	平昭世炳 平昭明淳	雇員 —	戦病死	長湍郡長道面沙是里一五五 平壌府堂山町三五
四九七	海上輸送八大隊	比島方面	一九四四・一二・一六 一九二五・〇九・〇一	大山泰永 —	軍属	戦死	始興郡君子面正往鳥里 —
八四一	海艇一四戦隊	ルソン島バタンガス川 頭部貫通銃創	一九四五・〇四・一六 一九二三・〇五・一三	金山秀雄 金澤　言	大尉 父	戦死	京城府鍾路区済祠町二七 京城府鍾路区済祠町二七
四〇八	関東軍一勤隊	奉天関東軍三陸病 赤痢	一九四五・〇九・一四 一九二三・一二・〇八	平田永徹 平田善玉	工員 妻	戦病死	仁川府香取町二六四 仁川府香取町二六四
九四〇	関東軍大連出張所	大連陸軍病院 腸チフス	一九四一・一一・二〇 一九一六・一二・一七	慶原鎰 慶原鶴浩	雇員 父	病死	京城府西大門区天然町一二〇九九 大連市木子陸軍官舎四九－三
一六六	華屯航空地区司	屏東飛行場	一九四四・〇九・一二 一九二八・〇二・二八	小川武龍 小川錦治	兵長 父	戦傷死	仁川府花水町二二 仁川府花水町二二
七二四	騎兵二六連隊	湖北省	一九三九・〇七・一七 ×	朴仁鳳 朴玉鉱	軍属 子	戦死	始興郡二面 —
五〇三	熊本陸軍病院	熊本一病藤崎台分院	一九四五・〇九・〇二 ×	松山學鎮(金松) 松山享太(金松)	上等兵 父	戦病死	開豊郡南面済新里四七－五 開豊郡南面済新里四七－五
五〇五	京城師管歩一補	京城陸軍病院	一九四五・〇六・〇六 一九二四・〇六・二五	松原朝雄 松原漢鎮	上等兵 祖父	平病死	開豊郡嶺南院大院里一七七－一 開豊郡嶺南院大院里一七七－一
八五〇	京城師管歩一補	台湾高雄沖	一九四五・〇九・一三 一九二四・一一・一九	金子孝雄 金子昌雄	兵長 父	戦死	京城府鍾路区忠信町九〇 京城府鍾路区梨花町一七〇
九三八	京城師管歩二補	不詳	一九四五・〇一・〇九 一九二四・〇七・二四	柳井隆秀 柳井啓吾	兵長 父	戦死	京城府鍾路区体府町一一七－一 京城府鍾路区体府町一一七－一
九三九	京城師管区司令部	不詳	一九四五・〇七・〇八 一九一七・一〇・一五	香山信次郎 香山今淑	工員 妻	死亡	京城府西大門区橋北町四－六六 京城府西大門区橋北町四－六六
七九二	京城師管区工補	台湾西方	一九四三・一〇・〇五 一九一四・一〇・一一	小川義春 —	一等兵	戦死	利川郡利川面倉前里 —
九一八	虎頭陸軍病院	東安省虎頭陸軍病院	一九四五・〇六・一〇 一九一三・〇二・一〇	宮本光雄 宮本徳熙	傭人 母	戦病死	京城府西大門区峴底町四五－一九六八 東海×者虎林県虎頭
七六二	高射砲一一一連隊	東京都足立区	一九四五・〇四・一四 一九二四・一一・一七	松山聖仁 松山日南	上等兵 父	戦死	加平郡加平面下色里三七六 加平郡加平面下色里三七六
七六七	高射砲一五二連隊	京城陸軍病院 クループ性肺炎	一九四五・〇四・〇二 一九二四・〇一・〇一	李家教勳 李家熙蔡	一等兵 兄	戦病死	開豊郡南面栗鷹里一九九 開豊郡南面栗鷹里一九九

九一六	抗州憲兵隊	浙江省	一九四一・〇七・二二	今井健治郎	雇員	病死	京城府嘉会町五一
		心臓麻痺	一九一五・〇一・二九	今井清子	妻		京城府社稷町二三七
七五八	工兵二〇連隊	京城陸軍病院	一九四四・一〇・二一	松田永玉	傭人	戦病死	仁川府松材町二五一
		腹部挫傷	一九〇六・一〇・二三	松田房子	妻		仁川府松材町二五一
二一	工兵三〇連隊	ミンダナオ島サスンガン	一九四四・一一・一四	松本光弘	兵長	戦病死	開城府池町一九五
			×	松本鳳國	父		開城府池町一九五
八〇三	工兵三〇連隊	ミンダナオ島	一九四五・〇六・〇七	清田秀夫	兵長	戦死	京城府鍾道区清進町二八七
		頭部貫通銃創	×	清田禎鎮	父		楊平郡低峴面美里一二〇
六二一／九二九	工兵三〇連隊	ミンダナオ島ウマヤン川	一九四五・〇六・一四	金原健吉	曹長	戦死	京城府新設町一三二―六
			×	金原鐘雄	兄		京城府新設町一三二―六
六二〇	工兵三〇連隊	ミンダナオ島ウマヤン川	一九四五・〇六・一九	平沼栄信	伍長	戦死	高霊郡茶山面蘆谷一〇七七
					父		高霊郡茶山面蘆谷一〇七七
六一四	工兵三〇連隊	ミンダナオ島ウマヤン川	一九四五・〇六・二八	大橋辰威	伍長	戦死	泗川郡泗川面泗川里
					父		和歌山市湊大和町一五五三
六一八	工兵三〇連隊	ミンダナオ島ウマヤン川	一九四五・〇七・一三	豊田南煕	伍長	戦死	統営郡山陽面坪林里三一〇
					父		―
六一九	工兵三〇連隊	ミンダナオ島ウマヤン川	一九四五・〇七・一三	泰野教鳳	伍長	戦死	蔚山郡方魚津邑塩浦里柴田七三
							―
六一六	工兵三〇連隊	ミンダナオ島ウマヤン川	一九四五・〇八・〇四	千田義政	伍長	戦死	統営郡遠梁面老大里
							和歌山市湊大和町一五五三
六一七	工兵三〇連隊	ミンダナオ島ウマヤン川	一九四五・〇八・〇四	鶴川七星	伍長	戦死	統営郡遠梁面東港里
							―
六二二	工兵三〇連隊	ミンダナオ島ウマヤン川	一九四五・〇八・二五	松本賛協	伍長	戦死	密陽郡武安面熊同里四四九
							昌寧郡吉谷面吉田第五区
二二	工兵三〇連隊	ミンダナオ島リバノン川	一九四五・〇八・二七	丹山徳煕	兵長	戦死	開城府京町四三〇
		頭部貫通銃創	×	丹山貞蘭	妻		開城府京町四三〇
六一五	工兵三〇連隊	ミンダナオ島ウマヤン川	一九四五・〇八・三一	完山済興	伍長	戦死	南海郡雪川面徳田里
							―
四五四	工兵四九連隊	ビルマ、トグン一九六兵病	一九四五・〇八・〇五	梁原元培	伍長	戦病死	開城府京町一五五
		マラリア	一九二一・〇七・二八	梁原栄泰	父		開城府京町一五五
八七九	混成第六旅団	不詳	一九四五・〇八・二四	大高達三	軍属	不詳	京城府龍山区錦町一八三
			×	朴成子	妻		―
四二九	山砲二五連隊	台湾安平沖	一九四五・〇一・〇九	楠原勝太郎	上等兵	戦死	江華郡松海面崇雷里八〇二
			一九二三・〇五・一〇	楠原龍元	父		江華郡松海面崇雷里八〇二
四五八	山砲二五連隊	台湾安平沖	一九四五・〇一・〇九	山下東順	兵長	戦死	水原郡烏山面西里五〇

番号	部隊	死亡場所	年月日	氏名	階級・続柄	区分	本籍・住所
			一九二五・〇一・一六	山下益三	祖父		水原郡烏山面西里五〇
四七一	山砲二五連隊	台湾安平沖	一九四五・〇一・〇九	岩原満雨	上等兵	戦死	平澤郡松炭面西井里三〇－一
			一九二二・〇四・一三	岩東鐘達	父		平澤郡松炭面西井里三〇－一
四七二	山砲二五連隊	台湾安平沖	一九四五・〇一・〇九	金海潤鏡	上等兵	戦死	平澤郡北面葛串里二〇五
			×	金海顕椅	父		平澤郡北面葛串里二〇五
一六〇	山砲二五連隊	比島、サガタ付近	一九四五・〇三・一三	西原新太郎	伍長	戦死	水原郡雨汀面花樹里三九九
			一九二二・〇三・二八	西原鐘萬	父		水原郡雨汀面花樹里三九九
一六三／九三五	山砲二五連隊	ルソン島タクボ	一九四五・〇四・一五	秦教駿	上等兵	戦死	開城府宮町五〇－一三〇
		頭部貫通銃創	一九二五・〇六・二四	秦仁燮	父		京城府南山町八四
五三七	山砲二五連隊	ルソン島タクボ	一九四五・〇五・一六	松山熙徳	兵長	戦死	驪州郡金沙面利浦里一八六
			一九二四・〇三・〇五	松山潤杏	父		京城府鍾路区五丁目
一六一	山砲二五連隊	ルソン島マンカヤン	一九四五・〇五・二四	金澤勲夫	兵長	戦死	長湍郡長湍面石串里七五〇
			一九二四・〇七・〇四	金澤徳永	父		長湍郡長湍面石串里七五〇
八二〇	山砲二五連隊	ルソン島タクボ	一九四五・〇五・二六	尚武文三郎	上等兵	戦死	京城府鍾路区敦義町八一
		頭部貫通銃創	一九二一・〇五・〇九	尚武寿輔	父		京城府鍾路区敦義町八一
二九九	山砲二五連隊	ルソン島タクボ	一九四五・〇六・〇五	徳村鐘星	上等兵	戦死	楊平郡楊東面佳亭里一四七
			一九二二・〇八・二七	徳村世永	父		楊平郡楊東面佳亭里一四七
一六二	山砲二五連隊	ルソン島タクボ	一九四五・〇六・一三	高村東煥	上等兵	戦死	驪州郡康川面窟岩里二六四
			一九二〇・〇八・一四	高村興先	父		驪州郡康川面窟岩里二六四
三〇〇	山砲二五連隊	ルソン島マンカヤン	一九四五・〇六・三〇	権藤承萬	上等兵	戦死	仁川府郷志町二〇三
			一九二三・一二・二九	権藤允栄	父		仁川府郷志町二〇三
二九二	山砲二五連隊	ルソン島マンカヤン	一九四五・〇七・一二	金海石培	上等兵	戦死	平澤郡北面葛串里二〇五
			一九二四・〇六・一六	金海顕琦	父		平澤郡北面葛串里二〇五
五三四	山砲二五連隊	ルソン島マンカヤン	一九四五・〇七・二〇	三田村英治	兵長	戦死	漣川郡中面三串里三四四
			一九二四・一〇・〇二	三田村教益	父		漣川郡中面三串里三四四
一六四	山砲二五連隊	ルソン島アペオン	一九四五・〇八・〇五	張本龍福	兵長	戦死	水原郡烏山面烏山里三三一
			一九二三・〇一・〇六	張本福興	父		水原郡烏山面烏山里三三一
五三三	山砲二五連隊	ルソン島イダイオン	一九四五・〇八・一〇	岩本義雄	兵長	戦死	利川郡雪星面大田家里一九七
			一九二二・一一・二五	岩本賢治	父		利川郡雪星面大田家里一九七
八一九	山砲二五連隊	ルソン島ズゼット	一九四五・一二・二七	宮本元淳	上等兵	戦死	京城府中区舟橋町八二
		全身爆創	一九二四・〇四・〇七	宮本正雄	父		京城府中区舟橋町八二
七四〇	山砲三一連隊	不詳	一九四五・〇三・一三	國本泰庚	二等兵	戦死	始興郡西面光明里五七五
			一九二三・〇七・一八	國本昌奉	父		始興郡西面光明里五七五
五一九	山砲四九連隊	ビルマ、モールメン	一九四五・〇七・二三	平昌根漢	伍長	戦死	開城府雲鶴町一〇四
			一九二五・〇四・〇一	平昌聖男	父		—

五二〇	山砲四九連隊	ビルマ、モールメン	一九四五・〇六・〇一 一九一二・〇九・二九	金村次男 金村永春	伍長 父	戦死	始興郡東面秀山里一五九七 ―
五四一	山砲四九連隊	ビルマ、カンギリ	一九四五・〇三・一六 一九二三・〇九・二三	元村　瑛 元村　稔	伍長 父	戦死	富川郡素砂面赤谷里四三三 富川郡素砂面赤谷里四三三
八七三	山砲四九連隊	ビルマ、ゼニトア	一九四六・〇二・二四 一九二二・一〇・一九	金本栄根 金本興烈	伍長 祖父	戦病死	京城府鍾路区雲泥洞六四 東大門区新設町九一―四九
七八六	山砲四九連隊	比島マニラ西南方	一九四五・一〇・一八 一九二四・〇二・一八	昭長忠義 昭長基×	兵長 父	戦死	長湍郡長湍面石串里一〇五 長湍郡長湍面石串里一〇五
七二七	支那総軍司令部	湖北省	一九三九・一二・〇九 一九一六・〇二・二〇	金永植 金光連	雇員 父	戦死	京城府敦義町四一 京城府新堂町三〇四―一三七
八〇七	支派遣軍野造所	河北省天津一五三兵病 肺結核	一九四五・〇七・一八 一九二八・〇八・二九	木戸大植 木戸龍漢	傭人 父	戦病死	京城府西大門区峴底町四六―四六 西大門区峴底町一〇一―一四号
一四三	輜重一九連隊	ルソン島バギオ	一九四五・〇五・二六 一九二〇・〇九・〇二	石原光雄 石原正吉	伍長 父	戦死	始興郡南面堂里一一七 始興郡南面堂里一一七
一四四	輜重一九連隊	ルソン島バギオ	一九四五・〇五・二六 一九二三・〇七・二七	咸原鳳鎬 咸原大順	兵長 父	戦死	富川郡素砂面架谷里五九七 富川郡素砂面架谷里五九七
八一七	輜重一九連隊	ルソン島マンカヤン	一九四五・〇六・一八 一九二二・〇八・一五	梁川時平 梁川花永	上等兵 父	戦死	京城府中区芳山町四 京城府鍾路区鍾路六―一二五
五五四	輜重二〇連隊	ニューギニア、二〇師野病	一九四四・〇一・〇七 一九一八・〇三・〇四	大山重賢 大山玉周	上等兵 母	戦死	金浦郡楊村面道沙里二四二 金浦郡楊村面道沙里二四二
五五五	輜重二〇連隊	ニューギニア、二七兵病 マラリア	一九四四・〇六・一三 ×	廣村容成 廣村俊吉	兵長 妻	戦病死	平澤郡西炭面長登里六三九 平澤郡西炭面長登里六三九
八一五	輜重二〇連隊	ミンダナオ島バタング 左胸部貫通銃創	一九四五・〇六・二二 ×	樋口新一 樋口トツ	伍長 母	戦死	京城府中区笠井洞一一 京城府中区笠井洞一一
四四九	輜重二〇連隊補充隊	京城陸軍病院 脳栓塞	一九四五・〇一・〇五 一九二四・〇五・〇八	山全徳相 ―	一等兵 父	病死	水原郡八灘面箕川里三二 ―
七〇三	輜重二六連隊	ニューギニア、ノコポ	一九四四・〇二・〇九 ×	清江壮一 清江成洋	兵長 父	戦死	坡州郡泉峴面法院里 坡州郡泉峴面法院里
二一八	輜重三〇連隊	不詳	一九四五・〇三・二三 一九二四・〇九・〇六	白川學鎮 白川在日	二等兵 父	不詳	開豊郡青郊面墨松里二七 開豊郡青郊面墨松里二七
二一七	輜重四九連隊	ビルマ、ペグー患療所 心臓弁膜症	一九四四・一〇・二九 一九二一・〇一・一七	北原東淳 北原鐘禄	上等兵 父	戦病死	漣川郡南面進祥里四六三 漣川郡南面進祥里四六三
五〇一	輜重四九連隊	ビルマ、ナンボウ	一九四五・〇四・二一 一九二二・〇六・一九	國本武臣 國本興根	伍長 伯父	戦死	平澤郡梧城面新宮里三二 平澤郡梧城面新宮里三二
六二五	輜重四九連隊	ビルマ、ベイヨウ	一九四五・〇五・〇四	松岡良益	兵長	戦死	山清郡新等面陽前里六九

六二六	輜重四九連隊	ビルマ、ベイヨウ	一九四五・〇五・〇四	富永隆盛	兵長	戦死	― 咸陽郡安儀面下源里九七六 ―
一四〇	ジャワ俘虜収容所	ジャワ、ベンドン	一九四五・〇七・〇五 一九二一・〇五・〇六	河本霧泓 河本秋洪	雇員 兄	戦傷死	始興郡安養面安養里六四〇 始興郡安養面安養里六四〇
七五七	ジャワ俘虜収容所	スマトラ島ムコムロ沖	一九四四・〇九・一八	平山栄一 平山氏	傭人 母	戦死	仁川府金谷町三〇 全羅北道群山府幸町五
五一八	水上勤務六九大隊	不詳	一九四五・〇九・二五 一九二四・〇五・二八	南桓範 南甲天	上等兵 父	公傷死	驪州郡康川面伽倻里四九五 驪州郡康川面伽倻里四九五
六一一	戦車二七連隊	沖縄、省野石嶺	一九四五・〇五・一五	香村升烈	伍長 父	戦死	河東郡辰橋面良浦里一八四 河東郡辰橋面良浦里一八四
四五六	戦車二七連隊	沖縄、眞栄平	一九四五・〇六・一一 一九二六・一一・二九	渭川明遠 渭川大哲	伍長 父	戦死	漣川郡旺澄面江内里七六六 長湍郡大江面羅浮里二七五
八七八	船舶工兵一五連隊	シンガポール、一陸病	一九四四・〇五・一三 ×	國長夏雄 國長裕喜熙	准尉 ―	戦死	京城府永登浦区上道町四住宅四三五 ―
六六〇	船舶工兵二〇連隊	レイテ島カンキボクト	一九四五・〇七・〇一 一九一九・一〇・一八	金本義雄 金本成福	伍長 父	戦死	金浦郡陽東面新亭里一二一 金浦郡陽東面新亭里一二一
七三六	船舶工兵二六連隊	沖縄嘉手納	一九四五・〇五・〇四 一九二四・一一・一三	松原炳允 松原伯植	兵長 父	戦死	高陽郡纛島面雌松寧里七二 高陽郡纛島面雌松寧里七二
九一九	船舶輸送司令部	南京総軍司令部内	一九三九・一二・〇九 一九一四・〇二・二〇	金永植 金海光運	雇員 ―	戦死	京城府敦義町四一 京城府新堂町一〇七―四六
六三六	明山丸	不詳	一九四二・〇八・〇九	今村実夫	軍属 父	病死	居昌郡南下面武陵里一一九二 居昌郡南下面武陵里一一九二
七一七	白好丸	N九・三　E五・四四	一九四二・一二・二〇 一九一〇・一二・〇二	都山鎮元 ―	軍属	戦死	京城府安見勳町一四六 ―
九〇六	船舶輸送司令部	北千島幌延	一九四二・一二・三〇 一九〇七・一二・〇二	都山鎮元 都山鎮次郎	軍属	戦死	京城府鍾路区寛勳町一四六 京城府西大門区竹漆町三一―二三九―一
六四三	高知丸	パラオ諸島	一九四三・〇五・二七 ×	呉吉光 呉吉乭	軍属	戦死	仁川府華水町二六六 仁川府華水町二六六
六五五	漢口丸	N二七・一〇　E一二九・三〇	一九四三・〇九・〇二 一九二五・〇五・二五	山城康淳 山城基淳	軍属 兄	戦死	安城郡安城邑西里三三一 安城郡安城邑西里三三一
一七九	船舶輸送司令部	福建省南日島	一九四三・〇九・一五 一九二五・〇五・二九	平松俊植 平松喜春	軍属 父	戦死	江華郡雨寺面寅火里六六〇 江華郡雨寺面寅火里六六〇
六三七	漢江丸	不詳	一九四三・一〇・〇六 一九二一・〇五・一三	岩村　銅 岩村順徳	軍属 妻	戦死	江華郡松海面堂山里六七四 江華郡松海面堂山里六七四

番号	所属	死亡場所	年月日	氏名	区分	状況	本籍・住所
六三八	漢江丸	不詳	一九四三・一〇・〇六	太田孝一	軍属	戦死	水原郡飛鳳面柳浦里八一
			一九一〇・〇六・二〇	大田正一	父		始興郡君子面去毛里内道日七一
六四〇	漢江丸	不詳	一九四三・一〇・〇六	金山善郎	軍属	戦死	江華郡喬桐面上龍里六六九〇二
			一九一八・一〇・〇六	金山善男	父		江華郡喬桐面上龍里六六九〇二
六五三	漢口丸	グタピン沖 潜水艦雷撃で沈没	一九四三・一〇・〇六	密城智勳	軍属	戦死	江華郡喬桐面邑内里二〇二
			一九一六・〇三・二四	密城義勳	兄		江華郡喬桐面邑内里二〇二
一七三	船舶輸送司令部	沖縄	一九四三・一二・一三	松島俊雄	軍属		漣川郡百鶴面斗日里九五
			一九一九・一一・一一	松島奎英	妻		江原道鉄矛駅前
六三五	東晃丸	パラオ、ロレンゴウ間	一九四四・〇一・三〇	尹田壽	軍属	戦死	咸安郡北面徳岱里二八八
					父		—
四九八	大新丸	比島	一九四四・〇二・〇五	金山東玉	軍属	戦死	仁川府金谷町二〇
			一九二四・一〇・二六	金山駿×	父		仁川府金谷町二〇
八七一	船舶輸送司令部	台湾方面	一九四四・〇二・一八	大山一男	軍属	戦死	京城府西大門区杏村町二〇二
			一九二〇・〇五・〇九	大山善治	父		京城府西大門区杏村町二〇二
六五二	東神丸		一九四四・〇二・一九	宮岡昌玉	軍属	戦死	開豊郡西面連山里七五四
			×	—	—		開豊郡西面連山里七五四
七四七	東神丸	N二〇・五四E一一九・五五	一九四四・〇二・一九	宮岡輝宇	軍属	戦死	開豊郡西面連山里七五四
			一九一〇・〇七・二四	宮岡綾子	妻		開豊郡西面連山里七五四
九〇四	船舶輸送司令部	不詳	一九四四・〇二・二七	野村一雄	軍属	戦死	京城府西大門区杏村町三〇－四五四
			一九一六・一〇・〇一	野村成女	母		京城府西大門区杏村町三〇－四五四
六四五	隆亜丸	中千島方面	一九四四・〇三・一三	玉田大烈	軍属	戦死	高陽郡松浦面徳耳里三四三
			一九一四・〇九・一八	玉田喜遠	—		高陽郡松浦面徳耳里三四三
九〇三	船舶輸送司令部	中千島	一九四四・〇三・一三	金子三喆	軍属	戦死	京城府鍾路区苑南町一六二
			一九二一・〇九・二九	金子夏淵			京城府鍾路区苑南町九二
六二三	船舶輸司・三美津丸	ニューギニア、ゲニム	一九四四・〇四・二二	遠成漢根	軍属	戦死	釜山府草邑里五五
					父		—
一七四	船舶輸送司令部	南洋群島	一九四四・〇五・〇四	松原俊雄	軍属	戦死	江華郡江華面菊花里
			一八九五・〇六・〇四	松原奎英	妻		神戸市湊東区古湊通四一一六
六四四	但馬丸	セレベス海 全身爆創	一九四四・〇五・〇六	白川學連	軍属	戦死	江華郡吉祥面温水里六七
			一九〇七・〇一・〇九	白川幸助	父		麗州郡驪州面上里二四七
一七〇	船舶輸送司令部	南太平洋	一九四四・〇五・二〇	李桂徳	軍属	戦死	楊州郡玩阜面陶谷里
			×	—			—
六四九	五郎丸	香港陸軍病院 左腹部刺創	一九四四・〇六・〇三	原田聖吉	軍属	戦死	仁川府松峴町四五
			一九二四・〇七・〇一	原田聖福	兄		京城府鷺梁町一二〇
六四七	富士丸	東支那海	一九四四・〇六・二九	西原大雄	軍属	戦死	驪州郡康河面青梅里四二〇

番号	所属	死亡場所	年月日	氏名	身分・続柄	死因	本籍・住所
			一九二四・〇五・〇九	西原正雄	兄		驪州郡康河面青梅里四二〇
九〇五	船舶輸送司令部	北千島幌延島	一九四四・〇七・〇九	横川泰雄	軍属	戦死	京城府鍾路区花洞町六七—二
			×	—			—
六六八	四船舶輸送司令部	ビスマルク群島ラバウル	一九四四・〇七・一五	金昌植	軍属	戦死	仁川府外里一二四
			一九一一・〇五・一八	—			—
三八七	三船舶輸送司令部	パラオ、コロール島	一九四四・〇七・二六	金敬植	傭人	戦死	驪州郡金沙面
			一九一六・〇三・〇一	金沙面長			驪州郡金沙面
六五一	扶桑丸	ルソン島	一九四四・〇七・三一	朴昌國	軍属	戦死	仁川府萬石町七九
			×	—			仁川府月尾島七九
三八二	三船舶輸送司令部	パラオ、一二三兵病	一九四四・〇七・三一	清城壽烈	傭人	戦病死	江華郡仏恩面新峴里二〇一
			一九一九・〇五・〇七	清城相學	父		江華郡仏恩面新峴里二〇一
一七一	船舶輸送司令部	ルソン島	一九四四・〇七・三一	張本仁植	軍属	戦死	仁川府京町二丁目二〇
			一九二一・〇一・一〇	張本直行	父		仁川府京町一—九一—四〇五
一八〇	船舶輸送司令部	ボルネオ	一九四四・〇八・〇四	昌原元太	軍属	戦死	水原郡飛鳳面双鶴里一〇四
			一九二三・一二・二五	昌原永國	父		水原郡飛鳳面双鶴里一〇四
一七五	船舶輸送司令部	ボルネオ	一九四四・〇八・〇四	前田嘉造	軍属	戦死	廣州郡中部面上山谷里五五
			×	前田年枝	妻		仁川府栗木町一八七
九〇二	船舶輸送司令部	ボルネオ	一九四四・〇八・〇四	岩村壽奉	軍属	戦死	京城府青葉町一—九五
			×	岩村三再	父		京城府青葉町一—九五
六四六	光川丸	ボルネオ方面	一九四四・〇八・〇四	竹田　曙	軍属	戦死	平澤郡古徳面坐橋里三四二
			一九二一・〇八・〇九	竹田達鎬	父		平澤郡古徳面坐橋里三四二
六五四	光川丸	ボルネオ方面	一九四四・〇八・〇四	文字武雄	軍属	戦死	仁川府花平町三九九
			一八九六・〇一・〇五	文字順子	妻		仁川府松林町一九八
六四八	光川丸	ボルネオ方面	一九四四・〇八・〇四	林直治	軍属	戦死	仁川府西京町八
			一九〇三・〇七・一九	林玉文	—		仁川府西京町七—九
六四一	光州丸	ボルネオ方面	一九四四・〇八・〇四	金城庚徳	軍属	戦死	金浦郡黔丹面旺吉里一二三
			一九二〇・一二・〇九	金城敬充	父		金浦郡黔丹面旺吉里一二三
六五六	光州丸	ボルネオ方面海域	一九四四・〇八・〇四	李本相鎬	軍属	戦死	長湍郡小南面有徳里八一六
			一九一三・〇三・一二	李本氏	母		長湍郡小南面有徳里八一六
一七八	船舶輸送司令部	セレベス	一九四四・〇八・〇九	森山徳一	軍属	戦死	仁川府梁木町九〇
			一九一一・〇八・二一	森山福子	妻		仁川府梁木町二四七—一五
七〇九	船舶輸送司令部	蔚山沖	一九四四・〇八・一〇	大村龍範	軍属	戦死	水原郡陰徳面新開里
			一九一四・〇三・二七	大村三郎	父		福岡県京都郡中津村松島
六五〇／九二〇	東洋丸	セレベス島	一九四四・〇八・一五	長谷川文姫（文植）	軍属	戦死	開城府宮町一五六
			×	長谷川虎淳	—		開城府宮町一五六

三八三	三船舶輸送司令部	パラオ、一二三兵病	一九四四・〇八・二六 一九二〇・一一・一七	宋安鳳植 宋安洛天	傭人 父	戦病死	驪州郡西面番都里六七八 驪州郡西面番都里六七八
三七四	三船舶輸送司令部	パラオ、オロブシャカル	一九四四・〇八・二六 一九〇九・〇三・〇九	昌山仁石 昌山賢鐘	傭人 長男	戦死	驪州郡占東面玄水里二八〇 驪州郡占東面玄水里二八〇
三六二	三船舶輸送司令部	パラオ、オロプシャカル島	一九四四・〇八・二六 一九二一・〇一・〇九	金海庚化 金海用喆	傭人 兄	戦死	驪州郡占東面唐辰里二一一 驪州郡占東面唐辰里二一一
七七四	三船舶輸送司令部	パラオ、オロプシャカル島	一九四四・〇八・二六 一九一四・〇五・二九	金本壽萬 金本玉蘭	運転士 妻	戦死	驪州郡驪州邑弘門里一二一 驪州郡驪州邑弘門里一二一
三五二	三船舶輸送司令部	パラオ、ロブンヤカル村	一九四四・〇八・二八 一九二三・〇七・二九	林三辰 林萬成	傭人 父	戦死	驪州郡驪州面上里二〇一 驪州郡驪州面上里二〇一
三六一	三船舶輸送司令部	パラオ、アイミクーキ村	一九四四・一〇・〇二 一九一四・〇八・〇一	金海鎮永 金海鳳律	傭人 父	戦死	江華郡江華面新門里三八五 江華郡江華面新門里三八五
三六七	三船舶輸送司令部	パラオ、アイミクーキ	一九四四・一〇・一二 一九一七・〇七・三〇	高本明徳 高本甲伊	傭人 父	戦病死	龍仁郡駒場面中里二七五 龍仁郡駒場面中里二七五
三四四	三船舶輸送司令部	パラオ、一二三兵病 細菌性赤痢	一九四四・一〇・一四 一九二〇・〇五・二三	新井容文 新井聖×	傭人 父	戦病死	江華郡華道面興旺里八七六 江華郡華道面興旺里八七六
三四三	三船舶輸送司令部	パラオ、一二三兵病 脚気	一九四四・一〇・二六 一九二三・〇八・二六	河東京學 河東京鎬	傭人 兄	戦病死	江華郡良道面乾坪里六八六 江華郡良道面乾坪里六八六
三三九	三船舶輸送司令部	パラオ、一二三兵病 脚気	一九四四・一一・二三 一九二一・一二・一八	木村光順 木村鐘安	傭人 父	戦病死	龍仁郡水枝面東川里三三一 龍仁郡水枝面東川里三三一
三四〇	三船舶輸送司令部	パラオ、一二三兵病 アメーバ性赤痢・脚気	一九四四・一一・一七 一九一八・〇四・〇五	前川昌義 前川性烈	傭人 父	戦病死	安城郡瑞雲里陽村里一六〇 龍仁郡二本面魚肥里
三四一	三船舶輸送司令部	パラオ、一二三兵病 アメーバ性赤痢	一九四四・一一・二三 一九二〇・一二・一五	慶田昌根 慶田昌龍	傭人 兄	戦病死	龍仁郡龍仁面駅北里五四 龍仁郡龍仁面駅北里五四
三四二	三船舶輸送司令部	パラオ、一二三兵病 アメーバ性赤痢	一九四四・一一・〇八 一九一六・〇八・一三	宮本在煥 宮本壽萬	傭人 父	戦病死	龍仁郡駒場面上下里 龍仁郡駒場面上下里
三七二	三船舶輸送司令部	パラオ、大和村	一九四四・一二・〇二 一九二二・一一・一五	具村慶會 具村鳳善	傭人 父	戦病死	坡州郡泉峴面加野里二八二 坡州郡泉峴面加野里二八二
六〇九	二船舶輸司・高周丸	レイテ島オルモック	一九四四・一二・〇七	原田光雄	軍属 父	戦死	河東郡北川面玉亭里五二 河東郡北川面玉亭里五二
三七九	三船舶輸送司令部	パラオ、清水村	一九四四・一二・〇八 一九二二・〇六・二五	木山東得 木山任辰	傭人 父	戦病死	龍仁郡駒野里寶亭里四五五 龍仁郡駒野里寶亭里四五五
三五九	三船舶輸送司令部	パラオ、清水村	一九四四・一二・一七 一九〇九・〇八・一八	金光長萬 金光鐘奉	傭人 父	戦死	驪州郡加南面金塘里一五五 驪州郡加南面金塘里一五五
三五五	三船舶輸送司令部	ペリリュー島	一九四四・一二・三一	大澤英吉	傭人	戦死	江華郡江華面大山里五五八

番号	部隊	場所	年月日	氏名	区分	死因	本籍・住所
			一九二三・〇四・〇六	大澤寧順	父		江華郡江華面大山里五五八
八二三	船舶輸送司令部	N一〇・四一 E一二四・一	一九四四・〇九・一二	國定道雄	軍属	戦死	京城府西大門区大中町二一－一三
			×	國定道雄			京城府西大門区大中町二一－一三
八二四	船舶輸送司令部	比島	一九四四・〇九・一二	岩本鐘五	軍属	戦死	京城府鍾路区嘉会町三五
			一九二三・一〇・〇七	岩本奎伯			京城府鍾路区嘉会町三五
八二六	船舶輸送司令部	比島	一九四四・〇九・一二	白川盛鉉	軍属	戦死	京城府青莱町一－八三
			一九二五・〇二・二八	白川勝茂			京城府青莱町一－八三
一七六	船舶輸送司令部	比島	一九四四・〇九・一二	吉本永鎮	軍属	戦死	水原郡雨汀面鵞務里六五一
			×	岩本在麟	｜		水原郡雨汀面鵞務里六五一
一七七	船舶輸送司令部	比島	一九四四・〇九・一二	金本新郎	軍属	戦死	龍仁郡龍仁面虎里四九七
			一九二三・〇一・二〇	金本壽男	｜		龍仁郡龍仁面虎里四九七
一七二	船舶輸送司令部	比島、セブ島沖	一九四四・〇九・一三	權藤鎮丸	軍属	戦死	水原郡麻道面双松里一四九
			一九二六・〇二・二八	權藤甲周	父		水原郡麻道面双松里一四九
五二一	船舶輸送司令部	マンダレー港	一九四四・〇九・二四	山田昌廣	軍属	戦死	富川郡徳積面白牙里一一九
			一九〇三・〇六・〇一	宋順佐	妻		釜山府塩山町一六一二－四
三〇四	船舶輸送司令部	久米島西方	一九四四・一〇・一〇	吉原昌男	軍属	戦死	始興郡果川面文原里六二四
			一九〇〇・〇六・一四	｜	父		｜
三〇五	船舶輸送司令部	久米島西方	一九四四・一〇・一〇	松浦　操	軍属	戦死	仁川府桃山町二四
			一九一三・〇四・〇八	｜	父		仁川府金登町五四
一八一	船舶輸送司令部	バブヤン群島	一九四四・一〇・一八	西原鐘甲	軍属	戦死	江華郡良道面吉亭里一〇〇
			一九二二・〇五・一〇	西原遠宗	父		江華郡良道面吉亭里一〇〇
八二五	船舶輸送司令部	スマトラ島	一九四四・一二・〇五	金石伊	軍属	戦病死	京城府鍾路区新橋町一
		マラリア	一九一一・一一・〇四	単独戸主遺族	父		京城府鍾路区新橋町一
四九九	辰昭丸	東支那海	一九四四・一一・一二	白山久雄	軍属	戦死	富川郡桂陽面橘峴里二五六
			一九〇四・一一・〇三	白山滝江			仁川府西京町七五－一〇二
六三九	辰昭丸	東支那海	一九四四・一一・一二	黄南淳	軍属	戦死	仁川府松峴町七九
			一九二一・〇九・二四	黄有洛	父		仁川府京町一三一
五五二	大照丸	香港港外	一九四四・一一・一二	昌宮命福	軍属	戦死	仁川府花平町二五三
			×	高島三龍	父		仁川府花平町二五三
三五六	三船舶輸送司令部	パラオ、清水村	一九四五・〇一・〇五	和山永昌	傭人	戦病死	江華郡両寺面橋山里七六五
			一九二一・〇六・〇七	和山鳳律	父		江華郡両寺面橋山里七六五
三四八	三船舶輸送司令部	パラオ、清水村	一九四五・〇一・〇二	殷原壽限	傭人	戦病死	龍仁郡外四面朴谷里二六〇
			一九一三・〇八・一二	殷原在七	父		龍仁郡外四面朴谷里二六〇
三三一	船舶輸送司令部	比島サンフェルナンド	一九四五・〇一・〇六	原田舜奎	軍属	戦死	水原郡陰徳面南陽里一三四
			一九二四・〇九・〇六	｜	父		水原郡陰徳面南陽里一三四

番号	部隊	場所・死因	年月日	氏名	身分・続柄	区分	本籍・住所
三六九	三船舶輸送司令部	パラオ、南洋寺	一九四五・〇一・〇七	野村圭甲	傭人	戦病死	開豊郡上城面上城里三四五
			一九一八・〇八・一五	野村妙熙	妻		水原郡水原邑梅山町二－一五
八二一	船舶輸送司令部	台湾安平沖	一九四五・〇一・〇九	安藤明承	軍属	戦死	京城府西大門区孔徳町一一－二八
		輸送船沈没	一九二七・〇一・一六	—			—
一二	三船舶輸送司令部	パラオ、一二三兵病	一九四五・〇一・一〇	松村永眞	傭人	戦病死	長湍郡長南面板浮里五一
		脚気	一九一七・〇二・一二	松村永壽	従兄		開豊軍土城面土城里並山石洞
一三	三船舶輸送司令部	パラオ、一二三兵病	一九四五・〇一・一一	桐山鎮水	傭人	戦病死	江華郡内可面教魚上里一三八
		結核性脳膜炎	一九一二・一二・二三	桐山壽直	兄		江華郡内可面教魚上里一三八
一九	三船舶輸送司令部	パラオ、一二三兵病	一九四五・〇一・一四	井本二善	傭人	戦病死	驪州郡大神面後浦里一一
		細菌性赤痢	一九二六・〇一・三〇	井本天乭	従兄		驪州郡大神面後浦里一一
一四	三船舶輸送司令部	パラオ、一二三兵病	一九四五・〇一・二二	金鐘奭	傭人	戦病死	利川郡夫鉢面茂村里
		パラチフス・脚気	一九一九・〇九・一四	金元奭	兄		利川郡夫鉢面茂村里
三六〇	三船舶輸送司令部	パラオ、一四師野病	一九四五・〇一・二三	金本徳男	傭人	戦病死	長湍郡津西面金陵里九七三
			一九一三・〇四・〇一	金本啓昇	父		長湍郡津西面金陵里九七三
三五三	三船舶輸送司令部	パラオ、アイミクーキ	一九四五・〇一・二九	李昌烈	傭人	戦兵死	江華郡吉祥面温水里一六六
		脚気	一九一九・〇五・二一	李昌燮	兄		江華郡吉祥面温水里一六六
三五一	三船舶輸送司令部	パラオ、一二三兵病	一九四五・〇一・二九	西村政徳	傭人	戦病死	利川郡大月面丹月里七七
		脚気	一九一七・〇四・一二	西村平福	母		利川郡大月面丹月里七七
七一六	三船舶輸送司令部	アンダマン諸島	一九四五・〇一・三〇	張鳳潤	軍属	戦死	抱川郡東面杜穆里七四三
			一九一三・〇九・二七	—			—
二〇	三船舶輸送司令部	パラオ、一二三兵病	一九四五・〇一・三一	山本仲根	傭人	戦病死	龍仁郡二東面築山里五七
		脚気	一九二三・〇二・一八	遠山面長	—		龍仁郡遠三面酒坪(里)五八
三七五	三船舶輸送司令部	パラオ、清水村	一九四五・〇二・〇二	安東寧起	傭人	戦病死	驪州郡興川面華根里五六六
			一九一八・〇一・一五	安東用順	妻		驪州郡興川面華根里五六六
一八	三船舶輸送司令部	パラオ、一二三兵病	一九四五・〇二・〇四	平山元均	傭人	戦病死	安城郡一竹面湲里八八八
		脚気	一九一五・一二・〇九	平山敬春	父		利川郡大月面圓月里
一五	三船舶輸送司令部	パラオ、一二三兵病	一九四五・〇二・〇七	安允承	傭人	戦病死	利川郡暮加面所古里七五
		急性脊髄炎	一九一三・〇三・〇三	安聖根	妻		利川郡暮加面所古里七五
一六	三船舶輸送司令部	パラオ、一二三兵病	一九四五・〇二・〇九	慶川進吉	傭人	戦病死	驪州郡金沙面外坪里三五
		脚気	一九〇八・〇七・二九	慶川英喆	妻		驪州郡金沙面外坪里三五
三三八	三船舶輸送司令部	パラオ、一二三兵病	一九四五・〇二・一〇	朴村貴福	軍属	戦病死	龍仁郡外四面近谷里二三〇
		脚気	一九一四・〇二・〇一	朴村八福	兄		龍仁郡遠三面張坪里
一七	三船舶輸送司令部	パラオ、一二三兵病	一九四五・〇二・一六	山本順童	傭人	戦病死	利川郡栗面山陽里三六五
		脚気	一九一三・〇一・一二	山本元五	父		利川郡栗面山陽里三六五
三五〇	三船舶輸送司令部	パラオ、一二三兵病	一九四五・〇二・一九	原崗正日	傭人	戦病死	驪州郡驪州面淵陽里
		脚気					

			一九一五・〇三・〇四	原崗校伊	妻		驪州郡驪州面淵陽里
三四九	三船舶輸送司令部	パラオ、アルミズ村	一九四五・〇二・二一	岩本馥炯	傭人	戦死	開豊郡鳳東面鉢松里五二〇
			一九一六・〇三・一二	岩本徳炯	兄		開豊郡鳳東面鉢松里五二〇
七一四	海輸丸	マニラ市	一九四五・〇二・二二	栗原英世	軍属	戦死	抱川郡脚洞面金村五五
			一九二五・〇四・〇五	栗原喜平	父		東京都小石川区竹早町一一四
二一五	三船舶輸送司令部	パラオ	一九四五・〇三・一四	正木　炳	軍属	戦病死	龍仁郡鳳凰面陵院里
			一九一五・〇四・〇八	—			—
七八三	三船舶輸送司令部	パラオ	一九四五・〇三・一四	安田東植	運転工	戦傷死	驪州郡大神面徳南里四八
			一九一六・〇三・一二	安田　淳	父		驪州郡大神面徳南里四八
三六八	三船舶輸送司令部	パラオ、一四師野病	一九四五・〇三・一六	中村泰雄	傭人	戦病死	楊平郡砥堤面曲水里四五五
			一九二〇・一二・〇六	中村成根	父		楊平郡砥堤面曲水里四五五
六四二	一南隆丸	台湾海峡	一九四五・〇三・一六	金俊培	軍属	戦死	利川郡長湖院邑長湖院里一〇
			一九二一・〇一・二九	金順昌	父		利川郡長湖院邑長湖院里一〇
九〇〇	船舶輸送司令部	N一四・四四E一〇九・一六	一九四五・〇三・二九	松本聖視	軍属	戦死	京城府西大門区紅根町四一
			一九二三・一一・一二	山本光夫	兄		始興郡東山秀山里
三八五	三船舶輸送司令部	パラオ、ガスライト村	一九四五・〇四・〇七	平原載昌	傭人	戦死	楊平郡龍門面馬龍里龍潭
			一九一二・〇一・〇七	平原順姫	妻		楊平郡龍門面馬龍里龍潭
三八〇	三船舶輸送司令部	パラオ、カラルド村	一九四五・〇四・〇七	金達洙	傭人	戦死	広州郡中部面丹岱里五八七
			×	金鐘萬	妻		驪州郡加南面三華里三七八
三八一	三船舶輸送司令部	パラオ、オロプシャカル島	一九四五・〇四・〇三	清田壽山	傭人	戦死	興州郡南絡面分院里二五五
			一九一五・一〇・〇九	清田逢禧	妻		利川郡利川邑倉萌里一七二
七八一	三船舶輸送司令部	パラオ	一九四五・〇四・一二	松本洛鎬	運転工	戦病死	驪州郡金沙面道谷里七三
			一九一四・〇六・一八	松本容宇	父		驪州郡金沙面道谷里七三
八八三	船舶輸送司令部	北海道日高沖	一九四五・〇四・一九	柳川正馨	不詳	戦死	京城府西大門区北阿峴町
			×	—			京城府西大門区北阿峴町
三六三	三船舶輸送司令部	パラオ、一二三兵病	一九四五・〇四・二三	高島上元	傭人	戦病死	江華郡仏恩面高陵里六五一
			一九一七・〇三・二二	高島斗七	父		江華郡仏恩面高陵里六五一
三六五	三船舶輸送司令部	パラオ、アイミクーキ	一九四五・〇四・二五	田村甲得	傭人	戦病死	龍仁郡器興面霊徳里三五三
			一九一四・〇四・二五	田村順七	父		龍仁郡器興面霊徳里三五三
七一二	図洋丸	セブ市西方ポンタ	一九四五・〇四・二八	岡村恒文	軍属	戦死	永原郡松山面吉井里
			一九一九・〇六・〇九	—			—
三九〇	三船舶輸送司令部	パラオ、大和村	一九四五・〇五・〇一	元路成雄	傭人	戦病死	開豊郡南西面昌陵里五九四
			一九二三・〇三・二五	元路永寛	父		開豊郡南西面昌陵里五九四
二一二	三船舶輸送司令部	パラオ	一九四五・〇五・〇八	完山鳳岐	軍属	戦病死	驪州郡東川面伽倻里一三七
			一九一八・一〇・〇六	完山萬儀	弟		驪州郡東川面伽倻里一三七

番号	所属	死亡場所	年月日	氏名	身分・続柄	区分	住所
七七五	三船舶輸送司令部	パラオ島瑞穂村	一九四五・〇五・二八	木村順成	運転士	戦死	利川郡雪星面長泉里六八九
			一九二〇・〇五・一〇	木村公鎮	父		利川郡雪星面長泉里六九
二一九	三船舶輸送司令部	南洋群島パラオ	一九四五・〇五・三一	松山海得	軍属	戦病死	龍仁郡器興面新葛里四五三
							晋陽郡金谷面竹谷里七〇四
三六六	三船舶輸送司令部	パラオ、一四師野病	一九四五・〇六・〇六	渓村準馨	傭人	戦病死	坡州郡臨律面堂洞里五一五
			一九一四・〇六・〇三	渓村世漢	父		坡州郡臨律面堂洞里五一五
三八四	三船舶輸送司令部	パラオ、一二三兵病	一九四五・〇六・〇六	申光興	傭人	戦病死	利川郡暮加面院頭里一四一
			一九一〇・〇九・〇四	申令達	母		利川郡暮加面院頭里一四一
八九八	船舶輸送司令部	セブ島ブラウエン飛行場	一九四五・〇六・一〇	朴澤聖一	軍属	戦死	京城府西大門区大興町八五
			一九二四・〇六・一〇	朴澤天翼	父		京城府西大門区大興町八五
八九九	船舶輸送司令部	セブ島ブラウエン飛行場	一九四五・〇六・一〇	瑞原泰鎮	軍属	戦死	京城府鍾路区公平町四五
			一九二二・〇二・一二	瑞原二蔵	兄		京城府西大門区附岩町三五九－一
六一〇	二船舶輸送司令	比島セブ島	一九四五・〇六・一〇	韓得天	軍属	戦死	統営郡長承浦邑長承浦里四四〇
					父		統営郡長承浦邑長承浦里四四〇
三九一	三船舶輸送司令部	パラオ、一二三兵病	一九四五・〇六・一五	光山翼載	傭人	戦病死	龍仁郡泰賢面梅山里二一一
			一九二二・〇五・二五	光山尚夏	父		龍仁郡泰賢面梅山里二一一
九一七	泰久丸(?)	N三三・五七E一三〇・四三	一九四五・〇六・一六	東秀夫	調理員	戦死	京城府西大門区蓬莱町三〇六四
			一九二五・一〇・一四	—			—
七一三	一一大和丸	沖縄摩文仁村	一九四五・〇六・二〇	金城徳興	軍属	戦死	坡州郡脚洞面金村五五
			一九一三・〇六・二三	松園徳成	弟		鹿児島県早川内市国分寺町三九六二
六六一	船舶輸送司令部	沖縄摩文仁村	一九四五・〇六・二〇	城村淳英	軍属	戦死	金浦郡陽東面黙丹信元堂里
			一九二五・〇五・〇一	城村鐘合	父		福岡県日川郡赤池町二区四－三一－二
三七〇	三船舶輸送司令部	パラオ、コロール島	一九四五・〇七・〇七	國本興先	傭人	戦病死	驪州郡北内面北内里二五六
			一九二一・〇七・二一	國本壮實	父		驪州郡北内面新接里六〇
三七一	三船舶輸送司令部	パラオ、アイミクーキ	一九四五・〇七・一七	晋山殷玉	傭人	戦病死	利川郡栢沙面玄方里七三
			一九二三・〇一・一九	晋山三奉	弟		利川郡栢沙面玄方里七三
三七三	三船舶輸送司令部	パラオ、アイミクーキ	一九四五・〇七・二三	松山栄根	傭人	戦病死	利川郡利川面倉前里一六七
			一九二三・〇二・〇六	松山甲成	父		利川郡利川面倉前里一六七
六二四	船舶輸司・天長丸	E一〇七・一一 S三・一九	一九四五・〇八・〇三	山田敬源	軍属	戦死	釜山府岬町二－一九八一
					父		釜山府岬町二－一九八一
三七六	三船舶輸送司令部	パラオ、瑞穂村	一九四五・〇八・〇八	靖原老馬	傭人	戦死	驪州郡驪州面月松里一六二
			一九一〇・〇八・二三	靖原連永	父		驪州郡驪州面月松里一六二
三八六	三船舶輸送司令部	パラオ、一二三兵病	一九四五・〇八・一三	平本九炳	傭人	戦病死	龍仁郡水枝面上峴里八三
			一九二一・一二・〇四	平本八之	父		龍仁郡水枝面上峴里八三
三五四	三船舶輸送司令部	パラオ、コロール島	一九四五・〇八・一四	大本完根	傭人	戦兵死	江華郡仙源面仙杏里三〇四

番号	所属	死亡場所	死亡年月日 生年月日	氏名 親族氏名	階級 続柄	死因	本籍 親族住所
			一九二〇・〇五・二〇	大本伊先	祖父		江華郡仙源面仙杏里三〇四
三六四	三船舶輸送司令部	パラオ、一二三兵病	一九四五・〇八・一四 一九二三・〇五・一六	高田吉孫 高田壽吉	傭人 兄	戦兵死	驪州郡北内面稼亭里五 驪州郡占東面聖花里一八
三八九	三船舶輸送司令部	パラオ、オロプシャカル島	一九四五・〇八・二六 一九一六・一二・二五	東村壽男 東村徳祖	傭人 父	戦死	驪州郡加南面本斗里七八五 驪州郡加南面本斗里七八五
三〇三	船舶輸送司令部	広東省 船内作業中転落死	一九四五・〇八・二七 ×	大山成玉 ー	軍属	不慮死	仁川府松峴町一八四 ー
七八四	三船舶輸送司令部	パラオ 脚気	一九四五・〇八・三一 一九一四・〇三・二〇	柳沢淵郁 柳沢定鎬	運転工 父	戦病死	利川郡栗面月浦里八四二 利川郡栗面月浦里八四二
八六〇	船舶輸送司令部	済州島	一九四五・〇九・〇六 一九二八・〇五・〇八	安田大興 安田永豊	軍属 父	戦死	京城府鍾路区清進町二一八 京城府鍾路区清進町二一八
七一五	二船舶輸送司令	揚子江流域	一九四五・〇七・一〇 一九〇七・〇八・〇九	朝海弘雄 朝海順子	軍属 妻	戦死	廣州郡廣新面東安里一三〇 ー
三七七	三船舶輸送司令部	パラオ、アイミリーキ村	一九四五・〇九・一二 一九二二・〇五・二五	金成辰 金田水仙	傭人 叔父	戦病死	安城郡二竹面長陵里三三四 驪州郡陵西面梅花里四七
三七八	三船舶輸送司令部	パラオ、アイミリーキ村	一九四五・一〇・二〇 一九一三・〇八・一七	木村敬文 木村鐘安	傭人 弟	戦病死	龍仁郡水枝面下里一六四 龍仁郡水枝面下里一六四
三五八	三船舶輸送司令部	パラオ、一二三兵病	一九四五・一〇・三一 一九一八・〇三・一五	金宮栄國 金宮萬順	傭人 妻	戦病死	龍仁郡古三面新倉里一七三 龍仁郡古三面新倉里一七三
三八八	三船舶輸送司令部	パラオ、大和村	一九四五・一一・〇五 一九二三・〇六・一〇	平山在勳 平本信教	傭人 父	戦病死	開豊郡青郊面排也里四三三 開豊郡青郊面排也里四三三
三五七	三船舶輸送司令部	パラオ、一二三兵病	一九四五・一一・一五 一九一六・一〇・二一	金岡南一 金岡南壽	傭人 兄	戦病死	江華郡華道面上坊里四〇六 江華郡華道面上坊里四〇六
七七九	五野戦船舶廠	ルソン島ビークルパン	一九四五・〇六・一二 ×	平沼智炳 平沼孝炳	傭人 兄	戦死	漣川郡旺登面高旺里二九八 京城府花東区新堂町三三八ー三八
九一五	五野戦船舶廠	ルソン島モンタルベン	一九四五・〇七・一二 ×	金光廣崇 金光昌培	雇員 父	戦死	京城府中区舟橋町二四九 城北区新堂町三〇四ー四四〇
六六一	船舶輸送司令部	沖縄摩文仁村	一九四五・〇六・二〇 一九二五・〇五・〇一	城村淳英 城村鐘合	軍属 父	戦死	京城府金浦郡陽東面新亭里一二一 福岡県日川郡赤池町二区四ー三一ー二
七〇五	二野戦船舶廠	レンバ島	一九四六・〇三・一一 ×	安敬鎬 和山吉崑	軍属 友人	戦病死	利川郡大月面道理里 江原道原州郡所草面長之里
五〇六	七船舶輸送司令部	不詳	不詳 ×	千明漢 ー	上等兵	不詳	楊州郡榛接面長月里 愛媛県新居浜市新頭賀七七八
八〇五	捜索一七連隊	台湾安平沖	一九四五・〇一・〇九 一九二四・〇八・三〇	海東永龍 海東義孝	上等兵 父	戦死	京城府西大門区森浦町三〇三ー一 京城府西大門区麻浦町一六三

二九	捜索一九連隊	台湾安平沖	一九四五・〇一・〇九 一九二四・〇二・〇四	新井清白 新井基雄	上等兵 父	戦死	始興郡東面始興里一〇二 始興郡東面始興里一〇二
三〇	捜索一九連隊	台湾安平沖	一九四五・〇一・〇九 一九二五・〇二・二三	山田大善 山田徳奉	上等兵 父	戦死	龍仁郡浦谷面三渓里五五 龍仁郡浦谷面三渓里五五
三一／七三九	捜索一九連隊	台湾安平沖	一九四五・〇一・〇九 一九二三・〇二・二五	金城正煥 金城聖逸	上等兵 祖父	戦死	水原郡松山面沙得里四三五？ 安城郡寶蓋面東新里四三五？
五二七	捜索一九連隊	比島	一九四五・〇六・一三 一九二二・一二・〇九	木村行雄 木村恒秀	伍長 父		水原郡麻道面松亭里 水原郡麻道面松亭里
五二八	捜索一九連隊	ルソン島タクボ	一九四五・〇六・一三 一九一九・〇七・一五	柳在洛 柳在南	兵長 兄	戦死	驪州郡占東面雷谷里五三 驪州郡占東面雷谷里五三
四三五	捜索二〇連隊補充隊	台湾高雄沖	一九四五・〇一・〇九 一九二四・〇三・二五	富山清一 富山炳南	一等兵 兄	戦死	楊平郡楊平面白安里五四六 楊平郡楊平面白安里五四六
四三六	捜索二〇連隊補充隊	台湾高雄沖	一九四五・〇一・〇九 一九二四・〇四・〇一	松野壽太郎 松野虎之助	一等兵 父	戦死	水原郡水原邑南昌町八一 水原郡水原邑南昌町八一
四三七	捜索二〇連隊補充隊	台湾高雄沖	一九四五・〇一・〇九 一九二四・一〇・〇三	文平聲基 文平宜範	一等兵 父	戦死	楊平郡龍門面中元里四一〇 楊平郡龍門面中元里四一〇
五〇二	タイ俘虜収容所	タイ、パラボン二野病 マラリア	一九四四・〇七・二四 ×	大山泰均 大山福順	傭人 —	戦病死	開城府満月町四八三 開城府満月町三五〇
五六三	タイ俘虜収容所	チャンギイ刑務所	一九四七・〇二・二五 ×	平原守矩 平良俊相	雇員 弟	刑死	開城府高麗町二六 開城府高麗町二六
七四三	タイ俘虜収容所	不詳	一九四七・〇二・二五 一九二一・一〇・二一	平原家矩 平原亥祐	雇員 父	死亡	開城府富石鹿町二六七 開城府富石鹿町二六七
八八五	タイ俘虜収容所	シンガポール、	一九四七・〇一・二一 一九二〇・〇二・二八	千葉光鹿奎 千葉興順	傭人 父	死亡	京城府中区黄金町七－五二 京城府中区黄金町七－五二
七二九	台湾歩兵二連隊	江西省	一九三八・〇六・二八 ×	金天皇 金氏	通訳 父	戦死	仁川府花町二－五 水原郡水原邑南水町一三五
七九九	朝鮮軍管区	不詳 マラリア	一九四五・〇八・二七 一九一八・〇三・〇五	大野大作 大野康子	陸軍公仕 妻	戦病死	京城府鍾路区昌成町四三 京城府永登浦区岩町一五一
七四五	朝鮮特別作業隊	E一三三・二〇 N三四・一〇	一九四三・一二・二七 ×	辛島永禄 —	傭人	戦病死	長湍郡大江面篤正里六五八 —
七五四	朝鮮陸軍貨物廠	湖北省一七八兵病	一九四五・〇四・一九 一九二八・〇六・一五	文岩京鎬 文岩守同	工員 父	死亡	廣州郡中垈面文井里七九 廣州郡中垈面文井里七九
七五六	朝鮮陸軍貨物廠	咸南元山府緑町	一九四五・〇四・三〇 一九二四・〇三・二五	平山栄助 平山嘉一	工員 兄	戦病死	抱川郡永北面自逸里三七四 漣川郡全谷面全谷里
八五一	中支野戦補馬廠	江蘇省	一九四五・〇一・二三	白石勝太郎	軍属	戦病死	京城府嘉金町一－一八

			一九二二・〇五・二六	白石英雄	父		京城府嘉金町一六二
七八九	中支下保隊	南京	一九四五・〇七・三〇	日友岐鎬	一等兵	戦病死	楊州郡漢金面一牌里四九
			一九一六・一二・一五	日友龍福	父		楊州郡漢金面一牌里四九
一九六	鉄道一連隊	湖南省	一九四五・〇八・〇三	伊澤平彦	雇員	戦死	仁川府花水町六二
			×	富川漢喆	妻		仁川府花水町六二
三五	特建勤一〇一中隊	湖北省咸寧県	一九四四・〇五・〇七	岡村完吉	雇員	戦死	高陽郡纛島面纛島里
			×	岡村千吉	兄		高陽郡纛島面纛島里
三六	特建勤一〇一中隊	湖北省 両下腿機銃爆創	一九四四・〇五・〇八	金本一男	雇員	戦傷死	高陽郡纛島面廣壮里
			×	金本學成	父		高陽郡纛島面廣壮里
三七	特建勤一〇一中隊	湖北省武昌陸病 臀部貫通銃創	一九四四・〇五・〇九	姜聖甲	雇員	戦傷死	広州郡中垈面二里一九八
			×	金秋月	妻		龍仁郡三面新倉里二二五
三八	特建勤一〇一中隊	湖北省岳州二野病 急性肺炎	一九四四・〇五・〇九	沙村商寿	雇員	戦病死	加平郡雪岳面仙村里二九七
			×	沙村楽遠	父		加平郡雪岳面仙村里二九七
三九	特建勤一〇一中隊	湖南省相潭県	一九四四・〇七・一〇	金岡基禄	雇員	戦死	水原郡半月面沙土里四三七
			×	金岡萬學	父		水原郡半月面沙土里四三七
四〇	特建勤一〇一中隊	湖南省	一九四四・〇七・一〇	林川達龍	雇員	戦死	水原郡西新面前谷里
			×	林川敬文	父		水原郡西新面前谷里
四一	特建勤一〇一中隊	湖南省	一九四四・〇七・一〇	藤原應秀	雇員	戦死	水原郡正南面官項里四〇四
			×	藤原英秀	兄		水原郡正南面官項里四〇四
四二	特建勤一〇一中隊	湖南省	一九四四・〇七・一〇	岩本済鳳	雇員	戦死	水原郡烏山面水清里三六
			×	岩本順根	妻		水原郡烏山面水清里三六
四三	特建勤一〇一中隊	湖南省	一九四四・〇七・一〇	井本商奎	雇員	戦死	水原郡烏山面三美里三九三
			×	井本商根	弟		水原郡烏山面三美里三九三
四四	特建勤一〇一中隊	湖南省	一九四四・〇七・一〇	河東載坤	雇員	戦死	水原郡東灘面金谷里三九六
			×	河原錫愚	父		水原郡東灘面金谷里三九六
四五	特建勤一〇一中隊	湖南省	一九四四・〇七・一〇	青松昇澤	雇員	戦死	水原郡梅松面松羅里八三
			×	青松　旭	父		水原郡梅松面松羅里八三
四六	特建勤一〇一中隊	湖南省	一九四四・〇七・一〇	栗村雨澤	雇員	戦死	水原郡雨汀面花樹里一〇八〇
			×	栗村廣澤	兄		水原郡雨汀面花樹里一〇八〇
四七	特建勤一〇一中隊	湖南省	一九四四・〇七・一〇	共田奉錫	雇員	戦死	水原郡郷南面坪里八四
			×	共田應律	父		水原郡郷南面坪里八四
四八	特建勤一〇一中隊	湖南省	一九四四・〇七・一〇	金川今萬	雇員	戦死	水原郡楊日面施門里二〇八
			×	金川甲釗	父		水原郡楊日面社倉里五五二
四九	特建勤一〇一中隊	湖南省	一九四四・〇七・一〇	金澤泰信	雇員	戦死	水原郡陰徳面新外里二三六
			×	金澤東圭	父		水原郡陰徳面新外里二三六

番号	所属	死亡場所	死亡年月日	氏名	身分・続柄	事由	本籍・住所
五〇	特建勤一〇一中隊	湖南省	一九四四・〇七・一〇	井上商燮	雇員	戦死	水原郡安龍面旗安里四〇六
			×	井上純烈	母		水原郡安龍面旗安里四〇六
五一	特建勤一〇一中隊	湖南省	一九四四・〇七・一〇	津田貞元	雇員	戦死	水原郡合章面草里二〇〇
			×	津田九鐘	孫		水原郡合章面草里二〇〇
五二	特建勤一〇一中隊	湖南省	一九四四・〇七・一〇	安本昌熙	雇員	戦死	水原郡烏山面陽山里二八四
			×	安木富男	妻		水原郡烏山面陽山里二八四
五三	特建勤一〇一中隊	湖南省	一九四四・〇七・一〇	新井成奎	雇員	戦死	水原郡松山面中松里五〇
			×	新井南奎	兄		水原郡松山面中松里五〇
五四	特建勤一〇一中隊	湖南省	一九四四・〇七・一〇	張本今鶴	雇員	戦死	水原郡雨汀面元安里
			×	張本今鳳	兄		水原郡雨汀面元安里
五五	特建勤一〇一中隊	湖南省	一九四四・〇七・一〇	金光英一	雇員	戦死	水原郡×南面発安里一一五
			×	金光在準	父		水原郡×南面発安里一一五
五六	特建勤一〇一中隊	湖南省	一九四四・〇七・一〇	武山慶相	雇員	戦死	水原郡麻道面錦堂里三六
			×	武山宋徳	父		水原郡麻道面錦堂里三六
五七	特建勤一〇一中隊	湖南省	一九四四・〇七・一〇	松村炳九	雇員	戦死	水原郡日旺面五金里二九四
			×	松村顕相	父		水原郡日旺面五金里二九四
五八	特建勤一〇一中隊	湖南省	一九四四・〇七・一〇	竹本斗永	雇員	戦死	水原郡飛鳳面三花里八二五
			×	竹本奇鎬	父		水原郡飛鳳面三花里八二五
五九	特建勤一〇一中隊	湖南省	一九四四・〇七・一〇	富田春吉	雇員	戦死	水原郡飛鳳面青募里
			×	富田載琯	父		水原郡飛鳳面青募里
六〇	特建勤一〇一中隊	湖南省	一九四四・〇七・一〇	南原奉容	雇員	戦死	水原郡半月面沙土里五六
			×	南原貴禮	妻		水原郡半月面沙土里五六
六一	特建勤一〇一中隊	湖南省	一九四四・〇七・一〇	元田英俊	雇員	戦死	水原郡半月面速達里三三
			×	元田英學	兄		水原郡半月面速達里三三
六二	特建勤一〇一中隊	湖南省	一九四四・〇七・一〇	國本基晩	雇員	戦死	水原郡日旺面泉川里一三
			×	國本常辰	父		水原郡日旺面泉川里一三
六三	特建勤一〇一中隊	湖南省	一九四四・〇七・一〇	柳村栄始	雇員	戦死	水原郡半月面木岱里四六一
			×	柳村有男	兄		水原郡半月面木岱里四六一
六四	特建勤一〇一中隊	湖南省	一九四四・〇七・一〇	徳山永男	雇員	戦死	加平郡外西面上東里一二六四
			×	徳山淳集	父		加平郡外西面上東里一二六四
六五	特建勤一〇一中隊	湖南省	一九四四・〇七・一〇	孫在植	雇員	戦死	漣川郡朔寧面積洞山里
			×	孫永玉	父		漣川郡朔寧面積洞山里
六六	特建勤一〇一中隊	湖北省漢口一七二兵病 マラリア	一九四四・〇七・一四	達城豪成	雇員	戦病死	漣川郡南面庚申里豊野洞一一一
			×	達城延萬	父		漣川郡南面庚申里豊野洞一一一
六七	特建勤一〇一中隊	湖南省相潭飛行場	一九四四・〇七・三一	姜本日龍	雇員	戦死	楊平郡砥堤面日新町

番号	所属	死亡場所・死因	死亡年月日／生年月日	氏名	身分／続柄	区分	本籍／住所
			×	姜本鐘植	父		楊平郡砥堤面日新町
七〇	特建勤一〇一中隊	北京二陸軍病院	一九四四・〇九・一〇 ×	西原昌錫 西原峴錫	雇員 父	戦死	楊平郡玉泉面新福里四四九 楊平郡玉泉面新福里四四九
六九	特建勤一〇一中隊	湖南省 心臓麻痺	一九四四・一〇・一六 ×	駟州鐘雲 駟州一張	雇員 父	戦病死	楊平郡楊東面三山里 楊平郡楊東面三山里
八〇八	特建勤一〇一中隊	湖南省 脚気・急性気管支炎	一九四四・一〇・二〇 一九一三・〇一・二五	金本壽萬 金本賢子	雇員 妻	戦死	西大門区竹添町三―三八 鍾路区長沙町四五
七一	特建勤一〇一中隊	湖南省 クレープ性肺炎	一九四四・一〇・二七 ×	漢城壬得 漢城氏釗	雇員 父	戦死	楊平郡玉泉面玉泉里五六五 楊平郡玉泉面玉泉里五六五
七二	特建勤一〇一中隊	広西省	一九四四・一二・〇八 ×	八王漢鳳 八王漢興	雇員 兄	戦死	開豊郡鳳東面興旺里 開豊郡鳳東面興旺里
七三	特建勤一〇一中隊	広西省 脚気	一九四四・一二・〇九 ×	仁本旺相 仁本世栄	雇員 父	戦病死	水原郡正南面新里二四〇 水原郡正南面新里二四〇
八〇九	特建勤一〇一中隊	広西省 頭部銃弾破片創	一九四四・一二・一〇	×本武光 ×本慶秀	雇員 父	戦死	鍾路区鍾路六丁目 鍾路区忠信町二―七三
八一〇	特建勤一〇一中隊	広西省 右下腿爆弾破片創	一九四五・〇一・一〇	原本春興 原本宗煥	雇員 父	戦死	西大門区桃花町一―六〇 西大門区桃花町一―六〇
七四	特建勤一〇一中隊	広西省	一九四五・〇一・一四 一九二三・〇一・二八	松山相徳 松山龍成	雇員 父	戦死	開豊郡中面徳水里黄梅洞一〇五二九二 開豊郡中面徳水里黄梅洞一〇五二九二
七五	特建勤一〇一中隊	広西省桂林市	一九四五・〇一・一五 一九一一・〇六・二八	尹亥吉 尹武成	雇員 父	戦死	楊平郡楊東面双鶴里五〇九 楊平郡楊東面双鶴里五〇九
七六	特建勤一〇一中隊	広西省	一九四五・〇一・一五 一九二二・〇九・一一	金本七先 金木漢孫	雇員 父	戦死	楊平郡楊平面大興里四六五 楊平郡楊平面大興里四六五
七七	特建勤一〇一中隊	広西省	一九四五・〇一・一五 一九二一・〇六・〇五	謂川甲秀 謂川喆秀	雇員 兄	戦死	漣川郡旺澄面江内里八八六 漣川郡旺澄面江内里八八六
七八	特建勤一〇一中隊	広西省	一九四五・〇一・一五 一九一三・〇三・〇一	李龍在 李愚勉	雇員 父	戦死	漣川郡眉山面牛井里四二七 漣川郡眉山面牛井里四二七
七九	特建勤一〇一中隊	広西省	一九四五・〇一・一五 一九二一・〇七・二四	平沼善炳 平沼明龍	雇員 父	戦死	漣川郡朔寧面辰谷里八一 漣川郡朔寧面辰谷里八一
八〇	特建勤一〇一中隊	広西省	一九四五・〇一・一五 一九二二・〇九・一四	徳村光煥 徳村星龍	雇員 父	戦死	漣川郡旺登面東中里一四四 漣川郡旺登面東中里一四四
八一	特建勤一〇一中隊	広西省	一九四五・〇一・一五 一九二〇・〇八・二六	金本貴奉 金本五福	雇員 父	戦死	廣西省桂林市南門橋附近 廣西省桂林市南門橋附近
八二	特建勤一〇一中隊	広西省	一九四五・〇一・一五 一九一六・〇六・一〇	呉原龍哲 呉原壽山	雇員 妻	戦死	楊平郡龍門面廣灘里一四八 楊平郡龍門面廣灘里一四八

八三	特建勤一〇一中隊	広西省五八師野病	一九四五・〇一・一六 一九二三・〇一・〇五	旌金云學 旌金性元	雇員 父	戦病死	楊平郡場東面三山里一〇〇六 楊平郡場東面三山里一〇〇六
八四	特建勤一〇一中隊	長沙野予備病院	一九四五・〇一・一六 一九一二・一一・二五	山田宗和 山田相烈	雇員 妻	戦病死	平澤郡石徳面官里一四〇三 水原郡水原邑本町一－五二－二
八一一	特建勤一〇一中隊	湖南省長沙予備病院 マラリア・急性気管支炎	一九四五・〇一・二四 一九二三・〇九・二七	宮本武成 宮本祐吉	雇員 父	戦死	鍾路区鍾路町四－四三 鍾路区鍾路町四－四三
八五	特建勤一〇一中隊	一二八兵病	一九四五・〇一・二八 一九二〇・一二・一一	杉村興植 杉村永健	雇員 父	戦病死	安城郡金光面金光里一三〇 安城郡金光面金光里一三〇
八六	特建勤一〇一中隊	広西省五八師野病	一九四五・〇一・二七 一九二〇・〇七・二二	陽川　梮 陽川　洛	雇員 父	戦傷死	漣川郡旺澄面東中里八二九 漣川郡旺澄面東中里八二九
八七／九一四	特建勤一〇一中隊	湖南省一二七兵站	一九四五・〇一・三一 一九二〇・〇二・二八	松山壽治郎 松山春培	雇員 妻	戦病死	龍仁郡古三面新倉里 龍仁郡古三面新倉里
八八	特建勤一〇一中隊	広西省五八師野病	一九四五・〇二・〇七 一九二三・〇二・一五	金村壬成 金村廣福	雇員 父	戦傷死	楊平郡龍門面多天里五〇九 楊平郡龍門面多天里五〇九
八九	特建勤一〇一中隊	広西省一四〇兵站病院 結核性脳髄炎	一九四五・〇三・一〇 一九一二・〇七・〇六	岡村九鎬 岡村鳳鎬	雇員 兄	戦病死	平澤郡梧城面大盤里 京城府永登浦区永登浦町一八五六
九〇	特建勤一〇一中隊	広西省一四〇兵病 肺結核	一九四五・〇三・一六 一九一二・〇七・一五	松山今鳳 松山潤鎮	雇員 妻	戦病死	長湍郡長南面浪浦里三一八九四 長湍郡長南面浪浦里三一八九四
八一二	特建勤一〇一中隊	湖南省一二八兵站病院 脚気	一九四五・〇三・二八 一九〇八・〇七・一六	長岡慶山 長岡淳息	雇員 妻	戦病死	鍾路区明倫町三－五三 鍾路区明倫町三－五三
九一	特建勤一〇一中隊	広西省一四〇兵病 アメーバ性赤痢	一九四五・〇四・二二 一九二〇・〇七・二四	岩本×雨 岩本鐘九	雇員 父	戦病死	廣州郡五浦面木里三二九 京城府鍾路区仁義町一六九
九二	特建勤一〇一中隊	広西省	一九四五・〇四・二九 一九二八・一〇・二五	森本二奉 森本奇順	雇員 妻	戦死	楊平郡楊平面楊根里二六二 楊平郡楊平面楊根里二六二
九三	特建勤一〇一中隊	湖南省一三二兵病	一九四五・〇五・〇六 一九二〇・〇七・〇八	鶴川輔説 鶴川紅蘭	雇員 妻	戦病死	漣川郡西南面佳川里二七 漣川郡西南面佳川里二七
九四	特建勤一〇一中隊	広西省	一九四五・〇五・一九 一九二一・〇七・二五	國本聖九 國本貞喜	雇員 妻	戦死	抱川郡蘇屹面二東橋里二二六 抱川郡蘇屹面二東橋里二二六
九五	特建勤一〇一中隊	広西省	一九四五・〇五・一九 一九一八・一〇・一三	山本昌鎬 山本壽金	雇員 妻	戦死	抱川郡内村面内里五五九 抱川郡内村面内里五五九
九六	特建勤一〇一中隊	広西省	一九四五・〇五・一九 一九一三・〇三・〇二	金山尹學 金山性換	雇員 妻	戦死	平澤郡玄徳面大安里 平澤郡玄徳面大安里
九七	特建勤一〇一中隊	広西昌一八〇兵站病院	一九四五・〇六・一一 一九二一・〇一・一二	李原恩連・李思炫 李原三封	雇員 父	戦傷死	江華郡松海面草丁里 江華郡松海面草丁里
九八	特建勤一〇一中隊	広西昌一八〇兵站病院	一九四五・〇六・一七	松山龍燮	雇員	戦病死	開豊郡背郊面排也里冷井洞四四

番号	部隊	場所／死因	死亡日／生年月日	氏名	身分／続柄	区分	本籍／住所
		赤痢	一九一四・〇六・二一	松山慶禮	妻		開豊郡背郊面排也里冷井洞四四
九九	特建勤一〇一中隊	広西昌一八〇兵站病院	一九四五・〇六・一七	三山基千	雇員	戦病死	漣川郡中面合水里二三九
		回帰熱	一九一一・〇九・二五	三山敏煥	養父		漣川郡中面合水里二三九
一〇九	特建勤一〇一中隊	湖南省一三二兵病	一九四五・〇六・二二	咸永祚	雇員	戦病死	廣州郡彦州面新沙里八
		脚気	一九二二・〇七・二六	咸永俊	父		廣州郡彦州面新沙里八
一〇〇	特建勤一〇一中隊	広西省	一九四五・〇六・二五	李本煥栄	雇員	戦死	水原郡郷南面桃李里一四三
			×	李本又淳	妻		水原郡郷南面桃李里一四三
一〇八	特建勤一〇一中隊	湖南省一二八兵病	一九四五・〇六・二七	河本淳集	雇員	戦病死	漣川郡積城面倉峴里一四二
		回帰熱	一九一四・一一・三〇	河本乙鉉	父		漣川郡積城面倉峴里一四二
一一八	特建勤一〇一中隊	湖北省一三二兵病	一九四五・〇七・〇一	松山興龍	雇員	戦病死	楊州郡議政府邑民楽里五五一
		細菌性赤痢	一九二一・〇三・二八	松山興完	父		楊州郡議政府邑民楽里五五一
一〇一	特建勤一〇一中隊	広西省	一九四五・〇七・〇六	西原元治	雇員	戦病死	楊州郡議政府邑議政府里一六七
		衝心脚気	一九一〇・一一・二六	西原玉蓮	妻		楊州郡議政府邑議政府里一六七
六八	特建勤一〇一中隊	湖南省衡陽兵病	一九四五・〇七・〇八	原本述仁	雇員	戦病死	楊平郡砥堤面大坪面
		コレラ	一九一九・一一・二五	元田光浦	父		楊平郡砥堤面大坪面
一一七	特建勤一〇一中隊	湖北省一三二兵病	一九四五・〇七・〇八	山本済昇	雇員	戦病死	長湍郡潭生面芬芝里三一五
		回帰熱	一九一五・一〇・一一	山本益善	父		開豊郡鳳東面鳳東里二四五
一〇二	特建勤一〇一中隊	広西省	一九四五・〇七・一九	山本永鳳	雇員	戦病死	平澤郡青北面龍城里三〇五
		回帰熱	一九〇八・一二・一八	山本聖瑞	父		平澤郡青北面龍城里三〇五
一〇三	特建勤一〇一中隊	広西省一八一兵病	一九四五・〇七・一九	金谷裕煥	雇員	戦病死	平澤郡松炭面芝山里六五七
		回帰熱	一九一八・〇五・〇一	金谷裕燦	兄		平澤郡松炭面芝山里六五七
八一三	特建勤一〇一中隊	湖南省一二八兵站病院	一九四五・〇七・一九	安山彰浩	雇員	戦病死	鍾路区花南町二八
		急性気管支炎	一九一一・〇七・一一	安山明浩	弟		城東区新堂町四四－五二
一〇七	特建勤一〇一中隊	湖南省一二八兵病	一九四五・〇七・二三	松本運煥	雇員	戦病死	利川郡長淵院邑松山里五一七
		急性大腸炎	一九二一・〇二・二一	松本允采	父		利川郡長淵院邑松山里五一七
一〇四	特建勤一〇一中隊	湖南省	一九四五・〇七・二五	権重黄	雇員	戦死	江華郡仙源面烟里七九三
			一九一八・〇八・一三	権千萬	父		江華郡仙源面烟里七九三
一〇五	特建勤一〇一中隊	湖南省一八五兵病	一九四五・〇八・三一	金山圭開	雇員	戦病死	開豊郡中面大龍里一〇六
			一九一一・一二・一五	金山台照	父		開豊郡中面大龍里一〇六
一〇六	特建勤一〇一中隊	湖南省一八四兵病	一九四五・〇九・〇一	大山燐錫	雇員	戦病死	水原郡郷南面下吉里一三八
		細菌性赤痢	一九二〇・〇一・〇四	大山銀順	妻		水原郡郷南面下吉里一三八
一一九	特建勤一〇一中隊	湖南省	一九四五・〇九・一四	金光容杰	雇員	戦病死	富川郡姫陽面上野里一七三
		心臓麻痺	一九二一・〇一・〇九	金光明洙	父		富川郡姫陽面上野里一七三
一二〇	特建勤一〇一中隊	湖北省一五八兵病	一九四五・〇九・一六	吉本玩衡	雇員	戦病死	平澤郡浦斤面新栄里三五八
		細菌性赤痢	一九二〇・一〇・〇一	吉本喆衡	兄		平澤郡浦斤面新栄里三五八

一一二一／七七八	特建勤一〇一中隊	湖北省	一九四五・〇九・三〇	平山漢光	雇員	戦病死	水原郡鳥山面佳水里一二四
		マラリア	一九二〇・〇一・一七	平山高吉	父		水原郡鳥山面佳水里一二四
一一二二	特建勤一〇一中隊	湖北省一七八兵病	一九四五・一〇・一一	長田福守	雇員	戦病死	始興郡秀岩面章下里二二九
		乾性胸膜炎	一九一八・〇四・一二	長田小順	妻		始興郡秀岩面章下里二二九
一一二三	特建勤一〇一中隊	湖北省一八五兵病	一九四五・一〇・一七	鄭本宗源	雇員	戦病死	水原郡陰徳面新南里六八六
			一九二二・一一・一七	鄭本鎮極	父		水原郡陰徳面新南里六八六
一一二四	特建勤一〇一中隊	湖北省	一九四五・一〇・二三	文化金錫	雇員	戦病死	水原郡雨汀面雲坪里八一一
			一九一三・〇九・一二	文化金奉	兄		水原郡雨汀面雲坪里八一一
一一二五	特建勤一〇一中隊	湖北省	一九四五・一〇・二三	金城正雲	雇員	戦病死	楊州郡廣積面過古里一一九
			一九一三・〇五・一一	金城元三	父		楊州郡廣積面過古里一一九
一一二六	特建勤一〇一中隊	湖北省	一九四五・一〇・二四	國村舜九	雇員	戦病死	始興郡秀岩面山峴里一五一
			一九二三・〇五・一八	國村光薫	父		始興郡秀岩面山峴里一五一
一一一〇	特建勤一〇一中隊	湖北省一二八兵病	一九四五・一一・〇二	平山鉉俊	雇員	戦病死	廣州郡楽生面三坪里三三六
		マラリア・戦争栄養失調	一九二〇・〇二・二七	平山永均	父		廣州郡楽生面三坪里三三六
一一二七	特建勤一〇一中隊	湖北省	一九四五・一一・一四	綿城義釆	雇員	戦病死	利川郡長湖院邑於石里四〇八
		コレラ	一九二〇・〇八・〇三	綿城必河	父		利川郡長湖院邑於石里四〇八
一一二八	特建勤一〇一中隊	湖北省	一九四五・一一・一九	高橋錫奎	雇員	戦病死	漣川郡朔寧面×尺里九六七
		急性肺炎	一九二〇・〇四・一四	高橋×汝	弟		漣川郡朔寧面×尺里九六七
一一二九	特建勤一〇一中隊	湖北省	一九四五・一一・二三	松原尚祀	雇員	戦病死	楊州郡百石面加業里二四〇
			一九二〇・一一・〇四	松原用福	父		楊州郡百石面加業里二四〇
八一四	特建勤一〇一中隊	湖南省一二八兵站	一九四五・一一・二五	大山吉澤	雇員	戦病死	中区茶屋町九二
		マラリア・急性腸炎	一九二一・一一・〇一	大山博喜	父		中区茶屋町九二
一一三〇	特建勤一〇一中隊	湖北省	一九四五・一一・二八	金光荘鉉	雇員	戦病死	開豊郡中面徳水里一一五
			一九一六・一〇・一三	金光在玉	父		開豊郡中面徳水里一一五
一一一一	特建勤一〇一中隊	湖北省	一九四五・一二・一〇	西河享淳	雇員	戦病死	楊州郡檜泉面栗定里二七四
		マラリア・脚気	一九一四・〇二・二三	西河驥宰	父		楊州郡檜泉面栗定里二七四
一一一二	特建勤一〇一中隊	湖北省一五八兵病	一九四五・一二・一二	國本富燮	雇員	戦病死	抱川郡内面柳橋里五五八
		クループ性肺炎	一九一二・〇五・一二	國本音禮	妻		抱川郡内面柳橋里五五八
一一一四	特建勤一〇一中隊	湖北省一五八兵病	一九四六・〇一・〇八	山本富學	雇員	戦病死	楊州郡九里面中下里一五七
			一九一二・〇七・〇八	山本昌學	父		楊州郡九里面中下里一五七
一一一三	特建勤一〇一中隊	湖北省	一九四六・〇一・二八	安田萬錫	雇員	戦病死	楊州郡伊淡面傑山里一五七
			一九二〇・〇一・一七	安田点洞	父		楊州郡伊淡面傑山里一五七
一一一六	特建勤一〇一中隊	湖北省一五八兵病	一九四六・〇一・二八	金　光	雇員	戦病死	広州郡東部面新長里
		マラリア・熱帯熱	一九一三・一二・一三	東部面長	—		広州郡東部面新長里
七五二	特建勤一〇一中隊	湖北省一七八兵病	一九四六・〇二・一七	高村昌裕	雇員	戦病死	水原郡日旺面架木里三九三

		脚気	一九一六・一一・一三	高村元奎	父		水原郡日旺面架木里三九三
一一五	特建勤一〇一中隊	湖北省一五八兵病	一九四六・〇二・二〇	國本德成	雇員	戦病死	高陽郡崇仁面弥阿里二〇七
		肺結核	一九一九・一〇・〇七	國本完永	父		高陽郡崇仁面弥阿里二〇七
七五一	特建勤一〇一中隊	湖北省一七八兵病	一九四六・〇三・一八	高原壽男	雇員	戦病死	楊州郡楊州面山北里三一一
		結核	一九二二・〇五・二一	高原永信	父		楊州郡楊州面山北里三一一
七五三	特建勤一〇一中隊	湖北省一七八兵病	一九四六・〇四・〇四	中村學乭	雇員	戦病死	水原郡日旺面鳥山里七九
		回帰熱	一九一七・〇三・一〇	中村聖道	父		水原郡日旺面鳥山里七九
四五九	特建勤一〇二中隊	広東省広東二陸病	一九四四・〇四・二二	泉光昌男	傭人	戦病死	方川郡新北面加采里三〇二
		A型パラチフス	一九二三・〇六・二〇	泉光千峯	父		方川郡新北面加采里三〇二
四六〇	特建勤一〇二中隊	広東省	一九四四・〇八・二四	夏山日成	傭人	戦病死	加平郡上面栗吉里七〇九
			一九〇六・一二・一九	夏山壽煥	妻		加平郡上面栗吉里七〇九
四六一	特建勤一〇二中隊	広東省	一九四四・〇九・〇九	文化鎮赫	傭人	戦病死	広州郡大旺面栗峴里三四二
			×	文化聖烈	父		広州郡大旺面栗峴里三四二
四六二	特建勤一〇二中隊	広東省広州二陸病	一九四四・一〇・一四	金山址鎔	傭人	戦病死	富川郡蘇面大也里三三〇
			一九一二・〇三・一五	金山妙順	妻		富川郡蘇面大也里三三〇
四六三	特建勤一〇二中隊	広東省	一九四四・〇九・〇九	尹景洙	傭人	戦死	抱川郡新北面新坪里四〇七
			×	―	―		抱川郡新北面新坪里四〇七
三	特建勤一〇二中隊	広東省広東一陸病	一九四五・〇二・一六	青峰在鳳	傭人	戦病死	長湍郡郡内面邑内里
		虫様突起炎・腹膜炎	一九一八・〇五・〇八	青峰聖模	母		長湍郡郡内面邑内里
七七一	特建勤一〇二中隊	不詳	一九四五・〇三・二〇	岩本鍾九	傭人	戦病死	廣州郡五浦面本里三二七
			×	―			―
四六四	特建勤一〇二中隊	広東省	一九四五・〇六・一六	金本通龍	傭人	戦死	安城郡薇陽面保禮里一三
			一九二二・〇四・二三	金本萬福	父		京城府新吉町四―一八四
四六五	特建勤一〇二中隊	広東省	一九四五・〇六・一六	光村龍雲	傭人	戦死	楊州郡榛接面長峴里四一
			一九一一・一二・〇六	光村斤吉	兄		楊州郡榛接面長峴里四一
四六六	特建勤一〇二中隊	広東省	一九四五・〇七・一三	金本熙春	傭人	戦病死	坡州郡交河面東牌里三六
		マラリア	一九二三・一一・一九	金本三錫	祖父		坡州郡交河面東牌里三六
四六七	特建勤一〇二中隊	広東省香港陸病	一九四五・〇八・一三	高島壬得	傭人	戦病死	高陽郡崇仁面貞陵里
		マラリア	一九一二・〇九・〇二	高島　奏	父		高陽郡崇仁面貞陵里
四六八	特建勤一〇二中隊	広東省	一九四五・〇八・一三	徳山王會	傭人	戦死	加平郡外西面上泉里四一八
			一九一七・一二・一三	李三奉	兄		加平郡外西面上泉里四一八
四六九	特建勤一〇二中隊	広東省	一九四五・〇九・一二	吉田玉基	傭人	戦病死	楊州郡蘆海面双門里四九六
			一九二一・一一・二一	吉田徳仁	父		楊州郡蘆海面双門里四九六
四七〇	特建勤一〇二中隊	広東省一八〇兵病	一九四五・一〇・〇五	松野三出	傭人	戦病死	利川郡長湖院邑方楸里
			一九二一・〇四・〇六	松野言年	妻		利川郡長湖院邑方楸里

七四八	特収勤一〇五中隊	福岡県小倉市小倉病院	一九四五・〇三・〇六	金澤成云	軍属	戦死	水原郡台章面陣雁里
			一九一六・〇七・〇五	金澤四乭	兄		水原郡台章面陣雁里
七六〇	特水勤務一〇一中隊	広西省一八三兵病	一九四五・〇六・一七	三川仁鳳	傭人	戦病死	楊平郡龍門面多文里
			一九〇六・〇八・二五	三川順兼	父		楊平郡龍門面多文里
七六一	特水勤務一〇一中隊	広西省	一九四六・〇四・〇二	古川敬夫	傭人	戦病死	富川郡蘇莱面道蔵里三七六
		発診チフス	一九一三・一一・〇八	吉川基和	父		富川郡蘇莱面道蔵里三七六
七五九	特水勤務一〇五中隊	不詳	一九四四・〇八・二四	松本載栄	傭人	死亡	楊州郡蘆海面倉洞里二九五
			一九一六・一〇・一〇	松本順鳳	妻		楊州郡蘆海面倉洞里二九五
七六八	特水勤務一二五中隊	河北省天津一六二兵病	一九四六・〇五・一五	林弼相	上等兵	戦病死	開豊郡青郊面廣水里
		結核性腹膜炎	一九二四・〇七・一一	林福碩	母		開城府南山町七四一－一〇号
二一二	独警歩三大隊	安徽省	一九四五・〇六・一五	金清光濬	兵長	戦病死	江華郡江華面菊花里六五
		左クループ性肺炎	一九二四・〇二・〇一	金清奎鉉	—		江華郡江華面菊花里六五
二二六	独警歩四大隊	安徽省	一九四五・〇七・二六	徳山茂隆	兵長	戦病死	安城郡安城邑石井里五
		喝病	一九二四・〇二・一一	徳山正雄	父		安城郡安城邑石井里五
二九七	独警歩一〇大隊	湖南省七二兵病	一九四五・一一・〇五	林炳憲	上等兵	戦病死	開豊郡北面倉浦里八一六
		赤痢	一九二四・〇八・〇一	林仁相	父		開豊郡北面倉浦里八一六
二九八	独警歩一〇大隊	湖南省	一九四五・一二・一二	玉山升淳	上等兵	戦病死	水原郡東灘面盤松里四六
		マラリア	一九二四・一一・〇一	玉山錫昌	父		水原郡東灘面盤松里四六
二九三	独警歩四三大隊	山東省	一九四五・〇六・二一	高村昌浩	伍長	戦死	安城郡陽城面桃谷里一六四
			一九二二・〇二・一〇	高村鏡永	父		安城郡安城面芳新里
八三九	独警歩四三大隊	山東省	一九四五・〇九・一七	光山基洙	曹長	戦死	鍾路区公平町一五六
		左胸部貫通銃創	一九一四・一〇・二五	光釜永喆	父		鍾路区×化町五三－九
三四五／七三五	独警歩五二大隊	河南省	一九四五・〇八・一七	茂山浩清	少尉	戦死	高陽郡圭縣島面雌馬場里四四八
			一九二〇・一二・一一	茂山慶鎬	父		高陽郡圭縣島面雌馬場里四四八
二二三	独警歩六七大隊	河南省一八九兵病	一九四五・〇八・一四	文明興吉	軍曹	戦病死	開城府南山町七六〇
		腹部挫傷・腹膜炎	一九二一・一二・二九	文明元忠	父		開城府南山町七六〇
七三三	独立高射砲四三中隊	サイパン島	一九四四・〇七・一八	正木泰範	兵長	戦死	江華郡内可面古川里四七
			×	正木善郷	父		江華郡内可面古川里四七
四一五	独立工兵六中隊	ビルマ、	一九四五・〇五・一四	松原東赫	兵長	戦死	利川郡麻長面徳坪洞二六四
		コレラ	一九二五・〇九・一〇	松原壽福	兄		利川郡麻長面徳坪洞二六四
六六二	独立工兵六中隊	ビルマ、アランミョウ	一九四五・〇四・二九	松村仁之助	兵長	戦死	始興郡君子面正往里二四九
			一九二〇・一二・二〇	松村睦生	妻		始興郡君子面正往里二四九
六六三	独立工兵六中隊	ビルマ、アランミョウ	一九四五・〇四・二九	金本一夫	伍長	戦死	仁川府梅岸町一－一一
			一九二五・〇五・一五	金本永煥	—		仁川府梅岸町一－一一
六六四	独立工兵六中隊	ビルマ、アランミョウ	一九四五・〇四・二九	星山禹栄	兵長	戦死	坡州郡川内面延豊里二七二

			一九二四・〇二・一四	星山善景	父		坡州郡川内面延豊里二七二一
九一〇	独立工兵六中隊	ビルマ、シッタン河	一九四五・〇七・二七	原　弘	兵長	戦死	鍾路区禮智町二七八
			一九二四・〇三・〇三	原臣福	母		鍾路区鍾路五－三二－二
六〇八	独立工兵七中隊	ビルマ、ゴンドウ地方	一九四五・〇四・二八	木村春秀	伍長	戦死	統営郡長承浦邑王浦里
							統営郡長承浦邑王浦里
九〇九	独立工兵九中隊	ビルマ、グマピュー	一九四五・〇一・一五	松村正雄	兵長	戦死	鍾路区斉洞町八四－一七
			一九二二・〇六・二一	松村忠根	祖父		鍾路区斉洞町八四－一七
二八四	独立混成一一旅団	ルソン島カイヌビット	一九四三・〇九・二〇	新井秀吉	兵長	戦死	平澤郡浦竹面晩湖里
			×	新井弼変	父		平澤郡浦竹面晩湖里
二八六	独立混成一一旅団	ルソン島シガレ	一九四三・一〇・一三	岩村吉雄	曹長	戦死	高陽郡知道面大荘里二五三
			×	岩村　禎	父		高陽郡知道面大荘里二五三
二八九	独立混成一一旅団	ニューギニア、不抜山	一九四四・〇二・二一	陵村賢次郎	兵長	戦死	驪州郡驪州面店峰里
			×	陵村賢光	兄		－
二八五	独立混成一一旅団	ルソン島戸里川	一九四四・〇六・〇二	阿川成昱	伍長	戦病死	水原郡峰潭面水営里
		マラリア	×	阿川健成	父		水原郡峰潭面水営里
二八八	独立混成一一旅団	ニューギニア、ダンダヤ	一九四四・〇七・一〇	延城萬永	兵長	戦死	楊州郡榛接面金谷里
			×	延城孝宰	父		－
二八七	独立混成一一旅団	ニューギニア、坂東川	一九四四・〇七・一五	巖本政邦	伍長	戦死	平澤郡平澤邑通伏里八五
			×	巖本三銑	父		平澤郡平澤邑通伏里八五
四五一	独立混成一一旅団	ルソン島タフラン	一九四五・〇一・〇三	廣村明一	兵長	戦病死	平澤郡北面下北里一二六
		心臓麻痺	一九二三・〇九・一五	廣村浴汶	父		平澤郡北面下北里一二六
五四三	独立混成一一旅団	ルソン島パンダバンガン	一九四五・〇二・一五	徳山允國	兵長	戦死	楊州郡九里面仁倉里三八六
			一九二五・〇七・〇八	徳山東極	父		楊州郡九里面仁倉里三八六
五五三	独立混成一一旅団	ルソン島パンダバンガン	一九四五・〇二・二六	文山基浹	兵長	戦死	抱川郡蒼水里注院里八四〇
			一九二二・〇六・〇一	文山変烈	父		京城府本町三
四五〇	独立混成一一旅団	ルソン島サラクサク	一九四五・〇三・一七	岩原奎五	伍長	戦死	平澤郡平澤邑碑前里五二二
			一九二六・〇三・二五	岩本伊石	父		平澤郡平澤邑碑前里五二二
三三五	独立混成一一旅団	ルソン島ツエベル峠	一九四五・〇五・〇八	廣本時雄	伍長	戦死	水原郡日旺面古川里二六五
			一九二二・〇三・一七	廣本豊蔵	父		水原郡日旺面古川里二六五
三三二	独立混成一一旅団	ルソン島ツエベル峠	一九四五・〇五・一五	白南北	伍長	戦死	龍仁郡外四面栢峰里七〇〇
			一九二五・〇三・〇七	白楽浩	父		龍仁郡外四面栢峰里七〇〇
三三四	独立混成一一旅団	ルソン島ツエベル峠	一九四五・〇五・一九	新本博川	伍長	戦死	仁川府延壽町六三
			一九二五・〇四・一三	新本永植	父		仁川府延壽町六三
三三三	独立混成一一旅団	ルソン島ツエベル峠	一九四五・〇五・二五	金井徳雄	伍長	戦死	楊州郡眞乾面眞宮里二四三
			一九二二・一二・二五	金井元吉	父		楊州郡眞乾面眞宮里二四三

二八三	独立混成一一旅団	ルソン島ベレテ峠	一九四五・〇五・二六 一九一七・〇六・一五	高原世浩 高原泰植	伍長 父	戦死	平澤郡青北面高棧里七一三 平澤郡青北面高棧里七一三
四五二	独立混成一一旅団	ルソン島カラングラン	一九四五・〇六・二六 一九二五・〇二・一六	松田敬鎬 松田現燮	伍長 父	戦死	金浦郡高村面新谷里四七五 金浦郡高村面新谷里四七五
七三二	独立混成一一旅団	不詳	不詳 一九二四・一〇・二〇	林炳元 林徳千	一等兵 父	不詳	楊州郡九里面新内里一〇一 楊州郡九里面新内里一〇一
五六六	独立混成一二旅団	レイテ島オルモック	一九四四・一二・一〇 一九二一・〇四・一三	國本武雄 國本大善	伍長 父	戦死	水原郡安龍面古索里一二一八 水原郡安龍面古索里一二一八
五六四	独立混成一二旅団	レイテ島アルベラ	一九四四・一二・一四 一九二三・〇二・〇六	木村三童 木村聖俊	伍長 父	戦死	廣州郡九川面岩寺里五二八 廣州郡九川面岩寺里五二八
五六五	独立混成一二旅団	レイテ島オルモック	一九四四・一二・一四 一九二五・〇五・〇一	國本起英 國本享鶴	伍長 父	戦死	安城郡陽城面東恒里九一 安城郡陽城面東恒里九一
六八三	独立混成一二旅団	レイテ島アルベラ	一九四四・一二・二〇 ×	平川勝寅 平川智淵	兵長 兄	戦死	仁川府西京町二〇一 仁川府西京町二〇一
六八四	独立混成一二旅団	レイテ島アルベラ	一九四四・一二・二〇 ×	安田秀龍 安田甲順	兵長 妻	戦死	江華郡仙源面智山里一〇〇 江華郡仙源面智山里一〇〇
六八五	独立混成一二旅団	レイテ島アルベラ	一九四四・一二・二〇 ×	柳田澤熙 柳田允秀	兵長 父	戦死	江華郡華道面徳浦里一一四九 江華郡華道面徳浦里一一四九
六八六	独立混成一二旅団	レイテ島アルベラ	一九四四・一二・二〇 ×	完山大福 完山巨福	兵長 父	戦死	坡州郡交河面野唐里三五 坡州郡交河面野唐里三五
六八七	独立混成一二旅団	レイテ島アルベラ	一九四四・一二・二〇 ×	木本秀雄 木本順宰	兵長 父	戦死	水原郡八灘面栄巌里二一〇四 水原郡八灘面栄巌里二一〇四
六一三	独立混成一二旅団	レイテ島アルベラ	一九四四・一二・一四	宮本成宰	兵長	戦死	昌寧郡釜石面山里八八七 愛知県豊橋市花田町×光七八
七三四	独立混成一二旅団	レイテ島アルベラ	一九四四・一二・一四 一九二一・〇五・一五	金本興萬 金本命福	伍長 父	戦死	富川郡蘇巌面茂芝里三〇一 京城府永登浦町四九七
七一〇	独立混成一二旅団	レイテ島カルブゴス	一九四五・〇七・〇三 一九二二・〇四・一六	金本春実 金本元明	兵長 父	戦死	江華郡河站面新圓里四六四 江華郡河站面新圓里四六四
七一一	独立混成一二旅団	レイテ島カルブゴス	一九四五・〇七・〇三 一九二二・一二・二三	金田新鉉 金田英成	兵長 父	戦死	龍仁郡古三面大葛里二一二 龍仁郡古三面大葛里二一二
六六九	独立混成一二旅団	レイテ島カルブゴス	一九四五・〇七・〇三 一九二五・〇三・〇八	大森容源 大森一源	兵長 兄	戦死	利川郡暮加面所古里五四〇 利川郡暮加面所古里五四〇
六七〇	独立混成一二旅団	レイテ島カルブゴス	一九四五・〇七・〇三 一九二三・一〇・〇一	金村英雄 金村 相	兵長 父	戦死	開城府東本町七〇―二 開城府東本町七〇―二
六七一	独立混成一二旅団	レイテ島カルブゴス	一九四五・〇七・〇三	黄原永萬	兵長	戦死	楊州郡長興面橋峴里三〇五

			一九二二・〇八・二六	黄原益能	父		楊州郡長興面橋峴里三〇五
六七二	独立混成一二旅団	レイテ島カルブゴス	一九四五・〇七・〇三	國本康武	兵長	戦死	平澤郡彭城面坪宮里二三三
			一九二五・〇五・二三	國本起烈	父		平澤郡彭城面坪宮里二三三
六七三	独立混成一二旅団	レイテ島カルブゴス	一九四五・〇七・〇三	貞山富治	兵長	戦死	長湍郡津西面訥木里三一三
			一九二六・〇八・〇八	貞山鐘三	父		長湍郡津西面訥木里三一三
六七四	独立混成一二旅団	レイテ島カルブゴス	一九四五・〇七・〇三	平昌億俊	兵長	戦死	楊州郡廣積面桂納木里七二二
			一九一五・〇七・〇一	平昌允治	父		楊州郡廣積面桂納木里七二二
六七五	独立混成一二旅団	レイテ島カルブゴス	一九四五・〇七・〇三	三輪　裕	兵長	戦死	水原郡峰澤面桐化里五三七
			一九二三・〇五・〇三	三輪必君	父		水原郡峰澤面桐化里五三七
六七六	独立混成一二旅団	レイテ島カルブゴス	一九四五・〇七・〇三	宮本済範	兵長	戦死	高陽郡神道面東山里
			一九二二・〇三・一七	宮本平徳	兄		高陽郡神道面東山里
六七七	独立混成一二旅団	レイテ島カルブゴス	一九四五・〇七・〇三	安田孝次	兵長	戦死	龍仁郡龍仁面金良場里一四四
			×	安田奉山	父		龍仁郡龍仁面金良場里一四四
六七八	独立混成一二旅団	レイテ島カルブゴス	一九四五・〇七・〇三	山本尹九	兵長	戦死	金浦郡楊村面柳峴里二〇八
			一九二四・〇五・二八	山本煥舜	兄		金浦郡楊村面柳峴里二〇八
六七九	独立混成一二旅団	レイテ島カルブゴス	一九四五・〇七・〇三	山本出國	兵長	戦死	楊平郡楊価面両水里五五八
			一九二三・〇七・一九	山本乭文	父		楊平郡楊価面両水里五五八
六八〇	独立混成一二旅団	レイテ島カルブゴス	一九四五・〇七・〇三	嘉山仲錫	兵長	戦死	江華郡河帖面三邑里七一九
			一九二四・〇八・〇一	嘉山明元	父		江華郡河帖面三邑里七一九
六八一	独立混成一二旅団	レイテ島カルブゴス	一九四五・〇七・〇三	梁澤正義	兵長	戦死	水原郡
			一九二四・〇六・二三	梁澤正雄	父		水原郡
六八二	独立混成一二旅団	レイテ島カルブゴス	一九四五・〇七・〇三	山口昌義	兵長	戦死	抱川郡永光面霊川里五七〇
			一九二三・〇九・二五	山口水龍	兄		抱川郡永光面霊川里五七〇
五二二	独立混成一三旅団	バシー海峡	一九四四・〇八・一九	有馬徳男	兵長	戦死	開豊郡台聖面新竹里二四
			一九二二・〇八・〇五	有馬然應	父		開豊郡台聖面新竹里二四
五二三	独立混成一三旅団	バシー海峡	一九四四・〇八・一九	國本鐘舜	兵長	戦死	長湍郡内面邑内里五五五―六
			一九二三・一〇・二四	國本聖根	父		長湍郡内面邑内里五五五―六
五二四	独立混成一三旅団	バシー海峡	一九四四・〇八・一九	高島益洙	兵長	戦死	仁川府金谷町二五
			×	國本起泰	叔父		仁川府金谷町三―三
五二五	独立混成一三旅団	バシー海峡	一九四四・〇八・一九	平海炳文	兵長	戦死	安城郡三竹面徳山里
			一九二五・一二・二五	平海根明	父		安城郡三竹面徳山里
五二六	独立混成一三旅団	バシー海峡	一九四四・〇八・一九	文岩士龍	兵長	戦死	高陽郡纛島面新川里五〇
			一九二四・〇五・〇一	文岩應俊	兄		高陽郡纛島面新川里五〇
六六五	独立混成一三旅団	ルソン島	一九四四・〇八・一九	石原弘烈	兵長	戦死	平澤郡玄徳面徳睦里二九四
			一九二二・〇七・二七	石原飛鳳	父		平澤郡玄徳面徳睦里二九四

六八八	独立混成一三旅団	ルソン島アルベラ	一九四四・一二・二〇	青川俊默	兵長	戦死	利川郡栢沙面玄方里八五
			一九二三・〇一・二一	青川東佐	父		利川郡栢沙面玄方里八五
六八九	独立混成一三旅団	ルソン島アルベラ	一九四四・一二・二〇	松江世九	兵長	戦死	水原郡半月面乾々里三六四
			一九二四・〇一・一一	松江鐘漢	父		水原郡半月面乾々里三六四
六九〇	独立混成一三旅団	ルソン島アルベラ	一九四四・一二・二〇	瑞原永勲	兵長	戦死	楊州郡州内面維楊里四一六
			一九二四・一〇・二八	瑞原源植	兄		楊州郡州内面維楊里四一六
六九一	独立混成一三旅団	ルソン島アルベラ	一九四四・一二・二〇	安田長漢	兵長	戦死	平澤郡松炭面七院里三九
			一九二五・〇四・〇三	安田福興	父		平澤郡松炭面七院里三九
六九二	独立混成一三旅団	ルソン島アルベラ	一九四四・一二・二〇	廣島根億	兵長	戦死	龍仁郡内四面坪倉里六二九
			一九二四・一一・二五	廣島興億	父		龍仁郡内四面坪倉里六二九
七三七	独立混成一三旅団	レイテ島アルベラ	一九四四・一二・二〇	安平昌徳	上等兵	戦死	廣州郡南絡面芬院里一五八
			一九二五・〇六・一七	安平春日	父		廣州郡南絡面芬院里一五八
五九九	独立混成一三旅団	ミンダナオ島ブラウエン	一九四四・一二・二三	蘆川仲愚	兵長	戦死	長湍郡江上面紫霞里九七〇二
			一九二四・〇五・一五	蘆川京極	父		長湍郡江上面紫霞里九七〇二
六〇〇	独立混成一三旅団	ミンダナオ島ブラウエン	一九四四・一二・二三	岡澤慶太郎	兵長	戦死	長湍郡郡内面造山里二五一
			一九二三・〇二・二六	岡澤馥水	父		長湍郡郡内面造山里二五一
六〇一	独立混成一三旅団	ミンダナオ島ブラウエン	一九四四・一二・二三	大林鐘和	兵長	戦死	開豊郡上道面大陵里二〇九
			一九二五・〇四・二五	大村徳圭	父		開豊郡上道面大陵里二〇九
六〇二	独立混成一三旅団	ミンダナオ島ブラウエン	一九四四・一二・二三	金原康雄	兵長	戦死	高陽郡纛島面廣壮里三二二
			一九二二・一〇・二三	金原義成	父		高陽郡纛島面廣壮里三二二
六〇三	独立混成一三旅団	ミンダナオ島ブラウエン	一九四四・一二・二三	金光永玉	兵長	戦死	富川郡素砂面開峰里四四
			一九二一・一一・一九	金光信鉉	父		富川郡素砂面開峰里四四
六〇四	独立混成一三旅団	ミンダナオ島ブラウエン	一九四四・一二・二三	三金炯秀	兵長	戦死	楊州郡議政府邑議政府里一三七
			一九二五・〇八・二二	三金恭山	父		楊州郡議政府邑議政府里一三七
六〇五	独立混成一三旅団	ミンダナオ島ブラウエン	一九四四・一二・二三	南平充植	兵長	戦死	利川郡暮加面新葛里四四七
			一九二六・〇一・二〇	南平健造	父		利川郡暮加面新葛里四四七
六〇六	独立混成一三旅団	ミンダナオ島ブラウエン	一九四四・一二・二三	密山明信	伍長	戦死	平澤郡平澤邑通伏里三四－一
			一九二五・〇八・一七	密山翰造	父		平澤郡平澤邑通伏里三四－一
五一四	独混三五旅司令部	南マンダマン島	一九四四・〇三・一六	宮本顕泰	傭人	戦傷死	京城府龍山区漢南町三六一
		頭・腹部貫通銃創	×	宮本顕默	兄		京城府龍山区漢南町三六一
一六五	独混一〇三旅司令	台北陸病	一九四五・〇八・二五	金村吉圭	上等兵	戦病死	高陽郡松浦面大化里一六二七
		マラリア	一九二二・〇一・〇一	金村完明	父		高陽郡松浦面大化里一六二七
三四六	独混一〇三旅輜重隊	羅津港・羅津丸	一九四五・〇一・〇九	慶原茂盛	上等兵	戦死	驪州郡北内面堂隅里一三九
			一九二三・〇八・一五	慶原茂盛（ママ）	兄		驪州郡胎州邑下里一八九－一
五一三	独自動車六〇大隊	不詳	一九四四・一〇・二二	江本光政	上等兵	戦死	安城郡金光面内隅里

番号	部隊	場所	年月日	氏名	続柄・階級	死因	本籍・住所
			×	江本　敏	父		安城郡金光面内隅里
七四一	独自動車六〇大隊	ビルマ、タム	一九四四・〇七・〇六	國本亀煥	上等兵	戦病死	水原郡水原邑泡野町六七
			×	國本基煥	父		水原郡水原邑泡野町六七
四八五	独自動車六〇六大	ビルマ、テンゼン	一九四四・〇七・〇五	金城學奎	上等兵	戦病死	広州郡草月面仙東里
			×	金城鐘弘	父		広州郡草月面仙東里
八〇六	独歩一〇大隊	山西省	一九三九・〇九・〇五	莫泰山	傭人	戦死	京城府西大門区蓬莱町四－一〇七
		頭部貫通銃創	×	李性女	父		京城府西大門区阿峴町六二－三二
八五八	独歩一一連隊	ルソン島	一九四五・〇七・二八	渭川聖換	伍長	戦死	京城府中区明倫町二一七
		左胸部貫通銃創	一九二二・〇二・一五	渭川泰享	父		京城府中区明倫町二一七
八四九	独歩一一連隊	ルソン島	一九四五・〇九・〇一	金龍雲	伍長	戦病死	京城府西大門区新営町五八
		マラリア	一九二二・〇二・一〇	金明根	父		京城府西大門区弘賀町八五
九一二	独歩一一連隊	レイテ島アルベラ	一九四四・一二・二〇	山雄忠吉	兵長	戦死	京城府鍾路区豊池町七四－四
			一九二三・一二・一五	山雄　震	父		京城府城東区新堂町三四七－二六五
一八二	独歩一二大隊	レイテ島ブラウエン	一九四四・一二・〇五	長川智識	兵長	戦死	仁川府昌栄町八峴一〇
			一九二三・〇六・一二	長川政蔵	兄		仁川府昌栄町八峴一〇
八二七	独立歩兵一二連隊	比島	一九四四・一二・〇五	石橋栄造	兵長	戦死	京城府中区林町二四八
			一九二二・〇三・一〇	石橋新造	兄		京城府中区林町二四八
九一一	独立歩兵一二連隊	レイテ島カルブゴス	一九四五・〇七・〇三	木村永山	兵長	戦死	京城府西大門区大興町五〇九
			一九二三・〇三・二三	木村永春	兄		楊州郡議政府邑三八
一八三	独歩一三大隊	レイテ島	一九四四・一一・一〇	吉田鉱益	兵長	戦死	楊平郡楊東面高松里一〇二
			一九二五・一二・〇四	―			―
一八四	独歩一三大隊	比島バシー海峡	一九四四・〇八・一七	富田政義	兵長	戦死	仁川府元町二七九
			一九二二・九四・〇三	富田昌雄	父		仁川府元町二七九
一八五	独歩一三大隊	比島バシー海峡	一九四四・〇八・一七	米原　薫	兵長	戦死	仁川府井上町三〇六
			一九二二・〇九・一一	米原順峰	父		仁川府井上町三〇六
八二八	独歩一三連隊	比島	一九四四・〇八・一七	木山昌宗	兵長	戦死	京城府中区御成町四〇
			一九二三・〇一・二六	木山相根	父		京城府中区蓬莱町一－一三五
八九七	独歩一三連隊	比島アラウエン飛行場	一九四四・一二・二二	永田　沃	兵長	戦死	京城府永登浦区永登浦町二五六－一一五
			一九二五・〇五・一五	永田學俊	父		京城府永登浦区堂山町三〇五
九一三	独歩一三連隊	レイテ島アルベラ	一九四四・一二・二〇	岡田繁佑	兵長	戦死	京城府中町光熙町二－一六〇
			一九二五・〇九・〇一	岡田吉豊	父		京城府中町光熙町二－一六〇
八八二	独歩一五大隊	沖縄浦添村	一九四五・〇五・〇九	高島泰箔	伍長	戦死	京城府龍山区漢江通二－四六
			一九二〇・一二・一九	高島　仁	父		京城府龍山区漢江通二－四六
八三〇	独歩一八大隊	山東省	一九四四・一二・二一	林炳白	兵長	戦死	京城府龍山区漢南町一三五
			×	林炳達	兄		京城府龍山区漢南町一三五

二二四	独歩一九大隊	山東省	一九四五・〇三・二八	井垣壽禎	見習士官	戦死	開城府南山町三九
			一九二一・〇三・一〇	井垣鐘徳	父		開城府南山町三九
二二五	独歩一九大隊	山東省	一九四四・〇九・二二	松岡　勇	兵長	戦死	開豊郡土城面霊陵里四五四
			×	松岡鶴松	父		開豊郡土城面霊陵里四五四
四八〇	独歩二〇大隊	山東省	一九四四・〇八・一六	徳山誠昊	兵長	戦死	水原郡東灘邑長芝里
			一九二三・〇九・二四	徳山源経	父		水原郡東灘邑長芝里
二	独歩四三大隊	山東省流鐘付近	一九四五・〇二・二二	三井石文	軍曹	戦死	始興郡果川面葛峴里一四九
			一九二三・〇九・二七	三井駿栄	父		始興郡安養洞面安養洞八八
七六三	独歩四三大隊	山東省	一九四四・〇九・〇三	徳永憲彦	兵長	戦死	高陽郡纛島面纛島里四二六
			一九二〇・〇二・二八	徳永晴子	妻		京城府鍾路区通仁町一五七
八七六	独歩四五大隊	山東省	一九四五・〇二・〇六	岩村　墉	見習士官	戦死	京城府龍山区梨泰町大三二―三
			一九二二・〇六・二三	岩村仁助	父		京城府龍山区社陵町八〇〇五
六六七	独歩六〇大隊	湖北省	一九四五・〇八・二〇	夏山善道	上等兵	戦死	廣州郡寄州面康谷里一三八
			一九二四・〇八・一三	夏山光蘭	妻		廣州郡寄州面康谷里一三八
一九八	独歩八七大隊	湖南省	一九四五・〇八・一九	金澤潤錫	兵長	戦死	水原郡麻道面松亭里八四
			一九二四・一〇・二四	金澤用男	父		京城府鍾路区壽松町六八
一九九	独歩八七大隊	安徽省	一九四五・一〇・一三	木戸源洙	上等兵	戦病死	開城府南本町六三三
		マラリア・回帰熱	一九二四・〇六・一四	木戸日鎮	父		開城府南本町六三三
八三一	独歩八七大隊	湖南省	一九四四・一〇・二二	平山友三郎	上等兵	戦病死	京城府鍾路区仁寺町二一二
			一九二四・〇一・〇六	平山友替	兄		京城府鍾路区仁寺町二一二
一三八	独歩九一大隊	湖北省	一九四五・〇七・二一	柳元玉馨	一等兵	戦死	破州郡臨津面庁山里九四
			一九二四・〇五・一八	柳元梅律	父		破州郡臨津面庁山里九四
七八五	独歩九三大隊	湖北省	一九四五・〇二・二〇	李家悌善	二等兵	不明	抱川郡抱川面典龍里四一五二
			一九二二・〇三・〇八	李家宗珪	父		抱川郡抱川面仙柵里六四三
一五七	独歩一二二大隊	浙江省	一九四五・〇七・〇一	山本栄順	上等兵	公務死	抱川郡永中面城洞里一七三一
			一九二五・〇三・三〇	山本弘植	父		抱川郡永中面城洞里一七三一
一五八	独歩一二二大隊	安徽省	一九四六・〇一・〇八	平沼相根	上等兵	公務死	漣川郡西南面冷井里六八八
		腸チフス	一九二四・一〇・二八	平沼滋興	父		漣川郡西南面冷井里六八八
二三〇	独歩三四六大隊	ペリリュー島	一九四四・一二・三一	月城鎮喆	兵長	戦死	安城郡三竹面加峴里一四二
			×	月城文圭	父		安城郡三竹面加峴里一四二
二三一	独歩三四六大隊	ペリリュー島	一九四四・一二・三一	河村辰銖	兵長	戦死	開豊郡鳳東面鳳東里五七
			×	河村用熙	父		開豊郡鳳東面鳳東里五七
八三四	独歩三四六大隊	ペリリュー島	一九四四・一二・三一	高田　彰	上等兵	病死	京城府西大門区北阿峴町
			×	高田　實	兄		京城府西大門区北阿峴町
一八九	独歩三五〇大隊	パラオ島一四師野戦病院	一九四五・〇九・〇八	平原栄次郎	兵長	戦病死	平澤郡玄徳面仁光里二一七

			×	平原正治	父		京城府城北町一一七－三〇
四四〇	独歩三八六大隊	湖北省	一九四五・〇四・一五	伊東啓介	少尉	戦死	仁川府栗木町一九一
			一九二二・〇七・〇七	伊東正富	父		仁川府栗木町一九一
七三一	独歩三八六大隊	北海道旭川病院	一九四五・〇一・二六	松方正好	上等兵	戦病死	開城府大和町八〇
			一九二四・〇九・〇五	松方　清	父		―
一四一	独歩四六九大隊	合北州	一九四五・〇八・三〇	岩本相徳	上等兵	戦病死	水原郡郷南面松谷里二一八
			一九二四・〇二・一〇	岩本成爾	父		水原郡郷南面松谷里二一八
一四二	独歩四九六大隊	合南州	一九四五・〇二・一四	金村南元	上等兵	戦死	長湍郡長道面下里九一七
			一九二一・〇二・二〇	金村炳基	父		長湍郡長道面下里九一七
一八六	独歩五一七大隊	湖南省	一九四五・〇八・二五	牧山太郎	一等兵	戦死	龍仁郡器興面下葛里三一
			一九二四・〇六・一七	牧山　珪	父		龍仁郡器興面下葛里三一
一八七	独歩五一七大隊	湖南省	一九四五・〇八・〇一	門原載哲	上等兵	戦病死	加平郡雪岳面位谷里五六三
			一九二四・〇八・〇一	門原龍勲	父		加平郡雪岳面位谷里五六三
一九四	独歩五一八大隊	江西省	一九四六・〇二・〇五	金山興植	上等兵	公病死	坡州郡泉峴面葛谷里一四六
			一九二四・一〇・二一	金山福緑	父		坡州郡泉峴面葛谷里一四六
一九五	独歩五一八大隊	湖北省一二八兵病 脚気	一九四五・一二・二〇	岩原琳炯	上等兵	戦病死	長湍郡津東面龍山里四三六
			一九二四・一一・一九	岩原雅坤	父		長湍郡津東面龍山里四三六
一九七	独歩五一八大隊	江西省一七七兵病 アメーバ性赤痢	一九四六・〇四・〇五	河村淳鏞	上等兵	戦死	江華郡良道面陵内里五〇八
			一九二一・〇三・一八	河村愛道	母		江華郡良道面陵内里五〇八
四一六	独歩六一〇大隊	浙江省一七一兵病 マラリア	一九四五・〇九・一二	金城鍾勳	上等兵	戦病死	金浦郡黔丹面大谷里一二二
			一九二四・〇九・二〇	金城鍾澤	兄		金浦郡黔丹面大谷里一二二
三〇六	独野高三八中隊	ニューギニア、ウウェワク	一九四五・〇五・二〇	豊永恒吉	兵長	戦死	水原郡長安面沙安里四三九
			×	豊永正義	父		水原郡長安面沙安里四三九
三〇七	独野高三八中隊	ニューギニア、ウウェワク	一九四五・〇七・三〇	安本武雄	兵長	戦死	安城郡楊城面梨峴里三八
			×	安本哲善	叔父		安城郡楊城面梨峴里三八
三〇八	独野高三八中隊	ニューギニア、ウウェワク	一九四五・〇五・二〇	大原仁雄	伍長	戦死	開城府南山町一一三
			×	大原東作	父		開城府南山町一一三
三〇九	独野高三八中隊	ニューギニア、ウウェワク	一九四五・〇五・二九	唐城武雄	兵長	戦病死	安城郡薇陽面龍頭里二一五
			×	唐城敏夫	父		安城郡薇陽面龍頭里二一五
三一〇	独野高三八中隊	ニューギニア、ウウェワク	一九四五・〇五・二三	城谷松次郎	兵長	戦死	金浦郡霞城面麻谷里六三四
			×	城谷清吾	父		金浦郡霞城面麻谷里六三四
四五三	独野砲六連隊	全南莞島郡萬徳島	一九四五・〇七・〇四	吉村浩南	一等兵	戦死	加平郡外西面立石里四九四
			一九一八・一一・一二	吉村洪錫	父		加平郡外西面立石里四九四
九〇八	南方軍一通隊	ルソン島モンタルバエ	一九四五・〇七・一〇	新井正雄	雇員	戦死	京城府永登浦区永登浦町三四－七四
			×	新井　清	父		京城府永登浦区永登浦町三四－七四

八七七	ビルマ方面軍	不詳	不詳 ×	朝山　堯 ―	軍属	不詳	京城府新堂町二三六 ―
九二八	比島俘虜収容所	比島俘虜収容所	一九四六・〇九・二六 ×	洪思翔 洪清栄	中尉 妻	死亡	京城府敦岩町六九－二 京城府敦岩町六九－二
八四七	飛行二〇戦隊	沖縄	一九四五・〇五・二九 一九一八・〇二・〇八	石橋志郎 石橋新造	少尉 兄	戦死	京城府中区林町二四八 京城府鍾路区明倫町二－二三五
八五六／九三〇	飛行四五戦隊	ルソン島ニルソン飛行場	一九四四・〇八・二七 ×	安田光範 安田光秀	曹長 兄	戦死	京城府西大門区杏村里二一〇二八一 義州郡清城鎮清成金融組合内
五九八	飛行二〇〇戦隊	ミンダナオ島ネグロス	一九四五・〇七・二五 一九二七・一二・一三	玄澤武男 玄澤慶一	伍長 父	戦死	平澤郡松炭面西井里三〇三 平澤郡松炭面西井里三〇三
六〇七	飛行二〇〇戦隊	レイテ島アリタオ	一九四五・〇六・〇七	豊田道栄	伍長	戦死	金海郡生林面安養里四九 金海郡生林面安養里四九
四四六	平壌師管工兵補	京釜本線沖沼駅	一九四五・〇四・二七 一九二四・〇三・一〇	金駿鎬 ―	二等兵	戦死	坡州府交河面山南里一五七 ―
四四五	平壌師管工兵補	京畿道立木原病院 脳震盪症	一九四五・〇四・二九 一九二四・〇三・三〇	白川載晟 ―	二等兵	死亡	広州郡東部面新長里九三 ―
四四七	平壌師管工兵補	京城駅	一九四五・〇四・二七 ×	平松遠植 平松上龍	二等兵 妻	戦死	江華郡雨寺面寅火里七〇五 江華郡雨寺面寅火里七〇五
八三三	平壌師管輜重補	平壌一陸軍病院 細菌性赤痢	一九四五・〇六・一四 一九二四・〇一・〇三	金村慶思 ―	一等兵	病死	京城府永登浦区堂山町九一－一三 ―
七七六	平壌航空廠	不詳	一九四五・〇六・二〇 一九二六・〇三・二七	高山鐘吉 高山萬成	工員 父	病死	楊平郡楊平面丹岩里五九 楊平郡楊平面丹岩里五九
八三二	北支方面軍司令部	河北省北京病院	一九四四・一〇・二〇 ×	林川保昭 林川静子	軍属 父	戦病死	京城府鍾路区禮和町二三五 高陽郡崇仁面弥阿里五二四
二九六	北支野戦貨物廠	河南省	一九四五・〇五・〇六 ×	木村俊雄 木村富美子	軍属 妻	戦死	楊州郡議政府邑議政府一三七 楊州郡議政府邑議政府一三七
五一七	北支野戦自動車廠	不詳	一九四四・一一・二五 一九一九・一〇・〇二	林三郎 ―	軍属		安城郡安城邑長基里 ―
七二八	歩兵一九連隊	演江省孔家湾	一九三六・〇八・〇九 ×	梁晩錫 郭順道	通訳 妻	戦死	楊平郡龍門面金谷里二六五 演江省浜県白裡×街
八八八	歩兵二八連隊	不詳	一九三九・〇九・一三 ×	安倍連二郎 安倍光子	少佐 妻	戦死	京城府龍山区三坂通二七六 ―
七九〇	歩兵四一連隊	ミンダナオ島マンピンサ	一九四五・〇七・一三 一九二一・〇一・〇二	香谷　梁 香谷學相	兵長 父	戦死	楊州郡月龍面内浦里 楊州郡月龍面内浦里
五九一	歩兵四一連隊	ミンダナオ島ビリヤバ	一九四五・〇七・一五	金城秀明	伍長	戦死	平澤郡平澤邑通伏里三八

			×	金城京化	父		平澤郡平澤邑通伏里三八
五九二	歩兵四一連隊	ミンダナオ島ビリヤバ	一九四五・〇七・一五	金海慶玉	伍長	戦死	坡州郡廣灘面新山里四九
			一九一八・〇三・〇三	金海聖基	父		坡州郡廣灘面新山里四九
五九三	歩兵四一連隊	ミンダナオ島ビリヤバ	一九四五・〇七・一五	西村茂太郎	伍長	戦死	利川郡清渓面珍岩里一〇〇
			一九二一・〇四・〇四	西村泳澤	父		利川郡清渓面珍岩里一〇〇
五九四	歩兵四一連隊	ミンダナオ島ビリヤバ	一九四五・〇七・一五	平崎忠成	兵長	戦死	平澤郡平澤邑通伏里一一六七－五
			×	平崎鳳子	妻		京城府敦岩町六九
五九五	歩兵四一連隊	ミンダナオ島ビリヤバ	一九四五・〇七・一五	藤田遼義	兵長	戦死	抱川郡蘇屹面直洞里一一四
			×	藤田宗一郎	兄		京城府西大門区蛤町一三一
五九六	歩兵四一連隊	ミンダナオ島ビリヤバ	一九四五・〇七・一五	桃村喆寧	伍長	戦死	金浦郡月串面祖江里八二
			一九二〇・一〇・〇七	桃村丙夏	父		京城府孔徳町二五－九〇
五九七	歩兵四一連隊	ミンダナオ島ビリヤバ	一九四五・〇七・二五	吉村清作	伍長	戦死	廣州郡東部面豊山里二〇一
			一九一九・〇九・一〇	吉村命福	父		廣州郡東部面豊山里二〇一
九三四	歩兵四一連隊	レイテ島ビリメバ	一九四五・〇七・一五	福山喜義	兵長	戦死	京城府龍山区大島町三二
			×	福山ツルカメ	母		京城府龍山区大島町三二
五四七	歩兵四五連隊	ミンダナオ島ウマヤン	一九四五・〇七・一〇	金延興桂	兵長	戦死	開豊郡鳳東面白田里
			一九二四・〇四・〇二	金延永錫	父		開豊郡鳳東面白田里
四三四	歩兵六三連隊	ルソン島サンタフェ	一九四五・〇二・一四	茂松桂錫	兵長	戦病死	加平郡外西面立石里五八五
			×	茂松鳳洙	父		加平郡外西面立石里五八五
八二九	歩兵六六連隊	ニューギニア、アッサン	一九四四・〇二・〇八	岩本啓義	大尉	戦死	京城府東大門区安岩町一八二－五
			一九一九・一二・二八	岩本光弘	父		京城府東大門区安岩町一八二－五
八三五	歩兵七〇連隊	ルソン島マンカヤン	一九四五・〇七・二三	金谷善夫	伍長	戦死	京城府鍾路区鍾路町二－四二
			一九一三・〇四・一三	金谷丙益	父		京城府水下町一六
一四八	歩兵七三連隊	ルソン島サンマズエル	一九四五・〇二・一四	彦金基善	伍長	戦死	長湍郡津東面龍山里四九
			一九二〇・〇七・一五	彦金凡山	父		長湍郡津東面龍山里四九
一四九	歩兵七三連隊	ルソン島バギオ	一九四五・〇三・一四	上原　昇	伍長	戦病死	江華郡江華面官庁里四五七
		マラリア・脚気	一九二一・〇七・三〇	上原玉姫	妻		江華郡江華面官庁里四五七
八八九	歩兵七三連隊	ルソン島	一九四五・〇三・二一	吉村五作	上等兵	戦死	京城府鍾路区援恩町四〇
			×	－			－
一三四	歩兵七三連隊	ルソン島タクボ	一九四五・〇四・一〇	柳川在豊	伍長	戦死	加平郡下面新上里一九
			一九二二・〇一・二〇	柳川炯郎	父		加平郡下面新上里一九
一三三	歩兵七三連隊	ルソン島タクボ	一九四五・〇四・一一	山原正藏	軍曹	戦死	安城郡三竹村龍月里五二
			一九一九・一二・一五	山原[illegible]一	父		安城郡三竹村龍月里五二
二三一	歩兵七三連隊	ルソン島タクボ	一九四五・〇四・二六	松本勇雄	兵長	戦死	開城府南山町八五三
			一九二一・〇四・〇六	松本三龍	父		開城府南山町八五三

一四五	歩兵七三連隊	ルソン島タクボ	一九四五・〇四・三〇 一九二〇・〇六・二〇	松本龍福 松林萬應	伍長 父	戦死	長湍郡津生面策陵里三七六 長湍郡津生面策陵里三七六
一五〇	歩兵七三連隊	ルソン島セルバンテス マラリア・赤痢	一九四五・〇五・〇一 一九二一・〇七・二七	松原益善 松原在衡	伍長 父	戦病死	廣州郡楽生面火庄里 廣州郡楽生面火庄里
一三三	歩兵七三連隊	ルソン島タクボ	一九四五・〇五・〇一 一九二一・〇八・一九	山本泰鎬 山本時伯	兵長 父	戦死	長湍郡大南面聖谷里一二八 長湍郡大南面聖谷里一二八
一三七	歩兵七三連隊	ルソン島バギオ	一九四五・〇五・一六 一九二一・〇三・二八	楊山栄一 楊山在夏	伍長 兄	戦死	驪州郡康川面伽郷里四二九 驪州郡康川面伽郷里四二九
一五二	歩兵七三連隊	ルソン島タクボ	一九四五・〇五・一九 一九二二・〇四・一三	利川尚政 利川顕炳	伍長 父	戦死	開豊郡大聖面新竹里一八 開豊郡大聖面新竹里一八
八一六	歩兵七三連隊	ルソン島タクボ	一九四五・〇五・二〇 一九二一・〇一・三〇	原山景哲 原山尚允	兵長 父	戦死	京城府西大門区大峴町八〇 京城府西大門区大峴町八〇
二三〇	歩兵七三連隊	ルソン島タクボ	一九四五・〇五・三一 一九二四・〇八・二〇	方村聖順 方村性壁	兵長 兄	戦死	金浦郡金浦面傑浦里一〇一一 金浦郡金浦面傑浦里一〇一一
一三五	歩兵七三連隊	ルソン島タクボ	一九四五・〇六・〇一 一九一八・〇八・一八	李本愚営 李徳蘭千	伍長 妻	戦死	漣川郡漣川面東幕里三一七 漣川郡漣川面東幕里三一七
八八四	歩兵七三連隊	ルソン島タクボ 頭部砲弾破片創	一九四五・〇六・〇五 一九二二・一二・〇九	原田起雄 原田美代子	兵長 妻	戦死	京城府龍山区青葉町二―九〇 京城府龍山区青葉町二―九〇
一四六	歩兵七三連隊	ルソン島タクボ	一九四五・〇六・二一 一九二一・〇九・一〇	國本平雄 國本福成	准尉 父	戦死	長湍郡小南面朴淵里五七七 開城府西本町三四八
一五一	歩兵七三連隊	ルソン島カヤン	一九四五・〇六・二六 一九二一・〇七・一〇	金山正光 金山教碩	伍長 父	戦死	開豊郡中面大龍里八八 開豊郡中面大龍里八八
一三六	歩兵七三連隊	ルソン島タクボ	一九四五・〇六・二七 一九二一・〇四・〇四	李家相鳳 李家姫泳	伍長 妻	戦死	平澤郡松炭面芝山里六一〇 平澤郡松炭面芝山里六一〇
一四七／八八一	歩兵七三連隊	ルソン島カヤン	一九四五・〇六・二八 ×	木村俊雄 木村儀一郎	曹長・准尉 兄	戦死	水原郡烏山面陽山里三〇一 京城府永登浦区永登浦町二五六―一三五
五三二	歩兵七三連隊	ルソン島マンカヤン	一九四五・〇七・〇七 一九二三・〇九・一二	本村鐘仙 木村大海	伍長 父	戦死	水原郡峰潭面四五八 水原郡西柿面朝岩里
二三四	歩兵七三連隊	ルソン島マンカヤン	一九四五・〇七・〇七 一九二二・一一・一〇	大林照明 大林漕次	兵長 父	戦死	楊州郡議政府邑二〇四 楊州郡議政府邑二〇四
二二九	歩兵七三連隊	ルソン島マンカヤン	一九四五・〇七・一〇 一九二二・一二・一二	福本濬相 福本長壽	伍長 父	戦死	坡州郡臨津面汶山里五七 坡州郡臨津面汶山里五七
一三二	歩兵七三連隊	ルソン島バギオ	一九四五・〇八・〇四 一九一三・一〇・一〇	平原政雄 平原順子	兵長 妻	戦死	仁川府高壽町三六九 仁川府高壽町三六九
一五三	歩兵七三連隊	ルソン島バギオ	一九四五・〇八・〇五	李家東作	伍長	戦死	富川郡桂陽面山住地里一〇一

			一九二二・〇九・一八	八丁龍瑞	父		福岡県戸畑市八町内六隣組
二三二	歩兵七三連隊	ルソン島トッカン	一九四五・〇八・一〇	朝峰忠彦	伍長	戦死	平澤郡彭城面一五二
			一九二二・〇九・一七	朝峰勝平	父		平澤郡彭城面一五二
五六〇	歩兵七四連隊	河南省独歩七四医務室	一九四〇・〇六・二八	金順龍	軍属	戦病死	開豊郡中面大龍里二四九
			×	金俊珠	妻		開豊郡中面大龍里二四九
二九五	歩兵七四連隊	安徽省	一九四五・〇八・一七	徳川鐘浩	伍長	戦死	廣州郡退村面三成里三五四
			一九二四・〇八・二三	徳川徳栄	父		廣州郡退村面三成里三五四
八〇〇	歩七四連隊補	咸興陸軍病院	一九四五・〇三・一二	禹本甲石	一等兵	病死	京城府西大門区阿峴町一九二
			一九二四・〇三・一六	禹本潤徳	父		京城府西大門区阿峴町一六九
一九三	歩兵七四連隊	ミンダナオ島サランガニ	一九四五・〇三・一五	金林學均	兵長	戦死	水原郡陰徳面五九七
			一九二二・〇二・二八	金林栄植	父		水原郡陰徳面五九七
三三七	歩兵七四連隊	ミンダナオ島カロマン	一九四五・〇四・一八	山本栄根	軍曹	戦死	楊州郡榛接面八夜里
			一九二二・一〇・〇八	朴村鳳桂	父		楊州郡榛接面八夜里
五七五	歩兵七四連隊	ミンダナオ島マンシマ	一九四五・〇五・二〇	金松英顕	伍長	戦死	金浦郡陽西面二七六
			一九二〇・〇一・〇九	金松東蘭	父		金浦郡陽西面二七六
五七六	歩兵七四連隊	ミンダナオ島アロマン	一九四五・〇六・一〇	國本武光	伍長	戦死	廣州郡南絡面皈歟里五五一
			一九二〇・〇五・〇二	國本梁山	父		楊平郡楊平面楊根里三三七
五三六	歩兵七四連隊	ミンダナオ島アグサン	一九四五・〇六・二一	木村旨烈	兵長	戦死	漣川郡漣川面通峴里
			一九二二・〇四・一〇	清川義吉	妻		漣川郡漣川面通峴里
五四九	歩兵七四連隊	ミンダナオ島ウマヤン	一九四五・〇七・一五	平川靜澤	伍長	戦死	平澤郡彭城面南山里
			一九一七・一〇・八	平川泳子	妻		平澤郡平澤邑前里金城部落
五五一	歩兵七四連隊	ミンダナオ島ウマヤン	一九四五・〇七・二〇	白川彙鎬	兵長	戦死	仁川府京町五
			一九二一・〇四・〇八	白川彙載	父		仁川府京町五
五四八	歩兵七四連隊	ミンダナオ島ウマヤン	一九四五・〇七・二〇	檜山吉煥	兵長	戦死	江華郡喬桐面仁大里
			一九二三・〇四・一二	松山周星	—		江華郡喬桐面仁大里
五五〇	歩兵七四連隊	ミンダナオ島ウマヤン	一九四五・〇七・二八	中山世欽	兵長	戦死	抱川郡抱川面稜頭里
			一九二一・〇七・二八	中山圭玉	父		抱川郡抱川面稜頭里
二九四	歩兵七四連隊	ミンダナオ島フンガンアン	一九四五・〇八・一〇	坡平善夫	曹長	戦死	長湍郡長湍面郁羅山里五五三
			一九一九・〇一・一〇	坡平丁炳	父		長湍郡長湍面郁羅山里五五三
七三八	歩兵七四連隊	不詳	一九四五・〇八・〇三	崔村在甲	一等兵	不詳	安城郡光谷面芝文里四五八
			×	崔村×変	母		安城郡光谷面芝文里四五八
五七七	歩兵七四連隊	レイテ島ウマヤン	一九四五・〇八・〇四	金山栄煥	伍長	戦死	楊平郡楊平面×根里
			一九一九・〇八・二九	金山順五	父		楊平郡楊平面×根里
三二八	歩兵七五連隊	××県八一師野病	一九四四・一二・〇九	海原正一	一等兵	公病死	水原郡烏山面三美里三八八
			×	海原萬栄	父		水原郡烏山面三美里三八八

五六七	歩兵七五連隊	台湾安平沖	一九四五・〇一・〇九	林隆治	伍長	戦死	安城郡安城邑東里
			一九二四・〇二・〇四	林俊雄	父		龍仁郡遠三面竹陵里
五六八	歩兵七五連隊	台湾安平沖	一九四五・〇一・〇九	原元済琿	兵長	戦死	安城郡瑞雲面新村里
			一九二六・〇二・二五	原元済来	兄		京城府東大門区微慶町一九四―五
三一七	歩兵七五連隊	ルソン島ナギリアン	一九四五・〇一・二一	金村在俊	上等兵	戦死	仁川府昭和町三八九
			一九二三・〇四・一五	金村在洪	兄		仁川府昭和町三八九
二一三	歩兵七五連隊	比島ロザリオ	一九四五・〇一・二七	木本鍾淳	伍長	戦死	金浦郡陽東面麻谷里五
			一九二一・一〇・二五	木本先文	父		金浦郡陽東面麻谷里五
二一四	歩兵七五連隊	比島ロザリオ	一九四五・〇一・二五	新井漢成	兵長	戦死	漣川郡西南面席屯里
			一九二四・〇三・〇一	新井昌連	父		漣川郡西南面席屯里
五〇八	歩兵七五連隊	比島ロザリオ	一九四五・〇二・一五	瑞原三義	兵長	戦死	楊州郡議政府邑
			×	―			―
三一三	歩兵七五連隊	ルソン島ロザリオ	一九四五・〇二・一六	栗村吉泰	上等兵	戦死	安城郡三竹面栗谷里八五〇
			一九一九・〇五・〇二	栗村旭晃	父		安城郡三竹面栗谷里八五〇
八四〇	歩兵七五連隊	ルソン島バギオ	一九四五・〇二・二五	澤田文奎	上等兵	戦病死	京城府鍾路区道義町二四
		マラリア	一九二〇・一〇・一七	澤田昌圭	兄		京城府鍾路区道義町二四
三一六	歩兵七五連隊	ルソン島バギオ	一九四五・〇三・〇八	谷川清正	上等兵	戦死	利川郡大月面大浦里三二九
			一九二三・一二・〇二	谷川連植	父		利川郡大月面大浦里三二九
三一三	歩兵七五連隊	ルソン島一野病	一九四五・〇三・一八	豊田吉永	上等兵	戦病死	抱川郡内村面直木里
			×	豊田卜同	祖父		抱川郡内村面直木里
三一五	歩兵七五連隊	ルソン島サンジェルナンド	一九四五・〇三・一八	金村正一	上等兵	戦死	利川郡大月面梁里五〇九
			一九二〇・〇六・二三	金村正二	父		利川郡大月面梁里五〇九
三一四	歩兵七五連隊	ルソン島アジン	一九四五・〇四・一八	山本容燮	上等兵	戦死	富川郡桂陽面兵房里九二
			一九二二・〇九・二〇	山本聖天	父		富川郡桂陽面兵房里九二
三一五	歩兵七五連隊	ルソン島イトゴン	一九四五・〇四・一一	木村允奎	上等兵	戦死	廣州郡中部面山城里四七八
			一九二一・〇四・〇八	木村仁成	兄		楊平郡楊平面楊根里四二四
三一四	歩兵七五連隊	ルソン島アジン	一九四五・〇四・二一	高山鍾允	上等兵	戦死	廣州郡廣州面胎田里四二二
			一九二五・〇四・〇一	高山太照	兄		廣州郡廣州面胎田里四二二
三一六	歩兵七五連隊	ルソン島アジン	一九四五・〇四・二一	松村熙哲	上等兵	戦死	水原郡安龍面洋亭里三五六
			一九二五・〇二・二二	松村允釆	父		水原郡安龍面洋亭里三五六
三一七	歩兵七五連隊	ルソン島バギオ	一九四五・〇四・二五	海原允黙	上等兵	戦死	漣川郡積城面旧邑里四五四
			一九二四・一一・一七	海原徳仁	父		漣川郡積城面旧邑里四五四
三一〇	歩兵七五連隊	ルソン島ボントック	一九四五・〇五・〇三	金本東旭	上等兵	戦死	廣州郡中岱面松坂里一八七
			一九二〇・〇七・二〇	金本順一	祖父		廣州郡中岱面松坂里一八七
三一一	歩兵七五連隊	ルソン島ホンドワク	一九四五・〇六・一七	原辺昌夫	兵長	戦死	利川郡雪星面樹山里三七九

			×	東辺鐘勲	父		利川郡雪星面樹山里三七九
三一二二	歩兵七五連隊	ルソン島ロー地区	一九四五・〇七・三一	菊田應奎	兵長	戦死	加平郡雪岳面新川里四五三
			一九二四・一二・一五	菊田二分	母		加平郡雪岳面新川里四五三
三一一八	歩兵七五連隊	ルソン島ロー地区	一九四五・〇八・一〇	金山元鎬	上等兵	戦死	開豊郡光徳面高澤里五二五
			一九一八・〇五・〇四	金山基一	父		開豊郡光徳面高澤里五二五
三一一二	歩兵七五連隊	ルソン島ペクロガン	一九四五・〇八・一一	金澤平煥	上等兵	戦死	楊州郡榛接面内谷里三〇二
			一九二二・一一・〇八	金澤昌煥	兄		楊州郡榛接面内谷里三〇二
三一二一	歩兵七五連隊	ルソン島ロー地区	一九四五・〇八・一一	野田璡鎬	上等兵	戦死	龍仁郡内四面秋渓里二三九
			一九二五・〇六・二八	野田鐘憲	祖父		龍仁郡内四面秋渓里二三九
三一一九	歩兵七五連隊	ルソン島ロー地区	一九四五・〇八・一七	東野得煥	上等兵	戦病死	水原郡日旺面九雲里二八五
		マラリア	一九二五・〇九・二五	東野済鉉	祖父		水原郡日旺面九雲里二八五
五三〇	歩兵七六連隊	ルソン島アバリ沖	一九四五・〇一・二九	城山康善	上等兵	戦死	水原郡長安面長安里一一七八
			一九二一・一二・二四	城山重邦	養父		水原郡西柿面朝岩里
八三七	歩兵七六連隊	ルソン島山岳州	一九四五・〇四・一四	金本漢用	兵長	戦死	京城府龍山区梨泰院四二八
		左胸部貫通銃創	一九二二・〇八・一六	金本一成	父		京城府龍山区梨泰院四二八
八三八	歩兵七六連隊	比島ブタック	一九四五・〇五・一七	木本茂雄	兵長	戦死	京城府永登浦区上道町二六三ー二
		右胸部貫通銃創	一九二一・〇二・一〇	木本敏行	父		京城府永登浦区上道町二六三ー二
五四二	歩兵七六連隊	ルソン島タクボ	一九四五・〇六・一五	陽村壽元	上等兵	戦死	利川郡暮加面院頭里二一九
			一九二二・〇三・二二	陽村壽萬	兄		利川郡暮加面院頭里二一九
五二九	歩兵七六連隊	ルソン島マンカヤン	一九四五・〇六・二六	松本鐘欽	上等兵	戦死	楊平郡丹月面山蔭里四九
			一九二〇・〇九・二〇	松本學基	養父		楊平郡丹月面山蔭里四九
二九一	歩兵七六連隊	ルソン島マンカヤン	一九四五・〇六・三〇	柳重烈	上等兵	戦死	水原郡台章面梅灘里八〇八
			一九二二・一〇・〇八	柳　晴	父		水原郡台章面梅灘里八〇八
五四五	歩兵七六連隊	ルソン島バウコウ	一九四五・〇七・二〇	辛山五福	伍長	戦死	利川郡利川面倉前里
			一九二三・〇四・〇五	辛山用甫	兄		利川郡利川面倉前里
五四六	歩兵七六連隊	ルソン島バウコウ	一九四五・〇七・二四	國本隠九	伍長	戦死	始興郡栗川面一〇
			一九二三・〇一・一五	國本新九	兄		始興郡栗川面一〇
四七三	歩兵七六連隊	ルソン島トッカン	一九四五・〇八・〇三	南原重熙	曹長	戦病死	楊平郡楊平面楊根里二二四
		マラリア	一九二四・〇三・一四	南原白用	父		楊平郡楊平面楊根里二二四
二九〇	歩兵七六連隊	ルソン島トッカン	一九四五・〇八・二三	松川繁雄	伍長	戦病死	平澤郡古徳面東古里二八八
		マラリア・脚気	一九二二・一二・一四	松川七陵	父		京城府南大門通五ー四
二〇五	歩兵七七連隊	レイテ島ナクマン山	一九四五・〇一・一〇	廣田荘夏	兵長	戦死	廣州郡中部面壽進里
			×	廣田達中	父		廣州郡中部面壽進里
九〇一	歩兵七七連隊	レイテ島	一九四五・〇七・〇一	大池　透	上等兵	戦死	京城府伽倻録明倫町一ー九五
			×	大池　透（ママ）	父		黄海道黄州郡兼二浦邑日銀相笠社宅一六

九三一	歩兵七七連隊	レイテ島ナダアニム	一九四五・〇七・〇一 ×	福田宗二郎 福田静子	伍長 妻	戦死	京城府中区光澤町一三五四 京城府中区光澤町一三五四
九三二	歩兵七七連隊	レイテ島ナダアニム	一九四五・〇七・〇一 ×	大川玉平 ー	兵長	戦死	京城府龍山区錦町九五ー一六 ー
五八三	歩兵七七連隊	ルソン島ブキドシン	一九四五・〇六・〇二 ×	金田佳澤 金田良信	伍長 父	戦死	抱川郡水北面雲川里二八六 抱川郡水北面雲川里二八六
五八五	歩兵七七連隊	ルソン島フランギ河	一九四五・〇六・〇八 ×	松谷明憲 松谷大磐	伍長 父	戦死	水原郡松山面沙江里四二七 水原郡松山面沙江里四二七
五八四	歩兵七七連隊	ルソン島ウマヤン	一九四五・〇六・一一 ×	清原菊太郎 清元昌允	伍長 父	戦病死	廣州郡廣州面南山下洞九八五 廣州郡廣州面南山下洞九八五
二〇一	歩兵七七連隊	ミンダナオ島スリガオ マラリア	一九四四・〇九・〇八 ×	木村鍾五 木村鐘徳	兵長 兄	戦死	安城郡孔道面珍沙里三一四 京城府城東区新堂洞三三二ー四
二〇四	歩兵七七連隊	ミンダナオ島タラカグ	一九四五・〇三・二四 ×	宮原四俊 宮原	伍長 父	戦死	廣川郡大旺面水西里 廣川郡大旺面水西里
二〇〇	歩兵七七連隊	ミンダナオ島ウマヤン	一九四五・〇四・一三 ×	金澤義雄 金澤米吉	伍長 父	戦病死	利川郡長湖院邑老塔里一区一七三 利川郡長湖院邑老塔里一区一七三
二〇六	歩兵七七連隊	ミンダナオ島ウマヤン	一九四五・〇六・〇三	張村晟鎮 張村聖春	伍長 父	戦死	楊州郡議政府邑議政府里一七四 楊州郡議政府邑議政府里一七四
二一〇	歩兵七七連隊	ミンダナオ島ウマヤン	一九四五・〇六・〇四 ×	高島忠雄 高島成雄	兵長 兄	戦死	漣川郡官仁面中里 咸鏡北道清津府新岩町三
二〇三	歩兵七七連隊	ミンダナオ島バタング	一九四五・〇六・一九 ×	大原芳盛 大原芳雄	兵長 兄	戦死	富川郡素砂面深谷里三九八 富川郡素砂面深谷里三九八
二〇八	歩兵七七連隊	ミンダナオ島シラエ	一九四五・〇六・二〇 ×	竹谷義雄 竹谷茂盛	上等兵 父	戦死	龍仁郡遠三面四三四 龍仁郡遠三面四三四
二〇二	歩兵七七連隊	ミンダナオ島ウマヤン	一九四五・〇六・二九 一九二〇・〇三・〇三	駒城煥圭 駒城弥栄	伍長 父	戦死	平沢郡古徳面古里一五九 平沢郡古徳面古里一五九
二〇七	歩兵七七連隊	ミンダナオ島ウマヤン	一九四五・〇六・三〇 ×	高原輝一 高原潤根	上等兵 父	戦死	仁川府桃山町二一 仁川府桃山町二一
二〇九	歩兵七七連隊	ミンダナオ島ハラビタン	一九四五・〇七・一二 ×	豊城命九 豊城東治	兵長 父	戦死	龍仁郡二東面華山里 龍仁郡二東面華山里
八九五	歩兵七七連隊	ミンダナオ島ウマヤン	一九四五・〇七・一三 ×	呉清根 呉連泳	上等兵 父	戦病死	京城府鍾路区桂洞町六七ー一六 京城府鍾路区桂洞町六七ー一六
八九六	歩兵七七連隊	ミンダナオ島ウマヤン	一九四五・〇七・一三 ×	樂村富雄 楽村　栄	兵長 父	戦病死	京城府永登浦区黒石町七九 京城府永登浦区蓬莱町住宅営団三〇
五九〇	歩兵七七連隊	ミンダナオ島ウマヤン	一九四五・〇七・一三	梁川台煥	上等兵	戦病死	楊平郡丹月面徳水里四五一

番号	部隊	死亡場所	死亡年月日	氏名	階級	死因	本籍
		マラリア	×	梁川春煥	父		楊平郡丹月面春蘇里
五八八	歩兵七七連隊	ミンダナオ島ウンヤン	一九四五・〇七・二三	高山仁夫	伍長	戦病死	龍仁郡龍仁面金良場里九一
		マラリア	×	高山守眞	父		龍仁郡龍仁面金良場里九一
五八九	歩兵七七連隊	ミンダナオ島ウンヤン	一九四五・〇八・〇三	武昌吉光	上等兵	戦病死	楊平郡東面石谷里三〇三
		マラリア	×	武原秀雄	父		楊平郡東面双鶴里一二五
五八七	歩兵七七連隊	ミンダナオ島アグサン	一九四五・〇八・〇四	丁本海碩	兵長	戦病死	水原郡陰徳面茂松里四二四
		マラリア	×	丁本恪鎮	父		水原郡陰徳面茂松里四二四
五八六	歩兵七七連隊	ミンダナオ島アグサン	一九四五・〇八・〇五	新川在成	伍長	戦病死	廣州郡廣州面駅里一五三－一三
		マラリア	×	新川公伊	父		廣州郡廣州面駅里一五三－一三
六二七	歩兵七七連隊	ビルマ、ベイヨウ	一九四五・〇七・〇一	木下圭志郎	伍長	戦死	咸陽郡水東面花山里一一〇四
					父		咸陽郡水東面花山里一一〇四
六二八	歩兵七七連隊	ビルマ、ベイヨウ	一九四五・〇七・〇一	慶本斗永	上等兵	戦死	東萊郡日光面三聖里四三三
							東萊郡日光面三聖里四三三
六二九	歩兵七七連隊	ビルマ、ベイヨウ	一九四五・〇七・〇一	高山成光	兵長	戦死	昌原郡鎮東面校洞里五四〇
							昌原郡鎮東面校洞里五四〇
六三〇	歩兵七七連隊	ビルマ、ベイヨウ	一九四五・〇七・〇一	廣村　勳	伍長	戦死	梁山郡院洞面内浦里六八六
							梁山郡院洞面内浦里六八六
六三一	歩兵七七連隊	ビルマ、ベイヨウ	一九四五・〇七・〇一	宮本武夫	伍長	戦死	蔚山郡鳳生面川上里四八二
							蔚山郡鳳生面川上里四八二
六三二	歩兵七七連隊	ビルマ、ベイヨウ	一九四五・〇七・〇一	芳山武輝	伍長	戦死	晋州府幸町一六八
							京城府東大門区囲墓街一〇
六三三	歩兵七七連隊	ビルマ、ベイヨウ	一九四五・〇七・〇一	陽本博夫	上等兵	戦死	山清郡梧釜面内谷里六一〇
							山清郡今西面新代島里一四二
六三四	歩兵七七連隊	ビルマ、ベイヨウ	一九四五・〇七・〇一	岩谷永周	伍長	戦死	統営郡統営邑道泉里九八
							統営郡統営邑道泉里九八
七二五	歩兵七八連隊	山西省	一九三九・〇七・〇五	李壽喆	軍属	戦死	京城府孔徳町三二一－二
			一九一八・〇七・二五	李東一	父		京城府中林町二〇四
二六一	歩兵七八連隊	ニューギニア、カイセピフト	一九四三・〇九・二〇	西原平雄	兵長	戦死	水原郡西新面廣坪里
			×	西原加珠	父		—
二七五	歩兵七八連隊	ニューギニア、シガレ	一九四三・一〇・一二	高本龍雄	曹長	戦死	富川郡素砂面九芝里
			×	高本享植	父		富川郡素砂面九芝里
六九五	歩兵七八連隊	ニューギニア、マダン東方	一九四三・一二・〇五	安本勝太郎	伍長	戦死	長湍郡郡内面×元里四七
			×	安本区成			—
七六四	歩兵七八連隊	ニューギニア、ボリバ	一九四三・一二・〇八	安孫子宏吉	兵長	戦死	水原郡馬山面伐音里
			×	—			—

二七三	歩兵七八連隊	ニューギニア、バアー マラリア	一九四三・一二・一三 ×	平山正雄 平山文雄	兵長 父	戦病死	驪州郡北面新接里 驪州郡北面新接里
二八二	歩兵七八連隊	ニューギニア、不抜山	一九四四・〇一・三〇 ×	坂本根植 坂本泰重	伍長 父	戦死	楊平郡江上面屛山里 楊平郡江上面屛山里
二五三	歩兵七八連隊	ニューギニア、ウウェワク マラリア	一九四四・〇二・〇二 ×	光本正義 光本吉郎	兵長 父	戦死	楊平郡玉泉面新福里一〇一六 楊平郡玉泉面新福里一〇一六
二六七	歩兵七八連隊	ニューギニア、マダン マラリア・脚気	一九四四・〇三・〇五 ×	金光容伯 金光貞姫	兵長 妻	戦病死	水原郡郷南面杏亭里 水原郡郷南面杏亭里
六九九	歩兵七八連隊	ニューギニア、マダン	一九四四・〇三・〇五 ×	西原廣吉 西原義雄	兵長 父	戦死	仁川府東丁町 平安北道義州郡石寧朔面西石洞
二七八	歩兵七八連隊	ニューギニア、パラム	一九四四・〇五・二五 ×	豊川賢一 豊川善鎬	伍長 父	戦死	抱川郡青山面宮坪里 抱川郡青山面宮坪里
二六六	歩兵七八連隊	ニューギニア、坂東川	一九四四・〇六・二〇 ×	金宮祥二 金宮永雄	伍長 父	戦死	楊平郡砥堤面柄平里 楊平郡砥堤面柄平里
九二七	歩兵七八連隊	ニューギニア、戸里川 マラリア	一九四四・〇六・二九 ×	大谷武雄 大谷　栄	兵長 母	戦病死	京城府南栄倉町一 京畿道黒石町三三五―一六
二五二	歩兵七八連隊	ニューギニア、坂東川	一九四四・〇七・一〇 ×	南黄雲 南仁奉	伍長 父	戦死	楊平郡楊東面桂定里一三八四 楊平郡楊東面桂定里一三八四
二五七	歩兵七八連隊	ニューギニア、川中島	一九四四・〇七・一〇 ×	良原正敏 良原義康	伍長 父	戦死	安城郡安城邑楊基里一〇三 ―
二七六	歩兵七八連隊	ニューギニア、アファ	一九四四・〇七・一〇 ×	竹川清洋 竹川徳釆	伍長 父	戦死	水原郡正南面文学里 水原郡正南面文学里
二五九	歩兵七八連隊	ニューギニア、坂東川	一九四四・〇七・一一 ×	吉山哲洙 吉山鐘萬	兵長 父	戦死	楊平郡楊平面新愛里二一六 ―
二六〇	歩兵七八連隊	ニューギニア、坂東川	一九四四・〇七・一一 ×	中村鐘鶴 中村奎栄	兵長 父	戦死	仁川府昭和町 ―
二七一	歩兵七八連隊	ニューギニア、坂東川	一九四四・〇七・一一 ×	林圭哲 林淳愚	伍長 父	戦死	利川郡長湖院邑 利川郡長湖院邑
二六四	歩兵七八連隊	ニューギニア、マカムル	一九四四・〇七・一二 ×	金城長慶 金城思心	伍長 兄	戦死	驪州郡金沙面宮里 驪州郡金沙面宮里
二六九	歩兵七八連隊	ニューギニア、アファ	一九四四・〇八・〇四 ×	國本承業 國本承哲	伍長 兄	戦死	富川郡大阜面北里 富川郡大阜面北里
二五五	歩兵七八連隊	ニューギニア、坂東川	一九四四・〇八・一〇 ×	柳川大鉉 柳川志弼	伍長 父	戦死	安城郡一竹面和谷里七三三 安城郡一竹面和谷里七三三
二五六	歩兵七八連隊	ニューギニア、ダンダマ	一九四四・〇八・二四	柳川鎮永	兵長	戦病死	利川郡雪星面行竹里四二四五

番号	部隊	死亡場所・死因	死亡年月日	氏名	階級・続柄	区分	本籍・住所
		マラリア	×	柳川炳吉	父		ー
二六八	歩兵七八連隊	ニューギニア、マルジップ	一九四四・〇九・〇五	許弼秀	兵長	戦死	安城郡寶蓋面内方里
			×	許台九	父		安城郡寶蓋面内方里
二七二	歩兵七八連隊	ニューギニア、バロン	一九四四・一〇・〇八	平田政吉	伍長	戦病死	仁川府萬×町六九六
		マラリア	×	平田永載	父		仁川府萬×町六九六
二八〇	歩兵七八連隊	ニューギニア、バロン	一九四四・一〇・二〇	豊山光雄	兵長	戦死	金浦郡黔丹面元堂里
		マラリア	×	豊山在順	妻		金浦郡黔丹面元堂里
二七七	歩兵七八連隊	ニューギニア、バロン	一九四四・一〇・二五	高島圭鎮	兵長	戦死	江華郡河岾面三巨里
			×	高島正熙	父		江華郡河岾面三巨里
二七〇	歩兵七八連隊	ニューギニア、バロン	一九四四・一〇・二八	林龍承	伍長	戦死	安城郡安城邑東里三八七
			×	林徳源	父		安城郡安城邑東里三八七
二六二	歩兵七八連隊	ニューギニア、ヒンブル	一九四四・一二・一〇	西原和雄	兵長	戦病死	仁川府本町三丁目
			×	西原姫子	妻		仁川府金谷里四〇
二五四	歩兵七八連隊	ニューギニア、バロン	一九四四・一二・二〇	山本基夫	伍長	戦病死	安城郡三竹面龍月里二九八
		マラリア	×	山本政吉	兄		安城郡三竹面龍月里二九八
二六三	歩兵七八連隊	ニューギニア、バロン	一九四四・一二・二一	金増光繁	伍長	戦病死	始興郡東面詩興里
		マラリア	×	金増泉太郎	兄		始興郡東面詩興里
二八一	歩兵七八連隊	ニューギニア、バロン	一九四四・一二・二四	徳原邦武	伍長	戦病死	水原郡八灘面佳才里
		マラリア	×	徳原永常	父		水原郡八灘面佳才里
二五八	歩兵七八連隊	ニューギニア、ボイキン	一九四四・一二・二五	吉本泰郎	伍長	戦病死	坡州郡州内面坡州里七〇八
		マラリア	×	吉本成順	父		ー
二七四	歩兵七八連隊	ニューギニア、バロン	一九四四・一二・二五	高橋 勇	准尉	戦死	始興郡君子面城谷里
			×	高橋 穆	父		始興郡君子面城谷里
二五一	歩兵七八連隊	ニューギニア、アイン	一九四五・〇一・一二	松本安世	兵長	戦病死	始興郡栗川面葛峴里二八六
		マラリア・大腸炎	×	松本秀磐	父		始興郡栗川面葛峴里九八一
六三五	歩兵七八連隊	ニューギニア、アイン	一九四五・〇一・一二	尹田壽		戦死	南海郡南面仙区里三二九
							蔚山郡温山面六島里二三四
二七九	歩兵七八連隊	ニューギニア、ボイキン	一九四五・〇一・二五	豊原商會	伍長	戦病死	驪州郡大神面加山里
		マラリア	×	豊原健書	父		驪州郡大神面加山里
八三六	歩兵七八連隊	ニューギニア、オクナール	一九四五・〇五・一三	高山武雄	准尉	戦死	京城府西大門区西大門町二一五
		腹部破片創	×	高山光男	父		京城府西大門区安岩町二一二
二六五	歩兵七八連隊	ニューギニア、マルンバ	一九四五・〇六・二〇	金海鐘哲	伍長	戦死	加平郡加平面邑内里
				金海楽元	父		楊州郡漢金面金谷里
三二九	歩兵七八連隊補充隊	京城病院	一九四五・〇三・一三	竹原英実	一等兵	病死	驪州郡康川面釜坪里一八六
			×	竹原順玉	父		江原道原州郡興業面沙堤里五〇四

番号	所属	場所	年月日	氏名	階級・続柄	事由	住所
四一七	歩兵七八連補充隊	台湾、高雄沖	一九四五・〇一・〇九 一九二四・〇六・〇一	金山元善 金山愛熙	上等兵 妻	戦死	江華郡仏恩面徳城里 仁川府松林町二四二
四一八	歩兵七八連補充隊	台湾、高雄沖	一九四五・〇一・〇九 一九二四・一〇・〇八	金田鎬舜 金田徳基	上等兵 父	戦死	金浦郡月串洞開谷里 金浦郡月串洞開谷里
四一九	歩兵七八連補充隊	台湾、高雄沖	一九四五・〇一・〇九 一九二四・〇一・二〇	金谷源成 金谷俊鎬	上等兵 父	戦死	水原郡半月面本五里二三一 平安南道江東郡勝湖邑勝邑面四八八
四二〇	歩兵七八連補充隊	台湾、高雄沖	一九四五・〇一・〇九 一九二四・〇六・〇一	金澤福壽 金澤裕景	上等兵 父	戦死	金浦郡楊村面楼山里一五一 金浦郡楊村面楼山里一五一
四二一	歩兵七八連補充隊	台湾、高雄沖	一九四五・〇一・〇九 一九二四・〇六・二六	松村舜雨 松村鐘協	上等兵 父	戦死	水原郡半月面八谷一里 水原郡半月面八谷一里
四二二	歩兵七八連補充隊	台湾、高雄沖	一九四五・〇一・〇九 一九二四・〇六・二六	山本允鎬 山本在吉	上等兵 父	戦死	平澤郡松炭面新場里 平澤郡松炭面新場里
四二三	歩兵七八連補充隊	台湾、高雄沖	一九四五・〇一・〇九 一九二四・一一・一六	大山甲錫 大山×明	上等兵 母	戦死	廣州郡廣州面水峴里一二三 京城府東大門区消十里町一一三
四二四	歩兵七八連補充隊	台湾、高雄沖	一九四五・〇一・〇九 一九二四・一一・〇二	木村命俊 木村天應	上等兵 父	戦死	加平郡上面連下里四五六 加平郡上面連下里四五六
四二五	歩兵七八連補充隊	台湾、高雄沖	一九四五・〇一・〇九 一九二四・〇一・二九	豊山赫楠 延安東玉	上等兵 義兄	戦死	開豊面鳳東面鉢松里二一三 開豊面鳳東面鉢松里二一三
四二六	歩兵七八連補充隊	台湾、高雄沖	一九四五・〇一・〇九 一九二四・〇九・一一	金本在徳 金本商敏	上等兵 父	戦死	抱川郡永北面文面里五一二 抱川郡永北面文面里五一二
四二七	歩兵七八連補充隊	台湾、高雄沖	一九四五・〇一・〇九 一九二四・一〇・一九	密城容基 密城小辰	上等兵 父	戦死	驪州郡陵西面梅柳里 驪州郡陵西面梅柳里
四二八	歩兵七八連補充隊	台湾、高雄沖	一九四五・〇一・〇九 一九二四・〇二・二六	金信栄済 金信所為	上等兵 父	戦死	利川郡雪星面松界里四三 利川郡雪星面松界里四三
四三〇	歩兵七八連補充隊	台湾、高雄沖	一九四五・〇一・〇九 一九二四・〇九・〇二	廣村容善 廣村善玉	上等兵 妻	戦死	抱川郡永北面文岩里三七六 抱川郡永北面文岩里三七六
四三一	歩兵七八連補充隊	台湾、高雄沖	一九四五・〇一・〇九 一九二四・〇五・一六	穂澤正義 穂澤芒勲	上等兵 父	戦死	平澤郡青北面魚沼里二六 平澤郡青北面魚沼里二六
四三二	歩兵七八連補充隊	台湾、高雄沖	一九四五・〇一・〇九 一九二四・〇四・二七	松本繁吉 松本敦元	上等兵 父	戦死	水原郡梅松面院里一六六 水原郡梅松面院里一六六
四三三	歩兵七八連補充隊	台湾、高雄沖	一九四五・〇一・〇九 一九二三・一二・三〇	金村孝雄 金村溶熙	上等兵 父	戦死	水原郡正南面文学里三三 水原郡正南面文学里三三
四四三	歩兵七八連補充隊	台湾、高雄沖	一九四五・〇一・〇九 一九二五・〇二・一三	松本成夏 松本奎瓚	上等兵 父	戦死	開城府黄金町一〇〇八 開城府黄金町一〇〇八
四四四	歩兵七八連補充隊	台湾、高雄沖	一九四五・〇一・〇九	金本光市	上等兵		広州郡九川面下一里二〇

			一九二四・〇八・〇九	金本光用	父		京城府鍾路区蓮池洞一七四
四四八	歩兵七八連補充隊	台湾、高雄沖	一九四五・〇一・〇九	松原定濱	上等兵	戦死	利川郡夫鉢面新言里五八
			一九二四・一一・〇五	松原相禮	妻		利川郡夫鉢面新言里五八
八五九	歩兵七八連補充隊	台湾、高雄沖	一九四五・〇一・〇九	新井清司	上等兵	戦死	京城府龍山区青葉町二一四七
			一九二四・〇五・二四	新井正子	妻		咸鏡北道茂山郡茂山邑城川洞一七六
九三七	歩兵七八連補充隊	不詳	一九四五・〇一・〇九	金田光成	二等兵	死亡	京城府東大門区崇仁町五三〇
			一九二四・〇七・二四	金田一成	兄		京城府東大門区典農町五三〇－三七
七〇〇	歩兵七九連隊	ニューギニア、ハンサ	一九四四・〇三・二〇	楠本光緒	伍長	戦死	長湍郡台南面
			×	楠本明枝	妻		—
七〇一	歩兵七九連隊	ニューギニア、ハンサ	一九四四・〇三・二〇	鈴川貞淳	伍長	戦死	安城郡三竹面東平里
			×	鈴川鉉三			—
三三〇	歩兵七九連隊	ニューギニア、アラム川	一九四四・〇四・二八	金林泰夫	伍長	戦死	利川郡夫鉢面高白里
			×	金林正孝	父		利川郡夫鉢面高白里
三九六	歩兵一〇〇連隊	ビルマ、インドウ	一九四五・〇三・一二	佳山時久	伍長	戦死	利川郡麻長面標橋里七〇
			一九二六・〇九・二四	住山昌弘	父		抱川郡抱川面新邑里三五〇
四〇九	歩兵一〇〇連隊	ビルマ、インドウ	一九四五・〇三・一三	安田鎬栄	伍長	戦死	水原郡雨汀面木見祐里二一三
			一九二四・〇七・二〇	安田圭承	父		水原郡雨汀面木見祐里二一三
四〇〇	歩兵一〇〇連隊	ビルマ、グエンゲ	一九四五・〇三・一四	徳山栄學	伍長	戦死	廣州郡彦州面三院里三
			一九二三・一〇・三〇	徳山貞代	母		京城府鍾路区仁寺洞一四〇
三九二	歩兵一〇〇連隊	ビルマ、メイクテーラ	一九四五・〇三・一四	梅原哲夫	兵長	戦死	水原郡八灘面梅谷里一九〇
			一九二四・〇八・三〇	梅原　男	父		水原郡八灘面梅谷里一九〇
三九三	歩兵一〇〇連隊	ビルマ、メイクテーラ	一九四五・〇三・一四	江原載基	兵長	戦死	安城郡二竹面斗橋里七一五
			一九二六・〇四・一〇	江原成烈	父		安城郡二竹面斗橋里七一五
四〇五	歩兵一〇〇連隊	ビルマ、カンタン	一九四五・〇三・一四	松村勝実	兵長	戦死	開豊郡鳳東面鉢松里一〇一三
			一九二五・〇九・一七	松村曽錫	父		開豊郡鳳東面鉢松里一〇一三
四〇六	歩兵一〇〇連隊	ビルマ、トーマ	一九四五・〇三・一二	松澤義邦	兵長	戦死	平澤郡平澤邑新垈里四三九－五
			一九二四・一一・一七	松澤善宗	父		平澤郡平澤邑新垈里四三九－五
四一〇	歩兵一〇〇連隊	ビルマ、トーマ	一九四五・〇三・一二	李康伯	伍長	戦死	江華郡良道面造山里三四二
			一九二二・〇四・〇八	李康淳	兄		江華郡良道面造山里三四二
四一一	歩兵一〇〇連隊	ビルマ、八八四高地	一九四五・〇三・一三	麗季鳳城	兵長	戦死	平澤郡松炭面道日里六九七
			一九二五・一〇・〇五	麗季琥衡	父		平澤郡松炭面道日里六九七
四〇七	歩兵一〇〇連隊	ビルマ、トング兵病	一九四五・〇三・二五	松平幸久	伍長	戦傷死	加平郡加平面邑内里五九六
			一九二一・〇三・一〇	松平和三	父		加平郡加平面邑内里五九六
三九四	歩兵一〇〇連隊	ビルマ、カンダン	一九四五・〇四・〇三	金本富吉	伍長	戦死	水原郡八灘面海倉里二一〇
			一九二一・一〇・二一	金本正雄	父		水原郡水原邑高等町一三七

三九八	歩兵一〇〇連隊	ビルマ、メイクテーラ	一九四五・〇四・〇五 一九二六・〇三・一三	金本振栄 金本鐘元	伍長 祖父	戦死	長湍郡徳山面栗井洄 長湍郡徳山面栗井洄
四〇四	歩兵一〇〇連隊	ビルマ、ダビエビン	一九四五・〇四・〇六 一九二五・〇八・〇八	松宮政雄 松宮星植	伍長 父	戦死	龍仁郡龍仁面古林里一四二 龍仁郡龍仁面古林里一四二
四〇二	歩兵一〇〇連隊	ビルマ、キスッツインカラ	一九四五・〇四・〇六 一九二〇・〇二・一七	西村照景 西村照代士	兵長 兄	戦死	開城府南本町三八 開城府南本町三八
四〇一	歩兵一〇〇連隊	ビルマ、サダン	一九四五・〇四・〇八 一九二三・〇二・二三	長野茂雄 長野造作	伍長 父	戦死	驪州郡驪州面上里 驪州郡驪州面上里
三九七	歩兵一〇〇連隊	ビルマ、サダン	一九四五・〇四・〇八 一九二四・一〇・一三	金本正雄 金本荘煥	兵長 祖父	戦死	廣州郡彦州面大峠里 廣州郡彦州面大峠里
八四三	歩兵一〇〇連隊	ビルマ、ミヤ 腰部砲弾破片創	一九四五・〇四・一五 一九一六・一一・一一	家入缶 家入保	兵長 父	戦死	京城府城東区新堂町五二―四 京城府城東区新堂町五二―四
八四四	歩兵一〇〇連隊	ビルマ、ビエンビン 胸部砲弾破片創	一九四五・〇四・一五 一九二三・一二・〇八	豊中公郎 豊中栄男	伍長 父	戦死	京城府永登浦町二五四―一九 京城府永登浦町二五四―一九
三九九	歩兵一〇〇連隊	ビルマ、トング一〇六兵病	一九四五・〇四・一五 一九二五・〇二・〇五	清川建澤 清州壽命	伍長 父	戦傷死	金浦郡陽東面加陽里一八五 金浦郡陽東面加陽里一八五
三九五	歩兵一〇〇連隊	ビルマ、タトン四九師野病 マラリア	一九四五・〇七・一八 一九一八・一二・二一	金城敏明 金城俊基	伍長 父	戦病死	開城府東本町三八七 開城府京城町一六六―一
四〇三	歩兵一〇〇連隊	ビルマ、パプ マラリア	一九四五・〇七・二三 一九二五・〇三・一五	平岡東俊 平岡在光	兵長 妻	戦病死	順川郡内南面沙坪里 順川郡内南面沙坪里
七〇六	歩兵一〇六連隊	ビルマ、ヤメセン	一九四五・〇四・〇五 一九二〇・〇三・〇二	高原栄雨 高原大雨	軍曹 父	戦死	水原郡郷南面永直里二九七 水原郡郷南面永直里二九七
七〇七	歩兵一〇六連隊	ビルマ、ヤメセン	一九四五・〇四・〇八 一九一八・〇五・二八	金村英一 金村安守	兵長	戦死	開豊郡嶺北面吉祥里一八四 晋州府南山町一二
四一二	歩兵一〇六連隊	ビルマ、サダン部落	一九四五・〇四・〇八 一九二四・〇一・一四	金海劉乭 金海命順	兵長 父	戦死	楊州郡九里面墨洞里七一 楊州郡九里面墨洞里七一
四一三	歩兵一〇六連隊	ビルマ、ヤメセン	一九四五・〇四・〇九 一九一九・〇六・二七	松本　晟 松本完石	兵長 父	戦死	仁川府花町二―六 仁川府花町二―六
八四五	歩兵一〇六連隊	ビルマ、ヤメセン 腹部貫通銃創	一九四五・〇四・〇九 一九二一・〇五・一二	金田鼎泰 金田甫×	兵長 父	戦死	京城府孔徳町二九六 京城府孔徳町二九六
七八七	歩兵一〇六連隊	ビルマ、カドワー	一九四五・〇五・〇八 一九二二・一〇・一一	商山容夏 商山鉉植	兵長 父	戦死	龍仁郡二東面二三七 利川郡利川邑倉前里
八五三	歩兵一四九連隊	上海一五七兵站病院	一九四五・〇九・二四 一九二四・〇三・一〇	星村啓明 星村啓明（ママ）	上等兵 父	戦病死	鍾路区城北町一七九 鍾路区城北町一七九
五一一	歩兵一五三連隊	ビルマ、レッセ陣地	一九四五・〇三・二四	林英洙	兵長	戦死	平澤郡古徳面安谷里三四一

番号	部隊	死亡場所	年月日	氏名	階級・続柄	区分	本籍・住所
			一九二一・〇三・二四	林永八	父		平澤郡古徳面安谷里三四一
八七四	歩兵一五三連隊	ビルマ、ゼニトア	一九四五・〇三・二〇	本間正雄	兵長	戦死	京城府西大門区竹添町四－一〇〇
		前頭部貫通銃創	一九一五・〇七・二六	本間　都	妻		京城府西大門区竹添町一－一〇〇
六九三	歩兵一五三連隊	ビルマ、エナンジャン	一九四五・〇四・二一	山本完基	兵長	戦死	利川郡大月面草芝里四四四
			一九一三・〇九・二四	山本徳俊	父		利川郡大月面夫必里一〇六
九二三	歩兵一五三連隊	ビルマ、リザール州	一九四五・〇四・二七	大平國盛	兵長	戦死	京城府元町三－一三
			一九一二・〇三・二〇	大平ユキヨ	母		京城府元町三－一三
九二四	歩兵一五三連隊	ビルマ、ニアンピンタ	一九四五・〇七・〇六	脇藤太	兵長	戦死	京城府中区大平通二三七三
			一九一六・〇八・一八	脇トモ子	母		京城府中区大平通二三七三
二二七	歩兵一五七連隊	浙江省	一九四五・〇八・〇七	國本正玉	兵長	戦死	安城郡安城邑宮町三二八
			一九二三・一二・〇六	國本允七	父		安城郡安城邑明治町二〇二－三
七一八	歩兵二一〇連隊	南方方面	一九四四・〇四・三一	池田正男	上等兵	戦死	仁川府京町六一
			一九二二・一一・一五	池田金蔵	父		福岡県大牟田市大字教楽東一二四三
三二	歩兵二一六連隊	湖南省	一九四四・〇九・〇三	和田喜相	伍長	戦死	楊平郡砥堤面砥平里
			×	和田仁相	兄		京城府山往十里一九六
三三	歩兵二一六連隊	湖南省	一九四四・〇九・〇三	河田豊治	伍長	戦死	坡州郡衡洞面金村里五三
			×	河田光雄	兄		坡州郡衡洞面金村里五三
三四	歩兵二一六連隊	湖南省	一九四四・〇九・三〇	金海俊星	伍長	戦死	廣州郡西部面草二里三九七
			×	金海敬文	父		廣州郡西部面草二里三九七
四四二	歩兵二一七連隊	湖南省長沙三四師野病	一九四四・〇六・二九	徳山政植	兵長	戦傷死	楊平郡江下面雲沁里五〇六
			×	徳山淳三	父		楊平郡江下面雲沁里五〇六
八五二	歩兵二一七連隊	湖南省	一九四四・〇八・二四	木村眞吾	伍長	戦死	永登浦区本洞町八三
			×	木村静夫	兄		永登浦区黒石町一一四五
四五七	歩兵二一七連隊	江蘇省二七師二野病	一九四五・〇九・二五	菊本時鐘	伍長	戦傷死	広州郡東部面新長里八一
			一九二三・一二・一〇	菊本千萬	父		広州郡東部面新長里八一
五一〇	歩兵二一七連隊	湖南省一二八兵病	一九四四・一〇・〇三	金海福潤	伍長	戦傷死	水原郡水原邑池野町三八二
			一九二五・〇八・〇五	金海福潤（ママ）	兄		水原郡水原邑仁渓町二一一
一	歩兵二一七連隊	広西省果子院	一九四四・一二・三〇	松井龍麟	伍長	戦死	坡州郡交河面交河里五五四
			×	松井壽弘	父		坡州郡交河面交河里五五四
一五九	歩兵二一八連隊	南支一一軍野予備病院	一九四四・一二・二二	勝田清助	伍長	戦病死	江華郡吉祥面温水里五三〇
			一九二六・〇一・二五	勝田信行	父		江華郡吉祥面温水里五三〇
五三九	歩兵二一九連隊	ビアク島ウリド	一九四四・〇八・一九	久米和雄	伍長	戦死	漣川郡漣川面車灘里二三四
			一九二四・〇三・〇五	久米省平	父		漣川郡漣川面車灘里二三四
五三八	歩兵二一九連隊	ビアク島ウリド	一九四四・〇九・一五	安田鐘列	伍長	戦死	仁川府米安町二九六
			一九二二・〇四・一三	安田錫同	父		仁川府米安町二九六

番号	部隊	場所	死因	死亡年月日	生年月日	氏名（本人）	氏名（家族）	階級	続柄	区分	住所（本人）	住所（家族）
五一二	歩兵二一九連隊	ニューギニア、ソロン		一九四五・〇四・〇三	×	豊田南鉉	豊田喜淑	伍長	妻	戦傷死	金浦郡陽東面登村里三一九	金浦郡陽東面登村里三一九
一九〇	歩兵二一九連隊	セントアンドレウ島	脚気	一九四五・〇六・一二	一九二四・〇五・一八	高宮鎮顕	高宮基中	兵長	父	戦病死	江華郡仏恩面斗雲里六七九	江華郡仏恩面斗雲里六七九
一九一	歩兵二一九連隊	セントアンドレウ島	心臓麻痺	一九四五・一〇・一一	一九二四・一〇・〇七	青松喆輔	青松在宗	伍長	父	戦病死	漣川郡金谷面金谷里一三五	漣川郡金谷面金谷里一三五
四七四	歩兵二二〇連隊	N二・四〇E一二四・五	但馬丸海没	一九四四・〇五・〇六	×	竹林鐘玉	竹林在玉	兵長	父	戦死	水原郡台章面陣雁二九七	水原郡台章面陣雁二九七
四七五	歩兵二二〇連隊	N二・四〇E一二四・五	但馬丸海没	一九四四・〇五・〇六	一九二四・〇二・〇五	中山秀雄	中山東興	兵長	父	戦死	仁川府萬石町七九	×川郡王家面中山里
四七六	歩兵二二〇連隊	N二・四〇E一二四・五	但馬丸海没	一九四四・〇五・〇六	×	西坡泰淵	西坡海飾	兵長	父	戦死	驪州郡金沙面下虎里七一	驪州郡金沙面下虎里七一
八六四	歩兵二二〇連隊	ニューギニア、カスビー岬		一九四四・〇八・二五	一九二四・〇二・〇一	西原相録	西原永洙	兵長	父	戦死	西大門区塩里町一八	西大門区桃花町四八
四七七	歩兵二二〇連隊	ニューギニア、ムミ	マラリア	一九四四・一一・二九	一九二六・〇八・一五	隋原恩洵	隋原　鳳	一等兵	父	戦病死	水原郡長安面沙谷里七七三	水原郡長安面沙谷里七七三
四七八	歩兵二二〇連隊	ニューギニア、ソロン	脚気	一九四四・一二・二〇	×	島本清秀	島本興南	兵長	父	戦病死	広州郡廣州面京安里五一ー三	広州郡廣州面京安里五一ー三
四七九	歩兵二二〇連隊	ニューギニア、ソロン		一九四四・一二・二〇	一九二五・〇一・一九	東川守吉	東川栄治	伍長	父	戦病死	金浦郡高村面新谷里四七三	金浦郡高村面新谷里四七三
八六二	歩兵二二〇連隊	ニューギニア、ソロモン	脚気・急性腹膜炎	一九四四・一二・一三	一九二四・〇五・三一	時水久雄	時水容益	伍長	父	戦病死	中区芳山町一二四	京城府西大門区館洞町四ー三七
八六三	歩兵二二〇連隊	パラオ、連隊医務室	マラリア・栄養失調症	一九四四・一二・二三	一九二二・一一・〇五	金田壽萬	金田天熙	上等兵	父	戦病死	西大門区義州通二ー一七五	西大門区蓬莱町四ー二九六ー七
八六五	歩兵二二〇連隊	ニューギニア、ムゲ	頭部爆弾破片創	一九四五・〇三・一三	一九二三・〇二・一五	村本東奎	村本徳元	軍曹	父	戦死	西大門区峴底町四五ー四	京城府館洞町四一二
四八一	歩兵二二一連隊	ビアク島モクメル		一九四四・〇六・一五	一九二三・〇三・三〇	富山善弘	富山栄明	兵長	父	戦死	富平郡吾丁面古康里四五九	京城府新吉町二七八ー三
四八二	歩兵二二一連隊	ビアク島モクメル		一九四四・〇六・一五	×	山本俊相	山本斉泰	伍長	父	戦死	長湍郡津西面芬芝里三一五	長湍郡津西面芬芝里三一五
五〇〇	歩兵二二一連隊	ニューギニア、サワトウ		一九四四・〇九・一二	一九二六・〇三・一七	松岡徳栄	松岡顕永	伍長	父	戦死	楊平郡青雲面桃原里二七〇	楊平郡青山龍門面鳥重里二〇五
四八四	歩兵二二一連隊	ニューギニア、マノクワリ	マラリア	一九四五・〇三・二九	一九二五・〇三・〇九	安田東善	安田元今	伍長	母	戦病死	安城郡薇陽面後坪里四一	安城郡薇陽面陽久里一二三
八七二	歩兵二二一連隊	パラオ、三五師野病		一九四五・〇四・一四		松本孝雄		伍長		戦病死	龍山区永庫町一三八	

		マラリア	一九二二・〇九・一三	松本　清	父		京城府桃花町八－五五六
四八三	歩兵二二一連隊	ニューギニア、サンポール	一九四五・〇四・二五	海本秀昌	軍曹	戦死	平澤郡彭城面近乃里八七
			一九二五・〇八・二七	海本龍一	父		平澤郡彭城面近乃里八七
四	歩兵二三八連隊	ニューギニア、ホルランジア	一九四四・〇二・二四	呉一壽一	兵長	戦死	金浦郡霞城面揚澤里二一六八
			×	呉川一世	父		慶尚南道山清郡山清面王道洞五七七
五	歩兵二三八連隊	ニューギニア、ホルランジア	一九四四・〇二・二四	金海鐘鉦	伍長	戦死	安城郡陽場面防築里一九九
			×	金海瀧培	父		京城府楓花町八－三二六
六	歩兵二三八連隊	ニューギニア、ホルランジア	一九四四・〇二・二四	坂本宗雲	上等兵	戦死	揚平郡生西面三金里三〇
			×	坂本春正	父		揚平郡生西面三金里三〇
九	歩兵二三八連隊	ニューギニア、ボイキン	一九四四・〇六・三〇	千原應鉉	兵長	戦死	平澤郡平澤邑平澤駅前二八八
			九	千原尋京	父		平澤郡平澤邑平澤駅前二八八
八	歩兵二三八連隊	ニューギニア、アファ	一九四四・〇七・一〇	宮本　敏	上等兵	戦死	利川郡雪星面新筆里二八九
			×	宮本　眞	兄		利川郡雪星面新筆里二八九
七	歩兵二三八連隊	ニューギニア、セビック	一九四四・〇七・三一	清原錫俊	兵長	戦死	富川郡素砂面開峰里二八三
			×	清原徳重	父		富川郡素砂面開峰里二八三
八〇二	歩兵二三八連隊	ニューギニア、カフヤフニビア	一九四四・〇八・〇一	康田和英	兵長	戦死	鍾路区花洞町七八－一
			×	康田勝義	父		江原道平康郡康邑内
六六六	歩兵二三八連隊	ニューギニア、アファ	一九四四・〇八・〇四	園山従植	兵長	戦死	楊平郡楊平面梧浜里八八
			×	｜			｜
一〇	歩兵二三八連隊	ニューギニア、ウアゾク	一九四四・〇九・一〇	成村仲煥	兵長	戦病死	水原郡郷南面増巨里五八
			×	成村禎根	父		京城府阿島区二九七
一一	歩兵二三八連隊	ニューギニア、アファ	一九四四・〇八・一〇	宮本武守	上等兵	戦死	利川郡雪星面新筆里一一八〇
			×	｜	｜		利川郡雪星面新筆里一一八〇
七六五	歩兵二三八連隊	ビアク島コリムクエ湾	一九四四・〇九・一五	木戸賛植	伍長	戦死	水原郡正南面徳節里四三
			×	木戸済泰	父		水原郡正南面徳節里四三
一八八	歩兵二七三連隊	奉天省遼陽陸病	一九四六・〇四・二八	山原俊鎬	上等兵	戦病死	楊平郡玉泉面
		肺浸潤	×	山腹道夫	父		楊平郡玉泉面
七八八	歩兵二八九連隊	ソ連コムソモリスク	一九四五・一二・一七	山田善栄	上等兵	戦病死	加平郡下面新上里二四九
		赤痢	一九二五・一〇・三一	山田金右門	父		加平郡下面新上里二四九
八四二	歩兵三四三連隊	×島一一師四野戦病	一九四五・〇七・一五	門文照次	上等兵	戦病死	永登浦区黒石町一〇九－一
		戦争栄養失調	一九二四・〇九・〇八	門文望樹	父		京城府中区舟橋町六四－四
四三九	マレー俘虜収容所	スマトラ島沖	一九四四・〇六・二六	平海義雄	軍属	戦死	開城府池町三三三
			×	平海瓚圭	父		開城府池町三三三
七四二	マレー俘虜収容所	ジアワバタ、ビヤグルトク	一九四七・〇九・〇五	松岡武正	雇員	死亡	開城府満月町三六〇－二
			×	松岡福淵	母		開城府満月町三六〇－二

八五四	マレー俘虜収容所	不詳	一九四四・〇六・二六	戸川剛三	軍属	戦死	鍾路九蓮達町八二
			一九一六・〇六・一二	金岡明浩	義兄		鍾路区長沙町八七
八五五	マレー俘虜収容所	不詳	一九四四・〇六・二六	高永義信	軍属	戦死	鍾路区苑南町六四
			×	高永　斌	父		鍾路区連達町四二
九四一	マレー俘虜収容所	ジャカルタ	一九四七・〇七・〇五	松岡茂生	雇員	死亡	開城府溝月町三六〇—二
			×	全福淵	母		開城府池町四四—一二
一三九	野砲三〇連隊	ミンダナオ島タロモ	一九四五・〇五・一五	豊原鐘雲	兵長	戦死	廣州郡西部面廣占里二六六
			一九二三・〇八・一九	豊原一童	父		廣州郡西部面廣占里二六六
八九一	野砲三〇連隊	ミンダナオ島ダバオ	一九四五・〇六・二八	金光興洙	兵長	戦死	京城府楼上町一六—一
			一九二三・〇三・二〇	金光淳貞	妻		京城府鍾路区楼上町一〇一
二一一	野機砲三一中隊	ブーゲンビル島タロキナ	一九四四・〇三・二三	松山高顕	兵長	戦死	金浦郡霞城面元山里二八五
			×	—	—		金浦郡霞城面元山里二八五
七三〇	野電四二中隊	河北省	一九三七・〇九・一六	成周慶	通訳	戦死	楊平郡正東面汶湖三八二
			×	楽　瞳	父		—
二一六	野高砲五八大隊	コロンバンガラ島	一九四三・〇九・二一	武山鐘男	兵長	戦死	楊州郡瓦阜面栗石里二六二
			×	武山連奎	父		楊州郡瓦阜面栗石里二六二
七〇八	野高砲五八大隊	ニューギニア、アレキシス	一九四四・〇一・〇七	穎川采桓	兵長	戦死	開豊郡北面×尾里四三二
			×	頴川采郷	兄		開豊郡北面×尾里四三二
三〇一	野高砲五九大隊	ボーゲンビル島七六兵病	一九四五・〇九・〇七	木川徳晩	伍長	戦病死	平澤郡浦斤面遠井里四三〇
		マラリア	一九二二・〇九・〇二	木川徳龍	兄		平澤郡浦斤面遠井里四三〇
三〇二	野高砲五九大隊	ボーゲンビル島マイカ	一九四五・〇八・〇八	穎川義雄	兵長	戦病死	開城府高麗町六七六
		マラリア・脚気	一九二一・〇六・一五	頴川義光	兄		開城府高麗町六七六
七〇二	野砲二五連隊	ニューギニア、カブトモン	一九四四・〇二・〇一	田中大得	兵長	戦死	江華郡三山面席毛里一三三
			×	田中雲成	父		江華郡三山面席毛里一三三
二四七	野砲二六連隊	ニューギニア、ナバリバ	一九四四・〇一・〇四	福川泳植	上等兵	戦病死	利川郡×坊面水井里一二九
			×	福川星紀	父		利川郡×坊面水井里一二九
二三六	野砲二六連隊	ニューギニア、歓喜嶺	一九四四・〇一・二三	大原浩造	伍長	戦死	高陽郡碧蹄面高陽里一五二
			×	大原大金	父		高陽郡碧蹄面高陽里一五二
二三九	野砲二六連隊	ニューギニア、ウエワク	一九四四・〇五・〇七	安本道栄	上等兵	戦死	開豊郡鳳永面白田里二八三
			×	安本奉男	父		開豊郡鳳永面白田里二八三
二三八	野砲二六連隊	ニューギニア、ダングヤ	一九四四・〇七・〇二	龍本喆相	兵長	戦死	龍仁郡蒲谷面留雲里三二五
				龍本花洪	妻		龍仁郡蒲谷面留雲里三二五
二四八	野砲二六連隊	ニューギニア、坂東川	一九四四・〇七・二一	廣山海順	上等兵	戦死	坡州郡臨津面臨津里七
			×	廣山光雲	父		坡州郡臨津面臨津里七
二五〇	野砲二六連隊	ニューギニア、アフア	一九四四・〇七・二一	香山煕命	兵長	戦死	楊州郡長興面三上里四四

			×	香山翰秀	父		楊州郡長興面三上里四四
九二五	野砲二六連隊	ニューギニア、アファ	一九四四・〇七・二六	前田光夫	兵長	戦死	京城府
			×	前田町子	妻		京城府
二四九	野砲二六連隊	ニューギニア、アファ	一九四四・〇八・〇一	金山世権	兵長	戦死	長湍郡長湍面蘆下里三二五
			一九二〇・〇五・二三	金山順南	父		長湍郡長湍面蘆下里三二五
六九六	野砲二六連隊	ニューギニア、ヤカムル	一九四四・〇八・二五	金本正二郎	伍長	戦死	安城郡薇陽面眞村里二二
			×	金本顕錫	父		安城郡薇陽面眞村里二二
二四一	野砲二六連隊	ニューギニア、ダンダヤ	一九四四・〇九・二〇	智伯基栄	上等兵	戦死	廣州郡南絡面分院里一三九
			×	智伯元植	父		廣州郡南絡面分院里一三九
二四五	野砲二六連隊	ニューギニア、ブーツ	一九四四・一〇・一五	松原明善	伍長	戦死	長湍郡長湍面井洞里一二六
			×	松原石植	父		長湍郡長湍面井洞里一二六
二四三	野砲二六連隊	ニューギニア、ブーツ	一九四四・一〇・二九	昌松成一	兵長	戦死	平澤郡松炭面七院里新村三九四
			×	昌松敬夫	父		平澤郡松炭面七院里新村三九四
二三五	野砲二六連隊	ニューギニア、ペロン	一九四四・一一・一〇	安達輝昭	兵長	戦死	龍仁郡遠三面一六七
			×	安達輝雄	弟		龍仁郡遠三面一六七
二四〇	野砲二六連隊	ニューギニア、ブーツ	一九四四・一一・一五	武本良華	兵長	戦死	加平郡加平面邑内里四七三
			×	武本清孝	父		加平郡加平面邑内里四七三
二三七	野砲二六連隊	ニューギニア、ボイキン	一九四四・一一・三〇	南宮　赫	兵長	戦死	龍仁郡二東面華山里四六一
			×	南宮次山	父		龍仁郡二東面華山里四六一
二四四	野砲二六連隊	ニューギニア、マルジップ マラリア	一九四五・〇一・一〇	清風二錫	軍曹	戦病死	長湍郡大南面滑川里九三八
			×	清風龍釗	父		長湍郡大南面滑川里九三八
二四六	野砲二六連隊	ニューギニア、ダクア	一九四五・〇二・一八	牧山龍求	上等兵	戦死	楊平郡東面双鶴里四二〇
			×	牧山鏡賢	父		楊平郡東面双鶴里四二〇
六九八	野砲二六連隊	ニューギニア、オランドン	一九四五・〇三・二〇	金原春雄	伍長	戦死	安城郡陽城面軍山村一六九
			×	金原栄振	父		安城郡陽城面軍山村一六九
七七〇	野砲二六連隊	不詳	一九四五・〇三・二〇	河合舛之助	上等兵	戦死	長湍郡長道面項洞里五〇
			×	河合喜代子	妻		長湍郡長道面項洞里五〇
二四二	野砲二六連隊	ニューギニア、アリトア	一九四五・〇三・二七	豊川漢鎬	伍長	戦死	安城郡金光面長竹里四一三
			×	豊川宰鎬	兄		安城郡金光面長竹里四一三
六九七	野砲二六連隊	ニューギニア、ウイフン	一九四五・〇六・一三	金海鉄明	伍長	戦死	水原郡水原邑梅山町二一六五
			×	金海雲梧	父		水原郡水原邑梅山町二一六五
五六二	野砲三〇連隊	ミンダナオ島カバンクテサン マラリア	一九四五・〇六・一〇	石本鎮國	兵長	戦病死	廣州郡中部面山城里三二五
			×	石本義均	父		廣州郡中部面山城里三二五
一九二	陸勤一六一中隊	大分県大分陸軍病院 発疹チフス	一九四五・〇六・二〇	竹山智炯	二等兵	戦病死	坡州郡月龍面英太里三六三
			×	—			—

七九一	陸軍運輸部	パラオ島一二三兵病	一九四三・〇七・一九	野田茂雄	一等兵	戦死	開豊郡鳳東面白田里三〇一
			×	ー			ー
九三六	二総軍司令部	広島市	一九四五・〇八・〇六	李鍝公	大佐	戦死	韓国特別市雲殿町一一四
			一九一二・一一・一五	李賢珠	妻		韓国特別市雲殿町一一四
七九八	三野戦補馬廠	不詳	一九四二・〇七・一九	道廣金三郎	軍属	戦病死	京城府龍山区三枚通一ー一ー一
		肺結核	一九二五・〇四・〇一	ー			ー
七六九	四航空軍司令部	レイテ島レイテ湾	一九四四・〇二・二九	松井秀雄	少尉・佐	戦死	開城府黄金町一〇三三
			×	松井元治	父		開城府黄金町一〇三三
四八六	五方面軍司・太平丸	北千島	一九四四・〇七・〇九	松村聖根	雇員	戦死	開豊郡領南面深川里五七
		海没	×	松村在善	父		黄海郡金川郡古東面江華里八〇
四八七	五方面軍司・太平丸	北千島	一九四四・〇七・〇九	白川徳裕	雇員	戦死	開豊郡領南面昭陵里三〇ー一
		海没	×	白川×植	父		開豊郡領南面昭陵里三〇ー一
四八八	五方面軍司・太平丸	北千島	一九四四・〇七・〇九	金敬在	雇員	戦死	長湍郡津西面田斉里一二四五
		海没	×	金清淑	祖母		黄海道金川郡古東面金陵里一二〇
四八九	五方面軍司・太平丸	北千島	一九四四・〇七・〇九	平川連玉	雇員	戦死	長湍郡大南面聖谷里一六三
		海没	×	平川姫實	母		黄海郡金川郡平峯面升明里
四九〇	五方面軍司・太平丸	北千島	一九四四・〇七・〇九	平田和亭	雇員	戦死	長湍郡大南面聖谷里三一一
		海没	×	ー			ー
四九一	五方面軍司・太平丸	北千島	一九四四・〇七・〇九	金城東植	雇員	戦死	驪州郡康川面道金里七七八
		海没	×	金城澤済	父		江原道横城郡安興面山田里一四〇〇
四九二	五方面軍司・太平丸	北千島	一九四四・〇七・〇九	崔敦成	雇員	戦死	楊平郡龍門面馬龍里一四六
		海没	×	崔範集	父		江原道横城郡安興面山田里四五
四九三	五方面軍司・太平丸	北千島	一九四四・〇七・〇九	安本泰鳳	雇員	戦死	高陽郡纛島面面牧里一二八九
		海没	×	安本仲善	父		加平郡北面赤木里論南岐
四九四	五方面軍司・太平丸	北千島	一九四四・〇七・〇九	高山根玉	雇員	戦死	水原郡安龍面梧木川里五二四
		海没	×	高山今龍	兄		黄海郡平山郡南川邑新南川里八七
八六六	五方面軍司・太平丸	北千島	一九四四・〇七・〇九	松岡一郎	技術雇員	戦死	中区黄金町
		海没	×	松岡次郎	弟		中区黄金町
八六七	五方面軍司・太平丸	北千島	一九四四・〇七・〇九	吉村聖七	技術雇員	戦死	龍山区二坂道二二四
		海没	×	吉村金子	妻		黄海郡海州府北本通六〇
八六八	五方面軍司・大洋丸	北千島	一九四四・〇七・〇九	玉川金培	技術雇員	戦死	西大門区松月町一五
		海没	×	玉川在童	父		黄海郡海州府西栄町三六二
八六九	五方面軍司・大洋丸	北千島	一九四四・〇七・〇九	三井大建	技術雇員	戦死	京城府
		海没	×	三井大彦	兄		梨園町三二
八七〇	五方面軍司・大洋丸	北千島	一九四四・〇七・〇九	金永潤	技術雇員	戦死	鍾路区孝子町四三

番号	所属	死亡場所・死因	年月日	氏名	階級・続柄	区分	本籍・住所
		海没	×	金永愛	｜		｜
四九五	五方面軍司令部	北海道函館陸軍病院	一九四四・一二・二一	松本聖禄	雇員	戦病死	始興郡新東面牛眼里
			×	松本於石	兄		始興郡新東面牛眼里
四九六	五方面軍司令部	北海道札幌陸軍病院 慢性ネフローゼ	一九四四・一二・二五	谷山奎然	雇員	戦病死	廣州郡都尺面老谷里二九一
				谷山昌平	父		廣州郡都尺面老谷里二九一
七四四	五方面軍経理部	N五一・二三 E一五五・四七	一九四四・〇七・〇九	金光栄	雇員	死亡	開城府満月町四二〇
			×	金在學	養母		開城府満月町四二〇
九二二	五航情連隊	広東一陸軍病院	一九四四・一二・二五	遠藤健男	兵長	戦病死	京城府吉野町二－九九
			×	｜			｜
二一八	五独警備司令部	北支一六三兵病	一九四五・〇七・一九	金顕九	馬手	戦死	利川郡暮加面所古里二一〇
			一九一七・一一・一一	金景植	父		京城府龍山区青茶町一－九五九三三
三三六	五遊撃隊	ビルマ、メークテラー	一九四五．〇三・二〇	富山善熙	軍曹	戦死	驪州郡九川面遁村里四六
			一九二一・〇一・〇一	富山信子	妻		驪州郡九川面遁村里四六
五四四	六航空軍司令部	沖縄本島附近	一九四五・〇五・二七	廣岡賢載	少尉	戦死	興陽郡纛島面西纛島里六〇五
			一九二六・〇八・〇四		父		京城府城東区隼里町六六
六九四	六野戦憲兵隊	ニューブリテン島 脳溢血	一九四五・〇八・二四	大高達三	雇員	戦病死	安城郡二竹面竹山里三六五
			×				京城府錦町一八三
五八一	七戦航空補給廠	ルソン島バレンテ峠	一九四五・〇五・三〇	金城鐘一	雇員	戦死	廣州郡中部面仏堂里二五〇
			×	金城徳順	父		利川郡長浦院邑老峠里一九一－七
五八二	七戦航空補給廠	ルソン島バレンテ峠	一九四五・〇五・三〇	辛宮紅九	雇員	戦死	驪州郡驪州面倉里九一
			×	辛宮徳根	父		驪州郡驪州面鞍里二八八
八九四	七戦航空補給廠	ルソン島バレンテ峠	一九四五・〇五・三〇	山本仁済	雇員	戦死	鍾路区楽園町二七一－三
			×	山本奎熙	父		京城府鍾路町一四七
八七五	一〇野飛設隊	ルソン島ネグロス	一九四五・〇六・〇四	高橋豊身	技手	戦死	城東区新堂町三七七－三五
			×	｜			｜
七八〇	一二陸軍病院	比島、アバンガン	一九四五・〇七・一五	早田正子	看護婦	戦死	平澤郡高徳面新龍里経路
			×	｜			｜
五〇七	一三船舶団司令部	ルソン島、六二二高地	一九四五・〇七・二四	綾城興一	軍属	戦死	仁川府花町一丁目一九
			一九〇一・〇二・二五	｜			｜
八一八	一四方面軍司令部	ルソン島アベダン 全身爆弾破片創	一九四五・〇七・一八	金海明洙	上等兵	戦死	京城府竹添町三〇二一八七－六四
			×	金海明洙（ママ）	祖父		京城府竹添町三〇二一八七－六四
四三八	一四師団野戦病院	パラオ、一四師野病 マラリア	一九四四・一二・〇八	外園千載	軍属	戦病死	楊平郡砥堤面曲水里四五五
			×	｜			｜
八六一	一七野飛設隊	ビアク島 全身爆弾破片創	一九四四・〇六・三〇	高山尚雄	雇員	戦死	京城府黄金町四－二二〇
			×	高山昌雄（ママ）	父		全羅北道澤溝郡大野面竹山里一二六

番号	所属	死亡場所	年月日	氏名	階級・続柄	区分	本籍・住所
三四七	一八軍司令部	ニューギニア、カラップ	一九四四・〇五・一九	松井利三郎	雇員	戦死	長湍郡長湍面東楊里二四七
			一九〇四・〇二・二七	松井カメノ	妻		奈良県議城郡川本村大学大字伊予吉村方
五〇九	一九師団司令部	比島、タクボ	一九四五・〇六・一一	松原健次	伍長	戦死	開城府元価値四四七
			一九二一・一二・一八	松原柄七	父		開城府元価値四四七
一六九	一九師一野戦病院	ルソン島、ブキアブ	一九四五・〇八・〇一	延松命煥	上等兵	戦死	長湍郡郡内面邑内里二八六
			一九二五・〇四・二二	延松上奉	父		長湍郡郡内面邑内里二八六
五七八	一九師衛生隊	ルソン島バギオ	一九四五・〇四・一〇	菊山昌徳	兵長	戦死	水原郡水原邑細柳町六五〇
			一九二三・〇六・〇五	菊山基光	父		水原郡水原邑細柳町六五〇
五七九	一九師衛生隊	ルソン島タクボ	一九四五・〇六・一四	三井昌吉	兵長	戦死	水原郡安龍面安寧里三七
			一九二四・〇四・〇一	竹橋基仁	叔父		水原郡安龍面安寧里三七
五八〇	一九師衛生隊	ルソン島マンカヤン	一九四五・〇七・一〇	三松哲夫	兵長	戦死	開城府東本町三四六
			一九一八・〇七・二〇	三松瑛子	妻		開城府東本町三四六
八九三	一九師衛生隊	ルソン島ベキオ	一九四五・〇三・一二	松永道雄	兵長	戦病死	中区黄金町一―一九
			×	松永健次	父		中区黄金町一―一九
四一四	二〇師団司令部	ニューギニア、オクナール	一九四四・〇五・〇一	松本栄吉	雇員	戦病死	水原郡半田面本五里二七一
		マラリア	×	松本弘子	母		京城府梨泰院四〇四―一四
八四六	二〇師団司令部	ニューギニア、テレブ沖	一九四四・〇五・〇一	林錫峻	雇員	戦死	龍山区青菜町三九九
		頭部貫通銃創	×	林炳奎	父		龍山区青菜町三九九
二七	二〇師団衛生隊	ニューギニア、ダンダヤ	一九四四・〇八・二〇	昌原雲光	上等兵	戦死	水原郡水原邑北水町二四八
			×	昌原敬泰	父		水原郡水原邑北水町二四八
二四	二〇師団衛生隊	ニューギニア、ダンダヤ	一九四四・〇八・二〇	城本滋夏	上等兵	戦死	驪州郡大神面加山里五一
			×	城本斗会	父		驪州郡大神面加山里五一
二五	二〇師団衛生隊	ニューギニア、グーツ	一九四四・〇八・〇四	洪山永烈	兵長	戦死	楊州郡榛接面内閣里七三二
			一九一九・一二・〇三	洪山祐夫	父		楊州郡榛接面内閣里七三二
二三	二〇師団衛生隊	ニューギニア、ソナム	一九四四・一〇・一五	金光恭星	兵長	戦死	水原郡水原邑梅香町四八
			一九二一・〇二・二八	金光千萬	父		水原郡水原邑梅香町四八
二六	二〇師団衛生隊	ニューギニア、バロン	一九四四・一〇・一五	文元泳施	上等兵	戦死	驪州郡陵西面番都里六八七
			一九二〇・〇六・一〇	文元雨鉉	父		驪州郡陵西面番都里六八七
一六八	二〇師防疫給水部	ニューギニア、オクナール	一九四四・〇二・〇七	柳川秀光	上等兵	戦死	金浦郡陽西面内鉢山里八七
			一九二〇・一〇・二〇	柳川清茂	父		金浦郡陽西面内鉢山里八七
一六七	二〇師防疫給水部	ニューギニア、ベナム	一九四四・一〇・二〇	金山允煥	判任文官	戦死	抱川郡蘇屹面
			一九二三・〇六・〇一	金山長根	兄		京城府初音町四八
八二二	二〇師防疫給水部	ニューギニア、ウウェワク	一九四五・〇五・二三	青山松雄	軍属	戦死	鍾路区蓮芝洞四一
			一九一七・〇六・〇一	青山朝光	父		京城府城北町二二―一一
五五八	二〇師一野戦病院	ニューギニア、カブトモン	一九四四・〇二・一五	林明徳	上等兵	戦死	江華郡仏恩面徳城里

番号	所属	死亡場所	年月日	氏名	続柄・階級	死因	住所
			×	林允徳	兄		江華郡仏恩面徳城里
五五六	二〇師一野戦病院	ニューギニア、パラム	一九四四・〇八・二九	勝田茂一	上等兵	戦死	江華郡吉祥面吉陵里四九一
			×	勝田龍治	祖父		仁川府松林町二三九－一
五五七	二〇師一野戦病院	ニューギニア、バリフ島	一九四五・〇二・一〇	慶金東元	上等兵	戦死	利川郡栢沙面内村里一六五
			×	慶金昌立	父		利川郡栢沙面内村里一六五
五五九	二〇師一野戦病院	ニューギニア、ルニキ	一九四五・〇八・〇九	青山睦弘	伍長	戦死	江華郡江華面龍井里五三四
			×	青山豊弘	兄		江華郡江華面龍井里五三四
五六一	二〇師兵器勤務隊	ニューギニア、ニブリハーヘン	一九四五・〇三・三〇	新城龍善	伍長	戦死	漣川郡霊川面車灘里二七六
			一九二三・〇五・二四	新城順昌	父		漣川郡霊川面車灘里二七六
二二八	二三野戦勤務隊	北京市一五二兵病 肺結核・肋膜炎	一九四五・〇九・二二	善元泰明	上等兵	戦病死	富川郡泉宗面中山里一四二六
			一九二四・〇六・二八	善元春燮	父		富川郡泉宗面中山里一四二六
八〇一	二五野戦航空修	ボルネオ島アブラン島 海没	一九四五・〇二・二五	松村直治	雇員	戦死	鍾路区恵化町西香地三
			一九二六・〇四・〇五	松村政豊	父		京城府喜会町一四〇－四
一五四	二六野勤隊	河南省	一九四五・〇五・三〇	長川炳台	上等兵	戦死	金浦郡黔丹面金谷里一八三
			一九二四・〇七・二六	長川昌根	父		金浦郡黔丹面金谷里一八三
一五五	二六野勤隊	河南省	一九四五・〇五・三〇	山本静善	上等兵	戦死	水原郡水原邑長安町三一三
			一九二四・〇六・一五	山本太郎	父		水原郡水原邑長安町三一三
一五六	二六野勤隊	河南省	一九四五・〇五・三〇	金村桓圭	上等兵	戦死	水原郡郷南面東梧里四二五
			一九二四・〇九・一六	金村殷分	妻		水原郡郷南面東梧里四二五
九二六	二七野戦貨物廠	ニューギニア、アチングエチ	一九四五・〇一・一五	速水正夫	兵長	戦死	京城府河鹿郡中上林村大字五津合睦志
			×	速水庄吉	父		京城府河鹿郡中上林村大字五津合睦志
一三一	三〇師団衛生隊	シュダリオ島タコロン	一九四四・一〇・一八	西原相奎	兵長	戦死	漣川郡嵋山面牛井里六六六
			×	西原基花	妻		漣川郡嵋山面牛井里六六六
五三一	三〇師団衛生隊	レイテ島ビリマバ	一九四五・〇一・一八	成田秀吉	伍長	戦死	安城郡金光面閑云里
			×	城田興弼	父		安城郡金光面閑云里
五四〇	三〇師団衛生隊	レイテ島ビリマバ	一九四五・〇一・〇八	平沼金九	兵長	戦死	江華郡良道面三興里五五七
			×	平沼聖宅	父		江華郡良道面三興里五五七
五六九	三〇師団衛生隊	レイテ島パロンボン	一九四五・〇二・二〇	柳川用徳	兵長	戦死	楊州郡興金面二牌里三一一
			×	柳川用安	兄		楊州郡互阜面徳治里
五七〇	三〇師団衛生隊	レイテ島パロンボン	一九四五・〇二・二〇	坡平鴻重	兵長	戦死	漣川郡百鶴面頭峴里二二七
			×	坡平南童	兄		漣川郡百鶴面頭峴里二二七
五七一	三〇師団衛生隊	ミンダナオ島ピナムラ	一九四五・〇五・一六	宮村忠雄	兵長	戦死	安城郡孔道面乾川里七一一
			×	宮村玉姫	妻		安城郡孔道面乾川里七一一
五七二	三〇師団衛生隊	ミンダナオ島ピナムラ	一九四五・〇六・二〇	國本弼桂	兵長	戦死	廣州郡興村面長深里
			×	國本殷鳳	父		廣州郡興村面長深里

番号	部隊	死亡場所	年月日	氏名	続柄・階級	区分	本籍・住所
五七三	三〇師団衛生隊	ミンダナオ島ピナムラ	一九四五・〇六・二〇	松山英時	兵長	戦死	利川郡長淵院邑松山宅
			×	松山英也	兄		高陽郡崇仁面弥阿里五五六―二
五七四	三〇師団衛生隊	ミンダナオ島フランヤ河	一九四五・〇八・〇八	義村庚世	兵長	戦死	坡州郡坡平面梨川里
			×	義村聖也	兄		坡州郡坡平面梨川里
八九二	三〇師団衛生隊	ミンダナオ島ピナムラ 頭部貫通銃創	一九四五・〇六・二八	清河英夫	大尉	戦死	鍾路区一―六五
			一九一七・〇三・一九	清河英一	父		鍾路区一―六五
五〇四	三二軍司令部	沖縄小禄村	一九四五・〇五・三〇	白原光次	曹長	戦死	開城府南山町八四三
			×	白原永逸	父		開城府南山町八四三
五三五	三二軍防築隊	沖縄眞和志村	一九四五・〇五・〇九	江川漢鳳	雇員	戦死	水原郡水原邑本町四
			一九一四・一一・一一	江川鎮永	妻		水原郡水原邑本町四
七八二	三二軍防築隊	沖縄眞和志村	一九四五・〇五・一〇	和山命根	雇員	戦死	始興郡東面奉天里二一六
			一九二四・〇二・二六	和山順鳳	兄		始興郡東面奉天里二一六
七七三	三二軍防築隊	沖縄眞和志村	一九四五・〇五・一六	金澤基煥	雇員	戦死	水原郡水原邑南水町一一九
			一九一九・一一・二一	金澤今用	叔父		水原郡水原邑南水町一一九
六五七	三二軍防築隊	沖縄	一九四五・〇六・二〇	平松幸男	雇員	戦死	開城府池町六九
			一九二〇・〇二・一九	平松和雄	父		開城府満月町六八二
六五八	三二軍防築隊	沖縄首里	一九四五・〇五・一六	齋源洛永	雇員	戦死	開城府東本町二六五
			一九二一・〇八・〇九	斉済余始	父		開城府池町六四三
七七七	三二軍防築隊	沖縄摩文仁村	一九四五・〇五・一六	原田壽東	雇員	戦死	水原郡水原邑池野町四〇〇
			一九二二・〇六・〇九	原田台奉	祖父		水原郡水原邑池野町四〇〇
六五九	三二軍防築隊	沖縄	一九四五・〇六・二〇	山田壽千	雇員	戦死	平澤郡古徳面栗浦里四五
			一九二一・一〇・〇一	山田有鳳	父		平澤郡古徳面栗浦里四五
九〇七	三二軍防築隊	沖縄	一九四五・〇六・二〇	張本熙栄	雇員	戦死	鍾路区敦義町五九
			一九二〇・一二・一六	張本閨政	妻		鍾路区新設町三〇六―三
八〇四	四一師団司令部	ニューギニア、ウウェワク 全身爆弾破片創	一九四四・〇四・〇五	上村正美	雇員	戦死	西大門区義州通一―二〇
			×	上村昌子	父		西大門区義州通一―二〇
八八六	四一師団司令部	ニューギニア、ソウヨ	一九四四・〇八・一〇	上村忠太郎	傭人	戦死	鍾路区六―七九
			一九二八・〇七・一八	―	―		京城府義州道一―二〇
八八七	四一師団司令部	ニューギニア、ソウヨ	一九四四・〇八・一〇	松本博昌	傭人	戦死	龍山区梨泰院町
			×	―	―		龍山区梨泰院町
八九〇	四一師三野戦病院	不詳	一九四四・一〇・一四	山本東長	上等兵	戦病死	龍山区大島町四三
			一九二〇・〇一・二一	山本泰助	叔父		龍山区大島町四三
四五五	四九師団衛生隊	ビルマ、コエティー	一九四五・〇七・〇八	東松正峯	兵長	戦死	開城府宮町一六九
			一九二二・〇七・〇一	東松應祐	父		開城府満月町三九〇―一
四四一	四九師団衛生隊	ビルマ、マユティー	一九四五・〇七・一三	伊東鎮一	伍長	戦死	仁川府西京町一七一八

			一九二三・〇四・〇八	伊東炯奎	父		満洲国安東市江岸通四－四二
八五七	四九師団衛生隊	ビルマ、ユコチー	一九四五・〇七・一三	森田康一	兵長	戦死	鍾路区雲泥町二二
			×	｜	｜		鍾路区雲泥町二二
七〇四	四九師防疫給水部	ビルマ、ナザック	一九四五・〇四・二六	金光芳雄	兵長	戦死	水原郡烏山面閑里四四三
			一九二二・〇六・〇六	金光元子	父		龍仁郡二東面松田里五七八
八四八	五六師二野戦病院	タイ、クンマアム	一九四五・一〇・三一	安岡玉子	看護員	公病死	京城府東金湖町四七〇
		マラリア	×	安岡正治	｜		京城府東金湖町四七〇
五一五	不詳	不詳	不詳	徐三鳳	軍属	不詳	京城府九里面仁倉里二六
			×	梁川命福	義兄		京城府九里面仁倉里二六
五一六	不詳	國府台病院	一九四五・〇九・一五	霊山遠雲	上等兵	病死	金浦郡霞城面後坪匡柿谷洞五八一
			一九二四・〇六・一二	霊山阿只	母		金浦郡霞城面後坪匡柿谷洞五八一
七一九	不詳	不詳	不詳	新井三成	軍属	戦病死	坡州郡朱内面朱内里
			×	新井元俊	兄		坡州郡朱内面朱内里
七二〇	不詳	不詳	不詳	孫壽福	軍属	戦死	楊平郡楊平面食代里
			×	孫元福	父		楊平郡楊平面食代里
七二一	不詳	不詳	不詳	金海満梅	不詳	戦死	龍仁郡外四面
			×	李金善	妻		始興郡東面九老里
七二二	不詳	不詳	不詳	岩本京源	軍属	戦死	長湍郡内面邑内里
			×	岩本京師	父		長湍郡内面邑内里
七二三	不詳	不詳	一九四二・〇三・一六	蓮本京源	雇員	戦死	坡州郡廣灘面新山里三一二
			一九一二・〇一・二五	蓮江清子	妻		京城府久留米町三二－一延東方
七二六	不詳	不詳	不詳	高山隆夫	通訳	戦病死	不詳
			×	｜			｜
七四九	不詳	南方	一九四五・〇二・二二	國原新平	軍属	戦死	仁川府栗木町二一六
			一九〇一・〇五・三〇	｜			｜
七五〇	不詳	南方	一九四一・〇八・三〇	重村鎮範	軍属	戦死	漣川郡積城面旧邑里五六一
			一九一五・〇七・二三	｜			｜
七五五	不詳	南方	一九四一・〇八・三〇	裵錫永	軍属	死亡	漣川郡積城面旧邑里五六一
			一九一二・〇八・〇五	｜			｜
七六六	不詳	不詳	一九四六・〇二・一七	高守眞	兵長	戦病死	京畿道（以下不明）
			×	｜			｜
七七二	不詳	不詳	不詳	海本吉太郎	傭人	戦死	仁川府花本張二六六
			一九〇四・〇七・〇七	｜			｜
七九三	不詳	湖北省漢口一五八兵病	一九四六・〇一・二八	金漢先	軍属	戦病死	廣州郡東部面新長里
			×	｜			｜

七九四	不詳	湖北省漢口一五八兵病	一九四六・〇二・二〇 ×	岡本徳城 岡本光永	軍属 父	戦死	興陽郡東仁面弥阿里二〇七 ―
七九五	不詳	上海市	一九四三・一一・一四 ×	崔明文 ―	不詳	死亡	驪州郡俊元面昌里一一七 ―
七九六	不詳	静岡県東川根村	一九四五・〇五・二一 ×	河田清治 河田昌浩	大尉 父	戦死	水原府松山面芝花里二四五 西大門区北阿峴町一二二一一
七九七	不詳	河北省	一九四四・〇一・二六 ×	山林　清 山村　茂	軍属 父	戦死	京城府 忠北清州郡清州邑前川町一八七
八八〇	不詳	不詳	不詳 ×	佐々木泰郎 佐々木和吉	不詳 ―	不詳	大平通二―三〇五 ―
九二一	不詳	ンヌウ島ススラン	一九四六・〇一・二〇 ×	槇島　勳 ―	傭人	死亡	京城府道林町七八 ―
九一七	丸久泰	朝鮮海峡	一九四五・〇六・一六 一九二五・一〇・一四	東秀夫	調理員	病死	西大門区蓬莱町

◎咸鏡南道　二六五名

原簿番号	所属	死亡場所 死亡事由	死亡年月日 生年月日	創氏名・姓名 親権者	階級 関係	死亡区分	本籍地 親権者住所
三五七	明野飛行師教導整備隊	三重県明野飛行場	一九四四・一二・一七 一九二七・〇九・一三	大山東潤 ―	不詳 父	不慮死	利原郡東面上仙里一〇一 利原郡東面大坪里一六八
一八八	宇都宮農耕勤務隊	長野県長野療養所	一九四五・一〇・一九 一九二四・〇五・二九	原田忠浩 原田承武	上等兵 父	平病死	定平郡長原面路下里三二〇 定平郡長原面路下里三二〇
二八六	海上輸送四大隊天龍丸	ニューギニア、ウウェワク 左腰部貫通銃創	一九四四・〇四・〇五 一九一〇・〇八・一六	晋山桂鳳 晋山順任	軍属 妻	戦死	安辺郡新高小面山陽里 仁川府松坂町一丁目新井嘉明方
五	関東軍総司令部	間島省	一九四〇・〇三・二五 ×	完山龍學 完山時寛	嘱託 父	戦死	北青郡上車書面巌東里一八六一 北青郡上車書面巌東里一八六一
三〇六	関東軍総司令部	三江省	一九三七・一二・〇七 ×	金東漢 崔順吉	軍属 妻	戦死	端川郡端川面下西里 水下面黄谷里一四七七金鉉穆方
三四三	関東軍総司令部	不詳	一九四二・〇九・二五 ×	金江東桂 金江普永	雇員 父	病死	咸興府城川町三二九 ―
二四四	関東軍情報部東安支部	東満州	一九四五・〇六・〇二 一九一七・〇四・二一	金子　光 金子静枝	軍属 妻	戦死	元山府銘石洞一二四 元山府銘石洞一二四
三三九	関東軍造船作業隊	関東州大連陸軍病院	一九四四・一〇・一三 一九一二・〇六・〇六	金山龍雲 金山龍寅	軍属 妻	病死	恵山郡雲興面蘆洞里四〇七 ―
三四〇	海上輸送二大隊	ニューギニア、ヤコール	一九四四・〇八・〇七 一九一三・〇六・一六	金城昌満 金城　麟	傭人	戦死	永興郡仁興面一二五 ―
三三	機動砲三連隊	河南省	一九四五・〇七・一九 一九二四・〇九・二四	山木長炫 山本昌世	兵長 母	戦死	咸州郡宣徳面南里三二四 咸州郡奥南邑九龍里一五－三〇
一五二	工兵二〇連隊	台湾高雄沖	一九四五・〇一・〇九 一九二四・〇七・三〇	平野鏡充 平野璟赫	一等兵 兄	戦死	北青郡陽化面陽化里六〇六 北青郡陽化面陽化里六〇六
二一四	高射砲一三二連隊	熊本県水俣町	一九四五・〇七・三一 一九二二・〇一・〇七	金城隆雄 金城静雄	兵長 兄	戦死	恵山郡雲興面下長城里八二 恵山郡雲興面下長城里八二
七五	山砲二五連隊	台湾安平沖	一九四五・〇一・〇九 一九二四・〇四・〇六	金田潤鐘 金田弘益	不詳 父	戦死	安辺郡培花面支峯里三二七 安辺郡培花面支峯里三二七
七六	山砲二五連隊	台湾安平沖	一九四五・〇一・〇九 一九二三・〇五・一七	林延哲 林昌翼	不詳 父	戦死	永興郡耀徳面仁興里四五三 永興郡耀徳郡面仁興里四五三
一四七	山砲二五連隊	台湾安平沖	一九四五・〇一・〇九 一九二四・〇七・一〇	新井成春 清浦昇一	上等兵 義兄	戦死	恵山郡普天面新興里五 会寧郡会寧邑四治一〇三
一四八	山砲二五連隊	台湾安平沖	一九四五・〇一・〇九 一九二三・〇一・〇六	金城一夫 金城方脇	伍長 父	戦死	利原郡利原面字東里五八 利原郡利原面字東里五八

一四九	山砲二五連隊	台湾安平沖	一九四五・〇一・〇九	高島泰錫	上等兵	戦死	高原郡興原邑広瀬里一〇四
			一九二四・〇四・二七	高島鳳極	父		高原郡興原邑広瀬里一〇四
一五〇	山砲二五連隊	台湾安平沖	一九四五・〇一・〇九	安川龍検	兵長	戦死	庫原郡俗厚面龍田里七五三
			一九二〇・〇三・〇七	安川龍焴	父		庫原郡俗厚面龍田里七五三
一五一	山砲二五連隊	台湾安平沖	一九四五・〇一・〇九	吉川億可	上等兵	戦死	甲山郡大鐘面大興里一四七
			一九二四・〇一・二一	吉川化里	父		吉州郡長白面台浦洞一〇九
一六一	山砲二五連隊	台湾安平沖	一九四五・〇一・〇九	金松良眞	上等兵	戦死	定平郡定平面浦上里九三
			一九二三・〇三・二四	金松横洞	父		定平郡定平面浦上里九三
一六四	山砲二五連隊	台湾安平沖	一九四五・〇一・〇九	中山技臣	不詳	戦死	文川郡雲休面仁興里一七八
			一九二四・〇九・〇一	中山淑胃	父		文川郡雲休面仁興里一七八
一六五	山砲二五連隊	台湾安平沖	一九四五・〇一・〇九	安豊孝連	不詳	戦死	定平郡廣徳面用廣里六〇
			一九二四・〇二・一二	安豊益拡	父		定平郡廣徳面用廣里六〇
一六六	山砲二五連隊	台湾安平沖	一九四五・〇一・〇九	安本昌桂	不詳	戦死	元山府松中里二〇八
		戦闘中海没溺死	一九二三・一二・一七	安本玉彬	父		元山府松中里二〇八
一六九	山砲二五連隊	台湾安平沖	一九四五・〇一・〇九	白山樂奎	不詳	戦死	高原郡雲谷面太乙里五一五
			一九二四・〇六・〇五	白山楽元	兄		高原郡雲谷面太乙里五一五
一七〇	山砲二五連隊	台湾安平沖	一九四五・〇一・〇九	金山文善	不詳	戦死	文川郡北城面秀達里七二五
			一九二三・一二・二一	金山炳鉉	父		文川郡北城面秀達里七二五
一七三	山砲二五連隊	台湾安平沖	一九四五・〇一・〇九	重光承哲	兵長	戦死	利原郡廣瀬邑浦項里四三六
			一九二三・〇四・〇七	重光承晃	父		利原郡廣瀬邑浦項里四三六
一七四	山砲二五連隊	台湾安平沖	一九四五・〇一・〇九	英井　明	上等兵	戦死	新楽郡天平面長下里
			一九二三・〇一・〇九	英井炳高	父		新楽郡天平面長下里
一七五	山砲二五連隊	台湾安平沖	一九四五・〇一・〇九	廣村東益	上等兵	戦死	端川郡富貴面龍淵里二七
			一九二四・〇四・二二	廣村容垣	父		端川郡富貴面龍淵里二七
二五三	山砲二五連隊	台湾安平沖	一九四五・〇一・〇九	豊原　茂	兵長	戦死	豊山郡安山面内中里二九九七
			一九二二・〇三・一〇	豊原　勇	父		豊山郡安山面内中里二九九七
二五四	山砲二五連隊	台湾安平沖	一九四五・〇一・〇九	岩本超運	兵長	戦死	咸興府本町五—一五二
			一九二四・〇九・一六	岩本輔達	父		咸興府本町五—一五二
二九三	山砲二五連隊	ルソン島タクボ	一九四五・〇五・一〇	東　明塚	兵長	戦死	新興郡西古川面吉里一三
			一九二四・〇三・二一	東　源賢			新興郡西古川面吉里一三
二三三	山砲二五連隊	ルソン島タクボ	一九四五・〇五・一二	三井壽郎	兵長	戦死	元山府内元山里一九〇
			一九二三・一一・〇八	三井在應			元山府内元山里一九〇
二二七	山砲二五連隊	ルソン島セルバンテス	一九四五・〇五・一三	金城桂運	兵長	戦死	咸興府福富町
			一九二四・〇一・二九	金城昌應	父		咸興府福富町
八〇	山砲二五連隊	ルソン島タクボ	一九四五・〇五・二六	光山鼎柱	兵長	戦死	洪原郡龍浦面仲坪里二八六

番号	部隊	死亡場所	年月日	氏名	続柄・階級	死因	本籍・住所
			一九二四・〇八・二二	光山琪俊			洪原郡龍浦面仲坪里二八六
三八	山砲二五連隊	ルソン島タクボ	一九四五・〇五・三〇	青木求甲	上等兵	戦死	北青郡新北青面荷湖里二七一—二
			一九二四・〇八・一三	青木宗鎬			北青郡新北青面荷湖里二七一—二
八一	山砲二五連隊	ルソン島タクボ	一九四五・〇六・〇八	清原秀光	兵長	戦死	定平郡朱伊面里復興理四一二
			一九二四・〇三・一五	清原寅吾			定平郡朱伊面里復興理四一二
三九	山砲二五連隊	ルソン島タクボ	一九四五・〇六・一三	越原義明	上等兵	戦死	洪原郡洪原邑
			一九二四・〇五・〇五	越原周明	兄		洪原郡洪原邑
四〇	山砲二五連隊	ルソン島タクボ	一九四五・〇六・一四	金島光貞	上等兵	戦死	北青郡北青邑東里二六八
			一九二四・〇一・〇四	金田光宜	兄		北青郡北青邑東里二六八
四一	山砲二五連隊	ルソン島タクボ	一九四五・〇六・一五	月城浴普	上等兵	戦死	端川郡端川邑洲南里二五
			一九二五・一二・〇二	月城英順	母		端川郡端川邑洲南里二五
四二	山砲二五連隊	ルソン島タクボ	一九四五・〇六・一五	金城明在	兵長	戦死	豊山郡安山面八一
			一九二二・〇四・〇七	金城必女	母		豊山郡安山面八一
四四	山砲二五連隊	ルソン島タテノアン	一九四五・〇七・〇四	山本秉進	上等兵	戦死	定平郡廣徳面文昌里三二七
			一九二三・〇四・〇二	山本道吉			定平郡廣徳面文昌里三二七
二三四	山砲二五連隊	ルソン島マンガヤン	一九四五・〇七・一七	利川錫憲	兵長	戦死	端川郡何多面雙上里一八五
			一九二四・〇三・三〇	利川學成	父		端川邑寶彦台里三六七
四三	山砲二五連隊	ルソン島アバオ	一九四五・〇八・〇九	宮本昌國	軍曹	戦死	咸州郡興南邑雲中里三二六
			一九二一・〇九・〇八	宮本相國	兄		咸州郡興南邑雲中里三二六
三二二	山砲二五連隊	ルソン島	一九四五・〇八・一一	全藤炳秀	上等兵	戦死	文川郡文川面橋越里四一一
			一九二四・〇三・一〇	全藤舜林	父		文川郡文川面橋越里四一一
二三八	山砲二五連隊	ルソン島バクロガン	一九四五・〇八・一二	松本昌燁	兵長	戦死	豊山郡熊耳面文薬坪里一九一
			一九二四・〇七・〇四	松本炳浩	父		三水郡白西面大陽里四五
二〇四	山砲四九連隊	比島マニラ	一九四四・一〇・一八	松原舜鴻	上等兵	戦死	新興郡東同面廣大里五四
			一九二六・一〇・〇三	松原希彬	父		新興郡東同面廣大里五四
二〇五	山砲四九連隊	ビルマ	一九四五・〇四・〇六	新元禎申	兵長	戦死	咸州郡退潮面新豊里二五
			一九二四・〇八・一九	新元伯元	父		—
三五〇	支那駐屯歩兵三連隊	湖北省野戦予備病院	一九三八・一二・二七	都南植	通訳	戦病死	恵山郡普天面儀北里一六
		マラリア	一九〇六・〇六・〇二	—			—
七四	自動車二三連隊	張家口一六六兵病	一九四五・〇五・二〇	吉田重盛	兵長	戦病死	永興郡順興面中陽里一六三
			一九二四・〇三・一五	吉田重雄	兄		永興郡順興面中陽里一六三
六四	輜重一九連隊	ルソン島バクロダン	一九四五・〇八・〇五	東村景宇	伍長	戦死	長津郡長津面下碣里一二〇
			一九二三・〇四・〇一	東村範鎮	兄		長津郡新南面京下洞七二
一八三	輜重一九連隊	ルソン島マニカメン	一九四五・〇八・〇四	東村範鎮	兵長	戦死	長津郡長津面京下里
			×	—	—		長津郡長津面京下里

三五六	水上勤務七二中隊	富山県伏木港	一九四五・〇八・〇三 一九二四・〇一・〇二	金山永鳳 金山李岩	兵長 兄	戦死	豊山郡安水面平山里九六二 豊山郡安水面平山里九六二
三六一	水上勤務七二中隊	富山県伏木港	一九四五・〇七・二七 一九二四・〇九・一九	趙炳珉 |	兵長	戦死	永興郡横川面草坪里一七一 |
三五五	水上勤務七二中隊	富山県伏木港	一九四五・〇七・二七 一九二四・〇八・二六	金原瑞鐘 |	一等兵	戦死	北青郡厚昌面二里一九七三 |
二九一	船舶工兵二三連隊	ルソン島バサオ	一九四五・〇六・一九 ×	清原和洙 清原兼洙	兵長 兄	戦死	永興郡永興邑三鬼里三四 永興郡永興邑三鬼里三四
二六四	船舶工兵二四連隊	ルソン島ボンボソ	一九四五・〇六・一九 ×	金山秀一 金山昌鉉	兵長 父	戦死	咸興府新上町二六 咸興府新上町二六
二六五	船舶工兵二四連隊	ルソン島タローガン マラリア	一九四五・〇九・一四 ×	高城奎錫 高城順徳	兵長 妻	戦病死	咸州郡興南邑九静里二六一 咸州郡興南邑雲龍町二六一
二九九	船舶工兵二六連隊	沖縄県座間味島	一九四五・〇六・〇二 一九二四・〇三・〇一	江本載禄 江本衝九	兵長 父	戦死	永興郡古寧面豊東里二 永興郡古寧面豊東里二
三〇八	船舶工兵二六連隊	沖縄県	一九四五・〇五・〇三 一九二四・〇九・一〇	伊山哲蔵 伊山吉蔵	上等兵 兄	戦死	元山府松下里五二 元山府松下里五二
三二一	船舶工兵二六連隊	沖縄県南風原村	一九四五・〇五・二五 一九二五・一二・〇一	梁川晴義 梁川裕勝	上等兵 父	戦死	端川郡水下面古城里二八 端川郡水下面古城里二八
二八〇	船舶輸送司令部	不詳	一九四三・〇二・二三 一九二三・〇三・〇四	金海鳳烈 |	軍属 |	戦死	端川郡新満面油塚里八二六 |
二八三	船舶輸送司令部	不詳	一九四三・〇三・〇三 一九二一・〇三・〇二	宮本在植 宮本楠吉	軍属 兄	戦死	北青郡新昌邑新豊里四一八七 北青郡新昌邑新豊里四一八七
二八一	船舶輸送司令部	不詳	一九四三・〇九・二〇 ×	林達洙 林達善	軍属 叔父	不慮死	徳源郡九城面秀達里七七 徳源郡九城面秀達里七七
二七八	船舶輸送司令部	セレベス島	一九四三・〇九・二五 一九一二・一〇・一四	金原秀雄 金原南秀	軍属 弟	戦死	永興郡順寧面大里 永興郡順寧面大里
二八四	船舶・灘江丸	不詳	一九四三・一〇・〇六 一八九三・〇五・二五	光本周浩 光本 鐵	軍属 長男	戦死	元山府上同五六 慶尚南道瀛仙町九三一
二七九	船舶輸送司令部	不詳	一九四四・〇六・二六 一九二〇・〇三・一〇	鳥川斗和 鳥川梅玉	軍属 母	死亡	永興郡順寧面葛田里四七八 	
一九八	船舶輸送司令部	南支那海	一九四四・〇七・一七 ×	金海義鳳 金海宗赫	軍属 父	戦死	端川郡廣泉面東岩里四四一 端川郡廣泉面東岩里四四一
一九九	船舶輸送司令部	南支那海	一九四四・〇七・一七 一九〇〇・〇一・二六	金又夾 金宗赫	軍属 		戦死	端川郡廣泉面東岩里四二八 端川郡廣泉面東岩里四二八
二〇〇	船舶輸送司令部	南支那海	一九四四・〇七・一九	石原之汶	軍属	戦死	永興郡順寧面葛田里一八五

			一九二三・一一・二五	石原泰造	|		永興郡順寧面葛田里一八五
一八〇	船舶輸送司令部	ボルネオ島	一九四四・〇八・一四	金林柄澤	軍属	戦死	北青郡俗厚面廣川里
			×	|	|		東京都大森区入洗町五—三六二白川方
二二一	船輸司令部三支部	セレベス島ビートン港	一九四四・〇九・〇三	安平培均	機関長	戦死	北青郡新浦邑新浦里一区六七〇
			一九一九・一〇・〇八	安平文赫	|		北青郡新浦邑新浦里一区六七〇
六八	船舶輸送司令部	北硫黄島	一九四四・〇九・一〇	安平培功	不詳	戦死	北青郡新浦邑新開里一区
			×	|	|		北青郡新浦邑新開里一区
三四九	慶安丸	ダバオ沖	一九四四・〇九・一二	李斗鉉	舵取	戦死	高原郡内面松川里
			一九〇七・〇四・二八	|	|		|
二八二	船舶輸送司令部	スマトラ島	一九四四・一一・〇二	松本正永	軍属	戦死	永興郡順寧面葛田里二八五
			一九一九・〇八・二七	松本氏南	母		永興郡順寧面葛田里二八五
七三	船舶輸送司令部	比島陸軍病院	一九四五・〇三・一一	白原光雄	軍属	戦傷死	洪原郡洪原邑南増里七
			一九一九・一〇・三〇	白原正義	父		洪原郡洪原邑南増里七
一三七	船舶輸送司令部	伊豆諸島御蔵島	一九四五・〇三・〇一	池田鳳國	軍属	戦死	永興郡徳興面龍岩里一七四
			一九二一・〇二・〇九	池田相海	父		|
一三八	船舶輸送司令部	伊豆諸島御蔵島	一九四五・〇三・〇一	金村炳旻	軍属	戦死	咸興府沙浦町一—八六—二
			一九二五・〇七・〇一	金村炳南	兄		|
一三九	船舶輸送司令部	伊豆諸島御蔵島	一九四五・〇三・〇一	西原東教	傭人	戦死	定平郡新上面香洞里一八八
			一九二五・〇五・二七	西原用段	父		|
二九八	船舶・灘江丸	ニューギニア	一九四五・〇五・三〇	方　燮	軍属	戦死	文川郡明亀面帰宗里七八
			一九一八・〇一・一四	松本洋水	|		|
二七四	船舶輸送司令部	セブ島山中	一九四五・〇六・一〇	柳根湘	軍属	戦死	安辺郡新高山面二坊里四八六
			一九二四・一一・一五	柳梅吉	兄		安辺郡新高山面二坊里二五八
一四〇	船舶輸送司令部	蔚山沖	一九四五・〇八・一〇	山西文男	軍属	戦死	文川郡都草面新坪里一五七
			一九一七・〇七・二二	山西城子	妻		文川郡都草面新坪里一五七
二八五	船舶・灘江丸	E一〇六・一七S五・五三	一九四五・〇九・二九	石川　豊	軍属	戦死	永興郡順寧面漆洞里二三七
			一九二〇・〇二・一八	石川壽美子	母		|
三五	捜索一九連隊	台湾安平沖	一九四五・〇一・〇九	安田應曹	上等兵	戦死	高原郡雲谷面龍坪里一六統四—一
			一九二四・一〇・一三	安田錫九	父		高原郡雲谷面龍坪里一六統四—一
三六	捜索一九連隊	台湾安平沖	一九四五・〇一・〇九	金城庚入	上等兵	戦死	永興郡宣興面文上里三一
			一九二四・〇二・一〇	金城斗満	父		永興郡宣興面文上里三一
二〇八	捜索一九連隊	ルソン島カルラタン	一九四五・〇二・二五	金村河龍	伍長	戦死	豊山郡天南面白塔里六
			一九二五・〇五・〇八	金村璟淳	|		豊山郡天南面白塔里六
二〇九	捜索一九連隊	ルソン島マンカヤン	一九四五・〇七・二〇	高峰大錫	伍長	戦死	咸州郡川西面新上里三八一
			一九二四・〇二・二〇	高峰良錫	父		咸州郡川西面新上里三八一

番号	部隊	場所	年月日	氏名	階級・続柄	死因	本籍・住所
三一五	捜索一九連隊	ルソン島マンカヤン	一九四五・〇七・二〇	白川學瑞	兵長	戦死	長津郡長津面台下一里
			一九二四・〇五・〇八	白川泰賢	父		長津郡長津面台下一里
三四五	朝鮮野戦貨物廠	咸鏡南道	一九四五・〇四・一八	文岩勇雄	工員	病死	咸州郡州西面上里一〇六
			一九二〇・一二・一四	文岩仁實	妻		咸奥府豊湖町三八一
一四六	特設陸上勤務一二四	奉天省奉天陸軍病院	一九四五・一一・二一	金山金化	兵長	戦病死	三水郡好仁面新興里六〇
		結核	一九二四・〇八・二三	金山明烈	父		三水郡好仁面新興里六〇
一四三	独立警備歩兵五大隊	安徽省	一九四五・〇八・一七	竹橋文雄	兵長	戦死	利原郡利原面下柳亭里一八
			一九二四・〇九・一九	竹橋承龍	父		利原郡利原面下柳亭里一八
一一七	独立警備歩兵二六大隊	河南省	一九四五・〇五・一八	平田勝正	軍曹	戦死	洪原郡洪原邑南興里八三
			一九二四・〇六・〇四	平田勝永	兄		洪原郡洪原邑南興里八三
一	独立野高射砲四三中隊	サイパン島	一九四四・〇七・一八	新井大×	兵長	戦死	文川郡文川面城低里五一
			一九二五・〇三・二七	新井煕龍	父		文川郡文川面城低里五一
三二〇	独立高射砲四三中隊	マリアナ諸島	一九四四・〇七・一八	中本炳琁	兵長	戦死	端川郡水下面仲坪里三六五
			×	中本炳瑗	父		端川郡水下面吉城里一区四五五
三一九	独立高射砲五八大隊	ニューギニア、アレキシス	一九四三・一一・一三	松浦黄龍	上等兵	戦死	端川郡利中面徳州里五二二
			一九二四・一二・××	松浦在都	父		端川郡利中面徳州里五二二
三三〇	独立高射砲五八大隊	不詳	一九四四・〇一・〇七	竹村信行	上等兵	戦死	永興郡×岐面鳳陽里
			×	竹村忠夫	父		—
三五三	独混二連隊	浙江省	一九四二・〇七・〇九	佳山延旭	通訳	戦死	安辺郡新高山面星北里五〇四
			一九一七・〇二・一一	佳山學守	妻		慶奥郡阿吾地邑黄洛洞一六〇
二八八	独混成三三連隊	ルソン島サカダ	一九四五・〇五・二〇	岡村吉雄	兵長	戦死	咸州郡退潮面新興里一九五
			×	岡村國烈	父		咸州郡退潮面新興里一九五
一九七	独混三五連隊	ニューブリテン島ラバウル	一九四四・〇四・〇八	大原龍翼	伍長	戦死	三水郡三水面川坪里一五三
			一九二〇・一〇・〇七	大原基鳳	父		三水郡三水面川坪里一五三
一〇	独混七二旅工兵隊	ビルマ	一九四五・〇二・二〇	有田益鳳	伍長	戦死	甲山郡大鎮面保興里一九七
			一九二一・一一・二七	有田炳吉	父		—
一七八	独立自動車六〇大隊	ビルマ、マオク	一九四四・〇五・〇八	巌平時鍾	兵長	戦死	不詳
			×	巌平鎮淑	父		—
一七九	独立自動車六〇大隊	ビルマ、タム	一九四四・〇八・〇二	宮本敏彦	上等兵	戦死	文川郡北城面西龍津里三一
			一九二三・〇六・三〇	宮本炳俊	父		文川郡北城面西龍津里三一
三一四	独歩二二大隊	河南省	一九四四・〇七・二六	三井一勇	伍長	戦病死	長津郡中南面荷呼里四六
		回帰熱	一九二五・〇一・二二	三井新高	父		長津郡長津面京下里七七―一四
三〇一	独歩二三大隊	山東省	一九四〇・〇三・一六	白　春球	傭人	戦死	新興郡新興面梨田里八一
			一九一七・一二・一七	白　雲海	父		新興郡新興面梨田里八一
一四	独歩二五大隊	湖南省	一九四四・〇七・〇七	長野仁瑞	上等兵	戦死	元山府長興里一五

			一九二三・〇三・二八	長野仁澤	兄		元山府長興里一五
七	独歩四四大隊	江蘇省	一九四五・〇六・二八	原本行直	兵長	戦死	利原郡利原面西阿里六九
			一九二四・一一・二八	原本基俊	父		利原郡利原面西阿里六九
七七	独歩四六大隊	江蘇省	一九四五・〇七・〇一	豊本善傑	伍長	戦死	北青郡新浦邑新浦里四六二
			一九二四・〇五・一六	豊本春燮	父		北青郡新浦邑新浦里四六二
七八	独歩四六大隊	江蘇省	一九四五・〇八・一四	中原明憲	兵長	戦死	文川郡川内邑新坪里九一
			一九二四・〇六・〇二	中原元俊	父		元山府廣石山洞二二
七九	独歩四六大隊	江蘇省	一九四五・〇八・一四	西原元一	伍長	戦死	安辺郡新高山面衛東里九九
			一九二四・〇六・二〇	西原敬洙	父		安辺郡新高山面衛東里九九
三	独歩四八大隊	江蘇省一七〇兵病	一九四五・〇九・一五	漢趙鎰燮	伍長	戦傷死	端川郡北斗戸日面龍川里四一六
		胸部進撃砲弾破片創	一九二四・〇九・〇六	漢趙仁燮	兄		端川郡北斗戸日面龍川里四一六
一五	独歩五二大隊	湖北省武昌一五九兵病	一九四五・〇六・〇五	安原健次郎	軍曹	戦病死	文川郡北城面文坪里三〇
		肺結核・回帰熱	一九二一・〇五・〇七	安東昌俊	母		文川郡北城面文坪里三〇
一二	独歩五四大隊	湖北省一五八兵病	一九四五・〇七・二六	大山相賛	兵長	戦病死	元山府栄町五四
		左×胸膜炎	一九二一・〇七・〇二	大山益用	父		元山府栄町五四
一三	独歩五四大隊	湖北省武昌一五九兵病	一九四五・〇二・一三	三井　栄	兵長	戦病死	北青郡北青邑内里六二
		肺結核	一九二〇・一〇・二四	三井　福	父		北青郡北青邑内里六二
一四一	独歩六七大隊	江蘇省	一九四五・〇六・一三	金源×洙	上等兵	戦死	豊山郡豊山面新元下里二二四
			一九二四・〇九・〇一	金源景集	父		豊山郡豊山面新元下里二二四
三一六	独歩八二大隊	山西省	一九四三・〇八・二八	金城義輝	兵長	戦死	咸州郡退潮面新豊里八一
			×	金城河吉	父		咸興府軍営通一一二三
一五六	独歩八四大隊	山西省	一九四四・一一・〇六	橋本星載	兵長	戦病死	元山府営町一五一
			×	橋本経洙	父		元山府営町一五一
三五九	独歩八四大隊	山西省陸軍病院	一九四四・〇四・二三	白川日行	兵長	戦病死	甲山郡雲興面龍岩里一五六
		臀部貫通銃創	一九二一・一二・〇七	ー	ー		ー
一四四	独歩八五大隊	江蘇省	一九四五・〇六・二八	金坡承均	軍曹	戦死	北青郡陽化面富昌里四三九
			一九二五・〇二・一四	金坡宗均	兄		北青郡陽化面富昌里四三九
八	独歩八六大隊	江蘇省	一九四五・一〇・一一	大野尊弘	兵長	戦傷死	新興郡加平面中上田五〇二
		大腿部砲弾破片創	一九二四・一〇・二三	大野衛王	祖父		新興郡加平面中上田五〇二
九	独歩八六大隊	山西省	一九四五・〇二・〇五	水原　清	兵長	戦死	北青郡新浦邑大坮東
			一九二三・〇八・一九	水原栄吉	父		北青郡新浦邑大坮東
一四五	独歩八六大隊	山西省	一九四五・〇二・二五	永原清一	伍長	戦死	北青郡新浦邑天坮本里一三〇
			一九二三・〇八・一九	ー	ー		ー
六九	独歩一一三大隊	江蘇省	一九四五・〇七・二八	岡村京厚	兵長	戦病死	新興郡東上面漢岱里山二
			一九二四・〇二・二四	岡村起樟	父		新興郡東上面大漢城里一区

一四二	独歩一一四大隊	江蘇省 粟液膜結核	一九四五・〇八・一五 一九二三・一二・三〇	松原秀光 松原茂吉	伍長 父	戦死	咸州郡州北面富民里一九三 咸州郡州北面富民里一九三
一五四	独歩一一四大隊	江蘇省	一九四五・〇八・一五 一九二四・〇二・〇五	京本仁善 京本英重	伍長 祖父	戦死	洪原郡洪原邑倉岱里一六 洪原郡洪原邑倉岱里一六
一五五	独歩一一四大隊	江蘇省上海一九二兵病 肺結核	一九四五・一〇・一六 一九二四・〇七・三〇	邦本健吉 邦野忠雄	伍長 父	戦病死	北青郡下輜面荏子洞里二六八 北青郡下輜面荏子洞里二六八
三二五	独歩一一八大隊	不詳	一九四三・一〇・一四 ×	金海功鳳 ―	上等兵 ―	戦死	洪原郡南青海面青里 ―
三三一	独歩二〇〇大隊	山西省	一九四四・一〇・一五 一九二四・〇六・〇五	安田武一 安田弼龍	一等兵 父	戦死	定平郡高山面興峯里四七七 定平郡高山面興峯里四七七
三〇	独歩四六八大隊	高雄岡山郡	一九四五・〇五・一一 一九二四・〇四・二六	伊藤秀雄 伊藤鳳瑞	兵長 父	戦死	定平郡高山面豊松里三六八 定平郡高山面豊松里三六八
三一	独歩四六八大隊	台北陸軍病院 マラリア	一九四五・〇八・二二 一九二四・一一・〇二	平川鍾基 平川道林	上等兵 祖父	戦病死	安辺郡釈王寺面錦里五七二 安辺郡釈王寺面錦里五七二
六七	独歩四六九大隊	台南州	一九四五・〇二・一四 一九二二・一二・二八	安川武荘 安川武男	上等兵 兄	戦死	長津郡東口面連堂里一六 長津郡東口面東門毛里三一―四一
二三五	飛行二〇〇戦隊	ルソン島タコド	一九四五・〇八・〇七 一九二八・〇二・一〇	吉城永富 吉城萬権	伍長 父	戦死	端川郡利中面泉谷里二二四 端川郡利中面泉谷里二二四
二九四	南方航空輸送	仏印	一九四五・〇二・一三 一九一四・〇二・〇五	幸田快助 幸田玲子	軍属 父	戦死	咸州郡州西面龍興里三二五 咸鏡北道富寧郡富寧面柳坪洞二五三
二〇一	ビルマ燃料工廠	タイ、パンポレ	一九四五・〇九・〇七 ×	林昌普 林斗源	軍属 父	戦病死	元山府南元町斗南里 元山府南元町斗南里
二三六	ビルマ燃料工廠	ビルマ、バウン マラリア	一九四五・〇九・一七 ×	永山星光 永山斗翊	雇員 父	戦病死	永興郡徳興面新昌里四〇 永興郡徳興面新昌里四〇
一五七	北支軍野戦造兵廠	江蘇省南京	一九四五・〇七・〇四 一九二四・〇三・二五	木村庚星 木村庚中	上等兵 父	戦死	元山府中清里三九五 元山府中清里三九五
一六八	歩兵一九連隊	仏印ダラワ	一九四五・一〇・〇三 一九二四・〇三・〇五	金山英文 金山泰熙	不詳 祖父	戦死	高原郡高原面東陽里八四 高原郡高原面東陽里八四
一八五	歩兵二〇連隊	北海道広尾村	一九四五・〇七・二八 ×	安山國泰 安山國道	上等兵 兄	戦傷死	咸興府住吉町六八 咸興府朝日町九三
三三三	歩兵二五連隊	樺太	一九四五・〇八・二〇 一九二三・一二・〇二	金澤平治 金澤義喆	上等兵 父	戦死	高原郡郡内面下古邑里七一二 高原郡郡内面下古邑里七一二
三二一	歩兵二五連隊	樺太	一九四五・〇八・二一 一九二四・〇七・〇三	青海永吉 青海璣鎬	兵長 父	戦死	北青郡新昌面清青里一五 北青郡新昌面清青里一五
三一七	歩兵二五連隊	樺太荒風沢	一九四五・〇八・二一	伊藤禹赫	上等兵	戦死	咸州郡上岐川面五老里三〇八

			一九二四・〇一・〇九	伊藤錫衡	父		咸州郡上岐川面五老里三〇八
三一九	歩兵二五連隊	樺太荒風沢	一九四五・〇八・二一	金田永洞	二等兵	戦死	甲山郡鎮東面新興里三五
			一九二四・〇九・二五	金田炳喆	父		甲山郡鎮東面新興里三五
二六二	歩兵二五連隊	樺太宝台	一九四五・〇八・二三	南光雄	伍長	戦死	三水郡三西面堡城里一六五—四
			一九二四・〇二・二七	南栄一	父		三水郡三西面上巨里六五—一三
二九〇	歩兵二五連隊	樺太宝台	一九四五・〇八・二三	金谷東春	曹長	戦死	恵山郡西二興面東新里
			一九二四・一一・一五	金谷順女	妻		恵山郡西二興面東新里
三一二	歩兵二五連隊	樺太	一九四五・〇八・二二	金海淳協	上等兵	戦死	北青郡北青面内里一九
			一九二三・〇一・一六	金海文善	父		北青郡北青面内里一九
三一四	歩兵二五連隊	不詳	不詳	李昌善	不詳	不詳	豊山郡里仁面深浦里
			×	宮本健益	—		豊山郡里仁面深浦里
一八六	歩兵二七連隊	北海道釧路	一九四五・〇七・一四	松園青峰	上等兵	戦死	咸興府山手町二—一〇
			×	松園芳林	父		咸興府山手町二—二〇
三三三	歩兵二七連隊	雲南省竜陵	一九四四・〇九・〇三	平山鳳俊	兵長	戦死	新興郡東上面元豊里四〇
			×	平山成海	父		—
三一七	歩兵二九連隊	不詳	一九四四・〇八・一六	白原徹三	兵長	戦死	洪原郡洪原邑
				白原正義	祖父		洪原郡洪原邑鶴南里五
二〇二	歩兵二九連隊	不詳	一九四四・〇九・〇六	金田重星	不詳	戦死	永興郡宣興面城里二六四
			×	金田鳳賢	—		—
二〇三	歩兵二九連隊	雲南省竜陵	一九四四・〇九・〇三	金松秀彦	一等兵	戦死	北青郡上車書面水西里一三二
			×	金松東董	父		北青郡上車書面水西里一三二
三一三	歩兵二九連隊	雲南省竜陵	一九四四・〇九・〇九	金海崇義	兵長	戦死	北青郡狢寧面両園里八三〇
			×	金海景逑	父		北青郡狢寧面両園里八三〇
一六七	歩兵二九連隊	ビルマ一二一兵站病院	一九四四・〇九・一六	木本昌鎬	不詳	戦傷死	安辺郡安辺面松鶴里七九
		右膝盲管銃創	一九二三・〇八・二六	木本庸保	父		安辺郡安辺面松鶴里七九
三一八	歩兵二九連隊	雲南省竜陵	一九四四・〇九・二〇	富山　保	兵長	戦死	甲山郡雲興面大五是川里一九六—七
			×	富山鳳河	父		甲山郡雲興面大五是川里一九六—七
二一五	歩兵三九連隊	ルソン島ダラット	一九四六・〇一・二六	呉澤享錫	伍長	戦死	北青郡北青邑西里一六〇
			一九二二・一〇・〇二	呉澤南星	父		北青郡北青邑西里一六〇
二七二	歩兵四一連隊	比島レイラ島	一九四五・〇七・一五	清本秀男	伍長	戦死	安辺郡培化面訪花里一七七
			一九二〇・〇二・一五	清本秉翼	祖父		安辺郡培化面訪花里一七七
二七三	歩兵四一連隊	比島レイラ島	一九四五・〇七・一五	北沢　安	伍長	戦死	元山府浦下洞一四
			×	北沢要次郎	父		元山府浦下洞一四
一六二	歩兵四七大隊	江蘇省鎮江陸軍病院	一九四五・〇七・二五	竹田炳燦	上等兵	戦病死	永興郡横川面中興里二二五
		マラリア・結核	一九二四・〇八・〇一	竹田萬淑	父		永興郡横川面中興里二二五

一六三	歩兵四七大隊	江蘇省	一九四五・〇九・一一	一九二四・〇三・〇一	豊田武成	豊田龍益	不詳	父	戦死	恵山郡別東面銅田問里六七	恵山郡別東面銅田問里六七
二七六	歩兵六三連隊	ルソン島バレラ峠	一九四五・〇四・〇八	一九二一・一二・一一	佳山清吾	佳山文三	兵長	父	戦死	咸州郡州西面充上里一八	咸州郡州西面充上里一八
二三九	歩兵七一連隊	ルソン島バギオ	一九四五・〇四・二三	×	山下利興三	山下興一	兵長	父	戦死	興南区九龍里四九－五七	興南区九龍里四九－五七
二四二	歩兵七二連隊	ルソン島タクボ	一九四五・〇五・一〇	一九二四・〇四・〇四	原辺在範	原辺羅月	兵長	妻	戦死	北青郡上車書面新恭里八－九	北青郡上車書面新恭里八－九
五二	歩兵七三連隊	ルソン島トラライ	一九四五・〇二・一一	一九二四・〇四・一二	星山鳳珏	星山鳳七	兵長	兄	戦死	定平郡高山面豊松里	定平郡末伊面龍上里二九三
三〇九	歩兵七三連隊	ルソン島バギオ	一九四五・〇三・〇五	一九二五・〇八・〇一	清原弘道	清原徳廣	伍長	父	戦死	咸興府本町三一六五	咸興府本町三一六五
八三	歩兵七三連隊	ルソン島	一九四五・〇三・一三	一九二四・〇一・一〇	宮本利夫	宮本富成	兵長	父	戦死	永興郡長基面正洞里一四〇	永興郡長基面正洞里一四〇
五九	歩兵七三連隊	ルソン島サパンゲン	一九四五・〇四・〇一	一九二四・〇四・二一	雙城官衡	雙城基元	伍長	父	戦死	永興郡項寧面豊興一六三	永興郡項寧面豊興一六三
二二四	歩兵七三連隊	ルソン島カロット	一九四五・〇四・一五	一九二四・〇八・一五	清川有栄	清州弼欽	兵長	父	戦死	咸州郡宜徳面西興里一五〇	咸州郡宜徳面西興里一五〇
四八	歩兵七三連隊	ルソン島タクボ	一九四五・〇四・二三	一九二三・一二・一二	金松潤煥	均松鏞化	兵長	父	戦死	永興郡寧加面松進里一三八	永興郡寧加面松進里一三八
五三	歩兵七三連隊	ルソン島タクボ	一九四五・〇五・〇三	一九二三・一二・二六	坡江漸亀	坡江基恒	兵長	父	戦死	咸州郡下朝陽面龍安里二二八	咸鏡北道鏡城郡朱乙面温泉洞九五七
八五	歩兵七三連隊	ルソン島タクボ	一九四五・〇五・〇七	一九二四・一二・〇二	権本栄三郎	権本炳賢	兵長	父	戦死	咸州郡退湖面松岱里三〇四	咸州郡退湖面松岱里三〇四
五四	歩兵七三連隊	ルソン島タクボ	一九四五・〇五・一〇	一九二四・〇二・二七	松川東赫	松川八鉉	兵長	父	戦死	北青郡俗厚面廣川里	北青郡新北青駅前
六〇	歩兵七三連隊	ルソン島セルバンテス	一九四五・〇五・一〇	一九二四・〇二・一三	魏村在倫	魏村祐煥	兵長	父	戦死	新興郡元平面石上里二五六	新興郡元平面石上里二五六
九三	歩兵七三連隊	ルソン島マンカヤン	一九四五・〇五・一七	一九二三・一二・〇六	金村正雄	金村炳律	上等兵	父	戦死	甲山郡会麟面連豊里九六	甲山郡会麟面連豊里九六
一九一	歩兵七三連隊	ルソン島タクボ	一九四五・〇五・一七	一九二四・〇一・二七	平康洙鎌	平康洙鮮	上等兵	兄	戦死	永興郡仁興面茂洞里八四	永興郡仁興面茂洞里八四
六三	歩兵七三連隊	ルソン島タクボ	一九四五・〇五・一九	一九二四・〇二・二八	金城信良	金城豊吉	兵長	父	戦死	咸州郡宋地面新興里三一五	咸州郡宋地面新興里三一五
八六	歩兵七三連隊	ルソン島タクボ	一九四五・〇五・二〇		金山×禧		兵長		戦死	定平郡定平面南興里二二	

			一九二二・〇八・一二	金山斗軫	父		定平郡定平面南興里二二
六一	歩兵七三連隊	ルソン島セルバンテス	一九四五・〇五・二一	箕原利吉	兵長	戦病死	三水郡館興面大西里二七
		マラリア	一九三〇・〇一・〇二	箕原秀旭	父		三水郡館興面大西里二七
八七	歩兵七三連隊	ルソン島タクボ	一九四五・〇五・二三	宮本政憲	上等兵	戦死	定平郡廣徳面文昌里五五九
			一九二三・一二・二〇	宮本連夫	父		定平郡廣徳面文昌里五五九
三三	歩兵七三連隊	ルソン島タクボ	一九四五・〇五・二三	英井基洙	兵長	戦死	咸州郡興南面邑九龍里一五—一八一
			一九二三・一二・一〇	英井熙朝	父		咸州郡興南邑雲中町二〇
六二	歩兵七三連隊	ルソン島タクボ	一九四五・〇五・二四	金原周三	兵長	戦死	利原郡利原面下柳亭里
			一九二二・一二・〇九	金原周方	兄		利原郡利原面下柳亭里
一九〇	歩兵七三連隊	ルソン島タクボ	一九四五・〇五・二四	松田光世	兵長	戦死	三水郡好仁面雲田里一四
			一九二四・一二・二一	松田奉烈	父		恵山郡恵山邑六二七—一〇
四七	歩兵七三連隊	ルソン島タクボ	一九四五・〇五・二七	金川昌泰	兵長	戦死	洪原郡雲鶴面龍洞里四七
			一九二四・〇四・一五	金川忠義	父		洪原郡雲鶴面龍洞里四七
三三六	歩兵七三連隊	不詳	一九四五・〇五・二七	金原昌春	一等兵	戦死	洪原部雲鶴面竜洞里四七
			一九二四・〇四・〇五	｜	｜		
二二二	歩兵七三連隊	ルソン島タクボ	一九四五・〇五・二八	前原成泉	兵長	戦死	洪原郡洪原邑南洞里一四一
			一九二四・〇八・一〇	前原成珍	兄		城津府旭町六四一
二二六	歩兵七三連隊	ルソン島タクボ	一九四五・〇六・〇二	芝山桂崙	兵長	戦死	端川郡北斗日面龍陽里六〇八
			一九二四・〇一・二二	芝山臣弼	父		端川郡北斗日面龍陽里六〇八
五〇	歩兵七三連隊	ルソン島タクボ	一九四五・〇六・〇五	竹原政憲	兵長	戦死	北青郡徳城面竹田里五四二
			一九二四・〇三・一五	竹原孝吉	父		北青郡徳城面竹田里五四二
五一	歩兵七三連隊	ルソン島タクボ	一九四五・〇六・〇七	利川毅一	伍長	戦死	長津郡上南面倉坪里一二一
			一九二二・一二・二六	利川鳳錫	父		長津郡上南面倉坪里一二一
二一八	歩兵七三連隊	ルソン島アルソン	一九四五・〇六・一二	金海敏浩	兵長	戦死	甲山郡同仁面経浦里
			×	金海順吉	兄		甲山郡同仁面経浦里
二四八	歩兵七三連隊	ルソン島タクボ	一九四五・〇六・一二	上田梓徳	一等兵	戦死	元山府本町五—三三三
			×	上田銀洙	父		元山府本町五—三三四
五六	歩兵七三連隊	ルソン島タクボ	一九四五・〇六・一三	吉川鶴吉	兵長	戦死	三水郡三水面松山里二四二
			一九二三・〇二・〇三	吉川昌玄	父		三水郡三水面松山里二四二
二二五	歩兵七三連隊	ルソン島タクボ	一九四五・〇六・一四	清原弘壮	兵長	戦死	長津郡長春面下碣洞隔里一二〇
			一九二四・一〇・〇一	清原良活	父		長津郡長春面下碣洞隔里一二〇
八九	歩兵七三連隊	ルソン島マンカヤン	一九四五・〇六・二六	谷山尚範	上等兵	戦死	甲山郡大鎮面大興里四—九
			一九二四・〇二・二〇	谷山昌禹	父		甲山郡大鎮面大興里四—九
五七	歩兵七三連隊	ルソン島タクボ	一九四五・〇六・二九	金本孝原	兵長	戦死	定平郡文山面徳化里二八五
			一九二四・〇一・一〇	金本宗武	父		定平郡文山面徳化里二八五

二一六	歩兵七三連隊	ルソン島タデヤン	一九四五・〇六・三〇	豊原春根	兵長	戦死	端川郡何多面豊和里
			一九二四・一〇・二三	豊原明光	父		端川郡何多面豊和里
三七	歩兵七三連隊	ルソン島タクボ	一九四五・〇七・〇四	李林春世	上等兵	戦死	利原郡東面清銅里四三四
			一九二二・〇三・二八	李林晴也	父		利原郡東面清銅里四三四
八八	歩兵七三連隊	ルソン島マンカヤン	一九四五・〇七・〇七	松本孝鉉	上等兵	戦死	咸興府月興町二一二
			一九二四・〇九・二八	松本基宗	父		咸興府月興町二一二
一九二	歩兵七三連隊	ルソン島タクボ	一九四五・〇七・〇七	宮本春雄	兵長	戦死	咸州郡退潮面松岱里二二九
			一九二二・〇一・二四	宮本英烈	父		咸州郡退潮面松岱里二二九
五五	歩兵七三連隊	ルソン島サパンカン	一九四五・〇七・〇七	松岡永植	伍長	戦死	咸州郡興南邑松上里五三
			一九二四・〇二・一〇	松岡浩俊	父		咸州郡興南邑松上里五三
九〇	歩兵七三連隊	ルソン島マンカヤン	一九四五・〇七・〇八	青松亨道	上等兵	戦死	豊山郡豊山面新興里五八
			一九二五・〇四・三〇	青松載龍	父		豊山郡豊山面新興里五八
九一	歩兵七三連隊	ルソン島バギオ マラリア	一九四五・〇七・〇四	字原圓盛	上等兵	戦病死	洪原郡環雲面山西里七
			一九二四・〇五・〇一	宇原漢昭	父		洪原郡環雲面湖南里二五
二一七	歩兵七三連隊	ルソン島サバンガン	一九四五・〇七・〇九	康村致根	兵長	戦死	元山府武羅里一六三
			一九二四・〇七・二一	康村昌熙	父		元山府栄町一二〇
四六	歩兵七三連隊	ルソン島タクボ	一九四五・〇七・一〇	新井奎浩	兵長	戦死	北青郡新昌景安里七三九
			一九二四・〇三・一八	新井枚憲	父		北青郡新昌景安里七三九
二二二	歩兵七三連隊	ルソン島ブキヤス	一九四五・〇七・一三	金山錫元	伍長	戦死	新興郡永興面松下里
			一九二二・一二・二〇	金山晋玉	母		新興郡永興面松下里
九二	歩兵七三連隊	ルソン島マンカヤン	一九四五・〇七・一四	金川声徹	上等兵	戦死	高原郡高原面南興里二一七七
			一九二六・〇一・一一	金川鳳渉	父		高原郡高原面南興里二一七七
四九	歩兵七三連隊	ルソン島アルリニ	一九四五・〇七・一四	玄山秀雄	兵長	戦死	安辺郡衛益面三防里二六〇
			一九二四・一一・二七	玄山誠一	父		安辺郡衛益面三防里二六〇
二一九	歩兵七三連隊	ルソン島タクボ	一九四五・〇七・二九	竹林鏞右	兵長	戦死	北青郡徳城面竹日里一二四
			一九二五・〇二・二八	竹林千金	父		北青郡徳城面竹日里二七四
二四九	歩兵七三連隊	ルソン島カヤン マラリア	一九四五・〇七・三〇	李山康治	一等兵	戦病死	安辺郡培花面泉湯里
			×	李山鍾岩	父		安辺郡培花面泉湯里
二二〇	歩兵七三連隊	ルソン島ブギヤス	一九四五・〇八・〇四	永山基輔	伍長	戦死	永興郡永興面中面里
			一九二五・〇二・〇二	永山國立	父		永興郡永興面中面里
八四	歩兵七三連隊	ルソン島トッカン 貫通銃創	一九四五・〇八・一〇	新井永×	上等兵	戦傷死	洪原郡景雲面七七
			一九二四・〇四・一一	新井鐵甲	父		咸鏡北道清津府東南緑町
二三三	歩兵七三連隊	ルソン島バギオ	一九四五・〇八・一〇	光山俊三	伍長	戦死	定平郡廣徳面用應里三四
			一九二三・〇六・一八	光山圓九	父		定平郡廣徳面用應里三四
二五七	歩兵七四連隊	ミンダナオ島コンジュ	一九四五・〇五・一〇	金城光雄	伍長	戦死	咸州郡興南邑旧灘里二二

番号	部隊	死亡場所	年月日	氏名	階級・続柄	死因	本籍・住所
			一九二一・〇二・〇六	金城弘鎮	父		咸州郡興南邑旧灘里二一
三〇七	歩兵七四連隊	不詳	一九四五・〇五・一〇	松山　敬	兵長	戦病死	元山府南山洞三五
			一九二一・〇七・二七	松山武正	父		元山府清里二四八
二五六	歩兵七四連隊	ミンダナオ島コンジュ	一九四五・〇五・二〇	平山克均	兵長	戦死	端川郡何多面八三三一
			×	平山永瑄	父		端川郡何多面八三三一
二五九	歩兵七四連隊	ミンダナオ島ミラエ	一九四五・〇六・〇八	長野秀雄	兵長	戦死	咸州郡北面雲峰里三九
			×	長野後捏	妻		咸州郡北面雲峰里三九
二五八	歩兵七四連隊	ミンダナオ島タラヤン	一九四五・〇六・一〇	大倉和藏	伍長	戦死	興津郡上南面澤物里七一
			一九二〇・一一・〇五	大倉平載	父		咸興府城川町二－三六
二三二	歩兵七四連隊	ミンダナオ島アブサン	一九四五・〇七・二〇	林延允	伍長	戦死	永興郡耀徳面仁興里四四二
			×	林仁淳	妻		永興郡耀徳面仁興里四四二
二四六	歩兵七四連隊	ミンダナオ島ウマヤン	一九四五・〇七・二〇	佳山道春	兵長	戦死	咸州郡朱地面浦興里二七五
			一九一七・〇四・二一	佳山敏喆	父		咸州郡朱地面浦興里二七五
二六〇	歩兵七四連隊	ミンダナオ島ウマヤン	一九四五・〇八・〇四	林文睦	伍長	戦死	洪原郡雲鶴面斗南里
			一九二三・一一・二二	林斗源	父		洪原郡雲鶴面斗南里
二六一	歩兵七四連隊	ミンダナオ島ウマヤン	一九四五・〇八・〇四	金谷勝成	伍長	戦死	咸興府城川町四－一一一
			一九二二・一二・〇六	金谷基政	叔父		咸興府城川町四－一一一
一〇四	歩兵七五連隊	ルソン島ロザリオ	一九四五・〇一・二〇	松山東秀	上等兵	戦死	元山府洞珠里二八六
			一九二四・一一・二〇	松山載浩	父		元山府洞珠里二八六
一二九	歩兵七五連隊	ルソン島ロザリオ	一九四五・〇一・二五	梁川幸三郎	兵長	戦死	端川郡水下面古城里二八
			一九二三・一〇・一五	梁川裕芳	父		端川郡水下面古城里二八
一二八	歩兵七五連隊	ルソン島ロザリオ	一九四五・〇一・二六	金城基	上等兵	戦死	安辺郡新高山面外坪里二四五
			一九二三・一二・二〇	金城鐘式	父		安辺郡新高山面外坪里二四五
一二四	歩兵七五連隊	ルソン島ロザリオ	一九四五・〇一・二七	江川泰熙	兵長	戦死	端川郡何多面達田里五〇一
			一九二四・〇一・〇一	江川始明	父		端川郡何多面達田里五〇一
一二三	歩兵七五連隊	ルソン島ロザリオ	一九四五・〇一・二八	木山慶和	軍曹	戦死	三水郡新坡面新加乙坡里七八
			一九二二・〇三・一五	木山光林	父		三水郡新坡面新加乙坡里七八
一二五	歩兵七五連隊	ルソン島ロザリオ	一九四五・〇一・二八	金海昌美	伍長	戦死	利原郡東面滑渓里一一六
			一九二四・〇四・一九	金海仁滋	父		利原郡東面滑渓里一一六
一一六	歩兵七五連隊	ルソン島ナギリヤン	一九四五・〇二・二六	宮本柱明	兵長	戦死	北青郡星岱面水西里一〇三七
			一九二二・〇三・〇七	宮本柱星	兄		北青郡星岱面水西里一〇三七
一〇五	歩兵七五連隊	ルソン島ギアナン	一九四五・〇三・〇九	吉本淵敏	上等兵	戦死	長津郡長津面下碣隅里一五八
			一九二五・〇六・二七	吉本淵敏（ママ）	父		長津郡長津面下碣隅里一五八
一〇六	歩兵七五連隊	ルソン島ギアナン	一九四五・〇三・〇九	松原敏男	上等兵	戦死	定平郡定平面豊川里三二
			一九二一・九七・一四	松原泰×	父		定平郡定平面豊川里三二

一〇七	歩兵七五連隊	ルソン島カガヤン	一九四五・〇三・一六	新城燮錬	上等兵	戦死	洪原郡龍源面中洞里二八九
			一九二四・〇一・一七	新城文錬	兄		洪原郡龍源面中洞里二八九
一〇三	歩兵七五連隊	ルソン島アラブ野病	一九四五・〇三・二〇	新井昌海	兵長	戦病死	永興郡特興面清化里七五
		脳炎	一九二五・〇二・二七	新井昌龍	兄		永興郡特興面清化里七五
一三〇	歩兵七五連隊	ルソン島	一九四五・〇四・一一	清原東七	兵長	戦死	永興郡横川面大坪里
			一九二三・〇七・〇八	清原西學	母		永興郡横川面大坪里
一三一	歩兵七五連隊	ルソン島	一九四五・〇四・一一	松本鳳基	兵長	戦死	永興郡鎖坪面乾川里四九一
			一九二五・〇八・〇二	松本宜汝	父		永興郡鎖坪面乾川里四九一
一三六	歩兵七五連隊	ルソン島ボントカ	一九四五・〇四・二二	宮本重弼	上等兵	戦死	三水郡好仁面館興里一二九
			一九二一・〇九・二二	宮本明學	父		三水郡好仁面館興里一二九
一三四	歩兵七五連隊	ルソン島カラット	一九四五・〇四・一四	新村宗成	上等兵	戦死	利原郡南松面角宗里二六四
			一九二五・〇八・二五	新村載文	父		利原郡南松面角宗里二六四
一一九／二四五	歩兵七五連隊	ルソン島アシン	一九四五・〇四・一六	金徳倉吉	上等兵	戦死	咸州郡興南邑徳里四九
			一九二五・〇二・二二	金海斗烈	父		咸州郡興南邑徳里四九
三三二	歩兵七五連隊	ルソン島アシン	一九四五・〇四・一八	村井巨沅	一等兵	戦死	定平郡定平面鳳坮里六〇
			一九二二・一二・一五	村井巨京	兄		咸州郡興南邑新上里五六
一一一	歩兵七五連隊	ルソン島アシン	一九四五・〇四・一八	國本萬徳	上等兵	戦死	三水郡襟水面館洞里一五三
			一九二六・〇七・一五	國本昌俊	父		三水郡襟水面館洞里一五三
一一二	歩兵七五連隊	ルソン島アシン	一九四五・〇四・一八	宮本仁八	上等兵	戦死	利原郡南松面仙盆里一一七
			一九二二・〇八・一四	宮本祥辰	父		利原郡南松面仙盆里一一七
一三三	歩兵七五連隊	ルソン島アシン	一九四五・〇四・一八	松川清昭	兵長	戦死	咸州郡上朝陽面新門里八三〇
			一九二一・〇六・二五	松川清晃	兄		咸州郡上朝陽面新門里八三〇
一一五	歩兵七五連隊	ルソン島アシン	一九四五・〇四・二一	平原安雄	伍長	戦死	咸州郡興南邑天機里一五五
			一九二一・〇七・一七	平原正一	父		咸州郡興南邑天機里一五五
一二〇	歩兵七五連隊	ルソン島アシン	一九四五・〇四・二一	平松延彬	上等兵	戦死	高原郡雲谷面雲興里五八
			一九二〇・〇二・一三	平松基鉉	父		高原郡雲谷面雲興里五八
一一七	歩兵七五連隊	ルソン島アシン	一九四五・〇四・二二	廣山炳錬	伍長	戦死	三水郡自西面上臣里六五
			一九二三・〇一・〇七	廣山鳳燮	父		三水郡自西面上臣里六五
一三二	歩兵七五連隊	ルソン島アシン	一九四五・〇四・二二	清水禎禄	兵長	戦死	利原郡利原面南門里六二
			一九二四・一〇・二四	清水應虎	父		利原郡利原面南門里六二
一一三	歩兵七五連隊	ルソン島バギオ病院	一九四五・〇四・二五	豊田春徳	上等兵	戦傷死	北青郡新浦邑新浦里八五七
		胸部砲弾破片創	一九二四・〇三・一八	豊田曽孫	父		北青郡新浦邑新浦里八五七
三一八	歩兵七五連隊	ルソン島アシン	一九四五・〇四・二六	安山河春	一等兵	戦死	咸州郡川西新上里一六八
			一九二五・一一・〇七	安山徹亀	兄		咸州郡川西新上里一六八
一八四	歩兵七五連隊	ルソン島ロウ地区フユ	一九四五・〇六・〇三	徳山守龍	兵長	戦死	咸州郡州西面新忠里一〇九

			×	—	—		咸州郡州西面新忠里一〇九
一二一	歩兵七五連隊	ルソン島バギオ	一九四五・〇七・二一	洪南昌鉉	上等兵	戦死	安辺郡安辺面石橋里六八
			一九二五・〇八・一七	洪南昌錫	兄		安辺郡安辺面石橋里六八
三六〇	歩兵七五連隊	ルソン島ハリロガン	一九四五・〇七・二七	新井基化	伍長	戦死	甲山郡同仁面泙橋里一三四
			一九二一・〇三・〇二	新井荘浩	父		甲山郡同仁面泙橋里一三四
一二六	歩兵七五連隊	ルソン島ロウ地区	一九四五・〇八・〇一	金井義本	兵長	戦死	洪原郡龍浦面中坪里一二九
		頭部貫通銃創	一九二三・〇一・二九	金井順吉	父		洪原郡龍浦面中坪里一二九
一三五	歩兵七五連隊	ルソン島ロウ地区	一九四五・〇八・〇四	李仕銀	上等兵	戦死	元山府松下里三五
			一九二五・〇二・二七	李尋銀	父		元山府松下里三五
一〇八	歩兵七五連隊	ルソン島ロウ地区	一九四五・〇八・〇五	徳山亨龍	上等兵	戦死	咸州郡州面新中里
			一九二五・一一・二〇	徳山守龍	兄		咸州郡州面新中里
二九	歩兵七五連隊	ルソン島	一九四五・〇八・〇五	辛島國夫	伍長	戦死	利原郡遊湖邑浦項里四四八
			一九二四・〇三・一〇	辛島権濬	父		利原郡遊湖邑浦項里四四八
一二七	歩兵七五連隊	ルソン島ロウ地区	一九四五・〇八・〇七	丹山時洛	兵長	戦死	北青郡新浦邑新浦里六〇六
			一九二三・〇七・〇四	丹山鼎洞	父		北青郡新浦邑新浦里六〇六
一〇九	歩兵七五連隊	ルソン島	一九四五・〇八・一〇	河東東彦	兵長	戦病死	端川郡福貴面大蘆洞
		マラリア	一九二三・〇三・二九	河東東郁	兄		端川郡福貴面大蘆洞
一一〇	歩兵七五連隊	ルソン島バクワンガン	一九四五・〇八・一三	元村俊淵	上等兵	戦病死	定平郡文山面豊蔵里二五四
			一九一九・〇一・二〇	元村鐘徳	父		定平郡文山面豊蔵里二五四
一二二	歩兵七六連隊	ルソン島ナギリヤン	一九四五・〇一・〇八	金城金鎮	兵長	戦死	咸州郡東川面六洞里一七二
			一九二〇・〇五・二八	金城昌周	父		咸州郡東川面六洞里一七二
二一〇	歩兵七六連隊	ルソン島アパリ沖	一九四五・〇一・二七	新木昌鐘	兵長	戦死	三水郡襟水面城内里九
			一九二二・〇七・一一	新木在布	父		三水郡襟水面城内里九
九六	歩兵七六連隊	ルソン島アリンガイ	一九四五・〇二・〇六	西村英吉	上等兵	戦死	洪原郡雲鶴面山陽里一二一
			一九二三・一二・二一	西村錫漢	父		洪原郡雲鶴面山陽里一二一
二三七	歩兵七六連隊	ルソン島	一九四五・〇三・〇一	友川安将	二等兵	戦死	三水郡新坡面新乫坡里
			×	友川伊三雄	父		三水郡新坡面新乫坡里
二五〇	歩兵七六連隊	ルソン島パラライ	一九四五・〇三・〇三	大山靖夫	伍長	戦死	豊山郡安山面内中里一九二二
			一九二六・〇七・一七	大山義夫	父		甲山郡大鎮面大鎮里
一一四	歩兵七六連隊	ルソン島アシン	一九四五・〇四・二七	尾張英雄	兵長	戦死	定平郡廣徳面富坪里二四〇
			一九二一・〇一・一二	尾張淳寛	父		定平郡廣徳面富坪里二四〇
一一八	歩兵七六連隊	ルソン島バギオ	一九四五・〇四・二五	大山東燮	上等兵	戦死	永興郡鎮坪面鎮興里五三〇
			一九二二・〇六・二一	大山林基	父		永興郡鎮坪面鎮興里五三〇
二五一	歩兵七六連隊	ルソン島バギオ	一九四五・〇五・〇二	松浦徳顕	兵長	戦死	北青郡北青邑南里五五〇
			一九二四・一一・二一	松浦載元	父		明川郡東面三郷洞三五

番号	部隊	場所	年月日	氏名	階級・続柄	事由	住所
九八	歩兵七六連隊	ルソン島バギオ	一九四五・〇五・〇三	徳谷仁康	上等兵	戦病死	元山府中里三羽四一
			一九二四・〇一・一〇	徳谷成建	父		元山府下村洞四
九七	歩兵七六連隊	ルソン島チボ	一九四五・〇五・二〇	平山京學	上等兵	戦死	豊山郡天南面通里二統一二六
			一九二四・〇四・一二	平山仁喆	父		豊山郡豊山面新昌里一九四
二一二	歩兵七六連隊	ルソン島ブタロク	一九四五・〇五・二八	高泉政雄	上等兵	戦死	洪原郡景雲面東渓里四二六
			一九二四・〇七・二二	高泉勇吉	父		洪原郡景雲面東渓里四二六
一九六	歩兵七六連隊	ルソン島タクボ	一九四五・〇六・〇五	松本勝好	兵長	戦死	洪原郡滝源面雲洞里四九
			一九二五・〇四・二二	松本厚根	父		咸鏡北道清津府緑町二－四〇六
二七一	歩兵七六連隊	ルソン島タクボ	一九四五・〇六・〇九	延山虎哲	兵長	戦死	恵山郡州天面保田里一一三
			一九二三・〇七・一〇	延山奉奎	父		恵山郡州天面保田里一一三
九五	歩兵七六連隊	ルソン島バギオ	一九四五・〇六・一二	藤本萬煥	上等兵	戦病死	豊山郡天南面宗里二六
		マラリア	一九二四・〇一・二五	龍本柄×	父		豊山郡天南面宗里二六
二五二	歩兵七六連隊	ルソン島バギオ	一九四五・〇六・一六	豊田武雄	兵長	戦死	甲山郡金麟面橋項里六五
			一九二六・〇五・一八	豊田光玉	父		甲山郡金麟面橋項里六五
二一一	歩兵七六連隊	ルソン島マンカヤン	一九四五・〇六・二四	浅田邦夫	上等兵	戦死	定平郡廣徳面新川里一五五
			一九二四・〇一・二〇	茂田兌快	父		定平郡廣徳面新川里一五五
九九	歩兵七六連隊	ルソン島マンカヤン	一九四五・〇六・二六	松原淳河	上等兵	戦死	文川郡特原面方下山里七四
			一九二一・一一・二八	松原明汝	父		文川郡特原面方下山里七四
九四	歩兵七六連隊	ルソン島マンカヤン	一九四五・〇六・二八	金城麗珍	上等兵	戦死	定平郡新上面朝陽里八四
			一九二四・〇九・一七	金城允建	父		定平郡新上面朝陽里八四
一〇〇	歩兵七六連隊	ルソン島マンカヤン	一九四五・〇六・三〇	宮本龍虎	上等兵	戦死	三水郡眼目洞口里四七
			一九二五・〇七・一七	宮本宗植	父		三水郡眼目洞口里四七
一〇二	歩兵七六連隊	ルソン島マンカヤン	一九四五・〇七・一四	江原利河	上等兵	戦死	長津郡北面仁山里一一七
			一九二三・一二・一七	江原文河	兄		長津郡北面仁山里一一七
一〇一	歩兵七六連隊	ルソン島ブギヤス	一九四五・〇八・二〇	慶本應植	上等兵	戦死	文川郡地域面文坪里六三
			一九二三・一一・二四	慶本應龍	兄		元山府中溝町四六二
二一三	歩兵七六連隊	高雄州	一九四五・一二・二五	雲山仁煥	上等兵	戦死	豊山郡豊山面新明里二五二
			一九二七・〇七・一五	雲山昌成	父		豊山郡豊山面新明里二五二
二四七	歩兵七六連隊	ミンダナオ島ウマヤン	一九四五・〇七・二一	鄭田金和	兵長	戦死	永興郡順寧面葛里二五九
			一九一九・一〇・二七	鄭田學永	父		永興郡順寧面葛里二五九
二五五	歩兵七七連隊	ミンダナオ島コンジマ	一九四五・〇五・二〇	瀧本勝男	兵長	戦死	咸州郡州北面六七
			一九二三・〇七・三〇	瀧本璠喚	父		咸州郡州北面六七
七〇	歩兵七七連隊	ミンダナオ島バタン	一九四五・〇六・二〇	木本豊鉱	兵長	戦死	高原郡高原邑梅坪里二八六
			×	木本金妍	妻		北南邑九龍里一五－一四六
七一	歩兵七七連隊	ミンダナオ島ウマヤン	一九四五・〇七・〇五	高田武男	伍長	戦死	咸州郡興南柳亭里

番号	部隊	死亡場所	年月日	氏名	階級・続柄	死因	本籍・住所
			×	—	—		咸州郡興南柳亭里
七二	歩兵七七連隊	ミンダナオ島アラニブ	一九四五・〇八・一〇	金城義輝	伍長	戦死	永興郡永興邑都浪里八二
			×	金城　貞	母		興南邑九汐見町龍星邑営住宅
二三九	歩兵七七連隊	平壌二陸軍病院	一九四五・〇三・二三	李容夏	一等兵	戦病死	安辺郡培花面水項里一〇〇
		脳脊髄膜炎	一九二四・〇三・一八	李尚根	父		—
二七七	歩兵七七連隊	比島レイラ島	一九四五・〇七・〇一	邦本弘烈	伍長	戦死	北青郡陽化面陽化里一九五〇
			×	邦本成烈	兄		北青郡陽化面陽化里一九五〇
三〇五	歩兵七八連隊	野戦病院一一班	一九三八・〇七・〇四	金良鍾	通訳	戦傷死	洪原郡景雲面
			×	—	—		—
二四一	歩兵二八九連隊	福岡県小倉陸軍病院	一九四五・〇三・〇二	永川龍珍	二等兵	戦病死	永興郡横川面院興里四〇二
			一九二四・〇七・一五	永川應喜	父		永興郡横川面院興里四〇二
一六〇	歩兵六二七大隊（ママ）	江蘇省	一九四五・〇三・二五	大山　茂	雇員	不詳	洪原郡龍浦面内初里八四四
			一九二四・〇四・一八	大山玄武	父		洪原郡龍浦面内初里八四四
二六	野機砲一九中隊	ニューギニア、アイタペ	一九四四・〇二・〇三	松秀貫吉	兵長	戦死	咸州郡岐谷面東徳里五二二
			×	松原泰旭	父		咸州郡岐谷面東徳里五二二
二三	野機砲一九中隊	ニューギニア、フロック	一九四四・〇八・〇五	安原範男	兵長	戦死	咸州郡上朝陽面上里四一四
			一九二一・一二・二一	安東斗芳	母		咸州郡上朝陽面上里四一四
二四	野機砲一九中隊	ニューギニア、フロック	一九四五・〇三・〇五	新木仕憲	兵長	戦死	永興郡徳興面新興里
			一九三〇・〇九・〇八	新木東協	父		永興郡徳興面新興里
二五	野機砲一九中隊	ニューギニア、フロック	一九四五・〇五・一一	青松萬石	兵長	戦死	定山郡普天面保田里一
			×	青松元得	父		定山郡普天面保田里一
三一〇	野高射砲五二大隊	グァム島	一九四四・〇七・一五	高島柄楠	上等兵	戦死	咸興府
			×	—	—		—
一七一	野高射砲五九大隊	ボーゲンビル島七六兵病	一九四五・〇八・二一	金井亮連	軍曹	戦病死	瑞川郡何多面達田里七二五
		マラリア	一九二三・〇六・二八	金井×郁	兄		瑞川郡何多面達田里七二五
一七二	野高射砲五九大隊	ボーゲンビル島七六兵病	一九四三・一一・二八	金川明學	伍長	戦病死	文川郡文川面柳亭里九
		マラリア	一九二三・〇八・〇四	金川圭宗	父		文川郡文川面柳亭里九
三三五	野高射砲五九大隊	不詳	一九四五・〇八・二〇	代本重三	上等兵	戦病死	咸州郡興南邑九龍里四区五五－四
			×	代本ミサオ	妻		咸州郡興南邑九龍里四区五五－四
一六	野砲三〇連隊	ミンダナオ島ラウエ	一九四五・〇六・〇五	平井保志	兵長	戦死	咸州郡興南邑一三区五一
			×	平井駒吉	父		咸州郡興南邑一三区五一
二六三	二特野飛行場設営隊	レイテ島	一九四四・一二・〇六	松山元恂	雇員	戦死	長津郡新南面下隅里一二〇
			×	松山元昭	弟		咸興府西上里三七宗信寛方
二九二	二航空軍通信団	ルソン島グラヤン	一九四五・〇五・一八	國本光成	雇員	戦死	咸州郡興南邑上富里一〇七
			×	國本基周	父		咸興府富貴町一－一七

二九七	三独立整備隊	沖縄県陸軍病院	一九四五・〇五・二七 一九一四・〇八・〇一	津村正衛 炳淳	軍属 父	戦死	高原郡内面進清里四七五 咸州郡興南邑龍興里二一四
三三六	五野戦船舶廠	ルソン島ランギヤン	一九四五・〇七・一四 ×	金島　進 森田信員	雇員 叔父	戦死	北青郡北青邑東里二六八 高知県高岡郡波介村下波介
一七七	五野戦航空修理廠	沖縄	一九四五・〇六・一八 一九二五・〇四・一一	金川昇澤 金川命鐘	軍属 父	戦死	永高郡徳興面内洞里四五九 —
一七六	五野戦航空修理廠	沖縄	一九四五・〇六・一一 一九二六・〇六・一五	井垣應男 井垣均翼	軍属 父	戦死	北青郡陽化面厚湖面一二〇 咸興府仁興町一五八
二八	七野戦航空修理廠	ルソン島	一九四四・〇七・一六 ×	石原武雄 石原姫璿	雇員 母	戦死	咸興府有楽町二一八 咸興府有楽町二一八
二〇	七野戦航空修理廠	ネグロス島ファブリク	一九四四・一一・一三 ×	安田　浩 —	雇員 —	戦死	元山府南山洞一〇四 —
一七	七野戦航空修理廠	ネグロス島	一九四五・〇五・〇六 ×	川原晃淑 川原鼎元	雇員 父	戦死	咸州郡連浦面興成里二三二 咸州郡連浦面興成里二三二
一八	七野戦航空修理廠	ネグロス島	一九四五・〇五・〇六 ×	神農晃英 神農明湖	雇員 母	戦死	永興郡興寧面大黒石里七九 永興郡興寧面大黒石里七九
三三七	七野戦航空修理廠	ネグロス島	一九四五・〇五・一三 ×	清原泰淑 清原敬淑	雇員 兄	戦死	咸州郡岐谷面三堂里一五〇 —
二七〇	七野戦航空補給廠	ルソン島バレラ峠	一九四五・〇五・三〇 ×	利川厚豊 利川政豊	雇員 兄	戦死	咸州郡州西面中酒里三〇二 咸州郡州西面中酒里三〇二
二一	七野戦航空修理廠	ネグロス島マンダラ山	一九四五・〇六・一五 ×	西原齋喆 西原履錫	雇員 父	戦死	咸州郡宋地面徳水里五三 咸州郡宋地面徳水里五三
二三〇	七野戦航空修理廠	ネグロス島マンダラ山 マラリア	一九四五・〇六・二五 ×	金本永潤 金本永達	雇員 兄	戦死	咸州郡連浦面中坪里一七 咸州郡連浦面中坪里一七
二三一	七野戦航空修理廠	ネグロス島マンダラ山 マラリア	一九四五・〇六・二五 ×	金岡卓助 金岡忠良	雇員 父	戦死	咸州郡連面徳興里七三 咸州郡達浦面新興里一六七
一九	七野戦航空修理廠	ネグロス島カルロス マラリア	一九四五・〇九・一三 ×	金城敬勳 金城興護	軍属 父	戦病死	咸州郡興南邑豊富里二一六 咸州郡興南邑豊富里二一六
二六九	七野戦航空補給廠	ルソン島バレラ峠	一九四五・〇五・三〇 ×	高島敏男 高島炳善	雇員 父	戦死	咸州郡州西面興里三七六 咸興府山手町一－一七－三
二八九	七野戦航空補給廠	ルソン島サカダ 赤痢	一九四五・〇七・〇四 ×	金林根聲 金林泰鎮	軍属 父	戦病死	定平郡新上面灵谷里四二 興南邑中央町二九班一五－二八三
八二	七特別野飛行設営隊	ルソン島マニラ東方山中 マラリア	一九四五・〇二・〇二 ×	金原栄作 金原キク	嘱託 父	戦病死	北青郡新北青面新北青里二二六 北青郡新北青面新北青里二二六
二七五	七野戦船舶廠	沖縄県摩文仁	一九四五・〇六・二〇	松田荀炯	軍属	戦死	北青郡泥谷面上里一四七

			一九二六・〇二・〇一	松田桂弼	父		咸鏡北道羅津府新町三八一、六班
二	八野戦航空修理廠	山東省済南駅構内 高圧線接触	一九四五・〇七・一八 一九二二・〇一・〇九	金山元順 金山元善	工員 兄	戦病死	甲山郡同仁面大上甲二 茂山郡延社面価安里
一五三	八飛行師団	沖縄方面	一九四五・〇三・二九 一九二八・〇四・二一	大河正明 大河幸一郎	少尉 父	戦死	咸州郡興南邑西湖里五〇 咸州郡興南邑西湖里五〇
一九三	一〇野戦航空修理廠	バシー海峡	一九四四・〇七・三一 ×	若原端淵 若原東漢	雇員 父	戦死	永高郡徳興面白面里二五 永興郡鎮坪面鎮興里四七七
一九四	一〇野戦航空修理廠	バシー海峡	一九四四・〇七・三一 ×	武山吉憲 武山壽泳	雇員 祖父	戦死	咸州郡下岐河面下道四 咸州郡上岐川面五－八三九
一九五	一〇野戦航空修理廠	バシー海峡	一九四四・〇七・三一 ×	島村徳光 島村豊吉	雇員 父	戦死	咸興府本町二－二九二 咸興府本町二－二九二
二四三	一〇野戦航空修理廠	比島パナイ島	一九四五・〇四・〇五 ×	金本守右 金本洋岡	雇員 父	戦死	咸興府有楽町一一 —
三五四	一〇野戦航空修理廠	パナイ島	一九四五・〇四・〇五 ×	松原栄治 —	雇員 —	戦死	咸鏡南道 —
三四二	一〇野戦航空修理廠	牡丹江省一陸軍病院 肺嚢病	一九四四・〇七・二六 一九二八・一二・一四	西原禎鏞 西原禹淵	雇員 父	戦病死	新興郡永高面昌坪里二八一 新興郡永高面昌坪里二八一
三四一	一二野戦航空修理廠	不詳	一九四五・〇七・一四 一九二八・〇四・一八	金本龍會 金本米栄	傭人 父	死亡	安辺郡安道面中坪里四七五 安辺郡安道面中坪里四七五
三五二	一二野戦航空修理廠	ルソン島	一九四五・〇八・〇七 一九二八・一〇・三一	金澤浩敏 —	雇員 —	戦死	永高郡古寧面新里四〇 —
三六二	一二野戦航空修理廠	ルソン島	一九四五・〇八・一〇 一九二六・〇三・〇七	双城陽喜 —	雇員 —	戦病死	文川郡川内邑川内里 —
三四四	一二野戦航空修理廠	ルソン島	一九四五・〇八・一二 一九二八・〇五・〇二	青松元燮 —	雇員 —	戦死	豊山郡豊山面山店徳里一〇八 —
一五八	一四方面軍司令部	バナイ島	一九四四・一一・一二 ×	三山俊林 三山倉成	雇員 父	戦死	北青郡地青邑棒頂里 京城府桂洞町三－三二
三四七	一六野戦自動車廠	ハルピン市 肺結核	一九四三・〇二・一一 一九二〇・〇八・二五	杉山英治 杉山高博	工員 兄	戦病死	文川郡雲林面新倉里一四四 文川郡雲林面新倉里一四四
二三八	一九師団通信隊	ルソン島イロニス州	一九四五・〇八・一三 一九二〇・〇四・二一	平山南杓 平山徳均	伍長 兄	戦死	永興郡仁興面美成里六九 永興郡仁興面美成里六九
三四	一九師団通信隊	ルソン島トッカン マラリア	一九四五・〇八・三〇 一九二二・一一・〇六	竹林亨潤 竹林廷弥	伍長 父	戦病死	洪原郡龍浦面内上里二区三〇六 洪原郡龍浦面内上里二区三〇六
二六六	一九師団衛生隊	ルソン島マンガヤン	一九四五・〇六・二五 ×	金山忠亀 金山潤亀	兵長 兄	戦死	定平郡米伊面新凍里八五 定平郡米伊面新凍里八五

二六七	一九師団衛生隊	ルソン島バギオ	一九四五・〇三・二一	山本雲華	兵長	戦病死	文川郡北城面何坪里三一七六
		マラリア	×	山本得玉	母		文川郡北城面何坪里三一七六
二六八	一九師団衛生隊	ルソン島トッカン	一九四五・〇四・二一	李林奥教	兵長	戦病死	利原郡東面清洞里六〇四
		マラリア	一九二四・〇五・二九	康世春還	母		利原郡東面清洞里六〇四
四	二〇軍司令部	湖南省	一九四五・〇七・二九	金山學信	軍属	戦死	恵山郡雲興面目連里三五六
			一九二一・〇七・〇五	金山炳云	父		恵山郡雲興面目連里三五六
六五	二〇野戦気象隊	ニューギニア	一九四四・〇五・〇一	金山泰郁	雇員	戦死	咸州郡魚徳面×詳里一〇五
			×	金山趙氏	父		咸州郡魚徳面×詳里一〇五
六六	二〇野戦気象隊	ニューギニア	一九四五・〇三・三〇	武永錫升	雇員	戦死	咸州郡連浦面徳興里
			×	武永命哲	父		咸州郡連浦面徳興里
二〇七	二三野戦気象隊	ルソン島	一九四五・〇八・二五	斉藤昌奎	雇員	戦病死	北青郡北青邑内里五二
			×	斎藤生金	妻		咸興府本町四—六七
三三八	三二軍防衛築城隊	沖縄県	一九四五・〇五・一七	田中廣吉	雇員	戦死	甲山郡恵山面普漣里四〇七
			一九二一・一二・二一	田中廣王	弟		三江省蘭県依蘭衛五国民学校
三五八	三五野戦勤務本部	富山県伏木港	一九四五・〇七・二七	大山鍾燮	一等兵	戦死	文川郡徳源面堂峙里五二
			×	—	—		—
一五九	三八軍司令部	ドウメン南方軍四陸病	一九四六・〇二・二五	山本宰義	雇員	戦病死	端川郡端川邑二市上里一〇—二
		腸チフス	一九一七・〇八・〇二	山本ヨシ子	母		端川郡端川邑二市上里一〇—二
二四〇	三九野戦勤務隊	咸鏡本線院坪駅	一九四五・〇六・二九	朴華益	二等兵	変死	甲山郡鳳頭面東興里一三九
		変死		—	—		—
一八九	六二碇司令部	ボルネオ島	一九四五・〇四・二七	玉山栄男	傭人	戦死	永興郡永興邑城北里一二四
			×	玉山萬極	—		清津府東水南町一—四二
四五	六五師団司令部	江蘇省	一九四五・〇八・一七	國本忠享	雇員	戦死	三水郡襟水面塔渦里八〇
			一九一五・〇五・〇七	國本麟洙	父		三水郡襟水面塔渦里八〇
二八七	七〇飛行中隊	バシー海峡	一九四四・〇八・一九	大崎未利	兵長	戦死	咸州郡興南邑汐見町四—二〇〇
			×	—	—		—
三〇四	一〇九師団	山西省	一九三八・〇三・一七	金 瀅	司・上	戦死	定平郡新上面新下里五
			×	金貞姫	子		定平郡新上駅前金良淑方
一八七	一〇九師団工兵隊	硫黄島	一九四五・〇五・一六	南川 博	兵長	戦病死	元山府仲町二—二二
			×	南川ミツ	父		元山府仲町二—二二
一一	一五二兵站病院	河北省一五二兵病	一九四五・〇九・〇四	宮本範淵	上等兵	戦傷死	端川郡廣泉面一六
		右下腿骨折	一九二四・一〇・一二	宮本敏一	父		関東省×流圏頭道狩延安屯
五八	一五二兵站病院	河北省一五二兵病	一九四五・一二・一七	林元燮	雇員	戦病死	利原郡東面谷口館東里二六三
		肺結核	一九一九・〇七・二一	林恵子	妻		咸鏡北道城津府南町五七
六	一八一飛行大隊	東城陸軍病院	一九四五・〇五・一四	金山元黙	一等兵	戦傷死	端川郡廣泉面昌興里一一四

		脳・内臓損傷	一九二四・〇二・一七	金山栄湖	父		端川郡廣泉面昌興里一一四
一八一	不詳	不詳	一九四五・〇八・二九	海州成徳	上等兵	死亡	新興郡西古川面中興里一一
			一九二四・〇一・三〇	海州在鳳	父		新興郡西古川面中興里一一
一八二	不詳	不詳	一九四五・〇九・〇九	金山榎化	上等兵	不詳	不詳
			×	金山東舜	父		三水郡好乍面中位里四四
二〇六	不詳	不詳	不詳	三好穂澤	不詳	死亡	元山府仲町二－二六
			×	三好信三	－		－
二九五	不詳	不詳	不詳	佐藤利夫	不詳	不詳	元山府明治町
			×	佐藤タケ	－		元山府明治町
二九六	不詳	不詳	不詳	島田貞一郎	不詳	不詳	元山府栄町一六二
			×	加藤正男	－		元山府栄町一六二
三〇〇	不詳	広島市	一九四五・〇八・〇六	安田光咸	不詳	不詳	利原郡湖南面上遊湖里一三二
			×	－	－		－
三〇二	不詳	不詳	不詳	國本一雄	傭人	戦病死	不詳
			×	－	－		－
三〇三	不詳	不詳	不詳	金江東奎	雇員	戦病死	咸鏡南道
			×	－	－		－
三四六	不詳	不詳	一九四三・〇二・二二	清原文太郎	二機	戦死	端川郡新満面八二六
			×	－	－		－
三四八	不詳	不詳	不詳	春下洙植	甲板員	死亡	文川郡北城面秀達里一五
			一九一一・一〇・〇四	－	－		－
三五一	不詳	不詳	不詳	豊原岡洙	甲板庫手	死亡	永興郡順寧面鯨宮里六二九
			一九一五・〇三・一二	－	－		－
三六三	不詳	不詳		中城重相	二等兵	不詳	永興郡徳興面龍川里五二
			×	－	－		永興郡徳興面龍川里五二
三六四	不詳	南通県金沙鎮	一九四五・〇九・二五	松原秀光	伍長	戦死	咸州郡州北面富民里一九三
			×	－	－		咸州郡州北面富民里一九三
三六五	不詳	江蘇省	一九四五・〇八・一五	平沼昌鍾	伍長	戦死	厚昌郡南新面晩興洞一八二
			×	平沼錦善	妻		長津郡上南面徳安里三二

◎咸鏡北道　三九七名

原簿番号	所属	死亡場所 / 死亡事由	死亡年月日 / 生年月日	創氏名・姓名 / 親権者	階級 / 関係	死亡区分	本籍地 / 親権者住所
三五〇	大阪陸航補廠京城支廠	一五六三陸軍病院	一九四五・〇八・一一 ×	竹山利男 竹山長太郎	伍長 兄	戦病死	会寧郡碧城面 北海道札幌市軽川村
二〇二	滑空歩兵二連隊	ルソン島クラーク 全身砲弾破片創	一九四五・〇二・一〇 ×	田尻　暢 田尻勝一	軍曹 父	戦死	清津府泊坂日本製鉄社宅 清津府泊坂日本製鉄社宅
三七一	関東軍司令部	不詳	一九四〇・〇三・二五 ×	山井龍煥 山井信淑	嘱託 妻	戦死	会寧郡花豊面仁渓洞九〇 間島省延吉県三合村北興屯
三二六	関東軍司令部	牡丹江省	一九四三・〇八・三一 一九一三・〇一・〇九	呉昌男 呉福南	雇員 弟	戦病死	会寧郡甫乙面白北洞一五八 間島省和龍県六道清三山坪市
三七八	関東軍司令部	不詳	一九四〇・〇三・二五 ×	武本大錫 武本鳳金	嘱託 妻	戦死	茂山郡茂山邑篤所洞八八 茂山郡茂山邑篤所洞八八
二〇六	関東軍経理部	大連市陸軍病院 火傷	一九四五・〇三・〇四 一九二〇・〇一・〇五	大山　茂 大山宝物	自動車手 母	死亡	吉州郡東海面龍原洞二四九 吉州郡東海面龍原洞二四九
三九三	関東軍情報部	牡丹江省	一九四三・一〇・一〇 一九二二・〇三・一二	楚基烈 楚壹龍	雇員 父	戦傷死	明川郡下古面楠清洞五六三 東安氏東安特務機関宿舎
三九一	関東軍情報部	不詳	一九四五・〇八・×× 一九二七・〇一・〇六	星野鐘範 星野利浩	公仕 父	戦死	会寧郡会寧邑泊洞一一 琿春県春化村龍坪屯源二牌
三二五	騎兵四旅団司令部	湖南省	一九四二・〇三・〇七 ×	岩村政一 岩村喜福	雇員 妻	戦死	鏡城郡鏡城面周山洞一九 間島省延吉街大和路
一〇一	工兵一九連隊	ルソン島四野戦病院 マラリア	一九四五・〇七・二四 一九二四・〇七・一一	梧川長順 桐河圓燮	兵長 父	戦病死	清津府生駒町八九 清津府生駒町八九
三二三	工兵二七連隊	河北省天津	一九四二・〇四・〇三 ×	平山道夫 —	軍属 —	戦病死	咸鏡北道 —
三二四	工兵二七連隊	山西省臨汾県	一九三九・〇八・〇三 ×	崔南極 崔鶴烈	雇員 父	戦死	吉州郡雄坪面龍南洞四五八 通化県衣田県城新興町一〇牌
三二八	高一四一連隊	北海道室蘭	一九四五・〇七・二八 一九二四・〇三・二八	吉岡翰元 吉岡初曽	二等兵 父	死亡	清津府浦項町一六五 富寧郡石幕面永源洞二一七
一五	琿春陸軍病院	牡丹江省東寧陸軍病院 チフス	一九四五・〇四・〇五 一九二三・〇一・一五	南海龍 南青松	通訳 父	戦病死	鏡城郡鏡城面青江洞 鏡城郡鏡城面青江洞
三四八	山砲二五連隊	台湾高雄病院	一九四四・一二・二八 ×	高野繁雄 高野吉丸	伍長 父	戦病死	穏城郡穏城面大字高野字中倉五一 穏城郡穏城面大字高野字中倉五一
三四九	山砲二五連隊	台湾高雄病院	一九四四・一二・二八 一九二四・一〇・一六	全川健二 —	一等兵 —	戦病死	穏城郡穏城面東和洞 —

二一四	山砲二五連隊	台湾安平沖	一九四五・〇一・〇九 一九二四・〇四・一〇	金海鉉旭 金海源周	上等兵 父	戦死	鏡城郡南山面防垣洞四六九 鏡城郡南山面防垣洞四六九
一三七	山砲二五連隊	台湾安平沖	一九四五・〇一・〇九 一九二四・〇八・二一	金海富藏 金海春	上等兵 母	戦死	会寧郡昌平面霊山洞一二二 会寧郡昌平面霊山洞一二二
一三九	山砲二五連隊	台湾安平沖	一九四五・〇六・〇九 一九二五・〇一・二四	金本永雄 金本義弘	伍長 父	戦死	吉州郡長白面龍潭洞八八四 吉州郡吉州邑営基洞一四一―九
一四四	山砲二五連隊	台湾安平沖 溺死	一九四五・〇一・〇九 一九二一・一一・一〇	金城　勇 金城瑞翼	兵長 父	戦死	慶興郡蘆西面延山洞一八六 慶興郡蘆西面延山洞一八六
一八六	山砲二五連隊	台湾安平沖	一九四五・〇一・〇九 一九二〇・〇一・二四	鳥川武澤 鳥河錫應	兵長 父	戦死	鏡城郡漁朗面湖陽洞三五六 鏡城郡漁朗面湖陽洞三五六
一八九	山砲二五連隊	台湾安平沖	一九四五・〇一・〇九 一九二四・〇七・一五	金田南元 金田敏金	上等兵 叔父	戦死	鶴城郡鶴南面柳洞 鶴城郡鶴南面柳洞
一九〇	山砲二五連隊	台湾安平沖	一九四五・〇一・〇九 一九一八・〇九・二九	清水常甫 清水棒秀	上等兵 父	戦死	鏡城郡鏡城面一星洞五―二〇 鏡城郡鏡城面一星洞五―二〇
一九一	山砲二五連隊	台湾安平沖	一九四五・〇一・〇九 一九二四・〇四・〇五	木村東億 木村宗徳	上等兵 父	戦死	鏡城郡漁朗面花龍洞一七七 鏡城郡漁朗面花龍洞一七七
一九二	山砲二五連隊	台湾安平沖	一九四五・〇一・〇九 ×	原　時俊 原明魯	― 父	戦死	鏡城郡豊谷面豊渓洞四二 鏡城郡豊谷面豊渓洞四二
一九三	山砲二五連隊	台湾安平沖	一九四五・〇一・〇九 一九二四・〇九・一〇	張田倉近 張田基鐘	上等兵 父	戦死	富寧郡富寧面白沙洞六九 富寧郡富寧面白沙洞六九
一九四	山砲二五連隊	台湾安平沖	一九四五・〇一・〇九 一九二三・一二・二四	高峯康廣 高峯康男	上等兵 兄	戦死	鏡城郡朱乙温面温川洞一〇一 鏡城郡朱乙温面温川洞一〇一
一九五	山砲二五連隊	台湾安平沖	一九四五・〇一・〇九 一九二五・〇六・〇六	平林景緑 平林光雲	上等兵 父	戦死	鏡城郡南山面防垣洞五七〇 鏡城郡南山面防垣洞五七〇
二一七	山砲二五連隊	台湾安平沖	一九四五・〇一・〇九 一九二四・〇五・一八	吉川昌虎 吉川玉運	兵長 妻	戦死	清津府興坪町四四〇 清津府興坪町四四〇
二一八	山砲二五連隊	台湾安平沖	一九四五・〇一・〇九 一九二四・〇四・〇八	宋原瑞華 宋原鹿基	上等兵 父	戦死	清津府農園町一五一 鏡城郡鏡城面龍坪洞一二六
二一九	山砲二五連隊	台湾安平沖	一九四五・〇一・〇九 一九二四・一一・〇六	長谷南鍾 長谷承玉	兵長 母	戦死	鏡城郡朱乙温面温川洞 清津府羅南生駒町八四
二二〇	山砲二五連隊	台湾安平沖	一九四五・〇一・〇九 一九二三・〇七・一九	富原京植 富原金蓮	兵長 母	戦死	明川郡西面三郷洞一七 明川郡西面三郷洞一七
二二一	山砲二五連隊	台湾安平沖	一九四五・〇一・〇九 一九二四・一〇・一八	方山永福 方山景秀	兵長 父	戦死	鶴城郡鶴西面徳仁洞一―三二 鶴城郡鶴西面徳仁洞一―三二
二九九	山砲二五連隊	台湾安平沖	一九四五・〇一・〇九	金林周澤	兵長	戦死	明川郡下雲面龍田洞九〇二

		認定	一九二四・一一・二八	金林雪松	父		明川郡下雲面龍田洞九〇二
三〇一	山砲二五連隊	台湾安平沖	一九四五・〇一・〇九	林清茂	一等兵	戦死	吉州郡雄坪面雙龍洞一一六七
		溺水	一九二四・〇二・一五	林殷相	父		吉州郡雄坪面雙龍洞一一六七
三〇二	山砲二五連隊	台湾安平沖	一九四五・〇一・〇九	平澤繁男	兵長	戦死	茂山郡東面豊山洞四五五
			一九二四・一〇・一二	平澤保重	父		茂山郡東面豊山洞四五五
三〇三	山砲二五連隊	台湾安平沖	一九四五・〇一・〇九	米山浩秉	兵長	戦死	慶源郡龍徳面龍硯洞四七八
		認定	一九二四・〇二・一四	米山學鳳	父		龍徳面古乾原鉱業所社宅
三六〇	山砲二五連隊	台湾安平沖	一九四五・〇一・〇九	西原時俊	上等兵	戦死	郷城郡豊谷面豊渓洞四二
			一九二四・〇四・二二	西原明魯	父		郷城郡豊谷面豊渓洞四二
一九	山砲二五連隊	ルソン島タクボ	一九四五・〇四・一四	金井文雄	上等兵	戦死	茂山郡延社面梅安洞四三三
		胸・脚部砲弾破片創	一九二〇・一〇・一七	金井金欄	母		茂山郡延社面梅安洞四三三
二三	山砲二五連隊	ルソン島サカダ	一九四五・〇四・二〇	金井永鳳	兵長	戦死	明川郡下加面浦項洞二二四
		胸部貫通銃創	一九二四・〇一・二五	金井日善	父		明川郡下加面浦項洞二二四
二九二	山砲二五連隊	ルソン島タクボ	一九四五・〇五・一〇	磯村俊雄	兵長	戦死	清津府新岩洞八四九
		頭部貫通銃創	一九一八・一〇・〇一	磯村セツ	母		穏城郡南陽面南陽洞本町五五
二八〇	山砲二五連隊	ルソン島マンガヤン	一九四五・〇五・一三	金山仁善	兵長	戦死	鏡城郡豊公面雲峰洞九二四
		胸部爆弾破片創	一九二四・一二・二五	金山東龍	父		穏城郡美浦面豊仁洞九二四
二八四	山砲二五連隊	ルソン島マンガヤン	一九四五・〇五・二一	牧山敬馥	兵長	戦死	明川郡東面湖南洞五九七
		全身爆創	一九二二・〇五・一二	牧山軒求	父		明川郡東面湖南洞五九七
二三六	山砲二五連隊	ルソン島タクボ	一九四五・〇五・二五	利川龍華	上等兵	戦死	清津府康徳町
			×	―	―	―	―
二〇	山砲二五連隊	ルソン島タデアン	一九四五・〇六・一六	金田光則	兵長	戦死	会寧郡甫乙面雲基洞六九
		腹部砲弾破片創	一九二四・一〇・二八	金田治河	父		会寧郡甫乙面雲基洞六九
二一	山砲二五連隊	ルソン島アルリン	一九四五・〇六・一六	金城章平	上等兵	戦死	清津府新岩町二〇七二
		全身砲弾破片創	一九二五・〇二・一二	崔玉姫	継母		清津府新岩町二〇七二
二二	山砲二五連隊	ルソン島アルリン	一九四五・〇六・一六	井村元哲	兵長	戦死	明川郡阿間面龍湖洞四六一
		胸部砲弾破片創	一九二二・〇二・二四	井村元極	兄		明川郡阿間面龍湖洞四六一
二九〇	山砲二五連隊	ルソン島タクボ	一九四五・〇六・二四	清原南芳	兵長	戦死	清津府城幌町六〇
		腹部砲弾破片創	一九二二・一一・〇六	清原徳彰	父		清津府城幌町六〇
二八三	山砲二五連隊	ルソン島トッカン	一九四五・〇七・〇六	谷川忠雄	上等兵	戦死	鶴城郡鶴上面臨溟洞二六九
		全身爆創	一九二二・〇九・〇二	谷川勝廣	父		鶴城郡鶴上面臨溟洞二六九
二三五	山砲二五連隊	ルソン島タクボ	一九四五・〇七・〇八	大山昌信	兵長	戦死	清津府新岩町三五
		腹部破弾破片創	一九二四・〇四・二八	大山覧璜	父		清津府錦町三一六
二三七	山砲二五連隊	ルソン島マンカヤン	一九四五・〇七・一七	長谷乙鳳	上等兵	戦死	吉州郡長白面十四洞四八二
			×	長谷南順	妻		吉州郡長白面十四洞四八二

一六	山砲二五連隊	ルソン島マンガヤン 胸部貫通銃創	一九四五・〇七・一七 一九二四・〇八・二一	松田碧春 松田　長	上等兵 叔父	戦死	鏡城郡朱南面三郷洞七二六 鏡城郡朱南面三郷洞七二六
一四一	山砲二五連隊	ルソン島マンガヤン 胸部貫通銃創	一九四五・〇七・二〇 一九二四・〇六・一三	元田富永 元田太一	上等兵 父	戦死	慶興郡雄基邑雄基洞二三八 慶興郡雄基邑雄基洞二三八
二八二	山砲二五連隊	ルソン島スヨンク 腰部貫通銃創	一九四五・〇七・二一 一九二四・〇四・二〇	平山命鐵 平山柄寛	兵長 父	戦死	吉州郡長白面英湖洞九二六 吉州郡長白面英湖洞九二六
三二三	山砲二五連隊	ルソン島ボンドッソ 頭部砲弾破片創	一九四五・〇七・二七 一九二四・〇四・二〇	李泉秉熙 李家學夫	上等兵 父	戦死	清津府西町二五五 清津府西町二五五
二八一	山砲二五連隊	ルソン島アシエ川 全身爆創	一九四五・〇八・〇二 一九二四・〇五・一九	利川龍河 利川黄観	兵長 父	戦死	清津府芹洞町四八五 清津府芹洞町四八五
二八五	山砲二五連隊	ルソン島カプリガン山 頭部貫通銃創	一九四五・〇八・〇五 一九二四・一〇・二五	吉村成吉 吉村権次朗	上等兵 父	戦死	吉州郡徳山面都目洞二一八 吉州郡徳山面都目洞二一八
二八六	山砲二五連隊	ルソン島カプリガン山 腰部貫通銃創	一九四五・〇八・〇五 一九二四・〇三・一一	平木仁雄 平木政都	兵長 父	戦死	慶源郡東原面孔子洞二七二 慶源郡東原面孔子洞二七二
一四二	山砲二五連隊	ルソン島バクロガン 腹部貫通銃創	一九四五・〇八・一一 一九二四・〇三・一三	金藤炳秀 金藤舜林	上等兵 父	戦死	清津府旭町 清津府旭町
一九九	山砲二五連隊	ルソン島バクロガン 頭部貫通銃創	一九四五・〇八・一三 一九二三・〇九・二一	高山春次郎 高山秋日	軍曹 父	戦死	茂山郡下面臨江洞七五七 茂山郡下面臨江洞七五七
二九六	山砲四九連隊	ビルマ、インドウ	一九四五・〇四・〇五 一九二四・〇三・二六	東島良拓 東島良登	兵長 兄	戦死	渓興郡蘆西面西水羅道洞一八三 渓興郡蘆西面西水羅道洞一八三
九三	輜重一九連隊	ルソン島バギオ 全身爆創	一九四五・〇六・一九 一九二〇・一〇・〇三	金海永晧 金海玉金	兵長 母	戦死	鏡城郡漁大津邑松新洞二五四 鏡城郡漁大津邑松新洞二五四
九四	輜重一九連隊	ルソン島バギオ	一九四五・〇六・一九 一九二三・〇四・〇五	富川眞吉 富川義夫	上等兵 父	戦死	羅津府元山町一九二六 羅津府元山町一九二六
三七七	ジャワ俘虜収容所	不詳	一九四七・〇九・〇五 一九一六・一〇・〇三	大山隆正 大山裕子	傭人 妻	死亡	明川郡西面龍山洞二六三 明川郡西面龍山洞二六三
三五七	水上勤務七六中隊	羅津病院 十二指腸潰瘍	一九四五・〇五・二一 一九一四・〇三・〇二	山本正學 山本昌録	一等兵 ―	戦病死 ―	吉州郡腸社面長興洞四〇四 吉州郡腸社面長興洞四〇四
九九	西部一六三	鹿児島市 航空殉職	一九四五・〇一・一三 ×	木村健一 木村鐘徳	軍属 父	不慮死	明川郡西面三郷洞五三一 明川郡西面三郷洞五三一
三八九	船舶工兵一八連隊	モロタイ島三二師団野病	一九四六・〇二・一一 一九〇一・一二・三〇	鄭成學 武本亨果	傭人 叔父／妻	戦病死	清津府真砂町四―二〇九一 清津府真砂町四―二〇九一
二〇七	船舶工兵二八連隊	台湾 左肺部貫通銃創	一九四五・〇八・一二 一九一六・〇七・三〇	平澤大衛 平澤良子	曹長 妻	戦死	清津府相生町一一一七 清津府相生町一一一七
四	船舶工兵三四連隊	広東省一三六兵站病院	一九四五・〇五・一六	金澤基換	一等兵	戦病死	明川郡下古面東湖洞四一

		肺結核	一九二四・〇七・〇一	金澤成龍	父		明川郡下古面東湖洞四一
三一六	漢口丸	江原道	一九四三・一〇・〇六	巖本龍奉	司厨員	戦死	慶興郡雄基邑白鶴洞二
		海没	一九一二・一一・一二	巖本鳴花	父		慶興郡雄基邑白鶴洞一
三七九	南方運航部一進興丸	不詳	一九四三・一〇・一二	宮崎祥金	甲板員	戦死	清津府明治町三二
			×	—	—		—
九六	木曽丸	ビルマ、タボイ島沖	一九四四・〇七・二三	錦城豹熙	軍属	戦死	会寧郡花豊面仁渓洞一九
		海没	×	錦城柄三	父		関東省和龍県頭道溝町
九七	慶安丸	比島	一九四四・〇九・一二	金岡奥仙	信号手	戦死	清津府羅南区生駒町八四
		爆弾爆風破片創	一九二五・〇三・二〇	金岡鳳鶴	兄		清津府東水南町八四
三二四	船舶輸送司令部	ボルネオ島ムアラ	一九四四・〇九・一四	山本鳳伊	軍属	不詳	不詳
			×	宮本照雄	—		清津府明治町三二清津漁糧工業
二四六	天平丸	比島	一九四四・一一・一六	安田應京	機関長	戦死	慶興郡蘆製面西浦項洞八九
		右大腿部貫通銃創	一九二〇・〇五・二七	安田忠國	父		慶興郡蘆製面西浦項洞八九
二三九	三船舶輸送司令部	ラワス河口	一九四四・一二・〇二	松本黄奎	傭人	戦死	慶興面雄基邑雄尚洞六七六
			×	松本昌萬	父		慶興郡雄基邑葛隠瑞
七	三船舶輸送司令部	セレベス島一兵站病院	一九四四・一二・三一	金城正表	雇員	戦病死	清津府東松郷町九
		マラリア・脚気	×	金城載姫	妻		清津府東松郷町九
三八六	南方運航部六大漁丸	不詳	一九四四・一二・三一	金田福得	船長	戦死	清津府橋立町五
			一九二四・〇六・一二	—	—		—
三八八	南方運航部東栄丸	不詳	一九四四・一二・三一	顔皆居	調理員	戦病死	清津府明治町三二
			×	—	—		—
三九五	三船舶輸送司令部	ルソン島マニラ港内	一九四五・〇一・一八	大林聖龍	甲板員	戦死	清津府明治町三二
			×	—	—		—
三一七	進漁丸	鹿児島、名瀬沖	一九四五・〇一・二三	高山昌吉	傭人	戦死	清津府壽町八
			一九〇六・〇三・〇四	高山斗玉	妻		清津府壽町八
一三八	海輪丸	ルソン島、マニラ市	一九四五・〇二・二二	李福萬	甲板員	戦死	清津府巴町
			一九一八・〇六・三〇	宮本照雄	—		清津府明治町三二清津漁精工業
一五九	船舶輸送司令部	伊豆御蔵島	一九四五・〇三・〇一	金川景淳	機関員	戦死	明川郡西面三郷洞五二六—七
		魚雷攻撃	一九二三・〇三・〇二	金川粉女	妻		明川郡西面三郷洞五二六—七
三八〇	南方運航部菊栄丸	不詳	一九四五・〇四・〇一	増本武志	甲板員	戦死	清津府明治町三二清津漁精工業
			×	宮本照雄	—		清津府明治町三二清津漁精工業
三八一	南方運航部昌慶丸	不詳	一九四五・〇四・〇一	中尾佐吉	操機長	戦死	清津府明治町三二清津漁精工業
			×	宮本照雄	—		清津府明治町三二清津漁精工業
三八二	南方運航部すみれ丸	不詳	一九四五・〇四・〇一	塩見　登	甲板員	戦死	清津府明治町三二清津漁精工業
			×	宮本照雄	—		清津府明治町三二清津漁精工業

三八三	南方運般部すみれ丸	マライ、コタバル沖	一九四五・〇四・〇七	高山承鳳	甲板員	戦死	清津府明治町三二清津漁精工業
			×		｜		清津府明治町三二清津漁精工業
三六九	南方運航部・京城丸	不詳	一九四五・〇四・二七	玉山栄男	調理員	戦死	清津府東水南町二一四二三
			×	｜	｜		｜
二四四	船舶輸送司令部	済州島平島西	一九四五・〇五・一九	水原熙坪	軍属	戦死	清津府場満町三五八
			一九二二・一一・二一	｜	｜		｜
九	遼河丸	富山県伏木港	一九四五・一〇・二五	徳山性権	不詳	戦死	慶興郡雄基邑雄基洞一〇二
			×	徳山均植	父		慶興郡雄基邑雄基洞一〇二
三八四	南方運般部初潮丸	不詳	不詳	金本長守	船長	戦死	清津府真砂町四九二一
			×	｜	｜		｜
三八五	南方運般部一恵長丸	不詳	不詳	金山陽斗	操機長	戦死	清津府明治町三二清津漁精工業
			×	宮本照雄	｜		清津府明治町三二清津漁精工業
二五七	捜索一九連隊	ルソン島タクボ	一九四五・〇六・一二	林炳活	兵長	戦死	吉州郡徳山面白元洞六三一
		頭部投弾破片創	一九二四・一一・一四	林炳國	父		吉州郡徳山面白元洞六三一
二五四	捜索一九連隊	ルソン島タクボ	一九四五・〇六・一二	金岡文兵	兵長	戦死	慶興郡慶興面慶興洞一三
		胸部貫通銃創	一九二五・〇七・三一	金岡壹龍	父		慶興郡慶興面慶興洞一三
二五五	捜索一九連隊	ルソン島タクボ	一九四五・〇六・一三	伊藤暉峰	兵長	戦死	慶興郡豊海面木秋洞一一三
		胸部貫通銃創	一九一三・〇二・二八	伊藤義原	父		慶興郡豊海面木秋洞一一三
二五六	捜索一九連隊	ルソン島タクボ	一九四五・〇六・一三	北原賢二	兵長	戦死	慶興郡雄基邑雄基洞二八九
		腹部貫通銃創	一九二六・〇五・一〇	北原龍二	父		慶興郡雄基邑雄基洞二八九
一四	捜索一九連隊	ルソン島バギオ	一九四五・〇七・一〇	安田泰寛	兵長	戦死	明川郡下雲面龍田洞三一〇
		頭部爆弾破片創	一九二三・一二・〇四	安田用南	父		明川郡下雲面龍田洞三一〇
二五〇	捜索一九連隊	ルソン島カルダン	一九四五・〇二・二五	金谷茂平	兵長	戦死	明川郡上古面寶村洞八二
		頭部貫通銃創	一九二四・〇七・一四	金谷東殷	父		明川郡上古面寶村洞八二
三三一	佳本斯憲兵隊	不詳	一九四三・〇一・一一	濬源三徳	二憲	戦病死	不詳
			×	｜	｜		｜
一一	東安一陸軍病院	福岡市築紫病院	一九四六・〇五・一〇	松原龍吉	雑仕	戦病死	郷城郡魚大津邑
		肺結核	一九二九・一二・二七	松原龍允	兄		密山県信環村廣新宅
一四三	東安憲兵隊	東安省宝清陸軍病院	一九四五・〇二・一五	武山鉄男	傭人	戦病死	鏡城郡末北面上古洞
		流行性出血熱	一九一七・〇九・〇一	武山貞子	父		東満総省寶清県安仁一〇区八班
一三〇	鉄道二〇連隊	北安省陸軍病院	一九四五・〇六・〇九	姜成黙	上等兵	戦病死	会寧郡会寧邑参洞五
		クレープ性肺炎	一九二四・〇五・一四	｜	｜		｜
二四八	特別鉄道隊	北京市一五一兵病	一九四六・〇一・二四	崔洛夫	上等兵	戦病死	明川郡下雲面下坪洞一七〇八
			×	崔玉舜	父		延吉県入道洞大平村九道毛
三	独混七旅司令部	南京一陸軍病院	一九四五・〇六・一一	豊田哲郎	雇員	戦病死	会寧郡会寧邑二洞四五

		発疹チフス	一九一九・〇七・一八	豊田哲夫	兄		会寧郡会寧邑二洞四五
三四七	独混九連隊	サイパン島	一九四四・〇七・〇六	吉野武夫	一等兵	戦死	清津府天馬町一一
			×	ー	ー		ー
二二二	独混七八旅団工兵隊	三江省	一九四五・〇六・一八	金海徳龍	一等兵	戦病死	慶源郡慶源面城内洞四六
		マラリア	一九二四・〇三・二一	金海代善	父		東満総省琿春新安区七牌
五	独混一〇三旅砲平兵隊	台湾高雄陸軍病院	一九四五・〇四・〇五	石川了一	一等兵	戦病死	慶興郡豊海面楸洞八五
		湿性脳膜炎・肺浸潤	一九二四・〇一・〇四	石川恵一郎	父		慶興郡豊海面楸洞八五
三三七	独立自動車二〇大隊	硫黄島	一九四五・〇三・一七	富原邦夫	伍長	戦死	清津府浦項町三六七
		玉砕	一九二〇・〇八・〇九	富原淳一	父		清津府山下町二ー一四
三五一	独立高射砲四三中隊	サイパン島	一九四四・〇七・一八	大山武経	兵長	戦死	慶源郡慶源面甑山洞八三〇
		玉砕	×	大山龍極	父		慶源郡慶源面甑山洞八三〇
三六三	独立高射砲四三中隊	サイパン島	一九四四・〇七・一八	金谷聖勳	兵長	戦死	鶴城郡鶴上面細川洞六三
			×	金谷載奉	祖父		鶴城郡鶴上面細川洞六三
三五六	独立歩兵砲四三中隊	サイパン島	一九四四・〇七・一八	新井日煥	兵長	戦死	鏡城郡朱北面龍仲洞二三九
		玉砕	×	新井英弘	父		鏡城郡朱北面龍仲洞二三九
一九六	独立鉄道一三大隊	河北省	一九四五・〇六・一六	富山元京	上等兵	戦死	慶興郡蘆西面鮒浦洞五
		背・大腿部貫通銃創	一九二三・一二・一六	富山今玉	妻		牡丹江省綏陽県綏芬河協和区興華街一〇六
二〇一	独立鉄道一三大隊	河北省	一九四五・〇八・一六	塔城鐵雄	一等兵	平病死	鶴城郡鶴南面禮洞一四一
		逃亡中有電線感電死	一九二四・〇一・〇五	塔城豪雄	父		吉林市朝陽区陽時町長泰湖洞一六
三一七	独歩七大隊	山西省	一九三九・〇五・一四	谷山泰化	通訳	戦死	会寧郡会寧邑一洞一一
			一九一二・〇八・〇四	谷山明汝	父		間島省和龍県明新村三道溝東区
三九二	独歩七大隊	山西省	一九三九・〇五・一四	延泰化	雇員	戦死	会寧郡会寧邑泊洞一一
			×	ー	ー		ー
一九七	独歩一九大隊	山東省	一九三八・〇五・一二	崔宗昊	軍属	戦死	鏡城郡鏡城面富潤洞一四七
			×	呉順子	父		間島省延吉県明月海市中央街
三二九	独歩二八大隊	河北省	一九四一・〇一・〇六	海山致賢	雇員	戦死	慶源郡安農面良洞七八五
			一九〇八・〇四・一〇	海山玉蓮	妻		慶源郡安農面良洞七八五
一八八	独歩三九大隊	沖縄宮古島	一九四四・一〇・一四	巖島英一	雇員	戦死	明川郡上雲北面蟠洞三四五
			×	巖島柱銅	父		間島省延吉県錫麟村洞南屯牌七戸
二一六	独歩七三大隊	河北省一六一兵病	一九四五・〇三・一六	張永郁	雇員	戦病死	富寧郡下茂山面多温洞三
		肺結核	一九一七・〇一・二七	ー	ー		ー
三〇〇	独歩七四大隊	河南省	一九四五・〇六・三〇	金谷春次	傭人	戦死	鏡城郡鏡城邑周山洞
		左胸部砲弾破片創	一九一三・一二・二五	金谷貞淑	妻		鏡城郡鏡城邑周山洞
三六二	独歩八二大隊	山西省	一九四三・〇八・二八	山村東壽	兵長	戦死	茂山郡三社面延岩洞一〇
			×	山村在錫	父		茂山郡三社面延岩洞一〇

三五四	独歩八四大隊	河南省	一九四四・〇六・〇五	×	金田守業	—	兵長	—	戦死	慶源郡慶源面官柳洞三二	—
三六一	独歩八四大隊	河南省	一九四四・〇五・一二	×	平田政雄	平田富雄	伍長	兄	戦死	茂山郡東面豊山洞二九三	茂山郡東面豊山洞二九三
二〇三	特別勤務一二六中隊	河南省	一九四五・〇五・〇六	一九二四・〇三・一五	康原禮根	康原青龍	上等兵	父	戦死	茂山郡豊渓面明臣洞二九七	茂山郡豊渓面明臣洞二九七
二〇四	特別勤務一二六中隊	河南省 左胸部貫通銃創	一九四五・〇四・〇九	一九二四・〇五・〇一	白川享基	白川南洙	上等兵	父	戦死	茂山郡三長面三上洞三七	茂山郡三長面三上洞三七
二〇五	特別勤務一二六中隊	河南省 胸・腹部貫通銃創	一九四五・〇五・一七	一九二四・〇三・〇七	平澤東律	平山炳均	上等兵	叔父	戦死	会寧郡昌斗面豊山洞一八〇	会鏡南道文川郡明亀面豊武里九七
三二〇	飛行一〇戦隊	ルソン島アユボロ	一九四五・〇八・一〇	一九二四・〇五・二八	金島正喜	金島珉俊	軍曹	父	戦死	会寧郡花豊面沙河洞	会寧郡花豊面沙河洞
三五三	飛行六六戦隊	沖縄周辺海上	一九四五・〇四・〇二	一九二一・〇一・一一	高山　昇	高山奇宗	少佐	母	戦死	慶興郡慶興面慶興洞一〇〇	慶興郡慶興面慶興洞一〇〇
三九〇	比島運航部・八秋田丸	不詳	一九四五・〇九・〇一	×	松浦佐次郎	宮本照雄	船長	—	戦死	清津府明治町三三清津漁精工業	清津府明治町三三清津漁精工業
二四五	飛行一〇四戦隊	熱河	一九四五・〇八・一二	×	平山正勝	—	軍曹	—	戦死	会寧郡会寧邑	—
一	飛行二〇〇戦隊	比島ネグロス島 胸部盲管銃創	一九四五・〇六・一五	一九二七・一一・〇八	三岡汶若	三岡宇鎮	伍長	父	戦死	穏城郡訓戒面豊舞洞八七三	穏城郡訓戒面豊舞洞八七三
三七四	牡丹江憲兵隊	不詳	不詳	一九一七・〇四・〇五	平康封根	平康應律	傭人	父	死亡	慶源郡慶源面松川洞一八八	慶源郡慶源面松川洞一八八
一三	北支特別警備司令部	河北省 顔・胸手榴弾破片創	一九四四・一〇・〇七	一九一八・〇二・二一	石川薫慶	石川康子	通訳	姉	戦死	穏城郡南陽面南陽洞一〇	間島市興亜区敬学院
二五三	歩兵四連隊	不詳	一九四四・〇七・一六	×	梅澤鐘鳴	梅澤龍建	兵長	父	戦死	吉州郡吉州邑鳳岩洞三九〇	吉州郡吉州邑鳳岩洞三九〇
二二六	歩兵四連隊	ビルマ、ミートキナ 迫撃砲弾破片創	一九四四・〇七・二〇	一九二五・〇四・二八	松山東洙	松山鉉國	伍長	父	戦死	吉州郡吉州邑表峯洞一六四一	吉州郡吉州邑表峯洞一六四一
二二七	歩兵四連隊	ビルマ、一二一兵站病院 マラリア	一九四四・〇八・二四	×	安田正義	安田繁一	一等兵	祖父	戦病死	鶴城郡鴨上面上坪洞一三〇六	鶴城郡鴨上面上坪洞一三〇六
二五一	歩兵四連隊	雲南省二師野戦病院 腹・胸部投弾破片創	一九四四・〇九・〇四	一九二四・〇六・一一	利川龍俊	利川元済	兵長	父	戦傷死	穏城郡訓戒面豊舞洞八三	穏城郡訓戒面豊舞洞八三
二五二	歩兵四連隊	雲南省竜陵	一九四四・〇九・一一	一九二四・〇二・〇五	吉原良乙	吉原福萬	兵長	父	戦死	明川郡川門面滝岩洞五五七	明川郡川門面滝岩洞五五七
二二五	歩兵四連隊	ビルマ、テヤウメイ	一九四四・一〇・二四		内山高松		兵長		戦死	鶴城郡鶴中面臨溟洞三九一	

		全身爆創	一九二五・〇三・〇五	内山在活	父		鶴城郡鶴中面臨溟洞三九一
二〇八	歩兵四連隊	ビルマ、ピヨーペ	一九四五・〇四・一〇	金河重衡	兵長	戦死	鶴城郡鶴上面三徳洞二一八
		腰部砲弾破片創	一九二四・一一・〇二	金河興泰	叔父		鶴城郡鶴上面三徳洞二一八
二四三	歩兵一二連隊	スマトラ島	一九四四・〇六・二六	平田亮洙	傭人	戦死	清津府農圃町二五
			一九一九・〇六・一五	平田娥基	妻		清津府東水南町三五一ー一
一二八	歩兵二五連隊	ルソン島タクボ	一九四五・〇六・一三	熊川益洙	上等兵	戦死	明川郡東面良化洞一九四
		頭部貫通銃創	一九二四・〇七・二六	熊川鐘奭	父		明川郡東面良化洞一九四
三五九	歩兵二五連隊	樺太荒貝浜	一九四五・〇八・二〇	金山重男	曹長	戦死	鏡城郡南山面三峯洞四二三
			一九二〇・〇八・二〇	金山禎勤	父		間島市明治街九ー一四
八	歩兵四六連隊	鹿児島沖	一九四五・〇一・二五	宮原龍雄	上等兵	戦死	明川郡下加面屯洞七七
		海没	一九二四・一二・〇七	宮原光植	父		明川郡下加面屯洞七七
二〇〇	歩兵四六連隊	台湾海峡	一九四五・〇一・二九	安川正雄	一等兵	戦死	鏡城郡朱乙温面龍川洞五五一
			一九二四・〇六・二〇	安川正一	兄		鏡城郡朱乙温面龍川洞五五一
三七〇	歩兵五一連隊	不詳	一九四三・〇九・〇六	宣川重善	軍属	戦病死	穏城郡穏城面西興洞一八三
			×	宣川寶貞	母		穏城郡穏城面西興洞一八三
一四〇	歩兵七三連隊	ルソン島タクボ	一九四四・〇七・二三	吉村鉉石	一等兵	戦死	富寧郡富居面富居洞六七二
			×	ー	ー		ー
五六	歩兵七三連隊	ルソン島トフライ	一九四五・〇一・一〇	梧川光玉	兵長	戦死	慶興郡蘆西面龍硯洞一五八
		頭部貫通銃創	一九二三・〇一・〇四	梧川鳳瑞	祖父		吉州郡徳山面錦河洞八五八
二七八	歩兵七三連隊	ルソン島バウヤン	一九四五・〇二・〇二	永川龍術	兵長	戦死	吉川郡長白面十一洞二五四
		腹部砲弾破片創	一九二三・〇五・三〇	永川春佑	父		吉川郡長白面十一洞二五四
二四一	歩兵七三連隊	ルソン島アユップス	一九四五・〇二・〇五	山本武永	兵長	戦死	鏡城郡朱乙温面雲谷洞一〇
			一九二〇・〇四・二三	山本　忠	父		鏡城郡朱乙温面雲谷洞一〇
八一	歩兵七三連隊	ルソン島ビナロン	一九四五・〇二・一〇	金川松山	伍長	戦死	穏城郡訓戒面豊舞洞二四
		左胸部貫通銃創	一九二六・〇四・一三	金川益成	父		穏城郡訓戒面豊舞洞二四
五二	歩兵七三連隊	ルソン島クバンガン	一九四五・〇二・一一	烏山尚武	伍長	戦死	慶源郡雄徳面荘安洞六二
		左胸部貫通銃創	一九二二・〇二・〇八	烏山両化	父		慶源郡雄徳面荘安洞六二
二七	歩兵七三連隊	ルソン島トフライ	一九四五・〇二・一一	岩村政雄	兵長	戦死	茂山郡西下面興岩洞
		左胸部貫通銃創	一九二三・〇六・一〇	岩村　濬	祖父		茂山郡西下面興岩洞
三七	歩兵七三連隊	ルソン島トフライ	一九四五・〇二・一一	高田星南	兵長	戦死	鶴城郡鶴上面水使洞七三一
		左胸部貫通銃創	一九二四・一一・一五	高田謙勲	父		鶴城郡鶴上面水使洞七三一
五四	歩兵七三連隊	ルソン島トフライ	一九四五・〇二・一二	邦本東龍	兵長	戦死	明川郡上加面楊村洞四六五
		頭部貫通銃創	一九二四・〇二・二〇	邦本東璜	父		明川郡上加面水洞三七
八三	歩兵七三連隊	ルソン島セルバンテス	一九四五・〇二・二五	千山昇一	兵長	戦病死	吉州郡長白面合浦洞五七四
		マラリア	一九二四・〇二・二四	千山泰郁	父		吉州郡長白面合浦洞五七四

番号	所属	死亡場所・事由	年月日	氏名	階級・続柄	区分	本籍・住所
三四一	歩兵七三連隊	ルソン島バウアン	一九四五・〇二・二七	金海衡潤	兵長	戦死	鏡城郡朱乙温面南岩里一五一
		玉砕	一九二四・〇一・二八	金海龍七	父		鏡城郡朱乙温面南岩里一五一
四二	歩兵七三連隊	ルソン島セルバンテス	一九四五・〇三・〇八	長元奎龍	伍長	戦死	慶源郡慶源面檜洞一二六
		頭部砲弾破片創	一九二三・一二・二六	長元利俊	父		慶源郡慶源面檜洞一二六
三三	歩兵七三連隊	ルソン島セルバンテス	一九四五・〇三・〇八	金海相珍	兵長	戦死	富寧郡富寧面富寧洞一三五
		左胸部貫通銃創	一九二六・〇一・〇五	金海責童	父		富寧郡富寧面富寧洞一三五
一〇六	歩兵七三連隊	ルソン島バギオ	一九四五・〇三・一四	金海奥充	伍長	戦死	鶴城郡鶴南面里禮洞
		全身爆創	一九二五・〇一・〇五	金海明玉	父		鶴城郡鶴南面里禮洞
一〇七	歩兵七三連隊	ルソン島マンカヤン	一九四五・〇三・一五	金崗寶源	兵長	戦死	清津府松亭里一三
		全身爆創	一九二四・〇四・二〇	金山兼治	父		清津府松亭里一三
二六四	歩兵七三連隊	ルソン島ポマドック	一九四五・〇三・二〇	方山吉善	兵長	戦死	鶴城郡鶴上面松興洞
		頭部貫通銃創	×	方山夏南	妻		鶴城郡鶴上面松興洞
七五	歩兵七三連隊	ルソン島セルバンテス	一九四五・〇四・一〇	安川宰秀	兵長	戦死	吉州郡長白面州南洞一二九九
		腹部貫通銃創	一九二五・〇三・二七	安川白石	母		吉州郡長白面州南洞一二九九
八二	歩兵七三連隊	ルソン島セルバンテス	一九四五・〇四・一一	牧山　清	兵長	戦病死	会寧郡碧城面五鳳洞二四六
		マラリア	一九二一・〇五・〇五	牧山守吉	兄		会寧郡甫乙面遊仙洞二〇〇
六一	歩兵七三連隊	ルソン島セルバンテス	一九四五・〇四・一三	池永泰一	兵長	戦死	明川郡下雲面蘆洞三一六
		頭部貫通銃創	一九二四・〇三・〇五	池永錫鉉	父		明川郡下雲面蘆洞三一六
二七六	歩兵七三連隊	ルソン島バギオ	一九四五・〇四・一三	玄松尚乙	兵長	戦死	明川郡西面三郷洞五五八
		頭部貫通銃創	一九二五・〇四・二六	玄松璣南	父		明川郡西面三郷洞五五八
一二一	歩兵七三連隊	ルソン島バギオ	一九四五・〇四・一六	松原昭人	兵長	戦死	吉州郡吉州邑営基洞
		上半身爆弾破片創	一九二五・〇五・一五	松原禹錫	祖父		明川郡下加里面七田洞
三四二	歩兵七三連隊	ルソン島タクボ	一九四五・〇四・二三	金谷奥高	伍長	戦死	清津府旭町二九〇
		玉砕	一九二五・〇六・一〇	山川富市	祖父		清津府旭町二九〇
七六	歩兵七三連隊	ルソン島セルバンテス	一九四五・〇四・二五	中村栄作	兵長	戦死	吉州郡東海面石城洞五〇八
		頭部貫通銃創	一九二三・〇二・一八	中村鐘武	父		吉州郡東海面石城洞五〇八
七八	歩兵七三連隊	ルソン島セルバンテス	一九四五・〇四・二五	金川壽栄	兵長	戦死	明川郡西面立石洞七七〇
		左胸部貫通銃創	一九二四・〇八・一八	金川元姫	母		明川郡西面立石洞七七〇
一一二	歩兵七三連隊	ルソン島タクボ	一九四五・〇四・二六	平山朝光	上等兵	戦死	慶興郡豊海面上津洞里一〇九
		頭部貫通銃創	一九二四・〇四・一五	平山奎鐘	父		慶興郡豊海面上津洞里一〇九
四〇	歩兵七三連隊	ルソン島タクボ	一九四五・〇四・二七	平山義均	兵長	戦死	吉州郡長白面英湖洞一一八五
		頭部貫通銃創	一九二四・〇二・一〇	平山鳳熙	父		吉州郡長白面英湖洞一一八五
四七	歩兵七三連隊	ルソン島タクボ	一九四五・〇四・二七	宮内武夫	兵長	戦死	富寧郡連川面碁勝洞一八七
		右胸部貫通銃創	一九一八・一〇・一〇	宮内學南	父		富寧郡連川面碁勝洞一八七
六三	歩兵七三連隊	ルソン島タクボ	一九四五・〇四・三〇	松本元奎	兵長	戦死	鏡城郡朱乙温面温川洞八四

		頭部貫通銃創	一九二四・〇八・〇八	松本三松	父		鏡城郡朱乙温面温川洞八四
六四	歩兵七三連隊	ルソン島タクボ	一九四五・〇四・三〇	陽川蒼極	兵長	戦死	吉州郡徳山面大洞二五三
		腰部砲弾破牛創	一九二三・〇八・〇六	陽川龍石	父		吉州郡徳山面大洞二五三
六五	歩兵七三連隊	ルソン島タクボ	一九四五・〇四・三〇	金江旺突	兵長	戦死	鏡城郡朱北面富下洞九八一
		腹部貫通銃創	一九二四・〇四・〇四	金江允興	父		鏡城郡朱北面富下洞九八一
六六	歩兵七三連隊	ルソン島タクボ	一九四五・〇四・三〇	金川龍浩	兵長	戦死	明川郡東面鶴岩洞七〇六
		頭部貫通銃創	一九二四・〇七・一〇	金川弘山	父		明川郡東面鶴岩洞七〇六
六七	歩兵七三連隊	ルソン島セルバンテス	一九四五・〇四・二四	金村旻相	兵長	戦死	慶興郡雄基邑基洞九一五
		右胸部貫通銃創	一九二六・〇三・〇一	金村鐘岩	父		慶興郡雄基邑曙町一〇六八
四四	歩兵七三連隊	ルソン島タクボ	一九四五・〇五・〇一	牧山南造	兵長	戦死	鏡城郡漁朗面鳳岡洞二七一
		頭部貫通銃創	一九二三・一〇・二五	牧山玉鳳	母		鏡城郡漁朗面鳳岡洞二七一
一一一	歩兵七三連隊	ルソン島マンカヤン	一九四五・〇五・〇二	水原昌錫	兵長	戦死	鶴城郡鶴東面塔下洞四五
		上半身爆弾破片創	一九二四・一一・一六	水原高芬	妻		咸鏡南道恵山郡普天面新興里
一一三	歩兵七三連隊	ルソン島タクボ	一九四五・〇五・〇二	高山泰燮	兵長	戦死	明川郡東面廣岩洞六一三
		頭部迫撃砲弾創	一九二五・〇九・一八	高山千金	母		明川郡東面廣岩洞六一三
七三	歩兵七三連隊	ルソン島セルバンテス	一九四五・〇五・〇二	宮本承兼	伍長	戦死	鏡城郡漁大津邑松新洞一五七
		頭部貫通銃創	一九二五・〇二・〇七	宮本武原	父		鏡城郡漁大津邑松新洞一五七
七七	歩兵七三連隊	ルソン島セルバンテス	一九四五・〇五・〇三	金山武雄	兵長	戦死	明川郡東面良見洞四三四
		全身爆創	一九一三・〇五・二五	金山竹葉	母		明川郡東面良見洞四三四
三五	歩兵七三連隊	ルソン島ブギヤス	一九四五・〇五・〇八	木原文政	兵長	戦死	吉州郡東海面東湖洞三八〇
		右腹部貫通銃創	一九二五・〇五・一八	木原茂雄	父		吉州郡東海面東湖洞三八〇
四五	歩兵七三連隊	ルソン島タクボ	一九四五・〇五・一一	松山春根	兵長	戦死	鏡城郡乙温面方郷洞二八〇
		右大腿部砲弾破片創	一九二四・〇四・〇一	松山齋梧	父		鏡城郡乙温面方郷洞二八〇
七〇	歩兵七三連隊	ルソン島バギオ四野病	一九四五・〇五・一二	近山茂信	兵長	戦病死	吉州郡吉州邑吉南洞三七七
		マラリア	×	近山萬吉	父		吉州郡吉州邑吉南洞三七七
三四	歩兵七三連隊	ルソン島タクボ	一九四五・〇五・一三	清原昌福	兵長	戦死	慶興郡雄基邑雄基洞三一六
		右大腿部砲弾破片創	一九二四・〇八・一五	清原明俊	父		清津府松郷洞市場通
三八	歩兵七三連隊	ルソン島タクボ	一九四五・〇五・一五	津川夢龍	兵長	戦死	吉州郡陽社面陽興洞三〇七九
		頭部砲弾破片創	一九二四・〇七・二〇	津川元逸	祖父		吉州郡陽社面陽興洞三〇七九
九二	歩兵七三連隊	ルソン島タクボ	一九四五・〇五・一七	松原昌禧	兵長	戦死	富寧郡西二面両硯洞二二八
		左胸部貫通銃創	一九二四・〇三・〇四	松原守南	父		富寧郡西二面両硯洞二二八
一〇二	歩兵七三連隊	ルソン島タクボ	一九四五・〇五・一八	岩村學仁	兵長	戦死	吉州郡東海面倉村洞一〇四七
		頭部盲管銃創	一九二三・〇二・〇七	岩村秉珠	父		吉州郡東海面倉村洞一〇四七
五〇	歩兵七三連隊	ルソン島タテアン四野病	一九四五・〇五・二〇	安全忠雄	兵長	戦病死	吉州郡雄坪面南陽洞六〇〇
		マラリア	一九二四・〇三・〇六	安田寅嘗	父		吉州郡雄坪面南陽洞六〇〇

番号	部隊	死亡場所・死因	年月日	氏名	階級・続柄	区分	本籍・住所
八九	歩兵七三連隊	ルソン島タクボ	一九四五・〇五・二〇	海本浩默	兵長	戦死	明川郡西面明南洞四二九
		頭部貫通銃創	一九二三・〇六・二七	松山東碩	父		明川郡西面明南洞四二九
九〇	歩兵七三連隊	ルソン島タクボ	一九四五・〇五・二三	吉川學録	兵長	戦死	吉州郡徳山面良洞一二〇
		頭部貫通銃創	一九二四・一〇・一二	吉川　堨	父		吉州郡徳山面良洞一二〇
九一	歩兵七三連隊	ルソン島タクボ	一九四五・〇五・二三	平海源森	兵長	戦死	吉州郡長白面英湖洞一六六一
		大腿部砲弾銃創	一九二四・一二・〇五	平海鶴松	父		吉州郡長白面英湖洞一六六一
一〇三	歩兵七三連隊	ルソン島タクボ	一九四五・〇五・二三	大山秉春	兵長	戦死	慶興郡豊海面武倉洞一〇八
		胸部爆弾破片創	一九二三・〇五・二五	大山致靖	父		慶興郡豊海面武倉洞一〇八
三四三	歩兵七三連隊	ルソン島タクボ	一九四五・〇五・二四	林昇春	上等兵	戦死	鏡城郡朱乙温面仲坪洞一一四
		玉砕	一九二四・〇三・二七	林昌植	父		鏡城郡朱乙温面仲坪洞一一四
三三八	歩兵七三連隊	ルソン島タクボ	一九四五・〇五・二四	呉洲行黙	兵長	戦死	会寧郡八乙面細洞三七〇
		玉砕	一九二一・〇五・一〇	呉洲相斗	父		会寧郡八乙面細洞三七〇
八六	歩兵七三連隊	ルソン島タクボ	一九四五・〇五・二四	方山逢瑞	兵長	戦死	鏡城郡朱乙温面龍湖洞一四一
		頭部貫通銃創	×	方山玩範	父		鏡城郡朱乙温面龍湖洞一四一
八七	歩兵七三連隊	ルソン島タクボ	一九四五・〇五・二四	千源河順	兵長	戦死	鶴城郡鶴中面松上洞一四四五
		頭部貫通銃創	一九二四・〇七・〇九	千源鶴南	父		鶴城郡鶴中面参区浜時
八八	歩兵七三連隊	ルソン島タクボ	一九四五・〇五・二四	金江鳳儀	兵長	戦死	富寧郡青岩面上幕洞四七
		右胸部貫通銃創	一九二四・〇五・〇九	金江鳳羽	父		富寧郡青岩面参基青岩鉉内
一二六	歩兵七三連隊	ルソン島タクボ	一九四五・〇五・二四	善竹常高	兵長	戦死	鏡城郡行営面龍山洞三一一
		胸部盲管銃創	一九二六・〇二・〇二	善竹　淳	父		鏡城郡行営面龍山洞三一一
一一七	歩兵七三連隊	ルソン島タクボ	一九四五・〇五・二六	延山基茂	兵長	戦死	鏡城郡朱南面龍田洞五六二
		胸部貫通銃創	一九二四・〇二・〇三	延山翊煥	父		鏡城郡朱南面龍田洞五六二
一三一	歩兵七三連隊	ルソン島タクボ	一九四五・〇五・二七	石川昌國	兵長	戦死	鏡城郡赤乙温面八郷洞一六
		胸部貫通銃創	一九二四・〇三・〇五	石川甘壁	父		鏡城郡赤乙温面八郷洞一六
三三	歩兵七三連隊	ルソン島タクボ	一九四五・〇五・二七	金海昌燮	兵長	戦死	慶興郡豊海面大楡洞五〇
		右胸砲弾破片創	一九二四・〇六・二二	金海徳俊	父		慶興郡豊海面大楡洞五〇
一一五	歩兵七三連隊	ルソン島タクボ	一九四五・〇五・三〇	内山敬一	兵長	戦死	鶴城郡鶴中面臨溟洞六七二
		頭部盲管銃創	一九二五・一一・一九	内山　茂	父		鶴城郡鶴中面臨溟洞六七二
二六九	歩兵七三連隊	ルソン島バギオ	一九四五・〇六・〇一	平川光成	兵長	戦死	吉州郡吉州邑吉北洞九七八
		頭部貫通銃創	一九二四・〇八・一五	平川承俊	父		吉州郡吉州邑吉北洞九七八
七一	歩兵七三連隊	ルソン島タクボ	一九四五・〇六・〇一	岩村龍雲	兵長	戦死	吉州郡徳山面只山洞一〇三四
		頭部貫通銃創	一九二二・〇四・二九	岩村　極	父		吉州郡徳山面只山洞一〇三四
八五	歩兵七三連隊	ルソン島タクボ	一九四五・〇六・〇一	星川弼極	兵長	戦死	吉州郡東海面龍洞二四〇
		頭部貫通銃創	一九二二・一一・一三	星川雲鶴	父		吉州郡東海面龍洞二四〇
四一	歩兵七三連隊	ルソン島バギオ	一九四五・〇六・〇二	平沼麟角	兵長	戦死	吉州郡徳山面芝山洞五〇五

		左胸部貫通銃創	一九二四・一二・〇一	平沼湖南	父		吉州郡徳山面芝山洞五〇五
二八	歩兵七三連隊	ルソン島タクボ	一九四五・〇六・〇二	岩村天錫	兵長	戦死	茂山郡農渓面渓下洞一一三
		頭部砲弾破片創	一九二四・〇八・一六	岩村碩根	兄		茂山郡農渓面渓下洞一一三
一二五	歩兵七三連隊	ルソン島タクボ	一九四五・〇六・〇四	方山凍熺	伍長	戦死	英山郡永北面芝務沙洞四九四
		胸部貫通銃創	一九二二・〇二・一二	方山舜洽	父		英山郡永北面芝務沙洞四九四
一一八	歩兵七三連隊	ルソン島タクボ	一九四五・〇六・〇四	山城盛茂	兵長	戦死	明川郡下雲面芳洞四九四
		腹部迫撃砲弾創	一九二三・一〇・二九	山城承烈	―		明川郡下雲面芳洞四九四
四三	歩兵七三連隊	ルソン島タクボ	一九四五・〇六・〇五	西原得峯	伍長	戦死	会寧郡会寧邑壹洞二七一
		右胸砲弾破片創	一九二四・〇一・〇一	西原昌俊	養父		会寧郡会寧邑壹洞二七一
二九	歩兵七三連隊	ルソン島タクボ	一九四五・〇六・〇八	石原海南	兵長	戦死	明川郡上雲北面富禾洞二五五
		右胸部砲弾破片創	一九二五・〇一・一九	石原城都	父		明川郡上雲北面富禾洞二五五
二五	歩兵七三連隊	ルソン島セルバンテス	一九四五・〇六・〇八	新井致華	兵長	戦死	富寧郡富寧面柳坪洞二五二
		左胸部砲弾破片創	一九二五・〇四・二四	新井基俊	父		富寧郡富寧面柳坪洞二五二
一二二	歩兵七三連隊	ルソン島タクボ	一九四五・〇六・一〇	松山喆峰	上等兵	戦死	明川郡下加面屯池洞二七三
		腹部迫撃砲弾創	一九二四・〇六・一三	松山乙鳳	兄		明川郡下加面屯池洞二七三
一八	歩兵七三連隊	ルソン島タクボ	一九四五・〇六・一〇	李山東勳	兵長	戦死	穏城郡南陽面豊利洞五
		頭部砲弾破片創	一九二五・一〇・一二	李山東春	兄		穏城郡南陽面豊利洞五
一〇八	歩兵七三連隊	ルソン島タクボ	一〇四五・〇六・一〇	金川豊富	兵長	戦死	鏡城郡南山面細川洞一二
		胸・頭盲管銃創	一九二四・〇二・一六	金川基成	祖父		鏡城郡南山面細川洞一二
二七五	歩兵七三連隊	ルソン島マンカキシ	一九四五・〇六・一〇	粕谷敬昌	兵長	戦死	明川郡東面良硯洞七〇四
		頭部砲弾破片創	一九二四・一〇・〇五	粕谷城其	弟		明川郡東面良硯洞七〇四
六八	歩兵七三連隊	ルソン島セルバンテス	一九四五・〇六・一一	李山正哲	兵長	戦死	吉州郡東海面石城洞一〇三一
		頭部爆弾破片創	一九二〇・〇九・二五	李山成俊	父		吉州郡東海面石城洞一〇三一
三五八	歩兵七三連隊	ルソン島タクボ	一九四五・〇六・一二	金山秀勇	兵長	戦死	明川郡阿間面古站洞八二一
			一九二四・〇三・二八	金山愛支	母		明川郡阿間面古站洞八二一
四九	歩兵七三連隊	ルソン島アルリン	一九四五・〇六・一六	山本鐘鶴	兵長	戦死	吉州郡東海面山城洞五〇四
		頭部爆弾破片創	一九二五・〇二・一〇	山本斉甲	父		吉州郡東海面山城洞五〇四
七四	歩兵七三連隊	ルソン島ブギヤス	一九四五・〇六・一七	西原澤哲	兵長	戦死	吉州郡腸社面腸興洞壹統七戸
		大腿部砲弾破片創	一九二四・〇二・二〇	西原泰鉉	父		吉州郡腸社面腸興洞壹統七戸
二七一	歩兵七三連隊	ルソン島タクボ	一九四五・〇六・一八	豊川萬憲	兵長	戦死	明川郡下雲面龍川洞九二五
		腹部貫通銃創	一九二二・〇五・〇三	豊川龍川	父		明川郡下雲面龍川洞九七
三一	歩兵七三連隊	ルソン島バギオ	一九四五・〇六・二〇	金山宗功	兵長	戦病死	穏城郡訓戒面金華洞五一〇
		マラリア	一九二五・〇二・一三	金山丙學	祖父		穏城郡訓戒面金華洞五一〇
六〇	歩兵七三連隊	ルソン島カヤン	一九四五・〇六・二一	金海演浩	兵長	戦死	清津府班竹町四四三―二
		頭部貫通銃創	一九二一・〇八・一五	金海錫興	父		清津府班竹町四四三―二

七九	歩兵七三連隊	ルソン島セルバンテス 腰部砲弾破片創	一九四五・〇六・二五 一九二四・〇一・一四	慶金昌鶴 慶金成澤	兵長 父	戦死	吉州郡吉州邑金松洞一五六八 吉州郡吉州邑金松洞一五六八
一〇五	歩兵七三連隊	ルソン島マンカヤン 頭部迫撃砲弾創	一九四五・〇六・二六 一九二〇・一〇・一七	金田平八郎 金田在鳳	兵長 祖父	戦死	会寧郡会寧邑二洞三八〇 会寧郡会寧邑二洞三八〇
五三	歩兵七三連隊	ルソン島バギオ兵病 マラリア	一九四五・〇六・二七 一九二四・〇二・二八	姜尚勳 姜桃花	兵長 母	戦病死	富寧郡西上面天仲洞五六 富寧郡西上面天仲洞五六
五九	歩兵七三連隊	ルソン島カヤン マラリア・脚気	一九四五・〇六・二九 ×	金城義守 金城富二	兵長 祖父	戦病死	吉州郡東海面斜溪洞三〇八 吉州郡東海面斜溪洞三〇八
一一九	歩兵七三連隊	ルソン島マンカヤン 胸部爆弾破片創	一九四五・〇七・〇一 一九二四・〇三・二二	金山定司 金山京秀	伍長 父	戦死	慶興郡慶興面下妙坪洞二〇二 慶興郡慶興面下妙坪洞二〇二
五七	歩兵七三連隊	ルソン島タラヤン 頭部貫通銃創	一九四五・〇七・〇一 一九二四・〇三・三〇	富山繁樹 富山鎬泯	兵長 叔父	戦死	富寧郡富居面富居洞四〇五 富寧郡富居面富居洞四〇五
三六	歩兵七三連隊	ルソン島カヤン 頭部砲弾破片創	一九四五・〇七・〇三 一九二四・一〇・一三	佐井成山 佐井兼皓	兵長 父	戦死	吉州郡徳山面間岩洞八三三 吉州郡徳山面間岩洞八三三
八〇	歩兵七三連隊	ルソン島タラヤン 頭部貫通銃創	一九四五・〇七・〇四 一九二四・〇八・〇二	岩村祐雄 岩村昌汎	兵長 父	戦死	明川郡下古面岩坊洞 明川郡下古面岩坊洞
五一	歩兵七三連隊	ルソン島ネトガシ 左腹部貫通銃創	一九四五・〇七・〇四 一九二四・〇八・一〇	原田龍春 原田正誉	兵長 父	戦死	富寧郡西上面西碩洞三〇一 富寧郡西上面西碩洞三〇一
二六五	歩兵七三連隊	ルソン島タデヤン 頭部砲弾破片創	一九四五・〇七・〇四 一九一三・〇七・〇二	金原能奎 金原河龍	兵長 父	戦死	吉州郡腸社面腸社洞九三 吉州郡腸社面腸社洞九三
二四七	歩兵七三連隊	ルソン島タデヤン 頭部砲弾破片創	一九四五・〇七・〇五 一九二五・一二・二四	松原高明 松原豊次郎	兵長 父	戦死	茂山郡西下面興岩洞五〇〇 茂山郡西下面興岩洞五〇〇
六九	歩兵七三連隊	ルソン島タテヤン 頭部貫通銃創	一九四五・〇七・〇五 ×	金山精弼 —	伍長 —	戦死	慶源郡龍徳面龍南洞二三六 —
三五二	歩兵七三連隊	ルソン島ブキヤス	一九四五・〇七・〇五 一九二四・一二・二二	金山龍煥 金山國煥	伍長 父	戦死	慶源面龍徳面龍南洞二三六 慶源面龍徳面龍南洞二三六
一二三	歩兵七三連隊	ルソン島バギオ 腹部迫撃砲弾創	一九四五・〇七・〇六 一九二四・〇三・二五	芳村鉉石 芳村鐘煥	兵長 父	戦死	富寧郡富居面富居洞三三四 富寧郡富居面富居洞三三四
一二四	歩兵七三連隊	ルソン島マンカヤン 胸部貫通銃創	一九四五・〇七・〇六 一九二五・〇二・〇八	安村武一 安村泰岳	兵長 祖父	戦死	鏡城郡漁大津邑松興洞一〇二 鏡城郡漁大津邑松興洞一〇二
一二〇	歩兵七三連隊	ルソン島マンカヤン 胸・腹迫撃砲弾創	一九四五・〇七・〇七 一九二四・〇六・一四	吉島英哲 古島英昌	兵長 弟	戦死	吉州郡吉州邑吉北洞二九二 吉州郡吉州邑吉北洞二九二
二七三	歩兵七三連隊	ルソン島マンカヤン 胸部砲弾破片創	一九四五・〇七・〇七 一九二四・〇五・〇二	立花民雄 立花宗房	伍長 父	戦死	慶興郡雄基邑雄基洞三一六 慶興郡雄基邑雄基洞三一六
七二	歩兵七三連隊	ルソン島タテヤン	一九四五・〇七・〇八	山本　修	兵長	戦死	鏡城郡漁大津邑松興洞一七八

		腹部貫通銃創	一九二四・一〇・二〇	山本在吉	父		鏡城郡漁大津邑松興洞一七八
一〇九	歩兵七三連隊	ルソン島マンカヤン	一九四五・〇七・〇八	金江清正	上等兵	戦死	吉州郡東海面東湖洞一三三三
		頭部盲管銃創	一九二四・〇二・〇一	金江仁七	祖父		吉州郡東海面東湖洞一三三三
六二	歩兵七三連隊	ルソン島サバンガン	一九四五・〇七・〇九	岩村逢職	兵長	戦病死	吉州郡雄坪面南陽洞二〇八四
		マラリア	一九二〇・一一・一五	岩村忠男	兄		吉州郡雄坪面南陽洞二〇八四
一一〇	歩兵七三連隊	ルソン島	一九四五・〇七・〇九	國本昌仁	上等兵	戦死	鶴城郡鶴上面將硯洞四九二
		頭部貫通銃創	一九二四・〇五・一五	國本伯龍	父		鶴城郡鶴上面將硯洞四九二
二七九	歩兵七三連隊	ルソン島セルペテス	一九四五・〇七・一〇	金海公振	兵長	戦死	鏡城郡朱乙温面直洞三九三
		頭部砲弾破片創	一九二四・〇九・〇九	金海享権	父		鏡城郡朱乙温面直洞三九三
三〇	歩兵七三連隊	ルソン島タクボ	一九四五・〇七・一五	大山享槇	兵長	戦死	富寧郡富寧面柳坪洞二五八
		左腹部砲弾破片創	一九二五・一二・二七	大山溶建	父		富寧郡西上面武陵洞一〇〇
一〇四	歩兵七三連隊	ルソン島タクボ	一九四五・〇七・一五	岡村仲甲	兵長	戦死	明川郡上古面寶村洞三九四
		頭部迫撃砲弾創	一九二四・〇一・三〇	岡村基権	父		明川郡上古面寶村洞三九四
三三九	歩兵七三連隊	ルソン島タクボ	一九四五・〇七・一七	新井洙鐘	兵長	戦死	明川郡下雲面咸鎭洞五四
		玉砕	一九二四・〇一・二二	新井艮旭	父		明川郡下雲面咸鎭洞五四
一一四	歩兵七三連隊	ルソン島マンカヤン	一九四五・〇七・一八	豊川普洙	兵長	戦死	吉州郡吉州邑鳳岩洞五九九
		胸部迫撃砲弾創	一九二四・〇四・〇七	豊川鐘成	父		吉州郡吉州邑鳳岩洞五九九
二七七	歩兵七三連隊	ルソン島タクボ	一九四五・〇七・一八	富原達吉	兵長	戦死	鶴城郡鶴南面日新洞一三五
		腹部貫通銃創	一九二二・〇三・二七	富原昌清	父		鶴城郡鶴南面日新洞一三五
五八	歩兵七三連隊	ルソン島バギオ	一九四五・〇七・二六	平澤茂義	兵長	戦死	茂山郡東面豊山洞三四八
		左胸部貫通銃創	一九二四・〇三・〇五	平澤昌俊	父		茂山郡東面豊山洞三四八
四八	歩兵七三連隊	ルソン島ブギヤス	一九四五・〇七・二七	柳岸峯植	伍長	戦死	慶興郡慶興面古城洞三四四
		頭部爆弾破片創	一九二四・〇八・〇五	柳岸應連	父		慶興郡慶興面古城洞三四四
五五	歩兵七三連隊	ルソン島バギオ	一九四五・〇七・二七	永谷仁順	兵長	戦死	富寧郡富寧面富寧洞三五四
		左胸部砲弾破片創	一九二七・〇七・二〇	永谷容燮	父		富寧郡富寧面富寧洞三五四
三九	歩兵七三連隊	ルソン島バギオ	一九四五・〇七・二八	豊川煕在	兵長	戦死	吉州郡長白面合浦洞四六〇
		右腹部砲弾破片創	一九二四・〇八・〇九	豊川栄在	兄		吉州郡長白面合浦洞四六〇
二六	歩兵七三連隊	ルソン島バギオ	一九四五・〇七・二八	青木隆昌	伍長	戦死	富寧郡富寧面最賢洞一八九
		右腹部砲弾破片創	一九二六・〇六・一八	青木賢豪	父		富寧郡富寧面最賢洞一八九
一一六	歩兵七三連隊	ルソン島ブギヤス	一九四五・〇八・〇二	金山秀光	兵長	戦死	明川郡上雲北面富禾洞
		全身迫撃砲弾創	一九二三・一〇・二九	金山英根	父		明川郡上雲北面富禾洞
二七四	歩兵七三連隊	ルソン島ブキヤス	一九四五・〇八・〇三	河東久栄	伍長	戦死	鏡城郡朱乙温面龍井里三〇三
		胸部貫通銃創	一九二六・〇四・一五	河東権一	父		鏡城郡朱乙温面龍井里三〇三
四六	歩兵七三連隊	ルソン島ブギヤス	一九四五・〇八・〇五	松山忠鉉	伍長	戦死	鏡城郡漁朗面鳳岡洞一六〇
		左胸部爆弾破片創	一九二五・〇二・〇八	松山宗義	父		鏡城郡漁朗面鳳岡洞一六〇

番号	部隊	死亡場所・死因	年月日	氏名	階級・続柄	区分	本籍・住所
八四	歩兵七三連隊	ルソン島バギオ 頭部貫通銃創	一九四五・〇八・〇五 ×	金元翰鳳 金元承萬	伍長 父	戦死	明川郡上加面沼東洞五三 明川郡上加面沼東洞五三
二六三	歩兵七三連隊	ルソン島ブギヤス 胸部砲弾破片創	一九四五・〇八・〇九 一九二二・〇三・二三	金村錫旻 金村錫石	兵長 父	戦死	富寧郡石幕面章興洞二七七 富寧郡石幕面章興洞二七七
二七二	歩兵七三連隊	ルソン島バギオ 胸部砲弾破片創	一九四五・〇八・一二 一九二一・〇九・一一	江村相鳳 江村栄淳	伍長 父	戦死	鏡城郡漁朗面龍坪里三〇二 鏡城郡漁朗面龍坪里三〇二
二七一	歩兵七三連隊	ルソン島タクボ 腹部貫通銃創	一九四五・〇六・一八 一九二二・〇五・〇三	豊川萬憲 豊川龍川	兵長 父	戦死	明川郡下雲面龍川洞九二五 明川郡下雲面龍川洞九二五
二七〇	歩兵七三連隊	ルソン島トッカン 頭部砲弾破片創	一九四五・〇八・二〇 ×	佐井昌殷 佐井昌弥	兵長 兄	戦死	吉州郡吉州邑柳川洞九二五 吉州郡吉州邑柳川洞九二五
三四〇	歩兵七三連隊	ルソン島バラヤン 玉砕	一九四五・〇二・二五 一九一九・〇四・二五	靖原峙一 靖原昌変	兵長 父	戦死	慶源郡慶源面官柳洞四三八 慶源郡慶源面官柳洞四三八
三〇四	歩兵七四連隊	ミンダナオ島マシジマ 全身爆創	一九四五・〇五・二〇 一九二二・〇三・二三	武成栄人 武成富雄	伍長 兄	戦死	富寧郡富寧面柳坪里二五二 富寧郡富寧面柳坪里二五二
二六二	歩兵七五連隊	台湾安平沖・久川丸 海没	一九四五・〇一・〇九 一九二四・〇八・二五	秀山應鳳 秀山秧鵬	上等兵 父	戦死	穏城郡南陽面巴仙洞一〇 穏城郡南陽面巴仙洞一〇
二六六	歩兵七五連隊	台湾安平沖・久川丸 海没	一九四五・〇一・〇九 一九二一・〇二・〇一	松山尹一 松山吉宏	兵長 兄	戦死	慶興郡雄基邑雄基洞三〇六 慶興郡雄基邑雄基洞三〇六
二九一	歩兵七五連隊	台湾安平沖・久川丸 海没	一九四五・〇一・〇九 ×	新井武雄 新井春燮	上等兵 父	戦死	鏡城郡朱乙温面温川洞 鏡城郡朱乙温面温川洞
二九三	歩兵七五連隊	台湾安平沖・久川丸 海没	一九四五・〇一・〇九 一九二四・〇一・一六	山田亨柱 山田昌文	上等兵 祖父	戦死	会寧郡甫乙面南山洞三四六 会寧郡甫乙面南山洞三四六
二九四	歩兵七五連隊	台湾安平沖・久川丸 海没	一九四五・〇一・〇九 一九二四・〇七・二五	和山成泰 和山享泰	上等兵 兄	戦死	慶興郡雄基邑雄基洞三一六 慶興郡雄基邑雄基洞三一六
二九五	歩兵七五連隊	台湾安平沖・久川丸 海没	一九四五・〇一・〇九 一〇二四・〇五・〇五	安田衡鳳 安田壽吉	上等兵 父	戦死	慶源郡阿山面次洞五一 慶源郡阿山面次洞五一
二九八	歩兵七五連隊	台湾安平沖・久川丸 海没	一九四五・〇一・〇九 一九二四・〇九・一三	西川信雄 西川正雄	上等兵 父	戦死	清津府生駒町八 清津府生駒町八
一四六	歩兵七五連隊	ルソン島ロザリオ 胸部貫通銃創	一九四五・〇一・二〇 一九二四・一〇・〇六	秀岡政雄 秀岡正治	上等兵 父	戦死	穏城郡美浦面長徳里一一八 穏城郡美浦面長徳里一一八
一四七	歩兵七五連隊	ルソン島ロザリオ 腹部盲管銃創	一九四五・〇一・二〇 一九二四・〇四・二九	夏本盛雄 夏本富敬	上等兵 兄	戦死	鏡城郡鏡城面周山洞一〇五 鏡城郡鏡城面周山洞一〇五
一七四	歩兵七五連隊	ルソン島ロザリオ 右大腿部砲弾破片創	一九四五・〇一・二〇 一九二四・〇五・一二	香山鏡燮 香山壽翼	上等兵 父	戦死	鏡城郡行営面洛生洞一八〇 鏡城郡行営面洛生洞一八〇
一二七	歩兵七五連隊	ルソン島ロザリオ	一九四五・〇一・二六	平川文奭	上等兵	戦死	穏城郡穏城面東和洞四一〇

		左胸部貫通銃創	一九二四・〇六・〇五	平川萬鳳	父		穏城郡穏城面東和洞四一〇
一七六	歩兵七五連隊	ルソン島ロザリオ	一九四五・〇一・二六	東田政治	上等兵	戦死	穏城郡南陽面南陽洞九九
		胸部盲管銃創	一九二四・〇五・二二	東田金松	父		穏城郡南陽面南陽洞九九
一七七	歩兵七五連隊	ルソン島ロザリオ	一九四五・〇一・二六	京野政男	上等兵	戦死	茂山郡茂山邑城川洞七九七
		腹部盲管銃創	一九二一・〇五・〇八	京野基元	父		茂山郡茂山邑城川洞七九七
一七一	歩兵七五連隊	ルソン島ロザリオ	一九四五・〇一・二八	林貞雄	上等兵	戦死	会寧郡会寧邑鰲山洞一一九
		頭部貫通銃創	一九二三・〇五・一五	林虎之助	父		鏡城郡朱乙邑
一六八	歩兵七五連隊	ルソン島ロザリオ	一九四五・〇二・〇四	平山順澈	上等兵	戦死	慶興郡雄基邑雄基洞三九
		頭部貫通銃創	一九二四・〇七・〇九	平山青鶴	母		慶興郡雄基邑雄基洞三九
一六四	歩兵七五連隊	ルソン島サンフェルナンド	一九四五・〇二・二五	江原光一	上等兵	戦死	鏡城郡漁大津邑松新洞一七〇
		頭部貫通銃創	一九二〇・〇四・〇一	江原智煥	父		鏡城郡漁大津邑松新洞一七〇
一六五	歩兵七五連隊	ルソン島サンフェルナンド	一九四五・〇三・〇四	松田雄燮	上等兵	戦死	清津府新岩町二―九二
		胸部貫通銃創	一九二四・〇二・〇六	松田枝根	父		清津府松島町八
一四八	歩兵七五連隊	ルソン島ギアナン	一九四五・〇三・〇九	山城吉哲	兵長	戦死	明川郡下古面水龍洞五五二
		胸部貫通銃創	一九二二・〇九・〇二	山城華淳	父		明川郡下古面水龍洞五五二
一四九	歩兵七五連隊	ルソン島ギアナン	一九四五・〇三・〇九	平海昌郁	兵長	戦死	明川郡西面白鹿洞九九一
		胸部貫通銃創	一九二〇・〇四・一五	平海石吉	父		明川郡西面白鹿洞九九一
一二九	歩兵七五連隊	ルソン島ベサンド	一九四五・〇三・一六	松原敏雄	一等兵	戦死	鏡城郡鏡城面勝岩洞一七二
		左腰部盲管銃創	一九二一・〇一・〇五	松原台憲	父		鏡城郡鏡城面勝岩洞一七二
一五一	歩兵七五連隊	ルソン島サガサカン	一九四五・〇三・一六	伊藤時琓	上等兵	戦死	茂山郡繁山邑白川洞七九五
		胸部手榴弾爆創	一九二四・〇五・二五	伊藤鳳蓮	父		茂山郡繁山邑白川洞七九五
一六三	歩兵七五連隊	ルソン島サンフェルナンド	一九四五・〇三・一八	金海成雄	上等兵	戦死	慶興郡雄基邑白鶴洞三八〇
		腹部爆弾破裂創	一九二四・一一・〇一	金海河鎮	父		阿吾地佑大陽洞上村一班
一七五	歩兵七五連隊	ルソン島バサヲ	一九四五・〇四・一〇	木村敬華	上等兵	戦死	茂山郡三社面延岩洞
		胸部貫通銃創	一九二四・一一・一〇	木村仁成	父		茂山郡三社面延岩洞
一七八	歩兵七五連隊	ルソン島イトゴン	一九四五・〇四・一一	富川秀男	上等兵	戦死	鏡城郡鏡城面龍川洞七九七
		頭部貫通銃創	一九二一・〇九・一二	富川在鎬	祖父		鏡城郡鏡城面龍川洞七九七
一五七	歩兵七五連隊	ルソン島アシン	一九四五・〇四・一五	石川寛一	上等兵	戦死	鏡城郡龍渓面書院洞四九
		胸部砲弾破片創	一九二四・〇一・二八	石川栄夏	父		鏡城郡龍渓面書院洞四九
一五五	歩兵七五連隊	ルソン島アシン	一九四五・〇四・二一	松山承烈	上等兵	戦死	明川郡阿南面黄徳洞一一〇四
		全身爆創	一九二一・〇三・二〇	松山玉金	母		明川郡阿南面黄谷洞
一七九	歩兵七五連隊	ルソン島アシン	一九四五・〇四・二三	清川栄植	上等兵	戦死	鏡城郡華方面舎松洞二八一
		頭部貫通銃創	一九二四・〇三・一〇	清川千代子	妻		羅津府踰峴洞三五―一
一七二	歩兵七五連隊	ルソン島バギオ	一九四五・〇四・二四	金山元植	上等兵	戦死	穏城郡南陽面南陽洞六四
			一九二四・〇一・二〇	金山阿淑	叔父		間島省図們街灰幕区信聖路二牌

番号	部隊	死亡場所・原因	死亡日・生年月日	氏名・関係者	階級・続柄	区分	本籍・住所
一六九	歩兵七五連隊	ルソン島バギオ陸病 胸部貫通銃創	一九四五・〇四・二五 一九二〇・一二・三一	富川源永 富川時洪	上等兵 父	戦死	明川郡西面壽岩洞八五九 明川郡西面壽岩洞八五九
一七〇	歩兵七五連隊	ルソン島ロザリオ 頭部貫通銃創	一九四五・〇四・二五 一九二三・一二・三〇	金城仙童 金城碩訓	上等兵 父	戦死	会寧郡会寧邑五洞七二 会寧郡会寧邑五洞七二
一五二	歩兵七五連隊	ルソン島バギオ 腹部貫通銃創	一九四五・〇四・二七 一九二四・〇八・〇八	晋原良弼 晋原秀洪	上等兵 祖父	戦死	富寧郡富居面富居洞五三三 富寧郡富居面富居洞五三三
一五三	歩兵七五連隊	ルソン島バギオ 頭部貫通銃創	一九四五・〇四・二七 一九二四・〇一・〇二	富原康雄 富原淳一	上等兵 父	戦死	清津府月見町一－三六七 清津府月見町一－三六七
一五四	歩兵七五連隊	ルソン島バギオ 左胸部砲弾破片創	一九四五・〇四・二七 一九二四・〇六・一〇	大山勝源 大山観平	上等兵 父	戦死	鏡城郡鏡城面潼関洞一〇八 穏城郡美浦面官仁洞五
一六二	歩兵七五連隊	ルソン島バギオ マラリア	一九四五・〇五・一五 一九二四・〇一・〇九	金本斗龍 金本孚松	上等兵 父	戦病死	明川郡下加面泗浦洞三六一 明川郡下加面泗浦洞三六一
一八一	歩兵七五連隊	ルソン島バクロガン 頭部貫通銃創	一九四五・〇五・二〇 一九二六・一〇・一五	神農秀雄 神農伯鎔	上等兵 父	戦死	会寧郡会寧邑二洞六八 会寧郡会寧邑二洞六八
一五八	歩兵七五連隊	ルソン島バギオ マラリア	一九四五・〇五・二一 一九二〇・一一・〇七	齋藤　勇 斎藤永造	上等兵 父	戦病死	吉州郡徳山面徳新洞五七七 吉州郡徳山面徳新洞五七七
一六七	歩兵七五連隊	ルソン島ボンドック マラリア	一九四五・〇五・二一 一九二五・一二・〇一	金山高輝 金山賢部	上等兵 父	戦死	穏城郡穏城邑東和洞三九〇 穏城郡穏城邑東和洞三九〇
一六〇	歩兵七五連隊	ルソン島バギオ マラリア	一九四五・〇五・三〇 一九二四・〇三・〇一	陽川芳男 陽川原一	上等兵 父	戦病死	茂山郡豊渓面渓上洞四三七 茂山郡豊渓面渓上洞四三七
二六八	歩兵七五連隊	ルソン島バギオ 胸部貫通銃創	一九四五・〇六・〇一 一九二四・〇四・〇六	金海壽甲 金海福金	兵長 母	戦死	清津府羅南美吉町九三 清津府羅南美吉町九三
一六一	歩兵七五連隊	ルソン島ボントック 全身爆創	一九四五・〇七・〇五 一九二三・〇三・三〇	松本相潤 松本萌原	上等兵 父	戦死	慶源郡慶源面松川洞三一六 慶源郡慶源面松川洞三一六
二六七	歩兵七五連隊	ルソン島バギオ 頭部砲弾破片創	一九四五・〇七・〇八 一九二二・一〇・一一	山城承勛 山城公律	伍長 父	戦死	穏城郡穏城面東和洞四一九 穏城郡穏城面東和洞四一九
一五〇	歩兵七五連隊	ルソン島バクロンガン マラリア	一九四五・〇七・一三 一九二三・〇二・一〇	岡本郡宗 岡本寛衡	上等兵 父	戦病死	慶興郡慶興面下汝坪洞一二三三 慶興郡慶興面下汝坪洞一二三三
一八二	歩兵七五連隊	ルソン島ロー地区 マラリア	一九四五・〇七・一四 一九二四・〇一・二四	星山聖基 安田載弘	上等兵 義弟	戦病死	茂山郡茂山邑南山洞四一 茂山郡茂山邑南山洞四一
二九七	歩兵七五連隊	ルソン島バクロサン	一九四五・〇七・二〇 一九二六・一二・〇四	金城英祐 金城龍岩	上等兵 父	戦死	穏城郡南陽面南陽洞 穏城郡南陽面南陽洞
一八三	歩兵七五連隊	ルソン島ロー地区 マラリア	一九四五・〇七・二〇 一九二四・一〇・〇五	町田虎吉 町田二金	上等兵 父母	戦死	穏城郡訓戒面豊舞洞一〇一 穏城郡訓戒面豊舞洞一〇一
一七三	歩兵七五連隊	ルソン島バクロガン	一九四五・〇七・二一	金城龍岩	上等兵	戦病死	穏城郡南陽面南陽洞五四

		マラリア	一九二六・一二・〇四	—	—		—
一六六	歩兵七五連隊	ルソン島ロー地区	一九四五・〇八・〇一	金山秀光	兵長	戦死	穏城郡穏城面東和洞三九〇
		頭部貫通銃創	一九二四・〇二・〇三	金山忠善	父		穏城郡穏城面東和洞三九〇
一八四	歩兵七五連隊	ルソン島ロー地区	一九四五・〇八・〇八	村田正雄	兵長	戦死	会寧郡花豊面沙乙洞六九五
		腹部貫通銃創	一九二四・〇三・一五	村田重成	父		会寧郡花豊面沙乙洞六九五
一八〇	歩兵七五連隊	ルソン島バクロンガン	一九四五・〇八・一三	新井錫吉	上等兵	戦死	穏城郡永忠面北蒼坪洞八〇一
		腹部貫通銃創	一九二四・〇三・二三	新井水清	祖父		穏城郡永忠面北蒼坪洞八〇一
一四五	歩兵七五連隊	ルソン島バクロンガン	一九四五・〇八・一九	秀山徳秀	一等兵	戦病死	穏城郡美浦面月坡北洞二一〇
		マラリア	一九二四・〇四・一七	秀山奎永	祖父		穏城郡美浦面月坡北洞二一〇
一八五	歩兵七五連隊	ルソン島バクロンガル	一九四五・〇八・一九	新井明朗	一等兵	戦病死	慶源郡東原面中坪洞一一九－一
		マラリア	一九二四・一一・一一	新井道淵	父		慶源郡東原面中坪洞一一九－一
一五六	歩兵七五連隊	ルソン島バギオ	一九四五・〇八・二一	金公唯雄	上等兵	戦病死	清津府浦項町二四〇
		マラリア	一九二四・〇七・二〇	金公基義	父		清津府浦項町二四〇
三六四	歩兵七五連隊	バラライ	一九四五・〇一・一一	横山威尊	上等兵	戦死	清津府汐見町八〇
			一九二五・〇六・一二	横山邦威	父		兵庫県印南郡東志方村高畑六三
一三五	歩兵七五連隊	ルソン島アパリ	一九四五・〇一・二九	権東明雄	上等兵	戦死	鏡城郡朱南面廣徳洞四四七
		胸部貫通銃創	一九二四・一〇・二〇	権東令蓮	妻		鏡城郡朱南面廣徳洞四四七
二八七	歩兵七六連隊	ルソン島アパリ	一九四五・〇一・二九	平沼商鎬	兵長	戦死	清津府農圃町一七二
		頭部貫通銃創	一九二四・〇三・一五	平沼甫翕	父		清津府農圃町一七二
二三二	歩兵七六連隊	ルソン島タクボ	一九四五・〇五・〇三	金山清助	兵長	戦死	慶源郡龍徳面龍南洞
			×	金山	兄		慶源郡龍徳面龍南洞
一三二	歩兵七六連隊	ルソン島ブタノク	一九四五・〇五・一七	平山　璉	上等兵	戦死	鏡城郡鏡城面勝岩洞二四三
		胸部貫通銃創	一九一八・〇二・一一	平山用斜	父		鏡城郡鏡城面勝岩洞二四三
三一四	歩兵七六連隊	ルソン島ブタノク	一九四五・〇五・二八	杉本承水	上等兵	戦死	明川郡上雲北面昌木洞二一八
		頭部貫通銃創	一九二四・〇四・二七	杉本明玉	妻		明川郡上雲北面昌木洞二一八
二三四	歩兵七六連隊	ルソン島トッカン	一九四五・〇六・二五	木原文一	兵長	戦死	茂山郡東面東湖洞
			×	李八峰	弟		茂山郡東面東湖洞
一三六	歩兵七六連隊	ルソン島マンカヤン	一九四五・〇六・二六	梁川文雄	上等兵	戦死	鶴城郡鶴南面禮洞六五
		腹部爆弾破片創	一九二四・〇四・二八	梁川承浩	父		鶴城郡鶴南面禮洞六五
二五八	歩兵七六連隊	ルソン島カガヤン	一九四五・〇七・〇五	宮本憲宗	兵長	戦病死	清津府旭町二九七
		マラリア	一九二一・〇三・一一	宮本長政	父		清津府旭町二九七
二五九	歩兵七六連隊	ルソン島カガヤン	一九四五・〇七・〇五	権藤益洙	兵長	戦病死	鶴城郡鶴上面將硯洞七七六
		マラリア	一九二四・一一・一五	権藤勤洙	父		鶴城郡鶴上面將硯洞七七六
三六八	歩兵七六連隊	比島マンカヤ	一九四五・〇七・〇五	幸本安正	二等兵	戦死	明川郡西面立石洞七四四
			一九二四・〇一・一五	幸本三松	父		明川郡西面立石洞七四四

一三三	歩兵七六連隊	ルソン島マンカヤン 胸部砲弾破片創	一九四五・〇七・〇七 一九二一・〇二・一一	池田章允 池田吉龍	上等兵 父	戦死	鏡城郡漁朗面鳳岡洞一五二 鏡城郡漁大津邑松新洞
一三四	歩兵七六連隊	ルソン島マンカヤン 頭部貫通銃創	一九四五・〇七・〇六 一九二四・〇三・一八	新蔚重夏 新蔚甲魯	上等兵 父	戦死	清津府班竹町三九九 清津府蒼坪町二九一
三一三	歩兵七六連隊	ルソン島マンカヤン 胸部爆創	一九四五・〇七・一八 一九二四・〇五・二六	金光攝胤 金山鎬栄	兵長 父	戦死	明川郡西面新昌洞二五八 明川郡西面新昌洞二五八
三六七	歩兵九九連隊	熊本県大口分院 横隔膜脹症	一九四五・〇八・二七 一九二四・〇八・一五	李山亀洙 —	一等兵 —	戦病死	鏡城郡漁大津邑松興洞五七八 —
三一八	歩兵一三三連隊	山西省	一九三九・〇四・一四 一九一〇・〇六・二六	李龍出 木村和子	通訳 妻	戦死	明川郡西面龍洞六四五 —
三四六	歩兵二四七連隊	不詳	一九四五・〇八・一四 一九二三・一二・〇四	守山秀雄 守山日順	一等兵 父	戦死	清津府巴町四七 吉林省蛟河県巴虎村柳樹洞
二〇九	歩兵二九〇連隊	會寧陸軍病院 クレープ性肺炎	一九四五・〇三・一三 一九二四・一一・二〇	金城東哲 —	一等兵 —	戦病死	鶴城郡鶴西面塔平洞一区四六一 —
二一二	歩兵二九〇連隊	會寧陸軍病院 クレープ性肺炎	一九四五・〇四・二八 一九二四・一〇・二二	松岡俊雄 —	幹候 —	戦病死	清津府本町通二一四一 —
三五五	歩兵二九〇連隊	會寧	一九四五・〇二・二五 ×	金海在殷 —	一等兵 —	戦病死	慶興郡慶興面青鶴洞二二〇 —
三四五	歩兵三六六連隊	三江省大平鎮	一九四五・〇八・二四 一九二四・〇九・〇四	宮本保殷 宮本敏極	兵長 父	戦死	清津府龍郷町六 満州國延吉県光関村弟洞屯一一
三一五	マニラ高射砲司令部	ルソン島ボタボリ 頭部貫通銃創	一九四五・〇六・〇五 ×	山田富一 山田昌運	伍長 父	戦死	郷城郡南山面三峯洞五六二一二 郷城郡南山面三峯洞五六二一二
二四〇	野戦高射砲五八大隊	ニューギニア、ウウェワク 胸・腹爆弾破片創	一九四四・〇九・二〇 一九二三・〇七・三〇	明原竹男 明原吉柄	兵長 父	戦死	明川郡上雲面高城町二六七 明川郡上雲面高城町二六七
二四二	野戦高射砲五八大隊	ニューギニア、アレキシス	一九四三・一二・三〇 ×	金澤東綸 金澤松菊	上等兵 母	戦死	茂山郡延社面四芝洞五八五 芝山郡延社面廣陽洞雨水間
二三八	野戦機関砲一九中隊	ニューギニア、ウウェワク	一九四四・〇九・二〇 ×	川崎岩見 川崎直子	兵長 —	戦死	清津府漁港町五五 —
三六五	野砲二一連隊	不詳	一九四四・〇七・一二	吉田善明 吉田善春	伍長 父	戦死	清津府北星町一一一 清津府北星町一一一
一九八	野砲二四連隊	鹿児島沖	一九四五・〇一・二五 ×	金村明彦 金瑞奉	一等兵 祖父	戦死	慶源郡東原面新乾洞二七二 東満州琿春県純義村板東
三三六	ロ野戦（ママ）	不詳	一九四二・〇三・一七 ×	本田源一 —	中尉 —	戦死	慶源郡慶源面忠栄洞 —
九八	二独立整備隊	沖縄宮古島	一九四五・〇八・〇八	安村巌次郎	工員	戦死	会寧郡会寧邑鰲山洞一四九

		空輪中墜落	一九一五・〇八・〇九	安村光一	父		会寧郡会寧邑鰲山洞一四九
二一三	三方面軍司令部	龍江省チチハル	一九四五・〇四・〇九	平山仁鉱	雇員	戦病死	会寧郡八乙面金生洞八
		脳震盪	×	平山鳳淑	妻		東満総省和龍県勇化村三山坪
三七二	四飛行師団司令部	不詳	不詳	大山武雄	傭人	戦死	会寧郡会寧邑三洞一〇八
			×	大山淵萬	祖父		東満総省穆県孫積街河南区
三七六	四飛行師団司令部	ルソン島バレラ峠	一九四五・〇五・二〇	石川金伯	傭人	戦病死	鏡城郡鏡城面壽星洞七一
			×	石川萬松	父		ー
二一九	五方面軍司令部	北千島阿頼戸島	一九四四・〇七・〇九	水原商睦	雇員	戦死	清津府仁谷町二ー二八
			×	ー	ー		ー
二三〇	五方面軍司令部	北千島阿頼戸島	一九四四・〇七・〇九	松山今年	雇員	戦死	清津府浦項町二八
			×	松山玉枝	妻		ー
二一五	五野戦航空修理廠	沖縄島尻郡南風原村	一九四五・〇五・一八	宮本東錫	工員	戦死	吉州郡長白面新洞九六
			一九一四・〇九・〇三	宮本仁學	父		ー
二一四	五野戦航空修理廠	沖縄島尻郡眞栄里	一九四五・〇六・二〇	方山春夫	雇員	戦病死	城津郡城津邑旭町五〇
			一九一八・一〇・一八	ー	ー		ー
六	七野戦航空補給廠	ネグロス島	一九四五・〇五・〇四	新井基換	雇員	戦死	鏡城郡行営面壽洞里四八二
		全身爆創	×	新井別南	父		会寧郡会寧邑敖魚山洞一〇五
三〇九	七野戦航空補給廠	ルソン島バレラ峠	一九四五・〇五・三〇	富原　享	雇員	戦死	清津府羅北町二七ー三七
			×	富原明淑	妻		間島市大正区神明街五ー二三四組
三一〇	七野戦航空補給廠	ルソン島バレラ峠	一九四五・〇五・三〇	松田吉雄	雇員	戦死	鏡城郡豊谷面東浦洞
			×	松田東烈	父		間島市興安区大成街二ー一五
三一一	七野戦航空補給廠	ルソン島バレラ峠	一九四五・〇五・三〇	山原源喆	雇員	戦死	鏡城郡渓朗面芝防洞
			×	山原利須	妻		鏡城郡渓朗面芝防洞
三一二	七野戦航空補給廠	ルソン島バレラ峠	一九四五・〇五・三〇	吉村政男	雇員	戦死	会寧郡甫乙面遊仙洞一五二
			×	吉村一成	兄		会寧郡甫乙面遊仙洞一五二
三一九	七野戦航空補給廠	ルソン島収容所	一九四五・〇九・〇九	南錫忠	雇員	戦病死	穏城郡穏城面西興洞四五
			×	南承宗	父		間島市大和区敷島街一三ー二
二八八	七野戦航空修理廠	ルソン島マンダラ山	一九四五・〇六・二五	松原　祐	雇員	戦病死	会寧郡会寧邑鰲山洞
		マラリア	×	松原帛代	妻		会寧北鮮合同木機会社二工場
二八九	七野戦航空修理廠	ルソン島マンダラ山	一九四五・〇六・二五	金山熙大	雇員	戦病死	会寧郡会寧邑九洞四三
		マラリア	×	金山義雄	兄		会寧郡会寧邑五洞四三
一二	七野戦航空修理廠	ニューギニア、ウエワク	一九四五・〇八・〇一	平山龍國	雇員	戦死	会寧郡会寧邑料洞七〇
		札李胸部貫通銃創	一九一八・〇七・〇七	平山政京	父		会寧郡会寧邑料洞七〇
三七五	八野戦航空修理廠	間島、延吉陸軍病院	一九四四・一一・二八	青海仁學	工員	戦死	鏡城郡鏡城面南夕洞
		頭蓋底骨折	一九二五・〇八・一五	ー	ー		ー

二	八野戦航空修理廠	東満総省杏樹陸病 回帰熱	一九四五・〇一・〇七 一九〇三・〇二・二九	大林吉澤 大林明男	工員 妻	戦病死	慶興郡上下面松山洞二〇三 慶興郡上下面松山洞二〇三
三七三	一〇野戦航空修理廠	京城病院	一九四五・〇三・二二 一九二八・〇五・二三	國原祐政 國原益竝	傭人 父	戦病死	慶源郡安農面利同里 慶源郡安農面利同里
三四四	一〇野戦航空修理廠	ネグロス島 マラリア	一九四五・〇七・一〇 ×	佐井昌岩 佐井信吉	雇員 父	戦病死	清津府松郷町四八二 清津府松郷町四八二
二六一	一〇野修理廠二独整隊	ネグロス島	一九四五・〇五・〇五 ×	井本周鳳 ―	雇員 ―	戦病死	明川郡下加面地明洞六三六 ―
三二二	一三船舶××	ニューギニア、マークワリ	一九四五・〇五・三〇 ×	金本順成 宮本照雄	不詳 船主	戦病死	清津府明治町三二清津漁精会社 清津府明治町三二清津漁精会社
三一一	一四方面軍情報部	ルソン島一九師一野病	一九四五・〇五・〇三 ×	常安浩志 常安嘉代	伍長 妻	戦病死	清津府初瀬町一五一 清津府初瀬町一五一
一七	一九師団衛生隊	比島カテット野戦病院 マラリア	一九四五・〇二・一三 一九二二・〇九・〇一	新井承三 新井春鎬	上等兵 父	戦病死	清津府南夕町五六六 清津府南夕町五六六
三〇七	一九師団衛生隊	ルソン島バギオ マラリア	一九四五・〇四・一〇 一九一八・〇八・一四	平沼隆一 平沼　勲	兵長 父	戦病死	鏡城郡朱乙温面温川洞八五ー一 鏡城郡朱乙温面温川洞八五ー一
三〇六	一九師団衛生隊	ルソン島タクボ 頭部砲弾破片創	一九四五・〇六・一四 一九一五・〇四・二三	竹橋桂瀅 竹橋炳洞	兵長 父	戦死	吉州郡徳山面錦周洞八六六 吉州郡徳山面錦周洞八六六
三〇五	一九師団衛生隊	ルソン島マンカヤン 頭部砲弾破片創	一九四五・〇七・〇二 一九二四・〇三・二一	大山鼎夏 大山道鉉	兵長 父	戦死	慶源郡慶源面官柳洞七五〇 慶源郡慶源面官柳洞七五〇
三〇八	一九師団衛生隊	ルソン島マンカヤン 頭部貫通銃創	一九四五・〇七・〇二 一九二三・〇二・二三	廣川景直 廣川瑞興	兵長 父	戦死	富寧郡富居面青山洞一〇一 富寧郡富居面青山洞一〇一
三三三	一九師団司令部	ルソン島バギオ 腹部貫通銃創	一九四五・〇四・一七 一九二三・〇三・〇二	石山昌熙 石山麟南	曹長 父	戦死	富寧郡石幕面章興洞三三 富寧郡石幕面章興洞三三
二六〇	一九師団司令部	ルソン島ブギヤス マラリア	一九四五・〇六・二四 一九二〇・〇七・〇三	大山弼鏞 大山重衡	上等兵 父	戦病死	慶興郡阿吾地邑篭城洞九五 慶興郡阿吾地邑篭城洞九五
一〇〇	一九師団通信隊	台湾安平沖	一九四五・〇一・〇九 一九二四・〇二・一四	安本熙雲 安本昌植	兵長 父	戦死	穏城郡訓戒面豊舞洞三八 三江省佳木斯市昭和大街三三四大成木公司
三六六	二〇独立整備隊	福岡県馬田村 爆弾破片創	一九四五・〇四・二一 一九二四・〇七・〇八	慶山勝一 慶山永治	一等兵 祖父	戦死	鏡城郡鏡城面勝岩洞二八二 鏡城郡鏡城面勝岩洞二八二
二一一	二〇野戦自動車廠	間島、琿春 回帰熱	一九四五・〇七・〇四 一九二八・一〇・一八	新井永基 新井元柱	雇員 父	戦病死	清津府浦項町八八 清津府浦項町八八
三九四	二五軍司令部	バランガラン	一九四四・〇五・〇六 一九二三・〇八・一〇	清原雪江 清原知須	雇員 父	戦死	茂山郡三社面禮坪洞一一〇 茂山郡三社面禮坪洞一一〇
九五	二九軍司令部	マレー軍政部医務室	一九四五・〇一・〇八	豊田健吉	軍属	戦病死	清津府羅初瀬町八五

三一八	三二軍防衛築城隊	急性脳溢血 沖縄呉座	一九〇八・〇一・二四 一九四五・〇五・一八 一九二一・〇一・二五	豊田壽穂 金山明奎 金山丙南	妻 雇員 父	戦死	清津府新岩町二―八〇 明川郡阿間面黄徳洞一〇一七 牡丹江省娞陽県娞陽官署路八
一〇	三三軍司令部	ビルマ・ピンマナ 胸・腹貫通銃創	一九四五・〇四・一〇 一九二一・〇八・一五	廣川武雄 廣川昌俊	伍長 父	戦死	明川郡下加面聖邱洞二八二 清津府幸街三五
一八七	三七師団病馬廠	湖北省 脳震盪	一九四四・一一・二五 一九二〇・〇五・二三	大川澤龍 大川タカシ	上等兵 妻	平病死	鏡城郡鏡城面周山洞四〇一―一 天津市南関馬廠一馬
二一〇	三九野戦勤務隊	清津埠頭 後頭部強打	一九四五・〇六・〇三 一九二四・〇二・〇五	金田錫俊 金田寅童	一等兵 ―	戦病死	鏡城郡南山面細川洞三四六 ―
三九七	一五九兵站病院	不詳	不詳 ×	平山粉子 平山東稷	軍属 父	不詳	会寧郡会寧邑三三〇 ―
二三一	不詳	不詳	一九四五・〇九・一四 ×	雙城夏相 ―	上等兵 ―	死亡	明川郡下古面昌儀洞 明川郡下古面昌儀洞
二四九	不詳	不詳	一九四五・〇一・〇九 ×	清水亀雄 ―	上等兵 ―	戦死	慶興郡雄基邑雄基洞 慶興郡雄基邑雄基洞
三三〇	不詳	不詳	不詳 ×	新井椿玉 ―	軍属	戦病死	― ―
三三二	不詳	不詳	不詳 ×	車賢熹 ―	通訳	戦死	― ―
三三三	不詳	不詳	不詳 ×	飯爵保 ―	上等兵	戦死	― ―
三三四	不詳	不詳	不詳 ×	渡辺正吉 ―	上等兵	戦死	― ―
三三五	不詳	不詳	不詳 ×	濱田作治 ―	上等兵	戦死	― ―
三八七	不詳	不詳	一九四五・〇一・〇八 ×	豊田栄吉 ―	調理員	病死	清津府部瀬町 ―
三九六	不詳	不詳	不詳 ×	梁川再述 ―	軍属	不詳	清津府明治町三二清津漁精工業 ―

◎黄海道　六四一名

原簿番号	所属	死亡場所 死亡事由	死亡年月日 生年月日	創氏名・姓名 親権者	階級 関係	死亡区分	本籍地 親権者住所
六三三	宇都宮陸軍航空廠	宇都宮二陸軍病院 肺結核	一九四五・〇六・〇五 ×	桑村恭済 —	工員 —	戦病死	平山郡平山面穆下里一〇六 平山郡平山面穆下里一〇六
五八七	広東一〇部隊	広島市	一九四五・〇八・〇六 ×	池田栄蔵 —	一等兵 —	戦死	鳳山郡霊泉面江楽里三 —
三三二	熊本一陸軍病院	能本藤崎台分院	一九四五・〇八・二六 ×	江本徳良 江本龍女	上等兵 —	戦病死	遂安郡道所面西興徳一二〇 遂安郡道所面西興徳一二一〇
三五	京城師管区歩三補充隊	大邱陸軍病院大田分院 肺結核	一九四五・〇二・二一 一九二四・〇三・二七	成田将成 成田寶金	一等兵 妻	公病死	新渓郡麻西面軍×里四七二 新渓郡麻西面軍×里四七二
三五二	工兵一三連隊	湖北省武昌一二八兵病 マラリア	一九四五・〇三・一〇 ×	富原勇之助 富原正茂	上等兵 兄	戦病死	殷栗郡殷栗面杠門里三四三 殷栗郡殷栗面杠門里三四三
五三二	工兵三〇連隊	ミンダナオ島ウマヤン	一九四五・〇七・〇八 ×	富田権夏 豊田丙西	伍長 父	戦死	安岳郡大遠面松山里 安岳郡大遠面松山里
五三三	工兵三〇連隊	ミンダナオ島ウマヤン	一九四五・〇六・二八 ×	江原正業 江原×鐘	伍長 父	戦死	安岳郡大遠面堂田里一六 安岳郡大遠面堂田里一六
五三四	工兵三〇連隊	ミンダナオ島	一九四五・〇八・〇五 ×	安田夏龍 安田俊永	伍長 父	戦死	安岳郡大否面倉雲里四六〇 安岳郡大否面倉雲里四六〇
二〇一	工兵四九連隊	比島マニラ 海没	一九四四・一〇・一八 一九二二・〇三・一五	大津富松 大津清次郎	兵長 父	戦死	鳳山郡沙里院邑北里二三六 鳳山郡沙里院邑大元里六〇
二〇二	工兵四九連隊	比島マニラ 海没	一九四四・一〇・一八 一九二五・〇二・〇二	金川光植 金川周瓚	兵長 叔父	戦死	遂安郡延岩面西木里三一四 遂安郡水日面寶光里
二〇三	工兵四九連隊	ビルマ	一九四五・〇三・二四 ×	金原萬熙 金原光熙	伍長 父	戦死	松禾郡眞鳳面帝島里九二八 平安南道鎮南浦府新興里九六
三八七	山砲四九連隊	ビルマ	一九四五・〇七・二三 一九二五・〇三・〇二	豊澤宗司 豊澤昌永	伍長 父	戦死	松禾郡豊海面川北里九〇一 松禾郡豊海面川北里九〇一
三八八	山砲四九連隊	ビルマ	一九四五・〇四・〇八 一九二四・〇三・一三	山川通鎬 山川元鎬	伍長 兄	戦死	安岳郡大遠面巌串里一一 安岳郡大遠面巌串里一一
二〇五	山砲二五連隊	台湾安平沖	一九四五・〇一・〇九 一九二二・一一・二一	香山種善 —	兵長 —	不詳	不詳 —
二〇六	山砲二五連隊	台湾安平沖	一九四五・〇一・〇九 一九二一・〇七・〇三	西原峯星 西院東杓	伍長 父	戦死	信川郡甫珍面三聖里八三六 信川郡甫珍面三聖里八三六
四四四	山砲二五連隊	台湾安平沖	一九四五・〇一・〇九 一九二三・一二・二五	杉山春完 杉山宗文	上等兵 父	戦死	新渓郡沙芝面石橋里七〇〇 新渓郡沙芝面石橋里七〇〇

二二六	山砲二五連隊	台湾安平沖	一九四五・〇一・〇九	山田勇吉	兵長	戦死	載寧郡載寧邑弧山里九
			一九二三・一二・一一	山田承浩	父		載寧郡載寧邑弧山里九
三八〇	山砲二五連隊	ルソン島	一九四五・〇八・一〇	松原鍾廣	兵長	戦死	載寧郡長部面龍泉里一〇一
			×	松原萬善	母		長淵郡長淵邑
三七七	山砲二七連隊	湖南省	一九四五・〇二・一六	完山鎬淳	上等兵	戦病死	平山郡高山面立岩里三二
		脚気	一九二三・一二・二三	完山二萬	父		平山郡高山面漢村里二九五
二二四	山砲七四連隊	台湾安平沖	一九四五・〇一・〇九	朝宗京儀	兵長	戦死	甕津郡富民面錦昇里六三二
			一九二〇・〇九・一一	朝宗光娥	妻		甕津郡富民面錦昇里六三二
二二五	山砲七四連隊	台湾安平沖	一九四五・〇一・〇九	有山昭男	兵長	戦死	信川郡温泉面温泉里一〇六
			一九二二・〇六・〇二	有山　亭	父		信川郡温泉面温泉里一〇六
一七二	輜重一〇連隊	ルソン島	一九四五・〇一・一四	平山鉱珪	上等兵	戦病死	碧城郡秋花面晩松里三八六
		マラリア	一九二二・〇一・一〇	平山慶均	父		碧城郡秋花面晩松里三八六
六二六	輜重一〇連隊	ルソン島アリクオ	一九四五・〇五・二三	松本信夫	上等兵	戦病死	不詳
			×	―	―		―
五三五	輜重一〇連隊	ルソン島	一九四五・〇七・二五	松原誠一	兵長	戦死	松禾郡松禾面邑内里六〇八
			×	松原孝燮	父		松禾郡松禾面邑内里六〇八
五三六	輜重一〇連隊	ルソン島	一九四五・〇八・一〇	結城満雄	兵長	戦病死	海州府南幸町四四
			×	結城石洞	母		海州府北幸町一九一
四一〇	輜重一二連隊	ニューギニア	一九四四・〇八・一二	鄭山義吉	兵長	戦病死	信川郡山川面沙邑里六七
		マラリア・脚気	一九一七・〇七・二三	鄭山童勲	妻		信州郡新州面滌昌里一二－二
四一一	輜重一二連隊	ニューギニア	一九四五・〇三・三〇	平山武彦	兵長	戦死	海州府南栄町三八二
			一九二四・〇二・〇四	平山義之	兄		海州府南栄町三八二
四一二	輜重一二連隊	ニューギニア	一九四四・〇六・三〇	西原済洙	兵長	戦死	平山郡新歓面大村里一三八
			一九二二・〇一・〇五	西原在錫	父		平山郡新敬面白川里六二
八〇	輜重一九連隊	ルソン島	一九四五・〇四・一四	水原重数	軍曹	戦死	殷栗郡長達面東部里一三一六
			一九二三・〇三・二二	水原鎮善	父		殷栗郡長達面東部里一三一六
五七七	輜重二〇連隊	ニューギニア	一九四五・〇六・二三	高島龍鳳	伍長	戦死	新渓郡麻西面泉谷里一一八
			一九一八・〇四・〇八	高島錦環	父		新渓郡麻西面泉谷里一一八
六八	輜重三〇連隊	ミンダナオ島	一九四五・〇六・〇七	金城重基	伍長	戦死	新渓郡沙芝面院橋里
		右胸部貫通銃創	×	金城元瑞	父		新渓郡新渓面郷校洞
四五三	輜重三〇連隊	ミンダナオ島	一九四五・〇六・一九	山本永之	兵長	戦死	延白郡温井面錦城里六九一
			×（ママ）	山本浩然	父		延白郡温井面錦城里六九一
六五	輜重三〇連隊	ミンダナオ島	一九四五・〇六・二一	平山義誠	兵長	戦死	甕津郡東南面龍浦島里六九
		爆弾破片創	×	平山信子	妻		甕津郡東南面龍浦島里六九
六六	輜重三〇連隊	ミンダナオ島	一九四五・〇六・二二	松宮容洙	兵長	戦死	瑞興郡内徳面柳校里四〇三

		腹部貫通銃創	×	松宮應秉	父		瑞興郡内徳面柳校里四〇三
四五〇	輜重三〇連隊	ミンダナオ島	一九四五・〇六・二七	徳原杰右門	兵長	戦死	新渓郡麻西面草灘里三三二
			×	徳原一緒	祖父		新渓郡麻西面草灘里三三二
四五一	輜重三〇連隊	ミンダナオ島	一九四五・〇六・二七	永川文彦	兵長	戦死	遂安郡大梧面楠亭里三三三
			×	永川成國	妻		遂安郡大梧面楠亭里三三三
四四九	輜重三〇連隊	ミンダナオ島	一九四五・〇七・二三	清元元俊	兵長	戦死	新渓郡麻西面葛峴里六四二
			×	清元澤俊	兄		新渓郡麻西面葛峴里六四二
四五二	輜重三〇連隊	ミンダナオ島	一九四五・〇七・二五	安田吉男	兵長	戦死	新渓郡沙芝面石橋里二五六
			×	安田寶花	妻		新渓郡沙芝面石橋里二五六
六七	輜重三〇連隊	ミンダナオ島	一九四五・〇九・二四	光田鐘洙	伍長	戦死	新渓郡村面沙峴里四四一
		右胸部貫通銃創	×	光田光基	父		新渓郡村面沙峴里四四一
三三一	輜重四九連隊	仏印カムラン湾沖	一九四四・〇八・二一	大宮炯萬	兵長	戦死	甕津郡西面邑底里五〇一
			一九二二・〇八・一四	大宮敏灵	妻		甕津郡西面邑底里五〇一
五三七	輜重四九連隊	ビルマ	一九四五・〇五・××	石山在善	兵長	戦死	松禾郡蓮井面温水里二〇六
			一九二四・〇九・二九	石山順蔵	父		松禾郡蓮井面温水里二〇六
六四〇	ジャワ俘虜収容所	不詳	一九四二・〇八・一九	大和田鎮河	傭人	不慮死	延白郡湖南面素井里六九三
			一九一九・〇五・一六	大和田徳在	父		延白郡湖南面素井里六九三
五八三	ジャワ俘虜収容所	N一三・五四E一一六・二六	一九四四・一二・〇四	金村峰雄	雇員	戦死	遂安郡大成面仲上里二一七
			×	金村炳斬	父		遂安郡大成面仲上里二一七
三六四	ジャワ俘虜収容所	不詳	一九四五・〇三・三〇	竹山基文	軍属	死亡	新渓郡谷面下嶺里一二三
			一九二三・〇六・一〇	竹山×代	兄		新渓郡谷面下嶺里一二三
七九	ジャワ俘虜収容所	長崎沖	一九四四・〇六・二四	徳本　清	傭人	戦死	鳳山郡沙里院邑西里一五五
			一九二三・〇四・三〇	徳本　修	父		鳳山郡沙里院邑東里一九
五六二	山月丸	不詳	一九四二・〇一・二〇	武海賢植	軍属	戦死	平山郡麟山面川里五洞三〇九
			×	武岡淵鎮	父		平山郡麟山面川里五洞三〇九
五六五	建武丸	不詳	一九四三・〇三・〇三	平海敏勤	軍属	戦死	｜
			一九二〇・一一・〇九	平海隆豊	父		平山郡西峰面御史川里三五八
五六一	漢口丸	不詳	一九四三・一〇・〇六	金城城斗	軍属	戦死	黄州郡九聖面和洞里一八二六
			一九二五・〇九・二九	金城城洙	｜		黄州郡黄州邑新上里三三七
五六〇	しつはあ丸	不詳	一九四三・一〇・二六	池田東均	軍属	戦死	載寧郡上聖面泉井里四四一
			一九二三・〇二・一七	池田鎮九	父		載寧郡上聖面泉井里四四一
五六三	大速丸	不詳	一九四四・〇二・二七	林俊植	軍属	戦死	安岳郡安岳邑燃谷里八三
			一九二四・〇四・〇三	應善	母		｜
五六八	三かるひ丸	南部仏印聖岬	一九四四・〇四・二二	香山鎬文	軍属	戦死	黄州郡松林面五柳里一五六
			一九二五・一二・一五	｜	｜		黄州郡兼二浦邑明治町一八

三三七	大壽丸	中部太平洋	一九四四・〇六・〇七	平山梧在	軍属	戦死	碧城郡×在面龍渕六七
			×	平山聖澤	父		碧城郡×在面龍渕六七
五九三	船舶輸送司令部	ラバウル付近	一九四四・〇七・一五	白考烈	軍属	戦死	殷栗郡一道面九陽里
			一九一六・〇二・二〇	―	―		―
五八八	四船舶輸送司令部	ラバウル付近	一九四四・〇七・一五	青木×鏞	軍属	戦死・	延白郡銀川面榎川里一〇一
			一九二〇・〇四・〇五	青木長運	父		―
五六四	光州丸	ボルネオ方面	一九四四・〇八・〇四	廣原元載	軍属	戦死	甕津郡甕津邑開坪里六七九
			一九二四・〇四・〇一	廣原容均	父		京畿道仁川府京町一八二
三五五	玉津丸	比島	一九四四・〇八・一九	山澤勇吉	軍属	戦病死	信川郡南鎮面三聖里七三三
			一九〇五・〇四・〇二	山澤龍子	妻		咸鏡北道清津府浦孝学校前一九―一四六
一〇六	船舶輸送司令部	比島	一九四四・〇九・一二	豊川正夫	軍属	戦死	延白郡柳谷面永成里五
			一九二九・〇八二	豊和静枝	―		―
五六九	摩那山丸	東支那海	一九四四・一一・一七	香川　清	軍属	戦死	信川郡温泉面古松里
			一九二三・一〇・二三	李承列	兄		信川郡温泉面古松里
五二五	高周丸	レイテ島	一九四四・一二・〇七	李洪寧	軍属	戦死	延白郡海龍面大興里三八六
			×	完寧仁堂	兄		京畿道富河郡棗砂邑深谷里安田方
五二六	高周丸	レイテ島	一九四四・一二・〇七	松山済均	軍属	戦死	信川郡山川面龍月里一三九
			一九二八・〇八・一五	松山時益	父		載寧郡長寿面陽渓里一〇二
五六六	建武丸	福建省	一九四四・一二・三一	文原恒茂	軍属	戦死	殷栗郡長漣面塔部里九一九
			×	文原義一	―		全羅北道合堤郡白鳩面×亀里
二一四	茶稀丸	比島サンフェルナンド	一九四五・〇一・〇六	高島仁植	軍属	戦死	遂安郡大城面徳父里三五―三
			×	―	―		大阪市大淀区長柄中通三〇一三〇
二一五	茶稀丸	下関陸軍病院	一九四五・〇六・一四	川本有定	軍属	戦病死	瑞興郡所沙面南竹里一八七
		A型パラチフス	一九二一・〇二・一五	川本萬基	叔母		瑞興郡所沙面南竹里一八七
三五一	船舶輸送司令部	不詳	一九四五・〇一・二一	杉田常次郎	軍属	不詳	黄州郡三田面石泉里二一〇〇
			一九二〇・〇五・〇九	杉田最植	父		黄州郡三田面石泉里二一〇〇
五九一	海輪丸	フィリピン・マニラ	一九四五・〇二・二二	秋山孝根	軍属	戦死	黄州郡黄浦邑旭町
			×	秋山むつ子	長女		青森県下北郡佐井村長俊内田文四郎方
五六七	三かるひ丸	ハルマヘラ	一九四五・〇三・一一	山木允善	軍属	戦傷死	黄州郡仁橋面墨時里六二〇
			一九一八・一一・二八	山本允三	父		奉天市金口平村秋宅
一六一	船舶輸送司令部	硫黄島	一九四五・〇三・一五	岩田龍河	傭人	戦死	長淵郡×澤面汪済里
			×	岩田貫徹	父		長淵郡×澤面汪済里
五八九	ようあ丸	N一・一八E一〇四・三四	一九四五・〇三・一九	柳昌成	軍属	戦死	平山郡南川邑南川里四九
			×	柳昌林	弟		―
一八一	金祥丸	済州島沖	一九四五・〇五・一五	呉炳徳	軍属	戦死	延白郡道村面芝山里六二一

			×	|	|		咸鏡南道元山府明
二一九	二船舶輸送司令部	上海	一九四五・〇五・二三	赤井信健	軍属	戦死	安岳郡安谷面東派里七五三
			×	赤井貞順	父		福岡県××市
五二七	高周丸	セブ島	一九四五・〇六・一〇	岡田泰淳	軍属	戦死	黄州郡黄州邑碧城里一二
			一九二二・〇九・一二	岡田姫曄	母		黄州郡黄州邑天里三九三
九一	船舶輸送司令部	沖縄	一九四五・〇六・一二	藤村興植	機関員	戦死	長淵郡長淵邑西里五四
			一九二二・〇七・一七	|	|		長淵郡長淵邑外里二二
一六二	船舶輸送司令部	ルソン島マンカヤン	一九四五・〇六・二三	栗原基重	伍長	戦死	遂安郡延岩面栗里三一一
			一九二三・〇八・〇六	太山東祿	義兄		遂安郡大梧面楠亭里六一
一六三	船舶輸送司令部	ルソン島	一九四五・〇六・二八	内藤留治	兵長	戦病死	平山郡降古之面洗×里二三三
			一九二〇・〇四・〇九	内藤セキ	母		平山郡降古之面洗×里二三三
五八四	船舶輸送司令部	ルソン島	一九四五・〇七・二八	李承官	傭人	戦死	信泉郡新泉面
			×	大西正視	|		|
五九〇	三船舶輸送司令部	ルソン島	一九四五・〇七・二八	松田英太	軍属	戦死	延白郡延安邑丹山里八一三
			一九二〇・〇一・二三	松田豊三	兄		|
四一	捜索一九連隊	ルソン島	一九四五・〇六・〇九	金川龍燦	兵長	戦死	遂安郡延岩面祥岩里九五
			一九二四・〇五・一一	金川永梨	父		遂安郡延岩面祥岩里九五
一二〇	中支憲兵隊	湖南省	一九四五・〇四・二七	松坂秀光	軍属	戦死	金川郡牛峰面長芝里四二
			一九一二・〇二・〇四	松坂鉱淳	父		金川郡牛峰面長芝里四二
三六二	中支憲兵隊	不詳	不詳	大野宇鳳	通訳	死亡	鳳山郡舎人面萬和里三三六
			×	大野基豊	|		|
一七一	中支野戦貨物廠	江蘇省	一九四五・〇二・一六	青木炳俊	軍属	戦病死	延白郡牧丹面濯桜里一二
			×	青木順徳	妻		平山郡安城面物開里一七二
二〇四	中支野戦南京××所	江蘇省一五六兵病	一九四五・〇八・二三	安原昌浩	軍属	戦病死	安岳郡大杏面鴻峰里七三六
		赤痢	一九二七・〇六・二六	安原　宗	父		安岳郡大杏面鴻峰里七三六
一〇〇	電信五連隊	河北省北京陸軍病院	一九四三・〇一・〇七	藤岡藤雄	上等兵	戦病死	長淵郡龍淵面石橋里
			×	藤岡マチ	養母		|
四三九	特別勤務一二中隊	マリアナ諸島	一九四五・〇七・一八	呉山應済	二等兵	不慮死	甕津郡文井面松林里二〇八
			×	呉山喜光	父		甕津郡文井面松林里二〇八
四四〇	特別勤務一二中隊	マリアナ諸島	一九四五・〇七・一八	金本光海	二等兵	戦死	鳳山郡霊泉面
			一九二四・〇五・一〇	金本寶見	妻		鳳山郡霊泉面
四四一	特別勤務一二中隊	マリアナ諸島	一九四五・〇七・一八	遠山用華	二等兵	戦死	遂安郡大城面内徳里徳洞一七五
			一九二四・一一・二八	遠山仁姫	妻		鳳山郡金人面安谷里九
四四二	特別勤務一二中隊	マリアナ諸島	一九四五・〇七・一八	金山萬相	二等兵	公病死	甕津郡東南面松江里三一七
			一九二四・〇六・一五	金山咸大	父		甕津郡甕津邑温泉里五四七

四四三	特別勤務一二中隊	××二〇四高地	一九四五・〇七・二三 一九二四・〇五・一四	金村昌基 金村炳元	二等兵 父	公病死	金川郡外柳面安鳳里三二二 金川郡外柳面安鳳里三二二
八八	独混二六連隊	比島マニラ	一九四五・〇三・二三 一九二五・〇六・二六	高山岩井 城川秉根	上等兵 義兄	戦死	甕津郡甕津邑間坪里一四八 甕津郡甕津邑和泉四〇－一
八九	独混二六連隊	比島マニラ	一九四五・〇三・一三 一九二五・〇九・一六	平松忠昇 平松征周	上等兵 兄	戦死	碧城郡秋花面香山里三五五 碧城郡秋花面香山里三五五
六〇八	独混二六連隊	ルソン島	一九四五・〇三・二八 一九二一・〇五・〇四	寶木×寶 寶木晩燮	兵長 祖父	戦死	長淵郡長淵邑南里九〇三 土保南面在里六三三(ママ)
六二七	独混二六連隊	ルソン島	一九四五・〇六・〇九 一九二六・〇七・一八	清金基英 清金訳信	兵長 母	戦死	平山郡細谷面満川里七二 平山郡細谷面満川里七二
六二八	独立混成八八旅団	漢口一七八兵站病院 脚気	一九四五・〇七・一六 一九二四・〇五・三一	宇野翊来 ××茂滴	兵長 父	戦病死	長淵郡速達面苔灘里 長淵郡速達面苔灘里
一九三	独混八八旅工兵隊	湖南省	一九四五・〇八・三一 一九二四・〇一・一〇	安田祥× 安田祥栄	兵長 兄	戦病死	載寧郡九東面雙椿一八六 平安南道平壌府平川町九二
六〇七	独混八八旅工兵隊	湖北省武昌一二八兵病	一九四五・一一・一八 一九二四・〇七・一〇	有田栄秀 有田彰顕	上等兵 兄	戦死	長淵郡長淵邑南里四三三 忠清北道清州邑台橋町一二五一－三七
一四二	独立警備歩兵一四大隊	河北省	一九四五・〇五・一八 一九二一・〇一・一一	南谷賢教 南谷鎮煥	見習士官 父	戦死	黄州郡黄州邑禮洞里四六〇 黄州郡黄州邑禮洞里四六〇
六三九	独立警備歩兵一七大隊	不詳	一九四五・〇三・二八 一九二六・〇五・一六	洪川敏夫 —	工員 —	戦死	鳳山郡舎人面月山里三〇四 —
四一三	独立守備歩兵一四大隊	マリアナ諸島	一九四五・〇七・一八 ×	安東季義 安東武×	上等兵 兄	戦死	信川郡信川面舎穆里七七 信川郡信川面舎穆里七七
四一四	独立守備歩兵一四大隊	マリアナ諸島	一九四五・〇七・一八 ×	海村殷命 海村仲会	上等兵 父	戦死	碧城郡代車面桃坪里一六八 碧城郡代車面桃坪里一六八
四一五	独立守備歩兵一四大隊	マリアナ諸島	一九四五・〇七・一八 ×	金川享淳 金川弘錫	上等兵 父	戦死	黄州郡亀洛面長坪里五八九 黄州郡亀洛面長坪里五八九
四一六	独立守備歩兵一四大隊	マリアナ諸島	一九四五・〇七・一八 ×	香山泰錫 香山世宗	上等兵 父	戦死	黄州郡青龍面九里七〇一 黄州郡青龍面九里七〇一
四一七	独立守備歩兵一四大隊	マリアナ諸島	一九四五・〇七・一八 ×	金村順模 金村宗里	上等兵 父	戦死	安岳郡安邑砕石里三八二 安岳郡安邑砕石里三八二
四一八	独立守備歩兵一四大隊	マリアナ諸島	一九四五・〇七・一八 ×	金杉鎮浩 金杉済錫	上等兵 父	戦死	海州府龍頭里九一二 海州府龍頭里九一二
四一九	独立守備歩兵一四大隊	マリアナ諸島	一九四五・〇七・一八 ×	金崎允栄 金崎長順	上等兵 父	戦死	延白郡松逢面増山里一八二 延白郡松逢面増山里一八二
四二〇	独立守備歩兵一四大隊	マリアナ諸島	一九四五・〇七・一八	香山澄一	上等兵	戦死	黄州郡黄州邑城南里一〇二

番号	部隊	死亡場所	死亡年月日	氏名	階級・続柄	死亡事由	本籍・住所
			×	香山茂郎	父		黄州郡兼二浦城本町四一〇
四二一	独立守備歩兵一四大隊	マリアナ諸島	一九四五・〇七・一八	上山亨三	上等兵	戦死	長淵郡海安面大村里七〇三
			×	上山永五	父		長淵郡海安面大村里七〇三
四二二	独立守備歩兵一四大隊	マリアナ諸島	一九四五・〇七・一八	金村五鳳	上等兵	戦死	平山郡金岩面斉宮里一五六
			×	金村後遥	父		平山郡金岩面斉宮里一五六
四二三	独立守備歩兵一四大隊	マリアナ諸島	一九四五・〇七・一八	韓山弼洙	上等兵	戦死	長淵面亀淵面草洞里二
			×	韓山景燦	父		長淵面亀淵面草洞里二
四二四	独立守備歩兵一四大隊	マリアナ諸島	一九四五・〇七・一八	高山膺健	上等兵	戦死	平山郡龍山面廣岩里一〇五
			×	高山一英	父		平山郡龍山面廣岩里一〇五
四二五	独立守備歩兵一四大隊	マリアナ諸島	一九四五・〇七・一八	徳山魯一	上等兵	戦死	延白郡湖東面龍山里五〇九
			×	徳山東喆	父		延白郡湖東面龍山里五〇九
四二六／五九五	独立守備歩兵一四大隊	マリアナ諸島	一九四四・〇七・一八	共田正旭	上等兵	戦死	安岳郡安谷面龍泉里五三六
			×	共田致泓	父		安岳郡安谷面龍泉里五三六
四二七	独立守備歩兵一四大隊	マリアナ諸島	一九四五・〇七・一八	延原弘一	上等兵	戦死	遂安郡文梧面社倉里二七五
			×	延原用権	父		遂安郡文梧面社倉里二七五
四二八	独立守備歩兵一四大隊	マリアナ諸島	一九四五・〇七・一八	平山相賢	上等兵	戦死	平山郡馬山面間坪里二五二
			×	平山寄順	妻		延白郡安邑風南里三六四
四二九	独立守備歩兵一四大隊	マリアナ諸島	一九四五・〇七・一八	廣島元一	上等兵	戦死	遂安郡大白面陶河里一〇三
			×	廣島龍學	父		遂安郡大白面陶河里一〇三
四三〇	独立守備歩兵一四大隊	マリアナ諸島	一九四五・〇七・一八	廣田豊作	上等兵	戦死	晋州郡晋州面社稷里四〇
			×	廣田貞雄	父		晋州郡晋州面渓×里一二八
四三一／五九六	独立守備歩兵一四大隊	マリアナ諸島	一九四五・〇七・一八	文山恩倫	上等兵	戦死	碧城郡秋花面晩松里四四〇
			×	文山京換	父		碧城郡秋花面晩松里四四〇
四三二	独立守備歩兵一四大隊	マリアナ諸島	一九四五・〇七・一八	牧山順植	上等兵	戦死	延白郡金山面仙城里一九九
			×	牧山承金	父		延白郡金山面仙城里一九九
四三三	独立守備歩兵一四大隊	マリアナ諸島	一九四五・〇七・一八	松本義城	上等兵	戦死	碧城郡秋花面香山里二七三
			×	松本一禮	母		碧城郡秋花面香山里二七三
四三四	独立守備歩兵一四大隊	マリアナ諸島	一九四五・〇七・一八	松島忠斌	上等兵	戦死	戴寧郡下聖面大府里一一九
			×	松島弘穆	父		鳳山郡沙里院邑東里四〇
四三五	独立守備歩兵一四大隊	マリアナ諸島	一九四五・〇七・一八	松山鶴山	上等兵	戦死	延白郡松逢面増山里二四一
			×	松山重雄	兄		延白郡松逢面増山里二四一
四三六	独立守備歩兵一四大隊	マリアナ諸島	一九四五・〇七・一八	三山勤善	上等兵	戦死	平山郡世之面書梧里四一六
			×	三山舜喜	祖父		平山郡世之面書梧里四一六
四三七	独立守備歩兵一四大隊	マリアナ諸島	一九四五・〇七・一八	吉川英善	上等兵	戦死	碧城郡羅徳面羅峰里六五一
			×	吉川智金	母		海州府北幸町二八二

四三八	独立守備歩兵一四大隊	マリアナ諸島	一九四五・〇七・一八	遠山東鎮	上等兵	戦死	遂安郡大城面月淵里四九八
			×	遠山東俊	兄		黄州郡兼浦邑本町七
一	独立守備歩兵一八大隊	マリアナ諸島	一九四四・〇七・一八	石川清次郎	上等兵	戦死	長淵郡幾道面細馬里二九八
			一九二三・〇二・二〇	石川　曙	祖父		長淵郡幾道面細馬里二九八
二	独立守備歩兵一八大隊	マリアナ諸島	一九四四・〇七・一八	金原勳成	上等兵	戦死	長淵郡海安面釜城里五九〇
			×	金原日鳳	父		長淵郡海安面釜城里五九〇
三	独立守備歩兵一八大隊	マリアナ諸島	一九四四・〇七・一八	金城昌旭	上等兵	戦死	殷栗郡一道面寶林里七三
			一九二三・〇一・一八	金城在英	父		殷栗郡一道面寶林里七三
四	独立守備歩兵一八大隊	マリアナ諸島	一九四四・〇七・一八	金子雲栄	上等兵	戦死	碧城郡東江面花山里八六五
			一九二四・〇二・〇六	金子鍾熙	父		碧城郡西席面松潤里二区七二一
五	独立守備歩兵一八大隊	マリアナ諸島	一九四四・〇七・一八	金山載萬	上等兵	戦死	延白郡石山面墨花里三二〇
			×	金山徳成	父		延白郡石山面墨花里三二〇
六	独立守備歩兵一八大隊	マリアナ諸島	一九四四・〇七・一八	呉本俊華	上等兵	戦死	甕津郡富民面麻洞里一四五
			一九二五・〇三・三〇	呉本學伊	母		甕津郡富民面麻洞里一四五
七	独立守備歩兵一八大隊	マリアナ諸島	一九四四・〇七・一八	完山泰鎮	上等兵	戦死	平山郡馬山面聖基里五〇五
			一九二四・〇二・〇八	完山鍾元	父		平山郡馬山面聖基里五〇五
八	独立守備歩兵一八大隊	マリアナ諸島	一九四四・〇七・一八	白川治雄	上等兵	戦死	信川郡信川面社稷里一二〇
			一九二八・〇五・〇七	白川朝雄	兄		信川郡信川面社稷里一二〇
九	独立守備歩兵一八大隊	マリアナ諸島	一九四四・〇七・一八	徳山平南	上等兵	戦死	殷栗郡殷栗面紅門里二六九
			一九二五・〇一・二九	徳山永基	父		殷栗郡殷栗面紅門里二六九
一〇	独立守備歩兵一八大隊	マリアナ諸島	一九四四・〇七・一八	長城正信	上等兵	戦死	延白郡官林面新月里八〇九
			一九二四・〇二・〇九	長城光男	父		延白郡×谷面永成里三五九
一一	独立守備歩兵一八大隊	マリアナ諸島	一九四四・〇七・一八	永田健次郎	上等兵	戦死	松禾郡長陽面枰村里三二〇
			一九二四・〇六・二〇	永田昌鳳	父		松禾郡長陽面枰村里三二〇
一二	独立守備歩兵一八大隊	マリアナ諸島	一九四四・〇七・一八	八王學均	上等兵	戦死	信川郡軍里面達泉里一一六
			一九二四・一一・一八	八王元國	父		信州郡弓興面三泉里五二〇
一三	独立守備歩兵一八大隊	マリアナ諸島	一九四四・〇七・一八	平岡栄淳	上等兵	戦死	松禾郡松禾面邑内里五四三
			一九二五・〇八・一〇	平岡　賢	父		松禾郡松禾面邑内里五四三
一四	独立守備歩兵一八大隊	マリアナ諸島	一九四四・〇七・一八	松田勇雄	上等兵	戦死	瑞興郡水面水田一四四
			一九二三・一〇・〇五	松田勇雄（ママ）	父		瑞興郡水面水田一四四
一五	独立守備歩兵一八大隊	マリアナ諸島	一九四四・〇七・一八	昌原清一	上等兵	戦死	鳳山郡沙里院邑東里一八
			一九二六・〇四・一六	昌原　實	父		鳳山郡沙里院邑駒泉里五〇〇
一六	独立守備歩兵一八大隊	マリアナ諸島	一九四四・〇七・一八	森山政次	上等兵	戦死	碧城郡代車面淑達里六八七
			×	森山栄次郎	兄		碧城郡検丹面温泉里八九〇
一七	独立守備歩兵一八大隊	マリアナ諸島	一九四四・〇七・一八	柳川韶馨	上等兵	戦死	金川郡雄徳面梅品里一〇〇

			一九二三・〇二・一七	柳川瑞分	妻		金川郡雄徳面梅品里一〇〇
一八	独立守備歩兵二八大隊	マリアナ諸島	一九四四・〇七・一八 一九二四・〇五・二一	山咸貞済 山咸鐘黙	上等兵 父	戦死	松禾郡栗里面大村里四三六 松禾郡栗里面福里六六（ママ）
一九	独立守備歩兵二八大隊	マリアナ諸島	一九四四・〇七・一八 一九二四・〇二・二二	柳川鐘善 柳川　勝	上等兵 叔父	戦死	信川郡加蓮面芝峰里六五 信川郡加蓮面芝峰里六五
二〇	独立守備歩兵二八大隊	マリアナ諸島	一九四四・〇七・一八 一九二五・〇五・一〇	豊村興禄 豊村興三	上等兵 兄	戦死	遂安郡大城面伍羅里一三三 遂安郡遂安面龍里二四
二一	独立守備歩兵二八大隊	マリアナ諸島	一九四四・〇七・一八 ×	延茂華英 延茂命守	上等兵 父	戦死	鳳山郡沙里院邑東里七五 鳳山郡沙里院邑鐵山里八一九
五二四	独立速射砲一三大隊	ビルマ、メークテーラ	一九四五・〇四・一一 一九二四・〇六・一九	松本博志 松本善子	兵長 妻	戦死	黄州郡九聖面九林里七九七 黄州郡九聖面九林里七九七
一七四	独野戦高射砲二八中隊	ニューギニア、ウウェワク	一九四五・〇一・二六 ×	安東英植 安東萬洙	兵長 父	戦病死	平山郡龍山面岩里二六七 平山郡龍山面岩里二六七
六四一	独歩二大隊	中華民国大平堡	一九四〇・〇四・二五 ×	金仁洙 —	不詳 —	戦死	松禾郡豊海面城下里六五 —
四三一／五九六	独歩一四大隊	サイパン島	一九四四・〇七・一八 ×	文山恩倫 文山京換	兵長 父	戦死	碧城郡秋花面晩松里四四〇 碧城郡秋花面晩松里四四〇
五九五	独歩一四大隊	サイパン島	一九四四・〇七・一八 ×	共田正旭 共田致泓	上等兵 父	戦死	安岳郡安岳面龍泉里五三六 安岳郡安岳面龍泉里五三六
三五六	独歩二二大隊	河北省武昌一八三兵病	一九四六・〇一・二二 一九二四・〇九・二七	水原南亨 水原信正	兵長 父	戦病死	延白郡龍有面 延白郡龍有面
四〇	独歩二八大隊	河南省 腹部貫通銃創	一九四五・〇五・二六 一九二一・〇九・二七	岐山忠路 岐山悌道	軍曹 父	戦死	碧城郡東雲面鳳山里七九〇 碧城郡東雲面鳳山里七九〇
一九四	独歩三一大隊	河北省	一九四四・〇六・〇八 一九一九・〇七・一五	三山長林 —	上等兵 —	戦死	松禾郡蓮芳面芳林里五八一 —
一八二	独歩三三大隊	北京一五二兵站病院 右下腿骨折・地雷破片	一九四五・〇二・〇七 一九二二・〇五・一七	松原國雄 松原光客	甲幹軍曹 父	戦傷死	安岳郡大遠面松小里八一 安岳郡大遠面松小里八一
三四	独歩三三大隊	石門陸軍病院 肺結核	一九四五・〇七・〇八 一九二二・〇三・二一	安岡英雄 安岡勝男	見習士官 父	戦病死	海州府上町一〇七 海州府煙義街二三八
一九五	独歩三五大隊	河北省	一九四四・一二・〇三 一九二三・〇四・二二	高島元栄 高島秉龍	兵長 父	戦死	黄州郡黄州邑赤碧里一八六 黄州郡黄州邑赤壁里二五四
一九七	独歩七八大隊	河北省	一九四四・〇六・二四 ×	兪村長壽 —	雇員 —	戦死	延白郡胡東面南塘里四八七 —
一一〇	独歩一一三大隊	江蘇省 急性肝臓委縮症	一九四五・〇八・二七 一九二四・〇三・二六	木村昌緒 木村順徳	兵長 妻	公病死	平山郡×山面眞石里五六 瑞興郡龍坪面金川里一二五

三六〇	独歩一一八大隊	江蘇省一七三兵病 腸チフス	一九四五・一一・一八 一九二二・一二・〇一	野城壽岩 野城徳善	軍曹 父	戦病死	延白郡掛弓面×井里一〇一二 海州府龍塘里二二〇五六
六〇〇	独歩一一八大隊	河南省	一九四四・〇六・〇一 ×	秋山成鎬 —	上等兵 —	戦死	鳳山郡沙里院大元里 —
六一三	独歩一一八大隊	河南省	一九四四・〇六・〇一 ×	密山成龍 —	兵長 —	戦死	黄州郡清水面清源里五六二 —
六二五	独歩一一八大隊	河南省	一九四四・〇六・〇一 ×	松田益善 —	伍長 —	戦死	遂安郡大城面佐桃里一三八 —
一二四	独歩二八六大隊	広東省二九師野病 急性脳××	一九四五・〇九・〇九 一九二三・一二・一九	表山萬憲 表山君子	上等兵 妻	戦病死	安岳郡大山面新唐里四九九
一四四	独歩三四六大隊	ペリリュー島パラオ	一九四四・一二・三一 一九一七・〇三・〇五	朝島通微 朝島東源	上等兵 妻	戦死	瑞興郡細×面良坪里一三九 瑞興郡細×面良坪里一三九
一四五	独歩三五一大隊	パラオ島療養所 脚気	一九四五・〇七・一七 一九二二・〇五・二〇	岡村光燮 岡村敬一	伍長 父	戦病死	黄州郡青龍面華山里三三一 黄州郡青龍面華山里三三一
六〇二	独歩五一一大隊	湖北省一七八兵病	一九四六・〇二・二三 一九二三・一二・〇六	南本完容 南本西粉	上等兵 妻	戦病死	平山郡寶山面山馬四〇六 平山郡寶山面山馬四〇六
一〇八	独歩五一七大隊	湖南省長沙八四兵病 全身爆創	一九四五・〇九・〇九 一九二四・〇二・〇八	星山杓純 星山富（昌）鉱	兵長 父	戦病死	安岳郡大杏面石雲里九七五 安岳郡大杏面石雲里九七五
一〇七	独歩五一七大隊	湖南省二七兵站病院 マラリア	一九四五・〇九・二一 一九二四・〇三・二〇	崔雲洙 崔鳳悟	伍長 父	戦病死	谷山郡鳳鳴面朝陽里一七統一戸 平安南道江東郡三登面松街里（徳岩鉱業）
四二	独歩五一九大隊	不詳 腸病	一九四五・〇六・〇九 一九二四・〇五・一七	金鳳来 金鉱植	兵長 養父	戦病死	碧城郡東雲面徳達里八一七 平安南道龍岡郡貴城面邑里一〇六一
四四	独歩五一九大隊	広西省 全身手榴弾破片創	一九四五・〇七・一五 一九二三・一二・一五	南寧枢奎 南寧禎賢	兵長 父	戦死	遂安郡泉谷面松村里外金泊三七九 平安南道江東郡勝湖邑勝湖里六四〇
四三	独歩五一九大隊	湖南省一三二兵站病院	一九四五・〇八・〇七 一九二四・〇一・一九	木村文煥 —	兵長 —	戦傷死	瑞興郡新幕面新幕里四一五 —
一二三／三五七（ママ）	独歩五一九大隊	湖北省一二八兵站病院 細菌性赤痢	一九四五・一一・二六 ×	上田龍得 上田龍女	上等兵 妻	戦病死	信川郡山川面龍月里五四 信川郡山川面龍月里五四
三五三	独歩五一九大隊	湖北省 マラリア	一九四六・〇一・〇九 一九二四・〇二・〇四	高山勝連 高山允瑞	上等兵 父	戦病死	殷栗郡西部面雲成里 殷栗郡西部面雲成里
一二二	独歩五一九大隊	湖北省 細菌性赤痢	一九四六・〇一・〇一 一九二三・一一・〇六	水原光連 水原明五	伍長 父	戦病死	松禾郡松禾面密旺里二七二 松禾郡松禾面密旺里二七二
六〇六	独歩五一九大隊	不詳	一九四六・〇二・一三 ×	尹昌禔 —	上等兵 —	戦病死	長淵郡長淵邑邑南里三四五 —
一二八	独歩五二〇大隊	広西省	一九四五・〇七・一七	山本益禄	伍長	戦死	信川郡南×面開陰里三〇三

番号	部隊	死亡場所・死因	死亡年月日	氏名	階級	区分	本籍	生年月日	親族氏名	続柄	親族住所
								一九二四・〇五・二五	山本景僕	兄	信川郡南×面開陰里三〇三
一二五	独歩五二〇大隊	広西省	一九四五・〇七・二四	白川忠吉	伍長	戦死	信川郡加×面××隅里五〇〇	一九二四・〇九・一〇	白川兌孫	祖父	信川郡加×面××隅里五〇〇
一二九	独歩五二〇大隊	広西省	一九四五・〇七・二五	山本善楳	伍長	戦死	延白郡雲山面江西六六	一九二四・〇六・一九	山本鐘根	父	延白郡雲山面江西六六
一三〇	独歩五二〇大隊	広西省	一九四五・〇八・〇五	江原承煥	伍長	戦死	金川郡北部面土城里一九一	一九二四・〇五・二〇	江源錫燁	父	信州郡南部面鳳岩里五七
一二七	独歩五二〇大隊	湖南省 腸病	一九四五・〇八・二七	山本仲仁	兵長	戦病死	鳳山郡×山面花陽里五七	一九二四・一〇・〇五	山本世春	父	鳳山郡×山面花陽里五七
一二六	独歩五二〇大隊	湖南省七二兵站病院 マラリア	一九四五・一〇・二七	吉木健一	兵長	戦死	海州府廣石町二〇六	一九二四・〇三・一三	吉本密子	妻	平山郡新岩面天林里
一三一	独歩五二〇大隊	湖北省 コレラ	一九四五・一一・二四	松田平雄	伍長	戦病死	長淵郡龍淵面書院里四五七	×	松田順女	妻	長淵郡龍淵面書院里四五七
一三二	独歩五二〇大隊	湖北省一五八兵病 赤痢	一九四五・一二・一三	安生元	上等兵	戦病死	延白郡海静面錦山里七四二	一九二三・一二・〇五	安生永水	父	延白郡海静面錦山里七四二
六二一	独歩五二〇大隊	湖北省一七八兵病	一九四六・〇二・一六	掲田淳×	上等兵	戦死	安岳郡大否面光桐里三八四	××××・〇三・〇一	掲田斗成	父	安岳郡大否面光桐里三八四
六一八	独歩五二〇大隊	湖北省一七八兵病	一九四六・〇三・〇八	長田幸久	上等兵	戦死	延白郡延安邑山陽里三一二	一九二四・〇五・〇六	長田命昌	父	延白郡延安邑山陽里三一二
四七	独歩五二一大隊	湖北省独混八八患収所 両側×性肺炎	一九四六・〇一・一七	釜奥禄	兵長	戦病死	遂安郡栗恩面堂峙里三一五	一九二三・〇八・二〇	金桂範	父	遂安郡栗恩面堂峙里三一五
四八	独歩五二一大隊	広西省 心臓部貫通銃創	一九四五・〇六・一〇	崔龍燮	伍長	戦死	甕津郡富康令洞里二一八	一九二四・〇五・二八	松田淑玉	妻	甕津郡富康令洞里二一八
四六	独歩五二一大隊	広西省 ××部貫通銃創	一九四五・〇七・一六	豊川昌祚	伍長	戦死	平山郡売山面石灘里三九四	一九二四・〇六・一〇	豊川世爀	兄	平山郡売山面石灘里三九四
四九	独歩五二一大隊	広西省 腰部貫通銃創	一九四五・〇七・二〇	福村奎成	伍長	戦死	延白郡海月面龍岡里九七七	一九二四・〇九・〇六	福村栄子	妻	延白郡海月面龍岡里九七七
五二	独歩五二一大隊	広西省 頭部貫通銃創	一九四五・〇八・一四	松浦貞燮	伍長	戦死	鳳山郡沙里院邑北里二三四	一九二四・〇五・一八	松浦致豊	父	鳳山郡沙里院邑北里二三四
五〇	独歩五二一大隊	湖北省一八三兵病 回帰熱	一九四五・一〇・一三	西谷楫鼎	兵長	戦病死	延白郡海月面雲山里四〇三	一九二四・〇三・〇一	安澤　源	母	延白郡海月面雲山里四〇三
五一	独歩五二一大隊	湖北省独混八八患収所	一九四五・一〇・二六	柳川炳學	兵長	戦病死	信川郡信川面大館里三二〇	一九二四・一一・一〇	柳川雲春	父	信川郡信川面大館里三二〇
五三	独歩五二一大隊	延白郡道村里 コレラ	一九四五・一一・二八	安山光勳	兵長	戦病死	延白郡道村面槐岩里二〇八	一九二四・〇八・一〇	安本秉喆	父	延白郡道村面槐岩里二〇八

五五	独歩五二一大隊	湖北省	一九四五・一一・一八	河本光綵	兵長	戦病死	瑞興郡木可×水里四六一
		脚気・栄養失調	一九二三・一二・二〇	河本達守	父		瑞興郡木可×水里四六一
五六	独歩五二一大隊	湖北省一八三兵病	一九四五・一一・二八	根本浩淳	兵長	戦病死	鳳山郡洞山面高山里七二二
			×	根本俊根	父		鳳山郡洞山面高山里七二二
三五八	独歩五二一大隊	湖北省一二八兵站病院	一九四五・一一・二八	栗川栄均	一等兵	戦病死	殷栗郡墨達面東里三二八
			一九二四・〇一・〇五	栗川成弼	父		殷栗郡墨達面東里三二八
五四	独歩五二一大隊	湖北省一八二兵病	一九四五・一二・〇三	眞本尚典	上等兵	戦病死	延白郡松逢面清矢里上里五〇九
		アメーバ性赤痢	一九二四・一一・〇一	眞本猛鳳	父		延白郡松逢面清矢里上里五〇九
九〇	独歩五二三大隊	草南全県一八一兵病	一九四五・〇七・三〇	藤原敬翊	兵長	戦病死	新渓郡沙芝面渉伊谷里三〇五
			一九二四・〇九・一六	藤原敬學	父		新渓郡沙芝面渉伊谷里三〇五
一〇一	独歩五二三大隊	西省	一九四五・〇八・一七	木山鐘樂	伍長	戦死	瑞興郡新幕面瓦野一五五
			一九二三・一二・二一	木山鐘煥	弟		瑞興郡新幕面瓦野一五五
一〇二	独歩五二三大隊	湖南省長沙一八四兵病	一九四五・〇九・〇九	山本星浩	兵長	戦病死	殷栗郡二道面古縣里一八二
		右大腿・臀部手榴弾	一九二四・〇二・一四	山本龍浩	兄		殷栗郡二道面古縣里一八二
一〇三	独歩五二三大隊	湖南省	一九四五・〇九・一五	安藤順國	伍長	戦病死	黄州郡尤聖面和洞里一二七
		マラリア	一九二四・〇七・〇五	安藤太化	父		黄州郡尤聖面和洞里一二七
一〇五	独歩五二三大隊	湖北省一八五兵病	一九四五・〇九・二八	文岩尚鎮	兵長	戦病死	長淵郡自鈅面鎮村里三六一
		栄養失調症	一九二四・〇四・二九	文岩正燮	父		長淵郡自鈅面鎮村里三六一
一〇四	独歩五二三大隊	湖北省一七八兵病	一九四五・一〇・〇四	松岡永均	伍長	戦病死	信川郡南部面書院里三四九
		慢性腸炎・脚気	一九二四・〇三・三〇	松岡仁善	母		信川郡南部面書院里三四九
六一九	独歩五七六大隊	クモロラス	一九四五・〇一・一〇	千原基烈	兵長	戦死	延白郡花城面佐山里六九九
			一九二三・一一・〇五	千原徳市	父		延白郡花城面佐山里六九九
一四六	独歩五九〇大隊	広東省	一九四五・〇七・〇七	洪村在斗	一等兵	不詳	殷栗郡二道面生人里
			一九二四・〇八・二三	洪村應渉	父		殷栗郡二道面生人里
一四七	独歩六二一大隊	広東省	一九四五・〇六・〇二	金光文雄	兵長	戦死	海州府廣石町一四三―六
			一九二一・〇六・一〇	金光賢次郎	父		甕津郡甕津邑温泉里二八五
五二三	飛行二〇〇戦隊	ルソン島アリマオ	一九四五・〇六・〇七	西原嘉晃	伍長	戦死	長淵郡長淵邑東里六四六
			×	西原　傑	父		松禾郡長場面連山里撐石洞六六二
六三五	北支軍司令部	山西省	一九四四・〇八・一三	吉田贇淳	工員	戦死	安岳郡大杏面石雲里九七四
			一九一八・〇六・一三	吉田永福	母		安岳郡大杏面石雲里九七四
三九	北支特別警備司令部	河北省	一九四五・〇二・〇七	元山貞夫	通訳	戦病死	鳳山郡沙里院邑西里八四
		肺炎	一九〇六・〇四・二七	元山信雄	父		鳳山郡沙里院邑西里八四
五九	北支特警二特警備隊	北支峰省×水県	一九四四・〇九・〇三	平田昌律	伍長	戦死	殷栗郡二道面池内里一八〇一
			一九二二・〇一・〇九	平田泰鎬	父		殷栗郡北部面金山里一四一
六〇	北支特警三特警備隊	山東省	一九四四・一二・〇三	水原健一	雇員	戦死	延安郡遥安面龍潭里五八

		左胸部貫通銃創	一九一八・〇七・〇二	水原明江	妻		延安郡遥安面龍潭里五八
六三六	北支野戦貨物廠	不詳	一九四五・〇七・二五	大野　寛	雇員	死亡	載寧郡載寧邑壽昌里三一
			一九二七・××・××	大野泰益	父		載寧郡武寧邑孤山里
一九八	歩兵四連隊補充隊	平壌秋乙一陸軍病院	一九四五・〇三・一七	松山永福	一等兵	戦病死	谷山郡西村面助仁里二六四
		脳脊髄膜炎	一九二四・〇七・二一	松山昌渉	父		谷山郡西村面助仁里二六四
二〇八	歩兵一四連隊	ミンダナオ島	一九四四・一〇・二五	金田忠溶	兵長	戦病死	谷山郡雲中面新平里三三六
		マラリア	一九二五・〇二・一六	金田閏玉	母		谷山郡雲中面新平里三三六
二〇七	歩兵一四連隊	ミンダナオ島	一九四五・〇五・一五	星島義光	伍長	戦死	殷栗郡殷栗面南川里四一
			一九一七・〇七・一一	星島富子	妻		殷栗郡殷栗面南川里二一八
二〇九	歩兵一四連隊	ミンダナオ島	一九四五・〇五・〇八	金村慶勲	伍長	戦死	黄州郡州南面順天里五七九
			一九一九・〇三・〇五	金村慶業	兄		黄州郡州南面順天里五七九
二一〇	歩兵一四連隊	ミンダナオ島	一九四五・〇五・一〇	橋本善次郎	伍長	戦死	鳳山郡沙里院邑駒泉里四二〇
			×	橋本　寛	父		鳳山郡沙里院邑駒泉里四二〇
六一二	歩兵一九連隊	ルソン島	一九四五・〇六・〇七	白木順吉	伍長	戦死	碧城郡秋花面薬峴里四四三
			一九二二・一一・二四	白木南俊	父		碧城郡秋花面薬峴里四四三
五二九	歩兵二二連隊	沖縄	一九四五・〇四・二八	小山仁根	兵長	戦死	海州府南旭町三八四
			一九二三・〇二・二七	小山馨根	兄		海州府廣石町三四五
五三〇	歩兵二二連隊	沖縄	一九四五・〇五・〇一	安田周栄	兵長	戦死	延白郡鳳化面龍城里六四四
			一九二五・〇二・二五	安田夏俊	父		延白郡鳳化面龍城里六四四
五三一	歩兵二二連隊	沖縄	一九四五・〇六・一九	廣田健吉	兵長	戦死	海州府北旭町一一六
			一九二四・一二・一一	廣田龍清	父		海州府廣石町一二三
六二四	歩兵二五連隊	樺太・熊笹	一九四五・〇八・二三	松田秋水	軍曹	死亡	延白郡柳谷面柳川里安心洞六九二
			一九一九・〇九・二九	松田萬器	父		延白郡柳谷面柳川里安心洞六九二
一六九	歩兵三〇連隊	ニューギニア、シニデリス	一九四四・〇一・二〇	木下杜茂	伍長	戦死	新渓郡新渓面郷校里二九三
			×	木下替成	父		新渓郡新渓面郷校里二九三
一七〇	歩兵三〇連隊	ニューギニア、ヘンサ	一九四四・〇三・二七	松谷俊雄	伍長	戦死	鳳山郡楚臥面柳亭里六七五
			×	松谷鐘根	父		鳳山郡楚臥面柳亭里六七五
三七〇／五九八	歩兵三二連隊	沖縄、浦添村	一九四五・〇四・〇二	木村正雄	兵長	戦死	殷栗郡殷栗面南川里二五四
			一九一五・〇七・〇五	木村貞源	父		殷栗郡殷栗面南川里二五四
三四五	歩兵三二連隊	沖縄	一九四五・〇四・二九	青松遠釘	兵長	戦死	金川郡口井面徳安里一六九
			一九二三・〇七・〇一	青松銀順	父		金川郡口井面徳安里一六九
三六八	歩兵三二連隊	沖縄、首里	一九四五・〇四・二九	金子秀雄	伍長	戦死	鳳山郡沙里院邑東里七六
			一九二四・〇三・〇一	金井博文	父		鳳山郡沙里院邑東里七六
四六四	歩兵三二連隊	沖縄	一九四五・〇四・三〇	松浦清隆	兵長	戦死	殷栗郡北部面臥龍里四二七
			一九二二・〇一・一六	松浦信義	父		殷栗郡北部面臥龍里四二七

<table>
<tr><td>四六五</td><td>歩兵三二連隊</td><td>沖縄</td><td>一九四五・〇五・〇一
一九二五・一一・二六</td><td>山本奎風
山本白奎</td><td>兵長
兄</td><td>戦死</td><td>長淵郡梅安面新南里二三二
長淵郡×澤面鐘滉里四六一</td></tr>
<tr><td>三七一</td><td>歩兵三二連隊</td><td>沖縄、首里</td><td>一九四五・〇五・二六
一九二五・〇三・一六</td><td>金田康善
金田鎮善</td><td>兵長
兄</td><td>戦死</td><td>殷栗郡長漣面栗里五六三
殷栗郡長漣面栗里五六三</td></tr>
<tr><td>三七二</td><td>歩兵三二連隊</td><td>沖縄</td><td>一九四五・〇五・二〇
一九二六・一二・〇一</td><td>大倉富雄
大倉栄治</td><td>兵長
父</td><td>戦死</td><td>長淵郡海安面慶金浦里一四二二
長淵郡海安面慶金浦里一四二一</td></tr>
<tr><td>五九九</td><td>歩兵三二連隊</td><td>沖縄</td><td>一九四五・〇六・二〇
一九二三・〇一・二五</td><td>金山忠仁
金山允慶</td><td>兵長
父</td><td>戦死</td><td>殷栗郡殷栗面南川里二七一
殷栗郡殷栗面南川里二七一</td></tr>
<tr><td>三八一</td><td>歩兵三二連隊</td><td>沖縄</td><td>一九四五・〇八・二六
×</td><td>徳山性那
徳山利根</td><td>兵長
父</td><td>戦死</td><td>殷栗郡北部面家楽里一〇三
殷栗郡北部面家楽里一〇三</td></tr>
<tr><td>三七三／三七四</td><td>歩兵三二連隊</td><td>ルソン島タクボ</td><td>一九四五・〇六・一四
一九二一・〇五・一二</td><td>徳山處椒
徳山宗禄</td><td>兵長
父</td><td>戦死</td><td>載寧郡南東面海里里一七二
載寧郡南東面海里里一七二</td></tr>
<tr><td>六〇五</td><td>歩兵六三連隊</td><td>ルソン島</td><td>一九四五・〇二・一四
一九二四・〇五・〇二</td><td>森田　茂
森田×之助</td><td>兵長
父</td><td>戦死</td><td>平山郡平山面永庫里一五六
平山郡平山面永庫里一五六</td></tr>
<tr><td>六〇一</td><td>歩兵四一連隊</td><td>ミンダナオ島</td><td>一九四五・〇三・一七
×</td><td>松田泰治
—</td><td>軍曹
—</td><td>戦死</td><td>鳳山郡沙里院東里六八
—</td></tr>
<tr><td>五二二</td><td>歩兵四一連隊</td><td>ミンダナオ島</td><td>一九四五・〇七・一五
一九二二・〇三・一五</td><td>栗川勝弼
阜本益杓</td><td>伍長
父</td><td>戦死</td><td>殷栗郡西部面大東里六四
殷栗郡西部面大東里六四</td></tr>
<tr><td>五一九</td><td>歩兵四一連隊</td><td>レイテ島</td><td>一九四五・〇七・一五
一九一九・〇七・一三</td><td>金本吉雄
金本康寧</td><td>伍長
母</td><td>戦死</td><td>碧城郡弥栗面道峴里二五四
碧城郡弥栗面道峴里二五四</td></tr>
<tr><td>五二〇</td><td>歩兵四一連隊</td><td>レイテ島</td><td>一九四五・〇七・一五
一九一九・〇七・一九</td><td>河本吉弘
河本相喜心</td><td>伍長
父</td><td>戦死</td><td>碧城郡松林面松峴里七六五
碧城郡松林面松峴里七六五</td></tr>
<tr><td>五二一</td><td>歩兵四一連隊</td><td>レイテ島</td><td>一九四五・〇七・一五
一九二四・〇九・一三</td><td>松村憲夫
松村守漢</td><td>兵長
父</td><td>戦死</td><td>黄州郡兼二浦邑桐町一六二
黄州郡二浦邑旭町一一〇</td></tr>
<tr><td>四〇〇</td><td>歩兵五四連隊</td><td>ミンダナオ島</td><td>一九四五・〇七・一〇
一九二三・〇五・二七</td><td>金本祉源
金木永洙</td><td>兵長
父</td><td>戦死</td><td>黄州郡清水面黒河里七九九
黄州郡清水面黒河里七九九</td></tr>
<tr><td>一二一</td><td>歩兵七一連隊</td><td>ミンダナオ島</td><td>一九四四・〇九・〇九
×</td><td>密井武雄
密井根栄</td><td>伍長
父</td><td>戦死</td><td>瑞興郡瑞興面巖波里五二
瑞興郡瑞興面巖波里五二</td></tr>
<tr><td>七五</td><td>歩兵七三連隊</td><td>ルソン島
右大腿砲弾破片創</td><td>一九四五・〇四・二七
×</td><td>金邱豊吉
金邱愛弼</td><td>兵長
父</td><td>戦死</td><td>黄州郡州南面内咸里五三七
黄州郡州南面内咸里五三七</td></tr>
<tr><td>七四</td><td>歩兵七三連隊</td><td>ルソン島
左胸部砲弾破片創</td><td>一九四五・〇五・〇六
一九二四・一二・〇七</td><td>張山仁洙
張山長雲</td><td>兵長
父</td><td>戦死</td><td>谷山郡谷山面南川里五二一
谷山郡谷山面阪洞里一九四</td></tr>
<tr><td>七三</td><td>歩兵七三連隊</td><td>ルソン島
頭部砲弾破片創</td><td>一九四五・〇六・二五
一九××・一二・二一</td><td>新井声舜
新井宗駿</td><td>兵長
父</td><td>戦死</td><td>延白郡銀川面蓮南里二六二
延白郡銀川面蓮南里二六二</td></tr>
<tr><td>三九四</td><td>歩兵七三連隊</td><td>ルソン島</td><td>一九四五・〇七・〇八</td><td>松原嘉雄</td><td>兵長</td><td>戦死</td><td>平山郡釜岩面汗浦里二七九</td></tr>
</table>

			×	松原守善	父		平山郡釜岩面汗浦里二七九
一六五	歩兵七四連隊	ミンダナオ島ワンダグ マラリア	一九四四・〇八・〇四	金炳徳	兵長	戦病死	碧城郡壮谷面雙岩里二〇七
			一九二四・〇二・一五	金渙東	父		碧城郡壮谷面雙岩里二〇七
一一四	歩兵七四連隊	ミンダナオ島	一九四四・〇八・二二	呉山世昌	兵長	戦死	延白郡龍道面鉢山里三三五
			一九二六・〇五・一五	呉山世燮	父		延白郡龍道面鉢山里三三五
八五	歩兵七四連隊	ミンダナオ島 マラリア	一九四四・一一・一八	金田　茂	兵長	戦病死	瑞興郡瑞興面臥柳里三七四
			×	金田　弘	兄		瑞興郡瑞興面臥柳里三七四
四七九	歩兵七四連隊	ミンダナオ島サランガン	一九四四・一二・三〇	金島春鐸	伍長	戦死	載寧郡下聖面大應里一一九
			×	金島儀淳	父		載寧郡下聖面大應里一一九
一一二	歩兵七四連隊	ミンダナオ島サランガン マラリア	一九四五・〇一・一九	松原寶成	兵長	戦病死	延白郡牡丹面耀綏里
			一九二一・一一・〇三	松原淵守	父		延白郡牡丹面耀綏里
四九一	歩兵七四連隊	ミンダナオ島	一九四五・〇四・二五	豊田光淳	伍長	戦死	載寧郡西湖面財泉里一七四
			×	豊田殷彦	父		載寧郡西湖面財泉里一七四
四八四	歩兵七四連隊	ミンダナオ島	一九四五・〇五・〇一	松山茂野	兵長	戦死	谷山郡花村面廣川里九九四
			一九二二・〇三・〇七	松山東學	父		谷山郡花村面廣川里九九四
一六六	歩兵七四連隊	ミンダナオ島	一九四五・〇五・〇七	古澤渭源	兵長	戦死	載寧郡西湖面新湖里一六九
			一九二三・〇三・二五	古澤×善	父		安岳郡銀紅面温井里四八八
二三	歩兵七四連隊	ミンダナオ島カバカン 頭部貫通銃創	一九四五・〇五・一二	清山泰男	軍曹	戦死	瑞興郡梅陽面緑鞍里三二七
			一九二〇・〇九・二九	清山倫昭	父		瑞興郡新幕邑旭町四
二二	歩兵七四連隊	ミンダナオ島カバカン 全身爆弾破片創	一九四五・〇五・一五	克城石男	伍長	戦死	鳳山郡亀淵面塔村里五九六
			一九二一・〇五・二七	克城成吉	父		鳳山郡亀淵面塔村里五九六
一六八	歩兵七四連隊	ミンダナオ島	一九四五・〇五・一五	山本五賢	上等兵	戦病死	殷栗郡北部面臥龍里四三四
			×	山本龍女	父		殷栗郡北部面臥龍里四三四
一九九	歩兵七四連隊	ミンダナオ島	一九四五・〇五・二〇	高島石根	兵長	戦死	延白郡海城面海南里一一二九
			一九二六・〇四・一〇	高島鴻×	兄		延白郡海城面海南里一一二九
二〇〇	歩兵七四連隊	ミンダナオ島	一九四五・〇五・一〇	平田應錫	兵長	戦死	安岳郡龍順面龍谷里三二
			一九二五・〇一・〇九	千田龍雄	兄		安岳郡龍順面龍谷里三二
四七八	歩兵七四連隊	ミンダナオ島	一九四五・〇五・一〇	長野泰植	兵長	戦死	載寧郡長淳面涼峴里三九
			一九二三・〇四・二〇	長野龍三	父		載寧郡長淳面涼峴里三九
四八六	歩兵七四連隊	ミンダナオ島	一九四五・〇五・一〇	西原澤俊	伍長	戦死	安岳郡龍順面兪順里
			一九一九・〇三・〇一	西原丙善	父		安岳郡龍順面兪順里
二三三	歩兵七四連隊	ミンダナオ島	一九四五・〇五・一一	金祐星	伍長	戦死	安岳郡安岳邑校文里二四三
			一九二一・〇五・〇二	金斗善	父		安岳郡安岳邑壽三里一六三
一六七	歩兵七四連隊	ミンダナオ島	一九四五・〇五・一八	文平成王	上等兵	戦死	鳳山郡岐川面岐川里三三一
			一九二二・一一・一四	文平元善	父		鳳山郡岐川面岐川里三三一

四七四	歩兵七四連隊	ミンダナオ島	一九四五・〇五・二〇 一九二二・〇二・〇二	岩村栄三 岩村許杰	伍長 父	戦死	碧城郡羅徳六八六 碧城郡羅徳六八六
四七五	歩兵七四連隊	ミンダナオ島	一九四五・〇五・二〇 一九二三・〇四・〇八	豊原聖天 豊原春愛	兵長 妻	戦死	延白郡午上内面一二 延白郡午上内面一二
四七六	歩兵七四連隊	ミンダナオ島	一九四五・〇五・二〇 一九二二・〇九・一七	平山賢基 平山柱燦	兵長 父	戦死	安岳郡大否面四六九 安岳郡大否面四六九
一一三	歩兵七四連隊	ミンダナオ島	一九四五・〇六・〇五 ×	葛山盛久 葛山豊和	兵長 父	戦死	碧城郡東雲面三井里二三八 碧城郡東雲面三井里二三八
四八二	歩兵七四連隊	ミンダナオ島	一九四五・〇六・〇五 一九二五・〇四・二〇	宮本澤秀 宮本漢水	兵長 父	戦死	松禾郡松禾面龍井里一六六 松禾郡松禾面龍井里一六六
四八三	歩兵七四連隊	ミンダナオ島	一九四五・〇六・〇五 一九二五・〇九・三一	海本基豊 海本民涉	兵長 父	戦死	松禾郡霊遊面松峴里一〇三 松禾郡霊遊面松峴里一〇三
四八〇	歩兵七四連隊	ミンダナオ島	一九四五・〇六・一〇 一九二〇・一二・二一	高山　登 高山景稔	兵長 父	戦死	鳳山郡沙里院邑西里五四 鳳山郡沙里院邑西里五四
四八九	歩兵七四連隊	ミンダナオ島	一九四五・〇六・一〇 一九二二・〇二・一九	金山忠雄 金山奉鉉	伍長 父	戦死	載寧郡三江面鶴橋里四二 載寧郡三江面鶴橋里四二
四九〇	歩兵七四連隊	ミンダナオ島	一九四五・〇六・一〇 一九二二・〇八・一五	平本銀三郎 平本　立	兵長 父	戦死	黄州郡兼二浦邑本町九一 黄州郡兼二浦邑本町九一
一一五	歩兵七四連隊	ミンダナオ島 マラリア	一九四五・〇六・一五 一九二三・一二・〇二	木村鐘源 木村宗授	兵長 父	戦病死	松禾郡蓮井面温水里一六九 松禾郡蓮井面温水里一六九
四八五	歩兵七四連隊	ミンダナオ島	一九四五・〇六・一五 一九二一・〇六・一二	渡辺平國 渡辺多喜雄	伍長 父	戦死	延白郡湖東面南塘里五三六 延白郡湖東面南塘里五三六
四八一	歩兵七四連隊	ミンダナオ島	一九四五・〇六・二〇 一九二一・一〇・一七	竹村吉正 竹村英多	伍長 父	戦死	安岳郡安岳邑板六里八九三 安岳郡安岳邑板六里八九三
一一七	歩兵七四連隊	ミンダナオ島	一九四五・〇六・二五 一九二四・〇九・二七	吉野　旭 吉野友一	兵長 父	戦死	海州府中町一六九 碧城郡茄佐面翠野里二九三
三九六	歩兵七四連隊	ミンダナオ島	一九四五・〇七・〇五 一九二〇・〇七・〇四	小島炳吉 小島炳坤	伍長 兄	戦死	信川郡温泉面五二二 信川郡温泉面五二二
四八七	歩兵七四連隊	ミンダナオ島	一九四五・〇七・一〇 一九二四・〇三・二五	佐藤仁熙 佐藤徳敏	伍長 父	戦死	碧城郡青龍面鶴月里五九〇 碧城郡青龍面鶴月里五九〇
三九五	歩兵七四連隊	ミンダナオ島	一九四五・〇七・一〇 一九二一・〇九・一七	松本幸治 松本弼周	伍長 父	戦死	長淵郡海安面蔓金浦里二八七 海州府東×里
四〇一	歩兵七四連隊	ミンダナオ島	一九四五・〇七・一〇 一九二二・一二・〇六	大林東基 大林時賢	兵長 父	戦死	殷栗郡一道面寶村里三八三 殷栗郡一道面寶村里三八三
一一一	歩兵七四連隊	ミンダナオ島	一九四五・〇七・一一	金宮光賛	兵長	戦死	鳳山郡雙山銭山里一四四一

			一九二四・〇六・二〇	金宮履琭	父		鳳山郡雙山銭山里一四四一
二四	歩兵七四連隊	ミンダナオ島カバカン	一九四五・〇七・一三	金村忠雄	伍長	戦死	殷栗郡南部面長岩里二一六
			一九二五・〇三・一八	金村穂化	父		殷栗郡南部面長岩里二一六
七一	歩兵七四連隊	ミンダナオ島 腹部貫通銃創	一九四五・〇七・一五	安田明華	兵長	戦死	安岳郡安岳邑訓練里二三七
			一九二五・一〇・一二	安田仁徳	父		安岳郡安岳邑訓練里二三七
七二	歩兵七四連隊	ミンダナオ島 腹部貫通銃創	一九四五・〇七・一五	鉢山相善	兵長	戦死	信川郡文武面畑峰里
			一九二四・〇三・〇六	—	—		—
三九八	歩兵七四連隊	ミンダナオ島ウマヤン	一九四五・〇七・一五	金村仁培	兵長	戦死	延白郡鳳西面鳳凰三〇七
			一九二六・〇一・二三	金村昌成	父		延白郡鳳西面鳳凰三〇七
三九九	歩兵七四連隊	ミンダナオ島ウマヤン	一九四五・〇七・一五	木村秀雄	兵長	戦死	金泉郡×山面鶴山里四八七
			一九二二・〇二・一六	木村愚晟	父		金泉郡×山面鶴山里四八七
四〇二	歩兵七四連隊	ミンダナオ島ウマヤン	一九四五・〇七・一五	片山隆雄	伍長	戦死	黄川郡兼二浦面五柳里二〇一
			一九一九・〇四・一六	片山秀×	父		黄川郡兼二浦面五柳里二〇一
四〇三	歩兵七四連隊	ミンダナオ島ウマヤン	一九四五・〇七・一五	青山儀耀	兵長	戦死	延白郡掛弓面軍川里六三
			一九一七・〇三・一五	青山沙東	母		延白郡掛弓面軍川里六三
四〇六	歩兵七四連隊	ミンダナオ島ウマヤン	一九四五・〇七・一五	豊谷文熙	兵長	戦死	瓮津郡鳳鶏面都華里一一五
			一九一八・〇八・一八	豊曲鳳女	母		瓮津郡鳳鶏面都華里一一五
四〇七	歩兵七四連隊	ミンダナオ島ウマヤン	一九四五・〇七・一五	徳山元杓	兵長	戦死	平山郡細谷面赤城里一七〇
			一九二三・一二・二一	徳山愛杓	妻		平山郡細谷面赤城里一七〇
三九七	歩兵七四連隊	ミンダナオ島ウマヤン	一九四五・〇七・二〇	黄原　廣	兵長	戦死	長山郡雲中面洞浦里四六二
			一九二四・〇一・二八	黄原錫奎	父		長山郡雲中面洞浦里四六二
四〇四	歩兵七四連隊	ミンダナオ島ウマヤン	一九四五・〇七・二〇	曲田永模	兵長	戦死	海州府烟霞二二六
			一九二一・一一・一八	曲田東魯	兄		海州府烟霞二二六
四〇五	歩兵七四連隊	ミンダナオ島ウマヤン	一九四五・〇七・二〇	南本清富	兵長	戦死	信川郡山川面四山里六七一
			一九二三・〇一・一八	南本博義	兄		信川郡山川面四山里六七一
四〇八	歩兵七四連隊	ミンダナオ島ウマヤン	一九四五・〇七・二〇	西原正雄	兵長	戦死	谷山郡上圃面熊潭里二五四
			一九二五・一〇・〇一	西原廣吉	父		谷山郡上鳳面熊潭里二七三－一一
三八九	歩兵七四連隊	ミンダナオ島ウマヤン	一九四五・〇七・二五	山村基禄	兵長	戦死	長淵郡牡丹面魯坪里六二
			一九二〇・一一・〇八	山村秀煥	父		長淵郡牡丹面魯坪里六二
四八八	歩兵七四連隊	ミンダナオ島ウマヤン	一九四五・〇七・三〇	山峯炳道	兵長	戦死	鳳山郡徳在面夕詩里二三〇
			一九二五・〇一・一二	山峯吉壽	父		鳳山郡徳在面夕詩里二三〇
一一六	歩兵七四連隊	ミンダナオ島	一九四五・〇九・二〇	松川武石	兵長	戦死	載寧郡西謝面石山里二七
			一九二四・〇一・二一	松川永栄	父		載寧郡西謝面石山里二七
一七五	歩兵七五連隊	ルソン島	一九四五・〇一・二六	長田俊英	上等兵	戦死	殷栗郡北部面雲山里一一八
			一九二〇・一〇・〇八	長田振英	兄		殷栗郡北部面雲山里一一八

一七九	歩兵七五連隊	ルソン島	一九四五・〇三・〇三	金城聖煥	兵長	戦死	平山郡安城面浦川里一七三
			一九二三・〇五・〇六	金城鳳文	父		平山郡安城面浦川里一七三
一七七	歩兵七五連隊	ルソン島	一九四五・〇四・一八	豊田大植	兵長	戦死	信川郡文武面妙覚里五六二
			一九一九・一一・〇五	豊田大植(ママ)	父		信川郡文武面妙覚里五六二
一七六	歩兵七五連隊	ルソン島	一九四五・〇四・二一	國本孝殷	兵長	戦死	黄川郡松村面大同里三四五
			×	國本東夏	父		黄州郡兼二浦邑大正町二
一八〇	歩兵七五連隊	ルソン島	一九四五・〇四・二一	松本漢世	上等兵	戦死	碧城郡雲山面芝村里五三六
			一九二四・〇三・二〇	松本景舜	父		碧城郡雲山面芝村里五三六
一七八	歩兵七五連隊	ルソン島	一九四五・〇八・一七	旌村泰俊	上等兵	戦死	谷山郡花村面青衿里六九一
		マラリア	×	旌村東渉	父		谷山郡花村面青衿里六九一
一四一	歩兵七六連隊	比島	一九四五・〇二・一九	仁川致鎬	上等兵	戦病死	新渓郡麻西面巣谷里七二三
		マラリア	一九二三・〇八・三一	仁川永壽	父		新渓郡麻西面巣谷里七二三
一六四	歩兵七六連隊	ルソン島	一九四五・〇三・二八	平沼光×夕	兵長	戦死	碧城郡西部面文井里六九
			一九一九・〇一・一三	平沼己愛	妻		碧城郡西部面文井里六九
八一	歩兵七六連隊	ルソン島	一九四五・〇四・一一	石田庄三良	兵長	戦死	黄州郡兼二浦邑板本町一〇五
			×	中野三郎	義兄		黄州郡兼二浦本町一〇五
三六五	歩兵七六連隊	ルソン島	一九四五・〇五・二五	金川恒善	伍長	戦死	載寧郡新院面新院里一〇六
			一九二一・〇四・二六	金川鳳鉉	父		載寧郡新院面新院里一〇六
二一一	歩兵七六連隊	ルソン島	一九四五・〇五・二八	金田正雄	伍長	戦死	長淵郡龍淵邑石橋里二九二
			一九二三・一二・二七	金田耕作	父		長淵郡海安面羽鎮里徳洞浦
五一八	歩兵七六連隊	ルソン島	一九四五・〇六・一一	平川栄一	伍長	戦病死	谷山郡谷山面松頂里一〇〇
		マラリア	一九二〇・〇九・二〇	平川麟順	父		谷山郡谷山面松頂里一〇〇
二一七	歩兵七六連隊	ルソン島	一九四五・〇六・二五	伊原　純	兵長	戦病死	海州府南幸町一二一
		マラリア	一九二三・〇九・二四	伊原仙花	母		海州府旭町二
一六〇	歩兵七六連隊	ルソン島マンカヤン	一九四五・〇六・二七	金谷正雄	兵長	戦死	信川郡南部面婦貞里二三三
			一九二四・一一・二〇	金谷健一郎	兄		信川郡南部面婦貞里二三三
二一二	歩兵七六連隊	ルソン島	一九四五・〇七・〇二	金城瑞雲	兵長	戦死	碧城郡西席面蓮根里二一三
			一九二四・〇七・一四	金城弥宇	父		碧城郡西席面蓮根里二一三
八三	歩兵七六連隊	ルソン島タテヤン	一九四五・〇七・〇五	徳永想熹	兵長	戦死	碧城郡高山面五岩里二六五
		頭部貫通銃創	一九二二・〇六・一一	徳永種安	兄		東城府中区受金町三一－五九
二一三	歩兵七六連隊	ルソン島	一九四五・〇七・一六	桑林　茂	准尉	戦死	長淵郡長淵邑前里一六〇
			一九一七・〇一・二四	桑林　栄	父		載寧郡載寧邑文昌里二八
四六九	歩兵七六連隊	ルソン島	一九四五・〇七・二〇	岡山政司	伍長	戦死	遂安郡遂安面石橋里三九
			一九二二・一〇・一五	岡山元泳	父		遂安郡遂安面石橋里三九
八二	歩兵七六連隊	ルソン島	一九四五・〇七・二五	梅村春好	兵長	戦死	平山郡南川邑南川里五七

		大腿部砲弾破片創	×	梅村福村	兄		平山郡南川邑南川里五七
二一六	歩兵七六連隊	ルソン島	一九四五・〇八・二三	柳木昌五	軍曹	戦病死	長淵郡龍淵面福龍里二五四
		マラリア・赤痢	一九二五・〇二・一二	柳木栄哲	父		長淵郡龍淵面福龍里二五四
一三六	歩兵七七連隊	レイテ島	一九四四・一一・二六	平山基鐘	兵長	戦病死	黄州郡仁橋面黄山里
		マラリア	×	平山炻玉	父		黄州郡仁橋面黄山里
一三七	歩兵七七連隊	レイテ島	一九四四・一二・一七	中川成賢	上等兵	戦死	黄州郡青龍面浦南里
			×	中川世雄	父		黄州郡青龍面浦南里
一三五	歩兵七七連隊	レイテ島	一九四五・〇一・二〇	金山源内	兵長	戦死	安岳郡龍順面兪順里
			一九二三・〇一・〇一	金山命圭	父		安岳郡龍順面兪順里
一三四	歩兵七七連隊	レイテ島	一九四五・〇二・一一	金光清治	兵長	戦死	載寧郡載寧邑木南里亭一九一
			×	金光匡鉉	父		載寧郡載寧邑木南里亭一九一
五三八	歩兵七七連隊	レイテ島	一九四五・〇七・〇一	新井永載	上等兵	戦死	載寧郡南東面海昌里一五七
			×	新井益倍	父		載寧郡南東面海昌里一五七
五三九	歩兵七七連隊	レイテ島	一九四五・〇七・〇一	今川敬熙	伍長	戦死	碧城郡海南面梧南里四九七
			一九二〇・〇二・〇二	今川元子	妻		海州府廣石町一三八
五四〇	歩兵七七連隊	レイテ島	一九四五・〇七・〇一	丘山振安	上等兵	戦死	碧城郡東雲面徳達里九九〇
			×	丘山龍學	父		碧城郡東雲面徳達里九九〇
五四一	歩兵七七連隊	レイテ島	一九四五・〇七・〇一	金山吉定	上等兵	戦死	安岳郡大遠面月岩里三三七
			×	金山光治	兄		黄州郡兼二浦明治町二一
五四二	歩兵七七連隊	レイテ島	一九四五・〇七・〇一	金江允善	上等兵	戦死	碧城郡加佐面翠野里三二六
			×	金江玄培	父		碧城郡加佐面翠野里三二六
五四三	歩兵七七連隊	レイテ島	一九四五・〇七・〇一	金光哲元	上等兵	戦死	長淵郡海安面愛金浦里四三五
			×	金光寶然	妻		長淵郡海安面愛金浦里四三五
五四四	歩兵七七連隊	レイテ島	一九四五・〇七・〇一	國本敬範	上等兵	戦死	延白郡海龍面富士里四七〇〇
			×	國本永範	父		延白郡海龍面富士里四七〇〇
五四五	歩兵七七連隊	レイテ島	一九四五・〇七・〇一	児島成徳	伍長	戦死	信川郡温泉面温泉里五二四
			×	朴石山	母		信川郡温泉面温泉里五二四
五四六	歩兵七七連隊	レイテ島	一九四五・〇七・〇一	坂本忠雄	上等兵	戦死	瑞興郡木甘面興水里六四五
			×	坂本時賢	父		瑞興郡木甘面興水里六四五
五四七	歩兵七七連隊	レイテ島	一九四五・〇七・〇一	関屋栄三郎	伍長	戦死	瑞興郡瑞興面明義里五九二
			×	関屋信司	父		瑞興郡瑞興面雲里×××
五四八	歩兵七七連隊	レイテ島	一九四五・〇七・〇一	平昌允武	伍長	戦死	新渓郡多栗面弥市里一〇
			×	平昌致雄	父		新渓郡多栗面×市里二五八
五四九	歩兵七七連隊	レイテ島	一九四五・〇七・〇一	松川昌錫	伍長	戦死	載寧郡上聖面水源里一四三
			一九二一・一一・二三	松川裕順	父		載寧郡上聖面水源里一四三

番号	部隊	場所	年月日	氏名	階級・続柄	事由	本籍・住所
五五〇	歩兵七七連隊	レイテ島	一九四五・〇七・〇一	松田輝雄	伍長	戦死	瑞興郡木甘面興水里七四四
			×	松田徳子	妻		瑞興郡木甘面水曲里七四六
五五一	歩兵七七連隊	レイテ島	一九四五・〇七・〇一	宮田享郁	兵長	戦死	信川郡蘆月面五局里一九三
			×	趙令愛	妻		信川郡蘆月面五局里一九三
五五二	歩兵七七連隊	レイテ島	一九四五・〇七・〇一	梁原智雄	伍長	戦死	金川郡外柳面安鳳里五九三
			×	梁原栄一	父		金川郡外柳面安鳳里五九三
五五三	歩兵七七連隊	レイテ島	一九四五・〇七・〇一	山本應俊	伍長	戦死	平山郡麟山里坪村里五一一
			×	本人	本人		松禾郡蓬莱面陵洞里土器店
五五四	歩兵七七連隊	レイテ島	一九四五・〇七・〇一	安田永信	伍長	戦死	鳳山郡萬泉面海棠里一七六
			×	安田龍淳	父		鳳山郡萬泉面海棠里一七六
五五五	歩兵七七連隊	レイテ島	一九四五・〇七・〇一	善竹大燦	上等兵	戦死	安岳郡安谷面堂石里一一三
			×	善竹泰和	妻		安岳郡安谷面堂石里一一三
五五六	歩兵七七連隊	レイテ島	一九四五・〇七・〇一	山本泰高	上等兵	戦死	鳳山郡沙里院邑上下里一五
			×	山本炳燮	父		鳳山郡沙里院邑上下里一五
五五七	歩兵七七連隊	レイテ島	一九四五・〇七・〇一	山本業平	上等兵	戦死	鳳山郡楚臥面覚秀里四九二
			×	山本初仙	妻		鳳山郡楚臥面覚秀里四九二
五五八	歩兵七七連隊	レイテ島	一九四五・〇七・一〇	宮本貢太郎	伍長	戦死	長淵郡尊沢面蒼峴里二四八
				宮本済澤	父		長淵郡尊沢面蒼峴里二四八
五五九	歩兵七七連隊	レイテ島	一九四五・〇七・〇一	梁原在鎬	上等兵	戦死	平山郡安城面物開里三〇二
			一九二四・〇五・〇六	梁原徳煥	父		平山郡安城面物開里三〇二
五一五	歩兵七七連隊	ミンダナオ島	一九四四・〇九・〇九	白川政一	上等兵	戦死	延白郡牧丹面東雲里一〇八〇
			×	白川雲天	妻		海州府東築町七八
五一三	歩兵七七連隊	ミンダナオ島	一九四五・〇五・一七	池原善浩	伍長	戦死	黄州郡仁搭面小梅里一八〇
			×	池原達龍	父		黄州郡仁搭面小梅里一八〇
四九八	歩兵七七連隊	ミンダナオ島	一九四五・〇六・〇二	新井金龍	上等兵	戦死	平山郡西寧面鐵峰里二四
			×	新井京俊	父		平山郡西寧面鐵峰里二四
五〇四	歩兵七七連隊	ミンダナオ島	一九四五・〇六・〇四	水原龍彦	兵長	戦死	信川郡加山面白萬里四一八
			×	水原正義	父		信川郡加山面白萬里四一八
五一一	歩兵七七連隊	ミンダナオ島	一九四五・〇六・一〇	金光浩洙	上等兵	戦病死	載寧郡南東面海昌里一五一
			×	金光信子	妻		平安南道鎮南浦南浦府元町一八〇
五〇〇	歩兵七七連隊	ミンダナオ島	一九四五・〇六・一三	金山一雄	伍長	戦死	鳳山郡霊泉面甲峴里六九
			×	金山永寛	父		鳳山郡霊泉面甲峴里六九
五〇一	歩兵七七連隊	ミンダナオ島	一九四五・〇六・一三	一國容仁	伍長	戦死	延白郡掛弓面鳩岩里三三三
			×	一國良貞	父		延白郡掛弓面鳩岩里三三三
五一二	歩兵七七連隊	ミンダナオ島	一九四五・〇六・一三	富田炳國	兵長	戦死	平山郡細谷面漏川里一〇四－一

番号	部隊	場所	年月日	氏名	続柄・階級	区分	本籍・住所
			×	富田元植	父		平山郡細谷面漏川里一〇四－一
五〇九	歩兵七七連隊	ミンダナオ島	一九四五・〇六・二〇	文山道俊	上等兵	戦病死	黄州郡黄州邑禮洞里二九八
		マラリア	×	文山永道	兄		黄州郡兼二浦邑谷町八五一
一三三	歩兵七七連隊	ミンダナオ島	一九四五・〇七・〇六	金松永星	兵長	戦死	金川郡合灘面梅後里二〇〇
			×	金松始鎬	父		金川郡合灘面梅後里二〇〇
五〇三	歩兵七七連隊	ミンダナオ島ウマヤン	一九四五・〇七・一五	山田景植	上等兵	戦死	碧城郡月×面桑林里五八八
			×	山田連壽	父		碧城郡月×面桑林里五八八
五〇六	歩兵七七連隊	ミンダナオ島ウマヤン	一九四五・〇七・一三	松原征雄	伍長	戦病死	黄州郡九聖面石山里二三五
		マラリア	×	松原麗子	妻		黄州郡兼二浦邑本町二四
五〇七	歩兵七七連隊	ミンダナオ島ウマヤン	一九四五・〇七・一一	宮本興淳	上等兵	戦死	黄州郡永豊面冷川里四七七
			×	宮本昌根	父		黄州郡永豊面冷川里四七七
五〇八	歩兵七七連隊	ミンダナオ島ウマヤン	一九四五・〇七・一五	藤山光男	伍長	戦病死	長淵郡海安面仙橋里一七一
		マラリア	×	平山金善	妻		長淵郡夢金浦里
五一〇	歩兵七七連隊	ミンダナオ島ウマヤン	一九四五・〇七・一三	茂山俊一	伍長	戦死	碧城郡茄匠面翠野里三一七
		マラリア	×	茂山春全	母		碧城郡西席面文井里一六九
五〇二	歩兵七七連隊	ミンダナオ島ウマヤン	一九四五・〇七・二九	美田有徳	上等兵	戦死	新渓郡多美面鍬川里一七二
			×	美田光興	父		新渓郡多美面鍬川里六七
五一四	歩兵七七連隊	ミンダナオ島	一九四五・〇八・〇一	池田亨奎	上等兵	戦死	安岳郡銀江面温井里三九二
			×	池田錫龍	父		安岳郡銀江面温井里三九二
五一六	歩兵七七連隊	ミンダナオ島ウマヤン	一九四五・〇八・〇一	金村栄治	上等兵	戦死	長淵郡牧甘面基洞里五六八
			×	金村昌弘	父		長淵郡牧甘面基村里三三
五一七	歩兵七七連隊	ミンダナオ島ウマヤン	一九四五・〇八・〇一	河本宇一	伍長	戦死	平山郡積岩面位洞里五四
			×	河本東天	父		平山郡積岩面位洞里五四
一三八	歩兵七七連隊	ミンダナオ島	一九四五・〇八・〇三	森永春植	伍長	戦死	海州府龍土唐里
			×	森永徳里	兄		海州府龍土唐里
四九七	歩兵七七連隊	ミンダナオ島	一九四五・〇八・〇五	江城英雄	上等兵	戦死	延白郡鳳西面美山里五九七
			一九二三・一二・〇五	江城炳國	兄		延白郡鳳西面美山里五九七
四九九	歩兵七七連隊	ミンダナオ島ウマヤン	一九四五・〇八・〇一	金本英雄	上等兵	戦死	載寧郡×川面富泉里八二九
			×	金本興植	兄		載寧郡×川面富泉里八二九
五〇五	歩兵七七連隊	ミンダナオ島ウマヤン	一九四五・〇八・〇一	本石成瑨	上等兵	戦死	鳳山郡霊泉面嵋谷里四七四
			×	本石光君	父		鳳山郡霊泉面嵋谷里四七四
一五九	歩兵七八連隊	ニューギニア、ヤカムル	一九四二・〇六・〇四	金本剛男	伍長	戦死	延白郡海城面日新里
			×	金本秀正	父		延白郡温井面杏亭里
三七五	歩兵七八連隊	ニューギニア、タクボ	一九四五・〇五・一四	松本正繁	兵長	戦死	殷栗郡長連面東部里五二八
			一九一五・一二・二九	松本延俊	父		—

番号	部隊	死亡場所	死亡年月日 / 生年月日	氏名 / 遺族	階級 / 続柄	区分	本籍 / 遺族住所
五七六	歩兵七九連隊	ニューギニア、ダクワ	一九四四・〇一・三〇 ×	安田東× 安田客順	伍長 妻	戦死	碧城郡西席面東陽里七五三 碧城郡西席面東陽里七五三
五七九	歩兵七九連隊	ニューギニア、ハンサ	一九四四・〇三・二〇 ×	三中斗彬 三中仁姫	 妻	戦死	松禾郡蓮芳面郊里 —
五七五	歩兵七九連隊	ニューギニア、ダンダヤ	一九四四・〇八・二九 ×	豊川士夫 豊川眞浩	雇員 父	戦死	長淵郡候南面 —
五八〇	歩兵七九連隊	ニューギニア、ニブリハーヘン	一九四四・一一・二〇 ×	安田柄模 安田客順	 妻	戦死	碧城郡西席面東陽里五八二 —
三五四	歩兵八四連隊	湖北省	一九四五・〇八・一六 一九二四・一一・二〇	鄭弘植 鄭黄雲	上等兵 父	戦病死	平山郡金岩面汗浦里一五〇 平山郡金岩面汗浦里一五〇
六二〇	歩兵八四連隊	湖北省 マラリア・熱帯熱	一九四六・〇一・二八 一九二三・一二・一四	金昌周 —	一等兵 —	戦病死	安岳郡大遠面元龍里 安岳郡大遠面元龍里
六一五	歩兵八五連隊	湖北省 マラリア・熱帯熱	一九四六・〇一・二八 一九二四・〇二・二〇	徐星福 徐処宮	一等兵 父	戦病死	谷山郡花村面嶺山里 谷山郡花村面嶺山里
三四二	歩兵八九連隊	沖縄浦添村	一九四五・〇五・〇四 一九二四・〇三・一四	金田眞俊 金田貞範	兵長 父	戦死	松禾郡蓮井面雲龍里一四二 松禾郡蓮井面雲龍里一四二
三八五	歩兵八九連隊	沖縄西原村	一九四五・〇四・二八 一九二五・〇五・二三	廣山性旭 廣山光植	兵長 父	戦死	黄州郡青龍面仁徳里九〇七 黄州郡青龍面仁徳里九〇七
三三四	歩兵八九連隊	沖縄西原村	一九四五・〇四・三〇 一九二三・一一・〇九	石井謙三 石井光変	兵長 父	戦病死	瓮津郡西面邑底里五二七 瓮津郡瓮津邑温泉里一〇五
三六九	歩兵八九連隊	沖縄西原村	一九四五・〇五・〇二 一九二三・〇二・二三	新川根植 新川東錫	兵長 父	戦死	信川郡北部面石塘里一三〇 信川郡北部面石塘里一三〇
三三三	歩兵八九連隊	沖縄西原村	一九四五・〇五・〇四 一九二三・一〇・二四	青木容九 青木錬益	兵長 父	戦死	金川郡西北面鷺鴻里五四六 金川郡西北面鷺鴻里五四六
三四四	歩兵八九連隊	沖縄浦添村	一九四五・〇五・〇四 一九二四・一二・一三	金田龍善 金田用徳	兵長 兄	戦死	信川郡斗羅面雙川里二九 信川郡斗羅面雙川里二九
三八三	歩兵八九連隊	沖縄西原村	一九四五・〇五・〇四 一九二二・〇五・二六	徳富正雄 徳富清助	兵長 父	戦死	黄州郡都峙面都峙里五七〇 黄州郡都峙面都峙里五七〇
五二八	歩兵八九連隊	沖縄西原村	一九四五・〇五・〇四 一九二五・〇四・一九	石川萬元 石川貞植	兵長 父	戦死	黄州郡青龍面浦北里六〇八 黄州郡青龍面浦北里六〇八
三八二	歩兵八九連隊	沖縄西原村	一九四五・〇五・一一 一九二二・〇五・三〇	金城義澤 金城炳俊	兵長 父	戦死	新渓郡古面大乙里七二八 新渓郡古面大乙里七二八
三四三	歩兵八九連隊	沖縄浦添村	一九四五・〇五・二〇 一九二四・一二・一〇	金川永徳 金川奉國	兵長 父	戦死	黄州郡州南面大悦里二六三 黄州郡州南面大悦里二六三
三八四	歩兵八九連隊	沖縄	一九四五・〇六・一〇	金原茂夫	兵長	戦死	鳳山郡土城面馬山里六三一一二

			一九二四・〇三・〇五	金原信実	妻		鳳山郡洞仙面亀岩里五九八
三四六	歩兵八九連隊	沖縄浦添村	一九四五・〇六・一二	高山仁徳	兵長	戦死	谷山郡桃花面月溪里四二
			一九二一・〇七・一六	高山仲録	父		谷山郡桃花面月溪里四二
三四七	歩兵八九連隊	沖縄浦添村	一九四五・〇六・一四	清井重廉	兵長	戦死	遂安郡大梧面社倉里三三〇一
			×	清井偉圓	兄		遂安郡大梧面社倉里三三〇一
三八六	歩兵八九連隊	沖縄	一九四五・〇六・一五	西村昭弘	兵長	戦死	金川郡外柳面石頭里五二九
			一九二三・〇六・一〇	西村龍行	父		金川郡外柳面石頭里五二九
一九〇	歩兵一〇四連隊	中支××給水部	一九四四・一〇・〇四	清州萬福	上等兵	公病死	松禾郡上星面新坪里五七八
		腸チフス	一九二四・〇二・二四	清州貞化	母		松禾郡上星面新坪里五七八
一八三	歩兵一〇四連隊	湖北省	一九四五・〇二・〇七	李原時華	一等兵	戦病死	平山郡文部面物安里六七三
		流行性脳脊髄膜炎	一九二四・一一・〇六	李原鐘鎬	祖父		新渓郡多栗面升×里三三三
一八六	歩兵一〇四連隊	湖南省	一九四五・〇五・〇八	金鶴平	上等兵	戦傷死	新渓郡多東面竹楼里三三三
			一九二四・〇五・二八	金孝仁	母		遂安郡大城面鐵嶺里一五
一八五	歩兵一〇四連隊	江西省	一九四五・〇七・一〇	南島道男	上等兵	戦病死	平山郡積岩面碌洞里五四
		喝病	一九二四・〇六・一七	南島　権	父		平山郡積岩面碌洞里五四
一八四	歩兵一〇四連隊	湖南省一二八兵病	一九四五・〇七・二一	金村東俊	上等兵	戦病死	谷山郡雲中面林渓里四三
		マラリア・赤痢	一九二四・〇七・二八	金村徳英	父		江原道寧越郡上東面上東里
一三九	歩兵一〇四連隊	湖南省	一九四五・〇七・二四	松田模南	兵長	戦病死	安岳郡西河面新長里一五九四
			一九二四・〇五・二五	松田孝淳	父		安岳郡西河面新長里一五九四
一八九	歩兵一〇四連隊	湖北省一五九兵病	一九四五・〇九・一四	白川廣一	上等兵	戦病死	谷山郡谷山面南川里一二
		マラリア・回帰熱	一九二四・一一・二〇	白川正雄	父		谷山郡谷山面南川里一二
一八七	歩兵一一六連隊	湖南省漢口一陸軍病院	一九四五・〇二・一二	宋弼権	上等兵	戦病死	信川郡蘆泉面貞禮里三七
		××	一九二四・〇一・一三	宋×元	兄		載寧郡載寧邑鳳川里二二二
一八八	歩兵一一六連隊	広西省	一九四五・〇×・〇五	平田元熙	兵長	戦死	瓮津郡鳳鶏面金浦里二八六
			一九二三・一二・一六	平田雲鳳	父		瓮津郡鳳鶏面金浦里二八六
三四〇	歩兵一五三連隊	ハクック県	不詳	新井武永	准尉	戦死	平山郡細谷面浦川里九八
			一九一八・一一・二九	新井喜美子	妻		京城府外水邑陸軍倉庫官舎
六一〇	歩兵一六八連隊	ビルマ	一九四五・〇四・〇九	平野炳哲	伍長	戦死	碧城郡秋花面月鶴里四七四
			一九二四・〇七・二三	平野大亮	妻		碧城郡秋花面月鶴里四七四
六〇四	マニラ高射砲隊司令部	ルソン島	一九四五・〇七・一五	金子善一郎	兵長	戦死	平山郡岩面筆岱里
			×	金龍太郎	父		平山郡岩面筆岱里
六一六	マニラ高射砲隊司令部	ルソン島	一九四五・〇五・二七	金海永淳	上等兵	戦死	谷山郡谷山面南川里一四
			×	金海鳳鶴	父		谷山郡伊寧面巨判所里大字洞
三四八	マラヤ俘虜収容所	スマトラ島	一九四四・〇六・二六	福山茂森	傭人	戦死	碧城郡×愛面屯倉里五三〇
			一九二二・一二・〇八	福山善銀	父		碧城郡×愛面屯倉里五三〇

三四九	マラヤ俘虜収容所	スマトラ島	一九四四・〇六・二六	河原周漢	傭人	戦死	松禾郡松本面邑内里六九一
			×	河原徳秀	父		松禾郡松本面邑内里六九一
三五〇	マラヤ俘虜収容所	スマトラ島	一九四四・〇六・二六	徳原清三郎	傭人	戦死	新渓郡麻西面草灘里五二七
			一九一七・〇四・〇二	徳原勝海	父		新渓郡麻西面草灘里五五四
六三七	マラヤ俘虜収容所	マレー	一九四六・一一・二三	小林寅雄	雇員	死亡	載寧郡銀龍面新×里六〇二
			一九一七・一一・〇六	金澤大訓	妻		平安南道鎮南浦碑石町七五
三三	野戦高射砲五七大隊	ブーゲンビル島タロキナ	一九四四・〇三・二四	元本正允	上等兵	戦死	海州府南旭町九一
		頭部貫通銃創	一九二〇・〇一・一九	元本炳次郎	父		海州府廣石町五五
一七三	野戦高射砲五九大隊	ブーゲンビル群島	一九四五・〇二・一六	海原載珍	兵長	戦死	瓮津郡西面長囿里七七四
			一九二〇・〇三・二七	梅原善兼	父		瓮津郡西面長囿里七七四
一四八	野砲二六連隊	ニューギニア	一九四三・一二・二三	李京華	上等兵	戦死	鳳山郡楚臥面垻波里一六二
			×	李元石	父		鳳山郡楚臥面垻波里一六二
一五六	野砲二六連隊	ニューギニア	一九四四・〇一・二三	金谷正善	兵長	戦死	長淵郡白×面大青里四八八
			×	金谷萬順	妻		長淵郡白×面大青里四八八
一五一	野砲二六連隊	ニューギニア、アフア	一九四四・〇八・〇二	西村英淳	上等兵	戦死	安岳郡大遠面雲降里五七七
			×	金光善奉	養父		安岳郡大遠面雲降里五七七
一五四／六〇九	野砲二六連隊	ニューギニア、アフア	一九四四・〇八・〇二	濱村康熙	上等兵	戦死	瓮津郡龍泉面孫梁里六二六
			×	濱村源熊	父		海州府東栄町六五
一四九	野砲二六連隊	ニューギニア、ボイキン	一九四四・一〇・一三	太原栄俊	上等兵	戦死	谷山郡上國面大洞里八三三
			×	太原敬伯	父		谷山郡上國面大洞里八三二
一五五	野砲二六連隊	ニューギニア	一九四四・一〇・二九	井上載珪	兵長	戦死	殷栗郡二道面甘井里五二六
			×	井上恒珪	兄		殷栗郡二道面甘井里五二六
一五二	野砲二六連隊	ニューギニア、タクア	一九四五・〇一・〇七	清本正男	上等兵	戦死	新渓郡沙芝面石橋里三九〇
			×	清本鳳翼	父		新渓郡沙芝面石橋里三九〇
一五三	野砲二六連隊	ニューギニア、ニモネヒス	一九四五・〇二・〇二	密山明鎔	兵長	戦死	谷山郡西村面助仁里二一〇
			×	密山美俊	兄		―
一五〇	野砲二六連隊	ニューギニア、ウマジップ	一九四五・〇四・〇三	高山奉模	伍長	戦死	信川郡信川面武井里六七
			×	高山應崑	父		信川郡信川面武井里六七
七六	野砲三〇連隊	ミンダナオ島	一九四四・〇九・〇九	木山延河	兵長	戦死	平山郡上月面大村里三六九
		全身爆弾破片創	×	木山官索	父		平山郡金岩面斧草里二九
六四	野砲三〇連隊	ミンダナオ島	一九四四・〇九・二九	高井奎錫	兵長	戦死	殷栗郡二道面高井里
		魚雷攻撃	×	高井西分	母		殷栗郡二道面高井里
四五七	野砲三〇連隊	ミンダナオ島	一九四五・〇一・〇九	高野在秀	兵長	戦死	延白郡湖南面湖西里
				高野燮換	父		延白郡湖南面湖西里
三二一	野砲三〇連隊	ミンダナオ島	一九四五・〇三・〇二	金城東赫	兵長	戦死	延白郡金小面石泉里一七八

		全身爆弾破片創	×	金城極集	父		延白郡金小面石泉里一七八
四四五	野砲三〇連隊	ミンダナオ島	一九四五・〇六・〇三	青松九賢	兵長	戦死	長淵郡長淵邑東里三二五
			一九二二・〇三・一九	青松昌川	父		長淵郡長淵邑東里三二五
四五八	野砲三〇連隊	ミンダナオ島	一九四五・〇六・〇四	白原武雄	兵長	戦死	延白郡温井面錦城里三二一
			一九一九・〇四・二六	白原一雄	兄		延白郡温井面錦城里三二一
四五六	野砲三〇連隊	ミンダナオ島	一九四五・〇六・〇八	天本基錫	兵長	戦死	碧城郡壮谷面竹川里三三七
				天本成浩	父		碧城郡壮谷面竹川里三三七
六二	野砲三〇連隊	ミンダナオ島	一九四五・〇六・〇八	松原明彦	兵長	戦死	長淵郡自朗面鎮村里九三七
		両大腿貫通銃創		松原近光	父		黄州郡兼二浦邑町昭和×
五八	野砲三〇連隊	ミンダナオ島	一九四五・〇六・二〇	岩本鳳順	兵長	戦死	長淵郡××南浦里一三一六
		破片創	×	岩本春萬	妻		鳳山郡文井面御水里二〇四
四五九	野砲三〇連隊	ミンダナオ島	一九四五・〇六・二一	木村張善	兵長	戦死	信川郡温泉面慶峰里一八二
				本村有佰	父		信川郡温泉町松亭里九四六
六三	野砲三〇連隊	ミンダナオ島	一九四五・〇六・二七	廣田漢相	兵長	戦死	松禾郡蓮井面社竹里
		頭部貫通銃創	×	廣田永禄	父		松禾郡蓮井面社竹里
四五五	野砲三〇連隊	ミンダナオ島	一九四五・〇六・三〇	勝宮礼太	兵長	戦死	信川郡信川面猿岩里二七四
				勝宮玉哲	妻		信川郡信川面猿岩里二七四
三一	野砲三〇連隊	ミンダナオ島	一九四五・〇六・三〇	金島逢水	兵長	戦死	長淵郡華面大社里
		腹部貫通銃創	×	金島眞善	父		長淵郡専澤面納山里二八
六一	野砲三〇連隊	ミンダナオ島	一九四五・〇七・〇一	松本幸雄	兵長	戦死	載寧郡北栗面大×里一六六
		右胸部貫通銃創		—	—		—
四四七	野砲三〇連隊	ミンダナオ島	一九四五・〇七・〇一	洪田完杓	兵長	戦死	平山郡積岩面温井里三七八
			一九二四・〇二・一八	洪田彦杓	父		平山郡積岩面温井里三七八
二八	野砲三〇連隊	ミンダナオ島	一九四五・〇七・〇二	安東俊雄	兵長	戦死	延白郡海底面海南里二八四
		全身投下爆弾創	×	安東桂女	妻		延白郡海城面九龍里二八四
六二二	野砲三〇連隊	ミンダナオ島	一九四五・〇七・〇八	松元雲起	兵長	戦死	信川郡温泉面楸山里二〇五
				松元敬俊	父		信川郡温泉面楸山里二〇五
七七	野砲三〇連隊	ミンダナオ島	一九四五・〇七・一〇	武本昌錫	兵長	戦死	信川郡文武面穆亭里二四七六
		頭部砲弾破片創	×	武本春日	—		信州郡龍門面浦南里三三二
四五四	野砲三〇連隊	ミンダナオ島	一九四五・〇七・一三	松川茂鏞	兵長	戦死	延白郡銀川面蓮南里三三二
			×	松川在賢	父		延白郡銀川面蓮南里三三二
七八	野砲三〇連隊	ミンダナオ島	一九四五・〇七・一九	松浦賢極	兵長	戦死	信川郡文化面花岩里
		頭部砲弾破片創	×	松浦南洙	父		信川郡文化面花岩里
二九	野砲三〇連隊	ミンダナオ島	一九四五・〇七・二二	清川景仁	兵長	戦死	信川郡北部面新豊里三三九
		全身爆弾破片創	一九一九・〇五・一二	清川錫栄	父		信川郡北部面新豊里三三九

三〇	野砲三〇連隊	ミンダナオ島	一九四五・〇七・二三	平山景龍	伍長	戦死	信川郡興面龍川里四八〇
		全身爆弾破片創	×	平山澤龍	兄		信川郡興面龍川里四八〇
四四八	野砲三〇連隊	ミンダナオ島	一九四五・〇七・二七	國本弼薫	兵長	戦死	延白郡海城面海南里九三七
			一九二〇・一二・〇八	國本根源	父		延白郡海城面海南里九三七
四四六	野砲三〇連隊	ミンダナオ島	一九四五・〇七・二九	金原鐘練	兵長	戦死	延白郡花城面悟鳳里九六五
			×	金原鐘鎬	兄		延白郡花城面悟鳳里九六五
五七	野砲三〇連隊	ミンダナオ島	一九四五・一〇・二〇	静山文信	兵長	戦死	信川郡文化面花岩里一二四七
		頭部盲管銃創	×	静山慶善	父		信川郡文化面花岩里一二四七
三四一	野砲三八連隊	比島一七四衛生病院	一九四五・一〇・〇三	山本秀次郎	兵長	戦病死	平山郡細谷面直寶里八七八
			×	山本五淳	妻		平山郡細谷面直寶里八七八
一五七	野砲二六三連隊	ニューギニア、カラック	一九四四・一二・一五	金海春三	上等兵	戦病死	松禾郡眞鳳面太乙里五四二
		マラリア	×	金海×海	父		松禾郡眞鳳面太乙里五四二
一五八	野砲二六三連隊	ニューギニア、カラック	一九四五・〇五・二八	河原武志	准尉	戦死	平山郡細谷面淪川里
			×	河原一郎	兄		平山郡細谷面淪川里
三三〇	遊撃一五中隊	ビルマ	一九四五・〇九・〇四	金本瑞太郎	准尉	戦死	載寧郡載寧邑郷都校里
			一九一九・〇八・〇八	金本瀅権	父		載寧郡載寧邑林泉里五二三
六三〇	一農耕勤務隊	不詳	不詳	山田文寛	二等兵	死亡	安岳郡西平面中島里一五九〇
			一九二四・〇二・二九	山田萬治	父		安岳郡西平面中島里一五九〇
一一八	四陸軍病院	不詳	一九四五・〇九・〇四	村山允明	二等兵	平病死	延白郡海月面兎峴里
		肺結核	一九二四・〇二・一一	村山在得	母		延白郡海月面兎峴里
一三二八	五方面軍司令部	N五一・二三E一五五・四一	一九四四・〇七・〇九	水原洛允	雇員	戦死	平山郡金岩面借鶏里三五一
			×	水原恒舟	妻		金川郡金川面金陵里一三二
一三二九	五方面軍司令部	N五一・二三E一五五・四一	一九四四・〇七・〇九	東原京勳	雇員	戦死	平山郡文武面戈明里二五六
			×	東原京勲	従弟		金川郡吉東面鴎成里六六七
一三三〇	五方面軍司令部	N五一・二三E一五五・四一	一九四四・〇七・〇九	張大元	雇員	戦死	金川郡山外面雲鶴里四四九
			×	張順末	父		金川郡山外面雲鶴里四四九
一三三一	五方面軍司令部	N五一・二三E一五五・四一	一九四四・〇七・〇九	晋山大鶴	雇員	戦死	金川郡西泉面堅湰里八〇
			×	｜	｜		金川郡西泉面堅湰里八〇
一三三二	五方面軍司令部	N五一・二三E一五五・四一	一九四四・〇七・〇九	李寅杓	雇員	戦死	金川郡西×泉面×仏里六四二
			×	｜	｜		金川郡西×泉面×仏里六四二
一三三三	五方面軍司令部	N五一・二三E一五五・四一	一九四四・〇七・〇九	金鶴鳳	雇員	戦死	金川郡西×泉面×仏里六四二
			×	金江陵	妹		金川郡西×泉面×仏里六四二
一三三四	五方面軍司令部	N五一・二三E一五五・四一	一九四四・〇七・〇九	李教令	雇員	戦死	金川郡西泉面三一
			×	李×雨	妻		金川郡西泉面三一
一三三五	五方面軍司令部	N五一・二三E一五五・四一	一九四四・〇七・〇九	大山億錫	雇員	戦死	金川郡口耳面美堂里一一二五

			×	岸村淳伊	母		金川郡口耳面美堂里一二五
二三六	五方面軍司令部	N五一・二三E一五五・四一	一九四四・〇七・〇九	岩村今年	雇員	戦死	金川郡口耳面美堂里一二五
			×	―	―		―
二三七	五方面軍司令部	N五一・二三E一五五・四一	一九四四・〇七・〇九	竹田正義郎	雇員	戦死	松禾郡豊海面城上里三五六
			×	竹田興吉	父		海州府龍糖里一四六九
二三八	五方面軍司令部	N五一・二三E一五五・四一	一九四四・〇七・〇九	放山漢奎	雇員	戦死	延白郡牡丹面××里一四
			×	牧山順奎	父		海州府北本町九
二三九	五方面軍司令部	N五一・二三E一五五・四一	一九四四・〇七・〇九	松岡　輝	雇員	戦死	殷栗郡殷栗面仙岩里六二
			×	海本仁仝	姉		海州府士町一四七
二四〇	五方面軍司令部	N五一・二三E一五五・四一	一九四四・〇七・〇九	金村成基	雇員	戦死	延白郡石山面龍東里
			×	金村孝植	妻		海州府仙山里四
二四一	五方面軍司令部	N五一・二三E一五五・四一	一九四四・〇七・〇九	松山弘植	雇員	戦死	海州府王神町二九
			×	松本珍星	母		海州府王神町二七
二四二	五方面軍司令部	N五一・二三E一五五・四一	一九四四・〇七・〇九	高山龍玄	雇員	戦死	延白郡掛弓面冠洞里六〇
			×	高山洛禮	父		海州府清風町二〇〇
二四三	五方面軍司令部	N五一・二三E一五五・四一	一九四四・〇七・〇九	國本華鎮	雇員	戦死	海州府南幸町二四三
			×	國本在哲	父		海州府南幸町二四三
二四四	五方面軍司令部	N五一・二三E一五五・四一	一九四四・〇七・〇九	中村貞二	雇員	戦死	海州府中町一二三
			×	山本梁順	母		海州府北本町一三九
二四五	五方面軍司令部	N五一・二三E一五五・四一	一九四四・〇七・〇九	宮本善弼	雇員	戦死	鳳山郡雙山面松亭里二六九
			×	崔永蓮	妻		海州府成米町二九七
二四六	五方面軍司令部	N五一・二三E一五五・四一	一九四四・〇七・〇九	海本貞基	雇員	戦死	碧城郡錦山面甘水里
			×	梅本萬基	兄		海州府王神里一四九
二四七	五方面軍司令部	N五一・二三E一五五・四一	一九四四・〇七・〇九	金本正禎	雇員	戦死	瑞興郡内徳面令井里一三六
			×	金本基澤	母		鳳山郡徳乍面大昌里
二四八	五方面軍司令部	N五一・二三E一五五・四一	一九四四・〇七・〇九	金光澤龍	雇員	戦死	海州府東栄町一五五〇
			×	金光三吉	父		海州府東栄町一五五〇
二四九	五方面軍司令部	N五一・二三E一五五・四一	一九四四・〇七・〇九	森井光淳	雇員	戦死	新渓郡南面天開里三次田
			×	森井智亨	兄		海州府西栄町二九四
二五〇	五方面軍司令部	N五一・二三E一五五・四一	一九四四・〇七・〇九	李宗烈	雇員	戦死	平山郡文武面池塘里
			×	李龍咸	父		平山郡文武面池塘里
二五一	五方面軍司令部	N五一・二三E一五五・四一	一九四四・〇七・〇九	松田潤模	雇員	戦死	碧城郡錦山面松田里三〇一
			×	松田源綱	父		海州府王神里三六六
二五二	五方面軍司令部	N五一・二三E一五五・四一	一九四四・〇七・〇九	安本廣俊	雇員	戦死	安岳郡大遠面可陽里四七
			×	安本永鉉	父		海州府南旭町二八五―六

番号	部隊	位置	年月日	氏名	続柄	区分	本籍・住所
二五三	五方面軍司令部	N五一・二三E一五五・四一	一九四四・〇七・〇九	徳田永春	雇員	戦死	海州府煙霞町七二
			×	徳田吾公	父		海州府煙霞町五〇〇
二五四	五方面軍司令部	N五一・二三E一五五・四一	一九四四・〇七・〇九	金谷裕昭	雇員	戦死	碧城郡西席面蓮根里二七三
			×	金谷麟植	父		海州府南幸町二三一
二五五	五方面軍司令部	N五一・二三E一五五・四一	一九四四・〇七・〇九	岩村　章	雇員	戦死	海州府花清里一〇九
			×	岩村致洙	父		海州府仙山里五二
二五六	五方面軍司令部	N五一・二三E一五五・四一	一九四四・〇七・〇九	梁山永範	雇員	戦死	海州府東栄町六五
			×	梁山善一	父		海州府西栄町三〇一
二五七	五方面軍司令部	N五一・二三E一五五・四一	一九四四・〇七・〇九	金城賢浩	雇員	戦死	載寧郡南栄面六五四
			×	金城昌淳	父		海州府龍塘里七四三
二五八	五方面軍司令部	N五一・二三E一五五・四一	一九四四・〇七・〇九	廣村明来	雇員	戦死	碧城郡日新面廣田里一二六
			×	廣村江仙	妻		碧城郡日新面廣田里一二六
二五九	五方面軍司令部	N五一・二三E一五五・四一	一九四四・〇七・〇九	尹成昌	雇員	戦死	平山郡馬山面聖基里五八七
			×	尹之喆	父		—
二六〇	五方面軍司令部	N五一・二三E一五五・四一	一九四四・〇七・〇九	山本光隆	雇員	戦死	載寧郡上聖面泉井里三三
			×	山本高明	妻		海州府龍塘町七六二
二六一	五方面軍司令部	N五一・二三E一五五・四一	一九四四・〇七・〇九	沖本在淹	雇員	戦死	殷栗郡南部面開光里四四八
			×	沖本仁旭	父		海州府廣石町二三六
二六二	五方面軍司令部	N五一・二三E一五五・四一	一九四四・〇七・〇九	長谷善龍	雇員	戦死	海州府東栄町三二四
			×	長谷千衡	父		海州府王神里一九九
二六三	五方面軍司令部	N五一・二三E一五五・四一	一九四四・〇七・〇九	金山在逑	雇員	戦死	信川郡加山面平城里
			×	金山龍逑	兄		慶尚北道清道郡伊西面七栄洞
二六四	五方面軍司令部	N五一・二三E一五五・四一	一九四四・〇七・〇九	金山永煥	雇員	戦死	安岳郡安岳邑南岩里
			×	金山鳳弼	父		載寧郡載寧邑文昌里一四二
二六五	五方面軍司令部	N五一・二三E一五五・四一	一九四四・〇七・〇九	金澤鳴洙	雇員	戦死	載寧郡西湖面石山里二三一
			×	金澤享善	父		載寧郡西湖面石山里二三一
二六六	五方面軍司令部	N五一・二三E一五五・四一	一九四四・〇七・〇九	中村君夏	雇員	戦死	載寧郡西湖面武徳里二四一
			×	中村淑子	妻		載寧郡西湖面武徳里二四一
二六七	五方面軍司令部	N五一・二三E一五五・四一	一九四四・〇七・〇九	山本應相	雇員	戦死	載寧郡新院面新院里一七〇
			×	山本允相	弟		載寧郡新院面新院里一七〇
二六八	五方面軍司令部	N五一・二三E一五五・四一	一九四四・〇七・〇九	完山春善	雇員	戦死	載寧郡新院面松鶴里
			×	完山春英	妻		載寧郡新院面新院里一九〇
二六九	五方面軍司令部	N五一・二三E一五五・四一	一九四四・〇七・〇九	崔九烈	雇員	戦死	載寧郡新院面新院里
			×	崔天洙	兄		延白郡龍道面大坪里
二七〇	五方面軍司令部	N五一・二三E一五五・四一	一九四四・〇七・〇九	朴千萬	雇員	戦死	海州府南旭町

			×	朴氏	妻		載寧郡銀龍面新徳里
二七一	五方面軍司令部	N五一・二三E一五五・四一	一九四四・〇七・〇九	崔銀煥	雇員	戦死	載寧郡上聖面上新里九七九
			×	大　正員	父		載寧郡上聖面上新里九七九
二七二	五方面軍司令部	N五一・二三E一五五・四一	一九四四・〇七・〇九	山川聖重	雇員	戦死	載寧郡銀龍面蒼田里六九九
			×	山川相源	父		載寧郡銀龍面青石頭里二二二
二七三	五方面軍司令部	N五一・二三E一五五・四一	一九四四・〇七・〇九	清水鎮東	雇員	戦死	金川郡口耳面徳安里
			×	清水方賢	兄		金川郡口耳面徳安里
二七四	五方面軍司令部	N五一・二三E一五五・四一	一九四四・〇七・〇九	野村泰淳	雇員	戦死	碧城郡来城面橋鳳里五七九
			×	野村龍雲	妻		載寧郡長壽面陽渓里
二七五	五方面軍司令部	N五一・二三E一五五・四一	一九四四・〇七・〇九	桑田花得	雇員	戦死	碧城郡代車面東坪里四一八
			×	桑田多得	兄		載寧郡新院面佳菊里六三五
二七六	五方面軍司令部	N五一・二三E一五五・四一	一九四四・〇七・〇九	白川昌道	雇員	戦死	碧城郡新院面新院里一八七
			×	白川文善	父		碧城郡新院面新院里一八七
二七七	五方面軍司令部	N五一・二三E一五五・四一	一九四四・〇七・〇九	金川武奇	雇員	戦死	載寧郡新院面新院里一八七
			×	金川正三	父		載寧郡新院面新院里一八七
二七八	五方面軍司令部	N五一・二三E一五五・四一	一九四四・〇七・〇九	新井泰植	雇員	戦死	載寧郡南東面左曲里
			×	新井尚斌	父		載寧郡南東面左曲里
二七九	五方面軍司令部	N五一・二三E一五五・四一	一九四四・〇七・〇九	林明欽	雇員	戦死	載寧郡三江面堂×院里
			×	林奎弘	父		載寧郡三江面堂×院里
二八〇	五方面軍司令部	N五一・二三E一五五・四一	一九四四・〇七・〇九	手峯丙祚	雇員	戦死	鳳山郡霊泉面壽坂里
			×	姜花奎	母		載寧郡南東面盛里二二
二八一	五方面軍司令部	N五一・二三E一五五・四一	一九四四・〇七・〇九	李川成根	雇員	戦死	碧城郡錦山面鶴川里四八〇
			×	李川玉桂	母		碧城郡錦山面鶴川里四八〇
二八二	五方面軍司令部	N五一・二三E一五五・四一	一九四四・〇七・〇九	江長成	雇員	戦死	延白郡牡丹面東霊里一〇四八
			×	江原立粉	妻		碧城郡東雲面同山里一七二
二八三	五方面軍司令部	N五一・二三E一五五・四一	一九四四・〇七・〇九	蔡景錫	雇員	戦死	延白郡牡丹面聖同里五一八一
			×	蔡宗錫	父		碧城郡東雲面同山里九五二
二八四	五方面軍司令部	N五一・二三E一五五・四一	一九四四・〇七・〇九	結城鎮五	雇員	戦死	碧城郡秋花面楽峴里四七五
			×	柳川允益	叔父		碧城郡秋花面楽峴里四七五
二八五	五方面軍司令部	N五一・二三E一五五・四一	一九四四・〇七・〇九	兪川鎮相	雇員	戦死	碧城郡秋花面月鶴里一七五
			×	兪川根成	父		碧城郡秋花面月鶴里一七五
二八六	五方面軍司令部	N五一・二三E一五五・四一	一九四四・〇七・〇九	木村根植	雇員	戦死	碧城郡錦山面冷井里三豊洞三七三
			×	木村吉錫	父		碧城郡錦山面冷井里三豊洞三七三
二八七	五方面軍司令部	N五一・二三E一五五・四一	一九四四・〇七・〇九	金原東出	雇員	戦死	碧城郡月緑面長屯里
			×	金昭善	叔父		碧城郡月緑面長屯里

番号	所属	位置	日付	氏名	続柄	状況	本籍・住所
二八八	五方面軍司令部	N五一・二三E一五五・四一	一九四四・〇七・〇九	金聖信	雇員	戦死	碧城郡月綠面長屯里
			×	金昭善	叔父		碧城郡月綠面長屯里
二八九	五方面軍司令部	N五一・二三E一五五・四一	一九四四・〇七・〇九	朴基春	雇員	戦死	碧城郡高山面五宕里
			×	金應權	兄		碧城郡高山面五宕里
二九〇	五方面軍司令部	N五一・二三E一五五・四一	一九四四・〇七・〇九	山本正雄	雇員	戦死	海州府南旭町四一八
			×	山本在方	父		海州府南旭町四一八
二九一	五方面軍司令部	N五一・二三E一五五・四一	一九四四・〇七・〇九	箕舟龍根	雇員	戦死	碧城郡月綠面三峴里三四三
			×	箕舟斗根	兄		碧城郡月綠面三峴里三四三
二九二	五方面軍司令部	N五一・二三E一五五・四一	一九四四・〇七・〇九	伊本教植	雇員	戦死	信川郡同鎮面月精里七三六
			×	伊本教運	兄		碧城郡渓泉面
二九三	五方面軍司令部	N五一・二三E一五五・四一	一九四四・〇七・〇九	安田元植	雇員	戦死	碧城郡秋花面香山里
			×	安田賢世	父		碧城郡代車面蔡峴里
二九四	五方面軍司令部	N五一・二三E一五五・四一	一九四四・〇七・〇九	本戸昌信	雇員	戦死	載寧郡下豊面霊月里三四八
			×	木戸孝子	母		碧城郡泳泉面天頭
二九五	五方面軍司令部	N五一・二三E一五五・四一	一九四四・〇七・〇九	劉永泉	雇員	戦死	鳳山郡亀淵面舘岱里二六
			×	—	—		鳳山郡亀淵面舘岱里道
二九六	五方面軍司令部	N五一・二三E一五五・四一	一九四四・〇七・〇九	白元植	雇員	戦死	金川郡甘文面己林洞
			×	白氏	母		鳳山郡土城面咸陵里
二九七	五方面軍司令部	N五一・二三E一五五・四一	一九四四・〇七・〇九	岩本相福	雇員	戦死	鳳山郡洞仙面桃林里一八五
			×	岩本原王	父		鳳山郡洞仙面桃林里一八五
二九八	五方面軍司令部	N五一・二三E一五五・四一	一九四四・〇七・〇九	金九星	雇員	戦死	鳳山郡雲泉面亀岩里六〇三
			×	金氏	母		鳳山郡雲泉面亀岩里六〇三
二九九	五方面軍司令部	N五一・二三E一五五・四一	一九四四・〇七・〇九	桑林允根	雇員	戦死	鳳山郡沙里院邑西里三二
			×	桑林英良	母		鳳山郡沙里院邑東里八三
三〇〇	五方面軍司令部	N五一・二三E一五五・四一	一九四四・〇七・〇九	柳成根	雇員	戦死	遂安郡城洞面
			×	柳氏	妻		鳳山郡上城面馬山里一二八
三〇一	五方面軍司令部	N五一・二三E一五五・四一	一九四四・〇七・〇九	桑本千石	雇員	戦死	瑞興郡龍坪面月隠里二〇七
			×	桑本福星	妻		鳳山郡亀淵面新院里二二
三〇二	五方面軍司令部	N五一・二三E一五五・四一	一九四四・〇七・〇九	木村春錫	雇員	戦死	鳳山郡沙里院邑北里二九六
			×	木村敬善	妻		鳳山郡沙里院邑岩里
三〇三	五方面軍司令部	N五一・二三E一五五・四一	一九四四・〇七・〇九	松村裕永	雇員	戦死	鳳山郡楚臥面養洞里二七七
			×	松谷寛永	従兄		鳳山郡楚臥面養洞里二七七
三〇四	五方面軍司令部	N五一・二三E一五五・四一	一九四四・〇七・〇九	横山景八	雇員	戦死	黄州郡都峙面都峙里八〇
			×	横山錫鳳	父		鳳山郡舎人面萬和里一二一五
三〇五	五方面軍司令部	N五一・二三E一五五・四一	一九四四・〇七・〇九	金田根燦	雇員	戦死	載寧郡長壽面東林里五三八

			×	金田燈燦	父		鳳山郡山水面景岩里三三六
三〇六	五方面軍司令部	N五一・二三E一五五・四一	一九四四・〇七・〇九	松江玄根	雇員	戦死	鳳山郡洞仙面桃林里七二
			×	松江仁錫	父		鳳山郡洞仙面桃林里七二
三〇七	五方面軍司令部	N五一・二三E一五五・四一	一九四四・〇七・〇九	金山聖蓮	雇員	戦死	鳳山郡土城面武井里五〇四
			×	金山光雲	父		鳳山郡土城面武井里五〇四
三〇八	五方面軍司令部	N五一・二三E一五五・四一	一九四四・〇七・〇九	永木尚龍	雇員	戦死	瑞興郡所沙面松田里四六〇
			×	永木昌俊	父		鳳山郡洞仙面馬山里三六
三〇九	五方面軍司令部	N五一・二三E一五五・四一	一九四四・〇七・〇九	金泰恒	雇員	戦死	鳳山郡洞仙面桃林里五四八
			×	金洙鳳	父		鳳山郡洞仙面桃林里五四八
三一〇	五方面軍司令部	N五一・二三E一五五・四一	一九四四・〇七・〇九	金山享三	雇員	戦死	鳳山郡台人面萬和三〇七
			×	金山茂俊	兄		鳳山郡台人面萬和三〇七
三一一	五方面軍司令部	N五一・二三E一五五・四一	一九四四・〇七・〇九	朴斗順	雇員	戦死	安岳郡安岳邑燃谷里一一〇
			×	朴貞順	兄		安岳郡安岳邑燃谷里一一〇
三一二	五方面軍司令部	N五一・二三E一五五・四一	一九四四・〇七・〇九	宮本龍洙	雇員	戦死	安岳郡安谷面北三里五四一
			×	宮本鎮壽	父		安岳郡大遠面徳山里一四五
三一三	五方面軍司令部	N五一・二三E一五五・四一	一九四四・〇七・〇九	木村成睿	雇員	戦死	信川郡加達面百蓮里七一七
			×	木村永然	父		安岳郡大遠面巌串里一〇
三一四	五方面軍司令部	N五一・二三E一五五・四一	一九四四・〇七・〇九	荘益徳	雇員	戦死	安岳郡文山面祐城里二〇九
			×	荘宇平	父		安岳郡文山面祐城里二〇九
三一五	五方面軍司令部	N五一・二三E一五五・四一	一九四四・〇七・〇九	松山東萬	雇員	戦死	安岳郡大谷面里一九四
			×	松山鉉永	父		―
三一六	五方面軍司令部	N五一・二三E一五五・四一	一九四四・〇七・〇九	高山基植	雇員	戦死	安岳郡西河面上村里二区
			×	高山文植	父		安岳郡西河面上村里二区
三一七	五方面軍司令部	N五一・二三E一五五・四一	一九四四・〇七・〇九	山本担永	雇員	戦死	安岳郡安谷面鶴浦里五五七
			×	山本権永	兄		安岳郡西河面長日里
三一八	五方面軍司令部	N五一・二三E一五五・四一	一九四四・〇七・〇九	大城春燮	雇員	戦死	載寧郡銀龍面新昌里一六〇
			×	大城春根	父		安岳郡銀江面
三一九	五方面軍司令部	N五一・二三E一五五・四一	一九四四・〇七・〇九	國本應元	雇員	戦死	殷栗郡北部面恩伊里二九八
			×	國本昌南	父		安岳郡銀江面温井里四五〇
三二〇	五方面軍司令部	N五一・二三E一五五・四一	一九四四・〇七・〇九	松谷璟淳	雇員	戦死	殷栗郡西部面里門里
			×	松谷信源	父		殷栗郡西部面里門里
三二一	五方面軍司令部	N五一・二三E一五五・四一	一九四四・〇七・〇九	海本永鉉	雇員	戦死	殷栗郡南部面南昌里
			×	徳山龍浩	叔父		殷栗郡南部面南昌里
三二二	五方面軍司令部	N五一・二三E一五五・四一	一九四四・〇七・〇九	平沼昌洙	雇員	戦死	殷栗郡南部面求王里
			×	徳山鵬道	父		―

三二三	五方面軍司令部	N五一・二三E一五五・四一	一九四四・〇七・〇九	大林鳴洙	雇員	戦死	信川郡弓興面三泉里六〇〇
			×	大林変習	妻		殷栗郡北部面臥龍里二六
三二四	五方面軍司令部	N五一・二三E一五五・四一	一九四四・〇七・〇九	金石慶禄	雇員	戦死	安岳郡安岳面燃谷里
			×	金石寧寛	妻		殷栗郡長達面木部里九六〇
三二五	五方面軍司令部	N五一・二三E一五五・四一	一九四四・〇七・〇九	徳山昌福	雇員	戦死	延白郡金山面
			×	徳山容錫	父		平山郡金岩面江亭里
三二六	五方面軍司令部	N五一・二三E一五五・四一	一九四四・〇七・〇九	鈴木龍基	雇員	戦死	載寧郡
			×	―	―		平山郡南川邑新南川里
三二七	五方面軍司令部	N五一・二三E一五五・四一	一九四四・〇七・〇九	松本宗圭	雇員	戦死	平山郡横岩面緑洞里
			×	松本思善	父		平山郡横岩面緑洞里
三二八	五方面軍司令部	N五一・二三E一五五・四一	一九四四・〇七・〇九	海本根淳	雇員	戦死	平山郡横岩面新沓里
			×	―	―		―
三二九	五方面軍司令部	N五一・二三E一五五・四一	一九四四・〇七・〇九	平岡永萬	雇員	戦死	碧城郡代車面江亭里四四八五
			×	―	―		―
三六一	五方面軍司令部	N五一・二三E一五五・四一	一九四四・〇七・〇九	松山愛金	雇員	戦死	鳳山郡沙里院邑北里二二九
			×	湯川貴女	―		天津市特別第一区北里二二九
一〇九	五野戦航空修理廠	沖縄県宮古島	一九四五・〇八・〇八	柳原光一	軍属	戦死	信川郡信川面独岩里一〇一
			一九二八・〇六・一九	柳原守一	父		信川郡信川面独岩里一〇一
二二七	五野戦航空修理廠	沖縄県首里	一九四五・〇五・二八	松川世和	軍属	戦死	載寧郡三江面龍興里八〇三
			一九二六・〇六・二一	松川炳玉	父		鳳山郡沙里院邑北里一九四
六二九	六航空軍司令部	徳之島	一九四五・〇六・一九	山本辰雄	軍曹	戦死	安岳郡安岳邑坪井里三三九
		行方不明	一九二六・〇七・〇一	山本永信	弟		安岳郡安岳邑坪井里三三九
五八六	七野戦航空修理廠	ルソン島バギオ	一九四五・〇六・一五	豊住淳慶	雇員	戦死	遂安郡大悟面近新里三九八
			×	豊住一淳	兄		遂安郡大悟面近新里三九八
四九五	七野戦航空補給廠	ルソン島	一九四五・〇五・三〇	平沼正彦	雇員	戦死	鳳山郡亀淵面新院里五七
			×	平沼八重子	母		平壌府椿口町八五
四九六	七野戦航空補給廠	ルソン島	一九四五・〇五・三〇	松山在緒	雇員	戦死	甕津郡文井面松材里一五八
			×	松山知魯	父		甕津郡文井面松材里一五八
五九七	八師団歩兵二大隊	河北省	一九三八・〇四・一九	趙奎善	通訳	戦死	平山郡古之面達城里二六五
			×	喜女	妻		平山郡古之面達城里二六五
一四三	一一野戦航空補給廠	河北省	一九四五・〇六・一七	金村正允	軍属	戦病死	松禾郡××面公統里一八九
		肺結核	一九二七・〇三・一八	金村松竹	母		長淵郡竹田村芝村里三九四―三
一九一	一二師団司令部	ラレク沖	一九四四・〇四・二八	徳山資郎	軍属	戦死	延白郡龍道面蘭渓里五七七
			×	―	―		京城府龍山町三―一二師団官舎
六四三	一二野戦気象隊	ニューギニア	一九四四・一二・一一	高橋徳亨	雇員	戦死	信川郡北部面新豊里

番号	所属	死亡場所・原因	年月日	氏名	階級・続柄	区分	本籍・住所
			×	高橋應箕	父		信川郡北部面新豊里
二六	一〇師団防疫給水部	ルソン島 全身砲弾破片創	一九四五・〇三・一〇	安川 清	兵長	戦死	載寧郡長寿面青翁菊里一二五
			×	安川貫一	父		載寧郡長寿面青翁菊里一二五
八七	一四方面軍司令部	ルソン島	一九四五・〇三・一八	前島晧二	上等兵	戦死	海州府上町五〇—九
			×	前島健二	兄		海州府
八六	一四方面軍司令部	ルソン島	一九四五・〇三・一八	國本勝雄	上等兵	戦死	谷山郡東村面閑達里七六
			×	國本俊夫	父		谷山郡東村面閑達里七六
六三四	一七船舶航空廠	沖縄那覇	一九四四・〇一・一〇	瑃源鍾×	雇員	戦死	延白郡牧丹面徳陽里六六八
			一九二五・一〇・二九	徳圭	父		延白郡牧丹面徳陽里六六八
六三八	一七船舶航空廠	N二七・一八E一二七・四〇	一九四四・〇一・一〇	岩島重雄	工員	戦死	瑞興郡栗里面松井里四九五
			×	岩島春女	妻		瑞興郡栗里面松井里四九五
三七八	一九師団司令部	ルソン島	一九四五・〇七・二四	大倉正熙	一等兵	戦死	瓮津郡西面邑校里四八七
			一九××・一二・一二	大倉月嬉	妻		谷山郡谷山面城里
三七九	一九師団司令部	ルソン島ブキヤス	一九四五・〇六・二六	川原 宗	一等兵	戦死	瓮津郡北面花山東里一一二
			一九二二・〇六・〇五	川原宗誅	兄		瓮津郡北面花山東里一一二
四〇九	一九師団防疫給水部	ミンダナオ島	一九四五・〇七・二四	柳東春	上等兵	戦死	碧城郡永泉面佐郎里三八三
			×	柳上成	父		碧城郡永泉面佐郎里三八三
一四〇	一九師団衛生隊	比島・ブルコス野戦病院 赤痢	一九四五・〇二・二一	金光善英	上等兵	戦病死	安岳郡大遠面属降里五七八
			一九二一・〇六・一七	金光聖郁	父		安岳郡大遠面属降里五七八
四九二	一九師団衛生隊	ルソン島	一九四五・〇七・二六	金澤光洙	兵長	戦死	松禾郡逢東面水搭里一九
			一九二三・〇九・〇四	金澤永泰	父		松禾郡逢東面水搭里一九
四九三	一九師団衛生隊	ルソン島	一九四五・〇八・〇三	竹山原墾	兵長	戦死	黄州郡青龍面九老里七四三
			×	竹山威聖	母		黄州郡青龍面九老里七四三
四九四	一九師団衛生隊	ルソン島	一九四五・〇七・一一	安田鍾錫	兵長	戦死	谷山郡鳳鳴面新彦里五〇六
			一九二二・〇四・〇一	安田徳祐	父		谷山郡鳳鳴面新彦里五〇六
二五	二〇師団通信隊	ニューギニア 頭部貫通銃創	一九四四・〇二・〇五	平岡鳳信・李時重	兵長	戦死	金泉郡午峰面三山里一一四
			×	平岡徳永	父		金泉郡午峰面三山里一一四
九四	二〇師団防疫給水部	ニューギニア、ベナム	一九四四・〇二・〇一	川崎良雄	上等兵	戦死	延白郡雲山面邦合里
			一九二一・〇八・一〇	川崎元治	父		延白郡雲山面邦合里
九三	二〇師団防疫給水部	ニューギニア	一九四四・〇六・一〇	金田明光	伍長	戦死	延白郡石山面月岩里二五一
			一九二一・〇八・三〇	金田聖吾	母		延白郡石山面月岩里二五一
九九	二〇師団防疫給水部	ニューギニア、ザルップ	一九四四・〇六・一〇	吉山武雄	兵長	戦死	平山郡積岩面綿谷里
			一九二〇・一二・一一	吉山元浩	父		平山郡積岩面綿谷里
九二	二〇師団防疫給水部	ニューギニア	一九四四・〇七・二〇	天民正煥	上等兵	戦死	信川郡文武面陽岩里
			一九二一・〇三・一九	天民淳植	父		信川郡文武面陽岩里

九六	二〇師団防疫給水部	ニューギニア、ベナム	一九四四・〇九・二六 一九二一・〇六・一五	栄山茂男 栄山建桓	伍長 父	戦死	松禾郡×里面大密里六五 松禾郡×里面大密里六五
九八	二〇師団防疫給水部	ニューギナア、オクナル	一九四四・一一・一七 一九二二・〇七・〇四	松本×瑞 松本鵬淳	伍長 父	戦死	松禾郡京田面内安里 松禾郡京田面内安里
九五	二〇師団防疫給水部	ニューギニア、ベナム	一九四五・〇二・〇一 一九二〇・〇二・一二	菊村文鏞 菊村舜鏞	兵長 父	戦死	信川郡信川面條×里二〇二 信川郡信川面條×里二〇二
九七	二〇師団防疫給水部	ニューギニア、アソナム	一九四五・〇三・〇四 一九二〇・一二・一八	富河喜内 富河博仁	上等兵 父	戦死	安岳郡龍岡面東倉里 安岳郡龍岡面東倉里
五七八	二〇師団防疫給水部	ニューギニア、エバノム	一九四五・〇七・一五 一九二〇・一一・一〇	金田錫坤 金田基俊	伍長 父	戦死	松禾郡長陽面坪材里三一七 松禾郡長陽面坪材里三一七
四五	二〇師団司令部	湖北省武昌一五九兵站病院 腹部貫通銃創	一九四五・〇三・二七 ×	金村鳳化 李玉子	上等兵 妻	戦病死	延白郡湖月面雲山里六〇六 延白郡湖月面雲山里六〇六
三五九	二〇軍野戦貨物廠	湖北省武昌一二八兵站病院	一九四五・一一・二五 ×	平山京奎 平山京燁	上等兵 父	戦病死	遂安郡泉谷面鳳幕里一八三 遂安郡泉谷面鳳幕里一八三
三三五	三二軍防衛築城隊	沖縄	一九四五・〇五・一六 一九一一・〇八・二八	木戸棋降 木戸淑女	雇員 妻	戦死	信川郡温泉邑霊嶺里一八四 信川郡信川面漆署里二六〇
二七	二六野戦勤務隊	中華民国邱城道	一九四五・〇七・二六 一九二四・〇四・一〇	松川昌律 —	伍長 —	戦死	黄州郡天任面海南里一〇一一 —
八四	二六野戦勤務隊	北京一陸軍病院 肺結核	一九四五・〇三・二八 一九二四・〇八・〇九	木山鍾求 本山立粉	一等兵 妻	戦病死	瑞興郡内徳面冷井里一六〇 瑞興郡内徳面冷井里一六〇
四六一	三〇師団司令部	レイテ島	一九四五・〇七・〇一 ×	青松佳洙 青松鐘祿	兵長 父	戦死	松禾郡長陽面筒幕里一二 松禾郡長陽面筒幕里一二
四六二	三〇師団司令部	レイテ島	一九四五・〇七・〇一 ×	清水炳庸 清水應女	兵長 母	戦死	載寧郡新院面波湯里二五四 海州府龍塘里七一三
四六三	三〇師団司令部	レイテ島	一九四五・〇七・〇一 ×	富山昊源 富山東律	兵長 父	戦死	載寧郡西湖面新灘里四二五 載寧郡西湖面新灘里四二五
四六〇	三〇師団司令部	ミンダナオ島	一九四五・〇一・一八 ×	金松東勳 金松泰伯	兵長 父	戦死	黄州郡兼二浦邑西灘里 黄州郡兼二浦邑西灘里
一一九	三〇師団司令部	ミンダナオ島	一九四五・〇七・〇二 ×	山元順永 山元泰燐	伍長 妻	戦死	瓮津郡龍泉面院山里 瓮津郡甕津邑温泉里二八
三六	三〇師団防疫給水部	ミンダナオ島 頭部貫通銃創	一九四五・〇九・二八 ×	清原相燮 清原瓚浩	兵長 父	戦死	平山郡積岩面細谷里二二三 平山郡積岩面細谷里二二三
三七	三〇師団防疫給水部	不詳 全身砲弾破片創	一九四五・〇三・〇七 一九二〇・〇四・一八	松本天浩 松本順玉	兵長 妻	戦死	平山郡積岩面松岩里六六六 平山郡積岩面温井里三六八
六三二	三〇師団防疫給水部	ミンダナオ島	一九四五・〇九・二八	清橋武雄	上等兵	戦死	松禾郡蓮東面得聖里二三〇

番号	部隊	場所	年月日	氏名	階級・続柄	死因	本籍・住所
			×	清橋明女	妻		松禾郡蓮東面得聖里二三〇
四七一	三〇師団衛生隊	ミンダナオ島	一九四五・〇四・二九	原田光國	兵長	戦死	瑞興郡道面陵里二六〇
			×	原田致成	父		瑞興郡道面陵里二六〇
六九	三〇師団衛生隊	ミンダナオ島	一九四五・〇五・〇二	光田元在	兵長	戦死	遂安郡遂安面龍潭里三四〇二
		腹部貫通銃創	×	光田用峴	父		新渓郡新渓面郷枝里九二―一
七〇	三〇師団衛生隊	ミンダナオ島	一九四五・〇五・一五	大松李煥	兵長	戦死	遂安郡大城面大城里一一六
		腹部貫通銃創	×	―	―		―
四七二	三〇師団衛生隊	ミンダナオ島	一九四五・〇七・一〇	富田隆夫	伍長	戦死	平山郡細谷面浦川里七三
			×	富田千浩	父		平山郡細谷面浦川里七三
四七三	三〇師団衛生隊	ミンダナオ島	一九四五・〇八・一〇	金子徳明	兵長	戦死	信川郡信川面社稷里一三七
			×	金子賢治	父		信川郡信川面社稷里一三七
四七〇	三〇師団衛生隊	ルソン島	一九四五・〇二・二〇	金清貞五	伍長	戦死	延白郡掛弓面石浦里三二一
			×	金清京福	父		延白郡掛弓面石浦里三二一
六二三	三〇師団衛生隊	レイテ島保留所中病	一九四五・一〇・二〇	松山武雄	兵長	戦病死	信川郡南部面西部里五七四
			×	松山茂雄	父		信州郡南部面書院里三五八
三八	三〇師兵勤隊	台湾火焼島	一九四二・〇六・〇二	浦田栄助	伍長	戦死	瑞興郡新幕面新幕里二二
		頭部爆弾破片創	×	浦田光雄	父		咸鏡南道興南邑本局社宅
三七六	三二軍	サイパン島	一九四四・〇七・一八	宮本吉淵	兵長	戦死	延白郡銀川面蓮南里二七六
			一九二三・一〇・三〇	宮本學鎮	父		―
四六七	三二軍防衛築城隊	沖縄浦添村	一九四五・〇五・一六	大山仁善	傭人	戦死	信川郡南部面婦貞里一〇六
			一九二三・〇四・二九	大山海天	妻		信州郡温泉面温泉里五一三
四六八	三二軍防衛築城隊	沖縄真知志村	一九四五・〇五・一六	金谷清井	傭人	戦死	信川郡軍里面水源里四九六
			一九一九・〇三・二三	金谷稔子	父		長淵郡昌淵邑東里六五九
五七〇	三二軍防衛築城隊	沖縄首里	一九四五・〇五・一六	華山昌柱	雇員	戦死	長淵郡長淵邑邑外里五三
			一九一七・〇二・二〇	華山鎮安	母		京城府松月町一三二
四六六／五九四	三二軍防衛築城隊	沖縄浦添村	一九四五・〇五・一六	梅田重雄	雇員	戦死	碧城郡秋花面瑞徳里四六七
			一九二二・〇三・二三	梅田鼎鉉	兄		碧城郡秋花面瑞徳里四六七
六四二	三二軍防衛築城隊	沖縄真知志村	一九四五・〇五・一七	呉本炳夏	傭人	戦死	松禾郡長陽面蓮山里二四七
			一九一五・〇三・二二	呉本英福	母		松禾郡長陽面蓮山里二四七
六四四	三二軍防衛築城隊	沖縄首里	一九四五・〇五・一七	裵俊華	雇員	戦死	信川郡文化面東陽里七〇四〇
			一九一七・〇五・二五	裵昌華	弟		信川郡文化面東陽里七〇四〇
五七二	三二軍防衛築城隊	沖縄仲座	一九四五・〇六・一九	松岩祐本	雇員	戦死	甕津郡甕津邑温泉町一一一
			一九二〇・〇七・二一	松岩静春	母		甕津郡甕津邑温泉町一一一
五七一	三二軍防衛築城隊	沖縄島尻郡	一九四五・〇六・二〇	金春茂雄	雇員	戦死	海州府東栄町二二三
			×	金春昌義	母		海州府東栄町二二三

五七三	三二軍防衛築城隊	沖縄	一九四五・〇六・二〇 一九一七・××・一八	吉田茂雄 吉田富金	雇員 妻	戦死	長淵郡長淵邑内里一九二 長淵郡長淵邑内里一九二
五七四	三二軍防衛築城隊	沖縄	一九四五・〇六・二〇 一九二一・一二・一六	文平丙燮 文平三峰	雇員 母	戦死	信川郡文武面乾山里六二七 信川郡文武面乾山里六二七
一九二	三三師団司令部	ビルマ 右××部××	一九四五・〇三・二一 一九一九・〇九・一九	青木文作 青木幸夫	技手 兄	戦傷死	遂安郡遂安面食後里八七 遂安郡遂安面食後里八七
六三一	三七野動隊	不詳	一九四五・〇七・〇七 一九二〇・〇八・一五	松本義雄 松本鏞弼	上等兵 父	公務死	松禾郡栗里面細貞里五〇八 松禾郡栗里面細貞里五〇八
六〇三	四九師団防疫給水部	ビルマ、タトン	一九四五・〇七・一五 一九二五・〇一・一二	松谷萬金 松谷富福	兵長 父	戦死	平山郡西峰面晩灘里九九七 平山郡西峰面晩灘里九九七
三六六	五一飛行中隊	比島	一九四五・〇五・一〇 一九二三・〇三・〇五	松本龍成 松本俊善	兵長 父	戦死	安岳郡大店面楓谷里 安岳郡大店面楓谷里
三六七	五一飛行中隊	比島	一九四五・〇五・〇一 ×	清本柄淳 清本辰木	兵長 父	戦死	黄州郡天灘面内東里一二九四 黄州郡天灘面内東里一二九四
三九二	五二飛行中隊	ルソン島クラーク マラリア	一九四五・〇二・〇七 ×	伊藤聖奎 伊藤正鳳	兵長 父	戦病死	瑞興郡道面道筒里三一六 瑞興郡道面道筒里三一六
三九三	五二飛行中隊	ルソン島クラーク	一九四五・〇二・〇九 ×	山木永洙 山木永萬	兵長 弟	戦死	瓮津郡興曙面禮津里二二〇 瓮津郡興曙面禮津里二二〇
三九〇	五二飛行中隊	ルソン島クラーク	一九四五・〇四・〇七 ×	秋岡信雄 秋岡仁基	兵長 妻	戦死	安岳郡西河面徳月里六〇二 安岳郡火査面柳里二三二
三九一	五二飛行中隊	ルソン島クラーク マラリア	一九四五・〇六・一〇 ×	豊山龍文 豊山永梅	兵長 妻	戦病死	長淵郡白洞面大青里一八五 長淵郡白洞面大青里一八五
一九六	五二飛行中隊	不詳	不詳 ×	青住和利 —	上等兵 —	戦死	海州府廣石町二二三 —
六一七	五二飛行中隊	比島クラーク	一九四五・〇二・〇八 ×	松山道興 松山道謙	兵長 兄	戦病死	谷山郡花村面廣川里九九六 谷山郡花村面廣川里九九六
五八五	五四飛行中隊	レイテ島ブラウエン	一九四四・一〇・三〇 ×	平沼義弘 平沼致和	伍長 妻	戦死	信川郡文化面花岩里三九八 信川郡文化面花岩里三九八
三三九	一一八独立整備隊	沖縄	一九四五・〇四・〇七 一九二六・〇九・一七	兪村清正 —	伍長 —	戦死	鳳山郡渉里院邑北野里二八六 —
三三六	一四八飛行大隊	比島マニラ	一九四五・〇三・〇八 ×	中原　実 正二	曹長 父	戦死	黄州郡兼二浦面明治町二六 黄州郡兼二浦面明治町二六
二二〇	一五一飛行大隊	ルソン島クラーク	一九四五・〇二・〇四 一九二四・〇五・二二	金山成澤 金山×世	伍長 父	戦病死	谷山郡桃花通面月渓里三八 谷山郡桃花通面月渓里三八
二二一	一五一飛行大隊	ルソン島クラーク	一九四五・〇一・三一	金村在鐘	伍長	戦病死	新渓郡赤余面大井里八五三

			一九二四・〇九・三〇	金村龍業	父		新渓郡赤余面大井里八五三
二二三二	一五一飛行大隊	ルソン島クラーク	一九四五・〇三・二五 一九二四・〇八・一三	松山淳根 松山弘燮	伍長 父	戦病死	谷山郡東村面閑達里四九五 谷山郡東村面閑達里四九五
六一一	一五一飛行大隊	ルソン島	一九四五・〇四・〇三 一九一九・〇一・〇二	藤本元助 藤本善吉	甲幹軍曹 父	戦病死	甕津郡甕津邑温泉町二三五 徳島県三好郡加茂村三五四
五八一	一五四船舶大隊	ルソン島	一九四五・〇六・一六 ×	安村泰燮 安村泰雄	兵長 兄	戦死	安岳郡安谷面 安岳郡安谷面
五八二	一五四船舶大隊	ルソン島	一九四五・〇六・一七 ×	松宮寅根 松宮寅萬	兵長 兄	戦死	松禾郡土里面喆舘里五〇 松禾郡土里面喆舘里五〇
二一八	一五四飛行大隊	比島 悪性マラリア	一九四五・〇七・二〇 ×	平田慶淳 平田永殷	伍長 父	戦病死	遂安郡大悟面洞岩里三一九 遂安郡大悟面洞岩里三一九
六一四	二〇一飛行大隊	満州	一九四六・〇四・一一 一九一三・〇七・〇九	高柳留定 文洙四郎	一等兵 兄	戦病死	黄州郡亀谷面雷岩里一三二 慶尚北道安東市大和区小番通三九三
三三八	不詳	東京三陸軍病院	一九四五・〇二・〇四 ×	田山任善 田山龍成	上等兵 父	戦病死	延白郡松×面清渓里五五七 延白郡松×面清渓里五五七
三六三	不詳	不詳	不詳 一九二〇・〇四・二八	竹山勝茂 —	不詳 —	不詳	信川郡文化面 —
五九二	不詳	不詳	一九四六・〇一・二五	張雙静 長原直明	軍属 父	戦病死	延白郡金山面長峴里 延白郡金山面長峴里

◎平安北道　四九六名

原簿番号	所属	死亡場所 死亡事由	死亡年月日 生年月日	創氏名・姓名 親権者	階級 関係	死亡区分	本籍地 親権者住所
四五一	関東軍司令部	不詳	一九四三・〇四・二四 ×	李道善 李金女	嘱託 妻	戦死	慈白郡中江面晩兵洞七一七 間島省安國県城内
二三四	関東軍憲兵隊司令部	臨江憲兵派遣隊事務室	一九四五・〇四・二一 一九一七・〇一・一五	春山秀雄 春山承治	上等兵 父	死亡	慈城郡中江面中坪洞五四五 慈城郡中江面中坪洞五四五
四三五	関東軍二臨時自動車中隊	山西省	一九三七・〇三・二一 一九一一・一九・二三	韓龍孫 崔享烈	傭人 妻	戦死	寧辺郡南新峴面雲龍洞七〇 —
一九七	騎兵二四連隊	不詳 平病	不詳 ×	河東克尚 —	不詳 —	死亡	江界郡江界邑錦町五二八 —
四五七	騎兵四七連隊	湖北省一七八兵病 クループ性肺炎	一九四六・〇二・二三 一九二四・〇九・三〇	松山正輝 松山元一	上等兵 父	戦病死	義州郡義州邑郷枝洞一六七 義州郡義州邑郷枝洞一六七
四三一	騎兵七二連隊	安徽省	一九四一・一〇・二〇 ×	金山徳範 金山鳳逸	通訳 父	戦死	博川郡両嘉面徳仁洞一〇九 博川郡両嘉面嶺美洞
五一	九江憲兵隊	湖北省	一九四三・〇六・二七 ×	高島明普 —	雇員 —	戦死	義州郡古津面仙上洞一七八 奉天省海龍県山城鎮小南門禮治×
四五九	近衛歩兵八連隊	東京二陸軍病院 肺結核	一九四四・〇六・〇一 一九二七・〇八・〇一	立川政一 立川元治	傭人 父	戦病死	鐵山郡扶西面星岩洞七〇 龍川郡内中面東興洞二八八
四七七	工兵一九連隊	ルソン島バギオ	一九四五・〇六・〇七 一九二五・〇三・二一	大平武夫 大平正一	兵長 父	戦死	寧辺郡寧辺面東部洞三三一 朔州郡九曲面水豊洞三三一
六	工兵四七連隊	湖南省 急性肺炎	一九四五・〇三・〇六 一九二四・一一・一八	金松南植 金松幸済	兵長 父	戦病死	定州郡葛山面光東洞一二九四 定州郡葛山面光東洞一二九四
一七三	工兵四七連隊	湖北省 細菌性赤痢	一九四五・一〇・〇六 一九二七・〇五・〇一	金星炳雲 金星夏植	上等兵 父	戦病死	江界郡従南面章洞八四 慈城郡利水坪面×松洞四八
一八〇	工兵四九連隊	比島マニラ 海没	一九四四・一〇・一八 一九二二・〇五・〇三	大山技福 大山俊徳	兵長 父	戦死	義州郡松張面×武洞三一三 義州郡松張面×武洞三一三
一八一	工兵四九連隊	比島マニラ 海没	一九四四・一〇・一八 一九二四・一〇・二二	金山信二 金山善楫	兵長 父	戦死	義州郡玉尚面下庚洞九八 義州郡玉尚面下庚洞九八
四三九	済南憲兵隊司令部	北平天橋	不詳 ×	朴享俊 —	軍属 —	死亡	宣川郡 —
一七〇	山砲二五連隊	台湾安平沖	一九四五・〇一・〇九 一九二一・〇五・二八	宇都徳三 宇都徳文	伍長 兄	戦死	龍川郡府羅面西兼洞二九六 龍川郡府羅面西兼洞二九六
一八五	山砲二五連隊	台湾安平沖 溺水	一九四五・〇一・〇九 一九二二・一〇・一一	西川瑞徳 西川瑞観	伍長 兄	戦死	鐵山郡鐵山面東平洞一〇八 新義州府敏神通六六

二〇〇	山砲二五連隊	ルソン島タクボ	一九四五・〇五・一五 一九一八・〇九・一五	森田武雄 森田徳男	兵長 父	戦死	昌城郡昌城面新坪洞五七七 昌城郡昌城面新坪洞五七七
一一六	山砲二五連隊	ルソン島 デング熱	一九四五・〇五・二四 ×	鈴木敦夫 鈴木左原	伍長 父	戦病死	江界郡江界邑城北町三七五 楚山郡桃源面檜木洞二七九ー一
三九	山砲二五連隊	ルソン島 頭部盲管銃創	一九四五・〇七・一七 一九二三・〇三・〇三	康川金蔵 康川龍蔵	兵長 父	戦死	朔州郡朔州面温豊洞六四 朔州郡朔州面温豊洞六四
一〇〇	山砲三一連隊	ビルマ 右大腿砲弾破片創	一九四五・〇四・一〇 一九二五・〇四・一九	西原卓雄 西原藤栄	伍長 母	戦死	義州郡古館面西下洞一二六〇 新義州府勤洞二四ー三
九九	山砲三一連隊	ビルマ、タウンボ マラリア	一九四五・〇七・一〇 一九二六・〇三・〇一	清水鳳河 清水龍雲	兵長 父	戦病死	熙川郡東面×許川洞一四七 熙川郡東面×許川洞一四七
二一七	山砲四九連隊	不詳	一九四五・〇五・〇二 一九二五・〇二・二二	孫田富雄 孫田正雄	伍長 兄	戦死	熙川郡新豊面西洞一八五 熙川郡新豊面西洞一八五
一四四	山砲四九連隊	雲南省 アネーバ性赤痢	一九四四・一〇・一四 一九二五・〇八・〇八	國元輝雄 國元星玉	上等兵 妻	戦病死	江界郡多河面興州洞三二三 江界郡江界邑千石里六八
二三七	山砲四九連隊	ビルマ、タトン県 左背胸部貫通銃創	一九四五・〇七・二九 一九二四・〇三・二九	河東正一 河東賢武	上等兵 父	戦死	鐵山郡余閑面秋南洞七九 鐵山郡余閑面秋南洞七九
二一三	山砲五二連隊	湖北省一五九兵病 腸チフス	一九四五・〇七・〇五 一九二四・〇三・〇六	白川泰彦 白河徳弘	上等兵 妻	戦病死	熙川郡東倉面倉洞四〇三 熙川郡東倉面倉洞四〇三
七	自動車三四連隊	湖南省 腰部貫通銃創	一九四五・〇八・二八 一九二三・一二・一三	平山泰伯 平山錫（陽）宮	上等兵 父	戦死	寧辺郡南松面風至洞八一〇 博川郡東南面石花洞四二二
二七七	輜重二〇連隊	ニューギニア、アレキシス 右肩・腰爆弾破片創	一九四三・〇九・〇一 ×	白石哲雄 白石桂彬	上等兵 父	戦死	義州郡吉館面×北洞八 義州郡吉館面×北洞八
二五三	輜重二〇連隊	ニューギニア、テリブタ岬 頭部機関砲弾破片	一九四三・一〇・一五 一九二三・〇二・一七	木本正次 木本雲河	兵長 父	戦死	義州郡咸豊面西下洞五三二 義州郡咸豊面西下洞五三二
四一四	輜重二〇連隊	ニューギニア、ラコナ西山	一九四三・一二・二三 ×	川口正雄 川口弘雄	伍長 父	戦死	渭原郡渭原面旧邑洞 ー
四一二	輜重二〇連隊	ニューギニア、ペーペン	一九四四・〇二・〇五 一九二三・〇二・〇一	松山賛正 松山文國	伍長 父	戦死	朔州郡南西面五城洞一六二 朔州郡南西面五城洞一六二
四二六	輜重二〇連隊	ニューギニア、ノコポ	一九四四・〇二・〇九 一九二二・一一・一八	大原桂信 大原京彬	上等兵 妻	戦死	楚山郡南面松廟里三一三 楚山郡南面松廟里三一三
二五二	輜重二〇連隊	ニューギニア、モツナ河	一九四四・〇二・二三 一九二三・〇三・二八	木村潤燮 木村二梅	兵長 妻	戦死	碧潼郡碧潼面平内洞一八三 碧潼郡碧潼面仁平洞共栄里
二五四	輜重二〇連隊	ニューギニア、ヨガヨガ	一九四四・〇二・二三 一九二一・〇八・二〇	白川洛善 白川洛浩	兵長 兄	戦死	寧辺郡宜平面上西洞二七三 寧辺郡宜平面上西洞二七三
四一一	輜重二〇連隊	ニューギニア、ケンブン	一九四四・〇二・二八	金本以嫩	兵長	戦死	博川郡西面芹場里四三八

番号	部隊	場所・傷病名	年月日	氏名	階級・続柄	区分	本籍・住所
			×	金本昌善	妻		博川郡西面芹場里四三八
四一三	輜重二〇連隊	ニューギニア、ケンブン	一九四四・〇二・二八	金川東典	兵長	戦死	博川郡徳守面東西洞二八一三
			一九一八・〇六・〇七	金川基源	父		博川郡徳守面東西洞二八一三
二四七	輜重二〇連隊	ニューギニア、ウウェワク	一九四四・〇四・二五	中村　東	上等兵	戦病死	泰川郡西面新松洞四五〇
		マラリア	一九二四・〇四・一六	中村徳彬	父		泰川郡泰川面西部洞一一八
二六三	輜重二〇連隊	ニューギニア、ガビエン	一九四四・〇五・〇九	羅本禎浩	上等兵	戦死	定州郡高安面鳳鳴洞三五三
		頭部穿透貫通銃創	×	羅本泰炯	父		定州郡高安面鳳鳴洞三五三
二五〇	輜重二〇連隊	ニューギニア、ボイキン	一九四四・〇五・一九	山田明道	兵長	戦死	泰川郡長林面馬坪洞三二
		頭部砲弾破片創	一九二〇・〇四・〇八	山田應化	父		泰川郡長林面馬坪洞三二
四二二	輜重二〇連隊	ニューギニア、ウウェワク	一九四四・〇五・二〇	金澤昌俊	兵長	戦死	昌白郡東倉面大楡洞三六四
			一九一九・一二・一七	金澤永玉	妻		昌白郡東倉面大楡洞三六四
二七〇	輜重二〇連隊	ニューギニア、サルップ	一九四四・〇六・一〇	金城東旭	兵長	戦死	定州郡古徳面允洞一五四八
		腹部爆弾破片創	一九二二・〇五・二三	金城鶴實	妻		定州郡古徳面允洞一五四八
二四六	輜重二〇連隊	ニューギニア、ボイキン	一九四四・〇六・一三	中村忠雄	上等兵	戦傷死	慈城郡梨坪面梨坪洞一三二
		左脛骨爆弾破片創	一九二〇・〇三・二一	中村尚渉	叔父		慈城郡梨坪面梨坪洞一三二
二六七	輜重二〇連隊	ニューギニア、カラップ	一九四四・〇六・一九	松井英夫	上等兵	戦病死	熙川郡南面富成洞
		大腸炎	一九二三・一二・〇六	松井正次	父		熙川郡南面富成洞
二六二	輜重二〇連隊	ニューギニア、ボイキン	一九四四・〇六・三〇	大山用燐	兵長	戦病死	博川郡東南面東南洞五七八
		マラリア	×	大山賢淑	妻		博川郡東南面東南洞五七八
二七一	輜重二〇連隊	ニューギニア、ウレマイ	一九四四・〇七・〇三	椿原致景	兵長	戦病死	朔州郡朔州面金五洞五三四
		急性腸炎	一九二二・〇四・〇一	椿原瑞漢	父		朔州郡朔州面金五洞五三四
二四二	輜重二〇連隊	ニューギニア、グンイエ	一九四四・〇七・二三	圓山竹茂	兵長	戦病死	龍川郡揚西面北城洞二四
		マラリア	一九二三・〇四・一五	圓山昌竹	父		龍川郡揚西面北城洞二四
二五六	輜重二〇連隊	ニューギニア、クンイエ	一九四四・〇八・〇四	山原啓煥	兵長	戦病死	碧潼郡松西面松西洞八〇
		慢性腸炎	×	山原淑子	妻		満洲国安東省大平哨大西芬屯
四二三	輜重二〇連隊	ニューギニア、ヤカムル	一九四四・〇八・一〇	慶本秀雄	兵長	戦死	定州郡古徳面観海洞三七六
			一九二二・〇五・〇五	慶本景熙	父		定州郡古徳面観海洞三七六
四二一	輜重二〇連隊	ニューギニア、ダンダヤ	一九四四・〇八・一五	金山熙庚	伍長	戦死	楚山郡古面富坪洞四六七
			一九二〇・〇七・二一	金山丹玉	妻		楚山郡古面富坪洞四六七
二四九	輜重二〇連隊	ニューギニア、マルジップ	一九四四・〇八・二六	國本永官	兵長	戦死	慈城郡三豊面仁豊洞四二七
		腹部貫通銃創	一九二二・〇六・二三	國本鶴實	妻		慈城郡三豊面仁豊洞四二七
二五七	輜重二〇連隊	ニューギニア、ザルップ	一九四四・〇九・〇一	河野善男	兵長	戦病死	宣川郡宣川邑栄町四五四
		マラリア	一九二三・〇三・一四	河野肥御	兄		定州郡定州邑城内洞三九九
二六〇	輜重二〇連隊	ニューギニア、ザルップ	一九四四・〇九・一〇	安原　廣	上等兵	戦病死	亀城郡東山面龍退洞四四九ー二
		大腸炎	一九二四・〇四・二二	安原鳳子	父		亀城郡東山面龍退洞四四九ー二

二六一	輜重二〇連隊	ニューギニア、ダンイエ	一九四四・〇九・一〇	金川成賛	兵長	戦病死	義州郡州内面西湖洞四二
			一九二二・〇一・一四	金川吉禮	妻		義州郡州内面西湖洞四二
二六五	輜重二〇連隊	ニューギニア、ボイキン	一九四四・〇九・三〇	山本正吉	上等兵	戦病死	龍川郡場生面西望洞二三七
		マラリア	一九二二・〇九・一〇	山本　文	母		新義州府弥勒州八三
二五九	輜重二〇連隊	ニューギニア、クブレン	一九四四・一〇・一七	羅川紅黒	上等兵	戦病死	博川郡東南面東二洞八四五
			一九二四・〇九・〇二	羅川唯實	父		博川郡東南面東二洞八四五
二七二	輜重二〇連隊	ニューギニア、ベナギ	一九四四・一一・〇八	南川鶴鳳	上等兵	戦病死	×川郡江西面馬場洞六二四
		大腸炎	一九二〇・一一・一五	南川尚賢	妻		×川郡江西面馬場洞六二四
二四三	輜重二〇連隊	ミューギニア、カラフ	一九四四・一一・一二	金城夏会	上等兵	戦死	義州郡古寧朔面旧倉洞四二八
		マラリア	一九一九・〇四・一九	金城賢具	妻		義州郡古寧朔面一寧洞四四九
二七五	輜重二〇連隊	ニューギニア、ブーツ	一九四四・一一・一八	平川成録	上等兵	戦死	厚昌郡東興面古邑洞七九七
		脚気	一九二三・一二・二九	平川　雄	父		厚昌郡東興面古邑洞七九七
二六四	輜重二〇連隊	ニューギニア、ベロン	一九四四・一一・二〇	金本允斗	上等兵	戦病死	博川郡徳安面二岑洞五六
		大腸炎	一九二三・〇九・一六	金本淑姐	妻		博川郡徳安面二岑洞五六
二七四	輜重二〇連隊	ニューギニア、ベナギ	一九四四・一一・二八	高原官奎	上等兵	戦死	宣川郡宣川邑明治町八六
		大腸炎	一九二二・〇二・一一	高原道俊	父		新義州府麻田洞二五三
四一九	輜重二〇連隊	ニューギニア、マルンバ	一九四四・一二・〇一	安田信雄	兵長	戦死	雲山郡城面南山下洞八二一―二
			一九二〇・〇五・二一	安田信子	妻		雲山郡城面南山下洞八二一―二
二四八	輜重二〇連隊	ニューギニア、ミカウ	一九四四・一二・〇九	延山吉元	上等兵	戦病死	泰川郡允面徳上洞五一
		マラリア	一九二三・一一・一一	延山蘭玉	妻		泰川郡允面徳上洞五一
二七六	輜重二〇連隊	ニューギニア、西ブーツ	一九四四・一二・二七	李興奎	兵長	戦死	楚山郡楚山面蓮湖洞四〇二
		脚気	一九二三・〇二・一〇	清原昌鎮	従兄		江界郡満浦邑之興洞六六七
二七三	輜重二〇連隊	ニューギニア、エミニック	一九四五・〇二・一八	大田熙道	兵長	戦死	亀城郡中山面華福洞二三四
		大腸炎	一九二二・〇五・一三	大田利享	妻		亀城郡中山面華福洞二三四
四一六	輜重二〇連隊	ニューギニア、バナギ	一九四五・〇四・〇二	長岡元貞	伍長	戦死	龍川郡龍岩浦邑龍岩洞八一
			一九二〇・〇九・〇八	長岡漢俊	父		龍川郡龍岩浦邑雲興洞四四
二五五	輜重二〇連隊	ニューギニア、クムニグム	一九四五・〇四・一七	白川吉正	兵長	戦病死	熙川郡西面克城洞八四
		マラリア	一九二一・〇七・二六	白川寛玉	妻		熙川郡西面克城洞一二八
二六八	輜重二〇連隊	ニューギニア、クモン	一九四五・〇五・二八	松村奉冑	上等兵	戦死	楚山郡古面富平洞五六五
		脚気	一九二三・一二・二五	松村成河	父		平壌府東休町三―八〇
二四四	輜重二〇連隊	ニューギニア、バナイタム	一九四五・〇六・〇二	善山正秀	兵長	戦死	雲山郡委延面沓下洞三〇三
		マラリア	一九二一・〇四・〇一	善山允化	妻		雲山郡委延面沓下洞三〇三
二六六	輜重二〇連隊	ニューギニア、マルンバ	一九四五・〇六・一二	平山東路	兵長	戦死	鐵山郡扶二市面塔峴洞二六六
		左胸部盲管銃創	一九二三・一二・〇六	平山東根	父		鐵山郡扶生面登串洞
四一八	輜重二〇連隊	ニューギニア、ウルプ	一九四五・〇六・一四	玄川用洛	伍長	戦死	江界郡化京面新積洞

			一九二三・〇三・〇七	孫田昌鉉	知人		江界郡化京面古仁洞
四一七	輜重二〇連隊	ニューギニア、ウルプ	一九四五・〇六・二七	金川時元	伍長	戦死	厚昌郡南新面祐和洞二三三
			一九二二・〇一・〇八	金川時雄	兄		厚昌郡厚昌面富興洞
四二四	輜重二〇連隊	ニューギニア、ウルプ	一九四五・〇七・〇八	河東道一	兵長	戦死	龍川郡外上面鶴舞洞八〇
		玉砕	一九二二・〇四・〇六	河東祭草	父		龍川郡外上面鶴舞洞八〇
二四五	輜重二〇連隊	ニューギニア、ウルプ	一九四五・〇七・〇八	尹村在善	伍長	戦死	雲山郡城面南下洞七一五
		玉砕	一九二二・一二・一七	尹村玉姫	妻		雲山郡城面南下洞七一五
二五一	輜重二〇連隊	ニューギニア、フバール	一九四五・〇七・一九	松山賛守	伍長	戦病死	亀城郡沙器面石峴洞七八
		マラリア	一九二四・〇六・〇四	松山徳俊	父		亀城郡沙器面石峴洞七八
二五八	輜重二〇連隊	ニューギニア、エボヌス	一九四五・〇八・一〇	金永三	兵長	戦死	厚昌郡東眞面羅竹洞六〇一
			一九一九・一二・二〇	金洪錬	父		厚昌郡東眞面羅竹洞六〇一
二六九	輜重二〇連隊	ニューギニア、クニオング	一九四五・〇九・二四	金林政信	伍長	戦病死	義州郡廣坪面清城洞九〇二
		熱帯潰瘍	一九二二・〇四・〇六	金林重光	父		義州郡廣坪面清城洞九〇二
二〇一	輜重二〇連隊	ニューギニア、ムシュウ島	一九四五・一一・〇四	白川寛助	伍長	戦病死	泰州郡泰川面東部洞一二一
		マラリア	一九二三・〇六・一八	白川成在	妻		泰州郡泰川面東部洞一二一
四六七	輜重三二連隊	不詳	一九四四・〇二・一一	丹山武男	通訳	不慮死	龍川郡府羅面三龍洞
			一九一二・〇二・〇一	丹山文夫	兄		龍川郡府羅面三龍洞
四三四	輜重三六連隊	山西省	一九三九・〇八・〇三	李熙綽	通訳	戦死	定州郡玉泉面月玉洞一二六二
			一九一八・〇一・二七	李鼎相	父		寧河県蘆台模範農村梅谷里三号
二一六	ジャワ俘虜収容所	ムナ島	一九四四・〇九・二〇	岩本昌植	傭人	戦死	龍川郡北戸面秀峰洞九一
			一九二三・〇六・二〇	岩本俊衡	父		龍川郡龍岩浦邑雲興洞九四
一二	水上勤務五九中隊	ニューギニア、バラム	一九四四・〇九・二二	金村利坤	上等兵	戦死	龍川郡外上面鳳凰洞
			一九二三・〇一・一四	金村栄五	父		龍川郡外上面鳳凰洞
一八三	水上勤務五九中隊	ニューギニア、リナム	一九四四・一一・〇三	金山允田	上等兵	戦死	泰川郡長林面馬坪洞
			一九二〇・一一・二九	金山以俊	父		泰川郡長林面馬坪洞
一三	水上勤務五九中隊	ニューギニア、バラム	一九四五・〇二・一七	圓山景赫	兵長	戦死	泰川郡長林面収興洞
			一九二一・〇二・〇七	圓山孝観	妻		泰川郡長林面収興洞
一四	水上勤務五九中隊	ニューギニア、バラム	一九四五・〇三・〇七	咸安桂春	兵長	戦死	熙川郡熙川面加羅之洞
			一九二三・〇七・二七	ー	ー		熙川郡東面魚許川洞
四〇四	船舶多喜丸	不詳	一九四二・〇三・〇四	山本國安	軍属	戦死	江界郡従西面×清洞八六七
			一九二〇・〇九・〇九	ー	ー		江界郡江界邑北川町一四
四〇一	船舶楠山丸	不詳	一九四二・〇四・二四	河東宗明	軍属	戦病死	定州郡観舟面草庄洞
			一九一一・〇六・二三	鄭瑞封	ー		ー
四〇二	大和丸	不詳	一九四二・〇五・〇七	金賢誅	軍属	戦死	寧辺郡小林面龍秋洞一五六八
		戦闘中	一九〇九・〇二・二九	ー	ー		ー

番号	部隊	死亡場所	年月日	氏名	階級・続柄	区分	本籍・住所
一一〇	船舶六大島丸	福建省	一九四三・〇九・一五 一九〇七・一一・〇九	松本三郎 松本　清	操機手 長男	戦死	定州郡古徳面日新洞一二六九 定州郡古徳面日新洞一二六九
五三	船舶富浦丸	南太平洋	一九四四・〇五・二〇 一九一九・〇一・二一	大津景行 大津済勲	兵扱	戦死	博川郡博川邑西北部洞一二七 平北郡博川邑関町一ー一六
四〇〇	船舶光州丸	ボルネオ島方面 戦闘中	一九四四・〇八・〇四 ×	金村履英 金村命叔	軍属 父	戦死	寧辺郡北薪峴面上杏洞三五〇 鐵山郡站面柳亭里
四〇三	船舶光州丸	ボルネオ島方面 戦闘中	一九四四・〇八・〇四 一九二三・〇九・〇七	杉野龍可 杉野恵一	軍属 義兄	戦死	亀城郡沙界面香山洞一七六ー一 大阪市港区中元町四ー一二四永山方
二〇四	船舶輸送司令部	比島	一九四四・〇九・二四 一九二三・一一・二八	白川福聚 白川鎮平	軍属 父	戦死	龍川郡外下面東鴨洞三二五 錦州省×山県田荘台龍川商店内
四八七	二野戦船舶廠	不詳	一九四五・〇九・二四 一九二四・〇九・三〇	金村庄思 ー	二等兵 ー	戦死	義州郡義州邑西部洞八五 ー
二一九	船舶輸送司令部	済州島	一九四四・一〇・二四 一八九二・〇八・〇七	成田義雄 木村吉元	軍属 姪	戦死	義州郡義州洞西部洞二七八 義州郡義州洞西部洞二七八
二〇五	船舶輸送司令部	比島方面	一九四四・一一・一三 一九〇二・××・××	西原益世 西原桐錬	軍属 ー	戦死	熙川郡熙川邑邑上洞二〇 熙川郡熙川邑邑上洞二〇
一八七	船舶輸送司令部	東支那海 敵火に依り	一九四四・一一・一五 一九〇七・〇一・三〇	香山陽鳳 香山陽変	軍属 兄	戦死	博川郡徳安面望隅里七四 博川郡徳安面望隅里七四
一九〇	西部軍管区経理部	長崎県大村陸軍病院	一九四五・一一・〇八 ×	金城永璜 金城命冠	上等兵 父	戦病死	義州郡水鎮面龍雲洞一五七 義州郡水鎮面龍雲洞一五七
一九六	捜索一九連隊	不詳	不詳 ×	松元炳俊 ー	上等兵 ー	戦死	江界郡満浦邑文興洞鎮内站四五九 ー
三五	捜索九一連隊	台湾安平沖	一九四五・〇一・〇九 一九二〇・〇四・〇六	金村成弘 金村観鳳	上等兵 祖父	戦死	碧潼郡吾北面吾上洞一三一 碧潼郡吾北面吾上洞一三一
四八六	太原憲兵隊	北京	一九四六・〇九・一二 ×	白天瑞 ー	上等兵 ー	死亡	義州郡加山面渓洞 ー
二八八	中央航空路部沖縄管区	沖縄県	一九四五・〇六・二〇 一九二六・〇七・一〇	河東潤植 河東在角	雇員 父	戦死	鐵山郡余閑面龍新洞二四八 奉天市皇姑区大寶衛一段七九ー五
一四六	中支憲兵隊	広西省 全身爆弾破片創	一九四五・〇二・二一 一九一六・〇六・〇六	朴泰熙 朴正郁	通訳 父	戦死	新義州府土城洞二五 新義州府土城洞二五
四二八	中国四〇一大隊	広島市	一九四五・〇八・〇六 ×	金城照男 ー	一等兵 ー	戦死	碧潼郡加別面加上洞六六 ー
九	朝鮮二三部隊	浙江省 右胸・肩貫通銃創	一九四五・〇八・〇九 一九二四・〇二・二三	金泉蔡京 金泉甲國	上等兵 父	戦死	定州郡玉泉面月玉洞一九二 定州郡玉泉面月玉洞一九二
二四〇	鉄道二連隊	満州國奉天陸軍病院	一九四五・〇四・〇四	林承哲	上等兵	戦病死	義州郡月華面平川洞二九六

		腸結核	一九二四・〇七・二〇	林基允	父		義州郡枇峴面馬山洞二二九
一九二	特設工兵二中隊	河北省	一九四五・〇一・二六	忠島一甲	上等兵	戦傷死	宜川郡宜川邑栄町四五三
			×	清水龍浩	叔父		宜川郡宜川邑南山町五二四－八
一〇五	鉄道一二連隊	湖南省	一九四四・一一・一一	金村永治	兵長	戦死	義州郡義州邑×外洞六七
		右肩盲管銃創	一九二三・〇一・二一	金村泰允	父		義州郡義州邑×外洞六七
二一二	特別警備一〇大隊	河北省	一九四五・〇八・二三	平山敏雄	雇員	戦死	定川郡徳彦面大成洞九三
			一九二〇・〇一・二九	平山貞子	母		定川郡徳彦面大成洞九三
三五七	独混三五連隊	ニューブリテン島ラバウル	一九四四・〇四・〇八	松本徳政	伍長	戦死	楚山郡板面板坪洞一八三
		胸部爆創	×	松本燦球	父		楚山郡板面板坪洞二五八
六〇	独混七〇旅団司令部	タイ	一九四五・〇六・〇四	春木鎮次郎	中尉	戦病死	亀城郡亀城面右部洞一七一
		マラリア	一九二一・〇六・一五	春木益鉏	父		定川郡定川邑栄町一七八
一六〇	独立警備歩兵五大隊	安徽省	一九四五・〇八・一七	新井杉雄	兵長	戦死	定州郡安興面岩竹洞五〇二
			一九二三・〇三・一四	新井豊彦	父		宣川郡宣川邑旭町五三二
一三三	独立警備歩兵六大隊	安徽省	一九四五・〇八・一六	米原奉穂	伍長	戦死	定州郡馬山面院東洞九六九
		胸部貫通銃創	一九二四・一一・二三	米原周英	父		定州郡馬山面院東洞九六九
四七九	独立警備歩兵一二大	漢口一七八兵站病院	一九四六・〇三・〇二	田村京曄	上等兵	戦病死	江界郡従面黄青洞八二二
		アメーバ性赤痢	一九二四・〇二・二八	田村興曄	父		江界郡従面黄青洞八二二
二九	独立警備歩兵二七大	山西省	一九四五・〇八・一六	博國敏雄	軍曹	戦死	博川郡徳安面二岑洞一一六
		右腹部貫通銃創	一九一九・〇六・二三	博國基周	父		博川郡徳安面二岑洞一一六
一二一	独立警備歩兵二九大	山西省	一九四五・〇八・一六	河鄭時弘	雇員	戦死	鐵山郡面林面川石洞二七四
		臍・腰部貫通銃創	一九二一・〇六・二八	河鄭信子	父		黄海道遂安郡遂安倉内邑渡里武永方
四七六	独立工兵二九連隊	不詳	不詳	山田應七	二等兵	戦死	寧辺郡鳳山面龍興洞一〇二五
			一九二四・一一・二〇	山田鎮泰	父		寧辺郡鳳山面龍興洞一〇二五
一一三	独立野戦高射砲三八中	ニューギニア、ウウェワク	一九四四・一〇・二三	岩村武則	兵長	戦病死	泰川郡南面仙岩洞一四九
			×	岩村　埼	祖父		泰川郡南面仙岩洞一四九
一一二	独立野戦高射砲三八中	ニューギニア、ウウェワク	一九四五・〇五・二〇	山本基黙	兵長	戦死	寧辺郡入院面天陽洞一一九六
			×	山本炳學	父		寧辺郡入院面天陽洞一一九六
一一一	独立野戦高射砲三八中	ニューギニア、ウウェワク	一九四五・〇五・二四	松張義雄	兵長	戦死	義州郡松張面昌元洞二五五
			×	松張徳秀	父		義州郡義州邑旧白洞
一一五	独立野戦高射砲三八中	ニューギニア、ウウェワク	一九四五・〇五・二四	呉川義昌	伍長	戦死	義州郡古寧湖面旧倉洞三七－三
			×	呉川聖甲	母		義州郡永山市三七二
一一四	独立野戦高射砲三八中	ニューギニア、ウリンダブン	一九四五・〇九・二〇	金谷栄夫	上等兵	戦死	朔州郡朔州面蘇徳洞一六七
			×	金谷鎮化	父		朔州郡朔州面蘇徳洞一六七
一〇九	独立野戦高射砲三八中	ニューギニア、カンポ	一九四五・一〇・一〇	田村鳳游	兵長	戦死	江界郡従南面閉田洞三二六
			×	田村禮畯	父		碧潼郡松西面松洞三四八－二

番号	部隊	場所・傷病	年月日	氏名	階級・続柄	区分	本籍・住所
一二〇	独立野砲六連隊	全南完島郡海上栄丸 左肩部貫通銃創	一九四五・〇七・〇四 一九二一・一一・二九	箕原正敏 箕原　淳	兵長 父	戦死	泰川郡南面仙岩洞九〇 泰川郡南面仙岩洞九〇
一二三	独立野砲二六連隊	ニューギナア、バラム	一九四四・一二・一一 ×	青木政夫 金本昌河	兵長 従兄	戦死	慈城郡慈下面法洞一五七 慈城郡慈下面法洞一五七
四三〇	独歩七大隊	山西省	一九四〇・〇二・二三 ×	白川敬信 白川愛鳳	雇員 妻	戦死	龍川郡東下面古寧洞一三九 龍川郡東下面古寧洞一三九
一九四	独歩一五大隊	沖縄県浦添村 手榴弾創	一九四五・〇四・二三 一九二〇・一〇・〇五	吉川大四郎 吉川直次郎	伍長 父	戦死	朔州郡朔州面 朔州郡朔州面
六二	独歩一七大隊	山東省	一九三八・〇七・〇六 ×	李東燦 李奉通	通訳 妻	戦死	龍川郡外下面中考洞四五 龍川郡外下面中考洞四五
二八	独歩一八大隊	湖南省 頭部貫通銃創	一九四一・一一・〇九 ×	海原健吉 海原實佩	通訳 長女	戦死	慈城郡中江面中徳洞二四 慈城郡中江面上長洞三一七
一一七	独歩一九大隊	山東省	一九四〇・〇二・一二 ×	張文熙 白貞媛	軍属 妻	戦死	龍川郡楊下面新安洞三九六 龍川郡楊下面新安洞三九六
四四九	独歩二七大隊	河北省	一九四〇・〇六・二七 一九二一・〇七・一六	金城應鳳 金城志奎	傭人 父	戦死	義州郡水鎮面松川洞四七五 —
四六九	独歩三一大隊	不詳	一九四四・〇二・二七 ×	岩村英雄 岩村敬信	軍属 祖母	戦死	定州郡南西面上端洞五八〇 奉天省鐵嶺県平項保土
四六五	独歩三八大隊	河北省	一九四五・〇三・二九 一九二三・〇六・〇三	香山義房 —	通訳 —	戦死	龍川郡楊光面善和洞一八八 —
一四二	独歩三九大隊	河北省 頭部貫通銃創	一九四五・〇五・一九 一九一九・〇六・二七	齋藤幸夫 斎藤健次郎	傭人 父	死亡	義州郡枇峴面永平洞二七五 宣川郡山面沙橋洞三三四
一六八	独歩四七大隊	江蘇省 頭部貫通銃創	一九四五・〇八・二〇 一九二四・〇六・〇五	清川正屹 清川鳳篆	雇員 父	戦死	江界郡前川面長興洞無番地 江界郡前川面長興洞四一三
一四七	独歩四九大隊	江蘇省 臍部手榴弾破片創	一九四五・〇六・三〇 一九二四・〇一・〇二	清原栄華 清原用珉	兵長 父	不慮死	厚昌郡厚昌面邵内洞四五八 慈城郡中江面脱興洞
九七	独歩五七大隊	江蘇省	一九四四・〇三・〇八 一九二二・〇二・一八	金海健吉 金海麗甲	二等兵 父	戦病死	龍川郡東下面法興洞一六一 龍川郡東下面法興洞一六一
三七	独歩六二大隊	湖南省	一九四四・〇九・〇七 一九二五・一一・一三	伊澤武雄 伊澤一成	伍長 父	戦傷死	博川郡博川邑西部洞七二一 博川郡博川邑南部洞八九
五四	独歩六三大隊	湖南省 右頬部爆弾破片創	一九四四・〇六・二四 ×	平江隆巌 平江興官	兵長 父	戦死	楚山郡東面西亀龍洞五三 楚山郡東面西亀龍洞五三
四〇	独歩六四大隊	中国野戦予備病院 両下腿部貫通銃創	一九四四・〇八・二一 一九二四・〇二・二八	天野善甲 天野澤石（吉）	伍長 叔父	戦傷死	慈城郡三豊面雲峰洞二四三 慈城郡三豊面雲峰洞二四三
四一	独歩六五大隊	湖南省一二八兵病	一九四四・一〇・二六	山本満洽	伍長	戦病死	義州郡古城面龍山洞三三一

		赤痢	一九二五・〇二・〇一	山本守洞	祖父		義州郡古城面龍山洞三三一
五五	独歩六五大隊	六八師団野戦病院	一九四四・一〇・一六	李村正鳳	伍長	戦病死	朔州郡永豊面新上洞四一
			一九二四・〇四・〇一	李村成燦	父		朔州郡永豊面新上洞四一
五六	独歩六五大隊	衡山一二八兵站病院	一九四四・〇九・一三	高山俊模	兵長	戦傷死	寧辺郡八院面小長洞三五八
			一九二二・〇三・三〇	高山季氏	父		博川郡博川邑五洞五一〇
一六一	独歩七二大隊	河北省	一九四〇・〇四・二三	姜尚薫	臨時通訳	戦死	昌城郡青山面鶴松洞
			一九二一・〇一・一八	竹山栄洙	父		奉天省海龍県双泉堡村二四号
四二九	独歩八〇大隊	河北省	一九四〇・〇七・一五	白石行勉	傭人	戦死	義州郡古城面龍山洞九二三
			×	白石元成	父		義州郡古城面龍山洞九二三
四三六	独歩八二大隊	河北省	一九三八・一〇・三〇	柳尚奎	軍属	戦死	義州郡月華面長武洞一九三
			一九一三・一〇・〇一	朴守花	妻		龍川郡楊光面亀龍里三九〇
四八四	独歩八二大隊	河南省	一九四四・〇五・一四	金山三辰	兵長	戦死	定州郡大田面雲田洞五六九
			一九二三・一〇・一二	—	—		—
四九〇	独歩八二大隊	不詳	一九四三・〇八・二八	文岩龍雄	兵長	戦死	宣川郡新府西院洞四八六
			×	—	—		—
二二二	独歩八三大隊	山西省	一九四四・〇六・二二	徳山基元	伍長	戦死	鐵山郡余閑面秋岩洞一七〇
			×	徳山尚浩	父		鐵山郡余閑面秋岩洞一七〇
四九一	独歩八三大隊	不詳	一九四四・〇一・二四	金本宣信	兵長	戦死	宣川郡宣川邑明治町一六五
			×	—	—		—
一三八	独歩八四大隊	河北省載河陸軍病院	一九四五・〇三・〇六	金村英哲	兵長	戦病死	寧辺郡北新峴面上杏洞二六九
		結核性腹膜炎	一九二四・〇六・二九	金村允信	父		寧辺郡北新峴面上杏洞二六九
一三七	独歩八四大隊	江蘇省八四大隊医務室	一九四五・〇九・〇四	松川仁博	兵長	戦病死	朔州郡大岱洞二五二
		夏季脳炎	一九二四・〇六・二六	松川燦植	祖父		朔州郡大岱洞二五二
一四八	独歩八四大隊	江蘇省上海一九二兵病	一九四六・〇一・一一	大谷重雄	伍長	戦病死	宣川郡新府面承旨洞四九六
		肺結核	一九二四・〇四・〇一	大谷用壁	父		宣川郡新府面承旨洞四九六
四七四	独歩八四大隊	河南省	一九四四・〇六・〇五	金城信弼	上等兵	戦死	博川郡青龍面光星洞三五二
			一九二五・一一・二〇	—	—		—
四	独歩八六大隊	山西省連城陸軍病院	一九四五・〇一・二六	平山正燮	伍長	戦傷死	龍川郡東上面雙松洞九八
		頭部手榴弾破片創	一九二四・〇六・一五	平山東夏	父		龍川郡東上面雙松洞九八
一〇六	独歩一〇四大隊	安徽省	一九四五・〇八・二六	田村時洽	伍長	戦死	江界郡従西面新城洞七八二
		右肩・左鎖骨破片創	一九二四・一〇・二一	田村徳平	父		江界郡従西面新城洞七八二
一三六	独歩一〇四大隊	揚子江河口	一九四五・〇五・三〇	卓山淳遠	兵長	戦死	定州郡南西面寶山洞一四七五
		×胸・腰盲管銃創	一九二四・〇二・二六	卓山一河	父		定州郡南西面寶山洞一四七五
九八	独歩一一〇大隊	山東省奉安二五五兵病	一九四五・〇六・〇七	新木昌洙	一等兵	戦病死	定州郡安興面岩竹洞一七〇
		赤痢	一九二四・〇一・三一	新木英淳	父		—

四七一	独歩一一〇大隊	不詳		一九四五・〇八・二三	×	初東光次郎	—	軍属	—	戦病死	義州郡古館面上端七三七	—
八	独歩一一二大隊	江蘇省蘇州兵病	アメーバ性赤痢	一九四五・一〇・二〇	一九二四・〇四・二三	金城潤翼	金城儀錫	兵長	父	戦病死	宣川郡南面石朔洞三九三	宣川郡南面石朔洞三九三
五	独歩一一四大隊	江蘇省	頭・心臓損傷	一九四五・〇六・二八	一九二四・〇三・三〇	密山永昌	密山丕欽	伍長	父	戦死	義州郡枇山晃面蘆北洞八〇	義州郡枇山晃面蘆北洞八〇
一三二	独歩一一四大隊	江蘇省		一九四五・〇八・一五	一九二四・一二・一二	康本政秀	康本達鉉	伍長	父	戦死	寧辺郡鳳山面朝陽洞九五二	寧辺郡鳳山面朝陽洞九五二
一七二	独歩一一四大隊	江蘇省		一九四五・〇八・一五	一九二四・一一・〇七	平沼昌鐘	平沼錦善	伍長	妻	戦死	厚昌郡南新面脱興洞二八二	咸鏡南道長津郡上南面徳安里三二一
三六	独歩一一五大隊	湖南省	股部×砲弾破片創	一九四四・〇七・〇五	一九二二・〇九・一一	金山義政	金山×玉	伍長	妻	戦死	龍川郡揚光面弥助洞二六三	龍川郡揚光面弥助洞二六三
一〇	独歩一一六大隊	湖南省	心臓・肩貫通銃創	一九四四・〇六・二七	一九二五・〇九・一一	金海亀燮	金海鳳烈	兵長	父	戦死	泰川郡泰遠面東部洞一四	泰川郡泰遠面東部洞一四
一一	独歩一一六大隊	湖南省	前頭部××	一九四四・〇八・〇四	一九二二・一二・二五	松岡文博	松岡忠雄	伍長	父	戦死	昌城郡新倉面和豊洞三二四—一	昌城郡新倉面和豊洞三二四—一
一三五	独歩一一九大隊	河南省	左大腿貫通銃創	一九四五・〇四・一一	一九二四・〇八・〇七	吉田定義	吉田秀男	軍曹	父	戦死	定州郡定州邑城外洞三〇九	河南省新郷保安町七
四六四	独歩一一九大隊	不詳		一九四三・〇三・〇六	一九二二・〇三・二二	月原光男	—	通訳	—	戦死	碧潼郡雲山面質渾里一六三	—
一〇七	独歩二二一大隊	安徽省	左胸部貫通銃創	一九四五・〇七・二三	一九二四・〇六・〇七	平山元一	平山寶學	兵長	妻	戦死	寧辺郡南松面鳳至洞六四三	寧辺郡南松面鳳至洞六四三
一三四	独歩二二一大隊	安徽省	心臓部手榴弾破片創	一九四五・〇八・二三	一九二四・〇七・二八	金田利澤	金田瑞岬	兵長	父	戦死	義州郡枇硯面堂後洞七八	安東省鳳城街大和区東二道何子六三
四六二	独歩三〇四大隊	不詳		一九四四・〇八・〇二	×	西岡永泰	—	雇員	—	戦死	新義州府柳草洞三五	—
二	独歩三七一大隊	サイパン		一九四四・〇七・一八	一九二一・〇二・〇八	深川利行	深川リツ子	軍曹	母	戦死	江界郡江界邑幸町	江界郡江界邑幸町
一九五	独歩三八一大隊	不詳		不詳	×	宮本尚麟	宮本仁浩	兵長	兄	戦死	厚昌郡七坪面中興洞	厚昌郡七坪面中興洞
一四九	独歩三九二大隊	蒙古連合自治政府	左胸部貫通銃創	一九四五・〇三・二〇	一九二五・〇一・一七	金生鹿三	金生賛文	雇員	父	戦死	渭原郡渭原面旧邑洞三七	渭原郡渭原面旧邑洞三七
五七	独歩五一四大隊	湖南省	流行性脳脊髄膜炎	一九四五・〇八・三〇	一九二三・〇九・一七	金山玉珍	金山定信	上等兵	母	戦病死	定州郡定州邑城内洞面一六五	定州郡定州邑城外洞三三一—四
四四四	独歩六三八大隊	山西省		一九三九・〇四・二五		李圭完		通訳		戦死	博川郡東西面堂上洞五一一	

			一九一九・〇七・二二	李信栄	父		奉天市駅前大平旅館
五〇	南方航空路部	ルソン島 海没	一九四四・〇七・三一 ×	松田興入 松田乍孝	雇員 父	戦死	定州郡定州邑 満洲国撫順駅前甸村前甸屯
六一	白城子陸軍飛行学校	ニューギニア、ホンランジア 投下爆弾破片創	一九四四・〇三・三〇 ×	山吉丙虎 山吉静江	雇員 母	戦死	義州郡義州邑西部洞 龍江省朓南城内康楽街吉田忠七方
二三七	平壌師管区輜重補充隊	平壌一陸軍病院 クループ性肺炎	一九四五・〇四・二七 一九二四・〇七・一九	信康発巌 ―	一等兵 ―	戦死	寧辺郡南松面仏舞洞一一二四 ―
二三八	平壌師管区輜重補充隊	平壌一陸軍病院 腸チフス	一九四五・〇四・三〇 一九二四・〇二・二五	車元敬龍 ―	一等兵 ―	戦死	亀城郡東山面仙興洞七八二 ―
四五六	平壌師管区歩二補充	西春付近	一九四五・〇五・〇六 一九二四・〇九・〇一	金森成旭 ―	上等兵 ―	戦死	泰川郡西面覗鳳里六三五 ―
二五	北支特別警備司令部	河北省独混八旅療養所	一九四五・〇六・二二 一九一四・〇二・二五	吉村聖澤 吉村責禮	通訳 妻	戦病死	宣川郡宣川面川睦洞四三八 朝鮮京義線車館駅前東部洞金山方
四六六	北支特別警備司令部	北京市天橋	一九四七・〇一・〇九 ×	金奎彦・金澤正雄 ―	軍属 ―	死亡	龍川郡東下面住興洞一〇九 ―
四六一	北支特別警備司令部	北京市天橋	一九四七・〇五・〇三 ×	車均福 ―	軍属 ―	死亡	宣川郡山面 ―
一九	北支特別警備二大隊	山東省 左胸貫通銃創	一九四五・〇三・〇九 一九二三・〇四・〇七	金田健一 金田富子	通訳 妻	戦死	昌城郡東倉面大楡洞九七 昌城郡東倉面大楡洞九七
一七一	北支特別警備九大隊	河北省 喉頭部貫通銃創	一九四四・〇九・〇五 一九二六・〇五・二八	呉山貞赫 呉山阿介	雇員 母	戦死	龍川郡外上面松下洞一四九 満洲国安東市大和区堀割南通八―一二四
一六九	北支防疫給水部	河北省天津	一九四四・〇四・一八 ×	金島英雄 金島賢太郎	軍属 父	戦病死	新義州府水門洞二二 龍川郡楊下面立岩洞一区六班
一六六	北支憲兵隊	河北省北京陸軍病院	一九四二・〇三・一三 一九二〇・〇五・二〇	金本武雄 金本明吉	雇員 父	戦病死	新義州府霞町八 河北省×寧県留守営西河南
一六七	北支憲兵隊	山西省	一九四二・一二・一八 ×	野山枝松 野山禧明	雇員 父	戦死	義州郡水鎮面水口洞 義州郡水鎮面水口洞
二六	北支憲兵隊	大同陸軍病院 結核性脳膜炎	一九四三・〇二・〇二 ×	尾上永壽 金鎮烈	通訳 妻	戦病死	定州郡郭山面南端洞 定州郡郭山面南端洞
一六二	北支憲兵隊	山西省四二野戦病院	一九四〇・〇三・一一 ×	康泳煥 康鎮烈	雇員 父	戦傷死	寧辺郡寧辺面龍淋羽五六一 間島省龍井第一区三統三戸
一六三	北支憲兵隊	河北省	一九三九・〇五・〇五 一九一一・一一・二五	東桂煥 東天模	雇員 父	戦死	義州郡水鎮面大水洞一三八 河北省大興県南苑
一六四	北支憲兵隊	河南省開封陸軍病院	一九四一・〇九・一五 一九二一・〇九・一四	松田圭鮮 松田相洛	雇員 父	戦病死	厚昌郡南新面裕和洞二七二 咸鏡北道茂山三社面蘆坪洞営林署

一六五	北支憲兵隊	山西省大同	一九四二・〇七・〇五 ×	安東在純 安東道謙	雇員 父	戦死	義州郡水鎮面雲×洞一五六 義州郡水鎮面雲×洞一五六
一〇一	北支野戦貨物廠	蒙古連合自治府	一九四一・〇六・〇二 ×	長谷川邦雄 長谷川邦子	雇員 妻	不慮死	龍川郡楊光面忠烈洞七二五 龍川郡楊光面忠烈洞七二五
一〇二	北支野戦貨物廠	河北省載河陸軍病院 肺結核	一九四三・〇八・一六 一九一六・一〇・一五	白山清吉 白山貞子	雇員 妻	戦病死	新義州府若竹町九 新義州府若竹町九
一〇三	北支野戦貨物廠	河南省鄭州兵病 肝臓膿瘍	一九四四・一〇・一二 一九一九・〇三・〇五	正木景済 正木順熙	雇員 妻	戦病死	定州郡郭山面造山洞二六四 河北省天津市南営門外萬徳荘大街九二
一〇四	北支野戦貨物廠	河南省天津陸軍病院 肺結核	一九四五・〇七・二八 ×	高峯正喜 高峯國彬	筆生 父	戦病死	博川郡西嘉面深台洞七三八 博川郡西嘉面深台洞七三八
四五五	兵站自動車七八中隊	山西省	一九三七・〇九・二五 ×	崔正柱 尹仁燮	通訳 妻	戦死	博川郡東南面孟中洞二一四 —
四五三	歩兵一連隊	安東省	一九三六・〇九・二九 ×	申景典 申李氏	傭人 母	戦死	義州郡義州邑郷校洞一七〇 義州郡光城面麻田洞四〇七
四五四	歩兵一連隊	安東省	一九三六・〇九・二九 ×	辺益浩 辺益崔寶	傭人 妻	戦死	宣川郡宣川邑川北洞五九一 —
四五二	歩兵一連隊	安東省	一九三六・〇九・三〇 ×	金載根 金玉熙	傭人 子	戦死	新義州府弥勒洞一六六 —
四三七	歩兵三連隊	河北省	一九三八・一〇・三〇 一九〇八・〇六・一二	康済賢 康柳氏	通訳 妻	戦死	雲山郡雲山面立石下洞二三六 —
二三五	歩兵四連隊補充隊	平壌一陸軍病院 結核性脳膜炎	一九四五・〇二・〇一 一九二三・一二・一一	梁川君學 梁川桂俊	一等兵 妻	戦病死	熙川郡長洞面舘洞九四 熙川郡長洞面舘洞九四
一五三	歩兵一五連隊	ビルマ一二一兵站病院 赤痢	一九四四・一〇・〇八 一九二五・一一・〇八	木村齋默 木村根默	伍長 父	戦病死	慈城郡利坪面棒松洞無番地 慈城郡利坪面棒松洞無番地
一五〇	歩兵一五連隊	ビルマ、サガエン 頭部貫通銃創	一九四五・〇二・二八 一九二五・〇一・〇四	清水日燮 清水尚珏	伍長 父	戦死	寧辺郡北薪山男面上杏洞二三二 寧辺郡北薪山男面上杏洞二三二
一五一	歩兵一五連隊	ビルマ、サガエン 右胸部貫通銃創	一九四五・〇二・一九 一九二四・〇七・一〇	平山利雄 平山鳳朝	伍長 父	戦死	義州郡月華面鷲峰洞六五 義州郡月華面鷲峰洞六五
一五二	歩兵一五連隊	ビルマ、サガエン 右腹部砲弾破片創	一九四五・〇二・一九 一九二六・一〇・〇八	清川系聖 清川達京	伍長 父	戦死	熙川郡熙川邑加羅之洞三二九 熙川郡熙川邑加羅之洞三二九
四八九	歩兵一六連隊	ビルマ、モールメン 急性虫様突起炎	一九四四・〇三・一二 一九二五・〇五・三〇	金村永次郎 金村徳稔	一等兵 —	戦病死	宣川郡深川面月谷洞一〇八九 —
一五九	歩兵一六連隊	インドシナ、ピントック 下顎・胸貫通銃創	一九四五・〇七・二四 一九二六・〇九・一一	田村鳳洞 田村禮晙	伍長 父	戦死	碧潼郡松西面松一洞三四八—二二 碧潼郡松西面松一洞三四八—二二
一三九	歩兵一六連隊	雲南省龍陵	一九四四・〇九・〇二	増田成植	兵長	戦死	新義州府城外洞七三二

		左胸部手榴弾破片創	×	増田成根	叔父		新義州府化坪洞二〇七
一七六	歩兵一六連隊	雲南省龍陵	一九四四・〇九・〇三	新井潤治	兵長	戦死	熙川郡眞面長坪洞五二〇
		腹部貫通銃創	×	新井来台	父		―
一七七	歩兵一六連隊	雲南省龍陵	一九四四・〇九・〇六	南川基柱	兵長	戦死	雲山郡委延面沓下洞二九五
		胸部貫通銃創	×	南川安國	父		雲山郡委延面沓下洞二九五
一七五	歩兵一六連隊	雲南省龍陵	一九四四・〇九・一三	金澤佳材	兵長	戦死	寧辺郡南新峴面上九洞二七〇
		右腹部迫撃砲弾創	×	金澤治成	父		寧辺郡南新峴面上九洞二七〇
一七四	歩兵一六連隊	雲南省龍陵	一九四四・〇九・一五	巌田基柱	伍長	戦死	定州郡徳彦面大山洞一四五七
		右腹部貫通銃創	×	巌田夏植	父		定州郡徳彦面大山洞一四五七
一四〇	歩兵一六連隊	雲南省龍陵	一九四四・一〇・〇三	金林光栄	兵長	戦死	寧辺郡南新晛面雲龍洞一〇一四
		胸部貫通銃創	×	金林正本	父		寧辺郡南新晛面雲龍洞一〇一四
一五七	歩兵一六連隊	ビルマ、バーモ	一九四四・一〇・二〇	金田武三	兵長	戦病死	定州郡古徳面日新洞六七一
		マラリア	一九二六・一一・一〇	金田順一郎	父		定州郡古徳面日新洞六七一
一五四	歩兵一六連隊	ビルマ、バーモ	一九四四・一一・一六	仁同貞連	伍長	戦死	鐵山郡余閑面徳化洞四九三
		頭部迫撃砲弾破片創	一九二四・〇八・〇一	仁同禎俊	兄		鐵山郡余閑面徳化洞四九三
一五五	歩兵一六連隊	ビルマ、バーモ	一九四四・一二・一五	木村明男	伍長	戦死	泰川郡東西院興洞五九七
		胸部貫通銃創	一九二四・〇七・三〇	木村處弘	父		泰川郡東西院興洞五九七
一五六	歩兵一六連隊	ビルマ、バーモ	一九四四・一二・一五	朴村官彬	伍長	戦死	渭原郡鳳山面古侶洞八四
		胸部手榴弾破片創	一九二五・〇四・三〇	朴村一賛	父		渭原郡鳳山面古侶洞八四
一五八	歩兵一六連隊	ビルマ、サガエン	一九四五・〇二・二六	笠山昌男	伍長	戦死	碧潼郡吾北面吾上洞一八八
		腹部盲管戦車砲弾破片創	一九二二・〇一・二四	笠山昇禹	父		碧潼郡吾北面吾上洞一八八
一四三	歩兵一七連隊	レイテ島ナグアン山	一九四五・〇六・一一	清田信弘	兵長	戦死	厚昌郡七坪面中興洞二九八
		全身投下爆弾創	一九二五・〇二・二一	清田希道	父		厚昌郡七坪面中興洞二九八
二〇七	歩兵一七連隊	漢口一八二兵站病院	一九四五・一一・一二	神江泰熇	上等兵	戦病死	江界郡立館面天山洞
			一九二四・一〇・〇七	神江逸瑍	父		江界郡立館面天山洞
四四二	歩兵一八連隊	満州國頭道河子	一九三六・〇三・二五	辺尚緑	通訳	戦死	寧辺郡鳳山面龍興洞七三九
			×	金伍吉	母		―
二一〇	歩兵三〇連隊	ミンダナオ島スリガオ	一九四四・〇九・〇九	木村茂夫	伍長	戦死	義州郡加山面方山洞六二六
		全身投下爆弾創	×	木村淑子	母		義州郡水鎮面龍門洞五三二
四三三	歩兵四〇大隊	野予病二一班	一九三八・一〇・二三	金相洮	通訳	戦傷死	博川郡嘉山面新院洞一一五―一
			一九一八・〇二・一六	李亀源	母		博川郡両嘉面嶺美洞六六二
四八五	歩兵四一連隊	レイテ島	一九四四・一一・〇三	池口亀佐	中尉	戦死	朔州郡東部面
			×	―	―		―
一〇八	歩兵七四連隊	ミンダナオ島アロマン	一九四四・〇八・二六	金城壮雄	伍長	戦死	朔州郡朔州面蘇徳里五五〇
		頭部貫通銃創	一九二一・一二・一九	金城松泉	父		朔州郡朔州面蘇徳里五五〇

番号	部隊	死亡場所・死因	死亡日・生年月日	氏名・関係者	階級・続柄	区分	本籍・住所
二九三	歩兵七四連隊	ミンダナオ島アグサン 頭部貫通銃創	一九四五・〇六・〇一 一九二一・一二・二〇	白井顕赫 白井龍分	伍長 妻	戦死	泰川郡院面安心洞三七三一二 泰川郡院面安心洞三七三一二
二九四	歩兵七四連隊	ミンダナオ島 全身投下爆弾創	一九四五・〇六・二五 一九二三・〇五・〇七	崔本政雄 崔本明烈	兵長 父	戦死	朔州郡朔州面温豊一九 朔州郡朔州面温豊一九
四四三	歩兵七七連隊	山西省	一九三八・〇四・〇六 ×	李基淳 李永煥	通訳 父	戦死	宣川郡合山面圓峰洞六七六 奉天市十間房第五区金融会気付
四〇九	歩兵七七連隊	ニューギニア、ハンサ	一九四四・〇三・二〇 ×	桂村炳洙 桂村愛信	伍長 妻	戦死	宣川郡深川面古軍営洞六〇五 義州郡古寧朔面天摩洞七八
四一〇	歩兵七七連隊	ニューギニア、ハンサ	一九四四・〇三・二〇 ×	金和龍浩 金和允花	伍長 妻	戦死	朔州郡南西面昌新洞一七三 ―
六六	歩兵七七連隊	ミンダナオ島、ウマヤン マラリア	一九四四・〇七・一〇 一九二一・〇五・〇七	金浦銀平 金浦國寛	兵長 父	戦病死	熙川郡熙川面山手町三〇六 熙川郡熙川面山手町三〇六
六八	歩兵七七連隊	ミンダナオ島、ウマヤン 全身投下爆弾創	一九四四・〇九・〇九 一九二四・〇二・二七	河東昌彦 河東官汝	伍長 父	戦死	楚山郡古面永豊洞七九六 楚山郡古面永豊洞七九六
六七	歩兵七七連隊	ミンダナオ島、ウマヤン 左胸部貫通銃創	一九四四・一一・二七 一九二四・〇七・二六	金本元洪 金本元哲	上等兵 兄	戦死	慈城郡三豊面照牙洞二〇三 慈城郡三豊面雪峰洞
六四	歩兵七七連隊	ミンダナオ島タラカグ 頭部貫通銃創	一九四五・〇三・〇一 一九二三・一〇・一五	江村孝聖 江村孝明	兵長 父	戦死	宣川郡合山面再峰洞九六五 宣川郡水清面嘉物南洞五〇八
六三	歩兵七七連隊	ミンダナオ島、ウマヤン マラリア	一九四五・〇四・〇一 一九二一・〇六・二二	岩村蒙煥 岩村忠煥	曹長 兄	戦病死	宣川郡新府面大睦洞九一六 宣川郡宣川邑明治町九九
九四	歩兵七七連隊	ミンダナオ島、タゴロカン 胸部貫通銃創	一九四五・〇四・二〇 一九二四・一〇・二七	金澤藤次郎 金澤斉吉	伍長 父	戦死	江界郡立館面雲松洞二三一 江界郡立館面雲松洞二三一
三一五	歩兵七七連隊	ミンダナオ島、カガヤン 全身投下爆弾創	一九四五・〇五・一一 一九二四・〇六・一一	山田東黙 山田昌龍	兵長 父	戦死	江界郡立館面雲松洞二二〇 江界郡立館面雲松洞二二〇
七八	歩兵七七連隊	ミンダナオ島、ウマヤン 左胸部貫通銃創	一九四五・〇五・一三 一九二四・〇一・〇九	松本光平 松本益周	兵長 父	戦死	慈城郡長土面土洗洞三一五 慈城郡長土面土洗洞三一五
四八三	歩兵七七連隊	ミンダナオ島、マライベライ	一九四五・〇五・二五 一九二〇・〇五・二〇	由村松根(田村) 由村龍鉱(田村)	不詳 母	戦死	江界郡前川面長興洞七二九 江界郡前川面長興洞七二九
九〇	歩兵七七連隊	ミンダナオ島、ウマヤン 腹部貫通銃創	一九四五・〇五・二八 一九一九・〇一・一二	康川鶴彦 康川鶴基	伍長 兄	戦死	碧潼郡城南面坡白×洞五二 昌城郡東倉面完豊洞
八一	歩兵七七連隊	ミンダナオ島、ナグカン 腹部貫通銃創	一九四五・〇五・三〇 一九二四・〇三・一八	松本永錫 松岩影雲	兵長 姉	戦死	江界郡前川面仲岩洞三一一 江界郡立館面桂第市
三三六	歩兵七七連隊	ミンダナオ島、シライ 頭部貫通銃創	一九四五・〇六・〇一 一九二五・一〇・二九	豊山享龍 豊山炳達	伍長 父	戦死	碧潼郡鶴会面会下洞四二六 碧潼郡鶴会面会下洞四二六
六五	歩兵七七連隊	ミンダナオ島ウマヤン	一九四五・〇六・〇一	亀本義成	兵長	戦死	亀城郡亀城面左部洞一一八

		全身投下爆弾創	一九二三・一〇・〇五	亀本宗三	父		亀城郡亀城面左部洞一一八
八九	歩兵七七連隊	ミンダナオ島ウマヤン	一九四五・〇六・〇一	山本鎮商	伍長	戦死	涓原郡和昌面両河洞一五二
		腹部貫通銃創	一九二三・〇一・二九	山本淑奎	父		涓原郡大徳面廣川洞
三一一	歩兵七七連隊	ミンダナオ島シライ	一九四五・〇六・〇一	吉本正毅	伍長	戦死	寧辺郡百嶺面上草洞二三〇
		頭部貫通銃創	一九二四・〇一・二三	吉本允彦	父		寧辺郡百嶺面上草洞二三〇
三四三	歩兵七七連隊	ミンダナオ島マライベライ	一九四五・〇六・〇一	白村爛達	兵長	戦病死	泰川郡南面富興洞七〇
		マラリア	一九二四・一〇・二〇	白村學善	父		泰川郡南面富興洞七〇
三二二	歩兵七七連隊	ミンダナオ島シラエ	一九四五・〇六・〇一	松原允吉	軍曹	戦死	朔州郡九曲面松亭里三六一
		腹部貫通銃創	一九二三・〇四・〇五	松原允元	兄		朔州郡九曲面松亭里三六一
三二五	歩兵七七連隊	ミンダナオ島シラエ	一九四五・〇六・〇一	廣田豊治	伍長	戦死	楚山郡古面月岳洞一〇三
		頭部貫通銃創	一九二〇・〇四・二六	廣田能華	父		楚山郡古面月岳洞一〇三
三一四	歩兵七七連隊	ミンダナオ島シラエ	一九四五・〇六・〇二	安本元翼	兵長	戦死	定州郡覌舟面覌挿洞一五四九
		頭部貫通銃創	×	安本丙吉	父		定州郡覌舟面覌挿洞一五四九
三四八	歩兵七七連隊	ミンダナオ島シラエ	一九四五・〇六・〇三	柏原仁植	伍長	戦死	楚山郡楚山面募段洞四七三
		全身投下爆弾創	一九二二・一一・〇二	柏原亨奎	父		楚山郡楚山面募段洞四七三
三五一	歩兵七七連隊	ミンダナオ島シラエ	一九四五・〇六・〇三	金田棟燦	兵長	戦病死	龍山郡龍岩邑龍岩洞二二三
		全身投下爆弾創	一九二一・〇八・〇八	金田棟俊	兄		龍山郡龍岩邑龍岩洞二二三
三〇三	歩兵七七連隊	ミンダナオ島シラエ	一九四五・〇六・〇三	金海嵋澤	曹長	戦病死	厚昌郡東興面羅竹洞八七
		左胸部貫通銃創	一九二二・〇四・一一	金海時煥	父		厚昌郡東興面羅竹洞八七
七六	歩兵七七連隊	ミンダナオ島シラエ	一九四五・〇六・〇六	清水仁淳	兵長	戦死	朔州郡朔州面西部洞一〇四—二
		頭部貫通銃創	×	清水鳳図	父		朔州郡朔州面西部洞一〇四—二
三四九	歩兵七七連隊	ミンダナオ島シラエ	一九四五・〇六・〇七	金波源次	上等兵	戦病死	厚昌郡東興面羅所洞竹上里六五八
		マラリア	一九二五・〇四・二四	金波昌珏	父		厚昌郡東興面羅所洞竹上里六五八
八五	歩兵七七連隊	ミンダナオ島ウマヤン	一九四五・〇六・〇八	谷元禎善	伍長	戦死	亀城郡亀城面古部洞三一九
		頭部貫通銃創	一九二四・〇五・二九	谷元樗式	父		亀城郡亀城面古部洞三一九
三三五	歩兵七七連隊	ミンダナオ島シライ	一九四五・〇六・〇八	徳松昌烈	兵長	戦病死	楚山郡豊面龍光洞三三二
		マラリア	一九二四・〇四・一三	徳松文燁	父		楚山郡豊面龍光洞三三二
三一〇	歩兵七七連隊	ミンダナオ島マライベライ	一九四五・〇六・一〇	若松善雄	伍長	戦死	定州郡定州邑城外洞二一九
		左胸部貫通銃創	一九二三・〇八・二八	若松政一郎	兄		定州郡定州邑城外洞二一九
八六	歩兵七七連隊	ミンダナオ島マライベライ	一九四五・〇六・一一	忠村　郁	兵長	戦死	江界郡龍林面新昌洞五二八
		頭部貫通銃創	一九二三・〇三・二七	忠村賢松	父		江界郡龍林面新昌洞五二八
三三八	歩兵七七連隊	ミンダナオ島シラエ	一九四五・〇六・一一	高山文娓	伍長	戦死	楚山郡東面亀龍洞三八
		全身投下爆弾創	一九二二・〇六・二八	高山致京	父		楚山郡東面筏二新洞
八〇	歩兵七七連隊	ミンダナオ島マライベライ	一九四五・〇六・一二	松岩龍文	兵長	戦死	寧辺郡八院面松峴洞二四一
		左胸部貫通銃創	一九二一・一二・二〇	松岩三変	父		寧辺郡八院面松峴洞二四一

番号	部隊	死亡場所／死因	死亡日／生年月日	氏名／親族	階級／続柄	区分	本籍／親族住所
七九	歩兵七七連隊	ミンダナオ島マライベライ 左胸部貫通銃創	一九四五・〇六・一四 一九二一・〇九・二一	松川徳淳 松川徳勇	兵長 兄	戦死	亀城郡法幌面滄洞三六七 亀城郡法幌面滄洞三六七
三四〇	歩兵七七連隊	ミンダナオ島ウマヤン 全身投下爆弾創	一九四五・〇六・一五 ×	金山次郎 金山栄一	兵長 父	戦死	新義州府西麻田洞 新義州府西麻田洞
九三	歩兵七七連隊	ミンダナオ島ブテンギー 腹部貫通銃創	一九四五・〇六・一五 一九二三・〇一・〇三	金城昌屹 金城永寛	伍長 父	戦死	泰川郡長林面還賢洞二一〇 泰川郡長林面還賢洞二一〇
三三四	歩兵七七連隊	ミンダナオ島マライベライ 左胸部貫通銃創	一九四五・〇六・一七 一九二二・〇九・三〇	豊島正雄 豊島貞福	伍長 父	戦死	泰川郡仁東面天渓里二四三 泰川郡仁東面天渓里二四三
三一九	歩兵七七連隊	ミンダナオ島ウマヤン マラリア	一九四五・〇六・一八 一九二四・一二・一六	平本萬緒 平本承坤	兵長 母	戦死	博川郡東南面鶴登洞七一〇 平安南道平壌府大新町七〇
三一三	歩兵七七連隊	ミンダナオ島ウマヤン 全身投下爆弾創	一九四五・〇六・二一 ×	山茂錫根 山茂炳基	上等兵 父	戦死	龍川郡府羅面中端洞二九二 朔州郡外南面清渓里二六二
三一七	歩兵七七連隊	ミンダナオ島ウマヤン マラリア	一九四五・〇六・二一 一九二一・〇九・一五	平山禮珠 平山昌鎬	上等兵 父	戦死	楚山郡南面亀坪洞三四 楚山郡南面亀坪洞三四
三〇一	歩兵七七連隊	ミンダナオ島ウマヤン 全身投下爆弾創	一九四五・〇六・二四 一九二四・〇一・〇二	海崎吉弘 海崎雲柱	兵長 母	戦死	楚山郡楚山面連舞洞第三区外里三五二 楚山郡楚山面連舞洞第三区外里三五二
三〇九	歩兵七七連隊	ミンダナオ島マライベライ 腹部貫通銃創	一九四五・〇六・二四 一九一八・〇三・二九	金川宗華 金山宗俊	伍長 兄	戦死	宣川郡宣川邑水清面古邑洞六四 宣川郡宣川邑水清面古邑洞六四
三一六	歩兵七七連隊	ミンダナオ島ウマヤン マラリア	一九四五・〇六・二四 一九二〇・〇七・二四	三河賢雄 三河義栄	伍長 父	戦病死	江界郡江界邑黄金町一六二 江界郡江界邑黄金町一六二
三一三	歩兵七七連隊	ミンダナオ島ウマヤン 左胸部貫通銃創	一九四五・〇六・二四 一九一八・〇五・二八	平沼　進 ―	伍長 ―	戦死	寧辺郡龍山面球場洞九四 寧辺郡龍山面球場洞九四
三三一	歩兵七七連隊	ミンダナオ島ウマヤン マラリア	一九四五・〇六・二四 一九二〇・〇七・二四	長澤哲浩 長澤松浩	伍長 兄	戦病死	江界郡高山面浦上洞五七三 江界郡高山面浦上洞五七三
三四六	歩兵七七連隊	ミンダナオ島ウマヤン 全身投下爆弾創	一九四五・〇六・二四 一九二〇・〇三・一五	白川壽伯 白川日精	兵長 父	戦死	雲山郡東新面利洞一区三八五 雲山郡東新面利洞一区三八五
三二一	歩兵七七連隊	ミンダナオ島ウマヤン マラリア	一九四五・〇六・二五 一九二四・〇九・二七	松江武信 松江秀吉	兵長 父	戦死	寧辺郡梧里面松江洞三四八 平安南道价川郡北面院里五一
二九八	歩兵七七連隊	ミンダナオ島ウマヤン マラリア	一九四五・〇六・二九 一九二二・〇三・一九	石川保憲 石川　灌	兵長 ―	戦病死	亀城郡亀城面高陽洞三四四 亀城郡亀城面高陽洞三四四
三三二	歩兵七七連隊	ミンダナオ島ウマヤン 腹部貫通銃創	一九四五・〇六・三〇 一九二二・〇八・一九	西原吉元 西原東立	兵長 父	戦死	博川郡両嘉面善士洞一〇九 博川郡両嘉面善士洞一〇九
六九	歩兵七七連隊	ミンダナオ島ウマヤン 全身投下爆弾創	一九四五・〇七・〇一 一九二一・〇八・一五	神川弘吉 神川弘行	兵長 兄	戦死	厚昌郡厚昌面章興洞四四 厚昌郡厚昌面章興洞四四
三〇二	歩兵七七連隊	ミンダナオ島ウマヤン	一九四五・〇七・〇一	青山昌謙	伍長	戦病死	定州郡南西面南陽洞八七

		マラリア	一九二〇・一一・二一	青山善翁	父		定州郡南西面南陽洞八七
三〇六	歩兵七七連隊	ミンダナオ島ウマヤン	一九四五・〇七・〇一	金延勝敗	伍長	戦死	博川郡徳安面東四洞四六八
		頭部貫通銃創	一九二三・〇六・××	金延東資	父		博川郡徳安面東四洞四六八
三〇〇	歩兵七七連隊	ミンダナオ島ウマヤン	一九四五・〇七・〇三	石山燦瑞	上等兵	戦死	亀城郡天摩面新頭洞一区四三五
		マラリア	一九二六・〇二・二〇	石山燦學	兄		亀城郡天摩面新頭洞一区四三五
三四二	歩兵七七連隊	ミンダナオ島ウマヤン	一九四五・〇七・〇三	清水文雄	伍長	戦病死	江界郡江界邑黄金町一七〇
		マラリア	一九二〇・一一・一七	清水　源	父		江界郡江界邑昭和町四七〇
三五〇	歩兵七七連隊	ミンダナオ島ウマヤン	一九四五・〇七・〇四	金山球勳	兵長	戦死	定州郡定州邑城外洞二九四
		マラリア	一九二二・一〇・二〇	金山延昊	父		定州郡定州邑城外洞二九四
三一九	歩兵七七連隊	ミンダナオ島ウマヤン	一九四五・〇七・〇五	松林政雄	上等兵	戦死	厚昌郡東新面杜芝洞二八四
		頭部貫通銃創	一九二四・〇四・一七	西原金女	妻		満洲国通化省長白県八道溝市
三三〇	歩兵七七連隊	ミンダナオ島ウマヤン	一九四五・〇七・〇五	中村光秀	兵長	戦病死	熙川郡長洞面生洞一三四
		マラリア	一九二四・一〇・〇六	中村奉英	父		熙川郡長洞面生洞一三四
三三三	歩兵七七連隊	ミンダナオ島ウマヤン	一九四五・〇七・〇六	冨川昌周	伍長	戦死	定州郡馬山面清亭洞二〇六
		腹部貫通銃創	一九二〇・一一・〇二	富川存元	父		定州郡馬山面清亭洞二〇六
三一四	歩兵七七連隊	ミンダナオ島ウマヤン	一九四五・〇七・〇九	平居義敏	上等兵	戦病死	龍川郡楊生面龍淵洞一〇三
		マラリア	一九二四・〇四・〇二	平井義郎	兄		龍川郡楊生面龍淵洞一〇三
三四一	歩兵七七連隊	ミンダナオ島ウマヤン	一九四五・〇七・一一	竹村文雄	兵長	戦病死	厚昌郡厚敞面金昌洞二〇三
		マラリア	一九二三・〇五・〇九	竹村鴻翼	父		厚昌郡厚敞面金昌洞二〇三
七五	歩兵七七連隊	ミンダナオ島ウマヤン	一九四五・〇七・一二	晋本凞宗	伍長	戦死	定州郡監浦面文台洞一八七五
		頭部貫通銃創	一九二四・〇三・二四	晋本永燁	父		定州郡監浦面文台洞一八七五
三一八	歩兵七七連隊	ミンダナオ島ウマヤン	一九四五・〇七・一三	平山敏之助	兵長	戦病死	慈城郡中江面晩興洞
		マラリア	一九二一・〇九・一五	平山正壽	父		慈城郡中江面晩興洞
八四	歩兵七七連隊	ミンダナオ島ウマヤン	一九四五・〇七・一四	張山孝根	兵長	戦死	宣川郡水清面観峴洞五四
		頭部貫通銃創	一九二三・〇九・一一	張山基善	祖父		宣川郡水清面観峴洞五四
三三九	歩兵七七連隊	ミンダナオ島ウマヤン	一九四五・〇七・一六	高山克己	伍長	戦死	楚山郡楚山面沙器徳洞二〇三
		頭部貫通銃創	一九二二・〇二・二四	高山澤京	父		楚山郡東面筏二新洞
八三	歩兵七七連隊	ミンダナオ島ウマヤン	一九四五・〇七・一六	丹山徳勳	兵長	戦死	泰川郡院面俗興里二四〇
		右胸部貫通銃創	一九二三・一二・一六	丹山基淳	父		泰川郡院面俗興里二四〇
三三六	歩兵七七連隊	ミンダナオ島ワロエ	一九四五・〇七・一八	廣津世坤	上等兵	戦死	義州郡枇峴面長生洞七五
		マラリア	一九二五・〇一・二一	廣津享坤	父		義州郡枇峴面弘希洞三〇〇
三四五	歩兵七七連隊	ミンダナオ島ウマヤン	一九四五・〇七・二〇	白川東元	伍長	戦死	泰川郡東面延中洞二一五
		腹部貫通銃創	一九二一・〇九・〇一	白川来殷	父		泰川郡東面延中洞二一五
三一七	歩兵七七連隊	ミンダナオ島ウマヤン	一九四五・〇七・二三	密山泰淳	兵長	戦病死	朔州郡両山面龍昌洞二三三
		マラリア	一九二四・〇三・二六	密山鏞明	父		朔州郡両山面龍昌洞二七一

三一八	歩兵七七連隊	ミンダナオ島ウマヤン マラリア	一九四五・〇七・二五 一九二四・〇三・二二	梁川義赫 梁川康雄	兵長 父	戦病死	泰川郡泰川面北部洞一三八 平安南道平壌府上需一一九
三三七	歩兵七七連隊	ミンダナオ島ウマヤン マラリア	一九四五・〇七・二五 ×	東山秀吉 東山虎雄	伍長 父	戦病死	定州郡娓州面峴挿洞六五五 義州郡王尚面下庚洞市九一
四八二	歩兵七七連隊	ミンダナオ島ウマヤン	一九四五・〇七・三〇 一九二四・〇一・〇四	山本達雄 山本鶴次	不詳 兄	戦死	江界郡公北面香河洞六七九 江界郡公北面香河洞六七九
三四七	歩兵七七連隊	ミンダナオ島ウマヤン マラリア	一九四五・〇八・〇一 一九二五・〇二・一八	國本達鎔 國本昌録	兵長 父	戦病死	龍川郡楊下面市北洞七一 龍川郡楊西面龍淵洞一〇一
三〇七	歩兵七七連隊	ミンダナオ島ウマヤン マラリア	一九四五・〇八・〇一 一九二一・一二・一九	郭本承命 郭本龍漢	兵長 父	戦病死	亀城郡法幌面滄洞二六七 亀城郡法幌面滄洞二六七
三五二	歩兵七七連隊	ミンダナオ島ウマヤン マラリア	一九四五・〇八・〇一 一九二四・〇七・〇七	金山吉成 金山道云	上等兵 父	戦死	慈城郡中江面中上洞三六三 慈城郡中江面中上洞三六三
三五三	歩兵七七連隊	ミンダナオ島ウマヤン マラリア	一九四五・〇八・〇一 一九二二・一一・一六	金星正重 金星秀治	兵長 父	戦死	江界郡江界邑東部洞三五六 江界郡江界邑東部洞三五六
三五四	歩兵七七連隊	ミンダナオ島ウマヤン マラリア	一九四五・〇八・〇一 一九二四・一〇・二〇	河東世炳 河東應尚	兵長 父	戦死	江界郡江界邑栄町三一三 江界郡江界邑楽町四〇〇−三
三五五	歩兵七七連隊	ミンダナオ島ウマヤン マラリア	一九四五・〇七・一一 ×	金山益煥 金山辨煥	伍長 兄	戦死	江界郡満浦邑又興洞五八二 厚昌郡東新面杜芝洞四五
三五六	歩兵七七連隊	ミンダナオ島ウマヤン マラリア	一九四五・〇八・〇一 一九二四・〇一・二四	安木鳳祥 安木益秀	兵長 母	戦死	宣川郡宣川邑柳町一〇六一−三 宣川郡宣川邑黄金町九八
七七	歩兵七七連隊	ミンダナオ島ウマヤン 腹部貫通銃創	一九四五・〇八・〇二 一九二三・〇六・一四	平川載三 平川善文	伍長 父	戦死	泰川郡南面新岩洞 泰川郡南面新岩洞
三〇八	歩兵七七連隊	ミンダナオ島ウマヤン マラリア	一九四五・〇八・〇四 一九二二・〇六・三〇	金山秀男 金山善用	兵長 妻	戦病死	義州郡義州邑東外洞二六七 義州郡廣平面清城洞五三六
三〇四	歩兵七七連隊	ミンダナオ島ウマヤン マラリア	一九四五・〇八・〇五 一九二四・××・××	金谷正一 金谷吉三	軍曹 父	戦病死	亀城郡梨峴面吉祥洞一二六−一 宣川郡宣川邑栄町三八一
三二〇	歩兵七七連隊	ミンダナオ島ウマヤン マラリア	一九四五・〇八・〇七 ×	松川賛鎮 松川花信	兵長 母	戦病死	慈城郡中江面中坪洞四七六 慈城郡中江面中坪洞四七六
三〇五	歩兵七七連隊	ミンダナオ島ウマヤン マラリア	一九四五・〇八・〇七 一九二二・〇八・〇一	金光宣興 金光利夫	伍長 父	戦病死	渭原郡西泰面龍門洞二八六 渭原郡西泰面龍門洞二八六
九六	歩兵七七連隊	ミンダナオ島シライ 全身投下爆弾	一九四五・〇八・一〇 ×	白川清志 白川雲鳳	伍長 兄	戦死	鐵山郡站面龍堂洞三〇三 鐵山郡站面龍堂洞三〇三
三四四	歩兵七七連隊	ミンダナオ島ワロエ マラリア	一九四五・〇八・一〇 一九二二・一二・〇一	白川日禄 白川炳禄	兵長 兄	戦死	龍川郡外下面粟谷洞四五 龍川郡外下面順川洞
二九九	歩兵七七連隊	ミンダナオ島ワロエ	一九四五・〇八・一三	石川虎黙	伍長	戦病死	熙川郡長洞面生洞三七四

		マラリア	×	石川仁賢	父		熙川郡長洞面生洞三七四
三一二	歩兵七七連隊	ミンダナオ島ランガンアン	一九四五・〇八・一三	吉本龍鮮	兵長	戦病死	熙川郡新豊面北洞九二
		マラリア	一九二四・一〇・二一	吉本元培	父		熙川郡新豊面北洞九二
九五	歩兵七七連隊	ミンダナオ島ウマヤン	一九四五・〇八・二〇	近藤雲鶴	軍曹	戦死	慈城郡中江面晩興洞
		腹部貫通銃創	一九二四・〇一・〇五	近藤錫徳	父		慈城郡中江面晩興洞
八八	歩兵七七連隊	レイテ島オルモック	一九四四・一二・一七	宮元孝吉	兵長	戦死	亀城郡沙器面香山洞二五二ー二
		腹部貫通銃創	一九二五・〇四・〇一	宮元孝眞	兄		亀城郡沙器面香山洞二五二ー二
八二	歩兵七七連隊	レイテ島オルモック	一九四四・一二・一七	中島炳學	兵長	戦死	厚昌郡東興面羅竹洞一〇〇
		右胸部貫通銃創	一九二四・〇八・〇三	中島周煥	父		厚昌郡東興面羅竹洞一〇〇
七三	歩兵七七連隊	レイテ島オルモック	一九四四・一二・一七	金光俊弘	兵長	戦死	泰川郡長林面峀南洞五八二
		全身投下爆弾創	一九二三・〇四・一二	金光県弼	父		泰川郡長林面峀南洞五八二
七〇	歩兵七七連隊	レイテ島オルモック	一九四四・一二・一九	金原安豊	兵長	戦死	江界郡公北面公仁洞九二七
		頭部貫通銃創	一九二四・〇四・〇九	金原明勛	父		江界郡公北面公仁洞九二七
七二	歩兵七七連隊	レイテ島オルモック	一九四五・〇一・〇八	河山秀男	兵長	戦死	鐵山郡余閑面林川洞二五
		全身投下爆弾創	一九二三・一〇・二八	河山根平	父		鐵山郡余閑面林川洞二五
九二	歩兵七七連隊	レイテ島ナグアン山	一九四五・〇三・〇八	康川鎮鳳	兵長	戦死	寧辺郡寧辺面龍浦洞八二
		腹部貫通銃創	一九二五・〇一・一〇	康川木（求）九	父		泰川郡長林面還賀料
七四	歩兵七七連隊	レイテ島ナグアン山	一九四五・〇三・二六	金山春伯	兵長	戦死	鐵山郡扶西面梨福洞三一四ー一
		全身投下爆弾創	×	金山廣浩	父		鐵山郡扶西面梨福洞三一四ー一
七一	歩兵七七連隊	レイテ島ナグアン山	一九四五・〇五・一四	金本有正	伍長	戦死	碧潼郡碧潼面一洞二四九
		全身投下爆弾創	一九二一・一一・一七	金本江石	父		碧潼郡碧潼面一洞二四九
三五八	歩兵七七連隊	比島レイテ島	一九四五・〇七・〇一	内山政雄	伍長	戦死	宣川郡南面石和洞一〇一〇
			×	内山元乾	父		宣川郡南面石和洞一〇一〇
三五九	歩兵七七連隊	比島レイテ島	一九四五・〇七・〇一	江南義村	兵長	戦死	義州郡義州邑弘西洞五八
			一九二三・一二・一一	ー	ー		ー
三六〇	歩兵七七連隊	比島レイテ島	一九四五・〇七・〇一	岡本文賛	上等兵	戦死	龍川郡府羅面中端洞六四
			×	岡本元模	母		龍川郡府羅面中端洞六四
三六一	歩兵七七連隊	比島レイテ島	一九四五・〇七・〇一	大森仁龍	伍長	戦死	博川郡博川面北部洞四二
			×	大森鐵柱	父		博川郡博川面北部洞四二
三六二	歩兵七七連隊	比島レイテ島	一九四五・〇七・〇一	大山政雄	上等兵	戦死	博川郡青龍面鳳之洞三九一
			×	大山勇毅	父		博川郡青龍面鳳之洞三九一
三六三	歩兵七七連隊	比島レイテ島	一九四五・〇七・〇一	大川元芳	伍長	戦死	楚山郡古面小水洞一二六
			一九二一・〇三・二八	大川渾龍	父		楚山郡古面小水洞一二六
三六四	歩兵七七連隊	比島レイテ島	一九四五・〇七・〇一	金山仲成	兵長	戦死	昌城郡青山面鶴松洞五〇一
			×	金山基奉	父		昌城郡青山面龍松洞

三六五	歩兵七七連隊	比島レイテ島	一九四五・〇七・〇一	香島武政	軍曹	戦死	雲山郡北鎮邑大岩洞二四二
			×	香島重彦	叔父		昌城郡東倉面大里楡洞一三三
三六六	歩兵七七連隊	比島レイテ島	一九四五・〇七・〇一	金城　鼎	兵長	戦死	亀城郡梨峴面大安洞三四五
			一九二二・〇一・一一	金城賛柱	父		亀城郡梨峴面大安洞三四五
三六七	歩兵七七連隊	比島レイテ島	一九四五・〇七・〇一	金山永龍	上等兵	戦死	熙川郡熙川面加羅之洞金坪堆一二八八
			一九二五・一一・一三	金山永碩	兄		熙川郡熙川面加羅之洞金坪堆一二八九
三六八	歩兵七七連隊	比島レイテ島	一九四五・〇七・〇一	金子英吉	上等兵	戦死	定州郡南西面南陽洞三一〇—一
			一九二六・〇六・二七	金子チツ子	母		京義線古邑市北町二八四
三六九	歩兵七七連隊	比島レイテ島	一九四五・〇七・〇一	金川昌甲	伍長	戦死	博川郡西面芹場洞二四七
			一九二二・〇五・一八	金川殷錫	父		博川郡西面芹場洞二四七
三七〇	歩兵七七連隊	比島レイテ島	一九四五・〇七・〇一	金石渭煌	伍長	戦死	江界郡立館面雲松洞二七四—二
			一九二四・一一・二一	金石渭聲	父		江界郡立館面龍門洞三一一
三七一	歩兵七七連隊	比島レイテ島	一九四五・〇七・〇一	金澤龍祥	兵長	戦死	城川郡東面宜徳洞一九六
			一九二三・一〇・〇八	金澤聲滿	父		城川郡東面宜徳洞一九六
三七二	歩兵七七連隊	比島レイテ島	一九四五・〇七・〇一	金原珠瑾	兵長	戦死	碧潼郡城南面南中洞二三三
			一九二四・〇七・二八	金原永瑞	兄		碧潼郡城南面南中洞二三三
三七三	歩兵七七連隊	比島レイテ島	一九四五・〇七・〇一	金海成男	兵長	戦死	熙川郡新豊面東洞七五六
			一九二四・一〇・〇六	金海鳳権	父		熙川郡新豊面東洞七五六
三七四	歩兵七七連隊	比島レイテ島	一九四五・〇七・〇一	金山宗正	伍長	戦死	慈城郡梨坪面×松洞二九〇
			一九二二・一〇・二二	金山承義	父		慈城郡梨坪面×松洞二九〇
三七五	歩兵七七連隊	比島レイテ島	一九四五・〇七・〇一	木村泰福	伍長	戦死	慈城郡慈城面邑内洞三六一
			一九二一・一〇・一七	平山秀雄	父		慈城郡慈城面邑内洞三六一
三七六	歩兵七七連隊	比島レイテ島	一九四五・〇七・〇一	清山時伯	伍長	戦死	雲山郡城面南山下洞九二五
			一九二二・〇五・一九	清山雲龍	父		雲山郡城面南山下洞九二五
三七七	歩兵七七連隊	比島レイテ島	一九四五・〇七・〇一	白川政則	兵長	戦死	定州郡安興面好峴里一五五八
			×	白川江×	母		定州郡安興面好峴里一五五八
三七八	歩兵七七連隊	比島レイテ島	一九四五・〇七・〇一	李村在明	伍長	戦死	厚昌郡南新面祐和洞二二七
			一九二四・〇九・一七	李村恒思	父		厚昌郡南新面富興洞一三六
三七九	歩兵七七連隊	比島レイテ島	一九四五・〇七・〇一	高山英一	伍長	戦死	宣川郡台山面仁岩洞六七三
			一九二三・〇一・二八	高山希善	祖父		宣川郡台山面仁岩洞六七三
三八〇	歩兵七七連隊	比島レイテ島	一九四五・〇七・〇一	田村基畯	兵長	戦死	江界郡従南面関口洞三二九
			一九二二・〇四・一五	田村永畯	兄		江界郡従南面関口洞三二九
三八一	歩兵七七連隊	比島レイテ島	一九四五・〇七・〇一	瀧川延雄	軍曹	戦死	定州郡馬山面清亭洞九一
			一九二一・一二・〇四	瀧川　俊	父		新義州府弥勒洞二四五
三八二	歩兵七七連隊	比島レイテ島	一九四五・〇七・〇一	豊山應文	伍長	戦死	碧潼郡松西面松西洞（イ）七三

			×	豊山栄道	父		碧潼郡松西面松西洞（イ）七三
三八三	歩兵七七連隊	比島レイテ島	一九四五・〇七・〇一	富原寶治	伍長	戦死	熙川郡西面平院洞三三三
			×	富原允樑	父		熙川郡西面平院洞三三三
三八四	歩兵七七連隊	比島レイテ島	一九四五・〇七・〇一	農山明芳	伍長	戦死	碧潼郡吾北面北下洞八九
			一九二一・〇五・二五	豊山征仁	父		碧潼郡吾北面北下洞八九
三八五	歩兵七七連隊	比島レイテ島	一九四五・〇七・〇一	永田在徳	上等兵	戦死	厚昌郡厚昌面郡内洞一一三
			一九二一・〇五・一四	永田昌煥	父		厚昌郡厚昌面郡内洞一一三
三八六	歩兵七七連隊	比島レイテ島	一九四五・〇七・〇一	丹山隆雄	兵長	戦死	亀城郡五降面仁鳳洞三九五
			一九二四・一二・二〇	丹山基俊	祖父		亀城郡五降面仁鳳洞三九五
三八七	歩兵七七連隊	比島レイテ島	一九四五・〇七・〇一	丹山栄喜	伍長	戦死	亀城郡五峰面仁鳶洞二五八
			一九二四・〇二・二〇	丹山純一	兄		亀城郡五峰面仁鳶洞二五八
三八八	歩兵七七連隊	比島レイテ島	一九四五・〇七・〇一	丹山東暉	兵長	戦死	龍川郡内中面堂峰洞二〇七
			×	丹山栄洙	父		龍川郡内中面堂峰洞二〇七
三八九	歩兵七七連隊	比島レイテ島	一九四五・〇七・〇一	原田炳善	上等兵	戦死	熙川郡北面明文洞九〇
			×	原田得賢	父		熙川郡北面明文洞九〇
三九〇	歩兵七七連隊	比島レイテ島	一九四五・〇七・〇一	松山泰淳	兵長	戦死	昌城郡昌城面圃岩洞九八
			一九二六・〇一・〇八	松山正律	祖父		昌城郡昌城面間岩洞二二八
三九一	歩兵七七連隊	比島レイテ島	一九四五・〇七・〇一	松川雅夫	兵長	戦死	義州郡松張面×河洞七四七
			一九二五・〇一・二九	松川一雄	兄		義州郡松張面×河洞七四七
三九二	歩兵七七連隊	比島レイテ島	一九四五・〇七・〇一	松本永燦	兵長	戦死	雲山郡城面草下洞八三三
			×	松本日賢	父		雲山郡城面草下洞八三三
三九三	歩兵七七連隊	比島レイテ島	一九四五・〇七・〇一	松本仁烈	上等兵	戦死	雲山郡雲山邑内四四
			一九二四・一一・一三	松本康理	父		雲山郡雲山邑内四四
三九四	歩兵七七連隊	比島レイテ島	一九四五・〇七・〇一	光本吉輝	上等兵	戦死	碧潼郡碧潼面二洞一一五
			一九二四・〇七・二八	光本春雄	父		碧潼郡碧潼面二洞一一五
三九五	歩兵七七連隊	比島レイテ島	一九四五・〇七・〇一	三宅壽三郎	上等兵	戦死	鐵山郡相梁面自柞洞三五三－一
			一九二五・〇四・一〇	三宅光五郎	父		鐵山郡相梁面自柞洞三五三－一
三九六	歩兵七七連隊	比島レイテ島	一九四五・〇七・〇一	光本利根	伍長	戦死	定州郡馬山面清亭洞一〇一四
			一九一九・〇二・二四	光本仲姐	母		定州郡馬山面清亭洞一〇一四
三九七	歩兵七七連隊	比島レイテ島	一九四五・〇七・〇一	森田演中	兵長	戦死	龍川郡府羅面中端洞一一二
			一九二一・〇四・〇八	森田演金	兄		龍川郡府羅面中端洞一一二
三九八	歩兵七七連隊	比島レイテ島	一九四五・〇七・〇一	安原元軫	伍長	戦死	碧潼郡城南面南中洞三四一
			一九二〇・〇二・二五	安原吉鴻	父		碧潼郡城南面南中洞三四一
三九九	歩兵七七連隊	比島レイテ島	一九四五・〇七・〇一	安川龍國	兵長	戦死	宣川郡新村面清江洞四四七
			一九二〇・〇八・二八	安川敏伯	父		宣川郡新村面清江洞四四七

四七八	歩兵七七連隊	レイテ島ナグアン山	一九四五・〇七・〇一 ×	木村尚俊 木村元學	伍長 —	戦死	寧辺郡泰平面造山洞三五 寧辺郡泰平面造山洞三五
八七／四八一	歩兵七七連隊	レイテ島ナグアン山 頭部貫通銃創	一九四五・〇八・〇六 一九二二・一〇・二〇	田村武雄 田村承潤	兵長 父	戦死	江界郡前川面倉徳洞三一〇 江界郡前川面倉徳洞三一〇
九一	歩兵七七連隊	レイテ島ナグアン山 腹部貫通銃創	一九四五・〇八・二六 一九二五・〇八・〇一	安田致明 安田燗巳	兵長 父	戦死	碧潼郡雪時面雲上洞一〇〇 碧潼郡雪時面雲上洞一〇〇
三三	歩兵七八連隊	ニューギニア、ケセツ 頭部貫通銃創	一九四三・一〇・〇四 ×	高山正雄（政） 高山義國	兵長 父	戦死	龍川郡府羅面中端洞一一二 龍川郡府羅面中端洞一一二
三四	歩兵七八連隊	ニューギニア、ヤカムル 腹部貫通銃創	一九四四・〇五・一七 ×	大森秀松 大森幸太郎	伍長 父	戦死	博川郡博川面北部洞一三四 博川郡博川面北部洞一三四
三〇	歩兵七八連隊	ニューギニア、マデロイ 頭部貫通銃創	一九四四・〇三・一四 ×	朝野清原 朝野　哲	伍長 父	戦死	厚昌郡東興面羅竹洞一一二〇 厚昌郡東興面羅竹洞一一二〇
三一	歩兵七八連隊	ニューギニア、アファ 頭部貫通銃創	一九四四・〇七・二一 一九二〇・一二・二一	安田亨徳 安田哲俊	兵長 父	戦死	亀城郡五峰面巌橋洞六五五 —
三二	歩兵七八連隊	ニューギニア、ボイキン 胸部貫通銃創	一九四四・一〇・二三 ×	田村光男（雄） 田村舜明	伍長 兄	戦死	碧潼郡吾北面北上洞五五三 碧潼郡雲壮面城南洞
四四六	歩兵七九連隊	山西省	一九三八・〇二・二七 ×	金龍錫 金秉益	通訳 父	戦死	博川郡両嘉面深台洞五三七 —
四一五	歩兵七九連隊	ニューギニア、ガリ	一九四三・〇七・〇五 ×	青木欒胄 青木東優	伍長 父	戦死	碧潼郡吾北面龍楽里三八三 —
一三〇	歩兵七九連隊	ニューギニア、ジベバネン 頭部貫通銃創	一九四三・一一・〇四 ×	金豊炳厚 金豊利元	伍長 父	戦死	楚山郡東面花新洞一八一 —
一二九	歩兵七九連隊	ニューギニア、ソング 右胸部貫通銃創	一九四三・一〇・一七 ×	金澤益煥 金澤載國	伍長 父	戦死	亀城郡西山面立石洞五四〇 —
四七三	歩兵七九連隊	ニューギニア、ボンガ	一九四三・一一・二一 ×	丹山海海 丹山静江	伍長 妻	戦死	新義州府敏浦洞四三五 新義州府敏浦洞四三五
四〇八	歩兵七九連隊	ニューギニア、カブトモン	一九四四・〇一・二九 ×	林炳植 林泰元	伍長 父	戦死	宣川郡宣川邑明倫町六六二 新義州府蓮上洞三一一
四〇七	歩兵七九連隊	ニューギニア、パーペン	一九四四・〇一・三〇 ×	金村達英 金村孝謙	兵長 父	戦死	碧潼郡雲時面雲上洞三三七 —
四八八	歩兵七九連隊	ニューギニア	一九四四・〇三・二五 一九二二・〇七・〇六	平山春芳 —	上等兵 —	戦死	亀城郡天摩面安倉洞二七 —
四二〇	歩兵七九連隊	ニューギニア、セピック河	一九四四・〇五・一〇 ×	張本基哲 張本基善	伍長 兄	戦死	宣川郡深川面古軍営洞三〇六 —
四七五	歩兵七九連隊	ニューギニア、コープ	一九四四・〇五・一〇	李村奭点	一等兵	戦死	碧潼郡吾北面北下洞一七四 —

			×	李村尚茂	祖父		碧潼郡吾北面北下洞一七四
一二七	歩兵七九連隊	ニューギニア、ダクア	一九四四・一〇・〇七	青木新助	伍長	戦死	碧潼郡吾北面北下洞八九
			×	青木　茂	父		—
一三一	歩兵七九連隊	ニューギニア、バソミエ島	一九四五・一〇・一五	密陽仁勳	軍曹	戦傷死	熙川郡新豊面西洞一一六五
		胸部貫通銃創	一九二一・〇四・一六		父		熙川郡新豊市
一二八	歩兵七九連隊	ニューギニア、ムシュウ島	一九四五・一〇・一七	星山鼎勳	軍曹	戦死	泰川郡長林面鎮南洞三六五
		マラリア	×	星山應九	父		
四七二	歩兵八〇連隊	不詳	一九四三・〇八・〇四	徳山義人	上等兵	戦死	新義州府一丁目
			×	—	—	—	—
四三三	歩兵八三連隊	江蘇省	一九四〇・〇六・〇三	桂川東喜	通訳	戦死	宣川郡龍淵面穀峰洞四二七
			×	桂川柄賛	父		—
二／四八〇	歩兵八九連隊	サイパン島	一九四四・〇七・一八	深川利行	軍曹	戦死	江界郡江界邑幸町
			一九二一・〇二・〇八	深川リツ子	母		江界郡江界邑幸町
一八	歩兵九一連隊	湖南省	一九四五・一〇・一八	白川正淳	伍長	戦死	雲山郡東新面馬場洞五二三一二
		頭部穿透性砲弾創	一九二四・一〇・〇五	白川益模	父		雲山郡東新面馬場洞五二三一二
一五	歩兵九六連隊	湖南省	一九四五・〇三・二〇	文川興一	兵長	戦傷死	楚山郡南面松廟洞一四三
		頭部打撲傷	一九二四・〇四・一六	文川尹姐	妻		楚山郡南面松廟洞一四三
一六	歩兵九六連隊	湖南省歩兵教育隊	一九四五・〇四・一九	箕原　籍	伍長	戦死	泰川郡江東面松北洞一二三
		右大腿部骨折	一九二四・〇一・〇一	箕原　瀅	父		泰川郡江東面松北洞一二三
一七	歩兵九六連隊	湖南省	一九四五・〇五・二一	西原弘雄	伍長	戦死	厚昌郡東興面羅洞六九五
		腹部保弾破片創	一九二三・〇三・一六	西原官熙	父		厚昌郡東興面羅洞六九五
一二二	歩兵一〇五連隊	徐州一七四兵站病院	一九四五・一〇・二五	清水孝教	一等兵	戦病死	義州郡義州邑弘南洞四七九
			一九二四・〇一・一二	清水順玉	妻		義州郡義州邑弘南洞四七九
一七八	歩兵一一〇連隊	河南省	一九四五・〇八・〇三	河東元次郎	通訳	戦病死	義州郡威遠面上端洞七三七
		衝心脚気	一九〇七・〇三・一五	河原元緑	兄		義州郡威遠面上端洞七三七
二七八	歩兵一一〇連隊	河北省	一九四四・一二・三一	佳昌浩	雇員	死亡	朔州郡外南面大安洞一
			×	—	—		奉天省興京謙外新市九三－九四
二三六	歩兵一一七連隊	福岡市	一九四五・〇七・〇六	李村日華	上等兵	公傷死	義州郡月華面檜下洞八六
			一九二四・〇二・〇二	—	—		—
一四一	歩兵一三二連隊	湖北省	一九四四・一二・一八	白川賛彬	二等兵	戦死	新義州府若竹町一三
		顔面手榴弾破片創	×	白川龍本	父		新義州府若竹町一三
一一八	歩兵一三二連隊	湖南省	一九四五・〇二・二七	松川宗元	上等兵	戦病死	朔州郡両山面院豊洞一四
		急性肺炎	一九二四・〇三・一四	松川宗植	父		朔州郡両山面院豊洞一四
一一九	歩兵一三二連隊	湖南省	一九四五・〇七・〇二	池原龍淵	上等兵	戦病死	厚昌郡南新面住山中洞
		脚気・回帰熱	一九二四・〇二・〇七	池原徳秀	父		厚昌郡南新面住山中洞

二〇六	歩兵一三二連隊	湖南省	一九四五・〇八・二五 一九二四・〇一・〇三	安田炯甲 安田相瑛	不詳 父	戦病死	楚山郡江面龍星洞新興里一〇八 楚山郡江面龍星洞新興里一〇八
一四五	歩兵一三三連隊	福岡一陸軍病院 細菌性赤痢	一九四五・〇六・二八 一九二四・〇六・一三	金海得弼 金海昌健	兵長 父	戦病死	宣川郡宣川邑大睦洞四三四 宣川郡宣川邑大睦洞四三四
二八〇	歩兵一六三連隊	河北省	一九四一・〇五・一一 ×	山本景山 崔鳳雲	不詳 父	戦死	義州郡加山面楸洞一一〇 義州郡加山面楸洞一一〇
二三二	歩兵一六三連隊	河南省四〇兵站病院 左大腿部砲弾破片	一九四四・〇五・一六	性田競八 性田光夫	雇員 父	戦傷死	義州郡古城面新島洞三九六 義州郡古城面新島洞三九六
二二四	歩兵一六八連隊	ビルマ、メイクテーラ 頭部手榴弾破片創	一九四五・〇四・〇五 一九二二・〇五・二八	金澤仁雄 金澤學源	兵長 父	戦死	龍川郡楊光面山斗洞二二 龍川郡楊光面山斗洞二二
二二五	歩兵一六八連隊	ビルマ、メイクテーラ 腹部貫通銃創	一九四五・〇四・〇八 一九二〇・一〇・二一	松井應植 松井芝桂	伍長 父	戦死	厚昌郡大坪面中翼洞五〇〇－三二 厚昌郡大坪面中翼洞五〇〇－三二
一九三	歩兵二二七連隊	河南省 左胸部貫通銃創	一九四三・一〇・一九 一九二二・一一・一六	張賢太郎 張本載花	雇員 母	戦死	鐵山郡站面蚕峰洞四一－二 張家口揚南×通一八・森鉄工所内
四九二	歩兵二八一連隊	不詳	不詳 一九二四・一二・一三	桂山熙奉 桂山基順	上等兵 妻	戦死	宣川郡深川面任興洞一七七 吉林省樺甸県樺村林恭昌街二
二八一	野戦高射砲五八大隊	ニューギニア、ウウェワク	一九四四・〇五・二四 一九二二・一二・一四	金原壽三郎 金原鳳徳	上等兵 父	戦病死	安山郡委延面沓上洞三一 安山郡委延面沓上洞三一
一九一	野戦高射砲五九大隊	ソロモン、ボーゲンビル島	一九四四・〇八・〇七 一九二三・〇二・二四	梁川勝江 梁川學源	軍曹 父	戦死	寧辺郡小林面龍秋洞三九三 寧辺郡小林面龍秋洞三九三
二二五	野砲二六連隊	ニューギニア、坂東川 胸部貫通砲弾破片	一九四四・〇八・二六 ×	井上欣作 井上友七	兵長 父	戦死	定州郡定州邑二六九 亀城面内一二四四
二二六	野砲二六連隊	ニューギニア、アブア 胸部貫通砲弾破片	一九四四・〇八・〇二 ×	金山宗益 金山宗徳	兵長 兄	戦死	義州郡水鎮面徳峴洞二〇 義州郡水鎮面徳峴洞二〇
二二五	野砲二六連隊	ニューギニア、坂東川 胸部貫通砲弾破片創	一九四四・〇八・二六 ×	井上欣作 井上友七	兵長 父	戦死	定州郡定州邑二六九 定州郡亀城面内一二四四
二二四	野砲二六連隊	ニューギニア、ブーツ	一九四四・一二・二五 ×	松村相憲 松村應國	兵長 父	戦死	寧平郡寧平面龍湫洞四五四 寧平郡寧平面龍湫洞四五四
二八三	野砲三〇連隊	ミンダナオ島 爆死	一九四五・〇六・一〇 一九二三・一二・三一	金川明雄 金川賢玉	兵長 父	戦死	義州郡廣坪面清城洞八四三 義州郡廣坪面清城洞八四三
四九三	野砲三四連隊	アポール（阿部）	一九四六・〇五・二六 一九二四・〇一・〇一	崔熙光（阿部） 崔×植	伍長 父	戦病死	宣川郡南面右湖洞一一三 宣川郡南面右湖洞一一三
二一五	野戦重砲六連隊	河南省	一九四四・〇七・一四 一九二一・〇四・一六	三山茂竹 三山政子	軍属 妻	戦死	楚山郡楚山面雲海川洞三六九－二 楚山郡楚山面城西洞二二九
一八二	陸上勤務一五〇中隊	佐賀県西松浦有田町	一九四五・〇七・一五	木村成健	一等兵	戦病死	宣川郡新府面洞二五

		心臓麻痺	一九二四・〇六・一六	木村基賛	叔父		鉄山郡×面新谷洞
三八	一野戦補給廠	ルソン島	一九四五・〇八・一三	大塚久義	兵長	戦死	新義州府常盤町七―一〇
		頭部貫通銃創	×	大塚ヨツ	母		新義州府常盤町七―一〇
二八七	二軍司令部	ビアク島	一九四四・〇九・一〇	小島健台	雇員	戦死	博川郡博川面西河洞六七八
			×	小島健之	父		満洲国濱綏線舎利屯駅内
二一二	三開拓勤務隊	ルソン島	一九四五・〇三・一八	金村仁恒	上等兵	戦死	寧辺郡南松面夭水洞一一〇―一
		頭部貫通銃創	×	金村龍鉱	父		寧辺郡南松面夭水洞一一〇―一
一八六	五方面軍司令部	北千島	一九四四・〇七・〇九	竹山洛柱	技術雇員	戦死	雲山郡城面南山洞二五五
		大平丸海没	×	竹山東姫	妻		雲山郡城面南山洞二五五
四七〇	六方面軍司令部	湖北省	一九四五・〇七・二六	佐野良男	通訳	戦病死	義州郡月草面檜下洞三九
		結核性腹膜炎	一九一八・〇九・一六	佐野毎男	兄		湖北省武昌市興亜路三五六
二三九	六航空軍司令部	沖縄県	一九四五・〇六・〇六	河東繁	少尉	戦死	江界郡江界邑宮下町四一―一二
			一九二六・〇六・三〇	河東伸一	父		江界郡前川面仲光洞
二三八	六航空軍司令部	沖縄県	一九四五・〇五・〇四	清原鼎実	少尉	戦死	博川郡博川邑南部洞一五〇
			一九二五・〇四・一二	清原永彬	父		京畿道京城府永登浦区上道街二七四
二九六	七野戦航空補給廠	ルソン島	一九四五・〇五・三〇	金本重雄	雇員	戦死	江界郡城十面外仲洞
			×	金本常世	父		江界郡城十面場市站一二六
二九七	七野戦航空補給廠	ルソン島	一九四五・〇五・三〇	金山成律	雇員	戦死	宜川郡深川面仁豆洞二六四
			×	金山昌燮	父		平壌府東大完街五〇三―五
五二	七独立警備隊司令部	河北省	一九四五・〇七・三〇	趙連浩・白川浩一	傭人	戦死	鐵山郡生林面化炭洞七六
		頭部貫通銃創	一九二二・〇五・二七	白川鳳女	妻		鐵山郡生林面化炭洞七六
四四五	一〇師団	河北省	一九三九・〇三・二五	趙夢龍	通訳	戦死	義州郡威化面下端洞八二二
			一九一八・一〇・〇五	趙金氏	母		―
四〇六	一〇航空情報連隊	ルソン島	一九四五・〇六・一〇	松山和永	軍曹	戦死	昌城郡東倉面大楡洞一九九
			×	松山信子	妻		昌城郡東倉面大楡洞一九九
二一一	一三軍司令部	江蘇省上海市	一九四五・〇五・一三	朝宮聖洙	上等兵	死亡	新義州府×清洞一〇二
			×	朝宮一賢	父		新義州府×清洞一〇二
一八九	一四方面軍司令部	ルソン島ラトレ	一九四五・〇五・一〇	新井幹雄	見習士官	戦死	定州郡安興面岩竹洞五〇二
			一九一九・〇八・二三	―	―		―
二一七	一五野戦航空補給廠	湖南省一八五兵站病院	一九四五・一〇・〇五	香山尚太郎	兵長	戦死	義州郡義州邑西部洞一三三
		アメーバ性赤痢	一九二二・〇八・〇二	香山時栄（宗）	父		義州郡義州邑西部洞一三三
四四七	一七兵站輜重本部	山西省	一九三八・〇三・一八	金元熙	雇員	戦死	新義州府弥勒洞二八三
			一九一一・〇三・二三	金山烈	母		―
四四八	一七兵站輜重本部	山西省	一九三八・〇二・二三	金啓柱	雇員	戦死	泰川郡西面徳洋洞六四八
			一九二一・〇七・一六	金建王	母		奉天省新民権第三区大民屯警察署

四六〇	一七船泊航空廠	中部太平洋（那覇）	一九四四・〇一・一〇 一九二三・〇八・〇七	河東在丙 河東相黙	雇員 父	戦死	鐵陽郡余閑面雙新洞二八一 鐵陽郡余閑面雙新洞二八一
二二三	一九師団司令部	ルソン島	一九四五・〇一・一三 ×	富元正雄 富元俊泰	二等兵 父	戦死	江界郡高山面浦上洞一四八 江界郡高山面浦上洞一四八
二八二	二〇師団兵勤務隊	ニューギニア、ニブリハーヘン	一九四五・〇四・一〇 一九二〇・一二・二五	清原上木 趙仲玉	兵長 妻	戦死	定州郡馬山面清亭洞二五七 定州郡馬山面清亭洞二五七
五八	二〇師防疫給水部	ニューギニア、バナム	一九四五・〇八・三〇 一九二〇・〇三・二七	江原承壎 木村成澤	上等兵 妻	戦死	熙川郡東倉面倉洞三〇六 熙川郡長洞面生洞
五九	二〇師防疫給水部	ニューギニア、ウエワク	一九四四・〇四・〇八 一九一七・〇四・一一	河東天受 河東月峰	上等兵 妻	戦死	朔州郡両山面庄下洞 江界郡前川面長興洞
三	二〇野隊	ニューギニア、大井村	一九四四・〇七・〇八 一九二一・〇一・一三	加藤鳳瑞 加藤秀男	兵長 父	戦死	慈城郡中江面晩興洞六二 慈城郡中江面晩興洞六二
二三一	三〇師団衛生隊	仏印カムラン湾 海没	一九四四・〇八・二一 一九二三・〇九・一六	康川承彬 康川平福	兵長 父	戦死	鐵山郡柏梁面長野洞一九 鐵山郡柏梁面長野洞一九
二〇二	三〇師団衛生隊	レイテ島ビリヤバ 胸部投下爆弾破片	一九四五・〇一・一八 ×	完山龍像 完山小姐	兵長 妻	戦死	亀城郡沙器面新市洞四〇六 亀城郡沙器面新市洞四〇六
二〇八	三〇師団衛生隊	レイテ島ビリヤバ 全身投下爆弾創	一九四五・〇一・一八 ×	大山柄作 大山龍潤	兵長 父	戦死	寧辺郡寧辺面東部洞三三八 寧辺郡寧辺面東部洞二一一
二三〇	三〇師団衛生隊	レイテ島ビリヤバ 全身投下爆弾創	一九四五・〇一・一八 ×	白石光三 白石米玉	伍長 父	戦死	新義州府石中洞六 新義州府石中洞六
二三〇	三〇師団衛生隊	レイテ島ビリヤバ 全身投下爆弾創	一九四五・〇一・一八 ×	青山炳黙 青山明柱	伍長 父	戦死	昌城郡昌城面洛城洞三八二 昌城郡昌城面洛城洞三八二
二三三	三〇師団衛生隊	レイテ島ビリヤバ 全身投下爆弾創	一九四五・〇一・一八 ×	金光徳潤 金光利浩	兵長 父	戦死	慈城郡慈城面邑内洞三三一－二 慈城郡慈城面邑内洞三三一－二
四六	三〇師団衛生隊	ミンダナオ島 右胸部貫通銃創	一九四四・一〇・一八 ×	梁川泰成 梁川益子	兵長 妻	戦死	寧辺郡古城面上草洞一三〇 定川郡高安面灘隅洞
四七	三〇師団衛生隊	ミンダナオ島ピキット 腹部貫通銃創	一九四五・〇三・二七 ×	洪村聖禄 洪村英煌	兵長 妻	戦死	定州郡興安面灘隅里一二〇三 定州郡興安面灘隅里一二〇三
四八	三〇師団衛生隊	ミンダナオ島ピキット 右胸部貫通銃創	一九四五・〇三・二七 ×	松元昌賢 ｜	兵長 ｜	戦死	楚山郡古面富坪洞一四 ｜
四九	三〇師団衛生隊	ミンダナオ島ピキット 頭部貫通銃創	一九四五・〇三・二七 ×	林宜玩 林秀彦	兵長 父	戦死	義州郡小鎮面龍門洞四九九 義州郡小鎮面龍門洞四九九
四四	三〇師団衛生隊	ミンダナオ島 頭部貫通銃創	一九四五・〇六・三〇 ×	金村鼎道 金村應亀	伍長 父	戦死	定州郡玉泉面文仁洞一九二八 定州郡玉泉面文仁洞一九二八
四二五	三〇師団衛生隊	ミンダナオ島	一九四五・〇七・一五	聖峯治應	伍長	戦死	鐵山郡站面槐亭洞一六五

		腹部貫通銃創	×	聖峯徳松	父		鐵山郡站面槐亭洞一六五
四五	三〇師団衛生隊	ミンダナオ島	一九四五・〇七・二一	海本貞雄	伍長	戦死	定州郡南西面寶山洞一八
		全身投下爆弾創	×	海本鳳允	父		定州郡南西面寶山洞一八
四三	三〇師団衛生隊	ミンダナオ島	一九四五・〇七・二七	田島礼畯	伍長	戦死	江界郡大西面松下洞三四四
		頭部貫通銃創	×	田島汝暖	兄		江界郡大西面松下洞三四四
四五八	三〇師団衛生隊	三〇師団一野戦病院	不詳	平山勇之助	二等兵	戦死	義州郡州内面於赤洞一一五
			一九二二・一一・一五	平山龍太郎	兄		義州郡州内面於赤洞一一五
二八四	三〇師団防疫給水部	レイテ島パロンボン	一九四五・〇二・二〇	李村奉一	兵長	戦死	慈城郡慈下面松岩洞三九五
		全身投下爆弾創	×	李村東浩	父		慈城郡慈下面松岩洞三九五
二七九	三〇師団防疫給水部	レイテ島パロンボン	一九四五・〇二・二〇	金本元江	兵長	戦死	碧潼郡碧潼面上西洞二〇四
		全身投下爆弾創	×	金本亨鳳	父		碧潼郡碧潼面上西洞二〇四
二一三	三〇師団防疫給水部	レイテ島	一九四五・〇八・二六	新井藤正	伍長	戦死	寧辺郡入院面夭陽洞
		頭部貫通銃創	×	新井藤重	弟		寧辺郡入院面夭陽洞
二一四	三〇師団防疫給水部	レイテ島	一九四五・〇九・〇三	大山雲根	兵長	戦死	定州郡安興面安義洞一九三
		腹部貫通銃創	×	大山×子	妻		定州郡安興面安義洞一九三
二八九	三〇師団防疫給水部	ミンダナオ島	一九四五・〇四・二九	岩本達雄	兵長	戦死	亀城郡所器面九岩洞
		頭部砲弾破片創	×	岩本寅一	父		泰川郡雪龍洞
二八五	三〇師団防疫給水部	ミンダナオ島	一九四五・〇四・三〇	金本昌和	兵長	戦死	慈城郡慈下面法洞三三二
		頭部貫通銃創	×	金本氏	父		慈城郡慈下面法洞四五二―八
二九一	三〇師団防疫給水部	ミンダナオ島	一九四五・〇七・一一	白川正義	兵長	戦死	義州郡義州邑弘西洞五四三
		頭部貫通銃創	×	白川　稔	兄		義州郡義州邑南川洞三三六
二八六	三〇師団防疫給水部	ミンダナオ島	一九四五・〇八・〇二	金光萬吉	兵長	戦死	寧辺郡少林面燈山洞二二八
		腹部盲管銃創	×	金光俊烈	父		寧辺郡少林面燈山洞二二八
二九〇	三〇師団防疫給水部	ミンダナオ島	一九四五・〇八・〇八	豊田穂積	兵長	戦死	宣川郡水清面牧使岱洞
		胸部貫通銃創	×	豊田萬成	妻		宣川郡水清面牧使岱洞
二九二	三〇師団防疫給水部	ミンダナオ島	一九四五・〇八・一〇	松山武雄	兵長	戦死	慈城郡長生面湖下洞四五
		頭部貫通銃創	×	松山秀原	妻		慈城郡長生面湖下洞四五
二一一	三〇師団防疫給水部	ミンダナオ島	一九四五・一〇・〇一	金延在泳	伍長	戦死	朔州郡朔州面温豊洞一三九
		左胸部貫通銃創	×	金延信貞	妻		朔州郡朔州面温豊洞一三九
四〇五	三〇師団一野戦病院	ミンダナオ島	一九四五・〇五・三〇	川村王葉	兵長	戦死	昌城郡青山面鶴峯洞四二
		頭部貫通銃創	一九二〇・〇二・〇三	川村乃文	父		昌城郡青山面鶴峯洞四二
一	三一軍司令部	マリアナ諸島	一九四四・〇七・一八	高山明學	伍長	戦死	宣川郡水清面牧使代上洞四七八
		玉砕	一九二四・〇九・一〇	高山天運	父		宣川郡水清面牧使代上洞四七八
一七九	三一飛行大隊	比島クラーク	一九四五・〇四・二八	廣田昌奎	兵長	戦死	楚山郡古面月西面二七九
			×	廣田益芳	父		楚山郡古面永豊洞一一六

番号	部隊	死亡場所・事由	死亡年月日／生年月日	氏名／親族氏名	階級／続柄	死因	本籍／親族住所
二二六	三二軍防衛築城隊	沖縄県	一九四五・〇五・一五 一九二〇・〇九・一七	徳山滋彦 徳山滋穆	雇員 兄	戦死	義州郡枇峴面芝北洞一四二 義州郡枇峴面芝北洞一四二
四六三	三二軍防衛築城隊	沖縄県	一九四五・〇五・一五 一九二一・一二・一〇	松山　茂 松山永次	工員 叔父	戦死	新義州府老松町四 新義州府老松町四
二四一	四五飛行大隊	満州國錦県 肺血症	一九四五・〇五・二七 一九二四・〇二・〇六	芳野慶壽 芳野貞錫	一等兵 父	戦病死	慈城郡中江面中徳洞六一二 ー
二二一	五一飛行中隊	フィリピン・バレンテ峠 頭部貫通銃創	一九四五・〇五・一〇 ×	石川永寶 石川鳳祚	兵長 父	戦死	亀城郡東山面南山洞一八六 亀城郡東山面南山洞一八六
一八四	五六師団司令部	ビルマ、タイ国境 マラリア	一九四五・〇九・二五 一九一四・〇二・一五	金川秀平 金川應奎	雇員 父	戦病死	義州郡義州邑東外洞一一 義州郡義州邑東外洞一一
	六五師団司令部	江蘇省 頭部貫通銃創	一九四五・〇八・二七 一九一六・一二・二五	松村成勲 松村基権	雇員 父	戦死	新義州府弥勒洞九九一二 新義州府弥勒洞九九一二
二九五	九八飛行大隊	レイテ島ブラウエン	一九四四・一二・〇六 一九一四・〇四・一八	白川鶴永 白川鳳翊	兵長 父	戦死	寧辺郡南小新幌面雲龍洞 寧辺郡南小新幌面雲龍洞
二一四	一一〇師団司令部	河南省	一九四五・〇五・二二 一九二二・〇六・〇五	河東元鎬 河東丙翰	雇員 父	戦死	鐵山郡鐵山面一七一 鐵山郡鐵山面一七一
四六八	一一五飛行大隊	サイパン島	一九四四・〇七・〇八 ×	青海秀一 ー	技手 ー	戦死	雲山郡北鎮面併興里山一 ー
二〇九	一三一師団工兵隊	広東省 左腹・腰貫通銃創	一九四五・〇六・二六 一九二四・〇四・一四	大川子允 大川尚鎬	兵長 父	戦死	定州郡郭山面×湖洞八二二 定州郡郭山面×湖洞八二二
二三九	四一二特警工	平安北道朔州郡	一九四五・〇六・〇九 ×	海山仁楫 ー	一等兵 ー	不慮死	龍川郡外上面南市洞九六 ー
一八八	不詳	不詳	一九四五・〇九・〇一 一九二四・〇六・一四	弘山善柱 弘山仁渉	上等兵 父	不詳	定州郡高安面灘隅洞一〇六四 定州郡高安面灘隅洞一〇六四
一九八	不詳	不詳	不詳 ×	晋山雲同 ー	上等兵 ー	死亡	定州郡玉泉面文化洞二七〇〇 ー
一九九	不詳	不詳	不詳 ×	金澤信行 ー	不詳 ー	不詳	江界郡従南面長坪洞 ー
二〇三	不詳	ニューブリテン島	一九四三・一二・二八 ×	中西福一 中西磯七	伍長 父	戦死	宣川郡宣川邑黄金通三九一二二 宣川郡宣川邑黄金通三九一二二
二一〇	不詳	千葉県國府台陸軍病院	一九四五・〇七・三〇 ×	宋村秉俊 宋村允三	上等兵 父	戦死	厚昌郡七条面北洞二九六 厚昌郡七条面北洞二九六
二一八	不詳	ジャワ島	一九四四・〇九・二六 ×	慶川元熙 慶川淑子	不詳 妻	自殺	定州郡馬山面清亭洞一〇六一六 定州郡馬山面清亭洞一〇六一六
四二七	不詳	不詳	不詳	山口信夫	不詳	不詳	不詳

				山口栄蔵	父		龍川郡龍岩浦邑浅田町
四三八	不詳	不詳	不詳	金本　勇 ｜	軍属 ｜	戦死	不詳 ｜
四四〇	不詳	不詳	不詳	金田允熙 ｜	通訳 ｜	戦死	不詳 ｜
四四一	不詳	不詳	一九四三・〇五・一六	金廣昌貞 金廣順善	上等兵 妻	戦死	慈城郡三豊面新豊洞五〇六 ｜
四五〇	不詳	大同野戦予病	一九三七・一〇・二八	金子元 金柄模	傭人 妻	戦傷死	定州郡観舟面観林洞五八二 ｜
四九四	不詳	不詳	不詳	安敬湖 安田烔甲	 ｜	不詳	楚山郡楚山面龍岩洞 ｜
四九五	不詳	不詳	不詳	河本健次 河本敏子	 妻	不詳	新義州府弥新洞五三 ｜
四九六	不詳	不詳	不詳	金田政雄 ｜	軍属 ｜	不詳	不詳 ｜

◎平安南道　三九九名

原簿番号	所属	死亡場所 死亡事由	死亡年月日 生年月日	創氏名・姓名 親権者	階級 関係	死亡区分	本籍地 親権者住所
三五一	海上輸送一一九大隊	比島マニラ	一九四五・〇三・一五 一九一八・一〇・二二	永川寅次 —	甲板員 —	戦死	平壌府磚九里一五〇 福岡県糸島郡前原町東町三五七
三五九	海上挺身一七戦隊	比島マニラ	一九四五・〇二・一一 ×	坂戸敬次郎 坂戸信雄	軍曹 父	戦死	平壌府美林町五六六 平壌府美林町五六六
三九八	漢口憲兵隊本部	湖北省漢口陸軍病院 チフス	一九四二・〇六・二四 ×	新井椿玉 —	通訳 —	戦病死	成川郡三徳面元徳里六三 —
三八七	関東軍経理部	不詳	一九四五・〇四・〇六 一九二一・〇四・一九	井上淳徳 井上昌隣	警防手 父	戦病死	順川郡順川邑西辺里三一 順川郡順川邑西辺里三一
三八	京城師管区歩三補	平壌二陸軍病院 脳神経膠腫	一九四五・〇五・二三 一九二四・〇一・〇八	吉村令秀 —	二等兵 —	戦病死	順川郡敦山面昌興里四六六 —
三〇一	工兵三〇連隊	フィリピン、ダバオ 頭部貫通銃創	一九四五・〇四・三〇 ×	森川眞麟 森川小児	伍長 母	戦死	大同郡全祭面霊跡里一 大同郡全祭面路下里三九八
三〇〇	工兵三〇連隊	ミンダナオ島ウマヤン 全身投下爆弾創	一九四五・〇七・一三 ×	大山昌渉 大山寶玉	伍長 妻	戦死	龍岡郡龍月面葛峴里三四二 平壌府堂山町三五－一七
二	工兵三〇連隊	ミンダナオ島 頭部貫通銃創	一九四五・〇八・二〇 一九二一・〇五・〇八	長谷川基煥 長谷川國甫	伍長 父	戦死	大同郡谷山面三峯里八五 大同郡谷山面三峯里八五
一六四	工兵四九連隊	比島マニラ	一九四四・一〇・一八 ×	岩本仁俊 岩本土俊	兵長 父	戦死	徳川郡徳川里青龍里一七 徳川郡徳川里青龍里一七
三七三	工兵四九連隊	比島マニラ 海没	一九四四・一〇・一八 一九二一・一二・一九	張本龍聲 張本君平	兵長 父	戦死	安州郡安州面雲興里三四七 安州郡安州面雲興里三四七
一五八	工兵一二三連隊	奉天関東三陸軍病院 石××過傷	一九四五・〇七・〇四 一九二四・〇六・一四	康本萬錫 康本元照	上等兵 父	戦病死	順川郡山面×里三一六 大同郡林原面北岡里六七
一六五	山砲二三連隊	台湾安平沖	一九四五・〇一・〇九 一九二四・〇一・二〇	金川成植 金川成変	兵長 兄	戦死	成川郡陸中面南陽里二八四 平壌府倉田町二五〇－二四
一六六	山砲二三連隊	台湾安平沖	一九四五・〇一・〇九 一九二二・〇六・一七	結城平雄 結城音告元	兵長 父	戦死	龍岡郡三和面舟林里八四七 龍岡郡三和面舟林里八四七
一三	山砲二五連隊	比島ボンドック州 左胸部爆創	一九四五・〇三・一三 一九二一・〇五・〇二	中山明保 中山順徳	兵長 妻	戦死	中和郡東頭面大郷里 中和郡東頭面大郷里
一四	山砲二五連隊	比島ボンドック州 右肩・腹部貫通銃創	一九四五・〇三・〇二 一九二六・〇一・二〇	青山文龍 —	兵長 —	戦死	成川郡北龍面雲興里五一 —
三六二	山砲二五連隊	ルソン島 頭部貫通銃創	一九四五・〇七・二〇 一九二六・〇三・〇二	栗谷昌三 栗谷鳳燮	兵長 父	戦死	平原郡徳山面搞里八二八 平原郡徳山面搞里八二八

番号	部隊	場所・傷病	年月日	氏名	階級・続柄	区分	本籍・住所
七八	山砲二五連隊	ルソン島 頭部貫通銃創	一九四五・〇七・二〇 一九二六・〇三・〇五	栗谷昌進 栗谷鳳変	兵長 父	戦死	平原郡平原面月晶里二三四 平原郡平原面月晶里二三四
一一六	重砲一三連隊	台湾台中野戦病院	一九四五・一〇・一四 一九二四・〇七・一五	泉原隣永 泉原錫潤	上等兵 父	戦病死	江東郡三登面二五六 江東郡三登面二五六
二一六	輜重二〇連隊	ニューギニア、テリアタ 右腹部貫通銃創	一九四三・一〇・〇五 一九二三・〇九・〇二	松平正熙 松平寳必	上等兵 妻	戦死	价川郡中南面三所里五四四 价川郡中南面三所里五四四
二三〇	輜重二〇連隊	ニューギニア、マサエン 貫通銃創	一九四三・一一・〇四 ×	清島基善 清島泰目	上等兵 父	戦死	安州郡安州邑文峰里一〇九 安州郡燕湖面龍興里三四
二二八	輜重二〇連隊	ニューギニア、ラコナ 頭部貫通銃創	一九四三・一二・二一 ×	金炳成 金信實	兵長 妻	戦死	平原郡徳山面朱村里二三三 平原郡徳山面朱村里二三三
三四七	輜重二〇連隊	ニューギニア、カブトモン	一九四四・〇二・〇七 ×	金倉鐘元 金倉禮淑	上等兵 母	戦死	江西郡咸従面石橋里一三八 江西郡咸従面洪範里一五四
二二九	輜重二〇連隊	ニューギニア、バンブン	一九四四・〇二・〇七 ×	金木喆賢 金本武春	上等兵 妻	戦死	江東郡江東面智禮里二八 江東郡江東面智禮里二八
三四八	輜重二〇連隊	ニューギニア、カブトモン	一九四四・〇二・一九 一九二二・〇五・一〇	清川採官 清川婉淳	兵長 妻	戦死	价川郡朝陽面雲興里七四九 价川郡朝陽面雲興里七四九
三四二	輜重二〇連隊	ニューギニア、ウウェワク	一九四四・〇五・一〇 ×	平康清正 平康松弘	兵長 父	戦死	安州郡安州邑文峰里一二九 安州郡安州邑文峰里一二九
二三六	輜重二〇連隊	ニューギニア、ユープ マラリア	一九四四・〇五・一七 ×	木村明模 木村亨禄	上等兵 父	戦病死	寧遠郡温和面田陽里三四 寧遠郡温和面田陽里三四
二二一	輜重二〇連隊	ウウェワク一〇七兵病 マラリア	一九四四・〇六・一〇 ×	黄城炳哲 —	上等兵 —	戦病死	中和郡楊生面古林里二五二 中和郡楊生面新大里一八二
二四一	輜重二〇連隊	ニューギニア、ニソナム 脚気	一九四四・〇七・〇九 一九二四・〇五・二三	青木正男 青木義信	兵長 父	戦死	中和郡楊井面石陽里四二一 中和郡楊井面石陽里四二一
二三九	輜重二〇連隊	ニューギニア、サルップ 頭部盲管爆弾破片創	一九四四・〇七・〇八 一九二三・〇一・二〇	山木龍華 山本享渉	上等兵 父	戦死	寧遠郡寧遠面方山里 寧遠郡寧遠面方山里
二三八	輜重二〇連隊	ニューギニア、ウレマイ 脚気	一九四四・〇七・一三 一九二〇・一二・二八	金海宗杰 金海正燁	兵長 父	戦死	中和郡谷東面東問里五五八 中和郡谷東面東問里五五八
二三三	輜重二〇連隊	ニューギニア、ウウェワク マラリア・脚気	一九四四・〇七・二〇 一九二二・一〇・〇五	茂山用聖 茂山昌佑	上等兵 父	戦病死	中和郡水上面花田里四五八 中和郡水上面花田里四五八
二三三	輜重二〇連隊	ニューギニア、ウレマイ	一九四四・〇七・三〇 一九二二・一〇・〇五	金泉義坤 金泉錫珠	兵長 妻	戦病死	中和郡唐井面平井里三八二 中和郡磨井面平井里三五九
二四〇	輜重二〇連隊	ニューギニア、サルプ 脚気	一九四四・〇八・〇一 一九二四・〇八・一三	白川武夫 白川一男	上等兵 父	戦病死	价川郡价川面軍隅里八二〇 价川郡价川面軍隅里八二〇
二二六	輜重二〇連隊	ニューギニア、サルプ	一九四四・〇八・二一	廣本昌根	上等兵	戦病死	龍岡郡海雲面城峴里一三二

		マラリア	一九二一・〇六・〇五	廣本善玉	妻		龍岡郡三和面龍門里五五七
二四二	輜重二〇連隊	ニューギニア、ニソナム	一九四四・〇九・〇九	金原頼三	兵長	戦病死	順川郡舎大面鳳鶴里二七六
		肩・胸貫通銃創	一九二四・〇五・二二	金原　享	兄		順川郡舎大面鳳鶴里二七六
二三七	輜重二〇連隊	ニューギニア、ブーフ	一九四四・〇九・二八	共田充漢	上等兵	戦病死	江西郡赤松面石七里二三六
		脚気	一九二三・〇五・三〇	共田貞三	父		平原郡漢川面
二一七	輜重二〇連隊	ニューギニア、テリアタ	一九四四・一〇・一二	西原恒雄	上等兵	戦死	平安郡東杉面尹子里二五五
		頭部爆創	一九二四・〇三・〇八	西原中鎬	父		平安郡東杉面月峰里六八九
二三一	輜重二〇連隊	ニューギニア、アイン	一九四四・一一・〇六	平沼應禄	兵長	戦死	中和郡新興面上三里五三九
		頭部貫通銃創	一九二二・〇一・〇三	平沼永淑	母		中和郡新興面上三里五三九
二四三	輜重二〇連隊	ニューギニア、スマイン	一九四四・一一・一〇	岩本承根	兵長	戦病死	中和郡楓潤面南陽里一一五
		マラリア	×	岩本成圭	父		江東郡三登面上東里一一八
二三二	輜重二〇連隊	ニューギニア、ゴインブイン	一九四五・〇三・二三	三中鐘賢	伍長	戦死	寧遠郡永楽面龍三里二二七
		大腿部砲弾破片創	一九二一・〇九・二七	三中興祥	父		寧遠郡永楽面龍三里二二七
二一九	輜重二〇連隊	ニューギニア、バナイタム	一九四五・〇六・〇二	長水永鎬	伍長	戦病死	江東郡三登面岱里一九七
		マラリア	一九二一・〇四・〇一	長水君命	父		江東郡三登面岱里三三
二三七	輜重二〇連隊	ニューギニア、ボニブ	一九四五・〇六・〇二	盧村昌伯	兵長	戦病死	徳川郡月下面賢上里七八
		マラリア	一九二三・〇四・一五	盧村清子	妻		徳川郡月下面賢上里七八
二三四	輜重二〇連隊	ニューギニア、ウインゲ	一九四五・〇六・〇二	丁本圭植	兵長	戦死	徳川郡徳川面邑東里
		頭部貫通砲弾破片創	一九一九・一一・〇七	丁本徳俊	妻		徳川郡徳川面邑東里
二三五	輜重二〇連隊	ニューギニア、ボイキン	一九四五・〇六・〇四	岩本春吉	上等兵	戦病死	中和郡看東面看東場里二七六
			一九二一・〇八・〇四	岩本斗玉	妻		平壌府外寿洞四九七
三四四	輜重二〇連隊	ニューギニア、ウルプ	一九四五・〇六・二七	金岡順澤	伍長	戦死	龍岡郡海雲面弓山里一八〇
			一九二三・〇七・二一	金岡龍煥	妻		龍岡郡海雲面弓山里一八〇
二三〇	輜重二〇連隊	ニューギニア、ウルラ	一九四五・〇七・〇三	齋藤鳳熙	伍長	戦死	安州郡安州邑北門里四一三
		頭部貫通迫撃砲弾創	一九二三・一一・〇一	斎藤麟得	父		安州郡安州邑北門里四一三
二三五	輜重二〇連隊	ニューギニア、ウルプ	一九四五・〇七・〇七	廣川一雄	上等兵	戦死	孟山郡玉泉面龍下里二一八
		全身迫撃砲破片創	一九一八・〇六・二八	廣川公美	妻		孟山郡玉泉面龍下里二一八
二三四	輜重二〇連隊	ニューギニア、ウルプ	一九四五・〇七・〇八	平沼武雄	伍長	戦死	江東郡江東面下里四九二
		玉砕	一九一七・一〇・三〇	平沼小女	妻		江東郡江東面下里四九二
二一八	輜重二〇連隊	ニューギニア、ウルプ	一九四五・〇七・〇八	金田英雄	上等兵	戦死	成川郡四佳面銀水里二八一
		玉砕	一九二三・一〇・一六	金田仁瑞	父		成川郡四佳面銀水里二八一
二三二	輜重二〇連隊	ニューギニア、プルセニオ	一九四五・〇七・二二	箕本泰範	伍長	戦死	大同郡龍山面金村里四八〇
		頭部貫通銃創	一九二一・〇八・三一	箕本承道	父		大同郡龍山面金村里四八〇
一七	輜重三〇連隊	台湾火焼金	一九四四・〇六・〇二	金廣光次郎	兵長	戦死	江東郡勝湖邑勝湖里三九三
		全身爆雷爆創	×	金廣幸子	妻		江東郡勝湖邑勝湖里三九三

五二	輜重三〇連隊	台湾火焼金	一九四四・〇六・〇二	大島禹谷	兵長	戦死	江東郡鳳津面龍淵里二六三
		全身爆雷爆創	×	大島文郷	父		江東郡鳳津面龍淵里二六三
五三	輜重三〇連隊	台湾火焼金	一九四四・〇六・〇二	清水亨恋	兵長	戦死	江東郡江東面河漣里九九
		全身爆雷爆創	×	清水達鳳	父		江東郡江東面河漣里九九
五四	輜重三〇連隊	ミンダナオ島	一九四四・〇九・〇九	金川用一	兵長	戦死	中和郡祥原面直峴里五九
		全身爆創	×	金川周権	父		中和郡祥原面直峴里五九
五〇	輜重三〇連隊	ミンダナオ島	一九四四・一〇・三〇	松山泰雄	兵長	戦死	中和郡水山面洞里八三
		頭部貫通銃創	×	松山元中	父		中和郡水山面洞里八三
四五	輜重三〇連隊	ミンダナオ島	一九四五・〇六・二〇	島山×極	兵長	戦死	江東郡江東面上里一一三
		左胸部貫通銃創	×	島山花實	妻		江東郡江東面阿達里二六〇
四九	輜重三〇連隊	ミンダナオ島ウマヤン	一九四五・〇六・二〇	密陽瑛鎬	伍長	戦死	中和郡新興面洞山里三〇一
		全身爆創	×	密陽正順	父		中和郡唐井面石橋里三四〇
四六	輜重三〇連隊	ミンダナオ島ウマヤン	一九四五・〇六・二九	新本勇雄	兵長	戦死	中和郡揚井面新乗里九四
		頭部貫通銃創	×	島本英基	父		中和郡揚井面新乗里九四
四八	輜重三〇連隊	ミンダナオ島ウマヤン	一九四五・〇六・二九	永川鳳賢	兵長	戦死	中和郡天谷面龍谷里四六四
		頭部貫通銃創	×	永川庸根	父		中和郡天谷面龍谷里四六四
二五六	輜重三〇連隊	ミンダナオ島ウマヤン	一九四五・〇六・二九	大原聖徳	兵長	戦死	中和郡唐井面積善里一九一
		腰部手榴弾爆創	×	大原　赫	父		中和郡唐井面積善里一九一
五一	輜重三〇連隊	ミンダナオ島	一九四五・〇七・一八	金田吉正	伍長	戦死	寧遠郡小百面甘徳里
		頭部貫通銃創	×	金田昌律	父		寧遠郡小百面甘徳里
二五五	輜重三〇連隊	ミンダナオ島ウマヤン	一九四五・〇七・二五	合村吉夫	兵長	戦死	江西郡水山面於京里五五六
		頭部貫通銃創	×	合村福美	妻		江西郡水山面雲北里
二五七	輜重三〇連隊	ミンダナオ島ウマヤン	一九四五・〇七・二七	竹山鎮翼	兵長	戦死	成川郡四佳面天城里
		右胸部貫通銃創	×	竹山龍善	妻		成川郡四佳面天城里
一八九	輜重三〇連隊	ミンダナオ島	一九四五・〇八・〇七	石村祥圭	伍長	戦死	大同郡南串面石寺里五四三
		頭部貫通銃創	×	石村道淵	父		鎮南浦府信興里一〇三
一七〇	輜重四九連隊	ビルマ四九師団野病	一九四五・〇七・一五	枝光松雄	兵長	戦病死	平原郡朝雲面松千里一九七
		マラリア	一九二一・一二・〇五	枝光宗造	父		平原郡朝雲面松千里一九七
三〇二	輜重四九連隊	ビルマ、ヘイヨウ	一九四五・〇五・〇四	白川南斗	伍長	戦死	江東郡勝湖邑勝湖里一一六
			一九二五・〇八・〇五	白川春花	妻		江東郡勝湖邑勝湖里一一六
一七一	輜重五九連隊	仏印カムラン湾	一九四四・〇八・二一	呉本英夫	兵長	戦死	成川郡通仙面安宅里三五三
		タスマン丸沈没	一九二四・〇五・〇九	呉本東根	父		成川郡通仙面安宅里三五三
一七二	輜重五九連隊	仏印カムラン湾	一九四四・〇八・二一	金村泰燮	上等兵	戦死	中和郡永山面龍薬里四一七
		タスマン丸沈没	一九二二・〇六・一〇	金村×勲	父		中和郡永山面龍薬里四一七
一七三	輜重五九連隊	仏印カムラン湾	一九四四・〇八・二一	安本永祉	兵長	戦死	孟山郡智徳面槐代里三二一

		タスマン丸沈没	一九二一・〇四・二七	安本庸瑢	父		孟山郡智徳面槐代里三二一
一七四	輜重五九連隊	仏印カムラン湾	一九四四・〇八・二一	松山虎男	伍長	戦死	順川郡新倉面新倉里一五二
		タスマン丸沈没	一九二二・一一・二〇	松山泰斗	父		順川郡新倉面新倉里一五二
二八	水上勤務五九中隊	ニューギニア、ブーツ	一九四四・〇六・二四	川本光夫	上等兵	戦死	
			一九二三・〇八・三〇	川本正夫	父		价川郡北面龍登里
二九	水上勤務五九中隊	ニューギニア、サルプ	一九四四・〇八・二八	金本保國	上等兵	戦死	大同郡谷山面西山里
			一九二〇・〇二・一七	金本永成	母		
三三	水上勤務五九中隊	ニューギニア、パラム	一九四四・〇九・〇一	松本乗俊	上等兵	戦死	中和郡楓洞面後盛里
			一九二三・〇一・〇八	松本金玉	母		中和郡楓洞面後盛里
三四	水上勤務五九中隊	ニューギニア、パラム	一九四四・〇九・〇一	安田平治	上等兵	戦死	寧遠郡徳化面中興里
			一九二一・一一・一〇	安田正治	兄		寧遠郡徳化面中興里
三五	水上勤務五九中隊	ニューギニア、パラム	一九四四・〇九・〇七	梁川寛旬	上等兵	戦死	平原郡成海面延萬里
			一九二四・〇一・二五	梁川利珍	父		平原郡×河面
二七	水上勤務五九中隊	ニューギニア、パラム	一九四四・〇九・二〇	岡原繁望	上等兵	戦死	平壌府西城里七八
			一九一九・〇四・二八	岡原善次郎	父		平壌府西城里一二七ー一四
二五	水上勤務五九中隊	ニューギニア、パラム	一九四五・〇二・一一	用平英俊	伍長	戦死	順川郡厚灘面里
			一九二二・〇四・二〇	用平基朝	父		順川郡厚灘面里
二六	水上勤務五九中隊	ニューギニア、ウマネープ	一九四五・〇三・一三	江波照雄	兵長	戦死	价川郡中南面三所里
			一九二一・一二・〇五	ー	ー		价川郡中南面三所里
三二	水上勤務五九中隊	ニューギニア、ブーツ	一九四五・〇三・一四	平沼錫寛	兵長	戦死	江東郡鳳津面新里
			一九二二・〇四・一三	平沼龍用	父		江東郡鳳津面新里
三六	水上勤務五九中隊	ニューギニア、ウイフン	一九四五・〇三・二〇	渡辺勳一	兵長	戦死	安州郡安州邑南川里
			一九二〇・〇三・二六	渡辺淞黒	父		成川郡霊泉面大坪里九〇六
三一	水上勤務五九中隊	ニューギニア、パラム	一九四四・一二・〇八	高島宗哲	兵長	戦死	大同郡東里面隠松里
			一九二〇・〇五・二三	高島×燮	妻		大同郡東里面隠松里
三〇	水上勤務五九中隊	ニューギニア、ソナム	一九四四・一二・一五	金成内輝	上等兵	戦死	寧遠郡新城面西山里
			一九二〇・〇三・二〇	金城錫練	父		寧遠郡新城面西山里
一九九	船舶輸送司セブ支部	ネグロス島	一九四五・〇八・一〇	清水精一	行人	戦死	平原郡龍湖面青雲里二五
		砲弾破片創	一九二三・〇一・〇四	清水用錫	兄		平原郡龍湖面青雲里二五
三三六	数馬丸	N二八・二五E一二二・〇三	一九四二・〇二・〇九	林健三	給仕	戦死	中和郡中和面草峴里一一
			一九一九・〇六・〇六	ー	ー		ー
三三八	鬼怒川丸	セブ島	一九四三・〇一・二七	吉山英永	油差	戦死	大同郡麟原面松岩里二八一
			一九〇七・一〇・一二	吉山鎮成	父		平原郡東岩面郷重里一〇九×城鉱業
一七八	三船舶輸送司令部	インドシナ聖岬港	一九四四・〇四・二二	平山斗玉	軍属	戦死	鎮南浦府元町一一七
			一九一七・〇二・一〇	平山公烈	ー		鎮南浦府元町一〇二

八九	玉鉾丸	南洋諸島	一九四四・〇六・二四 一九二四・〇一・二一	松岡政男 松岡基淳	機関員 父	戦死	順川郡慈山面中坪里一五二 順川郡慈山面中坪里一五二
九一	日英丸	西南太平洋	一九四四・〇六・二〇 一九二七・一二・二〇	永岡應植 永田炳稀	傭人 —	戦死	平原郡朝雲面馬山里八八五一 山口県厚狭郡厚狭村
九〇	慶安丸	セブ島	一九四四・〇九・一二 一九二六・〇三・〇三	大野光雄 大野寅雄	司厨員 —	戦死	陽徳郡陽徳邑亀渓里二八七—一三 平壌府賀林野九五—二〇
一九〇	船舶輸送司令部	済州島馬羅島 潜水艦攻撃	一九四四・一〇・二四 一九二〇・〇八・一〇	江島允學 江島副雄	操舵手 兄	戦死	平壌府幸町四八 鎮南浦府新興里一〇三
二三／三八八	三船舶輸送司令部	マカッサル海峡 後頭部爆弾創	一九四四・一二・〇二 一九〇三・〇六・一八	金田政雄 米澤清次郎	傭人 —	戦死	成川郡霊泉面芦洞里二七五 神戸市神戸区本通二五
二九七	船舶輸送司令部	レイテ島	一九四四・一二・〇七 一九二三・〇一・〇七	原川勝吉 原川　清・雄吉	軍属 父	戦死	平壌府塩塔町二七 東京都新宿区柏木四—六六五山本花内
一六三	立山丸	伊豆諸島	一九四五・〇三・〇一 一九二六・〇九・〇九	新林茂藏 新林永鳳	甲板員 父	戦死	平原郡青山面雲松里二二九 平原郡青山面雲松里二二九
三三七	さいべり丸	セブ島	一九四五・〇四・一七 一九二二・〇八・二四	松本鼎國 —	司厨員 —	戦死	順川郡×山面滝淵里二一四 —
二九八	二高周丸	セブ島沖	一九四五・〇六・一〇 ×	林金石 林君實	調理手 妻	戦死	中和郡中和面葛梅里一二七 咸鏡南道元山府緑町二一
二九九	二高周丸	セブ島沖	一九四五・〇六・一〇 一九〇六・〇三・一八	金敬聖 金道聖	操機手 兄	戦死	鎮南浦府龍井里一一七 広島県世羅郡神田村下徳良市孫嘉方
一九九	船舶輸司セブ支部	ネグロス島 砲弾破片創	一九四五・〇八・一〇 一九二三・〇一・〇四	清水精一 清水用錫	行人 兄	戦死	平原郡龍湖面青雲里二五
五七	戦車七連隊	河南省 手榴弾破片創	一九四五・〇四・〇八 一九二四・〇五・一九	松本敬模 松本泰然	上等兵 兄	戦死	平壌府船橋町九九 平壌府船橋町九九
七六	捜索一九連隊	ルソン島ブギヤス	一九四五・〇八・一五 一九一九・〇六・一七	古谷　実 古谷ミツ子	兵長 妻	戦死	平壌府大和田町九 平壌府大和田町九
二四九	第一二七三〇部隊	済州島輪林里 マラリア	一九四五・〇七・〇六 一九二四・〇五・〇七	完山昌華 完山孝淑	一等兵 妻	戦死	成川郡西河面上部里二六三 —
二五〇	第一二七三〇部隊	済州島輪林里	一九四五・〇七・〇六 一九二四・〇二・二七	金本仁善 金本元淳	一等兵 父	戦死	順川郡慈山面龍岩里六三〇 平壌府船橋町三七
二六〇	タイ俘虜収容所	シンガポール、チャンギー	一九四六・一一・二三 ×	小林寅雄 金大訓	雇員 兄	戦死	鎮南浦府碑石里七五 鎮南浦府碑石里七五
一五一	朝鮮軍貨物廠	平壌	一九四五・〇七・二一 一九二三・〇四・一六	呉本泰赫 —	工員 —	公病死	平壌府西城街一五二 平壌府西城街一五二
四一	朝鮮軍管区経理部	平壌連合基督病院	一九四五・〇四・一三	金河俊永	雇員	戦病死	大同郡龍山面小龍里二二八

		肺壊疽	一九一六・〇七・〇九	金河淑女	父		大同郡龍山面小龍里二二八
一六九	挺身三連隊	レイテ島	一九四四・一二・〇六	清本正淳	軍曹	戦死	楊徳郡温泉面温井里三八四
		銃創	一九二一・〇二・二八	清本文赫	父		楊徳郡温泉面温井里三八四
二一	鄭州憲兵隊	河南省	一九四五・〇六・一九	玉川善浩	通訳	戦死	平原郡東岩面吉赤里
		爆創	一九一六・〇一・二〇	玉川善洙	妻		河南開封市商場後街六号
一八五	特別水上勤務一二五中	北京市一五一兵站病院	一九四六・〇一・〇八	山本明憲	兵長	戦病死	寧遠郡大興面栗石里一一二
		結核	一九二四・〇九・二〇	山本夏月	妻		寧遠郡大興面立石里七〇
一八六	特別水上勤務一二五中	北京市一五一兵站病院	一九四六・〇一・一九	金山賛潤	兵長	戦病死	成川郡四佳面銀水里一六四
		肺結核	一九二四・一一・二四	金山桂玉	妻		成川郡四佳面銀水里一六四
一八七	特別水上勤務一二五中	北京市一五一兵站病院	一九四六・〇二・一七	新本永薫	兵長	戦病死	成川郡霊泉面朝陽里六九九
		肺結核	一九二三・××・二五	木村相夢	母		成川郡霊泉面大坪里一五三
一八八	特別水上勤務一二五中		一九四五・〇四・〇五	松延泰三	伍長	戦死	江西郡江西面徳興里二七〇
			一九二四・〇一・一九	松延×採	父		江西郡江西面徳興里二七〇
三五七	独混七旅団司令部	河北省	一九四〇・〇六・〇八	金大恩	軍属	戦死	大同郡秋乙美面梨川里二五六
			一九一四・〇三・〇九	方信姮	妻		大同郡秋乙美面梨川里二五六
一七九	独立自動車六一大隊	ビルマ五六師三野病	一九四四・〇九・〇四	西原錫亀	兵長	戦病死	寧遠郡寧遠面方山里一五〇
			一九二一・〇六・〇三	西原柄尭	父		寧遠郡寧遠面方山里一五〇
一八〇	独立自動車六一大隊	ビルマ一二一兵病	一九四四・〇九・二六	徳山炳憲	兵長	戦傷死	平壌府助王町二一七
		下腿機関砲弾破片	一九二一・一二・一〇	徳山炳燁	兄		平壌府助王町二一七
一八一	独立自動車六一大隊	ビルマ一二四兵病	一九四四・一一・〇五	中山徳光	伍長	戦病死	龍門郡龍岡面芳興里七三四
		マラリア・脚気	一九二三・〇二・二一	中山承燦	父		龍門郡龍岡面芳興里七三四
六二	独警備歩兵二七大隊	山西省	一九四五・〇八・一六	金海徳俊	伍長	戦死	价川郡北監元坪里三八六
		左胸部貫通銃創	一九一三・〇二・〇六	金海炳元	父		价川郡北監元坪里三八六
一一九	独野高射砲三八中隊	ニューギニア、ウウェワク	一九四五・〇一・一三	清水正雄	兵長	戦病死	龍岡郡龍岡面華山里四三〇
			×	清水澄子	妻		龍岡郡龍岡面華山里四三〇
一二〇	独野高射砲三八中隊	ニューギニア、シンガリ	一九四四・〇五・三〇	清水信雄	兵長	戦死	价川郡北面鳳泉里五三四
			×	清水達郎	父		价川郡北面鳳泉里五三四
三六五	独立高射砲四三中隊	サイパン島	一九四四・〇七・一三	金光政夫	兵長	戦死	龍岡郡大代面梧山里三四〇
			×	金光興弥	父		龍岡郡大代面梧山里三四〇
四七	独立工兵五九大隊	広西省	一九四四・一一・二一	久田俊一	兵長	戦死	平壌府履郷町八一
		頭部貫通銃創	×	久田留杏	父		平壌府履郷町八一
四四	独立鉄道一〇大隊	咸鏡北道	一九四五・〇八・一六	木村昌奎	一等兵	戦死	成川郡三徳面天源里三九二
			×	―	―		―
四二	独立鉄道一一大隊	新義州土橋洞付近	一九四五・〇七・〇七	金雞昌逑	二等兵	不慮死	成川郡霊泉面大坪里九〇九〇
			一九二四・〇二・一〇	―	―		―

三八六	独歩六大隊	山西省 左胸部貫通銃創	一九四〇・〇九・三〇 一九二〇・〇五・〇二	崔鳳煜 ｜	通訳 ｜	戦死	江西郡水山面於京里五五四 ｜
一二六	独歩七大隊	山西省 胸部貫通銃創	一九四五・〇四・二四 一九二二・一二・三〇	金田徳基 金田吉弘	軍曹 父	戦死	順川郡順川邑舘下里一一 順川郡順川邑舘下里一一
八〇	独歩九大隊	山西省 腹部貫通銃創	一九四四・一一・一五 ×	金永聖桓 金永善輔	伍長 父	戦死	平壌府將別町一一八 平壌府將別町一一八
六一	独歩一〇大隊	山西省 頭部手榴弾破片創	一九四四・一〇・〇三 ×	清水仁介 清水淑子	軍曹 妻	戦死	中和郡祥原面新邑里一〇五 平壌府上需町七〇－一
八四	独歩五九大隊	安徽省	一九四四・〇四・二七 ×	皇甫峻 皇甫竹子	不詳 妻	戦死	平壌府鏡斉町二六一 京城府鏡斉町四－二五
三七五	独歩八四大隊	不詳	一九四三・〇三・一五 ×	豊田煥郷 ｜	二等兵 ｜	死亡	孟山郡孟山面尚浦里二二〇 ｜
三六九	独歩八五大隊	山西省	一九四四・〇九・〇七 ×	金村義雄 ｜	上等兵 ｜	戦死	价川郡中西面龍田里二七〇 ｜
三九三	独歩一二二大隊	上海二陸軍病院 腹膜炎胸膜炎	一九四三・一一・二一 ×	幸田光一 幸田愛明	通訳 妻	戦病死	大同郡庵淵面検浦里六三二 上海仏租界籟達路民正房三号
一六二	独歩一三四大隊	准河省	一九四五・〇二・一二 一九二一・〇八・二七	賀川龍雲 賀川成玉	見習士官 妻	戦死	平壌府新里村九五 平壌府大新町一〇三
五八	独歩二〇二大隊	山西省 胸部盲管銃創	一九四四・〇八・一六 一九二二・〇一・一九	山本泰鎔 山本道詢	兵長 父	戦死	平原郡港川面古七里五五七八 平原郡港川面古七里五五七八
五九	独歩二〇三大隊	天津陸軍病院 A型パラチフス	一九四六・〇一・二五 一九二四・〇四・一二	吉田盛正 吉田金生	兵長 父	戦病死	徳川郡蚕上面碇×里三五八 徳川郡蚕上面碇×里三五八
七	独歩二一七大隊	湖南省 空腹×致・化×	一九四五・〇二・一五 一九二四・〇一・一三	金村幸烱 金村繁子	一等兵 妻	戦病死	徳陽郡徳陽邑仁平里五三七 京城府西大門区阿峴街
三八〇	独歩二七〇大隊	新京二陸軍病院 チフス	一九四四・〇九・〇一 ×	林承心 ｜	上等兵 ｜	戦病死	龍岡郡龍岡面王桃里六六九 ｜
八八	独歩四六九大隊	台北八飛師航空病院 マラリア	一九四五・〇八・〇五 一九二二・一〇・二四	安田成敏 安田景淑	伍長 妻	戦病死	江東郡江東面阿達里五〇九 江東郡江東面阿達里五〇九
八六	独歩四七〇大隊	台湾高雄	一九四五・〇二・〇七 一九二三・一二・二三	田中幹男 田中夢龍	兵長 父	戦傷死	大同郡龍山面草濡里四〇六 大同郡龍山面草濡里四〇六
五六	独歩五〇五大隊	上海 肺結核	一九四六・〇三・二八 一九二四・〇五・一〇	金光栄一 金光供珻	上等兵 父	戦病死	順川郡×山面昌魚里二五三 順川郡×山面昌魚里二五三
五五	独歩五二一大隊	広西省 貫通銃創	一九四五・〇八・一四 一九二四・〇三・一六	徳山信雄 徳山致國	伍長 父	戦死	大同郡斧山面龍城里二七 大同郡斧山面龍城里二七
一八	独歩六一二大隊	浙江省	一九四五・〇六・二九	三川金活	伍長	死亡	平原郡岩面元和里一九

番号	部隊	死亡場所	年月日	氏名	階級・続柄	死因	住所
			一九二二・〇五・一二	三川栄起	父		平壌府南山町三七一三
一九	独歩六一二大隊	浙江省	一九四五・〇六・〇四	大峰　博	上等兵	死亡	价川郡价川邑軍陽里一五七
			一九二二・〇二・〇九	大津善玉	母		价川郡价川邑軍属里一七〇
三五五	独歩六一二大隊	浙江省	一九四五・〇六・二九	三川金浩	伍長	不詳	不詳
			一九二二・〇五・一二	｜	｜		｜
一六〇	南方軍特陸軍兵補廠	兵器補給廠修理工場 全身爆創	一九四四・一二・〇七	林虎元	雇員	戦死	平原郡公徳面一四
			一九二八・〇二・二九	林昇賛	父		奉天市敷島区東康街二段一五六
三九〇	南方運航部・露釜丸	南支那海	一九四三・〇八・二五	山城歳一	船長	戦死	平壌府八千代町四五
			×	山根トク	｜		平壌府八千代町四五
一五二	平壌師管区歩兵補充	黄海道金州郡 輸送途中	一九四五・〇四・一七	西原喬林	二等兵	不慮死	江東郡江東面臥龍里四六
			一九二四・一〇・一五	西原昌林	従兄		江東郡江東面臥龍里四六
三七九	平壌師管区歩兵一歩	平壌一陸軍病院 チフス	一九四五・〇四・一八	江藤権庸	兵長	戦病死	龍岡郡金谷面石浦里四六二
			一九二四・〇五・〇七	江藤恩王	母		龍岡郡貴城面大峯里五四一
三八二	平壌航空廠	平壌府	一九四五・〇二・〇一	金田東燮	工員	戦病死	平壌府大案町一一六
			一九二四・〇八・〇一	金田永鳳	｜		平壌府東大院町五七一
三八五	平壌航空廠	平壌航空廠	一九四五・〇二・〇二	松岡在燮	工員	戦病死	大同郡青龍面梁川里三五四
			一九一七・一二・一八	松岡金女	妻		平壌府新里町九七
三八九	平壌航空庁	不詳	一九四五・〇六・二〇	島津希男	工員	戦病死	平壌府西城町二九
			一九二六・一一・〇三	島津希秀	兄		平壌府新岩町一一
三九	北支特警一〇中隊	河北省 貫通銃創	一九四四・〇九・一三	大山三福	雇員	戦死	平原郡公徳面長財里五〇六
			×	大山徳栄	妻		河北省遷安県遷安東街
一五五	北支憲兵隊	山西省	一九三九・〇七・一一	李明花	雇員	戦死	平壌府南町一〇
			×	李萬花	兄		平壌府箕秋町一七三一二
一五六	北河憲兵隊司令部	河北省石門陸軍病院	一九四〇・〇一・二九	方鎮三	雇員	戦病死	順川郡仙召面龍岩里一六一
			×	金昇玉	内妻		新京南孤輪樹北河子
二九六	歩兵四一連隊	レイテ島	一九四五・〇七・一五	楠原秀雄	伍長	戦死	江西郡城根面大安里七七
			一九二五・〇六・二三	楠原基善	父		江西郡×足面新家岱
三六七	歩兵四一連隊	レイテ島	一九四五・〇七・一五	廣瀬敏明	兵長	戦病死	龍岡郡眞寧面延松里一二五〇
			一九二〇・一二・一三	廣瀬玉枝	父		龍岡郡眞寧面延松里一二五〇
三六一	歩兵四一連隊	ミンダナオ島	一九四五・〇八・〇三	田中　亘	兵長	戦死	平原郡平原面月昌里二三四
			×	｜	｜		｜
二四	歩兵四六連隊	鹿児島沖 輸送船沈没	一九四五・〇一・二五	金井龍洙	上等兵	戦死	江西郡甑山面龍徳里七九
			一九二四・〇三・〇一	金井炳極	父		奉天市楊家荒区鮑家屯西宮六〇
二四四	歩兵五二連隊補充隊	山西省 マラリア	一九四三・一〇・二四	西原正山	兵長	戦病死	順川郡慈山面柏田里
			×	西原三郎	父		順川郡慈山面柏田里

一八四	歩兵六七連隊	インド、アッサム州	一九四四・〇七・一三	中村茂男	軍曹	戦病死	价川郡北面
			×	中村金平	父		价川郡北面
一三七	歩兵六八連隊	湖北省武昌	一九四五・〇三・〇六	國本相鎬	上等兵	戦死	平壌府箕林町一四三－七二
			×	國本相淳	兄		平壌府箕林町一四三－七二
三九六	歩兵六八連隊	不詳	一九三八・〇三・二五	辺尚泉	通訳	戦死	寧遠郡鳳山面
			×	―	―		―
二〇〇	歩兵七三連隊	ルソン島	一九四五・〇五・一二	朝日竹雄	伍長	戦死	江西郡普林面和鶴里九七六
		頭部貫通銃創	一九二三・〇九・二五	朝日益相	父		江西郡普林面和鶴里九七六
二〇一	歩兵七三連隊	ルソン島	一九四五・〇六・二七	康田守之助	兵長	戦死	大同郡古平面新興里三〇一
		頭部貫通銃創	一九二四・〇六・一六	康田仁水	父		大同郡古平面新興里三〇一
三五四	歩兵七四連隊	江蘇省	一九四一・〇九・二九	國本松次郎	通訳	戦病死	江西郡芿次面安山里三〇
			一九二一・〇九・一三	國本應桂	父		吉林省米×面佩第四区大城×林
三五三	歩兵七四連隊	ビルマ	一九四二・〇四・〇六	太田有泰	大尉	戦死	平原郡檜山面檜山里五四〇
			一九一九・〇三・一九	太田守俊	父		成川郡西川面上部里三五六
一一五	歩兵七四連隊	バシー海峡	一九四四・〇七・〇五	松宮仁済	兵長	戦死	龍岡郡陽谷面高川里三八八
		爆弾の爆風	×	松宮昌鎮	父		龍岡郡陽谷面高川里三八八
三六四	歩兵七四連隊	ミンダナオ島	一九四四・一〇・〇五	金村英雄	上等兵	戦病死	徳川郡器島面龍上里一四七
			一九一九・〇三・一五	金村貞子	妻		黄州郡兼二邑本町六
三六八	歩兵七四連隊	ミンダナオ島	一九四四・一〇・一二	金子礼運	上等兵	戦病死	龍岡郡龍岡面大水里六七九
			一九二一・〇二・〇九	金子権子	妻		鎮南浦府新興街一〇六
二五九	歩兵七四連隊	ミンダナオ島	一九四五・〇二・二〇	金山仁浩	兵長	戦死	龍岡郡吾新面石井里
		―	一九一九・〇九・二五	金山永作	父		龍岡郡吾新面石井里
二〇五	歩兵七四連隊	ミンダナオ島マグサン	一九四五・〇六・一〇	金海文燐	兵長	戦死	江西郡江西面三暮里二八六一
		胸部貫通銃創	一九二一・〇一・二五	金海熙木	妻		江西郡江西面三暮里二八六一
二〇六	歩兵七四連隊	ミンダナオ島マグサン	一九四五・〇六・一五	方山一煥	兵長	戦死	徳川郡日下面銭城里九四
		腹部貫通銃創	一九二二・〇五・一一	方山淋煥	弟		徳川郡日下面銭城里九四
二〇七	歩兵七四連隊	ミンダナオ島マグサン	一九四五・〇六・二〇	清岡忠雄	兵長	戦死	龍岡郡多英面長尾里
		胸部貫通銃創	一九二二・〇四・〇五	清岡福美	妻		龍岡郡多英面長尾里
二〇八	歩兵七四連隊	ミンダナオ島マグサン	一九四五・〇六・二〇	中村武夫	兵長	戦死	平原郡徳山面耀里三四九
		胸部貫通銃創	一九二二・〇四・〇七	中村輔煥	父		平原郡徳山面耀里三四九
二一一	歩兵七四連隊	ミンダナオ島マグサン	一九四五・〇七・一〇	丸山定緒	兵長	戦死	徳川郡蚕土面番石里
		頭部貫通銃創	一九二四・〇一・〇一	丸山勝燁	父		徳川郡蚕土面番石里
二一二	歩兵七四連隊	ミンダナオ島マグサン	一九四五・〇七・一五	片山武雄	兵長	戦死	徳川郡豊徳面松亭金一四八
		腹部貫通銃創	一九二〇・〇二・二二	片山應國	父		徳川郡豊徳面松亭金一四八
二一三	歩兵七四連隊	ミンダナオ島マグサン	一九四五・〇七・一五	坡平致陵	兵長	戦死	价川郡北面仁興里七二〇

		頭部貫通銃創	一九一三・〇四・〇四	坂平東吉	父		价川郡北面仁興里七二〇
二〇二	歩兵七四連隊	ミンダナオ島ウマヤン	一九四五・〇七・二〇	清水炳善	兵長	戦死	平原郡鶯池面楸興里七八四
		腹部貫通銃創	一九一七・一〇・一六	清水龍雲	父		平原郡鶯池面楸興里七八四
四三	歩兵七四連隊	ミンダナオ島、パノコ	一九四五・〇七・二九	中原武男	伍長	戦死	江西郡芿次面兌山里九九二
		頭部貫通銃創	一九二三・〇二・〇五	中原栄作	父		江西郡江西面徳興里四一五
二五八	歩兵七四連隊	ミンダナオ島、ウマヤン	一九四五・〇八・〇四	金田龍石	伍長	戦死	成川郡成川面順徳里一六七
		頭部貫通銃創	×	金田振馨	父		成川郡成川面順徳里一六七
三五二	歩兵七四連隊	不詳	一九四五・〇九・二六	金村采潤	一等兵	戦病死	价川郡朝陽面雲陽里一一八六
			一九二一・一二・一〇	昌永	父		价川郡朝陽面雲陽里一一八六
三七六	歩兵七四連隊	不詳	一九四五・〇六・〇八	長野秀雄	兵長	戦死	成川郡北面雲峰里三九
			一九二一・一二・二一	長野俊担	妻		成川郡北面雲峰里三九
三六三	歩兵七四連隊	江蘇省一七四兵病	一九四五・〇九・〇三	林　次郎	伍長	戦病死	不詳
			一九一八・〇三・一五	林正夏	妻		不詳
二一五	歩兵七六連隊	ニューギニア、テソアタ	一九四三・一〇・一五	張本益鉉	上等兵	戦死	中和郡祥原面金忠里四九
		左胸・肩貫通銃創	一九二三・〇九・〇二	張本時碩	父		中和郡祥原面金忠里四九
二二三	歩兵七六連隊	ルソン島カラット	一九四五・〇四・〇九	箕原承吉	上等兵	戦死	江西郡星台面硯谷里六〇四
		腹部盲管銃創	一九二一・〇四・二九	箕原慶學	父		江西郡星台面硯谷里六〇四
二二二	歩兵七六連隊	ルソン島チボ	一九四五・〇五・一五	松野　俊	兵長	戦死	中和郡水山面銀口里五四七
		頭部貫通銃創	一九二三・〇二・一〇	松野寛偉	父		中和郡水山面銀口里五四七
一九四	歩兵七六連隊	ルソン島	一九四五・〇五・一六	善竹鉱澤	伍長	戦死	龍岡郡多美面梧井里五七二
		頭部貫通銃創	一九二三・一一・一五	善竹明歩	祖父		龍岡郡多美面梧井里五七二
一九三	歩兵七六連隊	ルソン島	一九四五・〇五・一八	富金義明	兵長	戦死	江東郡三登面鳳儀里四二
		頭部貫通銃創	×	富金丙瑞	父		江東郡三登面鳳儀里四二
二二五	歩兵七六連隊	ルソン島スタック	一九四五・〇五・一八	藤本忠雄	軍曹	戦死	平壌府石岩町五二八
		左胸部盲管銃創	一九二三・一〇・二三	藤本京春	祖父		平壌府石岩町五二八
二二四	歩兵七六連隊	ルソン島スタック	一九四五・〇五・二七	安川在植	伍長	戦死	平原郡東岩面岩赤里七一
		腹部盲管銃創	一九二二・〇五・一二	安川左鎬	父		平原郡東岩面岩赤里七一
二二一	歩兵七六連隊	ルソン島タクボ	一九四五・〇六・〇五	高原春三	上等兵	戦死	江東郡鳳津面北三里二三七
		左胸部砲弾破片創	一九二三・〇二・二五	高原用仁	父		江東郡鳳津面北三里二三七
一九二	歩兵七六連隊	ルソン島	一九四五・〇六・一九	徳山虎衛麿	伍長	戦死	徳川郡城陽面左陽里二二四
		頭部貫通銃創	一九二四・〇七・一三	徳山士孫	父		徳川郡城陽面左陽里二二四
一五四	歩兵七六連隊	ルソン島	一九四五・〇六・二三	永田秀男	上等兵	戦死	大同郡柴邑面聖天里四三九
		胸部貫通銃創	一九二二・〇五・二七	永田炳穆	父		大同郡柴邑面聖天里四三九
一七六	歩兵七六連隊	比島マンガエン	一九四五・〇七・〇二	金森益泰	兵長	戦死	安州郡安州邑内
			×	―	―		―

番号	部隊	場所・死因	年月日	氏名	階級・続柄	区分	住所
二一四	歩兵七六連隊	ルソン島	一九四五・〇八・〇二 一九二二・〇二・一六	平沼義雄 平沼斗憲	伍長 父	戦死	中和郡新興面上三里五九四 中和郡新興面上三里五九四
一七七	歩兵七六連隊	広島市基町病院	一九四五・〇八・〇六 ×	安村龍赫 安村龍楫	上等兵 兄	戦死	大同郡栗里面古井町里新治 大同郡栗里面古井町里新治
一〇八	歩兵七七連隊	ミンダナオ島ウマヤン 腹部貫通銃創	一九四四・〇六・一三 ×	武谷敏雄 武谷雨鎮	伍長 父	戦死	中和郡揚井面龍海里 平壌府新町
九七	歩兵七七連隊	ミンダナオ島ウマヤン 頭部貫通銃創	一九四四・〇六・二四 ×	金永漢藏 金永×儒	准尉 父	戦死	平壌府美林町七五三 平壌府美林町七五三
二八五	歩兵七七連隊	ミンダナオ島ウマヤン 頭部貫通銃創	一九四五・〇三・一八 一九二〇・〇三・一八	清川寛治 清川東柱	曹長 父	戦死	安州面安州邑龍成里三四三 安州面安州邑龍成里三四三
二七一	歩兵七七連隊	ミンダナオ島 全身投下爆弾創	一九四五・〇六・〇二 一九二二・〇二・〇三	井村千錫 井村鳳隣	伍長 父	戦死	順川郡順川邑餃重一三一 順川郡南内面中坪里
二九三	歩兵七七連隊	ミンダナオ島 頭部貫通銃創	一九四五・〇六・〇三 ×	金村采淳 金村輔水	上等兵 父	戦死	价川郡朝陽面雲陽里四五二 价川郡朝陽面雲陽里四五二
二七二	歩兵七七連隊	ミンダナオ島 左胸部貫通銃創	一九四五・〇六・〇七 一九二一・〇六・〇五	新井敏司 新井一徳	伍長 父	戦死	江東郡藤湖面勝湖里四〇九 江東郡藤湖面勝湖里四〇九
一一〇	歩兵七七連隊	ミンダナオ島ウマヤン マラリア	一九四五・〇六・一〇 一九二四・一〇・一三	富田載永 —	軍曹 父	戦病死	安州郡立石面元北里 安州郡立石面元北里
一〇一	歩兵七七連隊	ミンダナオ島ウマヤン 全身投下爆弾創	一九四五・〇六・一〇 一九二五・一一・二六	小泉正秀 小泉仲傑	兵長 父	戦死	徳川面徳川面邑北里一九〇 徳川面徳川面邑北里一九〇
二八〇	歩兵七七連隊	ミンダナオ島 マラリア	一九四五・〇六・一一 一九二三・一二・一〇	長谷川應祥 長谷川仁祖	伍長 叔父	戦病死	平壌府黄金町七八 平壌府黄金町七八
三七七	歩兵七七連隊	ミンダナオ島	一九四五・〇六・一五 一九二四・一二・一八	松岡聖玩 松岡翼模	兵長 父	戦死	成川郡陵中面高益里二五一 城川郡東仁面昌仁里三六八
二七五	歩兵七七連隊	ミンダナオ島 腹部貫通銃創	一九四五・〇六・一三 ×	金山京寶 金山唱海	伍長 父	戦死	孟山郡孟山面水唱里五七 孟山郡孟山面水唱里五七
二七六	歩兵七七連隊	ミンダナオ島 マラリア	一九四五・〇六・二〇 一九二五・〇四・一六	金川吉明 金川正治	上等兵 父	戦病死	江東郡三登面鳳儀里三八二 江東郡三登面鳳儀里三八二
二七三	歩兵七七連隊	ミンダナオ島ウマヤン マラリア	一九四五・〇六・二一 一九一九・〇九・〇三	荒波瀧八郎 荒波時馨	伍長 父	戦病死	大同郡在京里面中石花里一三 大同郡在京里面中石花里一三
二八四	歩兵七七連隊	ミンダナオ島ウマヤン マラリア	一九四五・〇六・二一 一九二六・〇四・〇七	竹原虎男 竹原好雄	上等兵 父	戦死	内川郡内川面水睦里二七八 孟山郡孟山面水昌里一七〇
二九〇	歩兵七七連隊	ミンダナオ島ウマヤン 全身投下爆弾創	一九四五・〇六・二四 ×	金田宗悦 金田富吉	上等兵 父	戦死	大同郡斧山面下三里四三二 大同郡斧山面下三里四三二
二九一	歩兵七七連隊	ミンダナオ島	一九四五・〇六・二八	金扶金太郎	上等兵	戦病死	平壌府夏柏町一三

		マラリア	×	金扶余之助	父		平壌府夏柏町一三
二七七	歩兵七七連隊	ミンダナオ島ウマヤン	一九四五・〇七・〇一	吉川基徳	上等兵	戦死	大同郡南兄弟山面川南里七四
		胸部貫通銃創	一九二四・〇九・二四	吉川基萬	兄		平壌府箕林町一二七－一〇－五
二九四	歩兵七七連隊	ミンダナオ島ウマヤン	一九四五・〇七・〇三	金島鐵夫	上等兵	戦病死	鎮南浦府徳両桟町五一三
		マラリア	×	金島登志雄	父		鎮南浦府徳両桟町五一三
二八八	歩兵七七連隊	ミンダナオ島ウマヤン	一九四五・〇七・〇三	齋藤大秦	伍長	戦病死	寧遠郡大極面票枝里六四
		マラリア	一九二二・〇三・一三	斎藤賛奎	父		寧遠郡大極面票枝里六四
二九五	歩兵七七連隊	ミンダナオ島ウマヤン	一九四五・〇七・〇八	康本明國	上等兵	戦病死	大同郡柴足面三山里五〇
		マラリア	一九二五・〇六・二三	康本明善	父		大同郡林原面北四里五一八
二八六	歩兵七七連隊	ミンダナオ島ウマヤン	一九四五・〇七・〇一	清道命根	上等兵	戦病死	大同郡串面南城里四五
		マラリア	×	清道恭華	父		大同郡串面南城里四五
二八二	歩兵七七連隊	ミンダナオ島ウマヤン	一九四五・〇七・一〇	谷川成根	上等兵	戦病死	大同郡滝淵面道崎里六三
		マラリア	一九二五・一〇・二七	谷川淳根	父		大同郡滝淵面道崎里六三
二八九	歩兵七七連隊	ミンダナオ島	一九四五・〇七・一〇	金城英弘	伍長	戦死	中和郡楓洞面蘆洞里四〇一
		腹部貫通銃創	×	金城武夫	父		中和郡楓洞面蘆洞里四〇一
二七九	歩兵七七連隊	ミンダナオ島ウマヤン	一九四五・〇七・一五	延安貞翔	伍長	戦病死	平原郡漢川面甘八里二八四
		マラリア	一九二四・〇九・二〇	延安春三	父		平原郡平原面大夫里七二
二八一	歩兵七七連隊	ミンダナオ島ウマヤン	一九四五・〇七・一五	高島正岩	上等兵	戦病死	龍江郡三和面馬怡里六
		マラリア	一九二三・一〇・一九	高島常鎮	父		龍江郡三和面馬怡里六
一〇四	歩兵七七連隊	ミンダナオ島ウマヤン	一九四五・〇七・二〇	星山焥彬	伍長	戦死	安州郡雲谷面龍伏里
		頭部貫通銃創	一九二三・〇二・〇一	星山天壇	父		安州郡雲谷面龍伏里
一〇六	歩兵七七連隊	ミンダナオ島ウマヤン	一九四五・〇七・二五	松岡元福	兵長	戦死	徳川郡城陽面連塘里三四四
		左胸部貫通銃創	一九二三・〇六・二〇	松岡正鳳	父		徳川郡城陽面連塘里三四四
二九二	歩兵七七連隊	ミンダナオ島	一九四五・〇八・〇一	金山炳生	上等兵	戦病死	价川郡中南面三所里一八八
		マラリア	×	金山日模	父		价川郡中南面三所里五八一
二八三	歩兵七七連隊	ミンダナオ島ウマヤン	一九四五・〇八・〇四	金義謙瑱	上等兵	戦病死	龍江郡三和面舟林里七三四
		マラリア	一九二一・〇九・××	金義根善	父		龍江郡三和面舟林里七三四
二七四	歩兵七七連隊	ミンダナオ島ウマヤン	一九四五・〇八・〇四	新宮京寶	伍長	戦病死	中和郡祥原面金忠里六〇
		マラリア	×	新宮泰換	兄		中和郡祥原面金忠里六〇
二八七	歩兵七七連隊	ミンダナオ島ウマヤン	一九四五・〇八・〇五	呉松永林	上等兵	戦病死	安州郡燕湖面東林里二四三
		マラリア	一九二六・〇九・二〇	呉松鳳章	父		安州郡燕湖面東林里二四三
二七八	歩兵七七連隊	ミンダナオ島	一九四五・〇八・〇五	廣田礼均	伍長	戦病死	徳川郡下面雲坪里三九九
		マラリア	一九二二・〇九・〇九	廣田炳日	父		徳川郡下面雲坪里三九九
一一二	歩兵七七連隊	レイテ島	一九四四・〇五・二九	新村忠夫	伍長	戦死	中和郡看東面上下里五九五
		頭部貫通銃創	×	新村春子	妻		中和郡看東面上下里五九五

一〇九	歩兵七七連隊	レイテ島オルモック 腹部貫通銃創	一九四四・一二・一七 一九二三・〇七・〇三	高山賛興 高山致烈	兵長 父	戦死	江西郡甑山面四科里 江西郡甑山面四科里
一〇五	歩兵七七連隊	レイテ島オルモック 頭部貫通銃創	一九四四・一二・一七 ×	本田珍均 本田梅淑	兵長 妻	戦死	成川郡雙龍面豊坪里 平壌府鳳波街八八
九九	歩兵七七連隊	レイテ島オルモック 頭部貫通銃創	一九四四・一二・一七 一九二四・〇八・二五	金上甲錫 金上七松	伍長 父	戦死	安州郡雲谷面龍潭里二三二 安州郡安州邑北門里二八六—二
一〇三	歩兵七七連隊	レイテ島 頭部貫通銃創	一九四五・〇一・一五 一九一八・〇六・〇九	淵島顕藏 淵島斗泰	兵長 父	戦死	中和郡唐井面唐谷里 安州郡龍淵面洛陽里
一〇二	歩兵七七連隊	レイテ島 頭部貫通銃創	一九四五・〇二・〇七 ×	茂山承元 茂山福女	兵長 妻	戦死	順川郡新倉面三中里五六一 順川郡新倉面三中里五六一
一〇七	歩兵七七連隊	レイテ島 腹部貫通銃創	一九四五・〇三・二〇 一九一九・〇七・一三	松岡永學 松岡敬珠	兵長 父	戦死	龍岡郡龍岡面王桃里二五八 龍岡郡龍岡面王桃里二五八
一一三	歩兵七七連隊	レイテ島 頭部貫通銃創	一九四五・〇六・〇五 一九二三・〇一・〇二	富永武夫 富永良平	曹長 父	戦死	平原郡青山南面興里六四 平原郡青山南面興里六四
一一四	歩兵七七連隊	レイテ島 頭部貫通銃創	一九四五・〇六・〇五 一九二五・〇五・〇二	張本洛善 張本俊浩	兵長 父	戦死	徳川郡成陽面連榀里一五一 徳川郡成陽面連榀里一五一
九八	歩兵七七連隊	レイテ島 頭部貫通銃創	一九四五・〇六・二一 一九二四・〇四・一五	金村鳳源 金村得範	伍長 父	戦死	陽徳郡過泉面温井里三八二 陽徳郡過泉面温井里三八二
三〇三	歩兵七七連隊	レイテ島	一九四五・〇七・〇一 ×	新井炳珠 新井眞洙	上等兵 兄	戦死	平原郡漢川面甘八里二九三 平壌府東大院町四〇七
三〇四	歩兵七七連隊	レイテ島	一九四五・〇七・〇一 ×	交河利雄 交河信雄	伍長 兄	戦死	龍岡郡龍月面麻洞里五七三 龍岡郡龍目面麻洞里三〇九
三〇五	歩兵七七連隊	レイテ島	一九四五・〇七・〇一 ×	古田廷禄 古田尚浩	兵長 兄	戦死	成川郡大邱面信長里五〇七 成川郡大邱面信長里五〇七
三〇六	歩兵七七連隊	レイテ島	一九四五・〇七・〇一 一九二三・〇四・一二	石川鉱道 石川命鎬	軍曹 父	戦死	龍岡郡金谷面南上里二六一 龍岡郡金谷面南上里二六一
三〇七	歩兵七七連隊	レイテ島	一九四五・〇七・〇一 一九二六・一一・二五	梅谷聖煕 梅本京訓	兵長 父	戦死	江西郡水上面薪井里五五四 江西郡水上面可生里九五七
三〇八	歩兵七七連隊	レイテ島	一九四五・〇七・〇一 一九二三・一二・二一	江村錫煕 江村秀烱	兵長 父	戦死	江西郡城巖面車堤里五六八 江西郡城巖面車堤里五六八
三〇九	歩兵七七連隊	レイテ島	一九四五・〇七・〇一 一九一八・一〇・三〇	江倉武雄 江倉鳳鎮	伍長 父	戦死	平原郡平原面槐泉里一〇四 平原郡平原面槐泉里一〇四
三一〇	歩兵七七連隊	レイテ島	一九四五・〇七・〇一 ×	大島建雄 大島太郎	伍長 父	戦死	順川郡順川邑舘下里九七 順川郡順川邑舘下里九七
三一一	歩兵七七連隊	レイテ島	一九四五・〇七・〇一	大山虎男	曹長	戦死	江東郡江東面阿達里

			一九二二・〇六・一三	大山　勇	父		江東郡江東面阿達里
三一一二	歩兵七七連隊	レイテ島	一九四五・〇七・〇一 ×	金川基旭 金川享玉	上等兵 母	戦死	徳川郡×上面陶令里一五三 徳川郡×上面陶令里一五三
三一一三	歩兵七七連隊	レイテ島	一九四五・〇七・〇一 一九二一・〇七・〇九	金田致瑞 金田奎五	上等兵 父	戦死	順川郡慈山面新岩里一 順川郡順川邑倉里一〇〇—一
三一一四	歩兵七七連隊	レイテ島	一九四五・〇七・〇一 一九二四・〇七・一八	金原昌龍 金原昌徳	上等兵 兄	戦死	徳川郡日下面檜屯里三九五 徳川郡日下面檜屯里三九五
三一一五	歩兵七七連隊	レイテ島	一九四五・〇七・〇一 一九二三・一二・〇七	金海泰成 金海徳瑗	上等兵 妻	戦死	龍岡郡陽谷面南洞里三一八 龍岡郡陽谷面南洞里三一八
三一一六	歩兵七七連隊	レイテ島	一九四五・〇七・〇一 一九二二・〇一・一八	國本泰明 國本泰瑞	上等兵 兄	戦死	龍岡郡龍岡面芳魚里七三六 龍岡郡龍岡面芳魚里七三六
三一一七	歩兵七七連隊	レイテ島	一九四五・〇七・〇一 ×	篠田昌龍 篠田吾一	上等兵 父	戦死	平壌府美林町八〇 平壌府寺洞町五七一
三一一八	歩兵七七連隊	レイテ島	一九四五・〇七・〇一 一九二三・〇二・二五	白川南哲 白川湖俊	上等兵 父	戦死	徳川郡日下面達下里九二 徳川郡日下面達下里九二
三一一九	歩兵七七連隊	レイテ島	一九四五・〇七・〇一 一九二一・〇九・一二	高山尚弼 高山正男	伍長 父	戦死	价川郡价川邑軍隅里一五〇—一七 价川郡价川邑軍隅里一五〇—一七
三一二〇	歩兵七七連隊	レイテ島	一九四五・〇七・〇一 ×	西原享洙 西原泰渉	上等兵 父	戦死	平壌府美林町七五〇 平壌府美林町七五〇
三一二一	歩兵七七連隊	レイテ島	一九四五・〇七・〇一 ×	西原畓三 西原明玉	上等兵 妻	戦死	龍岡郡瑞和面雲岩里四二七 龍岡郡瑞和面雲岩里四二七
三一二二	歩兵七七連隊	レイテ島	一九四五・〇七・〇一 ×	西原茂松 西原璣逑	上等兵 父	戦死	江東郡江東面臥龍里五八 江東郡江東面臥龍里五八
三一二三	歩兵七七連隊	レイテ島	一九四五・〇七・〇一 一九一九・〇八・二九	林均棕 林貞乾	伍長 父	戦死	安州郡安州邑明巌里二七 安州郡安州面明巌里二七
三一二四	歩兵七七連隊	レイテ島	一九四五・〇七・〇一 一九二二・一一・一六	文川龍雄 文川敬順	上等兵 父	戦死	安州郡安州里龍興里一九 安州郡安州邑弥上里一七
三一二五	歩兵七七連隊	レイテ島	一九四五・〇七・〇一 一九二五・〇九・〇二	松浦鎮燮 松浦業怒	兵長 父	戦死	江東郡鳳津面鳳塘里一九三 江東郡三登面石×里二一七
三一二六	歩兵七七連隊	レイテ島	一九四五・〇七・〇一 ×	松山京植 松山允植	伍長 兄	戦死	成川郡陵中面玄徳里八六四 成川郡陵中面玄徳里八六四
三一二七	歩兵七七連隊	レイテ島	一九四五・〇七・〇一 ×	松竹玄瓆 松竹　芝	上等兵 父	戦死	江西郡×石面上四里三一四 江西郡×石面上四里三一四
三一二八	歩兵七七連隊	レイテ島	一九四五・〇七・〇一 ×	松田輝雄 松田一徳	上等兵 父	戦死	平壌府新里一二八—三 平壌府新里一二八—三

番号	部隊	場所・死因	年月日	氏名	階級・続柄	死因	本籍・住所
三一九	歩兵七七連隊	レイテ島	一九四五・〇七・〇一	松永鎮範	伍長	戦死	价川郡中西面龍和里三四四
			×	松永處来	父		价川郡中西面龍和里三四四
三三〇	歩兵七七連隊	レイテ島	一九四五・〇七・〇一	松山大賢	伍長	戦死	安州郡新安州面元興里一〇七
			×	松山炳模	父		安州郡新安州面青松里四〇七
三三一	歩兵七七連隊	レイテ島	一九四五・〇七・〇一	宮田秀夫	兵長	戦死	价川郡价川邑軍隅里一五六
			×	宮田雄一	父		价川郡价川邑軍隅里一九四
三三二	歩兵七七連隊	レイテ島	一九四五・〇七・〇一	森本峻弘	伍長	戦死	孟山郡元南面中楸里一四
			一九二四・〇三・一三	森本峻泰	父		孟山郡元南面中楸里一四
三三三	歩兵七七連隊	レイテ島	一九四五・〇七・〇一	山崎基植	兵長	戦死	順川郡内南面新里一一
			一九二四・〇九・二〇	山崎允恭	父		平原郡粛川面徳水里三六〇
三三四	歩兵七七連隊	レイテ島	一九四五・〇七・〇一	吉野重藏	上等兵	戦死	平原郡×河面舘東里三〇
			一九二三・〇五・〇五	—	父		平原郡×河面舘東里三〇
三三五	歩兵七七連隊	レイテ島	一九四五・〇七・〇一	羅城徳林	上等兵	戦死	孟山郡玉泉面連里三七
			一九二五・〇四・二七	羅城龍宅	父		孟山郡玉泉面連里三七
三六〇	歩兵七七連隊	レイテ島	一九四五・〇七・〇一	松田武三	伍長	戦死	平壌府新麻沙町三菱マクオ宅
			×	松田一徳	父		平壌府新麻沙町三菱マクオ宅
一一一	歩兵七七連隊	レイテ島 頭部貫通銃創	一九四五・〇七・一九	木田謙生朗	伍長	戦死	平壌府羊角町三〇
			一九二一・〇三・〇二	米田鎌吉	兄		平壌府羊角町三〇
六九	歩兵七八連隊	ニューギニア、サイペ 胸部貫通銃創	一九四三・一〇・一八	久山武助	兵長	戦死	龍岡郡龍雄面芳漁里
			×	久山應烈	父		龍岡郡龍雄面芳漁里
一〇〇	歩兵七八連隊	ニューギニア、バアー 大腿骨折貫通銃創	一九四四・〇二・一〇	金光載晃	兵長	戦死	龍岡郡大代面沙川里
			×	金光乾徹	父		龍岡郡大代面沙川里
七五	歩兵七八連隊	ニューギニア、アイタベ 胸部貫通銃創	一九四四・〇四・二八	大村龍田	兵長	戦死	安州郡立石面龍珠里
			×	大村龍雲	父		安州郡立石面新里五〇四
六七	歩兵七八連隊	ニューギニア、板東川 頭部貫通銃創	一九四四・〇五・一七	洪島善徳	伍長	戦死	陽徳郡温泉町温井里
			×	洪島　根	父		陽徳郡温泉町温井里
六六	歩兵七八連隊	ニューギニア、ヤカムル 頭部貫通銃創	一九四四・〇五・二四	金村衡柱	伍長	戦死	大同郡南兄弟山面南橋里
			×	金村奉麗	父		大同郡南兄弟山面南橋里
七四	歩兵七八連隊	ニューギニア、ヤカムル 頭部貫通銃創	一九四四・〇六・〇四	石田炳謙	兵長	戦死	大同郡金薬面大井里四四
			×	石田承道	父		大同郡金薬面大井里四四
三五八	歩兵七八連隊	山西省	一九四四・〇六・一〇	宋昌燮	通訳	戦死	江東郡高泉面泉沓里一九二
			×	永福	祖父		江東郡高泉面図波里五七
七一	歩兵七八連隊	ニューギニア、ブーツ マラリア	一九四四・〇六・二〇	朴村慶植	伍長	戦病死	孟山郡智徳面松雲×里
			×	朴村達範	父		孟山郡智徳面松雲×里
七〇	歩兵七八連隊	ニューギニア、坂東川	一九四四・〇六・二九	福山　武	伍長	戦死	江西郡軍面隆仙里

		胸部貫通銃創	×	福山富兄	父		江西郡軍面隆仙里
一四八	歩兵七八連隊	ニューギニア、坂東川	一九四四・〇七・一〇	金川承華	伍長	戦死	陽徳郡温泉面温井里
		全身爆創	×	金川忝京	父		陽徳郡温泉面温井里
一五三	歩兵七八連隊	ニューギニア、坂東川	一九四四・〇七・一〇	金山俊教	伍長	戦死	大同郡南兄弟山面開裕里
		頭部貫通銃創	×	金山炳偉	父		大同郡南兄弟山面開裕里
六五	歩兵七八連隊	ニューギニア、坂東川	一九四四・〇七・一〇	三中柄鎬	兵長	戦死	順川郡慈山面青龍里五一九
		胸部貫通銃創	×	三中利彬	父		順川郡慈山面青龍里五一九
七二	歩兵七八連隊	ニューギニア、アファ	一九四四・〇七・一六	高山勝彦	伍長	戦死	安州郡新安州面雲鶴里
		腹部貫通銃創	×	高山學基	父		安州郡安州面雲鶴里
六四	歩兵七八連隊	ニューギニア、ダンダヤ	一九四四・〇八・二九	松田宗重	伍長	戦病死	陽徳郡北村面長星里一一七
		マラリア	×	松田光美	妻		陽徳郡北村面長星里一一七
七三	歩兵七八連隊	ニューギニア、大山村	一九四四・〇九・二〇	櫻井　勲	伍長	戦病死	中和郡東頭面邑四二
		脚気	×	櫻井時燦	兄		中和郡東頭面邑四二
六八	歩兵七八連隊	ニューギニア、ボイキン	一九四四・一〇・一〇	権藤文容	伍長	戦病死	寧遠郡新城面新案里
		マラリア	×	権藤龍容	兄		寧遠郡新城面新案里
三四三	歩兵七八連隊	ニューギニア、ボイキン	一九四四・一〇・二四	大山巌雄	伍長	戦死	順川郡内南面中坪里二一三
			×	大山干城	父		順川郡内南面中坪里二一三
六三	歩兵七八連隊	ニューギニア、チンベンガ	一九四五・〇五・〇九	松井成龍	伍長	戦死	成川郡大邱面元坪里三八六
		全身砲弾破片創	×	松井光子	妻		平壌府松新町二七〇陸軍官舎
三四九	歩兵七九連隊	ニューギニア、ラコナ河	一九四三・一〇・一八	清原錫熙	伍長	戦死	中和郡唐井面
			×	清原東極	父		中和郡唐井面
一四五	歩兵七九連隊	ニューギニア、ホンガ	一九四三・一一・二七	宮本一雄	伍長	戦死	中和郡天谷面開谷里
		右腹部貫通銃創		宮本逢春	母		中和郡天谷面開谷里
一四六	歩兵七九連隊	ニューギニア、ホンガ	一九四三・一一・二七	豊村國源	上等兵	戦死	大同郡秋乙美面梨木里一七八
		腹部貫通銃創		豊村信祐	母		大同郡秋乙美面梨木里一七八
一四〇	歩兵七九連隊	ニューギニア、ワレオ	一九四三・一二・〇八	大野善治	伍長	戦死	安州郡安州邑七日生里
		頭部貫通銃創	×	大野姫喆	母		安州郡安州邑七日生里
一四七	歩兵七九連隊	ニューギニア、マサエン	一九四三・一二・一〇	富山萬之助	伍長	戦死	順川郡内南面中坪里一六五
		腹部貫通銃創	×	富山祐吉	父		順川郡内南面中坪里一六五
一三八	歩兵七九連隊	ニューギニア、ソコボ	一九四四・〇一・〇五	松山茂次郎	伍長	戦死	順川郡慈山面相田里
			×	松山楽顚	父		順川郡慈山面相田里
三四五	歩兵七九連隊	ニューギニア、カブトモン	一九四四・〇二・〇五	金山美佐夫	伍長	戦死	平原郡
			×	金山直男	父		平原郡
三四六	歩兵七九連隊	ニューギニア、ハンサ	一九四四・〇三・二〇	松城南錫	伍長	戦死	鎮南浦府旭町一八
			×	松城思用	父		鎮南浦府旭町一八

一四四	歩兵七九連隊	ニューギニア、ハンサ	一九四四・〇四・〇六	高山弼柱	伍長	戦死	陽徳郡雙龍面北倉里三四七
		頭部盲管銃創	×	高山學彬	父		陽徳郡雙龍面北倉里三四七
一四一	歩兵七九連隊	ニューギニア、ツル山（アファ）	一九四四・〇七・二二	松田正憲	曹長	戦死	徳川郡豊徳面松亭里
		右胸部貫通銃創	×	松田泰淵	父		徳川郡豊徳面松亭里
一三九	歩兵七九連隊	ニューギニア、ニオリヤ	一九四五・〇八・〇一	松山英男	伍長	戦死	中和郡唐井面後長格里
		腹部貫通銃創	×	松山承福	父		中和郡唐井面後長格里
一四三	歩兵七九連隊	ニューギニア、マグヘル	一九四五・〇二・〇四	白川基福	伍長	戦病死	价川郡中南面三所里二二六
		マラリア・脚気	×	白川永淳	父		价川郡中南面三所里二二六
一四二	歩兵七九連隊	ニューギニア、ブーツ	一九四五・〇三・二五	清水贊標	伍長	戦死	价川郡北面三峯里一五二
			×	清水承伯	父		价川郡北面三峯里一五二
三四一	歩兵七九連隊	ニューギニア、アファ	一九四四・〇八・一〇	金本東春	伍長	戦死	大同郡金祭面
			×	金本鳳善	妻		大同郡金祭面
三五〇	歩兵七九連隊	不詳	一九四五・一二・二五	結城吉男	上等兵	戦死	江東郡三登面霊坮里
			一九二四・〇八・二六	結城斗方	兄		江東郡三登面霊坮里
三七四	歩兵一〇六連隊	ビルマ、ヘブン	一九四五・〇七・二三	平岡東俊	兵長	戦病死	順川郡内南面沙坪里一六
		マラリア	一九二五・〇三・一五	平岡在弘	—		—
二五一	歩兵一〇八連隊	湖南省武昌一五九兵病	一九四五・〇九・〇一	呉本益杰	兵長	戦病死	江西郡成従面成従里五六二
		A型パラチフス	×	—	—		—
一八二	歩兵一五三連隊	ビルマ、レッセ	一九四五・〇三・二〇	伊藤喜久夫	兵長	戦死	平壌府平川町一七
		頭部砲弾破片創	一九一〇・〇七・〇七	伊藤マミ子	妻		平壌府平川町一七
一八三	歩兵一六一連隊	湖南省二七兵站病院	一九四五・〇三・二〇	森本承達	上等兵	戦病死	陽徳郡温泉面下清里二三七
			一九二四・〇二・一九	森本殷淳	父		陽徳郡温泉面下清里二三七
二四五	歩兵一六一連隊	広東省一六〇兵病	一九四五・〇六・二六	西原景燁	上等兵	戦病死	江西郡東津面龍井里八九
		マラリア	×	西原水観	父		江西郡東津面龍井里八九
二四六	歩兵一六一連隊	広東省広東八〇兵病	一九四五・〇七・二八	渡邊宣済	上等兵	戦病死	江西郡咸従面古京里五二七
		マラリア	×	渡邊禎鳳	父		龍岡郡大伏面漁湖里三六五一
二四七	歩兵一六一連隊	広東省広東一六六兵病	一九四五・〇八・一八	金海明甲	兵長	戦病死	孟山郡玉泉面
		マラリア	×	金海其渉	父		盈山郡×田面碩雲里
二四八	歩兵一六一連隊	湖南省岳州	一九四五・〇四・〇六	本島京睦	一等兵	戦病死	平壌府船柊里
		マラリア	×	本島享植	兄		平壌府船柊里
三七二	歩兵二四六連隊	不詳	不詳	密村相勳	二等兵	戦死	江西郡新井面大興里一八六
		腹部貫通銃創	一九二三・一二・〇二	密村豊溶	父		江西郡新井面大興里一八六
三六六	歩兵三六七連隊	三江省	不詳	金山秀雄	一等兵	戦病死	龍岡郡月面康徳里三五二
			一九二三・〇二・二三	金山匠炘	祖父		龍岡郡月面康徳里三一二
三五六	野戦高射砲四八大隊	ビルマ	一九四一・一二・二五	青木根哲	少尉	生死不明	平原郡青山面田院里三六八

			一九一七・〇一・一七	ー	ー		ー
一四九	野戦高射砲五八大隊	コロンバンガラ島	一九四三・〇九・二一	大山聖一	兵長	戦死	江西郡雙龍面鳳梧里一四八
		全身爆創	×	大山昌甚	父		江西郡雙龍面鳳梧里一四八
二〇	野戦高射砲五九大隊	ボーゲンビル島エンベーター	一九四三・一一・二二	芳山允彦	伍長	戦死	江西郡普林面和鶴里九七〇
		爆傷	一九二一・〇二・二〇	大谷正心	妻		江西郡普林面和鶴里九七〇
一七五	野戦高射砲六二大隊	ニューギニア、ボイキン	一九四四・〇六・二七	後藤英雄	上等兵	戦死	江西郡江西面徳興里六五一
		胸部爆弾破片創	×	後藤兼三	父		江西郡江西面徳興里六五一
一一	野砲五九大隊	ボーゲンビル島七六兵病	一九四四・一一・〇九	松本茂雄	兵長	戦病死	成川郡成川面大富里二八〇
		マラリア（三日熱）	一九二一・〇七・〇八	松本致雲	兄		満浦線順川駅前舘上野四八―二
一二	野砲五九大隊	ボーゲンビル島マカイ	一九四四・〇八・〇七	徳田省三	曹長	戦死	中和郡東頭面朝陽里九九
		頭・胸爆弾破片創	一九二二・一〇・一一	徳田俊淳	兄		中和郡中和面楽民里
一三〇	野砲二六連隊	ニューギニア、コンヤコンヤ	一九四四・〇四・〇五	青木之球	上等兵	戦病死	陽徳郡東陽面龍山里三七四
		マラリア	×	青木業煥	父		陽徳郡東陽面龍山里三七四
一二九	野砲二六連隊	ニューギニア、坂東川	一九四四・〇七・一〇	坊東　登	伍長	戦死	平壌府將進町三五六
		左胸部貫通銃創	×	坂東ムサ	妻		平壌府將進町三五六
一三四	野砲二六連隊	ニューギニア、アファ	一九四四・〇七・一八	松竹正夫	上等兵	戦死	大同郡在京里面氷庄里八〇三
		全身砲弾破片創	×	松竹花子	母		大同郡在京里面氷庄里八〇三
一三二	野砲二六連隊	ニューギニア、ヤカムル	一九四四・〇七・三〇	高宮賛翼	上等兵	戦病死	成川郡洞佳面長林里三三九
		マラリア	×	高宮俊翼	父		成川郡東仁面昌仁里二三八
一三一	野砲二六連隊	ニューギニア、ゼルエン	一九四四・〇八・〇七	山茂承稷	上等兵	戦死	中和郡唐井面後長橋里一〇五
		頭部砲弾破片創	×	山茂有鎔	父		中和郡唐井面後長橋里一〇五
一三三	野砲二六連隊	ニューギニア、マルジップ	一九四四・〇八・二五	元州道善	兵長	戦死	寧遠郡大拱面栗枝里二二
		頭部貫通銃創	×	元州亨祚	父		寧遠郡大拱面栗枝里二二
一三六	野砲二六連隊	ニューギニア、パラム	一九四四・一〇・二〇	金澤景烈	上等兵	戦死	中和郡海鴨面鶴浦里二〇一
			×	金澤明玉	妻		平壌府巡宮町二七
一三五	野砲二六連隊	ニューギニア、ブーツ	一九四四・一一・〇三	松田文徳	兵長	戦死	陽徳郡雙龍面龍盤里一四二
		腹部貫通銃創	×	松田武徳	兄		陽徳郡陽徳邑倉里八九
二二	野砲三〇連隊	ミンダナオ島	一九四五・〇四・〇二	梁川桂興	兵長	戦死	平壌府賛村里四七二
		爆創	×	梁川桂鎬	兄		平壌府東大院町五七六
七九	野砲三〇連隊	ミンダナオ島ダバオ市	一九四五・〇八・一四	金田致郁	伍長	戦死	順川郡舎人面盤松里一〇五
		頭部貫通銃創	×	金田錫初	父		順川郡舎人面盤松里一〇五
一二八	一特別勤務隊	済州島六四兵站病院	一九四五・〇九・一六	共田應銓	二等兵	戦病死	順川郡順川邑上里一二八
		アメーバ性赤痢	一九二四・〇八・一一	共同福徳	母		順川郡順川邑上里一二八
九六	二独立整備隊	沖縄宮古島	一九四五・〇八・〇八	中村正夫	軍属	戦死	价川郡中南面三所里五八一
			×	中村禮亨	父		价川郡中南面三所里五八一

番号	部隊	場所・死因	年月日	氏名	階級・続柄	区分	本籍・住所
三七〇	三開拓勤務隊	ルソン島	一九四五・〇七・二七	金谷利八郎	上等兵	戦死	陽徳郡東陽面上石里二六〇
			×	金谷武男	父		京城府阿峴山町三二一八
三七	四航空路部	京城陸軍病院 肺結核	一九四五・〇六・〇三	木村在弼	雇員	戦病死	成川郡霊泉面大坪里九〇六
			一九二六・〇九・一五	―			―
三七八	四農工勤務隊	不詳	一九四五・〇五・〇三	木村熙珍	二等兵	戦病死	中和郡水山面蘆田里四五六
			一九二四・〇六・〇一	木村彩鎬	妻		中和郡水山面蘆田里四五六
三八一	四農工勤務隊	不詳	一九四五・〇五・〇三	金田墩洙	一等兵	戦死	寧遠郡温和面温場里一一七
			一九一四・一〇・二一	金田玉容	妻		寧遠郡温和面温場里一一七
一一七	四農工勤務隊	名古屋市	一九四五・〇七・二〇	郭山壮鎬	二等兵	死亡	龍岡郡大代面水山里三五七
			一九二四・〇八・一二	郭山弘範	母		龍岡郡三和面學堂里三一四
一一八	四農工勤務隊	名古屋市	一九四五・〇七・二〇	金海泰緑	二等兵	死亡	龍岡郡多美面×衣里七三四
			×	金海康丸	父		龍岡郡多美面×衣里七三四
一六八	五方面軍司令部	N五一・二九E一五五・四七	一九四四・〇七・〇九	金海蘭集	雇員	戦死	大同郡南串面一九九
			×	金光城×	兄		黄海道道州村南旭町二八九
三九二	五方面軍司令部	頼慶島	一九四四・〇七・〇九	松城俊雄	技術雇員	戦死	平壌府吉町一四六
			×	―	―		―
一六七	五野戦航空修理廠	沖縄首里 迫撃砲弾×中	一九四五・〇五・二八	安平載浩	雇員	戦死	平壌府東大院町五二七
			一九二八・一一・一五	安平仁寺	父		平壌府仁興町三七―四
二六八	七野戦航空補給廠	ルソン島パレテ峠	一九四五・〇五・三〇	江原允七	雇員		寧遠郡徳化面校舘里九〇
				江原熙冠	父		寧遠郡徳化面校舘里九〇
二六九	七野戦航空補給廠	ルソン島パレテ峠	一九四五・〇五・三〇	呉本儀太郎	雇員		平壌府上需町一三〇
			×	呉本聖吉	父		平壌府丸井町四三―五三
二七〇	七野戦航空補給廠	ルソン島パレテ峠	一九四五・〇五・三〇	高圭崇徳	雇員		龍岡郡三和面舟林里六六
			×	高圭貞燮	父		鎮南浦府庭徳両桟町二〇
一五〇	八飛行師団司令部	沖縄北飛行場 敵艦船特攻	一九四五・〇四・〇三	結城尚弼	大尉	戦死	鎮南浦府碑石町四四
			一九二〇・一二・〇六	結城尚砺	兄		鎮南浦府碑石町五五
六〇	一五野戦補給廠	湖南省一八兵站病院 アメーバ性赤痢	一九四五・一〇・二四	林海一	一等兵	戦病死	中和郡海鴨面睦斉里二四一
			一九二〇・〇三・一〇	林泰鎬	父		中和郡海鴨面睦斉里二四一
三九四	一七船舶航空廠	沖縄那覇 魚雷攻撃海没	一九一四・〇一・一〇	大原應遠	雇員	戦死	大同郡斧山面花谷里二七六
			×	―	―		
三九五	一七船舶航空廠	沖縄那覇 魚雷攻撃海没	一九四四・〇一・一〇	李允何	軍属	戦死	大同郡龍淵面冷井里四二七
			×	―	―		―
三九七	一七船舶航空廠	沖縄那覇	一九四四・〇一・一〇	橋本良三	雇員	戦死	江西郡東津面古×里四八〇
			×	―	―		―
一九七	一九師団司令部	ルソン島	一九四五・〇六・二六	安田聲祐	一等兵	戦死	安州郡安州邑建仁里二三三

番号	部隊	死亡場所・原因	年月日	氏名	階級・続柄	区分	本籍・住所
			×	安田×祐	兄		京城府西大門区倉田町三四七
一九六	一九師団司令部	ルソン島	一九四五・〇七・二二	安山長松	一等兵	戦死	安州郡州邑文峰里一〇〇
			×	安山青林	父		安州郡安州邑北門里三八三
一九八	一九師団司令部	ルソン島	一九四五・〇七・二四	林炳来	一等兵	戦死	龍岡郡多美面智蔚里三二五
			×	林世根	父		平壌府西城町三一－二〇
七七	一九師団防疫給水部	ルソン島	一九四五・〇四・一三	平川泰錬	上等兵	戦死	安州郡安州邑金城里一六一
		腹部砲弾破片創	×	平川雲鉱	父		安州郡安州邑金城里一六一
一九一	一九師団防疫給水部	ルソン島バギオ一兵病	一九四五・〇四・一六	結城時仲	兵長	戦傷死	鎮海浦府益山町八〇
		頭部砲弾破片創	一九一三・一二・〇六	結城新黙	父		鎮海浦府益山町八〇
二六五	一九師団衛生隊	ルソン島	一九四五・〇三・二〇	新井技英	兵長	戦病死	順川郡慈山面新豊里三〇九
		マラリア	一九一五・一〇・二五	新井了英	兄		順川郡慈山面新豊里三〇九
二六七	一九師団衛生隊	ルソン島	一九四五・〇四・一一	金海承禄	兵長	戦病死	平壌府南町五
		マラリア	×	金海永勲	兄		平壌府南町五
二六六	一九師団衛生隊	ルソン島	一九四五・〇七・一三	石川文紹	兵長	戦死	中和郡中和面石碑里一〇四
		頭部貫通銃創	一九二三・一〇・一五	石川尭一	父		中和郡中和面石碑里一〇四
二六四	一九師団衛生隊	ルソン島	一九四五・〇八・〇二	李原俊煥	兵長	戦死	大同郡南串面大平島里一九六
		全身砲弾破片創	×	李原慶錫	父		大同郡南串面大平島里一九六
二六一	一九師団衛生隊	ルソン島	一九四五・〇八・〇三	金川丙學	兵長	戦死	龍岡郡金山面振金里五六六
		頭部砲弾破片創	×	金川景砺	父		龍岡郡金山面振金里五六六
二六三	一九師団衛生隊	ルソン島	一九四五・〇八・〇五	西田達充	兵長	戦死	陽徳郡東陽面下石里八九
		頭部貫通銃創	一九二三・〇三・三〇	西田良蓮	妻		陽徳郡東陽面下石里八九
二六二	一九師団衛生隊	ルソン島	一九四五・〇八・〇一	清本錫夫	兵長	戦死	大同郡古平面金泉里四四二
		右上膊部砲弾破片創	一九二四・〇八・一〇	清本済憲	父		大同郡古平面金泉里四四二
五	二〇師団衛生隊	ニューギニア、マニクン	一九四三・一一・一〇	文川秀雄	伍長	戦死	徳川郡蚕×面大平里五六二
		頭部貫通銃創	一九一八・一〇・〇六	文川龍煥	兄		徳川郡蚕×面大平里五六二
六	二〇師団衛生隊	ニューギニア、ボイキン	一九四四・〇八・三〇	山方英雄	上等兵	戦死	孟山郡元南面上野里一九四
			一九二〇・〇二・二八	山方尚奎	父		孟山郡元南面上野里一九四
四	二〇師団衛生隊	ニューギニア、リニオーリ	一九四四・〇九・一七	白川勇雄	上等兵	戦死	寧遠郡永楽面龍三里一二七
			×	白川雲賀	父		寧遠郡永楽面龍三里一二七
三	二〇師団衛生隊	ニューギニア、パラオ沖	一九四四・一二・〇一	明石行原	上等兵	戦死	安州郡安州邑北門里一四二
		頭部貫通銃創	×	明石善福	母		安州郡安州邑七星里
九三	二〇師団防疫給水部	ニューギニア、パナム	一九四五・〇二・〇八	金江允周	上等兵	戦死	江西郡双龍面多足里
			一九二一・一一・〇八	金江任寶	母		江西郡双龍面多足里
九四	二〇師団防疫給水部	ニューギニア、ボトボト	一九四四・〇四・一六	玄山炳武	上等兵	戦死	安州郡龍代面上北洞里
			一九一八・〇六・〇六	玄山圭璵	父		安州郡龍代面上北洞里

九五	二〇師団防疫給水部	ニューギニア、サルップ	一九四四・〇六・一〇 一九二三・〇三・一五	清水 繁 清水政一	上等兵 叔父	戦死	寧遠郡大興面社倉里 寧遠郡寧遠面永寧里
一五七	二六野戦勤務隊	河南省	一九四五・〇五・二一 ×	岩本 博 岩本 博（ママ）	上等兵 父	戦死	順川郡順川邑西辺里九八 順川郡順川邑西辺里九八
八	二六野戦勤務隊	河南省	一九四五・〇六・〇五 一九二四・一一・〇一	岩本義雄 岩本 博	上等兵 父	戦死	順川郡順川邑西辺面九八 順川郡順川邑銭山里一一
九	二六野戦勤務隊	河南省 銃創	一九四五・〇六・〇五 一九二四・一一・〇一	安田昌善 —	一等兵 —	戦死	价川郡朝陽面雲興里六九九 —
一〇	二六野戦勤務隊	河南省 胸部貫通銃創	一九四五・〇六・〇五 一九二四・一〇・一三	徳山済鎬 徳山栄三	上等兵 父	戦死	价川郡朝陽面永昌里一六九 价川郡朝陽面永昌里一六九
一六	二六野戦勤務隊	河南省 腹部爆弾破片創	一九四五・〇七・二三 一九二四・一〇・〇九	石川正夫 石川應呂	上等兵 父	戦死	安州郡大尼面方興里一二八 平壌府需町二八四
八七	二六野戦勤務隊	河南省一八九兵站病院 A型パラチフス	一九四五・〇八・二八 一九二三・〇二・〇四	木村文弘 木村炳勲	兵長 父	戦病死	寧遠郡寧遠面箕岱里五一 寧遠郡寧遠面箕岱里五一
二〇三	三〇師団衛生隊	レイテ島 全身砲弾破片創	一九四五・〇一・一八 ×	安田禎植 安田姪姐	伍長 妻	戦死	順川郡新倉面延合里三一七 順川郡新倉面控洞里本町
二五二	三〇師団衛生隊	レイテ島 投下爆弾破片創	一九四五・〇一・一八 ×	清水樂漸 清水夏俊	兵長 母	戦死	平原郡徳山面揚里七八四 平原郡徳山面揚里七八四
二五三	三〇師団衛生隊	レイテ島 投下爆弾破片創	一九四五・〇二・二〇 ×	金川明國 金川振玉	兵長 父	戦死	大同郡龍山面揚里七八四 大同郡龍山面揚里七八四
八三	三〇師団衛生隊	ミンダナオ島 頭部貫通銃創	一九四五・〇三・〇六 ×	菅玉浪煥 菅玉秉奎	伍長 —	戦死	大同郡在東面玄岩里二六 大同郡在東面玄岩里二六
八二	三〇師団衛生隊	ミンダナオ島 胸部貫通銃創	一九四五・〇四・二〇 ×	永田中作 —	不詳 —	戦死	平原郡平原面六矢里一五〇 —
二五四	三〇師団衛生隊	ミンダナオ島 頭部貫通銃創	一九四五・〇五・一二 ×	黄島英男 黄島淑子	兵長 妻	戦死	大同郡龍岳面×山里 大同郡龍岳面×山里
一九五	三〇師団衛生隊	ミンダナオ島 頭部貫通銃創	一九四五・〇八・二一 ×	高山 武 高山東奎	兵長 父	戦死	江西郡普林面和鶴里一八五 江西郡普林面和鶴里一八五
八一	三〇師団衛生隊	ミンダナオ島ピナムラ 胸部貫通銃創	一九四五・〇八・二五 ×	新井得祐 金 秋子	伍長 妻	戦死	陽徳郡東陽面城北里四九七 陽徳郡東陽面城北里四九七
二〇九	三〇師団司令部	ミンダナオ島 全身砲弾破片創	一九四五・〇六・二五 ×	松下紀男 松下正子	伍長 妻	戦死	平原郡西海面尤興里 義州郡廣坪面主水
二一〇	三〇師団司令部	ビルマ、シッタン河 頭部盲管銃創	一九四五・〇七・一〇 一九二四・〇九・二九	木村 勇 木村昌璉	伍長 父	戦死	江西郡甑山面×龍里四〇一 江西郡甑山面×龍里四〇一
八五	三〇師団防疫給水部	ミンダナオ島	一九四五・〇六・二六	林義周	兵長	戦死	順川郡慈山面岐灘里五七三

一		下腹部盲管銃創	×	林世學	父		順川郡慈山面岐灘里五七三
	三一軍	サイパン島	一九四四・〇七・一八	長居仁豊	兵長	戦死	龍岡郡多美面長尾里六三九
			一九二二・一一・一二	長尾鎮峴	兄		龍岡郡多美面長尾里六三九
三三九	三二軍防衛築城隊	沖縄本島	一九四五・〇六・二〇	綿島永俊	雇員	戦死	鎮南浦府後浦町三五
		玉砕	一九二一・〇七・二〇	綿島順英	妻		江原郡東津面多必里
三四〇	三二軍防衛築城隊	沖縄本島	一九四五・〇六・二〇	三井乗球	雇員	戦死	平原郡東松面白雲里四二七
		玉砕	一九二一・一二・一七	三井南植	父		平壌府橘町一〇三
三八四	三二軍防衛築城隊	沖縄真和志村	一九四五・〇五・一七	安永正男	雇員	戦病死	平壌府叙貫町二三
			一九二〇・〇一・〇一	安永信江	母		平壌府土景昌町四―一〇
一六一	四一師団	大連陸軍病院	一九四五・一一・〇七	西川仁贊	伍長	戦病死	江西郡甑山面聚龍里
		肺結核	一九二五・〇二・二三	西川在華	父		江西郡甑山面聚龍里
一五	四九師団防疫給水部	ビルマ、トングー	一九四五・〇五・〇九	竹山龍修	伍長	戦死	成川郡四佳面天成里二八五
			一九二二・〇九・二一	竹山元鴨	父		平壌府西城町七四―二一
一二七	六四師団輜重隊	寧郷・野戦病院	一九四四・〇九・二五	松村興瑞	伍長	戦病死	江西郡甑山面務本里二四七
		アメーバ性赤痢	×	松村慶順	妻		江西郡甑山面務本里二四七
一五九	六四師団輜重隊	不詳	一九四五・〇一・一一	金田重美	伍長	戦病死	成川郡九龍面回春里一四〇
			×	金田栄治	父		成川郡九龍面回春里一四〇
九二	七〇師団工兵隊	安徽省一九〇兵站病院	一九四五・一二・一一	新井用周	伍長	戦病死	大同郡南串面坪湖里四一九
		チフス	一九二三・一二・二八	新井萬金	兄		平壌府西城町八〇―二八
三八三	七一兵地区隊	湖南省一二八兵病	一九四五・〇七・一三	木村栄太	軍属	戦病死	平壌府下水町九二
		マラリア・脚気	一九一六・〇三・一七	―	―		―
四〇	一五九兵站病院	湖北省武昌一五九兵病	一九四五・〇五・二六	本島京睦	兵長	戦病死	大同郡南串面大浦里
		右胸膜炎		―	―		―
三七一	一七七野戦飛行場設営隊	朝鮮海峡	一九四五・〇八・二一	清水庸河	上等兵	戦死	大同郡柴足面湖南里五四八
			一九二四・〇四・〇九	清水淳郷	母		平壌府柳町四二
三九一	不詳	沖縄那覇	一九四四・〇一・一〇	金光淳福	軍属	戦死	平壌府汶×町四二六
			一九一六・一二・一一	―	―		―
三九九	不詳	不詳	不詳	三山泳根	軍属	不詳	价川郡朝陽面鳳鳴里
				三山泳浚	―		―

原簿番号	所属	死亡場所 死亡事由	死亡年月日 生年月日	創氏名・姓名 親権者	階級 関係	死亡区分	本籍地 親権者住所
三〇九	海上輸送二大隊	ニューギニア・オコンバナス	一九四四・〇七・一三 ×	波平鐘鳴 ー	雇員 ー	戦死	忠州郡巌政面新萬一里四一 ー
三一〇	海輪二大隊・允明	チモール諸島デリ	一九四三・一二・一五 一九一三・〇四・〇二	林　元吉 林　月子	包手 ー	戦死	清州郡南二面尺北里二五一 神戸市林田区大橋町二ー一四
三一一	海輪二大隊・はあぶる	欠	一九四四・一一・二四 ×	杉本天植 ー	水見 ー	戦死	永同郡深川面錦汗里五七〇ー七 ー
三一二	海輪二大隊・利根丸	N三一・五一　E一三〇・二一	一九四二・〇九・一七 一九〇四・〇六・七〇	平山徳吉 平山珞均	軍属 父	戦死	鎮川郡梨月面老院里八四七 丹陽郡海南面海浦里一六八
六八	華北特警一警備隊	河北省昌黎県	一九四四・〇六・〇一 ×	海金栄達 海金英煥	傭人 妻	戦死	永同郡黄洞面友梅里一五八五 永同郡黄間面駅前馬山里
二一六	京城師管区歩一補	第八四師団野戦病院	一九四四・一〇・〇三 ×	高山萬壽 高山壽鳳	上等兵 父	戦死	沃川郡沃川面梅花里二九 沃川郡沃川面梅花里二九
三七〇	京城師管区歩一補	台湾高雄沖	一九四五・〇一・〇九 一九二四・一〇・〇四	茂井璣栄 茂井烈承	一等兵 父	戦死	槐山郡甘勿面五城里四四四 槐山郡甘勿面五城里四四四
三七七	京城師管区歩一補	台湾高雄沖	一九四五・〇一・〇九 一九二四・〇一・〇三	清村京植 清村甲思	一等兵 父	戦死	清州郡清州邑和泉町一四六 清州郡清州邑和泉町一四六
三七九	京城師管区歩一補	台湾高雄沖	一九四五・〇一・〇九 一九二六・一二・一六	岩井光燮 岩井相録	一等兵 父	戦死	清州郡江外面西坪里一六九 清州郡江外面西坪里一六九
三七一	京城師管区歩三補	台湾高雄沖	一九四五・〇一・〇九 一九二四・〇二・一〇	金吉明洙 金吉鐘學	上等兵 父	戦死	鎮川郡利柳面完五洞八四四 鎮川郡利柳面完五洞八四四
三七三	京城師管区歩三補	台湾高雄沖	一九四五・〇一・〇九 一九二四・〇三・一五	竹村基雄 竹村玉順	二等兵 妻	戦死	沃川郡沃川面天川里四七九 ー
三七八	京城師管区歩三補	台湾高雄沖	一九四五・〇一・〇九 一九二四・一〇・二六	岩村勝江 芳村勝雄	一等兵 兄	戦死	清州郡清州邑内徳町六二 清州郡清州邑内徳町六二
一三八	機動歩兵三連隊	河南省淅州県 陰部盲管銃創	一九四五・〇五・一一 一九二四・〇一・〇一	藤田佳助 藤田長史	兵長 兄	戦死	清州郡米院面基岩里四一三 清州郡米院面基岩里四一三
一三九	機動歩兵三連隊	河南省内御泉	一九四五・〇四・〇一 一九二四・〇一・二一	菊山喜俊 菊山勝吉	兵長 父	戦死	沃川郡青城面長頸里二一七 沃川郡青城面長頸里二一七
三六八	久留米師団管区司令	大分県森町	一九四五・〇六・一〇 一九二四・〇八・〇五	三岡鉉満 ー	不詳 ー	戦病死	槐川郡仏頂面塔村里四五三 ー
一三三	工兵二〇連隊	台湾高雄沖	一九四五・〇一・〇九 一九二四・〇七・二九	権　正鉉 権　世鉉	一等兵 兄	戦死	永同郡龍化面鳳林里六四一ー一〇 永同郡龍化面鳳林里六四一ー一〇

一三四	工兵二〇連隊	台湾高雄沖	一九四五・〇一・〇九 一九二四・〇八・三一	清原権哲 清原亨洌	一等兵 父	戦死	清州郡清州邑清水町一五三 清州郡清州面清州町九八
一三五	工兵二〇連隊	台湾高雄沖	一九四五・〇一・〇九 一九二四・〇二・〇九	西原誠澤 西原兼太	一等兵 母	戦死	忠州郡周徳面杜巣里六二 忠州郡柳面本里篤洞一二二
五四	工兵一一六連隊	湖南省一二八兵病 急性肺炎	一九四五・〇三・三一 一九二四・〇一・二九	漢陽東善 漢陽天鶴	兵長 父	戦病死	鎮川郡栢谷面明岩里三五〇 鎮川郡栢谷面明岩里三五〇
五五	工兵一一六連隊	湖南省一八四兵病 マラリア・中耳炎	一九四五・〇四・二〇 一九二四・〇二・一四	松田安弘 松田玉煥	兵長 妻	戦病死	報恩郡三升面元南里八四－四 清州邑西町一七八－五
五六	工兵一一六連隊	湖北省一五八兵病 アメーバ性赤痢	一九四五・一二・一六 一九二四・〇七・二七	宮原得林 宮原鶴林	上等兵 兄	戦病死	陰城郡孟洞面本城里六七 京城府北阿峴町一七八－五
一四四	高射砲四二大隊	平壌二陸軍病院 クループ性肺炎	一九四五・〇四・〇七 一九二五・〇二・一五	清島孝一 清島元植	上等兵 父	戦病死	丹陽郡丹陽面上毛里二四四 丹陽郡丹陽面上毛里二四四
三六九	高射砲一五一連隊	欠	一九四五・〇八・〇六 一九二一・一一・〇五	金村吉鎬 金村基元	軍曹 父	戦死	槐山郡槐山面西部里一九六 槐山郡槐山面西部里一九六
一四五	高射砲一五二大隊	京城陸軍病院 イロツ金（？）	一九四五・〇六・〇四 一九二三・一二・〇四	中原栄吉 中原英淑	二等兵 母	戦病死	忠州郡可金面可興里二七四 忠州郡可金面可興里二七四
一九九	山砲二五連隊	台湾安平沖	一九四五・〇七・〇九 一九二三・〇一・一三	高山貴鳳 高山福干	伍長 父	戦死	堤川郡水山面綾江里五九八 堤川郡水山面綾江里五九八
五九	山砲二五連隊	ルソン島マンカヤン 頭・胸部砲弾破片創	一九四五・〇七・一五 一九二五・〇三・一六	新井栄陽 新井泰準	上等兵 父	戦死	報恩郡水汗面九〇－一五 報恩郡水汗面九〇－一五
六三	山砲二五連隊	ルソン・サカダ 頭部貫通銃創	一九四五・〇四・一〇 一九二三・一二・一四	月城龍三 月城相順	伍長 妻	戦死	忠州郡忠州邑戸尾山里五五七 忠州郡忠州邑戸尾山里五五七
八九	山砲三一連隊	ビルマ・コレナイ マラリア	一九四五・〇八・一〇 一九二二・一〇・〇七	金村忠夫 金村　栄	兵長 父	戦病死	永同郡永同邑酸梨里四六三 永同郡永同邑酸梨里四六三
六四	ジャワ俘虜収容所	長崎沖	一九四四・〇六・二四 一九二三・〇一・一二	松川求鉉 松川璨×	傭人 父	戦死	報恩郡×北面中央里七五 大田府春日町一七四－二
六五	ジャワ俘虜収容所	長崎沖	一九四四・〇六・二四 一九二〇・〇九・〇三	石田源政 石田瑛鎮	傭人 父	戦死	鎮川郡蘇台面陽村里一八〇 鎮川郡蘇台面陽村里一八〇
六六	ジャワ俘虜収容所	セレベス島付近	一九四四・一二・〇八 一九四四・一〇・三〇 ×	金村南会 金村元盈	傭人 父	戦死	清州郡琅城面山城里一〇五 清州郡清州邑和泉町五七三
一四〇	ジャワ俘虜収容所	ジャワ島スマラン	一九四五・〇一・〇九 一九一六・〇五・〇八	岡田泳孚 岡田豊鎬	傭人 父	死亡	永同郡黄潤面新興里三〇五 永同郡黄潤面新興里三〇五
二三二	ジャワ俘虜収容所	スマトラ島ムコムユ沖	一九四四・〇九・一八 一九一九・一一・〇四	河本　焯 河本正福	軍属 兄	戦死	槐山郡沼壽面×鳥里五七六 槐山郡沼壽面×鳥里五七六

三九二	ジャワ俘虜収容所	不詳	一九四七・〇二・〇四 一九一三・一一・一七	西原鳳愚 西原芝東	雇員 父	戦病死	堤川郡堤川面邑部里二二八 堤川郡堤川面邑部里二二八
三七四	ジャワ俘虜収容所	不詳	一九四六・〇九・〇五 一九二〇・〇六・〇二	柏村欽信 柏村信雄	傭人 祖父	死亡	清州郡北一面飛上里二三五 清州郡北一面飛上里二三五
六〇	輜重一〇連隊	ルソン島ピナパガン マラリア	一九四五・〇七・二五 一九二二・〇七・一三	三井二杓 三井香東	上等兵 妻	戦病死	忠州郡可金面可興里二七三 京城府未登浦区堂山町二九七
七五	輜重一九連隊	ルソン島バクロガン	一九四五・〇七・二三 一九二一・一二・一二	金村武昇 金村又平	伍長 父	戦死	槐山郡文興面文方里二九四 槐山郡文興面文方里二九四
二五二	輜重二〇連隊	ニューギニア、フベール 左胸、右肩貫通銃創	一九四三・〇八・三一 ×	豊田福龍 豊田松江	上等兵 妻	戦死	槐山郡青川面青川里一二四 槐山郡青川面青川里一二四
二五五	輜重二〇連隊	ニューギニア、オニヤルプ 前頭部貫通銃創	一九四三・一〇・一五 一九二一・〇三・〇六	國森常正 國森康寧	上等兵 妻	戦死	鎮川郡老隠面大徳里三五八 鎮川郡老隠面大徳里三五八
二五九	輜重二〇連隊	ニューギニア、テラアタ岬 左腹部貫通銃創	一九四三・一〇・一五 一九二〇・〇二・二五	松本完根 松本甲順	上等兵 妻	戦死	報恩郡懐南面新谷里七五 報恩郡懐南面新谷里七五
二六〇	輜重二〇連隊	ニューギニア、テラアタ岬 左大腿・臀保弾破片	一九四三・一〇・一五 一九二一・〇三・一七	三井源造 三井圭源	上等兵 妻	戦死	鎮川郡仲城面本坪里三八三 鎮川郡仲城面本坪里三八三
二六三	輜重二〇連隊	ニューギニア、ガリ	一九四三・一〇・三〇 ×	金山載得 金山基黙	不詳 父	戦死	陰城郡大所面三井里三三九 陰城郡大所面三井里三三九
二六四	輜重二〇連隊	ニューギニア、リニホク マラリア	一九四三・一〇・三〇 ×	青山秀吉 青山貞子	不詳 妻	戦病死	忠州郡忠州邑牧杏里六〇七 忠州郡忠州邑牧杏里六〇七
三一八	輜重二〇連隊	ニューギニア、アグミ	一九四三・一二・〇三 一九一九・〇二・〇四	豊田勝雄 豊田蘭子	伍長 妻	戦死	忠州郡忠州邑漆琴一三〇 沃川郡沃川面龍山里五八九
三二五	輜重二〇連隊	ニューギニア、ペーベン	一九四四・〇二・〇四 ×	金城祖植 金城泥燮	兵長 父	戦死	槐山郡青川面翠陽里九七 槐山郡青川面翠陽里九七
三二六	輜重二〇連隊	ニューギニア、アッサ	一九四四・〇二・二四 ×	松田鳳載 金奇男	伍長 妻	戦死	槐山郡青川面桃源里五二五 槐山郡青川面桃源里五二五
二五四	輜重二〇連隊	ニューギニア、テリアタ	一九四四・〇二・一九 一九二二・〇九・一五	中村昌徳 中村大林	兵長 妻	戦死	報恩郡内基田面中華里一六四 報恩郡内基田面中華里一六四
二六二	輜重二〇連隊	ニューギニア、コシアコシア 虫様突起炎・腹膜炎	一九四四・〇三・二一 ×	井村金尭 井村文治	伍長 兄	戦病死	報恩郡報恩面校士里三九六 報恩郡報恩面校士里三九六
二六一	輜重二〇連隊	ニューギニア、サルツプ マラリア	一九四四・〇九・〇四 ×	金田義雄 金田忠康	兵長 父	戦病死	丹陽郡丹陽面上坊里九六―一 丹陽郡丹陽面北下里一二三
二五七	輜重二〇連隊	ニューギニア、ウルプ 頭部貫通銃創	一九四五・〇七・〇四 ×	松川元義 松川基順	上等兵 妻	戦死	報恩郡炭釜面徳洞里一三五―五 報恩郡炭釜面徳洞里一三五―五
二五八	輜重二〇連隊	ニューギニア、ウルプ	一九四五・〇七・〇八	松本載栄	上等兵	戦死	槐山郡文光面文法里一四〇

		玉砕	一九二一・〇三・〇三	松本泰順	父		槐山郡文光面文法里一四〇
二五六	輜重二〇連隊	ニューギニア、ウルプ	一九四五・〇七・二〇	安宮吉男	上等兵	戦死	忠州郡周徳面三清里九二
			一九一五・〇一・〇一	安宮里子	妻		忠州郡周徳面三清里九二
二五三	輜重二〇連隊	ニューギニア、アッサ	一九四六・〇八・一〇	岩本龍雄	上等兵	戦死	槐山郡清安面孝根里一二四
		爆撃死	一九二二・〇五・一四	岩本芙蓉	妻		槐山郡清安面孝根里一二四
三八	輜重三〇連隊	台湾、火焼島	一九四四・〇六・〇二	金岡仁九	不詳	戦死	忠州郡金加面日上里一七三
		全身爆雷爆創	×	金岡仁太郎	兄		忠州郡金加面日上里一七三
三九	輜重三〇連隊	台湾、火焼島	一九四四・〇六・〇二	金本光雄	上等兵	戦死	永同郡永同邑福山里五五二
			×	―	―		―
三五九	輜重三〇連隊	ミンダナオ、ウマヤン川	一九四五・〇六・二三	松本鎔賛	兵長	戦死	清州郡梧倉面隅東里
			×	松本永春	父		清州郡梧倉面隅東里
三七	輜重三〇連隊	ミンダナオ、ランガシアン	一九四五・〇九・二五	吉本慶勲	伍長	戦死	鎮川郡単坪面書山里八五八
		右胸部貫通銃創	×	吉川新成	兄		鎮川郡単坪面書山里八五八
三五	輜重三一連隊	ミンダナオ島マラマグ	一九四五・〇二・二七	梁川孝雄	伍長	戦死	陰城郡金旺面金石里一七三
		頭部貫通銃創	×	―	―		―
三六	輜重三一連隊	ミンダナオ島ウマヤン	一九四五・〇六・一二	吉村奎煥	兵長	戦死	槐山郡延豊面延豊里三三二
		頭部貫通銃創	×	吉村炳吉	父		槐山郡延豊面延豊里三三二
一六一	輜重一一六連隊	湖北省武昌一五九病	一九四五・〇三・一七	金山應烈	上等兵	戦病死	槐山郡青川面大田里一二〇
			一九二四・〇四・二二	金山春奉	父		槐山郡青川面大田里一二〇
一〇	水上勤務五九中隊	ニューギニア、ブーツ	一九四二・〇五・〇三	新城正暉	上等兵	戦死	陰城郡金旺面無極里
			一九一八・〇六・一五	新城政重	父		陰城郡金旺面無極里
一一	水上勤務五九中隊	ニューギニア、ブーツ	一九四二・〇五・〇六	岩本永欽	兵長	戦死	槐山郡文光面新基里
			一九二〇・〇八・二六	岩本逢春	父		槐山郡文光面新基里
一三	水上勤務五九中隊	ニューギニア、サルプ	一九四四・〇八・〇九	大原国康	上等兵	戦死	槐山郡上毛面花泉里三五四
			一九二〇・〇五・一一	大原教淵	父		槐山郡上毛面花泉里三五四
一五	水上勤務五九中隊	ニューギニア、サルプ	一九四四・〇八・〇九	金海煥琭	上等兵	戦死	丹陽郡魚上川面蓮谷里
			一九一九・〇六・一〇	金海肯植	父		丹陽郡魚上川面蓮谷里
二〇	水上勤務五九中隊	ニューギニア、パラム	一九四四・〇八・二三	竹原光成	上等兵	戦死	堤川郡白雲面花塘里
			一九一九・〇九・一七	竹原忠雄	父		堤川郡白雲面花塘里
二一	水上勤務五九中隊	ニューギニア、パラム	一九四四・〇九・一六	林　政秀	上等兵	戦死	鎮川郡梨月面新渓里
			一九二一・〇六・一五	林　政雄	兄		陰城郡庁内勤業課
二二	水上勤務五九中隊	ニューギニア、サルプ	一九四四・〇九・〇五	平松萬次	上等兵	戦死	堤川郡白雲面
			一九〇〇／一／〇	―	―		―
二三	水上勤務五九中隊	ニューギニア、サルプ	一九四四・〇八・一四	松元依夫	上等兵	戦死	堤川郡堤川面邑部里
			一九二〇・〇七・〇五	松元勇夫	父		堤川郡堤川面邑部里

二四	水上勤務五九中隊	ニューギニア、パラム	一九四四・〇九・二〇	松本孝晴	上等兵	戦死	槐山郡上毛面温泉里
			一九二一・〇六・二〇	松本久吉	父		槐山郡上毛面温泉里
二五	水上勤務五九中隊	ニューギニア、パラム	一九四四・一〇・〇七	牧山元頼	上等兵	戦死	陰城郡蘇伊面碑山里
			一九一七・〇一・〇八	牧山聖珪	父		陰城郡蘇伊面碑山里
一九	水上勤務五九中隊	ニューギニア、パラム	一九四四・一二・一五	白川栄一	兵長	戦死	槐山郡七星面道井里
			一九一八・一二・〇三	白川明子	妻		槐山郡七星面道井里
一七	水上勤務五九中隊	ニューギニア、バラム	一九四五・〇一・〇九	国村祥基	兵長	戦死	陰城郡陰城面閑筏里
			一九二一・〇六・三四	國村炳相	父		陰城郡陰城面閑筏里
一二	水上勤務五九中隊	ニューギニア、オクアール	一九四五・〇三・〇七	江原興源	兵長	戦死	永同郡陽山面元塘里
			一九一七・〇八・一〇	江原守彦	父		永同郡陽山面元塘里
一八	水上勤務五九中隊	ニューギニア、ブーツ	一九四五・〇三・一〇	金城武光	兵長	戦死	陰城郡陰城面冬音里
			一九一八・××・二四	金城　源	父		陰城郡陰城面冬音里
一四	水上勤務五九中隊	ニューギニア、ブーツ	一九四五・〇三・一〇	太田庸夫	兵長	戦死	鎮川郡草坪面龍亭里
			一九二一・〇八・一五	太田一夫	兄		鎮川郡草坪面龍亭里
二六	水上勤務五九中隊	ニューギニア、サルプ	一九四五・〇五・二〇	宮本武鉉	上等兵	戦死	永同郡陽山面鳳谷里
		×部貫通銃創	一九二三・一〇・〇一	宮本始宗	父		永同郡陽山面鳳谷里
二二五	船舶司・東新丸	南支那海	一九四四・〇二・一九	吉本正盛	軍属	戦死	忠州郡新尼面龍院里二七
			一九二〇・〇八・二五	吉本崎完	―		忠州郡新尼面龍院里二七
一九〇	船舶司・徳山丸	セレベス島	一九四四・〇八・〇九	新井錫用	操機手	戦死	永同郡深川面高塘里三〇一
			一九二八・〇八・〇五	新井豊×	―		永同郡深川面高塘里三〇一
七九	船輸司・徳祐丸	セレベス島	一九四四・〇八・〇九	新井玉培	甲板員	戦死	報恩郡三升面元南里四八九ー一
			×	新井仁燁	父		報恩郡三升面元南里四八九ー一
八〇	船輸司・めきしこ	フィリピン島	一九四四・〇八・二九	金澤七郎	操舵手	戦死	忠州郡巖岐面東山里五一七
			一九〇六・〇二・一三	金澤貞子	―		神戸市田区五番町三ー二一ー一
二二四	船舶司・木帆船	フィリピン方面	一九四四・〇九・一三	柳　永暎	傭人	戦死	堤川郡錦城面社谷里二五〇
			一九一八・一〇・一五	柳　夏愛	妻		江原道高城郡長箭邑四区四三一
七八	船舶司・曉空丸	東支那海	一九四四・〇九・一八	星田尚夫	軍属	戦死	沃川郡青×面
			×	星田月奉	母		兵庫県飾磨郡四郷村上鈴〇一
二〇一	船舶司・八雲丸	ニューギニア、ウウェワク	一九四四・〇九・一九	岩本義隆	軍属	戦死	忠州郡東良面大田里一七〇四
			×	石原金吾	養父		忠州郡東良面大田里一七〇四
二〇二	船舶司・まにら丸	ボルネオ島	一九四四・一一・一五	伊藤孝炳	軍属	戦死	槐山郡沙梨面梨谷里四八一
			一九二六・〇五・三〇	伊藤　哲	―		槐山郡沙梨面梨谷里四八一
一六五	船舶司・海州丸	アドミラル、ロレンゴウ	一九四四・一二・三〇	朴　錫輔	司厨員	戦死	永同郡龍山面詩今里一五六
			一九一四・〇七・一二	朴重治	父		大分県北海部郡津久美町青江長兵衛
一九二	船舶司・海州丸	ルソン島北部	一九四四・一二・三〇	金　東吾	甲板員	戦死	永同郡龍山面問石里二六〇

			一九二三・〇二・一六	金今萬	父		永同郡龍山面問石里二六〇
一六三	二船舶司・五浦島丸	福建省アモイ港沖	一九四五・〇二・〇三 一九一三・一〇・一〇	青山英玉 —	甲板員 —	戦死	堤川郡清風面邑里 福岡県若松市栄盛川波打町
二七三	船舶司・八福栄丸	マニラ、砲弾破片創	一九四五・〇三・〇一 ×	和山鉱治 —	軍属 —	戦死	永同郡上村面多村里三二四 —
二一一	船舶司・立山丸	伊豆諸島御蔵島	一九四五・〇三・〇一 一九一八・一〇・二一	松永平一 松永信夫	操機長 父	戦死	永同郡永同邑山益里五四四 永同郡永同邑山益里五四四
二七一	船舶司令部	マニラ、タルラック戦火	一九四五・〇三・一五 一九〇九・〇三・〇五	川崎萬葉 川崎志げ乃	機関員 妻	戦死	沃川郡沃川面上桂里 大分県北海部郡津久美町青江長瀞二四荘
二九八	船舶司令部	芝浦補給部空襲	一九四五・〇四・一六 一九二六・〇二・二七	海田孝雄 海田源太郎	軍属 父	戦死	清州郡江西面新垈里三九〇 清州郡江西面新垈里三九〇
一六六	船舶司・海州丸	沖縄	一九四五・〇六・二一 ×	朴　四英 —	軍属 —	戦死	鎮川郡華坪面壺山里一〇〇 —
一〇六	船輪司・航生丸	南京	一九四五・〇七・三一 一九二六・〇四・二七	吉田九源 吉田宣昌	甲板員 父	戦死	陰城郡陰城面草川里五八八 陰城郡陰城面草川里五八八
一九四	船舶司・白河丸	ルソン島北部両足負傷余病併発	一九四五・〇八・一〇 一九二九・〇四・〇五	金澤得二 金澤通安	司厨員 父	戦病死	清州郡南一面孝村里 京都市上京区立×紙屋川東入西行衛町四五二
七四	捜索二〇連隊	ミンダナオ、ブコマラリア	一九四四・一一・一九 一九二二・〇一・一四	桑村治佐 桑村沃成	伍長 父	戦病死	清州郡四州面東陽里三四 清州郡清州邑阿徳町一七二
一三〇	捜索二〇連隊	台湾高雄沖	一九四五・〇一・〇九 一九二四・××・××	固本錫熙 固本錫龍	一等兵 兄	戦死	清州郡玉山面樺南里五七 清州郡玉山面樺南里五七
一三一	捜索二〇連隊	台湾高雄沖	一九四五・〇一・〇九 一九二四・一〇・一四	咸本運相 咸本景鉉	一等兵 父	戦死	堤川郡寒水面松界里五九六 堤川郡寒水面松界里五九六
一三二	捜索二〇連隊	台湾高雄沖	一九四五・〇一・〇九 一九二四・〇五・一三	金澤達男 金澤有栄	一等兵 父	戦死	永同郡黄澗面蘭谷里二〇七 永同郡黄澗面蘭谷里二〇七
二二四	捜索二〇連隊補充隊	台湾高雄沖	一九四五・〇一・〇九 一九二四・〇一・〇二	泉谷武松 泉谷重光	一等兵 父	戦死	清州郡江西面儀守里一七七 清州郡江西面儀守里一七七
一一九	タイ俘虜収容所	バンボン一四八兵病マラリア	一九四五・〇三・〇四 一九一八・一二・二〇	重光連成 重光貴姫	傭人 妻	戦病死	槐山郡清安面文芳里七五六 槐山郡清安面文芳里七五六
二三八	タイ俘虜収容所	海南島	一九四四・〇七・一二 一九一七・〇九・二〇	金本萬業 —	傭人 —	戦死	沃川郡伊院面水墨里二五四 —
二六八	朝鮮一特別勤務隊	済州島山地港	一九四五・〇六・二五 一九二四・〇八・二〇	平山三栄 平山承三	不詳 父	戦死	忠州郡薪尼面文巣里五三 京城府麻浦区東橋洞六〇
二六九	朝鮮一特別勤務隊	済州島	一九四五・〇八・一七 一九二四・〇三・〇六	玉山明鎮 玉山旭鎮	一等兵 母	公病死	丹陽郡赤城面基洞里一三九 丹陽郡赤城面基洞里一三九

八一	台北陸病大湖分院	台湾新竹大湖分院 肺結核・マラリア	一九四五・〇七・二一 一九二〇・〇八・一七	木村斗雄 木村水雄	軍属 兄	戦病死	永同郡梅谷面長夫里六二 神戸市林田×淵通一－一七三
一二三	鉄道二連隊	東満総省 急性心筋炎	一九四五・〇三・一八 一九一九・〇五・〇四	玉川栄植 玉川明満	軍属 父	戦病死	堤川郡鳳陽面美富里八二七 堤川郡鳳陽面美富里八二七
三三三	特設一〇機関砲隊	ルソン島オリオン峠	一九四五・〇六・一四 ×	金　太弘 金　徳用	兵長 父	戦死	永同郡龍山面新項里四六 永同郡龍山面新項里四六
三三七	特設一一機関砲隊	ルソン島マレプンヨ山	一九四五・〇四・二七 一九二四・一〇・一一	金田鐘喆 金田弘基	兵長 ―	戦死	清州郡邑本町四－一五 清州郡邑本町四－一五
三三八	特設一一機関砲隊	ルソン島タラガ山	一九四五・〇四・一九 ×	高山必浩 ―	兵長 ―	戦死	清州郡良城面官井里四四 ―
三三四	特設一三機関砲隊	ルソン島ベリテベット マラリア	一九四五・〇六・〇一 ×	廣本容海 廣本英来	兵長 父	戦病死	忠州郡新尼面新清里四六六 忠州郡新尼面新清里四六六
三三五	特設一三機関砲隊	ルソン島サンチャゴ	一九四五・〇八・〇三 ×	平本鎮珏 平本英米	兵長 母	戦死	清州郡四州面任景里一七一 清州郡四州面任景里一七一
三四八	特設自動車七四中隊	ミンダナオ、バルマ	一九四五・〇四・〇四 一九一九・一二・〇五	金本武治 金本　弘	兵長 父	戦死	价山郡清守面錦新里二八〇 忠州郡忠州邑栄町一二〇
一二七	特別勤務一二五中隊	張家口兵器廠支廠	一九四五・〇六・一九 一九二四・〇七・〇八	綾城学書 綾城然奉	不詳 父	公務死	報恩郡山外面鳳害谷里三八三 報恩郡山外面鳳害谷里三八三
六一	特設一五機関砲隊	ルソン島ムロング野病 マラリア	一九四五・〇六・〇六 ×	吉田鎮雄 吉田春×	上等兵 父	戦病死	忠州郡可金面可興里八七四 忠州郡可金面可興里八七四
六二	特設一五機関砲隊	ルソン島イビール 頭部貫通銃創	一九四五・〇三・〇四 ×	平沼英雄 平昭尚夏	上等兵 父	戦死	清州郡江西面文岩里 清州郡江西面文岩里
二七〇	独立臼砲二〇大隊	硫黄島	一九四四・一〇・一〇 一九二二・一〇・〇一	碧田孝太郎 碧田鎮元	上等兵 弟	戦死	忠州郡周徳面長衣里一一三－一二 忠州郡周徳面長衣里一一三－一二
三一三	独立工兵八中隊	ビルマ一二一兵病 マラリア	一九四五・〇七・一六 一九二三・〇二・〇九	松本一燮 松本相烈	兵長 父	戦病死	忠州郡兌味面新堂里三八九 忠州郡兌味面新堂里三八九
三〇四	独立工兵六六大隊	沖縄本島 玉砕	一九四五・〇六・一五 一九二一・一一・二一	光原善浩 光原ハル中	兵長 父	戦死	沃川郡青山面芝田里一九五〇一 沃川郡青山面芝田里一九五〇一
一	独立高射砲四三中隊	サイパン島	一九四四・〇七・一八 一九二二・〇八・〇五	有田興基 有田大鳳	伍長 父	戦死	清州郡北一面内秀里二七三 清州郡北一面内秀里二九三
八八	独立混成九旅団	パラオ一四野病	一九四四・一一・一七 一九二五・〇一・二七	山本敏夫 山本鐘浩	伍長 父	戦死	槐山郡沼壽面吉善里二九一 槐山郡仏頂面牧渡里
一一二	独立混成三四旅団	ラバウル六七兵病 A型パラチフス	一九四五・〇五・三〇 一九二一・一二・〇五	大原鐘頼 大原信圭	兵曹 父	戦病死	沃川郡伊院面龍坊里一三四 沃川郡伊院面龍坊里一三四
一九五	独立混成五三旅団	ニューギニア、一二三兵病	一九四五・〇七・一七	芳山豊源	伍長	戦死	鎮川郡梨月面沙谷里七八五

番号	部隊	場所・死因	年月日	氏名	続柄・階級	区分	本籍・住所
		脚気・急性大腸炎	一九二二・〇一・〇六	芳山義英	父		陰城郡陰城邑内里
一九六	独立混成五三旅団	パラオ、アイミリーキ	一九四五・〇四・〇三	柳村承運	伍長	戦死	堤川郡錦城面中田里九三
		脚気・舌炎	一九二一・〇八・二〇	柳村栄愛	妻		堤川郡錦城面中田里九三
二二六	独立混成八八旅団	一二八兵站病院	一九四五・一一・一八	有田栄秀	上等兵	病死	清州郡清州邑石橋町一二五—三七
			×	有田彰顕	父		清州郡清州邑石橋町一二五—三七
一二〇	独立歩兵六大隊	安徽省来安県	一九四五・〇八・一六	南洪性萬	伍長	戦死	報恩郡俗離面九屛里二六五
			一九二四・〇三・一三	南洪文男	母		報恩郡馬老面赤岩里五二
八四	独立歩兵一七大隊	青島膠州郷	一九四五・〇三・一一	金岡鐘漢	伍長	戦死	堤川郡白雲面平洞里五七二
			一九一四・〇九・一八	金岡興基	父		堤川郡白雲面平洞里五七二
四六	独立歩兵三〇大隊	河南省魯山県	一九四四・〇五・一一	金田善雄	兵長	戦死	沃川郡伊院面乾榛里三八三—八
		全身爆創	一九二二・一二・〇三	金田蓮禮	妻		沃川郡伊院面乾榛里三八三—八
一三六／三五八	独立歩兵四七大隊	江蘇省六〇師野病	一九四五・〇三・一一	金城清光	一等兵	戦病死	清州郡清州邑大城街一二二
		急性気管支炎	×	金城南九	父		清州郡清州邑大城街一二二
一三七	独立歩兵四九大隊	江蘇省	一九四五・〇四・一一	重光敬善	伍長	戦死	堤川郡白雲面平洞里六三七
		胸・腹創、頭部切創	一九二四・一一・一五	重光在奉	父		堤川郡白雲面平洞里六三七
一二九	独立歩兵五〇大隊	上海一五七兵站病院	一九四五・〇三・一〇	星山相龍	上等兵	戦病死	丹陽郡佳谷面大犬里七六
		肺結核	一九二四・〇五・一〇	星山洛中	父		丹陽郡佳谷面大犬里七六
三五六	独立歩兵一〇三大隊	湖南省	一九四四・〇九・〇八	金城元鎬	上等兵	戦病死	丹陽郡佳谷面沙坪里六四六
			一九二三・〇二・〇四	—	—		—
一四九	独立歩兵三四六大隊	欠	一九四五・〇四・二〇	豊川泳徳	軍属	戦病死	沃川郡沃川邑竹番里
			×	豊川有徳	兄		沃川郡沃川邑竹番里
三七五	独立歩兵五一二大隊	六方面軍一七八兵病	一九四六・〇二・二〇	廣田正会	上等兵	戦病死	丹陽郡丹陽面伐川里四二五
		脚気・クループ性肺炎	一九二四・一〇・一〇	先峰	父		—
四〇	独立歩兵五一三大隊	湖北省嘉魚米花園	一九四五・一〇・一五	金村国平	兵長	戦病死	沃川郡沃川面下桂里二七
			一九二四・〇三・一〇	金村光哲	父		沃川郡沃川面下桂里二七
四一	独立歩兵五一三大隊	湖南省一二兵病	一九四五・一〇・二〇	廣村容薫	兵長	戦病死	鎮川郡山尺面松江里四八
		マラリア	一九二四・〇三・二一	廣村洪来	父		鎮川郡山尺面松江里四八
二〇四	独立自動車二〇大隊	硫黄島	一九四五・〇三・一七	石岡俊植	上等兵	戦死	永同郡深川面錦汀里四八六
		玉砕	×	石岡泳喆	父		永同郡深川面錦汀里四八六
二〇五	独立自動車二〇大隊	硫黄島	一九四五・〇三・一七	海本順玉	上等兵	戦死	忠州郡×味面文化里四九八
		玉砕	×	海本栄求	父		忠州郡忠州邑×石里一七〇
二〇六	独立自動車二〇大隊	硫黄島	一九四五・〇三・一七	武山養徹	上等兵	戦死	陰城郡孟洞面龍村里三六五
		玉砕	×	武山載南	妻		陰城郡孟洞面龍村里三六五
二〇七	独立自動車二〇大隊	硫黄島	一九四五・〇三・一七	豊原国雄	上等兵	戦死	清州郡玉山面小魯里四三九
		玉砕	×	豊原基平	父		清州郡玉山面小魯里四三九

二〇八	独立自動車二〇大隊	硫黄島 玉砕	一九四五・〇三・一七 ×	長島基俊 鳥島晋禮	上等兵 母	戦死	鎮川郡梨月面中山里五六二 鎮川郡梨月面中山里五六二
二〇九	独立自動車二〇大隊	硫黄島 玉砕	一九四五・〇三・一七 ×	林　茂雄 林相益	上等兵 父	戦死	丹陽郡永春面上里四一六 丹陽郡永春面上里四一六
二一〇	独立自動車二〇大隊	硫黄島 玉砕	一九四五・〇三・一七 ×	藤原澐煥 藤原其煥	上等兵 兄	戦死	永同郡上村面上道大里三五六 永同郡上村面上道大里三五六
二一一	独立自動車二〇大隊	硫黄島 玉砕	一九四五・〇三・一七 ×	星村成一 星村金正	上等兵 父	戦死	沃川郡東仁面水北里五九 沃川郡東仁面水北里五九
二一二	独立自動車二〇大隊	硫黄島 玉砕	一九四五・〇三・一七 ×	松田　勲 松田茂雄	上等兵 兄	戦死	沃川郡安南面池水里池坪四二八 沃川郡安南面池水里池坪四二八
二一三	独立自動車二〇大隊	硫黄島 玉砕	一九四五・〇三・一七 ×	箕原豊彦 箕原菊江	上等兵 妻	戦死	鎮川郡利柳面完五洞九三〇 鎮川郡利柳面完五洞九三〇
二一四	独立自動車二〇大隊	硫黄島 玉砕	一九四五・〇三・一七 ×	陸田正吉 陸田政治	上等兵 父	戦死	沃川郡沃川面書岱里一三八 大分県途×郡杵築町大内立岩
二一五	独立自動車二〇大隊	硫黄島 玉砕	一九四五・〇三・一七 ×	沈相鳳 青田雲喜	上等兵 妻	戦死	槐山郡長延面五佳里三九九 槐山郡長延面五佳里三九九
三四九	独立自動車六一大隊	ビルマ、ビンナマ 右臀部機関砲破片	一九四五・〇四・一〇 一九一八・〇四・一一	豊田基宗 豊田入元	伍長 父	戦死	槐山郡長延面木秋店里六二〇 槐山郡長延面木秋店里六二〇
二一七	栃木三農耕勤務隊	別府陸軍病院 両肺浸潤	一九四五・〇九・一五 一九二四・〇九・一六	柳原河鉉 柳河原福南	上等兵 妻	戦病死	清州郡加徳面元首谷里九七 清州郡加徳面元首谷里九七
九	南方航空輸送部	マニラ、サイゴン間	一九四五・〇一・〇二 一九二五・〇二・一八	金川秀正 金川　豊	傭人 父	戦死	忠州郡忠州邑松峴里四三五 忠州郡忠州邑松峴里四三五
二二〇	別府陸軍病院	小倉病院	一九四五・一一・〇八 ×	新井龍儀 新井永権	上等兵 父	戦死	沃川郡青山面萬月里 沃川郡青山面萬月里
三四一	兵站自動車八三中隊	河南省	一九三九・〇三・二四 一九一〇・一二・二六	盧　達永 岡村順鳳	通訳 妻	戦死	陰城郡陰城面冬音里四一七 陰城郡陰城面冬音里四一七
八二	歩兵	湖南省衡陽県 右肩頭部手榴弾破	一九四四・〇五・〇二 一九二三・一二・一五	金澤仁植 金澤洪×	伍長 父	戦死	清州郡文義面後谷里一〇四九 清州郡文義面後谷里一〇四九
八三	歩兵	湖南省湘陰県 頭部貫通銃創	一九四四・〇六・〇九 一九二三・〇六・〇三	國本文治 國本正浩	伍長 父	戦死	陰城郡甘谷面旺場里二六五 陰城郡甘谷面旺場里二六五
三五五	歩兵四連隊	欠	一九四四・〇七・一七 ×	松本鐘賛 松本施奎	上等兵 父	戦病死	永同郡鶴山町磚渓里四六一 山口県美弥郡岩永村大字下郷一四八二
三四〇	歩兵七連隊	湖北省	一九三八・一〇・一一 ×	申英浩 李義信	通訳 妻	戦死	清州郡加徳面仁次里六－一 京城府仁興町三九中弼浩方
三〇一	歩兵四一連隊	レイテ島ビリタバ	一九四五・〇七・一五	金城俊雄	伍長	戦死	沃川郡生面梧洞里

			×	金城芳江	父		沃川郡生面梧洞里
三〇二	歩兵四一連隊	レイテ島ビリタバ	一九四五・〇七・一五	國本永鉉	伍長	戦死	鎮川郡萬升面金谷里五二一
			×	國本慶善	父		鎮川郡萬升面金谷里五二一
一〇五	歩兵四一連隊補充隊	愛知県三和村	一九四五・〇六・一六	東原玉童	一等兵	戦病死	沃川郡安内面富士里五八－四
		急性肺炎	一九二四・一〇・〇五	東原知玉	母		沃川郡安内面富士里五八－四
一一〇	歩兵七三連隊	ニューギニア、アフア	一九四四・〇七・一五	元村明善	伍長	戦死	沃川郡青山面大城里二一八三
		右大腿貫通銃創	×	元村容渓	父		沃川郡青山面大城里二一八三
二一八	歩兵七四連隊	ミンダナオ、カベングラサン	一九四四・〇八・〇八	瀛山鐘九	伍長	戦死	陰城郡三成面上谷里四三九
		頭部貫通銃創	一九二一・一二・〇一	瀛山鐘甲	弟		陰城郡三成面上谷里四三九
三六〇	歩兵七四連隊	ミンダナオ、トラベラ沖	一九四四・〇八・二三	牧山克求	兵長	戦死	清州郡来院面雙耳里八二
			一九二九・一二・二三	牧山亨珪	父		清州郡来院面雙耳里八二
一六〇	歩兵七四連隊	ミンダナオ、サラングン	一九四四・一一・一五	久松然興	伍長	戦傷死	報恩郡馬老面官基里二八六
		急性マラリア	一九二三・〇二・一〇	久松忠祖	父		報恩郡馬老面官基里二八六
二三四	歩兵七四連隊	ミンダナオ、サラングム	一九四五・〇一・三〇	柳原順喆	兵長	戦死	鎮川郡栢谷面沙松里七四四
		腹部貫通銃創	一九一七・〇五・〇七	柳原六極	父		鎮川郡栢谷面沙松里七四四
二三三	歩兵七四連隊	ミンダナオ、タゴアン	一九四五・〇二・一〇	金城孝昌	伍長	戦死	徳山郡沙梨面中興里五二一
			一九二〇・〇一・一五	金城佐定	父		徳山郡沙梨面中興里五二一
一九八	歩兵七四連隊	ミンダナオ、サンパオ	一九四五・〇二・二〇	廣原錫俊	伍長	戦死	永同郡永同邑王谷里一四一
		頭部貫通銃創	一九二一・〇六・〇七	廣原錫基	兄		永同郡永同邑王谷里一四一
九三	歩兵七四連隊	ミンダナオ、マラマグ	一九四五・〇五・〇六	金海明洙	伍長	戦死	堤川郡清風面邑里三七三
		全身爆創	一九二二・〇七・一五	金海鐘吉	父		堤川郡清風面邑里三七三
九七	歩兵七四連隊	ミンダナオ、アナマック	一九四五・〇五・〇七	清川國雲	伍長	戦死	堤川郡永山面永山里五九八
		頭部貫通銃創	一九二三・一一・一三	清川爽順	父		堤川郡永山面永山里五九八
九八	歩兵七四連隊	ミンダナオ、アナマック	一九四五・〇五・〇七	久松完金	上等兵	戦死	報恩郡馬老面宮基里二三八－一
		腹部貫通銃創	一九二四・一一・二七	久松×書	父		報恩郡馬老面宮基里二三八－一
九九	歩兵七四連隊	ミンダナオ、アナマック	一九四五・〇五・〇七	梅田鍋植	上等兵	戦死	沃川郡沃川面梅花里八四
		頭部貫通銃創	一九二四・一二・二二	梅田綾雨	父		沃川郡沃川面梅花里八四
九五	歩兵七四連隊	ミンダナオ、マラマグ	一九四五・〇五・〇八	山村武憲	兵長	戦死	忠州郡加金面塔坪里一八六
		全身爆創	一九二四・一二・〇二	山村日出	兄		忠州郡加金面塔坪里一八六
一〇〇	歩兵七四連隊	ミンダナオ、アナマック	一九四五・〇五・〇九	高山武虎	上等兵	戦死	堤川郡堤川邑部里三一八－三
		頭部貫通銃創	一九二三・〇一・一九	高山在學	父		堤川郡堤川邑部里三一八－三
九二	歩兵七四連隊	ミンダナオ、マラマグ	一九四五・〇五・一一	金城英済	伍長	戦死	清州郡江内面多楽里一九
		胸部貫通銃創	一九二〇・〇三・〇七	金城永文	父		清州郡江内面多楽里一九
二七	歩兵七四連隊	ミンダナオ、カベングラサン	一九四五・〇五・一二	松山東根	伍長	戦死	沃川郡安内面桃李里九六－八
		腹部貫通銃創	一九二一・一二・一四	松山泰鉉	父		沃川郡安内面桃李里九六－八

二三五	歩兵七四連隊	ミンダナオ、カベングラサン	一九四五・〇五・一二	高田壽二郎	伍長	戦死	沃川郡医院面乾椿里一四八
		頭部貫通銃創	一九二一・〇二・二五	高田壽一	父		沃川郡医院面乾椿里一四八
九四	歩兵七四連隊	ミンダナオ、マラマグ	一九四五・〇五・一五	池松英治	兵長	戦死	槐山郡道安面老里二五
		全身爆創	一九一八・〇三・〇七	池松柄國	父		槐山郡道安面老里二五
九六	歩兵七四連隊	ミンダナオ、マラマグ	一九四五・〇五・一五	張田栄基	兵長	戦死	丹陽郡赤城面玄谷里一八一
		全身爆創	一九二〇・〇五・〇一	張田成龍	父		丹陽郡赤城面玄谷里一八一
一〇三	歩兵七四連隊	ミンダナオ、バニル	一九四五・〇五・一七	林本孝雄	上等兵	戦死	忠州郡×味面洗星洞一五〇
		投下爆弾爆風	×	林本静子	母		忠州郡×味面洗星洞一五〇
二八二	歩兵七四連隊	ミンダナオ、マンジマ	一九四五・〇五・二〇	金山永会	伍長	戦死	槐山郡文光面文法里五一五
		全身爆創	一九二四・〇五・一〇	金山隣会	父		槐山郡文光面文法里五一五
二八三	歩兵七四連隊	ミンダナオ、マンジマ	一九四五・〇五・二〇	吉田瑛周	兵長	戦死	清州郡芙蓉面芙江里一五四
		全身爆創	一九二四〇八・二五	吉田益顕	父		清州郡芙蓉面芙江里一五四
二八五	歩兵七四連隊	ミンダナオ、タコロボン	一九四五・〇六・一〇	完山貞信	伍長	戦死	鎮川郡徳山面龍由真里六六〇
					父		鎮川郡徳山面龍由真里六六〇
九〇	歩兵七四連隊	ミンダナオ、シラエ	一九四五・〇六・一二	松林松花	兵長	戦死	沃川郡安南面池水里四五二—一二
		投下爆弾爆風	一九二〇・〇八・二〇	松林永客	父		奉天省興東県老城村河北屯四〇
二八六	歩兵七四連隊	ミンダナオ、ソロア	一九四五・〇六・二〇	三井　清	伍長	戦死	清州郡清州邑本町三—三八
		頭部貫通銃創	一九二四・〇八・〇七	三井熙元	父		清州郡清州邑本町三—三八
一〇一	歩兵七四連隊	ミンダナオ、アナマック	一九四五・〇七・〇五	金山大植	上等兵	戦死	沃川郡安内面×里一一二
		頭部貫通銃創	一九二五・〇三・〇二	金山動根	父		沃川郡安内面×里一一二
二五一	歩兵七四連隊	ミンダナオ、ウマヤン	一九四五・〇七・〇五	宮本麟成	兵長	戦死	清州郡米院面月龍里五七七
		腹部貫通銃創	一九二二・一〇・〇四	宮本鶴成	兄		清州郡米院面月龍里五七七
二三九	歩兵七四連隊	ミンダナオ、ウマヤン	一九四五・〇七・一〇	松山　薫	伍長	戦死	堤川郡鳳陽面硯朴里九四
		頭部貫通銃創	一九二一・〇八・三〇	松山炯玄	父		堤川郡鳳陽面硯朴里九四
二四〇	歩兵七四連隊	ミンダナオ、ウマヤン	一九四五・〇七・一〇	松山俊一	伍長	戦死	鎮川郡利柳面大間里一八二
		腹部貫通銃創	一九二四・〇四・二六	松山憲根	父		鎮川郡利柳面大間里一八二
二四一	歩兵七四連隊	ミンダナオ、ウマヤン	一九四五・〇七・一〇	松本忠雄	兵長	戦死	鎮川郡利柳面長城里二一九
		腹部貫通銃創	一九二一・〇八・〇八	松本常正	父		鎮川郡利柳面長城里二一九
二四五	歩兵七四連隊	ミンダナオ、ウマヤン	一九四五・〇七・一〇	和山尤鉉	伍長	戦死	報恩郡徳圯面萬倚里四八
		腹部貫通銃創	一九二三・〇五・〇四	和山重奎	父		報恩郡徳圯面萬倚里四八
二四六	歩兵七四連隊	ミンダナオ、ウマヤン	一九四五・〇七・一〇	天本刀植	兵長	戦死	忠州郡東良面龍橋里三一七
		頭部貫通銃創	一九二二・〇九・〇八	天本漢成	父		忠州郡東良面龍橋里三一七
二四七	歩兵七四連隊	ミンダナオ、ウマヤン	一九四五・〇七・一〇	伊東東柱	伍長	戦死	沃川郡医院面牛山里六五七
		頭部貫通銃創	一九二二・〇一・一五	伊東光洙	父		沃川郡医院面牛山里六五七
一九七	歩兵七四連隊	ミンダナオ、ベルマ	一九四五・〇七・一三	金田春雄	兵長	戦病死	忠州郡周徳面新忠里六

		マラリア	一九二一・〇九・〇七	金田鐘吉	伯父		忠州郡周徳面新忠里六
二四二	歩兵七四連隊	ミンダナオ、ウマヤン	一九四五・〇七・一五	杉本繁春	伍長	戦死	永同郡永同邑梅川里一〇五
		頭部貫通銃創	一九二五・〇一・〇四	杉本浩根	父		永同郡永同邑梅川里一〇五
二四四	歩兵七四連隊	ミンダナオ、ウマヤン	一九四五・〇七・一五	木山三洞	伍長	戦死	堤川郡水山面九谷里二三七
		腹部貫通銃創	一九二二・一二・二七	木下萬吉	父		堤川郡水山面九谷里二三七
二四八	歩兵七四連隊	ミンダナオ、ウマヤン	一九四五・〇七・一五	星山鐘祐	兵長	戦死	槐山郡曽坪面曽坪里五二一
		頭部貫通銃創	一九二四・〇五・一九	星山魯憲	祖父		槐山郡曽坪面曽坪里五二一
二四三	歩兵七四連隊	ミンダナオ、ウマヤン	一九四五・〇七・二〇	國本義雄	兵長	戦死	忠州郡沙洙面乃沙洞
		腹部貫通銃創	一九二三・〇五・一〇	國本綾子	母		咸鏡北道羅津府富士見町
九一	歩兵七四連隊	ミンダナオ、ソロイ	一九四五・〇七・二〇	安田正一	兵長	戦死	槐山郡槐山面大寺里一六一ー一
		全身爆創	一九二五・一二・〇二	安田成吉	父		槐山郡槐山面大寺里一六一ー一
二五〇	歩兵七四連隊	ミンダナオ、ウマヤン	一九四五・〇七・二〇	文松滋洞	兵長	戦死	報恩郡馬老面官黄里五二八
		頭部貫通銃創	×	文松会準	父		報恩郡馬老面官黄里五二八
二八四	歩兵七四連隊	ミンダナオ、タバオ	一九四五・〇七・二〇	木村朝承	兵長	戦死	槐山郡槐山面塔部里五八一
		頭部貫通銃創	一九二二・一一・二六	木村辰福	父		槐山郡槐山面塔部里五八一
二八七	歩兵七四連隊	ミンダナオ、ワロエ	一九四五・〇七・二〇	松村秀雄	伍長	戦死	陰城郡道南面助村里五四四
		腹部貫通銃創	一九二二・〇四・二六	松村秀義	父		陰城郡道南面助村里五四四
三四五	歩兵七四連隊	ミンダナオ	一九四五・〇七・二〇	岡本寅雄	一等兵	戦死	忠州郡塗味面沙里
			×	ー	ー		ー
一〇二	歩兵七四連隊	ミンダナオ、サラコガマ	一九四五・〇七・二三	永村光正	兵曹	戦病死	沃川郡伊院面乾棲里一四三
		マラリア	一九二一・〇八・二〇	永村吉正	父		沃川郡伊院面乾棲里一四三
二九〇	歩兵七四連隊	ミンダナオ、ウマヤン	一九四五・〇八・〇一	金山國培	伍長	戦死	沃川郡青山面大城里三七七
		腹部貫通銃創	一九二三・〇九・〇一	金山興逑	父		沃川郡青山面大城里三七七
二九一	歩兵七四連隊	ミンダナオ、ウマヤン	一九四五・〇八・〇一	新井麟鳳	兵長	戦死	報恩郡山外面門岩里一九
		左胸部貫通銃創	一九一九・一一・〇五	新井元集	父		報恩郡山外面門岩里一九
二八八	歩兵七四連隊	ミンダナオ、ウマヤン	一九四五・〇八・〇四	金澤東一	兵長	戦死	槐山郡延豊面周棲里一三六
		胸部貫通銃創	一九二三・〇八・〇二	金澤東根	兄		京城府孝×洞一七五ー六
二八九	歩兵七四連隊	ミンダナオ、ウマヤン	一九四五・〇八・〇四	共田武夫	兵長	戦死	鎮川郡利柳面大呂里
		頭部貫通銃創	一九二四・〇七・一一	共田幸太郎	祖父		鎮川郡利柳面大呂里
三四四	歩兵七四連隊	ミンダナオ、キオコング	一九四五・〇八・一〇	三山吉武	伍長	戦死	忠州郡山尺面松江里一〇八〇
			一九二二・〇五・〇七	三山元中	父		忠州郡山尺面松江里一〇八〇
二二二	歩兵七五連隊	ボントック、バトック山	一九四五・〇三・一六	松村采復	上等兵	戦死	永同郡龍山面間谷里二七九
		頭部貫通銃創	一九二〇・一〇・二〇	松村巡徳	父		永同郡龍山面間谷里二七九
三五七	歩兵七五連隊	六〇師団野戦病院	一九四五・〇八・一七	中山壽永	一等兵	戦死	堤川郡錦城面東幕里六八〇
			×	中山武英	兄		堤川郡錦城面東幕里六八〇

一一三	歩兵七六連隊	ルソン島ブタック	一九四五・〇五・一八	柿村忠信	伍長	戦死	永同郡上村面林山里一三四
		頭部貫通銃創	一九一九・〇四・一四	柿村圭容	兄		永同郡上村面林山里一三四
一九一	歩兵七七連隊	ニューギニア、アフワ	一九四四・〇九・二三	河原祥栄	伍長	戦死	沃川郡伊院面洞亭里一〇二—一
		頭部貫通銃創	×	河原聖×	兄		永同郡龍山面九村里
八五	歩兵七七連隊	レイテ島ナダアン山	一九四五・〇五・一六	陽本武男	伍長	戦死	清州郡加徳面菊田里
		頭部貫通銃創	×	陽本忠良	父		京城府未登浦邑道林町三二
三〇五	歩兵七七連隊	レイテ島	一九四五・〇七・〇一	咸陽世鎮	伍長	戦死	丹陽郡赤義面基洞里一五〇
			一九一七・〇七・二〇	咸陽周斌	父		丹陽郡赤城面上元谷里二五
三〇六	歩兵七七連隊	レイテ島	一九四五・〇七・〇一	木村百春	上等兵	戦死	堤川郡錦城面北津里一六〇
			×	木村壽春	妻		堤川郡錦城面北津里一六〇
三〇七	歩兵七七連隊	レイテ島	一九四五・〇七・〇一	中田勝夫	兵長	戦死	清州郡加徳面柿洞里四三九—一
			×	中田春子	妻		清州郡松徳面芦洞里四三九—一
三〇八	歩兵七七連隊	レイテ島	一九四五・〇七・〇一	梁川成海	上等兵	戦死	沃川郡青城面大安里
			×	梁川茂雄	兄		沃川郡青城面大安里
三六一	歩兵七七連隊	レイテ島	一九四五・〇七・〇一	岡本勇三	上等兵	戦死	清州郡清州邑内槐里一八一
			×	岡本カスミ	父		和歌山県日高郡御坊町一六八
八六	歩兵七七連隊	ミンダナオ、ウマヤン	一九四五・〇七・〇五	高見武介	伍長	戦死	清州郡南一面方西里
		頭部貫通銃創	×	高見清子	妻		忠清南道天安郡天安邑本町一—九一
五二	歩兵七八連隊	ニューギニア、戸里川	一九四四・〇七・〇八	新井善隆	伍長	戦傷死	丹陽郡赤城面芝谷里
		胸部貫通銃創	×	新井久雄	父		丹陽郡赤城面芝谷里
四九	歩兵七八連隊	ニューギニア、坂東川	一九四四・〇七・一〇	安谷周蔵	伍長	戦死	沃川郡青山面閑谷里八九
		胸部貫通銃創	×	安谷栄夫	兄		沃川郡沃川面三青里二四九
五一	歩兵七八連隊	ニューギニア、坂東川	一九四四・〇七・一〇	平山龍雄	曹長	戦死	堤川郡堤川面邑部里一五六
		胸部貫通銃創	×	平山鳴鳳	兄		—
四八	歩兵七八連隊	ニューギニア、アック	一九四四・〇七・一四	松田武男	兵長	戦死	鎮川郡鎮川面邑内里四三三—二
		腹部貫通銃創	×	松田来春	父		—
四七	歩兵七八連隊	ニューギニア、ウウェワク	一九四四・一〇・〇三	松本武男	曹長	戦死	沃川郡安南面池水里七三三
			×	松本益誠	父		福岡県小倉市船場町四—一一二
五〇	歩兵七八連隊	ニューギニア、パラム	一九四四・一一・〇五	金光武夫	伍長	戦死	鎮川郡草坪面琴谷里二六六
		左腹部貫通銃創	×	金光永驤	父		徳山面璣里一二五
一七一	歩兵七八連隊	ニューギニア、ボイキン	一九四四・一一・一五	金光武男	伍長	戦死	鎮川郡徳山面璣日里
		腹部貫通銃創	×	金光永崎	父		鎮川郡徳山面璣日里
一七二	歩兵七八連隊	ニューギニア、ボイキン	一九四五・〇三・一四	梧村國正	兵長	戦死	槐山郡道安面松亭里四二四
		腹部戦車砲弾創	×	梧村朝光	父		槐山郡道安面松亭里四二四
三二四	歩兵七九連隊	ニューギニア、ハンサ	一九四三・〇三・二〇	金谷動遺	伍長	戦死	清州郡芙蓉面朴川里二一八

番号	部隊	死亡場所	年月日	氏名	階級・続柄	区分	本籍・住所
			×	金谷朝思	父		清州郡芙蓉面朴川里二一八
三一六	歩兵七九連隊	ニューギニア、マダン	一九四三・〇四・二六	陸山光男	曹長	戦死	沃川郡安南面西大里三八四－一
			一九二二・〇八・一五	陸山東平	兄		沃川郡沃川面馬老里
三六七	歩兵七九連隊	ニューギニア、カラカ	一九四三・一〇・二五	岩本正一	伍長	戦死	忠州郡金加面遠浦里五九一
			×	岩本	—		—
一〇九	歩兵七九連隊	ニューギニア、キアリ	一九四四・〇一・〇二	松本光弘	伍長	戦死	沃川郡伊院面院洞里七一四－三
		下腹部砲弾破片創	×	松本泰両	父		沃川郡伊院面院洞里七一四－三
一一一	歩兵七九連隊	ニューギニア、ガリ	一九四四・〇一・一〇	武山秀彦	伍長	戦死	忠州郡×味面乃沙洞四〇九鎮川郡百
			×	武山有範	母		忠州郡×味面乃沙洞四〇九鎮川郡百
三一七	歩兵七九連隊	ニューギニア、ガリ	一九四四・〇一・一〇	安　熙文	伍長	戦死	忠州郡金加面峰屏里七八一
			×	安祐栄	父		忠州郡金加面峰屏里七八一
三六三	歩兵七九連隊	ニューギニア、ガリ	一九四四・〇一・一七	黄　大淵	伍長	戦死	清州郡文×面文山里二七－一
			×	黄鳳成	兄		清州郡文×面文山里二七－一
三三三	歩兵七九連隊	ニューギニア、シンデリー	一九四四・〇二・一三	金澤鎮坤	伍長	戦死	鎮川郡文自面蓮下里四三一
			×	金澤圭明	父		鎮川郡文自面蓮下里四三一
三二一	歩兵七九連隊	ニューギニア、ハンサ	一九四四・〇三・二〇	星天光盛	伍長	戦死	沃川郡青城面大安里九八三－一
			×	星点禮福	妻		沃川郡青城面大安里九八三－一
三二二	歩兵七九連隊	ニューギニア、ハンサ	一九四四・〇三・二〇	金村誠一	伍長	戦死	清州郡北二面石城里四五
			×	金村正×	父		清州郡北二面石城里四五
三六四	歩兵七九連隊	不詳	一九四四・〇四・二八	金澤東満	上等兵	戦死	清州郡賢部面老山里六二三
			×	金澤並済	父		清州郡賢部面老山里六二三
三四二	歩兵七九連隊	山西省腰荘	一九四四・〇六・二二	李　仁錫	上等兵	戦死	沃川郡生面下東里八六－二
			一九一五・一二・〇四	西粉	妻		沃川郡生面下東里八六－二
二九九	歩兵七九連隊	ミンダナオ、ウマヤン	一九四五・〇八・〇一	金山孝敬	伍長	戦病死	陰城郡孟洞面通湖里二二六
		マラリア	×	金山澄子	母		陰城郡孟洞面×星里五〇六
三〇〇	歩兵七九連隊	ミンダナオ、ワロエ	一九四五・〇八・〇一	長田玉次郎	伍長	戦病死	報恩郡馬老面王谷里
		マラリア	一九二一・一一・一二	長田太郎	父		報恩郡馬老面先谷里
三一九／三六二	歩兵七九連隊	ニューギニア、アファ	一九四四・〇八・〇三	青田持瀌	伍長	戦死	清州郡江内面緒山里五九
			×	青田桐瀌	兄		陰城郡陰城面巨内里二八
三七六	歩兵七九連隊補充隊	台湾高雄沖	一九四五・〇一・〇九	平山漢玉	一等兵	戦死	堤川郡水山面池谷里二一五
			一九二四・〇六・一八	金井振玉	妻		江原道寧越郡寧越面徳浦里
三一五	歩兵八〇連隊	ニューギニア、パアイタム	一九四五・〇七・一七	林田光弘	伍長	戦死	槐山郡沼壽面南里七九五
			×	林田吉浩	父		槐山郡沼壽面南里七九五
一五七	歩兵八〇連隊	ニューギニア、ウウェワク	一九四五・〇二・二五	金田義伝	伍長	戦死	永同郡梅谷面老川里五三六
			×	金田自玉	父		永同郡梅谷面老川里五三六

三八〇	歩兵一〇四連隊	台湾高雄沖	一九四五・〇一・〇九 一九一六・〇五・〇五	金星健昌 ―	通訳 ―	戦死	陰城郡陰城面邑内里五七〇 ―
一七〇	歩兵一〇六連隊	ビルマ、ニャンウエ 全身爆弾破片創	一九四五・〇三・〇九 一九二〇・〇九・一五	金子淵秀 金子丁植	伍長 妻	戦死	清州郡北二面琴台里五七 清州郡北二面琴台里五七
一八〇	歩兵一〇六連隊	ビルマ、トーマ 腹部迫撃砲弾貫通	一九四五・〇三・一〇 一九二一・一二・二六	南淳哲 南鳳鉉	伍長 妻	戦死	槐山郡長延面雙道里四三七 槐山郡長延面雙道里四三七
三五〇	歩兵一〇六連隊	ビルマ、メークテーラ	一九四五・〇三・一四 一九二四・〇三・一五	木下　憩 木下守明	兵長 母	戦死	槐山郡上毛面花泉里四七 槐山郡上毛面温泉里三三五
一七四	歩兵一〇六連隊	ビルマ、カンダン 胸部迫撃砲弾破片	一九四五・〇三・一四 一九二三・一二・一〇	戸山聖夫 戸山　昇	伍長 父	戦死	清州郡清州邑清水町二〇一 清州郡清州邑清水町二〇一
一八四	歩兵一〇六連隊	ビルマ、カンギー 全身戦車砲弾創	一九四五・〇三・二二 一九二三・一〇・二九	金光昌洙 金光徳初	伍長 祖父	戦死	清州郡江外面五松里六七 清州郡江外面五松里六七
一六八	歩兵一〇六連隊	ビルマ、メークテーラ 腹部迫撃砲弾創	一九四五・〇三・二三 一九二二・〇三・二八	宇元立 宇元快善	伍長 父	戦死	忠州郡忠州邑大手町七八 忠州郡忠州邑大手町七八
一六九	歩兵一〇六連隊	ビルマ、メークテーラ 腹部貫通銃創	一九四五・〇三・二三 一九二五・一一・一五	江本成求 江本敬泰	兵長 父	戦死	清州郡江西面坪里六九―四 清州郡江西面坪里六九―四
一七三	歩兵一〇六連隊	ビルマ、メークテーラ 頭部貫通銃創	一九四五・〇三・二三 一九二四・〇八・一五	島本富吉 島本照淑	伍長 母	戦死	堤川郡白雲面平洞里二四六 堤川郡白雲面平洞里二四六
一八一	歩兵一〇六連隊	ビルマ、メークテーラ 胸部迫撃砲弾破片	一九四五・〇三・二三 一九一九・〇九・〇三	光本忠太郎 光本正徳	伍長 父	戦死	堤川郡錦城面江諸里一八八 堤川郡錦城面江諸里一八八
一七六	歩兵一〇六連隊	ビルマ、メークテーラ 胸部迫撃砲弾破片	一九四五・〇三・二三 一九二五・〇九・一七	廣原輝雄 廣原三刀	伍長 父	戦死	永同郡永同邑駿梨里四八九 永同郡永同邑駿梨里四八九
一八二	歩兵一〇六連隊	ビルマ、タビエビン 胸部迫撃砲弾破片	一九四五・〇四・〇五 一九二四・一二・二五	光田廣憲 光田寅脇	兵長 父	戦死	陰城郡岱極面屏岩里二区 陰城郡岱極面屏岩里二区
一七九	歩兵一〇六連隊	ビルマ、タビエビン 爆弾破片創	一九四五・〇四・〇六 一九二四・〇一・〇九	水田　豊 水田承平	兵長 父	戦死	忠州郡忠州邑栄町三 忠州郡忠州邑栄町三
一六七	歩兵一〇六連隊	ビルマ、カテ 頭部砲弾破片創	一九四五・〇四・〇六 一九二四・一一・二五	井村武雄 井村芳江	兵長 母	戦死	槐山郡懐山面塔部里五二六 槐山郡懐山面塔部里五二六
三三〇	歩兵一〇六連隊	ビルマ、タビエビン	一九四五・〇四・〇六 一九二四・一〇・一五	玉川千萬 玉川在根	伍長 父	戦死	沃川郡青城面巨済里三五九―一 沃川郡青城面巨済里三五九―一
一八三	歩兵一〇六連隊	ビルマ、サダン 右大腿部砲弾破片	一九四五・〇四・〇八 一九二四・〇八・一三	金田宗植 金田正哲	兵長 父	戦死	清州郡南二面外河里三一八 清州郡南二面外河里三一八
一七八	歩兵一〇六連隊	ビルマ、ヤメセン 顔・胸手榴弾破片創	一九四五・〇四・一三 一九二三・〇二・二四	松岡義雄 松岡芙蓉	伍長 父	戦死	鎮川郡刀升面廣恵院里四五一 鎮川郡刀升面廣恵院里四五一
三五二	歩兵一〇六連隊	ビルマ、マンセン	一九四五・〇四・一三	前田秀篤	上等兵	戦死	鎮川郡刀升面廣恵院里四五一

		顔・胸手榴弾破片創	一九二〇・〇一・〇五	松岡芙蓉	父		鎮川郡刀升面廣恵院里四五一
三六五	歩兵一〇六連隊	ビルマ、メークテイラ	一九四五・〇四・二〇	金城子享	一等兵	戦死	清州郡表善面細花里二〇七
			一九一五・〇一・二〇	金城佐三	父		大阪市福島大開町四ー二八
一七五	歩兵一〇六連隊	ビルマ、トングー四九野病	一九四五・〇四・二一	長本師一	上等兵	戦傷死	槐山郡沙梨面水巖里
		胸部貫通銃創	一九二三・〇二・一四	長本正淑	父		槐山郡沙梨面水巖里
三二七	歩兵一〇六連隊	ビルマ、トングー	一九四五・〇四・一五	金澤孝昌	兵長	戦死	忠州郡忠州邑本町五二
			一九二三・〇七・二九	金澤一平	父		忠州郡忠州邑本町五二
三二九	歩兵一〇六連隊	ビルマ、トングー	一九四五・〇五・一〇	芝山文栄	兵長	戦死	忠州郡同憶面堤内里三五八
			一九二六・〇一・〇一	芝山東浩	父		忠州郡同憶面堤内里二五八
一七七	歩兵一〇六連隊	ビルマ、ナロポリ	一九四五・〇五・二一	平田啓勲	兵長	戦死	堤川郡白雲面花塘里五九
		胸部手榴弾破片創	一九二四・一二・一三	平田源憲	父		堤川郡白雲面花塘里五九
三二八	歩兵一〇六連隊	ビルマ、タビエビン	一九四五・〇六・〇六	木村勇雄	兵長	戦死	沃川郡青城面猪金里三九三
			×	木村吉雄	兄		沃川郡青城面猪金里三九三
二〇三	歩兵一〇六連隊	ビルマ、タトン四九師野病	一九四五・一〇・三一	山内洪成	伍長	戦病死	清州郡翼都面竹田里六一〇
		マラリア	一九二六・〇七・〇五	山内乙龍	父		清州郡翼都面竹田里六一〇
二	歩兵一〇九連隊	漢口五八兵隊病院	一九四五・〇九・二五	豊田安民	上等兵	戦病死	陰城郡甘谷面上隅里二二〇
		脚気・腸炎	一九二四・〇五・二二	豊田宰植	父		陰城郡甘谷面上隅里二二〇
五	歩兵一〇九連隊	河南省一八九兵病	一九四五・〇六・〇七	村江正植	兵長	戦病死	槐山郡仏面隆村里二九三
		奨液腺結核	一九二五・〇九・〇一	村江學順	父		槐山郡仏面隆村里二九三
六	歩兵一二〇連隊	湖北省武昌陸病	一九四五・〇二・一五	金川廷基	上等兵	戦病死	清州郡南一面外河里三〇九
			×	金川萬石	父		堤川郡水山面水山里二〇八
七	歩兵一二〇連隊	湖南省一八四兵病	一九四五・〇五・二二	島田忠吉	兵長	戦病死	清州郡清州邑壽町四〇二
			一九二四・一一・〇六	島田在郷	兄		清州郡清州邑壽町四〇二
八	歩兵一二〇連隊	湖南省邵陽県	一九四五・〇七・〇七	金田道謙	兵長	戦死	永同郡梅谷面玉田里三六八
			一九二四・〇一・〇九	金田栄順	父		永同郡梅谷面玉田里三六八
一四二	歩兵一二〇連隊	湖南省邵陽県	一九四五・〇八・二八	大林炳瀘	上等兵	戦死	鎮川郡文城面恩陽里一八六
			×	大林貞植	父		清州郡清州邑四ー二
二三一	歩兵一三三連隊	江西省九江一七七病	一九四五・一〇・〇二	金川南珠	上等兵	戦病死	鎮川郡栢谷面龍徳里四三
			一九二四・〇七・一四	金川楽起	父		鎮川郡栢谷面龍徳里四三
三五三	歩兵一三三連隊	湖南省一八五兵病	一九四五・一二・二三	菊本道成	兵長	戦病死	沃川郡安田面沓陽里三四〇
		赤痢	一九二四・〇六・二五	菊本来信	父		沃川郡安田面沓陽里三四〇
三三一	歩兵一五三連隊	ビルマ一〇六兵病	一九四五・一一・一一	金光廣蔵	兵長	戦病死	報恩郡報恩面三山里一〇三
			一九二〇・〇一・二〇	金光喜代	母		報恩郡報恩面三山里一〇三
四三	歩兵二二六連隊	湖南省長沙	一九四四・〇六・一六	武山炳夏	伍長	戦死	陰城郡孟洞面隆村里三三六
			×	武山春植	父		陰城郡孟洞面隆村里三三六

四四	歩兵二一六連隊	湖南省長沙	一九四四・〇六・一七 ×	松本完燮 松本相舜	伍長 父	戦死	忠州郡伊政面佳春里一五八 京畿道利川郡栗面北斗里二〇八
四五	歩兵二一六連隊	中支湖潭県野戦病 コレラ・脚気	一九四四・一一・一八 一九二四・一一・一一	金永永鎬 金永用逑	兵長 父	戦病死	永同郡永同邑雪渓里七六六 永同郡永同邑雪渓里七六六
一二六	歩兵二一七連隊	湖南省石門口 手榴弾により自殺	一九四四・〇七・二六 ×	張間龍吉 張間新策	上等兵 父	不慮死	堤川郡堤川邑花山里九九 堤川郡堤川邑花山里九九
二二一	歩兵二一七連隊	湖南省長沙	一九四四・〇六・〇二 ×	山本尚成 山本在栄	兵長 父	戦死	忠州郡周徳面堤内里一四三－一 忠州郡周徳面堤内里一四三－一
七二	歩兵二一八連隊	湖南省五八兵病	一九四四・〇七・二三 一九二一・〇九・〇一	新村用鎮 新村在鳳	伍長 父	戦傷死	陰城郡孟洞面雙垈里五〇七 京城府杏道町一一九
二三〇	歩兵二一八連隊	湖南省三四師野病	一九四四・一〇・〇三 一九二六・〇二・一四	牧山隆一 牧山繁夫	兵長 父	戦傷死	清州郡四州面斜川里一〇九－一 清州郡四州面斜川里一〇九－一
七三	歩兵二一八連隊	広西省唐家市	一九四四・一〇・二六 一九二六・〇三・一〇	伊田壽炳 伊田錫鳳	兵長 父	戦病死	丹陽郡瑞春面下里三一七 丹陽郡瑞春面下里三一七
七一	歩兵二一八連隊	湖南省零陵県	一九四五・〇一・〇五 ×	幸村吉久 幸村寧壽	伍長 父	戦死	陰城郡陰城面邑内里三〇九 陰城郡陰城面邑内里三〇九
二〇〇	歩兵二二一連隊	ビアク島モクメル 玉砕	一九四四・〇六・一五 ×	西原敬熙 西原相福	伍長 父	戦死	忠州郡周徳面徳遠里二五 忠州郡周徳面徳遠里二五
五七	歩兵二二四連隊	湖南省寧郷 胸部砲弾破片創	一九四四・〇六・一五 ×	井上鮮東 井上光洪	兵長 父	戦死	沃川郡青城面猪金里三九〇 沃川郡青城面猪金里三九〇
六九	歩兵二二四連隊	広西省祥林市 頭部迫撃砲弾破片	一九四四・一一・〇五 ×	安田炳熙 ―	兵長 ―	戦死	清州郡芙蓉面文谷里三一一 ―
五八	歩兵二二四連隊	広東省楽昌挙水口	一九四五・〇二・二三 ×	北川勝一 北川元彦	伍長 妻	戦死	清州郡芙蓉面文谷里 清州郡芙蓉面文谷里
一〇四	歩兵二三五連隊	湖南省零陵一三二兵 左上膊皮下蜂巣炎	一九四五・〇三・三〇 一九二六・〇一・二五	永井炳周 永井廣云	伍長 父	戦病死	堤川郡風陽面周浦里一五八 堤川郡風陽面周浦里一五八
三七二	歩兵二三八連隊	ビアク島モクメル	一九四四・〇六・一五 ×	金原東旭 金原陽木	一等兵 父	戦死	鎮川郡柏吉面石川里一四二 忠清南道筐岐郡金×面邑内里
三〇	歩兵二三八連隊	ニューギニア、サルプ	一九四四・〇七・二〇 ×	平沼義夫 平沼利一郎	上等兵 父	戦病死	報恩郡内基田面老峠里 報恩郡報恩面救士里
三一四	歩兵二三八連隊	ニューギニア、アフア	一九四四・〇八・〇一 ×	菅原聖彬 ―	軍属 ―	戦死	清州郡琅城面芝山里 ―
三三二	歩兵二三八連隊	ニューギニア、アフア	一九四四・〇八・〇一 ×	金城　博 金城栄一	兵長 父	戦死	忠州郡金加面梅下里二七五 忠州郡金加面梅下里二七五
三三三	歩兵二三八連隊	ニューギニア、アフア	一九四四・〇八・〇一	武田守男	上等兵	戦死	報恩郡報恩面月松里四五一

			×	武田求行	父		報恩郡報恩面月松里四五一
三五四	歩兵二三八連隊	ニューギニア、アファ	一九四四・〇八・〇一	竹田守男	上等兵	戦死	沃川郡沃川面竹口里五〇
			×	竹田光秀	父		沃川郡沃川面竹口里五〇
三四	歩兵二三八連隊	ミンダナオ島ラガオ	一九四四・一一・三〇	平本誠一	上等兵	戦病死	報恩郡山外面長甲里五二
			×	平本聖方	妻		報恩郡山外面長甲里五二
三一	歩兵二三八連隊	ニューギニア、ホンランジア	一九四四・一二・二四	昇平麟圭	上等兵	戦死	清州郡翼都面竹田里三二七
			×	昇平魯吉	父		清州郡翼都面竹田里三二七
二二七	歩兵三一七連隊	一二八兵站病院	一九四四・〇八・二四	廣村昶蔵	伍長	戦死	陰城郡無極面道新里三一九
			一九二三・〇二・二五	廣村客玉	父		陰城郡無極面道新里三一九
二二八	歩兵三一七連隊	湖南省安仁県	一九四四・〇八・二五	金谷元性	伍長	戦死	槐山郡従豊面積石里一四二
			×	金谷栄翼	父		槐山郡従豊面積石里一四二
一六	歩兵三三四連隊	湖南省毛塘	一九四四・〇八・〇八	竹田龍雨	伍長	戦死	報恩郡内基田面字老峙里
			×	―	―		―
二九	歩兵三三四連隊	湖南省毛塘	一九四四・〇八・〇八	松田錫振	伍長	戦死	槐山郡槐山面
		全身爆弾破片創	×	―	―		―
一一四	歩兵三四八連隊	パラオ一二三兵病	一九四五・〇八・一三	黄山華淵	曹長	戦死	報恩郡俗離面三街里二七四－八
		左臀部貫通銃創	一九二三・〇一・二三	黄山義甲	父		報恩郡俗離面三街里二七四－八
一四六	歩兵四二九連隊	牙山郡新昌面	一九四五・〇六・〇九	松山範逑	二等兵	不慮死	清州郡江西面松節里一一五
			一九二四・〇八・〇一	松山春夏	母		清州郡清州邑錦町一七二
二二三	マライ俘虜収容所	スマトラ島	一九四四・〇六・二六	東原光郎	傭人	戦死	沃川郡青山面白雲里二九〇
			×	東原明鎮	父		沃川郡青山面芝田里一七九
三〇三	マニラ高射砲隊司令部	ルソン島ボリボリ	一九四五・〇四・二五	原田正夫	伍長	戦死	槐山郡豊坪面曽坪里
		頭部砲弾破片創	×	原田性任	母		槐山郡豊坪面曽坪里
二二五	野機砲三八中隊	ニューギニア、ウウェワク	一九四五・〇五・一〇	白川正雄	軍曹	戦死	陰城郡金旺面龍渓里一三三九
			×	白川成海	兄		陰城郡金旺面龍渓里一三三九
三三二	野戦高射砲五八大隊	ニューギニア、アレキシス	一九四三・一一・一七	延安相政	兵長	戦死	鎮川郡梨月面新月里一一一
			一九二三・〇二・一五	延安英根	父		鎮川郡梨月面新月里一一一
二二二	野戦高射砲五八大隊	ニューギニア、ウウェワク	一九四四・〇七・二七	豊原　弘	兵長	戦病死	忠州郡東良面早洞里九七八
			一九二二・一〇・一〇	豊原　繁	兄		忠州郡四州面斜川里三九
一八五	野戦高射砲五九大隊	ボウゲンビル島マイク	一九四四・〇九・〇九	國本春吉	曹長	戦死	丹陽郡丹陽面中坊里二八二
		顔・頭投爆弾破片創	一九一五・一一・二五	國本聖禮	母		丹陽郡丹陽面中坊里二八二
一八六	野戦高射砲五九大隊	ボウゲンビル、七六兵病	一九四三・〇一・一二	松山秀盧	上等兵	戦傷死	槐山郡上毛面温泉町二二二
			一九二〇・一一・二八	松山秀男	兄		槐山郡上毛面温泉町二二二
一〇七	野砲二六連隊	ニューギニア、ボイキン	一九四五・〇三・二五	金本鐘七	上等兵	戦死	清州郡芙蓉面登岩里七七九
		左胸部貫通銃創	×	金本五南	父		清州郡芙蓉面登岩里七七九

一九三	野砲三〇連隊	ミンダナオ、パンタドン 腹部貫通銃創	一九四五・〇六・一四 ×	香山吉信 香山文栄	兵長 父	戦死	槐山郡槐山面塔部里三二七―七 槐山郡槐山面塔部里三二七―七
一五九	野砲三〇連隊	ミンダナオ、スリガオ 頭部貫通銃創	一九四四・〇九・〇九 一九二一・〇六・一〇	長淵文煥 長淵貞漢	伍長 母	戦死	忠州郡金加面遊松里一一四 忠州郡忠州邑大平里一一四
三九五	野砲一三四連隊	ハバロスク	一九四六・〇九・〇八 一九二四・〇三・〇八	青松三雄 青松亨一	伍長 父	戦病死	扶余郡林川面郡司里一九三 間島省汪清県春車村石×区
三六六	第四農耕勤務隊	不詳	一九四五・〇七・一五 一九二三・一二・二〇	山本亨通 山本周逑	二等兵 兄	戦死	報恩郡炭金面下長里三二一 報恩郡炭金面下長里三二一
一五六	第五野戦機関砲	ニューギニア、アファ マラリア	一九四四・〇一・一七 ×	廣原勇作 廣原正植	兵長 父	戦病死	永同郡永同邑稽山里三六六 永同郡永同邑稽山里三六六
一六四	第六方面軍司令部	湖北省英口同仁会 急性腹膜炎	一九四五・〇五・二三 一九一三・一〇・一〇	新井南壽 ―	軍属 ―	戦病死	報恩郡報恩面梨坪里七三 ―
二二九	第七野戦航空補給廠	イフガオ川	一九四五・〇七・〇七 ×	夏川邦彦 夏川義夫	雇員 父	戦兵死	永同郡永同邑楷山里六九九 永同郡永同邑楷山里六九九
三八五	第一四師団司令部	不詳	一九四四・一二・〇一 ×	森下鳳大 森下鳳龍	軍夫 弟	戦病死	沃川郡沃川面梅花里 沃川郡沃川面梅花里
一八七	第一四師団司令部	ニューギニア一二三兵病	一九四四・一二・一八 ×	崔福緑 崔正吉	傭人 子	戦病死	沃川郡沃川面墨岱里新岱里 沃川郡沃川面墨岱里新岱里
一八八	第一四師団司令部	ニューギニア一二三兵病	一九四四・一二・二七 ×	松島基純 柳原桓春	傭人 姉夫	戦病死	沃川郡安南面従薇里一一九―一九 沃川郡安南面従薇里一一九―一九
一八九	第一四師団司令部	ニューギニア一二三兵病	一九四五・〇一・〇四 ×	細元松尾 ―	傭人 ―	戦病死	沃川郡安南面花王里 ―
三八六	第一四師団司令部	パラオ諸島	一九四五・〇一・〇四 ×	金光岩伊 金光燦中	軍夫 兄	戦病死	沃川郡安南面蓮舟里 沃川郡安南面蓮舟里
三八八	第一四師団司令部	パラオ諸島	一九四五・〇一・〇五 ×	森田元植 閔潤植	軍夫 弟	戦病死	沃川郡安南面禾鶴里 沃川郡安南面禾鶴里
一四一	第一四師団司令部	不詳	一九四五・〇二・〇九 ×	木村在元 木村大元	軍属 兄	戦死	槐山郡仏頂面水山里 槐山郡仏頂面水山里
三八三	第一四師団司令部	パラオ諸島	一九四五・〇六・〇四 ×	金山正圭 金山慶一	軍夫 父	戦病死	槐山郡槐山面西部里 槐山郡槐山面西部里
三八四	第一四師団司令部	パラオ諸島	一九四五・〇六・一八 ×	富川六得 富川大逑	軍夫 兄	戦病死	沃川郡沃川面竹香里 沃川郡沃川面竹香里
一四八	第一四師団司令部	不詳	一九四五・〇七・〇九 ×	朴芳錫 朴禹俊	軍夫 父	戦病死	槐山郡官平面曽平里 槐山郡官平面曽平里
三八九	第一四師団司令部	パラオ諸島	一九四五・〇八・〇三	西本元植	軍夫	戦病死	沃川郡東仁面金岩里

			×	西本元一	兄		沃川郡東仁面金岩里
三八七	第一四師団司令部	パラオ諸島	一九四五・〇八・〇五	中原炳憲	軍夫	戦病死	沃川郡安南面従薇里
			×	中原通文	父		沃川郡安南面従薇里
三八二	第一四師団司令部	パラオ諸島	一九四五・〇八・二九	島田梧鳳	軍夫	戦病死	忠州郡仰城面本坪里
			×	島田仁七	父		忠州郡仰城面本坪里
一四七	第一四師団司令部	河北省豊台	一九四五・一一・二二	木村範仁	兵長	戦死	堤川郡永山面大田里二五六
			一九二四・〇八・〇三	木村繁舜	父		堤川郡永山面大田里二五七
一五八	第一四師団司令部	ニューギニア・一二三兵病	一九四五・一一・××	黄泰逑	軍属	戦病死	沃川郡沃川面下桂里
			×	—	—		—
一五〇	一四師団経勤隊	パラオ・ペリリュウー島	一九四四・一二・三一	梁川光雄	兵長	戦死	永同郡楊江面斗坪里二六一
			一九二二・〇四・〇一	梁川豊宏	父		永同郡楊江面斗坪里二六一
一五一	一四師団経勤隊	パラオ島	一九四五・〇四・一一	金川鐘宇	傭人	戦死	陰城郡金旺面無極里
			×	金川東安	兄		陰城郡金旺面無極里
一五二	一四師団経勤隊	不詳	一九四五・〇四・二四	岩原光俊	軍属	戦病死	忠州郡周徳面堂隅里
			×	岩原元鐵	子		忠州郡周徳面堂隅里
一五三	一四師団経勤隊	不詳	一九四五・〇四・二四	松本仁善	傭人	戦病死	鎮川郡利府面長城里
			×	松本泰明	子		鎮川郡利府面長城里
一五四	一四師団経勤隊	パラオ諸島	一九四五・〇五・一八	金村八貴	傭人	戦病死	沃川郡沃川面書岱里
			×	金一西	叔父		沃川郡沃川面書岱里
一五五／二四九	一四師団経勤隊	パラオ一二三兵病	一九四五・〇五・一八	陳種硯	傭人	戦病死	忠州郡忠州邑本町楓道里
			×	陳花皆	母		忠州郡忠州邑本町楓道里
二一九	一四師団経勤隊	パラオ一二三兵病	一九四五・〇六・一九	木山五光	傭人	戦病死	清州郡江外面宮坪里三六七
			×	木山草達	父		清州郡江外面宮坪里三六七
三八一	一四師団経勤隊	ルソン島チャンガン	一九四五・〇六・二五	安田則明	雇員	戦病死	陰城郡蘇伊面碑山里四四
			×	安田享治	父		陰城郡蘇伊面碑山里四四
二一八	一四師団経勤隊	パラオ二コロール	一九四五・〇八・一二	金忍烈	傭人	戦死	清州郡文義面九龍里
			×	金中子	姉		清州郡文義面九龍里
三九三	第一七船舶廠	那覇北北西一五〇キロ	一九四四・〇一・一〇	竹林健次	工員	戦死	忠州郡忠州邑舟月里四七〇
			一九二三・一一・一七	竹林玉順	妻		忠州郡忠州邑舟月里四七〇
三四三	第一九師団衛生隊	ルソン島マンカヤン	一九四五・〇七・一〇	光田　功	兵長	戦死	陰城郡蘇伊面厚美里五四九
			一九二二・一一・〇四	光田元彦	父		陰城郡蘇伊面厚美里五四九
二九二	第一九師団衛生隊	ルソン島マンカキン 頭部砲弾破片創	一九四五・〇七・一〇	光田元彦	兵長	戦死	陰城郡蘇伊面厚美里五四九
			×	光田　功	父		陰城郡蘇伊面厚美里五四九
一一五	第二〇師団独	ニューギニア、ウウェワク	一九四四・〇五・一〇	金村正雄	上等兵	戦死	沃川郡沃川面馬岩里一八二—一
			×	金村順燮	妻		沃川郡沃川面馬岩里一八二—一

三二〇	第二〇師団衛生隊	ニューギニア、セピック河	一九四四・〇四・二七	二宮花吉	兵長	戦死	報恩郡懐南面龍湖里
			×	二宮大姫	妻		沃川郡安南面正芳里
三	第二〇師団衛生隊	ニューギニア、ダンダヤ	一九四四・〇八・一五	呉本児吉	上等兵	戦死	永同郡深川面深川里三〇一
			一九一八・〇六・二五	呉本菊子	妻		永同郡深川面深川里三〇一
四	第二〇師団衛生隊	ニューギニア、カロル	一九四五・〇三・一〇	利川栄一	曹長	戦病死	報恩郡報恩面竹田里一三九
			一九一八・〇六・二五	利川咸宅	父		報恩郡報恩面竹田里一三九
二六五	第二〇師団一野戦病院	ニューギニア、十国峠	一九四四・一二・〇三	金光鐘舜	不詳	戦病死	清州郡梧倉面佳谷里三五五
			×	金光×培	父		清州郡梧倉面佳谷里三五五
二六六	第二〇師団一野戦病院	ニューギニア、ヤカムル	一九四四・〇八・一二	金澤康郎	不詳	戦病死	忠州郡忠州邑龍山里六〇二
			×	金澤光政	兄		忠州郡忠州邑龍山里六〇二
二六七	第二〇師団一野戦病院	ニューギニア、マダエル	一九四四・一〇・一九	羅田武雄	不詳	戦死	報恩郡馬老面葛坪里四六〇
			×	羅田善治	父		報恩郡馬老面葛坪里四六〇
三四六	第二〇歩兵団司令部	欠	一九四四・〇一・一〇	安田照文	一等兵	戦死	忠州郡金加面峰屏里七八一
			一九一八・〇六・〇五	—	—		—
三九〇	第二三師団司令部	欠	一九四五・〇七・一七	正木喜容	軍夫	戦傷死	沃川郡東仁面坪山里
			×	—	—		—
三九一	北支那方面軍司令部	湖北省	一九四五・〇七・〇七	松原徳成	軍属	戦傷死	永同郡黄金面池鳳里五九六
			一八九一・〇三・〇三	—	—		—
二三六	第三〇師独	レイテ島ビリヤバ 全身爆弾破片創	一九四五・〇一・一八	茂松鐘元	兵長	戦死	沃川郡安内面東大里二一一
			一九二三・一二・三一	茂松昇金	父		忠清南道天安郡天安邑寧取町二七
五三	第三〇師団司令部	ミンダナオ、ワロエ 頭部貫通銃創	一九四五・〇七・二五	廣原茂政	伍長	戦死	永同郡永同邑椿山里六六二
			一九二三・〇六・二一	廣原正雄	父		永同郡永同邑椿山里六六二
二七二	第三〇師団司令部	レイテ島オルモック	一九四四・一一・三〇	芳湖　栄	伍長	戦死	忠州郡周徳面堤内里一二六二
			一九二〇・〇一・一四	芳湖義圓	祖父		忠州郡周徳面堤内里一二六二
二七五	第三〇師団衛生隊	レイテ島ビリヤバ 全身爆弾破片創	一九四五・〇一・一八	徳山義光	伍長	戦死	永同郡梅谷面老川里六二三―一
			×	徳山茂雄	父		永同郡梅谷面老川里六二三―一
七〇	第三〇師団衛生隊	ミンダナオ、クラマン河 全身爆弾破片創	一九四五・〇七・二九	金村秀春	伍長	戦死	報恩郡馬老面世中里一八五
			×	金村益洙	妻		報恩郡馬老面世中里一八五
六七	第三〇師団衛生隊	ミンダナオ、ツーピー マラリア	一九四四・一〇・三〇	青松相雨	上等兵	戦病死	丹陽郡梅浦面通谷里
			×	青松相國	長男		丹陽郡梅浦面通谷里
二七七	第三〇師団衛生隊	ミンダナオ、ウビアン 頭部貫通銃創	一九四五・〇四・二九	中山博夫	兵長	戦死	槐山郡青川面桃源里二七七
			一九一八・〇四・一四	中山萬熙	父		槐山郡青川面桃源里二七七
二七八	第三〇師団衛生隊	ミンダナオ、ウビアン 頭部貫通銃創	一九四五・〇四・二九	金島定雄	兵長	戦死	報恩郡報恩面長新里七八
			×	金島一龍	父		報恩郡報恩面長新里七八
二八〇	第三〇師団衛生隊	ミンダナオ、ツピアン	一九四五・〇四・二九	金本栄穆	伍長	戦死	永同郡黄間面黄洞里

番号	部隊	死亡場所・事由	年月日	氏名	階級・続柄	区分	本籍・住所
		頭部貫通銃創	一九二二・〇一・〇九	金本令丸	母		永同郡黄間面黄洞里
二七六	第三〇師団衛生隊	ミンダナオ、ピアムラ 頭部貫通銃創	一九四五・〇六・二六 一九二〇・〇二・〇六	洪村吉守 洪村廣元	伍長 父	戦死	永同郡上村面柳谷里一五 永同郡上村面柳谷里一五
二八一	第三〇師団衛生隊	ミンダナオ、オンボス 頭部貫通銃創	一九四五・〇七・一三 ×	安田容哲 安田在喜	兵長 父	戦死	堤川郡徳山面仙古里一四一一 堤川郡徳山面仙古里一四一一
二七九	第三〇師団衛生隊	ミンダナオ、ブランギ河 頭部貫通銃創	一九四五・〇八・一〇 ×	松江魯成 松江善梧	兵長 父	戦死	清州郡四州面東陽里七七 清州郡四州面東陽里七七
八七	第三〇野飛集団司令	フィリピン、ネグロス 急性マラリア	一九四五・〇五・〇二 一九二六・〇六・二五	玉田獅嗣 玉田成寶	軍曹 父	戦病死	報恩郡山外面九峙里五二-二 —
二三七	第四一師団司令部	ニューギニア、ホンランジア	一九四四・〇四・〇三 一九〇〇・〇四・二六	安原樹徳 安原清江	雇員 妻	戦死	清州郡清州邑本町一-二四三 清州郡清州邑稲荷町三六
七六	第四一師団司令部	ニューギニア、バリク	一九四五・〇一・二二 ×	昌原要湊 —	雇員 —	戦死	丹陽郡丹陽面 —
七七	第四一師団司令部	ニューギニア、第一マリン	一九四四・〇九・〇二 ×	松原哲雄 松原昌変	雇員 叔父	戦死	沃川郡沃川面加豊里 北京市和平門外大津園新華荘二一
一〇八	第四一師団司令部	ニューギニア、ラウラ	一九四四・〇八・一一 一九一二・〇八・〇五	山本修三 山本上雄	傭人 父	戦死	沃川郡沃川面梅花里 沃川郡沃川面梅花里
三五一	第五二飛行中隊	フィリピン、クラーク山	一九四五・〇六・二五 ×	林忠義郎 林義宗	兵長 父	戦病死	鎮川郡利柳面葛石五六〇 陰城郡蘇伊面大長里一一二
三三六	第五四飛行中隊	レイテ島ブラウエン	一九四四・一〇・三〇 ×	金光大鉱 金光右基	伍長 父	戦死	清州郡江内面康谷里一二二 清州郡江内面康谷里一二二
二九六	第九八飛行大隊	レイテ島ブラウエン	一九四四・一二・〇六	瑞原泰熙 瑞原在鐸	上等兵 父	戦死	槐山郡清安面孝根里三四四 槐山郡清安面孝根里三四四
二九七	第九八飛行大隊	レイテ島ブラウエン	一九四四・一二・〇六 ×	安田光輝 安田三湲	上等兵 母	戦死	報恩郡馬赤面官基里三八九-一 報恩郡馬赤面官基里三八九-一
二九三	第一一四飛行大隊	レイテ島ブラウエン	一九四四・一〇・二一 ×	金本清一 金本勇雄	上等兵 父	戦死	清州郡琅城面城坮里四五三 清州郡琅城面城坮里四五三
二九四	第一一四飛行大隊	レイテ島ブラウエン	一九四四・一〇・二九 ×	松村三正 松村正文	上等兵 父	戦死	槐山郡延豊面柳上里六六三 槐山郡延豊面柳上里六六三
二九五	第一一四飛行大隊	レイテ島ブラウエン	一九四四・一〇・二九 ×	宮田英薫 宮田澤秀	上等兵 父	戦死	堤川郡松鶴面務道里二九六 堤川郡松鶴面務道里二九六
一一六	一五五飛行場大隊	バシー海峡 船舶沈没	一九四四・〇八・一九 ×	岩本圭祥 岩本順任	上等兵 母	戦死	清州郡南二面山幕里四三五 清州郡南二面山幕里四三五
一一七	一五六飛行場大隊	バシー海峡 船舶沈没	一九四四・〇八・一九 一九二〇・一二・一〇	光原正雲 光原　弘	伍長 父	戦死	清州郡清州邑清水町一四〇 清州郡清州邑清水町一四〇

一一八	一五七飛行場大隊	バシー海峡 船舶沈没	一九四四・〇八・一九 一九二二・〇五・一八	香本大興 ―	上等兵 ―	戦死	丹陽郡佳谷面沙坪里四六七 ―
一二八	第一六〇師団噴進砲隊	羅津東方	一九四五・〇八・〇八 ×	武原世一 ―	曹長 ―	戦死	清州郡清州邑壽町二五七―八 ―
三四七	一八九兵站病院	欠	一九四五・〇六・〇七 一九二五・一一・一八	村上喜代治 村上熊一	上等兵 父	戦病死	槐山郡仏頂面陵村里 槐山郡仏頂面陵村里
一六二	機歩三連隊	湖南省二兵站病院 急性腸炎	一九四五・〇八・二〇 一九二四・〇八・一五	千田教錫 千田萬福	兵長 父	戦死	沃川郡伊院面伊院里二二六 沃川郡伊院面伊院里二二六
二七四	特一五機関砲隊	ルソン島ユルドン 腹部貫通銃創	一九四五・〇六・〇五 ×	米沢建成 米澤有先	兵長 父	戦死	清州郡四州面斜川里 清州郡四州町米川里一三四
一四三	不詳	不詳	××××・一二・〇四 ×	宮本 ―	不詳 ―	不詳	沃川郡自院面新興里 ―
三三九	不詳	不詳	不詳 一九二三・一二・二六	松本天植 ―	傭人 ―	戦死	不詳 ―
三九四	不詳	不詳	不詳 一九一一・〇一・〇三	東本圭市 ―	操舵手 ―	死亡	沃川郡沃川面三陽里二六一八 ―
三九六	不詳	不詳	不詳 ×	小澤武夫 小澤盛夫	兵長 兄	不詳	清州郡清州邑本町 ―

◎忠清南道　四四九名

原簿番号	所属	死亡場所 死亡事由	死亡年月日 生年月日	創氏名・姓名 親権者	階級 関係	死亡区分	本籍地 親権者住所
二〇	海上輸送一大隊	ブル島南	一九四五・〇二・〇七 ×	西原一成 —	雇員 —	戦死	大田府東町 大田府東町
二二〇	海上輸送二大隊	ニューギニア	一九四四・〇八・〇七 一九二三・〇四・二二	金森忠一 金森忠博	雇員 父	戦死	論山郡城東面瓶村里三九七 論山郡城東面瓶村里三九七
一四一	海上輸送八大隊	セブ島ポンタ	一九四五・〇四・二七 一九二〇・〇九・一三	柳川亨烈 柳川寅鍾	操機長 父	戦死	論山郡連山面白石里四二五 —
一四二	海上輸送八大隊	ニューギニア・坂東川 マラリア	一九四四・〇七・二五 ×	祥川東倫 祥川良済	不詳 父	戦病死	舒川郡時草面草峴里七二 舒川郡時草面草峴里七二
一四三	海上輸送八大隊	ニューギニア・マグエル	一九四四・〇九・三〇 ×	長谷川清守 長谷川　肇	不詳 父	戦死	保寧郡青所面長谷里六二一 保寧郡青所面長谷里六二一
二〇四	海×一〇戦隊	ルソン島コレヒドール 胸部貫通銃創	一九四四・一二・一三 ×	松山健太郎 松山健鳳	軍属 父	戦死	瑞山郡普岩洞星岩里二九 禮山郡霊山邑禮山七一九
三〇	関東軍兵站補給廠	奉天市陸軍病院 左上肢電気傷・ガス壊疽	一九四五・〇九・二六 一九二四・〇五・〇二	白川八萬 白川聖三	上等兵 父	戦病死	公州郡寺谷町大中里三七一 公州郡義堂面松亭里三七七
二二	騎兵二五連隊	湖北省光代県	一九四五・〇三・三〇 一九二四・〇八・〇四	金崗義俊 金崗均徳	上等兵 母	戦死	論山郡江景邑黄金町一一一 論山郡江景邑黄金町一一一
一八〇	騎兵一七一連隊	奉天省海城療養所	一九四五・〇四・三〇 一九二四・〇三・〇八	金井永権 金井浚明	兵長 叔父	戦病死	舒川郡陽西面松内里四一〇 舒川郡陽西面松内里四一〇
一七四	京城師管区歩二連補	京城陸軍病院 悪性貧血	一九四五・〇四・二一 一九二四・〇一・二〇	秋田富治 秋田　實	一等兵 父	平病死	青陽郡蒼南面泉内里四五五 青陽郡蒼南面泉内里四五五
四三七	京城師管区司令部	不詳	一九四五・〇五・〇九 一九一九・〇三・〇五	松岡鳳鉉 松岡英姫	工員 妻	死亡	瑞山郡仁自面成里 京城府龍山区梨泰院町三六七―二
四三九	京城師管区歩二補充	不詳	一九四五・〇七・一四 一九二四・〇八・二四	金谷容國 金谷乙煥	上等兵 父	戦病死	保寧郡鰲河面蘇我里七七〇 保寧郡鰲河面蘇我里七七〇
四四八	京城師管区歩二補充	不詳	一九四五・〇八・二五 一九二四・〇八・〇一	國本炳奎 國本福禮	兵長 妻	戦死	瑞山郡所遠面牧崎三一 瑞山郡所遠面牧崎三一
二四三	工兵二〇連隊	ニューギニア・ワンガン マラリア	一九四四・〇四・二三 一九二四・一〇・二〇	大林勝太郎 大林永茂	兵長 父	戦病死	燕岐郡南面方辺里二二四 燕岐郡南面方辺里二二四
四二五	工兵二〇連隊	京畿道	一九四四・一〇・二〇 ×	金本學用 —	軍属 —	公病死	洪城郡洪城邑五宮里七五九 —
二六四	工兵二〇連隊	ニューギニア・ウマネブ マラリア	一九四四・一一・一九 ×	平山世坤 平山泰都	上等兵 父	戦病死	禮山郡霊山邑二一〇 禮山郡霊山邑二一〇

四〇七	工兵二七連隊	広西省	一九四五・〇四・二八	廣田鐘雄	上等兵	戦死	天安郡豊咸面西里三一五
			×	—	—		—
三八	山砲二五連隊	台湾安平沖	一九四五・〇一・一九	金田徳修	兵長	戦死	論山郡豆應面滝洞里三九二
			一九一八・〇四・〇七	金田明任	妻		—
三九	山砲二五連隊	台湾安平沖	一九四五・〇一・一九	黄田征治	兵長	戦死	公州郡雅鳩面石南里二四二
			一九二〇・〇三・〇一	黄田ヒサコ	母		公州郡雅鳩面石南里二四二
一九六	山砲二五連隊	台湾安平沖	一九四五・〇一・〇九	廣田順基	上等兵	戦死	舒川郡板橋面雲岩里二五五—一
		溺水	一九二一・〇三・二九	廣田貞然	父		舒川郡板橋面雲岩里二五五—一
五九	山砲二五連隊	ルソン島タクボ	一九四五・〇四・一六	金岡成恭	上等兵	戦死	舒川郡馬西面道三里
		腹部砲弾破片創	一九二五・一〇・一一	—	—		
四四	山砲二五連隊	台湾安平沖	一九四五・〇六・〇一	陽本俊熙	兵長	戦死	天安郡成歓面白石里
			一九二四・〇一・〇六	陽本氏	母		天安郡天安邑東三丁目
二四〇	山砲二五連隊	ルソン島セルバンテス	一九四五・〇六・一四	大山鳳煥	兵長	戦死	天安郡東面花徳里三四一
		頭部砲弾破片創	×	大山亨根	父		天安郡東面花徳里三四一
五七	山砲二五連隊	ルソン島マンカヤン	一九四五・〇六・二九	陽谷宇永	上等兵	戦死	論山郡可世谷面陽村里三九三
		頭部貫通銃創	一九一八・〇三・一三	陽谷鎮斗	父		論山郡可世谷面陽村里三九三
二四一	山砲二五連隊	ルソン島スヨーク	一九四五・〇七・二一	羅本柄俊	伍長	戦死	扶余郡場岩面石原里一九一
		大腿部貫通銃創	一九二二・一一・一一	羅本須従	父		扶余郡場岩面石原里一九一
一〇八	山砲三一連隊	ビルマ、モルメン一〇七兵病	不詳	高山秀雄	兵長	戦病死	青陽郡定山面光生里一九六
		マラリア	一九二四・〇二・二九	高山政徳	父		禮山郡光時面下場岱里一〇
二三五	山砲四九連隊	ビルマ、メイクテーラ	一九四五・〇四・〇一	藤井文雄	兵長	戦死	唐津郡沔河面元東里四七
		頭部貫通銃創	一九二一・一〇・二三	藤井元賀	父		唐津郡沔河面元東里四七
九	輜重一九連隊	ビルマ四九師団野病	一九四六・〇一・二四	石岡源弘	兵長	戦病死	論山郡可世谷面石西里一四二
		マラリア・急性大腸炎	一九二三・〇六・〇四	石岡順凞	妻		論山郡可世谷面石西里一四二
二六二	輜重二〇連隊	ニューギニア、ベアー	一九四三・〇九・一二	中村魯煥	上等兵	戦病死	扶余郡世道面領認院里
		マラリア	×	中村泰京	父		扶余郡世道面領認院里
二五七	輜重二〇連隊	ニューギニア、テリアタ岬	一九四三・一〇・一五	徳原武夫	上等兵	戦死	燕岐郡錦南面大平里二五
		機関砲弾破片創	×	徳永正元	父		燕岐郡錦南面大平里二五
四〇八	輜重二〇連隊	欠	一九四四・〇一・〇九	鳥川求星	上等兵	死・認定	舒川郡西面元頭里五〇〇
			×	鳥川順慶	妻		舒川郡西面元頭里五〇〇
二五五	輜重二〇連隊	ニューギニア、ガリ	一九四四・〇一・二二	原木清一	上等兵	戦死	扶余郡良可面内城里三八六
		腹部貫通銃創	×	原木敏子	妻		扶余郡良可面内城里三八六
二五四	輜重二〇連隊	ニューギニア、ガリ	一九四四・〇一・二七	山本政文	上等兵	戦死	禮山郡大興面校村里四五八
			×	山本用奉	父		禮山郡大興面校村里四五八
三七八	輜重二〇連隊	ニューギニア、カブトモン	一九四四・〇二・〇七	明元台鎮	兵長	戦死	瑞山郡近興面×竹里五三八

			×	明元長伯	父		瑞山郡近興面×竹里五三八
二五六	輜重二〇連隊	ニューギニア、マダン	一九四四・〇三・〇一	金岡明光	上等兵	戦死	舒川郡鍾川面鍾川里二八五
			一九二〇・〇四・〇四	金岡順得	妻		舒川郡鍾川面鍾川里二八五
三七九	輜重二〇連隊	ニューギニア、セダン	一九四四・〇三・〇四	勝川容甲	兵長	戦死	公州郡公州府錦町一九三
			×	勝川宣信	父		公州郡公州府錦町一九三
三九一	輜重二〇連隊	天津	一九四四・〇三・〇四	白川基夫	雇員	戦病死	不詳
			×	―	―		
二六〇	輜重二〇連隊	ニューギニア、コープ	一九四四・〇五・二五	宮本義雄	上等兵	戦病死	公州郡正安面於勿里一〇八
		マラリア	一九一七・一二・一九	宮本春子	妻		公州郡正安面於勿里一〇八
二五九	輜重二〇連隊	ニューギニア、マルヅック	一九四四・〇六・〇二	松原武雄	上等兵	戦病死	清陽郡青南面東江里二〇二
		マラリア・熱帯熱	×	松原雲仙	妻		論山郡恩津面南山里五七七
二五三	輜重二〇連隊	ニューギニア、ブーツ	一九四四・〇九・二二	金城元雄	上等兵	戦病死	扶余郡内山面草洞里一七七
		脚気	×	金城達郎	父		扶余郡内山面草洞里一七七
二五八	輜重二〇連隊		一九四五・〇五・二六	秋山一成	上等兵	戦死	公州郡新豊面白龍里六〇三
		胸部貫通銃創	×	秋山義子	妻		公州郡新豊面白龍里六〇三
二六一	輜重二〇連隊	ニューギニア、クモン	一九四五・〇五・二八	松延憲正	兵長	戦死	論山郡光石面光里一七一
		脚気	×	松延正義	父		論山郡光石面新堂里
二九一	輜重三〇連隊	ミンダナオ、ウマヤン	一九四五・〇六・二二	松本鎔世	兵長	戦死	清州郡梧倉面鶴巣里二三七
		左胸部貫通銃創	×	松本永魯	父		清州郡梧倉面鶴巣里二三七
二八五	輜重三〇連隊	ミンダナオ、ウマヤン	一九四五・〇七・〇一	金吉春成	兵長	戦死	天安郡成歓面成月里一〇六
		頭部貫通銃創	×	川島栄保	父		天安郡神仏洞
四二九	ジャワ俘虜収容所	欠	一九四三・〇一・一五	南相喆	傭人	戦死	瑞山郡大浦柴面桃李里三七五
			×	南甲秀	―		瑞山郡洪城面×城里二七
四二六	ジャワ俘虜収容所	欠	一九四三・〇一・一五	大原　豊	傭人	戦死	燕岐郡鳥致院邑載興町二七三
			×	大原健正	弟		燕岐郡天安面天安邑隠城町一―三八〇
四一九	ジャワ俘虜収容所	セレベス島	一九四三・一〇・一四	金山佐吉	軍属	戦病死	大田府大東町二〇七
			×	金山俊夫	父		大田府大東町二〇七
六二	ジャワ俘虜収容所	長崎沖	一九四四・〇六・二四	安田炳釁	傭人	戦死	牙山郡松岳面馬谷里四四六
		輸送船沈没	一九一五・〇一・二九	安田炳釁（ママ）	叔父		牙山郡松岳面馬谷里四四六
六三	ジャワ俘虜収容所	長崎沖	一九四四・〇六・二四	金本富治	傭人	戦死	大徳郡東面内塔里一七三
		輸送船沈没	一九一九・〇三・〇一	金本顕九	父		大徳郡東面内塔里一七三
四二七	ジャワ俘虜収容所	欠	一九四四・〇七・〇六	大峰栄一	軍属	戦死	天安郡天安邑院城町三八三
			×	汗蘭	―		洪城郡洪城邑五官里一一八
四一六	ジャワ俘虜収容所	欠	一九四四・〇七・二〇	金岡一誠	傭人	戦死	論山郡司也谷面釣亭里四九〇
			一九二三・〇七・〇四	金岡淑子	妻		論山郡朱赤面塔亭里

番号	所属	死亡場所	年月日	氏名	身分・続柄	死因	本籍
四三〇	ジャワ俘虜収容所	スマトラ島ムコムウ	一九四四・〇九・一五 ×	泉元用淳 鏡　相観	傭人 ―	戦死	大徳郡東面秋洞里二六八 大徳郡東面秋洞里二六八
一七五	ジャワ俘虜収容所	ジャワ抑留所三分所	一九四五・〇一・〇六 一九二一・〇一・二七	永松亮燮 永松権燮	傭人 兄	変死	大徳郡挿川面槐馬里三八八 大徳郡挿川面槐馬里三八八
三八六	船舶工兵二六連隊	沖縄本島	一九四五・〇六・二〇 一九二三・〇二・〇八	村井國雄 村井信雄	兵長 ―	戦病死	大田府大寺町二一七 京都市左京区北白川平井町七一青丘源一九
二八三	船舶工兵二三連隊	ルソン島バサイ	一九四五・〇四・〇八 ×	松原光秀 松原庄治	兵長 父	戦死	洪城郡廣川邑廣川里二七四 洪城郡廣川邑廣川里二七四
二八四	船舶工兵二三連隊	ルソン島カガヤン 頭部貫通銃創	一九四五・〇一・一四 ×	平申俊基 平申君在	兵長 父	戦死	唐津郡牛辺面梅山里 唐津郡牛辺面梅山里
七八	船舶司・大東丸	湖北省漢口	一九四一・〇一・〇九 ×	兪泰升 兪赫鎮	軍属 父	戦死	禮山郡光時面馬沙里六五五 禮山郡光時面馬沙里六五五
三四一	船舶司・××丸	欠	一九四一・〇八・〇四 一九一八・〇二・一五	金順栄 ―	軍属 ―	戦死	扶余郡窺岩面窺岩里一四二 扶余郡窺岩面窺岩里一四二
五五	第二船舶司漢口支部	江南省九江 溺死	一九四一・〇九・〇一 ×	金子徳奉 金子順汝	工員 父	不慮死	論山郡江景邑本町二四 論山郡江景邑本町二四
三三七	船舶司・高野丸	パンタム湾ヲラヘン島	一九四二・〇三・〇一 一九二二・〇六・〇四	金子東市 金子　芳	軍属 父	戦死	論山郡江景邑南町四七 兵庫県武庫郡木庄村兵田原徳院二四一―一
三四四	船舶司・京×丸	欠	一九四二・〇七・〇三 一九一二・一〇・〇三	催　奉成 催　奉安	軍属 兄	戦病死	論山郡達山面高井里一九九 論山郡達山面高井里一九九
三四〇	船舶司・山清丸	欠	一九四二・一二・三一 一九二二・〇二・一二	金城忠幸 金城　毅	軍属 父	戦死	舒川郡華陽面五浦里六五 ―
三四七	船舶司・鬼怒川	ガダルカナル、タサファロニ	一九四三・〇一・二五 一九二三・〇四・二〇	南平昌録 南平銀錫	軍属 父	戦死	瑞山郡遠北面阿×里五五 ―
三三八	船舶司・漢口丸	江原道	一九四三・一〇・〇六 一九二五・〇三・一五	金森良行 金森俊允	軍属 父	戦死	大徳郡杞城面朗里六三 大田府柳川町二七―一
三四六	船舶司・×左丸	江原道蔚珍郡 海没	一九四三・一〇・〇六 一九一九・一〇・二〇	平田忠行 平田元徹	軍属 父	戦死	公州郡正安面砂峴里二二〇 公州郡正安面砂峴里二二〇
七六	船舶司・仁山丸	ブル島	一九四三・一〇・一三 一九〇一・一二・〇九	金光戊鉉 金城盛輝	調理手 ―	戦死	舒川郡本庄面青木里三八八 舒川郡本庄面青木里三八八
四一五	四船舶輸送隊司令部	欠	一九四四・〇一・〇一 ×	金海山東 ―	不詳 ―	不慮死	論山郡江景邑栄町二三七 ―
七七	船舶司・仁山丸	ニューギニア	一九四四・〇一・一八 一九一五・〇二・一四	松村炳福 松村興桂	傭人 ―	戦死	保寧郡青羅面新山里九八 保寧郡青羅面新山里九八
四三二	三船舶輸送隊司令部	セブ島リロアリ	一九四五・〇一・二〇	池田斗事	傭人	戦死	論山郡魯城邑門里四六八

三四三	船舶司・東義丸	欠	× 一九四四・〇一・三〇 ×	— 郷川朝夫 —	— 軍属 —	戦死	— 天安郡天安邑南山町一二四 大阪市旭区今福町三ー一二
四一七	三船舶輸送隊司令部	ビルマ 腹部貫通銃創	一九四四・〇四・〇五 一九二一・〇三・〇三	山本忠市 山本健八	船員 父	戦死	論山郡連山面林里三〇五 論山郡連山面林里三〇五
三五三	第四船舶輸送司令部	ラバウル付近	一九四四・〇七・一五 一九二五・〇四・一六	崔奉孝 —	軍属 —	戦死	青陽郡木面木多里 —
三二〇	船舶司・光州丸	ボルネオ方面海域	一九四四・〇八・〇四 一九二七・〇三・〇六	池福禄 金七麗	軍属 —	戦死	論山郡江景邑黄金町三六 咸鏡南道元山府翠町第二イサミ内
七二	船舶司・徳祐山丸	ハルマヘラ島	一九四四・〇八・〇九 一九二七・〇二・一五	徳永仁秀 徳永敬長	操機手 父	戦死	舒川郡韓山面院山里一三四 舒川郡韓山面院山里一三四
六九	船舶司・慶安丸	フィリピン方面	一九四四・〇九・一二 一九一一・〇九・一二	安本在壽 安本桐集	軍属 —	戦死	大田府春日町二丁目九七ー一 仁川府東町一七七
七〇	船舶司・慶安丸	フィリピン方面	一九四四・〇九・一二 一九二五・〇九・〇二	山本健具 山本義吉	軍属 —	戦死	大徳郡柳川面萬馬里一七六 大徳郡柳川面萬馬里一七六
七九	船舶司・慶安丸	フィリピン	一九四四・〇九・一二 ×	金光　完 金光輝久	甲板員 父	戦死	論山郡豆磨面道谷里三八 全羅北道全州府港松町一七一
七三	船舶司吉野丸	フィリピン	一九四四・〇九・一二 一九〇九・〇四・一五	安東英芳 安東綾子	軍属 父	戦死	論山郡可世谷面屯徳村五三六 —
三四二	船舶司・利山丸	樺太方面	一九四四・〇九・二一 一九二五・一〇・一一	権藤秀徳 権藤泰子	軍属 母	戦死	公州郡洞仁面梧谷里一一〇 公州郡公州邑六和町二三一
二七二	船舶司・五××丸	レイテ島オルナック 敵火	一九四四・一〇・〇五 一九一五・一一・一二	金山弼洙 金山洛喜	軍属 父	戦死	青陽郡灵山面新徳里一七九 青陽郡灵山面新徳里一七九
四二〇	白妙丸	澎湖島付近	一九四四・一〇・一二 一九一九・〇八・二一	宮本仁根 —	一等兵 —	戦死	禮山郡坪橋面雁峠里一七四 —
八〇	船舶司・合海丸	フィリピン	一九四四・一〇・一八 一九二四・〇四・二三	森山昌基 森山光達	副缶手 —	戦死	唐津郡石門面草洛島里二七九 唐津郡石門面草洛島里二七九
六八	船舶司・一吉田丸	南支那海	一九四四・一〇・二四 一八九六・〇八・〇八	上田東出 —	不詳 —	戦死	論山郡江景邑北町一三七 広島市宇品×一五丁目二一七ー三
七四	船舶司めぞん丸	フィリピン北方	一九四四・一〇・二四 ×	新安甲東 新安春子	甲板員 父	戦死	天安郡豊蔵面龍井里 神戸市兵庫区松本通二ー三五
七五	船舶司めぞん丸	フィリピン	一九四四・一〇・二四 ×	佐野喜代治 —	調理手 —	戦死	洪城郡金馬面松江里一二九 —
七一	船舶司・長寿丸	スマトラ島	一九四四・一一・〇二 ×	牧山泰永 —	甲板員 —	戦死	禮山郡光時面下場代理一〇 禮山郡光時面下場代理一〇

一三三	船舶司・西豊丸	オルモック付近洋上	一九四四・一一・一一 ×	西原愚石 西原昶東	調理員 父	戦死	瑞山郡地谷面舞特里五二 瑞山郡地谷面舞特里五二
二五〇	船舶司・大×丸	香港港外 船体海没	一九四四・一一・一二 ×	金本康入 金本康石	軍属 兄	戦死	瑞山郡近興面程付里 瑞山郡近興面程付里
二〇二	船舶司・神祥丸	レイテ島サニイニドロ	一九四四・一二・〇七 一九一七・〇一・一六	金山相倍 —	機関員 —	戦死	保寧郡柳川面葛望里 保寧郡柳川面葛望里
二四九	船舶司令部	沖縄本島那覇 本船沈没により認定	一九四四・一二・一九 ×	大澤國雄 大澤顕植	軍属 兄	戦死	洪城郡洪城邑月山里一一 洪城郡洪城邑月山里一一
三三九	船舶司・弥栄丸	N三〇・一一E一四一・五	一九四五・〇一・〇三 一九二四・〇八・一六	津本厚政 —	軍属 —	戦死	燕岐郡金原面若長里五一七 —
四一八	船舶司令部	ペラワン	一九四五・〇一・二五 ×	松山甲淵 —	軍属 —	戦死	唐津郡明東面龍沼里七〇一 —
一八三	船舶司令部	伊豆御蔵島 敵潜魚雷攻撃	一九四五・〇三・〇一 一九二八・〇九・二八	南　武鉉 南基英	軍属 母	戦死	不詳 —
三三六	船舶司・辰鴎丸	バシー海峡	一九四五・〇四・〇一 ×	尹　春之 ×林仁権	軍属 父	戦死	禮山郡橋面×住里二八九 禮山郡橋面×住里二八九
二〇三	三船舶司パラオ支部	パラオ島瑞穂村	一九四五・〇五・二八 ×	木村順成 木村公鎮	傭人 父	戦死	天安郡儀城面新芳里六三 京畿道利川郡雪岳面長泉里六九
三〇八	船舶司令部	北海道東部地区 貫通銃創	一九四五・〇七・一五 一九一七・〇四・〇二	山本昌憲 山本様式	軍属 父	戦死	瑞山郡近興面貫誼嶋里五号五 瑞山郡近興面貫誼嶋里五号五
三四五	船舶司・大井川丸	不詳	不詳 一九二三・〇四・一六	徳張甲秀 徳張淳成	軍属 父	戦死	論山郡八峰面大黄里四六 論山郡八峰面大黄里四六
三二一	第二船舶司南支支部	広東省河源県 頭部粉砕骨折	一九四五・〇六・一一 一九一六・〇九・一二	河東清吉 河東喜治	傭人 父	戦死	論山郡論山邑旭町四六 論山郡論山邑旭町四六
三八七	第五野戦船舶廠	ルソン島ササモンノクルヘン	一九四五・〇九・〇六 ×	寺山曄雄 平山弘済	傭人 父	戦死	洪城郡洪城邑吉岩里六四七 洪城郡洪城邑吉岩里六四七
三三	第二船舶司南支支部	広州市一六〇兵病	不詳 一九一〇・〇三・〇六	太田吉雄 —	傭人 —	戦病死	大徳郡外南面加午里一四五 —
六〇	戦車一〇連隊	バシー海峡	一九四四・一〇・〇二 一九二四・〇四・二五	松本武義 松本一夫	伍長 父	戦死	大徳郡鎮岑面内洞里二七六 大徳郡鎮岑面内洞里二七六
一三〇	捜索七〇連隊補充隊	台湾高雄沖	一九四五・〇一・〇九 一九二四・〇三・一三	河村鳳鎬 河村載徳	一等兵 父	戦死	洪城郡廣川邑×岩里四七〇 洪城郡廣川邑×岩里四七〇
一三一	捜索七〇連隊補充隊	台湾高雄沖	一九四五・〇一・〇九 一九二四・〇八・二一	芳村安弘 芳林正雄	一等兵 父	戦死	唐津郡唐津面大徳里九三八 唐津郡唐津面大徳里九三八
一三二	捜索七〇連隊補充隊	台湾高雄沖	一九四五・〇一・〇九	山村貞夫	一等兵	戦死	燕岐郡全東面鳳台里一二五

			一九二六・〇一・二九	山村宗燮	父		燕岐郡全東面鳳台里一二五
一四	大勤五九中隊	ニューギニア、バラム	一九四四・一〇・〇八	西原武栄	兵長	戦死	洪城郡洪北面大東里
			一九二〇・〇七・〇四	西原叔鉉	妻		洪城郡洪北面大東里
四二八	タイ俘虜収容所	欠	一九四四・〇九・一二	木内炳喆	傭人	戦死	錦川郡文山面神農里六
			一九二二・〇八・二〇	木山錦順	妻		錦川郡文山面神農里六
五八	タイ俘虜収容所	ルソン島スピック沖	一九四四・〇九・二一	咸李五範	傭人	戦死	唐津郡順城面城北里一八四
			一九二二・〇五・〇七	咸李啓英	父		唐津郡順城面城北里一八四
二三〇	タイ俘虜収容所	チャンギ刑務所	一九四六・一一・二二	岩谷泰協	雇員	死亡	禮山郡新岩面別里
			×	岩谷在善	父		禮山郡新岩面別里
一六七	朝鮮軍経理部	竜山経理部倉庫	一九四五・〇二・〇二	完山仕道	庫手	平病死	牙山郡塩時面白岩里四四三
		心臓麻痺	一九〇七・〇八・〇八	完山漢模	父		京城府亀山九楽泰院町二九〇
一七一	特陸上勤務一二一中隊	××病院	一九四六・〇三・二六	金光容和	一等兵	戦死	論山郡連山面林里二六五
		急性副腎機能減退		金光幹洙	父		論山郡連山面林里二六五
二六	特建築勤務一〇一中隊	広西省大平村	一九四二・一二・〇五	金田永盛	雇員	戦病死	大徳郡柳川面下花里三四三
		脚下衝心	×	金田昌玉	父		京城府東大門区×十里町二九四
二七	特建築勤務一〇一中隊	広西省一八三兵病	一九四五・〇五・一〇	海田興根	雇員	戦病死	牙山郡塩崎面石斗里五四
		回帰熱	×	海田有永	父		牙山郡塩崎面石斗里五四
一七	特設自動車二四中隊	ミンダナオ、カベングラサン	一九四五・〇七・〇三	林　漢翼	伍長	戦病死	論山郡江景邑錦町三九九
		悪性マラリア	×	林春圭	母		天安郡木川面應院
一	独立高射砲四三中隊	サイパン島	一九四四・〇七・一八	金澤健次郎	兵長	戦死	大田府大興町二七二
			一九一八・一二・二〇	金澤賢吉	父		大田府大興町二七二
一八四	独立高射砲四三中隊	サイパン島	一九四四・〇七・一八	張本正茂	不詳	戦死	青陽郡定山面西亭里九九
		玉砕	×	張本治平	父		青陽郡定山面西亭里九九
一七二	独立混成三五連隊	ニューブリテン島トベラ	一九四五・〇六・一〇	呉本良一	伍長	戦病死	唐津郡唐津面邑内里一五－一
		マラリア	一九一八・〇一・二八	呉本學根	父		唐津郡唐津面邑内里一五－一
一〇一	独混九〇旅団砲兵隊	安徽省鳳陽県	一九四四・一二・一九	菊本喜雄	不詳	戦死	大徳郡柳川面屯山里一七三
		頭蓋破裂砲弾破片	×	菊本完義	兄		大徳郡柳川面屯山里一七三
一〇二	独混九〇旅団砲兵隊	安徽省鳳陽県	一九四四・一二・一九	林　賢珠	不詳	戦死	公州郡長岐面済川里二〇四
		頭部盲管銃創	×	林　憲昌	父		公州郡長岐面済川里二〇四
一〇三	独混九〇旅団砲兵隊	安徽省鳳陽県	一九四四・一二・一九	慶原得時	不詳	戦死	天安郡木川面西里一一一
		左胸部貫通銃創	一九二六・〇三・一八	慶原伸彦	父		天安郡木川面西里一一一
一〇四	独混九〇旅団砲兵隊	安徽省鳳陽県	一九四四・一二・一九	松本周燮	不詳	戦死	大徳郡柳川面桃馬里三八八
		胸部貫通銃創	一九二四・〇七・二〇	永松×燮	父		大徳郡柳川面桃馬里三八八
一〇五	独混九〇旅団砲兵隊	安徽省鳳陽県	一九四四・一二・一九	中原憲義	不詳	戦死	大徳郡儒城面竹洞里三五三
		顔部投下爆弾破片	一九二四・〇五・一五	中原正根	父		大徳郡儒城面竹洞里三五三

一〇六	独混九〇旅団砲兵隊	安徽省鳳陽県 腰部投下爆弾破片	一九四四・一二・一九 一九二四・〇五・一五	伊原栄一 伊原耕槐	不詳 父	戦死	禮山郡光時面矢日里二九〇 禮山郡光時面下場岱里一〇
一一八	独立警備歩兵三四大隊	バシー海峡	一九四五・〇八・一八 一九二三・一一・一二	金城新奥 金城×夫	軍曹 兄	戦死	舒川郡馬西面堂仙里二二 舒川郡馬西面堂仙里二二
一一	独立警備歩兵三四大隊	河南省温県張庄	一九四五・〇八・二〇 一九二三・一二・二〇	延崗鐘完 延崗用出	軍曹 父	戦死	扶余郡恩山面梅谷里三五 扶余郡恩山面梅谷里三五
二二八	独立警備歩兵四八大隊	天津一五三兵站病院	一九四四・一一・二七 ×	角田　茂 角田芳秀	兵長 父	戦病死	論山郡城東面定上里一六〇 論山郡城東面定上里一六〇
四〇四	独立警備歩兵六一大隊	不詳	一九四五・〇七・一二 一九二三・〇七・〇四	眞家　実 眞家梅吉	一等兵 叔父	戦死	洪城郡結城面奉谷里三八四 洪城郡結城面奉谷里三八四
九〇	独立歩兵一六大隊	青島特別市 胸部貫通銃創	一九四五・〇七・一二 一九二五・〇九・〇一	松本龍夫 松本龍美	伍長 兄	戦死	洪城郡結城面琴谷里三八四 洪城郡結城面琴谷里三八四
三九三	独立歩兵一六大隊	山西省一家庄	一九三七・一〇・一八 ×	趙種根 梁氏	通訳 母	戦死	保寧郡青所面竹林里三五五 保寧郡青所面竹林里三五五
八九	独立歩兵一七大隊	山東省馬昌県	一九四五・〇二・一〇 一九二五・一一・二九	大山英珪 大山鳳桂	伍長 父	戦死	牙山郡屯浦面鳳在里二二七 牙山郡屯浦面鳳在里二二七
一〇七	独立歩兵一八大隊	山東省青島陸病 腹部跳弾創	一九四四・一一・二三 ×	平田承哲 平田一男	兵長 父	戦傷死	洪城郡廣川邑内竹里六七 洪城郡廣川邑内竹里六七
一二八	独立歩兵一九大隊	山東省棲霞県	一九四四・〇九・一二 一九二三・〇五・二〇	伊藤一夫 伊東弘正	兵長 父	戦死	禮山郡徳山面社洞里二二九 禮山郡徳山面社洞里二二九
一二七	独立歩兵一九大隊	山東省招×県	一九四四・〇九・二三 ×	松本秀雄 松本長太郎	伍長 父	戦死	天安郡並川面鳳頭里五九三 大阪市旭区芥川町九－一〇
一〇	独立歩兵二八大隊	第一二軍二兵站病院 右大腿貫通銃創	一九四五・〇四・二三 一九二〇・一〇・二七	安全良壽 安田亮田	軍曹 兄	戦傷死	公州郡公州邑本町一一四 公州郡公州邑本町一一四
四〇三	独立歩兵四二大隊	山東省楊家庄	一九四四・〇九・〇二 ×	李錫載・木下政則 木下武雄	不詳 父	戦死	公州郡利仁面新興里二八九 山梨県東八代郡椎奥村中於六九
二三二	独立歩兵五四大隊	不詳	不詳 ×	金本鐘午 金本容直	乙幹候 母	戦死	扶余郡石城面石城里四四二 扶余郡石城面石城里四四二
二三三	独立歩兵五四大隊	不詳	不詳 ×	新井康雄 新井六星	乙幹候 父	戦死	燕岐郡島致院邑旭町二 燕岐郡島致院邑旭町二
二二六	独立歩兵一一〇大隊	山東省泰海県 マラリア	一九四五・〇五・二〇 一九二四・一〇・一五	次山在武 ―	上等兵 ―	戦病死	洪城郡西部面上黄里二四 ―
一七〇	独立歩兵二〇六連隊	河南省南陽県 腹部貫通銃創	一九四五・〇三・三〇 一九二五・一〇・一五	青木文雄 青木丙助	不詳 父	戦死	論山郡論山邑本町八二 ―
一八八	独立歩兵二三〇大隊	パラオ・一一三兵病	一九四五・〇八・一八	徳村泰遠	兵長	戦死	公州郡新豊面平所里一一九

		マラリア	一九二五・〇二・〇七	徳村鐘萬	父		公州郡新豊面平所里一一九
一八九	独立歩兵二三〇大隊	グァム島西北	一九四四・〇五・二五	金城鐘華	兵長	戦死	扶余郡扶余面×北里四九六
			一九二六・〇五・二八	金城鶴培	父		扶余郡扶余面×北里四九六
一九〇	独立歩兵二三〇大隊	グァム島西北	一九四四・〇五・二五	清韓璿錫	兵長	戦病死	唐津郡唐津面龍淵里
		マラリア	×	—	—		—
三一	独立歩兵三一七大隊	マリアナ諸島	一九四四・〇七・一八	高島勇吉	上等兵	戦死	禮山郡大興面蘆洞里
		左上肢電気傷・ガス	×	高島義海	父		禮山郡大興面蘆洞里
一七三	独立歩兵三三〇大隊	パラオ、コロール	一九四五・〇四・三〇	金本鐘福	兵長	戦死	舒川郡華陽面望月里二二四
			一九二〇・〇八・一四	金本英培	父		舒川郡華陽面望月里二二四
一八七	独立歩兵三三〇大隊	パラオ、コロール	一九四五・〇七・〇七	牧山真求	伍長	戦死	公州郡新豊面萬川里二八二
			一九二四・〇九・一八	牧山用珪	父		公州郡新豊面萬川里二八二
二五一	独立歩兵三三〇大隊	マリアナ諸島	一九四四・〇七・一八	平沼栄重	上等兵	不詳	洪城郡結城面邑内里三〇五
			一九二五・〇四・一一	平沼哲雄	兄		洪城郡結城面邑内里三〇五
一一九	独立歩兵三八六大隊	バシー海峡	一九四五・〇六・二二	青木明盛	伍長	戦死	牙山郡排芳面世出里
		左胸部盲管銃創	一九二二・〇八・一四	青木根元	父		牙山郡排芳面世出里
一二〇	独立歩兵三八六大隊	バシー海峡	一九四四・〇八・一九	西川幸助	上等兵	戦死	燕岐郡南面燕岐里五三六
		輸送船沈没	一九一六・〇二・二三	西川鎮龍	父		燕岐郡南面燕岐里五三六
二二五	独立歩兵四九四大隊	湖北省盛利	一九四五・〇八・一二	木下寛培	兵長	戦死	牙山郡屯浦面新南里三一〇
			一九二五・〇九・二三	木下顕益	父		牙山郡屯浦面新南里三一〇
一六六	独立歩兵六〇九大隊	浙江省昌化県	一九四五・〇八・一〇	山本寅求	兵長	戦死	禮山郡光時面長信里七二〇
		腰部貫通銃創	一九二三・一二・二六	山本宗求	兄		京城府麻浦区新徳丸徳町一三〇
七	独立歩兵六一三大隊	浙江省一〇一兵病	一九四五・〇三・一九	新本載範	一等兵	戦病死	唐津郡沔川面自開里四九三
		クレープ性肺炎	一九二三・一一・二八	新本東金	妻		唐津郡沔川面自開里四九三
八八	独立歩兵六一三大隊	浙江省呉奥県	一九四五・〇五・〇二	奈城敬燮	二等兵	戦死	天安郡天安邑南山町八五
		左胸部貫通銃創	一九二四・一一・二九	奈城柱昌	父		天安郡天安邑南山町八五
八五	独立歩兵六一三大隊	浙江省呉興県	一九四五・〇六・二六	柳原孝烈	上等兵	戦病死	天安郡木山面梆長里一九六
		心臓麻痺	一九二四・〇五・一〇	柳原根庸	父		天安郡木山面泉停里三六五
八六	独立歩兵六一三大隊	浙江省臨安県	一九四五・〇八・〇八	片岡光夏	上等兵	戦死	牙山郡温陽邑内里一三九
		右下腹部貫通銃創	一九二三・〇一・二一	片岡仁貴	父		天安郡芝場里六四
八七	独立歩兵六一三大隊	浙江省臨安県	一九四五・〇八・〇九	平山栄一	軍曹	戦死	禮山郡光時面大里四一五
		胸・肩部銃創	一九二四・〇八・〇一	平山会郷	妻		禮山郡光時面大里四一五
二八	独立歩兵六一四大隊	浙江省斜橋鎮駅	一九四五・〇四・〇八	大田憲植	兵長	戦死	大徳郡鎮岑面細洞里二八八
		胸部貫通銃創	一九二四・一一・一九	大山漢起	父		大徳郡鎮岑面細洞里二八八
四一三	独立臼砲二〇大隊	硫黄島	一九四四・一二・一六	姜本真次郎	上等兵	戦病死	瑞山郡義安面東明里五〇六
		心臓麻痺	×	姜本眞夏	妻		瑞山郡義安面東明里五〇六

一七九	独立臼砲二〇大隊	硫黄島 玉砕	一九四五・〇三・一七	松原　茂	上等兵	戦死	論山郡城東面三山里一二八
			×	松原粉禮	妻		全羅北道錦山郡富利面倉坪里四〇七
一五三	独立臼砲二一大隊	硫黄島 玉砕	一九四五・〇三・一七	金澤寛植	上等兵	戦死	洪城郡結城面龍湖里五七六
			×	金澤済昌	父		洪城郡結城面橋墳里三五八
二〇五	独立自動車六一大隊	タイ五六師二病院 マラリア	一九四六・〇二・一四	華山大弘	兵長	戦病死	論山郡光石面新堂里
			×	華山極斗	父		論山郡光石面新堂里
三一九	独立自動車六二大隊	ルソン島サラクサク 胸部砲弾破片創	一九四五・〇四・二九	松山義雄	伍長	戦死	燕岐郡南面燕岐里三四八
			一九二三・〇九・一〇	松山萬雄	父		燕岐郡南面燕岐里三四八
二八六	独立自動車六二大隊	ルソン島サラクサク 頭部迫撃砲弾破片	一九四五・〇五・〇三	金澤秀武	伍長	戦死	論山郡亜扇面石渓里
			一九二一・〇七・二二	金澤水洗	母		論山郡亜扇面石渓里
三五二	独立自動車六二大隊	ルソン島サラフサイ 全身迫撃砲弾破片	一九四五・〇五・一五	益山岩太	伍長	戦死	論山郡論山邑清水町三九
			一九二三・〇六・一五	益山明作	父		論山郡論山邑清水町三九
二八七	独立自動車六二大隊	ルソン島キアンガン マラリア	一九四五・〇九・一六	金村　薫	伍長	戦病死	扶余郡鴻山面南村里
			一九一八・一二・一二	金村鴻一	父		扶余郡鴻山面南村里
一九九	独立自動車六一六大隊	タイ、ナアーカン マラリア	一九四五・一〇・一六	光山勝雄	軍曹	戦病死	瑞山郡大湖芝面調琴里六六
			×	光山章男	父		瑞山郡大湖芝面調琴里六六
四四五	独立野砲六連隊	不詳	一九四五・〇七・〇六	木村茂文	上等兵	戦死	洪城郡西部面広里一〇四
			一九二二・〇六・二二	木村義成	父		洪城郡西部面広里一〇四
二二九	南方病院	南方一陸軍病院 肺結核	一九四六・〇七・三〇	韓丁洙	軍属	戦病死	禮山郡風山面風林里四一四
			一九二一・一一・〇九	韓亀傷	父		禮山郡風山面風林里四一四
一六四	平壌師管区歩二補	平壌二病院 クレープ性肺炎	一九四五・〇四・〇五	鳥川長溶	二等兵	戦病死	舒川郡鍾川面鍾川里二八一
			一九二四・〇二・二〇	鳥川熙東	兄		舒川郡鍾川面鍾川里二八一
一八一	平壌師管区工兵補	大邱陸軍病院	一九四五・〇四・一九	林喆洙	二等兵	変死	扶養郡扶養面松谷里一一〇
			一九二四・〇八・二〇	—	—		—
一九八	北支野戦兵器隊	河北省天津	一九四五・〇六・〇一	久堂孝治	傭人	変死	洪城郡洪城邑五官里
			一九二〇・〇三・〇三	久堂江子	妻		洪城郡洪城邑五官里
二〇〇	北支憲兵隊司令部	河北省天津陸病	一九四四・〇六・二七	松山海秀	雇員	戦病死	公州郡長岐面月松里一九二
			×	李明秀	兄		通化県三標楡村中安
三八八	歩兵六中隊	不詳	不詳	松本鐘賛	一等兵	不詳	永同郡鶴面×珍里四一一
			×	松本璇奎	父		山口県美弥郡山面水村大字下郷一四八三
三八〇	歩兵一三連隊	ビルマ、トソク南外	一九四五・〇七・二四	安山明執	兵長	戦死	青陽郡化城面花岩里三三四
			×	安山煥元	父		青陽郡化城面花岩里三三四
一六九	歩兵一六連隊	×南省邑陂県 全身迫撃砲弾破片	一九四四・〇九・〇三	正田知衡	不詳	戦死	洪城郡銀河面長谷里三五三
			×	正田公弼	父		洪城郡銀河面長谷里三五三
一九一	歩兵一六連隊	サイゴン	一九四四・一二・〇二	中原宗培	軍曹	戦死	大徳郡儒城面傷袋里一五七

			一九二五・〇五・一二	中原憲哲	父		—
一九五	歩兵一六連隊	ビルマ、パブン県	一九四五・〇六・〇二	宋本秀一	伍長	戦死	大徳郡鎮岑面大井里一一九
		腹部爆弾創	一九二三・一二・一九	宋本金造	父		—
三一八	歩兵四一連隊	ルソン島ビルヤベ北方	一九四五・〇七・一五	吉野豊造	伍長	戦死	禮山郡×橋面新里一四九
			×	吉野徳七	父		禮山郡×橋面新里一四九
二	歩兵四九連隊	レイテ島リモン	一九四四・一一・〇四	河本勇雄	兵長	戦死	洪城郡洪城邑玉岩里一四五
		頭部砲弾破片創	×	河本定夫	父		洪城郡洪城邑玉岩里一四五
二七三	歩兵四九連隊	レイテ島クンギオ外山	一九四五・〇七・〇一	林川永庫	兵長	戦死	論山郡論山邑昭和町
			×	林川永九	兄		論山郡論山邑昭和町
二七四	歩兵四九連隊	レイテ島クンギオ外山	一九四五・〇七・〇一	平沼允錫	兵長	戦死	論山郡江景邑志雄町四
			×	平沼三錫	兄		論山郡江景邑志雄町四
二七五	歩兵四九連隊	レイテ島クンギオ外山	一九四五・〇七・〇一	柳川利夫	兵長	戦死	天安郡城安
			×	柳川在恒	父		天安郡城安
二七六	歩兵四九連隊	歩兵四九連隊	一九四五・〇七・〇一	深川瑞錫	兵長	戦死	青陽郡雲谷面
		（温州作戦参加）	×	深川在夫	父		青陽郡雲谷面
二七七	歩兵四九連隊	歩兵四九連隊	一九四五・〇七・〇一	山井喆浩	兵長	戦死	舒川郡韓山面×山里
			×	山井徳春	父		舒川郡韓山面×山里
二七八	歩兵四九連隊	歩兵四九連隊	一九四五・〇七・〇一	青蘆奎宜	兵長	戦死	論山郡蓮山面青×里
			×	青蘆斗燮	父		論山郡蓮山面青×里
二七九	歩兵四九連隊	歩兵四九連隊	一九四五・〇七・〇一	綾城孝菖	兵長	戦死	舒川郡生面光頭里
			×	綾城然揮	父		舒川郡生面光頭里
二八〇	歩兵四九連隊	レイテ島カンギポット山	一九四五・〇七・〇一	金本吉助	兵長	戦死	禮山郡挿橋面松山里
			×	金本武押	父		禮山郡挿橋面松山里
二八一	歩兵四九連隊	レイテ島カンギポット山	一九四五・〇七・〇一	金原南熙	兵長	戦死	瑞山郡海美面冬多里
			×	金原凡俊	父		瑞山郡海美面冬多里
四一〇	歩兵四九連隊	レイテ島カンギポット山	一九四五・〇七・〇一	梁川時錫	兵長	戦死	青陽郡雲谷面茅谷里三四四
			×	梁川	父		—
二四六	歩兵五四連隊	ミンダナオ、ウマヤン	一九四五・〇七・一〇	金本在鎮	伍長	戦死	禮山郡元時面新興里
		頭部貫通銃創	一九一九・〇三・一〇	金本在栄	弟		禮山郡元時面新興里
二四八	歩兵五四連隊	ミンダナオ、ウマヤン	一九四五・〇七・一五	廣本東台	兵長	戦死	保寧郡川北面洛東里三七七
		腹部貫通銃創	一九二一・〇三・二一	廣本八分	母		保寧郡川北面洛東里三七七
二四七	歩兵五四連隊	ミンダナオ、ウマヤン	一九四五・〇七・二〇	江村漢元	兵長	戦死	唐津郡石門里面三峯里三六五
		頭部貫通銃創	一九二三・一二・二〇	江村海龍	父		唐津郡石門里面三峯里三六五
三九二	歩兵六六連隊	山東省河田街	一九三九・〇三・二三	李貞馥	通訳	戦死	禮山郡新岩面龍宮里二〇九
			一九一三・〇八・二四	尹長今	妻		禮山郡新岩面龍宮里二〇九

九三	歩兵七四連隊	ミンダナオ、ウマヤン マラリア	一九四四・〇六・二〇 ×	金朝義雄 金朝七男	伍長 妻	戦病死	論山郡光石面光石面光里一九〇 論山郡光石面光石面光里一九〇
三九四	歩兵七四連隊	ミンダナオ、ドゥベラ岬 頭・右足貫通銃創	一九四四・〇八・二〇 一九一三・〇九・一三	豊川　清 豊川新一	伍長 父	戦死	保寧郡青所面眞竹里二六四 保寧郡青所面眞竹里二六四
一五	歩兵七四連隊	ミンダナオ、サランガン 悪性マラリア	一九四四・一一・一〇 一九二二・一二・〇四	石川一行 石川炳殷	伍長 父	戦病死	保寧郡大川面東岱里二二三 保寧郡大川面東岱里二二三
二三八	歩兵七四連隊	ミンダナオ、トッピー 頭部貫通銃創	一九四四・一一・一三 一九二四・〇四・一九	秀山豊実 秀山香淵	兵長 父	戦死	扶余郡追山面南村里一八三 ―
一六	歩兵七四連隊	ミンダナオ、サランガン 悪性マラリア	一九四四・一二・〇三 一九二〇・一〇・二二	林原永太郎 林原歳元	伍長 父	戦病死	禮山郡光時面下場岱里一六 禮山郡光時面下場岱里一六
一一三	歩兵七四連隊	ミンダナオ、サランガン 頭部貫通銃創	一九四四・一二・〇四 一九二三・一一・一〇	金本昌倍 金本顕深	伍長 父	戦死	牙山郡仙厚面君徳里一四二 牙山郡仙厚面君徳里一四二
三	歩兵七四連隊	ミンダナオ、サランガン マラリア・赤痢	一九四四・一二・一三 一九二三・〇三・二五	冠山　巌 冠山勝美	兵長 兄	戦病死	天安郡並川面並川里一五五 天安郡並川面並川里一五五
二三七	歩兵七四連隊	ミンダナオ、タゴアン	一九四五・〇一・一一 一九二〇・〇一・一四	白川福盛 白川永得	兵長 父	戦死	扶余郡林川面郡司里二三 扶余郡林川面郡司里二三
一〇九	歩兵七四連隊	ミンダナオ、アロマン 胸部貫通銃創	一九四五・〇四・一八 一九二二・〇八・二七	松岡忠雄 松岡鶴吉	兵長 父	戦死	青陽郡青陽面邑内里三三五 青陽郡青陽面邑内里三三五
三〇二	歩兵七四連隊	ミンダナオ、デゴス 全身投下爆弾創	一九四五・〇四・二五 ×	國本定助 國本昌順	伍長 妻	戦死	燕岐郡全東面五谷里一一〇 燕岐郡全東面五谷里一一〇
一一五	歩兵七四連隊	ミンダナオ、マンジマ マラリア	一九四五・〇四・三〇 一九二〇・〇四・〇二	大城載壽 大城載斗	上等兵 父	戦病死	保寧郡徳川面大昌里五五 保寧郡徳川面大昌里五五
一一一	歩兵七四連隊	ミンダナオ、マラマグ 全身手榴弾破片創	一九四五・〇五・一〇 一九二一・〇九・二四	岩本鐘哲 岩本學奉	伍長 父	戦死	保寧郡藍浦面創洞里一一二 保寧郡藍浦面創洞里一一二
二九七	歩兵七四連隊	ミンダナオ、マライベウイ 腹部貫通銃創	一九四五・〇五・一〇 一九二二・〇七・一二	結城敏行 結城カツエ	伍長 母	戦死	舒川郡馬山面羅弓里九五 舒川郡馬山面羅弓里九五
二四五	歩兵七四連隊	ミンダナオ、ウマヤン 頭部貫通銃創	一九四五・〇五・一〇 一九一八・一〇・一六	李岡國雄 李岡富蔵	伍長 父	戦死	舒川郡華陽面玉浦里一一六 舒川郡華陽面玉浦里一一六
一一二	歩兵七四連隊	ミンダナオ、マラマグ 頭部貫通銃創	一九四五・〇五・一五 ×	西村鐘寛 西村東國	伍長 父	戦死	瑞山郡瑞山面東門里九三五 瑞山郡瑞山面東門里九三五
一一七	歩兵七四連隊	バシー海峡 腹部貫通銃創	一九四五・〇五・一七 一九二〇・〇一・〇四	明石剛武 明石高橋	兵長 父	戦死	瑞山郡海美面二二二 瑞山郡海美面二二二
二九二	歩兵七四連隊	ミンダナオ、マシジヤ 頭部貫通銃創	一九四五・〇五・二〇 一九二〇・一二・二九	金谷孝一 金谷泰亨	兵長 父	戦死	公州郡公州邑本町一四七 公州郡公州邑本町一四七
二九三	歩兵七四連隊	ミンダナオ、マシジヤ	一九四五・〇五・二〇	金村昌圭	兵長	戦死	瑞山郡×梁北面六七〇

番号	所属	死亡場所・死因	年月日	氏名	階級・続柄	区分	本籍・住所
		頭部貫通銃創	一九二一・〇七・二〇	金村炯泰	父		瑞山郡×梁北面六七〇
二九四	歩兵七四連隊	ミンダナオ、マシジヤ	一九四五・〇五・二〇	安田政夫	兵長	戦死	論山郡代谷面一五四
		全身投下爆弾創	一九二一・〇七・二一	安田鍾達	祖父		論山郡代谷面一五四
三〇〇	歩兵七四連隊	ミンダナオ、ホアヤン	一九四五・〇五・二〇	姜水錫民	伍長	戦死	牙山郡屯浦面新旺里一八四―二
		腹部貫通銃創	×	姜永文達	父		牙山郡屯浦面新旺里一八四―二
二九五	歩兵七四連隊	ミンダナオ、タロア	一九四五・〇六・二〇	金山采喆	兵長	戦死	唐津郡松山面
		腹部貫通銃創	一九二三・〇一・一〇	金山義鉉	父		唐津郡松山面
二九六	歩兵七四連隊	ミンダナオ、ワロエ	一九四五・〇六・二〇	金田光輝	兵長	戦死	大田府西町一
		腹部貫通銃創	一九二一・〇六・一三	金田京来	父		大田府西町一
二四四	歩兵七四連隊	ミンダナオ、ウマヤン	一九四五・〇七・一〇	山本成雄	兵長	戦死	瑞山郡又湖芝面沙城里二四
		腹部貫通銃創	×	山本兼賢	父		瑞山郡又湖芝面沙城里二四
一一四	歩兵七四連隊	ミンダナオ、ブツアン	一九四五・〇七・〇九	山本俊採	伍長	戦死	天安郡成歓面成歓里
		全身爆弾創	一九二四・〇二・〇九	山本永弼	父		天安郡成歓面成歓里
二九九	歩兵七四連隊	ミンダナオ、ウマヤン	一九四五・〇七・一二	金光善宇	伍長	戦死	舒川郡板橋面上佺里三八八
		頭部貫通銃創	一九一九・〇七・一七	金光現中	父		舒川郡板橋面上佺里三八八
一一〇	歩兵七四連隊	ミンダナオ、サランガン	一九四五・〇七・一五	嘉山暁華	伍長	戦死	青陽郡化城面梅山里四四〇
		全身爆弾創	一九一七・〇一・二二	嘉山貞鉉	妻		保寧郡大川面大川里
四一二	歩兵七四連隊	ミンダナオ、ウマヤン	一九四五・〇七・二〇	平山栄一	兵長	戦死	瑞山郡海美面邑内里一三八七
			×	平山石崇	父		瑞山郡海美面邑内里一三八七
二九八	歩兵七四連隊	ミンダナオ、ウマヤン	一九四五・〇八・〇四	金城大煥	伍長	戦死	扶余郡九龍面金寺里
		全身砲弾破片創	一九二二・〇一・〇七	金城芳男	父		扶余郡九龍面金寺里
三〇一	歩兵七四連隊	ミンダナオ、キオコング	一九四五・〇八・一〇	三山吉武	伍長	戦死	忠州郡山天面松江里一〇八〇（忠北）
		左胸部貫通銃創	×	三山元中	父		忠州郡山天面松江里一〇八〇（忠北）
六六	歩兵七四連隊	ミンダナオ、ワロエ	一九四五・一一・一五	金川敬泰	伍長	戦死	保寧郡珠山面柳谷里
			一九二二・〇一・二六	金川正甫	父		保寧郡珠山面柳谷里
一一六	歩兵七四連隊	河南省清化県	一九四五・〇一・二五	牧山南植	兵長	戦死	扶余郡南面松岩里
		投下爆弾の爆風	一九二二・〇五・二三	牧山連俊	母		扶余郡南面松岩里
二八二	歩兵七五連隊	台湾安平沖・久川丸	一九四五・〇一・〇九	松本錫哲	兵長	戦死	論山郡豆×面豆渓里五二
		海没	×	松本世華	父		論山郡論山邑本町一八〇
九四	歩兵七七連隊	レイテ島オルモック	一九四四・一二・一七	金永鐘睍	不詳	戦死	禮山郡挿橋面頭里
		頭部貫通銃創	一九二〇・一一・一九	金永笑聲	妻		禮山郡挿橋面頭里
九六	歩兵七七連隊	レイテ島オルモック	一九四四・一二・一七	國本　勝	不詳	戦死	唐津郡沔川面松鶴里四五三
		頭部貫通銃創	一九一八・〇一・一七	國本原豊	兄		唐津郡沔川面松鶴里四五三
九二	歩兵七七連隊	レイテ島ベレンシヤ	一九四五・〇一・一五	岩井丙玉	兵長	戦死	扶余郡良化面塩倉里二八五
		頭部貫通銃創	一九二〇・〇七・一二	岩井命植	父		扶余郡良化面塩倉里二八五

番号	部隊	場所・死因	年月日	氏名	階級・続柄	区分	本籍
九一	歩兵七七連隊	レイテ島ナグアン山 頭部貫通銃創	一九四五・〇三・二一 一九二〇・〇九・〇一	新本成圭 秋本章玉	兵長 父	戦死	扶余郡良化面松亭里七七 扶余郡良化面松亭里七七
三二一	歩兵七七連隊	レイテ島	一九四五・〇七・〇一 一九二一・〇二・〇四	江原金高 江原舜烈	兵長 父	戦死	扶余郡忠北面福金里七三六 扶余郡忠北面福金里七三六
三二二	歩兵七七連隊	レイテ島	一九四五・〇七・〇一 一九二〇・〇五・三〇	江本永東 江本光弘	兵長 父	戦死	瑞山郡海美面遊山里二三八 瑞山郡海美面遊山里二三八
三二三	歩兵七七連隊	レイテ島	一九四五・〇七・〇一 一九二二・〇二・一二	金城東吉 金城日光	兵長 父	戦死	禮山郡新岩面申禮里三三 禮山郡新岩面申禮里三三
三二四	歩兵七七連隊	レイテ島	一九四五・〇七・〇一 一九一九・〇三・一一	金澤洙訷 金澤溶辰	兵長 父	戦死	唐津郡松嶽面住鶴里四六二 唐津郡松嶽面住鶴里四六二
三二五	歩兵七七連隊	レイテ島	一九四五・〇七・〇一 ×	新本性辰 新本用和	伍長 父	戦死	禮山郡吾可面天泉里 禮山郡吾可面天泉里
三二六	歩兵七七連隊	レイテ島	一九四五・〇七・〇一 ×	洪中圭録 洪中善夫	兵長 父	戦死	禮山郡新岩面東牧里六七 禮山郡新岩面東牧里六七
三二七	歩兵七七連隊	レイテ島	一九四五・〇七・〇一 一九二一・〇一・一一	松山仲硯 杉山×魯	兵長 父	戦死	禮山郡光持面長田里八七 禮山郡光持面長田里八七
三二八	歩兵七七連隊	レイテ島	一九四五・〇七・〇一 一九二一・〇三・二一	松村俊夫 松村健夫	兵長 父	戦死	扶余郡忠化面文石里二二五 扶余郡忠化面文石里二二五
三二九	歩兵七七連隊	レイテ島	一九四五・〇七・〇一 一九二二・〇五・二三	宮田基昌 宮田正煥	兵長 父	戦死	扶余郡石城面風亭里五二〇 扶余郡石城面風亭里五二〇
三三〇	歩兵七七連隊	レイテ島	一九四五・〇七・〇一 ×	宮本春芳 宮本凡来	兵長 父	戦死	扶余郡忠化面天堂里四三 扶余郡忠化面天堂里四三
三三一	歩兵七七連隊	レイテ島	一九四五・〇七・〇一 ×	山本繁松 山本永禮	兵長 妻	戦死	保寧郡藍浦面倉洞里 保寧郡能河面窪堂里
三三二	歩兵七七連隊	レイテ島	一九四五・〇七・〇一 一九二一・一〇・二四	柳村次郎 柳村静一	兵長 兄	戦死	天安郡歓城面新芳里六 天安郡歓城面新芳里六
三三三	歩兵七七連隊	レイテ島	一九四五・〇七・〇一 ×	山本世煥 山本相煥	兵長 父	戦死	天安郡歓城面斗井里一〇五 天安郡歓城面斗井里一〇五
三三四	歩兵七七連隊	レイテ島	一九四五・〇七・〇一 一九二〇・一〇・一一	安田炳起 安田仁植	兵長 父	戦死	舒川郡時草面×岩里二五五 舒川郡時草面×岩里二五五
三三五	歩兵七七連隊	レイテ島	一九四五・〇七・〇一 一九二三・一一・〇五	安田己得 安田萬福	兵長 兄	戦死	保寧郡珠山面磊岩里三四三 保寧郡珠山面磊岩里三四三
九五	歩兵七七連隊	レイテ島ナグアン山 全身投下爆弾創	一九四五・〇七・一〇 一九二三・〇七・二六	國城正剛 國城永修	不詳 父	戦死	燕岐郡鳥致院邑新安町三五四 燕岐郡鳥致院邑新安町三五四
三一一	歩兵七七連隊	ミンダナオ、サンタクエ	一九四五・〇一・二七	大山博信	兵長	戦死	天安郡天安邑九星里二二六

		全身投下爆弾創	×	大山勝吉	父		禮山郡霊山邑新禮院里
三一二	歩兵七七連隊	ミンダナオ、フランギ河	一九四五・〇六・〇一	益山鳳基	兵長	戦死	唐津郡合徳面大合徳里二四〇
		全身投下爆弾創	×	益山炳善	妻		唐津郡合徳面大合徳里二四〇
三一五	歩兵七七連隊	ミンダナオ、シラエ	一九四五・〇六・〇一	鈴木滋京	兵長	戦死	天安郡×場面菊頭里二八五
		左胸部貫通銃創	×	鈴木時集	父		天安郡×場面菊頭里二八五
三一六	歩兵七七連隊	ミンダナオ、カガヤン	一九四五・〇六・〇三	國本大吉	伍長	戦死	禮山郡禮山邑禮山里五〇七
		左胸部貫通銃創	一九二〇・〇四・〇三	國本坂吉	兄		禮山郡禮山邑禮山里五〇七
九九	歩兵七七連隊	ミンダナオ、ミライ	一九四五・〇六・〇五	中川正湖	不詳	戦死	禮山郡信用面鹿門里五一〇
		全身投下爆弾創	一九二二・一二・二九	中川鍾喆	父		禮山郡信用面鹿門里五一〇
一〇〇	歩兵七七連隊	ミンダナオ、ミライ	一九四五・〇六・〇五	宮本　進	不詳	戦死	論山郡江景邑忠町一七
		頭部貫通銃創	一九二二・一一・〇三	宮本健司	父		論山郡江景邑忠町一七
九七	歩兵七七連隊	ミンダナオ、ウマヤン	一九四五・〇六・一三	松原良太郎	不詳	戦死	唐津郡高大面唐津浦里一〇八
		左胸部貫通銃創	一九二一・一二・一六	松原益秀	父		唐津郡高大面唐津浦里一〇八
三〇九	歩兵七七連隊	ミンダナオ、ウマヤン	一九四五・〇七・〇一	岩村　渲	兵長	戦病死	扶余郡民化面草旺里五二
		マラリア	一九二〇・〇七・一二	岩村仁洙	母		扶余郡民化面草旺里五二
三一四	歩兵七七連隊	ミンダナオ、ウマヤン	一九四五・〇七・一〇	成田洛光	伍長	戦死	扶余郡林川面鉢山里三三四
		全身投下爆弾創	一九二二・〇八・一二	成田日鏞	父		扶余郡林川面鉢山里三三四
三一七	歩兵七七連隊	ミンダナオ、ウマヤン	一九四五・〇七・一三	金原重鎬	兵長	戦病死	唐津郡合徳面石隅里五四七
		マラリア	×	金原基喆	父		唐津郡合徳面石隅里五四七
三一三	歩兵七七連隊	ミンダナオ、ウマヤン	一九四五・〇七・一四	松山昌男	兵長	戦死	瑞山郡所遠面所斤里六七一
		全身投下爆弾創	×	松山昌儀	父		瑞山郡所遠面所斤里六七一
三一〇	歩兵七七連隊	ミンダナオ、ウマヤン	一九四五・〇七・二三	新井忠幸	兵長	戦病死	公州郡灘川面松鶴里三四
		マラリア	一九二三・〇一・一五	新井永武	父		公州郡灘川面松鶴里三四
九八	歩兵七七連隊	ミンダナオ、ワロエ	一九四五・〇八・〇四	徳永　煥	不詳	戦死	瑞山郡瑞山面水利組合
		左胸部貫通銃創	一九一九・一二・〇九	徳永國豊	父		公州郡牛城面方興里一九一
三六〇	歩兵七八連隊	ニューギニア、アファ	一九四三・〇八・二七	吉山成光	兵長	戦死	唐津郡高台面×浦洞里
			×	吉山弼烈	父		唐津郡高台面×浦洞里
三五八	歩兵七八連隊	ニューギニア、マダン	一九四三・一〇・〇一	加藤光男	伍長	戦死	論山郡魯城面邑内里
			×	加藤　栄	叔父		論山郡魯城面邑内里
四二	歩兵七八連隊	パラオ西南	一九四四・〇一・二七	金川文玉	兵長	戦死	牙山郡陰峰面衣食里
		海没	×	金川文成	兄		牙山郡陰峰面衣食里
四三	歩兵七八連隊	ニューギニア、ハンサ	一九四四・〇四・一〇	金山鎮×	兵長	戦病死	天安郡歓城面仏堂里
		マラリア	×	金山英基	父		天安郡木川面新渓里
三六	歩兵七八連隊	ニューギニア、金泉村	一九四四・〇五・二五	西原鳳鎬	伍長	戦死	瑞山郡大山面花谷里
		—	×	西原乙録	父		—

四一	歩兵七八連隊	ニューギニア、タンダカ ー	一九四四・〇五・二七 ×	金川鐘基 金川君三	兵長 父	戦死	扶余郡石城面石城里 扶余郡石城面石城里
三四	歩兵七八連隊	ニューギニア、アハナギ ー	一九四四・〇五・二九 ×	宮平経夫 富平昌運	兵長 父	戦死	唐津郡汚川面三雄里六五六 ー
三七	歩兵七八連隊	ニューギニア、カカムル 腹部貫通銃創	一九四四・〇六・〇一 ×	新本貞培 新本憲萬	兵長 父	戦病死	燕岐郡東面松龍里二〇五 ー
四九	歩兵七八連隊	ニューギニア、ヤカムル 大腿部貫通銃創	一九四四・〇六・〇五 ×	高林武義 高林天良	兵長 母	戦死	唐津郡高大面龍頭里 唐津郡高大面龍頭里
五三	歩兵七八連隊	ニューギニア、ウウェワク 左足砲弾破片創	一九四四・〇六・二五 一九二四・〇一・二七	海原鐘相 海原億萬	伍長 父	戦病死	禮山郡吾可面内良里 禮山郡吾可面内良里
四〇	歩兵七八連隊	ニューギニア、坂東川 頭部貫通銃創	一九四四・〇七・一〇 ×	河本忠一 河本正憲	伍長 父	戦死	保寧郡川北面河満里 保寧郡川北面河満里
四七	歩兵七八連隊	ニューギニア、坂東川 腹部貫通銃創	一九四四・〇七・一〇 ×	東本×鎮 東本喜善	上等兵 父	戦死	大徳郡杞城面槐谷里 ー
四八	歩兵七八連隊	ニューギニア、坂東川 腹部貫通銃創	一九四四・〇七・一〇 ×	高島鐘徳 高島聖佐	兵長 父	戦死	唐津郡順成面葛山里 唐津郡順成面葛山里
五〇	歩兵七八連隊	ニューギニア、坂東川 腹部貫通銃創	一九四四・〇七・一〇 ×	富田孝雄 富田時顕	伍長 父	戦死	舒川郡舒川面合目里 舒川郡舒川面合目里
四六	歩兵七八連隊	ニューギニア、アフア 腹部貫通銃創	一九四四・〇七・一五 ×	権藤　猛 権藤寧次郎	伍長 父	戦死	天安郡豊蔵面三合里 ー
三五五	歩兵七八連隊	ニューギニア、ボイキン	一九四四・一〇・〇五 ×	岡田信哲 岡田順原	伍長 妻	戦死	天安郡成歓面成月里二〇二 京畿道安城郡安城邑×里
四五	歩兵七八連隊	ニューギニア、バロン ー	一九四四・一〇・一一 ×	梧村光雨 梧村範雄	伍長 兄	戦死	瑞山郡青岩面下紅 ー
五四	歩兵七八連隊	ニューギニア、ボイキン マラリア	一九四四・一〇・一二 ×	岡村鴻川 岡村大川	伍長 父	戦病死	青陽郡青陽面長承里 青陽郡青陽面長承里
三五	歩兵七八連隊	ニューギニア、ボイキン マラリア	一九四四・一〇・一五 ×	結城永鎮 結城一順	曹長 母	戦病死	燕岐郡東面松龍里二〇五 ー
五一	歩兵七八連隊	ニューギニア、バロン マラリア	一九四四・一〇・三〇 ×	徳浦正雄 徳浦一成	伍長 父	戦病死	扶余郡石城面正覚里 ー
三五四	歩兵七八連隊	ニューギニア、バマン	一九四五・〇一・二〇 ×	山本春雄 山本相赫	兵長 父	戦死	唐津郡松山面 ー
五二	歩兵七八連隊	ニューギニア、ガリップ 頭部貫通銃創	一九四五・〇五・〇七 ×	戸山武雄 戸山春光	軍曹 父	戦死	舒川郡草陽面鳳鳴里 ー
三五九	歩兵七九連隊	ニューギニア、ワレオ	一九四三・一〇・二八	牧山旭雄	伍長	戦死	舒川郡華陽面鳳鳴里

				牧山陽求	父		－
一五二	歩兵七九連隊	ニューギニア、ウラウ	一九四四・〇一・一八	松林秀雄	伍長	戦死	燕岐郡南面燕岐里
			×	松本　勇	父		－
三七四	歩兵七九連隊	ニューギニア、ガリ	一九四四・〇一・一九	黄大判	伍長	戦死	清州郡文義面文山里
			×	黄凡成	兄		－
三七七	歩兵七九連隊	ニューギニア、カブトモン	一九四四・〇一・二九	岡本年成	兵長	戦死	保寧郡青灘面
			×	岡本炳薫	祖父		保寧郡青灘面
一五七	歩兵七九連隊	ニューギニア	一九四四・〇二・〇四	新本楽教	伍長	戦死	禮山郡大逑面花川里
			×	新本柄彬	父		－
一六二	歩兵七九連隊	ニューギニア、シングマ	一九四四・〇二・二〇	柳沢堅久	伍長	戦死	舒川郡韓山面舟上里
			一九二二・〇一・一五	柳沢　京	父		－
三七五	歩兵七九連隊	ニューギニア、ハンサ	一九四四・〇三・二〇	梁川承勲	伍長	戦死	天安郡×白面新芳里六九
			×	梁川甲錫	父		－
三七六	歩兵七九連隊	ニューギニア、ハンサ	一九四四・〇三・二〇	金澤忠彦	伍長	戦死	洪城郡亀頂面
			×	金澤春日	父		洪城郡亀頂面五鳳里
三七〇	歩兵七九連隊	ニューギニア、ラム河口	一九四四・〇四・一〇	三木起愛	伍長	戦死	禮山郡吾司面駅塔里
			×	三本萬儀	父		－
三六九	歩兵七九連隊	ニューギニア、ヤピック河	一九四四・〇四・二八	牧山敏求	伍長	戦死	禮山郡大逑面方山里
			×	牧山逢秀	妻		京城府敦岩町四三八
三七三	歩兵七九連隊	ニューギニア、セピック河	一九四四・〇四・三〇	水野燦基	伍長	戦死	舒川郡長項邑水東町
			×	水野福順	妻		舒川郡長項邑松浜町
三六七	歩兵七九連隊	ニューギニア、マリエングル	一九四四・〇五・〇一	岡本久隆	伍長	戦死	禮山郡風山面九岩里
			×	岡本昇×	父		禮山郡古徳面×谷里
三六六	歩兵七九連隊	ニューギニア、ヤピック河	一九四四・〇五・〇五	上原商俊	伍長	戦死	禮山郡豊山邑×良里
			×	上原清州	母		－
三六五	歩兵七九連隊	ニューギニア、ヤピック河	一九四四・〇五・〇八	李乙熙	伍長	戦死	舒川郡麒山面梨寺里一〇三
			×	慶田徳熙	兄		－
三六三	歩兵七九連隊	ニューギニア、ウラウ	一九四四・〇五・一〇	金源博富	伍長	戦死	舒川郡時草面風仙里
			×	金源泰順	父		－
三六四	歩兵七九連隊	ニューギニア、ウラウ	一九四四・〇五・一〇	木村和義	伍長	戦死	舒川郡馬西面
			×	木村宗義	兄		－
三六八	歩兵七九連隊	ニューギニア、ウェック	一九四四・〇五・二〇	白谷南吉	伍長	戦死	瑞山郡青谷面下紅里七〇
			×	白谷英禮	妻		－
三六一	歩兵七九連隊	ニューギニア、ウラウ	一九四四・〇六・一〇	新井　誠	伍長	戦死	舒川郡馬西面南田里
			×	新井清徳	兄		－

一六三	歩兵七九連隊	ニューギニア、ウウェワク	一九四四・〇六・一九	崇川重根	伍長	戦死	瑞山郡泰安面幾喜里五八二
		—	×	崇川淵宅	父		—
三六二	歩兵七九連隊	ニューギニア、ウラウ	一九四四・〇六・二〇	金川栄作	伍長	戦死	舒川郡長項邑玉東町
			×	金川嘉成	父		—
一四八	歩兵七九連隊	ニューギニア、ヤカムル 右大腿部爆弾破片	一九四四・〇七・〇四	岩本吉原	伍長	戦死	扶余郡世道面青松里
			×	岩本柱姫	妻		—
一六〇	歩兵七九連隊	ニューギニア、ウラウ マラリア・脚気	一九四四・〇七・二一	清水重吉	伍長	戦病死	牙山郡温陽邑左部里一六六
			×	清水月夫	妻		—
一五〇	歩兵七九連隊	ニューギニア、アフワ 腹部手榴弾創	一九四四・〇七・二二	奉本俊相	伍長	戦死	天安郡成観面東金里
			×	春本喜明	兄		—
一五八	歩兵七九連隊	ニューギニア、アフワ 右下腿部砲弾破片	一九四四・〇七・二三	山本桓義	伍長	戦死	禮山郡大逑面山亭里一六六
			×	山本泰義	兄		禮山郡大逑面山亭里一六六
一四七	歩兵七九連隊	ニューギニア、アクワ 下腹部手榴弾破片	一九四四・〇七・二三	青木　茂	伍長	戦死	論山郡夫赤面阿湖里
			×	青木繁男	父		—
三七一	歩兵七九連隊	ニューギニア	一九四四・〇八・〇一	金谷元佑	伍長	戦死	青陽郡木面
			×	金谷任駿	父		—
一五一	歩兵七九連隊	ニューギニア、ヤカムル マラリア・大腸炎	一九四四・〇八・〇五	平山武五	伍長	戦病死	瑞山郡海美面
			×	平山甲生	妻		—
一四九	歩兵七九連隊	ニューギニア、ウウェワク マラリア・大腸炎	一九四四・〇八・〇六	張本煥鳳	伍長	戦病死	扶余郡窺岩面外里
			×	張本民	母		—
一五九	歩兵七九連隊	ウウェワク一一七兵病	一九四四・〇八・〇六	島本順徳	伍長	戦病死	天安郡廣徳面大平里九〇
			×	島本鍾喆	弟		—
三七二	歩兵七九連隊	ニューギニア、ゼルエン岬	一九四四・〇八・二〇	山本敏允	伍長	戦死	舒川郡麒山面梨寺里二四二
			×	山本達雄	父		—
一五五	歩兵七九連隊	ニューギニア、ソナム	一九四四・〇九・〇二	金村昌権	伍長	戦死	牙山郡温陽面五部里
		—	×	金村×洙	父		—
一五六	歩兵七九連隊	ウウェワク一一七兵病 マラリア	一九四四・〇九・〇一	金川東善	伍長	戦病死	瑞山郡眞美面山成里
			×	金川競済	父		瑞山郡眞美面山成里
一六一	歩兵七九連隊	ニューギニア、ダクア 頭部貫通銃創	一九四四・一〇・一〇	森中基元	伍長	戦死	燕岐郡東面若松里
			×	森中明煥	父		—
三五七	歩兵七九連隊	ニューギニア、十国峠	一九四五・〇一・一〇	徳川種泰	伍長	戦死	公州郡寺谷面
			×	徳川在熙	—		—
三五六	歩兵七九連隊	ニューギニア、十国峠	一九四五・〇三・〇四	兪村尚光	伍長	戦死	扶余郡石城面×内里五七三
			×	兪村正植	兄		—
一五四	歩兵七九連隊	ニューギニア、マグエル	一九四五・〇三・一五	金川炳院	伍長	戦病死	瑞山郡泰安面東門里

番号	部隊	死亡場所	年月日	氏名	階級・続柄	死因	本籍・住所
		マラリア・大腸炎	×	金川啓権	父		—
三八三	歩兵七九連隊	奉天省海城陸病	一九四六・〇二・〇一	成田英雄	上等兵	戦病死	禮山郡新陽面豊里
			一九二四・〇三・〇四	成田達雄	兄		京城府西大門区竹添町二—七七
一七八	歩兵七九連隊補充隊	台湾新竹沖	一九四五・〇一・〇九	閔哲基	一等兵	溺死	舒川郡舒川面同山里一〇六
		久川丸撃沈	一九二四・〇三・二八	閔丙奎	父		舒川郡舒川面同山里一〇六
四三八	歩兵七九連隊補充隊	台湾高雄沖	一九四五・〇一・〇九	松田容起	上等兵	戦死	論山郡魯城面邑内里四六六
			一九二四・〇九・二三	松田元仲	父		論山郡魯城面邑内里四六六
四四〇	歩兵七九連隊補充隊	台湾高雄沖	一九四五・〇一・〇九	中原秀光	上等兵	戦死	保寧郡清所面×伊里二六二
			×	中原溶淑	妻		保寧郡清所面×伊里二六二
四四一	歩兵七九連隊補充隊	台湾高雄沖	一九四五・〇一・〇九	金井鐘斗	上等兵	戦死	唐津郡唐津面邑内里二〇八—一
			一九二四・〇六・一三	金井在徳	兄		唐津郡高大面長頂里一一〇一
四四二	歩兵七九連隊補充隊	台湾高雄沖	一九四五・〇一・〇九	清原允恵	上等兵	戦死	唐津郡新年面金川里五三三
			一九二四・一一・〇五	清原×秉	父		唐津郡新年面金川里五三三
四四三	歩兵七九連隊補充隊	台湾高雄沖	一九四五・〇一・〇九	金田東植	一等兵	戦死	牙山郡灵仁面牙山里五七
			一九二七・〇二・一九	金田連鳳	父		牙山郡塩時面塩星里六四
四四四	歩兵七九連隊補充隊	台湾高雄沖	一九四五・〇一・〇九	金城容瑛	一等兵	戦死	扶余郡世道面青松里五二九
			一九二四・〇四・二八	金城美順	妻		扶余郡世道面青松里五二九
四四六	歩兵七九連隊補充隊	台湾高雄沖	一九四五・〇一・〇九	林憲鐘	上等兵	戦死	燕岐郡東面龍湖里二一
			一九二四・〇八・一六	林斗喆	父		燕岐郡東面龍湖里二一
四四七	歩兵七九連隊補充隊	台湾高雄沖	一九四五・〇一・〇九	中山　振	一等兵	戦死	天安郡笠場面都下里五三六
			×	中山　澤	父		天安郡笠場面都下里五三六
四四九	歩兵七九連隊補充隊	台湾高雄沖	一九四五・〇一・〇九	中島義人	一等兵	戦死	大徳郡東面洞里六九〇
			×	中島一郎	父		大徳郡東面洞里六九〇
三九五	歩兵八〇連隊	ニューギニア、ノコポ	一九四四・〇二・一〇	長谷川永玉	上等兵	戦死	唐津郡東面三新里
			×	長谷川興哲	父		唐津郡東面三新里
一九四	歩兵八〇連隊	ニューギニア、オランベ	一九四四・〇五・二八	青木正成	兵長	戦病死	公州郡儀堂面龍峴里六一
		マラリア	×	青木健幾	父		公州郡儀堂面龍峴里六一
一九三	歩兵八〇連隊	ニューギニア、ブーツ	一九四四・〇八・〇三	高山甲相	伍長	戦死	大田府東町二—三〇五
		頭部貫通銃創	×	高山済益	父		大田府清水町四四八
一九二	歩兵八〇連隊	ニューギニア、ブーツ	一九四四・一一・一〇	金田光雄	兵長	戦病死	保寧郡南浦面保寧里二〇六
		マラリア	×	金田秀康	父		保寧郡南浦面保寧里二〇六
一三	歩兵一〇〇連隊	ビルマ、メークテイラ	一九四五・〇三・一四	木下　憩	伍長	戦死	禮山郡大逑面川里四七
							忠北三五〇
		胸部砲弾破片創	一九二四・〇三・一五	木下守明	父		禮山郡大逑面川里四七
二〇一	歩兵一〇〇連隊	タトン四九陸軍病院	一九四五・〇八・一一	金本吉正	軍曹	戦死	扶余郡窺岩面外里二五八

		マラリア	×	金本基煥			扶余郡窺岩面外里二五八
三九七	歩兵一〇六連隊	ビルマ、サダン	一九四五・〇四・〇八 ×	長野茂雄 長野造作	伍長 祖父	戦死	牙山郡達高面新堰里一八七 牙山郡達高面新堰里一八七
二一七	歩兵一五三連隊	ベトナム、カムラン湾 輸送船沈没	一九四四・〇八・二一 一九一九・一〇・〇一	康川忠雄 康川来淳	兵長 父	戦死	扶余郡鴻岩面外里一六二 扶余郡鴻岩面外里一六二
三九九	歩兵一五三連隊	ビルマ	一九四四・〇九・〇七 一九一六・〇五・二九	松山忠雄 松山　茂	兵長 兄	戦死	禮山郡禮山邑香泉里 禮山郡禮山邑香泉里
二一四	歩兵一五三連隊	ビルマ、レッセ陣地 左下肢砲弾破片創	一九四五・〇二・二〇 一九二五・〇九・二〇	道山在局 道山在元	伍長 兄	戦死	燕岐郡生面菊村里三〇四 燕岐郡生面菊村里三〇四
二〇六	歩兵一五三連隊	ビルマ、バンコク 全身投下爆弾創	一九四五・〇三・〇四 一九二五・一一・二九	大山相烈 大山錫昌	兵長 父	戦死	天安郡成歓面梅洙里二六五 天安郡成歓面梅洙里二六五
二一六	歩兵一五三連隊	ビルマ、イワチット 頭部銃創	一九四五・〇三・〇九 ×	山辺茂雄 山辺漑辰	兵長	戦死	公州郡利仁面梨仁里七四 公州郡利仁面梨仁里七四
二〇八	歩兵一五三連隊	ビルマ、レッセ陣地 腹部砲弾破片創	一九四五・〇三・二〇 一九二四・一二・一八	金光東舜 金光徳秀	兵長 祖父	戦死	公州郡長岐面大橋里一九五 公州郡長岐面大橋里一九五
二〇九	歩兵一五三連隊	ビルマ、レッセ陣地 胸部貫通銃創	一九四五・〇三・二〇 一九二四・一〇・〇七	金城福吉 金城長吉	兵長 兄	戦死	論山郡江景邑黄金町一六 論山郡江景邑黄金町一六
二一三	歩兵一五三連隊	ビルマ、レッセ陣地 全身砲弾破片創	一九四五・〇三・二〇 一九一六・〇三・〇一	松本富蔵 松本義雄	兵長 父	戦死	牙山郡新昌面邑内里二八五 牙山郡新昌面邑内里二八五
二一五	歩兵一五三連隊	ビルマ、レッセ陣地 頭部貫通銃創	一九四五・〇三・二一 一九一三・〇七・一五	安川吉弘 安川嘉慶	兵長 父	戦死	舒川郡舒川面郡司里四八七 舒川郡舒川面郡司里四八七
二〇七	歩兵一五三連隊	ビルマ、バンコク西南 頭部貫通銃創	一九四五・〇三・二四 一九二〇・一〇・一一	金原光政 金原庄英	兵長 兄	戦死	禮山郡大興面東西里一六一 禮山郡霊山邑上中里三二四
二一二	歩兵一五三連隊	ビルマ、エナジャン野病 胸部火傷	一九四五・〇三・三〇 一九二四・〇三・一〇	福田元根 福田順太郎	兵長 父	戦傷死	牙山郡温陽邑温泉里 牙山郡温陽邑温泉里
二一八	歩兵一五三連隊	ビルマ、レッセ陣地	一九四五・〇三・×× 一九二一・一二・三〇	菁川鐘太 菁川萬喜	兵長 父	戦死	牙山郡新榧里 牙山郡新榧里
四〇二	歩兵一五三連隊	ビルマ	一九四五・〇五・〇四 一九二五・〇三・〇四	杉山武雄 杉山栄蔵	不詳 父	戦死	公州郡正安面沙峴里一三九 公州郡正安面沙峴里一三九
三九六	歩兵一五三連隊	ビルマ	一九四五・〇五・一四 一九一三・〇五・一四	山村秉弼 山村東烈	兵長 妻	戦死	唐津郡新平面南山里三〇一 唐津郡新平面南山里三〇一
四〇〇	歩兵一五三連隊	ビルマ	一九四五・〇五・一四 一九一三・〇一・〇九	新本應教 新本慶東	兵長 兄	戦死	禮山郡禮山邑香泉里一七四 禮山郡禮山邑香泉里一七四
二一一	歩兵一五三連隊	ビルマ、レビニヂイ 胸部貫通銃創	一九四五・〇七・二三 一九二二・〇五・二八	錦本荘鉉 錦本奎錫	兵長	戦死	燕岐郡全東面松城里三一八 燕岐郡全東面松城里三一八

三八二	歩兵一五三連隊	ビルマ	一九四五・〇八・一四	青松元根	兵長	戦死	唐津郡合徳面大豊里二九
			一九二三・一二・二九	青松海夏	父		唐津郡合徳面大豊里二九
二一〇	歩兵一五三連隊	ビルマ、タトン市	一九四五・〇八・二六	金海世泰	兵長	戦病死	洪城郡洪城面入対里二八六
		マラリア・脚気	一九二一・〇四・〇七	金海鍾順	父		元山郡挿橋面挿橋里橋村部落
一八	歩兵二三八連隊	ニューギニア、アファ	一九四四・〇八・〇一	平田甲得	兵長	戦死	扶余郡林川面五三九
			×	平田錫九	父		扶余郡林川面五三九
一九	歩兵二三八連隊	ニューギニア、アファ	一九四四・〇六・〇一	宮本家栗	兵長	戦病死	禮山郡光時面長信里
		マラリア、脚気	×	宮本守治	父		禮山郡青陽面聖鳳面龍川里二九
二二九	マレー俘虜収容所	シンガポール南一陸病	一九四五・一〇・二三	金原利雄	傭人	戦病死	禮山郡大述面蔵谷里三八二
		マラリア	×	金原禮領	妻		禮山郡大述面蔵谷里三八二
二三二	マレー俘虜収容所	スマトラ島タンジョベラ	一九四四・〇六・二六	松田載日	軍属	戦死	扶余郡温山面佳谷里一三三－二
		輸送船沈没（治丸）	一九二〇・〇一・三〇	松田瓚熙	父		扶余郡温山面佳谷里一三三－二
一四〇	野砲二六連隊	ニューギニア、ナラモア	一九四三・〇八・〇二	高山硯桂	上等兵	戦死	禮山郡信用面加支里五〇四
			×	高山××	父		禮山郡信用面加支里五〇四
一四六	野砲二六連隊	ニューギニア、スゼン	一九四三・一二・〇六	金城一済	上等兵	戦死	瑞山郡近興面龍新里八三
		腹部穿透性銃創	×	金城静子	妻		仁川府白馬町京仁合業舎宅内
一三八	野砲二六連隊	ニューギニア、タービン	一九四四・〇二・〇九	高林忠義	不詳	戦死	唐津郡高台面龍頭里六五七
			×	林光玉	父		唐津郡高台面龍頭里六五七
一三九	野砲二六連隊	ニューギニア、ウェック	一九四四・〇六・三〇	高原培植	兵長	戦死	保寧郡×河面蘇城里五七五
			×	高原淳貞	父		保寧郡×河面蘇城里五七五
一四四	野砲二六連隊	ニューギニア、ヤカムル	一九四四・〇八・二二	板河花東	上等兵	戦死	洪城郡銀河面大枚里一〇二
		右大腿部爆弾破片	×	板河水東	兄		洪城郡銀河面大枚里一〇二
一四五	野砲二六連隊	ニューギニア、ヤカムル	一九四四・〇八・〇二	梅原先告	上等兵	戦病死	燕岐郡全義面元省里一一八
		大腸炎	×	梅原興雲	―		燕岐郡全義面元省里一一八
一三四	野砲二六連隊	ニューギニア、マグエル	一九四四・一一・二五	青木芳雄	兵長	戦病死	唐津郡順城面中萬里四四七
		脚気	×	青木　茂	父		唐津郡合徳面雲山里二三七－一三
一三五	野砲二六連隊	ニューギニア、ボイキン	一九四四・一二・〇一	李賢求	兵長	戦死	保寧郡×河面校成里四四八
		全身爆弾創	×	李麟注	―		保寧郡×河面校成里四四八
一三六	野砲二六連隊	ニューギニア、ダンダカ	一九四五・〇一・二六	安村述銀	上等兵	戦死	洪城郡萬山面東星里二六二
			×	李廣乞	母		洪城郡萬山面東星里二六二
一三七	野砲二六連隊	ニューギニア、ダクア	一九四五・〇二・二一	安本政信	不詳	戦死	洪城郡洪東面雲月里四四四
			×	安本昇魯	父		洪城郡洪東面雲月里四四四
二七〇	野砲三〇連隊	ミンダナオ、マウオ	一九四五・〇三・〇一	金城東日	伍長	戦死	保寧郡南山面豊山里三九九
		頭部貫通銃創	×	金城連逢	父		保寧郡南津里
二六七	野砲三〇連隊	ミンダナオ、マウイハウイ	一九四五・〇五・二〇	金光陽輝	伍長	戦死	舒川郡馬西道三里七六

		全身砲弾破片創	一九二二・一一・〇七	金光永泰	父		舒川郡馬西道三里七六
二六八	野砲三〇連隊	ミンダナオ、カベングラサン	一九四五・〇五・二〇	牧山敏和	伍長	戦死	牙山郡温陽邑内里一三九
		頭部貫通銃創	一九二三・〇八・一九	牧山武注	父		牙山郡温陽邑内里一三九
二六九	野砲三〇連隊	ミンダナオ、マライベウイ	一九四五・〇五・二〇	昌原重喆	伍長	戦死	天安郡城南面大校里五一九
		全身砲弾破片創	×	昌原玉分	妻		天安郡城南面大校里五一九
二四	野砲三〇連隊	ミンダナオ、ミラエ	一九四五・〇五・二八	山田大清	兵長	戦死	燕岐郡全義面邑内里二六一
		全身投下爆弾創	×	—	—		—
六四	野砲三〇連隊	ミンダナオ、クモガン	一九四五・〇六・一二	金山莫玉	伍長	戦死	公州郡難能面石南里五三
			一九二五・〇九・二八	金山鳳龍	父		公州郡難能面石南里五三
二三	野砲三〇連隊	ミンダナオ、アグサン	一九四五・〇六・一三	徳原演熙	兵長	戦死	天安郡聖居面茅田里二四三
		頭部貫通銃創	×	徳原演興	兄		天安郡聖居面茅田里二四三
四〇六	野砲三〇連隊	ミンダナオ、バンダトン	一九四五・〇六・一四	香山吉信	兵長	戦死	天安郡榎山面郡東里三二七－七
			×	香山文栄	父		天安郡榎山面郡東里三二七－七
一二	野砲三〇連隊	ミンダナオ、ウマヤン	一九四五・〇六・二二	徳山隆造	兵長	戦死	洪城郡洪北面四九二
		胸部貫通銃創	×	徳山栄一	父		瑞山郡近興面新里四五六
一一	野砲三〇連隊	ミンダナオ	一九四五・〇八・三〇	河村敏男	軍曹	戦死	唐津郡牛江面巨山里八八一
		全身砲弾破片創	一九二一・〇五・〇六	河村景淳	父		唐津郡牛江面金川里二九
三五一	遊撃一五中隊	ビルマ、ピンマナ	一九四五・〇四・二一	豊川浩彬	伍長	戦死	保寧郡×山面寺羅里四四七
			一九二三・〇一・一九	豊川奇學	父		保寧郡×山面寺羅里四四七
一八二	一特設勤務隊	済州島患者療養所	一九四五・〇八・〇四	玉川亨鐘	一等兵	戦病死	青陽郡斜陽面梅谷里四〇〇
		左臂部盲管銃創	一九二八・〇九・二八	玉川載喜	父		青陽郡斜陽面梅谷里四〇〇
二六五	第一特別勤務隊	済州島一一一師四野病	一九四五・〇七・三一	岩村　坤	一等兵	公病死	燕岐郡錦南面鳳起里七〇〇
			×	岩村元瑞	父		燕岐郡錦南面鳳起里七〇〇
二六六	第一特別勤務隊	済州島七六師野病	一九四五・〇七・一九	宮本紀衡	一等兵	公病死	青陽郡雲谷面美良里六九七
			一九二四・一一・二五	宮本永泰	父		青陽郡雲谷面美良里六九七
二七一	第二航空測量連	フィリピン、ドロコベ	一九四五・〇三・一五	原田公雄	軍属	戦死	大田府本町
		頭部貫通銃創	×	—	—		哈治兵市南×区遼源町
三九〇	第二航空軍経理部	桂木斯一病院	一九三七・〇二・二八	安田晩得	雇員	戦病死	論山郡夫赤面新橋里五三
			×	—	—		—
四一四	四野戦補充隊砲兵隊	安徽省鳳陽県	一九四四・一二・一九	永松周燮	一等兵	戦死	大徳郡柳川面枇馬里三八八
		腹部投下爆弾破片	一九二四・〇七・二〇	永松貴媛	妻		大徳郡柳川面枇馬里三八八
四〇一	第四航空軍司令部	レイテ島	一九四五・〇九・〇八	金川興洙	伍長	戦死	扶余郡南面松山洞里三〇
			×	金川鄭民	母		扶余郡南面松山洞里三〇
二九	第四野戦補給六大隊	江蘇省南京	一九四五・〇一・二七	大林龍相	上等兵	戦病死	扶余郡扶余面旺浦里八六
		脚気	一九二四・〇四・一八	大林松子	父		扶余郡扶余面双北里四五八

三九八	第六航空軍司令部	レイテ湾	一九四四・一二・一〇	林長守	少尉	戦死	大田府佳場町五七五
			×	林春煕	父		大田府佳場町五七五
二四二	第六航空軍司令部	沖縄島 特別攻撃	一九四五・〇五・二八	金田元永	少尉	戦死	瑞山郡大山面大田家里二九二
			×	金田吉平	父		京城府東大門区崇仁街七二－一三二
二一九	一〇野航空修理二独警	バシー海峡	一九四四・〇七・三一	太田英雄	雇員	戦死	大田府大寺町一五七
			×	太田忠義	父		大田府大寺町一五七
四	第一二師団衛生隊	ニューギニア、ダンダカ	一九四四・〇八・一五	延安珍康	上等兵	戦死	天安郡穆山面良堂里一一七
			×	延安亮康	兄		天安郡穆山面良堂里一一七
五	第一二師団衛生隊	ニューギニア、バロン	一九四四・一二・二七	原川政明	上等兵	戦死	扶余郡内山面温蟹三九九
			×	原川　剛	父		扶余郡内山面温蟹三九九
三四八	第一四方面軍憲兵隊	ルソン島タウンテン州	一九四五・〇七・〇七	夏川邦夫	軍属	戦病死	永同郡永同邑椙山里六九五
			×	夏川義夫	父		永同郡永同邑椙山里六九五
四二二	第一四師団司令部	欠	一九四四・一二・二五	清田錫斗	軍夫	戦病死	禮山郡古徳面夢谷里
			×	清田基烈	父		禮山郡古徳面夢谷里
四二一	第一四師団司令部	欠	一九四五・〇一・一七	高俊雄	軍夫	戦病死	禮山郡風山面待洞里
			×	高京植	兄		禮山郡風山面待洞里
一七七	第一四師団司令部	パラオ諸島 マラリア	一九四五・〇五・二〇	茂松在男	傭人	戦病死	禮山郡鳳山面馬掟里
			×	―	―		―
一七六	第一四師団司令部	パラオ諸島 マラリア	一九四五・〇六・二四	原田在権	軍属	戦病死	大徳郡懐徳面瓦洞里
			×	―	―		―
一六五	第一四師団司令部	パラオ兵站病院 マラリア	一九四五・〇七・一六	月城鳳根	軍夫	戦病死	禮山郡挿橋面新佳里
			×	―	―		―
一八六	第一四師団経理部	パラオ一二三兵病	一九四五・〇四・二九	密本敏夫	傭人	戦死	舒川郡舒川面花衿里二四八
			×	密本松江	母		舒川郡舒川面花衿里二四八
一八五	第一四師団経理部	パラオ・清水村	一九四五・〇六・一四	鄭田東述	傭人	戦死	禮山郡新岩面五山里
			×	鄭田福逑	兄		禮山郡新岩面五山里
四三五	一八軍臨時道路構築隊	欠	一九四二・一二・二七	新井魯淳	軍属	戦死	舒川郡長項邑玉東町五〇三
			一九一九・〇二・二七	新井鶴来	父		舒川郡長項邑玉東町五〇三
四三四	一八軍臨時道路構築隊	ニューギニア、ギルワ	一九四三・〇一・一一	新安鶴基	軍属	戦死	唐津郡順城面城北里七二八
			一九一二・一二・一二	新安今順	―		唐津郡順城面今徳雲山里二七三
四三一	一八軍臨時道路構築隊	ニューギニア、ギルワ	一九四三・〇一・一五	國本福興	傭人	戦死	論山郡魯城面松壺里一三八
			×	國本　鄭	母		論山郡魯城面松壺里一三八
四三三	一八軍臨時道路構築隊	ニューギニア、ギルワ	一九四三・〇一・二〇	木村鐘壽	軍属	戦死	保寧郡大川面鳴川里一四
			×	木村東鐵	兄		保寧郡大川面鳴川里一四
四〇九	第一九師団一野戦病院	ルソン島ブギヤス	一九四五・〇八・〇一	松村奥九	兵長	戦死	青陽郡青陽面松防里一三一

			×	松村貴男	父		青陽郡青陽面松防里一三一
一六八	第一九師団衛生隊	ルソン島ゴルゴス野病	一九四五・〇二・〇三	権藤晴雄	不詳	戦病死	保寧郡大川面花山里一九八
		マラリア	一九二一・〇五・一九	権藤隆盛	父		保寧郡大川面花山里一九八
三〇三	第一九師団衛生隊	ルソン島ベギオ	一九四五・〇三・一七	木村基秀	兵長	戦病死	瑞山郡雲山面龍樺子四三七
		マラリア	一九二四・〇五・一〇	木村逢客	兄		瑞山郡雲山面龍樺子四三七
二三九	第二〇師団一野戦病院	ニューギニア、木浦	一九四四・〇七・〇一	吉本年教	上等兵	戦死	保寧郡羅面羅院里一三二
		胸部貫通銃創	×	吉本炳原	父		保寧郡羅面羅院里一三二
二六三	第二〇師団一野戦病院	ニューギニア、ルニキ	一九四五・〇八・〇九	安藤宗雄	伍長	戦死	青陽郡大崎面開谷里一四六
		頭部貫通銃創	×	安藤炳喜	父		青陽郡斜陽面開金里
八	第二〇師団通信隊	ニューギニア、ウウェワク	一九四四・〇五・一七	崔鐘喆・島田直雄	上等兵	戦死	瑞山郡音新面道堂里一八三六
		左胸部貫通銃創	×	島田徳重	父		瑞山郡音新面道堂里一八三六
四一一	第二〇師団通信隊	ニューギニア、ナバリベ	一九四四・〇一・〇四	金谷哲郎	一等兵	戦死	瑞山郡高北面南井里六七九
			×	金谷敏五	父		瑞山郡高北面南井里六七九
八一	第二〇師団防疫給水部	ニューギニア	一九四五・〇二・〇一	夏山正吉	副缶手	戦死	保寧郡周浦面鳳堂里
			×	夏山光承	父		保寧郡周浦面鳳堂里
八二	第二〇師団防疫給水部	ニューギニア	一九四四・〇六・一七	平沼清太郎	上等兵	不詳	燕岐郡成面四〇七
			一九一八・〇五・二九	平沼龍蔵	父		燕岐郡成面四〇七
八三	第二〇師団防疫給水部	ニューギニア	一九四四・一二・二八	南基完	伍長	戦死	天安郡天安邑星井町
			一九二一・〇一・二〇	南達祐	父		天安郡天安邑星井町
八四	第二〇師団防疫給水部	ニューギニア	一九四四・〇九・三〇	密山鐘雲	上等兵	戦死	天安郡廣徳面廣徳里六九
			一九一九・〇五・二四	密山聖圭	父		京城府新町三五
六	第二〇師団衛生隊	ニューギニア、ダンダカ	一九四四・〇八・二〇	松本棟鎬	上等兵	戦死	牙山郡排芳面水鐵里八三九
			×	松本龍在	父		牙山郡排芳面水鐵里八三九
二八八	第三〇師団衛生隊	レイテ島ペワンポン	一九四五・〇二・二〇	岡村煕元	伍長	戦死	保寧郡藍菊面邑内里二二八
		全身投下爆弾創	一九一三・一二・二二	岡村君淑	母		保寧郡藍菊面邑内里二二八
六七	第三〇師団衛生隊	ミンダナオ、ウピアン	一九四五・〇四・二九	金川昌平	兵長	戦死	牙山郡仙掌面君特里
			×	金川東錫	兄		牙山郡仙掌面君特里
二八九	第三〇師団衛生隊	ミンダナオ、ピテムク	一九四五・〇五・一二	天都富秋	兵長	戦死	牙山郡瑜井面九昊里三六九
		右胸部貫通銃創	×	天都无基	父		牙山郡瑜井面九昊里三六九
二九〇	第三〇師団衛生隊	ミンダナオ、オンボス	一九四五・〇七・一八	金田冑鉉	兵長	戦死	牙山郡温陽邑防乗里
		右胸部貫通銃創	×	金田順東	父		牙山郡温陽邑防乗里
四二三	第三二軍防衛築城隊	沖縄県×郡真和志	一九四五・〇五・〇五	達城春雄	雇員	戦死	扶余郡外山面木壽里四
			一九二四・一二・一六	達城在奎	父		扶余郡外山面木壽里四
四二四	第三二軍防衛築城隊	沖縄島首里	一九四五・〇五・一七	春村正毅	雇員	戦死	広州郡長岐面済州里一二四
			一九一三・一二・三〇	春村繁秀	兄		広州郡長岐面済州里一二四

三四九	第三二軍防衛築城隊	沖縄諸島	一九四五・〇五・二六 一九一九・〇五・二七	金井栄喆 金本大雄	雇員 伯父	戦死	公州郡鶏亀面陽化里五六 大徳郡鎮岑面芳洞里五六九
三五〇	第三二軍防衛築城隊	沖縄諸島	一九四五・〇六・二〇 一九一二・〇五・二二	義本殷世 義本奉也	雇員 兄	戦死	論山郡大赤面×里 論山郡大赤面×里
二三六	第五一飛行中隊	フィリピン、バレテ峠	一九四五・〇五・一〇 一九二四・〇三・一四	清元相直 清元鍾赦	兵長 父	戦死	舒川郡馬西面三里 舒川郡馬西面三里
三八四	第五三飛行大隊	フィリピン、ネグロス	一九四五・〇四・二〇 ×	松永　健 松永康子	伍長 兄	戦死	瑞山郡仁旨面成里二〇六 瑞山郡海美面邑内里一九五
三八五	第五三飛行大隊	レイテ島ブラウエン	一九四四・一〇・三〇 ×	武平忠義 武平忠信	伍長 兄	戦死	瑞山郡岩井市面大鎮里五四〇 瑞山郡岩井市面大鎮里五四〇
五六	第六四師団輜重隊	湖南省六四師野病 赤痢	一九四四・〇九・二四 ×	西原清隆 西原源富	兵長 父	戦病死	唐津郡牛江面金川里五一二 唐津郡牛江面金川里五一二
二五二	第九六師団工兵隊	木浦、済州島間海	一九四五・〇七・〇四 ×	井上　赫 井上勝穆	見習士官 父	戦死	大徳郡北面石峰里三八六 大徳郡北面石峰里三八六
三〇五	第九八飛行大隊	レイテ島ブラウエン	一九四四・一二・〇六 ×	月城秀一 月城錫弘	兵長 父	戦死	唐津郡泛河面一五 唐津郡泛河面一五
三〇六	第九八飛行大隊	レイテ島ブラウエン	一九四四・一二・〇六 ×	徳村也弘 徳村　赫	兵長 父	戦死	牙山郡老浦面石谷里二四八 牙山郡老浦面石谷里二四八
三〇七	第九八飛行大隊	レイテ島ブラウエン	一九四四・一二・〇六 ×	八木勝七 八木寅陽	兵長 父	戦死	禮山郡大遠面花川里一五四 禮山郡大遠面花川里一五四
三〇四	第一一四飛行大隊	レイテ島ブラウエン	一九四四・一一・二七 ×	清水基八 清水春禮	上等兵 母	戦死	瑞山郡仁旨面花秀里八八一 瑞山郡仁旨面花秀里八八一
六五	第一三三師団砲兵隊	××一七一兵站病院	一九四五・〇三・二七 一九二四・一〇・二〇	山田平競徹 山田平萬順	上等兵 妻	戦病死	牙山郡靈丘面薪峰里七〇六 牙山郡靈丘面薪峰里七〇六
二三七	第一五三兵站病院	口立　×紫病院 肺結核	一九四六・〇三・二三 一九二一・一二・二〇	廈山鐘健 ―	軍属 ―	戦病死	天安郡成歓面永郷里 福呆市大字野多田
二二一	第一五五飛行大隊	バシー海峡 輸送船沈没	一九四四・〇八・一九 ×	春澤在勇 春澤周煩	上等兵 父	戦死	唐津郡松山面明山里 唐津郡松山面明山里
二二二	第一五五飛行大隊	バシー海峡 輸送船沈没	一九四四・〇八・一九 ×	金村仁琯 金村南順	上等兵 母	戦死	公州郡儀壺面松亭里 公州郡儀壺面松亭里
二二三	第一五五飛行大隊	バシー海峡 輸送船沈没	一九四四・〇八・一九 ×	金本宮幸 金本鍾玉	上等兵 父	戦死	瑞山郡瑞山邑邑内里七〇〇 瑞山郡瑞山邑邑内里七〇〇
二二四	第一五五飛行大隊	バシー海峡 輸送船沈没	一九四四・〇八・一九 ×	菊村寛祐 菊村春子	上等兵 妻	戦死	瑞山郡仁旨面苍堂里 咸鏡北道清津府羅南初×街一四九
二二五	第一五五飛行大隊	バシー海峡	一九四四・〇八・一九	宮本武義	上等兵	戦死	洪城郡金馬面松江里一二一

		輸送船沈没	×	宮本賢弥	父		洪城郡金馬面松江里一二二
二二一	不詳	不詳	一九四四・〇六・二六	結城義夫	軍属	不詳	洪城郡結城面邑内里三〇五
			×	結城徳男	父		京城府竹添町三－一三九
二二三	不詳	不詳	一九四四・〇六・二六	金山秀峰	軍属	不詳	忠北面元堂里三〇四
			一九二一・〇五・一七	金山炳熙	父		舒川郡長項邑和泉町二区一八一
二二四	不詳	不詳	不詳	安本昌順	軍属	不詳	唐津郡活川面松鶴里
			×	｜	｜		唐津郡活川面松鶴里
二三一	不詳	不詳	不詳	岡村載奎	不詳	不詳	公州郡牛城面盤村里
			×	岡村春栽	母		公州郡長岐面新宮里
二三四	不詳	青島特別市	一九四五・〇三・一一	金岡鐘漢	兵長	戦死	堤川郡白雲面平洞里五九二
		左眼部盲管銃創	一九二三・〇九・一八	金岡興基	｜		堤川郡白雲面平洞里五九二
三八九	不詳	不詳	不詳	申晶植	軍属	不詳	扶余郡初対面新岩里
			×	申一色	妻		｜
四三六	不詳	不詳	一九四四・〇八・〇一	宮田萬九	船員	不詳	舒川郡蜂山面余土里
			×	｜	｜		｜

◎江原道　四一九名

原簿番号	所属	死亡場所 / 死亡事由	死亡年月日 / 生年月日	創氏名・姓名 / 親権者	階級 / 関係	死亡区分	本籍地 / 親権者住所
三九一	騎兵二五連隊	河南省鹿邑県 / —	一九四三・〇九・一五 / ×	吉田玩善 / 吉田愛女	軍属 / 妻	戦死	淮陽郡淮陽面支石里六三 / 淮陽郡淮陽面支石里六三
四〇一	京城師管区司令部	京城陸軍病院 / —	一九四四・〇五・〇四 / ×	金岡宗永 / 金岡麟錫	上等兵 / 父	戦病死	麟蹄郡南面新月里三九〇－二 / 麟蹄郡南面新月里三九〇－二
四〇六	京城師管区歩一補	不詳 / —	一九四五・〇六・二七 / 一九二四・〇七・一〇	金澤順吉 / 金澤一孫	上等兵 / 父	死亡	鐵原郡寅日面道日里一四八九 / 鐵原郡寅日面道日里一四八九
三八一	京城師管区歩一補	不詳 / —	不詳 / ×	金尾栄完 / 金尾安房	二等兵 / 母	不詳	伊川郡安峡面楮田里 / 伊川郡安峡面楮田里
二六七	工兵一九連隊	ルソン島バギオ / 右後頭部爆弾破片	一九四五・〇一・〇七 / 一九二六・〇四・〇一	漢本勉吉 / 漢本慶熙	兵長 / 母	戦死	金化郡昌道面得寺里一〇六 / 金化郡通口面果里三九四
七九	工兵一九連隊	ルソン島タクボ / 右上肢砲弾破片創	一九四五・〇五・一五 / 一九二四・〇五・〇二	松本炳淳 / 松本興喜	兵長 / 父	戦死	通川郡鉄谷面治津里一四 / 通川郡鉄谷面治津里一四
三七九	工兵四九連隊	ビルマ、インドウ / —	一九四五・〇四・〇六 / 一九二〇・一二・〇七	申柱環 / 淑窓	伍長 / 妻	戦死	春川郡春川邑花園町二丁目 / 京城府鍾路区楽園町三四七
一六六	工兵四九連隊	ビルマ、フチ北方 / 前頭部貫通銃創	一九四五・〇七・〇五 / 一九二〇・〇二・二四	宇山宗玄 / 宇山洪駿	兵長 / 兄	戦死	蔚珍郡近南面安山里四四七 / 蔚珍郡近南面安山里四四七
二七二	高射砲一五連隊	保安鎮 / 腹部穿透性爆弾破創	一九四五・〇三・二四 / 一九二三・〇六・××	玉川相学 / 玉川萬一	上等兵 / 兄	戦死	寧越郡上東面逢上里 / 寧越郡北面慕基里
四〇三	高射砲一二四連隊	名古屋陸軍病院 / 腸炎	一九四五・〇一・二三 / 一九二四・一一・〇六	大原駿澈 / —	上等兵 / —	平病死	原州郡文幕面桐準里一九〇 / —
三八七	高射砲一五一連隊	不詳	一九四五・〇八・〇六 / 一九二五・〇三・二〇	成山得龍 / 成山仁姓	伍長 / 妻	戦死	通川郡碧養面新岱里四七 / 通川郡碧養面新岱里四七
一二七	山砲一九連隊	上海一五七兵病 / コレラ	一九四五・一一・二六 / 一九二四・〇一・〇二	光田景瑞 / 光田昌金	兵長 / 父	戦病死	伊川郡井川面麻興里一〇三 / 伊川郡井川面麻興里一〇三
一六九	山砲二五連隊	台湾安平沖	一九四五・〇一・〇九 / 一九一九・〇五・三〇	芳山正郁 / 芳山鳳三	兵長 / 父	戦死	平康郡楡津面社倉里五〇七 / 平康郡楡津面社倉里五〇七
一七四	山砲二五連隊	台湾安平沖	一九四五・〇一・〇九 / 一九二四・一二・〇一	平野均孝 / 平野大煥	兵長 / 父	戦死	伊川郡東面下食砧里三〇二 / 伊川郡東面下食砧里三〇二
五四	山砲二五連隊	ルソン島サカタ / 頭部貫通銃創	一九四五・〇三・一三 / 一九二四・〇二・一四	木本在茂 / 木本昌美	上等兵 / 父	戦死	洪川郡西面峰里一一〇 / 洪川郡西面峰里一一〇
二八一	山砲二五連隊	ルソン島タクボ / 大腿部砲弾破片創	一九四五・〇五・一五 / 一九二四・一一・二九	玉山重徳 / 玉山燦文	伍長 / 祖父	戦死	原州郡板富面観雪里一三二四 / 原州郡板富面観雪里一三二四

二六三	山砲二五連隊	ルソン島ボットリ街道	一九四五・〇六・〇五 一九二五・〇四・二五	廣川淳亀 廣川鐘美	兵長 父	戦病死	江陵郡旺山面都麻里一五 江陵郡旺山面都麻里一五
二六四	山砲二五連隊	ルソン島ボットリ街道	一九四五・〇七・〇二 一九二三・一一・二三	木村梁雄 木村永作	兵長 父	戦病死	寧越郡寧起面東興里九二七 寧越郡寧起面東興里九二七
二七三	山砲二五連隊	ルソン島アパナ 両大腿部砲弾破片創	一九四五・〇八・〇九 一九二五・〇六・一九	吉本文彦 吉本明弘	伍長 父	戦死	寧越郡南面廣川里 寧越郡南面廣川里
二八五	山砲四九連隊	ビルマ、カンダン	一九四五・〇四・〇一 一九二四・〇七・〇二	新井勝年 新井福太郎	伍長 父	戦死	金化郡金化面巖井里一一四 金化郡金化面巖井里一一四
二八四	山砲四九連隊	ビルマ、ポーカン 胸部貫通銃創	一九四五・〇五・三〇 一九二五・〇九・一三	三本常夫 三本淑子	兵長 母	戦死	寧越郡上東面九東里七五 寧越郡上東面九東里七五
三六〇	輜重一〇連隊	ルソン島ビナバカン マラリア	一九四五・〇八・一〇 ×	高本栄武 高本正男	兵長 兄	戦病死	平昌郡芳林面雲橋里一二〇四 平昌郡芳林面雲橋里一二〇四
三五八	輜重一〇連隊	ルソン島ビナバカン マラリア	一九四五・〇八・一六 一九二四・〇五・二三	金城慶輝 金城達雄	伍長 父	戦病死	平康郡縣内面下注里四六三 平康郡縣内面下注里四六三
三五九	輜重一〇連隊	ルソン島ビナバカン マラリア	一九四五・〇八・二〇 ×	木村勇一郎 木村漢亨	兵長 父	戦病死	鐵原郡敏長面大馬里七八九 平安南道平壤府船橋街九四−七
三〇四	輜重二〇連隊	ニューギニア、ラリアタ岬 左胸部貫通銃創	一九四三・一〇・一五 一九二三・〇六・一八	國本昌佑 國本周院	兵長 父	戦死	襄陽郡翼陽面水余里一四三 襄陽郡翼陽面水余里一四三
三〇五	輜重二〇連隊	ニューギニア、ラリアタ岬 頭部機関砲弾破片	一九四三・一〇・一五 一九二〇・〇二・一二	新井南均 新井百粉	伍長 妻	戦死	金化郡近北面楡谷里二〇六 金化郡近北面楡谷里二〇六
三一〇	輜重二〇連隊	ニューギニア、テリアタ 頭部貫通銃創	一九四三・一〇・一五 ×	永権赫周 永権炳栄	兵長 父	戦死	平康郡木田面箕山里三七九一 平康郡木田面箕山里三七九一
三〇九	輜重二〇連隊	パラオ 海没	一九四三・一一・二二 ×	瑞原　光 瑞原長明	兵長 父	戦死	金化郡金城面芳忠里二二三 金化郡金城面芳忠里二二三
三〇七	輜重二〇連隊	ニューギニア、ワオキア マラリア	一九四四・〇三・二四 一九二二・〇六・一四	岩村相勲 岩村基弘	兵長 父	戦病死	楊口郡方山面上舞龍里三〇八 楊口郡楊口面安泰里
三一四	輜重二〇連隊	ニューギニア、ダンイエ マラリア・脚気	一九四四・〇七・二一 一九二三・一一・一九	松岩淳相 松岩相益	兵長 父	戦病死	横城郡安興面池邱里 横城郡安興面池邱里
三〇二	輜重二〇連隊	ニューギニア、パラム 左胸部貫通銃創	一九四四・〇八・二八 一九二一・一二・〇二	豊穣永勲 豊穣行女	上等兵 妻	戦死	楊口郡方山面古方山里五七一 楊口郡方山面古方山里五七一
三〇三	輜重二〇連隊	ニューギニア、ベルチップ 右下腿部切断創	一九四四・〇八・二八 一九二三・〇九・一一	慶岩重秋 慶岩鶴子	上等兵 妻	戦死	金化郡近東面橋田里 金化郡近東面橋田里
三一三	輜重二〇連隊	ニューギニア、カラシプ 脚気・大腸炎	一九四四・一一・〇六 一九二一・〇三・二一	完山龍宰 完山金振	兵長 妻	戦病死	金化郡通日面桃坡里四二六 金化郡通日面桃坡里四二六
三〇八	輜重二〇連隊	ニューギニア、オクナール	一九四四・一二・〇一	平川英雄	兵長	戦病死	平康郡縣内面下注里

		脚気	一九二二・〇八・二二	平川眞富	父		平康郡縣内面下注里
三一二	輜重二〇連隊	ニューギニア、ニエリクム	一九四五・〇四・〇二	柏田茂雄	伍長	戦死	金化郡昌道面芳城里八一一
		—	一九二〇・〇五・一五	柏田徳三	父		金化郡昌道面芳城里八一一
三一一	輜重二〇連隊	ニューギニア、アルンパ	一九四五・〇六・〇八	宮本孝太郎	伍長	戦死	金化郡達南面揆峴里七八一
		胸・下腿部砲弾創	×	宮本壺泉	父		金化郡達南面揆峴里七八一
三〇六	輜重二〇連隊	ニューギニア、ウルプ	一九四五・〇七・〇八	清田憲正	伍長	戦死	金化郡西面清陽里一五〇
		玉砕	一九二三・一一・〇三	清田誠一	父		金化郡西面清陽里一五〇
三〇	輜重二〇連隊	ミンダナオ島ブラセル	一九四四・〇九・一八	大原昌雄	兵長	戦死	寧越郡寧越面水興里九〇七
		頭部貫通銃創	×	大原永恒	父		寧越郡北面大谷里
二五	輜重三〇連隊	台湾火焼島	一九四四・〇六・〇二	岩谷在伍	兵長	戦死	寧越郡南星興同里三五七
		全身投下爆弾創	×	岩谷順令	父		寧越郡南星興同里三五七
二六	輜重三〇連隊	台湾火焼島	一九四四・〇六・〇二	金本仲本	兵長	戦死	旌善郡東面柏田里四三六
		全身投下爆弾創	×	金本永渉	父		旌善郡東面柏田里四三六
二七	輜重三〇連隊	台湾火焼島	一九四四・〇六・〇二	松原正雄	兵長	戦死	淮陽郡金剛面下北里八二七
		全身投下爆弾創	×	松原善益	妻		京城府龍山区元町三－二二六
四〇〇	輜重三〇連隊	台湾火焼島	一九四四・〇六・〇二	清本錫昌	兵長	戦死	平康郡南面芝岩里
		—	×	清本錫崇	兄		平康郡南面芝岩里
二一	輜重三〇連隊	ミンダナオ、カミギン	一九四四・〇九・二七	林義八郎	兵長	戦死	高城郡巨津面花浦里一三九
		魚雷攻撃を受く	×	林笑貴子	妻		高城郡巨津面花浦里一三九
二〇	輜重三〇連隊	ミンダナオ、バンコット	一九四五・〇四・一六	西原命愚	兵長	戦死	原州郡富論面魯林里
		腹部貫通銃創	×	西原環蘭	妻		京畿道坡州郡臨津面汶山里
二三	輜重三〇連隊	ミンダナオ、カブロカナン	一九四五・〇五・二五	平山光吉	兵長	戦死	伊川郡板橋面廣峴里二〇五
		左胸部貫通銃創	×	平山明子	妻		金化郡金化邑口内里九三二
一七	輜重三〇連隊	ミンダナオ、バタンダ	一九四五・〇六・二三	杉浦秀逑	伍長	戦死	鐵原郡寅目面承陽里七〇九
		全身投下爆弾創	×	杉浦五出	兄		鐵原郡寅目面承陽里七〇九
一八	輜重三〇連隊	ミンダナオ、ウマヤン	一九四五・〇六・二四	石川清義	伍長	戦死	淮陽郡江陽面邑内里四九五
		左胸部貫通銃創	×	石川春葉	祖父		淮陽郡江陽面邑内里四九五
一六／三九三	輜重三〇連隊	ミンダナオ、バタンダ	一九四五・〇七・〇二	山原鐘彬	兵長	戦死	旌善郡旌善面鳳陽里一一九九
		全身投下爆弾創	×	山原×圭	父		横城郡書院面蒼林里
二九	輜重三〇連隊	ミンダナオ、ナムナム	一九四五・〇七・一五	松永勝雄	伍長	戦死	金化郡昌通面鶴芳里五三二
		頭部貫通銃創	×	松永石淳	父		金化郡昌通面鶴芳里五三二
二三	輜重三〇連隊	ミンダナオ、リブガン川	一九四五・〇七・二五	金村武彦	兵長	戦死	伊川郡方文面亀塘里二八五
		頭部貫通銃創	×	金村政治	父		伊川郡方文面亀塘里二八五
一九	輜重三〇連隊	ミンダナオ、コミダ	一九四五・〇七・二九	石山允雄	兵長	戦死	平昌郡平昌面下里一〇七
		左胸部貫通銃創	×	石川考善	父		平昌郡平昌面下里一〇七

二一四	輜重三〇連隊	ミンダナオ、シンガンアン 左胸部貫通銃創	一九四五・〇八・〇六 ×	木村友三郎 木村光俊	兵長 父	戦死	平昌郡珍富面上肝里五〇九 平昌郡珍富面上肝里五〇九
二八七	輜重三〇連隊	ミンダナオ、プシンケ河 頭部貫通銃創	一九四五・〇八・一〇 ×	日平明雄 日平信子	兵長 妻	戦死	通川郡歙谷面茲山里 通川郡歙谷面茲山里
二八	輜重三〇連隊	ミンダナオ、シンガンアン 頭・胸部貫通銃創	一九四五・〇九・二〇 ×	香山文雄 香山翠峰	伍長 父	戦死	平昌郡美灘面檜洞里七五三 平昌郡平昌里中里
三三三	輜重三一連隊	ミンダナオ、ウマヤン 頭部貫通銃創	一九四五・〇五・二四 ×	松本啓吉 松本在麟	兵長 父	戦死	平昌郡平昌面船津里 平昌郡平昌面船津里
三三二	輜重三一連隊	ミンダナオ、ウマヤン 右胸部貫通銃創	一九四五・〇六・〇七 ×	金川権道 金川茂徳	兵長 父	戦死	寧越郡酒泉面酒泉里一一七三 寧越郡酒泉面酒泉里一一七三
二三九	輜重四九連隊	タイ、メークン コレラ	一九四五・〇六・一八 一九一九・一〇・〇八	金田吉雄 金田泰植	兵長 妻	戦病死	平原郡高押面洗洞里一二五 平原郡高押面洗洞里一二五
二三八	輜重四九連隊	仏印カムラン湾 ダヤバン丸沈没	一九四四・〇八・二一 一九二二・〇七・一〇	金城福萬 金城福録	雇員 兄	戦死	鐵原郡於雲面下葛里四二七 鐵原郡於雲面下葛里四二七
三八	ジャワ俘虜収容所	長崎沖	一九四四・〇六・〇九 一九一五・一二・一七	金原浩次 金原一雄	傭人 兄	戦死	金化郡金化面通内里一五二八 金化郡金化面通内里一五二八
五二	ジャワ俘虜収容所	ジャワ抑留所三分所 自殺	一九四五・〇一・〇六 一九二〇・〇四・〇四	岡村秉煥 岡村清鎬	軍属 父	自殺	金化郡遠南面九龍里三三 金化郡遠南面九龍里三三
四一四	船舶輸送司令部	廣東省南海県	一九三九・〇九・一〇 ×	國本隠集 —	工員 —	戦死	平昌郡大和面大和里 —
三六八	船舶司・漢口丸	不詳	一九四三・一〇・〇六 ×	清原秀信 清原風吉	軍属 父	戦死	襄陽郡降峴面龍湖里六九 襄陽郡降峴面龍湖里六九
六一	船舶司・厚丸	ブーツ西北海上 戦闘中	一九四四・〇三・二一 一九二一・〇九・一六	金田英瑞 —	軍属 —	戦死	蔚珍郡箕城面箕城里一八一 —
三六九	船舶司・七三万生丸	マルメラ	一九四四・〇三・二七 ×	趙完錫 趙徳通	軍属 父	戦死	蔚珍郡龍湖面青雲里二五 蔚珍郡龍湖面青雲里二五
三七二	四船舶輸送司令部	ラバウル付近	一九四四・〇七・一五 一九〇三・〇一・二四	植田今祚 —	軍属 —	戦死	江陵郡鏡浦面亭洞里 —
三六七	船舶司・光州丸	ボルネオ方面海域	一九四四・〇八・〇四 ×	川本海重 川本煥錫	軍属 父	戦死	洪川郡南里詩洞里三三九 洪川郡南里詩洞里三三九
一六八	三船舶司・パラオ支部	オロプシヤカル島	一九四四・〇八・二六 ×	金本壽萬 金本玉蘭	傭人 妻	戦死	江陵郡玉渓面珠樹里三九 京畿道驪州郡驪州邑廣門里一二一
三〇〇	船舶司・七東×丸	比島、リヤンガ	一九四四・〇九・〇九 ×	金山永會 金左斗	軍属 父	戦死	三陟郡北三面龍非里 三崎邑寸羅下里
六三	船舶司・湖北丸	北島方面	一九四四・一〇・〇八	廣原正周	軍属	戦死	横城郡横城面橋項里一九

六二	船舶司・洋島丸	戦闘中	一九二六・〇七・〇八	廣原永和	―		横城郡横城面橋項里一九
		琉球島	一九四四・一〇・一二	金山成一	軍属	戦死	三陟郡道徳面荘朔里一七
		戦闘中	一九一五・〇一・〇三	金山根平	兄		三陟郡道徳面荘朔里一七
二三七	船舶輸送司令部	沖縄島	一九四四・一〇・一二	平山正松	雇員	戦死	高城郡縣内面竹寧里一六四
		敵兵により	一九二六・〇五・一〇	―	―		―
三五四	船舶司・二高周丸	レイテ島オルモック	一九四四・一二・〇七	木村東哲	軍属	戦死	通川郡鶴一面浦川里四八六
			一九二四・一一・二五	木村仁教	父		通川郡鶴一面浦川里四八六
一〇四	船舶輸送司令部	ミレ沖	一九四五・〇一・一九	三玉吉本	軍属	戦死	高城郡長箭邑長箭里四九一―一
		敵機の銃撃を受く	一九二五・〇一・〇一	三玉昌鎮	父		高城郡長箭邑長箭里四九一―一
三八二	船舶司・海輸丸	比島、マニラ市	一九四五・〇二・二二	李仁明	軍属	戦死	江陵郡下洞面竹軒里
			一九二二・〇五・一三	李倫周	父		小樽市稲穂町東二丁目
一一一	船舶輸送司令部	ボーゲンビル、エレベンタ	一九四五・〇三・〇一	金村周呉	軍属	戦死	春州郡西面安保里一五八
			一九二二・〇六・一八	金村周植	兄		京畿道高陽郡崇仁面弥里五九三―五四
一〇	二野戦船舶廠	シンガポール南方一病	一九四五・〇三・二六	金川基順	傭人	戦病死	鐵原郡畝長面大馬里四三九
		マラリア	一九二〇・一二・二五	金川信善	父		鐵原郡畝長面大馬里四三九
二七四	鳥海丸	沖縄島付近	一九四五・〇四・二〇	朴成三	軍属	戦死	江陵郡連谷面頷津里一二三
			一九二八・一〇・〇八	朴聖大	―		江陵郡連谷面頷津里一二三
三七一	船舶司・海輸丸	比島、マニラ市	一九四五・〇四・二二	中村一郎	軍属	戦死	平昌郡珍富面
			一九〇八・〇六・一三	中村月子	妻		平昌郡珍富面
二八九	船舶司・六旭丸	セブ島決勝山	一九四五・〇四・二八	大原連根	軍属	戦死	江陵郡江東面深谷里九九
		敵火	一九二五・〇六・一一	大原玉邑	父		江陵郡江東面深谷里九九
三五六／四一二	七野戦船舶廠	沖縄島首里	一九四五・〇五・一〇	忠本鐘声	軍属	戦死	蔚珍郡箕城面烽山里二六七
		玉砕	一九一〇・〇四・二〇	忠本富熙	妻		蔚珍郡箕城面烽山里二六七
三六五	船舶輸送司令部	西部二七八三部隊	一九四五・〇五・一四	石田敏範	軍属	戦病死	麟蹄郡麟蹄面上東里一八九
			一九一五・一二・一〇	石田啓昌	父		麟蹄郡麟蹄面上東里一八九
九	二野戦船舶廠	マレー、シンガポール	一九四五・〇六・〇一	金川文済	傭人	戦傷死	原州郡文幕面文幕里二二六
		頭・胸部打撲	一九一五・〇二・〇七	金川聖圭	父		原州郡富論面蓀谷九二三
三五五	船舶司・二高周丸	セブ島北部山中	一九四五・〇六・一〇	杼田延潤	軍属	戦死	金化郡通口面華坪里一九一
			一九一五・〇九・〇九	杼田正寧	父		金化郡通口面華坪里一九一
二八〇／三九二	船舶輸送司令部	ネグロス島	一九四五・〇六・一三	金本徳龍	軍属	戦死	高城郡外金剛面灵津里
		敵部隊の攻撃		金本白斤景	叔父		高城郡長箱邑九区
四一七	五船舶司・三××丸	セブ島近海	一九四五・〇七・〇九	松山徳善	舵手	戦死	蔚珍郡箕城面邱山里一二五
			一九二〇・〇一・〇五	―	―		―
三八六	第一船舶輸送司令部	羅津東南方	一九四五・〇八・〇八	松川忠正	少尉	戦死	蔚珍郡温井面棵珍里二二四
			一九一九・〇六・二九	松川なか	妻		茨城県水戸市曙町

三一八	船舶残務整理部	南西諸島	一九四五・〇八・一四 ×	丹山治洪 —	軍属 —	戦死	蔚珍郡蔚珍面蓮池里一九三 —
二四六	船舶輸送司令部	別府陸軍病院 肺結核	一九四五・一〇・一六 ×	豊原 隆 豊原百萬	軍属 父	戦病死	鐵原郡東松面大位里五四九 鐵原郡外村面
一一	二野戦船舶廠	マラヤ南方軍三陸病 マラリア	一九四五・一〇・三〇 一九二〇・〇七・二二	山本壽男 李泰順	傭人 父	戦病死	春川郡西面月松里八八七 春川郡西面月松里八八七
二六二	船舶輸送司令部	ルソン島 戦闘中	一九四四・一二・〇二 ×	伊山守伯 伊山敬伯	軍属 叔父	戦死	蔚珍郡平海面巨逸里二七八 蔚珍郡平海面巨逸里二七八
三六六	船舶司・蔵王丸	セブ島タツヤン	不詳 一九二三・〇九・一五	金森徳出 金森上文	軍属 —	戦死	蔚珍郡箕城面烽山里 —
二五九	七船舶輸送司令部	不詳	不詳 ×	山本一國 —	一等兵 —	不詳	洪川郡平村面長南里 —
一五	捜索一九連隊	ルソン島タクボ	一九四五・〇六・一二 一九二二・〇二・〇一	三井連吉 三井大福	兵長 父	戦死	江陵郡江東面谷里五三 江陵郡江東面谷里五三
一五五	捜索二〇連隊補充隊	台湾高雄沖 敵艦載機の攻撃沈没	一九四五・〇一・一九 一九二五・一〇・二〇	富山春吉 富山茂林	上等兵 父	戦死	華川郡香東面芽川里一〇四五 楊口郡南面竹里五六九
一五六	捜索二〇連隊補充隊	台湾高雄沖 敵艦載機の攻撃沈没	一九四五・〇一・一九 一九二一・〇七・一七	木戸鐘慶 木戸海星	一等兵 父	戦死	平昌郡平昌面下里一七五 平昌郡平昌面下里一七五
一五七	捜索二〇連隊補充隊	台湾高雄沖 敵艦載機の攻撃沈没	一九四五・〇一・一九 一九二三・一二・〇五	平井鎬永 平井南順	一等兵 母	戦死	横城郡横城邑上里三二五 忠清北道堤川邑部七七三区四班
一五八	捜索二〇連隊補充隊	台湾高雄沖 敵艦載機の攻撃沈没	一九四五・〇一・一九 一九二四・〇三・二九	朴本従煥 朴本萬壽	一等兵 父	戦死	三陟郡光三面耳基里一七 三陟郡光三面耳基里一七
一五九	捜索二〇連隊補充隊	台湾高雄沖 敵艦載機の攻撃沈没	一九四五・〇一・一九 一九二四・〇一・一二	金本正雄 金本容壽	一等兵 父	戦死	平康郡高揷面蓮南里一七 平康郡高揷面蓮南里一七
三九〇	タイ俘虜収容所	不詳	一九四六・〇六・二一 一九一五・〇一・〇二	江村仁淳 江村粧紛	傭人 妻	死亡	金化郡遠北面炭甘里 金化郡遠北面炭甘里
二八三	タイ俘虜収容所	E一一四・四N一八・五〇	一九四四・〇九・一二 一九二〇・一二・二六	新井清元 —	傭人 —	戦死	金化郡昌道面陽道里三〇四 —
一二二	中支派遣徐州憲兵隊	淮海省嶺蓮県 左胸部貫通銃創	一九四五・〇三・一六 一九一九・〇四・〇五	安原義博 安原炳國	軍属 父	戦死	蔚珍郡温井面仙邱里五八八 蔚珍郡温井面仙邱里五八九
二八六	挺進飛行二戦隊	ルソン島バレラ	一九四五・〇五・〇七 一九二三・〇八・一八	大原哲憲 大原仁範	軍曹 父	戦死	江陵郡玉渓面珠樹里七〇 江陵郡玉渓面珠樹里七〇
六五	鉄道二〇連隊	湖南省臨湘県 脳溢血	一九四六・〇一・〇三 一九二三・一一・〇四	菊本興雄 菊本慶治	上等兵 父	死亡	平康郡平康邑西辺里一二二〇 京城府内清涼里町一九二
四〇七	特水上勤務一〇一中隊	平良港	一九四五・〇三・〇一	新井龍太	軍属	戦死	平昌郡美灘面水青里二七五

			一九一九・〇七・三〇	新井龍國	兄		慶尚北道通永州郡永川邑美山里六五〇
二四〇	独立臼砲二〇大隊	硫黄島	一九四五・〇三・一七	松本好文	伍長	戦死	蔚珍郡近南面守山里四四七
		玉砕	×	松本聖一	父		蔚珍郡近南面守山里四四七
二四一	独立臼砲二〇大隊	硫黄島	一九四五・〇三・一七	金森鎮海	上等兵	戦死	蔚珍郡北面富邱里一〇九一
		玉砕	×	金森極壽	父		蔚珍郡北面富邱里一〇九一
一二	独立工兵四二連隊	台湾新竹	一九四五・〇四・一六	山本武正	伍長	戦死	江陵郡沙川面石橋里二二八
		投下爆弾破片創	一九二二・一一・二六	山本永大	兄		江陵郡沙川面石橋里二二八
二四二	独立混成九旅団	パアン島	一九四四・〇七・一四	金谷敬春	上等兵	戦傷死	旌善郡陽渓面松渓里二五三
		右腹部貫通銃創	一九二二・〇二・二五	金谷星七	父		旌善郡陽渓面松渓里二五三
三八五	独立混成一五旅団司	河北省	一九四一・〇六・〇九	豊山　璋	雇員	戦死	原州郡枚富面舟卯里一七七
			一九一七・〇七・一八	長　栄	父		京城府新×町三〇九－一〇
一六四	独混九八旅団砲兵隊	湖南省七二兵病	一九四五・一〇・二八	松岡秉萊	上等兵	戦病死	原州郡原州邑旭町二二七
		脚気	一九二四・〇四・三〇	松岡興淵	父		原州郡原州邑旭町二二七
一四	独立歩兵一六大隊	河南省陝県	一九四四・〇五・一五	金本光正	傭人	戦死	蔚珍面温井面木新里七〇
			×	金本明子	妻		四平省海龍県海龍街吉善区一〇三
六四	独立歩兵一六大隊	山東省青島	一九四五・〇六・〇五	白村富男	一等兵	戦病死	伊川郡安峡面邑内里五〇九
			一九二三・〇七・二二	白村致夏	父		伊川郡安峡面邑内里五〇九
二六五	独立歩兵五一大隊	不詳	不詳	野山泰一	上等兵	不詳	伊川郡板橋面明住里五四三
			一九二三・〇一・〇七	—	—		—
五	独立歩兵五四大隊	湖南省長沙	一九四四・〇九・〇一	山本錫太郎	甲幹伍長	戦病死	華川郡春東面楡村里四七一五
		脚気・急性腸炎	一九二二・〇三・〇八	山本在崑	父		春川郡春川邑昭陽通二－一五三
五九	独立歩兵二〇七大隊	安徽省馬鞍県	一九四五・〇五・一三	金山京守	上等兵	戦死	平康郡高挿面東上里二一〇
		爆撃破片創	一九二四・〇二・〇一	金山×三	父		平康郡高挿面東上里二一〇
六〇	独立歩兵二〇七大隊	湖北省一五八兵病	一九四五・一二・一九	中山相順	兵長	戦病死	蔚珍郡平海面厚浦里四一九
		A型パラチフス・回帰熱	一九二四・〇九・〇六	中山燦通	父		蔚珍郡平海面厚浦里四一九
七四	独立歩兵二〇九大隊	独混五司療養所	一九四五・〇七・三一	金山鳳洙	兵長	戦病死	伊川郡楽懐面三浦里二四
		漿液膜結核	一九二四・一一・三〇	金山永五	父		伊川郡楽懐面三浦里二四
二四三	独立歩兵二〇九大隊	江蘇省一六一師野病	一九四五・〇九・二三	金城弘基	上等兵	戦病死	江陵郡江東面下詩洞里七二三
		左湿性胸膜炎	一九二四・一二・一二	金城和順	父		江陵郡江東面下詩洞里七二三
七一	独立歩兵二〇九大隊	湖北省仙桃鎮療養所	一九四五・一一・二六	大川四翼	伍長	戦病死	鐵原郡東松面大位里一〇
		アメーバ性赤痢	一九二四・〇七・〇八	大川普憲	父		鐵原郡東松面大位里一〇
七五	独立歩兵三四六大隊	ペリリュウ島	一九四四・一二・三一	金村重俊	上等兵	戦死	鐵原郡鐵原邑外村里八〇九
		確認	一九二三・〇六・〇九	金村永浩	父		鐵原郡鐵原邑外村里八〇九
七六	独立歩兵三四六大隊	ペリリュウ島	一九四四・一二・三一	延金椎元	上等兵	戦死	春川郡東山面原昌里
		確認	一九二〇・〇三・一一	—	—		—

二七一	独立歩兵三四八大隊	パラオ一二三兵病 急性脊髄炎	一九四五・〇四・〇七 一九一七・一二・一六	唐津承兌 唐津桐玉	兵長 妻	戦病死	春川郡東面葛泉里二二五 春川郡東面葛泉里二二五
三九	独立歩兵四六九大隊	台北州北新庄子 マラリア	一九四五・〇七・二八 一九二五・〇五・二五	佐野順萬 佐野順化	不詳 兄	戦病死	高城郡高城邑烽燧里三一 高城郡高城邑烽燧里三一
四〇	独立歩兵四六九大隊	台北八飛行師団病院 マラリア	一九四五・〇八・〇二 一九二四・〇一・二九	宮本忠信 宮本凡好	上等兵 父	戦病死	原州郡文幕面文幕里五〇一 原州郡文幕面文幕里五〇一
四〇四	独立野砲六連隊	済州島療養所 敵機交戦中負傷	一九四五・〇七・〇六 一九二六・〇三・〇七	青木奥彦 青木衡彦	一等兵 兄	戦死	原州郡好梢面加峴里四三六 原州郡好梢面加峴里四三六
四〇五	独立野砲六連隊	済州島 爆創により	一九四五・〇七・〇六 一九二五・〇六・〇七	佳山鐘徐 佳山玉根	一等兵 妻	戦死	江陵郡江陵邑浦甫里三七六 江陵郡江陵邑浦甫里三七六
一三〇	ビルマ燃料工廠	ビルマ、モルメン一一八病 赤痢・心臓衰弱	一九四五・〇七・〇八 一九一七・〇二・一〇	金澤永淑 金　茂鉉	軍属 父	戦病死	鐵原郡寅目面密里一四六二 咸鏡南道安辺郡安辺面上花山里
二六一	北支貨物廠	北支一五一兵站病院	一九四五・一二・〇二 一九一一・〇五・一六	青木栄次郎 青木庚順	軍属 妻	戦病死	蔚珍郡蔚珍面邑内里五〇五 慶尚南道馬山府通町三〇九
四一六	北部軍管区臨時勤務隊	北海道旭川市	一九四五・〇七・二〇 一九二四・一〇・一八	金本鉉圭 —	上等兵 —	公務死	三陟郡道渓雄次口里一八九 —
一七七	北部甲管区司令部	N四一E一・〇 心臓麻痺	一九四四・一二・〇二 ×	武山寅男 武山相吉	雇員 父	戦病死	横城郡書院面陽谷里 横城郡書院面陽谷里
二五〇	北部軍管区臨時勤務隊	北海道鳥取村	一九四五・〇七・一四 ×	金山碧浩 金山春蘭	上等兵 妻	戦死	平康郡富挿面北平里三九 平康郡富挿面北平里三九
一〇八	北支那憲兵隊	山東省滋陽県	一九四〇・〇三・一七 ×	田　維豊 李　順薫	軍属 妻	戦病死	蔚珍面近南面水谷里一三四 山東省滋陽県城内北×城街七号
三八三	歩兵三三連隊	レイテ島パロ	一九四四・一〇・二三 ×	金森金一郎 金森千壽	兵長 父	戦死	三陟郡遠徳面明山里三八五 秋田県雄勝郡三岡村上関高山忠一方
三五一	歩兵四一連隊	レイテ島ビリヤバ	一九四五・〇七・一五 一九一六・〇一・二〇	国本幸雄 國本慶熙	伍長 母	戦死	金化郡昌道面昌道里二六九 金化郡昌道面昌道里二六九
三五二	歩兵四一連隊	レイテ島ビリヤバ	一九四五・〇七・一五 一九二〇・一〇・一六	国本　肇 国本盛奉	伍長 母	戦死	鉄原郡新西面道新里二九〇 鉄原郡新西面道新里二九〇
三五三	歩兵四一連隊	レイテ島ビリヤバ	一九四五・〇七・一五 ×	新井義雨 新井興妊	伍長 父	戦死	平原郡縣内面上元里二四二 平原郡縣内面上元里二四二
三五七	歩兵六三連隊	ルソン島バレラ峠 胸部貫通銃創	一九四五・〇三・一八 ×	金山武雄 金山次郎	兵長 父	戦死	伊川郡滝浦面武陵里六三八 伊川郡滝浦面武陵里六三八
一二九	歩兵六八連隊	湖北省一七八兵病	一九四五・〇四・二六 ×	金本命壽 金本和米	上等兵 父	戦病死	三陟郡北三面耳基里六 三陟郡北三面耳基里六
二八八	歩兵七三連隊	ルソン島バアン	一九四五・〇一・二〇	林　正基	伍長	戦死	三陟郡遠徳面湖山里二五八—二

		頭部貫通銃創	一九二〇・〇七・二五	林　炳晋	父		三陟郡遠徳面湖山里二五八－二
四四	歩兵七三連隊	ルソン島イトコン	一九四五・〇二・一四	武山錫允	伍長	戦病死	三陟郡道徳面臨院里七〇二
		後頭部投下爆弾破片創	一九二二・〇七・〇九	武山沙村	父		三陟郡道徳面臨院里七〇二
二五五	歩兵七三連隊	ルソン島マンカヤン	一九四五・〇四・一八	金川永喆	伍長	戦死	春川郡西面芳洞里七四九－四
		頭部貫通銃創	一九二六・〇三・一一	―	―		―
三三	歩兵七三連隊	ルソン島タクボ	一九四五・〇四・二〇	木原容兆	兵長	戦死	蔚珍郡平海面蓮山里二〇九
		左腰部砲弾破片創	一九二一・一二・〇六	木原求伊	父		蔚珍郡平海面蓮山里二〇九
二七六	歩兵七三連隊	ルソン島バキオ	一九四五・〇四・二〇	松蔭武永	伍長	戦死	鐵原郡北面×幕里四六四
		胸部盲管銃創	一九二一・〇九・一六	松陰晃卓	父		鐵原郡北面×幕里四六四
八二	歩兵七三連隊	ルソン島タクボ	一九四五・〇五・〇三	三浦武雄	兵長	戦死	原州郡原州邑台庄里四二九
		胸部砲弾破片創	一九二〇・〇五・一三	三浦文雄	兄		原州郡原州邑台庄里四二九
三六	歩兵七三連隊	ルソン島タクボ	一九四五・〇五・一〇	光原演秀	兵長	戦死	原州郡深州邑本町
		頭部砲弾破片創	一九二〇・〇九・三〇	光原金助	父		原州郡深州邑本町
二九〇	歩兵七三連隊	ルソン島タクボ	一九四五・〇五・一〇	池田源太郎	伍長	戦死	襄陽郡竹旺面加津里
		頭部砲弾破片創	一九二五・〇四・〇一	池田吉雄	父		襄陽郡竹旺面加津里
二七五	歩兵七三連隊	ルソン島タクボ	一九四五・〇五・一二	清田永烈	兵長	戦死	金化郡仕南面泗川里二八八
		頭部貫通銃創	一九二四・〇四・〇五	清田貞弼	父		金化郡仕南面泗川里二八八
三二	歩兵七三連隊	ルソン島タクボ	一九四五・〇五・一二	金山武男	曹長	戦死	寧越郡上東面洑田里九二四
		頭部砲弾破片創	一九二三・一二・二五	金山源作	父		寧越郡上東面洑田里九二四
四二	歩兵七三連隊	ルソン島セルバンテス	一九四五・〇五・一三	松本允鉉	兵長	戦死	平昌郡美灘面倉里一七
		全身爆弾破片創	×	松本在善	父		平昌郡美灘面倉里一七
三一	歩兵七三連隊	ルソン島タクボ	一九四五・〇五・一四	大原武雄	兵長	戦死	原州郡原州邑本町二〇丁目六一
		頭部貫通銃創	一九二四・〇一・〇九	大原政治	父		原州郡原州邑本町二〇丁目六一
四八	歩兵七三連隊	ルソン島タクボ	一九四五・〇五・一七	平山興湜	伍長	戦死	洪川郡南面洑峙里三〇一
		胸部砲弾破片創	一九二三・〇三・〇一	平山元湜	兄		洪川郡南面洑峙里三〇一
八一	歩兵七三連隊	ルソン島タクボ	一九四五・〇五・一八	金川　喆	上等兵	戦死	華川郡上西面蘆洞里七九四－四
		頭部砲弾破片創	一九二六・〇三・一一	金川鉾星	父		華川郡上西面蘆洞里七九四－四
四九	歩兵七三連隊	ルソン島タクボ	一九四五・〇五・二一	鶴山火夏	兵長	戦死	襄陽郡翼陽面鶴浦里
		頭部砲弾破片創	一九二一・一〇・一一	鶴山一夏	父		襄陽郡翼陽面鶴浦里
八六	歩兵七三連隊	ルソン島タクボ	一九四五・〇五・二三	大山勇吾	曹長	戦死	襄陽郡降峴面六二
		胸部貫通銃創	一九二〇・〇二・〇七	大山信夫	父		襄陽郡降峴面六二
二五三	歩兵七三連隊	ルソン島タクボ	一九四五・〇五・二三	柳　根栄	伍長	戦死	春川郡史北面芝岩里三五四
		玉砕	一九二〇・〇九・二三	柳　貞淑	妻		春川郡史北面芝岩里三五四
四五	歩兵七三連隊	ルソン島タクボ	一九四五・〇六・〇一	新井泳孝	伍長	戦死	襄陽郡襄陽面浦月里一八四
		右胸部貫通銃創	一九二三・〇三・〇六	新井士巌	父		襄陽郡襄陽面浦月里一八四

二七七	歩兵七三連隊	ルソン島タクボ 腹部投下爆弾破片創	一九四五・〇六・〇二 一九二一・〇九・二二	柳川武夫 柳川　昭	伍長 父	戦死	鐵原郡馬場面往避里四四七 鐵原郡馬場面往避里四四七
三四	歩兵七三連隊	ルソン島タクボ 左腹部砲弾破片創	一九四五・〇六・一三 ×	龍本武夫 龍本元甲	伍長 父	戦死	洪川郡斗村面泉峙里九五 洪川郡斗村面泉峙里九五
二七八	歩兵七三連隊	ルソン島マンカヤン 頭部砲弾破片創	一九四五・〇六・二七 一九二一・一二・〇一	山田寛会 山田金載	兵長 父	戦死	平康郡縣内面上元里三二四 平康郡縣内面上元里三二四
四三	歩兵七三連隊	ルソン島セヤン 胸部砲弾破片創	一九四五・〇六・二七 一九二〇・一一・一三	宮本弘基 宮本漢基	伍長 父	戦死	金化郡通口面三台里六〇五 金化郡通口面三台里六〇五
五〇	歩兵七三連隊	ルソン島カヤン 腹部砲弾破片創	一九四五・〇七・〇一 一九二五・〇七・一四	林　享根 林　咸鎮	兵長 父	戦死	平昌郡平昌面中里一二四 平昌郡平昌面中里一二四
八四	歩兵七三連隊	ルソン島マンカキン 上半身迫撃砲弾創	一九四五・〇七・〇三 一九二二・〇二・二三	松本健正 松本茂弘	伍長 父	戦死	金化郡金化邑龍楊里 華川郡華川邑
八〇	歩兵七三連隊	ルソン島マンカヤン 胸部貫通銃創	一九四五・〇七・〇七 一九二〇・〇二・二九	大山禮俊 大山文義	兵長 父	戦死	春川郡史北面三六七 春川郡史北面三六七
八三	歩兵七三連隊	ルソン島マンカキン 胸部貫通銃創	一九四五・〇七・〇七 一九二三・一一・二四	塩津雄泰 塩津賢泰	伍長 兄	戦死	金化郡道南面開野里二二四 金化郡道南面開野里二二四
二五四	歩兵七三連隊	ルソン島マンカヤン 玉砕	一九四五・〇七・〇七 一九二四・〇一・二五	金本鎮國 金本延壽	伍長 父	戦死	江陵郡玉渓面楽豊里二三三 江陵郡玉渓面楽豊里二三三
三五	歩兵七三連隊	ルソン島ビンカット 頭部貫通銃創	一九四五・〇七・一一 一九二四・〇四・〇一	松田祥技 松田　繁	伍長 父	戦死	麟蹄郡瑞和面瑞和里 麟蹄郡瑞和面瑞和里
八五	歩兵七三連隊	ルソン島マンカキン 胸部盲管銃創	一九四五・〇七・一三 一九二〇・一一・二〇	安田定平 安田永學	伍長 父	戦死	蔚珍郡西面三斤里五〇九 蔚珍郡西面三斤里五〇九
四六	歩兵七三連隊	ルソン島ブギヤス 右胸部貫通銃創	一九四五・〇八・一二 一九二五・〇九・二八	柳川秀雄 柳川平吉	伍長 祖父	戦死	通川郡臨南面内城濠里二九 通川郡臨南面内城濠里二九
四七	歩兵七三連隊	ルソン島カヤン 右胸部貫通銃創	一九四五・〇八・二七 ×	大川斗煥 大川文學	軍曹 父	戦死	襄陽郡襄陽面造山里四五七 襄陽郡襄陽面造山里四五七
三七	歩兵七三連隊	ルソン島タクボ 右腹部砲弾破片創	一九四六・〇四・二六 一九二三・一〇・二三	國田柄元 國田来燮	兵長 父	戦死	淮陽郡下北面金谷里五九 淮陽郡下北面金谷里五九
一〇五	歩兵七四連隊	ミンダナオ、バウデンマン 頭部貫通銃創	一九四四・一〇・〇五 一九二三・〇六・一六	平本正一 平本勇一	兵長 兄	戦死	伊川郡井川面郷校里二五八―一 伊川郡井川面郷校里二五八―一
三三八	歩兵七四連隊	ミンダナオ、サランガニ 頭部貫通銃創	一九四四・一二・二五 ×	金國釟應 金國福男	兵長 父	戦死	伊川郡鶴鳳面銀杏亭里一三三―五 伊川郡鶴鳳面銀杏亭里一三三―五
三三三	歩兵七四連隊	ミンダナオ、シラエ 頭部貫通銃創	一九四五・〇四・二八 一九二三・一二・一〇	慶山龍雄 慶山淳吉	兵長 父	戦死	春川郡新北面龍山里三五三 春川郡新北面龍山里三五三
一五四	歩兵七四連隊	ミンダナオ、マナマック	一九四五・〇五・〇九	金本武雄	兵長	戦死	襄陽郡襄陽面甘谷里一七八

		頭部貫通銃創	一九二四・〇三・〇五	金本永植	父		襄陽郡襄陽面甘谷里一七八
一七一	歩兵七四連隊	ミンダナオ、マルコ	一九四五・〇五・一〇	金本宇平	兵長	戦死	旌善郡新東面佳士里二八七
		全身爆弾破片創	一九二三・一一・〇一	金本光市	父		旌善郡新東面佳士里二八七
三	歩兵七四連隊	ミンダナオ、カヘブラサンナ	一九四五・〇五・一二	金海輝夫	上等兵	戦死	通川郡歙谷面慈山里三七
		全身投下爆弾創	一九二五・〇二・二四	金海昌俊	父		通川郡歙谷面慈山里三七
一	歩兵七四連隊	ミンダナオ、カヘブラサンナ	一九四五・〇五・一七	松川相秀	兵長	戦死	高城郡長箭面長箭里一九
		頭部貫通銃創	一九二三・〇五・二四	松川希教	父		高城郡長箭面長箭里一九
三一四	歩兵七四連隊	ミンダナオ、ウマヤン	一九四五・〇五・二〇	岡山伊圭	兵長	戦死	江陵郡江陵邑林町九一
		頭部貫通銃創	一九二五・〇一・二一	岡山徹奎	父		江陵郡江陵邑林町九一
三一五	歩兵七四連隊	ミンダナオ、ウマヤン	一九四五・〇五・二〇	新井忠士	兵長	戦死	金化郡近北面一二五
		頭部貫通銃創	一九二四・〇四・一七	新井昌奎	父		金化郡近北面一二五
三一六	歩兵七四連隊	ミンダナオ、ウマヤン	一九四五・〇五・二〇	河原大淳	伍長	戦死	鐵原郡枚長面一〇九
		全身爆弾破片創	一九二三・〇三・××	河原成金	父		鐵原郡枚長面一〇九
三一七	歩兵七四連隊	ミンダナオ、ウマヤン	一九四五・〇五・二〇	西原一夫	伍長	戦死	通川郡糀谷面三一八
		左胸部貫通銃創	一九二五・〇七・二一	西原商龍	兄		通川郡糀谷面三一八
三一八	歩兵七四連隊	ミンダナオ、ウマヤン	一九四五・〇五・二〇	平田敬雄	兵長	戦死	襄陽郡襄陽面余谷里八〇
		頭部貫通銃創	一九二四・〇三・〇一	平田學秀	父		襄陽郡襄陽面余谷里八〇
二	歩兵七四連隊	ミンダナオ、ウマヤン	一九四五・〇五・二四	大山峯太郎	伍長	戦死	高城郡巨津面大垈里三八七ー一
		腹部貫通銃創	一九二〇・〇七・二四	大山松原	父		高城郡巨津面大垈里三八七ー一
一五三	歩兵七四連隊	ミンダナオ、マナマック	一九四五・〇六・〇一	林茂太郎	兵長	戦死	蔚珍郡蔚珍面鳳坪里三〇一
		頭部貫通銃創	一九二〇・〇三・〇八	林盛之助	父		蔚珍郡蔚珍面鳳坪里三〇一
三三一	歩兵七四連隊	ミンダナオ、アロマン	一九四五・〇六・一〇	朴澤潤洙	伍長	戦死	淮陽郡四東面四東里三九六
		頭部貫通銃創	一九二二・〇五・〇三	朴澤完鎬	父		淮陽郡四東面四東里三九六
三三〇	歩兵七四連隊	ミンダナオ、タコロン	一九四五・〇六・一六	草原景燮	伍長	戦死	伊川郡滝浦面成巨里
		頭部貫通銃創	一九二三・一〇・二〇	草原斗煥	父		伊川郡滝浦面成巨里
一七三	歩兵七四連隊	ミンダナオ、ランカンヤン	一九四五・〇六・一六	岡島徹三	伍長	戦死	高城郡高城面峰
		全身爆弾破片創	一九二三・一〇・一〇	岡島敬太郎	父		高城郡高城面峰
三二九	歩兵七四連隊	ミンダナオ、アロマン	一九四五・〇六・二〇	青山済宅	伍長	戦死	横城郡晴日面草峴里二八五
		頭部貫通銃創	一九二三・三・二〇	青山在哲	祖父		横城郡晴日面草峴里二八五
三三四	歩兵七四連隊	ミンダナオ、クロエ	一九四五・〇七・一〇	岩本正煥	伍長	戦死	高城郡巨津面松竹里
		頭部貫通銃創	一九二四・一一・〇四	岩本昌光	父		高城郡巨津面松竹里
三三七	歩兵七四連隊	ミンダナオ、ウマヤン	一九四五・〇七・一〇	金山炯雲	伍長	戦死	通川郡庫底邑下庫底里一二五
		全身爆弾破片創	一九二〇・〇六・二〇	金山龍俊	父		通川郡庫底邑下庫底里一二五
二九四／三三九	歩兵七四連隊	ミンダナオ、ウマヤン	一九四五・〇七・一五	金海永順	伍長	戦死	伊川郡才丈面佳鹿洲里二七一
		頭部貫通銃創	一九一三・一二・二九	金海令悦	父		伊川郡才丈面佳鹿洲里二七一

二九五	歩兵七四連隊	ミンダナオ、ウマヤン	一九四五・〇七・一五	金山允植	伍長	戦死	伊川郡板橋面廣峴里九〇
		頭部貫通銃創	一九二一・一一・二八	金山奎河	父		伊川郡板橋面廣峴里九〇
二九六	歩兵七四連隊	ミンダナオ、ウマヤン	一九四五・〇七・一五	朝野在喆	兵長	戦死	麟蹄郡南面冠代里六二五
		腹部貫通銃創	一九二三・〇一・〇五	朝野聖玉	父		麟蹄郡南面冠代里六二五
二九七	歩兵七四連隊	ミンダナオ、ウマヤン	一九四五・〇七・一五	平沼良雄	兵長	戦死	鐵原郡寅目面道安里三一八七
		腹部貫通銃創	一九二四・〇二・二七	平沼寛一	父		鐵原郡寅目面道安里三一八七
二九八	歩兵七四連隊	ミンダナオ、ウマヤン	一九四五・〇七・一五	富田　晃	兵長	戦死	伊川郡鶴鳳面鶴峯里四三七
		頭部貫通銃創	一九二四・一一・一八	富田昌玉	父		伊川郡鶴鳳面鶴峯里四三七
二九一	歩兵七四連隊	ミンダナオ、ウマヤン	一九四五・〇七・二〇	安田　豊	兵長	戦死	洪川郡東面八〇
		腹部貫通銃創	一九二四・一一・〇八	安田京植	父		洪川郡東面八〇
二九二	歩兵七四連隊	ミンダナオ、ウマヤン	一九四五・〇七・二〇	栗谷茂松	兵長	戦死	通川郡歙谷面新楽洞里
		頭部貫通銃創	×	栗谷丙錫	父		通川郡歙谷面新楽洞里
二九三	歩兵七四連隊	ミンダナオ、ウマヤン	一九四五・〇七・二〇	國本名求	兵長	戦死	洪川郡萬村面物楽里四六七
		頭部貫通銃創	一九二〇・〇二・〇六	國本山月	母		洪川郡萬村面物楽里四六七
三三二	歩兵七四連隊	ミンダナオ、ジョンリン	一九四五・〇八・〇四	玉川益煥	上等兵	戦死	旌善郡旌善面愛山里五一
		頭部貫通銃創	一九二三・〇三・二〇	玉川光錫	父		旌善郡旌善面愛山里五一
三三五	歩兵七四連隊	ミンダナオ、ウマヤン	一九四五・〇八・〇四	金海烱峻	兵長	戦死	鐵原郡寅目面道×里一八六
		全身爆弾破片創	一九二〇・〇五・〇九	金海聖権	父		鐵原郡寅目面道×里一八六
三三六	歩兵七四連隊	ミンダナオ、ウマヤン	一九四五・〇八・〇四	金浦浦鉉	兵長	戦死	高城郡高城邑烽燧里六三
		左胸部貫通銃創	一九二一・〇八・〇九	金浦徳基	父		高城郡高城邑烽燧里六三
一七〇	歩兵七四連隊	ミンダナオ、ワロエ	一九四五・〇八・一〇	金田正鳳	兵長	戦死	通川郡歙谷面桑陰里六六〇
		全身爆弾破片創	一九二〇・〇一・〇三	金田連秀	妻		咸鏡南道元山府中津町六六
一七二	歩兵七四連隊	ミンダナオ、キヨニンブ	一九四五・〇八・一一	松田昌永	兵長	戦死	襄陽郡竹旺面五峰里二五二
		投下爆弾破片創	一九一八・〇五・〇一	松田喆龍	父		襄陽郡竹旺面五峰里二五二
二九九	歩兵七四連隊	ミンダナオ、ウマヤン	一九四五・〇八・三〇	江本澤鎮	兵長	戦死	伊川郡板橋面楓村里二八三
		腹部貫通銃創	一九二四・一〇・二七	江本東心	父		伊川郡板橋面楓村里二八三
三二〇	歩兵七五連隊	台湾安平沖	一九四五・〇一・〇七	國本吉友	兵長	戦死	江陵郡達谷面領津里
		海没（久川丸）	一九二三・〇三・一四	國本龍根	父		江陵郡達谷面領津里
三一九	歩兵七五連隊	台湾安平沖	一九四五・〇一・〇九	平戸鄭炳	上等兵	戦死	襄陽郡翼陽面間里四三七
		海没（久川丸）	一九二四・〇一・〇四	平戸相達	父		襄陽郡翼陽面間里四三七
三二一	歩兵七五連隊	台湾安平沖	一九四五・〇一・〇九	松江勇夫	上等兵	戦死	平康郡縣内面高場里
		海没（久川丸）	一九二〇・一〇・二八	松江　代	母		平康郡縣内面高場里
一一二	歩兵七五連隊	ルソン島ロザリオ	一九四五・〇一・二一	松岡秀高	兵長	戦死	華川郡上西面新豊里一九一
		—	一九二二・〇三・一六	松岡×燮	父		華川郡上西面新豊里一九一
一一三	歩兵七五連隊	ルソン島ロザリオ	一九四五・〇一・二六	長谷川洋作	兵長	戦死	洪川郡北方面城洞里五五六

		—	一九二二・〇三・〇四	長谷川仲心	祖父		洪川郡北方面城洞里五五六
一一八	歩兵七五連隊	ルソン島ロザリオ	一九四五・〇一・二七	高島　弘	上等兵	戦死	鐵原郡鐵原邑外村里五八九
		胸部砲弾破片創	一九二五・〇五・二五	高島　聲	父		鐵原郡鐵原邑外村里五八九
一一九	歩兵七五連隊	ルソン島ギマチン	一九四五・〇三・〇九	清原茂盛	兵長	戦死	通川郡庫底邑浦項里一一五
		胸部貫通銃創	一九一八・一〇・〇六	清原國喆	父		通川郡庫底邑浦項里一一五
一一七	歩兵七五連隊	ルソン島アクチン	一九四五・〇三・二一	横山奎鐘	兵長	戦病死	鐵原郡新西面道新里二九〇二
		—	一九二三・〇一・一〇	横山左鳳	父		鐵原郡新西面道新里二九〇二
一一四	歩兵七五連隊	ルソン島ベサオ	一九四五・〇四・〇一	金岡隆雄	兵長	戦死	原州郡文幕面文幕里二六三
		腹部盲管銃創	一九二一・〇三・一四	金岡丙洙	父		原州郡文幕面文幕里二六三
一一五	歩兵七五連隊	ルソン島ベサオ	一九四五・〇四・二五	新井南栄	兵長	戦死	江陵郡玉渓面北洞里二七五
		頭部貫通銃創	一九二三・〇三・二七	新井英根	父		江陵郡玉渓面北洞里二七五
三九九	歩兵七五連隊	ルソン島バクロガン	一九四五・〇七・三〇	金澤正高	伍長	戦死	三陟郡遠徳面道川里二七一
			一九二三・〇五・二五	金澤汝文	父		三陟郡遠徳面道川里二七一
一一六	歩兵七五連隊	ルソン島ロー地区	一九四五・〇八・〇三	西原用来	兵長	戦死	原州郡興業面長実里一〇二五
		頭部貫通銃創	一九二二・〇五・二七	西原基俊	父		原州郡興業面長実里一〇二五
一〇二	歩兵七六連隊	ルソン島バギオ	一九四五・〇三・一六	石川用基	兵長	戦病死	平昌郡美灘面馬河里三三六
		マラリア	一九二五・〇四・一六	石川千實	父		平昌郡美灘面馬河里三三六
一〇〇	歩兵七六連隊	ルソン島マンカヤン	一九四五・〇五・一三	宗本承煥	兵長	戦死	淮陽郡淮陽面新安上里二〇五
		右胸部貫通銃創	一九二五・〇三・三一	富本得九	父		淮陽郡淮陽面新安上里二〇五
二七〇	歩兵七六連隊	ルソン島ブタロク	一九四五・〇五・一四	山本政義	兵長	戦死	金化郡金城面芽忠里五二
		頭部貫通銃創	一九二六・〇五・〇四	山本竹補	父		金化郡金城面芽忠里五二
一〇一	歩兵七六連隊	ルソン島ブタシク	一九四五・〇五・一七	瑞原永岡	上等兵	戦死	金化郡金化邑農井里一九二一三
		全身爆弾破片創	一九二五・××・一四	瑞原正一	父		金化郡金化邑農井里一九二一三
九七	歩兵七六連隊	ルソン島ケボ	一九四五・〇五・二二	武岡正昌	兵長	戦死	楊口郡東面蒼里一八一
			一九二三・〇二・一四	武岡平宗	父		楊口郡東面蒼里一八一
二六九	歩兵七六連隊	ルソン島ブタロク	一九四五・〇五・二八	平山栄善	兵長	戦死	金化郡昌道面昌道里三五七
		胸部砲弾破片創	一九二〇・一一・一九	平山栄三壽	父		金化郡昌道面昌道里三五七
二四七	歩兵七六連隊	ルソン島バギオ	一九四五・〇五・三〇	金海鎮孝	兵長	戦病死	金化郡西面清陽里一〇四三
		マラリア	一九二五・〇八・二〇	金海順基	父		金化郡西面清陽里一〇四三
三〇一	歩兵七六連隊	ルソン島バギオ四野病	一九四五・〇六・〇八	國本起熙	伍長	戦死	金化郡金化邑生昌里二一
			一九二四・〇八・二一	國本起×	兄		金化郡金化邑生昌里二一
二六八	歩兵七六連隊	ルソン島タクボ	一九四五・〇六・二四	梅田春夏	兵長	戦死	平康郡縣内面梨木里四八八
		頭部貫通銃創	一九二五・〇五・二九	梅田奉起	父		平康郡縣内面梨木里四八八
九八	歩兵七六連隊	ルソン島マンカヤン	一九四五・〇七・〇三	林時萬	兵長	戦死	蔚珍郡蔚珍面邑内里五六九
		頭部貫通銃創	一九二二・一一・〇五	林斗元	兄		蔚珍郡蔚珍面邑内里五六九

一〇三	歩兵七六連隊	ルソン島バギオ マラリア	一九四五・〇七・一一 一九二二・〇二・一四	南陽在哲 —	上等兵 —	戦病死	春川郡北山面楸谷里一六六 —
九九	歩兵七六連隊	ルソン島マンカヤン 頭部貫通銃創	一九四五・〇七・一八 一九二〇・〇七・一七	平山文雄 平山宗鎬	上等兵 祖父	戦死	伊川郡龍浦面龍興里五四八 伊川郡龍浦面龍興里五四八
三四七	歩兵七七連隊	ミンダナオ、カガヤン 頭部貫通銃創	一九四五・〇五・一三 一九二一・〇七・二四	明本斉景 明本××	兵長 妻	戦死	華川郡下南面龍岩里九二三 華川郡下南面龍岩里九二三
三五〇	歩兵七七連隊	ミンダナオ、シクエ 全身爆弾破片創	一九四五・〇六・〇一 ×	平川明俊 —	上等兵 —	戦死	平康郡縣内面白龍里一一三 —
三四八	歩兵七七連隊	ミンダナオ、ウマヤン マラリア	一九四五・〇七・〇三 ×	青松相徳 青松貴得	兵長 父	戦病死	春川郡史北面新浦里 春川郡史北面新浦里
三九七	歩兵七七連隊	ミンダナオ、ウマヤン	一九四五・〇七・〇四 ×	芳村壽麟 芳村喆瑞	兵長 父	戦病死	鐵原郡鐵原邑月下里三五 鐵原郡鐵原邑月下里三五
七二	歩兵七七連隊	ミンダナオ、ワロエ 頭部貫通銃創	一九四五・〇八・〇五 ×	陽川産洪 陽川灵鎮	兵長 父	戦死	春川郡東面×鶴里 春川郡東面×鶴里
七三	歩兵七七連隊	ミンダナオ、ワロエ 頭部貫通銃創	一九四五・〇八・〇五 ×	平海晩根 平海今成	兵長 妻	戦死	春川郡史北面新浦里 春川郡史北面新浦里
三四九	歩兵七七連隊	ミンダナオ、ワロエ マラリア	一九四五・〇八・〇七 ×	松本基淳 松本基煥	兵長 兄	戦病死	金化郡通口面光屯里二九六 金化郡通口面光屯里二九六
三九八	歩兵七七連隊	レイテ島ナグアン	一九四五・〇七・〇一 ×	柳沢東淳 柳沢仁植	上等兵 父	戦死	金化郡近東面光三里一八二 金化郡近東面光三里一八二
九四	歩兵七八連隊	ニューギニア、カイヤビワク 胸部貫通銃創	一九四三・〇九・二〇 ×	新井　清 新井長伯	兵長 父	戦死	高城郡巨津面巨津里 高城郡巨津面巨津里
九三	歩兵七八連隊	ニューギニア、ヤウラ 胸部貫通銃創	一九四四・〇一・〇七 ×	富山哲雄 富山泰吉	伍長 父	戦死	春川郡春川面昭陽通一丁目八八 春川郡春川面昭陽通一丁目八八
三七七	歩兵七八連隊	ニューギニア、ハンサ —	一九四四・〇二・二〇 ×	玉川利英 玉川改造	上等兵 父	戦死	鐵原郡鐵原面外村里 鐵原郡鐵原面外村里
九五	歩兵七八連隊	ニューギニア、坂東川 胸部貫通銃創	一九四四・〇七・一一 ×	江山浩仁 江山應作	伍長 父	戦死	蔚珍郡蔚珍面邑内里 蔚珍郡蔚珍面邑内里
九一	歩兵七八連隊	ニューギニア、ボイキン 全身爆弾破片創	一九四四・〇九・一〇 ×	金井英吉 金井幸一	伍長 父	戦死	原州郡所草面鶴谷里 原州郡所草面鶴谷里
二六〇	歩兵七八連隊	台湾・羅津丸 —	一九四五・〇一・〇九 ×	金屋栄完 —	上等兵 —	戦死	伊川郡安峡面楮田里九七 京城府永登浦本洞町一六二
九〇	歩兵七八連隊	ニューギニア、サブクック 頭部貫通銃創	一九四五・〇八・一〇 ×	金城昌雄 金城文済	伍長 祖父	戦死	原州郡文幕面 原州郡文幕面
九二	歩兵七八連隊	ニューギニア、ムシュウ島	一九四五・一〇・〇九	豊原正義	准尉	戦傷死	楊口郡楊口面松青里五三

番号	所属	死亡場所・死因	死亡年月日・生年月日	氏名	階級・続柄	区分	本籍・住所
		胸部貫通銃創	×	豊原孝義	父		楊口郡楊口面松青里五三
九六	歩兵七八連隊	ルソン島バギオ	一九四五・〇三・二八	邦本宇馨	上等兵	戦死	淮陽郡淮陽面邑内里三九六－一三
		右胸部爆弾破片創	一九二四・〇九・一八	邦本吉栄	父		淮陽郡淮陽面邑内里三九六－一三
一三一	歩兵七八連隊補充隊	台湾高雄沖	一九四五・〇一・一九	金本基煥	上等兵	戦死	江陵郡注文津邑注文津里六二
		艦載機攻撃・沈没	一九二四・〇六・二七	金本大錫	父		江陵郡注文津邑注文津里六二
一三二	歩兵七八連隊補充隊	台湾高雄沖	一九四五・〇一・一九	金城平吉	上等兵	戦死	通川郡臨南面長林里八二
		艦載機攻撃・沈没	一九二四・〇七・〇二	金城秀雄	父		通川郡臨南面長林里八二
一三三	歩兵七八連隊補充隊	台湾高雄沖	一九四五・〇一・一九	吉田甲寧	上等兵	戦死	金化郡金化面斗村里六二五
		艦載機攻撃・沈没	一九二三・一一・〇一	吉田壽生	妻		金化郡金化面斗村里六二五
一三四	歩兵七八連隊補充隊	台湾高雄沖	一九四五・〇一・一九	上原雄一	上等兵	戦死	三陟郡三陟邑汀上里二四八
		艦載機攻撃・沈没	一九二四・〇六・一五	上原良之助	父		咸鏡北道清津府各町二七八
一三五	歩兵七八連隊補充隊	台湾高雄沖	一九四五・〇一・一九	山井炳勲	上等兵	戦死	旌善郡臨海面高陽里二八四－二
		艦載機攻撃・沈没	一九二三・一二・二一	山井陽連	妻		旌善郡臨海面高陽里二八四－二
一三六	歩兵七八連隊補充隊	台湾高雄沖	一九四五・〇一・一九	松原璟熙	上等兵	戦死	江陵郡城徳面柄山里四一
		艦載機攻撃・沈没	一九二四・〇二・二五	松原宗熙	兄		江陵郡城徳面柄山里四一
一三七	歩兵七八連隊補充隊	台湾高雄沖	一九四五・〇一・一九	松山繁雄	上等兵	戦死	江陵郡城山面松岩里一一三
		艦載機攻撃・沈没	一九二四・〇二・一四	松山相均	父		江陵郡城山面松岩里一一三
一三八	歩兵七八連隊補充隊	台湾高雄沖	一九四五・〇一・一九	金澤清亮	上等兵	戦死	襄陽郡西面盈徳里四四
		艦載機攻撃・沈没	一九二四・〇一・二〇	金澤景培	祖父		襄陽郡西面盈徳里四四
一三九	歩兵七八連隊補充隊	台湾高雄沖	一九四五・〇一・一九	松本洲石	上等兵	戦死	三陟郡上張面文長里一〇〇
		艦載機攻撃・沈没	一九二四・一〇・〇五	松本正守	父		三陟郡上張面文長里一〇〇
一四〇	歩兵七八連隊補充隊	台湾高雄沖	一九四五・〇一・一九	河本俊玉	上等兵	戦死	華川郡上西面馬現里六二三
		艦載機攻撃・沈没	一九二四・〇四・一〇	河本選浩	父		華川郡上西面馬現里六二三
一四一	歩兵七八連隊補充隊	台湾高雄沖	一九四五・〇一・一九	星山吉助	上等兵	戦死	高城郡高城邑西里一－一二一
		艦載機攻撃・沈没	一九二四・〇五・〇五	星山信夫	父		高城郡高城邑西里一－一二一
一四二	歩兵七八連隊補充隊	台湾高雄沖	一九四五・〇一・一九	國本尚内	上等兵	戦死	通川郡庫底邑通水里一〇五
		艦載機攻撃・沈没	一九二四・〇三・一六	國本田内	弟		通川郡庫底邑通水里一〇五
一四三	歩兵七八連隊補充隊	台湾高雄沖	一九四五・〇一・一九	龍本衡鐘	上等兵	戦死	通川郡谷面桑陰里六一九
		艦載機攻撃・沈没	一九二四・〇八・三〇	龍本生燦	父		通川郡谷面桑陰里六一九
一四四	歩兵七八連隊補充隊	台湾高雄沖	一九四五・〇一・一九	金本岡求	上等兵	戦死	麟蹄郡难麟面上南里元珠洞
		艦載機攻撃・沈没	一九二四・〇二・〇八	金本鳳春	兄		麟蹄郡难麟面上南里元珠洞
一四五	歩兵七八連隊補充隊	台湾高雄沖	一九四五・〇一・一九	京金壽根	上等兵	戦死	三陟郡三陟邑梧粉里四六
		艦載機攻撃・沈没	一九二四・〇六・〇六	京金再植	父		三陟郡三陟邑梧粉里四六
一四六	歩兵七八連隊補充隊	台湾高雄沖	一九四五・〇一・一九	李村相弼	上等兵	戦死	麟蹄郡南面新豊里四五一
		艦載機攻撃・沈没	一九二四・一一・二九	李村美容	妻		麟蹄郡南面新豊里四五一

番号	所属	場所	年月日	氏名	階級・続柄	事由	本籍
一四七	歩兵七八連隊補充隊	台湾高雄沖 艦載機攻撃・沈没	一九四五・〇一・一九 一九二七・一一・一八	平山炳徹 平山銀石	上等兵 父	戦死	通川郡臨南面龍 通川郡臨南面龍
一四八	歩兵七八連隊補充隊	台湾高雄沖 艦載機攻撃・沈没	一九四五・〇一・一九 一九二六・〇六・一五	金村弘圭 金村豆龍	上等兵 父	戦死	襄陽郡上城面龍村里三三三 襄陽郡上城面龍村里三三三
一四九	歩兵七八連隊補充隊	台湾高雄沖 艦載機攻撃・沈没	一九四五・〇一・一九 一九二四・〇一・〇七	金城顕八 金城致通	上等兵 父	戦死	江陵郡鏡浦面雁件里二一三 江陵郡鏡浦面雁件里二一三
一五〇	歩兵七八連隊補充隊	台湾高雄沖 艦載機攻撃・沈没	一九四五・〇一・一九 一九二四・〇八・一二	中嶋相國 中嶋在殷	上等兵 父	戦死	蔚珍郡蔚珍面花城里五九五 慶尚北道慶州郡甘浦邑甘浦里四八九
一五一	歩兵七八連隊補充隊	台湾高雄沖 艦載機攻撃・沈没	一九四五・〇一・一九 一九二四・〇八・二八	平沼錫秀 平沼在介	上等兵 妻	戦死	蔚珍郡温井面蘇古里 蔚珍郡温井面蘇古里
一五二	歩兵七八連隊補充隊	台湾高雄沖 艦載機攻撃・沈没	一九四五・〇一・一九 一九二四・〇二・一四	金城春栄 金城英伊	上等兵 妻	戦死	蔚珍郡蔚珍面瑞和里一七〇 蔚珍郡蔚珍面瑞和里一七〇
一六〇	歩兵七八連隊補充隊	台湾方面・羅津丸 対艦戦闘の	一九四五・〇一・〇九 一九二四・〇三・〇八	上本延雨 上本南玉	上等兵 妻	戦死	三陟郡三陟邑上里一 三陟郡三陟邑上里一
一六一	歩兵七八連隊補充隊	台湾方面・羅津丸	一九四五・〇一・〇九 一九二四・〇二・一三	錦城碩熙 錦城郁伊	上等兵 父	戦死	三陟郡下張面院洞里二三六 三陟郡下張面院洞里二三六
一六二	歩兵七八連隊補充隊	台湾方面・羅津丸	一九四五・〇一・〇九 一九二四・〇四・〇五	金田昌寧 金田確桂	上等兵 父	戦死	横城郡甲川面上台里八六 横城郡晴日面柳洞里
一六三	歩兵七八連隊補充隊	台湾方面・羅津丸	一九四五・〇一・〇九 一九二四・〇二・一〇	山本萱同 山本洙同	上等兵 祖父	戦死	洪川郡斗村面長南里四二五 洪川郡斗村面長南里四二五
三七三	歩兵七九連隊	ニューギニア、ハンサ	一九四四・〇三・二〇 ×	豊田秀弘 豊田鶴九	伍長 父	戦死	通川郡踏道面 —
三七四	歩兵七九連隊	ニューギニア、ハンサ	一九四四・〇三・二〇 ×	金城政能 金城杜起	伍長 父	戦死	華川郡下南面 —
三七五	歩兵七九連隊	ニューギニア、ハンサ	一九四四・〇三・二〇 ×	金田哲夫 金田周萬	伍長 父	戦死	原州郡原州邑花川里五九四 京城府東庫町
三七六	歩兵七九連隊	ニューギニア、セビック河	一九四四・〇五・二八 ×	西原武吉 西原祖規	伍長 父	戦死	原州郡×菜面大安里 原州郡×菜面大安里
三七八	歩兵七九連隊	ニューギニア、セビック河	一九四四・〇五・〇八 ×	良川尚行 良川炳羽	伍長 父	戦死	鐵原郡新西面馬田里 鐵原郡新西面馬田里
一二〇	歩兵七九連隊	ニューギニア、ブーツ 頭部貫通銃創	一九四四・一〇・一七 ×	山本武司 山本庄信	伍長 父	戦死	鐵原郡鐵原邑外村里 鐵原郡鐵原邑外村里
三六一	歩兵七九連隊	レイテ島	一九四五・〇七・〇一 ×	金海栄植 金海春姫	上等兵 妻	戦死	金化郡道南面殷祥里三四四 金化郡道南面殷祥里三四四
三六二	歩兵七九連隊	レイテ島	一九四五・〇七・〇一	慶岡盛夫	上等兵	戦死	金化郡金城面廈波里一五二

			×	慶岡錫煥	父		金化郡金城面廈波里一五二
三六三	歩兵七九連隊	レイテ島	一九四五・〇七・〇一	永川大雄	兵長	戦死	鐵原郡於雲面陽地里六五
			×	永川清三	父		鐵原郡於雲面陽地里六五
三六四	歩兵七九連隊	レイテ島	一九四五・〇七・〇一	柳原東烈	上等兵	戦死	春川郡新東面甑里二〇四
			×	本人	本人		春川郡新東面甑里二〇四
一二一	歩兵七九連隊	ニューギニア、コンベホ	一九四五・〇七・二〇	國本圭哲	軍曹	戦死	鐵原郡乃文面倉検里
		頭部貫通銃創	×	國本曽悦	父		鐵原郡乃文面倉検里
一〇六	歩兵八〇連隊	ニューギニア、カヤモル	一九四四・〇八・一〇	清原英三郎	伍長	戦死	高城郡杆城面下里三四一二
		胸部貫通銃創	×	清原勇太	父		高城郡杆城面下里三四一二
一〇七	歩兵八〇連隊	ニューギニア、ブーツ	一九四四・一二・二五	江金秀雄	兵長	戦死	高城郡高城邑烽燧里一二
		全身爆弾破片創	×	江金尚玉	母		高城郡高城邑烽燧里一二
二八二	歩兵二二九連隊	ヌンホル島パクレキ	一九四四・〇八・一八	金本根硯	伍長	戦死	蔚珍郡遠南面新興里五六二
		全員玉砕で戦死確認	一九二五・〇六・二二	金本桐文	父		蔚珍郡遠南面新興里五六二
一七五	歩兵二三〇連隊	ワイゲオ島カバソレーニ	一九四五・〇二・〇二	金城永光	軍曹	戦病死	蔚珍郡遠南面徳新里八
		脚気	一九二一・〇三・三一	金城永根	父		蔚珍郡遠南面徳新里八
一七六	歩兵二三〇連隊	ニューギニア、ソヒン	一九四五・〇三・一六	金原永起	軍曹	戦病死	江陵郡江陵邑大正町一二三
		マラリア	一九二一・〇一・一六	金原鎮鶴	父		江陵郡江陵邑大正町一二三
一六五	歩兵二二一連隊	ハルマヘラ島ギマン河	一九四五・〇七・一八	富田啓澈	軍曹	戦傷死	江陵郡注文津邑橋項里二四二
		左胸部貫通銃創	一九二五・〇九・二八	富田鎬鳳	父		江陵郡注文津邑橋項里二四二
七	歩兵二三八連隊	ニューギニア、サルツナ	一九四四・〇七・一〇	宮本光男	兵長	戦死	江陵郡墨江邑教輪里一七三
			×	宮本仁熙	父		江陵郡墨江邑教輪里一七三
六	歩兵二三八連隊	ニューギニア、アヤビシクアンア	一九四四・〇八・〇一	金山興林	上等兵	戦死	華川郡春東面九萬里四〇七
			×	金山永善	父		華川郡春東面九萬里四〇七
二五六	歩兵二三八連隊	ニューギニア、ザルップ	一九四四・一一・一九	金原左珠	上等兵	戦死	江陵郡玉漢面楽豊里九八七
			×	金原鳳學	父		江陵郡玉漢面楽豊里九八七
八	歩兵二三八連隊	ニューギニア、ウウェワク	一九四四・××・一四	金城四鳳	伍長	戦病死	江陵郡玉漢面楽豊里九八七
			×	金城鳳學	父		江陵郡玉漢面楽豊里九八七
四〇二	歩兵二三八連隊	ニューギニア	一九四五・〇二・〇二	金城俊錫	兵長	戦死	蔚珍郡南面徳新里八
			×	金城長根	父		蔚珍郡南面徳新里八
一二五	歩兵二四三連隊	錦達興城	一九四五・〇四・〇五	金澤仁基	一等兵	戦病死	金化郡金城面漁川里
		—	一九二四・〇一・二四	金澤學弼	父		東満総修省安國県富村江原屯五号
一二六	歩兵二四三連隊	湖北省武昌一九五兵病	一九四五・〇五・一四	寧原武宜	兵長	戦死	江陵郡邱井面邱井里二四四
		—	一九二三・一二・〇四	—	—		江陵郡邱井面邱井里二四四
一二三	歩兵二四三連隊	済州島安徳面	一九四五・〇六・〇二	松村鳳燮	上等兵	死亡	鐵原郡東松面大位里四九九
		—	一九二四・〇二・〇二	松村峻燮	兄		鐵原郡東松面大位里四九九

三九六	歩兵二七三連隊	不詳	終戦前 一九二四・〇二・一二	胡 文三 ―	一等兵 ―	戦死	鐵原郡 ―
二五二	野戦高射砲九中隊	ニューギニア	一九四四・一〇・一九 ×	根本 新 ―	兵長 ―	戦死	洪川郡洪川面 ―
三八〇	野戦高射砲五八大隊	ニューギニア、アレキシス	一九四四・〇一・〇七 ×	山本渭屹 山本淮敏	上等兵 父	戦死	平康郡平康邑西辺里 平康郡平康邑西辺里
七八	野戦高射砲五八大隊	ニュージョウジア、ムンダ 全身爆弾破片創	一九四三・〇四・二三 ×	松岡晃弘 松岡哲正	兵長 父	戦死	江陵郡江陵邑金盤谷町一―七 江陵郡江陵邑金盤谷町一―七
三八九	野戦高射砲五九大隊	不詳	一九四三・〇七・二四 一九一九・〇一・一三	山田基俊 山田堅順	上等兵 兄	戦死	平康郡木田面基山里一一二 平康郡木田面基山里一一二
一〇九	野戦高射砲五九大隊	ボーゲンビル、エレベンタ 爆傷	一九四三・一一・二二 一九一九・〇四・一一	朴山悌淵 朴山東根	兵長 父	戦死	三陟郡未老面上巨老里四八 三陟郡未老面上巨老里四八
一一〇	野戦高射砲五九大隊	ボーゲンビル、エレベンタ 爆傷	一九四三・一一・一九 一九二〇・〇八・〇一	國本永一郎 國本武山	伍長 父	戦死	襄陽郡東草邑東草里五 襄陽郡東草邑東草里五
八七	野砲二六連隊	ニューギニア、歓喜嶺 前頭部貫通銃創	一九四四・〇一・二二 ×	松山順天 松山信通	上等兵 父	戦死	横城郡書院面三二六 横城郡書院面三二六
八八	野砲二六連隊	ニューギニア、マサエン河 全身爆弾破片創	一九四三・一二・一〇 ×	南 幸助 南 明秀	上等兵 兄	戦死	洪川郡洪川面希望里三二 洪川郡洪川面希望里三二
八九	野砲二六連隊	ニューギニア、マンデイ 左胸部砲弾破片創	一九四四・〇八・〇九 ×	岩本清氏 岩本祥順	伍長 母	戦死	横城郡安興面安興里八一二 忠清南道天安郡成歓面成歓里
一二四	羅南師団歩一補充隊	密陽郡三浪津駅 轢死	一九四五・〇四・一七 一九二四・〇四・二九	徐川昌根 徐川石萬	二等兵 父	死亡	淮陽郡蘭谷面桟田里四二〇 淮陽郡蘭谷面桟田里四二〇
二四四	陸上勤務一四二中隊	久留米陸軍病院	一九四五・〇七・一三 ×	伊原善喆 伊原炳翼	上等兵 父	平病死	伊川郡井川面回山里一六三 伊川郡井川面回山里一六三
二四五	陸上勤務一四三中隊	久留米陸軍病院	一九四五・一〇・〇五 ×	金村南光 金村基允	上等兵 父	平病死	春川郡新東面鼎足里四八六 春川郡新東面鼎足里四八六
四一三	一師団一兵站司令部	湖北省濫池口 頭部投下爆弾創	一九四三・一二・一六 一九一一・〇五・二二	瑞原大蓮 瑞原大達	通訳 弟	戦死	金化郡近北面邑内里四九 金化郡近北面邑内里四九
一二八	四野戦設営隊	比島、パナイ島 腹部貫通銃創	一九四五・〇三・一九 ×	宮本良雄 ―	雇員 ―	戦死	金化郡昌道面昌道里三五三 ―
三八八	五農工勤務隊		一九四五・〇五・〇五 一九二四・〇二・一八	木戸尚泰 木戸成泰	二等兵 兄	戦病死	淮陽郡菊谷面槽桐里二五九 淮陽郡菊谷面槽桐里二五九
一七八	五方面軍司・太平丸	北千島阿頼・北五〇粁 海没	一九四四・〇七・〇九 ×	豊田仁植 豊田丙學	雇員 父	戦死	通川郡合鎮面合鎮里 通川郡合鎮面合鎮里
一七九	五方面軍司・太平丸	北千島阿頼・北五〇粁	一九四四・〇七・〇九	青松鏞九	雇員	戦死	麟蹄郡麟蹄面上東里

		海没	×	青松五男	父		麟蹄郡麟蹄面上東里
一八〇	五方面軍司・太平丸	北千島阿頼・北五〇粁	一九四四・〇七・〇九	谷邑徳雄	雇員	戦死	麟蹄郡麟蹄面上東里
		海没	×	谷邑福太郎	兄		麟蹄郡麟蹄面上東里
一八一	五方面軍司・太平丸	北千島阿頼・北五〇粁	一九四四・〇七・〇九	高木勝雄	雇員	戦死	麟蹄郡麟蹄面徳山里
		海没	×	高木正義	父		麟蹄郡麟蹄面徳山里
一八二	五方面軍司・太平丸	北千島阿頼・北五〇粁	一九四四・〇七・〇九	金澤允植	雇員	戦死	麟蹄郡麟蹄面南東里
		海没	×	金澤星一	義兄		麟蹄郡麟蹄面南東里
一八三	五方面軍司・太平丸	北千島阿頼・北五〇粁	一九四四・〇七・〇九	東原鴻護	雇員	戦死	麟蹄郡麟蹄面南北里
		海没	×	東原寅一	父		麟蹄郡麟蹄面南北里
一八四	五方面軍司・太平丸	北千島阿頼・北五〇粁	一九四四・〇七・〇九	南洪仁杓	雇員	戦死	麟蹄郡麟蹄面加見里
		海没	×	南沢長同	父		麟蹄郡麟蹄面加見里
一八五	五方面軍司・太平丸	北千島阿頼・北五〇粁	一九四四・〇七・〇九	梁川奎錫	雇員	戦死	麟蹄郡麟蹄面徳山里
		海没	×	梁川在徳	父		麟蹄郡麟蹄面徳山里
一八六	五方面軍司・太平丸	北千島阿頼・北五〇粁	一九四四・〇七・〇九	松本根成	雇員	戦死	麟蹄郡麟蹄面徳山里
		海没	×	松本根雨	兄		麟蹄郡麟蹄面徳山里
一八七	五方面軍司・太平丸	北千島阿頼・北五〇粁	一九四四・〇七・〇九	延金永燮	雇員	戦死	麟蹄郡麟蹄面徳×里
		海没	×	延金黄順	妻		麟蹄郡麟蹄面徳×里
一八八	五方面軍司・太平丸	北千島阿頼・北五〇粁	一九四四・〇七・〇九	平沼金石	雇員	戦死	麟蹄郡麟蹄面院袋里
		海没	×	平沼金姪	兄		麟蹄郡麟蹄面院袋里
一八九	五方面軍司・太平丸	北千島阿頼・北五〇粁	一九四四・〇七・〇九	豊谷南允	雇員	戦死	麟蹄郡麟蹄面院袋里
		海没	×	豊谷鉱九	父		麟蹄郡麟蹄面院袋里
一九〇／四〇九	五方面軍司・太平丸	北千島阿頼・北五〇粁	一九四四・〇七・〇九	金本熙鎔	雇員	戦死	麟蹄郡麟蹄面月鶴里
		海没	×	金本在瀧	父		麟蹄郡麟蹄面月鶴里
一九一	五方面軍司・太平丸	北千島阿頼・北五〇粁	一九四四・〇七・〇九	金川得権	雇員	戦死	麟蹄郡麟蹄面加田里一五四三
		海没	×	金川順福	妻		麟蹄郡麟蹄面斗武里一七九
一九二	五方面軍司・太平丸	北千島阿頼・北五〇粁	一九四四・〇七・〇九	海本興労	雇員	戦死	麟蹄郡麟蹄面金常里五
		海没	×	松本保富	妻		麟蹄郡麟蹄面金常里五
一九三	五方面軍司・太平丸	北千島阿頼・北五〇粁	一九四四・〇七・〇九	木村有金	雇員	戦死	麟蹄郡麟蹄面長承里一〇六二
		海没	×	木村泰玉	妻		麟蹄郡麟蹄面長承里一〇六二
一九四	五方面軍司・太平丸	北千島阿頼・北五〇粁	一九四四・〇七・〇九	金本仁先	雇員	戦死	麟蹄郡麟蹄面瑞興里一〇九四
		海没	×	金本玉夫	妻		麟蹄郡麟蹄面瑞興里一〇九四
一九五	五方面軍司・太平丸	北千島阿頼・北五〇粁	一九四四・〇七・〇九	永川君明	雇員	戦死	麟蹄郡麟蹄面加田里五五二
		海没	×	永川秀一	兄		麟蹄郡麟蹄面加田里五五二
一九六	五方面軍司・太平丸	北千島阿頼・北五〇粁	一九四四・〇七・〇九	金城小実	雇員	戦死	麟蹄郡麟蹄面長承里二六五
		海没	×	金城鉱甲	父		麟蹄郡麟蹄面長承里二六五

一九七	五方面軍司・太平丸	北千島阿頼・北五〇粁	一九四四・〇七・〇九	兪田錫峰	雇員	戦死	麟蹄郡麟蹄面瑞和里九一二
		海没	×	兪田辰女	父		
一九八	五方面軍司・太平丸	北千島阿頼・北五〇粁	一九四四・〇七・〇九	張本萬石	雇員	戦死	麟蹄郡麟蹄面加田里一五三三
		海没	×	張本南福	妻		麟蹄郡麟蹄面加田里一五三三
一九九	五方面軍司・太平丸	北千島阿頼・北五〇粁	一九四四・〇七・〇九	青松元常	雇員	戦死	麟蹄郡麟蹄面加田天桃里六一〇
		海没	×	青松福壽	妻		麟蹄郡麟蹄面加田天桃里六一〇
二〇〇	五方面軍司・太平丸	北千島阿頼・北五〇粁	一九四四・〇七・〇九	金谷龍澤	雇員	戦死	麟蹄郡麟蹄面加田里一五三三
		海没	×	金谷萬金	妻		麟蹄郡麟蹄面加田里一五三三
二〇一	五方面軍司・太平丸	北千島阿頼・北五〇粁	一九四四・〇七・〇九	宗村在中	雇員	戦死	麟蹄郡麟蹄面加田長承里一三四四
		海没	×	宗村玉壽	妻		麟蹄郡麟蹄面加田長承里一三四四
二〇二	五方面軍司・太平丸	北千島阿頼・北五〇粁	一九四四・〇七・〇九	張源福男	雇員	戦死	麟蹄郡瑞和面加田里九九九
		海没	×	張元玉水	母		麟蹄郡瑞和面加田里九九九
二〇三	五方面軍司・太平丸	北千島阿頼・北五〇粁	一九四四・〇七・〇九	山村元順	雇員	戦死	麟蹄郡瑞和面瑞興里五三八
		海没	×	山村敬順	父		麟蹄郡瑞和面瑞興里五三八
二〇四	五方面軍司・太平丸	北千島阿頼・北五〇粁	一九四四・〇七・〇九	原川龍民	雇員	戦死	麟蹄郡瑞和面瑞和里三九
		海没	×	原川錫俊	父		麟蹄郡瑞和面瑞和里三九
二〇五	五方面軍司・太平丸	北千島阿頼・北五〇粁	一九四四・〇七・〇九	劉　雲學	雇員	戦死	麟蹄郡瑞和面加田里二五〇
		海没	×	劉　源夏	父		麟蹄郡瑞和面加田里二五〇
二〇六	五方面軍司・太平丸	北千島阿頼・北五〇粁	一九四四・〇七・〇九	河本水坤	雇員	戦死	麟蹄郡麟蹄面黄屯里
		海没	×	河本聖魯	父		麟蹄郡麟蹄面黄屯里
二〇七	五方面軍司・太平丸	北千島阿頼・北五〇粁	一九四四・〇七・〇九	東山春逢	雇員	戦死	麟蹄郡麟蹄面冠岱里三六
		海没	×	東山春成	兄		麟蹄郡麟蹄面冠岱里三六
二〇八	五方面軍司・太平丸	北千島阿頼・北五〇粁	一九四四・〇七・〇九	金澤政義	雇員	戦死	麟蹄郡瑞和面瑞和里一二八
		海没	×	金澤錦錫	弟		麟蹄郡瑞和面瑞和里一二八
二〇九	五方面軍司・太平丸	北千島阿頼・北五〇粁	一九四四・〇七・〇九	鄭　春成	雇員	戦死	楊口郡楊口面上里一〇
		海没	×	鄭　福萬	父		麟蹄郡瑞和面長永里
二一〇	五方面軍司・太平丸	北千島阿頼・北五〇粁	一九四四・〇七・〇九	平川正男	雇員	戦死	淮陽郡金剛面温井里八
		海没	×	平川致京	父		淮陽郡金剛面温井里八
二一一	五方面軍司・太平丸	北千島阿頼・北五〇粁	一九四四・〇七・〇九	宋山豊松	雇員	戦死	楊口郡東面八郎里六〇三
		海没	×	朱山允淳	妻		麟蹄郡瑞和加田里
二一二	五方面軍司・太平丸	北千島阿頼・北五〇粁	一九四四・〇七・〇九	大山輔淵	雇員	戦死	楊口郡楊口面東水里七六
		海没	×	大山大順	妻		楊口郡東面林塘里五四五
二一三	五方面軍司・太平丸	北千島阿頼・北五〇粁	一九四四・〇七・〇九	川島煥壽	雇員	戦死	横城郡横城面橋項里二八
		海没	×	川島順姫	妻		横城郡横城面橋項里二八
二一四	五方面軍司・太平丸	北千島阿頼・北五〇粁	一九四四・〇七・〇九	山本朱徳	雇員	戦死	横城郡横城面橋項里二一

		海没	×	山本玉煕	妻		横城郡横城面橋項里二一
二一五	五方面軍司・太平丸	北千島阿頼・北五〇粁	一九四四・〇七・〇九	朴　福萬	雇員	戦死	横城郡屯内面斗元里一五
		海没	×	朴基烈	父		横城郡屯内面斗元里一五
二一六	五方面軍司・太平丸	北千島阿頼・北五〇粁	一九四四・〇七・〇九	安川成龍	雇員	戦死	横城郡晴日面×坊里六三
		海没	×	安川明輔	父		横城郡千内面日浦谷里四〇六
二一七	五方面軍司・太平丸	北千島阿頼・北五〇粁	一九四四・〇七・〇九	安沼龍善	雇員	戦死	横城郡晴日面柳洞里八六四
		海没	×	平沼済炳	長女		横城郡晴日面柳洞里八六四
二一八	五方面軍司・太平丸	北千島阿頼・北五〇粁	一九四四・〇七・〇九	柳沢昌珪	雇員	戦死	横城郡公根面蒼峰里五四二－二
		海没	×	柳沢鎬明	妻		横城郡公根面蒼峰里五四二－二
二一九	五方面軍司・太平丸	北千島阿頼・北五〇粁	一九四四・〇七・〇九	平林鉉鳳	雇員	戦死	横城郡公根面陶谷里二九二
		海没	×	平林鳳均	長女		横城郡公根面三培里二九二
二二〇	五方面軍司・太平丸	北千島阿頼・北五〇粁	一九四四・〇七・〇九	劉　仁福	雇員	戦死	横城郡公根面陶谷里四三
		海没	×	劉　命吉	父		横城郡安興面山田里二七六
二二一	五方面軍司・太平丸	北千島阿頼・北五〇粁	一九四四・〇七・〇九	金村玉鳳	雇員	戦死	横城郡晴日面栗実里
		海没	×	金村成洗	父		横城郡晴日面栗実里
二二二	五方面軍司・太平丸	北千島阿頼・北五〇粁	一九四四・〇七・〇九	梅原曝斗	雇員	戦死	横城郡安興面松寒里六六
		海没	×	梅原満植	父		横城郡安興面松寒里六六
二二三	五方面軍司・太平丸	北千島阿頼・北五〇粁	一九四四・〇七・〇九	新本泰勲	雇員	戦死	寧越郡酒泉面金馬里三四四
		海没	×	新本泰淳	妻		寧越郡酒泉面金馬里三四四
二二四	五方面軍司・太平丸	北千島阿頼・北五〇粁	一九四四・〇七・〇九	白川憲律	雇員	戦死	平康郡高揷面北平里三四八
		海没	×	白川鼎赫	父		淮陽郡内金剛面新堂里
二二五	五方面軍司・太平丸	北千島阿頼・北五〇粁	一九四四・〇七・〇九	金本文善	雇員	戦死	淮陽郡安豊面佳洞里
		海没	×	金本雲女	妻		淮陽郡安豊面佳洞里
二二六	五方面軍司・太平丸	北千島阿頼・北五〇粁	一九四四・〇七・〇九	宮本次龍	雇員	戦死	原州郡富論面魯林里九六五
		海没	×	宮本宰星	妻		原州邑鳳山町一〇四九
二二七	五方面軍司・太平丸	北千島阿頼・北五〇粁	一九四四・〇七・〇九	平田正一	雇員	戦死	原州郡富論面法泉里二三四
		海没	×	平田完雄	従弟		原州郡富論面法泉里二三四
二二八	五方面軍司・太平丸	北千島阿頼・北五〇粁	一九四四・〇七・〇九	金海昌玉	雇員	戦死	原州郡地正面新坪里二二六
		海没	×	金海煕義	父		原州郡原州邑鳳山町一二四四五
二二九	五方面軍司・太平丸	北千島阿頼・北五〇粁	一九四四・〇七・〇九	李　同求	雇員	戦死	原州郡好楮面萬鐘里一八〇九
		海没	×	金　東基	妻		原州郡好楮面良峴里
二三〇	五方面軍司・太平丸	北千島阿頼・北五〇粁	一九四四・〇七・〇九	晋山春興	雇員	戦死	原州郡好楮面高山里一九一
		海没	×	晋山順煕	母		原州郡好楮面沙堤里七七八
二三一	五方面軍司・太平丸	北千島阿頼・北五〇粁	一九四四・〇七・〇九	山内潤植	雇員	戦死	原州郡原州邑本町一丁目一三〇
		海没	×	山内福州	妻		原州郡原州邑本町一丁目一三〇

四〇八	五方面軍司・太平丸	北千島阿頼度島 海没	一九四四・〇七・〇九 ×	金澤允植 金澤晃一	雇員 義兄	戦死	麟蹄郡麟蹄邑南北里 麟蹄郡麟蹄邑南北里
四一〇	五方面軍司・太平丸	北千島阿頼度島 海没	一九四四・〇七・〇九 ×	新井泰勲 新井泰孝	雇員 妻	戦死	寧越郡酒泉面金馬里 寧越郡酒泉面金馬里
二三四	五方面軍司・太平丸	千島一陸軍病院 肺結核	一九四四・〇九・一六 ×	平海允燮 平海文玉	雇員 妻	戦病死	楊口郡南面上水内里 横城郡書院面倉校里六六三
二三五	五方面軍司・太平丸	幌延九一師経理部 肺浸潤・肋膜炎	一九四四・〇九・二七 ×	慶林成達 慶林聖植	雇員 妻	戦病死	麟蹄郡南面富坪里 麟蹄郡南面富坪里
二三六	五方面軍司・太平丸	北千島占守島 衝心脚気	一九四四・一一・〇九 ×	姜本亨奎 姜本宗吉	雇員 父	戦病死	楊口郡東面支石里 楊口郡東面支石里
二三三	五方面軍司・太平丸	興安丸 心臓病	一九四四・一一・二九 ×	平松永壽 平松鳳来	雇員 父	戦病死	麟蹄郡麟蹄面南北里徳山里一一 —
二三二	五方面軍司・太平丸	札幌陸病 A型パラチフス	一九四五・〇一・二五 ×	密城奉順 密城玉粉	雇員 母	戦病死	麟蹄郡南面甲屯里 麟蹄郡南面甲屯里
三四六	七野戦航空補給廠	ルソン島バレテ峠 —	一九四五・〇五・一三 ×	宮本謙治 宮本大造	雇員 兄	戦死	原州郡好楮面珠山里七四七 原州郡好楮面珠山里七四七
三四五	七野戦航空補給廠	ルソン島バレテ峠 —	一九四五・〇五・三〇 一九二一・〇一・二七	林　仁植 林　東植	雇員 兄	戦死	淮陽郡泗東面上泗東里三一三 間島市明治区新興街
二五一	一〇野戦航空修理廠	比島、バナイ島	一九四五・〇二・一〇 ×	宮本康三 宮本尚根	軍属 父	戦病死	寧越郡西面廣銭里一二七 寧越郡西面廣銭里一二七
二五七	一〇野戦航空修理廠	バシー海峡	一九四四・〇七・一九 ×	國本瓊秉 國本淳赫	雇員 父	戦死	鐵原郡畝長面山明里一八〇四 鐵原郡畝長面山明里一八〇四
二五八	一〇野戦航空修理廠	バシー海峡	一九四四・〇七・一九 ×	星元貞鐘 星元資男	雇員 —	戦死	春川郡史北面松岩里 春川郡春川邑花園街一—八三
一六七	一二野戦航空修理廠	ルソン島ガヨンガヨン マラリア	一九四五・〇六・〇四 ×	安田銀珠 —	雇員 —	戦病死	平昌郡大和面大和里一〇一 —
七七	一四師団司令部	パラオ一二三病院 マラリア	一九四五・〇六・一三 ×	山塩　圭 —	軍属 —	戦病死	洪川郡洪川面津里七六 —
二四八	一九師団一野戦病院	ルソン島アラブ	一九四五・〇三・二五 ×	光原義雄 —	兵長 —	戦死	洪川郡洪川面潭里 —
五八	一九師団一野戦病院	ルソン島アラブ 爆弾破片創	一九四五・〇五・〇一 一九二一・〇一・〇八	光原忠勇 光原順穂	上等兵 妻	戦死	洪川郡洪川面津里一九 京城府中区南半倉町三林基龍方
三四三	一九師団衛生隊	ルソン島バギオ 胸部砲弾破片創	一九四五・〇四・一七 一九一三・〇四・〇六	玉川允範 玉川秉叔	兵長 母	戦死	通川郡歙谷面東山里三〇五 通川郡歙谷面東山里三〇五
三四四	一九師団衛生隊	ルソン島タクボ	一九四五・〇六・一四	山崎尚慶	兵長	戦死	蔚珍郡平海面月松里五〇八

		胸部砲弾破片創	一九二二・〇一・一六	山崎京岩	妻		蔚珍郡平海面月松里五〇八
三四一	一九師団衛生隊	ルソン島マンカヤン	一九四五・〇七・〇二	國本武男	兵長	戦死	寧越郡北面唐瑳里二〇九
		頭部砲弾破片創	一九二一・〇四・二二	國本福吉	父		寧越郡北面唐瑳里二〇九
三四二	一九師団衛生隊	ルソン島マンカヤン	一九四五・〇七・一〇	坂本清二	伍長	戦死	鐵原郡葛末面隼岩里四四〇
		頭部砲弾破片創	一九二二・〇三・二五	坂本順成	父		鐵原郡葛末面隼岩里四四〇
三四〇	一九師団衛生隊	ルソン島マンカヤン	一九四五・〇七・一三	木島斗星	兵長	戦死	伊川郡楽壌面支下里三四
		頭部砲弾破片創	×	木島學権	父		伊川郡楽壌面支下里三四
二四九	一九師団衛生隊	ルソン島トシカン	一九四五・〇八・〇三	玉山忠蔵	上等兵	戦病死	高城郡高城邑烽燧里七六
		急性マラリア	一九二五・〇一・〇二	玉山光清	父		高城郡高城邑烽燧里七六
二七九	一九師団衛生隊	ルソン島タクボ	一九四五・〇六・一四	金本順龍	兵長	戦死	江陵郡沙川面沙川庫里三一
		左胸部砲弾破片創	一九二四・一二・〇二	金本氏	母		江陵郡沙川面沙川庫里三一
三九五	一九師団一一野戦病院	ルソン島ブキヤス	一九四五・〇八・〇一	星山義善	一等兵	戦死	高城郡高城邑東里五四二
		ー	×	星山善子	妻		高城郡高城邑東里五四二
五七	一九師団一野戦病院	ルソン島オトガン	一九四五・〇八・〇一	松平茂正	上等兵	戦死	高城郡高城面東里一三一
		穿透性盲管砲弾	一九二四・〇九・〇二	松平光一	父		高城郡高城面東里一三一
三一五	二〇師団一野戦病院	ニューギニア、三〇高地	一九四四・〇八・一〇	松村夏雲	兵長	戦死	横城郡屯内面屯内坊内里三一六
			×	松村春成	父		横城郡屯内面屯内坊内里三一六
一三	二〇師団衛生隊	ニューギニア、アファ	一九四四・〇八・〇六	川島正吉	曹長	戦死	通川郡通川面七七
		腹部盲管砲弾破片	一九一九・〇五・〇二	川島永渉	父		通川郡通川面七七
三一六	二〇師団一野戦病院	ニューギニア、坂井川	一九四四・〇八・〇七	平原年盛	上等兵	戦死	横城郡屯内面屯内坊内里四五
			×	平原玄喆	父		横城郡屯内面屯内坊内里四五
四	二六野戦勤務隊	中華民国	一九四五・〇七・二六	岡村載義	上等兵	戦死	全北郡遠北面×俊里一五三
		全身爆創	一九二四・〇二・二九	岡村貞淑	妻		全北郡遠北面×俊里一五三
五一	二六野戦勤務隊	鄭州一六九兵站病院	一九四五・〇五・一九	丹山海根	一等兵	戦病死	麟蹄郡内面坊内里三五七
		奨性胸膜炎	一九二四・〇七・二五	丹山順鳳	父		麟蹄郡内面坊内里三五七
五三	二六野戦勤務隊	河南省新鄭県	一九四五・〇八・〇八	張本高光	兵長	戦死	通川郡通川面中里二七九
		腹部貫通銃創	一九二三・一二・二五	張本金子	母		通川郡通川面中里二七九
六六	二九軍司令部	スマトラ一〇陸軍病院	一九四四・一〇・二一	斎藤平富	軍属	戦病死	蔚珍郡平梅面
		マラリア	一九一八・〇二・一三	斎藤正雄	父		蔚珍郡平梅面
六七	二九軍司令部	南方軍九陸軍病院	一九四四・一二・一二	金澤福徳	軍属	戦病死	蔚珍郡箕城面沙銅里二九七
		マラリア・脚気	一九二二・〇九・一五	金澤大連	兄		蔚珍郡箕城面沙銅里二九七
四一一	三二軍防衛築城隊	沖縄本島首野	一九四五・〇五・一七	林　秀光	雇員	戦死	蔚珍郡箕城面望洋里二八一
			一九二三・一一・〇九	林　三巌	父		蔚珍郡箕城面望洋里二八一
三七〇	三二軍防衛築城隊	沖縄興座	一九四五・〇六・一五	元村　善	雇員	戦死	横城郡陽川面南山里一五三
		玉砕	一九一九・〇三・〇九	元村富子	妻		横城郡陽川面南山里一五三

四一	三二軍防衛築城隊	沖縄宮古島陸軍病院	一九四五・〇八・二三 ×	平山元久 平山正枝	雇員 妻	病死	楊口郡水八面泉里 楊口郡水八面泉里
三九四	三五軍一開拓勤務隊	ミンダナオ、クロエ	一九四五・〇七・三〇 ×	國本承武 ｜	兵長 ｜	戦死	横城郡公根面水白里三〇 ｜
六八	六四師団輜重隊	湖南省長沙六九師野病 赤痢	一九四五・〇一・一一 一九二二・〇九・一五	金田重実 金田栄治	甲幹伍長 父	戦病死	三陟郡三陟邑城内里二三－四 三陟郡三陟邑城内里二三－四
六九	六四師団輜重隊	湖南省武昌一五五兵病 戦争栄養失調	一九四五・〇九・一三 一九一六・〇三・一五	金城博光 金城東助	伍長 父	戦病死	襄陽郡降峴面石橋里七四 襄陽郡降峴面石橋里七四
七〇	六四師団輜重隊	湖南省六九師野病 赤痢・マラリア	一九四四・〇九・〇五 ×	金　東根 金　千石	兵長 父	戦病死	襄陽郡降峴面石橋里三〇〇 襄陽郡降峴面石橋里三〇〇
五五	一五五飛行大隊	バシー海峡 魚雷攻撃	一九四四・〇八・一九 一九二〇・〇九・一五	李本淳鎬 李本聖根	上等兵 父	戦死	淮陽郡南谷面貴楽里一五〇 鐵原郡九面洪尺重大成泊
五六	一五五飛行大隊	バシー海峡 魚雷攻撃	一九四四・〇八・一九 ×	安田喆柱 秀　寵男	上等兵 養父	戦死	高城郡外金剛面養珍里三一〇 高城郡外剛面温井里
三一七	一二七三〇部隊	済州島療養所	一九四五・〇七・二六 一九二四・〇三・〇九	花田奎成 花田寅燮	二等兵 父	公病死	洪川郡西面屈業里二七六 洪川郡南面楡木亭里二四
三八四	不詳	不詳	不詳 ×	玉川奭夫 ｜	不詳 ｜	戦病死	不詳 ｜
四一五	不詳	セブ島タブノタ	一九四五・〇三・一六 ×	洪原泰光 ｜	工員 ｜	戦死	江陵郡江陵邑江門津里 ｜
四一八	不詳	不詳	不詳 ×	峰岡貞雄 峰岡弘江	伍長 ｜	不詳	春川郡春川邑本町二－二四 春川郡春川邑本町二－二四
四一九	不詳	比島	一九四五・〇四・二九 ×	桃村相局 ｜	軍属 ｜	戦死	三陟郡遠徳面牛川里 ｜
二六六	不詳	不詳	不詳	福田鐘彬 福田龍培	軍属 ｜	不詳	襄陽郡降峴面上福里六三〇 ｜

Ⅱ　海軍篇

◎忠清南道　一一七三名

原簿番号	所属	死亡場所 死亡事由	死亡年月日 生年月日	創氏名・姓名 親権者	階級 関係	死亡区分	本籍地 親権者住所
八七六	大湊海軍施設部	千島列島 急性肺炎	一九四三・〇九・〇一 一九一八・〇二・二七	木下大運 興西・敬順	軍属 父・妻	戦病死	洪城郡洪北面大東里二五三 洪城郡洪北面大東里二五三
八八五	大湊海軍施設部	山口県	一九四四・〇八・一〇 ー	金子康元 ー	軍属 ー	戦死	洪城郡供東面八対里七九 ー
八八六	大湊海軍施設部	青森県大湊	一九四五・〇四・一七 ー	三綾延鎬 ー	軍属 ー	戦死	洪城郡供東面月縣里五一三 ー
九九三	大湊海軍施設部	北千島	一九四四・〇九・〇六 一九一六・〇二・一八	清井建洙 永礼	軍属 妻	戦死	青陽郡雲谷面孝悌里三五六 青陽郡雲谷面孝悌里三五六
一〇三三	大湊海軍施設部	青森県大湊	一九四四・〇九・一八 一九二五・〇二・一二	池原建鎬 煥	軍属 ー	戦死	扶余郡九龍面東芳里九六 ー
八五二	大湊海軍施設部	北太平洋	一九四三・〇九・二〇 一九二一・〇四・一九	高山徳× 花植・劉卯鍾	軍属 妻・父	戦死	舒川郡馬山面嘉陽里二六三 舒川郡馬山面嘉陽里二六三
九八四	大湊海軍施設部	北太平洋	一九四四・〇三・〇二 一九一九・〇一・三〇	永井信宇 杰光	軍属 妻	戦死	青陽郡化城面花江里四五二 青陽郡化城面花江里四五二
八九〇	大湊海軍施設部	北太平洋	一九四四・〇三・〇二 一九一四・一一・〇二	金澤栄起 ×妃	軍属 妻	戦死	論山郡彩雲面上里四〇四 ー
七七七	大湊海軍施設部	北太平洋	一九四四・一〇・二五 一九一六・一〇・一六	南平相権 興三	軍属 父	戦死	瑞山郡泰安面東門里五三八 ー
八九二	大湊海軍施設部	北太平洋	一九四四・一〇・二五 ー	山本一郎 李正彦	軍属 父	戦死	論山郡江景邑旭町一〇四 ー
九二一	大湊海軍施設部	北太平洋	一九四四・一〇・二五 一九二三・〇七・二五	柳川在洙 ー	軍属 ー	戦死	保寧郡珠山面新九里 ー
九四六	大湊海軍施設部	北太平洋	一九四四・一〇・二五 一九一〇・〇八・一五	田中文吉 禮子	軍属 妻	戦死	扶余郡九龍面太陽里二六七 ー
一〇〇六	大湊海軍施設部	北太平洋	一九四四・一〇・二五 一九一〇・〇四・一五	金田文吉 ー	軍属 ー	戦死	大田府寶文町一一六 ー
九二〇	大湊海軍施設部	北太平洋	一九四五・〇六・一八 ー	國井興洙 八十子	軍属 妻	戦死	保寧郡青所面眞竹里二三八 ー
九二五	大湊海軍施設部	北太平洋	一〇四五・〇六・一八 ー	江本能昇 武祝・阿只	軍属 父・妻	戦死	保寧郡嵋山面豊山里五三 ー

八二〇	大湊海軍施設部	北太平洋	一九四五・一〇・一八	坂田忠童	軍属	戦死	公州郡牛城面新熊里一三八
			｜	喜代子	妻		｜
七八一	大湊海軍施設部	北千島	一九四四・〇九・二六	金江弘之	軍属	戦死	唐津郡唐津面柿谷里九九八
			一九一二・一一・二〇	世鏡	妻		唐津郡唐津面柿谷里九九八
九一八	大湊海軍施設部	北千島	一九四四・〇九・二六	洪原仁哲	軍属	戦死	保寧郡青所面井田里四三
			一九二三・〇一・二〇	完順	父		保寧郡青所面聖淵里
九四四	大湊海軍施設部	北千島	一九四四・〇九・二六	朴薫鳳	軍属	戦死	扶余郡林川面長谷里五
			一九一二・〇五・一五	仁淑	妻		
九五五	大湊海軍施設部	北千島 急性大腸炎	一九四四・〇九・二六	閔炳華	軍属	戦病死	扶余郡扶余面佳塔里四〇八
			｜	玉珪	妻		
九八八	大湊海軍施設部	北千島	一九四四・〇九・二六	月城東煥	軍属	戦死	青陽郡定山面西亭里一一
			｜	鑽鎮	父		｜
九九四	大湊海軍施設部	北千島	一九四四・〇九・二六	松山俊栄	軍属	戦死	青陽郡飛鳳面学堂里四二九
			一九一三・一二・三〇	金順	妻		｜
一〇八三	大湊海軍施設部	北千島	一九四四・〇九・二六	金川二乗	軍属	戦死	洪城郡銀河面大川里三九五
			一九一八・〇九・二三	日得	父		洪城郡銀河面大川里三九五
一一〇四	大湊海軍施設部	北千島	一九四四・〇九・二六	松丁武男	軍属	戦死	禮山郡新岩面五村里五九三
			｜	元明	父		｜
七九七	大湊海軍施設部	北千島	一九四五・〇五・〇一	槁村有福	軍属	戦死	牙山郡陰峰面院内里
			一九二〇・〇九・二八	｜	｜		｜
八〇六	大湊海軍施設部	北千島	一九四五・〇五・〇一	海平侑根	軍属	戦死	牙山郡屯浦面石谷里
			一九二〇・〇九・二四	｜	｜		｜
八一〇	大湊海軍施設部	北千島	一九四五・〇五・〇一	平山性徹	軍属	戦死	牙山郡湯州面梅谷里
			一九〇五・一〇・一五	｜	｜		｜
八二二	大湊海軍施設部	北千島	一九四五・〇五・〇一	金田政吉	軍属	戦死	公州郡寺谷面灘川面南山里
			一九二二・〇五・二七	｜	｜		｜
一〇二六	大湊海軍施設部	北千島	一九四五・〇五・〇一	景珍陸光	軍属	戦死	燕岐郡全東面金沙里
			一九二一・一〇・〇二	｜	｜		｜
九八三	大湊海軍施設部	北千島	一九四五・〇六・〇一	花澤祥基	軍属	戦死	天安郡廣徳面梅堂里四五四
			｜	｜	｜		｜
九八二	大湊海軍施設部	青森県大湊	一九四四・一一・二三	辟義錫	軍属	死亡	天安郡歓城面車岩里三一
			｜	｜	｜		｜
九三六	大湊海軍施設部	青森県大湊	一九四五・〇六・一七	鄭岡郭政	軍属	戦死	保寧郡川北面沙湖里五一五
			｜	｜	｜		｜
一〇〇五	大湊海軍施設部	青森県大湊	一九四五・〇六・一九	丹山済聖	軍属	死亡	青陽郡青陽面東江里四一九

八	大湊海軍施設部	津軽海峡	一九四五・〇七・一四 一九二八・〇五・二〇	香山永復 登中	上水 父	戦死	禮山郡大興面上中里二八〇
七七八	大湊海軍施設部	舞鶴港内	一九四五・〇八・二四	福田基鶴	軍属	死亡	瑞山郡瑞山面
七七九	大湊海軍施設部	舞鶴港内	一九四五・〇八・二四	阿金田	軍属	死亡	瑞山郡瑞山面
七八〇	大湊海軍施設部	舞鶴港内	一九四五・〇八・二四	松山光峰	軍属	死亡	瑞山郡海美面
七八四	大湊海軍施設部	舞鶴港内	一九四五・〇八・二四	慶山仁花	軍属	死亡	唐津郡新平面草岱里
七八五	大湊海軍施設部	舞鶴港内	一九四五・〇八・二四	慶本宗彦	軍属	死亡	唐津郡新平面草岱里
七八六	大湊海軍施設部	舞鶴港内	一九四五・〇八・二四	平山憲明	軍属	死亡	唐津郡新平面新堂里
七八七	大湊海軍施設部	舞鶴港内	一九四五・〇八・二四	岩村　坤	軍属	死亡	唐津郡順城面玉湖里
八一一	大湊海軍施設部	舞鶴港内	一九四五・〇八・二四	大城丙曦	軍属	死亡	牙山郡屯浦面舘岱里
八一二	大湊海軍施設部	舞鶴港内	一九四五・〇八・二四	金本元植	軍属	死亡	牙山郡屯浦面念作里
八一三	大湊海軍施設部	舞鶴港内	一九四五・〇八・二四	連城東哲	軍属	死亡	牙山郡仙筆面獐串里
八一四	大湊海軍施設部	舞鶴港内	一九四五・〇八・二四	権登赫載	軍属	死亡	牙山郡松岳面講堂里
八一五	大湊海軍施設部	舞鶴港内	一九四五・〇八・二四	池田甲孫	軍属	死亡	牙山郡灵仁面九×里
八一六	大湊海軍施設部	舞鶴港内	一九四五・〇八・二四	金城千萬	軍属	死亡	牙山郡温陽面草沙里
八一七	大湊海軍施設部	舞鶴港内	一九四五・〇八・二四	廣川壽吉	軍属	死亡	牙山郡新昌面新谷里
八二三	大湊海軍施設部	舞鶴港内	一九四五・〇八・二四	林萬福	軍属	死亡	公州郡利仁面木洞里
八二四	大湊海軍施設部	舞鶴港内	一九四五・〇八・二四	木村寅錫	軍属	死亡	公州郡羅川面光明里

番号	所属	場所	年月日	氏名	身分	事由	本籍
八二五	大湊海軍施設部	舞鶴港内	一九四五・〇八・二四	白石石基	軍属	死亡	公州郡長岐面坪堂里
八二六	大湊海軍施設部	舞鶴港内	一九四五・〇八・二四	山本浩中	軍属	死亡	公州郡鶏龍面九旺里
八二七	大湊海軍施設部	舞鶴港内	一九四五・〇八・二四	金城運煥	軍属	死亡	公州郡公州邑錦町一五三
八二八	大湊海軍施設部	舞鶴港内	一九四五・〇八・二四	呉本達植	軍属	死亡	公州郡公州邑山城町
八二九	大湊海軍施設部	舞鶴港内	一九四五・〇八・二四	梁川永吉	軍属	死亡	公州郡公州邑山城町
八三〇	大湊海軍施設部	舞鶴港内	一九四五・〇八・二四	柳川己央吉	軍属	死亡	公州郡寺谷面桂室里
八三一	大湊海軍施設部	舞鶴港内	一九四五・〇八・二四	松山元吉	軍属	死亡	公州郡公州邑公州駅前三四五
八四三	大湊海軍施設部	舞鶴港内	一九四五・〇八・二四	金本弘泰	軍属	死亡	禮山郡新岩面鳥谷里
八四四	大湊海軍施設部	舞鶴港内	一九四五・〇八・二四	富川慶逑	軍属	死亡	禮山郡大興面×支里
八四五	大湊海軍施設部	舞鶴港内	一九四五・〇八・二四	高野雲守	軍属	死亡	禮山郡古徳面梧秋里
八四六	大湊海軍施設部	舞鶴港内	一九四五・〇八・二四	梁原益光	軍属	死亡	禮山郡大逑面詩山里
八四七	大湊海軍施設部	舞鶴港内	一九四五・〇八・二四	重光永道	軍属	死亡	禮山郡大逑面松石里
八五六	大湊海軍施設部	舞鶴港内	一九四五・〇八・二四	大川國成	軍属	死亡	舒川郡舒川面郡司里
八五七	大湊海軍施設部	舞鶴港内	一九四五・〇八・二四	國本鶴成	軍属	死亡	舒川郡舒川面花衿里
八五八	大湊海軍施設部	舞鶴港内	一九四五・〇八・二四	平山昌燮	軍属	死亡	舒川郡舒川面屯徳里
八五九	大湊海軍施設部	舞鶴港内	一九四五・〇八・二四	丘本老郎	軍属	死亡	舒川郡時単面仙東里
八六〇	大湊海軍施設部	舞鶴港内	一九四五・〇八・二四	岡村熙南	軍属	死亡	舒川郡麒山面加公里
八六一	大湊海軍施設部	舞鶴港内	一九四五・〇八・二四	完山安雄	軍属	死亡	舒川郡馬西面南山里

八六二	大湊海軍施設部	舞鶴港内	一九四五・〇八・二四	玉川永鶴	軍属	死亡	舒川郡庇仁面城内里
八六三	大湊海軍施設部	舞鶴港内	一九四五・〇八・二四	丁山斗文	軍属	死亡	舒川郡庇仁面船島里
八六四	大湊海軍施設部	舞鶴港内	一九四五・〇八・二四	夏山炳緑	軍属	死亡	舒川郡西面扶土里
八六五	大湊海軍施設部	舞鶴港内	一九四五・〇八・二四	安田璟洙	軍属	死亡	舒川郡文山面登古里
八六六	大湊海軍施設部	舞鶴港内	一九四五・〇八・二四	都田國玄	軍属	死亡	舒川郡東面板橋里
八六七	大湊海軍施設部	舞鶴港内	一九四五・〇八・二四	金川順泰	軍属	死亡	舒川郡長項邑
八六八	大湊海軍施設部	舞鶴港内	一九四五・〇八・二四	金岡昌泰	軍属	死亡	舒川郡馬西面道三里
八六九	大湊海軍施設部	舞鶴港内	一九四五・〇八・二四	曲阜相得	軍属	死亡	舒川郡韓山面松山里
八七〇	大湊海軍施設部	舞鶴港内	一九四五・〇八・二四	江原延完	軍属	死亡	舒川郡馬山面芝山里
八七一	大湊海軍施設部	舞鶴港内	一九四五・〇八・二四	新本元敦	軍属	死亡	舒川郡華陽面琴堂里
八七八	大湊海軍施設部	舞鶴港内	一九四五・〇八・二四	金川在憲	軍属	死亡	洪城郡洪城邑五官里
八七九	大湊海軍施設部	舞鶴港内	一九四五・〇八・二四	川本相龍	軍属	死亡	洪城郡亀項面胎封里
八八〇	大湊海軍施設部	舞鶴港内	一九四五・〇八・二四	平本錫禹	軍属	死亡	洪城郡金馬面富坪里
八八一	大湊海軍施設部	舞鶴港内	一九四五・〇八・二四	金本海東	軍属	死亡	洪城郡銀河面柳松里
八八二	大湊海軍施設部	舞鶴港内	一九四五・〇八・二四	江本牙只	軍属	死亡	洪城郡銀河面長尺里
八八三	大湊海軍施設部	舞鶴港内	一九四五・〇八・二四	原田順安	軍属	死亡	洪城郡亀項面五鳳里
八八四	大湊海軍施設部	舞鶴港内	一九四五・〇八・二四	秋田久玉	軍属	死亡	洪城郡西部面新里

八九三	大湊海軍施設部	舞鶴港内	一九四五・〇八・二四	岡山弘吉	軍属	死亡	論山郡江景邑中町
八九四	大湊海軍施設部	舞鶴港内	一九四五・〇八・二四	黄村順福	軍属	死亡	論山郡江景邑錦町
八九五	大湊海軍施設部	舞鶴港内	一九四五・〇八・二四	國本春浩	軍属	死亡	論山郡論山邑
八九六	大湊海軍施設部	舞鶴港内	一九四五・〇八・二四	景野永春	軍属	死亡	論山郡江景邑本町
八九七	大湊海軍施設部	舞鶴港内	一九四五・〇八・二四	千原永哲	軍属	死亡	論山郡江景邑中町
八九八	大湊海軍施設部	舞鶴港内	一九四五・〇八・二四	杉山哲徴	軍属	死亡	論山郡城東面月城里
八九九	大湊海軍施設部	舞鶴港内	一九四五・〇八・二四	鶴山鐘敏	軍属	死亡	論山郡江景邑西町
九〇〇	大湊海軍施設部	舞鶴港内	一九四五・〇八・二四	金本辛徳	軍属	死亡	論山郡江景邑南町
九〇一	大湊海軍施設部	舞鶴港内	一九四五・〇八・二四	藤　貴成	軍属	死亡	論山郡恩津面奈洞里
九〇二	大湊海軍施設部	舞鶴港内	一九四五・〇八・二四	松山俊吉	軍属	死亡	論山郡論山邑昭和町
九〇三	大湊海軍施設部	舞鶴港内	一九四五・〇八・二四	石川道成	軍属	死亡	論山郡論山邑旭町
九〇四	大湊海軍施設部	舞鶴港内	一九四五・〇八・二四	金山龍雲	軍属	死亡	論山郡江景邑大和町
九〇五	大湊海軍施設部	舞鶴港内	一九四五・〇八・二四	金田貞吉	軍属	死亡	論山郡論山邑錦町
九〇六	大湊海軍施設部	舞鶴港内	一九四五・〇八・二四	山本銀玉	軍属	死亡	論山郡江景邑黄金町
九〇七	大湊海軍施設部	舞鶴港内	一九四五・〇八・二四	山本東燮	軍属	死亡	論山郡江景邑黄金町
九二六	大湊海軍施設部	舞鶴港内	一九四五・〇八・二四	金城俊実	軍属	死亡	保寧郡川北面長隠里
九二七	大湊海軍施設部	舞鶴港内	一九四五・〇八・二四	佳山春學	軍属	死亡	保寧郡川北面洛東里
九二八	大湊海軍施設部	舞鶴港内	一九四五・〇八・二四	金光永成	軍属	死亡	保寧郡周浦面新岱里

九二九	大湊海軍施設部	舞鶴港内	一九四五・〇八・二四	山村建炯	軍属	死亡	保寧郡周浦面新岱里
九三〇	大湊海軍施設部	舞鶴港内	一九四五・〇八・二四	吉川一行	軍属	死亡	保寧郡大川面花山里
九三一	大湊海軍施設部	舞鶴港内	一九四五・〇八・二四	佳山瓚圭	軍属	死亡	保寧郡藍浦面遊山里
九三二	大湊海軍施設部	舞鶴港内	一九四五・〇八・二四	李本大玉	軍属	死亡	保寧郡周浦面馬江里
九三三	大湊海軍施設部	舞鶴港内	一九四五・〇八・二四	林錫同	軍属	死亡	保寧郡大川面新黒里
九三四	大湊海軍施設部	舞鶴港内	一九四五・〇八・二四	羅元圭振	軍属	死亡	保寧郡嵋山面南深里
九三五	大湊海軍施設部	舞鶴港内	一九四五・〇八・二四	松山泰預	軍属	死亡	保寧郡嵋山面三渓里
九五八	大湊海軍施設部	舞鶴港内	一九四五・〇八・二四	中原今重	軍属	死亡	天安郡天安邑南山町一丁目
九五九	大湊海軍施設部	舞鶴港内	一九四五・〇八・二四	金澤在順	軍属	死亡	天安郡豊歳面美竹里
九六〇	大湊海軍施設部	舞鶴港内	一九四五・〇八・二四	柳村英錫	軍属	死亡	天安郡廣徳面大徳里
九六一	大湊海軍施設部	舞鶴港内	一九四五・〇八・二四	田村海俊	軍属	死亡	天安郡廣徳面大徳里
九六二	大湊海軍施設部	舞鶴港内	一九四五・〇八・二四	金光永台	軍属	死亡	天安郡天安邑南山町一丁目
九六三	大湊海軍施設部	舞鶴港内	一九四五・〇八・二四	玉川己萬	軍属	死亡	天安郡天安邑×城町
九六四	大湊海軍施設部	舞鶴港内	一九四五・〇八・二四	白川鐘國	軍属	死亡	天安郡東面
九六五	大湊海軍施設部	舞鶴港内	一九四五・〇八・二四	竹谷半啓	軍属	死亡	天安郡東面
九六六	大湊海軍施設部	舞鶴港内	一九四五・〇八・二四	鈴木重洙	軍属	死亡	天安郡東面
九六七	大湊海軍施設部	舞鶴港内	一九四五・〇八・二四	李村相舜	軍属	死亡	天安郡東面

九六八	大湊海軍施設部	舞鶴港内	一九四五・〇八・二四	韓山明珪	軍属	死亡	天安郡廣徳面
九六九	大湊海軍施設部	舞鶴港内	一九四五・〇八・二四	鶴田鐵雨	軍属	死亡	天安郡廣徳面
九七〇	大湊海軍施設部	舞鶴港内	一九四五・〇八・二四	金山基成	軍属	死亡	天安郡廣徳面
九七一	大湊海軍施設部	舞鶴港内	一九四五・〇八・二四	川本良春	軍属	死亡	天安郡廣徳面
九七二	大湊海軍施設部	舞鶴港内	一九四五・〇八・二四	洪本厄伊	軍属	死亡	天安郡廣徳面
九七三	大湊海軍施設部	舞鶴港内	一九四五・〇八・二四	松浦禹王	軍属	死亡	天安郡廣徳面
九七四	大湊海軍施設部	舞鶴港内	一九四五・〇八・二四	李漢清	軍属	死亡	天安郡廣徳面
九七五	大湊海軍施設部	舞鶴港内	一九四五・〇八・二四	天本健栄	軍属	死亡	天安郡廣徳面
九七六	大湊海軍施設部	舞鶴港内	一九四五・〇八・二四	錦山南鎮	軍属	死亡	天安郡廣徳面
九七七	大湊海軍施設部	舞鶴港内	一九四五・〇八・二四	金井俊栄	軍属	死亡	天安郡廣徳面
九七八	大湊海軍施設部	舞鶴港内	一九四五・〇八・二四	梁川斗春	軍属	死亡	天安郡廣徳面
九七九	大湊海軍施設部	舞鶴港内	一九四五・〇八・二四	富山重穆	軍属	死亡	天安郡竝皮面並川里
九八〇	大湊海軍施設部	舞鶴港内	一九四五・〇八・二四	安部××	軍属	死亡	天安郡竝皮面並川里
九八一	大湊海軍施設部	舞鶴港内	一九四五・〇八・二四	×××	軍属	死亡	天安郡竝皮面並川里
九九五	大湊海軍施設部	舞鶴港内	一九四五・〇八・二四	金田充寛	軍属	死亡	青陽郡化城面長渓里
九九六	大湊海軍施設部	舞鶴港内	一九四五・〇八・二四	林承×	軍属	死亡	青陽郡化城面水邱里
九九七	大湊海軍施設部	舞鶴港内	一九四五・〇八・二四	松山鐘光	軍属	死亡	青陽郡斜陽面梅谷里
九九八	大湊海軍施設部	舞鶴港内	一九四五・〇八・二四	新井宅洙	軍属	死亡	青陽郡定山面松鶴里

九九九	大湊海軍施設部	舞鶴港内	一九四五・〇八・二四	河本禹俊	軍属	死亡	青陽郡飛鳳面緑坪里
一〇〇〇	大湊海軍施設部	舞鶴港内	一九四五・〇八・二四	高木龍鎮	軍属	死亡	青陽郡木面也谷里
一〇〇一	大湊海軍施設部	舞鶴港内	一九四五・〇八・二四	梁在得	軍属	死亡	青陽郡青陽面青所里
一〇〇二	大湊海軍施設部	舞鶴港内	一九四五・〇八・二四	張弓東彍	軍属	死亡	青陽郡斜陽面龍馬里
一〇〇三	大湊海軍施設部	舞鶴港内	一九四五・〇八・二四	山本善一	軍属	死亡	青陽郡青陽面青所里
一〇〇四	大湊海軍施設部	舞鶴港内	一九四五・〇八・二四	松村壯緒	軍属	死亡	青陽郡青陽面碧泉里
一〇一〇	大湊海軍施設部	舞鶴港内	一九四五・〇八・二四	林成雄	軍属	死亡	大田郡儒城面場岱里
一〇一一	大湊海軍施設部	舞鶴港内	一九四五・〇八・二四	木村永植	軍属	死亡	大田郡鎮岑面大井里
一〇一二	大湊海軍施設部	舞鶴港内	一九四五・〇八・二四	海呉在煥	軍属	戦死	大田郡礼面石峰里
一〇一三	大湊海軍施設部	舞鶴港内	一九四五・〇八・二四	平田奎澤	軍属	戦死	大田郡礼面石峰里
一〇一四	大湊海軍施設部	舞鶴港内	一九四五・〇八・二四	金光永淳	軍属	戦死	大田府寶文町三一七
一〇一五	大湊海軍施設部	舞鶴港内	一九四五・〇八・二四	鄭咒龍	軍属	戦死	大田府仲村町一六四
一〇一六	大湊海軍施設部	舞鶴港内	一九四五・〇八・二四	青田完石	軍属	戦死	大田府栄町二―三六五
一〇一七	大湊海軍施設部	舞鶴港内	一九四五・〇八・二四	武田成吉	軍属	戦死	大田府栄町二―三三三
一〇一八	大湊海軍施設部	舞鶴港内	一九四五・〇八・二四	西田學先	軍属	戦死	大田府旭町五五
一〇一九	大湊海軍施設部	舞鶴港内	一九四五・〇八・二四	金山吉夫	軍属	戦死	大田府西町一
一〇二〇	大湊海軍施設部	舞鶴港内	一九四五・〇八・二四	竹本永植	軍属	戦死	大徳郡九則面田民里

番号	所属	死亡場所	死亡年月日／生年月日	氏名／親族氏名	身分／続柄	死因	本籍／親族住所
一〇二一	大湊海軍施設部	舞鶴港内	一九四五・〇八・二四 ｜	豊川斗泳	軍属 ｜	戦死	大田府春日町三－一六〇 ｜
一〇二二	大湊海軍施設部	舞鶴港内	一九四五・〇八・二四 ｜	豊川在元	軍属 ｜	戦死	大田郡柳川面三川里 ｜
一〇二三	大湊海軍施設部	舞鶴港内	一九四五・〇八・二四 ｜	山本源甲	軍属 ｜	戦死	大田府春日町三－一〇 ｜
一〇二四	大湊海軍施設部	舞鶴港内	一九四五・〇八・二四 ｜	龍韓浩	軍属 ｜	戦死	大田府西町一九 ｜
一〇三七	大湊海軍施設部	舞鶴港内	一九四五・〇八・二四 ｜	張任福	軍属 ｜	死亡	瑞山郡大山面 ｜
一〇三八	大湊海軍施設部	舞鶴港内	一九四五・〇八・二四 ｜	金城允昌 ｜	軍属 ｜	死亡	瑞山郡大山面 ｜
一〇三九	大湊海軍施設部	舞鶴港内	一九四五・〇八・二四 ｜	高山寛宏 ｜	軍属 ｜	死亡	瑞山郡大山面 ｜
七三四	沖縄根拠地隊司令部	沖縄県	一九四五・〇六・一四 一九二五・〇二・二九	高山宗一 吉本哲純	軍属 ｜	戦死	燕岐郡全東面青松里 ｜
一一七二	沖縄根拠地隊司令部	沖縄県	一九四五・〇六・一四 一九一八・一二・一三	島田鐘國 錫喜	軍属 妻	戦死	大徳郡槐皮面福守里 大徳郡槐皮面福守里
四五二	海南島海軍建築部	海南島	一九四三・〇五・一八 ｜	山川輝元 山川喆祐	軍属 妻	戦傷死	禮山郡挿橋面沐里六五一 ｜
一一〇七	呉海軍施設部	宮崎県	一九四五・〇四・二八 一九二四・〇三・二五	長田巴煥 宗植	軍属 父	戦死	禮山郡大逑面詩山里二五四 禮山郡大逑面詩山里二五四
一一〇八	呉海軍施設部	宮崎県	一九四五・〇四・二八 一九一六・〇八・二四	金谷鍾根 萬基	軍属 父	戦死	禮山郡鳳山面孝橋里三三八 禮山郡鳳山面孝橋里三三八
一一〇九	呉海軍施設部	宮崎県	一九四五・〇四・二八 一九二五・〇八・二〇	結城福良 文三	軍属 父	戦死	禮山郡徳山面玉×里四〇〇 禮山郡徳山面玉×里四〇〇
一	佐世保八特別陸戦隊	バシー海峡	一九四四・〇九・〇九 一九二五・〇五・〇五	柳川大錫 在赫	上水 父	戦死	大徳郡東面龍潭里二三三 ｜
三	佐世保八特別陸戦隊	バシー海峡	一九四四・〇九・〇九 一九二六・〇三・〇八	安田英雄 信義	上水 父	戦死	唐津郡新平面草垈里六六三 ｜
九	佐世保八特別陸戦隊	バシー海峡	一九四四・〇九・〇九 一九二七・〇四・〇一	小野世煥 貞植	上水 母	戦死	禮山郡禮山邑舟橋里三〇四 ｜
一一三二	佐世保運輸部	奄美大島近海	一九四四・一〇・二三 一九二〇・一一・二三	密山基暾 春明	軍属 ｜	戦死	瑞山郡垈安面仁坪里 瑞山郡垈安面仁坪里
二八	芝浦海軍施設部	深川宿舎	一九四五・〇三・一〇	安平基洪	軍属	戦病死	舒川郡鐘川面奥林里一三一

			一九二一・一二・〇六	鳳姫	妻		舒川郡馬西面新浦里
一三七	芝浦海軍施設部	深川宿舎	一九四五・〇三・一〇	國本正学	軍属	戦死	唐津郡松山面松石里七九
			一九一五・〇六・〇六	章熙	妻		―
五七三	芝浦海軍施設部	深川宿舎	一九四五・〇三・一〇	張原栄植	軍属	戦病死	燕岐郡西面瓦村里
			一九〇六・〇二・三〇	登台	長男		―
七八	芝浦海軍施設部	深川豊洲	一九四五・〇八・二一	宮本洪錫	軍属	死亡	舒川郡華陽面鳳鳴里
			一九一八・一〇・二八	泰錫	兄		―
二	上海特別陸戦隊	済州島	一九四五・〇四・一四	香山哲郎	上水	戦死	唐津郡高丈面大村里一八八
			一九二四・〇一・二二	洋一	父		平安北道翔州郡九曲面水豊洞一三五
六	上海特別陸戦隊	済州島	一九四五・〇四・一四	谷川鐘九	上水	戦死	論山郡彩雲面禹基里三九二
			一九二三・一二・一五	栄基	妻		―
一四	上海特別陸戦隊	黄海	一九四五・〇四・三〇	金井年泰	上水	戦死	青陽郡青南面芝谷里二二一
			一九二五・〇四・一一	鍾萬	父		―
一六	鎮海海兵団	鎮海	一九四五・〇一・一五	山西成鎬	一工	死亡	公州郡正安面廣亭里二五六
		敗血症	一九二五・〇七・二〇	奇鳳	父		―
一二	鎮海海兵団	鎮海	一九四五・〇七・二〇	金光声中	二水	死亡	瑞山郡安眠面倉基里一三六一
		急性腸炎	一九二二・一二・二六	康順	妻		―
八〇九	豊川海軍工廠	愛知県豊川市	一九四五・〇八・〇七	平野載徳	軍属	戦死	牙山郡温陽邑新昌里佳内里
			一九二二・一一・二九	斗顕	戸主		―
八四二	豊川海軍工廠	愛知県豊川市	一九四五・〇八・〇七	平山昌植	軍属	戦死	禮山郡挿橋面上城里
			一九二二・〇二・二八	―	―		―
八四九	豊川海軍工廠	愛知県豊川市	一九四五・〇八・〇七	林田鐘萬	軍属	戦死	禮山郡鳳山面沙谷里
			一九二二・〇二・二七	―	―		―
八五〇	豊川海軍工廠	愛知県豊川市	一九四五・〇八・〇七	新井順基	軍属	戦死	舒川郡長項邑玉東町一七
			一九二二・〇二・二三	―	―		舒川郡長項邑玉東町一七
九三七	豊川海軍工廠	愛知県豊川市	一九四五・〇八・〇七	伊藤松軒	軍属	戦死	扶余郡窺岩面合松里八五一
			一九二二・〇六・〇三	―	―		―
九三八	豊川海軍工廠	愛知県豊川市	一九四五・〇八・〇七	岡村承學	軍属	戦死	扶余郡窺岩面蘆花里
			一九二二・一二・〇二	―	―		―
九四三	豊川海軍工廠	愛知県豊川市	一九四五・〇八・〇七	安田昌洙	軍属	戦死	扶余郡林川面七山里
			一九二二・〇二・〇二	―	―		―
九五〇	豊川海軍工廠	愛知県豊川市	一九四五・〇八・〇七	井原玄鍾	軍属	戦死	扶余郡内山面温蟹里八五
			一九二二・一二・三〇	―	―		―
三六四	南方政務部	台湾近海	一九四四・〇六・二〇	×岡×國	軍属	戦死	扶余郡林川面郡同里一九二
			一九××・××・二八	泰淳	父		―

五一六	南方政務部	海南島	一九四四・××・××	一九〇七・〇九・一三	安田　保	｜	軍属	｜	死亡	禮山郡光壽面大里五五	｜
六八	南方政務部	台湾東方	一九四四・一一・二三	一九一五・〇一・〇二	富田正雄	好枝	軍属	妻	戦死	舒川郡舒川面郡同里五六七	舒川郡舒川面郡同里五六七
一七	舟山警備隊	黄海	一九四五・〇三・一九	一九二六・〇八・一七	松田大夏	建福	上水	父	戦死	公州郡儀堂面松鶴里二一一	｜
一八	舟山警備隊	黄海	一九四五・〇三・一九	一九二七・〇三・〇五	夏山正明	秉億	上水	父	戦死	保寧郡周甫面鳳堂里四七六	｜
九八九	舞鶴海軍施設部	本州南方海面	一九四四・〇一・二七	一九一八・〇一・一二	大原載俊	春子	軍属	妻	戦死	青陽郡定山面龍頭里二三七	｜
九九〇	舞鶴海軍施設部	本州南方海面	一九四四・〇一・二七	一九二〇・〇一・一九	金井鍾國	順人	軍属	妻	戦死	青陽郡定山面大朴里四五六	｜
九九一	舞鶴海軍施設部	父島沖	一九四四・〇七・一五	一九一六・〇五・〇三	清原仁澤	龍愛	軍属	妻	戦死	青陽郡赤谷面美堂里六七	｜
一一五七	舞鶴海軍施設部	舞鶴工廠	一九四四・一〇・〇一	一九一八・一〇・〇五	中山安鐵	安後奎	軍属	妻	死亡	大徳郡北面黄湖里三八六	｜
一一	舞鶴海軍防備隊	舞鶴市 結核性脳膜炎	一九四五・〇八・〇七	一九二五・〇二・〇六	平山一雄	盛茂	水長	父	死亡	扶余郡良化面足橋里六五	｜
四	舞鶴一特別陸戦隊	バシー海峡	一九四四・〇九・〇九	一九二四・〇四・一九	南政光	河熙	上水	父	戦死	舒川郡華陽面叩馬里九八	全羅北道群山府東栄街五
五	舞鶴一特別陸戦隊	バシー海峡	一九四四・〇九・〇九	一九二六・〇七・一四	丹山鳳植	済昌	上機	父	戦死	論山郡江景邑朝日町一七六	｜
一〇三一	横須賀鎮守府司令部	本州南方海面	一九四四・〇七・二一	一九一六・〇二・二八	松浦五福	小禮	軍属	妻	戦死	論山郡江景邑錦町三三九	｜
八一八	横須賀海軍施設部	長浦兵站病院 腸チフス	一九四二・一二・一七	一九二一・〇七・一二	岩井相基	｜	軍属	｜	死亡	牙山郡塩峙面山陽里一四三	｜
一〇三四	横須賀海軍施設部	自宅 肺壊疽	一九四三・〇六・二八	一九二〇・〇八・〇五	花元淳興	｜	軍属	｜	死亡	扶余郡窺岩面合松里九四四	｜
八九〇	横須賀海軍施設部	北太平洋	一九四四・〇三・〇二	一九一四・一一・〇二	金澤栄起	×妃	軍属	妻	戦死	論山郡彩雲面上里四〇四	｜
八八八	横須賀海軍施設部	南鳥島	一九四四・〇三・二〇	一九一一・〇四・〇四	星本壽鳳	｜	軍属	｜	戦死	論山郡魯城面校村里二八七	｜
一〇〇七	横須賀海軍施設部	サイパン島	一九四四・〇七・〇八	｜	西原徳官	晏	軍属	父	戦死	大田府旭町一三三	｜
一〇〇八	横須賀海軍施設部	サイパン島	一九四四・〇七・〇九		金子賢太郎		軍属		戦死	大田府東町二—三〇五	

			一九二二・〇一・二九	倉河	—		—
八七五	横須賀海軍施設部	本州南方海面	一九四四・〇一・二四 一九二一・一二・二五	新村恭介 元一	軍属 兄	戦死	洪城郡銀河面鶴山里四四 —
八一九	横須賀海軍施設部	本州南方海面	一九四四・〇一・二七 一九一六・一一・二六	金川永福 順姫	軍属 妻	戦死	公州郡灘川面菊洞里一六 —
八九一	横須賀海軍施設部	本州南方海面	一九四四・〇一・二七 一九二〇・一一・〇一	山下徹志 友七	軍属 父	戦死	論山郡江景邑西町一三四 —
九一二	横須賀海軍施設部	本州南方海面	一九四四・〇一・二七 一九二二・〇一・二五	高野金蔵 君子	軍属 妻	戦死	大徳郡順徳面梅井里三一八 —
九一五	横須賀海軍施設部	本州南方海面	一九四四・〇一・二七 一九一九・〇一・〇五	西原周成 —	軍属 —	戦死	保寧郡藍浦面新興里一六〇 —
九一六	横須賀海軍施設部	本州南方海面	一九四四・〇一・二七 一九一九・一二・一五	松田月龍 氏・月山	軍属 母・兄	戦死	保寧郡藍浦面新興里四〇〇 保寧郡藍浦面新興里四〇〇
九一七	横須賀海軍施設部	本州南方海面	一九四四・〇一・二七 一九二〇・〇一・二一	木村珠東 正根	軍属 母	戦死	保寧郡藍浦面梁覚里一七六 —
九一九	横須賀海軍施設部	本州南方海面	一九四四・〇一・二七 一九一八・〇一・二〇	田村完成 完奉・黄粉	軍属 兄・妻	戦死	保寧郡青所面長谷里四六七 —
九八五	横須賀海軍施設部	本州南方海面	一九四四・〇一・二七 一九一二・一一・二四	宮本明國 仁秀・宗女	軍属 母・妻	戦死	青陽郡化城面巖岩里二三七 —
九八六	横須賀海軍施設部	本州南方海面	一九四四・〇一・二七 一九一九・〇五・一〇	鄭昌憲 斗鳳	軍属 父	戦死	青陽郡大峙面長谷里一四五 —
九八七	横須賀海軍施設部	本州南方海面	一九四四・〇一・二七 一九一六・〇三・二七	國本鎬敬 順玉	軍属 妻	戦死	青陽郡大峙面九金里七 —
九九二	横須賀海軍施設部	本州南方海面	一九四四・〇一・二七 一九一六・〇三・二七	岩村三鎮 庚順	軍属 妻	戦死	青陽郡赤谷面分香里一六三 —
九一〇	横須賀海軍施設部	硫黄島近海	一九四三・〇二・〇八 一九二五・〇九・三〇	金山鐘根 —	軍属 —	戦死	大徳郡東面新下里四九六 —
八八九	横須賀海軍施設部	硫黄島	一九四四・一〇・〇五 一九二三・〇七・〇八	金本英千 木村欽市	軍属 義兄	戦病死	論山郡江景邑錦町 —
八〇三	横須賀海軍施設部	硫黄島	一九四五・〇三・一七 一九一八・〇九・一三	金海鐘烈 —	軍属 —	戦死	牙山郡灵仁面白石浦里五一一 —
八〇五	横須賀海軍施設部	硫黄島	一九四四・〇七・一三 一九一六・一二・〇四	金慶學	軍属	戦死	牙山郡灵仁面塩峙面東席里一二〇
一〇三六	横須賀海軍施設部	小笠原諸島	一九四三・〇八・〇五 一九〇三・〇七・二二	禹洛河 世河・栄	軍属 兄・庶子	戦死	天安郡應徳面里二二二 燕岐郡鳥致院邑旭町五六—七班

番号	所属	場所	年月日	氏名	続柄	区分	本籍
七八二	横須賀海軍施設部	小笠原諸島	一九四四・〇七・一三 一九二二・〇六・二九	松本昌勳 學同	軍属 父	戦死	唐津郡松山面柳谷里三〇一 —
七八三	横須賀海軍施設部	小笠原諸島	一九四四・〇七・一三 一九二三・〇九・二〇	安井炳録 道元	軍属 父	戦死	唐津郡合徳面道谷里三五九 —
七九一	横須賀海軍施設部	小笠原諸島	一九四四・〇七・一三 一九一八・〇二・〇四	錦本奎栄 芥燮	軍属 父	戦死	牙山郡新昌面杏木里一三三 —
七九二	横須賀海軍施設部	小笠原諸島	一九四四・〇七・一三 一九二一・〇五・〇七	金原栄照 聖官	軍属 父	戦死	牙山郡新昌面新達里八一ー二 —
七九四	横須賀海軍施設部	小笠原諸島	一九四四・〇七・一三 一九二三・〇四・二〇	河東春秀 先分	軍属 母	戦死	牙山郡温陽邑温泉里三二 牙玉郡塩崎面石亭里一八一
七九五	横須賀海軍施設部	小笠原諸島	一九四四・〇七・一三 一九二二・一二・一六	呉山成用 光甫	軍属 父	戦死	牙山郡湯井面×谷里一九五 —
七九八	横須賀海軍施設部	小笠原諸島	一九四四・〇七・一三 一九一九・〇五・二七	金谷賢叔 國臣	軍属 父	戦死	牙山郡塩峙面山陽里三三三 —
七九九	横須賀海軍施設部	小笠原諸島	一九四四・〇七・一三 一九一七・〇二・一〇	岩田福得 成順	軍属 父	戦死	牙山郡屯浦面山田里二六九 —
八〇〇	横須賀海軍施設部	小笠原諸島	一九四四・〇七・一三 一九二一・一〇・一五	金村鐘遠 應天	軍属 父	戦死	牙山郡道高面新柳里七二 —
八〇一	横須賀海軍施設部	小笠原諸島	一九四四・〇七・一三 一九二一・一二・〇六	豊田央錫 道業	軍属 父	戦死	牙山郡道高面木川里一七〇 —
八〇二	横須賀海軍施設部	小笠原諸島	一九四四・〇七・一三 一九二〇・〇六・〇一	金光承龍 高氏	軍属 母	戦死	牙山郡道高面基谷里二五〇 —
八〇四	横須賀海軍施設部	小笠原諸島	一九四四・〇七・一三 一九二一・〇八・〇五	吉村鍾弼 山鳳	軍属 兄	戦死	牙山郡灵仁面白石洲里四六三 —
八〇七	横須賀海軍施設部	小笠原諸島	一九四四・〇七・一三 一九一五・一一・一九	宮本聖雄 客大	軍属 父	戦死	牙山郡仙掌面仙倉里九九 —
八〇八	横須賀海軍施設部	小笠原諸島	一九四四・〇七・一三 一九二二・〇三・一〇	密山鍾九 —	軍属 —	戦死	牙山郡温陽邑温泉町四三 —
九一三	横須賀海軍施設部	小笠原諸島	一九四四・〇七・一三 一九二〇・〇六・二七	山本秉圭 永鉉	軍属 父	戦死	保寧郡珠山面柳谷里五七 —
九二三	横須賀海軍施設部	小笠原諸島	一九四四・〇七・一三 一九二三・〇一・一二	高本順奉 日三	軍属 父	戦死	保寧郡川北面新徳里二二 —
九二四	横須賀海軍施設部	小笠原諸島	一九四四・〇七・一三 一九二三・〇六・二〇	岩本来五 同伊	軍属 父	戦死	保寧郡青羅面長山沙ｔ二七四 —
九五七	横須賀海軍施設部	ビアク島	一九四四・〇八・〇一	浅野鶴雄	軍属	死亡	天安郡北面命徳里二八〇

			一九一四・一〇・〇四	南培玉	母		ー
八七七	横須賀海軍施設部	ビアク島	一九四四・〇九・一〇	金田経三	軍属	戦死	洪城郡銀河面鶴山里二九九
			一九一五・〇六・一五	月子	妻		ー
一三	横須賀四特別陸戦隊	バシー海峡	一九四四・〇九・〇九	廣田魯益	上水	戦死	瑞山郡瑞山邑邑内里四六五
			一九二七・〇二・一九	重植	父		瑞山郡瑞山邑東門里七七五
七	横須賀五特別陸戦隊	海南島	一九四五・〇九・二四	金本文奎	水長	死亡	論山郡飛光石面葛山里四一一
			一九二六・一〇・一五	弘圭	兄		ー
一〇二九	横須賀海軍運輸部	サイパン島	一九四四・〇六・一二	権騰五栄	軍属	戦死	唐津郡順城面揚柳里四〇〇
			一九二二・一二・〇六	得鳳	父		ー
一〇二七	横須賀海軍運輸部	本州南方	一九四四・〇七・〇一	松村福萬	軍属	戦死	瑞山郡所運面法山里二五一
			一九一九・一二・二〇	福禮	父		瑞山郡新徳里三三九
九〇九	横須賀海軍運輸部	セレベス島	一九四四・〇八・一四	三山方正	軍属	戦死	大徳郡山内面三丁目二七三
			一九二二・〇五・三〇	祐右	父		大徳郡方徳面邑内里××
一〇三五	横須賀海軍運輸部	南支那海	一九四四・一〇・一八	豊川文宰	軍属	戦死	天安郡稷山面富松里一九五
			一九一五・一〇・二八	亨寧	父		ー
一〇三二	第一監視艇隊	大阪港	一九四五・〇七・二八	金海洪植	軍属	戦死	扶余郡林川面加神里一四一
			ー	栄植	父		ー
一八七	第四海軍施設部	ボナペ島	一九四二・〇一・〇八	平沼昌突	軍属	戦病死	大徳郡九則面鳳山里六五八
		悪性貧血症	一九一八・〇八・一六	文夫	父		ー
三八五	第四海軍施設部	ボナペ島	一九四二・〇四・〇二	新本漢鎮	軍属	戦病死	牙山郡道高面梧岩里五七
		急性腸炎	一九一二・一二・二〇	平善	父		ー
一六一	第四海軍施設部	ボナペ島	一九四二・一〇・一三	柳昌鐵	軍属	戦病死	大徳郡東面秋洞里
			一九一七・〇五・〇九	草仙	妻		大徳郡東面龍渓里
二二五	第四海軍施設部	ボナペ島	一九四三・〇六・二六	箕元義人	軍属	戦死	公州郡公州邑常盤町二七
			一九一四・〇七・〇四	徳壽	妻		ー
五七四	第四海軍施設部	ボナペ島	一九四四・〇二・二四	和田光二	軍属	戦病死	燕岐郡西面月河里
			一九二二・〇三・一〇	鍾喆	父		ー
二三四	第四海軍施設部	氷川丸	一九四二・〇三・二七	木原仁萬	軍属	戦病死	公州郡鶏龍面月岩里七八
			一八九六・〇四・三〇	相龍	妻		公州郡鶴龍面竹谷里二四七
七一六	第四海軍施設部	ラバウル	一九四二・〇五・二〇	平林亀喆	軍属	不詳	洪城郡長谷面道山里四六四
			一九〇三・一〇・一〇	栗分	妻		ー
六六二	第四海軍施設部	ラバウル	一九四二・〇八・一〇	石川成大	軍属	戦病死	瑞山郡瑞山邑徳之川里三〇四
			一九〇四・〇四・一五	永浩	二男		ー
五四八	第四海軍施設部	ミレ島	一九四二・〇七・〇一	田原植鎮	軍属	戦病死	保寧郡大川面藍谷里三八三
		アメーバ赤痢	一九一八・〇九・一一	元圭	父		ー

二二六	第四海軍施設部	ミレ島 衝心脚気	一九四二・〇九・二三 一〇一六・〇八・二六	辛木勝林・永洙 参月	軍属 妻	戦病死	公州郡公州邑大和町二一〇 青陽郡化城面龍望里一六七
七〇二	第四海軍施設部	釜山	一九四二・〇八・〇一 一九一五・一〇・二四	金澤溶翼 鍾順	軍属 妻	戦病死	洪城郡洪北面新耕里一七二 ―
七二四	第四海軍施設部	本籍地 マラリア	一九四二・〇八・一〇 一九一五・〇二・二二	平山卯哲（甲哲） 信一	軍属 兄	戦病死	洪城郡洪東面金堂里二五一 ―
六五三	第四海軍施設部	本籍地 心臓衰弱	一九四二・〇八・二七 一八九七・〇一・二六	権炳七 鳳姫	軍属 妻	戦病死	瑞山郡×美面飛山里四七 ―
七一五	第四海軍施設部	本籍地 マラリア	一九四二・〇九・一〇 一九一四・〇五・〇八	豊原碩均 炳吉	軍属 父	戦病死	洪城郡長谷面新豊里二四四 ―
六九九	第四海軍施設部	本籍地 マラリア	一九四二・一二・〇五 一九二二・一二・〇二	松本在俊 星山	軍属 父	戦病死	洪城郡金馬面松江里 ―
七二三	第四海軍施設部	本籍地 マラリア	一九四二・一〇・〇三 一九一二・〇七・二九	清本東根 明賢	軍属 母	戦病死	洪城郡洪東面洪元里七〇四 ―
三二九	第四海軍施設部	ウォッゼ島	一九四二・一〇・一九 一九一三・一二・一七	武本寅永 星采	軍属 兄	戦病死	青陽郡大時面炭井里 ―
二五九	第四海軍施設部	ブーゲンビル島ブイン	一九四二・〇九・一一 一九二五・〇三・二〇	林承澤 鍾甲	軍属 父	戦病死	論山郡恩律面校村里四六五 ―
四一〇	第四海軍施設部	東京都	一九四三・〇二・二五 一九一七・〇九・〇六	松本先晩 姓女	軍属 母	戦病死	牙山郡仁州面平元里一八 ―
五七九	第四海軍施設部	横須賀市	一九四三・〇三・二四 一九二二・一二・二〇	金元安泰 順会	軍属 父	戦病死	燕岐郡東面葛川里四三二 ―
六二一	第四海軍施設部	イメージ島	一九四三・〇五・一五 一九一三・〇九・一〇	岩村翼彩 夏錫	軍属 妻	戦病死	瑞山郡高北面鳳生里九六 ―
一八三	第四海軍施設部	大分県別府市	一九四三・〇六・一一 一九二一・〇一・二八	木村連洙 昌玉	軍属 父	戦病死	大徳郡儒城面九岩里五〇九 大徳郡柳川面七山里
二五三	第四海軍施設部	ニューギニア、ギルワ	一九四三・〇一・〇二 一九〇八・一二・二八	横川宗煕 永分	軍属 妻	戦死	公州郡灘川面三角里二二二 ―
三二一	第四海軍施設部	ニューギニア、ギルワ	一九四三・〇一・二三 ―	漢松鐘顯 松枝	軍属 母	戦死	論山郡論山邑栄町四一二 全羅北道益山郡聖城面新鶴里四五四
三三六	第四海軍施設部	深川豊洲	一九四三・〇八・一五 ―	新本貴孫 吉禮	軍属 妻	戦病死	扶余郡良化面碧龍里四八 ―
六〇五	第四海軍施設部	マリアナ諸島	一九四三・〇三・二三 一九一七・〇七・〇六	竹本景文 民玉	軍属 母	戦死	瑞山郡音岩面壽石里六六四 ―
六二四	第四海軍施設部	マリアナ諸島	一九四三・〇三・二三	桃原性俊	軍属	戦死	瑞山郡大山面大路里八五

			一九〇五・〇六・一八	泰淑	妻		—
五三五	第四海軍施設部	マリアナ諸島	一九四三・〇四・〇四	井桓範洙	軍属	戦死	天安郡葛田面梅城里三七四
			一九一二・〇九・二一	雲祥	妻		—
三五九	第四海軍施設部	マリアナ諸島	一九四三・〇四・一六	青木鎮玉	軍属	戦死	扶余郡南面松鶴里四九〇
			一九一〇・〇四・一〇	順得	妻		—
四二七	第四海軍施設部	マリアナ諸島	一九四三・〇四・一六	金澤奇童	軍属	戦死	禮山郡新岩面桂村里二六〇
			—	永培	二男		公州郡公州邑常盤町三三
四六四	第四海軍施設部	マリアナ諸島	一九四三・〇四・一六	江山玉城	軍属	戦死	禮山郡徳山面大峙里一五五
			一九〇八・〇一・〇五	次蘭	妻		咸鏡南道咸興府黄金街四－三七
五三六	第四海軍施設部	マリアナ諸島	一九四三・〇四・一六	豊原在順	軍属	戦病死	天安郡葛田面並川里一九一
			一九〇一・〇六・二六	舜阿	妻		—
六六九	第四海軍施設部	マリアナ諸島	一九四三・〇四・一六	桃山雨祥	軍属	戦死	瑞山郡仁旨面軍里一八四
			一九二四・〇九・二八	正玉	父		—
二六三	第四海軍施設部	マリアナ諸島	一九四三・〇五・一〇	林廷澤	軍属	戦死	論山郡恩津面校村里四六五
			—	鍾甲	叔父		—
二六五	第四海軍施設部	マリアナ諸島	一九四三・〇五・一〇	金川昌鎬	軍属	戦死	論山郡九子谷面
			一九一九・〇七・〇八	在熙	父		論山郡恩律面城祥里
二八八	第四海軍施設部	マリアナ諸島	一九四三・〇五・一〇	安東平雄	軍属	戦死	論山郡光石面恒月里四〇三
			一九二三・〇二・二七	正富	父		—
二八九	第四海軍施設部	マリアナ諸島	一九四三・〇五・一〇	金鍾弼	軍属	戦死	論山郡光石面新堂里
			一九二一・〇三・〇七	—	—		—
二九〇	第四海軍施設部	マリアナ諸島	一九四三・〇五・一〇	木山順八	軍属	戦死	論山郡光石面新堂里九〇
			一九一〇・〇六・一八	奉順	妻		—
二九一	第四海軍施設部	マリアナ諸島	一九四三・〇五・一〇	葛城秉浩	軍属	戦死	論山郡光石面葛山里四二〇
			一九一四・〇三・一一	日善	妻		—
三〇二	第四海軍施設部	マリアナ諸島	一九四三・〇五・一〇	神田大馨	軍属	戦死	論山郡夫赤面新橋里三一
			一九二一・〇五・一〇	栄女	妻		—
三〇五	第四海軍施設部	マリアナ諸島	一九四三・〇五・一〇	松田健助	軍属	戦死	論山郡彩雲面花亭里
			一九二〇・一一・二六	康助	弟		論山郡論山邑昭和町
三一七	第四海軍施設部	マリアナ諸島	一九四三・〇五・一〇	央野玉錫	軍属	戦死	論山郡論山邑清水町三〇
			一九一九・一二・一六	判峰	父		—
三一八	第四海軍施設部	マリアナ諸島	一九四三・〇五・一〇	國本昌國	軍属	戦死	論山郡論山邑清水町六六二
			一九二三・〇二・二六	徳萬	父		—
三一九	第四海軍施設部	マリアナ諸島	一九四三・〇五・一〇	梅田春植	軍属	戦死	論山郡論山邑大和町一〇
			一九一六・〇二・二〇	道也	兄		—

番号	所属	死亡場所	死亡年月日 生年月日	氏名 遺族	身分 続柄	死因	本籍 遺族住所
三二〇	第四海軍施設部	マリアナ諸島	一九四三・〇五・一〇 一九二三・一一・二五	金澤順錫 琴順	軍属 母	戦死	論山郡論山邑栄町一一九 ｜
四一六	第四海軍施設部	ブラウン島	一九四三・〇九・一九 一九一八・〇五・二〇	山田達元 達用	軍属 兄	戦死	禮山郡吾可面孝材里一三四 ｜
四七三	第四海軍施設部	ブラウン島	一九四三・〇九・一九 一九一七・〇二・〇四	徐萬吉 允今	軍属 母	戦死	禮山郡應峰面末合里八八 ｜
四九九	第四海軍施設部	ブラウン島	一九四三・〇九・一九 一九一九・〇五・二五	平林萬遠 昌禮	軍属 妻	戦死	禮山郡光時面長信里六九四
五〇〇	第四海軍施設部	ブラウン島	一九四三・〇九・一九 一九〇八・一〇・一五	鶴松三得 今梅	軍属 妻	戦死	禮山郡光時面馬沙里六二 ｜
五二四	第四海軍施設部	ブラウン島	一九四三・〇九・一九 一九二一・一〇・〇三	三井在敏 栄子	軍属 母	戦死	天安郡城南面大花里八〇 ｜
五二八	第四海軍施設部	ブラウン島	一九四三・〇九・一九 一九一九・一二・一五	東山晃雄 順禮	軍属 妻	戦死	天安郡聖居面三谷里一〇九 ｜
五三二	第四海軍施設部	ブラウン島	一九四三・〇九・一九 一九一三・〇四・一五	昌原克老 南洙	軍属 妻	戦死	天安郡豊蔵面玉城里三二七 ｜
六〇六	第四海軍施設部	ブラウン島	一九四三・〇九・一九 一九一七・一〇・〇八	咸豊啓錫 斗憲	軍属 父	戦死	瑞山郡音岩面壽石里二四三 ｜
六三一	第四海軍施設部	ブラウン島	一九四三・〇九・一九 一九〇八・〇五・一一	山徐承文 基完	軍属 妻	戦死	瑞山郡海美面隱陽里二四八 ｜
六三二	第四海軍施設部	ブラウン島	一九四三・〇九・一九 一九一二・〇八・二七	木川永煥 牙只	軍属 妻	戦死	瑞山郡海美面邑内里一九八 ｜
六三八	第四海軍施設部	ブラウン島	一九四三・〇九・一九 一九〇八・〇七・二〇	豊田義穂 夭禮	軍属 妻	戦傷死	瑞山郡八峰面金鶴里五二 ｜
六七七	第四海軍施設部	ブラウン島	一九四三・〇九・一九 一九一六・〇五・二〇	西×鶴魯 秉云	軍属 父	戦死	瑞山郡泰安面上玉里五八二 ｜
六七八	第四海軍施設部	ブラウン島	一九四三・〇九・一九 一九一七・〇九・〇七	昌原金柱 載壽	軍属 母	戦死	瑞山郡泰安面東内里六八五
一三八	第四海軍施設部	自宅 腹水	一九四三・〇九・二六 一九一三・一〇・二〇	豊原大烈 金姫	軍属 妻	戦病死	唐津郡松山面道門里一八四
五七二	第四海軍施設部	ギルバート諸島タラワ	一九四三・〇一・一九 一九二一・一〇・一七	有田泰栄 天民	軍属 母	戦死	燕岐郡南面訥旺里七 ｜
五八一	第四海軍施設部	ギルバート諸島タラワ	一九四三・〇二・〇七 一九一九・〇三・〇三	金城昌錫 福美	軍属 父	戦病死	燕岐郡東面文丹里一〇七 ｜
三三九	第四海軍施設部	ギルバート諸島タラワ	一九四三・一一・〇二	吉村荘鎬	軍属	戦死	扶余郡良化面五良里六九

			一九二七・〇八・二七	希鳳	伯父		咸鏡北道城津府南町一二九
五一	第四海軍施設部	ギルバート諸島タラワ	一九四三・一一・二五 一九二一・〇八・二九	金村炳武 吉禮	軍属 妻	戦死	舒川郡麒山面院吉里六三
七三	第四海軍施設部	ギルバート諸島タラワ	一九四三・一一・二五 一九一二・一二・二三	黄山薫 仙愛	軍属 妻	戦死	舒川郡華陽面九洞里 —
八三	第四海軍施設部	ギルバート諸島タラワ	一九四三・一一・二五 一九二一・〇七・一五	杉山 洪 秉文	軍属 父	戦死	舒川郡韓山面松山里三三二 —
八四	第四海軍施設部	ギルバート諸島タラワ	一九四三・一一・二五 一九一一・一一・一五	牧山奥求 承姫	軍属 妻	戦死	舒川郡韓山面馬揚里 全羅北道群山郡江戸町
三一二	第四海軍施設部	ギルバート諸島タラワ	一九四三・一一・二五 一九一四・〇二・〇二	牧野根龍 —	軍属 —	戦死	論山郡江景邑西町一二一 —
三一六	第四海軍施設部	ギルバート諸島タラワ	一九四三・一一・二五 一九〇八・一一・〇三	清原頻錫 泰栄	軍属 妻	戦死	論山郡論山邑栄町一七六 —
三三八	第四海軍施設部	ギルバート諸島タラワ	一九四三・一一・二五 一九一七・〇四・一七	金村義昭 喆禮	軍属 妻	戦死	扶余郡良化面草旺里六九 全羅北道郡山郡新興町六三
四二一	第四海軍施設部	ギルバート諸島タラワ	一九四三・一一・二五 一九一一・〇二・二一	江原先龍 評	軍属 妻	戦死	禮山郡大逑面花川里四〇〇
四五七	第四海軍施設部	ギルバート諸島タラワ	一九四三・一一・二五 一九一七・〇八・三一	松岡基一 基學	軍属 兄	戦死	禮山郡大興面炭防里二八一 —
四九六	第四海軍施設部	ギルバート諸島タラワ	一九四三・一一・二五 一九一三・一〇・一〇	良田興南 —	軍属 —	戦死	禮山郡禮山邑舟橋里七三一 —
五五五	第四海軍施設部	ギルバート諸島タラワ	一九四三・一一・二五 一九一九・一〇・〇五	金用元 金林繁	軍属 兄	戦死	保寧郡青籠面黄龍里 黄海道鳳山郡亀淵面舘岱里
六七一	第四海軍施設部	ギルバート	一九四三・一一・二五 一九二二・一二・〇二	平山光茂 盛淑	軍属 母	戦死	瑞山郡仁旨面屯堂里二五三 —
六七二	第四海軍施設部	ギルバート	一九四三・一一・二五 一九二二・〇八・〇五	柳川完燁 昌曄	軍属 弟	戦死	瑞山郡泰安面東門里五八五 —
六七三	第四海軍施設部	ギルバート	一九四三・一一・二五 一九一七・〇八・〇七	金川元定 サワノ	軍属 妻	戦死	瑞山郡泰安面東門里五八九 —
六七四	第四海軍施設部	ギルバート	一九四三・一一・二五 一九一六・〇七・〇三	金澤萬順 明鍾	軍属 妻	戦死	瑞山郡泰安面南安里八三二 —
六七五	第四海軍施設部	ギルバート	一九四三・一一・二五 一九一九・〇八・〇七	賈慶魯 秉一	軍属 父	戦死	瑞山郡泰安面上玉里二七 —
五二三	第四海軍施設部	ギルバート諸島マキン	一九四三・〇八・〇二 一九一七・〇八・〇二	北川靖沼 孝順	軍属 妻	戦死	天安郡北面雲龍里三八五 —

番号	所属	場所	日付	氏名	区分	事由	本籍
三八三	第四海軍施設部	ギルバート諸島マキン	一九四三・一一・二五 一九〇九・〇二・一七	青松繁吉 昌順	軍属 妻	戦死	牙山郡松岳面外岩里七七 瑞山郡瑞山面邑内里
四三四	第四海軍施設部	ギルバート諸島マキン	一九四三・一一・二五 一九〇六・一一・〇六	松村武吉 喜悦	軍属 父	戦死	禮山郡新陽面竹川里一八二―二 ―
四三六	第四海軍施設部	ギルバート諸島マキン	一九四三・一一・二五 一九一八・〇三・一五	金澤元泰 永玉	軍属 妻	戦死	禮山郡新陽面新陽里七六一 ―
四七一	第四海軍施設部	ギルバート諸島マキン	一九四三・一一・二五 一九一三・〇五・二九	青谷雲澤 錫姫	軍属 妻	戦死	禮山郡應峰面駕谷里三〇五 ―
四七二	第四海軍施設部	ギルバート諸島マキン	一九四三・一一・二五 一九二三・〇九・〇一	新本光信 性×	軍属 父	戦死	禮山郡應峰面松石里一三〇 ―
四八六	第四海軍施設部	ギルバート諸島マキン	一九四三・一一・二五 一九一六・〇六・二一	張基萬 奇兄	軍属 兄	戦死	禮山郡禮山邑禮山里一三三 ―
四九七	第四海軍施設部	ギルバート諸島マキン	一九四三・一一・二五 一九一九・〇一・一九	佐井完容 順分	軍属 妻	戦死	禮山郡光時面九禮里二二八 ―
四九八	第四海軍施設部	ギルバート諸島マキン	一九四三・一一・二五 一九一七・一一・一七	松山洪鎮 青金	軍属 母	戦死	禮山郡光時面馬沙里二四九 ―
五〇四	第四海軍施設部	ギルバート諸島マキン	一九四三・一一・二五 一九二三・〇九・〇五	呉山光煥 今敦	軍属 父	戦死	禮山郡光時面馬沙里四一 ―
五一七	第四海軍施設部	ギルバート諸島マキン	一九四三・一一・二五 一九二三・〇三・〇九	木山容× 鐘熙	軍属 妻	戦死	天安郡稷山面郡東里三二五―二六 ―
五二〇	第四海軍施設部	ギルバート諸島マキン	一九四三・一一・二五 一九二一・〇六・一三	竹城在源 蓮淳	軍属 妻	戦死	天安郡木川面西興里二七一 天安郡曽川面普川里一六八
五二一	第四海軍施設部	ギルバート諸島マキン	一九四三・一一・二五 一九一六・〇一・二〇	松本壬奉 己南	軍属 妻	戦死	天安郡木川面東坪里一四一 ―
五二二	第四海軍施設部	ギルバート諸島マキン	一九四三・一一・二五 一九一七・〇五・一〇	張本基鳳 朴氏	軍属 母	戦死	天安郡天安邑新富町三二七 ―
五二九	第四海軍施設部	ギルバート諸島マキン	一九四三・一一・二五 一九一九・〇一・〇八	杉岡在成 洞興	軍属 妻	戦死	天安郡聖居面石橋里一五八 ―
五三〇	第四海軍施設部	ギルバート諸島マキン	一九四三・一一・二五 一九二〇・〇四・二五	西原鍾熙 東根	軍属 妻	戦死	天安郡修身面新豊里一一〇 ―
五三三	第四海軍施設部	ギルバート諸島マキン	一九四三・一一・二五 一九一六・一二・二一	星山元淳 美淑	軍属 妻	戦死	天安郡豊蔵面寶城里四八二 ―
五三八	第四海軍施設部	ギルバート諸島マキン	一九四三・一一・二五 一九一六・〇八・〇五	大伊正義 福男	軍属 妻	戦死	天安郡東面松蓮里五三九 ―
五四一	第四海軍施設部	ギルバート諸島マキン	一九四三・一一・二五	梁川俊錫	軍属	戦死	天安郡成歓面安宮里二二〇

			一九一五・一一・一〇	東錫	兄		—
五四二	第四海軍施設部	ギルバート諸島マキン	一九四三・一一・二五 一九〇七・一二・二三	原田世萬 福満	軍属 妻	戦死	天安郡成歓面鶴井里一九五 —
五八七	第四海軍施設部	ギルバート諸島マキン	一九四三・一一・二五 一九一四・〇一・〇八	益山勇男 順伊	軍属 妻	戦死	燕岐郡全東面蘆長里四三二—一 —
五九二	第四海軍施設部	ギルバート諸島マキン	一九四三・一一・二五 一九二五・〇一・一〇	尊乃東湖 永禮	軍属 妻	戦死	瑞山郡南面両潜里九四九 —
六〇二	第四海軍施設部	ギルバート諸島マキン	一九四三・一一・二五 一九〇七・〇七・二七	國本光順 有福	軍属 妻	戦死	瑞山郡安眠面承彦里一一六九 —
六〇三	第四海軍施設部	ギルバート諸島マキン	一九四三・一一・二五 一九一六・〇九・一三	呉隼秉哲 得水	軍属 妻	戦死	瑞山郡安眠面琴彦里七六 —
六〇四	第四海軍施設部	ギルバート諸島マキン	一九四三・一一・二五 一九一八・〇二・二三	金本東顔 八孫	軍属 妻	戦死	瑞山郡音岩面富長里四四 —
六〇七	第四海軍施設部	ギルバート諸島マキン	一九四三・一一・二五 一九一一・〇五・二〇	金川春基 芝蘭	軍属 妻	戦死	瑞山郡音岩面富長里二四七 —
六〇八	第四海軍施設部	ギルバート諸島マキン	一九四三・一一・二五 一九二五・〇三・一〇	豊川栄宰 今仁	軍属 母・兄	戦死	瑞山郡音岩面新荘里六一七 瑞山郡音岩面新荘里六一七
六〇九	第四海軍施設部	ギルバート諸島マキン	一九四三・一一・二五 一九二三・〇四・一〇	三元根永 王烈	軍属 母	戦死	瑞山郡近興面程竹里二三〇 —
六一〇	第四海軍施設部	ギルバート諸島マキン	一九四三・一一・二五 一九二五・〇九・〇三	木山相安 順東	軍属 母	戦死	瑞山郡近興面龍新里八三三 —
六一一	第四海軍施設部	ギルバート諸島マキン	一九四三・一一・二五 一九二一・〇六・〇七	新川啓根 仁子	軍属 妻	戦死	瑞山郡近興面龍新里三六二 —
六一二	第四海軍施設部	ギルバート諸島マキン	一九四三・一一・二五 一九二一・〇六・一七	松田載雨 炳烈	軍属 母	戦死	瑞山郡近興面程竹里一〇三 —
六一八	第四海軍施設部	ギルバート諸島マキン	一九四三・一一・二五 一九〇八・〇五・一二	宮本東世 洪源	軍属 父	戦死	瑞山郡高北面新井里五一八 —
六二二	第四海軍施設部	ギルバート諸島マキン	一九四三・一一・二五 一九二一・〇一・〇五	徳田鉱允 東一	軍属 姉	戦死	瑞山郡遠北面東海里一九一 瑞山郡瑞山邑邑内里
六二五	第四海軍施設部	ギルバート諸島マキン	一九四三・一一・二五 一九二三・〇一・一八	金谷福煥 正任	軍属 妻	戦死	瑞山郡大山面吾池里二六 —
六二六	第四海軍施設部	ギルバート諸島マキン	一九四三・一一・二五 一九二二・〇一・一七	金城東萬 順喜	軍属 妻	戦死	瑞山郡大山面大山里四九七 —
六二七	第四海軍施設部	ギルバート諸島マキン	一九四三・一一・二五 一九二〇・〇九・二〇	張山基興 日俊	軍属 父	戦死	瑞山郡大山面長隠里三四三 瑞山郡大山面長隠里三四三

番号	所属	死亡場所	死亡年月日 / 生年月日	氏名 / 親族名	身分 / 続柄	死因	本籍 / 親族住所
六二八	第四海軍施設部	ギルバート諸島マキン	一九四三・一一・二五	國本武寛	軍属	戦死	瑞山郡海美面堰岩里三四八
			一九二二・〇四・二五	元順	妻		—
六二九	第四海軍施設部	ギルバート諸島マキン	一九四三・一一・二五	永金應大	軍属	戦死	瑞山郡海美面堰岩里三五九
			一九二〇・〇二・一九	敬澈	妻		—
六三〇	第四海軍施設部	ギルバート諸島マキン	一九四三・一一・二五	李本興千	軍属	戦死	瑞山郡海美面前川里六三九
			一九二二・〇三・二二	己善	父		—
六三三	第四海軍施設部	ギルバート諸島マキン	一九四三・一一・二五	大山完奉	軍属	戦死	瑞山郡雲山面龍賢里四九八
			一九一八・一〇・〇二	善禮	妻		—
六三六	第四海軍施設部	ギルバート諸島マキン	一九四三・一一・二五	柳田昌根	軍属	戦死	瑞山郡八峰面大黄里四四〇
			一九一一・一〇・二〇	分洪	妻		—
六三七	第四海軍施設部	ギルバート諸島マキン	一九四三・一一・二五	安田載泊	軍属	戦死	瑞山郡八峰面陽吉里四四
			一九一五・〇五・〇九	玉順	妻		—
六四六	第四海軍施設部	ギルバート諸島マキン	一九四三・一一・二五	金村國泰	軍属	戦死	瑞山郡八峰面陽吉里七三五
			一九二二・〇四・〇一	黄雨	妻		瑞山郡八峰面陽吉里七三五
六四七	第四海軍施設部	ギルバート諸島マキン	一九四三・一一・二五	西原基成	軍属	戦死	瑞山郡聖淵面梧砂里七五
			一九二五・一二・〇四	相錫	父		—
六五二	第四海軍施設部	ギルバート諸島マキン	一九四三・一一・二五	金山鐘喆	軍属	戦死	瑞山郡地谷面山城里四七六
			一九〇六・〇六・一三	敬順	妻		—
六五四	第四海軍施設部	ギルバート諸島マキン	一九四三・一一・二五	洪城元杓	軍属	戦死	瑞山郡浮石面渇馬里四一八
			一九二二・〇五・〇四	新烈	妻		—
六五五	第四海軍施設部	ギルバート諸島マキン	一九四三・一一・二五	清原康教	軍属	戦死	瑞山郡浮石面翠坪里二七七
			一九二〇・一二・二九	和子	妻		—
六五七	第四海軍施設部	ギルバート諸島マキン	一九四三・一一・二五	岩本相雲	軍属	戦死	瑞山郡瑞山邑東門里九八六
			一九一八・〇二・〇六	昌禮	妻		—
六五八	第四海軍施設部	ギルバート諸島マキン	一九四三・一一・二五	新井清一	軍属	戦死	瑞山郡瑞山邑邑内里四五七
			一九一〇・一〇・一五	清	妻		—
六五九	第四海軍施設部	ギルバート諸島マキン	一九四三・一一・二五	國本種玉	軍属	戦死	瑞山郡瑞山邑邑内里一〇八
			一九一四・〇八・〇三	春先	妻		—
六六〇	第四海軍施設部	ギルバート諸島マキン	一九四三・一一・二五	大山日俊	軍属	戦死	瑞山郡瑞山邑潜紅里三三〇—一
			一九一二・一〇・一二	言禮	妻		—
六六一	第四海軍施設部	ギルバート諸島マキン	一九四三・一一・二五	竹野成種	軍属	戦死	瑞山郡瑞山邑獐里一七四
			一九一七・一一・〇二	壽吉	父		—
六六七	第四海軍施設部	ギルバート諸島マキン	一九四三・一一・二五	金城栄煥	軍属	戦死	瑞山郡仁旨面野堂里三八三
			一九二二・一二・一七	快得	妻		—
六六八	第四海軍施設部	ギルバート諸島マキン	一九四三・一一・二五	柳川孝雄	軍属	戦死	瑞山郡仁旨面野堂里三八九

			一九二三・〇一・一七	宣子	妻		—
七四一	第四海軍施設部	ギルバート諸島マキン	一九四三・一一・二五	高山圭常	軍属	戦死	瑞山郡近興面程竹里五〇
			一九二二・〇六・一五	炳翼	父		—
七四二	第四海軍施設部	ギルバート諸島マキン	一九四三・一一・二五	三元世永	軍属	戦死	瑞山郡近興面程竹里一三
			一九一九・一一・〇二	氏	母		—
一〇二	第四海軍施設部	トラック島	一九四二・〇一・一六	山田耕吉	軍属	戦病死	唐津郡唐津面邑内里
		心臓麻痺	一八九五・〇九・〇九	申氏	妻		—
二五二	第四海軍施設部	トラック島	一九四二・〇七・二三	松本千吉	軍属	戦病死	公州郡灘川面三角里二二二
		アネーバ性赤痢	一九一二・〇三・一八	分禮	妻		—
六九六	第四海軍施設部	トラック島	一九四三・〇一・〇二	和田米一	軍属	戦病死	洪城郡金馬面月岩里一〇二
			一八九八・〇六・〇七	香蘭	妻		—
八七	第四海軍施設部	トラック島	一九四三・〇六・〇九	山城健鐘	軍属	戦傷死	舒川郡韓山面新成里一〇一
			一九一八・〇六・一〇	妙徳	妻		—
六七〇	第四海軍施設部	トラック島	一九四三・一二・〇四	金海顕泰	軍属	戦死	瑞山郡仁旨面南井里
			一九一二・〇五・一六	斗植	父		—
六七六	第四海軍施設部	トラック島	一九四三・一二・〇四	松本長成	軍属	戦病死	瑞山郡泰安面仁坪里八〇二
			一九二二・〇六・二〇	泰永	母		—
四四五	第四海軍施設部	トラック島	一九四四・〇二・〇二	松本圭司	軍属	戦病死	禮山郡新陽面西界陽里三三八
			一九一二・〇九・〇一	佐芳子	妻		—
五八三	第四海軍施設部	トラック島	一九四四・〇二・一七	李田宗得	軍属	戦死	燕岐郡鳥致院邑瑞倉町四二一二
			一九一七・一〇・〇五	仙禮	妻		—
二六一	第四海軍施設部	トラック島	一九四四・〇三・三一	金本 哲	軍属	戦死	論山郡恩律面
			一九二三・〇八・二一	武夫	—		—
六六五	第四海軍施設部	トラック島	一九四四・〇五・二二	山本二鎮(茂山正弘)	軍属	戦病死	瑞山郡瑞山邑温石里二
			一九二一・〇七・二四	正禮	妻		唐津郡高大面大村里八二八
七三二	第四海軍施設部	トラック島	一九四四・〇六・〇三	清水順・曺成順	軍属	戦死	洪城郡廣川面新連里四〇五
			一九一六・一二・〇五	先童	兄		—
一〇六	第四海軍施設部	トラック島	一九四四・〇六・一四	本川丁男	軍属	戦死	唐津郡唐津面龍淵里八一一一一
			一九一七・一一・一〇	錫蘭	妻		—
一〇七	第四海軍施設部	トラック島	一九四四・〇六・一四	福田昌福	軍属	戦死	唐津郡唐津面龍淵里七九九
			一九二六・〇九・三〇	叔中	父		—
一二八	第四海軍施設部	トラック島	一九四四・〇六・一四	中村清輝	軍属	戦死	唐津郡合徳面合徳里四一四
			一九二三・〇五・二〇	貞淑	母		—
一二九	第四海軍施設部	トラック島	一九四四・〇六・一四	金城基俊	軍属	戦死	唐津郡合徳面大典里三七八一一
			一九二三・〇六・〇七	進玉	父		—

四七七	第四海軍施設部	トラック島	一九四四・〇六・一四 一九一三・〇八・一五	権東泰夏 淑	軍属 妻	戦病死	禮山郡應峰面雲谷里七三 —
四九五	第四海軍施設部	トラック島	一九四四・〇六・一五 一九一二・〇一・二六	金村得春 貞淑	軍属 妻	戦死	禮山郡禮山邑禮山里四五〇 —
五四四	第四海軍施設部	トラック島	一九四四・〇六・一四 一九二六・〇二・一〇	羊松鍾九 允仙	軍属 母	戦死	保寧郡鰲川面校成里八〇九 —
五六五	第四海軍施設部	トラック島	一九四四・〇六・一四 一九二三・〇六・〇七	松山在順 福童	軍属 妻	戦死	保寧郡藍浦面三賢里五〇〇 —
九九	第四海軍施設部	トラック島	一九四四・〇六・一七 一九二二・一二・〇四	宮本八萬 今伯	軍属 父	戦死	唐津郡沔川面松鶴里七一二 —
五一一	第四海軍施設部	トラック島	一九四四・〇七・一一 一九一二・〇一・一四	平山晩錫 光栄	軍属 母	戦死	禮山郡古徳面大川里三五 —
四九	第四海軍施設部	トラック島	一九四四・一二・〇八 一九一三・〇八・二七	田本昌福 楽禮	軍属 妻	戦病死	舒川郡文山面水岩里 —
二六六	第四海軍施設部	トラック島	一九四四・一二・一三 一九一一・一二・一九	大平石崇 一順	軍属 妻	戦病死	論山郡上月面酒谷里五一 —
六七	第四海軍施設部	トラック島	一九四四・一二・一八 一九一二・〇七・一〇	宮本相龍 徳元	軍属 父	死亡	舒川郡舒川面花羚里 舒川郡舒川面花羚里
四三	第四海軍施設部	トラック島	一九四四・一二・二三 一九一六・〇一・〇三	文岩興錫 貢順	軍属 妻	死亡	舒川郡西面扶土里
一四九	第四海軍施設部	トラック島	一九四五・〇一・〇七 一九一七・〇六・二二	文憲賢錫 奎源	軍属 父	戦病死	唐津郡返川面富長里二二〇 —
五五二	第四海軍施設部	トラック島	一九四五・〇一・二五 一九二一・〇九・〇五	金城利錫 玉伊	軍属 母	戦病死	保寧郡川北面弓浦里三二七 —
三一三	第四海軍施設部	トラック島	一九四五・〇二・〇一 —	西原炳鎬 貞仁	軍属 母	戦病死	論山郡江景面黄金町一五三 —
五七一	第五海軍施設部	トラック島	一九四五・〇二・〇七 一九一九・一一・〇一	原田小成 六孫	軍属 叔父	戦病死	燕岐郡南面燕岐里 —
九一	第四海軍施設部	トラック島	一九四五・〇二・〇八 一九〇九・〇八・一九	松山栄鏤 丁禮	軍属 妻	戦病死	舒川郡韓山面松谷里 —
五八六	第四海軍施設部	トラック島	一九四五・〇二・二二 一九一五・〇二・〇五	金本長成 根培	軍属 父	戦病死	燕岐郡金蔵面覌亭里 —
五六二	第四海軍施設部	トラック島	一九四五・〇二・二六 一九二五・〇一・二七	黄原将性 鳳秀	軍属 父	戦病死	保寧郡藍浦面達山里一〇六 —
二四四	第四海軍施設部	トラック島	一九四五・〇三・〇二	李東英	軍属	戦病死	公州郡新上面維鳩里一五〇

			一九一七・〇三・一八	東春	弟		—
二三〇	第四海軍施設部	トラック島	一九四五・〇三・一〇	庄山盛宇	軍属	戦病死	公州郡木洞面五龍里三五
			一九一三・〇七・一二	炳影	叔父		—
五一二	第四海軍施設部	トラック島	一九四五・〇三・一一	金義鍾鎬	軍属	戦病死	禮山郡古徳面上長里二六〇
			一九〇三・一〇・〇五	洛興	子		—
五六六	第四海軍施設部	トラック島	一九四五・〇三・一三	金山一太郎	軍属	戦死	燕岐郡南面宗燕岐里
			一九一八・〇六・二八	重	母		燕岐郡南儀里
三三五	第四海軍施設部	トラック島	一九四五・〇三・一八	國本栄澤	軍属	戦病死	扶余郡良化面五良里
			一九一二・〇一・二一	氏	母		舒川郡韓山面院山里
五三四	第四海軍施設部	トラック島	一九四五・〇三・一九	徳山鍾國	軍属	戦病死	天安郡石徳面廣徳里四一七
			一九一六・〇九・〇一	松村順喜	姉		禮山郡霊山邑禮山里四三
一一二	第四海軍施設部	トラック島	一九四五・〇三・三一	倶源智會	軍属	戦病死	唐津郡松嶽面佳橋里三八三
			一九一五・〇二・二九	溶善	父		—
二〇六	第四海軍施設部	トラック島	一九四五・〇四・〇二	三井百萬	軍属	戦病死	不詳
			一九〇二・一〇・一五	億萬	兄		公州郡友浦面菊谷里一九
一二一	第四海軍施設部	トラック島	一九四五・〇四・〇三	青木鳳男	軍属	戦病死	唐津郡順城面中方里四〇一
			一九一五・〇三・〇八	分伊	妻		—
五七七	第四海軍施設部	トラック島	一九四五・〇四・〇三	西原相夫	軍属	戦病死	燕岐郡東面鷹岩里
			一九〇三・一一・二二	磐桃	妻		—
二〇五	第四海軍施設部	トラック島	一九四五・〇四・〇四	上田洙童	軍属	戦病死	公州郡友浦面聖岡里
			一九二一・〇三・二〇	珪元	兄		燕岐郡錦南面大平里
一二〇	第四海軍施設部	トラック島	一九四五・〇四・〇六	石川炳禹	軍属	戦病死	唐津郡石門面橋路里三四
			一九一九・〇二・〇一	弼元	父		—
一三四	第四海軍施設部	トラック島	一九四五・〇四・一一	江原春方	軍属	戦病死	唐津郡新平面新興里五四四
			一九一四・〇五・〇二	宇禮	妻		—
五四五	第四海軍施設部	トラック島	一九四五・〇四・一一	金城 栄	軍属	戦病死	保寧郡鰲川面校成里五三三
		栄養失調	一九二一・〇八・〇八	廣吉	—		—
五九一	第四海軍施設部	トラック島	一九四五・〇五・一三	眞山栄範	軍属	戦病死	燕岐郡全東面青杉里
			一九二三・〇三・〇三	観城	父		—
二三六	第四海軍施設部	トラック島	一九四五・〇四・一四	英山載元	軍属	戦病死	公州郡鶏龍面月岩里八〇
			一九一七・一一・〇七	平禮	妻		公州郡鶏龍面巣鶴里七六五
五六九	第四海軍施設部	トラック島	一九四五・〇四・一四	金川金俊	軍属	戦病死	燕岐郡南面燕岐里
			一九一三・〇三・二七	金石	弟		—
六一三	第四海軍施設部	トラック島	一九四五・〇四・一四	蘇田炳悌	軍属	戦病死	瑞山郡遠北面東海里四四七
			一九一七・〇四・一九	貞哲	妻		—

二二	第四海軍施設部	トラック島 ネフローゼ	一九四五・〇四・一五 一九〇八・〇八・〇二	三井國裕 淳滋	軍属 母	戦病死	舒川郡東面板橋里
一一九	第四海軍施設部	トラック島	一九四五・〇四・一六 一九一五・〇九・二九	吉本奉根 奉祿	軍属 兄	戦病死	唐津郡石門面三峰里三〇〇 —
三〇九	第四海軍施設部	トラック島	一九四五・〇四・一八 一九一四・〇三・一三	白江甲吉 基順	軍属 母	戦死	論山郡江景邑黄金町一四二 —
三六六	第四海軍施設部	トラック島 栄養失調	一九四五・〇四・一九 ××××・〇四・一五	金山在龍 只順	軍属 妻	戦病死	扶余郡九童面東芳里 保寧郡大川面大川里
一八一	第四海軍施設部	トラック島	一九四五・〇四・二〇 一九一六・〇二・〇二	中山秉契 七星	軍属 従兄	戦病死	大徳郡北面黄湖里四二四 —
一八八	第四海軍施設部	トラック島	一九四五・〇四・二〇 一九一二・〇三・二一	山本乙男 福秀	軍属 弟	戦病死	大徳郡九淵面今古里六五 —
四七	第四海軍施設部	トラック島	一九四五・〇四・二二 一八九九・〇五・〇五	山本允名 東順	軍属 妻	戦病死	舒川郡文山面文章里 舒川郡文山面草峴里
五九三	第四海軍施設部	トラック島	一九四五・〇四・二四 一九二一・〇三・二三	文安鍾華 潀基	軍属 父	戦病死	瑞山郡南面九青里四〇〇 —
四三九	第四海軍施設部	トラック島	一九四五・〇四・二五 一九〇三・〇四・〇三	鶴山相準 千変	軍属 子	戦病死	禮山郡新陽面大徳里三九四 —
七〇	第四海軍施設部	トラック島	一九四五・〇四・二六 一九一三・〇一・一三	新井必圭 必成	軍属 兄	戦病死	舒川郡馬西面延三里
一六三	第四海軍施設部	トラック島	一九四五・〇四・二六 一九一三・〇二・二三	金本鍾玉 鍾煥	軍属 父	戦病死	大徳郡東面沙城里三五〇 —
一九二	第四海軍施設部	トラック島	一九四五・〇四・二九 一九二二・〇八・二二	錦田奎煥 光孝	軍属 叔父	戦病死	公州郡儀堂面水村里二四 —
二〇三	第四海軍施設部	トラック島	一九四五・〇五・〇一 一九〇九・〇八・〇八	岡村秉吉 根愚	軍属 子	戦病死	公州郡友浦面松谷里 燕岐郡錦南面永代士里
四三八	第四海軍施設部	トラック島	一九四五・〇五・〇一 一九一五・〇七・〇一	岡山重泰 康熙	軍属 父	戦病死	禮山郡新陽面加支里四八〇 —
三八	第四海軍施設部	トラック島	一九四五・〇五・〇三 一九一九・一二・一〇	廣田昌盛 泰母	軍属 妻	戦病死	舒川郡花仁面船島里六五三 —
七四	第四海軍施設部	トラック島	一九四五・〇五・〇四 一九二五・〇一・一五	岩村泰奉 千益	軍属 妻	戦病死	舒川郡華陽面叩馬里 舒川郡華陽面昌外里
四三七	第四海軍施設部	トラック島	一九四五・〇五・〇四 一九一六・〇九・一八	李田喆浩 道浩	軍属 兄	戦病死	禮山郡晋陽面西界陽里一九〇 —
五六八	第四海軍施設部	トラック島	一九四五・〇五・〇五	安田順成	軍属	戦病死	燕岐郡南面調旺里

			一九一〇・一二・一五	敬寅	弟		—
六三四	第四海軍施設部	トラック島	一九四五・〇五・〇六	羅本宗根	軍属	戦死	瑞山郡雲山面住佐里五一九
			一九二三・〇三・一五	情子	妻		唐津郡順城面鳳巣里
五六一	第四海軍施設部	トラック島	一九四五・〇五・〇九	木村商烈	軍属	戦病死	保寧郡藍浦面梁温里九九
			一九二〇・〇一・二〇	公信	父		—
二〇七	第四海軍施設部	トラック島	一九四五・〇五・一〇	松山奎洪	軍属	戦病死	公州郡友浦面鳳谷里
			一九一五・一〇・〇七	憲燮	父		—
二〇八	第四海軍施設部	トラック島	一九四五・〇五・一〇	南昌祐	軍属	戦病死	公州郡友浦面松谷里五一
			一九一八・一一・一〇	敦祐	兄		—
八六	第四海軍施設部	トラック島	一九四五・〇五・一六	丁本同鎮	軍属	戦病死	舒川郡韓山面虎岩里
			一九一六・〇七・一二	蓮玉	妻		舒川郡韓山面水義里
四八	第四海軍施設部	トラック島	一九四五・〇五・一七	白川南錫	軍属	戦病死	舒川郡文山面九洞里
			一九〇五・〇二・〇七	學基	姪		—
五八五	第四海軍施設部	トラック島	一九四五・〇五・一七	金島龍福	軍属	戦病死	燕岐郡全義面元省里
			一九二二・〇九・二〇	少姐	母		燕岐郡全義面西亭里
五七八	第四海軍施設部	トラック島	一九四五・〇五・二七	金井正泰	軍属	戦病死	燕岐郡東面葛山里
			一九一九・〇二・〇一	貞会	父		—
二二三	第四海軍施設部	トラック島	一九四五・〇五・三〇	岡村源哲	軍属	戦病死	公州郡正安面月山里
			一九一六・〇七・〇八	順熙	妻		—
三一〇	第四海軍施設部	トラック島	一九四五・〇六・〇一	前松丙濬	軍属	戦病死	論山郡江景邑北街一七二
			一九一六・〇四・〇六	鎮沃	父		—
五〇一	第四海軍施設部	トラック島	一九四五・〇六・一六	安田権男	軍属	戦病死	禮山郡光時面龍頭里二九
			一九一〇・〇六・一四	福男	妻		禮山郡光時面美谷里一一七
五七〇	第四海軍施設部	トラック島	一九四五・〇六・二一	安本甲得	軍属	戦病死	燕岐郡南面訥旺里
			一九一四・〇四・二五	秉台	父		—
七五	第四海軍施設部	トラック島	一九四五・〇六・二四	竹本永遠	軍属	戦病死	舒川郡華陽面竹山里
			一九二六・一一・〇六	丁満	父		—
六二〇	第四海軍施設部	トラック島	一九四五・〇六・二四	吉田泰元	軍属	戦病死	瑞山郡高北面楊川里二〇〇
			一九〇九・〇四・一三	鍾武	父		—
六一	第四海軍施設部	トラック島	一九四五・〇六・二八	大倉文錫	軍属	戦病死	舒川郡時草面仙岩里
			一九一八・〇九・〇七	淳姫	母		—
五八四	第四海軍施設部	トラック島	一九四五・〇六・三〇	金田秉龍	軍属	戦病死	燕岐郡金義面覩亭里
			一九〇九・〇八・二九	義哲	父		—
二三五	第四海軍施設部	トラック島	一九四五・〇七・〇九	芳山泰均	軍属	戦病死	公州郡鶏龍面月岩里一七六
			一九一一・一一・一五	福壽	父		公州郡鶴龍面敬天里六四

番号	所属	死亡場所	年月日	氏名	身分・続柄	死因	本籍・住所
二九三	第四海軍施設部	トラック島	一九四五・〇七・一三 一九一三・一〇・〇七	金本炳斗 東洙	軍属 —	戦病死	論山郡城東面足止里一四九 全羅北道益山郡黄金面黄金里
四五八	第四海軍施設部	トラック島	一九四五・〇七・一六 一九一八・〇六・一五	金海二坤 龍善	軍属 —	戦病死	禮山郡大興面大也里 —
六六三	第四海軍施設部	トラック島	一九四五・〇七・二三 一九二八・〇六・二一	海金炳宗 蒙龍	軍属 父	戦病死	瑞山郡瑞山邑東門里九六八－一 瑞山郡瑞山邑内里二八－三
一九六	第四海軍施設部	トラック島	一九四五・〇七・二八 一九〇六・一二・二一	完山龍夏 奇順	軍属 妻	戦病死	公州郡儀堂面中奥里一九一 —
一三三	第四海軍施設部	トラック島	一九四五・〇八・〇三 一九〇六・一二・一四	柳川翼鳳 翼元	軍属 兄	戦病死	唐津郡新平面上伍里六六三 —
六九	第四海軍施設部	トラック島	一九四五・〇八・〇四 一九〇六・〇六・一六	徳山星杓 伊平貞河	軍属 妻	戦病死	舒川郡馬西面松内里 —
五七五	第四海軍施設部	トラック島	一九四五・〇八・〇六 一九一二・一〇・〇一	金植東甲 草洞	軍属 母	戦病死	燕岐郡錦南面盤谷里
四七〇	第四海軍施設部	トラック島	一九四五・〇八・一〇 一九二一・一〇・〇四	金本東× 秉済	軍属 父	戦病死	禮山郡徳山面新平里 禮山郡徳山面新平里
三一五	第四海軍施設部	トラック島	一九四五・〇八・一二 一九一四・〇二・一八	河本今用 順禮	軍属 妻	戦病死	論山郡論山邑旭町六九 —
三一四	第四海軍施設部	トラック島	一九四五・〇八・一三 一九〇七・〇六・一五	星山順華 千蘭	軍属 妻	戦病死	論山郡論山邑旭町八九
二〇二	第四海軍施設部	トラック島	一九四五・〇八・一九 —	星山杜浩 鯉倫	軍属 父	戦病死	公州郡反浦面馬岩里二五八 —
三七	第四海軍施設部	トラック島	一九四五・〇八・二五 一九一三・〇三・二八	玉川成福 成龍	軍属 兄	戦病死	舒川郡花仁面船島里六五三 —
一四〇	第四海軍施設部	トラック島	一九四五・〇九・〇二 一九二二・一一・一五	慶本鍾云 圭植	軍属 父	戦病死	唐津郡松山面東谷里二五八
二七四	第四海軍施設部	トラック島 栄養失調	一九四五・〇九・〇五 一九〇九・〇九・二一	李原馬山 基東	軍属 —	戦病死	論山郡豆磨面光石里三八
二七七	第四海軍施設部	トラック島	一九四五・〇九・〇六 一九一九・〇二・〇九	正木炳奇 奉順	軍属 父	戦病死	論山郡可也谷面石西里一五五 大徳郡杞城面牛鳴里二四三
一五二	第四海軍施設部	トラック島	一九四五・〇九・一二 一九一七・一一・一六	金山現業 鉉墨	軍属 兄	戦病死	大徳郡鎮岑面松亭里四－七一三 —
一四五	第四海軍施設部	トラック島	一九四五・一〇・〇一 一九一六・一〇・一〇	松本大雲 順同	軍属 父	戦病死	唐津郡高大面龍興里三九四 —
五八八	第四海軍施設部	トラック島	一九四五・一〇・〇二	眞山礼範	軍属	戦病死	燕岐郡全東面石谷里

			一九一四・〇五・〇九	箕賦	父		―
九四	第四海軍施設部	トラック島	一九四五・〇一・一二	金井鐘鳳	軍属	戦病死	舒川郡馬山面馬鳴里
			一九〇六・〇九・二三	泰禹	二男		―
二六二	第四海軍施設部	トラック島	一九四五・一〇・一五	平田勝雄	軍属	戦病死	論山郡恩律面蓮×西里二九八
			一九一八・〇一・三〇	雲乗	父		―
一六〇	第四海軍施設部	トラック島	一九四五・一〇・二六	鄭甲俊	軍属	戦病死	大徳郡杞城面佳水院里七三
			一九一八・一〇・二三	今禮	母		―
二〇〇	第四海軍施設部	トラック島	一九四五・一〇・二七	木村東樂	軍属	戦病死	公州郡儀堂面中興里三七三
			一九一九・〇二・〇七	教三	父		―
四一七	第四海軍施設部	トラック島	一九四五・一〇・二七	新田奇昌	軍属	戦病死	禮山郡吾可面駅塔里
			一九一八・〇八・一四	龍在	―		―
四八八	第四海軍施設部	トラック島	一九四五・一二・一九	具禮瑞	軍属	戦病死	禮山郡禮山邑禮山里一六七六
			一九一三・〇四・〇四	華山成龍	義兄		―
一七四	第四海軍施設部	トラック島	一九四六・〇二・〇四	金本聖夫	軍属	戦病死	大徳郡懐徳面邑内里二九〇
		栄養失調症	一九一八・〇一・二八	成鎮	父		
二四五	第四海軍施設部	トラック島	一九四六・一二・二八	豊島東燮	軍属	戦病死	公州郡新上面文錦里一六一
			一九一四・〇八・一一	連燮	従兄		保寧郡大川面大川里三一
六〇	第四海軍施設部	ピケロット島	一九四四・〇一・三一	成田元慶	軍属	戦死	舒川郡時草面新奥里一〇
			一九一五・一二・一〇	今禮	妻		―
一九五	第四海軍施設部	ピケロット島	一九四四・〇一・三一	金城道成	軍属	戦死	公州郡儀堂面台山里六九
			一九〇二・〇五・〇六	教殷	兄		天安郡廣徳面院徳里
四〇四	第四海軍施設部	ピケロット島	一九四四・〇一・三一	大丘相乭	軍属	戦死	牙山郡湯州面梅谷里八二五
			一九二一・〇四・二五	氏	母		牙山郡排芳面長在里
五一〇	第四海軍施設部	ピケロット島	一九四二・〇一・三一	石岡光雄	軍属	戦死	禮山郡古徳面大川里三一五
			一九一三・〇六・二三	載叔	妻		―
五三九	第四海軍施設部	ピケロット島	一九四四・〇一・三一	金本泰郁	軍属	戦死	天安郡成歓面成勤里一二六六
			一九二〇・〇二・〇五	慶淑	妻		―
五七六	第四海軍施設部	ピケロット島	一九四四・〇一・三一	永山清周	軍属	戦死	燕岐郡東面鳴鶴里二一三
			一九二一・〇七・三〇	常顕	父		―
五六三	第四海軍施設部	ケゼリン島	一九四三・一二・二四	金山商學	軍属	戦病死	保寧郡藍浦面鳳徳里四一四
			一九一八・〇七・〇二	今用	父		保寧郡同浦面鳳堂里
一四八	第四海軍施設部	ケゼリン島	一九四四・〇二・〇五	伊藤誠治	軍属	戦死	唐津郡泛川面成元里九九
			一九〇九・一二・〇二	久子	妻		―
三八二	第四海軍施設部	ケゼリン島	一九四四・〇二・〇六	金光萬植	軍属	戦死	牙山郡灵仁面牙山里四六四
			一九一〇・一一・一六	南順	妻		―

四二九	第四海軍施設部	ケゼリン島	一九四四・〇二・〇五	岩井忠謨	軍属	戦死	禮山郡新岩面宗敬里三六
			一九一八・〇三・一二	順玉	妻		—
四三〇	第四海軍施設部	ケゼリン島	一九四四・〇二・〇六	竹本好男	軍属	戦死	禮山郡新岩面新宗里二九一
			一九一五・一一・二四	新占	妻		—
四三一	第四海軍施設部	ケゼリン島	一九四四・〇二・〇六	岩本富興	軍属	戦死	禮山郡新岩面新宗里三〇九
			一九一四・〇一・〇六	壽掘	妻		—
四三二	第四海軍施設部	ケゼリン島	一九四四・〇二・〇六	星山鐘燮	軍属	戦死	禮山郡新岩面桂村里二六〇
			一九二三・〇六・二九	兆益	父		—
四三三	第四海軍施設部	ケゼリン島	一九四四・〇二・〇六	森田福龍	軍属	戦死	禮山郡新岩面桂村里七〇
			一九一五・一二・二六	丁禮	妻		—
四三五	第四海軍施設部	ケゼリン島	一九四四・〇二・〇六	松川世永	軍属	戦死	禮山郡新陽面眞谷里三八六
			一九二〇・〇二・〇二	元女	妻		禮山郡新岩面桂村里七〇〇
四四八	第四海軍施設部	ケゼリン島	一九四四・〇二・〇六	新井性俊	軍属	戦死	禮山郡挿橋面雁峙三八八－三
			一九一九・一〇・二八	商和	父		—
四四九	第四海軍施設部	ケゼリン島	一九四四・〇二・〇六	高村應烈	軍属	戦死	禮山郡挿橋面挿橋里三一七
			一九二一・〇九・三〇	奇姫	妻		—
四五〇	第四海軍施設部	ケゼリン島	一九四四・〇二・〇六	金谷永斗	軍属	戦死	禮山郡挿橋面城里四一〇
			一九一九・〇二・〇一	弼禮	妻		—
四五六	第四海軍施設部	ケゼリン島	一九四四・〇二・〇六	岩本同完	軍属	戦死	禮山郡鳳山面大支里五六
			一九〇六・〇七・一八	龍九	長男		禮山郡古徳面大川里二〇八
四七九	第四海軍施設部	ケゼリン島	一九四四・〇二・〇六	平山翼鎮	軍属	戦死	禮山郡禮山邑禮山里二〇五
			一九二一・一二・二四	亀栄	父		禮山郡霊山邑禮山里二〇八
四八〇	第四海軍施設部	ケゼリン島	一九四四・〇二・〇六	温山東憲	軍属	戦死	禮山郡禮山邑舟橋里九四
			一九二〇・〇一・一一	致順	妻		—
四八一	第四海軍施設部	ケゼリン島	一九四四・〇二・〇六	春田圭勳	軍属	戦死	禮山郡禮山邑禮山里五一八
			一九一四・〇七・〇七	順子	妻		—
四八二	第四海軍施設部	ケゼリン島	一九四四・〇二・〇六	新井正吉	軍属	戦死	禮山郡禮山邑禮山里六三
			一九一一・一一・〇八	順永	妻		—
四八三	第四海軍施設部	ケゼリン島	一九四四・〇二・〇六	温山南洙	軍属	戦死	禮山郡禮山邑舟橋里七六
			一九一八・一〇・一〇	鉉淑	母		—
四八四	第四海軍施設部	ケゼリン島	一九四四・〇二・〇六	千原盛富	軍属	戦死	禮山郡禮山邑舟橋里七六
			一九一三・〇二・〇三	乙禮	妻		禮山郡禮山邑禮山里四三六
四八五	第四海軍施設部	ケゼリン島	一九四四・〇二・〇六	山本喜俊	軍属	戦死	禮山郡禮山邑禮山里四〇四
			一九一六・〇一・一七	玉順	妻		禮山郡禮山邑禮山里二五八
五〇五	第四海軍施設部	ケゼリン島	一九四四・〇二・〇六	韓昌起	軍属	戦死	禮山郡古徳面大川里三六三

番号	部隊	場所	年月日	氏名	続柄	事由	本籍
			一九一一・一二・一五	八奉	妻		—
五〇六	第四海軍施設部	ケゼリン島	一九四四・〇二・〇六 一九二二・一二・〇九	伊東俊啓 花淑	軍属 妻	戦死	禮山郡古徳面大川里六一四 —
五〇七	第四海軍施設部	ケゼリン島	一九四四・〇二・〇六 一九一七・〇三・一五	慶村在山 —	軍属 —	戦死	禮山郡古徳面大川里五九四 —
五〇八	第四海軍施設部	ケゼリン島	一九四四・〇二・〇六 一九一二・〇六・二七	高山湧夫 峰石	軍属 三男	戦死	禮山郡古徳面上長里三一七―二
三三一	第四海軍施設部	ケゼリン島 栄養失調	一九四四・〇三・二一 一九〇八・一二・二一	金田仙吉 —	軍属 —	戦病死	大田府本町二丁目 —
一九七	第四海軍施設部	サイパン島	一九四四・〇六・一五 一九二〇・一二・一七	柳村錫喆 冀夏	軍属 妻	戦死	公州郡儀堂面龍岩里二四 禮山郡禮山邑禮山里三五四
二五四	第四海軍施設部	サイパン島	一九四四・〇六・一五 一九一四・一〇・〇二	河本鎮英 —	軍属 —	戦死	公州郡新下面造平里四二〇 公州郡新下面夕陽里
二六七	第四海軍施設部	サイパン島	一九四四・〇六・一五 一九二一・〇一・一五	松本渡泳 哲欽	軍属 父	戦死	論山郡魯城面佳谷里三四 —
三三二	第四海軍施設部	サイパン島	一九四四・〇六・一五 一九二〇・一二・一九	松本東植 済昌	軍属 —	戦死	青陽郡青陽面校月里四〇〇 禮山郡禮山邑禮山里
三三六	第四海軍施設部	サイパン島	一九四四・〇六・一五 一九二〇・〇四・一〇	金城文結 正吉	軍属 父	戦死	青陽郡雲谷面秋光里五九 禮山郡禮山面禮山里
四二二	第四海軍施設部	サイパン島	一九四四・〇六・一五 一九一三・〇六・一三	金昌根 張應秀	軍属 —	戦死	禮山郡大逑面詩山里 —
四二三	第四海軍施設部	サイパン島	一九四四・〇六・一五 一九一五・〇二・一五	金田浮永 福同	軍属 —	戦死	禮山郡大逑面詩山里 —
四二四	第四海軍施設部	サイパン島	一九四四・〇六・一五 一九一八・〇六・〇二	張桂煥 龍奉	軍属 —	戦死	禮山郡大逑面詩山里二三一 —
四二五	第四海軍施設部	サイパン島	一九四四・〇六・一五 一九一一・〇五・〇七	安田得俊 讃鍾	軍属 —	戦死	禮山郡大逑面詩山里 —
四二六	第四海軍施設部	サイパン島	一九四四・〇六・一五 一九二〇・〇一・〇三	宋山寿石 億川	軍属 —	戦死	禮山郡大逑面詩山里 —
四二八	第四海軍施設部	サイパン島	一九四四・〇六・一五 一九二一・〇二・〇五	木村武鳳 成禮	軍属 母	戦死	禮山郡新岩面中禮里六六 —
四四〇	第四海軍施設部	サイパン島	一九四四・〇六・一五 一九二〇・〇四・一五	木下奎炫 相東	軍属 —	戦死	禮山郡晋陽面如来味里 —
四四一	第四海軍施設部	サイパン島	一九四四・〇六・一五 一九二二・一二・一九	佐井荘容 教用	軍属 —	戦死	禮山郡新陽面如来味里二二六 —

番号	所属	死亡場所	死亡年月日／生年月日	氏名	身分／続柄	死亡事由	本籍／遺族住所
四四二	第四海軍施設部	サイパン島	一九四四・〇六・一五	朴憲圭	軍属	戦死	禮山郡新陽面如来味里
			一九二二・〇一・〇九	憲鍾	—		—
四四三	第四海軍施設部	サイパン島	一九四四・〇六・一五	大山　珓	軍属	戦死	禮山郡新陽面黄渓里
			—	玉眞	—		—
四四四	第四海軍施設部	サイパン島	一九四四・〇六・一五	清山己星	軍属	戦死	禮山郡新陽面加支里
			一九一一・〇四・一六	己淳	—		—
四五四	第四海軍施設部	サイパン島	一九四四・〇六・一五	朴基明	軍属	戦死	禮山郡鳳山面薙安里一三八
			一九一二・〇九・〇一	順寧	母		瑞山郡聖淵面葛峴里二四七
四五九	第四海軍施設部	サイパン島	一九四四・〇六・一五	根本翊炫	軍属	戦死	禮山郡大興面炭防里三〇〇
			一九一二・〇八・〇一	正順	妻		—
四六〇	第四海軍施設部	サイパン島	一九四四・〇六・一五	松野禹鉉	軍属	戦死	禮山郡大興面炭防里六五—二
			—	乙順	妻		
四六一	第四海軍施設部	サイパン島	一九四四・〇六・一五	姜聖孫	軍属	戦死	禮山郡大興面東西里一七六
			一九一五・〇八・二〇	學鳳	父		—
四六二	第四海軍施設部	サイパン島	一九四四・〇六・一五	金井英植	軍属	戦死	禮山郡大興面東西里一八六
			一九一六・〇八・一〇	學分	妻		—
四六六	第四海軍施設部	サイパン島	一九四四・〇六・一五	姜責先	軍属	戦死	禮山郡徳山面上加里
			一九二〇・〇一・二二	春明	—		禮山郡古徳面大川里
四七四	第四海軍施設部	サイパン島	一九四四・〇六・一五	李田五鳳	軍属	戦死	禮山郡應峰面新里一六〇
			一九一五・一一・二九	奎姫	妻		—
四七五	第四海軍施設部	サイパン島	一九四四・〇六・一五	徳山建周	軍属	戦死	禮山郡應峰面登村里三三六
			一九一九・一一・〇九	炳禮	妻		—
四八九	第四海軍施設部	サイパン島	一九四四・〇六・一五	李錫愚	軍属	戦死	禮山郡禮山邑間良里五六七
			一九二一・〇九・〇五	仁陽	母		—
四九〇	第四海軍施設部	サイパン島	一九四四・〇六・一五	柳銀晩	軍属	戦死	禮山郡禮山邑夕陽里五〇
			一九一一・〇二・二〇	銀中	—		
四九一	第四海軍施設部	サイパン島	一九四四・〇六・一五	祝山精洙	軍属	戦死	禮山郡禮山邑禮山里
			一九二〇・〇八・一〇	泰容	父		禮山郡禮山邑禮山里三三六
四九二	第四海軍施設部	サイパン島	一九四四・〇六・一五	池田昌煥	軍属	戦死	禮山郡禮山邑禮山里三八五
			一九一八・一一・〇九	貞壽	妻		—
四九三	第四海軍施設部	サイパン島	一九四四・〇六・一五	木村義銉	軍属	戦死	禮山郡禮山邑禮山里六〇四
			一九二〇・〇八・二八	正光	父		—
四九四	第四海軍施設部	サイパン島	一九四四・〇六・一五	岡本昌箕	軍属	戦死	禮山郡禮山邑禮山里三〇
			一九二一・一〇・〇三	韓山	母		—
五〇二	第四海軍施設部	サイパン島	一九四四・〇六・一五	呉成男	軍属	戦死	禮山郡光時面東山里四四二

			一九一七・〇四・〇九	昌分	妻		—
五〇三	第四海軍施設部	サイパン島	一九四四・〇六・一五	山本萬石	軍属	戦死	禮山郡光時面戻信里三三七
			一九二一・〇八・〇五	徳根	父		—
五五三	第四海軍施設部	サイパン島	一九四四・〇六・一五	花山百龍	軍属	戦死	保寧郡川北面新徳里四
			一九二一・〇五・二〇	學天	—		洪城郡結城面星南里
五五四	第四海軍施設部	サイパン島	一九四四・〇六・一五	定本一星	軍属	戦死	保寧郡青籠面内峴里
			一九〇六・〇八・一五	春山弘柱	—		—
五八九	第四海軍施設部	サイパン島	一九四四・〇六・一五	李泰雨・松岩泰順	軍属	戦死	燕岐郡全東面松亭里二四五
			一九一二・一〇・三〇	松岩鍾福	妻		—
五九四	第四海軍施設部	サイパン島	一九四四・〇六・一五	文安南斗	軍属	戦死	瑞山郡南面九青里二七二
			一九二二・〇三・〇七	文里	父		—
五九五	第四海軍施設部	サイパン島	一九四四・〇六・一五	金山顕玉	軍属	戦死	瑞山郡南面夢山里五四
			—	子玉	妻		—
五九六	第四海軍施設部	サイパン島	一九四四・〇六・一五	尊乃正雄	軍属	戦死	瑞山郡南面両潜里九三八
			一九一七・〇九・一四	順貞	妻		—
五九七	第四海軍施設部	サイパン島	一九四四・〇六・一五	西具在輪	軍属	戦死	瑞山郡南面達山里三二八
			一九二一・〇四・一七	氏	妻		—
五九八	第四海軍施設部	サイパン島	一九四四・〇六・一五	菊村泰雨	軍属	戦死	瑞山郡南面新場里四一五
			一九二三・〇一・二三	圭桓	祖父		—
五九九	第四海軍施設部	サイパン島	一九四四・〇六・一五	完山光儀	軍属	戦死	瑞山郡南面達山里六九二
			一九二四・一二・二八	公孝	妻		—
六〇〇	第四海軍施設部	サイパン島	一九四四・〇六・一五	檜谷明鎬	軍属	戦死	瑞山郡南面達山里三〇九
			一九一六・一一・二九	玉禮	妻		—
六〇一	第四海軍施設部	サイパン島	一九四四・〇六・一五	尊萬東昌	軍属	戦死	瑞山郡南面夢山里五一
			一九二一・一〇・二五	永禮	妻		—
六一三	第四海軍施設部	サイパン島	一九四四・〇六・一五	山本大淳	軍属	戦死	瑞山郡近興面程竹里七八三
			一九二一・一〇・一〇	文才	父		—
六一四	第四海軍施設部	サイパン島	一九四四・〇六・一五	池田彰欽	軍属	戦死	瑞山郡近興面都×里九四九
			一九二三・〇六・〇九	恒均	父		—
六一五	第四海軍施設部	サイパン島	一九四四・〇六・一五	呉山　晋	軍属	戦死	瑞山郡近興面程竹里五三四
			一九一九・一一・二〇	吉香	妻		—
六一六	第四海軍施設部	サイパン島	一九四四・〇六・一五	菊村南種	軍属	戦死	瑞山郡近興面程竹里六六三
			一九一五・一二・二八	石山	父		—
六一七	第四海軍施設部	サイパン島	一九四四・〇六・一五	柳田仁泰	軍属	戦死	瑞山郡近興面程竹里七八八
			一九二二・〇一・二九	得相	父		—

六三五	第四海軍施設部	サイパン島	一九四四・〇六・一五	昌城贊慶	軍属	戦死	瑞山郡雲山面臣城里六〇四
			一九〇七・〇二・二二	順済	妻		瑞山郡仁旨面豊田里
六三九	第四海軍施設部	サイパン島	一九四四・〇六・一五	木村玉弼	軍属	戦死	瑞山郡八峰面虎里三八三
			一九〇八・〇二・一四	氏	妻		瑞山郡泰安面東門里三七
六四〇	第四海軍施設部	サイパン島	一九四四・〇六・一五	宮本泰熙	軍属	戦死	瑞山郡八峰面金鶴里一一二五
			一九一六・〇一・二五	相禮	妻		—
六四一	第四海軍施設部	サイパン島	一九四四・〇六・一五	月山東亀	軍属	戦死	瑞山郡八峰面金鶴里一三六二
			一九一四・〇二・一〇	祥浩	妻		—
六四二	第四海軍施設部	サイパン島	一九四四・〇六・一五	山本基栄	軍属	戦死	瑞山郡八峰面金鶴里六二一
			一九一六・〇七・二〇	鍾壬	妻		—
六四三	第四海軍施設部	サイパン島	一九四四・〇六・一五	松井斗衡	軍属	戦死	瑞山郡八峰面金鶴里一三三五
			一九一六・一一・〇四	貞憲	妻		—
六四四	第四海軍施設部	サイパン島	一九四四・〇六・一五	趙元祥	軍属	戦死	瑞山郡八峰面金鶴里八二七
			一九一九・〇八・一五	氏	母		—
六四五	第四海軍施設部	サイパン島	一九四四・〇六・一五	山佳東鱗	軍属	戦死	瑞山郡八峰面金鶴里九〇四
			一九一四・〇五・二一	昌煥	妻		—
六四八	第四海軍施設部	サイパン島	一九四四・〇六・一五	金澤永吉	軍属	戦死	瑞山郡聖淵面梧砂里三七八
			一九二三・〇一・二六	玉聲	父		—
六四九	第四海軍施設部	サイパン島	一九四四・〇六・一五	金海顕七	軍属	戦死	瑞山郡聖淵面日藍里四四六
			一九二〇・〇八・三〇	英植	父		—
六五〇	第四海軍施設部	サイパン島	一九四四・〇六・一五	山本世豊	軍属	戦死	瑞山郡聖淵面鳴川里一一七
			一九一九・一一・〇二	二順	妻		—
六五一	第四海軍施設部	サイパン島	一九四四・〇六・一五	慶田在石	軍属	戦死	瑞山郡聖淵面日藍里七六八
			一九一三・一〇・一〇	熙烈	妻		—
六五六	第四海軍施設部	サイパン島	一九四四・〇六・一五	城戸治雄	軍属	戦死	瑞山郡浮石面大頭里五六五
			一九二〇・一一・〇七	東烈	妻		—
六六四	第四海軍施設部	サイパン島	一九四四・〇六・一五	金容國	軍属	戦死	瑞山郡瑞山邑邑内里二八八
			一九一九・〇三・一四	成蘭	妻		—
六六六	第四海軍施設部	サイパン島	一九四四・〇六・一五	金城正男	軍属	戦死	瑞山郡仁旨面雩里二五七
			一九一九・〇八・二六	永春	妻		—
六七九	第四海軍施設部	サイパン島	一九四四・〇六・一五	平原炳珍	軍属	戦死	瑞山郡垈安面南門里五四四
			一九一七・〇一・一九	光淑	母		—
六八〇	第四海軍施設部	サイパン島	一九四四・〇六・一五	蘇本子魯	軍属	戦死	瑞山郡泰安面仁坪里七三
			一九二三・〇四・一〇	秉斗	父		—
六八一	第四海軍施設部	サイパン島	一九四四・〇六・一五	山村宅俊	軍属	戦死	瑞山郡泰安面平川里二一七

			一九一九・一一・〇九	貞淑	妻		－
六八二	第四海軍施設部	サイパン島	一九四四・〇六・一五 一九一四・〇三・〇五	佳山東錫 玉悦	軍属 妻	戦死	瑞山郡泰安面南門里二九三 －
六八三	第四海軍施設部	サイパン島	一九四四・〇六・一五 一九一九・〇二・〇六	安田忠成 宰	軍属 父	戦死	瑞山郡泰安面南門里三〇〇 －
六八四	第四海軍施設部	サイパン島	一九四四・〇六・一五 一九二二・〇五・〇八	平川潤煥 申出	軍属 妻	戦死	瑞山郡泰安面仁坪四二七 －
六八五	第四海軍施設部	サイパン島	一九四四・〇六・一五 一九〇〇・〇二・二三	石村相実 常順	軍属 －	戦死	瑞山郡泰安面仁坪里 －
六八六	第四海軍施設部	サイパン島	一九四四・〇六・一五 一九一〇・〇九・〇八	山本昌徳 亨煥	軍属 －	戦死	瑞山郡泰安面南門里三三九 －
六八七	第四海軍施設部	サイパン島	一九四四・〇六・一五 一九二三・〇二・一五	波平福順 汀斗	軍属 父	戦死	瑞山郡泰安面南山里五六一
六八八	第四海軍施設部	サイパン島	一九四四・〇六・一五 一九一七・〇七・〇二	西川貢九 學連	軍属 －	戦死	瑞山郡泰安面仁坪里四五三 －
六八九	第四海軍施設部	サイパン島	一九四四・〇六・一五 一九一四・〇三・一一	永井俊実 慕貞	軍属 妻	戦死	瑞山郡泰安面上玉里四五〇 瑞山郡泰安面南門里
六九〇	第四海軍施設部	サイパン島	一九四四・〇六・一五 一九二〇・〇四・〇四	田中世敦 花水	軍属 妻	戦死	瑞山郡泰安面仁坪里五四八 －
六九一	第四海軍施設部	サイパン島	一九四四・〇六・一五 一九一七・一〇・〇一	金海慶夫 應禮	軍属 妻	戦死	瑞山郡泰安面仁旨面仁坪里五九六 －
六九七	第四海軍施設部	サイパン島	一九四四・〇六・一五 一九一九・〇六・二九	竹山照陽 鄭裁紀	軍属 －	戦死	洪城郡金馬面鳳楼里 －
六九八	第四海軍施設部	サイパン島	一九四四・〇六・一五 一九〇八・一一・〇四	金谷洪培 和田香蘭	軍属 －	戦死	洪城郡金馬面月岩里一〇三 －
七〇九	第四海軍施設部	サイパン島	一九四四・〇六・一五 一九〇八・〇八・一六	宮本基男 奇占	軍属 妻	戦死	洪城郡結城面中里六二 －
七一〇	第四海軍施設部	サイパン島	一九四四・〇六・一五 一九一六・一二・一七	金城東根 慶妊	軍属 妻	戦死	洪城郡結城面星浦里五六一 －
七一一	第四海軍施設部	サイパン島	一九四四・〇六・一五 一九二一・〇八・一二	宮本在龍 弼圭	軍属 母	戦死	洪城郡結城面邑内里一六六 －
七一二	第四海軍施設部	サイパン島	一九四四・〇六・一五 一九一六・一一・二五	新井聖玉 周鳳	軍属 父	戦死	洪城郡結城面臥里一六九 －
七一三	第四海軍施設部	サイパン島	一九四四・〇六・一五 一九二四・〇一・一六	松本華鳳 廣奉	軍属 －	戦死	洪城郡結城面加谷里三九七 －

七一四	第四海軍施設部	サイパン島	一九四四・〇六・一五	一九二〇・〇三・二四	金城秉濟	商龍	軍属	父	戦死	洪城郡長谷面廣城里二一九	｜
七一七	第四海軍施設部	サイパン島	一九四四・〇六・一五	一九一五・〇四・〇八	金谷石八	順伊	軍属	妻	戦死	洪城郡長谷面広域里五一六	｜
七一八	第四海軍施設部	サイパン島	一九四四・〇六・一五	一九一七・〇三・一五	松村南鎮	九龍	軍属	｜	戦死	洪城郡長谷面広域里	｜
七一九	第四海軍施設部	サイパン島	一九四四・〇六・一五	一九一一・〇二・一〇	金山徳根	在元	軍属	｜	戦死	洪城郡長谷面広域里	｜
七二〇	第四海軍施設部	サイパン島	一九四四・〇六・一五	一九一九・〇三・一〇	山本基福	永根	軍属	父	戦死	洪城郡長谷面広域里二六八	｜
七二一	第四海軍施設部	サイパン島	一九四四・〇六・一五	一九一四・〇四・〇九	金山禹然	｜	軍属	｜	戦死	洪城郡長谷面広域里	｜
七二二	第四海軍施設部	サイパン島	一九四四・〇六・一五	一九一三・〇九・二二	金山継峯	清秀	軍属	妻	戦死	洪城郡長谷面花渓里二二一	｜
七二六	第四海軍施設部	サイパン島	一九四四・〇六・一五	一九一八・〇二・二一	松田漢蔵	喜淳	軍属	父	戦死	洪城郡洪東面月懸里九四	｜
七三五	第四海軍施設部	サイパン島	一九四四・〇六・一五	一九一七・一一・〇九	安平錫葉	連	軍属	妻	戦死	洪城郡高道面基山里三一六	｜
七三六	第四海軍施設部	サイパン島	一九四四・〇六・一五	一九〇五・〇一・二五	田村仁鎮	致一	軍属	｜	戦死	洪城郡高道面雙川里	｜
七三七	第四海軍施設部	サイパン島	一九四四・〇六・一五	一九〇一・〇五・二〇	木本簡栄	台九	軍属	｜	戦死	洪城郡高道面雙川里	｜
三七〇	第四海軍施設部	ナウル島	一九四三・一一・一九	一九二四・〇四・二〇	沙川福八	用三	軍属	父	戦死	扶余郡良化面五良里六七	｜
七二五	第四海軍施設部	ナウル島	一九四三・一一・二一	一九一一・〇三・〇五	巖元甲・岩本元甲	順元	軍属	兄	戦死	洪城郡洪東面五官里五二	｜
七三八	第四海軍施設部	ナウル島	一九四四・〇二・二九	一九一二・一〇・一五	白山恒容	相雲	軍属	妻	戦病死	洪城郡高道面雲谷里一一一	洪城郡洪北面中渓里
五九〇	第四海軍施設部	ナウル島 栄養失調	一九四四・〇八・〇九	一九一五・〇四・一〇	権藤徹治	子順	軍属	妻	戦病死	燕岐郡全東面蘆長里	咸鏡南道咸州郡興南邑朝日町二二
四六八	第四海軍施設部	ナウル島	一九四四・〇八・一〇	一九〇九・〇三・〇九	桐山尹煥	敬允	軍属	妻	戦死	禮山郡徳山面楽山里三三一	洪城郡洪城邑五官里六一九－二
五五〇	第四海軍施設部	ナウル島	一九四四・〇八・一八	一九一八・〇五・二七	木本敦植	春禮	軍属	妻	戦病死	保寧郡大川面竹亭里五九三	保寧郡大川面新黒里
七〇六	第四海軍施設部	ナウル島	一九四四・〇九・二一		新井準權		軍属		戦病死	洪城郡洪城邑五鷹里四一三－五	

			一九一六・〇二・一六	萬鉄	父		洪城郡洪城邑五官里南門外
三二八	第四海軍施設部	ナウル島	一九四四・一一・〇五	林溶鎬	軍属	戦病死	青陽郡化城面花岩里三〇
			一九一六・一一・一五	玉順	妻		―
三三三	第四海軍施設部	ナウル島	一九四四・一一・一四	平沼相哲	軍属	戦病死	扶余郡草村面蓮花里
			一九一四・〇八・一〇	永姫	妻		扶余郡草坪面
三二七	第四海軍施設部	ナウル島	一九四四・一二・一一	竹村載甲・朴載甲	軍属	戦病死	青陽郡雲谷面位羅里六六八
			一九〇八・一一・一五	在玉	妻		―
三二三	第四海軍施設部	ナウル島	一九四五・〇一・一三	茂山鳳九	軍属	戦病死	青陽郡青陽面正坐里六九八
			一九一一・××・××	―	―		―
五四九	第四海軍施設部	ナウル島	一九四五・〇一・二七	秋山礼燮	軍属	戦病死	保寧郡大川面宮星里一〇九
			一九一九・〇四・一〇	雲京	父		―
三五四	第四海軍施設部	ナウル島	一九四五・〇二・〇三	松原載喆	軍属	戦死	扶余郡石城面石城里
			一九〇八・一一・一六	達奉	母		―
三六五	第四海軍施設部	ナウル島	一九四五・〇二・二四	××輔賢	軍属	戦病死	扶余郡窺岩面窺岩里
			―	面長	―		―
七〇〇	第四海軍施設部	ナウル島	一九四五・〇三・〇五	山本福男	軍属	戦病死	洪城郡洪北面石宅里五二〇
			一九〇九・〇七・二一	徳信	父		―
五六〇	第四海軍施設部	ナウル島	一九四五・〇三・一〇	清瀬世明	軍属	戦病死	保寧郡青所面眞竹里四七三
			一九一二・〇二・〇一	家明	兄		
四四六	第四海軍施設部	ナウル島	一九四五・〇四・〇九	金澤明培	軍属	戦病死	禮山郡新陽面新陽里
			一九一一・〇八・一四	大方	妻		扶余郡扶余面双北里
三四〇	第四海軍施設部	ナウル島	一九四五・〇四・一〇	岩本秉雨	軍属	戦病死	扶余郡良化面岩樹里
			一九一九・〇七・〇三	賢行	妻		―
五六四	第四海軍施設部	ナウル島	一九四五・〇四・一八	中山昌先	軍属	戦病死	保寧郡藍浦面梁項里四二四
			―	煕道	父		
三二五	第四海軍施設部	ナウル島	一九四五・〇四・二六	金澤起煥	軍属	戦病死	青陽郡飛鳳面江亭里四八
			一九二三・〇五・二九	王石	兄		―
五五八	第四海軍施設部	ナウル島	一九四五・〇五・〇七	松田任珏	軍属	戦病死	保寧郡開浦面保寧里二〇八
			一九一六・一〇・二七	泰勲	父		―
六九四	第四海軍施設部	ナウル島	一九四五・〇五・一二	高山東植	軍属	戦病死	洪城郡金馬面鳳梧里一三八
			一九一四・〇九・〇一	漢順	妻		―
六九五	第四海軍施設部	ナウル島	一九四五・〇五・一九	安井千城	軍属	戦病死	洪城郡金馬面新谷里二一四
			一九〇九・一〇・〇三	良圭	姪		洪城郡金馬面龍興里
三二四	第四海軍施設部	ナウル島	一九四五・〇五・二一	奥本信雄	軍属	戦病死	青陽郡飛鳳面龍川里二九〇
			一九一七・〇一・二五	―	―		―

三六二	第四海軍施設部	ナウル島	一九四五・〇七・〇七	星本基同	軍属	戦病死	扶余郡林川面豆谷里
			一九一二・〇七・〇九	順布	妻		
五五一	第四海軍施設部	ナウル島	一九四五・〇七・一九	草山一男	軍属	戦病死	保寧郡川北面河満里五六八
			一九一一・一一・〇二	成伯	父		—
四六五	第四海軍施設部	ナウル島	一九四五・〇八・一八	松本憲洙	軍属	戦病死	禮山郡徳山面東上里三二三
			一九〇六・〇四・〇七	延植	父		—
七〇八	第四海軍施設部	ナウル島	一九四五・〇九・〇三	咸平又甲	軍属	戦病死	洪城郡洪城邑鶴灘里五一七
			一九一七・〇八・二九	丁得	妻		洪城郡洪城邑大校里
五五七	第四海軍施設部	ナウル島	一九四五・一〇・一三	千田貴封	軍属	戦病死	保寧郡開浦面舟橋里九五
			一九〇七・〇九・一五	海点	妻		—
二一三	第四海軍施設部	タロア島	一九四五・〇五・二七	三井國暉	軍属	戦病死	舒川郡東面板橋里一七〇
			一九〇二・〇五・〇六	淑敬	妻		—
三五六	第四海軍施設部	タロア島	一九四四・〇五・二九	國本天鐘	軍属	戦死	扶余郡場岩面石東里三三一
			一九一八・一二・一四	福林	妻		—
三六八	第四海軍施設部	タロア島	一九四四・〇六・〇八	林志東	軍属	戦死	扶余郡世道面玟徳里二二五
			一九一九・〇四・〇八	浩淵	父		—
七一	第四海軍施設部	タロア島	一九四四・一一・二五	伊文熙	軍属	戦病死	舒川郡馬西面玉山里
			一九一三・〇二・二〇	柱海	父		—
三一	第四海軍施設部	タロア島	一九四四・一二・一八	星本丁燮	軍属	戦病死	舒川郡鍾川面長久里
			一九二一・〇一・〇五	炳泰	父		—
七〇五	第四海軍施設部	タロア島	一九四四・一二・一八	未成龍	軍属	戦死	洪城郡洪城邑松月里
			一九一二・一二・二三	玉姫	妻		扶余郡金馬面新谷里
三四四	第四海軍施設部	タロア島	一九四四・一二・二四	李成珪	軍属	戦病死	扶余郡鴻山面土亭里
			一九一〇・一二・〇二	元珪	兄		舒川郡馬西面徳岩里
二一四	第四海軍施設部	タロア島	一九四五・〇一・〇五	徳永賛基	軍属	戦死	舒川郡東面板橋里二五三
			一九一五・〇一・二一	教善	妻		—
三〇六	第四海軍施設部	タロア島	一九四五・〇一・〇五	秋田和雄	軍属	戦死	論山郡彩雲面花亭里
			一九二二・一一・二七	昌雄	兄		扶余郡世道面青浦里
七三九	第四海軍施設部	タロア島	一九四五・〇一・〇五	金海龍奉	軍属	戦死	洪城郡高道面東×里
			一九〇六・〇五・一八	自連	妻		舒川郡長項邑永東町
三四七	第四海軍施設部	タロア島	一九四五・〇一・〇九	清浦萬吉	軍属	戦死	扶余郡外山面萬壽里
			一九〇九・一〇・〇六	萬鳳	兄		—
七〇七	第四海軍施設部	タロア島	一九四五・〇一・二一	大平黄龍	軍属	戦死	禮山郡挿橋面
			一九〇六・〇五・〇一	白雲	妹		洪城郡洪城邑五官里四二六
二一五	第四海軍施設部	タロア島	一九四五・〇一・一三	金仰九	軍属	戦死	舒川郡東面板橋里一七〇

			一九〇六・〇四・二〇	福禮	妻		—
三五八	第四海軍施設部	タロア島	一九四五・〇一・一三	金城世基	軍属	戦死	扶余郡南面馬井里
			一九一六・〇八・一六	乙麟	父		扶余郡忠化面五徳橋
七二七	第四海軍施設部	タロア島	一九四五・〇一・一四	金本益洙	軍属	戦死	洪城郡洪東面亀龍里二八二
			一九一六・〇二・〇七	裕鎮	妻		—
七二八	第四海軍施設部	タロア島	一九四五・〇一・一六	金本用仙	軍属	戦死	洪城郡洪東面八卦里六六六
			一九〇九・〇一・三〇	泰分	妻		—
四〇	第四海軍施設部	タロア島	一九四五・〇一・二〇	成田丁純	軍属	戦死	舒川郡花仁面船島里四方七
			一九二二・〇二・〇七	承玉	父		
五四七	第四海軍施設部	タロア島	一九四五・〇一・二〇	金城冠玉	軍属	戦死	保寧郡嵋山面大豊里二二九
			一九〇二・〇五・二〇	戊姫	妻		保寧郡玉山面内岱里二二八
九〇	第四海軍施設部	タロア島	一九四五・〇一・二八	玉山在春	軍属	戦死	舒川郡韓山面龍山里
			一九一七・一〇・三〇	在根	—		舒川郡華陽面月山里
七三三	第四海軍施設部	タロア島	一九四五・〇四・〇五	崔義益	軍属	戦病死	洪城郡廣川面梅峴里
			一九一〇・一〇・二八	學先	父		—
四一	第四海軍施設部	タロア島	一九四五・〇四・二四	牧山鍾卓	軍属	戦死	舒川郡花仁面船島里
			一九二三・一〇・〇七	龍大	父		—
七〇一	第四海軍施設部	タロア島	一九四五・〇五・〇二	金東林	軍属	戦死	洪城郡洪北面石宅里三八八
			一九一八・一二・二二	事氏	母		—
六五	第四海軍施設部	タロア島	一九四五・〇六・一四	安本福順	軍属	戦病死	舒川郡舒川面寺谷里
			一九一七・一一・二三	相顕	妻		—
八一	第四海軍施設部	タロア島	一九四五・〇六・一五	林春貴	軍属	戦病死	舒川郡華陽面保縣里
			—	炳済	父		
七三一	第四海軍施設部	タロア島	一九四五・〇六・二九	鄭正寛	軍属	戦死	洪城郡廣川面佳亭里
			一九一六・〇五・〇九	學先	父		
二八二	第四海軍施設部	タロア島	一九四五・〇六・三〇	鈴木孝吉	軍属	戦死	論山郡連山面連山里
			—	房吉	—		
七〇三	第四海軍施設部	タロア島	一九四五・〇六・三〇	石川興洙	軍属	戦病死	洪城郡洪北面上下里三〇七
			一九二一・〇五・二九	錫五	長男		
七二	第四海軍施設部	タロア島	一九四五・〇七・〇一	金慶石	軍属	戦病死	舒川郡馬西面玉山里
			一九〇六・〇四・二〇	東元	兄		—
八九	第四海軍施設部	タロア島	一九四五・〇七・〇一	松山肆童	軍属	戦病死	舒川郡韓山面龍山里
			一九二二・一一・一五	雨童	兄		—
三五一	第四海軍施設部	マロエラップ島	一九四四・〇八・三〇	木林相暮	軍属	戦病死	扶余郡忠化面五徳里七九
			一九二二・〇八・一五	奇童	父		—

三四六	第四海軍施設部	マロエラップ島	一九四四・一一・〇一	一九二〇・〇六・一一	金子成坤	金容範	軍属	父	戦病死	扶余郡外山面花城里	—
三五三	第四海軍施設部	マロエラップ島	一九四五・〇一・一〇	一九二五・〇一・二七	山本愚謹	成桂	軍属	父	戦死	扶余郡忠化面五徳里	—
三四五	第四海軍施設部	マロエラップ島	一九四五・〇二・〇二	一九一九・〇五・二四	西河良宰	根鎬	軍属	父	戦死	扶余郡外山面花城里	—
五五	第四海軍施設部	マロエラップ島	一九四五・〇二・〇三	一九二一・〇二・一五	盧永五	道明	軍属	父	戦死	舒川郡馬山面馬鳴里	—
三六〇	第四海軍施設部	マロエラップ島	一九四五・〇二・〇四	一九一〇・〇一・一五	徳山鶴童	—	軍属	—	戦死	扶余郡内山面雲時里	—
三二	第四海軍施設部	マロエラップ島	一九四五・〇二・〇八	一九〇五・一〇・二〇	晋川春石	姜正貴	軍属	父	戦死	舒川郡鐘川面馬村里	—
三四一	第四海軍施設部	マロエラップ島	一九四五・〇二・二三	一九一九・〇四・〇五	平本樂行	載淳	軍属	父	戦死	扶余郡良化面碧龍里	—
二七六	第四海軍施設部	マロエラップ島	一九四五・〇二・二六	一九一一・〇一・二七	金光寛洙	良姫	軍属	—	戦病死	論山郡豆磨面農所里三一〇〇	扶余郡林川面店里
三五七	第四海軍施設部	マロエラップ島	一九四五・〇三・〇二	一九一二・〇六・〇九	西村壬得	鶴淵	軍属	妻	戦死	扶余郡南面馬井里六五一	扶余郡玉山面内垈里
七二九	第四海軍施設部	マロエラップ島	一九四五・〇三・三一	一九一三・〇二・二〇	灵金東日	好成	軍属	父	戦死	洪城郡洪東面大坪里	—
三五二	第四海軍施設部	マロエラップ島	一九四五・〇四・〇三	一九一七・〇二・〇一	安平植九	仁淳	軍属	父	戦死	扶余郡忠化面晩智里	—
五四六	第四海軍施設部	マロエラップ島	一九四五・〇四・〇六	一九一五・一〇・〇三	金場錫鳳	—	軍属	—	戦死	保寧郡猸山面内坪里二九九	扶余郡玉山面内垈里二二
三五〇	第四海軍施設部	マロエラップ島	一九四五・〇四・一一	一九一四・〇二・一八	松山英春	允俊	軍属	父	戦病死	扶余郡忠化面天堂里	—
三三七	第四海軍施設部	マロエラップ島	一九四五・〇四・一七	一九一五・一二・一六	白石硯眞	硯鳳	軍属	兄	戦死	扶余郡良化面五良里	—
六四	第四海軍施設部	マロエラップ島	一九四五・〇四・一八	一九一二・〇五・〇六	高山仙鳳	徳三	軍属	父	戦死	舒川郡時草面草峴里	—
三四二	第四海軍施設部	マロエラップ島	一九四五・〇四・一九	一九二一・〇七・一八	金場昌泰	鍾基	軍属	父	戦死	扶余郡良化面五良里	—
三四三	第四海軍施設部	マロエラップ島	一九四五・〇四・二一	一九一三・〇二・〇五	白石鉉萬	永基	軍属	—	戦病死	扶余郡良化面足橋里	—
三四八	第四海軍施設部	マロエラップ島	一九四五・〇四・二九		金本善圭		軍属		戦死	扶余郡外山面盤橋里	

			一九一八・〇五・二〇	先君	父		—
三三	第四海軍施設部	マロエラップ島	一九四五・〇五・〇一 一九二一・一〇・一一	金田東俊 春輔	軍属 父	戦病死	徐川郡鐘川面長久里 —
三六九	第四海軍施設部	マロエラップ島	一九四五・〇五・〇三 一九〇九・〇七・三〇	李上鍾鎮 鍾権	軍属 弟	戦死	扶余郡世道面水占里 —
三六一	第四海軍施設部	マロエラップ島	一九四五・〇五・一七 一九二二・〇八・一一	清浦康洙 鮮用	軍属 父	戦病死	扶余郡内山面草洞里 —
七三〇	第四海軍施設部	マロエラップ島	一九四五・〇五・三一 一九二一・〇六・一一	松岡元載 秋成	軍属 父	戦死	洪城郡洪東面新逑里 —
八八	第四海軍施設部	マロエラップ島	一九四五・〇六・〇二 一九二三・〇九・二七	山本正夫 準明	軍属 父	戦病死	舒川郡韓山面龍山里 —
五四五	第四海軍施設部	マロエラップ島	一九四五・〇六・〇六 一九二一・〇八・〇八	金城　栄 廣吉	軍属	戦病死	保寧郡鰲川面校成里五三三 —
三六三	第四海軍施設部	マロエラップ島	一九四五・〇八・一二 一九一五・一〇・〇一	金川東野 周大	軍属 兄	戦死	扶余郡林川面郡司里 —
四七六	第四海軍施設部	メレヨン島	一九四四・〇四・一九 一九二一・一二・一四	金海甲奉 喜植	軍属 祖父	戦死	禮山郡應峰面雲谷里 —
五一四	第四海軍施設部	メレヨン島	一九四五・〇二・一七 一九二〇・〇六・一〇	金海正泰 鎮泰	軍属 兄	戦病死	禮山郡古徳面上長里一二 —
五一五	第四海軍施設部	メレヨン島	一九四五・〇三・二三 一九二三・〇三・一六	岡本生煥 郁鳳	軍属 父	戦病死	禮山郡古徳面大川里四九六 —
四六九	第四海軍施設部	メレヨン島	一九四五・〇三・二九 一九一五・一二・〇八	清本金容 平山元魯	軍属 父	戦病死	禮山郡徳山面邑内里 —
二一一	第四海軍施設部	メレヨン島	一九四五・〇四・〇七 一九一七・〇八・二五	金鐘學 元原入渓	軍属 母	戦病死	公州郡反浦面下華里 京畿道麗水郡占東面三合里一七三
四一八	第四海軍施設部	メレヨン島 脚気	一九四五・〇四・〇七 一九二三・一一・〇八	宮村栄錫 東鎮	軍属 兄	戦病死	禮山郡吾可面元泉里 —
四五五	第四海軍施設部	メレヨン島 脚気	一九四五・〇四・〇八 一九二二・一一・二九	星洲元堯 秉文	軍属 父	戦病死	禮山郡鳳山面砂名里四〇一〇 —
一七一	第四海軍施設部	メレヨン島	一九四五・〇四・一〇 一九一五・一一・一九	晋本鳳徳 —	軍属 —	戦病死	大徳郡炭洞面秋木里 禮山郡古徳面大川里
五〇九	第四海軍施設部	メレヨン島 脚気	一九四五・〇四・二〇 一九一九・〇六・一〇	金岩圭煥 南星	軍属 兄	戦病死	禮山郡古徳面夢谷里五七〇 —
四二〇	第四海軍施設部	メレヨン島	一九四五・〇五・〇二 一九二一・〇六・〇三	松村大玉 孝王	軍属 兄	戦病死	禮山郡吾可面元泉里四四七 —

四七八	第四海軍施設部	メレヨン島	脚気	一九四五・〇五・〇三	一九二二・〇三・一四	海山鵬植	秉穆	軍属	父	戦病死	禮山郡応峰面後寺里	—
四五一	第四海軍施設部	メレヨン島	脚気	一九四五・〇五・一五	一九一〇・一二・〇九	金海順泰	—	軍属	—	戦病死	禮山郡挿橋面新田一四四	禮山郡挿橋面新佳里二八三
五一三	第四海軍施設部	メレヨン島	脚気	一九四五・〇六・一六	一九二一・一二・二五	熊本煥圭	憲杓	軍属	父	戦病死	禮山郡古徳面上夢里二六五	—
四一九	第四海軍施設部	メレヨン島		一九四五・〇七・二〇	一九一九・〇七・二三	慶山兵吉	昌祿	軍属	父	戦病死	禮山郡吾可面佑方里四八	—
七九三	第四海軍軍需部	南洋群島		一九四五・〇二・〇一	—	柳川弘碩	夏順	軍属	父	戦病死	牙山郡新昌面新達里	牙山郡新昌面五木里
四一五	第四海軍軍需部	トラック島		一九四四・〇九・一九	一八九五・〇六・〇九	柳壽烈	金卯順	軍属	妻	戦病死	牙山郡仁州面貢税里二六八	—
三八六	第四海軍軍需部	トラック島		一九四五・〇四・〇四	一八九八・〇二・一二	青川忠善	順子	軍属	妻	戦病死	牙山郡道興面新×里二九〇	—
四一四	第四海軍軍需部	トラック島	肺臓癌	一九四五・〇四・一七	一八九三・〇六・〇七	深谷仁劉	金氏	軍属	妻	戦病死	牙山郡仁州面	—
一八六	第五海軍建築部	サイパン島		一九四四・〇七・〇七	一九二三・〇四・一一	竹村在右	俊熙	軍属	父	戦死	大徳郡儒城面竹洞里一〇二	—
二一八	第五海軍建築部	サイパン島		一九四四・〇七・〇八	一九二一・〇三・一三	高山良一	富代	軍属	妻	戦死	公州郡木洞面木洞里一六三	全羅北道群山府若松町七
二一七	第五海軍建築部	サイパン島		一九四四・〇七・〇八	一九二七・〇九・一〇	木村政夫	道元	軍属	父	戦死	公州郡高州邑錦城里六四	公州郡公州邑山城町一二一
三〇三	第五海軍建築部	サイパン島		一九四四・〇七・〇八	一九〇九・〇六・二八	金洋洙	春伯	軍属	妻	戦病死	論山郡彩雲面禹基里一五三	—
三〇七	第五海軍建築部	サイパン島		一九四四・〇七・〇八	一九一〇・〇三・二〇	大城奥吉	永文	軍属	妻	戦死	論山郡陽村面林花里三二四	全羅北道益山郡泉華面高内里
三六七	第五海軍建築部	サイパン島		一九四四・〇七・〇八	一九一〇・〇一・三〇	國本三順	順徳	軍属	姉	戦死	扶余郡世道面帰徳里四七	全羅北道益山郡望城面新×里
六一九	第五海軍建築部	サイパン島		一九四四・〇七・〇八	一九一九・一〇・一五	奈越柱力	永利	軍属	妻	戦死	瑞山郡高北面亭子里四二九	全羅北道井邑郡泰仁面洛陽里
六九三	第五海軍建築部	サイパン島		一九四四・〇七・〇八	一九一七・〇四・〇三	高山昌東	—	軍属	—	戦死	洪城郡銀河面大粟里一二六	—
八四一	第五海軍建築部	サイパン島		一九四四・〇七・〇八	一九一八・一〇・二七	崔喆載	—	軍属	—	戦死	禮山郡大逑面麻田里	—
九〇八	第五海軍建築部	サイパン島		一九四四・〇七・〇八		梁川泳昌		軍属		死亡	大徳郡鎮面南仙里	

			一九二一・〇九・一五	在明	―		―
九一一	第五海軍建築部	サイパン島	一九四四・〇七・〇八 一九二〇・〇六・一五	中澤 茂・平沼鍾張	軍属 ―	戦死	大徳郡九則面塔丘里 ―
九一四	第五海軍建築部	サイパン島	一九四四・〇七・〇八 一九二二・〇一・〇三	任慶宰 ―	軍属 ―	戦死	保寧郡珠山面金岩里三一七 ―
九三九	第五海軍建築部	サイパン島	一九四四・〇七・〇八 一九二二・〇四・二三	金澤 貞 ―	軍属 ―	戦死	扶余郡窺岩里内里一五五 ―
二八四	第八海軍施設部	サイパン島	一九四三・〇三・二〇 一九二五・〇八・〇九	佳山栄培 栄泰	軍属 父	戦死	論山郡連山面表井里二四二 論山郡恩律面校村里
四八七	第八海軍施設部	四国南方海面	一九四三・一一・〇二 一九一七・一一・三〇	廣原幸三郎 順分	軍属 妻	戦死	禮山郡禮山邑禮山里六七六 咸南道咸州郡上岐川面三龍里九四八
五五六	第八海軍施設部	四国南方海面	一九四三・一一・〇二 一九二〇・〇一・一〇	安本大奉 熙載	軍属 妻	戦死	保寧郡開浦面馬江里五〇六 咸鏡南道咸州郡興南邑仲町
三九一	第八海軍施設部	ラバウル	一九四四・〇三・〇八 一九二〇・〇四・一五	熊野八龍 氏	軍属 母	戦病死	牙山郡温陽面温泉里三七 ―
五三七	第八海軍施設部	ラバウル	一九四四・〇四・〇二 一九一七・〇一・〇三	松原泰禹 殷鉉	軍属 父	戦病死	天安郡東面花渓里二九七 ―
五五九	第八海軍施設部	ラバウル	一九四四・〇六・〇五 一九一六・一二・〇八	豊川光夫 壬順	軍属 妻	戦死	保寧郡珠山面金岩里三一七 慶尚南道釜山府西大新町
二六〇	第八海軍施設部	ラバウル	一九四四・〇六・一五 一八九八・一一・二九	金澤栄信 金光終順	軍属 ―	戦死	論山郡恩律面×燭里一八〇 ―
四六七	第八海軍施設部	ラバウル	一九四四・〇六・一八 一九一八・〇二・〇七	梁川貞煥 桂興	軍属 ―	戦病死	禮山郡徳山面廣川里三九五 ―
二八三	第八海軍施設部	ラバウル	一九四四・〇九・二四 一九二三・〇五・一三	木村吉雄 殷夫	軍属 父	戦病死	論山郡連山面表井里二九五 論山郡光石面恒月里二七一
三三四	第八海軍施設部	ラバウル	一九四四・一一・一〇 ―	洪住春 ―	軍属 ―	戦死	不詳 扶余郡草坪面華岩里五一三
二九二	第八海軍施設部	ラバウル	一九四五・〇一・一三 一九二三・〇九・二六	田宮永京 彰鎬	軍属 ―	戦病死	論山郡城東面牛昆里 ―
三一一	第八海軍施設部	ラバウル	一九四五・〇二・〇二 一九一五・一二・一三	木本英雄 昌洙	軍属 ―	戦病死	論山郡江景面黄金町一三五 ―
二〇四	第八海軍施設部	ラバウル	一九四五・〇五・〇一 一九二二・一〇・二七	林晶洙 錫庸	軍属 ―	戦死	公州郡反浦面孔岩里一六四 ―
七〇四	第八海軍施設部	ラバウル	一九四五・〇五・〇一 一九二二・〇八・一四	小松潤澤 雲祥	軍属 父	戦病死	洪城郡洪城邑五官里七六一 ―

番号	所属	死亡場所	年月日	氏名	階級・続柄	死因	本籍・住所
五一九	第八海軍施設部	ラバウル	一九四五・〇五・〇八 一九二二・〇一・一〇	鄭海× 厚永	軍属 母	戦死	天安郡稷山面郡東里七三 —
三九六	第八海軍施設部	ラバウル	一九四五・〇五・二三 一九一五・〇七・一五	松本茂弘 順奉	軍属 妻	戦病死	牙山郡屯浦面新項里一四四 —
五二七	第八海軍施設部	ラバウル	一九四五・〇七・〇四 一九一五・〇四・二一	高木鳳吉 鳳出	軍属 弟	戦病死	天安郡聖居面天興里二七九 —
二五六	第八海軍施設部	ラバウル	一九四五・〇七・一六 一九一八・〇二・一四	池田鮮重 禎炳	軍属 —	戦死	公州郡新下面百龍里五四七 —
四五三	第八海軍施設部	ラバウル	一九四五・〇七・二一 一九一〇・〇五・〇六	金金童 —	軍属 —	戦病死	禮山郡鳳山面侍洞里 牙山郡温陽邑温泉町
二一九	第八海軍施設部	ラバウル	一九四五・〇八・二〇 一九一三・〇一・二〇	松永富吉 松本×章	軍属 —	戦病死	公州郡木洞面達山里一〇一 京畿道京城府清×街一五
五二五	第八海軍施設部	ラバウル	一九四五・一一・〇一 一八八七・一一・〇一	徳村聖燮 萬介	軍属 妻	戦病死	天安郡城南面花城里二九一 天安郡城南面天安邑栄町
六九二	第八海軍施設部	ラバウル	一九四五・一一・〇五 一九二一・一〇・二二	金子昌起 鄭連	軍属 母	戦病死	洪城郡銀河面長谷里 —
三〇四	第八海軍施設部	ラバウル	一九四五・一一・〇六 一九二〇・〇三・〇七	原本俊鳳 光周	軍属 —	戦病死	論山郡彩雲面清水町 —
二六四	第八海軍施設部	ラバウル	一九四五・一一・〇八 一九一一・〇五・二九	新木茂佑 淑子	軍属 妻	戦病死	論山郡恩津面龍山里 —
二五七	第八海軍施設部	ラバウル	一九四五・一二・二五 一九一一・〇三・〇五	金又龍 —	軍属 —	戦病死	公州郡新下面東院里 牙山郡温陽面温泉町
四四七	第八海軍建築部	ニューギニア	一九四四・〇一・一四 一九〇三・〇二・一〇	姜鍾鳳 鍾玄	軍属 兄	戦病死	禮山郡新陽面車洞里 —
七四〇	第八海軍建築部	ニューギニア、サルミ	一九四四・〇六・二五 一九一九・〇九・一八	森本長寛 —	軍属 —	戦死	洪城郡金馬面竹林里三〇八 洪城郡金馬面竹林里三〇八
一九	第一五海軍警備隊	バシー海峡	一九四四・〇九・〇九 一九二六・〇七・二七	林熙洙 八男	上水 父	戦死	燕岐郡南面勝化里五二七 —
二〇	第一五海軍警備隊	バシー海峡	一九四四・〇九・〇九 一九二六・〇二・二六	金川景熙 乙禮	上機 妻	戦死	燕岐郡東面内板里六三五 —
一五	第一五海軍警備隊	カムラン湾	一九四四・一一・一五 一九二六・〇一・一八	金城守囿 有信	上機 妻	戦死	青陽郡青陽面芝谷里二三四 青陽郡青陽面芝谷里二三四
一六八	第一五設営隊	ニューギニア、パパギ	一九四二・〇九・〇七 一九二三・〇九・一〇	柳本昶烈 寅國	軍属 父	戦死	大徳郡炭洞面内洞里二七五 —
一九三	第一五設営隊	東部ニューギニア	一九四二・〇九・一三	安田祥珪	軍属	戦死	公州郡儀堂面中興里二二三

番号	部隊	場所	年月日	氏名	続柄	事由	本籍
			一九二一・〇二・一〇	福仁	妻		牙山郡温陽邑温泉里
二一三三	第一五設営隊	ニューギニア、オイヒ	一九四二・〇九・一八	清原督寅	軍属	戦死	公州郡鶏龍面月岩里七八
			一九二〇・一二・一三	相龍	父		—
一二二六	第一五設営隊	ニューギニア、オイヒ	一九四二・〇九・二一	清原輔元	軍属	戦死	唐津郡合徳面雲山里五七二
			一九一六・〇二・〇六	錫蘭	妻		—
一一〇八	第一五設営隊	ニューギニア、オイヒ	一九四二・〇九・二三	中村徳普	軍属	戦死	唐津郡松嶽面梧谷里一六二
			一九二〇・〇七・二三	象烈	妻		—
五四	第一五設営隊	ニューギニア、オイヒ	一九四二・〇九・二三	松岡杭淳	軍属	戦死	舒川郡麒山面辛山里三二七—五
			一九二三・〇二・〇五	承煥	妻		—
五三	第一五設営隊	ニューギニア、ワミンガ	一九四二・一〇・〇一	松岡良隹	軍属	戦死	舒川郡麒山面辛山里
			一九二一・〇二・二八	忠造	父		—
一七五	第一五設営隊	ニューギニア、ココダ	一九四二・一〇・〇二	原田芳武	軍属	戦死	大徳郡山内面砧山里三一六
			一九〇九・一〇・一三	忠倍	妻		—
一七九	第一五設営隊	ニューギニア、サンボ	一九四二・一〇・〇七	松山錫俊	軍属	戦死	大徳郡北面長洞里五三一
			一九一三・〇五・二〇	氏	母		大徳郡懐徳面五洞里
一五〇	第一五設営隊	ニューギニア、ココダ	一九四二・〇九・二四	芳山錫奎	軍属	戦死	大徳郡鎮岑面龍渓里八六
			一九二一・〇三・一一	陰田	妻		—
五八二	第一五設営隊	ニューギニア、ギルワ	一九四二・〇九・一五	浦田　豊	軍属	戦死	燕岐郡鳥致院邑昭和町
			一九一三・〇六・一五	國善	父		忠清北道清州郡芙蓉面
二一五	第一五設営隊	ニューギニア、ギルワ	一九四二・〇九・二一	宮本貞根	軍属	戦死	公州郡長岐面下鳳里二四六
			一九一四・一〇・二七	魯然	妻		—
二四三	第一五設営隊	ニューギニア、ギルワ	一九四二・一〇・〇九	高山光國	軍属	戦死	公州郡新上面鳴谷里四九七
			一九一四・〇五・〇四	順汝	妻		—
三八〇	第一五設営隊	ニューギニア、ギルワ	一九四二・一〇・一三	兪田永鎬	軍属	戦死	牙山郡新昌面南城里七二
			一九二〇・〇一・一二	仙童	妻		—
二四九	第一五設営隊	ニューギニア、ギルワ	一九四二・一〇・二一	安田光秀	軍属	戦死	公州郡灘川面見東里三三一
			一九二一・〇二・一〇	憲正	父		—
八二	第一五設営隊	ニューギニア、ギルワ	一九四二・一一・〇三	山本魯恒	軍属	戦死	舒川郡韓山面羅橋里三三二
			一九一〇・〇九・二〇	貞烈	母		—
二一三	第一五設営隊	ニューギニア、ギルワ	一九四二・一一・〇八	宮本辰甲	軍属	戦死	公州郡長岐面下鳳里一二五七
			一九〇八・〇二・二七	東雲	妻		—
一〇一	第一五設営隊	ニューギニア、ギルワ	一九四二・一一・二六	金田振豪	軍属	戦死	唐津郡唐津面元堂里二五〇
			一九一二・〇七・〇四	貞順	妻		—
六六	第一五設営隊	ニューギニア、ギルワ	一九四二・一一・二八	高島富男	軍属	戦死	舒川郡舒川面台月里
			一九一七・〇六・一〇	玉童	妻		壽川郡舒川面席村里

番号	所属	死亡場所	死亡年月日／生年月日	氏名	続柄	区分	本籍・住所
一三二	第一五設営隊	ニューギニア、ギルワ	一九四二・一二・二八 一九一四・〇六・二四	金井増吉 増	軍属 妻	戦死	唐津郡新平面金川里三八四 ｜
一二五	第一五設営隊	ニューギニア、ギルワ	一九四二・一二・二九 一九一七・〇六・〇九	富剛輔栄 朱三	軍属 妻	戦死	唐津郡順城面玉湖四〇 ｜
二五五	第一五設営隊	ニューギニア、ギルワ	一九四二・一二・二九 一九二〇・一二・〇九	金龍石 今順	軍属 母	戦死	公州郡新下面大鶴里四八八 公州郡公州邑本町一四七
三七九	第一五設営隊	ニューギニア、ギルワ	一九四二・一二・三〇 一九一三・〇九・二一	松原之興 [王+妾]煥	軍属 妻	戦死	牙山郡新昌面佳徳里一三三 ｜
三九〇	第一五設営隊	ニューギニア、ギルワ	一九四二・一二・三〇 一九一八・〇八・〇八	星山炳哲 荘植	軍属 妻	戦死	牙山郡温陽面豊基里一五七 ｜
一四六	第一五設営隊	ニューギニア、ギルワ	一九四二・一二・〇一 一九一六・〇一・二〇	長谷錫浩 占順	軍属 妻	戦死	唐津郡泛川面新村里三六一 ｜
二一七	第一五設営隊	ニューギニア、ギルワ	一九四二・一二・〇一 一九一九・一一・〇五	宮本点鳳 昌祿	軍属 妻	戦死	公州郡長岐面松院里二三六 ｜
三七八	第一五設営隊	ニューギニア、ギルワ	一九四二・一二・〇二 一九一四・〇二・二八	成光康栄 一順	軍属 妻	戦死	牙山郡新昌面南城里四二七 ｜
三九四	第一五設営隊	ニューギニア、ギルワ	一九四二・一二・〇三 一九一五・〇七・〇四	安金鎬喆 聖海	軍属 母	戦死	牙山郡屯浦面石谷里二七〇 ｜
二四八	第一五設営隊	ニューギニア、ギルワ	一九四二・一二・〇七 一九一三・〇二・二一	青松忠雄 徳順	軍属 妻	戦死	公州郡灘川面徳芝里四〇九 ｜
二七八	第一五設営隊	ニューギニア、ギルワ	一九四二・一二・〇七 一九二二・〇八・二三	白川義平 美貞	軍属 妻	戦死	論山郡隠山面連山里四八五 論山郡光石面新堂里
二二二	第一五設営隊	ニューギニア、ギルワ	一九四二・一二・〇八 一九一三・一〇・〇七	竹内壽一 貞順	軍属 妻	戦死	公州郡正安面北渓里二一〇 ｜
四〇七	第一五設営隊	ニューギニア、ギルワ	一九四二・一二・〇九 一九二四・〇一・一〇	密楊次奉 次後	軍属 兄	戦死	牙山郡湯井面梅谷里一三
四〇六	第一五設営隊	ニューギニア、ギルワ	一九四二・一二・一一 一九二一・〇五・〇八	平澤奮煥 順錫	軍属 妻	戦死	牙山郡湯井面虎山里二〇一 ｜
五六	第一五設営隊	ニューギニア、ギルワ	一九四二・一二・一二 一九二五・〇一・〇三	彪村聖夏 徳中	軍属 父	戦死	舒川郡馬山面新場里一七七 ｜
三七三	第一五設営隊	ニューギニア、ギルワ	一九四二・一二・一二 一九二一・〇四・三〇	岡田炯培 顕光	軍属 父	戦死	牙山郡陰峰面銅岩里一七七 ｜
四〇九	第一五設営隊	ニューギニア、ギルワ	一九四二・一二・一二 一九一六・〇二・〇三	國本雨春 占禮	軍属 妻	戦死	牙山郡仁州面貢税里一七 ｜
三九五	第一五設営隊	ニューギニア、ギルワ	一九四二・一二・一四	金本日培	軍属	戦死	牙山郡屯浦面新南里九六ー一

番号	部隊	場所	年月日	氏名	続柄	状況	本籍
			一九一七・一一・二〇	顕兆	父		—
五二六	第一五設営隊	ニューギニア、ギルワ	一九四二・一二・一四	金山貞光	軍属	戦死	天安郡聖居面新月里一八二
			一九一九・〇一・一一	正吉	兄		牙山郡温陽邑龍未里
二一	第一五設営隊	ニューギニア、ギルワ	一九四二・一二・一五	西本済章	軍属	戦死	舒川郡突面右羅里七
			一九一五・〇八・一四	東鎮	父		—
三七二	第一五設営隊	ニューギニア、ギルワ	一九四二・一二・一五	坡田炳甲	軍属	戦死	牙山郡陰峰面山亭里一七七
			一九一二・〇三・一五	基妊	妻		—
五一八	第一五設営隊	ニューギニア、ギルワ	一九四二・一二・一五	豊川土彬	軍属	戦死	天安郡稷山面新葛里一七九
			一九一九・〇四・一四	衡敦	祖父		—
二一六	第一五設営隊	ニューギニア、ギルワ	一九四二・一二・一六	木村太成	軍属	戦死	公州郡長岐面松院里六三
			一九一九・〇二・二七	昌南	父		—
一四四	第一五設営隊	ニューギニア、ギルワ	一九四二・一二・一七	香山正吉	軍属	戦死	唐津郡高大面眞舘里三四一
			一九一四・一〇・一六	順男	妻		—
一五一	第一五設営隊	ニューギニア、ギルワ	一九四二・一二・一七	巖本丁得	軍属	戦死	大徳郡鎮岑面龍渓里八六
			一九一七・〇九・二二	順伊	妻		—
三六	第一五設営隊	ニューギニア、ギルワ	一九四二・一二・一八	李田徳雨	軍属	戦死	舒川郡花仁面漆枝里五一四
			一九一八・〇七・一一	鐘睦	父		—
三七一	第一五設営隊	ニューギニア、ギルワ	一九四二・一二・一八	西原壽鳳	軍属	戦死	牙山郡陰峰面東川里二〇五
			一九二五・〇八・三一	汝先	父		—
三九三	第一五設営隊	ニューギニア、ギルワ	一九四二・一二・一九	陽山炳浩	軍属	戦死	牙山郡屯浦面新項里一四三—一八
			一九一二・一二・〇五	乙衡	妻		—
二五一	第一五設営隊	ニューギニア、ギルワ	一九四二・一二・二二	松平大林	軍属	戦死	公州郡灘川面三角里二三六
			一九一四・〇八・〇九	貞方	妻		—
三八九	第一五設営隊	ニューギニア、ギルワ	一九四二・一二・二二	平山永泰	軍属	戦死	牙山郡温陽面防築里三三八
			一九一九・一二・一〇	順男	妻		—
一九四	第一五設営隊	ニューギニア、ギルワ	一九四二・一二・二三	岡田元鳳	軍属	戦死	公州郡儀堂面松亭里二一
			一九〇六・〇一・〇一	錫順	妻		—
一六二	第一五設営隊	ニューギニア、ギルワ	一九四二・一二・二四	松村鎮元	軍属	戦死	大徳郡東面細川里二五七
			一九二五・〇九・〇九	戊順	母		大徳郡北面石峰里
三〇	第一五設営隊	ニューギニア、ギルワ	一九四二・一二・二五	豊原清太郎	軍属	戦死	舒川郡鐘川面都萬里二
			一九二一・〇一・〇五	栗禮	妻		—
五九	第一五設営隊	ニューギニア、ギルワ	一九四二・一二・二五	平本善義	軍属	戦死	舒川郡時草面草峴里一〇六
			一九一三・〇八・〇八	英淑	妻		—
一〇九	第一五設営隊	ニューギニア、ギルワ	一九四二・一二・二五	山佳翼西	軍属	戦死	唐津郡松嶽面佳鶴里二七一
			一九一七・一一・一八	妙常	妻		—

番号	所属	死亡場所	死亡年月日／生年月日	氏名／親族	身分／続柄	死因	本籍／親族住所
一一〇	第一五設営隊	ニューギニア、ギルワ	一九四二・一二・二五 一九二二・一〇・〇二	城川延複 延泰	軍属 兄	戦死	唐津郡松嶽面中興里 唐津郡松嶽面梧谷里
一一一	第一五設営隊	ニューギニア、ギルワ	一九四二・一二・二五 一九一四・〇七・〇一	具原善會 志安	軍属 妻	戦死	唐津郡松嶽面本堂里四五二 —
一二七	第一五設営隊	ニューギニア、ギルワ	一九四二・一二・二五 一九二六・一二・一〇	岩本性旭 文均	軍属 父	戦死	唐津郡合徳面合徳里二二二 —
一四三	第一五設営隊	ニューギニア、ギルワ	一九四二・一二・二五 一九一七・〇五・二一	茂山信彦 道夫	軍属 父	戦死	唐津郡高大面大村里四三〇 —
二五〇	第一五設営隊	ニューギニア、ギルワ	一九四二・一二・二五 一九一〇・一一・一〇	金城東俊 永清	軍属 父	戦死	公州郡灘川面松鶴里三七九 —
三七七	第一五設営隊	ニューギニア、ギルワ	一九四二・一二・二五 一九一五・〇八・〇一	山本鍾淵 氏	軍属 妻	戦死	牙山郡新昌面杏木里二八四 —
一三九	第一五設営隊	ニューギニア、ギルワ	一九四二・一二・二六 一九一三・一〇・二〇	佳山鐘哲 東順	軍属 妻	戦死	唐津郡松山面柳谷里二五八一 唐津郡唐津面元堂里
二二一	第一五設営隊	ニューギニア、ギルワ	一九四二・一二・二六 一九一五・〇九・〇二	松田彦黙 四順	軍属 妻	戦死	公州郡正安面石松里二〇八 —
二四二	第一五設営隊	ニューギニア、ギルワ	一九四二・一二・二六 一九一三・〇九・二一	木村元得 王姫	軍属 妻	戦死	公州郡新上面維鳩里四二六 牙山郡新昌面関城里
三八八	第一五設営隊	ニューギニア、ギルワ	一九四二・一二・二六 一九一二・〇二・一三	木村永義 永源	軍属 兄	戦死	牙山郡温陽邑左部里四六 —
四〇五	第一五設営隊	ニューギニア、ギルワ	一九四二・一二・二六 一九一五・〇七・二四	平江鷺洙 林	軍属 妻	戦死	牙山郡湯井面黒岩里七二五 —
二九	第一五設営隊	ニューギニア、ギルワ	一九四二・一二・二七 一九一一・〇三・一八	西原昌國 鳳女	軍属 妻	戦死	舒川郡鐘川面堂丁里七八 牙山郡韓山面羅橋里
四二	第一五設営隊	ニューギニア、ギルワ	一九四二・一二・二七 一九一五・〇三・二八	國本載信 金貞禮	軍属 母	戦死	舒川郡西面月里二三四 —
八五	第一五設営隊	ニューギニア、ギルワ	一九四二・一二・二七 一九二五・〇四・二一	安東炳訓 貞福	軍属 母	戦死	舒川郡韓山面余土里二三一 —
二三八	第一五設営隊	ニューギニア、ギルワ	一九四二・一二・二七 一九二三・〇五・三〇	金井栄世 大禄	軍属 父	戦死	公州郡鶏龍面下大里六二四 —
三七四	第一五設営隊	ニューギニア、ギルワ	一九四二・一二・二七 一九一八・一二・一三	芳原徳奎 鳳順	軍属 妻	戦死	牙山郡陰峰面雙龍里三二四 —
三八七	第一五設営隊	ニューギニア、ギルワ	一九四二・一二・二七 一九一八・一〇・〇八	松本憲容 珪成	軍属 妻	戦死	牙山郡温陽邑邑内里一三四 牙山郡新昌面黄山里
一二四	第一五設営隊	ニューギニア、ギルワ	一九四二・一二・二八	岩村基平	軍属	戦死	唐津郡順城面鳳巣里八七九

			一九〇八・〇八・一六	雲龍	長男		唐津郡全徳面大興里
二一四	第一五設営隊	ニューギニア、ギルワ	一九四二・一二・二八 一九二一・〇二・二二	國本炳元 季順	軍属 妻	戦死	公州郡長岐面松院里二七四 ー
七六	第一五設営隊	ニューギニア、ギルワ	一九四二・一二・二九 一九一一・一二・二二	坡平錫桓 正子	軍属 妻	戦死	舒川郡華陽面大等里一三一 ー
二二九	第一五設営隊	ニューギニア、ギルワ	一九四二・一二・二九 一九一四・〇二・一七	杜山麟鍾 富貴	軍属 妻	戦死	公州郡牛城面東谷里一〇五 ー
二三七	第一五設営隊	ニューギニア、ギルワ	一九四二・一二・二九 一九一九・一一・二三	李田嘉敬 玉東	軍属 妻	戦死	公州郡鶏龍面大下里一八 ー
四〇八	第一五設営隊	ニューギニア、ギルワ	一九四二・一二・三〇 一九一八・一一・一三	大丘丙先 但儀	軍属 父	戦死	牙山郡湯井面梅谷里五五七 ー
一四七	第一五設営隊	ニューギニア、ギルワ	一九四二・一二・三一 一九一二・〇二・一〇	宮本福成 順卜	軍属 妻	戦傷死	唐津郡泛川面新村里三六一 ー
二〇一	第一五設営隊	ニューギニア、ギルワ	一九四二・一二・三一 一九二九・××・一五	黄光福 勝示	軍属 父	戦死	公州郡反浦面馬岩里三五四 公州郡友浦面多谷里二三〇
二四九	第一五設営隊	ニューギニア、ギルワ	一九四二・一二・三一 一九二一・〇二・一〇	安田光秀 憲王	軍属 父	戦死	公州郡灘川面見東里二三一 ー
一二三	第一五設営隊	ニューギニア、ギルワ	一九四三・〇一・〇一 一九一八・〇六・二五	延原徳煥 一儀	軍属 母	戦死	唐津郡順城面鳳巣里七六 ー
三四九	第一五設営隊	ニューギニア、ギルワ	一九四三・〇一・〇二 一九一六・〇六・一一	郭永祚 圭愛	軍属 妻	戦死	扶余郡王山面鳳山里四五八 ー
一二二	第一五設営隊	ニューギニア、ギルワ	一九四三・〇一・〇三 一九一九・〇一・二三	金川甲培 丁順	軍属 妻	戦死	唐津郡順城面玉湖里三七八 ー
一一四	第一五設営隊	ニューギニア、ギルワ	一九四三・〇一・〇五 一九一七・〇七・〇四	漢川秉睦 順均	軍属 妻	戦死	唐津郡松嶽面盤材里 唐津郡松嶽面本堂里
三九九	第一五設営隊	ニューギニア、ギルワ	一九四三・〇一・〇五 一九二〇・一一・〇九	長谷川九峰 奉花	軍属 妻	戦病死	牙山郡塩時面曲橋里二〇二 ー
四〇〇	第一五設営隊	ニューギニア、ギルワ	一九四三・〇一・〇五 一九一五・一二・一二	安田鐘雲 殷泉	軍属 妻	戦死	牙山郡塩時面曲橋里一九五 ー
三八一	第一五設営隊	ニューギニア、ギルワ	一九四三・〇一・〇六 一九二一・一二・二八	竹本祐植 相喜	軍属 母	戦死	牙山郡新昌面佳徳里一五一 ー
三九	第一五設営隊	ニューギニア、ギルワ	一九四三・〇一・〇七 一九一四・〇九・一〇	金山龍生 吉子	軍属 母	戦死	舒川郡花仁面城光里二〇一 ー
一四一	第一五設営隊	ニューギニア、ギルワ	一九四三・〇一・〇七 一九一三・〇五・二一	伊東貞男 連玉	軍属 妻	戦死	唐津郡松山面柳谷里七四三 ー

番号	部隊	場所	年月日	氏名	身分・続柄	事由	本籍
九八	第一五設営隊	ニューギニア、ギルワ	一九四三・〇一・〇八 一九一七・〇一・〇八	林致憲 栄梅	軍属 妻	戦死	唐津郡沔川面文峰里六冊洞四四 ｜
四一一	第一五設営隊	ニューギニア、ギルワ	一九四三・〇一・〇八 一九一四・一〇・〇五	張弓寅得 竹荀	軍属 妻	戦死	牙山郡仁州面冷井里一二〇 ｜
九六	第一五設営隊	ニューギニア、ギルワ	一九四三・〇一・〇九 一九一八・〇五・〇九	鶴山一成 長順	軍属 妻	戦死	唐津郡沔川面文峰里七一一 ｜
九七	第一五設営隊	ニューギニア、ギルワ	一九四三・〇一・〇九 一九二一・一二・一八	柳川志興 孝基	軍属 妻	戦死	唐津郡沔川面文峰里八〇九 ｜
一〇三	第一五設営隊	ニューギニア、ギルワ	一九四三・〇一・〇九 一九二三・〇六・二三	水金洛根 伊龍	軍属 父	戦死	唐津郡唐津面水清里五五 ｜
一〇四	第一五設営隊	ニューギニア、ギルワ	一九四三・〇一・〇九 一九二一・〇二・一五	木村喆宰 基順	軍属 妻	戦死	唐津郡唐津面元堂里二七四 ｜
一〇五	第一五設営隊	ニューギニア、ギルワ	一九四三・〇一・〇九 一九一五・〇七・一五	安本辺植 煥	軍属 母	戦死	唐津郡唐津面彩雲里七七七 唐津郡高文面坂谷里
一一三	第一五設営隊	ニューギニア、ギルワ	一九四三・〇一・〇九 一九二四・〇八・一六	徳山　照 妙順	軍属 妻	戦死	唐津郡松嶽面石浦里 ｜
一三一	第一五設営隊	ニューギニア、ギルワ	一九四三・〇一・〇九 ｜	新本金孫 豊城	軍属 妻	戦死	唐津郡合徳面×井里二〇九 ｜
一四二	第一五設営隊	ニューギニア、ギルワ	一九四三・〇一・〇九 一九二四・〇六・一五	佳山　銘 石×	軍属 父	戦死	唐津郡松山面柳谷里七四三 ｜
一一五	第一五設営隊	ニューギニア、ギルワ	一九四三・〇一・一一 一九一八・一〇・〇三	具原滋珏 徳順	軍属 妻	戦死	唐津郡松嶽面盤材里四四
九五	第一五設営隊	ニューギニア、ギルワ	一九四三・〇一・一四 一九二〇・〇五・〇二	禹嘉辰 貴今	軍属 妻	戦死	唐津郡沔川面城山里一四二 唐津郡沔川面文峰里
二六	第一五設営隊	ニューギニア、ギルワ	一九四三・〇一・二三 一九一七・〇五・一三	豊川甲淳 東禮	軍属 妻	戦死	舒川郡東面石羅里二六四 ｜
二七	第一五設営隊	ニューギニア、ギルワ	一九四三・〇一・二三 一九一八・一二・〇九	豊川福淳 順禮	軍属 妻	戦死	舒川郡東面石羅里二五七 ｜
三五	第一五設営隊	ニューギニア、ギルワ	一九四三・〇一・二三 一九一七・〇七・一五	嘴山忠蔵 景姫	軍属 妻	戦死	舒川郡花仁面城北里二〇七 ｜
四四	第一五設営隊	ニューギニア、ギルワ	一九四三・〇一・二三 一九一六・〇二・二四	國本九鎔 載雨	軍属 妻	戦死	舒川郡西面月里四六 ｜
四五	第一五設営隊	ニューギニア、ギルワ	一九四三・〇一・二三 一九二三・〇四・〇四	金本鎮九 箕圭	軍属 父	戦死	舒川郡西面月里四六 ｜
四六	第一五設営隊	ニューギニア、ギルワ	一九四三・〇一・二三	安田鍾平	軍属	戦死	舒川郡西面元頭里一四三

			一九一三・〇七・二九	淑愛	妻		―
五〇	第一五設営隊	ニューギニア、ギルワ	一九四三・〇一・二二	金海壽男	軍属	戦死	舒川郡文山面金徳里一三九
			一九一五・一〇・一〇	大三	妻		舒川郡長項邑和泉町
五二	第一五設営隊	ニューギニア、ギルワ	一九四三・〇一・二二	松岡正一	軍属	戦死	舒川郡麒山面辛山里二一七
			一九一一・一一・〇三	孟烈	妻		―
五七	第一五設営隊	ニューギニア、ギルワ	一九四三・〇一・二二	安平善吉	軍属	戦死	舒化郡馬山面安堂里一〇五
			一九一一・一一・〇八	春子	妻		―
五八	第一五設営隊	ニューギニア、ギルワ	一九四三・〇一・二二	安平隆夫	軍属	戦死	舒川郡馬山面安堂里一二二
			一九一八・〇二・二〇	―	妻		―
六二	第一五設営隊	ニューギニア、ギルワ	一九四三・〇一・二二	張田遠勲	軍属	戦死	舒川郡時草面草峴里一五五
			一九二三・〇三・一九	順禮	妻		
六三	第一五設営隊	ニューギニア、ギルワ	一九四三・〇一・二三	丘在訓	軍属	戦死	舒川郡時草面新谷里二七二
			一九二四・〇二・一三	月桂	妻		―
七七	第一五設営隊	ニューギニア、ギルワ	一九四三・〇一・二二	羅本相元	軍属	戦死	舒川郡華陽面九洞里一三八
			一九一五・一二・二〇	貞淑	母		全羅北道益山郡成税面花里
七九	第一五設営隊	ニューギニア、ギルワ	一九四三・〇一・二二	豊原東烈	軍属	戦死	舒川郡華陽面玉浦里
			一九一九・〇九・二二	光允	弟		―
八〇	第一五設営隊	ニューギニア、ギルワ	一九四三・〇一・二二	金海相運	軍属	戦死	舒川郡華陽面九洞里八
			一九〇四・〇二・一三	貞子	妻		舒川郡華陽面月山里
九二	第一五設営隊	ニューギニア、ギルワ	一九四三・〇一・二二	権公植	軍属	戦死	舒川郡韓山面余土里二二五
			一九二四・〇九・〇五	帰×	母		―
九三	第一五設営隊	ニューギニア、ギルワ	一九四三・〇一・二二	松村相在	軍属	戦死	舒川郡韓山面余土里一一四
			一九二一・一一・二〇	甲龍	叔父		―
一〇〇	第一五設営隊	ニューギニア、ギルワ	一九四三・〇一・二二	金田栄在	軍属	戦死	唐津郡沔川面文峰里
			一九二二・〇九・二六	尚奉	父		唐津郡松山面文峰里
一一六	第一五設営隊	ニューギニア、ギルワ	一九四三・〇一・二二	國本正成	軍属	戦死	唐津郡松嶽面鳳橋里二四二
			一九一一・〇三・〇一	栄枝	妻		―
一一七	第一五設営隊	ニューギニア、ギルワ	一九四三・〇一・二二	具原應會	軍属	戦死	唐津郡松嶽面佳橋里三六六
			一九一〇・〇三・二七	―	―		唐津郡松嶽面芳渓里
一一八	第一五設営隊	ニューギニア、ギルワ	一九四三・〇一・二二	具原滋鶴	軍属	戦死	唐津郡松嶽面芳漁里一五〇
			一九一六・〇二・二一	糠求	妻		唐津郡松嶽面芳渓里
一三〇	第一五設営隊	ニューギニア、ギルワ	一九四三・〇一・二二	文平長洙	軍属	戦死	唐津郡合徳面雲山里六四八
			一九一七・一〇・一〇	昌西	父		―
一三五	第一五設営隊	ニューギニア、ギルワ	一九四三・〇一・二二	岩本栄喜	軍属	戦死	唐津郡新平面富壽里三四九
			一九二一・一二・二七	泰点	妻		

一三六	第一五設営隊	ニューギニア、ギルワ	一九四三・〇一・二二 一九一九・〇三・二〇	伊東栄先 化善	軍属 妻	戦死	唐津郡新平面道城里二二九 —
一五三	第一五設営隊	ニューギニア、ギルワ	一九四三・〇一・二二 一九一六・一一・二三	芳山信哲 三小姐	軍属 妻	戦死	大徳郡鎮岑面龍渓里八六 —
一五四	第一五設営隊	ニューギニア、ギルワ	一九四三・〇一・二二 一九一九・〇二・一七	岩本廣熙 鍾禮	軍属 妻	戦死	大徳郡鎮岑面龍渓里八六 —
一五五	第一五設営隊	ニューギニア、ギルワ	一九四三・〇一・二二 一九二五・〇二・一九	安藤性福 得禮	軍属 母	戦死	大徳郡鎮岑面内洞里二七六 —
一五六	第一五設営隊	ニューギニア、ギルワ	一九四三・〇一・二二 一九二三・〇八・二三	高山宗声 吉遠	軍属 父	戦死	大徳郡鎮岑面黒石里四〇一 —
一五七	第一五設営隊	ニューギニア、ギルワ	一九四三・〇一・二二 一九二二・〇五・二三	中山顕徳 壬吉	軍属 母	戦死	大徳郡杞城面黒石里四〇八 —
一五八	第一五設営隊	ニューギニア、ギルワ	一九四三・〇一・二二 一九二二・〇九・一二	山川順萬 奇子	軍属 母	戦死	大徳郡杞城面佳水院里六一 —
一五九	第一五設営隊	ニューギニア、ギルワ	一九四三・〇一・二二 一九二〇・〇五・二五	平山炳吉 月福	軍属 妻	戦死	大徳郡杞城面佳水院里七四 —
一六四	第一五設営隊	ニューギニア、ギルワ	一九四三・〇一・二二 一九二一・〇一・〇三	中本内説 雨植	軍属 父	戦死	大徳郡東面新下里五五四 —
一六五	第一五設営隊	ニューギニア、ギルワ	一九四三・〇一・二二 一九二〇・〇九・二六	徳山平一 昌儀	軍属 妻	戦死	大徳郡東面新城里三四一 大徳郡東面新下里二六〇
一六六	第一五設営隊	ニューギニア、ギルワ	一九四三・〇一・二二 一九二〇・〇四・〇七	明星鍾萬 氏	軍属 母	戦死	大徳郡東面新城里二三八 —
一六七	第一五設営隊	ニューギニア、ギルワ	一九四三・〇一・二二 —	石村寛東 土根	軍属 父	戦死	大徳郡東面馬山里四七一 —
一七〇	第一五設営隊	ニューギニア、ギルワ	一九四三・〇一・二二 一九二四・〇三・二〇	金田仁杓 順住	軍属 妻	戦死	大徳郡炭洞面徳津里三一〇 —
一七三	第一五設営隊	ニューギニア、ギルワ	一九四三・〇一・二二 一八九四・一一・二四	白川増雄 信子	軍属 妻	戦死	大徳郡懐徳面邑内里五三 —
一七六	第一五設営隊	ニューギニア、ギルワ	一九四三・〇一・二二 一九〇八・一〇・二九	南葛均 八均	軍属 従兄	戦死	大徳郡山内面虎洞里二七〇 —
一七七	第一五設営隊	ニューギニア、ギルワ	一九四三・〇一・二二 一九一八・〇三・二九	南原昌土 今分	軍属 妻	戦死	大徳郡山内面長尺里二〇七 —
一七八	第一五設営隊	ニューギニア、ギルワ	一九四三・〇一・二二 一九一九・〇八・一四	松山清吉 百植	軍属 父	戦死	大徳郡山内面加平里 —
一八〇	第一五設営隊	ニューギニア、ギルワ	一九四三・〇一・二二	金井奭九	軍属	戦死	大徳郡北面黄湖里一〇

			一九一五・〇三・一五	宗禮	妻		清州郡芙蓉面芙江里
一八二	第一五設営隊	ニューギニア、ギルワ	一九四三・〇一・二二	菊本相烈	軍属	戦死	大徳郡北面龍湖里二一五
			一九一二・〇一・〇五	鍾元	祖父		—
一八四	第一五設営隊	ニューギニア、ギルワ	一九四三・〇一・二二	文山富雄	軍属	戦死	大徳郡儒城面新興里三二四
			一九一四・〇三・〇五	東植	妻		—
一八五	第一五設営隊	ニューギニア、ギルワ	一九四三・〇一・二二	茂山秉龍	軍属	戦死	大徳郡儒城面甲洞里三三四
			一九二三・〇五・一二	永敏	妻		—
一八九	第一五設営隊	ニューギニア、ギルワ	一九四三・〇一・二二	岩田昌洙	軍属	戦死	大徳郡柳川面
			一九二二・〇九・〇一	敬五	父		忠清北道清州郡芙蓉面登谷里
一九〇	第一五設営隊	ニューギニア、ギルワ	一九四三・〇一・二二	安鍾烈	軍属	戦死	大徳郡柳川面安永里三七〇
			一九二〇・一〇・〇五	成官	養母		—
一九一	第一五設営隊	ニューギニア、ギルワ	一九四三・〇一・二二	安村鍾声	軍属	戦死	大徳郡柳川面安永里五七〇
			一九一九・〇五・〇七	魯順	妻		—
一九八	第一五設営隊	ニューギニア、ギルワ	一九四三・〇一・二二	林憲政	軍属	戦死	公州郡儀堂面柳渓里三六三
			一九一七・〇五・一五	南栄	妻		—
一九九	第一五設営隊	ニューギニア、ギルワ	一九四三・〇一・二二	木村武勇	軍属	戦死	公州郡儀堂面松亭里四〇三
			一九一二・〇二・一三	点順	妻		公州郡長岐面坪基里二一一
二〇九	第一五設営隊	ニューギニア、ギルワ	一九四三・〇一・二二	和山正義	軍属	戦死	公州郡反浦面道岩里四〇一
			一九一〇・〇八・二二	唐突	妻		—
二一〇	第一五設営隊	ニューギニア、ギルワ	一九四三・〇一・二二	河寧在翼	軍属	戦死	公州郡反浦面菊谷里七五
			一九一九・〇二・二三	允令	妻		—
二一二	第一五設営隊	ニューギニア、ギルワ	一九四三・〇一・二二	鶴川奇憲	軍属	戦死	公州郡寺谷面海月里二四五
			一九一九・一二・一〇	順東	父		公州郡公州邑鎬町一三六
二二四	第一五設営隊	ニューギニア、ギルワ	一九四三・〇一・二二	藤禹正龍	軍属	戦死	公州郡正安面北渓里一五六
			一九一三・一〇・一四	敬禮	妻		—
二二八	第一五設営隊	ニューギニア、ギルワ	一九四三・〇一・二二	平山奉均	軍属	戦死	公州郡公州邑本町一四二
			一九二〇・〇二・二三	順妊	妻		公州郡雅龍面新基里三九二
二三〇	第一五設営隊	ニューギニア、ギルワ	一九四三・〇一・二二	金山百石	軍属	戦死	公州郡牛城面上西里八二一
			一九一〇・〇一・〇四	鳳姫	妻		—
二三一	第一五設営隊	ニューギニア、ギルワ	一九四三・〇一・二二	姜龍泰	軍属	戦死	公州郡牛城面汳新里三七五
			一九一六・〇五・一九	熙善	父		牙山郡仙掌面新聖里
二三九	第一五設営隊	ニューギニア、ギルワ	一九四三・〇一・二二	杜山 根	軍属	戦死	公州郡鶏龍面竹谷里二九二
			一九二二・〇八・〇八	良子	母		—
二四〇	第一五設営隊	ニューギニア、ギルワ	一九四三・〇一・二二	玉田慎煜	軍属	戦死	公州郡鶏龍面下大里六一三
			一九二二・〇三・一五	錦粉	妻		—

二四一	第一五設営隊	ニューギニア、ギルワ	一九四三・〇一・二二 一九一八・一〇・二三	長山茂一 金順	軍属 妻	戦死	公州郡鶏龍面錦帯里三六五 —
二四六	第一五設営隊	ニューギニア、ギルワ	一九四三・〇一・二二 一九二三・〇四・二八	吉田正次郎 富春	軍属 父	戦死	公州郡新上面維鳩里九五 —
二四七	第一五設営隊	ニューギニア、ギルワ	一九四三・〇一・二二 一九二三・一一・二七	正木清義 占順	軍属 妻	戦死	公州郡新上面×川里一四九 —
二五八	第一五設営隊	ニューギニア、ギルワ	一九四三・〇一・二二 一九一二・〇八・一九	車田雲成 牙其	軍属 妻	戦死	公州郡新下面山亭里四七二 —
二七五	第一五設営隊	ニューギニア、ギルワ	一九四三・〇一・二二 一九〇六・〇七・二一	平川炳五 順班	軍属 妻	戦死	論山郡豆磨面金岩里四二 清州郡芙蓉面美江里
三三〇	第一五設営隊	ニューギニア、ギルワ	一九四三・〇一・二二 一九一五・〇九・二六	松田長武 盛元	軍属 父	戦死	大田府栄町二－三八二－二 —
三七五	第一五設営隊	ニューギニア、ギルワ	一九四三・〇一・二二 一九一二・一二・一六	伊澤昌重 根春	軍属 妻	戦死	牙山郡陰峰面山亭里三一三 —
三七六	第一五設営隊	ニューギニア、ギルワ	一九四三・〇一・二二 一九一四・〇五・一〇	伊澤甲童 禮	軍属 妻	戦死	牙山郡陰峰面網岩里一六四 —
三八四	第一五設営隊	ニューギニア、ギルワ	一九四三・〇一・二二 一九一六・〇一・二三	金城萬成 徳元	軍属 父	戦死	牙山郡仙掌面大興里 —
三九二	第一五設営隊	ニューギニア、ギルワ	一九四三・〇一・二二 一九二三・〇二・二〇	柳川義男 上達	軍属 妻	戦死	牙山郡温陽邑防築里三四〇 —
三九七	第一五設営隊	ニューギニア、ギルワ	一九四三・〇一・二二 一九二一・〇七・一五	岩本徳雨 興順	軍属 妻	戦死	牙山郡屯浦面新南里 —
三九八	第一五設営隊	ニューギニア、ギルワ	一九四三・〇一・二二 一九一七・〇八・二四	三州丙玉 蓮姫	軍属 妻	戦死	牙山郡屯浦面新項里一四五 —
四〇一	第一五設営隊	ニューギニア、ギルワ	一九四三・〇一・二二 一九二一・〇五・二四	金本顕大 東根	軍属 叔父	戦死	牙山郡塩時面塩星里一六三 —
四〇二	第一五設営隊	ニューギニア、ギルワ	一九四三・〇一・二二 一九二〇・〇三・一五	平沼興奉 明玉	軍属 父	戦死	牙山郡塩時面芳峴里 —
四〇三	第一五設営隊	ニューギニア、ギルワ	一九四三・〇一・二二 一九二〇・一二・一七	金原昌謙 義姓	軍属 妻	戦死	牙山郡塩時面江清里一六七 —
四一二	第一五設営隊	ニューギニア、ギルワ	一九四三・〇一・二二 一九一九・一二・一〇	三井善杓 玉蘭	軍属 妻	戦死	牙山郡仁川面貢税里六四 —
四一三	第一五設営隊	ニューギニア、ギルワ	一九四三・〇一・二二 一九二〇・〇三・〇一	松本根淳 學承	軍属 父	戦死	牙山郡仁川面冷井里一二〇 —
四六三	第一五設営隊	ニューギニア、ギルワ	一九四三・〇一・二二	西村相弼	軍属	戦死	禮山郡大興面東西里一三六

				承俊	父		舒川郡長項邑玉東里六一
五四〇	第一五設営隊	ニューギニア、ギルワ	一九四三・〇一・二二	柳奇星	軍属	戦死	天安郡成歓面成宮里
			一九一三・〇八・〇三	寅哲	父		唐津郡松山面錦山里
五六七	第一五設営隊	ニューギニア、ギルワ	一九四三・〇一・二二	林百丁	軍属	戦病死	燕岐郡南面宗村里四二六
			一九一四・〇九・〇八	盈月	妻		清州郡芙蓉面芙蓉里
三三二	第一五設営隊	ニューギニア、マンバレイ	一九四三・〇一・〇五	伊東昌燮	軍属	戦死	青陽郡木面松岩里一四一
			一九二二・〇四・〇一	政玉	父		公州郡牛城面坪目里
一六九	第一五設営隊	ニューギニア、マンバレイ	一九四三・〇二・一一	金山長泰	軍属	戦死	大徳郡炭洞面徳津里三三一
			一九二三・〇四・二一	仙伊	妻		—
五八〇	第一五設営隊	ニューギニア、マンバレイ	一九四三・〇二・一三	島本重雄	軍属	戦死	燕岐郡東面葛山里二三五
			一九一七・〇七・一五	蓮子	妻		清州郡芙蓉面芙江里
一七二	第一五設営隊	ニューギニア、ラエ	一九四三・〇三・二四	金澤學培	軍属	戦病死	大徳郡懐徳面邑内里一三四
			一九一五・一一・三〇	金順	妻		—
一〇	第一六警備隊	バシー海峡	一九四四・〇九・〇九	坡平英世	上水	戦死	禮山郡新陽面晩土里一三三
			一九二五・〇四・二〇	賛熙	父		—
一〇四五	第一九設営隊	南西太平洋	一九四四・〇三・一八	金原甲秀	軍属	戦死	公州郡牛城面銅大里
			一九二四・〇八・二八	仲一弼	父		公州郡牛城面銅大里
一〇五一	第一九設営隊	南西太平洋	一九四四・〇三・一八	松山次雄	軍属	戦死	扶余郡世道面桂松里三〇九
			一九一三・〇三・〇二	ヨシ子	妻		扶余郡世道面桂松里三〇九
一〇五八	第一九設営隊	南西太平洋	一九四四・〇三・一八	西本魯欽	軍属	戦死	舒川郡板橋面卜大里一六三
			一九二三・一〇・一一	鴻植	—		舒川郡板橋面卜大里一六三
一一〇五	第一九設営隊	南西太平洋	一九四四・〇三・一八	成田恵済	軍属	戦死	禮山郡新陽面貴谷里六七四
			一九一七・〇一・〇三	起順	妻		禮山郡新陽面貴谷里六七四
一一二九	第一九設営隊	南西太平洋	一九四四・〇三・一八	金田用済	軍属	戦死	天安郡豊歳面美竹里
			一九一八・一一・一四	埻済	兄		天安郡豊歳面美竹里
一〇二八	第三〇海軍建築部	ダバオ	一九四四・〇八・一三	南相鉉	軍属	戦死	瑞山郡大湖芝面杜山里
				相哲	妻		
三四	第三〇海軍建築部	ペリリュウ島	一九四四・〇九・一五	大林賛鎬	軍属	戦死	舒川郡長興邑松浜町
			一九二一・一〇・一五	基錫	—		—
二三三二	第三〇海軍建築部	ペリリュウ島	一九四四・〇九・一五	白石五龍	軍属	戦死	公州郡牛城面坪目里二一一
			一九二〇・〇一・二七	玉孫	兄		牙山郡仙掌面大城里
二二六八	第三〇海軍建築部	ペリリュウ島	一九四四・〇九・一五	金村瑞鉉	軍属	戦死	論山郡豆磨面旺岱里二九九
			一九一九・一二・二五	在仁	父		—
二二六九	第三〇海軍建築部	ペリリュウ島	一九四四・〇九・一五	國本康翼	軍属	戦死	論山郡豆磨面夫南里八九八
			一九〇八・一一・〇八	順禮	妻		論山郡豆磨面夫南里一九七

二七〇	第三〇海軍建築部	ペリリュウ島	一九四四・〇九・一五 一九二二・一二・〇八	許由弘 奇弘	軍属 兄	戦死	論山郡豆磨面夫南里一一一 —
二七一	第三〇海軍建築部	ペリリュウ島	一九四四・〇九・一五 一九二一・〇四・一五	華山東熙 在順	軍属 母	戦死	論山郡豆磨面龍洞里五一六 —
二七二	第三〇海軍建築部	ペリリュウ島	一九四四・〇九・一五 一九一七・〇九・二七	完山善興 善龍	軍属 弟	戦死	論山郡豆磨面龍洞里五五五
二七三	第三〇海軍建築部	ペリリュウ島	一九四四・〇九・一五 一九二二・〇三・一五	金本昌福 壽福	軍属 兄	戦死	論山郡豆磨面龍洞里 論山郡連山洞青銅里六七
二七九	第三〇海軍建築部	ペリリュウ島	一九四四・〇九・一五 一八六九・〇二・二八	文山貞玉 完成	軍属 父	戦死	論山郡連山面連山里三五六 —
二八〇	第三〇海軍建築部	ペリリュウ島	一九四四・〇九・一五 一九一四・〇九・〇二	晋山順石 順子	軍属 兄	戦死	論山郡連山面連山里四八三 —
二八一	第三〇海軍建築部	ペリリュウ島	一九四四・〇九・一五 一九一五・〇六・二〇	金海鍾亀 春培	軍属 父	戦死	論山郡連山面連山里四八〇 —
二八五	第三〇海軍建築部	ペリリュウ島	一九四四・〇九・一五 一九一三・〇二・二八	岡村春太 東文	軍属 弟	戦死	論山郡光石面旺田里四四六 論山郡連山面連山里
二八六	第三〇海軍建築部	ペリリュウ島	一九四四・〇九・一五 一九一一・〇二・〇三	岡村春成 東文	軍属 弟	戦死	論山郡光石面旺田里四四六 論山郡連山面連山里
二九四	第三〇海軍建築部	ペリリュウ島	一九四四・〇九・一五 一九一八・〇五・二〇	山本昌錫 昌鉉	軍属 兄	戦死	論山郡夫赤面徳坪里四六七 —
二九五	第三〇海軍建築部	ペリリュウ島	一九四四・〇九・一五 一九二一・〇二・二〇	林炯奇 聖烈	軍属 父	戦死	論山郡夫赤面新橋里三一八 —
二九六	第三〇海軍建築部	ペリリュウ島	一九四四・〇九・一五 一九二〇・〇二・一〇	伊坂康雄 元清	軍属 父	戦死	論山郡夫赤面塔亭里二五八 —
二九七	第三〇海軍建築部	ペリリュウ島	一九四四・〇九・一五 一九一八・〇四・二八	松本魯仲 三龍	軍属 兄	戦死	論山郡夫赤面盤松里二一二 —
二九八	第三〇海軍建築部	ペリリュウ島	一九四四・〇九・一五 一九二二・一二・〇一	牧山粲善 明善	軍属 兄	戦死	論山郡夫赤面外城里一二七 —
二九九	第三〇海軍建築部	ペリリュウ島	一九四四・〇九・一五 一九二一・〇八・一七	金光喜洙 永福	軍属 父	戦死	論山郡夫赤面新豊里一四九 —
三〇〇	第三〇海軍建築部	ペリリュウ島	一九四四・〇九・一五 一九一二・一一・〇三	三山英鎬 要還	軍属 兄	戦死	論山郡夫赤面盤松里 —
三〇一	第三〇海軍建築部	ペリリュウ島	一九四四・〇九・一五 一九一五・〇一・〇八	金川永喆 斗鉉	軍属 父	戦死	論山郡夫赤面新豊里一七八 —
三〇八	第三〇海軍建築部	ペリリュウ島	一九四四・〇九・一五	李在五	軍属	戦死	論山郡江景邑大正町二二

			一九二六・〇一・二〇	盤一	父		—
八五三	第三〇海軍建築部	ペリリュウ島	一九四四・一二・三一	林鳳実	軍属	戦死	舒川郡東面卜大里
			一九二一・〇六・二〇	鳳玉	—		
八五五	第三〇海軍建築部	ペリリュウ島	一九四四・一二・三一	山本宣植	軍属	戦死	舒川郡麒山面月岐里
			一九〇八・〇九・〇七	満珪	—		—
八四八	第三〇海軍建築部	パラオ島	一九四四・〇三・三〇	完山山奉	軍属	戦死	禮山郡挿橋面坪村里一六〇
			一九〇九・〇八・〇六	—	—		—
八三四	第三〇海軍建築部	パラオ島	一九四四・一一・二一	金石俊	軍属	戦病死	禮山郡古徳面皿里
		ワイル氏病	一九一七・〇三・一二	洙	叔父		—
二八七	第三〇海軍建築部	パラオ島	一九四五・〇三・二七	豊田璿浩	軍属	戦病死	論山郡光石面梧月里一四一
			一九一九・一〇・〇七	善養	父		論山郡夫赤面徳坪里
八三六	第三〇海軍建築部	パラオ島	一九四五・〇四・二〇	洪城金龍	軍属	戦病死	禮山郡大興面達反里
		流行性脳炎	一九〇八・〇八・〇三	昌秉	子		—
八三八	第三〇海軍建築部	パラオ島	一九四五・〇五・〇四	松本靖吉	軍属	戦病死	禮山郡吾可面新長里
		流行性脳炎	一九一一・〇七・〇四	済殷	弟		—
八三九	第三〇海軍建築部	パラオ島	一九四五・〇六・二六	山谷允學	軍属	戦病死	禮山郡大逑面方山里
		脊椎脱臼	一九二一・一〇・〇四	充喜	父		—
八四〇	第三〇海軍建築部	パラオ島	一九四五・〇七・〇一	金泰玉	軍属	戦病死	禮山郡光寺面新岱里
		脚気	一九〇九・〇一・二五	茂玉	—		—
八三五	第三〇海軍建築部	パラオ島	一九四五・〇七・一九	池田山玉	軍属	戦病死	禮山郡新岩面新泉里
		脚気	一九二〇・一一・二六	徳菖	父		—
九五二	第一〇一海軍設営隊	ブカ島	一九四五・〇五・二七	川本義雄	軍属	戦死	扶余郡内山面雲崎里
			一九二三・〇七・〇三	澤龍	兄		陝川郡青中面楊里
八二一	第一〇一海軍設営隊	ラバウル	一九四五・一〇・三一	宮本鐘設	軍属	戦病死	公州郡寺谷面海月里二一三
		マラリア	一九一八・一〇・〇五	—	—		—
一〇五九	第一〇二海軍施設部	パリクパパン	一九四五・〇八・一二	金本治郎	軍属	戦病死	舒川郡舒川面島石里二四八
			一九一九・〇二・一九	享煥	—		舒川郡舒川面島石里二四八
三五五	第一〇二海軍軍需部	カガヤン諸島	一九四三・〇四・二八	竹村昌洙	軍属	戦死	扶余郡石城面鳳停里八方二
			—	仲吉	弟		公州郡灘川面盤松里二八九
五三一	第一〇二海軍軍需部	カガヤン諸島	一九四三・〇四・二八	吉田荘鳳	軍属	戦死	天安郡修身面長山里四八七
			—	壽太郎	兄		天安郡修身面長山里四八七
五四三	第一〇二海軍軍需部	カガヤン諸島	一九四三・〇四・二八	安保明煥	軍属	戦病死	天安郡成歓面水郷里二〇二
			—	貞順	妻		天安郡成歓面水郷里二〇二
一〇四八	第一〇三海軍施設部	ルソン島北部	一九四五・〇六・一〇	河東相允	軍属	戦死	論山郡夫赤面夫皇里
			一九一九・一一・二三	李相在	弟		—

一〇五二	第一〇三海軍施設部	ルソン島北部	一九四五・〇六・一〇 一九一七・〇二・二七	坡山容顕 丁貞順	軍属 妻	戦病死	扶余郡扶余面中井里七七 扶余郡扶余面中井里七七
一〇五三	第一〇三海軍施設部	ルソン島北部	一九四五・〇六・一〇 一九二二・〇四・二三	金城相玉 宗熙	軍属 父	戦死	扶余郡鴻山面北村里 扶余郡鴻山面北村里
一〇五四	第一〇三海軍施設部	ルソン島北部	一九四五・〇六・一〇 一九一六・〇八・一〇	丹山基重 良川順鶴	軍属 父	戦死	扶余郡南面内谷里 済州島翰林面岳里東洞内
一〇五五	第一〇三海軍施設部	ルソン島北部	一九四五・〇六・一〇 一九二一・〇五・二三	竹本寛吉 昌吉	軍属 父	戦死	扶余郡草村面眞湖里 扶余郡草村面眞湖里
一〇七七	第一〇三海軍施設部	ルソン島北部	一九四五・〇六・一〇 一九二〇・〇九・一七	完山義雄 完順	軍属 母	戦死	保寧郡藍浦面邑内里二九六 保寧郡藍浦面邑内里二九六
一〇七八	第一〇三海軍施設部	ルソン島北部	一九四五・〇六・一〇 一九二二・〇七・一六	柳川常春 ―	軍属 ―	戦死	保寧郡晋所面野峴里 ―
一〇八七	第一〇三海軍施設部	ルソン島北部	一九四五・〇六・一〇 一九二〇・〇四・一六	木村来龍 ―	軍属 ―	戦死	洪城郡亀項面支井里 ―
一〇八八	第一〇三海軍施設部	ルソン島北部	一九四五・〇六・一〇 一九一五・〇九・〇九	竹本昌永 ―	軍属 ―	戦死	洪城面亀項面篁谷里 ―
一〇八九	第一〇三海軍施設部	ルソン島北部	一九四五・〇六・一〇 一九二二・〇二・二三	平田仁植 ―	軍属 ―	戦死	洪城郡亀項面胎封里一四一 ―
一〇九〇	第一〇三海軍施設部	ルソン島北部	一九四五・〇六・一〇 一九一二・一一・二〇	金澤奥吉 ―	軍属 ―	戦死	洪城郡結成面無量里 ―
一〇九一	第一〇三海軍施設部	ルソン島北部	一九四五・〇六・一〇 一九一九・〇九・二三	金澤光祐 豊生	軍属 父	戦死	洪城郡廣川面所岩里 ―
一〇九二	第一〇三海軍施設部	ルソン島北部	一九四五・〇六・一〇 一九二一・〇九・〇二	金哲済 商烈	軍属 父	戦死	洪城郡碧渓面二八五 ―
一一一〇	第一〇三海軍施設部	ルソン島マニラ東方山中	一九四五・〇六・一〇 一九二三・〇二・二三	金本商泰 天泰	軍属 兄	戦死	禮山郡新岩面別里四五 ―
一一一一	第一〇三海軍施設部	ルソン島マニラ東方山中	一九四五・〇六・一〇 一九一九・〇六・二八	成邱延動 ―	軍属 ―	戦死	禮山郡新岩面禮林里 ―
一一一二	第一〇三海軍施設部	ルソン島マニラ東方山中	一九四五・〇六・一〇 一九一三・〇二・二三	平林漢鎮 ―	軍属 ―	戦死	禮山郡古徳面四里 ―
一一一三	第一〇三海軍施設部	ルソン島マニラ東方山中	一九四五・〇六・一〇 一九一九・〇九・一六	高山一得 順根	軍属 弟	戦死	禮山郡挿橋面挿橋里 洪城郡亀頂面天井里
一一一四	第一〇三海軍施設部	ルソン島マニラ東方山中	一九四五・〇六・一〇 一九一九・〇三・二一	中村二俊 ―	軍属 ―	戦死	禮山郡徳山面三渓里 ―
一一〇〇	第一〇三海軍施設部	ルソン島マニラ東方山中	一九四五・〇六・三〇	星山正雄	軍属	戦死	洪城郡洪城邑昭香里

			一九一八・一二・一五	良雄	兄		―
一〇四二	第一〇三海軍施設部	ルソン島マニラ東方山中	一九四五・〇六・三〇 一九二三・〇六・二二	山本正吉 ―	軍属 ―	戦死	大徳郡帰徳面龍田里一二 ―
一〇四三	第一〇三海軍施設部	ルソン島マニラ東方山中	一九四五・〇六・三〇 一九二四・一二・〇六	荒木泰基 関壽福	軍属 父	戦死	大徳郡儒城面弓洞里三九七 大徳郡儒城面堤岱里一四三
一〇四六	第一〇三海軍施設部	ルソン島マニラ東方山中	一九四五・〇六・三〇 一九一七・〇三・一〇	小林善東 ―	軍属 ―	戦死	公州郡鶏龍面陽化里 ―
一〇五六	第一〇三海軍施設部	ルソン島マニラ東方山中	一九四五・〇六・三〇 一九一六・〇七・一九	新井英熙 李貞子	軍属 母	戦死	扶余郡内山面珠岩里二一三 ―
一〇六一	第一〇三海軍施設部	ルソン島マニラ東方山中	一九四五・〇六・三〇 一九一七・〇三・二一	朴炳淳 ―	軍属 ―	戦死	舒川郡板橋面後洞里 ―
一〇八一	第一〇三海軍施設部	ルソン島マニラ東方山中	一九四五・〇六・三〇 一九一三・〇七・一六	吉川英奎 後藤秋子	軍属 ―	戦死	青陽郡青陽面赤幡里下赤区 ―
一一〇一	第一〇三海軍施設部	ルソン島マニラ東方山中	一九四五・〇六・三〇 一九一四・〇三・三一	青松萬木	軍属 父	戦死	洪城郡洪城邑大校里二一四二 ―
一一一九	第一〇三海軍施設部	ルソン島マニラ東方山中	一九四五・〇六・三〇 一九二二・一一・一五	金海奉先 金一義	軍属 ―	戦死	禮山郡挿橋面駅里二五四 禮山郡挿橋面駅里二五四
一〇六二	第一〇三海軍軍需部	ルソン島バヨンボン	一九四五・〇五・三〇 一九二二・〇七・二七	坡平寶熙 桂海	軍属 父	戦死	舒川郡馬西面山里七四七 ―
一一二二	第一〇三海軍工作隊	ルソン島	一九四五・〇七・一三 ―	清田英蔵 李田命圭	軍属 叔父	戦死	禮山郡新陽面西界陽里 京城府城連区下圭十里町
一〇八四	第一一一設営隊	ギルバート諸島タラワ	一九四三・一一・二五 一九一四・〇四・二二	竹井楽永 明好	軍属 父	戦死	洪城郡港北面葛山里 礼山郡挿橋面頭里八〇五
一一二六	第一一一設営隊	ギルバート諸島タラワ	一九四三・一一・二五 一九一四・〇九・二六	長谷川甲山 基漢	軍属 妻	戦死	牙山郡仁州面新城里 牙山郡仁州面新城里
九五一	第二〇四設営隊	硫黄島	一九四五・〇二・一七 一九二二・一一・〇三	三井武清 政雄	軍属 父	戦死	扶余郡九龍面九鳳里三七三 ―
八五四	第二〇四設営隊	硫黄島	一九四五・〇三・一七 一九一七・一二・二六	兪山福造 ―	軍属 ―	戦死	舒川郡東面水城里二二六 ―
八七二	第二〇五設営隊	硫黄島	一九四四・〇八・〇二 一九〇九・〇九・〇八	木村金次郎 ―	軍属 ―	戦死	舒川郡奉陽面琴堂里 ―
八三二	第二〇五設営隊	ヤップ島	一九四四・〇六・二三 ―	山本吉男 ―	軍属 ―	戦死	公州郡灘川面三角里 ―
七八九	第二〇五設営隊	ヤップ島	一九四四・〇八・三〇 ―	崔化辛 ―	軍属 ―	戦病死	唐津郡沔川面大時里 ―

番号	所属	死亡場所・死因	死亡年月日	生年月日	氏名	親族氏名	身分	続柄	区分	本籍	親族住所
八八七	第二〇五設営隊	ヤップ島	一九四四・〇九・〇一	|	金山峰	|	軍属	|	戦病死	洪城郡結城面中里	|
七八八	第二〇五設営隊	ヤップ島	一九四四・一〇・〇五	|	金澤東允(秉允)	|	軍属	|	戦病死	唐津郡唐津面龍淵里	|
九五六	第二〇五設営隊	ヤップ島	一九四四・一二・〇九	一九一三・〇五・二三	昌原五星	甲性	軍属	兄	戦死	天安郡稷山面良堂里	|
八三三	第二〇五設営隊	ヤップ島 急性大腸炎	一九四五・〇一・二四	一九一五・〇九・〇二	盧源状	|	軍属	|	戦病死	禮山郡鳳山面九岩里	|
九四九	第二〇五設営隊	ヤップ島	一九四五・〇二・〇七	一九一八・一一・〇七	竹本起鳳	南元	軍属	父	戦病死	扶余郡玉山面新安里	|
九五四	第二〇五設営隊	ヤップ島	一九四五・〇三・〇六	一九〇二・〇二・一九	柳城基喜	仁植	軍属	長男	戦死	扶余郡世道面水右里	|
八七四	第二〇五設営隊	ヤップ島 肝臓膿症	一九四五・〇三・一八	一九一七・〇二・一六	木下順風	福順	軍属	子	戦病死	洪城郡長谷面大峴里	|
八七三	第二〇五設営隊	ヤップ島 肺結核	一九四五・〇四・〇九	一九一七・一二・一二	金山宗雲	鏡	軍属	弟	戦病死	洪城郡長谷面天台里	|
九四五	第二〇五設営隊	ヤップ島 脚気	一九四五・〇四・一〇	一九一七・一一・一一	豊川大淳	敬杉	軍属	甥	戦病死	扶余郡場岩面石東里	|
九四八	第二〇五設営隊	ヤップ島 脳出血	一九四五・〇五・〇二	一九一八・〇三・一〇	山本建錫	伝庸	軍属	子	戦病死	扶余郡内山面雲峙里	|
九四〇	第二〇五設営隊	ヤップ島	一九四五・〇六・一七	一九〇七・〇五・二七	平川行重	錫剖	軍属	子	戦死	扶余郡世道面青浦里	|
九四一	第二〇五設営隊	ヤップ島	一九四五・〇六・一七	一九一四・〇四・二三	金山永高	錫鉉	軍属	父	戦死	扶余郡世道面青浦里	鴻山面鳥賢里
九四二	第二〇五設営隊	ヤップ島	一九四五・〇六・一七	一九二六・〇一・一五	松本貞鉉	二鉉	軍属	兄	戦死	扶余郡世道面青浦里	九龍面龍唐里
九四七	第二〇五設営隊	ヤップ島	一九四五・〇六・一七	一九二三・〇二・二三	金城順成	在得	軍属	父	戦死	扶余郡窺岩面合井里五九	|
九五三	第二〇五設営隊	ヤップ島	一九四五・〇六・一七	一九二〇・〇三・〇一	山村承澤	雀聖	軍属	従兄	戦死	扶余郡内山面雲峙里	|
九二二	第二〇五設営隊	ヤップ島	一九四五・〇七・一八	一九二〇・一二・一八	松本海龍	|	軍属	|	戦病死	扶余郡大川面蓼庵里	|
七九〇	第二〇五設営隊	ヤップ島	一九四五・〇九・一二	|	平沼成普(星普)	|	軍属	|	戦死	唐津郡松嶽面梧谷里	|
八五一	第二〇五設営隊	ヤップ島	一九四五・一〇・〇六		岩本喆雨		軍属		戦病死	舒川郡西面月湖里三三九	

		熱射病	一九二〇・〇三・一〇	—	—		—
一〇四〇	第二二二設営隊	ビスマルク島	一九四三・一二・一九 一九二〇・〇二・〇一	張昌植 守業	軍属 父	戦死	大田府春日町二―五五 慶尚北道善山郡山東面道中洞二〇五
一〇四四	第二二二設営隊	ビスマルク島	一九四三・一二・一九 一九二一・〇四・二四	大垣浩成 浩信	軍属 弟	戦死	燕岐郡鳥致院邑六二四 京城府城北町一三四―三八
一〇八五	第二二二設営隊	ビスマルク島	一九四三・一二・一九 一九一三・一〇・一四	利川世鍾 壬得	軍属 妻	戦死	洪城郡亀頂面篁谷里二五 洪城郡洪北面葛山里八二一
一一〇六	第二二二設営隊	ビスマルク島	一九四三・一二・一九 一九一四・〇四・〇九	三本宇康 光行	軍属 父	戦死	禮山郡挿橋面新佳里四六七 禮山郡挿橋面新佳里四六七
一一二七	第二二二設営隊	ビスマルク島	一九四三・一二・一九 一九〇六・〇四・一七	金大得 雲済	軍属 父	戦死	牙山郡湯井面毛宗里三六 —
一〇四一	第二二四設営隊	ペリリュウ島	一九四四・一二・三一 一九一六・〇八・二五	山田相俊 完文	軍属 父	戦死	大田府木所二―一七六 大田府西町一一六
一〇六四	第二二四設営隊	ペリリュウ島	一九四四・一二・三一 一九一七・〇二・〇一	宮本高雄 元昌	軍属 父	戦死	保寧郡大川面内項里 保寧郡大川面内項里
一〇六五	第二二四設営隊	ペリリュウ島	一九四四・一二・三一 一九一四・〇二・二一	松村石國 東一	軍属 —	戦死	保寧郡大川面馨谷里 保寧郡大川面馨谷里
一〇六六	第二二四設営隊	ペリリュウ島	一九四四・一二・三一 一九一八・〇五・一〇	金山炳元 龍降	軍属 父	戦死	保寧郡熊川面竹青里 —
一〇六七	第二二四設営隊	ペリリュウ島	一九四四・一二・三一 一九二三・〇六・二五	成田龍起 龍星	軍属 兄	戦死	保寧郡熊川面大昌里 —
一〇六八	第二二四設営隊	ペリリュウ島	一九四四・一二・三一 一九一四・〇六・〇一	平山周燮 文燮	軍属 —	戦死	保寧郡鰲川面鳥浦里 保寧郡鰲川面鳥浦里
一〇六九	第二二四設営隊	ペリリュウ島	一九四四・一二・三一 一九二三・〇六・二〇	沃川錫済 河原驊落	軍属 兄	戦死	保寧郡川北面新竹里 保寧郡川北面新竹里
一〇七〇	第二二四設営隊	ペリリュウ島	一九四四・一二・三一 一九一九・〇四・〇一	黄原龍安 龍春	軍属 弟	戦死	保寧郡川北面洛東里 保寧郡川北面洛東里
一〇七一	第二二四設営隊	ペリリュウ島	一九四四・一二・三一 一九一八・〇二・二〇	李村会禄 福男	軍属 兄	戦死	保寧郡川北面新竹里 保寧郡川北面新竹里
一〇七二	第二二四設営隊	ペリリュウ島	一九四四・一二・三一 一九二二・〇九・一一	岩井炳哲 河性	軍属 父	戦死	保寧郡青陽面新松里七〇 保寧郡青陽面新松里七〇
一〇七三	第二二四設営隊	ペリリュウ島	一九四四・一二・三一 一九一九・〇九・一一	夏山圭學 龍煥	軍属 父	戦死	保寧郡珠山面金岩里 保寧郡珠山面金岩里
一〇七四	第二二四設営隊	ペリリュウ島	一九四四・一二・三一 一九二三・〇二・〇二	金城東洙 昌済	軍属 父	戦死	保寧郡嵋山面聖佳里 保寧郡嵋山面聖佳里

一〇九三	第二二四設営隊	ペリリュウ島	一九四四・一二・三一 一九一三・〇七・一三	平村錫禧 寶永	軍属 ｜	戦死	洪城郡亀項面南山里 洪城郡亀項面南山里
一〇九四	第二二四設営隊	ペリリュウ島	一九四四・一二・三一 一九二〇・〇六・〇八	平本斗萬 龍福	軍属 弟	戦死	洪城郡高道面東山里 ｜
一〇九五	第二二四設営隊	ペリリュウ島	一九四四・一二・三一 一九一八・一二・二五	安東瑛鎮 両原興伝	軍属 兄	戦死	洪城郡西部面於沙里 洪城郡西部面於沙里
一〇九六	第二二四設営隊	ペリリュウ島	一九四四・一二・三一 一九一四・〇九・二九	金光善玉 謹中	軍属 父	戦死	洪城郡結成面洞里 ｜
一〇九八	第二二四設営隊	ペリリュウ島	一九四四・一二・三一 一九一九・〇六・一二	平申光均 光錫	軍属 父	戦死	洪城郡洪城面葛山里 洪城郡洪城面葛山里
一一一五	第二二四設営隊	ペリリュウ島	一九四四・一二・三一 一九一七・〇六・〇三	松下昌淵 ｜	軍属 ｜	戦死	禮山郡徳山面社洞里 ｜
一一一六	第二二四設営隊	ペリリュウ島	一九四四・一二・三一 一九二〇・〇九・二一	城山承赫 鍾泰	軍属 父	戦死	禮山郡大興面葛甲里 禮山郡大興面葛甲里
一一一七	第二二四設営隊	ペリリュウ島	一九四四・一二・三一 一九二五・〇九・二一	李田景烈 東徳	軍属 父	戦死	禮山郡新陽面西界陽里一六四 禮山郡新陽面西界陽里一六四
一一一八	第二二四設営隊	ペリリュウ島	一九四四・一二・三一 ｜	伊平朝鉉 王録	軍属 兄	戦死	禮山郡鳳山面宮坪里三一 ｜
一一二八	第二二四設営隊	ペリリュウ島	一九四五・〇九・二四 一九二五・〇四・二九	牧山英吉 忠吉	軍属 父	戦死	牙山郡道高面農陰里二七一 禮山郡大逑面花山里二四五
一〇九七	第二二五設営隊	ダバオ	一九四五・〇八・三〇 一九一四・〇二・一四	倉元在天 龍禮	軍属 妻	戦病死	洪城郡結成面琴谷里 洪城郡結成面琴谷里
一一〇二	第二二五設営隊	ダバオ	一九四五・〇八・三〇 一九二二・〇四・二二	松村福煥 ｜	軍属 ｜	戦病死	洪城郡銀河面柳松里一一三 洪城郡銀河面柳松里一一三
一一二〇	第二二五設営隊	ダバオ	一九四五・〇九・二〇 一九二二・〇四・二二	永山馥煥 ｜	軍属 ｜	戦病死	禮山郡吾可面汾川里 禮山郡吾可面汾川里
一〇六〇	第二二七設営隊	グァム島	一九四四・〇八・一〇 一九二三・〇一・一七	羅相辰 ｜	軍属 ｜	戦死	舒川郡馬西面玉北里八一七 ｜
一一三〇	第二二七設営隊	グァム島	一九四四・〇八・一〇 一九〇一・〇八・一五	松本善行 甲順	軍属 妻	戦死	天安郡娊城面聖城里 ｜
一〇七五	第二二八設営隊	グァム島	一九四四・〇七・三〇 一九二一・一〇・三〇	長山菊承 ｜	軍属 父	戦死	保寧郡昌浦面鳳蓮里四三六 保寧郡昌浦面鳳蓮里四三六
一〇七六	第二二八設営隊	グァム島	一九四四・〇七・三〇 一九二一・〇五・〇一	松川寛默 仁默	軍属 父	戦死	保寧郡鰲川面葛峴里六七八 保寧郡鰲川面葛峴里六七八
一〇四七	第二二九設営隊	フィリピン（比島）	一九四四・一一・一四	安田春雄	軍属	戦死	論山郡連山面徳岩里三一四

			一九二〇・一〇・三〇	和市	父		―
一〇八〇	第二一九設営隊	ルソン島	一九四五・〇七・〇八	神林勉	軍属	戦死	青陽郡青陽面赤楼里
			一九一九・一〇・二四	春子	妻		―
一一二二	第二一九設営隊	ルソン島	一九四五・〇七・〇八	李永範	軍属	戦死	禮山郡新陽面黄渓里
			一九二三・〇五・二四	―	―		―
一〇九九	第二一九設営隊	ルソン島	一九四五・〇七・二八	田村溶徳	軍属	戦死	洪城郡洪城面五官里一九
			―	成東	父		洪城郡洪城面五官里一九
一一三八	第二二一設営隊	ポナペ島	一九四四・〇一・二六	松本武士	軍属	戦死	論山郡魯城面佳谷里三一
			一九一八・〇一・〇九	武子	妻		―
一一四二	第二二二設営隊	パラオ島	一九四四・〇一・三一	松田英一	軍属	戦死	公州郡牛城面上西里三九二
			一九一八・一二・二八	達良	父		公州郡牛城面上西里三九二
一一三七	第二二三設営隊	父島西北	一九四四・〇二・二三	徳原熙用	軍属	戦死	大田府龍頭町九五
			一九二〇・〇五・一三	コユリ	内妻		―
一一四〇	第二二三設営隊	父島西北	一九四四・〇二・二三	和木判用	軍属	戦死	論山郡論山邑栄町四二
			一九一四・一〇・二五	姓女	母		京畿道抱川郡青山面三政里金順基方
一一四三	第二二三設営隊	父島西北	一九四四・〇二・二三	水島錫萬	軍属	戦死	公州郡公州邑金鶴町二三五
			一九一七・〇六・一八	フミ	妻		―
一一四六	第二二三設営隊	父島西北	一九四四・〇二・二三	青松春澤	軍属	戦死	洪城郡洪北面山水里一六二
			一九二三・〇六・一二	栄壽	祖父		洪城郡洪城邑玉岩里
一一四八	第二二三設営隊	父島西北	一九四四・〇二・二三	上田定雄	軍属	戦死	大田府春日町三丁目
			一九〇六・〇一・一五	―	―		―
一一四九	第二二六設営隊	沖縄	一九四五・〇六・一二	良原平基	軍属	戦死	天安郡天安邑九星里三九－一
			一九二一・〇七・二七	正×	兄		―
一一四四	第二二七設営隊	エンダービ島	一九四四・〇八・〇一	金本建聖	軍属	戦死	舒川郡馬東面道三里四三
			一九一八・〇四・〇一	智恵子	内妻		―
一一五一	第二三二設営隊	セウム島	一九四五・一二・〇二	権泰龍	軍属	戦病死	論山郡光石面恒月里
		マラリア	一九二六・〇二・二七	重明	父		―
一一七〇	第二三三設営隊	テニアン島カロリナス	一九四四・〇八・〇一	山佳庄司	軍属	戦死	公州郡正安面平正里二二九
			一九〇六・〇四・二〇	喜美子	妻		―
一一七一	第二三三設営隊	テニアン島カロリナス	一九四四・〇八・〇一	安原庚在	軍属	戦死	公州郡正安面平正里二二九
			一九〇九・〇九・〇五	仙禮	妻		公州郡正安面平正里二二九
一〇二五	第二三三設営隊	テニアン島カロリナス	一九四四・〇八・〇一	竹本賢龍	軍属	戦死	扶余郡南面三龍里一五
			一九一二・〇四・〇七	今年	妻		―
一一五八	第二三三設営隊	テニアン島カロリナス	一九四四・〇八・〇一	平申木浮	軍属	戦死	舒川郡庇仁面城山里一六九
			一九一七・〇一・二三	花順	妻		―

番号	所属	場所	年月日	氏名	続柄	区分	本籍地
一一五六	第二三五設営隊	セブ島	一九四五・〇四・〇二 一九二〇・〇四・〇三	西川栄錫 須錫	軍属 妻	戦死	大徳郡懐徳面梧井金四八 ―
七九六	第二三五設営隊	セブ島	一九四五・〇四・一〇 一九一八・〇七・〇五	金村載坤 客淳	軍属 父	戦死	舒川郡東面亭山里二七九 ―
一一六七	第二三五設営隊	セブ島	一九四五・〇四・一二 一九一九・〇三・〇五	金盛郁 ××	軍属 妻	戦死	燕岐郡鳥致院邑昭和町一〇五 燕岐郡鳥致院邑昭和町一〇五
一一六八	第二三五設営隊	セブ島	一九四五・〇四・二〇 一九二三・〇六・〇三	梁川義雄 玉可	軍属 妻	戦死	燕岐郡鳥致院邑昭和町一一一 燕岐郡鳥致院邑告野街一一
一一六六	第二三五設営隊	セブ島	一九四五・〇四・二六 一九一七・〇七・一〇	金光履洙 允枝	軍属 妻	戦死	瑞山郡所遠面柿木里七三八 瑞山郡所遠面柿木里七三八
一一五九	第二三五設営隊	セブ島	一九四五・〇五・二九 一九一八・一二・一一	梁原允奉 汝順	軍属 父	戦死	舒川郡庇仁面船島里三七〇 舒川郡庇仁面船島里三七〇
一一六〇	第二三五設営隊	セブ島	一九四五・〇五・二九 一九二〇・〇二・一八	密本賛永 生今	軍属 妻	戦死	舒川郡舒川面花衿里一六 舒川郡舒川面花衿里一六
一一六一	第二三五設営隊	セブ島	一九四五・〇六・〇三 一九二一・〇二・二〇	宮本泰俊 順律	軍属 妻	戦死	舒川郡長項邑三角町一〇七 舒川郡長項邑三角町一〇七
一一五三	第二三五設営隊	セブ島	一九四五・〇六・〇四 一九二一・一二・〇七	朴衡植 憲師	軍属 妻	戦死	大徳郡杞城面道安五四七 ―
一一六九	第二三五設営隊	セブ島	一九四五・〇八・二四 一九一四・〇二・〇一	呉津倫光 貞媛	軍属 妻	戦病死	燕岐郡南面東村里文化×七七 燕岐郡南面東村里文化×七七
一一五四	第二三五設営隊	セブ島 脳炎	一九四五・〇八・三〇 一九二三・〇三・〇三	松原在根 浪壽	軍属 妻	戦病死	大徳郡東面馬山里四一〇 ―
一一七三	第二三五設営隊	セブ島	一九四五・〇四・一〇 一九二一・〇九・一四	平田×× 漢玉	軍属 妻	戦死	瑞山郡道化面東海里二〇九 ―
一一六四	第二三五設営隊	ネグロス島	一九四五・〇二・一八 一九一三・〇一・〇九	金原原権 ××	軍属 妻	戦死	瑞山郡浮石面湯馬里一五二 瑞山郡浮石面湯馬里一五二
一一六三	第二三五設営隊	ネグロス島	一九四五・〇四・一六 一九二二・〇六・〇一	岩村　銑 恵鐘	軍属 妻	戦死	瑞山郡道北面梨谷里五八 瑞山郡川辺×面××里二一一
一一五二	第二三五設営隊	ネグロス島	一九四五・〇四・一八 一九二二・〇六・二二	松岡重基 聖分	軍属 妻	戦死	大徳郡九則面龍谷里五四 ―
一一五五	第二三五設営隊	ネグロス島	一九四五・〇六・〇一 一九二二・〇三・二八	金本完実 政光	軍属 父	戦死	大徳郡東面内塔里 ―
一一六五	第二三五設営隊	ネグロス島	一九四五・〇六・一六 一九二二・〇九・〇一	勝田韶煥 ×夫	軍属 父	戦死	瑞山郡八峰面金鶴里一四三 瑞山郡八峰面金鶴里一四三
一〇三〇	ぶらじる丸	南洋群島	一九四二・〇八・〇五	結城基義	軍属	戦死	洪城郡洪東面八卦里七九―三

			―	静江	妻		―
一〇六三	明陽丸	ニューギニア	一九四二・〇八・〇八	金東鎬	軍属	戦死	舒川郡華陽面玉浦里一八
			一九二一・〇七・二五	―	―		―
七五二	近江丸	本邦南方	一九四二・一二・二七	金井正澤	軍属	戦死	扶余郡玉山面鴻淵里四三七
			一九〇六・〇五・一〇	―	―		―
七四七	日通丸	本邦西方	一九四三・〇三・二一	兪本建太郎	軍属	戦死	扶余郡玉山面加徳里四一九
			一九二七・一二・二〇	―	―		―
七七一	日通丸	本邦西方	一九四三・〇三・二一	和山珪龍	軍属	戦死	公州郡反浦面道岩里二三三
			一九二四・一二・二六	―	―		―
七七三	日通丸	黄海本邦西方	一九四三・〇三・二一	松田道雄	軍属	戦死	唐津郡松嶽面佳鶴里二一八
			一九二一・〇七・一四	―	―		―
七七〇	錦江丸	黄海	一九四三・〇五・〇五	成田成萬	軍属	戦死	公州郡公州邑大和町六〇
			一九〇五・〇二・一五	―	―		―
一一六二	正島丸	占守島	一九四三・〇七・一二	松本一夫	軍属	戦死	牙山郡新昌面南城里一七二
			一九二三・〇六・二一	×壽	父		牙山郡新昌面南城里一七二
七四四	帝欣丸	南支那海	一九四三・〇七・二七	菊村光峯	軍属	戦死	論山郡陽村面林花里三七〇
			一九二二・一二・〇二	―	―		―
七五八	加智山丸	本邦南方	一九四三・〇九・一九	菊田清光	軍属	戦死	燕岐郡西面性斉里二九九
			一九二七・一二・〇五	―	―		―
七五五	第二正木丸	本邦西方	一九四三・一〇・〇一	金城知憲	軍属	戦死	瑞山郡高化面長隻里四九八
			一九一六・〇五・〇三	―	―		―
一一二五	興西丸	九州南方	一九四三・一一・一一	木山淳基	軍属	戦死	唐津郡河川面沙器所里一二一
			―	恩錫	父		―
一〇五七	日運丸	インドネシア（蘭印）	一九四三・一二・〇一	宮村撥廷	軍属	戦死	扶余郡窺岩面新里三四八
			一九二八・〇一・二一	千鍾	父		―
一一三三	興安丸	ビスマルク島	一九四四・〇一・二四	岡田鍾徳	軍属	戦死	燕岐郡
			―	×植	妻		―
一一三九	巴欄丸	マーシャル諸島	一九四四・〇二・〇六	斎藤秀男	軍属	戦死	論山郡江景邑
			―	藤四郎	父		―
七六九	まるた丸	本邦西南方	一九四四・〇二・一〇	谷山重仁	軍属	戦死	青陽郡定山面光生里三〇四
			一九一四・〇二・〇九	―	―		―
七六七	第二山菱丸	伊予灘	一九四四・〇三・二〇	池田吉康	軍属	戦死	天安郡天安邑九里町三七四
			―	―	父		大田府大支街四〇―六
七六八	第二山菱丸	伊予灘	一九四四・〇三・二〇	平光徳雨	軍属	戦死	天安郡本川面新渓里一五
			―	―	―		―

七六〇	宮崎丸	本邦北方海面	一九四四・〇五・〇八 一九二二・〇二・〇九	西原　裕 —	軍属 —	戦死	洪城郡長谷面智井里四八一 —
七六五	第二万栄丸	本邦東北	一九四四・〇五・一二 一九二五・〇二・二五	松本演夫 —	軍属 —	戦死	牙山郡桃芳面葛梅里四〇九 —
一一四七	第一華星丸	ソロモン諸島 マラリア	一九四四・〇五・一八 一八八七・〇一・二〇	鄭早雲	軍属 長男	戦病死	保寧郡周浦面新垈里九三五 —
七六四	東天丸	本邦北方	一九四四・〇六・一一 一九二五・〇六・二八	小泉暁夫 —	軍属 —	戦死	牙山郡道高面徳岩里一 —
一〇〇九	第八興義丸	南洋群島	一九四四・〇六・一二 一九二四・一一・三〇	柳鐘瓚 同骨	軍属 父	戦死	大田府大興町三五四 大田府東町一－二二七
七七五	第二大星丸	黄海	一九四四・〇七・〇一 一九一七・〇三・一九	白江洙甲 —	軍属 —	戦死	舒川郡庇仁面長浦里三六二 —
一一四一	第二東興丸	南支那海	一九四四・〇七・〇八 —	平山由男 換玉	軍属 父	戦死	舒川郡長項邑水東里四〇八 慶尚南道釜山府栄町
一一三五	第二東興丸	南支那海	一九四四・〇七・〇八 —	杉浦慶雄 富子	軍属 妻	戦死	保寧郡能川面大川里一四五 —
七五六	第二筑紫丸	黄海	一九四四・〇七・一一 一九一四・一二・〇八	洪家鍾六 —	軍属 —	戦死	燕岐郡西面新垈里三〇 —
一一二四	満泰丸	ルソン島	一九四四・〇七・一五 一九〇六・一〇・〇六	米原正幸 —	軍属 —	戦死	瑞山郡海美面 —
一〇五〇	奥業丸	南支那海	一九四四・〇七・一六 一九二三・一一・二六	吉田寛均 吉杓	軍属 弟	戦死	論山郡江景面南町三四 —
一〇七九	満泰丸	ルソン島	一九四四・〇七・一六 一九二〇・〇四・二六	李家鏞十 定圭	軍属 父	戦死	保寧郡珠山面甑山里二四六 —
七四三	武豊丸	ミンドロ島北西	一九四四・〇八・二一 一九二一・〇二・一〇	松原茂(東権) —	軍属 —	戦死	論山郡江景邑栄町二二二 —
七七二	日安丸	南太平洋	一九四四・〇九・〇八 一九二三・一一・〇二	佳山一雄 —	軍属 —	戦死	公州郡長岐面錦岩里五三四 —
七四五	第二三南進丸	台湾馬公近海	一九四四・一〇・一二 一九〇八・〇一・〇一	金泰文 —	軍属 —	戦死	論山郡江影面 —
一一三一	満泰丸	本邦東方	一九四四・一〇・二三 —	村井勝雄 —	軍属 —	戦死	瑞山郡安眠面承彦里六二一 —
一〇四九	八光丸	九州南方海面	一九四四・一一・〇八 —	林田京造 栄萬	軍属 父	戦死	論山郡魯城面下道里四七九 —
一〇八二	八光丸	九州南方海面	一九四四・一一・〇八	金山栄培	軍属	戦死	青陽郡飛鳳面落平里一九九〇

			一九二五・〇四・一八	洪基	父		｜
一一〇三	八光丸	九州南方海面	一九四四・一一・〇八	吉村東光	軍属	戦死	洪城郡銀河面花峰里二六
			一九二七・〇五・二五	寶炳	父		｜
七七四	第六大星丸	黄海	一九四四・一一・二一	金城七元	軍属	戦死	保寧郡能川面城洞里六二六
			一九二五・〇三・二三	｜	｜		｜
七五四	福壽丸	黄海	一九四四・一一・二三	青松泰鎮	軍属	戦死	瑞山郡高化面新上里三六一
			一九一九・〇二・二八	｜	｜		｜
七六二	金令丸	南支那海	一九四五・〇一・〇三	成田耕平	軍属	戦死	禮山郡鳳山面待洞里一九三
			一八九三・一〇・二五	｜	｜		｜
七六三	満珠丸	南支那海	一九四五・〇一・〇八	正木孝鎮	軍属	戦死	牙山郡夢陽邑左部里二五五
			一九二三・〇八・〇九	｜	｜		｜
一一二三	第一〇辰鷹丸	ルソン島	一九四五・〇二・二六	松田上東	軍属	戦死	禮山郡挿橋面頭里八〇三
			一九二三・一〇・二〇	道成	父		｜
七五三	隆昭丸	台湾海峡	一九四五・〇四・〇一	夏山信雄	軍属	戦死	瑞山郡瑞山邑邑内里三八七
			一九二五・〇一・〇一	｜	｜		｜
七七六	第三四北新丸	東支那海	一九四五・〇四・〇一	豊田晟衛	軍属	戦死	牙山郡灵仁面牙山里四四六
			｜	｜	｜		｜
七五〇	東隆丸	黄海	一九四五・〇五・〇二	兪村根植	軍属	戦死	扶余郡南面松岩里一五四
			一九二一・〇六・〇一	｜	｜		｜
七四九	第一五高砂丸	朝鮮海峡	一九四五・〇五・〇四	新井正治	軍属	戦死	扶余郡内山面雲峙里八七
			一九二七・〇二・一一	｜	｜		｜
七五九	晃和丸	黄海	一九四五・〇五・〇七	三山丈夫	軍属	戦死	燕岐郡金儀面邑内里一九三
			一九二二・〇四・〇一	｜	｜		｜
一一三四	晃麗丸	朝鮮海峡	一九四五・〇五・〇八	水原永助	軍属	戦死	扶余郡窺岩面窺岩里一三〇
			｜	｜	｜		｜
一一三六	晃麗丸	朝鮮海峡	一九四五・〇五・〇八	岩田在永	軍属	戦死	牙山郡渇井面鳴岩里五六二
			｜	妊永	妻		｜
七六一	永壽丸	黄海	一九四五・〇五・一六	呉島啓煥	軍属	戦死	洪城郡銀河面長天里三六七
			一九二二・〇八・〇五	｜	｜		｜
七四六	日洋丸	フィリピン（比島）近海	一九四五・〇五・二〇	梅田武雄	軍属	戦死	論山郡豆磨面旺岱里三八九
			一九二二・一一・三〇	｜	｜		｜
七五一	第二福井丸	日本海	一九四五・〇六・一一	原木之煥	軍属	戦死	扶余郡良化面水原里一六九
			一九二五・〇三・二七	｜	｜		｜
一一四五	第三八興安丸	沖縄本島	一九四五・〇六・一四	潟井月涼	軍属	戦死	瑞山郡所遠面茅項里五四二
			一九一六・〇六・二九	順成	兄		瑞山郡所遠面茅項里五四二

一一五〇	第六開洋丸	佐賀県渡島付近	一九四五・〇六・二九 ―	金石二郎 ―	軍属 ―	戦死	論山郡陽村面新基里四七五 ―
七四八	大壽丸	大分近海	一九四五・〇七・三一 一九一九・〇八・二三	豊川庄司 ―	軍属 ―	戦死	扶余郡九龍面龍塘里五六四 ―
七六六	豊島丸	朝鮮海峡	一九四五・〇八・〇九 一九二六・一二・二八	龍川相訓 ―	軍属 ―	戦死	天安郡成歓面旺林里三七三 ―
七五七	第六日祐丸	香川県	一九四五・〇八・一三 一九二六・一二・三〇	柳井永昌 ―	軍属 ―	戦死	燕岐郡西面新佐里一一五 ―
一〇八六	不詳	ルソン島北部	不詳 ―	×××× ―	軍属 ―	戦死	洪城郡亀項面支公里 ―

原簿番号	所属	死亡場所 死亡事由	死亡年月日 生年月日	創氏名・姓名 親権者	階級 関係	死亡区分	本籍地 親権者住所
三九七	大湊海軍施設部	北太平洋	一九四三・〇三・二五 一九二二・〇九・二一	柳田玉志 —	軍属 —	戦死	永同郡上村面倫山里 —
三九八	大湊海軍施設部	北太平洋	一九四三・〇三・二五 一九一三・一〇・二六	良原吉洙 —	軍属 —	戦死	永同郡陽江面双岩里 —
三五七	大湊海軍施設部	北太平洋	一九四四・〇三・〇二 一九二〇・一〇・二〇	金順萬・金山勝男 道永・鐵萬	軍属 父・弟	戦死	永同郡黄金面砂天里二五 —
四七一	大湊海軍施設部	北太平洋	一九四四・〇三・〇二 一九一八・一一・二三	星本坪淳 教根・採順	軍属 祖父・妻	戦死	沃川郡東二面坪山里八二七―一 —
三九一	大湊海軍施設部	北太平洋	一九四四・〇九・二六 —	沃田永杓 在夏・判順	軍属 兄・妻	戦死	永同郡陽山面鳳山里八一九 茂朱軍安城面
五〇一	大湊海軍施設部	北太平洋	一九四四・〇九・二六 一九二四・一二・〇二	金澤三益 柄吉	軍属 父	戦死	堤川郡堤川邑邑部里一九八 堤川郡堤川邑新高里二七二
七三九	大湊海軍施設部	北太平洋	一九四四・〇九・二六 一九一七・〇五・一四	木村正洙 甫吉	軍属 父	戦死	永同郡揚江面山幕里四八〇 永同郡揚江面山幕里四八〇
七四九	大湊海軍施設部	北太平洋	一九四四・〇九・二六 一九二一・〇四・二四	西本宗哲 富男	軍属 母	戦死	堤川郡松鶴面×田里三四 江原道原州郡枝当面盈谷里
三五八	大湊海軍施設部	北太平洋	一九四四・一〇・二五 —	内田新吉 大山今順	軍属 妻	戦死	永同郡黄金面雀店里 —
三六五	大湊海軍施設部	北太平洋	一九四四・一〇・二五 一九一六・〇五・一二	湖山石積 —	軍属 —	戦死	永同郡黄潤面龍巌里 —
四二一	大湊海軍施設部	北太平洋	一九四四・一〇・二五 一九一七・〇四・〇七	呉魯面 —	軍属 —	戦死	槐山郡青河面武陵里 —
四七六	大湊海軍施設部	北太平洋	一九四四・一〇・二五 一九二二・〇七・二九	三山昌善 天晟	軍属 父	戦死	忠州郡薪尼面仙堂里一六〇 —
四七七	大湊海軍施設部	北太平洋	一九四四・一〇・二六 一九二三・一二・二五	林松植 順甲	軍属 姉	戦死	忠州郡忠州邑達川里八四八―二 —
五〇五	大湊海軍施設部	北太平洋	一九四四・一〇・二五 一九二七・〇四・〇一	新本喜雄 眞鉉	軍属 妻	戦死	堤川郡錦城面陽化里二七五 堤川郡堤川邑新百里二三四
五一二	大湊海軍施設部	北太平洋	一九四四・一〇・二五 一九二三・〇五・〇七	伊原華相 明光	軍属 父	戦死	堤川郡松鶴面柴谷里六〇一 —
五六八	大湊海軍施設部	北太平洋	一九四四・一〇・二五 —	安東政男 番淵・順基	軍属 父・妻	戦死	報恩郡炭釜面碧池里三八四 —

六〇九	大湊海軍施設部	北太平洋	一九四四・一〇・二五 一九一三・〇二・〇七	浅山正雄 ー	軍属 ー	戦死	清州郡北九一面 ー
六七一	大湊海軍施設部	北太平洋	一九四四・一〇・二五 ー	岩内炳徳 禮根	軍属 ー	戦死	清州郡南一面花塘里 ー
六七九	大湊海軍施設部	北太平洋	一九四四・一〇・二五 ー	柳村仁鳳 明秀・一用	軍属 父・妻	戦死	清州郡賢都面老山里六九
六八六	大湊海軍施設部	北太平洋	一九四四・一〇・二五 一九二五・〇八・二四	新井健太郎 幸一	軍属 ー	戦死	清州郡四州面鳳鳴里一六八
三六三	大湊海軍施設部	北太平洋	一九四五・〇六・一八 一九二二・〇七・二一	雲山植文 在根・貴栄	軍属 父・妻	戦死	永同郡永同面堂谷里三三 ー
六七三	大湊海軍施設部	北太平洋	一九四五・〇六・一八 ー	伊　正允	軍属 ー	戦死	清州郡南一面佳中里二〇七
五一五	大湊海軍施設部	北千島沖	一九四四・〇九・二六 一九二四・一二・〇七	安藤光善 在根・英玉	軍属 父・妻	戦死	堤川郡白雲面放鶴里三六四 堤川郡白雲面放鶴里三六四
四八五	大湊海軍施設部	北千島沖	一九四五・〇五・〇一 一九二三・一一・二三	朴本正王 ー	軍属 ー	戦死	忠州郡老銀面丈城里 ー
五五五	大湊海軍施設部	北千島沖	一九四五・〇五・〇一 一九二〇・一二・一七	山本今同 ー	軍属 ー	戦死	陰城郡遠南面徳亭里 ー
四三三	大湊海軍施設部	北千島沖	一九四五・〇五・〇一 一九二〇・一〇・二〇	夏山千玉 ー	軍属 ー	戦死	槐山郡赤川面芝村里 ー
四三四	大湊海軍施設部	北千島沖	一九四五・〇五・〇一 一九一九・〇一・〇五	岩田聖祐 ー	軍属 ー	死亡	槐山郡沼壽面壽里 ー
四四六	大湊海軍施設部	千島沖	一九四五・〇五・〇一 一九一九・〇六・二一	朴大鳳 千萬	軍属 父	戦死	沃川郡青山面三方里 ー
四三二	大湊海軍施設部	青森県三沢	一九四五・〇七・三一 ー	平山盛吉 ー	軍属 ー	死亡	槐山郡清安面錦新里二八一 ー
三六九	大湊海軍施設部	舞鶴港内	一九四五・〇八・二四 ー	朴関用 ー	軍属 ー	死亡	永同郡永同邑下行里 ー
三七〇	大湊海軍施設部	舞鶴港内	一九四五・〇八・二四 ー	大村福男（海） ー	軍属 ー	死亡	永同郡揚江面双岩里 ー
三七一	大湊海軍施設部	舞鶴港内	一九四五・〇八・二四 ー	松山允洙 ー	軍属 ー	死亡	永同郡鶴山面伺街里 ー
三七二	大湊海軍施設部	舞鶴港内	一九四五・〇八・二四 ー	張石福逑 ー	軍属 ー	死亡	永同郡永同邑梧灘里 ー
三七三	大湊海軍施設部	舞鶴港内	一九四五・〇八・二四	平沼在石	軍属	死亡	永同郡永同邑梅川里

三七四	大湊海軍施設部	舞鶴港内	一九四五・〇八・二四	曺相玉	軍属	死亡	永同郡永同邑英蓉里
三七五	大湊海軍施設部	舞鶴港内	一九四五・〇八・二四	大平任金	軍属	死亡	永同郡深川面馬×里
三七六	大湊海軍施設部	舞鶴港内	一九四五・〇八・二四	松田福萬	軍属	死亡	永同郡黄金面銀平里
三七七	大湊海軍施設部	舞鶴港内	一九四五・〇八・二四	徳原長煥	軍属	死亡	永同郡梅谷面老川里空等洞
三七八	大湊海軍施設部	舞鶴港内	一九四五・〇八・二四	広村誠出	軍属	死亡	永同郡龍山面山底里
三七九	大湊海軍施設部	舞鶴港内	一九四五・〇八・二四	江山小阿尺	軍属	死亡	永同郡揚江面芝村里
三八〇	大湊海軍施設部	舞鶴港内	一九四五・〇八・二四	金永徳	軍属	死亡	永同郡揚江面鍮杏里
三八一	大湊海軍施設部	舞鶴港内	一九四五・〇八・二四	松山潤彦	軍属	死亡	永同郡鶴山面碑陽里
三八二	大湊海軍施設部	舞鶴港内	一九四五・〇八・二四	大村福岡	軍属	死亡	永同郡揚江面双岩里
三八三	大湊海軍施設部	舞鶴港内	一九四五・〇八・二四	朴善用	軍属	死亡	永同郡永同邑下加里
三八四／四〇二	大湊海軍施設部	舞鶴港内	一九四五・〇八・二四	李萬逑	軍属	死亡	永同郡永同邑下加里
三八五	大湊海軍施設部	舞鶴港内	一九四五・〇八・二四	鄭泰平	軍属	死亡	永同郡鶴山面鋤山里
三八六	大湊海軍施設部	舞鶴港内	一九四五・〇八・二四	金州石仁	軍属	死亡	永同郡龍化面龍華里
三八七	大湊海軍施設部	舞鶴港内	一九四五・〇八・二四	金本正二	軍属	死亡	永同郡黄潤面黄潤駅前
四〇一	大湊海軍施設部	舞鶴港内	一九四五・〇八・二四	山本相旭	軍属	死亡	永同郡永同邑富龍里
四二三	大湊海軍施設部	舞鶴港内	一九四五・〇八・二四	金川龍福	軍属	死亡	槐山郡清安面邑内里
四二四	大湊海軍施設部	舞鶴港内	一九四五・〇八・二四	安田九鳳	軍属	死亡	槐山郡清安面光應里

四二五	大湊海軍施設部	舞鶴港内	一九四五・〇八・二四	安時悦	軍属	死亡	槐山郡曽坪面曽坪里
四二六	大湊海軍施設部	舞鶴港内	一九四五・〇八・二四	崔允基	軍属	死亡	槐山郡曽坪面梨谷里
四二七	大湊海軍施設部	舞鶴港内	一九四五・〇八・二四	安田鳳奎	軍属	死亡	槐山郡甘勿面梅田里
四二八	大湊海軍施設部	舞鶴港内	一九四五・〇八・二四	前田永文	軍属	死亡	槐山郡延豊面柳下里
四二九	大湊海軍施設部	舞鶴港内	一九四五・〇八・二四	安本発得	軍属	死亡	槐山郡甘勿面鯉潭里
四三〇	大湊海軍施設部	舞鶴港内	一九四五・〇八・二四	金本永年	軍属	死亡	槐山郡仏頂面牧渡里
四三一	大湊海軍施設部	舞鶴港内	一九四五・〇八・二四	中山火奉	軍属	死亡	槐山郡長延面廣庫里
四三五	大湊海軍施設部	舞鶴港内	一九四五・〇八・二四	波平実赫	軍属	死亡	槐山郡青川面後坪里
四三六	大湊海軍施設部	舞鶴港内	一九四五・〇八・二四	新井聖淳	軍属	死亡	槐山郡清安面葛坪里
四三七	大湊海軍施設部	舞鶴港内	一九四五・〇八・二四	牧野行次	軍属	死亡	槐山郡清安面邑内里
四三八	大湊海軍施設部	舞鶴港内	一九四五・〇八・二四	金海啓成	軍属	死亡	槐山郡清安面邑内里
四八六	大湊海軍施設部	舞鶴湾内	一九四五・〇八・二四	芝山埼浩（陣）	軍属	死亡	忠州郡周徳面堤内里
四八七	大湊海軍施設部	舞鶴湾内	一九四五・〇八・二四	金山乙燮	軍属	死亡	忠州郡周徳面堂隅里
四八八	大湊海軍施設部	舞鶴湾内	一九四五・〇八・二四	金田章煥	軍属	死亡	忠州郡周徳面三清里
四八九	大湊海軍施設部	舞鶴湾内	一九四五・〇八・二四	木山天奉	軍属	死亡	忠州郡周徳面倉田里
四九〇	大湊海軍施設部	舞鶴湾内	一九四五・〇八・二四	木村点石	軍属	死亡	忠州郡忠州邑校峴洞
四九一	大湊海軍施設部	舞鶴湾内	一九四五・〇八・二四	李壽得	軍属	死亡	忠州郡忠州邑校峴洞
四九二	大湊海軍施設部	舞鶴湾内	一九四五・〇八・二四	國平奎鳳	軍属	死亡	忠州郡利柳面豆井里

四九三	大湊海軍施設部	舞鶴湾内	一九四五・〇八・二四	梁川大福	軍属	死亡	忠州郡利柳面金谷里
四九四	大湊海軍施設部	舞鶴湾内	一九四五・〇八・二四	木村乙成	軍属	死亡	忠州郡利柳面長城里
四九五	大湊海軍施設部	舞鶴湾内	一九四五・〇八・二四	金澤巨福	軍属	死亡	忠州郡利柳面大召里一六六
四九六	大湊海軍施設部	舞鶴湾内	一九四五・〇八・二四	松田春根	軍属	死亡	忠州郡忠州邑本町
四九七	大湊海軍施設部	舞鶴湾内	一九四五・〇八・二四	清川漕八	軍属	死亡	忠州郡完凍面三補里
五一九	大湊海軍施設部	舞鶴湾内	一九四五・〇八・二四	山村昌烈	軍属	死亡	堤川郡鳳陽面鳳陽里
五二〇	大湊海軍施設部	舞鶴湾内	一九四五・〇八・二四	金二男	軍属	死亡	堤川郡鳳陽面旺岩里
五二一	大湊海軍施設部	舞鶴湾内	一九四五・〇八・二四	金城鳳植	軍属	死亡	堤川郡堤川邑邑部里
五二二	大湊海軍施設部	舞鶴湾内	一九四五・〇八・二四	金城周柜	軍属	死亡	堤川郡堤川邑邑部里
五三一	大湊海軍施設部	舞鶴湾内	一九四五・〇八・二四	木村鳳潤	軍属	死亡	堤川郡堤川邑内里
五三二	大湊海軍施設部	舞鶴湾内	一九四五・〇八・二四	張償源	軍属	死亡	堤川郡堤川邑鶏寒里
五三三	大湊海軍施設部	舞鶴湾内	一九四五・〇八・二四	大平元植	軍属	死亡	堤川郡堤川邑長楽里
五三四	大湊海軍施設部	舞鶴湾内	一九四五・〇八・二四	李鳳夏	軍属	死亡	堤川郡堤川邑長楽里
五三五	大湊海軍施設部	舞鶴湾内	一九四五・〇八・二四	盧然基	軍属	死亡	堤川郡堤川面愛連里
五六九	大湊海軍施設部	舞鶴湾内	一九四五・〇八・二四	晉山信栄	軍属	死亡	報恩郡馬老面壬谷里
五七〇	大湊海軍施設部	舞鶴湾内	一九四五・〇八・二四	昌田學光	軍属	死亡	報恩郡馬老面赤塘里
五七一	大湊海軍施設部	舞鶴湾内	一九四五・〇八・二四	林俊吉	軍属	死亡	報恩郡馬老面嵩坪里

五七二	大湊海軍施設部	舞鶴湾内	一九四五・〇八・二四	梁川福壽	軍属	死亡	報恩郡馬老面馬中里
五七三	大湊海軍施設部	舞鶴湾内	一九四五・〇八・二四	金川一九	軍属	死亡	報恩郡俗離面悟倉里
五七四	大湊海軍施設部	舞鶴湾内	一九四五・〇八・二四	茂村有福	軍属	死亡	報恩郡炭釜面大陽里
五七五	大湊海軍施設部	舞鶴湾内	一九四五・〇八・二四	金井玉培	軍属	死亡	報恩郡炭釜面壯治里
五七六	大湊海軍施設部	舞鶴湾内	一九四五・〇八・二四	川本造應	軍属	死亡	報恩郡炭釜面梅花里
五七七	大湊海軍施設部	舞鶴湾内	一九四五・〇八・二四	文山清也	軍属	死亡	報恩郡炭釜面坪角里
五七八	大湊海軍施設部	舞鶴湾内	一九四五・〇八・二四	定川斗燦	軍属	死亡	報恩郡報恩面楼底里
五七九	大湊海軍施設部	舞鶴湾内	一九四五・〇八・二四	安川金龍	軍属	死亡	報恩郡報恩面長新里
五八〇	大湊海軍施設部	舞鶴湾内	一九四五・〇八・二四	松原　岸	軍属	死亡	報恩郡水汗面
五八一	大湊海軍施設部	舞鶴湾内	一九四五・〇八・二四	手萬玉	軍属	死亡	報恩郡炭釜面士道里
五八八	大湊海軍施設部	舞鶴湾内	一九四五・〇八・二四	江原永和	軍属	死亡	丹陽郡丹陽面下防里
五八九	大湊海軍施設部	舞鶴湾内	一九四五・〇八・二四	文山水石	軍属	死亡	丹陽郡大崗面南泉里
五九〇	大湊海軍施設部	舞鶴湾内	一九四五・〇八・二四	新月時寒	軍属	死亡	丹陽郡梅浦面三谷里
五九一	大湊海軍施設部	舞鶴湾内	一九四五・〇八・二四	林在日	軍属	死亡	丹陽郡赤城面角基里
五九二	大湊海軍施設部	舞鶴湾内	一九四五・〇八・二四	金光玹奎	軍属	死亡	丹陽郡赤城面芝谷里
五九三	大湊海軍施設部	舞鶴湾内	一九四五・〇八・二四	新月相徳	軍属	死亡	丹陽郡赤城面大加里
五九四	大湊海軍施設部	舞鶴湾内	一九四五・〇八・二四	宮田周玹	軍属	死亡	丹陽郡赤城面玄谷里
五九五	大湊海軍施設部	舞鶴湾内	一九四五・〇八・二四	山本奎泰	軍属	死亡	丹陽郡永春面上里

五九六	大湊海軍施設部	舞鶴湾内	一九四五・〇八・二四	山本大奉	軍属	死亡	丹陽郡永春面南川里
五九七	大湊海軍施設部	舞鶴湾内	一九四五・〇八・二四	金田二雲	軍属	死亡	丹陽郡永春面儀豊里
五九八	大湊海軍施設部	舞鶴湾内	一九四五・〇八・二四	平本周尚	軍属	死亡	丹陽郡魚上川面金山里
五九九	大湊海軍施設部	舞鶴湾内	一九四五・〇八・二四	國本學洙	軍属	死亡	丹陽郡佳谷面巌川里
六〇〇	大湊海軍施設部	舞鶴湾内	一九四五・〇八・二四	李長鶴	軍属	死亡	丹陽郡魚上川面任縣里
六〇一	大湊海軍施設部	舞鶴湾内	一九四五・〇八・二四	金本聖五	軍属	死亡	丹陽郡魚上川面任縣里
六〇二	大湊海軍施設部	舞鶴湾内	一九四五・〇八・二四	方田奉燮	軍属	死亡	丹陽郡丹陽面深谷里
六〇三	大湊海軍施設部	舞鶴湾内	一九四五・〇八・二四	東薬洙學	軍属	死亡	丹陽郡大崗面兀山里
六〇七	大湊海軍施設部	舞鶴湾内	一九四五・〇八・二四	李泰永	軍属	死亡	丹陽郡大崗面磨造里
五八二	大湊海軍施設部	青森県樺山	一九四四・一〇・二九	金城時雲	軍属	死亡	報恩郡報恩面城舟里八九三
六九三	大湊海軍施設部	北海道美幌	一九四五・〇二・二	朴在官	軍属	死亡	清州郡北二面楚中里一
三九二	大湊海軍施設部	青森県大湊	一九四四・一二・一六	川本平然	軍属	死亡	永同郡陽山面鳳谷里四一七
四九八	大湊海軍施設部	青森県大湊	一九四五・〇八・二九	李共雄	軍属	死亡	忠州郡忠州邑龍灘里七一九
四九九	大湊海軍施設部	青森県大湊	一九四五・〇八・〇八	安興雨濬	軍属	死亡	忠州郡利柳面河大里七四
五二三	大湊海軍施設部	青森県大湊	一九四五・〇八・〇九	慶州林廣	軍属	死亡	堤川郡錦城面月林里三二六
五二四	大湊海軍施設部	青森県大湊	一九四五・〇八・〇九	西原点礼	軍属	死亡	堤川郡寒水面咸岩里二三三
五二五	大湊海軍施設部	青森県大湊	一九四五・〇八・〇九	平中賢淳	軍属	死亡	堤川郡清風面陽坪里五五七

五二六	大湊海軍施設部	青森県大湊	一九四五・〇八・〇九 ―	重光正三	軍属 ―	死亡	堤川郡堤川邑花山里一三六 ―
五二七	大湊海軍施設部	青森県大湊	一九四五・〇八・〇九 ―	光島成胤	軍属 ―	死亡	堤川郡松鶴面文石里五六二 ―
五二八	大湊海軍施設部	青森県大湊	一九四五・〇八・〇九 ―	横川栄祖	軍属 ―	死亡	堤川郡白雲面道谷里二四四 ―
五二九	大湊海軍施設部	青森県大湊	一九四五・〇八・〇九 ―	月城東元	軍属 ―	死亡	堤川郡清風面鶏山里四一 ―
五三〇	大湊海軍施設部	青森県大湊	一九四五・〇八・〇九 ―	松田順集	軍属 ―	死亡	堤川郡寒水面西倉里四〇五 ―
五三六	大湊海軍施設部	青森県三沢	一九四五・〇八・〇九 ―	重光可三（正三）	軍属 ―	死亡	堤川郡堤川面花山里一三六 ―
六〇四	大湊海軍施設部	青森県大湊	一九四五・〇八・〇九 ―	崔成奉	軍属 ―	死亡	丹陽郡大崗面金谷里
六〇五	大湊海軍施設部	青森県大湊	一九四五・〇八・〇九 ―	長谷錫夏	軍属 ―	死亡	丹陽郡大崗面新邱里二〇二
六〇六	大湊海軍施設部	青森県大湊	一九四五・〇八・〇九 ―	岩本成雨	軍属 ―	死亡	丹陽郡大崗面斗旨里
七六六	沖縄根拠地隊司令部	沖縄県	一九四五・〇六・一四 一九一四・一二・三〇	松竹正雄 應錫	軍属 ―	戦死	堤川郡清風面高明里
七八	海南海軍特別陸戦隊	海南島	一九四五・〇三・二七 一九一四・〇一・〇四	金村宏一	軍属 ―	戦死	陰城郡陰城面邑内里三〇三
一〇〇	海南島海軍施設部	海南島 マラリア	一九四五・〇三・二七 ―	西原常用 星本福年	軍属 妻	戦病死	清州郡南一面方西里一八八 忠清南道大田府北×三三
三	北フィリピン（菲）航空隊	ルソン島	一九四五・〇六・〇一 一九二四・〇二・二五	栄平衡植 益朱	整長 父	戦病死	陰城郡金旺面杏堤里一五一 ―
七六四	呉海軍施設部	呉市 急性肺炎	一九四五・〇三・一九 一九二〇・〇一・二〇	平山四出	軍属 ―	死亡	堤川郡堤川邑邑部里二四二
七〇二	呉海軍施設部	山口県光市 肺結核	一九四五・〇三・二五 一九二一・〇一・〇一	李忠根	軍属 ―	死亡	清州郡江西面松亭里三一八 ―
六七七	豊川海軍工廠	豊川市	一九四五・〇八・〇七 一九二四・〇五・二二	金田賢久 福茂	軍属 兄	戦死	清州郡玉山面佳楽里二八六
九一	南方政務部	トラック島	一九四二・〇八・〇五 一九二一・〇三・一五	金澤勝雄 綾子	軍属 妻	戦死	清州郡清州邑和泉町六九七 ―
六二	南方政務部	海南島	一九四四・〇八・三一	岩村遇乾	軍属	死亡	堤川郡白雲面北塘里三三

		黒水熱	｜	震	父		｜
一七〇	南方政務部	海南島 黒水熱	一九四三・一〇・二八 一九〇八・〇九・〇八	平山龍哲 ｜	軍属 ｜	戦病死	清州郡悟倉面中哲里一五六 ｜
三〇	南方政務部	海南島	一九四四・一一・二二 一九一八・〇六・一五	申羽永 君王	軍属 妻	不詳	丹陽郡梅×面今泉里二三二 ｜
一一	香港海軍特別陸戦隊	廈門近海	一九四五・〇三・〇六 一九一六・〇四・一六	伊田圭男 有薹	上水 父	戦死	丹陽郡永春面龍津里四一一 ｜
一	舞鶴一特別陸戦隊	バシー海峡	一九四四・〇九・〇九 一九一六・〇五・一三	岩成相允 碩秀	上水 父	戦死	清州郡琅城面楸亭里九九 ｜
四	舞鶴一特別陸戦隊	バシー海峡	一九四四・〇九・〇九 一九二三・一二・〇五	松宮燕綺 勝夫	上水 父	戦死	堤川郡堤川邑花山里三七 堤川郡鳳陽邑鳳陽里六七二
七六二	舞鶴海軍施設部	舞鶴市	一九四三・〇八・三〇 一九二二・一二・一二	支川泰享 泰之	軍属 兄	死亡	忠州郡薪尼面院坪里 忠州郡薪尼面院坪里
七六三	舞鶴海軍施設部	舞鶴市	一九四四・〇三・二〇 一九一六・〇四・〇八	山本金山 圭變	軍属 弟	死亡	槐山郡曽坪面弥岩里三九 ｜
七六一	舞鶴海軍施設部	舞鶴市	一九四四・一〇・一一 一九〇六・〇六・〇九	江原伊作 芳子	軍属 妻	死亡	沃川郡安南面道農里五六三 沃川郡安南面道農里五六三
七五八	舞鶴海軍工廠	舞鶴市	一九四四・〇七・二九 一九二一・××・××	柳鉉昌・大本勝男 柳尚係	軍属 父	戦死	清州郡清州邑雲泉町八 清州郡清州邑雲泉町八
二	横須賀海兵団	横須賀市	一九四五・〇七・一八 一九一六・一〇・二〇	浅村正吉 三孫	上水 母	戦死	忠州郡忠州邑伎峴洞三一六 ｜
八	横須賀　石	横須賀市	一九四五・〇八・〇一 一九二六・〇六・〇三	柳村守男 秀潤	一水 妻	死亡	永同郡梅谷面志川里八四 永同郡永同邑芙蓉里
六〇八	横須賀海軍施設部	本州南方	一九四四・〇一・二七 一九一九・〇九・〇九	文原秀雄 龍石	軍属 ｜	戦死	鎮川郡梨月面松林里七二〇 ｜
五六一	横須賀海軍施設部	南鳥島	一九四四・〇四・三〇 一九〇五・一二・〇六	金本五萬 ｜	軍属 ｜	戦死	報恩郡山外面長甲里二三 ｜
四二二	横須賀海軍施設部	サイパン島	一九四四・〇七・〇八 一九一一・〇四・〇一	江本武次郎 ｜	軍属 ｜	戦死	槐山郡曽坪面連灘里 ｜
五六三	横須賀海軍施設部	サイパン島	一九四四・〇七・〇八 一九二五・〇五・一六	金澤次雄 ｜	軍属 ｜	戦死	報恩郡報恩面長新里七八 ｜
四四五	横須賀海軍施設部	ビアク島	一九四四・〇八・二〇 一九二六・〇二・〇八	安田五鉉 千萬	軍属 父	戦死	沃川郡青山面芝田里六七〇 ｜
三六六	横須賀海軍施設部	パラオ島	一九四四・〇九・二五 一九一八・〇八・〇三	冨山世基 ｜	軍属 ｜	戦死	永同郡梅谷面老川里 ｜

番号	所属	死亡場所	死亡年月日	生年月日	氏名	親族氏名	身分	続柄	死因	本籍	親族住所
四五二	横須賀海軍施設部	パラオ島	一九四四・〇九・二五	ー	新井珍錫	ー	軍属	ー	戦死	沃川郡沃川面竹香里	ー
五〇四	横須賀海軍施設部	パラオ島	一九四四・〇九・二五	一九一八・〇八・一二	馬点寶	ー	軍属	ー	戦死	堤川郡堤川面新百里	ー
六四七	横須賀海軍施設部	パラオ島	一九四四・〇九・二五	一九一九・〇四・二五	西村鐘漢	鐘角	軍属	ー	戦死	清州郡文義面上長里	ー
五八三	横須賀海軍施設部	神奈川県	一九四四・一二・一〇	一九二四・一一・一〇	梁川清吉	ー	軍属	ー	戦死	報恩郡三升面内望里二〇一ー一	ー
三六四	横須賀海軍施設部	ペリリュウ島	一九四四・一二・三一	一九〇二・一二・二四	岡田學文	永熙	軍属	ー	戦病死	永同郡黄潤面新興里	ー
四〇三	横須賀海軍施設部	ペリリュウ島	一九四四・一二・三一	一九二一・〇五・一三	松山黄雲	童出	軍属	ー	戦死	槐山郡光興面陽谷里	ー
四〇四	横須賀海軍施設部	ペリリュウ島	一九四四・一二・三一	一九一七・〇八・一八	木本應海	佳和	軍属	ー	戦死	槐山郡文光面方城里	ー
三九九	横須賀海軍軍需部	サイパン島	一九四四・〇七・〇八	一九一二・〇一・〇八	吉田器夏	ー	軍属	ー	戦死	永同郡龍仙面鳳林里一九六	ー
六九二	横須賀海軍軍需部	トラック島	一九四五・〇四・三〇	一九二〇・〇三・二〇	金山東	是圭	軍属	母	戦死	清州郡北一面酒城里	ー
四五一	横須賀海軍軍需部	セブ島 栄養失調	一九四五・〇八・一二	一九二七・〇五・二〇	金井三男	文煥	軍属	父	戦病死	沃川郡沃川面金亀里一五三	ー
一〇	第二出水航空隊	鹿児島県出水郡	一九四五・〇四・一七	一九一六・〇五・二六	金子武永	俊白	上整	父	戦死	丹陽郡永春面上里四〇八	ー
四一	第四海軍軍需部	トラック島 右胸膜炎	一九四五・〇四・二一	一九二三・一二・二七	福村秀土	貞子	軍属	妻	戦病死	忠州郡忠州邑漆蓼里茶投三六九	忠州郡忠州邑漆蓼里茶投三六九
五五	第四海軍軍需部	トラック島	一九四五・〇四・二七	一九一九・〇三・二五	竹山海善	治億	軍属	ー	戦病死	忠州郡仰城面屯后里	忠州郡仰城面屯后里
六七	第四海軍軍需部	トラック島 スピロヘータ	一九四五・〇七・二七	一九一六・〇九・二七	光山康均	順用	軍属	妻	戦病死	堤川郡堤川邑邑部里	忠州郡忠州邑童山里六〇三
五一	第四海軍施設部	神奈川県横須賀市	一九四二・一二・二九	一九〇八・〇六・二五	安本昌起	炳栄	軍属	ー	戦病死	忠州郡新尼面廣越里七一七	ー
七一	第四海軍施設部	神奈川県横須賀市	一九四二・一二・二八	一九二一・〇一・一五	平田英植	順用	軍属	母	戦病死	堤川郡徳山面月缶里一九〇	ー
一五	第四海軍施設部	ブーゲンビル島ブイン	一九四二・一〇・〇六	一九二六・〇七・一七	南原廷漢	陰田	軍属	母	戦傷死	報恩郡内北面×岩里一四二ー七	ー
一六	第四海軍施設部	ブーゲンビル島ブイン	一九四三・〇一・〇六		宇野七原		軍属		戦死	報恩郡炭金面大陽里一三三ー九	

			一九一〇・一〇・二一	成伊	母		—
四四	第四海軍施設部	ブーゲンビル島	一九四三・〇一・二二	豊山洛麟	軍属	戦病死	忠州郡利柳面永平洞三三五
			一九一三・一二・二〇	興福	妻		—
一一四	第四海軍施設部	ブーゲンビル島	一九四三・〇一・二四	高霊學俊	軍属	戦病死	清州郡江内面唐谷里九〇
			一九二二・〇二・一七	永元	父		—
四三	第四海軍施設部	神奈川県野比病院	一九四三・〇一・一七	文本雲聲	軍属	戦病死	忠州郡利柳面萬井里四三五
			一九一二・一〇・〇六	興三	父		—
二四	第四海軍施設部	東京都深川	一九四三・〇二・〇八	金原會孫	軍属	戦病死	沃川郡西面上中里七一
			一九二四・〇六・〇七	連伊	母		—
二六二	第四海軍施設部	広島県呉市	一九四三・〇四・二一	新井栄鎮	軍属	戦病死	永同郡深川面九灘里三〇八
			一九二一・〇六・一三	龍逑	父		—
三〇〇	第四海軍施設部	ナウル島	一九四三・〇四・二七	愼春成	軍属	戦死	槐山郡上芼面水面里
			一九〇三・一二・三〇	鄭徳善	妻		黄海道瓮津郡興山面峨×里
六九	第四海軍施設部	ギルバート諸島マキン	一九四三・〇二・一三	丸山舜天	軍属	戦病死	堤川郡寒水面寒泉里一二二
			一九二〇・〇九・一〇	氏	母		—
七三	第四海軍施設部	ギルバート諸島タラワ	一九四三・〇九・一九	慶山義淳	軍属	戦死	堤川郡鳳陽面明道里三二七
			一九一七・〇四・一五	鎮守	父		—
二六九	第四海軍施設部	ギルバート諸島タラワ	一九四三・一一・二五	山村鐘福	軍属	戦死	槐山郡道安面道塘里七五
			一九二〇・〇八・〇四	順子	妻		平安北道熙川郡熙川邑邑下洞
二五	第四海軍施設部	メレヨン島 心臓麻痺	一九四二・〇三・二九	大連丙淑	軍属	戦病死	沃川郡郡西面上中里四五八
			一九〇六・〇八・二二	福禮	妻		—
二一	第四海軍施設部	メレヨン島	一九四二・一二・一一	吉田用奇	軍属	戦病死	沃川郡郡北面梨坪里一六八
			一九〇七・〇六・二五	元蓮	妻		—
八三	第四海軍施設部	メレヨン島	一九四四・〇七・二六	山川炳花	軍属	戦死	陰城郡甘谷面旺場里四五二
			一九一九・〇四・二〇	車龍根	母		—
八四	第四海軍施設部	メレヨン島 脚気	一九四五・〇五・一一	密山辰煥	軍属	戦病死	陰城郡甘谷面旺場里四〇四
			一九二三・〇三・二五	文熔粛	祖父		—
一二二	第四海軍施設部	トラック島	一九四二・〇二・二四	新本元圭	軍属	戦病死	清州郡江内面丁峰里三三
			一九一八・〇一・一三	秉姫	妻		—
一三	第四海軍施設部	トラック島	一九四二・〇八・〇五	平山利盛	軍属	戦死	報恩郡馬老面世中里方一―一四
			一九二二・〇四・一五	元治	父		—
二七	第四海軍施設部	トラック島	一九四二・〇八・〇五	権点發	軍属	戦病死	丹陽郡赤城面上里二七四
			一九一四・〇五・三〇	岩守	父		—
四五	第四海軍施設部	トラック島	一九四二・〇八・〇五	松川奎雄	軍属	戦死	忠州郡利柳面大召里一七
			一九二〇・〇七・〇四	清治	父		—

一八九	第四海軍施設部	トラック島	一九四二・〇八・〇五 一九一八・一二・一七	金城台永 順用	軍属 妻	戦死	永同郡上村面弓村里四六一 —
九四	第四海軍施設部	トラック島 腸チフス	一九四二・〇八・一七 一九一三・〇二・二七	國本根助 可仁	軍属 —	戦病死	清州郡江西面内谷里三五 —
九五	第四海軍施設部	トラック島	一九四二・一一・一一 一九一五・一〇・二八	金子堯奭 可仁	軍属 母	戦死	清州郡北二面琴台里五三－一 清州郡北二面芝中里三〇九八
八九	第四海軍施設部	トラック島	一九四三・〇三・〇一 一九二一・〇三・二八	呉信一 東植	軍属 父	戦死	清州郡清州邑清水町四〇九 慶尚南道金山村草深町八一八河井方
二〇	第四海軍施設部	トラック島	一九四四・××・×× 一九一八・〇六・一〇	金井王聲 旬退	軍属 母	戦傷死	沃川郡郡北面三柄里三六－二 京畿道平澤郡平澤邑平澤里
三四	第四海軍施設部	トラック島	一九四四・〇三・〇四 一九二一・〇一・〇九	金光彰豪 天玉	軍属 妻	戦傷死	忠州郡忠州邑達川里五二六 —
四八	第四海軍施設部	トラック島	一九四四・〇五・〇四 一九一六・〇六・〇七	金田鍾九 共培	軍属 父	戦病死	忠州郡閑徳面堤内里三四三 —
五六	第四海軍施設部	トラック島	一九四四・〇五・二五 一九二五・〇八・一八	金原南源 鳳起	軍属 父	戦病死	鎮川郡梨月面河谷里一〇七五 京畿道安城郡二竹面竹山里
六五	第四海軍施設部	トラック島	一九四五・〇三・〇八 一九〇四・〇八・〇四	黄鳳基 —	軍属 妻	戦病死	堤川郡堤川邑下所里六〇 京畿道利川邑倉南里一四四
四六	第四海軍施設部	トラック島	一九四五・〇四・一一 一九二七・〇三・三〇	平山教三 月	軍属 母	戦死	— 忠州郡×味面新海里五二
三五	第四海軍施設部	トラック島	一九四五・〇四・一四 一九〇五・〇八・一九	道本哲武 氏女	軍属 妻	戦病死	忠州郡忠州邑大平里一五六 江原郡原州郡原州邑河川里
二六七	第四海軍施設部	トラック島	一九四五・〇六・〇六 一九〇九・〇四・〇五	金完石・金村完石 貞植	軍属 妻	戦病死	永同郡黄金面宮里 江原道原州郡所草面平庄里
八五	第四海軍施設部	マリアナ諸島	一九四三・〇三・二三 一九一五・一一・二九	大成乙相 戊順	軍属 妻	戦死	陰城郡甘笙極面南坪里一一三 —
二三五	第四海軍施設部	マリアナ諸島	一九四三・〇三・二三 一九一一・〇八・一五	雪川文杓 順伊	軍属 妻	戦死	永同郡鶴山面鳳韶里二八六 —
一四	第四海軍施設部	マリアナ諸島	一九四三・〇五・一〇 一九二〇・〇七・一六	三山栄順 興俊	軍属 父	戦死	報恩郡馬老面所余里三二〇 京畿道京城府番大方町一九九
七〇	第四海軍施設部	マリアナ諸島	一九四三・〇五・一〇 一九〇八・〇七・一五	松本完欽 玉洞	軍属 妻	戦死	堤川郡寒水面瑞堂里二三七 堤川郡槐山郡延豊面三豊里
九三	第四海軍施設部	マリアナ諸島	一九四三・〇五・一〇 一九一九・〇九・〇五	川本用出 京先	軍属 二男	戦死	清州郡文義面後谷里一〇八七 —
二七〇	第四海軍施設部	マリアナ諸島	一九四三・〇五・一〇	延原圭八	軍属	戦死	槐山郡道安面花城里三一三

			一九二三・〇二・二〇	泉熙	父		—
二七一	第四海軍施設部	マリアナ諸島	一九四三・〇五・一〇	徐春九	軍属	戦死	槐山郡道安面松亭里
			一九一七・一〇・二四	—	—		—
二七二	第四海軍施設部	マリアナ諸島	一九四三・〇五・一〇	益田萬録	軍属	戦死	槐山郡道安面花城里四八一
			—	丁順	妻		槐山郡槐山面大寺里
二七三	第四海軍施設部	マリアナ諸島	一九四三・〇五・一〇	金栄植	軍属	戦死	槐山郡道安面光徳里三四八
			一九二四・一〇・一六	用植	弟		—
二七四	第四海軍施設部	マリアナ諸島	一九四三・〇五・一〇	白川億萬	軍属	戦死	槐山郡甘勿面光田里二一七
			一九一六・〇四・〇一	鉉任	妻		—
二七五	第四海軍施設部	マリアナ諸島	一九四三・〇五・一〇	安本浩濬	軍属	戦死	槐山墳甘勿面鯉潭里七四六
			一九一五・〇一・一五	正己	妻		—
二七六	第四海軍施設部	マリアナ諸島	一九四三・〇五・一〇	林弘錫	軍属	戦死	槐山郡甘勿面五倉里三〇〇
			一九一六・〇二・二〇	在覧	父		槐山郡仏頂面倉山里
二七七	第四海軍施設部	マリアナ諸島	一九四三・〇五・一〇	井上東憲	軍属	戦死	槐山郡甘勿面倹水地里四六一
			一九一七・〇二・一〇	潤順			槐山郡七星面栗池里一六七
二七九	第四海軍施設部	マリアナ諸島	一九四三・〇五・一〇	伊藤義男	軍属	戦死	槐山郡延豊面三豊里
			一九一一・一一・一三	善	妻		槐山郡上芼面温泉里
二八〇	第四海軍施設部	マリアナ諸島	一九四三・〇五・一〇	大慶昌奇	軍属	戦死	槐山郡延豊面葛琴里三四〇
			一九二三・〇五・〇四	用逑	父		—
二八一	第四海軍施設部	マリアナ諸島	一九四三・〇五・一〇	金田岩伊	軍属	戦死	槐山郡延豊面周棒里二一二
			一九〇八・一一・一一	用女	妻		—
二八二	第四海軍施設部	マリアナ諸島	一九四三・〇五・一〇	國本龍雲	軍属	戦死	槐山郡延豊面葛琴里一二四〇
			一九一四・〇四・二三	長吉洙	—		—
二八三	第四海軍施設部	マリアナ諸島	一九四三・〇五・一〇	朴鳳城	軍属	戦死	槐山郡延豊面葛琴里六二
			一九〇六・〇七・〇六	龍學	妻		
二八四	第四海軍施設部	マリアナ諸島	一九四三・〇五・一〇	金平春石	軍属	戦死	槐山郡延豊面周棒里一三六
			一九一七・〇三・二三	道顕	父		—
二八五	第四海軍施設部	マリアナ諸島	一九四三・〇五・一〇	豊村百萬	軍属	戦死	槐山郡延豊面杏村里三九八
			一九〇八・〇三・一五	—	妻		槐山郡延豊面三豊里
二八六	第四海軍施設部	マリアナ諸島	一九四三・〇五・一〇	河本浩根	軍属	戦死	槐山郡延豊面柳上里二五三
			一九一九・〇五・一二	花山	母		—
二八八	第四海軍施設部	マリアナ諸島	一九四三・〇五・一〇	呉元忠根	軍属	戦死	槐山郡仏頂面新頂里二一三
			一九二〇・〇二・〇二	永吉	父		—
二八九	第四海軍施設部	マリアナ諸島	一九四三・〇五・一〇	池元洪基	軍属	戦死	槐山郡仏頂面倉山里一三七
			一九一六・一二・二四	楓子	母		—

番号	所属	死亡場所	死亡年月日／生年月日	氏名／遺族	身分／続柄	死亡区分	本籍／遺族住所
二九〇	第四海軍施設部	マリアナ諸島	一九四三・〇五・一〇	松田仁錫	軍属	戦死	槐山郡仏頂面新頂里六三五
			一九二四・〇四・〇五	貞娘	妻		—
二九一	第四海軍施設部	マリアナ諸島	一九四三・〇五・一〇	金川鍾雲	軍属	戦死	槐山郡仏頂面新興里三一九
			一九一七・一二・〇七	春培	父		—
二九二	第四海軍施設部	マリアナ諸島	一九四三・〇五・一〇	中山絃福	軍属	戦死	槐山郡仏頂面新興里四七九
			一九一四・〇三・二〇	順福	妻		—
二九三	第四海軍施設部	マリアナ諸島	一九四三・〇五・一〇	朴喜喆	軍属	戦死	槐山郡長延面五佳里一一八
			一九一九・〇五・一三	喜春	兄		槐山郡延豊面積石里
二九四	第四海軍施設部	マリアナ諸島	一九四三・〇五・一〇	忠元麟煥	軍属	戦死	槐山郡長延面廣恵里六二〇
			一九一七・〇三・〇九	仁愚	妻		—
二九五	第四海軍施設部	マリアナ諸島	一九四三・〇五・一〇	茂山龍伯	軍属	戦死	槐山郡長延面×店里一二七
			一九一七・〇九・二三	龍伊	兄		—
二九七	第四海軍施設部	マリアナ諸島	一九四三・〇五・一〇	柳村昌鐵	軍属	戦死	槐山郡上芼面花泉里三九〇
			一九一九・〇二・二九	千河	父		—
二九八	第四海軍施設部	マリアナ諸島	一九四三・〇五・一〇	大野宇太郎	軍属	戦死	槐山郡上芼面安保里三九一
			一九一三・〇三・一二	富子	妻		—
二九九	第四海軍施設部	マリアナ諸島	一九四三・〇五・一〇	池元載洙	軍属	戦死	槐山郡上芼面安保里一
			一九二三・一〇・一〇	永壽	父		—
三〇一	第四海軍施設部	マリアナ諸島	一九四三・〇五・一〇	江村麟起	軍属	戦死	槐山郡上芼面安保里七八
			一九一六・一一・〇四	延壽	妻		—
三〇二	第四海軍施設部	マリアナ諸島	一九四三・〇五・一〇	澤田正植	軍属	戦死	槐山郡上芼面花泉里三五四
			一九二二・一二・二一	ユキ子	妻		—
三〇三	第四海軍施設部	マリアナ諸島	一九四三・〇五・一〇	金海福先	軍属	戦死	槐山郡上芼面弥勒里四二
			一九一八・〇八・〇八	戊申	妻		槐山郡槐山面大徳里七四
三〇八	第四海軍施設部	マリアナ諸島	一九四三・〇五・一〇	孝谷海俊	軍属	戦死	槐山郡七星面雙谷里七二
			一九一七・一一・〇二	姙泰	妻		—
三〇九	第四海軍施設部	マリアナ諸島	一九四三・〇五・一〇	金村孟圭	軍属	戦死	槐山郡七星面外沙里一九五
			一九一六・〇四・〇二	順河	妻		—
三一〇	第四海軍施設部	マリアナ諸島	一九四三・〇五・一〇	安田五永	軍属	戦死	槐山郡七星面栗池里三二〇
			一九一三・〇一・一〇	在烈	妻		—
三一一	第四海軍施設部	マリアナ諸島	一九四三・〇五・一〇	李壽萬	軍属	戦死	槐山郡七星面栗池里三五二
			一九一七・一二・一六	鄭分	父		—
三一四	第四海軍施設部	マリアナ諸島	一九四三・〇五・一〇	林田永錫	軍属	戦死	槐山郡槐山面丁用里八九
			一九二二・〇四・一〇	鐵龍	父		—
三一五	第四海軍施設部	マリアナ諸島	一九四三・〇五・一〇	金田昌善	軍属	戦死	槐山郡槐山面西部里一〇五

			一九〇三・〇二・〇五	四得	妻		—
三一六	第四海軍施設部	マリアナ諸島	一九四三・〇五・一〇	宮田相得	軍属	戦死	槐山郡槐山面丁用里三六六
			一九二一・〇四・〇二	福成	父		—
三一七	第四海軍施設部	マリアナ諸島	一九四三・〇五・一〇	大林徳準	軍属	戦死	槐山郡槐山面大徳里二七六
			一九一二・××・××	石分	妻		—
三一八	第四海軍施設部	マリアナ諸島	一九四三・〇五・一〇	林殷相	軍属	戦死	槐山郡槐山面錦山里
			一九二〇・〇二・一七	東植	父		—
三一九	第四海軍施設部	マリアナ諸島	一九四三・〇五・一〇	姜田湜浩	軍属	戦死	槐山郡槐山面西部里二〇七
			一九二四・〇五・二一	貞元	父		—
三二〇	第四海軍施設部	マリアナ諸島	一九四三・〇五・一〇	吉村寧栗	軍属	戦死	槐山郡槐山面丁用里五五七
			一九二六・〇五・〇一	梅	母		—
三二三	第四海軍施設部	マリアナ諸島	一九四三・〇五・一〇	金州元	軍属	戦死	槐山郡曽坪面曽坪里
			一九二〇・〇三・〇六	明洙	父		—
三二五	第四海軍施設部	マリアナ諸島	一九四三・〇五・一〇	東本聖模	軍属	戦死	槐山郡沼壽面叩馬里
			一九一六・〇四・一四	正錫	弟		—
三二六	第四海軍施設部	マリアナ諸島	一九四三・〇五・一〇	三井龍鉉	軍属	戦死	槐山郡沼壽面叩馬里一一九一
			一八八一・一二・〇六	史	妻		—
三二七	第四海軍施設部	マリアナ諸島	一九四三・〇五・一〇	松本錫鎮	軍属	戦死	槐山郡沼壽面沼岩里五五
			一九一三・一二・〇一	聞慶	母		—
三二八	第四海軍施設部	マリアナ諸島	一九四三・〇五・一〇	松村在春	軍属	戦死	槐山郡沼壽面夢村里二六四
			一九〇四・〇九・〇七	己男	妻		—
三二九	第四海軍施設部	マリアナ諸島	一九四三・〇五・一〇	平山丁錫	軍属	戦死	槐山郡沼壽面笠岩里一三四
			一九二〇・一一・二六	順俊	父		—
三三〇	第四海軍施設部	マリアナ諸島	一九四三・〇五・一〇	白川富山	軍属	戦死	槐山郡沼壽面沃峴里二六三
			一九〇八・〇七・〇二	寛済	父		—
三三一	第四海軍施設部	マリアナ諸島	一九四三・〇五・一〇	岩崎濱國	軍属	戦死	槐山郡沼壽面沃峴里五四〇
			一九一九・〇三・一五	東任	妻		—
三三二	第四海軍施設部	マリアナ諸島	一九四三・〇五・一〇	慶原錫福	軍属	戦死	槐山郡沼壽面沼岩里五五
			一九一三・一〇・〇四	正重	父		—
三三三	第四海軍施設部	マリアナ諸島	一九四三・〇五・一〇	高島鳳鎮	軍属	戦死	槐山郡沼壽面沼岩里
			一九一五・〇二・〇六	在	父		—
三三四	第四海軍施設部	マリアナ諸島	一九四三・〇五・一〇	金山一男	軍属	戦死	槐山郡文光面新基里三一六
			一九一二・一一・〇二	義浩	叔父		槐山郡延興面三豊里
三三五	第四海軍施設部	マリアナ諸島	一九四三・〇五・一〇	安田雲龍	軍属	戦死	槐山郡文光面陽谷里七二六
			一九二一・〇八・二三	秉一	母		槐山郡槐山面東部里

三三六	第四海軍施設部	マリアナ諸島	一九四三・〇五・一〇 一九一七・〇五・〇五	山本孝雄 一鎬	軍属 父	戦死	槐山郡清安面文芳里三二二 ―
三三七	第四海軍施設部	マリアナ諸島	一九四三・〇五・一〇 一九一三・一一・〇五	平山正喜 信子	軍属 妻	戦死	槐山郡情安面邑内里二七七 ―
三三八	第四海軍施設部	マリアナ諸島	一九四三・〇五・一〇 一九一四・〇八・一五	朴建寧 順禮	軍属 ―	戦死	槐山郡清安面邑内里二九二 ―
三三九	第四海軍施設部	マリアナ諸島	一九四三・〇五・一〇 一九二二・〇四・一〇	吉田忠源 鳳春	軍属 父	戦死	槐山郡清安面孝根里六八〇 ―
五〇	第四海軍施設部	南洋群島	一九四三・〇五・一九 一九二〇・一二・二九	松田始達 庚妊	軍属 妻	戦病死	忠州郡新尼面花顔里一三 ―
三〇七	第四海軍施設部	外南洋	一九四三・一〇・一五 一九一二・〇四・〇一	大林明圭 巳龍	軍属 妻	戦病死	槐山郡沙梨面沙潭里三一七 陰城郡陰城面邑内里五七二
二二一	第四海軍施設部	八丈島	一九四三・一二・〇四 一九〇七・〇一・〇一	香山行官 旬士	軍属 妻	戦死	澤川郡東二面赤下里八一八—一 澤川郡永同面揚江面斗坪里
三一二	第四海軍施設部	ラバウル	一九四三・一二・一四 一九一〇・〇一・〇七	大島秀雄 度出	軍属 妻	戦病死	槐山郡七星面道井里二四九 ―
五二	第四海軍施設部	ラバウル	一九四三・〇八・一四 一九一七・〇二・〇六	天本海石 寅成	軍属 父	戦病死	忠州郡東良面龍橋里三一二 ―
三一	第四海軍施設部	ラバウル	一九四三・〇九・一四 一九二三・〇二・一九	山本光吉 碩姫	軍属 妻	戦病死	忠州郡萃大面福羅洞六八五
八一	第四海軍施設部	ラバウル	一九四四・〇一・一七 一九二〇・一二・二六	菊村三得 氏	軍属 母	戦死	陰城郡大所面五柳里二三二 ―
八二	第四海軍施設部	ラバウル	一九四四・〇一・一七 一九二二・〇二・〇七	金江晩起 鳳起	軍属 弟	戦死	陰城郡大所面三井里二二八 ―
八六	第四海軍施設部	ラバウル	一九四四・〇一・一七 一九二一・一二・一五	柳栄培 昌福	軍属 父	戦死	陰城郡笙極面龍里一一九 ―
八七	第四海軍施設部	ラバウル	一九四四・〇一・一七 一九一七・〇六・二八	杉山次郎 有浩	軍属 父	戦死	陰城郡笙極面防築里三五六 ―
二七八	第四海軍施設部	ラバウル	一九四四・〇一・一七 一九〇八・〇三・一〇	南錫萬 錫梁	軍属 母	戦死	槐山郡延豊面柳上里四二三 ―
三一三	第四海軍施設部	ラバウル	一九四四・〇一・一七 一九二一・〇一・〇六	高村鎮鎬 學根	軍属 父	戦死	槐山郡槐山面西部里三一九 ―
三一四	第四海軍施設部	ラバウル	一九四四・〇一・一七 一九一〇・〇一・二二	清本慶男 泰洙	軍属 父	戦死	槐山郡沼壽面旁里七七五 ―
三〇六	第四海軍施設部	ラバウル	一九四四・〇二・一三	柴田孟老	軍属	戦病死	槐山郡沙梨面美梅里六七三

			一九二一・〇九・二八	奎燮	父		忠州郡忠州邑大手町一七
三二一	第四海軍施設部	本州南方海面	一九四四・〇一・一四	朴正大	軍属	戦死	槐山郡槐山面大寺里一四
			一九〇六・〇六・一二	中尾文策	保護者		―
二九六	第四海軍施設部	ピケロット島	一九四四・〇一・三一	元影圭	軍属	戦死	槐山郡長延面墻岩里
			一九二二・〇三・一二	箕成	父		京畿道廣州郡大川面典橋里三四
二三	第四海軍施設部	ピケロット島	一九四四・〇一・三一	金海官得	軍属	戦死	沃川郡安庫面連舟里四〇八
			一九一五・〇七、一二	炳烈	妻		澤川郡北面長渓里
三七	第四海軍施設部	ピケロット島	一九四四・〇一・三一	岩崎駿檀	軍属	戦死	忠州郡忠州邑道守洞六二三
			一九一八・〇九・一〇	正相	―		―
七九	第四海軍施設部	ピケロット島	一九四四・〇一・三一	原田在英	軍属	戦死	陰城郡遠南面上老里
			一九二二・一一・〇七	南相宗	―		―
九〇	第四海軍施設部	ピケロット島	一九四四・〇一・三一	白南潤	軍属	戦死	清州郡清州邑西河町二一
			一九二〇・一二・〇四	金在天	―		―
二六	第四海軍施設部	ケゼリン島	一九四三・一二・一四	宮村　博	軍属	戦死	沃川郡沃川面三青里八一六
			一九二〇・〇一・〇三	千巳	妻		全羅北道茂朱軍安城面揚基里
四二	第四海軍施設部	ケゼリン島	一九四四・〇二・〇六	松本載興	軍属	戦死	忠州郡利柳面大召里七〇
			一九二〇・〇二・一五	必鎮	妻		京畿道利川郡尹法面珠英里
五四	第四海軍施設部	ケゼリン島	一九四四・〇二・〇六	李仁煥	軍属	戦死	忠州郡厳政面豊光里
			一九一九・一二・〇六	英夏	叔父		京畿道駱州郡大神面加山里
五九	第四海軍施設部	ケゼリン島	一九四四・〇二・〇六	徐在甲（福川）	軍属	戦死	鎮川郡楠谷面九水里五二八
			一九一五・〇六・一〇	合禮	妻		京畿道利川郡戸法面厚安里
九六	第四海軍施設部	サイパン島	一九四四・〇六・一五	金本漢吉	軍属	戦死	清州郡玉山面小魯里八五―三
			一九二〇・〇四・〇二	金山雲	母		―
四〇五	第五海軍建築部	サイパン島	一九四四・〇七・〇八	池原英一	軍属	戦死	槐山郡文光面方城里二八四
			一九一四・〇六・二八	××	―		―
五三	第八海軍施設部	四国南方海面	一九四三・一一・〇二	平山哲均	軍属	戦死	忠州郡東良面龍橋里三〇八
			一九一八・一一・二〇	春實	妻		咸鏡南道安辺郡培花面蟹川里
六八	第八海軍施設部	ラバウル	一九四三・一一・〇二	山本在淳	軍属	戦死	堤川郡錦城面東暮里二〇〇
			一九二五・〇八・一九	明立	父		―
六三	第八海軍施設部	ラバウル	一九四四・〇一・〇九	松本聖出	軍属	戦病死	堤川郡堤川邑邑部里九三
			一九〇四・〇一・一五	愛其	妻		堤川郡堤川邑長衆里九四
七四	第八海軍施設部	ラバウル	一九四四・〇五・二一	山本東河	軍属	戦病死	堤川郡鳳陽面公田里七四六
			一九二一・〇八・一〇	大連	妻		―
二八七	第八海軍施設部	ラバウル	一九四四・〇六・二一	松本葉栄	軍属	戦病死	槐山郡仏頂面新項里二一三
			一九一四・〇二・一〇	―	―		―

番号	所属	場所	年月日	氏名	身分	死因	本籍
二八	第八海軍施設部	ラバウル	一九四四・〇六・二九 一九〇八・〇一・二五	徳川辰龍 南衡	軍属 ｜	戦病死	丹陽郡佳谷面徳泉里 ｜
三二	第八海軍施設部	ラバウル	一九四四・〇八・二七 一九一五・〇五・〇四	金海龍得 壽男	軍属 妻	戦死	忠州郡老×面運河洞四一一 ｜
三三	第八海軍施設部	ラバウル	一九四四・〇八・二九 一九二三・〇二・二〇	西原建玉 順任	軍属 妻	戦死	忠州郡忠州邑安林里二一六－一 ｜
七七	第八海軍施設部	ラバウル	一九四四・〇九・二六 一九一七・〇八・二七	木村正一 慶三	軍属 父	戦病死	陰城郡陰城面邑内里 ｜
二九	第八海軍施設部	ラバウル	一九四四・一〇・〇五 一九一五・〇九・二二	金山千鎰 千娘	軍属 妻	戦死	丹陽郡大崗面舎人岩里二六 ｜
四七	第八海軍施設部	ラバウル	一九四四・一一・一八 一九二〇・〇五・一四	川本恒徳 根先	軍属 ｜	戦病死	忠州郡金加面下里一三四 ｜
六一	第八海軍施設部	ラバウル	一九四五・〇一・二六 一九一一・一〇・一九	木下光英 相吉	軍属 父	戦病死	堤川郡白雲面放鶴里六六七 ｜
三六	第八海軍施設部	ラバウル	一九四五・〇三・一〇 一九一二・〇六・一〇	木田泰奉 成乭	軍属 父	戦病死	忠州郡忠州邑安林里五六五 ｜
四九	第八海軍施設部	ラバウル	一九四五・〇三・二八 一九二三・〇九・〇五	大村浩栄 相合	軍属 父	戦病死	忠州郡周徳面三奇里四一三 ｜
六六	第八海軍施設部	ラバウル	一九四五・〇五・一五 一九二六・〇六・二五	松山英生 健生	軍属 ｜	死亡	堤川郡堤川邑部里一六一 ｜
七六	第八海軍施設部	ラバウル	一九四五・〇五・一五 一九〇七・〇三・一三	豊川斗業 白介	軍属 妻	戦病死	陰城郡蘇伊面中道里 陰城郡陰城面邑内里
七五	第八海軍施設部	ラバウル	一九四五・〇七・一一 一九二〇・〇八・二七	松田漢植 愚三	軍属 父	戦死	陰城郡全旺面無極里 ｜
七二	第八海軍施設部	ラバウル	一九四五・一〇・〇六 一九二五・〇一・〇九	江原永亀 漢×	軍属 父	戦病死	堤川郡水山面赤谷里 ｜
八〇	第八海軍建築部	ニューギニア	一九四三・〇八・二四 一九一六・〇二・二五	安田相光 玉順	軍属 妻	戦死	陰城郡遠南面佳峴里七〇八 陰城郡遠南面佳峴里七〇八
七六五	第八海軍建築部	東部ニューギニア	一九四四・〇四・〇五 一九一九・〇二・一三	安本春雄 ｜	軍属 ｜	戦死	槐山郡延豊面杏村里 ｜
一九	第八海軍建築部	ニューギニア、ホーランジア	一九四四・〇五・三〇 一九一〇・〇一・二二	伊東龍福 ｜	軍属 ｜	戦死	報恩郡法恩面月松里三〇－四 報恩郡法恩面月松里三〇－四
八八	第八海軍建築部	ニューギニア、トル河	一九四五・〇五・三〇 一九一五・一二・二一	往川慶守 ｜	軍属 ｜	戦死	陰城郡大所面梧山里 陰城郡大所面梧山里
三八	第八海軍建築部	ニューギニア、サルミ	一九四四・〇八・一〇	大本宋太郎	軍属	戦死	不詳

番号	所属	死亡場所	年月日	氏名	身分・続柄	死因	本籍・住所
			―	―	―		忠州郡忠州邑大手町三七〇
三九	第八海軍建築部	ニューギニア、サルミ	一九四四・〇八・一〇	神農石禄	軍属	戦死	不詳
			―	―	―		忠州郡忠州邑大手町
四〇	第八海軍建築部	ニューギニア、サルミ	一九四四・〇八・二〇	大本仁俊	軍属	戦死	不詳
			―	―	―		忠州郡忠州邑大手町
二一四	第一五設営隊	ラバウル	一九四二・〇八・一二	具炳月	軍属	戦死	永同郡陽山面竹山里三五五
			一九一四・〇二・一八	芳枝	妻		―
二一七	第一五設営隊	ニューギニア、コマダ	一九四二・〇九・二六	林武喆	軍属	戦病死	清州郡江内面矛峴里一九〇
			一九一一・〇三・〇五	錦順	妻		―
二一七	第一五設営隊	ニューギニア、ソブタ	一九四二・一〇・二〇	金州奉吉	軍属	戦死	永同郡陽山面虎灘里三七四―一
			一九一八・一〇・一九	文化	父		永同郡陽山面虎×里二一六四―一
九七	第一五設営隊	ブーゲンビル島	一九四二・一〇・〇五	上原徳鉉	軍属	戦病死	清州郡玉山面徳村里二四〇
			一九二一・〇九・二九	韓鳳順	母		―
九八	第一五設営隊	ブーゲンビル島	一九四二・一〇・〇七	東村昌之	軍属	戦病死	清州郡玉山面徳村里一九九―三
			一九一七・一一・二七	年	母		―
一四一	第一五設営隊	ニューギニア、アンボカ	一九四二・一〇・一三	金谷和成	軍属	戦病死	清州郡江外面拱甫九里
			一九一一・〇二・一八	金戊戌	兄		清州郡江内面塔淵里
三〇四	第一五設営隊	東部ニューギニア	一九四二・〇九・〇二	赤松近烈	軍属	戦死	槐山郡上芼面温泉町八六三
			一九二三・〇三・〇三	明鉉	父		―
二一一	第一五設営隊	ニューギニア、イリモ	一九四二・〇九・一五	松原泰義	軍属	戦死	永同郡陽山面敬頭里一三一―一
			一九二〇・一二・〇五	判石	父		―
二三八	第一五設営隊	ニューギニア、イリモ	一九四二・〇九・一五	福本圭千	軍属	戦死	永同郡鶴山面池内里五六六
			一九一二・一二・二五	尚任	妻		―
二一〇	第一五設営隊	ニューギニア、イリモ	一九四二・〇九・一六	松田守鉉	軍属	戦死	永同郡陽山面敬頭里五九八
			一九二一・〇五・一九	允夏	妻		―
二一二	第一五設営隊	ニューギニア、イリモ	一九四二・〇九・一七	宮本忠建	軍属	戦病死	永同郡陽山面柯谷里三七〇
		マラリア	一九〇八・〇一・〇八	賢道	母		―
一九四	第一五設営隊	ニューギニア、イリモ	一九四二・〇九・二八	川本甲出	軍属	戦死	永同郡上村面弓村里四六一
			一九一五・〇一・二四	禮分	妻		―
一九三	第一五設営隊	ニューギニア、イリモ	一九四二・一〇・〇一	李川丙浩	軍属	戦死	永同郡上村面弓村里二六三
			一九一四・〇九・二五	李壽	妻		―
二一九	第一五設営隊	ニューギニア、イリモ	一九四二・一〇・〇二	菊原若奉	軍属	戦死	永同郡陽山面虎灘三六二―一
			一九一一・〇五・一五	用夏	父		―
一九二	第一五設営隊	ニューギニア、イリモ	一九四二・一〇・〇八	竹本勳一	軍属	戦死	永同郡上村面大海里七二一
			一九〇六・〇六・〇二	貞伴	妻		―

二四〇	第一五設営隊	ニューギニア、イリモ	一九四二・一一・〇七 一九一九・一二・〇四	柳川在喆 福男	軍属 妻	戦死	永同郡鶴山面鳳山里四七〇 —
二三九	第一五設営隊	ニューギニア、イリモ	一九四二・一一・一五 一九二一・〇四・〇四	鄭昌模 氏	軍属 養母	戦死	永同郡鶴山面碑渓里四九八 —
一四三	第一五設営隊	ニューギニア、パパキ	一九四二・〇九・一八 一九一九・〇五・一〇	國本春根 奇晩	軍属 父	戦死	清州郡南一面外川里三一二
一四〇	第一五設営隊	ニューギニア、パパキ マラリア	一九四二・一〇・一八 一九一八・〇八・一六	柳鳳来 泳	軍属 父	戦病死	清州郡江外面蓮堤里三〇三 —
二一八	第一五設営隊	ニューギニア、パパキ	一九四二・一〇・一八 一九二三・〇八・二三	菊本容舜 允明	軍属 父	戦死	永同郡陽山面楼橋里六九三—一 —
一八	第一五設営隊	ニューギニア、ブナ	一九四二・一二・三一 一九一九・〇二・一〇	河野斗容 龍順	軍属 妻	戦死	報恩郡懐北面馬東里八一 全羅北道錦山郡錦山邑上玉里
一二三	第一五設営隊	ニューギニア、ブナ	一九四二・一二・三一 一九一七・〇二・〇二	青木魯守 萬碩	軍属 妻	戦死	清州郡江外面望堤里六四 全羅北道任實郡舘村面南岩里
一六七	第一五設営隊	ニューギニア、ギルワ	一九四二・〇九・〇七 一九一五・〇五・〇五	山本熙鳳 利順	軍属 妻	戦死	清州郡芙蓉面登谷里一三五 —
二三七	第一五設営隊	ニューギニア、ギルワ	一九四二・〇九・一五 一九〇六・〇四・〇六	沃原童夏 氏	軍属 妻	戦病死	永同郡鶴山面鶴岩里六四四 —
一一九	第一五設営隊	ニューギニア、ギルワ	一九四二・〇九・一三 一九〇八・〇四・二四	豊田東権 福曽	軍属 妻	戦病死	清州郡江内面台城里八三
一一八	第一五設営隊	ニューギニア、ギルワ	一九四二・〇九・一七 一九一六・〇八・〇三	大城内源 花禮	軍属 妻	戦病死	清州郡江内面丁峰里三三 —
一八七	第一五設営隊	ニューギニア、ギルワ マラリア	一九四二・〇九・二〇 一九一一・〇四・〇五	東井再乭 琦夏	軍属 父	戦病死	永同郡上村面大海里三七〇 —
二六五	第一五設営隊	ニューギニア、ギルワ	一九四二・一〇・〇八 一九二〇・〇二・二一	永松圭夏 旬	軍属 母	戦病死	永同郡深川面九灘里一四四 —
二六六	第一五設営隊	ニューギニア、ギルワ	一九四二・一〇・〇九 一九〇三・〇五・〇五	青田在逑 今禮	軍属 妻	戦死	永同郡深川面丹田里一七七 —
一八六	第一五設営隊	ニューギニア、ギルワ	一九四二・一〇・一〇 一九一九・〇五・一四	金村然達 順任	軍属 妻	戦死	永同郡上村面弓村里一五〇 —
二〇九	第一五設営隊	ニューギニア、ギルワ	一九四二・一〇・一八 一九〇六・一一・二一	沃山大允 正駿	軍属 妻	戦死	永同郡陽山面柯谷里四八八 —
一九一	第一五設営隊	ニューギニア、ギルワ	一九四二・一〇・二六 一九一九・〇二・〇四	茂村在鎮 用男	軍属 妻	戦死	永同郡上村面呂村里四四四 —
二一六	第一五設営隊	ニューギニア、ギルワ	一九四二・一一・〇七	梅田一童	軍属	戦死	永同郡陽山面柯谷里三〇〇

			一九二二・〇三・一八	占男	妻		—
二一五	第一五設営隊	ニューギニア、ギルワ	一九四二・一一・一四 一九〇五・〇五・〇一	金田大用 金花禮	軍属 母	戦死	永同郡陽山面虎灘里三五三—三 —
一九〇	第一五設営隊	ニューギニア、ギルワ	一九四二・一一・二〇 一九一九・〇二・一五	孫萬鎮 用伐	軍属 妻	戦死	永同郡上村面弓村里四四二 —
二一三	第一五設営隊	ニューギニア、ギルワ	一九四二・一一・二一 一九一四・〇七・二〇	安田逑龍 錫柱	軍属 父	戦死	永同郡陽山面柯谷里三七〇 —
一四二	第一五設営隊	ニューギニア、ギルワ	一九四二・一一・二五 一九二〇・〇三・二〇	木本鍾吉 顯鍾	軍属 妻	戦死	清州郡江外面蓮堤里一二九 —
一八八	第一五設営隊	ニューギニア、ギルワ	一九四二・一一・二七 一九一二・一〇・二四	越村發乭 末分	軍属 妻	戦死	永同郡上村面弓村里四四三 —
一二〇	第一五設営隊	ニューギニア、ギルワ マラリア	一九四二・一一・二九 一九一六・〇六・〇六	松本清一 春子	軍属 妻	戦病死	清州郡江内面寺谷里六九 —
一二一	第一五設営隊	ニューギニア、ギルワ	一九四二・一一・二九 一九一九・〇四・〇一	河元元容 —	軍属 —	戦病死	清州郡江内面月谷里二八三 —
一七一	第一五設営隊	ニューギニア、ギルワ	一九四二・一二・〇五 一九一七・〇七・一八	川本煥淑 顯順	軍属 母	戦死	永同郡上村面呂村里四六一 —
一八五	第一五設営隊	ニューギニア、ギルワ	一九四二・一二・〇七 一九一八・一二・一八	金子在石 根元	軍属 母	戦死	永同郡上村面柳谷里 —
二三六	第一五設営隊	ニューギニア、ギルワ マラリア	一九四二・一二・〇七 一九一七・一一・二四	山村完吉 龍順	軍属 妻	戦病死	永同郡鶴山面鋤山里六九七 —
一八四	第一五設営隊	ニューギニア、ギルワ	一九四二・一二・〇八 一九二一・〇三・二六	金山喆洙 明淑	軍属 妻	戦死	永同郡上村面柳谷里二〇八 —
二六四	第一五設営隊	ニューギニア、ギルワ	一九四二・一二・一八 一九一一・〇五・一〇	中本錫九 点禮	軍属 妻	戦死	永同郡深川面深川里一五八 —
一八三	第一五設営隊	ニューギニア、ギルワ	一九四二・一二・一一 一九一一・〇四・一七	岡谷春學 雲心	軍属 妻	戦死	永同郡上村面休山里四四四 —
一八二	第一五設営隊	ニューギニア、ギルワ	一九四二・一二・一九 一九二一・〇九・一〇	張泰熙 學成	軍属 妻	戦死	永同郡上村面弓村里三二五 —
一一六	第一五設営隊	ニューギニア、ギルワ	一九四二・一二・二一 一九二五・〇八・〇六	木村千尋 奎夏	軍属 父	戦病死	清州郡江内面寺谷里四四三 —
一一五	第一五設営隊	ニューギニア、ギルワ マラリア	一九四二・一二・二三 一九一八・〇五・三〇	平田秀徳 琅洙	軍属 母	戦病死	清州郡江内面月谷里二七三—三 —
一八一	第一五設営隊	ニューギニア、ギルワ	一九四二・一二・二三 一九一六・〇一・三〇	木村文政 常壽	軍属 妻	戦死	永同郡上村面休山里四四六 —

二五四	第一五設営隊	ニューギニア、ギルワ	一九四二・一二・二三 一九二一・一二・二五	松本守溶 時弘	軍属 妻	戦死	永同郡龍山面新項里五八 —
二五三	第一五設営隊	ニューギニア、ギルワ	一九四二・一二・二四 一九二〇・〇八・〇三	富山奎植 順任	軍属 妻	戦死	永同郡龍山面梅琴里五七八 —
一八〇	第一五設営隊	ニューギニア、ギルワ	一九四二・一二・二五 —	金天鍾烈 順根	軍属 妻	戦死	永同郡上村面弓村里五六七 —
二三四	第一五設営隊	ニューギニア、ギルワ	一九四二・一二・二六 一九二三・〇二・〇七	鈴山東用 文哲	軍属 父	戦病死	永同郡鶴山面鋤山里九八九 —
二六三	第一五設営隊	ニューギニア、ギルワ マラリア	一九四二・一二・二六 一九一二・〇三・〇八	光山鶴春 永徳	軍属 父	戦死	永同郡深川面深川里一五〇 —
二五一	第一五設営隊	ニューギニア、ギルワ	一九四二・一二・二七 一九〇三・〇二・〇一	鄭仁石 貴女	軍属 妻	戦死	永同郡龍山面新項里五五 —
二五二	第一五設営隊	ニューギニア、ギルワ	一九四二・一二・二七 一九一六・一一・二〇	松川宰漢 泰鉉	軍属 父	戦死	永同郡龍山面新項里九一 —
一七八	第一五設営隊	ニューギニア、ギルワ	一九四二・一二・二七 一九〇五・〇六・一三	上川壽鳳 且順	軍属 妻	戦死	永同郡上村面柳谷里二二三 —
一七九	第一五設営隊	ニューギニア、ギルワ	一九四二・一二・二七 一九二二・〇四・〇二	朴本喜出 周夏	軍属 父	戦死	永同郡上村面興徳里一七九 永同郡上村面大海里七一二
一七	第一五設営隊	ニューギニア、ギルワ	一九四三・〇一・二二 一九一五・〇七・一六	申昌均 佐	軍属 母	戦死	報恩郡三井面川面里一七八 報恩郡龍山面扶×里七
五七	第一五設営隊	ニューギニア、ギルワ	一九四三・〇一・二二 一九一一・一〇・〇六	山根孝男 壽子	軍属 妻	戦死	鎮川郡梨月面新月里五九七 清州郡芙蓉面芙江里
六四	第一五設営隊	ニューギニア、ギルワ	一九四三・〇一・二二 一九一二・〇九・二七	益田忠助 光子	軍属 妻	戦死	堤川郡堤川邑邑部里四三八 —
九二	第一五設営隊	ニューギニア、ギルワ	一九四三・〇一・二二 一九二二・〇五・〇三	金基設 順熙	軍属 父	戦死	清州郡文義面斗毛里三〇六 清州郡江内面寺谷里
一〇一	第一五設営隊	ニューギニア、ギルワ	一九四三・〇一・二二 一九二二・〇三・一五	天谷龍圭 瑞鳳	軍属 叔母	戦死	清州郡賢都面中三里二〇五 清州郡芙蓉面芙江里
一〇二	第一五設営隊	ニューギニア、ギルワ	一九四三・〇一・二二 一九二〇・一一・一五	天谷昌奎 三順	軍属 妻	戦死	清州郡賢都面中三里 清州郡芙蓉面芙江里
一〇四	第一五設営隊	ニューギニア、ギルワ	一九四三・〇一・二二 一九一九・一一・二〇	平山正徹 桂春	軍属 妻	戦死	清州郡江内面新村里七〇 —
一〇五	第一五設営隊	ニューギニア、ギルワ	一九四三・〇一・二二 一九二〇・〇四・〇三	河本泰弘 元男	軍属 妻	戦死	清州郡江内面丁峰里四四 —
一〇六	第一五設営隊	ニューギニア、ギルワ	一九四三・〇一・二二	呉山石根	軍属	戦死	清州郡江内面丁峰里四六

			一九一五・〇九・〇九	点粉	妻		—
一〇七	第一五設営隊	ニューギニア、ギルワ	一九四三・〇一・二二	善田炳用	軍属	戦死	清州郡江内面石所里一六〇
			一九二二・〇一・二九	言遠	妻		—
一〇八	第一五設営隊	ニューギニア、ギルワ	一九四三・〇一・二二	宮本鍾録	軍属	戦死	清州郡江内面石花里一六四
			一九一四・〇八・二五	烈禮	母		—
一〇九	第一五設営隊	ニューギニア、ギルワ	一九四三・〇一・二二	平山七龍	軍属	戦死	清州郡江内面多楽里三二六
			一九〇八・一二・一二	漢林	妻		—
一一〇	第一五設営隊	ニューギニア、ギルワ	一九四三・〇一・二二	益田相憲	軍属	戦死	清州郡江内面多楽里三一五
			一九二〇・〇八・〇一	先禮	妻		—
一一一	第一五設営隊	ニューギニア、ギルワ	一九四三・〇一・二二	長谷丁未	軍属	戦死	清州郡江内面寺谷里三〇
			一九〇八・一一・一七	洛用	父		—
一一二	第一五設営隊	ニューギニア、ギルワ	一九四三・〇一・二二	平沼正男	軍属	戦死	清州郡江内面猪山里三二
			一九一五・一二・一〇	対	母		—
一一三	第一五設営隊	ニューギニア、ギルワ	一九四三・〇一・二二	木村萬成	軍属	戦死	清州郡江内面猪山里三二六
			一九二二・一一・二八	丁会	妻		—
一二四	第一五設営隊	ニューギニア、ギルワ	一九四三・〇一・二二	鄭炳俊	軍属	戦死	清州郡江外面宮坪里
			一九一八・一一・〇三	奇錫	父		—
一二五	第一五設営隊	ニューギニア、ギルワ	一九四三・〇一・二二	安田三奉	軍属	戦死	清州郡江外面五松里八〇
			一九二〇・一〇・〇九	氏	母		—
一二六	第一五設営隊	ニューギニア、ギルワ	一九四三・〇一・二二	金九石	軍属	戦死	清州郡江外面深中里一六九
			一九一〇・〇九・〇四	教用	父		—
一二七	第一五設営隊	ニューギニア、ギルワ	一九四三・〇一・二二	西川清四郎	軍属	戦死	清州郡江外面西坪里一七五
			一九二二・〇一・二七	漢西	父		—
一二八	第一五設営隊	ニューギニア、ギルワ	一九四三・〇一・二二	安東三録	軍属	戦死	清州郡江外面西坪里一七二
			一九一四・一〇・〇七	致西	父		—
一二九	第一五設営隊	ニューギニア、ギルワ	一九四三・〇一・二二	富田元濬	軍属	戦死	清州郡江外面西坪里一五二
			一九一五・一一・〇一	基燮	父		—
一三〇	第一五設営隊	ニューギニア、ギルワ	一九四三・〇一・二二	李晩雨	軍属	戦死	清州郡江外面東坪里一四六
			一九一九・一〇・一五	鍾進	従兄		—
一三一	第一五設営隊	ニューギニア、ギルワ	一九四三・〇一・二二	伊高一郎	軍属	戦死	清州郡江外面宮坪里五六
			一九一四・〇八・二五	運順	母		—
一三二	第一五設営隊	ニューギニア、ギルワ	一九四三・〇一・二二	新本魯玉	軍属	戦死	清州郡江外面萬水里二五七
			一九一二・〇二・〇五	永来	父		—
一三三	第一五設営隊	ニューギニア、ギルワ	一九四三・〇一・二二	安田勝洙	軍属	戦死	清州郡江外面蓮堤里四〇二
			一九一九・一二・二八	九炳	父		—

番号	部隊	場所	死亡年月日／生年月日	氏名／遺族	身分／続柄	事由	本籍
一三四	第一五設営隊	ニューギニア、ギルワ	一九四三・〇一・二三 一九〇九・一一・一五	新井殷栄 秉龍	軍属 父	戦死	清州郡江外面拱北里二四九
一三五	第一五設営隊	ニューギニア、ギルワ	一九四三・〇一・二三 一九一六・〇六・〇六	李相寧 得雨	軍属 父	戦死	清州郡江外面東亭里三〇八
一三六	第一五設営隊	ニューギニア、ギルワ	一九四三・〇一・二三 一九一八・〇八・二六	青松庚燮 相徳	軍属 父	戦死	清州郡江外面虎渓里一五
一三七	第一五設営隊	ニューギニア、ギルワ	一九四三・〇一・二三 一九二一・〇三・〇四	江本魯壽 守義	軍属 父	戦死	清州郡江外面虎渓里五三
一三八	第一五設営隊	ニューギニア、ギルワ	一九四三・〇一・二三 一九一一・〇九・一八	小松雲鵬 徳源	軍属 父	戦死	清州郡江外面虎渓里
一三九	第一五設営隊	ニューギニア、ギルワ	一九四三・〇一・二三 一九一七・〇一・一七	新本忠吉 準璟	軍属 父	戦死	清州郡江外面虎渓里一五
一四四	第一五設営隊	ニューギニア、ギルワ	一九四三・〇一・二三 一九二六・〇一・一〇	松本熙豊 英秀	軍属 父	戦死	清州郡芙蓉面蘆湖里二五三
一四五	第一五設営隊	ニューギニア、ギルワ	一九四三・〇一・二三 一九一四・〇八・二三	安本龍錫 小河	軍属 妻	戦死	清州郡芙蓉面芙江里三三六
一四六	第一五設営隊	ニューギニア、ギルワ	一九四三・〇一・二三 一九二二・〇七・二三	木村鳳灑 粒粉	軍属 妻	戦死	清州郡芙蓉面芙江里一四〇—二
一四七	第一五設営隊	ニューギニア、ギルワ	一九四三・〇一・二三 一九一七・〇一・一二	金城鍾均 王禮	軍属 妻	戦死	清州郡芙蓉面登谷里二八五
一四八	第一五設営隊	ニューギニア、ギルワ	一九四三・〇一・二三 一九一八・〇九・二〇	高山忠三 東哲	軍属 妻	戦死	清州郡芙蓉面×湖里七一二—二
一四九	第一五設営隊	ニューギニア、ギルワ	一九四三・〇一・二三 一九二三・〇一・一七	藤原俊植 萬仙	軍属 父	戦死	清州郡芙蓉面芙江里四六七
一五〇	第一五設営隊	ニューギニア、ギルワ	一九四三・〇一・二三 一九一〇・一〇・三〇	西原玉河 鎮禮	軍属 妻	戦死	清州郡芙蓉面芙江里四六八
一五一	第一五設営隊	ニューギニア、ギルワ	一九四三・〇一・二三 一九二一・〇二・〇八	松山栄均 順禮	軍属 母	戦死	清州郡芙蓉面朴谷里一二六—一
一五二	第一五設営隊	ニューギニア、ギルワ	一九四三・〇一・一七 一九一四・〇四・一〇	高山性淳 容徳	軍属 妻	戦死	清州郡芙蓉面登谷里一二四—二
一五三	第一五設営隊	ニューギニア、ギルワ	一九四三・〇一・二三 一九一二・一〇・二一	金壬哲 間難	軍属 妻	戦死	清州郡芙蓉面芙江里三九六
一五四	第一五設営隊	ニューギニア、ギルワ	一九四三・〇一・二三 一九二四・〇五・二三	松本勝培 敬先	軍属 父	戦死	清州郡芙蓉面芙江里一四〇
一五五	第一五設営隊	ニューギニア、ギルワ	一九四三・〇一・二三	金田徳吉	軍属	戦死	清州郡芙蓉面芙江里四六九

番号	所属	地域	年月日	氏名	続柄	区分	本籍
			一九二二・〇七・三〇	理先	父		—
一五六	第一五設営隊	ニューギニア、ギルワ	一九四三・〇一・二三 一九二一・〇八・二一	林順喆 致明	軍属 父	戦死	清州郡芙蓉面芙江里二四八—二 —
一五七	第一五設営隊	ニューギニア、ギルワ	一九四三・〇一・二三 一九〇六・〇八・一三	柳多子 銀淑	軍属 妻	戦死	清州郡芙蓉面芙江里三三四 —
一五八	第一五設営隊	ニューギニア、ギルワ	一九四三・〇一・二三 一九〇四・〇三・〇七	李載河 金玉	軍属 妻	戦死	清州郡芙蓉面芙江里三四四—一 —
一五九	第一五設営隊	ニューギニア、ギルワ	一九四三・〇一・二三 一九二〇・〇六・一六	清水開東 王順	軍属 妻	戦死	清州郡芙蓉面芙江里七一三 —
一六〇	第一五設営隊	ニューギニア、ギルワ	一九四三・〇一・二三 一九二〇・一一・〇三	尹福基 福順	軍属 妻	戦死	清州郡芙蓉面登谷里二七五 —
一六一	第一五設営隊	ニューギニア、ギルワ	一九四三・〇一・二三 一九〇二・一二・三〇	金川栄運 点禮	軍属 妻	戦死	清州郡芙蓉面芙江里七四九 —
一六二	第一五設営隊	ニューギニア、ギルワ	一九四三・〇一・二三 一九一四・〇一・一二	村井源玉 善植	軍属 妻	戦死	清州郡芙蓉面芙江里四七九 —
一六三	第一五設営隊	ニューギニア、ギルワ	一九四三・〇一・二三 一八九五・〇七・〇七	金川聖満 石粉	軍属 妻	戦死	清州郡芙蓉面芙江里七四九
一七二	第一五設営隊	ニューギニア、ギルワ	一九四三・〇一・二三 一九一三・〇七・二〇	姜發忠 —	軍属 —	戦死	永同郡上村面興徳里三二七 —
一七三	第一五設営隊	ニューギニア、ギルワ	一九四三・〇一・二三 一九〇九・一一・〇二	和山江生 判天	軍属 —	戦死	永同郡上村面弓村里三二五 永同郡上村面住×里
一七四	第一五設営隊	ニューギニア、ギルワ	一九四三・〇一・二三 一九二一・〇三・三一	金井盛根 喬而	軍属 母	戦死	永同郡上村面興徳里一一二 —
一七五	第一五設営隊	ニューギニア、ギルワ	一九四三・〇一・二三 一九二二・〇九・〇一	安田徳祥 在云	軍属 父	戦死	永同郡上村面大海里九九二 —
一七六	第一五設営隊	ニューギニア、ギルワ	一九四三・〇一・二三 一九一六・一一・一一	竹本共秀 相運	軍属 母	戦死	永同郡上村面大海里七二一 —
一七七	第一五設営隊	ニューギニア、ギルワ	一九四三・〇一・二三 一九二〇・〇五・二七	林栄洙 鳳相	軍属 父	戦死	永同郡上村面大海里三六六 —
一九七	第一五設営隊	ニューギニア、ギルワ	一九四三・〇一・二三 一九一一・一一・〇一	金田敬弼 用任	軍属 妻	戦死	永同郡陽山面敬頭里三四五 —
一九八	第一五設営隊	ニューギニア、ギルワ	一九四三・〇一・二三 一九二三・〇四・〇九	金勝岩 順福	軍属 父	戦死	永同郡陽山面虎灘里六八九 —
一九九	第一五設営隊	ニューギニア、ギルワ	一九四三・〇一・二三 一九二〇・〇四・二四	菊本相鎮 乙伍	軍属 妻	戦死	永同郡陽山面元塘里二二九 —

二〇〇	第一五設営隊	ニューギニア、ギルワ	一九四三・〇一・二二 一九一四・〇八・二五	平山基福 金福	軍属 兄	戦死	永同郡陽山面敬頭里五八七−二 —
二〇一	第一五設営隊	ニューギニア、ギルワ	一九四三・〇一・二二 一九二〇・〇二・〇八	金光東旭 永基	軍属 兄	戦死	永同郡陽山面虎灘里一五五 —
二〇二	第一五設営隊	ニューギニア、ギルワ	一九四三・〇一・二二 一九一二・一二・二一	竹村昌煥 允心	軍属 妻	戦死	永同郡陽山面柯谷里四八九 永同郡鶴山里池内里四〇四
二〇三	第一五設営隊	ニューギニア、ギルワ	一九四三・〇一・二二 一九一二・〇一・三〇	金村東鎬 順禮	軍属 妻	戦死	永同郡陽山面虎灘里一五二−二 —
二〇四	第一五設営隊	ニューギニア、ギルワ	一九四三・〇一・二二 一九〇九・〇四・〇九	姜完壽 野當金	軍属 妻	戦死	永同郡陽山面楼橋里九〇一 —
二〇五	第一五設営隊	ニューギニア、ギルワ	一九四三・〇一・二二 一九二二・〇三・一七	松田鳳龍 旬伊	軍属 父	戦死	永同郡陽山面楼橋里一九三 —
二〇六	第一五設営隊	ニューギニア、ギルワ	一九四三・〇一・二二 一九一一・〇二・〇四	金田大植 禮男	軍属 妻	戦死	永同郡陽山面柳谷里四五六 —
二〇七	第一五設営隊	ニューギニア、ギルワ	一九四三・〇一・二二 一九一五・〇九・一〇	松田吉雄 月今	軍属 妻	戦死	永同郡陽山面楼橋里一七四 —
二一〇	第一五設営隊	ニューギニア、ギルワ	一九四三・〇一・二二 一九〇六・一〇・〇九	金時杓 氏	軍属 妻	戦死	永同郡鶴山面鳳韶里三〇八 —
二一一	第一五設営隊	ニューギニア、ギルワ	一九四三・〇一・二二 —	高島光奎 一郎	軍属 兄	戦死	永同郡鶴山面鋤山里九六四 —
二一二	第一五設営隊	ニューギニア、ギルワ	一九四三・〇一・二二 一九一五・一一・二五	松本愚慶 順伊	軍属 妻	戦死	永同郡鶴山面鋤山里九七六 —
二一三	第一五設営隊	ニューギニア、ギルワ	一九四三・〇一・二二 一九一八・〇四・二一	権秉浩 分順	軍属 妻	戦死	永同郡鶴山面鵲岩里三四六 —
二一四	第一五設営隊	ニューギニア、ギルワ	一九四三・〇一・二二 一九一八・一〇・一五	三井龍澤 圭蓮	軍属 妻	戦死	永同郡鶴山面鳳韶里二八六 —
二一五	第一五設営隊	ニューギニア、ギルワ	一九四三・〇一・二二 一九二三・〇二・〇五	劉潤元 変一	軍属 父	戦死	永同郡鶴山面鳳韶里三〇八 —
二一六	第一五設営隊	ニューギニア、ギルワ	一九四三・〇一・二二 一九一六・〇九・〇一	金學培 顕斗	軍属 父	戦死	永同郡鶴山面鵲岩里六三九 —
二一七	第一五設営隊	ニューギニア、ギルワ	一九四三・〇一・二二 一九一九・〇五・〇六	宮本斗鉉 順夏	軍属 妻	戦死	永同郡鶴山面池内里二八五 —
二一八	第一五設営隊	ニューギニア、ギルワ	一九四三・〇一・二二 一九二〇・一〇・〇四	柳川喜杰 喆子	軍属 妻	戦死	永同郡鶴山面鳳山里四三二 —
二一九	第一五設営隊	ニューギニア、ギルワ	一九四三・〇一・二二	高山範植	軍属	戦死	永同郡鶴山面鳳韶六七四

			一九一六・〇二・一二	亨雨	父		—
二三〇	第一五設営隊	ニューギニア、ギルワ	一九四三・〇一・二三	金本玉振	軍属	戦死	永同郡鶴山面鳳山里四二八
			一九一八・〇四・二三	東吉	父		—
二三一	第一五設営隊	ニューギニア、ギルワ	一九四三・〇一・二三	柿谷奎讃	軍属	戦死	永同郡鶴山面鋤山里五六三
			一九一六・〇三・〇二	奎喆	兄		—
二三二	第一五設営隊	ニューギニア、ギルワ	一九四三・〇一・二三	山田貞欽	軍属	戦死	永同郡鶴山面池内里二七七
			一九一二・〇二・一五	伊魯	妻		—
二三三	第一五設営隊	ニューギニア、ギルワ	一九四三・〇一・二三	劉東植	軍属	戦死	永同郡鶴山面鳳韶里三〇八
			一九〇七・〇二・一五	順漢	妻		—
二四一	第一五設営隊	ニューギニア、ギルワ	一九四三・〇一・二三	松川喆洙	軍属	戦死	永同郡龍山面新渓里九〇
			一九二二・〇一・〇五	珠	母		—
二四二	第一五設営隊	ニューギニア、ギルワ	一九四三・〇一・二三	松本麟煥	軍属	戦死	永同郡龍山面佳谷里三一四
			一九二一・〇八・二一	乙任	母		—
二四三	第一五設営隊	ニューギニア、ギルワ	一九四三・〇一・二三	李原鍾萬	軍属	戦死	永同郡龍山面新項里一〇八
			一九一四・〇七・一〇	蓮伊	妻		—
二四四	第一五設営隊	ニューギニア、ギルワ	一九四三・〇一・二三	新本喜俊	軍属	戦死	永同郡龍山面新項里八七
			一九二三・〇一・〇九	明林	妻		—
二四五	第一五設営隊	ニューギニア、ギルワ	一九四三・〇一・二三	星山東洙	軍属	戦死	永同郡龍山面新項里四二八
			一九一九・〇七・〇七	雲貞	妻		—
二四六	第一五設営隊	ニューギニア、ギルワ	一九四三・〇一・二三	金村老米	軍属	戦死	永同郡龍山面佳谷里三四七
			一九〇六・〇五・一二	卜任	妻		—
二四七	第一五設営隊	ニューギニア、ギルワ	一九四三・〇一・二三	星山定洙	軍属	戦死	永同郡龍山面新項里四二九
			一九二三・〇一・二五	根順	妻		—
二四八	第一五設営隊	ニューギニア、ギルワ	一九四三・〇一・二三	瀧本晩洙	軍属	戦死	永同郡龍山面新項里二四八
			一九二三・〇四・〇一	鍾國	父		—
二四九	第一五設営隊	ニューギニア、ギルワ	一九四三・〇一・二三	山本丙鳳	軍属	戦死	永同郡龍山面金谷里四六八
			一九一七・〇四・〇六	庚用	妻		—
二五〇	第一五設営隊	ニューギニア、ギルワ	一九四三・〇一・二三	金本東武	軍属	戦死	永同郡龍山面×桑里九三
			一九一七・一二・一〇	昌分	妻		—
二五六	第一五設営隊	ニューギニア、ギルワ	一九四三・〇一・二三	南在熙	軍属	戦死	永同郡深川面深川里一五〇
			一九一七・〇三・〇六	先熙	兄		—
二五七	第一五設営隊	ニューギニア、ギルワ	一九四三・〇一・二三	月野丁炳	軍属	戦死	永同郡深川面深川里二一五
			一九二二・一二・三〇	月熙	母		—
二五八	第一五設営隊	ニューギニア、ギルワ	一九四三・〇一・二三	新井周夏	軍属	戦死	永同郡深川面丹田里六四二
			一九一六・〇六・〇二	一順	妻		永同郡深川面深川里三〇五

二五九	第一五設営隊	ニューギニア、ギルワ	一九四三・〇一・二二 一九一九・〇四・一二	門田拓三 長顕	軍属 父	戦死	永同郡深川面深川里一三〇 ー
二六〇	第一五設営隊	ニューギニア、ギルワ	一九四三・〇一・二二 一九一七・〇二・一八	松川英治 五順	軍属 妻	戦死	永同郡深川面深川里二〇五 ー
二六一	第一五設営隊	ニューギニア、ギルワ	一九四三・〇一・二二 一九一八・〇三・三〇	野山幸雄 富平	軍属 父	戦死	永同郡深川面深川里三一五 ー
三二二	第一五設営隊	ニューギニア、ギルワ	一九四三・〇一・二二 一九〇八・〇三・一六	徳原喆永 言然	軍属 妻	戦死	槐山郡青川面大峙里二〇七 ー
一九六	第一五設営隊	ニューギニア、マンバレイ	一九四三・〇二・〇七 一九二三・〇四・〇八	姜本仁哲 先鳳	軍属 父	戦死	永同郡永同邑深源里三二五 永同郡上村面林山里四四三
二〇八	第一五設営隊	ニューギニア、マンバレイ	一九四三・〇二・〇九 一九二三・〇二・〇八	金谷永喜 奉金	軍属 妻	戦死	永同郡陽山面敬頭里一二二－三
一六五	第一五設営隊	ニューギニア、マンバレイ	一九四三・〇二・〇七 一九一七・一一・〇九	西原相福 玉禮	軍属 妻	戦死	清州郡芙蓉面芙江里七五三 ー
一六四	第一五設営隊	ニューギニア、マンバレイ	一九四三・〇二・一三 一九二二・〇五・一八	李圭完 洪南順	軍属 母	戦死	清州郡芙蓉面文谷里八〇二 ー
一六六	第一五設営隊	ニューギニア、マンバレイ	一九四三・〇二・一六 一九一二・〇一・〇四	金城月福 蓮花	軍属 父	戦死	清州郡芙蓉面登谷里三一七 ー
九九	第一五設営隊	ピケロット島	一九四四・〇一・三一 一九一六・一二・一五	趙永鎬 重根	軍属 ー	戦死	清州郡北一面墨坊里三〇〇 ー
三〇五	第一五設営隊	ピケロット島	一九四四・〇一・三一 一九一七・一一・〇六	西原順必 壽連	軍属 妻	戦死	槐山郡上芼面中山里二五六 京畿道京城府孔徳町
九	第一五警備隊	バシー海峡	一九四四・〇九・〇九 一九二四・〇一・一九	金永忠郎 章煥	上水 妻	戦死	永同郡永同邑英暮里七七六 咸鏡北道会寧郡花豊里多心洞
七	第一六警備隊	バシー海峡	一九四四・〇九・〇九 一九二四・〇一・〇六	園田秀雄 忠義	上水 妻	戦死	報恩郡三升面内望里一八八 平安北道朔州郡九曲面水豊洞青山寮
七〇八	第一九設営隊	南西太平洋	一九四四・〇三・一八 一九一二・一〇・一九	松岡奭桂 正喜	軍属 妻	戦死	沃川郡伊院面潤亭里三七四四 ー
七二二	第一九設営隊	南西太平洋	一九四四・〇三・一八 一九二八・〇二・一五	今村載植 宇客	軍属 父	戦死	永同郡土村里屯田里三〇三 ー
二五五	第二八海軍建築部	ニューギニア	一九四四・〇六・〇七 一八九九・一〇・〇七	金良ト ー	軍属 ー	戦死	永同郡龍山面佳谷里三二〇 永同郡龍山面佳谷里三二〇
一六八	第二八海軍建築部	ニューギニア	一九四四・〇九・〇七 一九一九・〇三・二五	竹本一郎 門田ナツ	軍属 内妻	戦死	清州郡四州面紛坪里 ー
一九五	第二八海軍建築部	ビアク島	一九四四・〇七・三一	應山基祐	軍属	戦死	永同郡上村面下道大二左里三六六

			一九二一・〇二・一三	南弘	|		|
一六九	第二八海軍建築部	ビアク島	一九四四・〇七・三一 一八九六・〇七・一九	金圭東・西村金市 金辰吉	軍属 父	戦死	清州郡米院面中里三九 |
二六八	第二八海軍建築部	セレベス島	一九四四・一〇・二二 一九二一・〇九・二八	金城泰植 泰龍	軍属 兄	戦死	永同郡黄金面渓亀里楡洞 |
五八	第三〇海軍建築部	ボナペ島 ワイル氏病	一九四二・〇四・二八 一九二三・一一・〇一	尹興福 順山	軍属 父	戦病死	鎮川郡徳山面閑川里一一四 忠清南道天安郡並川面並川里
五五六	第三〇海軍建築部	パラオ島	一九四四・〇三・三〇 一九一九・〇三・一一	西原辰申 |	軍属 |	戦死	陰城郡笙極面五笙里 |
六九四	第三〇海軍建築部	パラオ島	一九四四・〇三・三〇 |	宮本海鳳 |	軍属 |	戦死	清州郡北一面東里 |
五八四	第三〇海軍建築部	パラオ島 黄疸	一九四四・〇八・〇五 一九一五・〇五・〇六	松原炳吉 |	軍属 |	戦病死	丹陽郡佳谷面徳泉里 |
三五六	第三〇海軍建築部	パラオ島 腸膜炎	一九四四・〇九・〇一 一九二六・一〇・一三	金山仁守 仁業	軍属 兄	戦病死	永同郡黄金面海龍里 |
三八九	第三〇海軍建築部	パラオ島 ワイル氏病	一九四四・一〇・〇二 |	山田文石・文岩 |	軍属 |	戦病死	永同郡龍化面道徳里 |
四二〇	第三〇海軍建築部	パラオ島 赤痢	一九四四・一〇・二一 一九〇九・〇七・一五	金山憲一 男方	軍属 父	戦病死	槐山郡青川面近坪里 |
四七〇	第三〇海軍建築部	パラオ島 ワイル氏病	一九四四・一〇・二八 一九一〇・〇二・〇二	森田龍錫 順錫	軍属 弟	戦病死	沃川郡安南面五徳里 |
四一五	第三〇海軍建築部	パラオ島 熱性病	一九四四・一一・〇八 一九一一・一一・二九	利川庚出 致俊	軍属 兄	戦病死	槐山郡清安面長岩里 |
四一六	第三〇海軍建築部	パラオ島 栄養失調	一九四五・〇二・〇七 一九一〇・一二・〇一	吉田奉萬 五順	軍属 妻	戦病死	槐山郡清安面邑内里 |
三六八	第三〇海軍建築部	パラオ島	一九四五・〇四・一一 一九一七・一一・二九	金川炳鉉 |	軍属 |	戦死	永同郡龍山面米田里 |
三六〇	第三〇海軍建築部	パラオ島 脚気	一九四五・一〇・二五 一九一七・一〇・二六	増田永安 |	軍属 |	戦病死	永同郡黄金面×店里 |
三九〇	第三〇海軍建築部	パラオ島 脚気	一九四五・一〇・二八 一九二〇・〇五・〇二	竹内泰奉 |	軍属 |	戦病死	永同郡龍化面道徳里 |
一〇三	第三〇海軍建築部	ペリリュウ島	一九四四・〇九・〇一 一九一五・〇七・二一	高山昌浩 春浩	軍属 妻	戦死	清州郡加徳面仁澤里二五一一 江原道横城郡安興面池邱里四九九
三五九	第三〇海軍建築部	ペリリュウ島	一九四四・一二・三一 一九一七・〇二・二九	富山長福 萬福	軍属 |	戦死	永同郡黄金面秋風嶺里 |

三六一	第三〇海軍建築部	ペリリュウ島	一九四四・一二・三一 一九二二・〇四・〇五	成本洙植 曝源	軍属 ―	戦死	永同郡龍化面鳳林里 ―
三六二	第三〇海軍建築部	ペリリュウ島	一九四四・一二・三一 一九一七・〇九・一四	金澤卜金 卜得	軍属 ―	戦死	永同郡龍化面龍潭里 ―
三六七	第三〇海軍建築部	ペリリュウ島	一九四四・一二・三一 一九二一・〇七・二五	梁川周燮 萬興	軍属 ―	戦死	永同郡黄金面老川里 ―
三八八	第三〇海軍建築部	ペリリュウ島	一九四四・一二・三一 一九一三・一二・二一	閔永萬 ―	軍属 ―	戦死	永同郡黄潤面西松陰里 ―
四〇六	第三〇海軍建築部	ペリリュウ島	一九四四・一二・三一 一九一六・〇五・一五	金江順泰 鍾淵	軍属 ―	戦死	槐山郡沼壽面佐岩里 ―
四〇七	第三〇海軍建築部	ペリリュウ島	一九四四・一二・三一 一九二五・〇二・一五	山村在根 在星	軍属 ―	戦死	槐山郡沼壽面夢村里 ―
四〇八	第三〇海軍建築部	ペリリュウ島	一九四四・一二・三一 一九二二・〇三・一〇	李江南 光福	軍属 ―	戦死	槐山郡槐山面齊月里 ―
四〇九	第三〇海軍建築部	ペリリュウ島	一九四四・一二・三一 一九一二・〇八・一四	山城慶萬 福萬	軍属 ―	戦死	槐山郡槐山面齊月里 ―
四一〇	第三〇海軍建築部	ペリリュウ島	一九四四・一二・三一 一九一三・一二・一二	池原光一 ―	軍属 ―	戦死	槐山郡仏頂面倉江里 ―
四一一	第三〇海軍建築部	ペリリュウ島	一九四四・一二・三一 一九一〇・〇八・一六	金木庚得 鍾雲	軍属 ―	戦死	槐山郡仏頂面 ―
四一二	第三〇海軍建築部	ペリリュウ島	一九四四・一二・三一 一九二二・一一・一〇	完本潤洙 栄洙	軍属 ―	戦死	槐山郡甘勿面九越里 ―
四一三	第三〇海軍建築部	ペリリュウ島	一九四四・一二・三一 一九一五・〇二・〇五	安本商達 商基	軍属 ―	戦死	槐山郡甘勿面鯉潭里 ―
四一四	第三〇海軍建築部	ペリリュウ島	一九四四・一二・三一 一九一二・一一・〇五	新井學均 庚得	軍属 ―	戦死	槐山郡青安面邑内里 ―
四一七	第三〇海軍建築部	ペリリュウ島	一九四四・一二・三一 一九二四・一二・一八	月城政権 正邦	軍属 ―	戦死	槐山郡道安面老岩里 ―
四一八	第三〇海軍建築部	ペリリュウ島	一九四四・一二・三一 一九一七・〇五・〇九	長原大淵 在連	軍属 ―	戦死	槐山郡延豊面柳上里 ―
四一九	第三〇海軍建築部	ペリリュウ島	一九四四・一二・三一 一九一六・〇四・二〇	金村在錫 在權	軍属 ―	戦死	槐山郡青川面善坪里 ―
四三九	第三〇海軍建築部	ペリリュウ島	一九四四・一二・三一 一九一八・〇八・〇八	金本東俊 東元	軍属 ―	戦死	沃川郡青山面閑谷里 ―
四四〇	第三〇海軍建築部	ペリリュウ島	一九四四・一二・三一	板本晃夏	軍属	戦死	沃川郡青山面

			一九二〇・〇八・〇五	基夏	—		—
四四一	第三〇海軍建築部	ペリリュウ島	一九四四・一二・三一 一九〇八・一〇・一八	西本武成 住成	軍属 —	戦死	沃川郡青山面大徳里 —
四四二	第三〇海軍建築部	ペリリュウ島	一九四四・一二・三一 一九一六・〇七・〇三	金山基淵 基哲	軍属 —	戦死	沃川郡青山面茗旨里 —
四四三	第三〇海軍建築部	ペリリュウ島	一九四四・一二・三一 一九一九・一二・一〇	柳春成 謂成	軍属 —	戦死	沃川郡青山面大西里 —
四四四	第三〇海軍建築部	ペリリュウ島	一九四四・一二・三一 一九二三・一二・二二	金海昌錫 —	軍属 —	戦死	沃川郡青山面白雲里 —
四四七	第三〇海軍建築部	ペリリュウ島	一九四四・一二・三一 一九二二・〇三・〇四	金川糸化 巴面	軍属 —	戦死	沃川郡沃川面竹香里 —
四四八	第三〇海軍建築部	ペリリュウ島	一九四四・一二・三一 —	鳩山玉出 福方	軍属 —	戦死	沃川郡沃川面竹香里 —
四四九	第三〇海軍建築部	ペリリュウ島	一九四四・一二・三一 一九二三・一〇・〇七	金田永範 在用	軍属 —	戦死	沃川郡沃川面校洞里 —
四五〇	第三〇海軍建築部	ペリリュウ島	一九四四・一二・三一 一九〇八・〇九・〇二	山本八福 崔永喆	軍属 —	戦死	沃川郡沃川面馬岩里 —
四五三	第三〇海軍建築部	ペリリュウ島	一九四四・一二・三一 一九二一・〇三・〇三	安田今學 —	軍属 —	戦死	沃川郡伊院面江清里 —
四五四	第三〇海軍建築部	ペリリュウ島	一九四四・一二・三一 一九二四・〇一・一四	平野盛政 勇治	軍属 —	戦死	沃川郡伊院面江清里 —
四五五	第三〇海軍建築部	ペリリュウ島	一九四四・一二・三一 一九〇六・〇九・一八	林英申 漢鳳	軍属 —	戦死	沃川郡伊院面開心里 —
四五六	第三〇海軍建築部	ペリリュウ島	一九四四・一二・三一 一九一九・〇八・〇八	天野月成 判成	軍属 —	戦死	沃川郡伊院面伊院里 —
四五七	第三〇海軍建築部	ペリリュウ島	一九四四・一二・三一 一九二一・〇二・一五	坂本成俊 生必	軍属 —	戦死	沃川郡伊院面潤亭里 —
四五八	第三〇海軍建築部	ペリリュウ島	一九四四・一二・三一 一九一一・〇一・〇六	三島辛用 昌基	軍属 父	戦死	沃川郡伊院面伊院里 —
四五九	第三〇海軍建築部	ペリリュウ島	一九四四・一二・三一 一九二三・〇二・二七	金村錫九 石玉	軍属 —	戦死	沃川郡伊院面伊院里 —
四六〇	第三〇海軍建築部	ペリリュウ島	一九四四・一二・三一 一九二三・〇二・一五	木村正吉 斗供	軍属 —	戦死	沃川郡伊院面院洞里 —
四六一	第三〇海軍建築部	ペリリュウ島	一九四四・一二・三一 一八九八・〇一・〇五	星山在成 面錫	軍属 —	戦死	沃川郡清城面山桂里 —

四六二	第三〇海軍建築部	ペリリュウ島	一九四四・一二・三一 一九二六・一一・二九	安木炳熙 在角	軍属 ｜	戦死	沃川郡清城面道城里 ｜
四六三	第三〇海軍建築部	ペリリュウ島	一九四四・一二・三一 一九一二・〇一・〇七	金山江阿二 貴福	軍属 ｜	戦死	沃川郡清城面陵月里 ｜
四六四	第三〇海軍建築部	ペリリュウ島	一九四四・一二・三一 一九二四・一二・二五	鄭吉先 文根	軍属 ｜	戦死	沃川郡清城面陵月里一八四 ｜
四六六	第三〇海軍建築部	ペリリュウ島	一九四四・一二・三一 一九〇六・〇九・〇三	原井學龍 裕根	軍属 ｜	戦死	沃川郡清城面陵月里 ｜
四六七	第三〇海軍建築部	ペリリュウ島	一九四四・一二・三一 一九〇〇・一〇・一二	林田漢錫 永寛	軍属 ｜	戦死	沃川郡清城面陵月里 ｜
四六八	第三〇海軍建築部	ペリリュウ島	一九四四・一二・三一 一九一四・〇八・〇一	市田仁宅 ｜	軍属 ｜	戦死	沃川郡清城面大安里 ｜
四六九	第三〇海軍建築部	ペリリュウ島	一九四四・一二・三一 一九〇八・〇二・二三	深川千貴 ｜	軍属 ｜	戦死	沃川郡清城面巨浦里 ｜
四七二	第三〇海軍建築部	ペリリュウ島	一九四四・一二・三一 一九〇八・〇六・二〇	朝本茂照 康照	軍属 ｜	戦死	沃川郡東二面赤下里 ｜
四七三	第三〇海軍建築部	ペリリュウ島	一九四四・一二・三一 一九一二・〇一・〇六	松本春植 鄭元汝	軍属 ｜	戦死	忠州郡利柳面大召里 ｜
四七四	第三〇海軍建築部	ペリリュウ島	一九四四・一二・三一 一九二一・〇六・一六	李鍾錫 鐘漢	軍属 ｜	戦死	忠州郡東良面早洞里 ｜
四七五	第三〇海軍建築部	ペリリュウ島	一九四四・一二・三一 一九一二・一一・〇五	金山長得 容河	軍属 ｜	戦死	忠州郡東良面早洞里 ｜
四七八	第三〇海軍建築部	ペリリュウ島	一九四四・一二・三一 一九〇二・一〇・〇七	山村鐘根 ｜	軍属 ｜	戦死	忠州郡忠州邑虎岩里 ｜
四七九	第三〇海軍建築部	ペリリュウ島	一九四四・一二・三一 一九二四・一二・〇八	西川允明 喆愚	軍属 ｜	戦死	忠州郡周徳面社楽里 ｜
四八〇	第三〇海軍建築部	ペリリュウ島	一九四四・一二・三一 一九一一・〇四・一七	廣田興善 正普	軍属 ｜	戦死	忠州郡周徳面三清里 ｜
四八一	第三〇海軍建築部	ペリリュウ島	一九四四・一二・三一 一九二〇・一〇・〇二	高木炳旭 ｜	軍属 ｜	戦死	忠州郡忠州面龍山里 ｜
四八二	第三〇海軍建築部	ペリリュウ島	一九四四・一二・三一 一九二〇・〇一・一〇	朴億千 億吉	軍属 ｜	戦死	忠州郡巌政面美内里 ｜
四八三	第三〇海軍建築部	ペリリュウ島	一九四四・一二・三一 一八九八・〇二・一九	松山殷熊 慶東	軍属 ｜	戦死	忠州郡金加面梅下里 ｜
四八四	第三〇海軍建築部	ペリリュウ島	一九四四・一二・三一	山本鳳洙	軍属	戦死	忠州郡利柳面完五里

			一九二三・〇八・〇一	正東	父		ー
五〇二	第三〇海軍建築部	ペリリュウ島	一九四四・一二・三一	山本明哲	軍属	戦死	堤川郡堤川邑新月里
			一九一六・〇七・〇九	姜順姫	｜		｜
五〇三	第三〇海軍建築部	ペリリュウ島	一九四四・一二・三一	平山仁錫	軍属	戦死	堤川郡堤川邑新百里
			一九一七・〇四・二一	元錫	｜		｜
五〇六	第三〇海軍建築部	ペリリュウ島	一九四四・一二・三一	星本淳基	軍属	戦死	堤川郡錦城面明芝里
			一九一七・〇一・二六	相基	｜		｜
五〇七	第三〇海軍建築部	ペリリュウ島	一九四四・一二・三一	青山在仁	軍属	戦死	堤川郡錦城面山谷里
			一九二二・〇三・一九	義太	｜		｜
五〇八	第三〇海軍建築部	ペリリュウ島	一九四四・一二・三一	青松秀京	軍属	戦死	堤川郡錦城面明芝里
			一九二三・一一・二〇	甲得	｜		｜
五〇九	第三〇海軍建築部	ペリリュウ島	一九四四・一二・三一	慶山大奉	軍属	戦死	堤川郡錦城面山谷里
			一九一六・〇四・〇八	奉石	｜		｜
五一〇	第三〇海軍建築部	ペリリュウ島	一九四四・一二・三一	寫村光雄	軍属	戦死	堤川郡鳳陽面新里
			一九一九・〇四・二八	｜	｜		｜
五一一	第三〇海軍建築部	ペリリュウ島	一九四四・一二・三一	権康伏	軍属	戦死	堤川郡鳳陽面新里
			一八九二・〇八・二五	｜	｜		｜
五一三	第三〇海軍建築部	ペリリュウ島	一九四四・一二・三一	伊坂起壽	軍属	戦死	堤川郡松鶴面桃花里
			｜	起善	｜		｜
五一四	第三〇海軍建築部	ペリリュウ島	一九四四・一二・三一	任村範浩	軍属	戦死	堤川郡松鶴面桃花里
			一九二三・一二・一二	培根	｜		｜
五一六	第三〇海軍建築部	ペリリュウ島	一九四四・一二・三一	花井貴虎	軍属	戦死	堤川郡白雲面平羽里
			一九一二・〇五・二八	松山海善	｜		｜
五一七	第三〇海軍建築部	ペリリュウ島	一九四四・一二・三一	松田順権	軍属	戦死	堤川郡清風面高明里
			一九一二・〇九・〇五	第春	｜		｜
五一八	第三〇海軍建築部	ペリリュウ島	一九四四・一二・三一	柳森康市	軍属	戦死	堤川郡清風面後山里
			一九二三・〇二・〇七	程萬	｜		｜
五三七	第三〇海軍建築部	ペリリュウ島	一九四四・一二・三一	清川章洙	軍属	戦死	陰城郡笙極面笙里
			一九一二・〇五・一四	允洙	｜		陰城郡笙極面笙里
五三八	第三〇海軍建築部	ペリリュウ島	一九四四・一二・三一	朴奉石	軍属	戦死	陰城郡笙極面五笙里
			一九二五・〇九・〇一	昌完	｜		陰城郡笙極面五笙里
五三九	第三〇海軍建築部	ペリリュウ島	一九四四・一二・三一	國平起鳳	軍属	戦死	陰城郡蘇伊面大長里
			一九〇四・〇九・一四	起栄	｜		｜
五四〇	第三〇海軍建築部	ペリリュウ島	一九四四・一二・三一	安田高憲	軍属	戦死	陰城郡蘇伊面中洞里
			一九一二・一二・〇七	×平	｜		陰城郡蘇伊面中洞里

五四一	第三〇海軍建築部	ペリリュウ島	一九四四・一二・三一 一九〇一・〇九・二四	林炳坤 炳吉	軍属 —	戦死	陰城郡蘇伊面碑山里 陰城郡蘇伊面碑山里
五四二	第三〇海軍建築部	ペリリュウ島	一九四四・一二・三一 一九一二・〇一・二七	清水永教 相教	軍属 —	戦死	陰城郡蘇伊面大長里 陰城郡蘇伊面大長里
五四三	第三〇海軍建築部	ペリリュウ島	一九四四・一二・三一 一九〇六・〇七・二〇	安田仙境 境	軍属 —	戦死	陰城郡蘇伊面大長里 陰城郡蘇伊面大長里
五四四	第三〇海軍建築部	ペリリュウ島	一九四四・一二・三一 —	張本福龍 壽令	軍属 —	戦死	陰城郡金旺面道晴里 陰城郡金旺面道晴里
五四五	第三〇海軍建築部	ペリリュウ島	一九四四・一二・三一 一九一九・〇二・一〇	岩城丙喆 容植	軍属 —	戦死	陰城郡金旺面新坪里 陰城郡金旺面新坪里
五四六	第三〇海軍建築部	ペリリュウ島	一九四四・一二・三一 一九二一・〇三・一五	明文條植 —	軍属 —	戦死	陰城郡金旺面新坪里 —
五四七	第三〇海軍建築部	ペリリュウ島	一九四四・一二・三一 一九一八・〇四・二二	光山欽東 尚東	軍属 —	戦死	陰城郡遠南面甫川里 —
五四八	第三〇海軍建築部	ペリリュウ島	一九四四・一二・三一 一九〇四・〇一・二三	米田彭個 鏡九	軍属 —	戦死	陰城郡遠南面甫川里 —
五四九	第三〇海軍建築部	ペリリュウ島	一九四四・一二・三一 一九〇二・一一・一〇	米田×東 炳五	軍属 —	戦死	陰城郡遠南面甫川里 —
五五〇	第三〇海軍建築部	ペリリュウ島	一九四四・一二・三一 一九〇六・一一・二九	山本南春 炳萬	軍属 —	戦死	陰城郡大所面城本里 —
五五一	第三〇海軍建築部	ペリリュウ島	一九四四・一二・三一 一九一〇・〇六・一四	禹三童 准水點	軍属 —	戦死	陰城郡陰城面邑内里 —
五五二	第三〇海軍建築部	ペリリュウ島	一九四四・一二・三一 一九二三・〇七・〇五	知村活吉 勉吉	軍属 —	戦死	陰城郡陰城面邑内里 —
五五三	第三〇海軍建築部	ペリリュウ島	一九四四・一二・三一 一九一一・〇四・〇三	米田勝禄 米雄	軍属 —	戦死	陰城郡遠南面甫川里 —
五五四	第三〇海軍建築部	ペリリュウ島	一九四四・一二・三一 一九〇九・〇三・〇九	三州舜九 福九	軍属 —	戦死	陰城郡金旺面杏堤里 —
五五七	第三〇海軍建築部	ペリリュウ島	一九四四・一二・三一 一九二〇・〇九・二九	洪南在得 在哲	軍属 —	戦死	報恩郡山外面於温里 —
五五八	第三〇海軍建築部	ペリリュウ島	一九四四・一二・三一 一九一四・〇五・二五	河本四辰 永漢	軍属 —	戦死	報恩郡山外面吉陽里 —
五五九	第三〇海軍建築部	ペリリュウ島	一九四四・一二・三一 一九一九・〇八・一一	豊川武男 照鏡	軍属 —	戦死	報恩郡山外面鳳鶏里 —
五六〇	第三〇海軍建築部	ペリリュウ島	一九四四・一二・三一	光原享模	軍属	戦死	報恩郡山外面長甲里

			一九二二・〇八・一一	|	|		|
五六二	第三〇海軍建築部	ペリリュウ島	一九四四・一二・三一 一九二三・〇三・一〇	松田龍熙 文熙	軍属 |	戦死	報恩郡山外面長甲里 |
五六四	第三〇海軍建築部	ペリリュウ島	一九四四・一二・三一 一九一三・〇六・〇六	金元仁俊 根俊	軍属 |	戦死	報恩郡報恩面月松里 |
五六五	第三〇海軍建築部	ペリリュウ島	一九四四・一二・三一 一九〇八・一二・〇五	山本忠烈 忠成	軍属 |	戦死	報恩郡報恩面月松里 |
五六六	第三〇海軍建築部	ペリリュウ島	一九四四・一二・三一 一八九九・〇一・〇五	李容學 有福	軍属 |	戦死	報恩郡報恩面長新里 |
五六七	第三〇海軍建築部	ペリリュウ島	一九四四・一二・三一 一九二二・〇二・〇六	松原二龍 林重	軍属 |	戦死	報恩郡×化面龍村里 |
五八五	第三〇海軍建築部	ペリリュウ島	一九四四・一二・三一 一九一七・一〇・〇五	金山泰厚 泰益	軍属 |	戦死	丹陽郡魚上川面方北里 |
五八六	第三〇海軍建築部	ペリリュウ島	一九四四・一二・三一 一九二二・一一・一二	金村壽善 壽男	軍属 |	戦死	丹陽郡永春面上里 |
五八七	第三〇海軍建築部	ペリリュウ島	一九四四・一二・三一 一九一七・〇二・一七	徳川炳琖 |	軍属 |	戦死	丹陽郡佳谷面徳泉里 |
六一〇	第三〇海軍建築部	ペリリュウ島	一九四四・一二・三一 一九二五・〇五・〇九	岩本英照 俊照	軍属 |	戦死	清州郡梧倉面塔里 |
六一一	第三〇海軍建築部	ペリリュウ島	一九四四・一二・三一 一九一九・〇三・一五	益山在仁 禹燮	軍属 |	戦死	清州郡梧倉面松垈里 |
六一二	第三〇海軍建築部	ペリリュウ島	一九四四・一二・三一 一九二四・〇五・二五	松田千萬 基鳳	軍属 |	戦死	清州郡梧倉面新平里 |
六一三	第三〇海軍建築部	ペリリュウ島	一九四四・一二・三一 一九一八・〇一・一七	花田炳旭 昇植	軍属 |	戦死	清州郡梧倉面花山里 |
六一四	第三〇海軍建築部	ペリリュウ島	一九四四・一二・三一 一九〇三・〇四・二五	安田壽兄 鐘植	軍属 |	戦死	清州郡梧倉面柏峴里 |
六一五	第三〇海軍建築部	ペリリュウ島	一九四四・一二・三一 一九二〇・一〇・二四	岩本丈輔 相福	軍属 |	戦死	清州郡梧倉面柏峴里 |
六一六	第三〇海軍建築部	ペリリュウ島	一九四四・一二・三一 一九一九・一一・一一	石山仁煥 |	軍属 |	戦死	清州郡梧倉面中新里 |
六一七	第三〇海軍建築部	ペリリュウ島	一九四四・一二・三一 一九一八・〇五・一四	白川鐘玉 鐘信	軍属 |	戦死	清州郡梧倉面杜陵里 |
六一八	第三〇海軍建築部	ペリリュウ島	一九四四・一二・三一 一九一九・一二・一五	夏山秉文 丙吉	軍属 |	戦死	清州郡梧倉面塔里 |

六一九	第三〇海軍建築部	ペリリュウ島	一九四四・一二・三一	一九二二・〇一・一九	金村在坤	夫伊	軍属	｜	戦死	清州郡梧倉面塔里	｜
六二〇	第三〇海軍建築部	ペリリュウ島	一九四四・一二・三一	一九二一・一一・〇五	原本達淳	錫鳳	軍属	｜	戦死	清州郡梧倉面原里	｜
六二一	第三〇海軍建築部	ペリリュウ島	一九四四・一二・三一	一九二〇・一〇・二四	金本男孫	甲得	軍属	｜	戦死	清州郡梧倉面柏峴里	｜
六二二	第三〇海軍建築部	ペリリュウ島	一九四四・一二・三一	一九一六・一一・〇五	白河京景	南景	軍属	｜	戦死	清州郡梧倉面杜陵里	｜
六二三	第三〇海軍建築部	ペリリュウ島	一九四四・一二・三一	一九二二・〇八・二八	松田甲喜	金壽福	軍属	｜	戦死	清州郡梧倉面主城里	｜
六二四	第三〇海軍建築部	ペリリュウ島	一九四四・一二・三一	一九二二・〇九・二一	金谷允鳳	允成	軍属	｜	戦死	清州郡梧倉面塔里	｜
六二五	第三〇海軍建築部	ペリリュウ島	一九四四・一二・三一	一九一五・一二・〇八	岡本東永	鳳周	軍属	｜	戦死	清州郡梧倉面柏峴里	｜
六二六	第三〇海軍建築部	ペリリュウ島	一九四四・一二・三一	一九〇八・〇一・二六	夏山昶玉	圭復	軍属	｜	戦死	清州郡梧倉面松岱里	｜
六二七	第三〇海軍建築部	ペリリュウ島	一九四四・一二・三一	一九一六・一〇・一〇	青山漢栄（英）	永漢	軍属	｜	戦死	清州郡梧倉面塔里	｜
六二八	第三〇海軍建築部	ペリリュウ島	一九四四・一二・三一	一九一三・〇二・二五	秋原貞得	應丁	軍属	｜	戦死	清州郡梧倉面柏悓里	｜
六二九	第三〇海軍建築部	ペリリュウ島	一九四四・一二・三一	一九二三・〇九・〇一	廣本範淳	錫周	軍属	｜	戦死	清州郡江内面台城里	｜
六三〇	第三〇海軍建築部	ペリリュウ島	一九四四・一二・三一	一九一二・〇六・一三	松田昌世	興魯	軍属	｜	戦死	清州郡江西面月谷里	｜
六三一	第三〇海軍建築部	ペリリュウ島	一九四四・一二・三一	一九一〇・一二・〇一	坪内喆模	鄭模	軍属	｜	戦死	清州郡江内面院坪里	｜
六三二	第三〇海軍建築部	ペリリュウ島	一九四四・一二・三一	一九一九・一一・一七	木川賢洙	朴石喆	軍属	｜	戦死	清州郡江西面新垈里	｜
六三三	第三〇海軍建築部	ペリリュウ島	一九四四・一二・三一	｜	金中栄福	元柄	軍属	｜	戦死	清州郡江西面新垈里	｜
六三四	第三〇海軍建築部	ペリリュウ島	一九四四・一二・三一	一九〇九・〇七・二五	林洙玉	東化	軍属	｜	戦死	清州郡江西面玄岩里	｜
六三五	第三〇海軍建築部	ペリリュウ島	一九四四・一二・三一	一九一九・〇三・三一	山内基洙	｜	軍属	｜	戦死	清州郡江西面内容里	｜
六三六	第三〇海軍建築部	ペリリュウ島	一九四四・一二・三一		高山鳳錫		軍属		戦死	清州郡江西面南村里	

			一八九七・〇三・〇二	―	―		―
六三七	第三〇海軍建築部	ペリリュウ島	一九四四・一二・三一 一八九九・〇六・〇八	柳川聖龍 ―	軍属 ―	戦死	清州郡江西面南村里 ―
六三八	第三〇海軍建築部	ペリリュウ島	一九四四・一二・三一 一九一八・〇二・二八	李東圭（生） 金福順	軍属 ―	戦死	清州郡江西面新垈里 ―
六三九	第三〇海軍建築部	ペリリュウ島	一九四四・一二・三一 一九一五・一一・二〇	金山延植 泰奭	軍属 ―	戦死	清州郡江西面玄岩里 ―
六四〇	第三〇海軍建築部	ペリリュウ島	一九四四・一二・三一 一九二三・〇三・一七	江原寛治 應文	軍属 ―	戦死	清州郡文義面文山里 ―
六四一	第三〇海軍建築部	ペリリュウ島	一九四四・一二・三一 一九一三・〇九・一五	上原福吉 在重	軍属 ―	戦死	清州郡文義面上長里 ―
六四二	第三〇海軍建築部	ペリリュウ島	一九四四・一二・三一 一九二〇・〇三・〇八	富田光夫 北酉	軍属 ―	戦死	清州郡文義面文山里 ―
六四三	第三〇海軍建築部	ペリリュウ島	一九四四・一二・三一 一九二三・〇二・〇八	松本完成 周成	軍属 ―	戦死	清州郡文義面斗毛里 ―
六四四	第三〇海軍建築部	ペリリュウ島	一九四四・一二・三一 一九二一・〇三・一七	金本孝賢 學喆	軍属 ―	戦死	清州郡文義面斗毛里 ―
六四五	第三〇海軍建築部	ペリリュウ島	一九四四・一二・三一 一九一九・〇一・一六	金本光雄 ―	軍属 ―	戦死	清州郡文義面佳湖里 ―
六四六	第三〇海軍建築部	ペリリュウ島	一九四四・一二・三一 一九二五・〇八・〇八	慶山成道 昌福	軍属 ―	戦死	清州郡文義面文山里 ―
六四八	第三〇海軍建築部	ペリリュウ島	一九四四・一二・三一 一九一三・一二・一〇	西原相一 相烈	軍属 ―	戦死	清州郡江外面五松里 ―
六四九	第三〇海軍建築部	ペリリュウ島	一九四四・一二・三一 一九二二・〇八・一五	木山漢和 龍和	軍属 ―	戦死	清州郡江外面虎渓里 ―
六五〇	第三〇海軍建築部	ペリリュウ島	一九四四・一二・三一 一九二二・〇四・一五	青木魯成 魯宗	軍属 ―	戦死	清州郡江外面西坪里 ―
六五一	第三〇海軍建築部	ペリリュウ島	一九四四・一二・三一 一九二三・〇二・〇五	清永魯驩 魯駿	軍属 ―	戦死	清州郡江外面虎渓里 ―
六五二	第三〇海軍建築部	ペリリュウ島	一九四四・一二・三一 一九一七・〇八・〇九	呉山軫杓 ―	軍属 ―	戦死	清州郡江外面深中里 ―
六五三	第三〇海軍建築部	ペリリュウ島	一九四四・一二・三一 一九二一・一〇・一八	山本質秀 聖雄	軍属 ―	戦死	清州郡江外面西坪里 ―
六五四	第三〇海軍建築部	ペリリュウ島	一九四四・一二・三一 一九二三・〇二・一五	松本漢圭 魯春	軍属 ―	戦死	清州郡江外面西坪里 ―

番号	所属	場所	年月日	氏名	身分	事由	本籍
六五五	第三〇海軍建築部	ペリリュウ島	一九四四・一二・三一 一八九四・一一・一一	鄭龍土 重植	軍属 ｜	戦死	清州郡江外面連堤里 ｜
六五六	第三〇海軍建築部	ペリリュウ島	一九四四・一二・三一 一九〇四・〇九・〇四	金本八昔 金順	軍属 ｜	戦死	清州郡清州邑本町三丁目二一―二 ｜
六五七	第三〇海軍建築部	ペリリュウ島	一九四四・一二・三一 一九一五・〇三・〇二	金山安福 根尹	軍属 ｜	戦死	清州郡清州邑南川町五〇七 ｜
六五八	第三〇海軍建築部	ペリリュウ島	一九四四・一二・三一 一九一六・〇二・二一	金澤喜人 基俊	軍属 ｜	戦死	清州郡清州邑錦町二八 ｜
六五九	第三〇海軍建築部	ペリリュウ島	一九四四・一二・三一 一九一五・〇四・一六	江本仁基 鐘照	軍属 ｜	戦死	清州郡清州邑禹水里 ｜
六六〇	第三〇海軍建築部	ペリリュウ島	一九四四・一二・三一 一九一一・〇一・一五	池原晃珠 一龍	軍属 ｜	戦死	清州郡清州邑金川町七二 ｜
六六一	第三〇海軍建築部	ペリリュウ島	一九四四・一二・三一 一九一五・〇四・二九	呉山大岩 鐘煥	軍属 ｜	戦死	清州郡清州邑錦町二八 ｜
六六二	第三〇海軍建築部	ペリリュウ島	一九四四・一二・三一 一九一八・〇八・二五	山本鉉洙 五鳳	軍属 ｜	戦死	清州郡清州邑東雲町一邑 ｜
六六三	第三〇海軍建築部	ペリリュウ島	一九四四・一二・三一 一九一九・〇八・二八	新山相淳 錫浩	軍属 ｜	戦死	清州郡清州邑文東町一二七 ｜
六六四	第三〇海軍建築部	ペリリュウ島	一九四四・一二・三一 一九二四・〇二・一三	楊川泰雲 四淵	軍属 ｜	戦死	清州郡清州邑文東町一七四 ｜
六六五	第三〇海軍建築部	ペリリュウ島	一九四四・一二・三一 一九一三・〇二・二七	嘴山卜男 宗京	軍属 ｜	戦死	清州郡北一面文上里 ｜
六六六	第三〇海軍建築部	ペリリュウ島	一九四四・一二・三一 一九二二・一二・一〇	豊山載喜 供之喜	軍属 ｜	戦死	清州郡北一面飛中里 ｜
六六七	第三〇海軍建築部	ペリリュウ島	一九四四・一二・三一 一九一六・一二・一四	河村永俊 永植	軍属 ｜	戦死	清州郡北一面墨坊里 ｜
六六八	第三〇海軍建築部	ペリリュウ島	一九四四・一二・三一 一九二〇・一二・二八	岩本清栄 元龍	軍属 ｜	戦死	清州郡北一面馬山里 ｜
六六九	第三〇海軍建築部	ペリリュウ島	一九四四・一二・三一 一九一六・〇七・二二	南順喆 正甫	軍属 ｜	戦死	清州郡北一面井北里 ｜
六七〇	第三〇海軍建築部	ペリリュウ島	一九四四・一二・三一 一九二三・〇六・一九	徐丙稿 相文	軍属 ｜	戦死	清州郡北一面内秀里 ｜
六七四	第三〇海軍建築部	ペリリュウ島	一九四四・一二・三一 一九一六・〇九・〇二	西原珌永 宣東	軍属 ｜	戦死	清州郡南一面方里 ｜
六七五	第三〇海軍建築部	ペリリュウ島	一九四四・一二・三一	徳原実徳	軍属	戦死	清州郡南一面花塘里

			一九一一・〇八・一九	班植	—		—
六七六	第三〇海軍建築部	ペリリュウ島	一九四四・一二・三一	金田容権	軍属	戦死	清州郡南一面上野里
			一九二二・一〇・一五	完洙	—		—
六七八	第三〇海軍建築部	ペリリュウ島	一九四四・一二・三一	金城一雄	軍属	戦死	清州郡玉山面虎竹里
			一九一六・〇五・〇八	一萬	—		—
六八〇	第三〇海軍建築部	ペリリュウ島	一九四四・一二・三一	金斗植	軍属	戦死	清州郡北二面石城里
			一九二五・〇四・一一	正孝	—		—
六八一	第三〇海軍建築部	ペリリュウ島	一九四四・一二・三一	金山来萬	軍属	戦死	清州郡北二面新垈里
			一九二二・〇八・一六	爽崇	—		—
六八二	第三〇海軍建築部	ペリリュウ島	一九四四・一二・三一	金本順龍	軍属	戦死	清州郡北二面土城里
			一九一九・〇五・〇九	昌雲	—		—
六八三	第三〇海軍建築部	ペリリュウ島	一九四四・一二・三一	崔本東元	軍属	戦死	清州郡北二面大栗里
			一九一九・〇三・一八	東烈	—		—
六八四	第三〇海軍建築部	ペリリュウ島	一九四四・一二・三一	岡本殷永	軍属	戦死	清州郡北二面大栗里
			一九一五・一二・〇八	鄭求	—		—
六八五	第三〇海軍建築部	ペリリュウ島	一九四四・一二・三一	南一祐	軍属	戦死	清州郡北二面花上里
			一九二四・〇四・二七	壽萬	—		—
六八七	第三〇海軍建築部	ペリリュウ島	一九四四・一二・三一	香月知永	軍属	戦死	清州郡四州面開新里
			一八九九・一〇・〇四	天永	—		—
六八八	第三〇海軍建築部	ペリリュウ島	一九四四・一二・三一	沈福成	軍属	戦死	清州郡四州面開新里
			一九二一・〇二・〇九	鳳學	—		—
六八九	第三〇海軍建築部	ペリリュウ島	一九四四・一二・三一	木戸順善	軍属	戦死	清州郡四州面龍岩里
			一九二一・〇五・一一	恭雲	—		—
六九〇	第三〇海軍建築部	ペリリュウ島	一九四四・一二・三一	金道天	軍属	戦死	清州郡加徳面戸洞里
			一九〇一・〇五・二六	萬鉉	—		—
六九一	第三〇海軍建築部	ペリリュウ島	一九四四・一二・三一	竹村王錫	軍属	戦死	清州郡北二面長才里
			一九一九・〇八・一五	徐廷仁	—		—
六七二	第三〇海軍建築部	北太平洋	一九四五・〇六・一八	金村栄植	軍属	戦死	清州郡南一面雲東里
			一九二一・〇六・〇九	秀五作	妻		—
五	第四九掃海隊	黄海	一九四五・〇四・一一	吉原永壽	上機	戦死	堤川郡寒水面魚江里三二九
			一九二八・〇七・二六	正石	—		堤川郡徳山面月缶里五九〇
六	第四九掃海隊	黄海	一九四五・〇七・二六	山川高鎬	上機	戦死	堤川郡徳山面新峴里六七
			一九二七・〇一・〇三	蒙戌	—		—
六〇	第一〇二海軍軍需部	カガヤン諸島	一九四五・〇四・二七	西原幸一	軍属	戦死	鎮川郡柏谷面澤松里七五九
			—	春社	—		京畿道京城府龍山区元町三

七二〇	第一〇三海軍工作隊	ルソン島	一九四三・〇四・二八 一九〇七・〇一・〇五	安田周次郎・安周玉 崔薄福	軍属 母	戦死	沃川郡青山面芝田里一七九 ―
七四〇	第一〇三施設部	レイテ島	一九四四・一一・〇七 一九一二・〇八・〇七	大川郡善 ―	軍属 ―	戦死	永同郡揚江面里井里 忠南道燕岐郡金東面蘆長里五九〇
七〇一	第一〇三施設部	ルソン島北部	一九四五・〇六・一〇 一九一二・〇八・二五	平山大徳 ―	軍属 ―	戦死	清州郡江西面西村里 ―
七〇七	第一〇三施設部	ルソン島北部	一九四五・〇六・一〇 一九一〇・〇九・一四	徐百千・田村修造 百萬	軍属 兄	戦死	報恩郡懐北面梧洞里一〇九 ―
七一三	第一〇三施設部	ルソン島北部	一九四五・〇六・一〇 一九一四・〇七・〇五	金村昌元 云學	軍属 父	戦死	沃川郡安内面縣里 沃川郡安内面縣里
七一四	第一〇三施設部	ルソン島北部	一九四五・〇六・一〇 一九一八・〇一・一五	裵鴻斐 ―	軍属 ―	戦死	沃川郡青城面道場里
七一五	第一〇三施設部	ルソン島北部	一九四五・〇六・一〇 一九一八・〇七・一五	桃山淳錫 淳福	軍属 ―	戦死	沃川郡安内面桃李里 ―
七二七	第一〇三施設部	ルソン島北部	一九四五・〇六・一〇 一九一四・〇四・〇七	夏山相俊 曺仙俊	軍属 弟	戦死	永同郡永同邑花新里 永同郡永同邑花新里
七二八	第一〇三施設部	ルソン島北部	一九四五・〇六・一〇 一九一五・〇五・一八	金本善坤 呉午順	軍属 妻	戦死	永同郡永同邑烽峴里一〇六 永同郡永同邑烽峴里一〇六
七二九	第一〇三施設部	ルソン島北部	一九四五・〇六・一〇 一九一五・〇九・一七	金川基瑞 金基成	軍属 ―	戦死	永同郡永同邑梧灘里二区二 ―
七三〇	第一〇三施設部	ルソン島北部	一九四五・〇六・一〇 一九一九・〇七・一一	金城儀岡 金洪石	軍属 兄	戦死	永同郡永同邑梧灘里二区一七九 永同郡永同邑梧灘里二区一七九
七三一	第一〇三施設部	ルソン島北部	一九四五・〇六・一〇 一九二二・〇五・一〇	金原幸助 火烈	軍属 父	戦死	永同郡永同邑梧灘里 永同郡永同邑梧灘里
七三二	第一〇三施設部	ルソン島北部	一九四五・〇六・一〇 一九一五・〇六・二六	夏山相徳 李鳳琴	軍属 妻	戦死	永同郡永同邑花新里一六二 永同郡永同邑花新里一六二
七三三	第一〇三施設部	ルソン島北部	一九四五・〇六・一〇 一九〇九・一二・一九	高島奈夫 ―	軍属 ―	戦死	永同郡鶴山面鳳山里 ―
七三五	第一〇三施設部	ルソン島北部	一九四五・〇六・一〇 一九二三・〇七・一〇	永井四龍 ―	軍属 ―	戦死	永同郡揚江面妙洞里 ―
七三七	第一〇三施設部	ルソン島北部	一九四五・〇六・一〇 一九一七・〇九・二六	呉山根鎮 ―	軍属 ―	戦死	永同郡揚江面竹村里 ―
七四五	第一〇三施設部	ルソン島北部	一九四五・〇六・一〇 一九一七・〇六・〇三	玉田大基 ―	軍属 ―	戦死	陰城郡三成面泉坪里三五六 ―
七四六	第一〇三施設部	ルソン島北部	一九四五・〇六・一〇	國本炅春	軍属	戦死	陰城郡三成面龍垈里一二五六

六九七	第一〇三施設部	ルソン島マニラ東方山中	一九四五・〇六・三〇 一九一四・〇八・一一	松田利光 |	軍属 |	戦死	清州郡北一面墨坊里三〇〇 |
七一六	第一〇三施設部	ルソン島マニラ東方山中	一九四五・〇六・三〇 一九一六・〇六・二三	利川重範 成麟	軍属 父	戦死	沃川郡青城面和城里 |
七二六	第一〇三施設部	ルソン島マニラ東方山中	一九四五・〇六・三〇 一九二三・〇四・二八	今村載声 |	軍属 |	戦死	永同郡上村面屯田里三〇三 |
六九五	第一一一設営隊	ギルバート諸島タラワ	一九四五・〇六・三〇 一九一七・一〇・〇九	富岡熙周 在根	軍属 妻	戦死	清州郡芙蓉面二二九 清州郡芙蓉面七六八
七〇五	第一一一設営隊	ギルバート諸島タラワ	一九四三・一一・二五 一九一一・一一・一一	姜田徳・河田幸一 康秀	軍属 長男	戦死	報恩郡懐南面巨橋里一二三－三 |
七〇九	第一一一設営隊	ギルバート諸島タラワ	一九四三・一一・二五 一九二〇・〇五・〇八	木原 満 五郎	軍属 父	戦死	沃川郡安内面縣里一八 |
七一〇	第一一一設営隊	ギルバート諸島タラワ	一九四三・一一・二五 一九一四・〇五・一七	金川龍九 九分	軍属 妻	戦死	沃川郡安内面莫只里三六六－四 |
七一一	第一一一設営隊	ギルバート諸島タラワ	一九四三・一一・二五 一九二二・〇二・二五	今村晩錫 千萬	軍属 父	戦死	沃川郡安内面縣里一五八－三 |
七一二	第一一一設営隊	ギルバート諸島タラワ	一九四三・一一・二五 一九一三・〇五・〇九	金城駿鎬 三順	軍属 妻	戦死	沃川郡青城面山桂里二四七－四 沃川郡青城面山桂里二四七－四
七四四	第一一一設営隊	ギルバート諸島タラワ	一九四三・一一・二五 一九二〇・〇四・二九	金城東次郎 |	軍属 |	戦死	陰城郡笙極面八聖里一〇三 |
四〇〇	第二〇四設営隊	硫黄島近海	一九四四・〇八・〇二 一九一七・〇二・〇九	伊原正雄 |	軍属 |	戦死	永同郡鶴山面鋤山里八九一 |
三九三	第二〇五設営隊	ヤップ島 肺結核	一九四四・〇七・〇三 |	植田判逑	軍属 |	戦病死	永同郡黄金面沙夫里 |
三九四	第二〇五設営隊	ヤップ島 大腸カタル	一九四四・〇七・〇七 |	河本貴重	軍属 |	戦病死	永同郡鶴山面鋤山里 |
三九五	第二〇五設営隊	ヤップ島	一九四四・〇七・一八 |	金山相満	軍属 |	戦死	永同郡黄金面沙夫里 |
三九六	第二〇五設営隊	ヤップ島	一九四四・〇七・一八 |	安今俊	軍属 |	戦死	永同郡黄金面秋風嶺里
五〇〇	第二〇五設営隊	ヤップ島	一九四四・〇九・〇一 |	山本駿永	軍属 |	戦病死	忠州郡薪×面廣越里 |
四六五	第二〇五設営隊	ヤップ島	一九四四・一〇・〇二 一九一九・〇八・三一	利川寅範 奎範	軍属 弟	戦死	沃川郡清城面和城里 |

七四二	第二二二設営隊	ラバウル	一九四三・一二・一九 一九二一・〇二・一九	安東在哲 在順	軍属 妻	戦死	槐山郡延豊面三豊里二六八 槐山郡延豊面三豊里二六八
七三八	第二二二設営隊	ブーゲンビル島	一九四四・〇九・一五 一九二四・一二・一七	金岩宇 朴玉伊	軍属 母	戦死	永同郡黄金面池鳳里二四九 尚州郡功城洞面平川洞
七〇〇	第二二四設営隊	ペリリュウ島	一九四四・一二・三一 一九一五・〇八・一二	岩本光弘 慶太郎	軍属 父	戦死	清州郡清州邑和泉町六三三一 ―
七一七	第二二四設営隊	ペリリュウ島	一九四四・一二・三一 一九一七・〇四・二〇	安東鎮源 春日	軍属 父	戦死	沃川郡郡北面梨坪里 沃川郡沃川面三隅里
七一九	第二二四設営隊	ペリリュウ島	一九四四・一二・三一 一九二二・一一・一七	清水浮散 連同	軍属 父	戦死	沃川郡安内面道栗里 沃川郡安内面道栗里
七三四	第二二四設営隊	ペリリュウ島	一九四四・一二・三一 一九一〇・〇九・一〇	川崎政雄 姜仙禮	軍属 妻	戦死	永同郡鶴山面碍渓里一五九 ―
七三六	第二二四設営隊	ペリリュウ島	一九四四・一二・三一 一九一六・〇九・二六	張間寅腰 黄喜	軍属 ―	戦死	永同郡揚江面竹村里 ―
六九八	第二二七設営隊	グァム島	一九四四・〇八・一〇 一九二五・〇二・〇八	山本　貢 虎雄	軍属 兄	戦死	清州郡北一面 ―
六九九	第二二七設営隊	グァム島	一九四四・〇八・一〇 一九〇六・〇七・一二	呉壮規 李家念	軍属 妻	戦死	清州郡賢都面中尺里 ―
七〇六	第二二七設営隊	グァム島	一九四四・〇八・一〇 一九二二・〇六・二九	宗原乗世 金基太一	軍属 ―	戦死	報恩郡三升面西原里 ―
七一八	第二二七設営隊	グァム島	一九四四・〇八・一〇 一九〇七・〇一・〇五	國本清吉 李元衡魯	軍属 兄	戦死	沃川郡安内面桃李里八五―二 沃川郡安内面桃李里八五―二
七四八	第二二七設営隊	グァム島	一九四四・〇八・一〇 一九一九・〇七・〇八	豊山承天 勉植	軍属 甥	戦死	忠州郡老隠面佳新洞 ―
七二五	第二二九設営隊	ルソン島	一九四四・〇八・一〇 一九二一・一〇・一一	久保山政信 ―	軍属 ―	戦死	永同郡深川面老日湖里四四 ―
六九六	第二二九設営隊	ルソン島	一九四五・〇七・一〇 一九一六・〇五・二五	林宰夏 弘教	軍属 ―	戦死	清州郡加徳面仁澤里 ―
七二三	第二二九設営隊	ルソン島	一九四五・〇七・一〇 一九二一・一二・〇二	永山雄也 鐘厚	軍属 父	戦死	永同郡梅谷面老川里二区 永同郡梅谷面老川里二区
七二四	第二二九設営隊	ルソン島	一九四五・〇七・一〇 一九一五・〇八・〇一	柳村炳吉 炳甲	軍属 弟	戦死	永同郡梅谷面老川里一四七 ―
七四三	第二二九設営隊	ルソン島	一九四五・〇七・一〇 一九一八・〇七・〇七	山本武光・崔七星 武夫	軍属 兄	戦死	槐山郡近豊面杏村里六二〇 槐山郡近豊面杏村里六二〇
七五五	第二二三設営隊	父島西北	一九四四・〇二・二三	黄賢周	軍属	戦死	沃川郡郡西面舎揚里

			一九二三・〇六・一〇	｜	｜		｜
七五六	第二三三設営隊	父島西北	一九四四・〇二・二三	柳田友良	軍属	戦死	陰城郡陰城面龍山里
			一九二一・〇八・〇一	｜	｜		｜
七五〇	第二三三設営隊	父島西北	一九四四・〇九・二三	松平喜高	軍属	戦死	報恩郡懐北面中央里五九
			一九一五・〇一・〇六	寅	父		報恩郡懐北面中央里五九
七五四	第二二六設営隊	沖縄小禄	一九四五・〇五・二五	宋原武夫	軍属	戦死	報恩郡懐南面法水里五五三
			一九一九・〇八・一五	｜	｜		｜
七六七	第二三三設営隊	テニアン島	一九四四・〇八・〇一	金岡清吉	軍属	戦死	永同郡黄潤面龍巌里二八八
			一九〇九・〇三・〇三	安枝	妻		｜
七五九	第二三五設営隊	ネグロス島	一九四五・〇五・一〇	韓本幸助	軍属	戦死	清州郡北一面井北里二五二
			一九二三・〇二・〇八	韓本世一	父		忠清南道燕岐郡為致院邑昭和町
一二	第二五二設営隊	鎮海	一九四五・〇七・一〇	金城乭根	上技	死亡	鎮川郡楠谷面城犬里九二九
		流行性脳炎	一九二七・〇二・二〇	性浩	父		｜
七五三	盛京丸	本州東方	一九四二・一〇・二三	長山賢基	軍属	戦死	忠州郡仰城面龍岱里
			｜	｜	｜		｜
三四二	日通丸	本邦西方	一九四三・〇三・二一	金田健鐸	軍属	戦死	清州郡米院面内山里一六一
			一九二一・〇一・二二	｜	｜		｜
三五一	錦江丸	黄海	一九四三・〇五・〇五	張田鳳九	軍属	戦死	陰城郡大所面韶石里九三
			一九二四・一一・二九	｜	｜		｜
三五二	錦江丸	ベトナム（仏印）近海	一九四三・〇五・〇五	山城営祥	軍属	戦死	陰城郡陰城面草川里一二一二
			一九二五・〇九・一〇	｜	｜		｜
三五〇	東生丸	黄海	一九四三・〇五・〇七	國本昌佑	軍属	戦死	堤川郡堤川面邑部里三四二
			一九二五・〇三・二九	｜	｜		｜
三四一	加智山丸	本邦南方	一九四三・〇九・一九	國本秉喆	軍属	戦死	清州郡米院面米院里三〇八—一
			一九二四・〇一・二〇	｜	｜		｜
三五四	加智山丸	本邦南方海面	一九四三・〇九・一九	金山義慶	軍属	戦死	鎮川郡×谷面石幌里二三
			一九二三・〇八・二三	｜	｜		｜
三四八	崑崙丸	対馬海峡	一九四三・一〇・〇五	西原世東	軍属	戦死	沃川郡音城面山徳里五六三—二
			一九二二・〇二・一〇	｜	｜		｜
三四七	小倉山丸	西南太平洋	一九四三・一一・二六	今本朝雄	軍属	戦死	永同郡黄金面官里一六〇—二
			一九二八・〇六・二七	｜	｜		｜
七四一	紀洋丸	ボルネオ島	一〇四四・〇一・〇四	金本正美	軍属	戦死	永同郡梅谷面廣坪里三一五
			一九二二・一二・一三	萬錫	父		｜
三四六	生和丸	フィリピン（比島）近海	一九四四・〇一・〇六	白川昌善	軍属	戦死	清州郡仰城面敦山里
			一九二六・〇五・一七	｜	｜		｜

七二一	玉島丸	マリアナ諸島	一九四四・〇一・三〇 一九一八・一〇・〇五	夏山載栄 崔薄福	軍属 母	戦死	沃川郡安南面五岱里六九八 ー
三四九	日輪丸	西南太平洋	一九四四・〇二・一九 一九一八・〇四・一〇	金本基鐸 ー	軍属 ー	戦死	沃川郡伊院面院洞里三〇〇ー二 ー
七〇三	会東丸	東支那海	一九四四・〇二・二七 一九〇六・一一・三〇	金山福龍 哲夫	軍属 ー	戦死	清州郡清州邑清水町五四八 ー
七五一	第二興東丸	南支那海	一九四四・〇七・〇八 ー	吉原孝信 鐘佐	軍属 父	戦死	報恩郡馬老面世中里一〇九〇四 ー
七四七	多佳山丸	インドネシア（蘭印）	一九四四・〇七・二三 一九二五・〇二・二〇	平山相大 東台	軍属 弟	戦死	陰城郡蘇伊面金石里八七 ー
三四五	千早丸	黄海	一九四四・〇九・一〇 一九二六・一一・一二	豊村政本 ー	軍属 ー	戦死	清州郡金加面衣×里 ー
三四三	伏見丸	フィリピン（比島）近海	一九四四・一〇・一四 一九二六・一一・〇三	菊本武夫 ー	軍属 ー	戦死	清州郡金加面沙岩里四一八一
七〇四	八光丸	九州南方	一九四四・一一・〇八 一九二七・〇四・一〇	竹山仁植 一傭	軍属 叔父	戦死	清州郡江西面守儀里一七九 ー
三四四	満珠丸	南支那海	一九四五・〇一・〇八 一九二二・〇五・二五	豊田南善 ー	軍属 ー	戦死	清州郡金加面鶴松里一三三三 ー
三四〇	大陸丸	黄海	一九四五・〇二・二〇 一九二二・〇六・〇一	金山唱唔 ー	軍属 ー	戦死	清州郡清州邑壽町二三
三五三	日翼丸	仏印近海	一九四五・〇二・二三 一九〇六・〇一・〇九	柳昌一郎 ー	軍属 ー	戦死	鎮川郡鎮川面 ー
七六〇	正島丸	南支那海	一九四五・〇一・一二 一九二七・一一・二五	山原京鎬 山原秀金	軍属 ー	戦死	永同郡深川面草江里四三三 永同郡深川面草江里四三三
七五二	晃照丸	仏印ハイフォン東方	一九四五・〇三・一三 ー	光村用薛 基憲	軍属 父	戦死	陰城郡全旺面梧仙里二三五 陰城郡全旺面梧仙里二三五
三五五	第三七北新丸	東支那海	一九四五・〇四・〇一 一九二二・〇六・二五	岩本相白 ー	軍属 ー	戦死	槐山郡延豊面周棲里
七五七	第五三国丸	対馬海峡	一九四五・〇七・〇三 ー	坂本相辰 ー	軍属 ー	戦死	清州郡四州面明岩里 ー

◎慶尚南道　一七四九名

原簿番号	所属	死亡場所 死亡事由	死亡年月日 生年月日	創氏名・姓名 親権者	階級 関係	死亡区分	本籍地 親権者住所
三七	天草航空隊	天草航空隊 腸閉塞	一九四五・〇四・〇四 一九二六・〇六・二九	東原永達 東原　甲	上整 父	死亡	梁山郡東面余洛里一六一 ー
九〇七	大湊警備隊	本州東方	一九四五・〇三・一七 ー	坂本丁逑 坂本多一	軍属 父	戦死	昌寧郡霊山面西里二三一 ー
五九七	大湊海軍施設部	占守島	一九四三・〇八・一三 一九二二・〇五・〇二	梁川永植 梁川在甲	軍属 父	戦病死	河東郡河東邑内洞一〇四七ー二 ー
七三三	大湊海軍施設部	占守島	一九四五・〇七・二〇 ー	柳井富勝 江子	軍属 妻	戦死	咸安郡伽倻面苗沙里一四一五 ー
六五七	大湊海軍施設部	北千島・武蔵	一九四四・〇八・一九 ー	碧李希中 ー	軍属 ー	戦死	密陽郡武安面慕老里四五一一 ー
八二六	大湊海軍施設部	北千島・武蔵	一九四四・〇八・一九 ー	山下鳳煥 ー	軍属 ー	戦死	昌原郡熊東面龍院里 ー
七九〇	大湊海軍施設部	千島方面	一九四四・〇六・二六 一九一一・〇四・〇一	河本祥喜 ー	軍属 ー	戦死	南海郡三東面席坪里 南海郡三東面席坪里
五〇五	大湊海軍施設部	千島方面	一九四四・一〇・二五 一九一四・〇五・〇一	田中容万 ー	軍属 ー	戦死	宜寧郡亀徳面佳楽里
五一五	大湊海軍施設部	千島方面	一九四四・一〇・二五 一九一三・〇二・一二	鉄山又聖 ー	軍属 ー	戦死	宜徳郡 ー
六八三	大湊海軍施設部	千島方面	一九四四・一〇・二五 一九〇一・〇八・〇九	松村始同 ー	軍属 ー	戦死	固城郡会華面鳳東里一九五一 ー
七五五	大湊海軍施設部	千島方面	一九四四・一〇・二五 一九一五・〇二・〇八	今村建一 ー	軍属 ー	戦死	蔚山郡球磨村面通川里
八〇四	大湊海軍施設部	千島方面	一九四四・一〇・二五 一九二二・一二・〇二	安本政一 ー	軍属 ー	戦死	昌原郡熊川面済徳里 ー
八二五	大湊海軍施設部	千島方面	一九四四・一〇・二五 一九二〇・一二・一七	金山辰伊 ー	軍属 ー	戦死	昌原郡北面月伯里
八三六	大湊海軍施設部	千島方面	一九四四・一〇・二五 ー	茸川宗之・田中三郎 田中テル子	軍属 ー	戦死	山清郡山清面草灘里 ー
八九二	大湊海軍施設部	千島方面	一九四四・一〇・二五 一九一四・〇二・〇五	木村安雄 ー	軍属 ー	戦死	釜山府新町三四 ー
五七四	大湊海軍施設部	北千島	一九四五・〇五・〇一 一九一八・〇六・〇三	山本在植 ー	軍属	戦死	陝川郡鳳山面松林里 陝川郡鳳山面松林里

六一五	大湊海軍施設部	北千島	一九四五・〇五・〇一 一九二二・〇二・二〇	清原命夫 —	軍属	戦死	居昌郡月川面陽坪里 —
六四〇	大湊海軍施設部	北千島	一九四五・〇五・〇一 一九〇九・〇八・二三	金山孫萬 —	軍属	戦死	密陽郡山内面南明里 —
六六〇	大湊海軍施設部	北千島	一九四五・〇五・〇一 一九一六・一一・一五	陣永大 —	軍属 —	戦死	咸陽郡水東面院坪里
七五四	大湊海軍施設部	北千島	一九四五・〇五・〇一 一九一八・〇二・一七	金廣元燎 —	軍属 —	戦死	蔚山郡熊村面通川里 —
七九九	大湊海軍施設部	北千島	一九四五・〇五・〇一 一九一八・〇七・一二	井上寅有 —	軍属 —	戦死	南海郡山面龍岩里 南海郡山面龍岩里
九四二	大湊海軍施設部	北千島	一九四五・〇五・〇一 一九一六・〇四・一八	山口一郎	軍属	戦死	新生郡未河面 —
五〇九	大湊海軍施設部	北太平洋	一九四四・〇三・〇二 一九一三・〇九・二四	林点逑 順石	軍属 妻	戦死	宣寧郡龍徳面梨木里二〇二 —
五一一	大湊海軍施設部	北太平洋	一九四四・〇三・〇二 —	吉田満吉 吉田一郎	軍属 父	戦死	宣寧郡鳳樹面森佳里三二一 —
五一二	大湊海軍施設部	北太平洋	一九四四・〇三・〇二 —	河本相秀 河本永助	軍属 父	戦死	宣寧郡嘉礼面大川里三二六
五八二	大湊海軍施設部	北太平洋	一九四四・〇三・〇二 一九一七・〇三・二九	陳原貞佑 光枝	軍属 妻	戦死	統営郡東部面栗浦里一四二
六三七	大湊海軍施設部	北太平洋	一九四四・〇三・〇二 一九一八・〇二・〇六	朴今右植・朴本一郎 允伊	軍属 母	戦死	密陽郡丹陽面武陵里六七 密陽郡武安面竹月里
六四五	大湊海軍施設部	北太平洋	一九四四・〇三・〇二 一九一六・〇九・一五	金山鳳喆 連伊	軍属 —	戦死	密陽郡清道面杜谷里九八九 密陽郡清道面杜谷里九八九
六六二	大湊海軍施設部	北太平洋	一九四四・〇三・〇二 一九一五・〇八・一八	金本漢石 順伊	軍属 妻	戦死	咸陽郡柳林面花村里 —
六八五	大湊海軍施設部	北太平洋	一九四四・〇三・〇二 一九一四・〇八・〇三	達城点律 供順	軍属 妻	戦死	固城郡九萬面龍臥里四〇四 —
六九一	大湊海軍施設部	北太平洋	一九四四・〇三・〇二 一九一三・〇二・二七	安岳相得 順伊	軍属 妻	戦死	固城郡馬岩面佐達里八五八 —
七〇三	大湊海軍施設部	北太平洋	一九四四・〇三・〇二 一九二一・一一・一七	裵河深 君子	軍属 妻	戦死	晋陽郡文山面三谷里六〇九 —
七〇六	大湊海軍施設部	北太平洋	一九四四・〇三・〇二 一九一一・〇二・〇三	香井又龍 南任	軍属 妻	戦死	晋陽郡井村面虎灘里二四四 —
八〇五	大湊海軍施設部	北太平洋	一九四四・〇三・〇二	金丸永安	軍属	戦死	昌原郡熊川面南門里八五三―二

			一九一六・〇八・二五	二業	—		釜山府谷町二—二一七
五六一	大湊海軍施設部	北太平洋	一九四四・〇三・〇七 一九一九・一〇・一六	金山允点 金山良用	軍属 —	戦死	陝川郡治爐面滑渓里三二三 —
五九三	大湊海軍施設部	北太平洋	一九四四・〇八・〇二 一九二四・〇五・一七	申昌根 丁分	軍属 妻	戦死	河東郡金南面仲坪里四五 —
五一九	大湊海軍施設部	北太平洋	一九四四・〇九・二六 —	金本邦完 善鎔・順伊	軍属 兄・母	戦死	宜寧郡宜寧面鼎岩里二七二 —
五四六	大湊海軍施設部	北太平洋	一九四四・〇九・二六 —	梅田同介 快順	軍属 妻	戦死	昌寧郡大池面龍沼里六二一 —
五五〇	大湊海軍施設部	北太平洋	一九四四・〇九・二六 一九一二・〇六・二〇	金田栄三郎 花子	軍属 妻	戦死	昌寧郡都泉面松華里二四六 —
五七九	大湊海軍施設部	北太平洋	一九四四・〇九・二六 —	玉山相攝 玉山港潤	軍属 父	戦死	統営郡統営邑道泉里一五四 統営郡長承浦村玉彬東
五九五	大湊海軍施設部	北太平洋	一九四四・〇九・二六 一九〇七・〇五・一四	新田相俊 福祚	軍属 妻	戦死	河東郡赤良面東山里九四五 —
五九六	大湊海軍施設部	北太平洋	一九四四・〇九・二六 一九〇九・一〇・二九	松本良雄 美秀	軍属 妻	戦死	河東郡赤良面東山里九七 —
六二〇	大湊海軍施設部	北太平洋	一九四四・〇九・二六 一九二二・〇四・一〇	山田聖甲 山田允祚	軍属 —	戦死	居昌郡高梯面開明里二〇八三 全羅北道茂朱郡茂豊面三巨里八四
六二一	大湊海軍施設部	北太平洋	一九四四・〇九・二六 一九二五・〇二・一七	柳　三朝 柳　発俊	軍属 父	戦死	居昌郡南上面大山里一二七四 —
六二二	大湊海軍施設部	北太平洋	一九四四・〇九・二六 一九〇五・一〇・二七	東本徳祥 東本基権	軍属 父	戦死	居昌郡南下面北馬里六三〇 —
六七〇	大湊海軍施設部	北太平洋	一九四四・〇九・二六 一九一六・〇三・一九	李相来 李海周	軍属 父	戦死	咸陽郡西上面道川里一三三五 —
七五七	大湊海軍施設部	北太平洋	一九四四・〇九・二六 一九一二・〇四・一五	平山喜一郎 福守	軍属 妻	戦死	蔚山郡江東面亭子里一四八 —
八二八	大湊海軍施設部	北太平洋	一九四四・〇九・二六 一九二二・〇九・〇三	渡辺清市 —	軍属 —	戦死	山清郡山清面大徳里 山清郡山清面大徳里
八六五	大湊海軍施設部	北太平洋	一九四四・〇九・二六 一九二一・〇五・二〇	崔慶浩 崔聖夫	軍属 父	戦死	梁山郡上北面大石里一二四八 —
八六七	大湊海軍施設部	北太平洋	一九四四・〇九・二六 一九二一・〇二・〇九	東原鎮潤 東原暻護	軍属 父	戦死	梁山郡上北面所土里三八五 —
八八〇	大湊海軍施設部	北太平洋	一九四四・〇九・二六 —	木下長三郎 順子	軍属 妻	戦死	晋州郡晋城面耳川里八九四 —

番号	所属	死亡場所	死亡年月日／生年月日	氏名／遺族	続柄	事由	本籍／遺族住所
八八一	大湊海軍施設部	北太平洋	一九四四・〇九・二六	金在萬	軍属	戦死	晋州郡文山面象文里二四八六
			—	在完	兄		—
九四五	大湊海軍施設部	北太平洋	一九四四・〇九・二六	藤田泰造	軍属	戦死	釜山府南川里町二六八
			一九二五・〇八・二六	敬佑	父		釜山府東大新町三―三五四
一一二五	大湊海軍施設部	北太平洋	一九四四・〇九・二六	新井健平	軍属	戦死	蔚山郡下廂面西里一一二
			一九二二・〇八・一二	梅子	妻		—
一二一五	大湊海軍施設部	北太平洋	一九四四・〇九・二六	金川正一・長谷川	軍属	戦死	昌原郡熊川面南門里八七六
			一九一三・〇五・一五	田里子	妻		昌原郡熊川面南門里八七六
一三〇九	大湊海軍施設部	北太平洋	一九四四・〇九・二六	冨山炳玉・崔在実	軍属	戦死	泗川郡三千浦邑大芳里三三
			一九二三・〇五・二二	春鳳	父		泗川郡三千浦邑大芳里三三
六四八／六六五	大湊海軍施設部	北太平洋	一九四四・一〇・〇五	岩本政義	軍属	戦死	密陽郡山内面臨楽里一一八
			（一〇・二五）	李鍾烈	父		—
五〇一	大湊海軍施設部	北太平洋	一九四四・一〇・二五	完山東宅	軍属	戦死	宜寧郡正谷面石谷里五四九
			一九〇七・一〇・〇五	敬伊	妻		—
五一八	大湊海軍施設部	北太平洋	一九四四・一〇・二五	井上希祚	軍属	戦死	宜寧郡宜寧面茂田里七五九
			—	讃敬	妻		—
五三六	大湊海軍施設部	北太平洋	一九四四・一〇・二五	新井春三	軍属	戦死	昌寧郡梨房面玄倉里五一四
			一九二三・〇三・二五	新井華植	父		昌寧郡梨房面玄倉里五一四
五四七	大湊海軍施設部	北太平洋	一九四四・一〇・二五	岡村誠烈	軍属	戦死	昌寧郡高岩面牛川里六一七―二
			一九一八・〇八・〇八	甲文	妻		昌寧郡高岩面牛川里六一七―二
五六〇	大湊海軍施設部	北太平洋	一九四四・一〇・二五	斎藤政夫	軍属	戦死	陜川郡妙山面田澤里五五
			—	夏子	妻		—
五六二	大湊海軍施設部	北太平洋	一九四四・一〇・二五	玉川洪白	軍属	戦死	陜川郡三嘉面綿里一一八―七
			一九二七・〇六・二一	別世	父		—
五七一	大湊海軍施設部	北太平洋	一九四四・一〇・二五	姜本廣睦	軍属	戦死	陜川郡大陽面鵝川里四五三
			一九〇七・〇八・二一	甲哲	兄		陜川郡大陽面鵝川里四五三
五七二	大湊海軍施設部	北太平洋	一九四四・一〇・二五	金子巳元	軍属	戦死	陜川郡栗谷面楽民里二〇七
			—	小徳	妻		—
五七七	大湊海軍施設部	北太平洋	一九四四・一〇・二五	蜜本寶憲	軍属	戦死	統営郡統営邑曙町一八八
			一九一六・一〇・一六	甲順	妻		—
五七八	大湊海軍施設部	北太平洋	一九四四・一〇・二五	白川元祚	軍属	戦死	統営郡統営邑道泉里一五四
			一九一二・〇一・〇五	白川徳玄	父		統営郡統営邑道泉里一五四
六〇五	大湊海軍施設部	北太平洋	一九四四・一〇・二五	清水義清	軍属	戦死	河東郡玉宗面正水里
			—	本人	—		—
六一七	大湊海軍施設部	北太平洋	一九四四・一〇・二五	河本敏雄	軍属	戦死	昌原郡馬利面大東里九一二

			一九二六・〇七・一三	河本清一	父		―
六二六	大湊海軍施設部	北太平洋	一九四四・一〇・二五	新井義洙	軍属	戦死	密陽郡上南面東音里七六七
			―	滑賢	母		―
六二九	大湊海軍施設部	北太平洋	一九四四・一〇・二五	岩本弘雨	軍属	戦死	密陽郡山内面臨泉里七六二
			一九二三・〇一・二〇	岩本鍾烈	父		―
六三〇	大湊海軍施設部	北太平洋	一九四四・一〇・二五	松本成銖	軍属	戦死	密陽郡山内面鳳儀里一八六
			一九一八・一二・二八	生伊	妻		―
六三三	大湊海軍施設部	北太平洋	一九四四・一〇・二五	清水振洪	軍属	戦死	密陽郡三浪津邑安台里三八三
			―	相鍾	父		―
六七五	大湊海軍施設部	北太平洋	一九四四・一〇・二五	林仁燮	軍属	戦死	咸陽郡馬川面義灘里三九八
			一九一九・一二・一〇	林和燮	兄		―
六七九	大湊海軍施設部	北太平洋	一九四四・一〇・二五	利川喜雄	軍属	戦死	咸陽郡西上面大南里一四九四
			一九一七・〇四・〇九	順達	妻		
六九二	大湊海軍施設部	北太平洋	一九四四・一〇・二五	西本　基	軍属	戦死	固城郡永吾面吾西里
			―	サキ	妻		
七一一	大湊海軍施設部	北太平洋	一九四四・一〇・二五	岩本祺龍	軍属	戦死	晋陽郡水谷面栄梅里二四
			―	岩本連碩	父		晋陽郡水谷面栄梅里二四
七二一	大湊海軍施設部	北太平洋	一九四四・一〇・二五	金本命俊	軍属	戦死	咸南郡法守面守谷里
			―	本人	戸主		
七二四	大湊海軍施設部	北太平洋	一九四四・一〇・二五	東清次郎	軍属	戦死	咸安郡艅航面金岩里四二四
			―	永善	妻		―
七二六	大湊海軍施設部	北太平洋	一九四四・一〇・二五	新井村太	軍属	戦死	咸安郡艅航面主栗里一〇九七
			一九〇四・一一・〇四	文子	妻		―
七二七	大湊海軍施設部	北太平洋	一九四四・一〇・二五	松山相璞	軍属	戦死	咸陽郡漆西面会山里三五四
			―	福愛	妻		―
七二八	大湊海軍施設部	北太平洋	一九四四・一〇・二五	星山明淑	軍属	戦死	咸安郡山仁面八谷里七二一
			一九一三・一〇・二〇	海春	妻		―
七三一	大湊海軍施設部	北太平洋	一九四四・一〇・二五	松田三郎	軍属	戦死	咸安郡漆原面無所里
			一九二四・〇二・二一	―	―		―
七三六	大湊海軍施設部	北太平洋	一九四四・一〇・二五	廣安璟珠	軍属	戦死	咸安郡咸安面北村洞一八八
			一九二三・〇三・〇四	廣安昊萬	父		―
七四九	大湊海軍施設部	北太平洋	一九四四・一〇・二五	岩本用河	軍属	戦死	蔚山郡三南面早日里
			―	鍾順	妻		
七五〇	大湊海軍施設部	北太平洋	一九四四・一〇・二五	金山仙吉	軍属	戦死	蔚山郡三南面新華里一三一
			―	順徳	妻		―

番号	所属	死亡場所	年月日	氏名	身分	事由	本籍・住所
七五六	大湊海軍施設部	北太平洋	一九四四・一〇・二五 一九一五・〇九・〇四	金山金市 連伊	軍属 妻	戦死	蔚山郡江東面亭子里二四六 —
七六〇	大湊海軍施設部	ルソン島北西方	一九四四・一〇・二五 一九二一・〇五・〇五	山本炳達 君子	軍属 —	戦死	蔚山郡凡西面斗山里一二六〇 蔚山郡凡西面斗山里一二六〇
七六一	大湊海軍施設部	北太平洋	一九四四・一〇・二五 一九一八・〇一・〇七	金本學哲 玉伊	軍属 母	戦死	蔚山郡三南面象川里六〇五 蔚山郡三南面象川里六〇五
七七三	大湊海軍施設部	北太平洋	一九四四・一〇・二五 一九〇七・〇八・〇六	文周行 琪児	軍属 妻	戦死	東莱郡沙上面鶴章里四七五 —
七七六	大湊海軍施設部	北太平洋	一九四四・一〇・二五 —	青木清吉 ヨシ子	軍属 妻	戦死	東莱郡亀浦面大里町 —
七七八	大湊海軍施設部	北太平洋	一九四四・一〇・二五 一九一八・〇七・一八	金林光三郎 —	軍属 —	戦死	南海郡三東面鳳花里 —
七九五	大湊海軍施設部	北太平洋	一九四四・一〇・二五 —	金本八郎 富子	軍属 妻	戦死	南海郡南海面深川里三二六 —
八〇六	大湊海軍施設部	北太平洋	一九四四・一〇・二五 —	安東晃太郎 —	軍属 —	戦死	昌原郡熊川面南門里八五三－二 —
八一三	大湊海軍施設部	北太平洋	一九四四・一〇・二五 一九一一・〇四・二〇	新井基穂 仁子	軍属 妻	戦死	昌原郡昌原面召原里四九六 —
八一八	大湊海軍施設部	北太平洋	一九四四・一〇・二五 一九一二・〇八・二二	金宮昌起 甲生	軍属 —	戦死	昌原郡鎮北面仁谷里八八六 昌原郡鎮北面仁谷里八八六
八二〇	大湊海軍施設部	北太平洋	一九四四・一〇・二五 一九一二・〇七・一七	金脇一童 占順	軍属 妻	戦死	昌原郡鎮田面二六一 —
八二二	大湊海軍施設部	北太平洋	一九四四・一〇・二五 —	岩本光雄 培栄	軍属 父	戦死	昌原郡内西面安城里八六三 —
八二九	大湊海軍施設部	北太平洋	一九四四・一〇・二五 一九一八・一一・一五	富山淳福 増晏	軍属 妻	戦死	山清郡新等面可逑里五二二 —
八四一	大湊海軍施設部	北太平洋	一九四四・一〇・二五 一九〇八・一二・一三	光本在澤 在穆	軍属 兄	戦死	金海郡鵞洛面凡林里三四八 金海郡鵞洛面凡林里三四八
八五五	大湊海軍施設部	北太平洋	一九四四・一〇・二五 一九一一・〇三・〇四	金井久沼 富子	軍属	戦死	泗川郡西浦面仙田里九三七 —
八七七	大湊海軍施設部	北太平洋	一九四四・一〇・二五 一九二一・一〇・一九	林相道 且任	軍属 妻	戦死	馬山府陽徳里一四 —
八八九	大湊海軍施設部	北太平洋	一九四四・一〇・二五 —	新井幸雄 昌子	軍属 妻	戦死	釜山府西大新町三－四〇三 —
八九〇	大湊海軍施設部	北太平洋	一九四四・一〇・二五	松尾清一	軍属	戦死	釜山府東大新町三－一一九

番号	部隊	場所	年月日	氏名	続柄	区分	本籍
			｜	朝子	妻		｜
八九一	大湊海軍施設部	北太平洋	一九四四・一〇・二五	金澤碩秀	軍属	戦死	釜山府佐川町一五二
			一九一一・一〇・二五	顕順	妻		｜
五四二	大湊海軍施設部	北太平洋	一九四五・〇六・一八	新井基勲	軍属	戦死	昌寧郡昌寧面道也里四四三
			｜	新井根俊	父		
六九七	大湊海軍施設部	北太平洋	一九四五・〇六・一八	神農在道	軍属	戦死	固城郡介川面明星里五三
			｜	点守	妻		
七三五	大湊海軍施設部	北太平洋	一九四五・〇六・一八	金海元泰	軍属	戦死	咸安郡山仁面八谷里一〇五六
			｜	金海商石	兄		永道郡×山里六〇七
五一三	大湊海軍施設部	幌延島	一九四五・〇七・二三	西原堪十	軍属	戦死	宣寧郡芝正面城堂里
			｜	西原直樹	兄		｜
五三三	大湊海軍施設部	大湊	一九四五・〇四・二九	松山大淑	軍属	死亡	宣寧郡富林面莫谷里一九二
			｜		｜		｜
五二二	大湊海軍施設部	舞鶴湾内	一九四五・〇八・二四	滑田中錫	軍属	死亡	宣寧郡龍徳面竹田里
			｜	｜	｜		｜
五二三	大湊海軍施設部	舞鶴湾内	一九四五・〇八・二四	神農允洙	軍属	死亡	宣寧郡嘉礼面嘉礼里
			｜	｜	｜		｜
五二四	大湊海軍施設部	舞鶴湾内	一九四五・〇八・二四	竹本在鉉	軍属	死亡	宣寧郡龍徳面
			｜	｜	｜		｜
五二五	大湊海軍施設部	舞鶴湾内	一九四五・〇八・二四	田村玉秀	軍属	死亡	宣寧郡龍徳面当萬里
			｜	｜	｜		｜
五二六	大湊海軍施設部	舞鶴湾内	一九四五・〇八・二四	洪地鐘寶	軍属	死亡	不詳
			｜	｜	｜		｜
五二七	大湊海軍施設部	舞鶴湾内	一九四五・〇八・二四	金山鍾萬	軍属	死亡	宣寧郡正谷面白谷里
			｜	｜	｜		｜
五二八	大湊海軍施設部	舞鶴湾内	一九四五・〇八・二四	井上寶爾	軍属	死亡	宣寧郡宜寧面茂田里
			｜	｜	｜		｜
五二九	大湊海軍施設部	舞鶴湾内	一九四五・〇八・二四	玉山影奎	軍属	死亡	宣寧郡富林面新友里
			｜	｜	｜		｜
五三〇	大湊海軍施設部	舞鶴湾内	一九四五・〇八・二四	神農圭熙	軍属	死亡	宣寧郡嘉礼面嘉礼里
			｜	｜	｜		｜
五三一	大湊海軍施設部	舞鶴湾内	一九四五・〇八・二四	月城萬孝	軍属	死亡	宣寧郡華井面亭成里
			｜	｜	｜		｜
五三二	大湊海軍施設部	舞鶴湾内	一九四五・〇八・二四	秋田水化	軍属	死亡	宣寧郡宮柳面桂峴里
			｜	｜	｜		｜

番号	所属	場所	年月日	氏名	身分	事由	本籍
五五二	大湊海軍施設部	舞鶴湾内	一九四五・〇八・二四	曽根判世	軍属	死亡	昌寧郡都泉面支江里
五五三	大湊海軍施設部	舞鶴湾内	一九四五・〇八・二四	宋本龍模	軍属	死亡	昌寧郡釜谷面×里
五五四	大湊海軍施設部	舞鶴湾内	一九四五・〇八・二四	金本龍植	軍属	死亡	昌寧郡釜石面社倉里
五五五	大湊海軍施設部	舞鶴湾内	一九四五・〇八・二四	廣原治作	軍属	死亡	昌寧郡南旨面
五五六	大湊海軍施設部	舞鶴湾内	一九四五・〇八・二四	金村奎述	軍属	死亡	昌寧郡南旨面成上里
五五七	大湊海軍施設部	舞鶴湾内	一九四五・〇八・二四	金山成顕	軍属	死亡	昌寧郡吉谷面馬川里
五五八	大湊海軍施設部	舞鶴湾内	一九四五・〇八・二四	徳山八奎	軍属	死亡	昌寧郡南旨面詩南里
五五九	大湊海軍施設部	舞鶴湾内	一九四五・〇八・二四	呉昌煥	軍属	死亡	昌寧郡都泉面一里
六一四	大湊海軍施設部	舞鶴湾内	一九四五・〇八・二四	林過水	軍属	死亡	河東郡横川面月坪里
六二三	大湊海軍施設部	舞鶴湾内	一九四五・〇八・二四	安本性萬	軍属	死亡	居昌郡居昌邑正壮里
六二四	大湊海軍施設部	舞鶴湾内	一九四五・〇八・二四	張世萬	軍属	死亡	居昌郡南上面士仏里
六五一	大湊海軍施設部	舞鶴湾内	一九四五・〇八・二四	朴基澤	軍属	死亡	密陽郡密陽邑西面第五二班
六五二	大湊海軍施設部	舞鶴湾内	一九四五・〇八・二四	朴東賛	軍属	死亡	密陽郡密陽邑西面第五二班
六五三	大湊海軍施設部	舞鶴湾内	一九四五・〇八・二四	朴東賛（妻）	軍属	死亡	密陽郡密陽邑西面第五二班
六五四	大湊海軍施設部	舞鶴湾内	一九四五・〇八・二四	朴徳順	軍属	死亡	密陽郡密陽邑西面第五二班
六五五	大湊海軍施設部	舞鶴湾内	一九四五・〇八・二四	朴日順	軍属	死亡	密陽郡密陽邑西面第五二班
六五六	大湊海軍施設部	舞鶴湾内	一九四五・〇八・二四	朴基澤（妻）	軍属	死亡	密陽郡密陽邑西面第五二班
六八〇	大湊海軍施設部	舞鶴湾内	一九四五・〇八・二四	金刀永俊	軍属	死亡	咸陽郡安義面長者里

番号	所属	場所	年月日	氏名	身分	区分	本籍
六八一	大湊海軍施設部	舞鶴湾内	一九四五・〇八・二四	朴山順伊	軍属	死亡	咸陽郡西上面大南里
七〇〇	大湊海軍施設部	舞鶴湾内	一九四五・〇八・二四	西原洪申	軍属	戦死	固城郡介川面鳳峙里
七〇一	大湊海軍施設部	舞鶴湾内	一九四五・〇八・二四	崔圭晧	軍属	戦死	固城郡巨流面龍山里
七一四	大湊海軍施設部	舞鶴湾内	一九四五・〇八・二四	苞山徳相	軍属	戦死	晋陽郡金谷面省山里
七一五	大湊海軍施設部	舞鶴湾内	一九四五・〇八・二四	金原乙安	軍属	戦死	晋陽郡金谷面竹谷里
七三七	大湊海軍施設部	舞鶴湾内	一九四五・〇八・二四	熊川大浩	軍属	死亡	咸安郡
七三八	大湊海軍施設部	舞鶴湾内	一九四五・〇八・二四	巴山徳男	軍属	死亡	咸安郡法守面大松里
七六二	大湊海軍施設部	舞鶴湾内	一九四五・〇八・二四	海岡常文	軍属	死亡	蔚山郡凡西面中里
七六三	大湊海軍施設部	舞鶴湾内	一九四五・〇八・二四	村井又烈	軍属	死亡	蔚山郡斗西面凡瓦里卓谷
七六四	大湊海軍施設部	舞鶴湾内	一九四五・〇八・二四	金泉福景	軍属	死亡	蔚山郡温陽面内光里
七六五	大湊海軍施設部	舞鶴湾内	一九四五・〇八・二四	柳充萬	軍属	死亡	蔚山郡三南面加川里
七六六	大湊海軍施設部	舞鶴湾内	一九四五・〇八・二四	新井根植	軍属	死亡	蔚山郡大峴面呂川里
七六七	大湊海軍施設部	舞鶴湾内	一九四五・〇八・二四	井村徳治郎	軍属	死亡	蔚山郡彦陽面盤松里
七六八	大湊海軍施設部	舞鶴湾内	一九四五・〇八・二四	柳東原	軍属	死亡	蔚山郡三南面加川里
七六九	大湊海軍施設部	舞鶴湾内	一九四五・〇八・二四	柳上和	軍属	死亡	蔚山郡三南面加川里
七八四	大湊海軍施設部	舞鶴湾内	一九四五・〇八・二四	松山章吉	軍属	死亡	東萊郡泗上面周礼里
七九二	大湊海軍施設部	舞鶴湾内	一九四五・〇八・二四	新本学鐘	軍属	死亡	咸陽郡安義面長者里

番号	所属	死亡場所	年月日	氏名	身分	事由	本籍
八六九	大湊海軍施設部	舞鶴湾内	一九四五・〇八・二四	岩本日龍	軍属	死亡	梁山郡東面法基里
八七〇	大湊海軍施設部	舞鶴湾内	一九四五・〇八・二四	岩本奉順	軍属	死亡	梁山郡東面方里
八七一	大湊海軍施設部	舞鶴湾内	一九四五・〇八・二四	岩本草今	軍属	死亡	梁山郡東面方里
八七二	大湊海軍施設部	舞鶴湾内	一九四五・〇八・二四	林末順	軍属	死亡	梁山郡院洞面善里
八七三	大湊海軍施設部	舞鶴湾内	一九四五・〇八・二四	林成逑	軍属	死亡	梁山郡院洞面善里
八七四	大湊海軍施設部	舞鶴湾内	一九四五・〇八・二四	林興順	軍属	死亡	梁山郡院洞面善里
八七五	大湊海軍施設部	舞鶴湾内	一九四五・〇八・二四	金本末順	軍属	死亡	梁山郡院洞面善里
九〇一	大湊海軍施設部	舞鶴湾内	一九四五・〇八・二四	金光順喆	軍属	死亡	釜山府西大新町一丁目
九〇二	大湊海軍施設部	舞鶴湾内	一九四五・〇八・二四	趙二出	軍属	死亡	釜山府西大新町一丁目
九〇三	大湊海軍施設部	舞鶴湾内	一九四五・〇八・二四	神田平祚	軍属	死亡	釜山府堂甘里
九〇四	大湊海軍施設部	舞鶴湾内	一九四五・〇八・二四	神田乙金	軍属	死亡	釜山府堂甘里
九四四	大湊海軍施設部	舞鶴湾内	一九四五・〇八・二四	丸山敬鳳	軍属	死亡	釜山府水晶町
九三一	大湊海軍運輸部	本州北方海面	一九四五・〇七・一四	柳川徳永	軍属	戦死	金海郡大渚面沙徳里一八〇五
一七三六	沖縄海軍根拠地隊	沖縄・豊見城村	一九四五・〇六・一四 一九二二・〇五・一三	白石三範 文洙	軍属 妻	戦死	金海郡長有面柳下里
一七三七	沖縄海軍根拠地隊	沖縄・豊見城村	一九四五・〇六・一四 一九二四・一〇・一五	綾村喆會 憲書	軍属 父	戦死	東萊郡沙上面毛羅里
四一	沖縄航空隊	沖縄	一九四五・〇六・一四 一九二四・一二・二一	姜載磧・松山久雄 松山育成	工兵長 父	戦死	馬山府月影洞五六七
一七三五	海南島海軍施設部	海南島	一九四五・〇三・二五 一九〇八・一二・一一	玉岡元次郎	軍属	戦死	釜山府西大新町二―一七五
一六	北菲航空隊	ルソン島バヨンボン	一九四五・〇六・〇一	昌原南基	整備長	戦病死	南海郡南海面北辺洞一四七―一

		マラリア	一九二六・一二・〇二	貞淑	継母		南海郡南海面南辺洞三八八
三四	北菲航空隊	ルソン島バヨンボン	一九四五・〇六・〇一	金本年周	整長	戦死	蔚山郡大峴面呂川里三〇六
			一九二七・〇一・二九	金本龍一	父		—
三九	北菲航空隊	ルソン島バヨンボン	一九四五・〇六・〇一	松岡種福	整長	戦病死	固城郡固城邑水南洞七九
			一九二四・一一・〇四	松岡學道	父		—
一六三七	基隆海軍運輸部	基隆陸軍病院	一九四五・〇九・二三	河田吉浩	軍属	戦病死	蔚山郡蔚山邑三山里一〇二八
		肺結核	—	—	—		—
一一一三	呉海軍運輸部	奄美大島東方海面	一九四三・一一・一一	金川道喆	軍属	戦死	梁山郡梁山面山幕里四八七
			—	龍贊	父		—
一二二〇	呉海軍施設部	福岡方面	一九四四・〇七・二五	武山斗容	軍属	戦死	昌原郡亀山面盤洞里四六二
			一九二二・一二・二五	岩伸	母		—
一四六一	呉海軍施設部	大阪市	一九四四・一一・一六	金且錫	軍属	戦死	陜川郡赤井面正味里
			—	—	—		—
一三四八	呉海軍施設部	岩国	一九四五・〇三・二五	梁川学允	軍属	死亡	南海郡古縣面車両里
			一九一一・〇九・〇一	—	—		—
九八八	呉海軍施設部	宮崎方面	一九四五・〇四・二八	金海五植	軍属	戦死	晋州府上坪里三八九
			一九二五・〇五・一五	雙用	父		晋州府上坪里三八九
一〇二三	呉海軍施設部	宮崎方面	一九四五・〇四・二八	新井潤鍟	軍属	戦死	晋陽郡文山面耳谷里二二五
			一九一五・一一・一一	必南	妻		—
一一四一	呉海軍施設部	宮崎方面	一九四五・〇四・二八	岩村鐘基	軍属	戦死	蔚山郡上北面香山里三六八
			一九一六・〇一・二九	道鎰	—		蔚山郡上北面香山里三六八
一三九二	呉海軍施設部	宮崎方面	一九四五・〇四・二八	井原庠億	軍属	戦死	固城郡固城邑竹渓里五八〇
			一九二〇・〇三・一九	鶴南	父		—
一三九一	呉海軍施設部	宮崎方面	一九四五・〇四・二八	豊江貞鎬	軍属	戦死	山清郡山清面内水里五六一
			—	致規	父		山清郡山清面内水里五六一
一三九二	呉海軍施設部	宮崎方面	一九四五・〇四・二八	金川栄澤	軍属	戦死	山清郡三壮面洪界里八二
			一九一八・〇六・〇二	厚涓	妻		山清郡三壮面洪界里八二
一三九三	呉海軍施設部	宮崎方面	一九四五・〇四・二八	文山三俊	軍属	戦死	山清郡新安面外松里七九四
			一九一七・〇三・一一	林乙生	妻		山清郡新安面外松里七九四
一三九四	呉海軍施設部	宮崎方面	一九四五・〇四・二八	花本福烈	軍属	戦死	山清郡矢川面内大里三一六
			一九一三・〇九・二四	一変	父		山清郡矢川面内大里三一六
一三九五	呉海軍施設部	宮崎方面	一九四五・〇四・二八	神農実敬	軍属	戦死	山清郡生草面桂南里七五八
			一九一五・一一・二三	徳順	妻		山清郡生草面桂南里七五八
一三九六	呉海軍施設部	宮崎方面	一九四五・〇四・二八	山本龍石	軍属	戦死	山清郡生草面向陽里三二六
			一九一六・〇八・〇七	鳳権	妻		山清郡生草面向陽里三二六

一三九七	呉海軍施設部	宮崎方面	一九四五・〇四・二八 一九一六・一一・一五	朴相根 —	軍属 —	戦死	山清郡生草面向陽里 山清郡生草面向陽里
一三九八	呉海軍施設部	宮崎方面	一九四五・〇四・二八 一九二七・〇一・二四	金本甲禄 甲鐘	軍属 父	戦死	山清郡今西面梅村里五六九 山清郡今西面梅村里五六九
一四四二	呉海軍施設部	宮崎方面	一九四五・〇四・二八 一九二七・〇一・〇五	光田斗成 昌和	軍属 父	戦死	陝川郡陝川邑盈倉里五四八 —
一〇二四	呉海軍施設部	宮崎方面	一九四五・〇四・二九 一九一七・〇九・一八	青松釜世 民	軍属 母	戦死	晋陽郡鳴石市面雨水里一七八 晋陽郡鳴石市面雨水里一七八
一〇三六	呉海軍施設部	江田島	一九四五・〇七・二四 一九一六・〇三・一〇	宋思成萬 —	軍属 —	戦死	宣寧郡大義面×王里 —
一〇六八	呉海軍施設部	宇佐	一九四五・〇八・〇八 —	木村宏一 正江	軍属 妻	戦死	咸南郡伽倻面舌谷里四五五 —
一一九八	呉海軍施設部	岩国	一九四五・〇八・〇九 —	神田奎會 —	軍属 —	戦死	金海郡長南面新文里
二	佐世保八特別陸戦隊	バシー海峡	一九四四・〇九・〇九 一九二四・〇七・一九	清水友勝 清水敏光	上水 父	戦死	釜山府温泉町一七一七 東來郡鶴浦面徳川里三五四
三	佐世保八特別陸戦隊	バシー海峡	一九四四・〇九・〇九 一九二六・〇三・〇四	金城昌洙 南善	上主 妻	戦死	釜山府福町四七九 —
六	佐世保八特別陸戦隊	バシー海峡	一九四四・〇九・〇九 一九二七・〇九・二〇	金岡正治 金岡忠光	上機 父	戦死	金海郡鳴旨面東里一〇一 —
一三	佐世保八特別陸戦隊	バシー海峡	一九四四・〇九・〇九 一九二四・〇二・二〇	和山相哲 花順	上水 父	戦死	泗川郡泗南面花田里六三八 山清郡××新基里一一五三
一九	佐世保八特別陸戦隊	バシー海峡	一九四四・〇九・〇九 一九二四・〇一・二四	昭本武逑 昭本孟春	上主 父	戦死	陝川郡赤中面上部里七〇三 —
二六	佐世保八特別陸戦隊	バシー海峡	一九四四・〇九・〇九 一九二四・一〇・二五	林泰勲 林点出	上水 父	戦死	咸安郡伽倻面検岩里六五三 咸安郡伽倻面末山里五〇九
二七	佐世保八特別陸戦隊	バシー海峡	一九四四・〇九・〇九 一九二五・〇八・一〇	栗山学奎 栗山性業	上水 父	戦死	咸安郡山仁面松汀里一二六二 —
三一	佐世保八特別陸戦隊	バシー海峡	一九四四・〇九・〇九 一九二四・一一・三〇	李村漢璟 李村秀夫	上水 父	戦死	晋陽郡琴山面葛田里九五四 咸安郡伽倻面道項里一六五
三六	佐世保八特別陸戦隊	バシー海峡	一九四四・〇九・〇九 一九二五・〇二・一五	東田恭萬 東田謨春	上水 父	戦死	東莱郡鐵馬面古村里二七〇 釜山府温泉町二一〇
四〇	佐世保八特別陸戦隊	バシー海峡	一九四四・〇九・〇九 一九二七・〇一・〇七	金海吉鎬 金海壽甲	上水 父	戦死	固城郡永吾面永大里七五六 —
一五二〇	佐世保海軍施設部	大村市	一九四四・一〇・二五	竹城大深	軍属	戦死	固城郡大可面蓮芝里一七六

			一九二二・一〇・二三	鎮完	父		固城郡大可面蓮芝里一七六
一六〇八	佐世保海軍施設部	大村市	一九四四・一〇・二五	岩本鳳出	軍属	戦死	密陽郡武安面華封里一五四〇
			｜		｜		｜
一六二七	佐世保海軍施設部	宇治島	一九四四・一一・〇八	李錫満	軍属	戦死	蔚山郡温山面江陽里三六五
			一九二二・〇九・〇六	錫國	兄		｜
一五一七	佐世保海軍施設部	五島列島	一九四四・〇二・二三	李家鉉泰	軍属	戦病死	金海郡進永面余米里四二一
			一九二六・〇四・二九	亨出	父		｜
一五三三	佐世保海軍施設部	五島列島	一九四四・〇五・〇九	金林慶相	軍属	戦死	咸南郡漆北面雲生里九七六
			一九二一・一〇・二〇	南伊	妻		｜
一六三三	佐世保海軍施設部	鹿屋市	一九四五・〇四・二七	末川元祚	軍属	戦傷死	蔚山郡球磨村面太岱里一三〇一
			一九一八・〇七・二六	寶培	妻		
一六〇五	佐世保海軍施設部	長崎県	一九四五・〇四・〇五	神農文俊	軍属	死亡	固城郡三山面豆布里一一七五
			｜	用玄	父		｜
一六一五	佐世保海軍施設部	佐世保市	一九四五・〇五・二〇	曲富阜鳳	軍属	死亡	居昌郡北上面竝谷里三七三
		胆石症			｜		｜
一五八九	佐世保施設部鹿屋支部	鹿屋市	一九四五・〇八・〇二	裵井長達	軍属	戦死	東萊郡鼎冠面屏山里
			｜		｜		｜
一五八二	佐世保海軍運輸部	基隆北方海面	一九四四・〇九・〇八	金成吉	軍属	戦死	釜山府瀛仙町二四二
			一八九二・〇三・一五	｜	｜		
一四九九	佐世保海軍運輸部	奄美大島	一九四四・一〇・二二	呉野學完	軍属	戦死	釜山府水晶町六五〇
			一九二七・〇三・二五	千植	父		｜
一七三四	佐世保海軍運輸部	奄美大島	一九四五・〇三・〇一	金海龍祐	軍属	戦死	馬山府午東里二〇四
			一九二五・〇三・二四	宗斗	兄		
一六一〇	佐世保海軍運輸部	山東高角東方	一九四五・〇六・一五	石原琦鳳	軍属	戦傷死	密陽郡
			｜	讃鎬	父		｜
一六二二	佐世保海軍運輸部	黄海	一九四五・〇六・一四	野林秀雄	軍属	戦死	陝川郡赤中面黄井里二〇九
			一九三〇・〇三・一九	新市	父		｜
三四七	芝浦海軍補給部	別府病院	一九四五・〇八・一三	金澤武先	軍属	戦病死	梁山郡梁山面北部洞三五九－一
		肺結核	一九〇八・一一・一七	允伊	｜		梁山郡梁山面北部洞三五九－一
二四	上海海軍特別陸戦隊	済州島沖	一九四五・〇四・一四	金山井水	上水	戦死	咸安郡漆北面鳳村里一六
			一九二七・〇八・二五	寶児	母		釜山市草梁町五七七
一六六〇	スラバヤ運輸部	ジャワ海	一九四五・〇五・三〇	大山在玉	軍属	戦死	南海郡二東面花渓里一三一
			｜	｜	｜		｜
一八	父島特別根拠地隊	東京湾	一九四五・〇七・一八	平沼左鎮	水長	戦死	南海郡南面平山里一二二一
			一九二八・〇一・〇六	平沼致浩	父		｜

三五	青島航空隊	釜山沖	一九四五・〇八・〇八	光村文輝	整備長	戦死	東莱郡×張面東部里三〇六
			一九二四・一一・〇九	光村料孝	父		―
一一	鎮海防備隊	鎮海沖	一九四五・〇八・〇六	平松甲秀	水長	戦死	泗川郡龍見面松旨里五〇〇
			一九二四・一〇・〇七	平松鳳奎	父		―
一二三	鎮海海兵団	佐世保海軍病院	一九四五・〇六・〇七	大村仁士	一水	死亡	咸安郡漆原面亀城里七五〇
		全身衰弱症	一九二四・〇一・二九	弼祚	妻		―
一五	鎮海海軍施設部	本籍地	一九四五・〇四・二九	日川長源	一技	死亡	泗川郡正東面鶴村里八〇四
			一九二六・〇二・一三	日川允鎔	父		―
一五六二	鎮海警備府・昌海丸	釜山沖木島西方	一九四五・〇八・〇八	金田龍逑	軍属	戦死	昌原郡熊川面済徳里一七四―三〇
			一九二七・〇五・二五	夢治	父		―
一五六三	鎮海警備府・昌海丸	釜山沖	一九四五・〇八・〇八	瑞原熙水	軍属	戦死	昌原郡鎮海邑慶和洞二三六
			一九二〇・〇七・二三	戊戌	父		―
一五六四	鎮海警備府・昌海丸	釜山沖	一九四五・〇八・〇八	金木章玉	軍属	戦死	昌原郡鎮海邑慶和洞
			一九二六・〇九・二六	俊五	父		―
一五六五	鎮海警備府・昌海丸	釜山沖	一九四五・〇八・〇八	大林昌彦	軍属	戦死	昌原郡鎮海邑北街里一八
			一九一二・一二・二〇	春吉	父		―
一五六六	鎮海警備府・昌海丸	釜山沖	一九四五・〇八・〇八	岩本源一郎	軍属	戦死	昌原郡東面花陽里四〇九
			一九二七・〇二・一九	弘石	父		―
一五六七	鎮海警備府・昌海丸	釜山沖	一九四五・〇八・〇八	原田徳祚	軍属	戦死	昌原郡東面山南里四一四
			一九二八・一二・一〇	道善	父		―
一六五一	鎮海警備府・昌海丸	釜山沖	一九四五・〇八・〇八	重光相根	軍属	戦死	統営郡河清面柳渓里四三五
			一九二三・〇一・一〇	千斤	兄		―
一六五二	鎮海運輸部	鎮海	一九四五・〇七・一四	安田頭祚	軍属	戦傷死	統営郡遠梁面西山里三〇六―七
			―	炊芝	妻		―
六二八	豊川海軍工廠	愛知県豊川工廠	一九四五・〇五・一九	高山得根	軍属	戦死	密陽郡下南面守山里八二二
			一九二二・〇五・一八	高山寄鳳	父		密陽郡下南面守山里八二二
六三六	豊川海軍工廠	豊川工廠	一九四五・〇八・〇七	張㚖鳳	軍属	戦死	密陽郡三浪津邑三浪津里四九三
			一九二二・〇二・一〇	―	―		密陽郡三浪津邑三浪津里四九三
七一六	豊川海軍工廠	豊川工廠	一九四五・〇八・〇七	河本貴礼	軍属	戦死	晋陽郡大谷面丹牧里二二九―二
			―	河本点道	祖父		―
七四〇	豊川海軍工廠	豊川工廠	一九四五・〇八・〇七	京山福逑	軍属	戦死	蔚山郡魚津邑二四七
			一九二二・〇七・〇七	京山龍賛	父		―
七四五	豊川海軍工廠	豊川工廠	一九四五・〇八・〇七	神農得龍	軍属	戦死	蔚山郡彦陽面松台里二三三
			一九二四・〇八・二七	松根	母		蔚山郡彦陽面松台里二三三
七四七	豊川海軍工廠	豊川工廠	一九四五・〇八・〇七	金城泰業	軍属	戦死	蔚山郡下廂面東里二八九

			一九二四・〇三・二九	—			蔚山郡下廂面東里二八九
八〇九	豊川海軍工廠	豊橋市立病院	一九四五・〇八・二六 一九〇八・一二・二二	高山潤守 —	軍属 —	戦傷死	昌原郡能南面外洞五〇四 —
八三五	トラック運輸部	トラック島	一九四五・〇六・〇三 一九一二・一二・〇一	鄭相元 —	軍属 —	死亡	山清郡山清面内里二七五 —
七三	南方政務部	海南島 急性肺炎	一九四二・〇三・二三 一九一一・一〇・三〇	杷山武口 —	軍属 —	戦病死	咸安郡法守面輪外里二二二 —
一六二	南方政務部	マリアナ諸島近海	一九四三・〇四・二八 一九一九・一〇・〇七	岸　達 岸　五男	軍属 父	戦死	密陽郡三浪津面松旨里九一四—三 —
二三〇	南方政務部	本州南方海上	一九四三・〇七・二一 一九一四・〇五・〇七	西原達洙 西原鳳錫	軍属 父	戦死	金海郡上東面石渓里三六 金海郡上東面石渓里三六
一八二	南方政務部	ニューギニア マラリア・三日熱	一九四三・〇八・一八 —	金永哲 金成佑	軍属 兄	戦病死	密陽郡上南面平村里八五六 —
七七	南方政務部	本州南方	一九四三・一一・〇二 —	大原永壽 胃釟	軍属 父	戦死	居昌郡居昌邑長八里一三二一 —
一九八	南方政務部	スマトラ島パンガ島沖	一九四四・〇五・二三 一九〇一・〇三・二〇	山本三吉 寺田クララ	軍属 内妻	戦死	泗川郡南陽面松圃里五七 —
八二	南方政務部	海南島 肺結核	一九四五・〇九・〇六 一九一〇・〇七・〇九	中村斗萬 —	軍属 —	戦病死	河東郡花開面塔里七九〇 —
一三〇	南方政務部	海南島	一九四三・〇九・一四 一八九六・〇五・一六	金田允徳 —	軍属 —	戦病死	宣寧郡富林面新反里二九八 —
三五九	南方政務部	ジャワ海	一九四四・一〇・一〇 一九一五・〇三・二〇	國本賢洪 —	軍属 父	戦死	南海郡三東面松亭里九八八 南海郡三東面弥助里
一四六	南方政務部	海南島 黒水熱	一九四四・一〇・一七 —	金本吉友 金本敬逑	軍属 弟	死亡	陜川郡鳳山面宗浦里二三五 —
二六九	南方政務部	スラバヤ	一九四四・〇八・一八 一九二五・〇七・一〇	木本又在五 木本在玉	軍属 兄	戦死	統営郡遠梁面老大里 統営郡遠梁面老大里九四
二一七	南方政務部	東京 急性肺炎	一九四四・〇一・〇六 一九二一・〇九・二二	華山健朝 華山蔵鎬	軍属 父	戦病死	蔚山郡上北面巨里一〇四三 蔚山郡上北面巨里一〇四三
一一四	南方政務部	廈門東方	一九四三・〇六・二〇 一九〇七・〇八・一四	新井健一 朝子	軍属 母	戦死	東萊郡亀浦邑亀浦里四九〇 大邱府明治町二—一六九
一二五	南方政務部	東部ニューギニア マラリア	一九四三・一一・一八 —	夏山汶鉉 夏山在秀	軍属 父	戦病死	宣寧郡華井面上井里三九九 宣寧郡華井面上井里三九九
三四九	南方政務部	ニューギニア、サルジ	一九四四・〇五・二八 —	長萬石・石本仙吉 —	軍属 父	戦死	梁山郡上北面外石里 —

番号	部隊	死亡場所	死亡年月日／生年月日	氏名	身分	事由	本籍
三五六	南方政務部	ジャワ海	一九四五・〇四・〇九 一九一〇・〇一・二六	山本漢順 —	軍属 —	戦死	南海郡南面唐項里三二四 —
二七〇	南方政務部	アンボン沖	一九四五・〇七・〇七 一八九八・〇七・二五	大原津三郎 浅子	軍属 妻	戦死	統営郡屯徳面芳下三九四－五 —
三五五	南方政務部	セレベス島	一九四五・〇八・〇四 一九二三・〇三・一八	太田銀也 山下東健	軍属 父	戦病死	南海郡二東面道尚州里 南海郡二東面道尚州里
九六	南方政務部	氷川丸 マラリア	一九四六・〇五・二三 一九一四・一一・一六	金八十 —	軍属 父	戦病死	東莱郡長安面学岩里二二九 東莱郡日光面大東里
一〇三二	南西航空工廠	ルソン島	一九四五・〇四・一三 一九一四・〇五・一五	金本在甲 —	軍属 父	戦死	宣寧郡嘉礼面鳳頭里二八三 —
一五〇三	南東航空隊	南太平洋	一九四三・一〇・一二	山口信義 明龍	軍属 父	戦死	釜山府瀛仙町一二五 —
七八五	南鳥島設営隊	小笠原諸島	一九四三・〇八・〇五 一八八六・一一・一一	林金太郎 —	軍属 —	戦死	東莱郡沙上面徳浦里 —
二七七	ニューブリテン民政部	ラバウル	一九四五・〇四・〇九 一九一九・一一・一九	山本三玉 山本正逑	軍属 父	死亡	咸陽郡咸陽面上洞 咸陽郡咸陽面上洞
七七九	ニューギニア民政部	ジャワ海	一九四三・一〇・二一 —	金龍乾 金長水	軍属 祖父	戦死	東莱郡沙上面掛法里三二七 —
一四三〇	光工廠	光工廠	一九四五・〇八・一四 —	平山孝徹 勇吉	軍属 父	戦死	居昌郡加北面中村里八四〇 居昌郡居昌邑下洞七一－二
一〇	舟山警備隊	中国呉松	一九四五・〇三・一九 一九二六・〇三・××	平山源太郎 平山新太郎	上水 父	戦死	泗川郡龍見面船突里六八九 —
二八	釜山航空隊	仙崎長門病院	一九四五・〇八・一九 一九二六・〇二・〇二	金邑敏一（金村） 静子	上整 母	戦傷死	昌原郡鎮海邑慶和洞六三二 昌原郡鎮海邑新泥洞
一〇八三	マニラ海軍運輸部	ルソン島北部	一九四五・〇六・三〇 一九二六・〇一・一四	金本周祖 —	軍属 —	戦病死	昌寧郡南旨面樹介里二一二 —
一三二八	マニラ海軍運輸部	ルソン島北部	一九四五・〇六・三〇 一九一八・一二・一七	佐井文雄 智子	軍属 母	戦病死	泗川郡晃陽面城内里四六 —
一三四五	マニラ海軍運輸部	ルソン島北部	一九四五・〇六・三〇 一九二八・〇八・二〇	安田溺九 —	軍属 —	戦病死	南海郡南面石橋里一三三 —
一四五九	マニラ海軍運輸部	ルソン島北部	一九四五・〇六・三〇 一九二二・〇四・二七	香山孝信 —	軍属 —	戦病死	陝川郡陝川面陝川洞七五一 —
三三一	舞鶴一特別陸戦隊	バシー海峡	一九四四・〇九・〇九 一九二六・〇三・一一	河本炳秀 河本善根	上水 父	戦死	晋陽郡晋城面中村里五四五 —
三三三	舞鶴一特別陸戦隊	バシー海峡	一九四四・〇九・〇九	大山松雄	上水	戦死	宣寧郡鳳樹面竹田里三九〇

			一九二六・一一・一一	大山茂三	父		—
一六八一	舞鶴海軍施設部	舞鶴市	一九四三・〇七・三〇	新井斗先	軍属	死亡	昌原郡内西面斗尺里六九
			一九一四・〇五・〇七	龍範	父		—
一七一八	舞鶴海軍施設部	鳥取県	一九四三・〇八・二九	金光萬守	軍属	死亡	咸南郡郡北面徳岱里一一一
			一九二三・一〇・三〇	—	—		—
一七〇五	舞鶴海軍施設部	舞鶴市	一九四四・〇五・〇四	光島正述	軍属	死亡	蔚山市斗西面西河里二七七
			一九一七・一〇・一六	—	—		—
一六七一	舞鶴海軍施設部	舞鶴工廠雁又現場	一九四四・一〇・一一	載木判金	軍属	死亡	晋陽郡寺奉面鳳谷里九六一
			一九〇五・〇五・一八	順徳	妻		—
一六七六	舞鶴海軍施設部	舞鶴工廠雁又	一九四四・一〇・一一	徳光鐘錫	軍属	死亡	居昌郡居昌邑西荘里三〇三
			一九二六・一一・一一	玉順	母		—
一七二五	舞鶴海軍施設部	舞鶴工廠雁又	一九四四・一〇・一一	玉山太俊	軍属	死亡	釜山府凡一町三三一
			一九〇六・〇九・〇三	甘禮	妻		釜山府凡一町三三一
一六八七	舞鶴海軍施設部	舞鶴工廠雁又	一九四四・一〇・一二	金山四郎・金丁甲	軍属	死亡	密陽郡清道面古法里
			一九一七・一〇・一五	鳳先	—		—
一七〇六	舞鶴海軍工廠	舞鶴市	一九四五・〇二・〇一	金原聖吉・金聖根	軍属	死亡	蔚山市彦陽面南部里三九二
			一八九九・一〇・一二	—	—		—
一七二八	舞鶴海軍工廠	本州	一九四五・〇七・二九	三共相寓	軍属	戦死	固城郡固城邑松鶴洞三三四
			一九二七・〇七・二八	三共章寓	弟		—
五	横須賀砲術学校	横須賀砲術学校	一九四五・〇七・一八	夏山虎東	上水	戦死	金海郡二北面昇洞里一七〇
			一九二八・〇二・〇五	延壽	母		—
七〇八	横須賀海軍施設部	小笠原諸島	不詳	徳山義龍	軍属	戦死	晋陽郡鳴石面桂垣里一六二
			一九一八・〇三・二〇	命占	妻		—
八二一	横須賀海軍施設部	小笠原諸島	一九四三・〇八・三一	金本三碩	軍属	戦死	昌原郡鎮田面杜洞里九〇
			一九二二・〇八・二八	東漢	兄		—
七一九	横須賀海軍施設部	小笠原諸島	一九四四・一二・一九	伊原昌出	軍属	戦死	咸安郡北面島谷里五八三
			一九二六・一二・一三	伊原志士	父		咸安郡北面島谷里五八三
六一九	横須賀海軍施設部	外南洋	一九四三・〇三・一六	安田鐵在	軍属	戦病死	居昌郡加北面中村里四六五
		マラリア	一九二二・〇三・一五	永順	妻		—
五四一	横須賀海軍施設部	ソロモン諸島	一九四三・〇三・二六	金慶萬	軍属	戦病死	昌寧郡大合面新堂里
		マラリア	—	金章熙	父		—
五八六	横須賀海軍施設部	ソロモン諸島	一九四四・〇四・一九	重光宗洙	軍属	戦死	統営郡河精面河精里二五四
			一九二〇・〇九・一七	重光処星	父		—
八六六	横須賀海軍施設部	ソロモン諸島	一九四四・〇四・一九	大原炳鎮	軍属	戦死	梁山郡上北面大石里一二四八
			一九一五・〇四・一六	相鳳	妻		—

番号	所属	死亡場所	年月日	氏名	続柄	死因	本籍
八四三	横須賀海軍施設部	九州東方海面	一九四三・一二・二一 一九〇二・〇四・一七	西山新次郎 清子	軍属 妻	戦死	金海郡上東面大甘里四七八 —
八七九	横須賀海軍施設部	九州東方海面	一九四三・一二・二一 —	安田豊助 淑連	軍属 妻	戦死	馬山府茲山洞五七 —
八八三	横須賀海軍施設部	九州東方海面	一九四三・一二・二一 一九一九・〇三・一三	綾本然浩 順洋	軍属 —	戦死	晋州郡晋城面下村里一七一 —
七四八	横須賀海軍施設部	不詳	一九四四・〇八・〇二 一九〇九・一一・一七	富山茂夫 —	軍属 —	戦死	蔚山郡下廂面東里一六五八 —
八八二	横須賀海軍施設部	グァム島	一九四四・〇八・〇八 一九二六・〇八・〇八	諸岡鐘斗 在希	軍属 父	戦死	晋州郡班城面雲川里五〇九 —
七五八	横須賀海軍施設部	北太平洋	一九四四・〇九・〇一 一九二三・〇九・〇九	金山成一 泰圭	軍属 祖父	戦死	蔚山郡上北面山前里九七〇 —
七四四	横須賀海軍施設部	中部太平洋	一九四四・〇一・二七 一九二四・一〇・二三	西原経道 —	軍属 —	戦死	蔚山郡彦陽面盤谷里三二三 —
五四〇	横須賀海軍施設部	中部太平洋	一九四四・〇二・二九 一九二二・〇七・〇二	権昭植(天野明植) 義逑・坂本宏幸	軍属 父・義兄	戦死	昌寧郡桂城面廣渓里 —
七四六	横須賀海軍施設部	中部太平洋	一九四四・〇七・〇八 一九一八・〇七・二〇	勝本末鳳 吉鳳	軍属 —	戦死	蔚山郡下廂面蒋峴里一二一〇 —
六四七／六六四	横須賀海軍施設部	中部太平洋 栄養失調	一九四四・一〇・〇五 一九一五・一一・〇六	木村英次郎 光子	軍属 妻	戦病死	密陽郡山外面琴川里四三六 —
七四二	横須賀海軍施設部	中部太平洋	一九四四・一〇・〇六 一九一八・〇五・〇七	金澤康徳 徳太郎	軍属 兄	戦死	蔚山郡下廂面楊亭里 —
七四三	横須賀海軍施設部	中部太平洋	一九四五・〇四・三〇 一九〇九・〇三・一三	富城介同 月付	軍属 妻	戦死	蔚山郡下廂面 —
六〇四	横須賀海軍施設部	南洋群島	一九四三・〇八・〇六 一九一〇・〇八・一五	松田永勲 松田錫珉	軍属 父	戦死	河東郡古田面泛鵞里七八四
七八七	横須賀海軍施設部	南洋群島	一九四四・〇二・一七 —	木戸在九 用石	軍属 —	戦死	南海郡三東面霊芝里二九〇三 南海郡三東面霊芝里二九〇三
五八一	横須賀海軍施設部	××東南	一九四三・一二・二一 一九〇一・〇五・一一	日山尚秀 禮子	軍属 妻	戦死	統営郡河精面河精里一六六五 —
七八六	横須賀海軍施設部	パラオ島 急性肺炎	一九四四・〇六・一六 一九二八・〇五・一〇	豊川炳培 —	軍属 —	戦病死	南海郡三東面霊芝里 —
七九八	横須賀海軍施設部	ペリリュウ島	一九四四・一二・三一 一九二四・〇八・三〇	井上奎延 —	軍属 父	戦死	南海郡古縣面大守里 —
八八八	横須賀海軍施設部	パラオ島	一九四五・〇二・二八	程光正夫	軍属	戦病死	晋州郡鳳伏山町九〇五

		栄養失調	一九一三・〇五・二三	正穂	兄		—
八〇一	横須賀海軍施設部	ペリリュウ島	一九四五・〇三・一八 一九〇五・××・××	松村宗守 金女	軍属 妻	戦死	南海郡西面井浦里 南海郡西面井浦里
八四五	横須賀海軍施設部	パラオ島 腹部貫通銃創	一九四五・〇四・三〇 一九二六・〇三・二八	福田玉介 龍一郎	軍属 父	戦病死	金海郡大渚面出斗里四一 —
八五六	横須賀海軍施設部	パラオ島	一九四五・〇五・〇九 一九二五・〇五・〇一	海本判根 —	軍属 —	戦死	泗川郡昆明面正谷里 —
八〇〇	横須賀海軍施設部	パラオ島	一九四五・〇七・一四 一九〇二・〇二・〇八	苞山泰鳳 文守	軍属 父	戦病死	南海郡昌善面玉川里 —
五一七	横須賀海軍施設部	パラオ島 脚気	一九四五・一〇・〇三 一九一四・一〇・二五	寺内順宗 —	軍属 —	戦病死	宣寧郡大義面馬雙里 —
七七〇	横須賀海軍施設部	横須賀施設部 第五大頚骨単純骨折	一九四二・〇三・一三 一九二四・一二・二〇	白耕文玉 —	軍属 —	死亡	蔚山郡下廂面南外里二九四 —
五七六	横須賀海軍施設部	横須賀施設部	一九四二・〇八・一九 一九一九・〇八・一六	金泰文 —	軍属 —	死亡	陝川郡陝川面長渓里四八八―二 —
七〇二	横須賀海軍施設部	横須賀施設部 脳膜炎	一九四三・〇五・〇一 一九二二・〇八・二〇	陟山萬好 —	軍属 —	死亡	固城郡弧城邑九萬面洞坪里三五八 —
八七六	横須賀海軍施設部	横須賀施設部 急性腹膜炎	一九四三・〇七・一六 一九二〇・〇四・一二	朴圭鎬・福井雄次郎 —	軍属 —	死亡	梁山郡熊上面檜谷里四八四 —
七三九	横須賀海軍施設部	横須賀施設部 右腎臓結核	一九四四・一〇・〇五 一九二三・〇六・二四	岩本乙浩 —	軍属 —	死亡	咸安郡山仁面入谷里九六八 —
七七一	横須賀海軍施設部	横須賀施設部 肺血症	一九四五・〇三・二二 一九〇四・〇五・二六	朴澤永碩 —	軍属 —	死亡	蔚山郡斗西面内瓦里五一七 —
五〇二	横須賀海軍施設部	フィリピン（比島）	一九四四・〇七・一六 一九〇九・〇四・〇八	澤田令出 上達	軍属 妻	戦死	宣寧郡正谷面赤谷里二五八 —
五〇三	横須賀海軍施設部	フィリピン（比島）	一九四四・〇七・一六 一九二〇・〇五・一七	金城武夫 金城秀夫	軍属 父	戦死	宣寧郡柳谷面上村里五二四 —
五三七	横須賀海軍施設部	フィリピン（比島）	一九四四・〇七・一六 一九二〇・〇五・〇二	林采律 南蒋	軍属 母	戦死	昌寧郡梨房面登林里一八一 —
五一四	横須賀海軍施設部	父島沖	一九四四・〇七・一三 一九二三・一二・〇四	平山鉉程 —	軍属 父	戦死	宣寧郡大晟面中村里一二五 宣寧郡大谷面外楢里
五一六	横須賀海軍施設部	父島沖	一九四四・〇七・一三 一九二〇・〇一・二〇	神農大中 須賀信三	軍属 —	戦死	宣寧郡宮柳面桂峴里 —
五四八	横須賀海軍施設部	父島沖	一九四四・〇七・二〇 一九〇一・〇二・二〇	卞在光 —	軍属 —	戦死	昌寧郡城山面岱山里 —

五八〇	横須賀海軍施設部	父島沖	一九四四・〇七・二〇 一九〇六・〇二・二六	姜長安 —	軍属 —	戦死	統営郡閑山面秋峰里 —
六七八	横須賀海軍施設部	父島沖	一九四四・〇七・二〇 一九二一・〇六・一四	三山鉉浩 —	軍属 —	戦死	咸陽郡安義面大垈里一八七—一 咸陽郡安義面大垈里一八七—一
七五一	横須賀海軍施設部	父島沖	一九四四・〇七・二〇 一九〇二・〇一・一五	劉貴祥 —	軍属 —	戦死	蔚山郡温陽面三光里五九一 —
七九三	横須賀海軍施設部	父島北方海面	一九四四・〇九・二〇 一九一〇・〇一・〇一	松川小根 —	軍属 —	戦死	南海郡南海面南辺洞 —
八三九	横須賀海軍施設部	父島沖	一九四四・〇九・二〇 一九一七・〇九・一四	岩本甲龍 —	軍属 —	戦死	金海郡長有面栗下里七八六 —
八三一	横須賀海軍施設部	硫黄島 マラリア	一九四二・一〇・〇五 一九二一・一〇・二九	松田洪水 松田順穆	軍属 父	戦病死	山清郡丹城面城内里二三二 —
五四五	横須賀海軍施設部	硫黄島近海	一九四三・〇八・〇二 一九二一・〇一・〇二	田中正雄 —	軍属 —	戦死	昌寧郡霊山面鳳岩里 昌寧郡霊山面鳳岩里
五〇六	横須賀海軍施設部	硫黄島	一九四三・一二・〇八 一九一四・〇七・〇八	呉山廣鶴 —	軍属 —	戦死	宣寧郡龍徳面住楽里 —
五一〇	横須賀海軍施設部	硫黄島	一九四三・一二・〇八 一八九七・〇一・〇一	朴取仁(朴聖仁) —	軍属 —	戦死	宣寧郡華井面華陽里 —
五五一	横須賀海軍施設部	硫黄島近海	一九四三・一二・〇八 一九〇七・〇三・〇三	朴正乭 —	軍属 —	戦死	昌寧郡遊魚面陳倉里一一〇七 —
七一〇	横須賀海軍施設部	硫黄島	一九四三・一二・〇八 一九一七・〇八・〇七	新井萬春 —	軍属 —	戦死	晋陽郡智水面勝内里 —
八一〇	横須賀海軍施設部	硫黄島	一九四三・一二・〇八 一九一七・〇三・一二	金本東供 —	軍属 —	戦死	昌原郡内西面斗尺里 —
八一五	横須賀海軍施設部	硫黄島	一九四三・一二・〇八 一九一〇・一二・〇四	朴正教 —	軍属 —	戦死	昌原郡舵東面南陽里六五 —
八一六	横須賀海軍施設部	硫黄島	一九四三・一二・〇八 一九一一・〇一・〇七	李東業 —	軍属 —	戦死	昌原郡舵東面安骨里二二〇 —
八三八	横須賀海軍施設部	硫黄島	一九四三・一二・〇八 一九一四・〇七・〇九	西原入洙 —	軍属 —	戦死	金海郡西村面良洞一一三 —
六九八	横須賀海軍施設部	硫黄島	一九四四・〇二・二六 一九〇六・〇一・〇六	大島仙吉 —	軍属 —	戦病死	固城郡会草面三徳里 —
五六五	横須賀海軍施設部	硫黄島	一九四四・一〇・〇五 一九一五・一一・一六	金本性鳳 金本且龍	軍属 父	戦病死	陜川郡三嘉面綿里六二五 陜川郡三嘉面綿里六二五
六三一	横須賀海軍施設部	硫黄島	一九四四・一〇・〇六	金本日伊	軍属	戦病死	密陽郡初同面大谷里五七一

		アメーバ性赤痢	一九一二・一二・二三	新金	母		ー
六五〇	横須賀海軍施設部	硫黄島	一九四四・一一・二五 一九一九・〇七・〇九	大川五龍 ー	軍属 ー	戦傷死	晋陽郡琴山面秉佐里四三九 ー
七八三	横須賀海軍施設部	硫黄島	一九四四・一二・三一 一九一八・一二・一六	金本尚奉 ー	軍属 ー	戦死	東萊郡東萊邑壽町四八七 ー
五二一	横須賀海軍施設部	硫黄島	一九四五・〇三・一七 一九一七・一一・一六	金本昌洙 義秀	軍属 妻	戦病死	宣寧郡大義面中村里五三二 ー
五三四	横須賀海軍施設部	硫黄島	一九四五・〇三・一七 一九二〇・一二・一九	趙学仁 趙成基	軍属 ー	戦死	宣寧郡富林面玄山里 ー
五六三	横須賀海軍施設部	硫黄島	一九四五・〇三・一七 一九二一・一〇・〇一	李貞世 ー	軍属 ー	戦死	陜川郡三嘉面面里八五 陜川郡三嘉面面里八五
五六四	横須賀海軍施設部	硫黄島	一九四五・〇三・一七 一九二〇・〇四・二五	金城智仁 ー	軍属 ー	戦死	陜川郡三嘉面面大南里八五一 ー
五七三	横須賀海軍施設部	硫黄島	一九四五・〇三・一七 一九一〇・〇二・〇三	新井春得 ー	軍属 ー	戦死	陜川郡栗谷面楽民里八二七 ー
五七五	横須賀海軍施設部	硫黄島	一九四五・〇三・一七 ー	新井文吉 明九	軍属 長男	戦死	陜川郡鳳山面鴨谷里 ー
五八八	横須賀海軍施設部	硫黄島	一九四五・〇三・一七 一九一四・〇三・一七	×日晋鎔 ー	軍属 ー	戦死	河東郡良浦面長岩里六三〇 ー
五九九	横須賀海軍施設部	硫黄島	一九四五・〇三・一七 一九二三・〇五・一二	石山祚秀 ー	軍属 ー	戦死	河東郡長橋面辰橋里七八 ー
六二五	横須賀海軍施設部	硫黄島	一九四五・〇三・一七 一九二一・一〇・〇六	孫田小点石 ー	軍属 ー	戦死	居昌郡居昌邑上洞五六〇 ー
六二七	横須賀海軍施設部	硫黄島	一九四五・〇三・一七 一九二〇・一一・一八	亀岡鳳道 ー	軍属 ー	戦死	密陽郡下南面守山里
六三二	横須賀海軍施設部	硫黄島	一九四五・〇三・一七 一九一七・〇八・一五	林判岩 ー	軍属 ー	戦死	密陽郡初同面金浦里四四四 ー
六三四	横須賀海軍施設部	硫黄島	一九四五・〇三・一七 一九二一・一〇・一四	宇山一通 ー	軍属 ー	戦死	密陽郡三浪津邑英田里五九二 ー
六三五	横須賀海軍施設部	硫黄島	一九四五・〇三・一七 一九二〇・〇四・二五	吉村聖允 ー	軍属 ー	戦死	密陽郡三浪津邑三浪津里四九三 密陽郡三浪津邑三浪津里四九三
六三八	横須賀海軍施設部	硫黄島	一九四五・〇三・一七 一九二一・一〇・一三	岩本徳雨 ー	軍属 ー	戦死	密陽郡丹陽面菊田里七六三 ー
六三九	横須賀海軍施設部	硫黄島	一九四五・〇三・一七 一九一七・〇五・二六	錦川海相 ー	軍属 ー	戦死	密陽郡丹陽面甘句里龍沼九七四 密陽郡丹陽面甘句里龍沼九七四

六四一	横須賀海軍施設部	硫黄島	一九四五・〇三・一七 一九一八・一一・〇六	新安正雄 —	軍属 —	戦死	密陽郡密陽邑内二洞九九二 密陽郡密陽邑内二洞九九二
六四四	横須賀海軍施設部	硫黄島	一九四五・〇三・一七 一九一〇・一〇・二〇	金田仙吉 —	軍属 —	戦死	密陽郡三洞面連上里 —
六四六	横須賀海軍施設部	硫黄島	一九四五・〇三・一七 一九二五・〇五・二六	橋本二郎 一郎	軍属 兄	戦死	密陽郡密陽邑南浦里四二 —
六五九	横須賀海軍施設部	硫黄島	一九四五・〇三・一七 一九二二・〇二・〇一	河山新吉 —	軍属 —	戦傷死	咸陽郡柏田面大安里二五二 咸陽郡柏田面大安里二五二
六七六	横須賀海軍施設部	硫黄島	一九四五・〇三・一七 一九二一・〇八・一四	高田日雨 —	軍属 —	戦死	咸陽郡馬川面三清里二五四 咸陽郡馬川面三清里二五四
六七七	横須賀海軍施設部	硫黄島	一九四五・〇三・一七 一九一七・〇一・一五	三上俊基 —	軍属 —	戦死	咸陽郡安義面大垈里 —
六八六	横須賀海軍施設部	硫黄島	一九四五・〇三・一七 一九二三・一二・〇二	中山雅靖 洛冷	軍属 —	戦死	固城郡九萬面華林里七一五 —
六八九	横須賀海軍施設部	硫黄島	一九四五・〇三・一七 一九一七・〇三・〇三	石田三郎 金本凡山寺	軍属 叔父	戦死	固城郡固城邑木南洞六五 —
七二九	横須賀海軍施設部	硫黄島	一九四五・〇三・一七 一九一五・一二・二〇	安田鍾萬 —	軍属 —	戦死	咸安郡漆原面梧谷里一三八四 咸安郡漆原面梧谷里一三八四
七九六	横須賀海軍施設部	硫黄島	一九四五・〇三・一七 一九二三・〇六・一〇	呉本東権 —	軍属 —	戦死	南海郡雪川面南陽里六三三 南海郡雪川面南陽里六三三
七九七	横須賀海軍施設部	硫黄島	一九四五・〇三・一七 一九一五・〇四・三〇	坡平柱軾 —	軍属 —	戦死	南海郡雪川面文義里六〇〇 南海郡雪川面文義里六〇〇
八五三	横須賀海軍施設部	硫黄島	一九四五・〇三・一七 一九二二・〇六・一三	山井四郎 一郎	軍属 兄	戦死	泗川郡三千浦邑阿里一七六 泗川郡三千浦邑阿里一七六
八五八	横須賀海軍施設部	硫黄島	一九四五・〇三・一七 一九一六・〇五・二一	安本一郎 在連	軍属 妻	戦死	梁山郡下北面龍淵里 —
八五九	横須賀海軍施設部	硫黄島	一九四五・〇三・一七 一九二三・〇三・〇九	吉田瑛鎮 —	軍属 —	戦死	梁山郡院洞面花済里九九五 —
八六八	横須賀海軍施設部	硫黄島	一九四五・〇三・一七 一九一六・〇三・〇四	延光龍鎬 —	軍属 —	戦死	梁山郡下北面芝山里五三一 —
八八四	横須賀海軍施設部	硫黄島	一九四五・〇三・一七 一九一二・〇一・二〇	金且伯 —	軍属 —	戦死	晋州郡美川面一一六七 —
八八五	横須賀海軍施設部	硫黄島	一九四五・〇三・一七 一九二〇・〇二・一六	岡村鎔熙 —	軍属 —	戦死	晋州郡道洞面華田里七八四 —
八九三	横須賀海軍施設部	硫黄島	一九四五・〇三・一七	西村信一	軍属	戦死	釜山府瀛州町一二七

			一九一五・〇六・〇六	—	—		—
六七二	横須賀海軍施設部	本州南方海面	一九四三・一二・二一	金井順龍	軍属	戦死	咸陽郡西上面大南里九五六
			—	上達	妻		—
五〇四	横須賀海軍施設部	本州南方海面	一九四四・〇一・二七	林采植	軍属	戦死	宣寧郡柳谷面烏木里二二七
			一九二五・〇二・一五	林温澤	父		—
五〇七	横須賀海軍施設部	本州南方海面	一九四四・〇一・二七	田中泰昭	軍属	戦死	宣寧郡龍徳面淵里三三一
			一九二二・〇八・一三	田中新次	父		—
五〇八	横須賀海軍施設部	本州南方海面	一九四四・〇一・二七	朴恩俊（新井）	軍属	戦死	宣寧郡龍徳面×岩里一四七
			一九二二・一一・二二	朴姜恩	兄		—
五四三	横須賀海軍施設部	本州南方海面	一九四四・〇一・二七	金山鎮淑	軍属	戦死	昌寧郡昌寧邑逑亭里一二九
			一九二一・〇八・一五	金山用逑	—		昌寧郡昌寧面橋下里二〇七
五九一	横須賀海軍施設部	本州南方海面	一九四四・〇一・二七	金宮永権	軍属	戦死	河東郡良浦面長岩里一九二
			一九二三・〇四・〇九	金宮済瓊	—		—
八一二	横須賀海軍施設部	本州南方海面	一九四四・〇一・二七	金京鐘様	軍属	戦死	昌原郡内西面虎渓里六〇三
			一九二一・一二・〇七	富濱	妻		昌原郡内西面虎渓里六一四
六五八	横須賀海軍施設部	八丈島北西方	一九四四・〇一・二七	木元甲淳	軍属	戦死	咸陽郡柏田面両柏里三九三
			—	木元正乭	兄		—
六四九／六六六	横須賀海軍施設部	八丈島北西方	一九四四・〇一・二七	金本文吉	軍属	戦死	密陽郡上南面札林里一二八〇
			—	金本南柱	父		—
六六七	横須賀海軍施設部	八丈島北西方	一九四四・〇一・二七	金山千植	軍属	戦死	咸陽郡木東面花山里一一一三—五
			一九一五・〇四・一一	金山萬守	—		咸陽郡木東面花山里一一一三—五
六八二	横須賀海軍施設部	八丈島北西方	一九四四・〇一・二七	金海敬道	軍属	戦死	咸陽郡柳林面西州里
			一九一六・〇八・〇一	—	—		—
六九五	横須賀海軍施設部	八丈島北西方	一九四四・〇一・一七	新井容珏	軍属	戦死	固城郡介川面羅仙里八四八
			一九二三・〇一・一六	営来	父		固城郡介川面羅仙里八四八
七〇五	横須賀海軍施設部	八丈島北西方	一九四四・〇一・二七	金川炯徳	軍属	戦死	晋陽郡晋城面下村里一一二〇
			一九二五・一二・〇六	金川鐘植	父		—
七〇九	横須賀海軍施設部	八丈島北西方	一九四四・〇一・二七	丹山泰煥・伊三男	軍属	戦死	晋陽郡文山面弥文里一二八—一六
			一九二五・〇六・〇一	丹山賢四郎	父		—
七一二	横須賀海軍施設部	八丈島北西方	一九四四・〇一・二七	朝陽英植	軍属	戦死	晋陽郡寺奉面馬城里五三八—二
			一九二一・〇六・一五	粉善	妻		—
七一三	横須賀海軍施設部	八丈島北西方	一九四四・〇一・二七	大島進浩	軍属	戦死	晋陽郡寺奉面鳳谷里六九四
			一九二四・〇二・二七	大島千石	父		—
七一七	横須賀海軍施設部	八丈島北西方	一九四四・〇一・二七	松原三郎	軍属	戦死	咸安郡郡北面明舘里七五九
			—	松原仙吉	父		—

番号	所属	死亡場所	年月日	氏名	身分・続柄	死因	本籍・住所
七二五	横須賀海軍施設部	八丈島北西方	一九四四・〇一・二七 一九二四・〇七・二五	大山碩済 鏞玉	軍属 叔父	戦死	咸安郡艅航面平岩里六九〇 —
七三四	横須賀海軍施設部	八丈島北西方	一九四四・〇一・二七 一九二四・〇二・二三	金城國正 金城助世	軍属 父	戦死	咸安郡伽倻面南佐里一四九 —
七八一	横須賀海軍施設部	八丈島北西方	一九四四・〇一・二七 一九二七・〇四・二八	大原義雄 大原淇然	軍属 父	戦死	東萊郡鐵馬面村基里五九〇 —
七九四	横須賀海軍施設部	八丈島北西方	一九四四・〇一・二七 一九二七・〇五・一八	張本幸助 徳五	軍属 父	戦死	南海郡南海面深川里四〇四 南海郡南海面深川里四〇四
八〇七	横須賀海軍施設部	八丈島北西方	一九四四・〇一・二七 一九二一・〇一・二六	安岡徳祚 安岡花碩	軍属 父	戦死	昌寧郡能南面昌谷里二二二 —
八〇八	横須賀海軍施設部	八丈島北西方	一九四四・〇一・二七 一九二四・〇六・二三	金本漢萬 金本熊坤	軍属 父	戦死	昌原郡能南面外洞六六五 —
八一九	横須賀海軍施設部	八丈島北西方	一九四四・〇一・二七 一九二二・〇五・〇八	大林康平 大林吉水	軍属 父	戦死	昌原郡鎮海邑慶和洞五二七 昌原郡鎮海邑慶和洞六九四
八二三	横須賀海軍施設部	八丈島北西方	一九四四・〇一・二七 一九二五・〇九・〇二	金滋洪 亡父・守龍家族死亡	軍属 —	戦死	昌原郡東面月岑里一八四 —
八二七	横須賀海軍施設部	八丈島北西方	一九四四・〇一・二七 一九一八・〇一・〇四	吉田奇萬 義順	軍属 妻	戦死	山清郡山清面池里五七五 —
八三〇	横須賀海軍施設部	八丈島北西方	一九四四・〇一・二七 一九二三・〇三・一一	金本千聖 道萬	軍属 父	戦死	山清郡丹城面城内里二三二 —
八三二	横須賀海軍施設部	八丈島北西方	一九四四・〇一・二七 一九二五・〇一・二六	門文泳根 門文謙治	軍属 父	戦死	山清郡梧釜面陽村里二五七 —
八三三	横須賀海軍施設部	八丈島北西方	一九四四・〇一・二七 一九二二・〇一・二三	門文泳椽 三道	軍属 妻	戦死	山清郡梧釜面陽村里二五四 —
八四二	横須賀海軍施設部	八丈島北西方	一九四四・〇一・二七 一九二三・〇六・〇一	裵致度 英守	軍属 父	戦死	禽海郡駕洛面済島里二五 —
八四四	横須賀海軍施設部	八丈島北西方	一九四四・〇一・二七 一九二四・〇四・〇五	伊藤基炳 孝寛	軍属 父	戦死	金海郡菉山面菉山里一二〇 金海郡菉山面菉山里一二〇
八五二	横須賀海軍施設部	八丈島北西方	一九四四・〇一・二七 一九二一・〇四・二九	山下喬可・富逑 元啓	軍属 父	戦死	泗川郡昆明面作入里一八八 —
八五四	横須賀海軍施設部	八丈島北西方	一九四四・〇一・二七 一九一六・一一・二九	新井兵吉 順岳	軍属 妻	戦死	泗川郡柏洞面盤龍里七三五―二 泗川郡柏洞面盤龍里七三五―二
八六一	横須賀海軍施設部	八丈島北西方	一九四四・〇一・二七 一九二二・〇五・一九	新井一仁 春愛	軍属 妻	戦死	梁山郡熊上面三湖里五九九 —
八六二	横須賀海軍施設部	八丈島北西方	一九四四・〇一・二七	井原正洙	軍属	戦死	梁山郡勿禁面佳村里白城寛方

			一九二一・〇四・〇七	乗鎬	父		—
六六一	横須賀海軍施設部	ニューギニア	一九四三・〇二・二〇 一九二〇・一一・〇七	神農洪烈 入中瑞	軍属 父	戦死	咸陽郡林川面南湖里二八八 —
七五二	横須賀海軍施設部	ニューギニア	一九四三・一一・二一 —	金南守 元守	軍属 弟	戦死	蔚山郡温陽面南倉里一五九 —
五四四	横須賀海軍施設部	ニューギニア、ゲオム	一九四四・〇五・〇三 —	崔泰根 大山泰一	軍属 弟	戦死	昌寧郡霊山面新提里 —
六四二	横須賀海軍施設部	西部ニューギニア	一九四四・〇五・二〇 一九一五・〇一・二五	伊東　栄 春複	軍属 母	戦死	密陽郡密陽邑三門里二一九 —
五八五	横須賀海軍施設部	西部ニューギニア	一九四四・〇五・二八 一九二五・〇五・〇四	梁原奉圭 —	軍属 —	戦死	統営郡河精面蓮亀里 —
五九〇	横須賀海軍施設部	西部ニューギニア	一九四四・〇五・二八 一九一七・〇一・三〇	金宮壮吉 初枝	軍属 妻	戦死	河東郡良浦面知礼里六五四 —
六一六	横須賀海軍施設部	西部ニューギニア	一九四四・〇五・一〇 一九一三・〇五・二〇	姜仲熙 南山	軍属 母	戦死	居昌郡主尚面渠基里七四 居昌郡主尚面渠基里七四
五六七	横須賀海軍施設部	ビアク島	一九四四・〇七・〇一 一九二三・一一・〇八	徳山圭佑 徳山季山	軍属 母	戦死	陝川郡妙山面華陽里 —
七五九	横須賀海軍施設部	ビアク島	一九四四・〇七・一六 一九一一・〇七・二五	金原慶復 一光	軍属 妻	戦死	蔚山郡凡西面川上里四八九 —
五三八	横須賀海軍施設部	ビアク島	一九四四・〇七・三〇 一九一二・〇五・一四	李州順石 且石	軍属 妻	戦死	昌寧郡梨房面玉泉里二三三 昌寧郡梨房面玉泉里二三三
六九三	横須賀海軍施設部	ビアク島	一九四四・〇八・一〇 一九二二・〇二・二八	松山和夫 はま	軍属 母	戦死	固城郡永吾面陽山里六七七 —
六九六	横須賀海軍施設部	ビアク島	一九四四・〇八・一〇 一九一七・〇五・二三	柳川卓三 仁順	軍属 妻	戦死	固城郡介川面佳川洞一〇四四
六九九	横須賀海軍施設部	ビアク島	一九四四・〇八・一八 一九二一・〇六・一〇	崔本鳳道 奇根	軍属 —	戦死	固城郡大河面松渓里二区 固城郡大河面松渓里二区
六〇六	横須賀海軍施設部	ビアク島	一九四四・〇九・二五 一九一四・〇一・一六	新井文佑・朴文佑 玉允	軍属	戦死	河東郡赤良面舘里八九二 —
七二二	横須賀海軍施設部	ビアク島	一九四四・〇八・二五 一九一五・〇一・××	伊原炳基 相詢	軍属 妻	戦死	咸安郡法守面輪外里 —
七九一	横須賀海軍施設部	ビアク島	一九四四・〇九・二〇 一九二五・一二・二三	松田　勲 廣之	軍属 母	戦死	南海郡南海面笠峴里 南海郡南海面笠峴里
八二四	横須賀海軍施設部	ビアク島	一九四四・〇八・一〇 一九二三・〇一・一二	大倉敏幸 磐子	軍属 妻	戦死	昌原郡北面月伯里一〇八三 —

八九六	横須賀海軍施設部	ビアク島	一九四四・〇八・一〇 一九一二・〇一・二七	大森　聖 徳子	軍属 妻	戦死	釜山府草梁町五八八 —
六一一	横須賀海軍施設部	ルソン島北西方	一九四四・〇七・一六 一九一二・〇七・一八	宮川貴祥 華俊	軍属 妻	戦死	河東郡古田面泛鵞里四五九 —
六八四	横須賀海軍施設部	ルソン島北西方	一九四四・〇七・一六 一九二一・一一・〇四	西原板達 圭順	軍属 妻	戦死	固城郡会華面鹿鳴里三二八 —
六九〇	横須賀海軍施設部	ルソン島北西方	一九四四・〇七・一六 一九一二・〇八・〇二	茂山栄寛 外順	軍属 妻	戦死	固城郡弧城邑西外洞一二 固城郡弧城邑西外洞一二
六九四	横須賀海軍施設部	ルソン島北西方	一九四四・〇七・一六 一九一七・〇六・〇五	山本元文 保節	軍属 妻	戦死	固城郡永縣面蓮花里五四五 —
七二〇	横須賀海軍施設部	ルソン島北西方	一九四四・〇七・一六 一九〇〇・〇四・一八	金本光伯 供祚	軍属 妻	戦死	咸安郡漆西面泰谷里三六四 —
七四一	横須賀海軍施設部	ルソン島北西方	一九四四・〇七・一六 一九二一・一〇・二八	上井秀元 善南	軍属 妻	戦死	蔚山郡農所面虎渓里二一九九 —
七八二	横須賀海軍施設部	ルソン島北西方	一九四四・〇七・一六 一八九九・〇八・二八	金基始 順南	軍属 妻	戦死	東萊郡北面仙里三一〇 —
七八九	横須賀海軍施設部	ルソン島北西方	一九四四・〇七・一六 一九二三・一一・一七	中村三郎 玉仙	軍属 妻	戦死	南海郡南海面西辺里六五 —
八三四	横須賀海軍施設部	ルソン島北西方	一九四四・〇七・一六 一九〇六・〇九・二三	思宗又千 且分	軍属 妻	戦死	山清郡今西面新鵞里四九三 —
八九四	横須賀海軍施設部	ルソン島北西方	一九四四・〇七・一六 一九〇七・〇三・一八	上原一九 華子	軍属 妻	戦死	釜山府水晶町八七四 —
八九九	横須賀海軍施設部	ルソン島北西方	一九四四・〇七・一六 一九一二・〇七・一八	平沼秀一 政子	軍属 妻	戦死	釜山府当里四三一 —
五六九	横須賀海軍施設部	サイパン島	一九四四・〇七・〇八 一九一九・〇六・〇六	金子次郎 星孝	軍属 —	戦死	陜川郡草渓面
五七〇	横須賀海軍施設部	サイパン島	一九四四・〇七・〇八 一九〇七・一一・〇八	柳島再岩 沆基	軍属 —	戦死	陜川郡徳谷面鶴里五三二
五八四	横須賀海軍施設部	サイパン島	一九四四・〇七・〇八 一九一三・一二・二〇	松山徳玉 山原徳三	軍属 —	戦死	統営郡道山面貫徳里 統営郡道山面貫徳里
五八七	横須賀海軍施設部	サイパン島	一九四四・〇七・〇八 一九一四・〇六・〇四	宮本成裕 玹権	軍属 —	戦死	河東郡良浦面知礼里六九七 —
五八九	横須賀海軍施設部	サイパン島	一九四四・〇七・〇八 一九二一・〇二・一四	新井又栄 —	軍属 —	戦死	河東郡良浦面長岩里五六三 —
五九二	横須賀海軍施設部	サイパン島	一九四四・〇七・〇八	白石申祚	軍属	戦死	河東郡金南面徳山里一一三

			一九一三・〇八・二四	雲龍	｜		河東郡金南面徳山里一一三
五九四	横須賀海軍施設部	サイパン島	一九四四・〇七・〇八	長山在賢	軍属	戦死	河東郡青岩面華苔里五二四
			一九二一・一〇・一六	入川鎬徳	｜		｜
六〇〇	横須賀海軍施設部	サイパン島	一九四四・〇七・〇八	小林桂植	軍属	戦死	河東郡長橋面辰橋里一一二―一
			一九二二・〇三・一五	允植	｜		｜
六〇一	横須賀海軍施設部	サイパン島	一九四四・〇七・〇八	徳山世文	軍属	戦死	河東郡長橋面辰橋里八九三
			一九二二・〇二・〇三	｜	｜		河東郡長橋面辰橋里八九三
六〇二	横須賀海軍施設部	サイパン島	一九四四・〇七・〇八	張本在根	軍属	戦死	河東郡古田面古河里一二六
			一九一六・〇一・二〇	｜	｜		河東郡古田面古河里一二六
六〇三	横須賀海軍施設部	サイパン島	一九四四・〇七・〇八	文山敬張	軍属	戦死	河東郡古田面銭島里三八一
			一九一九・〇五・一四	敬作			河東郡古田面銭島里三八一
六〇七	横須賀海軍施設部	サイパン島	一九四四・〇七・〇八	山本鐘鎬	軍属	戦死	河東郡横川面横川里二四三
			一九二三・〇四・二八	貞佐	｜		河東郡横川面横川里内基
六〇八	横須賀海軍施設部	サイパン島	一九四四・〇七・〇八	木村長春	軍属	戦死	河東郡古田面銘橋里二五六
			一九二三・〇四・一二	仁守	｜		｜
六一〇	横須賀海軍施設部	サイパン島	一九四四・〇七・〇八	木材箕錫	軍属	戦死	河東郡北川面花亭里三四八
			一九二〇・〇五・二五	在俊	｜		河東郡北川面花亭里三四八
六一二	横須賀海軍施設部	サイパン島	一九四四・〇七・〇八	宮本昌文	軍属	戦死	河東郡玉宗面北芳里六四一
			一九二一・〇九・一六	元錫	｜		｜
六一三	横須賀海軍施設部	サイパン島	一九四四・〇七・〇八	西村在相	軍属	戦死	河東郡玉宗面月横里九七
			一九一七・〇五・〇一	｜	｜		｜
六一八	横須賀海軍施設部	サイパン島	一九四四・〇七・〇八	姜本宗鎬	軍属	戦死	居昌郡加北面牛恵里一六五八
			一九二三・〇四・〇二	｜	｜		｜
六四三	横須賀海軍施設部	サイパン島	一九四四・〇七・〇八	岩谷　守	軍属	戦死	密陽郡密陽邑駕谷里五八三
			一九二二・〇一・〇五	｜	｜		密陽郡密陽邑駕谷里五八三
六六三	横須賀海軍施設部	サイパン島	一九四四・〇七・〇八	李三奉	軍属	戦死	咸陽郡席卜面九龍里四九一
			一九二二・〇七・一五	｜	｜		咸陽郡席卜面九龍里四九一
六六八	横須賀海軍施設部	サイパン島	一九四四・〇七・〇八	朴吉洙	軍属	戦死	咸陽郡木東面内柏里八八
			一九一五・一〇・一六	｜	｜		咸陽郡木東面内柏里八八
六六九	横須賀海軍施設部	サイパン島	一九四四・〇七・〇八	姜信九	軍属	戦死	咸陽郡木東面内柏里八八
			一九一八・一一・二一	｜	｜		咸陽郡木東面内柏里八八
六七一	横須賀海軍施設部	サイパン島	一九四四・〇七・〇八	巴山宰淳	軍属	戦死	咸陽郡西上面金糖里二八七
			一九一五・〇八・〇一	｜	｜		｜
六七三	横須賀海軍施設部	サイパン島	一九四四・〇七・〇八	鄭基成	軍属	戦死	咸陽郡守義面貴谷洞
			一九二一・〇六・三〇	｜	｜		｜

六七四	横須賀海軍施設部	サイパン島	一九四四・○七・○八 一九二一・○三・二八	許順龍 —	軍属 —	戦死	咸陽郡池谷面寶山里七六 咸陽郡池谷面寶山里七六
六八七／六八八	横須賀海軍施設部	サイパン島	一九四四・○七・○八 一九二○・○二・○二	岩本命道 —	軍属 —	戦死	固城郡廣徳里八一五 —
七○四	横須賀海軍施設部	サイパン島	一九四四・○七・○八 一九一二・○七・一八	諸田又×古伊 —	軍属 —	戦死	晋陽郡文山面三谷里五八四—一五 —
七○七	横須賀海軍施設部	サイパン島	一九四四・○七・○八 一九一七・一二・一二	姜大東 —	軍属 —	戦死	晋陽郡井村面礼上里三六八 晋陽郡井村面礼上里三六八
七一八	横須賀海軍施設部	サイパン島	一九四四・○七・○八 一九一三・○七・○二	李敬賛 —	軍属 —	戦死	咸安郡郡北面迎運里四九六 —
七三○	横須賀海軍施設部	サイパン島	一九四四・○七・○八 一九二一・○六・一五	安田秉器 —	軍属 —	戦死	咸安郡漆北面栄東里七三四 —
七七四	横須賀海軍施設部	サイパン島	一九四四・○七・○八 一九二二・○二・二○	完山柱伯 —	軍属 —	戦死	東萊郡亀浦面金城里 東萊郡亀浦面金城里
八一一	横須賀海軍施設部	サイパン島	一九四四・○七・○八 一九二○・○九・二五	甘堪五 —	軍属 —	戦死	昌原郡内西面徳陽里一二八 昌原郡内西面徳陽里一二八
八一四	横須賀海軍施設部	サイパン島	一九四四・○七・○八 一九二六・○二・○五	大山武男 松岡伸雄	軍属 —	戦死	昌原郡昌原面西上里三七六 —
八一七	横須賀海軍施設部	サイパン島	一九四四・○七・○八 一九二一・○二・○二	金点祚 博明	軍属 —	戦死	昌原郡亀山面水晶里 —
八五七	横須賀海軍施設部	サイパン島	一九四四・○七・○八 一九一三・○五・一七	禹東源 —	軍属 —	戦死	梁山郡下北面三炳里 —
八六三	横須賀海軍施設部	サイパン島	一九四四・○七・○八 一九二三・○三・二三	新井在相 朴	軍属 父	戦死	梁山郡梁山面明谷里五八四 —
八六四	横須賀海軍施設部	サイパン島	一九四四・○七・○八 一九一八・○九・一八	李相守 —	軍属 —	戦死	梁山郡梁山面北部洞三六九 —
八七八	横須賀海軍施設部	サイパン島	一九四四・○七・○八 一九二二・○五・一七	金崎政二郎 在守	軍属 母	戦死	馬山府陽徳里五六八 馬山府松原里五四七
八八六	横須賀海軍施設部	サイパン島	一九四四・○七・○八 一九二二・一○・一八	山本豊雄 —	軍属 —	戦死	晋州府東机町四七 —
八八七	横須賀海軍施設部	サイパン島	一九四四・○七・○八 一九二二・一○・二五	金鎮祐 —	軍属 —	戦死	晋州府水晶町四九九 —
八九五	横須賀海軍施設部	サイパン島	一九四四・○七・○八 一九二二・一二・一一	金茂生 景章	軍属 —	戦死	釜山府水晶町二五三 —
八九七	横須賀海軍施設部	サイパン島	一九四四・○七・○八	河島久雄	軍属	戦死	釜山府草場町三一三○

			一九二六・〇三・三〇	伸次	父		－
八三七	横須賀海軍施設部	南鳥島	一九四四・〇三・二〇 一九二三・一二・〇八	華山海甲 －	軍属 －	戦死	金海郡西村面望徳里一二六一 －
八九八	横須賀海軍施設部	南鳥島	一九四四・〇三・二〇 一九〇九・〇二・二七	江川正次郎 －	軍属 －	戦死	釜山府草場町三－八九 －
五三五	横須賀海軍施設部	南鳥島	一九四五・〇四・三〇 一九一五・〇一・一五	中野一郎 順伊	軍属 母	戦死	昌寧郡吉谷面会山里 －
七七七	横須賀海軍施設部	南鳥島	一九四五・〇四・三〇 －	平山一郎 －	軍属 －	戦死	東萊郡機張面竹城里 －
八六〇	横須賀海軍施設部	ハルマヘラ島 結膜性脳膜炎	一九四五・一〇・〇三 一九二四・〇一・二二	新山基生 基奉	軍属 父	戦病死	梁山郡院洞面西龍里一五二 －
七七八	横須賀海軍施設部	ハルマヘラ島 急性虫様突起炎	一九四五・〇一・二九 －	金江鉄柱 －	軍属 －	戦病死	東萊郡沙上面甘田里二一三 東萊郡沙上面甘田里二一三
七三二	横須賀海軍施設部	ハルマヘラ島 栄養失調	一九四五・〇四・二三 －	檜山相鳳 粉伊	軍属 －	戦病死	咸安郡艅航面姑寺里八七〇 咸安郡艅航面姑寺里八七〇
七二三	横須賀海軍施設部	ハルマヘラ島 頭蓋骨複雑骨折	一九四五・〇六・〇一 一九一一・〇六・一七	東元元太 壽任	軍属 －	戦病死	咸安郡郡北面藪谷里三〇二 －
五八三	横須賀海軍施設部	ハルマヘラ島 マラリア	一九四五・一一・一三 一九二三・〇四・〇七	玉山在徳 孟権	軍属 父	戦病死	統営郡龍南面院坪里六九二 －
七七五	横須賀海軍運輸部	南沙群島	一九四三・一一・一九 一九一七・〇六・一二	香村信朝 香村鐘澤	軍属 父	戦死	東萊郡亀浦面金谷里 東萊郡亀浦面金谷里
九一八	横須賀海軍運輸部	本州東方海面	一九四三・一一・一九 一九二〇・〇三・〇三	岩村　柱 岩村　凌	軍属 父	戦死	密陽郡山外面南沂里二七一 －
九二三	横須賀海軍運輸部	南洋群島	一九四四・〇二・〇六 一九一〇・一〇・〇三	長田行雄 シマヨ	軍属 妻	戦死	蔚山郡大峴面長生浦里九一 －
九二四	横須賀海軍運輸部	南洋群島	一九四四・〇二・〇六 －	金原奉儀 金原珠錫	軍属 父	戦死	南海郡三東面弥助里六五二 －
九一七	横須賀海軍運輸部	南洋群島	一九四四・〇四・三〇 －	梁川清彦 春雄	軍属 弟	戦死	密陽郡密陽邑内一洞二二一 －
九三四	横須賀海軍運輸部	サイパン島	一九四四・〇六・一三 一九二六・〇二・一五	金山震坤 金山容燮	軍属 父	戦死	馬山府月影洞二八八 －
五六八	横須賀海軍運輸部	サイパン島	一九四四・〇七・〇八 一九二三・〇五・二一	江川仁申 江川福寿	軍属	戦死	陜川郡草渓面衛幕里一二六－一
九二〇	横須賀海軍運輸部	父島北方	一九四四・〇六・三〇 一九二〇・〇七・二〇	西山友次 静江	軍属 妻	戦死	咸南郡郡北面朴谷里一八七 －

五六六	横須賀海軍軍需部	グァム島	一九四四・〇八・一〇 一九二二・一二・一五	新井國重 新井乙次郎	軍属 父	戦死	陜川郡雙冊面多羅里一二八八 —
九〇五	横須賀海軍運輸部	北太平洋	一九四四・一〇・二五 —	新本栄碩 新本鍾安	軍属 父	戦死	宣寧郡柳谷面徳川里二四二 —
七八〇	横須賀海軍運輸部	比島	一九四五・〇一・一九 —	大津令道 重安	軍属 妻	戦死	東萊郡鐵馬面安平里二二五九 東萊郡鐵馬面安平里二二五九
八四〇	横須賀海軍運輸部	比島	一九四五・〇五・一五 一九二一・一一・一〇	揚本龍大 トメ	軍属 母	戦病死	金海郡金海邑三山里一九七 金海郡金海邑三山里一九七
九〇〇	横須賀海軍運輸部	外南洋 マラリア	一九四五・一〇・二三 一九一二・一〇・二五	秋山正吉 金聖龍	軍属 兄	戦病死	釜山府瀛州町四四一
九二二	横須賀海軍軍需部	南洋群島	一九四三・〇四・〇二 —	川本斗和 基順	軍属 妻	戦死	蔚山郡大峴面長生浦里八二一
五九八	横須賀海軍軍需部	ケゼリン島	一九四四・〇二・〇六 —	昌原昌根 昌原玉龍	軍属 父	戦死	河東郡河東邑邑内洞一一五七 河東郡河東邑邑内洞一一五七
九〇九	横須賀海軍軍需部	南洋群島(ミクロネシア)	一九四四・〇二・〇六 —	金其実 金尚星	軍属 —	戦死	統営郡遠梁面老文里 統営郡遠梁面老文里
九三九	横須賀海軍軍需部	南洋群島(ミクロネシア)	一九四四・〇二・〇六 —	星山佐太郎 星山成敏	軍属 父	戦病死	釜山府草梁町二六
五三九	横須賀海軍軍需部	セブ島 マラリア	一九四五・〇七・一二 一九〇〇・〇五・一九	文原達用 石壽	軍属 妻	戦病死	昌寧郡桂城面明里五六四
五四九	横須賀海軍軍需部	セブ島 マラリア	一九四五・〇七・一二 一九二〇・〇八・一五	木村甲伊 木村正雄	軍属 —	戦病死	昌寧郡城山面丁寧里七九 昌寧郡城山面丁寧里七九
七五三	横須賀海軍軍需部	フィリピン	一九四五・〇七・二五 一九二三・〇二・一〇	平山三郎 平山鐵壽	軍属 父	戦死	蔚山郡温陽面内光里一二四六
六〇九	横須賀海軍軍需部	パラオ島 脚気	一九四五・〇八・〇一 一九二三・〇八・〇三	鄭岩祐 —	軍属 —	戦病死	河東郡北川面芳華里 河東郡北川面芳華里
九四三	横須賀海軍軍需部	パラオ島 脚気	一九四五・〇八・一九 一九一三・〇七・二五	新本生年 —	軍属 —	戦病死	化洞郡正龍面東山里 化洞郡正龍面東山里
九二八	ラバウル運輸部	ニューギニア	一九四三・一〇・一二 一九二〇・〇八・一八	西原漢洙 順点	軍属 妻	戦死	南海郡南海面×峴里一一一
九一六	ラバウル運輸部	ニューギニア	一九四四・〇二・二一 一九二六・〇二・一〇	安本正出 長穂	軍属 父	戦死	密陽郡丹陽面泛棹里九二五
九四〇	ラバウル運輸部	ニューギニア	一九四四・〇二・二三 一九一四・〇五・一五	呉村壽次 聖子	軍属 妻	戦死	釜山府溘州町四五五
九〇八	連合艦隊	本州東方海面	一九四二・一〇・二四	金海宗仁	軍属	戦死	統営郡遠梁面東港里一〇六一

			—	金海鉱順	兄		—
九三八	二海軍特別輸送隊	小笠原諸島	一九四四・〇八・〇五	金澤 學	軍属	戦死	釜山府草梁町五九七
			一九一六・〇三・〇九	於鎮	妻		—
九三七	二海軍特別輸送隊	石巻病院 腸チフス	一九四五・〇三・一〇	東川月成	軍属	戦死	釜山府草梁町五九〇
			一九一六・〇六・〇六	眞順	妻		釜山府草梁町二七四
一四	第二出水航空隊	出水航空隊 発疹チフス	一九四五・〇四・〇九	青山東立	上整	死亡	泗川郡柏洞面駕山里一〇一八
			一九二四・一二・二七	青山長正	—		泗川郡昆陽面倹丁里四〇
一	第二出水航空隊	出水航空隊	一九四五・〇四・一七	金田唯雄	上整	戦傷死	釜山府祐里八六五
			一九二七・一一・一一	金田光平	父		—
九	第二出水航空隊	出水航空隊	一九四五・〇四・一七	竹山駿鎬	上整	戦死	泗川郡泗南面牛川里七〇四
			一九二五・〇三・二八	竹山周碩	父		—
二九	第二出水航空隊	出水航空隊	一九四五・〇四・一七	大原寅周	上整	戦死	昌原郡昌原面道渓里七一一
			一九二八・〇二・一三	大原石同	父		昌原郡昌原面西上里四九三
九〇六	第三南遣艦隊司令部	フィリピン（比島）	一九四五・〇五・〇六	金田福祚	軍属	戦死	宜寧郡宮柳面鴨谷里二三〇
			一九一五・〇三・二〇	金田守一	父		迎日郡九龍浦邑七〇七
一七三八	第三南遣艦隊司令部	ルソン島バヨンボン	一九四五・〇四・二七	金吉幸男	軍属	戦死	釜山府瀛州町三一八―一一七
			一九二五・〇三・〇二	基菊	戸主		—
三五一	第三気象隊マニラ支部	フィリピン、ホロ島	一九四五・〇四・一〇	姜山鍾淳	軍属	戦死	固城郡固城邑校杜里二四〇
			—	姜山聞相	父		
五二〇	第四気象隊	グァム島	一九四四・〇八・一一	徳山淳永	軍属	戦死	宜寧郡龍徳面尾要里二五二
			一九二九・〇二・〇二	徳山鋲達	父		—
八五一	第四気象隊	ウジラーニ	一九四四・〇三・××	金山七洛	軍属	戦死	泗川郡昆明面作八里
			—	仙吉	兄		—
五八	第四海軍施設部	ボナペ島北方	一九四四・〇一・二六	新井載春	軍属	戦死	釜山府沙川町八六五
			一九二〇・一二・二五	遠壽	—		—
一三三	第四海軍施設部	パラオ島 敗血症	一九四二・〇一・〇九	玉岡浩根	軍属	戦病死	晋陽郡鳴石面龍山里六四四
			一九××・〇一・〇八	玉岡宋停	父		晋陽郡鳴石面龍山里六四四
一三五	第四海軍施設部	パラオ島	一九四二・一一・一〇	坡平殷守	軍属	戦病死	晋陽郡奈洞面内坪里七二四
			一九一八・一二・二一	坡平南用	父		晋陽郡奈洞面内坪里七二四
七九	第四海軍施設部	パラオ島	一九四四・〇一・一一	武村萬戸	軍属	戦死	河東郡河東面廣坪里
			一九二三・〇五・〇七	—	—		—
二七三	第四海軍施設部	パラオ島	一九四五・〇七・一六	上林祥一	軍属	戦死	咸陽郡池谷面坪村里
			一九一一・〇八・一四	—	—		—
二一〇	第四海軍施設部	ニューギニア、ラエ	一九四二・〇三・一〇	玉山南寛	軍属	戦死	蔚山郡方魚津邑東部里三七九
			一九二三・〇一・〇六	玉山文碩	父		蔚山郡方魚津邑東部里三七九

九五	第四海軍施設部	ニューギニア、ラエ	一九四三・〇三・一五	山村萬庫・鄭萬奎	軍属	戦死	東莱郡長安面佐川里一七七
			一九二一・〇八・〇七	山村學文	父		東莱郡長安面佐川里一七七
一〇八	第四海軍施設部	ニューギニア、ラエ	一九四三・〇三・〇三	金原聖龍	軍属	戦死	東莱郡機張面竹城里二〇二
			一九一七・〇二・一七	金原宗守	父		—
九二	第四海軍施設部	ニューギニア、ラエ	一九四三・〇三・〇三	金村斗明	軍属	戦死	東莱郡北面仙里六六八
			一九二三・〇七・二〇	金村逸奉	父		—
九三	第四海軍施設部	ニューギニア、ラエ	一九四三・〇三・〇三	光本相奎	軍属	戦死	東莱郡南面廣安里
			一九一七・〇一・一〇	米耶	母		—
二二六	第四海軍施設部	ニューギニア、ラエ	一九四三・〇五・一四	三井盛文	軍属	戦死	金海郡茶山面鳳方里
			一九〇二・〇八・二〇	弼先	妻		蔚山郡下廂面南外里
二〇九	第四海軍施設部	サイパン島 赤痢	一九四四・〇六・一四	玉山光達	軍属	戦病死	蔚山郡方魚津邑東部里三七〇
			一九一九・〇五・一六	玉山文一	父		蔚山郡方魚津邑東部里三七〇
九一	第四海軍施設部	サイパン島 急性腎炎	一九四四・〇八・〇二	梁川泰渚	軍属	戦病死	東莱郡北面老面里八九五
			一九二〇・〇三・〇三	梁川泰明	兄		東莱郡北面老面里八九五
一九四	第四海軍施設部	サイパン島	一九四四・〇六・一五	木村乙玉	軍属	戦死	密陽郡丹陽面
			一九二〇・〇二・一〇	元祚	—		慶尚北道清道郡錦川面四因洞
二九五	第四海軍施設部	サイパン島	一九四四・〇七・〇六	武元相得	軍属	戦死	梁山郡院洞面花済里六二七
			一九二一・〇三・一九	武元相五	兄		梁山郡院洞面花済里六二七
七八	第四海軍施設部	ニューギニア、ウウェワク	一九四三・〇八・一八	平山炳俊	軍属	戦死	居昌郡南上面茂村里八九二
			一九一三・一〇・一二	洪珠	兄		—
二〇七	第四海軍施設部	ラバウル マラリア	一九四二・〇五・一六	梨山且亭・裵山且守	軍属	戦病死	蔚山郡彦陽面盤松里
			一九二八・〇一・一五	梨山末運	妻		蔚山郡彦陽面盤松里
二七一	第四海軍施設部	ウェーキ島 栄養失調	一九四五・〇五・二八	林宗貞	軍属	戦病死	咸陽郡水東面花山里
			—	采尚	—		—
二七二	第四海軍施設部	ウェーキ島 栄養失調	一九四五・〇六・二六	新井永壽	軍属	戦病死	咸陽郡水東面花山里
			—	啓斗	—		—
六〇	第四海軍施設部	ギルバート諸島マキン島	一九四三・一一・二五	金岡正男	軍属	戦死	釜山府蓮山町九八一
			一九一五・〇四・二七	庚淑	妻		—
八四	第四海軍施設部	ミレ島	一九四三・一二・二三	高山守正(正金)	軍属	戦死	河東郡岳陽面美店里五六二—一
			一九〇二・一〇・〇五	春葉	妻		全羅南道光陽郡眞鴨面高士里
七四	第四海軍施設部	ミレ島	一九四五・〇六・二二	桂城鐘熙	軍属	戦死	居昌郡熊陽面東湖里
			一九二〇・〇五・〇七	桂城星熙	兄		—
八三	第四海軍施設部	ブラウン島	一九四四・〇二・二四	太田昌白	軍属	戦病死	河東郡岳陽面新星里九五六
			一九〇三・〇四・〇二	探珠	妻		全羅南道麗水郡麗水邑西町
四七	第四海軍施設部	本州南方	一九四四・〇一・一四	原田義雄	軍属	戦死	釜山府福町二九三

			一九一五・一〇・二五	原田徳之進	父		｜
二九〇	第四海軍施設部	横須賀病院	一九四四・〇八・一〇	松本二鳳	軍属	戦病死	梁山郡下北面芝山里五四六
			一九二三・〇六・〇八	連伊	母		梁山郡下北面芝山里五四六
四四	第四海軍施設部	ナウル島	一九四五・一二・一七	金京洙・稲田義雄	軍属	戦病死	晋州府西鳳町一八五
		栄養失調症	一九一四・〇九・二八	｜	父		｜
七五	第四海軍施設部	トラック島	一九四二・一〇・〇六	朴憲用	軍属	戦病死	居昌郡神院面臥龍里四三三
		腸カタル	一九一七・〇三・〇五	朴彰浩	父		咸安郡伽倻面朱山里
二九三	第四海軍施設部	トラック島	一九四二・一〇・二〇	森山永學	軍属	戦病死	梁山郡下北面沓谷里一一三
			一九一三・〇一・一三	今年	妻		梁山郡下北面沓谷里一一三
一〇七	第四海軍施設部	トラック島	一九四二・一一・〇八	金城岳之助	軍属	戦病死	東莱郡機張面竹城里二〇二
			一九一四・一〇・〇四	金城勝平	父		東莱郡機張面竹城里二〇二
一二〇	第四海軍施設部	トラック島	一九四二・一一・二四	安東興錫	軍属	戦死	東莱郡鐵馬面長田里九〇
			一九一七・〇八・二三	安東命坤	父		東莱郡鐵馬面長田里九〇
二八八	第四海軍施設部	トラック島	一九四二・一一・三〇	高山正道	軍属	戦病死	梁山郡東面余谷里六二〇
			一九二〇・〇八・一六	高山視工	父		梁山郡東面余谷里六二〇
六九	第四海軍施設部	トラック島	一九四三・〇一・〇八	巴山孝済	軍属	戦病死	咸安郡郡北面月村里一六八二
			一九〇七・〇八・〇六	末任	妻		宣寧郡宣寧面鼎岩里一八六
二一五	第四海軍施設部	トラック島	一九四四・〇二・一七	鶴山慶龍	軍属	戦死	蔚山郡農所面松亭里一三三九
			一九〇八・一二・〇二	鶴山和順	妻		蔚山郡農所面松亭里一三三九
一九一	第四海軍施設部	トラック島	一九四四・〇四・〇五	崔日壽	軍属	戦死	密陽郡府北面大須里二八八
			一九二三・〇三・二五	崔允伊	父		密陽郡府北面大須里二八八
一二一	第四海軍施設部	トラック島	一九四四・〇六・一二	柳仁坤	軍属	戦死	宣寧郡宮柳面坪村里六二五
			一九二一・〇一・二九	次南	母		宣寧郡宮柳面坪村里六二五
一九三	第四海軍施設部	トラック島	一九四四・〇六・二三	柳川志漢	軍属	戦病死	密陽郡武安面魯汀里
			一九二〇・〇九・〇六	柳川忠秀	父		密陽郡武安面魯汀里
九八	第四海軍施設部	トラック島	一九四四・〇九・〇七	大津啓俊	軍属	戦死	東莱郡日光面冬柏里一〇三
			｜	米應	｜		｜
一二九	第四海軍施設部	トラック島	一九四四・〇七・一九	玉山花卜	軍属	戦病死	宣寧郡洛西面全火里三〇八
			一九〇四・〇八・二六	珠	｜		咸安郡伽倻面道項里
一九二	第四海軍施設部	トラック島	一九四四・一一・一六	新居祚伊	軍属	戦病死	密陽郡府北面青雲里六二九
			一八九九・〇八・〇六	順洙	妻		密陽郡府北面青雲里六二九
一一〇	第四海軍施設部	トラック島	一九四五・〇一・〇八	平沼左洪	軍属	死亡	東莱郡亀浦邑華明里一五三九
			一九一七・〇一・一三	平沼美究	兄		東莱郡亀浦邑華明里一五三九
一四二	第四海軍施設部	トラック島	一九四五・〇三・〇八	朴在洙	軍属	戦病死	陜川郡沽炉面月光里二二〇
		栄養失調	一九〇三・〇二・一六	｜	｜		陜川郡沽炉面月光里二二〇

番号	所属	死亡場所	死亡年月日／生年月日	氏名／親族	身分／続柄	死因	本籍／親族住所
一〇三	第四海軍施設部	トラック島 栄養失調	一九四五・〇三・〇九 一九一二・一一・一一	金鳳旦 相林	軍属 母	戦病死	東萊郡日光面文中里一〇九
七一	第四海軍施設部	トラック島 栄養失調	一九四五・〇三・二一 一九一四・一〇・一九	黄永秀 黄龍秀	軍属 父	戦病死	咸安郡漆西面上龍里 咸安郡漆西面上龍里
七二	第四海軍施設部	トラック島	一九四五・〇三・二四 ｜	梅宅吉夫 秀夫	軍属 ｜	戦病死	咸安郡咸安面巴水里五一四 咸安郡咸安面巴水里五一四
九〇	第四海軍施設部	トラック島	一九四五・〇四・〇一 一九〇九・〇六・二一	李海洙 李禮敏	軍属 父	戦病死	東萊郡北面青龍里五四六 東萊郡北面青龍里五四六
三四六	第四海軍施設部	トラック島	一九四五・〇四・〇二 一九〇〇・〇四・〇九	金本允業 允順	軍属 妻	戦病死	梁山郡上北面新田里一八六 梁山郡上北面新田里一八六
一一五	第四海軍施設部	トラック島	一九四五・〇四・〇三 一九二一・一二・二八	三友邦吉 英郎	軍属 ｜	戦病死	東萊郡沙上面鶴章里三一〇 東萊郡沙上面鶴章里三一〇
一〇二	第四海軍施設部	トラック島	一九四五・〇四・二五 一九一六・〇七・〇九	平沼聖奉 平沼容脂	軍属 母	戦病死	東萊郡日光面鶴里二二六 東萊郡日光面鶴里二二六
三三一	第四海軍施設部	トラック島	一九四五・〇五・〇四 一九〇〇・一〇・〇三	山本在祐 分祚	軍属 妻	戦病死	梁山郡梁山面明谷里 梁山郡梁山面明谷里
三二一	第四海軍施設部	トラック島	一九四五・〇五・〇五 一九一八・一一・二七	岩本龍浩 岩本長俊	軍属 父	戦病死	梁山郡勿禁面魚谷里九二二 梁山郡勿禁面魚谷里九二二
一四九	第四海軍施設部	トラック島	一九四五・〇五・〇九 一九一二・一二・〇五	南正煕 和順	軍属 ｜	戦死	昌寧郡釜谷面鶴浦里 昌寧郡釜谷面鶴浦里
一二六	第四海軍施設部	トラック島	一九四五・〇五・一〇 一九〇七・〇一・二二	伊山克目介 今伊	軍属 妻	戦病死	宣寧郡嘉礼面加礼里三二九 宣寧郡嘉礼面加礼里三二九
一五四	第四海軍施設部	トラック島	一九四五・〇五・二三 一九一七・〇四・二二	大山昌國 斗岩	軍属 ｜	戦病死	昌寧郡昌寧面松峴洞 昌寧郡昌寧面松峴洞
二九二	第四海軍施設部	トラック島	一九四五・〇五・二六 一九二〇・〇二・二三	三上斗喆 永喆	軍属 ｜	戦病死	梁山郡下北面新坪里 梁山郡下北面新坪里
一一七	第四海軍施設部	トラック島	一九四五・〇六・一五 一九一三・〇五・一三	新井班鎬 新井班守	軍属 兄	戦病死	東萊郡沙上面毛羅里四七三一 東萊郡沙上面毛羅里四七三一
一五三	第四海軍施設部	トラック島	一九四五・〇六・一九 一九一五・一一・二六	華山舜祚 華山徳三	軍属 父	戦病死	昌寧郡昌楽面兎川里 昌寧郡昌楽面兎川里
一一一	第四海軍施設部	トラック島	一九四五・〇七・〇七 一九二〇・〇六・二〇	西岡斗清 西岡守業	軍属 父	戦病死	東萊郡亀浦邑亀浦里二八二 東萊郡亀浦邑亀浦里二八二
八九	第四海軍施設部	トラック島	一九四五・〇七・〇九 一九一六・一一・二五	金本奉龍 旧子	軍属 母	戦病死	東萊郡北面杜邱里一一九六 東萊郡北面杜邱里一一九六
一一九	第四海軍施設部	トラック島	一九四五・〇七・一八	平山太俊	軍属	戦病死	東萊郡鐵馬面送亭里二一一

番号	所属	地域	年月日	氏名	区分	事由	本籍
			一九一二・一二・二八	平山河龍	父		東萊郡鐵馬面送亭里二一一
一二三	第四海軍施設部	トラック島	一九四五・〇七・一八	南敏祐	軍属	戦病死	宣寧郡正谷面城隍里五七〇
			一九二〇・〇五・二六	南相甲	—		宣寧郡正谷面城隍里五七〇
一四七	第四海軍施設部	トラック島	一九四五・〇七・二一	梅田炳泰	軍属	戦病死	昌寧郡梨房面雁里
			一九一五・〇八・〇一	梅田相英	父		昌寧郡梨房面雁里
一〇一	第四海軍施設部	トラック島	一九四五・〇八・〇一	岩本秀吉	軍属	戦病死	東萊郡日光面伊川里二四八
			一九二三・〇三・〇三	岩本健二	兄		東萊郡日光面伊川里二四八
一五〇	第四海軍施設部	トラック島	一九四五・〇八・〇四	宇山点石	軍属	戦病死	昌寧郡釜谷面巨文里
			一九一三・〇一・二二	順善	妻		昌寧郡釜谷面巨文里
二五一	第四海軍施設部	トラック島 栄養失調	一九四五・〇八・〇四	花原仁実	軍属	戦病死	山清郡丹城面江楼里四三三
			一九一三・××・××	—	—		山清郡丹城面江楼里四三三
八八	第四海軍施設部	トラック島	一九四五・〇八・二三	華山七福	軍属	戦病死	東萊郡北面青龍里三四〇
			一九一九・一〇・〇五	華山相福	弟		東萊郡北面青龍里三四〇
一八三	第四海軍施設部	トラック島	一九四五・〇八・二六	梅田昌吉	軍属	戦病死	密陽郡清道面九奇里
			一九二一・〇一・〇三	梅田鍾發	父		密陽郡清道面九奇里
一二七	第四海軍施設部	トラック島	一九四五・一〇・××	金光渭洙	軍属	戦病死	宣寧郡大義面馬雙里一五四
			一九一九・一二・二九	日守	実兄		宣寧郡大義面馬雙里一五四
三一五	第四海軍施設部	マリアナ諸島	一九四三・〇三・二三	山本潤杰	軍属	戦死	梁山郡熊上面周津里六〇四
			一九一九・一〇・一九	星伊	妻		梁山郡熊上面周津里六〇四
三三二	第四海軍施設部	マリアナ諸島	一九四三・〇三・二三	金城用得	軍属	戦病死	梁山郡梁山面新基里四七五
			一九〇六・〇五・一二	元弼	妻		梁山郡梁山面新基里四七五
三三三	第四海軍施設部	マリアナ諸島	一九四三・〇三・二三	本田允成	軍属	戦病死	梁山郡梁山面明谷里四七六
			一九一〇・〇二・〇八	哲順	妻		梁山郡梁山面明谷里四七六
一二四	第四海軍施設部	マリアナ諸島	一九四三・〇四・一六	密城次甲	軍属	戦病死	宣寧郡華井面上井里四二一
			一九一七・〇一・〇八	永道	妻		宣寧郡華井面上井里四二一
一九〇	第四海軍施設部	マリアナ諸島	一九四三・〇四・一六	新井萬甲	軍属	戦病死	密陽郡上東面金山里一六一
			一九〇四・〇四・二〇	尚善	妻		密陽郡上東面金山里一六一
二六八	第四海軍施設部	マリアナ諸島	一九四三・〇四・一六	李徳根	軍属	戦病死	統営郡遠梁面東海港里六五五—一
			一九二三・〇八・〇六	小野寺虎里	兄		—
一六一	第四海軍施設部	マリアナ諸島	一九四三・〇五・一〇	金本勳昌	軍属	戦病死	密陽郡三浪津面栗洞里三一一
			一九一九・〇三・〇七	金本道洪	父		密陽郡三浪津面栗洞里三一一
一七五	第四海軍施設部	マリアナ諸島	一九四三・〇五・一〇	豊原萬伊	軍属	戦病死	密陽郡上南面巴西里九五四
			一九二一・〇五・一五	豊原点鳳	父		密陽郡下南面明禮里一〇四〇
二二五	第四海軍施設部	マリアナ諸島	一九四三・〇五・一〇	金末用	軍属	戦死	金海郡進求邑蟻団里一四
			一九一四・〇三・一八	奉連	妻		金海郡進求邑蟻団里一四

二二七	第四海軍施設部	マリアナ諸島	一九四三・〇五・一〇 一九二三・〇二・一二	星山圭潤 任伊	軍属 母	戦死	金海郡二北面×山里三五七 金海郡二北面×山里三五七
四八	第四海軍施設部	ピケロット島	一九四四・〇一・三一 一九〇二・〇六・二一	武運文局 命功	軍属 妻	戦病死	釜山府野美里九六九 釜山府民楽里九九
一四〇	第四海軍施設部	ピケロット島	一九四四・〇一・三一 一九二一・〇三・一〇	金本相俊 金本道業	軍属 父	戦死	陜川郡三嘉面斗毛里三三七 山清郡新安面外古里九二五
二〇二	第四海軍施設部	ピケロット島	一九四四・〇一・三一 一九二四・一〇・二三	湯原岑泰 田伊	軍属 母	戦死	蔚山郡蔚山邑牛亭洞八 蔚山郡××
二一二	第四海軍施設部	ピケロット島	一九四四・〇一・三一 一九二五・〇九・一九	新井景浩 新井永根	軍属 父	戦死	蔚山郡青良面栗里四七九 蔚山郡青良面栗里四七九
二四三	第四海軍施設部	ピケロット島	一九四四・〇一・三一 一九二二・〇七・一七	李壬相 桂順	軍属 妻	戦死	山清郡新安面峰里四二六 山清郡新安面峰里四二六
二四四	第四海軍施設部	ピケロット島	一九四四・〇一・三一 一九二二・〇五・〇八	李文洙 李道植	軍属 —	戦死	山清郡新安面外松里 山清郡新安面外松里
二四五	第四海軍施設部	ピケロット島	一九四四・〇一・三一 一九一九・一二・〇三	青松時俊 一順	軍属 妻	戦死	山清郡生比良面道里二〇九 山清郡生比良面道里二〇九
二四六	第四海軍施設部	ピケロット島	一九四四・〇一・三一 一九二〇・一二・〇一	神農再乭 岳伊詩	軍属 母	戦死	山清郡生比良面諸寶里二七七 山清郡生比良面諸寶里二七七
二四八	第四海軍施設部	ピケロット島	一九四四・〇一・三一 一九一八・〇八・一〇	神農龍雪 神農今連	軍属 父	戦死	山清郡丹城面官亭里二五二－四 山清郡丹城面官亭里二五二－四
二五〇	第四海軍施設部	ピケロット島	一九四四・〇一・三一 一九二一・〇六・一四	趙泰植 点文	軍属 弟	戦死	山清郡丹城面雲里 山清郡丹城面雲里
二五二	第四海軍施設部	ピケロット島	一九四四・〇一・三一 一九一九・〇一・〇三	奥村点世 姓伊	軍属 母	戦死	山清郡丹城面坪千里七四一 山清郡丹城面坪千里七四一
二五三	第四海軍施設部	ピケロット島	一九四四・〇一・三一 一九一七・一一・〇一	朱徳周 少坪	軍属 母	戦死	山清郡三壮面×下里五五 山清郡三壮面×下里五五
二五四	第四海軍施設部	ピケロット島	一九四四・〇一・三一 一九二〇・一一・二七	柳田在龍 且玉	軍属 妻	戦死	山清郡三壮面洪界里八五 山清郡三壮面洪界里八五
二五五	第四海軍施設部	ピケロット島	一九四四・〇一・三一 一九一五・〇二・〇九	新井景徳 且男伊	軍属 長男	戦死	山清郡山清面寒洞一一三 全羅北道長水郡溪南面明徳里六二
二五六	第四海軍施設部	ピケロット島	一九四四・〇一・三一 一九二一・〇五・〇九	木山基佑 木山漢律	軍属 父	戦死	山清郡山清面池里三六七 山清郡山清面寒洞七三一
二五七	第四海軍施設部	ピケロット島	一九四四・〇一・三一 一九二三・〇五・二一	木下判道 木下箕洙	軍属 父	戦死	山清郡山清面玉洞三一〇 山清郡山清面玉洞三一〇
二五八	第四海軍施設部	ピケロット島	一九四四・〇一・三一	秋山在鎬	軍属	戦死	山清郡山清面尺旨里

			一九二一・〇二・一〇	生貴	妻		山清郡山清面尺旨里
二五九	第四海軍施設部	ピケロット島	一九四四・〇一・三一	松原隣洙	軍属	戦死	山清郡梧釜面旺村里五五九
			一九二四・〇一・〇二	松原日壽	父		山清郡梧釜面旺村里五五九
二六〇	第四海軍施設部	ピケロット島	一九四四・〇一・三一	天水五錫	軍属	戦死	山清郡梧釜面大峴里四七一
			一九二〇・〇九・一一	点守	妻		山清郡梧釜面大峴里四七一
一六三	第四海軍施設部	ケゼリン島	一九四四・〇二・〇六	金城尚壽	軍属	戦死	密陽郡三浪津面岐山里九一四－三
			一九一八・一二・〇九	琪守	母		密陽郡三浪津面岐山里九一四－三
一六四	第四海軍施設部	ケゼリン島	一九四四・〇二・〇六	夏山顕鐘	軍属	戦死	密陽郡上南面岐山里一一六七
			一九二一・一一・一七	夏山伯碩	父		密陽郡上南面岐山里一一六七
一六五	第四海軍施設部	ケゼリン島	一九四四・〇二・〇六	山井壽甲	軍属	戦死	密陽郡上南面岐山里一二四一
			一九二一・〇三・二七	山井貴乭	兄		密陽郡上南面岐山里一二四一
一六六	第四海軍施設部	ケゼリン島	一九四四・〇二・〇六	平沼現奎	軍属	戦死	密陽郡上南面岐山里一二九四
			一九一八・〇三・二三	平沼頼伊	妻		密陽郡上南面岐山里一二九四
一六七	第四海軍施設部	ケゼリン島	一九四四・〇二・〇六	金本淳鳳	軍属	戦死	密陽郡上南面礼林里九〇九
			一九二一・〇二・〇七	金本元伯	妻		密陽郡上南面礼林里九〇九
一六八	第四海軍施設部	ケゼリン島	一九四四・〇二・〇六	碧川壹浩	軍属	戦死	密陽郡上南面岐山里二八三
			一九二一・〇一・〇五	元連	母		密陽郡上南面岐山里二八三
一六九	第四海軍施設部	ケゼリン島	一九四四・〇二・〇六	金城守京	軍属	戦死	密陽郡上南面岐山里一四一九－二
			一九一五・〇二・〇八	末順	妻		密陽郡上南面岐山里一四一九－二
一七〇	第四海軍施設部	ケゼリン島	一九四四・〇二・〇六	梅山興徳	軍属	戦死	密陽郡上南面岐山里一一八七
			一九二六・〇一・二〇	奎秉	妻		密陽郡上南面岐山里一一八七
一七一	第四海軍施設部	ケゼリン島	一九四四・〇二・〇六	瑞原熙出	軍属	戦死	密陽郡上南面平山里一〇五八
			一九二三・〇六・一八	瑞原熙葛	兄		密陽郡上南面平山里一〇五八
一七二	第四海軍施設部	ケゼリン島	一九四四・〇二・〇六	金山龍福	軍属	戦死	密陽郡上南面岐山里一四一九－二
			一九二一・〇八・二〇	分道	妻		密陽郡上南面岐山里一四一九－二
一七三	第四海軍施設部	ケゼリン島	一九四四・〇二・〇六	中山判石	軍属	戦死	密陽郡上南面岐山里一一九四
			一九一二・〇七・二〇	壽男	妻		密陽郡上南面岐山里一一九四
一七四	第四海軍施設部	ケゼリン島	一九四四・〇二・〇六	新井順村	軍属	戦死	密陽郡上南面岐山里三二一
			一九二六・〇四・一四	新井紀仲	父		密陽郡上南面岐山里三二一
一七六	第四海軍施設部	ケゼリン島	一九四四・〇二・〇六	荀本聖憲	軍属	戦死	密陽郡上南面栢山里二六七
			一九二五・〇六・〇五	荀本亮舘	父		密陽郡上南面栢山里二六七
一七七	第四海軍施設部	ケゼリン島	一九四四・〇二・〇六	平山益鉉	軍属	戦死	密陽郡上南面栢山里七二八－二
			一九二五・〇二・〇九	平山尚泰	父		密陽郡上南面栢山里七二八－二
一七八	第四海軍施設部	ケゼリン島	一九四四・〇二・〇六	金田相権	軍属	戦死	密陽郡上南面貴明里二七
			一九二五・〇一・〇八	乙洙	妻		密陽郡上南面貴明里二七

一七九	第四海軍施設部	ケゼリン島	一九四四・〇二・〇六 一九二六・〇一・二一	松岡元賢 松岡厚釟	軍属 父	戦死	密陽郡上南面貴明里二八六 密陽郡上南面貴明里二八六
一八〇	第四海軍施設部	ケゼリン島	一九四四・〇二・〇六 一九〇六・一〇・二三	山井源作 繁子	軍属 妻	戦死	密陽郡上南面大同里 密陽郡上南面大同里
一八四	第四海軍施設部	ケゼリン島	一九四四・〇二・〇六 一九二一・〇六・二八	金山石秀 永順	軍属 母	戦死	密陽郡清道面仁山里四一七 密陽郡上南面岐山里一一六八
一八六	第四海軍施設部	ケゼリン島	一九四四・〇二・〇六 一九一九・〇五・〇二	新本鼎一 周南	軍属 妻	戦死	密陽郡初回面鳳凰里一五〇九 密陽郡初回面鳳凰里一五〇九
一八七	第四海軍施設部	ケゼリン島	一九四四・〇二・〇六 一九二五・〇四・〇五	共田海守 順伊	軍属 妻	戦死	密陽郡初回面俊岩里一六二 密陽郡初回面鳳凰里
一八八	第四海軍施設部	ケゼリン島	一九四四・〇二・〇六 一九一八・〇四・二〇	新井東穆 率禮	軍属 母	戦死	密陽郡初海面半月里二三八 密陽郡初海面半月里二三八
一八九	第四海軍施設部	ケゼリン島	一九四四・〇二・〇六 一九一一・一二・二四	東本得施 乙任	軍属 妻	戦死	密陽郡初回面新月里五五八 密陽郡初回面新月里五五八
二三八	第四海軍施設部	ケゼリン島	一九四四・〇二・〇六 一九二三・〇五・〇四	谷口甲龍 —	軍属 —	戦死	昌原郡東面蘆淵里 密陽郡初洞面新湖里
二六三	第四海軍施設部	ケゼリン島	一九四四・〇二・〇六 一九二五・〇三・〇九	金澤営吾 金澤元甲	軍属 —	戦死	統営郡統営邑大和町五〇 山清郡新北面渓流里
六六	第四海軍経理部	ケゼリン島	一九四四・〇八・〇二 一九二三・〇七・一六	金木植一 一男	軍属 長男	戦死	釜山府水晶町六四四 —
八〇	第四海軍施設部	グァム島	一九四四・〇五・一〇 一九二七・一〇・二三	原田菊性 原田希秀	軍属 父	戦死	河東郡花開面塔里七一八 全羅南道麗水郡麗水邑東町
八一	第四海軍施設部	グァム島	一九四四・〇五・一〇 一九一七・〇三・〇六	完山正斗 阿順	軍属 妻	戦死	河東郡龍岡里一〇六一 全羅南道求禮郡土旨面奈内里
一三二	第四海軍施設部	グァム島南南西	一九四四・〇五・一〇 一九一八・〇六・二〇	木村龍伊 木村元大	軍属 父	戦死	晋陽郡井村面礼下里二五〇—二 全羅南道麗水郡麗水邑西町
一四八	第四海軍施設部	グァム島南南西	一九四四・〇五・一〇 一九一二・一一・一〇	鄭在用 河東岳	軍属 妻	戦死	昌寧郡梨房面上里四九六 全羅南道麗水郡麗水邑東町
二六四	第四海軍施設部	グァム島南南西	一九四四・〇五・一〇 一九二〇・〇二・〇七	岡山富七 岡山三七	軍属 兄	戦死	統営郡統営邑北新里一八三—一 全羅南道麗水郡麗水邑東町
二六七	第四海軍施設部	グァム島南南西	一九四四・〇五・一〇 一九二三・〇六・〇六	金井貴同 俊岳	軍属 母	戦死	統営郡長承浦邑長承浦里四九四 統営郡長承浦邑長承浦里四九四
二九七	第四海軍施設部	メレヨン島	一九四四・〇四・〇一 一九〇二・〇一・〇五	城山晃銖（晃洙） 子鳳	軍属 妻	戦病死	梁山郡院洞面花済里一八六九 梁山郡院洞面花済里一八六九
三一八	第四海軍施設部	メレヨン島	一九四四・〇四・〇一	山本二雨・岩本二雨	軍属	戦死	梁山郡梁山面多芳里二九六

			一九一五・〇二・二一	—	—		梁山郡梁山面多芳里二九六
三三四	第四海軍施設部	メレヨン島	一九四四・〇四・〇一	武本成萬	軍属	戦死	梁山郡上北面石渓里八一〇－七
			一九一九・〇九・二一	武本成寛	弟		梁山郡東面余谷里
二八〇	第四海軍施設部	メレヨン島	一九四四・〇四・一八	岩谷石雨	軍属	戦病死	梁山郡東面架山里一〇九
			一九二二・〇三・二一	岩谷鍾模	父		梁山郡東面架山里一〇九
二八一	第四海軍施設部	メレヨン島	一九四四・〇四・一八	安田徳令	軍属	戦死	梁山郡東面内松里一五八
			一九一三・一一・二三	今鶴	妻		梁山郡東面内松里一五八
二九六	第四海軍施設部	メレヨン島	一九四四・〇五・一八	金川敬千	軍属	戦病死	梁山郡院洞面泳浦里一〇三七
			一九二一・〇二・一五	金川泳銖	妻		梁山郡院洞面泳浦里一〇三七
三一二	第四海軍施設部	メレヨン島	一九四四・〇七・一八	金林鳳潤	軍属	戦病死	梁山郡熊上面平山里
			一九一四・一一・一七	時國	母		梁山郡下北面白廣里
二七九	第四海軍施設部	メレヨン島	一九四四・〇七・一九	山本貞海	軍属	戦病死	梁山郡東面架山里一八〇四
			一九二三・〇三・〇五	平信	姑兄		梁山郡東面架山里一八〇四
三一六	第四海軍施設部	メレヨン島	一九四四・〇七・一九	長村元祚・岩本	軍属	戦病死	梁山郡梁山面虎渓里一五〇
			一九二一・〇一・一四	長村性彦	父		梁山郡梁山面虎渓里一五〇
三一七	第四海軍施設部	メレヨン島	一九四四・〇七・一九	城山時澤	軍属	戦死	梁山郡梁山面明谷里一一八
			一九一六・〇八・一五	城山文高	父		梁山郡梁山面明谷里一一八
三一九	第四海軍施設部	メレヨン島	一九四四・一〇・一七	金澤文玉	軍属	戦病死	梁山郡梁山面明谷里四八二－二
		アメーバ性赤痢	一九二二・〇四・〇四	金澤潤萬	父		梁山郡梁山面明谷里四八二－二
三三五	第四海軍施設部	メレヨン島	一九四四・一二・〇二	光本武京	軍属	戦病死	梁山郡上北面大石里五七六－一
		アメーバ性赤痢	—	光本三宗	父		梁山郡上北面大石里五七六－一
三四三	第四海軍施設部	メレヨン島	一九四五・〇二・〇二	東原鎮守	軍属	戦病死	梁山郡上北面所土里三八九
		アメーバ性赤痢	一九××・〇三・二三	東原奭謨	父		梁山郡上北面所土里三八九
三四四	第四海軍施設部	メレヨン島	一九四五・〇二・〇六	平沼千釗	軍属	戦病死	梁山郡上北面上森里三四二
			一九〇八・〇八・〇四	連二	妻		梁山郡上北面上森里三四二
三四五	第四海軍施設部	メレヨン島	一九四五・〇二・一九	豊原壽清	軍属	戦病死	梁山郡上北面祖外石里八〇四
		衝心脚気	一九一六・〇四・二四	致性	父		梁山郡上北面祖外石里八〇四
二九一	第四海軍施設部	メレヨン島	一九四五・〇二・二〇	金山弼河	軍属	戦病死	梁山郡下北面草山里三三二
		衝心脚気	一九〇六・〇六・〇八	宇南	妻		梁山郡下北面草山里三三二
三〇二	第四海軍施設部	メレヨン島	一九四五・〇三・〇三	玉川輝夫	軍属	戦病死	梁山郡院洞面花済里一四六四
			一九〇七・〇一・一七	清子	妻		梁山郡院洞面花済里一四六四
三三〇	第四海軍施設部	メレヨン島	一九四五・〇三・〇七	山根順福	軍属	戦病死	梁山郡梁山面所土里六〇三－一
		衝心脚気	一九一一・〇四・〇六	山根在守	父		梁山郡梁山面所土里六〇三－一
三四二	第四海軍施設部	メレヨン島	一九四五・〇三・〇七	小山千守	軍属	戦病死	梁山郡上北面所土里三〇七
		アメーバ性赤痢	一九一〇・〇二・二九	徳祚	妻		梁山郡上北面所土里三〇七

三〇三	第四海軍施設部	メレヨン島	一九四五・〇三・一三	重光炳壽	軍属	戦病死	梁山郡院洞面内南里三一六
			一九一一・〇六・一五	重光柄光	兄		梁山郡院洞面内南里三一六
三四一	第四海軍施設部	メレヨン島	一九四五・〇三・一五	鳳山元寛	軍属	戦病死	梁山郡上北面大石里七五六
		衝心脚気	一九一〇・〇七・二四	芯守	妻		梁山郡上北面大石里七五六
三三九	第四海軍施設部	メレヨン島	一九四五・〇三・二一	金山東衛	軍属	戦病死	梁山郡上北面森里四〇七ー一
		衝心脚気	一九一七・〇九・二五	金本鳳基	父		梁山郡上北面森里四〇七ー一
三四〇	第四海軍施設部	メレヨン島	一九四五・〇三・二一	昌本徳龍	軍属	戦病死	梁山郡上北面石渓里八八六
		衝心脚気	一九一三・〇三・二七	明順	妻		梁山郡上北面石渓里八八六
三一〇	第四海軍施設部	メレヨン島	一九四五・〇三・二三	金泰一	軍属	戦病死	梁山郡勿禁面枝里一九八
			一九一〇・〇二・一〇	金弘一	兄		梁山郡勿禁面枝里一九八
二八六	第四海軍施設部	メレヨン島	一九四五・〇三・二六	安田再明	軍属	戦病死	梁山郡東面架山里一一〇〇
			一九二〇・〇八・二七	安田　龍	父		梁山郡東面架山里一一〇〇
三〇九	第四海軍施設部	メレヨン島	一九四五・〇三・二七	井出基潤	軍属	戦病死	梁山郡勿禁面鳳魚里七四五
			一九一八・〇九・二一	井出政伯	父		梁山郡勿禁面鳳魚里七四五
二八七	第四海軍施設部	メレヨン島	一九四五・〇三・二八	揚原坪熹	軍属	戦病死	梁山郡東面内松里四一〇
			一九二〇・〇一・〇八	揚原根伊	父		梁山郡東面内松里四一〇
二八五	第四海軍施設部	メレヨン島	一九四五・〇三・三〇	海山文哲	軍属	戦病死	梁山郡東面内松里一五四
			一九二二・一〇・〇二	海山學仁	父		梁山郡東面内松里一五四
三一九	第四海軍施設部	メレヨン島	一九四五・〇三・三一	洪山仲熹	軍属	戦病死	梁山郡梁山面山幕里二三八
		アメーバ性赤痢	一九二〇・〇八・一一	洪山鳳熹	兄		梁山郡梁山面山幕里二三八
二八四	第四海軍施設部	メレヨン島	一九四五・〇四・〇一	廣田健錫	軍属	戦病死	梁山郡東面内松里二三〇
			一九一六・〇二・二三	廣田元福	父		梁山郡東面内松里二三〇
三〇八	第四海軍施設部	メレヨン島	一九四五・〇四・〇一	山本乭伊	軍属	戦病死	梁山郡勿禁面勿禁里四七五
			一九二三・〇一・〇七	山本炳學	父		梁山郡勿禁面勿禁里四七五
三三八	第四海軍施設部	メレヨン島	一九四五・〇四・〇一	朴本吉雄	軍属	戦病死	梁山郡梁山面明谷里四八二ー一
		衝心脚気	一九二二・〇七・一七	朴本世昊	父		梁山郡梁山面明谷里四八二ー一
三一七	第四海軍施設部	メレヨン島	一九四五・〇四・〇二	秋山義徳	軍属	戦病死	梁山郡梁山面多芳里四七九
		衝心脚気	一九一九・〇七・〇七	西洞	母		梁山郡梁山面多芳里四七九
三一八	第四海軍施設部	メレヨン島	一九四五・〇四・〇二	柳井周烈	軍属	戦病死	梁山郡梁山面山幕里二四六
		衝心脚気	一九一九・〇七・二九	柳井寅昌	父		梁山郡梁山面山幕里二四六
三一六	第四海軍施設部	メレヨン島	一九四五・〇四・〇三	長村喆祚	軍属	戦病死	梁山郡梁山面虎渓里七二八
		衝心脚気	一九二三・〇七・三〇	長村孟善	父		梁山郡梁山面虎渓里七二八
三三七	第四海軍施設部	メレヨン島	一九四五・〇四・〇四	柳寅甲	軍属	戦病死	梁山郡上北面小石里三八九
		衝心脚気	一九〇三・一二・一九	柳福永	父		梁山郡上北面小石里三八九
三〇一	第四海軍施設部	メレヨン島	一九四五・〇四・〇九	柳川根秀	軍属	戦病死	梁山郡院洞面西龍里一五六

			一九〇九・〇八・二六	柳川桓英	父		梁山郡院洞面西龍里一五六
三二五	第四海軍施設部	メレヨン島	一九四五・〇四・〇九	大山富平	軍属	戦病死	梁山郡梁山面新基里三二五
		衝心脚気	一九一五・一一・一二	大山秀準	父		梁山郡梁山面新基里三二五
二八三	第四海軍施設部	メレヨン島	一九四五・〇四・一〇	山本性甫	軍属	戦病死	梁山郡東面架山里九八
		衝心脚気	一九二二・〇一・一八	福元	兄		梁山郡東面架山里九八
二八二	第四海軍施設部	メレヨン島	一九四五・〇四・一一	長谷川逑龍	軍属	戦病死	梁山郡東面内松里七一三
		衝心脚気	一九一六・〇八・〇五	今支	母		梁山郡東面内松里七一三
三二三	第四海軍施設部	メレヨン島	一九四五・〇四・一一	北村正吉	軍属	戦病死	梁山郡梁山面北亭里四一六
		衝心脚気	一九一九・〇一・二八	順奉	母		梁山郡梁山面北亭里四一六
三一四	第四海軍施設部	メレヨン島	一九四五・〇四・一一	西田　寛	軍属	戦病死	梁山郡梁山面虎渓里二一-六八
		衝心脚気	一九二二・〇二・〇七	喜	母		梁山郡梁山面虎渓里二一-六八
三一三	第四海軍施設部	メレヨン島	一九四五・〇四・一三	大城福植	軍属	戦病死	梁山郡熊上面徳渓里三九五-一
		衝心脚気	一九二三・〇五・〇七	大城洪連	父		梁山郡熊上面徳渓里三九五-一
二四九	第四海軍施設部	メレヨン島	一九四五・〇四・一四	臥龍章吉(章雲)	軍属	戦病死	山清郡丹城面官亭里二七五
		栄養失調	一九一六・〇六・二八	臥龍永雲	兄		山清郡丹城面官亭里二七五
三〇〇	第四海軍施設部	メレヨン島	一九四五・〇五・〇二	金山鐘宇	軍属	戦病死	梁山郡院洞面善里八四七
			一九二〇・〇三・二二	金本鍾達	弟		梁山郡院洞面善里八四七
三〇七	第四海軍施設部	メレヨン島	一九四五・〇五・〇二	海山萬祚	軍属	戦病死	梁山郡勿禁面校里一八
		衝心脚気	一九一五・〇七・一五	海山元益	父		梁山郡勿禁面校里一八
二九九	第四海軍施設部	メレヨン島	一九四五・〇五・〇五	山本時周	軍属	戦病死	梁山郡院洞面西龍里九五七
			一九一六・〇八・〇七	山本仁秀	叔父		梁山郡院洞面西龍里九五七
三三二	第四海軍施設部	メレヨン島	一九四五・〇五・〇六	華山時東	軍属	戦病死	梁山郡梁山面北部洞四一七-九
		衝心脚気	一九一七・〇四・二三	必順	母		梁山郡梁山面北部洞四一七-九
三三一	第四海軍施設部	メレヨン島	一九四五・〇五・一五	大庭　毅	軍属	戦病死	梁山郡梁山面中部洞二九七
			一九一九・一一・〇二	大庭利秋	兄		梁山郡梁山面中部洞二九七
三〇六	第四海軍施設部	メレヨン島	一九四五・〇五・一六	岩本相烈	軍属	戦病死	梁山郡勿禁面曽山里三〇六
			一九二二・一二・〇五	岩本元雨	父		梁山郡勿禁面曽山里三〇六
二九八	第四海軍施設部	メレヨン島	一九四五・〇五・二九	林基洪・基浩	軍属	戦病死	梁山郡院洞面院里三六四
		衝心脚気	一九一八・〇二・二〇	林震勲	父		梁山郡院洞面院里三六四
三三〇	第四海軍施設部	メレヨン島	一九四五・〇六・〇一	東浩振	軍属	戦病死	梁山郡梁山面多芳里五二七
		衝心脚気	一九二三・〇二・〇一	東暻祚	父		梁山郡梁山面多芳里五二七
三三六	第四海軍施設部	メレヨン島	一九四五・〇七・二七	金本錫炳	軍属	戦病死	梁山郡上北面小石里四九一
		衝心脚気	一九一三・〇二・二二	金本文甲	父		梁山郡上北面小石里四九一
三〇五	第四海軍施設部	メレヨン島	一九四五・〇七・二八	小山守伯	軍属	戦病死	梁山郡勿禁面魚谷里一三〇七
			一九〇六・〇一・一四	福順	妻		梁山郡勿禁面魚谷里一三〇七

三〇四	第四海軍施設部	メレヨン島	一九四五・〇八・一二 一九二二・〇一・〇八	岩本命羽・岩本命南 岩本鐘音	軍属 父	戦病死	梁山郡勿禁面鳳魚里一〇二五 梁山郡勿禁面鳳魚里一〇二五
一二二	第四海軍施設部	メレヨン島	一九四五・〇八・二一 一九一七・〇六・一八	松原寶一 政一	軍属 ―	戦病死	宣陽郡宮柳面土谷里一八八 宣陽郡宮柳面土谷里一八八
二〇五	第四海軍施設部	メレヨン島 衝心脚気	一九四五・〇八・二七 一九二〇・一〇・二〇	華山文杰 華山裁浩	軍属 父	戦病死	蔚山郡熊村面古蓮里八九 梁山郡熊上面三湖里
三一四	第四海軍施設部	メレヨン島 衝心脚気	一九四五・一一・〇七 一九一九・〇二・〇四	金津東壽 金津武鎮	軍属 父	戦病死	梁山郡熊上面周津里六三 梁山郡熊上面周津里六三
四三	第五海軍建築部	サイパン島	一九四四・〇七・〇八 一九二一・〇一・〇八	大川再富 大川廷穆	軍属 父	戦死	晋州府東鳳町一〇〇 晋州府東鳳町一〇〇
一五一	第五海軍建築部	サイパン島	一九四四・〇七・〇八 一九一六・〇四・××	金本渭逑 琪皓	軍属 父	戦死	昌寧郡城山面岱山里一一二五 昌寧郡城山面岱山里一一二五
一九六	第五海軍建築部	サイパン島	一九四四・〇七・〇八 一九〇二・〇三・〇七	村田仙吉 ―	軍属 ―	戦死	泗川郡三千浦邑二月里 ―
二三〇	第五海軍建築部	サイパン島	一九四四・〇七・〇八 一九二〇・一一・二三	岩本小龍 岩本住龍	軍属 兄	戦死	金海郡下東面徳山里七三〇 金海郡下東面徳山里七三〇
二三九	第五海軍建築部	サイパン島	一九四四・〇七・〇八 一九二一・〇二・二三	新木福道 新木相秀	軍属 父	戦死	昌原郡天加面東仙里一四九 ―
二六六	第五海軍建築部	サイパン島	一九四四・〇七・〇八 一九一七・〇二・〇二	宮本東喆 三守	軍属 母	戦死	統営郡龍南面霧田里三〇二 統営郡龍南面霧田里三〇二
七六	第五海軍建築部	サイパン島	一九四四・一二・〇二 一八九八・〇四・〇七	金田一郎 ―	軍属 ―	戦死	居昌郡南下面大也里一二五〇 ―
一三一	第五海軍建築部	サイパン島	一九四四・一二・〇七 一九一六・一二・三〇	金田炳孟 金田斗龍	軍属 弟	戦死	晋陽郡晋城面下村里 晋陽郡晋城面下村里四四三
二八九	第五海軍建築部	テニアン島	一九四四・〇八・〇二 一九二二・一二・一二	平本長茁 ―	軍属 ―	戦死	梁山郡東面架山里一〇七九 ―
四二	第五海軍建築部	テニアン島	一九四四・〇八・〇二 一九一四・一二・〇七	中山春吉・鶴山求道 中山徳道	軍属 兄	戦死	晋州府草田里七二五 ―
二二二	第五海軍建築部	テニアン島	一九四四・〇八・〇二 ―	光山永殷 光山俊鉉	軍属 父	戦死	金岩郡大岩面出斗里四五－一 金岩郡大岩面出斗里四五－一
四五	第五海軍建築部	グァム島	一九四四・〇八・一〇 一九二五・〇五・二三	西村永模 允梅	軍属 母	戦死	晋州府東鳳町一〇五 全羅南道求禮郡龍方面新智里
九一〇	第六特別根拠地隊	南洋群島	一九四四・〇二・〇六 一九二二・〇二・一五	松村龍男 順伊	軍属 母	戦死	統営郡統営邑吉野里二七五 統営郡統営邑吉野里二七五
九三二	第六特別根拠地隊	南洋群島	一九四三・一二・〇五	高山鳳夫	軍属	戦死	泗川郡三千浦邑仙亀里八七

			一九二四・〇九・二七	高山恭彦	父		—
九一一	第六特別根拠地隊	ケゼリン島	一九四四・〇二・〇六 一九二〇・〇八・〇二	國光炳根 —	軍属 —	戦死	統営郡統営邑新町二七九 統営郡統営邑貞染里九四三
九一五	第六特別根拠地隊	南洋群島	一九四四・〇二・〇六 一九二七・〇三・〇三	梅田道錫 梅田且鳳	軍属 父	戦死	河東郡金南面松門里八八一 河東郡金南面松門里八八一
九三三	第八海軍軍需部	ラバウル マラリア	一九四五・〇八・一四 —	安田持平 安田作夫	軍属 父	戦病死	梁山郡能上面同南里四一三 —
六三	第八海軍建築部	西部ニューギニア	一九四二・〇五・〇七 —	豊田兼吉 —	軍属 —	戦病死	未詳 釜山府中島町一ー五四
二七八	第八海軍建築部	西部ニューギニア	一九四五・〇五・一五 一九二一・〇五・一九	良原在文 —	軍属 —	戦死	咸陽郡馬川面昌元里六二二 —
一四三	第八海軍建築部	セブ島沖	一九四四・〇七・〇九 一九二一・〇一・〇三	金判奇 —	軍属 —	戦死	陜川郡妙山面安城里 陜川郡妙山面安城里
一三四	第八海軍建築部	ペリリュー島	一九四四・一二・三一 一九〇八・〇一・一三	朴元×× 朴元應在	軍属 父	戦死	晋陽郡蔡賢面大岩里三七七 晋陽郡蔡賢面大岩里三七七
一三七	第八海軍建築部	ニューギニア、サルミ	一九四四・一一・一〇	山下金一	軍属	戦死	不詳 晋陽郡奈洞面内坪里
一一八	第八海軍建築部	ニューギニア、サルミ	一九四四・一〇・一五 一九〇八・〇四・〇五	石山長吉 —	軍属 —	戦死	東莱郡沙上面同礼里 東莱郡沙上面同礼里
八六	第八海軍建築部	ニューギニア、サルミ	一九四四・一〇・一〇 —	柳清一	軍属 —	戦死	不詳 河東郡北川面西黄里
二二八	第八海軍建築部	カイソル島沖	一九四四・〇三・一七 一九二四・〇八・二六	天野勝文 —	軍属 —	戦死	金海郡金海邑北内洞 金海郡金海邑大和町
二一九	第八海軍建築部	ニューギニア、ウウェワク	一九四三・〇六・〇四 一九一七・〇二・二八	川島秀度 —	軍属 —	戦傷死	蔚山郡三南面鵲洞里 —
三五八	第八海軍建築部	ニューギニア、ウウェワク マラリア	一九四四・〇六・一四 一九××・××・〇九	松田春也 松田春祚	軍属 父	戦病死	南海郡雪川面眞本里 —
三六一	第八海軍建築部	ニューギニア、ウウェワク	一九四三・〇八・二四 —	金城明徳 —	軍属 —	戦死	南海郡南海面西辺里 —
一九九	第八海軍建築部	ニューギニア、タルヒヤ沖	一九四四・〇四・二一 —	國本福男 —	軍属 —	戦死	不詳 泗川郡昆陽面加花里
二二四	第八海軍建築部	ニューギニア、タルヒヤ沖	一九四四・〇四・二一 —	朴守珍 —	軍属 —	戦死	不詳 金海郡大緒面徳斗里
三四八	第八海軍建築部	ニューギニア、タルヒヤ沖	一九四四・〇四・二一 —	崔泰益 —	軍属 —	戦死	不詳 梁山郡上北面外石里

番号	部隊	死亡場所	年月日	氏名	身分	死因	本籍
一五二	第八海軍建築部	ニューギニア、タルヒヤ沖	一九四五・〇八・三一 一九一七・〇二・〇三	崔在孝・山本在孝 —	軍属 —	戦死	昌寧郡城山面竹橋里四五一 昌寧郡城山面竹橋里四五一
二三四	第八海軍建築部	ニューギニア、ゲオム	一九四四・〇五・〇五 —	山田政雄 —	軍属 —	戦死	不詳
二六二	第八海軍建築部	ニューギニア、タルヒヤ沖	一九四四・〇四・二一 —	徳山一男	軍属 —	戦死	不詳 山清郡新北面渓流里
三五二	第八海軍建築部	ニューギニア、トル河	一九四四・〇五・一〇	崔大煥 石井明	軍属	戦死	固城郡介川面明光里三一七 固城郡介川面明光里三一七
二〇〇	第八海軍建築部	ニューギニア、トル河	一九四四・〇五・一五 —	山本金郎 —	軍属 —	戦死	不詳 泗川郡西浦面仙田里
八五	第八海軍建築部	ニューギニア、トル河	一九四四・〇五・三〇 —	柳永吾 —	軍属 —	戦死	不詳 河東郡北川面西黄里
二〇四	第八海軍建築部	ニューギニア、トル河	一九四四・〇五・三〇 —	金石伊	軍属	戦死	不詳 蔚山郡蔚山邑新亭里
二一六	第八海軍建築部	ニューギニア、トル河	一九四四・〇五・三〇 —	藤原金市 —	軍属 —	戦死	不詳 蔚山郡上北面弓根亭里
二四二	第八海軍建築部	ニューギニア、トル河	一九四四・〇五・三〇 一九二二・一〇・二四	西原其祚 —	軍属 —	戦死	昌原郡大山面北部里三一〇 昌原郡大山面北部里三一〇
二六五	第八海軍建築部	ニューギニア、トル河	一九四四・〇五・三〇 一九〇六・〇四・一三	完山泰益 —	軍属 —	戦死	統営郡統営邑鳳坪里三五九ー一 統営郡統営邑鳳坪里三五九ー一
一四五	第八海軍建築部	ニューギニア、トル河	一九四四・〇六・一〇 一九一九・一一・二八	完山春満 —	軍属 —	戦死	陜川郡青徳面赤布里四一六 陜川郡青徳面赤布里四一六
一五五	第八海軍建築部	ニューギニア、サルジ	一九四二・〇五・〇七 —	春山龍雄・金伶道 —	軍属 妻	戦死	不詳 昌寧郡昌寧面逑亭里
一五七	第八海軍建築部	ニューギニア、サルジ	一九四二・〇五・〇七 一九一九・一二・〇三	南鳳熙 相業	軍属 妻	戦死	昌寧郡灵山面九渓里一二七 昌寧郡灵山面九渓里一二七
一八一	第八海軍建築部	ニューギニア、サルジ	一九四四・〇二・〇六 一九〇三・〇二・二〇	金山桂煥 —	軍属 —	戦死	密陽郡上南面東山里 密陽郡上南面東山里
三五〇	第八海軍建築部	ニューギニア、サルジ	一九四四・〇四・三〇 一九一七・〇三・一三	金鐘澤 —	軍属 —	戦死	固城郡固城邑松鶴洞一九三 固城郡固城邑松鶴洞一九三
三六〇	第八海軍建築部	ニューギニア、サルジ	一九四四・〇五・三〇 —	岸本政宗 —	軍属 —	戦死	不詳 晋州郡内洞面平里
二二九	第八海軍建築部	ニューギニア、サルジ	一九四四・〇六・〇二 一九一八・〇一・〇三	李桂徳 —	軍属 —	戦死	金海郡駕落面竹林里二二三二一 金海郡駕落面竹林里二二三二一
一五九	第八海軍建築部	ニューギニア、サルジ	一九四四・〇六・二五	金義顕・徳川　清	軍属	戦死	昌寧郡桂城面鳳山里

一五六	第八海軍建築部	ニューギニア、サルジ	｜ 一九四四・〇六・二五 一九一二・〇九・一六	｜ 達川用錫 末禮	｜ 軍属 妻	戦死	｜ 昌寧郡大合面兎山里六八七 昌寧郡大合面兎山里六八七
二一八	第八海軍建築部	ニューギニア、サルジ	一九四四・〇六・二五 ｜	西村三郎	軍属 ｜	戦死	蔚山郡下廂面孝門里 蔚山郡下廂面孝門里
二七六	第八海軍建築部	ニューギニア、サルジ	一九四四・〇六・二五 一九二三・〇一・二三	新本潤佑 ｜	軍属 ｜	戦死	咸陽郡柳林面熊坪里六四二 咸陽郡柳林面熊坪里六四二
三五四	第八海軍建築部	ニューギニア、サルジ	一九四四・〇六・二五 ｜	山下一郎	軍属 ｜	戦死	南海郡古縣面浦上里 南海郡古縣面浦上里
二三二	第八海軍建築部	ニューギニア、サルジ	一九四四・〇八・〇五 ｜	坂上長漢	軍属 ｜	戦死	金海郡生林面生林里五九三 金海郡生林面生林里五九三
六五	第八海軍建築部	ニューギニア、サルジ	一九四四・〇九・三〇 ｜	木村一郎	軍属 ｜	戦死	不詳 釜山府寳水町一－三二
二三三	第八海軍建築部	ニューギニア、サルジ	一九四四・〇九・三〇 ｜	新井秀正	軍属 ｜	戦死	金海郡大渚面徳斗里 ｜
一八五	第八海軍建築部	ニューギニア、サルジ	一九四四・一〇・〇五 ｜	山本春雄	軍属 ｜	戦死	不詳 密陽郡清道面杜谷里
二三一	第八海軍建築部	ニューギニア、サルジ	一九四四・一〇・一五 ｜	申成坤	軍属 ｜	戦死	密陽郡上東面佳谷里 ｜
一三七	第八海軍建築部	ニューギニア、サルジ	一九四四・一一・一〇 ｜	山下金一 ｜	軍属 ｜	戦死	不詳 晋陽郡奈洞面内坪里
一六〇	第八海軍建築部	ニューギニア、サルジ	一九四四・一二・一〇 一九二三・〇一・〇二	徳山客浩 ｜	軍属 ｜	戦死	昌寧郡桂城面鳳山里 昌寧郡桂城面鳳山里
一五八	第八海軍建築部	ニューギニア、サルジ	一九四五・〇二・一〇 一九一九・一一・一四	権東久田 ｜	軍属 ｜	戦死	昌寧郡灵山面東里七〇 昌寧郡灵山面東里七〇
四六	第八海軍建築部	ニューギニア、パマイ	一九四四・〇六・二五 ｜	朴山政一・新井点律	軍属 ｜	戦死	不詳 馬山府鳳岩里一一四
一三六	第八海軍建築部	ニューギニア、パマイ	一九四四・〇六・二五 ｜	趙正秀	軍属 ｜	戦死	不詳 晋陽郡奈洞面寳台二三四
一四四	第八海軍建築部	ニューギニア、パマイ	一九四四・〇六・二五 一九一七・〇九・一二	金岡相基 甲女	軍属 妻	戦死	陝川郡佳会面含芳里一二四 陝川郡佳会面含芳里一二四
一九五	第八海軍建築部	ニューギニア、パマイ	一九四四・〇六・二五 ｜	山田三郎 ｜	軍属 ｜	戦死	不詳 密陽郡密陽邑南浦里
二四一	第八海軍建築部	ニューギニア、パマイ	一九四四・〇六・二五 ｜	大原二郎 ｜	軍属 ｜	戦死	昌原郡大山面加述里 ｜

二六一	第八海軍建築部	ニューギニア、パマイ	一九四四・〇六・二五 一九一五・〇八・二八	徳山澤浩 ―	軍属 ―	戦死	山清郡梧釜面中村里二九三 山清郡梧釜面中村里二九三
三五七	第八海軍建築部	ニューギニア、パマイ	一九四四・〇六・二五 一九二二・一一・〇二	鈴川少敏 ―	軍属 ―	戦死	南海郡雪川面文義里五八五 南海郡雪川面文義里五八五
二七五	第八海軍建築部	ニューギニア、パマイ	一九四四・〇七・一五 一九一八・〇八・一五	金山甲壽 金山注一	軍属 父	戦死	咸陽郡安義面校北里四六八 咸陽郡安義面校北里四六八
五四	第八海軍施設部	ラバウル	一九四三・〇三・二三 一九一四・〇四・〇一	安本永光 処禮	軍属 妻	戦死	釜山府沙川町一〇一四 釜山府水晶町五二七
四九	第八海軍施設部	ラバウル	一九四三・〇六・〇六 一九一七・〇九・二五	西山満春 奉淑	軍属 妻	戦病死	釜山府母町三三二 釜山府母町三二五
五〇	第八海軍施設部	ラバウル	一九四三・〇八・一四 一九〇四・〇七・一二	金山光雄 幸江	軍属 妻	戦病死	釜山府西大新町二―四四四 ―
九四	第八海軍施設部	ラバウル	一九四三・一二・一九 一九二五・〇六・〇三	金林洙石 金林盤石	軍属 兄	戦死	東莱郡長安面鳴礼里二三三 東莱郡長安面鳴礼里二三三
一一六	第八海軍施設部	ラバウル	一九四四・〇二・二九 一九二二・〇七・一一	梁原性贊 末祚	軍属 父	戦傷死	東莱郡沙上面徳浦里二三〇 東莱郡沙上面徳浦里二三〇
二九四	第八海軍施設部	ラバウル	一九四四・〇四・二七 一九一〇・〇五・二六	新井在福 順伊	軍属 妻	戦病死	梁山郡院洞面泳浦里一三〇一 梁山郡院洞面泳浦里一三〇一
八七	第八海軍施設部	ラバウル	一九四四・〇五・〇九 一九二一・〇七・一〇	大原斗碩 末任	軍属 妻	戦病死	東莱郡北面南山里一三二 東莱郡北面南山里一三二
一〇〇	第八海軍施設部	ラバウル	一九四四・〇五・二五 一九二五・〇一・一八	張田作之 張田逑福	軍属 父	戦病死	東莱郡日光面二聖里七四 東莱郡日光面二聖里七四
一四一	第八海軍施設部	ラバウル	一九四四・〇六・〇四 一九一七・〇二・〇六	方敬萬 在逑	軍属 ―	戦病死	陜川郡大陽面大目里 陜川郡大陽面大目里
五六	第八海軍施設部	ラバウル	一九四四・〇六・〇五 一九一九・〇六・一四	中野根光 中野煥殷	軍属 父	戦死	釜山府甫瀛仙町一七一七 釜山府甫瀛仙町一七一七
五七	第八海軍施設部	ラバウル	一九四四・〇六・〇五 一九二〇・〇四・一七	辛島守峻 月順	軍属 妻	戦死	釜山府鳳一町七〇二 釜山府鳳一町七〇二
一〇五	第八海軍施設部	ラバウル	一九四四・〇六・一三 一九一八・一〇・一八	山本貞雄 山本宗祚	軍属 父	戦死	東莱郡機張面堂杜里三四〇 東莱郡機張面堂杜里三四〇
一〇四	第八海軍施設部	ラバウル	一九四四・〇九・〇六 一九一八・〇三・二七	金田丁得 長順	軍属 妻	戦病死	東莱郡機張面堂杜里九 東莱郡機張面堂杜里九
二〇八	第八海軍施設部	ラバウル	一九四四・一〇・〇六 一九二五・〇四・一〇	松山貞夏 明夏	軍属 妻	戦死	蔚山郡斗東面九味里七八四 蔚山郡斗東面九味里七八四
一二八	第八海軍施設部	ラバウル	一九四四・一〇・〇九	姜本信鐘	軍属	戦死	宣寧郡芝正面太夫里

			一九二二・〇四・〇六	永基	―		咸安郡伽倻面道項里
九九	第八海軍施設部	ラバウル	一九四四・一一・一七 一九二〇・〇九・二一	岩本光信 岩本　廂	軍属 母	戦死	東莱郡日光面冬柏里一一三 東莱郡日光面冬柏里一一三
五五	第八海軍施設部	ラバウル	一九四五・〇二・一九 一九二二・〇七・二三	金本勝夫 金本正光	軍属 父	戦死	釜山府青鶴洞 ―
二〇一	第八海軍施設部	ラバウル	一九四五・〇四・一一 一九二二・一二・〇七	上山浩彦 家弘	軍属 ―	戦病死	蔚山郡蔚山邑大和里七五 蔚山郡蔚山邑大和里七五
二四〇	第八海軍施設部	ラバウル	一九四五・〇五・二〇 一九〇三・〇四・一四	姜相守 相逑	軍属 ―	戦死	昌原郡鎮東面古粉里三三一 東莱郡沙上面三楽里
一一三	第八海軍施設部	ラバウル	一九四五・〇五・二一 一九〇五・〇三・〇六	金相鎬 洪福順	軍属 ―	戦病死	東莱郡亀浦邑亀浦里二三〇 東莱郡沙上面慟心浦里
五九	第八海軍施設部	ラバウル	一九四五・〇六・〇四 一九一六・〇三・〇五	山井点龍 吉同	軍属 ―	戦病死	釜山府草梁町一〇六 釜山府草梁町一〇六
七〇	第八海軍施設部	ラバウル	一九四五・〇六・一四 一九〇二・〇五・〇二	米沢賛洪 連伊	軍属 ―	戦病死	咸安郡漆原面亀城里八九六 咸安郡漆原面亀城里八九六
一一二	第八海軍施設部	ラバウル	一九四五・〇六・二四 一九二三・〇二・一一	岩本邦夫 岩本大五	軍属 父	戦病死	東莱郡亀浦邑徳川里三八六 東莱郡亀浦邑徳川里三八六
二一一	第八海軍施設部	ラバウル	一九四五・〇七・一一 一九一四・〇四・一四	良原性煥 暴粉	軍属 妻	戦病死	蔚山郡青良面中里一〇四〇 蔚山郡青良面中里一〇四〇
一〇六	第八海軍施設部	ラバウル	一九四五・〇八・〇六 一九〇四・〇三・一〇	金山実根 小念	軍属 妻	戦死	東莱郡機張面松亭里二八八 東莱郡機張面松亭里二八八
二一四	第八海軍施設部	ラバウル	一九四五・〇九・二五 一九〇九・〇三・一五	林昌逑 林貴出	軍属 妻	戦死	蔚山郡斗生面西河里一六二 蔚山郡斗生面西河里一六二
五一	第八海軍施設部	ラバウル	一九四五・一〇・一五 一九一二・〇四・〇三	呉×植 富子	軍属 妻	戦病死	釜山府草梁町五 釜山府草梁町五
五二	第八海軍施設部	ラバウル	一九四五・一〇・二八 一九二三・〇七・二三	金守福聖 金守守鳳	軍属 父	戦病死	釜山府宗大新町二―二四三 釜山府西大新町三―三三
五三	第八海軍施設部	ラバウル	一九四五・一一・〇二 一九〇五・〇九・一四	河本竹夫 金子	軍属 妻	戦死	釜山府宗大新町二―一一四八 釜山府富平町三―三二
六七	第一〇特別根拠地隊	台湾新竹	一九四四・一二・三一 一九一七・一一・一四	金谷良樹 せい子	軍属 妻	戦病死	釜山府槐亭里八五六 ―
一〇八二	第一〇海軍施設部	ルソン島	一九四五・〇七・三〇 一九二〇・〇三・一一	新井龍三 文子	軍属 妻	戦病死	昌寧郡昌寧面下里五八 ―
九二五	第一五特別輸送隊	南太平洋	一九四四・一〇・二六 一九一八・〇二・〇二	金岩祥吉 福葉	軍属 妻	戦死	南海郡三東面知足里二二七 南海郡三東面知足里二二七

二二	第一五警備隊	バシー海峡	一九四四・〇九・〇九 一九二六・〇三・一五	南江照雄 南江大吉	上水 父	戦死	統営郡統営邑大和町三四 釜山市明倫町二―二五一
一七	第一五警備隊	カムラン湾	一九四四・一一・一五 一九二五・〇四・一〇	西本日南 西本相九	上水 父	戦死	南海郡二東面草陰里四九〇 ―
二〇	第一六警備隊	バシー海峡	一九四四・〇九・〇九 一九二七・〇三・一五	石倉在永 石倉鍾寅	上水 父	戦死	河東郡玉宗面北芳里一九九―三 ―
二五	第一六警備隊	バシー海峡	一九四四・〇九・〇九 一九二七・一一・一八	湖山洛九 徳伊	上水 母	戦死	咸安郡法守面輪外里八四二 咸安郡北面鳥谷里一一八二
三〇	第一六警備隊	バシー海峡	一九四四・〇九・〇九 一九二四・〇四・二一	松山潤田 松山甲祚	上水 父	戦死	昌原郡鎮北面綱谷里六七 昌原郡鎮北面綱谷里六七
一六七七	第一六警備隊	海南島	一九四五・〇三・三〇 一九〇六・〇四・一三	金光信雄 光子	軍属 妻	戦死	昌原郡天加面天城里一四一〇 釜山府御影町三―九三五
一七二二	第一六警備隊	南西諸島	一九四五・〇三・三〇 一九一〇・〇三・三一	白川忠雄 愛子	軍属 妻	戦死	釜山府塩仲街二〇四 釜山府塩仲街二〇四
一七二四	第一六警備隊	海南島	一九四五・〇三・三〇 一九二三・〇五・二〇	金本泰一 淑基	軍属 妻	戦死	釜山府草梁街九八一 釜山府牛岩里四
一〇四九	第一九設営隊	南支那海	一九四四・〇三・一八 一九二六・〇五・二一	春山健吉 西山慶順	軍属 妻	戦死	咸安郡法守面沙亭里三六五 ―
九八五	第一九設営隊	南西太平洋	一九四四・〇三・一八 一九二四・〇五・三一	國本永徳 金岳	軍属 母	戦死	晋州府上峴里四六九 ―
九九五	第一九設営隊	南西太平洋	一九四四・〇三・一八 一九一六・〇六・二三	坂村精次郎 春子	軍属 妻	戦死	晋陽郡井村面官鳳里 ―
一〇〇九	第一九設営隊	南西太平洋	一九四四・〇三・一八 一九一九・〇二・〇五	宗山貞結 祥文	軍属 父	戦死	晋陽郡寺奉面汐谷里八三九 晋陽郡寺奉面汐谷里八三九
一〇一〇	第一九設営隊	南西太平洋	一九四四・〇三・一八 一九二二・〇三・〇三	朴山順祚 濬洪	軍属 父	戦死	晋陽郡琴山面葛田里 晋陽郡琴山面葛田里
一〇一一	第一九設営隊	南西太平洋	一九四四・〇三・一八 一九二一・〇二・〇六	大山基煥 姜年壽	軍属 父	戦死	晋陽郡集賢面鷹降里 晋陽郡集賢面鷹降里
一〇一二	第一九設営隊	南西太平洋	一九四四・〇三・一八 一九一九・一二・二三	安全光栄・丸山貞夫 國栄	軍属 兄	戦死	晋陽郡智水面龍奉里一五四 ―
一〇三四	第一九設営隊	南西太平洋	一九四四・〇三・一八 一九一三・〇五・一八	朝日光雄 崔治	軍属 父	戦死	宣寧郡大義面五七三 ―
一〇三七	第一九設営隊	南西太平洋	一九四四・〇三・一八 一九一七・〇四・〇一	松本泰鋳 点斗	軍属 ―	戦死	咸安郡漆西面会山里四八二 ―
一〇七〇	第一九設営隊	南西太平洋	一九四四・〇三・一八	辛容周	軍属	戦死	昌寧郡文麻面大鳳里

			一九二七・〇五・一八	聖植	父		—
一一二四	第一九設営隊	南西太平洋	一九四四・〇三・一八	韓錫熙・清水正景	軍属	戦死	蔚山郡下廂面蒋峴里六四
			一九二一・一〇・〇九	相翼	父		—
一一三〇	第一九設営隊	南西太平洋	一九四四・〇三・一八	田山春雄	軍属	戦死	蔚山郡西生面明山里五二三
			一九一九・〇五・〇五	玉秀	妻		—
一一三一	第一九設営隊	南西太平洋	一九四四・〇三・一八	金石俊	軍属	戦死	蔚山郡蔚山邑大和里
			一九一四・一二・一一	李圭善	妻		—
一一三三	第一九設営隊	南西太平洋	一九四四・〇三・一八	杉原次暢	軍属	戦死	蔚山郡鳳西面屈火里四九三
			一九一五・〇四・〇四	トキエ	妻		—
一一四〇	第一九設営隊	南西太平洋	一九四四・〇三・一八	秋田文坤	軍属	戦死	蔚山郡江東面新明里一五一
			一九一五・〇一・二七	命出	妻		—
一一七五	第一九設営隊	南西太平洋	一九四四・〇三・一八	朱徳朝	軍属	戦死	金海郡駕洛面済島里
			一九二三・〇一・二〇	山下須奈子	妻		—
一一七九	第一九設営隊	南西太平洋	一九四四・〇三・一八	春原太植	軍属	戦死	金海郡進永面余来里七七三
			一九一六・一一・二三	順道	妻		—
一二一六	第一九設営隊	南西太平洋	一九四四・〇三・一八	徳山琯周	軍属	戦死	昌原郡銭東面仁谷里
			一九一七・一二・一六	貴周	兄		—
一二一七	第一九設営隊	南西太平洋	一九四四・〇三・一八	平田圭昊	軍属	戦死	昌原郡亀山面藍浦里
			一九一六・〇九・二四	仁龍	父		—
一二一八	第一九設営隊	南西太平洋	一九四四・〇三・一八	張山三根	軍属	戦死	昌原郡内西面新甘里七九〇
			一九一三・〇一・一四	三燕	妻		昌原郡内西面新甘里七九〇
一二五五	第一九設営隊	南西太平洋	一九四四・〇三・一八	平井正基	軍属	戦死	統営郡長原浦邑杜母里四二六
			一九二三・一〇・二七	沈正梅	母		—
一二八五	第一九設営隊	南西太平洋	一九四四・〇三・一八	山澤判年	軍属	戦死	固城郡永吾面陽山里八二八
			一九二一・〇二・〇六	京山良辰	母		固城郡永吾面陽山里八二八
一三一一	第一九設営隊	南西太平洋	一九四四・〇三・一八	竹中一郎・木村××	軍属	戦死	泗川郡西浦面九浪里三二八
			一九二四・〇五・〇九	木村×龍	父		泗川郡西浦面九浪里三二八
一三三四	第一九設営隊	南西太平洋	一九四四・〇三・一八	濱本善出	軍属	戦病死	南海郡南海面深川里四九一
			一九一四・〇九・一〇	玉葉	妻		南海郡南海面深川里四九一
一三三五	第一九設営隊	南西太平洋	一九四四・〇三・一八	春山一郎	軍属	戦死	南海郡南海面北辺洞七四
			一九二一・一二・〇一	土順	父		—
一三六〇	第一九設営隊	南西太平洋	一九四四・〇三・一八	金尚魯・金阪尚魯	軍属	戦死	江東郡河東邑×里四〇一
			一九一九・〇七・一六	模俊	父		—
一三六一	第一九設営隊	南西太平洋	一九四四・〇三・一八	金本永表・輝雄	軍属	戦死	河東郡青巌面中梨里二五〇
			一九一八・〇五・二七	鈴木春祚	叔父		—

一三八九	第一九設営隊	南西太平洋	一九四四・〇三・一八	呉岡史朗	軍属	戦死	山清郡山清面×洞五三
			一九一九・一二・二五	萬成	父		—
一三九〇	第一九設営隊	南西太平洋	一九四四・〇三・一八	諸太浩・臥龍太郎	軍属	戦死	山清郡丹城面官亭里
			一九一六・一二・二六	臥龍正夫	父		—
一四〇七	第一九設営隊	南西太平洋	一九四四・〇三・一八	武本在仁	軍属	戦死	咸陽郡安儀面泥田里九一
			一九一四・〇七・〇三	双柄	妻		—
一四二一	第一九設営隊	南西太平洋	一九四四・〇三・一八	金泉弘隆	軍属	戦死	居昌郡南下面梁項里一〇一
			一九二三・一〇・一三	客九	父		—
一四三一	第一九設営隊	南西太平洋	一九四四・〇三・一八	新井周英	軍属	戦死	陝川郡鳳山面勧×里八〇九
			一九二三・一一・〇六	正彦	父		—
一四三二	第一九設営隊	南西太平洋	一九四四・〇三・一八	光山在徳	軍属	戦死	陝川郡青徳面下会里八〇一
			一九一九・〇三・〇四	寶客	父		陝川郡青徳面下会里八〇一
一四三三	第一九設営隊	南西太平洋	一九四四・〇三・一八	野村仙吉・柳相文	軍属	戦死	陝川郡青徳面雪峰里八七六
			一九一八・〇二・二六	柳夏亭	叔父		陝川郡青徳面雪峰里八七六
一四三四	第一九設営隊	南西太平洋	一九四四・〇三・一八	文田壽八（一郎）	軍属	戦死	陝川郡治爐面九汀里二四
			一九二一・〇八・二六	鳳萬	父		陝川郡治爐面九汀里二四
一四三五	第一九設営隊	南西太平洋	一九四四・〇三・一八	盧甲東	軍属	戦死	陝川郡三嘉面錦里六四一
			一九一四・一一・一〇	鳳岳	母		—
一四三六	第一九設営隊	南西太平洋	一九四四・〇三・一八	坡平炳巨	軍属	戦死	陝川郡佳会面徳村里
			一九一八・一二・一〇	貞子	妻		—
一四三七	第一九設営隊	南西太平洋	一九四四・〇三・一二	福川福生	軍属	戦死	陝川郡雙柏面平邱里一六〇
			一九二四・一一・二八	邦萬	父		陝川郡雙柏面平邱里一六〇
一〇九四	第一九設営隊	南西太平洋	一九四四・〇三・一八	玉川根洙	軍属	戦死	密陽郡府北面佳山里
			一九二三・〇一・一四	鎮模	父		密陽郡府北面佳山里
一〇九五	第一九設営隊	南西太平洋	一九四五・〇三・一二	金村鐘出	軍属	戦死	密陽郡山由面院西里五九三
			××××・〇七・二三	聲俊	二男		密陽郡山由面院西里五九三
一四二〇	第一九設営隊	ソロモン諸島	一九四四・〇三・一八	金元顕郁	軍属	戦死	居昌郡主尚面玩始里三四六
			一九一六・一二・二三	順伊	妻		居昌郡主尚面玩始里三四六
一七二九	第一九設営隊	ソロモン諸島	一九四四・一二・一八	岡信男・姜信玗	軍属	戦死	咸陽郡池谷面倉坪里四九六
			一九二四・〇二・一五	姜臣熙	父		—
一三一〇	第二一設営隊	ギルバート諸島タラワ島	一九四三・一一・二五	良原寅奎	軍属	戦死	泗川郡三千浦邑龍江里一〇〇
			一九二五・〇八・二七	京協	父		—
一三一二	第二一設営隊	ギルバート諸島タラワ島	一九四三・一一・二五	平川京一	軍属	戦死	泗川郡泗川面斗良里八九一
			一九二四・〇七・一七	在住	父		—
一三一三	第二一設営隊	ギルバート諸島タラワ島	一九四三・一一・二五	朴碩鳳・新井碩男	軍属	戦死	泗川郡泗川面宜仁洞里一七一

			一九一七・〇五・〇九	達男	兄		—
一三一四	第二一設営隊	ギルバート諸島タラワ島	一九四三・一一・二五 一九一九・〇一・〇九	蜜本興録 玉点	軍属 妻	戦死	泗川郡枢洞面洛里七七一二 —
一三一五	第二一設営隊	ギルバート諸島タラワ島	一九四三・一一・二五 一九二四・〇八・一〇	安川甲律 興石	軍属 父	戦死	泗川郡龍見面松旨里五九六 泗川郡龍見面松旨里五九六
一三一六	第二一設営隊	ギルバート諸島タラワ島	一九四三・一一・二五 一九二一・〇八・二五	金澤基攝 文圭	軍属 父	戦死	泗川郡栢洞面培春里四七四 —
一三一七	第二一設営隊	ギルバート諸島タラワ島	一九四三・一一・二五 一九一八・〇一・三〇	徳本文吉 昌吉	軍属 兄	戦死	泗川郡昆陽面加花里一六七 —
一三一八	第二一設営隊	ギルバート諸島タラワ島	一九四三・一一・二五 一九二三・〇一・二二	新井静雄 敬順	軍属 妻	戦死	泗川郡正東面新谷里三九三 —
一六九四	第二一海軍特別根拠地隊	フィリピン（比島）	一九四四・〇九・一四 一九一六・一〇・一三	蘆原長雄 順子	軍属 妻	戦死	金海郡大渚面麦島里 釜山府富民町三―四五
一六四四	第二一海軍航空廠	ニューブリテン島	一九四四・〇九・三〇 一九一四・〇二・二三	岩本友一 新一	軍属 父	戦傷死	統営郡東部面多浦里二一八 —
一四七四	第二一海軍航空廠	大村市	一九四四・一〇・二五 一九一八・〇一・一一	新本満石 慶鐘	軍属 兄	戦死	昌原郡昌原面砂大里三三 —
一四七五	第二一海軍航空廠	大村市	一九四四・一〇・二五 一九一五・〇一・〇八	金城盛守 —	軍属 —	戦死	昌原郡鎮海邑慶和洞七九九―二
一四八四	第二一海軍航空廠	大村市	一九四四・一〇・二五 一九二九・〇八・一〇	安本文雄 又才遠	軍属 母	戦死	晋陽郡琴山面葛田里二八九 晋陽郡琴山面葛田里二八九
一五七〇	第二一海軍航空廠	フィリピン（比島）	一九四五・〇四・二三 一九一四・〇八・一七	林正一 敬一	軍属 父	戦死	河東郡清岩面坪村里
一六〇九	第二一海軍航空廠	ソロモン諸島 マラリア	一九四五・〇二・二七 一九二四・〇一・〇六	高木貞次 トメ	軍属 母	戦病死	密陽郡下南面栢山里一二一八
九二一	第二一海軍輸送隊	南洋群島	一九四四・〇一・一四 一九二五・〇四・二〇	田中石寄 田中洪益	軍属 父	戦死	咸陽郡漆西面二龍里八四一
九二七	第二一海軍輸送隊	南洋群島	一九四四・〇六・一四 —	金岡泰柱 等出	軍属 妻	戦死	南海郡三東面松亭里 —
九一四	第二三海軍運送隊	南洋群島	一九四四・〇六・一四 一九二四・〇一・〇四	李壽福 順伊	軍属 妻	戦病死	河東郡金南面不渓里四四四―一 —
九二九	第二三海軍運送隊	南洋群島	一九四四・〇六・一二 一九二一・〇五・〇三	化田宗敏 化田洪九	軍属 父	戦病死	南海郡南海面仙区里一三六一 —
一三〇四	第二六海軍建築部	アンボン	一九四四・〇七・三一 —	木本貞男 禮吉	軍属 父	戦病死	固城郡馬巌面禾山里五二五 —

一三四六	第二六海軍建築部	蘭印	一九四四・〇七・三一 一九一九・一二・〇三	長川永根 景春	軍属 父	戦死	南海郡古縣面崎里一六〇 南海郡古縣面梧谷里六八四
一二三一	第二七海軍設営隊	グァム島	一九四四・〇九・二四 一九二五・〇二・二三	権東富次郎 曹太郎	軍属 父	戦死	昌原郡鎮田面五面里八八七 昌原郡鎮田面五面里八八七
一三八	第二八海軍建築部	マノクアリ	一九四三・一一・二一 ｜	山本一郎・金聖伯	軍属 ｜	戦死	晋州府智水面勝内里
二一三	第二八海軍建築部	ニューギニア、マノクワリ	一九四三・一一・二一 一九〇〇・〇一・一八	田中勇・良本鐵石 ｜	軍属 ｜	戦死	蔚山郡青良面中里九五五 ｜
九七	第二八海軍建築部	西部ニューギニア	一九四四・〇七・一三 一九一八・一二・〇九	永原信太郎 永原相福	軍属 父	戦死	東萊郡長安面佐川里一九 京畿道平澤郡玄徳面五一〇
二七四	第二八海軍建築部	西部ニューギニア	一九四四・〇七・一三 一九〇二・〇六・二九	中島金一郎 ｜	軍属 ｜	戦死	咸陽郡西上面玉山里九一一
二〇六	第二八海軍建築部	西部ニューギニア	一九四四・〇七・一八 一九一二・一二・二四	金澤未出 金澤供奉	軍属 父	戦死	蔚山郡熊村面大福里五四 蔚山郡熊村面大福里五四
六二	第二八海軍建築部	ビアク島	一九四四・〇七・三一 一九一一・〇五・一二	松村華俊 松村華大	軍属 父	戦死	釜山府西大新町二－四二六 釜山府西大新町二－四二六
二〇三	第二八海軍建築部	ビアク島	一九四四・〇七・三一 一九一三・〇八・二四	金原害龍 金原泰益	軍属 父	戦死	蔚山郡蔚山邑牛亭洞四七 蔚山郡蔚山邑牛亭洞四八
二三一	第二八海軍建築部	ビアク島	一九四四・〇七・三一 一九二二・一一・二四	金山徳王 金山福載	軍属 兄	戦死	金海郡下東面酒中里 金海郡下東面酒中里
二三三	第二八海軍建築部	ビアク島	一九四四・〇七・三一 一九一四・〇九・一六	金朝鳳・金村一郎 ｜	軍属 ｜	戦死	金海郡生林面松亭里 ｜
二三五	第二八海軍建築部	ビアク島	一九四四・〇七・三一 ｜	金村辛一 金村鳳朝	軍属 孫	戦死	金海郡生林面松亭里
二四七	第二八海軍建築部	ビアク島	一九四四・〇七・三一 一九一八・〇四・二三	泉原敬玉 ｜	軍属 ｜	戦死	山清郡生比良面道里
六一	第二八海軍建築部	西部ニューギニア	一九四四・〇八・〇五 一九一九・〇一・三〇	森田義雄 森田正市	軍属 叔父	戦死	釜山府草場町三－一二〇 ｜
六八	第二八海軍建築部	西部ニューギニア	一九四四・〇八・一八 ｜	歌山明栄 ｜	軍属 ｜	戦死	釜山府 ｜
六四	第二八海軍建築部	西部ニューギニア マラリア	一九四四・〇九・〇七 一九二〇・一一・二一	吉田清吾 裵二禎	軍属 兄	戦病死	釜山府草梁町三－一七
九一九	第三〇海軍建築部	ダバオ湾口	一九四四・〇八・一三 ｜	松山林蔵 蓮伊	軍属 妻	戦死	晋陽郡鳴石面佳花里四二 ｜
八〇二	第三〇海軍建築部	パラオ島	一九四四・〇三・三〇	鄭点金	軍属	戦死	南海郡南海面北辺

			一八九八・〇八・二八	—	—		—
八〇三	第三〇海軍建築部	パラオ島	一九四四・〇三・三〇	朴炫九	軍属	戦死	南海郡西面西湖里
			一九二二・〇七・一二	—	—		—
一〇九	第三〇海軍建築部	ペリリュー島	一九四四・〇九・一五	崔仁煥	軍属	戦死	東莱郡機張面大辺里五〇七
			一九二四・一二・二八	崔翔根	父		東莱郡機張面大辺里五〇七
三六二	第三〇海軍建築部	ペリリュー島	一九四四・一二・三一	安本庚玉	軍属	戦死	馬山府富町五
			一九二〇・〇九・一九	金庚快	兄		山清郡新安面下丁里六四四
一三九	第三〇海軍建築部	パラオ島	一九四五・〇九・二五	姜臣尚・神農仙吉	軍属	戦病死	陝川郡龍州面鳳基里一八三
		栄養失調		金粉伊	妻		—
九一二	第三〇根拠地隊	ダバオ湾口	一九四四・〇八・一三	岩原基龍	軍属	戦死	統営郡閑源湖里五〇一
			—	甲順	妻		統営郡閑源湖里五〇一
九三五	第三〇根拠地隊	ダバオ湾口	一九四四・〇八・一三	林寅俊	軍属	戦死	釜山府富民町二四八
			—	林善浩	父		—
八四六	第三〇海軍工	パラオ島	一九四五・〇四・一四	新井玉介	軍属	戦病死	金海郡菉山面東里
			—	—	—		—
八四七	第三〇上	パラオ島	一九四五・〇八・一五	大原京洙	軍属	戦病死	金海郡金海邑漁防里
			—	—	—		—
八四八	第三〇上	パラオ島	一九四五・〇六・一八	黄福守	軍属	戦病死	金海郡駕旨面東里
			—	—	—		—
八四九	第三〇上	パラオ島	一九四五・〇七・二一	杉本文永	軍属	戦病死	金海郡駕洛面済島里
			—	—	—		—
八五〇	第三〇上	パラオ島	一九四五・〇七・二二	東倍享	軍属	戦病死	金海郡金海邑大町城
			—	—	—		—
一七一五	第三一特別根拠地隊	比島	一九四四・〇九・二四	神農政吉	軍属	戦死	咸安郡咸安面鳳城洞八九〇
			一九二三・〇八・〇四	×田	父		咸安郡咸安面鳳城洞八九〇
一一一八	第三二海軍施設部	ソロモン諸島	一九四四・〇八・三一	川本晩徳	軍属	戦病死	蔚山郡三南面象川里六三三
			一九二二・〇三・二七	勤同	母		蔚山郡三南面象川里六三三
一三七一	第三二海軍施設部	ソロモン諸島	一九四四・〇四・二九	杉山義雄	軍属	戦病死	河東郡河東邑廣坪里二一六〇
			一九二三・〇五・一二	×久	—		—
一四四一	第三二海軍施設部	ソロモン諸島	一九四四・〇五・一〇	鄭時文	軍属	戦死	陝川郡栗谷面栗津里
			一九二一・〇八・〇五	元碩	兄		
一一〇九	第三二海軍施設部	ソロモン諸島	一九四四・〇五・二〇	小山鎮寛	軍属	戦病死	梁山郡梁山面虎渓里九五九
			一九二二・一二・一二	哲小	兄		釜山府永昌町四三七
一二三二	第三二海軍施設部	ソロモン諸島	一九四四・〇六・〇七	中野鴻基	軍属	戦病死	昌原郡鎮北面智山里二三六
			一九一三・〇二・一六	小全	妻		—

一四二九	第三海軍施設部	ソロモン諸島	一九四四・〇八・〇四 一九一三・一二・〇七	柳川東石 月順	軍属 妻	戦病死	居昌郡熊陽面山圃里二九二 ー
一三〇一	第三海軍施設部	ソロモン諸島	一九四四・〇九・〇四 一九二四・〇三・二八	朴本守秀 斗憲	軍属 父	戦病死	固城郡介川面羅仙里八九一 ー
一〇八八	第三海軍施設部	ソロモン諸島	一九四四・一〇・〇一 一九二〇・〇二・一〇	金田相永 ー	軍属 ー	戦死	密陽郡府北面春福里 ー
一三〇二	第三海軍施設部	ソロモン諸島	一九四四・一一・一三 ー	金山京培 正夫	軍属 父	戦病死	固城郡会芽面鳳東里五六一 ー
一三七二	第三海軍施設部	ソロモン諸島	一九四四・一一・二七 一九一九・〇九・〇一	文允徳 ー	軍属 ー	戦病死	河東郡青巌面檜信里六四八 ー
一二四三	第三海軍施設部	ソロモン諸島	一九四四・一二・二七 一九一九・〇二・一五	瀬戸平吉 新井聲守	軍属 義兄	戦病死	昌原郡熊川面城内里 ー
一四五六	第三海軍施設部	ソロモン諸島	一九四五・〇三・一二 一九二三・〇六・二五	柳川外生 晩奉	軍属 父	戦病死	陜川郡治爐面月光里 ー
一四二二	第三海軍施設部	ソロモン諸島	一九四五・〇五・一八 一九二六・〇六・二二	李本聖熙 ー	軍属 ー	戦死	居昌郡高機面農山里 ー
一二三九	第三海軍施設部	ソロモン諸島	一九四五・〇八・一五 一九一六・〇五・一五	西山鏞鉉 尚奎	軍属 父	戦死	昌原郡東面龍山岑里 昌原郡東面龍山岑里
一七〇四	第三特別根拠地隊	ミンダナオ島ツバン湾	一九四四・〇九・〇二 一九〇四・〇二・二七	金山　浩 清子	軍属 妻	戦死	蔚山郡大峴面長生浦里一〇九
一七〇〇	第三特別根拠地隊	比島	一九四四・〇九・〇六 一九一八・〇七・〇八	朴在光・新本在光 小順志	軍属 ー	戦死	南海郡南面仙区里一一六三 ー
一七一一	第三特別根拠地隊	比島	一九四四・一二・一七 一九一八・〇二・〇八	高山相允 奉熙	軍属 妻	戦病死	統営郡東部面富春七二八 統営郡東部面富春七二八
一〇六六	第三特別根拠地隊	ソロモン諸島	一九四四・〇六・二二 一九二一・〇五・〇一	金山道顕 佐顕	軍属 兄	戦死	咸安郡漆西面泰谷里六七三
七	第三三陸上輸送隊	茨城県	一九四五・〇七・二四 一九二五・〇一・一四	義原海甲 義原任奎	上整 父	死亡	金海郡鳴旨面助東里六二 ー
二一	第四九掃海隊	黄海	一九四五・〇四・〇一 一九二五・〇三・二九	白川弘柱 白川弘順	上機 兄	戦死	統営郡山陽面弥南里七九八 ー
一二	第四九掃海隊	黄海	一九四五・〇七・二六 一九二四・〇八・二五	茂野宇助 茂野松司	上機 父	戦死	泗川郡龍見面朱文里五〇一 ー
一四八六	第一〇一海軍施設部	スマトラ島	一九四五・〇二・二五 ー	國本甲龍 月順	軍属 妻	戦死	晋陽郡大谷面佳亭里八一八 ー
一五四〇	第一〇一海軍施設部	スマトラ島	一九四五・〇二・二五	孫亮植	軍属	戦死	蔚山郡下廂面東里六三七

			一九〇六・〇五・二七	用年	妻		—
一五六一	第一〇一海軍施設部	スマトラ島	一九四五・〇二・一五 一九一二・一二・一九	孫五賛 順斗	軍属 妻	戦死	昌原郡鎮北面仁谷里 —
一六〇六	第一〇一海軍施設部	インド洋	一九四五・〇三・二六 —	高山貞三郎 —	軍属 —	戦死	密陽郡上南面岐山里 —
一六〇三	第一〇一海軍施設部	カーニコバル	一九四五・〇四・二二 一九一一・〇四・一三	重光平彦 律順	軍属 妻	戦病死	固城郡馬巌面寶田里 —
一四八八	第一〇一海軍施設部	スマトラ島	一九四五・〇五・二五 一九一四・〇四・二三	岩本再九 元順	軍属 妻	戦死	梁山郡下北面三甘里 —
一六二四	第一〇一海軍施設部	マレー方面	一八四五・〇六・一一 —	金原　功 —	軍属 —	戦病死	蔚山郡方魚津面日山里 —
一五九四	第一〇一海軍施設部	カンボジヤ	一九四五・〇八・〇二 一九〇六・〇三・一一	金村徳秀 鳳順	軍属 妻	死亡	宣寧郡龍徳面召湘里 —
一三三二	第一〇一燃料廠	アンボン	一九四四・〇八・〇五 一九二五・〇一・二五	金本碩律 三充	軍属 父	戦死	泗川郡三千浦邑仙里一八八 —
九六五	第一〇二工作部	スラバヤ	一九四四・一〇・〇七 一九一九・〇二・二三	國本興守 —	軍属 —	戦死	釜山府草場町三丁目一三六 —
二三六	第一〇二海軍軍需部	カガヤン諸島南東	一九四三・〇四・二八 —	松部　敬 松部　久	軍属 父	戦死	金海郡金海邑大和町三四 金海郡金海邑大和町三四
二三七	第一〇二海軍軍需部	カガヤン諸島南東	一九四三・〇四・二八 —	岩本東弼 斗連	軍属 母	戦死	金海郡金海邑朝日町八九七 金海郡金海邑朝日町八九七
一一一二	第一〇二海軍施設部	ボルネオ島タラカン島	一九四五・〇六・二九 一九二二・一一・三〇	大原秀一 亨俊	軍属 父	戦病死	梁山郡勿禁面魚谷里八九九 梁山郡勿禁面魚谷里八九九
一九七	第一〇二海軍燃料廠	ボルネオ島	一九四五・〇七・一〇 一九二二・〇三・一九	高山富雄 —	軍属 —	戦死	泗川郡正東面目谷里三九七 —
一二五四	第一〇二燃料廠・琴浦丸	ボルネオ島	一九四五・〇八・三〇 一九二二・〇六・二四	金本仁載 —	軍属 —	戦死	昌原郡熊川面南門里四七五 —
一一九三	第一〇二海軍施設部	タラカン島	一九四五・〇五・一八 一九一三・〇二・〇二	新竹用伊 順南	軍属 妻	戦死	金海郡長有面部軽里 —
一〇三一	第一〇二海軍施設部	ボルネオ島	一九四五・〇九・二五 一九〇九・〇三・一二	呉山相俊 福順	軍属 妻	戦病死	宣寧郡龍徳面梨木里 —
一二四八	第一〇二海軍設営隊	ボルネオ島パリクパパン	一九四五・一〇・一五 一九二四・一二・一〇	宮本在撥 末旬	軍属 母	戦病死	昌原郡亀山面水晶里 —
一四四八	第一〇二海軍設営隊	ボルネオ島	一九四五・一〇・二三 一九〇九・〇六・二六	李川且萬 太順	軍属 妻	戦病死	陜川郡侠川面長渓里四七八 —

一四五七	第一〇二設営隊	ルソン島	一九四五・〇九・〇八 一九〇九・〇九・二四	山口成作 ―	軍属 ―	戦病死	陝川郡太陽面咸池里 ―
一〇六四	第一〇二海軍施設部	ボルネオ島パリクパパン	一九四五・〇八・二五 一九〇七・〇二・一八	西山正道 正義	軍属 ―	戦病死	咸安郡法守面城山里七九〇 ―
一三九九	第一〇二海軍施設部	タラカン島	一九四五・〇六・〇四 一九二六・〇八・一八	金城烔錫 判玉	軍属 ―	戦死	山清郡三荘面徳橋里
一四〇六	第一〇二海軍施設部	ボルネオ島	一九四五・〇六・二〇 一九二四・一二・一三	宮本一雄・張平祚 張命介	軍属 ―	戦死	山清郡三社面坪村里四六六
一二六五	第一〇二海軍施設部	ボルネオ島パリクパパン	一九四五・〇八・一二 一九二五・〇八・二九	李光弘（李光弘） 光康	軍属 父	戦病死	統営郡光道面牛洞里二四二 ―
一一一二	第一〇二海軍施設部	ボルネオ島パリクパパン	一九四五・〇八・一九 一九一八・〇二・二八	金城貞石 順必	軍属 妻	戦病死	蔚山郡温陽面東上里九八一
一二三三	第一〇三海軍施設部	ルソン島北部	一九四四・〇六・〇七 一九二三・〇一・二〇	余成守・宜本成守 ―	軍属 ―	戦死	昌原郡内西面三渓里五二五 ―
一二一九	第一〇三海軍施設部	比島	一九四四・〇九・二四 一九二一・〇三・一七	大山成甲 永宗	軍属 父	戦死	昌原郡龍南面貴谷里八五 晋山府萬町二七
一〇八五	第一〇三海軍施設部	南支那海	一九四四・一一・〇一 一九一四・〇八・一〇	朴城三浩 ―	軍属 ―	戦死	昌寧郡高岩面中大里 ―
一四五三	第一〇三海軍施設部	レイテ島	一九四四・一一・〇七 一九二三・〇八・一九	大山祥琑 清吉	軍属 父	戦死	陝川郡三嘉面徳津里 ―
九五二	第一〇三海軍施設部	ルソン島北部	一九四五・〇六・一〇 一九二三・〇六・二六	白石鎮球 ―	軍属 ―	戦死	釜山府幸町一丁目九 ―
九五三	第一〇三海軍施設部	ルソン島北部	一九四五・〇六・一〇 一九二〇・一一・一二	鳥原曉夫 ―	軍属 ―	戦死	釜山府草梁町一九七一一 釜山府草梁町一九七一一
九五四	第一〇三海軍施設部	ルソン島北部	一九四五・〇六・一〇 一九二二・一二・〇九	辛島一祥 ―	軍属 ―	戦死	釜山府東大新町三丁目一〇一 釜山府東大新町三丁目一〇一
九五五	第一〇三海軍施設部	ルソン島北部	一九四五・〇六・一〇 一九〇五・一〇・一二	山木徳龍 ―	軍属 ―	戦死	釜山府塩州町八九六 ―
九五六	第一〇三海軍施設部	ルソン島東方山中	一九四五・〇六・一〇 一九一六・九五・一一	新井判根 ―	軍属 ―	戦死	釜山府水晶町一〇〇〇 ―
九七七	第一〇三海軍施設部	ルソン島北部	一九四五・〇六・一〇 一九二三・一二・〇二	金山在東 京守	軍属 父	戦死	馬山府壽町二四 馬山府×町五八
九七八	第一〇三海軍施設部	ルソン島北部	一九四五・〇六・一〇 一九二三・〇二・〇五	中山秀雄 ―	軍属 ―	戦病死	馬山府中東洞二八七 ―
九九〇	第一〇三海軍施設部	ルソン島北部	一九四五・〇六・一〇	島川宰和	軍属	戦死	晋州府鳳山町八九一

			一九二三・〇五・〇一	｜	｜		｜
九九一	第一〇三海軍施設部	ルソン島北部	一九四五・〇六・一〇	金信正行	軍属	戦死	晋州府上坪町六四八
			一九二三・〇六・一五	泰弘	｜		晋州府下大里四七五
九九八	第一〇三海軍施設部	ルソン島中部	一九四五・〇六・一〇	車泰京	軍属	戦死	晋陽郡文山面三谷里五七九
			一九二二・〇七・〇一	｜	｜		｜
一〇〇八	第一〇三海軍施設部	ルソン島北部	一九四五・〇六・一〇	永山敬壽	軍属	戦死	晋陽郡晋城面衆谷里一二〇六
			一九一四・〇二・一〇	李旦芝	父		晋陽郡晋城面衆谷里一二〇六
一〇三〇	第一〇三海軍施設部	ルソン島北部	一九四五・〇六・一〇	金本德権	軍属	戦死	宣寧郡嘉礼面鳳頭里
			一九一四・一二・二〇	尚甲	父		｜
一〇五六	第一〇三海軍施設部	ルソン島北部	一九四五・〇六・一〇	金本尚坤	軍属	戦死	咸安郡咸安面鳳城洞一一六六
			一九二五・一一・一五	｜	｜		｜
一〇五七	第一〇三海軍施設部	ルソン島北部	一九四五・〇六・一〇	安川任中	軍属	戦死	咸安郡伽倻面未山里
			一九二三・〇六・〇一	｜	｜		｜
一〇九二	第一〇三海軍施設部	ルソン島北部	一九四五・〇六・一〇	中山昌吉	軍属	戦死	密陽郡午南面宇山里
			一九二二・〇一・二一	｜	｜		｜
一一一五	第一〇三海軍施設部	ルソン島北部	一九四五・〇六・一〇	安田洪敬	軍属	戦死	蔚山郡下廂面珍庄里一三五九
			一九二三・〇四・一八	｜	｜		｜
一一二三	第一〇三海軍施設部	ルソン島北部	一九四五・〇六・一〇	金山慶俊	軍属	戦死	蔚山郡農所面草峰里九七一
			一九二三・〇一・〇八	｜	｜		蔚山郡下廂面本里
一一四二	第一〇三海軍施設部	ルソン島北部	一九四五・〇六・一〇	楊　正男	軍属	戦死	蔚山郡蔚山邑校洞
			一九一九・〇五・二六	先龍	父		釜山府佐川面九四
一一七七	第一〇三海軍施設部	ルソン島北部	一九四五・〇六・一〇	河本錫九	軍属	戦死	金海郡駕洛面竹洞里
			一九二一・〇一・〇九	錫洪	兄		金海郡駕洛面竹洞里
一一七八	第一〇三海軍施設部	ルソン島北部	一九四五・〇六・一〇	武元柄五	軍属	戦死	金海郡駕洛面竹洞里六六
			一九一八・〇二・〇四	利一	従弟		｜
一一九〇	第一〇三海軍施設部	ルソン島北部	一九四五・〇六・一〇	國本忠太郎	軍属	戦死	金海郡長有面応運里七四五
			一九一六・〇六・〇八	謙治	父		金海郡長有面応運里七四五
一一九一	第一〇三海軍施設部	ルソン島北部	一九四五・〇六・一〇	武本吉現	軍属	戦死	金海郡下東面鳥納里三九—一
			一九二〇・一〇・〇八	姜奉順	母		金海郡下東面鳥納里三九—一
一一九二	第一〇三海軍施設部	ルソン島北部	一九四五・〇六・一〇	平山義浩	軍属	戦死	金海郡下東面徳山里七三八
			一九二一・一二・一九	申萬用	父		釜山府共客洞二—四七
一二二七	第一〇三海軍施設部	ルソン島北部	一九四五・〇六・一〇	辛祥伊	軍属	戦死	昌原郡北面花川里三〇五
			一九〇九・〇三・一一	龍祚	兄		昌原郡北面花川里三〇五
一二二八	第一〇三海軍施設部	ルソン島北部	一九四五・〇六・一〇	金光永治	軍属	戦死	昌原郡鎮田面
			一九一九・一二・一〇	折田信次	｜		｜

一二二九	第一〇三海軍施設部	ルソン島北部	一九四五・〇六・一〇 / 一九二三・〇四・二五	金光熔甲 / ―	軍属 / ―	戦死	昌原郡鎮北面富坪里 / ―
一二三〇	第一〇三海軍施設部	ルソン島北部	一九四五・〇六・一〇 / 一九一八・〇二・一〇	金和碩柱 / 金二桂	軍属 / 兄	戦死	昌原郡鎮海邑石里三三九 / ―
一二三五	第一〇三海軍施設部	ルソン島北部	一九四五・〇六・一〇 / 一九二三・〇五・一九	山本岩又 / ―	軍属 / ―	戦死	昌原郡鎮東面合封里
一二五二	第一〇三海軍施設部	ルソン島北部	一九四五・〇六・一〇 / 一九二〇・〇五・一四	呉本鎮煥 / 長壽	軍属 / 兄	戦死	昌原郡鎮北面秋岩里 / ―
一二六二	第一〇三海軍施設部	ルソン島北部	一九四五・〇六・一〇 / 一九二二・〇七・〇七	玉山致環 / ―	軍属 / ―	戦死	統営郡巨済面玉山里 / ―
一二九九	第一〇三海軍施設部	ルソン島北部	一九四五・〇六・一〇 / 一九一六・一一・一一	永山炳碩 / ―	軍属 / ―	戦死	固城郡永縣面農盆里 / ―
一三〇〇	第一〇三海軍施設部	ルソン島北部	一九四五・〇六・一〇 / 一九二一・一一・一三	島本致燮 / 巌文燮	軍属 / 兄	戦死	固城郡永縣面鳳鉢里五〇四 / 固城郡永縣面鳳鉢里五〇四
一三三五	第一〇三海軍施設部	ルソン島北部	一九四五・〇六・一〇 / 一九一七・一一・一一	平山仁喜 / 徳雄	軍属 / 兄	戦死	泗川郡泗川面宜仁洞 / ―
一三三六	第一〇三海軍施設部	ルソン島北部	一九四五・〇六・一〇 / 一九一九・〇九・〇七	河本基鎬 / ―	軍属 / ―	戦死	泗川郡西浦面多坪里 / 忠清北道沃川郡西面
一四〇〇	第一〇三海軍施設部	ルソン島北部	一九四五・〇六・一〇 / 一九一〇・〇四・〇五	木村春吉 / ―	軍属 / ―	戦死	山清郡丹城面雲里 / ―
一四二三	第一〇三海軍施設部	ルソン島北部	一九四五・〇六・一〇 / 一九一〇・一二・二〇	金本再鳳 / 且粉	軍属 / 妻	戦死	居昌郡主尚面玩岱里三四六 / ―
九八三	第一〇三海軍施設部	ルソン島東方山中	一九四五・〇六・三〇 / 一九二〇・〇七・一八	豊田有吉 / 金春子	軍属 / 母	戦死	晋州府吉野町五 / ―
九八四	第一〇三海軍施設部	ルソン島北部	一九四五・〇六・一〇 / 一九一八・〇六・一七	河本誠逸 / 清逸	軍属 / 父	戦死	晋州府桜町市場通五〇 / 晋州府栄町二〇
九九九	第一〇三海軍施設部	ルソン島東方山中	一九四五・〇六・三〇 / 一九一八・一〇・一九	安陵三郎 / ―	軍属 / ―	戦死	晋陽郡晋城面下村里二五 / ―
一〇〇〇	第一〇三海軍施設部	ルソン島東方山中	一九四五・〇六・三〇 / 一九二三・〇四・〇七	春山一郎 / 清一	軍属 / 父	戦死	晋陽郡金谷面省山里七九九 / 晋陽郡金谷面省山里七九九
一〇〇一	第一〇三海軍施設部	ルソン島東方山中	一九四五・〇六・三〇 / 一九二三・〇八・一八	岩本喜一 / 元作	軍属 / 父	戦死	晋陽郡智水面清源里 / 晋陽郡智水面清源里
一〇〇二	第一〇三海軍施設部	ルソン島東方山中	一九四五・〇六・三〇 / 一九二一・〇三・二三	秋山泰錫 / 張範錫	軍属 / 弟	戦死	晋陽郡水谷面昌村里五七九 / 晋陽郡水谷面昌村里五七九
一〇二六	第一〇三海軍施設部	ルソン島東方山中	一九四五・〇六・三〇	伊原点守	軍属	戦死	宣寧郡柳谷面島木里

			一九一五・〇一・〇一	元善	父		—
一〇二七	第一〇三海軍施設部	ルソン島東方山中	一九四五・〇六・三〇	碧山元達	軍属	戦死	宣寧郡落西面
			一九二〇・××・××	又祈	兄		—
一〇二八	第一〇三海軍施設部	ルソン島東方山中	一九四五・〇六・三〇	大元在龍	軍属	戦死	宣寧郡正面柳谷里馬一三八
			一九二五・一一・〇八	季坤	父		—
一〇二九	第一〇三海軍施設部	ルソン島東方山中	一九四五・〇六・三〇	松田敬秀	軍属	戦死	宣寧郡正谷面白谷里七五二
			一九一五・一一・一五	金銀連	妻		—
一〇五〇	第一〇三海軍施設部	ルソン島東方山中	一九四五・〇六・三〇	池田三郎	軍属	戦死	咸安郡咸安面鳳城洞
			一九二五・一一・一五	金英鳳	父		咸安郡咸安面鳳城洞
一〇五一	第一〇三海軍施設部	ルソン島東方山中	一九四五・〇六・三〇	安陵壽角	軍属	戦死	咸安郡山仁面釜峯里三五九
			一九二五・一一・一〇	李周栄	父		—
一〇五二	第一〇三海軍施設部	ルソン島東方山中	一九四五・〇六・三〇	花田次雄	軍属	戦死	咸安郡漆原面亀城里
			一九二一・一一・一七	命守	母		—
一〇五三	第一〇三海軍施設部	ルソン島東方山中	一九四五・〇六・三〇	新井正坤	軍属	戦死	咸安郡漆原面亭里二九
			一九一四・〇三・一五	—	—		—
一〇五四	第一〇三海軍施設部	ルソン島東方山中	一九四五・〇六・三〇	金城昌水	軍属	戦死	咸安郡法守面篁沙里
			一九一〇・〇四・一二	金山天洙	兄		咸安郡法守面篁沙里
一〇五五	第一〇三海軍施設部	ルソン島東方山中	一九四五・〇六・三〇	黄炳石	軍属	戦死	咸安郡漆西面二龍里二九六
			一九一四・〇二・〇九	—	—		—
一〇六九	第一〇三海軍施設部	ルソン島東方山中	一九四五・〇六・三〇	安陵父石	軍属	戦死	咸安郡郡北面幕老里
			一九一五・〇五・〇六	—	父		—
一〇七六	第一〇三海軍施設部	ルソン島東方山中	一九四五・〇六・三〇	李原波吉	軍属	戦死	昌寧郡高岩面元村里一三五六
			一九二一・〇九・二三	且坤	—		昌寧郡高岩面元村里一三五六
一〇八九	第一〇三海軍施設部	ルソン島東方山中	一九四五・〇六・三〇	豊島慶淑	軍属	戦死	密陽郡初回面帆平里
			一九二二・〇三・一六	—	—		—
一一一一	第一〇三海軍施設部	ルソン島東方山中	一九四五・〇六・三〇	金本成斗	軍属	戦死	梁山郡上北面新田里七八—一
			一九二一・〇八・〇六	金鐘武	—		—
一一一七	第一〇三海軍施設部	ルソン島東方山中	一九四五・〇六・三〇	金大賢	軍属	戦死	蔚山郡三南面九香里三六七
			一九〇九・〇五・二六	—	—		—
一一四三	第一〇三海軍施設部	ルソン島東方山中	一九四五・〇六・三〇	岩田武出	軍属	戦死	蔚山郡蔚山邑北亭里三二
			一九一六・〇二・二八	順伊	母		蔚山郡蔚山邑北亭里三二
一一四四	第一〇三海軍施設部	ルソン島東方山中	一九四五・〇六・三〇	荒木春市	軍属	戦死	蔚山郡方魚津邑塩浦里四三一
			一九二三・〇一・一七	守壽	父		—
一一四六	第一〇三海軍施設部	ルソン島東方山中	一九四五・〇六・三〇	華山恒雄	軍属	戦死	蔚山郡下廂面東里山田
			一九二二・〇五・〇四	光雄	兄		金海郡鳴濱面浜裡南大内浦

一一六三	第一〇三海軍施設部	ルソン島東方山中	一九四五・〇六・三〇 一九二一・〇六・〇三	岩本景萬 琪寅	軍属 父	戦死	東萊郡沙上面毛羅里八四五 東萊郡沙上面毛羅里八四五
一一七六	第一〇三海軍施設部	ルソン島東方山中	一九四五・〇六・三〇 一九一一・〇八・一七	丸山鐘漢 —	軍属 —	戦死	金海郡駕洛面竹林里一〇七七 —
一一八一	第一〇三海軍施設部	ルソン島東方山中	一九四五・〇六・三〇 一九一七・〇八・一五	大原 実 甲吉	軍属 父	戦死	金海郡進永面内龍里一六五 —
一一八七	第一〇三海軍施設部	ルソン島東方山中	一九四五・〇六・三〇 一九一三・一〇・〇一	岩本一根 福江	軍属 妻	戦死	金海郡鴎旨面新田里七〇 —
一二二一	第一〇三海軍施設部	ルソン島東方山中	一九四五・〇六・三〇 一九一四・〇一・二五	東権華蓮 婦仁	軍属 母	戦死	昌原郡上南面吐月里六一九 昌原郡上南面吐月里六一九
一二二二	第一〇三海軍施設部	ルソン島東方山中	一九四五・〇六・三〇 一九〇八・〇一・一〇	大川直廣 福守	軍属 妻	戦死	昌原郡北面茂谷里一二三二 昌原郡北面茂谷里一二三二
一二二三	第一〇三海軍施設部	ルソン島東方山中	一九四五・〇六・三〇 一九〇七・一〇・一八	金井景作 —	軍属 —	戦死	昌原郡鎮北面智山里二三六 —
一二二四	第一〇三海軍施設部	ルソン島東方山中	一九四五・〇六・三〇 一九二三・〇二・〇一	青松良介 鳳南	軍属 母	戦死	昌原郡鎮北面永鶴里八七三 —
一二二五	第一〇三海軍施設部	ルソン島東方山中	一九四五・〇六・三〇 一九一七・〇六・二二	青松栄一郎 鳳南	軍属 母	戦死	昌原郡鎮北面永鶴里八七三 昌原郡鎮北面永鶴里八七三
一二二六	第一〇三海軍施設部	ルソン島東方山中	一九四五・〇六・三〇 一九一六・一二・一〇	松井 進 姜季龍	軍属 父	戦死	昌原郡鎮海邑徳山里四八二 昌原郡鎮海邑×洞里六九—六
一二六一	第一〇三海軍施設部	ルソン島東方山中	一九四五・〇六・三〇 一九二六・〇二・二〇	西山金八 —	軍属 —	戦死	統営郡遠采面東港里 —
一二六四	第一〇三海軍施設部	ルソン島東方山中	一九四五・〇六・三〇 一九一六・一〇・〇四	金岩幸夫 美保	軍属 妻	戦死	統営郡光道面安井里 —
一二九三	第一〇三海軍施設部	ルソン島東方山中	一九四五・〇六・三〇 一九一九・一一・二三	張本元善 在壽	軍属 父	戦死	固城郡永吾面蓮塘里八四八 固城郡永吾面蓮塘里八四八
一三二一	第一〇三海軍施設部	ルソン島東方山中	一九四五・〇六・三〇 一九一八・一二・二八	伊藤文雄 伊藤龍平	軍属 兄	戦死	泗川郡三千浦邑梨澪里三六〇 泗川郡千浦邑西里崔相主房
一三二二	第一〇三海軍施設部	ルソン島東方山中	一九四五・〇六・三〇 一九二一・〇一・一〇	苞山好烈 郭柱善	軍属 父	戦死	泗川郡昆陽面加花里二区 —
一三三九	第一〇三海軍施設部	ルソン島東方山中	一九四五・〇六・三〇 一九二六・〇二・〇五	松原大寛 —	軍属 —	戦死	南海郡昌善面大望里 —
一三四〇	第一〇三海軍施設部	ルソン島東方山中	一九四五・〇六・三〇 一九二三・〇五・二八	新井三護 —	軍属 —	戦死	南海郡二東面龍沼里 —
一三六三	第一〇三海軍施設部	ルソン島東方山中	一九四五・〇六・三〇	新井基柱	軍属	戦死	河東郡赤良面館里八九二

			一九二三・〇九・〇二	—			河東郡赤良面館里八九二
一三六四	第一〇三海軍施設部	ルソン島東方山中	一九四五・〇六・三〇	松村潤一	軍属	戦死	河東郡赤良面東山里九四
			一九二〇・〇五・〇七	除相鐘	父		—
一三六五	第一〇三海軍施設部	ルソン島東方山中	一九四五・〇六・三〇	木村春吉	軍属	戦死	河東郡金南面大松里二九九
			一八九九・〇二・一三	春子	妻		河東郡金南面大松里二九九
一三六六	第一〇三海軍施設部	ルソン島東方山中	一九四五・〇六・三〇	永川仁泳	軍属	戦死	河東郡古田面城川里四九四
			一九一六・〇二・〇五	鄭一鎔	父		河東郡古田面城川里四九四
一四〇一	第一〇三海軍施設部	ルソン島東方山中	一九四五・〇六・三〇	朴永圭	軍属	戦死	山清郡草賢面長位里一三一二
			一九一七・〇五・二九	—	—		—
一四二四	第一〇三海軍施設部	ルソン島東方山中	一九四五・〇六・三〇	松原命出	軍属	戦死	居昌郡南下面武陵里元陽谷
			一九二二・〇二・二〇	命用			居昌郡南下面武陵里九二二
一四二五	第一〇三海軍施設部	ルソン島東方山中	一九四五・〇六・三〇	漆原淳吉	軍属	戦死	居昌郡南上面月坪里二
			一九二〇・一〇・一〇	—	—		—
一四二六	第一〇三海軍施設部	ルソン島東方山中	一九四五・〇六・三〇	光田政市	軍属	戦死	居昌郡高機面弓項里五七八
			一九一一・〇七・二六	韓清連	妻		居昌郡高機面弓項里五七八
一四二七	第一〇三海軍施設部	ルソン島東方山中	一九四五・〇六・三〇	直山重夫	軍属	戦死	居昌郡居昌邑東洞八六四
			一九二五・一二・一一	慎小緯	父		居昌郡居昌邑東洞八六四
一四四三	第一〇三海軍施設部	ルソン島東方山中	一九四五・〇六・三〇	慶山鶴出	軍属	戦死	陜川郡伽倻面梅花里
			一九一四・一二・二七	—	—		—
一四四六	第一〇三海軍施設部	ルソン島東方山中	一九四五・〇六・三〇	福山二郎	軍属	戦死	陜川郡青徳面仰潭里三七三
			一九〇九・一二・〇四	鄭分喜	妻		—
一四五〇	第一〇四海軍施設部	ルソン島東方山中	一九四五・〇六・三一	八本伐善	軍属	戦死	陜川郡徳谷面鶴里六八三
			一九二五・〇一・三〇	—	—		—
一四五二	第一〇五海軍施設部	ルソン島東方山中	一九四五・〇六・三二	金本聖圭	軍属	戦死	陜川郡太陽面徳亭里九六
			一九二六・一〇・二〇	武甲	父		—
一四〇四	第一〇三海軍施設部	ミンダナオ島	一九四五・〇七・〇四	崔在守	軍属	戦病死	山清郡安川面院里
			一九一八・〇七・〇七	鐘順	妻		—
九六二	第一〇三海軍施設部	ルソン島	一九四五・〇七・三〇	山本貞道	軍属	戦病死	釜山府溘州町三九五
			一九二二・一〇・二六	トク	母		—
九五九	第一〇三海軍施設部	ダバオ市外カバンティカン	一九四五・〇七・一〇	完山公庸	軍属	戦病死	釜山府鶴見町二五四
			一九一八・〇三・二八	静代	妻		—
一〇九三	第一〇三海軍軍需部	ルソン島	一九四五・〇六・三〇	金森政一	軍属	戦病死	密陽郡三浪津面午落里五七五
			一九二七・〇六・二四	重吉	父		密陽郡密陽邑朝日町三二八
一三〇三	第一〇三海軍工作部	比島	一九四五・〇四・一八	西原一馬	軍属	戦病死	固城郡上里面鳥山里六四八
			一九一一・〇五・一九	千代子	妻		—

一四一五	第一〇三海軍工作部	ルソン島	一九四五・〇六・一九 一九二七・〇九・〇五	草岡大坤 金容統	海軍 父	戦死	咸陽郡安儀面草東里二七五 ｜
一四六四	第一〇三海軍工作部	ルソン島マニラ	一九四五・〇六・二〇 ｜	新井喆環 ｜	軍属 ｜	戦死	昌原郡鎮海邑慶和洞 ｜
一四六五	第一〇三海軍工作部	ルソン島	一九四五・〇六・二〇 ｜	岩本雨允 ｜	軍属 ｜	戦死	昌原郡鎮海邑慶和洞 ｜
一四六六／一七三三	第一〇三海軍工作部	ルソン島	一九四五・〇六・二〇 （〇七・二〇）	江陽尻錫 ｜	軍属 ｜	戦死	昌原郡鎮海邑慶和洞 ｜
一三三九／一四六七	第一〇三海軍工作部	ルソン島	一九四五・〇六・二〇 （〇七・二〇）	金木吉市（本） ｜	軍属 ｜	戦死	昌原郡上南面 ｜
一四六八／一七三二	第一〇三海軍工作部	ルソン島	一九四五・〇六・二〇 （〇七・二〇）	金森康栓（柱） ｜	軍属 ｜	戦死	昌原郡珍海邑新泥洞 ｜
一四六九／一七三二	第一〇三海軍工作部	ルソン島	一九四五・〇六・二〇 （〇七・二〇）	木千昌基 ｜	軍属 ｜	戦死	昌原郡珍海邑新泥洞 ｜
一四七〇	第一〇三海軍工作部	ルソン島	一九四五・〇六・二〇 ｜	茂原光晃 ｜	軍属 ｜	戦死	昌原郡鎮海邑慶和洞 ｜
三五三	第一〇四海軍建築部	西部ニューギニア	一九四四・〇八・一八 ｜	崔本愛郎 ｜	軍属 ｜	戦死	固城郡大河面松渓里二区場田部落 ｜
一六二五	第一〇四海軍建築部	東インド	一九四四・一二・二六 一九一四・〇九・二九	坂本甲得 晩植	軍属 父	戦死	蔚山郡江東面新峴里四九 ｜
一四〇五	第一〇四海軍軍需部	ハフヤン群島	一九四四・〇七・三一 一九二六・一一・一二	國本炳圭 ｜	軍属 ｜	戦死	山清郡丹城面清渓里五五一 ｜
九四七	第一一一設営隊	ギルバート諸島タラワ島	一九四三・一一・二五 一九一六・〇二・〇八	金永満・金子伍太郎 精分	軍属 妻	戦死	釜山府溘州町七七 釜山府瀛仙町二八一
九四八	第一一一設営隊	ギルバート諸島タラワ島	一九四三・一一・二五 一九二五・〇六・一二	金道容 貴玉	軍属 父	戦死	釜山府西大新町三―二九九 ｜
九四九	第一一一設営隊	ギルバート諸島タラワ島	一九四三・一一・二五 一九二五・〇六・一二	余栢燮 子俊	軍属 父	戦死	釜山府東大新町二―八九 ｜
九五〇	第一一一設営隊	ギルバート諸島タラワ島	一九四三・一一・二五 一九二二・〇四・二六	西原尚九 聖徳	軍属 父	戦死	釜山府多大里八九六 釜山府多大里八九六
九五一	第一一一設営隊	ギルバート諸島タラワ島	一九四三・一一・二五 一九一九・〇九・〇八	新井宏明 泰禮	軍属 妻	戦死	釜山府大湖里一〇五三 ｜
九七二	第一一一設営隊	ギルバート諸島タラワ島	一九四三・一一・二五 一九一八・〇八・一五	高山性洵 又暻	軍属 妻	戦死	馬山府陽徳里六五八 馬山府陽徳里六五八
九七三	第一一一設営隊	ギルバート諸島タラワ島	一九四三・一一・二五	金本正文	軍属	戦死	馬山府鳳岩里一一四

			一九二三・〇五・二九	命龍	父		馬山府鳳岩里一一四
九七四	第一一設営隊	ギルバート諸島タラワ島	一九四三・一一・二五	金城桂元	軍属	戦死	馬山府扇町七五
			一九一〇・〇九・一三	順伊	母		馬山府新月洞宮本聖用方
九七五	第一一設営隊	ギルバート諸島タラワ島	一九四三・一一・二五	大村在碩	軍属	戦死	馬山府富折一九二
			一九二三・〇八・一〇	學稼	父		馬山府富折一九二
九八六	第一一設営隊	ギルバート諸島タラワ島	一九四三・一一・二五	金山又福世	軍属	戦死	晋州府本町二七三
			一九二一・〇三・二三	作之	父		―
九九六	第一一設営隊	ギルバート諸島タラワ島	一九四三・一一・二五	金本孟相	軍属	戦死	晋陽郡鳴石面龍山里八七六
			一九〇二・一一・〇七	千洙	妻		―
九九七	第一一設営隊	ギルバート諸島タラワ島	一九四三・一一・二五	金原碩伊・前田政夫	軍属	戦死	晋陽郡二班城面佳山里八六三
			一九一七・〇二・二〇		妻		晋陽郡二班城面佳山里八六三
一〇一三	第一一設営隊	ギルバート諸島タラワ島	一九四三・一一・二五	國本川富	軍属	戦死	晋陽郡集賢面沙村里四三三
			一九二二・一〇・一二	賴久	父		―
一〇一四	第一一設営隊	ギルバート諸島タラワ島	一九四三・一一・二五	坂村明雄	軍属	戦死	晋陽郡集賢面鷹降里五七
			一九一三・〇三・二八	元太郎	父		晋陽郡集賢面鷹降里五七
一〇一五	第一一設営隊	ギルバート諸島タラワ島	一九四三・一一・二五	梅田世烈	軍属	戦死	晋陽郡文山面蘇文里一四七―一
			一九一九・〇二・二三	世権	兄		―
一〇一六	第一一設営隊	ギルバート諸島タラワ島	一九四三・一一・二五	成本増衛	軍属	戦死	晋陽郡晋城面上村里六七三
			一九一七・一二・三〇	蓬伊	妻		晋陽郡晋城面上村里六七三
一〇一七	第一一設営隊	ギルバート諸島タラワ島	一九四三・一一・二五	金城豊吉	軍属	戦死	晋陽郡美川面班地里七二〇
			一九一六・〇二・二五	道俊	父		―
一〇一八	第一一設営隊	ギルバート諸島タラワ島	一九四三・一一・二五	李川甲陽	軍属	戦死	晋陽郡二班城面荷谷里一六七一
			一九二四・〇四・〇七	相申	父		晋陽郡二班城面荷谷里一六七一
一〇一九	第一一設営隊	ギルバート諸島タラワ島	一九四三・一一・二五	西原武男	軍属	戦死	晋陽郡二班城面坪村里二三八
			一九二六・一二・一四	春松	父		―
一〇二〇	第一一設営隊	ギルバート諸島タラワ島	一九四三・一一・二五	金森清市	軍属	戦死	晋陽郡一班城面開岩里七六六
			一九二一・〇四・一〇	鄭月守	母		―
一〇二二	第一一設営隊	ギルバート諸島タラワ島	一九四三・一一・二五	金原慶祚	軍属	戦死	晋陽郡金谷面斗文里六八
			一九一三・一〇・〇四	俊輪	父		晋陽郡金谷面斗文里六八
一〇三三	第一一設営隊	ギルバート諸島タラワ島	一九一三・一一・二五	神農銅介	軍属	戦死	宣寧郡正谷面白谷里四八四
			一九二三・〇五・〇九	洙大	父		―
一〇三五	第一一設営隊	ギルバート諸島タラワ島	一九四三・一一・二五	張本三出	軍属	戦死	宣寧郡宣寧面大山里六四七
			一九二三・〇二・〇四	正萬	父		―
一〇三八	第一一設営隊	ギルバート諸島タラワ島	一九四三・一一・二五	成田正勝	軍属	戦死	咸安郡郡北面慕老里二二九
			一九二四・一一・二〇	幸太郎	父		―

番号	所属	死亡場所	死亡年月日 / 生年月日	氏名 / 遺族	身分 / 続柄	死因	本籍 / 遺族住所
一〇三九	第一一一設営隊	ギルバート諸島タラワ島	一九四三・一一・二五 一九一七・一〇・一四	金澤三雄 長治	軍属 父	戦死	咸安郡代山面富木里一五五 ｜
一〇四〇	第一一一設営隊	ギルバート諸島タラワ島	一九四三・一一・二五 一九一七・〇五・二五	金山徳雄 貞子	軍属 妻	戦死	咸安郡伽倻面苗沙里六八七 ｜
一〇四一	第一一一設営隊	ギルバート諸島タラワ島	一九四三・一一・二五 一九二三・一〇・〇三	運山鎬機 蓮伊	軍属 母	戦死	咸安郡伽倻面俊光里六三六 ｜
一〇四二	第一一一設営隊	ギルバート諸島タラワ島	一九四三・一一・二五 一九一九・〇八・〇六	林　正秀 錫金	軍属 妻	戦死	咸安郡咸安面巴水里一六六 ｜
一〇四三	第一一一設営隊	ギルバート諸島タラワ島	一九四三・一一・二五 一九二二・〇一・一四	江原碩伊 末任	軍属 妻	戦死	咸安郡咸南面原命里六九七 ｜
一〇四四	第一一一設営隊	ギルバート諸島タラワ島	一九四三・一一・二五 一九二三・〇三・〇五	香村聖大 大連	軍属 母	戦死	咸安郡郡北面沙道里六七八 ｜
一〇四五	第一一一設営隊	ギルバート諸島タラワ島	一九四三・一一・二五 一九一八・〇二・二三	原田興烈 兄煥・李鳳	軍属 兄・内妻	戦死	咸安郡漆西面武陵里九二二 ｜
一〇四六	第一一一設営隊	ギルバート諸島タラワ島	一九四三・一一・二五 一九二〇・〇六・〇五	金海元甲 逑南	軍属 母	戦死	咸安郡郡北面徳垈里一〇八六 咸安郡郡北面徳垈里一〇八六
一〇四七	第一一一設営隊	ギルバート諸島タラワ島	一九四三・一一・二五 一九二三・〇一・一八	玉島又俊 昌順	軍属 母	戦死	咸安郡郡北面沙道里一〇二 ｜
一〇四八	第一一一設営隊	ギルバート諸島タラワ島	一九四三・一一・二五 一九一八・〇二・一一	鳥山又若 順伊	軍属 妻	戦死	咸安郡法守面篁沙里二三七 ｜
一〇七一	第一一一設営隊	ギルバート諸島タラワ島	一九四三・一一・二五 一九一四・〇六・一七	綾城洞開 杉田善里	軍属 姉	戦死	昌寧郡南旨面龍山里五六九 昌寧郡南旨面龍山里五六九
一〇七二	第一一一設営隊	ギルバート諸島タラワ島	一九四三・一一・二五 一九二三・一二・〇九	井上炳大 祥甲	軍属 父	戦死	昌寧郡吉谷面曽山里三〇〇 ｜
一〇七三	第一一一設営隊	ギルバート諸島タラワ島	一九四三・一一・二五 一九二五・一二・二二	松山一男 京石	軍属 父	戦死	昌寧郡吉谷面五湖里八一七 ｜
一〇七四	第一一一設営隊	ギルバート諸島タラワ島	一九四三・一一・二五 一九二一・〇三・三〇	裵相燮・藤永　正	軍属 父	戦死	昌寧郡吉谷面五湖里六三八 昌寧郡吉谷面五湖里六三八
一〇九六	第一一一設営隊	ギルバート諸島タラワ島	一九四三・一一・二五 一九二六・〇三・二一	國本輝雄 分逑	軍属 母	戦死	密陽郡府北面春化里七七七 ｜
一〇九七	第一一一設営隊	ギルバート諸島タラワ島	一九四三・一一・二五 一九一九・一二・一一	岩本徳雨 鐘哲	軍属 父	戦死	密陽郡山内面南明里一七〇五 ｜
一〇九八	第一一一設営隊	ギルバート諸島タラワ島	一九四三・一一・二五 一九二五・〇二・二三	玉山命植・國山 小週	軍属 母	戦死	密陽郡山外面金谷里六七九 ｜
一〇九九	第一一一設営隊	ギルバート諸島タラワ島	一九四三・一一・二五	山田敏永	軍属	戦死	密陽郡山外面寥川里六〇八

			一九二一・〇九・二八	純平	父		密陽郡山外面蓼川里六〇八
一二〇〇	第一一一設営隊	ギルバート諸島タラワ島	一九四三・一一・二五	新井光雄	軍属	戦死	密陽郡密陽邑活城里二区二〇五
			一九二五・〇四・一〇	廣業	父		密陽郡密陽邑活城里二区二〇五
一二〇一	第一一一設営隊	ギルバート諸島タラワ島	一九四三・一一・二五	吉村彦治	軍属	戦死	密陽郡武安面竹月里二七
			一九二二・一一・二九	元三	父		—
一二〇二	第一一一設営隊	ギルバート諸島タラワ島	一九四三・一一・二五	茂山秀植	軍属	戦死	密陽郡三浪津面美田里四一〇
			一九二六・〇三・一〇	贊宰	父		—
一二〇三	第一一一設営隊	ギルバート諸島タラワ島	一九四三・一一・二五	金城國雄	軍属	戦死	密陽郡上南面岐山里三三五
			一九二三・〇二・一九	武司	父		—
一二〇六	第一一一設営隊	ギルバート諸島タラワ島	一九四三・一一・二五	山本興樹	軍属	戦死	梁山郡熊上面倫谷里三二八
			一九二四・〇四・〇八	在國	父		—
一二〇七	第一一一設営隊	ギルバート諸島タラワ島	一九四三・一一・二五	大山奉祚	軍属	戦死	梁山郡勿禁面勿禁里六五二
			一九〇五・一一・二四	桂春	父		梁山郡院洞面花済里二九二八
一二〇八	第一一一設営隊	ギルバート諸島タラワ島	一九四三・一一・二五	新井康植	軍属	戦死	梁山郡上北面大石里四九四
			一九二三・〇九・〇一	萬永	祖母		—
一二二六	第一一一設営隊	ギルバート諸島タラワ島	一九四三・一一・二五	金光　保	軍属	戦死	蔚山郡下廂面東里五〇三
			一九二二・〇二・二三	幸平	兄		—
一二二七	第一一一設営隊	ギルバート諸島タラワ島	一九四三・一一・二五	金山在根	軍属	戦死	蔚山郡下廂面蓮岩里六九
			一九二〇・〇七・一〇	先鐘	父		—
一二二八	第一一一設営隊	ギルバート諸島タラワ島	一九四三・一一・二五	新井貴祥	軍属	戦死	蔚山郡下廂面珍庄里四五六
			一九二一・〇一・三〇	伸錫	父		—
一二二九	第一一一設営隊	ギルバート諸島タラワ島	一九四三・一一・二五	日川　博	軍属	戦死	蔚山郡下廂面珍庄里三八四
			一九二五・一〇・一八	泰司	父		—
一二三二	第一一一設営隊	ギルバート諸島タラワ島	一九四三・一一・二五	大規栄逸	軍属	戦死	蔚山郡蔚山邑裕谷里三五〇
			一九一四・〇四・一七	豊乃	母		—
一二三四	第一一一設営隊	ギルバート諸島タラワ島	一九四三・一一・二五	林正春	軍属	戦死	蔚山郡温山面寺峰里二五一
			一九二五・〇四・一五	辛出	父		—
一二三五	第一一一設営隊	ギルバート諸島タラワ島	一九四三・一一・二五	岩本洪雨・李洪雨	軍属	戦死	蔚山郡温山面山岩里六四六
			一九一七・一一・二六	鐘奭	父		—
一二三六	第一一一設営隊	ギルバート諸島タラワ島	一九四三・一一・二五	金琪仁・金興達	軍属	戦死	蔚山郡温山面三坪里三四〇
			一九二三・〇八・二六	昭東	母		—
一二三七	第一一一設営隊	ギルバート諸島タラワ島	一九四三・一一・二五	江山英鶴	軍属	戦死	蔚山郡方漁津邑西部里四〇九
			一九二二・〇九・一一	有文	父		蔚山郡方漁津邑西部里四〇九
一二三八	第一一一設営隊	ギルバート諸島タラワ島	一九四三・一一・二五	鳥川晏昌	軍属	戦死	蔚山郡方漁津邑方漁津里五〇九
			一九二二・一一・二二	光粉	母		蔚山郡方漁津邑方漁津里五三二

番号	所属	死亡場所	死亡年月日／生年月日	氏名／親族名	身分／続柄	死因	本籍／親族住所
一一三九	第一一一設営隊	ギルバート諸島タラワ島	一九四三・一一・二五 一九二〇・〇一・〇八	巌村時雨 孟俊	軍属 兄	戦死	蔚山郡大峴面城岩里一一六 ―
一一六一	第一一一設営隊	ギルバート諸島タラワ島	一九四三・一一・二五 一九二一・〇四・一〇	木下義雄 明子	軍属 母	戦死	東莱郡機張面内里五五二 ―
一一八〇	第一一一設営隊	ギルバート諸島タラワ島	一九四三・一一・二五 一九二三・〇一・〇二	安田善行 桃子	軍属 妻	戦死	金海郡進永面進里一七七 ―
一一八三	第一一一設営隊	ギルバート諸島タラワ島	一九四三・一一・二五 一九二六・〇一・二九	新井智煥 憲伊	軍属 母	戦死	金海郡金海邑北内洞里五九五 ―
一一八四	第一一一設営隊	ギルバート諸島タラワ島	一九四三・一一・二五 一八九九・〇一・〇四	張秀安・今村秀雄 今村長市	軍属 兄	戦死	金海郡金海邑北内洞里六 ―
一一八五	第一一一設営隊	ギルバート諸島タラワ島	一九四三・一一・二五 一九二四・〇二・一九	金城命寛 桂休	軍属 父	戦死	金海郡進礼面新月里七〇八 金海郡進礼面新月里七〇八
一一八六	第一一一設営隊	ギルバート諸島タラワ島	一九四三・一一・二五 一九一五・〇一・一七	金山宗哲 良玉	軍属 父	戦死	金海郡鴎旨面平城里一〇二 金海郡鴎旨面平城里一〇二
一一八八	第一一一設営隊	ギルバート諸島タラワ島	一九四三・一一・二五 一九一六・〇七・二一	高田松市 平吉	軍属 父	戦死	金海郡二北面匙山里五二 ―
一一八九	第一一一設営隊	ギルバート諸島タラワ島	一九四三・一一・二五 一九二二・〇三・二〇	徐逸生 錫根	軍属 父	戦死	金海郡上東面甘露里六〇〇 ―
一二〇〇	第一一一設営隊	ギルバート諸島タラワ島	一九四三・一一・二五 一九一九・一〇・〇一	大村敬奎 亨九	軍属 兄	戦死	昌原郡鎮東面古縣里七五 ―
一二〇一	第一一一設営隊	ギルバート諸島タラワ島	一九四三・一一・二五 一九二七・〇一・〇五	西田次郎 周奉	軍属 父	戦死	昌原郡鎮東面鎮東里三七四 ―
一二〇二	第一一一設営隊	ギルバート諸島タラワ島	一九四三・一一・二五 一九二〇・一一・二六	和田　章 康子	軍属 妻	戦死	昌原郡鎮東面鎮東里五〇四 ―
一二〇三	第一一一設営隊	ギルバート諸島タラワ島	一九四三・一一・二五 一九二三・一二・一三	鳳山秀光 遺連	軍属 ―	戦死	昌原郡龍山面玉渓里三〇 ―
一二〇四	第一一一設営隊	ギルバート諸島タラワ島	一九四三・一一・二五 一九二四・〇四・一四	金田健助 鳳明	軍属 父	戦死	昌原郡鎮海邑飛鳳里 ―
一二〇五	第一一一設営隊	ギルバート諸島タラワ島	一九四三・一一・二五 一九二四・一二・二九	新井浩元 達龍	軍属 父	戦死	昌原郡能南面南支里五七九 ―
一二〇六	第一一一設営隊	ギルバート諸島タラワ島	一九四三・一一・二五 一九二三・〇一・〇八	道川次郎 絃良	軍属 父	戦死	昌原郡昌原面北洞里一二七 ―
一二〇七	第一一一設営隊	ギルバート諸島タラワ島	一九四三・一一・二五 一九一三・〇六・一五	新井文大 鳳圭	軍属 父	戦死	昌原郡上南面鳳林里二一三 ―
一二〇八	第一一一設営隊	ギルバート諸島タラワ島	一九四三・一一・二五	金谷鐘大	軍属	戦死	昌原郡上南面盤松里三九〇

			一九一七・一一・〇六	潤伊	妻		—
一二〇九	第一一一設営隊	ギルバート諸島タラワ島	一九四三・一一・二五	山本甲撥	軍属	戦死	昌原郡鎮北面大峠里七八五
			一九二四・〇三・〇二	潤伊	妻		—
一二一〇	第一一一設営隊	ギルバート諸島タラワ島	一九四三・一一・二五	倉田三郎	軍属	戦死	昌原郡鎮北面秋谷里四二六
			一九一八・〇三・一七	松江	妻		—
一二一一	第一一一設営隊	ギルバート諸島タラワ島	一九四三・一一・二五	金澤明夫	軍属	戦死	昌原郡鎮北面大峠里八〇九
			一九二一・一〇・〇九	彩蘭	妻		—
一二一二	第一一一設営隊	ギルバート諸島タラワ島	一九四三・一一・二五	金城秉治	軍属	戦死	昌原郡鎮北面大峠里二〇
			一九一七・〇七・三一	朴斗任	妻		—
一二一三	第一一一設営隊	ギルバート諸島タラワ島	一九四三・一一・二五	金光峻一	軍属	戦死	昌原郡北面垈山里四四
			一九二六・〇一・二〇	元治	父		—
一二一四	第一一一設営隊	ギルバート諸島タラワ島	一九四三・一一・二五	金本光淑	軍属	戦死	昌原郡亀山面藍浦里一一二
			一九一七・〇八・一五	粉玉	妻		—
一二五六	第一一一設営隊	ギルバート諸島タラワ島	一九四三・一一・二五	伊原敬造	軍属	戦死	統営郡長原浦邑長永浦里四区
			一九二〇・〇一・〇九	賛根	父		金海郡進水面渓安里六四〇
一二五七	第一一一設営隊	ギルバート諸島タラワ島	一九四三・一一・二五	重光栄珠	軍属	戦死	統営郡延草面泉谷里一〇五
			一九二一・〇一・一六	祥洪	父		統営郡延草面泉谷里一四八
一二五八	第一一一設営隊	ギルバート諸島タラワ島	一九四三・一一・二五	茂山富松	軍属	戦死	統営郡延草面畑沙里五六九
			一九二四・〇二・一〇	京用	父		—
一二五九	第一一一設営隊	ギルバート諸島タラワ島	一九四三・一一・二五	金松得祚	軍属	戦死	統営郡延草面松亭里八〇五
			一九二〇・〇六・二〇	参今	妻		統営郡延草面松亭里八〇五
一二六〇	第一一一設営隊	ギルバート諸島タラワ島	一九四三・一一・二五	金本章平	軍属	戦死	統営郡巨済面東上里五四二
			一九一六・〇五・〇七	李奉共	母		—
一二八四	第一一一設営隊	ギルバート諸島タラワ島	一九四三・一一・二五	岩本聖厚・巖本	軍属	戦死	固城郡固城邑東外洞三四一—一
			一九一八・〇四・一九	文樵	父		固城郡固城邑東外洞三四一—一
一二八六	第一一一設営隊	ギルバート諸島タラワ島	一九四三・一一・二五	竹田文煋	軍属	戦死	固城郡下一面梧芳里六三六
			一九二四・一二・一五	桐湖	父		—
一二八七	第一一一設営隊	ギルバート諸島タラワ島	一九四三・一一・二五	張本貴相	軍属	戦死	固城郡下一面鶴林里五三三
			一九一八・〇九・一九	夜無(千代)	母		—
一二八八	第一一一設営隊	ギルバート諸島タラワ島	一九四三・一一・二五	巴山判吾	軍属	戦死	固城郡馬巌面示山里
			一九一八・〇五・××	宗珍	父		—
一二八九	第一一一設営隊	ギルバート諸島タラワ島	一九四三・一一・二五	岩本正吉	軍属	戦死	固城郡巨済面龍里二三一
			一九一六・〇四・二〇	必順	妻		—
一二九〇	第一一一設営隊	ギルバート諸島タラワ島	一九四三・一一・二五	金海瓚龍・金瓚龍	軍属	戦死	固城郡固城邑基月里三九四—二
			一九二〇・〇五・〇六	占允	妻		—

番号	部隊	死亡場所	死亡年月日／生年月日	氏名／親族名	身分／続柄	死因	本籍地／親族住所
一二九一	第一一一設営隊	ギルバート諸島タラワ島	一九四三・一一・二五 一九二三・〇一・〇七	金山光晴 晴江	軍属 母	戦死	固城郡下二面沙谷里三八三 ー
一三三六	第一一一設営隊	ギルバート諸島タラワ島	一九四三・一一・二五 一九一三・〇八・〇六	原田命介 亨女	軍属 妻	戦死	南海郡二東面龍沼里一〇五五 ー
一三三七	第一一一設営隊	ギルバート諸島タラワ島	一九四三・一一・二五 一九二〇・〇一・一〇	竹村英雄 金一	軍属 父	戦死	南海郡古縣面浦上里四一八 ー
一三三八	第一一一設営隊	ギルバート諸島タラワ島	一九四三・一一・二五 一九二四・〇九・一七	綾本鳥先 降次	軍属 父	戦死	南海郡昌善面上新里 ー
一三六二	第一一一設営隊	ギルバート諸島タラワ島	一九四三・一一・二五 一九一二・〇八・〇三	清本金生 処禮	軍属 妻	戦死	河東郡金南面眞正里六〇〇 ー
一三八六	第一一一設営隊	ギルバート諸島タラワ島	一九四三・一一・二五 一九一七・一一・一三	松原　茂 心心	軍属 妻	戦死	山清郡山清面内里一一四 ー
一三八七	第一一一設営隊	ギルバート諸島タラワ島	一九四三・一一・二五 一九一六・一〇・二〇	松村銑煥 甲蓮	軍属 妻	戦死	山清郡新等面良公里六四 山清郡新等面良公里六四
一三八八	第一一一設営隊	ギルバート諸島タラワ島	一九四三・一一・二五 一九一四・〇四・一三	松村甲祚 道点	軍属 妻	戦死	山清郡新等面良公里一〇二 ー
一四〇九	第一一一設営隊	ギルバート諸島タラワ島	一九四三・一一・二五 一九一九・一〇・一二	金本明富 直権	軍属 父	戦死	咸陽郡咸陽面上洞六八 咸陽郡咸陽面上洞六八
一四一〇	第一一一設営隊	ギルバート諸島タラワ島	一九四三・一一・二五 一九一六・〇四・一九	鄭圭晟 任順	軍属 妻	戦死	咸陽郡安儀面鳳山里二七六 咸陽郡安儀面鳳山里二七六
一四一六	第一一一設営隊	ギルバート諸島タラワ島	一九四三・一一・二五 一九一六・〇三・〇二	江川相範 福任	軍属 妻	戦死	居昌郡主尚面南山里七五二 ー
一四一七	第一一一設営隊	ギルバート諸島タラワ島	一九四三・一一・二五 一九二一・〇二・二六	長光義夫 永周	軍属 父	戦死	居昌郡南上面五渓里三方 ー
一四一八	第一一一設営隊	ギルバート諸島タラワ島	一九四三・一一・二五 一九一八・〇四・〇五	宮田錫東 令奉	軍属 父	戦死	居昌郡加祿面土屏里三六三 居昌郡加祿面土屏里三六三
一四一九	第一一一設営隊	ギルバート諸島タラワ島	一九四三・一一・二五 一九二三・〇六・一二	大村守萬 東元	軍属 父	戦死	居昌郡加北面午恵里二八一 居昌郡加北面午恵里二八一
一四三八	第一一一設営隊	ギルバート諸島タラワ島	一九四三・一一・二五 一九二五・〇三・一三	松山斗元 朴英乃	軍属 母	戦死	陝川郡赤守面上部里七八六―五 ー
一四三九	第一一一設営隊	ギルバート諸島タラワ島	一九四三・一一・二五 一九二四・〇二・一四	金森乙圭 萬石	軍属 父	戦死	陝川郡佳会面時治里七二六 ー
一四四〇	第一一一設営隊	ギルバート諸島タラワ島	一九四三・一一・二五 一九一九・〇三・一〇	朴魯基 朴乙須	軍属 妻	戦死	陝川郡妙山面舘基里六五三 陝川郡妙山面舘基里六五三
九四六	第一一一設営隊	南洋群島	一九四四・〇二・〇六	文昌夏	軍属	戦死	釜山府五倫町二五八

			一九一九・〇五・一九	貴吉	父		—
一〇二二	第一一一設営隊	南洋群島	一九四四・〇二・〇六	呉干記	軍属	戦死	晋陽郡美川面班地里一三六
			一九一九・一〇・二六	達元	父		—
一四〇八	第一一一設営隊	南洋群島	一九四三・〇九・一二	豊川賢柱	軍属	戦死	咸陽郡柳林面菊渓里一〇一
			一九一四・〇四・二一	在須	妻		咸陽郡柳林面柳平里五〇一
一〇八七	第一一一設営隊	ヤルート島	一九四四・〇四・一八	岩本造慶	軍属	戦病死	密陽郡府北面雲田里八四
			一九二四・一二・一八	—	—		
九七六	第一一一設営隊	マニラ東方山中	一九四五・〇六・三〇	朴山正泰	軍属	戦死	馬山府鳳岩里
			一九二五・〇六・一二	—	—		—
一〇〇四	第一一一設営隊	ヤルート島	一九四五・〇六・一七	山田一郎	軍属	戦病死	晋陽郡奈洞面貴谷里
			一九一〇・〇六・一四	江陵順鉱	妻		—
一三三三	第二〇七設営隊	グァム島	一九四四・〇八・一〇	岩江河栄	軍属	戦病死	泗川郡昆明面金甎里三〇三
			一九二三・〇二・一二	太連	妻		—
九六〇	第二一二設営隊	ラバウル	一九四六・〇二・二〇	秋谷正吉	軍属	戦病死	釜山府中島町二丁目三四
			一九二三・〇八・二三	好俊	父		
一〇七五	第二一二設営隊	ビスマルク諸島	一九四三・一二・一九	坂本新太郎	軍属	戦病死	昌寧郡霊山面竹沙里五九
			一九一九・〇八・一三	君子	妻		—
一一八二	第二一二設営隊	ビスマルク諸島	一九四三・一二・一九	金本桂伯	軍属	戦死	金海郡金海邑朝日町一〇五〇
			一九二一・一二・〇九	文子	妻		—
一三一七	第二一三設営隊	ボルネオ島	一九四五・〇九・〇二	全阿只	軍属	戦病死	泗川郡泗川面一区二
			一九一〇・一二・一八	述女	妻		
一二九五	第二一四設営隊	パラオ島	一九四四・一一・一二	玉川漢奎	軍属	戦死	固城郡永吾面永山里四一
			一九一八・一二・二四	今伊	妻		—
九五七	第二一四設営隊	パラオ島	一九四四・一二・三一	金成徳	軍属	戦死	釜山府東三洞一一八七
			一九一九・一〇・二五	金海成台	兄		東莱郡明倫邑明偏町
九六四	第二一四設営隊	パラオ島	一九四四・一二・三一	野村東蔵	軍属	戦死	釜山府溘州町一八〇
			一九二六・〇八・一七	一郎	父		釜山府瀛仙町一八五裵鳳方
一〇二五	第二一四設営隊	ペリリュウ島	一九四四・一二・三一	堀川徳九	軍属	戦死	晋陽郡一班城面南山里
			一九二三・〇三・〇六	孫文洙	—		晋陽郡一班城面南山里
一一二〇	第二一四設営隊	ペリリュウ島	一九四四・一二・三一	岩本恭國	軍属	戦死	蔚山郡上北面芳川里五五六
			一九〇六・一一・〇三	乙順	妻		—
一一二一	第二一四設営隊	ペリリュウ島	一九四四・一二・三一	金慶恭	軍属	戦死	蔚山郡鳳正面川上里
			一九二五・〇七・一七	宰湖	—		蔚山郡鳳正面川上里
一一六二	第二一四設営隊	ペリリュウ島	一九四四・一二・三一	大川政次郎	軍属	戦死	東莱郡日光面
			一九一〇・一〇・二〇	粉錫	妻		—

一一九七	第二二四設営隊	ペリリュウ島	一九四四・一二・三一 一九一八・〇八・一二	新井相喆 東潤	軍属 妻	戦死	金海郡二北面屏洞里二〇二 ―
一二四二	第二二四設営隊	ペリリュウ島	一九四四・一二・三一 一九一八・〇八・二九	金原拓郎 英子	軍属 妻	戦死	昌原郡熊東面所沙里四五 ―
一三一九	第二二四設営隊	ペリリュウ島	一九四四・一二・三一 一九二一・〇九・二一	大原敷鎬 右道	軍属 父	戦死	泗川郡三千浦面龍江里九九 ―
一三二〇	第二二四設営隊	ペリリュウ島	一九四四・一二・三一 一九一三・〇五・〇三	松山秀一 鶴子	軍属 妻	戦死	泗川郡昆明面麻谷里一六九
一三四一	第二二四設営隊	ペリリュウ島	一九四四・一二・三一 一九〇五・一〇・二一	金井公喜 廣鎮	軍属 妻	戦死	南海郡二東面×舟里一六四 ―
一三四二	第二二四設営隊	ペリリュウ島	一九四四・一二・三一 一九二〇・〇三・〇三	金林珠燮 銀洪	軍属 叔父	戦死	南海郡西面西湖里 ―
一三七六	第二二四設営隊	ペリリュウ島	一九四四・一二・三一 一九二三・〇一・一七	花本　勇 宗介	軍属 父	戦死	山清郡今西面梅村里三〇四 山清郡今西面梅村里三〇四
一三七七	第二二四設営隊	ペリリュウ島	一九四四・一二・三一 一九二三・一一・二九	金本守 福助	軍属 兄	戦死	山清郡東黄面長位里 ―
一三七九	第二二四設営隊	ペリリュウ島	一九四四・一二・三一 一九一五・一一・二五	金井徳相 周乃	軍属 妻	戦死	山清郡山清面 ―
一三八〇	第二二四設営隊	ペリリュウ島	一九四四・一二・三一 一九一五・〇七・〇四	豊川五奉 海龍	軍属 父	戦死	山清郡新安面外古里 ―
一三八一	第二二四設営隊	ペリリュウ島	一九四四・一二・三一 一九一三・〇三・一八	李且秀 新田徳順	軍属 妻	戦死	山清郡新安面長竹里四七二 ―
一四一二	第二二四設営隊	ペリリュウ島	一九四四・一二・三一 一九一八・〇八・二七	三村二郎 一郎	軍属 父	戦死	咸陽郡安儀面月林里 ―
一四五一	第二二四設営隊	ペリリュウ島	一九四四・一二・三一 一九一五・〇三・〇七	金岡点龍 廛伊	軍属 妻	戦死	陜川郡赤中面上部里一三二 ―
一四二八	第二二四設営隊	ペリリュウ島	一九四五・〇三・二七 一九一四・〇五・一七	川上達一 好子	軍属 妻	戦死	居昌郡渭川面上内里 ―
一三四三	第二二四設営隊	ルソン島	一九四五・〇六・一〇 一九一五・〇七・一二	諸泰仁 ―	軍属 ―	戦死	南海郡南海面船所里 ―
一〇六七	第二二五設営隊	比島	一九四五・〇一・一九 一九二二・〇五・一〇	藤本松雄 玉江	軍属 妻	戦死	咸南郡郡北面月村里二五 ―
九九三	第二二五設営隊	ダバオ	一九四五・〇五・〇三 一九二二・一二・一三	金田命玉 命碩	軍属 兄	戦病死	晋州府南板門里一七八 晋州府上大里基徳村晋州農園
一二四〇	第二二五設営隊	ダバオ	一九四五・〇七・〇八	玉山小錫	軍属	戦死	昌原郡大加面城北里但票里

			一九一五・〇一・一三	徳任	妻		―
一〇六五	第二一五設営隊	ダバオ・サリンボン	一九四五・〇七・一二 一九二〇・〇七・二〇	豊田繁雄 姜一	軍属 父	戦死	咸安郡漆西面泰谷里一五八 ―
一一六四	第二一五設営隊	ダバオ	一九四五・〇八・一六 一九二一・〇一・一〇	岩本相桂 ―	軍属 ―	戦病死	東萊郡長安面月内里 ―
九五八	第二一五設営隊	ダバオ	一九四五・〇八・一七 一九二一・〇一・〇七	金本甲敦 ―	軍属 ―	戦病死	釜山府佐川町八〇九―三九 ―
一〇〇六	第二一五設営隊	ダバオ	一九四五・〇八・二五 一九二三・〇一・〇六	金本鐘均 相兆	軍属 父	戦病死	晋陽郡智水面清澤里一五五二―一 ―
一〇〇五	第二一五設営隊	ダバオ	一九四五・〇九・〇一 一九一七・〇八・二二	川村丁用 又点伊	軍属 妻	戦病死	晋陽郡寺奉面馬城里二四〇 ―
一四五八	第二一五設営隊	ダバオ	一九四五・〇九・一〇 一九二四・〇五・一六	青山博司 克	軍属 兄	戦病死	陜川郡三嘉面外吐里四一八 ―
一一九五	第二一五設営隊	ダバオ	一九四五・〇九・一一 一九二七・〇二・〇九	金井徹雄 萬伊	軍属 父	戦死	金海郡鳴旨面新田里三〇五 ―
一二三六	第二一五設営隊	ダバオ マラリア	一九四五・〇九・一三 一九二一・一〇・一二	金海在容 同俊	軍属 父	戦病死	昌原郡鎮東面鎮東里城山 昌原郡鎮東面鎮東里城山
一二四七	第二一五設営隊	ダバオ	一九四五・〇九・一九 一九一五・〇九・〇八	竹村福夫 夢石	軍属 兄	戦病死	昌原郡熊南面上福里三一五 ―
九七九	第二一五設営隊	ダバオ	一九四五・〇九・二三 ―	金山清一 ―	軍属 ―	戦病死	馬山府檜原里五六六 ―
一二九四	第二一五設営隊	ダバオ	一九四五・〇九・二三 一九二五・〇八・一一	金乙植 ―	軍属 ―	戦病死	固城郡永吾面泳大里六六 ―
一三七〇	第二一六設営隊	南洋群島	一九四五・〇三・一七 一九一九・〇五・二二	白川敏喜 金氏	軍属 妻	戦病死	河東郡辰福面月雲里四九三 河東郡辰福面月雲里四九三
一一六七	第二一六設営隊	南洋群島	一九四五・〇四・〇八 一九一六・〇五・〇四	栗本泳漢 南順	軍属 妻	戦病死	東萊郡県冠面梅鶴里一二六 ―
一〇八一	第二一六設営隊	南洋群島	一九四五・〇四・一九 一九〇〇・〇五・二九	李萬石 分伊	軍属 妻	戦病死	昌寧郡高老面大巌里二五九 ―
一一一〇	第二一六設営隊	フララップ島(メレヨン)	一九四五・〇四・一九 一九〇〇・一〇・一〇	李他官 菊野	軍属 妻	戦病死	梁山郡院洞面院里八六四 ―
一〇〇三	第二一六設営隊	フララップ島(メレヨン)	一九四五・〇四・二三 一九二七・〇二・二三	金村一郎 文俊	軍属 父	戦病死	晋陽郡奈洞面貴谷里八六一 ―
九六三	第二一六設営隊	フララップ島(メレヨン)	一九四五・〇五・〇二 一九二二・〇八・一八	平沼忠郎 鳳出	軍属 兄	戦病死	釜山府溘州町五三 ―

九九二	第二二六設営隊	フララップ島(メレヨン)	一九四五・〇五・〇三 一九二三・一一・〇一	松房一虎 昌局	軍属 父	戦病死	晋州府玉峯町一八四 ー
一四一一	第二二六設営隊	フララップ島(メレヨン)	一九四五・〇五・〇三 一九二一・〇五・一五	玉田金一 鳳出	軍属 父	戦病死	咸陽郡安儀面泥田里六七七 ー
一二三八	第二二六設営隊	フララップ島(メレヨン) 脚気	一九四五・〇五・一一 一九〇九・〇一・二六	林且律 遺蓮	軍属 妻	戦病死	昌原郡東面松亭里五 昌原郡東面松亭里五
一四一四	第二二六設営隊	フララップ島(メレヨン)	一九四五・〇八・一七 一九一二・〇七・一三	金子三郎 連順	軍属 妻	戦病死	咸陽郡西下面賢山里三四六 ー
一三六七	第二一七設営隊	グァム島	一九四四・〇七・一四 一九二三・〇二・一九	南基贊 吉思佑	軍属 父	戦死	河東郡古田面銭島里一〇九四 ー
一二五〇	第二一七設営隊	グァム島	一九四四・〇七・二四 一九一三・一〇・〇四	金本七坤 斗尺	軍属 妻	戦病死	昌原郡熊南面外洞里六五五 ー
九六一	第二一七設営隊	グァム島	一九四四・〇八・一〇 一九一〇・〇九・〇二	大達慶守 福逑	軍属 妻	戦死	釜山府水晶町二一九三 釜山府鶴見町一六五岩本命恩方
九九四	第二一七設営隊	グァム島	一九四四・〇八・一〇 一九一八・〇六・一三	西山春吉(彩輔) 一順	軍属 妻	戦死	晋州府上大里七四五 ー
一〇〇七	第二一七設営隊	グァム島	一九四四・〇八・一〇 一九一八・〇七・一一	鳳山一郎 書出	軍属 妻	戦死	晋陽郡寺奉面富渓里 ー
一〇五八	第二一七設営隊	グァム島	一九四四・〇八・一〇 一九一一・一〇・二四	香村守生 ー	軍属 ー	戦死	咸安郡山仁面新山里九五
一〇五九	第二一七設営隊	グァム島	一九四四・〇八・一〇 一九二二・〇九・〇二	伊原炳律 培根	軍属 父	戦死	咸安郡漆原面龍亭里六五〇 ー
一〇六〇	第二一七設営隊	グァム島	一九四四・〇八・一〇 一九一三・〇二・〇三	南鶴龍 ー	軍属 ー	戦死	咸安郡法守面沙亭里六七七 ー
一〇六一	第二一七設営隊	グァム島	一九四四・〇八・一〇 一九一〇・〇二・一五	趙奉九 金花林	軍属 妻	戦死	咸安郡法守面
一〇六二	第二一七設営隊	グァム島	一九四四・〇八・一〇 一九一九・〇二・〇八	安陵徳 福順	軍属 妻	戦死	咸安郡法守面大松里一〇三六 ー
一〇六三	第二一七設営隊	グァム島	一九四四・〇八・一〇 一九一三・〇二・一七	徳山隆市 元洪	軍属 父	戦死	咸南郡伽倻面道項里 咸安郡北面余谷町趙景諸方
一〇七七	第二一七設営隊	グァム島	一九四四・〇八・一〇 一九二四・一〇・三〇	河野合正 桂道	軍属 父	戦死	昌寧郡昌寧面橋下洞 昌寧郡昌寧面橋下洞
一〇七八	第二一七設営隊	グァム島	一九四四・〇八・一〇 一九〇六・一一・二四	許萬根 春本ユキ子	軍属 妻	戦死	昌寧郡南旨面鶴柱里 ー
一〇七九	第二一七設営隊	グァム島	一九四四・〇八・一〇	平沼源吉	軍属	戦死	昌寧郡大合面等田里

番号	所属	場所	年月日	氏名	続柄	事由	本籍
			一九〇九・一〇・一六	孟道	妻		ー
一〇八〇	第二一七設営隊	グァム島	一九四四・〇八・〇九	杉原龍萬	軍属	戦死	昌寧郡南旨面馬山里七〇一
			一九二二・〇七・〇五	ー	ー		ー
一一〇四	第二一七設営隊	グァム島	一九四四・〇八・一〇	池本敬用	軍属	戦死	密陽郡上東面新谷里二九二
			一九〇六・〇一・一一	乙鶴	妻		ー
一一〇五	第二一七設営隊	グァム島	一九四四・〇八・一〇	三井利秋	軍属	戦死	密陽郡府北面後沙浦里二八六
			一九一六・〇二・一四	冨見江	妻		ー
一一一六	第二一七設営隊	グァム島	一九四四・〇八・一〇	岩村謙二	軍属	戦死	蔚山郡下廂面珍庄里一三五九
			一九一六・〇一・二三	香子	妻		慶尚北道慶州郡内東面九黄里
一一一九	第二一七設営隊	グァム島	一九四四・〇八・一〇	松原鶴吉	軍属	戦死	蔚山郡三南面校洞里
			一九〇九・〇六・一八	芳枝	妻		ー
一一四五	第二一七設営隊	グァム島	一九四四・〇八・一〇	金城龍九	軍属	戦死	蔚山郡下廂面珍庄里二四七
			一九二三・〇二・二七	龍福	兄		蔚山郡下廂面珍庄里二四七
一一六〇	第二一七設営隊	グァム島	一九四四・〇八・一〇	松本洋昭	軍属	戦死	蔚山郡農所面常安里
			一九二七・〇八・二五	ー	ー		
一一九四	第二一七設営隊	グァム島	一九四四・〇八・一〇	西原澤命	軍属	戦死	金海郡二北面龍徳里一〇七
			一九二一・〇三・一〇	達學	父		金海郡二北面龍徳里一〇七
一一九六	第二一七設営隊	グァム島	一九四四・〇八・一〇	金山高造	軍属	戦死	金海郡下東面酒井里
			一九一五・〇二・一〇	順子	妻		金海郡下東面酒井里
一二三四	第二一七設営隊	グァム島	一九四四・〇八・一〇	西村暢夫	軍属	戦死	昌原郡内西面虎渓里五四五
			一九二四・一二・〇五	為行	父		ー
一二四一	第二一七設営隊	グァム島	一九四四・〇八・一〇	金光成潤	軍属	戦死	昌原郡大山面
			一九一〇・一〇・一〇	出伊	妻		ー
一二四五	第二一七設営隊	グァム島	一九四四・〇八・一〇	平山　昇	軍属	戦死	昌原郡亀山面水昌里長門安
			一九二一・〇四・〇八	士鄭	兄		
一二四六	第二一七設営隊	グァム島	一九四四・〇八・一〇	宮本孝哲	軍属	戦死	昌原郡亀山面水晶里五五五
			一九二五・一一・二九	萬介	父		ー
一二五一	第二一七設営隊	グァム島	一九四四・〇八・一〇	安本秀雄	軍属	戦死	昌原郡昌原面西上里五三〇
			一九二四・〇九・二四	弘基	父		ー
一二六三	第二一七設営隊	グァム島	一九四四・〇八・一〇	金澤淑伊	軍属	戦死	統営郡延草面汗内里
			一九一一・一二・二〇	達順	妻		ー
一二九六	第二一七設営隊	グァム島	一九四四・〇八・一〇	金甲明	軍属	戦死	固城郡永縣面農盆里
			一九二四・一二・二六	敬守	父		ー
一二九七	第二一七設営隊	グァム島	一九四四・〇八・一〇	密城龍夫	軍属	戦死	固城郡永縣面
			一九二三・〇三・二八	ー	ー		ー

番号	部隊	場所	年月日	氏名	身分・続柄	区分	本籍
一二九八	第二一七設営隊	グアム島	一九四四・〇八・一〇 一九二四・一一・〇六	廣山光雄 順基	軍属 母	戦死	固城郡馬巌面三楽里 固城郡馬巌面三楽里
一三二三	第二一七設営隊	グアム島	一九四四・〇八・一〇 一九〇六・〇五・〇五	井原必用 必蓮	軍属 ｜	戦死	泗川郡昆明面新興里 ｜
一三二四	第二一七設営隊	グアム島	一九四四・〇八・一〇 一九一八・〇六・〇二	松井清焜 敬燮	軍属 父	戦死	泗川郡西浦面飛兎里一八五 ｜
一三六八	第二一七設営隊	グアム島	一九四四・〇八・一〇 一九一九・〇九・〇七	河村桂市 壬順	軍属 妻	戦死	河東郡北川面 ｜
一三六九	第二一七設営隊	グアム島	一九四四・〇八・一〇 一九二一・××・××	豊川三逑 今玉	軍属 妻	戦死	河東郡良甫面西桑里四七八 ｜
一三七八	第二一七設営隊	グアム島	一九四四・〇八・一〇 一九二四・〇八・〇七	松岡仙吉 政雄	軍属 兄	戦死	山清郡生草面老隠里 ｜
一三八二	第二一七設営隊	グアム島	一九四四・〇八・一〇 一九一六・〇四・一四	金山周吉 駢淳	軍属 父	戦死	山清面三荘面洪海里九四五 山清面三荘面洪海里九四五
一三八三	第二一七設営隊	グアム島	一九四四・〇八・一〇 一九二〇・〇七・二五	金運全 淑女	軍属 妻	戦死	山清郡三荘面徳橋里 ｜
一三八四	第二一七設営隊	グアム島	一九四四・〇八・一〇 一九〇九・〇七・一五	権藤正二・近藤正一 奉点	軍属 妻	戦死	山清郡丹城面立石里 ｜
一三八五	第二一七設営隊	グアム島	一九四四・〇八・一〇 一九二〇・〇五・一一	青松球輔 花子	軍属 妻	戦死	山清郡丹城面 ｜
一四〇二	第二一七設営隊	グアム島	一九四四・〇八・一〇 一九〇五・〇九・〇四	花原命鎬 裁徳	軍属 父	戦死	山清郡梧釜面内谷里二六一 山清郡梧釜面内谷里二六一
一四〇三	第二一七設営隊	グアム島	一九四四・〇八・一〇 一九一四・〇四・〇四	良原千万 且石	軍属 兄	戦死	山清郡梧谷面内谷里一〇三 山清郡梧谷面内谷里一〇三
一四一三	第二一七設営隊	グアム島	一九四四・〇八・一〇 一九二四・〇三・〇一	金子敏雄 久子	軍属 妻	戦死	咸陽郡柳林面獐實里四三四 ｜
一四四四	第二一七設営隊	グアム島	一九四四・〇八・一〇 一九二五・〇七・一五	白再岩・崔巌 岩伊	軍属 兄	戦死	陝川郡妙山面 ｜
一四四五	第二一七設営隊	グアム島	一九四四・〇八・一〇 一九〇六・〇四・一一	李奇俊 海深	軍属 妻	戦死	陝川郡栗谷面本泉里 ｜
一四四七	第二一七設営隊	グアム島	一九四四・〇八・一〇 一九〇七・〇五・一八	岩本東燮 鉉折	軍属 父	戦死	陝川郡陝川面盈倉里六〇九 陝川郡陝川面盈倉里六〇九
一四四九	第二一七設営隊	グアム島	一九四四・〇八・一〇 一九〇〇・一二・〇八	池田清吉 武明	軍属 長男	戦死	陝川郡太陽面伯岩里八五 ｜
一四五四	第二一七設営隊	グアム島	一九四四・〇八・一〇	中川重春	軍属	戦死	陝川郡佳会面道谷里一九一

			一九二一・一〇・二六	正三	兄		—
一四七一	第二一七設営隊	グァム島	一九四四・〇八・一〇	新井龍太	軍属	戦死	統営郡統営邑曙町二九
			一九一九・一〇・〇八	玉連	母		—
一二三七	第二一七設営隊	グァム島	一九四四・〇九・一〇	朴龍漢	軍属	戦死	昌原郡東面本浦里
			一九〇九・一一・二七	八本水源	兄		馬山府稜源里一二三
一二四四	第二一七設営隊	グァム島	一九四五・〇二・一五	平田小介	軍属	戦死	昌原郡亀山面水昌里長門安三六一―二
			一九一八・〇八・一四	千伊	父		—
一四五五	第二一七設営隊	グァム島	一九四五・〇三・一〇	中島求植	軍属	戦死	陝谷郡栗谷面
			一九二三・〇六・一一	林本俊雄	義兄		—
九八七	第二一九設営隊	比島	一九四四・一一・〇四	金田聖道	軍属	戦死	晋州府錦町三〇三
			一九二一・〇四・〇三	斗萬	父		晋州府玉峰町
一二四九	第二一九設営隊	ルソン島中部	一九四五・〇七・〇一	豊山昌平	軍属	戦病死	昌原郡熊南面貴山里
			一九二七・〇三・〇九	秋平	父		昌原郡鎮海邑慶泥洞二六二九
九八九	第二一九設営隊	ルソン島中部	一九四五・〇七・〇八	竹本 昇	軍属	戦死	晋州府錦町一〇
			一九二一・〇三・〇五	秀雄	兄		—
一〇九一	第二一九設営隊	ルソン島中部	一九四五・〇七・〇八	國本源助・都建煥	軍属	戦死	密陽郡山外面金谷里三三一
			一九二一・〇三・二六	相源	父		密陽郡山外面金谷里三三一
一三七五	第二一九設営隊	ルソン島中部	一九四五・〇七・〇八	藤原金次郎	軍属	戦死	山清郡今西面紙幕里七九二
			一九〇六・〇四・一七	春蘭	妻		—
一〇八四	第二一九設営隊	ルソン島中部	一九四五・〇七・一〇	金判祚	軍属	戦死	昌寧郡霊山面城内里五五五
			一九二一・一〇・〇八	景成	父		—
一〇九〇	第二一九設営隊	ルソン島中部	一九四五・〇七・一〇	鶴山慶俊	軍属	戦死	密陽郡三浪津面安台里
			一九二〇・〇一・〇二	善中	父		密陽郡三浪津面安台里
一一一四	第二一九設営隊	ルソン島中部	一九四五・〇七・一〇	朴斗賛	軍属	戦死	蔚山郡下廂面楊亭里六七一
			一九一〇・一一・二〇	順祚	妻		—
一一六五	第二一九設営隊	ルソン島中部	一九四五・〇七・一〇	華山順鳳	軍属	戦死	東莱郡鐵馬面九七里五六三
			一九一八・〇四・〇七	勲謨	父		東莱郡鐵馬面九七里五六三
一一六六	第二一九設営隊	ルソン島中部	一九四五・〇七・一〇	杉山 晃	軍属	戦死	東莱郡機張面大羅里四一七
			一九一九・一一・一一	錬億	父		釜山府福町三―四四一
一一九九	第二一九設営隊	ルソン島中部	一九四五・〇七・一〇	木村一郎	軍属	戦死	麗水郡東村面月山里七六六
			一九〇八・〇二・二四	—	—		—
一三四四	第二一九設営隊	ルソン島中部	一九四五・〇七・〇八	安田千也	軍属	戦死	南海郡南海面牙山里
			一九二五・一〇・一四	文吉	父		南海郡南海面牙山里
一三七四	第二一九設営隊	ルソン島中部	一九四五・〇七・一〇	平山東俊	軍属	戦死	山清郡新安面下丁里
			一九一七・〇九・一五	徳日	父		—

番号	部隊	死亡場所	死亡日 / 生年月日	氏名 / 家族	身分 / 続柄	事由	本籍 / 家族住所
一四六三	第二二九設営隊	ルソン島中部	一九四五・〇七・一〇 一九二一・〇三・二七	金子犀雄 順伊	軍属 母	戦死	金海郡上東面大甘里九八三 ー
一五〇八	第二二三設営隊	パラオ島	一九四四・〇一・〇一 一九二六・〇三・二五	西岡次作 善伊	軍属 妻	戦死	東萊郡鐵馬面林基里六四四 ー
一四八一	第二二三設営隊	パラオ島	一九四四・〇一・三一 一九二二・〇九・一〇	青松圭燮 順伊	軍属 妻	戦死	新陽郡鳴石面旺旨里五四四 新陽郡鳴石面旺旨里五四四
一四七二	第二二三設営隊	パラオ島	一九四四・〇一・三一 一九〇八・一〇・一三	文岡泳太 鳳綾	軍属 妻	戦死	昌原郡東面鳳岡里六八七 ー
一四九三	第二二三設営隊	パラオ島	一九四四・〇一・三一 一九二一・〇七・〇七	青木昌彦 芳子	軍属 妻	戦死	釜山府安楽町八四五 釜山府安楽町八四五
一五一三	第二二三設営隊	パラオ島	一九四四・〇一・三一 一九一四・〇四・〇二	安田鳳商 貴連	軍属 妻	戦死	宣寧郡正谷面上村里一二五 ー
一五三六	第二二三設営隊	パラオ島	一九四四・〇一・三一 一九二二・一〇・一七	金田政一 廣吉	軍属 父	戦死	蔚山郡方魚津邑日山里二六四ー一 蔚山郡方魚津邑日山里二六四ー一
一五七九	第二二三設営隊	南洋群島	一九四五・〇七・〇五 一九一五・〇一・一六	金澤一郎 樹丹	軍属 母	戦死	釜山府草場街三ー八九
一四七三	第二二三設営隊	父島西北海面	一九四四・〇二・二三 一九一九・一一・二五	朴銭岩 命順	軍属 妻	戦死	昌原郡天加面城北里三二一 ー
一四八二	第二二三設営隊	父島西北	一九四四・〇二・二三 一九一八・〇四・二四	永山陳淑 奉南	軍属 妻	戦死	晋陽郡金谷面省山里三九五 晋陽郡金谷面省山里三九五
一四八三	第二二三設営隊	父島西北	一九四四・〇二・二三 一九一八・〇七・二八	松岡龍守 妙免	軍属 母	戦死	晋陽郡金谷里省山里二八九 ー
一四九五	第二二三設営隊	父島西北	一九四四・〇二・二三 一九一二・〇八・一七	林吉車 逢春	軍属 父	戦死	釜山府草梁町七五三 釜山府草梁町七五三
一四九七	第二二三設営隊	父島西北	一九四四・〇二・二三 一九一六・〇六・一〇	柳川永水 尚水	軍属 弟	戦死	釜山府温泉町三一五 釜山府岩屋部落
一五〇五	第二二三設営隊	父島西北	一九四四・〇二・二三 一九二三・〇九・〇九	武平魯三 守東	軍属 父	戦死	山清郡山清面内里八一〇 山清郡山清面内里八一〇
一五一四	第二二三設営隊	父島西北	一九四四・〇二・二三 一九二二・〇五・〇八	三原寄馥 重一	軍属 父	戦死	宣寧郡宮柳面土谷里一五七 宣寧郡宮柳面土谷里一五七
一五一六	第二二三設営隊	父島西北	一九四四・〇二・二三 一九二二・〇六・一六	横田小壽 相述	軍属 ー	戦死	金海郡鳴旨面下里二八〇 金海郡鳴旨面下里二八〇
一五一八	第二二三設営隊	父島西北	一九四四・〇二・二三 一九二八・〇三・一五	金敏雄 政吉	軍属 父	戦死	固城郡永吾面省谷里七二七 ー
一五一九	第二二三設営隊	父島西北	一九四四・〇二・二三	完山起祥	軍属	戦死	固城郡上里面鳥山里二一

			一九一五・一二・〇五	梅子	妻		固城郡上里面鳥山里二一
一五二一	第二三設営隊	父島西北	一九四四・〇二・二三	孫碩秀	軍属	戦死	密陽郡上南面浪山里九〇七
			—	十連	母		—
一五二四	第二三設営隊	父島西北	一九四四・〇二・二三	金鐘大	軍属	戦死	咸陽郡西上面玉山里九二三
			—	丁培	父		—
一五二五	第二三設営隊	父島西北海面	一九四四・〇二・二三	真山致絳	軍属	戦死	居昌郡主尚面道坪里七七
			一九一〇・〇九・二〇	鳳興	妻		居昌郡主尚面道坪里七七
一五二六	第二三設営隊	父島西北	一九四四・〇二・二三	金千石	軍属	戦死	居昌郡高梯面農山里三六四〇
			—	鳳安	妻		—
一五二七	第二三設営隊	父島西北	一九四四・〇二・二三	金泉喜作	軍属	戦死	居昌郡南下面梁項里九九
			一九一四・〇八・一一	愛子	妻		—
一五二八	第二三設営隊	父島西北	一九四四・〇二・二三	華山且岩	軍属	戦死	陜川郡治爐面河×
			一九〇八・〇六・〇六	甫一	父		—
一五二九	第二三設営隊	父島西北	一九四四・〇二・二三	金海守封	軍属	戦死	陜川郡草渓面宅里三八三
			—	晩達	妻		—
一五三一	第二三設営隊	父島西北	一九四四・〇二・二三	周本正一	軍属	戦死	咸安郡山仁面松汀里四一二
			一九一二・〇六・一四	桂必	妻		咸安郡山仁面松汀里四一二
一五三七	第二三設営隊	父島西北	一九四四・〇二・二三	春山錫用	軍属	戦死	蔚山郡彦陽面盤泉里二四九
			一九一四・〇四・二〇	末祚	妻		蔚山郡彦陽面盤泉里二四九
一五三八	第二三設営隊	父島西北	一九四四・〇二・二三	金澤洛根	軍属	戦死	蔚山郡鳳西面斗山里二二三
			一九〇七・〇九・〇三	再善	妻		—
一五五三	第二三設営隊	父島西北	一九四四・〇二・二三	山本熙勲	軍属	戦死	馬山府上南洞二七二
			一九二〇・〇五・一四	扶得	妻		—
一五五六	第二三設営隊	父島西北	一九四四・〇二・二三	春山元雄	軍属	戦死	昌原郡熊東面南陽里
			一九〇九・一一・一一	—	—		—
一五八四	第二三設営隊	父島西北	一九四四・〇二・二三	宮本萬植	軍属	戦死	山清郡草黄面長伍里
			一九二三・〇一・一四	乭碩	父		—
一五八五	第二三設営隊	父島西北	一九四四・〇二・二三	香山松吉	軍属	戦死	東莱郡沙下面槐亭里八四六
			一九〇七・〇七・一五	貴南	妻		—
一五八六	第二三設営隊	父島西北	一九四四・〇二・二三	柳鐘夏	軍属	戦死	東莱郡東莱邑壽安洞
			一九二二・一二・〇三	—	—		—
一五八七	第二三設営隊	父島西北	一九四四・〇二・二三	金本容圭	軍属	戦死	東莱郡北面久瑞里二九
			一九二三・〇九・一〇	—	—		—
一六〇二	第二三設営隊	父島西北	一九四四・〇二・二三	申末宗	軍属	戦死	金海郡金海面三山里
			一九〇八・〇二・一一	—	—		—

番号	部隊	場所	年月日	氏名	身分・続柄	事由	本籍
一六三五	第二二三設営隊	父島西北	一九四四・〇二・二三 一九二二・〇八・二三	早川三郎 ―	軍属 ―	戦死	蔚山郡下廂面 ―
一六六五	第二二三設営隊	サイパン島	一九四四・〇二・二三 一九二三・〇七・〇二	李在華・松本菊太郎 在逑	軍属 兄	戦死	馬山府午東洞九二 ―
一六六六	第二二三設営隊	サイパン島	一九四四・〇二・二三 一九一三・〇八・〇七	金徳伊・金山貴徳 ―	軍属 ―	戦死	馬山府校原里七四九 ―
一六七〇	第二二三設営隊	テニアン島	一九四四・〇七・二七 一九二二・〇三・〇三	安全元文 金達	軍属 妻	戦死	新州郡集賢面池内里三九八 ―
一五七六	第二二三設営隊	父島西北	一九四四・〇二・二三 一九二三・〇一・〇三	星山　完 ―	軍属 ―	戦死	釜山府温泉町七四三 ―
一五七七	第二二三設営隊	父島西北	一九四四・〇七・〇八 一九一一・〇六・一〇	新井牧泰 ―	軍属 ―	戦死	釜山府草梁町二五二 ―
一六八九	第二二三設営隊	テニアン島	一九四四・〇八・〇一 一九二一・一一・一一	花山秀夫 忠夫	軍属 弟	戦死	宣寧郡華井面徳橋里九三七 宣寧郡華井面徳橋里九三七
一五八一	第二二五設営隊	ダバオ	一九四四・〇七・二〇 一九一三・〇四・〇七	平山茂雄 南基	軍属 父	死亡	釜山府鳳一町山一七三 釜山府鳳一町山一七三
一五五五	第二二五設営隊	ダバオ	一九四四・一二・一二 一九一一・〇三・〇八	伊原虎雄 キヨ子	軍属 妻	戦死	馬山府高街一 ―
一五九五	第二二五設営隊	ダバオ	一九四五・〇五・〇六 一九二三・〇五・二七	大山守彩 ―	軍属 ―	戦死	金海郡二比面長方里 ―
一五七三	第二二五設営隊	ダバオ	一九四五・〇六・〇七 一九二二・〇六・二三	金原龍治 ―	軍属 ―	戦死	晋陽郡二王荘城面佳山里 ―
一五六八	第二二五設営隊	ダバオ マラリア	一九四五・〇七・三〇 一九二〇・一一・二五	湖山宗鎬 貞南	軍属 妻	戦病死	昌原郡鎮田面五四里一七 ―
一五九一	第二二五設営隊	ダバオ マラリア	一九四五・〇八・〇四 一九〇八・〇七・二三	李快点 ―	軍属 ―	戦病死	宣寧郡洛西面金火里二八九 ―
一五七四	第二二五設営隊	ダバオ マラリア	一九四五・〇八・二七 ―	重光祭鳳 ―	軍属 ―	戦病死	晋陽郡鳴石面龍山里 ―
一五九八	第二二五設営隊	ダバオ マラリア	一九四五・〇九・二四 一九一〇・〇八・一四	金原信一 信江	軍属 ―	戦病死	金海郡進永邑内龍里 ―
一六〇四	第二二五設営隊	ダバオ マラリア	一九四五・〇九・二四 一九二〇・〇七・一五	池田重夫 ―	軍属 ―	戦病死	固城郡大可面琴山里 ―
一五九九	第二二五設営隊	ダバオ マラリア	一九四五・〇九・二五 一九二二・一一・〇八	木村徳龍 ―	軍属 ―	戦病死	金海郡鳴旨面助東里 ―
一四八九	第二二六設営隊	本邦南東	一九四四・〇五・〇五	金山且介	軍属	戦病死	晋州府草田里一五七八

			—	奉禮	妻		—
一五〇七	第二二六設営隊	本邦南東	一九四四・〇五・〇五	朴田桂徳	軍属	戦病死	東莱郡機張面松亭里
			—	福也	父		—
一五二三	第二二六設営隊	本邦南東	一九四四・〇五・〇五	金本玉貞	軍属	戦病死	咸陽郡瓶谷面元山里二三七
			—	玉相	兄		—
一五三九	第二二六設営隊	本邦南東	一九四四・〇五・〇五	金村萬錫	軍属	戦死	蔚山郡下廂面孝門里三八五
			—	在萬	兄		—
一六一八	第二二六設営隊	沖縄	一九四五・〇五・二二	完山延鎬	軍属	戦死	陜川郡栗谷面甲山里一七一七
			一九一九・〇一・〇九	浩宰	父		陜川郡栗谷面甲山里一七一七
一六二六	第二二六設営隊	沖縄	一九四五・〇五・二三	金城利明	軍属	戦死	蔚山郡彦陽面茶開里一四〇
			一九一五・〇九・二三	金廣明	弟		蔚山郡彦陽面台機里一七七
一六〇七	第二二六設営隊	沖縄	一九四五・〇五・二六	大原海壽	軍属	戦死	密陽郡鳳北面位良里一四〇
			—	—	—		—
一六一六	第二二六設営隊	沖縄	一九四四・〇五・三〇	松島奉道	軍属	戦死	陜川郡伽倻面晴峴里六一九
			一九二七・〇二・〇五	一郎	父		—
一六一四	第二二六設営隊	沖縄小禄	一九四四・〇五・二〇	松原判世	軍属	戦死	居昌郡居昌邑中洞一二四〇
			一九一九・一〇・〇五	—	—		居昌郡居昌邑中洞一二四〇
一六一一	第二二六設営隊	沖縄	一九四四・〇六・〇三	平山弘錫	軍属	戦死	咸陽郡毎義面校北里四四四
			一九一五・一二・〇六	尚錫	弟		—
一五八三	第二二六設営隊	沖縄	一九四四・〇六・〇九	星山錫圭	軍属	戦死	山清郡丹城面放牧里
			一九一六・〇七・二四	林貞南	妻		—
一五七二	第二二六設営隊	沖縄小禄	一九四五・〇六・一三	岩本供三	軍属	戦死	晋陽郡智水面清源里
			一九二二・〇五・〇六	幸子	兄嫁		晋陽郡智水面清源里
一五九二	第二二六設営隊	沖縄小禄	一九四五・〇六・一三	田村命燮	軍属	戦死	宣寧郡宣寧面下里一〇三
			一九××・〇九・〇一	命祚	兄		宣寧郡宣寧面下里一〇三
一六一七	第二二六設営隊	沖縄小禄	一九四五・〇六・一三	原井光守	軍属	戦死	陜川郡大坪面上川里三八四
			一九一八・一〇・一五	—	—		—
一五五七	第二二六設営隊	沖縄小禄	一九四五・〇六・一四	林又鐘・朴又鐘	軍属	戦死	昌原郡亀山面盤洞里三二五
			一九一二・一〇・二〇	—	—		—
一六六一	第二二六設営隊	沖縄小禄	一九四五・〇六・一四	星出甲周	軍属	戦死	南海郡大渚面小徳里三〇〇
			一九一五・一〇・二七	鳳局	父		—
一五九七	第二二六設営隊	サイパン島	一九四四・〇七・〇九	陽本康博	軍属	戦死	金海郡進永邑舎山里
			一九二〇・一〇・二三	—	—		—
一六一二	第二二六設営隊	サイパン島	一九四四・〇七・〇九	山口 勇	軍属	戦死	咸陽郡咸陽面校山里七八〇—二
			一九二七・〇三・一〇	—	—		—

一六一三	第二二六設営隊	サイパン島	一九四四・〇七・〇九	山口清人	軍属	戦死	咸陽郡咸陽面校山里七八〇—二
			一九二〇・一一・二六	—	—		—
一六二八	第二二六設営隊	サイパン島	一九四四・〇七・〇九	趙斗満	軍属	戦死	蔚山郡方魚津邑方魚里一五
			一九一八・〇七・三〇	玉川安子	妻		—
一六一九	第二二八設営隊	サイパン島	一九四四・〇七・〇九	玉光判述	軍属	戦死	陝川郡治炉面九汀里
			一九二二・一一・一五	—	—		咸陽郡咸陽面枝山里七八〇—二
一六八八	第二三二設営隊	テニアン島	一九四四・〇七・二七	武本在順	軍属	戦死	咸陽郡安儀面泥田里一一四
			一九一一・一二・二八	達淳	妻		—
一六六八	第二三三設営隊	テニアン島	一九四四・〇八・〇一	柳原琪烈	軍属	戦死	晋州郡金谷面亭子里七九〇
			一九一二・〇三・〇七	允善	妻		—
一六七二	第二三三設営隊	テニアン島	一九四四・〇七・二四	金泰淑	軍属	戦死	晋州郡晋州府鳳山町三一一
			一九〇七・一二・一七	甲南	妻		—
一六七三	第二三三設営隊	テニアン島	一九四四・〇七・二七	田中小市	軍属	戦死	晋州郡智水面勝内里二〇二
			一九〇八・一一・二一	充順	妻		—
一六七五	第二三三設営隊	テニアン島	一九四四・〇八・〇一	星本光一	軍属	戦死	居昌郡熊川面竹谷里四九二
			一九一四・〇五・三〇	鳳俊	父		—
一六八〇	第二三三設営隊	テニアン島	一九四四・〇八・〇一	柳村景発	軍属	戦死	昌原郡大山面柳等里五三三
			一九一七・〇三・二一	鳳弼	妻		—
一六八三	第二三三設営隊	テニアン島	一九四四・〇七・二三	中島徳潤	軍属	戦死	陝川郡栗谷面堤内里七五七
			一九〇六・〇四・〇八	小占順	妻		
一六九一	第二三三設営隊	テニアン島	一九四四・〇七・二五	神農仁熙・文熙	軍属	戦死	宣寧郡宣寧面茂田里九二六
			一九二二・〇八・〇一	乙岳	母		—
一六九二	第二三三設営隊	テニアン島	一九四四・〇八・〇一	岩城泳壽・辛家壽	軍属	戦死	昌寧郡都泉面礼里七七五
			一九〇六・〇二・二六	雙禮	妻		—
一六九五	第二三三設営隊	テニアン島	一九四四・〇八・〇一	金本斗晩・金斗萬	軍属	戦死	南海郡昌善面東大里六一一
			一九二〇・一二・一四	基伯	父		南海郡昌善面東大里六一一
一六九七	第二三三設営隊	テニアン島	一九四四・〇七・二四	西山景大	軍属	戦死	南海郡古縣面伊於里
			一九〇八・〇八・一四	権心	妻		—
一六九九	第二三三設営隊	テニアン島	一九四四・〇七・二七	金岡泳玄	軍属	戦死	南海面南面上加里九八九
			一九一三・一〇・一一	南分	妻		—
一七〇二	第二三三設営隊	テニアン島	一九四四・〇八・〇一	金澤一郎	軍属	戦死	山清郡生草面桂南里一一八
			一九二六・〇九・二〇	海宣	父		—
一七〇三	第二三三設営隊	テニアン島	一九四四・〇八・〇一	竹本守然	軍属	戦死	山清郡今西面水鐵里七三二
			一九一四・〇九・〇二	分点	妻		山清郡今西面水鐵里七三二
一七〇七	第二三三設営隊	テニアン島	一九四四・〇八・〇一	池岡鳳大	軍属	戦死	統営郡道山面道善里八〇一

			一九一二・〇一・一八	又順	妻		統営郡道山面道善里八〇一
一七〇八	第二三三設営隊	テニアン島	一九四四・〇八・〇一	金延富正	軍属	戦死	統営郡道山面院斗里二五二
			一九一九・〇四・一六	斗南	妻		—
一七〇九	第二三三設営隊	テニアン島	一九四四・〇八・〇一	松村三祚	軍属	戦死	統営郡一運面小洞里五〇四
			一九〇七・〇五・一五	仁龍	妻		統営郡一運面小洞里五〇四
一七一四	第二三三設営隊	テニアン島	一九四四・〇八・〇一	金林朕朱	軍属	戦死	河東郡丘陽面新星里九一八
			一九二六・〇三・二九	貴大	父		河東郡丘陽面新星里九一八
一七一七	第二三三設営隊	テニアン島	一九四四・〇八・〇一	朴仁順石	軍属	戦死	咸安郡郡北面東村里一三一四五
			一九〇六・〇七・二五	点介	妻		—
一七二六	第二三三設営隊	テニアン島	一九四四・〇七・三〇	玉山壽明	軍属	戦死	固城郡介川面清光里八二
			一九一一・一一・二一	夢愛	妻		—
一七三〇	第二三三設営隊	テニアン島	一九四四・〇八・〇一	新川煕景	軍属	戦死	咸陽郡安儀面草東里一三六
			一九一四・一二・〇九	今順	妻		—
一七三九	第二三三設営隊	テニアン島カロリナス	一九四四・〇八・〇一	耕田富雄	軍属	戦死	咸安郡北面東村里一七〇
			一九〇六・一二・一二	末順	妻		—
一七四〇	第二三三設営隊	テニアン島カロリナス	一九四四・〇八・〇一	金海桂秀	軍属	戦死	晋州郡金谷面竹谷里七二〇
			一九一六・〇六・〇二	徳禮・申	妻		—
一七四一	第二三三設営隊	テニアン島カロリナス	一九四四・〇八・〇一	平本新吉・琪壽	軍属	戦死	晋州郡美川面龍岩里四三四
			一九二一・〇二・二五	珉	兄		—
一七四二	第二三三設営隊	テニアン島カロリナス	一九四四・〇八・〇一	朴連乭・山本仙吉	軍属	戦死	晋州郡土伏面北×里
			一九〇四・〇一・一八	秋子	妻		—
一七四三	第二三三設営隊	テニアン島カロリナス	一九四四・〇八・〇一	平山小石順・琪壽	軍属	戦死	河東郡金南面仲坪里四五
			一九二二・〇二・〇三	甲守	妻		—
一七四四	第二三三設営隊	テニアン島カロリナス	一九四四・〇八・〇一	高島宏明	軍属	戦死	金海郡進永邑本山里一一九六
			一九一〇・一一・一一	慶子	妻		—
一七四五	第二三三設営隊	テニアン島カロリナス	一九四四・〇八・〇一	昌山有壽	軍属	戦死	陝川郡伽倻面細仁里五〇六
			一九〇六・一〇・一三	嶋仙	妻		—
一七四六	第二三三設営隊	テニアン島カロリナス	一九四四・〇八・〇一	新川今錫	軍属	戦死	宣寧郡華井面加樹里七六八
			一九〇七・一二・二五	月分	妻		—
一七四七	第二三三設営隊	テニアン島カロリナス	一九四四・〇八・〇一	琴又碩	軍属	戦死	山清郡今西面水鐵里一二八
			一九一二・〇五・二一	占粉	妻		—
一七四八	第二三三設営隊	テニアン島カロリナス	一九四四・〇八・〇一	山本徳一・江本順東	軍属	戦死	居昌郡加北面龍岩里一四八九
			一九〇七・〇七・二〇	金必伊	妻		—
一六七八	第二三三設営隊	テニアン島カロリナス	一九四四・〇九・三〇	月浦基雄	軍属	戦死	昌原郡上南面大方里七五六
			一九一三・一〇・〇九	宋子	妻		—

一七一六	第二三三設営隊	テニアン島カロリナス	一九四四・一二・二八 一九〇八・〇四・一〇	西村松市 貞子	軍属 妻	戦死	咸安郡咸安面大山里一一一二 —
一七四九	第二三三設営隊	ルソン島	一九四五・〇四・二四 一九二五・一〇・一五	川島栄軾 徳潤・判岳	軍属 父・母	戦死	釜山府大新町二—一一五八 —
一六八四	第二三四設営隊	インド洋 急性腸炎	一九四四・〇七・二三 一九〇三・〇七・一九	新井判伊 順介	軍属 妻	戦病死	陝川郡栗谷面瓦里二六 —
一六九〇	第二三四設営隊	インド洋 脚気	一九四四・〇八・一四 一九一二・一〇・二一	兪杞光則 蓮子	軍属 妻	戦病死	昌寧郡高岩面億萬里一三四二
一七二〇	第二三五設営隊	ネグロス島	一九四五・〇一・二九 一九〇八・〇一・一九	朴魯春・新川益司郎 五任	軍属 妻	戦死	咸安郡艅航面船陽里九五五 —
一六六九	第二三五設営隊	セブ島	一九四五・〇四・〇一 一九〇五・〇九・二八	文岩慶復 又岳	軍属 妻	戦死	晋州郡旻川面班地里七二三 —
一六八五	第二三五設営隊	ネグロス島	一九四五・〇四・〇六 一九一三・一〇・一三	星野輝雄 千秋	軍属 父	戦死	東萊郡亀浦面亀浦里 東萊郡亀浦面亀浦里
一六八六	第二三五設営隊	ネグロス島	一九四五・〇四・〇六 一九〇七・〇三・二九	松山豊吉 千代子	軍属 妻	戦死	密陽郡上南面東音里二二八 —
一六九三	第二三五設営隊	セブ島	一九四五・〇六・一六 一九一〇・〇二・二八	岩本景東 占順	軍属 妻	戦死	昌寧郡遊魚面船所里六一二 —
一七一九	第二三五設営隊	セブ島	一九四五・〇四・一六 一九一二・〇八・〇三	延安振一 南順	軍属 妻	戦死	咸安郡漆西面渓内里 —
一五三二	第二三六設営隊	本州南東海面	一九四四・〇五・〇五 一九二〇・〇二・二五	安陵壽玉 点伊	軍属 妻	戦死	咸南郡郡北面長也里 —
四	第二五四航空隊	バシー海峡	一九四四・〇九・〇九 一九二八・〇一・〇二	水原永剛 水原敏肇	上整 父	戦死	釜山府杜町八三二 —
八	第二五四航空隊	マニラ	一九四五・〇六・〇一 一九二六・〇四・〇五	山本晃四郎 繁松	整備長 父	戦死	金海郡下東面鳥訥里一六八—一 東萊郡北面青龍里鳳漁寺五三五
一七〇一	第五三五海軍設営隊	ネグロス島 急性腸炎	一九四五・〇七・二二 一九一六・〇九・一二	河本太錫 蘭順	軍属 妻	戦病死	南海郡南海面坪里 —
三八	第九五一航空隊	鎮海海軍病院 肺結核	一九四五・〇四・一六 一九二七・〇五・〇七	吉田多一 吉田明民	上水 父	死亡	密陽郡丹陽面泗潤里四一七 —
三九四	第五雲海丸	舟山列島	一九四二・〇六・三〇 一九一一・〇八・一七	青森正得 —	軍属 —	戦死	釜山府草梁町一〇七一 —
四〇六	昌和丸	ルソン島	一九四二・〇八・二二 一八九七・〇二・一七	金徳伊 玉展金	軍属 —	戦死	東萊郡日光面龍川里二五九 東萊郡日光面龍川里二五九
四九六	昌和丸	ルソン島マニラ	一九四二・〇八・二二	西原又寛	軍属	戦死	泗川郡西浦面仙田里五三一

			一九二〇・〇三・一〇	載葉	—		泗川郡西浦面仙田里五三一
三八九	令明丸	本州東方海面	一九四二・〇九・〇四 一九〇三・〇五・〇六	張謹水 —	軍属 —	戦死	釜山府土城町三―三―一 —
三九三	拓生丸	本州東方海面	一九四二・一〇・一四 —	長谷川政雄 長谷川健一	軍属 父	戦死	釜山府南富民町三三三 —
四五六	拓生丸	本州東方海面	一九四二・一〇・一四 —	井出晟振 井出采錫	軍属 父	戦死	蔚山郡蔚山邑中定里三四四 —
一四八〇	盛京丸	本州東方海面	一九四二・一〇・二三 —	金田良五 基錫	軍属 父	戦死	河東郡河東邑新基里六三 —
一四九〇	盛京丸	本州東方海面	一九四二・一〇・二三 —	椿　賢児 一寛	軍属 父	戦死	釜山府明峴里五三二 —
一四九一	盛京丸	本州東方海面	一九四二・一〇・二三 —	梅本徳治 同介	軍属 父	戦死	釜山府土城町三―二九 昌寧郡結城免鳳山里二〇九
一五五一	盛京丸	本州東方海面	一九四二・一〇・二三 —	星山清治 —	軍属 —	戦死	馬山府午東洞一一二―六 —
九四一	日章丸	豊後水道	一九四二・一〇・二四 一九二〇・〇六・一〇	金奉淑 —	軍属 —	戦死	釜山府瀛仙町一〇二三 —
四九一	鉄海丸	本邦西方	一九四二・一一・〇三 一九一九・一〇・〇九	山本翰永 —	軍属 —	戦死	昌寧郡大合面内萬里九二八―二 —
四四二	玉山丸	塩釜沖	一九四二・一二・一二 一九一三・一二・〇二	李致洪 李玄具	軍属 父	戦死	南海郡古縣面大寺里五四〇 —
四七六	近江丸	本邦南方	一九四二・一二・二七 一九二四・一二・三〇	安田南柱 在興	軍属 戸主	戦死	金海郡金海邑衣木里一三六七 —
一三三二	第一〇興徳丸	本州南方	一九四三・〇一・〇五 —	木下吉夫 安吉	軍属 父	戦死	泗川郡三千浦邑仙亀里二―六―一 —
九八〇	興西丸	九州南方	一九四三・一一・一三 一九二五・〇六・一〇	新井喆煥 —	軍属 —	戦死	馬山府石町一〇〇 —
四〇〇	棚山丸	本州西南	一九四三・〇二・〇八 一九一九・一一・一九	岸本龍出	軍属 妻	戦死	東莱郡亀浦邑亀浦里二四六 —
三六五	日通丸	本州南方	一九四三・〇三・二一 一九二一・〇三・二〇	河村海守 —	軍属 —	戦死	晋陽郡金谷面倹岩里六五二 —
一五三四	第五播州丸	トラック島	一九四三・〇四・一二 —	河本光雄 致鐵	軍属 父	戦死	泗川郡昆明面 —
一五四三	第五播州丸	トラック島	一九四三・〇四・一二 —	金井永渉 可明	軍属 母	戦死	南海郡三東面 —

一七一三	日春丸	南洋群島	一九四三・〇四・一八 一九〇四・〇二・一一	李又釗 丙斗	軍属 妻	戦死	河東郡横川面如意洞里六三五 河東郡横川面如意洞里六三五
一二八二	第一二神保丸	蘭印	一九四三・〇五・〇二 一九二四・〇四・二九	安田在浩 左玄	軍属 従弟	戦死	統営郡道山面猪山里一九五 ―
三七四	錦江丸	黄海	一九四三・〇五・〇五 一九一二・〇四・二五	安東直庚 ―	軍属 ―	戦死	釜山府瀛州町八四 ―
四七二	東生丸	黄海	一九四三・〇五・〇七 一九二二・〇五・一〇	華山大鉉 ―	軍属 ―	戦死	居昌郡加祚面馬上里二六七 ―
一四六二	あかつき丸	東支那海	一九四三・〇五・二八 一九二三・〇六・〇五	松村重彦 柄秀	軍属 父	戦死	金海郡草山面松亭里五五三 ―
四八二	りばぷうる丸	本邦西南	一九四三・〇七・〇四 一九二七・〇三・二〇	朴春根 ―	軍属 ―	戦死	金海郡駕洛面竹林里六八〇 ―
四八六	昭和丸	本邦北方	一九四三・〇七・〇六 一九二五・〇四・一二	金本博司 ―	軍属 ―	戦死	金海郡大渚面出斗里二三九 ―
四〇一	長順丸	朝鮮南方	一九四三・〇八・二九 ―	新井忠雄 ―	軍属 ―	戦病死	東莱郡亀浦邑亀浦里三四一 ―
四八七	あかま丸	本邦東方	一九四三・〇九・〇二 一九二八・〇七・三〇	東本在道 ―	軍属 ―	戦死	密陽郡初同面帆平里四三二 ―
三七〇	加智山丸	本州南方	一九四三・〇九・一九 一九二二・〇二・一四	福村尚洙 ―	軍属 ―	戦死	釜山府瀛仙町一七〇九 ―
三七二	加智山丸	本州南方	一九四三・〇九・一九 一九二五・〇三・〇三	新井富寛 ―	軍属 ―	戦死	釜山府龍湖里六七九 ―
三七三	加智山丸	本州南方	一九四三・〇九・一九 一八九六・〇一・〇八	金漢坤 ―	軍属 ―	戦死	釜山府水晶町一七三 ―
四一三	加智山丸	本州南方	一九四三・〇九・一九 一九一六・〇七・一六	花山晋虎 ―	軍属 ―	戦死	統営郡河青面柳渓里一六五 ―
四二三	加智山丸	本州南方	一九四三・〇九・一九 一九二七・〇三・二一	夏村正泰 ―	軍属 ―	戦死	咸陽郡安義面錦川里一一七 ―
四三六	加智山丸	本州南方	一九四三・〇九・一九 一九一二・〇四・〇五	金松聖根 ―	軍属 ―	戦死	南海郡西面西湖里四七二 ―
四五八	加智山丸	本州南方	一九四三・〇九・一九 一九二一・〇三・〇五	安本永湜 ―	軍属 ―	戦死	陜川郡草渓面新村里五三二 ―
四四八	崑崙丸	対馬海峡	一九四三・一〇・〇五 一九一四・〇九・二四	山本祥市 ―	軍属 ―	戦死	蔚山郡三南面芳基里二一八 ―
三七五	崑崙丸	対馬海峡	一九四三・一〇・〇五	新川正萬	軍属	戦死	釜山府瀛州町七〇六

			一九一七・〇二・一四	—	—		
三七六	崑崙丸	対馬海峡	一九四三・一〇・〇五	江原一夫	軍属	戦死	釜山府東大新町二—二〇七
			一九一一・〇一・〇六	—	—		—
四六九	崑崙丸	対馬海峡	一九四三・一〇・〇五	河本泰鳳	軍属	戦死	山清郡三壮面洪×里二二六
			一九二七・〇三・〇七	—	—		—
四四一	漢江丸	本邦北方	一九四三・一〇・〇九	竹朴秋夫	軍属	戦死	南海郡古縣面浦上里四四二
			一九二一・一二・〇八	—	—		—
一五三五	大和川丸	南支那海	一九四三・一〇・二六	金城文治	軍属	戦死	蔚山郡下廂面
			一八九八・〇五・〇六	健	長男		—
一四九二	朝隆丸	南東方面	一九四三・一〇・二八	朴龍伊	軍属	戦病死	釜山府瀛仙町
		マラリア	—	仙吉	兄		—
一二八〇	宇治川丸	ソロモン諸島	一九四三・一〇・三〇	柳田鉄雄	軍属	戦死	統営郡道山面水月里
			一九二四・〇四・一〇	又明	父		—
一四九四	木曽川丸	インド洋	一九四三・一一・一〇	川村太郎	軍属	戦死	釜山府草梁町八四五
			—	喜順	母		—
一五四五	木曽川丸	インド洋	一九四三・一一・一〇	金永浩	軍属	戦死	南海郡三東面松亭里
			—	尹仙	妻		—
一一七一	興西丸	奄美大島東方	一九四三・一一・一一	田恭根	軍属	戦死	東萊郡鉄馬面古村里五七
			一九一四・一一・一三	宋佑	弟		
九八〇	興西丸	九州南方海面	一九四三・一一・一三	新井喆煥	軍属	戦死	馬山府石町一〇〇
			一九二五・〇六・一〇	—	—		—
四三二	英山丸	群山沖	一九四三・一一・二〇	新松末雄	軍属	戦死	南海郡昌善面廣川里七二九
			—	—	—		—
四九二	英山丸	黄海	一九四三・一一・二〇	原本光雄	軍属	戦死	泗川郡三千浦邑新樹島里六四〇
			一九一三・一二・一四	—	—		—
四〇五	図南丸	南支那海	一九四三・一一・二八	華山太雄	軍属	戦死	東萊郡日光面眞平里八七
			一九二三・一二・二七	—	—		—
一四八七	第一三大禅丸	ブガ島	一九四三・一二・〇六	大山寅雄	軍属	戦死	梁山郡
			—	—	—		—
一六〇一	第一吉雄丸	ソロモン群島	一九四三・一二・〇九	秋讃守	軍属	戦病死	金海郡酒村面農所里
		マラリア	一九〇九・〇五・二七	讃徳	兄		—
一六六二	第一祝島丸	ソロモン群島	一九四三・一二・〇九	尹川宗補	軍属	戦死	南海郡西面勺長里
			一九一九・一二・三〇	萬守	父		—
四一八	玉鈴丸	本邦西南	一九四三・一二・二〇	金澤　毅	軍属	戦死	統営郡長承浦邑長承浦里一八四
			—	—	—		—

番号	所属	死亡場所・死因	年月日	氏名	身分・続柄	区分	本籍地
四八九	玉鈴丸	本邦西南	一九四三・一二・二〇	山本大玉	軍属	戦死	密陽郡山内面三陽里一七三二
			一九二七・〇七・一一	—	—		—
四五一	湖南丸	本邦西方	一九四三・一二・二一	大原孝成	軍属	戦死	蔚山郡上北面弓根亭里七二四
			一九二六・〇二・二八	—	—		—
一六六三	第二亀島丸	ソロモン群島	一九四三・一二・二二	金田恭春	軍属	戦病死	南海郡二東面良阿里一七三一
		マラリア	一九一四・〇一・二三	學先	父		—
一七二七	昌寶丸	南洋群島	一九四三・一二・三一	金村信正	軍属	戦死	固城郡固城邑校社里七九六
			一九二六・〇三・二〇	南之	母		固城郡固城邑校社里七九六
四七九	一心丸	本邦西南	一九四四・〇一・〇二	金井俊夫	軍属	戦死	金海郡進永邑余乗里七一〇
			一九一二・〇三・二八	—	—		—
一六三一	神佑丸	ソロモン諸島	一九四四・〇一・〇四	岩本貞出	軍属	戦病死	蔚山郡大峴面南化里一二九
		マラリア	一九二〇・〇三・一一	完伊	父		—
四九七	月洋丸	東支那海	一九四四・〇一・一〇	金山新八郎	軍属	戦死	昌原郡上南面西谷里七〇
			一九二二・〇一・二三	—	—		—
一五四四	第二あさひ丸	南東方面	一九四四・〇一・一六	金村相浩	軍属	戦病死	南海郡古縣面車面里
		急性肺炎	—	喜楽	妻		—
一一七四	松佑丸	蘭印	一九四四・〇一・一八	東源祥鎬	軍属	戦死	東莱郡鼎冠面茅田里二三八
			一九二一・〇五・二八	學固	—		—
一五五二	第一五多寶丸	東インド諸島	一九四四・〇一・二五	新本萬吉	軍属	戦病死	馬山府午老里
			—	茂用	父		
三八二	安洋丸	南支那海	一九四四・〇一・二七	池田正勝	軍属	戦死	釜山府草梁町一—二六
			一九二二・一〇・一四	—	—		—
一三〇六	第二永興丸	ルオット島	一九四四・〇一・三〇	竹城定七	軍属	戦死	固城郡上里面望林里四二一五
			一九二七・〇六・二四	忠伯	父		—
一四六〇	富士丸	ケゼリン島	一九四四・〇二・〇六	李川相泰	軍属	戦死	陝川郡雙冊面下新里二七五
			一九二八・〇三・〇三	守永	父		—
一六二一	第三開洋丸	ソロモン諸島	一九四四・〇二・一〇	柳遠基	軍属	戦病死	陝川郡妙山面佳山里三七三
		急性腸炎	一九二一・〇九・〇九	遠碩	兄		—
四二四	崙山丸	本邦西南	一九四四・〇二・一二	伊原文清	軍属	戦死	咸陽郡漆原面龍亭里三六五
			一九一五・一〇・二〇	—	—		—
四二七	比安丸	ミンドロ島	一九四四・〇二・一四	川内奎錫	軍属	戦死	咸安郡北面沙道里六六四
			一九二五・一〇・三〇	—	—		—
一六四六	第三開豊丸	ソロモン群島	一九四四・〇二・一七	河鳳煥	軍属	戦病死	統営郡延草面汗内里四四九
		マラリア	一九一八・〇四・三〇	奉令	父		—
一五八〇	第一八東海丸	ソロモン諸島	一九四四・〇二・一八	朝井常夫	軍属	戦病死	釜山府中島町二丁目四〇

		マラリア	一九〇〇・〇二・一〇	喜守	兄		ー
三八一	大仁丸	本州西南	一九四四・〇二・二〇 一九一四・〇一・三〇	栢川昌彦	軍属 ー	戦死	釜山府瀛州町五一〇
四五二	大仁丸	本州西南	一九四四・〇二・二〇 一九二五・一二・一五	鳳山来遠	軍属	戦死	蔚山郡豊所面新泉里三九
一五〇一	第八京仁丸	ビスマルク諸島	一九四四・〇二・二三 ー	三旗幸雄	軍属 ー	戦死	釜山府草梁町
一五〇九	第八京仁丸	ビスマルク諸島	一九四四・〇二・二三 ー	荒金武容 ー	軍属 ー	戦死	東萊郡沙下面
一二八一	第三住吉丸	九州西南	一九四四・〇二・一七 一九〇九・〇八・一五	芳山孝祚 贊實	軍属 父	戦死	統営郡閑山面比珍面一五三 ー
一六〇〇	第一吉雄丸	ソロモン群島	一九四四・〇二・二八 一九一三・一二・一九	金澤在奎 福炫	軍属 父	戦病死	金海郡長有面釜谷里三九 ー
一六四五	第二泰豊丸	ソロモン群島 マラリア	一九四四・〇三・〇六 一九〇六・〇四・二一	尹富健 桂郎	軍属 妻	戦病死	統営郡長木面外浦里一六三 ー
一三〇八	亜米利加丸	南洋群島	一九四四・〇三・〇六 一九一九・一〇・〇二	松岡禅琪 學道	軍属 ー	戦病死	固城郡固城邑永南洞七九
四〇三	泰仁丸	本州西南	一九四四・〇三・一二 ー	徐東邦	軍属 ー	戦死	東萊郡沙上面毛×里一〇八四
四〇四	泰仁丸	本州西南	一九四四・〇三・一二 一九一八・〇四・〇七	文田長根・文且根 ー	軍属 ー	戦死	東萊郡北面南山里五四七
一六三〇	第一祝島丸	ソロモン諸島 マラリア	一九四四・〇四・〇一 一九一〇・一一・一二	千原政夫 必奉	軍属 長男	戦病死	蔚山郡方魚津邑方魚里五一一二 ー
三六六	台中丸	本州南西	一九四四・〇四・一二 一九二九・〇九・〇六	柏田宗福	軍属	戦病死	晋陽郡美川面上美里三四一
一五四七	第三七大漁丸	中支	一九四四・〇四・一七 ー	王山日盛 ー	軍属 ー	戦病死	南海郡南面
一五四八	金井山丸	外南洋	一九四四・〇二・一二 ー	柳汝仁 辛載連	軍属 妻	戦病死	南海郡二東面茶丁里二七七
一五五九	第一五多賀丸	ニューギニア	一九四四・〇四・二一 一九一〇・〇一・二六	金山仙律 南喜	軍属 妻	戦死	昌原郡熊川面明洞里一三二 昌原郡熊川面明洞里一三二
一二七五	リ号北安丸	ベトナム（仏印）	一九四四・〇四・二三 一九一五・〇七・一二	玉山一鳳 致香	軍属 父	戦病死	統営郡延草面竹土里三〇五 ー
一六六四	第二一大成丸	東部ニューギニア	一九四四・〇四・二二 一九二二・〇八・一三	達川享鳳 ー	軍属 ー	戦死	南海郡三東面金松里四一三 ー

一一四七	第五福盛丸	東部ニューギニア	一九四四・〇四・三一 一九一四・〇八・一七	岩本相祚 —	軍属 —	戦死	蔚山郡方魚津邑田下里 —
四三四	神宮丸	本邦西南	一九四四・〇五・〇四 一九二四・〇二・二〇	柳甲用 —	軍属 —	戦死	南海郡二東面尚州面一四六 —
一六三二	第一祝島丸	ソロモン諸島 マラリア	一九四四・〇五・二〇 一九〇一・〇二・〇六	千原在基 政吉	軍属 弟	戦病死	蔚山郡方魚津邑面 —
一五五八	第八弥生丸	南支那海	一九四四・〇五・二五 一九一七・〇四・二六	遠城正雄 —	軍属 —	戦病死	昌原郡亀山面午山里一六〇 —
九一三	地洋丸	サイパン島	一九四四・〇五・二六 一九二一・〇四・一九	金本恭廣 —	軍属 —	戦死	統営郡河精面於温里 統営郡河精面於温里
一五四六	第二鳳来丸	南支那海	一九四四・〇五・二六 一九〇一・〇三・〇八	大山金太郎 久禮	軍属 妻	戦死	南海郡南面唐亭里三八〇 —
一四九六	第一厚生丸	南東航空工廠	一九四四・〇五・二七 —	重光基守 順三	軍属 父	戦病死	釜山府東三洞×島 —
一一五五	蓬莱山丸	南洋群島	一九四四・〇六・一二 一九一九・〇二・二七	竹田申達 —	軍属 —	戦死	蔚山郡斗東面九味里八二五 —
一二五三	ばたびや丸	南洋群島	一九四四・〇六・一二 一九二三・〇三・〇五	川端勝美 三郎	軍属 父	戦死	昌原郡鎮海邑慶和里一五九九 —
一三〇五	第五蛭子丸	ニューギニア	一九四四・〇六・二五 一九一一・〇四・一五	神農栄錫 藤明雪子	軍属 妻	戦死	固城郡巨流面新龍里九五二 —
一六四二	第六金盛丸	ニューギニア	一九四四・〇六・二五 一九二〇・〇五・二五	中本炳道・朴炳道 朴今順	軍属 妻	戦死	統営郡河清面魚田里九六四 —
三九七	日錦丸	黄海	一九四四・〇六・三〇 一九三〇・〇三・二〇	桧山茂男 —	軍属 —	戦死	馬山府玩月洞四四七 —
四九九	日錦丸	黄海	一九四四・〇六・三〇 一九二四・一二・二八	西本相顕 —	軍属 —	戦死	昌原郡鎮北面永鶴里二六七 —
四七七	山岡丸	本邦西方	一九四四・〇七・〇三 一九二三・〇九・二七	武本富煥 —	軍属 —	戦死	金海郡金海邑大成町二四七 —
四九三	加茂丸	東支那海	一九四四・〇七・〇三 一九二五・〇三・一四	松江永泰 —	軍属 —	戦死	泗川郡昆陽面松田里七一四 —
一四七九	第二興東丸	南支那海	一九四四・〇七・〇八 —	大鶴文雄 —	軍属 —	戦死	昌寧郡都泉面大和町三六八―三 —
一四八五	第二興東丸	南支那海	一九四四・〇七・〇八 —	永山健助 順子	軍属 妻	戦死	晋陽郡寺奉面沙谷里一三一二―二
一四九八	第二興東丸	南支那海	一九四四・〇七・〇八	岩本未治	軍属	戦死	釜山府谷町二丁目一〇八四

			—	—	—		—
一五一〇	第二興東丸	南支那海	一九四四・〇七・〇八	民井次善	軍属	戦死	東莱郡南面民楽里四三二
			—	逸善	祖父		—
一五一一	第二興東丸	南支那海	一九四四・〇七・〇八	甲斐達三	軍属	戦死	東莱郡沙下面多大洞
			—	愛江	妻		—
一五一五	第二興東丸	南支那海	一九四四・〇七・〇八	新井命徳	軍属	戦死	宜寧郡富林面南里四二六
			—	—	—		—
九三六	関和丸	サイパン島	一九四四・〇七・〇八	朴萬守	軍属	戦死	釜山府瀛仙町一六
			—	—	—		—
九六六	松山丸	サイパン島	一九四四・〇七・〇九	金億祚	軍属	戦死	釜山府本町五丁目一九
			一九二六・〇一・一〇	—	—		—
九八二	第一一幸福丸	南洋群島	一九四四・〇七・一六	富永栄一	軍属	戦死	馬山府牛東里一八五
			一九二一・〇八・一三	—	—		—
一〇八六	満泰丸	ルソン島	一九四四・〇七・一六	姜 信	軍属	戦死	昌寧郡尚岩面中大里
			一八七〇・〇八・一〇	文熙	父		—
四六〇	海興丸	昭南陸軍病院	一九四四・〇七・二〇	瀬川泰希	軍属	死亡	陝川郡陝川面陝川洞六五〇
			一九二〇・一一・一三	—	—		—
一五四一	第一泰豊丸	ビルマ	一九四四・〇七・二三	金京新政	軍属	戦死	統営郡長木面
			—	—	—		—
一二七一	八郎潟丸	侍撫島	一九四四・〇七・二六	黄村徳用	軍属	戦死	統営郡逮梁面東港里
			一九二四・〇八・二九	弼周	父		—
三七七	天心丸	南支那海	一九四四・〇七・三一	玉元彬文	軍属	戦死	釜山府安楽町三二四
			一九二七・〇二・一一	—	—		—
四八〇	天心丸	南支那海	一九四四・〇七・三一	金本成雄	軍属	戦死	金海郡生林面金谷里七七六
			一九二八・〇四・二三	—	—		—
一一五九	第五一北新丸	南太平洋	一九四四・〇八・〇四	新井石守	軍属	戦死	蔚山郡江東面山下里二六〇
			一九二一・一二・二一	末禮	—		—
一五一二	第六二大須丸	××諸島	一九四四・〇八・〇九	梅月華澤	軍属	戦死	東莱郡機張面石山里二四五
			—	龍桂	父		—
一七一〇	東安丸	南支那海	一九四四・〇八・二四	李尚仁	軍属	戦死	統営郡二運面長承浦里社母里一〇五
			一九一九・一〇・〇二	初守	父		統営郡遠梁免琴坪里
一七一二	東安丸	南支那海	一九四四・〇八・二四	成田行根	軍属	戦死	統営郡山陽面豊和里六四五
			一九二一・〇七・〇六	三先	妻		統営郡山陽面豊和里六四五
四三五	光徳丸	比島	一九四四・〇八・二五	山本正夫	軍属	戦死	南海郡二東面席坪里五九三
			一九〇八・〇六・二一	—	—		—

一一五四	第九七播州丸	セブ島	一九四四・〇九・〇三 一九二五・〇二・二三	佐々木翼讃 仁福	軍属 父	戦死	蔚山郡方魚津邑方魚里三七二 ｜
三九九	日安丸	沖縄・石垣島	一九四四・〇九・〇八 一九二一・〇三・〇四	平沼　明 ｜	軍属 ｜	戦死	東莱郡亀浦邑萃明里一一一四—二 ｜
一一五〇	第五八北進丸	比島	一九四四・〇九・〇九 一九二八・〇九・一八	金木萬徳 鳳丸	軍属 父	戦死	蔚山郡大峴面 ｜
一三四七	長保丸	サフンガ島	一九四四・〇九・一〇 一九二三・一二・一四	松原鶴壽 正午	軍属 父	戦死	南海郡昌善面栗島里五六六 ｜
四六八	あやそめ丸	比島	一九四四・〇九・一二 一九三〇・〇三・〇七	山佳保文 ｜	軍属 ｜	戦死	固城郡永縣面鳳鉢里一一九〇 ｜
一四七六	三保丸	比島	一九四四・〇九・一二 ｜	大林祥甲 順連	軍属 妻	戦死	昌原郡鎮海邑石里三三二
一一五七	第二永洋丸	比島	一九四四・〇九・一二 一九三九・〇三・〇一	鄭四龍 卒別峯	軍属 子	戦死	蔚山郡上北面弓根亭里九九八 ｜
一六九六	最上丸（三南遣艦隊）	マラパスカ島付近	一九四四・〇九・一二 一九二七・〇三・〇一	新井秀準 仁習	軍属 父	戦死	南海郡昌善面大碧里四一〇 南海郡昌善面大碧里四一〇
四七〇	第二七南進丸	ブザンガ島	一九四四・〇九・一三 一九二〇・一二・〇九	松本寧燮 ｜	軍属 ｜	戦死	山清郡矢川面院里 ｜
四八五	第二七南進丸	ブザンガ島	一九四四・〇九・一三 一九二〇・一二・二九	金森弼坤 ｜	軍属 ｜	戦死	金海郡大渚面青里三三二 ｜
一五八八	あづさ丸	ルソン島マニラ	一九四四・〇九・一七 ｜	李長俊 ｜	軍属 ｜	戦死	東莱郡機張面清江里 ｜
一六九八	第一五日之出丸	ダバオ、マーク マラリア	一九四四・〇九・一七 一九二〇・〇四・〇三	水原漢玟 相道	軍属 父	戦病死	南海郡三東面松亭里三六一 ｜
一一五六	第一六郵船丸	比島	一九四四・〇九・二二 一九〇二・〇二・二九	千原仁植	軍属 ｜	戦病死	蔚山郡鳳西面立岩里二六七
一五三〇	神洋丸	ルソン島マニラ	一九四四・〇九・二四 ｜	金山且岩 彦鐵	軍属 父	戦病死	陜川郡陜川面内谷里 ｜
九六九	多住山丸	インドネシア（蘭印）	一九四四・〇九・三〇 一九二三・一二・一九	金興英俊 文伊	軍属 父	戦死	釜山府龍塘里二 ｜
三八〇	平和丸	南支那海	一九四四・一〇・〇二 一九一七・〇二・二四	山村虎男 ｜	軍属 ｜	戦死	釜山府開硯里四一 ｜
三九八	第二山水丸	ルソン島西方	一九四四・一〇・〇六 一九二八・〇五・二〇	西山峯来 ｜	軍属 ｜	戦死	馬山府萬町二八一 ｜
四四三	第二山水丸	ルソン島西方	一九四四・一〇・〇六	大山敏夫	軍属	戦死	南海郡南面仙区里一一五七

			一九一六・〇五・〇五	—	—		—
四五七	立春丸	フィリピン（比島）	一九四四・一〇・〇八 一九二四・〇九・二一	河田鐘九 —	軍属 —	戦死	陝川郡龍州面坪山里四〇三 —
四八三	江龍丸	那覇沖	一九四四・一〇・一〇 一九二五・一二・一二	清水斗権 —	軍属 —	戦死	金海郡大渚面平江里六－七二 —
一五七一	第三日満丸	基隆北方	一九四四・一〇・一〇 一九一七・〇一・二六	新井鶴来 元益	軍属 父	戦死	河東郡良甫面桶井里五三四 河東郡良甫面桶井里五三四
一六五〇	第三日満丸	基隆北方	一九四四・一〇・一〇 一九一六・〇二・〇七	新井相登 佳金	軍属 妻	戦死	統営郡一運面玉林里七四 —
一三四九	第二神勢丸	台湾	一九四四・一〇・一二 一九二二・〇二・一五	青山成烈 善洪	軍属 —	戦死	南海郡古縣面葛花里一六八 —
一二七二	第三一東海丸	サンボアンガ	一九四四・一〇・一八 一九二三・〇二・〇五	木村成録 鐘浩	軍属 父	戦死	統営郡統営邑朝日町一四〇 —
一二七四	第一三東海丸	サンボアンガ	一九四四・一〇・一八 一九一八・〇四・一六	齋木廣吉 廣治	軍属 兄	戦死	統営郡龍南面東遠里一七五 —
一二八三	第三一東海丸	サンボアンガ	一九四四・一〇・一八 一九二〇・一一・一八	金山三済 洪根	軍属 父	戦死	統営郡沙等面倉湖里八九二 —
一三五一	第三一東海丸	サンボアンガ	一九四四・一〇・一八 一九二六・〇二・一五	金山倍同 銀而	軍属 母	戦死	南海郡南面徳月里四八五 —
一一四九	第九八播州丸	比島	一九四四・一〇・一九 一九〇六・〇四・二一	大石任九 景斗	軍属 父	戦死	蔚山郡方漁津方魚里二六一 —
一一五八	第九八播州丸	比島	一九四四・一〇・一九 一九一三・一二・二〇	林相春 —	軍属 —	戦死	蔚山郡方魚津邑方魚里七六一 —
一五五〇	第二藤丸	台北病院	一九四四・一〇・二〇 —	山田北秀 京黄	軍属 父	戦病死	南海郡古縣面都長里 —
三九五	仁栄丸	東支那海	一九四四・一〇・二五 一九二九・一一・〇八	城山鐘和 —	軍属 —	戦死	馬山府茲山洞五一 —
一五七八	第一六日正丸	香港	一九四四・一一・〇一 一九一八・一一・二四	金本三東 趙咸運	軍属 母	戦死	釜山府寶水町一丁目七六 東莱郡沙下免堂里
一二七六	第三大喜丸	インドネシア（蘭印）	一九四四・一一・〇八 —	×田尚奎 春祚	軍属 父	戦病死	統営郡一運面長坪里
九六八	八光丸	九州南方	一九四四・一一・〇八 一九二五・〇八・二〇	岩本甲逑 且律	軍属 父	戦死	釜山府甘川里一五〇 —
一一五一	八光丸	屋久島南西	一九四四・一一・〇八 一九二五・〇三・一二	金本気鶴 敬六	軍属 父	戦死	蔚山郡西生面末山里五八九 —

一一五三	護国丸	九州西方	一九四四・一一・一〇 ｜	金子又方佑 マツミ	軍属 妻	戦死	蔚山郡大峴面梅若里一七三 ｜
三六九	修栄丸	黄海	一九四四・一一・二三 一九二三・〇一・二四	岩本禹一 ｜	軍属 ｜	戦死	釜山府鳴蔵里七五 ｜
四五四	神悦丸	フィリピン（比島）	一九四四・一一・三〇 一九二九・〇七・二〇	小泉容俊 ｜	軍属 ｜	戦死	蔚山郡熊村面石川里一四二 ｜
一五六〇	第二七日之出丸	ソロモン諸島 マラリア	一九四四・一二・一〇 一九二四・〇六・一〇	蔡今祚 永守	軍属 兄	戦病死	昌原郡熊東面晴安里 昌原郡熊東面晴安里
一五〇四	第三浜吉丸	濠北方面	一九四四・一二・一二 一九二七・〇六・二六	梅本萬起 金本京丑	軍属 養父	戦死	釜山府鳳一町一四八七 ｜
四一六	大埋丸	フィリピン（比島）	一九四四・一二・一五 一九二七・〇二・〇一	金田金道 ｜	軍属 ｜	戦死	統営郡遠梁面東港里六四 ｜
一六七四	い号寿山丸	小笠原諸島	一九四四・一二・一六 一九二六・一一・一六	昌川環珠 鍾學	軍属 父	戦死	居昌郡熊陽面東湖里三四二 ｜
四一五	第一〇南進丸	澎湖島沖	一九四四・一二・一七 一九二五・〇三・〇五	諸明用鳳 ｜	軍属 ｜	戦死	統営郡巨済面外看里二六 ｜
四五九	第六共栄丸	比島	一九四五・〇一・〇一 一九二〇・〇一・〇七	李弼成 ｜	軍属 ｜	戦死	陜川郡陜川面金陽里七七一 ｜
四〇二	牧鹿山丸	ベトナム（仏印）	一九四五・〇一・〇三 一九二七・〇一・〇二	香村一鳳 ｜	軍属 ｜	戦死	東萊郡機張面大細里四四五 ｜
三九六	第一高砂丸	比島	一九四五・〇一・〇六 ｜	清水俊昭 ｜	軍属 ｜	戦死	馬山府午東洞一二六一 ｜
四七五	第六共栄丸	フィリピン方面	一九四五・〇一・〇六 一九二四・〇二・〇一	華山在満 ｜	軍属 ｜	戦死	宣寧郡宣寧面下里 ｜
九七〇	共栄丸	ルソン島	一九四五・〇一・〇六 ｜	山本孝喜 ｜	軍属 ｜	戦死	釜山府瀛仙町二四〇 ｜
四五三	安洋丸	台湾新竹沖	一九四五・〇一・〇八 一九二九・〇七・二〇	金村鐘一 ｜	軍属 ｜	戦死	蔚山郡江東面勿里二六 ｜
四六五	安洋丸	台湾新竹沖	一九四五・〇一・〇八 一九二七・〇三・三〇	丁本正雄 ｜	軍属 ｜	戦死	陜川郡栗谷面栗谷里六二八 ｜
三七九	浦珠丸	南支那海	一九四五・〇一・〇八 一九二八・一二・一三	天水錫漢 ｜	軍属 ｜	戦死	釜山府西大新町一－一七〇八 ｜
三六三	予州丸	ベトナム（仏印）	一九四五・〇一・一二 ｜	國本東周 ｜	軍属 ｜	戦死	晋陽郡奈洞面内坪里六七八 ｜
四二八	豊栄丸	マレー半島	一九四五・〇一・一二 ｜	金田正雄 ｜	軍属 ｜	戦死	咸安郡咸安面大山里七七九 ｜

			一九二九・〇二・二四	—	—		—
四六三	乾栄丸	サイゴン港	一九四五・〇一・一二	郭乙一	軍属	戦死	陜川郡鳳山面竹林里
			一九二七・〇八・〇八	—	—		—
一四七七	晃照丸	ハイフォン港	一九四五・〇一・一二	新谷興道	軍属	戦死	昌原郡昌原面沙×里三五一
			—	且同	—		山清郡山清面玉洞三六四一
一五〇〇	晃照丸	ハイフォン港	一九四五・〇一・一二	新井勳雄	軍属	戦死	釜山府草梁町六一九
			—	光子	妻		釜山府西大新町一—二三一二
一五〇二	晃照丸	ハイフォン港	一九四五・〇一・一二	立倉興太郎	軍属	戦死	釜山府瀛仙町一〇七七
			一九一一・〇四・〇七	安江	妻		釜山府瀛仙町一〇七七
一五〇六	晃照丸	ハイフォン港	一九四五・〇一・一二	山本義雄	軍属	戦死	山清郡山清面玉洞二一六
			一九二五・一〇・〇一	忠一	父		山清郡山清面玉洞二一六
一五二二	第六二興安丸	南西諸島	一九四五・〇一・二二	文基在	軍属	戦死	密陽郡密陽邑×谷洞一四七
			—	—	—		—
一五五四	第五八代丸	南西諸島	一九四五・〇一・二二	金東尚顕	軍属	戦死	馬山府新町一七
			—	二祚	父		—
四三七	彦山丸	本邦西南	一九四五・〇一・二二	金山萬斗	軍属	戦死	南海郡二東面佮亭里二四〇
			一九二一・一一・〇二	—	—		—
四二六	第一一大満丸	黄海	一九四五・〇一・二四	松田康弘	軍属	戦死	咸陽郡伽倻面笛沙里
			一九二三・一二・〇一	—	—		—
一一七三	第一一長丸	本州南方	一九四五・〇一・二六	金本友浩	軍属	戦死	東莱郡南面裁松里三四六
			一九〇一・一〇・〇六	前田茂子	内妻		—
四四〇	一星丸	本邦南方	一九四五・〇一・三〇	金城浩連	軍属	戦死	南海郡古縣面伊於里五九九
			一九二四・〇五・一三	—	—		—
一一四八	第一七錦江丸	ルソン島	一九四五・〇二・〇三	井林敬作	軍属	戦死	蔚山郡大峴面黄城里五二〇
			一九一八・〇六・二八	敬道	兄		—
四三一	勝和丸	朝鮮海峡	一九四五・〇二・一一	城山秀栄	軍属	戦死	南海郡南海面埋里一二九七
			一九二一・〇一・〇九	—	—		—
一五四二	東海丸	インド洋	一九四五・〇二・一三	新井斗益	軍属	戦死	統営郡一運面玉林里二五三
			—	斗葉	妻		統営郡長永浦邑
一三七三	第一三亀島丸	サンボアンガ	一九四五・〇二・一五	安田三齋	軍属	戦死	河東郡花開面龍崗里
			一九二五・一〇・一四	基相	—		—
一三五九	第一三亀島丸	サンボアンガ	一九四五・〇二・一五	金井桂允	軍属	戦死	南海郡二東面尚州里
			一九〇〇・××・××	毛禮	妻		—
三九〇	大善丸	シンガポール東南東	一九四五・〇二・二〇	張本聖福	軍属	戦死	釜山府瀛千町二〇一
			一九二一・〇七・一七	—	—		—

番号	艦船	死亡場所	年月日	氏名	身分・続柄	死因	本籍
四八八	永洋丸	ベトナム（仏印）	一九四五・〇二・二〇	金周碩	軍属	戦死	密陽郡武安面昇谷洞里三八六—一
			一九××・一一・〇二	—	—		—
一一七二	第一一基盛丸	ルソン島マニラ	一九四五・〇二・二六	山本九一	軍属	戦死	東莱郡機張面大辺里
			一九一四・一二・二九	海俊	父		—
一二七七	第九郵船丸	ルソン島マニラ	一九四五・〇二・二六	平皐達晟	軍属	戦死	統営郡光道面魯山里四一六
			一九一四・〇八・一〇	甘仁	妻		—
一三五〇	日松丸	ルソン島マニラ	一九四五・〇二・二六	石川栄春	軍属	戦死	南海郡西面西上里六〇二
			一九二一・〇四・〇二	固吉	父		—
一三五二	第一七錦江丸	ルソン島マニラ	一九四五・〇二・二六	金本鐘守	軍属	戦死	南海郡昌善面鎮村里一七三
			一九一八・〇四・二六	萬一	父		—
一三五三	第三福盛丸	ルソン島マニラ	一九四五・〇二・二六	金三斗	軍属	戦死	南海郡三恵面弥助里五七五
			一九一三・〇四・〇一	南辰	兄		—
一三五八	第一一基盛丸	ルソン島マニラ	一九四五・〇二・二六	山口千守	軍属	戦死	南海郡三東面弥助里
			一九一三・〇九・一三	玉南	妻		—
一六四三	第一三日峯丸	ルソン島マニラ	一九四五・〇二・二六	金淳沃	軍属	戦死	統営郡遠梁面東港里四一
			一九二三・〇一・〇九	又世無	母		—
三六四	あまを丸	南支那海	一九四五・〇二・二七	大山成丸	軍属	戦死	晋陽郡智水面清澤里八八〇
			一九二〇・〇三・一七	—	—		—
三七八	第一〇豊栄丸	昭南一陸軍病院 腹膜炎	一九四五・〇二・二八	金谷耕吉	軍属	戦病死	釜山府瀛仙町一七八六
			一九二七・〇六・一八	—	—		—
四三八	第一一南洋丸	海南島	一九四五・〇二・二八	林鐘釟	軍属	戦死	南海郡三東面金松里
			一九二五・一二・二四	—	—		—
四三九	第一一南洋丸	海南島	一九四五・〇二・二八	金五龍基	軍属	戦死	南海郡三東面良河里
			一九一五・一二・二八	—	—		—
四四六	第一一南洋丸	海南島	一九四五・〇二・二八	金井三郎	軍属	戦死	蔚山郡方魚津邑方魚里五七六
			一九一六・〇七・〇三	—	—		—
四六七	おもと丸	南支那海	一九四五・〇二・二九	完山淳翰	軍属	戦死	固城郡上里面武仙里一二九
			一九二一・〇四・二〇	—	—		—
一五九六	第二焼津山丸	宮古島沖	一九四五・〇三・〇一	西原　勇	軍属	戦死	金海郡長有面三文里一一六一
			一九一八・一二・一一	博・信子	父・妻		—
一六二〇	第二日正丸	三宅島	一九四五・〇三・〇三	八渓漢慶	軍属	戦死	陝川郡治炉面徳岩里七二
			一九二二・〇九・〇九	性順	父		—
四八四	はれんじ丸	ベトナム（仏印）	一九四五・〇三・〇四	金増龍夫	軍属	戦死	金海郡大渚面沙徳里七四五
			一九一九・〇一・二一	—	—		—
四九八	第二七竹丸	台湾	一九四五・〇三・〇六	南郷植三郎	軍属	戦死	昌原郡鎮東面鎮東里四三

			一九二六・〇三・一二	｜	｜		｜
一五九〇	清水丸	ベトナム（仏印）	一九四五・〇三・〇六	金成在	軍属	戦病死	東萊郡沙下面多大里八八七
			｜	成信	兄		｜
三九二	大愛丸	北海道	一九四五・〇三・一〇	宮井鉄雄	軍属	戦死	釜山府長箭里三六二
			一九二六・〇六・一五	｜	｜		｜
一六八二	廈山丸	南西諸島	一九四五・〇三・一〇	千原 守	軍属	戦死	陝川郡雙冊面鳥西里一〇三
			一九二六・〇三・〇一	雙石	父		｜
一七二一	廈山丸	南西諸島	一九四五・〇三・一〇	松本徳雄	軍属	戦死	咸安郡艅航面外岩里三四一
			一九二三・〇五・一五	性教	父		咸安郡艅航面外岩里三四一
一七二三	廈山丸	南西諸島	一九四五・〇三・一〇	森本相秀	軍属	戦死	釜山府各町二丁目二〇〇
			一九一九・〇八・一四	順伊	妻		京城府西大門区塩見町三五
四九五	勝和丸	朝鮮海峡	一九四五・〇三・一一	竹田振一	軍属	戦死	泗川郡泗南面月城里七九
			一九二八・〇二・二二	｜	｜		｜
一六七九	正島丸	南支那海	一九四五・〇三・一三	大原文奎	軍属	戦死	居昌郡鎮東面鎮東里三二六
			一九三〇・一〇・〇六	昆弗	父		｜
四三三	第二須磨丸	東支那海	一九四五・〇三・一七	金本泰明	軍属	戦死	南海郡昌善面鎮洞里四七三
			一九二七・〇六・二五	松枝	妻		｜
四四四	第一二南洋丸	海南島	一九四五・〇三・二八	元原雅道	軍属	戦死	蔚山郡方魚津邑方魚里三一
			一九〇五・〇九・〇二	｜	｜		｜
四四五	第一二南洋丸	海南島	一九四五・〇三・二八	城木用憲	軍属	戦死	蔚山郡方魚津邑方魚里三二
			一八九九・〇四・〇五	｜	｜		｜
一六四〇	第二春光丸	那覇港	一九四五・〇三・二八	伊原正吾	軍属	戦死	統営郡長承浦邑玉浦里三六二
			一九一六・一二・二七	｜	｜		｜
一六四一	第二春光丸	那覇港	一九四五・〇三・二八	金山岩平	軍属	戦死	統営郡長承浦邑玉浦里六〇一
			一九一九・〇八・二六	｜	｜		｜
九七一	第一日共丸	南岐山	一九四五・〇三・三一	釜山鳳根	軍属	戦死	釜山府牧島山手町七七八
			一九一五・〇一・二〇	道照	妻		｜
四〇七	第二南隆丸	台湾海峡	一九四五・〇四・〇一	月城貞珠	軍属	戦死	東萊郡沙上面掛性里
			一九二七・一二・三〇	｜	｜		｜
三九一	大讓丸	東支那海	一九四五・〇四・〇二	林志郎	軍属	戦死	釜山府槐亭里九一五
			一九二八・〇八・一九	｜	｜		｜
一一六八	江戸川丸	東支那海	一九四五・〇四・〇二	呉海石	軍属	戦死	東萊郡日光面三聖里七九
			一九一五・〇六・〇五	芳子	妻		｜
一二六七	江戸川丸	東支那海	一九四五・〇四・〇二	炎本権信	軍属	戦死	統営郡龍南面三和里五四三
			一九二四・〇三・〇七	｜	｜		｜

番号	所属	死亡場所	死亡年月日・生年月日	氏名・親族	身分・続柄	死因	本籍
四一七	荒尾山丸	セム島	一九四五・〇四・〇六 一九二五・一〇・二〇	茂山玉男 —	軍属 —	戦死	統営郡長承浦邑良妻里六七七 —
一四七八	第三興国丸	中支	一九四五・〇四・〇六 —	金海宗夕 —	軍属 —	戦死	昌原郡亀山面水晶里六三五 —
一六五四	第一富士丸	揚子江	一九四五・〇四・一一 —	廣川南風 在吉	軍属 父	戦死	南海郡南面虹峴里 —
一六四九	第八一播州丸	上海沖	一九四五・〇四・一二 一九二一・〇三・一四	平山相基 連守	軍属 父	戦死	統営郡長承浦邑長承浦里五八五 —
一六五九	第一拓洋丸	台湾海峡	一九四五・〇四・一二 一九二三・〇一・〇六	金田泰敏 泰奉	軍属 父	戦死	南海郡二東面良阿里一七三 —
四九〇	華宏丸	東インド諸島	一九四五・〇四・一四 一九二七・一二・二七	金田正吉 —	軍属 —	戦死	昌寧郡大谷面兎山里 —
一五四九	寿山丸	済州島翰林面沖	一九四五・〇四・一四 —	金田奉吉 除命芝	軍属 母	戦死	南海郡二東面勿巾里三九〇 —
一六三八	第三華中丸	中支沿岸	一九四五・〇四・一五 一九〇九・〇二・二〇	金本相奇 —	軍属 —	戦死	統営郡山陽面三徳里七四八 —
一五七五	第三華中丸	中支沿岸	一九四五・〇四・一五 —	金大律 —	軍属 —	戦死	釜山府川浪里五七〇 —
一六五五	第三華中丸	中支沿岸	一九四五・〇四・一五 一九一六・〇一・〇八	青山昌渉 快又(快文)	軍属 父	戦死	南海郡三東面霊芝里一二七七 —
一六五六	第三華中丸	中支沿岸	一九四五・〇四・一五 一九一五・一二・一五	李泰甲 小岳	軍属 妻	戦死	南海郡二東面薪田里一一四二 —
一五六九	第七興隆丸	沖縄	一九四五・〇四・一七 一九一五・〇一・〇九	福田萬道 春香	軍属 母	戦死	河東郡辰橋面長橋里二四五 —
四七八	はがね丸	本邦南方	一九四五・〇四・一九 一九二八・〇八・一四	金光春雄 —	軍属 —	戦死	金海郡金海邑田下里二〇〇 —
四二二	第七豊栄丸	黄海	一九四五・〇五・〇一 一九二九・〇二・〇三	安本守根 —	軍属 —	戦死	梁山郡上北面小石里 —
五〇〇	平雄丸	鎮海海軍病院	一九四五・〇五・〇一 一九二五・〇九・二九	金本玉祥 —	軍属 —	戦傷死	昌原郡亀山面 —
四六一	東隆丸	黄海	一九四五・〇五・〇二 一九二五・〇二・二六	共田甲祥 —	軍属 —	戦死	陜川郡治爐面治爐里五五 —
一六三九	第一七大魚丸	中支沿岸	一九四五・〇五・〇五 —	玉山道允 —	軍属 —	戦死	統営郡長水面外浦里八七 —
一六五八	第二一明石丸	揚子江	一九四五・〇五・〇五	安本在華	軍属	戦死	南海郡二東面尚州里七一〇

			一九二一・一二・〇三	菊花	妻		—
四二五	第二農山丸	黄海	一九四五・〇五・〇六	張岡鍾植	軍属	戦死	咸陽郡漆原面龍山里三六五
			一九二八・一一・一二	—	—		—
三六八	仁王山丸	黄海	一九四五・〇五・〇六	林周三	軍属	戦死	釜山府西大新町三—五六
			一九二八・〇三・〇四	—	—		—
三七一	仁王山丸	黄海	一九四五・〇五・〇六	新灵貴逢	軍属	戦死	釜山府瀛仙町二八四
			一九〇九・〇九・一六	—	—		—
四一一	仁王山丸	黄海	一九四五・〇五・〇六	村井性出	軍属	戦死	統営郡統営邑新町一七三
			一九二一・一一・一〇	—	—		—
四七四	仁王山丸	黄海	一九四五・〇五・〇六	茂山在均	軍属	戦死	宣寧郡宣寧面東泊里二一九
			一九一六・一〇・〇八	—	—		—
九二六	第一播州丸	フィリピン（比島）	一九四五・〇五・〇六	福原學文	軍属	戦死	南海郡三東面良阿里六二三
			一九〇八・〇九・二〇	且須	妻		—
九三〇	第三一播州丸	フィリピン（比島）	一九四五・〇五・〇六	金本亮五	軍属	戦死	昌原郡熊川面院浦里一九五
			一九二六・〇三・二七	—	—		—
一六四八	第三八興安丸	沖縄	一九四五・〇五・一四	南川点世	軍属	戦死	統営郡山陽面豊和里一四八九
			一九二六・〇二・〇三	三守	母		—
三六七	黒髪山丸	黄海	一九四五・〇五・一五	池田朝男	軍属	戦死	釜山府草場町二七
			一九二九・〇三・〇二	—	—		—
三八三	第三博鉄丸	朝鮮東岸	一九四五・〇五・一五	金澤澤雲	軍属	戦死	釜山府佐川町七七〇
			一九二〇・〇三・一五	—	—		—
四五五	永寿丸	黄海	一九四五・〇五・一六	金海尚俊	軍属	戦死	蔚山郡斗西面内尾里四六
			一九二一・〇九・二七	金海浮坤	—		—
四八一	吉法師丸	瀬戸内海	一九四五・〇五・一八	増井新太郎	軍属	戦死	金海郡駕洛面大沙里一六三
			一九〇二・〇四・一六	—	—		—
四一〇	方事盛運丸	瀬戸内海	一九四五・〇五・二〇	星山泰鎬	軍属	戦死	統営郡統営邑美修里六
			一九二二・〇五・一〇	—	—		—
四六二	第二神蔭丸	大分沖	一九四五・〇五・二三	金城信次郎	軍属	戦死	陜川郡徳谷面並世里六〇
			一九二六・〇二・〇七	—	—		—
四六四	第二巴丸	黄海	一九四五・〇五・二四	金本永時	軍属	戦死	陜川郡東谷面内川里二六一
			一九二八・〇八・三一	—	—		—
一二六六	第六八播州丸	沖縄	一九四五・〇五・二五	朝山三徳	軍属	戦死	統営郡河清面河清里三五三
			一九一五・〇二・一六	—	—		—
四〇九	美幸丸	黄海	一九四五・〇五・二八	金海浩仁	軍属	戦死	統営郡統営邑月坪里
			一九一五・××・××	—	—		—

一六五七	第一一華中丸	中支沿岸	一九四五・〇六・〇七 一九二一・〇九・一五	新山泰奉 泰鎮	軍属 兄	戦死	南海郡西面西工里一六一二 —
四七一	第三信洋丸	黄海	一九四五・〇六・一一 一九二八・〇三・〇六	江本貞雄 —	軍属 —	戦死	居昌郡馬理面下高里七二一 —
四六六	牡鹿山丸	日本海	一九四五・〇六・一三 一九二七・〇三・〇五	松村正雄 —	軍属 —	戦死	固城郡固城邑城内洞二七〇 —
一三三〇	第二二大漁丸	沖縄	一九四五・〇六・一三 一九二二・〇二・二五	山本見洋 崔漢涕	軍属 兄	戦死	泗川郡杻洞面田湖里 —
一六三四	第一六千歳丸	沖縄	一九四五・〇六・一四 一九一三・〇二・二三	金山善湖 玉子	軍属 長女	戦死	蔚山郡上北面吉川里一〇九三 —
四二九	三仁丸	羅津沖	一九四五・〇六・一九 一九二三・〇九・〇六	大山鏞成 —	軍属 —	戦死	咸安郡艅舡面下郷里九〇 —
四七三	第二二南進丸	南支那海	一九四五・〇六・二〇 一八九七・一〇・一五	延田治大 —	軍属 —	戦死	居昌郡熊陽面山圃里一五七一 —
一五九三	長田丸	南支那海	一九四五・〇六・二〇 一九二五・〇七・一八	碧李元泰 乙原	軍属 父	戦死	宜寧郡洛西面来済里五八 —
一六二三	長田丸	南支那海	一九四五・〇六・二〇 一九二六・〇一・一八	裵工留 橋本愛・鐘彦	軍属 妹・父	戦死	咸安郡郡北面長也里八八 —
一六六七	長田丸	南支那海	一九四五・〇六・二〇 一九二八・〇二・一〇	綾城正夫 本向	軍属 父	戦死	馬山府午東洞一二五—三 —
一六二九	第二松力丸	ルソン島マニラ	一九四五・〇六・二〇 一九二一・一〇・〇七	西原孝吉 達伊	軍属 母	戦死	蔚山郡方魚津邑方魚里五一—二 蔚山郡方魚津邑方魚里五一—二
三八八	新義州丸	日本海	一九四五・〇六・二三 一九二六・〇九・××	金澤文敏 —	軍属 —	戦死	釜山府富平町一六—一 —
一一五二	菱形丸	ルソン島	一九四五・〇六・二五 一九二六・一〇・二六	華山守鑽 —	軍属 —	戦死	蔚山郡三南面枝洞里九九〇 —
四四九	第二浦鯨丸	関門海峡	一九四五・〇六・二六 一九二七・〇九・〇六	茂村富平 —	軍属 —	戦死	蔚山郡大峴面長生浦里一〇四 —
四五〇	第二浦鯨丸	関門海峡	一九四五・〇六・二六 一九一四・〇三・〇八	山田文伯 —	軍属 —	戦死	蔚山郡大峴面龍岑里二一八 —
四一二	第七快進丸	瀬戸内海	一九四五・〇六・二七 一九一九・〇二・二三	山佳順福 —	軍属 —	戦死	統営郡山陽面永運里三二八 —
四一四	帝海丸	瀬戸内海	一九四五・〇六・二七 一九二三・一〇・二〇	禹在周 —	軍属 —	戦死	統営郡巨済面山達里 —
一六五三	第一玉浦丸	揚子江	一九四五・〇六・二七	徐政瓊王	軍属	戦死	南海郡南面仙区里

			一九一四・一二・〇九	｜	｜		｜
九八一	一一号文三・蛭子丸	ルソン島マニラ	一九四五・〇六・三〇	香月長吉	軍属	戦死	馬山府×町一〇四
			一九一一・〇六・〇九	春子	妻		｜
九六七	第二九新生丸	ルソン島マニラ	一九四五・〇六・三〇	山本五龍	軍属	戦死	釜山府東大新町二丁目二六六
			一九一八・〇八・一九	孟相	妻		｜
一一六九	第八蛭子丸	ルソン島マニラ東方山中	一九四五・〇六・三〇	岩本共大	軍属	戦死	東萊郡機張面竹城里二四〇
			一九一一・一二・一三	静子	妻		｜
一一七〇	第八蛭子丸	ルソン島マニラ東方山中	一九四五・〇六・三〇	金田自允	軍属	戦死	東萊郡機張面大辺里八
			一九二二・〇七・〇八	仁守	父		｜
一二六八	リ号第二大洋丸	ルソン島マニラ東方山中	一九四五・〇六・三〇	江本貴龍	軍属	戦死	統営郡長原浦邑杜母里
			一九二四・〇一・〇五	｜	｜		｜
一二六九	リ号第三蛭子丸	ルソン島マニラ東方山中	一九四五・〇六・三〇	大山徳禹	軍属	戦死	統営郡長木面冠浦里四〇五
			一九一七・一二・一七	｜	｜		｜
一二七〇	第二九新生丸	ルソン島マニラ東方山中	一九四五・〇六・三〇	金本正淑	軍属	戦死	統営郡遠梁面東港里五五七—七
			一九一八・〇八・一九	昌教	父		｜
一三五五	第二九新生丸	ルソン島マニラ東方山中	一九四五・〇六・三〇	星川福守	軍属	戦死	南海郡二東面尚州里一一九五四
			一九一五・〇八・〇六	斗九	父		｜
一二七八	第一八盛運丸	ルソン島マニラ東方山中	一九四五・〇六・三〇	朴芝洪	軍属	戦死	統営郡一運面水洞里
			一九一六・〇六・〇六	｜	｜		｜
一二七九	第一八盛運丸	ルソン島マニラ東方山中	一九四五・〇六・三〇	松原炳圭	軍属	戦死	統営郡遠梁面西山里一五九
			一九二四・一二・二六	雄玉	父		｜
一三〇七	第一八盛運丸	ルソン島マニラ東方山中	一九四五・〇六・三〇	文川大洪	軍属	戦死	固城郡三山面三峯里五八〇
			一九一六・〇六・〇六	性洛	父		｜
一三五四	第一八盛運丸	ルソン島マニラ東方山中	一九四五・〇六・三〇	高本永鳳	軍属	戦死	南海郡南二東面龍沼里二〇八
			一九二一・〇一・一五	徳基	父		｜
一三五六	第五蛭子丸	ルソン島マニラ東方	一九四五・〇六・三〇	山本忠男	軍属	戦死	南海郡二東面良阿里一七〇二
			一九〇五・〇七・〇八	｜	｜		｜
一三五七	は号×栄丸	ルソン島マニラ東方山中	一九四五・〇六・三〇	山口守安	軍属	戦死	南海郡東尚面中里五七二
			一九一〇・〇三・二四	廣甫	父		｜
四二一	第三弥栄丸	ルソン島北西	一九四五・〇七・〇六	許山達道	軍属	戦死	統営郡道山面法松里三七
			一九〇六・〇七・一二	椙山さだ子	内妻		｜
一六四七	第一七蛭子丸	ネグロス島	一九四五・〇七・一二	金本外益	軍属	戦死	統営郡遠梁面西山里一三七
			一九〇八・一二・二六	設連	妻		｜
四一九	第五南進丸	朝鮮東南	一九四五・〇七・二三	秋山重洙	軍属	戦死	統営郡長承浦邑長承浦里一八四
			一九一二・一〇・二一	｜	｜		｜

三八六	明宝丸	瀬戸内海	一九四五・〇七・二五 一九二五・〇五・二〇	李乃憲 ー	軍属 ー	戦死	釜山府鳳一町六三七 ー
四二〇	雄進丸	朝鮮海峡	一九四五・〇七・二九 一九一五・〇八・二八	木村充植 ー	軍属 ー	戦死	統営郡 統営郡兼浦面兼浦里五五七
三八七	雄進丸	朝鮮海峡	一九四五・〇七・二九 一九二二・〇九・〇八	横田小賛 ー	軍属 ー	戦死	釜山府緑町一ー一四 ー
一六三六	第八九播州丸	舞鶴湾口	一九四五・〇七・三〇 一九二二・〇五・二七	新井源来 承穆	軍属 父	戦傷死	蔚山郡下方魚津邑方魚里四一八 ー
四九四	光祐丸	朝鮮海峡	一九四五・〇八・〇八 一九二八・〇七・一五	竹園順郷 ー	軍属 ー	戦死	泗川郡泗南面竹川里 ー
四四七	第二日進丸	下関海峡	一九四五・〇八・一一 一九二八・〇一・一〇	山木寅生 ー	軍属 ー	戦死	蔚山郡方魚津邑花黄里六七七 ー
三八四	第一一東勢丸	九州西北	一九四五・〇八・一三 一八九八・〇五・〇五	月本政明 ー	軍属 ー	戦死	釜山府大新町一ー一〇四九 ー
三八五	第一一東勢丸	九州西北	一九四五・〇八・一三 一九〇四・〇五・三〇	密井斗相 ー	軍属 ー	戦死	釜山府東三洞四四九 ー
一二七三	第一六吉×丸	ダバオ島	一九四五・〇九・二二 一九二五・〇九・一五	清水愚賢 石奉	軍属 母	戦病死	統営郡長承浦邑長原浦里四九六 ー
四三〇	国光丸	ボルネオ島 マラリア	一九四五・一〇・二〇 一九一四・一〇・一〇	松岡亭黙 ー	軍属 ー	戦病死	南海郡南海面東山 ー
四〇八	千島丸	日本海	一九四六・〇七・一八 一九二七・〇八・一四	徳宋汶刻 ー	軍属 ー	戦死	東莱郡鼎冠面達山里 ー

◎慶尚北道　一六九三名

原簿番号	所属	死亡場所／死亡事由	死亡年月日／生年月日	創氏名・姓名／親権者	階級／関係	死亡区分	本籍地／親権者住所
一五五八	廈門海軍根拠地隊	廈門方面	一九四四・一〇・二九 一九二五・〇四・一三	鄭炅鎔 —	軍属 —	戦病死	迎日郡大松面松洞三七七 —
一一一八	大湊海軍運輸部	北太平洋	一九四五・〇七・二六 —	村瀬次男 アサ子	軍属 妻	戦死	迎日郡大松面東村里四四 —
一二八七	大湊海軍施設部	ソロモン諸島 急性腸炎	一九四三・〇五・二二 一九一七・〇九・〇六	平林五相 殷相	軍属 兄	戦病死	青松郡府東面梨田洞八九六 —
一四五〇	大湊海軍施設部	ソロモン諸島	一九四三・〇七・二九 —	安田重一 夏云	軍属 父	戦病死	聞慶郡龍岩面島洞里三七二 —
八五二	大湊海軍施設部	青森県樺山	一九四四・〇一・一六 —	山住載鶴 —	軍属 —	戦死	栄州郡順興面邑内里三四四 —
八一四	大湊海軍施設部	静岡駅構内	一九四四・〇八・一一 —	岩本突晩 —	軍属 —	公務死	軍威郡古老面石山洞三四四 —
八六八	大湊海軍施設部	青森県	一九四五・〇二・〇一 一九一五・〇五・二三	大田泰文 —	軍属 —	死亡	達城郡花園面舌化洞九六九 —
八一〇	大湊海軍施設部	小樽 急性白血病	一九四五・〇二・一〇 一九二三・〇九・〇一	金本漢龍 壽一・甲錫	軍属 養父・妻	戦病死	軍威郡古老面薬水洞一五〇 —
九二六	大湊海軍施設部	千島列島近海	一九四四・〇九・二六 一九一六・〇四・〇六	鄭判履 —	軍属 —	戦死	醴泉郡醴泉面大日町（大心洞） —
九二七	大湊海軍施設部	千歳	一九四五・〇四・二六 —	木村萬禧 —	軍属 —	死亡	醴泉郡豊壌面青雲里 —
八二八	大湊海軍施設部	北太平洋	一九四二・〇九・二六 一九一一・〇五・〇五	高山段述 化學	軍属 父	戦死	迎日郡清河面鳴安里八四 —
八九一	大湊海軍施設部	北太平洋	一九四三・〇八・一二 一九一八・〇三・二三	夏川声煥 東春	軍属 父	戦死	漆谷郡九徳洞三四八 漆谷郡漆谷面八達洞一四〇
九一九	大湊海軍施設部	北太平洋	一九四三・〇八・一二 一九一九・〇三・〇一	金城文鏞 聲逸・春心	軍属 父・妻	戦傷死	醴泉郡醴泉邑旺新洞二〇七 —
一〇七三	大湊海軍施設部	北太平洋	一九四三・〇八・一二 一九一三・〇八・〇四	菊山相壬 學文・鐘文	軍属 父・妻	戦死	金泉郡南面雲谷洞五五三 —
八四六	大湊海軍施設部	北太平洋	一九四三・〇八・一三 一九二三・〇一・〇一	徳原泰元 在甲	軍属 父	戦傷死	栄州郡順興面邑内洞一〇四七—二 —
七〇七	大湊海軍施設部	北太平洋	一九四四・〇三・〇二 一九一六・〇二・〇七	金岡夏澤 徳石・末順	軍属 父・妻	戦死	善山郡山東面桃山洞五五二 —

番号	所属	死亡場所	死亡年月日 / 生年月日	氏名 / 家族	続柄	死因	本籍
七〇八	大湊海軍施設部	北太平洋	一九四四・〇三・〇二 一九〇七・〇一・二五	大川八郎 ｜	軍属 ｜	戦死	善山郡海平面金湖洞 ｜
七三五	大湊海軍施設部	北太平洋	一九四四・〇三・〇二 一九二三・〇三・二七	徳山原弘 穆	軍属 父	戦死	尚州郡尚州面栗谷里二六〇 ｜
七七六	大湊海軍施設部	北太平洋	一九四四・〇三・〇二 一九二一・一二・〇二	羅井徳出 斗光	軍属 父	戦死	義城郡亀川面小湖洞一〇五九 ｜
七八九	大湊海軍施設部	北太平洋	一九四四・〇三・〇二 一九一三・〇一・一九	金本五文 南武	軍属 母	戦死	清道郡梅田面北旨洞三四一 ｜
八六一	大湊海軍施設部	北太平洋	一九四四・〇三・〇二 一九一八・〇二・〇六	華山三賢 謂息	軍属 妻	戦死	達城郡鳳村洞九二 ｜
九〇二	大湊海軍施設部	北太平洋	一九四四・〇三・〇二 一九二二・〇四・一二	完山　檍 必先	軍属 妻	戦死	星州郡修倫面湲亭洞七九 ｜
九〇八	大湊海軍施設部	北太平洋	一九四四・〇三・〇二 一九一七・〇六・〇七	金澤且福 石連	軍属 妻	戦死	永川郡永川邑泛魚洞七七一 ｜
九〇九	大湊海軍施設部	北太平洋	一九四四・〇三・〇二 一九一八・〇三・二〇	新井徳巌 充希	軍属 妻	戦死	永川郡右鏡面東道洞三〇八 ｜
九一一	大湊海軍施設部	北太平洋	一九四四・〇三・〇二 一九二〇・〇八・一三	新井春讃 日得	軍属 妻	戦死	永川郡東道洞三一六六 ｜
九三七	大湊海軍施設部	北太平洋	一九四四・〇三・〇二 一九二四・〇九・一五	新井潤根 基夏・瑞原・次雲	軍属 父・兄・兄	戦死	慶山郡龍城面金堤洞七一三 ｜
九四二	大湊海軍施設部	北太平洋	一九四四・〇三・〇二 一九二一・〇四・二三	成本斗文 洛夫・台得	軍属 父・妻	戦死	慶山郡弧山面旭水洞一三九 ｜
九九一	大湊海軍施設部	北太平洋	一九四四・〇三・〇二 一九二一・一〇・〇二	金城相海 戊出・乙善	軍属 父・妻	戦死	青松郡府東面新店里八六五 ｜
一〇〇一	大湊海軍施設部	北太平洋	一九四四・〇三・〇二 一九二六・〇二・〇一	里見普燮 守変・秀運	軍属 兄・妻	戦死	青松郡青松面青雲洞五三二一二九 ｜
一〇六〇	大湊海軍施設部	北太平洋	一九四四・一〇・二五 一九二二・〇三・二八	金川極烈 萬春	軍属 父	戦死	盈徳郡江口面上直洞二五四 ｜
七七四	大湊海軍施設部	北太平洋	一九四四・〇三・一二 一九一八・〇九・〇五	西田壽甲 尚鳳	軍属 父	戦死	義城郡比安面長春洞七〇七 ｜
一一二七	大湊海軍施設部	北太平洋	一九四四・〇五・三一 一九二六・〇六・〇七	新井鐘太郎 圭市	軍属 父	戦死	大邱府東雲町二五二 ｜
八〇四	大湊海軍施設部	北太平洋	一九四四・〇九・一五 一九〇二・一一・一六	金本一郎 ｜	軍属 ｜	戦死	軍威郡缶溪面高谷洞一六八 ｜
六八九	大湊海軍施設部	北太平洋	一九四四・〇九・二五	李命錫	軍属	戦死	善山郡玉城面注児洞八六二

			一九〇〇・〇一・二七	命俊	兄		—
七一八	大湊海軍施設部	北太平洋	一九四四・〇九・二六 一九一三・〇六・二六	光山玄信 允曽	軍属 妻	戦死	善山郡海平面洛山洞 —
七五三	大湊海軍施設部	北太平洋	一九四四・〇九・二六 一九三〇・一二・〇五	李鐘植 八龍・七用	軍属 叔父・	戦死	義城郡安渓面安定洞五四七 —
八四〇	大湊海軍施設部	北太平洋	一九四四・〇九・二六 一九〇四・〇一・一九	富岡清吉 —	軍属 —	戦死	大邱府 —
八四三	大湊海軍施設部	北太平洋	一九四四・〇九・二六 一九二一・〇九・二四	竹田春雄 —	軍属 —	戦死	大邱府綿町二—四五 —
八五五	大湊海軍施設部	北太平洋	一九四四・〇九・二六 一九二四・〇一・二〇	松田市植 —	軍属 —	戦死	奉化郡祥雲面
八七〇	大湊海軍施設部	北太平洋	一九四四・〇九・二六 一九二三・〇三・〇九	裵相連・明山明鏡 裵玉菊	軍属 姉	戦死	達城郡玄風面中洞一 —
八七六	大湊海軍施設部	北太平洋	一九四四・〇九・二六 一九二一・〇九・一〇	晋山声海 瑛玉	軍属 妻	戦死	安東郡北後面瓮泉洞五九 —
八九六	大湊海軍施設部	北太平洋	一九四四・〇九・二六 —	安田次郎 アキ子	軍属 妻	戦死	漆谷郡観湖洞三八一 —
九一三	大湊海軍施設部	北太平洋	一九四四・〇九・二六 一九二二・一二・一八	共田金斗 京西	軍属 父	戦死	永川郡北洞三三五 —
九三八	大湊海軍施設部	北太平洋	一九四四・〇九・二六 —	田中外祚 渭夕・順漢	軍属 兄・妻	戦死	慶山郡慶山面正坪洞五九 —
九三九	大湊海軍施設部	北太平洋	一九四四・〇九・二六 —	山本一郎 丁順	軍属 妻	戦死	慶山郡慶山面正坪洞五七 —
一一九五	大湊海軍施設部	北太平洋	一九四四・〇九・二六 一九二三・〇五・一〇	共田公染 起鳳	軍属 母	戦死	永川郡臨皐面彦河洞六八 永川郡臨皐面彦河洞六八
一三二六	大湊海軍施設部	北太平洋	一九四四・〇九・二六 一九一九・一二・一八	張元鳳漢 聖元	軍属 父	戦死	義城郡多仁面徳池洞七八八 義城郡多仁面徳池洞七八八
一三二七	大湊海軍施設部	北太平洋	一九四四・〇九・二六 一九一一・〇九・一四	金村溶彦 聲俊	軍属 父	戦死	義城郡多仁面徳池洞二〇二 義城郡多仁面徳池洞二〇二
一三二八	大湊海軍施設部	北太平洋	一九四四・〇九・二六 一九二〇・一一・〇三	松井義和 仁和	軍属 兄	戦死	義城郡多仁面徳池洞七九〇 義城郡多仁面徳池洞七九〇
一三二九	大湊海軍施設部	北太平洋	一九四四・〇九・二六 一九二一・〇五・一八	松本奎和 永幸	軍属 父	戦死	義城郡丹村面西峴徳洞四一〇 義城郡丹村面西峴徳洞四一〇
一三三〇	大湊海軍施設部	北太平洋	一九四四・〇九・二六 一九一七・一二・〇五	金川浩洙 粉年	軍属 父	戦死	義城郡丹村面観徳洞四一〇 義城郡丹村面観徳洞四一〇

番号	所属	場所	年月日	氏名	身分・続柄	死因	本籍・住所
一三三一	大湊海軍施設部	北太平洋	一九四四・〇九・二六 一九一八・一〇・一五	眞城載洙 五甲	軍属 母	戦死	義城郡丹村面并方洞八〇四 義城郡丹村面并方洞八〇四
一三三二	大湊海軍施設部	北太平洋	一九四四・〇九・二六 一九一六・〇二・一四	松島元根 濱喆	軍属 父	戦死	義城郡丹村面并方洞五二四 義城郡丹村面并方洞五二四
一三三三	大湊海軍施設部	北太平洋	一九四四・〇九・二六 一九二〇・〇二・〇二	金海前出 用石	軍属 父	戦死	義城郡丹村面下禾洞三九六 義城郡丹村面下禾洞三九六
一三三四	大湊海軍施設部	北太平洋	一九四四・〇九・二六 一九二一・一二・二八	松山敬蓮 喜春	軍属 父	戦死	義城郡丹村面細村洞八一二 義城郡丹村面細村洞八一二
一三三五	大湊海軍施設部	北太平洋	一九四四・〇九・二六 一九二〇・〇二・二六	高原尚壽 順伊	軍属 母	戦死	義城郡義城邑帿竹洞五八三 義城郡義城邑帿竹洞五八三
一三三六	大湊海軍施設部	北太平洋	一九四四・〇九・二六 一九二一・〇九・一一	金本萬岩 玉子	軍属 母	戦死	義城郡義城邑帿竹洞七一二 義城郡義城邑帿竹洞七一二
一三三七	大湊海軍施設部	北太平洋	一九四四・〇九・二六 ―	崔小生 盧次	軍属 母	戦死	義城郡義城邑鐵坡洞三二七 義城郡義城邑鐵坡洞三二七
一三三八	大湊海軍施設部	北太平洋	一九四四・〇九・二六 一九二〇・〇七・〇二	芳田鐘泰 月順	軍属 母	戦死	義城郡義城邑鐵坡洞一五三 義城郡義城邑鐵坡洞一五三
一三三九	大湊海軍施設部	北太平洋	一九四四・〇九・二六 一九二一・〇九・二七	橋本潤逑 林	軍属 母	戦死	義城郡義城邑飛鳳洞六六六 義城郡義城邑飛鳳洞六六六
一四三五	大湊海軍施設部	北太平洋	一九四四・〇九・二六 一九一一・〇三・一二	宮本　繁 時枝	軍属 妻	戦死	醴泉郡龍宮面邑部里二六五 醴泉郡龍宮面邑部里二六五
一四四八	大湊海軍施設部	北太平洋	一九四四・〇九・二六 一九二七・〇二・二七	松本善宰 奉出	軍属 妻	戦死	聞慶郡聞慶面池谷里二四 ―
一四四九	大湊海軍施設部	北太平洋	一九四四・〇九・二六 一九二五・〇四・二一	平山在均 良順	軍属 妻	戦死	聞慶郡戸曲南里×新里二六三 ―
六九一	大湊海軍施設部	北太平洋	一九四四・一〇・二五 ―	林清吉 淳七・ユキ子	軍属 父・妻	戦死	善山郡玉城面鳳谷洞二二 ―
七〇三	大湊海軍施設部	北太平洋	一九四四・一〇・二五 一九一九・〇五・一〇	金入奉 俊八	軍属 父	戦死	善山郡高牙面多食洞一五九 ―
七〇四	大湊海軍施設部	北太平洋	一九四四・一〇・二五 一九〇八・〇九・二〇	江本権逑 陸壬	軍属 妻	戦死	善山郡山東面桃山洞三四〇 ―
七〇六	大湊海軍施設部	北太平洋	一九四四・一〇・二五 ―	金本海文 斗満	軍属 父	戦死	善山郡山東面星水洞一一六 ―
七二三	大湊海軍施設部	北太平洋	一九四四・一〇・二五 ―	小山一郎 ―	軍属 ―	戦死	尚州郡青里面遠墻里二七八 ―
七三二	大湊海軍施設部	北太平洋	一九四四・一〇・二五	平原文熙	軍属	戦死	尚州郡尚州面興角里五〇八

			―	―	―		―
七三四	大湊海軍施設部	北太平洋	一九四四・一〇・二五	木村雲林	軍属	戦死	尚州郡中東面金洞里二三〇
			―	貴男	妻		―
七三八	大湊海軍施設部	北太平洋	一九四四・一〇・二五	林田末吉	軍属	戦死	尚州郡外面舊書里四三九
			―	朴玉桂	妻		―
七四四	大湊海軍施設部	北太平洋	一九四四・一〇・二五	岡本正一	軍属	戦死	尚州郡沙伐面徳潭里四三一
			一九一九・〇二・〇七	杏田	兄		―
七四六	大湊海軍施設部	北太平洋	一九四四・一〇・二五	春山仙吉	軍属	戦死	尚州郡牟東面徳谷里
			―	王井子	妻		―
七五六	大湊海軍施設部	北太平洋	一九四四・一〇・二五	永川八龍	軍属	戦死	義城郡安渓面安定洞
			一九〇四・〇六・一八	順南	妻		―
七五七	大湊海軍施設部	北太平洋	一九四四・一〇・二五	市川　信(信一)	軍属	戦死	義城郡安渓面安定洞一二四
			―	愛子	妻		―
七六四	大湊海軍施設部	北太平洋	一九四四・一〇・二五	光山復根	軍属	戦死	義城郡多仁面外井洞三一六
			―	達成	妻		―
七六五	大湊海軍施設部	北太平洋	一九四四・一〇・二五	山本且出	軍属	戦死	義城郡多仁面陽成洞一三二
			一九〇一・〇三・一三	一出・豉粉	兄・妻		―
七七二	大湊海軍施設部	北太平洋	一九四四・一〇・二五	金光萬普	軍属	戦死	義城郡點谷面西辺洞一〇二
			―	甲伊	妻		―
七七三	大湊海軍施設部	北太平洋	一九四四・一〇・二五	金子義天	軍属	戦死	義城郡比安面白楽洞
			―	東レイ子	内妻		―
七八一	大湊海軍施設部	北太平洋	一九四四・一〇・二五	神田鎬燮	軍属	戦死	義城郡金城面明徳洞普石地里二一八
			―	文造	父		―
七八六	大湊海軍施設部	北太平洋	一九四四・一〇・二五	金本一郎	軍属	戦死	清道郡清道面巨淵里
			―	ふみ子	妻		―
七九一	大湊海軍施設部	北太平洋	一九四四・一〇・二五	崔光萬	軍属	戦死	清道郡梅田面温幕洞六二四
			―	李玉珠	妻		―
八〇七	大湊海軍施設部	北太平洋	一九四四・一〇・二五	玉山星煥	軍属	戦死	軍威郡梅城洞
			―	文子	妻		―
八一三	大湊海軍施設部	北太平洋	一九四四・一〇・二五	金子宇三郎	軍属	戦死	軍威郡召保面達山洞三一八
			―	巡伊	妻		―
八一五	大湊海軍施設部	北太平洋	一九四四・一〇・二五	茂山守鳳	軍属	戦死	迎日郡大松面槐東洞三三
			一九二二・〇四・二五	在光・禮子	父・妻		―
八一六	大湊海軍施設部	北太平洋	一九四四・一〇・二五	中村八郎	軍属	戦死	迎日郡滄州面林高里
			一九二四・〇七・〇三	―	―		―

八一七	大湊海軍施設部	北太平洋	一九四四・一〇・二五	金本洛成	軍属	戦死	迎日郡網代四九九
			ー	建根	妻		ー
八一八	大湊海軍施設部	北太平洋	一九四四・一〇・二五	徳原貞錫	軍属	戦死	迎日郡神光面興谷洞三九五
			ー	ー	ー		ー
八二六	大湊海軍施設部	北太平洋	一九四四・一〇・二五	金田台舘	軍属	戦死	迎日郡浦項洞東浜町一一三
			ー	福祥	妻		ー
八三〇	大湊海軍施設部	北太平洋	一九四四・一〇・二五	徐二先	軍属	戦死	迎日郡松舞面中山里
			ー	ー	ー		ー
八三二	大湊海軍施設部	北太平洋	一九四四・一〇・二五	大城一先	軍属	戦死	迎日郡華津里二〇四
			一九二〇・〇六・二五	金田	妻		ー
八三三	大湊海軍施設部	北太平洋	一九四四・一〇・二五	松島一郎	軍属	戦死	迎日郡上松里
			ー	はる子	妻		ー
八三五	大湊海軍施設部	北太平洋	一九四四・一〇・二五	金山武弘	軍属	戦死	迎日郡仁庇洞一〇八五
			一九二一・〇一・一一	浩祥	妻		ー
八六四	大湊海軍施設部	北太平洋	一九四四・一〇・二五	松山　伊	軍属	戦死	達城郡嘉昌面杏亭洞九九
			ー	ー	ー		ー
八六六	大湊海軍施設部	北太平洋	一九四四・一〇・二五	松山石乙	軍属	戦死	達城郡嘉昌面大逸洞
			一九一二・一二・一八	ー	ー		ー
八七七	大湊海軍施設部	北太平洋	一九四四・一〇・二五	藤原義雄	軍属	戦死	安東郡安東邑泥川洞
			一九〇七・〇一・一四	ー	ー		ー
八七八	大湊海軍施設部	北太平洋	一九四四・一〇・二五	金澤栄承	軍属	戦死	安東郡一直面亀尾洞
			一九二二・一〇・一〇	元基	妻		安東郡一直面亀尾洞四一五金澤世承方
八八〇	大湊海軍施設部	北太平洋	一九四四・一〇・二五	三原泰得	軍属	戦死	安東郡南後面武陵洞四五四
			一九二五・〇七・二三	重根	父		ー
八八四	大湊海軍施設部	北太平洋	一九四四・一〇・二五	松井斗遠	軍属	戦死	安東郡西後面鳴洞二〇八
			一九一〇・〇六・二六	錦華	妻		ー
八八八	大湊海軍施設部	北太平洋	一九四四・一〇・二五	木下松二	軍属	戦死	漆谷郡倭舘面倭舘洞
			ー	在徳	長男		ー
八九七	大湊海軍施設部	北太平洋	一九四四・一〇・二五	安本栄善	軍属	戦死	漆谷郡漆谷面梅川洞四六
			一九二三・一〇・一一	萬翼	父		ー
九一〇	大湊海軍施設部	北太平洋	一九四四・一〇・二五	月山永道	軍属	戦死	永川郡清亭洞一四九
			ー	在蘭	妻		ー
九三〇	大湊海軍施設部	北太平洋	一九四四・一〇・二五	新井清二郎	軍属	戦死	慶山郡東西洞六二八
			ー	洙錫	兄		ー
九三六	大湊海軍施設部	北太平洋	一九四四・一〇・二五	廣山世昌	軍属	戦死	慶山郡南川面正坪里四〇五

番号	所属	地域	年月日	氏名	続柄	区分	本籍
			一九〇九・〇九・一五	世聖・命順	兄・妻		—
九四〇	大湊海軍施設部	北太平洋	一九四四・一〇・二五	大川斗甲	軍属	戦死	慶山郡珍良面仙花洞四三九
			一八九六・一二・一九	吏粉	妻		—
九四六	大湊海軍施設部	北太平洋	一九四四・一〇・二五	山本永来	軍属	戦死	聞慶郡永順面梨木里一三
			一九一三・〇九・〇二	炳説	父		—
九五五	大湊海軍施設部	北太平洋	一九四四・一〇・二五	平田宗得	軍属	戦死	聞慶郡麻城面外於里四六五
			一九一一・〇五・一三	官名・玉香	父・妻		—
九六九	大湊海軍施設部	北太平洋	一九四四・一〇・二五	江村順治	軍属	戦死	聞慶郡聞慶面池谷里五〇八
			一九一一・〇八・一〇	尚烈	妻		—
九八三	大湊海軍施設部	北太平洋	一九四四・一〇・二五	東元奉快	軍属	戦死	高麗郡雲水面鳳坪洞七五
			一九二〇・一〇・〇二	樹直	父		—
九八八	大湊海軍施設部	北太平洋	一九四四・一〇・二五	金龍伊	軍属	戦死	高麗郡雙林面合伽洞
			—	柳鳳点	妻		—
九九七	大湊海軍施設部	北太平洋	一九四四・一〇・二五	安浦圭容	軍属	戦死	青松郡縣東面印支洞七四八
			一九一四・〇八・一三	性鴻	父		—
九九八	大湊海軍施設部	北太平洋	一九四四・一〇・二五	平山元慶	軍属	戦死	青松郡巴川面中坪里
			一九一四・〇八・一三	甲岩	妻		—
一〇〇三	大湊海軍施設部	北太平洋	一九四四・一〇・二五	廣山錫福	軍属	戦死	慶州郡外東面入室里一〇〇三
			一九二二・〇九・〇九	順喜	母		—
一〇〇四	大湊海軍施設部	北太平洋	一九四四・一〇・二五	新井炳秀	軍属	戦死	慶州郡外東面淵安里八一九
			一九一〇・〇一・〇八	炳澤・順必	父・母		慶尚北道登山府元一面三一八
一〇〇八	大湊海軍施設部	北太平洋	一九四四・一〇・二五	春山萬乭	軍属	戦死	慶州郡内東面薪坪里一二
			一九一四・一〇・一一	逑甲・末順	父・妻		—
一〇二六	大湊海軍施設部	北太平洋	一九四四・一〇・二五	吉村相鎬	軍属	戦死	慶州郡甘浦邑甘浦里五〇五
			一九二一・〇七・二八	英子	妻		—
一〇三二	大湊海軍施設部	北太平洋	一九四四・一〇・二五	朴鎬基	軍属	戦死	慶州郡龍谷面龍谷里
			一九一七・〇四・〇七	—	—		—
一〇四二	大湊海軍施設部	北太平洋	一九四四・一〇・二五	安田成洛	軍属	戦死	盈徳郡南亭面皐境洞
			一九一六・一一・二一	巴山錬好	叔父		迎日郡松羅面地境里
一〇四四	大湊海軍施設部	北太平洋	一九四四・一〇・二五	南孝允	軍属	戦死	盈徳郡達山面玉山洞六五二
			—	朝錫	妻		—
一〇五〇	大湊海軍施設部	北太平洋	一九四四・一〇・二五	崔良雲	軍属	戦死	盈徳郡蒼水面新基洞
			—	てる	内妻		—
一〇五一	大湊海軍施設部	北太平洋	一九四四・〇三・〇二	菊川光雄	軍属	戦死	盈徳郡南亭面南亭洞
			一九一六・一〇・一五	壽・芳子	兄・妻		—

番号	所属	死亡場所	死亡年月日 生年月日	氏名 遺族	身分 続柄	死因	本籍 遺族住所
一〇六三	大湊海軍施設部	北太平洋	一九四四・一〇・二五 一九一六・〇二・一〇	延原南龍 ―	軍属 ―	戦死	金泉郡開寧面藍田洞 ―
一〇六四	大湊海軍施設部	北太平洋	一九四四・一〇・二五 一九一八・一〇・一一	金上明圭 永生・順任	軍属 兄・妻	戦死	金泉郡開寧面黄渓里一二一九 ―
一〇七〇	大湊海軍施設部	北太平洋	一九四四・一〇・二五 一九二六・〇四一九	金岡相根 南祚	軍属 妻	戦死	金泉郡禦侮面銀基洞一二五 ―
一〇八一	大湊海軍施設部	北太平洋	一九四四・一〇・二五 ―	金村新三 清子	軍属 妻	戦死	金泉郡牙浦面松川洞 ―
一〇八五	大湊海軍施設部	北太平洋	一九四四・一〇・二五 ―	東　昇 亭塙・相点	軍属 父・妻	戦死	金泉郡甘文面台村洞七七〇 ―
一〇九〇	大湊海軍施設部	北太平洋	一九四四・一〇・二五 ―	権致俊・樺田正記 宮道ちよ	軍属 内妻	戦死	金泉郡知礼面校里八〇四 ―
八九五	大湊海軍施設部	北太平洋	一九四四・一二・二五 一九一八・〇九・一〇	密城春得 嬉子	軍属 妻	戦死	漆谷郡徳山洞一〇四八 ―
八四五	大湊海軍施設部	北太平洋	一九四五・〇六・一八 ―	松本在必 ミヨ	軍属 妻	戦死	栄州郡栄州面上茁里一一九 ―
八八七	大湊海軍施設部	北太平洋	一九四五・〇六・一八 ―	延川甲台 達仙	軍属 妻	戦死	漆谷郡枝川面蓮湖洞一七二 ―
九三四	大湊海軍施設部	北太平洋	一九四五・〇六・一八 ―	呉舟秀伸 在淑	軍属 妻	戦死	慶山郡押梁面内洞一六五 ―
七九七	大湊海軍施設部	千島列島	一九四四・〇三・〇二 一九一九・〇七・〇四	金本一祚・山本金太郎 大芝	軍属 父	戦死	清道郡雲門面新院洞一〇九九 ―
一〇八二	大湊海軍施設部	千島・占守島	一九四四・〇九・〇四 ―	戸山乃香 壽水・文心	軍属 父・妻	戦病死	金泉郡甘文面九野洞三三三 ―
七一二	大湊海軍施設部	北千島近海	一九四五・〇五・〇一 一九一一・一一・〇三	岩本春鶴 ―	軍属 ―	戦死	善山郡長川面石平洞 ―
七五九	大湊海軍施設部	北千島近海	一九四五・〇五・〇一 一九二一・〇二・一五	平山永錫 ―	軍属 ―	戦死	義城郡佳音面佳小里 ―
七七五	大湊海軍施設部	北千島近海	一九四五・〇五・〇一 一九二六・〇七・二一	大野慶燮 ―	軍属 ―	戦死	義城郡丹村面上禾洞 ―
八〇〇	大湊海軍施設部	北千島近海	一九四五・〇五・〇一 一九二三・〇八・一四	吉村三郎 ―	軍属 ―	戦死	軍威郡缶溪面南山洞 ―
八〇一	大湊海軍施設部	北千島近海	一九四五・〇五・〇一 一九二〇・〇五・〇七	高山文雄 ―	軍属 ―	戦死	軍威郡孝令面花溪洞 ―
一〇〇七	大湊海軍施設部	北千島近海	一九四五・〇五・〇一	辻本能萬	軍属	戦死	慶州郡内東面鎮年里

				一九〇六・一〇・一七	—	—		—
八三九	大湊海軍施設部	襟裳岬東方	一九四五・〇五・〇一	一九一五・〇七・〇六	松川大権	軍属	戦死	大邱府南山町八一
七八三	大湊海軍施設部	襟裳岬南東方	一九四五・〇五・〇一	一九一一・〇六・二四	金城道俊	軍属	戦死	義城郡金谷面末全洞
八一二	大湊海軍施設部	襟裳岬南東方	一九四五・〇五・〇一	一九一七・〇八・二五	東原成鎮	軍属	戦死	軍威郡缶溪面南山洞
九〇五	大湊海軍施設部	襟裳岬南東方	一九四五・〇五・〇一	一九一二・一二・一四	興松萬錫	軍属	戦死	星州郡星州面星山洞
九一二	大湊海軍施設部	襟裳岬南東方	一九四五・〇五・〇一	一九一七・〇二・〇五	金本順同	軍属	戦死	永川郡北安面内浦洞
七一九	大湊海軍施設部	舞鶴港内	一九四五・〇八・二四	—	海本源伴	軍属	死亡	善山郡長川面錦山洞
七四八	大湊海軍施設部	舞鶴港内	一九四五・〇八・二四	—	金本小水	軍属	死亡	尚州郡尚州邑道南里
七四九	大湊海軍施設部	舞鶴港内	一九四五・〇八・二四	—	鄭本　涼	軍属	死亡	尚州郡尚州邑道南里
七五〇	大湊海軍施設部	舞鶴港内	一九四五・〇八・二四	—	鄭本成子	軍属	死亡	尚州郡尚州邑道南里
七五一	大湊海軍施設部	舞鶴港内	一九四五・〇八・二四	—	潭田合順	軍属	死亡	尚州郡尚州邑道南里
七五二	大湊海軍施設部	舞鶴港内	一九五四・〇八・二四	—	金本伊生	軍属	死亡	尚州郡尚州邑道南里
七八二	大湊海軍施設部	舞鶴港内	一九四五・〇八・二四	—	金今禄	軍属	死亡	義城郡玉山面実業里二五
七九八	大湊海軍施設部	舞鶴港内	一九四五・〇八・二四	—	新井大守	軍属	死亡	清道郡錦川面小川洞
八四九	大湊海軍施設部	舞鶴港内	一九四五・〇八・二四	—	林道白	軍属	死亡	栄州郡栄州面栄州里
八五〇	大湊海軍施設部	舞鶴港内	一九四五・〇八・二四	—	松本永五	軍属	死亡	栄州郡文珠面代賜里
八五一	大湊海軍施設部	舞鶴港内	一九四五・〇八・二四	—	南鎮洙	軍属	死亡	栄州郡栄州面下望里
八八五	大湊海軍施設部	舞鶴港内	一九四五・〇八・二四	—	青松花子	軍属	死亡	安東郡安幕洞二七

九一八	大湊海軍施設部	舞鶴港内	一九四五・〇八・二四 |	朴潤才 |	軍属 |	死亡	永川郡臨皐面良巷洞 |
九九〇	大湊海軍施設部	舞鶴港内	一九四五・〇八・二四 |	成東丸尾 |	軍属 |	死亡	高麗郡雲水面雲山洞 |
一一三〇	大湊海軍施設部	舞鶴港内	一九四五・〇八・二四 |	鄭春子 |	軍属 |	死亡	清道郡清道面清道駅前
一〇三四	大湊海軍施設部	舞鶴港内	一九四五・〇八・二四 |	新井花子 |	軍属 |	死亡	慶州郡内東面排盤里
一〇三五	大湊海軍施設部	舞鶴港内	一九四五・〇八・二四 |	林　フユ |	軍属 |	死亡	慶州郡外東面萬於里 |
一〇三六	大湊海軍施設部	舞鶴港内	一九四五・〇八・二四 |	春川文善 |	軍属 |	死亡	慶州郡内南面朴遠（達）里
一〇三七	大湊海軍施設部	舞鶴港内	一九四五・〇八・二四 |	大原源造 |	軍属 |	死亡	慶州郡西面花川里
一〇三八	大湊海軍施設部	舞鶴港内	一九四五・〇八・二四 |	大川要吉 |	軍属 |	死亡	慶州郡西面花川里 |
一〇三九	大湊海軍施設部	舞鶴港内	一九四五・〇八・二四 |	中村仙吉 |	軍属 |	死亡	慶州郡江西面 |
一〇四〇	大湊海軍施設部	舞鶴港内	一九四五・〇八・二四 |	金井清之助 |	軍属 |	死亡	尚州郡化東面化東洞内 |
一一二九	大湊警備隊・五北進丸	千島占守島海面	一九四五・〇六・一七 |	岡田正雄 |	軍属 |	戦死	慶州郡和面目油 慶山郡押梁面油谷洞
一一〇九	大湊海軍防備隊・三×丸	北太平洋	一九四四・〇七・一七 一九二三・〇三・二九	星宮斗煥 星東	軍属 父	戦死	星州郡碧珍面雲町洞五二二 |
一一一〇	大湊海軍防備隊・三×丸	北太平洋	一九四四・〇七・一七 一九一〇・〇五・〇五	星宮信東 崇姫	軍属 妻	戦死	星州郡碧珍面雲町洞五二二
一一一一	大湊海軍防備隊・第×高憲丸	本州北方海面	一九四五・〇七・〇七 |	星宮景煥 星東	軍属 父	戦死	星州郡碧珍面雲町洞五二二 |
一一一二	大湊海軍防備隊・第×高憲丸	本州北方	一九四五・〇七・〇七 |	金山永夏 鳳順	軍属 妻	戦死	星州郡碧珍面海平洞三二二 |
四一	大阪海兵団	大阪田辺分団 心臓麻痺	一九四五・〇二・一九 一九二七・〇七・三一	三井鍾水 在旭	一水 父	死亡	義城郡比安面花新洞一区 東京都葛飾区上平井町一七八九
一六八六	沖縄根拠地隊司令部	沖縄	一九四五・〇六・一四 一九一七・一一・一〇	金永玉泰 順伊	軍属 |	戦死	善山郡高牙面新村洞 |
一六八七	沖縄根拠地隊司令部	沖縄	一九四五・〇六・一四	金田鍾録	軍属	戦死	善山郡高牙面新村洞

			一九一〇・〇七・〇三	雪梅	妻		ー
一六八八	沖縄根拠地隊司令部	沖縄	一九四五・〇六・一四	金本太郎	軍属	戦死	慶州郡江西面安康里
			一九二二・〇八・一九	金本貞子	ー		ー
一六八九	沖縄根拠地隊司令部	沖縄	一九四五・〇六・一四	韓山昌錫	軍属	戦死	安東郡両後面廣坪里
			一九二二・一〇・二〇	錫基	父		ー
一六九〇	沖縄根拠地隊司令部	沖縄	一九四五・〇六・一四	河本在淀	軍属	戦死	安東郡安東面路下里
			一九二一・〇二・〇八	大漲	ー		ー
一六九一	沖縄根拠地隊司令部	沖縄	一九四五・〇六・一四	大城行錫	軍属	戦死	安東郡西後面城谷里
			一九二〇・〇五・〇二	奉錫	父		ー
一六九二	沖縄根拠地隊司令部	沖縄	一九四五・〇六・一四	永田學栄	軍属	戦死	永川郡清道面新源里
			一九一八・〇一・一〇	又生	妻		ー
一六九三	沖縄根拠地隊司令部	沖縄	一九四五・〇六・一四	岩本永福	軍属	戦死	慶山郡瓦村面大閑里
			一九二二・〇八・二五	允	父		ー
一五五六	海南島海軍施設部	海南島	一九四三・一一・〇八	山本一雄	軍属	戦傷死	迎日郡清河面龍頭里六三
			ー	ー	ー		ー
一	北フィリピン（菲）航空隊	ルソン島	一九四五・〇六・〇一	光山秀三	整備長	戦病死	大邱府京町一ー四一
			一九二四・〇五・〇一	正雄	父		ー
一四五三	呉海軍施設部	福岡方面	一九四五・〇二・二〇	京本炳仁	軍属	戦死	聞慶郡麻城面梧泉里
			一九〇六・〇二・二五	蓮伊	妻		ー
一二二二	呉海軍施設部	宮崎方面	一九四五・〇四・二八	朱田在浩	軍属	戦死	慶州郡山内面新院里一七八
			一九二八・〇四・二〇	鳳壽	父		ー
一三四八	呉海軍施設部	宮崎方面	一九四五・〇四・二八	金本善植	軍属	戦死	義城郡丹北面井安洞八九
			一九二三・一一・二三	仙女	母		ー
一一八五	呉海軍施設部	福岡方面	一九四五・〇七・二五	月山順祚	軍属	戦死	慶山郡押梁面信川洞一五六
			一九二一・一二・〇九	命順	妻		ー
一四九三	呉海軍施設部	内地	一九四五・〇八・〇九	朝山金太郎	軍属	死亡	清道郡大城面内湖洞
			ー	君子	妻		ー
一五〇九	呉海軍軍需部	呉	一九四五・〇七・〇二	白川一郎	軍属	戦死	善山郡亀尾面元坪洞
			一九二一・一〇・一一	商基	父		善山郡亀尾面元坪洞
二五	高警隊	横須賀海兵団	一九四五・〇七・一八	川本浩康	水長	戦死	慶山郡瓦村面徳村里二六七
			一九二六・一二・二六	鳳仙	母		慶山郡瓦村面所月洞三九
三二一	山陰航空隊	大社基地	一九四五・〇七・二八	李川辰夫	上整	戦死	軍威郡軍威面水成洞三二三
			一九二八・一二・〇九	守峯	父		京都市中京区壬生松原町一九
六	佐世保八特別陸戦隊	バシー海峡	一九四四・〇九・〇九	金本正佑	上水	戦死	清道郡華陽面松金洞四八五
			一九二六・〇八・一三	寛伊	父		ー

八	佐世保八特別陸戦隊	バシー海峡	一九四四・〇九・〇九	金田哲忠	上水	戦死	金泉郡開寧面西部洞三二四
			一九二六・〇一・〇八	章煥	父		咸鏡北道清津府浦項町
一五	佐世保八特別陸戦隊	バシー海峡	一九四四・〇九・〇九	宇原　珏	上水	戦死	醴泉郡豊壌面槐堂洞二六二
			一九二六・〇七・二〇	大一	兄		醴泉郡龍宮面邑部里一九八
一九	佐世保八特別陸戦隊	バシー海峡	一九四四・〇九・〇九	金田栄錫	軍属	戦死	迎月軍東海面馬山洞一七一
			一九二四・〇九・二五	吉元	父		—
三〇	佐世保八特別陸戦隊	バシー海峡	一九四四・〇九・〇九	木村栄夫	軍属	戦死	栄州郡豊基面城内洞一三
			一九二六・〇六・三〇	粉伊	母		—
一五五七	佐世保海軍施設部	佐世保市	一九四四・〇四・〇五	安原相述	軍属	死亡	迎日郡大松面東村里七七四
			一九二二・一二・一三	—	—		—
一五四五	佐世保海軍施設部	大村市	一九四四・一〇・二五	新井在仁	軍属	戦死	達城郡玉浦面金興里四四五
			一九〇七・〇二・一六	桂光	妻		—
一五七五	佐世保海軍施設部	大村市	一九四四・一〇・二五	松井実京	軍属	戦死	義城郡金城面草田洞三〇二
			一九一五・〇六・〇三	明運	妻		—
一五三七	佐世保海軍施設部	長崎県	一五四五・〇五・〇九	吉原斗寧	軍属	戦死	安東郡安東邑城谷洞一〇二
			一九一〇・一〇・〇五	大臨	妻		—
一五八九	佐施鹿屋支部	鹿屋市	一九四五・〇三・一八	菊田明奎	軍属	戦死	清道郡清道面高樹洞一七八
			一九二二・〇二・二五	得鳳	父		—
一五七七	佐施鹿屋支部	鹿屋市	一九四五・〇七・二八	金山花吉	軍属	戦死	永川郡華北面上松洞
			—	—	—		—
一五五九	佐世保海軍軍需部	南京	一九四〇・〇四・一四	文尚辰	軍属	戦病死	迎日郡清河面美南里三九七
			一九〇五・〇五・一五	—	—		
一五六四	佐世保海軍運輸部	奄美大島	一九四四・一〇・二二	西山鍾録	軍属	戦病死	達城郡公山面
			一九二八・〇八・〇八	在貴	—		—
一五九一	佐世保海軍運輸部	黄海方面	一九四五・〇六・一四	柳哲熙	軍属	戦病死	達城郡×顔面検沙洞四四六
			—	—	—		—
六一八	芝浦海軍補給部	東京深川	一九四四・〇八・一〇	鶴山重東	軍属	戦病死	安東郡禄臥面元河洞一六
			一九一二・〇九・二七	徳禮	妻		安東郡禄臥面元河洞一六
四四	芝浦海軍補給部	深川宿舎	一九四五・〇三・一〇	金山鐘大	軍属	戦死	慶州郡見谷面上邱里五六五
			一九一六・〇一・〇三	曽貴	妻		慶州郡慶州邑皇南里三〇四—一
五一	芝浦海軍補給部	深川宿舎	一九四五・〇三・一〇	新井東煥	軍属	戦死	慶州郡西面谷里七八
			一九二七・一一・三〇	小順	妻		慶州郡西面谷里七八
五二	芝浦海軍補給部	深川宿舎	一九四五・〇三・一〇	井村永甲	軍属	戦死	慶州郡西面
			一九一八・一〇・〇六	禮運	妻		—
五三	芝浦海軍補給部	深川宿舎	一九四五・〇三・一〇	巖村淵再	軍属	戦死	慶州郡西面舎羅里二五〇

			一九二一・○一・一○	鍾鶴	父		—
五四	芝浦海軍補給部	深川宿舎	一九四五・○三・一○	中村浩得	軍属	戦死	慶州郡西面毛良里六一三
			一九一八・○五・○六	友玉	妻		—
六三	芝浦海軍補給部	深川宿舎	一九四五・○三・一○	西条宗玉	軍属	戦死	慶州郡陽南面上渓里三七○
			一九二一・○五・二五	粉伊	妻		慶州郡陽南面上渓里三七○
九一	芝浦海軍補給部	深川宿舎	一九四五・○三・一○	島田祥烈	軍属	戦死	慶州郡川北面蓀谷里三七四
			一九二二・○二・二五	栄夾	妻		慶州郡川北面蓀谷里三七四
九二	芝浦海軍補給部	深川宿舎	一九四五・○三・一○	松山成逑	軍属	戦死	慶州郡川北面東山里六三八
			一九二二・○一・一五	連伊	妻		慶州郡川北面東山里六三八
九三	芝浦海軍補給部	深川宿舎	一九四五・○三・一○	金本萬壽	軍属	戦死	慶州郡川北面花山里一○一五
			一九二一・○七・二二	甲守	妻		慶州郡川北面花山里一○一五
九七	芝浦海軍補給部	深川宿舎	一九四五・○三・一○	鄭永春	軍属	戦死	慶州郡外東面入室里九六八
			一九二一・○三・二九	且順	母		慶州郡外東面入室里九六八
九九	芝浦海軍補給部	深川宿舎	一九四五・○三・一○	平本洙達	軍属	戦死	慶州郡江西面検圓里一四四三
			一九二○・一二・○三	堂伊	妻		慶州郡江西面検圓里一四四三
一○一	芝浦海軍補給部	深川宿舎	一九四五・○三・一○	江本必久	軍属	戦死	慶州郡江西面六通里一三九○
			一九二二・一一・二八	江本末伊	妻		慶州郡江西面六通里一三九○
一三○	芝浦海軍補給部	深川宿舎	一九四五・○三・一○	川野聖玉	軍属	戦死	慶州郡慶州邑仁旺里一二二
			一九二一・○二・二一	浩南	妻		慶州郡慶州邑仁旺里一二二
一四一	芝浦海軍補給部	深川宿舎	一九四五・○三・一○	岩本壽原	軍属	戦死	義城郡義城邑八城洞六三九
			一九○二・○三・一五	粉先	妻		義城郡義城邑八城洞六三九
一四二	芝浦海軍補給部	深川宿舎	一九四五・○三・一○	金元慶穆	軍属	戦死	義城郡義城邑鐵服洞三五○
			一九二六・一一・二九	海水	父		義城郡義城邑鐵服洞三五○
一四三	芝浦海軍補給部	深川宿舎	一九四五・○三・一○	林又生	軍属	戦死	義城郡舎谷面新甘洞
			一九二四・○二・○五	—	—		義城郡舎谷面新甘洞
一四四	芝浦海軍補給部	深川宿舎	一九四五・○三・一○	新井順植	軍属	戦死	義城郡舎谷面新梧上洞四○一
			一九○三・○四・二一	福淳	妻		義城郡舎谷面新梧上洞四○一
一四五	芝浦海軍補給部	深川宿舎	一九四五・○三・一○	島田敬煥	軍属	戦死	義城郡舎谷面梅谷洞
			一九二四・○三・一五	石出	父		義城郡舎谷面梅谷洞
一四六	芝浦海軍補給部	深川宿舎	一九四五・○三・一○	松本在洛	軍属	戦死	義城郡舎谷面梧上洞
			一九二四・○四・一二	松永元道	戸主		義城郡舎谷面梧上洞
一四七	芝浦海軍補給部	深川宿舎	一九四五・○三・一○	白川福伊	軍属	戦死	義城郡舎谷面新甘洞
			一九一七・一二・一二	—	—		義城郡舎谷面新甘洞
一四八	芝浦海軍補給部	深川宿舎	一九四五・○三・一○	豊山墉守	軍属	戦死	義城郡舎谷面陰地洞七一○
			一九二八・一二・一七	元伊	父		義城郡舎谷面陰地洞七一○

番号	所属	場所	年月日	氏名	続柄	区分	本籍
一四九	芝浦海軍補給部	深川宿舎	一九四五・〇三・一〇	松田命逑	軍属	戦死	義城郡舎谷面
			一九一三・〇一・〇八	者資	妻		義城郡舎谷面
一五三	芝浦海軍補給部	深川宿舎	一九四五・〇三・一〇	金澤華壽	軍属	戦死	義城郡圓村面方下洞九九四
			一九二七・〇六・一〇	宗業	父		義城郡圓村面方下洞九九四
一五四	芝浦海軍補給部	深川宿舎	一九四五・〇三・一〇	新井炳発	軍属	戦死	義城郡圓村面後坪洞一二二
			一九二七・〇二・二六	道實	父		義城郡圓村面後坪洞一二二
一五五	芝浦海軍補給部	深川宿舎	一九四五・〇三・一〇	原井平次郎	軍属	戦死	義城郡圓村面下未洞三七九
			一九二六・〇九・二九	茂一	父		義城郡圓村面下未洞三七九
一五六	芝浦海軍補給部	深川宿舎	一九四五・〇三・一〇	英山七龍	軍属	戦死	義城郡圓村面観徳洞四一六
			一九〇七・一一・〇五	順栗	妻		義城郡圓村面観徳洞四一六
一五八	芝浦海軍補給部	深川宿舎	一九四五・〇三・一〇	金光聖浩	軍属	戦死	義城郡佳音面蓴湖洞一一二七
			一九二七・〇六・〇九	圭應	父		義城郡佳音面蓴湖洞一一二七
一五九	芝浦海軍補給部	深川宿舎	一九四五・〇三・一〇	松原完書	軍属	戦死	義城郡佳音面蓴湖洞五九〇
			一九二五・一二・二九	然鎬	父		—
一六〇	芝浦海軍補給部	深川宿舎	一九四五・〇三・一〇	金本泰善	軍属	戦死	義城郡佳音面佳山洞一〇八〇
			一九二六・〇七・二三	盛封	妻		義城郡佳音面佳山洞一〇八〇
一六一	芝浦海軍補給部	深川宿舎	一九四五・〇三・一〇	金城高能	軍属	戦死	義城郡佳音面梨洞七六四
			一九二八・〇九・二九	俊善	父		義城郡佳音面梨洞七六四
一六二	芝浦海軍補給部	深川宿舎	一九四五・〇三・一〇	宮田在元	軍属	戦死	義城郡佳音面梨洞七六八
			一九二七・〇三・一一	順祚	妻		義城郡佳音面梨洞七六八
一六三	芝浦海軍補給部	深川宿舎	一九四五・〇三・一〇	松岡旦龍	軍属	戦死	義城郡佳音面長洞九六
			一九一六・〇三・一九	泰栄	妻		義城郡佳音面長洞九六
一六四	芝浦海軍補給部	深川宿舎	一九四五・〇三・一〇	大山台煥	軍属	戦死	義城郡佳音面蓴湖洞九四三
			一九二四・一一・二三	相随	父		義城郡金城面水浄洞一〇三八
一六五	芝浦海軍補給部	深川宿舎	一九四五・〇三・一〇	張徳相	軍属	戦死	義城郡玉山面金鳳洞三三八
			一九一七・〇七・二一	玉祚	妻		義城郡玉山面金鳳洞三三八
一六六	芝浦海軍補給部	深川宿舎	一九四五・〇三・一〇	金城興基	軍属	戦死	義城郡玉山面金興洞八〇七
			一九二〇・一二・〇八	粉衡	妻		義城郡玉山面金興洞八〇七
一六七	芝浦海軍補給部	深川宿舎	一九四五・〇三・一〇	吉田正烈	軍属	戦死	義城郡玉山面立岩洞七八八
			一九一八・一〇・〇七	信行	妻		義城郡玉山面立岩洞七八八
一六八	芝浦海軍補給部	深川宿舎	一九四五・〇三・一〇	金本汶周	軍属	戦死	義城郡玉山面甘渓洞四四〇
			一九一九・〇九・〇四	又老味	妻		義城郡玉山面甘渓洞四四〇
一六九	芝浦海軍補給部	深川宿舎	一九四五・〇三・一〇	呉聖逑	軍属	戦死	義城郡玉山面甘渓洞四四〇
			一九一五・一一・一八	石基	妻		義城郡玉山面甘渓洞四四〇
一七〇	芝浦海軍補給部	深川宿舎	一九四五・〇三・一〇	山亭鏞洙	軍属	戦死	義城郡玉山面新渓洞八六八

番号	所属	場所	年月日	氏名	続柄	状況	本籍
			一九二六・〇五・一七	時夏	妻		義城郡玉山面新渓洞八六八
一七一	芝浦海軍補給部	深川宿舎	一九四五・〇三・一〇	金山光燮	軍属	戦死	義城郡玉山面実業洞三四〇
			一九二六・××・××	金順	妻		義城郡玉山面実業洞三四〇
一七三	芝浦海軍補給部	深川宿舎	一九四五・〇三・一〇	新井喆睦	軍属	戦死	義城郡黙谷面沙村洞七四
			一九一六・〇七・二三	東元	｜		義城郡黙谷面沙村洞七四
一七四	芝浦海軍補給部	深川宿舎	一九四五・〇三・一〇	金本永秀	軍属	戦死	義城郡黙谷面松内洞
			一九二六・一二・一五	｜	｜		｜
一七五	芝浦海軍補給部	深川宿舎	一九四五・〇三・一〇	新井守學	軍属	戦死	義城郡黙谷面沙村洞八五
			一九一六・〇四・二七	正達	妻		義城郡黙谷面沙村洞八五
一七六	芝浦海軍補給部	深川宿舎	一九四五・〇三・一〇	金本玻根	軍属	戦死	義城郡黙谷面東辺洞二四〇
			｜	金本岩囲	戸主		義城郡金谷面梧上洞五七三
一七七	芝浦海軍補給部	深川宿舎	一九四五・〇三・一〇	藤田成煥	軍属	戦死	義城郡金城面開日洞三八七
			一九一七・〇四・二〇	点鶴	妻		義城郡金城面開日洞三八七
一七八	芝浦海軍補給部	深川宿舎	一九四五・〇三・一〇	新井占龍	軍属	戦死	義城郡金城面開日洞三七七
			一九一三・〇三・二〇	龍亀	妻		義城郡金城面開日洞三七七
一七九	芝浦海軍補給部	深川宿舎	一九四五・〇三・一〇	弘原在慶	軍属	戦死	義城郡金城面水浄洞六四二
			一九一二・〇五・二六	承男	妻		義城郡金城面水浄洞六四二
一八〇	芝浦海軍補給部	深川宿舎	一九四五・〇三・一〇	呉本孟運	軍属	戦死	義城郡安平面箕道洞
			一九一二・〇二・〇八	末伊	妻		義城郡安平面箕道洞
一八一	芝浦海軍補給部	深川宿舎	一九四五・〇三・一〇	廣山三伯	軍属	戦死	義城郡安平面三眷洞
			一九一九・〇一・一九	｜	｜		義城郡安平面三眷洞
一八二	芝浦海軍補給部	深川宿舎	一九四五・〇三・一〇	安本奉祚	軍属	戦死	義城郡安平面岩吉洞
			一九二七・一二・一一	｜	｜		｜
一八三	芝浦海軍補給部	深川宿舎	一九四五・〇三・一〇	金本泰兆	軍属	戦死	義城郡安平面金谷洞七二八
			一九二三・〇三・二三	南先	妻		｜
一八四	芝浦海軍補給部	深川宿舎	一九四五・〇三・一〇	大原康天	軍属	戦死	義城郡安平面石塔洞二〇四
			一九一五・一一・〇一	外福	妻		｜
一八五	芝浦海軍補給部	深川宿舎	一九四五・〇三・一〇	延日鐘和	軍属	戦死	義城郡安平面倉吉洞一〇四八
			一九二三・〇三・二七	福連	妻		義城郡安平面倉吉洞一〇四八
一八七	芝浦海軍補給部	深川宿舎	一九四五・〇三・一〇	伊藤栄煥	軍属	戦死	義城郡春山面水渓洞九二二
			一九一九・〇六・二七	今順	妻		義城郡春山面水渓洞九二二
一八八	芝浦海軍補給部	深川宿舎	一九四五・〇三・一〇	豊原鳳石	軍属	戦死	義城郡鳳陽面蔵待洞六四一
			一九一三・〇二・一四	粉南	妻		義城郡鳳陽面蔵待洞六
一八九	芝浦海軍補給部	深川宿舎	一九四五・〇三・一〇	新井斤伊	軍属	戦死	義城郡鳳陽面亀山洞二九六
			一九〇一・一二・〇一	斗柄	妻		義城郡鳳陽面亀山洞二九六

一九〇	芝浦海軍補給部	深川宿舎	一九四五・〇三・一〇 一九一二・〇二・〇六	松山南碩 粉善	軍属 妻	戦死	義城郡鳳陽面新坪里五〇七 義城郡鳳陽面新坪里五〇七
一九一	芝浦海軍補給部	深川宿舎	一九四五・〇三・一〇 一九二五・一〇・〇五	平山達雄 五鳳	軍属 妻	戦死	義城郡鳳陽面亀尾洞二七〇 義城郡鳳陽面亀尾洞二七〇
一九二	芝浦海軍補給部	深川宿舎	一九四五・〇三・一〇 一九二七・〇九・二〇	梧山清秀 ―	軍属 ―	戦死	義城郡鳳陽面文興洞 義城郡鳳陽面三山洞八九〇
一九三	芝浦海軍補給部	深川宿舎	一九四五・〇三・一〇 一九一三・一一・二一	金山壽一 ―	軍属 ―	戦死	義城郡鳳陽面亀山洞 義城郡鳳陽面亀山洞
二三三	芝浦海軍補給部	深川宿舎	一九四五・〇三・一〇 一九一一・〇四・二八	大本在慶 又×	軍属 妻	戦死	義城郡 ―
二三四	芝浦海軍補給部	深川宿舎	一九四五・〇三・一〇 一九一一・〇四・〇六	新井先奉 香烈	軍属 妻	戦死	栄州郡栄州邑助臥里四九一 栄州郡栄州邑八四
二六〇	芝浦海軍補給部	深川宿舎	一九四五・〇三・一〇 一九〇九・〇四・一四	金海慶樂 院洞	軍属 妻	戦死	金泉郡助馬面杜岩洞五九一 金泉郡助馬面杜岩洞五九一
二六一	芝浦海軍補給部	深川宿舎	一九四五・〇三・一〇 一九二二・〇七・〇三	豊田錫潤 順伊	軍属 妻	戦死	金泉郡助馬面江曲洞七六四 金泉郡助馬面江曲洞七六四
二六二	芝浦海軍補給部	深川宿舎	一九四五・〇三・一〇 一八九七・〇九・二〇	星本武夏 五用	軍属 妻	戦死	金泉郡助馬面新谷洞四三一 金泉郡助馬面新谷洞四三一
二六三	芝浦海軍補給部	深川宿舎	一九四五・〇三・一〇 一九二六・〇九・二〇	坡平容瑞 慶南	軍属 妻	戦死	金泉郡助馬面新谷洞一〇〇九 ―
二六四	芝浦海軍補給部	深川宿舎	一九四五・〇三・一〇 一九〇二・〇九・〇五	木本板星 乙生	軍属 妻	戦死	金泉郡助馬面新谷洞一三九四 ―
二六五	芝浦海軍補給部	深川宿舎	一九四五・〇三・一〇 一九一五・〇四・一七	江原任漢 雨今	軍属 妻	戦死	金泉郡代頂面香川洞一〇三〇 金泉郡代頂面香川洞一〇三〇
二六六	芝浦海軍補給部	深川宿舎	一九四五・〇三・一〇 一九〇〇・一一・二三	李四石 ―	軍属 ―	戦死	金泉郡代頂面雲水洞四〇五
二六八	芝浦海軍補給部	深川宿舎	一九四五・〇三・一〇 一九一五・一一・〇七	佳山乙鳳 雨今	軍属 妻	戦死	金泉郡金泉邑多壽洞二七三 ―
二七一	芝浦海軍補給部	深川宿舎	一九四五・〇三・一〇 一九二二・一一・二一	金城舜基 昌漢	軍属 父	戦死	金泉郡鳳山面大和洞八一一 金泉郡鳳山面大和洞八一一
二七二	芝浦海軍補給部	深川宿舎	一九四五・〇三・一〇 一八九七・〇六・一七	木村今用 太任	軍属 妻	戦死	金泉郡鳳山面廣川洞 金泉郡鳳山面廣川洞
二七五	芝浦海軍補給部	深川宿舎	一九四五・〇三・一〇 一九一九・〇一・二九	金原煥宗 同順	軍属 妻	戦死	金泉郡禦侮面南山洞六三六―一 ―
二七六	芝浦海軍補給部	深川宿舎	一九四五・〇三・一〇	山井五徳	軍属	戦死	金泉郡禦侮面求礼洞八二五

			一九〇八・〇三・二六	八順	妻		—
二七七	芝浦海軍補給部	深川宿舎	一九四五・〇三・一〇	松山明燮	軍属	戦死	金泉郡甘文面隱林洞七六一
			一九一六・一〇・二〇	成順	妻		—
二七八	芝浦海軍補給部	深川宿舎	一九四五・〇三・一〇	加藤鍾漢	軍属	戦死	金泉郡甘文面三盛洞二九六
			一九一八・一〇・一一	尚淑	妻		—
二七九	芝浦海軍補給部	深川宿舎	一九四五・〇三・一〇	石山台栄	軍属	戦死	金泉郡甘文面寶光洞四八一
			一九二七・〇一・二六	甲孫	妻		—
二八〇	芝浦海軍補給部	深川宿舎	一九四五・〇三・一〇	金山碩九	軍属	戦死	金泉郡甘文面道明洞四一五
			一九〇二・〇一・〇八	粉玉	妻		—
二八一	芝浦海軍補給部	深川宿舎	一九四五・〇三・一〇	安田命相・甫述	軍属	戦死	金泉郡甘文面岩村洞八六二
			一九一四・一二・二五	錫済	父		—
二八四	芝浦海軍補給部	深川宿舎	一九四五・〇三・一〇	熊村今順	軍属	戦死	金泉郡開寧面新龍洞五八七
			一九二六・〇九・二七	容仙	妻		—
二八五	芝浦海軍補給部	深川宿舎	一九四五・〇三・一〇	大山克三	軍属	戦死	金泉郡開寧面東部洞一六
			一九一二・〇二・三〇	武子	妻		金泉郡開寧面東部洞一六
二九八	芝浦海軍補給部	深川宿舎	一九四五・〇三・一〇	平田甲出	軍属	戦死	金泉郡甘川面龍虎洞八七六
			一九一四・〇七・二七	賢順	妻		金泉郡甘川面龍虎洞八七六
二九九	芝浦海軍補給部	深川宿舎	一九四五・〇三・一〇	李田龍入	軍属	戦死	金泉郡甘河面光基洞一一一九
			一九〇六・〇六・一六	解順	妻		金泉郡甘河面光基洞一一一九
三〇一	芝浦海軍補給部	深川宿舎	一九四五・〇三・一〇	青木春光	軍属	戦死	盈徳郡知品面井泉洞六三一
			一九一五・〇八・二一	先禮	妻		盈徳郡知品面井泉洞六三一
三〇六	芝浦海軍補給部	深川宿舎	一九四五・〇三・一〇	鄭錫岩	軍属	戦死	永川郡古鏡面道岩里六〇九－二
			一九一二・〇六・一六	富良	父		永川郡古鏡面道岩里六〇九－二
三〇九	芝浦海軍補給部	深川宿舎	一九四五・〇三・一〇	岩本荘龍	軍属	戦死	永川郡北安面元堂洞
			一九一九・一二・三一	凍	母		永川郡北安面元堂洞
三一一	芝浦海軍補給部	深川宿舎	一九四五・〇三・一〇	月城夢虎	軍属	戦死	永川郡臨皐面仙源洞九八
			一九一五・一〇・〇四	—	—	—	永川郡臨皐面仙源洞九八
三一二	芝浦海軍補給部	深川宿舎	一九四五・〇三・一〇	大山泗龍	軍属	戦死	永川郡臨皐面莎洞九〇七
			—	—	—		—
三一三	芝浦海軍補給部	深川宿舎	一九四五・〇三・一〇	星野鏡天	軍属	戦死	永川郡臨皐面彦河洞六九
			一九一四・〇二・二三	—	—		—
三一四	芝浦海軍補給部	深川宿舎	一九四五・〇三・一〇	山本泳元	軍属	戦死	永川郡臨皐面金大洞五五九
			一九二〇・〇一・〇六	粉玉	妻		永川郡臨皐面金大洞五五九
三一五	芝浦海軍補給部	深川宿舎	一九四五・〇三・一〇	月木奉逑	軍属	戦死	永川郡大昌面新光洞八二九
			一九一五・一一・二〇	連道	妻		永川郡大昌面新光洞八二九

三一六	芝浦海軍補給部	深川宿舎	一九四五・〇三・一〇 一九一四・一〇・二五	金村権三郎 奉先	軍属 妻	戦死	永川郡零湖面三湖洞一〇三 永川郡大昌面永芝洞五〇二
三二一	芝浦海軍補給部	深川宿舎	一九四五・〇三・一〇 一×××・〇二・一五	海金栄倬 玉植	軍属 父	戦死	永川郡紫陽面新坊洞三〇七 永川郡紫陽面新坊洞三〇七
三二二	芝浦海軍補給部	深川宿舎	一九四五・〇三・一〇 一九一五・〇五・一五	金本景龍 景伊	軍属 妻	戦死	永川郡紫陽面龍山洞九七六 永川郡紫陽面龍山洞九七六
三二三	芝浦海軍補給部	深川宿舎	一九四五・〇三・一〇 一九二七・一二・〇一	金井炳根 魏澤	軍属 父	戦死	永川郡紫陽面普賢洞三七一 永川郡紫陽面普賢洞三七一
三二四	芝浦海軍補給部	深川宿舎	一九四五・〇三・一〇 一九二七・〇一・〇六	金本相発 萬壽	軍属 妻	戦死	永川郡紫陽面普賢洞一六七七 永川郡紫陽面普賢洞一六七七
三二五	芝浦海軍補給部	深川宿舎	一九四五・〇三・一〇 一九一五・一二・二七	朴時潤 ―	軍属 ―	戦死	永川郡紫陽面普賢洞六七七 永川郡紫陽面普賢洞六七七
三一七	芝浦海軍補給部	深川宿舎	一九四五・〇三・一〇 一九二六・〇六・〇九	金森鳳一 斗文	軍属 父	戦死	永川郡新寧面光城洞八〇七 永川郡新寧面光城洞八〇七
三三一	芝浦海軍補給部	深川宿舎	一九四五・〇三・一〇 一九二三・〇八・〇四	張春植 ―	軍属 ―	戦死	永川郡華北面立石洞一六八 永川郡華北面立石洞一六八
三三二	芝浦海軍補給部	深川宿舎	一九四五・〇三・一〇 一九二七・〇三・二三	金村正学 ―	軍属 ―	戦死	永川郡華北面法華洞六〇 ―
三三三	芝浦海軍補給部	深川宿舎	一九四五・〇三・一〇 一九一五・一一・〇四	台 景清 ―	軍属 ―	戦死	永川郡華北面仙川洞一〇三六 ―
三四五	芝浦海軍補給部	深川宿舎	一九四五・〇三・一〇 一九一八・〇九・一六	竹原達岩 金根	軍属 妻	戦死	慶山郡南山面沙林洞二八〇 ―
三四六	芝浦海軍補給部	深川宿舎	一九四五・〇三・一〇 一九二二・〇九・二七	興山鎬元 萬坤	軍属 父	戦死	慶山郡龍城面釜提洞七八八 ―
四六四	芝浦海軍補給部	深川宿舎	一九四五・〇三・一〇 一九一九・一〇・二六	金島海石 ―	軍属	戦死	大邱府東面一―七四 ―
五一〇	芝浦海軍補給部	深川宿舎	一九四五・〇三・一〇 一九一六・〇九・二五	金山永照 奇順	軍属 母	戦死	星州郡伽泉面馬永洞三九七 星州郡伽泉面馬永洞三九七
五九一	芝浦海軍補給部	深川宿舎	一九四五・〇三・一〇 一九〇八・一二・二〇	林八成 景花	軍属 長女	戦死	安東郡臥龍面佳邱洞五〇 安東郡臥龍面佳邱洞五〇
五九二	芝浦海軍補給部	深川宿舎	一九四五・〇三・一〇 一九二二・〇四・〇九	木花正雄 ―	軍属 ―	戦死	安東郡臥龍面山野洞 安東郡臥龍面山野洞
五九六	芝浦海軍補給部	深川宿舎	一九四五・〇三・一〇 一九〇〇・〇九・〇九	松野点逑 点粉	軍属 妻	戦死	安東郡安東邑象牙洞一九七 ―
五九七	芝浦海軍補給部	深川宿舎	一九四五・〇三・一〇	藤善亀先	軍属	戦死	安東郡安東邑龍上町五七七六

			一八九九・〇九・〇九	弄珠	妻		—
六〇二	芝浦海軍補給部	深川宿舎	一九四五・〇三・一〇	玉川鶴岩	軍属	戦死	安東郡南光面薪田洞一六九
			一九二〇・〇五・二六	—	—		—
六〇三	芝浦海軍補給部	深川宿舎	一九四五・〇三・一〇	岩本演守	軍属	戦死	安東郡南光面月臨洞
			一九一一・〇九・一八	守元	—		江原道平昌郡大和面下×味里一二四
六〇六	芝浦海軍補給部	深川宿舎	一九四五・〇三・一〇	金山澤東	軍属	戦死	安東郡吉安面黙渓洞
			一九二七・〇一・一一	—	—		—
六〇九	芝浦海軍補給部	深川宿舎	一九四五・〇三・一〇	松本佑出	軍属	戦死	安東郡豊山面魯洞一九
			一九一三・一二・二三	占洙	妻		安東郡豊山面魯洞一九
六一〇	芝浦海軍補給部	深川宿舎	一九四五・〇三・一〇	木山三元	軍属	戦死	安東郡豊山面魯洞四一一
			一九一二・〇二・〇五	鏞嬉	妻		安東郡豊山面魯洞四一一
六一一	芝浦海軍補給部	深川宿舎	一九四五・〇三・一〇	海本守明	軍属	戦死	安東郡豊山面水洞三四八
			一九一一・〇二・二〇	丸花	妻		安東郡豊山面水洞三四八
六一二	芝浦海軍補給部	深川宿舎	一九四五・〇三・一〇	金木貴道	軍属	戦死	安東郡豊山面水洞二五〇
			—	尚文	父		安東郡豊山面水洞二五〇
六一三	芝浦海軍補給部	深川宿舎	一九四五・〇三・一〇	金一睦壽	軍属	戦死	安東郡豊山面水洞一七五
			一九二二・〇八・〇八	弘伊	妻		安東郡豊山面水洞一七五
六一六	芝浦海軍補給部	深川宿舎	一九四五・〇三・一〇	金容傑	軍属	戦死	安東郡一直面菊谷洞五三一
			一九二二・一〇・一五	今順	母		安東郡一直面雲山洞三六八
六一八	芝浦海軍補給部	深川宿舎	一九四五・〇三・一〇	鶴山重東	軍属	戦死	安東郡緑臥面元河洞二六
			一九一二・〇九・二七	徳禮	妻		安東郡緑臥面元河洞二六
一四〇	芝浦海軍補給部	東京都	一九四五・〇三・一一	宮本七星	軍属	戦死	義城郡義城邑八城洞二七〇
			一九〇四・〇七・二三	相孝	長男		義城郡義城邑八城洞二七〇
一八六	芝浦海軍補給部	ニューギニア、ギルワ	一九四四・〇三・三一	新井在雲	軍属	戦死	義城郡春山面錦泉洞一〇二
			一九二〇・〇四・一三	墺	父		忠清北道清州郡芙蓉面芙蓉里
一五五三	上海海軍運輸部	上海	一九四四・一〇・〇九	井本丁学	軍属	死亡	迎日郡杞渓面星渓里五七五
			—	—	—		迎日郡達田面大連洞
三九	第二出水航空隊	二出水空	一九四五・〇四・一七	山口錫周	上整	戦死	聞慶郡加恩面下槐里七八七
			一九二五・〇九・〇九	萬石	母		—
三四一	船舶救難本部	横須賀海軍病院	一九四五・〇九・二〇	金子永生	軍属	戦病死	慶山郡慶山面三南洞一二四
			一九一六・〇六・二三	今伸	母		—
二二	青島航空隊	釜山沖	一九四五・〇八・〇八	新井武吉	整長	戦死	迎日軍滄州面九龍浦邑邱坪里一四三
			一九二四・〇八・〇六	長雄	父		
一七	鎮海航空隊	鎮海海軍病院	一九四四・〇九・一四	大谷貞義	上整	戦死	迎月郡延月面生旨洞二九五
		流行性胸腎髄膜炎	一九二四・〇四・一一	勝平	父		—

一一二	鎮海防備隊	鎮海沖	一九四五・〇七・〇七 一九二五・一一・二八	石原在旗 宗熙	水長 父	戦死	醴泉郡普門面鵲谷洞四一八 ―
四〇	鎮海防備隊	鎮海沖	一九四五・〇八・〇六 一九二五・〇三・一三	守東寛守 海成	水長 父	戦死	聞慶郡加恩面城底里二七 ―
一〇六七	豊川海軍工廠	豊川工廠	一九四五・〇八・〇七 一九二〇・一〇・一二	金原學文 奉奎	軍属 戸主	戦死	金泉郡禦侮面南山洞六九七 ―
一〇七八	豊川海軍工廠	豊川工廠	一九四五・〇八・〇七 一九〇八・〇四・二九	和田五哲 ―	軍属 ―	戦死	金泉郡南面扶桑洞七一四 ―
一二一	南方政務部	海南島 マラリア	一九四三・一二・一〇 一九〇一・〇八・一五	新井且逑 ―	軍属 ―	戦病死	義城郡圓北面井安洞二三七 ―
二一〇	南方政務部	廈門東方	一九四三・〇六・二〇 一九二〇・一〇・一三	新池眞人 建康	軍属 父	戦死	義城郡北安面東部洞三一八 義城郡北安面東部洞三一八
四六九	南方政務部	廈門東方	一九四三・〇六・二〇 一九二〇・〇九・二七	延山鶴道 福順	軍属 妻	戦死	大邱府徳山町二〇八 大邱府徳山町七七
一二五	南方政務部	東部ニューギニア	一九四三・一〇・〇八 ―	河本慶賢 雲観	軍属 父	戦病死	慶州郡内南面栗洞里九七八 慶州郡内南面栗洞里九七八
四二一	南方政務部	ニューギニア マラリア	一九四三・一〇・一三 ―	金栄泰 瑨泰	軍属 弟	戦病死	尚州郡外西面官洞里 尚州郡外西面官洞里
五六〇	南方政務部	南支那海 過労症	一九四三・一一・二〇 一九二一・〇四・二三	高山時赫 遅川	軍属 母	戦病死	聞慶郡山陽面新田里三八七 聞慶郡山陽面新田里三八七
四三九	南方政務部	海南島 肺炎	一九四四・〇五・一〇 一九〇五・一二・〇五	伊　炳巌 ―	軍属 ―	戦死	達城郡玉浦面橋項洞一〇八〇 ―
二一一	南方政務部	海南島 肺結核	一九四四・〇五・二六 一九一三・〇九・〇九	原田　梅 ―	軍属 ―	戦病死	義城郡北安面西部洞一一一 義城郡北安面西部洞一一一
八九	南方政務部	台湾基隆南東海面	一九四四・一一・二二 一九一四・一〇・一六	原田鐘河 小南	軍属 妻	戦死	慶州郡甘浦邑典村里四七 慶州郡甘浦邑典村里四七
四七〇	南方政務部	台湾東北海面	一九四四・一一・二二 一九二二・〇二・〇四	朝島正錫 日伯	軍属 父	戦死	大邱府飛山洞六五九 大邱府飛山洞六五九
八八	南方政務部	ブードン島北部沿岸方面	一九四四・一一・二四 一九一八・〇九・〇二	木下栄二 祥達	軍属 妻	戦病死	慶州郡甘浦邑浦四〇二 清津府四
四八四	南方政務部	ルソン島	一九四五・〇一・一七 一九一八・〇五・二三	金山奉珨 奉以	軍属 兄	戦死	迎日郡興海面牛日洞一六三 迎日郡興海面牛日洞一六三
五三〇	南方政務部	海南島石碌	一九四五・〇三・二一 一九一八・〇六・二八	金本童河 鐘忝	軍属 兄	戦死	軍威郡召保面福寛洞元 ―
二八七	南方政務部	台湾海峡	一九四五・〇四・〇一	岩本正雄	軍属	戦死	金泉郡開寧面楊川洞五八九

			一九二〇・一二・〇三	今伊	妻		—
三四〇	南方政務部	ボルネオ島	一九四五・一二・二五	水野相仁	軍属	死亡	慶山郡慶山面中方洞六〇七—一
			一九一八・〇七・二一	明達	父		—
一一一五	ニューギニア民政部長福丸	ジャワ海	一九四三・一〇・二一	山本吾一	軍属	戦死	迎日郡東海面立巌洞六六九
			一九二一・一〇・三〇	浦	兄		迎日郡浦項邑鶴山町一二七
一一一六	ニューギニア民政部長福丸	ジャワ海	一九四三・一〇・二一	林田鎔電	軍属	戦死	迎日郡東海面発山洞一八二
			一九二二・一二・一九	鎔俊	兄		—
一一一二	ニューギニア民政部長福丸	ジャワ海	一九四三・一〇・二一	新井泰富	軍属	戦死	迎日郡浦項邑龍興洞九七
			一九一六・〇四・〇九	甲出・在元	父・祖父		—
一一一三	光海軍工廠	光海軍工廠	一九四五・〇八・一四	岩田基雨	軍属	戦死	慶州郡川北面龍江里一〇一九
			一九一八・〇五・二一	ソイ	妻		—
五	香港海軍特別陸戦隊	厦門方面	一九四五・〇三・〇六	新井壽鉉	上水	戦死	清道郡雲門面大川洞九〇三
			一九二六・〇二・一六	在任	父		—
三七	香港海軍特別陸戦隊	厦門方面	一九四五・〇三・〇六	金原臨相	上水	戦死	安東郡臨河面新徳里一二五八
			一九二八・〇七・〇一	載守	父		—
一三六八	マニラ海軍運輸部	ルソン島	一九四五・〇二・二六	田口竹夫	軍属	戦死	軍威郡缶漢面東山洞
			一九一九・一二・一七	—	—		—
一一四五	マニラ海軍運輸部	ルソン島	一九四五・〇六・三〇	吉村源次郎	軍属	戦死	大邱府錦町二—二五
			一九〇九・〇八・二一	—	—		—
一二〇二	マニラ海軍運輸部	ルソン島	一九四五・〇六・三〇	花川鎮鎬	軍属	戦死	永川郡大昌面新光洞二三
			一九二三・〇三・〇三	速鎬	兄		—
一三五二	マニラ海軍運輸部	ルソン島	一九四五・〇六・三〇	吉田叔貞	軍属	戦病死	義城郡丹村面細村洞一〇二八
			一九一九・一二・〇八	—	—		—
一三六九	マニラ海軍運輸部	ルソン島	一九四五・〇六・三〇	金城鍾烈	軍属	戦病死	軍威郡義興面梨技洞
			—	善金	母		—
一四三〇	マニラ海軍運輸部	ルソン島	一九四五・〇六・三〇	金城詰吉	軍属	戦死	尚州郡洛東面花山里一〇七五
			一九二一・〇五・二七	綾子	妻		—
四	舞鶴一特別陸戦隊	バシー海峡	一九四四・〇九・〇九	平文永坤	上水	戦死	大邱府大明洞八六三
			一九二八・〇一・〇四	八岩	父		—
一三	舞鶴一特別陸戦隊	黄海方面	一九四五・〇四・三〇	李慶洪	上水	戦死	醴泉郡龍宮面邑部里二〇九
			一九二六・〇一・〇六	潤孝	父		—
一六	舞鶴一特別陸戦隊	バシー海峡	一九四四・〇九・〇九	新井彬正	上機	戦死	迎日郡延日面孝子洞一九一
			一九二四・〇三・一七	康平	父		—
二八	舞鶴一特別陸戦隊	バシー海峡	一九四四・〇九・〇九	玉山正成	上水	戦死	栄州郡栄州邑上望一一五
			一九二七・〇一・一〇	光春	父		—

三二	舞鶴一特別陸戦隊	バシー海峡	一九四四・〇九・〇九 一九二六・〇一・二三	徳山奎錫 永榛	上水 父	戦死	軍威郡軍威面鈑峰洞二七四 ―
三三	舞鶴一特別陸戦隊	バシー海峡	一九四四・〇九・〇九 一九二五・一二・〇五	綾川滋浩 達先	上機 父	戦死	永川郡琴湖面冷泉洞三六〇 ―
三八	舞鶴一特別陸戦隊	バシー海峡	一九四四・〇九・〇九 一九二六・〇八・二一	金川正光 博昭	上水 父	戦死	安東郡安東邑明倫町一―三三一 青松郡青松面金谷洞八五〇
一〇	舞鶴二特別陸戦隊	バシー海峡	一九四四・〇九・〇九 一九二六・一一・〇一	三原診再 小福	上機 父	戦死	星州郡星州面禮山洞四九二 ―
一六三九	舞鶴海軍施設部	鳥取県中浜	一九四三・〇八・二九 一九一五・〇七・一〇	李龍準 ―	軍属 ―	死亡	金泉郡里谷面松竹洞六〇九 ―
一六三二	舞鶴海軍施設部	舞廠雁又現場	一九四四・一〇・一一 一九一二・一一・〇二	平山福基 粉珠	軍属 妻	死亡	義城郡舎谷面梅谷洞一七三八
一六三六	舞鶴海軍施設部	舞廠雁又現場	一九四四・一〇・一一 一九一二・一〇・一五	山内一豊 順伊	軍属 妻	死亡	醴泉郡豊壌面高山洞三七七 ―
一六四一	舞鶴海軍施設部	舞廠雁又現場	一九四四・一〇・一一 一九〇五・一〇・二一	米山麟護・崔麟護 崔在仁	軍属 妻	死亡	軍威郡缶渓面東山洞三六七 ―
一六六五	舞鶴海軍施設部	舞廠雁又現場	一九四四・一〇・一一 一九一五・〇二・二九	玉山守鉉 ―	軍属 ―	死亡	漆谷郡北三面×洞三三三 ―
一六四五	舞鶴海軍運輸部	徳山共済組合病院	一九四二・一〇・一一 一九〇六・〇八・一六	柳井博夫 鄭富美子	軍属 義妹	死亡	安東郡高川洞六一六 慶尚南道釜山市草梁町四一―三
一六四六	舞鶴海軍港務部	ケゼリン島	一九四四・〇二・〇六 一九一八・〇四・二〇	明山陽得 道三	軍属 父	戦死	迎日郡滄州面河亭里七二 迎日郡連田面明洞三九
一六四八	舞鶴海軍港務部	ケゼリン島	一九四四・〇二・〇六 一九二四・一一・〇五	海田命大 ××	軍属 ―	戦死	迎日郡達田面白明洞三一九 ―
一四	横須賀四特別陸戦隊	バシー海峡	一九四四・〇九・〇九 一九二六・〇八・一〇	金田光祐 東植	上水 父	戦死	醴泉郡龍宮面山澤里二一二 ―
二一	横須賀四特別陸戦隊	バシー海峡	一九四四・〇九・〇九 ××××・一二・〇三	蘇林中熙 相哲	上水 父	戦死	迎月郡竹長面甘谷里一八六 ―
二九	横須賀四特別陸戦隊	バシー海峡	一九四四・〇九・〇九 一九二六・〇七・二五	吉川光高 兌植	上水 父	戦死	栄州郡栄州邑下望里一八八 ―
一一一七	横須賀海軍防備隊・一〇大黒丸	中部太平洋	一九四四・〇五・一七 一九一七・一〇・〇六	山本方佑 周根・王希	軍属 父・母	戦死	迎日郡東海面大冬背洞三九一 ―
八八九	横須賀海軍工廠	パラオ島	一九四四・一〇・一二 一九一五・一〇・〇六	李炳烈 李　潦	軍属 父	戦死	漆谷郡梅院洞 ―
七四一	横須賀海軍運輸部	外南洋	一九四二・一〇・二五	呉相根	軍属	戦死	尚州郡咸昌面梧桐里六六五

			— 	壽根	兄		—
一〇九三	横須賀海軍運輸部	南洋諸島(ミクロネシア)	一九四三・〇九・一一 一九一八・一一・一二	金村永九 草分	軍属 母	戦死	善山郡善山面校洞一〇 —
一〇九七	横須賀海軍運輸部	南洋諸島(ミクロネシア)	一九四三・一一・一九 一九二〇・〇四・二三	張本洛喬 星壽	軍属 父	戦死	義城郡北安面龍南洞二七〇 —
一一二一	横須賀海軍運輸部	南洋諸島(ミクロネシア)	一九四四・〇三・二三 一九二二・〇九・〇七	成田逑龍 景辰・庚求	軍属 伯父・父	戦死	迎日郡只杏面渓院里三九七 —
一一一九	横須賀海軍運輸部	モルッカ諸島	一九四四・〇五・二九 一九二四・一一・〇三	山田末雄 鉉仲・海鏞	軍属 祖父・父	戦死	迎日郡曲江面龍田洞二二三 —
一一二八	横須賀海軍建築部	モルッカ諸島	一九四四・〇五・二九 一九二八・〇一・一一	茶山大山 洪伊	軍属 母	戦死	大邱府七星町一七六 大邱府南山町四九九
一〇九九	横須賀海軍運輸部	本州東南	一九四四・〇八・〇四 一九一九・〇八・〇八	張源師駿 聖文	軍属 父	戦死	聞慶郡山北面黒松里一八三 —
一一一三	横須賀海軍運輸部	大鳥島	一九四四・〇八・一〇 一九一九・一〇・一五	金田吏出 必達	軍属 妹	戦死	永川郡北安面北洞二九七 —
一〇九五	横須賀海軍運輸部	南支那海	一九四四・一〇・一八 一九二五・〇四・二五	茂原淳一 千吉・記漢	軍属 祖父・母	戦死	尚州郡利安面小岩里三六八 —
一一〇〇	横須賀海軍運輸部	南支那海	一九四四・一一・〇一 —	川本鴻朝 鳳岩	軍属 妻	戦死	聞慶郡山陽面縣里三四五 —
一〇九八	横須賀海軍運輸部	南洋諸島	一九四四・一二・二二 一九二〇・〇七・一三	原辺栄鎮 基範	軍属 父	戦死	慶山郡慈仁面東部洞一八三 —
九五四	横須賀海軍運輸部	ルソン島マニラ マラリア	一九四五・〇三・二五 一九一五・〇八・〇八	金澤光治 唖娘	軍属 母	戦病死	聞慶郡山北面薬名里一二八 —
八九九	横須賀海軍運輸部	外南洋 マラリア	一九四五・〇九・一一 一九〇九・〇三・一五	福本正一 義雄	軍属 兄	戦病死	漆谷郡漆谷面字新洞 —
八九三	横須賀海軍施設部	神奈川県川崎市	一九四五・〇四・〇四 一九一七・〇八・〇九	竹村石勲 —	軍属 —	戦死	漆谷郡若水面中金洞 —
九二八	横須賀海軍施設部	神奈川県川崎市	一九四五・〇四・〇四 一八九八・一〇・一八	木村聖守 —	軍属 —	戦死	慶山郡河揚面西沙洞二三 —
八〇九	横須賀海軍施設部	南鳥島	一九四五・〇五・三〇 一九二四・〇三・一二	金井成福 —	軍属 —	戦死	軍威郡平湖洞六八九 —
七一七	横須賀海軍施設部	ソロモン諸島	一九四三・〇二・〇九 一九一九・〇一・一八	金井元甲 鳳學	軍属 父	戦死	善山郡亀尾面元坪洞一四四 —
八五三	横須賀海軍施設部	横須賀市 急性腎炎	一九四三・〇六・一三 一九二一・〇五・一五	金田哲夫 —	軍属 —	死亡	栄州郡長壽面盤邱里五四四 —

八六九	横須賀海軍施設部	横須賀市	一九四二・〇三・三一 一九一八・一二・二一	星元太× ―	軍属 ―	死亡	達城郡玄鳳面釜洞三七七 ―
八八六	横須賀海軍施設部	横須賀市	一九四三・〇八・一七 一九一三・〇六・二二	林道錫 ―	軍属 ―	死亡	安東郡臥竜面西峴洞三〇三 ―
九八七	横須賀海軍施設部	ソロモン諸島	一九四四・〇七・〇六 一九二三・一二・三〇	安山洙哲 相俊・蚕伊	軍属 父・母	死亡	高麗郡徳谷面盤城洞一二八 高麗郡茶山面湖村里二七六
一一〇四	横須賀海軍施設部	トラック島 マラリア	一九四三・〇四・二五 一九二〇・〇九・一九	山郭鐘百 逑龍	軍属 兄	戦病死	高麗郡徳谷面龍興洞五一三 ―
一〇七五	横須賀海軍施設部	深島東南	一九四三・一二・二一 一九一八・〇二・一三	飯田三郎 鳳順・初枝	軍属 妻・長女	戦死	金泉郡知礼面蔚谷里二五三 ―
八三一	横須賀海軍施設部	東インド諸島 マラリア	一九四六・〇一・二二 一九一一・一一・一〇	永川載雄 ハレ子・新發	軍属 妻・父	戦病死	迎日郡萃津里六二〇 ―
七三〇	横須賀海軍施設部	八丈島北西	一九四四・〇一・二七 一九二〇・〇二・二九	千原正漢 明立	軍属 父	戦死	尚州郡尚州邑蔓山里三五八 ―
七三一	横須賀海軍施設部	八丈島北西	一九四四・〇一・二七 一九二三・一一・〇三	新井健二 正南	軍属 妹	戦死	尚州郡尚州邑興角里五〇八
七三七	横須賀海軍施設部	八丈島北西	一九四四・〇一・二七 一九二六・〇八・一八	松岡英佐 元春	軍属 父	戦死	尚州郡銀天面千基里七二八 尚州郡南州邑洛陽町六〇
七五四	横須賀海軍施設部	八丈島北西	一九四四・〇一・二七 一九二七・一〇・一六	新井永昌 享彦・粉先	軍属 父・妻	戦死	義城郡安渓面龍基洞四四 ―
七五五	横須賀海軍施設部	八丈島北西	一九四四・〇一・二七 一九二四・一二・一五	金岡秀雄 トシ	軍属 姉	戦死	義城郡安渓面上海洞一五三 ―
七七八	横須賀海軍施設部	八丈島北西	一九四四・〇一・二七 一九一九・〇七・〇八	金城順圭 新吉・貴蘭	軍属 父・妻	戦死	義城郡金城面雲谷洞四五六 ―
七八八	横須賀海軍施設部	八丈島北西	一九四四・〇一・二七 一九二四・〇二・一一	木下次朗 特伊	軍属 兄	戦死	清道郡華陽面上坪洞六一 ―
七九六	横須賀海軍施設部	八丈島北西	一九四四・〇一・二七 一九二四・一二・二七	安本秉大 翰洙	軍属 父	戦死	清道郡雲門面芝村洞一〇四九 ―
八四四	横須賀海軍施設部	八丈島北西	一九四四・〇一・二七 一九二四・一二・一九	呂求道 仁経	軍属 叔母	戦死	大邱府伏伽賢洞四五四 ―
八七二	横須賀海軍施設部	八丈島北西	一九四四・〇一・二七 一九一五・〇一・〇七	香山明逑 學逑	軍属 父	戦死	安東郡豊山面梅谷洞五七七 ―
八七五	横須賀海軍施設部	八丈島北西	一九四四・〇一・二七 一九一七・一〇・一〇	佳山富彦 文蔵	軍属 兄	戦死	安東郡九水洞六七八 ―
八八二	横須賀海軍施設部	八丈島北西	一九四四・〇一・二七	金在甲	軍属	戦死	安東郡月谷面老山洞三九二

			一九二四・〇八・二七	咸東	父		｜
九一四	横須賀海軍施設部	八丈島北西	一九四四・〇一・二七	金本春夫	軍属	戦死	永川郡琴湖面薬南洞一一三
			一九二四・〇七・一〇	文求	父		｜
九一五	横須賀海軍施設部	八丈島北西	一九四四・〇一・二七	朴東根・大倉東一	軍属	戦死	永川郡琴湖面橋岱洞一〇八
			一九二四・〇七・一五	建次	父		｜
九二四	横須賀海軍施設部	八丈島北西	一九四四・〇一・二七	安松鳳錫	軍属	戦死	醴泉郡普門面淳芳洞二九〇
			一九二二・〇八・〇一	驥錫・三日伊	父・母		｜
九九二	横須賀海軍施設部	八丈島北西	一九四四・〇一・二七	坡平春三	軍属	戦死	青松郡下宣洞三六二
			一九二三・〇四・一七	宗樹	父		｜
九九六	横須賀海軍施設部	八丈島北西	一九四四・〇一・二七	南孝義	軍属	戦死	青松郡縣西面月梅洞三三七
			一九二二・一〇・二〇	茂	父		｜
一〇二九	横須賀海軍施設部	八丈島北西	一九四四・〇一・二七	呉山欣成	軍属	戦死	慶州郡江西面検丹里七七〇
			一九二三・〇六・一八	幸仲・相好	父・妻		｜
一〇四六	横須賀海軍施設部	八丈島北西	一九四四・〇一・二七	新井海奉	軍属	戦死	盈徳郡丑山面革川洞二三七
			一九一五・〇六・一八	今基	兄		｜
一〇八四	横須賀海軍施設部	八丈島北西	一九四四・〇一・二七	山田外鉉(中村)	軍属	戦死	金泉郡禦侮面南谷洞七七二
			一九一八・〇八・〇二	景燮	祖父		｜
八〇六	横須賀海軍施設部	八丈島北西	一九四五・〇四・三〇	金井在洙	軍属	戦傷死	軍威郡邑内洞四九一
			｜	｜	｜		｜
七四二	横須賀海軍施設部	外南洋	一九四五・〇六・二八	山本復声	軍属	戦死	尚州郡咸昌面梧沙洞四四五
			一九一八・〇八・〇二	志義・理方	祖父・叔父		｜
一一二六	横須賀海軍施設部	不詳	一九四三・〇三・一七	宮本容学	軍属	死亡	迎日郡曲江面梅山洞四五五
		脳溢血	一九一六・〇四・一五	｜	｜		｜
一〇六二	横須賀海軍施設部	不詳	一九四三・〇五・〇八	善本峰司	軍属	死亡	盈徳郡盈徳面徳谷洞一六二
			一九一八・〇五・一一		父		｜
九四四	横須賀海軍施設部	不詳	一九四三・〇五・〇九	天井斗坤	軍属	死亡	慶山郡瓦村面×沙洞四〇八
			一九二一・一一・二五	｜	｜		｜
一〇九二	横須賀海軍施設部	不詳	一九四四・〇二・一八	金岡奉千	軍属	死亡	金泉郡鳳山面新岩洞二〇八
		腸管破裂	一九一七・〇二・一三	｜	｜		｜
一一三一	横須賀海軍施設部	不詳	一九四四・一二・一九	大川晋覚	軍属	死亡	英陽郡日月面注谷洞三五六
		尿毒症	一九二〇・〇五・〇六	｜	｜		｜
七二九	横須賀海軍施設部	北太平洋	一九四四・〇三・〇二	松山奉植	軍属	戦死	尚州郡尚州邑洛上里一一四八
			一九二一・〇九・二三	先文・宗分	父・妻		｜
一〇一四	横須賀海軍施設部	北太平洋	一九四四・一〇・一五	山本栄玉	軍属	戦死	慶州郡川北面薪谷里四四
			一九一九・〇八・一六	栄文・南淑	兄・母		｜

八六三	横須賀海軍施設部	ニューギニア マラリア	一九四三・〇三・〇四 一九一八・〇六・三〇	裵城水基 學伊	軍属 —	戦病死	達城郡求智面鷹岩洞七四 達城郡東村面不老洞五九九
一〇六九	横須賀海軍施設部	ニューギニア マラリア	一九四三・〇三・二四 一九一八・一一・一〇	金浦基黙 恩逸	軍属 父	戦病死	金泉郡禦侮面求礼洞六 —
七四三	横須賀海軍施設部	ニューギニア	一九四三・〇七・一三 一九二一・〇二・〇二	岩本相烈 石出	軍属 父	戦病死	尚州郡咸昌面下葛里二〇六 —
八二七	横須賀海軍施設部	ニューギニア	一九四三・一〇・一二 一九一二・一〇・一二	小林　実 炳昌・ちよ子	軍属 父・妻	戦死	迎日郡清河面古縣里四三四 —
七二五	横須賀海軍施設部	西部ニューギニア	一九四四・〇五・〇三 一九一二・一二・一七	塚　幸雄 ノブ	軍属 妻	戦死	尚州郡尚州邑南町一一 —
九八二	横須賀海軍施設部	ニューギニア、ゲネム	一九四四・〇五・一〇 一九〇五・〇四・〇九	平沼春植 —	軍属 —	戦死	高麗郡雲水面鳳坪洞二三三 —
八六七	横須賀海軍施設部	ニューギニア、トル河	一九四四・〇五・二五 一九一八・〇九・二六	白川台祚 小得	軍属 妻	戦死	達城郡冷泉洞三〇七 —
七三六	横須賀海軍施設部	西部ニューギニア	一九四四・〇五・三〇 —	蔡川清次郎 春无	軍属 父	戦死	尚州郡銀天面鳳上里三三五 —
九八九	横須賀海軍施設部	ニューギニア マラリア	一九四四・〇一・二二 一九二〇・一一・〇四	大原根萬 昌俊	軍属 父	戦病死	高麗郡雙林面平北洞 —
一一一四	横須賀海軍運輸部	サイパン島	一九四四・〇六・一三 一九一九・〇一・一二	成富秀吉 貞順	軍属 妻	戦死	醴泉郡醴川邑路下洞七五 —
一〇四一	横須賀海軍軍需部	サイパン島	一九四四・〇七・〇八 一九二〇・一〇・二三	金山鐘遠 —	軍属 —	戦死	慶州郡内南面上辛里 —
七八〇	横須賀海軍施設部	サイパン島	一九四四・〇七・〇八 一九二七・〇三・〇二	金川子栄 —	軍属 —	戦死	義城郡丹村面四三七 —
七二〇	横須賀海軍施設部	サイパン島	一九四四・〇七・〇八 —	玉川啓郎 —	軍属 —	戦死	尚州郡×××上里五四六 —
七九四	横須賀海軍施設部	サイパン島	一九四四・〇七・〇八 一九二〇・一二・〇七	金子久夫 梅男	軍属 —	戦死	清道郡清道面徳岩里一〇九三 清道郡内洞金東徳方
八一一	横須賀海軍施設部	サイパン島	一九四四・〇七・〇八 一九一六・〇九・〇五	申均億 —	軍属 —	戦死	軍威郡孝令面場基洞四二 —
八二三	横須賀海軍施設部	サイパン島	一九四四・〇七・〇八 一九一二・一一・〇九	金田慶出 —	軍属 —	戦死	迎日郡只杏面新倉里八八七 —
八三七	横須賀海軍施設部	サイパン島	一九四四・〇七・〇八 一九二三・〇一・二八	烏川國男 —	軍属 —	戦死	大邱府南山面五二 —
八四八	横須賀海軍施設部	サイパン島	一九四四・〇七・〇八	權大燮	軍属	戦死	栄州郡長水面豆田里八八三

			一九一二・〇二・一二	―	―		―
八五四	横須賀海軍施設部	サイパン島	一九四四・〇七・〇八	光山容玉	軍属	戦死	奉化郡乃城面臣村里一四八
			一九一九・〇三・二九	鍾洙	―		―
八六五	横須賀海軍施設部	サイパン島	一九四四・〇七・〇八	大海英二	軍属	戦死	達城郡花園面梌谷洞一九三
			一九二四・〇三・〇二	―	―		―
八九〇	横須賀海軍施設部	サイパン島	一九四四・〇七・〇八	東本龍伊	軍属	戦死	漆谷郡東明面鶴鳴洞
			一九〇四・〇一・二八	韓香運	妻		―
一〇〇〇	横須賀海軍施設部	サイパン島	一九四四・〇七・〇八	茂木東植	軍属	戦死	青松郡青松面橋洞一九―一
			一九二一・〇九・二〇	佳子	妻		―
一〇〇二	横須賀海軍施設部	サイパン島	一九四四・〇七・〇八	李振雨	軍属	戦死	慶州郡外東面鹿洞里三六二
			一九二〇・〇五・二〇	―	―		―
一〇二一	横須賀海軍施設部	サイパン島	一九四四・〇七・〇八	月李鐘甦	軍属	戦死	慶州郡内南面上辛里
			一九一九・一一・一七	―	―		―
一〇八〇	横須賀海軍施設部	サイパン島	一九四四・〇七・〇八	姜有福	軍属	戦死	金泉郡牙浦面鳳山洞九〇一
			一九一三・〇四・二二	―	―		―
一〇一三	横須賀海軍施設部	小笠原諸島近海	一九四三・〇八・〇五	李岡集昌	軍属	戦死	慶州郡川北面東山里六二八
			一九一一・〇一・〇九	集昌・爰伊	兄(ママ)・母		―
一〇六五	横須賀海軍施設部	小笠原諸島近海	一九四三・〇八・〇五	安原正吉	軍属	戦死	金泉郡開寧面云川洞一〇一〇
			一九〇八・〇七・三〇	順分	母		―
一〇七七	横須賀海軍施設部	小笠原諸島近海	一九四三・〇八・〇五	林軽逑	軍属	戦死	金泉郡鳳山面福田洞七六
			一九〇九・〇六・二二	姓則	父		―
七九三	横須賀海軍施設部	小笠原諸島近海	一九四四・〇七・〇四	林且陽	軍属	戦死	清道郡豊角面金谷洞三八七
			一九一三・一〇・三〇	達権	父		―
八五八	横須賀海軍施設部	小笠原諸島近海	一九四四・〇七・一三	金本甘逑	軍属	戦死	達城郡論工面南洞六七六
			一九二三・〇三・一四	良房	父		―
九二九	横須賀海軍施設部	小笠原諸島近海	一九四四・〇七・一三	木下相國	軍属	戦死	慶山郡島里洞一〇九
			一九二〇・〇五・二三	相文	兄		―
一〇二〇	横須賀海軍施設部	小笠原諸島近海	一九四四・〇七・一三	知原東植	軍属	戦死	慶州郡西面乾川里
			一九一八・一〇・二九	春浩・海護	叔父・父		―
八九四	横須賀海軍施設部	ルソン島北西方	一九四四・〇七・〇六	山本政衛	軍属	戦死	漆谷郡杏亭洞一三五〇一
			一九二三・一〇・一七	星鎬	父		―
六九七	横須賀海軍施設部	ルソン島北西方	一九四四・〇七・一六	高木盛東	軍属	戦死	善山郡舞乙面上松洞六二四
			一九〇八・〇五・〇五	固求	妻		―
七七一	横須賀海軍施設部	ルソン島北西方	一九四四・〇七・一六	大城后烈	軍属	戦死	義城郡丹密面洛井洞一四八
			一九〇四・〇五・〇五	又蓮	妻		―

番号	所属	死亡場所	年月日	氏名	身分・続柄	事由	本籍・住所
七八五	横須賀海軍施設部	ルソン島北西方	一九四四・〇七・一六 一九〇七・〇七・一六	宮本淑東 分伊	軍属 妻	戦死	清道郡清道面由湖洞二五九 —
七九〇	横須賀海軍施設部	ルソン島北西方	一九四四・〇七・一六 一九二六・一一・二九	田中正熙 南武	軍属 母	戦死	清道郡梅田面北旨洞三四一 —
八〇五	横須賀海軍施設部	ルソン島北西方	一九四四・〇七・一六 一九〇五・一〇・二〇	大原象岩 又順	軍属 —	戦死	軍威郡戴興面新徳洞六五八 —
九五六	横須賀海軍施設部	ルソン島北西方	一九四四・〇七・一六 一九一九・〇一・一〇	張仲原 桂守	軍属 妻	戦死	聞慶郡東魯面水坪里三三五 —
一〇一〇	横須賀海軍施設部	ルソン島北西方	一九四四・〇七・一六 一九二二・〇二・一四	高山春夫 正一	軍属 父	戦死	慶州郡慶州邑皇吾里三七二 —
一〇七六	横須賀海軍施設部	ルソン島北西方	一九四四・〇七・一六 一九二三・〇二・〇九	川本潤三 毅鎔	軍属 父	戦死	金泉郡鳳山面礼智洞二九 —
七三三	横須賀海軍施設部	父島	一九四四・〇七・一三 一九二〇・〇一・〇九	朝山容息 福得・月烈	軍属 母・姉	戦死	尚州郡功城面山玄洞五六九 尚州郡功城面山玄洞五六九
九六〇	横須賀海軍施設部	父島北方	一九四四・〇七・二〇 一九一四・〇四・二〇	新本福出 —	軍属 —	戦死	聞慶郡聞慶面中坪里三八五 —
九八六	横須賀海軍施設部	父島北方	一九四四・〇七・二〇 一九一一・〇六・〇六	李潤洙 —	軍属 —	戦死	高麗郡茶山面松谷洞三三四 —
八〇八	横須賀海軍施設部	ビアク島	一九四四・〇七・二五 一九二二・〇二・一三	徳山朝造 中斗	軍属 妻	戦死	軍威郡召保面鳳凰洞一〇八七 —
七二七	横須賀海軍施設部	ビアク島	一九四四・〇八・〇一 一九一三・〇四・二四	金田俊治 しづ子	軍属 妻	戦死	尚州郡尚州邑蔓山里三六二 —
一〇二四	横須賀海軍施設部	ビアク島	一九四四・〇八・〇一 一九二三・〇一・〇八	岩本三郎 判鐘	軍属 父	戦死	慶州郡陽北面安洞里四四 —
七六〇	横須賀海軍施設部	ビアク島	一九四四・〇八・三〇 一九二六・一〇・二三	金海容九 善伊	軍属 父	戦死	義城郡義城面中里洞八五五 —
九九四	横須賀海軍施設部	ビアク島	一九四四・〇八・三〇 一九二三・〇六・〇二	金本先培 —	軍属 —	戦死	青松郡縣西面徳城洞二九五 —
九九五	横須賀海軍施設部	ビアク島	一九四四・〇八・三〇 一九〇七・一〇・〇六	木本正乭 玉伊	軍属 妻	戦死	青松郡縣西面徳城洞 —
九九九	横須賀海軍施設部	ビアク島	一九四四・〇八・三〇 一九一七・〇八・一四	朴孝淳 鍾璣	軍属 父	戦死	青松郡巴川面中坪洞五五二 —
七二八	横須賀海軍施設部	ビアク島	一九四四・〇九・〇一 一九一二・〇七・二九	柳茂男 粉世	軍属 妻	戦死	尚州郡尚州邑草山里 —
七七〇	横須賀海軍施設部	ビアク島	一九四四・〇九・〇一	野村清三	軍属	戦死	義城郡公山面美垈洞二一八

			一九二六・〇二・〇四	栄作	父		ー
九二五	横須賀海軍施設部	ビアク島	一九四四・〇九・〇一	平島永達	軍属	戦死	醴泉郡豊壌面洛上洞五〇
			一九一七・〇三・二〇	夏錫	父		ー
八七四	横須賀海軍施設部	ビアク島	一九四四・〇九・一〇	吉田炳玉	軍属	戦死	安東郡吉安面黙湲洞七三七
			一九二五・〇九・〇八	炳圭	兄		ー
九四三	横須賀海軍施設部	比島	一九四四・〇九・一六	窪田宗煥	軍属	戦死	慶山郡弧山面佳川洞三七三
			一八七〇・〇二・〇六	市郎	父		ー
九五八	横須賀海軍施設部	ペリリュー島	一九四四・一二・三一	安原必祐	軍属	戦死	聞慶郡聞慶面校村里
			一九二〇・一一・一八	貞順	ー		ー
九六四	横須賀海軍施設部	ペリリュー島	一九四四・一二・三一	平山相吉	軍属	戦死	聞慶郡聞慶面葛坪里
			一九二一・〇八・〇八	基平	ー		ー
九六五	横須賀海軍施設部	ペリリュー島	一九四四・一二・三一	山本世旭	軍属	戦死	聞慶郡聞慶面葛坪里一区
			一九一三・〇九・一四	世約	ー		ー
九六六	横須賀海軍施設部	ペリリュー島	一九四四・一二・三一	李鳳守	軍属	戦死	聞慶郡聞慶面龍淵里
			一九二三・〇一・一二	永植	ー		ー
九六七	横須賀海軍施設部	ペリリュー島	一九四四・一二・三一	原迅玉秀	軍属	戦死	聞慶郡聞慶面葛坪里
			一九一二・〇八・一二	芳谷	ー		ー
九六八	横須賀海軍施設部	ペリリュー島	一九四四・一二・三一	南亀淵	軍属	戦死	聞慶郡聞慶面下里
			一九二一・〇一・二七	順仔	ー		ー
一〇五三	横須賀海軍施設部	ペリリュー島	一九四五・〇二・一五	南原成元	軍属	戦死	盈徳郡知品面洑谷洞
			一九二三・〇八・一四	敬道	父		ー
九五二	横須賀海軍施設部	パラオ島	一九四四・〇八・二二	西原福出	軍属	戦病死	聞慶郡山北面薬石里
		赤痢	一九一四・〇五・二一	桂根	父		ー
七四五	横須賀海軍施設部	パラオ島	一九四四・〇九・二五	金本達秀	軍属	戦死	尚州郡沙伐面徳通里
			一九二〇・〇七・〇九	ー	ー		ー
一〇一九	横須賀海軍施設部	パラオ島	一九四五・〇一・〇九	大城明煥	軍属	戦病死	慶州郡西面泉浦里上部
		赤痢	一九一一・一二・一九	粉禮	妻		
八二〇	横須賀海軍施設部	パラオ島	一九四五・〇二・一六	南本永守	軍属	戦病死	迎日郡興海面達田洞
		胸膜炎	ー	ー	ー		ー
八三四	横須賀海軍施設部	パラオ島	一九四五・〇二・二二	黄護作	軍属	戦病死	迎日郡杞渓面栗山洞
		赤痢	一九一五・〇九・一六	又根	父		ー
八二一	横須賀海軍施設部	パラオ島	一九四五・〇五・〇一	呉且敦	軍属	戦病死	迎日郡興海面北松洞
			一九一七・〇五・一三	三東	兄		ー
八三六	横須賀海軍施設部	パラオ島	一九四五・〇七・一七	兪村龍植	軍属	戦病死	迎日郡杞渓面星湲洞
		脚気	一九二一・〇三・一〇	久洲	父		ー

番号	所属	死亡場所	死亡年月日・生年月日	氏名・親族	身分・続柄	死因	本籍
一〇二七	横須賀海軍施設部	パラオ島 脚気	一九四五・一〇・〇一 一九二〇・〇八・二二	義金鎮二 鎮浩	軍属 兄	戦病死	慶州郡江西面玉山里 ー
七四〇	横須賀海軍施設部	硫黄島	一九四三・一二・〇八 一九二二・〇二・一一	上原漢相 ー	軍属 ー	戦死	尚州郡咸昌面新興里二六四ー二 ー
七七九	横須賀海軍施設部	硫黄島	一九四三・一二・〇八 一九〇一・〇二・一六	全又光 ー	軍属 ー	戦死	義城郡金谷面土峴洞 ー
八四二	横須賀海軍施設部	硫黄島	一九四三・一二・〇八 一九一二・一一・一四	金本徳郎 ー	軍属 ー	戦死	大邱府院垈洞 ー
八九二	横須賀海軍施設部	硫黄島	一九四三・一二・〇八 一九〇八・〇一・一三	黄八龍 ー	軍属 ー	戦死	漆谷郡石積面牙谷洞 ー
九〇三	横須賀海軍施設部	硫黄島	一九四三・一二・〇八 一九一九・〇七・〇二	洪順達 ー	軍属 ー	戦死	星州郡月恒面仁村洞 ー
九一六	横須賀海軍施設部	硫黄島	一九四三・一二・〇八 一九二三・〇四・二八	早川命竟 ー	軍属 ー	戦死	永川郡紫陽面普賢洞三二七七 ー
九一七	横須賀海軍施設部	硫黄島	一九四三・一二・〇八 一九二二・〇一・一一	金村政権 ー	軍属 ー	戦死	永川郡紫陽面普賢洞二二二七 ー
九五九	横須賀海軍施設部	硫黄島	一九四三・一二・〇八 一九一九・一〇・二九	金原行瓚 ー	軍属 ー	戦死	聞慶郡聞慶面馬院里七〇三 ー
一〇〇五	横須賀海軍施設部	硫黄島	一九四三・一二・〇八 一九二二・〇八・三〇	李元赫 ー	軍属 ー	戦死	慶州郡外東面几校里六一九 ー
一〇〇六	横須賀海軍施設部	硫黄島	一九四三・一二・〇八 一九二二・〇六・〇五	金城田原 ー	軍属 ー	戦死	慶州郡内東面南山里一二〇 ー
一〇六六	横須賀海軍施設部	硫黄島	一九四三・一二・〇八 一九〇六・〇五・〇七	金岡乗逑 ー	軍属 ー	戦死	金泉郡禦侮面銀基洞二〇七 ー
一〇七九	横須賀海軍施設部	硫黄島	一九四三・一二・〇八 一九一〇・〇四・一一	李根出 ー	軍属 ー	戦死	金泉郡甘川面揚川洞一二一一 ー
八三八	横須賀海軍施設部	硫黄島	一九四四・〇七・〇四 一九一五・一二・〇二	朴命得 ー	軍属 ー	戦死	大邱府南山町四九 ー
一〇一一	横須賀海軍施設部	硫黄島	一九四四・〇八・〇二 一九一四・〇七・二四	福島秀植 ー	軍属 ー	戦死	慶州郡川北面花山里 ー
八四一	横須賀海軍施設部	硫黄島	一九四四・一〇・〇五 一九一八・〇五・〇二	木山丁逑 宗漢	軍属 弟	戦病死	大邱府南山町二三一 ー
七六九	横須賀海軍施設部	硫黄島 マラリア	一九四四・一〇・〇六 一九一三・〇三・三〇	金田壽哲 得龍・分江	軍属 兄・妻	戦病死	義城郡鳳陽面蔵待洞二八三 ー
七七七	横須賀海軍施設部	硫黄島	一九四四・一〇・〇六	洪田泰燮	軍属	戦病死	義城郡金城面水浄洞

			一九二一・一〇・〇三	用頭	父		－
八九八	横須賀海軍施設部	硫黄島	一九四四・一〇・〇六 一九二一・〇六・二五	大山一郎 大竹武夫	軍属 伯父	戦病死	漆谷郡北三面甫遊洞 －
七八七	横須賀海軍施設部	硫黄島 慢性胃腸炎	一九四四・一一・二四 一九一八・一〇・一〇	李鐘大 哲宕・鐘卜	軍属 従兄・弟	戦病死	清道郡角南面新堂洞三〇〇 －
七二二	横須賀海軍施設部	硫黄島	一九四五・〇三・一七 一九二二・〇三・〇一	松田泰仁 明浦	軍属 父	戦死	尚州郡青里面青里下五五九
七六三	横須賀海軍施設部	硫黄島	一九四五・〇三・一七 一九一五・〇一・〇三	金本正培 －	軍属 －	戦死	義城郡多仁面三汾洞九三六 －
七六七	横須賀海軍施設部	硫黄島	一九四五・〇三・一七 一九二六・〇一・二一	豊川乙淳 浩宰	軍属 父	戦死	義城郡鳳陽面三山洞三六一 －
七九二	横須賀海軍施設部	硫黄島	一九四五・〇三・一七 一九二二・〇一・〇三	金海浩坤 －	軍属 －	戦死	清道郡豊角面聖谷洞九八七 －
七九五	横須賀海軍施設部	硫黄島	一九四五・〇三・一七 一九一九・〇三・〇五	那原甲年 －	軍属 －	戦死	清道郡雲門面孔巖洞 －
八〇二	横須賀海軍施設部	硫黄島	一九四五・〇三・一七 一九二一・〇四・二七	松岡英治 信子	軍属 －	戦死	軍威郡不老洞四四〇一 －
八〇三	横須賀海軍施設部	硫黄島	一九四五・〇三・一七 一九二六・一〇・一四	山本福萬 徳容	軍属 父	戦死	軍威郡馬淅洞二四三 －
八一九	横須賀海軍施設部	硫黄島	一九四五・〇三・一七 一九二〇・〇二・〇二	孫田時哲 相壽	軍属 兄	戦死	迎日郡竹長面月坪里
八二三	横須賀海軍施設部	硫黄島	一九四五・〇三・一七 一九一八・〇四・一〇	江部源鐵 －	軍属 －	戦死	迎日郡神光面牛角洞七六 －
八二九	横須賀海軍施設部	硫黄島	一九四五・〇三・一七 一九一三・〇三・〇一	金田子宗 －	軍属 －	戦死	迎日郡烏川面仁徳洞三一六 －
八七九	横須賀海軍施設部	硫黄島	一九四五・〇三・一七 一九二三・〇五・二九	吉本明漢 －	軍属 －	戦死	安東郡臥龍面甘孝洞五九三 －
九〇四	横須賀海軍施設部	硫黄島	一九四五・〇三・一七 一九二二・〇七・〇二	川上七峰 信太郎	軍属 父	戦死	星州郡星州面大皇洞一二二九一 －
九〇七	横須賀海軍施設部	硫黄島	一九四五・〇三・一七 一九二〇・〇七・〇二	岡本大根 大範	軍属 兄	戦死	永川郡永川邑泛魚洞 －
九二〇	横須賀海軍施設部	硫黄島	一九四五・〇三・一七 一九二二・〇三・一九	金岡明焼 －	軍属 －	戦死	醴泉郡知保面梅倉里九六 －
九二一	横須賀海軍施設部	硫黄島	一九四五・〇三・一七 一九二二・一二・〇九	錦川海日 －	軍属 －	戦死	醴泉郡知保面梅倉里三九八 －

番号	所属	死亡場所	死亡年月日／生年月日	氏名／遺族	身分／続柄	死因	本籍／遺族住所
九二三	横須賀海軍施設部	硫黄島	一九四五・〇三・一七 一九一九・〇八・〇三	金川箕東 —	軍属 —	戦死	醴泉郡知保面新豊里五三九 —
九三三	横須賀海軍施設部	硫黄島	一九四五・〇三・一七 一九二三・〇一・〇五	小林臆植 —	軍属 —	戦死	慶山郡押梁面店村洞 —
九四一	横須賀海軍施設部	硫黄島	一九四五・〇三・一七 一八九九・〇九・〇九	富永光好 供江	軍属 妻	戦死	慶山郡孤山面佳川洞五二〇 —
九八一	横須賀海軍施設部	硫黄島	一九四五・〇三・一七 一九一九・一〇・〇三	金本順稱 —	軍属 —	戦死	高麗軍星山面旗足洞 —
九八四	横須賀海軍施設部	硫黄島	一九四五・〇三・一七 一九一七・一二・一四	豊原光雨 千賀子	軍属 妻	戦死	高麗郡高麗面延認洞二六二 —
一〇〇九	横須賀海軍施設部	硫黄島	一九四五・〇三・一七 一九二〇・〇五・〇四	金井清一 —	軍属 —	戦死	慶州郡慶州邑皇南里七三二 —
一〇一五	横須賀海軍施設部	硫黄島	一九四五・〇三・一七 一九二〇・一二・〇三	石山永昊 —	軍属 —	戦死	慶州郡西面金天里三四一 —
一〇一六	横須賀海軍施設部	硫黄島	一九四五・〇三・一七 一九一五・〇九・一九	金海鳳達 潤植	軍属 —	戦死	慶州郡西面道里 —
一〇一八	横須賀海軍施設部	硫黄島	一九四五・〇三・一七 一九一六・〇四・一四	大川弘基 重基	軍属 弟	戦死	慶州郡西面棗田里四四〇 釜山府草梁町李相額方
一〇七一	横須賀海軍施設部	硫黄島	一九四五・〇三・一七 一九一五・〇一・一〇	松岡孝吉 —	軍属 —	戦死	金泉郡南面玉山洞 —
一〇八六	横須賀海軍施設部	硫黄島	一九四五・〇三・一七 一九二三・一一・二四	金本高志 清志	軍属 —	戦死	金泉郡金泉邑南山町五九 —
一〇八八	横須賀海軍施設部	硫黄島	一九四五・〇三・一七 一九二二・〇一・三〇	西原正文 —	軍属 —	戦死	金泉郡鳳仙面福田洞 —
一〇九一	横須賀海軍施設部	ニューブリテン島 右胸膜炎	一九四五・〇九・二四 一九二三・一二・二一	吉本三出 古蓮	軍属 母	戦病死	金泉郡金泉邑南山町一七三―一一 —
七八四	横須賀海軍施設部	不詳	不詳 一九一七・〇二・××	金在燮 —	軍属 —	戦死	義城郡佳音面亀川里二二五 —
一一二五	ラバウル運輸部・八八万丸	ニューギニア	一九四三・一二・二五 一九二二・一〇・〇九	森田奉珠 聖先	軍属 祖父	戦死	迎日郡東海面発山洞三六 迎日郡九龍浦邑長吉里
一二〇四	第三南遣艦隊・日光丸	ルソン島マニラ東方山中	一九四五・〇六・三〇 —	梅本又生 壽	軍属 妻	戦死	永川郡永川邑城内洞一一七 —
六八五	第三海軍建築部	ペリリュー島	一九四四・一二・三一 一九一二・〇五・〇三	牧山大煥 有植	軍属 —	戦死	善山郡玉成面鳳谷洞 —
六八六	第三海軍建築部	ペリリュー島	一九四四・一二・三一	管城富相	軍属	戦死	善山郡玉成面酒花洞

			一九二二・〇五・二五	正均	―		―
六八七	第三海軍建築部	ペリリュー島	一九四四・一二・三一	新井基東	軍属	戦死	善山郡玉成面草谷洞
			一九一七・〇七・二九	勲	父		―
六八八	第三海軍建築部	ペリリュー島	一九四四・一二・三一	朴壽文	軍属	戦死	善山郡玉成面草谷洞
			一九一八・一一・〇四	武石	―		―
六九〇	第三海軍建築部	ペリリュー島	一九四四・一二・三一	高山鍾鐵	軍属	戦死	善山郡玉成面台峯洞
			―	鍾植	―		―
六九二	第三海軍建築部	ペリリュー島	一九四四・一二・三一	徳山隆基	軍属	戦死	善山郡善山面内吉洞
			一九二一・〇一・一〇	鍾朱	―		―
六九三	第三海軍建築部	ペリリュー島	一九四四・一二・三一	金山俊雄	軍属	戦死	善山郡善山面秀同洞
			一九一九・〇四・〇二	五六	―		―
六九四	第三海軍建築部	ペリリュー島	一九四四・一二・三一	楊山重鍵	軍属	戦死	善山郡善山面洙牙洞
			一九〇八・一二・〇五	重方	―		―
六九五	第三海軍建築部	ペリリュー島	一九四四・一二・三一	木下虎出	軍属	戦死	善山郡長川面下楊洞
			一九一九・〇五・〇三	敬喆	―		―
六九六	第三海軍建築部	ペリリュー島	一九四四・一二・三一	新井基平	軍属	戦死	善山郡善山面東部洞
			一九一五・〇五・三〇	允濱	―		―
一一〇六	第三海軍輸送隊	銚子沖	一九四五・〇七・三〇	高村相元	軍属	戦死	青松郡安徳面長田里
			一九二九・〇三・二〇	スミ	叔母		―
六九九	第四海軍軍需部	サイパン島	一九四四・〇七・〇八	山本石道	軍属	戦死	善山郡舞乙面安谷洞五四一
			一九一一・一二・二〇	金淳	妻		―
四四一	第四海軍施設部	ムンダ	一九四二・〇八・二六	池田正龍	軍属	戦死	達城郡玄風面院橋洞
			一九二一・〇一・一三	小辰	父		達城郡玄風面釜洞
三九五	第四海軍施設部	ボナペ島	一九四二・〇九・二〇	金原鍾亀	軍属	戦病死	尚州郡尚州邑佳尚里
			一九一三・〇二・〇九	泰壬	長女		尚州郡尚州邑佳尚里
四九八	第四海軍施設部	ボナペ島	一九四四・〇五・二八	伽山鎮九	軍属	戦死	星州郡星州面大皇洞
			一九一四・〇七・〇九	―	―		―
一〇四	第四海軍施設部	ギルバート諸島タラワ	一九四三・一一・〇三	川本柄元	軍属	戦死	慶州郡江西面安康里三六
			一九〇九・一一・一二	花伊	妻		慶州郡江西面安康里三六
一二七	第四海軍施設部	ギルバート諸島タラワ	一九四三・一一・二五	張元常吉	軍属	戦死	慶州郡慶州邑城乾里三四〇
			一九一〇・一一・一三	小福	妻		永川郡琴湖面魚隠洞一八
四五九	第四海軍施設部	横須賀市	一九四三・〇三・一三	南相國	軍属	戦病死	漆谷郡倭館面倭館洞二五一
			一九〇九・〇二・二九	玉恵	妻		漆谷郡倭館面倭館洞二五一
八五	第四海軍施設部	東京・駒込病院	一九四三・一二・〇二	岩本東祚	軍属	戦病死	慶州郡江東面虎鳴里九〇
			一九一五・〇八・二七	在洙	妻		慶州郡江東面虎鳴里九〇

四二九	第四海軍施設部	南洋諸島	一九四三・〇四・二〇	一九〇六・〇二・三〇	月城斗祥	八敬	軍属	妻	戦病死	達城郡多村面屯山洞一〇六八	達城郡多村面屯山洞一〇六八
四五二	第四海軍施設部	南洋諸島	一九四三・〇四・二一	一九一六・一〇・二六	柳承烈	徳壽	軍属	妻	戦病死	漆谷郡漆谷面邑内里三三七	漆谷郡漆谷面邑内里三三七
五五九	第四海軍施設部	八丈島北西方	一九四四・〇一・一四	一九〇九・〇八・一一	武山八龍	山陽	軍属	母	戦死	聞慶郡山陽面存道里六五八	聞慶郡山陽面仏岩里
五三四	第四海軍施設部	東京・大塚病院	一九四四・〇一・二八	一八九五・〇六・一四	張元有鳳	福順	軍属	妻	戦病死	軍威郡孝令面中九洞三七九	軍威郡孝令面中九洞三七九
四四八	第四海軍施設部	南洋諸島	一九四四・〇五・〇七	一九二二・〇五・一五	白原南潭	斗南	軍属	妻	戦死	達城郡論工面北洞四七四	達城郡論工面北洞四七四
一二八	第四海軍施設部	パラオ島	一九四四・〇八・〇八	一九一一・〇一・二三	金光永錫	韓堂村	軍属	母	戦死	慶州郡慶州邑沙正里	金北井邑郡北面寶林里
四四六	第四海軍施設部	東京都	一九四四・一二・二四	一九二二・〇六・〇八	山本鐘建	重變	軍属	父	戦病死	達城郡求智面高峰洞三四三	達城郡求智面高峰洞三四三
四四〇	第四海軍施設部	呉海軍病院	一九四四・一二・一一	一九一六・〇七・一〇	苞山炳龍	粉生	軍属	妻	戦病死	達城郡玄風面大洞八一〇	達城郡玄風面大洞八一〇
四六三	第四海軍施設部	中部太平 栄養失調	一九四五・〇五・二一	―	岡田元治	加藤すさい	軍属	内妻	戦病死	大邱府新岩洞八五六	―
五五八	第四海軍施設部	ウェーキ島 栄養失調	一九四五・〇六・〇一	―	安東武用	―	軍属	―	戦病死	聞慶郡戸西南面茅田里四七五	―
二一三	第四海軍施設部	ピケロット島	一九四四・〇一・三一	一九〇六・一〇・一三	山田聖根	順文	軍属	父	戦死	義城郡北安面長局洞三四六	―
二三九	第四海軍施設部	ピケロット島	一九四四・〇一・三一	一九二四・〇二・〇一	松城良模	本河	軍属	父	戦死	醴泉郡醴泉邑栢田洞一四六―二	醴泉郡醴泉邑路下洞七三
二四八	第四海軍施設部	ピケロット島	一九四四・〇一・三一	一九一三・〇四・〇六	河本政吉	―	軍属	―	戦死	醴泉郡甘泉面泉香洞	醴泉郡甘泉面泉香洞
三〇〇	第四海軍施設部	ピケロット島	一九四四・〇一・三一	一九二三・〇八・〇一	金本鍾成	英煥	軍属	―	戦死	盈徳郡達山面龍田洞二〇〇	盈徳郡達山面龍田洞二〇〇
三四二	第四海軍施設部	ピケロット島	一九四四・〇一・三一	一九一一・〇九・〇九	星江在千	胎生	軍属	妻	戦死	慶山郡南川面興奥山洞二六四	慶山郡南川面興奥山洞二六四
三九七	第四海軍施設部	ピケロット島	一九四四・〇一・三一	一九二三・〇四・二三	金本永鎮	尚根	軍属	―	戦死	尚州郡尚州邑城東里一七三	尚州郡尚州邑城東里一七三
四〇二	第四海軍施設部	ピケロット島	一九四四・〇一・三一	一九一六・一〇・〇六	金山文出	福伊	軍属	妻	戦死	尚州郡青里面馬孔里六八九	尚州郡青里面馬孔里六八九
四一五	第四海軍施設部	ピケロット島	一九四四・〇一・三一		島本洋作		軍属		戦死	尚州郡切城面平川洞一七六	

番号	所属	場所	年月日	氏名	続柄	区分	本籍
			一九二〇・〇七・一四	蓮分	妻		尚州郡切城面火田川洞一七六
四一六	第四海軍施設部	ピケロット島	一九四四・〇一・三一	西林鍾國	軍属	戦死	尚州郡切城郡草梧洞五九九
			一九一五・〇三・一六	丁在	妻		尚州郡切城郡草梧洞五九九
四一八	第四海軍施設部	ピケロット島	一九四四・〇一・三一	豊原大煥	軍属	戦死	尚州郡銀尺面鳳忠里二四一
			一九二二・〇三・一二	間連	母		尚州郡銀尺面鳳忠里二四一
四四二	第四海軍施設部	ルオット島	一九四四・〇二・〇六	岩谷星浩	軍属	戦死	達城郡玄風面中洞
			一九一七・〇二・〇四	点伊	母		達城郡玄風面下洞
四五七	第四海軍施設部	ルオット島	一九四四・〇二・〇六	光本相珠	軍属	戦死	漆谷郡石積面牙谷洞
			一九二一・〇六・〇二	相碩	―		漆谷郡石積面牙谷洞
四五八	第四海軍施設部	ルオット島	一九四四・〇二・〇六	陽本文佝	軍属	戦死	漆谷郡石積面南栗洞
			一九一四・〇五・三〇	晩伯	兄		漆谷郡石積面南栗洞
二四〇	第四海軍施設部	ケゼリン島	一九四四・〇二・〇六	平田元植	軍属	戦死	醴泉郡醴泉邑西本洞一四六―二
			一九二〇・一二・二九	奉順	母		醴泉郡醴泉邑路上洞九
二六七	第四海軍施設部	ケゼリン島	一九四四・〇二・〇六	英山良玉	軍属	戦死	金泉郡金泉邑黄金町
			一九二〇・〇一・一一	香芝	父		―
五二三	第四海軍施設部	ケゼリン島	一九四四・〇二・〇六	吉田正逑	軍属	戦死	奉化郡才出面縣洞里七四二
			一九二二・〇九・一五	賢僧	妻		奉化郡乃城面石坪里
五二四	第四海軍施設部	ケゼリン島	一九四四・〇二・〇六	春山在寛	軍属	戦死	軍威郡山城面元山洞一一〇三
			一九一六・〇三・一五	季順	妻		軍威郡山城面元山洞一一〇三
二四七	第四海軍施設部	ケゼリン島	一九四四・一一・〇四	山本且聖	軍属	戦病死	醴泉郡甘泉面眞坪洞
			一九一一・〇一・一九	成林	妻		醴泉郡甘泉面眞坪洞
四〇〇	第四海軍施設部	クサイ島	一九四四・〇二・二四	長川三逑	軍属	戦病死	尚州郡沙伐面梧州里
			一九一六・〇三・〇七	西雲	妻		尚州郡沙伐面梧州里
四〇一	第四海軍施設部	クサイ島	一九四四・〇三・二二	金本光石	軍属	戦傷死	尚州郡沙伐面龍潭里七六六―一
			一九一七・〇二・〇四	貞女	妻		尚州郡沙伐面龍潭里七六六―一
六二〇	第四海軍施設部	クサイ島	一九四五・〇九・〇四	松山萬乭	軍属	戦病死	安東郡礼安面仁溪洞三六〇一
			一九〇四・〇二・〇八	月伊	妻		安東郡礼安面仁溪洞三六〇一
二三七	第四海軍施設部	クサイ島	一九四四・〇二・二四	東本政輝	軍属	戦死	栄州郡浮石面龍岩里八〇
			一九〇四・〇五・二二	―	―		栄州郡浮石面龍岩里八〇
六〇五	第四海軍施設部	クサイ島	一九四五・〇五・〇三	山本炳三	軍属	戦病死	安東郡臨河面新徳洞二六七
			一九一五・一二・〇三	建植	父		安東郡臨河面新徳洞二六七
二三五	第四海軍施設部	ブラウン島	一九四四・〇二・二四	玉原用鎬	軍属	戦死	栄州郡伊山面龍上里八一四
			一九一八・〇七・〇八	圓基	―		栄州郡伊山面龍上里八一四
二四一	第四海軍施設部	ブラウン島	一九四四・〇二・二四	金浦政吉	軍属	戦死	醴泉郡醴泉邑南本洞二三
			一九一七・〇一・一七	甲仙	妻		―

番号	所属	死亡場所	死亡年月日／生年月日	氏名／関係者	身分／続柄	区分	本籍／住所
二九七	第四海軍施設部	ブラウン島	一九四四・〇二・二四 一九一七・〇八・三〇	新井月奉 祥来	軍属 父	戦死	金泉郡甘川面金松洞七二二 全羅北道完州郡雨田面長州丸二二
三九九	第四海軍施設部	ブラウン島	一九四四・〇二・二四 一九一四・一〇・二七	光山敏夫 佣目	軍属 母	戦死	尚州郡沙伐面杜陵里三二一 尚州郡沙伐面杜陵里三二一
五六二	第四海軍施設部	ブラウン島	一九四四・〇二・二四 一九一一・一〇・二四	豊田仁出 蓮順	軍属 妻	戦死	聞慶郡永順面五龍里一九〇 醴泉郡龍宮面邑部里二二五
六〇一	第四海軍施設部	ブラウン島	一九四四・〇二・二四 一九一三・〇六・二二	平山占得 道女	軍属 妻	戦死	安東郡北後面蓮谷洞一七九 安東郡北後面蓮谷洞一七九
一五二	第四海軍施設部	マリアナ諸島	一九四三・〇三・二三 一九二〇・〇四・二八	池田洙元 巖又	軍属 父	戦死	義城郡圓村面後平洞五一五 義城郡圓村面後平洞五一五
三二六	第四海軍施設部	マリアナ諸島	一九四三・〇三・二三 一九二〇・〇四・一五	松井達雄 泰淵	軍属 妻	戦死	永川郡新寧面莞田洞八四九―二四 永川郡新寧面莞田洞八四九―二四
三九四	第四海軍施設部	マリアナ諸島	一九四三・〇五・一〇 一九一八・〇四・二五	新井一萬 元女	軍属 母	戦死	尚州郡化北面中伐里五二六 尚州郡化北面中伐里五二六
三九六	第四海軍施設部	マリアナ諸島	一九四三・〇五・一〇 一九〇五・〇八・〇四	朴乙龍 金大成根	軍属 兄	戦死	尚州郡尚州邑渓山里三三二 尚州郡尚州邑渓山里三三二
四一二	第四海軍施設部	マリアナ諸島	一九四三・〇五・一〇 ―	田龍洙 三川	軍属 妻	戦死	尚州郡牟西面道妥里 京畿道京城府新堂町三二九―三九
四二〇	第四海軍施設部	マリアナ諸島	一九四三・〇五・一〇 一九〇九・一二・一〇	丹本千淑 宰分	軍属 妻	戦死	尚州郡利安面良九里一〇二九 尚州郡利安面良九里一〇二九
四三六	第四海軍施設部	グァム島南南西方	一九四四・〇五・一〇 一九二五・〇二・〇二	平山載碩 邦治	軍属 父	戦死	達城郡月背面辰泉洞三八〇 達城郡月背面辰泉洞三八〇
四八八	第四海軍施設部	グァム島	一九四四・〇五・一八 一九一二・〇七・二二	新井佳得 大山　勇	軍属 叔父	戦死	迎日郡清州面徳威里 慶尚南道統営郡長承邑長承浦里
四一一	第四海軍施設部	東部ニューギニア	一九四二・〇九・二三 一九二一・〇五・〇六	利川昶淳 永淳	軍属 兄	戦死	尚州郡牟西面花峴里五六〇 尚州郡牟西面花峴里五六〇
四三二	第四海軍施設部	ニューギニア、トル河	一九四四・〇五・三〇 ―	崔達用 ―	軍属 ―	戦病死	達城郡嘉昌面龍渓洞 達城郡嘉昌面龍渓洞
一三九	第四海軍施設部	ギルバート諸島マキン島	一九四三・一一・二五 一九二四・一二・〇七	大原海成 日善	軍属 母	戦病死	義城郡義城邑鐵坡洞二九四 忠清南道天安郡天安邑大和町八五
二九〇	第四海軍施設部	ギルバート諸島マキン島	一九四三・一一・二五 一九〇八・〇三・〇一	李奉吉・金木峯吉 光子	軍属 妻	戦病死	金泉郡牙浦面義洞一〇八三 金泉郡牙浦面義洞一〇八三
三三六	第四海軍施設部	ギルバート諸島マキン島	一九四三・一一・二五 一九一一・〇七・〇七	武田英雄 尚子	軍属 妻	戦死	永川郡清通面院村洞二四八 ―
二〇三	第四海軍施設部	メレヨン島	一九四五・〇五・〇四	金城又岩	軍属	戦病死	義城郡鳳陽面亀山里二八二

		脚気	一九〇七・〇四・二〇	龍順	妻		慶尚南道梁山郡梁山面
五四九	第四海軍施設部	メレヨン島 脚気	一九四五・〇五・二四 一九一九・〇九・二二	石田泰岩 貞順	軍属 母	戦病死	善山郡高牙面官心洞三七六 善山郡高牙面官心洞三七六
五五一	第四海軍施設部	メレヨン島	一九四五・〇三・一一 一九〇九・〇一・〇二	戸山季相 一順	軍属 妻	戦病死	善山郡高牙面官心洞 善山郡高牙面官心洞
五九九	第四海軍施設部	メレヨン島	一九四五・〇四・一〇 一八九八・一二・〇七	林田吉雄 貞子	軍属 妻	戦病死	安東郡安東邑法尚町四－一九五 安東郡安東邑法尚町四－一九五
五九八	第四海軍施設部	メレヨン島 脚気	一九四五・〇四・一四 一九一七・一二・〇三	大川来鳳 聖實	軍属 父	戦病死	安東郡安東邑安幕洞一〇八 安東郡安東邑安幕洞一〇八
五九五	第四海軍施設部	メレヨン島	一九四五・〇二・二四 一九一七・〇八・二五	永君有錫 文蓮	軍属 妻	戦病死	安東郡臥竜面山野洞二区 安東郡臥竜面山野洞二区
五五〇	第四海軍施設部	メレヨン島	一九四五・〇四・三〇 一九一七・〇五・二八	新井明錫 元俊	軍属 父	戦病死	善山郡高牙面槐坪里 善山郡高牙面槐坪里
八四	第四海軍施設部	サイパン島沖	一九四二・〇五・三〇 一九〇六・一〇・一四	林逑俘 再善	軍属 妻	戦死	慶州郡江東面毛西里六八三 慶尚南道蔚山郡蔚山邑城南洞六〇三
一一一	第四海軍施設部	サイパン島	一九四四・〇六・〇五 一九一四・〇六・二六	大安朔得 逑能	軍属 父	戦死	慶州郡内南面蘆谷里九四七 慶州郡内南面蘆谷里九四七
一一二	第四海軍施設部	サイパン島近海	一九四四・〇六・〇五 一九二三・一一・〇九	李海鍾 圭生	軍属 父	戦死	慶州郡内南面望星里一九五 慶州郡内南面望星里一九五
一一三	第四海軍施設部	サイパン島近海	一九四四・〇六・〇五 一九二〇・〇七・〇五	天田東哲 洙錫	軍属 妻	戦死	慶州郡内南面栗洞里九七四 慶州郡内南面栗洞里九七四
一一四	第四海軍施設部	サイパン島近海	一九四四・〇六・〇五 一九二三・一一・一三	岩屋碩根 龍雨	軍属 父	戦死	慶州郡内南面上辛里一一五三 慶州郡内南面上辛里一一五三
一一五	第四海軍施設部	サイパン島近海	一九四四・〇六・〇五 一九二一・一〇・二九	金川宗文 永鳳	軍属 妻	戦死	慶州郡内南面朴達里七二九 慶州郡内南面朴達里七二九
一一六	第四海軍施設部	サイパン島近海	一九四四・〇六・〇五 一九二二・〇五・〇一	金原敬錫 末粉	軍属 妻	戦死	慶州郡内南面花谷里六一七 慶州郡内南面花谷里六一七
六二	第四海軍施設部	サイパン島近海	一九四四・〇六・一五 一九二四・〇二・〇四	高山梧圭 ―	軍属 ―	戦死	慶州郡内南面朴達里 ―
六四	第四海軍施設部	サイパン島近海	一九四四・〇六・一五 一九二二・〇六・一五	金井旦虎 萬伊	軍属 父	戦死	慶州郡陽南面下西里一〇三二 慶州郡陽南面下西里一〇三二
六五	第四海軍施設部	サイパン島近海	一九四四・〇六・一五 一九一八・〇一・一八	南政次郎 末先	軍属 妻	戦死	慶州郡陽南面下西里六三〇 慶州郡陽南面下西里六三〇
六六	第四海軍施設部	サイパン島近海	一九四四・〇六・一五 一九二五・〇三・〇六	神農道熙 庚出	軍属 父	戦死	慶州郡陽南面新西里三九二 慶州郡陽南面新西里三九二

番号	所属	死亡場所	年月日	氏名	身分・続柄	死因	本籍・住所
六八	第四海軍施設部	サイパン島近海	一九四四・〇六・一五 一九二二・〇九・一〇	平田龍植 東面	軍属 母	戦死	慶州郡陽北面魚目里七六一 慶州郡陽北面魚目里
六九	第四海軍施設部	サイパン島近海	一九四四・〇六・一五 一九二二・〇三・〇二	黄金栄浩 喜	軍属 母	戦死	慶州郡陽北面魚目里七六一 慶州郡陽北面魚目里七六一
七〇	第四海軍施設部	サイパン島近海	一九四四・〇六・一五 一九二二・一〇・二六	安川寧杰 勤道	軍属 父	戦死	慶州郡陽北面九吉里四三八 慶州郡陽北面九吉里四三八
七一	第四海軍施設部	サイパン島近海	一九四四・〇六・一五 一九二一・〇五・〇二	西山在奎 順伊	軍属 母	戦死	慶州郡陽北面魚目里八二七 慶州郡陽北面魚目里八二七
七二	第四海軍施設部	サイパン島近海	一九四四・〇六・一五 一九二二・〇六・一三	金山井華 龍圭	軍属 父	戦死	慶州郡陽北面臥邑里二二三 慶州郡陽北面臥邑里二二三
七三	第四海軍施設部	サイパン島近海	一九四四・〇六・一五 一九〇八・〇五・一四	奠川武逑 金且鮮	軍属 妻	戦死	慶州郡陽北面龍洞里七七六 慶州郡陽北面龍洞里七七六
七五	第四海軍施設部	サイパン島近海	一九四四・〇六・一五 一九一三・〇二・〇九	兪宇炳栄 舜伊	軍属 妻	戦死	慶州郡山内面日富里一八〇二 慶州郡山内面日富里一八〇二
七六	第四海軍施設部	サイパン島近海	一九四四・〇六・一五 一九一六・〇三・一三	金李九巖 栞玉	軍属 妻	戦死	慶州郡山内面大賢里六〇七 慶州郡山内面大賢里六〇七
七七	第四海軍施設部	サイパン島近海	一九四四・〇六・一五 一九二一・〇五・〇二	大原相容 在洙	軍属 父	戦死	慶州郡山内面外七里八三六 慶州郡山内面外七里八三六
七八	第四海軍施設部	サイパン島近海	一九四四・〇六・一五 一九一七・〇一・二〇	井本琴條 鳳先	軍属 妻	戦死	慶州郡山内面大賢里一七一五 慶州郡山内面大賢里一七一五
七九	第四海軍施設部	サイパン島近海	一九四四・〇六・一五 一九一四・〇九・一八	金田光世 己先	軍属 妻	戦死	慶州郡山内面義谷里一〇 慶州郡山内面義谷里一〇
八二	第四海軍施設部	サイパン島近海	一九四四・〇六・一五 一九二二・〇四・二〇	曺栄煥 孝祥	軍属 父	戦死	慶州郡江東面有琴里一二一〇 慶州郡江東面有琴里一二一〇
八三	第四海軍施設部	サイパン島近海	一九四四・〇六・一五 一九二一・〇五・〇一	千永守 順伊	軍属 母	戦死	慶州郡江東面吾琴里五二 慶州郡江東面望星里
八七	第四海軍施設部	サイパン島近海	一九四四・〇六・一五 一九二〇・〇二・〇五	岩本相祚 春子	軍属 妻	戦死	慶州郡甘浦邑五柳里四〇 慶州郡甘浦邑五柳里四〇
一一七	第四海軍施設部	サイパン島近海	一九四四・〇六・一五 一九二一・〇二・一五	鄭相俊 甲秀	軍属 母	戦死	慶州郡内南面朴達里一一一九 慶州郡内南面朴達里一一一九
一一八	第四海軍施設部	サイパン島近海	一九四四・〇六・一五 一九二〇・〇二・一三	新川清代 末南	軍属 妻	戦死	慶州郡内南面栗洞里一〇四七 慶州郡内南面栗洞里一〇四七
一一九	第四海軍施設部	サイパン島近海	一九四四・〇六・一五 一九二二・〇三・二〇	英井漢周 鳳祥	軍属 父	戦死	慶州郡内南面塔里七〇 慶州郡内南面塔里七〇
一二〇	第四海軍施設部	サイパン島近海	一九四四・〇六・一五	木川源得	軍属	戦死	慶州郡内南面月山里五九一

			一九一九・〇七・二〇	相華	長男		慶州郡内南面月山里五九一
一一二	第四海軍施設部	サイパン島近海	一九四四・〇六・一五	大山達龍	軍属	戦死	慶州郡内南面塔里七六三
			一九〇九・〇四・〇九	尚順	妻		慶州郡内南面塔里七六三
一三一	第四海軍施設部	サイパン島近海	一九四四・〇六・一五	金原乙坤	軍属	戦死	慶州郡慶州邑仁旺里二六八
			一九〇六・〇九・〇六	貴男	妻		慶州郡慶州邑仁旺里二六八
一九四	第四海軍施設部	サイパン島近海	一九四四・〇六・一五	松村致萬	軍属	戦死	義城郡春山面三山洞四五六
			一九二一・一〇・一五	東巌	兄		義城郡春山面三山洞四五六
一九五	第四海軍施設部	サイパン島近海	一九四四・〇六・一五	小山福亀	軍属	戦死	義城郡春山面蔵待洞二八三
			一九二一・一一・二六	天	兄		義城郡春山面蔵待洞二八三
一九六	第四海軍施設部	サイパン島近海	一九四四・〇六・一五	金元明祥	軍属	戦死	義城郡春山面蔵待洞六三二
			一九一六・一一・一六	五相	父		義城郡春山面蔵待洞六三二
一九七	第四海軍施設部	サイパン島近海	一九四四・〇六・一五	金井常吉	軍属	戦死	義城郡春山面蔵待洞二八三
			一九一五・〇五・〇四	粉鶴	妻		義城郡春山面蔵待洞二八三
一九八	第四海軍施設部	サイパン島近海	一九四四・〇六・一五	金山鶴九	軍属	戦死	義城郡春山面蔵待洞六七五
			一九二一・〇四・二六	乭巌	父		義城郡春山面蔵待洞六七五
一九九	第四海軍施設部	サイパン島近海	一九四四・〇六・一五	金子壽星	軍属	戦死	義城郡春山面豊浦洞一〇五六
			一九一四・〇一・二三	甲伊	父		義城郡春山面豊浦洞一〇五六
二〇〇	第四海軍施設部	サイパン島近海	一九四四・〇六・一五	新井守明	軍属	戦死	義城郡春山面亀山洞二六一
			一九二五・〇三・二四	健蔵	父		義城郡春山面亀山洞二六一
二〇一	第四海軍施設部	サイパン島近海	一九四四・〇六・一五	徳山然壽	軍属	戦死	義城郡春山面花田洞一二八
			一九一五・一〇・一四	均植	父		義城郡春山面花田洞一二八
二〇二	第四海軍施設部	サイパン島近海	一九四四・〇六・一五	坂本尚吉	軍属	戦死	義城郡鳳陽面花田洞五四八
			一九〇九・一〇・二八	末年	妻		義城郡鳳陽面花田洞五四八
二〇五	第四海軍施設部	サイパン島近海	一九四四・〇六・一五	武田好一	軍属	戦死	義城郡北安面雙渓洞二〇〇
			一九二二・〇八・二七	順婉	妻		義城郡北安面雙渓洞二〇〇
二〇六	第四海軍施設部	サイパン島近海	一九四四・〇六・一五	中原在賢	軍属	戦死	義城郡北安面二杜洞四九八
			一九一三・〇七・一五	太蓮	妻		義城郡北安面二杜洞四九八
二〇七	第四海軍施設部	サイパン島近海	一九四四・〇六・一五	河田吉弘	軍属	戦死	義城郡北安面玉潤洞四八
			一九一二・一一・二一	尚子	妻		義城郡北安面玉潤洞四八
二〇八	第四海軍施設部	サイパン島近海	一九四四・〇六・一五	松本鍾道	軍属	戦死	義城郡北安面玉潤洞五七
			一九一四・一〇・二九	福順	妻		義城郡北安面玉潤洞五七
二一四	第四海軍施設部	サイパン島近海	一九四四・〇六・一五	張本永祐	軍属	戦死	義城郡亀川面美泉洞四六一
			一九〇八・〇七・二七	庚戌	妻		義城郡亀川面美泉洞四六一
二一五	第四海軍施設部	サイパン島近海	一九四四・〇六・一五	張本満	軍属	戦死	義城郡亀川面美泉洞四五九－四
			一九〇四・〇四・二八	福貞	妻		義城郡亀川面美泉洞四五九－四

番号	所属	死亡場所	年月日	氏名	身分	死因	本籍
二一六	第四海軍施設部	サイパン島近海	一九四四・〇六・一五 一九一八・〇二・〇二	林禄祚 方九	軍属 父	戦死	義城郡亀川面西山洞二四四 義城郡亀川面西山洞二四四
二一七	第四海軍施設部	サイパン島近海	一九四四・〇六・一五 一八九七・〇七・一〇	福田敬祚 南分	軍属 妻	戦死	義城郡圓北面星岩洞七五七 義城郡圓北面星岩洞七五七
二一八	第四海軍施設部	サイパン島近海	一九四四・〇六・一五 一九一二・一一・二七	平山生漢 鳳仙	軍属 妻	戦死	義城郡圓北面二連洞三一二 義城郡圓北面二連洞三一二
二一九	第四海軍施設部	サイパン島近海	一九四四・〇六・一五 一九一七・〇一・〇一	松田鵬海 蘭石	軍属 妻	戦死	義城郡圓北面新下洞三五八 義城郡圓北面新下洞三五八
二二〇	第四海軍施設部	サイパン島近海	一九四四・〇六・一五 一九二〇・一二・一四	木下質爽 玉任	軍属 妻	戦死	義城郡圓北面二連洞九九八 義城郡圓北面二連洞九九八
二二二	第四海軍施設部	サイパン島近海	一九四四・〇六・一五 一九二一・〇九・〇九	金山秀東 順己	軍属 妻	戦死	義城郡安渓面陽谷洞六四三 義城郡安渓面陽谷洞六四三
二二三	第四海軍施設部	サイパン島近海	一九四四・〇六・一五 一九一九・〇二・一五	平山鉉琪 分儀	軍属 妻	戦死	義城郡安渓面土毎洞一六三 義城郡安渓面土毎洞一六三
二二四	第四海軍施設部	サイパン島近海	一九四四・〇六・一五 一九一八・〇八・二八	新井啓介 静江	軍属 妻	戦死	義城郡安渓面龍基洞八五〇―一一 義城郡安渓面龍基洞八五〇―一一
二二五	第四海軍施設部	サイパン島近海	一九四四・〇六・一五 一九一七・〇五・二〇	岩本命五 令年	軍属 妻	戦死	義城郡安渓面鳳陽洞三〇一 義城郡安渓面鳳陽洞三〇一
二二六	第四海軍施設部	サイパン島近海	一九四四・〇六・一五 一九一九・一〇・〇二	豊泰淳冠 大分	軍属 妻	戦死	義城郡安渓面土毎洞一四〇 義城郡安渓面土毎洞一四〇
二二七	第四海軍施設部	サイパン島近海	一九四四・〇六・一五 一九一四・一二・二五	平沼聖源 亥允	軍属 妻	戦死	義城郡安渓面土毎洞一四〇 義城郡安渓面土毎洞一四〇
二二八	第四海軍施設部	サイパン島近海	一九四四・〇六・一五 一九二三・〇一・一五	咸成八錫 三錫	軍属 ―	戦死	義城郡安渓面龍基洞 義城郡安渓面龍基洞
二二九	第四海軍施設部	サイパン島近海	一九四四・〇六・一五 一九二〇・一一・一一	眷川哲夫 富蔵	軍属 父	戦死	義城郡安渓面龍基洞八七三 義城郡安渓面龍基洞八七三
二三〇	第四海軍施設部	サイパン島近海	一九四四・〇六・一五 一九一九・〇五・〇三	光山鳳九 尚彦	軍属 父	戦死	義城郡安渓面龍基洞三六六 義城郡安渓面龍基洞三六六
二五〇	第四海軍施設部	サイパン島近海	一九四四・〇六・一五 一九〇七・〇九・〇九	宮本千石 成吉	軍属 妻	戦死	醴泉郡豊穣面臥竜洞 醴泉郡龍宮面佳野里二四〇
三〇四	第四海軍施設部	サイパン島近海	一九四四・〇六・一五 一九二三・一一・二九	下條漢壽 燦壽	軍属 兄	戦死	永川郡永川邑金老洞二一八 清道郡豊角面松西洞
三五六	第四海軍施設部	サイパン島近海	一九四四・〇六・一五 一九一五・一一・〇七	岩本三祚 桂林	軍属 妻	戦死	高霊郡高霊邑快賓洞四七八 高霊郡高霊邑快賓洞四七八
三五七	第四海軍施設部	サイパン島近海	一九四四・〇六・一五	金光鳳伊	軍属	戦死	高霊郡高霊邑快賓洞四五一

			一九一四・〇八・一一	允妊	妻		高霊郡高霊邑快賓洞四五一
三五八	第四海軍施設部	サイパン島近海	一九四四・〇六・一五	玉成楽圭	軍属	戦死	高霊郡高霊面本館洞一三八
			一九一三・〇三・〇三	旦祚	妻		高霊郡高霊面本館洞一三八
三五九	第四海軍施設部	サイパン島近海	一九四四・〇六・一五	山本敬逑	軍属	戦死	高霊郡高霊面内上洞四八
			一九一一・一一・一七	尹君	妻		高霊郡高霊面内上洞四八
三六〇	第四海軍施設部	サイパン島近海	一九四四・〇六・一五	井木一慶	軍属	戦死	高霊郡高霊面内谷洞六七八
			一九一三・〇三・〇三	逑連	妻		高霊郡高霊面内谷洞六七八
三六二	第四海軍施設部	サイパン島近海	一九四四・〇六・一五	金海允権	軍属	戦死	高霊郡徳谷面老洞一七五
			一九一八・〇九・一七	龍粉	妻		高霊郡徳谷面老洞一七五
三六三	第四海軍施設部	サイパン島近海	一九四四・〇六・一五	金星介	軍属	戦死	高霊郡徳谷面盤城洞七四七
			一九一二・一二・二〇	妙任	母		高霊郡徳谷面盤城洞七四七
三六四	第四海軍施設部	サイパン島近海	一九四四・〇六・一五	木村命岩	軍属	戦死	高霊郡徳谷面加倫洞三五〇
			一九一九・〇八・二二	東任	妻		高霊郡徳谷面加倫洞三五〇
三六六	第四海軍施設部	サイパン島近海	一九四四・〇六・一五	金城弼坤	軍属	戦死	高霊郡徳谷面八山洞
			一九一九・一二・一八	利坤	―		高霊郡徳谷面八山洞
三六七	第四海軍施設部	サイパン島近海	一九四四・〇六・一五	禹山道出	軍属	戦死	高霊郡雲水面花岩洞
			一九一八・一二・〇六	且権	―		高霊郡雲水面花岩洞
三六八	第四海軍施設部	サイパン島近海	一九四四・〇六・一五	竹山千権	軍属	戦死	高霊郡雲水面新間洞七〇七
			一九二一・〇一・〇六	数乭	―		高霊郡雲水面新間洞七〇七
三七〇	第四海軍施設部	サイパン島近海	一九四四・〇六・一五	木本相海	軍属	戦死	高霊郡星山面沙鳧洞一〇〇
			一九一六・一〇・〇三	命男	妻		高霊郡星山面沙鳧洞一〇〇
三七二	第四海軍施設部	サイパン島近海	一九四四・〇六・一五	金城判乭	軍属	戦死	高霊郡開津面開浦洞三〇七
			一九一六・一〇・一八	尚尹	妻		高霊郡開津面開浦洞三〇七
三七四	第四海軍施設部	サイパン島近海	一九四四・〇六・一五	高屋乭伊	軍属	戦死	高霊郡開津面玉山洞一五四六
			一九一二・〇三・〇三	月任	妻		高霊郡開津面玉山洞一五四六
三七五	第四海軍施設部	サイパン島近海	一九四四・〇六・一五	金城三道	軍属	戦死	高霊郡開津面開浦洞三〇二
			一九一四・〇四・二三	末分	妻		高霊郡開津面開浦洞三〇二
三七六	第四海軍施設部	サイパン島近海	一九四四・〇六・一五	金村三述	軍属	戦死	高霊郡開津面直洞四七三
			一九一六・〇四・一五	英子	二女		高霊郡開津面直洞四七三
三七七	第四海軍施設部	サイパン島近海	一九四四・〇六・一五	金山且範	軍属	戦死	高霊郡開津面玉山洞四三七
			一九一二・〇五・〇一	点順	妻		高霊郡開津面玉山洞四三七
三七九	第四海軍施設部	サイパン島近海	一九四四・〇六・一五	金森乭命	軍属	戦死	高霊郡茶山面湖村洞二七六
			一九一一・〇八・二六	木芥	妻		高霊郡茶山面湖村洞二七六
三八〇	第四海軍施設部	サイパン島近海	一九四四・〇六・一五	林泰龍	軍属	戦死	高霊郡茶山面上谷洞四八二
			一九二二・〇一・二四	末卜	父		高霊郡茶山面上谷洞四八二

三八一	第四海軍施設部	サイパン島近海	一九四四・〇六・一五 一九一九・〇八・二九	錦山采文 庚任	軍属 母	戦死	高霊郡茶山面上谷洞一二六 高霊郡茶山面上谷洞一二六
三八二	第四海軍施設部	サイパン島近海	一九四四・〇六・一五 一九二二・〇七・二四	新山陽福 壬順	軍属 妻	戦死	高霊郡茶山面平里洞一三二 高霊郡茶山面平里洞一三二
三八五	第四海軍施設部	サイパン島近海	一九四四・〇六・一五 一九〇六・〇五・一三	安田点壽 癸順	軍属 妻	戦死	高霊郡牛谷面蓮洞八八 高霊郡牛谷面蓮洞八八
三八六	第四海軍施設部	サイパン島近海	一九四四・〇六・一五 一九〇八・一二・二八	金本辛祚 徳祚	軍属 ー	戦死	高霊郡牛谷面鳥枝洞九七三 慶尚北道達城郡瑜加面本末洞
三八七	第四海軍施設部	サイパン島近海	一九四四・〇六・一五 一九〇九・〇五・一六	高木馬郷 右令	軍属 妻	戦死	高霊郡牛谷面凍洞一一二 高霊郡牛谷面凍洞一一二
三八九	第四海軍施設部	サイパン島近海	一九四四・〇六・一五 一九〇七・〇九・一五	岩本逑伊 順伊	軍属 妻	戦死	高霊郡雙林面梅村洞一一二五 高霊郡雙林面梅村洞一一二五
三九〇	第四海軍施設部	サイパン島近海	一九四四・〇六・一五 一九〇八・〇八・二三	玉川鐘逑 了順	軍属 妻	戦死	高霊郡雙林面新谷洞一七四 高霊郡雙林面新谷洞一七四
三九一	第四海軍施設部	サイパン島近海	一九四四・〇六・一五 一九一七・〇二・〇七	宮本霊奉 了順	軍属 妻	戦死	高霊郡雙林面新谷洞一七〇 高霊郡雙林面新谷洞一七〇
三九二	第四海軍施設部	サイパン島近海	一九四四・〇六・一五 一九一六・一〇・一二	高本三龍 性俊	軍属 父	戦死	高霊郡雙林面高谷洞 高霊郡雙林面高谷洞
四一九	第四海軍施設部	サイパン島近海	一九四四・〇六・一五 一九一八・〇一・一五	金南哲 用伊	軍属 父	戦死	尚州郡銀文面鳳中里一八六 義城郡丹北面新下洞三八八
五一一	第四海軍施設部	サイパン島近海	一九四四・〇六・一五 一九二一・〇五・一一	山田昌壽 東壽	軍属 ー	戦死	星州郡伽泉面東元洞 高灵郡雲水面新関洞
五二七	第四海軍施設部	サイパン島近海	一九四四・〇六・一五 一九一一・〇一・二五	益山聖発 景分	軍属 妻	戦死	軍威郡召保面鳳凰洞二九四 善山郡桃開面新林洞四八三
五三六	第四海軍施設部	サイパン島近海	一九四四・〇六・一五 一九二一・〇五・一〇	秋山又錫 壬戌	軍属 父	戦死	善山郡善山面莞由洞六二 善山郡善山面莞由洞六二
五三七	第四海軍施設部	サイパン島近海	一九四四・〇六・一五 一九二二・〇一・〇二	金城鎮國 壽	軍属 父	戦死	善山郡善山面莞田洞四 善山郡善山面莞田洞四
五三八	第四海軍施設部	サイパン島近海	一九四四・〇六・一五 一九一九・〇八・一八	高島京浩 順伊	軍属 母	戦死	善山郡善山面莞田洞二一四 善山郡善山面莞田洞二一四
五三九	第四海軍施設部	サイパン島近海	一九四四・〇六・一五 一九二〇・〇二・一八	金子京得 春官	軍属 ー	戦死	善山郡善山面莞田洞 善山郡善山面莞田洞
五四〇	第四海軍施設部	サイパン島近海	一九四四・〇六・一五 一九一三・〇七・二九	廣田又守 性分	軍属 妻	戦死	善山郡善山面莞田洞一〇三 善山郡善山面莞田洞一〇三
五四一	第四海軍施設部	サイパン島近海	一九四四・〇六・一五	新山在元	軍属	戦死	善山郡善山面莞田洞一〇一

			一九一九・〇一・〇三	月鳳	父		善山郡善山面莞田洞一〇一
五四二	第四海軍施設部	サイパン島近海	一九四四・〇六・一五	松岡繁栄	軍属	戦死	善山郡善山面路上洞一〇二
			一九二〇・〇四・〇七	茂吉	父		善山郡善山面路上洞一〇二
五四三	第四海軍施設部	サイパン島近海	一九四四・〇六・一五	松本敬燮	軍属	戦死	善山郡善山面信基洞六二八
			一九一三・一二・××	鳳龍	妻		善山郡善山面信基洞六二八
五四四	第四海軍施設部	サイパン島近海	一九四四・〇六・一五	高木鐘大	軍属	戦死	善山郡王城面農所洞一八一
			一九一六・〇四・二五	七用	妻		善山郡王城面農所洞一八一
五四五	第四海軍施設部	サイパン島近海	一九四四・〇六・一五	高木鍾元	軍属	戦死	善山郡王城面農所洞一八一
			一九一九・〇八・二八	占順	妻		善山郡王城面農所洞一八一
五四六	第四海軍施設部	サイパン島近海	一九四四・〇六・一五	平元東基	軍属	戦死	善山郡高牙面鳳山洞三六二
			一九二一・〇一・〇二	炳局	父		善山郡高牙面鳳山洞三六二
五四七	第四海軍施設部	サイパン島近海	一九四四・〇六・一五	新井枝夏	軍属	戦死	善山郡高牙面官心洞四四五
			一九一三・〇五・一五	未守	妻		善山郡高牙面官心洞四四五
五四八	第四海軍施設部	サイパン島近海	一九四四・〇六・一五	金本敬喜	軍属	戦死	善山郡高牙面官心洞三七六
			一九一三・〇三・〇七	允点	妻		善山郡高牙面官心洞三七六
五五二	第四海軍施設部	サイパン島近海	一九四四・〇六・一五	密山周用	軍属	戦死	善山郡舞乙面武夷洞三八一
			一九二一・〇七・二五	元同	母		善山郡舞乙面武夷洞三八一
五五三	第四海軍施設部	サイパン島近海	一九四四・〇六・一五	延田容権	軍属	戦死	善山郡舞乙面武夷洞四四二
			一九二〇・〇八・〇八	容達	弟		善山郡舞乙面武夷洞四四二
五五四	第四海軍施設部	サイパン島近海	一九四四・〇六・一五	延山益元	軍属	戦死	善山郡舞乙面武夷洞四四二
			一九一九・〇二・二〇	龍粉	妻		善山郡舞乙面武夷洞四四二
五五五	第四海軍施設部	サイパン島近海	一九四四・〇六・一五	杉本東哲	軍属	戦死	善山郡舞乙面上松洞七〇九
			一九一六・一一・一〇	玉烈	妻		善山郡舞乙面上松洞七〇九
五五六	第四海軍施設部	サイパン島近海	一九四四・〇六・一五	山本五得	軍属	戦死	善山郡舞乙面上松洞一〇四
			一九二三・〇五・一五	申俊	父		善山郡舞乙面上松洞一〇四
五六一	第四海軍施設部	サイパン島近海	一九四四・〇六・一五	金田相哲	軍属	戦死	聞慶郡東魯面赤城里二〇九
			一九二三・〇五・〇九	永囲	母		醴泉郡醴泉邑西洞里二三
五六六	第四海軍施設部	サイパン島近海	一九四四・〇六・一五	白原海釗	軍属	戦死	清道郡華陽面合川洞七二四
			一九一二・〇六・〇八	三釗	弟		清道郡華陽面合川洞七二四
五六七	第四海軍施設部	サイパン島近海	一九四四・〇六・一五	文山永斗	軍属	戦死	清道郡梅由面南陽洞一〇六五
			一九二〇・〇四・二四	鍾洛	父		清道郡梅由面南陽洞一〇六五
五六八	第四海軍施設部	サイパン島近海	一九四四・〇六・一五	文山永祚	軍属	戦死	清道郡梅由面南陽洞一四一九
			一九一七・一〇・二五	月仙	母		清道郡梅由面南陽洞一四一九
五六九	第四海軍施設部	サイパン島近海	一九四四・〇六・一五	東平元出	軍属	戦死	清道郡梅田面陳山洞七三三
			一九二一・一二・〇七	海鎭	父		清道郡梅田面陳山洞七三三

五七〇	第四海軍施設部	サイパン島近海	一九四四・〇六・一五 一九〇七・〇四・一九	李村鍾煥 太伯	軍属 妻	戦死	清道郡梅田面賃山洞七六四 清道郡梅田面賃山洞七六四
五七一	第四海軍施設部	サイパン島近海	一九四四・〇六・一五 一九二一・〇四・〇五	德村成澤 龍九	軍属 —	戦死	清道郡錦川面東谷洞 清道郡錦川面東谷洞
五七二	第四海軍施設部	サイパン島近海	一九四四・〇六・一五 一九〇八・〇二・一三	金村徳生 鍾淑	軍属 妻	戦死	清道郡錦川面図田洞三五六 清道郡錦川面図田洞三五六
五七四	第四海軍施設部	サイパン島近海	一九四四・〇六・一五 一九二六・〇一・一五	東原秀雄 茂	軍属 父	戦死	清道郡豊角面松田洞二三五 清道郡豊角面松田洞二三五
五七五	第四海軍施設部	サイパン島近海	一九四四・〇六・一五 —	新井戊戌 道植	軍属 父	戦死	清道郡豊角面聖谷洞六五〇 清道郡豊角面聖谷洞六五〇
五七七	第四海軍施設部	サイパン島近海	一九四四・〇六・一五 一九一八・〇八・一二	石本文規 目賢	軍属 父	戦死	清道郡角南面礼里洞九〇一－一 清道郡角南面礼里洞九〇一－一
五七八	第四海軍施設部	サイパン島近海	一九四四・〇六・一五 一九二五・〇四・一五	井上周鉉 在善	軍属 父	戦死	清道郡角南面礼里洞八五五 清道郡角南面礼里洞八五五
五七九	第四海軍施設部	サイパン島近海	一九四四・〇六・一五 一九一〇・一一・二一	玉山秀龍 玉川斗未	軍属 —	戦死	清道郡角北面片山洞 清道郡角北面片山洞
五八〇	第四海軍施設部	サイパン島近海	一九四四・〇六・一五 一九一九・〇七・一七	南木學得 守陽	軍属 —	戦死	清道郡角北面梧山洞 清道郡角北面梧山洞
五八一	第四海軍施設部	サイパン島近海	一九四四・〇六・一五 一九一八・〇八・二〇	岩本他岩 玄中	軍属 —	戦死	清道郡伊西面佳琴洞 清道郡伊西面佳琴洞
五八二	第四海軍施設部	サイパン島近海	一九四四・〇六・一五 一九二五・〇三・一七	基本俊伊 命道	軍属 父	戦死	清道郡伊西面佳琴洞四五八 清道郡伊西面佳琴洞四五八
五八三	第四海軍施設部	サイパン島近海	一九四四・〇六・一五 一九二二・〇五・一四	山村潤雨 大順	軍属 母	戦死	清道郡伊西面陽院洞三八四 清道郡伊西面陽院洞三八四
五八四	第四海軍施設部	サイパン島近海	一九四四・〇六・一五 一九一九・〇九・〇七	金城守業 月連	軍属 —	戦死	清道郡伊西面書院洞 清道郡伊西面書院洞
五八五	第四海軍施設部	サイパン島近海	一九四四・〇六・一五 一九二二・〇二・〇五	金田尚坤 秉坤	軍属 兄	戦死	清道郡伊西面書院洞一一五 清道郡伊西面書院洞一一五
五八六	第四海軍施設部	サイパン島近海	一九四四・〇六・一五 一九二七・〇五・二七	月城在逑 乭伊	軍属 父	戦死	清道郡伊西面書院洞一一一 清道郡伊西面書院洞一一一
五八七	第四海軍施設部	サイパン島近海	一九四四・〇六・一五 一九二二・〇五・二〇	西原景洙 守福	軍属 —	戦死	清道郡伊西面陰地洞 清道郡伊西面陰地洞
五八八	第四海軍施設部	サイパン島近海	一九四四・〇六・一五 一九二〇・〇二・一七	金山宏 相範	軍属 —	戦死	清道郡伊西面高樹洞 清道郡伊西面高樹洞
二三二	第四海軍施設部	サイパン島近海	一九四五・〇八・二九	春山泰亀	軍属	戦病死	義城郡安渓面渭陽洞一〇

番号	所属	場所	年月日	氏名	続柄	状況	本籍
			一九一〇・一〇・一五	守龍	兄		義城郡安渓面土毎洞一〇
四三一	第四海軍施設部	ウオッゼ島	一九四四・〇一・二四	森田成海	軍属	戦死	達城郡嘉昌面味洞三二九
			一八九四・一〇・〇八	順南	妻		慶山郡慈仁面北四洞六四
二八二	第四海軍施設部	ウオッゼ島	一九四四・〇三・〇七	金宮重権	軍属	戦死	金泉郡甘文面隠林洞七九七
			一九一七・一二・一九	判云	祖父		金泉郡甘文面隠林洞七九七
四四九	第四海軍施設部	ウオッゼ島	一九四四・〇三・〇九	岩本武寅	軍属	戦死	達城郡論工面南洞
			一九〇六・〇八・二八	権俊	父		達城郡論工面南洞
四三三	第四海軍施設部	ウオッゼ島	一九四四・〇三・一五	木村相東	軍属	戦死	達城郡城西面竹田洞
			一九一七・〇三・〇一	今伊	母		達城郡城西面竹田洞
五一二	第四海軍施設部	ウオッゼ島	一九四四・〇三・一五	金海四熙	軍属	戦死	星州郡龍岩面龍渓洞
			一九一四・〇二・二一	回善	妻		達城郡論工綿蘆耳洞
四四四	第四海軍施設部	ウオッゼ島	一九四四・〇四・一一	金海錫烔	軍属	戦死	達城郡玄風面中洞
			一九一一・一〇・二〇	板粗男	妻		達城郡玄風面中洞
三四四	第四海軍施設部	ウオッゼ島	一九四四・〇四・一五	丹山上鉉	軍属	戦死	慶山郡南山面上大洞五三七
			一九一九・〇三・一一	右坤	父		慶山郡押梁面油谷洞二三九
三四八	第四海軍施設部	ウオッゼ島	一九四四・〇五・〇一	永本取種	軍属	戦死	慶山郡珍良面大院洞二四〇
			一九〇七・〇四・〇九	亀本道文	｜		慶山郡珍良面大院洞二四〇
三四九	第四海軍施設部	ウオッゼ島	一九四四・〇五・〇一	延本泰根	軍属	戦死	慶山郡珍良面縣内洞四五
			一九〇七・〇八・一八	且欣	妻		慶山郡珍良面縣内洞四五
三五二	第四海軍施設部	ウオッゼ島	一九四四・〇五・〇一	高村基東	軍属	戦死	慶山郡河陽面汗沙洞五四六
			一九二二・〇三・二九	珠煥	｜		慶山郡河陽面汗沙洞五四六
五〇六	第四海軍施設部	ウオッゼ島	一九四四・〇五・〇一	星山甲生	軍属	戦死	星州郡大家面玉泉洞四八六
			一九〇四・〇三・〇八	山本月鳳	姪		星州郡大家面玉泉洞四九三
二五八	第四海軍施設部	ウオッゼ島	一九四四・〇五・二二	山田康平	軍属	戦死	金泉郡南面玉山洞一
			一九一二・〇六・一八	山田君子	妻		金泉郡南面玉山洞一
二九一	第四海軍施設部	ウオッゼ島	一九四四・〇五・二二	吉田千一	軍属	戦死	金泉郡牙浦面帝錫洞
			一九一八・〇一・二〇	一順	妻		金泉郡牙浦面帝錫洞
五〇五	第四海軍施設部	ウオッゼ島	一九四四・〇六・一九	星野徳煥	軍属	戦死	星州郡大家面七峯洞七八二
			一九一六・一二・一二	岐煥	兄		星州郡大家面七峯洞七八二
三三八	第四海軍施設部	ウオッゼ島	一九四四・〇七・一八	呉山萬植	軍属	戦死	慶山郡慶山面大亭洞七二三
			一九一九・一一・〇九	小龍	父		慶山郡慶山面大亭洞七二三
三四三	第四海軍施設部	ウオッゼ島	一九四四・〇七・一八	大山東岩	軍属	戦死	慶山郡玆木面元堂洞三一九
			一九一八・〇一・一五	福	兄		慶山郡玆木面元堂洞三一九
三四七	第四海軍施設部	ウオッゼ島	一九四四・〇七・一八	徳山道春	軍属	戦死	慶山郡龍城面徳川洞二〇五
			一九二二・一二・二五	遇造	父		慶山郡龍城面徳川洞二〇五

五〇三	第四海軍施設部	ウオッゼ島	一九四四・〇七・二九 一九二二・一二・二五	海田相基 學泳	軍属 父	戦死	星州郡草田面韶成洞三九四 星州郡草田面韶成洞三九四
二九四	第四海軍施設部	ウオッゼ島	一九四四・〇八・〇四 一九二一・〇六・一五	大山伸和 力三	軍属 父	戦死	金泉郡農所面徳谷洞八五七 ｜
二五七	第四海軍施設部	ウオッゼ島	一九四四・〇八・二四 一九一六・〇八・〇九	海田東哲 占俊	軍属 父	戦死	金泉郡南面鳳川里 金泉郡南面鳳川里
五五	第四海軍施設部	ウオッゼ島	一九四四・〇八・二九 一九一六・一〇・〇四	新井石萬 且悦	軍属 母	戦死	慶州郡西面舎羅里四二四 慶山郡押梁面新垈里
五〇二	第四海軍施設部	ウオッゼ島	一九四四・一〇・二二 一九一五・一二・二四	星浦甲源 萬錫	軍属 父	戦死	星州郡草他面鳳亭里六八一 星州郡草他面鳳亭里六八一
四九九	第四海軍施設部	ウオッゼ島	一九四四・一一・一七 一九一六・一二・二四	金相奎 玉伊	軍属 母	戦死	星州郡星州面京山洞一五六 星州郡星州面京山洞一五六
三五一	第四海軍施設部	ウオッゼ島	一九四四・一一・二四 一九二〇・××・××	高材教俊 相×	軍属 父	戦死	慶山郡河良面汗沙洞五四〇 慶山郡河良面汗沙洞五四〇
五〇一	第四海軍施設部	ウオッゼ島	一九四五・〇一・一一 一九二二・一〇・一五	新井在春 徳熙	軍属 父	戦死	星州郡草他面韶成洞三六 星州郡草他面韶成洞三六
四五三	第四海軍施設部	ウオッゼ島	一九四五・〇一・一九 一九一九・〇五・三〇	木村三徳 周鳳	軍属 父	戦死	漆谷郡漆谷面大田洞一七九 漆谷郡漆谷面大田洞一七九
五二一	第四海軍施設部	ウオッゼ島	一九四五・〇一・二三 一九二二・一二・一四	新井泰権 車玉仙	軍属 父	戦死	星州郡船南面仙源洞二四二 星州郡船南面仙源洞二四二
二七〇	第四海軍施設部	ウオッゼ島	一九四五・〇二・〇三 一九一一・〇四・〇八	韓他逑 七石	軍属 兄	戦死	金泉郡鳳山面新若洞 金泉郡鳳山面新若洞
四三八	第四海軍施設部	ウオッゼ島	一九四五・〇三・一〇 一九二一・一一・〇九	清水貞乭 清本致祥	軍属 ｜	戦死	達城郡玉浦面新塘里 達城郡玉浦面新塘里
三三七	第四海軍施設部	ウオッゼ島	一九四五・〇四・〇六 一九二一・一二・二三	井出大根 井上基洪	軍属 父	戦死	慶山郡慶山面上方洞一四九 慶山郡慶山面上方洞一四九
五〇〇	第四海軍施設部	ウオッゼ島	一九四五・〇四・一四 一九一七・〇六・二六	完山鐘九 成九	軍属 兄	戦死	星州郡月恒面水竹里三〇六 星州郡月恒面水竹里三〇六
五〇四	第四海軍施設部	ウオッゼ島	一九四五・〇四・二四 一九二〇・〇四・一一	木下起元 福順	軍属 妻	戦死	星州郡大家面道南洞五八六 星州郡大家面王花洞一八八
二八九	第四海軍施設部	ウオッゼ島	一九四五・〇五・一五 一九一八・一二・二四	山本在乾 重夏	軍属 父	戦死	金泉郡牙浦面仁洞 金泉郡牙浦面仁洞
二七四	第四海軍施設部	ウオッゼ島	一九四五・〇五・一九 一九一七・一二・二九	菊山時雨 入錫	軍属 父	戦死	金泉郡禦侮面能治洞九四 金泉郡禦侮面能治洞九四
四九七	第四海軍施設部	ウオッゼ島	一九四五・〇五・二七	金田相五	軍属	戦死	星州郡星州面京山洞三八〇

			一九二二・一一・〇二	尚悦	兄		星州郡星州面京山洞三八〇
四五五	第四海軍施設部	ウオッゼ島	一九四五・〇六・一八	金澤東勳	軍属	死亡	漆谷郡若木面観胡洞六一三
			一九二二・〇七・一一	晋漢	父		漆谷郡若木面観胡洞六一三
四六〇	第四海軍施設部	ウオッゼ島	一九四五・〇六・一八	張本忠植	軍属	死亡	漆谷郡仁同面仁義洞六一三
			一九二〇・〇三・〇六	兪基延	母		漆谷郡仁同面仁義洞六一三
二九三	第四海軍施設部	ウオッゼ島	一九四五・〇六・二二	金山小点述	軍属	戦死	金泉郡農所面徳谷洞八五七
			一九〇八・〇二・〇三	七元	父		―
二八八	第四海軍施設部	ウオッゼ島	一九四五・〇七・〇九	松原来林	軍属	死亡	金泉郡牙浦面仁洞
			一九一七・一二・一五	春伯	父		金泉郡牙浦面仁洞
四五六	第四海軍施設部	ウオッゼ島	一九四五・〇七・〇九	平山鉉恭	軍属	死亡	漆谷郡北三面甫孫洞五七七
			一九二二・一一・〇三	鉉傑	兄		漆谷郡北三面甫孫洞五七七
四六一	第四海軍施設部	ウオッゼ島	一九四五・〇七・一二	廣本龍達	軍属	戦死	漆谷郡枝川面昌平里三四〇
			一九一五・〇八・〇五	相大	父		漆谷郡枝川面昌平里三四〇
四九六	第四海軍施設部	ウオッゼ島	一九四五・〇七・一七	加山鎮鶴	軍属	戦死	星州郡星州面大皇洞四一三
			一九二三・〇六・三〇	子用	父		星州郡星州面大皇洞四一三
三五〇	第四海軍施設部	トラック島	一九四二・〇五・一九	川本根益	軍属	戦死	慶山郡河陽面環上洞一八二
			一九一三・〇一・〇九	年禮	妻		慶山郡河陽面環上洞一八二
三七一	第四海軍施設部	トラック島	一九四二・一〇・三一	夏山麟賛	軍属	戦病死	高霊郡開津面良田洞四六五
			一九二〇・〇九・一七	鎮煥	父		高霊郡開津面良田洞四六五
八六	第四海軍施設部	トラック島	一九四三・〇四・〇一	林範明	軍属	戦病死	慶州郡江東面菊堂里九〇
			一九二一・〇一・一一	成茂	父		慶州郡江東面菊堂里九〇
二四四	第四海軍施設部	トラック島	一九四四・〇一・二四	金元斗昌	軍属	戦病死	醴泉郡虎鳴面穆山洞二一
			一九一八・一二・〇三	粉女	妻		醴泉郡虎鳴面穆山洞二一
二四九	第四海軍施設部	トラック島	一九四四・〇二・〇五	鈴木慶善	軍属	戦病死	醴泉郡龍宮面琴南里四三六
			一九一六・〇九・二六	守凡	父		醴泉郡龍宮面琴南里四三六
四二七	第四海軍施設部	トラック島	一九四四・〇二・一七	長川甲伊	軍属	戦死	達城郡公山面中大洞三五八
			一九〇八・〇二・一五	分凞	妻		達城郡公山面中大洞三五八
五六	第四海軍施設部	トラック島	一九四四・〇六・〇三	金本憲逑	軍属	戦死	慶州郡西面薪坪里一二四八
			一九一七・〇九・一六	―	―		慶州郡慶州邑城乾里三五八―四
八一	第四海軍施設部	トラック島	一九四四・〇六・〇三	江川時龍	軍属	戦死	慶州郡江東面安溪里八九〇
			一九二三・〇四・二九	永延	妻		慶州郡江東面安溪里八九〇
九四	第四海軍施設部	トラック島	一九四四・〇六・〇三	峰門洲達	軍属	戦死	慶州郡川北面東川里一〇九
			一九二一・一二・〇四	仁植	父		慶州郡川北面東川里一〇九
九八	第四海軍施設部	トラック島	一九四四・〇六・〇三	松井戊生	軍属	戦死	慶州郡外東面毛火里一三五一
			一九一九・〇八・〇三	慶守	妻		―

番号	所属	死亡場所	死亡日／生年月日	氏名／家族	身分／続柄	死因	本籍／家族住所
一〇八	第四海軍施設部	トラック島	一九四四・〇六・〇三 一九〇三・〇九・一三	岩井口芳徳 秀周	軍属 妻	戦死	慶州郡内東面九政里三八四 —
一二二	第四海軍施設部	トラック島	一九四四・〇六・〇三 一九二一・〇二・一五	沈振甲 成準	軍属 兄	戦死	慶州郡内南面花谷里七二四 慶州郡内南面花谷里七二四
一二三	第四海軍施設部	トラック島	一九四四・〇六・〇三 一九二三・〇六・二〇	金井海俊 戊先	軍属 父	戦死	慶州郡内南面望星里一五六 慶州郡内南面望星里一五六
一三二	第四海軍施設部	トラック島	一九四四・〇六・〇三 一九一九・〇九・〇二	安平在孝 星峰	軍属 父	戦死	慶州郡慶州邑西部里七二 慶州郡慶州邑城乾里二八四
四七八	第四海軍施設部	トラック島	一九四四・〇六・〇三 一九一六・〇五・一一	平沼仁出 南出	軍属 妻	戦死	迎日郡浦項邑龍興洞一七九 迎日郡浦項邑龍興洞一七九
四八〇	第四海軍施設部	トラック島	一九四四・〇六・〇三 一九一二・〇九・一一	平田一寛 粉道	軍属 妻	戦死	迎日郡九龍浦邑大甫里 迎日郡九龍浦邑大甫里
五二〇	第四海軍施設部	トラック島	一九四四・〇六・〇八 一九二三・〇三・〇四	杏山勳日 福徳	軍属 父	戦死	星州郡修倫面南隠洞一七四 星州郡修倫面南隠洞一七四
二三一	第四海軍施設部	トラック島	一九四四・〇六・一五 一九一三・〇七・一八	張本堅泰 順岳	軍属 妻	戦病死	義城郡安渓面龍基洞八二一 義城郡安渓面龍基洞八二一
六〇〇	第四海軍施設部	トラック島	一九四四・〇六・三〇 一九二三・〇九・二六	徳山宗一 寛重	軍属 父	戦死	安東郡安東邑法尚町六七 迎日郡浦項里竹島洞一区
四八三	第四海軍施設部	トラック島	一九四四・〇七・二三 一九一八・〇二・〇六	文本丁乭 末順	軍属 妻	戦病死	迎日郡興海面玉城洞六七〇 迎日郡興海面玉城洞六七〇
三六五	第四海軍施設部	トラック島	一九四五・〇一・一五 一九一四・〇七・二〇	皐本閏錫 址郁	軍属 父	戦病死	高霊郡高霊面元松洞一六七 高霊郡高霊面元松洞一六七
二八六	第四海軍施設部	トラック島	一九四五・〇二・一一 一九〇五・一二・二九	柳路伊 —	軍属 —	戦病死	金泉郡開寧面徳村洞 —
三六九	第四海軍施設部	トラック島	一九四五・〇二・二三 一九一八・〇九・一四	西山茂次 有祚	軍属 父	戦病死	高霊郡星山面茂渓洞三一〇—三 高霊郡星山面茂渓洞三一〇—三
四六六	第四海軍施設部	トラック島 栄養失調	一九四五・〇三・〇二 一九〇一・〇三・一四	金徳祚 —	軍属 —	戦病死	大邱府七星町四四〇 大邱府七星町四四〇
二五二	第四海軍施設部	トラック島	一九四五・〇三・一六 一九〇五・〇八・一五	金本童石 点玉	軍属 妻	戦病死	醴泉郡下里面塔洞一三一 醴泉郡下里面塔洞一三一
四〇八	第四海軍施設部	トラック島	一九四五・〇三・二〇 一九〇六・〇八・二九	金原基祚 寅夏	軍属 長男	戦死	尚州郡中東面梧上里四五—一 尚州郡中東面梧上里四五—一
五三三	第四海軍施設部	トラック島	一九四五・〇三・二〇 —	完山聖吉 鳳錫	軍属 父	戦病死	軍威郡孝令面湯基洞九八三 軍威郡孝令面湯基洞九八三
四〇六	第四海軍施設部	トラック島	一九四五・〇三・二二	丸山恒弘	軍属	戦死	尚州郡洛東面云坪里三一八

			一九〇六・一二・三〇	禹成	父		尚州郡洛東面云坪里三一八
五二六	第四海軍施設部	トラック島	一九四五・〇三・二八 一九一六・〇三・一九	高山鍾寅 徳基	軍属 父	戦病死	軍威郡召保面渭城洞五〇 軍威郡召保面渭城洞五〇
四八七	第四海軍施設部	トラック島	一九四五・〇三・三一 一九一三・〇七・一四	大光淑正 夢圭	軍属 妻	戦病死	迎日郡神光面虎里洞 迎日郡神光面虎里洞
三八四	第四海軍施設部	トラック島	一九四五・〇四・〇一 一九二二・〇五・〇九	松田碩玟 小玟	軍属 弟	戦病死	高霊郡牛谷面客基洞四四 高霊郡牛谷面客基洞四四
五〇七	第四海軍施設部	トラック島	一九四五・〇四・〇四 一九二二・一二・三〇	平田永均 岳	軍属 母	戦病死	星州郡金水面漁陰洞 星州郡金水面漁陰洞
五〇八	第四海軍施設部	トラック島	一九四五・〇四・〇五 一九一四・一一・〇七	松本甲出 琪煥	軍属 父	戦病死	星州郡金水面舞鶴洞一五三六 星州郡金水面舞鶴洞一五三六
三七三	第四海軍施設部	トラック島	一九四五・〇四・〇六 一九一九・〇八・一九	松村一祚 孟權	軍属 父	戦病死	高霊郡開津面直洞六五 高霊郡開津面直洞六五
五一三	第四海軍施設部	トラック島	一九四五・〇四・〇六 一九〇九・〇七・一七	朧山占龍 連蔵	軍属 妻	戦病死	星州郡龍岩面本里洞一六八 星州郡龍岩面本里洞一六八
三五五	第四海軍施設部	トラック島	一九四五・〇四・〇九 一九二三・〇八・〇八	井本孝桂 昌奎	軍属 ―	戦死	高霊郡高霊邑内谷洞六二九 高霊郡高霊邑内谷洞六二九
五一九	第四海軍施設部	トラック島	一九四五・〇四・一一 一九〇八・〇八・一〇	大川性快 五東	軍属 父	戦死	星州郡修倫面南隠洞一一二〇 星州郡修倫面南隠洞一一二〇
二三八	第四海軍施設部	トラック島	一九四五・〇四・一三 一九〇六・〇六・〇八	三本文吉 文市	軍属 長男	戦病死	醴泉郡醴泉邑西本洞七一 醴泉郡醴泉邑西本洞七一
四三五	第四海軍施設部	トラック島	一九四五・〇四・一三 一九一六・一二・〇二	新山外賢 逑伊	軍属 父	戦病死	達城郡月背面辰泉洞六七七 達城郡月背面辰泉洞六七七
四五四	第四海軍施設部	トラック島 栄養失調	一九四五・〇四・一三 一八九七・〇六・三〇	共田鶴伊 鶴生	軍属 ―	戦病死	漆谷郡漆谷面邑内洞八〇〇 漆谷郡漆谷面邑内洞八〇〇
四一〇	第四海軍施設部	トラック島	一九四五・〇四・一六 一九二三・〇五・〇八	金川相寅 永極	軍属 父	戦死	尚州郡中東面竹岩里六六〇 尚州郡中東面竹岩里六六〇
四五〇	第四海軍施設部	トラック島	一九四五・〇四・一六 一九一二・〇一・〇二	永田乭伊 末順	軍属 妻	戦病死	達城郡論江面渭河洞一〇八五 達城郡論江面渭河洞一〇八五
二六九	第四海軍施設部	トラック島	一九四五・〇四・一八 一九一六・〇四・一三	松下龍得 粉連	軍属 母	戦病死	金泉郡甑見面柳城洞一二九 星州郡金水面×川洞一〇八三
三一九	第四海軍施設部	トラック島	一九四五・〇四・一八 一九二〇・〇七・二二	岩本在仁 元春	軍属 父	戦病死	永川郡琴湖面成川洞一一三 永川郡琴湖面成川洞一一三
五一六	第四海軍施設部	トラック島	一九四五・〇四・二〇 一九〇九・〇一・一〇	東田明乭 淳錫	軍属 弟	戦病死	星州郡龍岩面東山洞一〇五 星州郡龍岩面東山洞一〇五

三一八	第四海軍施設部	トラック島	一九四五・〇四・二一	一九一八・一二・一二	柳寅祐	淑澤	軍属	父	戦死	永川郡琴湖面新月洞四六六	永川郡琴湖面新月洞四六六
一三六	第四海軍施設部	トラック島	一九四五・〇四・二二	一九一四・一二・〇三	福山命出	―	軍属	―	戦死	慶州郡慶州邑西部里一七一	慶州郡慶州邑忠孝里八
二四五	第四海軍施設部	トラック島	一九四五・〇四・二二	一九一八・〇一・三〇	貞松舜基	眞松炳斗	軍属	父	戦死	醴泉郡虎鳴面内新洞六一	醴泉郡虎鳴面内新洞六一
三〇八	第四海軍施設部	トラック島	一九四五・〇四・二四	一九〇〇・〇四・一一	李成龍	―	軍属	―	戦死	永川郡北安面半亭洞	―
四八二	第四海軍施設部	トラック島	一九四五・〇四・二八	一九一七・一一・二五	原沼一鍾	今伊	軍属	母	戦死	迎日郡大松面長興洞	迎日郡大松面長興洞
五二五	第四海軍施設部	トラック島	一九四五・〇四・二九	一九一九・一一・一七	徳岡淵百	粉祚	軍属	母	戦病死	軍威郡岳渓面大栗洞一一八八	軍威郡岳渓面大栗洞一一八八
三一七	第四海軍施設部	トラック島	一九四五・〇四・三〇	一九一六・〇三・一五	上原萬栄	景白	軍属	父	戦病死	永川郡琴湖面大美月六八七	永川郡琴湖面大美月六八七
一〇九	第四海軍施設部	トラック島	一九四五・〇五・〇八	一九一七・〇三・〇三	金山琦龍	容珠	軍属	父	戦病死	慶州郡内東面普門里八九一	―
一三三	第四海軍施設部	トラック島	一九四五・〇五・〇九	一九二二・〇八・二一	崔鉉弼	魏蓮	軍属	母	戦病死	慶州郡慶州邑校里七七八	慶州郡慶州邑校里七七八
五一五	第四海軍施設部	トラック島	一九四五・〇五・一一	一九二二・〇三・一一	永山相坤	性相	軍属	父	戦病死	星州郡龍岩面上彦洞二六二	星州郡龍岩面上彦洞二六二
六一五	第四海軍施設部	トラック島	一九四五・〇五・一一	一九二〇・〇九・一六	松原守燮	石乭	軍属	父	戦死	慶北郡西後面台庄洞八〇四	慶北郡西後面台庄洞八〇四
六〇八	第四海軍施設部	トラック島	一九四五・〇五・一三	一九一一・〇八・二三	慶孫斗明	斗元	軍属	弟	戦死	安東郡豊山面竹田洞一二五六	安東郡豊山面竹田洞一二五六
三一八	第四海軍施設部	トラック島	一九四五・〇五・一八	一九二二・〇九・〇六	永本斗坤	熙坤	軍属	兄	戦病死	永川郡花山面柳星洞八〇五	永川郡花山面柳星洞八〇五
五〇九	第四海軍施設部	トラック島	一九四五・〇五・二一	一九二一・〇九・〇三	小川根伊	元若	軍属	母	戦病死	星州郡伽泉面東元洞三八八	星州郡伽泉面東元洞三八八
五一四	第四海軍施設部	トラック島	一九四五・〇五・二三	一九一四・〇九・〇七	金本清明	失東	軍属	父	戦病死	星州郡龍岩面渓上洞三五二	星州郡龍岩面渓上洞三五二
五一八	第四海軍施設部	トラック島	一九四五・〇五・二五	一九二三・〇一・〇四	金天商直	乭	軍属	父	戦病死	星州郡修倫面南隠洞一二〇五	星州郡修倫面南隠洞一二〇五
一〇三	第四海軍施設部	トラック島	一九四五・〇六・〇一	一九〇〇・一二・〇八	寧本季用	―	軍属	―	戦病死	慶州郡江西面玉山里一四二七	―
二四三	第四海軍施設部	トラック島	一九四五・〇六・〇一		長谷川次潤		軍属		戦死	醴泉郡柳川面花枝洞三二四	

			一九〇六・〇七・〇八	徳守	妻		醴泉郡醴泉邑清福洞三三
二五三	第四海軍施設部	トラック島	一九四五・〇六・〇一	善本洪祥	軍属	戦死	醴泉郡開浦面琴洞一五九
			一九一九・〇一・一九	順伯	兄		醴泉郡開浦面琴洞一五九
四二六	第四海軍施設部	トラック島	一九四五・〇六・〇二	西山祐植	軍属	戦死	達城郡公山面美岱洞二二五
			一九一五・一二・一一	達海	父		達城郡公山面美岱洞二二五
三〇七	第四海軍施設部	トラック島	一九四五・〇六・〇三	金城奉萬	軍属	戦病死	永川郡北安面北洞二九六
			一九一一・〇四・二五	必伊	妻		永川郡北安面北洞二九六
六〇七	第四海軍施設部	トラック島	一九四五・〇六・〇七	金山且龍	軍属	戦病死	安東郡豊山面九潭洞四七六
			一九一九・〇二・〇四	成乭	妻		安東郡豊山面九潭洞四七六
四三〇	第四海軍施設部	トラック島	一九四五・〇六・〇八	秦學運	軍属	戦死	達城郡嘉昌面巴洞八二
			一九二〇・〇五・一五	學萬	弟		達城郡嘉昌面巴洞八二
四二四	第四海軍施設部	トラック島	一九四五・〇六・〇九	伊原源森	軍属	戦病死	青松郡安徳面長田洞七〇二
			一九一九・一二・二九	粉通	母		義城郡義城邑上里洞二〇七
五三二	第四海軍施設部	トラック島	一九四五・〇六・一〇	金城在澈	軍属	戦病死	軍威郡孝令面老杏洞三八三
			一九二一・一〇・〇一	埋供	父		軍威郡孝令面老杏洞三八三
一二六	第四海軍施設部	トラック島	一九四五・〇六・一一	朴本文甲	軍属	戦病死	慶州郡慶州邑忠孝里一二〇五
			一九二二・一二・二八	英守	父		慶州郡慶州邑忠孝里一三九五
六一七	第四海軍施設部	トラック島	一九四五・〇六・一一	平山鉉夏	軍属	戦病死	安東郡陶面宜一里三七五
			一九一三・一二・〇七	聖見	弟		江原道寧越郡酒泉面泉里一一七九九—一
三〇二	第四海軍施設部	トラック島	一九四五・〇六・一三	新井且斤	軍属	戦病死	永川郡永川邑槐淵洞五四三
			一九〇七・〇五・二五	台壽	父		永川郡永川邑槐淵洞五四三
一〇七	第四海軍施設部	トラック島	一九四五・〇六・一四	金海鶴守	軍属	戦死	慶州郡内東面九黄里八五〇
			一九二三・〇八・一五	壽節	母		慶州郡内東面九黄里八五〇
三三〇	第四海軍施設部	トラック島	一九四五・〇六・一四	木下炳哲	軍属	戦死	永川郡華北面安川洞一一一
			一九二〇・〇三・〇八	斗震	父		永川郡華北面安川洞一一一
四〇三	第四海軍施設部	トラック島	一九四五・〇六・一六	安本在時	軍属	戦病死	尚州郡洛東面内谷里二八五
			一九一四・〇六・一六	岩回	父		尚州郡洛東面内谷里二八五
六〇四	第四海軍施設部	トラック島	一九四五・〇六・一八	安城龍植	軍属	戦病死	安東郡臨河面新徳洞
			一九二一・〇六・二一	仁心	妻		安東郡臨河面新徳洞
五三一	第四海軍施設部	トラック島	一九四五・〇六・一九	平田鶴生	軍属	戦病死	軍威郡軍威面上谷洞二一九
			××××・××・一五	—	—		—
四四七	第四海軍施設部	トラック島	一九四五・〇六・二一	草山壽岩	軍属	戦死	達城郡論工面渭河洞
			一九〇七・〇一・〇七	順伊	妻		達城郡論工面渭河洞
六一九	第四海軍施設部	トラック島	一九四五・〇六・二一	永田一雄	軍属	戦病死	安東郡礼安面宜陽洞一〇六六
			一九二二・〇三・〇一	忠又	父		安東郡礼安面宜陽洞一〇六六

二四二	第四海軍施設部	トラック島	一九四五・〇六・二三 一九〇五・〇五・二五	松本昌富 在瑄	軍属 二男	戦病死	醴泉郡醴泉邑東本洞五〇二 醴泉郡甘泉面浦洞三五四
四三四	第四海軍施設部	トラック島	一九四五・〇六・二四 一九一三・〇七・〇九	龍本福祚 壽錫	軍属 父	戦病死	達城郡城西面葛山洞 達城郡月背面下洞一〇
三二〇	第四海軍施設部	トラック島	一九四五・〇六・二六 一九二〇・〇三・〇三	宮本鳳鎬 命先	軍属 父	戦病死	永川郡琴湖面鳳亭洞三七三 永川郡琴湖面鳳亭洞三七三
九〇	第四海軍施設部	トラック島	一九四五・〇六・二八 ―	山本鉉輪 ―	軍属 ―	戦死	慶州郡川北面東山里五四五 慶尚南道蔚山邑中高洞二二六
五三五	第四海軍施設部	トラック島	一九四五・〇七・〇二 一九一一・〇一・〇一	金城任祚 必男	軍属 妻	戦病死	軍威郡孝令面老杏洞三九四 軍威郡孝令面老杏洞三九四
五一七	第四海軍施設部	トラック島	一九四五・〇七・〇六 一九〇七・〇四・一七	平山判乭 先今	軍属 妻	戦病死	星州郡龍岩面渓上洞三四三 星州郡龍岩面渓上洞三四三
六一四	第四海軍施設部	トラック島	一九四五・〇七・〇六 一九一三・〇七・二〇	松田用守 徳圭	軍属 弟	戦病死	安東郡豊山面新陽洞 安東郡豊山面新陽洞
四八一	第四海軍施設部	トラック島	一九四五・〇七・〇九 一九一七・一一・二三	金山方千 昌基	軍属 子	戦死	迎日郡大松面長興里 迎日郡大松面長興里
四八九	第四海軍施設部	トラック島	一九四五・〇七・〇九 一九一三・〇二・〇六	秀島國夫 錫昌	軍属 父	戦死	迎日郡竹長面立岩里 迎日郡竹長面立岩里
四四五	第四海軍施設部	トラック島	一九四五・〇七・一一 一九二三・〇四・二二	英木点豪 萬祚	軍属 父	戦病死	達城郡渝伽面陰洞一五四 達城郡渝伽面陰洞一五四
一〇〇	第四海軍施設部	トラック島	一九四五・〇七・二九 一九一二・〇四・〇六	大宮斗植 乙林	軍属 妻	戦病死	慶州郡江西面安康里三一九―一 慶州郡江西面安康里三一九―一
一三五	第四海軍施設部	トラック島	一九四五・〇八・〇一 一九一四・〇八・〇三	柳聖烈 又蘭	軍属 妻	戦病死	慶州郡慶州邑路東里八八 慶州郡慶州邑路東里八八
四〇九	第四海軍施設部	トラック島	一九四五・〇八・〇三 一九一八・〇六・二〇	金澤道圭 玉分	軍属 妻	戦病死	尚州郡中東面竹岩里一〇八 尚州郡中東面竹岩里一〇八
一三四	第四海軍施設部	トラック島	一九四五・〇八・〇七 一九一九・〇五・二一	高山明達 東潤	軍属 父	戦病死	慶州郡慶州邑沙正里四 慶州郡慶州邑城東里二一四
一五七	第四海軍施設部	トラック島	一九四五・〇八・〇九 一九二〇・〇二・二七	安本景遠 弥巌	軍属 父	戦病死	義城郡圓村面細村洞二七〇 義城郡圓村面細村洞二七〇
二五四	第四海軍施設部	トラック島	一九四五・〇九・一〇 一九二三・〇九・〇五	金山春植 乙成	軍属 父	戦病死	醴泉郡開浦面牛甘洞七四一 醴泉郡開浦面牛甘洞七四一
四〇七	第四海軍施設部	トラック島	一九四五・〇九・一七 一九二二・〇五・一三	柳鎮洙 楊洙	軍属 兄	戦死	尚州郡洛東面洛東里 尚州郡洛東面洛東里
四二八	第四海軍施設部	トラック島	一九四五・〇九・一八	金井甲龍	軍属	戦病死	達城郡公山面中大洞一区

番号	所属	地域	年月日	氏名	続柄	事由	本籍
			一九一七・一二・一〇	相鎬	父		達城郡公山面中大洞一区
三三四	第四海軍施設部	トラック島	一九四五・〇九・二八	大野喜兆	軍属	戦病死	永川郡華北面琴湖洞一五三
			一九二一・〇五・一二	淵煥	父		永川郡華北面琴湖洞一五三
三六一	第四海軍施設部	トラック島	一九四五・〇九・二八	西山鏞祚	軍属	戦病死	高霊郡高霊邑本館洞一二八
			一九二二・〇一・〇一	在奎	父		高霊郡高霊邑本館洞一二八
五九四	第四海軍施設部	トラック島	一九四五・一〇・二八	竹原秉七	軍属	戦病死	安東郡臥竜面周渓洞二六〇
			一九一八・一一・一八	實伊	父		安東郡臥竜面周渓洞二六〇
四〇四	第四海軍施設部	トラック島	一九四五・一〇・三〇	車百學	軍属	戦病死	尚州郡洛東面物良里一二三五
			一九一四・〇五・一八	萬學	兄		尚州郡洛東面物良里一二三五
四〇五	第四海軍施設部	トラック島	一九四五・一〇・三〇	松田泰龍	軍属	戦病死	尚州郡洛東面云坪里一四一
			一九一三・〇三・一五	道龍	弟		尚州郡洛東面云坪里一四一
五九三	第四海軍施設部	トラック島	一九四五・一一・〇二	金井聖宗	軍属	戦病死	安東郡臥竜面伊上洞二四三
			一九一六・一一・〇六	立祥	父		安東郡臥竜面伊上洞二四三
三七八	第四海軍施設部	トラック島	一九四五・一二・〇一	完山守瓚	軍属	戦病死	高霊郡開津面玉山洞五四一
			一九一〇・〇七・二五	憲樋	父		高霊郡開津面玉山洞五四一
四七五	第四海軍施設部	トラック島	一九四五・一二・〇六	金海月浩	軍属	戦病死	迎日郡東海面馬山洞一九二
			一九二二・〇五・一四	水浩	兄		迎日郡東海面馬山洞一九二
二〇四	第四海軍施設部	トラック島	一九四六・〇一・一六	金元先龍	軍属	死亡	義城郡鳳陽面花田里
			一九一〇・〇九・〇九	福蘭	父		迎日軍興海面玉城洞
四三七	第四海軍施設部	トラック島	一九四六・〇二・二三	白川富祚	軍属	戦病死	達城郡月背面辰泉洞三三六
			一九一七・一一・〇一	基喆	父		達城郡月背面辰泉洞三三六
三三五	第四海軍施設部	ナウル島	一九四四・〇二・二六	河村聖壽	軍属	戦死	永川郡華北面玉昌洞二〇九
			一九〇九・〇八・二一	点順	妻		永川郡華北面玉昌洞二〇九
一三八	第四海軍施設部	ナウル島	一九四五・〇四・〇七	岩本貴文	軍属	戦病死	義城郡義城邑業洞
			一九二三・〇三・〇七	李局伊	―		義城郡義城邑業洞
一五一	第四海軍施設部	ナウル島	一九四五・〇二・二七	金森点七	軍属	戦病死	義城郡圓村面上禾洞
			一九一九・〇四・一一	殷鐵	―		義城郡圓村面上禾洞
二一二	第四海軍施設部	ナウル島	一九四五・〇六・一七	西原観泰	軍属	戦病死	義城郡亀川面西山洞
			一九二二・〇四・〇三	敬昊	―		義城郡亀川面西山洞
三一〇	第四海軍施設部	ナウル島	一九四六・〇四・一三	金本慶璇	軍属	戦病死	永川郡北安面道川洞
			一九一八・〇一・一三	順璇	母		永川郡北安面道川洞
四六三	第四海軍施設部	中部太平洋 栄養失調	一九四五・〇五・二一	岡田元治	軍属	戦病死	大邱府新岩洞八五六
				加藤すさい	内妻		
二四六	第五海軍建築部	サイパン	一九四四・〇七・〇八	金光貴雄	軍属	戦死	醴泉郡知保面麻田里八九九
			一九二〇・〇七・〇八	―	―		―

番号	所属	場所	死亡年月日	生年月日	氏名	遺族氏名	身分	続柄	事由	本籍	遺族住所
四六五	第五海軍建築部	サイパン	一九四四・〇七・〇八	―	平山邦佐	鶴鎮	軍属	父	戦死	大邱府南山町六一四―四	慶州郡慶州邑路西里
三八八	第五海軍建築部	サイパン	一九四四・〇七・〇八	―	金海相郷	―	軍属	―	戦死	高霊郡牛谷面鳥枝洞一〇五五	―
五六三	第五海軍建築部	サイパン	一九四四・〇七・〇八	一九二〇・〇七・二七	金山演圭	英鎖	軍属	父	戦死	聞慶郡龍岩面池洞里一八	―
五六五	第五海軍建築部	サイパン	一九四四・〇七・〇八	一九二二・〇九・一二	牙山基洙	―	軍属	―	戦死	清道郡華陽面合川洞五六八	清道郡華陽面合川洞五六八
五七三	第五海軍建築部	サイパン	一九四四・〇七・〇八	一九一七・〇二・二〇	日川相洙	―	軍属	―	戦死	清道郡錦川面小川洞八六三	―
七〇五	第五海軍建築部	サイパン	一九四四・〇七・〇八	一九二五・〇一・〇五	朴舜京	―	軍属	―	戦死	善山郡山東面東谷里一二五	―
七〇九	第五海軍建築部	サイパン	一九四四・〇七・〇八	一九二〇・〇一・〇七	金海仁圭	岩守	軍属	―	戦死	善山郡山東面五相洞	―
七一〇	第五海軍建築部	サイパン	一九四四・〇七・〇八	一九二二・〇八・一二	密本南山	―	軍属	―	戦死	善山郡山東面新堂洞八五三	―
七一一	第五海軍建築部	サイパン	一九四四・〇七・〇八	一九二二・〇八・一二	金田栄浩	―	軍属	―	戦死	善山郡山東面新堂洞八五三	―
七二一	第五海軍建築部	サイパン	一九四四・〇七・〇八	一九一七・一〇・一二	宮田小岩	仙任	軍属	―	戦死	尚州郡青里面馬札里四六六	―
七四七	第五海軍建築部	サイパン	一九四四・〇七・〇八	一九一九・〇五・一六	鄭渽亨	―	軍属	―	戦死	尚州郡化西面栗林里	
七五八	第五海軍建築部	サイパン	一九四四・〇七・〇八	一九一四・〇七・〇七	東原聖龍	―	軍属	―	戦死	義城郡鳳陽面三山洞	―
七六八	第五海軍建築部	サイパン	一九四四・〇七・〇八	―	朴聖根	得龍・分江	軍属	兄・妻	戦死	義城郡鳳陽面桃源洞一二〇七	義城郡鳳陽面桃源洞一二〇七
七九九	第五海軍建築部	サイパン	一九四四・〇七・〇八	一九二三・〇七・二五	宮田秀男	徳市	軍属	―	戦死	軍威郡軍威面龍台洞	―
八五六	第五海軍建築部	サイパン	一九四四・〇七・〇八	一九二〇・〇一・〇一	方山判伊	―	軍属	―	戦死	達城郡楡伽面本末里九〇八	―
八五七	第五海軍建築部	サイパン	一九四四・〇七・〇八	一九一九・一一・〇七	河本京出	仁祚	軍属	父	戦死	達城郡玉浦面橋項里一六五七	―
八六〇	第五海軍建築部	サイパン	一九四四・〇七・〇八	一九二六・〇一・一四	井本相基	―	軍属	―	戦死	達城郡何浜面大洞	―
八七三	第五海軍建築部	サイパン	一九四四・〇七・〇八		文山乭錫		軍属		戦死	安東郡西後面金溪洞五一〇	

			一九一七・〇四・二八	—	—		—
八八一	第五海軍建築部	サイパン	一九四四・〇七・〇八	金山鐘根	軍属	戦死	安東郡臨河面川前洞二八〇
			一九二二・一二・一八	伊洛	—		—
八八三	第五海軍建築部	サイパン	一九四四・〇七・〇八	申尚徹	軍属	戦死	安東郡禄転面四新洞一五
			一九一三・〇六・一五	—	—		—
九〇〇	第五海軍建築部	サイパン	一九四四・〇七・〇八	李官錫	軍属	戦死	星州郡船南面宇花里
			一九二二・〇一・二二	—	—		—
九〇六	第五海軍建築部	サイパン	一九四四・〇七・〇八	許洪範	軍属	戦死	永川郡大昌面大昌洞六四九
			一九二三・一〇・二九	—	—		—
九三二	第五海軍建築部	サイパン	一九四四・〇七・〇八	李相達	軍属	戦死	慶山郡慈仁面新宮洞三四五
			一九一八・〇一・一四	—	—		—
九四八	第五海軍建築部	サイパン	一九四四・〇七・〇八	洪鎮一	軍属	戦死	聞慶郡虎渓面虎渓里
			一九二一・〇二・〇五	—	—		—
九八五	第五海軍建築部	サイパン	一九四四・〇七・〇八	廣山鳳逑	軍属	戦死	高麗郡茶山面月城洞八三九
			一九二五・〇六・一二	閔粉南	—		高麗郡大邱府大明洞八三九
一〇五四	第五海軍建築部	サイパン	一九四四・〇七・〇八	松原忠男	軍属	戦死	盈徳郡知品面松川洞
			一九二一・〇六・〇七	宗秀	—		盈徳郡柄谷面松川洞
一〇六八	第五海軍建築部	サイパン	一九四四・〇七・〇八	木村点植	軍属	戦死	金泉郡禦侮東佐洞五八六
			一九一九・〇三・一五	永逑	—		—
一〇七二	第五海軍建築部	サイパン	一九四四・〇七・〇八	林道順	軍属	戦死	金泉郡南面玉山洞八三
			一九一五・〇三・〇三	—	—		—
一〇八三	第五海軍建築部	サイパン	一九四四・〇七・〇八	李孚根	軍属	戦死	金泉郡甘文面鳳南洞三四五
			一九二一・〇一・〇一	—	—		—
四四三	第五海軍建築部	サイパン	一九四四・一二・〇九	滝　西虎	軍属	戦死	達城郡玄風面城下洞二区
			一九一七・〇一・二七	李雲坤	兄		—
一一〇二	八艦隊司令部	ソロモン諸島	一九四三・〇一・〇九	松岡藤太郎	軍属	戦死	高麗郡駒面乾門洞二五四
			—	茂峰	父		—
四六八	第八海軍施設部	四国方面	一九四三・一一・〇二	三宅永根	軍属	戦死	大邱府南城洞七八
			一九二一・一〇・一二	業粉	母		咸鏡南道定平郡定平面三東川里
四五	第八海軍施設部	外南洋	一九四四・〇一・一二	新林準國	軍属	戦死	慶州郡西面薪坪里一七七二
			一九二〇・〇七・〇一	毅雄	父		慶州郡西面乾川里二〇一
一一〇	第八海軍施設部	ラバウル	一九四五・〇一・二〇	金原丁祥	軍属	戦病死	慶州郡内東面黄隆里
			一九〇七・一〇・一六	丁錫	弟		慶尚南道蔚山郡温山面元山里
四二三	第八海軍施設部	ラバウル	一九四五・〇五・二五	金龍甲明	軍属	戦病死	青松郡西面武渓洞
			一九〇六・〇九・一九	—			青松郡西面武渓洞

二五五	第八海軍施設部	ラバウル	一九四五・一一・〇七 一九一一・〇六・二〇	田中占白 再男	軍属 ―	戦病死	醴泉郡普門面首渓里 忠北道堤川郡堤川村永楽里一二一―七二
一〇五	第八海軍建築部	西部ニューギニア	一九四四・〇四・〇七 ―	平山仙吉 ―	軍属 ―	戦死	慶州郡江西面甲山里 ―
一五〇	第八海軍建築部	ニューギニア、デムタ	一九四四・〇四・二一 ―	森岡金一 ―	軍属 ―	戦死	不詳 義城郡舎谷面
六七	第八海軍建築部	ニューギニア、セニタニ方面	一九四四・〇四・三〇 ―	金海根 ―	軍属 ―	戦死	不詳 慶州郡陽南面業串里
三八三	第八海軍建築部	ニューギニア、トル河	一九四四・〇五・二五 一九一六・〇五・一九	大村茂燮 ―	軍属 ―	戦死	高霊郡茶山面座鶴洞一〇七 高霊郡茶山面座鶴洞一〇七
四七一	第八海軍建築部	ニューギニア、トル河	一九四四・〇五・三〇 ―	金泰岩 ―	軍属 ―	戦死	不詳 大邱府徳山洞
四九四	第八海軍建築部	ニューギニア、トル河	一九四四・〇五・三〇 ―	李鐘和 ―	軍属 ―	戦死	不詳 迎日郡杞渓面星渓里
四九五	第八海軍建築部	ニューギニア、トル河	一九四四・〇五・三〇 一九一三・一二・一三	山村昌雨 ―	軍属 ―	戦死	迎日郡杞渓面奈丹洞七五 迎日郡杞渓面奈丹洞七五
五八九	第八海軍建築部	ニューギニア、トル河	一九四四・〇五・三〇 一九二〇・一一・〇四	青林宗林 ―	軍属 ―	戦死	清道郡上雲門面尊池洞 慶尚南道釜山府草梁町九七三
五九〇	第八海軍建築部	ニューギニア、トル河	一九四四・〇五・三〇 一九二一・一一・〇四	金基連 ―	軍属 ―	戦死	不詳 清道郡雲門面尊池洞五〇三
八〇	第八海軍建築部	ニューギニア、トル河	一九四四・〇五・三〇 ―	武門命祚 ―	軍属 ―	戦死	不詳 慶州郡山内面大賢里
二〇九	第八海軍建築部	ニューギニア、トル河	一九四四・〇五・三〇 ―	松村廣治郎 ―	軍属 ―	戦死	不詳 義城郡北安面二杜洞
二七三	第八海軍建築部	ニューギニア、トル河	一九四四・〇五・三〇 一九二四・〇六・〇一	金井守鳳 奉周	軍属 父	戦死	金泉郡鳳山面大和洞 金泉郡鳳山面大和洞
七四	第八海軍建築部	ニューギニア、パマイ	一九四四・〇六・一五 一九二二・〇二・一四	木村逑洛 ―	軍属 ―	戦死	慶州郡陽北面権伊里二二四 慶州郡陽北面権伊里二二四
三九三	第八海軍建築部	ニューギニア、パマイ	一九四四・〇六・二五 一九一六・一〇・二八	竹本載日 ―	軍属 ―	戦死	高霊郡雙林面山州洞四七四 高霊郡雙林面山州洞四七四
四二三	第八海軍建築部	ニューギニア、パマイ	一九四四・〇六・二五 ―	桃農春吉 ―	軍属 ―	戦死	不詳 青松郡縣西面徳渓洞
四六二	第八海軍建築部	ニューギニア、パマイ	一九四四・〇六・二五 一九一六・〇三・二七	尹重燁・平沼重燁	― 軍属	戦死	漆谷郡枝川面梧山洞四六二 漆谷郡枝川面梧山洞四六二
五八	第八海軍建築部	ニューギニア、パマイ	一九四四・〇六・二五	東原秀元	軍属	戦死	慶州郡西面花川里二一六〇

			一九一四・〇五・一五	｜	｜		慶州郡西面花川里二一六〇
五九	第八海軍建築部	ニューギニア、パマイ	一九四四・〇六・二五	大川相俊	軍属	戦死	慶州郡西面金尺里六四六
			一九一三・〇七・〇八	｜	｜		慶州郡西面金尺里六四六
三五四	第八海軍建築部	ニューギニア、パマイ	一九四四・〇六・二五	西原三祥	軍属	戦死	慶山郡弧山面内串洞四七八
			一九一二・一〇・〇三	｜	｜		慶山郡弧山面内串洞四七八
六〇	第八海軍建築部	ニューギニア、タルヒヤ沖	一九四四・〇四・二一	千川一郎	軍属	戦死	慶州郡西面乾川里三三
			｜	｜	｜		｜
五二九	第八海軍建築部	ニューギニア、サルミ	一九四四・〇四・三〇	新井福根	軍属	戦死	軍威郡召保面峴峴洞八八
			一九一七・〇五・〇九	｜	｜		｜
三五三	第八海軍建築部	ニューギニア、サルミ	一九四四・〇五・二五	河本東台	軍属	戦死	慶山郡河陽面釜湖洞八二
			一九一九・〇一・〇四	｜	｜		｜
五二八	第八海軍建築部	ニューギニア、サルミ	一九四四・〇五・二七	新井吉正	軍属	戦死	軍威郡召保面峴峴洞九三
			一九二三・〇二・一六	｜	｜		軍威郡召保面峴峴洞九三
二八三	第八海軍建築部	ニューギニア、サルミ	一九四四・〇五・二八	盧奉仙・上田奉仙	軍属	戦死	金泉郡甘文面盛洞二一七五
			一九〇九・〇九・〇三	｜	｜		金泉郡甘文面盛洞二一七五
四九二	第八海軍建築部	ニューギニア、サルミ	一九四四・〇五・二八	山口正次郎	軍属	戦死	迎日郡曲江面龍谷洞三四一
			｜	｜	｜		｜
三〇五	第八海軍建築部	ニューギニア、サルミ	一九四四・〇六・二五	金山源善	軍属	戦死	永川郡永川邑道洞
			｜	｜	｜		｜
九五	第八海軍建築部	ニューギニア、サルミ	一九四四・〇六・二五	井元康吉	軍属	戦死	慶州郡川北面藤谷里二四六
			｜	｜	｜		慶州郡川北面藤谷里二四六
一三七	第八海軍建築部	ニューギニア、サルミ	一九四四・〇六・二九	宇佐美憲	軍属	戦死	慶州郡慶州邑北部里二
			一九〇八・〇八・一〇	林栄五郎	兄		｜
四九一	第八海軍建築部	ニューギニア、サルミ	一九四四・〇六・三〇	槁川相律	軍属	戦死	迎日郡曲江面興安洞四一八
			一九一八・〇六・一八	｜	｜		迎日郡曲江面興安洞四一八
五七六	第八海軍建築部	ニューギニア、サルミ	一九四四・〇八・〇一	福田春雄	軍属	戦死	清道郡豊角面西山里
			｜	｜	｜		｜
五五七	第八海軍建築部	ニューギニア、サルミ	一九四四・〇九・二〇	金山八岩	軍属	戦死	善山郡山東面栢峴里五二九
			一九〇六・〇八・〇九	｜	｜		善山郡山東面栢峴里五二九
四七六	第八海軍建築部	ニューギニア、サルミ	一九四四・一〇・一〇	木下三郎	軍属	戦死	不詳
			｜	｜	｜		不詳
二五六	第八海軍建築部	ニューギニア、サルミ	一九四四・一一・一五	張在鳳	軍属	戦死	醴泉郡虎鳴面腹谷洞二三二
			一九〇〇・〇八・〇七	｜	｜		平安北道寧辺郡古城面沙鴇洞一一一二
四九三	第八海軍建築部	ニューギニア、サルミ	不詳	大倉清吉	軍属	戦死	迎日郡曲江面龍谷洞三四
			｜	｜	｜		｜

番号	所属	死亡場所	死亡年月日／生年月日	氏名／親族名	階級／続柄	区分	本籍／住所
一二四	第八海軍建築部	ニューギニア、サルミ	一九四五・〇六・三〇 一九二〇・〇九・一五	東原秀冀 —	軍属 —	戦死	慶州郡内南面伊助里九一三 慶州郡内南面伊助里九一三
四六七	第一五設営隊	ニューギニア	一九四二・〇九・〇二 一九二一・〇五・二七	金澤　正 原元・泰元	軍属 父	戦死	大邱府中里洞三八 大邱府中里洞三八
四一七	第一五設営隊	ニューギニア	一九四二・〇九・二一 一九一六・〇八・一七	晋州永鳳 土金	軍属 妻	戦死	尚州郡化東面盤谷里三三五 尚州郡化東面盤谷里三三五
四一四	第一五設営隊	ニューギニア、ギルワ	一九四二・一二・二五 一九二六・〇一・二五	新田義秀 清	軍属 父	戦死	尚州郡切城面玉山洞三一〇 全羅南道順天郡順天邑栢谷里栗田町一九〇
二九五	第一五設営隊	ニューギニア、ギルワ	一九四三・〇一・二三 一九二四・〇六・一六	文田丁得 占録	軍属 父	戦死	金泉郡農所面徳谷洞 忠北道永同郡深川面深川里五〇二
二九六	第一五設営隊	ニューギニア、ギルワ	一九四三・〇一・二二 一九二一・〇八・一九	國本喜直 實慶	軍属 兄	戦死	金泉郡農所面月谷洞一〇一三 忠清北道陽山面楼橋里六六二
四一三	第一五設営隊	ニューギニア、ギルワ	一九四三・〇一・二三 一九二二・〇五・〇二	金城昭奉 順伊	軍属 母	戦死	尚州郡牟西面石山里四九六 忠清北道永日郡上村里林山里三二
五六四	第一五設営隊	ニューギニア、ギルワ	一九四三・〇一・二三 一九二四・〇一・二〇	韓徳洙 義錫	軍属 父	戦死	聞慶郡龍岩面池洞里八一 忠清北道永同郡上禾面彬山里三四五
四八五	第一五設営隊	ラバウル	一九四三・〇五・一〇 一九一六・〇五・〇六	金村四龍 三龍	軍属 兄	戦病死	迎日郡達田面抑江洞一七四 浦項府鶴山五五
三	第一五警備隊	バシー海峡	一九四四・〇九・〇九 一九二四・〇四・二一	朧西木彦 學秀	上水 兄	戦死	大邱府内唐町一〇三〇 兵庫県加西郡北條町五五一
七	第一五警備隊	バシー海峡	一九四四・〇九・〇九 一九二六・〇三・二九	金井昭勇 善弘	上水 父	戦死	清道郡清道面高樹洞九五五 —
九	第一五警備隊	バシー海峡	一九四四・〇九・〇九 一九二六・〇三・〇五	京山忠正 萬喆	上水 父	戦死	金泉郡×丸山面黄亭里四七四 —
一一	第一五警備隊	バシー海峡	一九四四・〇九・〇九 一九二五・一二・〇五	小川箕生 炳采	上機 父	戦死	星州郡月恒面長山洞一一六六 星州郡月恒面長山洞一一六六
二三	第一五警備隊	バシー海峡	一九四四・〇九・〇九 一九二四・〇三・二二	松原清元 基	上水 父	戦死	尚州郡尚州邑南町二一一二 —
四二	第一五警備隊	サイゴン	一九四五・〇三・〇五 一九二六・〇一・二〇	北村伯基 好龍	上機 父	戦死	達城郡公山面美岱洞二九二 達城郡東村面検沙洞九八四
一八	第一六警備隊	バシー海峡	一九四四・〇九・〇九 一九二五・〇七・一八	金子武永 正治	上水 父	戦死	迎月郡杞渓面鳳渓洞一二三九 —
二〇	第一六警備隊	バシー海峡	一九四四・〇九・〇九 一九二四・〇二・二八	木元香雨 出伊	上水 母	戦死	迎月郡達多面鶴川洞五八二 —
二七	第一六警備隊	バシー海峡	一九四四・〇九・〇九	玉山萬熙	上水	戦死	栄州郡栄州邑上望里一〇六

			一九二六・〇九・二〇	輝春	父		栄州郡栄州邑上望里一〇六
三五	第一六警備隊	バシー海峡	一九四四・〇九・〇九	松田英太郎	上水	戦死	盈徳郡蒼水面仁良洞四四八
			一九二五・〇三・二五	弘康	父		京城府鍾路区蓮池町二五八
三六	第一六警備隊	バシー海峡	一九四四・〇九・〇九	杷井炳洙	上主	戦死	奉化郡鳳城面遠屯里四四〇
			一九二五・一〇・〇八	徳兆	父		奉化郡乃城面浦底里二二八
二四	第一六警備隊	カムラン湾	一九四四・一一・一五	藤原清雄	上水	戦死	慶山郡恵仁面北四洞七六
			一九二四・〇八・一二	在洙	―		大邱府東城町二―八六
一三五五	第一九設営隊	ソロモン諸島	一九四三・〇一・二七	岩本俊華	軍属	戦死	軍威郡軍威面西部洞二九九
			一九一九・〇八・〇二	甲辰	父		―
一三八二	第一九設営隊	ソロモン諸島	一九四三・〇三・〇六	白原南奎	軍属	戦死	金泉郡金泉邑新音洞七五
			一九〇七・〇四・一〇	龍和	―		金泉郡禦侮面
一三二四	第一九設営隊	ニューギニア	一九四三・〇二・二三	川本然守	軍属	戦死	慶州郡陽北面魚日里二三
			一九一〇・〇六・二四	七九	妻		慶州郡陽北面魚日里二三
一一五五	第一九設営隊	ニューギニア	一九四三・〇四・〇三	佳山乙祥	軍属	戦死	達城郡玉浦面本×洞
			一九二八・〇三・〇七	占令	父		―
一三六七	第一九設営隊	南支那海	一九四四・〇三・一八	李渭泰	軍属	戦死	軍威郡義興面蓮桂洞二四一
			一九二五・一〇・〇七	連伊	妻		
一一三二	第一九設営隊	南西太平洋	一九四四・〇三・一八	安田勝美	軍属	戦死	大邱府錦町二丁目一六一
			一九一六・〇九・二五	―	―		―
一一五六	第一九設営隊	南西太平洋	一九四四・〇三・一八	尹×善	軍属	戦死	達城郡珍伽面雙渓洞一七四
			一九〇七・一一・〇六	古岳	妻		達城郡珍伽面雙渓洞一七四
一一五七	第一九設営隊	南西太平洋	一九四四・〇三・一八	平沼重治	軍属	戦死	達城郡多斯面汶山洞二七
			一九一六・〇五・二一	房吉	父		達城郡多斯面汶山洞二七
一一五八	第一九設営隊	南西太平洋	一九四四・〇三・一八	松山之友	軍属	戦死	達城郡多斯面朴谷洞二〇九
			一九二三・〇三・二六	連出	父		漆谷郡北三面吾坪洞
一一八一	第一九設営隊	南西太平洋	一九四四・〇三・一八	李龍祚・岩本龍祚	軍属	戦死	慶山郡安心面淑泉洞九七
			一九二一・〇七・一九	八祚	兄		慶山郡安心面淑泉洞九七
一一九六	第一九設営隊	南西太平洋	一九四四・〇三・一八	金本太郎(恃礼)	軍属	戦死	永川郡花山面岩基洞五七九
			一九二一・一一・一二	龍基	父		永川郡花山面岩基洞五七九
一一九七	第一九設営隊	南西太平洋	一九四四・〇三・一八	迅有福（波田）	軍属	戦死	永川郡琴湖面新垈洞一〇七
			一九一三・〇八・三〇	金山入郎	父		―
一三三一	第一九設営隊	南西太平洋	一九四四・〇三・一八	崔孟林・山　海岩	軍属	戦死	慶州郡内東面東才里六四四
			一九一九・〇七・〇二	海福	兄		―
一三二五	第一九設営隊	南西太平洋	一九四四・〇三・一八	晋本元植	軍属	戦死	慶州郡陽北面龍洞里九二
			一九二四・〇三・〇五	仁壽	父		―

一二二六	第一九設営隊	南西太平洋	一九四四・〇三・一八 一九二〇・一〇・二〇	安本龍伊 淑伊	軍属 妻	戦死	慶州郡陽北面九吉里九三〇 —
一二二七	第一九設営隊	南西太平洋	一九四四・〇三・一八 一九一九・一一・一七	金又出 金山文吉	軍属 叔父	戦死	慶州郡陽北面獐項里八五八 —
一二二八	第一九設営隊	南西太平洋	一九四四・〇三・一八 一九一六・〇九・二七	呉鶴祚 永伊	軍属 父	戦死	慶州郡甘浦邑五柳里一〇五八 —
一二二九	第一九設営隊	南西太平洋	一九四四・〇三・一八 一九〇八・〇九・二〇	南成鎮 崔弼達	軍属 妻	戦死	慶州郡甘浦邑魯洞里 —
一二三〇	第一九設営隊	南西太平洋	一九四四・〇三・一八 一九一六・〇六・一二	平山環石 鳳希	軍属 妻	戦死	慶州郡甘浦邑羅亭里 慶州郡甘浦邑羅亭里
一二三一	第一九設営隊	南西太平洋	一九四四・〇三・一八 一九一八・一〇・一七	金圭鎔 花子	軍属 妻	戦死	慶州郡甘浦邑八助里六三三 慶州郡甘浦邑八助里六三三
一二三二	第一九設営隊	南西太平洋	一九四四・〇三・一八 一九二三・一二・二九	江村東錫 映龍	軍属 父	戦死	慶州郡江東面有琴里五六 —
一二三三	第一九設営隊	南西太平洋	一九四四・〇三・一八 一九一六・〇一・〇二	岩村方九 林先	軍属 妻	戦死	慶州郡内東面普門里三九九 —
一二三四	第一九設営隊	南西太平洋	一九四四・〇三・一八 一九一五・〇八・〇九	金川文五 小先	軍属 —	戦死	慶州郡山内面甘山里一七二〇 —
一二三五	第一九設営隊	南西太平洋	一九四四・〇三・一八 一九二〇・一二・二六	皇甫相 燦基	軍属 妻	戦死	慶州郡内東面九政里一四六 —
一二八三	第一九設営隊	南西太平洋	一九四四・〇三・一八 一九二五・一一・二〇	金川華燮 永植	軍属 父	戦死	英陽郡日月面梧里洞 —
一二八九	第一九設営隊	南西太平洋	一九四四・〇三・一八 一九一七・〇八・一五	平田三用 仁秀	軍属 父	戦死	青松郡青松面青雲洞 青松郡青松面青雲洞
一二九六	第一九設営隊	南西太平洋	一九四四・〇三・一八 一九一二・一一・〇四	金碭碩渙 東逑	軍属 父	戦死	安東郡月谷面浙江洞七三〇 安東郡月谷面浙江洞七三〇
一二九七	第一九設営隊	南西太平洋	一九四四・〇三・一八 一九二〇・〇七・二〇	権藤五碩 鳳奭	軍属 父	戦死	安東郡臨海面恩義洞六六四 安東郡臨海面恩義洞六六四
一二九八	第一九設営隊	南西太平洋	一九四四・〇三・一八 一九二三・〇一・一九	松井秀寅 七星	軍属 父	戦死	安東郡臨海面恩義洞六六四 安東郡臨海面恩義洞六六四
一三四七	第一九設営隊	南西太平洋	一九四四・〇三・一八 一九一七・〇二・一六	新井達鎬 正順	軍属 妻	戦死	義城郡比安面二社洞 義城郡比安面二社洞
一三五六	第一九設営隊	南西太平洋	一九四四・〇三・一八 一九二二・一〇・三〇	武本光市 功	軍属 父	戦死	軍威郡孝礼面花渓洞一八六 —
一三八三	第一九設営隊	南西太平洋	一九四四・〇三・一八	松岡浩錫	軍属	戦死	金泉郡甘川面武安洞七二〇

			一九一四・〇八・二一	四連	妻		金泉郡甘川面武安洞七二〇
一三八四	第一九設営隊	南西太平洋	一九四四・〇三・一八	金小植	軍属	戦死	金泉郡甘文面道明洞五二九
			一九一七・〇四・一六	点哲	兄		金泉郡甘文面道明洞五二九
一四五九	第一九設営隊	南西太平洋	一九四四・〇三・一八	黄原仁性	軍属	戦死	星州郡金水面明川洞五〇九
			一九一八・〇一・三一	碩達	妻		—
一四六四	第一九設営隊	南西太平洋	一九四四・〇三・一八	岡田光夫	軍属	戦死	高霊郡高霊面雲降里八七四
			一九二三・〇二・〇二	××伊義	父		×××
一四七八	第一九設営隊	南西太平洋	一九四四・〇三・一八	尹薫吉	軍属	戦死	清道郡伊西面八助洞一二九
			一八九八・〇六・〇二	金今端	妻		釜山府釜山町
一五六七	第二一海軍航空廠	比島 マラリア	一九四五・〇三・一〇	白木一夫	軍属	戦病死	大邱府大鳳山町五二
			一九二三・××・〇四	徳基	父		—
一七二	二一海軍郵便所	北太平洋	一九四五・〇六・一八	権五舜	軍属	戦死	義城郡玉山面岩洞六七八
			一九二二・〇三・一九	寧揚	父		義城郡玉山面岩洞六七八
一一〇一	二一海軍輸送隊	南洋諸島	一九四四・〇六・一四	延山昌桂	軍属	戦死	聞慶郡東魯面鳴田里五八二
			一九二〇・〇七・二〇	英鎮・薪用	—・母		聞慶郡東魯面鳴田里五八二
一一〇五	第二三海軍輸送隊	南西諸島	一九四四・一一・〇八	安原光太郎	軍属	戦死	青松郡縣東面印支洞一四八
			一九二五・〇六・二三	性烈	祖父		—
七六一	第二六海軍建築部	東インド諸島	一九四四・一〇・一七	金本晋洙	軍属	戦病死	義城郡義城邑元堂洞三八八
			一九二三・〇九・二三	萬輝	伯父		—
四七七	第二八海軍建築部	ジャワ海	一九四三・一〇・二一	山本在鎔	軍属	戦死	迎日郡東海面立巌洞六六九
			—	浩鎔	兄		—
二九二	第二八海軍建築部	ニューギニア	一九四四・〇四・〇八	金萬植・田中一郎	軍属	戦死	金泉郡牙浦面鳳山洞
			一八九七・一〇・三一	—	—		—
一四九九	第二八海軍建築部	比島	一九四四・〇五・二九	李四業	軍属	戦死	善山郡高牙面内洞四七
			一九〇三・〇七・一二	在	兄		善山郡亀尾面元坪洞八
三九八	第二八海軍建築部	西部ニューギニア	一九四四・〇六・一四	水間廣志	軍属	戦病死	尚州郡尚州面西門外里
			一九一〇・一一・一三	—	—		—
四七二	第二八海軍建築部	西部ニューギニア マラリア	一九四四・〇六・一六	李在逑	軍属	戦死	大邱府達成町乙農面信川洞
			一九〇〇・〇九・二八	—	—		—
五二二	第二八海軍建築部	西部ニューギニア	一九四四・〇六・一六	金四成	軍属	戦病死	星州郡礼山洞一七一
			一八九四・〇七・二七	—	—		—
四七九	第二八海軍建築部	西部ニューギニア	一九四四・〇七・一三	吉原文男	軍属	戦死	迎日郡浦項邑昭和町五〇
			一九一三・〇五・〇五	山本春吉	叔父		迎日郡浦項邑昭和町五〇
一〇六	第二八海軍建築部	西部ニューギニア	一九四四・〇七・一三	岩山健三郎	軍属	戦死	慶州郡江西面揚月里七坪
			一九〇〇・一一・〇五	ハツ	妻		—

二五一	第二八海軍建築部	西部ニューギニア	一九四四・〇七・一八 一九〇〇・〇一・一四	平木有光 黄在州	軍属 父	戦死	醴泉郡豊穣面豊串洞 ―
二五九	第二八海軍建築部	ビアク島	一九四四・〇七・三一 一九一三・〇七・一一	木山春雄 ―	軍属 ―	戦死	金泉郡南面玉山洞一 金泉郡南面玉山洞一
九九三	第三〇海軍建築部	ペリリュー島	一九四四・〇七・二二 一九一一・〇二・〇一	川本仁澤 必貴	軍属 妻	戦死	青松郡府東面中基洞 ―
一〇三三	第三〇海軍建築部	ペリリュー島	一九四四・〇九・〇八 一九一五・〇二・一八	金川相五 炯植	軍属 弟	戦死	慶州郡揚北面虎岩里七六 ―
四六	第三〇海軍建築部	ペリリュー島	一九四四・〇九・一五 一九一二・〇一・一三	朴順寛 栓清子	軍属 知人	戦死	慶州郡西面乾川里三三二 慶州郡西面乾川里四〇二
四七	第三〇海軍建築部	ペリリュー島	一九四四・〇九・一五 一九〇九・〇九・一〇	大池入源 一源	軍属 兄	戦死	慶州郡西面大谷里七九五 慶州郡西面大谷里七九五
四八	第三〇海軍建築部	ペリリュー島	一九四四・〇九・一五 一九二一・一〇・二〇	西岡春林 大三	軍属 祖母	戦死	慶州郡西面花川里一四九六 慶州郡西面花川里一四九六
四九	第三〇海軍建築部	ペリリュー島	一九四四・〇九・一五 一九二〇・一一・二六	金林憲寛 憲祚	軍属 弟	戦死	慶州郡西面道里二二三 慶州郡西面道里二二三
五〇	第三〇海軍建築部	ペリリュー島	一九四四・〇九・一五 一九一四・〇五・一二	清藤渭夫 福蓮	軍属 妻	戦死	慶州郡西面阿火里五八三 慶州郡西面阿火里五八三
五七	第三〇海軍建築部	ペリリュー島	一九四四・〇九・一五 ―	趙龍文 光女	軍属 妻	戦死	慶州郡西面芳内里七二五 慶州郡西面芳内面五二七
九六	第三〇海軍建築部	ペリリュー島	一九四四・〇九・一五 一九一三・〇七・〇五	新井琪東 栄洙	軍属 父	戦死	慶州郡外東面毛火里一三六三 慶州郡外東面毛火里一三六三
一〇二	第三〇海軍建築部	ペリリュー島	一九四四・〇九・一五 一九二一・〇五・一三	清島鎮福 昊守	軍属 父	戦死	慶州郡江西面根渓里 慶州郡江西面根渓里
一一九	第三〇海軍建築部	ペリリュー島	一九四四・〇九・一五 一九一八・一二・二〇	金本性俊 鍾権	軍属 父	戦死	慶州郡慶州邑忠孝里一六七 慶州郡慶州邑忠孝里一六七
二三六	第三〇海軍建築部	ペリリュー島	一九四四・〇九・一五 一九二六・一二・一七	南澤圭 呂根	軍属 伯父	戦死	栄州郡浮石面韶川里七六一 京畿道楊州郡松川面徳亭里一三一
三〇三	第三〇海軍建築部	ペリリュー島	一九四四・〇九・一五 一九二二・〇四・二五	沈宣轍 淇玉	軍属 妻	戦死	永川郡永川邑金老洞二一九 慶州郡西面阿火里六七八
三二九	第三〇海軍建築部	ペリリュー島	一九四四・〇九・一五 一九一九・〇九・一五	平山相奎 栄學	軍属 父	戦死	永川郡光山面佳上洞八〇一 慶州郡西面道里二二五
四七三	第三〇海軍建築部	ペリリュー島	一九四四・〇九・一五 一九一七・〇四・〇九	岩本龍雨 敬日	軍属 母	戦死	迎日郡東海面興串洞五九九 迎日郡東海面興串洞五九九
四七四	第三〇海軍建築部	ペリリュー島	一九四四・〇九・一五	金井龍河	軍属	戦死	迎日郡東海面興串洞二八〇

			一九一八・〇五・〇九	龍祚	兄		迎日郡東海面興串洞二八〇
四八六	第三〇海軍建築部	ペリリュー島	一九四四・〇九・一五	兪在寛	軍属	戦死	迎日郡神光面竹城里四九六
			一九〇七・〇四・〇六	桂河	妻		迎日郡神光面竹城里四九六
四九〇	第三〇海軍建築部	ペリリュー島	一九四四・〇九・一五	元川有煥	軍属	戦死	迎日郡松羅面下松里三一四
			一九〇五・〇九・〇九	順粉	母		迎日郡松羅面下松里三一四
一〇四三	第三〇海軍建築部	ペリリュー島	一九四四・〇九・二八	永川有逑	軍属	戦死	盈徳郡達山面徳山洞
			一九〇一・〇一・二七	光平	兄		｜
三三九	第三〇海軍建築部	ペリリュー島	一九四四・一二・三一	星山有兆	軍属	戦死	慶山郡慶山面玉谷洞五六五
			一九〇一・一〇・一〇	｜	｜		｜
六九八	第三〇海軍建築部	ペリリュー島	一九四四・一二・三一	大城永祚	軍属	戦死	善山郡舞乙面
			一八九七・〇八・三〇	東乙	｜		｜
七〇〇	第三〇海軍建築部	ペリリュー島	一九四四・一二・三一	金原鐘九	軍属	戦死	善山郡舞乙面茂等洞
			一九一九・〇八・〇二	基植	｜		｜
七〇一	第三〇海軍建築部	ペリリュー島	一九四四・一二・三一	池田富樂	軍属	戦死	善山郡舞乙面院洞
			一九一二・〇五・〇三	時龍	｜		｜
七一三	第三〇海軍建築部	ペリリュー島	一九四四・一二・三一	金城光培	軍属	戦死	善山郡長川面安國洞
			一九一九・〇九・二四	鉉喆	｜		｜
七一四	第三〇海軍建築部	ペリリュー島	一九四四・一二・三一	玉山錫基	軍属	戦死	善山郡長川面下揚洞
			一九二二・一〇・一六	名岩	｜		｜
七一五	第三〇海軍建築部	ペリリュー島	一九四四・一二・三一	松村玉石	軍属	戦死	善山郡高牙面松林洞
			一九一四・〇三・〇四	詳文	｜		｜
七一六	第三〇海軍建築部	ペリリュー島	一九四四・一二・三一	益山龍保	軍属	戦死	善山郡舞乙面舞伊洞
			一九二三・〇一・〇七	龍幸	｜		｜
九二二	第三〇海軍建築部	ペリリュー島	一九四四・一二・三一	丁卓出	軍属	戦死	醴泉郡龍宮面山潭里
			一九一九・〇三・〇九	壽鶴	｜		｜
九四五	第三〇海軍建築部	ペリリュー島	一九四四・一二・三一	趙奇本	軍属	戦死	聞慶郡
			一九〇五・一〇・二八	豊田尭出	｜		
九四七	第三〇海軍建築部	ペリリュー島	一九四四・一二・三一	金岡皐燮	軍属	戦死	聞慶郡虎渓面半老里
			一九〇五・〇五・〇五	在奉	｜		｜
九四九	第三〇海軍建築部	ペリリュー島	一九四四・一二・三一	金吉龍	軍属	戦死	聞慶郡加恩面城×里
			一九一九・〇九・一四	圭錫	｜		｜
九五〇	第三〇海軍建築部	ペリリュー島	一九四四・一二・三一	張元師中	軍属	戦死	聞慶郡山北面黒松里
			一九一六・〇三・〇八	布兪	｜		｜
九五一	第三〇海軍建築部	ペリリュー島	一九四四・一二・三一	張源世文	軍属	戦死	聞慶郡山北面黒松里
			一九一七・〇九・〇三	仁石	｜		｜

九五三	第三〇海軍建築部	ペリリュー島	一九四四・一二・三一 一九二三・〇四・二七	林昌龍 聖出	軍属 ｜	戦死	聞慶郡山北面月川里 ｜
九五七	第三〇海軍建築部	ペリリュー島	一九四四・一二・三一 一九二二・〇六・二四	西原纖植 琴植	軍属 ｜	戦死	聞慶郡東豊面魚隠里 ｜
九六一	第三〇海軍建築部	ペリリュー島	一九四四・一二・三一 一九一六・一〇・〇五	金田炳宇 水谷	軍属 ｜	戦死	聞慶郡聞慶面馬院里 ｜
九六二	第三〇海軍建築部	ペリリュー島	一九四四・一二・三一 一九〇二・〇三・二四	國本達伊 相龍	軍属 ｜	戦死	聞慶郡聞慶面右尭里 ｜
九六三	第三〇海軍建築部	ペリリュー島	一九四四・一二・三一 一九一一・〇八・二八	木山龍雲 錫和	軍属 ｜	戦死	聞慶郡聞慶面唐浦里 ｜
九七〇	第三〇海軍建築部	ペリリュー島	一九四四・一二・三一 一九一八・〇四・〇八	安本武龍 基出	軍属 ｜	戦死	聞慶郡加恩面旺渓里 ｜
九七一	第三〇海軍建築部	ペリリュー島	一九四四・一二・三一 一九〇六・〇八・〇一	香川信夫 清八郎	軍属 ｜	戦死	聞慶郡加恩面城踰里 ｜
九七二	第三〇海軍建築部	ペリリュー島	一九四四・一二・三一 一九一四・〇五・二九	金山烋洙 龍九	軍属 ｜	戦死	聞慶郡加恩面院北里 ｜
九七三	第三〇海軍建築部	ペリリュー島	一九四四・一二・三一 一九二三・〇一・一二	金平千石 淵在	軍属 ｜	戦死	聞慶郡加恩面前谷里 ｜
九七四	第三〇海軍建築部	ペリリュー島	一九四四・一二・三一 一九一四・〇八・〇九	木村斗之 龍保	軍属 ｜	戦死	聞慶郡加恩面葛田里 ｜
九七五	第三〇海軍建築部	ペリリュー島	一九四四・一二・三一 一九一一・〇八・一四	津田奉天 奉學	軍属 ｜	戦死	聞慶郡加恩面城踰里二区 ｜
九七七	第三〇海軍建築部	ペリリュー島	一九四四・一二・三一 一九一八・〇四・一四	績本昌錫 敬徳	軍属 ｜	戦死	聞慶郡加恩面葛田里二区 ｜
九七六	第三〇海軍建築部	ペリリュー島	一九四四・一二・三一 一九一三・〇八・一六	國本熤揆 正魯	軍属 ｜	戦死	聞慶郡加恩面城踰里二区 ｜
九七八	第三〇海軍建築部	ペリリュー島	一九四四・一二・三一 一九一三・〇七・二三	米原相根 寛伊	軍属 ｜	戦死	聞慶郡加恩面院北里 ｜
九七九	第三〇海軍建築部	ペリリュー島	一九四四・一二・三一 一九二二・〇二・一三	高城丙林 ｜	軍属 ｜	戦死	聞慶郡加恩面鶴泉里 ｜
一〇一七	第三〇海軍建築部	ペリリュー島	一九四五・〇三・〇八 一九二〇・一一・一二	岩本萬雨 鳳雨	軍属 兄	戦死	慶州郡西面松仙里 ｜
一〇二八	第三〇海軍建築部	パラオ島 アメーバ赤痢	一九四二・一一・二一 一九〇七・一〇・〇七	羅井斗善 ｜	軍属 ｜	戦病死	慶州郡江西面検丹里 ｜
四五一	第三〇海軍建築部	パラオ島	一九四四・〇六・一一	申甲先	軍属	戦死	不詳

			一九一四・〇九・〇八	竹村吉奉	—		京畿道楊州郡互阜面陵内里三一
一〇二三	第三〇海軍建築部	パラオ島 急性肝臓炎	一九四四・一〇・二八 一九一五・〇八・一七	平野仁錫 末道	軍属 妻	戦病死	慶州郡陽南面下西里 —
一〇二二	第三〇海軍建築部	パラオ島 心臓麻痺	一九四四・一二・二四 一八九五・〇七・一八	新井萬祥 興東	軍属 父	戦病死	慶州郡陽南面呂川里三区 —
一〇五五	第三〇海軍建築部	パラオ島 ワイル氏病	一九四五・〇一・一七 一九〇九・〇一・二七	金村溶衛 萬植	軍属 父	戦病死	盈徳郡盈徳面鳥浦洞三五 —
一〇五九	第三〇海軍建築部	パラオ島 脊髄骨接	一九四五・〇三・〇六 一八九〇・〇二・二〇	秋水順 正徳	軍属 兄	戦病死	盈徳郡江口面江口洞 —
一〇三〇	第三〇海軍建築部	パラオ島 赤痢	一九四五・〇四・〇四 一九一四・〇五・〇九	岩峯相基 徳雨	軍属 父	戦病死	慶州郡江西面安康里 —
一〇四七	第三〇海軍建築部	パラオ島	一九四五・〇四・一〇 一九二一・〇七・一〇	昭月炳泰 海名	軍属 —	戦死	盈徳郡丑山面丑山洞一八一二 —
一〇四九	第三〇海軍建築部	パラオ島	一九四五・〇四・一〇 一九一五・〇二・〇三	具本今鳳 —	軍属 —	戦死	盈徳郡蒼水面佳山洞 —
九八〇	第三〇海軍建築部	パラオ島 流行性肺炎	一九四五・〇四・一二 一九一二・一一・〇六	岩山徳喆 —	軍属 —	戦病死	聞慶郡加恩面上槐里一区 —
七三九	第三〇海軍建築部	パラオ島	一九四五・〇四・一八 一九一七・一一・〇三	徳原明守 英子	軍属 妻	戦病死	尚州郡咸昌面旧郷里 —
一〇四八	第三〇海軍建築部	パラオ島 脚気	一九四五・〇四・一八 一八九六・〇四・〇五	英金八佛 基福	軍属 —	戦病死	盈徳郡寧海面元邱洞 —
一〇二二	第三〇海軍建築部	パラオ島 流行性肺炎	一九四五・〇四・二三 一九一〇・〇八・一三	荘田粗木 —	軍属 —	戦死	慶州郡川北面東川里二区 —
一〇二五	第三〇海軍建築部	パラオ島 栄養失調	一九四五・〇四・二六 一八九三・一一・〇一	城本出秀 出伊	軍属 —	戦病死	慶州郡陽北面獐項里一区 —
一〇六一	第三〇海軍建築部	パラオ島	一九四五・〇四・二七 一九一六・一一・一〇	林得基 鳳基	軍属 兄	戦病死	盈徳郡柄谷面角里二区 —
一〇五二	第三〇海軍建築部	パラオ島	一九四五・〇五・〇五 一九一二・〇一・二一	岩本海逑 明宕	軍属 弟	戦傷死	盈徳郡寧海面元邱里 —
一〇四五	第三〇海軍建築部	パラオ島	一九四五・〇五・二九 一九一五・一〇・二九	林學逑 學植	軍属 弟	戦死	盈徳郡丑山面革川洞一区 —
七二四	第三〇海軍建築部	パラオ島 流行性脳炎	一九四五・〇六・〇八 一九一九・〇七・一四	張錫寛 —	軍属 —	戦病死	尚州郡尚州邑巨洞里 —
一〇五六	第三〇海軍建築部	パラオ島 脚気	一九四五・〇六・一五 一九二一・〇八・二二	松本柏厚 孫且石	軍属 兄	戦病死	盈徳郡盈徳面石洞 —

一〇三一	第三〇海軍建築部	パラオ島 脚気	一九四五・〇六・二〇 一九二一・〇五・二五	光成徳述 進	軍属 父	戦病死	慶州郡慶州邑沙正里 —
一〇五七	第三〇海軍建築部	パラオ島 脚気	一九四五・〇六・二八 一九〇八・〇四・二〇	張本七星 金森・大森	軍属 妻・—	戦病死	盈徳郡盈徳面華用洞 —
一〇五八	第三〇海軍建築部	パラオ島 脚気	一九四五・〇七・一一 一九〇五・一二・二六	黄岩舟 直伊	軍属 長男	戦病死	盈徳郡柄谷面栄洞 —
八四七	第三〇海軍建築部	パラオ島 栄養不良・脚気	一九四五・〇七・二四 一九〇八・一〇・二八	宋明岩 —	軍属 —	戦病死	栄州郡栄州面栄州里 —
七二六	第三〇海軍建築部	パラオ島 脚気	一九四五・一二・二六 一九二〇・〇一・一四	杉元繁夫 —	軍属 —	戦病死	尚邑郡尚州邑伏龍町 —
一四〇〇	第三一設営隊	ソロモン諸島	一九四四・〇四・二九 一九一六・〇七・一五	南尚植 林敬壬	軍属 妻	戦死	金泉郡農所面新村洞三二三 金泉郡金泉邑智代洞
一四八九	第三一設営隊	ブイン	一九四五・〇三・二五 一九一九・一一・二三	金洪周 吉田政一	軍属 兄	戦死	清道郡丹市木川面東谷洞二八八 —
一四七五	第三一設営隊	ソロモン群島	一九四四・〇六・二五 一九二三・〇九・二六	山住彦龍 命在	軍属 父	戦死	高霊郡徳谷面玉渓洞二六九 —
一四二九	第三一設営隊	ソロモン群島	一九四四・〇八・二七 一九二二・一二・一六	鄭八龍 —	軍属 —	戦死	尚州郡青里面馬孔里五六 尚州郡青里面馬孔里五六
一四九七	第三一設営隊	ソロモン群島	一九四四・一一・〇八 一九二二・一二・〇三	松原龍吉 —	軍属 —	戦病死	善山郡善山面路上洞八七 —
一一七三	第三一設営隊	ソロモン群島	一九四五・〇一・一〇 一九二〇・〇一・一七	入谷相文 相壽	軍属 兄	戦病死	慶山郡慶山面玉谷洞六九 —
一五〇五	第三一設営隊	ソロモン群島	一九四五・〇一・二七 一九一九・〇七・〇九	清本冷錫 分仙	軍属 母	戦病死	善山郡亀尾面上毛山里一七八 善山郡亀尾面上毛山里一七八
一二一一	第三一設営隊	ソロモン群島	一九四五・〇五・一八 一九二〇・〇二・二八	三山文煥 粉宗	軍属 父	戦病死	慶州郡陽南面水念里 慶州郡陽南面水念里
一四七二	第三一設営隊	ソロモン群島	一九四五・〇六・〇二 一九一五・〇二・二八	三島命鳳 —	軍属 —	戦死	高霊郡高霊面外洞 —
一四一八	第三一設営隊	ソロモン群島	一九四五・〇五・一八 一九二五・〇四・一五	金本福述 —	軍属 —	戦死	尚州郡牟西面三浦里 尚州郡牟西面三浦里
一五六九	第八一海軍警備隊	ビスマルク諸島	一九四四・一二・〇四 —	茂村萬述 同福	軍属 父	戦死	盈徳郡江口面金津洞一七七 —
一四四四	第一〇一海軍燃料廠	パリクパパン東方洋上	一九四四・〇九・三〇 一九二〇・〇三・二一	岡田晩吉 —	軍属 —	戦死	栄州郡豊基面金鶏洞二七五 —
一二六八	第一〇一海軍燃料廠	タラガン港外	一九四四・一一・一八	山城錫台	軍属	戦死	迎日郡滄州面石幸里七四八

			一九二一・〇四・二九	錫俊	兄		—
一二六九	第一〇一海軍燃料廠	ザンボアンガ	一九四五・〇三・二四 一九一八・〇三・〇九	金本祐一 祐平	軍属 父	戦死	迎日郡清海面清河里三辺三九七 —
九〇一	第一〇一海軍設営隊	外南洋	一九四四・〇七・一〇 一八九〇・〇一・〇九	吉田栄作 輔成	軍属 父	戦死	星州郡星州面京山洞五八四 —
七六六	第一〇一海軍設営隊	アドミラルテイ諸島	一九四四・一〇・〇一 一九二三・〇一・〇四	朴本正市 赫平	軍属 父	戦死	義城郡鳳陽面新伻洞一二三 —
一五二五	第一〇一海軍施設部	スマトラ島	一九四四・〇五・二四 一九一七・〇九・××	木村龍雄 貴分	軍属 妻	戦死	醴泉郡醴泉邑石井洞一二七 —
一五三二	第一〇一海軍施設部	スマトラ島マロニポン沖	一九四四・〇五・二二 一九二〇・〇三・〇三	大島基昌 愛分	軍属 母	戦死	永川郡北安面松浦洞一八〇—二 —
一四〇三	第一〇二海軍施設部	小スンダ島	一九四五・〇三・一〇 一九二二・〇九・二八	長田四郎 妙烈	軍属 母	戦病死	金泉郡甘文面三盛洞一三三 金泉郡甘文面三盛洞一三三
一二九二	第一〇二海軍施設部	ボルネオ、バリックパパン	一九四五・〇七・一八 一九二〇・〇七・〇七	永浦順達 泰順	軍属 妻	戦死	青松郡府東面上宜洞五四六 —
一四七四	第一〇二海軍施設部	ボルネオ、バリックパパン	一九四五・〇八・〇九 一九〇八・一一・〇三	夏山在倹 金伊	軍属 妻	戦病死	高霊郡茶山面松谷洞 —
一四四五	第一〇二海軍施設部	ボルネオ、バリックパパン	一九四五・〇八・一二 一九一六・〇八・二八	権寧模 権葦順	軍属 妻	戦病死	奉化郡物野面 —
一三七七	第一〇二海軍施設部	ボルネオ、バリックパパン	一九四五・〇八・一三 一九一二・〇四・一〇	金山陳玉 萬任	軍属 妻	戦病死	漆谷郡倭舘面倭舘洞三四一 —
一一七四	第一〇二海軍施設部	ボルネオ、バリックパパン	一九四五・〇八・一五 一九二四・〇七・一〇	平田鉱國 奭載	軍属 父	戦病死	慶山郡押梁面駕日洞一五二 慶山郡押梁面駕日洞一五二
一四〇五	第一〇二海軍施設部	ボルネオ、バリックパパン	一九四五・〇八・一六 一九二二・一〇・〇五	金他官 鄭桂順	軍属 妻	戦病死	金泉郡牙浦面 —
一三一四	第一〇二海軍施設部	ボルネオ、バリックパパン	一九四五・〇八・一七 一九二二・一一・一七	高木載鎬 粉伊	軍属 母	戦病死	義城郡鳳陽面粉土洞一三八 義城郡鳳陽面粉土洞一三八
一二四六	第一〇二海軍施設部	ボルネオ、バリックパパン	一九四五・〇八・二〇 一九〇五・一〇・二五	岩城丁植 キヨ子	軍属 妻	戦病死	迎日郡清河面西井里二九〇 —
一三七八	第一〇二海軍施設部	ボルネオ、バリックパパン	一九四五・〇九・〇八 一九一六・一〇・二四	玉山泰動 相玉	軍属 父	戦病死	漆谷郡仁同面仁義洞三四二 漆谷郡仁同面仁義洞三四二
一二九四	第一〇二海軍施設部	ボルネオ、バリックパパン	一九四五・〇九・二六 一九一五・〇八・〇三	吉田光雄 —	軍属 —	戦病死	青松郡府東面 —
一四〇四	第一〇二海軍施設部	ボルネオ、バリックパパン	一九四五・一二・一二 一九二四・〇二・二九	木戸光雄 光吉	軍属 兄	戦病死	金泉郡金泉邑南山町一六九 金泉郡金泉邑南山町五九

番号	所属	死亡場所	死亡年月日／生年月日	氏名／親族	身分／続柄	死因	本籍／親族住所
一四九〇	第一〇二海軍施設部	ボルネオ、バリックパパン	一九四六・〇一・〇三 一九一三・一〇・二七	金本仙吉 相基	軍属 妻	戦病死	清道郡角南面咸塼洞一二三 ー
六一	第一〇二海軍軍需部	南太平洋	一九四三・〇四・二八 ー	岩本珍錫 成伊	軍属 妻	戦死	慶州郡西面龍明里一四八六 咸鏡南道興南邑天栈里一五二
一三一一	第一〇二海軍軍需部	セレベス	一九四四・〇五・〇五 一九〇八・一二・〇七	吉原明岩 守岩	軍属 兄	戦病死	安東郡安東邑八紘町三ー三一五 ー
一四〇七	第一〇三海軍軍需部	ルソン島	一九四五・〇四・三〇 一九二三・〇六・一〇	延城義三 鉉福	軍属 父	戦病死	金泉郡大徳面飽基洞七〇一 ー
一一四六	第一〇三海軍軍需部	ルソン島バヨンボン	一九四五・〇五・三〇 ー	崔翰漢・安田富倉 寅淇	軍属 兄	戦死	大邱府南町一〇七 大邱府南山町四八二
一二五四／一六七四	第一〇三海軍軍需部	ルソン島	一九四五・〇五・一〇 ー	柳澤萬植 吉用	軍属 父	戦死	大邱府東雲町 ー
一一七七	第一〇三海軍施設部	ルソン島北部	一九四五・〇六・一〇 一九一九・〇九・〇六	金材命圭 台岩	軍属 ー	戦死	慶山郡安心面栗巌洞 慶山郡安心面栗巌洞
一一七八	第一〇三海軍施設部	ルソン島北部	一九四五・〇六・一〇 一九一七・〇四・一八	金鶴生 ー	軍属 ー	戦死	慶山郡瓦村面陰陽洞三九九 ー
一一七九	第一〇三海軍施設部	ルソン島北部	一九四五・〇六・一〇 一九二五・一二・〇二	南相文 ー	軍属 ー	戦死	慶山郡瓦村面毘川洞三九七 慶山郡瓦村面毘川洞三九八
一一九一	第一〇三海軍施設部	ルソン島北部	一九四五・〇六・一〇 一九一七・一〇・〇五	金本福龍 渓龍	軍属 兄	戦死	永川郡北安面龍渓洞 永川郡北安面龍渓洞
一一九二	第一〇三海軍施設部	ルソン島北部	一九四五・〇六・一〇 一九二二・〇九・二四	元山海草 ー	軍属 ー	戦死	永川郡琴湖面石蟾洞 ー
一一九三	第一〇三海軍施設部	ルソン島北部	一九四五・〇六・一〇 ××××・××・〇八	金本甲逑 ー	軍属 ー	戦死	永川郡琴湖面道南洞 ー
一二〇九	第一〇三海軍施設部	ルソン島北部	一九四五・〇六・一〇 一九二五・〇六・〇一	武田邦道 ー	軍属 ー	戦死	慶州郡外東面掛陵里一〇九二 ー
一二四七	第一〇三海軍施設部	ルソン島北部	一九四五・〇六・一〇 一九一八・〇二・〇四	宮田千壽 金順伊	軍属 妻	戦死	迎日郡九龍浦邑九龍浦里二六八 ー
一二四八	第一〇三海軍施設部	ルソン島北部	一九四五・〇六・一〇 一九二二・〇六・一九	南鍾炳 ー	軍属 ー	戦死	迎日郡杞渓面龍基洞 ー
一二七五	第一〇三海軍施設部	ルソン島北部	一九四五・〇六・一〇 一九一七・〇一・二四	菊川丁逑 ー	軍属 ー	戦死	盈徳郡南亭面道川洞 ー
一三一六	第一〇三海軍施設部	ルソン島北部	一九四五・〇六・一〇 一九一七・〇九・二八	山村尚李 玉蘭	軍属 妻	戦死	義城郡北安面雙渓洞一九八 ー
一三一七	第一〇三海軍施設部	ルソン島北部	一九四五・〇六・一〇	金村英雄	軍属	戦死	義城郡春山面大沙里七七

番号	所属	場所	年月日	氏名	続柄	事由	本籍
			一九一九・一二・一五	慶善	妻		—
一三一八	第一〇三海軍施設部	ルソン島北部	一九四五・〇六・一〇	永田先鐘	軍属	戦死	義城郡義城邑鐵坡洞
			一九二二・〇五・〇七	千八命	父		—
一三一九	第一〇三海軍施設部	ルソン島北部	一九四五・〇六・一〇	鈴平萬声	軍属	戦死	義城郡義城邑元堂洞四〇四
			一九一五・〇九・〇五	朴粉義	母		—
一三六二	第一〇三海軍施設部	ルソン島北部	一九四五・〇六・一〇	平川基柱	軍属	戦死	軍威郡友保面仙谷洞
			一九一八・〇二・二八	黄在洙	父		—
一三七一	第一〇三海軍施設部	ルソン島北部	一九四五・〇六・一〇	山本八郎	軍属	戦死	漆谷郡架山面鶴下洞
			一九一五・一〇・一六	—	—		—
一三九三	第一〇三海軍施設部	ルソン島北部	一九四五・〇六・一〇	中原命根	軍属	戦死	金泉郡鳳山面大和洞五六四
			一九一九・〇一・一九	—	—		—
一四〇二	第一〇三海軍施設部	ルソン島北部	一九四五・〇六・一〇	元川承煥	軍属	戦死	金泉郡釜項面希谷里七一七
			一九一六・一二・一五	李順玉	妻		金泉郡釜項面希谷里七一七
一四一九	第一〇三海軍施設部	ルソン島北部	一九四五・〇六・一〇	村田光文	軍属	戦死	尚州郡尚州邑
			一九二〇・〇六・〇三	—	—		—
一四二七	第一〇三海軍施設部	ルソン島北部	一九四五・〇六・一〇	安本太保	軍属	戦死	尚州郡洛東面升谷里四〇一
			一九一六・〇七・一六	—	—		尚州郡洛東面升谷里四〇一
一四三四	第一〇三海軍施設部	ルソン島北部	一九四五・〇六・一〇	平川在石	軍属	戦死	醴泉郡豊壌面考英洞
			一九一三・〇一・〇八	—	—		醴泉郡豊壌面考英洞
一四五四	第一〇三海軍施設部	ルソン島北部	一九四五・〇六・一〇	金井応喆	軍属	戦死	聞慶郡加恩面旺陵里三三八
			一九二三・〇四・二〇	相汎	兄		—
一四五五	第一〇三海軍施設部	ルソン島北部	一九四五・〇六・一〇	延原千穂	軍属	戦死	聞慶郡戸西南里牛池里
			一九一二・〇四・三〇	—	—		—
一四七一	第一〇三海軍施設部	ルソン島北部	一九四五・〇六・一〇	山本輔用	軍属	戦死	高霊郡開潭面開浦里
			一九二〇・〇六・〇九	—	—		—
一四八三	第一〇三海軍施設部	ルソン島北部	一九四五・〇六・一〇	玉田正八郎	軍属	戦死	清道郡梅田面東山洞四五三
			一九一七・〇一・一六	張尚徳	兄		—
一四八四	第一〇三海軍施設部	ルソン島北部	一九四五・〇六・一〇	海原　茂	軍属	戦死	清道郡大城面高樹洞二八四
			一九二二・一一・一四	—	—		—
一五〇二	第一〇三海軍施設部	ルソン島北部	一九四五・〇六・一〇	國本点烈	軍属	戦死	善山郡高牙面多食洞二二
			—	—	—		—
一五〇七	第一〇三海軍施設部	ルソン島北部	一九四五・〇六・一〇	姜重遠	軍属	戦死	善山郡山東面星水洞一一〇
			一九一〇・〇二・〇五	白豊粉	妻		大邱府梨峴洞一〇七
一一六九	第一〇三海軍施設部	ルソン島北部	一九四五・〇六・三〇	木村在李	軍属	戦死	慶山郡慶山面大洞
			一九二一・〇七・〇三	—	—		—

一三九八	第一〇三海軍施設部	ルソン島北部	一九四五・〇六・三〇 一九二五・〇八・二一	安原正郎 ―	軍属 ―	戦死	金泉郡開寧面廣川洞一〇一〇 ―
一三九九	第一〇三海軍施設部	ルソン島北部	一九四五・〇六・三〇 一九一六・〇五・一三	元井木泰鳳	軍属	戦死	金泉郡農所面月谷里八四八
一一四一	第一〇三海軍施設部	ルソン島マニラ東方山中	一九四五・〇六・三〇 一九一三・〇四・一七	金本炳憲 ―	軍属 ―	戦死	大邱府鳳山町二二 ―
一一四二	第一〇三海軍施設部	ルソン島マニラ東方山中	一九四五・〇六・三〇 一九二〇・〇一・二八	崔賢植 ―	軍属 ―	戦死	大邱府徳山町一二二 ―
一一四三	第一〇三海軍施設部	ルソン島マニラ東方山中	一九四五・〇六・三〇 一九一九・〇八・二六	清原仁道 丁順	軍属 父	戦死	大邱府南町三九九
一一六二	第一〇三海軍施設部	ルソン島マニラ東方山中	一九四五・〇六・三〇 一九二五・〇九・〇一	岩本利夫 菊枝	軍属 ―	戦死	達城郡公山面研経洞四四一 ―
一一六三	第一〇三海軍施設部	ルソン島マニラ東方山中	一九四五・〇六・三〇 一九一九・〇五・一六	岩本鍾哲 ―	軍属 ―	戦死	達城郡多斯面鋤斉洞一区 ―
一一六四	第一〇三海軍施設部	ルソン島マニラ東方山中	一九四五・〇六・三〇 一九一四・〇二・〇四	鄭成旭 ―	軍属 ―	戦死	達城郡月背面下洞 ―
一一七〇	第一〇三海軍施設部	ルソン島マニラ東方山中	一九四五・〇六・三〇 一九一六・〇三・〇九	林栄錫 金井相石	軍属 兄	戦死	慶山郡慶山面玉山洞六一五 慶山郡慶山面中方洞二区
一一七一	第一〇三海軍施設部	ルソン島マニラ東方山中	一九四五・〇六・三〇 一九二五・〇二・一九	阪東重金 ―	軍属 ―	戦死	慶山郡押梁面賢興洞五六三 ―
一一七二	第一〇三海軍施設部	ルソン島マニラ東方山中	一九四五・〇六・三〇 一九二二・一二・一七	岩本李原 ―	軍属 ―	戦死	慶山郡押梁面賢興洞五五六 ―
一一八六	第一〇四海軍施設部	ルソン島バヨンボン	一九四五・〇六・三〇 ―	宮本伊逑 ―	軍属 ―	戦病死	慶山郡瓦村面毘川洞二九七 ―
一一八九	第一〇五海軍施設部	ルソン島マニラ東方山中	一九四五・〇六・三〇 一九二一・〇七・〇七	昌川奎達 ―	軍属 ―	戦死	永川郡華北面仙川洞 ―
一一九〇	第一〇六海軍施設部	ルソン島マニラ東方山中	一九四五・〇六・三〇 一九二六・〇三・二二	李小太 三宗	軍属 父	戦死	永川郡琴湖面三湖洞八〇二 ―
一二〇八	第一〇三海軍施設部	ルソン島マニラ東方山中	一九四五・〇六・三〇 一九二二・〇六・〇七	金山相文 慶洛	軍属 父	戦死	慶州郡陽南面石邑里五一 慶州郡陽南面石邑里五一
一二四九	第一〇三海軍施設部	ルソン島マニラ東方山中	一九四五・〇六・三〇 一九一八・〇八・〇九	陳山炳周 ―	軍属 ―	戦死	迎日郡大松面公須洞二一九 ―
一二五〇	第一〇三海軍施設部	ルソン島マニラ東方山中	一九四五・〇六・三〇 一八八一・〇六・一〇	朴山仙吉 ―	軍属 ―	戦死	迎日郡神光面盤谷里 ―
一二七四	第一〇三海軍施設部	ルソン島マニラ東方山中	一九四五・〇六・三〇	柳昌三郎	軍属	戦死	盈徳郡盈徳面三渓洞二六八

			一九一七・〇五・一九	金嬌	妻		ー
一二八四	第一〇三海軍施設部	ルソン島マニラ東方山中	一九四五・〇六・三〇	安本壽夫	軍属	戦死	英陽郡日月面梧里洞三九一
			一九二二・〇三・三一	今壽	妻		ー
一二八五	第一〇三海軍施設部	ルソン島マニラ東方山中	一九四五・〇六・三〇	大山源大	軍属	戦死	英陽郡英陽面東邦洞五四三
			一九二三・〇四・二二	金基宅	祖父		京城府永登浦区本洞一九一
一二九〇	第一〇三海軍施設部	ルソン島マニラ東方山中	一九四五・〇六・三〇	青村明燦	軍属	戦死	青松郡縣東面訥仁洞
			一九二三・〇八・〇八	ー	ー		ー
一三〇五	第一〇三海軍施設部	ルソン島マニラ東方山中	一九四五・〇六・三〇	平山鉱太郎	軍属	戦死	安東郡禄転面西三洞六〇五
			一九二六・一二・〇七	ー	ー		ー
一三〇六	第一〇三海軍施設部	ルソン島マニラ東方山中	一九四五・〇六・三〇	大松華龍	軍属	戦死	安東郡一直面光淵洞
			一九一八・〇四・二〇	重伊	父		安東郡一直面光淵洞
一三二〇	第一〇三海軍施設部	ルソン島マニラ東方山中	一九四五・〇六・三〇	新井且出	軍属	戦死	義城郡新平面薪木洞
			一九一九・〇三・一〇	ー	ー		ー
一三二一	第一〇三海軍施設部	ルソン島マニラ東方山中	一九四五・〇六・三〇	玉川勝治	軍属	戦死	義城郡點谷面西辺洞二〇
			一九一四・〇五・一〇	京子	妻		ー
一三二二	第一〇三海軍施設部	ルソン島マニラ東方山中	一九四五・〇六・三〇	李源徳鉉	軍属	戦死	義城郡多仁面申楽洞二五二
			一九一七・〇八・一九		ー		慶尚南道昌寧郡高岩面元村里
一三六一	第一〇三海軍施設部	ルソン島マニラ東方山中	一九四五・〇六・三〇	新井壽昌	軍属	戦死	軍威郡友保面文徳洞四八七
			一九一九・〇八・二二	朴壽長	兄		ー
一三七二	第一〇三海軍施設部	ルソン島マニラ東方山中	一九四五・〇六・三〇	高山泰元	軍属	戦死	漆谷郡枝川面新洞
			一九一五・〇九・〇九	ー	ー		ー
一三七五	第一〇三海軍施設部	ルソン島マニラ東方山中	一九四五・〇六・三〇	星呂律東	軍属	戦死	漆谷郡若木面杏亭洞
			一九二一・〇一・三一	朴栄東	妻		漆谷郡若木面杏亭洞
一三九四	第一〇三海軍施設部	ルソン島マニラ東方山中	一九四五・〇六・三〇	金昌碩	軍属	戦死	金泉郡金泉邑旭町一〇九
			一九一七・〇九・二二	ー	ー		ー
一三九五	第一〇三海軍施設部	ルソン島マニラ東方山中	一九四五・〇六・三〇	芭山豊吉	軍属	戦死	金泉郡鳳山面廣川洞
			一九二二・〇五・二〇	ー	ー		ー
一三九六	第一〇三海軍施設部	ルソン島マニラ東方山中	一九四五・〇六・三〇	鄭紅基	軍属	戦死	金泉郡鳳山面大和洞八〇三
			一九一七・〇三・〇三	ー	ー		ー
一三九七	第一〇三海軍施設部	ルソン島マニラ東方山中	一九四五・〇六・三〇	大西萬永	軍属	戦死	金泉郡知礼面泥田里
			一九〇八・一〇・二四	且南	妻		ー
一四〇一	第一〇三海軍施設部	ルソン島マニラ東方山中	一九四五・〇六・三〇	朴魯國	軍属	戦死	金泉郡助馬面新谷洞
			一九一九・〇八・〇八	ー	ー		ー
一四一五	第一〇三海軍施設部	ルソン島マニラ東方山中	一九四五・〇六・三〇	黄聖淵	軍属	戦死	尚州郡牟東面徳谷里
			一九一六・〇七・二五	ー	ー		ー

一四一六	第一〇三海軍施設部	ルソン島マニラ東方山中	一九四五・〇六・三〇 一九〇四・一〇・二一	白川洵 金畢北	軍属 妻	戦死	尚州郡牟東面梨洞里三五二 尚州郡牟東面梨洞里三五二
一四一七	第一〇三海軍施設部	ルソン島マニラ東方山中	一九四五・〇六・三〇 一九一五・〇二・一三	長渓聖淵 鐘順	軍属 妻	戦死	尚州郡牟東面徳谷里八九三 —
一四二五	第一〇三海軍施設部	ルソン島マニラ東方山中	一九四五・〇六・三〇 一九二二・〇六・一八	星本晴義 圭壬	軍属 父	戦死	尚州郡利安面黒岩三五三 尚州郡利安面黒岩三五三
一四三八	第一〇三海軍施設部	ルソン島マニラ東方山中	一九四五・〇六・三〇 一九二三・〇八・一一	大野隆生 張仁海	軍属 兄	戦死	醴泉郡醴泉邑路下洞上八八 —
一四三九	第一〇三海軍施設部	ルソン島マニラ東方山中	一九四五・〇六・三〇 一九二一・〇七・一六	平川政吉 勝一	軍属 —	戦死	醴泉郡醴泉邑西本洞三一二 —
一四四二	第一〇三海軍施設部	ルソン島マニラ東方山中	一九四五・〇六・三〇 一九二一・〇五・二五	池田泰烟 —	軍属 —	戦死	栄州郡伊山面龍上里四六三 —
一四四三	第一〇三海軍施設部	ルソン島マニラ東方山中	一九四五・〇六・三〇 一九一六・一〇・二九	金川鎮八 —	軍属 —	戦死	栄州郡豊基面味谷洞五五 —
一四四六	第一〇三海軍施設部	ルソン島マニラ東方山中	一九四五・〇六・三〇 —	山城國光 —	軍属 —	戦死	奉化郡鳳城面愚谷里四五八 —
一四四七	第一〇三海軍施設部	ルソン島マニラ東方山中	一九四五・〇六・三〇 —	大山俊照 春江	軍属 妻	戦死	奉化郡春陽面西碧里
一四五六	第一〇三海軍施設部	ルソン島マニラ東方山中	一九四五・〇六・三〇 一九二三・一二・一二	越田桂寛 —	軍属 —	戦死	聞慶郡山陽面渭満里四七五
一四八一	第一〇三海軍施設部	ルソン島マニラ東方山中	一九四五・〇六・三〇 一九二二・〇九・〇九	菊田龍徳 —	軍属 —	戦死	清道郡梅田面松元二六九 —
一四八二	第一〇三海軍施設部	ルソン島マニラ東方山中	一九四五・〇六・三〇 一九二三・〇九・一六	西村竹一 五郎	軍属 父	戦死	清道郡華陽面三新洞 —
一一六五	第一〇三海軍施設部	ルソン島マニラ東方山中	一九四五・〇七・〇八 一九二六・〇一・三〇	豊山鍾栄 鐘平	軍属 兄	戦死	達城郡求智面内洞六一一
一三〇八	第一〇三海軍施設部	ミンダナオ島	一九四五・〇七・二七 一九二三・〇一・〇一	岡村永李 乭代	軍属 父	戦病死	安東郡安東邑五一三 —
一二七九	第一〇三工作隊	ルソン島	一九四五・〇七・〇八 一九一三・一〇・一七	岩本蘭守・李蘭守 順伊	軍属 母	戦死	盈徳郡盈徳面南石洞二〇一 —
一四九八	第一〇三工作隊	ルソン島	一九四五・〇七・〇七 一九二五・〇二・二四	牧山 寛・李福求 龍太郎	軍属 父	戦死	善山郡桃開面東山洞四四〇 善山郡桃開面東山洞四四〇
一三七九	第一〇三工作隊	ルソン島	一九四五・〇七・一五 一九二二・〇三・一七	中村亀吉 —	軍属 —	戦死	漆谷郡倭舘面倭舘洞 漆谷郡倭舘面倭舘洞
四三	第一〇六輸送隊	比島	一九四四・一二・一五	竹本道夫	工長	戦死	高麗郡開津面開浦洞三一六

番号	部隊	地域	年月日	氏名	身分・続柄	死因	本籍・住所
			一九二五・〇八・二五	清吉	父		栃木県芳賀郡茂木町大茂木一七九三
一三四〇	第一一一設営隊	南洋群島	一九四三・〇九・〇二 一九一四・一一・一九	正井昶煥 永檍	軍属 母	戦死	義城郡舎谷面孔寧洞七三九 大邱府東雲町二五七－二
一四六五	第一一一設営隊	南洋群島	一九四四・〇九・一四 一九二一・〇四・〇九	金光有鳳 乭×	軍属 －	戦死	高霊郡×丸面快濱洞四五一－二 高霊郡×丸面快濱洞四五一－二
一四三一	第一一一設営隊	外南洋	一九四三・〇四・〇五 一九一七・一一・二三	金村丁逑 泰雨	軍属 妻	戦死	尚州郡洛東面内谷里五五七 －
一一三三	第一一一設営隊	ギルバート諸島タラワ	一九四三・一一・二五 一九二五・〇四・二〇	達山錫祚 彦奎	軍属 父	戦死	大邱府幸町 －
一一三四	第一一一設営隊	ギルバート諸島タラワ	一九四三・一一・二五 一九二四・〇九・一五	金城奎守 鳳斉	軍属 父	戦死	大邱府上里洞五九七 －
一一三五	第一一一設営隊	ギルバート諸島タラワ	一九四三・一一・二五 一九二四・〇一・二三	金村魯煥 金本禎権	軍属 父	戦死	大邱府魯太洞二八七 －
一一三六	第一一一設営隊	ギルバート諸島タラワ	一九四三・一一・二五 一九二〇・一〇・二四	平山基来 恭喜	軍属 母	戦死	大邱府院垈洞一二三二 －
一一三七	第一一一設営隊	ギルバート諸島タラワ	一九四三・一一・二五 一九二〇・〇八・二二	上野順天 宜祚	軍属 妻	戦死	大邱府上里洞五〇二 －
一一三八	第一一一設営隊	ギルバート諸島タラワ	一九四三・一一・二五 一九二〇・〇四・〇八	林永禄・林正一郎 福松	軍属 甥	戦死	大邱府徳山町二六三 大邱府南山町六六七－八
一一三九	第一一一設営隊	ギルバート諸島タラワ	一九四三・一一・二五 一九一九・〇六・二二	金本且鳳 禄香	軍属 母	戦死	大邱府申岩洞六六九 大邱府申岩洞六六九
一一五九	第一一一設営隊	ギルバート諸島タラワ	一九四三・一一・二五 一九二一・〇四・〇四	菊原哲両 鍾伊	軍属 父	戦死	達城郡河濱面武等洞五七四 －
一一八三	第一一一設営隊	ギルバート諸島タラワ	一九四三・一一・二五 一九二二・〇四・二〇	山川遠城 金次郎	軍属 －	戦死	慶山郡弧山面佳川洞一二四九 －
一一八四	第一一一設営隊	ギルバート諸島タラワ	一九四三・一一・二五 一九二五・〇二・一〇	鄭炳禮・菜山炳根 季先	軍属 母	戦死	慶山郡慶山面大亭里六七五 －
一一九八	第一一一設営隊	ギルバート諸島タラワ	一九四三・一一・二五 一九二一・〇五・二三	金岡準憲 君子	軍属 妻	戦死	永川郡花山面石村洞九〇 －
一一九九	第一一一設営隊	ギルバート諸島タラワ	一九四三・一一・二五 一九二四・一〇・二九	平山泰巌 月任	軍属 妻	戦死	永川郡北安面上洞三六七 慶尚南道蔚山郡上北面山前里七九四
一二〇〇	第一一一設営隊	ギルバート諸島タラワ	一九四三・一一・二五 一九二一・〇九・一六	吉川海道 戊逑	軍属 父	戦死	永川郡紫陽面普賢大洞七一一 －
一二〇一	第一一一設営隊	ギルバート諸島タラワ	一九四三・一一・二五 一九二四・〇三・一五	平山均必 奉龍	軍属 父	戦死	永川郡大昌面直川洞七一 －

一二一五	第一一一設営隊	ギルバート諸島タラワ	一九四三・一一・二五	金先介	軍属	戦死	慶州郡江西面江橋里六〇六
			一九二三・〇二・〇九	允祥	父		―
一二一六	第一一一設営隊	ギルバート諸島タラワ	一九四三・一一・二五	新井達寿	軍属	戦死	慶州郡陽南面下西里六七四
			一九一四・〇五・一〇	斗生	妻		―
一二一七	第一一一設営隊	ギルバート諸島タラワ	一九四三・一一・二五	濃本戊戌・濃本　明	軍属	戦死	慶州郡慶州邑皇南里三〇四
			一九一八・〇二・〇五	姜急逑	兄		慶州郡慶州邑皇南里三〇四
一二一八	第一一一設営隊	ギルバート諸島タラワ	一九四三・一一・二五	高萬文	軍属	戦死	慶州郡慶州邑孝峴里九五
			一九二四・〇五・〇七	西村松太郎	父		―
一二一九	第一一一設営隊	ギルバート諸島タラワ	一九四三・一一・二五	井本泰哲	軍属	戦死	慶州郡川北面蓀谷里二六五
			一九一四・〇一・二八	遺連	弟		―
一二二〇	第一一一設営隊	ギルバート諸島タラワ	一九四三・一一・二五	晋州鳳逑・姜鳳逑	軍属	戦死	慶州郡内南面朴達里一四〇二
			一九一二・〇一・〇八	福蘭	妻		
一二四三	第一一一設営隊	ギルバート諸島タラワ	一九四四・〇三・一八	中坪渭澤	軍属	戦死	迎日郡松羅面光川里三二
			一九二二・〇八・二八	泰浩	父		迎日郡竹長面赤子里砂器工場内
一二四四	第一一一設営隊	ギルバート諸島タラワ	一九四四・〇三・一八	金成任勲	軍属	戦死	迎日郡曲江面梅山洞一九一
			一九一八・一一・〇六	俊子	妻		―
一二七〇	第一一一設営隊	ギルバート諸島タラワ	一九四三・一一・二五	平山龍水	軍属	戦死	盈徳郡丑山面辺山洞二一〇
			一九二二・一〇・一六	成分	母		盈徳郡丑山面辺山洞二一〇
一二七一	第一一一設営隊	ギルバート諸島タラワ	一九四三・一一・二五	玉川澄一	軍属	戦死	盈徳郡寧海面城内洞六七六
			一九一五・一〇・一一	三連	母		盈徳郡柄谷面遠黄洞
一二七二	第一一一設営隊	ギルバート諸島タラワ	一九四三・一一・二五	岩本済龍	軍属	戦死	盈徳郡寧海面城内洞三四四
			一九二二・〇四・二五	達理	父		盈徳郡寧海面城内洞三四四
一二八八	第一一一設営隊	ギルバート諸島タラワ	一九四三・一一・二五	林石岩	軍属	戦死	青松郡府東面新店洞三〇一
			一九一七・〇六・一〇	金粉起	妻		―
一二九九	第一一一設営隊	ギルバート諸島タラワ	一九四三・一一・二五	安本致雲	軍属	戦死	安東郡臨河面新徳洞八三三
			一九一七・〇七・一〇	南尹	妻		―
一三〇〇	第一一一設営隊	ギルバート諸島タラワ	一九四三・一一・二五	安本五李	軍属	戦死	安東郡一直面望湖洞七八九
			一九二四・〇一・〇六	占順	母		安東郡一直面望湖洞七八九
一三〇一	第一一一設営隊	ギルバート諸島タラワ	一九四三・一一・二五	花岡泰漢	軍属	戦死	安東郡南後面古上洞九八七
			一九一九・〇七・一八	粉達	妻		安東郡南後面古上洞九八七
一三〇二	第一一一設営隊	ギルバート諸島タラワ	一九四三・一一・二五	豊山在燦	軍属	戦死	安東郡豊山面五美洞二二七
			一九二四・一〇・二九	逑尖	父		安東郡豊山面五美洞二二七
一三〇三	第一一一設営隊	ギルバート諸島タラワ	一九四三・一一・二五	姜星五	軍属	戦死	安東郡安東邑法尚町五－一八三
			一九一〇・一〇・一二	在葉	妻		―
一三四一	第一一一設営隊	ギルバート諸島タラワ	一九四三・一一・二五	光山達雄	軍属	戦死	義城郡丹密面生町洞一二五七

			一九二二・〇四・二〇	千代吉	曽祖父		義城郡丹密面生町洞一二五七
一三四二	第一一一設営隊	ギルバート諸島タラワ	一九四三・一一・二五	岩本漢逑	軍属	戦死	義城郡丹密面龍谷洞八八一
			一九一七・一二・二九	順沈	父		—
一三四三	第一一一設営隊	ギルバート諸島タラワ	一九四三・一一・二五	米澤泰煥	軍属	戦死	義城郡金城面青路洞
			一九一八・一二・二〇	土振	父		—
一三四四	第一一一設営隊	ギルバート諸島タラワ	一九四三・一一・二五	岩井大一	軍属	戦死	義城郡玉山面新渓洞四〇〇
			一九一八・〇一・三〇	龍岩	妻		—
一三四五	第一一一設営隊	ギルバート諸島タラワ	一九四三・一一・二五	金村熙大	軍属	戦死	義城郡春山面大沙洞一九二八
			一九二三・一二・〇三	未汝	弟		—
一三五七	第一一一設営隊	ギルバート諸島タラワ	一九四三・一一・二五	平川正和	軍属	戦死	軍威郡軍威面内良洞二〇〇
			一九二〇・〇八・〇四	幸信	父		—
一三五八	第一一一設営隊	ギルバート諸島タラワ	一九四三・一一・二五	井上晩昊	軍属	戦死	軍威郡義興面水北区洞一〇五三
			一九一六・〇一・一七	南伊	妻		軍威郡義興面水北区洞一〇五三
一三五九	第一一一設営隊	ギルバート諸島タラワ	一九四三・一一・二五	朴海龍（東井海龍）	軍属	戦死	軍威郡友保面義城洞
			一九一九・〇三・〇八	朴正玉	妻		—
一三七〇	第一一一設営隊	ギルバート諸島タラワ	一九四三・一一・二五	徳山振源	軍属	戦死	漆谷郡倭舘面鳳渓洞三七三
			一九一二・〇一・〇四	順岳	妻		漆谷郡倭舘面鳳渓洞三七三
一三八五	第一一一設営隊	ギルバート諸島タラワ	一九四三・一一・二五	星山原造	軍属	戦死	金泉郡金泉邑南山町三六
			一九二一・一一・〇九	龍浩	父		金泉郡金泉邑南山町三六
一三八六	第一一一設営隊	ギルバート諸島タラワ	一九四三・一一・二五	春井東元	軍属	戦死	金泉郡農所面月谷洞七八八
			一九一八・〇六・一八	在洙	父		—
一三八七	第一一一設営隊	ギルバート諸島タラワ	一九四三・一一・二五	金光宗烈	軍属	戦死	金泉郡牙浦面帝錫洞八八五
			一九一七・〇九・二三	金文善	妻		金泉郡牙浦面帝錫洞八八五
一三八八	第一一一設営隊	ギルバート諸島タラワ	一九四三・一一・二五	山本鐘権	軍属	戦死	金泉郡牙浦面鳳山洞七七九
			一九二四・〇九・〇九	義祚	父		金泉郡牙浦面鳳山洞七七九
一三八九	第一一一設営隊	ギルバート諸島タラワ	一九四三・一一・二五	金城基澤	軍属	戦死	金泉郡亀城面陽角洞七三二
			一九二一・〇七・〇四	炳×	父		—
一三九〇	第一一一設営隊	ギルバート諸島タラワ	一九四三・一一・二五	米田晴次	軍属	戦死	金泉郡大徳面加礼里五八一
			一九二五・〇九・〇六	×吉	兄		—
一三九一	第一一一設営隊	ギルバート諸島タラワ	一九四三・一一・二五	金山元洙・金元洙	軍属	戦死	金泉郡釜項面大世里三六八
			一九二〇・一二・一二	金泰鶴	妻		—
一三九二	第一一一設営隊	ギルバート諸島タラワ	一九四三・一一・二五	月城昌歓	軍属	戦死	金泉郡大徳面中山里二九二
			一九一三・〇七・三〇	粉×	妻		—
一四〇九	第一一一設営隊	ギルバート諸島タラワ	一九四三・一一・二五	姜巳逑	軍属	戦死	尚州郡咸昌面徳通里一五八
			一九一九・一一・一二	五鎮	父		尚州郡咸昌面徳通里一五八

番号	部隊	死亡場所	年月日	氏名	身分・続柄	死因	本籍・住所
一四一〇	第一一一設営隊	ギルバート諸島タラワ	一九四三・一一・二五 一九二二・〇九・一一	権東泰向 泰明	軍属 兄	戦死	尚州郡咸昌面尺洞里一六八 尚州郡咸昌面尺洞里一六八
一四一一	第一一一設営隊	ギルバート諸島タラワ	一九四三・一一・二五 一九一七・〇七・〇三	金井秀道 甲仙	軍属 妻	戦死	尚州郡咸昌面羅汗里三六二 ―
一四一二	第一一一設営隊	ギルバート諸島タラワ	一九四三・一一・二五 一九一九・〇七・一六	長谷川武夫 喜一郎	軍属 兄	戦死	尚州郡尚州邑仁坪里四〇七 尚州郡尚州邑仁坪里四〇七
一四三六	第一一一設営隊	ギルバート諸島タラワ	一九四三・一一・二五 一九二二・一二・一五	東原雲澤 五烈	軍属 妻	戦死	醴泉郡知保面道化里三六〇 醴泉郡知保面道化里三六〇
一四三七	第一一一設営隊	ギルバート諸島タラワ	一九四三・一一・二五 一九一四・一二・三一	金田八河 三女	軍属 妻	戦死	醴泉郡知保面道化里三四〇 醴泉郡知保面道化里三四〇
一四五一	第一一一設営隊	ギルバート諸島タラワ	一九四三・一一・二五 一九一四・〇一・〇七	安田八奉 貞春	軍属 父	戦死	聞慶郡戸西南面牛池里三五二 ―
一四五八	第一一一設営隊	ギルバート諸島タラワ	一九四三・一一・二五 一九二〇・一一・〇五	金海一萬 占伊	軍属 母	戦死	星州郡月恒面長山洞四〇九 星州郡月恒面長山洞四〇九
一四六〇	第一一一設営隊	ギルバート諸島タラワ	一九四三・一一・二五 一九一四・一二・二七	李相邱・大西 遺分	軍属 妻	戦死	星州郡金泉面明川洞三三二 ―
一四六一	第一一一設営隊	ギルバート諸島タラワ	一九四三・一一・二五 一九二三・〇六・一三	星山三東 俊伊	軍属 母	戦死	星州郡船南面吾道洞三六七 ―
一四六二	第一一一設営隊	ギルバート諸島タラワ	一九四三・一一・二五 一九一三・〇三・〇八	平山善道 春子	軍属 妻	戦死	星州郡修倫面鳳陽洞六四二 ―
一四六六	第一一一設営隊	ギルバート諸島タラワ	一九四三・一一・二五 一九二二・〇八・二〇	大内文雄 光正	軍属 父	戦死	高霊郡星山面得成洞一―五―一 ―
一四七九	第一一一設営隊	ギルバート諸島タラワ	一九四三・一一・二五 一九一八・〇六・三〇	白原文雄 龍雄	軍属 兄	戦死	清道郡雲門面芳音洞四六二 永川郡琴浦面宮宜洞島川方
一四八〇	第一一一設営隊	ギルバート諸島タラワ	一九四三・一一・二五 一九二五・〇八・一五	井原且得・朴原 奇先	軍属 母	戦死	清道郡豊角面車山洞二四〇 ―
一四九六	第一一一設営隊	ギルバート諸島タラワ	一九四三・一一・二五 一九二〇・一一・〇五	大林鼎煥・大森 東×	軍属 父	戦死	善山郡山東面新堂洞五〇九 善山郡山東面新堂洞五〇九
一五〇〇	第一一一設営隊	ギルバート諸島タラワ	一九四三・一一・二五 一九二三・一二・一〇	金子聖石 貴出	軍属 父	戦死	善山郡海平面月谷洞三九 善山郡海平面月谷洞三九
一五〇一	第一一一設営隊	ギルバート諸島タラワ	一九四三・一一・二五 一九一五・〇八・〇二	曺土逑・三池土逑 ―	軍属 ―	戦死	善山郡××面吾性洞七六八 ―
一一八二	第一一一設営隊	ギルバート諸島タラワ	一九四四・〇三・一八 一九二五・〇一・二五	安田東鉉 致坤	軍属 父	戦死	慶山郡南山面田旨洞四五三 慶山郡慈仁面元堂洞二二五
一二九三	第一一一設営隊	ヤルート島	一九四四・〇四・一八	林永逑・林三郎	軍属	戦病死	青松郡青松面橋洞一八三七

番号	部隊	場所	年月日	氏名	身分	事由	本籍
			一九二四・〇七・〇三	文吉	父		―
一一六七	第一一一設営隊	ヤルート島	一九四四・一二・〇八 一九一九・一一・〇五	廣村憲栄 ―	軍属 ―	戦病死	達城郡求智面倉洞一一七九 ―
一〇八九	第二〇二設営隊	九州東方	一九四四・一二・二一 一九二一・〇八・一六	星本元翼 ―	軍属 ―	戦死	金泉郡金泉邑黄金町 ―
一〇八七	第二〇二建築部	父島南方	一九四三・一二・〇八 一九一三・〇八・一六	青山重太郎 ―	軍属 ―	戦死	金泉郡金泉邑 ―
七〇二	第二〇四設営隊	南鳥島	一九四四・〇三・二〇 一九一五・〇七・一一	大野一郎 ―	軍属 ―	戦死	善山郡高牙面槐坪里 ―
八二四	第二〇四設営隊	父島沖	一九四四・〇七・一三 一九二二・一一・〇五	江部鐵岩 錫申	軍属 父	戦死	迎日郡神光面牛角洞一五七 ―
九三五	第二〇四設営隊	父島北方	一九四四・〇七・二〇 一九二五・〇四・〇四	藤本信男 ―	軍属 ―	戦死	慶山郡南川面俠石洞一八五 ―
七六二	第二〇四設営隊	硫黄島	一九四五・〇三・一七 一九二二・一〇・一〇	林在輝 ―	軍属 ―	戦死	義城郡多仁面佳院洞五五一 ―
八五九	第二〇四設営隊	硫黄島	一九四五・〇三・一七 一九二一・一〇・二三	李昌鎬 ―	軍属 ―	戦死	達城郡三狸洞七二八 ―
八七一	第二〇四設営隊	硫黄島	一九四五・〇三・一七 一九一五・一二・二五	海本世珪 ―	軍属 ―	戦死	安東郡豊山面水洞四〇三 ―
九三一	第二〇四設営隊	硫黄島	一九四五・〇三・一七 一九一六・〇二・二〇	大山太岩 ―	軍属 ―	戦死	慶山郡河沙洞五四八 ―
八六二	第二〇五設営隊	南洋群島 頭部爆傷	一九四四・〇八・三一 一九一八・一一・二五	李鍾巳 教寛	軍属 父	戦傷死	達城郡脂面下洞七八六 ―
一〇七四	第二〇五設営隊	ヤップ島 脚気	一九四四・一二・〇二 一九一五・〇一・一五	咸山本済 道奉	軍属 父	戦病死	金泉郡鳳山面二金洞八三五 ―
一三一〇	第二一二設営隊	ビスマルク諸島	一九四三・一二・一九 一九〇七・〇一・二五	松本教勳 分先	軍属 妻	戦死	安東郡吉安面杯芳洞三九二 ―
一四一四	第二一二設営隊	ビスマルク諸島	一九四三・一二・一九 一九〇八・〇六・一四	金澤麗出 サト	軍属 妻	戦死	尚州郡洛東面花山里 ―
一四五二	第二一二設営隊	ビスマルク諸島	一九四三・一二・一九 一九一四・〇七・〇八	金光勇夫 了逑	軍属 ―	戦死	聞慶郡戸西南面店村里二二九 聞慶郡戸西南面店村里二二九
一四六七	第二一二設営隊	ビスマルク諸島	一九四三・一二・一九 一九二二・〇六・〇九	大山栄基 福潤	軍属 父	戦死	高霊郡牛谷面裏羽里四〇八 ―
一四六八	第二一二設営隊	南太平洋	一九四四・一一・一一 一九〇七・〇二・一九	善原福壽 守番	軍属 妻	戦傷死	高霊郡徳谷面盤城洞七四〇 ―

一四六九	第二二設営隊	南太平洋	一九四四・一一・一四 一九〇六・一一・〇一	達川清平 澄	軍属 妻	戦死	高霊郡雙林面貴院洞三三六 ー
一一六〇	第二二三設営隊	ビスマルク諸島	一九四三・一二・一九 一九二三・〇一・一二	大谷明慶 兼國	軍属 父	戦死	達城郡玄風面城下洞三二二 ー
一一四四	第二二四設営隊	ペリリュー島	一九四四・一二・三一 一九二〇・一二・三一	高田金一 順子	軍属 妻	戦死	大邱府南町八七
一一八〇	第二二四設営隊	ペリリュー島	一九四四・一二・三一 一九一二・一一・一九	金田五俊 順徳	軍属 妻	戦死	慶山郡龍城面外村洞一二七六 ー
一一八八	第二二四設営隊	ペリリュー島	一九四四・一二・三一 一九〇八・〇六・〇五	宮村浅男 出水出吉太郎	軍属 ー	戦死	永川郡古鏡面丹浦洞 ー
一二一〇	第二二四設営隊	ペリリュー島	一九四四・一二・三一 一九〇九・××・××	福山永作 永凞	軍属 弟	戦死	慶州郡外東面開谷里一三二八
一二一二	第二二四設営隊	ペリリュー島	一九四四・一二・三一 一九一四・一〇・二七	碧松義介 仙子	軍属 妻	戦病死	慶州郡西面松仙里二一五一 ー
一三七四	第二二四設営隊	ペリリュー島	一九四四・一二・三一 一九一三・〇八・〇八	池本壽換 日中	軍属 妻	戦死	漆谷郡東明面九徳洞九九 漆谷郡東明面九徳洞九九
一二五三	第二二四設営隊	ペリリュー島	一九四四・一二・三一 一九〇八・〇一・二七	金澤次銀 ー	軍属 ー	戦死	迎日郡竹長面月坪里一二〇 ー
一四四〇	第二二四設営隊	ペリリュー島	一九四四・一二・三一 一九二二・〇二・〇三	新井来慶 俊哲	軍属 父	戦死	醴泉郡柳川面梅山洞一三九 醴泉郡柳川面梅山洞一三九
一三一五	第二二四設営隊	ペリリュー島	一九四五・〇四・〇四 一九二二・〇二・二八	金澤義夫 点出	軍属 父	戦死	義城郡鳳陽面亀尾洞五九〇 義城郡鳳陽面亀尾洞五九〇
一二七八	第二二四設営隊	パラオ島	一九四四・一二・三一 一九〇九・〇五・二四	金井會益 ー	軍属 ー	戦死	盈徳郡蒼水面辺山洞一二〇 ー
一二九一	第二二四設営隊	パラオ島	一九四四・一二・三一 一九一六・〇七・三一	平元壽洪 基仁	軍属 母	戦死	青松郡巴川面官洞二八八二 青松郡巴川面官洞二八八二
一三〇七	第二二四設営隊	パラオ島	一九四四・一二・三一 一九二二・〇八・二一	元田慶龍 永創	軍属 父	戦死	安東郡豊山面丹湖洞五二六 安東郡陶山面宜村洞五六二
一三四九	第二二四設営隊	パラオ島	一九四四・一二・三一 一九二〇・〇六・〇八	南有岩 貞子	軍属 妻	戦死	義城郡佳音面尊湖洞二五九 義城郡鳳陽面粉吐洞二区
一二四五	第二二五設営隊	ダバオ	一九四五・〇六・二八 一九一二・〇三・一九	東郷仁出 ゑい	軍属 妻	戦病死	迎日郡清河面下大里 ー
一四八七	第二二五設営隊	ダバオ	一九四五・〇七・〇六 一九二〇・〇八・〇三	玉山三碩 道秀	軍属 兄	戦死	清道郡梅田面松元洞五〇七 ー
一三〇四	第二二五設営隊	ダバオ	一九四五・〇八・〇四	大林盛義	軍属	戦病死	安東郡南後面倹岩洞一〇〇

			一九二三・〇四・二〇	架市	従兄		―
一二七七	第二一五設営隊	ダバオ	一九四五・〇八・一七	林鳳烈	軍属	戦病死	盈徳郡蒼水面蒼水洞四四二
			一九一八・一二・一二	分点	妻		―
一四二八	第二一五設営隊	ダバオ	一九四五・〇八・一七	金本新吉	軍属	戦病死	尚州郡中東面金堂里六二三
			一九一六・〇九・一一	呉正粉	妻		尚州郡中東面金堂里六二三
一三六四	第二一五設営隊	ダバオ	一九四五・〇九・〇一	金田萬潤	軍属	戦病死	軍威郡友保面羅湖洞二区
			一九二五・〇五・一五	錫鳳	父		軍威郡友保面羅湖洞二区
一三六五	第二一五設営隊	ダバオ	一九四五・〇九・〇一	平山壽均	軍属	戦病死	軍威郡缶渓面佳湖洞八一九
			一九二三・〇一・二三	泰東	父		軍威郡缶渓面東山洞二区
一一七六	第二一五設営隊	ダバオ	一九四五・〇九・〇九	大原在栄	軍属	戦病死	慶山郡河陽面東西洞一〇八
			一九二一・一一・一九	在悟	兄		永川郡永川邑倉邱洞
一三〇九	第二一五設営隊	ダバオ	一九四五・〇九・二八	安川太龍・朴太龍	軍属	戦病死	安東郡豊山面丹湖洞一区一七五
			一九一八・〇三・〇七	木出	父		安東郡豊山面丹湖洞一区一七五
一二一四	第二一六設営隊	南洋群島(ミクロネシア)	一九四五・〇一・一五	吉田泰欽	軍属	戦死	慶州郡陽北面九吉里六二〇
			一九一三・〇一・二五	鳳順	妻		―
一四九五	第二一六設営隊	南洋群島	一九四五・〇三・〇四	慶山占奉	軍属	戦病死	善山郡海平面松谷洞一〇〇
			一九〇四・一〇・〇三	深連	妻		―
一三七六	第二一六設営隊	南洋群島	一九四五・〇三・〇六	包山文吉	軍属	戦病死	漆谷郡倭舘面錦南洞三〇六
			一九一二・一二・一三	小順	妻		―
一二七六	第二一六設営隊	南洋群島	一九四五・〇四・一一	善元壽原	軍属	戦病死	盈徳郡蒼水面仁良洞四一三
			一九一二・一一・一九	曽伊	妻		―
一二一三	第二一六設営隊	南洋群島	一九四五・〇四・一七	徳原東植	軍属	戦死	慶州郡陽北面九吉里六二〇
			一九一一・〇三・〇六	淑伊	妻		―
一一五〇	第二一六設営隊	南洋群島	一九四五・〇四・二〇	清水日東	軍属	戦病死	大邱府鳳徳里八九九
			一九一二・一一・一一	小会	妻		―
一三六三	第二一六設営隊	フララップ島(メレヨン)	一九四五・〇七・一三	星本相範	軍属	戦病死	軍威郡孝令面城洞二六五
		脚気	一九二六・一一・二九	聖龍	父		―
一一七五	第二一六設営隊	フララップ島(メレヨン)	一九四五・〇七・一八	金東哲	軍属	戦病死	慶山郡龍城面龍川洞
			一九二五・〇九・一八	高子	妻		―
一四九四	第二一六設営隊	フララップ島(メレヨン)	一九四五・〇八・一六	山本海南	軍属	戦病死	善山郡長川面五老洞一〇五四
			一九二五・一二・二五	玉祚	妻		―
一三二四	第二一七設営隊	グァム島	一九四四・〇八・〇七	平山鐘禄	軍属	戦死	義城郡金城面亀蓮洞
			一九二〇・〇三・〇四	久子	妻		―
一三二五	第二一七設営隊	グァム島	一九四四・〇八・〇七	金城用輝	軍属	戦死	義城郡點谷面黄龍洞二六七
			一九二五・〇二・一〇	允哲	父		―

一一四七	第二一七設営隊	グァム島	一九四四・〇八・一〇 一九一三・〇二・一五	山本徳太郎 金巳生	軍属 妻	戦死	大邱府池山洞一五一八 ｜
一一四八	第二一七設営隊	グァム島	一九四四・〇八・一〇 一九二三・〇三・二三	安藤茂林 正海	軍属 父	戦死	大邱府黄青洞二七七 大邱府黄青洞二七七
一一四九	第二一七設営隊	グァム島	一九四四・〇八・一〇 一九一三・〇二・二三	新井光次 琴先	軍属 妻	戦死	大邱府院岱洞一二一一 大邱府院岱洞一二一一
一二〇五	第二一七設営隊	グァム島	一九四四・〇八・一〇 一九二六・〇七・一一	阿藤永燦 岩佐	軍属 父	戦死	慶州郡山内面新院里三九三 慶山郡阿陽面南河洞
一二〇六	第二一七設営隊	グァム島	一九四四・〇八・一〇 一九二四・一〇・一二	金子宗一 三吉	軍属 父	戦死	慶州郡内東面馬洞里 ｜
一二〇七	第二一七設営隊	グァム島	一九四四・〇八・一〇 一九一四・〇六・一六	金山三禄 粉伊	軍属 妻	戦死	慶州郡川北面徳山里六九四 慶州郡代山面黒林
一二四二	第二一七設営隊	グァム島	一九四四・〇八・一〇 一九〇八・〇二・〇八	山本三郎 命介	軍属 兄	戦死	慶州郡江東面仁洞里四六一 ｜
一二五一	第二一七設営隊	グァム島	一九四四・〇八・一〇 一九〇五・〇八・一〇	李春根・石本春根 春植	軍属 兄	戦死	迎日郡神先面安徳洞 ｜
一二八六	第二一七設営隊	グァム島	一九四四・〇八・一〇 一九一三・一二・二八	新本左旭 粉慶	軍属 妻	戦死	英陽郡石保面宅田洞 ｜
一三二三	第二一七設営隊	グァム島	一九四四・〇八・一〇 一九二五・〇三・一五	金川三潤 善佐	軍属 ｜	戦死	義州郡丹村面梘徳洞四三八 義州郡丹村面梘徳洞四三八
一三五〇	第二一七設営隊	グァム島	一九四四・〇八・一〇 一九二二・一〇・〇三	岩山相壽 豊吉	軍属 兄	戦死	義城郡舎谷面木全洞四一七 ｜
一三六六	第二一七設営隊	グァム島	一九四四・〇八・一〇 一九一二・〇七・一九	山本基植 甲順	軍属 妻	戦死	軍威郡孝令面並水洞五一 ｜
一三七三	第二一七設営隊	グァム島	一九四四・〇八・一〇 ｜	月島壽東 龍伊	軍属 父	戦死	漆谷郡東明面鳳岩里四九九 漆谷郡東明面鳳岩里四九九
一四〇六	第二一七設営隊	グァム島	一九四四・〇八・一〇 一九一二・〇二・一七	金光旭 ｜	軍属 ｜	戦死	金泉郡知礼面大栗里
一四二〇	第二一七設営隊	グァム島	一九四四・〇八・一〇 一九一四・〇六・〇七	長井白成 はな	軍属 妻	戦死	尚州郡尚州邑洛陽里一三八 ｜
一四二一	第二一七設営隊	グァム島	一九四四・〇八・一〇 一九〇三・一一・一一	岩村吉守 月禮	軍属 妻	戦死	尚州郡尚州邑草山里三九 尚州郡尚州邑草山里三九
一四二二	第二一七設営隊	グァム島	一九四四・〇八・一〇 一九一八・〇七・二一	本多三郎 花子	軍属 妹	戦死	尚州郡尚州邑冷林里一―三三〇 ｜
一四二三	第二一七設営隊	グァム島	一九四四・〇八・一〇	金田順祐	軍属	戦死	尚州郡尚州邑洛上里七九九

			一九一八・〇七・一五	耕作	父		—
一四二六	第二一七設営隊	グァム島	一九四四・〇八・一〇	原辺成吉	軍属	戦死	尚州郡洛東面内谷里
			一九二三・〇六・〇三	点浦	母		尚州郡洛東面内谷里西原西教方
一四六三	第二一七設営隊	グァム島	一九四四・〇八・一〇	金本扶乭	軍属	戦死	星州郡船南面道興洞四四七
			一九〇九・一二・一九	粉伊	妻		—
一四七〇	第二一七設営隊	グァム島	一九四四・〇八・一〇	吉村判時	軍属	戦死	高霊郡開津面道洞
			一九〇八・〇九・一一	小石	妻		—
一四七三	第二一七設営隊	グァム島	一九四四・〇八・一〇	金井鍾吾	軍属	戦死	高霊郡雙林面龍洞七九九
			一九〇九・〇六・一九	伸江	妻		—
一四七六	第二一七設営隊	グァム島	一九四四・〇八・一〇	清水順基	軍属	戦死	高霊郡茶山面平里洞六二
			××××・〇三・〇二	述伊	—		—
一四八六	第二一七設営隊	グァム島	一九四四・〇八・一〇	松原鳳賀	軍属	戦死	清道郡角北面明大里八一一
			一九〇五・一二・一〇	閏煌	妻		—
一四八八	第二一七設営隊	グァム島	一九四四・〇八・一〇	松本永泰	軍属	戦死	清道郡華陽面陳羅洞
			一九二四・〇三・二七	明遠	父		
一五〇四	第二一七設営隊	グァム島	一九四四・〇八・一〇	金城水庸	軍属	戦死	善山郡亀尾面光坪洞二五八
			一九一四・〇四・二五	良順	妻		—
一五〇六	第二一七設営隊	グァム島	一九四四・〇八・一〇	田中京吉	軍属	戦死	善山郡山東面鳳山里
			一九一六・一一・一五	益山又大	従弟		—
一五〇八	第二一七設営隊	グァム島	一九四四・〇八・一〇	南泰元	軍属	戦死	善山郡舞乙面茂等洞
			一九一九・〇六・一二	蘭基	妻		
一六七三	第二一七設営隊	グァム島	一九四四・〇八・一〇	富永正夫	軍属	戦死	大邱府堅町二四六
			一九二二・一二・一九	文吉	—		—
一二七三	第二一七設営隊	グァム島	一九四四・〇八・一四	武本正一	軍属	戦死	盈徳郡寧海面城内洞
			一九一二・〇七・二八	愛子	妻		—
一三五一	第二一七設営隊	グァム島	一九四四・〇八・一四	林利吉	軍属	戦死	義城郡丹比面魚淵洞七二三
			一九一〇・〇三・〇一	小順	妻		—
一四一三	第二一九設営隊	ルソン島	一九四四・一一・〇四	張督干	軍属	戦死	尚州郡尚州邑道南里二九一
			一九〇五・〇七・〇五	—	—		—
一三四六	第二一九設営隊	ルソン島	一九四四・一一・〇四	松本昌八	軍属	戦死	義城郡比安面安坪洞
			一九一九・〇九・一七	造先	母		—
一一四〇	第二一九設営隊	ルソン島	一九四五・〇七・〇八	大島松次	軍属	戦死	大邱府堅町二二七
			一九二八・〇三・二〇	李道求	甥		大邱府連城町二四二
一三六〇	第二一九設営隊	ルソン島	一九四五・〇七・〇八	中山義明	軍属	戦死	軍威郡古老面鶴城洞
			一九一一・〇三・一七	福男	妻		—

一一六一	第二一九設営隊	ルソン島	一九四五・〇七・一〇 一九一四・一二・一五	星山龍伊 用俊	軍属 兄	戦死	達城郡花園面川内洞八三一 達城郡花園面川内洞八三一
一一九四	第二一九設営隊	ルソン島	一九四五・〇七・一〇 一九二一・〇一・二〇	金山仁祚 卜用	軍属 父	戦死	永川郡新寧面新徳洞 永川郡新寧面新徳洞
一二五二	第二一九設営隊	ルソン島	一九四五・〇七・一〇 一九二三・〇二・二一	河達元 方祐	軍属 長男	戦死	迎日郡只杏面渓院里一四〇 ―
一四二四	第二一九設営隊	ルソン島	一九四五・〇七・一〇 一九一七・〇六・一五	金城相基 占文	軍属 父	戦死	尚州郡中東面竹岩里 尚州郡尚州邑書谷里
一四八五	第二一九設営隊	ルソン島	一九四五・〇七・一〇 一九〇八・〇二・二〇	圓田丁金・松川繁一 成分	軍属 妻	戦死	清道郡伊西面古哲洞三〇八 ―
一五〇三	第二一九設営隊	ルソン島	一九四五・〇七・一〇 一九〇八・一二・二三	林國次郎 春子	軍属 妻	戦死	善山郡高牙面外又洞二八二 ―
一一六六	第二一九設営隊	ルソン島	一九四五・〇七・三〇 一九二二・〇九・〇二	海田春一 潾	軍属 父	戦死	達城郡城西面長基洞二八四 達城郡城西面長基洞二八四
一五二一	第二三二設営隊	パラオ	一九四四・〇一・三一 一九一九・一〇・一七	新井重夫 鉉環	軍属 妻	戦死	金泉郡金泉邑南山町九－一〇 金泉郡金泉邑南山町九－一〇
一五三四	第二三二設営隊	パラオ	一九四四・〇一・三一 一九二〇・一二・〇六	中村龍雄 今石	軍属 妻	戦死	星州郡星州面大皇洞一七七八 星州郡星州面大皇洞一七七八
一五一三	第二三三設営隊	父島西北	一九四四・〇二・二三 一九二〇・一二・〇四	呉本清市 眞伊	軍属 妻	戦死	大邱府鳳辺洞七九八 ―
一五一六	第二三三設営隊	父島西北	一九四四・〇二・二三 一九一〇・〇四・一〇	黄原尚祚 分光	軍属 妻	戦死	高霊郡手谷面凍洞三二五 高霊郡手谷面凍洞三二五
一五一九	第二三三設営隊	父島西北	一九四四・〇二・二三 一九二二・〇一・二七	金田 橘 星烈	軍属 父	戦死	軍威郡岳渓面長谷洞四〇二 軍威郡岳渓面長谷洞四〇二
一五三一	第二三三設営隊	父島西北	一九四四・〇二・二三 一九一九・一〇・一〇	島川東哲 粉浩	軍属 ―	戦死	永川郡華東面竹谷洞二三二 永川郡華東面竹谷洞二三二
一五四二	第二三三設営隊	父島西北	一九四四・〇二・二三 一八九一・〇七・一〇	文平植伊 逢息	軍属 妻	戦死	善山郡龍尾面芝山洞七八 ―
一五五〇	第二三三設営隊	父島西北	一九四四・〇二・二三 一九二〇・〇一・〇三	岩本吉弘 蓮伊	軍属 母	戦死	迎日郡東海面大冬背洞三五三 迎日郡東海面大冬背洞三五三
一五六〇	第二三三設営隊	父島西北	一九四四・〇二・二三 ―	金山八石 卜達	軍属 妻	戦死	尚州郡沙代面元興里二六五 ―
一五六一	第二三三設営隊	父島西北	一九四四・〇二・二三 一九一五・一〇・一二	東本仁泰 聖九	軍属 妻	戦死	尚州郡中東面回上里四一二 ―
一五六三	第二三三設営隊	父島西北	一九四四・〇二・二三	松下寧煥	軍属	戦死	漆谷郡倭館面石田洞六二二

			一九二三・一一・二五	相晟	父		ー
一五六五	第二二三設営隊	父島西北	一九四四・〇二・二三	金原養徳	軍属	戦死	大邱府院岱洞
			一九〇八・一二・〇四	ハル子	妻		ー
一五七四	第二二三設営隊	父島西北	一九四四・〇二・二三	玉山光男	軍属	戦死	義城郡丹北面蓮堤洞
			一九二三・一〇・〇二	ー	ー		ー
一五八一	第二二三設営隊	父島西北	一九四四・〇二・二三	柳川正夫	軍属	戦死	安東郡臨東面朴谷洞五九九
			一九一九・〇一・〇八	ー	ー		ー
一五八二	第二二三設営隊	父島西北	一九四四・〇二・二三	金井正夫	軍属	戦死	慶州郡内東面馬洞里
			一九二三・〇三・〇二	ー	ー		ー
一五八七	第二二三設営隊	父島西北	一九四四・〇二・二三	高木勝樹	軍属	戦死	清道郡豊南面月峰洞一九四
			一九二〇・一〇・二五	道明	従兄		ー
一五八八	第二二三設営隊	父島西北	一九四四・〇二・二三	金井甲龍	軍属	戦死	清道郡華陽面西上洞六四九
			一九一二・一〇・〇七	ー	ー		ー
一五二八	第二二三設営隊	父島西北	一九四四・〇六・二五	大島隆秀	軍属	戦死	義城郡金城面塔里洞七七八
			一九一七・〇五・二一	七順	妻		ー
一五三八	第二二三設営隊	父島西北	一九四四・〇七・二三	崔永守	軍属	戦死	慶州郡見谷面羅原里一二七一
			一九二三・〇六・一六	岑粉	妻		慶州郡見谷面羅原里一二七一
一五三九	第二二三設営隊	父島西北	一九四五・〇七・二三	木村俊範	軍属	戦死	慶州郡慶州邑光明里七〇五
			一九二一・〇三・一九	聖伯	父		ー
一五二九	第二二三設営隊	父島西北	一九四五・一〇・二六	平海鳳雲	軍属	戦死	義城郡玉山面五柳洞三一三
			一九二二・〇五・〇一	又粉	母		ー
一六一七	第二二三設営隊	父島西北	一九四四・〇二・二三	徳山元一	軍属	戦死	尚州郡化面×××里四三
			一九二〇・〇九・一四	ー	ー		ー
一六一八	第二二三設営隊	父島西北	一九四四・〇二・二三	金田文吉	軍属	戦死	尚州郡沙悦面元奥里二六五
			一八九九・一〇・〇二	ー	ー		ー
一六二〇	第二二四設営隊	カウ湾	一九四五・一〇・二九	金城弘泰	軍属	戦病死	奉化郡×城面文丹里八八二
		マラリア	一九一七・〇四・一二	ー	父		ー
一五一七	第二二五設営隊	ダバオ	一九四四・〇九・二六	山田啓淵	軍属	戦傷死	高霊郡徳谷面白洞五九六
			一九一四・〇八・二三	乙用	妻		ー
一五九四	第二二五設営隊	ダバオ	一九四五・〇三・二九	金本鎮伯	軍属	戦病死	達城郡河浜面霞山洞
		マラリア	一九二一・〇五・二一	ー	ー		ー
一五九二	第二二五設営隊	ダバオ	一九四五・〇七・二一	金東守	軍属	戦病死	達城郡嘉昌面友鹿洞
		マラリア	一九一四・〇七・一七	ー	ー		ー
一五九三	第二二五設営隊	ダバオ	一九四五・〇八・一六	金澤仙吉	軍属	戦病死	達城郡大邱府池山洞
		急性腸炎	一九二〇・〇八・一六	ー	ー		ー

1	2	3	4	5	6	7	8
一五九〇	第二二五設営隊	ダバオ	一九四五・〇八・二九	國本通國	軍属	戦病死	清道郡清道面好化洞
		マラリア	一九一九・一一・一二	李太守	父		ー
一五八〇	第二二六設営隊	ピケロット島	一九四四・〇一・三一	金奉和	軍属	戦死	星州郡星州面京山洞
			一九〇七・一二・一五	ー	ー		ー
一五二六	第二二六設営隊	本邦南東	一九四四・〇五・〇五	松本永欽	軍属	戦死	醴泉郡醴泉邑石井洞一二二
			ー	玉根	妻		ー
一五四三	第二二六設営隊	本邦南東	一九四四・〇五・〇五	花田吉明	軍属	戦死	青松郡府東面上坪洞一三四
			ー	秉斗	兄		ー
一五五五	第二二六設営隊	本邦南東	一九四四・〇五・〇五	宮田昌三・金萬春	軍属	戦死	迎日郡延日面生旨洞
			ー	日和	ー		ー
一五六六	第二二六設営隊	本邦南東	一九四四・〇五・〇五	永野一郎	軍属	戦死	大邱府泛魚洞七六六
			一九二二・〇五・二一	ー	ー		ー
一五七三	第二二六設営隊	本邦南東	一九四四・〇五・〇五	松本 大	軍属	戦死	醴泉郡醴泉面石井洞
			一九一八・〇三・〇一	ー	ー		ー
一五七六	第二二六設営隊	サイパン	一九四四・〇七・〇九	秋津利夫	軍属	戦死	聞慶郡山北面黒松里一五六
			一九一九・〇七・二五	蘭眞	妻		ー
一五七八	第二二六設営隊	サイパン	一九四四・〇七・〇九	李晩竿	軍属	戦死	永川郡華北面亀田洞
			一九一五・〇三・〇三	ー	ー		ー
一五七九	第二二六設営隊	サイパン	一九四四・〇七・〇九	金子永俊	軍属	戦死	永川郡永川邑城内洞一〇九
			一九一九・一二・〇八	ー	ー		ー
一六〇二	第二二六設営隊	宇治島	一九四四・一一・〇八	川上海住	軍属	戦死	迎日郡把渓面龍基洞一二九
			一九一五・一一・〇六	再奉	父		ー
一五七一	第二二六設営隊	沖縄	一九四四・〇二・二〇	植野千水	軍属	戦死	金泉郡金泉面智佐洞七五八
			一九一四・一〇・二七	ー	ー		ー
一五九七	第二二六設営隊	沖縄	一九四五・〇一・一五	池田建二	軍属	戦死	達城郡公山面両辺洞一〇九四
			一九一四・〇一・〇二	泰龍	兄		ー
一五八三	第二二六設営隊	沖縄	一九四五・〇六・〇九	岩本鍾福	軍属	戦死	慶州郡外東面方於里
			ー	鍾達	兄		ー
一五九五	第二二六設営隊	沖縄小禄	一九四五・〇六・〇九	本川富植	軍属	戦死	達城郡嘉昌面友屁洞七五一
			一八九八・〇八・二〇	粉伊	妻		大邱府七里町三九二
一五二七	第二二七設営隊	エンダービー島	一九四四・〇六・一四	福本成文	軍属	戦死	義城郡金谷面梧上洞四八八
			一九二〇・一〇・二一	ハルミ	妻		ー
一六四七	第二三二設営隊	セラム島	一九四五・一二・一〇	栢木鍾根	軍属	戦病死	迎日郡淁面水峰州七三七
		赤痢	一九一五・〇九・一四	渭在	妻		ー
一六三三	第二三三設営隊	テニアン島	一九四四・〇七・二六	朴百壽・朴本百寿	軍属	戦傷死	醴泉郡豊壌面槐堂洞三七

番号	部隊	場所	年月日	氏名	続柄	死因	本籍
			一九〇六・〇二・二八	仁如	妻		―
一六二九	第二三三設営隊	テニアン島雷山	一九四四・〇七・二七	玉山正錫	軍属	戦死	達城郡論工面蘆耳洞二六一
			一九一六・一二・一三	應洙	父		―
一六三〇	第二三三設営隊	テニアン島カロリナス	一九四四・〇七・二七	巌村順哲	軍属	戦死	義城郡亀川面龍蛇洞二三八
			一九〇八・一〇・二六	今先	妻		―
一六六〇	第二三三設営隊	テニアン島マルポ	一九四四・〇七・二七	金山千壽	軍属	戦死	星州郡星州面京山洞七五
			一九〇六・〇二・一三	昊逑	妻		―
一六六七	第二三三設営隊	テニアン島東海岸	一九四四・〇七・二七	金海聖剛	軍属	戦死	栄州郡鳳峴面梧見洞
			一九一七・〇一・二九	基王	妻		栄州郡鳳峴面梧見洞
一六二六	第二三三設営隊	テニアン島カロリナス	一九四四・〇七・二九	春山任作	軍属	戦死	達城郡王浦面江林洞一〇三七
			一九一一・〇二・〇七	順伊	妻		―
一六四二	第二三三設営隊	テニアン島カロリナス	一九四四・〇七・二九	朴在駿・高木	軍属	戦死	高霊郡手谷面桃津洞一六八
			一九〇七・〇四・二八	金甲奉	妻		―
一六五六	第二三三設営隊	テニアン島	一九四四・〇七・二九	金本桂之介	軍属	戦死	聞慶郡虎渓面犬灘里四一
			一九〇八・一二・〇二	壬南	妻		―
一六六四	第二三三設営隊	テニアン島	一九四四・〇七・二九	星山照男	軍属	戦死	漆山郡北三面崇鳥洞一一四八
			一九一一・〇六・一五	鳳舟	妻		―
一六二七	第二三三設営隊	テニアン島カロリナス	一九四四・〇七・三〇	木下甘得	軍属	戦死	達城郡玉浦面本里洞九一一
			一九一五・〇七・〇九	王伊	妻		―
一六二八	第二三三設営隊	テニアン島東海岸	一九四四・〇七・三〇	玉山応煥	軍属	戦死	達城郡論工面蘆耳洞二四三
			一九〇三・〇八・一三	壬順	妻		―
一六四〇	第二三三設営隊	テニアン島カロリナス	一九四四・〇七・三一	山村満雨	軍属	戦死	軍威郡軍威面内良洞七一六
			一九一五・〇一・二七	順道	妻		―
一六四三	第二三三設営隊	テニアン島カロリナス	一九四四・〇八・〇一	大山政一	軍属	戦死	高霊郡徳谷面本里洞
			一九〇七・一〇・一〇	明子	妻		―
一六五二	第二三三設営隊	テニアン島カロリナス	一九四四・〇七・三一	呉煥永	軍属	戦死	尚州郡外西面鳳岡里四八八
			一九一六・〇六・二〇	允分	妻		―
一六三一	第二三三設営隊	テニアン島カロリナス	一九四四・〇八・〇一	上田正吉	軍属	戦死	義城郡亀川面幕奥洞二区六八五
			一九二〇・〇八・一五	乗斗	父		義城郡亀川面幕奥洞二区六八五
一六三四	第二三三設営隊	テニアン島カロリナス	一九四四・〇八・〇一	李山義鳳	軍属	戦死	醴泉郡豊壌面梧枝里二二七
			一九〇九・〇二・〇二	又順	妻		―
一六三五	第二三三設営隊	テニアン島カロリナス	一九四四・〇八・〇一	岡本和久	軍属	戦死	醴泉郡豊壌面洛五洞五七二
			一九〇九・一二・一二	順子	妻		―
一六四四	第二三三設営隊	テニアン島カロリナス	一九四四・〇八・〇一	南徳成	軍属	戦死	安東郡北俊面梧山洞五六九
			一九〇七・一一・二八	萬伊	妻		―

一六五三	第二三三設営隊	テニアン島カロリナス	一九四四・〇八・〇一 一九一八・〇七・〇九	山本登夫 任和	軍属 父	戦死	尚州郡洛東面洛東里三二九 尚州郡洛東面洛東里三二九
一六五四	第二三三設営隊	テニアン島カロリナス	一九四四・〇八・〇一 一九一九・〇八・一一	安東玉一 本	軍属 父	戦死	尚州郡洛東面九潜里三〇一 尚州郡洛東面九潜里三〇一
一六五五	第二三三設営隊	テニアン島カロリナス	一九四四・〇八・〇一 一九二二・〇三・一五	李徳宰・国本徳宰 康錫	軍属 父	戦死	聞慶郡聞慶面観音里 —
一六六三	第二三三設営隊	テニアン島カロリナス	一九四四・〇八・〇一 一九一二・〇七・一六	金城武得 渭生	軍属 妻	戦死	慶山郡押梁面仁安洞二〇四 —
一六六八	第二三三設営隊	テニアン島カロリナス	一九四四・〇八・〇一 一九一〇・〇九・〇五	平岡壽栄 華順	軍属 妻	戦死	栄州郡順奥面邑内里三五四 —
一六七二	第二三三設営隊	テニアン島カロリナス	一九四四・〇八・〇一 一九二四・〇四・一五	夏山時蔵 基煥	軍属 父	戦死	清道郡大城面高樹洞九九五 —
一六七五	第二三三設営隊	テニアン島カロリナス	一九四四・〇八・〇一 一九〇五・一二・二八	権永旭・安原龍達 徳×	軍属 妻	戦死	醴泉郡虎鳴面内新洞四四三 —
一六七六	第二三三設営隊	テニアン島カロリナス	一九四四・〇八・〇一 一九一〇・〇一・〇四	宮本富三 ××	軍属 妻	戦死	醴泉郡豊壌面高山洞七六七 —
一六七八	第二三三設営隊	テニアン島カロリナス	一九四四・〇八・〇一 一九二一・〇五・二七	金本満次郎 順之助	軍属 父	戦死	大邱府大明洞二六四二 —
一六七九	第二三三設営隊	テニアン島カロリナス	一九四四・〇八・〇一 一九二八・〇二・〇九	山本守福 萬×	軍属 父	戦死	大邱府内唐洞一〇二二 —
一六八〇	第二三三設営隊	テニアン島カロリナス	一九四四・〇八・〇一 一九一七・××・××	杉山永祚 福根	軍属 妻	戦死	聞慶郡戸西南面×田里四九〇 —
一六八一	第二三三設営隊	テニアン島カロリナス	一九四四・〇八・〇一 ××××・〇九・一六	豊島鍾達 海月	軍属 妻	戦死	聞慶郡花漢面牛老里二七二 —
一六八二	第二三三設営隊	テニアン島カロリナス	一九四四・〇八・〇一 一九〇七・一二・〇八	森井政男 澄子	軍属 妻	戦死	盈徳郡寧海面蓮坪洞一〇〇 —
一六八三	第二三三設営隊	テニアン島カロリナス	一九四四・〇八・〇一 一九二三・〇九・〇九	李永淑 粉伊	軍属 妻	戦死	軍威郡軍威面西部洞二九二 —
一六八四	第二三三設営隊	テニアン島カロリナス	一九四四・〇八・〇一 一九二一・〇八・〇九	相大熙・富山仙吉 月季永春	軍属 —	戦死	慶州郡陽北面臥邑里四三七 —
一六八五	第二三三設営隊	テニアン島カロリナス	一九四四・〇八・〇一 一九〇七・〇七・一七	星本光雲 洋子	軍属 妻	戦死	金泉郡甘川面道平洞三七三 —
一六二二	第二三三設営隊	アンボン マラリア	一九四五・〇八・〇七 一九一六・〇五・二一	達川柄作 文吉	軍属 兄	戦病死	大邱府砧山洞一四四 大邱府砧山洞一四四
一六七七	第二三三設営隊	テニアン島	一九四五・〇九・〇一	金岡道逑	軍属	戦死	星州郡龍巌面壮學洞三七九

			一九一二・一二・一五	××	妻		—
一六四九	第二三五設営隊	ネグロス島	一九四四・一一・二三	西原東一	軍属	戦死	青松郡安徳面老来洞四二五
			一九〇六・〇一・一一	花子	妻		—
一六五〇	第二三五設営隊	ネグロス島 栄養失調	一九四五・〇五・二三	杉木政雄	軍属	戦病死	尚州郡咸昌面充直里六一〇
			一九〇五・一二・一八	賢子	妻		尚州郡咸昌面充直里六一〇
一六五一	第二三五設営隊	ネグロス島	一九四五・〇七・一三	林牧道・大林正雄	軍属	戦死	尚州郡咸昌面充直里
			一九〇四・〇二・〇八	七分	妻		尚州郡咸昌面充直里
一六六二	第二三五設営隊	ネグロス島	一九四五・〇九・〇三	金本千食	軍属	戦死	慶山郡龍城面谷蘭洞四〇七
			一九一二・〇七・一五	×裡	妻		—
一六五七	第二三五設営隊	ネグロス島 脚気	一九四五・〇九・一五	林輝文	軍属	戦病死	聞慶郡虎渓面幕谷里七九
			一九二〇・〇二・二九	鶴鳳	兄		—
一六二五	第二三五設営隊	ネグロス島	一九四五・〇九・一八	岩本晃和	軍属	戦病死	盈徳郡南亭面南亭洞
			一九〇七・一一・一四	安得	妻		—
一六三七	第二三五設営隊	ネグロス島 マラリア	一九四五・一〇・〇六	安本昌淑・安承朝	軍属	戦病死	醴泉郡下里面東沙洞一九一
			一九〇八・〇一・〇六	貞全	妻		—
一六七〇	第二三五設営隊	ネグロス島	一九四五・一〇・一九	山本上林	軍属	戦死	慶州郡慶州邑沙正里二七四
			一九一八・一二・〇九	千代子	妻		—
一六三八	第二三五設営隊	セブ島	一九四五・〇四・〇二	張萬熙・安田一正	軍属	戦死	金泉郡黄金町七五—二
			一九二〇・一二・〇三	正南	妻		金泉邑甘川面光基洞四〇六
一六六一	第二三五設営隊	セブ島	一九四五・〇四・一六	延山在援	軍属	戦死	星州郡金水面茶川洞七二五
			一九二一・〇六・二六	順任	妻		—
一六五八	第二三五設営隊	セブ島	一九四五・〇六・〇三	金在憲	軍属	戦死	聞慶郡龍岩面池洞里
			一九一七・一二・一二	情淑	妻		—
一六六六	第二三五設営隊	セブ島	一九四五・〇七・一五	廣本三鳳	軍属	戦死	漆谷郡枝川面白雲洞一三三
			一九〇五・〇五・〇七	小相	妻		—
一六七一	第二三五設営隊	ルソン島	一九四六・〇四・〇二	伊原××	軍属	戦病死	清道郡豊角面黒石洞四六三
			××××・〇六・〇三	乙順	妻		—
二	第二五四航空隊	バシー海峡	一九四四・〇九・〇九	大野廣信	上整	戦死	大邱府壽町五二
			一九二六・〇八・二〇	貴	父		慶尚南道咸安郡北面鳥谷里六一
二六	第二五四航空隊	バシー海峡	一九四四・〇九・〇九	鈴木圭鎔	上整	戦死	慶山郡河陽面琴楽洞五一
			一九二七・一〇・三一	在善	父		—
三四	第二五四航空隊	バシー海峡	一九四四・〇九・〇九	高松日煥	上整	戦死	盈徳郡柄谷面柄谷洞一八六
			一九二七・一二・〇五	大成	父		—
一一〇三	二雲洋丸	ボルネオ	一九四一・一二・二六	林村一萬	軍属	戦死	高麗郡徳谷面
			—	秀鶴	父		—

六七二	美福丸	青森県	一九四二・〇八・〇八 一八九六・〇六・〇三	赤松儀表 —	軍属 —	戦死	尚州郡仁同面新洞四四七 漆谷郡加山面西鶴下洞七二九七—二
一五一二	盛京丸	本州東方海面	一九四二・一〇・二三 —	長井永浩 —	軍属 —	戦死	大邱府東雲町一八五 —
一五三〇	盛京丸	本州東方海面	一九四二・一〇・二三 —	大城敏秀 —	軍属 —	戦死	聞慶郡山陽面仏岩里 —
六四三	鉄海丸	本邦南西	一九四二・一一・〇三 一九二四・〇六・二五	金城熙 —	軍属 —	戦死	迎日郡松羅面大田里三一四 —
六三五	べにす丸	黄海	一九四二・一一・一一 一九一七・〇八・一二	杉因壽炯 —	軍属 —	戦死	慶州郡川北面乞侣里一九三 —
六二八	興盛丸	本邦西南	一九四三・〇四・〇三 一九二三・〇一・一二	平田　栻 —	軍属 —	戦死	達成郡東村面不老洞一九四 —
一五四六	五盛漁丸	不詳	一九四三・〇四・〇八 —	三本鎮奎 徳占	軍属 妻	死亡	迎日郡浦項邑鶴山町一二四 —
一五四九	五播州丸	トラック近海	一九四三・〇四・一二 —	川本萬千 學鳳	軍属 父	戦死	迎日郡東海面 —
六六七	東生丸	黄海	一九四三・〇五・〇七 一九二〇・〇五・〇一	金元一郎 —	軍属 —	戦死	尚州郡牟西面名井里五六七 —
一五二〇	二一播州丸	不詳	一九四三・〇六・一〇 —	神田大一 —	軍属 —	戦病死	金泉郡開寧面大光洞二三〇 —
一六一六	福洋丸	ニューブリテン島	一九四三・〇七・二八 一九二三・〇一・二九	齋本相斗 —	軍属 —	戦死	迎日郡浦項邑汝南洞三〇二 —
一五四八	永興丸	ソロモン群島	一九四三・〇八・〇一 —	李千徳・岩村 —	軍属 —	戦死	迎日郡只杏面霊岩里 —
一五四七	五万寿江丸	ソロモン群島	一九四三・〇八・〇四 —	尹斗學・平沼 —	軍属 —	戦死	迎日郡鳥川面 —
一〇九四	屏東丸	インド洋	一九四三・〇八・二三 一九二〇・〇八・二五	金基鉉 長君	軍属 父	戦死	善山郡海平面文良洞一〇三 —
一六一三	六大勝丸	ソロモン群島	一九四三・〇九・一二 —	李原正壽 大植	軍属 兄	戦死	迎日郡清河面月浦里一三九 —
六七〇	二正木丸	本邦西方	一九四三・一〇・〇一 一九二三・〇一・〇五	金成九 —	軍属 —	戦死	尚州郡沙代面元興里一一三五 —
六五二	崑崙丸	対馬海峡	一九四三・一〇・〇五 一九二五・〇七・一三	達川京宮 —	軍属 —	戦死	永川郡琴湖面鳳亭洞四三九 —
六三三	漢江丸	本邦北方	一九四三・一〇・〇九	高山相一	軍属	戦死	慶州郡内東面時来里八〇五

			一九二九・〇三・〇七	｜	｜		｜
一五一〇	興西丸	九州南方海面	一九四三・一一・〇二 一九二五・〇五・二五	松井桂浩 奎康	軍属 祖父	戦死	善山郡玉城面竹院洞三八五 ｜
一五一一	興西丸	九州南方海面	一九四三・一一・〇四 一九二六・一二・三〇	林佑治 善元	軍属 祖父	戦死	善山郡高牙面外又洞五六五 ｜
一二〇三	興西丸	奄美大島	一九四三・一一・一一 一九二六・〇二・一七	茂山鐘元 ｜	軍属 ｜	戦死	永川郡古鏡面鶴洞
一三五四	興西丸	九州南方海面	一九四三・一一・一一 一九二一・〇三・二一	井上仁作 ｜	軍属 ｜	戦死	義城郡比安面雙渓洞五〇五 ｜
一五二三	康寧丸	南洋群島	一九四三・一二・〇一 ｜	金井京一 今順	軍属 母	戦死	金泉郡金泉邑南山町九－一〇 ｜
一六二四	建武丸	ルオット島	一九四三・一二・〇五 一九一八・〇七・二五	野金柄寅 清洛	軍属 父	戦死	盈徳郡江口面上里洞二五一 盈徳郡江口面上里洞二五一
一六二一	昌宝丸	南洋群島	一九四三・一二・三一 一九二一・一〇・二〇	川本永浩 達得	軍属 父	戦死	大邱府南山町六八七 大邱府南山町六八七
六六六	三伏見丸	西南太平洋	一九四四・〇一・〇七 一九二四・〇三・〇一	華山三郎 ｜	軍属 ｜	戦死	尚州郡尚州邑草山里二三二 ｜
一五四四	一八東海丸	ソロモン群島 マラリア	一九四四・〇一・一二 ｜	尹再龍 ｜	軍属 ｜	戦病死	青松郡府東面上坪洞一八四 ｜
六二九	大影丸	ルソン島北西	一九四四・〇一・二六 一九三〇・〇三・〇五	高本佑彬 ｜	軍属 ｜	戦死	達成郡求智面花山洞七三五 ｜
一五一八	箕面丸	チモール海	一九四四・〇一・二七 ｜	票原斗根 容珠	軍属 妻	戦死	軍威郡岳渓面大栗洞七四〇 ｜
一一〇七	曙　丸	南洋群島	一九四四・〇二・〇六 一九二六・〇四・二三	夏山圭東 黄煥	軍属 父	戦死	義城郡多仁面三冷洞三四四 ｜
一一〇八	曙　丸	南洋群島	一九四四・〇二・〇六 一九二一・一二・二七	松原英淑 聖巖・月伊	軍属 父・妻	戦死	義城郡多仁面三冷洞一八一三 ｜
一一二四	一大華丸	南洋群島	一九四四・〇二・〇六 一九一三・〇四・一四	鄭介用・川本尚武 淵武	軍属 兄	戦死	迎日郡杞渓面吾徳洞二二一 満州濱河線吉用対×駅前義發福田
一二六五	喜協丸	ケゼリン島	一九四四・〇二・〇六 ｜	三輪瑚仁 ｜	軍属 ｜	戦死	迎日郡九龍浦邑三政里 ｜
一五三五	花川丸	トラック近海	一九四四・〇二・〇八 ｜	月山輝雄 光江	軍属 母	戦死	星州郡修倫面鵲隠洞四四 ｜
六二二二	安洋丸	西南太平洋	一九四四・〇二・一九 一九二二・〇五・〇一	新井　成 ｜	軍属 ｜	戦死	大邱府南山町六八五 ｜

一二八二	黄海丸	南太平洋	一九四四・〇二・二一 一九一三・〇三・〇九	木原徳治 道石	軍属 兄	戦死	盈徳郡盈徳面大灘洞二八〇
一六五九	長光丸	南洋群島	一九四四・〇二・二五 一九二四・〇八・三〇	川村元徳 ×伊	軍属 母	戦死	星州郡星州面 —
一六一一	第一三栄丸	ソロモン群島 胸柱骨折	一九四四・〇二・二八 一九一三・〇九・二四	大谷勝貞 富子	軍属 妻	戦病死	迎日郡兄山面牛峴洞三九〇 —
六六九	日鈴丸	南支那海	一九四四・〇三・〇九 一九二六・〇四・一五	金城時九 —	軍属 —	戦死	尚州郡洛東面洛東里一九〇
一六一四	二一心丸	ソロモン群島 マラリア	一九四四・〇三・一九 —	月城允根 —	軍属 妻	戦病死	迎日郡××面江口里 —
一六〇九	五福洋丸	ソロモン群島 マラリア	一九四四・〇三・三〇 一九二四・〇九・二五	金海有吉 弼道	軍属 父	戦病死	迎日郡松羅面草津里二区一二四 —
一五七〇	第一三栄丸	ソロモン群島 三日熱・マラリア	一九四四・〇四・〇二 一九二四・〇八・二九	武本聖道 江之	軍属 兄	戦病死	盈徳郡辺山面辺山洞一三〇 —
一五八五	二一大成丸	ニューギニア	一九四四・〇四・二二 一九二三・一〇・二〇	金山東允 —	軍属 —	戦死	慶州郡慶州邑西部里一六一 —
一四四一	広隆丸	ベトナム（仏印）	一九四四・〇四・二二 一九二六・〇二・〇八	金田武夫 政治	軍属 —	戦死	醴泉郡豊壌面臥龍里六九〇 —
一六二三	い号能代丸	本邦南東方面海面	一九四四・〇四・二六 一九二二・〇九・二二	川本正成 清吉	軍属 兄	戦死	慶山郡安新面栗下洞二〇七 慶山郡安新面栗下洞二〇七
一六〇八	二一亀島丸	ソロモン群島 マラリア	一九四四・〇五・一七 一九二〇・一〇・二九	松山寧燮 道夫	軍属 父	戦病死	迎日郡烏川面院洞六五七 —
一二五四	五福盛丸	西部ニューギニア	一九四四・〇五・一七 一九一八・〇八・〇四	玉山錫柱 —	軍属 —	戦死	迎日郡東海面発山洞三島 —
一五二三	備前丸	仏印南東	一九四四・〇五・二四 —	岩本　実 正春	軍属 父	戦死	金泉郡巌所面新村里七〇四 —
一五二四	備前丸	仏印南東	一九四四・〇五・二四 —	福田　昇 左弼	軍属 父	戦死	醴泉郡豊壌面洛上洞一—一一 —
一六一二	二一亀島丸	ソロモン群島	一九四四・〇六・〇七 一九二七・〇四・〇六	山本今祥 守宗	軍属 父	戦死	迎日郡滄州面江沙里六四七 —
六五一	長良川丸	遠州灘 全身熱傷	一九四四・〇六・二三 一九一九・〇三・二五	共田廣太 —	軍属 —	戦傷死	永川郡清道面五樹洞 —
一六一〇	三開洋丸	ソロモン群島 急性肺炎	一九四四・〇六・二五 一九一四・〇四・〇九	白川日晴 玉伊	軍属 妻	戦病死	迎日郡滄州面九龍浦里二三八 —
六八〇	山岡丸	本邦西方	一九四四・〇七・〇三	金山松吉	軍属	戦死	善山郡善山面黒川洞七五一

			一九二五・〇一・一五	—	—		—
一二六七	三室悦丸	マカッサル海峡	一九四四・〇七・〇五	植木載化	軍属	戦死	迎日郡九龍浦邑九龍浦里
			一九二七・〇一・一〇	萬石	父		—
一〇九六	三栄喜丸	サイパン	一九四四・〇七・〇八	松山和司	軍属	戦死	尚州郡外西面伊川里二七八
			一九一九・〇三・〇七	玉順	妻		—
一一二〇	明生丸	中部太平	一九四四・〇七・〇八	鄭永植	軍属	戦死	迎日郡大松面長興洞
			一九一一・一二・〇六	—	—		—
六四六	二大安丸	黄海	一九四四・〇七・一一	金龍鵬	軍属	戦死	高麗郡中山面野洞
			—	—	—		—
一二五五	五進栄丸	南洋群島	一九四四・〇七・一六	崔龍太	軍属	戦死	迎日郡九龍邑柄浦里四八
			一九二五・〇七・二三	—	—		—
一六一九	日鵬丸	千島列島方面	一九四四・〇七・一六	塩田親良	軍属	戦死	尚州郡尚州邑竹田里五四〇
			一九二一・〇五・〇二	静子	妻		
一四九一	多佳山丸	インドネシア（蘭印）	一九四四・〇七・二三	新井勇雄	軍属	戦死	清道郡華陽面合川洞四一一
			一九二五・〇七・二六	栄吉	父		—
六三八	天心丸	南支那海	一九四四・〇七・三一	池川正雄	軍属	戦死	迎日郡迎日面東門洞八一六
			一九二〇・〇一・〇二	—	—		—
六四七	天心丸	南支那海	一九四四・〇七・三一	横田英雄	軍属	戦死	盈徳郡盈徳面南石洞二六
			一九一三・一〇・〇四				
一五五一	三日吉丸	インド洋	一九四四・〇八・〇九	河本敏雄	軍属	戦死	迎日郡烏川面
			—	—	—		—
一五六二	三日吉丸	インド洋	一九四四・〇八・〇九	大城泰洙	軍属	戦死	鬱陵島西面
			—	—	—		—
一二一三	三〇根鴨丸	ダバオ湾	一九四四・〇八・一三	安原再澤	軍属	戦死	迎日郡浦項邑汝南洞九六一
			—	福順	妻		—
八二五	鴨丸	ダバオ湾	一九四四・〇八・一三	松谷林治	軍属	戦死	迎日郡浦項面龍興洞九七
			—	喜平	父		
一二八〇	七大源丸	東支那海	一九四四・〇八・一四	高山柱錫	軍属	戦死	盈徳郡辺山面上元洞三七一
			一九二七・〇三・一九	—	—		—
六七一	宇賀丸	西南太平洋	一九四四・〇八・二一	木村聖鶴	軍属	戦死	漆谷郡倭舘面倭舘洞七四
			一九二二・〇八・一九	—	—		—
一五四〇	一泰豊丸	ビルマ	一九四四・〇八・二九	巌小ケ福	軍属	戦死	慶州郡慶州邑光明里七〇五
			—	—	—		—
一五三六	三幸運丸	ラバウル・八病院	一九四四・〇八・三一	星本己龍	軍属	戦病死	星州郡草田面龍鳳洞一八六
			—	—	—		—

六五八	日満丸	本邦西南	一九四四・〇九・〇八 一九二九・一一・二九	金本政雄 —	軍属 —	戦死	義城郡金谷面陽地洞九二九 —
一五四一	備前丸	不詳	一九四四・〇九・一〇 一九〇八・一〇・一〇	金井命巌 —	軍属 —	戦死	慶州郡甘浦面甘浦邑三六〇 —
一五五二	一咸北丸	ビルマ	一九四四・〇九・一〇 —	山慶先本 淑	軍属 妻	戦死	迎日郡曲江面鳥島洞二区一〇五 —
一五一四	泰豊丸	ビルマ	一九四四・〇九・一二 —	新井奉用 福守	軍属 母	戦傷死	大邱府内唐洞 —
一四〇八	広順丸	セブ島	一九四四・〇九・一四 一九二六・〇九・〇四	金本丁烈 —	軍属 —	戦死	金泉郡釜項面巴川里一二三 —
一二五七	相川丸	フィリピン（比島）	一九四四・〇九・二三 一九一八・〇八・一二	新井萬福 得春	軍属 父	戦死	迎日郡延日面中丹洞三八六 —
六三一	三南進丸	ルソン島マニラ	一九四四・〇九・二九 一九一八・〇二・〇二	吉田豊作 —	軍属 —	戦死	慶山郡慶山面西半方洞三六〇 —
一四七七	三×隆丸	フィリピン（比島）	一九四四・〇九・二九 —	町田×龍 —	軍属 —	戦死	高霊郡開津面直洞二六六 —
一一五一	多住山丸	蘭印	一九四四・〇九・三〇 一九二一・〇一・二〇	大村之堅 光之助	軍属 父	戦死	大邱府村上町三五 —
一五五四	八蛭子丸	台湾	一九四四・一〇・一六 —	今村吉助 —	軍属 —	戦死	迎日郡只杏面 —
一二三六	六大栄丸	ザンボアンガ	一九四四・一〇・一八 一九〇九・〇三・一三	金本永植 李福味	軍属 姉	戦死	慶州郡外東面竹東里六五八 —
一二三七	六大栄丸	ザンボアンガ	一九四四・一〇・一八 一九一四・一〇・二三	金本良斗 —	軍属 —	戦死	慶州郡陽南面下西里一三〇一 —
一二三八	六大栄丸	ザンボアンガ	一九四四・一〇・一八 一九一一・〇四・一七	金山明洙 —	軍属 —	戦死	慶州郡甘浦邑甘浦里 —
一二四一	六大栄丸	ザンボアンガ	一九四四・一〇・一八 一九一七・〇六・二一	大石萬先 —	軍属 —	戦死	慶州郡陽南面邑川里 —
一二六一	三一東海丸	サンボアンガ沖	一九四四・一〇・一八 一九二二・一一・〇二	岡田振龍 石乙登	軍属 父	戦死	迎日郡九龍浦邑九龍浦里二五〇 —
一三一三	六大栄丸	サンボアンガ沖	一九四四・一〇・一八 一九一五・〇九・二五	李昌鎬 順甲	軍属 妻	戦死	安東郡陶山面宜村洞三七九 —
六三六	白山丸	上海	一九四四・一〇・二一 ××××・〇七・〇六	福島一雄 —	軍属 —	戦死	慶州郡具谷面金大里石井洞八八七 —
一二六二	一一基盛丸	フィリピン（比島）	一九四四・一〇・二三	金山京守	軍属	戦死	迎日郡九龍浦邑九龍浦里

			一九二五・〇八・一四	金突	｜		｜
一一五二	八光丸	九州南方	一九四四・一一・〇八	西原秀雄	軍属	戦死	大邱府京町二六
			一九二七・〇三・一二	勝助	父		｜
一一五三	八光丸	九州南方	一九四四・一一・〇八	安田英佐	軍属	戦死	大邱府南山町七三ー二
			一九二七・〇三・二五	弘	父		｜
一四三三	八光丸	屋久島南西海面	一九四四・一一・〇八	松原周照	軍属	戦死	尚州郡沙伐面化達里三七五
			一九二六・〇七・二六	｜	｜		｜
一二八一	二菱　丸	フィリピン（比島）	一九四四・一一・〇九	金田光男	軍属	戦死	盈徳郡江口面江口洞二四四
			一九一九・一一・〇一	龍次	兄		｜
一四五七	護国丸	九州西方	一九四四・一一・一〇	星川正春	軍属	戦死	聞慶郡山陽面新田里二六八
			一九二八・〇八・〇七	｜	｜		｜
一四九二	護国丸	九州西方	一九四四・一一・一〇	梅川華徳	軍属	戦死	清道郡雲門面孔岩洞六三七
			一九二八・〇二・〇四	四逑	｜		｜
一三八一	八光丸	九州南方	一九四四・一一・一八	安田俊生	軍属	戦死	漆谷郡枝川面新洞
			一九一五・〇一・〇三	｜	｜		｜
六五〇	五勝栄丸	セレベス	一九四四・一一・二三	松本義明	軍属	戦死	慶北郡盈徳郡南亭面
			一九二二・〇一・一五	｜	｜		｜
六七七	仁洋丸	比島	一九四四・一二・〇六	大城正泰	軍属	戦死	星州郡船南面老石洞二九七
			一九二三・〇六・一八	｜	｜		｜
六二七	山幸丸	南支那海	一九四四・一二・〇八	山本竹次	軍属	戦死	慶北郡達成郡花囲面川内洞八六〇
六五九	暁心丸	南太平洋海面	一九四四・一二・一九	圓山煕徳	軍属	戦死	慶北郡義道郡安渓面坂村洞六
			一九二九・〇五・一五	｜	｜		｜
六六三	ありた丸	南支那海	一九四四・一二・二三	平沼壽煕	軍属	戦死	金泉郡牙浦面大新洞
			一九二二・〇四・〇八	｜	｜		｜
六七六	一〇共栄丸	比島	一九四五・〇一・〇六	呉本光春	軍属	戦死	清道郡華陽面東田洞一九七
			一九二二・一二・一六	｜	｜		｜
六六四	大剛丸	朝鮮南西	一九四五・〇一・〇七	山田俊秀	軍属	戦死	金泉郡甑山面黄亭里二四〇
			一九二五・一一・二五	｜	｜		｜
六六一	辰洋丸	黄海	一九四五・〇一・〇八	木村政廣	軍属	戦死	金泉郡金泉邑旭町
			一九二四・一〇・〇八	｜	｜		｜
六二三	安洋丸	台湾海峡	一九四五・〇一・〇八	加宮悦盟	軍属	戦死	大邱府新岩洞七五五
			一九二六・〇五・一〇	｜	｜		｜
六五七	九蓬莱丸	サイゴン	一九四五・〇一・一二	金山在學	軍属	戦死	義城郡金城面明徳一区
			一九二七・〇五・〇三	｜	｜		｜

番号	艦船	場所	死亡年月日・生年月日	氏名	遺族	身分	事由	本籍
六二一	永芳丸	南支那海	一九四五・〇一・一二 一九二二・一二・二四	豊原建三	―	軍属	戦死	大邱府晩村洞長九九四―二
一五六八	明石丸	揚子江	一九四五・〇一・一六 ―	新井明潤	―	軍属	戦死	盈徳郡盈徳面右谷洞
一五一五	五八代丸	南西諸島	一九四五・〇一・二三 ―	金本静夫	秀吉 父	軍属	戦死	大邱府坪里洞一五〇七
六七五	一大満丸	黄海	一九四五・〇一・二四 一九二七・〇一・一八	大原仁奎	―	軍属	戦死	清道郡華陽面茶路洞五一三
一二六三	一三亀島丸	サンボアンガ沖	一九四五・〇二・一五 一九二七・一二・一八	東権壽學	先祚 父	軍属	戦死	迎日郡清河面青津里
一二六四	一三亀島丸	サンボアンガ沖	一九四五・〇二・一五 一九二一・〇五・一八	永井萬泰	山伊 父	軍属	戦死	迎日郡清河面月浦里
六五六	大陸丸	黄海	一九四五・〇二・二〇 一九二一・一二・二九	義田吉雄	―	軍属	戦死	安東郡一北面造塔洞二二三
一二六六	興亜丸	石垣島沖	一九四五・〇二・二〇 一九二三・一二・〇三	金山俊燮	東徳 父	軍属	戦死	迎日郡東海面林谷洞一九九
一三一二	日松丸	ルソン島マニラ	一九四五・〇二・二六 一九二七・〇九・一七	三元英成	業伊 母	軍属	戦死	安東郡安東邑西部洞一八一
一五七二	一三日峯丸	ルソン島マニラ	一九四五・〇二・二六 一九二四・〇六・三〇	藤村正義	基遠 妻	軍属	戦死	漆谷郡仁洞面仁義洞三三七
一五三三	興隆丸	黄海	一九四五・〇三・一九 ―	金山忠雄	甲 妻	軍属	戦死	永川郡華北面道川洞一一六一
六五四	燕京丸	朝鮮横道	一九四五・〇三・一八 一九二〇・〇二・二九	金田鎮泰	―	軍属	戦死	永川郡永川邑門内洞一一五
六八四	三清水山丸	佐多岬	一九四五・〇三・一八 ―	西原圭烈	―	軍属	戦死	高霊郡牛谷面大谷洞六三九
六四一	二一南進丸	仏印	一九四五・〇三・二一 一九二〇・〇三・〇一	田村相浩	―	軍属	戦死	迎日郡東海面林谷洞七七九
六四八	一二南洋丸	海南島	一九四五・〇三・二三 一九一二・一二・〇七	金陵任海	―	軍属	戦死	盈徳郡不九谷面白石洞
一一八七	道了丸	南支那海	一九四五・〇三・二三 一九二九・〇六・二五	月山正吉	―	軍属	戦死	慶山郡南川面申石洞一五〇
一四三二	荘河丸	東支那海	一九四五・〇三・二四 一九二四・〇三・二一	金田汝洋	―	軍属	戦死	尚州郡咸昌面旧郷里四三〇
六八一	一新東丸	黄海	一九四五・〇三・二六	新井在秀		軍属	戦死	善山郡善山面路上洞

			一九二八・〇三・〇二	—	—		—
六二六	秋津島丸	台湾海峡	一九四五・〇四・〇一 一九〇四・一〇・二八	木村永欽 秀吉	軍属 —	戦死	奉化郡恩威面遠化里六一〇 —
六二四	牡鹿山丸	台湾海峡	一九四五・〇四・〇一 一九二五・〇八・二三	権正吾 —	軍属 —	戦死	大邱府東雲町五〇 —
六六〇	大讓丸	黄海	一九四五・〇四・〇二 一九二二・〇七・〇七	雲井七述 —	軍属 —	戦死	金泉郡金泉邑多壽洞二三八 —
一三八〇	江戸川丸	東支那海	一九四五・〇四・〇二 一九一三・一〇・〇七	権藤庵喜 炳函	軍属 兄	戦死	漆谷郡枝川面徳山洞一四五 —
一五八四	一一播州丸	上海沖	一九四五・〇四・一二 一九〇三・〇六・一八	松山萬寧 李連	軍属 母	戦死	慶州郡甘浦邑典洞里三〇二 —
一五九八	八九播州丸	舞鶴湾	一九四五・〇四・一七 一九二五・〇三・一五	岩本學順 學作	軍属 父	戦病死	迎日郡東海面興串洞 —
一六〇〇	一六明石丸	中支沿岸	一九四五・〇四・一七 一九一七・〇七・一〇	岩本萬植 福禮	軍属 —	戦死	迎日郡東海面九萬洞 —
一六〇三	九二播州丸	五島列島	一九四五・〇四・一七 一九二一・〇五・三〇	岩本奉吉 —	軍属 —	戦死	迎日郡九龍浦邑洞亭里三区 —
一六〇四	九二播州丸	五島列島	一九四五・〇四・一七 一九二一・〇三・〇三	金井忠吉 出伊	軍属 兄	戦死	迎日郡九龍浦邑川亭里三区一〇三 —
一六〇五	九二播州丸	五島列島	一九四五・〇四・一七 一九二五・〇七・一五	金田相洙 元伊	軍属 父	戦死	迎日郡九龍浦邑三政里二区 —
一五九九	五華中丸	中支沿岸	一九四五・〇四・二五 —	岩本萬和 —	軍属 —	戦死	迎日郡只杏面牟之浦里二一七二 —
一六〇六	四〇興進丸	南西諸島	一九四五・〇四・二五 一九二三・〇八・〇八	大城允澤 石岩	軍属 父	戦死	迎日郡松羅面芳石里二区 —
一六二三	い号能代丸	本邦南東	一九四四・〇四・二六 一九二二・〇九・二二	川本正茂 清吉	軍属 兄	戦死	慶山郡安新面栗下洞二〇七 慶山郡安新面栗下洞二〇七
一六〇七	周太丸	比島 マラリア	一九四五・〇四・二八 一九二一・〇三・〇五	金圭覧 基魯	軍属 父	戦病死	迎日郡神光面上邑洞 —
一二五六	一京進丸	ミンダナオ島	一九四五・〇四・三〇 一八九九・〇四・二四	梁鳳鎬 能伊	軍属 父	戦死	迎日郡延日面中明洞九三四—三 —
一二五八	二京進丸	ミンダナオ島	一九四五・〇四・三〇 一九二四・〇二・〇七	岩本永祚 李徳春	軍属 —	戦死	迎日郡九龍浦邑九龍浦里二八二 —
一六〇一	長和丸	北海道南方海面	一九四五・〇五・〇一 一九一七・〇七・二四	渓村時雨 玄伯	軍属 父	戦死	迎日郡杞渓面縣内洞八九六 —

番号	所属	死亡場所	死亡年月日／生年月日	氏名／遺族	身分／続柄	死因	本籍／遺族住所
六七三	一五高砂丸	朝鮮海峡	一九四五・〇五・〇四 ｜	西原　毅 ｜	軍属 ｜	戦死	漆谷郡漆谷面邑内洞五七〇 ｜
六七四	晃和丸	黄海	一九四五・〇五・〇七 一九一〇・〇二・二八	金岡官逑 ｜	軍属 ｜	戦死	清道郡錦川面東谷洞六 ｜
六六八	満望丸	瀬戸内海	一九四五・〇五・二二 一九二七・〇四・一〇	金本済鎬 ｜	軍属 ｜	戦死	尚州郡洛東面洛東里二八一 ｜
一二六〇	洋制丸	レンバン沖	一九四五・〇五・一三 一九一九・〇九・一〇	大山萬宗 星本鐘善	軍属 妻	戦死	迎日郡浦項邑浦項洞一四二 ｜
一一六八	鳥取丸	マレー半島東方	一九四五・〇五・一五 一九一八・〇八・一五	高村振権 高済東	軍属 父	戦死	達城郡玄風面釜洞五三九 ｜
六六二	吉法師丸	神戸	一九四五・〇五・一八 一九二七・一二・〇五	片山在憲 ｜	軍属 ｜	戦死	金泉郡禦侮面多男洞三二三 ｜
六四二	美幸丸	黄海	一九四五・〇五・二八 一九二〇・〇四・一二	金城祖福 ｜	軍属 ｜	戦死	迎日郡松羅面業津里 ｜
六四四	北都丸	青森沖	一九四五・〇六・〇九 一九二七・〇一・一五	共田昌市 ｜	軍属 ｜	戦死	聞慶郡麻城面外於里 ｜
六八二	三信洋丸	黄海	一九四五・〇六・一一 一九二五・××・××	金子洪祚 ｜	軍属 ｜	戦死	善山郡高牙面伊永洞三八二 ｜
六五五	三信洋丸	黄海	一九四五・〇六・一一 一九二八・〇三・二三	永山正吉 ｜	軍属 ｜	戦死	永川郡大昌面新光洞一四三 ｜
一五九六	一六千歳丸	沖縄	一九四五・〇六・一四 一九二九・〇三・〇八	廣本福洙 錫龍	軍属 父	戦死	達城郡月背面上仁洞 ｜
一二四〇	菱形丸	ルソン島北部	一九四五・〇六・一五 一九二五・〇八・一〇	坂平方用 朔木	軍属 父	戦死	慶州郡山内面大賢里一三六六 ｜
一五八六	長田丸	南支那海	一九四五・〇六・二〇 一九二〇・〇五・一〇	中井耆貞 石原準	軍属 兄	戦死	善山郡海平面槐谷洞 ｜
六八三	七快進丸	山口県	一九四五・〇六・二七 一九二二・〇五・二一	金鳳俊 ｜	軍属 ｜	戦死	永川郡永川邑校村洞西一 ｜
四二五	船救七神風丸	ジャワ・ジャカルタ	一九四五・〇六・三〇 一九一九・〇九・一二	郭柳植 岩谷　璉	軍属 兄	戦病死	青松郡青松面巨大洞六 ｜
一二三九	一八盛運丸	ルソン島マニラ	一九四五・〇六・三〇 一九二二・一一・〇九	金石武雄 ｜	軍属 ｜	戦死	慶州郡甘浦邑典村里一〇一 ｜
一二五九	日光丸	ルソン島マニラ	一九四五・〇六・三〇 一九一九・一一・〇二	岩本基福 都合	軍属 母	戦死	迎日郡只杏面牟浦里七－九 ｜
一三五三	い号二大洋丸	ルソン島マニラ	一九四五・〇六・三〇	金律伊	軍属	戦死	義城郡亀川面

			一九二四・〇八・一三	―	―		―
六三〇	三竹山丸	黄海	一九四五・〇七・〇一 一九二九・〇七・一二	山本唯男 ―	軍属 ―	戦死	醴泉郡醴泉邑西本洞七八 ―
六七九	たり丸	山口県海面	一九四五・〇七・〇六 一九二九・一一・一九	井本洪瑨 ―	軍属 ―	戦死	星州郡修倫面 ―
六三二	飛鷲丸	青森港	一九四五・〇七・一四 一九二三・〇六・二四	茂山　登 ―	軍属 ―	戦死	慶州郡慶州邑城東里三一五 ―
六六五	四青函丸	津軽海峡	一九四五・〇七・一四 一九二六・〇八・〇二	戸山正庄 ―	不詳 ―	戦死	金泉郡甘文面九野一八九 ―
六二五	七洋丸	北海道北方	一九四五・〇七・一五 一九二六・一二・二八	岩村芳宏 ―	軍属 ―	戦死	奉化郡祥雲面所洞里六九一 ―
六七八	祥保丸	本邦北方	一九四五・〇七・一五 一九二七・一一・二一	柳相列 ―	軍属 ―	戦死	星州郡草田面七仙洞七四一 ―
六三九	田土丸	九州北方	一九四五・〇七・二三 一九二〇・〇九・〇二	岡田斗三 ―	軍属 ―	戦死	迎日郡滄州面三政里一九〇 ―
六四九	五八南進丸	朝鮮東南方面	一九四五・〇七・二三 一九一九・一〇・一一	金本吉成 ―	軍属 ―	戦死	盈徳郡柄谷面谷洞三六 ―
六四五	二伊勢丸	境沖七浬	一九四五・〇七・二五 一九一一・一一・一〇	西原一雄 ―	軍属 ―	戦死	聞慶郡虎渓面亀山里九〇 ―
六三四	雄進丸	朝鮮海峡	一九四五・〇七・二九 一九二六・一〇・二九	金壽福 ―	軍属 ―	戦死	慶州郡陽北面甘川里 ―
六五三	昭陸丸	朝鮮海峡	一九四五・〇七・二九 一九一六・一二・一四	金子幸吉 ―	軍属 ―	戦死	永川郡琴湖面大谷洞三九五 ―
六三七	光裕丸	朝鮮海峡	一九四五・〇八・〇八 一九二二・〇八・〇四	光山久夫 ―	軍属 ―	戦死	迎日郡浦項由布斗湖洞八一 ―
六四〇	二日進丸	下関海峡	一九四五・〇八・一一 一九二二・一一・二八	清川粉祥 ―	軍属 ―	戦死	迎日郡曲江面鳥島洞三一一 ―
一六一五	君津山丸	呉軍港	一九四五・〇八・一二 一九二九・〇八・二〇	岩村桂徳 ××	軍属 ―	戦死	迎日郡只杏面霊岩里 ―
一六六九	一五日之出丸	ダバオ湾 マラリア	一九四五・〇八・一三 一九〇〇・〇一・二七	今川頓秀 蘭子	軍属 妻	戦病死	慶州郡陽南面環西里五四九 ―
一二九五	彦島丸	パラオ島	一九四五・〇八・一七 一九二七・〇一・二〇	李泰鉉 道碩	軍属 父	戦死	青松郡安徳面紙所洞三九〇 ―

◎全羅南道　二八九二名

原簿番号	所属	死亡場所 死亡事由	死亡年月日 生年月日	創氏名・姓名 親権者	階級 関係	死亡区分	本籍地 親権者住所
二一一八	大湊海軍施設部	八丈島北西	一九四四・〇一・二七 一九一三・〇三・一〇	宮本達圭 陽川・達竹	軍属 妹	戦死	済州島朝天面北村里一三四九 済州島朝天面区海洞
一九五八	大湊海軍施設部	北太平洋	一九四三・〇八・一二 一九二八・〇二・一〇	山本基洪 ―	軍属 ―	戦死	高興郡浦頭面上大里八二二 ―
二二六九	大湊海軍施設部	北太平洋	一九四四・〇五・三一 一九〇七・〇九・〇三	木村世萬 京玉・善林	軍属 父・妻	戦死	順天郡三山回西島里八四二 ―
二二二一	大湊海軍施設部	北太平洋	一九四四・〇九・二六 一九一六・〇六・二二	清井泗澤 ―	軍属 ―	戦死	済州島済州邑回泉里二七三―二 ―
二二三一	大湊海軍施設部	北太平洋	一九四四・〇九・二六 ―	西原炳禄 西原仁桂	軍属 父	戦死	珍島郡石那面芝幕里一五〇九 ―
一九三八	大湊海軍施設部	北太平洋	一九四四・一〇・二五 一九二一・〇三・二五	金山俠順 本人	軍属 戸主	戦死	順天郡上沙面道日里 ―
一九四〇	大湊海軍施設部	北太平洋	一九四五・〇六・一八 ―	新山炳渕 貴女	軍属 母	戦死	順天郡順天邑玉川里二一六 ―
一九四三	大湊海軍施設部	北太平洋	一九四四・一〇・二五 ―	田中庄一 甲乙	軍属 妻	戦死	順天郡海龍面上内里 ―
一九四四	大湊海軍施設部	北太平洋	一九四四・一〇・二五 一九二一・一〇・一九	宮本松雄 ―	軍属 ―	戦死	順天郡外西面新徳里二八二 ―
一九五九	大湊海軍施設部	北太平洋	一九四四・一〇・二五 ―	金八用 花子	軍属 妻	戦死	高興郡豊陽面豊陽里 ―
一九六二	大湊海軍施設部	北太平洋	一九四四・一〇・二五 一九一〇・〇七・二三	高田珉雨 良湾・福牙	軍属 兄・妻	戦死	高興郡道陽面鳳岩里一九〇二 ―
一九六五	大湊海軍施設部	北太平洋	一九四四・一〇・二五 一九一一・〇一・〇九	豊田善洪 かず子	軍属 妻	戦死	高興郡道陽面宮里一三四〇 ―
一九七六	大湊海軍施設部	北太平洋	一九四四・一〇・二五 一九〇三・〇四・一三	新本多出 ―	軍属 ―	戦死	寶城郡蘆洞面廣谷里四四 ―
一九七七	大湊海軍施設部	北太平洋	一九四四・一〇・二五 一九一二・一二・〇四	松原政男 伸禮	軍属 妻	戦死	寶城郡文徳面本橋里九四 ―
一九八一	大湊海軍施設部	北太平洋	一九四四・一〇・二五 ―	松原煥柱 泰魚・申福	軍属 父・妻	戦死	寶城郡文徳面東橋里九四 ―
一九八二	大湊海軍施設部	北太平洋	一九四四・一〇・二五 ―	河原海仁 仙葉	軍属 妻	戦死	寶城郡廉百面道安里 ―

番号	所属	場所	年月日	氏名	続柄	区分	本籍
一九九五	大湊海軍施設部	北太平洋	一九四四・一〇・二五	木村徳行	軍属	戦死	康津郡兵営面東朔半里一七八
			一九一三・〇一・一八	玉仙	妻		—
一九九六	大湊海軍施設部	北太平洋	一九四四・一〇・二五	金福烈	軍属	戦死	康津郡兵営面三仁里二九〇
			一九二二・一〇・〇四	萬徳	妻		—
一九九九	大湊海軍施設部	北太平洋	一九四四・一〇・二五	伊泉晋燮	軍属	戦死	康津郡道岩面石門里一〇一四
			—	順園	妻		—
二〇四九	大湊海軍施設部	北太平洋	一九四四・一〇・二五	間宮　保	軍属	戦死	灵光郡白山田面荘山里
			—	間宮文化吉	父		—
二〇六〇	大湊海軍施設部	北太平洋	一九四四・一〇・二五	張聞辰杓	軍属	戦死	咸平郡咸平面潭良里四七三
			一九二一・一二・二六	福順	妻		—
二〇八九	大湊海軍施設部	北太平洋	一九四四・一〇・二五	山井豊権・石山清一	軍属	戦死	麗水郡栄村面月山里四六五
			一九一六・〇三・二〇	山井重権	父		—
二〇九〇	大湊海軍施設部	北太平洋	一九四四・一〇・二五	木下栄吉	軍属	戦死	麗水郡軍陽面羅陣里
			—	山本ハル	妻		—
二一〇二	大湊海軍施設部	北太平洋	一九四四・一〇・二五	農山斗場	軍属	戦死	済州島翰林面帰徳里
			一九一二・〇三・〇四	農山雩返	父		—
二一〇八	大湊海軍施設部	北太平洋	一九四四・一〇・二五	金谷星浩	軍属	戦死	済州島安徳面柑山里三三一
			一九〇四・〇六・二六	金谷達亨・千生	父・妻		—
二一〇九	大湊海軍施設部	北太平洋	一九四四・一〇・二五	東和文体	軍属	戦死	済州島西帰面東烘里一一五
			一九一一・〇二・一五	東和春淑	父		—
二一一三	大湊海軍施設部	北太平洋	一九四四・一〇・二五	金田斗銀	軍属	戦死	済州島涯月面納邑里一六三六
			一九一五・〇七・一五	金田唱厚・雲鳳	父・長男		—
二一一六	大湊海軍施設部	北太平洋	一九四四・一〇・二五	大村圭一	軍属	戦死	済州島涯月面光令里八三
			一九一七・一〇・二九	高洽・桂子	父・妻		—
二一一七	大湊海軍施設部	北太平洋	一九四四・一〇・二五	三神茂圭	軍属	戦死	済州島涯月面於道里三八四六
			—	王花	妻		—
二一一九	大湊海軍施設部	北太平洋	一九四四・一〇・二五	金山公作	軍属	戦死	済州島朝天面朝天里二五一一
			一九二三・〇一・一七	金山正立	父		—
二一二〇	大湊海軍施設部	北太平洋	一九四四・一〇・二五	金城宣吉	軍属	戦死	済州島済州邑老衡里二〇六一
			一九二二・一一・二〇	金城文雄・佳才	父・妻		—
二一二三	大湊海軍施設部	北太平洋	一九四四・一〇・二五	宮本昌化	軍属	戦死	済州島済州邑三徒里七三
			一九二二・〇三・二三	—	—		—
二一二四	大湊海軍施設部	北太平洋	一九四四・一〇・二五	金本照雄	軍属	戦死	済州島済州邑龍崗里
			一九一四・〇五・二八	美佐子	妻		—
二一三一	大湊海軍施設部	北太平洋	一九四四・一〇・二五	宮本奉吉	軍属	戦死	済州島翰林面明月里

			一八九五・〇五・〇三	—	—		—
二一三三	大湊海軍施設部	北太平洋	一九四四・一〇・二五	許　錫	軍属	戦死	羅州郡栄山浦邑三栄里六二
			一九二一・〇一・一六	圭賀・良令	兄・母		—
二一三七	大湊海軍施設部	北太平洋	一九四四・〇九・二六	新井福賢	軍属	戦死	羅州郡羅州邑土界里五〇九
			一九一八・〇五・二五	順七	父		—
二一三九	大湊海軍施設部	北太平洋	一九四四・一〇・二五	黄義宗	軍属	戦死	羅州郡嬏南面徳山里九六
			一九〇七・〇四・一五	順禮	妻		—
二一四一	大湊海軍施設部	北太平洋	一九四四・一〇・二五	宇木田順植	軍属	戦死	羅州郡多侍面永同里六八〇
			—	本心	妻		—
二一四三	大湊海軍施設部	北太平洋	一九四四・一〇・二五	田中在京	軍属	戦死	長興郡長興邑築内里二二一
			一九〇五・〇一・〇二	千任	妻		—
二一四五	大湊海軍施設部	北太平洋	一九四四・一〇・二五	三綿文燮	軍属	戦死	長興郡有治面五福里
			一九二二・一二・一五	—	—		—
二一六三	大湊海軍施設部	北太平洋	一九四四・一〇・二四	豊川秉洛・盧炳洛	軍属	戦死	海南郡松有面小竹里五三二
			一九〇七・一〇・一五	萬葉	母		—
二一六二	大湊海軍施設部	北太平洋	一九四四・一〇・二五	青木永仁	軍属	戦死	海南郡三山面新興里四七二
			—	青木水炅・秀子	兄・妻		—
二一七二	大湊海軍施設部	北太平洋	一九四四・一〇・二五	陽川時化	軍属	戦死	光陽郡津上面於時里一五一
			一九一八・〇四・〇六	金得・奉順	兄・母		—
二一七〇	大湊海軍施設部	北太平洋	一九四四・一〇・二五	國本康来	軍属	戦死	光陽郡津月面馬龍里七七七
			一九二六・一一・一五	起弘・永受	父・妻		—
二一八三	大湊海軍施設部	北太平洋	一九四四・一〇・二五	木下古美	軍属	戦死	務安郡安佐面馬津里二二三
			一九一〇・〇六・一〇	花葉	妻		—
二一九〇	大湊海軍施設部	北太平洋	一九四四・一〇・二五	木村斗運	軍属	戦死	莞島郡青山面麗瑞里二七五
			一九一〇・〇三・一五	芳子	妻		—
二一九一	大湊海軍施設部	北太平洋	一九四四・一〇・二五	良本會炫	軍属	戦死	莞島郡青山面邑里一二三
			—	良本宗玉・有今	父・妻		—
二五六六	大湊海軍施設部	北太平洋	一九四四・一〇・二五	高田冠允	軍属	戦死	済州島済州邑二徒里九五七
			一九二六・〇八・〇九	如玉	母		済州島済州邑健入里一四二三
二二二八	大湊海軍施設部	北太平洋	一九四四・一〇・二五	山本一郎	軍属	戦死	珍島郡義新面草四里
			—	みつ子	妻		—
二二二九	大湊海軍施設部	北太平洋	一九四四・一〇・二五	伊泉炳彩	軍属	戦死	珍島郡義新面七田里
			一九一九・〇九・一二	伊泉鳳徹	父		—
二二三〇	大湊海軍施設部	北太平洋	一九四四・一〇・二五	岩村源次郎	軍属	戦死	珍島郡義新面草四里
			—	貴正	妻		—

二三二七	大湊海軍施設部	北太平洋	一九四五・〇五・〇一	一九二七・〇二・一五	岩村明義	—	軍属	—	戦死	珍島郡義新面蓮珠里	—
一九七九	大湊海軍施設部	北太平洋	一九四五・〇六・一八	一九二二・〇五・二七	青川淳基	炫楚・必淳	軍属	父・妻	戦死	寶城郡会泉面花竹里七九四	—
一九八四	大湊海軍施設部	北太平洋	一九四五・〇六・一八	一九二〇・〇五・一九	金龍鉉	再煥・三順	軍属	父・母	戦死	寶城郡福内面龍洞里一二九	寶城郡福内面磐石里四〇一
二二六九	大湊海軍施設部	北太平洋	一九四五・〇六・一八	—	中島周容	中島枰烈・基順	軍属	父・母	戦死	海南郡骨若面黄金里八八三	—
二二七五	大湊海軍施設部	北太平洋	一九四五・〇六・一八	—	永井絶坤	永井漢坤・安仙	軍属	兄・妻	戦死	光陽郡光陽面邑内里一三六	—
二二七九	大湊海軍施設部	北太平洋	一九四五・〇六・一八	一九二七・〇三・一〇	金　同	次直	軍属	母	戦死	光陽郡光陽面邑内里一三二	光陽郡星里四四八
二二八〇	大湊海軍施設部	北太平洋	一九四五・〇六・一八	—	平木鎔洙	平木軫至	軍属	父	戦死	光陽郡光陽面世豊里三九七	—
二二八一	大湊海軍施設部	北太平洋	一九四五・〇六・一八	—	金原鶴守	金原泰俑・武彦	軍属	父・母	戦死	光陽郡津月面吉里一一六八	—
二〇一七	大湊海軍施設部	千島方面	一九四四・〇九・二六	一九一八・〇九・〇三	柳川在金	—	軍属	—	戦死	和順郡道谷面谷里	—
二〇二六	大湊海軍施設部	千島方面	一九四四・〇九・二六	一九一八・〇一・一六	趙三奉	—	軍属	—	戦死	和順郡北面蘆基里	—
二〇二七	大湊海軍施設部	千島方面	一九四四・一〇・二五	一九〇七・〇七・二六	金本孝一	—	軍属	—	戦死	灵光郡西面鶴丁里	—
二一九四	大湊海軍施設部	千島方面	一九四四・一〇・二五	一九〇八・一二・一三	福田石台	萬作・廣心	軍属	父・妻	戦死	莞島郡所安面梨月里六三三	—
二一九五	大湊海軍施設部	千島方面	一九四四・一〇・二五	一九一一・一二・〇五	平山熙文	熙五・連任	軍属	兄・妻	戦死	莞島郡所安面珍山里六七	—
二一九七	大湊海軍施設部	千島方面	一九四四・一〇・二五	一九一六・〇四・二五	呉本守業	—	軍属	—	戦死	長城郡北上里龍谷里	—
二〇三四	大湊海軍施設部	千島方面	一九四五・〇五・〇一	一九二二・一二・三一	玉山斗萬	—	軍属	—	戦死	灵光郡塩山面上渓里	—
二〇三五	大湊海軍施設部	千島方面	一九四五・〇五・〇一	一九一八・〇七・二七	金陣吉	—	軍属	—	戦死	灵光郡仏甲面連務里	—
二〇五五	大湊海軍施設部	千島方面	一九四五・〇五・〇一	一九二〇・〇七・二三	金本三郎	寶鈴	軍属	—	戦死	咸平郡新光面松土里三四一	—
二〇五九	大湊海軍施設部	千島方面	一九四五・〇五・一〇		豊川宰玉		軍属		戦死	咸平郡鶴林面白湖里	

			一九一七・〇三・〇一	—	—		—
二二二七	大湊海軍施設部	千島方面	一九四五・〇五・〇一	完山鉉徳	軍属	戦死	済州島翰林面今岳里
			一九二一・〇三・一三	—	—		—
二二二八	大湊海軍施設部	千島方面	一九四五・〇五・〇一	朴周煥	軍属	戦死	済州島××面新州里
			一九一四・〇八・〇六	—	—		—
二二三二	大湊海軍施設部	千島方面	一九四五・〇五・〇一	郭山永碩	軍属	戦死	羅州郡栄山浦邑栄山里
			一九二三・〇三・二六	—	—		—
二二六七	大湊海軍施設部	千島方面	一九四五・〇五・〇一	金本和鉉	軍属	戦死	海南郡花源面投函里
			一九二〇・一一・一五	—	—		—
二二七一	大湊海軍施設部	千島方面	一九四五・〇六・一八	西原靍鎬	軍属	戦死	光陽郡多鴨面高士里三三
			—	任洪・阿南	父・母		—
二二七七	大湊海軍施設部	千島方面	一九四五・〇六・一八	金澤正雄	軍属	戦死	光陽郡光陽面邑内里三
			一九二五・〇四・一三	金澤客文・萬今	父・母		—
二〇一三	大湊海軍施設部	青森県大湊	一九四四・一一・〇三	光原在玉	軍属	死亡	灵巌郡三湖面望山里八二五
			—	—	—		—
二一〇一	大湊海軍施設部	青森県大湊	一九四四・一一・三〇	文採九	軍属	戦死	麗水郡麗水邑一二三五
			—	—	—		—
一九八八	大湊海軍施設部	青森県大湊	一九四四・一二・二六	武洲洞承	軍属	死亡	寶城郡得粮面松谷里
			—	—	—		—
二〇〇〇	大湊海軍施設部	北海道千歳	一九四五・〇二・〇三	柳己金	軍属	死亡	康津郡道岩面龍華里二一七
			—	—	—		—
二二四二	大湊海軍施設部	北海道千歳	一九四五・〇四・二九	張阿只	軍属	死亡	光山郡西倉面細荷里七〇
			—	—	—		—
一九四五	大湊海軍施設部	舞鶴湾内	一九四五・〇八・二四	藤村宗吉	軍属	死亡	順天郡外西面新徳里二八七
			—	—	—		—
一九四六	大湊海軍施設部	舞鶴湾内	一九四五・〇八・二四	金山三郎	軍属	死亡	順天郡順天邑南亭里
			—	—	—		—
一九四七	大湊海軍施設部	舞鶴湾内	一九四五・〇八・二四	中山啓子	軍属	死亡	順天郡順天邑南亭里
			—	—	—		—
一九四八	大湊海軍施設部	舞鶴湾内	一九四五・〇八・二四	中山幸子	軍属	死亡	順天郡順天邑南亭里
			—	—	—		—
一九七二	大湊海軍施設部	舞鶴湾内	一九四五・〇八・二四	松原基太	軍属	死亡	高興郡占岩面揚蛇里
			—	—	—		—
一九七三	大湊海軍施設部	舞鶴湾内	一八四五・〇八・二四	山田美順	軍属	死亡	高興郡東江面
			—	—	—		—

一九八七	大湊海軍施設部	舞鶴湾内	一八四五・〇八・二四	横山三郎	軍属	死亡	寶城郡鳥城面花渓里
二〇〇八	大湊海軍施設部	舞鶴湾内	一九四五・〇八・二四	松原明続	軍属	死亡	灵巌郡都浦面安豊里
二〇〇九	大湊海軍施設部	舞鶴湾内	一九四五・〇八・二四	梁川圭鎬	軍属	死亡	灵巌郡都浦面鳳湖里
二〇一〇	大湊海軍施設部	舞鶴湾内	一九四五・〇八・二四	重光成洙	軍属	死亡	灵巌郡都浦面徳化里
二〇一一	大湊海軍施設部	舞鶴湾内	一九四五・〇八・二四	福田鶴秀	軍属	死亡	灵巌郡灵巌邑会門里
二〇二〇	大湊海軍施設部	舞鶴湾内	一九四五・〇八・二四	平沢量信	軍属	死亡	和順郡北面院里
二〇二一	大湊海軍施設部	舞鶴湾内	一九四五・〇八・二四	玄仁錫	軍属	死亡	和順郡北面二川里
二〇二二	大湊海軍施設部	舞鶴湾内	一九四五・〇八・二四	金學順	軍属	死亡	和順郡同福面独上里
二〇二三	大湊海軍施設部	舞鶴湾内	一九四五・〇八・二四	宮田五得	軍属	死亡	和順郡南面碧松里
二〇二四	大湊海軍施設部	舞鶴湾内	一九四五・〇八・二四	柳京三	軍属	死亡	和順郡和順面新基里
二〇二五	大湊海軍施設部	舞鶴湾内	一九四五・〇八・二四	屋村正雄	軍属	死亡	和順郡和順面枝里
二〇三六	大湊海軍施設部	舞鶴湾内	一九四五・〇八・二四	松永正雄	軍属	死亡	灵光郡灵光面道東里
二〇三七	大湊海軍施設部	舞鶴湾内	一九四五・〇八・二四	藤原起相	軍属	死亡	灵光郡灵光面南川里
二〇三八	大湊海軍施設部	舞鶴湾内	一九四五・〇八・二四	木本弘仲	軍属	死亡	灵光郡灵光面松鶴里
二〇三九	大湊海軍施設部	舞鶴湾内	一九四五・〇八・二四	豊山亘範	軍属	死亡	霊光郡天馬面花東里
二〇四〇	大湊海軍施設部	舞鶴湾内	一九四五・〇八・二四	金光秀栄	軍属	死亡	霊光郡天馬面花東里
二〇四一	大湊海軍施設部	舞鶴湾内	一九四五・〇八・二四	三栈局煥	軍属	死亡	霊光郡白山田面下沙里
二〇四二	大湊海軍施設部	舞鶴湾内	一九四五・〇八・二四	藤本辰成	軍属	死亡	霊光郡法聖面鎮内里

二〇四三	大湊海軍施設部	舞鶴湾内	一九四五・〇八・二四	白木南奇	軍属	死亡	霊光郡仏用面雙雲里
二〇四四	大湊海軍施設部	舞鶴湾内	一九四五・〇八・二四	新井東嬉	軍属	死亡	霊光郡霊光面丹朱里
二〇四五	大湊海軍施設部	舞鶴湾内	一九四五・〇八・二四	増川大運	軍属	死亡	灵光郡仏用面白松里
二〇四六	大湊海軍施設部	舞鶴湾内	一九四五・〇八・二四	木山相烈	軍属	死亡	灵光郡大馬面永坪里
二〇四七	大湊海軍施設部	舞鶴湾内	一九四五・〇八・二四	李永珍	軍属	死亡	灵光郡××面×谷里
二〇四八	大湊海軍施設部	舞鶴湾内	一九四五・〇八・二四	呉原相煥	軍属	死亡	灵光郡灵光面校村里
二〇五〇	大湊海軍施設部	舞鶴湾内	一九四五・〇八・二四	渭川英洙	軍属	死亡	灵光郡塩山面上渓里
二〇五一	大湊海軍施設部	舞鶴湾内	一九四五・〇八・二四	栗原明模	軍属	死亡	灵光郡白山田面芝山里
二〇五二	大湊海軍施設部	舞鶴湾内	一九四五・〇八・二四	金在奎	軍属	死亡	灵光郡白山田面天×里
二〇八二	大湊海軍施設部	舞鶴湾内	一九四五・〇八・二四	金海亮惣	軍属	死亡	求禮郡求禮面鳳北里
二〇八三	大湊海軍施設部	舞鶴湾内	一九四五・〇八・二四	安田太郎	軍属	死亡	求禮郡求禮面鳳南里
二〇八四	大湊海軍施設部	舞鶴湾内	一九四五・〇八・二四	玉永極	軍属	死亡	求禮郡馬山面冷泉里
二〇八五	大湊海軍施設部	舞鶴湾内	一九四五・〇八・二四	良原完植	軍属	死亡	求禮郡光陽面芝川里
二〇九一	大湊海軍施設部	舞鶴湾内	一九四五・〇八・二四	岡村一清	軍属	死亡	麗水郡定山面郡内里
二〇九二	大湊海軍施設部	舞鶴湾内	一九四五・〇八・二四	金光輝雄	軍属	死亡	麗水郡麗水邑東町市場内
二〇九三	大湊海軍施設部	舞鶴湾内	一九四五・〇八・二四	利川東根	軍属	死亡	麗水郡麗水邑南陽街二丁目
二〇九四	大湊海軍施設部	舞鶴湾内	一九四五・〇八・二四	×相瑢	軍属	死亡	麗水郡麗水邑東町

二〇九五	大湊海軍施設部	舞鶴湾内	一九四五・〇八・二四	金海重基	軍属	死亡	麗水郡麗水邑昭和町
二〇九六	大湊海軍施設部	舞鶴湾内	一九四五・〇八・二四	新井又淳	軍属	死亡	麗水郡麗水邑麗西里
二〇九七	大湊海軍施設部	舞鶴湾内	一九四五・〇八・二四	朴又萬	軍属	死亡	麗水郡麗水邑梅成旅館
二〇九八	大湊海軍施設部	舞鶴湾内	一九四五・〇八・二四	成田台慶	軍属	死亡	麗水郡麗水邑西理髪館
二一〇〇	大湊海軍施設部	舞鶴湾内	一九四五・〇八・二四	柳在吉	軍属	死亡	麗水郡栗村面月山里
二一四六	大湊海軍施設部	舞鶴湾内	一九四五・〇八・二四	吉川福同	軍属	死亡	長興郡安良面水門里
二一四七	大湊海軍施設部	舞鶴湾内	一九四五・〇八・二四	松本三岩	軍属	死亡	長興郡長興邑東洞里
二一四八	大湊海軍施設部	舞鶴湾内	一九四五・〇八・二四	金井武星	軍属	死亡	長興郡安良面沙村里
二一四九	大湊海軍施設部	舞鶴湾内	一九四五・〇八・二四	木東春和	軍属	死亡	長興郡長平面復興里
二一五〇	大湊海軍施設部	舞鶴湾内	一九四五・〇八・二四	木川六任	軍属	死亡	長興郡天山面九龍里
二一五一	大湊海軍施設部	舞鶴湾内	一九四五・〇八・二四	和田聖圭	軍属	死亡	長興郡天山面基洞里
二一五二	大湊海軍施設部	舞鶴湾内	一九四五・〇八・二四	延春三吉	軍属	死亡	長興郡天安面内安里
二一五三	大湊海軍施設部	舞鶴湾内	一九四五・〇八・二四	藤原太	軍属	死亡	長興郡長東面朝陽里
二一五四	大湊海軍施設部	舞鶴湾内	一九四五・〇八・二四	金星斗泰	軍属	死亡	長興郡長興邑東洞里
二一五五	大湊海軍施設部	舞鶴湾内	一九四五・〇八・二四	宋賛瓦	軍属	死亡	長興郡長興邑東洞里
二一五六	大湊海軍施設部	舞鶴湾内	一九四五・〇八・二四	金光賛中	軍属	死亡	長興郡冠山面松村里
二一五七	大湊海軍施設部	舞鶴湾内	一九四五・〇八・二四	木田炳中	軍属	死亡	長興郡冠山面傍村里
二一五八	大湊海軍施設部	舞鶴湾内	一九四五・〇八・二四	文江泉福	軍属	死亡	長興郡有台面大里

二一五九	大湊海軍施設部	舞鶴湾内	一九四五・〇八・二四	文元秉徳	軍属	死亡	長興郡有治面大里
二一六〇	大湊海軍施設部	舞鶴湾内	一九四五・〇八・二四	天野亨在	軍属	死亡	長興郡冠山面夫平里
二一六一	大湊海軍施設部	舞鶴湾内	一九四五・〇八・二四	木村仁完	軍属	死亡	長興郡有沼面大川里
二一八二	大湊海軍施設部	舞鶴湾内	一九四五・〇八・二四	金城朱連	軍属	死亡	光陽郡多鴨面錦川里
二二〇〇	大湊海軍施設部	舞鶴湾内	一九四五・〇八・二四	金光永哲	軍属	死亡	長城郡長城邑鈴泉里
二二〇一	大湊海軍施設部	舞鶴湾内	一九四五・〇八・二四	渓本原元	軍属	死亡	長城郡北面聖徳里
二二〇二	大湊海軍施設部	舞鶴湾内	一九四五・〇八・二四	金鏡萬	軍属	死亡	長城郡長城邑丹光里
二二〇三	大湊海軍施設部	舞鶴湾内	一九四五・〇八・〇四	宋金岩	軍属	死亡	長城郡長城邑鈴泉里
二二〇四	大湊海軍施設部	舞鶴湾内	一九四五・〇八・二四	李貴男	軍属	死亡	長城郡長城邑聖山里
二二〇五	大湊海軍施設部	舞鶴湾内	一九四五・〇八・二四	金海官岩	軍属	死亡	長城郡長城邑聖山里
二二〇六	大湊海軍施設部	舞鶴湾内	一九四五・〇八・二四	孔本藤用	軍属	死亡	長城郡北二面晩舞里
二二〇七	大湊海軍施設部	舞鶴湾内	一九四五・〇八・二四	泰川成淵	軍属	死亡	長城郡北一面文岩里
二二〇八	大湊海軍施設部	舞鶴湾内	一九四五・〇八・二四	柳禎思	軍属	死亡	長城郡北二面虎峴里
二二〇九	大湊海軍施設部	舞鶴湾内	一九四五・〇八・二四	江鎮鶴	軍属	死亡	長城郡北一面泊山里
二二一〇	大湊海軍施設部	舞鶴湾内	一九四五・〇八・二四	金本奎彩	軍属	死亡	長城郡長城邑冷泉里
二二一一	大湊海軍施設部	舞鶴湾内	一九四五・〇八・二四	金光炳洙	軍属	死亡	長城郡北二面白岩里
二二一二	大湊海軍施設部	舞鶴湾内	一九四五・〇八・二四	金光千逑	軍属	死亡	長城郡森渓面×少里

二二一三	大湊海軍施設部	舞鶴湾内	一九四五・〇八・二四	孔部中烈	軍属	死亡	長城郡北一面聖徳里
二二一四	大湊海軍施設部	舞鶴湾内	一九四五・〇八・二四	河原正鉉	軍属	死亡	長城郡北一面文岩里
二二一五	大湊海軍施設部	舞鶴湾内	一九四五・〇八・二四	東原甲尚	軍属	死亡	長城郡森渓面水玉里
二二一六	大湊海軍施設部	舞鶴湾内	一九四五・〇八・二四	林鐘淵	軍属	死亡	長城郡森渓面月淵里
二二一七	大湊海軍施設部	舞鶴湾内	一九四五・〇八・二四	李山如和	軍属	死亡	長城郡長城邑鈴泉里
二二一八	大湊海軍施設部	舞鶴湾内	一九四五・〇八・二四	中本正朱	軍属	死亡	長城郡北二面白巖里
二二一九	大湊海軍施設部	舞鶴湾内	一九四五・〇八・二四	松原順基	軍属	死亡	長城郡北二面五山里
二二二〇	大湊海軍施設部	舞鶴湾内	一九四五・〇八・二四	昌山祖燮	軍属	死亡	長城郡長城邑鈴泉里
二二二一	大湊海軍施設部	舞鶴湾内	一九四五・〇八・二四	白奥玉	軍属	死亡	長城郡黄龍面月坪里
二二二二	大湊海軍施設部	舞鶴湾内	一九四五・〇八・二四	李康自	軍属	死亡	長城郡黄龍面月坪里
二二二三	大湊海軍施設部	舞鶴湾内	一九四五・〇八・二四	松原奉柱	軍属	死亡	長城郡森渓面鉢山里・岐山里
二二二四	大湊海軍施設部	舞鶴湾内	一九四五・〇八・二四	金山憲冠	軍属	死亡	長城郡長城邑聖山里
二二二五	大湊海軍施設部	舞鶴湾内	一九四五・〇八・二四	松本均燮	軍属	死亡	長城郡北一面新興里
二二二六	大湊海軍施設部	舞鶴湾内	一九四五・〇八・二四	林玄澤	軍属	死亡	長城郡南面三台里
二二四八	大湊海軍施設部	舞鶴湾内	一九四五・〇八・二四	松平点童	軍属	死亡	谷城郡兼面平草里
二二四九	大湊海軍施設部	舞鶴湾内	一九四五・〇八・二四	裵八奉	軍属	死亡	谷城郡玉果面玉果里
二二五〇	大湊海軍施設部	舞鶴湾内	一九四五・〇八・二四	金光堅洙	軍属	死亡	谷襄軍兼面上徳里
二二五七	大湊海軍施設部	舞鶴湾内	一九四五・〇八・二四	岡村春子	軍属	死亡	光州府林町二五五

八	大湊海軍防備戦隊	秋田赤十字病院	｜ 一九四五・一〇・〇二 一九二六・一二・一四	｜ 金川鍾奎 小禮	｜ 上機 母	死亡	｜ 羅州郡金川面月山里二二〇
二八八六	沖縄根拠地隊司令部	沖縄	一九四五・〇六・一四 一九二三・一二・二六	金本成坤 金本瑞律	軍属 ｜	戦死	莞島郡所安面梨月里 ｜
二八八七	沖縄根拠地隊司令部	沖縄	一九四五・〇六・一四 一九二三・〇八・〇八	金本斗彬 元吉	軍属 ｜	戦死	莞島郡所安面榧子里 ｜
九七八	海軍水路部	南洋群島方面	一九四三・一〇・三一 一九二七・〇七・二五	新城瑄圭 平岳	軍属 母	戦死	莞島郡新安面榧子里一九一〇 莞島郡新安面榧子里一九一〇
二三〇七	海軍水路部	本州南方海面	一九四四・〇八・〇四 一九〇七・〇三・〇三	西原七龍 炳基・一娘	軍属 父・妻	戦死	済州島大静面上摹里一三一 ｜
二三〇八	海軍水路部	本州南方海面	一九四四・〇八・〇四 一九一八・〇九・一六	木下仁珍 致弘・玉淳	軍属 戸主・妻	戦死	済州島大静面上摹里一四〇六〇 ｜
二八一二	海南島海軍施設部	香港 脚気	一九四五・〇七・一四 一九一二・〇五・二〇	朴大海 朴昌言	軍属 父	戦病死	潭陽郡昌平面三川里 潭陽郡方西面甫村里
九六二	海南島特別陸戦隊	海南島近海	一九四二・〇二・一三 一九二七・〇四・〇八	白川幸男 長太郎	軍属 父	戦死	長城郡北下面月城里二五八 長城郡北下面月城里二五八
二八八三	海南島海軍警備隊	海南島	一九四五・一〇・二五 一九一〇・〇三・一七	朴奉祉・青山奉祉 ｜	軍属 ｜	戦死	羅州郡羅州邑三都里一二六八
二〇	北フィリピン航空隊	ルソン島バヨンボン	一九四五・〇六・〇一 一九二五・〇一・二七	金川富吉 金川炳鉉	整長 父	戦病死	灵光郡郡浦面元頂里四〇四 ｜
二七四二	基隆海軍運輸部	台湾	一九四五・〇三・三一 ｜	國村三壽 蓮玉	軍属 妻	戦死	木浦府陽洞 ｜
二四三二	呉海軍施設部	広島県 心臓麻痺	一九四四・一〇・二〇 一九二三・〇五・〇二	金田甲彬 ｜	軍属 ｜		高興郡道化面徳忠里五七 ｜
二四三一	呉海軍施設部	香川県 脊髄炎	一九四五・〇三・三一 一九一九・〇二・二〇	新本用鶴 ｜	軍属 ｜	死亡	高興郡豊陽面梅谷里六三二 ｜
二四八九	呉海軍施設部	宮崎県	一九四五・〇四・二八 一九二〇・一〇・一五	呉吉善 ｜	軍属 ｜	戦死	務安郡三郷面龍浦里一二九 ｜
二三三九	呉海軍施設部	大分県	一九四五・〇五・一三 一九一八・一〇・二九	永山一峯 ｜	軍属 ｜	死亡	光州郡大村面昇村里四六 ｜
二四五七	呉海軍施設部	山口県光市	一九四五・〇六・二〇 一九二〇・一〇・一七	裵城成南 ｜	軍属 ｜	戦死	長興郡冠山面龍田里一八八 ｜
二六七六	佐世保海軍施設部	長崎県	一九四二・一〇・一一 一九一九・一一・一四	金澤成河 ｜	軍属 ｜	死亡	灵巖郡都弥面元項里 ｜

二六四八	佐世保海軍施設部	長崎県	一九四三・〇四・〇二	大城法錫	軍属	戦死	順天郡別良面元倉里五三
			一九二一・〇九・三〇	大城生九	父		順天郡別良面元倉里四三
二六九一	佐世保海軍施設部	長崎県川棚町	一九四三・一一・〇二	鳩山達鎮	軍属	死亡	羅州郡旺谷面徳山里五二七
			一九一九・〇七・〇五	益徳	妻		ー
二六六五	佐世保海軍施設部	長崎県	一九四四・〇九・一二	木川秀男	軍属	死亡	高興郡過駅面過駅里八五九
			一九一五・一二・〇二	浪子	妻		ー
二六四七	佐世保海軍施設部	大村市	一九四四・一〇・二五	松原錩柱（ママ）	軍属	戦死	順天郡×沙面徳月里一七八八
			一九一九・一一・二三	松原錩柱	父		順天郡×沙面徳月里一七八八
二七八一	佐世保海軍施設部	宇治島	一九四四・一一・〇八	原田貴男	軍属	戦死	寶城郡文徳面鳳甲里七八七
			一九一三・一二・一六	性浩	父		寶城郡文徳面鳳甲里七八七
二七九一	佐世保海軍施設部	大村市	一九四四・一〇・二五	陣本陣泰	軍属	戦死	康津郡康津邑道龍里
			ー	武夫	実子		ー
二七九四	佐世保海軍施設部	宇治島	一九四四・一一・〇八	金太興	軍属	戦死	灵巌郡律面灵萬里七四二
			一九一三・〇三・二〇	金明烈	父		ー
二六三九	佐世保海軍施設部	鹿児島県	一九四五・〇一・二三	利川相寛	軍属	死亡	光山郡大村面九沼里六三三
			一九二一・〇七・一〇	ー	ー		ー
二六九五	佐世保海軍施設部	鹿児島県鹿屋市	一九四五・〇四・一八	長田五鎮	軍属	戦死	灵光郡郡南面東月里二八四
			一九二四・〇二・二三	長田基城	父		ー
二八〇七	佐世保海軍施設部	鹿児島県鹿屋市	一九四五・〇五・〇一	陳本泰範	軍属	戦傷死	灵光郡皎良面連岩里四二三
			一九二四・一一・一二	妙順	妻		灵光郡皎良面連岩里四二三
二八〇二	佐世保海軍施設部	鹿児島県串良	一九四五・〇七・二七	金本柱炳	軍属	戦死	羅州郡老興面安山里四九
			一九二四・〇二・二六	金本子丸	父		ー
二七四四	佐世保海軍施設部	鹿児島県鹿屋市	一九四五・〇七・二八	柳川峯鶴	軍属	戦死	光山郡松汀面東都里六六四
			ー	丁光	母		光山郡松汀面東村里二九
二七四五	佐世保海軍施設部	鹿児島県鹿屋市	一九四五・〇七・二八	宣山光平	軍属	戦死	光山郡松汀面過山里六六八
			ー	宣山共平	父		光山郡松汀面過山里六六八
二七四六	佐世保海軍施設部	鹿児島県鹿屋市	一九四五・〇七・二八	石井　淏	軍属	戦死	光山郡松汀面松汀里二七七
			ー	石井　錫	父		光山郡松汀面松汀里二七七
二七四七	佐世保海軍施設部	鹿児島県鹿屋市	一九四五・〇七・二八	田園徳文	軍属	戦死	光山郡松汀面新村里九三七
			ー	田園楊三	父		光山郡松汀面新村里九三七
二七四八	佐世保海軍施設部	鹿児島県鹿屋市	一九四五・〇七・二八	國本善性	軍属	戦死	光山郡松汀面古上里四三二
			ー	國本在同	父		光山郡松汀面古上里四三二
二七五〇	佐世保海軍施設部	鹿児島県鹿屋市	一九四五・〇七・二八	申玄淳	軍属	戦死	光山郡孝郡綿月南里四六七
			ー	ー	ー		ー
二八〇九	佐世保海軍施設部	鹿児島県鹿屋市	一九四五・〇七・二八	三元甲順	軍属	戦死	長城郡北下面星岩里二二八

			―	永賢	父		長城郡北下面星岩里二二八
二八三七	佐世保海軍施設部	鹿児島県高山町	一九四五・〇七・三一	金本鉄一郎	軍属	戦死	済州島済州邑禾北里
			一九二四・一〇・一八	―	―		
二八五四	佐世保海軍施設部	鹿児島県鹿屋市	一九四五・〇八・〇二	青松栄雄	軍属	戦死	済州島済州邑海安里
			一九二三・一二・一九	―	―		―
二七六九	佐世保海軍施設部	長崎県五島	一九四五・〇八・一九	江原永哲	軍属	死亡	麗水郡栗村里吹笛里四九五
			―	洪淳	妻		―
五	佐世保八特別陸戦隊	バシー海峡	一九四四・〇九・〇九	三井萬局	上機	戦死	海南郡花源面灵湖里九〇七
			一九二七・〇八・二〇	三井在洙	父		―
七	佐世保八特別陸戦隊	バシー海峡	一九四四・〇九・〇九	林蛍植	上水	戦死	海南郡玉泉面龍山里二五二
			一九二七・〇九・〇五	林孝基	父		―
九	佐世保八特別陸戦隊	バシー海峡	一九四四・〇九・〇九	金本権浩	上水	戦死	羅州郡茶道面板村里一二〇七
			一九二八・〇四・一五	金本東烈	父		―
一一	佐世保八特別陸戦隊	バシー海峡	一九四四・〇九・〇九	藤原平植	上水	戦死	康津郡郡東面獐山里二二八
			一九二六・〇八・二〇	藤原在基	父		
二七九六	佐世保海軍軍需部	沖縄摩文仁村	一九四五・〇六・一五	伊原昌用	軍属	戦死	務安郡都草面水多里六三四
			一九〇一・〇七・〇七	―	―		
二八二九	佐世保海軍運輸部	伊万里湾沖	一九四五・〇八・〇一	良本會鴻	軍属	戦死	莞島郡青山面呂里一一五
			一九二六・〇二・〇二	良本得安	叔父		莞島郡青山面権得里
二八五七	佐世保海軍運輸部	台湾基隆北方	一九四四・〇九・〇八	竹原泰寧	軍属	戦死	済州島城山面古城里一九四
			一九一三・〇一・三〇	竹原永楨	父		―
九六一	芝浦海軍施設部	豊川市	一九四四・〇五・〇二	國本吉浩	軍属	死亡	長城郡北下面月城里四八六
			一九二八・一〇・一二	康大	父		
九六三	芝浦海軍施設部	東京都深川	一九四五・〇三・一〇	金成圭	軍属	戦死	長城郡森渓面花山里五四二
			一九〇四・一二・二二	―	父		―
九六八	船舶救難本部	ルソン島サンタクルズ	一九四五・〇八・〇四	秋教東	軍属	戦死	莞島郡青山面茅里内大亭島五二四八
			一九一九・〇二・〇七	漢興	父		―
九六七	セレベス島民政部	セレベス島マカッサル	一九四四・〇二・〇二	林采仁	軍属	死亡	莞島郡青山面菊山里七三
			一九〇八・〇三・〇一	鳳安	妻		莞島郡青山面菊山里七三
一七三八	セレベス島民政部	セレベス島バソマ沖	一九四四・一一・一七	松井日淳	軍属	戦死	康津郡郡東面龍沼里六四五
			一九二二・〇八・三〇	松井命錫	父		康津郡郡東面龍沼里六四五
二七〇四	青島海軍警備隊	青島	一九四二・〇三・二九	大和末守	軍属	戦傷死	珍島郡鳥島面新隆里四一八
			―	大和工賢	父		―
一二	鎮海海兵団	鎮海	一九四五・〇一・一五	長村良周	一工	死亡	長興郡大徳面徳山里四四三
		急性心嚢炎	一九二六・〇五・三〇	長村禹顕	父		―

四	鎮海海兵団	鎮海	一九四五・〇一・二四	文山仕基	一工	死亡	海南郡馬山面朱内里一八五九
		心臓麻痺	一九二六・一二・一九	文山丙珏	父		—
二二	鎮海海兵団	鎮海	一九四五・〇二・一五	李本思鳳	一水	死亡	済州島大静面東日里三〇五二
		心臓麻痺	一九二五・〇五・一〇	李本丁行	父		—
一八	鎮海海兵団	鎮海	一九四五・〇二・二〇	達城寅圭	一水	死亡	順天郡上佐面鷹巌里二二六
		クループ性肺炎	一九二七・〇一・〇八	達城聖順	父		—
一七	鎮海海兵団	佐世保市稲荷町	一九四五・〇九・二二	天安鍾熙	二水	死亡	灵光郡法聖面法聖里五〇六
		不順化性全身衰弱症	一九二七・〇一・〇八	天安允局	父		—
六四五	鎮海警備隊	本州西方海面	一九四三・一一・二一	木山相敏	軍属	戦死	長興郡大徳面眞木里一八九
			—	商敏	兄		慶尚南道釜山府南富民町三五四
二〇五四	豊川工廠	豊川市	一九四五・〇八・〇七	金村幸雄	軍属	戦死	咸平郡新光面柳川里二九
			一九三二・〇三・二〇	金村精三	戸主		—
二四三〇	南西民政府	南西太平洋方面	一九四四・一二・三〇	李允壽・岩山　壽	軍属	戦死	高興郡蓬莱面新錦里五二七
			一九一八・〇九・二八	小者	父		—
一六八八	南方政務部	海南島	一九四二・〇七・一四	柳在元	軍属	死亡	康津郡郡東面虎汶里一五七
		マラリア・肺炎	一八九七・〇三・〇五	—	—		—
四三二	南方政務部	台湾近海	一九四三・〇六・二〇	蔡大者	軍属	戦死	潭陽郡潭陽面川辺里二三一
			一八九八・〇五・一九	—	—		
七九六	南方政務部	本州南方海上	一九四三・〇七・二一	清韓三九	軍属	戦病死	順天郡順天南亭里二二八
			一九三四・〇一・一六	小葉	母		順天郡順天南亭里二二八
一七一八	南方政務部	パラオ諸島	一九四三・〇七・二一	良谷容武	軍属	戦死	康津郡鵲川面鳳泊里一一四八
			一九二〇・一〇・〇六	良金穆輪	父		康津郡鵲川面鳳泊里一一四八
一七一九	南方政務部	西南太平洋	一九四三・〇九・〇五	金城大珉	軍属	戦傷死	康津郡鵲川里基洞里
			—	貴禮	妻		康津郡鵲川里基洞里
二〇七	南方政務部	ニューギニア	一九四三・一〇・二八	市川富治郎	軍属	戦病死	済州島済州邑三陽里一区西側
		マラリア	—	金田玉國	兄		済州島済州邑三陽里一区西側
一三六一	南方政務部	バシー海峡	一九四四・〇七・三一	金白浩	軍属	戦死	珍島郡智山面御野里一七
			一九二一・〇一・〇九	金柄秋	父		—
三二九	南方政務部	南支那海	一九四三・一一・二一	金海福守	軍属	戦死	麗水郡三山面西島里八〇六
			一九二三・〇二・二八	甘×	母		麗水郡三山面西島里八〇六
五一三	南方政務部	セレベス島ブナカ沖合	一九四四・一一・二〇	金田常平	軍属	戦死	光州府明治町四丁目五四
			一九二二・〇九・一三	丸豊	父		光州府東町二〇九
三一四	南方政務部	台湾近海	一九四四・一一・二三	秋月貴準	軍属	戦死	麗水郡華陽面龍洙里八九四
			一九一三・〇七・二四	壽連	妻		—
五七二	南方政務部	台湾近海	一九四四・一一・二三	金光岩雄	軍属	戦死	務安郡望雲面処西里三

			—	幸子	妻		—
九六四	南方政務部	セレベス島ゼニポンド沖	一九四四・一一・二二	東村宗圭	軍属	戦死	長城郡長城面流場里八二〇
			一九二〇・〇五・二七	晃桂	父		—
三三三〇	南方政務部	コタバル沖	一九四四・一一・二六	朝原相英	軍属	戦死	麗水郡三山面西島里八六三
			一九一一・〇八・一一	元満住	妻		麗水郡三山面巨文里
二一一八	南方政務部	ロンボック島	一九四五・〇一・一二	長田成玉	軍属	戦死	済州島旧左面演坪里九五九
			一九〇九・〇二・〇三	元春	従兄		—
一六三二	南方政務部	海南島	一九四五・〇四・一二	金一男	軍属	戦病死	谷城郡三岐面軍門里
		マラリア	—	—	—		—
三三一	南方政務部	マカッサル港外	一九四五・〇四・一五	金亀宗郁	軍属	戦死	麗水郡南面牛鶴里六三九
			一九一二・〇九・一一	基俊	—		麗水郡南面牛鶴里六三九
一五九一	南方政務部	ボルネオ島近海	一九四五・〇五・一七	金村徳坤	軍属	戦死	光陽郡津月面船所里三七二
			一九一二・〇八・一四	—	—		光陽郡津月面船所里三七二
二四九	南方政務部	スラバヤ沖	一九四五・〇五・二六	金仲鎮	軍属	戦死	済州島楸子面永興里三一五
			一九一八・〇六・二〇	—	—		—
一三五六	南方政務部	ボルネオ島近海	一九四五・〇五・二九	上田尚吉	軍属	戦死	珍島郡古郡綿×清里一四〇三
			一九二〇・〇七・二〇	—	—		—
三三三二	南方政務部	スラバヤ港	一九四五・〇六・二六	福本正雄	軍属	戦死	麗水郡南面汁母里一〇〇〇
			一九二三・〇五・二八	仲京	父		麗水郡南面汁母里一〇〇〇
三三三三	南方政務部	スラバヤ沖	一九四五・〇六・二六	崔木欣彩	軍属	戦死	麗水郡南面牛鶴里五八七
			一九一九・〇五・一五	—	—		麗水郡南面牛鶴里五八七
三〇七	南方政務部	セレベス島マカッサル	一九四五・〇八・〇一	春川昌順	軍属	戦傷死	麗水郡突山面郡内邑東町五八
			一九一六・〇七・二七	忠静	母		—
二三〇五	ニューギニア民政部	ジャワ	一九四三・一〇・二一	荒川　勇	軍属	戦死	済州島大静面挟才里一六二八一
			—	亀吉・良子	父・妻		—
一	西カロリン航空隊	グァム島	一九四四・〇七・二六	松本活史	中尉	戦死	木浦府竹洞一六
			一九二一・一〇・〇三	松本安仕	父		—
二一五	藤沢航空隊	呉病院広島療養所	一九四五・〇七・二〇	金光敏雄	上整	死亡	咸平郡大洞面徳山里一〇七〇
		肺結核	一九二五・〇三・一五	金光順一郎	父		—
二四一八	光海軍工廠	山口県光市	一九四五・〇八・一四	張村沮錫	軍属	戦死	順天郡成面飛月里二五七
			—	張村用錫	父		—
二四一九	光海軍工廠	山口県光市	一九四五・〇八・一四	玉川武夫	軍属	戦死	順天郡順天邑幸町
			一九三〇・〇五・一五	玉川正水	父		—
二四五八	光海軍工廠	山口県光市	一九四五・九八・一四	又本善浩	軍属	戦死	長興郡有浩面丹山里六二六
			一九二七・一〇・二七	任成	父		—

二四二〇	マニラ海軍運輸部	ルソン島北部	一九四五・〇六・三〇	高山錫斗	軍属	戦病死	高興郡占岩面呂湖里
			一九一八・〇四・二五	―	―		―
二五七九	マニラ海軍運輸部	ルソン島北部	一九四五・〇六・三〇	呉本永台	軍属	戦病死	済州島城山面始興里八三五
			一九一六・一〇・一八	―	―		
二五八〇	マニラ海軍運輸部	ルソン島北部	一九四五・〇六・三〇	李原春植	軍属	戦病死	済州島翰林面金陵里一三八四
			一九二六・〇二・二八	―	―		―
二八八四	マニラ海軍運輸部	ルソン島	一九四五・〇六・一五	馬珉浩	軍属	戦死	長興郡安良面鶴村里六三八
			一九二三・一一・二五	鍾泰	父		―
二八七〇	舞鶴海軍施設部	舞鶴市	一九四四・一〇・一一	富沢富士夫	軍属	死亡	済州島朝天面新村里中上洞
			一九〇七・〇三・一四	慎貞吉	妻		―
三	舞鶴一特別陸戦隊	黄海	一九四五・〇四・三〇	竹川在行	上水	戦死	谷城郡梧谷面梧枝里五九八
			一九二八・〇五・〇一	廣岩	母		―
一五	舞鶴一特別陸戦隊	バシー海峡	一九四四・〇九・〇九	芳村宝淵	上水	戦死	莞島郡薪智面新上里九四五
			一九二五・〇四・一五	満福	母		―
一六	舞鶴一特別陸戦隊	バシー海峡	一九四四・〇九・〇九	木下良圭	上水	戦死	務安郡夢灘面沙川里七一九
			一九二五・〇三・一四	木下炳國	父		―
二二八九	ラバウル運輸部	ニューギニア	一九四四・〇二・二二	朝野允淳	軍属	戦死	済州島旧左面杏源里七〇一
			一九一九・〇七・二七	朝野成吉・應根	父・妻		―
二二九一	ラバウル運輸部	ニューギニア	一九四四・〇二・二二	宮崎基胤	軍属	戦死	済州島旧左面杏源里六五四
			一九一四・一〇・〇二	龍在	妻		―
二二九八	ラバウル運輸部	ニューギニア	一九四四・〇二・二二	高山元吉	軍属	戦死	済州島城山面古城里三四九
			一九二三・〇六・〇三	泰岳・春花	父・妻		―
二三二六	ラバウル運輸部	南洋群島	一九四四・一〇・〇一	松宮延殷	軍属	戦死	莞島郡全日面柳西里五一七
			―	安埰	母		
二	横須賀四特別陸戦隊	カムラン湾	一九四四・一一・一五	星山成旺	上水	戦死	潭陽郡龍面斗長里六七一
			一九二五・一〇・一九	星山良岡	父		順天郡順天邑本町一一一
六	横須賀海軍防備戦隊	横須賀市	一九四五・〇七・一八	天野吉次郎	上水	戦死	海南郡玉泉面永春里七八二
			一九二七・〇八・一七	天野萬蔵	父		海南郡海南面南外里五
二三五八	横須賀海軍施設部	横須賀市	一九四二・一二・一五	江崎俊三	軍属	死亡	光州府旭町一四
			一九二四・〇五・二六	―	―		
二〇五三	横須賀海軍施設部	横須賀施設部	一九四三・〇六・〇七	李康苑	軍属	戦死	灵光郡天馬面松竹里七四五
			一九二〇・〇三・一〇	―	―		―
二一一二	横須賀海軍施設部	小笠原諸島	一九四三・〇八・〇五	東村千年	軍属	戦死	済州島済州邑梧登里一三三二
			一八九五・一二・〇五	秋月	妻		―
二〇八八	横須賀海軍施設部	南洋群島	一九四三・〇九・〇一	千原国雄	軍属	戦死	麗水郡栄村面鳳田里五五三

番号	所属	死亡場所	年月日	氏名	身分・続柄	区分	本籍
			—	千原錫基	—		—
一九八五	横須賀海軍施設部	南洋群島	一九四三・〇九・〇一	玉川元翼	軍属	戦死	寶城郡蘆洞里挙石里
			—	甲三	—		—
一九六四	横須賀海軍施設部	九州東方海面	一九四三・一二・二一	安原禧鐘	軍属	戦死	高興郡道新陽里堂徳里一六八
			—	玉年・愛順	父・妻		—
一九四二	横須賀海軍施設部	本州南方海面	一九四三・一二・二一	海山昌洙	軍属	戦死	順天郡海龍面下沙里四〇九
			—	桂烈・日順	兄・妻		—
二二五六	横須賀海軍施設部	本州南方海面	一九四四・〇一・二七	李相吉	軍属	戦死	光州府農城町一五—一
			—	李参永	父		—
二一六四	横須賀海軍施設部	本州南方海面	一九四四・〇一・二七	大井景泰	軍属	戦死	海南郡海南面本町五二
			一九二一・一二・一七	大井大連	父		海南郡海南面大正町
二一九三	横須賀海軍施設部	本州南方海面	一九四四・〇一・二七	大山景文	軍属	戦死	莞島郡莞島邑郡内里八一八—二
			一九一六・〇五・〇九	小老美・性玉	兄・母		—
二一九二	横須賀海軍施設部	ニューギニア	一九四四・〇五・二八	金　竹松	軍属	戦死	莞島郡古今面道南里
			一九〇八・〇一・一〇	—	—		—
一九七五	横須賀海軍施設部	サイパン島	一九四四・〇七・〇八	旭川文雄	軍属	戦死	寶城郡得根面玉烽里七〇九
			一九二三・一二・一四	—	—		—
一九八三	横須賀海軍施設部	サイパン島	一九四四・〇七・〇八	金本東燮	軍属	戦死	寶城郡寶城邑五五五
			一九二三・〇一・〇九	—	—		—
一九八九	横須賀海軍施設部	サイパン島	一九四四・〇七・〇八	富原錫社	軍属	戦死	潭陽郡昌平面昌平里五七
			一九二〇・〇四・二五	—	—		—
一九九〇	横須賀海軍施設部	サイパン島	一九四四・〇七・〇八	金彦基満	軍属	戦死	潭陽郡金城面外楸里三五五
			一九〇四・一〇・一六	成・完一	父・—		—
二一九九	横須賀海軍施設部	サイパン島	一九四四・〇七・〇八	成億辰	軍属	戦死	長城郡森西面小龍里
			一九二〇・〇五・三〇	—	—		全羅北道扶山郡扶寧面小里
二二四四	横須賀海軍施設部	父島北方	一九四四・〇七・二〇	魏良采	軍属	戦死	長興郡夫山面基洞里二三
			一九〇六・〇三・一〇	—	—		—
二二三〇	横須賀海軍施設部	ビアク島	一九四四・〇八・〇二	大元仁聖	軍属	戦死	済州島表善面城邑里五六九
			一九一一・〇二・一五	丁春	妻		—
二二三五	横須賀海軍施設部	ビアク島	一九四四・〇八・二〇	豊山承均	軍属	戦死	羅州郡老安面安山里七二二
			一九二六・〇五・〇二	南禮	母		—
二二四二	横須賀海軍施設部	ビアク島	一九四四・〇九・一〇	平山　栄	軍属	戦死	長興郡長興邑中山里一一一
			一九一九・一一・二六	平山芳一	父		—
一九四九	横須賀海軍施設部	横須賀市	一九四四・一一・一三	柳判玉	軍属	死亡	順天郡順天邑東外里一六四
			一九〇八・〇八・一五	—	—		—

番号	所属	場所	年月日	氏名	身分・続柄	区分	本籍
一九四一	横須賀海軍施設部	中部太平洋	一九四四・一二・一三 一九〇五・一〇・一〇	南 弘二 永辰・幸子	軍属 父・妻	戦死	順天郡順天邑佳谷里四三九 ｜
二〇〇七	横須賀海軍施設部	南鳥島	一九四四・一二・一三 一九一四・〇二・二四	崔光珠峯 ｜	軍属 ｜	戦死	灵巌郡徳津面錦江里一二八八
二一八六	横須賀海軍施設部	硫黄島	一九四四・〇三・一九 一八九二・一一・一七	韓三奉 ｜	軍属 ｜	戦病死	務安郡安佐面邑洞里 ｜
二一八八	横須賀海軍施設部	硫黄島	一九四四・〇七・二一 一九〇七・〇一・二九	金田甲同 容圭	軍属 弟	戦死	務安郡知島面白東里 ｜
二二一四	横須賀海軍施設部	硫黄島 マラリア	一九四四・一〇・二五 一九一八・一一・一〇	金野道新 金野信光	軍属 長男	戦病死	済州島涯月面光令里二九二三
一九六一	横須賀海軍施設部	硫黄島	一九四五・〇三・一七 一九二五・一一・〇八	松原春圭 天道	軍属 三男	戦死	高興郡道錦山面新田里 ｜
一九七八	横須賀海軍施設部	硫黄島	一九四五・〇三・一七 一九二〇・〇七・〇三	木村耕二 原・耕一	軍属 兄	戦死	寶城郡島城面新月里三七 ｜
一九九一	横須賀海軍施設部	硫黄島	一九四五・〇三・一七 一九二七・〇一・一二	安達相國 鈴木正雄	軍属 叔父	戦死	潭陽郡潭陽邑六四 ｜
一九九二	横須賀海軍施設部	硫黄島	一九四五・〇三・一七 一九二一・〇九・二八	伊藤正成 ｜	軍属 ｜	戦死	潭陽郡武貞面五桂里一八六 ｜
一九九三	横須賀海軍施設部	硫黄島	一九四五・〇三・一七 一九二一・一一・〇二	山田順一 豊作	軍属 父	戦死	潭陽郡古西面東雲里一二九一 ｜
二〇一八	横須賀海軍施設部	硫黄島	一九四五・〇三・一七 一九一一・一一・一〇	福本乗孝 ｜	軍属 ｜	戦死	和順郡清豊面漁里五一八 ｜
二〇三二	横須賀海軍施設部	硫黄島	一九四五・〇三・一七 一九二一・〇九・二三	松井炳律 炳雲	軍属 兄	戦死	灵光郡灵光面道東里一五八 ｜
二一一二	横須賀海軍施設部	硫黄島	一九四五・〇三・一七 一九二二・一二・二九	松山斗雲 ｜	軍属 ｜	戦死	済州島涯月面新厳里八七一 ｜
二一三六	横須賀海軍施設部	硫黄島	一九四五・〇三・一七 一九一五・〇五・二四	若宮東一 ｜	軍属 ｜	戦死	羅州郡鳳×面徳林里一〇〇二 ｜
二一三八	横須賀海軍施設部	硫黄島	一九四五・〇三・一七 一九二五・〇三・二五	鶴川床鎬 ｜	軍属 ｜	戦死	羅州郡平洞面玉洞里 ｜
二二四一	横須賀海軍施設部	硫黄島	一九四五・〇三・一七 一九二一・一〇・一二	朴貴男 ｜	軍属 ｜	戦死	光山郡孝池面松荷里 ｜
二二五一	横須賀海軍施設部	硫黄島	一九四五・〇三・一七 一九二〇・〇六・二六	木村鎮淳 ｜	軍属 ｜	戦死	木浦府山亭里 ｜
二二六六	横須賀海軍施設部	硫黄島	一九四五・〇五・〇一	村井富士夫	軍属	戦死	海南郡花源面松山里一三五

			一九一四・一二・〇一	—	—		—
二一七三	横須賀海軍施設部	硫黄島	一九四五・〇三・一七 一九一四・〇七・二一	金山千石 金山順五	軍属 父	戦死	光陽郡骨若面金湖里二三二 —
二一一五	横須賀海軍施設部	ラバウル 肺結核	一九四五・〇四・二三 一九〇八・一〇・二九	高平安子 鄭・幸生	軍属 母・妻	戦病死	済州島涯月面旧巖里五六四 —
二一七八	横須賀海軍施設部	八丈島	一九四五・〇四・三〇 一九二二・〇四・〇二	國本　渉 正平・玉谷	軍属 父・妻	戦死	光陽郡光陽面沙谷里七一一 —
二一七六	横須賀海軍施設部	八丈島 肋骨骨折	一九四五・〇六・一七 一九二三・〇五・三〇	新本貴来 新本準彩	軍属 父	戦病死	光陽郡光陽面竹林里七〇八 —
一九三七	横須賀海軍施設部	南洋群島	一九四五・〇五・〇四 一九二〇・〇六・一九	張元秀雄	軍属 —	戦死	順天郡上沙面屹山里二九四 京都市石部西院春米町五二
二〇一四	横須賀海軍施設部	ハルマヘラ島 マラリア	一九四五・〇八・一八	曽本聖煥・負山茂吉 允純	軍属 妻	戦病死	和順郡和順面道陽里三一七 —
一九六〇	横須賀海軍施設部	パラオ島 脚気	一九四五・〇八・二二 一九一五・〇六・一〇	高田珉雨 瑞雨	軍属 父	戦病死	高興郡高興面登山里 —
一九五六	横須賀海軍施設部	パラオ島 脚気	一九四五・一〇・〇二 一九一三・一一・〇四	崔祭秀 鳳春	軍属 父	戦病死	高興郡高興面南渓里 —
二二八一	横須賀海軍防衛団	中部太平洋	一九四四・〇五・一七 一九〇〇・一一・二五	金山容和 寅生	軍属 妻	戦死	済州島大静面下摹里三一四三 —
二三一〇	横須賀海軍防衛団	中部太平洋	一九四四・〇五・一七 一九一〇・一〇・〇二	藤山泰栄	軍属 妻	戦死	済州島大静面東日里二五九八 慶尚北道慶州郡甘浦面五栁里六一二
二三一一	横須賀海軍防衛団	中部太平洋	一九四四・〇五・一七 一九一〇・一〇・〇九	良川戊×	軍属 妻	戦死	済州島大静面日果里四七 —
二二九九	横須賀海軍防衛団	中部太平洋	一九四四・〇五・一九 一九〇六・〇二・〇九	岡山南斗 南仁	軍属 兄	戦死	済州島旧左面公尾浦里四九六 —
二二〇六	横須賀海軍防衛団	中部太平洋	一九四四・〇六・一二	李本文奎	軍属 妻	戦死	済州島安徳面柑山里一一八 —
二三一六	横須賀海軍防衛団	中部太平洋	一九四四・〇六・一二	金井金治	軍属 妻	戦死	済州島大静面加波里四〇八 —
二二六三	横須賀海軍防衛団	本州東南方海面	一九四五・〇二・一七 一九二七・〇九・〇七	田中文博 田中一郎	軍属 父	戦死	康津郡康津邑校村里四〇二 —
二二七七	横須賀海軍運輸部	セレベス島近海	一九四三・〇二・一四	金光器満 器瑞	軍属 父	戦死	済州島南元面新興里九六二 —
二三〇三	横須賀海軍運輸部	ニューギニア	一九四三・一〇・二二 一九一三・〇二・一九	佐野達才 達工・桃花	軍属 父・妻	戦死	済州島翰林面洙源里五一一 —

二三一四	横須賀海軍運輸部	南洋群島(ミクロネシア)	一九四三・一一・一九 一八九一・〇一・一七	金海時炯 時赫	軍属 兄	戦死	済州島朝天面新村里二三五五 済州島朝天面新村里二三五七
二二六四	横須賀海軍運輸部	南洋群島(ミクロネシア)	一九四四・〇二・二二 一九二七・一〇・〇七	木田南秀 木田在實	軍属 父	戦死	灵巌郡部西面月谷里七四七 —
二二九七	横須賀海軍運輸部	南洋群島(ミクロネシア)	一九四四・〇二・二二 一九二〇・一〇・一〇	金城甲得 甲龍・丁生	軍属 兄・妻	戦死	済州島城山面古城里一三九四 —
二二七六	横須賀海軍運輸部	南洋群島(ミクロネシア)	一九四四・〇三・二三 一九一六・〇八・〇二	西村南極 知鶴	軍属 父	戦死	済州島表善面細花里一八二六 —
二三三一	横須賀海軍運輸部	南洋群島(ミクロネシア)	一九四四・〇三・二三 一九一八・一二・一二	姜点長 姜智大	軍属 父	戦死	務安郡智島面於儀里八五 —
二二九〇	横須賀海軍運輸部	南洋群島(ミクロネシア)	一九四四・〇四・〇八 一九〇〇・一二・〇一	姜文生 補農・文鳳	軍属 従兄・	戦死	済州島旧左面坪岱里八七 —
二三一八	横須賀海軍運輸部	南洋群島(ミクロネシア)	一九四四・〇六・〇六 一九二四・〇九・二四	良本信吉 根水荷	軍属 伯母	戦死	羅州郡羅州邑果院町一九 羅州郡羅州邑北門町一七〇—二
二三七二	横須賀海軍運輸部	南洋群島(ミクロネシア)	一九四四・〇六・一二 一九〇五・〇二・一三	武藤斗柄 實攝	軍属 母	戦死	済州島翰林面龍水里四一五 —
二二九五	横須賀海軍運輸部	サイパン島	一九四四・〇六・一三 一九二三・〇四・〇三	梁本文王 戊生・益信	軍属 妻・義兄	戦死	済州島翰林面今鉢里一五九 —
二三一九	横須賀海軍運輸部	サイパン島	一九四四・〇六・一三 一九二五・〇三・二〇	松本米太郎 松本享吉・圭萬	軍属 祖父・兄	戦死	海南郡山二面相公里六六三 —
二三〇〇	横須賀海軍運輸部	本州東南方海面	一九四四・〇六・三〇 一九二二・〇九・二二	文元幸雄 聖卓・行伊・清吉	軍属 祖父・妻・父	戦死	済州島翰林面頭毛里二六七六 —
二三〇四	横須賀海軍運輸部	本州東方海面	一九四四・〇六・三〇 一九一八・〇五・〇一	金村正一 重華・達明	軍属 父・妻	戦死	済州島翰林面頭毛里二六四七 —
二三一二	横須賀海軍運輸部	本州東方海面	一九四四・〇六・三〇 一九二一・〇九・一〇	平山柄玉 化京・芳凡・花子	軍属 祖父・兄・妻	戦死	済州島朝天面朝天里二八七四 —
二三七一	横須賀海軍運輸部	本州南方海面	一九四四・〇八・〇四 一九二五・〇四・二一	徳山寶守 ナチ	軍属 父	戦死	済州島翰林面洙源里二三七 —
二二九六	横須賀海軍運輸部	本州東南方海面	一九四五・〇六・〇五 一九二一・〇二・一九	高山富介 高山龍玉	軍属 父	戦死	済州島翰林面狭才里一六六 —
二二〇七	横須賀海軍運輸部	ニューギニア マラリア	一九四四・一〇・二七 一九一三・〇五・〇二	岩姜成炎 岩姜丁生	軍属 兄	戦病死	済州島安徳面沙渓里二三五二 —
二一三四	横須賀海軍運輸部	ルソン島マニラ マラリア	一九四五・〇一・一五 一九〇二・〇二・〇三	山本久一・張内文 つね	軍属 妻	戦病死	羅州郡多待面文洞里二四七 —
二一八五	横須賀海軍運輸部	外南洋	一九四五・〇六・二五	川島　勇	軍属	戦病死	務安郡飛禽面池堂里五九二

番号	所属	死亡場所等	年月日	氏名	続柄	死因	本籍
		アメーバ性赤痢	一九〇九・〇一・二七	順子	妻		｜
二三五九	横須賀海軍軍需部	ルオット島	一九四四・〇二・〇六	木下宗哲	軍属	戦死	高興郡蓬莱面外草里
			｜	木下宮順	父		
二三六一	横須賀海軍軍需部	ルオット島	一九四四・〇二・〇六	金 奥三	軍属	戦死	高興郡蓬莱面外草里九八四
			｜	金仁俊	父		｜
一九九七	横須賀海軍軍需部	ニューギニア	一九四三・〇三・二〇	岩波身子	軍属	戦死	康津郡唐津面平洞里一五一
			｜	海・南子	母・妻		｜
二一八二	横須賀海軍軍需部	ニューギニア	一九四四・〇四・二三	李村大春	軍属	戦死	済州島安徳面和順里二八八
			一九一四・〇一・二六	斗玉・栄王	父・妻		｜
二三六五	横須賀海軍軍需部	サイパン島	一九四四・〇七・〇八	崔大元	軍属	戦死	灵巌郡全井面龍興里七七六
			一九一九・〇八・〇五	用禮	妻		｜
二三一七	横須賀海軍軍需部	サイパン島	一九四四・〇七・〇八	金澤永蓬	軍属	戦死	済州島大静面加波里河東
			一九一二・〇八・〇八	貞順	妻		｜
二三三一	横須賀海軍軍需部	サイパン島	一九四四・〇七・〇八	木村俊燮	軍属	戦死	莞島郡青山面清渓里九四四
			一九一一・〇七・一七	占順	妻		｜
二〇〇二	横須賀海軍軍需部	セブ島	一九四五・〇七・二五	村山圭泰	軍属	戦死	灵巌郡灵岩面東新里七六三
			一九一八・〇一・二〇	｜	｜		
二〇一二	横須賀海軍軍需部	パラオ島	一九四五・〇七・〇六	沈相喆	軍属	戦病死	灵巌郡那西面海倉里四〇八
		脚気	一九二〇・〇八・〇六	｜	｜		灵巌郡灵巌面
二三三八	横須賀海軍軍需部	南洋群島（ミクロネシア）	一九四四・〇二・〇六	朴鍾実	軍属	戦死	莞島郡外面三斗里五八四
			｜	鍾武	兄		｜
二二七〇	横須賀海軍軍需部	南洋群島（ミクロネシア）	一九四四・〇三・二三	金澤 弘	軍属	戦死	麗水郡三山面徳村里四七四
			一九二六・〇三・一九	満	父		｜
二一八九	横須賀海軍軍需部	南洋群島（ミクロネシア）	一九四四・一〇・三〇	廣瀬 清	軍属	戦死	務安郡押海面鴛龍里五四一
			｜	奉金	母		｜
二三三七	横須賀海軍軍需部	南洋群島（ミクロネシア）	一九四五・〇七・一三	金本研二	軍属	戦死	光山郡松江邑東村里二六八
			一九一六・一〇・二二	光水	弟		光山郡松江邑素村里南里
二三三二	横須賀海軍軍需部	中部太平洋	一九四五・〇五・二五	金山宗愛	軍属	戦死	莞島郡青山面池里七〇九
			｜	花子	母		｜
一九八〇	第二海軍航空工廠	サイパン島	一九四四・〇七・〇八	伊藤栄治	軍属	戦死	寶城郡福内面矢崎里
			一九二三・一一・二三	甲斐・康資	｜		｜
二三三〇	二監視隊	本州東南方海面	一九四五・〇一・二三	権泰侠	軍属	戦死	光陽郡骨若面金湖里六七
			一九一九・〇二・〇五	権重洪・福心	父・妻		｜
四五五	第三海軍気象隊	ルソン島ブーラン	一九四五・〇四・一八	中山炳允	軍属	戦死	寶城郡栗於面梨洞里四〇八
			｜	達根	｜		寶城郡栗於面梨洞里四〇八

二四八二	第三海軍燃料廠	山口県徳山市	一九四五・〇五・一〇	長原増吉	軍属	戦死	務安郡荷長面
			―	×子	妻		―
二四八三	第三海軍燃料廠	山口県徳山市	一九四五・〇五・一〇	中村仁吉	軍属	戦死	務安郡荷長面
			―	吉子	母		
二四八四	第三海軍燃料廠	山口県徳山市	一九四五・〇五・一〇	岩本萬千	軍属	戦死	務安郡荷長面
			―	岩本萬枝	兄		―
二四八五	第三海軍燃料廠	山口県徳山市	一九四五・〇五・一〇	山本承昌	軍属	戦死	務安郡荷長面
			―	山本尚華	兄		―
二五一九	第三海軍燃料廠	山口県徳山市	一九四五・〇五・一〇	金田永雨	軍属	戦死	長城郡長城面流湯里
			―	金田巳日	兄		―
二四八六	第三海軍燃料廠	ルソン島北部	一九四五・〇六・三〇	神農熙均	軍属	戦病死	務安郡安佐面長村里五五六
			一九一一・〇八・〇五	―	―		―
二四八七	第三海軍燃料廠	ルソン島北部	一九四五・〇六・一〇	金本五燦	軍属	戦死	務安郡島山面道昌里
			一九二〇・〇四・〇一	―	―		―
二四八八	第三海軍燃料廠	ギルバート諸島タラワ島	一九四三・一一・二六	花山 実	軍属	戦死	務安郡安佐面大里九六七
			一九一八・〇四・〇四	貴徳	妻		―
二八八五	第三南遣艦隊司令部	ルソン島カバソアン マラリア	一九四五・〇四・一八	新井一換	軍属	戦病死	羅州郡羅州邑南門里一六四
			―	―	―		―
二八八八	第三南遣艦隊司令部	ルソン島バヨンボン	一九四五・〇四・二七	金光判吉	軍属	戦死	海南郡三山面上駕里六一六
			一九二五・〇四・〇九	洪先	父		済州島旧左面演坪里一二三八
二八八九	第三南遣艦隊司令部	ルソン島ウミライ	一九四五・〇六・一五	高山大秀	軍属	戦死	長城郡北二面新月里一七〇
			一九一九・一〇・一六	永允・允順	父・母		―
二二一一	四気象隊	グァム島	一九四五・〇二・〇七	斉藤勝義	軍属	戦死	済州島涯月面於道里三八五六
			―	始弘	父		―
二二七八	四気象隊	グァム島	一九四四・〇八・一二	松山昌桂	軍属	戦死	済州島安徳面沙渓里一三二一
			一九一六・〇五・〇七	鉉玉	父		―
二三三〇	四気象隊	サイパン島	一九四四・〇七・〇八	利河処良	軍属	戦死	莞島郡青山面第里内大茅島一二三六
			―	―	―		―
二二二五	第四海軍軍需部	南洋群島	一九四五・〇一・三〇	玄元商玉	軍属	戦病死	済州島済州邑我羅里一三二三
			―	龍河	―		―
二二六七	第四海軍軍需部	南洋群島	一九四四・〇三・二〇	國本求永	軍属	戦死	順天郡道沙面大龍里三三九
			一九〇六・〇八・二七	項義	父		―
二二七四	第四海軍軍需部	サイパン島近海	一九四四・〇七・二八	香川吉枢	軍属	戦死	済州島済州邑梨湖里
			一九一七・〇七・二八	美津子	妻		―
二三三二	第四海軍軍需部	中部太平洋	一九四四・〇七・〇八	福永実	軍属	戦死	木浦府竹洞二二六

			一九二三・〇六・一二	権太郎	父		—
三〇四	第四海軍施設部	ボナペ島 頭蓋骨複雑骨折	一九四二・〇二・一六	安田處仁	軍属	戦病死	麗水郡雙山面新福里三八八
			一九〇五・〇七・二三	安本永禮	妻		—
九四一	第四海軍施設部	ポナペ島 右膿胸	一九四二・〇三・一二	林東秀	軍属	戦病死	長城郡珍東邑龍町里四八四
			一八九八・〇五・二九	羅州	妻		—
一二三八	第四海軍施設部	ポナペ島 心臓麻痺	一九四二・〇五・三〇	松田栄甫	軍属	戦病死	羅州郡羅州邑錦町五七
			一九〇六・〇八・一二	芽奉	妻		—
一五三二	第四海軍施設部	ポナペ島	一九四二・〇三・三〇	楊川性乙	軍属	戦病死	光陽郡玉龍面竹川里一〇八九
			一九一〇・一二・二三	宅柳	妻		—
三三四	第四海軍施設部	ブーゲンビル島ブイン	一九四二・〇九・三〇	金山一東	軍属	戦死	潭陽郡鳳山面三支里三九三
			一九〇七・〇五・二四	愛奇	妻		潭陽郡鳳山面三支里三九三
六九七	第四海軍施設部	ブーゲンビル島ブイン	一九四二・〇九・三〇	岡本方文	軍属	戦死	光山郡芝山面龍田里三〇九
			一九一五・一一・一五	順禮	妻		光山郡石谷面清風里
四一六	第四海軍施設部	ブーゲンビル島ブイン	一九四三・〇二・一五	田村桂玉	軍属	戦病死	潭陽郡水北面黄金里二五八
			一九二七・〇三・二二	京益	父		—
七〇九	第四海軍施設部	ブーゲンビル島ブイン	一九四三・〇三・一七	金本化根	軍属	戦病死	光山郡飛得面火莹里五七九
			一九一三・〇八・二五	貴順	妻		—
一四一七	第四海軍施設部	ナウル島	一九四三・〇三・二七	金本大手	軍属	戦傷死	灵巌郡新北面南漢里四九六
			一九一六・〇一・二〇	金本奉烈	父		—
一五四五	第四海軍施設部	東京・深川	一九四四・〇二・二五	山村相植	軍属	戦病死	光陽郡玉龍面秋山里五五八
			一九一三・〇五・二八	孟心	妻		
三五三	第四海軍施設部	東京目黒共済病院	一九四三・〇六・二三	金田仁奎	軍属	戦病死	潭陽郡月山面月渓里三〇
			一九一一・〇八・二三	小必	妻		潭陽郡潭陽邑郷稜里三八六
三六五	第四海軍施設部	ニュージョージア島ムンダ	一九四三・〇五・一〇	安田洪華	軍属	戦死	潭陽郡鳳山面三萬里
			一九一一・〇四・二七	鳳燁	兄		
四〇七	第四海軍施設部	ニュージョージア島ムンダ	一九四二・一二・一九	武野水玉	軍属	戦死	潭陽郡大徳面灵岩里
			一九一一・〇二・〇四	鍾植	父		
五〇二	第四海軍施設部	マラッカ海峡	一九四二・一二・二七	金山亨萬	軍属	戦死	光州府白雲町一六二
			一九一九・〇三・一三	占洙	父		光州府白雲町一五九
一一六三	第四海軍施設部	マラッカ海峡	一九四二・一二・二七	李貞燮	軍属	戦死	咸平郡羅山面元仙里六一六
			一九一四・〇一・〇七	昌平	母		
一二二七	第四海軍施設部	マラッカ海峡	一九四二・一二・二七	福田三道	軍属	戦死	羅州郡栄山浦邑山亭里
			一九一六・一〇・〇八	水用	父		
一二二八	第四海軍施設部	マラッカ海峡	一九四二・一二・二七	孝元鉉宰（賢在）	軍属	戦死	羅州郡栄山浦邑五農里一〇二
			一九二三・〇二・〇二	雨月	母		

一二二九	第四海軍施設部	マラッカ海峡	一九四二・一二・二七 一九二三・〇二・〇五	柳川亨烈・柳亨烈 尚根	軍属 父	戦死	羅州郡栄山浦邑二倉里二〇
一二八二	第四海軍施設部	マラッカ海峡	一九四二・一二・二七 —	木戸黄陽 木戸小浩	軍属 父	戦死	羅州郡多侍面月台里二三〇
一二八三	第四海軍施設部	マラッカ海峡	一九四二・一二・二七 一九二〇・〇九・二六	柳重化 有順	軍属 妻	戦死	羅州郡多侍面竹山里九〇七
一五二	第四海軍施設部	ギルバート諸島タラワ	一九四二・一〇・一五 一九一五・〇九・〇九	松村仲春 正心	軍属 妻	戦死	海南郡馬山面松石里六七五
一三二一	第四海軍施設部	ギルバート諸島タラワ	一九四三・〇一・二二 一九一五・〇九・一六	延仁安 炅長徳	軍属 父	戦死	羅州郡山浦面新加里一六
一〇七四	第四海軍施設部	ギルバート諸島タラワ	一九四三・〇二・〇四 一九一一・一一・〇三	光盧壽永 龍禮	軍属 義姉	戦死	和順郡綾州面白岩里七〇一
三一	第四海軍施設部	ギルバート諸島タラワ	一九四三・一一・二五 一九二三・〇七・一五	豊山草根 西恵	軍属 妻	戦死	灵光郡畝良面徳興里二六七 灵光郡畝良面徳興里二六七
四〇	第四海軍施設部	ギルバート諸島タラワ	一九四三・一一・二五 一九一三・一一・一一	完山今星 玉順	軍属 妻	戦死	灵光郡塩山面松岩里一六一 —
四一	第四海軍施設部	ギルバート諸島タラワ	一九四三・一一・二五 一九一七・〇八・〇二	廣田圭澤 桜桃	軍属 妻	戦死	灵光郡塩山面月興里四二四 —
四二	第四海軍施設部	ギルバート諸島タラワ	一九四三・一一・二五 一九二二・〇九・〇一	龍山在洪 順徳	軍属 妻	戦死	灵光郡塩山面新星里六七七 —
四三	第四海軍施設部	ギルバート諸島タラワ	一九四三・一一・二五 一九二一・〇五・〇三	滑川南遠 大陽	軍属 妻	戦死	灵光郡塩山面上渓里二七五 —
五五	第四海軍施設部	ギルバート諸島タラワ	一九四三・一一・二五 一九一四・一〇・一六	宮本廉赫 壬夏	軍属 妻	戦死	灵光郡大馬面松竹里七四六 —
六二	第四海軍施設部	ギルバート諸島タラワ	一九四三・一一・二五 一九一八・一〇・〇六	内本炳連 花子	軍属 妻	戦死	灵光郡弘農面眞徳里三三七 —
六七	第四海軍施設部	ギルバート諸島タラワ	一九四三・一一・二五 一九一六・〇四・一七	幸村徳泳 梁氏	軍属 母	戦死	灵光郡白岫面川島里三二一 —
六八	第四海軍施設部	ギルバート諸島タラワ	一九四三・一一・二五 一九二二・〇一・二三	廣山東寛 姓女	軍属 母	戦死	灵光郡白岫面上沙里四三〇 —
六九	第四海軍施設部	ギルバート諸島タラワ	一九四三・一一・二五 一九二一・〇五・一〇	延金鐘植 姓女	軍属 母	戦死	灵光郡白岫面荘山里三三三 —
八四	第四海軍施設部	ギルバート諸島タラワ	一九四三・一一・二五 一九〇二・〇七・二五	金山東善 小任	軍属 妻	戦死	灵光郡仏甲面富春里二八 —
八五	第四海軍施設部	ギルバート諸島タラワ	一九四三・一一・二五	金山權七	軍属	戦死	灵光郡仏甲面富春里二四一

番号	所属	死亡場所	年月日	氏名	身分・続柄	死因	本籍
			一九一四・〇一・一三	元金	妻		―
八六	第四海軍施設部	ギルバート諸島タラワ	一九四三・一一・二五	咸李哲守	軍属	戦死	灵光郡仏甲面富春里一二一
			一九一九・〇六・一四	新亭	母		―
九三	第四海軍施設部	ギルバート諸島タラワ	一九四三・一一・二五	崔二童	軍属	戦死	灵光郡郡南面玉琴里二七九
			一九二五・〇五・〇二	軍西	父		―
一〇〇	第四海軍施設部	ギルバート諸島タラワ	一九四三・一一・二五	永川西會	軍属	戦死	灵光郡郡南面東潤里四五七―一
			一九一八・〇九・〇三	永植	妻		―
一〇五	第四海軍施設部	ギルバート諸島タラワ	一九四三・一一・二五	錦城東哲	軍属	戦死	灵光郡郡西面緑沙里二九七―七
			一九一五・一〇・〇五	鳳國	父		―
一〇六	第四海軍施設部	ギルバート諸島タラワ	一九四三・一一・二五	利河采基	軍属	戦死	灵光郡郡西面馬邑里四二四
			一九一五・一二・二五	敬愛	妻		―
一〇七	第四海軍施設部	ギルバート諸島タラワ	一九四三・一一・二五	金城捧業	軍属	戦死	灵光郡郡西面松林里四二七
			一九二一・〇六・一六	玉任	妻		―
一〇八	第四海軍施設部	ギルバート諸島タラワ	一九四三・一一・二五	長田桂允	軍属	戦死	灵光郡郡西面松鶴里四〇七
			一九二一・〇七・〇五	金徳	妻		―
一〇九	第四海軍施設部	ギルバート諸島タラワ	一九四三・一一・二五	金城判玉	軍属	戦死	灵光郡郡西面松林里九四六
			一九二三・〇三・一二	道一	父		―
一一〇	第四海軍施設部	ギルバート諸島タラワ	一九四三・一一・二五	門田丙老	軍属	戦死	灵光郡郡西面緑沙里五五四
			一九一一・〇一・〇六	金女	妻		―
一二一	第四海軍施設部	ギルバート諸島タラワ	一九四三・一一・二五	柏谷月得	軍属	戦死	灵光郡灵光面白鶴里三〇
			一九二〇・〇三・一二	源碩	弟		―
一二二	第四海軍施設部	ギルバート諸島タラワ	一九四三・一一・二五	金山正壽	軍属	戦死	灵光郡灵光面校村里三九七
			一九一八・〇五・二八	悪子	母		―
一二三	第四海軍施設部	ギルバート諸島タラワ	一九四三・一一・二五	金澤亭倍	軍属	戦死	灵光郡灵光面校村里三九八
			一九一五・〇九・〇六	金禮	妻		―
一二八	第四海軍施設部	ギルバート諸島タラワ	一九四三・一一・二五	松井光弘	軍属	戦死	灵光郡灵光面道東里二二一
			一九二四・〇六・〇一	興善	母		―
一二九	第四海軍施設部	ギルバート諸島タラワ	一九四三・一一・二五	金光永豊	軍属	戦死	灵光郡灵光面丹洙里一九七
			一九一二・〇三・〇三	蘭秀	妻		―
一三〇	第四海軍施設部	ギルバート諸島タラワ	一九四三・一一・二五	大山炳植	軍属	戦死	灵光郡灵光面桂松里二七二
			一九二三・〇八・二五	明順	妻		―
一三一	第四海軍施設部	ギルバート諸島タラワ	一九四三・一一・二五	金川秀玉	軍属	戦死	灵光郡灵光面月坪里二六二
			一九一七・〇六・一二	良佳	妻		―
一三二	第四海軍施設部	ギルバート諸島タラワ	一九四三・一一・二五	孫田昌植	軍属	戦死	灵光郡灵光面丹洙里三七
			一九一五・〇四・〇六	莫同	妻		―

一三三	第四海軍施設部	ギルバート諸島タラワ	一九四三・一一・二五	丁良秀	軍属	戦死	灵光郡灵光面桂松里二七〇
			一九一四・〇一・一三	順金	妻		灵光郡灵光面桂松里二七〇
一三四	第四海軍施設部	ギルバート諸島タラワ	一九四三・一一・二五	松本判逑	軍属	戦死	灵光郡灵光面月坪里二六二
			一九一四・〇一・〇一	三順	妻		―
一三五	第四海軍施設部	ギルバート諸島タラワ	一九四三・一一・二五	夏山三鉉	軍属	戦死	灵光郡灵光面校村里三二九
			一九一七・〇三・二〇	容順	妻		―
一五〇	第四海軍施設部	ギルバート諸島タラワ	一九四三・一一・二五	李平啓淳	軍属	戦死	海南郡馬山面長村里四九〇
			一九二二・九一・二二	三鳳	兄		全羅北道郡山府屯東町一七四
一八六	第四海軍施設部	ギルバート諸島タラワ	一九四三・一一・二五	徳山昌男	軍属	戦死	海南郡海南面壽町三一
			一九〇四・〇四・二八	全貞	妻		海南郡黄山面燕湖里
一九九	第四海軍施設部	ギルバート諸島タラワ	一九四三・一一・二五	杉本大柱	軍属	戦死	済州島済州邑三陽里二一五六
			一九一九・〇九・二〇	道寛	父		―
二〇〇	第四海軍施設部	ギルバート諸島タラワ	一九四三・一一・二五	山津勝男	軍属	戦死	済州島済州邑三徒里一四〇四
			一九一九・〇八・二五	應淳	父		―
二一二	第四海軍施設部	ギルバート諸島タラワ	一九四三・一一・二五	伊澤敏昭	軍属	戦死	済州島中文面江汀里四六九四
			一九一五・〇八・一六	日善	妻		済州島中文面江汀里四六九四
二二五	第四海軍施設部	ギルバート諸島タラワ	一九四三・一一・二五	金宮永明	軍属	戦死	済州島朝天面朝天里三一四二
			一九二〇・〇七・二四	良秀	妻		全羅北道郡山府新豊町九〇九
二二八	第四海軍施設部	ギルバート諸島タラワ	一九四三・一一・二五	金山性阿	軍属	戦死	済州島表善面細花里一八二六
			一九二二・〇一・一〇	辰士	妻		―
二二九	第四海軍施設部	ギルバート諸島タラワ	一九四三・一一・二五	高田平源	軍属	戦死	済州島表善面表善里八六三
			一九一四・〇七・二五	昌仁	妻		―
二三〇	第四海軍施設部	ギルバート諸島タラワ	一九四三・一一・二五	高村煕珍	軍属	戦死	済州島表善面表善里六六二
			一九一九・一一・〇三	孝生	妻		済州島表善面表善里六六二
二三一	第四海軍施設部	ギルバート諸島タラワ	一九四三・一一・二五	高山漢春	軍属	戦死	済州島表善面表善里六〇四
			一九一七・〇五・一三	巴三	父		済州島表善面表善里六〇四
二三二	第四海軍施設部	ギルバート諸島タラワ	一九四三・一一・二五	康本奉淑	軍属	戦死	済州島表善面表善里八六三
			一九一七・一一・〇五	河互	妻		―
二三三	第四海軍施設部	ギルバート諸島タラワ	一九四三・一一・二五	佐藤楊仙	軍属	戦死	済州島西帰面甫木里六八七
			一九〇一・〇一・〇一	丁生	妻		―
二三四	第四海軍施設部	ギルバート諸島タラワ	一九四三・一一・二五	平山泰禧	軍属	戦死	済州島西帰面甫木里六八七
			一九一二・〇六・〇五	花連	妻		―
二三五	第四海軍施設部	ギルバート諸島タラワ	一九四三・一一・二五	堀田達行	軍属	戦死	済州島西帰面下孝里二四一
			一九一四・一二・一六	己生	妻		―
二三六	第四海軍施設部	ギルバート諸島タラワ	一九四三・一一・二五	上原順性	軍属	戦死	済州島西帰面下孝里五二

番号	所属	死亡場所	死亡年月日／生年月日	氏名	身分／続柄	死因	本籍地
			一九二一・〇六・二三	啓準	父		―
二三七	第四海軍施設部	ギルバート諸島タラワ	一九四三・一一・二五 一九一六・〇五・〇五	信田平根 安道	軍属 父	戦死	済州島西帰面好近里一八三五 ―
二三八	第四海軍施設部	ギルバート諸島タラワ	一九四三・一一・二五 一九二一・〇八・〇九	石島時玉 甲春	軍属 父	戦死	済州島西帰面西帰里六八二 ―
二三九	第四海軍施設部	ギルバート諸島タラワ	一九四三・一一・二五 一九二三・〇六・二〇	金澤昌浩 西吉	軍属 妻	戦死	済州島西帰面西帰里六二一 ―
二四〇	第四海軍施設部	ギルバート諸島タラワ	一九四三・一一・二五 一九〇九・〇七・〇七	金川致元 明月	軍属 妻	戦死	済州島西帰面西帰里五五一 ―
二四一	第四海軍施設部	ギルバート諸島タラワ	一九四三・一一・二五 一九一八・〇九・〇五	華産敬華 乙生	軍属 妻	戦死	済州島西帰面法還里四六八 ―
二四二	第四海軍施設部	ギルバート諸島タラワ	一九四三・一一・二五 一九一九・〇九・一〇	西原平柱 杏花	軍属 妻	戦死	済州島城山面古城里一三五二 ―
二四三	第四海軍施設部	ギルバート諸島タラワ	一九四三・一一・二五 一九一八・〇三・一九	東華斗瓚 成杏	軍属 妻	戦死	済州島城山面古城里二一三二 ―
二四四	第四海軍施設部	ギルバート諸島タラワ	一九四三・一一・二五 一九二一・〇三・一八	平島昌逑 金玉	軍属 妻	戦死	済州島城山面温平里八一五 ―
二四五	第四海軍施設部	ギルバート諸島タラワ	一九四三・一一・二五 一九二一・一〇・二一	木村尚元 秀児	軍属 妻	戦死	済州島城山面吾照里七〇八 ―
二四六	第四海軍施設部	ギルバート諸島タラワ	一九四三・一一・二五 一九一七・〇八・二五	谷山泰彦 乙生	軍属 妻	戦死	済州島城山面吾照里七一九 ―
二五〇	第四海軍施設部	ギルバート諸島タラワ	一九四三・一一・二五 一九二一・〇九・三〇	山内泰洙 慶花	軍属 妻	戦死	済州島西帰面吐坪里一五九三 済州島西帰面吐坪里一五九三
四九五	第四海軍施設部	ギルバート諸島タラワ	一九四三・一一・二五 一九一四・〇三・〇一	京島福東 淑	軍属 父	戦死	木浦府曙町一―三 務安郡三老面龍塘里
五〇六	第四海軍施設部	ギルバート諸島タラワ	一九四三・一一・二五 一九一三・〇六・二四	利川潤南・壽男 仁吉	軍属 兄	戦死	光州府濡石町七六 ―
五〇七	第四海軍施設部	ギルバート諸島タラワ	一九四三・一一・二五 一九二一・〇二・〇七	良本世承 会晋	軍属 妻	戦死	光州府林町七七
五〇八	第四海軍施設部	ギルバート諸島タラワ	一九四三・一一・二五 一九二一・〇四・一二	木下三岩 二岩	軍属 兄	戦死	光州府明治町五―一七六 ―
五〇九	第四海軍施設部	ギルバート諸島タラワ	一九四三・一一・二五 一九一七・〇六・〇三	金田聖七 襟禮	軍属 妻	戦死	光州府明治町五―一三 ―
五二三	第四海軍施設部	ギルバート諸島タラワ	一九四三・一一・二五 一九〇二・一〇・一九	金本銀太郎 銀子	軍属 妻	戦死	務安郡二老面山亭里五七六 ―

番号	所属	死亡場所	年月日	氏名	続柄	事由	本籍・住所
五二四	第四海軍施設部	ギルバート諸島タラワ	一九四三・一一・二五 一九一九・○九・○七	呉原雲爀 聖鎮	軍属 父	戦死	務安郡二老面上里四九四 ー
五二五	第四海軍施設部	ギルバート諸島タラワ	一九四三・一一・二五 一九一八・○一・二四	姜本大仁 徳禮	軍属 妻	戦死	務安郡二老面山亭里六三一 ー
五二六	第四海軍施設部	ギルバート諸島タラワ	一九四三・一一・二五 一九一六・○一・二八	盧基允 仙禮	軍属 妻	戦死	務安郡二老面龍塘里八二 ー
五三三	第四海軍施設部	ギルバート諸島タラワ	一九四三・一一・二五 一九一八・○八・二九	政本奎徳 鐘順	軍属 父	戦死	務安郡夢灘面社倉里 ー
五六九	第四海軍施設部	ギルバート諸島タラワ	一九四三・一一・二五 一九一五・○三・一五	杉原大才 福禮	軍属 妻	戦死	務安郡望雲面牧西里七一○ 全羅北道群山府開福町一ー六三
五七五	第四海軍施設部	ギルバート諸島タラワ	一九四三・一一・二五 一九一六・○六・○五	正原 実 初禮	軍属 妻	戦死	務安郡押海面東西里三四○ ー
五七六	第四海軍施設部	ギルバート諸島タラワ	一九四三・一一・二五 一九二一・一○・○八	利川宗均 一徳	軍属 妻	戦死	務安郡押海面梅花里八八八 ー
五七七	第四海軍施設部	ギルバート諸島タラワ	一九四三・一一・二五 一九一八・○三・○八	金田永穆 仙今	軍属 妻	戦死	務安郡押海面新庄里一二六 ー
五七八	第四海軍施設部	ギルバート諸島タラワ	一九四三・一一・二五 一九二四・○八・二四	金鎮栗・光金 金童	軍属 父	戦死	務安郡押海面鶴橋里九五 ー
五七九	第四海軍施設部	ギルバート諸島タラワ	一九四三・一一・二五 一九一七・一○・一○	張本南錫 順丹	軍属 妻	戦死	務安郡押海面佳雨里一五○ ー
五八○	第四海軍施設部	ギルバート諸島タラワ	一九四三・一一・二五 一九二三・○七・二七	城田好男 炳金	軍属 母	戦死	務安郡押海面佳雨里一五四 ー
五八一	第四海軍施設部	ギルバート諸島タラワ	一九四三・一一・二五 一九一五・○二・一三	山本清一 化容	軍属 妻	戦死	務安郡押海面鶴橋里四五八 ー
五八二	第四海軍施設部	ギルバート諸島タラワ	一九四三・一一・二五 一九一四・○七・一九	長田徳珠 占徳	軍属 妻	戦死	務安郡押海面鶴橋里三八九 ー
五八三	第四海軍施設部	ギルバート諸島タラワ	一九四三・一一・二五 一九二三・○二・○一	中山林蔵 精一	軍属 妻	戦死	務安郡押海面鶴橋里四一六 ー
五八四	第四海軍施設部	ギルバート諸島タラワ	一九四三・一一・二五 一九二一・○四・一○	晋山石遠 學郷	軍属 母	戦死	務安郡押海面鶴橋里四六 ー
五八五	第四海軍施設部	ギルバート諸島タラワ	一九四三・一一・二五 一九一五・○九・○三	大原忠勉 月梅	軍属 妻	戦死	務安郡押海面東西里三一七ー一 ー
五八六	第四海軍施設部	ギルバート諸島タラワ	一九四三・一一・二五 一九二三・○六・二八	朴現混 単奉	軍属 父	戦死	務安郡押海面鶴橋里四二四 ー
五八七	第四海軍施設部	ギルバート諸島タラワ	一九四三・一一・二五	木山東奎	軍属	戦死	務安郡押海面鶴橋里四二○

番号	所属	死亡場所	年月日	氏名	身分・続柄	死因	本籍・住所
			一九二四・〇八・一七	允玉	父		｜
五八八	第四海軍施設部	ギルバート諸島タラワ	一九四三・一一・二五	木山淅奎	軍属	戦死	務安郡押海面鶴橋里
			一九二五・〇四・二四	連丹	妻		｜
五九九	第四海軍施設部	ギルバート諸島タラワ	一九四三・一一・二五	新武介岩	軍属	戦死	務安郡荏子面鎮里二四六
			一九一五・一二・一一	初月	妻		｜
六〇〇	第四海軍施設部	ギルバート諸島タラワ	一九四三・一一・二五	金本徳烈	軍属	戦死	務安郡荏子面黒岩里四六五
			一九一七・〇四・二五	千女	妻		｜
六〇一	第四海軍施設部	ギルバート諸島タラワ	一九四三・一一・二五	渭川大龍	軍属	戦死	務安郡荏子面大機里六七一
			一九一八・〇三・二〇	炫秀	父		｜
六〇二	第四海軍施設部	ギルバート諸島タラワ	一九四三・一一・二五	新城南秀	軍属	戦死	務安郡荏子面大機里六六二
			一九二二・〇五・二〇	聖宗	父		｜
六〇三	第四海軍施設部	ギルバート諸島タラワ	一九四三・一一・二五	金圭元・全圭元	軍属	戦死	務安郡荏子面大機里一一五八
			一九二〇・〇五・一九	守心	妻		｜
六〇四	第四海軍施設部	ギルバート諸島タラワ	一九四三・一一・二五	金本一男	軍属	戦死	務安郡荏子面三頭里八七一
			一九一八・〇八・〇三	栄吉	父		｜
六〇五	第四海軍施設部	ギルバート諸島タラワ	一九四三・一一・二五	安本×悦	軍属	戦死	務安郡荏子面三頭里一七五
			一九一九・〇一・一二	莱伊	妻		｜
六〇六	第四海軍施設部	ギルバート諸島タラワ	一九四三・一一・二五	原黄宗澤	軍属	戦死	務安郡荏子面鎮里五六〇
			一九一二・〇七・一一	南也	妻		｜
六〇七	第四海軍施設部	ギルバート諸島タラワ	一九四三・一一・二五	金子春澤	軍属	戦死	務安郡荏子面鎮里五六〇
			一九一六・〇三・〇七	抱禮	妻		｜
七〇〇	第四海軍施設部	ギルバート諸島タラワ	一九四三・一一・二五	松本澤柱	軍属	戦死	光山郡石谷面長灯里三四八
			一九二〇・〇五・〇五	漢珉	父		｜
七〇七	第四海軍施設部	ギルバート諸島タラワ	一九四三・一一・二五	金井瑞鎬	軍属	戦死	光山郡根橋面山月里三七
			一九一九・〇三・一九	玉山	母		｜
七三六	第四海軍施設部	ギルバート諸島タラワ	一九四三・一一・二五	平山永元	軍属	戦死	光山郡瑞坊面牛山里四一九
			一九一二・一〇・一六	大玄	母		｜
九五〇	第四海軍施設部	ギルバート諸島タラワ	一九四三・一一・二五	杉本仙吉	軍属	戦死	長城郡東化面龍亭里
			一九一五・〇六・一五	仙童	｜		平安北道龍川郡龍岩浦邑龍岩洞
一〇三九	第四海軍施設部	ギルバート諸島タラワ	一九四三・一一・二五	良原鎮模	軍属	戦死	求礼郡山洞面外山里五七六
			一九二〇・〇二・〇八	月鳳	父		｜
一一一八	第四海軍施設部	ギルバート諸島タラワ	一九四三・一一・二五	美元載玉	軍属	戦死	咸平郡咸平面内橋里七一七
			一九一九・〇八・一二	星変	父		｜
一一九六	第四海軍施設部	ギルバート諸島タラワ	一九四三・一一・二五	金本仁三	軍属	戦死	羅州郡栄山浦邑津浦里五〇五
			一九二二・一二・一七	基石	父		｜

一一九七	第四海軍施設部	ギルバート諸島タラワ	一九四三・一一・二五	林斗成	軍属	戦死	羅州郡栄山浦邑東水里九三
			一九二五・〇九・〇九	有換	父		－
一一九八	第四海軍施設部	ギルバート諸島タラワ	一九四三・一一・二五	高山英日	軍属	戦死	羅州郡栄山浦邑津浦里七九
			一九一二・〇九・二七	甲寅	妻		灵巌郡仏甲面富番里一二九
一一九九	第四海軍施設部	ギルバート諸島タラワ	一九四三・一一・二五	木村勝時	軍属	戦死	羅州郡栄山浦邑津浦里七九
			一九二三・〇三・一八	正順	妻		－
一二〇〇	第四海軍施設部	ギルバート諸島タラワ	一九四三・一一・二五	慶本姜雨	軍属	戦死	羅州郡栄山浦邑山亭里二八四
			一九二三・〇二・一二	萬雨	父		－
一二〇一	第四海軍施設部	ギルバート諸島タラワ	一九四三・一一・二五	鄭過變	軍属	戦死	羅州郡栄山浦邑雲谷里一五四
			一九二〇・〇七・二〇	成玉	父		－
一二〇二	第四海軍施設部	ギルバート諸島タラワ	一九四三・一一・二五	小田聖春	軍属	戦死	羅州郡栄山浦邑栄山里二八四
			一九一六・〇九・〇二	順徳	妻		－
一二〇三	第四海軍施設部	ギルバート諸島タラワ	一九四三・一一・二五	慶本鍾光	軍属	戦死	羅州郡栄山浦邑山亭里九四
			一九二二・一二・〇二	成龍	父		－
一二〇四	第四海軍施設部	ギルバート諸島タラワ	一九四三・一一・二五	岩城相奎	軍属	戦死	羅州郡栄山浦邑平山里四九五－二
			一九一四・〇九・二〇	也慕	妻		－
一二〇五	第四海軍施設部	ギルバート諸島タラワ	一九四三・一一・二五	朴田鐘大	軍属	戦死	羅州郡栄山浦邑安倉里三八六
			一九一九・〇八・一〇	占順	妻		－
一二〇六	第四海軍施設部	ギルバート諸島タラワ	一九四三・一一・二五	金山貴植	軍属	戦死	羅州郡栄山浦邑富徳里三七六
			一九一二・〇五・一三	貴女	妻		－
一二〇七	第四海軍施設部	ギルバート諸島タラワ	一九四三・一一・二五	森山相及	軍属	戦死	羅州郡栄山浦邑大基里一八一
			一九二二・〇五・二七	－	－		－
一二〇八	第四海軍施設部	ギルバート諸島タラワ	一九四三・一一・二五	新井大根	軍属	戦死	羅州郡栄山浦邑大基里一八一
			一九一一・〇六・二五	錦玉	妻		－
一二〇九	第四海軍施設部	ギルバート諸島タラワ	一九四三・一一・二五	柳成烈	軍属	戦死	羅州郡栄山浦邑平山里一五
			一九一三・〇七・〇一	判禮	妻		羅州郡栄山浦邑富丁里
一二一〇	第四海軍施設部	ギルバート諸島タラワ	一九四三・一一・二五	安元貴先	軍属	戦死	羅州郡栄山浦邑二倉里一〇八
			一九二二・〇七・一四	六女	母		－
一二一一	第四海軍施設部	ギルバート諸島タラワ	一九四三・一一・二五	中羅香均	軍属	戦死	羅州郡栄山浦邑五良里七一
			一九二〇・〇六・一五	泰奉	兄		－
一二一二	第四海軍施設部	ギルバート諸島タラワ	一九四三・一一・二五	岩本相泰	軍属	戦死	羅州郡栄山浦邑山亭里一四〇
			一九二一・一二・一二	長同	母		－
一二一三	第四海軍施設部	ギルバート諸島タラワ	一九四三・一一・二五	尹炳植	軍属	戦死	羅州郡栄山浦邑安倉里三九七
			一九〇七・〇一・一二	京仕	妻		－
一二一四	第四海軍施設部	ギルバート諸島タラワ	一九四三・一一・二五	木村判燮	軍属	戦死	羅州郡栄山浦邑平山里二〇七

			一九二二・一一・〇七	奇五	父		ー
一二一五	第四海軍施設部	ギルバート諸島タラワ	一九四三・一一・二五	國本中九	軍属	戦死	羅州郡栄山浦邑大基里
			一九一〇・〇九・〇九	奇林	妻		ー
一二一六	第四海軍施設部	ギルバート諸島タラワ	一九四三・一一・二五	高山潤萬	軍属	戦死	羅州郡栄山浦邑津浦里一四
			一九一六・一一・二〇	順禮	妻		ー
一二一七	第四海軍施設部	ギルバート諸島タラワ	一九四三・一一・二五	岩本在奉	軍属	戦死	羅州郡栄山浦邑二倉里八九
			一九二二・〇五・一〇	徳三	父		ー
一二一八	第四海軍施設部	ギルバート諸島タラワ	一九四三・一一・二五	張本鐘錫	軍属	戦死	羅州郡栄山浦邑大基里五七
			一九〇六・〇九・〇五	正順	妻		ー
一二一九	第四海軍施設部	ギルバート諸島タラワ	一九四三・一一・二五	金澤有模	軍属	戦死	羅州郡栄山浦邑平山里二一四
			一九一六・〇三・〇五	英女	妻		ー
一二二〇	第四海軍施設部	ギルバート諸島タラワ	一九四三・一一・二五	平岡和重	軍属	戦死	羅州郡栄山浦邑富徳里三七七
			一九二四・〇九・一三	官東	葉		ー
一二二一	第四海軍施設部	ギルバート諸島タラワ	一九四三・一一・二五	木村在春	軍属	戦死	羅州郡栄山浦大基里四九
			一九一三・〇五・〇一	伊順	妻		ー
一二三〇	第四海軍施設部	ギルバート諸島タラワ	一九四三・一一・二五	金川萬洙	軍属	戦死	羅州郡栄山浦邑大基里二四四
			一九一五・一一・一四	永順	父		ー
一二四六	第四海軍施設部	ギルバート諸島タラワ	一九四三・一一・二五	金光喆洙	軍属	戦死	羅州郡老安面柳谷里二七〇
			一九二二・〇五・〇一	廣福	母		羅州郡栄山浦邑二倉里
一三一二	第四海軍施設部	ギルバート諸島タラワ	一九四三・一一・二五	崗村哲泳	軍属	戦死	羅州郡金川面新川里五六
			一九二〇・〇一・二八	崗村萬次	父		ー
一三二〇	第四海軍施設部	ギルバート諸島タラワ	一九四三・一一・二五	岩山鐘吉	軍属	戦死	羅州郡鳳凰面新洞里
			一九〇七・〇三・〇八	任徳	妻		羅州郡栄山浦邑官丁里
一三二一	第四海軍施設部	ギルバート諸島タラワ	一九四三・一一・二五	崔炳安	軍属	戦死	羅州郡鳳凰面萬峰里三七
			一九一六・一〇・〇六	福禮	妻		羅州郡栄山浦邑雲谷里
一三二七	第四海軍施設部	ギルバート諸島タラワ	一九四三・一一・二五	神農吉鎮	軍属	戦死	羅州郡細枝面東谷里九八
			一九一五・〇七・二四	孔禮	妻		ー
一三二八	第四海軍施設部	ギルバート諸島タラワ	一九四三・一一・二五	朴原勝逑	軍属	戦死	羅州郡公山面福龍里四八
			一九二〇・〇三・一三	朴原三吉	父		ー
一三七二	第四海軍施設部	ギルバート諸島タラワ	一九四三・一一・二五	宗山光鉉	軍属	戦死	灵巌郡灵巌面龍奥里四四二
			一九一二・〇九・二八	宗山在淳	父		ー
一三七四	第四海軍施設部	ギルバート諸島タラワ	一九四三・一一・二五	李原金雨	軍属	戦死	灵巌郡灵巌面望湖里五四六
			一九一一・〇六・一五	永淚	妻		ー
一三七五	第四海軍施設部	ギルバート諸島タラワ	一九四三・一一・二五	李原相千	軍属	戦死	灵巌郡灵巌面望湖里五五五
			一九一八・〇一・一五	順任	妻		ー

番号	所属	死亡場所	年月日	氏名	続柄	死因	本籍
一三七六	第四海軍施設部	ギルバート諸島タラワ	一九四三・一一・二五	月城漢雨	軍属	戦死	灵巌郡灵巌面望湖里五二四
			一九〇五・〇八・二〇	在順	妻		—
一三七七	第四海軍施設部	ギルバート諸島タラワ	一九四三・一一・二五	山本入雨	軍属	戦死	灵巌郡灵巌面望湖里五三八
			一九二〇・〇七・一三	永雙	妻		—
一三七八	第四海軍施設部	ギルバート諸島タラワ	一九四三・一一・二五	神野必鍾	軍属	戦死	灵巌郡灵巌面望湖里一〇〇四
			一九一七・〇二・二五	—	妻		—
一三七九	第四海軍施設部	ギルバート諸島タラワ	一九四三・一一・二五	文本明錫	軍属	戦死	灵巌郡灵巌面農徳里七四三
			一九二四・〇五・一五	順禮	妻		—
一三八〇	第四海軍施設部	ギルバート諸島タラワ	一九四三・一一・二五	金田信夫	軍属	戦死	灵巌郡灵巌面南豊里一六
			一九二四・〇八・〇八	金田　輝	父		—
一三八一	第四海軍施設部	ギルバート諸島タラワ	一九四三・一一・二五	河本徳長	軍属	戦死	灵巌郡灵巌面南豊里一七
			一九一五・〇二・二九	河本鍾喆	父		—
一三八三	第四海軍施設部	ギルバート諸島タラワ	一九四三・一一・二五	朴仁洙	軍属	戦死	灵巌郡灵巌面農徳里六四九
			一九一九・〇一・〇六	孟禮	妻		—
一三八八	第四海軍施設部	ギルバート諸島タラワ	一九四三・一一・二五	國本覚洙	軍属	戦死	灵巌郡都浦面水山里六九六
			一九二一・〇二・〇八	良任	妻		—
一三八九	第四海軍施設部	ギルバート諸島タラワ	一九四三・一一・二五	大山成三	軍属	戦死	灵巌郡都浦面元項里金春心
			一九一七・〇一・一二	玄禮	妻		—
一三九〇	第四海軍施設部	ギルバート諸島タラワ	一九四三・一一・二五	河東在潤	軍属	戦死	灵巌郡都浦面徳化里五一〇
			一九一九・〇五・〇六	州任	妻		—
一三九一	第四海軍施設部	ギルバート諸島タラワ	一九四三・一一・二五	金本徳洙	軍属	戦死	灵巌郡都浦面九鶴里六九八
			一九一六・〇五・二八	鳳心	妻		—
一三九二	第四海軍施設部	ギルバート諸島タラワ	一九四三・一一・二五	平木載煥	軍属	戦死	灵巌郡都浦面九鶴里三二六
			一九二二・一〇・一〇	平本南注	父		—
一三九三	第四海軍施設部	ギルバート諸島タラワ	一九四三・一一・二五	済島鐘元	軍属	戦死	灵巌郡都浦面聖山里三一三
			一九二一・〇一・〇五	済島俊碩	兄		—
一三九四	第四海軍施設部	ギルバート諸島タラワ	一九四三・一一・二五	金海日洙	軍属	戦死	灵巌郡都浦面鳳湖里
			一九〇九・〇二・一八	福心	妻		—
一三九五	第四海軍施設部	ギルバート諸島タラワ	一九四三・一一・二五	許田今同	軍属	戦死	灵巌郡都浦面水山里七七五
			一九二二・〇二・〇七	廣石	母		—
一三九六	第四海軍施設部	ギルバート諸島タラワ	一九四三・一一・二五	梁村聖根	軍属	戦死	灵巌郡都浦面鳳湖里九二六
			一九一三・〇九・〇七	福林	妻		—
一三九七	第四海軍施設部	ギルバート諸島タラワ	一九四三・一一・二五	朴桂弘	軍属	戦死	灵巌郡都浦面都浦里一二一
			一九二〇・〇八・一三	南順	母		—
一三九八	第四海軍施設部	ギルバート諸島タラワ	一九四三・一一・二五	安東太需	軍属	戦死	灵巌郡都浦面元項里六八三

			一九二一・一〇・〇二	月徳	母		—
一三九九	第四海軍施設部	ギルバート諸島タラワ	一九四三・一一・二五	平木載錫	軍属	戦死	灵巖郡都浦面九鶴里三一九
			一九一九・〇六・一二	今禮	妻		—
一四〇一	第四海軍施設部	ギルバート諸島タラワ	一九四三・一一・二五	金本相龍	軍属	戦死	灵巖郡都浦面臥牛里二二四
			一九二〇・〇二・〇八	金本月三	父		—
一四〇四	第四海軍施設部	ギルバート諸島タラワ	一九四三・一一・二五	朴原工吉	軍属	戦死	灵巖郡郡西面杉平里七九〇
			一九〇五・一二・一七	實順	妻		—
一四一三	第四海軍施設部	ギルバート諸島タラワ	一九四三・一一・二五	國本正植	軍属	戦死	灵巖郡新北面杏亭里七五六
			一九二二・〇七・二〇	國本正午	兄		羅州郡栄山浦邑雲谷里
一四三〇	第四海軍施設部	ギルバート諸島タラワ	一九四三・一一・二五	金井永賛	軍属	戦死	灵巖郡金井面夢海里三三九
			一九一七・〇七・〇三	占禮	妻		—
一四三一	第四海軍施設部	ギルバート諸島タラワ	一九四三・一一・二五	澤山楠基	軍属	戦死	灵巖郡金井面青龍洞三一九
			一九二三・一一・一三	美潤	母		—
一四三二	第四海軍施設部	ギルバート諸島タラワ	一九四三・一一・二五	河成奉沃	軍属	戦死	灵巖郡西湖面夢湖里二九〇
			一九二〇・〇七・〇八	河成日同	兄		—
一四三三	第四海軍施設部	ギルバート諸島タラワ	一九四三・一一・二五	宮本永模	軍属	戦死	灵巖郡西湖面聖才里二七六
			一九一四・一一・二五	大順	妻		—
一四三四	第四海軍施設部	ギルバート諸島タラワ	一九四三・一一・二五	林鳳雲	軍属	戦死	灵巖郡西湖面青龍里二三八
			一九〇六・〇八・一〇	啓任	妻		—
一四三五	第四海軍施設部	ギルバート諸島タラワ	一九四三・一一・二五	林斗平	軍属	戦死	灵巖郡西湖面青龍里三三二
			一九二一・〇五・一七	林善和	父		—
一六〇四	第四海軍施設部	ギルバート諸島タラワ	一九四三・一一・二五	金海元	軍属	戦死	谷城郡谷城面長善里三九八
			一九二一・〇四・一五	金順七	父		全羅北道會州府昭和町二五五
一六三〇	第四海軍施設部	ギルバート諸島タラワ	一九四三・一一・二五	金渡在水	軍属	戦死	谷城郡五縣面武勇里五九九
			一九一八・〇四・〇二	金渡白雲	父		—
一六六五	第四海軍施設部	ギルバート諸島タラワ	一九四三・一一・二五	昌原元起	軍属	戦死	康津郡大口面垣曙里一七五
			一九二一・〇四・一〇	昌原南洙	父		—
一一八五	第四海軍施設部	豊川市	一九四四・〇七・〇六	寧平鎮	軍属	死亡	咸平郡月也面陽亭里
			一九一八・〇二・〇一	基淑	父		—
九四〇	第四海軍施設部	ケゼリン島	一九四三・一二・〇八	田村長壽	軍属	戦病死	長城郡長城邑冷泉里五〇四
			一九〇九・〇六・一四	二順	妻		—
一一六	第四海軍施設部	ケゼリン島	一九四三・一二・二四	利河判守	軍属	戦死	灵光郡郡西面鶴丁里一六四－一
			一九二二・〇五・一五	致萬	父		灵光郡灵光面道東里三五六
五六	第四海軍施設部	ケゼリン島	一九四四・〇二・二六	宮本康漢	軍属	戦死	灵光郡大馬面松竹里七四六
			一九一八・〇一・二七	康赫	兄		—

七七	第四海軍施設部	ケゼリン島	一九四四・〇二・〇六 一九二二・〇二・二八	岡本高造 貴禮	軍属 妻	戦死	灵光郡白岫面大田里三一三 ―
九二	第四海軍施設部	ケゼリン島	一九四四・〇二・〇六 一九一八・一二・二二	完山玉同 化徳	軍属 母	戦死	灵光郡郡南面雪梅里八八〇 ―
一二四	第四海軍施設部	ケゼリン島	一九四四・〇二・〇六 一九〇七・〇一・一三	豊田成喆 偰仁	軍属 妻	戦死	灵光郡灵光面道東里二一二 灵光郡灵光面南州里二
一二五	第四海軍施設部	ケゼリン島	一九四四・〇二・〇六 一九二二・〇九・二五	國本圭龍 守敏	軍属 母	戦死	灵光郡灵光面南川里二二一 ―
一二六	第四海軍施設部	ケゼリン島	一九四四・〇二・〇六 一九二一・〇一・〇一	徳原士元 鐘喆	軍属 父	戦死	灵光郡灵光面白鶴里四七 灵光郡灵光面南川里三九
一二七	第四海軍施設部	ケゼリン島	一九四四・〇二・〇六 一九二一・〇九・二九	永川清五 心堂	軍属 父	戦死	灵光郡灵光面道東里三六七 ―
九一九	第四海軍施設部	ケゼリン島	一九四四・〇二・〇六 一九一六・一〇・〇三	李三奉 ―	軍属 ―	戦死	長城郡北上面徳在里六五一 長城郡黄龍面月坪里
九二〇	第四海軍施設部	ケゼリン島	一九四四・〇二・〇六 一九一三・一二・二一	平原熙鳳 絡順	軍属 妻	戦死	長城郡北上面雙熊里七一六 ―
九三七	第四海軍施設部	ケゼリン島	一九四四・〇二・〇六 一九一〇・〇七・一三	宮本善奉 順禮	軍属 母	戦死	長城郡長城邑聖山里八五一 ―
九三八	第四海軍施設部	ケゼリン島	一九四四・〇二・〇六 一九一九・〇九・〇六	金城長善 在馬	軍属 父	戦死	長城郡長城邑聖山里四六〇 ―
九三九	第四海軍施設部	ケゼリン島	一九四四・〇二・〇六 一九二二・一二・二三	南英柱 在輝	軍属 父	戦死	長城郡長城邑聖山里八二五 ―
一一四三	第四海軍施設部	ケゼリン島	一九四四・〇二・〇六 一九一四・〇一・三〇	蔡村判成 仁禮	軍属 妻	戦死	咸平郡大洞面龍城里一三一 ―
一一七二	第四海軍施設部	ケゼリン島	一九四四・〇二・〇六 一九一九・〇九・一五	善川正植 基順	軍属 妻	戦死	咸平郡羅山面羅山里四一八 ―
一一七三	第四海軍施設部	ケゼリン島	一九四四・〇二・〇六 一九一九・〇九・一五	新井甲順 良任	軍属 妻	戦死	咸平郡羅山面水下里四八一 ―
一一八四	第四海軍施設部	ケゼリン島	一九四四・〇二・〇六 一九二〇・一一・〇	池田永源 鍾烈	軍属 父	戦死	咸平郡月也面陽亭里八六八 ―
一二三一	第四海軍施設部	ケゼリン島	一九四四・〇二・〇六 一九二二・一一・一一	香月清 弘光	軍属 父	戦死	羅州郡栄山浦邑本町一〇七 ―
一一八八	第四海軍施設部	メレヨン島 心臓麻痺	一九四四・〇八・二九 一九〇六・〇四・〇三	閔丙燮 金順禮	軍属 妻	戦病死	海南郡海南面白也里 ―
一〇〇七	第四海軍施設部	メレヨン島	一九四五・〇四・一七	長水鐘守	軍属	戦病死	求礼郡光義面煙波里

番号	所属	死亡場所	年月日	氏名	関係	死因	本籍
		脚気	一九一五・〇五・一〇	文學	兄		—
一〇三一	第四海軍施設部	メレヨン島 脚気	一九四五・〇四・一七 一九一六・〇三・二〇	林正得 成也	軍属 母	戦病死	求礼郡求礼面鳳南里 —
一〇三二	第四海軍施設部	メレヨン島	一九四五・〇四・二七 一九一三・〇九・二三	高在順 在根	軍属 兄	戦病死	求礼郡求礼面鳳南里 —
一〇四八	第四海軍施設部	メレヨン島 衝心脚気	一九四五・〇四・一三 一九一一・〇八・〇一	松田吉弘 吉本	軍属 兄	戦病死	求礼郡山洞面外山里 —
九九五	第四海軍施設部	メレヨン島 衝心脚気	一九四五・〇五・〇一 一九一五・〇六・〇二	金光順済 京秀	軍属 父	戦病死	求礼郡良文面月田里
一六八	第四海軍施設部	マリアナ諸島近海	一九四三・〇三・二三 一九二〇・〇一・〇四	金光東完 京葉	軍属 妻	戦死	海南郡縣山面艳湖里二三四 —
六二七	第四海軍施設部	マリアナ諸島近海	一九四三・〇三・二三 一九二二・一二・二八	金岡清二 徳任	軍属 妻	戦死	長興郡長興邑海堂里四六八 —
六二八	第四海軍施設部	マリアナ諸島近海	一九四三・〇三・二三 一九二三・〇四・二六	源川鐘哲 点泰	軍属 父	戦死	長興郡長興邑杏園里三五 —
一四〇〇	第四海軍施設部	マリアナ諸島近海	一九四三・〇三・二三 一九二〇・〇一・一八	木下千植 木下成在	軍属 父	戦死	灵巌郡都浦面都浦里四八 木浦府一〇四八
一四一八	第四海軍施設部	マリアナ諸島近海	一九四三・〇三・二三 一九二三・一〇・二八	渭川癸用 渭川在律	軍属 父	戦死	灵巌郡新北面梨泉里四一一 —
四七九	第四海軍施設部	マリアナ諸島近海	一九四三・〇四・一六 一九二一・〇五・一〇	岩村岩燮	軍属 父	戦死	寶城郡得粮面道村里一四四 —
三四四	第四海軍施設部	マリアナ諸島近海	一九四三・〇五・一〇 一九二〇・〇七・二一	新井相圭 柳寸	軍属 母	戦死	潭陽郡鳳山面臥牛里二一〇 —
三四五	第四海軍施設部	マリアナ諸島近海	一九四三・〇五・一〇 一九〇二・一二・一〇	清州平治 縁昭	軍属 妻	戦死	潭陽郡鳳山面斉月里四一九 —
三四六	第四海軍施設部	マリアナ諸島近海	一九四三・〇五・一〇 一九一〇・〇三・二一	東原鎮南 達任	軍属 妻	戦死	潭陽郡鳳山面陽地里六二〇 —
三四七	第四海軍施設部	マリアナ諸島近海	一九四三・〇五・一〇 一九〇九・〇五・〇五	大原順福 小順	軍属 妻	戦死	潭陽郡鳳山面新鶴里九九 —
三四八	第四海軍施設部	マリアナ諸島近海	一九四三・〇五・一〇 一九一九・〇八・二七	新天大援 今禮	軍属 妻	戦死	潭陽郡鳳山面陽地里一三五 —
三五二	第四海軍施設部	マリアナ諸島近海	一九四三・〇五・一〇 一九一七・〇六・三〇	石川釆龍 釆根	軍属 兄	戦死	潭陽郡月山面化方里五二五 潭陽郡龍面祚稜里
三六三	第四海軍施設部	マリアナ諸島近海	一九四三・〇五・一〇 一九一六・〇七・〇七	金本鳳圭 奉今	軍属 妻	戦死	潭陽郡金城面三萬里六五六 —

三六四	第四海軍施設部	マリアナ諸島近海	一九四五・〇五・一〇	金海永鏽	軍属	戦死	潭陽郡金城面尤峴里三七八
			一九二〇・〇二・二三	貴禮	妻		—
三六九	第四海軍施設部	マリアナ諸島近海	一九四三・〇五・一〇	金海一童	軍属	戦死	潭陽郡龍面月桂里三六六
			一九一一・〇三・一〇	喜順	妻		—
三七〇	第四海軍施設部	マリアナ諸島近海	一九四三・〇五・一〇	鞠本鉄龍	軍属	戦死	潭陽郡龍面斗長里九〇五
			一九一〇・〇二・一五	順徳	妻		—
三八〇	第四海軍施設部	マリアナ諸島近海	一九四三・〇五・一〇	武宮三鈺	軍属	戦死	潭陽郡武貞面平地里三二五
			一九二一・〇二・一〇	基善	父		—
三八一	第四海軍施設部	マリアナ諸島近海	一九四三・〇五・一〇	李本正洙	軍属	戦死	潭陽郡武貞面平地里三三一
			一九二一・〇二・二五	矚石	父		—
三八二	第四海軍施設部	マリアナ諸島近海	一九四三・〇五・一〇	宮本運等	軍属	戦死	潭陽郡武貞面貞石里一四八
			一九一七・〇八・一〇	時任	妻		—
三八八	第四海軍施設部	マリアナ諸島近海	一九四三・〇五・一〇	高益柱	軍属	戦死	潭陽郡昌平面龍水里二四二
			一九一五・一一・一一	朴順	妻		—
三八九	第四海軍施設部	マリアナ諸島近海	一九四三・〇五・一〇	新井連吉	軍属	戦死	潭陽郡昌平面昌平里二七〇
			一九〇六・〇五・二五	順五	妻		—
三九〇	第四海軍施設部	マリアナ諸島近海	一九四三・〇五・一〇	高斗錫	軍属	戦死	潭陽郡昌平面龍水里四五四
			一九一三・〇五・〇五	鍾今	妻		—
四〇三	第四海軍施設部	マリアナ諸島近海	一九四三・〇五・一〇	徳山鍾賢	軍属	戦死	潭陽郡南面縣谷里三〇七
			一九一四・〇二・一五	氏	母		—
四一七	第四海軍施設部	マリアナ諸島近海	一九四三・〇五・一〇	文元楊辰	軍属	戦死	潭陽郡水北面大興里三三
			一九一八・一一・一二	篤得	妻		—
四二四	第四海軍施設部	マリアナ諸島近海	一九四三・〇五・一〇	田項　兆	軍属	戦死	潭陽郡潭陽邑川辺里九九
			一九一七・〇二・二三	又唇	妻		—
四四〇	第四海軍施設部	マリアナ諸島近海	一九四三・〇五・一〇	永川敦成	軍属	戦死	潭陽郡大田面平章里四〇一
			一九一八・一〇・二一	福禮	妻		—
四四一	第四海軍施設部	マリアナ諸島近海	一九四三・〇五・一〇	清川東烈	軍属	戦死	潭陽郡大田面平章里一九六
			一九〇三・〇五・一七	永禮	妻		—
四四二	第四海軍施設部	マリアナ諸島近海	一九四三・〇五・一〇	平山鉉洙	軍属	戦死	潭陽郡大田面講義里三一七
			一九二三・〇五・一六	秉均	妻		—
四四三	第四海軍施設部	マリアナ諸島近海	一九四三・〇五・一〇	山本基栄	軍属	戦死	潭陽郡大田面中玉里四七三
			一九一六・〇五・一五	寧	母		—
四四四	第四海軍施設部	マリアナ諸島近海	一九四三・〇五・一〇	山本張鉉	軍属	戦死	潭陽郡大田面中玉里四一四
			一九一六・〇六・二六	鍾順	妻		—
六八五	第四海軍施設部	マリアナ諸島近海	一九四三・〇五・一〇	國本判逑	軍属	戦死	光山郡芝山面龍江里四一七

			一九二四・〇二・二一	致彦	父		—
六八六	第四海軍施設部	マリアナ諸島近海	一九四三・〇五・一〇	金山玉賢	軍属	戦死	光山郡芝山面龍江里四三三
			一九二一・一二・一九	玉任	妻		—
六八七	第四海軍施設部	マリアナ諸島近海	一九四三・〇五・一〇	金海義洪	軍属	戦死	光山郡芝山面龍江里
			一九一八・〇七・二九	徳洙	父		—
六八八	第四海軍施設部	マリアナ諸島近海	一九四三・〇五・一〇	山本判守	軍属	戦死	光山郡芝山面龍田里三三七
			一九〇五・〇二・〇七	龍含	妻		—
六八九	第四海軍施設部	マリアナ諸島近海	一九四三・〇五・一〇	松宮順吉	軍属	戦死	光山郡芝山面龍頭里三八六
			一九一六・〇七・二五	吉禮	妻		光山郡芝山面龍田里
六九〇	第四海軍施設部	マリアナ諸島近海	一九四三・〇五・一〇	岡村宅洙	軍属	戦死	光山郡芝山面月谷里二七二
			一九〇〇・一一・〇二	五莫	妻		—
六九一	第四海軍施設部	マリアナ諸島近海	一九四三・〇五・一〇	木村在根	軍属	戦死	光山郡芝山面生龍里六〇一
			一九一八・〇八・〇九	順禮	妻		—
六九二	第四海軍施設部	マリアナ諸島近海	一九四三・〇五・一〇	安井仁洙	軍属	戦死	光山郡芝山面芝野里二六四
			一九一九・〇一・一〇	南順	妻		—
六九三	第四海軍施設部	マリアナ諸島近海	一九四三・〇五・一〇	金城判洙	軍属	戦死	光山郡芝山面龍頭里四〇七
			一九〇七・〇一・二八	巡	妻		—
六九四	第四海軍施設部	マリアナ諸島近海	一九四三・〇五・一〇	金村昌城	軍属	戦死	光山郡芝山面陽山里四四二
			一九一六・一一・〇九	徳順	妻		—
六九五	第四海軍施設部	マリアナ諸島近海	一九四三・〇五・一〇	富川魯洙	軍属	戦死	光山郡芝山面本村里七八
			一八九九・〇四・〇九	妙仁	妻		—
六九六	第四海軍施設部	マリアナ諸島近海	一九四三・〇五・一〇	松木煕春	軍属	戦死	光山郡芝山面生龍里六二二
			一九一六・〇五・〇二	煕斗	兄		—
七〇三	第四海軍施設部	マリアナ諸島近海	一九四三・〇五・一〇	平山亨源	軍属	戦死	光山郡石谷面長灯町五六〇
			一九一六・一一・〇六	二禮	妻		—
七一〇	第四海軍施設部	マリアナ諸島近海	一九四三・〇五・一〇	松田扶同	軍属	戦死	光山郡飛福面龍揚里二〇三
			一九一〇・一〇・二四	亨授	兄		—
七一一	第四海軍施設部	マリアナ諸島近海	一九四三・〇五・一〇	宮本九宰	軍属	戦死	光山郡龍福面火莞里七三三
			一九一五・〇七・二六	喜順	妻		—
七一三	第四海軍施設部	マリアナ諸島近海	一九四三・〇五・一〇	金俊元	軍属	戦死	光山郡河南面長徳里
			—	吉鉉	親族		光山郡東谷面本徳里五八三
七一四	第四海軍施設部	マリアナ諸島近海	一九四三・〇五・一〇	金山弼鎬	軍属	戦死	光山郡河南面長徳里八三〇
			一九二三・一一・二一	燦鎬	兄		—
七一五	第四海軍施設部	マリアナ諸島近海	一九四三・〇五・一〇	高河 鏞	軍属	戦死	光山郡河南面眞谷里二〇七
			一九二一・一〇・二六	明煥	父		—

七一六	第四海軍施設部	マリアナ諸島近海	一九四三・〇五・一〇	松本晃九	軍属	戦死	光山郡河南面黒岩里一七二
			一九二〇・一〇・〇三	愛任	妻		—
七一七	第四海軍施設部	マリアナ諸島近海	一九四三・〇五・一〇	高在天	軍属	戦死	光山郡河南面鰲山里二一一
			一九一四・〇二・〇一	福信	妻		—
七三七	第四海軍施設部	マリアナ諸島近海	一九四三・〇五・一〇	孫平錫	軍属	戦死	光山郡瑞坊面牛山里三七〇
			一九一七・〇二・〇六	東莫	母		—
七三八	第四海軍施設部	マリアナ諸島近海	一九四三・〇五・一〇	松原順道	軍属	戦死	光山郡瑞坊面豊郷里五三二
			一九一九・〇六・二三	順奉	妻		—
七三九	第四海軍施設部	マリアナ諸島近海	一九四三・〇五・一〇	林漢大	軍属	戦死	光山郡瑞坊面三角里二四三
			一九一〇・一〇・二一	順今	妻		—
七四〇	第四海軍施設部	マリアナ諸島近海	一九四三・〇五・一〇	鳩山清宇	軍属	戦死	光山郡瑞坊面中興里五三〇
			一九〇三・〇三・三四	慶子	妻		—
八二〇	第四海軍施設部	マリアナ諸島近海	一九四三・〇五・一〇	金海勝甲	軍属	戦死	順天郡黄田面屯田里四三二一
			一九〇八・〇五・〇四	今順	妻		—
八五二	第四海軍施設部	マリアナ諸島近海	一九四三・〇五・一〇	金山大男	軍属	戦死	順天郡住岩面倉村里三七五
			一九一三・〇九・一五	陽奇	父		谷城郡石谷面竹山里
九〇一	第四海軍施設部	マリアナ諸島近海	一九四三・〇五・一〇	岩本富雄	軍属	戦死	順天郡別良面鳳林里二九四
			一九二二・〇二・二七	伸岡	父		—
九〇三	第四海軍施設部	マリアナ諸島近海	一九四三・〇五・一〇	山本永鎬	軍属	戦死	順天郡別良面雙林里八六
			一九二七・〇四・〇四	吉用	父		—
一五七七	第四海軍施設部	マリアナ諸島近海	一九四三・〇五・一〇	河本昌完	軍属	戦死	光陽郡凍上面錦梨里三四三
			×國五〇三・三・一八	金未	妻		—
一五九七	第四海軍施設部	マリアナ諸島近海	一九四四・〇五・一〇	玉川東動	軍属	戦死	谷城郡谷城面東山里六三
			一九二三・〇一・〇八	徳順	妻		—
一五九八	第四海軍施設部	マリアナ諸島近海	一九四四・〇五・一〇	竹下斗祥	軍属	戦死	谷城郡谷城面竹洞里一四三
			一九一八・〇六・二二	竹下學仁	父		—
一六〇三	第四海軍施設部	マリアナ諸島近海	一九四四・〇五・一〇	金山道會	軍属	戦死	谷城郡谷城面竹洞里二三二
			一九〇五・〇九・〇八	奉玉	妻		—
一六〇八	第四海軍施設部	マリアナ諸島近海	一九四三・〇五・一〇	安田俊童	軍属	戦死	谷城郡谷城面梧枝里五四四
			一九〇六・〇九・二三	粉任	妻		—
一六〇九	第四海軍施設部	マリアナ諸島近海	一九四三・〇五・一〇	申畦承	軍属	戦死	谷城郡谷城面徳山里五七
			一九二一・〇五・一一	氏	母		谷城郡梧谷面梧枝里
一六一〇	第四海軍施設部	マリアナ諸島近海	一九四三・〇五・一〇	大谷海暻	軍属	戦死	谷城郡谷城面梧枝里九八七—一
			一九一六・〇四・一一	鶴順	妻		—
一六一一	第四海軍施設部	マリアナ諸島近海	一九四三・〇五・一〇	錦山光植	軍属	戦死	谷城郡梧谷面梧枝里五七九

			一九二三・一二・一九	錦山鹿其	父		—
一六一二	第四海軍施設部	マリアナ諸島近海	一九四三・〇五・一〇 一九一七・〇四・二四	盧哲鉉 福順	軍属 妻	戦死	谷城郡梧谷面梧枝里四五六 —
一六一三	第四海軍施設部	マリアナ諸島近海	一九四三・〇五・一〇 一九一四・〇二・一五	光山判吉 奉順	軍属 妻	戦死	谷城郡梧谷面弥山里二五二 谷城郡梧谷面猫川里
一六三一	第四海軍施設部	マリアナ諸島近海	一九四三・〇五・一〇 一九〇六・一〇・〇七	文平東璿 春禮	軍属 妻	戦死	谷城郡五果面軍門里二一二 —
一六三六	第四海軍施設部	マリアナ諸島近海	一九四三・〇五・一〇 一九〇五・〇一・二七	金光鳳洙 金光麟洙	軍属 兄	戦死	谷城郡東面雲橋里五五三 —
一六三七	第四海軍施設部	マリアナ諸島近海	一九四四・〇五・一〇 一九二三・〇五・一七	平田相煥 億台	軍属 妻	戦死	谷城郡東面平章里六四四 —
一四八一	第四海軍施設部	トラック島	一九四二・〇三・〇二 一九〇八・〇八・二五	宮本高吉 宮本豊光	軍属 父	死亡	高興郡高興面玉下里 —
一六八九	第四海軍施設部	トラック島北方海面	一九四二・〇八・〇五 一九二三・〇三・一二	金原千煥 金原愛采	軍属 父	戦死	康津郡七良面冬栢里五二〇 —
一六九三	第四海軍施設部	トラック島	一九四二・〇八・〇五 一九一七・〇五・一一	金光瑞中 夢順	軍属 妻	戦死	康津郡城田面城田里六二八 —
一四四七	第四海軍施設部	トラック島	一九四三・〇一・〇三 一九二一・〇三・二五	玉山東炫 玉山漢亀	軍属 父	戦死	高興郡大田面金鳥里 —
一〇一〇	第四海軍施設部	トラック島	一九四三・一〇・〇六 一九二二・〇六・一五	金光貴哲 采順	軍属 父	戦病死	求礼郡光義面姫波里四二〇 —
一五五	第四海軍施設部	トラック島	一九四四・〇一・三一 一九一四・〇六・一五	金白彦 時玉	軍属 ｜	戦死	海南郡黄山面松湖里
二五七	第四海軍施設部	トラック島	一九四四・〇二・一七 一八九九・〇五・〇七	村上一郎・鳳谷重基 末巡	軍属 妻	戦死	麗水郡栗村面鳳田里二二六 —
二五八	第四海軍施設部	トラック島	一九四四・〇二・一七 一九一四・一一・一三	西原学斗・鳳谷學斗 其心	軍属 妻	戦死	麗水郡栗村面鳳田里二二六 —
四九七	第四海軍施設部	トラック島	一九四四・〇二・一七 一九二〇・一二・二七	森我判洪 福順	軍属 妻	戦傷死	木浦府山亭里五九 —
一〇五〇	第四海軍施設部	トラック島	一九四四・〇四・〇四 一九一二・一〇・〇七	林敬周 占玉	軍属 妻	戦死	和順郡和順面甘道里一三四 —
一五一	第四海軍施設部	トラック島	一九四四・〇四・二三 一九二一・〇二・二五	三山培有 順林	軍属 妻	戦死	海南郡馬山面路下里一六七 —
四五一	第四海軍施設部	トラック島	一九四四・〇四・二七 一九二七・〇九・二三	村山文基 玄局	軍属 父	戦傷死	寶城郡寶城邑寶城里八七四 —

一〇八六	第四海軍施設部	トラック島	一九四四・〇四・二四 一八八三・〇四・〇八	文元在玉 米順	軍属 妻	戦死	和順郡春陽面花林里六五〇 —
二〇一	第四海軍施設部	トラック島	一九四四・〇四・三〇 —	大原根植 京信	軍属 —	戦死	済州島済州邑三陽里甘水洞二五 —
九六五	第四海軍施設部	トラック島	一九四四・〇四・三〇 一九一七・〇六・二〇	福山化淑 斗連	軍属 妻	戦死	莞島郡青山面新興里三七七 —
一四八三	第四海軍施設部	トラック島	一九四四・〇六・〇三 一九〇九・〇五・××	松本正吉 松本炳権	軍属 兄	戦死	高興郡高興面南渓里五五九 —
一四九七	第四海軍施設部	トラック島	一九四四・〇六・〇三 一九二三・〇四・三〇	郭山鍾哲 郭山聖柱	軍属 父	戦死	高興郡上道陽面鳳山里 —
一五〇一	第四海軍施設部	トラック島	一九四四・〇九・二二 一九一八・一一・〇九	申季体 金蓮	軍属 母	戦病死	高興郡東江面馬輪里一一九〇 —
一五〇二	第四海軍施設部	トラック島	一九四四・〇六・〇三 一九一一・〇七・一〇	河本古卜 永順	軍属 妻	戦死	高興郡東江面梅谷里六七 —
四六六	第四海軍施設部	トラック島 栄養失調	一九四四・一一・〇八 一九〇七・〇四・〇七	李鐘鶴 —	軍属 —	戦病死	寶城郡筏橋邑洛城里 —
七〇六	第四海軍施設部	トラック島 栄養失調	一九四五・〇一・一〇 —	安川炳烈 應斗	軍属 —	戦病死	光山郡松汀邑道山里七四七 —
三八七	第四海軍施設部	トラック島	一九四五・〇二・二三 一九〇五・〇九・〇八	柳均秀 早見マサエ	軍属 妻	戦死	潭陽郡昌平面海谷里四四九 光州府北町二区三八
九七〇	第四海軍施設部	トラック島 栄養失調	一九四五・〇三・〇三 一九〇六・〇六・〇二	赫田鐘燮 仁澤	軍属 長男	戦病死	莞島郡莞島邑加用里二五五 —
七六一	第四海軍施設部	トラック島 栄養失調	一九四五・〇三・〇四 一九〇一・〇四・〇五	金福洞 今九	軍属 兄	戦病死	順天郡順天邑金谷里 —
七四三	第四海軍施設部	トラック島	一九四五・〇三・〇五 一九二〇・〇八・〇五	李供範 吉憲	軍属 祖父	戦死	光山郡東谷面柳渓里一〇三八 光山郡東谷面柳渓里七八
一八七	第四海軍施設部	トラック島 栄養失調	一九四五・〇三・一二 一九一一・一二・二九	朴中先 —	軍属 —	戦病死	海南郡海南面大正町一八 —
四一五	第四海軍施設部	トラック島	一九四五・〇三・一五 一九一八・〇五・一四	韓永植 —	軍属 —	戦病死	潭陽郡水北面井中里七一六 光山郡瑞坊面豊郷里
一八九	第四海軍施設部	トラック島 栄養失調	一九四五・〇三・二〇 一九〇二・一一・二八	姜永敏 京煥	軍属 父	戦病死	海南郡海南面南蓮里九二九 —
二一〇	第四海軍施設部	トラック島	一九四五・〇三・二四 一九二五・〇一・〇一	豊田樅豪 哲豪	軍属 弟	戦死	済州島涯月面納邑里二三三 —
五〇〇	第四海軍施設部	トラック島	一九四五・〇三・二五	慶山富雄	軍属	戦病死	木浦府龍粮町一〇一八

			一九二二・〇六・〇二	洸市	兄		ー
三六一	第四海軍施設部	トラック島	一九四五・〇三・二七 一九一九・〇一・一二	平魯仁銘 金順吉	軍属 母	戦死	潭陽郡金城面大成里 誕生郡龍面斗長里
三七九	第四海軍施設部	トラック島	一九四五・〇三・二七 一九二〇・一二・三〇	金海浲鎬 泳哲	軍属 父	戦病死	潭陽郡武眞面東山里 ー
一九八	第四海軍施設部	トラック島 栄養失調	一九四五・〇四・〇三 一九〇三・〇九・一六	趙泰浩 吉田ヒデ子	軍属 姉	戦病死	済州島済州邑龍潭里 ー
二一一	第四海軍施設部	トラック島	一九四五・〇四・〇六 一九二三・〇五・一二	金本栄浗 斗五	軍属 父	戦病死	済州島涯月面古城里三三一 ー
二二一	第四海軍施設部	トラック島	一九四五・〇四・〇六 一九一三・〇三・一三	長山才鶴 順吉	軍属 妻	戦死	済州島翰林面上明里八八一 済州島翰林面上明里八八一
一三五五	第四海軍施設部	トラック島 栄養失調	一九四五・〇四・一三 一八九七・〇八・二四	朴元華 ー	軍属 ー	戦病死	珍島郡古郡面五山里 ー
四一四	第四海軍施設部	トラック島	一九四五・〇四・一九 一九一七・〇二・一五	平山阿雲 徳熙	軍属 父	戦死	潭陽郡水北面開東里 ー
一九〇	第四海軍施設部	トラック島	一九四五・〇四・二七 一九一二・〇九・三〇	廈山萬吉 明善	軍属 父	戦死	海南郡海南面古道里 ー
七四二	第四海軍施設部	トラック島	一九四五・〇四・二八 一九二二・一一・〇五	柳秉琿 秉天	軍属 兄	戦病死	光山郡東谷面柳渓里一〇〇八 ー
一〇九一	第四海軍施設部	トラック島	一九四五・〇四・二九 一九一七・〇二・二三	金村益善 勝玉	軍属 兄	戦死	和順郡道谷面坪里 和順郡道谷面淳山里
四〇二	第四海軍施設部	トラック島	一九四五・〇五・〇二 一九〇九・一二・二〇	鄭承俊 王	軍属 母	戦死	潭陽郡南面芝谷里 ー
三七八	第四海軍施設部	トラック島	一九四五・〇五・〇三 一九一一・〇六・〇三	山木茂男 泰勲	軍属 兄	戦病死	潭陽郡武眞面東山里九九五 ー
六一〇	第四海軍施設部	トラック島 栄養失調	一九四五・〇五・〇三 一九一六・〇八・〇七	大山相突 同心	軍属 妻	戦病死	務安郡安佐面大半里三四三 ー
二一九	第四海軍施設部	トラック島	一九四五・〇五・〇九 一九一六・〇三・二三	金城翰奉 麗鍾	軍属 父	戦病死	済州島翰林面洙源里 済州島翰林面二区沙洞
四〇一	第四海軍施設部	トラック島	一九四五・〇五・〇九 一九二〇・〇二・二七	雪石勝雨 判哲	軍属 父	戦死	潭陽郡南面豊岩里 潭陽郡南面豊岩里
三九八	第四海軍施設部	トラック島	一九四五・〇五・二三 一九二五・〇八・二六	内山辰相 洙章	軍属 父	戦病死	潭陽郡古西面甫村里五六四 潭陽郡古西面甫村里五六四
七二二	第四海軍施設部	トラック島	一九四五・〇六・一一 一九一二・〇六・〇二	金子蘭淳 蘭九	軍属 父	戦死	光山郡西倉面松大里五五一 ー

二〇二	第四海軍施設部	トラック島	一九四五・〇六・一五 一九二〇・〇四・二五	金山永彬 雨水	軍属 父	戦死	済州島済州邑三徒里一一五 済州島涯月面郭支里一六五二
一三五九	第四海軍施設部	トラック島	一九四五・〇六・一五 一九二三・一二・〇一	昌山奎原 昌山秉益	軍属 祖父	戦死	珍島郡智山面×鴎里二六二 —
七〇二	第四海軍施設部	トラック島	一九四五・〇六・二一 一九一八・〇六・二〇	高山光吉 芝谷	軍属 母	戦死	光山郡石谷面長灯里三三九 —
一〇八九	第四海軍施設部	トラック島	一九四五・〇六・二三 一九二〇・〇二・二〇	金田福熙 俊成	軍属 父	戦病死	和順郡春陽面山×里 —
一三二四	第四海軍施設部	トラック島	一九四五・〇六・二六 一九二三・〇八・〇七	金山春根 金山兵童	軍属 父	戦病死	羅州郡平洞面東山里一一六 —
四二三	第四海軍施設部	トラック島	一九四五・〇七・一三 一九一五・一二・一一	菊地奉燁 四仁	軍属 妻	戦病死	潭陽郡潭陽邑萬城里一四四 —
二二〇	第四海軍施設部	トラック島	一九四五・〇七・一五 一九〇七・〇八・〇六	高原行奎 丁好	軍属 母	戦病死	済州島翰林面新昌里四〇七 —
一六九五	第四海軍施設部	トラック島	一九四五・〇七・一七 一九二六・〇二・一二	山村徳均 山村基光	軍属 妻	戦病死	康津郡城田面松鶴里三二八 —
七〇一	第四海軍施設部	トラック島	一九四五・〇七・二五 一九一六・〇四・二一	金光熙録 氏	軍属 母	戦病死	光山郡石谷面忠孝里五〇六 —
一三五七	第四海軍施設部	トラック島	一九四五・〇七・二八 一九二二・〇二・一八	朱本太千 朱本鳳根	軍属 妻	戦病死	珍島郡臨淮面道洞里八八七 —
三六〇	第四海軍施設部	トラック島	一九四五・〇八・一六 一九一四・××・××	國本斗日 基燮	軍属 長男	戦病死	潭陽郡金城面徳陽里三三 —
一四七四	第四海軍施設部	トラック島	一九四五・〇八・二四 一九二五・〇二・二八	平松東烈 平松順澈	軍属 父	戦病死	高興郡豆原面龍塘里六六一 —
七〇四	第四海軍施設部	トラック島	一九四五・〇八・二八 一九二〇・〇八・二三	高本光弼 哲桂	軍属 父	戦病死	光山郡石谷面長灯里三六五 —
五九七	第四海軍施設部	トラック島	一九四五・〇九・〇二 一九一七・〇九・〇六	金井清水 李花月	軍属 妻	戦病死	務安郡巌泰面短庫里 光州府東町二〇九
四一三	第四海軍施設部	トラック島	一九四五・一〇・〇五 一九二〇・一一・〇六	西原炮錫 沈良任	軍属 母	戦病死	潭陽郡水北面丹坪里三三 潭陽郡鳳山面江争里
八〇六	第四海軍施設部	トラック島 栄養失調	一九四五・一〇・〇八 一九〇五・〇一・一五	玉川泳湜 —	軍属 —	戦病死	順天郡西面東山里 —
一七一	第四海軍施設部	トラック島	一九四五・一〇・〇九 一九一二・〇九・一〇	大山奉僖 孝葉	軍属 妻	戦死	海南郡松青面美也里 —
七四一	第四海軍施設部	トラック島	一九四五・一〇・一七	峯村炳玉	軍属	戦病死	光山郡東谷面柳渓里一〇一五

		栄養失調	一九一一・〇五・一五	炳奎	兄		—
二〇九	第四海軍施設部	トラック島	一九四五・一一・〇三	高山炯玉	軍属	戦病死	済州島涯月面光令里四六六五
			一九一七・〇八・二二	炯鎬	兄		—
三九七	第四海軍施設部	トラック島	一九四五・一一・一二	金判九	軍属	戦死	潭陽郡古西面校山里一二九
			一九二〇・〇九・〇一	春×	—		光山郡孝池面所白里
一〇五一	第四海軍施設部	トラック島	一九四五・一一・一三	昌山碩煥	軍属	戦死	和順郡和順面甘道里三四六
			一九一五・〇六・二一	學對	兄		—
二二三	第四海軍施設部	八丈島	一九四四・〇一・一四	呉本桂三	軍属	戦死	済州島南元面衣貴里七八〇
			一九〇八・〇四・二五	汝煥	父		済州島南元面衣貴里七八〇
二二七	第四海軍施設部	八丈島	一九四四・〇一・一四	平山政一	軍属	戦死	済州島表善面城邑里三九一三
			一九二二・一〇・一五	節治	父		—
四四五	第四海軍施設部	八丈島	一九四三・一二・〇四	永川太海	軍属	戦死	潭陽郡大田面大峙里一〇三五
			一九一四・一二・二二	吉子	妻		—
三六六	第四海軍施設部	八丈島	一九四三・一二・〇四	楊原到源	軍属	戦死	潭陽郡金城面石峴里一五九
			一九一七・〇九・二六	宗基	父		—
九七四	第四海軍施設部	ウオッゼ島	一九四三・〇七・一八	林鐘凡	軍属	戦病死	莞島面郡外面院洞里一七七
			一九二〇・一二・〇九	仁栗	母		—
二〇五	第四海軍施設部	ウオッゼ島	一九四四・〇一・〇七	天藤在奎	軍属	戦病死	済州島済州邑禾北里三五七九
			一九二一・一〇・二四	元賛	父		—
一三六三	第四海軍施設部	ウオッゼ島	一九四四・〇一・三〇	岩本順龍	軍属	戦死	珍島郡義新面草四里三八〇
			一九一七・〇七・一六	岩本斗奉	父		—
四六九	第四海軍施設部	ウオッゼ島	一九四四・〇五・二〇	邦茂中理	軍属	戦死	寶城郡筏橋区回亭里六四三
			一九二三・〇七・二一	元啓	父		—
九八〇	第四海軍施設部	ウオッゼ島	一九四四・〇六・〇二	金海隆男	軍属	戦死	莞島郡薪智面新上里三四四
			一九一六・一二・一八	洪律	父		—
一三五八	第四海軍施設部	ウオッゼ島	一九四四・〇六・一二	河村采綺	軍属	戦死	珍島郡臨淮面南亭里四八九
			一九一八・〇二・〇八	河村鳳鎬	兄		—
九七三	第四海軍施設部	ウオッゼ島	一九四四・〇六・一五	金田三男	軍属	戦死	莞島郡郡外面新鶴里
			一九一一・〇九・一九	車泰	兄		—
九七五	第四海軍施設部	ウオッゼ島	一九四四・〇六・一五	富永同允	軍属	戦死	莞島郡古今面冠山里
			一九一七・〇四・一八	玉徳	妻		—
二一六	第四海軍施設部	ウオッゼ島	一九四四・〇八・〇二	金田性信	軍属	戦死	済州島朝天面咸徳里一一〇四
			一九一三・一二・〇六	萬能	父		済州島朝天面咸徳里一一〇四
九七二	第四海軍施設部	ウオッゼ島	一九四四・〇八・二四	呉山千宗	軍属	戦死	莞島郡郡外面黄津里六五九
			一九二〇・一一・一九	連奉	父		—

二一四	第四海軍施設部	ウオッゼ島	一九四四・〇八・二八	金田智用	軍属	戦死	済州島旧左面下道里一二九二
			一九二二・〇七・一四	在三	父		—
二一五	第四海軍施設部	ウオッゼ島	一九四四・〇八・二八	金山武吉	軍属	戦死	済州島旧左面下道里一三五一
			一九一八・〇三・二四	春石	祖父		—
二一三	第四海軍施設部	ウオッゼ島	一九四四・〇九・〇五	野山在吉	軍属	戦死	済州島旧左面終達里九〇八
			一九一八・〇五・二〇	成秋	父		—
九七九	第四海軍施設部	ウオッゼ島	一九四四・〇九・〇五	原田賛順	軍属	戦死	莞島郡薪智面新上里一七七
			一九一八・〇八・〇五	益光	父		—
一三六四	第四海軍施設部	ウオッゼ島	一九四四・〇九・一七	金田政洙	軍属	戦死	珍島郡郡内面月加里八七八
			一九一三・一一・一三	金田鐘敏	父		—
二四八	第四海軍施設部	ウオッゼ島	一九四四・一二・二七	金村昌洙	軍属	戦死	済州島大静面上摹里三一二八
			一九一七・〇三・〇七	末生	兄		—
二一七	第四海軍施設部	ウオッゼ島	一九四五・〇二・一八	池田奉洙	軍属	戦死	済州島旧左面下道里一四九一
			一九一六・〇四・二一	瑩鐘	父		—
二一六	第四海軍施設部	ウオッゼ島	一九四五・〇二・一九	金城奉奎	軍属	戦死	済州島旧左面終達里一九三三
			一九二三・〇二・〇九	根輔	父		—
二〇六	第四海軍施設部	ウオッゼ島	一九四五・〇四・〇七	高山光俊	軍属	戦病死	済州島済州邑一徒里一四四二
			一九二二・〇一・〇三	性柱	父		—
一三六五	第四海軍施設部	ウオッゼ島	一九四五・〇四・二四	昌山壽煥	軍属	死亡	珍島郡珍島面東外里八七三
			一九二一・〇二・〇七	昌山洞内	母		—
一三六二	第四海軍施設部	ウオッゼ島	一九四五・〇四・二五	永井台律	軍属	死亡	珍島郡鳥島面新陸里八六二
			一九一九・〇一・二一	永井行化	父		—
四七六	第四海軍施設部	ウオッゼ島	一九四五・〇五・一二	木村海殷	軍属	戦死	寶城郡弥力面盤龍里二
			一九〇七・一一・二七	東鎬	父		寶城郡弥力面盤龍里二九〇
九八一	第四海軍施設部	ウオッゼ島	一九四五・〇五・一三	大山元巳	軍属	戦傷死	莞島郡薪智面新上里
			一九一六・〇八・二一	尚巳	兄		—
九七六	第四海軍施設部	ウオッゼ島	一九四五・〇六・一四	金澤吉鎬	軍属	戦死	莞島郡所安面梨月里
			一九一四・〇六・二五	明倫	父		—
九六六	第四海軍施設部	ウオッゼ島	一九四五・〇八・二〇	金村炳鉉	軍属	戦死	莞島郡青山面道清里
			一九一四・〇九・二七	黙首	父		—
二五一	第四海軍施設部	ブラウン島	一九四四・〇二・二四	玉峰基泰	軍属	戦死	麗水郡三日面上岩里一七六五
			一九二一・〇二・一〇	奉秀	父		—
二五九	第四海軍施設部	ブラウン島	一九四四・〇二・二四	松原燦朝	軍属	戦死	麗水郡栗村面山水里七六九
			一九一三・〇四・〇四	貴心	妻		—
二六〇	第四海軍施設部	ブラウン島	一九四四・〇二・二四	柳井在千	軍属	戦死	麗水郡栗村面新泉里一〇七五

			一九一二・〇九・二一	福任	妻		—
二六一	第四海軍施設部	ブラウン島	一九四四・〇二・二四 一九一九・〇六・〇三	金村鍾烈 奉心	軍属 妻	戦死	麗水郡栗村面稠禾里二八五 —
二六二	第四海軍施設部	ブラウン島	一九四四・〇二・二四 一九一九・〇八・〇二	文元奉吉 板心	軍属 妻	戦死	麗水郡栗村面所豊里三三五 —
二八四	第四海軍施設部	ブラウン島	一九四四・〇二・二四 一九一八・〇七・〇三	松本壽昌 —	軍属 —	戦死	麗水郡麗水邑鳳山里一七 —
二九三	第四海軍施設部	ブラウン島	一九四四・〇二・二四 一九〇五・〇三・〇五	漢川仁侠 態辰	軍属 妻	戦死	麗水郡雙鳳面鳳渓里三〇二 —
二九四	第四海軍施設部	ブラウン島	一九四四・〇二・二四 一九二二・〇二・〇二	金海釆斗 福洙	軍属 父	戦死	麗水郡雙鳳面蟹山里一八八 —
二九五	第四海軍施設部	ブラウン島	一九四四・〇二・二四 一九一二・〇四・〇三	三井甲淵 三徳	軍属 妻	戦死	麗水郡雙鳳面蟹山里四七四 —
二九六	第四海軍施設部	ブラウン島	一九四四・〇二・二四 一九二一・〇八・〇九	木山海明 順心	軍属 妻	戦死	麗水郡雙鳳面蟹山里四八一 —
三〇五	第四海軍施設部	ブラウン島	一九四四・〇二・二四 一九二一・〇六・二一	金本宗三 京心	軍属 母	戦死	麗水郡突山面平沙里五五七 —
三一一	第四海軍施設部	ブラウン島	一九四四・〇二・二四 一九一三・〇六・一三	松原長水 徳珍	軍属 妻	戦死	麗水郡華陽面龍洙里六三七 —
三一二	第四海軍施設部	ブラウン島	一九四四・〇二・二四 一九一九・〇六・〇二	瑞原厚根 松子	軍属 妻	戦死	麗水郡華陽面昌武里一四四 —
三一九	第四海軍施設部	ブラウン島	一九四四・〇二・二四 一九二三・〇一・〇八	山下明山 光禮	軍属 母	戦死	麗水郡召羅面玄川里七〇七 —
三二〇	第四海軍施設部	ブラウン島	一九四四・〇二・二四 一九一〇・一〇・〇七	平山祐豊 道伊	軍属 妻	戦死	麗水郡召羅面大浦里一四四 —
三二一	第四海軍施設部	ブラウン島	一九四四・〇二・二四 一九二二・〇九・一〇	南相洙 英蓉	軍属 母	戦死	麗水郡召羅面徳陽里一二三五 麗水郡召羅面徳陽里一二二五
三二二	第四海軍施設部	ブラウン島	一九四四・〇二・二四 一九〇二・〇一・二五	林光明 孟×	軍属 妻	戦死	麗水郡召羅面徳陽里一一七四 麗水郡召羅面徳陽里一一七四
三二三	第四海軍施設部	ブラウン島	一九四四・〇二・二四 一九〇九・〇一・一三	松谷政義 良任	軍属 妻	戦死	麗水郡召羅面徳陽里五六 麗水郡召羅面徳陽里五六
四七五	第四海軍施設部	ブラウン島	一九四四・〇二・二四 一九〇九・〇二・二三	宣元正植 安壬	軍属 妻	戦死	寶城郡弥力面弥力里四七九 麗水郡麗水邑東町
六五三	第四海軍施設部	ブラウン島	一九四四・〇二・二四 一九二一・〇五・〇二	文卜同 鍾三	軍属 従兄	戦死	長興郡長東面盤山里 麗水郡麗水邑東町

六五四	第四海軍施設部	ブラウン島	一九四四・〇二・二四	文野奉貴	軍属	戦死	長興郡長東面盤山里一八一
			一九一六・〇七・〇八	善葉	妻		麗水郡麗水邑東町八二六
七五五	第四海軍施設部	ブラウン島	一九四四・〇二・二四	徳山漢胄	軍属	戦死	順天郡順天邑南亭里二一一九
			一九二二・〇六・一八	順玉	妻		－
七五六	第四海軍施設部	ブラウン島	一九四四・〇二・二四	宣城礼次郎	軍属	戦死	順天郡順天邑栄町一一六
			一九〇九・〇六・〇二	恵子	妻		－
七五七	第四海軍施設部	ブラウン島	一九四四・〇二・二四	金本東坤	軍属	戦死	順天郡順天邑南亭里二三九
			一九二三・〇五・一六	教順	父		－
七五八	第四海軍施設部	ブラウン島	一九四四・〇二・二四	金澤武雄	軍属	戦死	順天郡順天邑幸町一四六－三
			一九二二・〇五・一二	満天	父		－
七五九	第四海軍施設部	ブラウン島	一九四四・〇二・二四	金谷南秀	軍属	戦死	順天郡順天邑金谷二三三
			一九二一・〇九・二五	淳澈	父		－
七六〇	第四海軍施設部	ブラウン島	一九四四・〇二・二四	慶山富平	軍属	戦死	順天郡順天邑幸町
			一九一七・〇三・〇二	貴禮	妻		－
七九七	第四海軍施設部	ブラウン島	一九四四・〇二・二四	蔡原廣徳	軍属	戦死	順天郡海龍面狐頭里八八九
			一九一五・一二・〇九	一葉	妻		
八〇七	第四海軍施設部	ブラウン島	一九四四・〇二・二四	金村烘均	軍属	戦死	順天郡西面東山里六二七
			一九一九・〇二・二〇	一心	妻		－
八〇八	第四海軍施設部	ブラウン島	一九四四・〇二・二四	金城種一	軍属	戦死	順天郡西面東山面七七〇
			一九二三・〇一・〇五	徳男	妻		－
八〇九	第四海軍施設部	ブラウン島	一九四四・〇二・二四	張川聖方	軍属	戦死	順天郡西面九萬里三二
			一九二〇・〇三・一五	化丁	母		－
八一〇	第四海軍施設部	ブラウン島	一九四四・〇二・二四	金城烘臣	軍属	戦死	順天郡西面東山六八六
			一九一六・〇七・三〇	以葉	妻		－
八一二	第四海軍施設部	ブラウン島	一九四四・〇二・二四	廣田哲喜	軍属	戦死	順天郡外西面雉又栗里
			一九二一・〇五・三一	惟逑	妻		－
八一三	第四海軍施設部	ブラウン島	一九四四・〇二・二四	新井桂洙	軍属	戦死	順天郡外西面雉又栗里
			一九二一・〇三・一〇	福佑	妻		－
八一八	第四海軍施設部	ブラウン島	一九四四・〇二・二四	宮本周助	軍属	戦死	順天郡黄田面槐本里八
			一九二二・〇四・〇九	泰儀	父		－
八一九	第四海軍施設部	ブラウン島	一九四四・〇二・二四	岩村吉淡	軍属	戦死	順天郡黄田面月山里四二五
			一九二二・〇六・二四	分禮	妻		－
八二七	第四海軍施設部	ブラウン島	一九四四・〇二・二四	長吉貞夫	軍属	戦死	順天郡月灯面月林里三〇〇
			一九二三・〇八・二五	順徳	母		－
八二八	第四海軍施設部	ブラウン島	一九四四・〇二・二四	羽谷永俊	軍属	戦死	順天郡月灯面大坪里三六四

			一九二六・一〇・〇九	銑鐘	父		
八三八	第四海軍施設部	ブラウン島	一九四四・〇二・二四 一九一九・一〇・〇二	権藤明光 奉柱	軍属 父	戦死	順天郡月灯面月林三三九 ―
八三九	第四海軍施設部	ブラウン島	一九四四・〇二・二四 一九二七・〇三・二八	張松旺録 基州	軍属 父	戦死	順天郡月灯面新月里七六 ―
八五八	第四海軍施設部	ブラウン島	一九四四・〇二・二四 一九一八・〇九・二三	尹正善 有村	軍属 母	戦死	順天郡住岩面大光里五〇八 麗水郡麗水邑徳忠里
八五九	第四海軍施設部	ブラウン島	一九四四・〇二・二四 一九二五・一〇・二〇	金山光雄 容太	軍属 父	戦死	順天郡住岩面杏亭里六六二 順天郡住岩面福多里一区
八六〇	第四海軍施設部	ブラウン島	一九四四・〇二・二四 一九二〇・一〇・一五	石川南洙 宗琪	軍属 父	戦死	順天郡住岩里廣川里九五 順天郡住岩里福多里二区
八六一	第四海軍施設部	ブラウン島	一九四四・〇二・二四 一九二一・〇五・〇八	松村仲煥 松光面長	軍属 ―	戦死	順天郡松光面新坪里 ―
八六二	第四海軍施設部	ブラウン島	一九四四・〇二・二四 一九一八・一二・二五	金海道日 米順	軍属 妻	戦死	順天郡松光面徳山里一六五 ―
八六三	第四海軍施設部	ブラウン島	一九四四・〇二・二四 一九一七・〇六・一五	國本成根 松光面長	軍属 ―	戦死	順天郡松光面所坪里 ―
八六四	第四海軍施設部	ブラウン島	一九四四・〇二・二四 一九二三・〇一・二六	蔡田仁煥 玉徳	軍属 母	戦死	順天郡松光面所興里六四二 ―
八七六	第四海軍施設部	ブラウン島	一九四四・〇二・二四 一九二五・〇三・一九	玉川聖文 永祚	軍属 父	戦死	順天郡道沙面下垈里六九二 ―
八七七	第四海軍施設部	ブラウン島	一九四四・〇二・二四 一九二二・〇五・一四	山村貴炯 命萬	軍属 父	戦死	順天郡道沙面也興里四〇四 ―
八八八	第四海軍施設部	ブラウン島	一九四四・〇二・二四 一九一六・〇一・三〇	山本仁燮 桂順	軍属 妻	戦死	順天郡楽安面検岩里四三六 ―
八八九	第四海軍施設部	ブラウン島	一九四四・〇二・二四 一九二一・〇四・一五	金本永云 在洙	軍属 父	戦死	順天郡楽安面龍陵里四三九 ―
八九〇	第四海軍施設部	ブラウン島	一九四四・〇二・二四 一九一七・〇七・二七	金澤亨順 順葉	軍属 妻	戦死	順天郡楽安面校村里一三八 ―
九三〇	第四海軍施設部	ブラウン島	一九四四・〇二・二四 一九二二・一二・一六	金世洙 ―	軍属 ―	戦死	長城郡南面平山里一六七 ―
九八二	第四海軍施設部	ブラウン島	一九四四・〇二・二四 一九一五・〇四・〇二	宮本養浩 東禮	軍属 妻	戦死	求礼郡龍方面龍江里五八〇 ―
九八三	第四海軍施設部	ブラウン島	一九四四・〇二・二四 一九二三・〇八・二四	李鍾植 太順	軍属 父	戦死	求礼郡龍方面竹亭里三八九 ―

九八四	第四海軍施設部	ブラウン島	一九四四・〇二・二四	梁原栗燮	軍属	戦死	求礼郡龍方面所趙里二九三
			一九二二・〇五・〇六	海錫	父		—
九八六	第四海軍施設部	ブラウン島	一九四四・〇二・二四	智山宇鉉	軍属	戦死	求礼郡土旨面金内里五〇一
			一九二三・〇二・一五	王心	母		—
九八八	第四海軍施設部	ブラウン島	一九四四・〇二・二四	青柳珍夫	軍属	戦死	求礼郡土旨面五美里二〇〇
			一九二三・〇五・〇一	處暖	兄		—
九九〇	第四海軍施設部	ブラウン島	一九四四・〇二・二四	韓斗錫	軍属	戦死	求礼郡馬山面冷泉里六二二
			一九一五・〇七・〇七	季澈	妻		—
九九三	第四海軍施設部	ブラウン島	一九四四・〇二・二四	玉川湧大	軍属	戦死	求礼郡艮文面興大里七七五
			一九二五・〇四・一八	龍	父		—
一〇〇五	第四海軍施設部	ブラウン島	一九四四・〇二・二四	呉錫俊	軍属	戦死	求礼郡光義面温堂里三〇六
			一九一二・〇八・一三	在燮	父		—
一〇一八	第四海軍施設部	ブラウン島	一九四四・〇二・二四	山原光治	軍属	戦死	求礼郡求礼面鳳北里三一四
			一九一九・一〇・一四	徳祚	父		—
一〇一九	第四海軍施設部	ブラウン島	一九四四・〇二・二四	李田其夾	軍属	戦死	求礼郡求礼面鳳西里一〇〇八
			一九一三・〇一・〇七	三順	妻		—
一〇二〇	第四海軍施設部	ブラウン島	一九四四・〇二・二四	林鐘伯	軍属	戦死	求礼郡求礼面鳳南里二四六
			一九一五・〇九・二五	玉丹	母		—
一〇二一	第四海軍施設部	ブラウン島	一九四四・〇二・二四	乾山貴童	軍属	戦死	求礼郡求礼面鳳南里一八一
			一九一五・〇九・〇二	京禮	妻		—
一〇二二	第四海軍施設部	ブラウン島	一九四四・〇二・二四	阿部龍石	軍属	戦死	求礼郡求礼面鳳南里二六七
			一九一六・〇七・二八	小根	母		—
一〇二三	第四海軍施設部	ブラウン島	一九四四・〇二・二四	林正雄	軍属	戦死	求礼郡求礼面鳳南里一八六—二
			一九二二・〇三・二〇	岡秀	父		—
一〇二四	第四海軍施設部	ブラウン島	一九四四・〇二・二四	高島在祚	軍属	戦死	求礼郡求礼面鳳北里九五
			一九〇七・〇二・〇二	且福	妻		—
一〇二五	第四海軍施設部	ブラウン島	一九四四・〇二・二四	竹山延湜	軍属	戦死	求礼郡求礼面鳳西里一四九七
			一九二二・〇五・二〇	良壽	兄		—
一〇四〇	第四海軍施設部	ブラウン島	一九四四・〇二・二四	松山康秀	軍属	戦死	求礼郡山洞面官山里三五五
			一九一一・〇五・〇四	永順	妻		—
一〇四一	第四海軍施設部	ブラウン島	一九四四・〇二・二四	木山洋本	軍属	戦死	求礼郡山洞面梨坪里二一三—七
			一九一八・一一・〇六	源吉	父		求礼郡山洞面草鶴里七二一
一〇四二	第四海軍施設部	ブラウン島	一九四四・〇二・二四	金本仁植	軍属	戦死	求礼郡山洞面官山里二六三
			一九一八・〇二・一二	玉南	妻		—
一〇四三	第四海軍施設部	ブラウン島	一九四四・〇二・二四	柳在福	軍属	戦死	求礼郡山洞面水基里四七一

			一九二五・〇八・〇六	炳烈	父		―
一〇四九	第四海軍施設部	ブラウン島	一九四四・〇二・二四 一九〇七・〇二・一一	安田道順 今禮	軍属 妻	戦死	和順郡和順面内坪里八二 ―
一二七五	第四海軍施設部	ブラウン島	一九四四・〇二・二四 一九二五・〇三・一五	裵潤洙 良黙	軍属 父	戦死	羅州郡多侍面文洞里一六 ―
一四一四	第四海軍施設部	ブラウン島	一九四四・〇二・二四 一九二三・〇二・一五	杉山順錫 杉山太珠	軍属 父	戦死	灵巌郡新北面葛谷里五七一 麗水郡驪州邑東町
二八三	第四海軍施設部	グァム島南南西	一九四四・〇二・二四 一九〇四・〇七・〇三	林成信 萬心	軍属 母	戦死	麗水郡麗水邑西町九三―二 ―
二七九	第四海軍施設部	グァム島南南西	一九四四・〇五・一〇 一九一八・〇二・二〇	國本連植 黄海	軍属 妻	戦死	麗水郡麗水邑西町一二一四 ―
二八〇	第四海軍施設部	グァム島南南西	一九四四・〇五・一〇 一九〇九・〇三・二六	長村尹五 白禮	軍属 妻	戦死	麗水郡麗水邑東町一二九〇 ―
二八一	第四海軍施設部	グァム島南南西	一九四四・〇五・一〇 一九一六・一一・一五	香山相夫 相玉	軍属 弟	戦死	麗水郡麗水邑東町一五二四 寶城郡筏橋邑長佐里二〇二
二八二	第四海軍施設部	グァム島南南西	一九四四・〇五・一〇 一九二二・〇七・一一	金泰和 又天古	軍属 母	戦死	麗水郡麗水邑東町一〇二八 麗水郡突山面平沙里二一四
二九〇	第四海軍施設部	グァム島南南西	一九四四・〇五・一〇 一九二〇・一二・〇七	新山東云 應柱	軍属 父	戦死	麗水郡麗水邑鳳山里一四六 ―
二九二	第四海軍施設部	グァム島南南西	一九四四・〇五・一〇 一九一三・〇九・〇七	漢川永恵 京業	軍属 母	戦死	麗水郡雙鳳面鳳渓里二九三 ―
三〇二	第四海軍施設部	グァム島南南西	一九四四・〇五・一〇 一九一九・〇一・二〇	金木又道 采仁	軍属 父	戦死	麗水郡突山面竹圃里一六二九 ―
三〇三	第四海軍施設部	グァム島南南西	一九四四・〇五・一〇 一九一六・〇七・一三	完山相完 永禮	軍属 妻	戦病死	麗水郡突山面竹圃里一四五三 ―
三〇八	第四海軍施設部	グァム島南南西	一九四四・〇五・一〇 一九二二・〇八・一四	木村相七 点徳	軍属 妻	戦死	麗水郡華陽面西村里六四五 ―
三〇九	第四海軍施設部	グァム島南南西	一九四四・〇五・一〇 一九一六・〇八・〇一	朴永淳 學心	軍属 母	戦死	麗水郡華陽面安浦里一三二八 ―
三一〇	第四海軍施設部	グァム島南南西	一九四四・〇五・一〇 一九一六・〇九・二〇	安田鳳文 以葉	軍属 母	戦死	麗水郡華陽面梨木里一四三〇 ―
三一五	第四海軍施設部	グァム島南南西	一九四四・〇五・一〇 一九一一・〇九・〇八	新本玟平 東心	軍属 妻	戦死	麗水郡召羅面徳陽里六三五―一 ―
三一七	第四海軍施設部	グァム島南南西	一九四四・〇五・一〇 一九二〇・〇五・二〇	金本永敏 順徳	軍属 妻	戦死	麗水郡召羅面館基里二二四 麗水郡雙鳳面安山里

三七一	第四海軍施設部	グアム島南南西	一九四四・〇五・一〇	春田六眞	軍属	戦死	潭陽郡武眞面五桂里四二二
			一九一三・〇一・二五	寅興	妻		通川郡庫底邑五柳里
四〇五	第四海軍施設部	グアム島南南西	一九四四・〇五・一〇	木村南基	軍属	戦死	潭陽郡大徳面葛田里四〇八
			一九二二・一一・二五	氏	母		―
四三四	第四海軍施設部	グアム島南南西	一九四四・〇五・一〇	蔡原洙賢	軍属	戦死	潭陽郡大田面城山里一〇二
			一九二二・一〇・一〇	―	父		―
四四六	第四海軍施設部	グアム島南南西	一九四四・〇五・一〇	国山判介	軍属	戦死	寶城郡寶城邑寶城里七九八
			一九一八・〇五・一五	渓祚	父		―
四四七	第四海軍施設部	グアム島南南西	一九四四・〇五・一〇	林正煥	軍属	戦死	寶城郡寶城邑寶城里八三六
			一九二三・〇五・一〇	仁圭	父		―
四五二	第四海軍施設部	グアム島南南西	一九四四・〇五・一〇	金田三奉	軍属	戦死	寶城郡栗於面七音里二五二
			一九二一・〇八・〇九	學奉	兄		―
四五七	第四海軍施設部	グアム島南南西	一九四四・〇五・一〇	廣原秉玉	軍属	戦死	寶城郡福内面鳳川里七五四
			一九一六・〇三・一九	奇禮	妻		―
四六五	第四海軍施設部	グアム島南南西	一九四四・〇五・一〇	李學出・木子鶴出	軍属	戦病死	寶城郡筏橋邑筏橋里六五三
			一九二五・〇七・一一	鳳化	父		―
四八〇	第四海軍施設部	グアム島南南西	一九四四・〇五・一〇	金光天順	軍属	戦死	寶城郡得粮面礼堂里
			一九一二・一一・〇六	丙太	父		―
四八七	第四海軍施設部	グアム島南南西	一九四四・〇五・一〇	李星相玉	軍属	戦死	寶城郡文徳面雲谷里六六
			一九〇七・一〇・二五	徳淳	妻		―
四八九	第四海軍施設部	グアム島南南西	一九四五・〇五・一〇	玉川基泰	軍属	戦死	寶城郡鳥城面鳳陵里九五
			一九二二・一二・〇七	山内	母		―
四九〇	第四海軍施設部	グアム島南南西	一九四五・〇五・一〇	李田龍雲	軍属	戦死	寶城郡鳥城面龍田里七五八
			一九二三・〇六・〇四	幸子	妻		―
四九一	第四海軍施設部	グアム島南南西	一九四五・〇五・一〇	石川元模	軍属	戦死	寶城郡鳥城面新月里
			一九二二・〇三・〇五	朱出	―		―
四九二	第四海軍施設部	グアム島南南西	一九四四・〇五・一〇	朴原雉柱	軍属	戦死	寶城郡鳥城面亀山里
			一九二二・〇八・一五	泰玉	父		―
七七八	第四海軍施設部	グアム島南南西	一九四四・〇五・一〇	星山水連	軍属	戦死	順天郡順天邑徳岩里四二五
			一九一六・一一・二六	占岳	母		―
七七九	第四海軍施設部	グアム島南南西	一九四四・〇五・一〇	大山光烈	軍属	戦死	順天郡順天邑玉川里四二
			一九二七・〇一・〇八	先賛	父		―
七八〇	第四海軍施設部	グアム島南南西	一九四五・〇五・一〇	山本春植	軍属	戦死	順天郡順天邑楮田里二〇三
			一九一九・〇六・一九	玉業	妻		―
七八一	第四海軍施設部	グアム島南南西	一九四五・〇五・一〇	李他官	軍属	戦死	順天郡順天邑東外里一〇〇

番号	所属	死亡場所	年月日	氏名	続柄	死因	本籍・住所
			一九二二・〇六・二七	点金	父		|
七八二	第四海軍施設部	グァム島南南西	一九四五・〇五・一〇	玉山章律	軍属	戦死	順天郡順天邑玉川里九
			一九二七・一一・一九	道出	父		|
七八三	第四海軍施設部	グァム島南南西	一九四五・〇五・一〇	金村成吉	軍属	戦死	順天郡順天邑東外二六
			一九二一・〇五・〇六	賛富	父		|
七八四	第四海軍施設部	グァム島南南西	一九四五・〇五・一〇	松田安祐	軍属	戦死	順天郡順天邑長泉里一四九
			一九二八・〇四・一五	徳心	母		|
七八五	第四海軍施設部	グァム島南南西	一九四五・〇五・一〇	安全富雄	軍属	戦死	順天郡順天邑金谷里六八
			一九二六・一二・一〇	平治	父		|
七八七	第四海軍施設部	グァム島南南西	一九四四・〇五・一〇	金本甲辰	軍属	戦死	順天郡順天邑意堂里九
			一九一九・〇六・一〇	世武	妻		|
七九九	第四海軍施設部	グァム島南南西	一九四四・〇五・一〇	山本柱鎬	軍属	戦死	順天郡海龍面下沙里二七二
			一九二〇・〇四・一一	順葉	継母		|
八〇〇	第四海軍施設部	グァム島南南西	一九四四・〇五・一〇	慶山大烈	軍属	戦死	順天郡海龍面上内里四六〇
			一九二六・〇四・一六	東弥	父		順天郡順天邑長泉里八四
八〇一	第四海軍施設部	グァム島南南西	一九四四・〇五・一〇	文本鍾會	軍属	戦死	順天郡海龍面章香里三三
			一九二八・〇二・一五	敬福	父		|
八〇二	第四海軍施設部	グァム島南南西	一九四四・〇五・一〇	金海斗性	軍属	戦死	順天郡海龍里大安里九九六
			一九二三・〇六・一六	達莫	妻		|
八一一	第四海軍施設部	グァム島南南西	一九四四・〇五・一〇	國本道夫	軍属	戦死	順天郡西面船坪里一五七
			一九一六・〇二・一一	西云	妻		
八一五	第四海軍施設部	グァム島南南西	一九四四・〇五・一〇	安山貴同	軍属	戦死	順天郡外西面月岩里三四〇
			一九一〇・〇九・〇四	李禄	父		|
八一六	第四海軍施設部	グァム島南南西	一九四四・〇五・一〇	國本亨龍	軍属	戦死	順天郡外西面月岩里六三二
			一九一四・〇七・一七	|	|		|
八一七	第四海軍施設部	グァム島南南西	一九四四・〇五・一〇	安田漢貴	軍属	戦死	順天郡外西面錦城里八五四
			一九二三・〇三・〇五	大吉	父		
八二一	第四海軍施設部	グァム島南南西	一九四四・〇五・一〇	大城在文	軍属	戦死	順天郡黄田面竹清里二九一
			一九一四・〇六・一〇	分禮	|		|
八二二	第四海軍施設部	グァム島南南西	一九四四・〇五・一〇	咸川東燮	軍属	戦死	順天郡黄田面槐木里四三〇
			一九二五・〇四・一六	東燮（ママ）	|		|
八四一	第四海軍施設部	グァム島南南西	一九四四・〇五・一〇	金本正環	軍属	戦死	順天郡雉又岩面新田里二八四
			一九二七・〇一・二〇	淳基	父		順天郡順天邑金谷里八八
八四三	第四海軍施設部	グァム島南南西	一九四四・〇五・一〇	張本順鶴	軍属	戦死	順天郡雉又岩面平中里二七三
			一九二五・〇九・一九	鳳吉	父		順天郡順天邑金谷里四三

八七四	第四海軍施設部	グァム島南南西	一九四四・〇五・一〇 一九二七・〇三・一九	松村定吉 虎雄	軍属 父	戦死	順天郡上沙面飛村里四九三 ―
八八二	第四海軍施設部	グァム島南南西	一九四四・〇五・一〇 一九二七・〇三・〇二	國本在根 俊俠	軍属 父	戦死	順天郡道沙面大龍里七一三 ―
八八三	第四海軍施設部	グァム島南南西	一九四五・〇五・一〇 一九二六・〇六・三〇	金光秀旺 丁八	軍属 父	戦死	順天郡道沙面徳月里五〇一 ―
八八四	第四海軍施設部	グァム島南南西	一九四五・〇五・一〇 一九二六・〇七・一五	鄭本永入 相権	軍属 叔父	戦死	順天郡道沙面安豊里一九五 ―
八八五	第四海軍施設部	グァム島南南西	一九四五・〇五・一〇 一九一七・〇六・二九	李徳祚 点禮	軍属 妻	戦死	順天郡道沙面橋良里一〇三三 麗水郡麗水邑徳忠里
九八七	第四海軍施設部	グァム島南南西	一九四四・〇五・一〇 一九二三・一〇・一二	呉山仁錫 致夾	軍属 父	戦死	求礼郡土旨面九山里二六二 ―
九八九	第四海軍施設部	グァム島南南西	一九四四・〇五・一〇 一九一二・〇七・一一	小林萬壽 基順	軍属 妻	戦死	求礼郡馬山面黄田里三四八 ―
九九一	第四海軍施設部	グァム島南南西	一九四四・〇五・一〇 一九〇七・〇九・一五	一土判用 時順	軍属 妻	戦死	求礼郡艮文面金亭里六四八 求禮郡艮文面金亭里
九九二	第四海軍施設部	グァム島南南西	一九四四・〇五・一〇 一九二七・一一・一七	原田文吉	軍属 父	戦死	求礼郡艮文面中山里一九二 ―
九九六	第四海軍施設部	グァム島南南西	一九四四・〇五・一〇 一九一一・〇八・二九	星本圭東 順禮	軍属 妻	戦死	求礼郡艮文面光大里一〇二二 求禮郡艮文面興大里
九九七	第四海軍施設部	グァム島南南西	一九四四・〇五・一〇 一九二五・〇三・〇一	金谷善元 順中	軍属 父	戦死	求礼郡艮文面壽坪里九一一 ―
九九八	第四海軍施設部	グァム島南南西	一九四四・〇五・一〇 一九二六・〇一・〇八	玉峯炯祚 哲柱	軍属 父	戦死	求礼郡艮文面孝谷里五九四 ―
九九九	第四海軍施設部	グァム島南南西	一九四四・〇五・一〇 一九二九・〇四・二六	金池教光 判用	軍属 父	戦死	求礼郡艮文面壽坪里五三八 ―
一〇〇〇	第四海軍施設部	グァム島南南西	一九四四・〇五・一〇 一九二〇・〇一・〇三	崔敬激 山戸	軍属 母	戦死	求礼郡良文面月田里七三四 求禮郡土旨面金内里
一〇〇一	第四海軍施設部	グァム島南南西	一九四四・〇五・一〇 一九一八・〇六・一三	松山学準 ―	軍属 ―	戦死	求礼郡光義里水月里二三〇 ―
一〇〇二	第四海軍施設部	グァム島南南西	一九四四・〇五・一〇 一九二〇・一〇・二一	乃莫亨朝 福南	軍属 妻	戦死	求礼郡光義里大田里二五一 ―
一〇〇三	第四海軍施設部	グァム島南南西	一九四四・〇五・一〇 一九一七・一一・〇一	金永秋 成禮	軍属 妻	戦死	求礼郡光義面大田里二五四 ―
一〇〇四	第四海軍施設部	グァム島南南西	一九四四・〇五・一〇	申鍾現	軍属	戦死	求礼郡光義面温堂里一三五

			一九二四・〇二・一五	鞆順	叔父		求禮郡山洞面水基里
一〇一二	第四海軍施設部	グァム島南南西	一九四四・〇五・一〇	金点同	軍属	戦死	求礼郡求禮面鳳北里四一五
			一九一一・〇五・二五	又×子	妻		―
一〇一三	第四海軍施設部	グァム島南南西	一九四四・〇五・一〇	井木判玉	軍属	戦死	求礼郡求禮面鳳北里四〇五
			一九〇五・〇九・一四	貴終	妻		―
一〇一四	第四海軍施設部	グァム島南南西	一九四四・〇五・一〇	平山南北	軍属	戦死	求礼郡求礼面鳳北里二六九
			一九一〇・一一・〇三	鶴林	妻		―
一〇一五	第四海軍施設部	グァム島南南西	一九四四・〇五・一〇	大成柱錫	軍属	戦死	求礼郡求禮面鳳南里一四五
			一九二五・〇九・一五	上石	母		―
一〇一六	第四海軍施設部	グァム島南南西	一九四四・〇五・一〇	金大根	軍属	戦死	求礼郡求礼面鳳南里一五六
			一九二二・〇五・一三	順伊	妻		―
一〇三四	第四海軍施設部	グァム島南南西	一九四四・〇五・一〇	金山永錫	軍属	戦死	求礼郡山洞里華陽里四〇七
			一九二一・〇七・一〇	源明	母		求禮郡求禮面鳳北里
一〇三五	第四海軍施設部	グァム島南南西	一九四四・〇五・一〇	李元相五	軍属	戦死	求礼郡山洞面官山里三二六
			一九二〇・一一・〇五	洪権	父		―
一〇三六	第四海軍施設部	グァム島南南西	一九四五・〇五・一〇	國本黄龍	軍属	戦死	求礼郡山洞里華陽里
			一九二二・〇二・二八	敬基	父		―
一〇三七	第四海軍施設部	グァム島南南西	一九四四・〇五・一〇	都元甲童	軍属	戦死	求礼郡山洞里内山里一三五
			一九二〇・〇九・一五	十録	父		―
一〇三八	第四海軍施設部	グァム島南南西	一九四四・〇五・一〇	綾城龍安	軍属	戦死	求礼郡山洞里佐沙里三三三
			一九二五・〇四・〇五	在任	母		―
一三三七	第四海軍施設部	グァム島南南西	一九四四・〇五・一〇	木村正允	軍属	戦死	羅州郡羅州邑大湖里五五
			一九二五・一一・〇一	斗煥	父		麗水郡麗水邑東町
一四二七	第四海軍施設部	グァム島南南西	一九四四・〇五・一〇	平川萬玉	軍属	戦死	灵巌郡金井面龍山里
			一九一四・一二・二三	点菜	妻		麗州郡麗州邑東町一二二六
一四八八	第四海軍施設部	グァム島南南西	一九四四・〇五・一〇	丹山吉炫	軍属	戦死	高興郡豊陽面松亭里五〇五
			一九二二・一一・〇一	貴灵	妻		―
一五三〇	第四海軍施設部	グァム島南南西	一九四四・〇五・一〇	金本在淳	軍属	戦死	光陽郡玉龍面東谷里六一四
			一九一四・〇九・〇七	金本台旭	父		麗州郡羅州邑東町一―五
一五九二	第四海軍施設部	グァム島南南西	一九四四・〇五・一〇	石川長造	軍属	戦死	谷城郡石谷面石谷里二〇六
			一九一五・〇四・一〇	石川永太	長男		―
一五九三	第四海軍施設部	グァム島南南西	一九四四・〇五・一〇	金山正植	軍属	戦死	谷城郡石谷面淩波里
			一九二一・〇五・二一	金山珠玉	父		谷城郡石谷面淩波里四八六
一五九九	第四海軍施設部	グァム島南南西	一九四四・〇五・一〇	完山起連	軍属	戦死	谷城郡谷城面大坪里一七九―一
			一九一九・〇四・一五	月禮	妻		―

一六〇五	第四海軍施設部	グァム島南南西	一九四四・〇五・一〇 一九〇七・〇二・一〇	完山柱水 茂順	軍属 妻	戦死	谷城郡谷城面長善里四一四 ―
一六一五	第四海軍施設部	グァム島南南西	一九四四・〇五・一〇 一九一五・〇九・一六	正木百年 南順	軍属 妻	戦死	谷城郡三岐面永山里二〇二 ―
一六一六	第四海軍施設部	グァム島南南西	一九四四・〇五・一〇 一九一六・〇五・〇一	安東判根 龍奇	軍属 母	戦死	谷城郡三岐面農所里二七七 ―
一六一七	第四海軍施設部	グァム島南南西	一九四四・〇五・一〇 一九二〇・〇八・〇一	國本在南 順禮	軍属 妻	戦死	谷城郡三岐面根村里六七二 ―
一六一八	第四海軍施設部	グァム島南南西	一九四四・〇五・一〇 一九一六・〇二・二五	泉原東善 玉禮	軍属 妻	戦死	谷城郡三岐面槐所里六三三 ―
一六二八	第四海軍施設部	グァム島南南西	一九四四・〇五・一〇 一九二七・〇二・一一	姜正恭 氏	軍属 母	戦死	谷城郡五果面軍門里三三一 ―
一六三三	第四海軍施設部	グァム島南南西	一九四四・〇五・一〇 一九一七・〇五・二七	金光容日 金光台洙	軍属 父	戦死	谷城郡東面上徳里三三一 ―
一六四〇	第四海軍施設部	グァム島南南西	一九四四・〇五・一〇 一九二二・〇八・〇八	咸呂玉鉉 咸呂龍錫	軍属 父	戦死	谷城郡火面朝陽里五九八 ―
一六四六	第四海軍施設部	グァム島南南西	一九四五・〇五・一〇 一九二三・〇六・〇五	岡村在源 岡村会鉉	軍属 父	戦死	谷城郡木寺洞面水谷里六四五 順天郡順天邑安豊里七一五一
一六四七	第四海軍施設部	グァム島南南西	一九四五・〇五・一〇 一九二七・〇八・二九	平山甲植 平山相均	軍属 父	戦死	谷城郡木寺洞面龍鳳里四八六 ―
一六四八	第四海軍施設部	グァム島南南西	一九四五・〇五・一〇 一九一六・一〇・三〇	李家相文 柳村	軍属 母	戦死	谷城郡木寺洞面大谷里三一二 ―
一六四九	第四海軍施設部	グァム島南南西	一九四五・〇五・一〇 一九二三・〇二・一五	金海鐘哲 在徳	軍属 妻	戦死	谷城郡木寺洞面竹亭里六〇二 ―
一六五〇	第四海軍施設部	グァム島南南西	一九四五・〇五・一〇 一九二五・一一・〇七	國本徳賀 國本在一	軍属 父	戦死	谷城郡木寺洞面龍鳳里二六五 順天郡順天邑長宗里三二二
一六五三	第四海軍施設部	グァム島南南西	一九四五・〇五・一〇 一九一三・〇二・〇一	円山採明 宋会	軍属 ―	戦死	谷城郡古達面杜柯里二区 ―
一六五六	第四海軍施設部	グァム島南南西	一九四五・〇五・一〇 一九二五・〇九・二五	姜判錫 庚任	軍属 姉	戦死	谷城郡立面薬川里三二二 ―
一六五七	第四海軍施設部	グァム島南南西	一九四五・〇五・一〇 一九二六・〇二・二一	伊羽在三 ××	軍属 父	戦死	谷城郡立面薬川里五五四 ―
一六六〇	第四海軍施設部	グァム島南南西	一九四四・〇七・〇八 一九二六・〇八・一五	長谷川中源 金順姫	軍属 母	戦死	谷城郡竹谷面下汗里一五三 ―
六七六	第四海軍施設部	ミレ島	一九四二・〇六・一七	世田森平	軍属	戦病死	長興郡冠山面聖山里一四八

番号	所属	死亡場所	死亡年月日／生年月日	氏名／親族	身分／続柄	死因	本籍／親族住所
		アメーバ性赤痢	一九二一・〇四・〇三	寛善	父		長興郡冠山面聖松里
一四五七	第四海軍施設部	ミレ島	一九四三・〇三・〇四	根本栄治	軍属	戦病死	高興郡南陽面長潭里一三六五
			一九〇九・〇三・二九	房子	妻		―
一四五八	第四海軍施設部	ミレ島	一九四三・〇三・〇九	金用又澤	軍属	戦死	高興郡南陽面新興里七三六
			一九一一・〇七・二〇	××	妻		―
一六八二	第四海軍施設部	ミレ島	一九四三・〇六・一七	山村鐘民	軍属	戦病死	康津郡郡東面石橋里二六二
			一九二二・〇五・〇五	貴任	妻		―
六八〇	第四海軍施設部	ミレ島	一九四三・〇七・三〇	金吾珠	軍属	戦死	長興郡冠山面外洞里二七八
			一九一九・一一・一〇	玉彩	父		―
四七四	第四海軍施設部	ミレ島	一九四三・〇八・二五	木下福順	軍属	戦病死	寶城郡会泉面全日里
			一九一四・〇四・一六	徐致道	父		―
四〇四	第四海軍施設部	ミレ島	一九四三・一一・一五	吉田達煥	軍属	戦死	潭陽郡南面燕川里一三八
			一九一〇・〇八・一四	介任	妻		―
八四〇	第四海軍施設部	ミレ島	一九四三・一一・一五	長川謙吉	軍属	戦死	順天郡雄又岩面鳳徳里五〇六
			一九〇六・〇二・二三	貴代子	妻		―
七三一	第四海軍施設部	ミレ島	一九四三・一一・一九	高山光玉	軍属	戦死	光山郡大村面支石里
			一九一八・〇三・二六	順禮	妻		―
一四二八	第四海軍施設部	ミレ島	一九四三・一一・一九	清州正業	軍属	戦死	灵巌郡新北面臥雲里七八四
			一九二四・〇二・〇四	清州東南	父		―
七七五	第四海軍施設部	ミレ島	一九四三・一一・二一	木村鎮珍	軍属	戦死	順天郡順天邑金谷里二三八
			一九二三・〇五・二七	正守	父		―
七七六	第四海軍施設部	ミレ島	一九四三・一一・二一	金井東聚	軍属	戦死	順天郡順天邑金谷里八六
			一九一六・一一・一〇	貴心	妻		順天郡楽安面城北里
八四六	第四海軍施設部	ミレ島	一九四三・一一・二一	松原庚同	軍属	戦死	順天郡住岩面蓼谷里六七〇
			一九一〇・〇四・〇五	分順	妻		―
八四七	第四海軍施設部	ミレ島	一九四三・一一・二一	松本秀保	軍属	戦死	順天郡住岩面廣川里一九四
			一九二〇・一〇・〇九	善夫	兄		―
八四八	第四海軍施設部	ミレ島	一九四三・一一・二一	金山學先	軍属	戦死	順天郡住岩面倉村里五六三
			一九〇八・〇三・一八	雙禮	妻		―
八五〇	第四海軍施設部	ミレ島	一九四三・一一・二一	石川浩連	軍属	戦死	順天郡住岩面福多里三六八
			一九二三・一二・〇二	富弘	父		―
八五一	第四海軍施設部	ミレ島	一九四三・一一・二一	石川正烈	軍属	戦死	順天郡住岩面廣川里一二七
			一九二二・〇二・〇三	老乭	父		―
八九七	第四海軍施設部	ミレ島	一九四三・一一・二一	平原桂根	軍属	戦死	順天郡楽安面校村里一九一
			一九一二・一二・〇一	鍾禮	妻		―

八九八	第四海軍施設部	ミレ島	一九四三・一一・二一	裵萬基	軍属	戦死	順天郡楽安面下松里四八
			一九二四・〇五・一三	鶯純	母		—
一三八六	第四海軍施設部	ミレ島	一九四三・一一・二三	蜜川慶彬	軍属	戦死	灵巖郡灵巖面錦江里八三六
			一九二三・一一・二三	蜜川正淳	父		光山郡大村面良×里二四〇
一〇九九	第四海軍施設部	ミレ島	一九四三・一二・〇五	羅本奉宰	軍属	戦死	和順郡二西面野沙里一四三七
			一九〇九・〇一・二六	和美	妻		—
一一〇六	第四海軍施設部	ミレ島	一九四三・一二・〇五	松田在根	軍属	戦死	和順郡同福面漆井里七一七
			一九〇一・一二・〇五	牙只	妻		—
一六二五	第四海軍施設部	ミレ島	一九四三・一二・一〇	伊川二燮	軍属	戦死	谷城郡三岐面金盤里三五八
			一九〇七・〇四・一六	福順	妻		—
一六二六	第四海軍施設部	ミレ島	一九四三・一二・一〇	清川玉龍	軍属	戦死	谷城郡三岐面槐所里一二三
			一九一二・一〇・一四	實慶金	妻		—
一五一八	第四海軍施設部	ミレ島	一九四三・一二・二三	國本斗秀	軍属	戦死	光陽郡多鴨面大竹里一〇七四
			一九一五・〇四・一九	鄭洪宇	母		—
一五一九	第四海軍施設部	ミレ島	一九四三・一二・二三	徳山鎔雨	軍属	戦死	光陽郡多鴨面大竹里七九七
			一九二〇・〇九・二八	金子	妻		—
一五二〇	第四海軍施設部	ミレ島	一九四三・一二・二三	金光又洙	軍属	戦死	光陽郡多鴨面大竹里三〇五
			一九一三・〇七・〇三	金光永喆	父		—
一五八七	第四海軍施設部	ミレ島	一九四三・一二・二三	吉川康淑	軍属	戦死	光陽郡津月面車蛇里二九六
			一九二四・〇二・〇二	吉川起錫	父		光陽郡玉谷面大竹里一〇八八
一五八八	第四海軍施設部	ミレ島	一九四三・一二・二三	安田埛蔡	軍属	戦死	光陽郡津月面眞亭里四四〇
			一九〇〇・〇五・三〇	多莫	妻		—
一六二七	第四海軍施設部	ミレ島	一九四三・一二・二三	夏山胃煥	軍属	戦死	谷城郡三岐面金盤里四九七
			一九一六・〇三・二七	豊任	妻		—
一六三八	第四海軍施設部	ミレ島	一九四三・一二・二三	金光喜来	軍属	戦死	谷城郡東面雲橋里五四一
			一九一三・〇六・一五	金光永珍	父		—
一二五四	第四海軍施設部	ミレ島	一九四四・〇二・〇八	山田鐘徳	軍属	戦死	羅州郡文平面東院里
			一九二三・一一・〇二	太成	父		—
一七七	第四海軍施設部	ミレ島	一九四四・〇三・一九	李村康淳	軍属	戦死	海南郡山二面草松里
			一九二三・〇九・二三	杜香	父		—
七二五	第四海軍施設部	ミレ島	一九四四・〇三・一九	裵公洙	軍属	戦死	光山郡孝池面龍山里四〇四
			一九二〇・〇四・二一	金山・元仲	養父		—
一七二七	第四海軍施設部	ミレ島	一九四四・〇三・一九	乭本突龍	軍属	戦死	康津郡道岩面龍興里六九八
			—	乭本太洙	父		—
八四四	第四海軍施設部	ミレ島	一九四四・〇三・二八	金本斗成	軍属	戦死	順天郡雉又岩面新鶴里二三四

			一九一九・〇六・〇三	貴徳	母		―
一一〇一	第四海軍施設部	ミレ島	一九四四・〇三・二九	藤本太明	軍属	戦死	和順郡同福面蓮谷里八
			一九二一・一二・二〇	太洙	兄		―
一六九四	第四海軍施設部	ミレ島	一九四四・〇三・三一	山本光造	軍属	戦死	康津郡城田面金唐里七九七
			一九二三・〇五・〇四	山本大吉	父		―
六二〇	第四海軍施設部	ミレ島	一九四四・〇四・二〇	河本炫宋	軍属	戦死	長興郡長興邑徳堤里二六五
			一九二五・一二・一八	淳玉	父		―
一六三五	第四海軍施設部	ミレ島	一九四四・〇五・一〇	松原大植	軍属	戦死	谷城郡東面上徳里
			一九〇三・〇八・〇四	松原海中	父		―
一六三九	第四海軍施設部	ミレ島	一九四四・〇五・一〇	弓長基萬	軍属	戦死	谷城郡東面南陽里五九
			一九二一・〇三・二〇	順葉	妻		―
一〇四六	第四海軍施設部	ミレ島	一九四四・〇五・一六	松田東燮	軍属	死亡	求礼郡山洞面佐沙里
			一九一六・〇八・〇九	東洙	兄		―
一〇〇六	第四海軍施設部	ミレ島	一九四四・〇五・二六	神農聖圭	軍属	死亡	求礼郡光義面大田里
			一九一四・〇八・一五	鄭加五里	妻		―
一〇四五	第四海軍施設部	ミレ島	一九四四・〇五・二六	尚本五峰	軍属	戦死	求礼郡山洞面官山里三三一
			一九二二・〇五・二三	在基	母		―
六一一	第四海軍施設部	ミレ島	一九四四・〇六・〇二	新本翼童	軍属	戦死	務安郡安佐面元山里七八九
			一九二〇・一〇・一二	桂樹	妻		―
一二三二	第四海軍施設部	ミレ島	一九四四・〇六・〇二	牧野勇男	軍属	戦死	羅州郡羅州邑大正町五五四
			一九二二・〇三・〇一	用文	父		―
一四二一	第四海軍施設部	ミレ島	一九四四・〇六・〇二	松原甲哲	軍属	戦死	灵巌郡金井面月坪里七二
			一九一七・〇一・二三	種禮	妻		―
一四二二	第四海軍施設部	ミレ島	一九四四・〇六・〇二	武田正洙	軍属	戦死	灵巌郡金井面青龍里九五一
			一九一三・一〇・二六	五心	妻		―
一四二三	第四海軍施設部	ミレ島	一九四四・〇六・〇二	海中奉洙	軍属	戦死	灵巌郡金井面青龍里九五一
			一九二四・〇八・一五	海中五至	父		―
一四二四	第四海軍施設部	ミレ島	一九四四・〇六・〇二	李宗千	軍属	戦死	灵巌郡金井面達寶里六六八
			一九一八・〇七・二〇	李京春	父		―
七二四	第四海軍施設部	ミレ島	一九四四・〇六・二一	木下三石	軍属	戦死	光山郡孝池面龍山里二五四
			一九二三・〇一・〇三	龍慶	父		光山郡大村面支石里
三五七	第四海軍施設部	ミレ島	一九四四・〇七・〇六	南尹元燮	軍属	戦死	潭陽郡金城面龍谷里一八一
			一九二〇・一一・一七	順子	妹		潭陽郡金城面龍谷里一八一
四二二	第四海軍施設部	ミレ島	一九四四・〇八・〇四	金岩昌龍	軍属	戦死	潭陽郡潭陽邑萬城里三五
			一九一四・〇二・一八	菜實	妻		―

番号	所属	場所	年月日	氏名	続柄	状況	本籍
一五八二	第四海軍施設部	ミレ島	一九四四・〇八・〇八	安田炳式	軍属	戦死	光陽郡津月面眞亭里
			一九一九・〇九・二八	安田珠錫	父		｜
一六四一	第四海軍施設部	ミレ島	一九四四・〇八・二三	平林秉鎬	軍属	戦死	谷城郡火面泉川里二九七
			一九一九・〇一・二三	平林××	父		｜
七二七	第四海軍施設部	ミレ島	一九四四・〇九・一五	光山承良	軍属	戦死	光山郡大村面院山里五五一
			一九一四・一〇・一九	孝徳	妻		｜
四八六	第四海軍施設部	ミレ島	一九四四・一〇・〇八	杉本桂烈	軍属	戦死	寶城郡文徳面陽洞里
			一九〇二・〇七・一七	琮昊	長男		｜
三五六	第四海軍施設部	ミレ島	一九四四・一〇・一四	木原啓洙	軍属	戦死	潭陽郡金城面外楸里一一五
			一九一九・〇四・〇八	喆浩	父		｜
四七〇	第四海軍施設部	ミレ島	一九四四・一〇・二九	李田洙石	軍属	戦死	寶城郡会泉面金日里
			一九〇八・一二・二三	李全宣春	父		｜
四八三	第四海軍施設部	ミレ島	一九四四・一一・〇一	咸本秉善	軍属	戦死	寶城郡文徳面鳳亭里
			一九一七・〇一・〇一	有順	妻		｜
四五八	第四海軍施設部	ミレ島	一九四四・一一・〇二	朴本斗月	軍属	戦死	寶城郡福内面福内里
			一九二三・〇七・〇八	永萬	父		｜
六四六	第四海軍施設部	ミレ島	一九四四・一一・一七	白川周善	軍属	戦死	長興郡安良面茅嶺里三九九
			一九〇七・一〇・〇七	夭壬	母		｜
六四七	第四海軍施設部	ミレ島	一九四四・一一・一七	文子秉春	軍属	戦死	長興郡安良面岐山里四〇八
			一九一七・〇二・一〇	炳順	妻		｜
七二八	第四海軍施設部	ミレ島	一九四四・一二・〇八	金本星南	軍属	戦死	光山郡大村面七石里一
			一九一二・〇八・〇五	仁淳	父		光山郡大村面×石里
一四三	第四海軍施設部	ミレ島	一九四四・一二・一四	晉山永培	軍属	戦死	海南郡花源青龍里五一三
			一九一七・〇七・〇二	正丹	妻		｜
三三六	第四海軍施設部	ミレ島	一九四四・一二・一四	菊本東華	軍属	戦死	潭陽郡鳳山面大秋里九二三
			一九一五・〇一・〇一	阿只	妻		｜
四五六	第四海軍施設部	ミレ島	一九四四・一二・一四	廣川容徳	軍属	戦死	寶城郡兼白面水南里
			一九二二・〇四・一六	義祚	父		｜
四九六	第四海軍施設部	ミレ島	一九四四・一二・一四	東村學禄	軍属	戦死	木浦府竹洞一七五
			一九〇三・〇五・一〇	昌順	妻		務安郡押海面金梅里
六四八	第四海軍施設部	ミレ島	一九四四・一二・一四	李川命龍	軍属	戦死	長興郡安良面岐山里一〇三
			一九一一・〇一・二九	燐心	妻		｜
八五七	第四海軍施設部	ミレ島	一九四四・一二・一四	松原仁朝	軍属	戦死	順天郡住岩面蓼谷里
			一九一八・〇二・二二	院洞	母		｜
一六七八	第四海軍施設部	ミレ島	一九四四・一二・一四	井同貴煥	軍属	戦死	康潭郡郡東面羅川里三五五

			一九〇八・〇七・〇三	ト基	兄		—
一七二六	第四海軍施設部	ミレ島	一九四四・一二・一四	伊道点洙	軍属	戦死	康津郡道岩面龍興里六三二
			一九二〇・一〇・二〇	伊道長龍	父		—
一二五三	第四海軍施設部	ミレ島	一九四四・一二・一四	李鳳宰	軍属	戦死	羅州郡文平面大道里三〇四
			一九一八・〇七・一五	徳任	妻		羅州郡文平面松山里
六七七	第四海軍施設部	ミレ島	一九四四・一二・二三	文甲石	軍属	戦死	長興郡冠山面夫平里五〇九
			一九一一・一一・〇四	采化	父		—
八四五	第四海軍施設部	ミレ島	一九四四・一二・二三	庱金貴童	軍属	戦死	順天郡雅又岩面新星里九五三
			一九二〇・〇五・二一	順心	庶子女		—
八七〇	第四海軍施設部	ミレ島	一九四四・一二・二三	金谷信輝	軍属	戦死	順天郡上沙面龍岩里
			一九二三・一〇・一九	重幸	父		—
七二三	第四海軍施設部	ミレ島	一九四四・一二・二四	玉川　煥	軍属	戦死	光山郡孝池面眞月里一六四
			一九一二・〇二・〇八	柔順	妻		—
五〇四	第四海軍施設部	ミレ島	一九四五・〇一・一〇	柳基春	軍属	戦死	光州府芝山町四六五
			一九〇九・〇二・二八	鄭永介	妻		—
一五七六	第四海軍施設部	ミレ島	一九四五・〇一・一〇	新川容成	軍属	戦死	光陽郡凍上面青岩里
			一九一八・〇七・二〇	新川仁圭	父		—
四六三	第四海軍施設部	ミレ島	一九四五・〇二・〇六	朱本秉吉	軍属	戦死	寶城郡福内面福内里
			一九〇三・〇八・一〇	學禮	妻		—
一〇九八	第四海軍施設部	ミレ島	一九四五・〇二・一八	松本昌守	軍属	戦死	和順郡二西面野沙里
			一八九二・〇七・二五	成春	父		—
一四五六	第四海軍施設部	ミレ島	一九四五・〇二・一八	林茂日	軍属	戦死	高興郡南陽面新興里
			一九一三・〇八・一二	南陽面長	—		
一〇八四	第四海軍施設部	ミレ島	一九四五・〇二・二〇	戸今龍	軍属	戦死	和順郡北面瓦川里
			一九一一・〇二・一二	漢龍	従兄		
三九九	第四海軍施設部	ミレ島	一九四五・〇三・〇二	木村又永	軍属	戦死	潭陽郡古西面舟山里
			一九二〇・〇二・〇六	錫煥	兄		—
六二二	第四海軍施設部	ミレ島	一九四五・〇三・〇五	山城炳基	軍属	戦死	長興郡長興邑錦山里
			一九二三・〇三・一〇	用植	父		—
三三七	第四海軍施設部	ミレ島	一九四五・〇三・一八	延金思烈	軍属	死亡	潭陽郡鳳山面洲洞里
			一九一七・一〇・一〇	×秀	父		—
三三八	第四海軍施設部	ミレ島	一九四五・〇三・一八	金島溶浚	軍属	死亡	潭陽郡鳳山面柳山里
			一八一九・〇一・二八	邦憲	兄		—
三三九	第四海軍施設部	ミレ島	一九四五・〇三・一八	山本貫大	軍属	死亡	潭陽郡鳳山面柳山里
			一九一七・〇七・二〇	鳳山	母		—

三五〇	第四海軍施設部	ミレ島	一九四五・〇三・一八	鞠本東錬	軍属	死亡	潭陽郡月山面廣岩里
			一九一五・〇五・〇二	全愛子	妻		潭陽郡月山面廣岩里
三五八	第四海軍施設部	ミレ島	一九四五・〇三・一八	金本基南	軍属	死亡	潭陽郡金城面大成里
			一九二四・〇八・〇七	基春	弟		潭陽郡金城面大成里
三五九	第四海軍施設部	ミレ島	一九四五・〇三・一八	朴成玉	軍属	死亡	潭陽郡金城面大成里
			一九一八・〇八・二七	淳昌	母		潭陽郡金城面大成里
三八三	第四海軍施設部	ミレ島	一九四五・〇三・一八	朴吉鎬	軍属	死亡	潭陽郡昌平面維谷里
			一九二二・〇六・三〇	景龍	父		｜
三八四	第四海軍施設部	ミレ島	一九四五・〇三・一八	李在煥	軍属	死亡	潭陽郡昌平面三川里
			一九一三・一一・〇八	韓基逑	叔父		｜
三八五	第四海軍施設部	ミレ島	一九四五・〇三・一八	廣村芝容	軍属	死亡	潭陽郡昌平面昌平里
			一九二〇・〇五・二九	｜	｜		｜
三八六	第四海軍施設部	ミレ島	一九四五・〇三・一八	文仲漢	軍属	死亡	潭陽郡昌平面三川里
			一九一二・〇一・〇九	錫禧	父		｜
三九五	第四海軍施設部	ミレ島	一九四五・〇三・一八	夏山喜圭	軍属	死亡	潭陽郡古西面金峴里
			一九〇〇・一二・〇一	夢通	妻		｜
三九六	第四海軍施設部	ミレ島	一九四五・〇三・一八	金田丁文	軍属	死亡	潭陽郡古西面聲月里
			一九一七・〇五・〇二	萬桂	父		｜
四〇六	第四海軍施設部	ミレ島	一九四五・〇三・一八	柳璟鎬	軍属	死亡	潭陽郡大徳面雲山里
			一九二四・〇七・〇八	永壽	父		｜
四一〇	第四海軍施設部	ミレ島	一九四五・〇三・一八	崔本玉順	軍属	死亡	潭陽郡水北面南山里
			一九一七・〇二・二〇	玉同	妻		｜
四一一	第四海軍施設部	ミレ島	一九四五・〇三・一八	海原太善	軍属	死亡	潭陽郡水北面南山里
			一九二一・〇三・一六	明模	父		｜
四一二	第四海軍施設部	ミレ島	一九四五・〇三・一八	周原琦豊	軍属	戦死	潭陽郡水北面南山里
			一九二〇・一二・〇八	黄浦	父		｜
四二五	第四海軍施設部	ミレ島	一九四五・〇三・一八	河相洙	軍属	死亡	潭陽郡潭陽邑萬城里
			一九一六・一二・〇五	相順	父		｜
四二六	第四海軍施設部	ミレ島	一九四五・〇三・一八	金山基萬	軍属	死亡	潭陽郡潭陽邑客舎里
			一九二三・〇六・〇四	光五	父		｜
四二七	第四海軍施設部	ミレ島	一九四五・〇三・一八	徳山雅巳	軍属	死亡	潭陽郡潭陽邑紙砧里
			一九二二・〇六・〇九	恵丈	父		｜
四二八	第四海軍施設部	ミレ島	一九四五・〇三・一八	金澤花燮	軍属	死亡	潭陽郡潭陽邑客舎里
			一九二二・〇四・一八	寛五	父		｜
四三五	第四海軍施設部	ミレ島	一九四五・〇三・一八	花山元童	軍属	死亡	潭陽郡大田面月木里

			一九一四・〇三・二九	時豊	父		―
四三六	第四海軍施設部	ミレ島	一九四五・〇三・一八 一九二〇・一一・一〇	完山五奉 京七	軍属 父	死亡	潭陽郡大田面月木里 ―
四三七	第四海軍施設部	ミレ島	一九四五・〇三・一八 一九一七・〇九・二一	金淳杓 淳完	軍属 兄	死亡	潭陽郡大田面月木里 ―
四三八	第四海軍施設部	ミレ島	一九四五・〇三・一八 一九二三・〇五・〇三	文山春基 三龍	軍属 長男	死亡	潭陽郡大田面甲郷里 ―
四三九	第四海軍施設部	ミレ島	一九四五・〇三・一八 一九〇八・〇五・二九	朴判洙 順徳	軍属 妻	死亡	潭陽郡大田面應龍里 ―
四六〇	第四海軍施設部	ミレ島	一九四五・〇三・一八 一九二一・〇六・〇九	金海活連 丹任	軍属 母	死亡	寶城郡福内面福内里 ―
四七一	第四海軍施設部	ミレ島	一九四五・〇三・一八 一九一七・〇七・〇七	大山鶴奉 丁基奉	軍属 兄	死亡	寶城郡会泉面鳳崗里 ―
四七二	第四海軍施設部	ミレ島	一九四五・〇三・一八 一九一六・〇四・二七	木陽順善 正弼	軍属 父	死亡	寶城郡会泉面花竹里 ―
五〇三	第四海軍施設部	ミレ島	一九四五・〇三・一八 一九一七・〇三・一八	金澤哲男 ―	軍属 ―	死亡	光州府大正町一一一 ―
五〇五	第四海軍施設部	ミレ島	一九四五・〇三・一八 一九一三・一〇・一五	李成根 春三	軍属 父	死亡	光州府芳林町四六一 ―
六一六	第四海軍施設部	ミレ島	一九四五・〇三・一八 ―	鄭貴燮 石泰	軍属 父	死亡	務安郡安佐面存浦里 ―
七一二	第四海軍施設部	ミレ島	一九四五・〇三・一八 一九二四・一二・〇四	丁炳皓 鳳烈	軍属 父	死亡	光山郡河南面月谷里二〇二 ―
七一八	第四海軍施設部	ミレ島	一九四五・〇三・一八 一九一一・〇三・一一	梁志石 志憲	軍属 弟	死亡	光山郡林谷面博湖里三九三 ―
七二九	第四海軍施設部	ミレ島	一九四五・〇三・一八 一九二五・一〇・二九	高木周泊 判九	軍属 父	死亡	光山郡大村面支石里 ―
七三〇	第四海軍施設部	ミレ島	一九四五・〇三・一八 一九一二・〇九・二五	柳貴仁 明禮	軍属 妻	死亡	光山郡大村面鴨村里 ―
七六八	第四海軍施設部	ミレ島	一九四五・〇三・一八 一九二三・〇三・一四	陽田鳳 順天邑長	軍属 ―	死亡	順天郡順天邑金谷里 ―
八六六	第四海軍施設部	ミレ島	一九四五・〇三・一八 ―	木村玉爽 基采	軍属 父	死亡	順天郡松光面徳山里 ―
八九一	第四海軍施設部	ミレ島	一九四五・〇三・一八 一九二一・〇九・三〇	高本振九 正錫	軍属 父	死亡	順天郡楽安面下松里 ―

番号	所属	場所	年月日	氏名	続柄	状況	本籍
八九二	第四海軍施設部	ミレ島	一九四五・〇三・一八 一九一六・〇七・〇五	朴八萬 楽安面長	軍属 ―	死亡	順天郡楽安面検岩里 ―
一〇八三	第四海軍施設部	ミレ島	一九四五・〇三・一八 一九〇四・〇九・一六	朴在鳳 在洪	軍属 兄〇	死亡	和順郡北面瓦川里 ―
一〇九七	第四海軍施設部	ミレ島	一九四五・〇三・一八 一九一八・〇一・一八	鄭在均 炳彩	軍属 父	死亡	和順郡二西面二渓里 ―
一一〇二	第四海軍施設部	ミレ島	一九四五・〇三・一八 一九〇六・〇五・三〇	金基化 目斤竣奇	軍属 妻	死亡	和順郡同福面独上里 ―
一二三九	第四海軍施設部	ミレ島	一九四五・〇三・一八 一九二四・〇六・一一	連城日柱 下房	軍属 父	死亡	羅州郡南平面青山里七一三 ―
一四四八	第四海軍施設部	ミレ島	一九四五・〇三・一八 一八一九・〇九・一三	瑞山泰善 瑞山金澤	軍属 父	死亡	高興郡南陽面長潭里 ―
一四四九	第四海軍施設部	ミレ島	一九四五・〇三・一八 一九一五・〇八・一三	大森政田 大森永淑	軍属 父	死亡	高興郡南陽面望珠里 ―
一四五〇	第四海軍施設部	ミレ島	一九四五・〇三・一八 一九一二・〇一・一五	茂山清盛 茂山清雄	軍属 兄	死亡	高興郡南陽面南陽里 ―
一四五一	第四海軍施設部	ミレ島	一九四五・〇三・一八 一九一三・一〇・一八	元本萬同 元本安洙	軍属 父	死亡	高興郡南陽面長潭里 ―
一四五二	第四海軍施設部	ミレ島	一九四五・〇三・一八 一九二二・〇八・二〇	新平錦垂 新平×允	軍属 父	死亡	高興郡南陽面沈橋里 ―
一四五三	第四海軍施設部	ミレ島	一九四五・〇三・一八 一九一五・〇八・一七	苞山昌良 苞山義雄	軍属 叔父	死亡	高興郡南陽面中山里 ―
一五〇七	第四海軍施設部	ミレ島	一九四五・〇三・一八 一九一五・一〇・二一	金谷成煥 金谷貞錫	軍属 父	死亡	光陽郡多鴨面荷川里 ―
一五〇八	第四海軍施設部	ミレ島	一九四五・〇三・一八 一九二三・〇二・〇九	砂月斗水 砂月胤貞	軍属 父	死亡	光陽郡多鴨面道上里 ―
一五〇九	第四海軍施設部	ミレ島	一九四五・〇三・一八 一九一五・一二・〇五	神農道順 神農道伯	軍属 父	死亡	光陽郡多鴨面高士里 ―
一五一六	第四海軍施設部	ミレ島	一九四五・〇三・一八 一九一七・〇六・二〇	陽谷起模 陽谷守吉	軍属 仲兄	死亡	光陽郡多鴨面水坪里一
一五一七	第四海軍施設部	ミレ島	一九四五・〇三・一八 一九二二・〇七・一〇	國本昌秀 國本占得	軍属 父	死亡	光陽郡多鴨面水坪里一 ―
一五八三	第四海軍施設部	ミレ島	一九四五・〇三・一八 一九一八・〇五・二一	金山容九 金山在洙	軍属 父	死亡	光陽郡津月面車蛇里 ―
一五八四	第四海軍施設部	ミレ島	一九四五・〇三・一八	玉川容福	軍属	死亡	光陽郡津月面新鳩里

			一九一四・〇八・二四	玉川客岩	兄		—
一〇九六	第四海軍施設部	ミレ島	一九四五・〇四・一二 一九二一・一〇・一五	河本正徹 應圭	軍属 父	戦死	和順郡二西面野沙里 —
一二五五	第四海軍施設部	ミレ島	一九四五・〇四・一二 一九一一・〇五・一八	金澤在日 —	軍属 —	死亡	羅州郡文平面東院里 羅州郡文平面玉当里
四七七	第四海軍施設部	ミレ島	一九四五・〇四・一五 一九〇八・一二・二二	金甲中 洪来	軍属 妻	戦死	寶城郡熊峙面柳山里 —
一〇八二	第四海軍施設部	ミレ島	一九四五・〇四・一五 —	裕本華芳 然石	軍属 父	戦死	和順郡北面孟里 —
三四一	第四海軍施設部	ミレ島	一九四五・〇四・一二 一九一〇・〇五・〇八	大原洪南 藍	軍属 母	戦死	潭陽郡鳳山面新鶴里 —
三四三	第四海軍施設部	ミレ島	一九四五・〇四・二五 一九一五・〇八・一五	金海大善 用官	軍属 父	戦死	潭陽郡鳳山面新鶴里 —
八五四	第四海軍施設部	ミレ島	一九四五・〇四・二五 一九二六・〇三・一五	玉川圭亮 泰守	軍属 父	死亡	順天郡住岩面蓼谷里 —
八五五	第四海軍施設部	ミレ島	一九四五・〇四・二五 一九二四・〇五・三〇	松山空烈 徳文	軍属 父	死亡	順天郡住岩面倉村里 —
八五六	第四海軍施設部	ミレ島	一九四五・〇四・二五 一九二三・〇一・一〇	吉川順烈 禎来	軍属 —	死亡	順天郡住岩面蓼谷里 —
八七二	第四海軍施設部	ミレ島	一九四五・〇四・二五 一九二二・〇一・一八	原 福成 學鍾	軍属 父	死亡	順天郡上沙面鷹嶺里 —
一五八五	第四海軍施設部	ミレ島	一九四五・〇四・二六 一九二〇・〇七・二四	神田文碩 神田金道	軍属 従兄	戦死	光陽郡津月面車蛇里 —
六七九	第四海軍施設部	ミレ島	一九四五・〇四・二八 一九二三・一〇・一四	金壳乭 和國	軍属 兄	死亡	長興郡冠山面夫平里 —
一〇〇九	第四海軍施設部	ミレ島	一九四五・〇四・二八 一九二二・〇二・〇二	盧参壽 秉文	軍属 父	死亡	求礼郡光義面煙波里 —
四八四	第四海軍施設部	ミレ島	一九四五・〇四・二九 一九一七・〇四・二八	伊東敏善 鍾善	軍属 弟	戦死	寶城郡文徳面亀山里 —
八七一	第四海軍施設部	ミレ島	一九四五・〇四・二九 一九一九・〇二・二七	神農大鎮 永斗	軍属 父	死亡	順天郡上沙面雉又之里 —
三四二	第四海軍施設部	ミレ島	一九四五・〇五・〇一 一九一八・〇七・一二	田本永植 張雨	軍属 父	死亡	潭陽郡鳳山面柳山里 —
四〇〇	第四海軍施設部	ミレ島	一九四五・〇五・〇五 一九一六・一二・一七	金河栄喜 栄日	軍属 兄	戦死	潭陽郡南面燕川里 潭陽郡南面燕川里

番号	所属	場所	年月日	氏名	区分・続柄	事由	本籍
三四〇	第四海軍施設部	ミレ島	一九四五・〇五・〇六	金山東鉉	軍属	戦死	潭陽郡鳳山面臥牛里
			一九一七・〇九・二八	三仁	母		―
四二九	第四海軍施設部	ミレ島	一九四五・〇五・一二	宋子亨植	軍属	戦死	潭陽郡潭陽邑各舎里
			一九二四・〇二・〇二	基弘	父		―
四三〇	第四海軍施設部	ミレ島	一九四五・〇五・一六	金谷容一	軍属	戦死	潭陽郡潭陽邑半再里
			一九二二・〇三・〇一	永奎	父		―
一六〇	第四海軍施設部	ミレ島	一九四五・〇五・一八	大林南錫	軍属	死亡	海南郡三山面松汀里
			一九一三・一二・二五	富彦	母		―
四六一	第四海軍施設部	ミレ島	一九四五・〇五・二〇	李秉宗	軍属	戦死	寶城郡福内面福内里
			一九〇三・一〇・二〇	仁順	妻		―
四七三	第四海軍施設部	ミレ島	一九四五・〇五・二〇	金炳均	軍属	死亡	寶城郡会泉面郡農里
			一九〇八・〇七・一九	相云	父		―
一〇〇八	第四海軍施設部	ミレ島	一九四五・〇五・二一	金海基東	軍属	死亡	求礼郡光義面煙波里
			一九〇八・一一・〇一	相淳	父		―
一四一九	第四海軍施設部	ミレ島	一九四五・〇六・〇三	金本三萬	軍属	戦死	灵巌郡金井面青龍里
			一九二〇・一〇・一五	金本學永	兄		―
一五一〇	第四海軍施設部	ミレ島	一九四五・〇六・一四	本井一奉	軍属	戦死	光陽郡多鴨面錦川里
			一九一九・〇四・〇五	本井敦天	父		―
一六二四	第四海軍施設部	ミレ島	一九四五・〇六・一八	井上信溶	軍属	戦死	谷城郡三岐面儀岩里
			一九一七・〇九・一二	井上信東	兄		―
四五四	第四海軍施設部	ミレ島	一九四五・〇六・二一	山原徳珍	軍属	戦死	寶城郡栗於面文陽里
			一九二〇・〇三・二六	正化	父		―
四六四	第四海軍施設部	ミレ島	一九四五・〇六・二一	青山点萬	軍属	戦死	寶城郡福内面眞鳳里
			一九二三・〇八・〇六	吉童	父		―
六二一	第四海軍施設部	ミレ島	一九四五・〇六・二一	長谷川道章	軍属	戦死	長興郡長興邑元道里
			一九一七・〇七・〇八	造淑	兄		―
三七七	第四海軍施設部	ミレ島	一九四五・〇六・二二	金山千洙	軍属	戦死	潭陽郡武貞面鳳安里
			一九〇六・〇八・一二	多男	妻		―
一六二〇	第四海軍施設部	ミレ島	一九四五・〇六・二三	清川鳳順	軍属	戦死	谷城郡三岐面院燈里
			一九一八・〇四・一二	清川承鎬	叔父		―
一六四五	第四海軍施設部	ミレ島	一九四五・〇六・二二	金山満斗	軍属	戦死	谷城郡火面栗川里
			一九一七・〇五・一七	金山容権	父		―
一六七九	第四海軍施設部	ミレ島	一九四五・〇六・二二	金井正模	軍属	戦死	康津郡郡東面龍沼里
			一九二三・一一・二四	金井孟洙	父		―
八九三	第四海軍施設部	ミレ島	一九四五・〇六・二三	玉川善熙	軍属	戦死	順天郡楽安面校村里

番号	所属	死亡場所	年月日	氏名	身分・続柄	死因	本籍・住所
			一九〇七・〇二・一〇	小児	妻		—
一六四三	第四海軍施設部	ミレ島	一九四五・〇六・二三	高山判植	軍属	戦死	谷城郡火面栗川里
			一九一二・〇九・二五	高山京宅	父		—
一六四四	第四海軍施設部	ミレ島	一九四五・〇六・二三	岩山相根	軍属	戦死	谷城郡火面青丹里
			一九一四・〇九・一一	岩山善雨	父		—
一二五六	第四海軍施設部	ミレ島	一九四五・〇六・二三	松村奉述	軍属	戦死	羅州郡文平面五龍里
			一九一三・〇五・〇二	完心	妻		羅州郡文平面山湖里
五九四	第四海軍施設部	ミレ島	一九四五・〇六・二五	平川振國	軍属	戦死	務安郡押海面大川里九九
			一九二三・〇八・一〇	衡俊	父		—
七七〇	第四海軍施設部	ミレ島	一九四五・〇六・二六	吉本安武	軍属	戦死	順天郡順天邑椿田里
			一九二三・〇二・一九	宗夫	父		—
一六二一	第四海軍施設部	ミレ島	一九四五・〇六・二六	海金史培	軍属	戦死	谷城郡三岐面水山里
			一九一八・〇一・二六	海金顕浩	父		—
一六二二	第四海軍施設部	ミレ島	一九四五・〇六・二六	慶金商東	軍属	戦死	谷城郡三岐面水山里
			一九一八・〇二・二七	慶金商淳	兄		—
一六二三	第四海軍施設部	ミレ島	一九四五・〇六・二六	慶金同済	軍属	戦死	谷城郡三岐面水山里
			一九一七・〇三・三〇	慶金商午	父		—
一六三四	第四海軍施設部	ミレ島	一九四五・〇六・二六	金光判洙	軍属	戦死	谷城郡兼面雲梯里
			一九二二・〇一・一七	金光永奎	叔父		—
八四二	第四海軍施設部	ミレ島	一九四五・〇六・二七	金本尋岩	軍属	戦死	順天郡雉又岩面吃山里
			一九二〇・〇四・〇八	興日	父		—
八九四	第四海軍施設部	ミレ島	一九四五・〇六・二七	金村順必	軍属	戦死	順天郡楽安面校村里
			一九一四・一〇・一八	元吉	父		—
一二四九	第四海軍施設部	ミレ島	一九四五・〇六・二八	羅本長蓮	軍属	戦死	羅州郡文平面大道里
			一九一二・一一・二八	二運	兄		羅州郡文平面松山里
一四二〇	第四海軍施設部	ミレ島	一九四五・〇六・二八	津山重根	軍属	戦死	灵巌郡金井面細柳里
			一九一四・〇五・一四	津山相淑	父		—
一二五七	第四海軍施設部	ミレ島	一九四五・〇六・三〇	錦湖錫柱	軍属	戦死	羅州郡文平面五龍里
			一九一四・〇一・一〇	池實	母		—
一五九六	第四海軍施設部	ミレ島	一九四五・〇六・三〇	清川尚玉	軍属	戦死	谷城郡石谷面徳興里
			一九二二・〇九・〇一	清川在福	父		—
七七一	第四海軍施設部	ミレ島	一九四五・〇七・〇一	金谷行男	軍属	戦死	順天郡順天邑梅谷里
			一九二一・〇六・一五	浩仁	父		—
一〇一一	第四海軍施設部	ミレ島	一九四五・〇七・〇一	張村政源	軍属	戦死	求礼郡求禮面鳳南里
			一九〇〇・一二・二九	貞徳	妻		—

五七四	第四海軍施設部	ミレ島	一九四五・〇七・〇三	金田吉洙	軍属	戦死	務安郡押海面東西里二一六
			一九二二・一二・一〇	正龍	兄		—
一七二八	第四海軍施設部	ミレ島	一九四五・〇七・〇三	新井卜順	軍属	戦死	康澤郡道岩面龍興里六三四
			一九二二・一二・一三	新井學泰	父		—
五九二	第四海軍施設部	ミレ島	一九四五・〇七・〇五	松本栄一	軍属	戦死	務安郡押海面東西里三三四
			一九一八・一〇・一〇	致具	父		—
五九三	第四海軍施設部	ミレ島	一九四五・〇七・〇五	福山久川	軍属	戦死	務安郡押海面東西里三三二
			一九二一・一二・二七	泰弘	父		—
五九六	第四海軍施設部	ミレ島	一九四五・〇七・〇五	張本米蔵	軍属	戦死	務安郡押海面佳蘭里一四二
			一九二三・一一・二三	應大	父		—
六一三	第四海軍施設部	ミレ島	一九四五・〇七・〇五	大山達用	軍属	戦死	務安郡安佐面所谷里五五
			一九二一・〇三・一二	原道	父		—
六一五	第四海軍施設部	ミレ島	一九四五・〇七・〇五	金本大順	軍属	戦死	務安郡安佐面邑里三二六
			一九一九・〇八・〇二	秋葉	母		—
五九五	第四海軍施設部	ミレ島	一九四五・〇七・〇六	豊田春吉	軍属	戦死	務安郡押海面東西里一九五
			一九〇七・一一・〇三	敦逑	父		—
六一七	第四海軍施設部	ミレ島	一九四五・〇七・〇六	福川安基	軍属	戦死	務安郡安佐面所谷里一二〇
			一九二二・〇九・〇一	斗松	父		—
一四五四	第四海軍施設部	ミレ島	一九四五・〇七・〇七	金本永植	軍属	戦死	高興郡大西面南陽里
			一九一七・〇七・二三	金本奉官	兄		—
六一二	第四海軍施設部	ミレ島	一九四五・〇七・〇八	金光奉鎮	軍属	戦死	務安郡安佐面所谷里五四
			一九〇二・〇六・〇八	奉益	兄		—
六一四	第四海軍施設部	ミレ島	一九四五・〇七・〇八	金本明石	軍属	戦死	務安郡安佐面南江里三九七
			一九二〇・〇五・〇二	一彦	父		—
一二三三	第四海軍施設部	ミレ島	一九四五・〇七・〇八	吉村學均	軍属	戦死	羅州郡羅州邑呆院街
			一九二〇・〇六・二五	松原・順禮	母		—
八六五	第四海軍施設部	ミレ島	一九四五・〇七・一〇	山宮元孝	軍属	戦死	順天郡松光面梨邑里
			一九一七・〇九・二七	春京	父		—
一二七四	第四海軍施設部	ミレ島	一九四五・〇七・一五	國本春宰	軍属	戦死	羅州郡文平面大道里
			一九一八・〇八・二四	雲寧	兄		—
四六二	第四海軍施設部	ミレ島	一九四五・〇七・一七	茂山正太	軍属	戦死	寶城郡福内面福内里
			—	康本・相栄	妻		—
九八五	第四海軍施設部	ミレ島	一九四五・〇七・二一	海城永桓	軍属	戦死	求礼郡龍方面龍井里
			一九二三・〇五・二九	貞熙	母		
一〇四七	第四海軍施設部	ミレ島	一九四五・〇七・二一	共田義逑	軍属	戦死	求礼郡山洞面官山里

番号	所属	死亡場所	死亡年月日 / 生年月日	氏名 / 遺族	身分 / 続柄	死因	本籍 / 遺族住所
			一九二一・〇五・二一	東炫	祖父		―
一四五五	第四海軍施設部	ミレ島	一九四五・〇七・二一 一九一八・〇五・一四	木下秀雄 木下哲圭	軍属 父	戦死	高興郡大西面長潭里 ―
四三一	第四海軍施設部	ミレ島	一九四五・一一・一〇 一九一六・一一・〇四	木村完逑 判逑	軍属 兄	戦死	潭陽郡潭陽邑 ―
七三四	第四海軍施設部	ミレ島	一九四五・一二・一八 一九一三・〇七・二九	文原順植 成玉	軍属 父	戦死	光山郡極楽面徳興里 ―
三六八	第四海軍施設部	ピケロット島	一九四四・〇一・三一 一九二二・〇九・一九	香林昌男 孝彦	軍属 父	戦死	潭陽郡龍面半長里六六七 ―
四九四	第四海軍施設部	ピケロット島	一九四四・〇一・三一 一九二五・一二・〇一	松川今東 泰煥	軍属 父	戦死	木浦府湖南町二 咸平郡新光面参徳里四七五
五九八	第四海軍施設部	ピケロット島	一九四四・〇一・三一 一九一五・一〇・一〇	安田致善 栄妻	軍属 妻	戦死	務安郡慈恩面柳川里一四八 ―
一二四七	第四海軍施設部	ピケロット島	一九四四・〇一・三一 一九二四・〇四・一四	韓原南根 順禮	軍属 妻	戦死	羅州郡老安面鶴山里七五三 ―
一四三七	第四海軍施設部	ピケロット島	一九四四・〇七・〇八 一九一八・一一・二一	曺東先 玉川春清	軍属 ―	戦死	高興郡錦山面錦津里 ―
一四八二	第四海軍施設部	ピケロット島	一九四四・〇一・三一 一九一九・〇六・〇五	金村二烈 金村南斗	軍属 父	戦死	高興郡豆原面西門里 高興郡道陽面龍井区下柳里
四八五	第四海軍施設部	大津市	一九四三・〇九・〇六 一九一九・〇八・一〇	米田京煥 秉淵	軍属 父	戦病死	寶城郡文徳面亀山里七九〇 ―
六一九	第四海軍施設部	アドミラルティ諸島	一九四三・〇九・二四 ―	金田敦祚 佑洪	軍属 父	戦死	務安郡飛禽面徳山里二〇五 務安郡飛禽面徳山里二〇五
八二	第四海軍施設部	サイパン島沖	一九四三・〇三・二三 一九一五・一〇・一五	木下東来 姓女	軍属 母	戦死	灵光郡白岫面大竹里九九 ―
七七二	第四海軍施設部	サイパン島沖	一九四三・〇五・一〇 一九一四・〇七・一一	松田成美 世奉	軍属 姑兄	戦死	順天郡順天邑金谷里一八八 ―
六一八	第四海軍施設部	サイパン島沖	一九四四・〇六・一五 一九一八・〇九・〇一	千陽皆同 南大	軍属 ―	戦死	務安郡安佐面邑洞里 ―
一〇八五	第四海軍施設部	サイパン島	一九四四・〇七・〇八 一九二八・一〇・二四	国本夏定 五設	軍属 父	戦死	和順郡清豊面新里 ―
一二四〇	第四海軍施設部	サイパン島	一九四四・〇七・〇八 一九一八・〇七・〇八	陽田壱秀 光逑	軍属 妻	戦死	羅州郡南平面楓林里三三一 ―
一二四一	第四海軍施設部	サイパン島	一九四四・〇七・〇八 一九二六・〇一・〇七	徐賢植 相國	軍属 父	戦死	羅州郡南平面大橋里一〇八 ―

番号	所属	死亡場所・事由	年月日	氏名	続柄・身分	死亡区分	本籍・住所
一四四三	第四海軍施設部	パラオ島	一九四三・〇八・二四	木川基源	軍属	戦病死	高興郡大西面松江里八八一
		脚気	一九一六・〇三・〇三	木川亨源	兄		―
一四七九	第五海軍施設部	パラオ島	一九四二・〇九・一二	金谷健次	軍属	戦病死	高興郡高興面南漢里五三六
		腹部挫傷	一九一六・一一・二九	福順	妻		―
三一八	第四海軍施設部	パラオ島	一九四四・〇八・〇八	國本忠治郎	軍属	戦死	麗水郡召羅面大浦里
			一九二四・一二・二七	會鎮	父		順天郡順天邑大手町
四四八	第四海軍施設部	パラオ島	一九四四・〇八・〇八	宣炳吉	軍属	戦死	寶城郡寶城邑寶城里
			一九一七・〇六・〇九	南淑	父		―
四四九	第四海軍施設部	パラオ島	一九四四・〇八・〇八	廣村容宣	軍属	戦死	寶城郡寶城邑牧上里
			一九一七・〇九・一五	隆	父		―
四五〇	第四海軍施設部	パラオ島	一九四四・〇八・〇八	宣山泰奎	軍属	戦死	寶城郡寶城邑蜂山里
			一九二二・〇一・〇五	琮錫	父		―
四八八	第四海軍施設部	パラオ島	一九〇一・〇五・二七	安田載順	軍属	戦死	寶城郡文徳面寒泉里
			一九〇一・〇五・二七	梁鳳逑	妻		南原郡南原邑川×里
六八四	第四海軍施設部	パラオ島	一九四四・〇八・〇八	金山正逑	軍属	戦死	光山郡芝山面本村里
			一九一七・〇三・一六	在先	父		―
七〇八	第四海軍施設部	パラオ島	一九四四・〇八・〇八	松山鎰桓	軍属	戦死	光山郡飛得面豊村里
			一九一七・〇五・一三	學逑	父		―
七四六	第四海軍施設部	パラオ島	一九四四・〇八・〇八	吉村　茂	軍属	戦死	順天郡順天邑楓谷里
			一九一七・〇二・〇二	弘志	兄		―
七四七	第四海軍施設部	パラオ島	一九四四・〇八・〇八	高木丙南	軍属	戦死	順天郡順天邑東外里
			一九二三・一一・二五	李奉石	母		―
七四八	第四海軍施設部	パラオ島	一九四四・〇八・〇八	金城鍾哲	軍属	戦死	順天郡順天邑稠谷里
			一九二一・〇八・〇八	大山正吉	母		―
七四九	第四海軍施設部	パラオ島	一九四四・〇八・〇八	金澤正春	軍属	戦死	順天郡順天邑東外里
			一九二三・一一・一五	元仲	父		―
七五〇	第四海軍施設部	パラオ島	一九四四・〇八・〇八	富田常夫	軍属	戦死	順天郡順天邑栄町
			一九二〇・一一・一六	國元	父		―
七五一	第四海軍施設部	パラオ島	一九四四・〇八・〇八	利川錫連	軍属	戦死	順天郡順天邑金谷里
			一九一二・〇一・二〇	座安	父		―
七五二	第四海軍施設部	パラオ島	一九四四・〇八・〇八	朴性化	軍属	戦死	順天郡順天邑長泉里
			一九二〇・一一・二九	在善	父		―
七五三	第四海軍施設部	パラオ島	一九四四・〇八・〇八	尹在順	軍属	戦死	順天郡順天邑長泉里
			一九二二・〇九・〇一	徳彦	父		―
七五四	第四海軍施設部	パラオ島	一九四四・〇八・〇八	梁本憲政	軍属	戦死	順天郡順天邑梅谷里

			一九二一・〇五・二五	仲植	父		―
七八八	第四海軍施設部	パラオ島	一九四四・〇八・〇八 一九二〇・〇五・二九	南幸雄 善蔵	軍属 兄	戦死	順天郡順天邑長泉里 ―
七八九	第四海軍施設部	パラオ島	一九四四・〇八・〇八 一九二三・〇八・〇八	國本鍾河 釜伊	軍属 父	戦死	順天郡順天邑稠谷里 ―
七九〇	第四海軍施設部	パラオ島	一九四四・〇八・〇八 一九二二・〇四・三一	新井永彬 玄徳	軍属 父	戦死	順天郡順天邑東外里 ―
七九一	第四海軍施設部	パラオ島	一九四四・〇八・〇八 一九一九・〇二・一一	松岡常文 士成	軍属 父	戦死	順天郡順天邑金谷里 ―
七九二	第四海軍施設部	パラオ島	一九四四・〇八・〇八 一九二三・〇七・〇八	大石一夫 達英	軍属 母	戦死	順天郡順天邑金谷里 ―
七九三	第四海軍施設部	パラオ島	一九四四・〇八・〇八 一九二〇・〇六・一四	梅村東珠 必禄	軍属 父	戦死	順天郡順天邑梅谷里 ―
七九四	第四海軍施設部	パラオ島	一九四四・〇八・〇八 一九二二・〇七・二四	永原聖連 用植	軍属 父	戦死	順天郡順天邑玉川里 ―
八二三	第四海軍施設部	パラオ島	一九四四・〇八・〇八 ―	朱新武 聖倍	軍属 父	戦死	順天郡黄田面徳林里 ―
八二四	第四海軍施設部	パラオ島	一九四四・〇八・〇八 一九二二・一〇・〇五	趙東舞 炳基	軍属 父	戦死	順天郡黄田面屯田里 ―
八二五	第四海軍施設部	パラオ島	一九四四・〇八・〇八 一九一八・〇一・一七	金玉童 秉変	軍属 父	戦死	順天郡黄田面屯田里 ―
八二九	第四海軍施設部	パラオ島	一九四四・〇八・〇八 一九二〇・一〇・一七	新本準明 善鍾	軍属 父	戦死	順天郡月灯面松泉里 ―
八三〇	第四海軍施設部	パラオ島	一九四四・〇八・〇八 一九二三・〇九・二五	清韓延壽 韓基錫	軍属 父	戦死	順天郡月灯面新月里 ―
八三一	第四海軍施設部	パラオ島	一九四四・〇八・〇八 一九一九・〇一・二五	南哲熙 廷勲	軍属 父	戦死	順天郡月灯面新月里 ―
八三二	第四海軍施設部	パラオ島	一九四四・〇八・〇八 一九一二・一一・〇七	江原永眠 和鍾	軍属 父	戦死	順天郡月灯面大坪里 ―
八三三	第四海軍施設部	パラオ島	一九四四・〇八・〇八 一九二三・〇一・二二	羽谷周男 劉承村	軍属 父	戦死	順天郡月灯面月林里 ―
八三四	第四海軍施設部	パラオ島	一九四四・〇八・〇八 一九二二・一二・〇七	羽谷永煥 寛鐘	軍属 父	戦死	順天郡月灯面大坪里 ―
八三五	第四海軍施設部	パラオ島	一九四四・〇八・〇八 一九二一・〇八・〇九	金海基信 秉烈	軍属 父	戦死	順天郡月灯面新月里 ―

八三六	第四海軍施設部	パラオ島	一九四四・〇八・〇八 一九一二・〇九・〇二	金本在一 崔堂山	軍属 母	戦死	順天郡月灯面松泉里 ー
八三七	第四海軍施設部	パラオ島	一九四四・〇八・〇八 一九二三・〇八・二七	金本太郎 月灯面長	軍属 ー	戦死	順天郡月灯面大坪里 ー
八九九	第四海軍施設部	パラオ島	一九四四・〇八・〇八 一九一二・〇四・〇九	韓源澤 金二点	軍属 母	戦死	順天郡別良面牛山里 ー
九〇〇	第四海軍施設部	パラオ島	一九四四・〇八・〇八 一九一九・〇九・〇四	豊田康市 吉武	軍属 父	戦死	順天郡別良面馬山里 ー
九〇六	第四海軍施設部	パラオ島	一九四四・〇八・〇八 一九一五・〇三・〇四	車桂洙 正甫	軍属 父	戦死	順天郡別良面雲川里 ー
一〇一七	第四海軍施設部	パラオ島	一九四四・〇八・〇八 一九二二・一〇・二八	南都東旭 相彦	軍属 父	戦死	求礼郡求禮面鳳北里 光陽郡玉龍面龍谷里
一一一七	第四海軍施設部	パラオ島	一九四四・〇八・〇八 一九一二・〇三・二五	盧炳憲 鶴珍	軍属 妻	戦死	咸平郡咸平面萬興里 全羅北道井邑郡公鳳東面七石里
一四四四	第四海軍施設部	パラオ島	一九四三・〇八・二四 一九二三・〇八・〇七	高田正休 今順	軍属 葉	戦死	高興郡大西面南亭里 ー
一五三三	第四海軍施設部	パラオ島	一九四四・〇八・〇八 一九一四・〇九・一二	徐又伯 徐ト男	軍属 妻	戦死	光陽郡玉龍面竹川里一〇八九 ー
一五三四	第四海軍施設部	パラオ島	一九四四・〇八・〇八 一九一七・一〇・一三	徐田延権 ー	軍属 ー	戦死	光陽郡玉龍面富谷里 ー
一五三五	第四海軍施設部	パラオ島	一九四四・〇八・〇八 一九〇二・〇五・三一	新本石金 ××	軍属 妻	戦死	光陽郡玉龍面竹川里 ー
一五三六	第四海軍施設部	パラオ島	一九四四・〇八・〇八 一九一〇・〇八・〇二	新本然表 順案	軍属 妻	戦死	光陽郡玉龍面竹川里 ー
一五三七	第四海軍施設部	パラオ島	一九四四・〇八・〇八 一九一六・〇九・〇六	徐田丙浩 順任	軍属 妻	戦死	光陽郡玉龍面龍谷里 ー
一五三八	第四海軍施設部	パラオ島	一九四四・〇八・〇八 一九一一・〇三・一二	周本雙金 周本相浩	軍属 父	戦死	光陽郡玉龍面秋山里 ー
一五三九	第四海軍施設部	パラオ島	一九四四・〇八・〇八 一九一四・〇九・一八	大山允料 貴禮	軍属 兄嫁	戦死	光陽郡玉龍面秋山里 ー
一五四〇	第四海軍施設部	パラオ島	一九四四・〇八・〇八 一九二〇・〇五・一八	海金彰炫 小葉	軍属 母	戦死	光陽郡玉龍面秋山里 ー
一五四一	第四海軍施設部	パラオ島	一九四四・〇八・〇八 一九一五・〇八・一七	金本末洙 金本生壽	軍属 兄	戦死	光陽郡玉龍面栗川里 ー
一五四二	第四海軍施設部	パラオ島	一九四四・〇八・〇八	金川点岩	軍属	戦死	光陽郡玉龍面龍谷里

			一九一五・〇八・〇五	金川辰岩	兄		－
一五四三	第四海軍施設部	パラオ島	一九四四・〇八・〇八	利川孟元	軍属	戦死	光陽郡玉龍面龍谷里
			一九一三・〇四・〇八	利川孟柱	兄		－
一五四四	第四海軍施設部	パラオ島	一九四四・〇八・〇八	利川炳郁	軍属	戦死	光陽郡玉龍面龍谷里
			一九一二・一〇・〇九	利川洪植	父		－
一五五三	第四海軍施設部	パラオ島	一九四四・〇八・〇八	白川鐘信	軍属	戦死	光陽郡骨若面金湖里
			一九一一・〇一・二三	三男	妻		－
一五八一	第四海軍施設部	パラオ島	一九四四・〇八・〇八	國本益洙	軍属	戦死	光陽郡津月面月吉里
			一九〇九・〇八・〇九	壬心	妻		光陽郡玉龍面秋山里
一六〇〇	第四海軍施設部	パラオ島	一九四四・〇八・〇八	崔山允宇	軍属	戦死	谷城郡石谷面大坪里一七九－一
			一九一五・〇七・一六	崔山満順	父		全羅北道南原郡巳梅面月坪里
八八一	第四海軍施設部	ニューギニア、ギルワ	一九四二・一二・二八	徐田延玉	軍属	戦死	順天郡道沙面下垈里六四九
			一九二二・〇五・〇八	三禮	妻		－
九四二	第四海軍施設部	ニューギニア、ギルワ	一九四三・〇一・二二	永川鳳煥	軍属	戦死	長城郡珍原面善積里四一二
			一九二一・一一・二六	福烈	妻		－
一一〇四	第四海軍施設部	ニューギニア、ギルワ	一九四三・〇一・〇二	孫井日淳	軍属	戦死	和順郡同福面龍岩里二二七
			一九二四・〇七・二七	長巌	父		－
一一〇五	第四海軍施設部	ニューギニア、ギルワ	一九四三・〇一・〇二	楊川正秀	軍属	戦死	和順郡同福面独上里二八五
			一九二三・一一・〇二	萬秀	兄		－
一二五八	第四海軍施設部	ニューギニア、ギルワ	一九四三・〇一・二三	武山成玉	軍属	戦死	羅州郡文平面安谷里
			一九一二・〇九・〇一	点順	妻		－
一四五九	第四海軍施設部	ニューギニア、ギルワ	一九四二・一二・一二	邑山基玉	軍属	戦死	高興郡大西面新興里七三九
			一九一三・〇九・一八	大禮	妻		－
一五五六	第四海軍施設部	ニューギニア、ムンダ	一九四三・〇五・〇九	國本仁秀	軍属	戦死	光陽郡骨若面馬洞里
			一九二二・〇八・一五	國本萬五	父		－
一一六五	第四海軍施設部	ルオット島	一九四四・〇二・〇六	安本鍾玉	軍属	戦死	咸平郡羅山面羅山里三〇一
			一九一八・一二・一〇	禮順	妻		－
一一六六	第四海軍施設部	ルオット島	一九四四・〇二・〇六	金澤千万	軍属	戦死	咸平郡羅山面新平里
			－	京又	父		－
一一六七	第四海軍施設部	ルオット島	一九四四・〇二・〇六	安鍾九	軍属	戦死	咸平郡羅山面新平里三〇七
			一九二一・〇二・〇六	基宅	父		－
一一六八	第四海軍施設部	ルオット島	一九四四・〇二・〇六	姜田永玉	軍属	戦死	咸平郡羅山面水下里四二七
			一九二一・一二・一七	王子	父		－
一一六九	第四海軍施設部	ルオット島	一九四四・〇二・〇六	文元倧洙	軍属	戦死	咸平郡羅山面水下里四〇六
			一九一九・〇六・一五	允相	父		－

一一七〇	第四海軍施設部	ルオット島	一九四四・〇二・〇六 一九二〇・〇七・〇九	朴龍載 官先	軍属 父	戦死	咸平郡羅山面羅山里二九九 ―
一一七一	第四海軍施設部	ルオット島	一九四四・〇二・〇六 一九二〇・一二・一八	茂松在奉 喜龍	軍属 父	戦死	咸平郡羅山面羅山里六八六 ―
一一七八	第四海軍施設部	ルオット島	一九四四・〇二・〇六 ―	房野花福 土中	軍属 父	戦死	咸平郡月也面陽亭里 ―
一一七九	第四海軍施設部	ルオット島	一九四四・〇二・〇六 ―	福川空月 良令	軍属 妻	戦死	咸平郡月也面亭山里 ―
一一八〇	第四海軍施設部	ルオット島	一九四四・〇二・〇六 ―	福川錫陽 王禮	軍属 妻	戦死	咸平郡月也面亭山里 ―
一一八一	第四海軍施設部	ルオット島	一九四四・〇二・〇六 ―	日中垣鐘 基淵	軍属 父	戦死	咸平郡月也面陽亭里 ―
一一八二	第四海軍施設部	ルオット島	一九四四・〇二・〇六 ―	玉山奎燁 泰烈	軍属 父	戦死	咸平郡月也面龍亭里 ―
一一八三	第四海軍施設部	ルオット島	一九四四・〇二・〇六 ―	天木哲鐘 秀順	軍属 妻	戦死	咸平郡月也面陽亭里 ―
一一八九	第四海軍施設部	ルオット島	一九四四・〇二・〇六 ―	平本俊京 焦景	軍属 兄	戦死	咸平郡海傑面文場里 ―
一一九〇	第四海軍施設部	ルオット島	一九四四・〇二・〇六 ―	林翼洙 徐月山	軍属 母	戦死	咸平郡海傑面文場里 ―
一四八九	第四海軍施設部	呉海軍病院	一九四三・〇九・一四 一九二六・〇五・〇八	吉本貞雄 商令	軍属 妻	戦病死	高興郡豊陽面梅谷里六四六 ―
一二三三	第四海軍施設部	小笠原諸島	一九四四・〇六・一三 一九一二・〇六・〇六	金子寅卜 金子奎	軍属 父	戦死	羅州郡平洞面龍谷里六一八 ―
一二三四	第四海軍施設部	南洋群島(ミクロネシア)	一九四二・一二・二七 一九一七・〇九・〇七	羅本龍集 泰今	軍属 妻	戦死	羅州郡羅州邑石峴里一六八 ―
一二三五	第四海軍施設部	南洋群島(ミクロネシア)	一九四二・一二・二七 一九一〇・一二・〇五	呉本五童・呉吾童 全徳	軍属 妻	戦死	羅州郡羅州邑松村里二四四 ―
一二三六	第四海軍施設部	南洋群島(ミクロネシア)	一九四二・一二・二七 一九〇八・〇五・〇一	木下吉独 也女	軍属 妻	戦死	羅州郡羅州邑大湖里二六一 ―
一三三二	第四海軍施設部	南洋群島(ミクロネシア)	一九四二・一一・一一 一九〇九・一二・一二	畠山　晃 美江子	軍属 妻	戦死	羅州郡鳳凰面龍田里 ―
一七三七	第四海軍施設部	南洋群島(ミクロネシア)	一九四三・〇一・一三 一九一五・〇七・二六	金山永米 福順	軍属 妻	戦死	康澤郡道岩面永黄里三三三 ―
三五四	第四海軍施設部	南洋群島(ミクロネシア)	一九四三・〇六・〇二	完山東水	軍属	戦死	潭陽郡月山面三茶里三三七

番号	所属	死亡場所	死亡日／生年月日	氏名／遺族	身分／続柄	事由	本籍／遺族住所
			一九〇四・一一・二六	順徳	妻		―
三六二	第四海軍施設部	南洋群島（ミクロネシア）	一九四三・〇六・一四	安田甲燁	軍属	戦死	潭陽郡金城面三萬里六三四
			一九一六・〇七・〇一	英同	妻		潭陽郡金城面三萬里六三四
一一〇〇	第四海軍施設部	南洋群島（ミクロネシア）	一九四三・一二・〇四	羅漢奎	軍属	戦死	和順郡二西面仁漢里五三八
			一九一七・〇五・二一	判一	兄		全北道金堤郡月村面蓮井里三五三
二八九二	第四海軍施設部	南洋群島（ミクロネシア）	一九四四・〇五・一〇	朴南基	軍属	戦死	谷城郡玉東面栗寺里
			一九二二・一一・一五	朴學石	―		―
一六〇六	四南遣艦隊司令部	ジャワ海	一九四四・一二・二六	松本芳雄	軍属	戦死	珍島郡鳥島面新陵里一一四
			一九一九・〇五・〇六	松本博松	父		―
一〇八七	第五海軍建築部	トラック島	一九四四・〇四・二四	光山奉珍	軍属	戦死	和順郡清豊面大新里四五八
			一九〇八・〇九・二四	梅月	妻		―
二六	第五海軍建築部	サイパン島	一九四四・〇七・〇八	豊山貴逑	軍属	戦死	灵光郡畝良面徳興里二七七
			一九〇七・一一・一二	金順	妻		―
二七	第五海軍建築部	サイパン島	一九四四・〇七・〇八	國本憙鉉	軍属	戦死	灵光郡畝良面三孝里七九九
			一九一七・〇二・一六	判女	妻		―
二八	第五海軍建築部	サイパン島	一九四四・〇七・〇八	栢谷吉雄	軍属	戦死	灵光郡畝良面三孝里七八九
			一九二二・〇四・一六	五男	族叔		―
二九	第五海軍建築部	サイパン島	一九四四・〇七・〇八	金本連玉	軍属	戦死	灵光郡畝良面徳興里三二八
			一九二三・〇六・二三	玉禮	妻		―
三〇	第五海軍建築部	サイパン島	一九四四・〇七・〇八	増田載容	軍属	戦死	灵光郡畝良面徳興里五四〇
			一九二一・一一・一六	増田順京	父		―
三二	第五海軍建築部	サイパン島	一九四四・〇七・〇八	豊山孟順	軍属	戦死	灵光郡畝良面三鶴里二九八
			一九一九・〇四・〇八	順禮	妻		―
三三	第五海軍建築部	サイパン島	一九四四・〇七・〇八	呉山利採	軍属	戦死	灵光郡畝良面三孝里七五
			一九〇八・〇五・〇一	東順	妻		―
三四	第五海軍建築部	サイパン島	一九四四・〇七・〇八	魯成洙	軍属	戦死	灵光郡畝良面連岩里二二九
			一九二二・〇三・三〇	孟順	妻		―
三五	第五海軍建築部	サイパン島	一九四四・〇七・〇八	南天五	軍属	戦死	灵光郡畝良面新川里九八九
			一九二三・〇三・二五	南直燮	父		―
三七	第五海軍建築部	サイパン島	一九四四・〇七・〇八	李相燮	軍属	戦死	灵光郡畝良面嶺陽里六三七
			一九〇九・〇六・〇六	連順	妻		灵光郡畝良面嶺陽里六三七
三八	第五海軍建築部	サイパン島	一九四四・〇七・〇八	大山炳祐	軍属	戦死	灵光郡畝良面嶺陽里五六〇
			一九一六・〇九・一九	仁禮	妻		―
三九	第五海軍建築部	サイパン島	一九四四・〇七・〇八	利川良元	軍属	戦死	灵光郡畝良面徳興里五三七
			一九一〇・〇六・一八	禮今	妻		―

四四	第五海軍建築部	サイパン島	一九四四・〇七・〇八	一九二四・〇九・一八	木川奉吉	—	軍属	—	戦死	灵光郡塩山面野月里五五七	—
四五	第五海軍建築部	サイパン島	一九四四・〇七・〇八	一九一四・〇五・三〇	光山鎮峰	海奎	軍属	父	戦死	灵光郡塩山面上漢里	—
四六	第五海軍建築部	サイパン島	一九四四・〇七・〇八	一九二〇・〇三・〇六	木天文圭	丙元	軍属	父	戦死	灵光郡法聖面龍城里二五	灵光郡白岫面九岫里一二八
六一	第五海軍建築部	サイパン島	一九四四・〇七・〇八	一九〇八・一一・〇三	全學先	—	軍属	—	戦死	灵光郡大馬面城山里	—
六三	第五海軍建築部	サイパン島	一九四四・〇七・〇八	一九一七・一〇・〇三	良山大仁	先奉	軍属	父	戦死	灵光郡弘農面新石里七四－一	—
六四	第五海軍建築部	サイパン島	一九四四・〇七・〇八	一九一八・〇九・一〇	二宮萬成	在乾	軍属	父	戦死	灵光郡弘農面丹徳里四一四	—
六五	第五海軍建築部	サイパン島	一九四四・〇七・〇八	一九二七・一二・一六	金海金次郎	洪基	軍属	父	戦死	灵光郡弘農面可谷里一五六	—
六六	第五海軍建築部	サイパン島	一九四四・〇七・〇八	一九一二・一二・〇一	金海先奐	永奐	軍属	兄	戦死	灵光郡弘農面上下里三〇五	—
七〇	第五海軍建築部	サイパン島	一九四四・〇七・〇八	一九一九・〇一・一九	高山石奇	三禮	軍属	姉	戦死	灵光郡白岫面薬水里九	—
七一	第五海軍建築部	サイパン島	一九四四・〇七・〇八	一九一四・〇六・一五	金光萬年	布徳	軍属	妻	戦死	灵光郡白岫面芝山里三六九	—
七二	第五海軍建築部	サイパン島	一九四四・〇七・〇八	一九二二・〇八・一四	綿本五龍	宗安	軍属	父	戦死	灵光郡白岫面虹谷里三五五	—
七三	第五海軍建築部	サイパン島	一九四四・〇七・〇八	一九二二・〇五・二五	金本柄圭	成振	軍属	父	戦死	灵光郡白岫面虹谷里三三九	—
七四	第五海軍建築部	サイパン島	一九四四・〇七・〇八	一九一九・一二・二八	金本奉南	心水	軍属	父	戦死	灵光郡白岫面虹谷里三三六	—
七五	第五海軍建築部	サイパン島	一九四四・〇七・〇八	一九一三・一〇・一五	金井永圭	孟禮	軍属	妻	戦死	灵光郡白岫面天定里四二	—
七六	第五海軍建築部	サイパン島	一九四四・〇七・〇八	一九二〇・〇一・一八	金本烋東	伯元	軍属	父	戦死	灵光郡白岫面大新里七一二	—
一〇二	第五海軍建築部	サイパン島	一九四四・〇七・〇八	一九一五・一〇・一一	鄭官壽	仲淑	軍属	父	戦死	灵光郡郡西面徳山里四二一	灵光郡弘農面七谷里一六三
一〇三	第五海軍建築部	サイパン島	一九四四・〇七・〇八	一九一九・一一・一三	平山萬燮	奎拱	軍属	甥	戦死	灵光郡郡西面新河里二〇六	—
一〇四	第五海軍建築部	サイパン島	一九四四・〇七・〇八		蔡大者		軍属		戦死	灵光郡郡西面緑沙里一八六	

番号	所属	死亡場所	年月日	氏名	身分・続柄	死因	本籍・住所
			一九二〇・〇五・二一	|	|		|
一一一	第五海軍建築部	サイパン島	一九四四・〇七・〇八	林鍾相	軍属	戦死	灵光郡郡西面晩谷里四六七
			一九二二・一〇・〇六	京福	父		灵光郡塩山面泰南里
一一七	第五海軍建築部	サイパン島	一九四四・〇七・〇八	豊山喜桂	軍属	戦死	灵光郡灵光面白鶴里二三一
			一九一四・〇五・二五	小女	母		|
一一八	第五海軍建築部	サイパン島	一九四四・〇七・〇八	廣田容徳	軍属	戦死	灵光郡灵光面良坪里一八
			一九二三・〇二・一五	雄伊	父		|
一一九	第五海軍建築部	サイパン島	一九四四・〇七・〇八	木村貴烈	軍属	戦死	灵光郡灵光面道東里二七九—二
			一九二二・一二・二五	萬守	父		|
一二〇	第五海軍建築部	サイパン島	一九四四・〇七・〇八	松田在根	軍属	戦死	灵光郡灵光面武灵里三三
			一九一八・〇九・二六	相順	妻		|
一四〇	第五海軍建築部	サイパン島	一九四四・〇七・〇八	共田東満	軍属	戦死	海南郡北平面興村里三〇一
			一九二一・〇三・一七	月南	母		|
一四一	第五海軍建築部	サイパン島	一九四四・〇七・〇八	金本甲洙	軍属	戦死	海南郡渓谷面將所里一〇一
			一九二二・〇九・〇八	順心	妻		|
一四二	第五海軍建築部	サイパン島	一九四四・〇七・〇八	梶山判云	軍属	戦死	海南郡渓谷面蚕頭里二四一
			一九一四・一二・〇九	小順	妻		|
一四五	第五海軍建築部	サイパン島	一九四四・〇七・〇八	漢山正快	軍属	戦死	海南郡玉泉面黒泉里
			一九二三・一〇・〇七	徳賛	父		|
一四六	第五海軍建築部	サイパン島	一九四四・〇七・〇八	中村雲龍	軍属	戦死	海南郡玉泉面龍山里
			一九一八・〇九・〇九	狩南	妻		|
一四七	第五海軍建築部	サイパン島	一九四四・〇七・〇八	尹元在栄	軍属	戦死	海南郡玉泉面龍仙里
			一九二〇・〇五・一七	判成	父		|
一四八	第五海軍建築部	サイパン島	一九四四・〇七・〇八	新井蓮出	軍属	戦死	海南郡馬山面燕邱里
			一九二二・〇二・二〇	在鳳	父		|
一四九	第五海軍建築部	サイパン島	一九四四・〇七・〇八	徐村延植	軍属	戦死	海南郡馬山面龍田里八一六
			一九二六・〇八・一八	明鎬	妻		|
一五三	第五海軍建築部	サイパン島	一九四四・〇七・〇八	林山貴相	軍属	戦死	海南郡馬山面路下里七七四
			一九二七・一〇・一五	漢植	父		|
一五四	第五海軍建築部	サイパン島	一九四四・〇七・〇八	山城庸運	軍属	戦死	海南郡黄山面虎洞里四八四
			一九二一・一〇・一〇	義寅	父		|
一五六	第五海軍建築部	サイパン島	一九四四・〇七・〇八	吉山龍泰	軍属	戦死	海南郡黄山面院湖里
			一九二一・〇八・二三	在文	父		|
一五七	第五海軍建築部	サイパン島	一九四四・〇七・〇八	松本卜順	軍属	戦死	海南郡黄山面南利里六五四
			一九一七・〇一・〇一	重午	父		|

番号	所属	場所	年月日	氏名	身分	区分	本籍
一五八	第五海軍建築部	サイパン島	一九四四・〇七・〇八 一九一九・〇二・〇五	石川鍾培 ―	軍属 ―	戦死	海南郡黄山面牛項里 ―
一五九	第五海軍建築部	サイパン島	一九四四・〇七・〇八 一九二三・〇六・〇一	尹在旭 完女	軍属 母	戦死	海南郡黄山面牛項目二六七 海南郡縣山面古縣里一五〇
一六一	第五海軍建築部	サイパン島	一九四四・〇七・〇八 一九二二・〇二・〇三	清泉相烈 雙童	軍属 父	戦死	海南郡三山面院津里 ―
一六四	第五海軍建築部	サイパン島	一九四四・〇七・〇八 一九一四・〇七・一〇	澤田享植 在一	軍属 長男	戦死	海南郡縣山面黄山里七九 ―
一六五	第五海軍建築部	サイパン島	一九四四・〇七・〇八 一九一七・一〇・〇二	金元采玉 順西	軍属 父	戦死	海南郡縣山面軍湖里五二九 ―
一六六	第五海軍建築部	サイパン島	一九四四・〇七・〇八 一九二〇・〇七・〇六	崔南春 古實	軍属 妻	戦死	海南郡縣山面九山里一二七 ―
一六七	第五海軍建築部	サイパン島	一九四四・〇七・〇八 一九二〇・一〇・一七	崔村仁燮 富彦	軍属 母	戦死	海南郡縣山面九山里一二七 ―
一七二	第五海軍建築部	サイパン島	一九四四・〇七・〇八 一九一七・〇五・三〇	平山南用 元三	軍属 父	戦死	海南郡松旨面美也里四一七 ―
一七五	第五海軍建築部	サイパン島	一九四四・〇七・〇八 一九一九・〇一・〇五	金本生水 吉禮	軍属 妻	戦死	海南郡松旨面福湖里一四六 ―
一七六	第五海軍建築部	サイパン島	一九四四・〇七・〇八 一九二五・一二・〇五	陽木鐘大 培石	軍属 父	戦死	海南郡山二面琴松里三七一 ―
一七八	第五海軍建築部	サイパン島	一九四四・〇七・〇八 一九二八・〇八・〇二	金森義洙 有突	軍属 父	戦死	海南郡山二面徳湖里五九〇 ―
一七九	第五海軍建築部	サイパン島	一九四四・〇七・〇八 一九二二・〇九・一三	金光永珍 永禮	軍属 妻	戦死	海南郡山二面徳湖里四七二 ―
一八二	第五海軍建築部	サイパン島	一九四四・〇七・〇八 一九一八・〇四・二〇	竹山京浩 北實	軍属 母	戦死	海南郡海南面白也里五七五 ―
一八三	第五海軍建築部	サイパン島	一九四四・〇七・〇八 一九一九・〇八・一八	金海萬仲 一心	軍属 妻	戦死	海南郡海南面海里五八一 ―
一八四	第五海軍建築部	サイパン島	一九四四・〇七・〇八 一九二二・〇九・二五	金川洛二 仁鉉	軍属 父	戦死	海南郡海南面大和町 ―
一八五	第五海軍建築部	サイパン島	一九四四・〇七・〇八 一九二二・〇五・一一	柳昌根 富連	軍属 父	戦死	海南郡海南面海里五六四―二 ―
一九一	第五海軍建築部	サイパン島	一九四四・〇七・〇八 一九二六・一二・一四	廣本宗盛 重夫	軍属 父	戦死	海南郡海南面壽町一二三 ―
一九四	第五海軍建築部	サイパン島	一九四四・〇七・〇八	坡村宗錫	軍属	戦死	海南郡門内面古坪里二四五

			一九二六・〇四・一八	在奎	父		—
二〇三	第五海軍建築部	サイパン島	一九四四・〇七・〇八	井上南淑	軍属	戦死	済州島済州邑竜潭里二一四二
			一九〇七・一一・二七	台植	父		全羅北道群山府五龍町八六一
二二四	第五海軍建築部	サイパン島	一九四四・〇七・〇八	李潤九	軍属	戦死	済州島朝天面朝天里二四五三
			一九〇一・〇七・一二	正南	母		
三三五	第五海軍建築部	サイパン島	一九四四・〇七・〇八	國本春吉	軍属	戦死	潭陽郡鳳山面大秋里五二三
			一九〇九・〇二・一二	東根	弟		潭陽郡水北面弓山里二一
三四九	第五海軍建築部	サイパン島	一九四四・〇七・〇八	國本鐘烈	軍属	戦死	潭陽郡月山面月山里六三九
			一九二一・一二・二〇	季勳	父		潭陽郡水北面弓山里二一
三六七	第五海軍建築部	サイパン島	一九四四・〇七・〇八	金川容哲	軍属	戦死	潭陽郡龍面×台里二二六
			一九一五・〇二・一八	容信	兄		—
三七二	第五海軍建築部	サイパン島	一九四四・〇七・〇八	金彦炳願	軍属	戦死	潭陽郡武貞面安平里
			一九二二・〇五・〇八	業肥	母		—
三七三	第五海軍建築部	サイパン島	一九四四・〇七・〇八	山川壽年	軍属	戦死	潭陽郡武貞面東山里
			一九一三・〇一・二四	愛順	妻		—
三七四	第五海軍建築部	サイパン島	一九四四・〇七・〇八	金本在京	軍属	戦死	潭陽郡武貞面東山里
			一九二二・〇九・〇七	光炫	父		—
三七五	第五海軍建築部	サイパン島	一九四四・〇七・〇八	月光鐘基	軍属	戦死	潭陽郡武貞面安平里一八七
			一九一六・〇九・〇六	貴順	妻		—
三七六	第五海軍建築部	サイパン島	一九四四・〇七・〇八	宮田回燮	軍属	戦死	潭陽郡武貞面東山里一一六
			一九一五・〇七・〇八	東雲	妻		—
三九一	第五海軍建築部	サイパン島	一九四四・〇七・〇八	木元恩錫	軍属	戦死	潭陽郡古西面院江里四〇五
			一九一四・〇一・一九	楊順	妻		潭陽郡古西面院江里四〇五
三九二	第五海軍建築部	サイパン島	一九四四・〇七・〇八	沈在龍	軍属	戦死	潭陽郡古西面院江里三八一
			一九二二・〇二・二一	二燮	父		潭陽郡古西面院江里三八一
三九三	第五海軍建築部	サイパン島	一九四四・〇七・〇八	南川喜緒	軍属	戦死	潭陽郡古西面甫村里一二八
			一九二三・〇七・二八	勝厚	父		潭陽郡古西面甫村里一二八
三九四	第五海軍建築部	サイパン島	一九四四・〇七・〇八	谷崎進相	軍属	戦死	潭陽郡古西面甫村里五四五
			一九一八・〇九・二五	業彬	妻		潭陽郡古西面甫村里五四五
四〇八	第五海軍建築部	サイパン島	一九四四・〇七・〇八	永山周鉉	軍属	戦死	潭陽郡水北面豊水里
			一九〇五・〇三・〇四	孝順	妻		
四〇九	第五海軍建築部	サイパン島	一九四四・〇七・〇八	新平規模	軍属	戦死	潭陽郡水北面古城里七四五
			一九二一・〇一・一八	新×實	母		—
四一八	第五海軍建築部	サイパン島	一九四四・〇七・〇八	草山在根	軍属	戦死	潭陽郡潭陽邑半再里一七六
			一九二一・〇六・二七	必煥	父		—

四一九	第五海軍建築部	サイパン島	一九四四・〇七・〇八 一九二三・〇五・一一	鞆五鉉 孟漢	軍属 父	戦死	潭陽郡潭陽邑半再里六 ―
四二〇	第五海軍建築部	サイパン島	一九四四・〇七・〇八 一九二七・〇四・一三	菊田珍鉉 株南	軍属 父	戦死	潭陽郡潭陽邑萬城里一四五 ―
四二一	第五海軍建築部	サイパン島	一九四四・〇七・〇八 一九二三・〇四・二四	金奉國 判玉	軍属 父	戦死	潭陽郡潭陽邑萬城里三〇二 ―
四三三	第五海軍建築部	サイパン島	一九四四・〇七・〇八 一九二五・〇九・一六	利川享烈 福巌	軍属 父	戦死	潭陽郡大田面月木里五五五 ―
四九九	第五海軍建築部	サイパン島	一九四四・〇七・〇八 一九二三・一一・二一	金崇正雄 三田面長	軍属 ―	戦死	木浦府竹洞二五六 黄海道黄州郡三田面
五一〇	第五海軍建築部	サイパン島	一九四四・〇七・〇八 一九〇八・〇一・〇六	李萬錫 良任	軍属 妻	戦死	光州府林町七八 長城郡長城面鈴泉里九六五
五五三	第五海軍建築部	サイパン島	一九四四・〇七・〇八 一九二〇・〇九・一二	金山萬逑 今順	軍属 妻	戦死	務安郡玄慶面松亭里一八六 ―
五五四	第五海軍建築部	サイパン島	一九四四・〇七・〇八 一九二〇・一二・一六	松原壮度 玉妊	軍属 妻	戦死	務安郡玄慶面馬山里七六 ―
五五五	第五海軍建築部	サイパン島	一九四四・〇七・〇八 一九一五・〇一・一三	金海景順 多玄	軍属 父	戦死	務安郡玄慶面松亭里四五 ―
五五六	第五海軍建築部	サイパン島	一九四四・〇七・〇八 一九一九・一二・〇一	豊李載國 永妊	軍属 妻	戦死	務安郡玄慶面馬山里六三 ―
五五七	第五海軍建築部	サイパン島	一九四四・〇七・〇八 一九二一・〇五・一〇	全本湲鎰 吉禮	軍属 妻	戦死	務安郡玄慶面海雲里九二六 ―
五五八	第五海軍建築部	サイパン島	一九四四・〇七・〇八 一九一七・〇五・一〇	冠山元植 徳山	軍属 母	戦死	務安郡玄雲面海雲里一〇八一 ―
五五九	第五海軍建築部	サイパン島	一九四四・〇七・〇八 一九二三・〇一・一八	金山福洙 玉英	軍属 妻	戦死	務安郡玄慶面龍井里七九四 ―
五六〇	第五海軍建築部	サイパン島	一九四四・〇七・〇八 一九二一・〇八・〇五	玉山錫南 五吉	軍属 父	戦死	務安郡玄慶面松亭里四三二 ―
五六二	第五海軍建築部	サイパン島	一九四四・〇七・〇八 一九一三・〇六・〇九	金本公宜 金婎	軍属 妻	戦死	務安郡望雲面松峴里三八 ―
五六三	第五海軍建築部	サイパン島	一九四四・〇七・〇八 一九二一・一〇・一〇	渭川聲来 相珍	軍属 父	戦死	務安郡望雲面城内里一二二〇 ―
五六四	第五海軍建築部	サイパン島	一九四四・〇七・〇八 一九一六・一一・二六	幸州貴度 今禮	軍属 妻	戦死	務安郡望雲面望里一一四七 ―
五六五	第五海軍建築部	サイパン島	一九四四・〇七・〇八	金本富童	軍属	戦死	務安郡望雲面松峴里五三三 ―

			一九一三・〇七・〇三	一禮	妻		—
五六六	第五海軍建築部	サイパン島	一九四四・〇七・〇八	夏山吉得	軍属	戦死	務安郡望雲面松峴二〇四
			一九二〇・〇七・〇四	順善	妻		—
五六七	第五海軍建築部	サイパン島	一九四四・〇七・〇八	金海二童	軍属	戦死	務安郡望雲面牧東里六四
			一九〇七・〇六・二七	光甲	妻		—
五六八	第五海軍建築部	サイパン島	一九四四・〇七・〇八	安平光泰	軍属	戦死	務安郡望雲面牧西里五九七
			一九一八・〇九・一九	善任	妻		—
五七三	第五海軍建築部	サイパン島	一九四四・〇七・〇八	林小重	軍属	戦死	務安郡海際面柳月里
			一九一一・〇四・〇五	池田玉禮	妻		務安郡望雲面牧東里
五八九	第五海軍建築部	サイパン島	一九四四・〇七・〇八	金本鎮局	軍属	戦死	務安郡押海面東西里三八三
			一九二二・〇六・一四	徳元	父		—
五九〇	第五海軍建築部	サイパン島	一九四四・〇七・〇八	新本南奇	軍属	戦死	務安郡押海面鶴橋里六〇六
			一九二四・〇八・一七	正奉	父		—
五九一	第五海軍建築部	サイパン島	一九四四・〇七・〇八	江崎化鳳	軍属	戦死	務安郡押海面鶴橋里四一四
			一九二八・〇三・一一	三周	父		—
六三三	第五海軍建築部	サイパン島	一九四四・〇七・〇八	金柏洙	軍属	戦死	長興郡長興邑南外里
			一九一五・〇二・〇四	金伯元	兄		
六三四	第五海軍建築部	サイパン島	一九四四・〇七・〇八	完山公金	軍属	戦死	長興郡蓉山面鶴池里四九二
			一九〇五・〇三・一三	萬順	妻		—
六三五	第五海軍建築部	サイパン島	一九四四・〇七・〇八	長興聖模	軍属	戦死	長興郡蓉山面邱岩里七一〇
			一九二一・〇九・三〇	和洞	母		—
六三六	第五海軍建築部	サイパン島	一九四四・〇七・〇八	水原三植	軍属	戦死	長興郡蓉山面語山里六五三
			一九二六・一一・二九	冠周	母		—
六三七	第五海軍建築部	サイパン島	一九四四・〇七・〇八	新井千植	軍属	戦死	長興郡蓉山面雪柱里二五九
			一九一四・一二・〇五	基奉	父		康津郡郡東面錦池里一九
六四〇	第五海軍建築部	サイパン島	一九四四・〇七・〇八	平伊保京	軍属	戦死	長興郡大徳面金鎮里八八三
			一九二七・〇四・一五	明禮	母		—
六四一	第五海軍建築部	サイパン島	一九四四・〇七・〇八	國本福南	軍属	戦死	長興郡大徳面新月里一一三－一
			一九二六・〇六・二七	莫同	父		
六四九	第五海軍建築部	サイパン島	一九四四・〇七・〇八	大山売金	軍属	戦死	長興郡安良面茅嶺里二五四
			一九一八・〇三・二五	君日	父		
六六〇	第五海軍建築部	サイパン島	一九四四・〇七・〇八	西原又爕	軍属	戦死	長興郡長平面龍岡里二五五
			一九一〇・〇八・二八	共順	妻		—
六六一	第五海軍建築部	サイパン島	一九四四・〇七・〇八	山川八万	軍属	戦死	長興郡長平面井山里一二四
			一九二二・〇三・二〇	尹植	父		—

番号	所属	死亡場所	死亡年月日 生年月日	氏名 遺族	身分 続柄	死亡事由	本籍 遺族住所
六六九	第五海軍建築部	サイパン島	一九四四・〇七・〇八 一九二〇・〇八・二七	光田寅植 漢基	軍属 父	戦死	長興郡夫山面金子里六一四 ー
六七〇	第五海軍建築部	サイパン島	一九四四・〇七・〇八 一九二二・〇五・〇八	洪浜徳同 一心	軍属 妻	戦死	長興郡夫山面柳楊里二九三 ー
六七一	第五海軍建築部	サイパン島	一九四四・〇七・〇八 一九二三・一一・一二	木村炳善 春三	軍属 父	戦死	長興郡夫山面柳楊里一五五 ー
六七八	第五海軍建築部	サイパン島	一九四四・〇七・〇八 一九二一・一二・二〇	金永鉉 老舎	軍属 母	戦死	長興郡冠山面龍田里二〇二 ー
六八三	第五海軍建築部	サイパン島	一九四四・〇七・〇八 一九一二・〇四・〇二	文平点石 信任	軍属 妻	戦死	長興郡有治面大里七三三 ー
六九八	第五海軍建築部	サイパン島	一九四四・〇七・〇八 一九一八・〇三・二八	武山三鳳 允女	軍属 妻	戦死	光山郡芝山面月谷里 全羅北道金堤郡金堤邑新豊里
六九九	第五海軍建築部	サイパン島	一九四四・〇七・〇八 一九二二・〇五・〇八	金光東圭 舜佐	軍属 父	戦死	光山郡石谷面徳義里一八八 ー
七一九	第五海軍建築部	サイパン島	一九四四・〇七・〇八 一九一四・一二・一〇	高山得柱 貴淳	軍属 妻	戦死	光山郡西倉面龍頭里六〇六 ー
七二〇	第五海軍建築部	サイパン島	一九四四・〇七・〇八 一九一九・〇九・二〇	三豊鎮権 未禮	軍属 妻	戦死	光山郡西倉面楓岩里七九五 ー
七二一	第五海軍建築部	サイパン島	一九四四・〇七・〇八 一九一八・〇一・〇三	白川順基 處禮	軍属 妻	戦死	光山郡西倉面細荷里四六一 ー
七二六	第五海軍建築部	サイパン島	一九四四・〇七・〇八 一九一〇・〇二・一七	鄭天馬 安順	軍属 妻	戦死	光山郡孝池面杏名里一七五 光山郡極楽面岩平里三五八
七三二	第五海軍建築部	サイパン島	一九四四・〇七・〇八 一九二一・〇九・〇九	松田億植 致三	軍属 父	戦死	光山郡極楽面徳興里八九六 ー
七三三	第五海軍建築部	サイパン島	一九四四・〇七・〇八 一九二二・〇一・一一	木下好植 昌俊	軍属 父	戦死	光山郡極楽面東林里五九二 ー
七三五	第五海軍建築部	サイパン島	一九四四・〇七・〇八 一九二一・一〇・〇二	新井成烈 直順	軍属 妻	戦死	光山郡瑞坊面文興里 高興郡蓬莱面新錦里
七九八	第五海軍建築部	サイパン島	一九四四・〇七・〇八 一九二〇・一一・二〇	神農一遊 希禮	軍属 妻	戦死	順天郡海龍面福星里三四五 ー
九一三	第五海軍建築部	サイパン島	一九四四・〇七・〇八 一九二一・〇三・一一	國本聖儀 吉童	軍属 ー	戦死	長城郡北上面徳城里 全羅北道群山府東浜町一ー二八四
九一四	第五海軍建築部	サイパン島	一九四四・〇七・〇八 一九二六・〇四・二二	孫日鮮 南洙	軍属 父	戦死	長城郡北上面華坪里二六三 長城郡北上面雙熊里六一五
九一五	第五海軍建築部	サイパン島	一九四四・〇七・〇八	金善相容	軍属	戦死	長城郡北上面新城里一四五

番号	所属	死亡場所	年月日	氏名	続柄	死因	本籍・住所
			一九〇九・〇六・〇六	成伊	母		—
九一六	第五海軍建築部	サイパン島	一九四四・〇七・〇八 一九二四・一〇・一〇	良原鍾植 海麟	軍属 父	戦死	長城郡北上面徳在里二〇三 —
九一七	第五海軍建築部	サイパン島	一九四四・〇七・〇八 一九二二・〇九・〇五	姜龍逑 —	軍属 —	戦死	不詳 長城郡北上面朝陽里六一四
九一八	第五海軍建築部	サイパン島	一九四四・〇七・〇八 一九二九・一一・〇七	金本聖寛 乭甫	軍属 父	戦死	長城郡北上面徳在里六八九 —
九二一	第五海軍建築部	サイパン島	一九四四・〇七・〇八 一九〇六・〇五・二六	金原洪根 判男	軍属 兄	戦死	長城郡西三面飛岩里八四〇 —
九二二	第五海軍建築部	サイパン島	一九四四・〇七・〇八 一九一九・〇一・〇四	金田太玉 共順	軍属 母	戦死	長城郡西三面荘山里五二八 長城郡黄龍面金旅里二五八
九二三	第五海軍建築部	サイパン島	一九四四・〇七・〇八 一九一七・〇三・一七	金山達洙 達洙（ママ）	軍属 兄	戦死	長城郡西三面荘山里二〇五 長城郡長城邑安平里四〇八
九二四	第五海軍建築部	サイパン島	一九四四・〇七・〇八 一九二三・〇九・二六	金宮一度 紅梅	軍属 妻	戦死	長城郡西三面荘山里二〇五 長城郡長城邑晋小里三〇二
九二五	第五海軍建築部	サイパン島	一九四四・〇七・〇八 一九二三・一一・二四	金崎南洙 安大辰	軍属 叔父	戦死	長城郡西三面飛岩里一五一 全北道井邑郡新泰仁邑新泰仁里
九二六	第五海軍建築部	サイパン島	一九四四・〇七・〇八 一九一四・〇四・一〇	共田仁令 貴禮	軍属 妻	戦死	長城郡北上面徳在里六一四 —
九二七	第五海軍建築部	サイパン島	一九四四・〇七・〇八 一九二六・一〇・一一	金相基 —	軍属 —	戦死	長城郡北上面四街里 長城郡鈴巣里一三五七
九二九	第五海軍建築部	サイパン島	一九四四・〇七・〇八 一九〇三・〇一・三〇	金海慶九里 午順	軍属 妻	戦死	長城郡北上面亭峴里四七五 —
九三一	第五海軍建築部	サイパン島	一九四四・〇七・〇八 一九一九・〇五・一一	李本昌烈 —	軍属 —	戦死	長城郡長城邑鈴泉里一九九 —
九三二	第五海軍建築部	サイパン島	一九四四・〇七・〇八 一九〇二・一一・一三	申錫奉 —	軍属 —	戦死	長城郡長城邑鈴泉里九五八 —
九三三	第五海軍建築部	サイパン島	一九四四・〇七・〇八 一九二二・一〇・二一	松山鐘朔 泰仁	軍属 妻	戦死	長城郡長城邑鈴泉里九二三 —
九三四	第五海軍建築部	サイパン島	一九四四・〇七・〇八 一九二三・〇八・三〇	鄭令釆 孫宣鳳	軍属 縁故者	戦死	長城郡長城邑流陽里七九五 —
九三五	第五海軍建築部	サイパン島	一九四四・〇七・〇八 一九二一・〇九・〇四	松本吉弘 光三	軍属 父	戦死	長城郡長城邑流陽里一四二七—二 長城郡長城邑山里一四二七
九三六	第五海軍建築部	サイパン島	一九四四・〇七・〇八 一九二五・一〇・〇六	滑川烱遠 大珏	軍属 父	戦死	長城郡長城邑安平里四二六 —

九五六	第五海軍建築部	サイパン島	一九四四・〇七・〇八	金永萬	軍属	戦死	長城郡東化面東湖里五九八
			一九二二・〇四・一九	童伊	父		長城郡東化面東湖里一一三
九五七	第五海軍建築部	サイパン島	一九四四・〇七・〇八	松田秉奉	軍属	戦死	長城郡東化面月山里八九
			一九一八・一一・二三	林多月順	父		―
九五八	第五海軍建築部	サイパン島	一九四四・〇七・〇八	金相三	軍属	戦死	長城郡東化面月山里三一一
			一九二二・一一・二四	寅淑	父		―
九五九	第五海軍建築部	サイパン島	一九四四・〇七・〇八	松岡判岩	軍属	戦死	長城郡北下面興里二三五
			一九一四・〇一・二八	玉鉉	父		―
九六〇	第五海軍建築部	サイパン島	一九四四・〇七・〇八	文川永湜	軍属	戦死	長城郡北下面大岳里一七五
			一九一八・〇八・三〇	福禮	妻		―
九六九	第五海軍建築部	サイパン島	一九四四・〇七・〇八	林桜順	軍属	戦死	莞島郡蘆花面芙黄里三三二
			一九二一・九六・〇六	致俊	父		海南郡松旨面今江里四二二
一〇六六	第五海軍建築部	サイパン島	一九四四・〇七・〇八	金山萬化	軍属	戦死	和順郡梨陽面梨陽里二九四
			一九二二・〇九・〇二	斗榕	父		和順郡梨陽面邑坪里八九六
一〇六七	第五海軍建築部	サイパン島	一九四四・〇七・〇八	安田而千	軍属	戦死	和順郡梨陽面松亭里
			一九一四・〇八・三〇	載福	父		和順郡梨陽面栗渓里
一〇七二	第五海軍建築部	サイパン島	一九四四・〇七・〇八	國本春雄	軍属	戦死	和順郡綾州面蚕亭里一五四
			一九二六・〇七・〇六	千代	母		―
一〇七三	第五海軍建築部	サイパン島	一九四四・〇七・〇八	池田兌伍	軍属	戦死	和順郡綾州面賛永里三五七
			一九二五・〇五・〇六	今汝	母		―
一〇八〇	第五海軍建築部	サイパン島	一九四四・〇七・〇八	林在鳳	軍属	戦死	和順郡北面院里二六七
			一九二六・〇九・二九	洪石	父		―
一〇八一	第五海軍建築部	サイパン島	一九四四・〇七・〇八	安田道遠	軍属	戦死	和順郡北面多谷里五六六
			一九一〇・〇六・〇六	甲順	妻		―
一〇八八	第五海軍建築部	サイパン島	一九四四・〇七・〇八	竹本礼林	軍属	戦死	和順郡春陽面石亭里三〇六
			一九一七・一二・〇二	明愛	妻		―
一〇九三	第五海軍建築部	サイパン島	一九四四・〇七・〇八	完李福童	軍属	戦死	和順郡東面水萬里五八六
			一九二一・〇三・〇二	永任	妻		―
一〇九四	第五海軍建築部	サイパン島	一九四四・〇七・〇八	延安南福	軍属	戦死	和順郡二西面獐鶴里
			一九一七・〇一・〇二	判中	兄		―
一〇九五	第五海軍建築部	サイパン島	一九四四・〇七・〇八	慶村在根	軍属	戦死	和順郡二西面月山里
			一九〇二・〇五・〇二	奉倫	父		―
一一一〇	第五海軍建築部	サイパン島	一九四四・〇七・〇八	河國 出	軍属	戦死	和順郡南面維摩里
			一九二〇・〇六・一三	龍出	弟		和順郡南面泰山里
一一一一	第五海軍建築部	サイパン島	一九四四・〇七・〇八	大川小栄	軍属	戦死	和順郡南面大谷里

			一九二一・〇二・一五	慶源	父		—
一一一二	第五海軍建築部	サイパン島	一九四四・〇七・〇八 一九二二・〇五・一二	金花鳳 花實	軍属 兄	戦死	和順郡南面内里 —
一一四二	第五海軍建築部	サイパン島	一九四四・〇七・〇八 一九一〇・一〇・〇四	石山先重 玉禮	軍属 妻	戦死	咸平郡鶴橋面月湖里三三〇 —
一一四五	第五海軍建築部	サイパン島	一九四四・〇七・〇八 一九二一・〇五・三〇	金光永舜 元吉	軍属 父	戦死	咸平郡大洞面徳山里三一六 —
一一四六	第五海軍建築部	サイパン島	一九四四・〇七・〇八 一九二二・一〇・一九	平山澈禄 太金	軍属 父	戦死	咸平郡大洞面江雲里三二三 —
一一六二	第五海軍建築部	サイパン島	一九四四・〇七・〇八 一九二三・〇一・二〇	利川正雄 孝禮	軍属 妻	戦死	咸平郡巌多面三亭里一七三 —
一一六四	第五海軍建築部	サイパン島	一九四四・〇七・〇八 一九一三・一二・〇一	富田允釆 貴禮	軍属 妻	戦死	咸平郡羅山面新平里四四四 全羅北道井邑郡井州邑上坪里
一一七四	第五海軍建築部	サイパン島	一九四四・〇七・〇八 一九二六・〇四・一六	岩本炳奇 相白	軍属 父	戦死	咸平郡羅山面三裡里三二四 —
一一七五	第五海軍建築部	サイパン島	一九四四・〇七・〇八 一九一一・一二・〇二	安本鍾碩 花架	軍属 妻	戦死	咸平郡羅山面羅山里四四 —
一一七六	第五海軍建築部	サイパン島	一九四四・〇七・〇八 一九二〇・一二・〇八	山水永春 奉淑	軍属 父	戦死	咸平郡羅山面三裡里九九六 —
一一七七	第五海軍建築部	サイパン島	一九四四・〇七・〇八 一九一九・一二・一八	徐宗満 連順	軍属 妻	戦死	咸平郡月也面陽亭里八二六 光山郡河南面安清里四九一
一一八六	第五海軍建築部	サイパン島	一九四四・〇七・〇八 一九二六・〇一・二〇	玉山奎丑 孟烈	軍属 父	戦死	咸平郡月也面龍亭里四三九 —
一一八七	第五海軍建築部	サイパン島	一九四四・〇七・〇八 一九一三・一二・一〇	國本仁玉 奇妙	軍属 妻	戦死	咸平郡月也面外崎里六九五 —
一一八八	第五海軍建築部	サイパン島	一九四四・〇七・〇八 一九二二・〇九・〇九	尹次柄 相準	軍属 父	戦死	咸平郡月也面陽亭里二四五 —
一一九一	第五海軍建築部	サイパン島	一九四四・〇七・〇八 一九一六・〇九・二八	新井判順 占禮	軍属 妻	戦死	咸平郡弥仏面竹岩里五〇一 —
一一九二	第五海軍建築部	サイパン島	一九四四・〇七・〇八 一九〇八・〇九・〇七	金田太煥 吉禮	軍属 妻	戦死	咸平郡弥仏面月川里二九三 —
一一九三	第五海軍建築部	サイパン島	一九四四・〇七・〇八 一九一八・〇九・一二	夏全洪辰 明任	軍属 妻	戦死	咸平郡弥仏面月川里七七二 —
一一九四	第五海軍建築部	サイパン島	一九四四・〇七・〇八 一九一三・一二・二七	林家澤 栄禮	軍属 妻	戦死	咸平郡弥仏面月川里三七一 —

一一二二	第五海軍建築部	サイパン島	一九四四・〇七・〇八	金川永均	軍属	戦死	羅州郡栄山浦邑大基里三〇三
			一九二六・〇一・〇八	土圭	父		
一一二三	第五海軍建築部	サイパン島	一九四四・〇七・〇八	平山龍達	軍属	戦死	羅州郡栄山浦邑栄山里一〇二
			一九二二・〇二・二一	永壽	父		
一一二四	第五海軍建築部	サイパン島	一九四四・〇七・〇八	李成烈	軍属	戦死	羅州郡栄山浦邑三栄里二九
			一九二二・〇五・一七	九月	母		
一一二五	第五海軍建築部	サイパン島	一九四四・〇七・〇八	劉南石	軍属	戦死	羅州郡栄山浦邑三栄里
			一九一七・〇三・〇五	―			
一一二六	第五海軍建築部	サイパン島	一九四四・〇七・〇八	國本炳爀	軍属	戦死	羅州郡栄山浦邑山亭里
			一九二七・〇七・二五	芳柱	父		
一二四二	第五海軍建築部	サイパン島	一九四四・〇七・〇八	金永達	軍属	戦死	羅州郡南平面南炳里四二
			一九二〇・〇一・一〇	達城多物	兄		―
一二四三	第五海軍建築部	サイパン島	一九四四・〇七・〇八	金在錫	軍属	戦死	南州郡南平面南炳里一一九
			一九一九・〇九・一三	小禮	母		―
一二四四	第五海軍建築部	サイパン島	一九四四・〇七・〇八	金永基	軍属	戦死	羅州郡南平面水院里五八一
			一九二一・一〇・一九	茶山	母		―
一二四五	第五海軍建築部	サイパン島	一九四四・〇七・〇八	金亨善	軍属	戦死	羅州郡南平面大橋里
			一九二二・〇八・一三	玄福	母		全羅北道金堤郡扶泉面新頭里
一二七六	第五海軍建築部	サイパン島	一九四四・〇七・〇八	金山金洙	軍属	戦死	羅州郡多侍面伏岩里
			一九二〇・〇三・二七	化春	父		―
一二七七	第五海軍建築部	サイパン島	一九四四・〇七・〇八	金山甲童	軍属	戦死	羅州郡多侍面松村里四八九
			一九二二・一〇・〇七	南萬	父		―
一二七八	第五海軍建築部	サイパン島	一九四四・〇七・〇八	金光点玉	軍属	戦死	羅州郡多侍面升山里三五九
			一九〇四・〇九・二五	×毛	妻		―
一三一四	第五海軍建築部	サイパン島	一九四四・〇七・〇八	李正基	軍属	戦死	羅州郡金川面新浦里五五四
			一九二四・〇八・一四	李炳挟	父		―
一三一五	第五海軍建築部	サイパン島	一九四四・〇七・〇八	長水　茂	軍属	戦死	羅州郡旺谷面良山里
			一九一九・一二・一八	雙女	母		―
一三一九	第五海軍建築部	サイパン島	一九四四・〇七・〇八	豊山正憲	軍属	戦死	羅州郡鳳凰面松峴里二八八
			一九二五・〇四・〇八	豊山成材	父		羅州郡欽川里二一一
一三六六	第五海軍建築部	サイパン島	一九四四・〇七・〇八	林天洪	軍属	戦死	灵巌郡灵巌面枝洞里三〇
			一九二五・〇八・二七	林昌實	父		―
一三六七	第五海軍建築部	サイパン島	一九四四・〇七・〇八	松原東哲	軍属	戦死	灵巌郡灵巌面春楊里五六五
			一九一七・一一・〇八	松原珉亀	父		―
一三六八	第五海軍建築部	サイパン島	一九四四・〇七・〇八	孫吉東圭	軍属	戦死	灵巌郡灵巌面西南里七五

			一九一四・〇三・〇八	英吉	妻		｜
一三六九	第五海軍建築部	サイパン島	一九四四・〇七・〇八	村井南陽	軍属	戦死	灵巌郡灵巌面農穂里五四
			一九二六・〇七・〇七	村井良今	母		｜
一三七〇	第五海軍建築部	サイパン島	一九四四・〇七・〇八	吉昌南	軍属	戦死	灵巌郡灵巌面枝洞里二七一
			一九二五・〇三・一八	吉判	父		｜
一三七一	第五海軍建築部	サイパン島	一九四四・〇七・〇八	文小斗	軍属	戦死	灵巌郡灵巌面枝洞里二七二
			一九〇八・一〇・一六	金大岩	義名		｜
一三七三	第五海軍建築部	サイパン島	一九四四・〇七・〇八	河本光政	軍属	戦死	灵巌郡灵巌面西南里五
			一九一四・〇四・〇二	小愛	妻		｜
一三八二	第五海軍建築部	サイパン島	一九四四・〇七・〇八	木下東逑	軍属	戦死	灵巌郡灵巌面枝洞里三八四
			一九一六・〇二・二九	順禮	妻		｜
一三八四	第五海軍建築部	サイパン島	一九四四・〇七・〇八	良川文名	軍属	戦死	灵巌郡灵巌面錦江里八九
			一九二三・〇六・二〇	清子	母		｜
一三八七	第五海軍建築部	サイパン島	一九四四・〇七・〇八	金子正吉	軍属	戦死	灵巌郡都浦面九鶴里七〇五
			一九二七・〇三・一六	金子吉雄	父		｜
一四〇二	第五海軍建築部	サイパン島	一九四四・〇七・〇八	光山有洙	軍属	戦死	灵巌郡始終面九山里三〇三
			一九二一・〇六・〇四	上里	妻		｜
一四〇六	第五海軍建築部	サイパン島	一九四四・〇七・〇八	伊平南先	軍属	戦死	灵巌郡興岩洞採芝里八七三
			一九一八・〇九・二五	一禮	妻		｜
一四〇七	第五海軍建築部	サイパン島	一九四四・〇七・〇八	竹山萬植	軍属	戦死	灵巌郡興岩洞採芝里八七三
			一九二〇・〇二・一六	志順	妻		｜
一四〇八	第五海軍建築部	サイパン島	一九四四・〇七・〇八	金用宇平	軍属	戦死	灵巌郡三湖面龍仰里
			一九二二・一一・二三	碩権	叔父		｜
一四〇九	第五海軍建築部	サイパン島	一九四四・〇七・〇八	金田石順	軍属	戦死	灵巌郡三湖面山湖里七四六
			一九二一・〇四・二七	太徳	妻		｜
一四一〇	第五海軍建築部	サイパン島	一九四四・〇七・〇八	金光鍵洙	軍属	戦死	灵巌郡三湖面車洲里三八一
			一九二五・〇八・一四	淑子	妻		｜
一四一一	第五海軍建築部	サイパン島	一九四四・〇七・〇八	木下吉浩	軍属	戦死	灵巌郡三湖面車洲里六七二
			一九二一・〇三・二八	順心	妻		｜
一四一二	第五海軍建築部	サイパン島	一九四四・〇七・〇八	杏村在満	軍属	戦死	灵巌郡新北面芳山里四四七
			一九二六・〇五・二〇	湖丁	母		｜
一四一五	第五海軍建築部	サイパン島	一九四四・〇七・〇八	韓福同	軍属	戦死	灵巌郡新北面月坪里六
			一九一五・〇一・二八	韓奉實	父		｜
一四一六	第五海軍建築部	サイパン島	一九四四・〇七・〇八	木山永奉	軍属	戦死	灵巌郡新北面杏亭里七
			一九一五・一一・二六	處女	母		｜

一四二五	第五海軍建築部	サイパン島	一九四四・〇七・〇八	綾原済成	軍属	戦死	灵巌郡金井面細柳里七五
			一九二七・〇四・二三	綾原㚇五	父		—
一四二六	第五海軍建築部	サイパン島	一九四四・〇七・〇八	青木義夫	軍属	戦死	灵巌郡金井面青龍里三四
			一九二三・〇三・〇一	青木仲宋	兄		—
一四二九	第五海軍建築部	サイパン島	一九四四・〇七・〇八	松田卜均	軍属	戦死	灵巌郡金井面聖才里
			一九一二・〇六・二〇	松田点均	兄		—
一四三六	第五海軍建築部	サイパン島	一九四四・〇七・〇八	金田林吉	軍属	戦死	高興郡錦山面於田里八五一
			一九一五・〇一・〇七	金田善吉	兄		—
一四九八	第五海軍建築部	サイパン島	一九四四・〇七・〇八	明村相錫	軍属	戦死	高興郡蓬莱面和洋里二五四
			一九二三・〇二・〇二	明村守奉	父		—
一四九九	第五海軍建築部	サイパン島	一九四四・〇七・〇八	高山玟鎬	軍属	戦死	高興郡蓬莱面和洋里三〇一
			一九二三・〇一・〇一	高山瑞洪	父		—
一五〇〇	第五海軍建築部	サイパン島	一九四四・〇七・〇八	岡村漢夔	軍属	戦死	高興郡蓬莱面幾内里
			一九二〇・〇四・〇一	可信	妻		—
一五一四	第五海軍建築部	サイパン島	一九四四・〇七・〇八	長城元吉	軍属	戦死	光陽郡玉谷面荘洞里六七
			一九一二・一一・一五	長城守吉	長兄		—
一五一五	第五海軍建築部	サイパン島	一九四四・〇七・〇八	張本正淳	軍属	戦死	光陽郡玉谷面荘洞里四八五
			一九一四・一〇・二〇	松子	妻		—
一五二五	第五海軍建築部	サイパン島	一九四四・〇七・〇八	岡本伯春	軍属	戦死	光陽郡峴岡面鳥嶺里一七〇
			一九一七・一〇・〇六	一男	妻		—
一五三一	第五海軍建築部	サイパン島	一九四四・〇七・〇八	江原聖守	軍属	戦死	光陽郡玉龍面山南里五八八
			一九二一・一二・二六	善南	母		—
一五五二	第五海軍建築部	サイパン島	一九四四・〇七・〇八	金城南錫	軍属	戦死	光陽郡骨若面太仁里四七六
			一九二一・〇八・一九	金城同信	父		—
一五六一	第五海軍建築部	サイパン島	一九四四・〇七・〇八	三浦昌玉	軍属	戦死	光陽郡光陽面邑内里八六
			一九一七・〇二・二五	琪淑	妻		—
一五七一	第五海軍建築部	サイパン島	一九四四・〇七・〇八	新本東出	軍属	戦死	光陽郡凍上面蟠居里五一七
			一九二一・一一・二九	新本正出	兄		—
一五七二	第五海軍建築部	サイパン島	一九四四・〇七・〇八	木下奇錫	軍属	戦死	光陽郡凍上面蟠居里五七八
			一九一七・〇二・〇二	木下在斗	父		—
一五七三	第五海軍建築部	サイパン島	一九四四・〇七・〇八	朴本鳳出	軍属	戦死	光陽郡凍上面飛坪里一〇九
			一九二五・〇一・二四	朴本順石	父		—
一五七四	第五海軍建築部	サイパン島	一九四四・〇七・〇八	利川康出	軍属	戦死	光陽郡凍上面旨光里一二五五
			一九一一・〇四・一四	×順	妻		—
一五七九	第五海軍建築部	サイパン島	一九四四・〇七・〇八	原本敬洙	軍属	戦死	光陽郡凍上面青岩里一一七一

			一九二二・〇八・一五	廣原鶴彦	父		—
一六一四	第五海軍建築部	サイパン島	一九四四・〇七・〇八	松本東逑	軍属	戦死	谷城郡梧谷面梧枝里
			一九一二・〇三・〇二	松本東玉	兄		全羅北道任實郡任實面陽馬里
一六二九	第五海軍建築部	サイパン島	一九四四・〇七・〇八	平山性煥	軍属	戦死	谷城郡五果面武昌里七四五
			一九二〇・〇八・一〇	平山徳辰	父		—
一六四二	第五海軍建築部	サイパン島	一九四四・〇七・〇八	呉山東煥	軍属	戦死	谷城郡火面柯谷里三二
			一九一六・〇九・〇五	呉山聖祚	父		全北道井邑郡井州邑市基里一九八
一六五四	第五海軍建築部	サイパン島	一九四四・〇七・〇八	神本大官	軍属	戦死	谷城郡古達面帝社里一二一
			一九一五・〇六・一三	雙南	妻		—
一六六一	第五海軍建築部	サイパン島	一九四四・〇七・〇八	呉点石	軍属	戦死	康津郡大口面鳳亭里
			一九二三・〇三・一七	呉陽叔	兄		全羅北道淳昌郡福興面瑞鴨
一六六二	第五海軍建築部	サイパン島	一九四四・〇七・〇八	岩山正熙	軍属	戦死	康津郡大口面馬良里一〇七一
			一九二二・〇四・一四	岩山性華	父		—
一六六三	第五海軍建築部	サイパン島	一九四四・〇七・〇八	丹禹来福	軍属	戦死	康津郡大口面馬良里八二六
			一九二六・〇二・二八	丹禹正基	父		—
一六六四	第五海軍建築部	サイパン島	一九四四・〇七・〇八	河金孝植	軍属	戦死	康潭郡大口面馬良里八五三
			一九二八・〇八・〇九	河金×永	父		—
一六六六	第五海軍建築部	サイパン島	一九四四・〇七・〇八	岩山基奉	軍属	戦死	康津郡大口面馬良里七一〇
			一九二六・一一・二〇	岩山大一	父		—
一六六七	第五海軍建築部	サイパン島	一九四四・〇七・〇八	完山仁杓	軍属	戦死	康津郡大口面馬良里八二六
			一九二九・一二・一六	完山相玄	叔父		—
一六六八	第五海軍建築部	サイパン島	一九四四・〇七・〇八	松井鎬燮	軍属	戦死	康津郡康津邑西城里五〇
			一九一三・〇六・一三	松亭亮燮	弟		—
一六六九	第五海軍建築部	サイパン島	一九四四・〇七・〇八	金光成萬	軍属	戦死	康津郡康津邑西城里三
			一九二一・〇四・〇八	木葉	母		—
一六七〇	第五海軍建築部	サイパン島	一九四四・〇七・〇八	金海祥奉	軍属	戦死	康津郡康津邑鶴頭里一四
			一九二三・〇八・二五	金海正米	父		—
一六七一	第五海軍建築部	サイパン島	一九四四・〇七・〇八	元村炳振	軍属	戦死	康津郡康津邑松田里八九
			一九二一・〇九・一二	化禮	母		—
一六七二	第五海軍建築部	サイパン島	一九四四・〇七・〇八	金山世中	軍属	戦死	康津郡康津邑西城里一一八
			一九二七・一二・二六	金山奉吉	父		—
一六七三	第五海軍建築部	サイパン島	一九四四・〇七・〇八	金山明善	軍属	戦死	康津郡康津邑東城里三五七
			一九二六・〇三・〇一	金山卜同	父		—
一六八〇	第五海軍建築部	サイパン島	一九四四・〇七・〇八	崔村秉煥	軍属	戦死	康津郡郡東面龍沼里三九
			一九二七・〇一・一五	崔村秉華	兄		—

番号	所属	死亡場所	年月日	氏名	続柄	死因	本籍
一六八一	第五海軍建築部	サイパン島	一九四四・〇七・〇八 一九二一・〇九・二九	弓長二萬 弓長英珠	軍属 父	戦死	康津郡郡東面虎渓里八四五 —
一六九〇	第五海軍建築部	サイパン島	一九四四・〇七・〇八 一九一九・〇七・二五	林申基 林忠基	軍属 兄	戦死	康津郡七良面×東里二〇三 —
一六九二	第五海軍建築部	サイパン島	一九四四・〇七・〇八 一九二一・一〇・〇六	忠恩文石 氏	軍属 母	戦死	康津郡城田面月坪里一五九 —
一六九六	第五海軍建築部	サイパン島	一九四四・〇七・〇八 一九二二・一二・〇八	豊本連九 豊本東一	軍属 父	戦病死	康津郡城田面松月里
一六九八	第五海軍建築部	サイパン島	一九四四・〇七・〇八 一九二三・〇七・二九	豊天南正 豊天鎰九	軍属 父	戦死	康津郡城田面松月里九七一 —
一七〇〇	第五海軍建築部	サイパン島	一九四四・〇七・〇八 一九二三・〇五・一一	南敏洙 南丙午	軍属 父	戦死	康津郡兵営面城東里二一六 —
一七〇一	第五海軍建築部	サイパン島	一九四四・〇七・〇八 一九一七・〇七・一〇	仁川萬春 貴徳	軍属 妻	戦死	康津郡兵営面村東里一三三 —
一七〇二	第五海軍建築部	サイパン島	一九四四・〇七・〇八 一九二七・〇五・〇七	木村同珍 木村文淑	軍属 父	戦死	康津郡兵営面朔半里五三〇 —
一七〇三	第五海軍建築部	サイパン島	一九四四・〇七・〇八 一九二七・〇七・〇三	高山明実 貴任	軍属 妻	戦死	康津郡兵営面下古里六〇一 康津郡唵川面井丁里四五
一七一六	第五海軍建築部	サイパン島	一九四四・〇七・〇八 一九二〇・〇一・一〇	光金容鎬 明禮	軍属 妻	戦死	康津郡鵲川面峴山里五六七 —
一七一七	第五海軍建築部	サイパン島	一九四四・〇七・〇八 一九二六・〇九・一四	金田玉龍 金田京春	軍属 父	戦死	康津郡鵲川面君子里五〇四 —
一七二一	第五海軍建築部	サイパン島	一九四四・〇七・〇八 一九二一・〇一・一四	木村吉文 木村萬道	軍属 父	戦死	康津郡唵川面巳佐里五三三
一七二三	第五海軍建築部	サイパン島	一九四四・〇七・〇八 一九二六・〇八・二三	金井正球 金井吉弘	軍属 妻	戦死	康津郡唵川面巳佐里五八六 —
一七二九	第五海軍建築部	サイパン島	一九四四・〇七・〇八 一九二八・〇三・一六	林鐘俊 林景周	軍属 父	戦死	康津郡道岩面徳西里二四二 —
一七三〇	第五海軍建築部	サイパン島	一九四四・〇七・〇八 一九一六・一一・一五	晋齋瑞會 順今	軍属 妻	戦死	康津郡道岩面松川里二〇四
一七三一	第五海軍建築部	サイパン島	一九四四・〇七・〇八 一九二二・〇三・一一	石川眞柱 福任	軍属 妻	戦死	康津郡道岩面水良里六〇三 —
一七三二	第五海軍建築部	サイパン島	一九四四・〇七・〇八 一九二六・一二・〇三	金泉吉宣 金泉政一	軍属 父	戦死	康津郡道岩面龍興里五四 —
一九三六	第五海軍建築部	サイパン島	一九四四・〇七・〇八	金田在城	軍属	戦死	順天郡西面九萬里

			一九一九・〇二・〇二	塘頭	―		順天郡海龍面抓頭元里
一九三九	第五海軍建築部	サイパン島	一九四四・〇七・〇八 一九二二・〇七・一五	李芳水 ―	軍属 ―	戦死	順天郡道沙面橋良里七七七 ―
一九九八	第五海軍建築部	サイパン島	一九四四・〇七・〇八 一九二三・〇三・一五	豊田忠行 ―	軍属 ―	戦死	康津郡康津邑徳南里 ―
二〇〇一	第五海軍建築部	サイパン島	一九四四・〇七・〇八 ―	申長均 ―	軍属 ―	戦死	灵巌郡灵巌面農徳里五六 ―
二〇一六	第五海軍建築部	サイパン島	一九四四・〇七・〇八 一九一五・一一・二二	梁川東壽 輝夫	軍属 ―	戦死	和順郡道谷面谷里一二四 ―
二〇七二	第五海軍建築部	サイパン島	一九四四・〇七・〇八 一九一四・一〇・〇四	張鍾吉 ―	軍属 ―	戦死	求禮郡山用面塔址里 ―
二〇七三	第五海軍建築部	サイパン島	一九四四・〇七・〇八 一九一七・〇三・一三	安井清水 昌吉	軍属 ―	戦死	求禮郡山用面蓮鶴里 ―
二〇八六	第五海軍建築部	サイパン島	一九四四・〇七・〇八 一九二一・一〇・〇一	朴銀柱 ―	軍属 ―	戦死	麗水郡栄村面半月里元内里 ―
二〇九九	第五海軍建築部	サイパン島	一九四四・〇七・〇八 一九一七・〇一・〇九	原黄乙性 ―	軍属 ―	戦死	麗水郡雙鳳面仙源里四八三 ―
二一〇三	第五海軍建築部	サイパン島	一九四四・〇七・〇八 一九二三・〇四・一七	姜師周 ―	軍属 ―	戦死	済州島翰林面高山里 ―
二一〇四	第五海軍建築部	サイパン島	一九四四・〇七・〇八 一九一三・〇五・二四	金澤豊麟 斗三	軍属 ―	戦死	済州島翰林面高山里一六五六 ―
二一〇五	第五海軍建築部	サイパン島	一九四四・〇七・〇八 一九二一・一〇・〇七	金本光司 ―	軍属 ―	戦死	済州島翰林面帰徳里四一五一 ―
二一一〇	第五海軍建築部	サイパン島	一九四四・〇七・〇八 一九一九・〇三・一八	町山斗和 ―	軍属 ―	戦死	済州島西帰面下孝里六〇 ―
二一二九	第五海軍建築部	サイパン島	一九四四・〇七・〇八 一九二〇・〇四・二二	朱慶學 ―	軍属 ―	戦死	済州島孝余里場墓洞四二 ―
二一六五	第五海軍建築部	サイパン島	一九四四・〇七・〇八 一九二二・〇九・〇九	朱東米 ―	軍属 ―	戦死	海南郡花源面錦坪里一九五 ―
二一六八	第五海軍建築部	サイパン島	一九四四・〇七・〇八 一九二〇・〇一・一五	徐具源 ―	軍属 ―	戦死	光陽郡骨若面黄吉里 ―
二一八四	第五海軍建築部	サイパン島	一九四四・〇七・〇八 一九一七・〇五・〇一	森中一郎 風和	軍属 ―	戦死	光陽郡安佐面香木里一三 ―
二一八七	第五海軍建築部	サイパン島	一九四四・〇七・〇八 一九一八・〇五・一六	倉持精三 金田早烒	軍属 ―	戦死	務安郡新充面松土里三四一 ―

二一九六	第五海軍建築部	サイパン島	一九四四・〇七・〇八	白川順基	軍属	戦死	長城郡東化面龍亭里七一八
			一九一九・〇五・一二	―	―		―
二一九八	第五海軍建築部	サイパン島	一九四四・〇七・〇八	姜張厚	軍属	戦死	長城郡長城面聖山里二一四
			一九二六・一〇・一九	―	―		―
二二三二	第五海軍建築部	サイパン島	一九四四・〇七・〇八	金田在洙	軍属	戦死	珍島郡珍島面城内里
			一九二〇・〇八・二四	貨玉	―		―
二二五二	第五海軍建築部	サイパン島	一九四四・〇七・〇八	金順煥	軍属	戦死	木浦府北橋洞一一五
			一九二二・一〇・一二	―	―		―
二二五五	第五海軍建築部	サイパン島	一九四四・〇七・〇八	高在明	軍属	戦死	光州府北町七二
			一九二二・〇七・〇八	山之鳳	―		潭陽郡水北面羅山里三五一
二六三	第五海軍建築部	グァム島	一九四四・〇八・一〇	李山康活	軍属	戦死	麗水郡栗村面月山面三六四
			一九一六・〇五・一〇	水葉	妻		―
二八五	第五海軍建築部	グァム島	一九四四・〇八・一〇	金山智録	軍属	戦死	麗水郡麗水邑西町八五六
			一九一七・〇一・二八	徐順徳	妻		珍島郡知山面仁和町
二八六	第五海軍建築部	グァム島	一九四四・〇八・一〇	大山順烈	軍属	戦死	麗水郡麗水邑東町一四三七
			一九一二・一〇・一四	正月葉	妻		―
二八七	第五海軍建築部	グァム島	一九四四・〇八・一〇	松岡桂洪	軍属	戦死	麗水郡麗水邑東町九八七
			一九一八・〇九・一八	今葉	姉		―
二八八	第五海軍建築部	グァム島	一九四四・〇八・一〇	松谷自明	軍属	戦死	麗水郡麗水邑徳忠里五四二
			一九一八・〇一・〇三	孟葉	父		―
三〇六	第五海軍建築部	グァム島	一九四四・〇八・一〇	田中性鎔	軍属	戦死	麗水郡突山面屯伝里七八三
			一九二〇・一〇・二三	采周	妻		麗水郡金重山町八六七
三一三	第五海軍建築部	グァム島	一九四四・〇八・一〇	宮本厚根	軍属	戦死	麗水郡華陽面利川里四七六
			一九二三・〇七・〇九	淳永	父		―
四五三	第五海軍建築部	グァム島	一九四四・〇八・一〇	金廣霜千	軍属	戦死	寳城郡栗於面古竹里
			一九一九・〇五・〇二	点道	父		―
四五九	第五海軍建築部	グァム島	一九四四・〇八・一〇	平山光秀	軍属	戦死	寳城郡福内面眞鳳里
			一九二二・〇三・三〇	光道	兄		―
四六七	第五海軍建築部	グァム島	一九四四・〇八・一〇	國山秀清	軍属	戦死	寳城郡筏橋邑同亭里六一二
			一九二五・一二・二〇	昇三	父		―
四六八	第五海軍建築部	グァム島	一九四四・〇八・一〇	裵明基	軍属	戦死	寳城郡筏橋邑筏橋里
			一九一五・一二・一〇	南一男	世帯主		―
四八一	第五海軍建築部	グァム島	一九四四・〇八・一〇	石川光模	軍属	戦死	寳城郡得粮面礼堂里
			一九二〇・一〇・〇五	―	―		―
四八二	第五海軍建築部	グァム島	一九四四・〇八・一〇	共田鳳根	軍属	戦死	寳城郡文徳面亀山里

番号	所属	死亡場所	年月日	氏名	続柄・身分	死因	本籍・住所
			一九二二・〇五・一〇	京集	父		—
七六二	第五海軍建築部	グァム島	一九四四・〇八・一〇	金山鐘安	軍属	戦死	順天郡順天邑稠谷里五〇六
			一九二五・一一・二七	敬化	父		—
七六三	第五海軍建築部	グァム島	一九四四・〇八・一〇	清川桂次郎	軍属	戦死	順天郡順天邑金谷里二〇〇
			—	仁範	父		—
七六四	第五海軍建築部	グァム島	一九四四・〇八・一〇	金奎玩	軍属	戦死	順天郡順天邑童堂里三五四
			一九一九・〇五・〇六	相哲	父		—
七六五	第五海軍建築部	グァム島	一九四四・〇八・一〇	東邑東鎮	軍属	戦死	順天郡順天邑東外里
			一九二七・〇九・一〇	在洙	父		—
七六六	第五海軍建築部	グァム島	一九四四・〇八・一〇	永野桂萬	軍属	戦死	順天郡順天邑徳岩里一一
			一九一六・〇七・二〇	平盛	叔父		—
七六七	第五海軍建築部	グァム島	一九四四・〇八・一〇	金山公守	軍属	戦死	順天郡順天邑梅谷里二七九
			一九一四・〇五・〇七	仲浩	妻		—
八一四	第五海軍建築部	グァム島	一九四四・〇八・一〇	中山性輝	軍属	戦死	順天郡外西面錦城里五五一
			一九二二・一二・一〇	湲儀	父		—
八六九	第五海軍建築部	グァム島	一九四四・〇八・一〇	金山甲善	軍属	戦死	順天郡上沙面五谷里
			一九二六・〇七・二五	在奉	父		—
九七七	第五海軍建築部	グァム島	一九四四・〇八・一〇	民家萬輔	軍属	戦死	莞島郡所安面榧子里一〇八八
			一九一七・〇二・二六	乙順	妻		麗水郡麗水邑東町
九九四	第五海軍建築部	グァム島	一九四四・〇八・一〇	柳下赫	軍属	戦死	求礼郡長大面陽川里
			一九二〇・一二・〇三	白玉	妻		—
一〇二六	第五海軍建築部	グァム島	一九四四・〇八・一〇	草津三重	軍属	戦死	求礼郡求礼面鳳北里二七七
			一九一九・〇八・二一	春五	妻		—
一〇二七	第五海軍建築部	グァム島	一九四四・〇八・一〇	鄭鐘均	軍属	戦死	求礼郡求礼面鳳北里一七一
			一九二〇・〇五・〇四	羽植	父		—
一〇二八	第五海軍建築部	グァム島	一九四四・〇八・一〇	金泉甲順	軍属	戦死	求礼郡求礼面鳳南里
			一九二〇・〇二・二三	徳仲	父		—
一〇二九	第五海軍建築部	グァム島	一九四四・〇八・一〇	張鐵均	軍属	戦死	求礼郡求礼面鳳南里二九一
			一九二二・〇七・一二	又祚	父		—
一〇三〇	第五海軍建築部	グァム島	一九四四・〇八・一〇	朴因淳	軍属	戦死	求礼郡求礼面鳳南里
			一九一五・〇七・三〇	炯根	父		谷城郡竹谷面元達里
一〇四四	第五海軍建築部	グァム島	一九四四・〇八・一〇	夏山泳釿	軍属	戦死	求礼郡山洞面塔堤里七三六
			一九一三・〇二・一五	佳望	妻		—
一〇七九	第五海軍建築部	グァム島	一九四四・〇八・一〇	新川援柱	軍属	戦死	和順郡綾州面貴永里三一三
			一九二七・〇七・〇四	宗順	父		寶城郡筏橋邑筏橋里七三一

番号	所属	地域	年月日	氏名	続柄	事由	本籍
一五九四	第五海軍建築部	グァム島	一九四四・〇八・一〇	金山貴逸	軍属	戦死	谷城郡石谷面石谷里一二六
			一九二二・一二・一〇	金山一文	父		—
一五九五	第五海軍建築部	グァム島	一九四四・〇八・一〇	鞠本白根	軍属	戦死	谷城郡石谷面石谷里一四七
			一九〇六・〇一・一三	判順	妻		—
一六〇一	第五海軍建築部	グァム島	一九四四・〇八・一〇	金山謹會	軍属	戦死	谷城郡石谷面竹洞里二七一
			一九一六・一一・一一	淑子	母		—
一六〇二	第五海軍建築部	グァム島	一九四四・〇八・一〇	宜城判童	軍属	戦死	谷城郡石谷面月峰里一三九
			一九一三・〇二・〇三	克金	妻		—
一六〇七	第五海軍建築部	グァム島	一九四四・〇八・一〇	新安入丈	軍属	戦死	谷城郡梧谷面満川里二五七
			一九一九・〇五・〇六	新安圓金	父		—
一六一九	第五海軍建築部	グァム島	一九四四・〇八・一〇	慶金孔轍	軍属	戦死	谷城郡三岐面水山里六四六
			一九一九・〇九・一〇	慶金億伯	父		—
一六五一	第五海軍建築部	グァム島	一九四四・〇八・一〇	金光漢徳	軍属	戦死	谷城郡禾寺洞面天地里六六
			一九〇九・〇八・一六	孟順	妻		—
一六五五	第五海軍建築部	グァム島	一九四四・〇八・一〇	呉宮必玉	軍属	戦死	谷城郡古達面古達里四六九
			一九一八・〇二・二七	呉宮瑞亀	父		麗水郡麗水邑徳忠里一七六
一六五八	第五海軍建築部	グァム島	一九四四・〇八・一〇	木下永模	軍属	戦死	谷城郡立面梅月里六六五
			一九二一・〇七・二一	木下洪錫	父		—
一六五九	第五海軍建築部	グァム島	一九四四・〇八・一〇	松本鍾文	軍属	戦死	谷城郡立面立岩里二七一
			一九二七・〇二・一五	松本完澤	父		—
二二八〇	第五海軍根拠地隊	南洋群島(ミクロネシア)	一九四四・〇二・〇六	金泰一・金山泰一	軍属	戦死	済州島旧左面月汀里五一八
			一九一五・〇一・二五	太昇・永玉	兄・母		—
二三二四	第六海軍根拠地隊	南洋群島(ミクロネシア)	一九四四・〇二・〇六	慶村三東	軍属	戦死	莞島郡青山面上洞里三〇
			一九二五・一二・一〇	慶村×永	父		—
二三二五	第六海軍根拠地隊	南洋群島(ミクロネシア)	一九四四・一一・〇七	金部阮泰	軍属	戦死	莞島郡蘆花面中楠里五三六
			一八九七・〇三・一二	允辰	妻		—
二二九二	第六海軍根拠地隊	西南太平洋	一九四四・一一・〇九	金城泰河	軍属	戦死	済州島旧左面東福里一六一九
			一九〇八・一〇・二一	—	—		—
二三一五	第六海軍根拠地隊	西南太平洋	一九四四・一一・〇九	金城勝造	軍属	戦死	済州島旧左面東福里一六一八
			—	春子	妻		—
一七〇	第八海軍建築部	ニューギニア、カイソル島マラリア	一九四四・〇一・二九	林洙昆	軍属	戦病死	海南郡縣山面古縣里
			—	林洛基	姪		海南郡縣山面古縣里
一三六〇	第八海軍建築部	ニューギニア、トル河	一九四四・〇四・二三	吉村由松	軍属	戦死	不詳
					妻		珍島郡背山面峴陽里
一六九一	第八海軍建築部	ニューギニア、トル河	一九四四・〇五・三〇	崔貴淡・海山貴淡	軍属	戦死	康津郡七良面明珠里四一一

番号	所属	死亡場所	年月日	氏名	続柄	区分	本籍・住所
			一八九九・〇二・〇五		妻		—
二三〇六	第八海軍建築部	パラオ島	一九四四・〇四・三〇	高原龍沢	軍属	戦死	済州島翰林面帰徳里
			一九二〇・〇九・二九	雲明	父		—
一九七	第八海軍建築部	ニューギニア、サルミ	一九四四・〇五・〇七	英山鐘勳	軍属	戦死	海南郡門内面石橋里六〇六
			一九一五・〇二・〇五	—	—		海南郡門内面石橋里六〇六
二四七	第八海軍建築部	ニューギニア、サルミ	一九四四・〇五・三〇	良原廣鍾	軍属	戦死	済州島大静面加波里三九八
			一九一二・〇三・〇七	—			
五七〇	第八海軍建築部	ニューギニア、サルミ	一九四四・〇五・三〇	山田洙乱	軍属	戦死	務安郡望雲洞松峴里五五三
			—	—	—		務安郡望雲洞松峴里五五三
五七一	第八海軍建築部	ニューギニア、サルミ	一九四四・〇六・〇二	山田俊夫	軍属	戦死	務安郡望雲面
			一九〇一・一一・一七	—	—		—
一七二〇	第八海軍建築部	ニューギニア、サルミ	一九四四・〇六・〇五	金山政雄	軍属	戦死	康津郡鵲川面葛洞里
			—		—		—
七四五	第八海軍建築部	ニューギニア、サルミ	一九四四・〇八・〇五	國本引康	軍属	戦死	不詳
			一九一六・〇三・二〇	文居	父		光山郡大村面新壮里二五八
一九二	第八海軍建築部	ニューギニア、サルミ	一九四四・一〇・一五	木村春吉・朴炫鎮	軍属	戦死	海南郡海南面安洞里
			—		—		—
七四四	第八海軍建築部	ニューギニア、サルミ	一九四四・一一・一〇	國本徳康	軍属	戦死	光山郡大村面月城里一六二
			一九二一・〇五・一四	—	妻		光山郡大村面月城里一六二
一〇三三	第八海軍建築部	ニューギニア、サルミ	一九四四・一二・一〇	権甫充・近藤情吉	軍属	戦死	求礼郡求礼面山城里二一三
			一九一四・〇九・〇七	甫鉉	父		求礼郡求礼面山城里二一三
五一二	第八海軍建築部	ニューギニア、ペマイ	一九四四・〇六・二五	崔基祚	軍属	戦死	不詳
			—	—	—		光州府北町一〇四
二七四〇	第八海軍根拠地隊	ブカ島北西	一九四三・一一・二五	金本呂眞	軍属	戦死	済州島翰林面洙源里四五七
			一九二〇・〇四・二七	—	—		—
一四四	第八海軍施設部	豊後水道	一九四三・一一・〇二	千原烝朝	軍属	戦死	海南郡花源面月湖里九九
			一九二三・〇三・〇五	白道	父		—
一四〇五	第八海軍施設部	四国南方海面	一九四三・一一・〇一	村田点洙	軍属	戦死	灵巌郡西面東湖里一一八
			一九〇七・一〇・〇九	永任	妻		咸鏡南道高原郡雲谷面龍坪里二四〇
六〇八	第八海軍施設部	四国南方海面	一九四三・一一・〇二	金本玉哲	軍属	戦死	務安郡荷衣面能谷里二六三
			一九一六・〇八・二〇	吉丹	妻		咸鏡北道城津郡南町一二九
六〇九	第八海軍施設部	四国南方海面	一九四三・一一・〇二	岩本正泰	軍属	戦死	務安郡荷衣面陵山里一内陸山島
			一九二七・〇四・一〇	雲彩	庶子男		咸鏡北道城津郡南町一二九
一三一三	第八海軍施設部	四国南方海面	一九四三・一一・二五	西原卜炫	軍属	戦死	羅州郡金川面大安里六六七
			一九一八・〇一・二九	今任	妻		—

一三	第一五警備隊	バシー海峡	一九四四・〇九・〇九 一九二八・〇二・一〇	蓮江西俊 蓮江平根	軍属 父	戦死	珍島郡郡内面亭子里二四六 ―
一四	第一五警備隊	カムラン湾	一九四四・一一・一五 一九二七・〇八・〇五	本郷二郎 本郷貞雨	軍属 父	戦死	求禮郡求禮面白蓮里三七〇 ―
二四	第一五警備隊	バシー海峡	一九四四・〇九・〇九 一九二六・一〇・二五	岡村慶永 峙	軍属 母	戦死	光山郡芝山面月谷里三六一
一三五一	第一五設営隊	ラバウル	一九四三・〇四・〇六 一九一六・〇八・〇六	吉山東根 吉山順坤	軍属 父	戦病死	羅州郡公山面花城里五二四 ―
七七三	第一五設営隊	ラバウル	一九四三・〇四・一四 一九一九・〇五・〇九	三井化日 喜雄	軍属 妻	戦病死	順天郡順天邑楮田里二六 ―
一一二八	第一五設営隊	ラバウル	一九四三・〇四・一七 一九一五・〇二・一一	松本政吉 良林	軍属 妻	戦病死	咸平郡咸平面水湖里五四〇 ―
一六九七	第一五設営隊	ラバウル	一九四三・〇五・一〇 一九二〇・〇三・一〇	豊田南雄 福禮	軍属 ―	戦病死	康津郡城田面松月里九七七 ―
二八九	第一五設営隊	呉市	一九四三・〇四・二三 一九一八・〇七・二〇	木村政吉 吉順	軍属 妻	戦病死	麗水郡麗水邑東町八九七 麗水郡金重山町八六七
七七七	第一五設営隊	ニューギニア、パパギ	一九四二・〇九・〇八 一八九八・〇八・〇三	金本奉植 華陽	軍属 妻	戦病死	順天郡順天邑梅谷里七五 順天郡順天邑梅谷里一九一山本方
一四九三	第一五設営隊	ニューギニア、パパキ マラリア	一九四二・〇九・〇八 一九二二・〇五・二五	新本敬千 新本春得	軍属 父	戦病死	高興郡上道陽面長渓里六三二
一五六〇	第一五設営隊	ニューギニア、パパキ マラリア	一九四二・〇九・〇八 一九二四・〇三・二三	金光鐘禄 点培	軍属 父	戦病死	光陽郡光陽面紗谷里二〇三 ―
一五七〇	第一五設営隊	ニューギニア、パパキ マラリア	一九四二・〇九・一四 一九一六・〇三・一〇	松山又龍 松山順五	軍属 父	戦死	光陽郡凍上面飛坪里一二一五 ―
七八六	第一五設営隊	ニューギニア、パパギ	一九四二・一一・一一 一九一八・〇六・一六	金本性煥 東植	軍属 父	戦死	順天郡順天邑大尹町三五 ―
一一六一	第一五設営隊	ニューギニア、ラエ	一九四二・一二・三一 一九一六・〇五・一二	伊原錫汝 重順	軍属 妻	戦病死	咸平郡巌多面巌多里九三九 ―
五五一	第一五設営隊	ニューギニア、ラエ	一九四三・〇三・〇一 一九二三・〇一・二九	澤田桂奉 桂洪	軍属 長男	戦病死	務安郡綿城面校村里九八 ―
九四七	第一五設営隊	ニューギニア、ラエ	一九四三・〇三・〇二 一九二一・〇四・〇五	漢山台光 漢祚	軍属 父	戦病死	長城郡珍原面山亭里 ―
七六九	第一五設営隊	ニューギニア、ラエ	一九四三・〇三・一二 一九二〇・〇三・一八	宮本丙泰 龍来	軍属 妻	戦病死	順天郡順天邑玉川里一九 ―
八九五	第一五設営隊	ニューギニア、ラエ	一九四三・〇三・一四	呉原貴星	軍属	戦病死	順天郡楽安面校村里二〇六

			一九二四・〇九・二八	也無	父		—
一五四六	第一五設営隊	ニューギニア、ラエ	一九四三・〇三・二二 一九一七・〇三・〇二	梁川在洙 萬順	軍属 妻	戦病死	光陽郡玉龍面龍谷里一一二一
一四七八	第一五設営隊	ニューギニア	一九四二・〇九・一二 一九一八・〇六・一三	郷長今岩 郷長甲金	軍属 父	戦死	高興郡高興面西門里一四一 —
一四七六	第一五設営隊	ニューギニア	一九四二・一二・一〇 一九二三・〇三・一九	森山安雄 森山基性	軍属 父	戦病死	高興郡豆原面鳳源里七九一 高興郡豆原面禮會里
一五五五	第一五設営隊	ニューギニア	一九四三・〇一・〇八 一九一六・一二・〇九	國本吉淵 南順	軍属 妻	戦死	光陽郡骨若面黄金里八九一
六四四	第一五設営隊	ニューギニア	一九四三・〇一・二二 一九一八・一〇・二六	金本喆用 納心	軍属 母	戦死	長興郡大徳面蚕頭里四八三 —
一三〇八	第一五設営隊	ニューギニア マラリア	一九四三・〇一・二二 一九二〇・一一・一〇	金光千植 金光永太	軍属 父	戦病死	羅州郡山浦面等樹里七七〇 —
一四七七	第一五設営隊	ニューギニア	一九四三・〇一・二二 一九一一・〇六・一八	河東一誠 大順	軍属 妻	戦死	高興郡豆原面礼会里五一八
一一一五	第一五設営隊	ニューギニア	一九四三・〇一・二二 一九二二・〇三・二一	金元基完 璟梁	軍属 父	戦死	和順郡南面南渓里四九〇 —
一一一六	第一五設営隊	ニューギニア	一九四三・〇一・二二 一九二五・〇二・二七	金光益洙 永三	軍属 父	戦死	和順郡南面院里一四四 —
一一四一	第一五設営隊	太平洋方面	一九四二・一二・〇四 一九一三・〇七・二九	松本日竜 陽禮	軍属 妻	戦病死	咸平郡鶴橋面月山里八一〇 —
一五五一	第一五設営隊	ニューギニア、オイビ	一九四二・〇九・一三 一八九五・〇九・一四	大林熙奭 己葉	軍属 妻	戦病死	光陽郡骨若面黄金里八八九
一五六二	第一五設営隊	ニューギニア、オイビ マラリア	一九四二・〇九・一五 一九一五・〇九・〇三	高安康一 高安起奉	軍属 父	戦病死	光陽郡光陽面道月里三五一 —
一六九九	第一五設営隊	ニューギニア、サンボ マラリア	一九四二・〇九・一五 一九一六・〇一・三〇	西原将吉 長児	軍属 妻	戦病死	康津郡兵営面道龍里二二三 —
一四七一	第一五設営隊	ニューギニア、サンボ	一九四二・一二・二一 一九二五・〇二・一一	山元基兌 山元洪燮	軍属 父	戦死	高興郡浦頭面上大里八四一
三六	第一五設営隊	ニューギニア、ブナ	一九四二・一二・三一 一九一九・〇六・二九	滑川東喆 草正	軍属 妻	戦死	灵光郡畝良面徳興里三一三 灵光郡灵光面道東里三二四
四八	第一五設営隊	ニューギニア、ブナ	一九四二・一二・三一 一九二二・一二・〇七	尹昇重 然雄	軍属 父	戦死	灵光郡法聖面鎮内里二一四 —
四九	第一五設営隊	ニューギニア、ブナ	一九四二・一二・三一 一九二〇・〇六・〇五	松本桂煥 錫金	軍属 妻	戦死	灵光郡法聖面法聖里六四七 —

番号	所属	死亡場所	死亡年月日	生年月日	氏名	親族氏名	身分	続柄	死因	本籍	
五〇	第一五設営隊	ニューギニア、ブナ	一九四二・一二・三一	一九一三・〇八・〇三	宮本大律	者斤	軍属	母	戦死	灵光郡法聖面法聖里八〇一	―
五一	第一五設営隊	ニューギニア、ブナ	一九四二・一二・三一	一九一四・〇四・〇六	金村俊洪	大禮	軍属	妻	戦死	灵光郡法聖面大徳里三五	―
五七	第一五設営隊	ニューギニア、ブナ	一九四二・一二・三一	一九二九・〇三・〇六	廣村容久	鐘来	軍属	父	戦死	灵光郡大馬面城山里一一五七	―
五八	第一五設営隊	ニューギニア、ブナ	一九四二・一二・三一	一九一二・〇二・一一	國本恩問	根完	軍属	父	戦死	灵光郡大馬面月山里三〇二―三	―
五九	第一五設営隊	ニューギニア、ブナ	一九四二・一二・三一	一九一六・〇二・二一	金川宜衡	玉仁	軍属	妻	戦死	灵光郡大馬面南山里二五二	―
六〇	第一五設営隊	ニューギニア、ブナ	一九四二・一二・三一	一九一四・一二・二八	金岡勤鎬	孝根	軍属	妻	戦死	灵光郡大馬面元興里四四七	―
七八	第一五設営隊	ニューギニア、ブナ	一九四四・一二・三一	一九二二・一二・一一	武本應麟	萬玉	軍属	父	戦死	灵光郡白岫面大田里二一三	―
七九	第一五設営隊	ニューギニア、ブナ	一九四四・一二・三一	一九二〇・一一・二五	林大成	長秀	軍属	父	戦死	灵光郡白岫面竹寺里三〇三	―
八七	第一五設営隊	ニューギニア、ブナ	一九四二・一二・三一	一九二一・一二・一八	吉本鉉明	三八	軍属	父	戦死	灵光郡仏甲面母岳里二〇七	―
八八	第一五設営隊	ニューギニア、ブナ	一九四二・一二・三一	一九二一・〇五・二三	金岡現鳳	順任	軍属	妻	戦死	灵光郡仏甲面應峰里二四五	―
八九	第一五設営隊	ニューギニア、ブナ	一九四二・一二・三一	一九二二・〇五・一三	柳熙暢	随桐	軍属	父	戦死	灵光郡仏甲面鹿山里二九五	―
九〇	第一五設営隊	ニューギニア、ブナ	一九四二・一二・三一	一九一三・〇三・一九	大山元暎	吉林	軍属	妻	戦死	灵光郡仏甲面富春里三九三	―
九四	第一五設営隊	ニューギニア、ブナ	一九四二・一二・三一	一九一〇・〇九・二一	完山永植	貴任	軍属	妻	戦死	灵光郡郡南面南昌里四七六	―
九五	第一五設営隊	ニューギニア、ブナ	一九四二・一二・三一	一九二一・一二・二五	金岡福煥	洛現	軍属	父	戦死	灵光郡郡南面陽徳里二九二	―
九六	第一五設営隊	ニューギニア、ブナ	一九四二・一二・三一	一九一一・〇五・一八	金川富云	福順	軍属	妻	戦死	灵光郡郡南面道長里三三五	―
九七	第一五設営隊	ニューギニア、ブナ	一九四二・一二・三一	一九二七・〇五・二五	廣田鍾煥	仁奎	軍属	父	戦死	灵光郡郡南面東潤里二七七	―
九八	第一五設営隊	ニューギニア、ブナ	一九四二・一二・三一	一九二四・一二・一七	金原鍾益	在玉	軍属	父	戦死	灵光郡郡南面東潤二四一	―
一一二	第一五設営隊	ニューギニア、ブナ	一九四二・一二・三一		林義燮		軍属		戦死	灵光郡郡西面新河里七五六	

			一九一〇・〇七・二五	允實	妻		―
一一三	第一五設営隊	ニューギニア、ブナ	一九四二・一二・三一 一九一九・〇一・一一	桂山松本 和正	軍属 父	戦死	灵光郡西面南竹里四三 ―
一一四	第一五設営隊	ニューギニア、ブナ	一九四二・一二・三一 一九〇九・〇八・〇五	林供燮 順分	軍属 妻	戦死	灵光郡郡西面新河里七三五 ―
一一五	第一五設営隊	ニューギニア、ブナ	一九四二・一二・三一 一九二〇・〇八・〇八	長田柏鎮 淳子	軍属 妻	戦死	灵光郡郡西面南渓里二八三 ―
一三七	第一五設営隊	ニューギニア、ブナ	一九四二・一二・三一 一九二三・〇一・二七	松山宗順 萬禮	軍属 父	戦死	灵光郡灵光面徳湖里五五一 ―
一三八	第一五設営隊	ニューギニア、ブナ	一九四二・一二・三一 一九〇九・〇八・二六	金本光倍 五禮	軍属 妻	戦死	灵光郡灵光面校村里二四三 ―
七〇五	第一五設営隊	ニューギニア、ブナ	一九四二・一二・三一 一九一八・一一・〇三	善金南秀 福禮	軍属 妻	戦死	光山郡松汀邑素村里二三〇 ―
一一一九	第一五設営隊	ニューギニア、ブナ	一九四二・一二・三一 一九二二・〇五・二八	張本斗和 金禮	軍属 妻	戦死	咸平郡咸平面津良里五一〇 ―
一一二〇	第一五設営隊	ニューギニア、ブナ	一九四二・一二・三一 一九〇四・〇八・〇七	平本珀範 貴禮	軍属 妻	戦死	咸平郡咸平面佳洞里八九 ―
一一二一	第一五設営隊	ニューギニア、ブナ	一九四二・一二・三一 一九一九・〇二・一七	羅本永男 五順	軍属 妻	戦死	咸平郡咸平面佳洞里二〇九 ―
一一二二	第一五設営隊	ニューギニア、ブナ	一九四二・一二・三一 一九一五・〇七・一〇	小川始南 成根	軍属 母	戦死	咸平郡咸平面咸平里三八二ー一 ―
一一二三	第一五設営隊	ニューギニア、ブナ	一九四二・一二・三一 一九一九・〇九・一三	昌山東煥 弘龍	軍属 父	戦死	咸平郡咸平面内橋里二七四 ―
一一二四	第一五設営隊	ニューギニア、ブナ	一九四二・一二・三一 一九一〇・〇七・〇八	金碩奉 順徳	軍属 妻	戦死	咸平郡咸平面咸平里八六 ―
一一二五	第一五設営隊	ニューギニア、ブナ	一九四二・一二・三一 一九一九・〇四・一七	白川順基 倫禮	軍属 妻	戦死	咸平郡咸平面咸平里八四 ―
一一二六	第一五設営隊	ニューギニア、ブナ	一九四二・一二・三一 一九一〇・〇二・二九	張本大植 平心	軍属 妻	戦死	咸平郡咸平面津良里五〇九 ―
一一二七	第一五設営隊	ニューギニア、ブナ	一九四二・一二・三一 一九一二・〇九・〇七	金光永信 今禮	軍属 妻	戦死	咸平郡咸平面長年里二〇九 ―
一一三一	第一五設営隊	ニューギニア、ブナ	一九四二・一二・三一 一九二三・〇九・〇五	金田声咒 甫徳	軍属 母	戦死	咸平郡鶴蓮面四街里四一八 ―
一一三二	第一五設営隊	ニューギニア、ブナ	一九四二・一二・三一 一九一三・〇四・三〇	高田長守 貴順	軍属 妻	戦死	咸平郡鶴橋面四街里四六五 ―

番号	部隊	場所	年月日	氏名	続柄	状況	本籍
一一三三	第一五設営隊	ニューギニア、ブナ	一九四二・一二・三一	新井炯鎰	軍属	戦死	咸平郡鶴橋面白湖里七九二
			一九二二・〇一・二四	散龍	父		—
一一三四	第一五設営隊	ニューギニア、ブナ	一九四二・一二・三一	錦城東湖	軍属	戦死	咸平郡鶴橋面白湖里二〇一
			一九一四・〇九・二八	判順	妻		—
一一三五	第一五設営隊	ニューギニア、ブナ	一九四二・一二・三一	大山春玉	軍属	戦死	咸平郡鶴橋面馬山里三五六
			一九二三・〇二・一七	玉禮	妻		—
一一三六	第一五設営隊	ニューギニア、ブナ	一九四二・一二・三一	呉萬峯	軍属	戦死	咸平郡鶴橋面月山里一二四〇
			一九一〇・一〇・一八	太任	妻		—
一一三七	第一五設営隊	ニューギニア、ブナ	一九四二・一二・三一	松本興基	軍属	戦死	咸平郡鶴橋面月山里八二〇
			一九二二・一二・三〇	表任	妻		—
一一三八	第一五設営隊	ニューギニア、ブナ	一九四二・一二・三一	茂松東浩	軍属	戦死	咸平郡鶴橋面鶴橋里四九九
			一九一三・〇九・二〇	福林	妻		—
一一四四	第一五設営隊	ニューギニア、ブナ	一九四二・一二・三一	張本錫基	軍属	戦死	咸平郡大洞面龍城里五〇〇
			一九二三・〇一・〇五	守奉	妻		—
一一四七	第一五設営隊	ニューギニア、ブナ	一九四二・一二・三一	平田福同	軍属	戦死	咸平郡大洞面徳山里五九四
			一九一九・一一・一一	安順	妻		—
一一四八	第一五設営隊	ニューギニア、ブナ	一九四二・一二・三一	三善富藏	軍属	戦死	咸平郡大洞面雲橋里一〇〇九
			一九一八・〇八・一四	炯任	妻		—
一一四九	第一五設営隊	ニューギニア、ブナ	一九四二・一二・三一	安東然植	軍属	戦死	咸平郡大洞面徳山里六四一
			一八九七・〇八・二〇	空順	妻		—
一一五一	第一五設営隊	ニューギニア、ブナ	一九四二・一二・三一	中山東塾	軍属	戦死	咸平郡新光面柳川里二九六
			一九二二・〇七・二四	炳仁	父		—
一一五二	第一五設営隊	ニューギニア、ブナ	一九四二・一二・三一	中山炳玉	軍属	戦死	咸平郡新光面柳川里三二五
			一九二二・〇五・〇五	厚岳	妻		—
一一五三	第一五設営隊	ニューギニア、ブナ	一九四二・一二・三一	漢山子鉉	軍属	戦死	咸平郡新光面柳川里三一五
			一九一七・〇六・〇二	大烈	妻		—
一一五四	第一五設営隊	ニューギニア、ブナ	一九四二・一二・三一	武田相杉	軍属	戦死	咸平郡新光面柳川里七九
			一九〇一・〇六・〇七	東禮	妻		—
一一五五	第一五設営隊	ニューギニア、ブナ	一九四二・一二・三一	徳川允壽	軍属	戦死	咸平郡新光面柳川里三〇一
			一九〇八・〇一・〇六	琪永	妻		—
一一五七	第一五設営隊	ニューギニア、ブナ	一九四二・一二・三一	金光孝栄	軍属	戦死	咸平郡巌多面花陽里九二九
			一九一九・〇四・二七	也順	妻		—
一一五八	第一五設営隊	ニューギニア、ブナ	一九四二・一二・三一	張斗餞	軍属	戦死	咸平郡巌多面永興里九二一
			一九〇〇・〇九・一一	兪袾	妻		—
一一五九	第一五設営隊	ニューギニア、ブナ	一九四二・一二・三一	鄭山炳台	軍属	戦死	咸平郡巌多面星泉里六八八

			一九一八・〇七・〇三	奉任	妻		｜
一一六〇	第一五設営隊	ニューギニア、ブナ	一九四二・一二・三一	伊原相華	軍属	戦死	咸平郡巌多面巌多里九四〇
			一九一五・〇一・〇一	南順	妻		｜
一一九五	第一五設営隊	ニューギニア、ブナ	一九四二・一二・三一	多木　仁	軍属	戦死	咸平郡弥仏面竹岩里三四五
			一九一五・一二・〇八	成子	妻		｜
一二四八	第一五設営隊	ニューギニア、ブナ	一九四三・〇一・〇三	豊山秀夫	軍属	戦死	羅州郡老安面金安里二二五ー一
			一九〇七・〇二・〇五	幼女	妻		｜
一三一八	第一五設営隊	ニューギニア、ブナ	一九四三・一一・二五	池田吉祚	軍属	戦死	羅州郡本良面山水里四七七
			一九二二・〇一・一九	池田必西	父		｜
一四四一	第一五設営隊	ニューギニア、ギルワ	一九四二・〇九・〇八	松田米斗	軍属	戦死	不詳
			一九〇四・〇八・〇五	福連	妻		高興郡大西面程南里
九〇五	第一五設営隊	ニューギニア、ギルワ	一九四二・〇九・一七	金光箕洙	軍属	戦病死	順天郡別良面武鳳里
			一九二二・〇九・二一	永采	父		｜
八六七	第一五設営隊	ニューギニア、ギルワマラリア	一九四二・〇九・二四	密本炳浩	軍属	戦病死	順天郡松光面大興里
			一九二二・〇九・一〇	章玄	父		｜
五一四	第一五設営隊	ニューギニア、ギルワ	一九四二・〇九・二九	錦城且燮	軍属	戦死	務安郡一老面月岩里二一八
			一九一〇・〇九・〇二	先禮	妻		｜
一五六三	第一五設営隊	ニューギニア、ギルワ	一九四二・一〇・〇一	伊山秉吾	軍属	戦死	光陽郡光陽面道月里二六九
			一九二一・〇四・一〇	伊山垚澤	父		｜
一五六四	第一五設営隊	ニューギニア、ギルワ	一九四二・一〇・〇六	金官良竹	軍属	戦死	光陽郡光陽面道月里九九
			一九二二・一二・一五	金官永岡	父		｜
三二四	第一五設営隊	ニューギニア、ギルワマラリア	一九四二・一〇・〇九	玉川良雄	軍属	戦病死	麗水郡召羅面大浦里四三三
			一九〇五・〇三・〇七	斗禮	妻		｜
一五八〇	第一五設営隊	ニューギニア、ギルワ	一九四二・一〇・一〇	藤原彩雲	軍属	戦死	光陽郡凍上面島沙里八六八
			一九二一・〇五・二七	藤原又龍	父		｜
一五五四	第一五設営隊	ニューギニア、ギルワ	一九四二・一〇・一三	檜山同信	軍属	戦死	光陽郡骨若面馬洞里九一
			一九二四・一〇・二四	檜山丁秀	父		｜
二九七	第一五設営隊	ニューギニア、ギルワ	一九四二・一〇・一九	徳山鳳儀	軍属	戦死	麗水郡雙鳳面蟹山里二〇四
			一九二一・一一・二五	性禹	父		｜
四九八	第一五設営隊	ニューギニア、ギルワ	一九四二・一〇・一九	河東光波	軍属	戦死	木浦府山亭里八七
			一九二三・〇九・二八	暻助	父		務安郡夢灘面沙川里
一四六八	第一五設営隊	ニューギニア、ギルワ	一九四二・一一・〇一	山元福同	軍属	戦死	高興郡通駅面大龍里六一九
			一九二〇・〇七・一六	一順	妻		｜
一四七三	第一五設営隊	ニューギニア、ギルワマラリア	一九四二・一一・〇八	山本正鍾	軍属	戦病死	高興郡豆原面嶺松里六六八
			一九一六・〇二・一〇	良心	妻		｜

五二七	第一五設営隊	ニューギニア、ギルワ	一九四二・一一・一一	新井連逑	軍属	戦死	務安郡三郷面南岳里七二二
			一九一二・〇九・一三	花順	妻		―
一五七五	第一五設営隊	ニューギニア、ギルワ	一九四二・一一・一二	張本賛福	軍属	戦死	光陽郡凍上面飛坪里一二八五
			一九二六・〇五・〇六	張本独逑	父		―
二五六	第一五設営隊	ニューギニア、ギルワ	一九四二・一一・二〇	良元東錫	軍属	戦死	麗水郡東村面山水里一六
			一九二一・〇四・〇五	占心	妻		―
一四八〇	第一五設営隊	ニューギニア、ギルワ	一九四二・一一・二七	大田永錫	軍属	戦死	高興郡高興面姑舞里八〇二
			一九二三・〇五・一四	大田長坤	父		―
三一六	第一五設営隊	ニューギニア、ギルワ	一九四二・一一・二九	神農李倉	軍属	戦死	麗水郡召羅面大浦里一〇七四
			一九一九・〇四・一八	古葉	妻		―
一四六二	第一五設営隊	ニューギニア、ギルワ	一九四二・一一・二九	梁川玉奕	軍属	戦死	高興郡南陽面虎徳里一五九
			一九一三・〇二・二八	奎任	妻		―
九七一	第一五設営隊	ニューギニア、ギルワ	一九四二・一一・三〇	林亨玉	軍属	戦死	莞島郡金月面荘亭里一四三
			一九〇三・〇五・二一	永今	母		長興郡大徳面蓮池里
一四九五	第一五設営隊	ニューギニア、ギルワ マラリア	一九四二・一二・〇三	高原聖雨	軍属	戦病死	高興郡道陽面龍井里二〇六二
			一九一八・〇七・二〇	良今	妻		―
九四九	第一五設営隊	ニューギニア、ギルワ	一九四二・一二・〇三	呉萬石	軍属	戦死	長城郡塘北面元林里一七三
			一九〇四・一一・二九	畢女	妻		―
一四四二	第一五設営隊	ニューギニア、ギルワ	一九四二・一二・〇四	山本熙雄	軍属	戦死	高興郡大西面上南里一〇六〇
			一九二五・一〇・一五	山本晃正	父		高興郡禾山里
九〇四	第一五設営隊	ニューギニア、ギルワ	一九四二・一二・〇七	金光桂鉉	軍属	戦死	順天郡別良面武鳳里
			一九二二・〇四・〇九	義禮	妻		―
一一〇九	第一五設営隊	ニューギニア、ギルワ	一九四二・一二・〇七	小林茂慶	軍属	戦死	和順郡同福面内辺里一四三
			一九二五・〇二・〇二	炳宇	父		―
一六五二	第一五設営隊	ニューギニア、ギルワ	一九四二・一二・〇八	南原永金	軍属	戦死	谷城郡木寺洞面龍鳳里六二〇
			一九一三・〇一・一六	貴禮	妻		麗水郡麗水邑東町
一一〇七	第一五設営隊	ニューギニア、ギルワ マラリア	一九四二・一二・〇九	松本路水	軍属	戦病死	和順郡同福面蓮屯里二五一
			一九二〇・〇七・一〇	良任	妻		―
二五三	第一五設営隊	ニューギニア、ギルワ	一九四二・一二・一一	安山竹堂	軍属	戦死	麗水郡三日面中興里
			一九二三・〇一・一四	在準	父		―
三二六	第一五設営隊	ニューギニア、ギルワ マラリア	一九四二・一二・一二	金山吉柱	軍属	戦死	麗水郡召羅面沙谷里四〇五
			一九一一・〇六・一五	正心	妻		―
一五二四	第一五設営隊	ニューギニア、ギルワ	一九四二・一二・一三	利川漢允	軍属	戦死	光陽郡玉谷面大田家里一四七
			一九二四・〇二・〇一	利川在欽	父		―
一五〇五	第一五設営隊	ニューギニア、ギルワ	一九四二・一二・一四	木本光一	軍属	戦死	高興郡東江面魯東里三七四

			一九〇七・〇四・〇二	次順	妻		—
一〇九二	第一五設営隊	ニューギニア、ギルワ	一九四二・一二・一四 一九二〇・〇七・一四	孫田東英 章旭	軍属 父	戦死	和順郡道谷面元花里四一七 —
三三七	第一五設営隊	ニューギニア、ギルワ マラリア	一九四二・一二・一七 一九二三・〇三・一六	高田平元 占突	軍属 父	戦死	麗水郡召羅面徳陽里九五七 —
八七三	第一五設営隊	ニューギニア、ギルワ	一九四二・一二・一七 一九一八・〇一・二九	岩本禎洙 圭亨	軍属 父	戦死	順天郡上沙面鷹嶺里 —
一一一三	第一五設営隊	ニューギニア、ギルワ	一九四二・一二・一七 一九一一・〇二・一一	金光英均 順葉	軍属 妻	戦死	和順郡南面丹川里二六六 —
一四六五	第一五設営隊	ニューギニア、ギルワ	一九四二・一二・一八 一九一五・〇七・〇三	金田永道 全順	軍属 妻	戦死	高興郡通駅面通駅里五五 —
二五四	第一五設営隊	ニューギニア、ギルワ	一九四二・一二・一九 一九二一・〇六・二〇	松原清盛 通治	軍属 父	戦死	麗水郡三日面中興里一三一 —
六五六	第一五設営隊	ニューギニア、ギルワ	一九四二・一二・一九 一九一九・〇三・一一	大光鍾大 又任	軍属 妻	戦死	長興郡長東面盤山里二五六 —
一四六九	第一五設営隊	ニューギニア、ギルワ	一九四二・一二・一九 一九一六・一〇・一〇	柳和助 千恵子	軍属 妻	戦死	高興郡通駅面沙亭里三一九 —
一五八九	第一五設営隊	ニューギニア、ギルワ	一九四二・一二・二〇 一九二三・〇二・一九	金本壽萬 金本基鐘	軍属 父	戦死	光陽郡津月面鳥沙里八六九 —
九五五	第一五設営隊	ニューギニア、ギルワ	一九四二・一二・二一 一九二三・〇一・一五	田本桂澤 桂成	軍属 父	戦死	長城郡東化面九龍里二三三 —
一四七〇	第一五設営隊	ニューギニア、ギルワ	一九四二・一二・二一 一九二五・〇三・一〇	山元基休 昆順	軍属 妻	戦死	高興郡浦頭面上大里一一三五 —
一五二六	第一五設営隊	ニューギニア、ギルワ	一九四二・一二・二一 一九一四・一二・二〇	川本泰永 圭徳	軍属 妻	戦死	光陽郡玉谷面紙谷里六三八 —
一九五	第一五設営隊	ニューギニア、ギルワ	一九四二・一二・二二 一九一九・〇二・二〇	大川今又 斗峰	軍属 父	戦死	海南郡門内面先頭里四六二 —
六六三	第一五設営隊	ニューギニア、ギルワ	一九四二・一二・二二 一九〇六・〇四・二五	白川享敦 花例	軍属 妻	戦死	長興郡長平面青龍里三五七 —
八五三	第一五設営隊	ニューギニア、ギルワ	一九四二・一二・二二 一九〇七・〇九・二七	松本盛夫 房子	軍属 妻	戦死	順天郡住岩面廣川里一九四 —
八九六	第一五設営隊	ニューギニア、ギルワ	一九四二・一二・二二 一九一八・一二・〇二	大林五龍 永今	軍属 妻	戦死	順天郡楽安面李谷里三二七 —
九四八	第一五設営隊	ニューギニア、ギルワ マラリア	一九四二・一二・二二 一九〇九・〇一・一五	金川鎔喆 明丹	軍属 妻	戦病死	長城郡珍原面山東里四七三 —

一二五二	第一五設営隊	ニューギニア、ギルワ	一九四二・一二・二二 一九一八・〇六・〇五	山本景洙 宗仁	軍属 妻	戦死	羅州郡文平面安谷里八一 —
一五二一	第一五設営隊	ニューギニア、ギルワ	一九四二・一二・二二 一九二六・〇三・一五	利川鐘基 利川昌録	軍属 父	戦死	光陽郡玉谷面大竹里一六三 —
一〇六一	第一五設営隊	ニューギニア、ギルワ	一九四二・一二・二三 一九一四・〇五・〇二	新井鳳夫 所愛	軍属 妻	戦死	和順郡和順面桂所里四七三 —
二七〇	第一五設営隊	ニューギニア、ギルワ	一九四二・一二・二四 一九二三・一〇・〇五	金田千洙 敬培	軍属 父	戦死	麗水郡栗村面吹笛里七九一 —
八八〇	第一五設営隊	ニューギニア、ギルワ	一九四二・一二・二四 一九一三・一〇・一〇	神農相云 点徳	軍属 妻	戦病死	順天郡道沙面橋良里七九八 —
六四二	第一五設営隊	ニューギニア、ギルワ	一九四二・一二・二五 —	金光原信 得中	軍属 父	戦死	長興郡大徳面蚕頭里一九三―二 —
一六七六	第一五設営隊	ニューギニア、ギルワ	一九四二・一二・二五 一九二四・〇一・〇二	金山亨根 金山斗煥	軍属 父	戦死	康津郡康津邑松田里三七八 —
一三五三	第一五設営隊	ニューギニア、ギルワ	一九四二・一二・二五 一九二三・〇六・一五	安田萬承 梁小童	軍属 父	戦死	羅州郡公山面白沙里四三一 —
一三五四	第一五設営隊	ニューギニア、ギルワ	不詳 一九二一・一一・〇四	金田正五 同禮	軍属 妻	戦死	羅州郡公山面福龍里二一九 —
九九	第一五設営隊	ニューギニア、ギルワ	一九四二・一二・二六 一九二四・一一・〇五	李山義文 貴順	軍属 妻	戦死	灵光郡郡南面雪梅里二六六 —
七七四	第一五設営隊	ニューギニア、ギルワ	一九四二・一二・二六 一九二三・〇六・二〇	安永鉉次 藏準	軍属 父	戦死	順天郡順天邑梅谷里一〇八―二 —
一〇六九	第一五設営隊	ニューギニア、ギルワ	一九四二・一二・二六 一九一五・一〇・一五	高村光茂 妍林	軍属 妻	戦死	和順郡綾州面萬仁里二四四 —
一二八一	第一五設営隊	ニューギニア、ギルワ	一九四二・一二・二六 一九二三・〇六・〇六	大田鐘彦 吉斗	軍属 父	戦死	羅州郡多侍面松村里一四 —
一六八五	第一五設営隊	ニューギニア、ギルワ	一九四二・一二・二六 —	大山文杓 大山賣南・花林	軍属 父・妻	戦死	康津郡郡東面錦江里五八二 —
一六八六	第一五設営隊	ニューギニア、ギルワ	一九四二・一二・二六 一九一六・〇七・一六	安東張黙 安東賣鐵・厚順	軍属 父・妻	戦死	康津郡郡東面錦江里六〇一 —
一七〇六	第一五設営隊	ニューギニア、ギルワ	一九四二・一二・二六 一九二四・〇二・一二	明本相吉 明本中局	軍属 父	戦死	康津郡兵営面道龍里一九五 —
一七一二	第一五設営隊	ニューギニア、ギルワ	一九四二・一二・二六 一九二四・〇九・一三	金山時岩 小城	軍属 母	戦死	康津郡鵲川面三栄里九七 —
五二	第一五設営隊	ニューギニア、ギルワ	一九四二・一二・二七	金村相允	軍属	戦死	灵光郡法聖面徳興里五四

			 一九二三・一〇・二六	 壽彦	 父		 —
五三	第一五設営隊	ニューギニア、ギルワ	一九四二・一二・二七 一九二一・〇一・一五	松原奇令 局年	軍属 父	戦死	灵光郡法聖面大徳里三九五 —
二七一	第一五設営隊	ニューギニア、ギルワ	一九四二・一二・二七 一九二三・〇八・一六	金田奉洙 舜培	軍属 父	戦死	麗水郡栗村面吹笛里七八四 —
一七〇九	第一五設営隊	ニューギニア、ギルワ	一九四二・一二・二七 一九二四・〇四・〇一	金村一郎 金村正吉	軍属 父	戦死	康津郡兵営面翰學里三二 —
一七一一	第一五設営隊	ニューギニア、ギルワ	一九四二・一二・二七 一九一七・〇八・〇五	木下鐘琨 賞任	軍属 妻	戦死	康津郡鵲川面峴山里九六八 —
一一〇八	第一五設営隊	ニューギニア、ギルワ	一九四二・一二・二七 一九一五・〇一・〇七	大原判男 占禮	軍属 妻	戦死	和順郡同福面蓮屯里三六三 —
一二五〇	第一五設営隊	ニューギニア、ギルワ	一九四二・一二・二八 一九一二・一一・〇四	慎田得玉 粉徳	軍属 妻	戦病死	羅州郡文平面玉堂里八〇三 —
一二五一	第一五設営隊	ニューギニア、ギルワ	一九四二・一二・二八 一九一〇・〇九・〇七	松平貴用 禾禮	軍属 妻	戦死	羅州郡文平面五龍里八三 —
一二八〇	第一五設営隊	ニューギニア、ギルワ	一九四二・一二・二九 一九二二・〇二・一一	福山蔡東 良根	軍属 妻	戦死	羅州郡多侍面松村里一四五 —
一五〇六	第一五設営隊	ニューギニア、ギルワ	一九四二・一二・二九 一九一二・一二・一〇	高村徳休 高村一休	軍属 兄	戦死	光陽郡多鴨面高士里一三一七 —
一〇一	第一五設営隊	ニューギニア、ギルワ	一九四二・一二・三〇 一九一五・一二・〇八	崔恒休 潤文	軍属 父	戦死	灵光郡郡西面梅山里七一七 灵光郡灵光面徳湖里四七七
三〇一	第一五設営隊	ニューギニア、ギルワ	一九四二・一二・三〇 一九二四・〇二・一六	國本洪魯 壽根	軍属 父	戦死	麗水郡雙鳳面蟹山里三二九 —
五一五	第一五設営隊	ニューギニア、ギルワ	一九四二・一二・三〇 一九二〇・〇三・一四	豊川正二 納禮	軍属 妻	戦死	務安郡一老面上所基里 —
五四一	第一五設営隊	ニューギニア、ギルワ マラリア	一九四二・一二・三〇 一九一四・一一・一〇	山東基化 野任	軍属 妻	戦病死	務安郡夢灘面夢江里 —
一五五八	第一五設営隊	ニューギニア、ギルワ	一九四二・一二・三〇 一九二〇・一二・二〇	金山永錫 泰順	軍属 妻	戦死	光陽郡骨若面黄金里二三 —
一七〇七	第一五設営隊	ニューギニア、ギルワ	一九四二・一二・三〇 一九二一・一一・〇七	崔本泳玉 崔本順岩	軍属 父	戦死	康津郡兵営面道龍里一三七 —
一七三九	第一五設営隊	ニューギニア、ギルワ	一九四二・一二・三〇 一九一〇・〇八・二五	金田桂篙 琴蓮	軍属 妻	戦死	康津郡道岩面項村里方一一四 —
九一	第一五設営隊	ニューギニア、ギルワ	一九四二・一二・三一 一九一九・〇八・二七	金光長玉 玉禮	軍属 妻	戦死	灵光郡仏甲面富春里二五 —

一八一	第一五設営隊	ニューギニア、ギルワ	一九四二・一二・三一	長山太萬	軍属	戦死	海南郡山二面相公里四七六
			一九二三・〇八・〇八	星七	妻		｜
一〇七〇	第一五設営隊	ニューギニア、ギルワ	一九四二・一二・三一	綾原載九	軍属	戦死	和順郡綾州面南亭里一七九
			一九〇九・〇五・〇一	甲順	妻		｜
一〇七一	第一五設営隊	ニューギニア、ギルワ	一九四二・一二・三一	西村盛輝	軍属	戦死	和順郡綾州面貫永里二七一
			一九二〇・一〇・〇五	栄雄	父		｜
一五五七	第一五設営隊	ニューギニア、ギルワ	一九四二・一二・三一	西川且萬	軍属	戦死	光陽郡骨若面馬洞里五七四
			一九〇四・〇五・〇四	西川相道	父		｜
一七〇八	第一五設営隊	ニューギニア、ギルワ	一九四二・一二・三一	安東栄入	軍属	戦死	康津郡兵営面上東里六六六
			一九二三・〇三・〇六	安東文吉	父		｜
一七一三	第一五設営隊	ニューギニア、ギルワ	一九四二・一二・三一	池上相庸	軍属	戦死	康津郡兵営面三烈里四二八
			一九二三・〇四・一六	池山徳山	父		｜
六二五	第一五設営隊	ニューギニア、ギルワ	一九四三・〇一・〇一	松田吉允	軍属	戦死	長興郡長興邑納陽里五四
			一九一一・〇一・三〇	吉先	兄		｜
一五〇四	第一五設営隊	ニューギニア、ギルワ	一九四三・〇一・〇一	新原正康	軍属	戦死	高興郡東江面大江里四七一
			一九二二・一二・〇六	福南	妻		｜
一三九	第一五設営隊	ニューギニア、ギルワ	一九四三・〇一・〇二	夏山尭鉉	軍属	戦病死	灵光郡灵光面日鶴里一四二
		マラリア	一九一三・〇五・一二	福順	妻		灵光郡灵光面南川里一六二
二六六	第一五設営隊	ニューギニア、ギルワ	一九四三・〇一・〇二	山井占守	軍属	戦死	麗水郡栗村面山水里一〇
			一九〇九・〇八・一三	善葉	妻		｜
二六七	第一五設営隊	ニューギニア、ギルワ	一九四三・〇一・〇二	徐本鐘順	軍属	戦死	麗水郡栗村面稠禾里七一
			一九一五・一〇・〇八	鶴烈	父		
三二五	第一五設営隊	ニューギニア、ギルワ	一九四三・〇一・〇二	利川昌植	軍属	戦死	麗水郡召羅面徳陽里七九七
			一九一七・〇一・〇三	潭祐	父		｜
六五〇	第一五設営隊	ニューギニア、ギルワ	一九四三・〇一・〇二	仁川億洙	軍属	戦死	長興郡安良面鶴松里一六四〇
			一九〇九・〇八・〇二	三禮	妻		｜
六五一	第一五設営隊	ニューギニア、ギルワ	一九四三・〇一・〇二	昌山秉烱	軍属	戦死	長興郡安良面雲興里二二八
			一九二四・〇九・一六	源承	父		｜
一〇六八	第一五設営隊	ニューギニア、ギルワ	一九四三・〇一・〇二	高本光海	軍属	戦死	和順郡綾州面元池里一七一
			一九一八・〇七・一七	鄭任	妻		｜
一〇五五	第一五設営隊	ニューギニア、ギルワ	一九四三・〇一・〇二	昌山道鉉	軍属	戦死	和順郡和順面西台里三四〇
			一九〇九・〇六・〇八	少禮	妻		｜
一〇五六	第一五設営隊	ニューギニア、ギルワ	一九四三・〇一・〇二	金谷業同	軍属	戦死	和順郡和順面西台里六六二
			一九〇八・〇八・〇九	白卜心	母		｜
一〇六〇	第一五設営隊	ニューギニア、ギルワ	一九四三・〇一・〇二	大達済具	軍属	戦死	和順郡和順面桂所里六九

			一九一三・一一・二七	小任	妻		—
一〇九〇	第一五設営隊	ニューギニア、ギルワ	一九四三・〇一・〇二	安本南燮	軍属	戦死	和順郡春陽面佳鳳里五一一
			一九二四・〇一・二五	鍾大	兄		和順郡同福面邑艾里
一一〇三	第一五設営隊	ニューギニア、ギルワ	一九四三・〇一・〇二	金田城熙	軍属	戦死	和順郡同福面新栗里二七六
			一九二二・〇九・一〇	公任	妻		—
二九八	第一五設営隊	ニューギニア、ギルワ	一九四三・〇一・〇三	金城日中	軍属	戦死	麗水郡雙鳳面洑三里
			一九一五・〇九・二八	自斤	妻		—
六二六	第一五設営隊	ニューギニア、ギルワ	一九四三・〇一・〇四	松村祥彦	軍属	戦死	長興郡長興邑元堂里
			一九一六・〇七・〇六	玉子	妻		—
一五八六	第一五設営隊	ニューギニア、ギルワ	一九四三・〇一・〇四	金本動弘	軍属	戦死	光陽郡津月面鳥沙里六〇六
			一九二〇・一一・二四	金本在平	父		—
一〇五九	第一五設営隊	ニューギニア、ギルワ	一九四三・〇一・〇五	大原政洙	軍属	戦死	和順郡和順面桂所里五三
			一九一七・〇三・一二	玉南	妻		—
一四四五	第一五設営隊	ニューギニア、ギルワ	一九四三・〇一・〇六	松山采成	軍属	戦死	高興郡大西面松林里四七五
			一九一八・〇二・〇六	松山陽変	父		—
一四四六	第一五設営隊	ニューギニア、ギルワ	一九四三・〇一・〇六	黄村太龍	軍属	戦病死	高興郡大西面松林里四七五
		マラリア	一九二〇・〇三・〇九	南禮	妻		—
一五〇三	第一五設営隊	ニューギニア、ギルワ	一九四三・〇一・〇七	岩本光源	軍属	戦死	高興郡東江面梧月里四二二
			一九二一・一二・二五	貴順	妻		—
二六八	第一五設営隊	ニューギニア、ギルワ	一九四三・〇一・〇八	朴承在	軍属	戦死	麗水郡栗村面佳長里一六三
			一九一七・一〇・〇一	昶佑	父		麗水郡三日面平呂里
二六九	第一五設営隊	ニューギニア、ギルワ	一九四三・〇一・〇八	國本君祐	軍属	戦死	麗水郡栗村面新豊里一〇四〇
			一九一五・〇一・二九	得心	妻		—
六六二	第一五設営隊	ニューギニア、ギルワ	一九四三・〇一・〇九	松村明秀	軍属	戦死	長興郡長平面牛山里六三五
			一九一八・〇九・一五	賎禮	妻		—
一四七五	第一五設営隊	ニューギニア、ギルワ	一九四三・〇一・〇九	光山中元	軍属	戦死	高興郡豆原面龍塘里二八八
			一九二三・〇八・〇六	光山龍錫	父		—
一六七五	第一五設営隊	ニューギニア、ギルワ	一九四三・〇一・〇九	安田成準	軍属	戦死	康津郡康津邑東城里四一九
			一九一五・一一・〇一	安田性模	父		—
一六八四	第一五設営隊	ニューギニア、ギルワ	一九四三・〇一・〇九	海金成哲	軍属	戦死	康津郡郡東面徳川里八三〇
			一九〇九・〇四・二四	必任	妻		—
一七二三	第一五設営隊	ニューギニア、ギルワ	一九四三・〇一・〇九	國村邦昱	軍属	戦病死	康津郡唵川面巳佐里二七一
		マラリア	一九一二・一一・一二	鸞	妻		—
一七三六	第一五設営隊	ニューギニア、ギルワ	一九四三・〇一・〇九	國本競宰	軍属	戦病死	康津郡道岩面筏亭里
		マラリア	一九一七・〇八・一七	善×	妻		—

一〇五三	第一五設営隊	ニューギニア、ギルワ	一九四三・〇一・一〇	利川敬録	軍属	戦死	和順郡和順面建陽里一四〇
			一九二二・〇七・〇六	順禮	妻		ー
一四九四	第一五設営隊	ニューギニア、ギルワ	一九四三・〇一・一一	玉山正根	軍属	戦死	高興郡上道陽面龍井里一二四四
			一九二二・一一・二〇	良伍	妻		ー
五二一	第一五設営隊	ニューギニア、ギルワ	一九四三・〇一・一三	林昌次	軍属	戦死	務安郡一老面光岩里六〇三
			一九二三・〇二・一五	鍾大	父		ー
八七九	第一五設営隊	ニューギニア、ギルワ	一九四三・〇一・一三	金慶萬吉	軍属	戦病死	順天郡道沙面徳月里七四一
			一九一五・〇八・〇八	基治	父		ー
一四八四	第一五設営隊	ニューギニア、ギルワ	一九四三・〇一・一三	上井坪信	軍属	戦死	高興郡高興面西門里二〇九
			一九一八・〇三・二一	上井業斗	父		ー
一七二四	第一五設営隊	ニューギニア、ギルワ	一九四三・〇一・一三	西上炳根	軍属	戦死	康津郡唵川面巳佐里二七一
			一九二〇・一〇・〇九	同順	妻		ー
一七三五	第一五設営隊	ニューギニア、ギルワ	一九四三・〇一・一三	晋山允彦	軍属	戦病死	康津郡道岩面項村里八一四
		マラリア	一九一一・〇一・〇五	夢吉	妻		ー
一〇五七	第一五設営隊	ニューギニア、ギルワ	一九四三・〇一・一四	夏山秉永	軍属	戦死	和順郡和順面鶴南里八〇九
			一九一八・〇四・一五	任	母		ー
一四六三	第一五設営隊	ニューギニア、ギルワ	一九四三・〇一・一四	達城正雄	軍属	戦死	高興郡通駅面通駅里一三五
			一九二三・〇一・二五	千葉	母		ー
一四六四	第一五設営隊	ニューギニア、ギルワ	一九四三・〇一・一四	新井啓元	軍属	戦死	高興郡通駅面道川里一〇一
			一九二五・〇五・〇七	新井常平	父		ー
一六七四	第一五設営隊	ニューギニア、ギルワ	一九四三・〇一・一四	池田宗洙	軍属	戦死	康津郡康津邑南浦里三〇一
			一九二一・〇四・二四	池田伊龍	父		ー
一七〇四	第一五設営隊	ニューギニア、ギルワ	一九四三・〇一・一四	福田成奎	軍属	戦死	康津郡兵営面釋路里三二八
			一九一九・一二・二〇	福田萬洪	父		ー
一七〇五	第一五設営隊	ニューギニア、ギルワ	一九四三・〇一・一四	岩田光三郎	軍属	戦病死	康津郡兵営面翰學里四一〇
		マラリア	一九二〇・一〇・〇五	蓮順	妻		ー
一七三	第一五設営隊	ニューギニア、ギルワ	一九四三・〇一・一五	乃山泰佑	軍属	戦死	海南郡松旨面西亭里六九五
			一九二〇・〇九・一一	禮今	母		ー
一〇五四	第一五設営隊	ニューギニア、ギルワ	一九四三・〇一・一五	櫻山玉男	軍属	戦死	和順郡和順面和順里
			一九二〇・〇四・〇八	基順	父		ー
一四九一	第一五設営隊	ニューギニア、ギルワ	一九四三・〇一・一五	柳井将雄	軍属	戦死	高興郡豊陽面野幕里四一三
			一九一六・〇六・〇七	瑞云	妻		ー
一六八三	第一五設営隊	ニューギニア、ギルワ	一九四三・〇一・一五	徳永在瑄	軍属	戦死	康津郡郡東面徳川里七七五
			一九二二・〇九・一〇	順任	妻		ー
一七三三	第一五設営隊	ニューギニア、ギルワ	一九四三・〇一・一五	徳山在西	軍属	戦死	康津郡道岩面龍興里一六五

			一九一三・〇四・二九	福禮	妻		—
二六五	第一五設営隊	ニューギニア、ギルワ	一九四三・〇一・一六	金山聖太	軍属	戦死	麗水郡栗村面佳長里七〇三
			一九一五・〇一・〇四	在今	妻		—
一五一二	第一五設営隊	ニューギニア、ギルワ	一九四三・〇一・一六	金本道石	軍属	戦死	光陽郡多鴨面高士里一三六八
			一九一九・一〇・一二	金本處完	父		—
一七三四	第一五設営隊	ニューギニア、ギルワ マラリア	一九四三・〇一・一六	伊本在生	軍属	戦病死	康津郡道岩面項村里五八七
			一九一五・〇六・一七	義順	妻		—
一八〇	第一五設営隊	ニューギニア、ギルワ	一九四三・〇一・一七	金山漢錫	軍属	戦死	海南郡山二面相公里九八
			一九一四・〇二・〇九	未禮	妻		—
一〇五八	第一五設営隊	ニューギニア、ギルワ	一九四三・〇一・一七	新井福童	軍属	戦死	和順郡和順面道熊里四三四
			一九二一・〇三・一六	東令	妻		—
一五六五	第一五設営隊	ニューギニア、ギルワ マラリア	一九四三・〇一・一七	伊山安俊	軍属	戦病死	光陽郡光陽面道月里七〇
			一九二〇・〇七・二八	伊山法澤	父		—
一七二五	第一五設営隊	ニューギニア、ギルワ マラリア	一九四三・〇一・一七	利川仁晃	軍属	戦病死	康津郡唵川面永山里三六七
			一九二一・一一・一五	金禮	妻		—
二五二	第一五設営隊	ニューギニア、ギルワ	一九四三・〇一・一八	中山盛弘	軍属	戦死	麗水郡三日面平呂里七七二
			一九一九・〇七・一三	貴葉	母		—
二六四	第一五設営隊	ニューギニア、ギルワ	一九四三・〇一・一八	柳細渾	軍属	戦死	麗水郡栗村面佳長里二四三
			一九二二・〇五・一三	永烈	父		—
一四九二	第一五設営隊	ニューギニア、ギルワ	一九四三・〇一・一八	丘原致仁	軍属	戦死	高興郡豊陽面上林里六六九
			一九一一・〇九・〇四	平任	妻		—
一五六六	第一五設営隊	ニューギニア、ギルワ	一九四三・〇一・一九	山村化吉	軍属	戦死	光陽郡光陽面道月里七九
			一九二三・〇八・一四	山村在咸	父		—
一五六八	第一五設営隊	ニューギニア、ギルワ	一九四三・〇一・一九	金本順法	軍属	戦死	光陽郡光陽面邑内里六八
			一九二三・〇六・二五	金本鶴水	父		—
一五六九	第一五設営隊	ニューギニア、ギルワ	一九四三・〇一・一九	伊山秉洙	軍属	戦死	光陽郡光陽面道月里三一七
			一九一七・〇七・一六	伊山性澤	父		—
一五一一	第一五設営隊	ニューギニア、ギルワ	一九四三・〇一・二〇	杞山又根	軍属	戦死	光陽郡多鴨面高士里一二六六
			一九二二・〇四・〇七	杞山得炅	父		—
四七	第一五設営隊	ニューギニア、ギルワ	一九四三・〇一・二二	山本達雨	軍属	戦死	灵光郡法聖面鎮内里二九四
			一九一九・一二・二五	南今	妻		灵光郡法聖面大徳里三九四
八三	第一五設営隊	ニューギニア、ギルワ	一九四三・〇一・二二	梁川圭松	軍属	戦死	灵光郡仏甲面富春里一二九
			一九二五・〇一・二四	判玉	父		—
一三六	第一五設営隊	ニューギニア、ギルワ	一九四三・〇一・二二	豊田弼星	軍属	戦死	灵光郡灵光面道東里二〇七
			一九〇九・一一・〇三	禹京	父		全羅北道高敞郡高敞面西邑内里

番号	部隊	場所	年月日	氏名	続柄	状況	本籍
一六九	第一五設営隊	ニューギニア、ギルワ	一九四三・〇一・二二	同海悪甫	軍属	戦死	海南郡縣山面古白浦里四
			一九二七・〇一・二〇	巡南	父		—
一七四	第一五設営隊	ニューギニア、ギルワ	一九四三・〇一・二二	岡田甲鳳	軍属	戦死	海南郡松旨面西亭里六九〇
			一九二四・一〇・二八	望来	妻		—
一九三	第一五設営隊	ニューギニア、ギルワ	一九四三・〇一・二二	貴井奇烈	軍属	戦死	海南郡門内面西上里三二〇
			一九二〇・〇六・〇七	愛伊	妻		—
一九六	第一五設営隊	ニューギニア、ギルワ	一九四三・〇一・二二	正木相龍	軍属	戦死	海南郡門内面石橋里一二六六
			一九一九・〇二・一八	芿丹	妻		—
二五五	第一五設営隊	ニューギニア、ギルワ	一九四三・〇一・二二	金井冑玉	軍属	戦死	麗水郡三日面中興里四九九
			一九二四・〇三・一五	在彦	父		麗水郡三日面沙石里
二七二	第一五設営隊	ニューギニア、ギルワ	一九四三・〇一・二二	朴炳得	軍属	戦死	麗水郡栗村面稠永里二八六
			一九一一・一〇・一八	鳳葉	妻		—
二七三	第一五設営隊	ニューギニア、ギルワ	一九四三・〇一・二二	呉山義洙	軍属	戦死	麗水郡栗村面吹笛里一三八〇
			一九一八・〇二・一二	善葉	妻		—
二七四	第一五設営隊	ニューギニア、ギルワ	一九四三・〇一・二二	玉川性鐘	軍属	戦死	麗水郡栗村面新豊里一一七
			一九一七・〇四・一三	洪誠	母		—
二七五	第一五設営隊	ニューギニア、ギルワ	一九四三・〇一・二二	朴炳年	軍属	戦死	麗水郡栗村面稠禾里二八六
			一九二〇・一二・一〇	南壽	母		—
二七六	第一五設営隊	ニューギニア、ギルワ	一九四三・〇一・二二	呉山亨洙	軍属	戦死	麗水郡栗村面吹笛里一三八六
			一九二〇・〇九・〇九	順葉			—
二七八	第一五設営隊	ニューギニア、ギルワ	一九四三・〇一・二二	安田云洙	軍属	戦死	麗水郡麗水邑東町一八〇
			一九一四・〇二・〇三	良葉	母		—
三二八	第一五設営隊	ニューギニア、ギルワ	一九四三・〇一・二二	元山太郎	軍属	戦死	麗水郡召羅面大浦里四八八
			一九二二・〇八・〇四	順徳	母		—
三五一	第一五設営隊	ニューギニア、ギルワ	一九四三・〇一・二二	伊原在根	軍属	戦死	潭陽郡月山面廣岩里六九五
			一九一二・一二・〇九	承燮	父		全羅北道金堤郡金堤邑新星里
四七八	第一五設営隊	ニューギニア、ギルワ	一九四三・〇一・二二	金川在玉	軍属	戦死	寶城郡熊峙面鳳山里三七五
			一九一五・〇五・一一	元凱	父		長興郡蓉山桂山里
五〇一	第一五設営隊	ニューギニア、ギルワ	一九四三・〇一・二二	松平善吉	軍属	戦死	務安郡三郷面×浦里
			一九二三・〇七・二五	光義	父		木浦府竹洞七七
五一六	第一五設営隊	ニューギニア、ギルワ	一九四三・〇一・二二	利川幸次郎	軍属	戦死	務安郡一老面月倉里九一
			一九一六・〇三・一四	由利子	妻		—
五一七	第一五設営隊	ニューギニア、ギルワ	一九四三・〇一・二二	金海萬石	軍属	戦死	務安郡一老面龍山里五八五
			一九二三・〇二・〇五	昌大	父		—
五一八	第一五設営隊	ニューギニア、ギルワ	一九四三・〇一・二二	平山武雄	軍属	戦死	務安郡一老面龍山里五九四

番号	所属	死亡場所	死亡年月日／生年月日	氏名／遺族	身分／続柄	事由	本籍
			一九一一・〇一・二九	喜美子	妻		ー
五一九	第一五設営隊	ニューギニア、ギルワ	一九四三・〇一・二三	李山松雄	軍属	戦死	務安郡一老面義山里四〇〇
			一九二〇・〇八・二一	外順	妻		ー
五二八	第一五設営隊	ニューギニア、ギルワ	一九四三・〇一・二三	松田徳漢	軍属	戦死	務安郡三郷面長浦里一二四五
			一九一六・〇四・一三	未禮	妻		ー
五二九	第一五設営隊	ニューギニア、ギルワ	一九四三・〇一・二三	李山萬鎬	軍属	戦死	務安郡三郷面南岳里六〇二
			一九一七・〇八・〇五	順任	妻		ー
五三〇	第一五設営隊	ニューギニア、ギルワ	一九四三・〇一・二三	金光相東	軍属	戦死	務安郡三郷面南岳里一七〇
			一九〇四・〇八・〇一	×禮	妻		ー
五三一	第一五設営隊	ニューギニア、ギルワ	一九四三・〇一・二三	金村珠奉	軍属	戦死	務安郡三郷面南岳里一六
			一九一五・〇一・一二	貴順	妻		ー
五三四	第一五設営隊	ニューギニア、ギルワ	一九四三・〇一・二三	利川炳國	軍属	戦死	務安郡夢灘面夢江里一三八
			一九二三・〇二・二五	金禮	妻		ー
五三五	第一五設営隊	ニューギニア、ギルワ	一九四三・〇一・二三	松村炳南	軍属	戦死	務安郡夢灘面夢江里三〇〇
			一九二四・〇三・二〇	在徳	父		ー
五三六	第一五設営隊	ニューギニア、ギルワ	一九四三・〇一・二三	金田光厚	軍属	戦死	務安郡夢灘面皈鶴里三二九
			一九二〇・〇三・三〇	奉徳	妻		ー
五三七	第一五設営隊	ニューギニア、ギルワ	一九四三・〇一・二三	利川泓植	軍属	戦死	務安郡夢灘面夢江里四〇七
			一九一九・〇一・一二	三女	妻		ー
五三八	第一五設営隊	ニューギニア、ギルワ	一九四三・〇一・二三	利川吉壽	軍属	戦死	務安郡夢灘面大峙里四一
			一九一四・〇一・〇六	今女	妻		ー
五三九	第一五設営隊	ニューギニア、ギルワ	一九四三・〇一・二三	柳川勞春	軍属	戦死	務安郡夢灘面九山里五六四ー一
			一九一八・一二・一四	英禮	妻		ー
五四〇	第一五設営隊	ニューギニア、ギルワ	一九四三・〇一・二三	砂川行	軍属	戦死	務安郡夢灘面沙川町七〇八
			一九一四・一一・一三	半禮	妻		ー
五四二	第一五設営隊	ニューギニア、ギルワ	一九四三・〇一・二三	利川用煥	軍属	戦死	務安郡夢灘面夢江里一〇一
			一九一八・〇六・一七	少禮	妻		ー
五四三	第一五設営隊	ニューギニア、ギルワ	一九四三・〇一・二三	利根五童	軍属	戦死	務安郡綿城面城内里四四
			一九一三・一二・二五	敬順	妻		ー
五四五	第一五設営隊	ニューギニア、ギルワ	一九四三・〇一・二三	文田金守	軍属	戦死	務安郡綿城面校村里七〇〇
			一九一九・〇四・二九	在徳	父		ー
五四六	第一五設営隊	ニューギニア、ギルワ	一九四三・〇一・二三	金田鉀宗	軍属	戦死	務安郡綿城面校村里二八〇
			一九一五・〇一・二〇	西云	妻		ー
五四七	第一五設営隊	ニューギニア、ギルワ	一九四三・〇一・二三	木下相琇	軍属	戦死	務安郡綿城面校村里一九七
			一九二二・〇一・二〇	又得	妻		ー

番号	部隊	場所	年月日	氏名	身分	事由	本籍
五四八	第一五設営隊	ニューギニア、ギルワ	一九四三・〇一・二二	金海昌逑	軍属	戦死	務安郡綿城面校村里二八一
			一九二〇・〇四・一五	福山	妻		—
五六一	第一五設営隊	ニューギニア、ギルワ	一九四三・〇一・二二	柏谷吉雄	軍属	戦死	務安郡望雲面奈里一二〇
			一九二一・〇五・二八	粉心	母		全羅北道井邑郡山外面東谷里一二三
六二九	第一五設営隊	ニューギニア、ギルワ	一九四三・〇一・二二	周本吉聲	軍属	戦死	長興郡長興邑東洞里一六七
			一九二五・〇一・二七	福金	父		—
六三〇	第一五設営隊	ニューギニア、ギルワ	一九四三・〇一・二二	松岡坤玉	軍属	戦死	長興郡長興邑南洞里三八
			一九二六・〇七・二五	萬宇	父		—
六三一	第一五設営隊	ニューギニア、ギルワ	一九四三・〇一・二二	松田吉光	軍属	戦死	長興郡長興邑納陽里五四
			一九〇五・一一・一〇	順任	妻		長興郡長興邑南外里
六三二	第一五設営隊	ニューギニア、ギルワ	一九四三・〇一・二二	金光栄福	軍属	戦死	長興郡長興邑沙岸里七九
			一九二一・〇七・一五	牙順	母		—
六四三	第一五設営隊	ニューギニア、ギルワ	一九四三・〇一・二二	木山基釆	軍属	戦死	長興郡大徳面都庁里一三三
			一九二〇・一一・〇九	成今	母		—
六五二	第一五設営隊	ニューギニア、ギルワ	一九四三・〇一・二二	任山昌模	軍属	戦死	長興郡安良面岐山里三八九
			一九二一・〇四・一二	泰益	父		—
六五七	第一五設営隊	ニューギニア、ギルワ	一九四三・〇一・二二	朴奇得	軍属	戦死	長興郡長東面光平里二〇
			一九〇九・一一・一四	福任	妻		寶城郡得根面馬川里五三八
六五八	第一五設営隊	ニューギニア、ギルワ	一九四三・〇一・二二	金光泰時	軍属	戦死	長興郡長東面北橋里二八七
			一九二三・〇六・二一	致跡	父		—
六五九	第一五設営隊	ニューギニア、ギルワ	一九四三・〇一・二二	文本基祚	軍属	戦死	長興郡長東面孟山里
			一九一二・〇八・二一	孟秉	父		—
六六四	第一五設営隊	ニューギニア、ギルワ	一九四三・〇一・二二	長谷川在元	軍属	戦死	長興郡長平面五内里四八九
			一九一四・〇七・二八	三禮	妻		長興郡長東面光平里
六六五	第一五設営隊	ニューギニア、ギルワ	一九四三・〇一・二二	金山正燮	軍属	戦死	長興郡長平面牛山里三七二
			一九一六・〇三・一〇	路女	妻		—
六六六	第一五設営隊	ニューギニア、ギルワ	一九四三・〇一・二二	石川貴同	軍属	戦死	長興郡長平面牛山里六五九
			一九二三・〇九・〇五	寛順	母		—
六六七	第一五設営隊	ニューギニア、ギルワ	一九四三・〇一・二二	岩本永玉	軍属	戦死	長興郡長平面豊亭里四三三
			一九二二・〇八・一七	巣倒	妻		—
六六八	第一五設営隊	ニューギニア、ギルワ	一九四三・〇一・二二	李川鍾三	軍属	戦死	長興郡長平面丑内里四九一
			一九二一・〇三・二五	金順	妻		—
六七三	第一五設営隊	ニューギニア、ギルワ	一九四三・〇一・二二	金岡甲培	軍属	戦死	長興郡夫山面金子里五〇四
			一九一九・〇九・一八	道順	妻		—
六七四	第一五設営隊	ニューギニア、ギルワ	一九四三・〇一・二二	徳岩徳煥	軍属	戦死	長興郡夫山面基洞里四八

			一九二三・〇八・〇六	瑢奎	父		—
六七五	第一五設営隊	ニューギニア、ギルワ	一九四三・〇一・二二 一九一九・〇九・〇五	金井炳勳 吉禮	軍属 父	戦死	長興郡夫山面虎桂里四九〇 —
六八二	第一五設営隊	ニューギニア、ギルワ	一九四三・〇一・二二 一九二四・〇四・三〇	宮原金龍 売順	軍属 父	戦死	長興郡冠山面竹橋里一六九 —
七九五	第一五設営隊	ニューギニア、ギルワ	一九四三・〇一・二二 一九一八・一〇・〇四	高田家栄 —	軍属 —	戦死	順天郡順天邑楮田里 —
八〇三	第一五設営隊	ニューギニア、ギルワ	一九四三・〇一・二二 一九一四・一一・〇六	竹内占石 連順	軍属 母	戦死	順天郡海龍面狐頭里四五 —
八〇四	第一五設営隊	ニューギニア、ギルワ	一九四三・〇一・二二 一九二二・〇五・一八	張本享植 貴禮	軍属 妻	戦死	順天郡海龍面上三里三〇六 —
八〇五	第一五設営隊	ニューギニア、ギルワ	一九四三・〇一・二二 一九二〇・一二・〇二	金澤球坤 炳烈	軍属 兄	戦死	順天郡海龍面新城里一八七 —
八二六	第一五設営隊	ニューギニア、ギルワ	一九四三・〇一・二二 一九二五・〇六・〇九	新本祐康 國泰	軍属 父	戦死	順天郡黄田面水坪里三五七 —
八四九	第一五設営隊	ニューギニア、ギルワ	一九四三・〇一・二二 一九二二・一二・二〇	金山炯寛 相根	軍属 父	戦死	順天郡住岩面丸山里三五六 —
八六八	第一五設営隊	ニューギニア、ギルワ	一九四三・〇一・二二 一九二二・一〇・〇六	密本正根 挙石	軍属 父	戦死	順天郡松光面大興里七九八 —
八七五	第一五設営隊	ニューギニア、ギルワ	一九四三・〇一・二二 一九二二・〇一・〇五	山元泰石 岳用	軍属 父	戦死	順天郡上沙面屹山里七七 —
八八六	第一五設営隊	ニューギニア、ギルワ	一九四三・〇一・二二 一九二三・〇八・二九	山村鐘洙 貴哲	軍属 父	戦死	順天郡道沙面下垈里五五五 —
八八七	第一五設営隊	ニューギニア、ギルワ	一九四三・〇一・二二 一九二〇・〇九・二〇	金海吉哲 守昶	軍属 父	戦死	順天郡楽安面龍陵里五〇三 —
九〇七	第一五設営隊	ニューギニア、ギルワ	一九四三・〇一・二二 一九一七・〇二・二〇	竹山昊洙 阿奇	軍属 妻	戦死	順天郡別良面徳亭里二九四 —
九〇八	第一五設営隊	ニューギニア、ギルワ	一九四三・〇一・二二 一九二一・一〇・二三	松島正晃 弘師	軍属 父	戦死	順天郡別良面元倉里二五三 —
九〇九	第一五設営隊	ニューギニア、ギルワ	一九四三・〇一・二二 一九一八・〇七・二三	金田永均 連英	軍属 妻	戦死	順天郡別良面馬山里三五三 —
九一〇	第一五設営隊	ニューギニア、ギルワ	一九四三・〇一・二二 一九二一・〇九・一四	金本敬洙 雨玉	軍属 父	戦死	順天郡別良面徳亭里九二七 —
九一一	第一五設営隊	ニューギニア、ギルワ	一九四三・〇一・二二 一九一八・一一・一四	大谷高一 秀江	軍属 妻	戦死	順天郡別良面大谷里三七六 —

九一二	第一五設営隊	ニューギニア、ギルワ	一九四三・〇一・二二 一九一八・〇一・一四	大谷進政 湖山	軍属 母	戦死	順天郡別良面台谷里一八六 —
九二八	第一五設営隊	ニューギニア、ギルワ	一九四三・〇一・二二 一九一三・〇五・〇五	劉載南 三用	軍属 父	戦死	長城郡北上面院徳里八九一 全羅北道扶安郡東津面堂上里四五五
九四三	第一五設営隊	ニューギニア、ギルワ	一九四三・〇一・二二 一九二四・〇五・一九	竹本會祐 潭陽	軍属 母	戦死	長城郡珍原面山亭里三三八 —
九四四	第一五設営隊	ニューギニア、ギルワ	一九四三・〇一・二二 一九一六・〇九・一九	咸木徳煥 順伊	軍属 妻	戦死	長城郡珍原面山亭里六五 長城郡珍原面山亭里二七
九四五	第一五設営隊	ニューギニア、ギルワ	一九四三・〇一・二二 一九一六・〇九・〇三	南渓化 錫安	軍属 父	戦死	長城郡珍原面栗谷里二〇一 —
九四六	第一五設営隊	ニューギニア、ギルワ	一九四三・〇一・二二 一九一六・〇二・一四	宋元在浩 基石	軍属 妻	戦死	長城郡珍原面山東里二一七 —
九五一	第一五設営隊	ニューギニア、ギルワ	一九四三・〇一・二二 一九一六・〇六・一五	重光公淳 尚姫	軍属 妻	戦死	長城郡東化面東湖里一四六 —
九五二	第一五設営隊	ニューギニア、ギルワ	一九四三・〇一・二二 一九一二・一二・一五	李花月 順任	軍属 妻	戦死	長城郡東化面松渓里二八五 —
九五三	第一五設営隊	ニューギニア、ギルワ	一九四三・〇一・二二 一九二二・一〇・二九	柏谷萬三 順祚	軍属 父	戦死	長城郡塘化面九龍里三九八 —
九五四	第一五設営隊	ニューギニア、ギルワ	一九四三・〇一・二二 一九一五・〇三・〇七	金本判圭 仁圭	軍属 弟	戦死	長城郡塘化面松渓里五九一 長城郡東化面九龍里
一〇六二	第一五設営隊	ニューギニア、ギルワ	一九四三・〇一・二二 一九二三・〇四・〇五	木山宗元 李承讃	軍属 父	戦死	和順郡和順面桂所里 和順郡和順面鵬里
一〇六三	第一五設営隊	ニューギニア、ギルワ	一九四三・〇一・二二 一九二〇・〇三・一〇	昌山基煥 曺秉助	軍属 父	戦死	和順郡和順面甘道里 —
一〇六四	第一五設営隊	ニューギニア、ギルワ	一九四三・〇一・二二 一九二二・一〇・二〇	中島成徳 鄭允鐘	軍属 父	戦死	和順郡和順面達陽里 —
一〇六五	第一五設営隊	ニューギニア、ギルワ	一九四三・〇一・二二 一九一三・〇三・〇一	河東吉大 鄭南必	軍属 父	戦死	和順郡和順面三川里 —
一〇七五	第一五設営隊	ニューギニア、ギルワ	一九四三・〇一・二二 一九一一・一〇・〇七	光盧孟童 文順	軍属 妻	戦病死	和順郡綾州面白岩里七八二 —
一〇七六	第一五設営隊	ニューギニア、ギルワ	一九四三・〇一・二二 一九二二・〇七・〇五	平島判烈 聖文	軍属 母	戦死	和順郡綾州面貫永里三二五 —
一〇七七	第一五設営隊	ニューギニア、ギルワ	一九四三・〇一・二二 一九一九・〇八・二七	高本済日 秀學	軍属 父	戦死	和順郡綾州面石庫里二四八 和順郡綾州面蚕亭里
一〇七八	第一五設営隊	ニューギニア、ギルワ	一九四三・〇一・二二	夏山暉邦	軍属	戦死	和順郡綾州面南亭里二三二

			一九一六・〇一・一九	貴順	妻		－
一二五九	第一五設営隊	ニューギニア、ギルワ	一九四三・〇一・二二 一九一六・一〇・二四	利川洪烈 貴福	軍属 妻	戦死	羅州郡文平面大道里三八八 －
一二六〇	第一五設営隊	ニューギニア、ギルワ	一九四三・〇一・二二 一九一四・〇五・一六	利川興烈 廣分	軍属 妻	戦死	羅州郡文平面大道里三九二 －
一二六一	第一五設営隊	ニューギニア、ギルワ	一九四三・〇一・二二 一九〇八・〇九・二三	松川承旭 阿順	軍属 妻	戦死	羅州郡文平面東院里二二九 －
一二六二	第一五設営隊	ニューギニア、ギルワ	一九四三・〇一・二二 一九〇八・一二・二四	西山鶴逑 太荘	軍属 妻	戦死	羅州郡文平面玉堂里六一八 －
一二六三	第一五設営隊	ニューギニア、ギルワ	一九四三・〇一・二二 一九一一・〇五・一二	李原×斗 基任	軍属 妻	戦死	羅州郡文平面玉堂里二八五 －
一二六四	第一五設営隊	ニューギニア、ギルワ	一九四三・〇一・二二 一九一四・〇八・一四	羅本永運 順佐	軍属 妻	戦死	羅州郡文平面東院里五五六 －
一二六五	第一五設営隊	ニューギニア、ギルワ	一九四三・〇一・二二 一九二二・〇一・一八	鶴山仁燮 貞順	軍属 妻	戦死	羅州郡文平面五龍里一七九 －
一二六六	第一五設営隊	ニューギニア、ギルワ	一九四三・〇一・二二 一九一五・〇五・〇二	吉田承玉 良丸	軍属 妻	戦死	羅州郡文平面五龍里四六八 －
一二六七	第一五設営隊	ニューギニア、ギルワ	一九四三・〇一・二二 一九一三・一〇・一八	松坂東仁 四順	軍属 妻	戦死	羅州郡文平面鶴道里二七四 －
一二六八	第一五設営隊	ニューギニア、ギルワ	一九四三・〇一・二二 一九一二・一一・〇二	金田鎮慶 福順	軍属 妻	戦死	羅州郡文平面東院里一五九 －
一二六九	第一五設営隊	ニューギニア、ギルワ	一九四三・〇一・二二 一九一五・〇六・二四	三本武吉 三順	軍属 妻	戦死	羅州郡文平面安谷里五六 －
一二七〇	第一五設営隊	ニューギニア、ギルワ	一九四三・〇一・二二 一九一六・〇五・一五	河本判石 点任	軍属 妻	戦死	羅州郡文平面大道里四一四 －
一二七一	第一五設営隊	ニューギニア、ギルワ	一九四三・〇一・二二 一九一二・一〇・二一	金本大賤 昌學	軍属 父	戦死	羅州郡文平面玉堂里 －
一二七二	第一五設営隊	ニューギニア、ギルワ	一九四三・〇一・二二 一九二四・〇四・〇七	蜂谷一魯 旨元	軍属 父	戦死	羅州郡文平面安谷里四九 －
一二七三	第一五設営隊	ニューギニア、ギルワ	一九四三・〇一・二二 一九二三・〇五・〇一	松山乙用 網洞	軍属 母	戦死	羅州郡文平面玉堂里六一七 －
一二七九	第一五設営隊	ニューギニア、ギルワ	一九四三・〇一・二二 一九一一・〇七・一三	白山龍逑 化南	軍属 父	戦死	羅州郡多侍面松村里四九四 －
一二八四	第一五設営隊	ニューギニア、ギルワ	一九四三・〇一・二二 一九二二・〇八・一三	木村學玉 木村洪圭	軍属 兄	戦死	羅州郡多侍面川村里 務安郡夢灘面星谷里

一二八五	第一五設営隊	ニューギニア、ギルワ	一九四三・〇一・二三	漢川鎮安	軍属	戦死	羅州郡多侍面内基里七七三
			一九一六・一一・一五	二女	妻		—
一二八六	第一五設営隊	ニューギニア、ギルワ	一九四三・〇一・二三	韓州東泰	軍属	戦死	羅州郡多侍面内基里七六六
			一九二一・一〇・〇五	韓州庸澤	父		—
一二八七	第一五設営隊	ニューギニア、ギルワ	一九四三・〇一・二三	達城圭浩	軍属	戦死	羅州郡多侍面内基里四五一
			一九一七・〇九・二〇	少女	妻		—
一二八八	第一五設営隊	ニューギニア、ギルワ	一九四三・〇一・二三	金本浩亮	軍属	戦死	羅州郡多侍面新道里四四〇
			一九一〇・〇七・二一	正今	妻		—
一二九二	第一五設営隊	ニューギニア、ギルワ	一九四三・〇一・二三	利川致用	軍属	戦死	羅州郡山浦面徳礼里四八八
			一九一八・〇九・二九	利川洛玄	父		—
一二九三	第一五設営隊	ニューギニア、ギルワ	一九四三・〇一・二三	伊東桂一	軍属	戦死	羅州郡山浦面徳礼里
			一九一一・〇一・一五	貴禮	妻		—
一二九四	第一五設営隊	ニューギニア、ギルワ	一九四三・〇一・二三	金友允玉	軍属	戦死	羅州郡山浦面徳礼里六七二
			一九二二・〇六・一〇	徳山	母		—
一二九五	第一五設営隊	ニューギニア、ギルワ	一九四三・〇一・二三	南同根	軍属	戦死	羅州郡山浦面徳礼里四九六
			一九一四・一一・二〇	林 禮	妻		—
一二九六	第一五設営隊	ニューギニア、ギルワ	一九四三・〇一・二三	山川成大	軍属	戦死	羅州郡山浦面内基里
			一九一四・〇五・一四	山川京洛	父		—
一二九七	第一五設営隊	ニューギニア、ギルワ	一九四三・〇一・二三	金海売金	軍属	戦死	羅州郡山浦面内基里
			一九一六・〇二・一九	良林	妻		—
一二九八	第一五設営隊	ニューギニア、ギルワ	一九四三・〇一・二三	井田春變	軍属	戦死	羅州郡山浦面内基里四九七
			一九一三・一二・一〇	今雙	妻		—
一二九九	第一五設営隊	ニューギニア、ギルワ	一九四三・〇一・二三	山本萬興	軍属	戦死	羅州郡山浦面内基里七二九
			一九一六・一二・二四	山本永順	父		—
一三〇〇	第一五設営隊	ニューギニア、ギルワ	一九四三・〇一・二三	金海順金	軍属	戦死	羅州郡山浦面内基里八〇九
			一九二六・〇九・一一	納順	妻		—
一三〇一	第一五設営隊	ニューギニア、ギルワ	一九四三・〇一・二三	裵 鎮	軍属	戦死	羅州郡山浦面内基里四五〇
			一九二一・一二・一三	新基	母		—
一三〇二	第一五設営隊	ニューギニア、ギルワ	一九四三・〇一・二三	長岡淳玉	軍属	戦死	羅州郡山浦面内基里四六八
			一八九〇・〇九・一九	又妻	妻		—
一三〇三	第一五設営隊	ニューギニア、ギルワ	一九四三・〇一・二三	金炳午	軍属	戦死	羅州郡山浦面梅城里一一四八
			一九二七・〇二・〇一	金學祚	父		—
一三〇四	第一五設営隊	ニューギニア、ギルワ	一九四三・〇一・二三	木下鍾大	軍属	戦死	羅州郡山浦面梅城里八二四
			一九二〇・〇八・一七	木下判洙	父		—
一三〇五	第一五設営隊	ニューギニア、ギルワ	一九四三・〇一・二三	木村順東	軍属	戦死	羅州郡山浦面梅城里八二七

			一九一七・〇九・二六	正林	妻		ー
一三〇六	第一五設営隊	ニューギニア、ギルワ	一九四三・〇一・二三 一九二一・一一・〇五	杉本用水 ー	軍属 ー	戦死	羅州郡山浦面山登亭里三九 慶尚南道東来亀浦邑龍洞里六一九
一三〇九	第一五設営隊	ニューギニア、ギルワ	一九四三・〇一・二三 一九一九・一一・二〇	清宮奉澤 浦禮	軍属 妻	戦死	羅州郡山浦面内基里五〇五 ー
一三一〇	第一五設営隊	ニューギニア、ギルワ	一九四三・〇一・二三 一九二五・〇二・〇四	金山永燮 金山平宋	軍属 父	戦死	羅州郡山浦面梅城里五三三ー二 ー
一三三四	第一五設営隊	ニューギニア、ギルワ	一九四三・〇一・二三 一九〇五・〇一・二三	梁島正玉 分順	軍属 妻	戦死	羅州郡公山面白沙里四一三 ー
一三三五	第一五設営隊	ニューギニア、ギルワ	一九四三・〇一・二三 一九一五・一二・〇八	沙部官玉 沙部　安	軍属 父	戦死	羅州郡公山面白沙里四一二 ー
一三三六	第一五設営隊	ニューギニア、ギルワ	一九四三・〇一・二三 一九二二・〇五・〇一	山本旺杓 判禮	軍属 妻	戦死	羅州郡公山面白沙里七二 ー
一三三七	第一五設営隊	ニューギニア、ギルワ	一九四三・〇一・二三 一九〇四・〇三・一三	洪祐喆 朴蓮山	軍属 妻	戦死	羅州郡公山面白沙里 ー
一三三八	第一五設営隊	ニューギニア、ギルワ	一九四三・〇一・二三 一九〇三・一〇・一四	金光萬福 南任	軍属 妻	戦死	羅州郡公山面今谷里六七八 ー
一三三九	第一五設営隊	ニューギニア、ギルワ	一九四三・〇一・二三 一九一三・〇六・二六	高山永相 吾順	軍属 妻	戦死	羅州郡公山面今谷里六五〇 ー
一三四〇	第一五設営隊	ニューギニア、ギルワ	一九四三・〇一・二三 一九二二・一二・二〇	呉尚烈 呉縉根	軍属 父	戦死	羅州郡公山面今谷里六七一 ー
一三四一	第一五設営隊	ニューギニア、ギルワ	一九四三・〇一・二三 一九一六・〇三・一七	金本祥天 孟禮	軍属 妻	戦死	羅州郡公山面今谷里五四四 ー
一三四二	第一五設営隊	ニューギニア、ギルワ	一九四三・〇一・二三 一九一八・〇五・〇八	平山東喆 玉相	軍属 妻	戦死	羅州郡公山面今谷里六八三 ー
一三四三	第一五設営隊	ニューギニア、ギルワ	一九四三・〇一・二三 一九一三・〇二・二五	安田官丞 月順	軍属 妻	戦死	羅州郡公山面今谷里四一一 ー
一三四四	第一五設営隊	ニューギニア、ギルワ	一九四三・〇一・二三 一九一四・〇一・一五	房村旭和 基伶	軍属 妻	戦死	羅州郡公山面花城里八九一 ー
一三四五	第一五設営隊	ニューギニア、ギルワ	一九四三・〇一・二三 一九二二・〇四・一一	咸豊啓錫 節通	軍属 妻	戦死	羅州郡公山面福龍里六 ー
一三四六	第一五設営隊	ニューギニア、ギルワ	一九四三・〇一・二三 一九二〇・〇四・二五	金田福童 順禮	軍属 妻	戦死	羅州郡公山面福龍里二二三 ー
一三四七	第一五設営隊	ニューギニア、ギルワ	一九四三・〇一・二三 一九一八・一一・一六	安田明錫 月心	軍属 妻	戦死	羅州郡公山面今谷里五四〇 ー

一三四八	第一五設営隊	ニューギニア、ギルワ	一九四三・〇一・二二 一九一八・〇二・一三	神農尚遠 福順	軍属 妻	戦死	羅州郡公山面今谷里三六四 ―
一三四九	第一五設営隊	ニューギニア、ギルワ	一九四三・〇一・二二 一九一五・〇三・一五	林山南 生金	軍属 妻	戦死	羅州郡公山面上方里五六〇 ―
一四〇三	第一五設営隊	ニューギニア、ギルワ	一九四三・〇一・二二 一九一八・〇九・二〇	朴善有 朴寛用	軍属 父	戦死	灵巌郡始終面九山里三〇三 全羅北道扶安郡扶寧面中里二五六
一四六〇	第一五設営隊	ニューギニア、ギルワ	一九四三・〇一・二二 一九一四・〇七・一八	木下鍾相 占禮	軍属 妻	戦死	高興郡南陽面長潭里八九六 ―
一四六一	第一五設営隊	ニューギニア、ギルワ	一九四三・〇一・二二 一九一三・〇五・一七	孟山炳栄 永任	軍属 妻	戦死	高興郡南陽面望珠里六八九 ―
一四六六	第一五設営隊	ニューギニア、ギルワ	一九四三・〇一・二二 一九二六・〇一・二五	新井武正 ―	軍属 ―	戦死	高興郡通駅面道川里 ―
一四六七	第一五設営隊	ニューギニア、ギルワ	一九四三・〇一・二二 一九二三・〇一・二五	高島勇雄 ―	軍属 ―	戦死	高興郡通駅面道川里 ―
一四八五	第一五設営隊	ニューギニア、ギルワ	一九四三・〇一・二二 一九二二・〇五・二一	郷長小岩 郷長甲金	軍属 父	戦死	高興郡高興面西門里一四一 ―
一四八六	第一五設営隊	ニューギニア、ギルワ	一九四三・〇一・二二 一九二四・一〇・二六	金光高明 子圭	軍属 姉	戦死	高興郡高興面西門里一四一 ―
一四八七	第一五設営隊	ニューギニア、ギルワ	一九四三・〇一・二二 一九一八・〇四・〇九	山本哲奉 豆原	軍属 養母	戦死	高興郡高興面登岩里一〇五四 高興郡高興面南漢里
一四九六	第一五設営隊	ニューギニア、ギルワ	一九四三・〇一・二二 一九二二・〇二・〇七	宜玄権春 宜玄鳳鶴	軍属 父	戦死	高興郡上道陽面龍井里二〇六二 ―
一五二二	第一五設営隊	ニューギニア、ギルワ	一九四三・〇一・二二 一九二〇・〇一・〇二	白原奉石 分今	軍属 妻	戦死	光陽郡玉谷面荘洞里四七五 ―
一五二三	第一五設営隊	ニューギニア、ギルワ	一九四三・〇一・二二 一九二三・一〇・一五	柳川福童 柳川萬壽	軍属 父	戦死	光陽郡玉谷面新錦里一三二 ―
一五二七	第一五設営隊	ニューギニア、ギルワ	一九四三・〇一・二二 一九一六・〇九・二七	木下路京 木下夢吉	軍属 父	戦死	光陽郡玉谷面華龍里四六六 光陽郡光陽面木城里九四九
一五二八	第一五設営隊	ニューギニア、ギルワ	一九四三・〇一・二二 一九二二・一一・〇五	尚山壬模 尚山仁圭	軍属 父	戦死	光陽郡鳳凰面鳳堂里四四八 ―
一五二九	第一五設営隊	ニューギニア、ギルワ	一九四三・〇一・二二 一九一四・〇七・一三	松山萬春 松山伍鎔	軍属 父	戦死	光陽郡鳳凰面鳳堂里四一九 ―
一五四七	第一五設営隊	ニューギニア、ギルワ	一九四三・〇一・二二 一九一七・〇三・一二	完山慶渉 上葉	軍属 妻	戦死	光陽郡玉龍面雲坪里三七六 ―
一五四八	第一五設営隊	ニューギニア、ギルワ	一九四三・〇一・二二	安田甲石	軍属	戦死	光陽郡玉龍面山南里三三二

			一九一四・一一・一〇	小君	妻		—
一五四九	第一五設営隊	ニューギニア、ギルワ	一九四三・〇一・二二 一九二二・一〇・〇五	泉原栄基 南陽	軍属 父	戦死	光陽郡玉龍面竹川里五五八 —
一五五〇	第一五設営隊	ニューギニア、ギルワ	一九四三・〇一・二二 一九〇二・一一・二〇	李文守 順徳	軍属 内妻	戦死	光陽郡玉龍面雲坪里四一八 光陽郡玉龍面雲坪里六八五
一五五九	第一五設営隊	ニューギニア、ギルワ	一九四三・〇一・二二 一九一九・〇四・〇八	檜山寅鎬 正任	軍属 妻	戦死	光陽郡骨若面馬洞里九一 —
一五六七	第一五設営隊	ニューギニア、ギルワ	一九四三・〇一・二二 一九二六・一二・三一	河本茂花 河本在根	軍属 父	戦死	光陽郡光陽面紗谷里二九五 —
一五七八	第一五設営隊	ニューギニア、ギルワ	一九四三・〇一・二二 一九一一・〇四・二五	廣原性甲 多業	軍属 妻	戦死	光陽郡凍上面飛坪里一七〇三 —
一五九〇	第一五設営隊	ニューギニア、ギルワ	一九四三・〇一・二二 一九二〇・一二・〇七	松山和平 松山宗生	軍属 父	戦死	光陽郡津月面鳥沙里七五九 —
一六七七	第一五設営隊	ニューギニア、ギルワ	一九四三・〇一・二二 一九一九・〇二・二七	野山桂衡 野山桂洪	軍属 兄	戦死	康津郡康津邑牧里八九一 —
一六八七	第一五設営隊	ニューギニア、ギルワ	一九四三・〇一・二二 一九二〇・一二・一二	伊谷川淳奇 亨臨	軍属 妻	戦死	康津郡郡東面徳川里一四四 —
一七一〇	第一五設営隊	ニューギニア、ギルワ	一九四三・〇一・二二 一九二二・一二・〇七	壺山光治 壺山俊市	軍属 父	戦死	康津郡兵営面翰學里六九六 —
一七一四	第一五設営隊	ニューギニア、ギルワ	一九四三・〇一・二二 一九一三・〇九・一〇	金田禎岩 禮漢	軍属 妻	戦死	康津郡鵲川面坪里三五四 —
一七一五	第一五設営隊	ニューギニア、ギルワ	一九四三・〇一・二二 一九二一・〇一・一八	千原正雄 末禮	軍属 妻	戦死	康津郡鵲川面梨雨里六〇六 —
一三五〇	第一五設営隊	ニューギニア、ギルワ	一九四三・〇一・二六 一九一九・一一・一四	正木鍾完 粉實	軍属 妻	戦死	羅州郡公山面佳松里二二四 —
一六三	第一五設営隊	ニューギニア、ギルワ	一九四三・〇一・二八 一九一九・一一・二四	金尚熙 大心	軍属 妻	戦死	海南郡三山面院津里四六六 —
一四九〇	第一五設営隊	ニューギニア、ギルワ	一九四三・〇一・二八 一九二三・〇五・〇五	井村正煥 井村喜有	軍属 父	戦死	高興郡豊陽面野萩里二五二 —
五五二	第一五設営隊	ニューギニア、ギルワ	一九四三・〇二・一八 一九一九・〇七・二一	林三同 龍浩	軍属 母	戦死	務安郡綿城面高節里二八 —
二九九	第一五設営隊	ニューギニア、ギルワ	一九四三・〇三・一四 一九二〇・〇三・一三	金海武三郎 召君	軍属 母	戦死	麗水郡雙鳳面蟹山里二〇九 —
九〇〇二	第一五設営隊	ニューギニア、ギルワ	一九四三・〇四・〇三 一九一七・〇四・一三	長田奇浩 正心	軍属 妻	戦病死	順天郡別良面鳳林里八八 —

一四三九	第一五設営隊	ニューギニア、ギルワ	一九四三・〇四・一一	岡田東浩	軍属	戦死	高興郡大西面金馬里七六二
			一九二一・〇一・〇六	岡田倖洪	妻		—
一四四〇	第一五設営隊	ニューギニア、ギルワ	一九四三・〇四・一一	松岡玉東	軍属	戦死	高興郡大西面鷹南里一一五
			一九二一・〇五・二三	松田龍國	父		—
一三二五	第一五設営隊	ニューギニア、ギルワ	一九四三・一〇・二二	安田新平	軍属	戦死	羅州郡平洞面東山里四二六
			一九一九・一一・〇三	安田晴雄	父		—
一二八九	第一五設営隊	ニューギニア、ギルワ	一九四三・一一・二五	金本杞千	軍属	戦死	羅州郡山浦面新道里四五一
			一九〇四・〇八・一四	廣順	妻		—
一二九〇	第一五設営隊	ニューギニア、ギルワ	一九四三・一一・二五	島田遺腹	軍属	戦死	羅州郡山浦面等楊里八〇三
			一九一一・〇七・一〇	雙禮	妻		山浦面新道里
一二九一	第一五設営隊	ニューギニア、ギルワ	一九四三・一一・二五	木山康行	軍属	戦死	羅州郡山浦面山登亭里四六六
			一九二四・一〇・一三	木山起岩	父		—
一三一六	第一五設営隊	ニューギニア、ギルワ	一九四三・一一・二五	光山洙萬	軍属	戦死	羅州郡旺谷面新浦里
			一九〇五・〇一・〇二	—	—		—
一三一七	第一五設営隊	ニューギニア、ギルワ	一九四三・一一・二五	良川海阡	軍属	戦死	羅州郡旺谷面新浦里四一七
			一九一二・〇七・〇七	良川向文呂	父		—
一三二九	第一五設営隊	ニューギニア、ギルワ	一九四三・一一・二五	國本起祥	軍属	戦死	羅州郡公山面巖谷里六九三
			一九一五・〇五・三〇	君子	妻		—
一三三〇	第一五設営隊	ニューギニア、ギルワ	一九四三・一一・二五	鄭本萬碩	軍属	戦死	羅州郡公山面上方里五五九
			一八九五・〇五・一七	順今	妻		—
一三三一	第一五設営隊	ニューギニア、ギルワ	一九四三・一一・二五	金本喆鉉	軍属	戦死	羅州郡公山面中浦里三五五
			一九一五・〇五・二八	金本明龍	父		—
一三三二	第一五設営隊	ニューギニア、ギルワ	一九四三・一一・二五	梁原奥烈	軍属	戦死	羅州郡公山面新谷里六九二
			一九二一・〇六・一〇	梁原蘭壽	父		—
一三三三	第一五設営隊	ニューギニア、ギルワ	一九四三・一一・二五	梁原東北	軍属	戦死	羅州郡公山面新谷里七一二
			一九二〇・〇二・二〇	梁原昌和	父		—
六三九	第一五設営隊	ニューギニア、ギルワ	一九四三・一二・〇七	松田寛欽	軍属	戦死	長興郡蓉山面接亭里四四二
			一九一六・〇八・〇八	鍾業	妻		—
八〇	第一五設営隊	ミューギニア、マンバレイマラリア	一九四三・〇一・一〇	金山鍾根	軍属	戦病死	灵光郡白岫面竹寺里四二三
			一九二二・一〇・一〇	今童	父		—
一三〇七	第一五設営隊	ニューギニア、マンバレイ	一九四三・〇一・二三	金本良奇	軍属	戦死	羅州郡山浦面新道里六五〇
			一九一六・〇六・二一	順愛	妻		—
一六二	第一五設営隊	ニューギニア、マンバレイ	一九四三・〇一・二八	大山令模	軍属	戦死	海南郡三山面院津里四五六
			一九二三・〇五・一〇	在淳	父		—
五二二	第一五設営隊	ニューギニア、マンバレイ	一九四三・〇二・〇四	田中学祚	軍属	戦死	務安郡一老面伏龍里五三六

			一九二〇・〇二・二一	吉禮	津		—
五二〇	第一五設営隊	ニューギニア、マンバレイ	一九四三・〇二・〇六	新井慶雄	軍属	戦死	務安郡一老面伏龍里五七四
			一九二二・一〇・二二	正萬	父		—
五五〇	第一五設営隊	ニューギニア、マンバレイ	一九四三・〇二・一三	阿村萬龍	軍属	戦死	務安郡錦城面校村里三四七
			一九二三・一一・〇七	仲光	父		—
八一	第一五設営隊	ミューギニア、マンバレイ	一九四三・〇二・一四	呉山永儀	軍属	戦病死	灵光郡白岫面學山里三五六
		マラリア	一九一九・〇九・〇六	大今	妻		—
一一五六	第一五設営隊	ニューギニア、マンバレイ	一九四三・〇二・一四	豊山同植	軍属	戦死	咸平郡新光面柳川里一七六
			一九一一・〇四・一二	花順	父		—
六二四	第一五設営隊	ニューギニア、マンバレイ	一九四三・〇二・一六	木川址根	軍属	戦死	長興郡長興邑向陽里一五四
			一九二二・〇二・〇八	洙権	父		—
一一三九	第一五設営隊	ニューギニア、マンバレイ	一九四三・〇二・一六	青川徳発	軍属	戦死	咸平郡鶴橋面竹亭里八二四
			一九一〇・〇四・二七	六禮	妻		—
一一四〇	第一五設営隊	ニューギニア、マンバレイ	一九四三・〇二・一六	任川一童	軍属	戦死	咸平郡鶴橋面四街里四五〇
			一九一四・〇八・一二	中浩	妻		—
五三二	第一五設営隊	ニューギニア、マンバレイ	一九四三・〇二・一七	國本玉出	軍属	戦病死	務安郡三郷面柳橋里三九六
		マラリア	一九二〇・〇四・二三	理童	父		—
三〇〇	第一五設営隊	ニューギニア、マンバレイ	一九四三・〇二・一八	李苑貴洪	軍属	戦死	麗水郡雙鳳面鳳渓里四五五
			一九二〇・〇八・一八	得賛	父		麗水郡三日面中興里
六八一	第一五設営隊	ニューギニア、マンバレイ	一九四三・〇二・二五	晋山聖米	軍属	戦死	長興郡冠山面龍田里五一八
			一九一三・〇六・一〇	×名	父		—
一〇五二	第一五設営隊	ニューギニア、マンバレイ	一九四三・〇二・二五	弓長錫根	軍属	戦死	和順郡和順面内坪里八四
			一九二一・〇六・〇三	全南	妻		—
一一一四	第一五設営隊	ニューギニア、マンバンク	一九四三・〇二・二五	金容慶	軍属	戦病死	和順郡南面節山里六七六
			一九〇七・〇二・一二	蜂禮	妻		—
一一二九	第一五設営隊	ニューギニア、マンバンク	一九四三・〇二・二五	羅本東亮	軍属	戦病死	咸平郡咸平面佳洞里四二
		マラリア	一九一六・〇四・一六	望禮	妻		—
一三八五	第一五設営隊	ニューギニア、マンバレイ	一九四三・〇二・二五	良川健河	軍属	戦病死	灵巌郡灵巌面錦江里八三八
			一九一八・一二・一八	良川在泰	父		羅州郡公山面白砂里二三
五四九	第一五設営隊	ニューギニア、マンバレイ	一九四三・〇二・二七	金本允五	軍属	戦死	務安郡錦城面校村里七三八
			一九二六・〇二・二八	七官	父		—
六七二	第一五設営隊	ニューギニア、マンバレイ	一九四三・〇二・二七	三崎在寛	軍属	戦死	長興郡夫山面内安里八〇二
			一九二〇・〇九・一二	金順	妻		—
一三二六	第一五設営隊	ニューギニア、マンバレイ	一九四三・〇二・二七	金三錫沃	軍属	戦死	羅州郡平洞面×竹里三六五
			一九二三・〇三・〇五	金三采奉	父		—

一一三〇	第一五設営隊	ニューギニア、マンバレイ	一九四三・〇四・〇二 一九二二・〇六・〇九	平川鳳陽 喆範	軍属 父	戦病死	咸平郡咸平面高興里一六五 ー
六三八	第一五設営隊	ニューギニア、マンバレイ	一九四三・一二・〇七 一九一六・〇九・一八	清川吉元 良洙	軍属 父	戦死	長興郡蓉山面鶴池里一四八 ー
一三五二	第一五設営隊	ニューギニア、クムシ	一九四三・〇二・一七 一九二一・一二・一七	栗山萬遠 灵岩	軍属 母	戦死	長興郡蓉山面接亭里四四二 ー
一五一三	第一五設営隊	ニューギニア、マギリ	一九四三・〇三・二五 一九二四・〇一・〇二	文山宗斗 文山陳汝	軍属 父	戦死	羅州郡公山面南昌里七五二 ー
六二三	第一五設営隊	ニューギニア、フィシュハーヘン	一九四三・〇四・一一 一九二〇・一一・一六	金岡炫太 徳信	軍属 妻	戦病死	長興郡長興邑海堂里一八二 ー
五四四	第一五設営隊	サイパン島	一九四四・〇七・〇八 一九二六・一〇・〇四	安田一夫 東俊	軍属 ー	戦死	務安郡綿城面城東里 ー
六五五	第一五設営隊	サイパン島	一九四四・〇七・〇八 一九二七・〇九・二一	白川連善 亨寛	軍属 父	戦死	長興郡長東面龍谷里七一七 ー
八七八	第一五設営隊	ブラウン島	一九四四・〇二・二四 一九二二・〇五・一五	山村亨雨 鍾吉	軍属 父	戦死	順天郡道沙面也興里三七六 ー
二二六二	第一五輸送隊	北太平洋	一九四四・一〇・二六 一九二三・〇四・〇八	金奉石 金順甫	軍属 父	戦死	寶城郡筏橋邑長佐里八一二 ー
一〇	第一六警備隊	バシー海峡	一九四四・〇九・〇九 一九二六・〇一・一七	香村芳壮 香村和助	上水 父	戦死	羅州郡本良面南山里四四〇 ー
一九	第一七警備隊	バシー海峡	一九四四・〇九・〇九 一九二五・〇四・一九	岩村　吉 岩村圭金	上水 父	戦死	順天郡海龍面月田里五〇九 ー
二三	第一八警備隊	バシー海峡	一九四四・〇九・〇九 一九二七・〇五・一一	金澤生光 金澤一富	上機 父	戦死	済州島安徳面徳修里九六九 ー
二三四九	第一九設営隊	南西太平洋	一九四四・〇三・一八 一九二三・〇三・二七	成田春植 市郎	軍属 兄	戦死	谷城郡玉渠面舟山里七三四 ー
二三五〇	第一九設営隊	南西太平洋	一九四四・〇三・一八 一九二三・〇三・二七	晋陽判琪 順葉	軍属 母	戦死	谷城郡梧谷面弥山里五四一 谷城郡梧谷面梧板里一〇一八
二三六七	第一九設営隊	南西太平洋	一九四四・〇三・一八 一九二四・〇四・〇六	朴石守 占伯	軍属 兄	戦死	麗水郡栗村面山水里七〇三 ー
二四二一	第一九設営隊	南西太平洋	一九四四・〇三・一八 一九一六・一〇・〇八	申富弼・中山聖植 成禮	軍属 母	戦病死	高興郡豆原面大田里蒸飛三九八 高興郡豆原面大田里蒸飛三九八
二四二二	第一九設営隊	南西太平洋	一九四四・〇三・一八 一九一八・〇六・二九	文在善 老分	軍属 妻	戦死	高興郡豆原面城頭里七一〇 ー
二四二三	第一九設営隊	南西太平洋	一九四四・〇三・一八	張基成・吉田基成	軍属	戦死	高興郡豆原面大錦里三一二

番号	所属	死亡場所	年月日	氏名	続柄	死因	本籍
			一九一三・〇四・〇七	命次	妻		高興郡豆原面大錦里三一二
二四三三	第一九設営隊	南西太平洋	一九四四・〇三・一八	金田政市	軍属	戦死	寶城郡筏橋邑大浦里二二一
			一九二三・〇九・二五	金田景日	父		－
二四三四	第一九設営隊	南西太平洋	一九四四・〇三・一八	林一郎・春江洪福	軍属	戦死	寶城郡熊峠面江山里二八五
			一九一三・〇五・二五	良江	妻		－
二四四七	第一九設営隊	南西太平洋	一九四四・〇三・一八	朴村炳八	軍属	戦死	和順郡善巌面源和泉里
			一九一一・〇七・〇二	炳台	兄		－
二四五九	第一九設営隊	南西太平洋	一九四四・〇三・一八	梅谷基集	軍属	戦死	康津郡郡東面龍山里五〇九
			一九一一・〇七・〇二	石禮	妻		－
二四六六	第一九設営隊	南西太平洋	一九四四・〇三・一八	安井春吉	軍属	戦死	海南郡海南面安洞里一七二
			一九一六・〇九・〇九	相禮	妻		－
二四七五	第一九設営隊	南西太平洋	一九四四・〇三・一八	金學順・吉本栄造	軍属	戦死	霊岩郡郡北面葛谷里五七九
			一九一一・〇七・〇二	柳福南	妻		－
二五〇〇	第一九設営隊	南西太平洋	一九四四・〇三・一〇	宋熙秀	軍属	戦死	羅州郡南平面南山里一二八四
			一九二三・〇一・〇六	東 福太郎	兄		－
二五二〇	第一九設営隊	南西太平洋	一九四四・〇三・一八	松原大成	軍属	戦死	長城郡長城面丹先里一三三
			一九一八・〇七・二〇	正禮	妻		－
二五二一	第一九設営隊	南西太平洋	一九四四・〇三・一八	金山堯鉦	軍属	戦死	長城郡長城面安平里一八六
			一八九八・〇二・一五	河呂	妻		－
二五六七	第一九設営隊	南西太平洋	一九四四・〇三・一八	徳山彰一	軍属	戦死	済州島翰林面翰林里一二一七
			一九一八・〇六・二八	太元	妻		－
二三三三	第二〇海軍輸送隊	南西諸島	一九四四・〇七・〇八	南川甲先	軍属	戦死	莞島郡青山面池里七七八
			一九二二・〇八・一四	俊五	父		－
二三二九	第二一海軍輸送隊	南西諸島	一九四四・一一・〇八	松井英珪	軍属	戦死	光陽郡光陽面七星里七〇八
			一九二八・〇三・一五	松井貴彦・貴先	父・伯父		－
二六四五	第二二海軍設営隊	パラオ東方海面	一九四四・〇一・三一	金田政一	軍属	戦死	順天郡順天邑豊徳里一〇五四
			一九〇七・〇二・一四	壽葉	妻		－
二三六六	第二六海軍建築部	蘭印方面	一九四四・〇七・三一	金福同	軍属	戦死	麗水郡三山面西島里三四二
			一九一四・〇八・二九	彩田	父		－
五四	第二八海軍建築部	ニューギニア、コカス	一九四四・〇六・一六	朱四次	軍属	戦死	灵光郡法聖面徳興里
			一九一一・〇二・一四	－	－		－
一四七二	第二八海軍建築部	ニューギニア	一九四四・〇六・一六	盧永今	軍属	戦死	高興郡浦頭面上大里
			一九一二・〇二・〇四	盧斗三	弟		－
二四七一	第二八海軍建築部	ニューギニア	一九四四・〇五・二九	矢島湖連	軍属	戦死	海南郡黄山面外谷里八六
			－	湖達	兄		海南郡黄山面外谷里八六

番号	所属	場所	年月日	氏名	関係	死因	本籍
二五〇二	第二八海軍建築部	ニューギニア	一九四四・〇五・二九 一九一九・一二・一八	新木炳同 新本判基	軍属 兄	戦死	羅州郡栄山浦邑雲谷里二三 —
一四三八	第二八海軍建築部	ニューギニア	一九四四・〇七・〇八 一九一三・〇三・二三	小林正壽 —	軍属 —	戦死	高興郡錦山面五馬里 —
一一五〇	第二八海軍建築部	ニューギニア、マラリア	一九四四・〇七・三〇 一九〇六・一〇・一七	青松春吉 —	軍属 —	戦病死	咸平郡大洞面西湖里 —
二二九三	三〇根拠地隊	ダバオ湾口	一九四四・〇八・一三 —	高島萬鎰 甲汝	軍属 妻	戦死	済州島旧左面終達里一八一三
二三一三	三〇根拠地隊	ダバオ湾口	一九四四・〇八・一三 —	林春烈 基弘	軍属 父	戦死	済州島朝天面朝天里二三五〇 —
二二九四	三〇輸送隊	銚子沖	一九四五・〇七・三〇 一九二五・一一・〇二	金澤公王 —	軍属 —	戦死	済州島翰林面帰徳里八二九
一九五〇	第三〇海軍建築部	ペリリュー島	一九四四・一二・三一 一九一四・〇三・〇六	岡山孟道 壽南	軍属 —	戦死	高興郡蓬莱面文竹里 —
一九五一	第三〇海軍建築部	ペリリュー島	一九四四・一二・三一 一九二三・〇五・二八	大川鐘善 吉愛	軍属 —	戦死	高興郡蓬莱面文竹里 —
一九五二	第三〇海軍建築部	ペリリュー島	一九四四・一二・三一 一九一五・〇七・二二	谷井在源 在福	軍属 —	戦死	高興郡蓬莱面文竹里 —
一九五三	第三〇海軍建築部	ペリリュー島	一九四四・一二・三一 一九一四・〇三・一〇	李哲河 桂河	軍属 —	戦死	高興郡蓬莱面文竹里 —
一九五四	第三〇海軍建築部	ペリリュー島	一九四四・一二・三一 一九一八・〇六・一一	星山二水 壽守	軍属 —	戦死	高興郡蓬莱面文竹里 —
一九五五	第三〇海軍建築部	ペリリュー島	一九四四・一二・三一 —	李鍾吉 全×市	軍属 —	戦死	高興郡蓬莱面文竹里 —
一九五七	第三〇海軍建築部	ペリリュー島	一九四四・一二・三一 一九一九・一二・二三	大島正秀 贊龍	軍属 —	戦死	高興郡浦頭面鳳林里 —
一九六三	第三〇海軍建築部	ペリリュー島	一九四四・一二・三一 一九一八・〇一・二二	新本吉洙 重生	軍属 —	戦死	高興郡道陽面新陽里 —
一九六六	第三〇海軍建築部	ペリリュー島	一九四四・一二・三一 一九二三・〇六・〇二	金本仁大 朴仁基	軍属 —	戦死	高興郡道陽面鳳徳里 —
一九六七	第三〇海軍建築部	ペリリュー島	一九四四・一二・三一 一九一六・〇三・二三	金村致玄 致珠	軍属 —	戦死	高興郡道陽面龍洞里 —
一九六八	第三〇海軍建築部	ペリリュー島	一九四四・一二・三一 一九一〇・〇六・二五	高申江休 火石	軍属 —	戦死	高興郡道陽面龍洞里 —
一九六九	第三〇海軍建築部	ペリリュー島	一九四四・一二・三一	田西　起	軍属	戦死	高興郡道陽面宮里

			一九〇四・〇六・〇三	貴順	—		—
一九七〇	第三〇海軍建築部	ペリリュー島	一九四四・一二・三一	福本泰仁	軍属	戦死	高興郡道陽面龍井里
			一九二一・〇九・二九	月半	—		—
一九七一	第三〇海軍建築部	ペリリュー島	一九四四・一二・三一	鄭守景	軍属	戦死	高興郡豊陽面梅谷里
			一九〇五・一一・〇八	—	—		—
二〇六一	第三〇海軍建築部	ペリリュー島	一九四四・一二・三一	崔炳祥	軍属	戦死	求禮郡求禮面鳳西里
			一九一七・〇九・一三	鄭之彩	—		—
二〇六二	第三〇海軍建築部	ペリリュー島	一九四四・一二・三一	光山漢吉	軍属	戦死	求禮郡×祥面鳳北里
			一九〇一・〇二・一一	漢杓	—		—
二〇六三	第三〇海軍建築部	ペリリュー島	一九四四・一二・三一	廣田光玉	軍属	戦死	求禮郡×祥面鳳北里
			一九二二・〇四・〇三	鍾大	—		—
二〇六四	第三〇海軍建築部	ペリリュー島	一九四四・一二・三一	金本元釆	軍属	戦死	求禮郡×祥面鳳北里
			一九〇二・〇一・一六	福徳	—		—
二〇六五	第三〇海軍建築部	ペリリュー島	一九四四・一二・三一	金本千斗	軍属	戦死	求禮郡×祥面鳳北里
			一九〇七・〇四・〇二	容采	—		—
二〇六六	第三〇海軍建築部	ペリリュー島	一九四四・一二・三一	張邦完洙	軍属	戦死	求禮郡×祥面鳳北里
			一九〇五・一〇・二五	同伊	—		—
二〇六七	第三〇海軍建築部	ペリリュー島	一九四四・一二・三一	金本松埈	軍属	戦死	求禮郡×祥面鳳西里
			一九一七・一〇・〇七	永允	—		—
二〇六八	第三〇海軍建築部	ペリリュー島	一九四四・一二・三一	新井永春	軍属	戦死	求禮郡×祥面鳳東里
			一九一四・〇七・〇二	永作	—		—
二〇六九	第三〇海軍建築部	ペリリュー島	一九四四・一二・三一	豊田聖丸	軍属	戦死	求禮郡×祥面鳳西里
			一九一三・一一・一九	金順	—		—
二〇七〇	第三〇海軍建築部	ペリリュー島	一九四四・一二・三一	台在雲	軍属	戦死	求禮郡×祥面鳳西里
			一九二二・一〇・一六	在珠	—		—
二〇七一	第三〇海軍建築部	ペリリュー島	一九四四・一二・三一	村山次直	軍属	戦死	求禮郡×祥面鳳東里
			一九一四・一〇・〇三	文賛	—		—
二〇七四	第三〇海軍建築部	ペリリュー島	一九四四・一二・三一	茂山忠鉉	軍属	戦死	求禮郡光義面烟浪里
			一九一三・一〇・一六	冷洙	—		—
二〇七五	第三〇海軍建築部	ペリリュー島	一九四四・一二・三一	新中仁来	軍属	戦死	求禮郡光義面烟波里
			一九一八・〇一・〇三	—	—		—
二〇七六	第三〇海軍建築部	ペリリュー島	一九四四・一二・三一	金本在弼	軍属	戦死	求禮郡馬山面冷花里
			一九〇一・〇三・二一	現斗	—		—
二〇七七	第三〇海軍建築部	ペリリュー島	一九四四・一二・三一	大元南得	軍属	戦死	求禮郡馬山面冷泉里
			一九〇六・〇四・一八	徐倉羽	—		—

二〇七八	第三〇海軍建築部	ペリリュー島	一九四四・一二・三一 一九一一・〇一・〇七	福山在東 —	軍属 —	戦死	求禮郡馬山面冷泉里 —
二〇七九	第三〇海軍建築部	ペリリュー島	一九四四・一二・三一 一九〇九・〇三・〇三	木村挙在 在烈	軍属 —	戦死	求禮郡良文面興大里 —
二〇八〇	第三〇海軍建築部	ペリリュー島	一九四四・一二・三一 一九二二・〇九・一七	平沼重碩 東字	軍属 —	戦死	求禮郡良文面興大里 —
二一二六	第三〇海軍建築部	ペリリュー島	一九四五・一二・三一 一九〇三・一二・二六	李秀贊 允贊	軍属 —	戦死	済州島朝天面新村里 —
四九三	第三〇海軍建築部	パラオ島 電撃症	一九四二・〇四・〇一 一九〇七・〇七・〇八	富野政男・姜京洙 氏	軍属 母	戦病死	寶城郡鳥越面牛川里一一一
三五五	第三〇海軍建築部	パラオ島コロール	一九四二・〇五・〇九 一八九七・一二・一四	松本淙善 順令	軍属 妻	戦死	潭陽郡金城面鳳凰里四五二 潭陽郡金城面鳳凰里四五二
二〇三三	第三〇海軍建築部	パラオ島	一九四五・〇一・〇七 一九一四・〇七・二七	朴福燮 —	軍属 —	戦死	灵光郡法聖面鎮内里四四七 —
二〇八一	第三〇海軍建築部	パラオ島 アメーバ性赤痢	一九四五・〇一・〇九 —	徳山正泰 —	軍属 —	戦傷死	求禮郡求礼面鳳西里 —
二〇三〇	第三〇海軍建築部	パラオ島	一九四五・〇三・〇一 一九二〇・〇四・一四	松本錫采 —	軍属 —	戦病死	灵光郡郡南面東月里三四七 —
二〇五八	第三〇海軍建築部	パラオ島 脚気	一九四五・〇三・二三 一九〇一・一〇・二七	松元熙元 —	軍属 —	戦死	咸平郡鶴林面月山里七三二
二〇五七	第三〇海軍建築部	パラオ島 脚気	一九四五・〇三・二八 一九一五・〇四・〇三	鄭山達豪 —	軍属 —	戦死	咸平郡巌多面巌鳳面
二〇五六	第三〇海軍建築部	パラオ島 脚気	一九四五・〇三・二九 一九二二・〇五・〇一	長谷鎮三 —	軍属 —	戦病死	咸平郡巌多面巌鳳里一〇〇一
二〇〇三	第三〇海軍建築部	パラオ島 脚気	一九四五・〇四・〇五 一九二七・〇一・二五	吉田銀均 —	軍属 —	戦病死	灵巌郡西湖面奄吉里四六〇
二二三九	第三〇海軍建築部	パラオ島 脚気	一九四五・〇五・〇五 一九二三・〇八・三一	文元済東 —	軍属 —	戦死	光山郡石谷面望月里
二二四四	第三〇海軍建築部	パラオ島 脚気	一九四五・〇五・二〇 一八九三・〇五・〇七	錦山漢秀 —	軍属 —	戦死	谷城郡梧谷面五枝里
二〇三二	第三〇海軍建築部	パラオ島 脚気	一九四五・〇六・〇二 一九一七・〇六・一九	昌山乗八 —	軍属 —	戦病死	灵光郡灵光面
一九九四	第三〇海軍建築部	パラオ島	一九四五・〇六・一五 一八九三・一〇・一三	南金洙 —	軍属 —	戦病死	潭陽郡古西面聲月里
二〇〇四	第三〇海軍建築部	パラオ島	一九四五・〇六・二八	松本相玉	軍属	戦病死	灵巌郡西湖面鳥小里

			一九一三・〇六・〇五	—	—		—
二〇一九	第三〇海軍建築部	パラオ島 脚気	一九四五・〇七・〇四 一九〇一・〇五・二九	房治中 —	軍属 —	戦病死	和順郡北面外芝里 —
二〇二八	第三〇海軍建築部	パラオ島 脚気	一九四五・〇六・一七 一九一四・〇五・〇四	朴本光守 —	軍属 —	戦病死	灵光郡法聖面月山里 —
二〇二九	第三〇海軍建築部	パラオ島 脚気	一九四五・〇六・一七 一九〇九・一〇・〇七	松本順根 —	軍属 —	戦病死	灵光郡郡南面白洋里 —
二二四六	第三〇海軍建築部	パラオ島 脚気	一九四五・〇六・二二 一九〇四・〇六・二七	江原永鎮 —	軍属 —	戦死	谷城郡三岐面金盤里 —
二二三八	第三〇海軍建築部	パラオ島 脚気	一九四五・〇六・二八 一九一〇・〇二・二〇	木下三祚 —	軍属 —	戦病死	光山郡松江邑牛山里 —
二〇〇六	第三〇海軍建築部	パラオ島 肝結核	一九四五・〇七・一一 一九一七・〇七・二七	呉川来洪 —	軍属 —	戦病死	灵巌郡西湖面馬山里 —
二〇〇五	第三〇海軍建築部	パラオ島	一九四五・〇七・一二 一九〇八・一一・〇七	朴澤在文 —	軍属 —	戦病死	灵巌郡西湖面道長里三一 —
二二三五	第三〇海軍建築部	パラオ島 脚気	一九四五・〇七・一三 一九一二・〇四・〇八	安本二釆 —	軍属 —	戦死	光山郡石谷面清風里 —
二二四三	第三〇海軍建築部	パラオ島 脚気	一九四五・〇八・〇四 一九一三・〇一・〇九	坂平金錫 —	軍属 —	戦病死	谷城郡谷城面邑内里 —
二二三四	第三〇海軍建築部	パラオ島 脚気	一九四五・〇八・一三 一九一四・〇二・〇五	松本奉植 —	軍属 —	戦死	光山郡石谷面石谷里 —
二二四七	第三〇海軍建築部	パラオ島 脚気	一九四五・〇八・一七 一九〇一・〇三・一〇	金原東権 —	軍属 —	戦死	谷城郡玉泉面 —
二二三三	第三〇海軍建築部	パラオ島 脚気	一九四五・〇八・三〇 一九二三・〇二・〇七	杉山昌雨 —	軍属 —	戦病死	光山郡瑞坊面密里 —
二三三三	第三〇海軍建築部	パラオ島 脚気	一九四五・〇九・一六 一九一八・〇八・〇二	大林表成 —	軍属 —	戦病死	求禮郡西巖面戸巖里五〇〇 —
二二五四	第三〇海軍建築部	パラオ島 脚気	一九四五・〇九・一八 一九一一・〇二・二四	朴正春 —	軍属 —	戦病死	光州府泉町 —
二二四〇	第三〇海軍建築部	パラオ島 脚気	一九四五・一〇・二五 一九一四・一〇・一一	商金漢模 —	軍属 —	戦病死	羅州郡南平面光利里二七四 —
二三四〇	第三〇海軍建築部	パラオ島 脚気	一九四五・一〇・二八 一九〇四・〇八・〇三	吉田萬吉 —	軍属 —	戦死	光山郡飛鵲面新佳里 —
二三四五	第三〇海軍建築部	サイパン島	一九四五・〇七・〇七 一九二三・〇五・一五	金光公秀 —	軍属 —	戦死	谷城郡木寺洞面竹亭里 —

二二三六	第三〇海軍建築部	サイパン島 脚気	一九四五・〇七・一三 一九二〇・〇三・二三	韓光秀 ―	軍属 ―	戦死	光山郡松江邑道山里 ―
一六四五	第三二設営隊	パラオ東方	一九四四・〇一・三一 一九〇六・〇二・一四	金田政一 壽葉	軍属 妻	戦死	順天郡順天邑豊徳里一〇五四
二五二三	第三三設営隊	ソロモン群島	一九四四・〇五・一二 一九一五・〇二・一一	南原在錫 將洞	軍属 母	戦死	長城郡長城面壽山里二二―二 ―
二七七	第三八海軍建築部	ニューギニア	一九四四・〇七・一八 一九〇七・〇二・二三	青木金作 とみ	軍属 妻	戦死	麗水郡栗村面鳳田里二二六 ―
二六四〇	第一〇一海軍施設部	スマトラ島テロニホ沖	一九四四・〇五・二二 一九一七・一〇・二三	南洪在浩 判順	軍属 妻	戦死	谷城郡梧谷面鳳島里 ―
二六四一	第一〇一海軍施設部	シンガポール	一九四四・一〇・〇四 一九二〇・一〇・三〇	平山敬勝 ―	軍属 ―	戦死	谷城郡梧谷面猫川里一七四 ―
二六六三	第一〇一海軍施設部	シンガポール	一九四四・一〇・〇三 一九二三・〇七・二〇	朴吉淳 朴鐘朱	軍属 父	戦病死	高興郡錦山面大興里 ―
二六七四	第一〇一海軍施設部	仏印	一九四五・〇一・一九 一九一六・〇四・二八	呉徳千 黄禮	軍属 妻	戦傷死	灵巌郡新北面梨泉里八五一 ―
二七五八	第一〇一海軍施設部	インド洋	一九四五・〇二・〇八 一九一七・一一・〇七	松山海静 日峰	軍属 父	戦死	順天郡松光面梨邑里二六九 順天郡松光面梨邑里二六九
二九一	第一〇一海軍燃料廠	ボルネオ、タラカン島	一九四四・一一・一八 一九〇八・〇一・一五	信定平男 ―	軍属 ―	戦死	麗水郡麗水邑東町一七一三―一 ―
五一一	第一〇一海軍燃料廠	ボルネオ、パリクパパン マラリア	一九四五・〇九・一〇 一九二三・〇二・二六	松山昌烈 ―	軍属 ―	戦病死	光州府錦町一五〇 光州府芳林洞一二二―一
二六二八	第一〇一海軍燃料廠	南支那海	一九四四・一〇・一一 一九二六・〇三・〇九	松井相玉 公五	軍属 父	戦死	済州島翰林面大林里一三一九 ―
二二二	第一〇一海軍燃料廠	南支那海	一九四四・一〇・一二 一九二五・〇九・〇一	徳山義倫 むつゑ	軍属 妻	戦死	済州島翰林面高山里一〇二〇 ―
二〇四	第一〇一海軍燃料廠	ボルネオ・パリクパパン マラリア	一九四五・一二・二四 一九一四・一二・〇八	康才玉 仲日	軍属 ―	戦病死	済州島済州邑三陽里甘水洞 ―
二〇八	第一〇二海軍軍需部	カガヤン諸島南東	一九四三・〇四・二八 ―	岩村信義 静江	軍属 妻	戦死	済州島済州邑龍潭里一九〇 済州島済州邑龍潭里一九〇
二四〇五	第一〇二海軍施設部	ルソン島北部	一九四五・〇六・一〇 一九一七・〇一・一五	金本仁洙 倒俊	軍属 父	戦死	順天郡別良面琴時里 順天郡別良面琴時里
二四一〇	第一〇二海軍施設部	ボルネオ島	一九四五・〇七・〇五 一九二二・一二・〇五	南炳春 ―	軍属 ―	戦死	順天郡成面東山里六三九 ―
二四五〇	第一〇二海軍施設部	ボルネオ島パリクパパン	一九四五・一二・〇九	良元在賢	軍属	戦死	和順郡道谷面月谷里五五

番号	部隊	死亡場所	年月日	氏名	身分	死因	本籍・住所
			一九二〇・一〇・一〇	良禮	妻		—
二四五一	第一〇二海軍施設部	ボルネオ島パリクパパン	一九四五・一二・〇九	文在圭	軍属	戦死	和順郡清豊面車里六五二
			一九〇九・〇四・〇二	文順任	妻		—
二四八〇	第一〇二海軍施設部	ボルネオ島パリクパパン	一九四五・一〇・〇五	徐徳菜	軍属	戦死	霊岩郡鶴山面梅月里
			一九一〇・〇九・〇七	金芳和	妻		—
二五八一	第一〇三海軍軍需部	ルソン島北部	一九四五・〇五・三〇	岩原稼但	軍属	戦死	済州島済州邑禾北里
			一九一六・〇二・二八	芙美子	妻		—
二五八二	第一〇三海軍軍需部	ルソン島ラミシイ	一九四五・〇七・二五	松本正一	軍属	戦死	済州島西帰面
			—	松本好近里	兄		—
二三四二	第一〇三海軍施設部	ルソン島中部	一九四五・〇六・一〇	姜在植	軍属	戦死	光山郡松汀邑松汀里
			一九一四・〇六・〇六	順子	妻		—
二三四三	第一〇三海軍施設部	ルソン島中部	一九四五・〇六・一〇	安本南釆	軍属	戦死	光山郡極楽面隻村里孝司洞
			一九二二・〇九・〇二	—	—		—
二三四五	第一〇三海軍施設部	ルソン島北部	一九四五・〇六・一〇	金山光雄	軍属	戦死	光山郡飛鴉面新佳里三四一
			一九二三・〇二・二三	—	—		—
二三六一	第一〇三海軍施設部	ルソン島北部	一九四五・〇六・一〇	本村廣龍	軍属	戦死	光陽郡津上面×居里七三六
			一九一〇・〇四・二八	李桂淳	父		光陽郡津上面×居里七三六
二四〇四	第一〇三海軍施設部	ルソン島北部	一九四五・〇六・一〇	神農現大	軍属	戦死	順天郡海龍面木村里二〇九
			一九一三・一一・〇六	達秀	父		順天郡海龍面木村里二〇九
二四〇六	第一〇三海軍施設部	ルソン島北部	一九四五・〇六・一〇	玉川宗代	軍属	戦死	順天郡別良面大谷里
			一九二〇・一一・一六	—	—		—
二四四九	第一〇三海軍施設部	ルソン島北部	一九四五・〇六・一〇	朱本三周	軍属	戦死	和順郡×泉面
			一九二〇・〇三・三〇	—	—		—
二四五三	第一〇三海軍施設部	ルソン島北部	一九四五・〇六・一〇	河本允信	軍属	戦死	長興郡安良面新村里二五二
			一九二一・〇六・〇四	—	—		—
二五一八	第一〇三海軍施設部	ルソン島北部	一九四五・〇六・一〇	吉村容仲	軍属	戦死	長城郡北一面聖徳里
			一九二一・〇二・〇四	—	—		—
二五二七	第一〇三海軍施設部	ルソン島北部	一九四五・〇六・一〇	木村安圭	軍属	戦死	莞島郡古今面冠仙里三二〇
			一九一三・〇一・二〇	—	—		—
二五三七	第一〇三海軍施設部	ルソン島北部	一九四五・〇六・一〇	河本澈洙	軍属	戦死	珍島郡臨海面高壽里
			一九二〇・〇二・一四	錫瑾	父		珍島郡臨海面鳳朔里二六六
二五五一	第一〇三海軍施設部	ルソン島北部	一九四五・〇六・一〇	金澤柱南	軍属	戦死	済州島旧左面松堂里三一九七
			一九一四・〇九・一五	金澤哉萬	父		—
二五五二	第一〇三海軍施設部	ルソン島北部	一九四五・〇六・一〇	金麗洙	軍属	戦死	済州島済州邑外都里一区
			一九二一・一〇・二四	金	父		—

番号	部隊	場所	年月日	氏名	続柄	事由	本籍
二五五三	第一〇三海軍施設部	ルソン島北部	一九四五・〇六・一〇 一九二一・〇一・一五	眞本理成 —	軍属 —	戦死	済州島朝天面新村里二二四六 —
二五五四	第一〇三海軍施設部	ルソン島北部	一九四五・〇六・一〇 一九二一・〇五・一四	金本重益 金木大玉	軍属 父	戦死	済州島翰林面大林里四二九 済州島翰林面大林里四二九
二五五五	第一〇三海軍施設部	ルソン島北部	一九四五・〇六・一〇 一九二三・〇二・一九	良川孔三 良川順鶴	軍属 父	戦死	済州島翰林面今岳里東洞内 済州島翰林面今岳里東洞内
二五五六	第一〇三海軍施設部	ルソン島北部	一九四五・〇六・一〇 一九二一・〇五・一〇	金田大新 金田哲周	軍属 父	戦死	済州島翰林面帰徳里一八四七 済州島翰林面帰徳里一八四七
二五五七	第一〇三海軍施設部	ルソン島北部	一九四五・〇六・一〇 一九一四・〇二・〇四	神原太元 —	軍属 —	戦死	済州島中文面大浦里 —
二五五八	第一〇三海軍施設部	ルソン島北部	一九四五・〇六・一〇 一九一六・〇六・一〇	高島辰正 高島政太郎	軍属 叔父	戦死	済州島城山面水山里四三 —
二三四一	第一〇三海軍施設部	ルソン島マニラ東方山中	一九四五・〇六・三〇 一九二〇・一二・二七	高村　豊 妙徳	軍属 妻	戦死	光山郡河南面長徳里三〇 —
二三五六	第一〇三海軍施設部	ルソン島マニラ東方山中	一九四五・〇六・三〇 一九一九・〇八・二六	新本炳現 —	軍属 —	戦死	光陽郡津月面嶺岩洞一六八 —
二三五八	第一〇三海軍施設部	ルソン島マニラ東方山中	一九四五・〇六・三〇 一九二一・一〇・二七	李山源助 —	軍属 —	戦死	光陽郡光陽面邑七星里 —
二三五九	第一〇三海軍施設部	ルソン島マニラ東方山中	一九四五・〇六・三〇 一九二三・〇九・二三	鄭赫基均 —	軍属 —	戦死	光陽郡骨若面城×里二区八三三 光陽郡骨若面城×里二区八三三
二三六九	第一〇三海軍施設部	ルソン島マニラ東方山中	一九四五・〇六・三〇 一九一三・一一・二五	文田明桂 —	軍属 —	戦死	麗水郡華陽面玉笛里
二四〇七	第一〇三海軍施設部	ルソン島マニラ東方山中	一九四五・〇六・三〇 一九二二・〇二・二〇	田中孝吉 仙吉	軍属 兄	戦死	順天郡道沙面也魚里 —
二四〇八	第一〇三海軍施設部	ルソン島マニラ東方山中	一九四五・〇六・三〇 一九〇七・〇六・〇九	金山敬洙 —	軍属 —	戦死	順天郡黄田面槐木里二八六 —
二四〇九	第一〇三海軍施設部	ルソン島マニラ東方山中	一九四五・〇六・三〇 一九二二・〇四・〇八	洪元永川 —	軍属 —	戦死	順天郡外西面長山里五二 —
二四七四	第一〇三海軍施設部	ルソン島マニラ東方山中	一九四五・〇六・三〇 一九一八・一二・〇六	和泉在業 和天暢柱	軍属 父	戦死	霊岩郡鶴山面金渓里一四五 海南郡渓谷面駕鶴里文學士坊
二四七八	第一〇三海軍施設部	ルソン島マニラ東方山中	一九四五・〇六・三〇 一九一六・〇七・〇七	松原秋男 —	軍属 —	戦死	霊岩郡霊岩面南豊里一一八 —
二四九一	第一〇三海軍施設部	ルソン島マニラ東方山中	一九四五・〇六・三〇 一九二二・〇一・一二	利川鐘吉 利川豊吉	軍属 父	戦死	務安郡豊漠島面内里 —
二五〇八	第一〇三海軍施設部	ルソン島マニラ東方山中	一九四五・〇六・三〇	崔萬玉	軍属	戦死	羅州郡旺谷面本良里一〇

			一九一一・一二・一〇	崔萬孫	兄		―
二五一三	第一〇三海軍施設部	ルソン島マニラ東方山中	一九四五・〇六・三〇 一九二三・××・××	國本政市 ―	軍属 ―	戦死	霊光郡張農面圓徳里 ―
二五二五	第一〇三海軍施設部	ルソン島マニラ東方山中	一九四五・〇六・三〇 一九二二・〇八・〇四	裵東燮・星山光太郎 星山斐亨順	軍属 祖母	戦死	莞島郡莞島邑中道里六三六〇 ―
二五四三	第一〇三海軍施設部	ルソン島マニラ東方山中	一九四五・〇六・三〇 一九二五・〇二・一八	原元鍾世 原元元仲吉	軍属 祖父	戦死	済州島旧左面月汀里四六八 済州島旧左面月汀里四六八
二五四四	第一〇三海軍施設部	ルソン島マニラ東方山中	一九四五・〇六・三〇 一九〇六・〇七・一一	松田黄菊 ―	軍属 ―	戦死	済州島旧左面東金寧里六二九 ―
二五四五	第一〇三海軍施設部	ルソン島マニラ東方山中	一九四五・〇六・三〇 一九一二・〇五・〇五	金海声鍾 ―	軍属 ―	戦死	済州島済州邑吾羅里一二四〇 ―
二五四六	第一〇三海軍施設部	ルソン島マニラ東方山中	一九四五・〇六・三〇 一九二〇・〇五・一一	金海三鳳 ―	軍属 ―	戦死	済州島済州邑一徒里金萬壽方 ―
二五四七	第一〇三海軍施設部	ルソン島マニラ東方山中	一九四五・〇六・三〇 一九〇九・〇二・一一	斉藤正一 草一	軍属 弟	戦死	済州島済州邑禾北里西洞 ―
二五四八	第一〇三海軍施設部	ルソン島マニラ東方山中	一九四五・〇六・三〇 一九一九・一一・一二	徳山雪均 ―	軍属 ―	戦死	済州島済州邑一徒里一二三 ―
二五四九	第一〇三海軍施設部	ルソン島マニラ東方山中	一九四五・〇六・三〇 一九一一・〇六・二〇	金泰植 ―	軍属 ―	戦死	済州島済州邑吾羅里 ―
二五五〇	第一〇三海軍施設部	ルソン島マニラ東方山中	一九四五・〇六・三〇 一九二七・〇四・一〇	岩本武正 ―	軍属 ―	戦死	済州島済州邑道頭里一九八二 ―
二五〇七	第一〇三海軍施設部	ルソン島バヨンボン	一九四五・〇七・三〇 一九一五・〇四・一二	鈴木栄吉 マツエ	軍属 妻	戦病死	羅州郡老安面長洞里七〇 ―
二五六二	第一〇三海軍施設部	ミンダナオ島サンボアンガ	一九四五・〇八・一八 一九二七・〇二・二七	呉本一富 大山米蔵	軍属 ―	戦死	済州島済州邑龍潭里一四〇〇 ―
二四四四	第一〇三海軍工作隊	ルソン島北部	一九四五・〇七・〇八 一九二二・一一・〇五	村井新吉・鄭鳳玉 清子	軍属 妻	戦死	寶城郡筏橋邑筏橋里四〇九 寶城郡筏橋邑筏橋里四〇九
二三七一	第一〇三海軍経理部	ルソン島北部	一九四五・〇八・三〇 ―	清水順子 ―	軍属 ―	戦死	麗水郡三山面東島里九二三 ―
二八五九	第一〇三刑	ルソン島ソラノ	一九四五・〇七・一三 一九一二・一二・二五	金海在彦 金海第一	軍属 父	戦病死	済州島済州邑禾北里四二一五 ―
二三六八	第一一一設営隊	ギルバート諸島タラワ	一九四二・〇五・一〇 一九二三・〇七・一一	金村連善 小禮	軍属 母	戦死	麗水郡三山面徳村里六七三 麗水郡三山面徳村里六七三
二四三五	第一一一設営隊	南洋群島（ミクロネシア）	一九四三・〇九・一二 一九一九・〇六・二九	光山容日 光山文洙	軍属 父	戦死	寶城郡寶城邑寶城里 ―

番号	所属	場所	年月日	氏名	続柄	区分	本籍
二三三六	第一一一設営隊	ギルバート諸島タラワ	一九四三・一一・二五	盧東洙	軍属	戦死	光州府芳林町三二九
			一九一八・〇一・一五	聖律	父		光州府芳林町三二九
二三四〇	第一一一設営隊	ギルバート諸島タラワ	一九四三・一一・二五	河本淳光	軍属	戦死	光山郡西倉面西倉里四五五
			一九一三・〇三・〇五	金順	妻		—
二三九九	第一一一設営隊	ギルバート諸島タラワ	一九四三・一一・二五	徐田閏錫	軍属	戦死	順天郡道沙面安豊里七二一
			一九二三・〇五・一六	廷九	父		—
二四〇〇	第一一一設営隊	ギルバート諸島タラワ	一九四三・一一・二五	玉川繁夫	軍属	戦死	順天郡道沙面仁月里六八二
			一九二一・〇四・〇八	長三	父		—
二四〇一	第一一一設営隊	ギルバート諸島タラワ	一九四三・一一・二五	松田次郎	軍属	戦死	順天郡海龍面海倉里一七五
			一九一二・〇八・二八	辛鳳連	内妻		順天郡海龍面海倉里一七五
二四〇二	第一一一設営隊	ギルバート諸島タラワ	一九四三・一一・二五	張本勝男	軍属	戦死	順天郡海龍面上三里二三二
			一九二三・〇六・二五	弘康	父		—
二四〇三	第一一一設営隊	ギルバート諸島タラワ	一九四三・一一・二五	康川熙参	軍属	戦死	順天郡楽安面木村里三九八
			一九二〇・〇三・〇五	葉順	妻		—
二四三六	第一一一設営隊	ギルバート諸島タラワ	一九四三・一一・二五	芳山敏明	軍属	戦死	寶城郡会泉面聆川里一三七
			一九一九・一〇・二九	誠治	父		—
二四三七	第一一一設営隊	ギルバート諸島タラワ	一九四三・一一・二五	林鐵煥	軍属	戦死	寶城郡蘆洞面廣谷里二九
			一九二三・〇九・二一	林炳奎	父		寶城郡蘆洞面廣谷里二九
二四三八	第一一一設営隊	ギルバート諸島タラワ	一九四三・一一・二五	孟山泰煥	軍属	戦死	寶城郡×日面平湖里二一四
			一九一五・〇九・一六	孟山豊寛	父		—
二四六〇	第一一一設営隊	ギルバート諸島タラワ	一九四三・一一・二五	清宮宋宰	軍属	戦死	康津郡道岩面筏橋里一六三
			一九一七・〇八・〇六	清宮康弼	父		—
二四四八	第一一一設営隊	ギルバート諸島タラワ	一九四三・一一・二五	松宮憲臣	軍属	戦死	和順郡月福面波上里一八三
			一九一七・〇九・一九	朱石	妻		和順郡月福面波上里一八三
二四六七	第一一一設営隊	ギルバート諸島タラワ	一九四三・一一・二五	崔秉逑・佐井秉桂	軍属	戦死	海南郡門内面朱頭里三九二
			一九二五・〇三・一三	崔成實	父		—
二四六八	第一一一設営隊	ギルバート諸島タラワ	一九四三・一一・二五	洪淳珪・三井淳珪	軍属	戦死	海南郡花源面月錦坪里一五一
			一九一一・〇六・二〇	三井奉善	父		海南郡花源面月錦坪里一五一
二四七六	第一一一設営隊	ギルバート諸島タラワ	一九四三・一一・二五	久松勉煥	軍属	戦死	霊岩郡徳津面長喜里二二四
			一九一七・一一・二四	久松益煥	兄		—
二五〇一	第一一一設営隊	ギルバート諸島タラワ	一九四三・一一・二五	山田洪植	軍属	戦死	羅州郡旺谷面良山里二二五二
			一九二四・〇一・二五	山田琳碩	父		—
二五六八	第一一一設営隊	ギルバート諸島タラワ	一九四三・一一・二五	徳山金造	軍属	戦死	済州島済州邑回泉里一二〇八
			一九一〇・〇八・一六	徳山方信	叔父		済州島朝天面咸徳里一二三
二五六九	第一一一設営隊	ギルバート諸島タラワ	一九四三・一一・二五	呉本性彦	軍属	戦死	済州島済州邑吾羅里七四三

			一九二三・〇二・〇五	呉本一龍	父		—
二五七〇	第一一一設営隊	ギルバート諸島タラワ	一九四三・一一・二五	西原貞燮	軍属	戦死	済州島旧左面金寧里二五六
			一九二六・〇八・〇五	西原元錫	長男		—
二五七一	第一一一設営隊	ギルバート諸島タラワ	一九四三・一一・二五	長岡康彦	軍属	戦死	済州島西帰面甫木里七八四
			一九二一・〇六・〇八	長岡永権	父		済州島西帰面甫木里七八四
二五七二	第一一一設営隊	ギルバート諸島タラワ	一九四三・一一・二五	高本明石	軍属	戦死	済州島西帰面西烘里八一
			一九二三・〇二・一五	高本山石	妹		済州島西帰面西烘里八一
二三六二	第一一一設営隊	ギルバート諸島タラワ	一九四三・一一・二五	金本夫小	軍属	戦死	光陽郡骨若面桃李里五四二
			一九一四・〇八・一三	福順	妻		—
二三六三	第一一一設営隊	ギルバート諸島タラワ	一九四三・一一・二五	東海武釜	軍属	戦死	光陽郡骨若面城埕里七一六
			一九一五・一二・一〇	鍾順	妻		—
二五七三	第一一一設営隊	北太平洋	一九四四・〇九・二六	國本巳俊	軍属	戦死	済州島涯月面召吉里
			一九一八・〇五・〇三	—	—		済州島涯月面召吉里
二一七四	第二〇二設営隊	九州東方海面	一九四三・一二・二一	國本成一	軍属	戦死	光陽郡光陽面邑内里二〇一
			一九二三・〇三・一〇	國本点洙	父		—
一九七四	第二〇四設営隊	硫黄島	一九四五・〇三・一七	晋島元日	軍属	戦死	寶城郡花檎邑七洞里
			一九二三・一〇・〇五	—	—		—
二〇八七	第二〇四設営隊	硫黄島	一九四四・〇八・〇二	吉田安吉	軍属	戦死	麗水郡栄村面土呂里
			一九一二・〇二・一五	—	—		—
二二五三	第二〇四設営隊	中部太平洋	一九四四・〇八・二八	金澤正雄	軍属	戦死	光州府陽林町
			一九一九・一一・一〇	升玉	—		—
二〇一五	第二〇五設営隊	ラバウル	一九四五・〇五・一二	國本殷平	軍属	戦病死	和順郡和順面茶智里二五八
			一九一九・〇五・二四	年兄	—		—
一九八六	第二〇六設営隊	ニューブリテン島	一九四三・〇一・一八	福本吉夫	軍属	戦病死	寶城郡蘆洞面廣谷里一六六
		腸チフス	一九一八・〇七・一三	青一	父		—
二三五一	第二一二設営隊	ギルバート諸島タラワ	一九四三・一一・二五	徳川永順	軍属	戦死	谷城郡古達面帯社里三八八
			一九二四・〇九・一九	宗烈	父		—
二四三九	第二一二設営隊	ビスマルク諸島	一九四三・一一・一六	金城東浩	軍属	戦死	寶城郡島城面新月里六一四
			一九二二・一二・〇八	金城尚洪	父		寶城郡島城面新月里六一四
二五二二	第二一二設営隊	ビスマルク諸島	一九四三・一二・一九	上野泰鳳・姜泰鳳	軍属	戦死	長城郡長城面壽山里一六
			一九二二・〇九・三〇	姜東吉	父		長城郡長城面壽山里一六
二四一五	第二一四設営隊	ペリリュー島	一九四四・一二・三一	林鍾萬	軍属	戦死	順天郡海龍面月田里四七
			—	道栄	妻		—
二四二四	第二一四設営隊	ペリリュー島	一九四四・一二・三一	春山乃雨	軍属	戦死	高興郡道陽面新陽里一二七一
			一九一五・〇一・〇三	玄任	妻		高興郡道陽面新陽里一二七一

2445	第二一四設営隊	ペリリュー島	一九四四・一二・三一 一九一一・一一・一〇	名川允出 ｜	軍属 ｜	戦死	寶城郡会泉面碧橋里三二五 ｜
二四七〇	第二一四設営隊	ペリリュー島	一九四四・一二・三一 一九〇七・〇五・一三	金山徳次郎 金山曺子	軍属 妻	戦死	海南郡海南面大和町五五 ｜
二四九二	第二一四設営隊	ペリリュー島	一九四四・一二・三一 一九二一・〇九・二七	金海正謙 ｜	軍属 ｜	戦死	務安郡長山面澎津里 ｜
二五一一	第二一四設営隊	ペリリュー島	一九四四・一二・三一 一九〇八・一二・一六	林国雄 ヨシ	軍属 妻	戦死	咸平郡咸平面内橋里四〇七 ｜
二五一七	第二一四設営隊	ペリリュー島	一九四四・一二・三一 一九〇七・〇九・〇八	金山忠雄 ヰカユ	軍属 妻	戦死	長城郡長城面流湯里二四一 ｜
二五六五	第二一四設営隊	ペリリュー島	一九四四・一二・三一 一九一四・〇五・一七	野山鶴松 ｜	軍属 ｜	戦死	済州島大静面武陵里仁郷洞 ｜
二五七四	第二一四設営隊	ペリリュー島	一九四四・一二・三一 一九一五・一〇・〇八	井上三郎 坂本漢淳	軍属 ｜	戦死	済州島朝天面北村里四九五 ｜
二四五二	第二一四設営隊	ペリリュー島	一九四五・〇六・二四 一九一七・〇八・一五	昌山良鉉 昌山益承	軍属 父	戦死	和順郡清豊面白×里六三三 ｜
二四六九	第二一五設営隊	比島ダバオ	一九四五・〇九・一一 一九一一・〇五・一四	姜任逢 姜愛子	軍属 妻	戦病死	海南面松旨面馬峰里六三 海南郡松道面神曲辰彩須方
二四七九	第二一五設営隊	比島ダバオ	一九四五・〇八・三〇 一九二〇・〇六・二五	金本国太郎 新基	軍属 母	戦死	霊岩郡三湖面龍擔里 木浦府北橋洞一四三曹明善方
二五三六	第二一五設営隊	比島ダバオ	一九四五・〇七・〇八 一九一六・一二・〇二	朴鐘鉉 清子	軍属 妻	戦死	珍島郡珍島面校洞里一八四
二五五九	第二一五設営隊	比島ダバオ	一九四五・〇八・二二 一九二一・〇一・一四	金原炳休 ｜	軍属 父	戦病死	済州島済州邑寧坪里一八八七 ｜
二五六〇	第二一五設営隊	比島ダバオ	一九四五・〇八・一七 一九一八・〇一・〇一	南山林三 成川景蔵	軍属 兄	戦死	済州島済州邑一徒里一一二九 ｜
二五六一	第二一五設営隊	ダバオ州ブランブラン	一九四五・〇八・一五 一九一一・一二・二八	金城富三 金治	軍属 兄	戦死	済州島済州邑道頭里五〇七 ｜
二五七六	第二一五設営隊	比島ダバオ	一九四五・〇九・一三 一九二〇・〇一・二五	高原瑞鳳 錫俊	軍属 母	戦死	済州島翰林面帰徳里一六二六 ｜
二三七〇	第二一六設営隊	南洋群島	一九四五・〇四・〇三 一九一一・〇六・一七	呉山衛造 善児	軍属 妻	戦病死	麗水郡召羅面大浦里四四一 麗水郡召羅面大浦里四四一
二四二六	第二一六設営隊	フララップ島	一九四五・〇四・〇五 一九二五・〇五・〇一	林永振 林禎鉉	軍属 父	戦病死	高興郡浦頭面上大里五三五 ｜
二三五七	第二一六設営隊	フララップ島	一九四五・〇四・二九	金田俊壽	軍属	戦病死	光陽郡光陽面邑内里三四八

		脚気	一九一七・〇四・一一	東南	妻		—
二四九〇	第二二六設営隊	フララップ島	一九四五・〇七・三〇 一九二三・一二・〇九	武田龍錫 武田月基	軍属 父	戦死	務安郡清渓面字西湖里 —
二五一〇	第二二六設営隊	フララップ島	一九四五・〇八・二二 一九二四・一一・〇四	呉根模 呉萬洙	軍属 父	戦死	羅州郡三道面堂徳里四〇八 —
二四六五	第二二六設営隊	グァム島	一九四四・〇八・〇七 一九二二・〇五・〇一	白川判哲 南水	軍属 父	戦死	康津郡城田面月南里 —
二四七七	第二二七設営隊	グァム島	一九四四・〇八・一〇 一九〇〇・〇八・一九	鈴木拱文 良禮	軍属 妻	戦死	霊岩郡徳津面龍山里 —
二五〇三	第二二七設営隊	グァム島	一九四四・〇八・一〇 一九一〇・〇九・二九	桑村炳彩 桑村海粉	軍属 内妻	戦死	羅州郡公山面白沙里五一四 —
二五〇四	第二二七設営隊	グァム島	一九四四・〇八・一〇 一九二〇・〇一・〇八	宋木田順石 宋木清吉	軍属 兄	戦死	羅州郡多侍面栄洞里 —
二五〇五	第二二七設営隊	グァム島	一九四四・〇八・一〇 一九二七・〇九・〇四	山田良行 山田菊治郎	軍属 父	戦死	羅州郡洞江面仁洞里 —
二五一二	第二二七設営隊	グァム島	一九四四・〇八・一〇 一九二六・〇九・一五	張興基光 張興洪変	軍属 父	戦死	咸平郡大洞面 —
二三三八	第二二七設営隊	グァム島	一九四四・〇八・一〇 一九二〇・一二・〇八	千原萬吉 永禮	軍属 妻	戦死	光州府月山町五九五 —
二三四七	第二二七設営隊	グァム島	一九四四・〇八・一〇 一九〇七・〇二・一五	金井　豊 貞子	軍属 妻	戦死	潭陽郡大月面杏成里九八 —
二三五三	第二二七設営隊	グァム島	一九四四・〇八・一〇 一九一六・〇九・二二	柳　幸一 利一	軍属 兄	戦死	求禮郡求礼面山城里 求禮郡山洞面梨坪里
二三六〇	第二二七設営隊	グァム島	一九四四・〇八・一〇 一九一九・〇六・三〇	豊谷秀夫 定吉	軍属 父	戦死	光陽郡玉谷面仙棚里
二四四〇	第二二七設営隊	グァム島	一九四四・〇八・一〇 一九二二・〇四・二三	金海俊雄 平南	軍属 妻	戦死	寶城郡弥力面華榜里四四〇
二四一一	第二二七設営隊	グァム島	一九四四・〇八・一〇 一九二二・〇八・二七	松原日坤 月洙	軍属 兄	戦死	順天郡海龍面昇龍里一九七 順天郡海龍面昇龍里一九七
二四一二	第二二七設営隊	グァム島	一九四四・〇八・一〇 一九一六・〇三・〇三	金本化錫 龍元	軍属 父	戦死	順天郡海龍面昇龍里四五 順天郡海龍面昇龍里四五
二四一三	第二二七設営隊	グァム島	一九四四・〇八・一〇 一九二五・〇七・〇六	金海秀吉 奉文	軍属 父	戦死	順天郡海龍面南佳里三九一 順天郡海龍面南佳里三九一
二四一四	第二二七設営隊	グァム島	一九四四・〇八・一〇 一九一四・一〇・一〇	金本甲徳 金本永祚	軍属 父	戦死	順天郡海龍面龍堂里一九 順天郡海龍面龍堂里一九

二四二五	第二一七設営隊	グァム島	一九四四・〇八・一〇 一九一〇・〇三・〇二	豊田性月 孝辰	軍属 妻	戦死	高興郡豊陽面院陽里
二四二七	第二一七設営隊	グァム島	一九四四・〇八・一〇 一九一九・〇六・一一	池村正男 正禮	軍属 妻	戦死	高興郡浦頭面上大里五三五〇
二四二八	第二一七設営隊	グァム島	一九四四・〇八・一〇 一九〇六・一一・一七	丘原孝鎮 貴禮	軍属 妻	戦死	高興郡豆原面鶴谷里
二四四一	第二一七設営隊	グァム島	一九四四・〇八・一〇 一九二二・〇一・二〇	藤井信一 藤井宋基石	軍属 兄	戦死	寶城郡鳥城面鳥石里七六六 寶城郡鳥城面鳥石里七六六
二四四二	第二一七設営隊	グァム島	一九四四・〇八・一〇 一九二六・〇四・二三	金本容善 福徳	軍属 母	戦死	寶城郡鳥城面鳥石里七六六 寶城郡鳥城面鳥石里七六六
二四四三	第二一七設営隊	マニラ・東方山中	一九四五・〇六・三〇 一九二五・〇三・二五	張用　碩 張用張大溢	軍属 父	戦死	寶城郡鳥城大谷里二一七
二四四六	第二一七設営隊	グァム島	一九四四・〇八・一〇 一九一三・〇五・二〇	金海龍吉 國子	軍属 妻	戦死	和順郡二南面沙坪里
二四六一	第二一七設営隊	グァム島	一九四四・〇八・一〇 一九一〇・一一・二三	津川龍敏 年李善	軍属 ―	戦死	康津郡東津邑東城里
二四六四	第二一七設営隊	グァム島	一九四四・〇八・一〇 一九一五・〇四・〇二	孝山延會 乙任	軍属 妻	戦死	康津郡道岩面
二五六三	第二一七設営隊	グァム島	一九四四・〇八・一〇 一九二〇・一二・二三	原本珠奉 原本西伯	軍属 父	戦死	済州島南元面為美里
二五六四	第二一七設営隊	グァム島	一九四四・〇八・一〇 一九一六・〇五・一七	李昌麟 青柳昌成	軍属 従兄	戦死	済州島大静面上摹里
二三五五	第二一七設営隊	グァム島	一九四五・〇二・〇四 一九〇五・一一・二五	山下望洞 順洙	軍属 妻	戦死	光陽郡鳳崗面華龍里
二五〇六	第二一七設営隊	ルソン島北部	一九四四・〇八・一〇 一九一九・〇一・二〇	金田今石 ―	軍属 ―	戦死	羅州郡羅州邑松村里二〇一
二三六四	第二一九設営隊	マニラ・コレヒドール	一九四四・一一・〇四 一九一二・〇九・一三	金田萬壽 順徳	軍属 妻	戦死	光陽郡光陽面邑内里三四八
二三四六	第二一九設営隊	ルソン島	一九四五・〇六・一〇 一八九九・〇二・〇一	高木吉燮 良奎	軍属 妻	戦死	潭陽郡月山面龍岩里五七五 潭陽郡月山面龍岩里五七五
二五四二	第二一九設営隊	ルソン島	一九四五・〇六・三〇 一九二三・〇一・二四	金澤延青 金澤吉枝	軍属 母	戦死	済州島旧左面坪岱里三〇二 ―
二三三七	第二一九設営隊	ルソン島	一九四五・〇七・〇八 一九〇七・〇六・二一	朴容淳 金光花子	軍属 妻	戦死	光州府黄金町九 ―
二三四四	第二一九設営隊	ルソン島	一九四五・〇七・〇八	原田良雄	軍属	戦死	光山郡飛鴉面新昌里三七四

			一九二五・一〇・一〇	清吉	父		—
二五三八	第二一九設営隊	ルソン島中部	一九四五・〇七・〇八 一九二〇・〇二・一七	香山吾煥・春吉 一心	軍属 妻	戦死	珍島郡古那面香洞里 —
二六三一	第二一九設営隊	ルソン島中部	一九四五・〇七・〇八 一九〇八・〇二・二四	木村一郎 文子	軍属 妻	戦死	麗水郡東村面月山里七六六 —
二五〇九	第二一九設営隊	マニラ・東方山中	一九四五・〇七・一〇 一九二二・〇一・一三	金岡洞東 金岡璜鎮	軍属 父	戦死	羅州郡細枝面城山里
二四六二	第二一九設営隊	ルソン島中部	一九四五・〇七・一〇 一九二三・〇六・二八	川本博信 川本浩三	軍属 従兄	戦死	康津郡七良面松勝里 —
二五二六	第二一九設営隊	ルソン島中部	一九四五・〇七・一〇 一九二一・〇七・二三	長水甲淵 長水聖義	軍属 父	戦死	莞島郡新智面大谷里九六六 —
二五七五	第二一九設営隊	ルソン島	一九四五・〇七・一〇 一九二三・〇二・二五	大島東根 ×蓮	軍属 母	戦死	済州島中文面月坪里四四一 —
二五七八	第二一九設営隊	ルソン島中部	一九四五・〇七・一〇 一九二三・〇五・二五	良元秉斗 春子	軍属 妻	戦死	済州島涯月面水山里 —
二四六三	第二一九設営隊	ルソン島バヨンボン	一九四五・〇七・三〇 一九一二・〇九・三〇	松本敬洙 順心	軍属 妻	戦病死	康津郡城田面松月里 —
二六七三	第二三二設営隊	ピケロット島	一九四四・〇一・三一 一九二〇・一二・一四	南啓乙 南洙権	軍属 父	戦死	灵巌郡金井面安老里六五 灵巌郡金井面安老里六五
二六八六	第二三二設営隊	ピケロット島	一九四四・〇一・三一 一九二二・〇一・三〇	金田基湧 金田要甫	軍属 父	戦死	羅州郡羅州邑景賢里四五七 羅州郡羅州邑景賢里四五七
二六九四	第二三二設営隊	ピケロット島	一九四四・〇一・三一 一九〇七・〇七・一〇	新居　満 新居東鉉	軍属 父	戦死	灵光郡灵光面白鶴里二六七 灵光郡灵光面白鶴里二六七
二六六二	第二三三設営隊	父島西北方海面	一九四四・〇二・二三 一九二二・〇八・〇九	金島成信 允徳	軍属 妻	戦死	高興郡道陽面鳳徳里一一四〇 —
二六七一	第二三三設営隊	父島西北方海面	一九四四・〇二・二三 一九二七・一二・〇二	金本長彦 金本明玉	軍属 父	戦死	康津郡康津邑牧里二四三 康津郡康津邑牧里二四三
二六八五	第二三三設営隊	父島西北方海面	一九四四・〇二・二三 —	呉年得 呉甲得	軍属 弟	戦死	務安郡夢灘面社会里三九三 —
二六八七	第二三三設営隊	父島西北方海面	一九四四・〇二・二三 一九一一・〇三・三〇	正木春樹 正本正云	軍属 父	戦死	羅州郡奈道面芳山里八一六 —
二六九九	第二三三設営隊	父島西北方海面	一九四四・〇二・二三 一九一八・〇五・二八	平山聖熙 平山學日	軍属 父	戦死	莞島郡所安面珍山里七〇六 —
二七〇〇	第二三三設営隊	父島西北方海面	一九四四・〇二・二三 一九二一・〇六・〇三	山本正敏 山本太彦	軍属 父	戦死	莞島郡所安面珍山里七四九 —

二七一七	第三三設営隊	父島西北方海面	一九四四・〇二・二三 —	高原栄治 高原泰宇	軍属 兄	戦死	済州島済州邑外都里一五〇二 済州島済州邑外都里一五〇二
二七一八	第三三設営隊	父島西北方海面	一九四四・〇二・二三 一九一八・〇九・〇三	谷山基鎬 谷山　順	軍属 父	戦死	済州島大静面日果里一一九 —
二七五九	第三三設営隊	父島西北方海面	一九四四・〇二・二三 一九二一・一〇・〇一	松山吉雄 —	軍属 —	戦死	順天郡順天邑巨木里 —
二七八七	第三三設営隊	父島西北方海面	一九四四・〇二・二三 一九一一・〇六・一八	山本世教 —	軍属 —	戦死	長興郡長興面沙岸里 —
二七九七	第三三設営隊	父島西北方海面	一九四四・〇二・二三 一九一七・〇三・〇五	藤井次郎・大山須張 —	軍属 —	戦死	務安郡安佐面新谷里七三 —
二八一五	第三三設営隊	父島西北方海面	一九四四・〇二・二三 一九二三・〇三・〇一	山原得用 —	軍属 —	戦死	莞島郡莞島面花興里六三八 —
二八三五	第三三設営隊	父島西北方海面	一九四四・〇二・二三 一九一九・一〇・〇三	農山正信 農山性立	軍属 父	戦死	済州島翰林面新昌里一三〇五 —
二八三八	第三三設営隊	父島西北方海面	一九四四・〇二・二三 一九一三・〇九・一一	金岡政夫 —	軍属 —	戦死	済州島翰林面清水里 —
二八四二	第三三設営隊	サイパン島	一九四四・〇七・〇八 一九一九・〇八・二〇	趙日光 —	軍属 —	戦死	済州島大静面下摹里 —
二八四三	第三三設営隊	サイパン島	一九四四・〇七・〇八 一九一七・〇一・二三	太田泳珪 —	軍属 —	戦死	済州島西帰面東洪里七二〇 —
二七七六	第三三設営隊	サイパン島	一九四四・〇七・〇九 一九一六・〇三・二九	金光相仁 在鐵	軍属 父	戦死	高興郡占岩面天鶴里 —
二八四七	第三四設営隊	ハルマヘラ島 マラリア	一九四五・〇六・〇四 一九〇六・〇四・〇五	江川千年 李英	軍属 妻	戦病死	済州島安徳面両廣里八八 —
二七八五	第三四設営隊	モロタイ島 脚気	一九四五・〇八・二一 一九〇三・一〇・〇六	金谷新一 金谷英一	軍属 父	戦病死	和順郡梨陽面梅亭里 —
二六九〇	第三五設営隊	比島ダバオ	一九四四・〇九・一八 一九二一・一二・〇二	羅本性彩 銀金	軍属 妻	戦死	羅州郡三道面三巨里一七〇―一 羅州郡本良面明道里三〇〇
二七二七	第三五設営隊	比島ダバオ	一九四四・〇九・一八 一九一四・〇八・二〇	金本満玉 明春	軍属 妻	戦死	済州島翰林面高山里二二八〇 済州島翰林面高山里二二八〇
二六六八	第三五設営隊	比島ダバオ マラリア	一九四五・〇一・〇七 一九一六・〇八・一九	金田禮成 林順	軍属 妻	戦病死	和順郡同福面×井里三二〇 —
二七五四	第三五設営隊	比島ダバオ マラリア	一九四五・〇四・二五 一九一八・一一・一四	元田富善 順女	軍属 妻	戦病死	谷城郡谷城面新基里三九七 —
二七九三	第三五設営隊	比島ダバオ	一九四五・〇五・〇六	松岡秉大	軍属	戦傷死	灵巌郡新北面

			一九一九・〇九・二四	｜	｜		｜
二七九八	第二二五設営隊	比島ダバオ	一九四五・〇五・〇六	竹下相鎬	軍属	戦死	務安郡夢灘面舨徳里
			一九一八・〇六・二八	｜	｜		｜
二七八九	第二二五設営隊	比島ダバオ	一九四五・〇九・二五	伊泉桂一	軍属	戦病死	長興郡長興面向陽里
		マラリア	一九二〇・〇六・〇五	伊泉泰湖	父		｜
二七七三	第二二五設営隊	比島ダバオ	一九四五・〇七・〇四	南基錫	軍属	戦病死	高興郡過駅面虎徳里
		急性腸炎	一九二一・〇九・一四	｜	｜		｜
二七五五	第二二五設営隊	比島ダバオ	一九四五・〇七・一八	良原炫台	軍属	戦死	谷城郡梧谷面猫川里一二六
			一九一九・〇九・二五	良本元植	父		｜
二八三九	第二二五設営隊	比島ダバオ	一九四五・〇七・二〇	斎藤佐南	軍属	戦病死	済州島朝天面新村里一四〇
		マラリア	一九一四・〇四・〇六	｜	｜		｜
二七五一	第二二五設営隊	比島ダバオ	一九四五・〇八・〇九	竹山福貴	軍属	戦死	谷城郡梧谷面梧板里
			一九二三・〇六・〇六	｜	｜		｜
二七五六	第二二五設営隊	比島ダバオ	一九四五・〇八・二〇	九本漢喆	軍属	戦病死	谷城郡梧谷面鴨緑里
			｜	｜	｜		｜
二七八六	第二二五設営隊	比島ダバオ	一九四五・〇八・二七	金田東開	軍属	戦病死	和順郡同福面
		マラリア	一九一七・〇九・一二	｜	｜		｜
二七四三	第二二五設営隊	比島ダバオ	一九四五・〇九・二三	松平龍鳳	軍属	戦病死	光州府陽林町
		マラリア	一九二〇・〇八・二九	京洙	母		｜
二八四四	第二二五設営隊	比島ダバオ	一九四五・〇九・二五	金岡泳吉	軍属	戦病死	済州島済州邑二徒里
		マラリア	一九一〇・〇八・一四	｜	｜		｜
二八〇〇	第二二五設営隊	比島ダバオ	一九四五・〇九・二七	利川炳植	軍属	戦病死	務安郡夢灘面夢江里
		マラリア	一九一八・一二・二八	｜	｜		｜
二八〇三	第二二五設営隊	比島ダバオ	一九四五・〇九・二八	呉東洙煥	軍属	戦病死	羅州郡本良面明道里
		マラリア	一九二三・〇二・二四	呉東鳳起	父		｜
二八〇五	第二二五設営隊	比島ダバオ	一九四五・〇九・二八	綿城在湖	軍属	戦病死	咸平郡鶴橋面白湖里二二七
			一九二二・〇二・一五	綿城柄吉	父		｜
二八一一	第二二五設営隊	比島ダバオ	一九四五・〇八・〇九	金山道洙	軍属	戦死	潭陽郡鳳山面
			一九一四・一〇・二九	｜	｜		｜
二七七二	第二二五設営隊	比島ダバオ	一九四五・〇九・二九	山元晩龍	軍属	戦病死	高興郡過駅面過駅里
		マラリア	一九一三・〇九・〇九	｜	｜		｜
二六三八	第二二六設営隊	本州南東方海面	一九四四・〇五・〇五	玉川福性	軍属	戦死	光山郡東谷面柳渓里八七六
			｜	花方	母		｜
二六四六	第二二六設営隊	本州南東方海面	一九四五・〇五・〇五	呉山奉煥	軍属	戦死	順天郡上沙面五谷里七〇四
			｜	乃守	父		｜

二六五三	第二三六設営隊	本州南東方海面	一九四四・〇五・〇五	金田碩来	軍属	戦死	麗水郡雙鳳面熊川里八二二
			｜	靖善	父		｜
二六六一	第二三六設営隊	本州南東方海面	一九四四・〇五・〇五	山元基一	軍属	戦死	高興郡東江面馬輪里九一〇
			｜	山元三錫	兄		｜
二六八一	第二三六設営隊	本州南東方海面	一九四四・〇五・〇五	徳山鐘領	軍属	戦死	務安郡智島面灘洞里二六三
			｜	勝禮	妻		務安郡一老面甘遂里七五三
二六八二	第二三六設営隊	本州南東方海面	一九四四・〇五・〇五	富源相均	軍属	戦死	務安郡一老面甘遂里七五三
			｜	杏玄	妻		務安郡夢灘面夢江里八六三
二六九二	第二三六設営隊	本州南東方海面	一九四四・〇五・〇五	朱門日中	軍属	戦死	咸平郡豊橋面鶴橋里五〇三
			｜	朱門潤宜	父		｜
二六九七	第二三六設営隊	本州南東方海面	一九四四・〇五・〇五	松山基錫	軍属	戦死	長城郡北一面星山里一六四
			｜	松山金順	妻		｜
二七六〇	第二三六設営隊	本州南東方海面	一九四四・〇五・〇五	白川雲秀	軍属	戦死	順天郡上沙面屹山里
			一九一八・〇六・一五	｜	｜		｜
二七七四	第二三六設営隊	本州東方海面	一九四四・〇五・〇五	金光箕三	軍属	戦死	高興郡東江面梅谷里
			一九一七・〇一・二九	｜	｜		｜
二八〇八	第二三六設営隊	本州南東方海面	一九四四・〇五・〇五	神農次福	軍属	戦死	長城郡北一面聖徳里
			｜	｜	｜		｜
二七六七	第二三六設営隊	サイパン島	一九四四・〇二・二三	朴密世根	軍属	戦死	麗水郡華井面上花里一六八
			一九一三・〇六・〇五	朴密鳳秀	父		｜
二七四九	第二三六設営隊	サイパン島	一九四四・〇七・〇九	大谷篤雄	軍属	戦死	光山郡大村面大皮里五九六
			一九〇四・一一・二九	トク子	妻		｜
二七五二	第二三六設営隊	サイパン島	一九四四・〇七・〇九	吉村貴重	軍属	戦死	谷城郡梧谷面×林里一一九
			一九一三・〇七・〇一	吉村在夫	弟		｜
二七五三	第二三六設営隊	サイパン島	一九四四・〇七・〇九	金原鐘成	軍属	戦死	谷城郡谷城面新基里五九七
			一九一九・一二・一五	｜	｜		｜
二七六六	第二三六設営隊	サイパン島	一九四四・〇七・〇九	朴漢錫	軍属	戦死	麗水郡栗村面月山里
			一九一九・〇一・一一	在春	父		｜
二七七七	第二三六設営隊	サイパン島	一九四四・〇七・〇九	朴田宗根	軍属	戦死	高興郡東江面魯東里元竹山
			一九二〇・一〇・二〇	采九	父		｜
二七七八	第二三六設営隊	サイパン島	一九四四・〇七・〇九	柳正鎮	軍属	戦死	高興郡東江面掌徳里
			一九一七・〇一・一六	｜	｜		｜
二七七九	第二三六設営隊	サイパン島	一九四四・〇七・〇九	山元基鶴	軍属	戦死	高興郡豆原面鶴谷里一一七七
			一九二二・〇三・二六	｜	｜		｜
二七九九	第二三六設営隊	サイパン島	一九四四・〇七・〇九	金本亨五	軍属	戦死	務安郡押海面方月里大村

			一九二〇・〇二・二七	金本黄守	父		—
二八〇四	第二二六設営隊	サイパン島	一九四四・〇七・〇九	徳川成津	軍属	戦死	咸平郡孫仏面了山里
			一九一九・一二・二九	徳川玉衡	父		—
二八〇六	第二二六設営隊	サイパン島	一九四四・〇七・〇九	利川致徳	軍属	戦死	灵光郡梅花面三月里
			一九一五・一一・三〇	利川汾鳳	兄		—
二八一六	第二二六設営隊	沖縄・真王橋	一九四五・〇五・三一	共田福斗	軍属	戦死	莞島郡金百面柳西里八六三
			一九一九・〇一・二〇	共田興月	父		—
二七五七	第二二六設営隊	沖縄小禄	一九四五・〇六・一三	姜鳳錫	軍属	戦死	求禮郡求禮面論谷里六〇五
			一九二二・〇二・一四	晋川千錫	兄		谷城郡古×面杜柯里
二七六一	第二二六設営隊	沖縄小禄	一九四五・〇一・一〇	松村炳月	軍属	戦死	順天郡上沙面五谷里七一一
			一九一四・一一・二九	賢碩	兄		順天郡上沙面五谷里七一一
二七七一	第二二七設営隊	エンタビー島 全身爆創	一九四四・一一・〇五	共田義彔	軍属	戦病死	高興郡錦山面新坪里平山
			一九一三・〇七・〇三	—	—		—
二七八二	第二二八設営隊	南西諸島	一九四五・〇六・二〇	松原東中	軍属	戦死	寶城郡東於面長洞里五六五
			一九二二・一一・〇三	松原供龍	—		寶城郡東於面長洞里五六五
二七八三	第二二八設営隊	南西諸島	一九四五・〇六・二〇	松田鐘大	軍属	戦死	寶城郡兼白面永南里五一九一
			一九二二・一〇・一〇	松田以哲	父		寶城郡兼白面永南里五一九一
二八七六	第二三三設営隊	テニアン島カロリナス	一九四四・〇七・二四	金田有煥	軍属	戦死	光陽郡夢灘面高工里九四三
			一九〇五・〇四・〇五	三任	妻		—
二八七二	第二三三設営隊	テニアン島	一九四四・〇八・〇一	錦城洞介	軍属	戦死	順天郡興安面木村里七三九
			一九一九・〇四・一三	錦城奉楽	父		順天郡興安面木村里七三九
二八七三	第二三三設営隊	テニアン島	一九四四・〇八・〇一	山村潤雨	軍属	戦死	高興郡蓬莱面安山里二四二
			一九二五・〇七・〇八	山村鐘守	父		高興郡蓬莱面安山里二四二
二八七七	第二三三設営隊	テニアン島	一九四四・〇八・〇一	金長同	軍属	戦死	務安郡鳥山面長山里四五八
			一九一四・〇四・一〇	與英	妻		—
二八七八	第二三三設営隊	テニアン島	一九四四・〇八・〇一	永田在佑	軍属	戦死	務安郡夫山面九隆里四八六
			一九二〇・一〇・一六	徳任	妻		長興郡大山面基洞里二二二
二八八〇	第二三三設営隊	テニアン島	一九四四・〇八・〇一	金田得甫	軍属	戦死	光州郡石谷面花岩里一六〇
			一九〇五・〇一・二三	共林	妻		光州郡石谷面花岩里一六〇
二八九〇	第二三三設営隊	テニアン島	一九四四・〇八・〇一	新井七彦	軍属	戦死	高興郡鉢山面松田里四九八
			一九〇九・〇四・二八	順玉	妻		—
二八九一	第二三三設営隊	テニアン島	一九四四・〇六・〇一	金田大二郎	軍属	戦死	済州島済州邑梨湖里一〇〇
			一九〇五・〇八・〇五	刄	妻		—
二八七四	第二三五設営隊	ネグロス島	一九四五・〇九・三〇	竹村俊岩	軍属	戦病死	海南郡門内面石橋里六四一
			一九〇六・一二・〇四	玉蘭	妻		—

一八七九	第二三五設営隊	ネグロス島	一九四五・〇五・二八	千原孟順	軍属	戦死	光山郡飛鴉面山月里
			一九〇九・〇八・一八	順禮	妻		—
二二	第二五四航空隊	バシー海峡	一九四四・〇九・〇九	文山在元	上整	戦死	灵岩郡郡西面西楊林里二三一
			一九二五・〇三・三〇	文山壽奉	—		
二四一六	第三二〇設営隊	ソロモン群島	一九四四・一〇・一五	田中正一	軍属	戦病死	順天郡海龍面月田里二五九
			一九二二・〇六・三〇	田本一郎	父		—
二五四一	東海丸	海軍公家部隊病院	一九四二・〇七・〇二	孫在欣	軍属	戦病死	珍島郡古都面五柳里二〇九
			一九二三・一〇・〇七	用仁	母		
二三〇九	一三住吉丸	本州南方海面	一九四二・〇七・二四	平沼千鶴	軍属	戦死	済州島大静面下摹里三二五
			—	子生	妻		—
二七三〇	晃昭丸	仏印ハイフォン港	一九四二・〇八・〇一	李成実	軍属	戦死	済州島旧左面東福里一五三四
			—	尹又点	母		麗水郡麗水邑東町七三八
一八二四	五八南進丸	ルソン島マニラ沖	一九四二・〇八・二二	新井善日	軍属	戦死	麗水郡三山面華島里一三七二
			一九一六・〇一・一六	新井良治	—		麗水郡三山面華島里一三七二
一八四〇	昌和丸	ルソン島マニラ沖	一九四二・〇八・二二	和田範良	軍属	戦死	珍島郡青山面堂洛里一一二四
			一九一九・一〇・二九	和田連林	—		
一九一七	昌和丸	ルソン島マニラ沖	一九四二・〇八・二二	康村邦彦	軍属	戦死	済州島西帰面西帰里五八四—一
			一九一七・〇六・〇一	靖村貞國	—		済州島西帰面西帰里五八四—一
一七四六	永福丸	台湾基隆東方海面	一九四二・〇八・三一	新井鐘基	軍属	戦死	木浦府北橋洞二三二
			一九一九・一〇・一五	—	—		—
一七五四	安洋丸	台湾方面	一九四二・〇八・三一	金本政茂	軍属	戦死	寶城郡筏橋邑長佐里二四一
			一九一七・〇七・二四	—	—		—
一九一二	ちた丸	本邦東北	一九四二・〇九・〇四	宮本秀淡	軍属	戦死	済州島翰林面挟才里一八五四
			一九〇五・〇四・〇八	宮本寡娘	—		済州島翰林面翰林港内洞部落
二四五六	三播州丸	バリ島	一九四二・〇九・〇八	金声奎	軍属	戦死	長興郡安良面沙村里五三九
			一九一四・〇一・二一	金声賛奎	兄		—
一七六一	陽明丸	和歌山県南方	一九四二・一〇・〇一	豊田成潤	軍属	戦死	和順郡綾州面寶栄里三八二
			一九二四・〇一・〇九	—	—		—
一七六二	陽明丸	和歌山県南方	一九四二・一〇・〇一	安田鐘浩	軍属	戦死	谷城郡玉泉面竹林里三五〇
			一九二三・〇五・二〇	—	—		—
一七八七	陽明丸	和歌山県南方	一九四二・一〇・〇一	山元基哲	軍属	戦死	順天郡楽安面玉山里二五
			一九一七・〇七・二九	—	—		—
一七五八	拓生丸	青森県	一九四二・一〇・一四	鄭山炳喆	軍属	戦死	羅州郡洞江面良池里三四五
			—	—	—		—
一九三三	拓生丸	本邦東方海面	一九四二・一〇・一四	華山斗三	軍属	戦死	済州島城山面古城里一五八二

二七〇六	盛京丸	本州東方海面	一九四二・一〇・一八 —	金田在奎 —	軍属 —	死亡	済州島城山面三達里一二二四 —
二六三二	盛京丸	本州東方海面	一九四二・一〇・二三 —	布田光房 布田光義	軍属 弟	戦死	木浦府北橋洞一九二 忠清北道槐山郡槐山面東部里
二六三五	盛京丸	本州東方海面	一九四二・一〇・二三 —	金崎邦秀 —	軍属 —	戦死	光山郡松汀面松汀里 —
二六四四	盛京丸	本州東方海面	一九四二・一〇・二三 —	松宮文在 —	軍属 —	戦死	順天郡松光面新坪里二八一 —
二六九六	盛京丸	本州東方海面	一九四二・一〇・二三 —	福山敏鎬 —	軍属 —	戦死	長城郡長城邑聖山里 —
二七〇七	盛京丸	本州東方海面	一九四二・一〇・二三 —	眞本泰宗 —	軍属 —	戦死	済州島旧左面東福里 —
二七〇八	盛京丸	本州東方海面	一九四二・一〇・二三 —	梁本才弼 基節	軍属 妻	戦死	済州島南元面為美里一六七三 釜山府瀘仙町七六六
二七〇九	盛京丸	本州東方海面	一九四二・一〇・二三 —	高城巳弘 —	軍属 —	戦死	済州島翰林面龍水里 —
二七一〇	盛京丸	本州東方海面	一九四二・一〇・二三 —	李原猛玉 —	軍属 —	戦死	済州島翰林面帰徳里四五五五 —
二七三六	盛京丸	本州東方海面	一九四二・一〇・二三 —	松井洪来 —	軍属 —	戦死	済州島涯月面郭支里 —
二五八三	啓山丸	北太平洋	一九四二・一〇・二六 一九一三・一一・〇九	徳山電九 徳山在天	軍属 父	戦死	済州島翰林面金陵里一四七一 —
一八五〇	べにす丸	黄海	一九四二・一一・二一 一九一七・〇四・一八	三井彦吉 —	軍属 —	戦死	済州島済州邑老衡里三二五三 —
一八八三	玉山丸	本邦東方	一九四二・一二・一二 —	金弼淳 —	軍属 —	戦死	済州島旧左面終達里一〇一三 —
一九二五	朝陽丸	台湾北方	一九四二・一二・二八 一九〇五・〇三・〇五	金井徳次 金井光子	軍属 —	戦死	済州島表善面表善里八五六 釜山府瀘仙町一五七〇
二五四〇	一〇興徳丸	本州南方海面	一九四三・〇一・〇五 一九二一・一二・一七	金山學洙 金山文圭	軍属 父	戦死	珍島郡珍島面校洞里六三七 —
二六七八	橿丸	外南洋	一九四三・〇一・一六 —	竹村學現 竹村泰吉	軍属 父	戦死	務安郡黒山面 —
二七〇三	昭運丸	ソロモン諸島	一九四三・〇二・〇四 —	徐松逑 —	軍属 —	戦死	珍島郡 —

二七一五	昭運丸	ソロモン諸島	一九四三・〇二・〇四 —	金圭根 —	軍属 —	戦死	済州島涯月面 —
二七一六	昭運丸	ソロモン諸島	一九四三・〇二・〇四 —	福田辰三郎 —	軍属 —	戦死	済州島涯月面 —
二六六〇	二八新生丸	海南島 急性肺炎	一九四三・〇二・二六 —	兪白秀 朴千心	軍属 母	戦死	高興郡蓬莱面 —
一八〇三	保山丸	黄海	一九四三・〇三・一八 一九一九・〇二・〇三	吉村元基 —	軍属 —	戦死	高興郡占岩面呂湖里一三七 —
一八六〇	保山丸	黄海	一九四三・〇三・一八 一九一四・一一・二五	高木基亮 —	軍属 —	戦死	済州島朝天面北村里一三〇八 —
一八三二	日通丸	本邦西方海面	一九四三・〇三・二一 一九一三・〇九・一七	河合一男 —	軍属 —	戦死	麗水郡雙鳳面仙源里八六三 —
一八三四	日通丸	本邦西方海面	一九四三・〇三・二一 一九一七・〇二・二一	安田徳斌 —	軍属 —	戦死	麗水郡金日面沙洞里一三三 —
一九〇八	日通丸	本邦西方海面	一九四三・〇三・二一 一九二四・〇九・一六	平山行根 —	軍属 —	戦死	済州島翰林面翰林里一三二五 —
一九〇九	日通丸	本邦西方海面	一九四三・〇三・二一 一九二二・一二・二二	大山新次郎 —	軍属 —	戦死	済州島翰林面挟才里一八 —
一九〇二	皐月丸	大連南東	一九四三・〇三・二五 一九二一・一二・〇一	秦野　猛 —	軍属 —	戦死	済州島翰林面高山里一一二五 —
一八一六	保山丸	黄海	一九四三・〇三・二八 一九一六・〇三・二八	金村実智夫 —	軍属 —	戦死	麗水郡麗水邑東島里一五六三−一 —
一八一五	福栄丸	本邦北方	一九四三・〇四・〇七 一九二一・一一・二八	平沼義男 —	軍属 —	戦死	麗水郡麗水邑東島里一二六九 —
一八七五	福栄丸	本州北方	一九四三・〇四・〇七 一九一五・〇三・〇二	金澤聖化 —	軍属 —	戦死	済州島旧左面坪岱里一七三〇 —
二五八四	辰南丸	ソロモン群島	一九四三・〇四・一七 一九〇八・〇三・〇六	遠山盛久 遠山順興	軍属 父	戦死	済州島翰林面挟才里一七八九 —
二四九四	一二神保丸	蘭印方面	一九四三・〇五・〇二 一九一四・〇四・〇八	福川純錫 福川成俊	軍属 父	戦死	務安郡黒山面年月島一二一 —
一九〇七	多聞丸	本邦西南	一九四三・〇五・〇二 一九一七・〇四・一六	梁川南杓 —	軍属 —	戦死	済州島翰林面金陵里一四四九 —
一八七四	東生丸	黄海	一九四三・〇五・〇七 一九〇七・〇九・一〇	金澤鏞鳳 —	軍属 —	戦死	済州島旧左面演坪里二〇八九 —
一八七六	松江丸	本邦西南	一八四三・〇五・二九	金澤三郎	軍属	戦死	済州島旧左面終達里一〇一三

			一九二一・〇一・〇三	—	—		—
一八一二	日久丸	本邦南方	一九四三・〇七・〇四 一九一六・〇九・〇九	松堂錫同 —	軍属 —	戦死	麗水郡麗水邑華島里二二三五 —
一七六四	昭和丸	北海道小樽沖	一九四三・〇七・〇六 一九一五・〇四・一五	泉原鐘寛 —	軍属 —	戦死	谷城郡三岐面院嶝里三三〇 —
二六三七	金泉丸	トラック島	一九四三・〇七・二五 —	清原明雄 —	軍属 —	戦死	光山郡松汀面 —
二六四九	二興生丸	ソロモン諸島	一九四三・〇七・三〇 —	安本貴錫 —	軍属 —	死亡	麗水郡麗水邑鳳山里 —
二六五〇	晴山丸	西南太平洋	一九四三・〇八・二〇 —	二木鐘南 二木武京	軍属 父	戦死	麗水郡三山面 —
二六七七	晴山丸	西南太平洋	一九四三・〇八・二〇 —	金本鎔琸 —	軍属 —	戦死	務安郡智島面 —
二六八〇	三貞洞丸	ビスマルク諸島	一九四三・〇八・二五 —	金鶴福野 金鶴用洙	軍属 父	戦死	務安郡三郷面 —
二二七五	一五幸代丸	本州東方海面	一九四三・〇九・〇一 一九一一・〇八・二五	済天成洋 元柄	軍属 父	戦死	済州島済州邑禾北里三四六二 —
二二八四	一五幸代丸	本州東方海面	一九四三・〇九・〇一 一八九一・〇七・一四	高山権逢 権興	軍属 兄	戦死	済州島大静面日果里三六 —
二二八五	一五幸代丸	本州東方海面	一九四三・〇九・〇一 一九一三・〇三・〇一	高山権成 権興・龍信	軍属 兄・妻	戦死	済州島大静面日果里三六 —
二二八八	一五幸代丸	本州東方海面	一九四三・〇九・〇一 一九〇五・〇一・〇七	高村宗允 仁順	軍属 妻	戦死	済州島旧左面東福里一五四五 —
二三〇一	一五幸代丸	本州東方海面	一九四三・〇九・〇一 一九〇四・一二・〇八	松岡仁守 載九・公奎	軍属 父・妻	戦死	済州島翰林面高山里二三二九 —
二三〇二	一五幸代丸	本州東方海面	一九四三・〇九・〇一 一九一八・〇一・一九	金村基仁 丁生	軍属 妻	戦死	済州島翰林面洙源里二二九 —
二八三〇	八京仁丸	ニューアイルランド島	一九四三・〇九・〇六 一九二〇・〇五・二九	金山同律 —	軍属 —	戦死	莞島郡青山面堂谷里一一四二 —
一九三一	陽和丸	本邦西南海面	一九四三・〇九・一四 一八七九・〇四・一五	岡田宗浩 —	軍属 —	戦死	済州島城山面吾照里六六六 —
一七六三	加智山丸	紀伊半島沖	一九四三・〇九・一九 一九二五・〇二・〇三	宮本興烈 —	軍属 —	戦死	谷城郡竹谷面桐渓里五九二 —
一九二四	加智山丸	紀伊半島沖	一九四三・〇九・一九 一九二四・〇四・〇八	金城奉栄 —	軍属 —	戦死	済州島表善面細花里一六八九 —

一九二九	加智山丸	紀伊半島沖	一九四三・〇九・一九 一九一六・〇九・〇二	杉村應西 ―	軍属 ―	戦死	済州島城山面城山里一九五 ―
一八七七	加智山丸	紀伊半島沖	一九四三・〇九・一九 一八九五・〇四・二〇	金山祥七 ―	軍属 ―	戦死	済州島旧左面坪岱里二五 ―
二六二六	宝定丸	外南洋	一九四三・〇九・一九 ―	文本成逑 容玉	軍属 妻	戦死	済州島旧左面杏源里一三三二 ―
一八〇二	北征丸	千島列島	一九四三・〇九・二一 一九二四・〇三・〇八	中田陽圭 ―	軍属 ―	戦死	高興郡道化面四徳里七七六 ―
一八一一	北征丸	千島列島	一九四三・〇九・二一 一九一三・〇八・〇六	滕本茂夫 ―	軍属 ―	戦死	麗水郡麗水邑華島里三七二 ―
二八四八	日之出丸（い号3）	ソロモン群島	一九四三・〇九・二七 一九二六・〇一・一〇	西原斗甲 西原起秋	軍属 父	戦死	済州島城山面新山里五八一 ―
二八四九	日之出丸	ソロモン群島	一九四三・〇九・二七 一九二〇・〇三・〇五	華山良完 華山岐善	軍属 父	戦死	済州島城山面古城里一四八〇 ―
二八五〇	日之出丸	ソロモン群島	一九四三・〇九・二七 一九一五・一一・〇六	金山泰治 平汝	軍属 母	戦死	済州島城山面新川里八八二 ―
一八三九	二正木丸	本邦西方海面	一九四三・一〇・〇一 一九二〇・〇三・〇一	十田玉賢 ―	軍属 ―	戦死	珍島郡青山面茅島里一一九二 ―
二三七四	東寧丸	南太平洋	一九四三・一〇・〇一 一九一五・〇五・二三	金光恵一 孟順	軍属 妻	戦死	麗水郡召羅面徳陽里一一七二 ―
二七四一	三呉羽丸	ソロモン諸島	一九四三・一〇・〇六 一九〇五・〇四・一〇	牟田興福 運徳	軍属 妻	戦死	木浦府大成洞二四 木浦府大成洞二四
一七四九	漢江丸	秋田県男鹿半島沖	一九四三・一〇・〇九 一九二四・〇三・二一	金本吉勝 ―	軍属 ―	戦死	求禮郡艮大面陽川里二六二 ―
一八五四	漢江丸	秋田県男鹿半島沖	一九四三・一〇・〇九 一九一四・一一・一二	高山雄吉 ―	軍属 ―	戦死	済州島済州邑三陽里二一〇六 ―
一九〇三	帝義丸	仏印	一九四三・一〇・一〇 一九一七・〇五・〇八	金本勇吉 ―	軍属 ―	戦死	済州島翰林面翰林里一三一五 ―
二六三六	白山丸	南太平洋	一九四三・一〇・一七 ―	富田　茂 富田　栄	軍属 父	戦死	光山郡東谷面 ―
一七四一	大忠丸	本邦西方海面	一九四三・一〇・一八 一九二四・〇三・〇五	西原在教 ―	軍属 ―	戦死	木浦府山亭里二七一 ―
二六七九	日進丸	船内	一九四三・一〇・二三 ―	新井官公 新井用化	軍属 父	死亡	務安郡黒山面 ―
二四九九	宇治丸	ソロモン諸島	一九四三・一〇・三〇	徳山光男	軍属	戦死	務安郡清渓面可馬里

二四一七	龍王山丸	ニューギニア	一九二二・〇二・一三 一九四三・一一・〇四 一九〇〇・〇四・〇五	徳山圭藤 西原岩由 ―	父 軍属 ―	戦死	― 順天郡外西面月岩里 ―
二六五二	木曽川丸	インド洋	一九四三・一一・一〇 ―	金尚炫 ―	軍属 ―	戦死	麗水郡三山面巨文島里 ―
二五三九	興西丸	九州南方海面	一九四三・一一・一一 一九一八・一二・二八	新木表童 ―	軍属 ―	戦死	珍島郡珍島面倉柳里七八七 ―
二七一四	五神祇丸	東支那海	一九四三・一一・一三 ―	河本連沢 ―	軍属 ―	戦死	済州島涯月面新巖里一六八七 ―
二六五一	秋津丸	東支那海	一九四三・一一・一三 ―	木村坪奭 大村尚来	軍属 兄	戦死	麗水郡麗水邑萬聖里一一九七 ―
一八三六	英山丸	黄海	一九四三・一一・二〇 一九二四・〇三・〇八	金田在浩 ―	軍属 ―	戦死	珍島郡青山面堂洛里一〇七六 ―
二六九八	五隆丸	ヤルート島	一九四三・一一・二二 ―	魏尚良 魏啓淑	軍属 父	戦死	莞島郡青山面 ―
二六七〇	加美丸	ソロモン諸島	一九四三・一一・二五 ―	周原到汝 ―	軍属 ―	戦死	長興郡冠山面 ―
二六七二	義勇丸	ブカ島	一九四三・一一・二五 ―	朴仲石 ―	軍属 ―	戦死	海南郡玉泉面 ―
二七〇一	義勇丸	ブカ島	一九四三・一一・二五 ―	金本周東 ―	軍属 ―	戦死	莞島郡青山面 莞島郡青山面
二八六三	乾隆丸	本邦南方海面	一九四三・一一・二九	新井孝美 新井長淑	軍属 父	戦死	咸平郡新光面柳川里二二七 ―
二七一一	三幸運丸	ブカ島西方海面	一九四三・一二・〇六 ―	大村光儀 大村　茂	軍属 弟	戦死	済州島翰林面帰徳里四五五五 ―
二三三五	一五虎丸	バシー海峡	一九四三・一二・二二 一九一五・一二・二八	富田直助 　　武男	軍属 兄	戦死	木浦府桜町二一 ―
二三八四	一五虎丸	バシー海峡	一九四三・一二・二三 一九二二・一〇・二〇	慶山幸夫 　　重男	軍属 弟	戦死	麗水郡三山面徳村里 ―
二六八四	五幸運丸	ソロモン諸島 マラリア	一九四三・一二・二四 ―	金林洙正 ―	軍属 ―	戦病死	務安郡智島面 ―
一七八四	東福丸	パラオ近海	一九四三・一二・二四 一九二四・一二・一五	坡平勳治 ―	軍属 ―	戦死	順川郡順川邑玉川里一一六 ―
二二七九	一五源栄丸	本州東方海面	一九四三・一二・二六 一九一八・〇一・〇二	金山達三 金山殷女	軍属 父	戦死	済州島安徳面沙渓里二八八 ―

一八一三	一心丸	本邦西南	一九四四・〇一・〇二 一九二三・〇五・〇七	松堂燮同 —	軍属 —	戦死	麗水郡麗水邑華島里二二三九 —
二六〇七	興業丸	伊勢湾南方	一九四四・〇一・〇二 一九一八・〇五・二三	徳山勝亮 —	軍属 —	戦死	済州島翰林面挾才里五〇一 —
二六五七	隆栄丸	ボルネオ島近海	一九四四・〇一・〇二 —	木下春五 木下商珍	軍属 妻	戦死	麗水郡三山面東島里一〇三五 —
一七六七	三伏見丸	西南太平洋	一九四四・〇一・〇七 一九一五・〇七・〇一	鳩山栄次 —	軍属 —	戦死	灵巌郡西面西鳩林里四二九 —
二六五六	晃照丸	仏印	一九四四・〇一・一二 —	金田性洪 金田順項	軍属 父	戦死	麗水郡冷水有東町九三八 済州島旧左面東福里一五三三
二六〇六	松裕丸	蘭印方面	一九四四・〇一・一八 一九一九・一〇・〇六	運山志文 —	軍属 —	戦死	済州島済州邑海安里一一四三 —
一九一九	春泰丸	本邦西南方海面	一九四四・〇一・二九 一九二四・一〇・〇四	高原雲生 —	軍属 —	戦死	済州島南元面泰興里八一 —
一八二〇	五東洋丸	本邦西南方海面	一九四四・〇二・〇二 一九一九・一二・一〇	平沼義昭 —	軍属 —	戦死	麗水郡麗水邑東島里一二〇三 —
二三六〇	五三日南丸	ケゼリン島	一九四四・〇二・〇六 一九二五・〇八・二五	金本三郎 —	軍属 —	戦死	高興郡高興面登山里一二三〇 —
一八九二	薩摩丸	本邦西南	一九四四・〇二・一一 一九一八・〇七・〇六	清水珍保 —	軍属 —	戦死	済州島大静面下摹里九九〇 —
一九〇五	北安丸	西南太平洋	一九四四・〇二・一四 一九〇五・一〇・〇一	文野好益 —	軍属 —	戦死	済州島翰林面瓮浦里五八〇 —
一七四〇	日徳丸	本邦西方海面	一九四四・〇二・一四 一九二六・〇一・二七	金海勇仁 —	軍属 —	戦死	光州府昭和町四八五 —
二三三四	日朗丸	南洋群島	一九四四・〇二・一七 一九二一・〇四・二七	林明燮 —	軍属 —	戦死	木浦府大成洞三四 —
二三七五	日郎丸	南洋群島	一九四四・〇二・一七 一九二四・一一・〇五	金山光春 政夫	軍属 兄	戦死	麗水郡三山面徳村里六〇三 —
二四九七	寧海丸	南洋群島	一九四四・〇二・一七 一八九三・〇九・〇九	金永文 金永一	軍属 兄	戦死	務安郡慈恩面閑雲里一一八 —
二八五一	五福洋丸	ソロモン群島 マラリア	一九四四・〇二・一七 一九一二・〇四・〇六	星本泰治 二禮	軍属 妻	戦病死	済州島済州邑二徒里一三四八－一 —
二八四〇	不詳	トラック島	一九四四・〇二・一九 一九二二・〇八・一八	金海挺浩 金海徳運	軍属 父	戦死	済州島済州邑禾北里一七三〇 —
一七七七	大仁丸	南西諸島	一九四四・〇二・二〇	金容五	軍属	戦死	長興郡××面龍門里六〇九

番号	艦船	場所	年月日	氏名	続柄	死因	本籍
			一九二六・一〇・一五	｜	｜		｜
二六八三	金井山丸	本州南東方海面	一九四四・〇二・二一 ｜	林鐘列 林大根	軍属 父	戦死	務安郡臨雲面皮西里一二一 ｜
二六八八	三呉羽丸	南洋群島	一九四四・〇二・二一 ｜	平沼連珪 順禮	軍属 妻	戦死	羅州郡羅州邑松月洞二二二 羅州郡羅州邑松月洞二二二
二七二一	金井山丸	外南洋	一九四四・〇二・二一 ｜	野山浩正 文錫	軍属 妻	戦死	済州島旧左面下道里二〇四―一 ｜
二七二二	金井山丸	外南洋	一九四四・〇二・二一 ｜	西原石根 信玉	軍属 妻	戦死	済州島旧左面杏源里四八三 ｜
二八七五	不詳	キヌビエン沖	一九四四・〇二・二一 一九一七・〇九・〇四	金起植 成文	軍属 父	戦死	長城郡東化面務漁里 長城郡東化面務漁里
二六四三	八京仁丸	ビスマルク諸島	一九四四・〇二・二二 ｜	韓末岩 ｜	軍属 ｜	戦死	光陽郡骨若面 ｜
二二八七	八住吉丸	南洋群島	一九四四・〇二・二三 一九二四・一〇・二八	李家性南 李家永武	軍属 父	戦死	済州島旧左面東福里一四六四 ｜
二七六八	五福洋丸	ソロモン諸島 マラリア	一九四四・〇二・二四 一九二五・〇三・二二	金田正突 金田東鉉	軍属 父	戦病死	麗水郡南陽面長水里一四八 ｜
一九〇四	丹後丸	西南太平洋	一九四四・〇二・二五 一九二二・〇八・〇五	水原奎彬 ｜	軍属 ｜	戦死	済州島翰林面金陵里一五五六 ｜
二五三五	一一三星丸	男女群島沖合	一九四四・〇二・二七 一九一九・〇四・〇三	西原明哲 銋林	軍属 妻	戦死	莞島郡青山面堂洛里五八九 ｜
二三九五	七七金比羅丸	男女群島沖合	一九四四・〇二・二七 一九二二・〇四・〇五	馬島奉烈 金順楽	軍属 父	戦死	麗水郡三山面東島里二四一 ｜
二三九六	七七金比羅丸	男女群島沖合	一九四四・〇二・二七 一九二七・〇四・〇六	金村宗伍 宗禮	軍属 母	戦死	麗水郡三山面巨文里 ｜
二五三三	二七金比羅丸	男女群島沖合	一九四四・〇二・二七 一九一八・一一・〇五	金海成山 金海英来	軍属 母	戦死	莞島郡青山面茅島里 ｜
二五三四	二七金比羅丸	男女群島沖合	一九四四・〇二・二七 一九二〇・〇二・二六	金山昌奎 金山昌福	軍属 父	戦死	莞島郡蘆花面文后里 ｜
一八七二	泰仁丸	南大東島	一九四四・〇三・〇一 一九二三・一〇・〇二	西原鐵夫 ｜	軍属 ｜	戦死	済州島旧左面金寧里九九七〇 ｜
二六〇四	亜米利加丸	南洋群島	一九四四・〇三・〇六 一九一三・〇八・一二	谷山貞鳳 谷山紅槿	軍属 父	戦死	済州島朝天面新興里五三七 ｜
一八六五	泰仁丸	南大東島	一九四四・〇三・一二 一九一九・〇八・一一	金宮鎬任 ｜	軍属 ｜	戦死	済州島朝天面朝天里三〇九〇 ｜

二七一二	興安丸	ビスマルク諸島	一九四四・〇三・二五 ―	中江錫性 中江成忠	軍属 弟	戦死	済州島
二六三三	若松丸	海南島	一九四四・〇三・二六 ―	趙鍾完 趙敬道	軍属 父	戦死	木浦府昌平町 ―
二七一三	若松丸	海南島	一九四四・〇三・二六 ―	大田有奉 ―	軍属 ―	戦死	済州島表善面 ―
二三六五	伊邦丸	小笠原諸島	一九四四・〇三・三一 一九一五・〇七・一三	朱村嘉夫 金谷政次	軍属 叔父	戦死	光陽郡光陽面道月里五〇 ―
二七一九	二七大漁丸	中支	一九四四・〇四・一四 ―	富永永交 ―	軍属 ―	戦死	済州島旧左面 ―
一七四五	あかね丸	南支那海	一九四四・〇四・一六 一九一五・一二・二八	富田武男 ―	軍属 ―	戦死	木浦府桜町三 ―
一七四四	第一日の丸	セレベス島東方海面	一九四四・〇四・一六 一九二〇・〇二・〇九	東本浩栄 ―	軍属 ―	戦死	木浦府陽洞八六 ―
二七二五	二興東丸	南西諸島	一九四四・〇五・〇三 ―	玉山京相 ―	軍属 ―	戦死	済州島朝天面朝天里 ―
二六六七	五昇運丸	南西諸島	一九四四・〇五・〇三 ―	英山甲徳 同春	軍属 父	戦死	寶城郡会泉面郡農里九一二 ―
一八一四	昌龍丸	南支那海	一九四四・〇五・〇四 一九一四・〇九・〇九	金山権孝 ―	軍属 ―	戦死	麗水郡麗水邑華島里二二九三 ―
一八二六	満洙丸	南支那海	一九四四・〇五・〇四 一九二一・〇八・二五	大山亨烈 ―	軍属 ―	戦死	麗水郡華陽面龍珠里八八九 ―
二三六六	御崇丸	南洋群島	一九四四・〇五・一一 一九二五・〇三・一〇	安田鏞一 炳烈・鐘圭	軍属 祖父・父	戦死	求禮郡馬山面廣坪里三〇三 ―
一八八六	二労栄丸	本邦東北	一九四四・〇五・一二 一九二三・〇三・一六	山本照夫 ―	軍属 ―	戦死	済州島楸子面永興里三六九 ―
二三七九	蓬莱山丸	南洋群島	一九四四・〇五・二九 一九〇一・〇三・一一	方浦物 鶴子	軍属 妻	戦死	麗水郡三山面東島里九二四
一九三〇	四川丸	本邦西南海面	一九四四・〇五・三〇 一九二四・一一・〇八	金城永洪 ―	軍属 ―	戦死	済州島城山面城山里二一〇 ―
一八七三	北洋丸	北太平洋	一九四四・〇五・三一 一九〇三・〇五・二六	眞田奉煕 ―	軍属 ―	戦死	済州島旧左面東福里一五六五 ―
二六一二	東豊丸	中部太平洋	一九四四・〇六・〇一 一九一九・〇八・〇五	西原景擇 ―	軍属 ―	戦死	済州島翰林面甕浦里六〇二 ―
二三八六	延壽丸	小笠原諸島	一九四四・〇六・〇四	達川澤志	軍属	戦死	麗水郡麗水邑東町八三三

			一九一三・〇三・一八	—	—		—
二四九八	蓬萊山丸	南洋群島	一九四四・〇六・一二 一九二一・一〇・〇九	高山鍾珉 高山云學	軍属 父	戦死	務安郡黒山面紅島里一七二 —
二六一四	日島丸	サイパン島	一九四四・〇六・一二 一九二三・〇六・二五	張本徳勉 張本泰平	軍属 父	戦死	済州島旧左面終達里一九四五 —
二六〇五	朝丸	サイパン島	一九四四・〇六・一二 一九一三・〇九・〇八	高松昌日 海彦	軍属 妻	戦死	済州島旧左面坪岱里六四四 —
二五九九	開南丸	仏印方面	一九四四・〇六・一二 —	金海庚龍 金海平九	軍属 伯父	戦死	済州島済州邑三陽里二七一 —
二三八九	麗海丸	南洋群島	一九四四・〇六・一二 一九二八・一二・二九	宮田勝男 正男	軍属 弟	戦死	麗水郡三日面月下里二三一 —
二三九三	一一実幸丸	南洋群島	一九四四・〇六・一三 一九三〇・〇一・〇五	青松萬燮 永遺	軍属 父	戦死	麗水郡三山面×島里一三六〇 —
一九二三	一開方丸	南太平洋	一九四四・〇六・一六 一九〇八・〇四・二五	韓燐児 —	軍属 —	戦死	済州島表善面表善里九六八 —
一九二六	一開方丸	南太平洋	一九四四・〇六・一六 一九一三・〇四・二八	國本生乭 —	軍属 —	戦死	済州島城山面蘭山里一〇七一 —
一九二七	二東勢丸	南支那海	一九四四・〇六・一六 一九二四・一二・一八	徳山善彦 —	軍属 —	戦死	済州島城山面古城里一〇〇七 —
一九二八	二東勢丸	南支那海	一九四四・〇六・一六 一九二〇・〇四・二六	宮本敏秀 —	軍属 —	戦死	済州島城山面古城里一二九三 —
二七三七	一三大鮮丸	ビスマルク諸島	一九四四・〇六・一六 —	金柱奉 益本シク	軍属 内妻	戦死	済州島大静面下摹里一五三 —
二六六九	八出雲丸	中支	一九四四・〇六・二一 —	松田鐘錫 松田東珠	軍属 父	死亡	長興郡安良面 —
二八一八	六金盛丸	ニューギニア	一九四四・〇六・二五 一九二〇・〇四・〇三	金本正安 —	軍属 —	戦死	莞島郡所安面英羅里三二八 —
二八四一	六金盛丸	ニューギニア	一九四四・〇六・二五 一九二四・一一・二五	蜜原有彦 —	軍属 —	戦死	済州島済州邑外都里一九八三 —
二八二〇	六金盛丸	ニューギニア	一九四四・〇六・二五 一九一五・〇一・三〇	福原政夫 福原三次郎	軍属 父	戦死	莞島郡所安面珍山里一六六 —
一八二八	日錦丸	黄海	一九四四・〇六・三〇 一九二〇・〇三・二二	金山小岩 —	軍属 —	戦死	麗水郡南面横千里三五二 —
二七二三	金井山丸	東支那海	一九四四・〇六・三〇 —	山田赫南 山田面羊	軍属 父	戦死	済州島翰林面甕浦里六〇八 —

一八五五	二大連丸	黄海	一九四四・〇七・〇一 一九一五・一〇・一六	徳山隆彦 —	軍属 —	戦死	済州島済州邑三陽里一九六六 —
一二三五二	五浜丸	蘭印方面	一九四四・〇七・〇一 一九二〇・〇一・二〇	大原炳琳 俊弼	軍属 父	戦死	谷城郡占達面洞里八〇五 求禮郡山洞面梨坪里
二八一七	往吉丸	サイパン島	一九四四・〇七・〇一 一九二六・〇七・二七	夏本東琪 —	軍属 —	戦死	莞島郡青山面邑里八四九 —
一九二〇	一日の丸	本邦西南方海面	一九四四・〇七・〇三 一九一九・〇八・一八	康田大淑 —	軍属 —	戦死	済州島南元面泰興里一九二九 —
二六一六	八雲洋丸	小笠原諸島	一九四四・〇七・〇八 一九二一・〇七・〇八	福田仕雨 福田允錫	軍属 父	戦傷死	済州島朝天面新興里五五二 —
一二七三	明生丸	中部太平洋	一九四四・〇七・〇八 一九二三・〇七・一五	金本重三 良忠	軍属 父	戦死	済州島翰林面大林里一二三一 —
二七二四	一鷺取丸	南支那海	一九四四・〇七・〇八 —	金村任奎 —	軍属 —	戦死	済州島済州邑三陽里二六五二 —
一八一七	二大安丸	黄海	一九四四・〇七・一一 —	金田幸雄 —	軍属 —	戦死	麗水郡麗水邑東島里五六三―一 —
一八一八	二大安丸	黄海	一九四四・〇七・一一 —	韓田昌造 —	軍属 —	戦死	麗水郡麗水邑東島里九四六 —
二五九六	日労丸	セブ島	一九四四・〇七・一二 一九二〇・一二・二〇	金城始浩 金城海根	軍属 父	戦死	済州島旧左面新興里三五一 —
二六四二	七旭丸	南支那海	一九四四・〇七・一三 —	河在洙 —	軍属 —	戦死	光陽郡 —
二六三〇	一一大和丸	南洋群島	一九四四・〇七・一六 一九二二・一〇・二八	廣城回植 水蓮	軍属 父	戦死	普木郡普永面内里 —
二八三三	五幸運丸	ソロモン諸島 マラリア	一九四四・〇七・二〇 一八九四・一〇・〇七	朴莫同 朴萬吉	軍属 長男	戦病死	珍島郡鳥島面倉柳里二七〇一 —
二三八二	二海王丸	本州南方海面	一九四四・〇七・二一 一九一六・一〇・〇四	金岡応培 金岡斗柄	軍属 父	戦死	済州島大静面上摹里三一六九 —
二三八三	二海王丸	本州南方海面	一九四四・〇七・二一 一九一三・〇二・一二	金本仁邦 金本時甫・起春	軍属 父・妻	戦死	済州島大静面永楽里二七六 —
二三八六	二海王丸	本州南方海面	一九四四・〇七・二一 一九〇七・〇八・一〇	李原丙吉 卒春・花童	軍属 兄・妻	戦死	済州島大静面下摹里一二九 —
二三八〇	多住山丸	蘭印方面	一九四四・〇七・二三 一九一〇・〇二・一〇	金山光夫 吉仁	軍属 兄	戦死	麗水郡三山面徳村里八八三 —
二三八一	多住山丸	蘭印方面	一九四四・〇七・三〇	金如根	軍属	戦死	麗水郡麗水邑鳳山里二一四

			一九一八・〇九・〇六	浩末	父		—
二三七六	延壽丸	小笠原諸島	一九四四・〇八・〇四	金村輝夫	軍属	戦死	麗水郡三山面東島里一二一六
			一九〇五・〇二・二四	武珠	父		
二四五五	延壽丸	小笠原諸島	一九四四・〇八・〇四	昌山勝正	軍属	戦死	長興郡安良面雲興里四〇六
			一九一二・〇二・〇五	昌山秉玉	父		
二六二一	延壽丸	小笠原諸島	一九四四・〇八・〇四	吉永鳳来	軍属	戦死	済州島旧左面東福里一六六七
			一九二二・〇一・二九	禎秋	父		—
二三七七	龍江丸	小笠原諸島	一九四四・〇八・〇四	金村信雄	軍属	戦死	麗水郡三山面東島里一一六〇
			一九二七・〇三・二六	金村浩蔵	父		
二五一四	龍江丸	小笠原諸島	一九四四・〇八・〇四	金澤安浩	軍属	戦死	霊光郡霊光面日坪里二八〇
			一九一二・一〇・一五	金澤一浩	兄		—
二五八五	龍江丸	小笠原諸島	一九四四・〇八・〇四	新井仁善	軍属	戦死	済州島翰林面月令里二三九
			一九一五・〇五・一四	新井基赫	叔父		—
二七二〇	三月吉丸	インド洋	一九四四・〇八・〇九	金城鎬準	軍属	戦死	済州島朝天面朝天里
			—		—		—
二六〇九	興新丸	東支那海	一九四四・〇八・〇九	豊川禎昱	軍属	戦死	済州島翰林面挾才里五二九
			一九二二・一二・一〇	豊天土根	父		
一九三二	静洋丸	本邦西南海面	一九四四・〇八・一〇	栄山海完	軍属	戦死	済州島城山面吾照里二五六
			一九〇八・〇四・二八	—	—		—
一八九一	六新勢丸	西南太平洋	一九四四・〇八・一一	岡田岱浩	軍属	戦死	済州島大静面新桃里一四四六
			一九〇六・〇一・一〇	—	—		—
二五九〇	七大源丸	東支那海	一九四四・〇八・一四	金井基淳	軍属	戦死	済州島旧左面東金寧里一四九〇
			一九二二・〇七・二八	—	—		—
二六一一	七大源丸	東支那海	一九四四・〇八・一四	西原汝弘	軍属	戦死	済州島朝天面朝天里二七九〇
			一九〇四・〇八・二三	院奎	妻		—
二五一六	帝洋丸	東支那海	一九四四・〇八・一九	金正五	軍属	戦死	霊光郡霊光面武霊里三三七
			一九二二・〇八・一六	金東光	—		—
二八六五	東海丸	南方海面	一九四四・〇八・二四	眞本寅輔	軍属	戦死	済州島旧左面東福里一五八一
			一九〇七・〇八・二四	眞本基仁	妻		済州島旧左面東福里一五八一
一八九九	八南興丸	熊野灘	一九四四・〇八・二五	中山太夫	軍属	戦死	済州島翰林面帰徳里九〇
			一九二二・〇一・二九	—	—		
二五九八	一京造丸	比島方面	一九四四・〇八・三一	木上明奉	軍属	戦死	済州島翰林面龍水里一区四二三七
			一九二五・一二・一五	木上春厚	父		—
二四七三	一京進丸	比島方面	一九四四・〇八・三一	谷本光浩	軍属	戦死	海南郡松旨面月松里二八九
			一九二四・〇三・〇八	谷本有善	父		—

二六二三	九七播州丸	セブ海	一九四四・〇九・〇三 一九二一・一二・一五	良川達賢 亨鳳	軍属 父	戦死	済州島翰林面上大里四五二八 ｜
一八〇〇	知床丸	スマトラ島南東	一九四四・〇九・〇五 一九二二・〇一・〇二	木元善太郎 ｜	軍属 ｜	戦死	務安郡蓬莱面白揚里一〇〇三 ｜
一七五九	知床丸	スマトラ島南東	一九四四・〇九・〇五 一九二三・〇二・〇九	朴村禹東 ｜	軍属 ｜	戦死	和順郡道巌面碧池里七八三 ｜
一九一五	眞洋丸	ミンダナオ島北西	一九四四・〇九・〇七 一九二一・〇五・一〇	文元京官 ｜	軍属 ｜	戦死	済州島安徳面徳修里九六九 ｜
一八二三	神祇丸	南太平洋	一九四四・〇九・〇八 一九一八・〇七・一六	秋吉大圭 ｜	軍属 ｜	戦死	麗水郡三山面巨文島徳所六五二 ｜
二五九二	五八北新丸	比島	一九四四・〇九・〇九 一九一三・〇六・二〇	韓福生 成福	軍属 兄	戦死	済州島城山面古城里一一四八 ｜
二六〇〇	三八北新丸	比島	一九四四・〇九・〇九 一九二二・一二・一五	木村尚範 木村彭吉	軍属 父	戦死	済州島西帰面甫木里 ｜
一七七六	満州丸	バシー海峡	一九四四・〇九・〇九 一九一八・一一・〇二	松木宗鐵 ｜	軍属 ｜	戦死	康津郡安良面海倉里 ｜
二六一三	五八北新丸	比島	一九四四・〇九・〇九 一九二三・〇五・〇五	野山仲楽 ｜	軍属 ｜	戦死	済州島中文面下猊里一六八 ｜
二三八二	九七播州丸	セブ島	一九四四・〇九・一二 一九一一・〇六・〇六	金可五里 貴茂子	軍属 妻	戦死	麗水郡×井面上花里一五八 ｜
二四九五	二永洋丸	比島	一九四四・〇九・一二 一九一〇・〇七・〇六	岩村今逑 岩村××	軍属 父	戦死	務安郡聖雲面東岩里六四 ｜
二四九六	二永洋丸	比島	一九四四・〇九・一二 一九二二・〇五・二五	神農西斗 神農福徳	軍属 父	戦死	務安郡馬山面鎮里三七三 ｜
二六一〇	多住山丸	蘭印方面	一九四四・〇九・三〇 一九二四・〇九・一一	中村良恒 ｜	軍属 ｜	戦死	済州島南元面新礼里五四 ｜
二六五四	七博鐵丸	本州東方海面	一九四四・〇九・一二 ｜	金光容均 ｜	軍属 父	戦死	麗水郡三日面 ｜
二六五五	七博鐵丸	本州東方海面	一九四四・〇九・一二 一九二五・一二・一四	星山龍男 ｜	軍属 ｜	戦死	麗水郡三日面 ｜
一八四五	二東勢丸	南支那海	一九四四・〇九・一九 ｜	金本清 ｜	軍属 ｜	戦死	珍島郡鳥島面玉島里 ｜
一七五六	二東勢丸	台湾	一九四四・〇九・一九 一九二四・〇三・二五	山川博武 ｜	軍属 ｜	戦死	羅州郡金川面廣岩里三九五 ｜
二四八一	日営丸	比島シブヤン島	一九四四・〇九・二四	河本健一 ｜	軍属 ｜	戦死	霊岩郡霊岩面南豊里三四一 ｜

			一九二三・一一・一七	―	―		―
二五九三	八郎潟丸	千島・ラルック島沖	一九四四・〇九・二六 一九二二・〇五・〇六	金康昨 斗文	軍属 父	戦死	済州島旧左面 ―
二三九〇	多住山丸	蘭印方面	一九四四・〇九・三〇 一九一八・〇五・〇五	南　保 芳逑	軍属 父	戦死	麗水郡三山面徳村里四五九 ―
二三九一	多住山丸	蘭印方面	一九四四・〇九・三〇 一九二六・一一・〇五	南在行 在明	軍属 弟	戦死	麗水郡三山面徳村里一三一九 ―
二五九一	多住山丸	蘭印方面	一九四四・〇九・三〇 一九一五・〇二・一五	金谷允三 金谷君錫	軍属 父	戦死	済州島旧左面演坪里九〇二 ―
一七四三	瑞洋丸	ルソン島西方海面	一九四四・一〇・〇一 一九一九・〇四・一九	森山正雄 ―	軍属 ―	戦死	木浦府陽洞四一 ―
一七八五	二水　丸	南太平洋	一九四四・一〇・〇六 一九二二・〇五・〇五	大城秉桂 ―	軍属 ―	戦死	順天郡海龍面新城里三〇九 ―
一八六七	仁洋丸	ルソン島北方海面	一九四四・一〇・〇六 一九二四・〇二・一一	眞田大元 ―	軍属 ―	戦死	済州島旧左面東金寧里一二八〇 ―
一七六八	立春丸	比島近海	一九四四・一〇・〇八 一九二一・〇五・〇一	海山秉徳 ―	軍属 ―	戦死	康津郡城田面月南里六五二 ―
一八七一	越海丸	南支那海	一九四四・一〇・〇八 一九二二・一〇・〇一	梁川壬生 ―	軍属 ―	戦死	済州島旧左面西金寧里三六 ―
二七〇五	五喜久丸	台湾基隆	一九四四・一〇・一二 ―	伊東柳根 匹心(正心)	軍属 母	戦死	珍島郡義新面金甲里一〇九 ―
二三七八	一神勢丸	台湾	一九四四・一〇・一二 一九一六・〇九・三〇	金本再奉 ―	軍属 ―	戦死	麗水郡突山面石井里一五二 ―
二五二八	三一東海丸	サンボアンガ沖	一九四四・一〇・一八 一九二一・〇一・〇九	新井合圭 新井道守	軍属 父	戦死	莞島郡新安郡珍山里一四五 ―
二六〇一	六大栄丸	サンボアンガ沖	一九四四・一〇・一八 ―	黄山吉龍 景葉	軍属 妻	戦死	済州島旧左面徳泉里三〇一 ―
二六二四	六大栄丸	サンボアンガ沖	一九四四・一〇・一八 一九一三・一二・一七	朴明允・木山根浩 朴明廣	軍属 妻	戦死	済州島翰林面龍水里四二三七 ―
一八四九	白蘭丸	黄海	一九四四・一〇・二三 一九〇九・一〇・一五	金山鶴瑞 ―	軍属 ―	戦死	済州島済州邑三徒里三二 ―
一八〇八	はとばは丸	南支那海	一九四四・一〇・二四 一九二〇・〇五・〇九	光山泳順 ―	軍属 ―	戦死	麗水郡三山面徳村里四四八 ―
二七〇二	愛媛丸	比島	一九四四・一〇・二九 ―	金生彬 金斗玉	軍属 父	戦死	莞島郡青山面堂洛里一一二八 ―

一七八〇	八南進丸	ボルネオ、サンダカン港	一九四四・一〇・三〇 一九二八・〇七・〇六	崔在萬 ―	軍属 ―	戦死	光陽郡多鴨面道土里五三四 ―
一七八二	八南進丸	ボルネオ、サンダカン港	一九四四・一〇・三〇 一九一三・〇六・一六	鄭連水 ―	軍属 ―	戦死	順川郡順川邑大半町一 ―
二八〇一	一六日正丸	香港南東方海面	一九四四・一一・〇一 一九一五・〇二・〇六	松原今春 松原平云	軍属 父	戦死	務安郡玄慶面松亭里七七 ―
二六二七	興業丸	バシー海峡	一九四四・一一・〇一 ―	楊山文守 ―	軍属 ―	戦死	済州島済州邑梨湖里 ―
二三九七	奥業丸	バシー海峡	一九四四・一一・〇一 ―	中西栄一 ―	軍属 ―	戦死	麗水郡三山面徳村里六二九 ―
一八三三	日南丸	インド洋	一九四四・一一・〇一 一八九八・一二・二七	林成彦 ―	軍属 ―	戦死	珍島郡新智面新里三一二 ―
一九一〇	興太丸	本邦南方	一九四四・一一・〇七 一九二三・〇三・〇五	金山美煥 ―	軍属 ―	戦死	済州島翰林面金陵里一〇八七 ―
一七四七	京城丸	東支那海	一九四四・一一・〇八 一九二四・〇三・一五	平海仁九 ―	軍属 ―	戦死	木浦府温×街 ―
一八四四	京城丸	東支那海	一九四四・一一・〇八 一九二〇・〇二・二六	大山基珠 ―	軍属 ―	戦死	珍島郡臨進面上萬里一一一 ―
二三七二	八老丸	九州南方海面	一九四四・一一・〇八 一九一二・〇九・一〇	新井常平 ―	軍属 ―	戦死	麗水郡三山面東島里一〇二四 ―
二四五四	八光丸	九州南方海面	一九四四・一一・〇八 一九二三・一〇・二三	東井　洋 永井安三良	軍属 父	戦死	長興郡長興邑中山里方三区 ―
二五二四	八光丸	九州南方海面	一九四四・一一・〇八 一九二七・〇一・一四	金村奇相 金村鶴同	軍属 父	戦死	長城郡北下面龍頭里四〇 ―
二六二三	八光丸	九州南方海面	一九四四・一一・〇八 一九二三・〇六・二六	吉永鳳至 吉永禎秋	軍属 父	戦死	済州島旧左面東金寧里六六七 ―
二五八六	護国丸	九州西方海面	一九四四・一一・一〇 一九二二・〇二・〇三	江原聖彬 江原明洙	軍属 父	戦死	済州島済州邑三陽里二一二二 ―
二四九三	日晴丸	クリスマス島	一九四四・一一・一七 一八八四・〇四・〇三	中村紋作 ―	軍属 ―	戦死	務安郡巌泰面道昌里五六五 ―
一八〇九	八南進丸	南太平洋	一九四四・一一・二二 一九二二・〇一・〇三	松村繁雄 ―	軍属 ―	戦死	麗水郡三山面徳村里五〇九 ―
一八五三	神安丸	台湾近海	一九四四・一一・二二 一九二七・〇一・〇八	星本武菖 ―	軍属 ―	戦死	済州島済州邑三陽里一二七八 ―
一九三四	五勝栄丸	セレベス島メナド近海	一九四四・一一・二三	山下幸吉	軍属	戦死	済州島大静面上摹里四〇〇五

番号	艦船名	死亡場所	年月日	氏名	身分・続柄	死因	本籍
			一八九五・〇四・一八	―	―		―
一八六六一	福壽丸	黄海	一九四四・一一・二三	文元仁允	軍属	戦死	済州島朝天面北村里五四四
			一九一六・一一・二六	―	―		―
二七二二八	雄鳳丸	ボルネオ島近海	一九四四・一一・二六	密原哲元	軍属	戦死	済州島済州邑外都里一五〇八
			―	密原斗澈	父		―
一七四四八	太星丸	黄海	一九四四・一一・二九	金円光吉	軍属	戦死	求禮郡求禮面鳳西里九六三
			一九二四・〇二・〇八	―	―		―
一八八九七	勝南丸	マラッカ海峡	一九四四・一一・三〇	池田天順	軍属	戦死	済州島翰林面帰徳里一三〇七
			一九一八・〇二・二八	―	―		―
一七五五五	神悦丸	比島オルモック海	一九四四・一一・三〇	安村淳植	軍属	戦死	海南郡馬山面龍田里六九八
			一九三〇・〇六・一二	―	―		―
一八八八七	三南進丸	ボルネオ島パリクパパン沖	一九四四・一二・〇三	天原春秀	軍属	戦死	済州島大静面日果里一六二
			一九一五・〇四・〇三	―	―		―
二七二三八	三浜吉丸	ボージョ島近海	一九四四・一二・〇六	安東彭奎	軍属	戦死	済州島旧左面終達里八五二
			一九二一・〇一・一〇	愛奎	妹		―
二八六六四	い号壽山丸	父島西北海面	一九四四・一二・一六	光山　彰	軍属	戦死	咸平郡羅山面羅山里四五
			一九二七・一〇・〇三	光山栄一	父		―
二八六七一	い号壽山丸	父島西北海面	一九四四・一二・一六	林判一郎	軍属	戦死	羅州郡三道面新洞里一七五
			一九〇二・〇七・一三	順子	妻		―
一七七八六	暁心丸	ハルマヘラ島沖	一九四四・一二・一九	新山和儀	軍属	戦死	順天郡上沙面道日里
			一九二五・〇一・一二	―	―		―
一七九九三	暁心丸	ハルマヘラ島沖	一九四四・一二・一九	高田市成	軍属	戦死	務安郡押海面新龍里
			一九二五・〇八・〇一	―	―		―
一八八九三	ありた丸	南支那海	一九四四・一二・二三	東田基千	軍属	戦死	済州島大静面仁城里二〇三
			一九〇九・〇七・一二	―	―		―
二七八七八	福安丸	バルバラ海峡	一九四四・一二・二三	松田元采	軍属	戦死	長興郡安良面海倉里九三
			―	松田京太	父		―
二六六一九	佳栄丸	バンダ海	一九四四・一二・二六	康本共南	軍属	戦死	済州島城山面温平里八一四
			一九〇九・〇四・一九	―	―		―
二三三九八	二神力丸	西南太平洋	一九四四・一二・三〇	新山乙永	軍属	戦死	麗水郡華陽面龍洙里七〇二
			一九二五・〇七・〇二	錫新	父		―
二五五九四	大安丸	ジャワ	一九四五・〇一・〇二	金本道善	軍属	戦死	済州島翰林面帰徳里長路洞
			一九二二・一二・二三	幹壽	妻		―
一九〇〇六	七高砂丸	比島近海	一九四五・〇一・〇六	野山邦雄	軍属	戦死	済州島翰林面挟才里一八六九
			―	―	―		―

二三四八	日栄丸	マレー半島東方海面	一九四五・〇一・〇六	平木鐵雨	軍属	戦死	潭陽郡月山面月山里六〇五
			一八七一・〇三・二七	平木一鐘	父		—
一八四七	帝海丸	台湾高雄病院	一九四五・〇一・〇七	伊泉治浩	軍属	戦傷死	珍島郡智山面寶田
			一九一五・〇四・一六	—	—		—
一七六五	大剛丸	朝鮮南西岸	一九四五・〇一・〇七	申幸泳	軍属	戦死	谷城郡三岐面水山里四六五
			一九二七・一一・二三	申木伊	—		谷城郡三岐面水山里四六五
一八二五	昌和丸	南支那海	一九四五・〇一・〇八	清水草金	軍属	戦死	麗水郡麗水邑鳳山里一三九
			一九二〇・〇八・一五	—	—		—
二五八七	一新興丸	蘭印方面	一九四五・〇一・〇九	江原楊根	軍属	戦死	済州島翰林面金陵里二区一五四九
			一九二三・〇六・〇二	江原岩贊	父		—
一七七一	大津山丸	仏印キノン湾沖	一九四五・〇一・一二	光本允程	軍属	戦死	長興郡大徳面寶鶴里二五八
			一九一九・〇二・二三	—	—		—
一八二一	五東洋丸	南支那海	一九四五・〇一・一二	鄭良得	軍属	戦死	麗水郡三山面巴文里
			一九一九・〇二・〇二	—	—		—
一八三五	弘心丸	仏印サンジャック沖	一九四五・〇一・一二	田林大玉	軍属	戦死	珍島郡新智面柳西里五〇六
			一九二〇・〇三・二六	—	—		—
一八八四	弘心丸	仏印サンジャック沖	一九四五・〇一・一二	金海成伯	軍属	戦死	済州島旧左面坪岱里二〇三〇
			一九〇七・一一・〇七	—	—		—
一八三〇	あやゆる丸	南太平洋	一九四五・〇一・一二	宮内忠國	軍属	戦死	麗水郡突山面郡内里五三三
			一九二九・一一・二三	—	—		—
一八八一	予州丸	南太平洋	一九四五・〇一・一二	高田永元	軍属	戦死	済州島旧左面細花里一七
			一九二二・一〇・〇二	—	—		—
二六八九	晃昭丸	仏印ハイフォン港	一九四五・〇一・一二	山川碩鎮	軍属	戦死	羅州郡旺谷面月川里二二四
			—	山川秉鎮	兄		—
二七二九	晃昭丸	仏印ハイフォン港	一九四五・〇一・一二	康本邦三	軍属	戦死	済州島城山面
			—	康本萬松	父		済州島城山面九八七
二七三九	二伯州丸	香港	一九四五・〇一・一六	朴聖三	軍属	戦死	済州島翰林面翰林里一四一六
			一八九五・一二・〇一	—	—		—
二七六二	一金剛丸	中支沿岸	一九四五・〇一・二一	慶本昌永	軍属	戦死	麗水郡華井面狼島八四九
			一九一〇・〇七・二一	正立	妻		—
二七六三	一金剛丸	中支沿岸	一九四五・〇一・二一	松山甲東	軍属	戦死	麗水郡華井面蓋島里五五四
			—	玉子	妻		—
一七九九	彦山丸	沖縄那覇沖	一九四五・〇一・二二	明村長模	軍属	戦死	高興郡蓬莱面新錦里五八二
			一九一八・〇四・一四	—	—		—
二七二六	五昇運丸	南西諸島	一九四五・〇一・二二	徳原仲夏	軍属	戦死	済州島翰林面高山里二二二六

			｜	南斗	妻		｜
二六九三	三呉羽丸	南西諸島	一九四五・〇一・二二	姜元俊夫	軍属	戦死	咸平郡咸平面内橋里五六九
			｜	姜元信子	妻		｜
一九二二	一星丸	黄海	一九四五・〇一・三〇	賀茂晴水	軍属	戦死	済州島南元面水望里二八三
			一九一五・〇五・一三	｜	｜		｜
一七四二	永洋丸	仏印バタカン沖	一九四五・〇二・二〇	清水悦三	軍属	戦死	木浦府山亭里二三
			一九二五・〇七・二〇	｜	｜		｜
一九二三	大陸丸	黄海	一九四五・〇二・二〇	廣村岩	軍属	戦死	済州島表善面下川里一二三八
			一九一八・一〇・一五	｜	｜		｜
一九一一	日翼丸	仏印南東	一九四五・〇二・二三	坡平太守	軍属	戦死	済州島翰林面金陵里一四一六
			一九二〇・一二・二一	｜	｜		｜
一九一六	日翼丸	仏印南東	一九四五・〇二・二三	島本金治	軍属	戦死	済州島西帰面甫木里七二
			一九二七・〇九・二一	｜	｜		｜
二八四六	一三日峯丸	ルソン島マニラ	一九四五・〇二・二六	松岡千権	軍属	戦死	済州島翰林面高山里二三九
			一九二〇・〇六・一六	奉順	妻		済州島翰林面高山里三三五
二六〇二	神正丸	ルソン島マニラ	一九四五・〇二・二六	木下永珍	軍属	戦死	済州島大静面上摹里四〇六〇
			一九一〇・〇九・〇九	永仙	妻		
二三五四	一一基盛丸	ルソン島マニラ	一九四五・〇二・二六	金村彩煥	軍属	戦死	求禮郡昆文面竹府里
			一九二八・〇二・二九	道福	ちｔ		｜
二四二九	一一基盛丸	ルソン島マニラ	一九四五・〇二・二六	大水一男	軍属	戦死	高興郡豆原面鶴谷里
			一九一一・〇一・二〇	初江	妻		｜
一九一四	一一南洋丸	海南島近海	一九四五・〇二・二八	梁元元橋	軍属	戦死	済州島中文面上猊里三一五九
			一九二二・〇五・一一	｜	｜		｜
二六六四	一香昭丸	南支那海	一九四五・〇二・二八	徳山性釆	軍属	戦死	高興郡蓬莱面鳳栄里一一二六
			｜	松任	妻		｜
二六五九	一五栄宝丸	中支	一九四五・〇三・〇三	金海在允	軍属	戦死	麗水郡突山面右斗里四二九
			｜	金海秉完	父		｜
二三七三	良栄丸	仏印	一九四五・〇三・〇五	大山右奉	軍属	戦死	麗水郡華陽面華東里二〇九二
			一九一六・〇七・〇八	萬奉	父		｜
二八一九	一六興安丸	南西諸島	一九四五・〇三・〇五	大山仁守	軍属	戦死	莞島郡所安面者只里四四
			一九二三・〇二・〇八	｜	｜		｜
一八六八	二七竹丸	台湾方面	一九四五・〇三・〇六	井上陽一	軍属	戦死	済州島旧左面演坪里二二四六
			一九二三・〇六・〇七	｜	｜		｜
二八六二	勇亀丸	香港沖	一九四五・〇三・〇六	文野丙益	軍属	戦死	済州島翰林面瓮浦里
			一九二四・〇九・二七	文野主生	父		｜

二八二四	七朝日丸	汕頭沖	一九四五・〇三・〇六 一九二六・〇二・一一	宇谷秉錫 宗伯	軍属 父	戦死	莞島郡蘆花面中楠里七六六 莞島郡蘆花面中楠里七六六
二八二五	音羽丸	比島	一九四五・〇三・〇七 一九一七・〇三・〇五	宮島政松 念心	軍属 妻	戦死	莞島郡所安面珍里一一七 莞島郡所安面珍里一一七
一七五二	大優丸	北海道南方	一九四五・〇三・一〇 一九二三・〇四・〇五	田中俊民 —	軍属 —	戦死	潭陽郡潭陽面客舎里一二五 —
二八五六	高田丸	ルソン島中部	一九四五・〇三・一三 一九二三・〇三・一六	文谷太郎 花子	軍属 母	戦死	済州島旧左面演坪里六九一 済州島旧左面演坪里六九一
一八五二	宝泉丸	南太平洋	一九四五・〇三・二〇 一九〇七・〇三・〇三	香川博司 —	軍属 —	戦死	済州島済州邑道連里 —
二七六五	山国丸	南支那海	一九四五・〇三・二〇 —	金貴亭 太巡	軍属 父	戦死	麗水郡華陽面華東里七六九 —
二八二三	五神丸	比島	一九四五・〇三・二〇 一九一八・〇七・二四	秋本洪燁 納令	軍属 妻	戦死	莞島郡所安面茅島里×島二三七 —
一八九〇	開城丸	東支那海	一九四五・〇三・二四 一九三〇・〇一・〇二	金城圭奉 —	軍属 —	戦死	済州島大静面新桃里一四二七 —
二三九二	三一東海丸	南支那海	一九四五・〇三・二四 一九二一・〇六・一一	金村斗煥 昌玄	軍属 父	戦死	麗水郡三山面東島里一二三〇 —
一九〇一	二南洋丸	海南島近海	一九四五・〇三・二八 一九二二・〇六・一三	金本呂平 —	軍属 —	戦死	済州島翰林面珠源里四五七 —
一七九六	六三播州丸	台湾近海	一九四五・〇四・〇一 —	山本春吉 —	軍属 —	戦死	務安郡黒山面鎖里一九九 —
一七九四	桜栄丸	台湾方面	一九四五・〇四・〇一 一九一五・一二・一一	金木鐘出 —	軍属 —	戦死	務安郡里山面金眞里六九三 —
一七七〇	三八北新丸	東支那海	一九四五・〇四・〇一 一九一六・〇八・〇三	金燮同 —	軍属 —	戦死	康津郡康津邑平潟里一四〇 —
一九三五	神馬丸	台湾海峡	一九四五・〇四・〇一 一九〇五・〇七・一三	徳原替雨 —	不詳 —	戦死	済州島×左面魚里 —
一七五一	湊川丸	福岡方面	一九四五・〇四・〇二 一九〇〇・〇四・二七	高木清吉 —	軍属 —	戦死	潭陽郡潭陽面潭洲里六 —
二五一五	江戸川丸	東支那海	一九四五・〇四・〇二 一九一八・〇六・一二	金光碩雄 金光貞烈	軍属 父	戦死	霊光郡郡西面加沙里二九三 —
二六六六	和神丸	南西諸島	一九四五・〇四・〇四 —	木村玉出 松田	軍属 伯父	戦死	寶城郡会衆面郡農里 —
一八六六	一〇三日南丸	山口県	一九四五・〇四・〇五	高田性年	軍属	戦死	済州島朝天面善屹里

			一九一九・一〇・〇一	｜	｜		｜
一七八三	日光丸	黄海	一九四五・〇四・〇九	金丸俊彦	軍属	戦死	順天郡順天邑佳谷里二七七
			一九二五・一一・二七	｜	｜		｜
一八五八	佳光丸	下関海峡	一九四五・〇四・一〇	谷山炯敦	軍属	戦死	済州島涯月面
			｜	｜	｜		｜
二七九二	八一播州丸	上海沖	一九四五・〇四・一二	金川鐘千	軍属	戦死	海南郡縣山面萬安里二七〇
			一九二四・一二・〇八	大今	母		海南郡縣山面萬安里二七〇
二八二六	八一播州丸	上海沖	一九四五・〇四・一二	月城元道	軍属	戦死	莞島郡所安面者只里二三一
			｜	月城春光	父		｜
一八二七	神郎丸	福岡県	一九四五・〇四・一三	木戸淳吉	軍属	戦死	麗水郡巨文島木田村九〇〇
			一九〇〇・〇七・二八	｜	｜		｜
二七三一	壽山丸	済州島	一九四五・〇四・一四	宮本在奎	軍属	戦死	済州島旧左面下道里一九〇四
			｜	｜	｜		｜
二八六八	二鶴丸	比島ダバオ	一九四五・〇四・一四	宮本起×	軍属	戦死	済州島城山面古城里一五三一
			一九一九・一二・一六	宮本明孝	妻		済州島城山面古城里一五三一
一八二九	二大神丸	マカッサル港・イズミ島	一九四五・〇四・一五	金亀宗郁	軍属	戦死	麗水郡南面牛鶴里六三五
			一九一一・××・××	基俊	｜		｜
二八一〇	三華中丸	中支沿岸	一九四五・〇四・一五	田冠王	軍属	戦死	潭陽郡鳳山面
			｜				
二七九五	三華中丸	中支沿岸	一九四五・〇四・一五	吉野安錫	軍属	戦死	務安郡智島面鳳里
			｜	｜	｜		｜
二八一三	五華中丸	中支沿岸	一九四五・〇四・一五	金村市郎	軍属	戦死	莞島郡金城面鳳仙里六〇四
			｜	｜	｜		｜
二八三二	三華中丸	中支沿岸	一九四五・〇四・一五	平田延奎	軍属	戦死	珍島郡鳥島面新陸里一二九
			｜	平田平南	父		｜
二七六四	一六明石丸	中支沿岸	一九四五・〇四・一七	林興玉	軍属	戦死	麗水郡南面柳松里五〇八
			｜	｜	｜		｜
二七八〇	一六明石丸	中支沿岸	一九四五・〇四・一七	松岡乙石	軍属	戦死	寶城郡会泉面東浦里四二六
			｜	性晩	兄		｜
二八一四	一六明石丸	中支沿岸	一九四五・〇四・一七	金山富根	軍属	戦死	莞島郡所安面英羅里三七六
			｜	正模	妻		｜
二八四五	七七興隆丸	南西諸島	一九四五・〇四・一七	山本千松	軍属	戦死	済州島朝天面北村里一三〇三
			一九一三・〇六・一五	山本興連	父		済州島朝天面北村里一三〇三
一八八九	山光丸	朝鮮海峡	一九四五・〇四・二〇	徳宮寛先	軍属	戦死	済州島大静面上摹里三九四八
			一九一七・一〇・二〇	｜	｜		｜

一八九八	山光丸	朝鮮海峡	一九四五・〇四・二〇 一九一八・一二・二五	良川政化 ―	軍属 ―	戦死	済州島翰林面月令里三六二 ―
一八三八	三快進丸	朝鮮南岸	一九四五・〇四・二八 一九二四・〇三・二八	大峯正萬 ―	軍属 ―	戦死	珍島郡青山面圭渓里四四四八 ―
一九一三	日吉丸	黄海	一九四五・〇四・二八 一九〇五・〇四・〇八	金澤聖賢 ―	軍属 ―	戦死	済州島翰林面翰林里一三五七 ―
一八四三	広悦丸	黄海	一九四五・〇五・〇二 一八九八・〇一・一七	李黄容 ―	軍属 ―	戦死	珍島郡臨進面上摹里六九九 ―
一八〇七	東隆丸	黄海	一九四五・〇五・〇二 ―	海本鎮植 ―	軍属 ―	戦死	麗水郡麗水邑栄街五四六 ―
一八三七	東隆丸	黄海	一九四五・〇五・〇二 一九一八・〇五・二七	宮本應變 ―	軍属 ―	戦死	珍島郡青山面堂洛里一〇七六 ―
一八九四	九南興丸	黄海	一九四五・〇五・〇五 一九二六・〇五・〇五	高山正雄 ―	軍属 ―	戦死	済州島翰林面頭毛里 ―
一八五九	那珂川丸	黄海	一九四五・〇五・〇六 一九〇三・一〇・一九	高奉年 ―	軍属 ―	戦死	済州島涯月面涯月里三〇 ―
一八〇一	仁王山丸	朝鮮巨文島	一九四五・〇五・〇六 一九一八・〇四・二七	成田宗喆 ―	軍属 ―	戦死	高興郡浦頭面南蓮里三九一 ―
一八四六	仁王山丸	黄海	一九四五・〇五・〇六 一九一九・〇一・二〇	上村正得 ―	軍属 ―	戦死	珍島郡鳥島面新陸里四七八 ―
一八八〇	仁王山丸	朝鮮巨文島	一九四五・〇五・〇六 一九二二・〇二・〇五	梁川石道 ―	軍属 ―	戦死	済州島旧左面終達里一〇九五 ―
一七五三	二宏山丸	黄海	一九四五・〇五・〇六 一九二二・一一・〇五	金光満三 ―	軍属 ―	戦死	潭陽郡鳳山面湖洞二九〇 ―
一八〇四	一一高砂丸	南朝鮮	一九四五・〇五・〇六 一九二一・〇九・一五	金子慎貴 ―	軍属 ―	戦死	高興郡道北面鳳山里三二九 ―
二二六八	三一播州丸	ルソン島中部	一九四五・〇五・〇六 一九一六・〇三・一五	大山敬次朗 金仁助	軍属 弟	戦死	麗水郡三山面徳村里四六 ―
二三二七	三一播州丸	ルソン島中部	一九四五・〇五・〇六 一九二六・〇一・二七	金原鳳勉 安垛	軍属 母	戦死	莞島郡全日面柳西里五一七 ―
一八〇六	昌福丸	下関海峡	一九四五・〇五・〇七 一九二三・〇二・〇九	神農聖容 ―	軍属 ―	戦死	麗水郡麗水邑栄町一二五 ―
一七六六	晃和丸	朝鮮南方	一九四五・〇五・〇七 一九一一・〇七・〇三	安田順祚 ―	軍属 ―	戦死	灵巖郡三湖面龍塘里一七八 ―
一八五六	晃和丸	黄海	一九四五・〇五・〇七	福本堯文	軍属	戦死	済州島涯月面水山里一九六六

			一九一五・一〇・一一	—	—		—
一八六二	晃和丸	黄海	一九四五・〇五・〇七 一八九三・〇九・〇一	金城明洵 —	軍属 —	戦死	済州島朝天面北村里四四一 —
一八六三	晃和丸	黄海	一九四五・〇五・〇七 一九一一・〇七・二〇	長田錫連 —	軍属 —	戦死	済州島朝天面朝天里三一八 —
一八七八	晃和丸	黄海	一九四五・〇五・〇七 一九〇三・〇三・一六	梁川羨云 —	軍属 —	戦死	済州島旧左面東福里一五二三 —
一八四八	平龍丸	朝鮮仁川河口	一九四五・〇五・〇七 一九二五・〇五・一九	金城正玉 —	軍属 —	戦死	珍島郡内面拓倉里 —
二六五八	晃麗丸	朝鮮海峡	一九四五・〇五・〇八 —	木原炳玉 木原福爽	軍属 父	戦死	麗水郡華陽面羅×里五四〇〇 —
二六七五	晃麗丸	朝鮮海峡	一九四五・〇五・〇八 —	金村正三 小禮	軍属 妻	戦死	灵巌郡灵巌面校洞里三〇三 —
二七三二	晃麗丸	朝鮮海峡	一九四五・〇五・〇八 —	神農京潤 神農連心	軍属 父	戦死	済州島旧左面漢東里一一八二 —
二七三三	晃麗丸	朝鮮海峡	一九四五・〇五・〇八 —	金谷大秀 —	軍属 —	戦死	済州島涯月面下貴里二八八九 —
二七三四	晃麗丸	朝鮮海峡	一九四五・〇五・〇八 —	郭山敬和 —	軍属 —	戦死	済州島旧左面月汀里六八八 —
二七三五	晃麗丸	朝鮮海峡	一九四五・〇五・〇八 —	石山宗林 —	軍属 —	戦死	済州島旧左面東福里一四六八 —
一九〇〇	三博鐵丸	朝鮮東岸	一九四五・〇五・一五 一九二三・〇一・〇八	豊川世鍾 —	軍属 —	戦死	済州島翰林面高山里二六二四 —
一七五七	日洋丸	比島近海	一九四五・〇五・二〇 一九一八・〇一・〇二	金田英洙 —	軍属 —	戦死	羅州郡羅州邑郷松里八二 —
一八八八	日洋丸	比島	一九四五・〇五・二〇 一九〇〇・一二・二七	豊川基村 —	軍属 —	戦死	済州島大静面下摹里八九六 —
一八一〇	肥後丸	早鞆瀬戸	一九四五・〇五・二一 一九一九・〇一・一三	金田啓民 —	軍属 —	戦死	麗水郡三山面徳村里六六七 —
一七九五	美幸丸	黄海	一九四五・〇五・二八 —	高山甲喆 —	軍属 —	戦死	務安郡里山面牛耳島里 —
二六二五	大輝丸	日本海	一九四五・〇六・一〇 一九二一・一〇・三一	松村栄二 松村文雄	軍属 父	戦死	済州島済州邑三徒里七二 —
一七六〇	三信洋丸	黄海	一九四五・〇六・一一 一九二五・〇四・〇五	水原楽夏 —	軍属 —	戦死	和順郡道巌面池月里六四八 —

一七七三	八雲海丸	北海道	一九四五・〇六・一一	孫本光植	軍属	戦死	長興郡安良面沙村里六二八
			一九一七・一二・一八	｜	｜		｜
一八八二	三信洋丸	黄海	一九四五・〇六・一一	木村弘鐘	軍属	戦死	済州島旧左面東福里一五〇三
			｜	｜	｜		｜
一八七九	陽山丸	日本海	一九四五・〇六・一二	石原道源	軍属	戦死	済州島旧左面下道里一二四九
			一八九七・一一・一五	｜	｜		｜
一七七二	明浦丸	日本海	一九四五・〇六・一三	松村世學	軍属	戦死	長興郡大徳面蓮池里三七四
			一九二二・〇四・〇一	｜	｜		｜
一七七九	八天山丸	日本海	一九四五・〇六・一三	江原順祚	軍属	戦死	光陽郡骨若面中洞一一二五
			一九一七・〇五・二五	｜	｜		｜
二六一七	三四興安丸	沖縄豊見城村	一九四五・〇六・一四	金在甫	軍属	戦死	済州島済州邑龍潭里
			一八八九・〇八・〇九	江忠雄	甥		｜
二七八四	一六千歳丸	沖縄豊見城村	一九四五・〇六・一四	金本成煥	軍属	戦死	寶城郡筏橋面鳳林里二四五
			一九一七・〇五・二七	金本相萬	父		｜
二八二七	一六千歳丸	沖縄豊見城村	一九四五・〇六・一四	木下良公	軍属	戦死	莞島郡金白面長×里四〇
			一九一二・〇二・〇五	富子	妻		｜
二七九〇	一六千歳丸	沖縄豊見城村	一九四五・〇六・一四	鄭徳先	軍属	戦死	長興郡安良面芷川里一三五
			一九二〇・〇八・二〇	如文	母		｜
二八五三	一七日峯丸	ルソン島	一九四五・〇六・一五	岡田球赫	軍属	戦死	済州島翰林面新昌里二九一
			一九二三・一二・一九	岡田奉祚	父		｜
二四七二	菱形丸	ルソン島北部	一九四五・〇六・一五	尹仁倍	軍属	戦死	海南郡黄山面晥湖里
			一九二四・〇一・一二	尹東雲	父		｜
二八五五	一六日正丸	ルソン島中部	一九四五・〇六・一五	金田辰鳳	軍属	戦死	済州島朝天面咸徳里二八六
			一九二一・〇九・二八	任基化	妻		｜
一八五七	勇武丸	福岡県	一九四五・〇六・二二	春山根坊	軍属	戦死	済州島涯月面今徳里一九八七
			一九二〇・〇一・一三	｜	｜		｜
二七七五	二伏見丸	三灶島附近	一九四五・〇六・二二	鄭龍根	軍属	戦死	高興郡過駅面月川里一五六八
			｜	｜	｜		｜
一八六九	新義州丸	日本海	一九四五・〇六・二三	高村達玩	軍属	戦死	済州島旧左面東福里一五三五
			一九一一・一一・〇一	｜	｜		｜
一八七〇	新義州丸	日本海	一九四五・〇六・二三	白川洙一	軍属	戦死	済州島旧左面西金寧里一五五
			一九一七・〇七・一二	｜	｜		｜
一七九〇	安利丸	山口県	一九四五・〇六・二五	光山幸柱	軍属	戦死	務安郡三老面山亭里八八二
			一九二五・一一・二七	｜	｜		｜
一七八八	七快進丸	山口県	一九四五・〇六・二七	山木栄吉	軍属	戦死	務安郡清渓面西湖里五二二

			一九二八・一〇・〇六	｜	｜		｜
一七九七	七快進丸	山口県	一九四五・〇六・二七	金田浦炫	軍属	戦死	高興郡豊陽面安洞里四九八
			｜	｜	｜		｜
一八八五	七快進丸	山口県	一九四五・〇六・二七	朝本福童	軍属	戦死	済州島楸子面新陽里二〇五
			一九一五・〇九・〇九	｜	｜		｜
一八九五	七快進丸	山口県	一九四五・〇六・二七	原田行汝	軍属	戦死	済州島翰林面月令里三五四
			一九〇七・〇九・〇七	｜	｜		｜
二三八三	二松浦丸	ルソン島マニラ東方	一九四五・〇六・三〇	木本珍台	軍属	戦死	麗水郡突山面竹鳳里一六八二
			一九二〇・〇六・二四	永台	弟		｜
二三八五	一八盛運丸	ルソン島マニラ	一九四五・〇六・三〇	徐千得	軍属	戦死	麗水郡南面必張里
			一九二八・〇三・〇二	｜	｜		｜
二三八八	二九新生丸	ルソン島マニラ	一九四五・〇六・三〇	林本突	軍属	戦死	麗水郡華井面諸島里二四七
			一九一三・〇九・一八	甚文	父		｜
二五二九	い号二大洋丸	ルソン島マニラ	一九四五・〇六・三〇	金本彩石	軍属	戦死	莞島郡新南面竹麻里
			一九一一・〇二・一五	金本仁巳	父		｜
二五三一	二九新生丸	ルソン島マニラ	一九四五・〇六・三〇	松原萬設	軍属	戦死	莞島郡莞島面竹青里八〇一
			一九一九・〇九・二五	｜	｜		｜
二五三二	い号二大洋丸	ルソン島マニラ	一九四五・〇六・三〇	和田正来	軍属	戦死	莞島郡青山面菊山里
			一九三〇・〇一・〇五	和田当丸	父		｜
二五八八	八蛭子丸	ルソン島マニラ	一九四五・〇六・三〇	大森斗実	軍属	戦死	済州島翰林面瓮浦里
			一九〇七・〇九・〇三	龍仁	妻		｜
二五八九	八蛭子丸	ルソン島マニラ	一九四五・〇六・三〇	大山翊秀	軍属	戦死	済州島涯月面古城里七一七
			一九一一・〇九・一二	東海學順	妻		｜
二五九七	八蛭子丸	ルソン島マニラ	一九四五・〇六・三〇	金光應寛	軍属	戦死	済州島旧左面演坪里九七七
			一九〇七・一〇・一九	奏禄	妻		｜
二六〇三	一三明玄丸	ルソン島マニラ	一九四五・〇六・三〇	黄木泰吉	軍属	戦死	済州島旧左面東金寧里二六
			一九一四・〇五・一四	次玖	妻		｜
二六二〇	い号二大洋丸	ルソン島マニラ	一九四五・〇六・三〇	山口明玉	軍属	戦死	済州島表善面細花里
			一八八九・〇六・一九	｜	｜		｜
二六二九	日光丸	ルソン島マニラ沖	一九四五・〇六・三〇	朴工安	軍属	戦死	霊岩郡島天面高陽里
			一九一九・〇二・一七	｜	｜		｜
二六一八	一八盛運丸	ルソン島マニラ	一九四五・〇六・三〇	村田早繁	軍属	戦死	済州島翰林面挾才里一八〇〇
			一八九七・〇八・一八	徐仁基	母		｜
二八二一	五神祇丸	比島	一九四五・〇七・〇一	徳宗國鎮	軍属	戦病死	莞島郡青山面道清里三七〇
		マラリア	一九二四・〇四・二一	正任	妻		｜

二八六〇	五三国丸	対馬	一九四五・〇七・〇三 ｜	國本明奎 ｜	軍属 ｜	戦死	済州島朝天面 ｜
二八六一	五三国丸	対馬	一九四五・〇七・〇三 ｜	金澤平奎 ｜	軍属 ｜	戦死	済州島旧左面金寧里一七六 ｜
二八二二	七神風丸	ハバタンカン	一九四五・〇七・一〇 一九二三・〇五・一二	秋本鐵奎 秋本基奎	軍属 兄	戦病死	莞島郡青山面茅島里内第島二〇三 ｜
一八一九	五白金丸	下関海峡	一九四五・〇七・一一 一九一八・〇九・二五	新川新三郎 ｜	軍属 ｜	戦死	麗水郡三山面西島里一二五一 ｜
二八五二	一七蛭子丸	ネグロス島	一九四五・〇七・一一 一九一八・一二・〇四	金城成吉 春生	軍属 妻	戦死	済州島済州邑禾北里四七八九 ｜
一七七五	笠戸丸	福岡県戸畑市 急性虫様突起炎	一九四五・〇七・一二 一九二六・〇八・二四	木村英治 ｜	軍属 ｜	戦病死	長興郡安良面芷川里一六〇 ｜
一七七八	蘇永丸	北海道小樽湾	一九四五・〇七・一五 一九二九・一二・〇三	金村炯斗 ｜	軍属 ｜	戦死	長興郡尺山面柳場里四六五 ｜
一八五一	千島丸	日本海	一九四五・〇七・一八 一九二三・〇九・一七	中村一雄 ｜	軍属 ｜	戦死	済州島済州邑道連里 ｜
一八九六	新泰丸	黄海	一九四五・〇七・一八 一八九九・〇一・〇八	林盛春 ｜	軍属 ｜	戦死	済州島翰林面翰林里 ｜
二三八七	自在丸	関東地方	一九四五・〇七・二一 一九二七・〇三・〇七	西原順王 巳永	軍属 父	戦死	麗水郡突山面律林里 ｜
一八二三	日安丸	朝鮮東南海面	一九四五・〇七・二二 一九一七・〇六・二三	金炳済 ｜	軍属 ｜	戦死	麗水郡三山面巨文島巨文里 ｜
一七八九	八済州丸	朝鮮東南海面	一九四五・〇七・二二 一九〇六・〇八・一六	金富哲 ｜	軍属 ｜	戦死	務安郡長山面大里 ｜
一八〇五	八済州丸	朝鮮東南海面	一九四五・〇七・二二 一九一六・一〇・一六	朱洪根 ｜	軍属 ｜	戦死	高興郡洗岩面呂興里 ｜
一七七四	一一東洋丸	下関海峡	一九四五・〇七・二二 一九一七・〇三・一五	木柄又貴 ｜	軍属 ｜	戦死	長興郡安良面沙村里五七三 ｜
一七八一	光妙丸	対馬海峡	一九四五・〇七・二四 一九二三・〇二・〇九	金本須甲 ｜	軍属 ｜	戦死	光陽郡光陽面徳礼里四七 ｜
一七五〇	紀の川丸	広島県吉浦沖	一九四五・〇七・二四 一九二七・〇八・一五	平木栄烈 ｜	軍属 ｜	戦死	長城郡森渓面鉢山里 ｜
二八三一	五五播州丸	下関市	一九四五・〇七・二七 ｜	木村學奉 ｜	軍属 ｜	戦死	莞島郡莞島面郡内里三〇一 ｜
一七六九	萩川丸	秋田県能代沖	一九四五・〇七・二八	金木一郎	軍属	戦死	康津郡鵲川面峴山里四八九

			一九三〇・〇三・〇六	—	—		—
一八六四	萩川丸	秋田県能代沖	一九四五・〇七・二八 一九二七・〇八・一三	金宮米奎 —	軍属 —	戦死	済州島朝天面朝天里三四二 —
一七九八	雄進丸	朝鮮海峡	一九四五・〇七・二九 一九二二・〇九・〇二	金田坤不 —	軍属 —	戦死	高興郡蓬莱面支竹里 —
一八四一	雄進丸	朝鮮海峡	一九四五・〇七・二九 一九二三・〇四・一一	豊川秉洙 —	軍属 —	戦死	珍島郡所安面北本里 —
一八四二	甍三号	兵庫県尼崎市	一九四五・〇七・三〇 一九二七・〇一・〇六	金本永安 —	軍属 —	戦死	珍島郡蘆花面亭子里八〇五 —
一八三四	八九播州丸	舞鶴湾口	一九四五・〇七・三〇 —	高山學善 石煥	軍属 母	戦死	済州島翰林面新昌里 —
一八三一	一光丸	セレベス島マカッサル	一九四五・〇八・〇一 一九一五・××・××	春川昌順 忠砕	軍属 —	戦死	麗水郡突山面内東里五八 —
一九一八	二鳥海丸	日本海	一九四五・〇八・〇六 一九一二・〇四・一六	呉山遵道 —	軍属 —	戦死	済州島南元面為美里一七七八—二 —
二八五八	不詳	朝鮮釜山沖	一九四五・〇八・〇八 一九〇九・〇九・一四	梁本允錫 庚允	軍属 母	戦死	済州島中文面中文里一六一六 —
二五三〇	一六吉祥丸	比島	一九四五・〇八・一〇 一九二五・〇六・二〇	林采鳳 —	軍属 —	戦病死	莞島郡青山面菊山里八九 —
二六一五	一二北進丸	比島	一九四五・〇八・一一 一九一九・〇五・一八	廣山基奉 廣山應云	軍属 父	戦死	済州島城山面古城里五一六 —
一七九二	六日祐丸	香川県	一九四五・〇八・一三 —	覇井　潔 —	軍属 —	戦死	務安郡玄渓面大山里七八 —
二三九四	二二南水丸	セブ島	一九四五・〇八・二七 一九二七・一二・二三	松永光雄 吉博	軍属 父	戦死	麗水郡三山面徳村里 —
二六〇八	一三北新丸	比島	一九四五・〇九・〇二 一九〇七・〇六・一〇	徳山仁賛 徳山世弘	軍属 父	戦死	済州島城山面新川里三六七 —
二八六七	一五日之出丸	比島ダバオ	一九四五・〇九・〇四 一九一三・〇七・〇三	永斗南 平女	軍属 妻	戦病死	済州島城山面吾照里九八五 —
二八六九	二鶴丸	比島ダバオ アメーバ赤痢	一九四五・〇九・〇五 一九〇九・〇三・二三	金澤孝浩 金澤承孝	軍属 弟	戦死	済州島翰林面挾才里 —
二八六六	一五日之出丸	比島ダバオ マラリア	一九四五・〇九・一二 一九一六・〇七・一五	徳山豪一 太王	軍属 妻	戦病死	済州島城山面吾照里九〇四 —
二七七〇	八九播州丸	舞鶴湾口	一九四五・〇九・三〇 —	西村昌模 基徳	軍属 妻	戦死	高興郡吉岩面呂湖里 —

二六三四	二金比羅丸	佐世保市	一九四五・一〇・一〇 一九一七・〇三・二〇	金本在浩 ―	軍属 ―	戦死	木浦府竹橋里三六八 ―
二八三六	九徳山丸	ラバウル 肺結核	一九四五・一〇・二四 ―	内村祥秋 内村壬秋	軍属 兄	戦病死	済州島表善面細花里 ―
二八二八	新生丸	博多湾	一九四五・一〇・二六 ―	阿部幸一 阿部明信	軍属 父	戦死	莞島郡鳥島面朝日町 ―
二五九五	海雲丸	呉市	一九四五・一二・二三 一九〇八・〇二・一二	金本普錫 金本来淑	軍属 子	戦傷死	済州島楸子面永興里三五一 ―
一七九一	六昌栄丸	青森県	一九四六・〇六・一〇 一九二九・〇七・二八	金谷行哲 ―	軍属 ―	戦死	務安郡二光面龍堀里四三一 ―
二八八一	不詳	舞鶴市	一九四五・〇五・二八 一九二二・〇四・〇七	河野求燮 ―	軍属 ―	死亡	求禮郡内山面官山里三五五 求禮郡内山面官山里三五五

◎全羅北道　二三五四名

原簿番号	所属	死亡場所 死亡事由	死亡年月日 生年月日	創氏名・姓名 親権者	階級 関係	死亡区分	本籍地 親権者住所
二〇	大阪海兵団	大阪市	一九四五・〇四・〇七 一九二六・〇九・二六	杉川性玉 判啓	一水 父	死亡	茂朱郡安城面場基里七〇二 ―
一九九二	大湊海軍施設部	千島片岡	一九四四・〇二・二五 ―	朴村東植 ―	軍属 ―	戦死	南原郡朱川面高基里 ―
一八二七	大湊海軍施設部	北千島武蔵	一九四四・〇八・一九 ―	木村春吉 ―	軍属 ―	死亡	錦山郡郡北面虎峙里七八四 ―
一八九六	大湊海軍施設部	千島方面 肺結核	一九四四・〇九・一三	崔昌興・福田栄一 碩千・城ふみ	軍属 妻・妻	戦病死	長水郡渓内面明徳里一五一〇 ―
一五九五	大湊海軍施設部	北千島近海	一九四四・〇九・二六 一九二二・一一・一九	新井鍾哲 順福・南貞	軍属 兄・妻	戦死	益山郡望城面華山里四八五 ―
一五九六	大湊海軍施設部	北千島近海	一九四四・〇九・二六 一九二三・一一・一八	南原喜哲 姓女	軍属 叔母	戦死	益山郡朗山面三潭里一二八 ―
一五九七	大湊海軍施設部	北千島近海	一九四四・〇九・二六 ―	三孝延植 星七・聖檀	軍属 兄・母	戦死	益山郡熊洞面熊浦里六〇五 ―
一五九八	大湊海軍施設部	北千島近海	一九四四・〇九・二六 ―	金村基先 甲烈	軍属 父	戦死	益山郡熊浦面石倉里五一一 ―
一五九九	大湊海軍施設部	北千島近海	一九四四・〇九・二六 ―	金川容珏 栢洙・烈九	軍属 父・妻	戦死	益山郡熊浦面松川里四三〇 ―
一六〇〇	大湊海軍施設部	北千島近海	一九四四・〇九・二六 ―	朱川福石 斑龍	軍属 父	戦死	益山郡熊浦面孟山里七七五 ―
一六〇一	大湊海軍施設部	北千島近海	一九四四・〇九・二六 ―	河野珍永 熊根	軍属 父	戦死	益山郡熊浦面松川里六〇五 ―
一六〇二	大湊海軍施設部	北千島近海	一九四四・〇九・二六 一九一八・〇九・一三	三山相黙 黙禮	軍属 妻	戦死	益山郡三箕面龍淵里六〇三 ―
一六〇三	大湊海軍施設部	北千島近海	一九四四・〇九・二六 一九一二・〇六・〇八	宜元斗満 斗業・伊粉	軍属 兄・妻	戦死	益山郡三箕面箕山里五七三 ―
一六〇四	大湊海軍施設部	北千島近海	一九四四・〇九・二六 一九一二・〇九・〇五	松山茂雄 徳永・貞順	軍属 兄・妻	戦死	益山郡三箕面五龍里八四七
一六〇五	大湊海軍施設部	北千島近海	一九四四・〇九・二六 一九二二・〇九・一八	河本元奎 常龍	軍属 父	戦死	益山郡八峰面隠基里二八六 ―
一六〇六	大湊海軍施設部	北千島近海	一九四四・〇九・二六 一九一六・〇二・二六	江本鐘玉 鍾淳・玉林	軍属 兄・妻	戦死	益山郡八峰面月星里二五九 ―

一六〇七	大湊海軍施設部	北千島近海	一九四四・〇九・二六 一九一六・一〇・一一	木村憲喆 用云	軍属 父	戦死	益山郡八峰面隠基里一八四 —
一六〇八	大湊海軍施設部	北千島近海	一九四四・〇九・二六 一九〇二・〇七・一九	金光容燮 禹洙・占禮	軍属 父・妻	戦死	益山郡八峰面徳基里六四九 —
一六〇九	大湊海軍施設部	北千島近海	一九四四・〇九・二六 一九一九・一〇・三〇	金本満喜 青花	軍属 父	戦死	益山郡八峰面富松里五三六 —
一六一〇	大湊海軍施設部	北千島近海	一九四四・〇九・二六 一九二〇・〇七・一〇	高五奉 肖文	軍属 父	戦死	益山郡皇華面安心里七 —
一六一一	大湊海軍施設部	北千島近海	一九四四・〇九・二六 一九二〇・〇一・二三	青松宣洙 軍讃	軍属 父	戦死	益山郡皇華面鳳洞里七六五 —
一六一三	大湊海軍施設部	北千島近海	一九四四・〇九・二六 一九一八・一一・〇六	李本恩成 東烈	軍属 父	戦死	益山郡皇華面皇華亭里一〇四 —
一六一四	大湊海軍施設部	北千島近海	一九四四・〇九・二六 一九二七・一一・一六	李本満喆 相俊	軍属 父	戦死	益山郡龍安面龍頭里二四八 —
一六一五	大湊海軍施設部	北千島近海	一九四四・〇九・二六 一九二九・〇五・〇三	山本琪順 緑	軍属 母	戦死	益山郡龍安面大鳥里六三八 —
一六一六	大湊海軍施設部	北千島近海	一九四四・〇九・二六 一九一二・〇五・一六	大山箕錫 完錫	軍属 兄	戦死	益山郡龍安面松山里二四〇 —
一六一七	大湊海軍施設部	北千島近海	一九四四・〇九・二六 —	金山貞植 順洪・鍾禮	軍属 父・妻	戦死	益山郡五山面永萬里二八八 —
一六一八	大湊海軍施設部	北千島近海	一九四四・〇九・二六 —	金相哲 寧	軍属 母	戦死	益山郡五山面木川里四三〇—一 金堤郡金堤邑釼山里
一六二一	大湊海軍施設部	北千島近海	一九四四・〇九・二六 一九二八・〇五・〇九	山本在順 光一	軍属 母	戦死	益山郡咸羅面新登里一〇一 —
一六二二	大湊海軍施設部	北千島近海	一九四四・〇九・二六 一九二二・〇四・〇七	姜敬録 月三	軍属 父	戦死	益山郡咸羅面金城里二四六 —
一六二三	大湊海軍施設部	北千島近海	一九四四・〇九・二六 —	李本判玉 長順	軍属 父	戦死	益山郡聖堂面聖堂里二六六 —
一六二四	大湊海軍施設部	北千島近海	一九四四・〇九・二六 —	金海炫成 炫×・春子	軍属 父・妻	戦死	益山郡聖堂面聖堂里五八五 —
一六二五	大湊海軍施設部	北千島近海	一九四四・〇九・二六 —	佳山花城 根城・玉允	軍属 兄・妻	戦死	益山郡聖堂面聖堂里四七〇 —
一六二六	大湊海軍施設部	北千島近海	一九四四・〇九・二六 —	崔奇奉 言連	軍属 妻	戦死	益山郡金馬面西古都里五七〇 —
一六二七	大湊海軍施設部	北千島近海	一九四四・〇九・二六	任憲吉	軍属	戦死	益山郡金馬面新龍里四五〇

			—	性模・占順	父・妻		—
一六三一	大湊海軍施設部	北千島近海	一九四四・〇九・二六	金村益準	軍属	戦死	益山郡裡里邑古縣町一四七
			一九二三・〇四・〇四	善長	父		—
一六三二	大湊海軍施設部	北千島近海	一九四四・〇九・二六	朴原成逢	軍属	戦死	益山郡裡里邑南中町三九六
			一九二二・〇五・二八	瑞中・玉順	父・妻		完州郡高山面内里
一六三三	大湊海軍施設部	北千島近海	一九四四・〇九・二六	岡本萬玉	軍属	戦死	益山郡礪山面台城里三四六
			一九二〇・〇二・一三	順集	父		益山郡礪山面台城里三四六
一六三四	大湊海軍施設部	北千島近海	一九四四・〇九・二六	金泉聖済	軍属	戦死	益山郡黄登面九子里九五
			一九一八・〇九・一〇	海用・只粉	養父・妻		—
一六三五	大湊海軍施設部	北千島近海	一九四四・〇九・二六	冥川正発	軍属	戦死	益山郡黄登面九子里四〇八
			一九二五・〇九・二四	龍峰	父		—
一六三七	大湊海軍施設部	北千島近海	一九四四・〇九・二六	文山判金	軍属	戦死	益山郡聖堂面瓦草里四四四
			—	化順・小女	父・妻		—
一六三八	大湊海軍施設部	北千島近海	一九四四・〇九・二六	李満寛	軍属	戦死	益山郡咸悦面瓦里一三三
			—	辛代	妻		—
一六三九	大湊海軍施設部	北千島近海	一九四四・〇九・二六	金漢用	軍属	戦死	益山郡咸羅面新登里九〇八
			一九〇五・一一・一八	漢順・明順	兄・妻		—
一六四〇	大湊海軍施設部	北千島近海	一九四四・〇九・二六	陳大昌	軍属	戦死	益山郡咸悦面南堂里五〇八
			—	相甲・判重	従兄・父		—
一六四一	大湊海軍施設部	北千島近海	一九四四・〇九・二六	潘南孟緒	軍属	戦死	益山郡咸悦面南堂里一七三
			—	楠緒・氏	兄・母		—
一六四二	大湊海軍施設部	北千島近海	一九四四・〇九・二六	完山相在	軍属	戦死	益山郡咸悦面石梅里八六九
			—	東順	妻		—
一六四三	大湊海軍施設部	北千島近海	一九四四・〇九・二六	星山龍貴	軍属	戦死	益山郡咸悦面龍池里二五一
			—	五男	妻		—
一六四四	大湊海軍施設部	北千島近海	一九四四・〇九・二六	真田政範	軍属	戦死	益山郡咸悦面石梅里八七〇
			—	鶴城	父		—
一六四五	大湊海軍施設部	北千島近海	一九四四・〇九・二六	木川右生	軍属	戦死	益山郡咸悦面瓦里八〇
			—	吉様・大阿只	父・妻		—
一六四六	大湊海軍施設部	北千島近海	一九四四・〇九・二六	松本載紫	軍属	戦死	益山郡咸悦面石梅里八六二
			—	—			—
一六四八	大湊海軍施設部	北千島近海	一九四四・〇九・二六	星村大順	軍属	戦死	益山郡王宮面平章里一二〇
			一九二二・〇六・〇九	燦植・延春	父・妻		—
一六四九	大湊海軍施設部	北千島近海	一九四四・〇九・二六	金海仁石	軍属	戦死	益山郡王宮面東國里一四七
			一九二八・〇五・〇二	斗億	父		—

一六五〇	大湊海軍施設部	北千島近海	一九四四・〇九・二六	山野瑾植	軍属	戦死	益山郡王宮面王宮里二二四
			一九一五・〇三・二八	淳乙・淳甲	父・叔父		―
一六五一	大湊海軍施設部	北千島近海	一九四四・〇九・二六	蘇山東甲	軍属	戦死	益山郡王宮面鉢山里一八六
			一九二二・〇二・一五	純永・珍炳	父・妻		―
一六五二	大湊海軍施設部	北千島近海	一九四四・〇九・二六	完山明圭	軍属	戦死	益山郡王宮面東村里三三三
			一九一九・〇二・一六	金東・孝順	兄・妻		―
一六五三	大湊海軍施設部	北千島近海	一九四四・〇九・二六	金村一煥	軍属	戦死	益山郡朗山面石泉里二八五
			一九二五・〇八・一二	東泰	父		―
一六五五	大湊海軍施設部	北千島近海	一九四四・〇九・二六	東原寅龍	軍属	戦死	益山郡五山面新地里二四二
			―	順朝・金子	父・妻		―
一六六四	大湊海軍施設部	北千島近海	一九四四・〇九・二六	木村魚順	軍属	戦死	益山郡開山面龍機里七三八
			―	其甲	妻		―
一六六五	大湊海軍施設部	北千島近海	一九四四・〇九・二六	李日然	軍属	戦死	益山郡聖堂面瓦草里
			一九二三・一二・一三	―	―		益山郡咸悦面×里
一六六六	大湊海軍施設部	北千島近海	一九四四・〇九・二六	姜石元	軍属	戦死	益山郡皇華面麻田里
			一九一六・〇九・二七	―	―		―
一六六七	大湊海軍施設部	北千島近海	一九四四・〇九・二六	劉炳文	軍属	戦死	益山郡皇華里
			一九一九・〇一・〇六	―	―		―
一六六八	大湊海軍施設部	北千島近海	一九四四・〇九・二六	李昌龍	軍属	戦死	益山郡金馬面古都里
			一九一八・一〇・一五	―	―		―
一六六九	大湊海軍施設部	北千島近海	一九四四・〇九・二六	崔弘洛	軍属	戦死	益山郡熊浦面古倉里
			一九二三・一〇・〇八	―	―		―
一六七〇	大湊海軍施設部	北千島近海	一九四四・〇九・二六	國本文求	軍属	戦死	益山郡五山面五山里
			一九二七・〇九・二一	―	―		―
一六七一	大湊海軍施設部	北千島近海	一九四四・〇九・二六	山内福龍	軍属	戦死	益山郡五山面五山里
			一九二四・一〇・一四	―	―		―
一六七二	大湊海軍施設部	北千島近海	一九四四・〇九・二六	金順植	軍属	戦死	益山郡春浦面新沙里
			一九一五・〇五・〇五	―	―		―
一六七三	大湊海軍施設部	北千島近海	一九四四・〇九・二六	上原大根	軍属	戦死	益山郡春浦面龍淵里
			一九一八・〇八・二八	―	―		―
一六七四	大湊海軍施設部	北千島近海	一九四四・〇九・二六	曽順泰	軍属	戦死	金堤郡進鳳面浄塘里六九一
			一九一七・一一・〇六	基碩	父		益山郡王山面五五五
一六七五	大湊海軍施設部	北千島近海	一九四四・〇九・二六	平魯基柱	軍属	戦死	金堤郡進鳳面深浦里一三七九
			一九一九・〇一・一五	南日・氏	兄・母		―
一六七六	大湊海軍施設部	北千島近海	一九四四・〇九・二六	國本久永	軍属	戦死	金堤郡月材面月鳳里四一四

番号	所属	場所	年月日	氏名	身分・続柄	事由	本籍
			一九〇四・〇四・〇二	順南	妻		｜
一六七七	大湊海軍施設部	北千島近海	一九四四・〇九・二六	武本点洞	軍属	戦死	金堤郡月材面月鳳里四一四
			一九二二・〇八・一四	｜	｜		｜
一六七八	大湊海軍施設部	北千島近海	一九四四・〇九・二六	碧山廣植	軍属	戦死	金堤郡月材面福竹里一二三
			一九一五・〇七・一二	順子	母		｜
一六七九	大湊海軍施設部	北千島近海	一九四四・〇九・二六	木村相集	軍属	戦死	金堤郡月材面福竹里九五三
			一九〇七・〇八・一八	通三	母		｜
一六八〇	大湊海軍施設部	北千島近海	一九四四・〇九・二六	金島鳳水	軍属	戦死	金堤郡月材面立石里三二五
			一九一六・一一・二〇	東仁・王鏡	父・妻		｜
一六八一	大湊海軍施設部	北千島近海	一九四四・〇九・二六	平山伊燮	軍属	戦死	金堤郡竹山面新興里五三二－一
			｜	桂石・明光	兄・母		｜
一六八二	大湊海軍施設部	北千島近海	一九四四・〇九・二六	金村東賜	軍属	戦死	金堤郡竹山面大倉里二二六
			｜	奇煥	父		｜
一六八三	大湊海軍施設部	北千島近海	一九四四・〇九・二六	城本澈寛	軍属	戦死	金堤郡竹山面洪山里六一六
			｜	相俊	父		｜
一六八四	大湊海軍施設部	北千島近海	一九四四・〇九・二六	金浦炯銀	軍属	戦死	金堤郡竹山面西浦里五五四
			｜	永逑	父		｜
一六八五	大湊海軍施設部	北千島近海	一九四四・〇九・二六	聖山丙熙	軍属	戦死	金堤郡竹山面大倉里二四四
			｜	丙祚	兄		｜
一六八六	大湊海軍施設部	北千島近海	一九四四・〇九・二六	池田丙坤	軍属	戦死	金堤郡竹山面洪山里一一四
			｜	鳳吉	父		｜
一六八七	大湊海軍施設部	北千島近海	一九四四・〇九・二六	松本璋根	軍属	戦死	金堤郡竹山面大倉里一五一
			｜	夢致	父		｜
一六八八	大湊海軍施設部	北千島近海	一九四四・〇九・二六	松野判琪	軍属	戦死	金堤郡竹山面新興里五三二
			｜	己俊	父		｜
一六八九	大湊海軍施設部	北千島近海	一九四四・〇九・二六	朴建仲	軍属	戦死	金堤郡萬頃面萬頃里三三五
			一九一四・一二・二〇	順仲	母		｜
一六九〇	大湊海軍施設部	北千島近海	一九四四・〇九・二六	張基英	軍属	戦死	金堤郡萬頃面火浦里八四九
			一九二一・〇一・一六	仲瑞・錫辰	父・甥		｜
一六九一	大湊海軍施設部	北千島近海	一九四四・〇九・二六	平山福同	軍属	戦死	金堤郡萬頃面萬頃里三五八
			一九一五・〇八・〇三	福任・沃俊	妻・甥		｜
一六九二	大湊海軍施設部	北千島近海	一九四四・〇九・二六	黄判同	軍属	戦死	金堤郡萬頃面萬頃里一四一
			一九一五・〇八・〇三	非男	妻		｜
一六九三	大湊海軍施設部	北千島近海	一九四四・〇九・二六	大山學龍	軍属	戦死	金堤郡萬頃面大東里二七八
			一九二三・一一・一五	孟相・圭順	父・妻		｜

番号	所属	場所	死亡年月日 生年月日	氏名 遺族	身分 続柄	状況	本籍 遺族住所
一六九四	大湊海軍施設部	北千島近海	一九四四・〇九・二六 一九一九・〇六・二五	平山汝宗 今用・年昌	軍属 父・妻	戦死	金堤郡萬頃面萬頃里三三〇 ｜
一六九五	大湊海軍施設部	北千島近海	一九四四・〇九・二六 一九一四・〇五・一五	李判基 巖面・守煥	軍属 兄・妻	戦死	金堤郡萬頃面萬頃里四六九 ｜
一六九六	大湊海軍施設部	北千島近海	一九四四・〇九・二六 一九二三・一〇・〇一	義本俊翼 國玄・國泰	軍属 父・叔父	戦死	金堤郡萬頃面小土里一六九 ｜
一六九七	大湊海軍施設部	北千島近海	一九四四・〇九・二六 一九二三・〇四・二〇	鈴田相甲 世煥・千順	軍属 父・妻	戦死	金堤郡金堤邑劒山里六一二 ｜
一六九八	大湊海軍施設部	北千島近海	一九四四・〇九・二六 一九二〇・〇三・一二	金在烈 文先	軍属 父	戦死	金堤郡金堤邑龍洞里九八 ｜
一六九九	大湊海軍施設部	北千島近海	一九四四・〇九・二六 一九二五・一〇・二〇	木下清雄 弘植	軍属 父	戦死	金堤郡金堤邑劒山里三五三 ｜
一七〇〇	大湊海軍施設部	北千島近海	一九四四・〇九・二六 一九二三・〇四・二二	木下部奎 秉奎・在鳳	軍属 兄・母	戦死	金堤郡金堤邑劒山里二一五 ｜
一七〇一	大湊海軍施設部	北千島近海	一九四四・〇九・二六 一九一七・〇六・一四	羅伍敦 成・孝順	軍属 父・妻	戦死	金堤郡金堤邑龍洞里六七 ｜
一七〇二	大湊海軍施設部	北千島近海	一九四四・〇九・二六 ｜	海呉昌順 興石・化順	軍属 父・妻	戦死	金堤郡金堤邑白鶴里一七 ｜
一七〇三	大湊海軍施設部	北千島近海	一九四四・〇九・二六 一九一九・〇四・〇一	東村玉鎮 小女	軍属 妻	戦死	金堤郡金堤邑劒山里六七六 ｜
一七〇四	大湊海軍施設部	北千島近海	一九四四・〇九・二六 一九二二・〇四・二六	平山贊洙 判東・良禮	軍属 父・妻	戦死	金堤郡金堤邑劒山里一六〇 ｜
一七〇五	大湊海軍施設部	北千島近海	一九四四・〇九・二六 一九二〇・〇五・一〇	正木寛太 啓敦・阿三	軍属 叔父・母	戦死	金堤郡金堤邑白鶴里八 金堤郡月村面桶印
一七〇六	大湊海軍施設部	北千島近海	一九四四・〇九・二六 ｜	徳山淳明 正太	軍属 父	戦死	金堤郡白山面下里三九四 ｜
一七〇七	大湊海軍施設部	北千島近海	一九四四・〇九・二六 ｜	多木一萬 福禮	軍属 妻	戦死	金堤郡白山面下里二八二 ｜
一七〇八	大湊海軍施設部	北千島近海	一九四四・〇九・二六 ｜	竹村泰植 善五・信鎬	軍属 父・妻	戦死	金堤郡白山面上里四五三 ｜
一七〇九	大湊海軍施設部	北千島近海	一九四四・〇九・二六 ｜	高山壽坤 炳國・貞鎬	軍属 父・妻	戦死	金堤郡白山面石橋里七二九 ｜
一七一〇	大湊海軍施設部	北千島近海	一九四四・〇九・二六 一九一六・〇九・二五	國本長春 京春・南伊	軍属 兄・妻	戦死	金堤郡鳳南面平沙里四三七 ｜
一七一一	大湊海軍施設部	北千島近海	一九四四・〇九・二六	崔山石童	軍属	戦死	金堤郡鳳南面幸村里一七四

番号	所属	死亡場所	死亡年月日 生年月日	氏名 家族	関係	事由	本籍
			一九一五・〇七・一八	昌五・福順	父・妻		｜
一七一二	大湊海軍施設部	北千島近海	一九四四・〇九・二六 一九一九・〇四・〇五	南陽洙烈 順明・仁汝	軍属 父・妻	戦死	金堤郡鳳南面平沙里三〇一 ｜
一七一三	大湊海軍施設部	北千島近海	一九四四・〇九・二六 一九二三・〇三・〇三	松本康録 長水	軍属 父	戦死	金堤郡鳳南面平沙里三〇〇 ｜
一七一四	大湊海軍施設部	北千島近海	一九四四・〇九・二六 一九二〇・〇五・二〇	天本長住 辰権・点禮	軍属 父・妻	戦死	金堤郡鳳南面新湖里二〇二 ｜
一七一五	大湊海軍施設部	北千島近海	一九四四・〇九・二六 一九二二・一一・〇五	福山龍洙 昨徳	軍属 父	戦死	金堤郡鳳南面大松里七 ｜
一七一六	大湊海軍施設部	北千島近海	一九四四・〇九・二六 一九一七・〇一・一五	金谷栄洙 瑞鶯・尭址	軍属 父・妻	戦死	金堤郡鳳南面大松里二五 ｜
一七一七	大湊海軍施設部	北千島近海	一九四四・〇九・二六 一九一九・一二・〇四	池種萬 成龍・南順	軍属 父・妻	戦死	金堤郡鳳南面西亭里五五〇 ｜
一七一八	大湊海軍施設部	北千島近海	一九四四・〇九・二六 一九二一・〇五・一二	豊田光九 明九・東順	軍属 兄・母	戦死	金堤郡鳳南面大松里三三一 ｜
一七一九	大湊海軍施設部	北千島近海	一九四四・〇九・二六 一九一九・〇二・一五	金岡容煥 京順	軍属 母	戦死	金堤郡鳳南面大松里五一二 ｜
一七二〇	大湊海軍施設部	北千島近海	一九四四・〇九・二六 一九二二・〇七・二〇	平川龍澤 寄三・宗徳	軍属 父・妻	戦死	金堤郡鳳南面平沙里三六四 ｜
一七二一	大湊海軍施設部	北千島近海	一九四四・〇九・二六 一九二三・〇八・二一	金元武順 玉門・工燁	軍属 従兄・父	戦死	金堤郡鳳南面西亭里六七五 ｜
一七二二	大湊海軍施設部	北千島近海	一九四四・〇九・二六 一九二二・〇五・〇九	安東成文 在熙	軍属 父	戦死	金堤郡鳳山面龍馬里二六〇 ｜
一七二三	大湊海軍施設部	北千島近海	一九四四・〇九・二六 ｜	武本三峯 大奇・光順	軍属 兄・母	戦死	金堤郡鳳山面卵鳳里一三一 ｜
一七二四	大湊海軍施設部	北千島近海	一九四四・〇九・二六 一九一〇・〇六・一一	山本千金童 大奎・順吉	軍属 父・妻	戦死	金堤郡鳳山面南山里四六六 ｜
一七二五	大湊海軍施設部	北千島近海	一九四四・〇九・二六 ｜	竹田判五 英同	軍属 父	戦死	金堤郡鳳山面鳳山里一五八 ｜
一七二六	大湊海軍施設部	北千島近海	一九四四・〇九・二六 一九〇八・一二・一三	陽木一順 鎮順	軍属 妻	戦死	金堤郡鳳山面龍馬里二八 ｜
一七二七	大湊海軍施設部	北千島近海	一九四四・〇九・二六 一九二二・〇九・二三	山本明錫 十里駒・百里	軍属 兄・父	戦死	金堤郡鳳山面鳳山里三五〇 ｜
一七二八	大湊海軍施設部	北千島近海	一九四四・〇九・二六 一九一八・〇八・二六	千原炳五 炳奇	軍属 弟	戦死	金堤郡鳳山面鳳山里四三五 ｜

一七二九	大湊海軍施設部	北千島近海	一九四四・〇九・二六 一九一六・〇八・二六	梁川良童 同植	軍属 長男	戦死	金堤郡鳳山面卯鳳里三五 ｜
一七三〇	大湊海軍施設部	北千島近海	一九四四・〇九・二六 一九二一・一〇・一二	昌山判奇 日東	軍属 父	戦死	金堤郡鳳山面鳳山里六四二 ｜
一七三一	大湊海軍施設部	北千島近海	一九四四・〇九・二六 ｜	任原基鐘 泰平	軍属 父	戦死	金堤郡聖徳面大木里七二三 赫堤郡白山面上里三九二
一七三三	大湊海軍施設部	北千島近海	一九四四・〇九・二六 ｜	江本龍鎬 順玉	軍属 妻	戦死	金堤郡青蝦面官上里七八 ｜
一七三四	大湊海軍施設部	北千島近海	一九四四・〇九・二六 ｜	崔判逑 龍元・居村	軍属 兄・母	戦死	金堤郡青蝦面日弦里四〇 金堤郡竹山面王盛里七三七
一七三五	大湊海軍施設部	北千島近海	一九四四・〇九・二六 一九二二・〇四・〇八	松田良基 鳳充・良善	軍属 父・妻	戦死	金堤郡白鴎面三亭里九二 ｜
一七三六	大湊海軍施設部	北千島近海	一九四四・〇九・二六 一九二二・一〇・一三	新井鐘吾 鐘録・玉順	軍属 兄・母	戦死	金堤郡白鴎面鶴洞里八七 ｜
一七三七	大湊海軍施設部	北千島近海	一九四四・〇九・二六 一九一三・〇二・二〇	成川玉東 公姫	軍属 妻	戦死	金堤郡白鴎面三亭里四四八 ｜
一七三八	大湊海軍施設部	北千島近海	一九四四・〇九・二六 一九〇四・〇二・〇九	金山琺鉉 永斗	軍属 長男	戦死	金堤郡金請面下新里四五三 ｜
一七四〇	大湊海軍施設部	北千島近海	一九四四・〇九・二六 一九二一・〇二・二八	石山在喆 玉盆	軍属 妻	戦死	金堤郡金溝面洛城里七六八 金堤郡鳳山面鳳山里
一七四四	大湊海軍施設部	北千島近海	一九四四・〇九・二六 ｜	壺山徳洞 貴禮	軍属 妻	戦死	金堤郡萬頃面夢山里 ｜
一七四五	大湊海軍施設部	北千島近海	一九四四・〇九・二六 一九一九・〇六・一九	宗栄日 ｜	軍属 ｜	戦死	金堤郡白鴎面三亭里 ｜
一七四六	大湊海軍施設部	北千島近海	一九四四・〇九・二六 一九二三・一二・〇三	李洙福 ｜	軍属 ｜	戦死	金堤郡月材面新月里 ｜
一七四七	大湊海軍施設部	北千島近海	一九四四・〇九・二六 一九一九・〇四・二〇	朴相録 ｜	軍属 ｜	戦死	金堤郡鳳南面大松里 ｜
一七五〇	大湊海軍施設部	北千島近海	一九四四・〇九・二六 ｜	裵判出 折鉉	軍属 父	戦死	茂朱郡安城面琴坪里九七八 ｜
一七五一	大湊海軍施設部	北千島近海	一九四四・〇九・二六 ｜	佳山昇永 栄作	軍属 父	戦死	茂朱郡安城面沙田里二九五 ｜
一七五二	大湊海軍施設部	北千島近海	一九四四・〇九・二六 ｜	中江喆相 玉順・永善	軍属 父・養父	戦死	茂朱郡安城面眞道里五八四 ｜
一七五三	大湊海軍施設部	北千島近海	一九四四・〇九・二六	坂坪吉仲	軍属	戦死	茂朱郡安城面眞道里一二二一

番号	所属	死亡場所	死亡年月日／生年月日	氏名／遺族	身分／続柄	事由	本籍地／遺族住所
			—	性炳・福禮	父・妻		—
一七五四	大湊海軍施設部	北千島近海	一九四四・〇九・二六 —	結城奎相 南順	軍属 妻	戦死	茂朱郡安城面眞道里八三 —
一七五五	大湊海軍施設部	北千島近海	一九四四・〇九・二六 —	岩本壽岩 鐘吉	軍属 叔父	戦死	茂朱郡安城面徳山里 —
一七五六	大湊海軍施設部	北千島近海	一九四四・〇九・二六 —	張明燮 岳伊	軍属 妻	戦死	茂朱郡安城面眞道里四七三 —
一七五七	大湊海軍施設部	北千島近海	一九四四・〇九・二六 —	國本在徳 任敏・性女	軍属 兄・母	戦死	茂朱郡安城面眞道里四七三 —
一七五八	大湊海軍施設部	北千島近海	一九四四・〇九・二六 —	晋本潮鏞 基成	軍属 父	戦死	茂朱郡安城面公正里一二三二 —
一七五九	大湊海軍施設部	北千島近海	一九四四・〇九・二六 —	林在文 ×淳	軍属 妻	戦死	茂朱郡安城面徳正里一二〇七 —
一七六〇	大湊海軍施設部	北千島近海	一九四四・〇九・二六 —	昌寧鳳俊 振龍	軍属 父	戦死	茂朱郡安城面貢進里一三九三 —
一七六一	大湊海軍施設部	北千島近海	一九四四・〇九・二六 —	白川鐘基 正桓・三順	軍属 父・妻	戦死	茂朱郡安城面眞道里六四六 —
一七六二	大湊海軍施設部	北千島近海	一九四四・〇九・二六 —	金水京 奇弘	軍属 父	戦死	茂朱郡安城面沙田里一二九九 茂朱郡赤裳面三加里一八二四
一七六三	大湊海軍施設部	北千島近海	一九四四・〇九・二六 一九〇七・〇七・〇七	平山興用 判成・亨今	軍属 父・妻	戦死	茂朱郡赤裳面北倉里八三八 茂朱郡茂朱面邑内里一〇一六
一七六五	大湊海軍施設部	北千島近海	一九四四・〇九・二六 一九一七・〇九・二〇	金山玉倍 性女	軍属 母	戦死	茂朱郡赤裳面斜山里三八九 —
一七六六	大湊海軍施設部	北千島近海	一九四四・〇九・二六 一九二〇・〇七・二〇	玄川鐘伯 福坤・盆梅	軍属 父・妻	戦死	茂朱郡赤裳面斜山里二一五 —
一七六七	大湊海軍施設部	北千島近海	一九四四・〇九・二六 一九〇〇・〇六・二四	金本漢柱 淵華	軍属 長男	戦死	茂朱郡赤裳面斜山里一一一二 —
一七六八	大湊海軍施設部	北千島近海	一九四四・〇九・二六 一九〇九・〇六・〇八	細川正月 判石	軍属 兄	戦死	茂朱郡赤裳面芳梨里七〇七 —
一七六九	大湊海軍施設部	北千島近海	一九四四・〇九・二六 一九二〇・〇四・二〇	金原朱伯 圭鳳	軍属 父	戦死	茂朱郡赤裳面芳梨里一〇六三 —
一七七〇	大湊海軍施設部	北千島近海	一九四四・〇九・二六 一九二一・〇六・一七	原田三鳳 龍坤	軍属 父	戦死	茂朱郡赤裳面芳梨里六五四 —
一七七一	大湊海軍施設部	北千島近海	一九四四・〇九・二六 一九一六・〇六・一三	西原順哲 順徳・粉伊	軍属 父・妻	戦死	茂朱郡赤裳面三加里一七 —

一七七二	大湊海軍施設部	北千島近海	一九四四・〇九・二六 一九二〇・一一・〇四	清浦奉學 明同	軍属 父	戦死	茂朱郡赤裳面北倉里五五九 ｜
一七七三	大湊海軍施設部	北千島近海	一九四四・〇九・二六 一九一六・一一・二〇	金本七峯 良守	軍属	戦死	茂朱郡赤裳面芳梨里八〇五 茂朱郡茂朱面邑内里一
一七七四	大湊海軍施設部	北千島近海	一九四四・〇九・二六 一九一一・〇一・一〇	金井在珠 光禄・順徳	軍属 父・妻	戦死	茂朱郡赤裳面三加里一二七 ｜
一七七五	大湊海軍施設部	北千島近海	一九四四・〇九・二六 一九一七・〇一・二九	金本成工 性女	軍属 母	戦死	茂朱郡赤裳面斜山里四九二 ｜
一七七六	大湊海軍施設部	北千島近海	一九四四・〇九・二六 一九二一・〇七・一〇	新本英鎬 徳倍・性女	軍属 兄・母	戦死	茂朱郡赤裳面芳梨里六九〇 ｜
一七七七	大湊海軍施設部	北千島近海	一九四四・〇九・二六 一九二〇・〇四・二〇	豊川手柄 今順	軍属 妻	戦死	茂朱郡赤裳面北倉里三一七 ｜
一七七八	大湊海軍施設部	北千島近海	一九四四・〇九・二六 一九二三・〇五・二四	呉本相吉 折俊	軍属 父	戦死	茂朱郡赤裳面北倉里八二九 ｜
一七七九	大湊海軍施設部	北千島近海	一九四四・〇九・二六 一九一六・〇四・一〇	金山銀徳 順燮	軍属 妻	戦死	茂朱郡赤裳面斜山里七〇〇 ｜
一七八〇	大湊海軍施設部	北千島近海	一九四四・〇九・二六 一九一二・〇二・一五	平岡童伊 福来・鳳弘	軍属 父・妻	戦死	茂朱郡赤裳面芳梨里六八〇 ｜
一七八一	大湊海軍施設部	北千島近海	一九四四・〇九・二六 一九一五・一〇・一九	木村栄一 基彦	軍属 父	戦死	茂朱郡茂朱面邑内里八七四 鎮川郡鎮川面枝成里新垈一班
一七八二	大湊海軍施設部	北千島近海	一九四四・〇九・二六 一九二〇・〇五・二三	姜本俊奎 俊伊	軍属 兄	戦死	茂朱郡茂朱面龍浦里九九五 ｜
一七八三	大湊海軍施設部	北千島近海	一九四四・〇九・二六 一九一九・一一・一六	國本明萬 京元	軍属 父	戦死	茂朱郡茂朱面邑内里二四九 ｜
一七八四	大湊海軍施設部	北千島近海	一九四四・〇九・二六 一九××・〇一・二七	中村友勇 栄助	軍属 養父	戦死	茂朱郡茂豊面縣内里六五〇 ｜
一七八五	大湊海軍施設部	北千島近海	一九四四・〇九・二六 一九二三・〇五・〇七	葛田春興 容基・玉分	軍属 父・妻	戦死	茂朱郡茂朱面三五一 ｜
一七八六	大湊海軍施設部	北千島近海	一九四四・〇九・二六 一九二一・〇二・二一	金澤利家 岩・聖月	軍属 父・妻	戦死	茂朱郡茂朱面三三九 ｜
一七八七	大湊海軍施設部	北千島近海	一九四四・〇九・二六 一九一三・〇七・一七	裵本基奉 平貴	軍属 妻	戦死	茂朱郡茂朱面龍浦里九五 ｜
一七八八	大湊海軍施設部	北千島近海	一九四四・〇九・二六 一九二〇・〇一・〇七	柳村東春 基東・壬淑	軍属 父・妻	戦死	茂朱郡茂朱面堂山里八八三 ｜
一七八九	大湊海軍施設部	北千島近海	一九四四・〇九・二六	金澤柄俊	軍属	戦死	茂朱郡茂朱面吾山里三三九

			一九二三・〇五・一三	八岩・三奉	叔父・父		—
一七九〇	大湊海軍施設部	北千島近海	一九四四・〇九・二六	江河鐘声	軍属	戦死	茂朱郡茂朱面龍浦里一三七九
			一九二〇・〇五・二九	成春・乙順	父・妻		—
一七九一	大湊海軍施設部	北千島近海	一九四四・〇九・二六	金木弼壽	軍属	戦死	茂朱郡茂朱面吾山里二七九
			一九二一・〇八・一一	一男	兄		—
一七九二	大湊海軍施設部	北千島近海	一九四四・〇九・二六	金尚燮	軍属	戦死	茂朱郡茂朱面邑内里七六五
			一九二〇・〇三・〇九	敬道	父		—
一七九三	大湊海軍施設部	北千島近海	一九四四・〇九・二六	完山永壽	軍属	戦死	茂朱郡茂朱面龍浦里一二〇二
			一九二三・〇八・〇五	幼孫・乭奎	従兄・父		—
一七九五	大湊海軍施設部	北千島近海	一九四四・〇九・二六	高山禹喆	軍属	戦死	茂朱郡雪川面基谷里九五〇
			一九二一・一二・〇四	然詳	父		茂朱郡茂豊面哲木里七五二
一七九六	大湊海軍施設部	北千島近海	一九四四・〇九・二六	林基渉	軍属	戦死	茂朱郡雪川面清京里一一二〇
			一九一二・〇一・二五	大鉉・分伊	父・妻		—
一七九七	大湊海軍施設部	北千島近海	一九四四・〇九・二六	金光壬成	軍属	戦死	茂朱郡雪川面三会里六三九
			一九二二・一一・一一	鳳碩	父		—
一七九八	大湊海軍施設部	北千島近海	一九四四・〇九・二六	金田容鎬	軍属	戦死	茂朱郡雪川面斗吉里六四〇
			一九一〇・〇九・〇九	玉分	妻		—
一七九九	大湊海軍施設部	北千島近海	一九四四・〇九・二六	菌岡鳳基	軍属	戦死	茂朱郡雪川面基谷里三一〇
			一九〇六・〇二・二〇	三禮	妻		—
一八〇〇	大湊海軍施設部	北千島近海	一九四四・〇九・二六	清川宗燮	軍属	戦死	茂朱郡雪川面斗吉里一一三八
			一九二一・一二・〇五	乗俊・玉順	父・妻		—
一八〇一	大湊海軍施設部	北千島近海	一九四四・〇九・二六	木村昌鎮	軍属	戦死	茂朱郡雪川面深谷里六五七
			一九二三・〇五・一六	相金	父		—
一八〇二	大湊海軍施設部	北千島近海	一九四四・〇九・二六	鄭田炤三	軍属	戦死	茂朱郡雪川面清涼里五三七
			一九〇二・一一・一六	一元・碩順	甥・妻		—
一八〇三	大湊海軍施設部	北千島近海	一九四四・〇九・二六	林村介福	軍属	戦死	茂朱郡雪川面所川里一五二
			一九〇五・〇七・二〇	満福・黄伊	兄・妻		—
一八〇四	大湊海軍施設部	北千島近海	一九四四・〇九・二六	李本國泰	軍属	戦死	茂朱郡雪川面大仏里
			一九一九・〇六・一一	柏松・是利	父・妻		—
一八〇五	大湊海軍施設部	北千島近海	一九四四・〇九・二六	番南替玉	軍属	戦死	茂朱郡富南面長安里五〇〇
			一九〇五・一一・一七	成緒・若廉	父・妻		—
一八〇六	大湊海軍施設部	北千島近海	一九四四・〇九・二六	李鐘和	軍属	戦死	茂朱郡富南面長安里九六
			一九二一・一〇・一〇	蓮任	妻		—
一八〇七	大湊海軍施設部	北千島近海	一九四四・〇九・二六	國本泰仙	軍属	戦死	茂朱郡富南面大所里一〇四八
			一九一〇・〇三・一九	香順	妻		—

番号	所属	死亡場所	死亡年月日 生年月日	氏名 遺族	身分 続柄	死亡事由	本籍 遺族住所
一八〇八	大湊海軍施設部	北千島近海	一九四四・〇九・二六 一九一〇・〇六・〇七	孫相鶴 性女	軍属 妻	戦死	茂朱郡富南面長安里五〇〇 —
一八〇九	大湊海軍施設部	北千島近海	一九四四・〇九・二六 一九一三・〇七・一〇	光本　正 —	軍属 父	戦死	茂朱郡富南面×巌里 —
一八一〇	大湊海軍施設部	北千島近海	一九四四・〇九・二六 一九二一・〇三・一二	岡田辛甲 金哲・金子	軍属 兄・母	戦死	茂朱郡富南面哲木里七五二 —
一八一一	大湊海軍施設部	北千島近海	一九四四・〇九・二六 一九一八・〇七・〇七	岩本吉相 優澤・任淑	軍属 父・妻	戦死	茂朱郡茂豊面金坪里一二七三 —
一八一二	大湊海軍施設部	北千島近海	一九四四・〇九・二六 一九〇六・〇九・一〇	木村卜南 甲相	軍属 長男	戦死	茂朱郡茂豊面縣内里二三八 —
一八一三	大湊海軍施設部	北千島近海	一九四四・〇九・二六 一九一四・〇三・〇三	平山南敬 東植	軍属 長男	戦死	茂朱郡茂豊面池城里八一五—二 —
一八一四	大湊海軍施設部	北千島近海	一九四四・〇九・二六 —	神農判同 元順	軍属 父	戦死	茂朱郡赤裳面芳梨里一九七 茂朱郡赤裳面長白里六二七
一八一八	大湊海軍施設部	北千島近海	一九四四・〇九・二六 —	弘中大鶴 在善	軍属 妻	戦死	茂朱郡安城面長田里二八（沙田里） —
一八一九	大湊海軍施設部	北千島近海	一九四四・〇九・二六 一九二一・一〇・一五	朴光世 —	軍属 —	戦死	茂朱郡安城面場基里 —
一八二〇	大湊海軍施設部	北千島近海	一九四四・〇九・二六 一九〇五・〇一・二九	霊海光 —	軍属 —	戦死	茂朱郡安城面沙田里 —
一八二一	大湊海軍施設部	北千島近海	一九四四・〇九・二六 一九一七・〇九・二六	平村乙善 —	軍属 —	戦死	茂朱郡茂里面邑内里 —
一八二二	大湊海軍施設部	北千島近海	一九四四・〇九・二六 一九一七・××・〇七	平岡順根 —	軍属 —	戦死	茂朱郡赤裳面芳梨里 —
一八二三	大湊海軍施設部	北千島近海	一九四四・〇九・二六 一九二一・〇九・二四	金錫出 —	軍属 —	戦死	茂朱郡赤裳面三柳里 —
一八二五	大湊海軍施設部	北千島近海	一九四四・〇九・二六 一九一一・〇一・〇七	光原光千 光出・王舜	軍属 兄・妻	戦死	錦山郡秋富面要光里六六〇 —
一八二七	大湊海軍施設部	北千島近海	一九四四・〇九・二六 一九一六・〇九・二九	常山海鐘 泳式・快鐘	軍属 甥・兄	戦死	井邑郡古阜面長文里六二四 —
一八四一	大湊海軍施設部	北千島近海	一九四四・〇九・二六 一九一六・〇八・一五	梁正在顕 正運	軍属 父	戦死	井邑郡古阜面白雲里六五五 淳昌郡雙置面鶴山里五三三
一八四三	大湊海軍施設部	北千島近海	一九四四・〇九・二六 —	金城在萬 徳佐	軍属 父	戦死	井邑郡北面台谷里一一八 —
一八六四	大湊海軍施設部	北千島近海	一九四四・〇九・二六	玉川徳百	軍属	戦死	井邑郡内蔵面松山里五二一

			一九二二・〇八・二九	永益	父		｜
一八六五	大湊海軍施設部	北千島近海	一九四四・〇九・二六	華山泰泳	軍属	戦死	井邑郡山内面長錦里五四三
			｜	成喆・順伊	父・妻		淳昌郡福興面吉洞里三三七
一八六八	大湊海軍施設部	北千島近海	一九四四・〇九・二六	山本貴同	軍属	戦死	井邑郡山外面五公里
			｜	本禮	妻		
一八七五	大湊海軍施設部	北千島近海	一九四四・〇九・二六	李相客	軍属	戦死	井邑郡山内面栢竹里
			一九一八・〇六・二〇	｜	｜		｜
一八七六	大湊海軍施設部	北千島近海	一九四四・〇九・二六	南洪鐘亀	軍属	戦死	任實郡青雄面玉田里五二一二
			一九二一・〇五・二〇	九巌	｜		任實郡任實面新安里元壽村
一八七八	大湊海軍施設部	北千島近海	一九四四・〇九・二六	呉機謹	軍属	戦死	任實郡三渓面洗心面二七一
			｜	鍾漢	兄		｜
一八八〇	大湊海軍施設部	北千島近海	一九四四・〇九・二六	鄭仁同	軍属	戦死	任實郡雲岩面青雲里
			一九一八・〇九・一九	｜	｜		｜
一八八一	大湊海軍施設部	北千島近海	一九四四・〇九・二六	金光泳九	軍属	戦死	扶安郡舟山面白岩里三二六
			一九二三・〇三・〇八	伯烈	父		｜
一八八三	大湊海軍施設部	北千島近海	一九四四・〇九・二六	尹山熙祚	軍属	戦死	鎮安郡富貴面新亭里五五三一
			一九二三・一一・一三	爀模	父		完州郡東山面詞峯里
一八八四	大湊海軍施設部	北千島近海	一九四四・〇九・二六	金澤萬壽	軍属	戦死	鎮安郡程川面九龍里一六三
			一九一二・〇八・〇九	貴男	父		｜
一八八五	大湊海軍施設部	北千島近海	一九四四・〇九・二六	松山政範	軍属	戦死	鎮安郡聖壽面伍浦里四九一
			一九一一・〇二・〇七	[illegible]明・業分	父・妻		｜
一八九五	大湊海軍施設部	北千島近海	一九四四・〇九・二六	白貴同	軍属	戦死	鎮安郡富貴面梅城里
			一九一六・〇五・二八	｜	｜		
一八九七	大湊海軍施設部	北千島近海	一九四四・〇九・二六	梁春燮	軍属	戦死	長水郡天川面蓮平里一九三二
			一九一八・〇五・二一	潤周	父		｜
一八九八	大湊海軍施設部	北千島近海	一九四四・〇九・二六	金寧寅燮	軍属	戦死	長水郡渓北面院材里一七六三
			｜	昌俊・任順	父・妻		茂朱郡安城面工進里一五一六
一九〇一	大湊海軍施設部	北千島近海	一九四四・〇九・二六	山住相烈	軍属	戦死	長水郡渓南面長安里
			一九二三・〇六・二三	｜	｜		長水郡渓南面長安里
一九〇二	大湊海軍施設部	北千島近海	一九四四・〇九・二六	安田聖共	軍属	戦死	長水郡渓南面長安里
			一九二二・一一・〇一	｜	｜		長水郡渓南面長安里
一九九三	大湊海軍施設部	北千島近海	一九四四・〇九・二六	呉奇玉	軍属	戦死	淳昌郡双置面芳山里四四五
			｜	萬奉	父		｜
一九九四	大湊海軍施設部	北千島近海	一九四四・〇九・二六	尹貢燮	軍属	戦死	淳昌郡双置面道古里三四二
			｜	乗鳥・又男	父・妻		｜

番号	所属	場所	年月日	氏名	身分	事由	本籍
一九九五	大湊海軍施設部	北千島近海	一九四四・〇九・二六 ―	金本太奉 圭奉・妍伊	軍属 兄・妻	戦死	淳昌郡双置面龍田里一一七 ―
一九九六	大湊海軍施設部	北千島近海	一九四四・〇九・二六 ―	松本順龍 水仙花	軍属 妻	戦死	淳昌郡双置面鶴仙里五六九 ―
一九九七	大湊海軍施設部	北千島近海	一九四四・〇九・二六 ―	玉川千年 金順	軍属 母	戦死	淳昌郡双置面雲岩里一三四 ―
一九九八	大湊海軍施設部	北千島近海	一九四四・〇九・二六 ―	高在玉 ―	軍属 ―	戦死	淳昌郡双置面雲岩里五二四 ―
一九九九	大湊海軍施設部	北千島近海	一九四四・〇九・二六 ―	梁原東植 杜米・永順	軍属 兄・母	戦死	淳昌郡双置面屯田里二九二 ―
二〇〇〇	大湊海軍施設部	北千島近海	一九四四・〇九・二六 ―	安鍾哲 圭益	軍属 父	戦死	淳昌郡双置面詩山里三二五 ―
二〇〇一	大湊海軍施設部	北千島近海	一九四四・〇九・二六 ―	延山萬福 玉禮	軍属 妻	戦死	淳昌郡双置面金城里二九七 淳昌郡双置面梧鳳里一七八
二〇〇二	大湊海軍施設部	北千島近海	一九四四・〇九・二六 ―	岡村仁學 活明・奇順	軍属 父・妻	戦死	淳昌郡双置面王山里七六八 ―
二〇〇三	大湊海軍施設部	北千島近海	一九四四・〇九・二六 ―	金山鍵洙 春子	軍属 母	戦死	淳昌郡双置面詩山里三一八 ―
二〇〇四	大湊海軍施設部	北千島近海	一九四四・〇九・二六 ―	金岩載日 判玉	軍属 父	戦死	淳昌郡双置面岩里一五五 ―
二〇〇五	大湊海軍施設部	北千島近海	一九四四・〇九・二六 ―	國本雲浩 大浩・恭順	軍属 兄・母	戦死	淳昌郡双置面鶴仙里五六七 ―
二〇〇六	大湊海軍施設部	北千島近海	一九四四・〇九・二六 ―	金本奇柄 順任	軍属 妻	戦死	淳昌郡双置面玉山里一一六 ―
二〇〇七	大湊海軍施設部	北千島近海	一九四四・〇九・二六 ―	金光東植 箕治・良任	軍属 父・妻	戦死	淳昌郡双置面金城里六二七 ―
二〇〇八	大湊海軍施設部	北千島近海	一九四四・〇九・二六 ―	芳山珍杓 相順	軍属 父	戦死	淳昌郡双置面芳山里 ―
二〇〇九	大湊海軍施設部	北千島近海	一九四四・〇九・二六 ―	南村永玉 順禮	軍属 母	戦死	淳昌郡双置面鍾岩里三八四 ―
二〇一〇	大湊海軍施設部	北千島近海	一九四四・〇九・二六 ―	玉田秀根 淳吉	軍属 父	戦死	淳昌郡双置面揚新里一五二 ―
二〇一一	大湊海軍施設部	北千島近海	一九四四・〇九・二六 ―	高三坤 沓	軍属 父	戦死	淳昌郡双置面金坪里二一三 ―
二〇一二	大湊海軍施設部	北千島近海	一九四四・〇九・二六	楊垂喆	軍属	戦死	淳昌郡双置面道古里三五四

			—	垂水・龍同	兄・母		—
二〇一三	大湊海軍施設部	北千島近海	一九四四・〇九・二六 —	金田一斗 柱宇	軍属 兄	戦死	淳昌郡双置面龍田里三七九 —
二〇一四	大湊海軍施設部	北千島近海	一九四四・〇九・二六 —	金海植容 判任	軍属 —	戦死	淳昌郡双置面新成里九三 —
二〇一五	大湊海軍施設部	北千島近海	一九四四・〇九・二六 —	徳富海俊 春京	軍属 養父	戦死	淳昌郡双置面玉山里四七三 —
二〇一六	大湊海軍施設部	北千島近海	一九四四・〇九・二六 —	盧鳳玉 七逑	軍属 父	戦死	淳昌郡双置面雲岩里五二一
二〇一七	大湊海軍施設部	北千島近海	一九四四・〇九・二六 —	金永守 東弦・足十	軍属 父・妻	戦死	淳昌郡双置面許山里一五八
二〇一八	大湊海軍施設部	北千島近海	一九四四・〇九・二六 —	呉仁東 仁東・順伊	軍属 兄・妻	戦死	淳昌郡双置面龍田里一〇七
二〇一九	大湊海軍施設部	北千島近海	一九四四・〇九・二六 —	高石順 雲月	軍属 母	戦死	淳昌郡双置面金坪里二〇七 —
二〇二〇	大湊海軍施設部	北千島近海	一九四四・〇九・二六 —	清州正燮 大化	軍属 父	戦死	淳昌郡双置面金城里三一五 —
二〇二一	大湊海軍施設部	北千島近海	一九四四・〇九・二六 —	権善泰 唐奇	軍属 父	戦死	淳昌郡双置面道古里五六〇 —
二〇二二	大湊海軍施設部	北千島近海	一九四四・〇九・二六 —	柳封吉 青梧・粉徳	軍属 父・妻	戦死	淳昌郡双置面梧鳳里一六四 —
二〇二三	大湊海軍施設部	北千島近海	一九四四・〇九・二六 —	光山圭煥 追燮・成云	軍属 父・妻	戦死	淳昌郡双置面雲岩里一九 —
二〇二四	大湊海軍施設部	北千島近海	一九四四・〇九・二六 —	崔鳳基 夢致	軍属 父	戦死	淳昌郡双置面梧鳳里 —
二〇二五	大湊海軍施設部	北千島近海	一九四四・〇九・二六 —	盧順徳 玉南	軍属 妻	戦死	淳昌郡双置面雲岩里三五四 —
二〇二六	大湊海軍施設部	北千島近海	一九四四・〇九・二六 —	河元湘逑 玉禮	軍属 母	戦死	淳昌郡双置面赤谷里三七五
二〇二七	大湊海軍施設部	北千島近海	一九四四・〇九・二六 —	高島一坤 済鐵・清環	軍属 叔父・父	戦死	淳昌郡双置面双渓里二〇四
二〇二八	大湊海軍施設部	北千島近海	一九四四・〇九・二六 —	高山奇成 同金・順禮	軍属 兄・妻	戦死	淳昌郡双置面屯田里二五二 —
二〇二九	大湊海軍施設部	北千島近海	一九四四・〇九・二六 —	高成坤 鳳雲	軍属 父	戦死	淳昌郡双置面双渓里二四六 —

番号	所属	死亡場所	死亡年月日 生年月日	氏名 遺族	身分 続柄	区分	本籍
二〇三〇	大湊海軍施設部	北千島近海	一九四四・〇九・二六 ―	高鐘甲 春吉・相西	軍属 兄・母	戦死	淳昌郡双置面金坪里二一一 ―
二〇三一	大湊海軍施設部	北千島近海	一九四四・〇九・二六 ―	木花奎童 柄烈・玉任	軍属 父・妻	戦死	淳昌郡双置面田岩里四五五 ―
二〇三二	大湊海軍施設部	北千島近海	一九四四・〇九・二六 ―	金森仁奎 順洪・相順	軍属 父・妻	戦死	淳昌郡双置面揚新里一四〇 ―
二〇三三	大湊海軍施設部	北千島近海	一九四四・〇九・二六 ―	安基元 寶用	軍属 妻	戦死	淳昌郡双置面雲岩里一二三 ―
二〇三四	大湊海軍施設部	北千島近海	一九四四・〇九・二六 ―	安鉦煥 尭禮	軍属 妻	戦死	淳昌郡双置面雲岩里三七一 ―
二〇三五	大湊海軍施設部	北千島近海	一九四四・〇九・二六 一九二二・〇六・二八	井上永壽 甲允・英淑	軍属 父・妻	戦死	淳昌郡福興面瑞馬里七二八 ―
二〇三六	大湊海軍施設部	北千島近海	一九四四・〇九・二六 ―	渭川遠燮 大奎	軍属 父	戦死	淳昌郡福興面東山里二二六 ―
二〇三七	大湊海軍施設部	北千島近海	一九四四・〇九・二六 一九二三・〇二・〇五	金光斗奉 業飛	軍属 妻	戦死	淳昌郡福興面鼎山里五九四 ―
二〇三八	大湊海軍施設部	北千島近海	一九四四・〇九・二六 一九二一・〇三・二八	励山聖信 良基・基奉	軍属 叔父・父	戦死	淳昌郡福興面農岩里二八六 ―
二〇三九	大湊海軍施設部	北千島近海	一九四四・〇九・二六 ―	林永熙 占禮	軍属 妻	戦死	淳昌郡福興面農岩里五〇三 ―
二〇四〇	大湊海軍施設部	北千島近海	一九四四・〇九・二六 ―	張興明玉 鍾八	軍属 父	戦死	淳昌郡福興面瑞馬里三四二 ―
二〇四一	大湊海軍施設部	北千島近海	一九四四・〇九・二六 ―	宣碩奉 ×俊	軍属 父	戦死	淳昌郡福興面大旁里三七六 ―
二〇四二	大湊海軍施設部	北千島近海	一九四四・〇九・二六 ―	崔長童 龍変・×変	軍属 叔父・父	戦死	淳昌郡福興面魚隠里四八〇 ―
二〇四三	大湊海軍施設部	北千島近海	一九四四・〇九・二六 ―	蘇我壽岩 判京	軍属 父	戦死	淳昌郡福興面農岩里二九七 ―
二〇四四	大湊海軍施設部	北千島近海	一九四四・〇九・二六 ―	玉川今俊 判吉・母氏	軍属 叔父・母	戦死	淳昌郡福興面石状里一九六 ―
二〇四五	大湊海軍施設部	北千島近海	一九四四・〇九・二六 ―	清安西炫 南炫・鳳金	軍属 兄・妻	戦死	淳昌郡福興面錦月里三五 ―
二〇四六	大湊海軍施設部	北千島近海	一九四四・〇九・二六 ―	徳山貞杓 淳球	軍属 父	戦死	淳昌郡福興面魚隠里四八六 ―
二〇四七	大湊海軍施設部	北千島近海	一九四四・〇九・二六	張本今連	軍属	戦死	淳昌郡福興面番洞里二六六

			｜	處弘	父		｜
二〇四八	大湊海軍施設部	北千島近海	一九四四・〇九・二六 ｜	崔貴烈 貴成・河龍	軍属 兄・母	戦死	淳昌郡福興面昇山里三四八 ｜
二〇四九	大湊海軍施設部	北千島近海	一九四四・〇九・二六 一九二一・〇三・〇一	林東鎬 性鎬・洪九	軍属 兄・母	戦死	淳昌郡福興面魚隠里四九二 ｜
二〇五〇	大湊海軍施設部	北千島近海	一九四四・〇九・二六 一九二七・〇一・二〇	國本璣魯 世根	軍属 父	戦死	淳昌郡福興面農岩三二八 ｜
二〇五一	大湊海軍施設部	北千島近海	一九四四・〇九・二六 一九二二・〇一・一二	安原練童 玉先	軍属 父	戦死	淳昌郡福興面半月里三六九 ｜
二〇五二	大湊海軍施設部	北千島近海	一九四四・〇九・二六 一九二三・一〇・二五	安菊馹洙 祥洙・奉淳	軍属 兄・母	戦死	淳昌郡福興面鳳徳里九三 ｜
二〇五三	大湊海軍施設部	北千島近海	一九四四・〇九・二六 一九一四・〇八・二一	金慶永錫 大錫	軍属 兄	戦死	淳昌郡福興面錦月里五三六 ｜
二〇五五	大湊海軍施設部	北千島近海	一九四四・〇九・二六 一九一七・〇九・二三	良原鶴謨 ｜	軍属 ｜	戦死	淳昌郡東渓面新興里 ｜
二〇五六	大湊海軍施設部	北千島近海	一九四四・〇九・二六 ｜	崔二逑 永根	軍属 父	戦死	淳昌郡亀林面月亭里一三六 淳昌郡双置面岩谷里二八
二〇五九	大湊海軍施設部	北千島近海	一九四四・〇九・二六 一九一四・〇二・〇一	栄貴堂 ｜	軍属 ｜	戦死	淳昌郡双置面金坪里 ｜
二〇六〇	大湊海軍施設部	北千島近海	一九四四・〇九・二六 一九二一・〇七・〇二	金本成順 ｜	軍属 ｜	戦死	淳昌郡双置面花陽里 淳昌郡亀林面花岩里・紫陽里
二〇六一	大湊海軍施設部	北千島近海	一九四四・〇九・二六 一九一・〇八・〇三	金伴澤 ｜	軍属 ｜	戦死	淳昌郡福興面錦月里 ｜
二〇六二	大湊海軍施設部	北千島近海	一九四四・〇九・二六 一九一〇・〇四・〇九	崔二奉 ｜	軍属 ｜	戦死	淳昌郡芳×面華陽里一五五 ｜
二〇六三	大湊海軍施設部	北千島近海	一九四四・〇九・二六 一九一七・〇一・二七	朴大植 ｜	軍属 ｜	戦死	淳昌郡福興面山奇里 淳昌郡福興面山亭里
二〇六四	大湊海軍施設部	北千島近海	一九四四・〇九・二六 一九〇五・〇一・〇二	玉川億百 ｜	軍属 ｜	戦死	淳昌郡福興面石状里 ｜
二〇六五	大湊海軍施設部	北千島近海	一九四四・〇九・二六 一九〇四・〇一・〇六	金學洙 ｜	軍属 ｜	戦死	淳昌郡福興面舟坪里 ｜
二〇六六	大湊海軍施設部	北千島近海	一九四四・〇九・二六 ｜	白石鍾植 周用	軍属 父	戦死	完州郡助村面龍亭里三六二 ｜
二〇六七	大湊海軍施設部	北千島近海	一九四四・〇九・二六 一九一九・〇一・一二	柳田炯燮 判男・今玉	軍属 父・妻	戦死	完州郡助村面長洞里 完州郡鳳東面揚基里

番号	所属	場所	死亡日・生年月日	氏名・家族	身分・続柄	事由	本籍
二〇六八	大湊海軍施設部	北千島近海	一九四四・〇九・二六 一九二〇・〇五・〇一	永山光男 一童・念順	軍属 兄・妻	戦死	完州郡助村面龍亭里一五一
二〇六九	大湊海軍施設部	北千島近海	一九四四・〇九・二六 —	文原炯杓 鐵柱	軍属 父	戦死	完州郡助村面龍亭里四一 —
二〇七〇	大湊海軍施設部	北千島近海	一九四四・〇九・二六 一九一九・〇三・一三	文原益柱 元光・億金	軍属 叔父・父	戦死	完州郡助村面龍亭里二三〇 —
二〇七一	大湊海軍施設部	北千島近海	一九四四・〇九・二六 一九二〇・〇五・一〇	官本延殷 姓本	軍属 母	戦死	完州郡助村面龍亭里三三一 完州郡助村面龍亭里三三一
二〇七二	大湊海軍施設部	北千島近海	一九四四・〇九・二六 一九一七・〇四・一三	文原萬司 今若・花粉	軍属 父・妻	戦死	完州郡助村面龍亭里三八四 —
二〇七三	大湊海軍施設部	北千島近海	一九四四・〇九・二六 一九二二・一二・二四	伊藤禹錫 福珠	軍属 妹	戦死	完州郡雨田面洪山里一三一五 —
二〇七四	大湊海軍施設部	北千島近海	一九四四・〇九・二六 一九〇三・〇四・二二	朴福順 督明	軍属 父	戦死	完州郡雨田面洪山里一〇九〇 —
二〇七五	大湊海軍施設部	北千島近海	一九四四・〇九・二六 一九二〇・〇六・二九	豊田昊錫 順教	軍属 父	戦死	完州郡雨田面洪山里六五四 —
二〇七六	大湊海軍施設部	北千島近海	一九四四・〇九・二六 一九一九・〇二・一八	秋山玉根 性佐・順洙	軍属 兄・妻	戦死	完州郡雨田面桂用里四九八 —
二〇七七	大湊海軍施設部	北千島近海	一九四四・〇九・二六 一九二六・〇一・二五	池上潤謨 寅相	軍属 父	戦死	完州郡雨田面桂用里五一二 —
二〇七八	大湊海軍施設部	北千島近海	一九四四・〇九・二六 一九二三・〇七・〇九	崔莫東 点東・本禮	軍属 兄・妻	戦死	完州郡雨田面院堂里九八〇 —
二〇七九	大湊海軍施設部	北千島近海	一九四四・〇九・二六 一九〇四・〇四・〇九	廣田禮鉉 完珠・義鉉	軍属 甥・弟	戦死	完州郡高山面邑内里五五三 —
二〇八〇	大湊海軍施設部	北千島近海	一九四四・〇九・二六 一九〇七・〇五・一〇	玉山漢龍 文在・今舟	軍属 父・妻	戦死	完州郡高山面花亭里三九五 —
二〇八一	大湊海軍施設部	北千島近海	一九四四・〇九・二六 一九二一・〇七・〇五	小山秉善 智浩・点順	軍属 父・妻	戦死	完州郡高山面小向里三四八 —
二〇八二	大湊海軍施設部	北千島近海	一九四四・〇九・二六 一九一八・一〇・二七	尹家昌淳 日祚	軍属 兄	戦死	完州郡高山面花亭里五八一 —
二〇八三	大湊海軍施設部	北千島近海	一九四四・〇九・二六 一九一〇・〇二・〇三	金城教建 延玉	軍属 妻	戦死	完州郡高山面聖方里三八八 —
二〇八四	大湊海軍施設部	北千島近海	一九四四・〇九・二六 一九一二・〇五・〇八	完山壬得 永五・玉禮	軍属 父・妻	戦死	完州郡高山面陽池里三四一 —
二〇八五	大湊海軍施設部	北千島近海	一九四四・〇九・二六	嬴山萬烈	軍属	戦死	完州郡龍進面牙中里二一四

			―	龍學			父			―
二〇八六	大湊海軍施設部	北千島近海	一九四四・〇九・二六	金田洞喆	不喆・根益	軍属	兄・妻	戦死	完州郡龍進面牙中里三五八	―
二〇八七	大湊海軍施設部	北千島近海	一九四四・〇九・二六	×源二洙	岩干	軍属	父	戦死	完州郡龍進面牙中里七一五	―
二〇八八	大湊海軍施設部	北千島近海	一九四四・〇九・二六	金光永吾	鍾鉉	軍属	父	戦死	完州郡参禮面新早里七一五	―
			一九二〇・〇六・〇五							
二〇八九	大湊海軍施設部	北千島近海	一九四四・〇九・二六	高山判根	順圭	軍属	妻	戦死	完州郡参禮面石田里七	―
			一九一四・〇四・二一							
二〇九〇	大湊海軍施設部	北千島近海	一九四四・〇九・二六	朴栄鎮	道明	軍属	父	戦死	完州郡参禮面新金里三七	―
			一九一九・〇一・一六							
二〇九一	大湊海軍施設部	北千島近海	一九四四・〇九・二六	柳田伯鳳	順教・玉女	軍属	父・妻	戦死	完州郡参禮面石田里二六	―
			一九一五・〇七・一三							
二〇九二	大湊海軍施設部	北千島近海	一九四四・〇九・二六	権永在	允良・令禮	軍属	父・妻	戦死	完州郡参禮面石田里四五一	―
			一九一八・〇五・二九							
二〇九三	大湊海軍施設部	北千島近海	一九四四・〇九・二六	柳石岩	在玉・生金	軍属	父・妻	戦死	完州郡前陽面明徳里一〇七八	―
			一九二三・〇七・一〇							
二〇九四	大湊海軍施設部	北千島近海	一九四四・〇九・二六	趙田南斗	允七	軍属	父	戦死	完州郡前陽面新橋里二二七	―
			一九一九・一一・〇九							
二〇九五	大湊海軍施設部	北千島近海	一九四四・〇九・二六	柳明秀	福順	軍属	妻	戦死	完州郡前陽面新橋里八九三	―
			一九一七・〇五・二一							
二〇九九	大湊海軍施設部	北千島近海	一九四四・〇九・二六	李山南求	―	軍属	―	戦死	完州郡雲州面長仙里三七〇	―
			一九一五・〇一・二八							
二一〇〇	大湊海軍施設部	北千島近海	一九四四・〇九・二六	朴俊基	大順	軍属	父	戦死	完州郡雲州面庚川里五九七	―
			一九二一・一一・〇二							
二一〇一	大湊海軍施設部	北千島近海	一九四四・〇九・二六	権田太畵	必大	軍属	父	戦死	完州郡雲州面九梯里七七	―
			一九二三・〇二・〇四							
二一〇二	大湊海軍施設部	北千島近海	一九四四・〇九・二六	柳川奉順	正烈	軍属	長男	戦死	完州郡雲州面庚川里五三二	―
			一九一〇・一一・〇三							
二一〇三	大湊海軍施設部	北千島近海	一九四四・〇九・二六	山本相龍	点順	軍属	母	戦死	完州郡伊西面伊城里五五五	―
			一九一三・一一・二六							
二一〇四	大湊海軍施設部	北千島近海	一九四四・〇九・二六	成山吉良	魯順・黄禮	軍属	兄・妻	戦死	完州郡伊西面中里六二一	―
			一九一一・〇六・一〇							
二一〇五	大湊海軍施設部	北千島近海	一九四四・〇九・二六	光山基成	京集・貴順	軍属	父・母	戦死	完州郡伊西面院洞里六三一	―
			一九二一・〇一・〇六							

二一〇六	大湊海軍施設部	北千島近海	一九四四・〇九・二六 一九二二・〇五・〇四	延原學早 点奉・玉丹	軍属 父・妻	戦死	完州郡伊西面伊城里五〇六 —
二一〇七	大湊海軍施設部	北千島近海	一九四四・〇九・二六 一九二〇・〇三・〇二	石崗昜男 時中	軍属 父	戦死	完州郡東上面詞峰里四七五 —
二一〇八	大湊海軍施設部	北千島近海	一九四四・〇九・二六 一九一六・〇三・二四	張本　烈 一文・米萬	軍属 父・妻	戦死	完州郡東上面水満里二二一 —
二一〇九	大湊海軍施設部	北千島近海	一九四四・〇九・二六 一九二〇・一二・二〇	泉原基淳 化伊	軍属 父	戦死	完州郡東上面詞峰里七〇一 —
二一一〇	大湊海軍施設部	北千島近海	一九四四・〇九・二六 一九一六・〇六・三〇	平野永順 道三・良禮	軍属 父・妻	戦死	完州郡東上面水満里一四七 —
二一一一	大湊海軍施設部	北千島近海	一九四四・〇九・二六 —	具福順 福逑	軍属 兄	戦死	完州郡九耳面斗峴里七一六 完州郡伊西面葛山里四六七
二一一二	大湊海軍施設部	北千島近海	一九四四・〇九・二六 一九二三・〇五・〇七	平山甲植 宗雲・福蔦	軍属 父・妻	戦死	完州郡九耳面桂谷里四三二 —
二一一三	大湊海軍施設部	北千島近海	一九四四・〇九・二六 一九二二・〇九・二七	柳澤泰栄 根澤	軍属 父	戦死	完州郡草浦面美田里五八九 —
二一一四	大湊海軍施設部	北千島近海	一九四四・〇九・二六 一九二二・〇九・〇八	安東英一 太元・酒禮	軍属 父・妻	戦死	完州郡草浦面下里五八二 —
二一一五	大湊海軍施設部	北千島近海	一九四四・〇九・二六 一九一八・〇八・二三	松本玟基 柄旭	軍属 父	戦死	完州郡草浦面松田里五二一 —
二一一六	大湊海軍施設部	北千島近海	一九四四・〇九・二六 一九一四・〇二・二四	蘇山慶永 敬禮	軍属 妻	戦死	完州郡草浦面松田里三二五 —
二一一七	大湊海軍施設部	北千島近海	一九四四・〇九・二六 —	柳井海夫 良華	軍属 父	戦死	完州郡飛鳳面内月里四八五 —
二一一八	大湊海軍施設部	北千島近海	一九四四・〇九・二六 —	白川南成 徳必	軍属 父	戦死	完州郡飛鳳面泥田里五八九 —
二一一九	大湊海軍施設部	北千島近海	一九四四・〇九・二六 一九二〇・〇一・二〇	三本成根 奉俊	軍属 父	戦死	完州郡華山面雲梯里二〇六 完州郡雲州面唐川里
二一二一	大湊海軍施設部	北千島近海	一九四四・〇九・二六 一九二三・〇四・〇四	松本桂安 宰浩	軍属 父	戦死	完州郡東上面詞峰里七〇〇 完州郡東上面詞峰里七〇〇
二一二二	大湊海軍施設部	北千島近海	一九四四・〇九・二六 —	青松宣淑 判成	軍属 父	戦死	完州郡徳鳳面××五一六 完州郡徳鳳面××五一六
二一二三	大湊海軍施設部	北千島近海	一九四四・〇九・二六 一九二一・〇五・〇三	朴雲石 —	軍属 —	戦死	完州郡飛鳳面百鳥里 —
二一二四	大湊海軍施設部	北千島近海	一九四四・〇九・二六	金田元住	軍属	戦死	完州郡所陽面新村里

			一九一六・××・二七	ー	ー		ー
二二二五	大湊海軍施設部	北千島近海	一九四四・〇九・二六 一九二七・一〇・二八	李萬烈 ー	軍属 ー	戦死	完州郡龍進面牙中里 ー
二二二六	大湊海軍施設部	北千島近海	一九四四・〇九・二六 一九一六・〇八・〇六	金宮炯燮 ー	軍属 ー	戦死	完州郡龍進面牙中里 ー
二二二七	大湊海軍施設部	北千島近海	一九四四・〇九・二六 一九〇五・〇二・一〇	柳北関 ー	軍属 ー	戦死	完州郡上関面邑長里 ー
二二二八	大湊海軍施設部	北千島近海	一九四四・〇九・二六 一九一六・一一・三〇	呉山順男 ー	軍属 ー	戦死	完州郡上関面衣岩里 ー
二二二九	大湊海軍施設部	北千島近海	一九四四・〇九・二六 一九一八・〇九・一〇	阿元富鉉 ー	軍属 ー	戦死	完州郡上関面龍岩里 ー
二二三〇	大湊海軍施設部	北千島近海	一九四四・〇九・二六 一九一六・〇三・〇五	岩本阿尺 ー	軍属 ー	戦死	完州郡鳳東面栃基里 ー
二二三一	大湊海軍施設部	北千島近海	一九四四・〇九・二六 一九一七・〇八・二〇	高野鍾根 ー	軍属 ー	戦死	完州郡鳳東面関下里 ー
二二三二	大湊海軍施設部	北千島近海	一九四四・〇九・二六 一九一八・一二・一〇	木元童曲 ー	軍属 ー	戦死	完州郡飛鳳面鳳山里 ー
二二三三	大湊海軍施設部	北千島近海	一九四四・〇九・二六 一九二三・〇三・〇七	姜本正完 ー	軍属 ー	戦死	完州郡飛鳳面内月里 ー
二二三四	大湊海軍施設部	北千島近海	一九四四・〇九・二六 一九二一・〇四・〇六	青松益洙 ー	軍属 ー	戦死	完州郡飛鳳面水仙里 ー
二二三五	大湊海軍施設部	北千島近海	一九四四・〇九・二六 一九二〇・〇九・一一	鞠本鍾鎬 ー	軍属 ー	戦死	完州郡高山面邑内里 ー
二二三六	大湊海軍施設部	北千島近海	一九四四・〇九・二六 ー	海本修吉 東化・忠雄	軍属 妻・父	戦死	全州府本町三ー一 益山郡裡里邑本町一ー三一
二一四三	大湊海軍施設部	北千島近海	一九四四・〇九・二六 一九二〇・〇一・二四	吉田春萬 ー	軍属 ー	戦死	沃溝郡大野面竹山里 ー
一七四九	大湊海軍施設部	北千島近海	一九四四・一〇・二五 ー	松田芝容 ー	軍属 ー	戦死	金堤郡白山面祖宗里三七六 ー
一六一二	大湊海軍施設部	北千島近海	一九四五・〇五・〇一 一九二〇・〇八・二一	武田勘次郎 ー	軍属 ー	戦死	益山郡皇華面麻田里 ー
一八七九	大湊海軍施設部	北千島近海	一九四五・〇五・〇一 一九二三・〇八・二九	松谷正秀 ー	軍属 ー	戦死	任實郡徳待面砂谷里 ー
二二五二	大湊海軍施設部	北千島近海	一九四五・〇五・〇一 一九一八・〇二・一〇	金城鎮甲 ー	軍属 ー	戦死	高敞郡大山面海亀里 ー

番号	所属	場所	年月日	氏名	身分	状況	本籍
二一五五	大湊海軍施設部	北千島近海	一九四五・〇五・〇一	朝元文喆	軍属	戦死	高敞郡富安面中興里
			一九二二・〇三・一九	—	—		—
二一五四	大湊海軍施設部	北太平洋	一九四四・〇三・〇二	白相基	軍属	戦死	高敞郡興徳面石隅里七七
			一九二二・〇五・〇一	南慶・今順	父・妻		—
一六五六	大湊海軍施設部	北太平洋	一九四四・一〇・二五	李奉奎	軍属	戦死	益山郡八峰面八峰里
			一九一三・〇六・一八	—	—		—
一七三九	大湊海軍施設部	北太平洋	一九四四・一〇・二五	竹村丈学	軍属	戦死	金堤郡月村面明徳里
			一九一三・〇八・一六	—	—		—
一八二四	大湊海軍施設部	北太平洋	一九四四・一〇・二五	山本成雄	軍属	戦死	錦山郡秋富面新坪里三三五
			一九二二・一一・〇七	—	—		—
一八三〇	大湊海軍施設部	北太平洋	一九四四・一〇・二五	金貴同	軍属	戦死	井邑郡瓮東面梅井里四三六
			一九一八・〇八・一二	夏任	妻		—
一八三一	大湊海軍施設部	北太平洋	一九四四・一〇・二五	金田判逑	軍属	戦死	井邑郡瓮東面梅井里一八六
			一九一五・〇四・一六	文化・蘇大児	父・妻		—
一八三四	大湊海軍施設部	北太平洋	一九四四・一〇・二五	宮本漉附	軍属	戦死	井邑郡笠巌面接乭里
			—				—
一八三六	大湊海軍施設部	北太平洋	一九四四・一〇・二五	崔山大洙	軍属	戦死	井邑郡笠巌面新錦里五九五
			一九二二・一〇・二八	王峯・雙順	父・妻		—
一八三九	大湊海軍施設部	北太平洋	一九四四・一〇・二五	金本基邦	軍属	戦死	井邑郡古阜面南福里一七七
			一九二六・一〇・三〇	基栄	兄		—
一八四〇	大湊海軍施設部	北太平洋	一九四四・一〇・二五	元山潤吉	軍属	戦死	井邑郡古阜面長文里六三〇
			一九二六・一〇・三〇	鎮玉	父		—
一八四二	大湊海軍施設部	北太平洋	一九四四・一〇・二五	金元五鎮	軍属	戦死	井邑郡古阜面龍興里八四六
			一九二三・〇二・一九	基成	父		—
一八四四	大湊海軍施設部	北太平洋	一九四四・一〇・二五	金城豊雄	軍属	戦死	井邑郡北面花梅里一八
			一九一七・〇七・二〇	次南	妻		—
一八四五	大湊海軍施設部	北太平洋	一九四四・一〇・二五	清水鳳基	軍属	戦死	井邑郡北面漢橋里三四二
			一九二〇・一二・一八	永三	母		—
一八四六	大湊海軍施設部	北太平洋	一九四四・一〇・二五	金本鐘千	軍属	戦死	井邑郡北面漢橋里三三八
			一九二六・一一・一二	東業	父		—
一八四七	大湊海軍施設部	北太平洋	一九四四・一〇・二五	神農英同	軍属	戦死	井邑郡北面漢橋里三一六
			一九〇六・一〇・〇一	占禮	妻		—
一八四八	大湊海軍施設部	北太平洋	一九四四・一〇・二五	金本莫鉄	軍属	戦死	井邑郡北面花梅里七×
			一九二二・〇四・〇八	京順	父		—
一八四九	大湊海軍施設部	北太平洋	一九四四・一〇・二五	道林根龍	軍属	戦死	井邑郡北面漢橋里四八

			一九二三・一二・二四	明吉	父		｜
一八五〇	大湊海軍施設部	北太平洋	一九四四・一〇・二五	金城正雄	軍属	戦死	井邑郡北面花梅里三〇三
			一九二六・〇二・二〇	鐵岩	父		｜
一八五一	大湊海軍施設部	北太平洋	一九四四・一〇・二五	豊田啓助	軍属	戦死	井邑郡北面花梅里一八
			一九一五・一二・三〇	靖子	妻		｜
一八五二	大湊海軍施設部	北太平洋	一九四四・一〇・二五	海原四童	軍属	戦死	井邑郡北面花梅里五三
			一九一四・〇五・二九	一同・氏	兄・母		｜
一八五三	大湊海軍施設部	北太平洋	一九四四・一〇・二五	山森用善	軍属	戦死	井邑郡北面花梅里三〇二一
			一九二〇・〇二・一三	公三	父		｜
一八五四	大湊海軍施設部	北太平洋	一九四四・一〇・二五	山本清玉	軍属	戦死	井邑郡浄雨面大寺里
			一九二一・〇二・二〇	｜	｜		｜
一八五五	大湊海軍施設部	北太平洋	一九四四・一〇・二五	曾永桂	軍属	戦死	井邑郡井州邑市基里
			一九二三・〇六・二〇	｜	｜		｜
一八五六	大湊海軍施設部	北太平洋	一九四四・一〇・二五	金村甲月	軍属	戦死	井邑郡井州邑市基里
			一九二〇・〇七・〇一	｜	｜		｜
一八五七	大湊海軍施設部	北太平洋	一九四四・一〇・二五	姜文弘	軍属	戦死	井邑郡井邑邑市基里
			一九二三・〇六・二〇	｜	｜		｜
一八五八	大湊海軍施設部	北太平洋	一九四四・一〇・二五	山口昌根	軍属	戦死	井邑郡永元面陰山里二二九
			一九一九・〇四・一五	東日	父		淳昌郡双置面
一八五九	大湊海軍施設部	北太平洋	一九四四・一〇・二五	白石南應	軍属	戦死	井邑郡所聲面化龍里五一七
			一九一〇・〇四・〇五	庚禮	妻		｜
一八六〇	大湊海軍施設部	北太平洋	一九四四・一〇・二五	官本客順	軍属	戦死	井邑郡所聲面化龍里
			一九二二・〇三・一六	｜	｜		｜
一八六一	大湊海軍施設部	北太平洋	一九四四・一〇・二五	東田掛南	軍属	戦死	井邑郡所聲面古橋里四五八
			一九二二・一〇・一五	學文	父		｜
一八六二	大湊海軍施設部	北太平洋	一九四四・一〇・二五	松本長春	軍属	戦死	井邑郡七寶面武城里
			一九一四・〇三・二五	｜	｜		｜
一八六三	大湊海軍施設部	北太平洋	一九四四・一〇・二五	松山九萬	軍属	戦死	井邑郡七寶面武城里七一五
			｜	太奉	父		｜
一八六六	大湊海軍施設部	北太平洋	一九四四・一〇・二五	呉本炳文	軍属	戦死	井邑郡浄土面大寺里五〇九
			一九一四・一一・二九	俊甫	｜		｜
一八六七	大湊海軍施設部	北太平洋	一九四四・一〇・二五	庸年岩	軍属	戦死	井邑郡所聲面公坪里
			一九一二・一〇・〇四	｜	｜		｜
一八六九	大湊海軍施設部	北太平洋	一九四四・一〇・二五	良原梅吉	軍属	戦死	井邑郡南原邑川渠里
			一九一八・〇七・一〇	｜	｜		｜

一八七〇	大湊海軍施設部	北太平洋	一九四四・一〇・二五 一九二四・〇六・一〇	李成基 —	軍属 —	戦死	井邑郡井州邑 —
一八七七	大湊海軍施設部	北太平洋	一九四四・一〇・二五 一九二〇・〇一・二二	山本八奉 氏	軍属 母	戦死	任實郡屯南面契樹里九四 —
一九〇三	大湊海軍施設部	北太平洋	一九四四・一〇・二五 一九〇九・〇三・二〇	河本尚春 —	軍属 —	戦死	南原郡巳梅面梧新里六六二－一 —
一九〇四	大湊海軍施設部	北太平洋	一九四四・一〇・二五 一九一八・〇七・一一	玉山基石 —	軍属 —	戦死	南原郡南原邑鷺岩 —
一九〇七	大湊海軍施設部	北太平洋	一九四四・一〇・二五 一九一六・〇一・一一	金本容保 奉任・烔斗	軍属 父	戦死	南原郡松洞面細田里五四六 南原郡松洞面細田里五四六
一九〇八	大湊海軍施設部	北太平洋	一九四四・一〇・二五 一九二二・一二・一二	金本容均 五龍・容泰	軍属 母・兄	戦死	南原郡松洞面細田里六六六 —
一九〇九	大湊海軍施設部	北太平洋	一九四四・一〇・二五 一九一九・〇六・〇五	金本容錦 任順・良三	軍属 妻・父	戦死	南原郡松洞面細田里五八三 —
一九一〇	大湊海軍施設部	北太平洋	一九四四・一〇・二五 一九〇一・〇八・一九	金海石順 —	軍属 —	戦死	南原郡大山面楓村里 南原郡大山面楓村里
一九一一	大湊海軍施設部	北太平洋	一九四四・一〇・二五 一九〇九・〇三・〇八	梁原吉迚 一禮	軍属 妻	戦死	南原郡大山面水槐里八五一 —
一九一二	大湊海軍施設部	北太平洋	一九四四・一〇・二五 一九二〇・〇八・三〇	金海東奎 光燮	軍属 父	戦死	南原郡大山面新渓里一一四七 南原郡大山面新渓里一一四七
一九一三	大湊海軍施設部	北太平洋	一九四四・一〇・二五 一九〇六・〇八・一九	岩本賢千 丹容・清重	軍属 妻・甥	戦死	南原郡大山面金城里四六九 —
一九一四	大湊海軍施設部	北太平洋	一九四四・一〇・二五 一九〇八・〇五・〇一	丁本正三 妙順・判吉	軍属 妻・父	戦死	南原郡大山面楓村里四二三 —
一九一五	大湊海軍施設部	北太平洋	一九四四・一〇・二五 一九二一・〇二・〇七	月本斗鉉 鳳鶴・漢圭	軍属 妻・父	戦死	南原郡賢節面城待里一八五 —
一九一六	大湊海軍施設部	北太平洋	一九四四・一〇・二五 一九二三・〇九・三〇	大原王童 完晃	軍属 養父	戦死	南原郡賢節面 —
一九一七	大湊海軍施設部	北太平洋	一九四四・一〇・二五 一九一七・一〇・一七	金山福禄 甲奉・多順	軍属 父・妻	戦死	南原郡賢節面書峙里五九一 —
一九一八	大湊海軍施設部	北太平洋	一九四四・一〇・二五 一九一九・一一・二一	泉原判山 判實・玉順	軍属 兄・母	戦死	南原郡賢節面錦茶里二六六一 —
一九一九	大湊海軍施設部	北太平洋	一九四四・一〇・二五 一九二〇・〇五・〇七	陵山昌文 斗生・氏	軍属 甥・母	戦死	南原郡山東面大基里八八〇 —
一九二〇	大湊海軍施設部	北太平洋	一九四四・一〇・二五	呉本在寛	軍属	戦死	南原郡東面乾芝里

			一九一九・〇六・〇七	—	—		—
一九二一	大湊海軍施設部	北太平洋	一九四四・一〇・二五 一九一三・〇七・二八	金山舊巖 成九・世彩	軍属 父・妻	戦死	南原郡山東面大平里六八九 —
一九二二	大湊海軍施設部	北太平洋	一九四四・一〇・二五 一九〇八・〇四・〇九	金本智喆 貴女	軍属 妻	戦死	南原郡山東面大基里八七五 南原郡南原邑鷲岩里
一九二三	大湊海軍施設部	北太平洋	一九四四・一〇・二五 一九一七・〇六・一二	金海壽命 力成・女来	軍属 父・妻	戦死	南原郡山東面大上里五六四 —
一九二四	大湊海軍施設部	北太平洋	一九四四・一〇・二五 一九一三・〇五・〇八	金本命乭 —	軍属 —	戦死	南原郡東面西茂里 —
一九二五	大湊海軍施設部	北太平洋	一九四四・一〇・二五 一九二〇・〇八・二六	金城龍記 —	軍属 —	戦死	南原郡東面就岩里 —
一九二六	大湊海軍施設部	北太平洋	一九四四・一〇・二五 一九一九・〇一・一五	金山知守 —	軍属 —	戦死	南原郡東面就岩里 —
一九二七	大湊海軍施設部	北太平洋	一九四四・一〇・二五 一九一六・一二・一五	金川石九 —	軍属 —	戦死	南原郡東面西診里 —
一九二八	大湊海軍施設部	北太平洋	一九四四・一〇・二五 一九二一・一〇・〇九	梁原龍守 —	軍属 —	戦死	南原郡東面就岩里 —
一九二九	大湊海軍施設部	北太平洋	一九四四・一〇・二五 一九一八・一〇・〇一	朴本奉洙 鎔明	軍属 父	戦死	南原郡王府面植亭里三二六 —
一九三〇	大湊海軍施設部	北太平洋	一九四四・一〇・二五 一九一三・〇九・一四	朴本判岩 永洙・順愛	軍属 兄・妻	戦死	南原郡王府面植亭里三五四 —
一九三一	大湊海軍施設部	北太平洋	一九四四・一〇・二五 一九二一・〇九・〇三	李川判益 仲間	軍属 母	戦死	南原郡王府面植亭里三一四 —
一九三二	大湊海軍施設部	北太平洋	一九四四・一〇・二五 一九一五・〇七・一九	朴本判客 鍾鎬・柄徳	軍属 兄・妻	戦死	南原郡王府面植亭里三二六 —
一九三三	大湊海軍施設部	北太平洋	一九四四・一〇・二五 一九二一・〇五・〇八	安坂學善 —	軍属 —	戦死	南原郡王府面植亭里 —
一九三四	大湊海軍施設部	北太平洋	一九四四・一〇・二五 一九〇八・〇五・〇一	金城龍吉 —	軍属 —	戦死	南原郡雲峰面北川里 —
一九三五	大湊海軍施設部	北太平洋	一九四四・一〇・二五 —	金判甲 判九・景求	軍属 兄・妻	戦死	南原郡巳梅里官豊里五四六 南原郡杠桐面星松里一三七
一九三六	大湊海軍施設部	北太平洋	一九四四・一〇・二五 —	國本春器 教栄・王×	軍属 父・妻	戦死	南原郡巳梅面梧新里五一九 南原郡巳梅面梧新里五一九
一九三七	大湊海軍施設部	北太平洋	一九四四・一〇・二五 —	西原鳳鉉 基大	軍属 父	戦死	南原郡巳梅面大栗里四五九 南原郡巳梅面大栗里四五九

一九三八	大湊海軍施設部	北太平洋	一九四四・一〇・二五	金原俊玉	軍属	戦死	南原郡巳梅面官豊里一一〇五
			―	長煥・玉順	叔母・妻		南原郡巳梅面官豊里一一〇五
一九三九	大湊海軍施設部	北太平洋	一九四四・一〇・二五	大原吉淳	軍属	戦死	南原郡山内面獐項里四七八
			―	他金・鳳愛	兄・母		南原郡山内面獐項里四七八
一九四〇	大湊海軍施設部	北太平洋	一九四四・一〇・二五	平山敬植	軍属	戦死	南原郡山内面大井里五六
			―	其浩・敬姫	父・妻		南原郡山内面大井里五六
一九四一	大湊海軍施設部	北太平洋	一九四四・一〇・二五	郭本福九	軍属	戦死	南原郡水首面孝坪里三二九
			―	仁朱	兄		南原郡水首面孝坪里三二九
一九四二	大湊海軍施設部	北太平洋	一九四四・一〇・二五	伊原敬黙	軍属	戦死	南原郡水首面孝坪里三九五
			―	雉文岩	父		―
一九四三	大湊海軍施設部	北太平洋	一九四四・一〇・二五	木本聖哲	軍属	戦死	南原郡水首面孝坪里八六六
			―	宗徳	父		―
一九四四	大湊海軍施設部	北太平洋	一九四四・一〇・二五	朴大鳳	軍属	戦死	南原郡水首面孝坪里
			一九一三・〇五・一二	―	―		―
一九四五	大湊海軍施設部	北太平洋	一九四四・一〇・二五	郭泰田	軍属	戦死	南原郡帯江面松帯里
			一九一七・〇八・二五	―	―		―
一九四六	大湊海軍施設部	北太平洋	一九四四・一〇・二五	金始静	軍属	戦死	南原郡帯江面江石里
			一九一三・〇七・二〇	―	―		―
一九四八	大湊海軍施設部	北太平洋	一九四四・一〇・二五	方長鐘弼	軍属	戦死	南原郡帯江面新徳里
			一九二三・〇五・三〇	―	―		―
一九四九	大湊海軍施設部	北太平洋	一九四四・一〇・二五	良原末一	軍属	戦死	南原郡周生面上洞里
			一九一四・〇一・一八	―	―		―
一九五一	大湊海軍施設部	北太平洋	一九四四・一〇・二五	岩谷鐘秀	軍属	戦死	南原郡周生面池据里
			一九一九・〇九・〇九	―	―		―
一九五二	大湊海軍施設部	北太平洋	一九四四・一〇・二五	陽村甲童	軍属	戦死	南原郡朱川面長安里
			一九一八・〇八・二四	―	―		―
一九五三	大湊海軍施設部	北太平洋	一九四四・一〇・二五	蘇山敏燮	軍属	戦死	南原郡朱川面周川里
			一九二〇・〇三・〇一	―	―		―
一九五四	大湊海軍施設部	北太平洋	一九四四・一〇・二五	呉本知龍	軍属	戦死	南原郡朱川面銀松里
			一九二二・〇八・二六	―	―		―
一九五五	大湊海軍施設部	北太平洋	一九四四・一〇・二五	完山永洙	軍属	戦死	南原郡朱川面銀松里
			一九一八・一一・二四	―	―		―
一九五六	大湊海軍施設部	北太平洋	一九四四・一〇・二五	仁川石洙	軍属	戦死	南原郡朱川面松峙里
			一九二二・〇四・二〇	―	―		―
一九五七	大湊海軍施設部	北太平洋	一九四四・一〇・二五	吉田童記	軍属	戦死	南原郡帯江面玉宅里

			一九一九・〇四・二八	—	—		—
一九五八	大湊海軍施設部	北太平洋	一九四四・一〇・二五 一九一九・〇九・二八	香山判岩 太石	軍属 父	戦死	南原郡金池面甕井里二一六 —
一九五九	大湊海軍施設部	北太平洋	一九四四・一〇・二五 一九一七・〇一・二四	金本柱永 —	軍属 —	戦死	南原郡二百面三和里 —
一九六〇	大湊海軍施設部	北太平洋	一九四四・一〇・二五 一九一二・〇八・〇九	金山文栢 —	軍属 —	戦死	南原郡徳果面龍山里 —
一九六一	大湊海軍施設部	北太平洋	一九四四・一〇・二五 一九二一・〇九・一六	金三星 —	軍属 —	戦死	南原郡雲峰面 —
一九六二	大湊海軍施設部	北太平洋	一九四四・一〇・二五 一九〇〇・〇八・〇一	慶州宗義 —	軍属 —	戦死	南原郡徳果面徳村里 —
一九六三	大湊海軍施設部	北太平洋	一九四四・一〇・二五 一九二二・〇一・二〇	蘇山鉄黙 —	軍属 —	戦死	南原郡徳果面新陽里 —
一九六四	大湊海軍施設部	北太平洋	一九四四・一〇・二五 一九二一・〇二・〇九	井上亀奉 —	軍属 —	戦死	南原郡金地面笠岩里 —
一九六五	大湊海軍施設部	北太平洋	一九四四・一〇・二五	河村丹奉 —	軍属 —	戦死	南原郡徳果面徳村里 —
一九六六	大湊海軍施設部	北太平洋	一九四四・一〇・二五 一九一〇・〇七・二一	眞点根 —	軍属 —	戦死	南原郡徳果面徳村里 —
一九六七	大湊海軍施設部	北太平洋	一九四四・一〇・二五 一九一〇・〇七・二一	松岡起鳳 貴鳳・長任	軍属 兄・妻	戦死	南原郡金池面笠岩里四〇三 —
一九六八	大湊海軍施設部	北太平洋	一九四四・一〇・二五 一九二三・〇一・二〇	竹山春焟 —	軍属 —	戦死	南原郡王峙面植亭里 —
一九六九	大湊海軍施設部	北太平洋	一九四四・一〇・二五 一九一四・〇九・二〇	李貞洙 —	軍属 —	戦死	南原郡徳果面金岩里 —
一九七〇	大湊海軍施設部	北太平洋	一九四四・一〇・二五 一九一四・〇九・一三	朝倉學吉 —	軍属 —	戦死	南原郡徳果面金古里 —
一九七一	大湊海軍施設部	北太平洋	一九四四・一〇・二五 一九二〇・〇三・〇一	國本奉春 —	軍属 —	戦死	南原郡二日面青前里 —
一九七二	大湊海軍施設部	北太平洋	一九四四・一〇・二五 一九〇八・〇六・一二	滑川　桂 —	軍属 —	戦死	南原郡雲峰面 —
一九七三	大湊海軍施設部	北太平洋	一九四四・一〇・二五 一九一七・一二・〇五	金天朴烈 —	軍属 —	戦死	南原郡蛮山面竹國里 —
二一五三	大湊海軍施設部	北太平洋	一九四四・一〇・二五 一九一二・〇七・二五	柳龍済 —	軍属 —	死亡	高敞郡星内面星振里五四四 —

番号	所属	場所	年月日	生年月日	氏名	関係者	身分	続柄	結果	本籍
一七四八	大湊海軍施設部	青森県大湊	一九四三・一〇・〇四	一九一五・〇六・一八	上野承雄	—	軍属	—	死亡	金堤郡金堤邑新豊里三九一
一八九四	大湊海軍施設部	青森県樺山	一九四四・〇九・二九	—	松本俊成	—	軍属	—	死亡	鎮安郡富貴面百石里一〇二四
一六六三	大湊海軍施設部	青森県樺山	一九四四・一一・一六	—	伊藤壬鳳	—	軍属	—	死亡	益山郡望城面新鶴里六二三
一九九〇	大湊海軍施設部	青森県大湊	一九四五・〇四・二六	—	伊原康柱	—	軍属	—	死亡	南原郡松洞面陽坪里七六
一九九一	大湊海軍施設部	青森県大湊	一九四五・〇七・〇二	—	肇井炳任	—	軍属	—	死亡	南原郡帯江面芽洞里九六
一八九九	大湊海軍施設部	青森県大湊	一九四五・〇七・〇九	—	高本永泰	—	軍属	—	死亡	長水郡渓内面松泉里四五四
一七六四	大湊海軍施設部	青森県大湊	一九四五・〇八・二〇	—	生東来昌	王鳳	軍属	父	戦傷死	茂州郡赤裳面芳梨里一〇六三
一六五七	大湊海軍施設部	舞鶴港内	一九四五・〇八・二四	—	金海昌坤	—	軍属	—	死亡	益山郡北一面八鳳里
一六五八	大湊海軍施設部	舞鶴港内	一九四五・〇八・二四	—	東村鳳照	—	軍属	—	死亡	益山郡聖当面壮洞里
一六五九	大湊海軍施設部	舞鶴港内	一九四五・〇八・二四	—	木村壽根	—	軍属	—	死亡	益山郡春浦面大場村里
一六六〇	大湊海軍施設部	舞鶴港内	一九四五・〇八・二四	—	柳潭相春	—	軍属	—	死亡	益山郡望城面華山里
一六六一	大湊海軍施設部	舞鶴港内	一九四五・〇八・二四	—	朝川奇栄	—	軍属	—	死亡	益山郡望城面裡里邑京町七
一六六二	大湊海軍施設部	舞鶴港内	一九四五・〇八・二四	—	金光八平	—	軍属	—	死亡	益山郡黄登面龍山里
一七四一	大湊海軍施設部	舞鶴港内	一九四五・〇八・二四	—	青元石金	—	軍属	—	死亡	金堤郡白山面富巨里
一七四二	大湊海軍施設部	舞鶴港内	一九四五・〇八・二四	—	青山同鉱	—	軍属	—	死亡	金堤郡金堤邑新豊里
一七四三	大湊海軍施設部	舞鶴港内	一九四五・〇八・二四	—	姜相燮	—	軍属	—	死亡	金堤郡龍池面松山里
一八一五	大湊海軍施設部	舞鶴港内	一九四五・〇八・二四	—	藤本来光	—	軍属	—	死亡	茂朱郡雪川面基谷里
一八一六	大湊海軍施設部	舞鶴港内	一九四五・〇八・二四		白源楽寛		軍属		死亡	茂朱郡雪川面斗吉里

番号	所属	場所	年月日	氏名	身分	事由	本籍
一八七一	大湊海軍施設部	舞鶴港内	一九四五・〇八・二四	金海石順	軍属	死亡	井邑郡泰仁面泰昌里
一八七二	大湊海軍施設部	舞鶴港内	一九四五・〇八・二四	金基玉	軍属	死亡	井邑郡泰仁面泰昌里
一八七三	大湊海軍施設部	舞鶴港内	一九四五・〇八・二四	金田指述	軍属	死亡	井邑郡泰仁面泰興里
一八八六	大湊海軍施設部	舞鶴港内	一九四五・〇八・二四	安本海龍	軍属	死亡	鎮安郡富貴面弓頃里
一八八七	大湊海軍施設部	舞鶴港内	一九四五・〇八・二四	金原萬甲	軍属	死亡	鎮安郡富貴面弓頃里
一八八八	大湊海軍施設部	舞鶴港内	一九四五・〇八・二四	金判山	軍属	死亡	鎮安郡富貴面鳳岩里
一八八九	大湊海軍施設部	舞鶴港内	一九四五・〇八・二四	朴本福同	軍属	死亡	鎮安郡富貴面細洞里
一八九〇	大湊海軍施設部	舞鶴港内	一九四五・〇八・二四	朴村鐘洙	軍属	死亡	鎮安郡聖壽面中吉里
一八九一	大湊海軍施設部	舞鶴港内	一九四五・〇八・二四	大山鐘吉	軍属	死亡	鎮安郡聖壽面中吉里
一八九二	大湊海軍施設部	舞鶴港内	一九四五・〇八・二四	孫富出	軍属	死亡	鎮安郡聖壽面佐山里
一八九三	大湊海軍施設部	舞鶴港内	一九四五・〇八・二四	高本永喆	軍属	死亡	鎮安郡鎮安面物谷里
一九七四	大湊海軍施設部	舞鶴港内	一九四五・〇八・二四	金官億石	軍属	死亡	南原郡朱川面漁峴里
一九七五	大湊海軍施設部	舞鶴港内	一九四五・〇八・二四	陽川　柏	軍属	死亡	南原郡朱川面龍潭里
一九七六	大湊海軍施設部	舞鶴港内	一九四五・〇八・二四	金澤敬壽	軍属	死亡	南原郡南原邑東忠里
一九七七	大湊海軍施設部	舞鶴港内	一九四五・〇八・二四	大島克基	軍属	死亡	南原郡寶節面道龍里
一九七八	大湊海軍施設部	舞鶴港内	一九四五・〇八・二四	金基鎬	軍属	死亡	南原郡寶節面城待里
一九七九	大湊海軍施設部	舞鶴港内	一九四五・〇八・二四	蘇山感欽	軍属	死亡	南原郡寶節面黄筏里

一九八〇	大湊海軍施設部	舞鶴港内	一九四五・〇八・二四	張田吉南	軍属	死亡	南原郡巳梅面梧新里
一九八一	大湊海軍施設部	舞鶴港内	一九四五・〇八・二四	池田奎龍	軍属	死亡	南原郡巳梅面梧新里
一九八二	大湊海軍施設部	舞鶴港内	一九四五・〇八・二四	中村義善	軍属	死亡	南原郡巳梅面仁化里
一九八三	大湊海軍施設部	舞鶴港内	一九四五・〇八・二四	伊原貴燮	軍属	死亡	南原郡王峙面龍程里
一九八四	大湊海軍施設部	舞鶴港内	一九四五・〇八・二四	茂山鎮奎	軍属	死亡	南原郡周生面諸川里
一九八五	大湊海軍施設部	舞鶴港内	一九四五・〇八・二四	良原二鎬	軍属	死亡	南原郡周生面貞松里
一九八六	大湊海軍施設部	舞鶴港内	一九四五・〇八・二四	林原馬山	軍属	死亡	南原郡帯江面沙石里
一九八七	大湊海軍施設部	舞鶴港内	一九四五・〇八・二四	竹田日燮	軍属	死亡	南原郡二白面書谷里
一九八八	大湊海軍施設部	舞鶴港内	一九四五・〇八・二四	金本鐘成	軍属	死亡	南原郡二白面書谷里
一九八九	大湊海軍施設部	舞鶴港内	一九四五・〇八・二四	金村昌洙	軍属	死亡	南原郡徳果面金岩里
二〇五七	大湊海軍施設部	舞鶴港内	一九四五・〇八・二四	金山南光	軍属	死亡	淳昌郡金果面内洞里
二〇五八	大湊海軍施設部	舞鶴港内	一九四五・〇八・二四	金龍斗	軍属	死亡	淳昌郡淳昌面長徳里
二一三七	大湊海軍施設部	舞鶴港内	一九四五・〇八・二四	金山國光	軍属	死亡	全州府八達町六三
二一三八	大湊海軍施設部	舞鶴港内	一九四五・〇八・二四	中山壽吉	軍属	死亡	全州府大和町六五
二一三九	大湊海軍施設部	舞鶴港内	一九四五・〇八・二四	林泰煥	軍属	死亡	全州府若松町東部
二一四四	大湊海軍施設部	舞鶴港内	一九四五・〇八・二四	平文炳萬	軍属	死亡	沃溝郡玉山面南内里
二一四五	大湊海軍施設部	舞鶴港内	一九四五・〇八・二四	西原永守	軍属	死亡	沃溝郡大野面深山里
二一四六	大湊海軍施設部	舞鶴港内	一九四五・〇八・二四	呉川萬石	軍属	死亡	沃溝郡瑞隱面新基里

二二四七	大湊海軍施設部	舞鶴港内	一九四五・〇八・二四	｜	玉田成文	｜	軍属	｜	死亡	沃溝郡玉山面堂北里	｜
二二四八	大湊海軍施設部	舞鶴港内	一九四五・〇八・二四	｜	玉山基燮	｜	軍属	｜	死亡	沃溝郡瑞隠面官元里	｜
二二四九	大湊海軍施設部	舞鶴港内	一九四五・〇八・二四	｜	原田炳洙	｜	軍属	｜	死亡	沃溝郡瑞隠面官元里	｜
二二五六	大湊海軍施設部	舞鶴港内	一九四五・〇八・二四	｜	津田信雄	｜	軍属	｜	死亡	高敞郡高敞面邑内里	｜
二二五七	大湊海軍施設部	舞鶴港内	一九四五・〇八・二四	｜	木原亀俊	｜	軍属	｜	死亡	高敞郡高敞面邑内里	｜
二二五八	大湊海軍施設部	舞鶴港内	一九四五・〇八・二四	｜	松平宇博	｜	軍属	｜	死亡	高敞郡星内面陽桂里	｜
二二五九	大湊海軍施設部	舞鶴港内	一九四五・〇八・二四	｜	金光潤植	｜	軍属	｜	死亡	高敞郡富安面権魚山里	｜
二二六〇	大湊海軍施設部	舞鶴港内	一九四五・〇八・二四	｜	泉原小堂	｜	軍属	｜	死亡	高敞郡心元面月山里	｜
二二六一	大湊海軍施設部	舞鶴港内	一九四五・〇八・二四	｜	木村奉均	｜	軍属	｜	死亡	高敞郡心元面竹谷里	｜
二二六二	大湊海軍施設部	舞鶴港内	一九四五・〇八・二四	一九二三・〇三・一九	柳重錫	｜	軍属	｜	死亡	高敞郡心元面島村三旦	｜
二二六三	大湊海軍施設部	舞鶴港内	一九四五・〇八・二四	｜	青山花実	｜	軍属	｜	戦死	高敞郡孔音面九岩里	｜
一八二六	大湊海軍施設部	襟裳岬附近	一九四五・〇四・二七	一九二四・〇二・〇八	松本載春	安平・允平	軍属	｜	戦死	錦山郡南一面皇鳳里九三八	｜
一八七四	大湊海軍施設部	北海道千歳	一九四五・〇五・〇八	｜	宗元基奉	｜	軍属	｜	死亡	井邑郡徳川面優徳里四三七－一	｜
二三四八	沖縄根拠地隊司令部	沖縄県豊見城	一九四五・〇六・一四	一九二六・〇三・一九	平田相玉	相根	軍属	｜	戦死	益山郡北一面新龍里	｜
二三四九	沖縄根拠地隊司令部	沖縄県豊見城	一九四五・〇六・一四	一九一四・一一・〇九	山川大玉	喜順	軍属	妻	戦死	高敞郡茂長面月林里	｜
二三五〇	沖縄根拠地隊司令部	沖縄県豊見城	一九四五・〇六・一四	一九二二・一一・二三	天安洙奉	来鐵	軍属	父	戦死	鎮安郡鳥陽面蓮長里	｜
二三五一	沖縄根拠地隊司令部	沖縄県豊見城	一九四五・〇六・一四	一九二一・〇六・〇一	金田南植	順九	軍属	｜	戦死	鎮安郡富貴面五龍里	｜

二三五二	沖縄根拠地隊司令部	沖縄県豊見城	一九四五・〇六・一四	鈴木昌云	軍属	戦死	鎮安郡程川面鳳鶴里
			一九二〇・〇七・二八	別洙	妻		—
二三五三	沖縄根拠地隊司令部	沖縄県豊見城	一九四五・〇六・一四	密山京洙	軍属	戦死	鎮安郡富貴面五龍里
			一九二一・〇三・二一	道文	—		—
二三五四	沖縄根拠地隊司令部	沖縄県豊見城	一九四五・〇六・一四	新井八郎	水長	戦死	扶安郡保安面富谷里
			一九一七・一二・一九	吉星	—		—
六	海軍輸送隊一四七隊	船内	一九四五・〇五・二五	長弓秀二	軍属	戦死	益山郡裡里邑大正町二
			一九二六・〇三・一一	安雄	父		益山郡裡里邑南中町二八六
二三三八	呉海軍施設部	広島県江田島	一九四五・〇一・二六	金吉童	軍属	戦死	(任實郡舘村面道峰里四七六)
			一九一四・〇一・一八	—	—		—
二三〇九	呉海軍施設部	宮崎県	一九四五・〇四・二八	李昌業	軍属	死亡	井邑郡井邑上坪里三六
			一九二三・〇五・二七	李　基	父		井邑郡井邑上坪里三六
二三三九	呉海軍施設部	広島県広村 肺浸潤	一九四五・〇五・一一	徳永鐘根	軍属	死亡	益山郡王宮面東鳳面東鳳里一三五
			一九二一・〇六・二〇	—	—		—
二二七六	佐世保海軍施設部	長崎県×尾島	一九四二・一一・一一	李相寛	軍属	死亡	南原郡山東面太平里五三六
			一九一七・〇四・〇三	—	—		—
二二六一	佐世保海軍施設部	佐世保市	一九四二・〇七・三一	石田従奎	軍属	死亡	高敞郡新林面扶松里二六三
			一九二四・〇一・三〇	—	—		—
二二五八	佐世保海軍施設部	佐世保市	一九四二・一二・一八	河本永石	軍属	死亡	金堤郡金山面禾栗里四八〇一
			一九一六・〇一・二三	—	—		—
二二七一	佐世保海軍施設部	長崎県安久浦	一九四三・〇一・一八	水田玄秀	軍属	死亡	鎮安郡馬霊面延章里一三二八
			一九二三・〇三・二六	—	—		—
二二八五	佐世保海軍施設部	佐世保市	一九四三・〇二・一六	石川勝學	軍属	死亡	茂朱郡雪川面清涼里四四一
			一九二一・〇一・二九	—	—		—
二二六八	佐世保海軍施設部	佐世保市	一九四三・一〇・二一	張本福童	軍属	死亡	錦山郡錦山邑下玉里三七七
			一九一九・〇六・二八	—	—		—
二二七〇	佐世保海軍施設部	長崎県安久浦	一九四三・一〇・二八	元山俊根	軍属	死亡	鎮安郡白雲面雲松里五八一
			一九二四・〇一・二〇	—	—		—
二二七三	佐世保海軍施設部	種子島	一九四四・〇一・三〇	金田景喜	軍属	死亡	南原郡松洞面新坪里九六八
			一九二二・一〇・二四	—	—		—
二二八八	佐世保海軍施設部	鹿児島県大島	一九四四・〇二・一四	蘇山京俊	軍属	死亡	長水郡幡岩面論谷里一五七
			一九一八・一二・二三	甲光	父		長水郡幡岩面論谷里一一三
二二八九	佐世保海軍施設部	長崎県安久浦	一九四四・〇四・二〇	高松吉善	軍属	死亡	任實郡屯南面大明里二七五
			一九一九・一〇・一四	—	—		—
二二七四	佐世保海軍施設部	種子島	一九四四・〇八・二五	崔山容都	軍属	死亡	南原郡周生面道山里七三九

			一九一四・〇一・〇二	順禮	妻		―
二二七五	佐世保海軍施設部	種子島	一九四四・〇八・二五	錦羅真淳	軍属	戦死	南原郡周生面諸川里七一九
			一九二二・一二・一八	根玉	父		―
二三一二	佐世保海軍施設部	宇治島	一九四四・一一・〇八	松山昌燮	軍属	戦死	金堤郡進鳳面上蕨里四六七
			一九二三・一〇・二八	判燮	―		
二三〇三	佐世保海軍施設部	鹿児島県国分町	一九四五・〇四・一八	南陽鐘慶	軍属	死亡	益山郡裡里邑大正町一七四
			一九一六・〇五・一〇	在慶	父		益山郡裡里邑大正町一七四
二三五〇	佐世保海軍施設部	鹿児島県出水郡 急性心臓麻痺	一九四五・〇三・一一	高峯周彦	軍属	死亡	沃溝郡開井面峨山里一六八
			一九一六・〇一・二〇	龍坤	長男		―
二三五二	佐世保海軍施設部	鹿児島県鹿屋市	一九四五・〇三・一九	林連熙	軍属	戦死	益山郡龍安面中新里三七二
			一九二六・一〇・二二	栄宗	父		
二	佐世保八特別陸戦隊	バシー海峡	一九四四・〇九・〇九	金澤英雄	上主	戦死	全州府本町一―一四四
			一九二六・〇二・〇三	道元	父		全州府完山町一
八	佐世保八特別陸戦隊	バシー海峡	一九四四・〇九・〇九	朴村洪末	軍属	戦死	任實郡江津面官峰里二四八
			一九二三・〇一・一五	里仁	母		―
二三四七	佐世保八特別陸戦隊	バシー海峡	一九四四・〇九・〇九	金本鍾洙	上水	戦死	淳昌郡柳等面乾谷里九一五
			一九一六・〇九・〇七	智異	母		―
四	上海特別陸戦隊	済州島翰林西沖	一九四五・〇四・一四	松田憲正	上水	戦死	群山府開福町二―九三
			一九二七・一二・二〇	弘益	父		
一〇	水技	秋田県宮川町	一九四五・一二・〇七	重光炯文	上水	死亡	扶安郡幸安面駅里二七二
			一九二八・〇九・〇九	涴根	父		群山府新興面七
一一	鎮海海兵団	朝鮮海峡	一九四五・〇五・一三	大林文相	一整	死亡	鎮安郡上田面洙坪里五九五
			一九二四・〇四・〇一	庸済	父		―
九	鎮海海兵団	鎮海	一九四五・〇八・一五	金岡栄哲	一水	死亡	完州郡助村面右浪町九四
			一九二四・一〇・〇九	―			
一四	鎮海海軍施設部	朝鮮海峡	一九四五・〇六・一八	金光同先	乙技	戦病死	沃溝郡沃溝面魚隠里四四七
			一九二五・〇二・一一	英國	父		―
三一四	南方政務部	ウェワク マラリア	一九四四・〇一・三一	松山一道	軍属	戦病死	淳昌郡二溪面加成里三三九
			一九〇三・一二・〇六	金順	妻		淳昌郡二溪面加成里三三九
四三三	南方政務部	台湾海峡	一九四五・〇四・〇一	豊川正一	軍属	戦死	南原郡朱川面松崎里一七三
			一九二三・〇二・一七	×泰奉鉉	祖父		南原郡朱川面松崎里一七三
七五二	南方政務部	マカッサル海峡	一九四五・〇四・一四	常山光雄	軍属	戦死	井邑郡井州邑蓮池里一九五
			一九一六・一〇・一四	―	―		全州府老松町六四八全北旅客自動車ＫＫ
二二〇四	光海軍工廠	山口光市	一九四五・〇八・一四	川本吉景	軍属	戦死	南原郡南字邑東忠里二区
			一九二二・〇三・二〇	―	―		―

番号	所属	場所	年月日	氏名	身分	区分	本籍
二三三五	マニラ海軍運輸部	ルソン島	一九四五・〇四・二九 一九一〇・〇四・二八	吉村平玉 —	軍属 —	戦死	益山郡金馬面東古都里一七五〇 —
二三三一	マニラ海軍運輸部	ルソン島	一九四五・〇六・三〇 一九一九・〇一・二七	金子光雄 —	軍属 —	戦病死	沃溝郡玉山面堂北里六八六 —
二三四五	舞鶴海軍施設部	舞鶴港内	一九四五・〇七・一九 一九〇七・〇一・一一	淵野正彦 蝶子	軍属 妻	戦死	益山郡望城面内村里七六二 —
二三四二	舞鶴海軍工廠	舞鶴市	一九四五・〇七・二九 一九二三・〇三・一〇	金山枰鉉 在善	不詳 父	戦死	完州郡鳳東面鳳岩里 —
一二	舞鶴一特別陸戦隊	バシー海峡	一九四四・〇九・〇九 ××××・〇三・〇三	松田漢珪 在浩	不詳 父	戦死	鎮安郡富貴面巨石里五七八 鎮安郡聖壽面道通里五九
一三	舞鶴一特別陸戦隊	バシー海峡	一九四四・〇九・〇九 ××××・〇四・〇九	××孝雄 漢権	不詳 父	戦死	高敞郡茂長面萬化里七一 —
七	舞鶴一特別陸戦隊	カムラン湾	一九四四・一一・一五 一九二四・〇一・二八	大城永雄 啓義	上水 父	戦病死	益山郡裡里邑南中町五一六 益山郡裡里邑南中町四六二
一八	舞鶴一特別陸戦隊	ルソン島バヨンボン	一九四五・〇六・〇一 一九二四・〇八・二三	京山秋千夫 貞淑	上水 母	戦病死	錦山郡錦山邑下玉里三五六 —
一七	横須賀四特別陸戦隊	バシー海峡	一九四四・〇九・〇九 一九二五・〇三・〇二	木村中来 承嬅	軍属 母	戦死	井邑郡山外面良里七二九 —
二一七〇	横須賀海軍運輸部	ニューギニア	一九四四・〇一・一七 一九一七・〇四・〇八	岩本光永 安祐	軍属 父	戦死	長水郡長水面長水里六〇三 —
二一六七	横須賀海軍運輸部	本州南方海面	一九四四・〇二・二七 一九一三・〇七・××	富田東基 仁淑・×圭	軍属 祖父・父	戦死	茂朱郡茂州面邑内里八五八 —
二一六八	横須賀海軍運輸部	南洋群島	一九四三・〇九・一一 一九二〇・〇二・一六	杉山茂雄 福順	軍属 母	戦死	井邑郡泰仁面龍里四三三 —
一八三五	横須賀海軍運輸部	ルソン島 マラリア	一九四五・〇六・三〇 一九一五・〇一・一三	朝井年豊 玉禮	軍属 母	戦病死	井邑郡乭巌面川原里七七 —
一六五四	横須賀海軍軍需部	パラオ島 脚気	一九四五・〇八・一六 一九〇九・〇一・〇六	金田性泰 —	上整 —	戦傷死	益山郡朗山面石泉里 —
一	第二出水航空隊	長崎県佐世保市	一九四五・〇四・二三 一九二五・〇七・三〇	金子英 正圭	上整 父	戦傷死	全州府高砂町二二〇 全州府高砂町一八五．
三	第二出水航空隊	鹿児島県出水郡	一九四五・〇三・〇九 一九二五・〇八・〇九	松弘秀文 亮順	一整 妻	死亡	群山府仲町二七四 —
八七二	第三海軍気象隊	比島ルソン	一九四五・〇四・二〇 一九二九・〇二・二八	安本順瑢 基玉	技工長 父	戦死	井邑郡笠岩面新面里二三三 —
二一六六	第四海軍気象隊	サイパン島	一九四三・一二・二一	洪貴石	軍属	戦死	益山郡望城面茂形里二一三三

			一九二二・〇四・〇五	千逢	叔父		—
一八三三八	横須賀海軍施設部	サイパン島	一九四二・〇七・〇八	平田玟琪	軍属	戦死	井邑郡古阜面古阜里二〇八
			一九〇七・〇一・二九	辛岡禮子	内妻		—
一七九四	横須賀海軍施設部	サイパン島	一九四四・〇七・〇八	権田斗植	軍属	戦死	茂朱郡雪川面斗吉里一八四五
			一九一八・一〇・〇七	恭植	—		—
一九四七	横須賀海軍施設部	サイパン島	一九四四・〇七・〇八	権玉峯	軍属	戦死	南原郡帯江面新徳里二五四
			一九一八・〇五・二七	—	—		—
一九〇五	横須賀海軍施設部	南洋群島	一九四三・〇八・一五	谷田良一	軍属	戦死	南原郡松洞面新坪里九五九
			一八九六・〇五・一五	良原土洪	叔父		南原郡松洞面新坪里九〇四
一六三六	横須賀海軍施設部	本州南方海面	一九四三・一二・二一	松山福壽	軍属	戦死	益山郡五山面永萬里八八一
			—	門来・小姉	兄・妻		—
一六四七	横須賀海軍施設部	本州南方海面	一九四三・一二・二一	延安輝穂	軍属	戦死	益山郡春浦面栄田里二七一
			一九二二・〇九・二五	寛實	父		—
一九〇六	横須賀海軍施設部	本州南方海面	一九四四・〇一・二七	金田尚旭	軍属	死亡	南原郡松洞面奨國里八八三
			一九二四・一一・三〇	米禄	父		—
一八二八	横須賀海軍施設部	本州南方海面	一九四四・〇一・二七	南岡倫範	軍属	戦死	井邑郡瓮東面山城里一〇〇八
			一九一六・〇八・二九	萬逑	父		—
一八三三	横須賀海軍施設部	本州南方海面	一九四三・一二・二一	李貴男	軍属	戦死	井邑郡泰任面泰西里
			一九一七・一二・一一	龍渉	—		—
一八三二	横須賀海軍施設部	本州南方海面	一九四四・〇一・二七	玉川君世	軍属	戦死	井邑郡泰任面洛陽里一〇四
			一九一二・一〇・一五	永己	兄		—
二〇九六	横須賀海軍施設部	硫黄島	一九四四・〇八・〇二	竹村永石	軍属	戦死	完州郡雲州面庚川里
			—	—	—		—
二一六四	横須賀海軍施設部	硫黄島	一九四四・〇九・〇一	安田致録	軍属	戦死	群山府光豊七四二
			一九二三・〇三・一九	—	—		群山府光豊七四二
一六二九	横須賀海軍施設部	硫黄島	一九四五・〇三・一七	南宮 俊	軍属	戦死	益山郡金馬面龍里五八
			一九一九・一二・〇三	潤八	父		完州郡高山面内里
一七三二	横須賀海軍施設部	硫黄島	一九四五・〇三・一七	官木 麟	軍属	戦死	金堤郡聖徳面大石里三七五
			一九〇三・〇三・〇九	—	—		—
一八八二	横須賀海軍施設部	硫黄島	一九四五・〇三・一七	松井岩吉	軍属	戦死	扶安郡茁浦面茁浦里市場
			一九一一・一〇・一〇	金在仁	兄		—
二一二〇	横須賀海軍施設部	硫黄島	一九四五・〇三・一七	大山炳澤	軍属	戦死	完州郡雨田面洪山里
			一九一七・一二・二六	—	—		—
二一四一	横須賀海軍施設部	硫黄島	一九四五・〇三・一七	豊田範九	軍属	戦死	沃溝郡米面新観里三新町
			一九二四・〇四・一四	本辰	長男		—

番号	所属	場所	年月日	氏名	続柄	死因	本籍
一八一七	横須賀海軍施設部	父島北方海面	一九四四・〇七・二〇 一九二三・〇二・〇六	奇岩萬 ―	軍属 ―	戦死	茂朱郡安城面徳山里一〇三 ―
一九〇〇	横須賀海軍施設部	父島北方海面	一九四四・〇七・二〇 ―	松原南同 ―	軍属 ―	戦死	長水郡山西面社桂里五九 ―
二〇九七	横須賀海軍施設部	北千島近海	一九四四・〇九・二六 一九一五・一二・二〇	陳原相徳 陳童	軍属 兄	戦死	完州郡雲州面佳川里九七二 完州郡飛鳳面水仙里六五〇
二〇九八	横須賀海軍施設部	北千島近海	一九四四・〇九・二六 一九一九・〇六・二五	崔本根福 起濠・鐘順	軍属 父・妻	戦死	完州郡雲州面九梯里七〇 ―
一八二九	横須賀海軍施設部	横須賀市	一九四五・〇二・一六 ―	扶金任奉 永山	軍属 父	死亡	井邑郡瓮東面梅井里三五七 ―
二二五一	横須賀海軍施設部	神奈川県	一九四五・〇四・〇五 一九二八・一二・二五	田中鐘淳 ―	軍属 ―	戦死	沃溝郡米面新豊里五六三 ―
五九二	第四海軍施設部	中部太平洋	一九四一・一一・〇四 一九一四・〇九・一三	呉永模 判玉	軍属 ―	戦病死	金堤郡聖徳面石洞里七六五 ―
一四〇八	第四海軍施設部	中部太平洋	一九四三・〇六・〇九 一九一六・〇二・一九	完山萬録 黄順烈	軍属 妻	戦病死	任實郡新坪面元泉里 ―
一一〇六	第四海軍施設部	中部太平洋	一九四三・一一・〇九 一九二〇・〇九・二八	高本東在 日壽	軍属 父	戦病死	錦山郡福壽面龍津里 ―
九五五	第四海軍施設部	中部太平洋	一九四五・〇七・〇六 一九一九・一一・一九	吉本熙喆 明圭	軍属 父	戦病死	完州郡参礼面新金里五八四 ―
一四八二	第四海軍施設部	ニューギニア、ラエ マラリア	一九四二・〇四・〇四 一九〇六・一〇・一六	車基先 正洙	軍属 従弟	戦死	益山郡北一面金江里 井邑郡泰仁面居小里
一四八一	第四海軍施設部	ニューギニア、ラエ	一九四二・〇四・二八 一九一四・〇一・二〇	洪莫同・徳山福善 姓女	軍属 母	戦死	益山郡北一面永登里七三 ―
一四七八	第四海軍施設部	ニューギニア、ラエ	一九四二・〇五・一四 一九二三・〇一・二五	中山奉鍾 在根	軍属 父	戦死	益山郡北一面於陽里三七四 ―
一三七四	第四海軍施設部	横須賀市	一九四二・〇五・一四 一九二二・〇一・〇五	金城南洙 元成	軍属 父	戦病死	任實郡屯南面×岩里三五八 ―
一〇〇八	第四海軍施設部	横須賀市	一九四二・〇七・二一 一八九八・一一・一五	高島明學 順玉	軍属 妻	戦病死	完州郡雨田面洪山里六〇〇 全州府華山町二七四
五五八	第四海軍施設部	横須賀市	一九四二・一〇・二四 一九一〇・〇八・〇五	菊田孝源 玉連	軍属 妻	戦病死	高敞郡興徳面興徳里四一〇 高敞郡高敞面校村里
一一一三	第四海軍施設部	横須賀市	一九四四・〇一・一七 一九二三・一二・一四	呉川昇煥 氏	軍属 母	戦病死	錦山郡福壽面龍津里五四九 ―
五六五	第四海軍施設部	横須賀市	一九四三・〇一・二〇	山本健洙	軍属	戦病死	高敞郡富安面上燈里六〇七

			一九一九・一二・〇八	元堂	母		—
一〇六三	第四海軍施設部	本籍地	一九四二・〇七・一〇	中野行教	軍属	戦病死	完州郡高山面三奇里五〇九
		マラリア	一九二二・一二・〇六	石奉	父		—
一〇二九	第四海軍施設部	東京深川	一九四三・〇六・二五	谷村先松	軍属	戦病死	完州郡籠進面雲谷里八〇〇
			一九〇七・〇三・二〇	八萬	弟		完州郡参禮面後亭里三一九
四二二	第四海軍施設部	東京築地	一九四三・〇八・一二	豊山東明	軍属	戦病死	南原郡阿英面月山里三二〇
			一九二一・一〇・一五	福徳	妻		—
一〇七二	第四海軍施設部	牟婁丸船内	一九四三・一〇・一四	孫昌善	軍属	戦病死	完州郡萃山面青山里二二一
			一九一八・〇九・〇一	号善	兄		完州郡雲州面九梯里
三一	第四海軍施設部	神奈川県戸塚病院	一九四四・〇七・〇五	山元建黙	軍属	戦病死	沃溝郡聖山面余方里一四八
			一九一三・〇三・二八	玉女	妻		沃溝郡聖山面余方里四八
一一四七	第四海軍施設部	埼玉県	一九四四・一〇・〇一	孫田別童	軍属	戦死	錦山郡錦山邑上里
			—	宋氏	母		錦山郡球山面邑内里
一一二五	第四海軍施設部	八丈島東方海面	一九四三・一二・〇四	金田喆鎬	軍属	戦死	沃溝郡米面山北里四四四
			一九二三・〇六・二〇	用祥	父		—
二五〇	第四海軍施設部	八丈島東方海面	一九四三・一二・〇四	安田順哲	軍属	戦死	全州府西新町二八一ー五
			一九一六・〇二・二七	順禮	妻		—
一〇〇七	第四海軍施設部	八丈島東方海面	一九四三・一二・〇四	岡田義平	軍属	戦死	完州郡雨田面洪山里四二一
			一九二五・一〇・〇三	禹鄕	父		全州府萃山町二七四
二六九	第四海軍施設部	南太平洋	一九四三・〇三・二三	金本順燮	軍属	戦死	淳昌郡淳昌面校星里八七
			一九一五・〇四・一九	孟信	妻		—
六四一	第四海軍施設部	南太平洋	一九四三・〇三・二三	山本吉石	軍属	戦病死	金堤郡竹山面大倉里二三六
			一九二一・〇八・三〇	太玄	—		
九八七	第四海軍施設部	ラバウル	一九四二・〇六・〇三	裵漢豊	軍属	戦病死	完州郡助村面聖徳里
			一九一二・〇四・一〇	三用	弟		
三三一	第四海軍施設部	タロア島	一九四二・一二・二九	金玉鎮	軍属	戦死	長水郡山西面鳳楼里
			一九一八・〇五・一三	順任	妻		—
二七五	第四海軍施設部	南洋群島方面カウエング	一九四二・一一・一一	木田文圭	軍属	戦死	淳昌郡八徳面九龍里一三四
			××××・一一・〇七	花禮	妻		—
五九〇	第四海軍施設部	南洋群島近海	一九四三・〇一・一三	鄭大仁	軍属	戦死	金堤郡聖徳面大石里一八〇
			一九一四・〇八・〇二	士日	父		—
六三五	第四海軍施設部	南洋群島近海	一九四三・〇一・一三	×川判権	軍属	戦死	金提郡白山面下亭里六三四
			一九〇一・〇七・〇六	明暁	妻		—
六三九	第四海軍施設部	南洋群島近海	一九四三・〇一・一三	金韓城	軍属	戦死	金堤郡竹山面玉盛里一八六
			一九一九・一〇・一三	甲禮	妻		京畿道漣川郡宮仁邑炭洞一〇八

六四七	第四海軍施設部	南洋群島近海	一九四三・〇一・一三 一九一五・〇七・二三	正木漑淳 順禮	軍属 妻	戦死	金堤郡月村面堤月里二三三 ｜
六四八	第四海軍施設部	南洋群島近海	一九四三・〇一・一三 一九〇五・〇七・一六	金材洛平 判禮	軍属 妻	戦死	金堤郡月村面堤月里一九 ｜
六四九	第四海軍施設部	南洋群島近海	一九四三・〇一・一三 一九二二・一一・〇三	貞木官圭・正木弘圭 香富	軍属 母	戦死	金堤郡月村面堤月里二二八 ｜
六五〇	第四海軍施設部	南洋群島近海	一九四三・〇一・一三 一九二〇・〇一・一五	大野鎮侠・金海鎮燮 判禮	軍属 妻	戦死	金堤郡月村面堤月里二〇六 ｜
六五一	第四海軍施設部	南洋群島近海	一九四三・〇一・一三 一九一六・一〇・一〇	碧山漱乾 有徳	軍属 妻	戦死	金堤郡月村面明徳里五〇 ｜
六五二	第四海軍施設部	南洋群島近海	一九四三・〇一・一三 一九一八・〇九・〇三	亀山相雲 福順	軍属 妻	戦死	金堤郡月村面明徳里二八八 ｜
六五三	第四海軍施設部	南洋群島近海	一九四三・〇一・一三 一九一七・〇九・一三	木村春桓 正化	軍属 母	戦死	金堤郡月村面新月里二〇七 ｜
六五四	第四海軍施設部	南洋群島近海	一九四三・〇一・一三 一九一九・一二・〇八	鄭本建鎮 萬菜	軍属 母	戦死	金堤郡月村面長華里二一二 ｜
六五五	第四海軍施設部	南洋群島近海	一九四三・〇一・一三 一九一八・一一・〇三	文田壽福 閏根	軍属 妻	戦死	金堤郡月村面長華里一九二 ｜
六五六	第四海軍施設部	南洋群島近海	一九四三・〇一・一三 一九〇九・〇二・〇五	善元　基 順愛	軍属 妻	戦死	金堤郡月村面堤月里三七九 金堤郡月村面堤月里三五一
六五七	第四海軍施設部	南洋群島近海	一九四三・〇一・一三 一九一九・〇八・〇二	金本煥子 氏	軍属 母	戦死	金堤郡月村面大徳里三八二 ｜
六五八	第四海軍施設部	南洋群島近海	一九四三・〇一・一三 一九一八・〇一・二二	吉本芳雄 仙子	軍属 妻	戦死	金堤郡月村面蓮井里二四〇 ｜
六五九	第四海軍施設部	南洋群島近海	一九四三・〇一・一三 一九二四・〇五・〇四	善元洪植 奉吉	軍属 父	戦死	金堤郡月村面蓮井里六四九 ｜
六六〇	第四海軍施設部	南洋群島近海	一九四三・〇一・一三 一九二〇・〇八・一九	金光幸洙 民	軍属 母	戦死	金堤郡月村面提月里四〇九 ｜
六六一	第四海軍施設部	南洋群島近海	一九四三・〇一・一三 一九一一・〇八・一九	金村定信 定枝	軍属 妻	戦死	金堤郡月村面新徳里三九二 ｜
六六二	第四海軍施設部	南洋群島近海	一九四三・〇一・一三 一九一三・一一・〇五	東華慶煥 順同	軍属 妻	戦死	金堤郡月村面新徳里七－一 ｜
六六三	第四海軍施設部	南洋群島近海	一九四三・〇一・一三 一九一五・一〇・〇一	東本亨根 化平	軍属 妻	戦死	金堤郡月村面新徳里三六四 ｜
六六四	第四海軍施設部	南洋群島近海	一九四三・〇一・一三	姜川花礼	軍属	戦死	金堤郡月村面新徳里三六五

番号	所属	死亡場所	年月日	氏名	身分・続柄	死因	本籍
			一九〇八・〇四・一五	貞順	妻		|
六六五	第四海軍施設部	南洋群島近海	一九四三・〇一・一三 ××××・××・××	金山奇男 干云	軍属 父	戦死	金堤郡月村面新徳里一六|一 |
六六六	第四海軍施設部	南洋群島近海	一九四三・〇一・一三 一九一六・〇七・二五	梁田基福 福順	軍属 妻	戦死	金堤郡月村面新徳里五三二八一七 |
六六七	第四海軍施設部	南洋群島近海	一九四三・〇一・一三 一九二三・〇一・二〇	姜本奉文 済弘	軍属 父	戦死	金堤郡月村面新徳里三二六 |
六六八	第四海軍施設部	南洋群島近海	一九四三・〇一・一三 一九〇八・〇一・一六	大城玉先 貴禮	軍属 妻	戦死	金堤郡月村面福竹里五六四 |
六六九	第四海軍施設部	南洋群島近海	一九四三・〇一・一三 一九一四・〇一・一八	碧山良植 玉出	軍属 妻	戦死	金堤郡月村面福竹里一一六 |
六七〇	第四海軍施設部	南洋群島近海	一九四三・〇一・一三 一九〇七・〇二・二〇	張田満福 金禮	軍属 妻	戦死	金堤郡月村面福竹里五五五 |
六七二	第四海軍施設部	南洋群島近海	一九四三・〇一・一三 一九一九・〇九・二一	梁田東珪 宗仁	軍属 父	戦死	金堤郡月村面大徳里三八九 |
六七三	第四海軍施設部	南洋群島近海	一九四三・〇一・一三 一九〇四・〇九・二七	國本昌玉 玉順	軍属 妻	戦死	金堤郡月村面堤月里六 |
六七四	第四海軍施設部	南洋群島近海	一九四三・〇一・一三 一九二一・〇一・二二	松岡昌坤 桂順	軍属 妻	戦死	金堤郡月村面堤月里三九八 |
六七五	第四海軍施設部	南洋群島近海	一九四三・〇一・一三 一九一六・〇一・二一	善元錫煥 光鎮	軍属 妻	戦死	金堤郡月村面堤月里三九五 |
六七六	第四海軍施設部	南洋群島近海	一九四三・〇一・一三 一九二〇・〇八・〇四	金本銅奎 允順	軍属 母	戦死	金堤郡月村面新徳里一一二 |
六七七	第四海軍施設部	南洋群島近海	一九四三・〇一・一三 一九二〇・〇九・一四	慶金在旭 在一	軍属 兄	戦死	金堤郡月村面新新徳里二二五 |
六七八	第四海軍施設部	南洋群島近海	一九四三・〇一・一三 一九一四・〇九・〇八	西原順九 闡淑	軍属 妻	戦死	金堤郡月村面堤月里二〇二 |
六九三	第四海軍施設部	南洋群島近海	一九四三・〇一・一三 一九一六・〇五・〇一	松井栄業 明淑	軍属 母	戦死	金堤郡金堤邑劍山里五五六 |
六九七	第四海軍施設部	南洋群島近海	一九四三・〇一・一三 一九一七・一二・〇五	徐占童 金 淳	軍属 母	戦死	金堤郡金堤邑堯村里二三四 金堤郡月村面蓮井里三五四
九五六	第四海軍施設部	南洋群島近海	一九四三・〇一・一三 一九二〇・〇七・三〇	金村判成 治順	軍属 母	戦死	完州郡参礼面参礼里九八二 金堤郡聖徳面大石里
五〇三	第四海軍施設部	南洋群島近海	一九四三・〇五・一八 一九一六・〇三・二〇	金城福童 享熙	軍属 父	戦死	南原郡水旨面山亭里一九二 |

八九七	第四海軍施設部	南洋群島近海	一九四三・〇六・〇六	南郷詩赫	軍属	戦死	井邑郡梨坪面八仙里三二七
			一九一四・一二・一五	貴禮	妻		ー
一二九一	第四海軍施設部	南洋群島近海	一九四四・〇三・三〇	河本水澤	軍属	戦病死	群山府田町六ー一
			一九二四・〇二・〇一	學文	父		全羅南道麗水郡麗水邑港町二三四
二三七	第四海軍施設部	南洋群島近海	一九四四・〇五・三一	山本七洙	軍属	戦病死	扶安郡保安面英田里三〇四
			一九一二・〇四・一六	鍾声	父		ー
二一五	第四海軍施設部	フェゼルン島沖	一九四三・〇一・一三	國本判同	軍属	戦死	扶安郡白山面大竹里二四六
			一九一九・一〇・二八	×九	父		金堤郡月村面福竹里五〇
二六〇	第四海軍施設部	ニュージョージア島ムンダ岬	一九四三・〇一・一四	咸本秉済	軍属	戦死	淳昌郡金果面銅田里一七〇
			一九一六・一二・一五	今順	妻		ー
二六一	第四海軍施設部	ニュージョージア島ムンダ岬	一九四三・〇一・一四	金村福童	軍属	戦死	淳昌郡金果面内洞里五九二
			一九二一・〇一・二五	一禮	妻		ー
二七八	第四海軍施設部	ニュージョージア島ムンダ岬	一九四三・〇一・一四	梁原圭燮	軍属	戦死	淳昌郡豊山面竹田里八〇
			一九一七・〇四・一五	××	妻		ー
二八六	第四海軍施設部	ニュージョージア島ムンダ岬	一九四三・〇一・一四	金山彩俊	軍属	戦死	淳昌郡柳等面乾谷里五九一
			一九〇四・一二・二八	順伊	妻		ー
三一八	第四海軍施設部	ニュージョージア島ムンダ岬	一九四三・〇一・一四	平林允錫	軍属	戦死	長水郡渓内面大谷里二七三
			一九一六・〇六・二四	日先	妻		ー
三一九	第四海軍施設部	ニュージョージア島ムンダ岬	一九四三・〇一・一四	朱宗在根	軍属	戦死	長水郡渓内面館徳里三七四
			一九一六・〇六・二四	漢泰	父		ー
三二二	第四海軍施設部	ニュージョージア島ムンダ岬	一九四三・〇一・一四	田村仁秀	軍属	戦死	長水郡渓北面豊所里七九一
			一九一七・一二・一二	貞喜	妻		ー
三二六	第四海軍施設部	ニュージョージア島ムンダ岬	一九四三・〇一・一四	長野済南	軍属	戦死	長水郡山西面玉豊里
			一九二一・一〇・〇六	順洙	妻		ー
三三八	第四海軍施設部	ニュージョージア島ムンダ岬	一九四三・〇一・一四	金川在石	軍属	戦死	長水郡天川面南陽里七三四
			一九一五・〇五・〇七	聖長	父		ー
三四二	第四海軍施設部	ニュージョージア島ムンダ岬	一九四三・〇一・一四	金本鳳逑	軍属	戦死	長水郡長水面松川里六二六
			一九一七・〇四・二八	任順	母		ー
三四三	第四海軍施設部	ニュージョージア島ムンダ岬	一九四三・〇一・一四	金甲鳳	軍属	戦死	長水郡長水面斗山里九七
			一九一〇・〇五・〇三	良淑	母		ー
五四九	第四海軍施設部	ニュージョージア島ムンダ岬	一九四三・〇一・一四	新本金玉	軍属	戦死	高敞郡上下面石南里六六一
			ー	太丈	父		ー
五五〇	第四海軍施設部	ニュージョージア島ムンダ岬	一九四三・〇一・一四	上木南善	軍属	戦死	高敞郡上下面龍岱里二八六
			一九二五・〇三・二五	相學	父		ー
五五五	第四海軍施設部	ニュージョージア島ムンダ岬	一九四三・〇一・一四	高山振士	軍属	戦死	高敞郡心元面萬突里六三六

			一九二一・〇九・二七	順豊	父		—
一〇八一	第四海軍施設部	ニュージョージア島ムンダ岬	一九四三・〇一・一四	重光鐢桂	軍属	戦病死	錦山郡南一面華峴里二四一
			一九二二・〇三・二八	洪述	父		—
三一七	第四海軍施設部	ニュージョージア島ムンダ岬	一九四三・〇一・一六	國本升雨	軍属	戦傷死	長水郡渓内面金谷里六四〇
			一九〇五・一二・二四	秉雲	妻		長水郡渓内面館徳里
一三五六	第四海軍施設部	ニュージョージア島ムンダ岬	一九四三・〇三・〇六	國本玉根	軍属	戦傷死	任實郡青雄面郷校里
			一九〇九・〇一・〇五	弘根	兄		—
三三六	第四海軍施設部	ニュージョージア島ムンダ岬	一九四四・〇三・二三	金澤厚大	軍属	戦死	長水郡蟠岩面紗岩里七六六
			一九一九・〇三・一三	玉任	妻		—
一二六	第四海軍施設部	ニュージョウジア島ムンダ	一九四三・〇五・〇九	三岡仁浩	軍属	戦死	沃溝郡米面元堂里
			一九二三・〇六・一二	南浩	兄		
四一三	第四海軍施設部	ソロモン群島ショートランド	一九四三・〇二・〇一	松田鍾順	軍属	戦死	南原郡雲峰面杏亭里三五一
			一九二二・〇七・〇九	玉先	妻		—
四一九	第四海軍施設部	ソロモン群島ショートランド	一九四三・〇二・〇一	朴原在禄	軍属	戦死	南原郡阿英面葛渓里六五五
			一九二三・〇一・二三	正燦	父		—
四二〇	第四海軍施設部	ソロモン群島ショートランド	一九四三・〇二・〇一	文平正壽	軍属	戦傷死	南原郡阿英面月山里一〇二
			一九〇六・〇七・〇九	太任	妻		—
四二四	第四海軍施設部	ソロモン群島ショートランド	一九四三・〇二・〇一	華村壽福	軍属	戦傷死	南原郡阿英面城里三七六
			一九一二・一一・〇二	南順	妻		—
三七七	第四海軍施設部	ソロモン群島ショートランド	一九四三・〇二・〇二	共田露宇	軍属	戦傷死	南原郡南原邑玉亭里五二二一
			一九一八・〇七・一六	二順	妻		—
三八八	第四海軍施設部	ソロモン群島ショートランド	一九四三・〇二・〇四	山本渭三	軍属	戦死	南原郡東面城山里三九四
			一九二四・〇三・一七	億祚	父		—
四二五	第四海軍施設部	ソロモン群島ショートランド	一九四三・〇二・〇五	豊山春玉	軍属	戦死	南原郡阿英面月山里一六六
			一九一七・一二・一〇	戊任	妻		—
一〇一一	第四海軍施設部	ルオット	一九四三・〇二・〇六	権相烈	軍属	戦死	完州郡雨田面桂用里
			一九一六・〇二・二七	洛禮	妻		
一三五八	第四海軍施設部	ブーゲンビル島ブイン	一九四三・〇二・〇二	國本陽求	軍属	戦死	任實郡青雄面郷校里六九四
			一九一六・〇六・一一	容求	兄		—
一三五九	第四海軍施設部	ブーゲンビル島ブイン	一九四三・〇二・〇二	青山東浩	軍属	戦死	任實郡青雄面郷校里六九七
			一九二一・一一・一一	天順	母		—
一三六〇	第四海軍施設部	ブーゲンビル島ブイン	一九四三・〇二・〇二	中山萬年	軍属	戦死	任實郡青雄面郷校里五七五
			一九一九・〇七・〇五	貞順	妻		—
一三六一	第四海軍施設部	ブーゲンビル島ブイン	一九四三・〇二・〇二	國本春根	軍属	戦死	任實郡青雄面郷校里六九二
			一九二〇・〇六・〇三	載求	父		—

一三六二	第四海軍施設部	ブーゲンビル島ブイン	一九四三・〇二・〇二	柳三圭	軍属	戦病死	任實郡青雄面九皐里六九一
			一九二〇・一二・二二	炳俊	父		—
一四二六	第四海軍施設部	ブーゲンビル島ブイン	一九四三・〇二・〇九	南洪達杓	軍属	戦病死	任實郡雲岩面雲岩里六四五
			一九一四・〇七・〇八	淳良	父		—
四一八	第四海軍施設部	ブーゲンビル島ブイン	一九四三・〇一・〇一	朴原天仙	軍属	戦病死	南原郡阿英面葛渓里六二一
			一九一五・一一・〇九	春根	父		—
四八六	第四海軍施設部	ブーゲンビル島ブイン	一九四三・〇一・二三	新本煥容	軍属	戦死	南原郡周生面嶺川里五五六
			一九一九・〇九・一五	春玉	妻		—
一四四八	第四海軍施設部	ブーゲンビル島ブイン	一九四三・〇三・〇六	百原鶴在	軍属	戦死	任實郡任實面里仁里八二六
			一九一四・〇四・〇二	亨順	妻		—
四六九	第四海軍施設部	ブーゲンビル島ブイン	一九四三・〇三・一一	徳川乙永	軍属	戦病死	南原郡松洞面嶺洞里四六二
			一九一五・〇八・一六	南順	妻		—
四〇四	第四海軍施設部	ブーゲンビル島ブイン	一九四三・〇三・二三	良元壽億	軍属	戦病死	南原郡山東面月席里二九九
			一九一九・〇九・二〇	桂丹	母		—
一三二六	第四海軍施設部	ブーゲンビル島ブイン	一九四三・〇四・〇一	東原錫鎮	軍属	戦病死	任實郡徳峙面勿憂里七八五
			一九二三・〇三・一六	鶴起	父		—
一四二九	第四海軍施設部	ブーゲンビル島ブイン	一九四三・〇四・二〇	金昌燮	軍属	戦死	任實郡新徳面五弓里一九二
			一九〇五・〇九・〇一	順女	妻		—
一〇八〇	第四海軍施設部	マリアナ諸島	一九四三・〇三・二三	重光賢柱	軍属	戦死	錦山郡済原邑水塘里四二三
			一九一九・一〇・二三	彦伊	妻		—
一五四七	第四海軍施設部	マリアナ諸島	一九四三・〇五・〇一	李載煥	軍属	戦死	益山郡砺山面合城里一〇五六
			一九二〇・一二・〇七	昌烈	父		—
三二一	第四海軍施設部	マリアナ諸島	一九四三・〇五・一〇	良原賢植	軍属	戦死	沃溝郡聖山面倉梧里四〇九
			一九〇六・〇三・二六	可善	妻		—
六二	第四海軍施設部	マリアナ諸島	一九四三・〇五・一〇	清州漢尤	軍属	戦死	沃溝郡臨阪面邑内里四四五
			一九二〇・〇五・〇六	点順	妻		—
六三	第四海軍施設部	マリアナ諸島	一九四三・〇五・一〇	古川琪駿	軍属	戦死	沃溝郡臨阪面米院里六六
			一九一三・〇五・二三	福姫	妻		—
六四	第四海軍施設部	マリアナ諸島	一九四三・〇五・一〇	金岡金南	軍属	戦死	沃溝郡臨阪面戊山里四七一
			一九一〇・〇七・一七	平淑	妻		—
六五	第四海軍施設部	マリアナ諸島	一九四三・〇五・一〇	大林星九	軍属	戦死	沃溝郡臨阪面寶石里四一六
			一九二一・〇八・二六	容默	父		—
六六	第四海軍施設部	マリアナ諸島	一九四三・〇五・一〇	安田吉龍	軍属	戦死	沃溝郡臨阪面月下里六九八
			一九二四・〇八・二〇	章焭	父		沃溝郡臨阪面永昌里
八六	第四海軍施設部	マリアナ諸島	一九四三・〇五・一〇	高木鎮安	軍属	戦死	沃溝郡大野面山月里六二五

番号	所属	死亡場所	年月日	氏名	続柄	事由	本籍・住所
			一九一〇・一一・一〇	福光	妻		｜
一〇七	第四海軍施設部	マリアナ諸島	一九四三・〇五・一〇	國本承晃	軍属	戦死	沃溝郡羅浦面玉峴里七四五
			一九一一・〇九・一八	基澤	妻		沃溝郡新平面雲岩里
一三一	第四海軍施設部	マリアナ諸島	一九四三・〇五・一〇	金谷水雲	軍属	戦死	沃溝郡米面山北里三〇二
			一九一三・〇八・××	福	妻		｜
一三二	第四海軍施設部	マリアナ諸島	一九四三・〇五・一〇	金山判乭	軍属	戦死	沃溝郡米面山北里八四三
			一九〇七・〇一・一六	十女	妻		｜
一三三	第四海軍施設部	マリアナ諸島	一九四三・〇五・一〇	金岡権春	軍属	戦死	沃溝郡米面山北里五二九
			一九〇八・〇三・〇三	三禮	妻		｜
一四八	第四海軍施設部	マリアナ諸島	一九四三・〇五・一〇	大城朝春	軍属	戦死	沃溝郡沃溝面上坪里六五二
			一九〇七・〇六・二七	次順	妻		全羅南道潭陽郡月渓面月渓里
一五七	第四海軍施設部	マリアナ諸島	一九四三・〇五・一〇	趙永吉	軍属	戦死	沃溝郡臨阪面永昌里
			一九一一・〇九・〇九	李相玉	親友		｜
一五八	第四海軍施設部	マリアナ諸島	一九四三・〇五・一〇	姜豊年	軍属	戦死	沃溝郡澮縣面曽石里
			一九一一・〇五・〇三	貞淑	妻		｜
一五九	第四海軍施設部	マリアナ諸島	一九四三・〇五・一〇	金元末美	軍属	戦死	沃溝郡澮縣面曽石里三四七
			一九〇六・〇六・〇四	弘玉	妻		｜
一七五	第四海軍施設部	マリアナ諸島	一九四三・〇五・一〇	金山仁燮	軍属	戦死	沃溝郡玉山面玉山里六二五
			一九二一・一一・一八	徳子	母		｜
一七六	第四海軍施設部	マリアナ諸島	一九四三・〇五・一〇	平文相五	軍属	戦死	沃溝郡玉山面南内里一九五
			一九二〇・〇四・二五	順姫	妻		｜
一七七	第四海軍施設部	マリアナ諸島	一九四三・〇五・一〇	平文鎮奭	軍属	戦死	沃溝郡玉山面南内里二五七
			｜	佐奎	妻		｜
二七四	第四海軍施設部	マリアナ諸島	一九四三・〇五・一〇	田中敏夫	軍属	戦死	淳昌郡淳昌面新南里四三七
			一九二一・〇七・一六	玉枝	母		全羅南道潭陽郡鳳山面新鶴里一七二
三七六	第四海軍施設部	マリアナ諸島	一九四三・〇五・一〇	安本大俊	軍属	戦死	南原郡南原邑竹巻里二一五
			一九一六・〇五・〇二	大洪	兄		南原郡南原邑竹港里
四二一	第四海軍施設部	マリアナ諸島	一九四三・〇五・一〇	長原占太	軍属	戦死	南原郡阿英面月山里七五〇
			一九一九・〇二・〇五	判東	妻		｜
四二三	第四海軍施設部	マリアナ諸島	一九四三・〇五・一〇	井源判石	軍属	戦死	南原郡阿英面城里三六七
			一九一三・一〇・二三	奉伊	母		｜
四三八	第四海軍施設部	マリアナ諸島	一九四三・〇五・一〇	蘇淑鎬	軍属	戦死	南原郡王峙面内尺里四六九
			一九二二・一一・二二	再順	母		｜
四三九	第四海軍施設部	マリアナ諸島	一九四三・〇五・一〇	金山漢童	軍属	戦死	南原郡王峙面内尺里
			一九二一・一〇・一四	｜	｜		｜

四四〇	第四海軍施設部	マリアナ諸島	一九四三・〇五・一〇	金本南斗	軍属	戦死	南原郡王峙面内尺里九六
			一九一四・〇三・一三	善任	妻		南原郡帯江面芳洞里
四九六	第四海軍施設部	マリアナ諸島	一九四三・〇五・一〇	成本占植	軍属	戦死	南原郡徳果面沙栗里二三五
			一九二二・〇五・一一	春成	母		ー
四九七	第四海軍施設部	マリアナ諸島	一九四三・〇五・一〇	金彦炳文	軍属	戦死	南原郡徳果面沙栗里六六七
			一九一七・〇八・〇一	玉禮	妻		ー
四九八	第四海軍施設部	マリアナ諸島	一九四三・〇五・一〇	青原宗順	軍属	戦死	南原郡徳果面徳村里六一三
			一九一七・〇一・二八	庚戌	兄		ー
五〇四	第四海軍施設部	マリアナ諸島	一九四三・〇五・一〇	金城洪烈	軍属	戦死	南原郡水旨面山亭里一七二
			一九一九・〇一・〇二	相順	妻		ー
七六五	第四海軍施設部	マリアナ諸島	一九四三・〇五・一〇	金本官玉	軍属	戦死	井邑郡新泰仁邑蓮汀里三二〇
			一九一九・一〇・二一	長變	父		ー
八七九	第四海軍施設部	マリアナ諸島	一九四三・〇五・一〇	松本吉龍	軍属	戦死	井邑郡内蔵面双岩里
			一九二〇・〇五・〇三	洙童	兄		沃溝郡来面山北里
一三〇二	第四海軍施設部	マリアナ諸島	一九四三・〇五・一〇	山富三童	軍属	戦死	群山府新豊町八九七
			一九一四・一二・二八	連籍	妻		沃溝郡米面新豊里
一三三〇	第四海軍施設部	マリアナ諸島	一九四三・〇五・一〇	韓基洪	軍属	戦死	任實郡三渓面梧枝里四七二
			一九〇五・一二・二四	小明	妻		任實郡新平面
一三三九	第四海軍施設部	マリアナ諸島	一九四三・〇五・一〇	松井在仁	軍属	戦死	任實郡聖壽面五峰里二九七
			一九〇九・〇一・〇六	英愛	妻		任實郡聖壽面三清里
一三四〇	第四海軍施設部	マリアナ諸島	一九四三・〇五・一〇	山佳東基	軍属	戦死	任實郡聖壽面五峰里六三五
			一九一六・〇五・〇一	永煥	父		ー
一三四一	第四海軍施設部	マリアナ諸島	一九四三・〇五・一〇	松井在郁	軍属	戦死	任實郡聖壽面五峰里三三六
			一九一六・〇八・一〇	点順	妻		ー
一三四六	第四海軍施設部	マリアナ諸島	一九四三・〇五・一〇	華山正洙	軍属	戦死	任實郡江津面会津里一九四
			一九〇八・〇五・三〇	甲淳	妻		ー
一四一四	第四海軍施設部	マリアナ諸島	一九四三・〇五・一〇	鄭本項洙	軍属	戦死	任實郡新坪面昌仁里二五六
			一九〇八・〇四・一一	孟林	妻		ー
一四一五	第四海軍施設部	マリアナ諸島	一九四三・〇五・一〇	慶本判甲	軍属	戦死	任實郡新坪面昌仁里三一二
			一九〇七・〇一・一六	吉龍	庶子男		ー
一四二七	第四海軍施設部	マリアナ諸島	一九四三・〇五・一〇	國本康寅	軍属	戦死	任實郡雲岩面月面里
			一九一九・〇七・〇五	ー	ー		
一四二八	第四海軍施設部	マリアナ諸島	一九四三・〇五・一〇	洪田健杓	軍属	戦死	任實郡雲岩面雲岩里三一三
			一九二四・〇七・一二	淳弘	父		任實郡雲岩面雲岩里
一四三四	第四海軍施設部	マリアナ諸島	一九四三・〇五・一〇	平山東桂	軍属	戦死	任實郡新徳面新興里三〇〇

番号	所属	場所	年月日	氏名	身分・続柄	死因	本籍・住所
			一九一七・〇三・二五	貴順	妻		―
一四三五	第四海軍施設部	マリアナ諸島	一九四三・〇五・一〇	水原奇徹	軍属	戦死	任實郡新徳面水川里六二六
			一九二一・〇七・〇三	ト×	父		―
一四五〇	第四海軍施設部	マリアナ諸島	一九四三・〇五・一〇	東川伯洙	軍属	戦死	任實郡任實面斗満里五八五
			一九一九・〇六・一七	卯男	父		―
一四五一	第四海軍施設部	マリアナ諸島	一九四三・〇五・一〇	永井中鉦	軍属	戦死	任實郡任實面二道里九三五
			一八九九・〇二・一九	景淑	妻		―
一四五二	第四海軍施設部	マリアナ諸島	一九四三・〇五・一〇	崔黄雲	軍属	戦死	任實郡任實面二道里七四五
			一九一九・一二・二〇	同任	母		―
一四五三	第四海軍施設部	マリアナ諸島	一九四三・〇五・一〇	岩本奉春	軍属	戦死	任實郡任實面程月里九二
			一九一六・〇四・一六	日生	父		―
一四五四	第四海軍施設部	マリアナ諸島	一九四三・〇五・一〇	金村宗烈	軍属	戦死	任實郡任實面二道里八八三
			一九〇二・〇九・二五	福元	妻		―
一四五五	第四海軍施設部	マリアナ諸島	一九四三・〇五・一〇	達川大福	軍属	戦死	任實郡任實面二道里六一四
			一九一八・〇九・二七	順栄	父		―
一四五六	第四海軍施設部	マリアナ諸島	一九四三・〇五・一〇	草川三徳	軍属	戦死	任實郡任實面程月里六三六
			一九一八・〇五・〇四	敬順	妻		―
一四六〇	第四海軍施設部	マリアナ諸島	一九四三・〇五・一〇	徳本順植	軍属	戦病死	益山郡龍安面校洞里二七二
			一九〇八・〇三・〇八	順京	妻		沃溝郡米面山北里
一三〇	第四海軍施設部	ウェーキ島	一九四二・〇七・〇二	鳥山相龍	軍属	戦病死	沃溝郡米面京場里四一五
			一九二一・〇九・一五	允祚	父		群山府京場町四一三
五〇二	第四海軍施設部	ウェーキ島	一九四三・〇四・〇七	三本淵昊	軍属	戦病死	南原郡水旨面山亭里
			一九二一・一二・一六	昌順	父		鎮安郡馬霊面徳川里一四二一
一〇三八	第四海軍施設部	ウェーキ島	一九四三・〇七・一一	昌本亭烈	軍属	戦死	完州郡飛鳳南面内月里六五
			一九一六・一一・〇九	玉禮	孫		
三一〇	第四海軍施設部	ウェーキ島	一九四三・一〇・〇六	東原寅渉	軍属	戦死	長水郡渓内面錦徳里
			一九一八・〇三・二〇	貳禮	妻		―
三一七	第四海軍施設部	ウェーキ島	一九四三・一〇・〇六	昌山誠秀	軍属	戦死	長水郡山西面白雲里七三六
			一九一六・〇七・〇一	石衡	父		―
三一八	第四海軍施設部	ウェーキ島	一九四三・一〇・〇六	桃原済石	軍属	戦死	長水郡山西面鳳楼里三八四
			一九二二・〇八・二五	致鉉	父		―
三三〇	第四海軍施設部	ウェーキ島	一九四三・一〇・〇六	徳本圭煥	軍属	戦病死	長水郡山西面白雲里
			一九一九・〇八・〇一	圭星	兄		―
三三七	第四海軍施設部	ウェーキ島	一九四四・一〇・〇六	徳山炳×	軍属	戦死	長水郡蟠岩面魯×里一一〇
			一九二〇・〇一・二〇	炳權	兄		―

三四一	第四海軍施設部	ウェーキ島	一九四三・一〇・〇六	白川京伯	軍属	戦死	長水郡天川面月谷里五〇三
			一九〇七・一二・二二	亨卓	弟		—
三四四	第四海軍施設部	ウェーキ島	一九四三・一〇・〇六	新井一文	軍属	戦死	長水郡長水面開亭里二七二
			一九一一・〇五・二〇	瓊子	妻		—
三四五	第四海軍施設部	ウェーキ島	一九四三・一〇・〇六	金谷英晃	軍属	戦死	長水郡長水面長水里北洞五一一
			一九二〇・〇六・一三	達先	—		—
三四六	第四海軍施設部	ウェーキ島	一九四三・一〇・〇六	金本徳鎮	軍属	戦死	長水郡長水面長水里六九四
			一九一五・〇二・二四	玉順	妻		—
三五〇	第四海軍施設部	ウェーキ島	一九四三・一〇・〇六	金谷喜文	軍属	戦死	南原郡二百面科笠里四九六
			一九一八・〇三・一一	辰順	妻		—
九六四	第四海軍施設部	ウェーキ島	一九四三・一〇・〇六	宮本小童	軍属	戦死	完州郡雲州面完昌里四一一
			一九一三・〇七・二六	八龍	兄		—
九六五	第四海軍施設部	ウェーキ島	一九四三・一〇・〇六	姜元熙範	軍属	戦死	完州郡雲州面金塘里三六二
			一九一五・〇三・二七	珉植	父		—
九六六	第四海軍施設部	ウェーキ島	一九四三・一〇・〇六	浦川祥男	軍属	戦死	完州郡雲州面長仙里四二七
			一九一二・〇五・一七	化奉	父		—
一〇四〇	第四海軍施設部	ウェーキ島	一九四三・一〇・〇六	國本供礼	軍属	戦死	完州郡飛鳳南面内月里四八五
			一九〇七・〇三・〇三	化順	父		—
一〇四一	第四海軍施設部	ウェーキ島	一九四三・一〇・〇六	柳井章錫	軍属	戦死	完州郡飛鳳南面内月里二九〇
			一九一四・一一・一〇	氏	母		—
一〇四二	第四海軍施設部	ウェーキ島	一九四三・一〇・〇六	木本錦連	軍属	戦死	完州郡飛鳳南面大峙里一五五
			一九一四・〇二・三〇	鍾夏	父		—
一〇四九	第四海軍施設部	ウェーキ島	一九四三・一〇・〇六	城本長壽	軍属	戦死	完州郡伊西面上開里五四三
			一九一五・一二・一〇	判同	父		—
一〇五四	第四海軍施設部	ウェーキ島	一九四三・一〇・〇六	花山遇澤	軍属	戦死	完州郡鳳東面龍岩里五八七
			一九一四・一一・〇九	在煥	父		完州郡高山面邑内里
一〇五五	第四海軍施設部	ウェーキ島	一九四三・一〇・〇六	金山尚石	軍属	戦死	完州郡鳳東面洛平里九九〇
			一九一〇・一一・一六	南順	妻		—
一〇九四	第四海軍施設部	ウェーキ島	一九四三・一〇・〇六	新本照瑞	軍属	戦死	錦山郡郡北面虎峙里一〇〇
			一九二三・〇八・一二	炳夏	父		—
一〇九五	第四海軍施設部	ウェーキ島	一九四三・一〇・〇六	宋鍾成	軍属	戦死	錦山郡郡北面虎峙里四五
			一九一七・〇二・二八	鳳俊	父		—
一〇九六	第四海軍施設部	ウェーキ島	一九四三・一〇・〇六	宋吉成	軍属	戦死	錦山郡郡北面金光里四八五
			一九二〇・〇七・二五	福開	父		—
一〇九七	第四海軍施設部	ウェーキ島	一九四三・一〇・〇六	平川基炳	軍属	戦病死	錦山郡郡北面虎峙里七六五

			一九二四・一一・〇八	正丸	父		｜
一〇九九	第四海軍施設部	ウェーキ島	一九四三・一〇・〇六	富川徳性	軍属	戦病死	錦山郡郡北面虎峙里三九
		栄養失調	一九二四・〇六・〇三	奉君	父		｜
一一〇八	第四海軍施設部	ウェーキ島	一九四三・一〇・〇六	金河寛玉	軍属	戦死	錦山郡福壽面木栄里三一四
			一九一〇・〇一・〇七	伯賢	父		｜
一一〇九	第四海軍施設部	ウェーキ島	一九四三・一〇・〇六	安藤明山	軍属	戦死	錦山郡福壽面谷南里一七
			××××・〇五・二一	聖澤	父		｜
一一一一	第四海軍施設部	ウェーキ島	一九四三・一〇・〇六	金栄福	軍属	戦死	錦山郡福壽面谷南里二一三
			一九二三・〇五・一〇	成萬	父		｜
一一一二	第四海軍施設部	ウェーキ島	一九四三・一〇・〇六	安金勝漢	軍属	戦死	錦山郡福壽面谷南里二一三
			一五一六・一〇・〇二	興福	父		｜
一一三三	第四海軍施設部	ウェーキ島	一九四三・一〇・〇六	慶山永俊	軍属	戦死	茂朱郡茂豊面哲木里七四五
			一九二三・一二・二二	点剣	父		｜
一一三四	第四海軍施設部	ウェーキ島	一九四三・一〇・〇六	鄭本泰永	軍属	戦死	茂朱郡茂豊面徳知里一二
			一九一六・〇八・一〇	守永	弟		｜
一一三八	第四海軍施設部	ウェーキ島	一九四三・一〇・〇六	佳山春林	軍属	戦死	茂朱郡安城面沙田里三〇三
			一九二二・〇五・〇八	洛球	父		｜
一二四三	第四海軍施設部	ウェーキ島	一九四三・一〇・〇六	岩田龍得	軍属	戦死	茂朱郡雪川面基谷里三五一
			一九一九・〇一・二五	別物	妻		茂朱郡茂豊面金坪里二二七
一二四四	第四海軍施設部	ウェーキ島	一九四三・一〇・〇六	金村泰用	軍属	，戦死	茂朱郡雪川面基谷里三五一
			一九二一・〇五・二七	用徳	兄		｜
一二六五	第四海軍施設部	ウェーキ島	一九四三・一〇・〇六	平澤泳珪	軍属	戦死	茂朱郡赤裳面三加里一二四七
			一九二〇・〇八・二二	鉉基	父		｜
一五六三	第四海軍施設部	ウェーキ島	一九四三・一〇・〇六	白村昌錫	軍属	戦死	益山郡春浦面仁壽里五四八
			一九一七・〇二・二〇	正奎	兄		｜
九六八	第四海軍施設部	ウェーキ島	一九四三・一二・二〇	金陵煥俊	軍属	戦病死	完州郡雲州面庚川里二〇
			一九一四・〇六・二九	煥鮮	兄		｜
一二五九	第四海軍施設部	ウェーキ島	一九四四・〇六・二一	大川大俊	軍属	戦傷死	茂朱郡茂朱面邑内里九九二
			一九一一・〇七・一四	英子	妻		｜
三二三	第四海軍施設部	ウェーキ島	一九四三・一〇・二五	陸本用文	軍属	戦傷死	長水郡渓北面豊所里三三八
			一九一七・〇四・一五	基彦	父		｜
九五三	第四海軍施設部	ウェーキ島	一九四四・一〇・二九	柳原昶熙	軍属	死亡	完州郡参礼面石田里一一三
			一九二五・〇四・〇一	公有	祖父		｜
一二二六	第四海軍施設部	ウェーキ島	一九四四・一二・一三	金光昌洙	軍属	戦病死	茂朱郡安城面眞道里四〇七
			一九一五・〇六・〇九	翊洙	兄		｜

一二三二	第四海軍施設部	ウェーキ島	一九四四・一二・一七 一九一八・〇八・二九	竹本富興 光地	軍属 父	戦死	茂朱郡茂豊面縣内里二四九 —
三一二五	第四海軍施設部	ウェーキ島	一九四五・〇四・〇一 一九一一・〇二・一六	金正達 雲順	軍属 妻	戦病死	長水郡山西面白雲里 —
一〇四三	第四海軍施設部	ウェーキ島	一九四五・〇四・〇一 一九一七・一〇・二八	柳井京錫 李順連	軍属 妻	戦病死	完州郡飛鳳南面内月二〇六 —
一一〇五	第四海軍施設部	ウェーキ島	一九四五・〇四・〇一 一九一九・〇五・二七	谷本龍権 在洪	軍属 兄	戦病死	錦山郡福壽面谷南里 —
一〇五〇	第四海軍施設部	ウェーキ島	一九四五・〇四・〇二 一九〇三・〇一・〇二	共田吉充 雲×	軍属 妻	戦病死	完州郡伊西面上開里四四一 —
一二五四	第四海軍施設部	ウェーキ島	一九四五・〇四・二〇 一九二〇・〇五・〇一	石山相佑 美子	軍属 母	戦病死	茂朱郡茂朱面内島里一八九六 —
一〇五二	第四海軍施設部	ウェーキ島	一九四五・〇四・三〇 一九一〇・一二・一三	林大乗 康女	軍属 妻	戦病死	完州郡鳳東面是内里一〇五 —
一一〇三	第四海軍施設部	ウェーキ島	一九四五・〇五・〇六 一九〇四・〇五・二一	黄本初秀 寶殉	軍属 妻	戦病死	錦山郡福壽面木巣里三九一 —
一二五五	第四海軍施設部	ウェーキ島	一九四五・〇五・一八 一九〇七・〇三・一五	張本宗植 福順	軍属 妻	戦病死	茂朱郡茂朱面龍浦里二八二 —
一二〇四	第四海軍施設部	ウェーキ島	一九四五・〇五・一九 一九一三・〇七・三〇	安本淳鶴 粉南	軍属 妻	戦病死	錦山郡福壽面壽永里 —
一二五六	第四海軍施設部	ウェーキ島	一九四五・〇五・二七 一九一〇・〇四・〇三	金村光洪 輔鉉	軍属 父	戦病死	茂朱郡茂朱面邑内里八〇五 —
一二二五	第四海軍施設部	ウェーキ島	一九四五・〇五・二八 一九一五・〇一・〇四	呉海永禄 百南	軍属 父	戦病死	茂朱郡安城面貢道里一四二五 —
一〇九三	第四海軍施設部	ウェーキ島	一九四五・〇六・一五 一九二四・〇一・〇二	河東海昌 禹鍾	軍属 —	戦病死	西山郡郡北面虎峙里七六五 —
一二五一	第四海軍施設部	ウェーキ島	一九四五・〇六・一七 一九二一・〇九・二八	金本潤萬 海千	軍属 父	戦病死	茂朱郡雪川面所川里九一五—一七 —
一二五二	第四海軍施設部	ウェーキ島	一九四五・〇六・〇六 一九〇九・〇四・二三	松原學乭 四金	軍属 —	戦病死	茂朱郡茂朱面長白里六一六 —
一二五三	第四海軍施設部	ウェーキ島	一九四五・〇六・一五 一九一五・〇五・三〇	松本琦永 周姫	軍属 母	戦病死	茂朱郡茂朱面吾山里二七三 —
一二二一	第四海軍施設部	ウェーキ島	一九四五・〇六・一八 一九一二・〇八・〇五	金村洪石 玉禮	軍属 妻	戦病死	茂朱面茂豊面縣内里一一二四 —
三一一六	第四海軍施設部	ウェーキ島	一九四五・〇六・二三	杉原炳聶	軍属	戦病死	長水郡渓内面日岡里

			一九一八・〇五・〇三	昌根	—		—
一〇九二	第四海軍施設部	ウェーキ島	一九四五・〇六・二六	國本哲在	軍属	戦病死	錦山郡北面寶光里
			一九一二・一一・二七	康福	父		—
三三四	第四海軍施設部	ウェーキ島	一九四五・〇六・二七	正木宗圭	軍属	戦病死	長水郡蟠岩面洞花里
			一九一四・〇九・二六	山月	—		—
一二六三	第四海軍施設部	ウェーキ島	一九四五・〇六・二七	金海容鶴	軍属	戦病死	茂朱郡富南面長安里八九九
			一九二三・一一・二八	泓斗	父		—
三三五	第四海軍施設部	ウェーキ島	一九四五・〇六・二八	林壽容	軍属	戦死	長水郡蟠岩面魯壇里
			一九一八・一一・二九	壽萬	妻		—
一三〇四	第四海軍施設部	ギルバート諸島タラワ	一九四二・一〇・一五	松原聖玉	軍属	戦死	群山府新興町一五－一
			一九一八・一〇・〇六	永珏	母		京畿道仁川府桜町六三三
一一二七	第四海軍施設部	ギルバート諸島タラワ	一九四三・〇九・一九	金田米充	軍属	戦死	沃溝郡米面新豊里九五七
			一九一四・〇五・二六	基祚子	妻		—
二五一	第四海軍施設部	ギルバート諸島タラワ	一九四三・〇九・一九	高平福一	軍属	戦死	全州府完山町五〇
			一九二二・〇九・一〇	順金	妻		—
三六六	第四海軍施設部	ギルバート諸島タラワ	一九四三・〇九・一九	華井恩逑	軍属	戦死	南原郡南原邑鷺岩里四九三
			一九一九・〇六・〇三	尹杏	母		—
一〇二八	第四海軍施設部	ギルバート諸島タラワ	一九四三・〇九・一九	羅林壽徹	軍属	戦死	完州郡籠進面牙中里三二五
			一九二四・〇四・一〇	成太	父		—
一二二七	第四海軍施設部	ギルバート諸島タラワ	一九四三・〇九・一九	金井一三	軍属	戦死	茂朱郡安城面貢進里一九七
			一九一七・〇三・二七	福址	妻		—
三三	第四海軍施設部	ギルバート諸島タラワ	一九四三・一一・二五	中山萬吉	軍属	戦死	沃溝郡聖山面大明里一八三
			一九一九・〇八・一〇	恩善	妻		—
三四	第四海軍施設部	ギルバート諸島タラワ	一九四三・一一・二五	金谷重行	軍属	戦死	沃溝郡聖山面屯徳里六一
			一九二四・〇九・〇九	栄世	母		全州府相生町四八
六七	第四海軍施設部	ギルバート諸島タラワ	一九四三・一一・二五	山村敏栄	軍属	戦死	沃溝郡臨阪面邑内里三七五
			一九二〇・〇七・二五	東燁	父		—
六八	第四海軍施設部	ギルバート諸島タラワ	一九四三・一一・二五	木戸永春	軍属	戦死	沃溝郡臨阪面米院里六五五
			一九一九・〇八・一一	月世	母		—
六九	第四海軍施設部	ギルバート諸島タラワ	一九四三・一一・二五	森山建昌	軍属	戦死	沃溝郡臨阪面米院里〇五
			一九一九・〇九・二五	化千	父		—
七〇	第四海軍施設部	ギルバート諸島タラワ	一九四三・一一・二五	安東容錫	軍属	戦死	沃溝郡臨阪面鷲山里三三七
			一九一八・〇四・〇八	順貞	妻		—
七一	第四海軍施設部	ギルバート諸島タラワ	一九四三・一一・二五	山東先岩	軍属	戦死	沃溝郡臨阪面鷲山里三三五
			一九一〇・〇一・二〇	初月	妻		—

番号	所属	死亡場所	死亡年月日 / 生年月日	氏名	続柄	死亡区分	本籍
七二	第四海軍施設部	ギルバート諸島タラワ	一九四三・一一・二五	山元圭淵	軍属	戦死	沃溝郡臨阪面戊山里四三八
			一九一五・一〇・三〇	文貞	妻		―
七九	第四海軍施設部	ギルバート諸島タラワ	一九四三・一一・二五	林弼善	軍属	戦死	沃溝郡瑞穂面瑞穂里三四五
			一九一四・〇九・二八	珍純	妻		―
八〇	第四海軍施設部	ギルバート諸島タラワ	一九四三・一一・二五	國本相禹	軍属	戦死	沃溝郡瑞穂面官元里三六一
			一九一五・一二・一三	玉山	妻		―
八七	第四海軍施設部	ギルバート諸島タラワ	一九四三・一一・二五	大林穀雄	軍属	戦死	沃溝郡大野面山月里八二一
			一九二〇・〇三・一三	達元	妻		―
八八	第四海軍施設部	ギルバート諸島タラワ	一九四三・一一・二五	岩本漢月	軍属	戦死	沃溝郡大野面山月里五七六
			一九一八・〇七・一四	吉禮	妻		―
八九	第四海軍施設部	ギルバート諸島タラワ	一九四三・一一・二五	松平昌錫	軍属	戦死	沃溝郡明井面峨山里二二九
			一九一一・一一・一〇	判禮	妻		―
九〇	第四海軍施設部	ギルバート諸島タラワ	一九四三・一一・二五	山崎良黙	軍属	戦死	沃溝郡大野面地境里八三一
			一九一四・〇二・二五	貴嬪	妻		―
九九	第四海軍施設部	ギルバート諸島タラワ	一九四三・一一・二五	山元千楠	軍属	戦死	沃溝郡開井面峨山里二七一
			―	銀順	妻		―
一〇八	第四海軍施設部	ギルバート諸島タラワ	一九四三・一一・二五	平山判山	軍属	戦死	沃溝郡羅浦面羅浦里三四六
			一九二五・〇八・一八	一國	父		―
一〇九	第四海軍施設部	ギルバート諸島タラワ	一九四三・一一・二五	岩本秉煕	軍属	戦死	沃溝郡羅浦面將相里七四
			一九一三・〇二・二〇	長禮	母		―
一三四	第四海軍施設部	ギルバート諸島タラワ	一九四三・一一・二五	岩本圭承	軍属	戦死	沃溝郡米面新豊里二六七
			一九一七・〇七・一一	福順	妻		―
一三五	第四海軍施設部	ギルバート諸島タラワ	一九四三・一一・二五	高洲久資	軍属	戦死	沃溝郡米面新豊里一一五〇
			一九二一・一〇・〇六	貞徳	妻		―
一三六	第四海軍施設部	ギルバート諸島タラワ	一九四三・一一・二五	高田柱休	軍属	戦死	沃溝郡米面山北里九八四
			一九一五・〇五・一四	庚×	妻		―
一三七	第四海軍施設部	ギルバート諸島タラワ	一九四三・一一・二五	大東判山	軍属	戦死	沃溝郡米面山北里九二一―一五
			一九一八・一一・一六	尚道	父		―
一三八	第四海軍施設部	ギルバート諸島タラワ	一九四三・一一・二五	平山吉南	軍属	戦死	沃溝郡米面山北里九八四
			一九一九・〇一・二六	英子	妻		―
一三九	第四海軍施設部	ギルバート諸島タラワ	一九四三・一一・二五	安江完順	軍属	戦死	沃溝郡米面山北里五四二
			一九〇九・一二・〇三	蘭洙	妻		―
一四四	第四海軍施設部	ギルバート諸島タラワ	一九四三・一一・二五	康田佐均	軍属	戦死	沃溝郡沃溝面上坪里一三一
			一九二一・〇五・二七	伯均	弟		―
一四五	第四海軍施設部	ギルバート諸島タラワ	一九四三・一一・二五	大山泰哲	軍属	戦死	沃溝郡沃溝面玉峯里三八

			一九一六・〇一・一〇	寶淳	妻		—
一四六	第四海軍施設部	ギルバート諸島タラワ	一九四三・一一・二五	呉山順哲	軍属	戦死	沃溝郡沃溝面玉峯里一五一
			一九一九・〇一・一一	興辰	父		—
一四七	第四海軍施設部	ギルバート諸島タラワ	一九四三・一一・二五	新井清三郎	軍属	戦死	沃溝郡沃溝面魚隠里四八
			一九一九・〇六・二三	有福	妻		—
一四九	第四海軍施設部	ギルバート諸島タラワ	一九四三・一一・二五	金光福吉	軍属	戦死	沃溝郡沃溝面魚隠里二〇二
			一九一九・〇七・一七	順南	妻		—
一五〇	第四海軍施設部	ギルバート諸島タラワ	一九四三・一一・二五	三山正寛	軍属	戦死	沃溝郡沃溝面仙線里一三四八
			一九二一・〇八・〇二	世玉	妻		—
一五一	第四海軍施設部	ギルバート諸島タラワ	一九四三・一一・二五	山田虎童	軍属	戦死	沃溝郡沃溝面仙線里一二三三
			一九一七・〇七・二五	尚徳	妻		—
一五二	第四海軍施設部	ギルバート諸島タラワ	一九四三・一一・二五	沃田吉洙	軍属	戦死	沃溝郡沃溝面仙線里一二四八
			一九二六・〇三・二八	千里	妻		—
一六〇	第四海軍施設部	ギルバート諸島タラワ	一九四三・一一・二五	永山泰律	軍属	戦死	沃溝郡澮縣面大政里一六八〇
			一九二一・〇四・〇九	俊善	父		沃溝郡會縣面金光里三三六一
一六一	第四海軍施設部	ギルバート諸島タラワ	一九四三・一一・二五	香原武夫	軍属	戦死	沃溝郡澮縣面曾石里四一三－一
			一九二二・一二・一〇	松子	妻		—
一六二	第四海軍施設部	ギルバート諸島タラワ	一九四三・一一・二五	智田合鏞	軍属	戦死	沃溝郡澮縣面曾石里一九二
			一九二一・一〇・〇八	玉洙	妻		—
一七〇	第四海軍施設部	ギルバート諸島タラワ	一九四三・一一・二五	林金錫	軍属	戦死	沃溝郡玉山面南内里五二五
			一九一五・〇五・〇四	判女	妻		—
一七一	第四海軍施設部	ギルバート諸島タラワ	一九四三・一一・二五	高山勝富	軍属	戦死	沃溝郡玉山面雙鳳里八三五
			一九二二・〇五・二〇	点	妻		—
一七二	第四海軍施設部	ギルバート諸島タラワ	一九四三・一一・二五	吉田河植	軍属	戦死	沃溝郡玉山面×山里六一九
			一九二一・〇二・〇八	東校	母		—
二三六	第四海軍施設部	ギルバート諸島タラワ	一九四三・一一・二五	若山錫柱	軍属	戦死	扶安郡保安面柳川里三四九
			一九二三・〇二・二五	姓女	母		群山府朝日町一四
二三九	第四海軍施設部	ギルバート諸島タラワ	一九四三・一一・二五	梁村剛一	軍属	戦死	全州府完山町一三九
			一九一四・〇一・〇三	明子	妻		全州府老松町四四二
二四〇	第四海軍施設部	ギルバート諸島タラワ	一九四三・一一・二五	林山容玉	軍属	戦死	全州府完山町一四二
			一九一八・〇六・一一	會心	父		—
二四一	第四海軍施設部	ギルバート諸島タラワ	一九四三・一一・二五	金海炳浩	軍属	戦死	全州府大和町一七四
			一九二四・〇五・一〇	泰根	父		—
二四二	第四海軍施設部	ギルバート諸島タラワ	一九四三・一一・二五	豊川安雄	軍属	戦死	全州府花園町八一
			一九一八・〇二・〇四	慶子	妻		—

番号	所属	場所	年月日	氏名	身分・続柄	事由	本籍・住所
二四三	第四海軍施設部	ギルバート諸島タラワ	一九四三・一一・二五 一九一六・〇一・〇五	松田政輝 省建	軍属 父	戦死	全州府清水町二六一 全州府清水町二〇〇－五
二四四	第四海軍施設部	ギルバート諸島タラワ	一九四三・一一・二五 一九一九・〇二・一九	青松康義 香坤	軍属 妻	戦死	全州府豊南町五 全州府老松町五二一－二〇
二四五	第四海軍施設部	ギルバート諸島タラワ	一九四三・一一・二五 一九二三・〇二・〇九	吉川仁雄 道淑	軍属 父	戦死	全州府豊南町八八 全州府清水町二六
二四六	第四海軍施設部	ギルバート諸島タラワ	一九四三・一一・二五 一九〇八・〇一・二四	楊萬徳 玉峰	軍属 妻	戦死	淳昌郡柳等面昌中里三一七 ー
二七九	第四海軍施設部	ギルバート諸島タラワ	一九四三・一一・二五 一九一三・〇二・一八	柳本三用 順禮	軍属 妻	戦死	淳昌郡豊山面大佳里一一 ー
二八四	第四海軍施設部	ギルバート諸島タラワ	一九四三・一一・二五 一九〇六・〇一・三〇	山木鍾永 順心	軍属 妻	戦死	淳昌郡双置面鍾岩里二七四 全州府老松町一〇〇
二八五	第四海軍施設部	ギルバート諸島タラワ	一九四三・一一・二五 一九二四・〇二・〇九	高島昌坤 済源	軍属 父	戦死	淳昌郡双置面双渓里四二七 淳昌郡双置面双渓里六七
二八八	第四海軍施設部	ギルバート諸島タラワ	一九四三・一一・二五 一八九九・〇一・〇七	利川光燮 順禮	軍属 妻	戦死	淳昌郡柳等面昌申里一〇九－二 ー
二八九	第四海軍施設部	ギルバート諸島タラワ	一九四三・一一・二五 一八九三・〇四・〇三	利川二金 奇模	軍属 妻	戦死	淳昌郡柳等面柳村里一五三 ー
二九〇	第四海軍施設部	ギルバート諸島タラワ	一九四三・一一・二五 一九二一・〇三・二〇	完山喜潤 鳳今	軍属 妻	戦死	淳昌郡柳等面無愁里一五六 ー
二九一	第四海軍施設部	ギルバート諸島タラワ	一九四三・一一・二五 一九二四・〇三・〇五	利川順南 鳳仙	軍属 父	戦死	淳昌郡柳等面無愁里一八六 ー
二九二	第四海軍施設部	ギルバート諸島タラワ	一九四三・一一・二五 一九一〇・〇三・一三	佳山一順 三淳	軍属 妻	戦死	淳昌郡柳等面梧橋里二八二一 ー
二九三	第四海軍施設部	ギルバート諸島タラワ	一九四三・一一・二五 一九二四・一二・三〇	新山在[illegible] 柄漢	軍属 父	戦死	淳昌郡柳等面乾谷里三八〇 ー
二九四	第四海軍施設部	ギルバート諸島タラワ	一九四三・一一・二五 一九一九・〇四・〇九	新山致述 今男	軍属 妻	戦死	淳昌郡柳等面乾谷里三四五 ー
二九五	第四海軍施設部	ギルバート諸島タラワ	一九四三・一一・二五 一九二〇・〇一・一九	神農允杓 漢豊	軍属 父	戦死	淳昌郡柳等面昌申里二九五 ー
二九六	第四海軍施設部	ギルバート諸島タラワ	一九四三・一一・二五 一九二五・〇一・二一	松亭永尭 昌善	軍属 父	戦死	淳昌郡柳等面梧橋里三七三 ー
二九七	第四海軍施設部	ギルバート諸島タラワ	一九四三・一一・二五 一九一九・一二・二一	山田昌玉 在萬	軍属 父	戦死	淳昌郡柳等面乾谷里三七七 ー
二九八	第四海軍施設部	ギルバート諸島タラワ	一九四三・一一・二五	利川三采	軍属	戦死	淳昌郡柳等面昌申里一一五

番号	所属	死亡場所	年月日	氏名	身分・続柄	事由	本籍・住所
			一九二一・一〇・〇六	飛相	母		―
二九九	第四海軍施設部	ギルバート諸島タラワ	一九四三・一一・二五	金海相錫	軍属	戦死	淳昌郡柳等面乾谷里九一八
			一九一七・一〇・〇六	鍾任	妻		―
三〇〇	第四海軍施設部	ギルバート諸島タラワ	一九四三・一一・二五	蔡原判錫（巌）	軍属	戦死	淳昌郡柳等面柳村里三三二
			一九二三・〇九・〇一	化平（允）	父		―
三〇一	第四海軍施設部	ギルバート諸島タラワ	一九四三・一一・二五	佳山福文	軍属	戦死	淳昌郡柳等面昌申里四〇六
			一九〇九・〇一・〇三	吉順	妻		―
三〇二	第四海軍施設部	ギルバート諸島タラワ	一九四三・一一・二五	新山三釆	軍属	戦死	淳昌郡柳等面乾谷里三九〇
			一九〇九・〇六・〇二	貴順	妻		―
三〇三	第四海軍施設部	ギルバート諸島タラワ	一九四三・一一・二五	神農太淳	軍属	戦死	淳昌郡柳等面乾谷里九六五
			一九一八・〇四・二五	順禮	妻		―
三〇四	第四海軍施設部	ギルバート諸島タラワ	一九四三・一一・二五	金光東洙	軍属	戦死	淳昌郡柳等面乾谷里九五一
			一九二一・〇九・一〇	貴女	妻		―
三〇五	第四海軍施設部	ギルバート諸島タラワ	一九四三・一一・二五	利川判玉	軍属	戦死	淳昌郡柳等面乾谷里九六三
			一九二二・〇一・〇七	憐丹	妻		―
三〇六	第四海軍施設部	ギルバート諸島タラワ	一九四三・一一・二五	神農相益	軍属	戦死	淳昌郡柳等面昌申里三〇九
			一九〇六・〇二・一三	貴順	妻		―
三〇七	第四海軍施設部	ギルバート諸島タラワ	一九四三・一一・二五	平　在永	軍属	戦死	淳昌郡柳等面外伊里六一三
			一九二〇・〇九・〇一	×變	父		―
三〇八	第四海軍施設部	ギルバート諸島タラワ	一九四三・一一・二五	蔡海亀	軍属	戦死	淳昌郡柳等面柳村里一三二
			一九二一・〇三・〇五	浦局	父		―
三〇九	第四海軍施設部	ギルバート諸島タラワ	一九四三・一一・二五	新井相根	軍属	戦死	淳昌郡柳等面梧橋里二六九
			一九一〇・〇九・一二	称淳	父		―
三一〇	第四海軍施設部	ギルバート諸島タラワ	一九四三・一一・二五	完山根守	軍属	戦死	淳昌郡柳等面外伊里五一一
			一九一八・〇四・〇八	福華	妻		―
三一一	第四海軍施設部	ギルバート諸島タラワ	一九四三・一一・二五	河原準杓	軍属	戦死	淳昌郡柳等面昌申里三一〇
			一九一九・〇六・二三	良任	母		―
三二一	第四海軍施設部	ギルバート諸島タラワ	一九四三・一一・二五	高山昌洙	軍属	戦死	長水郡渓内面三峰里二一九
			一九二〇・〇五・〇八	仁斗	父		全州府老松町九二
三四七	第四海軍施設部	ギルバート諸島タラワ	一九四三・一一・二五	晋山漢祚	軍属	戦死	長水郡長水面長水里六〇八
			一九一七・〇七・一一	順任	妻		全州府清水町二六五
三五一	第四海軍施設部	ギルバート諸島タラワ	一九四三・一一・二五	梁原尚奎	軍属	戦死	南原郡二白面内濠里二一八
			一九二三・〇一・一六	秀南	母		―
三五二	第四海軍施設部	ギルバート諸島タラワ	一九四三・一一・二五	金谷信助	軍属	戦死	南原郡二白面科笠里五〇八
			一九一四・〇四・二二	多貴	妻		南原郡二白面科笠里五一二

番号	所属	場所	年月日	氏名	続柄	事由	住所
三七〇	第四海軍施設部	ギルバート諸島タラワ	一九四三・一一・二五	松川宗田	軍属	戦死	南原郡南原邑雙橋里一八九
			一九二二・〇三・〇五	正先	父		南原郡南原邑道面里三五
三七一	第四海軍施設部	ギルバート諸島タラワ	一九四三・一一・二五	金島判同	軍属	戦死	南原郡南原邑雙橋里一二四
			一九二三・〇八・一〇	淑子	姉		南原郡南原邑東忠里四〇四
三七二	第四海軍施設部	ギルバート諸島タラワ	一九四三・一一・二五	梁原判斗	軍属	戦死	南原郡南原邑下井里二〇六
			一九二〇・一〇・二〇	萬吉	父		南原郡南原邑鷺岩里一〇三
三七三	第四海軍施設部	ギルバート諸島タラワ	一九四三・一一・二五	金城吉童	軍属	戦死	南原郡南原邑雙橋里一九六
			一九一七・〇六・二五	光信	父		南原郡南原邑雙橋里一八三
三七四	第四海軍施設部	ギルバート諸島タラワ	一九四三・一一・二五	金本吉秀	軍属	戦死	南原郡南原邑雙橋里五五
			一九二二・〇五・一五	玉順	妻		—
三七五	第四海軍施設部	ギルバート諸島タラワ	一九四三・一一・二五	松原龍鉄	軍属	戦死	南原郡南原邑雙橋里三四
			一九二一・〇一・二六	東瑾	父		—
三七九	第四海軍施設部	ギルバート諸島タラワ	一九四三・一一・二五	達川起平	軍属	戦死	南原郡南原邑錦里九三
			一九二一・一一・〇九	明淑	母		—
四〇五	第四海軍施設部	ギルバート諸島タラワ	一九四三・一一・二五	安田仁基	軍属	戦死	南原郡山東面大上里五九八
			一九二四・一〇・一〇	正大	父		—
四〇六	第四海軍施設部	ギルバート諸島タラワ	一九四三・一一・二五	一山泳達	軍属	戦死	南原郡山東面釜節里八一八
			一九〇九・〇三・〇六	也無	妻		—
四〇七	第四海軍施設部	ギルバート諸島タラワ	一九四三・一一・二五	金井　清	軍属	戦死	南原郡山東面太平里七三六
			一九二三・〇一・二〇	貞嬉	妻		南原郡山東面太平里七〇二
四〇八	第四海軍施設部	ギルバート諸島タラワ	一九四三・一一・二五	新本純正	軍属	戦死	南原郡山東面釜節里一九〇七
			一九二〇・〇九・一一	福順	妻		—
四二六	第四海軍施設部	ギルバート諸島タラワ	一九四三・一一・二五	達徐五福	軍属	戦死	南原郡朱川面高基里二五二
			一九一二・一〇・二九	順玉	母		—
四二七	第四海軍施設部	ギルバート諸島タラワ	一九四三・一一・二五	山野三祚	軍属	戦死	南原郡朱川面漁峴里三二二
			一九一二・〇三・〇八	天福	妻		—
四二八	第四海軍施設部	ギルバート諸島タラワ	一九四三・一一・二五	金森大燮	軍属	戦死	南原郡朱川面湖景里三五二
			××××・一〇・〇三	長順	妻		—
四二九	第四海軍施設部	ギルバート諸島タラワ	一九四三・一一・二五	金村福介	軍属	戦死	南原郡朱川面漁峴里六七七
			一九一三・〇一・〇一	又任	妻		白實郡只沙面漢山里八七九
四七〇	第四海軍施設部	ギルバート諸島タラワ	一九四三・一一・二五	河本義鎬	軍属	戦死	南原郡松洞面長浦里四八一
			一九一五・〇五・一三	仁鎬	兄		—
四七一	第四海軍施設部	ギルバート諸島タラワ	一九四三・一一・二五	金川玉春	軍属	戦死	南原郡松洞面杜新里三三九
			一九二〇・一一・〇六	泰喜	父		—
四七二	第四海軍施設部	ギルバート諸島タラワ	一九四三・一一・二五	金村南権	軍属	戦死	南原郡松洞面松内里四九三

			——	順南	妻		——
四七三	第四海軍施設部	ギルバート諸島タラワ	一九四三・一一・二五 一九一七・〇二・二八	平川公順 玉梅	軍属 妻	戦死	南原郡英國里三五四 ——
五四一	第四海軍施設部	ギルバート諸島タラワ	一九四三・一一・二五 一九二二・〇八・〇一	金田学立 一京	軍属 妻	戦死	高敞郡孔音面徳岩里八一〇 全羅南道灵光郡灵光面徳湖里八八
五四二	第四海軍施設部	ギルバート諸島タラワ	一九四三・一一・二五 一九二〇・〇四・〇九	吉田春基 ——	軍属 ——	戦死	高敞郡孔音面徳岩里八一〇 全羅南道灵光郡灵光面臥龍里
五四三	第四海軍施設部	ギルバート諸島タラワ	一九四三・一一・二五 一九二二・〇五・二〇	清川相源 時連	軍属 母	戦死	高敞郡星松面山水里一七二 ——
六一〇	第四海軍施設部	ギルバート諸島タラワ	一九四三・一一・二五 一九一二・〇一・〇九	金子武雄 禮分	軍属 妻	戦死	金堤郡扶梁面月昇里四六五 ——
六二三	第四海軍施設部	ギルバート諸島タラワ	一九四三・一一・二五 ××××・〇六・〇六	李洛基 須景	軍属 妻	戦死	金堤郡白鷗面白鷗里二六六 沃溝郡聖山面山谷里三〇六
六四二	第四海軍施設部	ギルバート諸島タラワ	一九四三・一一・二五 一九二二・〇四・〇七	晉田相根 同奎	軍属 父	戦死	金堤郡竹山面大倉里三五二 ——
六九九	第四海軍施設部	ギルバート諸島タラワ	一九四三・一一・二五 一九二一・一一・一一	江本學先 順徳	軍属 姉	戦死	金堤郡金堤邑堯村里四〇 井邑郡新泰仁邑木湖里
七六七	第四海軍施設部	ギルバート諸島タラワ	一九四三・一一・二五 一九一九・一〇・〇二	華宮泰順 四禮	軍属 妻	戦死	井邑郡新泰仁邑清泉里五三 ——
九一三	第四海軍施設部	ギルバート諸島タラワ	一九四三・一一・二五 一九二一・〇五・二三	福井鍾哲 昌子	軍属 母	戦死	井邑郡甘谷面桂龍里 全州府相生町三五
九五九	第四海軍施設部	ギルバート諸島タラワ	一九四三・一一・二五 一九一六・〇七・一二	永月順三 一順	軍属 妻	戦死	完州郡参礼面海田里四六〇 群山府昭和通四－五九
九六〇	第四海軍施設部	ギルバート諸島タラワ	一九四三・一一・二五 一九二四・一〇・〇八	光山芳雄 金子	軍属 母	戦死	完州郡参礼面新金里五六九 ——
九七二	第四海軍施設部	ギルバート諸島タラワ	一九四三・一一・二五 一九二三・〇三・一二	巌本鐘哲 文淑	軍属 母	戦死	完州郡草浦面牛方里七九 完州郡草浦面長財里
九九一	第四海軍施設部	ギルバート諸島タラワ	一九四三・一一・二五 一九一八・〇二・一六	金子教享 交同	軍属 妻	戦死	完州郡助村面花田里一三〇 ——
一〇一四	第四海軍施設部	ギルバート諸島タラワ	一九四三・一一・二五 一九一五・〇八・〇二	清本昌九 福禮	軍属 妻	戦死	完州郡雨田面石九里五七六 完州郡上閔里邑長里
一〇六七	第四海軍施設部	ギルバート諸島タラワ	一九四三・一一・二五 一九二三・〇二・〇一	金井二喆 漢喆	軍属 兄	戦死	完州郡九耳面桂谷里二一四 完州郡九耳面桂谷里二一一
一一六二	第四海軍施設部	ギルバート諸島タラワ	一九四三・一一・二五 一九〇八・〇二・二三	西原光保 愛子	軍属 妻	戦死	鎮安郡朱川面××里一〇八四 ——

一二九三	第四海軍施設部	ギルバート諸島タラワ	一九四三・一一・二五 一九一八・〇五・二一	大村栄泉 富栄	軍属 妻	戦死	群山府新豊町七七二 —
一二九四	第四海軍施設部	ギルバート諸島タラワ	一九四三・一一・二五 一九一七・〇四・〇二	武藤元燮 南順	軍属 母	戦死	群山府新亀岩町三三五 —
一二九五	第四海軍施設部	ギルバート諸島タラワ	一九四三・一一・二五 一九二四・一一・〇九	金田武原 在順	軍属 妻	戦死	群山府屯栗町三八四 —
一二九六	第四海軍施設部	ギルバート諸島タラワ	一九四三・一一・二五 一九一八・〇七・一九	金田米吉 金子	軍属 妻	戦死	群山府米豊町七七二 —
一二九七	第四海軍施設部	ギルバート諸島タラワ	一九四三・一一・二五 一九一九・一一・〇八	金澤栄進 道女	軍属 母	戦死	群山府亀澤町四七五 群山府山上町九〇八
一二九八	第四海軍施設部	ギルバート諸島タラワ	一九四三・一一・二五 一九二三・一〇・二二	綾城興太郎 興吉	軍属 父	戦死	群山府南屯栗町一三九 —
一二九九	第四海軍施設部	ギルバート諸島タラワ	一九四三・一一・二五 一九二〇・〇八・一三	新井相緑 判童	軍属 兄	戦死	群山府南屯栗末三六〇 群山府蔵財町四四
一三〇〇	第四海軍施設部	ギルバート諸島タラワ	一九四三・一一・二五 一九一三・一一・〇四	石橋契昌 元慟	軍属 妻	戦死	群山府山上町二五六 群山府田町三一
一三〇一	第四海軍施設部	ギルバート諸島タラワ	一九四三・一一・二五 一九一四・〇五・二一	木本琪泰 勝煥	軍属 父	戦死	群山府南町三一九 群山府京浦町五七二
一三三一	第四海軍施設部	ギルバート諸島タラワ	一九四三・一一・二五 一九一七・〇一・一一	金城憲植 敬南	軍属 妻	戦死	任實郡三溪面三溪里二六六 —
一三四七	第四海軍施設部	ギルバート諸島タラワ	一九四三・一一・二五 一九二四・〇一・〇一	長田仁喆 奉順	軍属 妻	戦死	任實郡江津面白蓮里五二 —
一三四八	第四海軍施設部	ギルバート諸島タラワ	一九四三・一一・二五 一九一七・一一・〇一	山本圭福・崔本 鳳玉	軍属 妻	戦死	任實郡江津面富興里三八〇 —
一三六三	第四海軍施設部	ギルバート諸島タラワ	一九四三・一一・二五 一九一九・一二・一六	山本俊護 寅変	軍属 父	戦死	任實郡青雄面九皐里四〇一 —
一三六四	第四海軍施設部	ギルバート諸島タラワ	一九四三・一一・二五 一九二二・〇八・二三	中山龍潭 貴禮	軍属 妻	戦死	任實郡青於面九皐里四一六 —
一三七六	第四海軍施設部	ギルバート諸島タラワ	一九四三・一一・二五 一九一一・〇八・〇三	金山正基 ××	軍属 妻	戦死	任實郡屯南面梧山里 —
一三七七	第四海軍施設部	ギルバート諸島タラワ	一九四三・一一・二五 一九二四・〇五・二五	金田容根 成五	軍属 父	戦死	任實郡屯南面獒南里三八五 —
一三七八	第四海軍施設部	ギルバート諸島タラワ	一九四三・一一・二五 一九一六・一〇・〇九	李家起萬 玉伊	軍属 妻	戦死	任實郡屯南面龍井里一八二 —
一三七九	第四海軍施設部	ギルバート諸島タラワ	一九四三・一一・二五	林　永俊	軍属	戦死	任實郡屯南面獒樹里二八八

番号	所属	場所	年月日	氏名	身分・続柄	事由	本籍・住所
			一九二三・〇八・一三	順徳	妻		―
一三八〇	第四海軍施設部	ギルバート諸島タラワ	一九四三・一一・二五 一九〇五・〇七・二八	岩村昌熙 令順	軍属 妻	戦死	任實郡屯南面大明里一八五 ―
一三八一	第四海軍施設部	ギルバート諸島タラワ	一九四三・一一・二五 一九一六・〇五・二〇	金田炡演 貴南	軍属 妻	戦死	任實郡屯南面竹渓里三四七 ―
一三八二	第四海軍施設部	ギルバート諸島タラワ	一九四三・一一・二五 一九一〇・一二・〇八	木村龍壽 龍仙	軍属 妻	戦死	任實郡屯南面獒樹里三一〇―二〇 全州府花園町二三
一四一〇	第四海軍施設部	ギルバート諸島タラワ	一九四三・一一・二五 一九二四・一二・〇六	厳本相浩 ××	軍属 父	戦死	任實郡新坪面加徳里六三〇 ―
一四一一	第四海軍施設部	ギルバート諸島タラワ	一九四三・一一・二五 一九二四・〇七・一七	岩本元雨 判實	軍属 父	戦死	任實郡新坪面加徳里七五八 ―
一四一二	第四海軍施設部	ギルバート諸島タラワ	一九四三・一一・二五 一九二二・一一・三〇	金本容萬 奉徳	軍属 母	戦死	任實郡新坪面處岩里一一四三 ―
一四一三	第四海軍施設部	ギルバート諸島タラワ	一九四三・一一・二五 一九二二・〇七・一九	源朴一千 成吉	軍属 父	戦死	任實郡新坪面處岩里四一一 ―
一四九五	第四海軍施設部	ギルバート諸島タラワ	一九四三・一一・二五 一九二三・〇六・一三	松山鍾洙 氏	軍属 母	戦死	益山郡五山面五山里六六 沃溝郡沃溝面仙緑里一三四八
一四九六	第四海軍施設部	ギルバート諸島タラワ	一九四三・一一・二五 一九二〇・一二・〇七	河本千澤 小組	軍属 妻	戦死	益山郡梧山面長新里 群山府山上町二二三
一五五六	第四海軍施設部	ギルバート諸島タラワ	一九四三・一一・二五 一九一九・〇九・二六	國本姓起 基燁	軍属 妻	戦死	益山郡三箕面五龍里一七五 群山府助村町二七六
一五六五	第四海軍施設部	ギルバート諸島タラワ	一九四三・一一・二五 一九二二・〇五・一七	大石宋皣 順徳	軍属 母	戦死	益山郡春浦面大場村里一二四 群山府昭和通一―一八
一五六六	第四海軍施設部	ギルバート諸島タラワ	一九四三・一一・二五 一九一八・〇四・三〇	河本泰順 良禮	軍属 妻	戦死	益山郡春浦面仁壽里五五三 ―
一三六八	第四海軍施設部	ギルバート諸島タラワ	一九四三・一一・二六 一九二二・〇八・二〇	松原成今 ×奉	軍属 父	戦死	任實郡屯南面大明里四八四 ―
二一一三	第四海軍施設部	ピゲロット島北方	一九四四・〇一・三一 一九一九・〇一・一三	金浦忠雄 基先	軍属 父	戦死	扶安郡白山面龍渓里四二一 ―
二一三八	第四海軍施設部	ピゲロット島	一九四四・〇一・三一 一九二〇・〇一・〇一	延安義檮 敬順	軍属 妻	戦死	扶安郡保安面柳川里二三六 ―
二一四七	第四海軍施設部	ピゲロット島	一九四四・〇一・三一 一九二〇・一二・二三	國本四徳 安徳	軍属 ―	戦死	全州府安山町 全州府田花町洗昌絵許方
二一四八	第四海軍施設部	ピゲロット島	一九四四・〇一・三一 一九二二・〇一・二〇	朴東燮 可善	軍属 ―	戦死	全州府麟愛町一八班一七 ―

五二五	第四海軍施設部	ピゲロット島	一九四四・〇一・三一 一九一七・〇七・二七	孫本昌龍 昌根	軍属 —	戦死	高敞郡牙山面鳳徳里 —
五四七	第四海軍施設部	ピゲロット島	一九四四・〇一・三一 一九一一・〇七・三〇	高倉伴作 趙三葉	軍属 —	戦死	高敞郡星杉面上金里 —
五九六	第四海軍施設部	ピゲロット島	一九四四・〇一・三一 一九一七・〇七・一九	清水次郎 義代	軍属 —	戦死	金堤郡青蝦面官上里四二六 井邑郡梨坪面八仙里
六四〇	第四海軍施設部	ピゲロット島	一九四四・〇一・三一 一九一四・〇四・二三	姜東鎮 孟極	軍属 —	戦死	金堤郡竹山面新興里 —
七八一	第四海軍施設部	ピゲロット島	一九四四・〇一・三一 一九二二・〇二・二五	鄭昌得 神田昌和	軍属 —	戦死	井邑郡新泰仁邑柏山里四八 井邑郡新泰仁邑神社道福川淳一方
八四七	第四海軍施設部	ピゲロット島	一九四四・〇一・三一 一九二三・〇二・二六	金本守夫 采煥	軍属 —	戦死	井邑郡所声面登佳里未 —
八七八	第四海軍施設部	ピゲロット島	一九四四・〇一・三一 一九二〇・〇一・二八	李永萬 —	軍属 —	戦死	井邑郡内蔵面 —
九九〇	第四海軍施設部	ピゲロット島	一九四四・〇一・三一 一九一九・一一・一九	柳振秀 柳士仲	軍属 —	戦死	完州郡助村面古浪里 南原郡松洞面黒松里
一四四九	第四海軍施設部	ピゲロット島	一九四四・〇一・三一 一九〇二・〇四・一四	金村一郎 金五奉	軍属 —	戦傷死	任實郡任實面 —
一一一〇	第四海軍施設部	ケゼリン島	一九四三・一二・一四 一九一四・〇一・一一	権福相 徳峰	軍属 妻	戦死	錦山郡福壽面多福里一七 —
一七八	第四海軍施設部	ケゼリン島	一九四四・〇二・〇六 一九二一・〇二・一三	廣田繁夫 耕造	軍属 —	戦死	沃溝郡玉山面雙鳳里二七七 —
三三三	第四海軍施設部	ケゼリン島	一九四四・〇二・〇六 一九一八・〇三・二四	大城聖逑 聖祚	軍属 —	戦死	長水郡渓南面砧谷里一二三一 茂朱郡安城面竹川里一三六
三四〇	第四海軍施設部	ケゼリン島	一九四四・〇二・〇六 一九〇二・〇五・一九	朴壽奉 永贊	軍属 —	戦死	長水郡天川面蓮平里五四一 茂朱郡安城面沙田里六八八
一二二九	第四海軍施設部	ケゼリン島	一九四四・〇二・〇六 一九二三・〇五・二四	安本道鉉 碩圭	軍属 —	戦死	茂朱郡安城面貢進里一四八一 —
一二三〇	第四海軍施設部	ケゼリン島	一九四四・〇二・〇六 一九二一・〇五・〇五	文川龍澤 昌周	軍属 —	戦死	茂朱郡安城面眞道里一二九九 —
一二三一	第四海軍施設部	ケゼリン島	一九四四・〇二・〇六 一九一八・〇三・〇八	佳山在龍 仁煥	軍属 —	戦死	茂朱郡安城面眞道里一二九九 —
一二三二	第四海軍施設部	ケゼリン島	一九四四・〇二・〇六 一九〇九・〇四・〇四	國本春吉 祭得	軍属 —	戦死	茂朱郡安城面沙田里九一七 —
一二三三	第四海軍施設部	ケゼリン島	一九四四・〇二・〇六	昌原甲壽	軍属	戦死	茂朱郡安城面沙田里一二〇二

番号	所属	死亡場所	死亡年月日／生年月日	氏名／親族	身分	死亡区分	本籍
			一九一三・〇三・二三	仲安	|		|
一二三四	第四海軍施設部	ケゼリン島	一九四四・〇二・〇六 一九二〇・〇九・一二	平山龍玉 泰南	軍属 |	戦死	茂朱郡安城面竹川里一七六九 |
一二三五	第四海軍施設部	ケゼリン島	一九四四・〇二・〇六 一九二三・〇二・一七	朴本賛石 業春	軍属 |	戦死	茂朱郡安城面徳山里一二〇七 |
一二三六	第四海軍施設部	ケゼリン島	一九四四・〇二・〇六 一九〇六・〇九・一一	大城萬悦 炳一	軍属 |	戦死	茂朱郡安城面公正里八一三 |
一二三七	第四海軍施設部	ケゼリン島	一九四四・〇二・〇六 一九〇五・〇六・〇二	蔚山三伏 今俊	軍属 |	戦死	茂朱郡安城面公正里一八六一 |
一二三八	第四海軍施設部	ケゼリン島	一九四四・〇二・〇六 一九二〇・〇八・××	慶山平南 順明	軍属 |	戦死	茂朱郡安城面貢進里一七六 |
一二三九	第四海軍施設部	ケゼリン島	一九四四・〇二・〇六 一九一四・一〇・一八	良元炳鉉 學善	軍属 |	戦死	茂朱郡安城面竹川里三四五 |
一二四〇	第四海軍施設部	ケゼリン島	一九四四・〇二・〇六 一九二三・〇九・二一	李浩錫 錙駿	軍属 |	戦死	茂朱郡安城面竹川里一七六一 |
一二四一	第四海軍施設部	ケゼリン島	一九四四・〇二・〇六 一九二一・〇七・三〇	山本炳碩 元玉	軍属 |	戦死	茂朱郡安城面場基里七五七 |
一二四五	第四海軍施設部	ケゼリン島	一九四四・〇二・〇六 一九一二・〇八・一二	豊川僊童 正義	軍属 |	戦死	茂朱郡雪川面斗吉里一一三四 |
一二四六	第四海軍施設部	ケゼリン島	一九四四・〇二・〇六 一九〇八・〇一・〇一	金田明海 匡平	軍属 |	戦死	茂朱郡雪川面清涼里八六二 |
一二四七	第四海軍施設部	ケゼリン島	一九四四・〇二・〇六 一九二〇・〇八・二〇	山厳仲燮 柱元	軍属 |	戦死	茂朱郡雪川面斗吉里四九六 |
一二四八	第四海軍施設部	ケゼリン島	一九四四・〇二・〇六 一九二五・〇二・〇二	城山容元 寅郁	軍属 |	戦死	茂朱郡雪川面大仏里一〇七六 |
一二四九	第四海軍施設部	ケゼリン島	一九四四・〇二・〇六 一九一四・〇七・二〇	上黨俊石 相鶴	軍属 |	戦死	茂朱郡雪川面所川里五一八 |
一二五〇	第四海軍施設部	ケゼリン島	一九四四・〇二・〇六 一九一八・〇四・三〇	金田顕慶 顕当	軍属 |	戦死	茂朱郡雪川面清涼里八六二 |
一二六〇	第四海軍施設部	ケゼリン島	一九四四・〇二・〇六 一九一四・〇九・一四	呉鳳錫 春両	軍属 |	戦死	茂朱郡茂朱面堂山里八八二 |
一二六一	第四海軍施設部	ケゼリン島	一九四四・〇二・〇六 一九二四・一二・〇八	平山鉉益 茂均一	軍属 |	戦死	茂朱郡茂朱面大東里七九九 |
一二六二	第四海軍施設部	ケゼリン島	一九四四・〇二・〇六 一九一九・〇八・〇三	金川明九 明周	軍属 |	戦死	茂朱郡富南面長安里一一〇 |

一二六四	第四海軍施設部	ケゼリン島	一九四四・〇二・〇六 一九二二・一二・一三	慶原順植 姓女	軍属 ｜	戦死	茂朱郡富南面大柳里八八 ｜
一二六六	第四海軍施設部	ケゼリン島	一九四四・〇二・〇六 一九二三・〇九・二〇	金本正雄 忠信	軍属 ｜	戦死	茂朱郡赤裳面斜山里一三六三 茂朱郡赤裳面斜山里三五六
一二六七	第四海軍施設部	ケゼリン島	一九四四・〇二・〇六 一九一〇・〇三・一一	全本泰陽 周鎬	軍属 ｜	戦死	茂朱郡赤裳面斜川里六八八 ｜
一二六八	第四海軍施設部	ケゼリン島	一九四四・〇二・〇六 一九二〇・〇二・二〇	菊原泰鉉 永蟾	軍属 ｜	戦死	茂朱郡赤裳面芳梨里六七三 ｜
一二六九	第四海軍施設部	ケゼリン島	一九四四・〇二・〇六 一九一二・一一・一五	田福童 厚根	軍属 ｜	戦死	茂朱郡赤裳面斜川里三九五 ｜
一二七〇	第四海軍施設部	ケゼリン島	一九四四・〇二・〇六 一九二二・〇一・〇一	岩本壬徳 二台	軍属 ｜	戦死	茂朱郡赤裳面斜川里九五四 ｜
一二七一	第四海軍施設部	ケゼリン島	一九四四・〇二・〇六 一九〇四・一二・二二	安田道逑 鍾大	軍属 ｜	戦死	茂朱郡赤裳面槐木里一二八〇 ｜
一二七二	第四海軍施設部	ケゼリン島	一九四四・〇二・〇六 一九二一・一一・一三	林貴喆 正根	軍属 ｜	戦死	茂朱郡赤裳面芳梨里一二六三 ｜
一二七三	第四海軍施設部	ケゼリン島	一九四四・〇二・〇六 一九一一・〇六・〇三	慶山應金 應貴	軍属 ｜	戦死	茂朱郡赤裳面三柳里五九二 ｜
一二七四	第四海軍施設部	ケゼリン島	一九四四・〇二・〇六 一九二〇・一一・二二	慶山奉用 永鎮	軍属 ｜	戦死	茂朱郡赤裳面三柳里七〇三 ｜
一二七五	第四海軍施設部	ケゼリン島	一九四四・〇二・〇六 一九二二・〇二・一七	鳳山炅鎬 魯汶	軍属 ｜	戦死	茂朱郡赤裳面三柳里三八二 ｜
一二七六	第四海軍施設部	ケゼリン島	一九四四・〇二・〇六 一九〇五・〇四・二〇	林在春 仁澤	軍属 ｜	戦死	茂朱郡赤裳面三加里六七三 ｜
一二七七	第四海軍施設部	ケゼリン島	一九四四・〇二・〇六 一九一八・〇四・一四	金本泰鳳 基鎬	軍属 ｜	戦死	茂朱郡赤裳面斜川里三九七 ｜
一二七八	第四海軍施設部	ケゼリン島	一九四四・〇二・〇六 一九二二・〇一・二二	金川培壽 華燮	軍属 ｜	戦死	茂朱郡赤裳面斜川里三六八 ｜
一二七九	第四海軍施設部	ケゼリン島	一九四四・〇二・〇六 一九一二・〇六・一五	大谷永周 種吉	軍属 ｜	戦死	茂朱郡赤裳面斜川里三七三 ｜
一二八〇	第四海軍施設部	ケゼリン島	一九四四・〇二・〇六 一九一二・〇三・〇九	林卜萬 任葉	軍属 ｜	戦死	茂朱郡赤裳面斜山里三八二 ｜
一二八一	第四海軍施設部	ケゼリン島	一九四四・〇二・〇六 一九〇六・〇六・一一	鄭喜溶 点陽	軍属 ｜	戦死	茂朱郡赤裳面斜山里三八七 ｜
一二八二	第四海軍施設部	ケゼリン島	一九四四・〇二・〇六	金山銀龍	軍属	戦死	茂朱郡赤裳面斜山里七〇〇

			一九〇九・一〇・〇二	姓女	—		—
一二八三	第四海軍施設部	ケゼリン島	一九四四・〇二・〇六 一九二一・〇九・一五	金澤景培 眞岩	軍属 —	戦死	茂朱郡赤裳面斜川里六四七 —
一二八四	第四海軍施設部	ケゼリン島	一九四四・〇二・〇六 一九一七・一一・〇一	安本丈培 顕澤	軍属 —	戦死	茂朱郡赤裳面斜山里五六〇 —
一二八五	第四海軍施設部	ケゼリン島	一九四四・〇二・〇六 一九二〇・〇六・一七	崔東淵 判同	軍属 —	戦死	茂朱郡赤裳面斜山里一六〇五 —
一二八六	第四海軍施設部	ケゼリン島	一九四四・〇二・〇六 一九一七・〇四・二五	江本永學 永福	軍属 —	戦死	茂朱郡赤裳面三柳里一二二八 —
一二八七	第四海軍施設部	ケゼリン島	一九四四・〇二・〇六 一九一〇・〇一・二〇	南程点俊 姓女	軍属 —	戦死	茂朱郡赤裳面三柳里五九八 —
一二八八	第四海軍施設部	ケゼリン島	一九四四・〇二・〇六 一九一〇・〇二・〇九	崔福龍 姓女	軍属 —	戦死	茂朱郡赤裳面三加里三〇一 —
一二八九	第四海軍施設部	ケゼリン島	一九四四・〇二・〇六 一九一〇・〇七・一七	原田平秀 龍淵	軍属 —	戦死	茂朱郡赤裳面斜山里九一七 —
一三〇七	第四海軍施設部	ケゼリン島	一九四四・一二・一四 一九一七・〇一・一四	金川昌煥 春子	軍属 妻	戦病死	群山府南屯栗町一三九 群山府桃園町七四
一〇一二	第四海軍施設部	ブラウン島	一九四三・〇五・〇七 一九一六・〇四・二八	堂山玉賢 泳順	軍属 妻	戦病死	完州郡雨田面石九里三一 —
一一〇七	第四海軍施設部	ブラウン島	一九四三・〇九・一九 一九一九・一二・〇三	國本盛贊 明學	軍属 父	戦死	錦山郡福壽面龍池里二四〇 黄海道碧城郡茄佐面菊峯里一五一
八七七	第四海軍施設部	ブラウン島	一九四三・一一・二七 一九二一・〇五・一五	柳鍾烈 令禮	軍属 妻	戦死	井邑郡内蔵面新月里六六四
三一三	第四海軍施設部	ブラウン島	一九四四・〇二・二四 一九二三・一一・一八	崔山正植 栄吉	軍属 父	戦死	淳昌郡柳等面外伊里 南原郡帯汀面月×里七一五
三八〇	第四海軍施設部	ブラウン島	一九四四・〇二・二四 一九二二・〇二・一〇	金井萬甫 判甲	軍属 父	戦死	南原郡南原邑造山里二一六 —
三八四	第四海軍施設部	ブラウン島	一九四四・〇二・二四 一九一七・〇八・〇六	琴甲童 春子	軍属 母	戦死	南原郡南原邑玉亭里四一六 —
三八五	第四海軍施設部	ブラウン島	一九四四・〇二・二四 一九二三・〇三・〇三	金永壽 貞煥	軍属 兄	戦死	南原郡南原邑川渠里 南原郡南原邑造山里
三八六	第四海軍施設部	ブラウン島	一九四四・〇二・二四 一九一七・一〇・二七	松原仁錫 玉鳳	軍属 妻	戦死	南原郡南原邑鷺岩里四〇三 —
三八七	第四海軍施設部	ブラウン島	一九四四・〇二・二四 一九二〇・〇三・〇五	姜吉東 在京	軍属 父	戦死	南原郡南原邑造山里 —

番号	所属	場所	年月日	氏名	身分・続柄	事由	本籍
三八九	第四海軍施設部	ブラウン島	一九四四・〇二・二四 一九二一・〇五・〇二	山本炳甲 豊子	軍属 母	戦死	南原郡東面引月里四一六 ｜
三九〇	第四海軍施設部	ブラウン島	一九四四・〇二・二四 一九二三・一一・一六	佳山琮釸 今錫	軍属 母	戦死	南原郡東面中軍里六三 ｜
三九一	第四海軍施設部	ブラウン島	一九四四・〇二・二四 一九一一・〇九・二四	金本佶原 太興	軍属 妻	戦死	南原郡東面引月里一七六
四〇三	第四海軍施設部	ブラウン島	一九四四・〇二・二四 一九一一・〇八・一九	金澤文植 今得	軍属 妻	戦死	南原郡大山面雲橋里七五〇 ｜
四三四	第四海軍施設部	ブラウン島	一九四四・〇二・二四 一九二二・一一・二〇	蘇山淳龍 濴鎬	軍属 父	戦死	南原郡王峙面内民里五〇九 ｜
四三五	第四海軍施設部	ブラウン島	一九四四・〇二・二四 一九一二・〇八・一八	西山正光 順干	軍属 妻	戦死	南原郡王峙面高竹里二一三 ｜
四三六	第四海軍施設部	ブラウン島	一九四四・〇二・二四 一九二〇・〇三・〇三	新山満秀 玉女	軍属 妻	戦死	南原郡王峙面廣峙里五七三
四三七	第四海軍施設部	ブラウン島	一九四四・〇二・二四 一九二一・〇六・〇一	李川振相 南禮	軍属 妻	戦死	南原郡王峙面高竹里二三一 ｜
四四九	第四海軍施設部	ブラウン島	一九四四・〇二・二四 一九二一・〇七・〇五	徳村溢均 玉仙	軍属 母	戦死	南原郡帯江面生岩里二三九 ｜
四五〇	第四海軍施設部	ブラウン島	一九四四・〇二・二四 一九一七・一一・二〇	金原文圭 玉任	軍属 妻	戦死	南原郡帯江面沙石里六二一 ｜
四五一	第四海軍施設部	ブラウン島	一九四四・〇二・二四 一九二〇・〇三・〇三	廣川正烈 模伊	軍属 妻	戦死	南原郡帯江面新徳里六〇六 ｜
四六七	第四海軍施設部	ブラウン島	一九四四・〇二・二四 一九一六・〇一・二二	蘇山秉奭 貴禮	軍属 妻	戦死	南原郡寶節面書峙里四五三 ｜
五〇五	第四海軍施設部	ブラウン島	一九四四・〇二・二四 一九一六・〇九・二〇	良原判金 隣深	軍属 妻	戦死	南原郡水旨面山亭里五三四 ｜
五〇六	第四海軍施設部	ブラウン島	一九四四・〇二・二四 一九二二・〇四・二八	黄村時元 判蟾	軍属 母	戦死	南原郡水旨面考坪里六四二 ｜
五〇七	第四海軍施設部	ブラウン島	一九四四・〇二・二四 一九二〇・〇五・一八	蘇野基鎬 正長	軍属 父	戦死	南原郡水旨面考坪里三八二 ｜
五〇八	第四海軍施設部	ブラウン島	一九四四・〇二・二四 一九二一・〇一・〇四	柳政雄 九永	軍属 父	戦死	南原郡水旨面華里一五九
五〇九	第四海軍施設部	ブラウン島	一九四四・〇二・二四 一九二二・〇五・一三	金澤正變 在珪	軍属 兄	戦死	南原郡水旨面山亭二二八 ｜
五一〇	第四海軍施設部	ブラウン島	一九四四・〇二・二四	大原永變	軍属	戦死	南原郡水旨面山亭里二二六

			一九二一・〇九・〇五	順川	母		—
五六八	第四海軍施設部	ブラウン島	一九四四・〇二・二四 一九二二・〇三・二一	安本典熙 福禮	軍属 妻	戦死	金堤郡馬山面龍馬里八二 —
五七九	第四海軍施設部	ブラウン島	一九四四・〇二・二四 一九〇六・〇六・一〇	國本蘭逑 分童	軍属 妻	戦死	金堤郡金溝面玉城里一七〇 金堤郡鳳山面龍黒里三八四
五八五	第四海軍施設部	ブラウン島	一九四四・〇二・二四 一九二〇・〇二・一七	康本恭建 淙彦	軍属 父	戦死	金堤郡進鳳面深浦里九一九 —
五八六	第四海軍施設部	ブラウン島	一九四四・〇二・二四 一九一八・〇六・一八	徳山鳳淳 徳禮	軍属 妻	戦死	金堤郡進鳳面加美里四八〇 —
五八七	第四海軍施設部	ブラウン島	一九四四・〇二・二四 一九二三・〇五・〇三	菊村昌正 原康	軍属 父	戦死	金堤郡進鳳面加美里三九一 —
五八八	第四海軍施設部	ブラウン島	一九四四・〇二・二四 一九二四・一二・一七	柳元永 煥斗	軍属 父	戦死	金堤郡進鳳面加美里四七七 —
五八九	第四海軍施設部	ブラウン島	一九四四・〇二・二四 一九一九・〇一・二六	本居健一 在入	軍属 父	戦死	金堤郡進鳳面銀波里六九三 金堤郡金堤邑堯村里一二三
五九七	第四海軍施設部	ブラウン島	一九四四・〇二・二四 一九二二・〇九・一三	宣川琪順 貞煥	軍属 母	戦死	金堤郡青蝦面大骨里三八〇
五九八	第四海軍施設部	ブラウン島	一九四四・〇二・二四 一九〇九・〇三・〇三	東本永謨 福順	軍属 妻	戦死	金堤郡青蝦面月弦里六七九 —
五九九	第四海軍施設部	ブラウン島	一九四四・〇二・二四 一九二二・〇三・一九	青山鎮福 憲漢	軍属 父	戦死	金堤郡青蝦面月弦里六六三 —
六〇〇	第四海軍施設部	ブラウン島	一九四四・〇二・二四 一九〇七・〇九・二八	岩木九出 占女	軍属 妻	戦死	金堤郡孔徳面椿山里二六四
六〇二	第四海軍施設部	ブラウン島	一九四四・〇二・二四 一九一〇・〇七・二六	江城炳澤 姓女	軍属 妻	戦死	金堤郡孔徳面孔徳里二九四 —
六〇五	第四海軍施設部	ブラウン島	一九四四・〇二・二四 一九一六・一二・〇八	金寧永昌 初禮	軍属 妻	戦死	金堤郡萬頃面萬頃里二六五 —
六〇六	第四海軍施設部	ブラウン島	一九四四・〇二・二四 一九〇四・〇九・〇九	中野有明郎 松下	軍属 妻	戦死	金堤郡萬頃面萬頃里二八六 —
六〇七	第四海軍施設部	ブラウン島	一九四四・〇二・二四 一九一三・〇九・一三	金城東基 判女	軍属 妻	戦死	金堤郡萬頃面大東里三〇七 —
六一一	第四海軍施設部	ブラウン島	一九四四・〇二・二四 一九一一・〇六・〇七	華山炳水 順禮	軍属 妻	戦死	金堤郡扶梁面大坪里五〇九 —
六一二	第四海軍施設部	ブラウン島	一九四四・〇二・二四 一九一九・〇九・〇三	正木一先 道玄	軍属 母	戦死	金堤郡扶梁面大坪里四六五―一 —

六一五	第四海軍施設部	ブラウン島	一九四四・〇二・二四	安城相祚	軍属	戦死	金堤郡扶梁面大坪里一九五
			一九一四・〇三・二〇	貴仁	妻		―
六一六	第四海軍施設部	ブラウン島	一九四四・〇二・二四	坡平相封	軍属	戦死	金堤郡扶梁面新用里二八八
			一九二二・〇一・一五	國本京女	母		―
六一七	第四海軍施設部	ブラウン島	一九四四・〇二・二四	朴金童	軍属	戦死	金堤郡扶梁面新用里一三一
			一九二〇・〇三・二五	春三	父		金堤郡扶梁面新用里一三二
六二四	第四海軍施設部	ブラウン島	一九四四・〇二・二四	石中吉童	軍属	戦死	金堤郡白鴎面石潭里五七三
			一九一二・〇七・〇五	水得	妻		―
六二五	第四海軍施設部	ブラウン島	一九四四・〇二・二四	金本雲基	軍属	戦死	金堤郡白鴎面柳江里六三
			一九二二・〇三・一二	駿基	兄		―
六二六	第四海軍施設部	ブラウン島	一九四四・〇二・二四	金本栄基	軍属	戦死	金堤郡白鴎面柳江里六五
			一九二一・〇五・二五	振八	父		―
六四三	第四海軍施設部	ブラウン島	一九四四・〇二・二四	東川大成	軍属	戦死	金堤郡竹山面新興里五三七
			一九二二・〇四・〇二	卜長	父		―
六四五	第四海軍施設部	ブラウン島	一九四四・〇二・二四	平東明春	軍属	戦死	金堤郡竹山面玉盛里三三一
			一九一九・一二・二四	大童	父		
七〇〇	第四海軍施設部	ブラウン島	一九四四・〇二・二四	富田相植	軍属	戦死	金堤郡金堤邑龍洞里二〇〇
			一九一一・一一・〇一	五順	妻		―
七四八	第四海軍施設部	ブラウン島	一九四四・〇二・二四	茂原乗照	軍属	戦死	井邑郡井州邑市基里二八五
			一九二二・一〇・一八	京範	父		井邑郡古阜面徳安里二二五
七五〇	第四海軍施設部	ブラウン島	一九四四・〇二・二四	藤野正吉	軍属	戦死	井邑郡井州邑長明里六七
			一九二三・〇一・二二	洛箕	父		―
七六八	第四海軍施設部	ブラウン島	一九四四・〇二・二四	金井福東	軍属	戦死	井邑郡新泰仁邑新泰仁里二五三
			一九一八・〇四・二〇	貴禮	妻		―
七七七	第四海軍施設部	ブラウン島	一九四四・〇二・二四	吉田延顕	軍属	戦死	井邑郡新泰仁邑
			一九二二・〇二・二〇	緑勉	祖父		―
七七八	第四海軍施設部	ブラウン島	一九四四・〇二・二四	政本漢洙	軍属	戦死	井邑郡新泰仁邑新泰仁里九六―二
			一九一五・一〇・一〇	貞禮	妻		―
七八四	第四海軍施設部	ブラウン島	一九四四・〇二・二四	金石千洙	軍属	戦死	井邑郡泰仁面泰興里二七五
			一九二〇・一一・〇一	貞源	妻		―
八一五	第四海軍施設部	ブラウン島	一九四四・〇二・二四	幸川鍾莢	軍属	戦死	井邑郡永元面豊月里一七四
			一九二五・〇三・〇六	春基	父		―
八一六	第四海軍施設部	ブラウン島	一九四四・〇二・二四	水原仁基	軍属	戦死	井邑郡永元面蓮池里六〇九
			一九〇七・〇八・一八	点順	妻		―
八二三	第四海軍施設部	ブラウン島	一九四四・〇二・二四	柳魚善	軍属	戦死	井邑郡永元面豊月里

			一九一六・〇四・〇五	浮月	妻		—
八二九	第四海軍施設部	ブラウン島	一九四四・〇二・二四	南原三郎	軍属	戦死	井邑郡古阜面南福里二三五
			一九二〇・一一・三〇	在善	父		—
八三〇	第四海軍施設部	ブラウン島	一九四四・〇二・二四	南戸南赫	軍属	戦死	井邑郡古阜面南福里二一三
			一九二一・〇四・一七	仁貞	母		—
八四二	第四海軍施設部	ブラウン島	一九四四・〇二・二四	金井泳文	軍属	戦死	井邑郡古阜面立石里三二四
			一九一一・〇二・二四	阿其	妻		—
八四三	第四海軍施設部	ブラウン島	一九四四・〇二・二四	棉本奉吉	軍属	戦死	井邑郡古阜面南福里一七八
			一九一九・〇九・〇九	南姫	妻		—
八四八	第四海軍施設部	ブラウン島	一九四四・〇二・二四	宮田宅用	軍属	戦死	井邑郡所声面酒川里八八
			一九二一・〇二・一六	連金	妻		—
八四九	第四海軍施設部	ブラウン島	一九四四・〇二・二四	金倉判泰	軍属	戦死	井邑郡所声面発桂里七三
			一九一五・〇一・一七	基順	妻		—
八六二	第四海軍施設部	ブラウン島	一九四四・〇二・二四	南永熙	軍属	戦死	井邑郡笠岩面磨石里二九六
			一九一五・一二・一七	連成	妻		—
八六四	第四海軍施設部	ブラウン島	一九四四・〇二・二四	清穆雲龍	軍属	戦死	井邑郡笠岩面川原里一七四
			一九二二・一一・〇九	昌石	父		—
八六五	第四海軍施設部	ブラウン島	一九四四・〇二・二四	金光容俊	軍属	戦死	井邑郡笠岩面新井里四六六
			一九二三・〇三・一五	成内	父		—
八七一	第四海軍施設部	ブラウン島	一九四四・〇二・二四	金容喆	軍属	戦死	井邑郡笠岩面磨石里二九八
			一九二一・〇七・二五	貞順	妻		—
八八三	第四海軍施設部	ブラウン島	一九四四・〇二・二四	木村源三	軍属	戦死	井邑郡内蔵面夫田里五三〇
			一九一七・〇五・二〇	藤江	妻		—
九二七	第四海軍施設部	ブラウン島	一九四四・〇二・二四	金城中洛	軍属	戦死	井邑郡徳川面下鶴里五〇七
			一九二〇・一二・一三	圭順	妻		—
九五〇	第四海軍施設部	ブラウン島	一九四四・〇二・二四	星田光信	軍属	戦死	井邑郡北面漢橋里八七
			一九一四・〇九・二一	吉姆	長女		—
九七三	第四海軍施設部	ブラウン島	一九四四・〇二・二四	義木聖遠	軍属	戦死	完州郡草浦面鳳岩里七二七
			一九一六・〇九・〇一	鍾遠	弟		—
九七四	第四海軍施設部	ブラウン島	一九四四・〇二・二四	成本昌官	軍属	戦死	完州郡草浦面美山里五四九
			一九二三・〇二・〇一	姓女	妻		—
九七五	第四海軍施設部	ブラウン島	一九四四・〇二・二四	文義基遠	軍属	戦死	完州郡草浦面鳳岩里八一六
			一九二〇・〇四・一七	洛丸	父		—
九九三	第四海軍施設部	ブラウン島	一九四四・〇二・二四	松山桂淳	軍属	戦死	完州郡助村面如意里六〇九
			一九一七・〇八・一七	貴禮	妻		—

番号	所属	場所	年月日	氏名	身分	事由	本籍
九九四	第四海軍施設部	ブラウン島	一九四四・〇二・二四 一九一九・〇八・二五	乾山南福 永化	軍属 父	戦死	完州郡助村面古浪里二七四 ―
九九五	第四海軍施設部	ブラウン島	一九四四・〇二・二四 一九一五・〇五・〇二	徳村貴徳 順禮	軍属 妻	戦死	完州郡助村面如意里九七 ―
九九六	第四海軍施設部	ブラウン島	一九四四・〇二・二四 一九二一・一二・三〇	芳山奉来 太西	軍属 父	戦死	完州郡助村面萬成里五〇八 ―
九九七	第四海軍施設部	ブラウン島	一九四四・〇二・二四 一九〇八・〇一・〇七	大城福東 姓女	軍属 母	戦死	完州郡助村面萬成里七一四 ―
九九八	第四海軍施設部	ブラウン島	一九四四・〇二・二四 一九二二・一二・一九	全本昇學 菓吉	軍属 父	戦死	完州郡助村面長洞里二九七 ―
九九九	第四海軍施設部	ブラウン島	一九四四・〇二・二四 一九二四・〇三・一三	新羅昌燮 伯春	軍属 父	戦死	完州郡助村面東山里三九五 ―
一〇一五	第四海軍施設部	ブラウン島	一九四四・〇二・二四 一九一五・〇二・一一	納州鎬鎮 瓚奎	軍属 父	戦死	完州郡雨田面中仁里一二三八 ―
一〇一六	第四海軍施設部	ブラウン島	一九四四・〇二・二四 一九一三・一二・二三	棹本茂雄 時中	軍属 父	戦死	完州郡雨田面文亭里三一二 完州郡雨田面長川里
一〇一七	第四海軍施設部	ブラウン島	一九四四・〇二・二四 一九一七・〇七・二四	金田武男 月女	軍属 妻	戦死	完州郡雨田面院堂里五四〇 ―
一〇一八	第四海軍施設部	ブラウン島	一九四四・〇二・二四 一九〇七・一〇・〇九	金海鳳大 卜女	軍属 妻	戦死	完州郡雨田面長川里二五九 ―
一〇一九	第四海軍施設部	ブラウン島	一九四四・〇二・二四 一九二二・一一・一五	大山順寛 順七	軍属 兄	戦死	完州郡雨田面孝子里六一二 ―
一〇二一	第四海軍施設部	ブラウン島	一九四四・〇二・二四 一九一九・〇八・〇五	高山在燮 至順	軍属 妻	戦死	完州郡上関面竹林里五二四 ―
一〇二二	第四海軍施設部	ブラウン島	一九四四・〇二・二四 一九一七・〇四・〇九	星本龍文 東弼	軍属 父	戦死	完州郡上関面新里二七一―二 ―
一〇二三	第四海軍施設部	ブラウン島	一九四四・〇二・二四 一九一八・〇八・一二	三田暢遠 五目	軍属 妻	戦死	完州郡上関面邑長里四九〇 ―
一〇二四	第四海軍施設部	ブラウン島	一九四四・〇二・二四 一九二三・〇四・一五	國本炳春 祥五	軍属 妻	戦死	完州郡上関面新里六六六 ―
一〇二五	第四海軍施設部	ブラウン島	一九四四・〇二・二四 一九一八・〇一・一七	山田判龍 同伊	軍属 妻	戦死	完州郡上関面新里六五九 ―
一〇三〇	第四海軍施設部	ブラウン島	一九四四・〇二・二四 一九二四・〇四・〇三	松本容求 正順	軍属 妻	戦死	完州郡籠進面山亭里一二七 ―
一〇三四	第四海軍施設部	ブラウン島	一九四四・〇二・二四	柳良秀	軍属	戦死	完州郡所陽面新橋里八九三

番号	所属	場所	年月日	氏名	身分・続柄	事由	本籍・住所
			一九一三・〇六・二七	貴葉	母		—
一〇三五	第四海軍施設部	ブラウン島	一九四四・〇二・二四 一九一七・〇四・一〇	金川徳俊 五珠	軍属 妻	戦死	完州郡所陽面新橋里四七四 —
一〇三六	第四海軍施設部	ブラウン島	一九四四・〇二・二四 一九〇七・〇一・〇九	柳次吉 東禮	軍属 妻	戦死	完州郡所陽面新橋里七〇〇 —
一〇三七	第四海軍施設部	ブラウン島	一九四四・〇二・二四 一九二一・〇五・二六	林同玉 斗徳	軍属 妻	戦死	完州郡所陽面新橋里六七八 —
一〇六八	第四海軍施設部	ブラウン島	一九四四・〇二・二四 一九一二・〇九・一二	茂山義鳳 正純	軍属 妻	戦死	完州郡九耳面元基里八五〇 —
一〇六九	第四海軍施設部	ブラウン島	一九四四・〇二・二四 一九二一・〇五・〇八	良原順哲 泰文	軍属 父	戦死	完州郡九耳面元基里二九一 —
一〇七〇	第四海軍施設部	ブラウン島	一九四四・〇二・二四 一九二〇・〇四・〇六	李芳寧 福禮	軍属 妻	戦死	完州郡九耳面元基里四一五 —
一〇七一	第四海軍施設部	ブラウン島	一九四四・〇二・二四 一九二五・一一・二八	茂元義允 騂寧	軍属 父	戦死	完州郡九耳面元基里三二六 —
一一四九	第四海軍施設部	ブラウン島	一九四四・〇二・二四 一九一四・〇七・一七	洪本海碩 桜玉	軍属 妻	戦死	錦山郡錦山邑中島里四六五 —
一一五三	第四海軍施設部	ブラウン島	一九四四・〇二・二四 一九二一・〇三・三一	久賀漬坤 東順	軍属 母	戦死	鎮安郡龍潭面王梁里二二〇 —
一一六一	第四海軍施設部	ブラウン島	一九四四・〇二・二四 一九一八・〇八・一七	山佳奇山 局賢	軍属 父	戦死	鎮安郡顔川面新槐里四七三 鎮安郡程川面龍坪里
一一八〇	第四海軍施設部	ブラウン島	一九四四・〇二・二四 一九一九・〇二・二五	李山成雨 貞愛	軍属 妻	戦死	鎮安郡朱川面龍徳里七五五 —
一一八一	第四海軍施設部	ブラウン島	一九四四・〇二・二四 一九一九・〇七・二五	新山永壽 華梅	軍属 妻	戦死	鎮安郡朱川面朱陽里一〇一 —
一一八二	第四海軍施設部	ブラウン島	一九四四・〇二・二四 一九二〇・〇五・一四	李山鎮五 莆文	軍属 父	戦死	鎮安郡朱川面龍徳里七五五 —
一一八三	第四海軍施設部	ブラウン島	一九四四・〇二・二四 一九二五・〇一・二五	安田昌均 馨鉉	軍属 父	戦死	鎮安郡朱川面信陽里 鎮安郡朱川面龍徳里六七二
一一八四	第四海軍施設部	ブラウン島	一九四四・〇二・二四 一九二一・〇六・二〇	吉田在福 元明	軍属 父	戦死	鎮安郡朱川面朱陽面五一六 —
一一九〇	第四海軍施設部	ブラウン島	一九四四・〇二・二四 一九二二・〇四・一七	菊本基元 豊甲	軍属 父	戦死	鎮安郡程川面鳳鶴里八五四 —
一一九一	第四海軍施設部	ブラウン島	一九四四・〇二・二四 一九一六・一二・〇五	景山昌元 明世	軍属 父	戦死	鎮安郡程川面綱花里五四四 鎮安郡程川面×程里八九五

一一九五	第四海軍施設部	ブラウン島	一九四四・〇二・二四	良原在鉉	軍属	戦死	鎮安郡馬霊面平地里九二三
			一九一七・〇一・一〇	英子	妻		―
一一九六	第四海軍施設部	ブラウン島	一九四四・〇二・二四	長原泰元	軍属	戦死	鎮安郡馬霊面延章里一二八六
			一九二五・一二・〇五	宗復	父		―
一一九七	第四海軍施設部	ブラウン島	一九四四・〇二・二四	原田南斗	軍属	戦死	鎮安郡馬霊面×亭里二〇九
			一九二五・一一・二六	順子	妻		―
一一九八	第四海軍施設部	ブラウン島	一九四四・〇二・二四	松山圭煥	軍属	戦死	鎮安郡馬霊面江×里一九八
			一九一六・〇六・〇三	貳順	妻		―
一一九九	第四海軍施設部	ブラウン島	一九四四・〇二・二四	高山芳樹	軍属	戦死	鎮安郡馬霊面延童里一二九七
			一九一一・〇七・一四	孝代	妻		―
一二〇〇	第四海軍施設部	ブラウン島	一九四四・〇二・二四	金本基萬	軍属	戦死	鎮安郡馬霊面延童里一二八一
			一九一六・〇六・一三	順伊	妻		―
一二〇五	第四海軍施設部	ブラウン島	一九四四・〇二・二四	宋山奉順	軍属	戦死	鎮安郡富貴面臣石里三一七
			一九〇九・一二・一三	鳳玉	妻		全州府釼××四一三
一二一一	第四海軍施設部	ブラウン島	一九四四・〇二・二四	城山甲瀧	軍属	戦死	鎮安郡鎮安面亀童里七六九
			一九一七・〇三・〇一	南洙	父		鎮安郡鎮安面半月里六六九
一二一二	第四海軍施設部	ブラウン島	一九四四・〇二・二四	松岩錫根	軍属	戦死	鎮安郡鎮安面亀童里七六九
			一九二四・一二・〇五	洛三	父		鎮安郡鎮安面半月里五二四
一二一三	第四海軍施設部	ブラウン島	一九四四・〇二・二四	岡本在鐸	軍属	戦死	鎮安郡鎮安面半月里一〇八
			一九二五・一〇・二五	太永	父		鎮安郡聖壽面外弓里六七
一二一四	第四海軍施設部	ブラウン島	一九四四・〇二・二四	月山福童	軍属	戦死	鎮安郡鎮安面佳林里一〇〇八
			一九〇八・一二・二二	福順	妻		―
一二一五	第四海軍施設部	ブラウン島	一九四四・〇二・二四	國密永方	軍属	戦死	鎮安郡鎮安面半月里六六二
			一九二二・〇八・一五	姓女	母		―
一二一六	第四海軍施設部	ブラウン島	一九四四・〇二・二四	金本必洙	軍属	戦死	鎮安郡鎮安面半月里六九五
			一九二一・〇五・二一	鍾巖	父		―
一二一七	第四海軍施設部	ブラウン島	一九四四・〇二・二四	朴成圭	軍属	戦死	鎮安郡鎮安面亀龍里九〇七
			一九〇九・〇八・一〇	正順	妻		―
一二一八	第四海軍施設部	ブラウン島	一九四四・〇二・二四	月山鍾殷	軍属	戦死	鎮安郡鎮安面半月里六七四
			一九二五・〇四・二一	正順	母		―
一二一九	第四海軍施設部	ブラウン島	一九四四・〇二・二四	山本洪奎	軍属	戦死	鎮安郡鎮安面亀童里八九八
			一九二三・〇六・一五	成學	父		―
一二二〇	第四海軍施設部	ブラウン島	一九四四・〇二・二四	松田昌善	軍属	戦死	鎮安郡鎮安面半月里六三三
			一九二二・一一・二三	栄子	母		―
一八七	第四海軍施設部	サイパン島	一九四二・〇六・〇九	金甲童	軍属	戦病死	扶安郡扶寧面行中里二二八

		肛門部挫創	一九一三・〇六・一八	鐘伊	母		—
一五一三	第四海軍施設部	サイパン島	一九四二・一〇・〇八	山本根喆	軍属	戦病死	益山郡朗山面虎岩里二六六
			一九一七・〇一・一〇	奇禮	妻		—
七四七	第四海軍施設部	サイパン島	一九四四・〇四・〇四	朴判金	軍属	戦死	井邑郡井州邑市基里三二〇
			一八九二・〇八・〇二	奉順	妻		井邑郡井州邑蓮池里四七
九五二	第四海軍施設部	サイパン島	一九四四・〇四・〇八	森岡亭仁	軍属	戦死	井邑郡北面伏興里七二三
			一九二三・〇八・一五	朴昌圭	—		—
八六三	第四海軍施設部	サイパン島	一九四四・〇四・一八	安永春	軍属	戦死	井邑郡笠岩面九面里
			一九一五・一〇・二一	大辰	父		井邑郡新泰仁邑眞泰仁里一三二
二一七	第四海軍施設部	サイパン島	一九四四・〇六・一五	梁川正市	軍属	戦死	扶安郡下西面晴湖里一〇七
			一九二〇・一二・二七	春月	母		—
二五四	第四海軍施設部	サイパン島近海	一九四四・〇六・一五	鄭本南洙	軍属	戦死	全州府麟后町七七
			一九二〇・一一・二七	卜壽	—		全州府麟后町四九七
二五五	第四海軍施設部	サイパン島近海	一九四四・〇六・一五	石中學成	軍属	戦死	全州府完山町三三
			一九一三・〇七・一三	年子	—		全州府本町四—二三
二五六	第四海軍施設部	サイパン島	一九四四・〇六・一五	張本在成	軍属	戦死	全州府釣岩町五〇三
			一九一六・〇四・一〇	熙洙	—		全州府釣岩町一六六
九六九	第四海軍施設部	サイパン島	一九四四・〇六・一五	柳田永秀	軍属	戦死	完州郡草浦面美山里一〇一八
			一九二六・〇二・〇八	基業	父		—
九七〇	第四海軍施設部	サイパン島	一九四四・〇六・一五	安本在烈	軍属	戦死	完州郡草浦面松田里四一六
			一九一三・〇二・二〇	順禮	妻		—
九七一	第四海軍施設部	サイパン島	一九四四・〇六・一五	李義善	軍属	戦死	完州郡草浦面美山里五八五
			一九二三・〇三・一二	義龍	弟		完州郡草浦面美山里一〇二一
九七六	第四海軍施設部	サイパン島	一九四四・〇六・一五	松本茂雄	軍属	戦死	完州郡助村面銅谷里四七五
			一九一五・一〇・一三	粒粉	妻		—
一〇〇〇	第四海軍施設部	サイパン島	一九四四・〇七・〇八	利川基喆	軍属	戦死	完州郡助村面半月里二四六
			一九〇三・〇八・一二	玉順	兄嫁		完州郡助村面半月里
二七一	第四海軍施設部	テニアン島	一九四四・〇五・〇二	高本寛雨	軍属	戦死	淳昌郡淳昌面淳化里二三二
			一九二五・〇六・一八	順姫	母		—
二二一	第四海軍施設部	グァム島南南西方	一九四四・〇五・一〇	李田奉石	軍属	戦死	扶安郡下西面姫毒里七六
			一九一八・一二・〇八	寛成	父		—
三六八	第四海軍施設部	グァム島南南西	一九四四・〇五・一〇	山下判同	軍属	戦死	南原郡南原邑郷校里五七一
			一九二五・〇四・〇三	禮女	母		全羅南道谷城郡梧谷面××
四一二	第四海軍施設部	グァム島南南西	一九四四・〇五・一〇	金基台	軍属	戦死	南原郡雲峰面孔安里七一一
			一九二二・〇五・〇八	演	祖父		全羅南道求禮郡山洞面位安里

五五九	第四海軍施設部	グァム島南南西	一九四四・〇五・一〇	金光成洙	軍属	戦死	高敞郡興徳面新徳里一二四
			一九〇七・〇六・一四	寛先	父		全羅南道麗水郡麗水邑東町
六四六	第四海軍施設部	グァム島南南西	一九四四・〇五・一〇	廉山吉東	軍属	戦死	金堤郡竹山面新興里五三二
			一九一九・〇四・一六	東天	母		全羅南道麗水郡麗水邑徳忠里
七四四	第四海軍施設部	グァム島南南西	一九四四・〇五・一〇	國本陽春	軍属	戦死	井邑郡井州邑市基里二六七
			一九一九・〇二・二九	溜鍾	兄		—
九五八	第四海軍施設部	グァム島南南西	一九四四・〇五・一〇	金宗鎬	軍属	戦死	完州郡参礼面於田里
			一九一七・〇八・一〇	今順	妻		—
一三七五	第四海軍施設部	グァム島南南西	一九四四・〇五・一〇	金北実	軍属	戦死	任實郡屯南面獒樹里二六一
			一九一三・〇五・二〇	元七	母		任實郡求禮面鳳南里
一一五四	第四海軍施設部	フィリピン、ダバオ	一九四四・〇八・一三	國本憲同	軍属	戦死	鎮安郡龍潭面月渓里
			—	學俊	—		—
一一五五	第四海軍施設部	フィリピン、ダバオ	一九四四・〇八・一三	國本寅春	軍属	戦病死	鎮安郡龍潭面月渓里
			—	學俊	—		—
七六四	第四海軍施設部	トラック島	一九四二・〇四・〇七	陽木亮夫	軍属	戦病死	井邑郡新泰仁邑新泰仁里三一九—一
		脳膜炎	一九二六・〇四・三〇	茂光	父		—
九八五	第四海軍施設部	トラック島	一九四二・〇五・二〇	金奉文	軍属	戦病死	完州郡助村面如意里一六
		マラリア	一九一八・〇七・二五	崔姓女	妻		—
一〇六六	第四海軍施設部	トラック島	一九四二・〇七・一四	韓一福	軍属	戦死	完州郡九耳面亢佳里一〇五六
		マラリア	一九〇六・一二・一七	韓要安	庶子男		完州郡九耳面漢内里金春燁方
九五四	第四海軍施設部	トラック島	一九四二・〇八・〇五	木村魯喆	軍属	戦死	完州郡参礼面参礼里一〇七四
			一九二三・〇四・〇三	朴東伊	父		—
一〇五一	第四海軍施設部	トラック島	一九四二・〇八・〇五	姜吉萬・晋州煕萬	軍属	戦死	完州郡鳳東面九萬里五五四
			一九一七・〇七・一二	点禮	妻		—
一〇五八	第四海軍施設部	トラック島	一九四二・〇八・〇五	崔元求	軍属	戦病死	監修郡高山面邑内里一二五
			一九二〇・〇三・一六	朴姓女	母		—
六〇九	第四海軍施設部	トラック島	一九四二・一一・一七	吉川萬先	軍属	戦病死	金堤郡扶梁面新用里二七四
			一九二三・〇九・〇九	在連	父		—
五九一	第四海軍施設部	トラック島	一九四三・〇七・二九	金勤×	軍属	戦病死	金堤郡聖徳面南浦里三六
			××××・一二・〇四	萬得	妻		—
一四九二	第四海軍施設部	トラック島	一九四四・〇四・三〇	金山在均	軍属	戦病死	益山郡五山面南田里一八二
			一九一七・〇一・二一	在新	兄		—
二四九	第四海軍施設部	トラック島	一九四四・〇五・一五	正木炳麟	軍属	戦病死	全州府曙町四七
			一九一六・〇六・一一	陽来	—		—
二一一二	第四海軍施設部	トラック島	一九四四・〇六・〇三	李璣斗	軍属	戦死	扶安郡下西面衣服里一七七

			一九一二・〇二・一〇	益煥	父		—
三四八	第四海軍施設部	トラック島	一九四四・〇六・〇三 一九二〇・一〇・〇四	玉川賢逑 平集	軍属 父	戦死	南原郡金池面笠岩里三五五 —
三四九	第四海軍施設部	トラック島	一九四四・〇六・〇三 一九一七・一二・一五	伊原福蘭 占順	軍属 妻	戦死	南原郡山内面中黄里四七二 —
三六九	第四海軍施設部	トラック島	一九四四・〇六・〇三 一九一四・一二・二〇	李村正煒 義岩	軍属 母	戦死	南原郡南原邑郷校里八七九 南原郡山×面釜鶴里一二〇
一〇六一	第四海軍施設部	トラック島	一九四四・〇六・〇三 一九二六・〇四・〇六	玉山玉龍 文在	軍属 父	戦死	完州郡高山面花亭里三九五 —
一〇八九	第四海軍施設部	トラック島	一九四四・〇六・〇三 一九一一・〇七・一四	安村漢俊 氏	軍属 母	戦死	錦山郡富利面坪倉里四二一 —
一〇九一	第四海軍施設部	トラック島	一九四四・〇六・〇三 一九一九・〇五・二〇	共田光秀 玉順	軍属 妻	戦死	錦山郡北面天乙里三九八 —
一二五八	第四海軍施設部	トラック島	一九四四・〇六・〇三 一九二三・〇三・〇五	河村鍾悦 鍾禮	軍属 母	戦死	茂朱郡茂朱面邑内里九〇二 錦山郡秋富面馬田里四二〇
一〇八八	第四海軍施設部	トラック島	一九四四・〇六・三〇 一九一五・〇七・二〇	江本鍾九 富順	軍属 妻	戦死	錦山郡富利面冠川里二九二 —
九八四	第四海軍施設部	トラック島	一九四四・〇七・〇九 一九二二・〇三・二四	宮本龍徴 奉姫	軍属 母	戦死	完州郡助村面龍亭里四三六 —
一〇〇九	第四海軍施設部	トラック島	一九四四・〇七・〇九 一九一五・一〇・二四	岡田珩根 貞順	軍属 妻	戦死	完州郡雨田面洪山里三七八 —
五五三	第四海軍施設部	トラック島	一九四四・〇七・一六 一九二二・〇五・二〇	木村小者 仁宰	軍属 父	戦病死	高敞郡海里面旺村里九〇七 附安郡茁浦面茁浦里三一六
九三六	第四海軍施設部	トラック島	一九四四・〇八・〇八 一九一九・〇七・一四	金福得 希男	軍属 妻	戦病死	井邑郡山内面長錦里一一二 井邑郡北面寶林里六六五
九七七	第四海軍施設部	トラック島	一九四四・一〇・二〇 一九一六・〇六・〇三	李村宗順 崔点石	軍属 —	戦病死	完州郡助村面龍亭里 —
一一〇二	第四海軍施設部	トラック島	一九四五・〇二・一七 一九一五・〇八・二〇	姜本明善 順禮	軍属 妻	戦病死	錦山郡珍山面莫峴里三三五 —
一〇五七	第四海軍施設部	トラック島 栄養失調	一九四五・〇二・一九 一九一七・一一・〇一	朴道知 判圭	軍属 父	戦病死	完州郡鳳東面揚基里七四四 完州郡鳳東面洛平里三区
一一一四	第四海軍施設部	トラック島	一九四五・〇三・一四 一九〇五・一〇・〇九	松田仁成 魯城	軍属 弟	戦病死	錦山郡福壽面新岱里四一五 —
一一〇〇	第四海軍施設部	トラック島 アメーバ赤痢	一九四五・〇三・一九 一九一九・一一・〇一	金光永琦 永璿	軍属 兄嫁	戦病死	錦山郡珍山面芝芳里一五三 —

六一八	第四海軍施設部	トラック島	一九四五・〇四・一四 一九二一・〇八・〇七	大山南圭 太峰	軍属 従兄	戦病死	金堤郡白鴎面月鳳里二四七 益山郡禮里邑銅山町一二三
一四七一	第四海軍施設部	トラック島	一九四五・〇四・二四 一九一三・〇一・〇七	山本龍善 龍根	軍属 兄	戦病死	益山郡咸羅面新木里一一六四 益山郡黄登面黄登里四五
一四八六	第四海軍施設部	トラック島	一九四五・〇五・〇六 一九一七・〇四・一一	金本敏玉 判同	軍属 父	戦病死	益山郡黄登面東蓮里五五九 ー
一四八四	第四海軍施設部	トラック島	一九四五・〇五・〇八 ー	松村明鍾 萬善	軍属 父	戦病死	益山郡黄登面九子里一二三 益山郡黄登面栗村里
一一一六	第四海軍施設部	トラック島 栄養失調	一九四五・〇五・一九 一八九八・〇七・二〇	高宗鳳玉 ー	軍属 ー	戦病死	錦山郡錦山邑 ー
一四八七	第四海軍施設部	トラック島	一九四五・〇五・二六 一九一六・〇九・一九	杉原智龍 吉童	軍属 兄	死亡	益山郡黄登面黄登里六〇一
九八三	第四海軍施設部	トラック島	一九四五・〇六・一六 一九一二・〇八・〇二	高原英夫 信夫	軍属 弟	戦病死	完州郡助村面詩山里二三三 完州郡龍進面新池里一一〇五
三六五	第四海軍施設部	トラック島	一九四五・〇六・二九 一九一六・一一・××	玉川華雪 梁永九	軍属 母	戦病死	南原郡南原邑東忠里 全州府大和町二一〇
一四九八	第四海軍施設部	トラック島	一九四五・〇九・二四 一九二一・〇五・〇五	三井相基 ×保	軍属 兄	戦病死	益山郡五山面南田里六三三 ー
一四七〇	第四海軍施設部	トラック島	一九四五・一〇・二四 一九二三・〇三・一六	慶山在根 在権	軍属 兄	戦病死	益山郡咸羅面×望里二〇九 ー
一四六二	第四海軍施設部	トラック島	一九四五・一一・一六 一九一六・一一・一七	金森五根 延禮	軍属 妻	戦病死	益山郡裡里邑古縣町一六二 ー
一〇五九	第四海軍施設部	トラック島	一九四五・一二・〇八 一九二五・〇八・二九	李昌鉉 相春	軍属 父	戦病死	完州郡高山面邑内里六四〇 ー
一四八五	第四海軍施設部	トラック島 栄養失調	一九四五・一二・一三 ー	真川先撥 順女	軍属 妻	戦病死	益山郡黄登面九子里四一〇
六二二	第四海軍施設部	パラオ島 急性肺炎	一九四二・〇五・三一 一九二〇・一二・二一	金海哲云・金木容長 玄茂	軍属 母	戦病死	金堤郡白鴎面半月里四七七 ー
四八八	第四海軍施設部	パラオ島	一九四三・〇三・〇八 一九二五・〇一・二五	宋正黙 秉完	軍属 父	戦病死	南原郡周生面上洞里四六六 ー
三九九	第四海軍施設部	パラオ島	一九四三・〇四・〇一 一九一一・〇九・二三	房元海源 良任	軍属 妻	戦死	南原郡大山面楓村里三〇 ー
一四二五	第四海軍施設部	パラオ島	一九四三・〇五・一〇 一九二〇・〇三・〇五	景　文成 ー	軍属 ー	戦病死	任實郡雲岩面雲岩里 ー
一五五	第四海軍施設部	パラオ島	一九四三・〇五・一九	梁川在旭	軍属	戦病死	沃溝郡臨阪面永昌里一四六

			一九二〇・〇九・二一	學西	父		｜
五九五	第四海軍施設部	パラオ島	一九四四・〇五・三〇 一九〇六・〇六・二七	國本章植 在水	軍属 父	戦病死	金堤郡青蝦面月弦里二六〇 金堤郡白山面祖宗里一三
一七四	第四海軍施設部	パラオ島	一九四四・〇八・〇四 一九一一・〇二・一六	平文采玉 在庚	軍属 妻	戦死	沃溝郡玉山面南内里一五九 ｜
三五	第四海軍施設部	パラオ島	一九四四・〇八・〇八 一九二一・一一・〇二	平山恒烈 判玉	軍属 兄	戦死	沃溝郡聖山面屯徳里 ｜
三六	第四海軍施設部	パラオ島	一九四四・〇八・〇八 一九一六・〇二・二八	田村俊甲 ｜	軍属 ｜	戦死	沃溝郡聖山面桃岩里 ｜
三七	第四海軍施設部	パラオ島	一九四四・〇八・〇八 一九二二・〇八・二八	江川東奇 得云	軍属 父	戦死	沃溝郡聖山面内興里 ｜
三八	第四海軍施設部	パラオ島	一九四四・〇八・〇八 一九一〇・〇六・〇五	松本奎天 姓女	軍属 妻	戦死	沃溝郡聖山面大明里 沃溝郡聖山面倉梧里
三九	第四海軍施設部	パラオ島	一九四四・〇八・〇八 一九一六・〇八・一四	松原熙錫 泰錫	軍属 兄	戦死	沃溝郡聖山面高峯里 ｜
四〇	第四海軍施設部	パラオ島	一九四四・〇八・〇八 一九一一・〇七・〇二	松岡健錫 洙吾	軍属 子	戦死	沃溝郡聖山面高峯里 ｜
四一	第四海軍施設部	パラオ島	一九四四・〇八・〇八 一九一七・〇三・一〇	山本辰又 辰奎	軍属 弟	戦死	沃溝郡聖山面高峯里 ｜
四二	第四海軍施設部	パラオ島	一九四四・〇八・〇八 一九一九・〇七・二五	大林必九 春禮	軍属 妻	戦死	沃溝郡聖山面倉梧里 ｜
四三	第四海軍施設部	パラオ島	一九四四・〇八・〇八 一九一二・〇六・一三	梅山相吉 正変	軍属 子	戦死	沃溝郡聖山面屯徳里 ｜
四四	第四海軍施設部	パラオ島	一九四四・〇八・〇八 一九一八・一〇・〇八	李元月順 日順	軍属 妻	戦死	沃溝郡聖山面山谷里 ｜
四五	第四海軍施設部	パラオ島	一九四四・〇八・〇八 一九二三・〇一・二〇	金山東植 龍云	軍属 父	戦死	沃溝郡聖山面屯徳里 ｜
四六	第四海軍施設部	パラオ島	一九四四・〇八・〇八 一九一六・〇五・一〇	星木重加 仁鳳	軍属 父	戦死	沃溝郡聖山面屯徳里 ｜
四七	第四海軍施設部	パラオ島	一九四四・〇八・〇八 一九二〇・〇二・一〇	徳川益来 性乭	軍属 父	戦死	沃溝郡聖山面倉梧里 ｜
四八	第四海軍施設部	パラオ島	一九四四・〇八・〇八 一九二〇・一一・〇五	白正植 崔喆洙	軍属 父	戦死	沃溝郡聖山面余方里 沃溝郡羅浦面西浦里
七三	第四海軍施設部	パラオ島	一九四四・〇八・〇八 一九一九・〇五・三〇	高原田三郎 菊子	軍属 母	戦死	沃溝郡臨阪面月下里 ｜

番号	所属	場所	年月日	氏名	続柄	状況	本籍
七四	第四海軍施設部	パラオ島	一九四四・〇八・〇八	高本成哲	軍属	戦死	沃溝郡臨阪面月下里
			一九二〇・〇三・一八	徳鍾	父		―
七五	第四海軍施設部	パラオ島	一九四四・〇八・〇八	高本錫煥	軍属	戦死	沃溝郡臨阪面戊山里
			一九〇三・一二・一六	良×	母		―
八一	第四海軍施設部	パラオ島	一九四四・〇八・〇八	松原容黙	軍属	戦死	沃溝郡瑞穂面瑞穂里
			一九二三・一〇・二一	東珍	父		―
八二	第四海軍施設部	パラオ島	一九四四・〇八・〇八	山田長元	軍属	戦死	沃溝郡瑞穂面瑞穂里
			一九〇七・〇五・〇一	炳煥	長男		―
九一	第四海軍施設部	パラオ島	一九四四・〇八・〇八	白石先基	軍属	戦死	沃溝郡大野面山月里
			一九一九・〇八・〇七	大南	父		―
九二	第四海軍施設部	パラオ島	一九四四・〇八・〇八	白石南州	軍属	戦死	沃溝郡大野面山月里
			一九一二・一一・三〇	興基	長男		―
九三	第四海軍施設部	パラオ島	一九四四・〇八・〇八	松原漢洙	軍属	戦死	沃溝郡大野面竹山里
			一九二〇・一〇・〇六	正貴	兄		―
九四	第四海軍施設部	パラオ島	一九四四・〇八・〇八	松本永燁	軍属	戦死	沃溝郡大野面蝶山里
			一九一七・〇一・一四	坤	母		―
九五	第四海軍施設部	パラオ島	一九四四・〇八・〇八	國本奉燁	軍属	戦死	沃溝郡大野面福橋里
			一九一四・一二・二二	先千	父		―
九六	第四海軍施設部	パラオ島	一九四四・〇八・〇八	大山勇虎	軍属	戦死	沃溝郡大野面蝶山里
			一九一四・〇三・〇五	松茂	母		―
九七	第四海軍施設部	パラオ島	一九四四・〇八・〇八	豊田判順	軍属	戦死	沃溝郡大野面竹山里
			一九一二・〇九・〇七	朱禮	妻		―
一〇〇	第四海軍施設部	パラオ島	一九四四・〇八・〇八	三川合	軍属	戦死	沃溝郡開井面阿東里
			一九〇五・〇二・一五	泰栄	妻		―
一〇一	第四海軍施設部	パラオ島	一九四四・〇八・〇八	玉川泰弘	軍属	戦死	沃溝郡開井面阿東里
			一九一六・〇四・〇五	永寛	長男		―
一〇二	第四海軍施設部	パラオ島	一九四四・〇八・〇八	佐原斗男	軍属	戦死	沃溝郡開井面阿東里通使里
			一九一九・〇三・一〇	明辰	母		―
一〇三	第四海軍施設部	パラオ島	一九四四・〇八・〇八	文原泳謨	軍属	戦死	沃溝郡開井面鉢山里
			一九二〇・一〇・二七	斗鉉	父		―
一〇四	第四海軍施設部	パラオ島	一九四四・〇八・〇八	金井洙吉	軍属	戦死	沃溝郡開井面峨山里
			一九二〇・一〇・一四	其泰	父		―
一一〇	第四海軍施設部	パラオ島	一九四四・〇八・〇八	高嶋顕植	軍属	戦死	沃溝郡羅浦面羅浦里
			一九一二・〇九・一七	仲天	弟		―
一一一	第四海軍施設部	パラオ島	一九四四・〇八・〇八	忠山占童	軍属	戦死	沃溝郡羅浦面富谷里

			一九一四・一二・一〇	春化	父		—
一一二	第四海軍施設部	パラオ島	一九四四・〇八・〇八	金本炳泰	軍属	戦死	沃溝郡羅浦面西浦里
			一九一六・〇六・〇三	鍾煥	父		—
一一三	第四海軍施設部	パラオ島	一九四四・〇八・〇八	安東繁雄	軍属	戦死	沃溝郡羅浦面羅浦里
			一九二三・〇一・××	士辰	父		—
一一四	第四海軍施設部	パラオ島	一九四四・〇八・〇八	青松炳燮	軍属	戦死	沃溝郡羅浦面富谷里
			一九一七・〇二・一四	相淳	父		—
一一五	第四海軍施設部	パラオ島	一九四四・〇八・〇八	鄭判男	軍属	戦死	沃溝郡羅浦面西浦里
			一九〇五・〇九・〇七	—	—		—
一一六	第四海軍施設部	パラオ島	一九四四・〇八・〇八	正本欽植	軍属	戦死	沃溝郡羅浦面富谷里
			一九二二・〇六・一五	宗安	父		—
一一七	第四海軍施設部	パラオ島	一九四四・〇八・〇八	松本東化	軍属	戦死	沃溝郡瑞穂面瑞穂里
			一九二一・〇二・〇三	仲根	父		—
一一八	第四海軍施設部	パラオ島	一九四四・〇八・〇八	中山連奎	軍属	戦死	沃溝郡瑞穂面酒谷里
			一九二二・〇五・一七	—	—		—
一一九	第四海軍施設部	パラオ島	一九四四・〇八・〇八	中山大澤	軍属	戦死	沃溝郡瑞穂面富谷里
			一九一六・〇二・一七	周澤	弟		—
一二〇	第四海軍施設部	パラオ島	一九四四・〇八・〇八	朴村咸培	軍属	戦死	沃溝郡瑞穂面富谷里
			一九二二・〇八・二四	奇守	父		—
一二一	第四海軍施設部	パラオ島	一九四四・〇八・〇八	西本勝治	軍属	戦死	沃溝郡瑞穂面羅浦里
			一九一六・一二・二七	士辰	父		—
一二二	第四海軍施設部	パラオ島	一九四四・〇八・〇八	片山華豊	軍属	戦死	沃溝郡瑞穂面西浦里
			一九一六・〇八・一七	海雲	父		—
一四〇	第四海軍施設部	パラオ島	一九四四・〇八・〇八	美原鍾燮	軍属	戦死	沃溝郡米面竹島里
			一九二〇・〇三・〇五	南順	兄		—
一四一	第四海軍施設部	パラオ島	一九四四・〇八・〇八	國本判乭	軍属	戦死	沃溝郡米面山北里
			一九〇七・一〇・〇一	判用	兄		—
一四二	第四海軍施設部	パラオ島	一九四四・〇八・〇八	岩木平龍	軍属	戦死	沃溝郡米面開寺里
			一九一三・〇八・〇一	論尹	妻		沃溝郡米面新豊里
一六三	第四海軍施設部	パラオ島	一九四四・〇八・〇八	吉田順奉	軍属	戦死	沃溝郡澮縣面細長里
			一九二〇・一一・一五	泰豊	父		—
一七九	第四海軍施設部	パラオ島	一九四四・〇八・〇八	清水次郎	軍属	戦死	沃溝郡玉山面南内里
			一九一九・〇六・〇六	平文海泰	兄		—
一八〇	第四海軍施設部	パラオ島	一九四四・〇八・〇八	大山福先	軍属	戦死	沃溝郡玉山面雙鳳里
			一九〇八・〇九・二〇	福男	兄		—

一八一	第四海軍施設部	パラオ島	一九四四・〇八・〇八 一九一七・〇六・〇六	杜元福童 ―	軍属 ―	戦死	沃溝郡玉山面雙鳳里 ―
一八五	第四海軍施設部	パラオ島	一九四四・〇八・〇八 一九一六・〇八・二九	徐仁九 康贇成	軍属 叔父	戦死	扶安郡茁浦面茁浦里 井邑郡梨坪面平嶺里
三五三	第四海軍施設部	パラオ島	一九四四・〇八・〇八 一九二三・一〇・一九	坂平致奉 錫甲	軍属 父	戦死	南原郡二白面浮基里 ―
三五四	第四海軍施設部	パラオ島	一九四四・〇八・〇八 一九一七・〇五・一〇	良原基鳳 順任	軍属 母	戦死	南原郡二白面陽街里五二五 ―
三五五	第四海軍施設部	パラオ島	一九四四・〇八・〇八 一九一九・〇七・二七	金本時培 正仁	軍属 兄	戦死	南原郡二白面孝基里 ―
三五六	第四海軍施設部	パラオ島	一九四四・〇八・〇八 ―	金井玉童 萬大	軍属 父	戦死	南原郡二白面藍鶏里六〇六 ―
三五七	第四海軍施設部	パラオ島	一九四四・〇八・〇八 一九二〇・一〇・二五	達川鳳鶴 昌先	軍属 兄	戦死	南原郡二白面草村里五六六 ―
三八一	第四海軍施設部	パラオ島	一九四四・〇八・〇八 一九〇四・〇四・二三	東元正権 比折	軍属 妻	戦死	南原郡南原邑竹港里九五 南原郡朱川面龍潭里
三八二	第四海軍施設部	パラオ島	一九四四・〇八・〇八 一九一五・〇五・二七	金本泰奉 朴姓女	軍属 母	戦死	南原郡南原邑川渠里三六 ―
三八三	第四海軍施設部	パラオ島	一九四四・〇八・〇八 一九〇五・一一・二二	梁判南 萬吉	軍属 父	戦死	南原郡南原邑下井草 南原郡南原邑鷺岩里
四〇〇	第四海軍施設部	パラオ島	一九四四・〇八・〇八 一九一一・〇四・〇九	牟平盛煥 永煥	軍属 兄	戦死	南原郡大山面楓村里 ―
四〇一	第四海軍施設部	パラオ島	一九四四・〇八・〇八 一九一三・一一・〇一	烏山敬澤 在根	軍属 叔父	戦死	南原郡大山面玉栗里 ―
四〇二	第四海軍施設部	パラオ島	一九四四・〇八・〇八 一九一四・〇二・一〇	李川弼良 弼俊	軍属 兄	戦死	南原郡大山面楓村里 ―
四一六	第四海軍施設部	パラオ島	一九四四・〇八・〇八 一九二三・〇六・〇七	高山澤珍 在雲	軍属 父	戦死	南原郡雲峰面権布里 ―
四一七	第四海軍施設部	パラオ島	一九四四・〇八・〇八 一九一九・〇六・〇八	松本東菜 漢宗	軍属 兄	戦死	南原郡雲峰面権布里 ―
四三〇	第四海軍施設部	パラオ島	一九四四・〇八・〇八 一九二〇・一〇・〇七	松岡定錫 永奉	軍属 子	戦死	南原郡朱川面龍潭里 ―
四三一	第四海軍施設部	パラオ島	一九四四・〇八・〇八 一九一九・〇四・二〇	長川斗福 鎮永	軍属 父	戦死	南原郡朱川面漁峴里 ―
四三二	第四海軍施設部	パラオ島	一九四四・〇八・〇八	金海根順	軍属	戦死	南原郡朱川面龍潭里

番号	所属	死亡場所	年月日	氏名	関係	死因	本籍
			一九〇九・〇四・一一	鍾奉	子		｜
四四三	第四海軍施設部	パラオ島	一九四四・〇八・〇八	山村豊一	軍属	戦死	南原郡巳梅面仁化里
			一九二〇・〇五・二〇	正雄	父		｜
四四四	第四海軍施設部	パラオ島	一九四四・〇八・〇八	大原基連	軍属	戦死	南原郡巳梅面仁化里
			一九一五・〇四・一九	順福	妻		｜
四四五	第四海軍施設部	パラオ島	一九四四・〇八・〇八	金本玉巌	軍属	戦死	南原郡巳梅面月坪里
			一九〇八・〇四・二四	默巌	兄		｜
四四六	第四海軍施設部	パラオ島	一九四四・〇八・〇八	西原春圭	軍属	戦死	南原郡巳梅面大栗里
			一九〇八・〇九・××	永鉉	父		｜
四四八	第四海軍施設部	パラオ島	一九四四・〇八・〇八	車在洪	軍属	戦死	南原郡帯江面沙石里
			一九一二・〇一・一二	炳洙	父		｜
四五七	第四海軍施設部	パラオ島	一九四四・〇八・〇八	梁川仲鉉	軍属	戦死	南原郡寶節面槐陽里
			一九一九・一〇・一八	在燧	父		｜
四五八	第四海軍施設部	パラオ島	一九四四・〇八・〇八	松山日煥	軍属	戦死	南原郡寶節面書峙里
			一九一一・〇六・〇八	龍権	父		｜
四五九	第四海軍施設部	パラオ島	一九四四・〇八・〇八	安田孝奉	軍属	戦死	南原郡寶節面新波里
			一九一五・〇七・〇三	孝権	兄		｜
四六〇	第四海軍施設部	パラオ島	一九四四・〇八・〇八	大城仙鳳	軍属	戦死	南原郡寶節面黄筏里
			一九〇七・〇四・二四	点順	妻		｜
四六一	第四海軍施設部	パラオ島	一九四四・〇八・〇八	蘇山用變	軍属	戦死	南原郡寶節面黄筏里
			一九一五・〇九・一〇	乗馬日	父		｜
四六二	第四海軍施設部	パラオ島	一九四四・〇八・〇八	蘇山福童	軍属	戦死	南原郡寶節面黄筏里
			一九〇五・〇七・〇八	淳根	子		｜
四六三	第四海軍施設部	パラオ島	一九四四・〇八・〇八	蘇山奎善	軍属	戦死	南原郡寶節面黄筏里
			一九二二・〇四・一九	化變	父		｜
四六四	第四海軍施設部	パラオ島	一九四四・〇八・〇八	蘇山在準	軍属	戦死	南原郡寶節面黄筏里
			一九二〇・〇六・一七	允淑	父		｜
四六五	第四海軍施設部	パラオ島	一九四四・〇八・〇八	良本貞息	軍属	戦死	南原郡寶節面道龍里
			一九一二・一二・〇二	起禮	妻		｜
四六六	第四海軍施設部	パラオ島	一九四四・〇八・〇八	池田仁變	軍属	戦死	南原郡寶節面道龍里
			一九二二・〇七・〇二	宗哲	父		｜
四七四	第四海軍施設部	パラオ島	一九四四・〇八・〇八	金貴奉	軍属	戦死	南原郡松洞面陽坪里
			一九一三・〇一・〇五	姓女	妻		｜
四七五	第四海軍施設部	パラオ島	一九四四・〇八・〇八	山本判道	軍属	戦死	南原郡松洞面長浦里
			一九一〇・一二・〇一	善必	妻		｜

四七六	第四海軍施設部	パラオ島	一九四四・〇八・〇八	柳龍徳	軍属	戦死	南原郡松洞面奨國里
			一九〇五・〇九・一七	姓女	妻		—
四七七	第四海軍施設部	パラオ島	一九四四・〇八・〇八	國本鎬永	軍属	戦死	南原郡松洞面長浦里
			一九〇八・〇六・〇一	姓女	妻		—
四七八	第四海軍施設部	パラオ島	一九四四・〇八・〇八	曺白炯	軍属	戦死	南原郡松洞面細田里
			一九二三・一一・一二	在根	父		—
四七九	第四海軍施設部	パラオ島	一九四四・〇八・〇八	河本昌鎬	軍属	戦死	南原郡松洞面長浦里
			一九一七・〇五・〇一	在柱	父		—
四八〇	第四海軍施設部	パラオ島	一九四四・〇八・〇八	金村永徳	軍属	戦死	南原郡松洞面奨國里
			一九二二・〇一・〇二	秉文	父		—
四八一	第四海軍施設部	パラオ島	一九四四・〇八・〇八	河本喆鎬	軍属	戦死	南原郡松洞面長浦里
			一九一二・〇八・二六	王女	妻		—
四八二	第四海軍施設部	パラオ島	一九四四・〇八・〇八	河本俊鎬	軍属	戦死	南原郡松洞面長浦里
			一九二二・〇二・二六	姓女	妻		—
四八三	第四海軍施設部	パラオ島	一九四四・〇八・〇八	河本南烈	軍属	戦死	南原郡松洞面陽坪里
			一九一九・一〇・一一	—	—		—
四九〇	第四海軍施設部	パラオ島	一九四四・〇八・〇八	高川順浩	軍属	戦死	南原郡周生面楽洞里
			一九一六・〇五・二九	龍植	父		—
四九一	第四海軍施設部	パラオ島	一九四四・〇八・〇八	中山治衛	軍属	戦死	南原郡周生面内洞里
			一九一四・〇八・二二	聖徳	父		
四九二	第四海軍施設部	パラオ島	一九四四・〇八・〇八	徳山玉童	軍属	戦死	南原郡周生面内洞里
			一九一六・〇九・一〇	瑱善	父		—
四九三	第四海軍施設部	パラオ島	一九四四・〇八・〇八	良原秉甲	軍属	戦死	南原郡周生面貞松里
			一九二一・〇五・一五	曽金	父		—
四九四	第四海軍施設部	パラオ島	一九四四・〇八・〇八	吉元宗福	軍属	戦死	南原郡周生面貞松里
			一九二一・一〇・一〇	崔良任	妻		—
四九九	第四海軍施設部	パラオ島	一九四四・〇八・〇八	黄村福萬	軍属	戦死	南原郡徳果実面高亭里
			一九一三・〇九・一二	順同	妻		—
五〇〇	第四海軍施設部	パラオ島	一九四四・〇八・〇八	豊田蘭九	軍属	戦死	南原郡徳果面新陽里
			一九二三・〇九・一二	東鉉	父		—
五八四	第四海軍施設部	パラオ島	一九四四・〇八・〇八	金子溶鉱	軍属	戦死	金堤郡進鳳面銀波里
			一九二三・〇七・二六	仁變	父		—
六〇一	第四海軍施設部	パラオ島	一九四四・〇八・〇八	横田洪奎	軍属	戦死	金堤郡孔徳面回龍里八三八
			一九二三・〇七・〇五	判山	父		—
六一三	第四海軍施設部	パラオ島	一九四四・〇八・〇八	三井俊錫	軍属	戦死	金堤郡扶梁面大坪里八三

番号	所属	場所	年月日	氏名	身分・続柄	事由	本籍
			一九一四・〇二・〇三	永卜	父		—
六一四	第四海軍施設部	パラオ島	一九四四・〇八・〇八 一九一四・〇四・二八	金川西峰 致中	軍属 父	戦死	金堤郡扶梁面玉亭里 —
六四四	第四海軍施設部	パラオ島	一九四四・〇八・〇八 一九〇五・一〇・二三	李甲辰 錫柱	軍属 父	戦死	金堤郡竹山洞連浦里 南原郡南原邑雙橋里姜善×方
七二六	第四海軍施設部	パラオ島	一九四四・〇八・〇八 一九一九・一〇・〇二	金炳順 東基	軍属 兄	戦死	井邑郡山外面象頭里 —
七二七	第四海軍施設部	パラオ島	一九四四・〇八・〇八 一九一九・〇五・二三	高奉植 李姓女	軍属 母	戦死	井邑郡山外面貞良里 —
七二八	第四海軍施設部	パラオ島	一九四四・〇八・〇八 一九二二・〇三・二〇	権長端 貴鍾	軍属 父	戦死	井邑郡山外面貞良里 —
七二九	第四海軍施設部	パラオ島	一九四四・〇八・〇八 一九二〇・〇九・一〇	朴基文 奉求	軍属 父	戦死	井邑郡山外面平沙里 —
七三〇	第四海軍施設部	パラオ島	一九四四・〇八・〇八 一九一二・一〇・一一	朴炳基 良基	軍属 弟	戦死	井邑郡山外面東谷里 —
七三一	第四海軍施設部	パラオ島	一九四四・〇八・〇八 一九二〇・一一・二五	星山秉烈 龍石	軍属 父	戦死	井邑郡山外面象頭里 —
七三二	第四海軍施設部	パラオ島	一九四四・〇八・〇八 一九一九・一一・二三	金田石建 良鉉	軍属 父	戦死	井邑郡山外面象頭里 —
七四九	第四海軍施設部	パラオ島	一九四四・〇八・〇八 一九一一・一二・二八	朴東溶 桓奎	軍属 父	戦死	井邑郡井州邑蓮池里 —
七六九	第四海軍施設部	パラオ島	一九四四・〇八・〇八 一九一三・〇五・〇八	表明吉 龍模	軍属 兄	戦死	井邑郡新泰仁邑清泉里 —
七七〇	第四海軍施設部	パラオ島	一九四四・〇八・〇八 一九一九・〇一・一五	南基連 劉順基	軍属 父	戦死	井邑郡新泰仁邑蓮汀里 —
七七一	第四海軍施設部	パラオ島	一九四四・〇八・〇八 一九二一・〇二・三〇	鄭五男 明先	軍属 妻・兄	戦死	井邑郡新泰仁邑蓮汀里 —
七七二	第四海軍施設部	パラオ島	一九四四・〇八・〇八 一九二〇・〇三・二八	黄鎬萬 益逑	軍属 父	戦死	井邑郡新泰仁邑大里 —
七七三	第四海軍施設部	パラオ島	一九四四・〇八・〇八 一九一八・〇六・〇六	黄鎬相 金喜敬	軍属 母	戦死	井邑郡新泰仁邑大里 —
七七四	第四海軍施設部	パラオ島	一九四四・〇八・〇八 一九一八・〇九・一八	具在學 春奇	軍属 父	戦死	井邑郡新泰仁邑牛嶺里 —
七七五	第四海軍施設部	パラオ島	一九四四・〇八・〇八 一九一七・〇三・二四	河丁鶴 京鶴	軍属 弟	戦死	井邑郡新泰仁邑新龍里 —

七七六	第四海軍施設部	パラオ島	一九四四・〇八・〇八	李東南	軍属	戦死	井邑郡新泰仁邑牛嶺里
			一九一九・〇一・〇三	錫柱	父		―
七七九	第四海軍施設部	パラオ島	一九四四・〇八・〇八	原田基勇	軍属	戦死	井邑郡新泰仁邑泰昌里
			一九二二・〇三・二五	姓女	母		―
七八五	第四海軍施設部	パラオ島	一九四四・〇八・〇八	木村福順	軍属	戦死	井邑郡泰仁邑泰昌里
			一九一六・〇三・二五	順林	妻		井邑郡泰仁面店山里
七八六	第四海軍施設部	パラオ島	一九四四・〇八・〇八	木村萬峰	軍属	戦死	井邑郡新泰仁邑店山里
			一九一八・一二・二八	丈男	父		―
七八七	第四海軍施設部	パラオ島	一九四四・〇八・〇八	平山成大	軍属	戦死	井邑郡泰仁邑泰興里
			一九二一・〇六・〇一	判岩	父		―
七八八	第四海軍施設部	パラオ島	一九四四・〇八・〇八	青木憲坤	軍属	戦死	井邑郡泰仁邑柏山里
			一九一九・〇四・一七	處順	父		―
七八九	第四海軍施設部	パラオ島	一九四四・〇八・〇八	鄭箕龍	軍属	戦死	井邑郡泰仁邑店山里
			一九一三・〇四・一八	永編	兄		井邑郡淨甫面小金里
七九〇	第四海軍施設部	パラオ島	一九四四・〇八・〇八	富戸金表	軍属	戦死	井邑郡泰仁面柏山里
			一九一六・〇五・〇三	長杓	父		―
七九一	第四海軍施設部	パラオ島	一九四四・〇八・〇八	西村千万	軍属	戦死	井邑郡泰仁面泰昌里
			一九一八・〇二・一一	公禮	母		―
七九二	第四海軍施設部	パラオ島	一九四四・〇八・〇八	金川九煥	軍属	戦死	井邑郡泰仁面各陽里
			一九二二・〇四・〇九	永石	父		―
七九三	第四海軍施設部	パラオ島	一九四四・〇八・〇八	金川富培	軍属	戦死	井邑郡泰仁面五峰里
			一九一九・〇四・一五	顕徳	父		―
七九四	第四海軍施設部	パラオ島	一九四四・〇八・〇八	盧右甫	軍属	戦死	井邑郡泰仁面泰鎮里
			一九一一・〇三・一〇	石甫	父		井邑郡泰仁面居山里
八〇四	第四海軍施設部	パラオ島	一九四四・〇八・〇八	金龍萬	軍属	戦死	井邑郡瓮東面竜虎里
			一九一九・〇八・一三	龍澤	兄		井邑郡甘谷面龍郭里
八〇五	第四海軍施設部	パラオ島	一九四四・〇八・〇八	金泰述	軍属	戦死	井邑郡瓮東面七石里
			一九一八・〇四・一一	東順	父		―
八〇六	第四海軍施設部	パラオ島	一九四四・〇八・〇八	崔順同	軍属	戦死	井邑郡瓮東面七石里
			一九一五・一〇・二二	金沙順	妻		―
八〇七	第四海軍施設部	パラオ島	一九四四・〇八・〇八	徐吉男	軍属	戦死	井邑郡瓮東面梅井里
			一九一三・〇七・二四	大男	兄		―
八〇八	第四海軍施設部	パラオ島	一九四四・〇八・〇八	鄭永模	軍属	戦死	井邑郡瓮東面飛鳳里
			一九二一・〇四・〇六	鍾麟	父		―
八〇九	第四海軍施設部	パラオ島	一九四四・〇八・〇八	鄭喜哲	軍属	戦死	井邑郡瓮東面飛鳳里

番号	所属	死亡場所	死亡年月日	生年月日	氏名	親族氏名	身分	続柄	死因	本籍	親族住所
				一九一九・一一・〇七		海中		父			ー
八一〇	第四海軍施設部	パラオ島	一九四四・〇八・〇八	一九二〇・〇一・一四	朴宗洛	鍾南	軍属	父	戦死	井邑郡瓮東面梅井里	ー
八一一	第四海軍施設部	パラオ島	一九四四・〇八・〇八	一九二二・〇九・二一	玉南洙	永石	軍属	父	戦死	井邑郡瓮東面七石里	ー
八一七	第四海軍施設部	パラオ島	一九四四・〇八・〇八	一九二二・〇八・〇一	木村哲雨	鍾仁	軍属	父	戦死	井邑郡永元面長才里	ー
八一八	第四海軍施設部	パラオ島	一九四四・〇八・〇八	一九一五・一一・〇一	酒井末雄	基変	軍属	兄	戦死	井邑郡永元面長新永里	ー
八一九	第四海軍施設部	パラオ島	一九四四・〇八・〇八	一九二一・一〇・二〇	新井甲釗	昊柄	軍属	父	戦死	井邑郡永元面長新永里	ー
八二〇	第四海軍施設部	パラオ島	一九四四・〇八・〇八	一九二〇・一一・一六	柳漢烈	寅福	軍属	父	戦死	井邑郡永元面鷺成里	ー
八二一	第四海軍施設部	パラオ島	一九四四・〇八・〇八	一九一七・〇一・〇一	松山文述	永述	軍属	父	戦死	井邑郡永元面鷺成里	ー
八二二	第四海軍施設部	パラオ島	一九四四・〇八・〇八	ー	延本玉水	泰述	軍属	父	戦死	井邑郡永元面鷺成里	ー
八三一	第四海軍施設部	パラオ島	一九四四・〇八・〇八	一九一七・〇六・一一	崔秉煥	龍述	軍属	父	戦死	井邑郡古阜面龍興里	ー
八三二	第四海軍施設部	パラオ島	一九四四・〇八・〇八	一九一三・〇八・一五	幸田玟永	ー	軍属	父	戦死	井邑郡古阜面古阜里	井邑郡永元面新永里
八三三	第四海軍施設部	パラオ島	一九四四・〇八・〇八	一九二一・〇一・二六	申判同	石祚	軍属	父	戦死	井邑郡古阜面龍興里	ー
八三四	第四海軍施設部	パラオ島	一九四四・〇八・〇八	一九一八・一〇・〇七	趙永植	殷東連	軍属	母	戦死	井邑郡古阜面長文里	ー
八三五	第四海軍施設部	パラオ島	一九四四・〇八・〇八	ー	南宮有鍾	李徳安	軍属	母	戦死	井邑郡古阜面江古里	ー
八三六	第四海軍施設部	パラオ島	一九四四・〇八・〇八	一九一七・〇一・〇五	金壽福	用南	軍属	父	戦死	井邑郡古阜面龍興里	ー
八三七	第四海軍施設部	パラオ島	一九四四・〇八・〇八	一九二五・〇六・〇三	月山在根	判植	軍属	父	戦死	井邑郡古阜面龍興里	ー
八三八	第四海軍施設部	パラオ島	一九四四・〇八・〇八	一九一六・〇八・一一	李雲雨	光明	軍属	父	戦死	井邑郡古阜面萬化里	ー
八三九	第四海軍施設部	パラオ島	一九四四・〇八・〇八	一九〇七・〇九・一六	岩村栄三	李河	軍属	妻	戦死	井邑郡古阜面萬化里	ー

八四〇	第四海軍施設部	パラオ島	一九四四・〇八・〇八	一九一〇・一二・〇四	金光朔坤	貞禮	軍属	妻	戦死	井邑郡古阜面萬化里	—
八四一	第四海軍施設部	パラオ島	一九四四・〇八・〇八	一九一六・〇八・二七	日源金玉	南起	軍属	父	戦死	井邑郡古阜面新興里	—
八五〇	第四海軍施設部	パラオ島	一九四四・〇八・〇八	一九一九・一一・一〇	南宮烈	南宮所文	軍属	兄	戦死	井邑郡所声面古橋里	—
八五一	第四海軍施設部	パラオ島	一九四四・〇八・〇八	一九二二・〇七・二〇	青松甲燮	相晩	軍属	父	戦死	井邑郡所声面酒川里	—
八五二	第四海軍施設部	パラオ島	一九四四・〇八・〇八	一九二二・〇七・一九	高仁相	済石	軍属	兄	戦死	井邑郡所声面公坪里	—
八五三	第四海軍施設部	パラオ島	一九四四・〇八・〇八	一九一九・〇二・一六	柳判甲	仁川	軍属	妻	戦死	井邑郡所声面中光里	—
八五四	第四海軍施設部	パラオ島	一九四四・〇八・〇八	一九二一・〇二・二八	松本炳浩	昌琪	軍属	父	戦死	井邑郡所声面龍渓里	—
八五五	第四海軍施設部	パラオ島	一九四四・〇八・〇八	一九一七・〇五・二五	徳山龍燮	栄哲	軍属	父	戦死	井邑郡所声面龍井里	—
八五六	第四海軍施設部	パラオ島	一九四四・〇八・〇八	一九二〇・〇九・二五	富原炳斗	正鎬	軍属	父	戦死	井邑郡所声面酒川里	—
八五七	第四海軍施設部	パラオ島	一九四四・〇八・〇八	一九二二・一〇・二〇	金谷永旭	金逑	軍属	父	戦死	井邑郡所声面登桂里	—
八五八	第四海軍施設部	パラオ島	一九四四・〇八・〇八	一九二二・〇二・二三	林鍾煥	春三	軍属	父	戦死	井邑郡所声面酒川里	—
八六六	第四海軍施設部	パラオ島	一九四四・〇八・〇八	一九一八・〇七・一六	金奇男	承煥	軍属	父	戦死	井邑郡笠岩面丹谷里	—
八六七	第四海軍施設部	パラオ島	一九四四・〇八・〇八	一九二二・〇九・〇二	松本福童	相萬	軍属	父	戦死	井邑郡笠岩面河原里	—
八六八	第四海軍施設部	パラオ島	一九四四・〇八・〇八	一九二〇・〇四・二四	柳川 忠	登	軍属	父	戦死	井邑郡笠岩面丹谷里	—
八六九	第四海軍施設部	パラオ島	一九四四・〇八・〇八	一九二〇・〇八・一三	山田二男	福同	軍属	兄	戦死	井邑郡笠岩面河原里	—
八七〇	第四海軍施設部	パラオ島	一九四四・〇八・〇八	一九一九・〇一・一二	李相逑	相録	軍属	弟	戦死	井邑郡笠岩面河原里	—
八八四	第四海軍施設部	パラオ島	一九四四・〇八・〇八	一九二一・〇二・一七	洪正福	金山	軍属	父	戦死	井邑郡内蔵面龍山里	—
八八五	第四海軍施設部	パラオ島	一九四四・〇八・〇八		柳鍾八		軍属		戦死	井邑郡内蔵面琴明里	

			一九一五・一二・一一	南奎	父		｜
八九〇	第四海軍施設部	パラオ島	一九四四・〇八・〇八 一九一八・〇四・一五	崔順基 一峯	軍属 父	戦死	井邑郡浄雨面楚江里 ｜
八九一	第四海軍施設部	パラオ島	一九四四・〇八・〇八 一九一三・一〇・二〇	徐川順鍾 明禮	軍属 妻	戦死	井邑郡浄雨面水金里 ｜
八九二	第四海軍施設部	パラオ島	一九四四・〇八・〇八 一九一八・〇四・二四	徐川淳南 明鍾	軍属 父	戦死	井邑郡浄雨面水金里 ｜
八九三	第四海軍施設部	パラオ島	一九四四・〇八・〇八 一九二〇・一一・〇三	徐河鍾 同萬	軍属 父	戦死	井邑郡浄雨面水金里 ｜
八九四	第四海軍施設部	パラオ島	一九四四・〇八・〇八 一九一九・〇一・一九	柳永吾 洪文	軍属 父	戦死	井邑郡浄雨面岱山里 ｜
八九五	第四海軍施設部	パラオ島	一九四四・〇八・〇八 一九一七・〇一・一一	海金福緑 東根	軍属 長男	戦死	井邑郡浄雨面水金里 ｜
八九六	第四海軍施設部	パラオ島	一九四四・〇八・〇八 一九二二・〇四・一五	金本吉洙 黄鋪	軍属 父	戦死	井邑郡浄雨面楚江里 ｜
九〇三	第四海軍施設部	パラオ島	一九四四・〇八・〇八 一九一七・〇六・一六	羅木漢雨 判禹	軍属 父	戦死	井邑郡梨坪面馬頭里 ｜
九〇四	第四海軍施設部	パラオ島	一九四四・〇八・〇八 一九一四・一一・〇五	金龍八 紅洛	軍属 父	戦死	井邑郡梨坪面山梅里 ｜
九〇五	第四海軍施設部	パラオ島	一九四四・〇八・〇八 一九一四・一一・二〇	金鎮山 在成	軍属 母	戦死	井邑郡梨坪面山梅里 ｜
九〇六	第四海軍施設部	パラオ島	一九四四・〇八・〇八 一九一六・〇四・二七	木村圭栄 容植	軍属 父	戦死	井邑郡梨坪面斗田里 ｜
九〇七	第四海軍施設部	パラオ島	一九四四・〇八・〇八 一九二一・〇三・〇三	高山徳柱 澤柱	軍属 弟	戦死	井邑郡梨坪面長内里 ｜
九〇八	第四海軍施設部	パラオ島	一九四四・〇八・〇八 一九一三・一一・〇七	松平湧柱 雲鍾	軍属 父	戦死	井邑郡梨坪面馬頭里 ｜
九〇九	第四海軍施設部	パラオ島	一九四四・〇八・〇八 一九二〇・一二・一四	柳村相玉 寅錫	軍属 父	戦死	井邑郡梨坪面八仙里 ｜
九一〇	第四海軍施設部	パラオ島	一九四四・〇八・〇八 一九一八・〇三・一五	金川東一 東玉	軍属 父	戦死	井邑郡梨坪面山梅里 ｜
九一一	第四海軍施設部	パラオ島	一九四四・〇八・〇八 一九二〇・一〇・二〇	金田丙俊 椅錫	軍属 父	戦死	井邑郡梨坪面斗田里 ｜
九一四	第四海軍施設部	パラオ島	一九四四・〇八・〇八 一九一八・一〇・一六	金今童 貴童	軍属 兄	戦死	井邑郡甘谷面儒丁里 ｜

番号	所属	場所	年月日	氏名	身分・続柄	事由	本籍
九一五	第四海軍施設部	パラオ島	一九四四・〇八・〇八 一九一四・一一・〇九	金學年 李玉水	軍属 妻	戦死	井邑郡甘谷面大新里 —
九一六	第四海軍施設部	パラオ島	一九四四・〇八・〇八 一九二一・〇四・一七	呉八峯 東模	軍属 弟	戦死	井邑郡甘谷面勝若里 —
九一七	第四海軍施設部	パラオ島	一九四四・〇八・〇八 一九一七・〇八・二七	李鍾根 在権	軍属 父	戦死	井邑郡甘谷面勝若里 —
九一八	第四海軍施設部	パラオ島	一九四四・〇八・〇八 一九一七・〇一・〇八	李康祐 石萬	軍属 兄	戦死	井邑郡甘谷面勝若里 —
九一九	第四海軍施設部	パラオ島	一九四四・〇八・〇八 一九二二・〇五・二二	劉黄童 昌烈	軍属 兄	戦死	井邑郡甘谷面儒丁里 —
九二〇	第四海軍施設部	パラオ島	一九四四・〇八・〇八 一九一七・〇二・〇七	李萬山 金明植	軍属 叔父	戦死	井邑郡甘谷面大新里 —
九二一	第四海軍施設部	パラオ島	一九四四・〇八・〇八 一九二二・一一・一七	朴炳順 敬完	軍属 父	戦死	井邑郡甘谷面儒丁里 —
九二二	第四海軍施設部	パラオ島	一九四四・〇八・〇八 一九二二・〇七・一一	朴順五 金姓女	軍属 母	戦死	井邑郡甘谷面儒丁里 —
九二三	第四海軍施設部	パラオ島	一九四四・〇八・〇八 一九一二・一〇・三〇	尹鳳伊 良順	軍属 父	戦死	井邑郡甘谷面三坪里 —
九二八	第四海軍施設部	パラオ島	一九四四・〇八・〇八 一九二一・〇六・一五	木下大根 東石	軍属 兄	戦死	井邑郡徳川面上鶴里 —
九二九	第四海軍施設部	パラオ島	一九四四・〇八・〇八 一九一六・〇一・一一	清原在洪 慶煥	軍属 兄	戦死	井邑郡徳川面上鶴里 —
九三〇	第四海軍施設部	パラオ島	一九四四・〇八・〇八 一九二一・〇九・二〇	鶴村良玉 連安	軍属 父	戦死	井邑郡徳川面上鶴里 —
九三一	第四海軍施設部	パラオ島	一九四四・〇八・〇八 一九一九・一一・一四	天林栄郎 燁同	軍属 父	戦死	井邑郡徳川面優徳里 —
九三二	第四海軍施設部	パラオ島	一九四四・〇八・〇八 一九一六・一二・一二	孫得順 甲壽	軍属 子	戦死	井邑郡徳川面優徳里 —
九三三	第四海軍施設部	パラオ島	一九四四・〇八・〇八 一九二二・〇一・二三	善元連熙 二萬	軍属 父	戦死	井邑郡徳川面達川里 —
九三七	第四海軍施設部	パラオ島	一九四四・〇八・〇八 一九一五・〇六・〇八	金正順 時贊	軍属 父	戦死	井邑郡山内面斗月里 —
九三八	第四海軍施設部	パラオ島	一九四四・〇八・〇八 一九一八・〇七・二八	安東判吉 —	軍属 —	戦死	井邑郡山内面梅竹里 —
九三九	第四海軍施設部	パラオ島	一九四四・〇八・〇八	星山忠烈	軍属	戦死	井邑郡山内面芙橋里

			一九一八・〇七・一〇	龍伯	父		—
九四〇	第四海軍施設部	パラオ島	一九四四・〇八・〇八 一九一六・〇九・××	朴三男 敏贊	軍属 父	戦死	井邑郡山内面斗月里 —
九四二	第四海軍施設部	パラオ島	一九四四・〇八・〇八 一九二二・〇三・二一	金享基 東基	軍属 兄	戦死	井邑郡七寶面武城里 —
九四三	第四海軍施設部	パラオ島	一九四四・〇八・〇八 一九一九・〇七・一二	金成基 煥泰	軍属 兄	戦死	井邑郡七寶面武城里 井邑郡七寶面詩山里
九四四	第四海軍施設部	パラオ島	一九四四・〇八・〇八 一九一一・〇二・〇一	金順基 鳳	軍属 妻	戦死	井邑郡七寶面武城里
九四五	第四海軍施設部	パラオ島	一九四四・〇八・〇八 一九一三・〇八・一四	安在守 東燮	軍属 父	戦死	井邑郡七寶面武城里 —
九四六	第四海軍施設部	パラオ島	一九四四・〇八・〇八 一九一四・〇七・三〇	安龍仁 在龍	軍属 父	戦死	井邑郡七寶面武城里 —
九四七	第四海軍施設部	パラオ島	一九四四・〇八・〇八 一九一九・一〇・〇九	権東燮 東植	軍属 父	戦死	井邑郡七寶面武城里 —
九四八	第四海軍施設部	パラオ島	一九四四・〇八・〇八 一九一六・〇六・〇二	李萬鎬 龍浩	軍属 兄	戦死	井邑郡七寶面武城里 —
九四九	第四海軍施設部	パラオ島	一九四四・〇八・〇八 一九一六・〇七・〇八	閔炳洙 金煥大	軍属 妻父	戦死	井邑郡七寶面武城里 —
一二九〇	第四海軍施設部	パラオ島	一九四四・〇八・〇八 一九〇五・〇二・〇二	大河福童 金海泳煥	軍属 兄	戦死	群山府田街一六 群山府仲町二七五
一三二一	第四海軍施設部	パラオ島	一九四四・〇八・〇八 一九一一・〇七・〇七	崔本龍鳳 崔元圭協	軍属 父	戦死	任實郡只沙面雁下里一七一 —
一三二二	第四海軍施設部	パラオ島	一九四四・〇八・〇八 一九一二・一二・二六	月城判龍（金判龍） 徳信・鍾大	軍属 父・子	戦死	任實郡只沙面芳渓里三四三 —
一三二三	第四海軍施設部	パラオ島	一九四四・〇八・〇八 一九一一・〇五・一三	金山建奎 君九	軍属 父	戦死	任實郡只沙面芳渓里一二四 —
一三二四	第四海軍施設部	パラオ島	一九四四・〇八・〇八 一九一九・〇二・一一	金山漢順 世鉉	軍属 父	戦死	任實郡只沙面芳渓里一〇五 —
一三二八	第四海軍施設部	パラオ島	一九四四・〇八・〇八 一九一八・〇六・〇四	新井宗烈 朴宗燮	軍属 兄	戦死	任實郡徳峙面四丈里
一三二九	第四海軍施設部	パラオ島	一九四四・〇八・〇八 一九一七・一〇・〇一	金林日基 金煥基	軍属 兄	戦死	任實郡徳峙面川潭里 —
一三三二	第四海軍施設部	パラオ島	一九四四・〇八・〇八 一九〇八・〇一・一九	権敬洙 金順基	軍属 外叔	戦死	任實郡三渓面鴻谷里 —

一三三三	第四海軍施設部	パラオ島	一九四四・〇八・〇八 一九一四・〇三・〇三	西原圭燮 容貴	軍属 叔父	戦死	任實郡三渓面×峴里 —
一三三四	第四海軍施設部	パラオ島	一九四四・〇八・〇八 一九一二・〇四・二五	西原萬吉 圭範	軍属 父	戦死	任實郡三渓面漁隠里 —
一三三五	第四海軍施設部	パラオ島	一九四四・〇八・〇八 一九一四・一〇・二四	金城正基 敬萬	軍属 父	戦死	任實郡三渓面三渓里 —
一三三六	第四海軍施設部	パラオ島	一九四四・〇八・〇八 一九一四・〇二・一七	金城準植 正守	軍属 父	戦死	任實郡三渓面三渓里 —
一三四二	第四海軍施設部	パラオ島	一九四四・〇八・〇八 一九二〇・〇二・〇二	三山仁基 萬年	軍属 兄	戦死	任實郡聖壽面柱訪里 —
一三四三	第四海軍施設部	パラオ島	一九四四・〇八・〇八 一九二一・〇一・二九	時田圭泰 學鎭	軍属 父	戦死	任實郡聖壽面太平里 —
一三四九	第四海軍施設部	パラオ島	一九四四・〇八・〇八 一九〇六・〇七・〇九	木田判同 判岩	軍属 兄	戦死	任實郡江津面誘賢里 —
一三五〇	第四海軍施設部	パラオ島	一九四四・〇八・〇八 一九二二・一二・一一	新井鍾表 判石	軍属 兄	戦死	任實郡江津面白蓮里 —
一三五一	第四海軍施設部	パラオ島	一九四四・〇八・〇八 一九〇六・〇七・〇二	福井廣一 金姓女	軍属 妻	戦死	任實郡江津面萬潭里 —
一三五二	第四海軍施設部	パラオ島	一九四四・〇八・〇八 一九一九・一〇・〇四	河山洙萬 江文	軍属 父	戦死	任實郡江津面白蓮里 —
一三五三	第四海軍施設部	パラオ島	一九四四・〇八・〇八 一九一九・〇八・一五	池山福朝 世洪	軍属 父	戦死	任實郡江津面白蓮里 —
一三六五	第四海軍施設部	パラオ島	一九四四・〇八・〇八 一九一六・一一・二〇	木村仁済 明順	軍属 父	戦死	任實郡青雄面南山里 —
一三六六	第四海軍施設部	パラオ島	一九四四・〇八・〇八 一九一三・〇七・〇三	光山三成 洙福	軍属 父	戦死	任實郡青雄面郷校里 —
一三六七	第四海軍施設部	パラオ島	一九四四・〇八・〇八 一九一六・一〇・一五	光田萬坪 太平	軍属 兄	戦死	任實郡青雄面九皐里 —
一三八三	第四海軍施設部	パラオ島	一九四四・〇八・〇八 一九一五・〇五・一七	金甲釗 成萬	軍属 子	戦死	任實郡屯南面屯徳里 —
一三八四	第四海軍施設部	パラオ島	一九四四・〇八・〇八 一九二〇・〇二・〇四	清城柄柱 秉龍	軍属 兄	戦死	任實郡屯南面鳳泉里 —
一三八五	第四海軍施設部	パラオ島	一九四四・〇八・〇八 一九二〇・〇七・一〇	岡村載學 成愚	軍属 父	戦死	任實郡屯南面鰲岩里 —
一三八六	第四海軍施設部	パラオ島	一九四四・〇八・〇八	岡村健鎬	軍属	戦死	任實郡屯南面鰲岩里

番号	所属	死亡場所	年月日	氏名	身分・続柄	区分	本籍・住所
			一九二一・〇六・〇六	泰成	兄		｜
一三八七	第四海軍施設部	パラオ島	一九四四・〇八・〇八	呉澤胤周	軍属	戦死	任實郡屯南面大明里
			一九二二・〇九・〇一	俊×	父		｜
一三八八	第四海軍施設部	パラオ島	一九四四・〇八・〇八	西原基淵	軍属	戦死	任實郡屯南面君坪里
			一九一七・〇五・一七	曺南洙	××		｜
一三八九	第四海軍施設部	パラオ島	一九四四・〇八・〇八	金本龍石	軍属	戦死	任實郡屯南面鳳泉里
			一九一四・一一・一五	金田鶴培	従兄		任實郡屯南面大明里
一三九〇	第四海軍施設部	パラオ島	一九四四・〇八・〇八	金海鐵培	軍属	戦死	任實郡屯南面梧山里
			一九一二・一二・一二	金田龍培	従兄		任實郡屯南面大明里
一三九一	第四海軍施設部	パラオ島	一九四四・〇八・〇八	豊山令萬	軍属	戦死	任實郡屯南面君坪里
			一九一五・〇三・一六	海萬	弟		｜
一三九二	第四海軍施設部	パラオ島	一九四四・〇八・〇八	華山順童	軍属	戦死	任實郡屯南面大明里
			一九一五・〇五・二八	甲壽	父		｜
一四〇二	第四海軍施設部	パラオ島	一九四四・〇八・〇八	朴昌錫	軍属	戦死	任實郡舘村面舘村里
			一九一一・一〇・二四	点學	兄		｜
一四〇三	第四海軍施設部	パラオ島	一九四四・〇八・〇八	梁成太	軍属	戦死	任實郡舘村面舘村里
			一九〇六・一二・一九	金富得	妻		｜
一四三六	第四海軍施設部	パラオ島	一九四四・〇八・〇八	泉原二徳	軍属	戦死	任實郡新徳面三吉里
			一九〇六・〇五・〇六	｜	｜		｜
一四六九	第四海軍施設部	パラオ島	一九四四・〇八・〇八	江本点允	軍属	戦死	益山郡熊浦面熊浦里
			一九一七・〇八・一三	金俊	父		沃溝郡羅浦面羅浦里
一四九七	第四海軍施設部	パラオ島	一九四四・〇八・〇八	蘇我鎮元	軍属	戦死	益山郡五山面長新里
			一九一四・〇八・〇九	鎮農	弟		沃溝郡羅浦面富谷里
五六四	第四海軍施設部	メレヨン島 急性腸炎	一九四二・〇五・〇一	金在文	軍属	戦死	高敞郡新林面扶杉里二九八
			一九二〇・一〇・〇六	判須	母		｜
一四六三	第四海軍施設部	メレヨン島	一九四四・〇七・三〇	幸山廣連	軍属	戦死	益山郡裡里邑旭町二六九
			一九二一・〇二・〇八	永三	父		益山郡裡里邑旭町二四三
一四六四	第四海軍施設部	メレヨン島	一九四四・〇七・三〇	豊田尭憲	軍属	戦死	益山郡裡里邑曙街一五
			一九二六・〇二・一五	用安	兄		益山郡裡里邑旭町二三八
七二三	第四海軍施設部	メレヨン島	一九四四・〇四・〇一	羅勳門	軍属	戦病死	井邑郡山外面貞良里三九二
			一九二二・〇一・〇四	東鮮	兄		群山府栄町二―一一四
一四九三	第四海軍施設部	メレヨン島 衝心脚気	一九四五・〇四・一一	金井永守	軍属	戦病死	益山郡五山面木川里一〇七三
			一九二四・一二・一一	金萬泉	叔父		｜
一四六一	第四海軍施設部	メレヨン島 衝心脚気	一九四五・〇四・一五	金本貴善	軍属	戦病死	益山郡裡里邑銅山町三〇
			一九二〇・〇一・二五	順京	父		｜

一四九四	第四海軍施設部	メレヨン島 衝心脚気	一九四五・〇四・二三 一九一七・〇七・二八	忠州永満 春満	軍属 兄	戦病死	益山郡五山面永萬里九二三 ―
一四六六	第四海軍施設部	メレヨン島 衝心脚気	一九四五・〇五・〇四 一九二六・〇二・二二	松山栄太郎 浩一郎	軍属 父	戦病死	益山郡裡里邑杏町一―六五 ―
一三〇三	第四海軍施設部	メレヨン島 衝心脚気	一九四五・〇五・〇八 一九二一・〇八・〇五	河本秀雄 ―	軍属 ―	戦病死	群山府田町一七 益山郡裡里邑大正町一五五
一四九〇	第四海軍施設部	メレヨン島 衝心脚気	一九四五・〇六・〇二 一九二二・〇五・二五	池田公葉 逸奉	軍属 父	戦病死	益山郡五山面新池里四八四 ―
二一一	第四海軍施設部	メレヨン島 衝心脚気	一九四五・〇六・三〇 一九二三・〇八・一九	宗本壽福 ―	軍属 ―	戦病死	沃溝郡聖山面山谷里五八〇 益山郡裡里邑鳥羽町六
六三六	第四海軍施設部	メレヨン島 衝心脚気	一九四五・〇七・一三 一九一一・〇八・一一	木田萬童 ―	軍属 ―	戦病死	金堤郡竹山面玉盛里 金堤郡裡里邑銅山里一二
一一四〇	第四海軍施設部	メレヨン島 衝心脚気	一九四五・〇八・二五 一九二三・〇一・二四	永島東漢 金作九	軍属 父	戦病死	錦山郡錦山邑上玉里
一二四二	第四海軍施設部	小笠原諸島	一九四五・〇七・一一 一九一七・一〇・〇八	菊原来玟 芭浩	軍属 父	戦病死	茂朱郡雪川面基谷里三二九 ―
一一一七	第四海軍施設部	ナウル島	一九四五・〇四・二八 一九一七・〇七・〇五	國本康文 ―	軍属 ―	戦死	錦山郡錦山邑上玉里 全羅南道莞島郡薪智面薪上里
一一六四	第四海軍施設部	ウオッゼ島	一九四四・〇八・二一 一九二二・〇四・二九	淵山錫斗 八龍	軍属 父	戦死	鎮安郡朱川面龍徳里二九一 ―
二一四二	第五海軍建築部	サイパン島	一九四三・〇九・一九 一九二一・〇四・〇一	車根燮 ―	軍属 ―	戦死	沃溝郡米面開也島里三二 ―
二一三	第五海軍建築部	サイパン島	一九四四・〇七・〇三 一九一五・〇七・二六	金城基賛 順禮	軍属 妻	戦死	沃溝郡聖山面桃岩里五五二 ―
二一四	第五海軍建築部	サイパン島	一九四四・〇七・〇八 ―	金本東柱 分根	軍属 妻	戦死	沃溝郡聖山面内興里六七〇 ―
二一五	第五海軍建築部	サイパン島	一九四四・〇七・〇八 一九二六・〇一・一九	三井済山 錫	軍属 父	戦死	沃溝郡聖山面屯徳里三三三 ―
二一六	第五海軍建築部	サイパン島	一九四四・〇七・〇八 一九二五・〇一・一七	呉本錫宇 禹喝	軍属 父	戦死	沃溝郡聖山面屯徳里四〇九 ―
二一七	第五海軍建築部	サイパン島	一九四四・〇七・〇八 一九二六・〇五・二五	高山春培 金女	軍属 妻	戦死	沃溝郡聖山面桃岩里三四六
二一八	第五海軍建築部	サイパン島	一九四四・〇七・〇八 一九二八・一二・三〇	松山奎奉 廣黙	軍属 父	戦死	沃溝郡聖山面内興里一六五 ―
二一九	第五海軍建築部	サイパン島	一九四四・〇七・〇八	中村永吉	軍属	戦死	沃溝郡聖山面屯徳里四〇六

番号	所属	死亡場所	死亡年月日／生年月日	氏名／親族	身分／続柄	死因	本籍／親族住所
			一九二二・〇四・二三	辛求	妻		沃溝郡大野面曲境里六五七
三〇	第五海軍建築部	サイパン島	一九四四・〇七・〇八 一九〇二・〇八・〇二	李点同 粉女	軍属 ｜	戦死	沃溝郡大野面地境里八 ｜
五〇	第五海軍建築部	サイパン島	一九四四・〇七・〇八 一九一二・〇三・二五	木本東順 南禮	軍属 妻	戦死	沃溝郡臨阪面邑内里二八〇 群山府山上町二三八
五一	第五海軍建築部	サイパン島	一九四四・〇七・〇八 一九一九・〇八・〇二	木村鍾燮 全南	軍属 妻	戦死	沃溝郡臨阪面邑内里四〇九 ｜
五二	第五海軍建築部	サイパン島	一九四四・〇七・〇八 一九一五・一二・二六	西原元教 賢順	軍属 妻	戦死	沃溝郡臨阪面寶石里七〇三ー二 ｜
五三	第五海軍建築部	サイパン島	一九四四・〇七・〇八 一九二五・一〇・〇八	木村年兌 昌辰	軍属 父	戦死	沃溝郡臨阪面邑内里六〇四 ｜
五四	第五海軍建築部	サイパン島	一九四四・〇七・〇八 一九一六・〇五・一六	木村弥勒山 同光	軍属 父	戦死	沃溝郡臨阪面邑大正九〇九 ｜
五五	第五海軍建築部	サイパン島	一九四四・〇七・〇八 一九二八・〇七・二一	江本益煥 順五	軍属 父	戦死	沃溝郡臨阪面戊山里一〇六 ｜
五六	第五海軍建築部	サイパン島	一九四四・〇七・〇八 一九一二・一〇・一五	金山金珀 順今	軍属 父	戦死	沃溝郡臨阪面米院里五九八 ｜
五七	第五海軍建築部	サイパン島	一九四四・〇七・〇八 一九二二・一二・一〇	木村淵壽 正淑	軍属 母	戦死	沃溝郡臨阪面邑内里九〇 ｜
五八	第五海軍建築部	サイパン島	一九四四・〇七・〇八 一九二〇・一一・二〇	平沼昌大 日贊	軍属 父	戦死	沃溝郡臨阪面鷲山里三一二 ｜
五九	第五海軍建築部	サイパン島	一九四四・〇七・〇八 一九二三・〇七・一一	松本永完 順童	軍属 妻	戦死	沃溝郡臨阪面邑内里一四二 ｜
六〇	第五海軍建築部	サイパン島	一九四四・〇七・〇八 一九二八・〇八・一五	趙本相憲 雄吉	軍属 父	戦死	沃溝郡臨阪面米院里六一九 ｜
六一	第五海軍建築部	サイパン島	一九四四・〇七・〇八 ｜	李仁名 無名	軍属 母	戦死	沃溝郡玉山面玉山里三一一 ｜
七六	第五海軍建築部	サイパン島	一九四四・〇七・〇八 一九一七・〇二・二九	豊川正植 良順	軍属 妻	戦死	沃溝郡瑞穂面官元里二二八 ｜
七七	第五海軍建築部	サイパン島	一九四四・〇七・〇八 一九二〇・一二・〇八	佳山貞夫 東淳	軍属 父	戦死	沃溝郡瑞穂面馬龍里二一九 ｜
七八	第五海軍建築部	サイパン島	一九四四・〇七・〇八 一九一九・〇三・二四	曹木五山 公禮	軍属 妻	戦死	沃溝郡瑞穂面官元里三一九 ｜
八三	第五海軍建築部	サイパン島	一九四四・〇七・〇八 一九一七・〇三・一五	山本柄靖 玉石	軍属 姉	戦死	沃溝郡大野面栗山里七五一 ｜

八四	第五海軍建築部	サイパン島	一九四四・〇七・〇八	李一純	軍属	戦死	沃溝郡大野面光橋里三六〇
			一九二〇・〇一・二〇	金順	妻		―
八五	第五海軍建築部	サイパン島	一九四四・〇七・〇八	山本熙澧	軍属	戦死	沃溝郡大野面地境里四九七
			一九二六・一一・二〇	鍾記	父		―
九八	第五海軍建築部	サイパン島	一九四四・〇七・〇八	良原元永	軍属	戦死	沃溝郡開井面通使里九九
			一九一八・一〇・三一	判徳	妻		―
一〇五	第五海軍建築部	サイパン島	一九四四・〇七・〇八	金子立柄	軍属	戦死	沃溝郡羅浦面羅浦里
			一九〇八・〇四・〇八	贊執	父		―
一〇六	第五海軍建築部	サイパン島	一九四四・〇七・〇八	金田文榎	軍属	戦死	沃溝郡羅浦面羅浦里
			一九二〇・〇一・一五	大植	弟		―
一二三	第五海軍建築部	サイパン島	一九四四・〇七・〇八	星山寅熙	軍属	戦死	沃溝郡米面新豊里五五二
			一九一四・〇六・二〇	順女	母		群山府松山町九四三
一二四	第五海軍建築部	サイパン島	一九四四・〇七・〇八	良原菊次郎	軍属	戦死	沃溝郡米面新豊里一〇七七
			一九一三・〇三・〇八	貞	―		―
一二八	第五海軍建築部	サイパン島	一九四四・〇七・〇八	山井龍石	軍属	戦死	沃溝郡米面山北里三三一
			一九二〇・〇八・〇一	厚迎	父		―
一二九	第五海軍建築部	サイパン島	一九四四・〇七・〇八	忠山東春	軍属	戦死	沃溝郡米面正徳里四八五
			一九一二・〇九・二〇	順禮	妻		―
一五六	第五海軍建築部	サイパン島	一九四四・〇七・〇八	社元彦均	軍属	戦死	沃溝郡会顕面金光里四一〇
			一九二八・一〇・〇一	孔成	祖父		沃溝郡沃溝面五谷里四四八
一六四	第五海軍建築部	サイパン島	一九四四・〇七・〇八	高東成	軍属	戦死	沃溝郡玉山面南内里四四三
			一九一〇・〇七・二〇	―	―		―
一六五	第五海軍建築部	サイパン島	一九四四・〇七・〇八	平文虎来	軍属	戦死	沃溝郡玉山面南内里二二六
			一九一二・一二・〇五	順益	妻		―
一六六	第五海軍建築部	サイパン島	一九四四・〇七・〇八	竹橋福順	軍属	戦死	沃溝郡玉山面堂北里四五
			一九二〇・〇八・〇九	京西	父		―
一六七	第五海軍建築部	サイパン島	一九四四・〇七・〇八	金田寶烔	軍属	戦死	沃溝郡玉山面玉山里二九九
			一九二六・〇七・〇五	炳善	父		―
一六八	第五海軍建築部	サイパン島	一九四四・〇七・〇八	海金鍾逑	軍属	戦死	沃溝郡玉山面錦城里二四一
			一九一八・〇七・一〇	富月	妻		―
一六九	第五海軍建築部	サイパン島	一九四四・〇七・〇八	田桂錫	軍属	戦死	沃溝郡玉山面錦城里六二
			一九二六・〇九・二九	寛奉	父		沃溝郡大野面福橋里七二八
一七三	第五海軍建築部	サイパン島	一九四四・〇七・〇八	石田雙奉	軍属	戦死	沃溝郡沃溝面玉峯里
			一九二一・××・二五	判玉	―		沃溝郡玉面王山里
一八三	第五海軍建築部	サイパン島	一九四四・〇七・〇八	金福来	軍属	戦死	扶安郡扶寧面鳳徳里

			一九一五・〇二・一五	崔東	義兄		黄海道黄州郡松林面松林里
一九九	第五海軍建築部	サイパン島	一九四四・〇七・〇八 一九〇四・〇六・〇五	羅喜周 福女	軍属 妻	戦死	扶安郡幸安面西駅里三六一 井邑郡徳川面新月里二四七
二〇〇	第五海軍建築部	サイパン島	一九四四・〇七・〇八 一九二六・〇七・三一	大本豊禹 莫姓女	軍属 母	戦死	扶安郡幸安面界大里一三六 井邑郡井州邑市基里四〇五
二一六	第五海軍建築部	サイパン島	一九四四・〇七・〇八 一九二二・〇一・〇一	天本　弘 栄	軍属 父	戦死	扶安郡白山面龍渓里四二 群山府開福町一－一五
二二三	第五海軍建築部	サイパン島	一九四四・〇七・〇八 一九〇八・〇八・一八	金光相允 相萬	軍属 兄	戦死	扶安郡上西面古機里二六九 井邑郡井州邑市基里二〇四
二五三	第五海軍建築部	サイパン島	一九四四・〇七・〇八 一九一七・〇四・〇二	金川昌洙 梅花	軍属 妻	戦死	全州府大正町四－一〇四 沃溝郡臨陂面邑内里一〇〇
二五八	第五海軍建築部	サイパン島	一九四四・〇七・〇八 一九一六・〇六・一五	金山炳燮 前華	軍属 母	戦死	淳昌郡福興面興下里二四五 井邑郡井州邑市基里四〇五
二五九	第五海軍建築部	サイパン島	一九四四・〇七・〇八 一九二一・一〇・〇四	平在根 －	軍属 －	戦死	淳昌郡金果面 －
二六二	第五海軍建築部	サイパン島	一九四四・〇七・〇八 一九二六・〇一・二九	李本成大 判任	軍属 妻	戦死	淳昌郡金果面防築里二〇〇 －
二六三	第五海軍建築部	サイパン島	一九四四・〇七・〇八 一九二二・〇六・一五	金山銘中 容燮	軍属 父	戦死	淳昌郡金果面鉢山里一二二 －
二六四	第五海軍建築部	サイパン島	一九四四・〇七・〇八 一九一二・〇九・一三	鶴川順基 奉禮	軍属 妻	戦死	淳昌郡金果面鉢山里二一三 －
二六五	第五海軍建築部	サイパン島	一九四四・〇七・〇八 一九一一・〇一・二〇	黄今龍 景順	軍属 妻	戦死	淳昌郡金果面防築里一四一 －
二六六	第五海軍建築部	サイパン島	一九四四・〇七・〇八 一九一九・〇八・〇一	玉川鎮萬 秉基	軍属 父	戦死	淳昌郡金果面銅田里一〇七 －
二六七	第五海軍建築部	サイパン島	一九四四・〇七・〇八 一九二三・〇五・一五	尹在徳 奉春	軍属 父	戦死	淳昌郡金果面訪聖里一四一 －
二六八	第五海軍建築部	サイパン島	一九四四・〇七・〇八 一九一〇・〇五・〇六	金本三斗 貴徳	軍属 妻	戦死	淳昌郡金果面木洞里二四五 －
二七〇	第五海軍建築部	サイパン島	一九四四・〇七・〇八 一九〇四・〇八・一九	林三次 後南	軍属 妻	戦死	淳昌郡淳昌面南渓里八八 －
二七二	第五海軍建築部	サイパン島	一九四四・〇七・〇八 一九一五・〇一・二九	金石三碧 永愛	軍属 妻	戦死	淳昌郡淳昌面淳化里四二六 －
二七三	第五海軍建築部	サイパン島	一九四四・〇七・〇八 一九二六・〇七・二二	金本性勤 東和	軍属 父	戦死	淳昌郡淳昌面淳化里一一七 －

番号	所属	場所	年月日	氏名	区分	事由	本籍
二七六	第五海軍建築部	サイパン島	一九四四・〇七・〇八	金山東植	軍属	戦死	淳昌郡八徳面九龍里
			一九一四・一〇・二六	山本達成	—		淳昌郡八徳面防築里九〇八
二七七	第五海軍建築部	サイパン島	一九四四・〇七・〇八	伊原光鎬	軍属	戦死	淳昌郡亀鉢面芳化里
			一九二二・〇八・一七	在根	父		×××
二八〇	第五海軍建築部	サイパン島	一九四四・〇七・〇八	金海學奉	軍属	戦死	淳昌郡豊山面斗仲里五六八
			一九〇二・〇六・二六	×用	妻		—
二八一	第五海軍建築部	サイパン島	一九四四・〇七・〇八	金海光洙	軍属	戦死	淳昌郡豊山面大崔里九九
			一九二〇・一一・二七	奇善	父		—
二八二	第五海軍建築部	サイパン島	一九四四・〇七・〇八	南延洙	軍属	戦死	淳昌郡豊山面竹谷里三八七
			一九一一・〇二・〇二	公順	妻		—
二八七	第五海軍建築部	サイパン島	一九四四・〇七・〇八	朴原燮	軍属	戦死	淳昌郡柳等面乾谷里三九五
			一九二二・〇一・〇九	晋山幹永	親戚		—
三一二	第五海軍建築部	サイパン島	一九四四・〇七・〇八	利川文吉	軍属	戦死	淳昌郡柳等面無愁里六〇二
			一九二三・〇三・二〇	明元	父		—
三一四	第五海軍建築部	サイパン島	一九四四・〇七・〇八	金井烔完	軍属	戦死	長水郡山西面花上里一〇四
			一九二一・一一・一九	正逑	父		群山府松町九六三
三一九	第五海軍建築部	サイパン島	一九四四・〇七・〇八	安江漢洙	軍属	戦死	長水郡山西面五聖里五九九
			一九一八・〇八・〇六	一順	妻		群山府助村町一五〇
三三二	第五海軍建築部	サイパン島	一九四四・〇七・〇八	鄭順基	軍属	戦死	長水郡渓南面金谷里一七二一
			一九一九・〇八・〇五	順祚	弟		井邑郡北面九龍里
三三九	第五海軍建築部	サイパン島	一九四四・〇七・〇八	河世春	軍属	戦死	長水郡天川面龍元里六三三
			一九一一・〇八・〇三	順女	妻		黄海道延白郡石山面壽禮里三三九
四四二	第五海軍建築部	サイパン島	一九四四・〇七・〇八	徳山俊鎬	軍属	戦死	南原郡巳××
			一九二〇・〇四・一三	×成	父		—
五三二	第五海軍建築部	サイパン島	一九四四・〇七・〇八	鄭卜童	軍属	戦死	高敞郡古水面瓦村里一〇五
			一九二一・〇七・〇一	長國	父		全羅南道和順郡梨陽面××里
五六六	第五海軍建築部	サイパン島	一九四四・〇七・〇八	金木永培	軍属	戦死	金堤郡鳳山面雙坎里二九七
			一九二三・〇八・一三	秀雄	父		—
五六七	第五海軍建築部	サイパン島	一九四四・〇七・〇八	金村甲喆	軍属	戦死	金堤郡鳳山面鳳月里五六四
			一九二一・〇七・一三	貞順	妻		—
五七一	第五海軍建築部	サイパン島	一九四四・〇七・〇八	華山奇春	軍属	戦死	金堤郡鳳南面西亭里六三八
			一九二六・一一・二九	日嬅	母		—
五七二	第五海軍建築部	サイパン島	一九四四・〇七・〇八	呉本玉童	軍属	戦死	金堤郡鳳南面従徳里一四〇
			一九一四・〇二・一一	玉順	妻		—
五七三	第五海軍建築部	サイパン島	一九四四・〇七・〇八	黄田順燮	軍属	戦死	金堤郡鳳南面龍新里二二八

			一九一八・〇三・一五	貞子	妻		ー
五七四	第五海軍建築部	サイパン島	一九四四・〇七・〇八 一九二三・〇三・〇一	南原源八 陣甫	軍属 父	戦死	金堤郡鳳南面龍新里二三九 ー
五八〇	第五海軍建築部	サイパン島	一九四四・〇七・〇八 一九二六・〇六・〇四	大村京先 李本昌徳	軍属 義兄	戦死	金堤郡進鳳面加美里 全羅南道長城郡長城面鈴泉里九九
五八二	第五海軍建築部	サイパン島	一九四四・〇七・〇八 一九一八・一〇・一七	金京漢龍 岩山	軍属 父	戦死	金堤郡進鳳面玉浦里四三 ー
五八三	第五海軍建築部	サイパン島	一九四四・〇七・〇八 一九一七・〇二・二〇	金村畑福 在光	軍属 妻	戦死	金堤郡進鳳面銀波里一七一 ー
五九三	第五海軍建築部	サイパン島	一九四四・〇七・〇八 一九二七・一二・一六	吉田徳信 永山	軍属 父	戦死	金堤郡青蝦面大青里二九一 ー
五九四	第五海軍建築部	サイパン島	一九四四・〇七・〇八 一九二〇・一二・二七	呉興楚 光玉	軍属 母	戦死	金堤郡青蝦面東之山里四五八 ー
六〇四	第五海軍建築部	サイパン島	一九四四・〇七・〇八 一九一五・〇九・〇一	完山炳泰 文京	軍属 父	戦死	金堤郡萬項面小工里 ー
六〇八	第五海軍建築部	サイパン島	一九四四・〇七・〇八 一九二三・〇一・二四	金田点碩 達福	軍属 父	戦死	金堤郡扶梁面玉亭里四三五 ー
六一九	第五海軍建築部	サイパン島	一九四四・〇七・〇八 一九一六・〇二・一一	井本奉林 井本乭治	軍属 親戚	戦死	金堤郡白鴎面三亭里一三四 沃溝郡会縣面學堂里
六二〇	第五海軍建築部	サイパン島	一九四四・〇七・〇八 一九二三・〇六・一八	金正植 奉秀	軍属 父	戦死	金堤郡白鴎面石潭里 ー
六二七	第五海軍建築部	サイパン島	一九四四・〇七・〇八 一九二五・〇一・〇三	黄寅奎 阿基	軍属 妻	戦死	金堤郡龍池面亀岩里二三五 ー
六二八	第五海軍建築部	サイパン島	一九四四・〇七・〇八 一九一六・〇三・一五	玉南善 富子	軍属 妻	戦死	金堤郡龍池面礼材里四五八 ー
六二九	第五海軍建築部	サイパン島	一九四四・〇七・〇八 一九二三・〇九・二〇	朴仁席 仁燮	軍属 兄	戦死	金堤郡龍池面礼村里 ー
六三〇	第五海軍建築部	サイパン島	一九四四・〇七・〇八 一九一〇・〇二・〇六	砿山自燁 正順	軍属 母	戦死	金堤郡龍池面松山里 金堤郡鳳山面仰凡里
六三一	第五海軍建築部	サイパン島	一九四四・〇七・〇八 一九二三・〇五・一六	金本恩泰 鍾根	軍属 父	戦死	金堤郡白山面祖宗里 沃溝郡澮縣面曽各里
六三二	第五海軍建築部	サイパン島	一九四四・〇七・〇八 一九二六・〇九・二八	龍池採洙 錫柱	軍属 父	戦死	金堤郡白山面下西里三〇二 ー
六三三	第五海軍建築部	サイパン島	一九四四・〇七・〇八 一九二五・〇二・二八	山本基斗 須汝	軍属 父	戦死	金堤郡白山面富巨里 ー

六三四	第五海軍建築部	サイパン島	一九四四・〇七・〇八 一九二一・〇三・二七	松田信錫 －	軍属 －	戦死	金提郡白山面上井里七一四 －
六三八	第五海軍建築部	サイパン島	一九四四・〇七・〇八 一九一三・〇三・一八	高林梅花 福順	軍属 妻	戦死	金堤郡竹山面西浦里一五 －
六九四	第五海軍建築部	サイパン島	一九四四・〇七・〇八 一九二六・一一・〇一	山本應鎮 圭淵	軍属 父	戦死	金堤郡金堤邑西港里三三九 －
六九五	第五海軍建築部	サイパン島	一九四四・〇七・〇八 一九一三・〇八・一〇	河西相應 順女	軍属 父	戦死	金堤郡金堤邑龍洞里七〇 －
六九六	第五海軍建築部	サイパン島	一九四四・〇七・〇八 一九一五・〇八・〇五	金村綺老 玉淑	軍属 妻	戦死	金堤郡金堤邑西庵里二六四 金堤郡金堤邑校洞里
七〇一	第五海軍建築部	サイパン島	一九四四・〇七・〇八 一九二二・〇七・二二	権奉基 －	軍属 －	戦死	金堤郡金堤邑西庵里 －
七〇二	第五海軍建築部	サイパン島	一九四四・〇七・〇八 一九一七・一二・一五	李明権 －	軍属 －	戦死	金堤郡金堤邑新豊里 －
七一一	第五海軍建築部	サイパン島	一九四四・〇七・〇八 一九一五・一一・〇二	共田甲成 基京	軍属 父	戦死	金堤郡金山面錦城里四七一 －
七一二	第五海軍建築部	サイパン島	一九四四・〇七・〇八 一九二〇・〇一・二四	河田一奉 順玉	軍属 妻	戦死	金堤郡金山面三鳳里四〇五 －
七一三	第五海軍建築部	サイパン島	一九四四・〇七・〇八 －	茂吉芳雄 在順	軍属 父	戦死	金堤郡金山面院坪里六九 －
七二四	第五海軍建築部	サイパン島	一九四四・〇七・〇八 一九一六・〇六・二一	趙一男 達女	軍属 妻	戦死	井邑郡山外面貞良里九九九 井邑郡山外面清遊里
七三七	第五海軍建築部	サイパン島	一九四四・〇七・〇八 一九一一・〇六・一七	新井建一 澄子	軍属 妻	戦死	井邑郡井州邑蓮池里七四七 －
七三八	第五海軍建築部	サイパン島	一九四四・〇七・〇八 一九一一・〇一・一四	木村徳一 千代子	軍属 妻	戦死	井邑郡井州邑蓮池里五四 井邑郡井州邑市基里四六二
七三九	第五海軍建築部	サイパン島	一九四四・〇七・〇八 一九一五・〇二・〇二	清河春植 二順	軍属 母	戦死	井邑郡井州邑上坪里四 井邑郡井州邑上里
七四〇	第五海軍建築部	サイパン島	一九四四・〇七・〇八 一九一四・〇二・二五	廣川順栄 二次	軍属 妻	戦死	井邑郡井州邑市基里一六六 －
七四一	第五海軍建築部	サイパン島	一九四四・〇七・〇八 一九一二・一二・〇一	黄卜童 萬春	軍属 父	戦死	井邑郡井州邑長明里一七七-二 井邑郡井州邑上里
七五九	第五海軍建築部	サイパン島	一九四四・〇七・〇八 一九一八・一〇・二三	鄭松鶴 在雲	軍属 妻	戦死	井邑郡新泰仁邑新泰仁里一六五 －
七六〇	第五海軍建築部	サイパン島	一九四四・〇七・〇八	正木東燮	軍属	戦死	井邑郡新泰仁邑新泰仁一五四

番号	所属	場所	年月日	氏名	続柄	区分	本籍
			一九一六・〇六・二五	基順	妻		|
七六六	第五海軍建築部	サイパン島	一九四四・〇七・〇八	朴判金	軍属	戦死	井邑郡新泰仁邑大里二五一
			一九一一・〇五・一〇	北實	妻		|
七八〇	第五海軍建築部	サイパン島	一九四四・〇七・〇八	安田斗三	軍属	戦死	井邑郡泰仁面柏山里一一二〇
			一九一四・〇二・一五	亭子	母		金堤郡鳳南面龍新里
七八二	第五海軍建築部	サイパン島	一九四四・〇七・〇八	山村判萬	軍属	戦死	井邑郡泰仁面泰昌里一四一
			一九一五・〇九・一五	孝愛	妻		|
七八三	第五海軍建築部	サイパン島	一九四四・〇七・〇八	原田基成	軍属	戦死	井邑郡泰仁面泰興里
			一九二八・〇四・一四	九奉	父		|
七九六	第五海軍建築部	サイパン島	一九四四・〇七・〇八	松木貞卓	軍属	戦死	井邑郡瓮東面梅井里一八九
			一九一七・〇四・二四	良任	妻		|
七九七	第五海軍建築部	サイパン島	一九四四・〇七・〇八	宮木二男	軍属	戦死	井邑郡瓮東面竜虎里二五七
			一九二二・〇四・一一	正心	妻		|
七九八	第五海軍建築部	サイパン島	一九四四・〇七・〇八	金一男	軍属	戦死	井邑郡瓮東面竜虎里一八二
			一九二一・〇八・一〇	玉順	妻		|
七九九	第五海軍建築部	サイパン島	一九四四・〇七・〇八	金田奇福	軍属	戦死	井邑郡瓮東面梅井里一八六
			一九一五・〇一・一〇	初先	妻		
八〇〇	第五海軍建築部	サイパン島	一九四四・〇七・〇八	金本徳順	軍属	戦死	井邑郡瓮秉面竜虎里
			一九〇九・〇六・〇五	奉順	兄		|
八〇一	第五海軍建築部	サイパン島	一九四四・〇七・〇八	大原錦哲	軍属	戦死	井邑郡瓮東面竜虎里四三六
			一九二一・〇二・〇三	演煥	父		|
八〇二	第五海軍建築部	サイパン島	一九四四・〇七・〇八	國本東光	軍属	戦死	井邑郡瓮東面山城里九二二
			一九一二・一一・二〇	同口	母		
八〇三	第五海軍建築部	サイパン島	一九四四・〇七・〇八	南岡其同	軍属	戦死	井邑郡瓮東面山城里九一七
			一九〇八・〇一・一二	順禮	妻		
八二八	第五海軍建築部	サイパン島	一九四四・〇七・〇八	海本武燮	軍属	戦死	井邑郡古阜面龍興里六二七
			一九一八・〇五・一五	麟根	父		|
八六一	第五海軍建築部	サイパン島	一九四四・〇七・〇八	河村英吉	軍属	戦死	井邑郡笠岩面丹谷里三七九
			一九二六・〇六・一四	従準	父		|
八七五	第五海軍建築部	サイパン島	一九四四・〇七・〇八	鄭本壽福	軍属	戦死	井邑郡内蔵面龍山里二四九
			一九〇六・〇三・〇九	趙性女	母		
八七六	第五海軍建築部	サイパン島	一九四四・〇七・〇八	鄭正月	軍属	戦死	井邑郡内蔵面龍山里四三〇
			一九二〇・一一・一〇	桂夾	父		|
八八〇	第五海軍建築部	サイパン島	一九四四・〇七・〇八	平山玉鉉	軍属	戦死	井邑郡内蔵面琴明里七五
			一九二二・〇五・二九	宗禮	妻		|

番号	所属	地域	生年月日／死亡年月日	氏名	身分	状況	本籍・住所
八八一	第五海軍建築部	サイパン島	一九四四・〇七・〇八 一九一二・〇一・一九	松沢逢春 成春	軍属 兄	戦死	井邑郡内蔵面琴明里五－三 －
八八二	第五海軍建築部	サイパン島	一九四四・〇七・〇八 一九一六・〇七・二一	松本基同 炳燁	軍属 父	戦死	井邑郡内蔵面龍山里四八〇 －
八八六	第五海軍建築部	サイパン島	一九四四・〇七・〇八 一九二三・〇六・一五	光田炳鏞 炳善	軍属 兄	戦死	井邑郡浄雨面邑順里六三〇 －
八八七	第五海軍建築部	サイパン島	一九四四・〇七・〇八 一九二五・〇三・二八	金本炳順 眞萬	軍属 父	戦死	井邑郡浄雨面水金里二六〇－一 －
八八八	第五海軍建築部	サイパン島	一九四四・〇七・〇八 一九二六・〇九・一九	佳山萬清 用玉	軍属 父	戦死	井邑郡浄雨面山北里八九二 －
八八九	第五海軍建築部	サイパン島	一九四四・〇七・〇八 一九一七・〇一・二〇	金田徳基 昌性	軍属 父	戦死	井邑郡浄雨面長順里一二九 －
九〇一	第五海軍建築部	サイパン島	一九四四・〇七・〇八 一九一〇・〇二・二〇	徐金福 玉順	軍属 妻	戦死	井邑郡梨坪面 井邑郡内蔵面琴明里一七七
九〇二	第五海軍建築部	サイパン島	一九四四・〇七・〇八 一九二三・〇四・二〇	岩本京落 基同	軍属 父	戦死	井邑郡梨坪面下松里三六八 －
九一二	第五海軍建築部	サイパン島	一九四四・〇七・〇八 一九二三・一〇・二八	許正植 宗順	軍属 父	戦死	井邑郡甘谷面龍郭里四七五 －
九三四	第五海軍建築部	サイパン島	一九四四・〇七・〇八 一九二〇・〇六・〇八	江本錫鍾 玉女	軍属 妻	戦死	井邑郡山内面羨橋里一八三 －
九三五	第五海軍建築部	サイパン島	一九四四・〇七・〇八 一九二〇・〇五・〇九	三山在玉 長喬	軍属 母	戦死	井邑郡山内面羨橋里一一七 －
九五一	第五海軍建築部	サイパン島	一九四四・〇七・〇八 一九一一・〇六・一七	李吉来 金禮	軍属 妻	戦死	井邑郡北面新平里六二六 井邑郡井州邑蓮池里四三七
九五七	第五海軍建築部	サイパン島	一九四四・〇七・〇八 一九二三・〇八・二五	新井敏弘 荘永	軍属 父	戦死	完州郡参礼面一〇九一－四 群山府屯東町一八〇
九六七	第五海軍建築部	サイパン島	一九四四・〇七・〇八 一九一七・一一・二二	井上環圭 魯司	軍属 母	戦死	完修郡雲州面九梯五里二八〇 益山郡砺山面白城里一八五
一〇〇一	第五海軍建築部	サイパン島	一九四四・〇七・〇八 一九一八・〇七・〇一	金田明山 福順	軍属 妻	戦死	完州郡雨田面大平里七六七 井邑郡新泰仁邑新興里
一〇〇二	第五海軍建築部	サイパン島	一九四四・〇七・〇八 一九〇七・〇五・〇三	田八龍 良禮	軍属 妻	戦死	完州郡雨田面大平里一〇五 沃溝郡澮縣面曽石里
一〇九八	第五海軍建築部	サイパン島	一九四四・〇七・〇八 一九二二・〇三・二五	松岡茂一 昌順	軍属 妻	戦死	錦山郡郡山面寶光里四七五 －
一一七五	第五海軍建築部	サイパン島	一九四四・〇七・〇八	金順錫	軍属	戦死	鎮安郡朱川面大仏里

番号	所属	場所	年月日	氏名	続柄	事由	本籍・住所
			一九一六・〇九・二四	徳三	父		金堤郡金山面清道里
一三〇三	第五海軍建築部	サイパン島	一九四四・〇七・〇八 一九一五・〇四・〇九	金天南哲 姓女	軍属 母	戦死	鎮安郡白雲面東倉里五二三 珍南郡舘村面舘村里三七八
一二九二	第五海軍建築部	サイパン島	一九四四・〇七・〇八 一九二二・〇二・一二	山本次郎 正雄	軍属 父	戦死	群山府栄町六四 ―
一三〇五	第五海軍建築部	サイパン島	一九四四・〇七・〇八 一九一八・〇五・二五	大山致元 鍾光	軍属 兄	戦死	群山府開福町一―七六 ―
一三〇六	第五海軍建築部	サイパン島	一九四四・〇七・〇八 一九一二・〇三・二六	富永泰山 正子	軍属 妻	戦死	群山府松山町九七五 ―
一三〇八	第五海軍建築部	サイパン島	一九四四・〇七・〇八 一九一九・九一・一二	金江相哲 姙禮	軍属 妻	戦死	群山府 群山府助村町三八六金江吉用方
一三〇九	第五海軍建築部	サイパン島	一九四四・〇七・〇八 一九二三・〇三・一二	米宗仁秀 尚弼	軍属 父	戦死	群山府南屯栗町三七五 群山府屯栗町三〇〇
一三一〇	第五海軍建築部	サイパン島	一九四四・〇七・〇八 一九二三・〇三・一一	菊田相淳 甲淳	軍属 兄	戦死	群山府新興町一五 群山府海望町山四
一三一一	第五海軍建築部	サイパン島	一九四四・〇七・〇八 一九一八・〇三・二三	大松斗錫 道順	軍属 妻	戦死	群山府南屯栗町三七五 ―
一三一二	第五海軍建築部	サイパン島	一九四四・〇七・〇八 一九一六・〇五・一二	朴原箕淳 伊粉	軍属 妻	戦死	群山府五龍町八五一 ―
一三一三	第五海軍建築部	サイパン島	一九四四・〇七・〇八 一九二一・〇九・〇一	寺谷金俊 春心	軍属 母	戦死	群山府新興町七金田浩済方 ―
一三一四	第五海軍建築部	サイパン島	一九四四・〇七・〇八 一九二三・一一・二六	富山潤文 通順	軍属 母	戦死	群山府開福町九二 群山府江戸町二八
一三二五	第五海軍建築部	サイパン島	一九四四・〇七・〇八 一九二三・〇四・〇四	鳥山南烈 永祚	軍属 父	戦死	任實郡徳峙面日中里四五五 任實郡江津面筆峰里六三九
一三三八	第五海軍建築部	サイパン島	一九四四・〇七・〇八 一九一六・〇三・一〇	中南植 又順	軍属 妻	戦死	任實郡聖壽面鳳崗里一四一 ―
一三四五	第五海軍建築部	サイパン島	一九四四・〇七・〇八 一九二八・〇三・一八	松田榛浩 鍾禄	軍属 父	戦死	任實郡江津面鶴石里六二一 ―
一三五七	第五海軍建築部	サイパン島	一九四四・〇七・〇八 一九二二・〇六・三〇	朴本莫周 石順	軍属 父	戦死	任實郡青雄面南山里七五 ―
一三七二	第五海軍建築部	サイパン島	一九四四・〇七・〇八 一九二九・〇六・二七	林春祚 性淑	軍属 母	戦死	任實郡屯南面獒樹里七二 ―
一三七三	第五海軍建築部	サイパン島	一九四四・〇七・〇八 一九二六・〇八・二二	長黄奎淵 ×水	軍属 父	戦死	任實郡屯南面獒樹里三七二 ―

番号	所属	場所	年月日	氏名	区分	事由	本籍
一四〇〇	第五海軍建築部	サイパン島	一九四四・〇七・〇八	國本奉祚	軍属	戦死	任實郡舘村面舘村里一三四
			一九二六・一一・一四	道弘	父		―
一四〇六	第五海軍建築部	サイパン島	一九四四・〇七・〇八	木村泰鉉	軍属	戦死	任實郡新坪面大里三九九
			一九〇六・〇五・〇九	姓女	妻		―
一四〇七	第五海軍建築部	サイパン島	一九四四・〇七・〇八	金城貴重	軍属	戦死	任實郡新坪面虎岩里二五七
			一九一七・〇四・二八	白正	妻		―
一四〇九	第五海軍建築部	サイパン島	一九四四・〇七・〇八	海金炳斗	軍属	戦死	任實郡新坪面加德里六一八
			一九一五・一〇・〇八	基煒	母		―
一四三〇	第五海軍建築部	サイパン島	一九四四・〇七・〇八	張宗壽	軍属	戦死	任實郡新德面新興里三三
			一九一七・〇三・二〇	禹仙	妻		沃溝郡臨陂面鷲山里二四八
一四三一	第五海軍建築部	サイパン島	一九四四・〇七・〇八	清本鉉錫	軍属	戦死	任實郡新德面新德里一五三
			一九二二・一二・一三	東烈	母		―
一四三二	第五海軍建築部	サイパン島	一九四四・〇七・〇八	南洪永杓	軍属	戦死	任實郡新德面月城里四四八
			一九二〇・〇五・〇七	多×	妻		―
一四三三	第五海軍建築部	サイパン島	一九四四・〇七・〇八	金海牙只	軍属	戦死	任實郡新德面三吉里六八八―二
			一九一〇・一一・〇六	牙満	父		金堤郡鳳山面鳥井里
一四四五	第五海軍建築部	サイパン島	一九四四・〇七・〇八	金鍾烈	軍属	戦死	任實郡任實面城街里四三六
			一九一五・〇一・一九	順禮	妻		―
一四四六	第五海軍建築部	サイパン島	一九四四・〇七・〇八	崔求官	軍属	戦死	任實郡任實面斗満里一七五
			一九二一・〇七・二〇	満禮	妻		―
一四五九	第五海軍建築部	サイパン島	一九四四・〇七・〇八	曹汀正洙	軍属	戦死	益山郡龍安面中新里三一四
			一九一五・一〇・一〇	乙孫	父		―
一四六七	第五海軍建築部	サイパン島	一九四四・〇七・〇八	金本鍾根	軍属	戦死	益山郡聖堂面瓦草里一七九
			一九二〇・〇三・〇九	命基	父		―
一四六八	第五海軍建築部	サイパン島	一九四四・〇七・〇八	千原三龍	軍属	戦死	益山郡熊浦面熊浦里
			一九二五・一〇・〇一	鳳烈	父		―
一四七二	第五海軍建築部	サイパン島	一九四四・〇七・〇八	金海永昌	軍属	戦死	益山郡咸羅面金城里一〇七
			一九二二・一〇・一四	基山	嫡母		―
一四七三	第五海軍建築部	サイパン島	一九四四・〇七・〇八	原川大云	軍属	戦死	益山郡北一面新龍里六三二
			一九二一・〇五・二五	大成	兄		―
一四七四	第五海軍建築部	サイパン島	一九四四・〇七・〇八	張本守永	軍属	戦死	益山郡北一面新興里七一一
			一九一五・〇八・二五	令子	妻		―
一四七五	第五海軍建築部	サイパン島	一九四四・〇七・〇八	國本南逑	軍属	戦死	益山郡北一面新里三五四
			一九一八・〇三・二六	貞姫	妻		―
一四七六	第五海軍建築部	サイパン島	一九四四・〇七・〇八	金谷種九	軍属	戦死	益山郡北一面永登里二二九

			一九一六・〇六・〇四	丁順	妻		—
一四七七	第五海軍建築部	サイパン島	一九四四・〇七・〇八	金木尚順	軍属	戦死	益山郡北一面新龍里二七八
			一九二三・〇二・二七	玉山	母		—
一四八三	第五海軍建築部	サイパン島	一九四四・〇七・〇八	森本伯熙	軍属	戦死	益山郡北一面新龍里八六三
			一九一五・一二・〇八	旲蘭	長女		益山郡甫九一面新元里林方大熙
一四八八	第五海軍建築部	サイパン島	一九四四・〇七・〇八	金川泰奉	軍属	戦死	益山郡黄登面栗村里一四
			一九二五・〇一・〇五	永守	父		—
一五一二	第五海軍建築部	サイパン島	一九四四・〇七・〇八	三山永植	軍属	戦死	益山郡朗山面石泉里三五七
			一九〇八・〇三・二五	鍾葉	妻		—
一五一四	第五海軍建築部	サイパン島	一九四四・〇七・〇八	河原機容	軍属	戦死	益山郡望城面華山里一一五八
			一九二一・〇一・二〇	貞容	姉		群山府山上町九〇八
一五三二	第五海軍建築部	サイパン島	一九四四・〇七・〇八	蘇田鎮権	軍属	戦死	益山郡望城面漁梁里一二六四
			—	彩重	妻		—
一五三六	第五海軍建築部	サイパン島	一九四四・〇七・〇八	清川鎮説	軍属	戦死	益山郡皇華面麻田里八六一
			一九一四・一二・一〇	貴女	妻		—
一五三七	第五海軍建築部	サイパン島	一九四四・〇七・〇八	杞木甲清	軍属	戦死	益山郡皇華面安心里四四四
			一九〇八・〇八・二四	芳春	父		—
一五三八	第五海軍建築部	サイパン島	一九四四・〇七・〇八	國本逢春	軍属	戦死	益山郡皇華面高内里一二一
			一九二二・〇一・〇七	奉任	妻		—
一五三九	第五海軍建築部	サイパン島	一九四四・〇七・〇八	金川明春	軍属	戦死	益山郡皇華面高内里一二一
			一九二一・一二・一二	直春	父		—
一五四〇	第五海軍建築部	サイパン島	一九四四・〇七・〇八	金川鎮奎	軍属	戦死	益山郡皇華面高内里四四一
			一九二〇・〇七・二六	在仁	父		益山市星華面高内里一二一
一五四一	第五海軍建築部	サイパン島	一九四四・〇七・〇八	國建俊兼	軍属	戦死	益山郡皇華面麻田里一〇六五
			一九二五・〇三・二〇	貴禮	妻		—
一五四二	第五海軍建築部	サイパン島	一九四四・〇七・〇八	星山相根	軍属	戦死	益山郡砺砺山面台城里五四七
			一九二三・〇三・二〇	化淳	父		—
一五四三	第五海軍建築部	サイパン島	一九四四・〇七・〇八	安田南起	軍属	戦死	益山郡砺砺山面斗余里八五〇
			一九一八・〇八・一〇	卯得	父		—
一五四四	第五海軍建築部	サイパン島	一九四四・〇七・〇八	平山淳鍾	軍属	戦死	益山郡砺砺山面斗余里八四二
			一九二〇・〇八・一八	東奉	父		—
一五四五	第五海軍建築部	サイパン島	一九四四・〇七・〇八	國本点伯	軍属	戦死	益山郡砺砺山面台城里二七〇
			一九〇六・一〇・一五	祥翼	父		—
一五四六	第五海軍建築部	サイパン島	一九四四・〇七・〇八	松本大魯	軍属	戦死	益山郡砺砺山面源水里一三五
			一九二五・〇四・〇四	徳仲	父		益山郡三箕面蓮洞里

番号	所属	死亡場所	死亡年月日／生年月日	氏名／親族氏名	身分／続柄	死因	本籍／親族住所
一五四八	第五海軍建築部	サイパン島	一九四四・〇七・〇八	廣村三鳳	軍属	戦死	益山郡金馬面新龍里五〇七
			一八九七・〇三・二〇	俊必	兄		益山郡金馬面東古都里
一五四九	第五海軍建築部	サイパン島	一九四四・〇七・〇八	金山敬益	軍属	戦死	益山郡金馬面箕陽里五五
			一九一六・〇八・二〇	釋鎮	父		—
一五五〇	第五海軍建築部	サイパン島	一九四四・〇七・〇八	李礼載	軍属	戦死	益山郡金馬面古都里四五三
			一九一六・一一・一六	三順	妻		—
一五五一	第五海軍建築部	サイパン島	一九四四・〇七・〇八	蓄山禎泳	軍属	戦死	益山郡金馬面西古都里八〇
			一九二六・一〇・一四	興初	父		—
一五五二	第五海軍建築部	サイパン島	一九四四・〇七・〇八	江本陽燮	軍属	戦死	益山郡三箕面間村里六一二
			一九二一・〇二・二〇	秉畢	父		—
一五五三	第五海軍建築部	サイパン島	一九四四・〇七・〇八	完山康浩	軍属	戦死	益山郡三箕面龍淵里二九三
			一九一一・〇一・一〇	順徳	妻		—
一五五四	第五海軍建築部	サイパン島	一九四四・〇七・〇八	金山貴煥	軍属	戦死	益山郡三箕面西豆里四三七
			一九一七・〇二・〇四	良姫	妻		—
一五五七	第五海軍建築部	サイパン島	一九四四・〇七・〇八	青木山徳	軍属	戦死	益山郡三宮面東新龍里六八一
			一九一三・〇一・〇四	荏玉	母		—
一五五八	第五海軍建築部	サイパン島	一九四四・〇七・〇八	高山祥仙	軍属	戦死	益山郡王宮面光岩里五九一
			一九二〇・〇八・〇八	玉順	妻		—
一五五九	第五海軍建築部	サイパン島	一九四四・〇七・〇八	松本宗熙	軍属	戦死	益山郡王宮面王宮里四五二
			一九一六・〇四・〇二	金玉	妻		—
一五六一	第五海軍建築部	サイパン島	一九四四・〇七・〇八	安田成一	軍属	戦死	益山郡春浦面露積里
			一九〇六・〇三・二五	李福順	妻		—
一五六二	第五海軍建築部	サイパン島	一九四四・〇七・〇八	善山永煥	軍属	戦死	益山郡春浦面川西里四二七
			一九〇六・〇五・三〇	相奎	父		—
一五六四	第五海軍建築部	サイパン島	一九四四・〇七・〇八	金柄植	軍属	戦死	益山郡春浦面川東里四二
			一九二七・一一・一八	鳳徳	父		益山郡八峰面新龍里七二〇
一五六七	第五海軍建築部	サイパン島	一九四四・〇七・〇八	青原南植	軍属	戦死	益山郡八峰面龍堤里五二六
			一九二三・〇六・二三	三千	兄		益山郡八峰面石岩里三五
一五六八	第五海軍建築部	サイパン島	一九四四・〇七・〇八	千原熙連	軍属	戦死	益山郡八峰面八峰里八〇六
			一九一四・〇四・一〇	圭根	父		—
一九五〇	第五海軍建築部	サイパン島	一九四四・〇七・〇八	梁在寅	軍属	戦死	南原郡周生面上洞里
			一九二三・〇八・二二	—	—		—
二〇五四	第五海軍建築部	サイパン島	一九四四・〇七・〇八	徳山岩吉	軍属	戦死	淳昌郡淳昌面長徳里
			一九二三・〇三・〇一	—	—		—
七五一	第八海軍建築部	四国南方海面	一九四三・一一・〇二	陽山判石・姜奉玉	軍属	戦病死	井邑郡井州邑農所里

			一九一六・〇二・二四	名益	父		咸鏡南道長津郡長津面邑下里三五
三一五	第八海軍建築部	ニューギニア、ウエワク	一九四四・〇一・二一	松山平三郎	軍属	戦死	淳昌郡仁渓面加成里
			一九〇三・一二・〇六	金令順	妻		淳昌郡仁渓面加成里
一三五四	第八海軍建築部	ニューギニア、タルヒア	一九四四・〇四・二一	金本吉雄	軍属	戦死	任實郡江津面富興里
			ー		ー		
一〇八二	第八海軍建築部	ニューギニア、ゲネム	一九四四・〇五・〇五	大山泰根	軍属	戦死	錦山郡南一面上桐里四二五
			ー	ー	ー		ー
一五三	第八海軍建築部	ニューギニア、トル河	一九四四・〇五・三〇	木本一郎	軍属	戦死	不詳
			ー	ー	ー		沃溝郡沃溝面壽山里
一〇八三	第八海軍建築部	ニューギニア、トル河	一九四四・〇五・三〇	崔泰根・山根	軍属	戦死	不詳
			ー		ー		
一〇八七	第八海軍建築部	ニューギニア、トル河	一九四四・〇五・三〇	洪順甲	軍属	戦死	錦山郡錦城面上桂里
			一九〇一・〇二・二九	ー	ー		錦山郡錦城面上桂里
四九	第八海軍建築部	ニューギニア、トル河	一九四四・一一・一〇	岩本清佑	軍属	戦死	沃溝郡聖山面聖徳里二一四
			ー	ー	ー		ー
一四八九	第八海軍建築部	ニューギニア、サルミ	一九四四・一一・一〇	山本在権	軍属	戦死	益山郡黄登面新城里四七八
			一九一九・一〇・一六	ー	ー		益山郡黄登面新城里八一
一〇九〇	第八海軍建築部	ニューギニア、サルミ	一九四四・一二・二五	山本正基	軍属	戦病死	錦山郡富利面冠川里二九二
			一九〇七・〇八・二九	致喆	甥		錦山郡富利面冠川里二九二
九八八	第八海軍施設部	ラバウル	一九四二・〇二・〇七	梁原漢圭	軍属	戦死	完州郡助村面五松里三二
			一九二〇・〇八・〇三	山田孔順	妻		ー
一四八〇	第八海軍施設部	ラバウル	一九四二・〇四・〇九	金本朕権	軍属	戦死	益山郡北一面新龍里四三〇
			一九一七・〇八・一二	成三	父		ー
一四七九	第八海軍施設部	ラバウル マラリア	一九四二・〇四・一〇	高山鳳善	軍属	戦病死	益山郡北一面新龍里三〇六
			一九一八・〇八・一〇	富永	妻		ー
九八六	第八海軍施設部	ラバウル	一九四二・〇五・〇九	×川基先	軍属	戦死	完州郡助村面龍亭里五七
			一九一五・〇九・〇五	金泰敬	父		ー
五四八	第八海軍施設部	ラバウル	一九四三・〇二・一四	金山龍三	軍属	戦病死	高敞郡星杉面渓堂里五九〇
			一九一一・〇六・〇一	富徳	妻		ー
一五五五	第八海軍施設部	ラバウル	一九四三・〇八・〇四	福山然興	軍属	戦病死	益山郡三箕面間村里四八五
			一九二二・××・一九	永根	父		ー
一四六五	第八海軍施設部	ラバウル	一九四五・〇四・二八	松江大成	軍属	戦病死	益山郡裡里邑馬洞街九七
			一九二〇・〇一・〇六	小娣	妻		益山郡裡里面×××二区
五五二	第八海軍施設部	ラバウル	一九四五・〇二・一九	玉川鎮豊	軍属	戦病死	高敞郡上下面龍岱里
			一九一六・〇九・二六	煥潤	父		ー

五四〇	第八海軍施設部	ラバウル	一九四五・〇五・二一 一九一四・〇六・二六	金海寧来 良任	軍属 —	戦病死	高敞郡孔音面壮谷里三五二 —
一一九四	第八海軍施設部	ラバウル	一九四五・〇五・二二 一九一五・〇四・二四	朴成俊 菊地明俊	軍属 弟	戦死	鎮安郡馬霊面東村里 —
五五一	第八海軍施設部	ラバウル	一九四五・〇五・二七 一九二二・〇六・〇九	金山在鶴 京客	軍属 —	戦病死	高敞郡上下面壮山里二二六〇 —
一八六	第八海軍施設部	ラバウル	一九四五・〇六・二五 一九一七・〇一・一五	金田鳳龍 明準	軍属 父	戦病死	扶安郡茁浦面卯山里 —
二三〇	第八海軍施設部	ラバウル	一九四五・〇七・一七 一九〇九・〇二・一九	金清用逑 氏	軍属 母	戦病死	扶安郡上西面嘉五里八二四 —
五二四	第八海軍施設部	ラバウル	一九四五・〇七・二一 一九〇五・一一・二一	山本龍玉 民永	軍属 —	戦病死	高敞郡雅山面鶴田里六六 —
五五四	第八海軍施設部	ラバウル	一九四五・〇八・二六 一九一〇・〇五・一一	李今萬 局彦	軍属 父	戦病死	高敞郡人山面天荘里四四六 高敞郡星松面土金田七八
七六二	第八海軍施設部	ラバウル	一九四三・〇一・二三 一九〇七・一二・二一	金海二鳳 点禮	軍属 —	戦病死	井邑郡新泰仁邑牛嶺里二一八 忠清南道天安郡並川面並川里一四三
一九四	第八海軍施設部	ラバウル	一九四五・一〇・〇七 一九〇八・〇二・〇二	中原秀吉 夏栄	軍属 長男	戦病死	扶安郡扶寧面蓮谷里 —
五七八	第八海軍施設部	ラバウル マラリア	一九四五・一一・一一 一九一二・〇八・三〇	鰲山 栄 貴×	上主 妻	戦病死	金堤郡金溝面大化里三七八 全北丹陽郡丹陽面上防里一九六
二二六〇	第一六海軍警備隊	海南島 脚気	一九四二・〇二・二三 —	南小宰 慶山霊守	軍属 姉	戦死	高敞郡孔音面石橋里四一 高敞郡雅山面
一六	第一五海軍警備隊	バシー海峡	一九四四・〇九・〇九 一九二五・〇七・二八	金光寧欽 載斗	上主 父	戦死	金堤郡鳳南町都荘里三〇九 —
五	第一五海軍警備隊	カムラン湾	一九四四・一一・一五 一九二六・〇二・〇一	金岡栄洙 綺雲	上機 母	戦病死	群山府栄町一－二一－三 —
一九	第一五海軍警備隊	ルソン島	一九四五・〇六・〇一 一九二七・〇三・〇二	良原二龍 南順	水長 父	戦死	淳昌郡赤城面槐寧里一一八四 —
一五三四	第一五海軍施設部	ニューギニア・サンボ	一九四二・〇九・一六 一九〇八・〇一・〇五	吉村良根 元模	軍属 長男	戦病死	益山郡望城面内村里一二四 —
二五七	第一五設営隊	東部ニューギニア マラリア	一九四二・〇九・一八 一九一五・一一・二五	徳山福洙 順相	軍属 妻	戦病死	淳昌郡福興面興隠里六六一 井邑郡井州邑蓮池
五六〇	第一五設営隊	東部ニューギニア	一九四二・〇九・一八 一九二〇・〇一・〇二	金田基動 善女	軍属 妻	戦死	高敞郡屋内面陽柱里五二三 井邑郡所聲面龍井里
六七一	第一五設営隊	東部ニューギニア	一九四二・〇九・一八	金谷鎮澤	軍属	戦病死	金堤郡月村面蓮井里一二六

			一九二一・〇四・一〇	奎承	父		―
九二四	第一五設営隊	東部ニューギニア マラリア	一九四二・〇九・二一 一九一四・〇七・一〇	山本俊峰 英淑	軍属 妻	戦病死	井邑郡徳川面上鶴里一五 ―
七三三	第一五設営隊	東部ニューギニア	一九四二・〇九・二四 一九二三・〇一・一二	岡本光栄 治明	軍属 父	戦死	井邑郡井州邑長明里七―一―一 井邑郡井州邑大城里
一〇六〇	第一五設営隊	東部ニューギニア マラリア	一九四九・〇九・二九 一九一四・〇九・〇六	廣田豊稔 順程	軍属 妻	戦病死	完州郡高山面邑内里四一八 井邑郡古阜面南福里二二六
二一〇	第一五設営隊	東部ニューギニア マラリア	一九四二・一〇・〇三 一九一九・〇五・三〇	林炳國 暻来	軍属 父	戦病死	扶安郡幸安面眞洞里 ―
七二五	第一五設営隊	東部ニューギニア	一九四二・一一・二三 一九一九・〇九・〇九	金南洙 致徳	軍属 母	戦病死	井邑郡山外面貞良里一五九 井邑郡山外面平沙里五六三
一〇一三	第一五設営隊	東部ニューギニア マラリア	一九四三・〇一・三〇 一九一七・一〇・一一	香山興奎 鳳女	軍属 妻	戦病死	完州郡雨田面孝子里四六七 ―
六九八	第一五設営隊	東部ニューギニア	一九四三・〇三・〇二 一九一五・一〇・二四	安東華男 喜順	軍属 妻	戦病死	金堤郡金堤邑蕁洞里一二九 ―
一〇五六	第一五設営隊	ラバウル	一九四三・〇四・一五 一九一六・〇四・一一	松山宗南 点禮	軍属 妻	戦病死	完州郡鳳東面長久里三七五 ―
四九五	第一五設営隊	ラバウル	一九四二・一一・一三 一九〇六・一二・一五	金海桂烈 判伊	軍属 妻	戦病死	南原郡周生面上洞里四七一 ―
五四六	第一五設営隊	ニューギニア	一九四二・一二・〇五 一九二〇・〇九・一五	××× 良任	軍属 妻	戦死	高敞郡星松面渓堂里一九五 ―
一〇七八	第一五設営隊	ニュージョウジア島ムンダ	一九四三・〇一・一四 一九一三・〇三・〇四	池原泰玉 別出	軍属 父	戦死	錦山郡済原面桐谷里一四九 錦山郡錦城面杜谷里
一一七八	第一五設営隊	ニューギニア、ラエ	一九四三・〇二・二三 一九〇九・〇四・一二	金本興乭 古禮	軍属 妻	戦死	鎮安郡朱川面大仏里一六九 ―
一一四六	第一五設営隊	ニューギニア、ブナ	一九四二・〇九・〇五 一九一九・〇七・〇七	金谷博美 秀子	軍属 母	戦死	錦山郡錦山邑衛仁里八三一 ―
一四四七	第一五設営隊	ニューギニア、ブナ	一九四二・〇九・〇五 一九二五・〇九・〇九	張本炯錫 鴻錫	軍属 兄	戦死	任實郡任實面×馬里七一 錦山郡球山面邑内里
一一四八	第一五設営隊	ニューギニア、ブナ	一九四二・一〇・〇三 一九一九・一一・二四	金田雲鶴 仁相	軍属 父	戦死	錦山郡錦山邑衛仁里一九 ―
一三七〇	第一五設営隊	ニューギニア、ブナ	一九四二・一二・一三 一九二五・〇八・一四	新原正雲 成洛	軍属 父	戦死	任實郡屯南面奨樹里二四五 ―
二一九	第一五設営隊	ニューギニア、ブナ	一九四二・一二・三一 一九一五・一二・二一	林永澤 玉女	軍属 妻	戦死	扶安郡下西面晴湖里四七 ―

二五二	第一五設営隊	ニューギニア、ブナ	一九四二・一二・三一 一九二一・〇五・一三	姜鶴鳳 巡禮	軍属 母	戦死	全州府高砂町二七七 完州郡雨田面孝子里
九六一	第一五設営隊	ニューギニア、ブナ	一九四二・一二・三一 一九二三・〇五・〇五	中村忠植 彦年	軍属 妻	戦死	完州郡雲州面山北里七五九 ―
九六二	第一五設営隊	ニューギニア、ブナ	一九四二・一二・三一 一九一七・〇一・〇一	金本文栄 禮金	軍属 妻	戦死	完州郡雲州面金塘里二七一 ―
九六三	第一五設営隊	ニューギニア、ブナ	一九四二・一二・三一 一九二〇・〇五・〇二	國本光一 南福	軍属 妻	戦死	完州郡雲州面金塘里二七四 ―
九七九	第一五設営隊	ニューギニア、ブナ	一九四二・一二・三一 一九二〇・一二・二三	金村南壽 東俊	軍属 父	戦死	完州郡助村面銅谷里六九二 ―
九八〇	第一五設営隊	ニューギニア、ブナ	一九四二・一二・三一 一九一二・〇九・一三	松本和雄 吉先	軍属 妻	戦死	完州郡助村面銅谷里四七五 ―
九八一	第一五設営隊	ニューギニア、ブナ	一九四二・一二・三一 一九一七・〇二・〇二	金山昌鎬 且南	軍属 妻	戦死	完州郡助村面八三 ―
九八二	第一五設営隊	ニューギニア、ブナ	一九四二・一二・三一 一九一三・〇五・一九	月川文岩 壽福	軍属 妻	戦死	完州郡助村面龍亭里二七 ―
九九二	第一五設営隊	ニューギニア、ブナ	一九四二・一二・三一 一九二三・〇一・一七	呉洲在奉 明草	軍属 兄	戦死	完州郡助村面銅谷里一九五 ―
一〇〇三	第一五設営隊	ニューギニア、ブナ	一九四二・一二・三一 一九一七・〇九・一八	李原福順 春得	軍属 父	戦死	完州郡雨田面文亭里五〇五 ―
一〇〇四	第一五設営隊	ニューギニア、ブナ	一九四二・一二・三一 一九二四・〇四・三〇	金井東燮 翼済	軍属 父	戦死	完州郡雨田面長川里四二三 ―
一〇〇五	第一五設営隊	ニューギニア、ブナ	一九四二・一二・三一 一九一八・〇一・一九	山本判徳 同順	軍属 父	戦死	完州郡雨田面桂用里 ―
一〇〇六	第一五設営隊	ニューギニア、ブナ	一九四二・一二・三一 一九一九・一〇・一八	金川東鎬 良吾	軍属 父	戦死	完州郡雨田面孝子里六二九 ―
一〇二〇	第一五設営隊	ニューギニア、ブナ	一九四二・一二・三一 一九一七・〇六・二二	柳澤基男 基男(ママ)	軍属 兄	戦死	完州郡上関面大聖里五〇一 任實郡舘村面一三五
一〇二六	第一五設営隊	ニューギニア、ブナ	一九四二・一二・三一 一九二〇・〇九・〇七	林學淳 福禮	軍属 妻	戦死	完州郡籠進面今上里二九五 ―
一〇二七	第一五設営隊	ニューギニア、ブナ	一九四二・一二・三一 一九一四・一〇・二五	林鍾漢 又根	軍属 妻	戦死	完州郡籠進面今上里二九 ―
一〇三一	第一五設営隊	ニューギニア、ブナ	一九四二・一二・三一 一九一八・〇二・〇五	清原貴秀 徳順	軍属 妻	戦死	完州郡所陽面海月里九四九 ―
一〇三二	第一五設営隊	ニューギニア、ブナ	一九四二・一二・三一	山本采圭	軍属	戦死	完州郡所陽面新橋里二一二

番号	所属	死亡場所	年月日	氏名	続柄	死因	本籍
			××××・〇一・一五	花先	母		—
一〇三三	第一五設営隊	ニューギニア、ブナ	一九四二・一二・三一 一九二〇・〇二・〇二	林春成 孝任	軍属 妻	戦死	完州郡所陽面新橋里二一〇 —
一〇三九	第一五設営隊	ニューギニア、ブナ	一九四二・一二・三一 一九二四・〇九・二〇	星村學淳 判吉	軍属 父	戦死	完州郡飛鳳南面鳳山里五〇七 —
一〇四四	第一五設営隊	ニューギニア、ブナ	一九四二・一二・三一 一九二三・〇五・一一	國本基萬 化春	軍属 父	戦死	完州郡伊西面伊門里八七五 —
一〇四五	第一五設営隊	ニューギニア、ブナ	一九四二・一二・三一 一九二三・〇二・〇二	草田正淵 龍善	軍属 父	戦死	完州郡伊西面中里六四八 —
一〇四六	第一五設営隊	ニューギニア、ブナ	一九四二・一二・三一 一九一二・一〇・二二	木本二童 福順	軍属 妻	戦死	完州郡伊西面中里六七七 —
一〇四七	第一五設営隊	ニューギニア、ブナ	一九四二・一二・三一 一九二三・〇五・〇九	梁山泰權 在局	軍属 父	戦死	完州郡伊西面伊門里三六九 —
一〇四八	第一五設営隊	ニューギニア、ブナ	一九四二・一二・三一 一九二〇・〇三・二〇	柳澤善玉 南根	軍属 父	戦死	完州郡伊西面院洞里二八九 —
一〇五三	第一五設営隊	ニューギニア、ブナ	一九四二・一二・三一 一九一三・一一・〇九	金本鍾根 今鎮	軍属 妻	戦死	完州郡鳳東面揚基里一九七 完州郡高山面邑内里
一〇六四	第一五設営隊	ニューギニア、ブナ	一九四二・一二・三一 一九二三・〇七・二一	林栄淳 鍾忠	軍属 父	戦死	完州郡九耳面徳川里一七三 —
一〇六五	第一五設営隊	ニューギニア、ブナ	一九四二・一二・三一 一九二一・〇六・一四	豊山得成 學西	軍属 父	戦死	完州郡九耳面光谷里二七 —
一〇七三	第一五設営隊	ニューギニア、ブナ	一九四二・一二・三一 一九二一・〇三・一二	星山相熙 丙泳	軍属 父	戦死	完州郡華山面春山里六五九 —
一〇七四	第一五設営隊	ニューギニア、ブナ	一九四二・一二・三一 一九一三・〇五・三一	金原鍾平 甲培	軍属 父	戦死	完州郡華山面春山里五一一 —
一〇七五	第一五設営隊	ニューギニア、ブナ	一九四二・一二・三一 一九二一・〇二・一四	金山在昆 炳順	軍属 妻	戦死	完州郡華山面臥竜里七二一 —
一〇八四	第一五設営隊	ニューギニア、ブナ	一九四二・一二・三一 一九二一・〇四・二三	大城包雄 女勲	軍属 妻	戦死	錦山郡南二面星谷里六五一 —
一〇八五	第一五設営隊	ニューギニア、ブナ	一九四二・一二・三一 一九二三・〇三・〇二	豊山芳充 愛子	軍属 妻	戦死	錦山郡錦城面陽田里四五三 —
一〇八六	第一五設営隊	ニューギニア、ブナ	一九四二・一二・三一 一九二二・一一・一四	林鍾湜 龍圭	軍属 父	戦死	錦山郡錦城面花林里二二五 —
一一〇一	第一五設営隊	ニューギニア、ブナ	一九四二・一二・三一 一九二三・〇三・二一	金甲淳 —	軍属 —	戦死	錦山郡珍山面杏亭里 —

一一一八	第一五設営隊	ニューギニア、ブナ	一九四二・一二・三一 一九二〇・〇六・一七	金本宗伯 錦石	軍属 父	戦死 ー	錦山郡錦山邑上里一〇七
一一一九	第一五設営隊	ニューギニア、ブナ	一九四二・一二・三一 一九一九・〇九・一〇	清本判龍 判金	軍属 兄	戦死 ー	錦山郡錦山邑中島里三四七
一一二〇	第一五設営隊	ニューギニア、ブナ	一九四二・一二・三一 一九一八・〇九・〇七	金村赫祚 炳祐	軍属 父	戦死 ー	錦山郡錦山邑中島里四五九
一一二一	第一五設営隊	ニューギニア、ブナ	一九四二・一二・三一 一九二二・〇八・一七	廣峰永載 容國	軍属 父	戦死 ー	錦山郡錦山邑中島里五五三
一一二二	第一五設営隊	ニューギニア、ブナ	一九四二・一二・三一 一九二〇・〇一・〇四	金本箕永 順禮	軍属 妻	戦死 ー	錦山郡錦山邑上里一三五
一一二三	第一五設営隊	ニューギニア、ブナ	一九四二・一二・三一 一九二〇・〇九・二九	金炳枝 判述	軍属 父	戦死 ー	錦山郡錦山邑中島里五三六
一一二四	第一五設営隊	ニューギニア、ブナ	一九四二・一二・三一 一九二五・〇九・一三	徳山声南 邦桓	軍属 父	戦死 ー	錦山郡錦山邑中島里四二五
一一二五	第一五設営隊	ニューギニア、ブナ	一九四二・一二・三一 一九二三・〇二・二〇	大原忠鎬 氏	軍属 母	戦死 ー	錦山郡錦山邑中島里三一九
一一二六	第一五設営隊	ニューギニア、ブナ	一九四二・一二・三一 一九二一・〇一・三〇	寧村鮮浩 二植	軍属 父	戦死 ー	錦山郡錦山邑下玉里三五〇ー四
一一二七	第一五設営隊	ニューギニア、ブナ	一九四二・一二・三一 一九二三・〇一・一二	林永泰 分伊	軍属 母	戦死 ー	錦山郡錦山邑上玉里九五
一一二八	第一五設営隊	ニューギニア、ブナ	一九四二・一二・三一 一九二一・〇一・〇四	吉田未石 學禮	軍属 妻	戦死 ー	錦山郡錦山邑上玉里一二一
一一二九	第一五設営隊	ニューギニア、ブナ	一九四二・一二・三一 一九一八・〇一・〇八	金村鳳玉 一禮	軍属 妻	戦死 ー	錦山郡錦山邑上玉里
一一三〇	第一五設営隊	ニューギニア、ブナ	一九四二・一二・三一 一九一五・〇九・〇五	長川得鍾 順淑	軍属 妻	戦死 ー	錦山郡錦山邑下玉里一六
一一三一	第一五設営隊	ニューギニア、ブナ	一九四二・一二・三一 一九一五・〇一・一二	金本海春 錦山	軍属 父	戦死 ー	錦山郡錦山邑上玉里九二
一一三二	第一五設営隊	ニューギニア、ブナ	一九四二・一二・三一 一九一八・一一・二八	新原永洙 順伊	軍属 妻	戦死 ー	錦山郡錦山邑衛仁里四二
一一三三	第一五設営隊	ニューギニア、ブナ	一九四二・一二・三一 一九二二・一二・一五	平井三哲 玉洙	軍属 妻	戦死 ー	錦山郡錦山邑上里一二九
一一三四	第一五設営隊	ニューギニア、ブナ	一九四二・一二・三一 一九一一・〇三・一〇	張用石 ×禮	軍属 妻	戦死 ー	錦山郡錦山邑中島里二八七
一一三五	第一五設営隊	ニューギニア、ブナ	一九四二・一二・三一	金川相洙	軍属	戦死	錦山郡錦山邑陽地里一九〇

			一九二二・一〇・一四	貴玉	母		ー
一一三六	第一五設営隊	ニューギニア、ブナ	一九四二・一二・三一 一九二四・〇六・一八	許在熙 宗録	軍属 父	戦死	錦山郡錦山邑中島里五三一 ー
一一三七	第一五設営隊	ニューギニア、ブナ	一九四二・一二・三一 一九二三・〇三・二〇	孫田奉植 貞子	軍属 母	戦死	錦山郡錦山邑衛仁里四九 ー
一一三八	第一五設営隊	ニューギニア、ブナ	一九四二・一二・三一 一九二六・〇九・一三	金木奇培 釆逢	軍属 妻	戦死	錦山郡錦山邑上玉里一〇 ー
一一三九	第一五設営隊	ニューギニア、ブナ	一九四二・一二・三一 一九二三・〇九・〇八	崔宗基 鳳學	軍属 父	戦死	錦山郡錦山邑上玉里一一二 ー
一一四一	第一五設営隊	ニューギニア、ブナ	一九四二・一二・三一 一九二二・一二・一九	河東文鍾 氏	軍属 母	戦死	錦山郡錦山邑中島里三七〇 ー
一一四二	第一五設営隊	ニューギニア、ブナ	一九四二・一二・三一 一九一九・一〇・一三	金村正基 粉伊	軍属 妻	戦死	錦山郡錦山邑上里二六八 ー
一一四三	第一五設営隊	ニューギニア、ブナ	一九四二・一二・三一 一九一九・〇四・一四	金光丁洙 馨子	軍属 妻	戦死	錦山郡錦山邑上里一七三 ー
一一四四	第一五設営隊	ニューギニア、ブナ	一九四二・一二・三一 一九一九・一〇・一二	金岡喆秀 氏	軍属 妻	戦死	錦山郡錦山邑中島里三六一 ー
一一四五	第一五設営隊	ニューギニア、ブナ	一九四二・一二・三一 一九一八・〇四・〇一	黄本用錫 福女	軍属 妻	戦死	錦山郡錦山邑下玉里二一二 ー
一一五二	第一五設営隊	ニューギニア、ブナ	一九四二・一二・三一 一九二三・一一・一七	星山光鎮 昌燮	軍属 父	戦死	鎮安郡龍潭面虎渓里 錦山郡錦山邑下玉里
一一六三	第一五設営隊	ニューギニア、ブナ	一九四二・一二・三一 一九二二・〇二・〇八	大山圭泰 圭赫	軍属 弟	戦死	鎮安郡朱川面大仏里一一五一 任實郡舘村面福魚里二五七
一一六五	第一五設営隊	ニューギニア、ブナ	一九四二・一二・三一 一九〇九・〇七・××	長田達成 處中	軍属 父	戦死	鎮安郡朱川面雲嶺里三八五 ー
一二〇一	第一五設営隊	ニューギニア、ブナ	一九四二・一二・三一 一九二〇・一二・一七	林日煥 秉烈	軍属 父	戦死	鎮安郡聖壽面佐山里一〇三五 任實郡舘村面福奥里三五六
一二五七	第一五設営隊	ニューギニア、ブナ	一九四二・一二・三一 一九二一・〇八・××	金谷政治 奎泰	軍属 兄	戦死	茂朱郡茂朱面邑内里 錦山郡錦山邑上玉里
一三四四	第一五設営隊	ニューギニア、ブナ	一九四二・一二・三一 一九二三・〇一・一六	安東炳喆 順禮	軍属 妻	戦死	任實郡江津面白蓮里一〇〇七 ー
一三五五	第一五設営隊	ニューギニア、ブナ	一九四二・一二・三一 一九二一・〇五・一六	竹村鐸洙 判錫	軍属 叔父	戦死	任實郡青雄面九皐里一三九 任實郡××八二九
一三七一	第一五設営隊	ニューギニア、ブナ	一九四二・一二・三一 一九二五・〇四・一四	木村貴南 光燁	軍属 母	戦死	任實郡屯南面獒樹里三三三 任實郡任實面二道里六五八

一三九三	第一五設営隊	ニューギニア、ブナ	一九四二・一二・三一 一九一一・一〇・一八	岡城炳文 ×田	軍属 父	戦死	任實郡舘村面金城里五八八 ｜
一三九四	第一五設営隊	ニューギニア、ブナ	一九四二・一二・三一 一九二〇・〇三・〇二	長谷三岩 鳳錫	軍属 父	戦死	任實郡舘村面芳峴里二三一 ｜
一三九五	第一五設営隊	ニューギニア、ブナ	一九四二・一二・三一 一九一七・一〇・〇三	金海用九 判×	軍属 父	戦死	任實郡舘村面舘村里四〇三 ｜
一三九六	第一五設営隊	ニューギニア、ブナ	一九四二・一二・三一 一九二四・〇六・〇七	呉海基善 七道	軍属 父	戦死	任實郡舘村面道峯里四八七 ｜
一三九七	第一五設営隊	ニューギニア、ブナ	一九四二・一二・三一 一九一六・〇九・一九	松井正来 鍾順	軍属 妻	戦死	任實郡舘村面××里二四一 ｜
一三九八	第一五設営隊	ニューギニア、ブナ	一九四二・一二・三一 一九二六・〇二・一五	松原善三郎 源之助	軍属 父	戦死	任實郡舘村面福興里五四五 ｜
一三九九	第一五設営隊	ニューギニア、ブナ	一九四二・一二・三一 一九二一・一一・一〇	慶本相雨 次男	軍属 妻	戦死	任實郡舘村面舘村里四一七 ｜
一四〇四	第一五設営隊	ニューギニア、ブナ	一九四二・一二・三一 一九〇五・〇七・二三	高申吉永 根禮	軍属 妻	戦死	任實郡新坪面徳岩里五〇六 任實郡舘村面舘村里
一四〇六	第一五設営隊	ニューギニア、ブナ	一九四二・一二・三一 一九一九・〇一・一〇	玉井弼萬 判禮	軍属 妻	戦死	任實郡雲岩面仙居里五〇七 ｜
一四一七	第一五設営隊	ニューギニア、ブナ	一九四二・一二・三一 一九一七・一二・二七	豊田鍾國 東騏	軍属 母	戦死	任實郡雲岩面龍雲里四七二 ｜
一四一八	第一五設営隊	ニューギニア、ブナ	一九四二・一二・三一 一九一八・〇二・一九	慶本教誠 大達	軍属 父	戦死	任實郡雲岩面芝川里六一三 ｜
一四一九	第一五設営隊	ニューギニア、ブナ	一九四二・一二・三一 一九二二・一〇・二五	平山福永 春琣	軍属 父	戦死	任實郡雲岩面立石里七三 ｜
一四二〇	第一五設営隊	ニューギニア、ブナ	一九四二・一二・三一 一九二二・〇三・二〇	林鍾権 ×禮	軍属 母	戦死	任實郡雲岩面立石里三九一 ｜
一四二一	第一五設営隊	ニューギニア、ブナ	一九四二・一二・三一 一九二〇・〇二・一九	柳田京喆 京燁	軍属 兄	戦死	任實郡雲岩面立石里三八一 ｜
一四二二	第一五設営隊	ニューギニア、ブナ	一九四二・一二・三一 一九二〇・〇六・一〇	金海漢鳳 貞山	軍属 妻	戦死	任實郡雲岩面鶴岩里八一六 ｜
一四二三	第一五設営隊	ニューギニア、ブナ	一九四二・一二・三一 一九二二・〇五・二五	國本義喆 ××	軍属 父	戦死	任實郡雲岩面月面里一〇七 ｜
一四二四	第一五設営隊	ニューギニア、ブナ	一九四二・一二・三一 一九二三・〇二・〇三	武本漢鎔 南順	軍属 妻	戦死	任實郡雲岩面龍雲里四六一 ｜
一四二八	第一五設営隊	ニューギニア、ブナ	一九四二・一二・三一	三本順男	軍属	戦死	任實郡任實面二道里八七五

番号	所属	死亡場所	死亡年月日／生年月日	氏名／親族名	身分／続柄	死因	本籍／親族住所
			一九一五・一一・一五	業松	妻		ー
一四三九	第一五設営隊	ニューギニア、ブナ	一九四二・一二・三一 一九一二・一二・〇六	文平定燮 花子	軍属 母	戦死	任實郡任實面五亭里二一八 ー
一四四〇	第一五設営隊	ニューギニア、ブナ	一九四二・一二・三一 一九二四・〇七・一三	清原 勝 栄一	軍属 父	戦死	任實郡任實面城街里二八九 ー
一四四一	第一五設営隊	ニューギニア、ブナ	一九四二・一二・三一 一九一七・〇六・〇二	金寧炯種 順任	軍属 妻	戦死	任實郡任實里二道里三九二 ー
一四四二	第一五設営隊	ニューギニア、ブナ	一九四二・一二・三一 一九二一・一〇・二四	金村漢錫 正基	軍属 父	戦死	任實郡任實面二道里六七八 ー
一四四三	第一五設営隊	ニューギニア、ブナ	一九四二・一二・三一 一九二三・〇七・〇三	廣田正次郎 三吉	軍属 父	戦死	任實郡任實面二道里七五六 ー
一四四四	第一五設営隊	ニューギニア、ブナ	一九四二・一二・三一 一九一三・〇一・一三	高橋老郎 孟玉	軍属 母	戦死	任實郡任實面二道二六〇 ー
一〇一〇	第一五設営隊	ニューギニア、ブナ	一九四三・〇一・〇三 一九一三・〇二・二七	金田桂善 富	軍属 妻	戦死	完州郡雨田面文亭里四三三 ー
四一五	第一五設営隊	ニューギニア、ギルワ	一九四二・〇二・一九 一九一八・一二・二七	永本正熙 禮丹	軍属 妻	戦死	南原郡雲峰面権布里八〇九 ー
一九八	第一五設営隊	ニューギニア、ギルワ	一九四二・〇九・一八 一九〇八・〇一・一六	金田炯善 金蓮	軍属 妻	戦死	扶安郡舟山面×渓里四三五 ー
四四一	第一五設営隊	ニューギニア、ギルワ	一九四二・〇九・一八 一九二〇・〇八・二五	山本成吉 二鳳	軍属 兄	戦死	南原郡巳梅面桂壽里 ー
六二一	第一五設営隊	ニューギニア、ギルワ	一九四二・〇九・二六 一九〇四・一二・〇二	金光鳳翼 来禮	軍属 妻	戦病死	金堤郡白鴎面月鳳里六二五 全羅南道長城郡東北面月山里
三九六	第一五設営隊	ニューギニア、ギルワ マラリア	一九四二・〇九・二七 一九一八・〇五・一三	新木洪模 水山	軍属 母	戦死	南原郡大山面玉栗里
三九七	第一五設営隊	ニューギニア、ギルワ	一九四二・〇九・二八 一九一七・〇五・一〇	高原武雄 貞淳	軍属 妻	戦病死	南原郡大山面雲橋里四九七 ー
一五三五	第一五施設部	ニューギニア、ギルワ マラリア	一九四二・一一・〇四 一九二二・一二・〇五	大林重煥 丁奉	軍属 父	戦死	益山郡望城面華山里五五 ー
一四九一	第一五設営隊	ニューギニア、ギルワ	一九四二・一一・一一 一九一四・〇七・一〇	佳山昌鎬 畢禮	軍属 妻	戦病死	益山郡五山面六七 益山郡咸悦面瓦里五四四
七一五	第一五設営隊	ニューギニア、ギルワ マラリア	一九四二・一一・一六 一九〇六・〇八・三〇	竹村黄山 徳述	軍属 長男	戦病死	金堤郡金山面院坪里一五 ー
七一六	第一五設営隊	ニューギニア、ギルワ マラリア	一九四二・一一・一七 一九二四・〇一・〇九	木戸康允 喜淑	軍属 妻	戦病死	金堤郡金山面龍湖里六四八 ー

番号	部隊	場所	年月日	氏名	続柄	事由	本籍
三九八	第一五設営隊	ニューギニア、ギルワ	一九四二・一一・一九	張田基淳	軍属	戦死	南原郡大山面吉谷里四二五
		マラリア	一九一五・〇三・二〇	金禮	妻		ー
一二〇七	第一五設営隊	ニューギニア、ギルワ	一九四二・一一・二四	金寧完東	軍属	戦死	鎮安郡富貴面弓頂里一一三
			一九〇三・〇五・二六	福丹	妻		ー
七四五	第一五設営隊	ニューギニア、ギルワ	一九四二・一一・二六	金本在根	軍属	戦死	井邑郡井州邑水城里二〇三
			一九一一・一二・一三	順禮	妻		ー
七六三	第一五設営隊	ニューギニア、ギルワ	一九四二・一一・二六	國本宗南	軍属	戦死	井邑郡新泰仁邑牛嶺里八一
			一九二〇・〇三・一七	爽柱	父		ー
一一七六	第一五設営隊	ニューギニア、ギルワ	一九四二・一一・二六	金本奉學	軍属	戦死	鎮安郡朱川面大仏里八七四
			一九一〇・〇六・一二	鳳壽	妻		ー
六七九	第一五設営隊	ニューギニア、ギルワ	一九四二・一一・二七	三豊金玉	軍属	戦死	金堤郡金堤邑西庵里二〇一
			一九一三・一二・一三	成煥	長男		ー
五〇一	第一五設営隊	ニューギニア、ギルワ	一九四二・一一・二八	松浦文相	軍属	戦死	南原郡徳果面金岩里二一〇
		マラリア	一九二三・〇五・二五	基守	父		ー
五六一	第一五設営隊	ニューギニア、ギルワ	一九四二・一一・二八	梧山文奎	軍属	戦死	高敞郡新林面松岩里二六六
			一九〇八・〇三・〇四	金和	妻		ー
一二三一	第一五設営隊	ニューギニア、ギルワ	一九四二・一一・二九	金上丁一	軍属	戦死	扶安郡上西面龍西里五六八
			一九〇八・一一・二三	順金	妻		ー
八二七	第一五設営隊	ニューギニア、ギルワ	一九四二・一一・二九	池原相玉	軍属	戦死	井邑郡古阜面白雲里四三一
			一九二〇・一二・〇三	學述	父		ー
七一四	第一五設営隊	ニューギニア、ギルワ	一九四二・一二・〇一	漢本永燮	軍属	戦死	金堤郡金山面錦城里四三二
			一九二三・〇四・〇五	小興	妻		ー
二二一	第一五設営隊	ニューギニア、ギルワ	一九四二・一二・〇四	林斗性	軍属	戦病死	扶安郡幸安面眞洞里七八四
			一九二〇・〇四・〇八	大賢	妻		ー
二一二二	第一五設営隊	ニューギニア、ギルワ	一九四二・一二・〇四	松永宰	軍属	戦死	扶安郡幸安面眞洞里三七〇
		マラリア	一九二四・一一・〇四	姓女	母		ー
七四三	第一五設営隊	ニューギニア、ギルワ	一九四二・一二・〇四	金永基	軍属	戦死	井邑郡井州邑長明里一三七
			一九二四・〇七・〇四	俊一	父		井邑郡泰仁面奉成里四九
二二三〇	第一五設営隊	ニューギニア、ギルワ	一九四二・一二・〇六	金本永達	軍属	戦死	扶安郡下西面白蓮里二八三
			一九一四・一二・一〇	命禮	妻		ー
一一八八	第一五設営隊	ニューギニア、ギルワ	一九四二・一二・〇八	高木龍錫	軍属	戦死	鎮安郡程川面慕程里一六六
			一九一五・〇一・二二	福生	妻		ー
二〇九	第一五設営隊	ニューギニア、ギルワ	一九四二・一二・一一	芳山基徳	軍属	戦死	扶安郡幸安面三千里
			一九〇八・一〇・二六	阿只	妻		ー
七四二	第一五設営隊	ニューギニア、ギルワ	一九四二・一二・一二	新井明吉	軍属	戦死	井邑郡井州邑長山里三八八

番号	所属	死亡場所	年月日	氏名	身分・続柄	死因	本籍
			一九二〇・〇五・二八	元治	父		—
一五三三	第一五施設部	ニューギニア、ギルワ	一九四三・〇一・一四	鄭本炳學	軍属	戦死	益山郡望城面長善里二七六
			一九二〇・〇五・二二	玉仙	妻		—
三九四	第一五設営隊	ニューギニア、ギルワ	一九四三・〇一・一七	張本宗平	軍属	戦死	南原郡大山面金城里五六七
			一九一三・〇四・〇一	任順（順子）	妻		—
四一四	第一五設営隊	ニューギニア、ギルワ	一九四三・〇一・二一	神農錫基	軍属	戦死	南原郡雲峰面林里
			一九一九・〇七・〇五	妙禮	妻		—
三七八	第一五設営隊	ニューギニア、ギルワ	一九四三・〇一・二二	金田在徳	軍属	戦死	南原郡南原邑郷校里五一二
			一九二一・一一・一七	鶴松	父		—
四五六	第一五設営隊	ニューギニア、ギルワ	一九四三・〇一・二二	丹山準烈	軍属	戦死	南原郡寶節面眞基里三五六
			一九二四・一〇・一〇	鍾華	父		—
四八九	第一五設営隊	ニューギニア、ギルワ	一九四三・〇一・二二	國本公用	軍属	戦死	南原郡周生面梨洞里二三六
			一九二三・〇五・二四	占錫	父		—
三六七	第一五設営隊	ニューギニア、ギルワ	一九四三・〇一・二六	東永 守	軍属	戦死	南原郡南原邑道遥里一八二
			一九二一・〇六・三〇	光先	父		—
一一九二	第一五設営隊	ニューギニア、ギルワ	一九四三・〇一・二七	慶本石順	軍属	戦死	鎮安郡江他面月坪里一三六
			一九二〇・〇二・××	順任	妻		
三九五	第一五設営隊	ニューギニア、ギルワ	一九四三・〇一・三〇	雙城斗成	軍属	戦死	南原郡大山面金城里五〇八
			一九一八・〇二・二〇	禮任	妻		—
一一七七	第一五設営隊	ニューギニア、ギルワ	一九四三・〇一・三一	姜川錦徳	軍属	戦死	鎮安郡朱川面大仏里八一
			一九一四・〇五・一一	在龍	妻		—
一一五六	第一五設営隊	ニューギニア、ギルワ	一九四三・〇一・〇五	李完昌烈	軍属	戦死	鎮安郡顔川面三楽里一二二七
			一九二〇・〇四・一五	辛玉	妻		—
一八二	第一五設営隊	ニューギニア、ギルワ	一九四三・〇一・二二	金達操	軍属	戦死	扶安郡扶寧面中里
			一九二二・一〇・一一	春基	父		井邑郡井州邑長明里二
一八八	第一五設営隊	ニューギニア、ギルワ	一九四三・〇一・二二	牟田在壽	軍属	戦死	扶安郡扶寧面瓮中里三六六
			一九二三・〇五・〇七	喆栄	父		—
一八九	第一五設営隊	ニューギニア、ギルワ	一九四三・〇一・二二	完山点巌	軍属	戦死	扶安郡扶寧面内蓼里五三四
			一九〇九・〇七・一六	玉順	妻		—
一九〇	第一五設営隊	ニューギニア、ギルワ	一九四三・〇一・二二	木村亀星	軍属	戦死	扶安郡扶寧面内蓼里二四四
			一九一五・〇二・一〇	令任	妻		—
一九一	第一五設営隊	ニューギニア、ギルワ	一九四三・〇一・二二	金浦炯植	軍属	戦死	扶安郡扶寧面内蓼里二七八
			一九一一・一〇・一三	玉順	妻		—
一九二	第一五設営隊	ニューギニア、ギルワ	一九四三・〇一・二二	高山今奉	軍属	戦死	扶安郡扶寧面蓮谷里二七八
			一九〇七・〇三・〇五	在念	妻		—

一九三	第一五設営隊	ニューギニア、ギルワ	一九四三・〇一・二二 一九二二・〇一・一四	重光泳友 栄中	軍属 妻	戦死	扶安郡扶寧面西外里三七二 扶安郡東津面堂上里三三四
一九五	第一五設営隊	ニューギニア、ギルワ	一九四三・〇一・二二 一九二六・〇八・二四	阿用達逑 龍岩	軍属 父	戦死	扶安郡舟山面東丁里三七二 —
一九六	第一五設営隊	ニューギニア、ギルワ	一九四三・〇一・二二 一九二四・〇六・二六	宮本基永 永宗	軍属 父	戦死	扶安郡舟山面小舟里七五六 —
一九七	第一五設営隊	ニューギニア、ギルワ	一九四三・〇一・二二 一九二五・〇一・二六	金浦景喆 在洪	軍属 父	戦死	扶安郡舟山面×渓里二九八 —
二〇一	第一五設営隊	ニューギニア、ギルワ	一九四三・〇一・二二 一九〇三・〇一・〇二	永木同天 成夏	軍属 母	戦死	扶安郡幸安面三千里四一四 金堤郡金堤邑堯村里
二〇二	第一五設営隊	ニューギニア、ギルワ	一九四三・〇一・二二 一九二〇・〇一・二〇	長谷川永来 順女	軍属 妻	戦死	扶安郡幸安面大草里一〇九 —
二〇三	第一五設営隊	ニューギニア、ギルワ	一九四三・〇一・二二 一九二二・〇二・一三	房南基 孝敏	軍属 妻	戦死	扶安郡幸安面大草里一六七 —
二〇四	第一五設営隊	ニューギニア、ギルワ	一九四三・〇一・二二 一九一六・一〇・二一	金本曜安 敬天	軍属 長男	戦死	扶安郡幸安面三千里七七−二八 —
二〇五	第一五設営隊	ニューギニア、ギルワ	一九四三・〇一・二二 一九一三・〇九・一五	林洛奇 命録	軍属 父	戦死	扶安郡幸安面眞洞里七八六 —
二〇六	第一五設営隊	ニューギニア、ギルワ	一九四三・〇一・二二 一九一九・〇五・一八	岩本光永 奉烔	軍属 父	戦死	扶安郡幸安面三千里二四五 —
二〇七	第一五設営隊	ニューギニア、ギルワ	一九四三・〇一・二二 一九一二・一〇・〇四	張本福童 莫同	軍属 妻	戦死	扶安郡幸安面三千里三一四−一 —
二〇八	第一五設営隊	ニューギニア、ギルワ	一九四三・〇一・二二 一九二二・〇九・〇九	山本相圭 良汝	軍属 妻	戦死	扶安郡幸安面官女里三四一 —
二一四	第一五設営隊	ニューギニア、ギルワ	一九四三・〇一・二二 一九一八・〇二・〇九	星山正燮 永熙	軍属 母	戦死	扶安郡白山面龍渓里五九五 —
二一八	第一五設営隊	ニューギニア、ギルワ	一九四三・〇一・二二 一九一九・一二・〇六	李家泰鎬 重仁	軍属 父	戦死	扶安郡下西面晴湖里 —
二二四	第一五設営隊	ニューギニア、ギルワ	一九四三・〇一・二二 一九二〇・〇八・〇九	金上洪寛 根實	軍属 父	戦死	扶安郡上西面龍西里五二三 —
二二五	第一五設営隊	ニューギニア、ギルワ	一九四三・〇一・二二 一九二六・〇三・一六	李白洙 順女	軍属 妻	戦死	扶安郡上西面龍渓谷四五八 —
二二六	第一五設営隊	ニューギニア、ギルワ	一九四三・〇一・二二 一九二三・〇六・二九	金浦忠元 成権	軍属 父	戦死	扶安郡上西面嘉五里七八四 —
二二七	第一五設営隊	ニューギニア、ギルワ	一九四三・〇一・二二	河田成龍	軍属	戦死	扶安郡上西面長東里七四六

			一九〇三・〇二・二四	玉女	妻		—
三二八	第一五設営隊	ニューギニア、ギルワ	一九四三・〇一・二二	松本承烈	軍属	戦死	扶安郡上西面長東里五六三
			一九一七・〇二・一〇	順明	妻		—
三二九	第一五設営隊	ニューギニア、ギルワ	一九四三・〇一・二二	金田湧基	軍属	戦死	扶安郡上西面長東里五六七
			一九一九・〇七・二五	仙禮	妻		—
三三二	第一五設営隊	ニューギニア、ギルワ	一九四三・〇一・二二	金澤京煥	軍属	戦死	扶安郡東津面堂上里三五三
			一九二一・〇九・一六	基善	父		—
三三三	第一五設営隊	ニューギニア、ギルワ	一九四三・〇一・二二	盧田良燮	軍属	戦死	扶安郡東津面安城里七六五
			一九一九・一〇・二五	學斗	父		—
三三四	第一五設営隊	ニューギニア、ギルワ	一九四三・〇一・二二	金海泳五	軍属	戦死	扶安郡保安面下岩里四六一
			一九一六・〇八・一七	四禮	妻		—
三三五	第一五設営隊	ニューギニア、ギルワ	一九四三・〇一・二二	草木春燮	軍属	戦死	扶安郡保安面月川里五二三
			一九二二・〇四・一〇	姓女	母		—
三五八	第一五設営隊	ニューギニア、ギルワ	一九四三・〇一・二二	鄭善同	軍属	戦死	南原郡南原邑川源里
			一九二〇・〇八・一七	李　先	母		南原郡南原邑造山里
三五九	第一五設営隊	ニューギニア、ギルワ	一九四三・〇一・二二	金慶福男	軍属	戦死	南原郡南原邑川渠里二一六
			一九一四・〇九・一六	順男	妻		南原郡南原邑造山里
三六〇	第一五設営隊	ニューギニア、ギルワ	一九四三・〇一・二二	金村箕洙	軍属	戦死	南原郡南原邑花井里五二一
			一九二二・一一・〇六	巴洞	母		南原郡王峙面月洛里
三六一	第一五設営隊	ニューギニア、ギルワ	一九四三・〇一・二二	山本相洙	軍属	戦死	南原郡南原邑竹港里一六三
			一九一九・一〇・一四	奇太	父		南原郡大山面水徳里
三六二	第一五設営隊	ニューギニア、ギルワ	一九四三・〇一・二二	金本南渉	軍属	戦死	南原郡南原邑東忠里三六六
			一九〇三・〇七・〇三	守禮	妻		南原郡南原邑郷校里
三六三	第一五設営隊	ニューギニア、ギルワ	一九四三・〇一・二二	金川桂洪	軍属	戦死	南原郡南原邑鷺岩里四九九
			一九二一・〇三・二七	貴禮	妻		南原郡南原邑下井里
三六四	第一五設営隊	ニューギニア、ギルワ	一九四三・〇一・二二	木下判石	軍属	戦死	南原郡南原邑花井里一六九
			一九二二・〇九・一〇	萬洙	父		—
三九二	第一五設営隊	ニューギニア、ギルワ	一九四三・〇一・二二	高山鍾烈	軍属	戦死	南原郡大山面雲橋里四四四
			一九一七・〇七・二〇	順徳	妻		—
三九三	第一五設営隊	ニューギニア、ギルワ	一九四三・〇一・二二	新城礼淳	軍属	戦死	南原郡大山面楓村里四六二
			一九二一・〇四・〇六	善伊	妻		—
四〇九	第一五設営隊	ニューギニア、ギルワ	一九四三・〇一・二二	呉山正萬	軍属	戦死	南原郡雲峰面北川里三二九
			一九一六・一二・〇八	正順	母		—
四一〇	第一五設営隊	ニューギニア、ギルワ	一九四三・〇一・二二	木山基東	軍属	戦死	南原郡雲峰面長橋里三四五
			一九一五・一〇・〇二	玉今	妻		—

番号	部隊	場所	年月日	氏名	区分	事由	本籍
四一一	第一五設営隊	ニューギニア、ギルワ	一九四三・〇一・二二	國本南封	軍属	戦死	南原郡雲峰面長橋里六四三
			一九二〇・〇五・一一	吉煥	兄		—
四四七	第一五設営隊	ニューギニア、ギルワ	一九四三・〇一・二二	松江泰鳳	軍属	戦死	南原郡帯江面沙石里六二八
			一九二〇・〇八・一八	宗天	父		南原郡周生面諸川里
四五三	第一五設営隊	ニューギニア、ギルワ	一九四三・〇一・二二	金本斗洪	軍属	戦死	南原郡寶節面道龍里三〇
			一九〇六・〇三・〇一	玉任	妻		—
四五四	第一五設営隊	ニューギニア、ギルワ	一九四三・〇一・二二	丹山仁秀	軍属	戦死	南原郡寶節面眞基里三九二
			一九一九・〇七・二二	—	—		—
四五五	第一五設営隊	ニューギニア、ギルワ	一九四三・〇一・二二	蘇山占鎬	軍属	戦死	南原郡寶節面眞基里一〇二二
			一九〇八・〇二・〇二	玉今	妻		—
四六八	第一五設営隊	ニューギニア、ギルワ	一九四三・〇一・二二	姜完得	軍属	戦死	南原郡松洞面沙村里二七三
			一九二二・〇九・一六	姓女	妻		南原郡水吉面山亭里
四八四	第一五設営隊	ニューギニア、ギルワ	一九四三・〇一・二二	房原命圭	軍属	戦死	南原郡周生面嶺川里二〇六
			一九一八・〇三・〇六	厚南	妻		—
四八五	第一五設営隊	ニューギニア、ギルワ	一九四三・〇一・二二	長川鳳烈	軍属	戦死	南原郡周生面嶺川里三七五
			一九一八・〇八・〇八	順福	妻		—
五一一	第一五設営隊	ニューギニア、ギルワ	一九四三・〇一・二二	仁川貴燮	軍属	戦死	高敞郡高敞面徳山里六四
			一九二二・〇一・一三	賢順	妻		—
五一二	第一五設営隊	ニューギニア、ギルワ	一九四三・〇一・二二	箕本鳳度	軍属	戦死	高敞郡高敞面道山里五三一
			一九二二・一二・〇一	道山	母		—
五一三	第一五設営隊	ニューギニア、ギルワ	一九四三・〇一・二二	苞山永燮	軍属	戦死	高敞郡高敞面邑内里
			一九〇八・〇五・二一	寧淑	妻		—
五一四	第一五設営隊	ニューギニア、ギルワ	一九四三・〇一・二二	松本明基	軍属	戦死	高敞郡高敞面邑内里二四六－二
			一九二一・一一・二六	権均	妻		—
五一五	第一五設営隊	ニューギニア、ギルワ	一九四三・〇一・二二	金山春鎬	軍属	戦死	高敞郡高敞面徳山里三一三
			一九一八・〇七・〇一	阿只	妻		—
五一六	第一五設営隊	ニューギニア、ギルワ	一九四三・〇一・二二	金井福均	軍属	戦死	高敞郡高敞面邑内里一五五
			一九一六・××・〇六	錦娘	妻		—
五一七	第一五設営隊	ニューギニア、ギルワ	一九四三・〇一・二二	金本岩千	軍属	戦死	高敞郡高敞面邑内里二〇五
			一九〇九・一一・二三	大娥	妻		—
五一八	第一五設営隊	ニューギニア、ギルワ	一九四三・〇一・二二	呉弘均	軍属	戦死	高敞郡高敞面邑内里二五〇
			一九〇八・〇一・〇二	未萬	妻		—
五一九	第一五設営隊	ニューギニア、ギルワ	一九四三・〇一・二二	伊東萬善	軍属	戦死	高敞郡稚山面舟津里三四〇
			一九一七・一一・二一	相燮	父		—
五二〇	第一五設営隊	ニューギニア、ギルワ	一九四三・〇一・二二	完山鐘原	軍属	戦死	高敞郡稚山面南山里三九

番号	所属	場所	年月日	氏名	身分	事由	本籍
			一九二三・〇四・〇八	善昌	父		｜
五二一	第一五設営隊	ニューギニア、ギルワ	一九四三・〇一・二二	呉山宗澤	軍属	戦死	高敞郡稚山面星山里一三八
			一九二四・〇六・一〇	宗煥	兄		｜
五二二	第一五設営隊	ニューギニア、ギルワ	一九四三・〇一・二二	金城泰順	軍属	戦死	高敞郡稚山面鶴田里七九
			一九二二・〇六・〇一	銀祚	父		｜
五二三	第一五設営隊	ニューギニア、ギルワ	一九四三・〇一・二二	文岩雙童	軍属	戦死	高敞郡稚山面鶴田里八〇
			一九一九・〇八・二四	｜	｜		｜
五二六	第一五設営隊	ニューギニア、ギルワ	一九四三・〇一・二二	安山三淵	軍属	戦死	高敞郡古水面黄山里一一八
			一九一二・一二・二五	貴順	妻		｜
五二七	第一五設営隊	ニューギニア、ギルワ	一九四三・〇一・二二	錦徐弘在	軍属	戦死	高敞郡古水面南山里二八七
			一九一八・〇四・二四	永后	妻		｜
五二八	第一五設営隊	ニューギニア、ギルワ	一九四三・〇一・二二	金光在烈	軍属	戦死	高敞郡古水面長斗里三八五
			一九二〇・〇八・〇四	鐘女	妻		｜
五二九	第一五設営隊	ニューギニア、ギルワ	一九四三・〇一・二二	江本仁鍾	軍属	戦死	高敞郡古水面上平里六三四
			一九二二・一二・一六	槐崎	母		｜
五三〇	第一五設営隊	ニューギニア、ギルワ	一九四三・〇一・二二	豊山達宗	軍属	戦死	高敞郡古水面隠士里五九八
			××××・〇五・二五	達吾	兄		高敞郡古水面鶴里
五三一	第一五設営隊	ニューギニア、ギルワ	一九四三・〇一・二二	×××亭	軍属	戦死	高敞郡古水面斗坪里二二八
			××××・××・××	正禮	妻		｜
五三三	第一五設営隊	ニューギニア、ギルワ	一九四三・〇一・二二	富村伯南	軍属	戦死	高敞郡茂長面城内里八九
			一九二五・〇三・二〇	洪基	父		｜
五三四	第一五設営隊	ニューギニア、ギルワ	一九四三・〇一・二二	青松玹守	軍属	戦死	高敞郡茂長面城内里一五六
			一九一六・一二・〇七	妙禮	妻		｜
五三五	第一五設営隊	ニューギニア、ギルワ	一九四三・〇一・二二	松本休年	軍属	戦死	高敞郡茂長面江南里二四七
			一九一五・〇五・〇四	順伊	妻		高敞郡茂長面鶴南里三一三
五三六	第一五設営隊	ニューギニア、ギルワ	一九四三・〇一・二二	新井東訓	軍属	戦死	高敞郡茂長面茂長里一二二
			一九一〇・一二・二八	福禮	妻		｜
五三七	第一五設営隊	ニューギニア、ギルワ	一九四三・〇一・二二	金澤秀南	軍属	戦死	高敞郡茂長面茂長里二四七－一
			一九一三・〇九・〇六	南禮	妻		｜
五三九	第一五設営隊	ニューギニア、ギルワ	一九四三・〇一・二二	富川長浩	軍属	戦死	高敞郡孔音面建洞里一六七
			一九一八・〇四・〇七	多津子	妻		高敞郡茂長面茂長里二八二
五四四	第一五設営隊	ニューギニア、ギルワ	一九四三・〇一・二二	渭川隣元	軍属	戦死	高敞郡星松面板井里三六五
			一九〇六・〇五・〇八	金禮	妻		｜
五四五	第一五設営隊	ニューギニア、ギルワ	一九四三・〇一・二二	渭川大赫	軍属	戦死	高敞郡星杉面茂杉里四二四
			一九一八・〇九・二七	金順	妻		｜

五五七	第一五設営隊	ニューギニア、ギルワ	一九四三・〇一・二二 一九二六・〇八・一七	原木鍾喆 致任	軍属 母	戦死	高敞郡興徳里校雲里二〇六 —
五六二	第一五設営隊	ニューギニア、ギルワ	一九四三・〇一・二二 一九〇五・〇八・二九	梧山文範 楽須	軍属 妻	戦死	高敞郡新林面過ぎ岩里二五八 —
五六三	第一五設営隊	ニューギニア、ギルワ	一九四三・〇一・二二 一九一〇・〇四・〇五	高山炳鎮 圭任	軍属 妻	戦死	高敞郡新林面浅林里四一七 —
五六九	第一五設営隊	ニューギニア、ギルワ	一九四三・〇一・二二 一九一九・〇八・一一	田基錫 栽源	軍属 妻	戦死	金堤郡鳳南面九井里四〇六 金堤郡金山面九月里一〇二
五七〇	第一五設営隊	ニューギニア、ギルワ	一九四三・〇一・二二 一九二一・〇二・〇五	劉金澤 士五	軍属 母	戦死	金堤郡鳳南面月城里二三八 金堤郡金堤邑新豊里
五七五	第一五設営隊	ニューギニア、ギルワ	一九四三・〇一・二二 一九二四・〇一・〇四	山元淳喆 鳳業	軍属 父	戦死	金堤郡金溝面大化里二九八 —
五七六	第一五設営隊	ニューギニア、ギルワ	一九四三・〇一・二二 一九二〇・一二・二四	張吉同 判山	軍属 父	戦死	金堤郡金溝面上新里一三四 —
五七七	第一五設営隊	ニューギニア、ギルワ	一九四三・〇一・二二 一九二三・一一・二五	新井宗燮 大振	軍属 妻	戦死	金堤郡金溝面下新里六八七 —
五八一	第一五設営隊	ニューギニア、ギルワ	一九四三・〇一・二二 一九二二・〇四・〇七	朴東秀 判童	軍属 父	戦死	金堤郡進鳳面浄磨里 全羅南道長城郡珍原面善禮里二六〇
六〇三	第一五設営隊	ニューギニア、ギルワ	一九四三・〇一・二二 一九一三・〇三・〇八	大林洪得 信禮	軍属 妻	戦死	金堤郡萬頃面萬頃里六五二 —
六三七	第一五設営隊	ニューギニア、ギルワ	一九四三・〇一・二二 一九二二・〇一・二五	三山正夫 勝茂	軍属 父	戦死	金堤郡竹山面連浦里三九七 扶安郡下西面長信里
六八〇	第一五設営隊	ニューギニア、ギルワ	一九四三・〇一・二二 一九〇七・〇九・一一	新本三智夫 徳子	軍属 妻	戦死	金堤郡金堤邑校洞里三六〇 —
六八一	第一五設営隊	ニューギニア、ギルワ	一九四三・〇一・二二 一九二三・一〇・二七	金元幸埈 南喆	軍属 父	戦死	金堤郡金堤邑新豊里三七五 —
六八二	第一五設営隊	ニューギニア、ギルワ	一九四三・〇一・二二 一九一七・〇六・〇四	永平鍾曛 粉林	軍属 妻	戦死	金堤郡金堤邑尊洞里三五〇 —
六八三	第一五設営隊	ニューギニア、ギルワ	一九四三・〇一・二二 一九一四・〇八・〇四	金谷泰彰 富子	軍属 妻	戦死	金堤郡金堤邑玉山里四〇六 金堤郡金堤邑堯村里二七九
六八四	第一五設営隊	ニューギニア、ギルワ	一九四三・〇一・二二 一九二二・〇二・二八	大泉炳玉 根洙	軍属 父	戦死	金堤郡金堤邑尊洞里二五〇 —
六八五	第一五設営隊	ニューギニア、ギルワ	一九四三・〇一・二二 一九二三・一二・〇七	木山鐸求 久敬	軍属 父	戦死	金堤郡金堤邑校洞里六〇 金堤郡金堤邑尭村里二七三
六八六	第一五設営隊	ニューギニア、ギルワ	一九四三・〇一・二二	國本唆翼	軍属	戦死	金堤郡金堤邑新谷里二三五

			一九一九・〇一・二五	—	—		—
六八七	第一五設営隊	ニューギニア、ギルワ	一九四三・〇一・二二	金澤炳吉	軍属	戦死	金堤郡金堤邑校洞里三七〇—二
			一九二一・一二・一五	益守	父		—
六八八	第一五設営隊	ニューギニア、ギルワ	一九四三・〇一・二二	金澤洗石	軍属	戦死	金堤郡金堤邑玉山里四三五
			一九二一・〇四・一八	長玄	父		金堤郡金堤邑校洞里一三八
六九〇	第一五設営隊	ニューギニア、ギルワ	一九四三・〇一・二二	富平吉林	軍属	戦死	金堤郡金堤邑剣山里一七四
			一九一九・〇四・二四	内村	母		—
六九一	第一五設営隊	ニューギニア、ギルワ	一九四三・〇一・二二	岐村在寧	軍属	戦死	金堤郡金堤邑西庵里三八〇
			一九一八・一二・一七	銓変	父		—
六九二	第一五設営隊	ニューギニア、ギルワ	一九四三・〇一・二二	杉本世龍	軍属	戦死	金堤郡金堤邑剣山里一九六
			一九一七・〇五・一〇	貞順	妻		—
七〇三	第一五設営隊	ニューギニア、ギルワ	一九四三・〇一・二二	金田日燮	軍属	戦死	金堤郡金山面仙湖里六三八
			一九一六・〇三・一四	永卜	妻		—
七〇五	第一五設営隊	ニューギニア、ギルワ	一九四三・〇一・二二	安田振玉	軍属	戦死	金堤郡金山面金山里三二〇
			一九二三・〇四・〇九	吉順	妻		—
七〇六	第一五設営隊	ニューギニア、ギルワ	一九四三・〇一・二二	文岩萬述	軍属	戦死	金堤郡金山面九月里二六二
			一九二二・〇四・一二	永彦	妻		—
七〇七	第一五設営隊	ニューギニア、ギルワ	一九四三・〇一・二二	金山判鎮	軍属	戦死	金堤郡金山面九月里二六八
			一九二三・〇三・二六	五順	母		—
七〇八	第一五設営隊	ニューギニア、ギルワ	一九四三・〇一・二二	國本成完	軍属	戦死	金堤郡金山面星溪里四八六
			一九二二・〇一・〇五	萬葉	父		—
七〇九	第一五設営隊	ニューギニア、ギルワ	一九四三・〇一・二二	金海時同	軍属	戦死	金堤郡金山面九月里二六二
			一九二三・〇九・二三	明先	父		—
七一〇	第一五設営隊	ニューギニア、ギルワ	一九四三・〇一・二二	江本全根	軍属	戦死	金堤郡金山面金山里二一九
			一九二二・〇二・〇三	宗萬	父		
七一九	第一五設営隊	ニューギニア、ギルワ	一九四三・〇一・二二	福田在根	軍属	戦死	金堤郡金山面仙湖里三四八
			一九〇七・〇三・三〇	初基	妻		全羅南道長興郡長東面光坪里一九
七二〇	第一五設営隊	ニューギニア、ギルワ	一九四三・〇一・二二	太田漢忠	軍属	戦死	井邑郡山外面東谷里一五七
			一九一〇・一二・〇五	春徳	妻		—
七二一	第一五設営隊	ニューギニア、ギルワ	一九四三・〇一・二二	南原判男	軍属	戦死	井邑郡山外面東谷里一一三
			一九一一・〇七・一五	仁玉	妻		—
七三四	第一五設営隊	ニューギニア、ギルワ	一九四三・〇一・二二	梁川大漢	軍属	戦死	井邑郡井州邑市基里二四四
			一九二三・〇六・二〇	順三	父		井邑郡井州邑上坪里七六五
七三五	第一五設営隊	ニューギニア、ギルワ	一九四三・〇一・二二	富田泰弘	軍属	戦死	井邑郡井州邑良明里一八
			一九二一・一〇・〇一	洪子	母		—

番号	部隊	場所	年月日	氏名	身分・続柄	状況	住所
七三六	第一五設営隊	ニューギニア、ギルワ	一九四三・〇一・二二	金五男	軍属	戦死	井邑郡井州邑水城里五六〇
			一九〇七・××・××	奉徳	妻		—
七五三	第一五設営隊	ニューギニア、ギルワ	一九四三・〇一・二二	伊藤相龍	軍属	戦死	井邑郡新泰仁邑新泰仁里四四九
			一九二三・一〇・一一	萬祚	父		—
七五四	第一五設営隊	ニューギニア、ギルワ	一九四三・〇一・二二	平山 巌	軍属	戦死	井邑郡新泰仁邑井嶺里四四六
			一九二一・一〇・二五	玉順	妻		—
七五五	第一五設営隊	ニューギニア、ギルワ	一九四三・〇一・二二	柳澤玉烈	軍属	戦死	井邑郡新泰仁邑新泰仁里山田
			一九二二・〇六・〇七	小姐	妻		—
七五六	第一五設営隊	ニューギニア、ギルワ	一九四三・〇一・二二	安本承達	軍属	戦死	井邑郡新泰仁邑井嶺里二二五
			一九一八・〇三・〇二	徳禮	妻		—
七五七	第一五設営隊	ニューギニア、ギルワ	一九四三・〇一・二二	金田武正	軍属	戦死	井邑郡新泰仁邑新泰仁里山田
			一九一九・〇四・一七	吉禮	妻		—
七五八	第一五設営隊	ニューギニア、ギルワ	一九四三・〇一・二二	達成道春	軍属	戦死	井邑郡新泰仁邑新泰仁里四〇八
			一九二二・〇二・〇二	正基	妻		—
七六一	第一五設営隊	ニューギニア、ギルワ	一九四三・〇一・二二	清水學洙	軍属	戦死	井邑郡新泰仁邑新徳里二〇五
			一九二一・一二・二二	鳥成	妻		金堤郡金堤邑龍洞里七六
七九五	第一五設営隊	ニューギニア、ギルワ	一九四三・〇一・二二	深藤幸泉	軍属	戦死	井邑郡瓮東面梅井里九〇四
			一九二三・〇四・一六	洄	父		井邑郡泰仁面居山里下鷹部
八一二	第一五設営隊	ニューギニア、ギルワ	一九四三・〇一・二二	吉村鍾甲	軍属	戦死	井邑郡永元面長才里五三
			一九一七・〇一・〇二	玉順	妻		—
八一三	第一五設営隊	ニューギニア、ギルワ	一九四三・〇一・二二	林相現	軍属	戦死	井邑郡永元面雲鶴里五八三
			一九一四・〇一・一七	明熙	妻		井邑郡永元面喝里六一〇
八一四	第一五設営隊	ニューギニア、ギルワ	一九四三・〇一・二二	張間基興	軍属	戦死	井邑郡永元面豊月里二二七
			一九〇九・〇三・〇六	仁禮	妻		—
八二四	第一五設営隊	ニューギニア、ギルワ	一九四三・〇一・二二	殷田范基	軍属	戦死	井邑郡古阜面古阜里一八二
			一九一七・〇五・〇五	鉉順	妻		—
八二五	第一五設営隊	ニューギニア、ギルワ	一九四三・〇一・二二	南宮福	軍属	戦死	井邑郡古阜面江古里九三三
			一九一七・一〇・二六	承須	妻		—
八二六	第一五設営隊	ニューギニア、ギルワ	一九四三・〇一・二二	東山永根	軍属	戦死	井邑郡古阜面龍興里一九三
			一九一九・一〇・〇六	宗基	父		—
八四四	第一五設営隊	ニューギニア、ギルワ	一九四三・〇一・二二	南井溜逑	軍属	戦死	井邑郡所声面古橋里三四六
			一九一四・〇五・〇一	一順	妻		—
八四五	第一五設営隊	ニューギニア、ギルワ	一九四三・〇一・二二	豊山在天	軍属	戦死	井邑郡所声面古橋里一七二
			一九一四・一二・二〇	南奎	妻		—
八五九	第一五設営隊	ニューギニア、ギルワ	一九四三・〇一・二二	林俊錫	軍属	戦死	井邑郡笠岩面新井里六三五

番号	部隊	場所	年月日	氏名	続柄	区分	本籍
			一九二三・〇三・〇八	東演	妻		井邑郡内蔵面校山里二四六
八六〇	第一五設営隊	ニューギニア、ギルワ	一九四三・〇一・二二	笠原　熙	軍属	戦死	井邑郡笠岩面川原里二五四
			一九一六・〇八・二六	清子	妻		井邑郡中州邑上里六三七
八七三	第一五設営隊	ニューギニア、ギルワ	一九四三・〇一・二二	清原仁壽	軍属	戦死	井邑郡内蔵面校岩里二三六
			一九二二・〇五・〇四	甲禮	妻		—
八九八	第一五設営隊	ニューギニア、ギルワ	一九四三・〇一・二二	長山鉉錫	軍属	戦死	井邑郡梨坪面馬頃里一七八
			一九二三・一一・一一	圭廷	父		—
八九九	第一五設営隊	ニューギニア、ギルワ	一九四三・〇一・二二	林本喆圭	軍属	戦死	井邑郡梨坪面下松里五四八
			一九二三・〇六・一四	在根	父		—
九二五	第一五設営隊	ニューギニア、ギルワ	一九四三・〇一・二二	岩本光成	軍属	戦死	井邑郡徳川面上鶴里五〇六
			一九二一・〇九・一六	茂野	父		—
九二六	第一五設営隊	ニューギニア、ギルワ	一九四三・〇一・二二	神島啓馨	軍属	戦死	井邑郡徳川面新月里四六四
			一九二一・〇七・〇八	貞子	妻		—
九四一	第一五設営隊	ニューギニア、ギルワ	一九四三・〇一・二二	金鐘基	軍属	戦死	井邑郡七寶面白岩里四六二
			一九二〇・〇三・〇四	桜女	妻		金堤郡金堤邑新豊里三二六
九七八	第一五設営隊	ニューギニア、ギルワ	一九四三・〇一・二二	金海基南	軍属	戦死	完州郡助村面長洞里一二三
			一九二一・〇五・一四	基奉	兄		—
一〇七九	第一五設営隊	ニューギニア、ギルワ	一九四三・〇一・二二	金仲烈	軍属	戦死	錦山郡済南面月内里九六六
			一九二三・〇二・二五	順龍	父		忠清北道永同郡陽山面鍬頭里五九三
一一五〇	第一五設営隊	ニューギニア、ギルワ	一九四三・〇一・二二	木村琪緒	軍属	戦死	鎮安郡銅郷面能金里九四九
			一九一三・〇二・〇五	玉順	妻		—
一一五一	第一五設営隊	ニューギニア、ギルワ	一九四三・〇一・二二	大城徳哲	軍属	戦死	鎮安郡銅郷面柴山里四〇〇
			一九二二・〇二・二八	廷基	父		—
一一五七	第一五設営隊	ニューギニア、ギルワ	一九四三・〇一・二二	張田童伊	軍属	戦死	鎮安郡顔川面三楽一二四三
			一九一三・〇二・一九	文順	妻		—
一一五八	第一五設営隊	ニューギニア、ギルワ	一九四三・〇一・二二	陽川　淑	軍属	戦死	鎮安郡顔川面白華里一〇〇五
			一九二三・〇二・〇三	二昌	母		—
一一五九	第一五設営隊	ニューギニア、ギルワ	一九四三・〇一・二二	菊村青龍	軍属	戦死	鎮安郡顔川面三楽里五五七
			一九一六・〇五・二二	鳳順	妻		—
一一六〇	第一五設営隊	ニューギニア、ギルワ	一九四三・〇一・二二	金道進	軍属	戦死	鎮安郡顔川面三楽里九九三
			一九一二・〇二・一七	卜伊	妻		—
一一六六	第一五設営隊	ニューギニア、ギルワ	一九四三・〇一・二二	新井博永	軍属	戦死	鎮安郡朱川面朱陽里四七七
			一九二三・〇一・一二	潤基	妻		—
一一六七	第一五設営隊	ニューギニア、ギルワ	一九四三・〇一・二二	崔全鶴壽	軍属	戦死	鎮安郡朱川面朱陽里四二三
			一九一五・一〇・二三	泰順	妻		—

番号	所属	場所	年月日	氏名	続柄	区分	本籍
一一六八	第一五設営隊	ニューギニア、ギルワ	一九四三・〇一・二二 一九二一・〇二・一二	高原鳳烈 寅順	軍属 妻	戦死	鎮安郡朱川面新用里五〇〇 ―
一一六九	第一五設営隊	ニューギニア、ギルワ	一九四三・〇一・二二 一九二二・〇九・〇七	天全道一 祥×	軍属 兄	戦死	鎮安郡朱川面大仏里一一四六 ―
一一七〇	第一五設営隊	ニューギニア、ギルワ	一九四三・〇一・二二 一九一二・一一・〇四	金光永燦 ×月	軍属 妻	戦死	鎮安郡朱川面朱陽里四六〇 ―
一一七一	第一五設営隊	ニューギニア、ギルワ	一九四三・〇一・二二 一九〇八・〇一・二四	國本泰淳 鳳会	軍属 妻	戦死	鎮安郡朱川面大仏里三〇六七 ―
一一七二	第一五設営隊	ニューギニア、ギルワ	一九四三・〇一・二二 一九〇八・〇四・二九	具本連玉 丹周	軍属 妻	戦死	鎮安郡朱川面大仏里八六〇 ―
一一七三	第一五設営隊	ニューギニア、ギルワ	一九四三・〇一・二二 一九二一・一〇・一九	良田秀旭 金子	軍属 祖母	戦死	鎮安郡朱川面朱陽里一〇七 ―
一一七四	第一五設営隊	ニューギニア、ギルワ	一九四三・〇一・二二 一九一五・〇五・〇二	大山璋烈 洪淳	軍属 母	戦死	鎮安郡朱川面大仏里一〇五四 ―
一一八五	第一五設営隊	ニューギニア、ギルワ	一九四三・〇一・二二 一九二一・〇一・〇六	高本喜順 楽子	軍属 妻	戦死	鎮安郡程川里慕程里八六八 ―
一一八六	第一五設営隊	ニューギニア、ギルワ	一九四三・〇一・二二 一九二一・〇一・〇四	李村貴童 雙仁	軍属 妻	戦死	鎮安郡程川面鳳鶴里五八六 ―
一一八七	第一五設営隊	ニューギニア、ギルワ	一九四三・〇一・二二 一九一八・〇四・一九	秋田奇鳳 明玉	軍属 父	戦死	鎮安郡程川面慕程里一一四二 ―
一一九三	第一五設営隊	ニューギニア、ギルワ	一九四三・〇一・二二 一九一七・〇八・〇一	平松義弘 有石	軍属 父	戦死	鎮安郡馬霊面平地里五七六 ―
一二〇二	第一五設営隊	ニューギニア、ギルワ	一九四三・〇一・二二 一九二二・〇七・一〇	杉山仲先 俊玉	軍属 父	戦死	鎮安郡白雲面白岩里四八五 鎮安郡白雲面白岩里四八二
一二〇六	第一五設営隊	ニューギニア、ギルワ	一九四三・〇一・二二 一九二〇・〇二・一九	小林仁朱 公順	軍属 妻	戦死	鎮安郡富貴面五龍里一八 ―
一二〇九	第一五設営隊	ニューギニア、ギルワ	一九四三・〇一・二二 一九一二・〇九・一三	徳山性吉 景順	軍属 妻	戦死	鎮安郡鎮南面竹山里四五三 ―
一二一〇	第一五設営隊	ニューギニア、ギルワ	一九四三・〇一・二二 一九一三・〇七・二一	安田吉作 明代	軍属 妻	戦死	鎮安郡鎮南面郡上里一一二三 ―
一三六九	第一五設営隊	ニューギニア、ギルワ	一九四三・〇一・二二 一九二三・一〇・一〇	井原春基 成根	軍属 父	戦死	任實郡屯南面屯徳里七二五 南原郡巳梅面青田里
一四五七	第一五設営隊	ニューギニア、ギルワ	一九四三・〇一・二二 ―	松田呉鳳 高念	軍属 妻	戦死	益山郡龍安面昌里一〇五 益山郡咸悦面白梅里六五五
一四五八	第一五設営隊	ニューギニア、ギルワ	一九四三・〇一・二二	金田周永	軍属	戦死	益山郡龍安面大鳥里四四六

番号	所属	死亡場所	死亡年月日／生年月日	氏名／遺族	身分／続柄	死因	本籍／遺族住所
			一九一四・〇四・一〇	分禮	妻		益山郡咸悦面瓦里二八二
一四九九	第一五設営隊	ニューギニア、ギルワ	一九四三・〇一・二二	徐城大奉	軍属	戦死	益山郡咸悦面石梅里二二七
			一九一九・〇二・一六	点奉	兄		―
一五〇〇	第一五設営隊	ニューギニア、ギルワ	一九四三・〇一・二二	青川省二	軍属	戦死	益山郡咸悦面石多松里四五四
			一九一六・〇二・二九	富子	妻		―
一五〇一	第一五設営隊	ニューギニア、ギルワ	一九四三・〇一・二二	金光善業	軍属	戦死	益山郡咸悦面瓦里六四七
			一九一〇・一〇・一八	壽業	兄		―
一五〇二	第一五設営隊	ニューギニア、ギルワ	一九四三・〇一・二二	新本澧翼	軍属	戦死	益山郡咸悦面石梅里三五三
			一九二三・〇四・二〇	貞淑	妻		―
一五〇三	第一五設営隊	ニューギニア、ギルワ	一九四三・〇一・二二	大平壽玉	軍属	戦死	益山郡咸悦面瓦里三九六
			一九二三・〇一・一五	三奉	妻		―
一五〇四	第一五設営隊	ニューギニア、ギルワ	一九四三・〇一・二二	金澤秀光	軍属	戦死	益山郡咸悦面瓦里五四四
			一八九八・〇九・二三	君子	妻		―
一五〇五	第一五設営隊	ニューギニア、ギルワ	一九四三・〇一・二二	金山尚順	軍属	戦死	益山郡咸悦面石梅里三四六
			一九一七・〇二・〇三	牙只	妻		―
一五〇六	第一五設営隊	ニューギニア、ギルワ	一九四三・〇一・二二	木下龍雲	軍属	戦死	益山郡咸悦面瓦里五四四
			一九二四・一〇・一五	鳳學	父		―
一五〇七	第一五設営隊	ニューギニア、ギルワ	一九四三・〇一・二二	植木良順	軍属	戦死	益山郡咸悦面瓦里五八三
			一九一〇・〇四・〇二	任順	妻		―
一五〇八	第一五設営隊	ニューギニア、ギルワ	一九四三・〇一・二二	金川丁順	軍属	戦死	益山郡咸悦面瓦里五四四
			一九〇四・〇九・〇一	東梅	妻		―
一五〇九	第一五設営隊	ニューギニア、ギルワ	一九四三・〇一・二二	竹谷基柱	軍属	戦死	益山郡咸悦面屹山里六二
			一九二三・〇五・〇五	在勲	父		―
一五一〇	第一五設営隊	ニューギニア、ギルワ	一九四三・〇一・二二	金川政中	軍属	戦死	益山郡咸悦面瓦里六八一
			一九二一・一〇・一五	元順	母		―
一五一一	第一五設営隊	ニューギニア、ギルワ	一九四三・〇一・二二	平山青松	軍属	戦死	益山郡朗山面三×里二三一
			一九一八・一二・二五	淑子	妻		益山郡咸悦面瓦里五三〇
一五一五	第一五設営隊	ニューギニア、ギルワ	一九四三・〇一・二二	金谷鎮興	軍属	戦死	益山郡望城面漁梁里六七八
			一九二二・〇八・〇八	憲	父		―
一五一六	第一五設営隊	ニューギニア、ギルワ	一九四三・〇一・二二	松本南極	軍属	戦死	益山郡望城面茂形里一四五一
			一九二二・一〇・〇五	東	母		
一五一七	第一五設営隊	ニューギニア、ギルワ	一九四三・〇一・二二	金谷奎鶴	軍属	戦死	益山郡望城面漁梁里一二四〇
			一九二〇・一一・二五	奇純	妻		益山郡咸悦面瓦里一〇〇三
一五一八	第一五設営隊	ニューギニア、ギルワ	一九四三・〇一・二二	豊本鍾九	軍属	戦死	益山郡望城面茂形里七四一
			一九一七・一二・二八	東殷	父		―

番号	部隊	場所	年月日	氏名	区分	事由	本籍
一五一九	第一五設営隊	ニューギニア、ギルワ	一九四三・〇一・二二	金澤鍾九	軍属	戦死	益山郡望城面華山里九〇五
			一九二三・〇九・二五	弼喆	父		—
一五二〇	第一五設営隊	ニューギニア、ギルワ	一九四三・〇一・二二	大本延潤	軍属	戦死	益山郡望城面長善里五八九
			一九〇九・〇八・二四	福順	妻		—
一五二一	第一五設営隊	ニューギニア、ギルワ	一九四三・〇一・二二	大本廷昊	軍属	戦死	益山郡望城面新鶴里八二三
			一九二〇・一一・三〇	良念	妻		—
一五二二	第一五設営隊	ニューギニア、ギルワ	一九四三・〇一・二二	石川昌根	軍属	戦死	益山郡望城面漁梁里六一
			一九二一・〇九・〇九	洙容	父		—
一五二三	第一五設営隊	ニューギニア、ギルワ	一九四三・〇一・二二	金井天永	軍属	戦死	益山郡望城面漁梁里六一一
			一九二一・一一・一七	洛善	父		—
一五二四	第一五設営隊	ニューギニア、ギルワ	一九四三・〇一・二二	金井猪東	軍属	戦死	益山郡望城面漁梁里五八一
			一九二〇・〇三・一二	松花	母		—
一五二五	第一五設営隊	ニューギニア、ギルワ	一九四三・〇一・二二	三中東輓	軍属	戦死	益山郡望城面内村里七八六
			一九二二・〇八・〇四	洪澈	父		—
一五二六	第一五設営隊	ニューギニア、ギルワ	一九四三・〇一・二二	平山三得	軍属	戦死	益山郡望城面新鶴里八二二
			一九一八・〇八・二四	壽福	父		—
一五二七	第一五設営隊	ニューギニア、ギルワ	一九四三・〇一・二二	西原昌奉	軍属	戦死	益山郡望城面茂形里二六
			一八九八・一〇・一六	氏	母		—
一五二八	第一五設営隊	ニューギニア、ギルワ	一九四三・〇一・二二	徳本圭煥	軍属	戦死	益山郡望城面長善里二三七
			一九一八・〇一・一五	鍾禮	父		—
一五二九	第一五設営隊	ニューギニア、ギルワ	一九四三・〇一・二二	金谷奎錫	軍属	戦死	益山郡望城面漁梁里一〇五五
			一九二二・一〇・二六	魯性	父		—
一五三〇	第一五設営隊	ニューギニア、ギルワ	一九四三・〇一・二二	海金成洙	軍属	戦死	益山郡望城面華山里六六六
			一九二二・〇三・二一	安阿	妻		—
一五三一	第一五設営隊	ニューギニア、ギルワ	一九四三・〇一・二二	良原暢錫	軍属	戦死	益山郡望城面華山里六八五
			一九二〇・〇七・二七	×加	妻		—
一五六〇	第一五施設部	ニューギニア、ギルワ	一九四三・〇一・二二	江原寛一	軍属	戦死	益山郡春浦面龍淵里三九
			一九一二・〇九・一一	繁子	妻		益山郡咸悦面瓦里四四
五五六	第一五設営隊	ニューギニア、ギルワ	一九四三・〇一・二四	金海水基	軍属	戦死	高敞郡興徳面沙川里一四四
			一九二〇・〇六・二三	道三	父		—
六八九	第一五設営隊	ニューギニア、ギルワ	一九四三・〇一・二四	國本致豊	軍属	戦死	金堤郡金堤邑尊洞里三五六
			一九二〇・〇八・〇二	玉盛	妻		—
一一八九	第一五設営隊	ニューギニア、ギルワ	一九四四・〇二・一八	金井常湧	軍属	戦死	鎮安郡程川面鳳鶴里九七四
			一九〇九・〇一・一六	俊男	妻		鎮安郡珍南面下里五一八
七一七	第一五設営隊	ニューギニア、マンバレイ	一九四二・〇一・一七	前山相圭	軍属	戦死	金堤郡金山面院坪里一四五

番号	部隊	場所	年月日	氏名	続柄	死因	本籍
			一九二二・〇一・三〇	道性	父		一
五三八	第一五設営隊	ニューギニア、マンバレイ	一九四三・〇二・一一	善元圭喆	軍属	戦死	高敞郡茂長面茂長里二七一
			一九一五・一〇・一三	宰烈	母		一
一二〇八	第一五設営隊	ニューギニア、マンバレイ	一九四三・〇二・一一	小林仁洪	軍属	戦死	鎮安郡富貴面五龍里一八
			一九二〇・〇二・一九	順伊	妻		一
一〇六二	第一五設営隊	ニューギニア、マンバレイ	一九四三・〇二・一八	石川鐘植	軍属	戦死	完州郡高山面邑内里五二九
			一九一七・〇七・一九	点順	妻		一
一四〇一	第一五設営隊	ニューギニア、マンバレイ	一九四三・〇二・二三	林龍根	軍属	戦死	任實郡舘村面新田里六六四
			一九一五・〇六・〇七	貞禮	妻		一
四八七	第一五設営隊	ニューギニア、マンバレイ	一九四三・〇二・二八	高川判成	軍属	戦病死	南原郡周生面上洞里二一七
			一九一五・一一・二七	順任	妻		一
七一八	第一五設営隊	ニューギニア、マギリ	一九四三・〇三・一二	張本達燮	軍属	戦病死	金堤郡金山面院坪里一一七二
			一九一九・〇九・〇九	奉春	父		一
一二〇四	第一五設営隊	南洋群島	一九四三・〇四・二八	安全漢栄	軍属	戦病死	鎮安郡白雲面聖橋里九二七
			一九二二・〇七・〇一	奇順	妻		一
一〇七六	第一五設営隊	ウェーキ島	一九四三・一〇・〇六	金原鍾允	軍属	戦死	完州郡華山面春山里五九八
			一九二〇・〇三・一一	益培	父		一
一〇七七	第一五設営隊	ウェーキ島	一九四三・一〇・〇六	金山敬會	軍属	戦死	完州郡華山面臥竜里
			一九二一・〇四・二一	在信	父		一
一一七九	第一五設営隊	ニューギニア、ツルブ	一九四四・〇五・〇四	柳春漢	軍属	戦死	鎮安郡朱川面雲峰里一三八
			一九一三・〇六・〇七	王女	妻		一
一八四	第一五設営隊	ニューギニア、パパキ	一九四四・〇九・〇二	金浦奇逑	軍属	戦病死	扶安郡扶寧面内蓼里一六三
			一九〇七・〇三・一二	陳明禮	妻		一
二三二二	第一九設営隊	ニューギニア	一九四四・〇三・一八	張泰旭	軍属	戦死	金堤郡金堤邑新豊里
			一九〇九・〇六・〇九	君子	妻		一
二二五〇	第二一海軍輸送隊	小笠原諸島	一九四四・〇八・〇五	木村樂俊	軍属	戦死	沃溝郡米面於青島里二四六
			一	福永	父		一
二二四二	第二一海軍航空工廠	大村市	一九四四・一〇・二五	長田吉平・福根	軍属	戦死	群山府新興町
			一	永錫	妻		
二三四三	第二七海軍根拠地隊	ツラギ海峡	一九四二・〇八・〇七	服部　守	軍属	戦死	井邑郡井州邑水城里二区
			一九一九・一〇・一〇	一	一		井邑郡井州邑水城里二区
四五二	第二八海軍建築部	西部ニューギニア	一九四四・〇七・一三	二木仁澤	軍属	戦死	南原郡帯江面沙石里
			一九一八・一二・二三	一	一		一
一四三七	第二八海軍建築部	ビアク島	一九四四・〇七・三一	清原礩鍾	軍属	戦死	任實郡新徳面五方里
			一九一八・〇八・〇九	一	一		一

八四六	第三〇海軍建築部	パラオ島	一九四四・〇四・〇七 一九一九・〇八・一二	柳春洲 運一	軍属 父	戦死	井邑郡所声面中光里 ｜
二二	第三〇海軍建築部	パラオ島	一九四四・〇六・一一 一九一七・一二・一八	良原権容 在成	軍属 父	戦死	沃溝郡聖山面屯徳里 ｜
七二二	第三〇海軍建築部	ダバオ近海	一九四四・〇六・二〇 一九一五・一〇・二八	吉田　彬 宗氏	軍属 母	戦死	井邑郡山外面平沙里 井邑郡七方面×山里
八七四	第三〇海軍建築部	ダバオ近海	一九四四・〇六・三〇 一九一八・〇一・〇三	任相喆 正彦	軍属 父	戦病死	井邑郡内蔵面新月里 ｜
一三三七	第三〇海軍建築部	パラオ島	一九四四・〇八・〇七 一九二二・〇五・〇八	壼山東燮 判用	軍属 父	戦死	任實郡聖壽面月坪里 ｜
一一一五	第三〇海軍建築部	ペリリュー島	一九四四・〇九・一五 一九二三・〇二・一五	権慶逑 山金仁来	軍属 父	戦死	錦山郡福壽面九礼里四六五 論山郡津山面連山里四七七
九〇〇	第三〇海軍建築部	ダバオ	一九四四・一〇・〇七 一九二二・〇七・一二	溘山東浩 采基	軍属 父	戦死	井邑郡梨坪面斗田里 ｜
一四〇五	第三〇海軍建築部	ダバオ	一九四四・一〇・〇七 一九一〇・一一・〇五	金海順弘 順弘(ママ)	軍属 母	戦病死	任實郡新平面元泉里 ｜
七四六	第三〇海軍建築部	神奈川県野北病院	一九四四・一〇・二七 一九〇六・〇二・〇三	張英童 次男	軍属 妻	戦死	井邑郡井州邑市基里 ｜
一三三七	第三〇海軍建築部	ペリリュー島	一九四四・一二・三一 一九一九・〇三・一五	松岡圭銑 福順	軍属 母	戦死	任實郡徳峙面沙谷里 ｜
一六一九	第三〇海軍建築部	パラオ島 脚気	一九四五・〇三・〇五 一九〇〇・〇五・〇六	清原宗煥 ｜	軍属	戦病死	益山郡咸羅面益城里一二四 ｜
一六二〇	第三〇海軍建築部	パラオ島	一九四五・〇六・〇七 一九一四・〇八・二四	大城炳黙	軍属 妻	戦病死	益山郡咸羅面新登里四六 ｜
一六二八	第三〇海軍建築部	パラオ島 脚気	一九四五・〇六・二六 一九二一・一〇・〇九	新井鐘龍 ｜	軍属 ｜	戦病死	益山郡金馬面西古都里 ｜
一六三〇	第三〇海軍建築部	パラオ島 脚気	一九四五・〇七・〇五 一九一八・一一・二四	松野長江 ｜	軍属 ｜	戦病死	益山郡裡里邑旭二〇 ｜
二一四〇	第三〇海軍建築部	パラオ島 脚気	一九四五・〇九・〇七 ｜	延安千金 ｜	上機 ｜	戦病死	全州府新町二一四 ｜
一五	第四九海軍掃海隊	黄海	一九四五・〇七・二六 一九二四・一一・〇四	正本鍾勲 良先	軍属 妻	戦病死	沃溝郡羅浦面酒谷里四六一 ｜
二二七二	第一〇一海軍施設部	シンガポール マラリア	一九四四・一〇・〇八 一九一五・〇六・〇七	金井隆民 成徳	軍属 妻	戦死	南原郡朱川面松峙里八五〇 ｜
二三三〇	第一〇一海軍施設部	インド洋	一九四五・〇二・〇八	呉村高市	軍属	戦死	錦山郡秋富面目富里四六九

番号	所属	死亡場所	年月日	氏名	身分・続柄	死因	本籍・住所
			一九一二・〇四・一七	禮喜	父		錦山郡秋富面目富里四六九
二二九一	第一〇一海軍施設部	インド洋	一九四五・〇二・二八 一九一九・〇三・一六	神農茂雄 馨	軍属 —	戦死	全州府老松町六三九 —
二三二二	第一〇一海軍施設部	シンガポール	一九四五・〇六・一一 一九一七・〇五・〇六	宮本敬千 小男	軍属 兄	戦病死	高敞郡高敞面斗坪里 —
一四三	第一〇二海軍軍需部	南太平洋方面	一九四三・〇四・二八 —	山本在玉 文来	軍属 父	戦死	沃溝郡米面京場里四一五 —
一五四	第一〇二海軍軍需部	南太平洋方面	一九四三・〇四・二八 —	伊東重守 貞振	軍属 母	戦死	沃溝郡沃溝面上坪里五一八 京畿道京城府明倫町一丁目
二八三	第一〇二海軍軍需部	南太平洋方面	一九四三・〇四・二八 —	松田政二 勝範	軍属 父	戦死	淳昌郡豊山面牛谷里四八 群山府五龍町
一三一五	第一〇二海軍軍需部	南太平洋方面	一九四三・〇四・二八 —	矢野永一 栄子	軍属 妻	戦死	群山府開福町二 群山府開福町二
一三一六	第一〇二海軍軍需部	南太平洋方面	一九四三・〇四・二八 —	菊本英治 士今	軍属 妻	戦死	群山府開福町二五 群山府開福町二五
一三一七	第一〇二海軍軍需部	南太平洋方面	一九四三・〇四・二八 —	松田龍萬 尚順	軍属 妻	戦死	群山府五龍町八三二 群山府五龍町八三二
一三一八	第一〇二海軍軍需部	南太平洋方面	一九四三・〇四・二八 —	松田敬夫 益二郎	軍属 父	戦死	群山府南屯栗町三五五 —
一三一九	第一〇二海軍軍需部	南太平洋方面	一九四三・〇四・二八 —	岩本在寅 王金	軍属 妻	戦死	群山府南屯栗町三五五 群山府海望町山四
一三二〇	第一〇二海軍軍需部	南太平洋方面	一九四三・〇四・二八 —	松岡成穆 瑷洙	軍属 妻	戦死	群山府仲町三四二 群山府仲町三四二
二三〇七	第一〇二海軍燃料廠	南支那海	一九四四・一〇・〇七 一九一四・一一・一八	金谷大源 鎮燮	軍属 父	戦死	淳昌郡八徳面長安里五五一 淳昌郡八徳面長安里五五一
二三三六	第一〇三海軍施設部	ジャワ海	一九四五・〇二・二五 一九一九・〇九・〇二	宮本元市 —	軍属 —	戦死	益山郡礪山面礪山里栄和六〇二 —
二一八八	第一〇三海軍施設部	ルソン島北部	一九四五・〇六・一〇 一九一五・〇三・二五	忠本昌煥 龍順	軍属 長女	戦死	錦山郡錦富面場垈里五一二 —
二一八九	第一〇三海軍施設部	ルソン島	一九四五・〇六・一〇 一九一三・〇二・二三	重松璟柱 —	軍属 —	戦死	錦山郡済原面水塘里 —
二三〇六	第一〇三海軍施設部	ルソン島北部	一九四五・〇六・一〇 一九〇八・〇一・〇六	金海二石 金子仲	軍属 父	戦死	淳昌郡八徳面瑞興里二三九 淳昌郡八徳面瑞興里二三九
二三一〇	第一〇三海軍施設部	ルソン島北部	一九四五・〇六・一〇 一九一八・〇一・一三	金子義雄 —	軍属 —	戦死	井邑郡井州邑上里六八一 —

二二一四	第一〇三海軍施設部	ルソン島マニラ山中	一九四五・〇六・一〇	善元俊策	軍属	戦死	高敞郡茂長面萬化里三八九
			一九一四・〇五・一六	金岡第弥	伯父		
二一七三	第一〇三海軍施設部	ルソン島マニラ山中	一九四五・〇六・三〇	早川貴男	軍属	戦死	全州府相生町一六〇
			一九一六・一〇・一七	―	―		―
二一八〇	第一〇三海軍施設部	ルソン島マニラ山中	一九四五・〇六・三〇	松本太一	軍属	戦死	完州郡九里面桂谷里一〇五
			―	―	―		―
二一九二	第一〇三海軍施設部	ルソン島マニラ山中	一九四五・〇六・三〇	豊田来班	軍属	戦死	茂朱郡雪川面桂谷里
			一九一六・〇二・一七	遇植	妻		―
二二〇二	第一〇三海軍施設部	ルソン島マニラ山中	一九四五・〇六・三〇	春城良雄	軍属	戦死	南原郡巳梅面書道里二二六
			一九一三・××・〇三	―	―		―
二二〇三	第一〇三海軍施設部	ルソン島マニラ山中	一九四五・〇六・三〇	滑川吉宜	軍属	戦死	南原郡南宇邑竹巷里一四四
			一九一七・〇五・二一	伊藤在奉	義兄		―
二二一五	第一〇三海軍施設部	ルソン島	一九四五・〇六・三〇	岩本徳雨	軍属	戦死	高敞郡大山面大壮里四五三
			一九二二・〇六・二一	―	―		―
二一七二	第一一一設営隊	ギルバート諸島タラワ	一九四三・一一・二五	新井清吉	軍属	戦死	全州府花園町七五
			一九二五・〇八・二四	巳姃	母		―
二一七五	第一一一設営隊	ギルバート諸島タラワ	一九四三・一一・二五	姜明元・姜本明光	軍属	戦死	完州郡参禮面参禮里一二八三
			一九二一・〇九・〇九	東相	父		―
二一七六	第一一一設営隊	ギルバート諸島タラワ	一九四三・一一・二五	金福容	軍属	戦死	完州郡鳳東面洛平里六七一
			一九二二・一二・〇八	李氏	母		完州郡参禮面参禮里黄金町
二一七七	第一一一設営隊	ギルバート諸島タラワ	一九四三・一一・二五	安田在成	軍属	戦死	完州郡雨田面洪山堂一一〇八
			一九一八・〇二・〇四	敬俊	父		―
二一七八	第一一一設営隊	ギルバート諸島タラワ	一九四三・一一・二五	金山判山	軍属	戦死	完州郡雨田面大平里一三六
			一九二三・〇五・一〇	斗善	父		―
二一八一	第一一一設営隊	ギルバート諸島タラワ	一九四三・一一・二五	申性詐	軍属	戦死	完州郡伊西面上林里三〇五
			一九一六・〇四・一六	朴鳳順	妻		―
二一九三	第一一一設営隊	ギルバート諸島タラワ	一九四三・一一・二五	伊山圭也	軍属	戦死	長水郡山西面白雲里七三四
			一九二五・〇五・二〇	允熚	父		―
二一九四	第一一一設営隊	ギルバート諸島タラワ	一九四三・一一・二五	安田季春	軍属	戦死	長水郡山西面社上里三八六
			一九二〇・〇一・一六	福徳	妻		―
二一九五	第一一一設営隊	ギルバート諸島タラワ	一九四三・一一・二五	安田成基	軍属	戦死	長水郡山西面社上里
			一九一九・〇四・二〇	水月	妻		―
二一九九	第一一一設営隊	ギルバート諸島タラワ	一九四三・一一・二五	金井容男	軍属	戦死	南原郡徳果面高亭里六九
			一九二二・〇五・一八	永斗	父		―
二二〇〇	第一一一設営隊	ギルバート諸島タラワ	一九四三・一一・二五	長谷川寅鮮	軍属	戦死	南原郡王峙面廣峙里四二六

番号	所属	死亡場所	年月日	氏名	続柄	死因	本籍
			一九二二・〇五・〇二	莫七	父		—
二三〇一	第二一一設営隊	ギルバート諸島タラワ	一九四三・一一・二五	孝山百儀	軍属	戦死	南原郡王峙面廣峙里二一八四
			一九一九・〇五・一二	玉禮	妻		—
二三〇八	第二一一設営隊	ギルバート諸島タラワ	一九四三・一一・二五	青松大燮	軍属	戦死	井邑郡淨雨面梧琴里七八四
			一九二二・〇一・二七	相局	父		井邑郡淨雨面梧琴里七八四
二三一三	第二一一設営隊	ギルバート諸島タラワ	一九四三・一一・二五	金學洙・石山次石	軍属	戦死	高敞郡富安面中興里四六
			一九二三・一二・二九	甲萬	父		高敞郡富安面中興里四六
二三一七	第二一一設営隊	ギルバート諸島タラワ	一九四三・一一・二五	姜大春	軍属	戦死	扶安郡保安面新福里六四
			一九二一・〇七・一四	根大	妻		—
二三一八	第二一一設営隊	ギルバート諸島タラワ	一九四三・一一・二五	金学逑	軍属	戦死	扶安郡東津面銅田里四五四
			一九二六・〇五・〇二	姓女	母		—
二三二三	第二一一設営隊	ギルバート諸島タラワ	一九四三・一一・二五	柳川基澤	軍属	戦死	金堤郡萬頃面長山里六一〇
			一九二六・一二・二四	成希	父		—
二三二四	第二一一設営隊	ギルバート諸島タラワ	一九四三・一一・二五	白川成玉	軍属	戦死	金堤郡聖徳面聖徳里一六八
			一九二三・一一・二九	春一	母		—
二三二五	第二一一設営隊	ギルバート諸島タラワ	一九四三・一一・二五	白山安基	軍属	戦死	金堤郡聖徳面大木里八三二
			一九二二・〇二・〇六	永弼	父		—
二三二六	第二一一設営隊	ギルバート諸島タラワ	一九四三・一一・二五	高山福燮	軍属	戦死	金堤郡白鷗面月鳳里四九六
			一九二四・一二・〇五	干吉	父		—
二三二九	第二一一設営隊	ギルバート諸島タラワ	一九四三・一一・二五	平文正萬	軍属	戦死	沃溝郡開井面金本山里一四六
			一九一九・〇二・二一	召央	母		沃溝郡開井面金本山里一四六
二三三二	第二一一設営隊	ギルバート諸島タラワ	一九四三・一一・二五	竹田判喆	軍属	戦死	益山郡咸悦面瓦里二四五
			一九二一・一二・一一	良卜	父		—
二三三三	第二一一設営隊	ギルバート諸島タラワ	一九四三・一一・二五	徳山一郎	軍属	戦死	益山郡咸悦面多松里一一
			一九一七・〇五・二二	順吉	妻		益山郡咸悦面多松里一一
二三三四	第二一一設営隊	ギルバート諸島タラワ	一九四三・一一・二五	中山龍奎	軍属	戦死	益山郡八峰面林相里三五
			一九二三・〇八・一九	熙碩	父		—
二一九六	第二一一設営隊	ヤルート	一九四三・一一・二五	共田昌顕	軍属	戦病死	長水郡山西面社上里
			一九二一・〇五・二七	—	—		—
二三〇五	第二一二設営隊	ビスマルク諸島	一九四三・一二・一九	竹城吉三	軍属	戦死	淳昌郡淳昌面淳化里
			一九一六・〇九・二四	吉文	兄		—
二三二七	第二一二設営隊	ニューギニア	一九四三・一二・一九	孫田相基(大村)	軍属	戦死	金堤郡金満面金溝里六二
			一九二一・〇七・〇五	劉寛	兄		—
二一九〇	第二一三設営隊	ラバウル	一九四五・〇六・一六	河村貞吉	軍属	戦病死	茂朱郡茂豊面縣内里一六四
			一九〇四・一〇・〇五	南份	妻		—

番号	部隊	場所	年月日	氏名	身分・続柄	区分	本籍・住所
二一八二	第二一四設営隊	ペリリュー島	一九四四・一二・三一 一九一三・〇二・二二	韓清半月 喆玉	軍属 弟	戦死	完州郡雨田面文亭里 —
二一八三	第二一四設営隊	ペリリュー島	一九四四・一二・三一 一九一六・〇五・三〇	文宅龍農 炳昌	軍属 弟	戦死	完州郡雲州面九梯里 —
二一八四	第二一四設営隊	ペリリュー島	一九四四・一二・三一 一九二一・〇四・一〇	林炳来 —	軍属 —	戦死	完州郡鳳東面九岩里元昌六四二 —
二一七九	第二一五設営隊	ダバオ マラリア	一九四五・〇七・〇一 一九二一・一〇・二〇	朴桂煥 貴煥	軍属 弟	戦死	完州郡九里面 —
二二一九	第二一五設営隊	ダバオ	一九四五・〇七・〇一 一九一七・一二・二四	豊木多実 平本政一郎	軍属 兄	戦病死	扶安郡扶安面下立石里五三 —
二一八六	第二一七設営隊	グァム島	一九四四・〇八・〇六 一九二〇・一二・一〇	呉本　昇 治逑	軍属 兄	戦病死	莞州郡上関面大聖里客寺洞一六三 —
二一九七	第二一七設営隊	グァム島	一九四四・〇八・一〇 一九〇八・〇二・〇八	安本三郎 —	軍属 —	戦死	長水郡渓内面移農里 —
二二二八	第二一七設営隊	グァム島	一九四四・〇八・一〇 一九二一・〇三・〇八	林章秀 杉山鍾来	軍属 兄	戦死	金堤郡金堤邑西庵里四 —
二一八五	第二一九設営隊	ルソン島	一九四五・〇七・一〇 一九一八・一一・〇九	國本明植 李起伸	軍属 父	戦死	莞州郡上関面大聖里客寺洞一六三 —
二二三〇	第二一九設営隊	ルソン島	一九四五・〇七・一〇 一九二一・〇五・〇二	金海應烈 柄天	軍属 父	戦死	沃溝郡瑞穂面鷲東里 沃溝郡瑞穂面鷲東里
二一九一	第二一九設営隊	ルソン島	一九四五・〇七・三〇 一九二二・一一・〇八	金光正中 客洛	軍属 父	戦死	茂朱郡安城面沙田里二八九三 —
二二八六	第二二三設営隊	パラオ東方海面	一九四四・〇一・三一 一九一七・〇二・二七	平本点用 京子	軍属 妻	戦死	長水郡長水面徳山里五六四 長水郡長水面徳山里五六四
二二六九	第二二三設営隊	父島西北	一九四四・〇二・〇三 —	大木炳然 梁来	軍属 父	戦死	鎮安郡聖壽面佐浦里一三二一 鎮安郡聖壽面佐浦里一三二一
二二八七	第二二三設営隊	父島西北	一九四四・〇二・〇三 —	慶本貴喆 —	軍属 —	戦死	長水郡幡岩面葡圃四五二八
二二九二	第二二三設営隊	父島西北	一九四四・〇二・二三 一九二二・〇八・二二	安本　久 —	軍属 —	戦死	全州府老松町三五三
二二九四	第二二三設営隊	父島西北	一九四四・〇二・〇三 一九一七・〇五・二五	兪俊義 —	軍属 —	戦死	全州府釼岩町
二二六七	第二二三設営隊	父島西北	一九四四・〇二・二三 一九二三・〇二・二〇	密陽先玉 水永	軍属 父	戦死	錦山郡錦山邑上玉里二一〇 錦山郡錦山邑上玉里二一〇
二二八三	第二二三設営隊	父島西北	一九四四・〇二・二三	牧山光珪	軍属	戦死	茂朱郡富南面大所里一一六

			一九二一・〇二・二七	泳植	父		忠清南道大田府栄町三―四六
二三四〇	第二二三設営隊	父島西北	一九四四・〇二・二三 一九二二・〇五・〇六	山本二郎 ―	軍属 ―	戦死	茂朱郡茂朱面龍浦里六七六
二三四一	第二二三設営隊	父島西北	一九四四・〇二・二三 一九一二・〇四・一四	植木仁市 ―	軍属 ―	戦死	長水郡渓内面長渓里
二二九九	第二二三設営隊	サイパン島	一九四四・〇七・〇九 一九二三・〇二・一〇	新井衡文 弘植	軍属 父	戦死	沃溝郡沃溝面魚隠里
二三三二	第二二三設営隊	サイパン島	一九四四・〇七・〇九 一九二一・〇五・〇九	崔八龍 ―	軍属 ―	戦死	南原郡巳梅面書道里
二三三三	第二二三設営隊	サイパン島	一九四四・〇七・〇九 一九二三・〇五・〇七	伊原達彌（高） ―	軍属 ―	戦死	南原郡寶飾面錦茶里
二三〇四	第二二四設営隊	ハルマヘラ島 マラリア	一九四四・〇九・二一 一九二六・〇一・二五	金光容雲 文山	軍属 父	戦病死	益山郡聖堂面長喜里一九七 益山郡聖堂面長喜里一九七
二二五一	第二二五設営隊	ダバオ マラリア	一九四四・〇八・二〇 一九二一・〇一・〇三	安田明逑 昌憲	軍属 父	戦病死	益山郡黄登面東蓮里四一 益山郡黄登面東蓮里四一
二二四四	第二二五設営隊	ダバオ	一九四四・〇九・一八 一九二〇・〇九・一一	城原秀一 成根	軍属 父	戦死	全州府完山町三三
二二八二	第二二五設営隊	ダバオ	一九四四・〇九・一八 一九二〇・〇四・一八	茅村炳燮 権海	軍属 父	戦死	淳昌郡亀林面茅花里一五二 淳昌郡亀林面茅花里一五二
二二八四	第二二五設営隊	ダバオ	一九四四・〇九・一八 一九一四・〇四・〇九	佳山直林 粉禮	軍属 妻	戦死	茂朱郡安城面沙田里二九六
二三三六	第二二五設営隊	ダバオ	一九四五・〇六・〇九 一九一六・〇二・一五	野山桂桓（桂植） ―	軍属 ―	戦死	任實郡聖水面三清里
二二九三	第二二五設営隊	ダバオ マラリア	一九四五・〇九・一四 一九一七・〇六・一〇	森本大根 ―	軍属 ―	戦病死	全州府清水町一四―一
二三三九	第二二五設営隊	ダバオ マラリア	一九四五・〇九・二三 一九二一・〇四・〇二	玉川信一 幸女	軍属 母	戦病死	淳昌郡赤城面
二三二五	第二二五設営隊	ダバオ マラリア	一九四五・〇九・二五 一九〇四・〇七・一七	李在根 ―	軍属 ―	戦病死	錦山郡郡北面上谷里
二三四六	第二二六設営隊	本州南東	一九四四・〇五・〇五 一九一一・〇三・〇一	金田辛得 貞子	軍属 妻	戦死	全州府麟石町四四四 ―
二三四九	第二二六設営隊	本州南東海面	一九四四・〇五・〇五 ―	松島化春 ―	軍属 ―	戦死	沃溝郡沃溝面上坪里四七三 ―
二三五四	第二二六設営隊	本州南東	一九四四・〇五・〇五 ―	姜吉順・金谷昌植 永昌	軍属 父	戦死	金堤郡白山面富巨里八四四―二 ―

番号	所属	場所	年月日	氏名	身分	死因	本籍
二二五五	第二三六設営隊	本州南東	一九四四・〇五・〇五 —	金谷南坤 東必	軍属 父	戦死	金堤郡白山面富巨里八五一 —
二二五九	第二三六設営隊	本州南東	一九四四・〇五・〇五 —	慶川明守 有三	軍属 父	戦死	高敞郡雅山面舟津里一一九 —
二二六三	第二三六設営隊	本州南東	一九四四・〇五・〇五 —	金本瑾洙 炳庸	軍属 —	戦死	井邑郡泰仁面泰興里二五三 —
二二六四	第二三六設営隊	本州南東	一九四四・〇五・〇五 —	山村馥喆 寧逑	軍属 父	戦死	井邑郡山外面花柳里四四二 —
二二六五	第二三六設営隊	本州南東	一九四四・〇五・〇五 —	水原雲起 —	軍属 —	戦死	井邑郡山外面東谷里一六九四 —
二二七七	第二三六設営隊	本州南東	一九四四・〇五・〇五 —	宮本相玉 光彦	軍属 父	戦死	扶安郡舟山面小舟里三三一 —
二二七八	第二三六設営隊	本州南東	一九四四・〇五・〇五 —	金光炯喆 善煥	軍属 妻	戦死	扶安郡扶寧面茅山里五一五 —
二二七九	第二三六設営隊	本州南東	一九四四・〇五・〇五 —	金井炯三 金禮	軍属 妻	戦死	扶安郡扶寧面蓮谷里三四〇 —
二二八〇	第二三六設営隊	本州南東	一九四四・〇五・〇五 —	大山慶永 卜禮	軍属 妻	戦死	扶安郡扶寧面新雲里三六〇 —
二二八一	第二三六設営隊	本州南東	一九四四・〇五・〇五 —	宮本吉元 点童	軍属 兄	戦死	淳昌郡淳昌面淳化里七六三 —
二三〇〇	第二三六設営隊	サイパン島	一九四四・〇七・〇九 一九一六・一二・二八	高田判得 永洙	軍属 父	戦死	沃溝郡玉山面紙谷里 —
二三一三	第二三六設営隊	サイパン島	一九四四・〇七・〇九 一九二〇・〇一・〇五	宮本相朝 南柱	軍属 弟	戦死	金堤郡月村面長華里 —
二三一四	第二三六設営隊	サイパン島	一九四四・〇七・〇九 一九二三・〇三・一五	鄭山明完 應完	軍属 兄	戦死	金堤郡進鳳面浄塘里 —
二三一五	第二三六設営隊	サイパン島	一九四四・〇七・〇九 一九二二・〇二・二三	呉東模 泰模	軍属 父	戦死	金堤郡聖徳面石洞里 —
二三一六	第二三六設営隊	サイパン島	一九四四・〇七・〇九 一九一九・〇九・三〇	木村仁錫 永文	軍属 父	戦死	金堤郡金堤邑新豊里二〇四 —
二三一七	第二三六設営隊	サイパン島	一九四四・〇七・〇九 一九一八・〇八・〇二	新本憲丁 二重	軍属 兄	戦死	金堤郡龍池面鳳儀里 —
二三一八	第二三六設営隊	サイパン島	一九四四・〇七・〇九 一九一八・〇四・〇三	姜井昌燮 —	軍属 —	戦死	金堤郡龍池面松山里八二四 —
二三一九	第二三六設営隊	サイパン島	一九四四・〇七・〇九	佳山圭翊	軍属	戦死	高敞郡雅山面鶴山里

番号	所属	場所	年月日	氏名	身分・続柄	事由	本籍
			一九二三・〇九・一三	鐘泰	兄		―
二三二〇	第二二六設営隊	サイパン島	一九四四・〇七・〇九 一九一四・〇九・〇九	金田在鉉 ―	軍属 ―	戦死	高敞郡孔青面扇洞里
二三二一	第二二六設営隊	サイパン島	一九四四・〇七・〇九 一九一八・一二・〇三	成田仁圭 在國	軍属 母	戦死	高敞郡雅山面木洞里 ―
二三二三	第二二六設営隊	サイパン島	一九四四・〇七・〇九 一九二〇・〇五・二二	金山貞會 仁會	軍属 父	戦死	井邑郡笠巖面新錦里三四五 ―
二三二四	第二二六設営隊	サイパン島	一九四四・〇七・〇九 一九一二・一一・〇三	金田千壽 ―	軍属 ―	戦死	井邑郡内蔵面校岩里二四〇 ―
二三二五	第二二六設営隊	サイパン島	一九四四・〇七・〇九 一九一七・〇七・〇三	柳千石 千女	軍属 妻	戦死	井邑郡所聲面中光里
二三二六	第二二六設営隊	サイパン島	一九四四・〇七・〇九 ―	金判逑	軍属 ―	戦死	井邑郡七里面詩山里八三三
二三一七	第二二六設営隊	サイパン島	一九四四・〇七・〇九 一九一七・〇四・一〇	金海甲龍 今童	軍属 子	戦死	井邑郡古阜面立石里一七〇 ―
二三三七	第二二六設営隊	サイパン島	一九四四・〇七・〇九 一九一五・〇七・〇三	海洲奇摂 相模	軍属 父	戦死	淳昌郡豊山面関内里八八 ―
二三三八	第二二六設営隊	サイパン島	一九四四・〇七・〇九 一九二〇・〇三・二三	昌山萬洙 正洙	軍属 父	戦死	淳昌郡金果面大星里三三四 ―
二三〇二	第二二六設営隊	沖縄小録	一九四五・〇五・一五 一九一九・〇五・一五	泰山炳樂 崔龍植	軍属 叔父	戦死	益山郡王宮面東村里四三五 ―
二三一一	第二二六設営隊	沖縄小録	一九四五・〇五・二二 一九二三・〇三・一二	金川泰藏 明煥	軍属 父	戦死	金堤郡月村面月鳳里四〇五 金堤郡月村面月鳳里四〇五
二三〇八	第二二六設営隊	沖縄	一九四五・〇五・二七 一九一九・〇三・〇三	利川在學 在旭	軍属 兄	戦死	金堤郡進鳳面淨塘里一三七五 金堤郡進鳳面淨塘里一三七五
二二九五	第二二六設営隊	沖縄小録	一九四五・〇五・三〇 一九一一・〇九・一九	李福壽 奉春	軍属 兄	戦死	沃溝郡米面新豊里一三七
二二九七	第二二六設営隊	沖縄小録	一九四五・〇六・〇一 一九一九・〇六・三〇	星田炳重 良女	軍属 妻	戦死	沃溝郡米面新豊里六七三 ―
二三〇五	第二二六設営隊	沖縄玉橋	一九四五・〇六・〇一 一九一九・〇八・二三	白川七壽 ―	軍属 ―	戦死	金堤郡金堤邑玉山里一八一
二二九六	第二二六設営隊	沖縄小録	一九四五・〇六・一三 一九二〇・〇一・三一	白原林基 好男	軍属 父	戦死	沃溝郡玉山面錦城里一九四 ―
二二九八	第二二六設営隊	沖縄小録	一九四五・〇六・一三 一九二一・〇五・一四	金本鳳祚 東倍	軍属 兄	戦死	沃溝郡米面京場里五三二 ―

二三〇六	第二二六設営隊	沖縄小録	一九四五・〇六・一三	禾田鍾萬	軍属	戦死	金堤郡進鳳面古沙里四〇
			一九二三・〇六・一五	永培	父		忠清南道清州郡南面高穂里
二三〇七	第二二六設営隊	沖縄小録	一九四五・〇六・一三	芳山晃鐘	軍属	戦死	金堤郡進鳳面古沙里八二三
			ー	應鐘	兄		ー
二三〇九	第二二六設営隊	沖縄小録	一九四五・〇六・一四	完山潤徳	軍属	戦死	金堤郡進鳳面銀皎里三〇九
			一九一六・一二・三〇	秀峯	父		ー
二三一〇	第二二六設営隊	沖縄小録	一九四五・〇六・一三	松岡文奎	軍属	戦死	金堤郡萬項面松上里二〇七
			一九二一・〇三・二三	七星	父		金堤郡萬項面松上里二〇七
二三三一	第二二六設営隊	沖縄小録	一九四五・〇六・一三	牟平在煥	軍属	戦死	南原郡大山面楓村里四五九
			一九二〇・〇三・〇八	斗元	父		ー
二三三四	第二二六設営隊	沖縄小録	一九四五・〇六・一三	阿原漢錫	軍属	戦死	扶安郡舟山面徳林里六五一
			一九一二・〇九・二六	菊玉	妻		ー
二三四六	第二三三設営隊	テニアン島	一九四四・〇七・三〇	褒玉九（金海）	軍属	戦死	鎮安郡程川面葛龍里
			一九〇九・〇七・〇七	安春永	妻		ー
二三四四	第二三五設営隊	ネグロス島	一九四五・〇九・〇三	崔敬天・西村政一	軍属	戦病死	完州郡伊西面上開里
		栄養失調	一九二〇・〇四・一四	化淑	父		完州郡伊西面上開里
二一六九	大順丸	ニューギニア方面	一九四二・〇四・一一	金本光市	軍属	戦死	淳昌郡淳昌面南渓里六五六
			ー	明三	父		ー
二一六五	ぶらじる丸	南洋群島	一九四二・〇八・〇五	中山淳一	軍属	戦死	益山郡春浦面大場村里五六
			ー	末吉	父		ー
一五九〇	ちた丸	本邦東北海面	一九四二・〇九・〇四	金山雲龍	軍属	戦死	井邑郡井州邑長明里一六九
			一九一六・〇七・〇七	金山莫同	ー		井邑郡井州邑上里四五九
二二一六	二高洋丸	東インド	一九四二・〇九・一三	金光公守	軍属	戦死	高敞郡雅山面三仁里三四八
			ー	ー	ー		ー
二二六二	盛京丸	本州東方	一九四二・一〇・二三	金山鳳國	軍属	戦病死	井邑郡井川邑
			ー	ー	ー		ー
二二五三	七労山丸	北支青島	一九四三・〇一・一三	河在龍	軍属	戦病死	金堤郡
			ー	ー	ー		ー
二三〇一	船雲丸	ソロモン群島	一九四三・〇二・〇四	蔡喆泳	軍属	戦死	沃溝郡聖山面桃岩里二九八
			ー	ー	ー		ー
二二四〇	昭運丸	ソロモン群島	一九四三・〇二・〇八	全柳鳳	軍属	戦死	群山府
			ー	ー	ー		ー
二二四七	昭運丸	ソロモン群島	一九四三・〇二・〇八	松岡亀次郎	軍属	戦死	沃溝郡
			ー	ー	ー		沃溝郡聖山面桃岩里二九八
一五八四	日通丸	本邦西方	一九四三・〇三・二一	昌山在一	軍属	戦死	南原郡松洞面佃田洞九八一

			一九〇三・〇四・一八	｜	｜		｜
一五七一	錦江丸	黄海	一九四三・〇五・〇五 一九一四・〇七・二六	金谷敏郎 ｜	軍属 ｜	戦死	群山府開福町一丁目二四－二 ｜
二二七四	興西丸	九州南方	一九四三・一一・一一 一九二三・〇八・二一	山本吉植 淳萬	軍属 父	戦死	全州府昭和町九〇七 ｜
二二一一	吾妻丸	南洋群島	一九四三・一二・〇三 一九二二・〇五・〇一	松山嘉一 ｜	軍属 ｜	戦死	井邑郡泰仁面泰興里三六八 ｜
二二四八	二萬代丸	ラバウル	一九四四・〇一・二九 ｜	金本宗泰 金本斗漢	軍属 甥	戦死	沃溝郡羅南面羅浦里六一〇 ｜
一五七七	日徳丸	本邦西方海面	一九四四・〇二・一四 一九二三・一二・一七	河本一銖 ｜	軍属 ｜	戦死	高敞郡高敞面栗渓里二一九 ｜
一五七六	一日の丸	西南太平洋	一九四四・〇四・一六 一九一五・一〇・〇七	吉田重次郎 ｜	軍属 ｜	戦死	金堤郡進鳳面深浦里一六〇三 ｜
一五七三	昌龍丸	南支那海	一九四四・〇五・〇四 一九一四・〇七・〇六	金内秀雄 ｜	軍属 ｜	戦死	益山郡裡里邑旭町六八 ｜
二二五六	泰国丸	南洋群島	一九四四・〇五・〇七 ｜	大本龍夫 ｜	軍属 ｜	戦死	金堤郡白山面 ｜
二一九八	あきほ丸	南洋群島	一九四四・〇五・〇三 一九二五・一二・〇三	鄭文朝 ｜	軍属 ｜	戦死	長水郡渓北面陽丘里三〇二 ｜
二二一二	麗海丸	南洋群島	一九四四・〇六・一二 一九二三・一〇・一八	徳山光雄 春吉	軍属 ｜	戦死	井邑郡徳川面望帝里三六三 ｜
一五八六	河南丸	西南太平洋	一九四四・〇六・二一 一九一九・一二・一八	高峰宇一 ｜	軍属 ｜	戦死	完州郡助村面五村里四三三 ｜
一五七四	崑山丸	本邦西南方海面	一九四四・〇七・〇三 一九一六・〇七・〇三	竹村大喆 ｜	軍属 ｜	戦死	益山郡裡里邑銅山町三五六 ｜
二二四一	三幸運丸	ラバウル	一九四四・〇七・〇六 ｜	金本仁平 ｜	軍属 ｜	戦死	群山府東栄町一〇〇一 ｜
二二六六	三日吉丸	インド洋	一九四四・〇八・〇九 ｜	大山永吉 ｜	軍属 ｜	戦死	井邑郡瓮東面 ｜
一五八〇	日満丸	本邦西南	一九四四・〇九・〇八 一九二四・一一・二〇	大島泳先 ｜	軍属 ｜	戦死	錦山郡南面草峴里一三五八 ｜
一五七二	三南進丸	比島近海	一九四四・〇九・二九 一九二〇・〇二・〇四	塩田岐一 ｜	軍属 ｜	戦死	群山府新興町七 ｜
二三二〇	三住隆丸	比島	一九四四・〇九・二九 一九二五・〇四・二八	吉原一龍 云容	軍属 父	戦死	扶安郡東津面長登里三四五 ｜

一五八七	天晨丸	南支那海	一九四四・一〇・二四 一九一八・〇六・一八	松山丙龍 —	軍属 —	戦死	扶安郡茁浦面中浦里二八五 —
一五九三	たかね丸	中部太平洋	一九四四・一〇・三〇 一九二二・〇四・〇九	海金亀河 —	軍属 —	戦死	沃溝郡延山面錦城里二四八 —
二二七一	八光丸	九州南方海面	一九四四・一一・〇八 一九一三・一二・〇八	柳原太郎 應烈	軍属 父	戦死	群山府栄町二一―九九 —
二二八七	八光丸	九州南方海面	一九四四・一一・〇八 一九二七・〇三・二〇	金山在喆 洪須	軍属 父	戦死	完州郡鳳東面洛平里一九九〇 —
二二三七	八光丸	九州南方海面	一九四四・一一・〇八 一九二六・〇九・〇二	山村龍根 栄峰	軍属 父	戦死	益山郡黄登面黄登里一二四 —
二二二一	多佳山丸	蘭印	一九四四・一一・〇八 一九二三・〇五・一五	川本甲澤 替（賛）錫	軍属 —	戦死	扶安郡上西面嘉五里八八七 —
一五八三	六大星丸	黄海	一九四四・一一・二九 一九二七・〇三・〇七	崔本良夫 —	軍属 —	戦死	南原郡合池面新月里一六二 —
一五九一	ありた丸	南支那海	一九四四・一二・二二 一九二六・一一・一〇	林川炳鶴 —	軍属 —	戦死	任實郡聖壽面聖壽里四九五 —
一五八九	海部丸	台湾近海	一九四五・〇一・〇九 一九二六・一一・二二	國本鎬次郎 —	軍属 —	戦死	井邑郡井州邑上里六三一 —
一五八一	六横浜丸	比島近海	一九四五・〇一・一〇 一九二八・〇一・一三	海金吉大 相伯	軍属 父	戦死	南原郡松洞面蓮山里三三 —
一五八二	六横浜丸	比島近海	一九四五・〇一・一〇 一九二八・〇一・一三	海金春吉 相伯	軍属 父	戦死	南原郡松洞面蓮山里三三 —
二二五七	晃照丸	仏印ハイフォン東方海面	一九四五・〇一・一二 —	新井清六 明照	軍属 父	戦死	金堤郡金堤邑新豊里三〇六 金堤郡金堤邑新豊里三〇六
一五七八	宗像丸	台湾基隆近海	一九四五・〇一・二一 一九二六・〇四・一四	正木文相 —	軍属 —	戦死	高敞郡星内面五堤里 —
二二四五	一六千歳丸	南西諸島	一九四五・〇一・二七 —	梁完善 —	軍属 —	戦死	全州府完山町二四八―二 —
二三二八	梅　丸	仏インドシナ	一九四五・〇三・〇六 一九二三・一二・二七	東田貴童 公先	軍属 父	戦傷死	井邑郡泰仁邑新龍里一一一 —
二二四三	二郵便丸	宮本島陸軍病院	一九四五・〇三・〇七 —	木本龍緒 君子	軍属 妻	戦傷死	群山府東栄町六五 —
一五七九	蓬莱丸	台湾海峡	一九四五・〇四・〇一 一九一三・一一・二〇	金剛鎮基 —	軍属 —	戦死	錦山郡済原面龍化里三八三 —
二二九〇	富士丸	揚子江	一九四五・〇四・一一	金本点同	軍属	戦死	群山府京場町一五〇

			｜	賢子	母		｜
一五八五	駒鳥丸	黄海	一九四五・〇五・〇一 一九二七・〇二・二三	金載萬 ｜	軍属 ｜	戦死	鎮安郡銅郷面新松里三六〇 ｜
一五七五	一五高砂丸	朝鮮海峡	一九四五・〇五・〇四 一九二七・〇五・〇三	柏木年燮 ｜	軍属 ｜	戦死	益山郡五山面木川里四四三 ｜
一五九四	一一高砂丸	麗水近海	一九四五・〇五・〇五 一九二三・〇七・二七	金海基平 ｜	軍属 ｜	戦死	沃溝郡大野面山月里一二〇九 ｜
一五六九	仁王山丸	黄海	一九四五・〇五・〇六 一九二七・〇三・一〇	大島石煥 ｜	軍属 ｜	戦死	全州府曙町イ－三 ｜
一五七〇	仁王山丸	黄海	一九四五・〇五・〇六 一九二九・〇二・一六	成田政男 ｜	軍属 ｜	戦死	群山府開福町一丁目二－一一五 ｜
六	輪一四七	船内	一九四五・〇五・二五 一九二六・〇三・一一	長弓秀二 安雄	軍属 父	戦死	益山郡裡里邑大正町二 益山郡裡里邑南中町二八六
一五八八	日若丸	黄海	一九四五・〇六・一一 一九一七・〇一・〇三	朴城泰煥 ｜	軍属 ｜	戦死	扶安郡扶安面行串里一九 ｜
二三三五	二伏見丸	三灶島	一九四五・〇六・二二 ｜	林近鍋 基倖	軍属 父	戦死	扶安郡舟山面葛村里六三一 ｜
一五九二	萩川丸	能代港沖	一九四五・〇七・二八 一九二三・〇五・一二	朝生英二 ｜	｜		任實郡三渓面鴻谷里六九八 ｜

原簿番号	所属	死亡場所 死亡事由	死亡年月日 生年月日	創氏名・姓名 親権者	階級 関係	死亡区分	本籍地 親権者住所
六四一	大湊海軍施設部	上野市	一九四二・〇九・〇二 一九二〇・一一・〇七	金本學萬 成基・錫妊	軍属 長男・妻	戦傷死	水原郡日旺面三里三九三 —
六二七	大湊海軍施設部	北海道千歳	一九××・××・×× —	篠原昌福 —	軍属 —	死亡	京城府龍山区漢南町六一一 —
七八九	大湊海軍施設部	青森県大湊	一九四四・一〇・二五 一九一九・一一・一三	城川福来 興水	軍属 父	戦病死	始興郡西面駕鶴里八九三 始興郡西面駕鶴里八九三
六四二	大湊海軍施設部	名古屋	一九四五・〇七・二五 一九二七・〇一・〇四	高山載舜 正煥	軍属 父	戦死	水原郡峰潭面桐花里四六七 —
六二四	大湊海軍施設部	北千島	一九××・××・×× 一九一六・〇二・二五	豊田源蔵 —	軍属 —	戦死	京城府長橋町五四 —
六二五	大湊海軍施設部	北千島	一九××・××・×× 一九二四・〇六・一三	新本錫充 —	軍属 —	戦死	京城府孝子町 —
六一三	大湊海軍施設部	北千島近海	一九四四・〇九・二六 一九二〇・〇三・三〇	松原政雄 —	軍属 —	戦死	京城府清原町六一 —
六五五	大湊海軍施設部	北千島近海	一九四四・〇九・二六 一九〇六・〇一・一八	豊田秉緒 氏・干蘭	軍属 母・妻	戦死	坡州郡街洞面金村里一八六 —
七七〇	大湊海軍施設部	北千島近海	一九四四・〇九・二六 一九一五・〇三・〇六	金川鍾虎 玉錫	軍属 妻	戦死	驪州郡興川面外×里一二九 —
七七一	大湊海軍施設部	北千島近海	一九四四・〇九・二六 一九二一・〇一・三〇	星山承漢 春明	軍属 妻	戦死	驪州郡興川面孝池里三七三 —
七七二	大湊海軍施設部	北千島近海	一九四四・〇九・二六 一九二二・〇五・二六	施善栄三 栄俊	軍属 妻	戦死	驪州郡泉川面蘆岩里七四 —
七七三	大湊海軍施設部	北千島近海	一九四四・〇九・二六 一九二二・〇五・〇三	吉原相善 壽錫	軍属 妻	戦死	驪州郡驪州邑枚里三五四 驪州郡驪州邑校里二区
七八三	大湊海軍施設部	北千島近海	一九四四・〇九・二六 一九二二・〇五・〇七	大倉賢準 圭姫	軍属 祖母	戦死	水原郡日旺面 水原郡日旺面
六一九	大湊海軍施設部	北千島近海	一九四五・〇五・〇一 一九一八・〇三・〇二	清水繁男 —	軍属 —	戦死	京城府楼下町二四七 —
六三一	大湊海軍施設部	北千島近海	一九四五・〇五・〇一 一九二〇・一二・〇三	豊原南天 範植・仁順	軍属 父・妻	戦死	抱川郡加上面坊巣里二八 —
六四九	大湊海軍施設部	北千島近海	一九四五・〇五・〇一 一九二二・〇五・一六	岩本仁植 —	軍属 —	戦死	漣川郡積城面×長里 —

六四六	大湊海軍施設部	中部太平洋	一九四四・一〇・二五 一九〇三・一二・一八	李萬洙 乙奉・春奉	軍属 兄・母	戦死	龍仁郡外西面龍喆里 ｜
六二三	大湊海軍施設部	北太平洋	一九××・××・×× 一九一七・一二・一五	高木鏞幸 在玉	軍属 父	戦死	京城府中区金町一｜五三 京城府東大門区新設洞一六〇
六四〇	大湊海軍施設部	北太平洋	一九四四・〇九・二六 ｜	小竹　茂 五男	軍属 妻	戦死	水原郡島山面西里二六二 ｜
七五六	大湊海軍施設部	北太平洋	一九四四・〇九・二六 一九一三・一一・二五	國本順吉 泰客	軍属 父	戦死	楊州郡州内面三崇里二二五 楊州郡州内面三崇里二二五
六二一	大湊海軍施設部	北太平洋	一九四四・一〇・二五 一九二一・一〇・〇六	岩本永善 萬成	軍属 父	戦死	京城府東大門清×里一二一 ｜
六三五	大湊海軍施設部	北太平洋	一九四四・一〇・二五 ｜	木村友次郎 ｜	軍属 ｜	戦死	江華郡江華面菊花里 ｜
六四三	大湊海軍施設部	北太平洋	一九四四・一〇・二五 ｜	國本光男 ｜	軍属 ｜	戦死	廣州郡廣州面駅里 ｜
六七三	大湊海軍施設部	北太平洋	一九四五・〇五・三一 ｜	金森文経 旡烈	軍属 父	戦死	富川郡大阜面北里三九 ｜
六二〇	大湊海軍施設部	北太平洋	一九四五・〇六・一八 ｜	山本圭琮 徳烈・連心	軍属 父・母	戦死	京城府雲洞町四四 全羅南道光陽郡光陽面月里四〇九
六五三	大湊海軍施設部	北太平洋	一九四五・〇六・一八 ｜	安本鍾順 淳呉	軍属 母	戦死	平澤郡北面新里一〇五 山城郡片貝町北下六九一五
六〇六	大湊海軍施設部	舞鶴湾内	一九四五・〇八・二四 ｜	李秉仁 ｜	軍属 ｜	死亡	開城府徳岩町一五 ｜
六〇七	大湊海軍施設部	舞鶴湾内	一九四五・〇八・二四 ｜	長谷川炳玉 ｜	軍属 ｜	死亡	開城府満月中 ｜
六〇八	大湊海軍施設部	舞鶴湾内	一九四五・〇八・二四 ｜	森山承権 ｜	軍属 ｜	死亡	開城府大平町 ｜
六一五	大湊海軍施設部	舞鶴湾内	一九四五・〇八・二四 ｜	廣村吉俊 ｜	軍属 ｜	死亡	京城府鍾路区月謙町 ｜
六一六	大湊海軍施設部	舞鶴湾内	一九四五・〇八・二四 ｜	金村敬俊 ｜	軍属 ｜	死亡	京城府城東区新同町一七 ｜
六一七	大湊海軍施設部	舞鶴湾内	一九四五・〇八・二四 ｜	金井俊敏 ｜	軍属 ｜	死亡	京城府城東区新同町一六｜二〇 ｜
六一八	大湊海軍施設部	舞鶴湾内	一九四五・〇八・二四 ｜	山松氏市 ｜	軍属 ｜	死亡	京城府竹森町一二三 ｜
六三〇	大湊海軍施設部	舞鶴湾内	一九四五・〇八・二四	月原四鳳	軍属	死亡	安城郡寶邁通×佐里

			｜	｜	｜		｜
六三二	大湊海軍施設部	舞鶴湾内	一九四五・〇八・二四 ｜	忠本陵錫 ｜	軍属 ｜	死亡	抱川郡一東面柳沺里 ｜
六三三	大湊海軍施設部	舞鶴湾内	一九四五・〇八・二四 ｜	金山昌順 ｜	軍属 ｜	死亡	抱川郡一東面水八里山山地 ｜
六三八	大湊海軍施設部	舞鶴湾内	一九四五・〇八・二四 ｜	岩城孝植 ｜	軍属 ｜	死亡	驪州郡驪州面長安里 ｜
六三九	大湊海軍施設部	舞鶴湾内	一九四五・〇八・二四 ｜	朴致鉉 ｜	軍属 ｜	死亡	驪州郡金青面水×里 ｜
六四四	大湊海軍施設部	舞鶴湾内	一九四五・〇八・二四 ｜	金本孟光 ｜	軍属 ｜	死亡	廣州郡魚村面鳳峴里 ｜
六五九	大湊海軍施設部	舞鶴湾内	一九四五・〇八・二四 ｜	安藤一成 ｜	軍属 ｜	死亡	長端郡郡内面占元里 ｜
六六〇	大湊海軍施設部	舞鶴湾内	一九四五・〇八・二四 ｜	成田遵慶 ｜	軍属 ｜	死亡	長端郡長南面作里古邑洞 ｜
六六一	大湊海軍施設部	舞鶴湾内	一九四五・〇八・二四 ｜	陳相根 ｜	軍属 ｜	死亡	長端郡板浮里板浮洞 ｜
六六二	大湊海軍施設部	舞鶴湾内	一九四五・〇八・二四 ｜	金村錫根 ｜	軍属 ｜	死亡	長端郡大江面禺勤里 ｜
六六四	大湊海軍施設部	舞鶴湾内	一九四五・〇八・二四 ｜	平山壽鳳 ｜	軍属 ｜	死亡	加平郡北面道大里益根洞 ｜
六六五	大湊海軍施設部	舞鶴湾内	一九四五・〇八・二四 ｜	國本開文 ｜	軍属 ｜	死亡	加平郡北面道大里益根洞 ｜
六六六	大湊海軍施設部	舞鶴湾内	一九四五・〇八・二四 ｜	山本一郎 ｜	軍属 ｜	死亡	加平郡下面上板里 ｜
七	大湊海軍防備隊	木古近海	一九四五・〇七・一四 一九二八・〇二・〇三	岩村　善 二鎮	上水 母	戦死	安城郡元谷面竹栢里七五 安城郡元谷面龍耳里三〇六
一四	北フィリピン（菲）航空隊	ルソン島マニラ マラリア	一九四五・〇六・〇一 一九二五・〇三・一三	柳任勳 英烈	整長 父	戦病死	利川郡大月面大浦里二二二 ｜
七〇二	呉海軍施設部	宮崎県	一九四五・〇四・二八 一九一六・〇三・〇一	國本壽石 貞奉	軍属 母	戦死	京城府安石町五六 京城府安石町五六
七四五	呉海軍施設部	宮崎県	一九四五・〇四・二八 一九一六・〇三・〇五	常山秀雄 ｜	軍属 ｜	戦死	開城府京町四八 開城府松月町三〇
七八一	呉海軍施設部	宮崎県	一九四五・〇四・二八 一九二一・一〇・二〇	竹本漢鳳 昌鎬	軍属 父	戦死	平澤郡古徳里坐橋里 京城府漢江通二ー一五ー一八

七〇一	呉海軍施設部	福岡県	一九四五・〇七・二五 一九一六・〇八・二六	文徳成 興壽	軍属 父	戦死	京城府林町二二 ｜
七四六	呉海軍施設部	福岡県	一九四五・〇七・二五 一九一六・〇二・二九	西川宇炯 木必	軍属 父	戦死	開城府高麗町四二一 開城府高麗町四二一
一八	攻七〇四航空隊	南西諸島	一九四五・〇六・二五 一九一九・〇九・二六	西村勇之進 欽次郎	大尉 父	戦死	平澤郡西炭面寺西井里一三九 ｜
八二六	佐世保海軍施設部	長崎県川棚町	一九四三・一一・〇二 一九一八・一二・一三	朴光彬 ｜	軍属 ｜	戦死	抱川郡内面下城北里一四七 ｜
八〇三	佐世保海軍施設部	長崎県大村市	一九四四・一〇・二五 一九一九・〇二・一四	良川光範 成徳	軍属 父	戦死	安城郡安城邑金石里九四 安城郡安城邑金石里九四
八二一	佐世保海軍工廠	佐世保市	一九四五・〇四・〇八 ｜	青木善根 星海	軍属 父	戦死	開城府池町 開城府池町
五	佐世保八特別陸戦隊	バシー海峡	一九四四・〇九・〇九 一九二五・〇一・一五	山本邦雄 煕一	上水 父	戦死	仁川府昭和町四二二 ｜
一〇	佐世保八特別陸戦隊	バシー海峡	一九四四・〇九・〇九 一九二五・〇二・二四	新本鍾玉 鴻	上水 父	戦死	水原郡半月面渡馬橋一七五 ｜
一六	佐世保八特別陸戦隊	バシー海峡	一九四四・〇九・〇九 一九二三・一二・二三	松田永遠 周遠	上水 兄	戦死	江華郡吉西島面注文島六六三 江華郡西島面男音島三二九
一七	佐世保八特別陸戦隊	バシー海峡	一九四四・〇九・〇九 一九二四・一二・一一	安東田勝 毅	上主 父	戦死	漣川郡全谷面隠垈里七八九 楊州郡檜川面恋亭里一三二
四九	芝浦海軍補給部	東京都深川	一九四四・〇九・二二 一九一六・一〇・〇五	金村臣福 壽萬	軍属 父	死亡	抱川郡内村面内里三四八
五二	芝浦海軍補給部	東京都目黒	一九四四・〇九・二二 一九二六・〇七・一五	平沼聖重 奉山	軍属 父	死亡	抱川郡蘇屹面梨谷里八一 ｜
四八〇	芝浦海軍補給部	東京都目黒	一九四四・〇九・二二 一九一一・〇三・〇三	青松容澤 宣哲	軍属 義父	死亡	楊州郡白石面福村里一二〇 楊州郡通海面道×里
八二二	昭南運輸部	シンガポール	一九四四・一〇・〇一 ｜	呉商煕 鶴守	軍属 母	戦病死	開城府黄金町一六九 慶尚南道統営郡統営邑新町二二〇
一一四	鎮海警備隊	本州西方	一九四三・一一・二八 ｜	西村実夫 相元	軍属 父	戦死	京城府倉前町三一四 慶尚南道釜山府南富民町三五－四
六	鎮海海兵団	朝鮮海峡 熱射病	一九四五・〇八・一五 一九二四・一〇・一五	金本麗泰 ｜	一水 ｜	死亡	仁川区松峴町八三 仁川府花平町三七二
一二一	南方政務部	本州南方海面	一九四三・〇二・〇八 一九一〇・〇九・二六	井上源拓郎 君枝	軍属 妻	戦死	京城府橋北町五一 京城府外弘済外里二〇－二九号
二五	南方政務部	台湾東方海面	一九四四・一一・二二	平山應均	軍属	戦死	仁川府桃山町一八

			一九〇四・一二・〇二	干蘭	妻		仁川府昌栄町二八
一二〇	南方政務部	バリト河口	一九四五・〇五・〇五	沈相観	軍属	戦死	京城府黄金町五ー一七五
			一九〇八・一〇・〇一	—	—		京城府昌信町三三一ー二
一一三	南方政務部	台湾方面	一九四三・〇六・二〇	李原正次	軍属	戦死	京城府明倫町二ー一二四
			一九二二・〇五・二七	秉亮	父		南陽郡崇仁面弥阿里五三三
一一五	南方政務部	台湾方面	一九四三・〇六・二〇	江原正雄	軍属	戦死	京城府西大門区館洞町九八〇一
			一九一四・〇三・〇八	光鉉	父		京城府西大門区峴底洞一〇一ー七二
一一六	南方政務部	台湾方面	一九四三・〇六・二〇	國本建春	軍属	戦死	京城府龍山区青葉町一ー六三ー一〇
			一九一一・一〇・一二	會極	父		京城府龍山区阿峴町四六五
一一七	南方政務部	台湾方面	一九四三・〇六・二〇	金澤城鎮	軍属	戦死	京城府龍山区阿峴町一四九ー一三四
			一九一八・一〇・〇四	基雄	父		京城府舘洞町五ー二六八
一一八	南方政務部	台湾方面	一九四三・〇六・二〇	林徳相	軍属	戦死	京城府鍾路区八判町一二八
			一九一六・〇二・二一	義	祖父		京城府馬場町四六八
一一九	南方政務部	台湾方面	一九四三・〇六・二〇	徳川是永	軍属	戦死	京城府鍾路区壽松町七三
			一九二五・〇一・二三	時永	兄		—
三三九	南方政務部	廈門東方海面	一九四三・〇六・二〇	柳井根成	軍属	戦死	広州郡楽生面九美里五一五
			一九一九・一二・一八	祐永	父		—
三八一	南方政務部	台湾	一九四三・〇六・二〇	星山鍾應	軍属	戦死	金浦郡黔丹面麻田里四八三
			一九一七・〇九・〇二	教明	父		—
四八三	南方政務部	台湾	一九四三・〇六・二〇	羽谷敏根	軍属	戦死	楊州郡榛安面金谷里七八一
			一九一八・〇五・〇九	源範	父		京城府昌信町二九ー一五
四五六	南方政務部	海南島	一九四三・〇九・一〇	田村千萬	軍属	戦病死	水原郡日旺面塔里三二〇一
		マラリア	—	—	—		—
三八八	南方政務部	海南島	一九四四・〇四・二六	利川發河	軍属	戦病死	長端郡長南面高浪浦里六九一
		マラリア	一九二二・一〇・〇一	—	—		—
四五二	南方政務部	バシー海峡	一九四四・〇七・三一	昆山銀鎮	軍属	戦死	水原郡陰徳面遠泉里四一九
			一九一九・一二・一五	三星	父		水原郡陰徳面遠泉里四一九
一四二	南方政務部	海南島	一九四五・〇三・二一	金澤成玲	軍属	戦死	京城府西大門区蓬莱町四ー二九五ー一六
			一九一九・一一・一八	仕源	父		—
一四三	南方政務部	海南島	一九四五・〇三・二一	大河龍雄	軍属	戦死	京城府西大門区龍江町一六二
			一九一三・〇四・〇二	恩元	父		—
一四四	南方政務部	海南島	一九四五・〇六・〇三	金城次郎	軍属	死亡	京城府中区並木町一九一
		黒水熱	一九二二・〇五・〇三	宗平	父		—
一四五	南方政務部	海南島	一九四五・〇七・三一	大田雄治	軍属	死亡	京城府中区玉川町四四一
			一九一四・〇九・一三	—	—		—

六四五	マニラ海軍運輸部	セブ島	一九四五・〇四・二七 一九二三・〇七・二五	金江衡起 扱世	軍属 父	戦死	竜仁郡二東面魚肥里六九一
七二四	マニラ海軍運輸部	ルソン島	一九四五・〇三・一四 一九〇六・〇三・二四	龍岡福成 千代	軍属 妻	戦病死	京城府西大門区峴底町四五
一三	舟山海軍警備隊	黄海	一九四五・〇三・一九 一九二六・〇九・一五	伊原益洙 昌欽	上水 父	戦死	平澤郡西炭面寺里七六〇 ―
一四	北フィリピン（菲）航空隊	ルソン島マニラ マラリア	一九四五・〇六・〇一 一九二五・〇三・一三	柳任勳 英烈	整長 父	戦病死	利川郡大月面大浦里二二二 ―
八	舞鶴一特別陸戦隊	バシー海峡	一九四四・〇九・〇九 一九二六・〇一・一〇	豊田義雄 崙模	上機 父	戦死	水原郡水原邑本町三丁目六四 ―
一二	舞鶴一特別陸戦隊	バシー海峡	一九四四・〇九・〇九 一九二四・一二・二四	木本相熔 萬山	軍属 養父	戦死	楊州郡和道面倉県里四九四 江原道春川郡春川邑花園町二―六一
三	舞鶴一特別陸戦隊	カムラン湾	一九四四・一一・一五 一九二四・一二・二一	松宮寅基 廣烈	上水 父	戦死	開城府南本町三四五 黄海道瓮津郡瓮津邑温泉町一一四
一一	横須賀海兵団	横須賀市	一九四五・〇七・一九 一九二七・〇二・〇五	香川一郎 應國	上水 父	戦傷死	楊川郡別内面高山里三八一 京城府西大門区玉川町一〇五
一五	横須賀四特別陸戦隊	ルソン島 マラリア	一九四五・〇六・〇一 一九二三・一二・一六	木村鍾燮 吉福	水長 父	戦病死	江華郡吉詳面船頭里一〇六八 ―
四	横須賀四特別陸戦隊	仏印北東方海面	一九四五・〇三・〇五 一九二四・〇九・二〇	金本正原 平富	上水 父	戦死	仁川府五寶町三一九 仁川府楊州郡渓金面陶農里一〇五
六三四	横須賀海軍施設部	本州南方海面	一九四四・〇一・二七 一九二一・〇五・二一	青木壽雄 正雄	軍属 兄	戦死	高陽郡中面一山里六一二 満州×督省精縣涼水×子新場里四
六五〇	横須賀海軍施設部	サイパン島	一九四四・〇七・〇八 一九一三・〇三・二三	崔成福 元淑	軍属 妻	戦死	開豊郡西面開機里一三〇 開城府池町二二―六
六二八	横須賀海軍施設部	神奈川県 ワイル氏病	一九××・××・×× 一九一四・一〇・一五	長田聖龍 ―	軍属 ―	死亡	京城府 ―
六八九	横須賀海軍施設部	サイパン島	一九四四・〇七・〇八 一九二三・〇一・〇二	儂野栄鎮 栄燮	軍属 ―	戦死	漣川郡嵋山面柏石里三四 ―
六六三	横須賀海軍施設部	横須賀市 ワイル氏病	一九四四・一一・二八 一九一八・〇一・一二	安井　淳 ―	軍属 ―	死亡	長端郡津西面芬芝里九一五 ―
六四七	横須賀海軍施設部	神奈川県 肋膜炎	一九四四・〇二・〇四 一九二〇・〇一・〇五	山田容學 ―	軍属 ―	死亡	龍仁郡 京城府西大門区孔徳町六―四
六二九	横須賀海軍施設部	硫黄島	一九四五・〇三・一七 一九一八・〇七・〇四	安田義孝 兄一	軍属 父	戦死	安城郡二竹面 ―
六八八	横須賀海軍施設部	神奈川県	一九四五・〇三・三一	忠本昌淳	軍属	死亡	楊平郡根堤面松峴里二五八

		電撃症	一九一七・〇三・三〇	—	—		—
六五二	横須賀海軍施設部	南洋群島	一九四五・〇四・三〇 一九〇四・〇三・一三	李相介 —	軍属 —	戦死	平澤郡青北面龍城里 —
六五六	横須賀海軍施設部	名古屋市	一九四五・〇七・二五 一九一九・〇七・〇七	裵屋東真 錫易	軍属 父	戦死	富川郡徳積面横爺里一六三 —
六五七	横須賀海軍施設部	名古屋市	一九四五・〇七・二五 一九一九・〇五・〇六	國本今祚 市根	軍属 父	戦死	富川郡徳積面鎮里四五一 —
六五八	横須賀海軍施設部	名古屋市	一九四五・〇七・二五 一九二三・〇六・〇二	月城周成 隠俊	軍属 父	戦死	富川郡徳積面北里一四〇 —
六八〇	横須賀海軍施設部	三重県	一九四五・〇七・二五 一九一八・〇一・二九	木川鶴成 —	軍属 —	戦死	水原郡半月面本五里三五 —
六七六	横須賀海軍運輸部	南洋群島(ミクロネシア)	一九四三・〇一・一三 —	河東台錫 範盛	軍属 父	戦死	漣川郡南面亀岩里八七 —
六七八	横須賀海軍運輸部	南洋群島(ミクロネシア)	一九四三・〇四・〇二 一九一七・一二・二七	林鍾完 乭明	軍属 叔父	戦死	水原郡島山面錦岩里二八七 水原郡烏山面陽山里二九五
六六八	横須賀海軍運輸部	南洋群島(ミクロネシア)	一九四三・〇八・〇五 一九二五・〇五・二一	深川五福 六先	軍属 兄	戦死	京城府西大門区桃花町一〇二 京城府西大門区桃花町五〇三
六七五	横須賀海軍運輸部	南洋群島(ミクロネシア)	一九四三・〇八・二二 一九一九・一一・〇八	結城相國 永熙	軍属 母	戦死	開城府京末五 —
六六七	横須賀海軍運輸部	南洋群島(ミクロネシア)	一九四四・〇三・二三 一九二一・〇九・一九	光山永献 康鉉	軍属 父	戦死	京城府鍾路区通義洞三五 京城府東大門区敦賀町四八二—六
六一四	横須賀海軍運輸部	南西諸島近海	一九四四・〇一・一七 一九一一・〇七・二一	大川　永 三・仁善	軍属 父・妻	戦死	京城府楼下町二二 —
六六九	横須賀海軍運輸部	ニューギニア近海	一九四四・〇二・二一 一九一一・一〇・〇五	陽川得男 文子	軍属 母	戦死	京城府永登浦区永登浦町一二五 —
六七四	横須賀海軍運輸部	ニューギニア近海	一九四四・〇二・二一 一九一六・〇六・〇三	金田淳昌 氏	軍属 母	戦死	富川郡北島面梧島里九五六 —
六八七	横須賀海軍運輸部	南洋群島(ミクロネシア)	一九四四・〇六・一三 —	元仁甲 容祚	軍属 父	戦死	仁川府花平町四五八 —
六八四	横須賀海軍運輸部	父島北方海面	一九四四・〇六・三〇 一九二三・〇六・二七	龍村周楠 元錫	軍属 祖父	戦死	金浦郡月串面都下里二一二 京城府東大門区×基町一八七
六八六	横須賀海軍運輸部	父島北方海面	一九四四・〇六・三〇 一九一四・〇五・一八	沈村星澤 有澤・永子	軍属 兄・妻	戦死	仁川府旭町五 仁川府龍岡町二九
六七〇	横須賀海軍運輸部	横須賀市	一九四四・〇七・〇六 —	上田光秀 寅栄	軍属 父	戦傷死	京城府冷泉洞一四二 仁川府花町一〇九一—二四八

番号	所属	死亡場所	死亡日 / 生年月日	氏名 / 親族	身分 / 続柄	死因	本籍 / 親族住所
六八五	横須賀海軍運輸部	サイパン島	一九四四・〇六・一三 / 一九二四・〇七・一三	平沼斗憲 / 龍文	軍属 / 父	戦死	仁川府松林町二〇八 / —
六五一	横須賀海軍運輸部	サイパン島	一九四四・〇七・〇八 / 一九二二・一二・一六	宇内基燮 / 敦黙	軍属 / 父	戦死	楊川郡別内面廣田里一四三 / 江原道草川郡春東面九古里魚壱洞
六七二	横須賀海軍運輸部	本州東南	一九四四・〇八・〇四 / 一九二五・一〇・〇八	金氏一成 / 得永	軍属 / 父	戦死	安城郡安場邑場基里二一 / —
六七一	横須賀海軍運輸部	フィリピン（比島）近海	一九四四・一一・一一 / 一九二三・〇三・一五	國本民洙 / 賢元・奉春	軍属 / 義姉・妻	戦死	廣州郡都天面芳都里一三六 / 廣州郡都天面芳都里一四〇
六七七	横須賀海軍運輸部	フィリピン（比島）近海	一九四四・一一・二五 / 一九〇六・〇三・一六	権藤斗童 / 柄文・處女	軍属 / 父・妻	戦死	江華郡良道面道場里一一二〇 / —
六一〇	横須賀海軍運輸部	外南洋 / 脚気	一九四五・〇五・三一 / 一九〇二・〇三・一〇	加藤　清 / 鄭泰植	軍属 / 叔父	戦病死	京城府鍾路区鳳翼町九七 / —
六三六	横須賀海軍航空隊	南洋群島 / 急性腸炎	一九四五・〇八・二〇 / —	吉田吉太郎 / 平吉	軍属 / 父	戦死亡	江華郡翠道面菊花里一五〇七 / 洪城郡西高城郡若榎町×秋田六二七—一
九	第二出水海軍航空隊	鹿児島県出水郡	一九四五・〇四・一七 / 一九二四・〇九・一四	國本哲秀 / 晧吉	上機 / 父	戦死	水原郡松山面禿月里二一一 / —
六七九	第二艦砲隊	福岡県小倉市	一九四五・〇七・二六 / —	奥井修治 / 柳吉	軍属 / 父	戦傷死	水原郡葛山面鳥山里六〇〇 / 滋賀県蒲生郡南比村大字佑田一六
六八二	第三南遣艦隊	ルソン島東海岸	一九四五・〇五・〇六 / 一九一四・〇七・〇一	香山漢永 / 文賢	軍属 / 父	戦死	利川郡利川邑倉前里一一二 / 利川郡利川邑倉前里二二二
八四一	第三南遣艦隊	ルソン島	一九四五・〇四・二七 / 一九一八・一〇・〇一	徳永淳 / 永源	軍属 / 兄	戦死	京城府西大門区蓬莱町三—九三 / 京城府大和町一—二一
一一二	第三海軍気象隊	ダバオ	一九四五・〇八・一二 / 一九二二・〇七・三〇	安東五星 / 峯植	軍属 / 父	戦死	不詳 / 京城府鍾路五—六二—二一
二二	第四海軍施設部	トラック島 / 脳膜出血	一九四一・一〇・一七 / —	徳山鳳基 / 注弼	軍属 / —	戦病死	仁川府桜町五七八 / —
四〇八	第四海軍施設部	トラック島	一九四二・〇二・二五 / 一九二四・一二・三〇	金原基煥 / 義亨	軍属 / —	死亡	利川郡利川面倉前里二二〇 / —
一七三	第四海軍施設部	トラック島	一九四二・〇六・二三 / 一九一四・一一・二六	張吉禄 / —	軍属 / —	戦病死	高陽郡元堂面元興里四四 / —
一九	第四海軍施設部	トラック北方海面	一九四二・〇八・〇五 / 一九二三・一〇・一六	清川再昊 / 弘植	軍属 / 父	戦死	仁川府昌栄町一三 / 仁川府松林町二四六
四五四	第四海軍施設部	トラック島北方	一九四二・〇八・〇五 / 一九二〇・〇二・〇八	金澤哲奎 / 珣炣	軍属 / 父	戦死	水原郡松山面龍浦里一一〇 / 仁川府松林町一八五
九八	第四海軍施設部	トラック島	一九四三・〇九・一九	興山炳奭	軍属	戦病死	京城府西大門区倉前町

			一九一六・一一・〇五	在春	妻		忠清北道清州郡南二面陽村里
三七九	第四海軍施設部	トラック島	一九四三・一一・三〇	山本興年	軍属	戦病死	加平郡下面大報里四四
			一九一四・〇七・二六	元景	妻		加平郡外西面清平里四二四
二四六	第四海軍施設部	トラック島	一九四三・一二・一四	呉松世潤	軍属	戦病死	安城郡陽城面名木里二六四
			一九二四・一〇・〇六	貞煥	父		ー
一七八	第四海軍施設部	トラック・北水道	一九四四・〇二・〇六	杉山賢宰	軍属	戦病死	廣州郡五浦面高山里二五
			一九一四・〇三・二九	康五	父		ー
二二七	第四海軍施設部	トラック・北水道	一九四四・〇二・一七	國本光男	軍属	戦死	広州郡南終面帰欧里二七一
			一九二〇・〇九・〇九	在洪	父		ー
二四四	第四海軍施設部	トラック島	一九四四・〇二・一七	金田浅吉・奉千燮	軍属	戦死	安城郡陽城面新里一〇八
			一九〇三・〇八・一六	ー	ー		ー
四三九	第四海軍施設部	トラック島	一九四四・〇二・一七	咸元享煥	軍属	戦死	平澤郡浦升面芳林里六三二
			一九二三・〇八・一八	吉洙	妻		ー
四二三	第四海軍施設部	トラック島	一九四四・〇四・三〇	申龍雲	軍属	戦死	利川郡戸法面厚安里二八八
			一九二〇・〇八・一五	韓禮東	ー		ー
四四八	第四海軍施設部	トラック島	一九四四・〇五・〇一	岩本淳雨	軍属	戦傷死	水原郡揚甘面龍沼里五五九
			一九一八・〇三・一六	海烈	妻		ー
五九八	第四海軍施設部	トラック島	一九四五・〇五・〇一	國本洪範	軍属	戦死	開豊郡北面二所里八五三
			一九一八・〇二・二五	順女	妻		全羅北道群山府東栄町一三
三四一	第四海軍施設部	トラック島	一九四四・〇五・〇四	西原隆教	軍属	戦傷死	龍仁郡水技面下里一二二
			一九〇九・〇二・〇三	宅履	父		ー
二一四	第四海軍施設部	トラック島	一九四四・〇五・〇七	山本武成	軍属	戦病死	広州郡中部面山城里九二一
			一九一四・〇七・二一	學禮	妻		ー
八五	第四海軍施設部	トラック島	一九四四・〇七・三一	松田善次郎	軍属	戦死	京城府西大門区竹添町三九〇
			一九二二・一二・一九	貞子	母		京城府済大門区阿峴町一七〇
三六二	第四海軍施設部	トラック島	一九四四・〇八・一六	木村春檀	軍属	戦病死	龍仁郡器興面上葛里一〇〇
			一九一八・〇七・〇五	督成	父		ー
一五〇	第四海軍施設部	トラック島	一九四四・一一・二七	金山泰夫	軍属	戦病死	高陽郡中面山黄里二二三
			一九一二・〇七・二〇	今禮	妻		ー
四四九	第四海軍施設部	トラック島	一九四五・〇一・一八	松本一夫	軍属	戦病死	水原郡水原邑南部町一三八
			一九一八・〇三・一六	泰根	ー		ー
四八二	第四海軍施設部	トラック島	一九四五・〇一・二四	兪村仁乭	軍属	戦病死	楊州郡和道面沓内里五〇
			一九一〇・〇一・一三	鎮奉	弟		ー
四八	第四海軍施設部	トラック島	一九四五・〇三・三一	平山喆栄	軍属	戦病死	抱川郡抱川面魚龍里六八〇
			一九一九・一一・〇二	自斤星	兄		ー

五一	第四海軍施設部	トラック島	一九四五・〇四・〇八 一九一七・〇八・二九	吉田玉成 正萬	軍属 父	戦病死	抱川郡内村面内里一八 —
五一〇	第四海軍施設部	トラック島	一九四五・〇四・一二 一九〇五・〇四・〇一	益田相伯 次郎	軍属 妻	戦病死	江華郡阿岾面望月里四一二 —
五〇	第四海軍施設部	トラック島	一九四五・〇四・一四 一九二二・一二・一五	金本健石 健東	軍属 父	戦病死	抱川郡内村面花峴里四六〇 —
四四四	第四海軍施設部	トラック島	一九四五・〇四・一四 一九一七・〇四・一四	林田陽弼 陽鳳	軍属 兄	戦病死	平澤郡平澤邑碑前里五九四 —
一五七	第四海軍施設部	トラック島	一九四五・〇四・二二 一九一四・〇五・〇八	青松命萬 松原　弘	軍属 面長	戦病死	高陽郡神道面孝子里一二二 —
二四二	第四海軍施設部	トラック島 栄養失調	一九四五・〇四・二七 一九二五・〇八・二三	宮本龍玉 正三	軍属 父	戦病死	安城郡陽城面旧場里 —
一七七	第四海軍施設部	トラック島	一九四五・〇四・二八 一九二〇・〇八・一七	金圓明奎 熙虎	軍属 父	戦病死	高陽郡松浦面大化里八八四 —
一〇二	第四海軍施設部	トラック島 栄養失調	一九四五・〇五・〇三 一九〇五・〇六・一八	孔千萬 —	軍属 —	戦病死	京城府桃花町一三
四八一	第四海軍施設部	トラック島	一九四五・〇五・〇四 一九二一・〇二・二八	藍田兵燮 壽奉	軍属 父	戦病死	楊州郡檜泉面檜泉里一一七 —
四四〇	第四海軍施設部	トラック島	一九四五・〇五・〇七 一九二六・〇一・一五	咸豊寧憲 敏競	軍属 父	戦病死	平澤郡浦升面芳林里一一五 —
四五〇	第四海軍施設部	トラック島	一九四五・〇五・〇七 一九一八・〇六・〇六	利川康元 文成	軍属 父	戦病死	水原郡長安面篤亭里五三二 —
七五	第四海軍施設部	トラック島	一九四五・〇五・一〇 一九二二・一〇・一〇	忠本慶安 東順	軍属 二男	戦病死	抱川郡新北面渓流里一五〇 —
二一七	第四海軍施設部	トラック島	一九四五・〇五・一三 一九二二・〇七・二三	柳川正一 炯載	軍属 父	戦病死	広州郡中部面山城里 —
六一	第四海軍施設部	トラック島	一九四五・〇五・二一 一九二三・〇三・二〇	國本奭柱 海京	軍属 父	戦病死	抱川郡蘇屹面茂峰里六七八 —
二六三	第四海軍施設部	トラック島	一九四五・〇五・二一 一九一八・〇二・〇五	金子敬玉 鳳玉	軍属 兄	戦病死	安城郡寶藍面上三里 —
四六八	第四海軍施設部	トラック島	一九四五・〇五・二一 一九二三・〇八・二一	海澤完福 完興	軍属 兄	戦病死	楊州郡九里面葛梅里四一八 —
六〇	第四海軍施設部	トラック島	一九四五・〇五・三一 一九一六・一一・一〇	金澤基栄 山氏	軍属 母	戦病死	抱川郡蘇屹面松隅里五〇六 —
五二二	第四海軍施設部	トラック島	一九四五・〇六・〇六	高山吉永	軍属	戦病死	江華郡仙源面倉里七四

番号	所属	死亡場所	年月日	氏名	続柄	死因	本籍・住所
			一九〇八・〇五・一五	玉姫	妻		—
四三八	第四海軍施設部	トラック島	一九四五・〇六・〇七	宮本寛鎔	軍属	戦病死	平澤郡梧城面梁橋里
			一九〇七・〇五・一五	庸應	叔父		—
一〇〇	第四海軍施設部	トラック島	一九四五・〇六・一五	金原光雄	軍属	戦病死	京城府中区蓬莱町三丁目二三
			一九一二・〇八・二〇	仁淑	妻		揚州郡議政府邑
一〇一	第四海軍施設部	トラック島	一九四五・〇六・一五	金川興吉	軍属	戦病死	京城府鍾路区孝悌町二三二
			一九一四・〇四・二九	興燁	弟		高陽郡崇仁面下月谷里
一八六	第四海軍施設部	トラック島	一九四五・〇六・一九	金本學奉	軍属	戦病死	廣州郡都尺面老谷里
			一九二〇・〇九・〇五	吉同	父		—
四〇一	第四海軍施設部	トラック島	一九四五・〇六・二三	玉川奇寧	軍属	戦病死	利川郡麻長田高村里二〇
			一九〇三・一〇・××	金玉鳳	兄		—
一六八	第四海軍施設部	トラック島	一九四五・〇七・〇七	徳山明煥	軍属	戦病死	高陽郡元堂面舟橋里三七
			一九一五・一一・一二	業童	—		—
二四三	第四海軍施設部	トラック島	一九四五・〇七・二〇	徳宗民夏	軍属	戦病死	安城郡陽城面名木里
			一九二〇・〇五・二四	両夏	兄		—
一七六	第四海軍施設部	トラック島	一九四五・〇七・二九	岩谷点鍾	軍属	戦病死	高陽郡纛島面松亭里七二
			一九〇六・一〇・一四	清順	妻		—
四六五	第四海軍施設部	トラック島	一九四五・〇八・〇四	宮本洙命	軍属	戦病死	楊州郡捺接面遠坪里四〇八
			一九二二・一二・一五	原白	父		—
五三五	第四海軍施設部	トラック島	一九四五・〇九・〇二	陽川東植	軍属	戦病死	江華郡仏恩面三同岩里五八三
			—	寧淑	妻		—
四三三	第四海軍施設部	トラック島	一九四五・〇九・一七	李鉉奎	軍属	戦死	楊平郡磯堤面水谷里三〇六
			一九二三・〇二・〇一	崔月梅	母		慶尚南道河東郡金南面露梁里
四四一	第四海軍施設部	トラック島	一九四五・一〇・〇五	昌原在震	軍属	戦病死	平澤郡玄徳面岐山里三五八
			一九〇八・〇一・二五	彰烈	叔父		—
一七五	第四海軍施設部	トラック島	一九四五・一〇・一六	許山伊	軍属	戦病死	高陽郡纛島面面牧里三五九
			一九〇五・一一・〇九	容完	妻		—
三五六	第四海軍施設部	トラック島	一九四六・〇一・一六	茂原義國	軍属	死亡	龍仁郡二東面時美里八〇
			一九一八・〇二・一五	義兌	弟		—
五四〇	第四海軍施設部	トラック島	一九五三・〇八・二一	星野龍植	軍属	戦病死	開豊軍興教面領井里三一九
			一九二三・〇一・一九	淳燮	父		水原郡水原邑高井町
二一	第四海軍施設部	ギルバート諸島タラワ	一九四二・一〇・一五	林道鉉	軍属	戦死	仁川府朱安町五二二
			一九一六・〇五・〇五	金順蘭	内妻		仁川府朱安町一一五六白川洋一方
一四七	第四海軍施設部	ギルバート諸島タラワ	一九四二・一〇・一五	木川直義	軍属	戦死	開城府満月町二四六
			一九一六・〇五・一〇	しのぶ	母		—

番号	所属	死亡場所	死亡年月日 生年月日	氏名 親族	身分 続柄	死因	住所
二〇	第四海軍施設部	ギルバート諸島タラワ	一九四二・一〇・一九 一九一一・一一・〇八	國本苗山 賢淑	軍属 妻	戦傷死	仁川府桜町二〇九 仁川府桜町三八五
一〇三	第四海軍施設部	ギルバート諸島タラワ	一九四三・一一・二五 一九二三・〇六・〇五	天城元邦 活蘭	軍属 叔母	戦死	京城府西大門区玉川町一六 京城府大峴町
一〇八	第四海軍施設部	ギルバート諸島マキン	一九四二・〇九・一七 一九一五・一一・二五	金本昌基 性女	軍属 母	戦病死	京城府鍾路区雲泥町五八 京城府西大門区北阿峴町山七一三三七山本方
一四六	第四海軍施設部	ギルバート諸島マキン	一九四三・一一・二五 一九一九・一二・一四	丹山相一 黄潤	軍属 父	戦死	開城府京町六五一 —
五〇六	第四海軍施設部	ギルバート諸島マキン	一九四三・一一・二五 一九二三・〇八・一九	金本冑永 淑寧	軍属 妻	戦死	富川郡素砂邑深谷里四四八 —
五三三	第四海軍施設部	ギルバート諸島マキン	一九四三・一一・二五 一九一二・〇三・二七	金川旦景 奉任	軍属 妻	戦死	江華郡松梅面東×里二七一 黄海郡延白面延安邑山陽里
五三八	第四海軍施設部	ギルバート諸島マキン	一九四三・一一・二五 一九二二・〇四・二八	平海南薫 玉蜂	軍属 姑母	戦死	開豊軍嶺北面吉祥里 黄海郡平山郡釜岩面
九七	第四海軍施設部	ブラウン島	一九四三・〇九・一九 一九〇七・〇三・〇三	南田昌植 富子	軍属 妻	戦死	京城府鍾路区東栄町一三〇 忠清南道天安郡天安邑本町三三
三七五	第四海軍施設部	ブララップ島	一九四二・一一・一四 一九二一・一〇・二六	山本基林 順原	軍属 父	戦病死	加平郡外西面立石里六〇三—一 —
四六三	第四海軍施設部	ボナペ島	一九四一・一〇・二七 —	河本正雄 相鶴	軍属 —	死亡	水原郡烏山面錦山里一五六 —
四四七	第四海軍施設部	ボナペ島	一九四二・〇七・一四 一九二三・〇四・〇四	海原賢彦 栄沼	軍属 父	戦病死	坡州郡月籠面葺田里四三五—一 —
一六六	第四海軍施設部	ボナペ島	一九四三・〇一・二二 一九二一・〇七・二一	烏川玉根 秀奉	軍属 父	戦病死	高陽郡碧蹄面城石里四九四 —
二五八	第四海軍施設部	東部ニューギニア	一九四二・〇九・〇二 一九一八・〇三・二七	安川李昌 福丹	軍属 妻	戦死	安城郡薇陽面龍頭里四五 安城郡薇陽面新垈里
三七一	第四海軍施設部	東部ニューギニア	一九四二・〇七・一〇 一九二〇・〇三・〇一	田村成殷 聖任	軍属 妻	戦死	龍仁郡遠三面篤城里四三〇 —
五三九	第四海軍施設部	横須賀市	一九四三・〇四・〇五 一九二一・〇一・二七	松岡俊水 鏞福	軍属 妻	戦死	開豊郡大聖面古都里二九六 —
二五三	第四海軍施設部	横須賀市	一九四三・〇八・〇七 一九一八・〇二・二二	西原景澤 百賢	軍属 父	戦病死	安城郡瑞雲面洞村里一五〇 —
二一二	第四海軍施設部	マリアナ諸島近海	一九四三・〇三・二三 一九二〇・〇二・〇六	青松敬澤 玉順	軍属 妻	戦死	広州郡九川面下一里三八二 —
三七三	第四海軍施設部	マリアナ諸島近海	一九四三・〇三・二三	昌本漢範	軍属	戦死	加平郡加平面邑内里五〇三

			一九一五・〇二・一五	畢禮	妻		—
三七六	第四海軍施設部	マリアナ諸島近海	一九四三・〇三・二三	木村石順	軍属	戦死	加平郡外西面清平里五八九
			一九二四・〇四・一〇	竹花	母		—
五九二	第四海軍施設部	マリアナ諸島近海	一九四三・〇三・二三	宋山泰浩	軍属	戦死	漣川郡嵋山面柏石里九
			一九一八・〇四・一九	鍾義	父		—
四五一	第四海軍施設部	マリアナ諸島近海	一九四三・〇四・一六	金山教得	軍属	戦死	水原郡陰徳面北陽里一〇四
			一九二一・一一・二〇	甫熙	父		—
八六	第四海軍施設部	マリアナ諸島近海	一九四三・〇五・一〇	徳澤孫伊	軍属	戦死	京城府鍾路区宛性町一七五
			一九〇六・一一・二一	内吉	妻		京城府高陽郡崇仁面弥阿里五五
八八	第四海軍施設部	マリアナ諸島近海	一九四三・〇五・一〇	五山金城	軍属	戦死	京城府龍山区岩根町一六八
			一九一四・一〇・〇四	明姫	妻		—
八九	第四海軍施設部	マリアナ諸島近海	一九四三・〇五・一〇	秋 徳里	軍属	戦死	京城府阿峴町七—八三九
			—	潤焠	父		—
九〇	第四海軍施設部	マリアナ諸島近海	一九四三・〇五・一〇	河原政本	軍属	戦死	京城府龍山区西界町三三—一五
			一九一六・一一・二三	元順	父		京城府龍山区新吉町三八四
九一	第四海軍施設部	マリアナ諸島近海	一九四三・〇五・一〇	杉山昌城	軍属	戦死	京城府練兵町一四〇
			—	河氏	妻		—
九二	第四海軍施設部	マリアナ諸島近海	一九四三・〇五・一〇	杉本根義	軍属	戦死	京城府鍾路区東原町
			一九二三・〇三・〇五	永友	父		—
九三	第四海軍施設部	マリアナ諸島近海	一九四三・〇五・一〇	金山壽乭	軍属	戦死	京城府東大門区踏十里三一二
			一九二〇・〇二・一八	壽達	兄		—
九四	第四海軍施設部	マリアナ諸島近海	一九四三・〇五・一〇	林元益	軍属	戦死	京城府西大門区倉前町三〇〇
			一九二五・〇一・〇五	萬龍	兄		—
九五	第四海軍施設部	マリアナ諸島近海	一九四三・〇五・一〇	清原錫具	軍属	戦死	京城府龍山区吉素町三—一〇五
			一九二一・〇三・〇三	吉順	父		—
一五二	第四海軍施設部	マリアナ諸島近海	一九四三・〇五・一〇	國本吉男	軍属	戦死	高陽郡中面一山里一三二
			一九一八・〇八・〇七	徳亨	妻		—
一五四	第四海軍施設部	マリアナ諸島近海	一九四三・〇五・一〇	林敬雲	軍属	戦死	高陽郡恩平面旧基里六八
			—	順伊	父		—
一五五	第四海軍施設部	マリアナ諸島近海	一九四三・〇五・一〇	韓雲教	軍属	戦死	高陽郡恩平面弘済外里
			一九一八・〇四・一〇	—	—		—
一五六	第四海軍施設部	マリアナ諸島近海	一九四三・〇五・一〇	尹庚植	軍属	戦死	高陽郡恩平面弘済外里
			一九一四・一〇・二〇	四乭	弟		—
一五八	第四海軍施設部	マリアナ諸島近海	一九四三・〇五・一〇	金海五孫	軍属	戦死	高陽郡神道面梧琴里九八
			一九二五・〇三・〇二	上學	父		—

一五九	第四海軍施設部	マリアナ諸島近海	一九四三・〇五・一〇	金城南×	軍属	戦死	高陽郡神道面香洞里二五五
			一九二二・〇四・一二	聖萬	父		—
一六〇	第四海軍施設部	マリアナ諸島近海	一九四三・〇五・一〇	定島基世	軍属	戦死	高陽郡神道面龍頭里一〇八
			一九二四・〇一・一八	命萬	父		—
一六一	第四海軍施設部	マリアナ諸島近海	一九四三・〇五・一〇	三浦金石	軍属	戦死	高陽郡神道面淳寛外里二九〇
			一九一一・〇七・一五	光淑	妻		—
一六二	第四海軍施設部	マリアナ諸島近海	一九四三・〇五・一〇	金本允興	軍属	戦死	高陽郡神道面徳隠里二九八
			一九一八・〇七・一四	順天	父		—
一六七	第四海軍施設部	マリアナ諸島近海	一九四三・〇五・一〇	高峰完秀	軍属	戦死	高陽郡碧蹄面大慈里八〇九
			一九一八・〇八・一〇	福順	妻		—
一七二	第四海軍施設部	マリアナ諸島近海	一九四三・〇五・一〇	新井二剣	軍属	戦死	高陽郡元堂面星沙里三九九
			一九一二・〇七・二四	千吉	父		—
一八一	第四海軍施設部	マリアナ諸島近海	一九四三・〇五・一〇	文山在鎬	軍属	戦死	廣州郡中垈文井里八二
			一九二一・〇三・一〇	順伊	母		京城府東区鷹峰町二五
三七八	第四海軍施設部	マリアナ諸島近海	一九四三・〇五・一〇	金相俊	軍属	戦死	加平郡雪岳面
			—	—	—		京城府城東区沙斤町五四
三八四	第四海軍施設部	マリアナ諸島近海	一九四三・〇五・一〇	金城鎮燮	軍属	戦死	始興郡君子面
			—	光俊	父		京城府峴底町一〇五—三五
四三一	第四海軍施設部	マリアナ諸島近海	一九四三・〇五・一〇	廣田鍾植	軍属	戦死	楊平郡江下面恒令里四五七
			一九一六・〇五・一〇	甲順	妻		京城府上往十里町五一
四三四	第四海軍施設部	マリアナ諸島近海	一九四三・〇五・一〇	松岡永穆	軍属	戦死	楊平郡江上面松鶴里一五一
			一九一五・〇六・一五	球明	母		
四五九	第四海軍施設部	マリアナ諸島近海	一九四三・〇五・一〇	柳川興雲	軍属	戦死	水原郡郷南面上新里六〇五
			一九二〇・〇二・一六	貞根	妻		京城府大興町一—四八
四六〇	第四海軍施設部	マリアナ諸島近海	一九四三・〇五・一〇	林春雄	軍属	戦死	水原郡郷南面料里一八九
			一九一九・〇八・二五	貞姃	妻		京城府阿峴町五〇—四四
四七二	第四海軍施設部	マリアナ諸島近海	一九四三・〇五・一〇	金山元俊	軍属	戦死	楊州郡魚乾面八賢里三六九
			一九二五・〇二・一二	五奉	父		京城府城東区馬場町
四七三	第四海軍施設部	マリアナ諸島近海	一九四三・〇五・一〇	清水完圭	軍属	戦死	楊州郡長興面三下里三一〇
			一九一四・〇四・〇一	干難	妻		京城府玉川町一二六
四七五	第四海軍施設部	マリアナ諸島近海	一九四三・〇五・一〇	長淵栄俊	軍属	戦死	楊州郡蘆海面放鶴里二六〇
			一九二二・一一・〇六	氏	母		京城府城東区下往十里
四八五	第四海軍施設部	マリアナ諸島近海	一九四三・〇五・一〇	金谷富龍	軍属	戦死	富川郡大阜面東里一〇九〇
			一九一九・〇九・二〇	正玄	父		—
四八六	第四海軍施設部	マリアナ諸島近海	一九四三・〇五・一〇	高野宗石	軍属	戦死	富川郡大阜面東里一三六一

番号	所属	場所	年月日	氏名	身分	事由	本籍
			一九二二・〇三・二一	賢粉	妻		―
四八七	第四海軍施設部	マリアナ諸島近海	一九四三・〇五・一〇	金本壽瓚	軍属	戦死	富川郡大阜面東里一〇一五―二
			一九二一・〇七・一九	善分	妻		―
四八八	第四海軍施設部	マリアナ諸島近海	一九四三・〇五・一〇	金森基東	軍属	戦死	富川郡大阜面東里一一〇二
			一九一八・〇五・二五	銀石	父		―
四八九	第四海軍施設部	マリアナ諸島近海	一九四三・〇五・一〇	林上男	軍属	戦死	富川郡大阜面南里一一一
			一九二〇・一一・〇四	鳳蘭	妻		―
四九〇	第四海軍施設部	マリアナ諸島近海	一九四三・〇五・一〇	張在吉	軍属	戦死	富川郡大阜面北里二九八
			一九一三・〇九・〇二	豊妊	妻		―
四九一	第四海軍施設部	マリアナ諸島近海	一九四三・〇五・一〇	香山敬礼	軍属	戦死	富川郡北島面信島里九四五
			一九一五・一二・一八	今順	妻		―
四九二	第四海軍施設部	マリアナ諸島近海	一九四三・〇五・一〇	國本豊起	軍属	戦死	富川郡北島面信島里六一八
			一九二二・一〇・二三	氏	母		―
四九三	第四海軍施設部	マリアナ諸島近海	一九四三・〇五・一〇	金本石元	軍属	戦死	富川郡北島面茅島里七二
			一九一四・一一・〇三	順禮	妻		―
四九四	第四海軍施設部	マリアナ諸島近海	一九四三・〇五・一〇	松井文華	軍属	戦死	富川郡北島面長峰里一一七二
			一九一九・一〇・〇二	相成	父		―
四九五	第四海軍施設部	マリアナ諸島近海	一九四三・〇五・一〇	沈相鉉	軍属	戦死	富川郡北島面長峰里八〇八
			一九二〇・〇一・〇二	氏	母		―
四九六	第四海軍施設部	マリアナ諸島近海	一九四三・〇五・一〇	柳川聖鶴	軍属	戦死	富川郡永宗面雲西里七七一―一
			一九〇九・〇五・〇五	粉女	妻		―
四九七	第四海軍施設部	マリアナ諸島近海	一九四三・〇五・一〇	張本宗熙	軍属	戦死	富川郡永宗面雲西里一三六三
			一九一五・〇二・一三	上福	父		―
四九八	第四海軍施設部	マリアナ諸島近海	一九四三・〇三・二三	玉川國光	軍属	戦死	富川郡永宗面中山里五九四
			一九二一・〇九・一八	文淑	父		―
四九九	第四海軍施設部	マリアナ諸島近海	一九四三・〇五・一〇	林田茂盛	軍属	戦死	富川郡灵興面外里八〇〇
			一九二〇・一二・一一	光盛	父		―
五〇〇	第四海軍施設部	マリアナ諸島近海	一九四三・〇五・一〇	林採雲	軍属	戦死	富川郡灵興面内里五一六
			一九〇五・〇九・〇七	仲根	父		―
五〇一	第四海軍施設部	マリアナ諸島近海	一九四三・〇五・一〇	林命培	軍属	戦死	富川郡灵興面内里七五七
			一九一四・一〇・〇七	貞分	妻		―
五〇二	第四海軍施設部	マリアナ諸島近海	一九四三・〇五・一〇	金本咸烈	軍属	戦死	富川郡灵興面内里一二七五
			一九二〇・〇一・〇七	分童	妻		―
五〇三	第四海軍施設部	マリアナ諸島近海	一九四三・〇五・一〇	廣川承奇	軍属	戦死	富川郡灵興面内里一四五四
			一九一六・〇一・一〇	承泰	兄		―

番号	所属	死亡場所	死亡年月日 生年月日	氏名 親族氏名	身分 続柄	死因	本籍 親族住所
五〇四	第四海軍施設部	マリアナ諸島近海	一九四三・〇五・一〇 一九二三・〇二・〇二	金村基讚 景會	軍属 父	戦死	富川郡灵興面外里七二九 ー
五〇五	第四海軍施設部	マリアナ諸島近海	一九四三・〇五・一〇 一九一七・〇二・一〇	白川禹鉉 壽夫	軍属 兄	戦死	富川郡灵興面仙才里二二〇 ー
五九六	第四海軍施設部	マリアナ諸島近海	一九四三・〇五・一〇 一九二二・〇三・〇二	安東栄夏 貞烈	軍属 母	戦死	漣川郡官仁面炭洞里二 京城府西大門区玉川町一二七－一九
二四	第四海軍施設部	ピケロット島北方	一九四四・〇一・三一 一九二三・一一・二二	姜鍾安 姜鎮奎	軍属 ー	戦死	仁川府松林町山五 ー
七八	第四海軍施設部	ピケロット島北方	一九四四・〇一・三一 一九一四・〇四・二六	柳東峯 道然	軍属 ー	戦死	京城府黒石町九〇－八 ー
七九	第四海軍施設部	ピケロット島北方	一九四四・〇一・三一 一九二四・〇四・二〇	長田峰太郎 ー	軍属 ー	戦死	京城府西大門区竹添町三丁目 ー
八〇	第四海軍施設部	ピケロット島北方	一九四四・〇一・三一 一九二三・〇四・〇三	金基弘 俊熙	軍属 父	戦死	京城府鍾路六－一九四 ー
八一	第四海軍施設部	ピケロット島北方	一九四四・〇一・三一 一九一三・〇三・二五	鄭城恒一 敬鳳	軍属 ー	戦死	京城府太平通二－二四三 ー
八二	第四海軍施設部	ピケロット島北方	一九四四・〇一・三一 一九一三・〇四・〇一	平山泰吉 三順	軍属 妻	戦死	京城府西大門区孔徳町一九－一七 ー
八三	第四海軍施設部	ピケロット島北方	一九四四・〇一・三一 一九〇七・〇一・二五	李成文 福童	軍属 父	戦死	京城府永登浦区黒石町一六〇 京城府永登浦区黒石町七九－二二四
一九六	第四海軍施設部	ピケロット島北方	一九四四・〇一・三一 一九一一・一一・一二	松田点俊 松田元教	軍属 ー	戦死	広州郡広州面京安里
二三九	第四海軍施設部	ピケロット島北方	一九四四・〇一・三一 一九二二・〇七・二四	李相龍 順七	軍属 父	戦死	安城郡安城邑場基里一一七三 ー
二八六	第四海軍施設部	ピケロット島北方	一九四四・〇一・三一 一九二三・〇三・一三	潘川勝徳 勝龍	軍属 ー	戦死	漣川郡南面黄地里二一 ー
三八〇	第四海軍施設部	ピケロット島北方	一九四四・〇一・三一 一九二四・〇四・〇一	金光甲成 龍伊	軍属 ー	戦死	金浦郡高村面浅湖里 ー
四〇四	第四海軍施設部	ピケロット島北方	一九四四・〇一・三一 一九二六・〇五・二七	金海聖乭 福順	軍属 妻	戦死	利川郡栢沙面内村里一四九 ー
四五三	第四海軍施設部	ピケロット島北方	一九四四・〇一・三一 一八九八・〇二・一九	洪福萬 徳順	軍属 甥	戦死	水原郡西新面仕串里一九七 ー
四五八	第四海軍施設部	ピケロット島北方	一九四四・〇一・三一 一九二二・〇四・〇五	寺田延権 延寛	軍属 兄	戦死	水原郡八灘面箕川里九六 ー
五九三	第四海軍施設部	ピケロット島北方	一九四四・〇一・三一	宋容圭	軍属	戦死	漣川郡漣川面車灘里三六二

			一九二〇・一一・二六	炳煥	｜		｜
二〇五	第四海軍施設部	ルオット島（ケゼリン）	一九四二・〇三・二〇 一九一二・〇三・三〇	高山聖煥 學仁	軍属 妻	戦病死	広州郡大旺面沙払里 ｜
二四五	第四海軍施設部	ルオット島	一九四三・〇五・三〇 一九一五・〇七・〇六	呉正煥 壽根	軍属 父	戦病死	安城郡陽城面茅新面四五四 ｜
三一二	第四海軍施設部	ルオット島	一九四三・一二・〇四 一九一五・〇八・一五	張本春成 昌浩	軍属 父	戦病死	驪州郡陵西面内楊里 ｜
七七	第四海軍施設部	ルオット島	一九四四・〇二・〇六 ｜	岩村清雄 鎰	軍属 父	戦死	京城府堂山町三五八－五八 ｜
二〇二	第四海軍施設部	ルオット島	一九四四・〇二・〇六 一九一六・〇二・二三	山村丸栄 顕永	軍属 父	戦死	広州郡実材面新村里一二四 ｜
二四七	第四海軍施設部	ルオット島	一九四四・〇二・〇六 一九〇二・一二・二三	玉山漢燮 龍女	軍属 妻	戦死	安城郡陽城面旧場里 ｜
二五一	第四海軍施設部	ルオット島	一九四四・〇二・〇六 一九二一・〇四・一二	岩本仁基 ｜	軍属 ｜	戦死	安城郡元谷面七谷里六一八 ｜
三〇六	第四海軍施設部	ルオット島	一九四四・〇二・〇六 一九二二・〇七・一八	海平吉燮 鍾女	軍属 妻	戦死	驪州郡大神面長豊里 ｜
三一〇	第四海軍施設部	ルオット島	一九四四・〇二・〇六 一九一三・〇五・一七	森井白実 白分	軍属 妻	戦死	驪州郡介軍面石墻里 ｜
三一一	第四海軍施設部	ルオット島	一九四四・〇二・〇六 ｜	林淳武 慶鐘	軍属 父	戦死	驪州郡興川面大塘里 ｜
三一四	第四海軍施設部	ルオット島	一九四四・〇二・〇六 ｜	富田　豊 龍夏	軍属 弟	戦死	驪州郡驪州邑下里 ｜
三一五	第四海軍施設部	ルオット島	一九四四・〇二・〇六 ｜	安田達祚	軍属 ｜	戦死	驪州郡驪州邑月松里 ｜
三一六	第四海軍施設部	ルオット島	一九四四・〇二・〇六 一九一六・〇八・二五	羅木喜泰 淇夏	軍属 父	戦死	驪州郡驪州邑弘門里六一 ｜
三三七	第四海軍施設部	ルオット島	一九四四・〇二・〇六 一九一〇・〇三・〇二	延本殷業 弼順	軍属 妻	戦死	龍仁郡南四面真木里六二八 ｜
三三八	第四海軍施設部	ルオット島	一九四四・〇二・〇六 一九一三・〇二・一五	豊城漢栄 粉禮	軍属 妻	戦死	龍仁郡南四面完庄里一七七 ｜
三四二	第四海軍施設部	ルオット島	一九四四・〇二・〇六 一九二〇・〇二・二六	安田乗憲 義柱	軍属 妻	戦死	龍仁郡水技面上峴里一六五 ｜
三四三	第四海軍施設部	ルオット島	一九四四・〇二・〇六 一九二二・〇九・一〇	金城昌淑 南哲	軍属 母	戦死	龍仁郡水技面上峴里三七四 ｜

三四四	第四海軍施設部	ルオット島	一九四四・〇二・〇六 一九一四・〇七・二五	豊岡長知 玉蘭	軍属 妻	戦死	龍仁郡水技面星福里一一〇 ｜
三四五	第四海軍施設部	ルオット島	一九四四・〇二・〇六 一九一九・〇二・〇八	徳原戊福 松粉	軍属 妻	戦死	龍仁郡水技面星福里五八七 ｜
三四六	第四海軍施設部	ルオット島	一九四四・〇二・〇六 一九二二・〇八・〇五	密城守千 春根	軍属 父	戦死	龍仁郡慕賢面梅山里一八〇 ｜
三五七	第四海軍施設部	ルオット島	一九四四・〇二・〇六 一九一二・〇九・二七	西原昌鎬 英子	軍属 妻	戦死	龍仁郡二東面泉里六九 ｜
三五八	第四海軍施設部	ルオット島	一九四四・〇二・〇六 一九二一・一一・二〇	木村文彦 義雄	軍属 父	戦死	龍仁郡二東面徳城里一〇二〇 ｜
三五九	第四海軍施設部	ルオット島	一九四四・〇二・〇六 一九二二・〇一・二七	金本鍾學 英培	軍属 父	戦死	龍仁郡二東面魚肥里一二九五 ｜
三六四	第四海軍施設部	ルオット島	一九四四・〇二・〇六 一九二〇・〇一・一八	鄭村興南 正成	軍属 父	戦死	龍仁郡器興面下葛里四四六 ｜
三六六	第四海軍施設部	ルオット島	一九四四・〇二・〇六 一九一六・〇六・二九	金岡篤箕 庚淑	軍属 妻	戦死	龍仁郡蒲谷面留雲里二五七 龍仁郡蒲谷面前岱里五〇五
三六七	第四海軍施設部	ルオット島	一九四四・〇二・〇六 一九一五・〇八・〇一	牧山龍求 順傳	軍属 妻	戦死	龍仁郡蒲谷面麻城里二九 ｜
三六八	第四海軍施設部	ルオット島	一九四四・〇二・〇六 一九二二・〇八・二一	呉山昌根 河泳	軍属 父	戦死	龍仁郡蒲谷面麻城里五四 ｜
三六九	第四海軍施設部	ルオット島	一九四四・〇二・〇六 一九〇九・〇八・二九	豊川尚彬 勝点	軍属 妻	戦死	龍仁郡蒲谷面英門里一二四 ｜
三九一	第四海軍施設部	ルオット島	一九四四・〇二・〇六 ｜	山村元根 學西	軍属 父	戦死	利川郡長湖院邑長湖院里 ｜
三九五	第四海軍施設部	ルオット島	一九四四・〇二・〇六 ｜	金特種 小子	軍属 弟	戦死	利川郡新屯面道岩里 ｜
三九八	第四海軍施設部	ルオット島	一九四四・〇二・〇六 ｜	木戸道根 洪氏	軍属 妻	戦死	利川郡栗面石山里 ｜
三九九	第四海軍施設部	ルオット島	一九四四・〇二・〇六 ｜	李本景湨 錫昌	軍属 父	戦死	利川郡栗面石山里 ｜
四〇二	第四海軍施設部	ルオット島	一九四四・〇二・〇六 ｜	徳平仁基 ｜	軍属 ｜	戦死	利川郡麻長面徳坪里四五八 ｜
四一二	第四海軍施設部	ルオット島	一九四四・〇二・〇六 一九一五・〇一・一五	新田龍玉 山玉	軍属 兄	戦死	利川郡雪星面新筆里一九三 ｜
四一七	第四海軍施設部	ルオット島	一九四四・〇二・〇六	尹順西	軍属	戦死	利川郡夫鉢面竹堂里

			—	大石	父		—
四一八	第四海軍施設部	ルオット島	一九四四・〇二・〇六	金根萬	軍属	戦死	利川郡大月面大浦里
			—	龍學	父		利川郡春加面薪葛里
四一九	第四海軍施設部	ルオット島	一九四四・〇二・〇六	林龍泰	軍属	戦死	利川郡大月面大興里
			—	—	—		—
五九七	第四海軍施設部	ルオット島	一九四四・〇二・〇六	松谷雄次郎	軍属	戦死	漣川郡官仁面冷井里
			—	平殷澤	父		—
二八	第四海軍施設部	ケゼリン島（ルオット）	一九四四・〇二・〇六	金本相燮	軍属	戦死	抱川郡郡内面榎頭里一六八
			一九二三・〇四・一八	蘭玉	妻		—
二九	第四海軍施設部	ケゼリン島	一九四四・〇二・〇六	岩本鶴元	軍属	戦死	抱川郡郡内面鳴山里三三二
			一九一九・〇五・二一	昌文	父		—
三〇	第四海軍施設部	ケゼリン島	一九四四・〇二・〇六	金村萬泰	軍属	戦死	抱川郡郡内面鳴山里二一三
			一九一九・一一・〇七	得伊	兄		—
三一	第四海軍施設部	ケゼリン島	一九四四・〇二・〇六	金海億乭	軍属	戦死	抱川郡郡内面鳴山里三六六
			一九二〇・〇八・一二	所回	父		—
三二	第四海軍施設部	ケゼリン島	一九四四・〇二・〇六	完山河純	軍属	戦死	抱川郡郡内面旧色里二六〇
			一九二一・〇三・〇七	済鳳	妻		—
三九	第四海軍施設部	ケゼリン島	一九四四・〇二・〇六	河東在寅	軍属	戦死	抱川郡永中面永平里
			一九一四・〇八・二七	徳洞	父		—
四〇	第四海軍施設部	ケゼリン島	一九四四・〇二・〇六	河平宋煥	軍属	戦死	抱川郡永中面金洙里
			一九二三・〇一・〇四	應鉉	父		—
四一	第四海軍施設部	ケゼリン島	一九四四・〇二・〇六	金城成長	軍属	戦死	抱川郡永中面永松里
			一九一八・〇二・〇二	千萬	父		—
四二	第四海軍施設部	ケゼリン島	一九四四・〇二・〇六	國本萬泰	軍属	戦死	抱川郡抱川面東橋里五八八
			一九一七・〇四・〇五	成順	妻		—
四三	第四海軍施設部	ケゼリン島	一九四四・〇二・〇六	金山勝奉	軍属	戦死	抱川郡抱川面仙壇里五五二
			一九二二・〇二・二三	順烈	妻		—
四四	第四海軍施設部	ケゼリン島	一九四四・〇二・〇六	昌山秉邦	軍属	戦死	抱川郡抱川面仙壇里六四一
			一九一九・一二・二四	萬奉	父		—
四五	第四海軍施設部	ケゼリン島	一九四四・〇二・〇六	錫東春植	軍属	戦死	抱川郡抱川面自作里二〇〇
			一九一八・一二・一一	南順	妻		—
五三	第四海軍施設部	ケゼリン島	一九四四・〇二・〇六	高木鍾和	軍属	戦死	抱川郡蘇屹面二加入里三三四
			一九二二・一〇・〇九	在春	父		—
五四	第四海軍施設部	ケゼリン島	一九四四・〇二・〇六	平沼英根	軍属	戦死	抱川郡蘇屹面二加入里四三五
			一九一九・〇一・二五	三禮	妻		—

五五	第四海軍施設部	ケゼリン島	一九四四・〇二・〇六 一九二〇・〇七・〇六	江本演圭 演禎	軍属 兄	戦死	抱川郡蘇屹面古毛里四三五 ―
五六	第四海軍施設部	ケゼリン島	一九四四・〇二・〇六 一九一四・〇六・一五	平沼秀治 銀順	軍属 妻	戦死	抱川郡蘇屹面道洞里七一―三五 ―
五七	第四海軍施設部	ケゼリン島	一九四四・〇二・〇六 一九一九・〇五・〇三	檜山命植 泰奉	軍属 父	戦死	抱川郡蘇屹面松隅里一三四 抱川郡蘇屹面松隅里四一三
六二	第四海軍施設部	ケゼリン島	一九四四・〇二・〇六 一九二〇・〇五・一〇	金村三澤 壽命	軍属 父	戦死	抱川郡加山面防築里四三一 ―
六三	第四海軍施設部	ケゼリン島	一九四四・〇二・〇六 一九二三・〇六・〇八	金川銀用 福用	軍属 兄	戦死	抱川郡加山面金峴里一〇七五 ―
六四	第四海軍施設部	ケゼリン島	一九四四・〇二・〇六 一九一九・〇七・一〇	李應鍾・松山鍾 在順	軍属 妻	戦死	抱川郡加山面防築里二八 ―
六五	第四海軍施設部	ケゼリン島	一九四四・〇二・〇六 一九二一・〇四・一〇	大峯光潤 相殷	軍属 父	戦死	抱川郡加山面麻田里一四六 ―
七〇	第四海軍施設部	ケゼリン島	一九四四・〇二・〇六 一九二三・〇六・二四	山本輔哲 翊翼	軍属 父	戦死	抱川郡新北面古日里二三六 ―
七一	第四海軍施設部	ケゼリン島	一九四四・〇二・〇六 一九一九・〇二・〇八	金城周泰 甘烈	軍属 父	戦死	抱川郡新北面深谷里六三〇 ―
七二	第四海軍施設部	ケゼリン島	一九四四・〇二・〇六 一九二三・〇八・二六	高山命夫 厚氏	軍属 父	戦死	抱川郡新北面新坪里一六八 ―
七三	第四海軍施設部	ケゼリン島	一九四四・〇二・〇六 一九二一・〇四・一五	安本栄煥 昌姫	軍属 妻	戦死	抱川郡新北面新坪里三六三 ―
七四	第四海軍施設部	ケゼリン島	一九四四・〇二・〇六 一九一三・〇四・二〇	松山江山 順子	軍属 妻	戦死	抱川郡新北面新坪里一二四 ―
一〇四	第四海軍施設部	ケゼリン島	一九四四・〇二・〇六 一九二一・一〇・三〇	古城基得 六萬	軍属 父	戦死	京城府龍山区漢南町五〇七 京城府龍山区漢南町二〇六
一〇五	第四海軍施設部	ケゼリン島	一九四四・〇二・〇六 一九二〇・一〇・一五	李漢用 八善	軍属 母	戦死	京城府敦義町一八 楊平郡江上面丘砂里
一七九	第四海軍施設部	ケゼリン島	一九四四・〇二・〇六 一九一四・〇二・一五	山本泰浩 分女	軍属 妻	戦死	廣州郡五浦面高山里五六六 ―
一八四	第四海軍施設部	ケゼリン島	一九四四・〇二・〇六 一九二三・〇五・二七	安田新次郎 光朱	軍属 母	戦死	廣州郡都尺面宮坪里三七二 ―
一八五	第四海軍施設部	ケゼリン島	一九四四・〇二・〇六 一九一九・〇四・一五	徐載善 慶	軍属 妻	戦死	廣州郡都尺面芳都里五五五 ―
一八八	第四海軍施設部	ケゼリン島	一九四四・〇二・〇六	安村先熙	軍属	戦死	廣州郡退村面陶水里

			一九一八・〇一・一五	先英	父		—
一八九	第四海軍施設部	ケゼリン島	一九四四・〇二・〇六	完山青童	軍属	戦死	廣州郡退村面梧里
			一九二〇・〇八・一四	吉童	父		—
一九二	第四海軍施設部	ケゼリン島	一九四四・〇二・〇六	東原夏善	軍属	戦死	廣州郡広州面墻枝里三二
			一九二〇・〇一・〇三	東禮	妻		—
一九三	第四海軍施設部	ケゼリン島	一九四四・〇二・〇六	富永光秀	軍属	戦死	広州郡広州面木峴里一一〇
			一九二二・〇二・二五	性俊	父		—
一九九	第四海軍施設部	ケゼリン島	一九四四・〇二・〇六	金村元奎	軍属	戦死	広州郡実材面昆池岩里四〇〇
			一九一〇・〇二・〇一	松徳	妻		—
二〇〇	第四海軍施設部	ケゼリン島	一九四四・〇二・〇六	安山淳昇	軍属	戦死	広州郡実材面昆池岩里一九九
			一九一四・〇一・一五	一田	母		—
二〇三	第四海軍施設部	ケゼリン島	一九四四・〇二・〇六	平原一布	軍属	戦死	広州郡大旺面水西里
			一九一五・〇六・二六	末淑	妻		—
二〇六	第四海軍施設部	ケゼリン島	一九四四・〇二・〇六	金福三	軍属	戦死	広州郡草月面新岱里四三
			一九一三・〇二・二二	渭漢	妻		—
二〇九	第四海軍施設部	ケゼリン島	一九四四・〇二・〇六	金村三哲	軍属	戦死	広州郡実馬面麗水里二八八
			一九一八・〇四・〇八	順禮	妻		龍仁郡器興面新萬里一二四九
二一一	第四海軍施設部	ケゼリン島	一九四四・〇二・〇六	金銀先	軍属	戦死	広州郡九川面上一里
			一九二三・〇五・〇六	眞浩	父		—
二一三	第四海軍施設部	ケゼリン島	一九四四・〇二・〇六	前田漢濬	軍属	戦死	広州郡中部面上山谷里五五九
			一九二二・一二・二三	日淳	母		—
二一五	第四海軍施設部	ケゼリン島	一九四四・〇二・〇六	松本東植	軍属	戦死	広州郡中部面上山谷里六〇八
			一九一六・〇一・〇二	金順	妻		—
二一八	第四海軍施設部	ケゼリン島	一九四四・〇二・〇六	徳村殷浩	軍属	戦死	広州郡東部面新長里三八五
			一九一二・〇四・二一	順姫	妻		—
二一九	第四海軍施設部	ケゼリン島	一九四四・〇二・〇六	金日水・金昌水	軍属	戦死	広州郡西部面春宮里
			一九二二・一〇・二二	鍾萬	—		—
二二〇	第四海軍施設部	ケゼリン島	一九四四・〇二・〇六	石廣浩	軍属	戦死	広州郡西部面春宮里
			一九一一・〇二・一三	—	—		—
二二三	第四海軍施設部	ケゼリン島	一九四四・〇二・〇六	正木夏栄	軍属	戦死	広州郡西部面春宮里
			一九二三・〇四・〇六	銘基	弟		廣州郡東部面徳豊里
二二四	第四海軍施設部	ケゼリン島	一九四四・〇二・〇六	金山興國	軍属	戦死	広州郡彦州面盤浦里四九九
			一九一八・一〇・二五	朝子	妻		—
二三〇	第四海軍施設部	ケゼリン島	一九四四・〇二・〇六	洪原思振	軍属	戦死	安城郡大徳面滐里二八二
			一九二一・〇三・一五	永妊	妻		—

番号	所属	死亡場所	死亡年月日／生年月日	氏名／遺族	身分／続柄	死亡事由	本籍／遺族住所
二三一	第四海軍施設部	ケゼリン島	一九四四・〇二・〇六	金川鎮雄	軍属	戦死	安城郡大徳面内里二四六
			一九二〇・一〇・二六	奎煥	父		―
二三二	第四海軍施設部	ケゼリン島	一九四四・〇二・〇六	金光永録	軍属	戦死	安城郡大徳面淵東里
			一九一二・〇四・〇五	全男	妻		―
二三三	第四海軍施設部	ケゼリン島	一九四四・〇二・〇六	朴原永遠	軍属	戦死	安城郡大徳面舞陵里三九
			一九二三・〇九・〇三	容喆	父		―
二三五	第四海軍施設部	ケゼリン島	一九四四・〇二・〇六	長谷川麟七	軍属	戦死	安城郡安城邑場基里一四二
			一九二一・〇七・〇三	麟盛	兄		―
二三七	第四海軍施設部	ケゼリン島	一九四四・〇二・〇六	安田必善	軍属	戦死	安城郡安城邑場基里
			一九二〇・〇二・〇八	泰善	兄		安城郡安城邑東里
二四〇	第四海軍施設部	ケゼリン島	一九四四・〇二・〇六	西原正雄	軍属	戦死	安城郡陽城面橋場里二一四
			一九〇七・〇一・〇九	信子	妻		―
二四一	第四海軍施設部	ケゼリン島	一九四四・〇二・〇六	松本圭祐	軍属	戦死	安城郡陽城面山井里二〇八
			一九一八・〇二・二三	天浩	妻		―
二四八	第四海軍施設部	ケゼリン島	一九四四・〇二・〇六	鄭昌源	軍属	戦死	安城郡元谷面四渓里
			一九二二・〇五・一一	―	―		―
二四九	第四海軍施設部	ケゼリン島	一九四四・〇二・〇六	岩本圭昇	軍属	戦死	安城郡元谷面七谷里八一四
			一九一七・一一・二九	珏栄	父		―
二五二	第四海軍施設部	ケゼリン島	一九四四・〇二・〇六	金谷昌熙	軍属	戦死	安城郡瑞雲面仁里一〇八
			一九二〇・〇一・一三	鐘順	妻		―
二五六	第四海軍施設部	ケゼリン島	一九四四・〇二・〇六	金井淳泰	軍属	戦死	安城郡薇陽面新渓里一九〇
			一九二二・〇三・一五	海隆	父		―
二五七	第四海軍施設部	ケゼリン島	一九四四・〇二・〇六	安田泰鳳	軍属	戦死	安城郡薇陽面後坪里四一
			一九一五・一二・〇二	礎友	妻		―
二五九	第四海軍施設部	ケゼリン島	一九四四・〇二・〇六	西原裕和	軍属	戦死	安城郡三竹面龍月里四九三
			一九二〇・〇五・二二	瑰東	妻		―
二六〇	第四海軍施設部	ケゼリン島	一九四四・〇二・〇六	松村商鎮	軍属	戦死	安城郡三竹面基庫里一三五
			一九二一・〇五・二三	順禮	妻		―
二六五	第四海軍施設部	ケゼリン島	一九四四・〇二・〇六	新本舜和	軍属	戦死	安城郡孔道面仏堂里一〇一
			一九一〇・〇七・〇八	仁順	妻		安城郡孔道面仏堂里一〇五
二六六	第四海軍施設部	ケゼリン島	一九四四・〇二・〇六	新本秀夫	軍属	戦死	安城郡孔道面蛇頭里
			一九〇六・〇五・〇六	梅春	妻		安城郡孔道面仏堂里一〇五
二六七	第四海軍施設部	ケゼリン島	一九四四・〇二・〇六	新本明鎬	軍属	戦死	安城郡孔道面能橋里二六九
			一九一九・〇二・〇四	孝悌	妻		忠清南道天安郡成歓面両令里
二六八	第四海軍施設部	ケゼリン島	一九四四・〇二・〇六	國本寛喆	軍属	戦死	安城郡孔道面能橋里二六九

			一九二二・〇三・〇二	寛吾	妻		忠清南道天安郡成歓面両令里
二七〇	第四海軍施設部	ケゼリン島	一九四四・〇二・〇六	金根成	軍属	戦死	安城郡一竹面松川里七
			一九一七・一二・三〇	松萬	母		—
二七一	第四海軍施設部	ケゼリン島	一九四四・〇二・〇六	呉宅一善	軍属	戦死	安城郡一竹面松川里三〇
			一九一六・一〇・二七	鍾順	妻		—
二七二	第四海軍施設部	ケゼリン島	一九四四・〇二・〇六	國本光億	軍属	戦死	安城郡一竹面松川里八
			一九一七・〇三・一六	下分	妻		—
二七三	第四海軍施設部	ケゼリン島	一九四四・〇二・〇六	梁原静夫	軍属	戦死	安城郡一竹面花鳳里五五〇
			一九二二・〇六・一二	魚淑	妻		—
二七四	第四海軍施設部	ケゼリン島	一九四四・〇二・〇六	長沼雲山	軍属	戦死	安城郡一竹面松川里一七
			一九二一・一〇・一五	元連	父		—
二七六	第四海軍施設部	ケゼリン島	一九四四・〇二・〇六	城田奎煥	軍属	戦死	安城郡二竹面斗橋里二二三
			一九一八・〇四・〇九	興烈	父		—
二七七	第四海軍施設部	ケゼリン島	一九四四・〇二・〇六	江原成萬	軍属	戦死	安城郡二竹面斗橋里七五六
			一九二二・〇九・〇九	点龍	父		—
二七八	第四海軍施設部	ケゼリン島	一九四四・〇二・〇六	金村鎮守	軍属	戦死	漣川郡積城面客峴里
			一九二〇・〇五・一五	今俊	父		—
二七九	第四海軍施設部	ケゼリン島	一九四四・〇二・〇六	南相燮	軍属	戦死	漣川郡積城面旧邑里四八六
			一九一四・〇八・一九	台熙	父		—
二八〇	第四海軍施設部	ケゼリン島	一九四四・〇二・〇六	金本教栄	軍属	戦死	漣川郡積城面丹月里一五八
			一九一九・〇二・一四	下憙	妻		—
二八一	第四海軍施設部	ケゼリン島	一九四四・〇二・〇六	金原永泰	軍属	戦死	漣川郡積城面墻峴里三三四
			一九一八・一〇・二一	在順	父		—
二八二	第四海軍施設部	ケゼリン島	一九四四・〇二・〇六	高本享植	軍属	戦死	漣川郡南面亀岩里一七三
			一九一三・〇八・二四	銀順	妻		—
二八三	第四海軍施設部	ケゼリン島	一九四四・〇二・〇六	白原仁鉉	軍属	戦死	漣川郡南面杜谷里一六九
			一九二〇・〇八・〇四	南淮	祖父		—
二八四	第四海軍施設部	ケゼリン島	一九四四・〇二・〇六	金海鎮山	軍属	戦死	漣川郡南面華山里三四四
			一九二三・〇八・〇七	再龍	父		漣川郡南面梅谷里
二八八	第四海軍施設部	ケゼリン島	一九四四・〇二・〇六	松原椿常	軍属	戦死	驪州郡康川面岱屯里四二
			一九二〇・〇二・一三	仁順	妻		—
二八九	第四海軍施設部	ケゼリン島	一九四四・〇二・〇六	金城今白	軍属	戦死	驪州郡康川面康河里五九八
			一九二二・〇四・三〇	山岳	父		—
二九〇	第四海軍施設部	ケゼリン島	一九四四・〇二・〇六	松谷相卨	軍属	戦死	驪州郡康川面釜坪里三四七
			一九二三・〇二・一一	浩南	妻		—

番号	所属	死亡場所	死亡年月日／生年月日	氏名／遺族氏名	身分／続柄	区分	本籍／遺族住所
二九一	第四海軍施設部	ケゼリン島	一九四四・〇二・〇六 一九二一・一二・〇五	楊川春英 客鉉	軍属 妻	戦死	驪州郡康川面伽倻里三八八 —
二九二	第四海軍施設部	ケゼリン島	一九四四・〇二・〇六 一九一一・〇六・〇三	白川聖學 亢禮	軍属 妻	戦死	驪州郡加南面金塘里六七七 —
二九五	第四海軍施設部	ケゼリン島	一九四四・〇二・〇六 一九一八・〇九・〇九	韓敬禮 末明植	軍属 —	戦死	驪州郡占東面徳坪里一五〇 利川郡戸法面松萬里
二九六	第四海軍施設部	ケゼリン島	一九四四・〇二・〇六 一九一六・〇一・〇二	岩本　壇 順義	軍属 妻	戦死	驪州郡占東面欣岩里 —
二九七	第四海軍施設部	ケゼリン島	一九四四・〇二・〇六 一九一九・〇三・一五	安原永萬 一世	軍属 母	戦死	驪州郡占東面処里二〇二 —
二九八	第四海軍施設部	ケゼリン島	一九四四・〇二・〇六 一九一九・一二・〇三	慶原錫宇 錫俊	軍属 従弟	戦死	驪州郡占東面処里 —
二九九	第四海軍施設部	ケゼリン島	一九四四・〇二・〇六 一九二〇・〇四・〇五	呉聖根 拡泳	軍属 父	戦死	驪州郡占東面長安里四九一 —
三〇〇	第四海軍施設部	ケゼリン島	一九四四・〇二・〇六 一九一二・〇二・〇三	桃田昌植 丹非	軍属 母	戦死	驪州郡占東面清安里二二六 —
三〇一	第四海軍施設部	ケゼリン島	一九四四・〇二・〇六 一九一六・〇二・二七	岩本呉川 優分	軍属 妻	戦死	驪州郡占東面清安里二一三 —
三〇四	第四海軍施設部	ケゼリン島	一九四四・〇二・〇六 一九二一・一二・二四	長谷鍾根 承奎	軍属 父	戦死	驪州郡大神面玉村里七三一 —
三〇七	第四海軍施設部	ケゼリン島	一九四四・〇二・〇六 一九二一・一一・一五	恩宋圭哲 煕斗	軍属 父	戦死	驪州郡介軍面仰徳里二二〇 —
三〇八	第四海軍施設部	ケゼリン島	一九四四・〇二・〇六 一九一二・〇三・〇八	木村有鐘 —	軍属 —	戦死	驪州郡介軍面下紫浦里 —
三〇九	第四海軍施設部	ケゼリン島	一九四四・〇二・〇六 一九二三・〇七・三〇	中田起龍 敬泰	軍属 父	戦死	驪州郡介軍面香里一六一 —
三一一	第四海軍施設部	ケゼリン島	一九四四・〇二・〇六 一九一九・一二・〇八	宗原南錫 南極	軍属 弟	戦死	驪州郡陵西面梅柳里 —
三一三	第四海軍施設部	ケゼリン島	一九四四・〇二・〇六 一九二一・一一・一〇	松岡昌植 明濬	軍属 父	戦死	驪州郡陵西面廣大里 —
三一四	第四海軍施設部	ケゼリン島	一九四四・〇二・〇六 一九二〇・〇八・〇一	金村反會 大賢	軍属 妻	戦死	驪州郡金沙面下品里六五 —
三一五	第四海軍施設部	ケゼリン島	一九四四・〇二・〇六 一九一八・〇八・〇五	成山奉山 奉允	軍属 母	戦死	驪州郡金沙面道谷里六〇 —
三一六	第四海軍施設部	ケゼリン島	一九四四・〇二・〇六	驪原弼右	軍属	戦死	驪州郡金沙面金沙里二〇〇

			一九一九・〇二・二六	正禮	妻		—
三一七	第四海軍施設部	ケゼリン島	一九四四・〇二・〇六	金尾千根	軍属	戦死	驪州郡金沙面梨浦里二七九
			一九二三・〇二・二五	順祚	父		—
三一八	第四海軍施設部	ケゼリン島	一九四四・〇二・〇六	丹禹錫鼎	軍属	戦死	驪州郡興川面桂信里三五三
			一九二二・〇二・〇一	起栄	父		—
三一九	第四海軍施設部	ケゼリン島	一九四四・〇二・〇六	河東海伯	軍属	戦死	驪州郡興川面莘根里六六四
			一九一六・一二・一二	利嬫	母		—
三二二	第四海軍施設部	ケゼリン島	一九四四・〇二・〇六	平村鼎壽	軍属	戦死	驪州郡興川面上大里三六四—一
			一九一六・〇八・〇七	福順	妻		—
三二三	第四海軍施設部	ケゼリン島	一九四四・〇二・〇六	徳城奉基	軍属	戦死	驪州郡驪州邑下里二一八
			一九二〇・〇四・二八	遠順	妻		—
三二七	第四海軍施設部	ケゼリン島	一九四四・〇二・〇六	金谷耕作	軍属	戦死	驪州郡驪州邑店峰里五二八
			一九〇九・〇四・〇七	達順	妻		—
三三九	第四海軍施設部	ケゼリン島	一九四四・〇二・〇六	清金鎮喆	軍属	戦死	龍仁郡駒城面中里三一七
			一九二一・〇三・二七	奎燦	父		—
三四〇	第四海軍施設部	ケゼリン島	一九四四・〇二・〇六	金本學成	軍属	戦死	龍仁郡駒城面中里三一二
			一九〇九・〇四・〇七	完基	庶子男		—
三四七	第四海軍施設部	ケゼリン島	一九四四・〇二・〇六	陽川昌成	軍属	戦死	龍仁郡慕賢面日山里二三九
			一九二二・〇四・一〇	太成	父		—
三四九	第四海軍施設部	ケゼリン島	一九四四・〇二・〇六	安本智勇	軍属	戦死	龍仁郡慕賢面旺山里
			一九二三・一〇・二〇	—	—		—
三五〇	第四海軍施設部	ケゼリン島	一九四四・〇二・〇六	金聖國	軍属	戦死	龍仁郡遠山面之村里四一七
			一九二一・〇八・一三	—	—		—
三五一	第四海軍施設部	ケゼリン島	一九四四・〇二・〇六	李村寛世	軍属	戦死	龍仁郡古三面新倉里一七六
			一九一五・〇五・一三	仙女	妻		—
三五二	第四海軍施設部	ケゼリン島	一九四四・〇二・〇六	原岡淵浩	軍属	戦死	龍仁郡内四面植金里三〇四
			一九一五・〇五・一三	妊順	妻		—
三五三	第四海軍施設部	ケゼリン島	一九四四・〇二・〇六	金城正錫	軍属	戦死	龍仁郡外四面林谷里六七五
			一九二五・〇四・二一	奉用	父		—
三五四	第四海軍施設部	ケゼリン島	一九四四・〇二・〇六	松山鎮殷	軍属	戦死	龍仁郡二東面徳成里九四八
			一九二〇・〇一・〇八	福奎	父		—
三五五	第四海軍施設部	ケゼリン島	一九四四・〇二・〇六	金本知良	軍属	戦死	龍仁郡二東面徳成里九八四
			一九二五・〇八・一二	印経	父		—
三六〇	第四海軍施設部	ケゼリン島	一九四四・〇二・〇六	安田光玉	軍属	戦死	龍仁郡二東面泉里六四
			一九二一・〇一・二五	炳平	父		—

三六一	第四海軍施設部	ケゼリン島	一九四四・〇二・〇六 一九〇七・〇一・〇三	南甲天 開東	軍属 母	戦死	龍仁郡二東面魚肥里六九四 ―
三六三	第四海軍施設部	ケゼリン島	一九四四・〇二・〇六 一九一〇・〇七・〇八	水村金全 自奉	軍属 母	戦死	龍仁郡器興面甫羅里三九八 ―
三六五	第四海軍施設部	ケゼリン島	一九四四・〇二・〇六 一九一六・〇二・二一	田村黄光 氏	軍属 母	戦死	龍仁郡器興面芝谷里八七 ―
三七〇	第四海軍施設部	ケゼリン島	一九四四・〇二・〇六 一九二〇・〇八・一八	大成興俊 奇男	軍属 父	戦死	龍仁郡遠三面木新里三〇六 ―
三七二	第四海軍施設部	ケゼリン島	一九四四・〇二・〇六 一九〇二・一一・一三	海原盛根 西云	軍属 妻	戦死	龍仁郡遠三面竹陵里五八二 ―
三八七	第四海軍施設部	ケゼリン島	一九四四・〇二・〇六 一九一八・〇二・〇七	千原近福 貴女	軍属 妻	戦死	長端郡長南面高浪浦里一五五 長端郡積城面葛邑里
三九〇	第四海軍施設部	ケゼリン島	一九四四・〇二・〇六 一九一八・〇三・一六	柳本正烈 寅岳	軍属 ―	戦死	利川郡長湖院邑長湖院里 ―
三九二	第四海軍施設部	ケゼリン島	一九四四・〇二・〇六 一九一六・〇四・〇三	林　義雄 昌徳	軍属 ―	戦死	利川郡長湖院邑悟南里 ―
三九三	第四海軍施設部	ケゼリン島	一九四四・〇二・〇六 一九一二・〇七・一六	西村吉永 栄熙	軍属 妻	戦死	利川郡長湖院邑長湖院里 ―
三九四	第四海軍施設部	ケゼリン島	一九四四・〇二・〇六 一九一八・〇四・一九	金海然學 金村有倉	軍属 ―	戦死	利川郡長湖院邑長湖院里 ―
三九六	第四海軍施設部	ケゼリン島	一九四四・〇二・〇六 一九一八・〇五・〇七	李容易 億順	軍属 ―	戦死	利川郡新屯面馬橋里 ―
四〇〇	第四海軍施設部	ケゼリン島	一九四四・〇二・〇六 一九〇〇・一〇・〇九	廣田鉉琦 聖昌	軍属 妻	戦死	利川郡麻長面冠里六七七 ―
四〇三	第四海軍施設部	ケゼリン島	一九四四・〇二・〇六 一九一一・〇四・二〇	平田三山 鎮玉	軍属 妻	戦死	利川郡栢沙面京沙里三八三 ―
四〇七	第四海軍施設部	ケゼリン島	一九四四・〇二・〇六 一九一六・〇二・二五	岩本鍾得 鍾洙	軍属 兄	戦死	利川郡利川面葛山里四九四 ―
四〇九	第四海軍施設部	ケゼリン島	一九四四・〇二・〇六 一九二一・一一・三〇	新木昌煥 順根	軍属 父	戦死	利川郡利川面倉前里一七五 ―
四一〇	第四海軍施設部	ケゼリン島	一九四四・〇二・〇六 一九一二・〇八・二三	慶山石崇 百王	軍属 妻	戦死	利川郡利川面倉前里五六 ―
四一一	第四海軍施設部	ケゼリン島	一九四四・〇二・〇六 一九一七・〇一・二一	清水彦東 明實	軍属 父	戦死	利川郡雪星面新筆里二二一 ―
四一三	第四海軍施設部	ケゼリン島	一九四四・〇二・〇六	宮本聲玉	軍属	戦死	利川郡雪星面新筆里二八五

			一九一七・〇三・二五	明透	父		—
四一五	第四海軍施設部	ケゼリン島	一九四四・〇二・〇六	金用澤	軍属	戦死	利川郡夫鉢面加佐里
			一九一六・一二・二七	龍山	—		—
四二〇	第四海軍施設部	ケゼリン島	一九四四・〇二・〇六	廣村鍾奭	軍属	戦死	利川郡戸法面東山里二七六
			一九一四・〇四・〇五	昌順	父		—
四二一	第四海軍施設部	ケゼリン島	一九四四・〇二・〇六	岩田甲俊	軍属	戦死	利川郡戸法面厚安里四〇九
			一九一八・一〇・〇三	龍萬	父		
四二二	第四海軍施設部	ケゼリン島	一九四四・〇二・〇六	芳山正鳳	軍属	戦死	利川郡戸法面厚安里二八四
			一九一七・〇五・〇九	蘭金	妻		—
四二五	第四海軍施設部	ケゼリン島	一九四四・〇二・〇六	安柄植	軍属	戦死	利川郡暮加面豆美里
			一九二一・〇九・二四	載鎬	—		—
四二六	第四海軍施設部	ケゼリン島	一九四四・〇二・〇六	黄八龍	軍属	戦死	利川郡暮加面薪葛里
			一九一六・〇八・二五	仲吾			
四二七	第四海軍施設部	ケゼリン島	一九四四・〇二・〇六	全昌吉	軍属	戦死	利川郡暮加面新葛里
			一九二二・一〇・二一	奉洙	—		—
四二八	第四海軍施設部	ケゼリン島	一九四四・〇二・〇六	朴五萬	軍属	戦死	利川郡暮加面陳加里
			一九一七・〇七・一九	徳秀	—		—
四三五	第四海軍施設部	ケゼリン島	一九四四・〇二・〇六	伊東萬善	軍属	戦死	楊平郡江上面花陽里三二八
			一九一五・〇四・〇五	喆在	父		利川郡麻長面香里
四三六	第四海軍施設部	ケゼリン島	一九四四・〇二・〇六	林永培	軍属	戦死	楊平郡楊西面弼元里
			一九一四・〇六・一四	聖培	—		
四六二	第四海軍施設部	ケゼリン島	一九四四・〇二・〇六	清金奎相	軍属	戦死	水原郡烏山面烏山里三八二
			一九二〇・〇七・二五	栄順	妻		—
四七八	第四海軍施設部	ケゼリン島	一九四四・〇二・〇六	金井谷雄	軍属	戦死	楊州郡別内面退渓院里一九九
			一九一四・一〇・一八	松原	母		揚州郡中部面山城里四三四
五一一	第四海軍施設部	ケゼリン島	一九四四・〇二・〇六	東川鳳鉉	軍属	戦病死	江華郡阿岾面倉台里七一二
			一九二二・〇七・〇六	圭壽	父		—
五一二	第四海軍施設部	ケゼリン島	一九四四・〇二・〇六	金山載一	軍属	戦死	江華郡阿岾面望月里一二六二
			一九二〇・〇八・一〇	泰黙	父		—
五一三	第四海軍施設部	ケゼリン島	一九四四・〇二・〇六	平松鎮植	軍属	戦死	江華郡内可面古川里八九三
			一九二三・〇一・〇二	景弼	父		—
五一四	第四海軍施設部	ケゼリン島	一九四四・〇二・〇六	西川炳秀	軍属	戦死	江華郡内可面外浦里五九〇
			一九二〇・一一・一五	氏	母		—
五一六	第四海軍施設部	ケゼリン島	一九四四・〇二・〇六	平沼賢重	軍属	戦死	江華郡良道面仁山里一二三八
			一九一八・〇三・一〇	仁禮	妻		—

五一七	第四海軍施設部	ケゼリン島	一九四四・〇二・〇六 一九一八・〇四・〇一	松原龍燮 載熙	軍属 父	戦死	江華郡良道面吉亭里二四二 ｜
五一八	第四海軍施設部	ケゼリン島	一九四四・〇二・〇六 一九二〇・〇三・二四	廣本貞姫 金奉	軍属 父	戦死	江華郡吉祥面芝里一一〇三 ｜
五一九	第四海軍施設部	ケゼリン島	一九四四・〇二・〇六 一九二三・〇四・二九	檜山富男 學兆	軍属 父	戦死	江華郡吉祥面船頭里二二二 ｜
五二一	第四海軍施設部	ケゼリン島	一九四四・〇二・〇六 一九一二・一一・一〇	錦江漢徳 一女	軍属 父	戦死	江華郡仙源面倉里六四 ｜
五二六	第四海軍施設部	ケゼリン島	一九四四・〇二・〇六 一九一三・〇七・一四	平山均三 氏	軍属 母	戦死	江華郡江華面甲串里一〇〇四 ｜
五二七	第四海軍施設部	ケゼリン島	一九四四・〇二・〇六 一九〇三・〇二・一六	瑞岡光里 阿基	軍属 妻	戦死	江華郡江華面大山里一一六 江華郡江華面新門里二八一
五二八	第四海軍施設部	ケゼリン島	一九四四・〇二・〇六 ｜	柳川東鉉 在俊	軍属 父	戦死	江華郡江華面官庁里七三七 ｜
五三二	第四海軍施設部	ケゼリン島	一九四四・〇二・〇六 一九一八・〇八・二八	松原元俊 範順	軍属 妻	戦死	江華郡松梅面×丁里四二三 ｜
五八五	第四海軍施設部	ケゼリン島	一九四四・〇二・〇六 一九一九・〇七・三一	徳源一鳳 順成	軍属 妻	戦死	漣川郡西南面卒賢里三一四 ｜
五八六	第四海軍施設部	ケゼリン島	一九四四・〇二・〇六 一九一七・〇九・一〇	金山萬福 敬文	軍属 父	戦死	漣川郡西南面黄存里七二四 ｜
五八七	第四海軍施設部	ケゼリン島	一九四四・〇二・〇六 一九二〇・〇二・〇五	平沼瑛炳 相培	軍属 父	戦死	漣川郡西南面冷井里六四〇 ｜
五八八	第四海軍施設部	ケゼリン島	一九四四・〇二・〇六 一九一五・〇二・二二	巖在厚 泰三	軍属 父	戦死	漣川郡百鶴面斗日里 ｜
五八九	第四海軍施設部	ケゼリン島	一九四四・〇二・〇六 一九一三・一一・〇七	松川上淳 今年	軍属 妻	戦死	漣川郡百鶴面鶴谷里二三九 ｜
五九〇	第四海軍施設部	ケゼリン島	一九四四・〇二・〇六 一九二二・〇五・〇二	江原麟燮 福植	軍属 父	戦死	漣川郡百鶴面芦谷里一九八 ｜
五九四	第四海軍施設部	ケゼリン島	一九四四・〇二・〇六 一九二二・〇一・二七	山木長完 文姫	軍属 妻	戦死	漣川郡官仁面中里八二六 ｜
五九五	第四海軍施設部	ケゼリン島	一九四四・〇二・〇六 一九一六・一一・二六	金本祭吉 点童	軍属 父	戦死	漣川郡官仁面中里八三一 ｜
二〇七	第四海軍施設部	ケゼリン島	一九四四・〇二・〇六 一九一二・〇四・一一	廣田文煥 熙順	軍属 妻	戦死	広州郡草月面龍水里三四二 ｜
二〇八	第四海軍施設部	ケゼリン島	一九四四・〇四・一一	國本載萬	軍属	戦死	広州郡草月面鶴東里四五一

			一九二一・〇六・一四	斤業	母		｜
三七七	第四海軍施設部	メレヨン島	一九四三・一一・二〇	金本允培	軍属	戦病死	加平郡外西面下泉里四四
			一九二一・〇八・二〇	敬眞	父		｜
五〇七	第四海軍施設部	メレヨン島	一九四四・〇四・〇一	星山楢泰	軍属	戦死	江華郡西寺面徳下里三一二
			一九二三・一一・〇二	根守	兄		｜
一八三	第四海軍施設部	メレヨン島	一九四四・〇七・二六	柳村雲植	軍属	戦死	廣州郡都尺面陶雄里一四五
			一九一一・〇二・一七	朴春日	｜		利川郡利川邑宮庫里
四〇六	第四海軍施設部	メレヨン島	一九四四・〇七・二六	富山釗乭	軍属	戦死	利川郡利川面邑中里二四二
			一九〇九・〇二・〇五	｜	｜		｜
四一四	第四海軍施設部	メレヨン島	一九四四・〇七・二六	木村又岩	軍属	戦死	利川郡夫鉢面馬岩里一四四
			一九〇八・〇一・二〇	岩田	兄		｜
五〇九	第四海軍施設部	メレヨン島	一九四四・〇七・二六	金光陽珠	軍属	戦死	江華郡阿岾面陽立里五五一
			一九二二・〇一・三〇	末雄	父		｜
四二九	第四海軍施設部	メレヨン島	一九四五・〇二・二八	金東植	軍属	戦病死	利川郡暮加面陳加里
		衝心脚気	一九〇六・〇五・〇六	玉村・基在	｜		｜
三〇五	第四海軍施設部	メレヨン島	一九四五・〇三・〇二	辛山興鎮	軍属	戦病死	驪州郡大神面後南里六五五
		衝心脚気	一九一八・一二・〇五	在和	叔父		｜
五三一	第四海軍施設部	メレヨン島	一九四五・〇三・二〇	田村喜重	軍属	戦病死	江華郡松梅面下道里四一一
		衝心脚気	一九〇九・〇七・一一	順郷	妻		｜
四一六	第四海軍施設部	メレヨン島	一九四五・〇三・二五	趙鐘録	軍属	戦病死	利川郡夫鉢面馬岩里三三三
		衝心脚気	一九一八・〇一・〇四	李氏	母		｜
五二〇	第四海軍施設部	メレヨン島	一九四五・〇三・三〇	白川泰浩	軍属	戦病死	江華郡仙源面智山里七六一
		衝心脚気	一九一一・〇七・二四	根培	祖父		｜
四二四	第四海軍施設部	メレヨン島	一九四五・〇四・〇一	岩村　坤	軍属	戦病死	利川郡戸法面安坪里
		衝心脚気	一九二三・〇一・一五	尚玉	兄		｜
五二五	第四海軍施設部	メレヨン島	一九四五・〇四・〇二	金本均三	軍属	戦病死	江華郡江華面官庁里五七五
		衝心脚気	一九二〇・一二・一一	元俊	父		｜
三〇二	第四海軍施設部	メレヨン島	一九四五・〇四・一五	雪城乙柄	軍属	戦病死	驪州郡古東面竹岩里
		衝心脚気	一九一八・〇四・〇九	斗均	兄		｜
五一五	第四海軍施設部	メレヨン島	一九四五・〇四・一七	金海春根	軍属	戦病死	江華郡良道面吉亭里三三四
		衝心脚気	一九一四・〇一・〇九	錫祚	父		｜
一〇六	第四海軍施設部	メレヨン島	一九四五・〇四・一九	白川仁熄	軍属	戦病死	京城府蓬莱町四－二三七
			一九〇八・〇三・〇五	氏	妻		江華郡河岾面長井里五八〇
五三〇	第四海軍施設部	メレヨン島	一九四五・〇四・一九	結城斗成	軍属	戦病死	江華郡松梅面下道里四七一
		衝心脚気	一九二〇・一一・一三	永元	祖父		｜

五〇八	第四海軍施設部	メレヨン島	一九四五・〇四・二一	完山應箕	軍属	戦病死	江華郡華道面徳浦里一三一六
		衝心脚気	一九一九・一一・〇七	鶴和	父		ー
二九三	第四海軍施設部	メレヨン島	一九四五・〇四・二三	石山龍儀	軍属	戦病死	驪州郡加南面隠峰里五二〇
		衝心脚気	一九二五・〇二・一二	舜顕	父		
二八七	第四海軍施設部	メレヨン島	一九四五・〇四・二五	原川應奎	軍属	戦病死	驪州郡康川面道金里九五四
		衝心脚気	一九一六・〇四・一四	柳川壽萬	妻の父		驪州郡加南面奎里
三四八	第四海軍施設部	メレヨン島	一九四五・〇四・二六	嘉川成雲	軍属	戦病死	龍仁郡奉賢面草英里六八九
			一九二三・〇五・一六	仁行	父		ー
五二四	第四海軍施設部	メレヨン島	一九四五・〇四・二六	金本容賢	軍属	戦病死	江華郡江華面南山里
		衝心脚気	一九二二・一一・二六	公伊	父		ー
二九四	第四海軍施設部	メレヨン島	一九四五・〇四・二七	辛実善	軍属	戦病死	驪州郡加南面金昌里三一一
		衝心脚気	一九二五・一〇・一五	雄善	弟		ー
五三四	第四海軍施設部	メレヨン島	一九四五・〇四・二九	金城文濟	軍属	戦病死	江華郡仏恩面新峴里六三六
		衝心脚気	一九〇七・〇六・一五	商説	父		ー
三二〇	第四海軍施設部	メレヨン島	一九四五・〇五・〇三	兜山健鎬	軍属	戦病死	驪州郡興川面興川里
		衝心脚気	一九二五・〇一・一六	ー	ー		
四六一	第四海軍施設部	メレヨン島	一九四五・〇五・〇五	安東九雲	軍属	戦病死	水原郡烏山面蝶山里二七
		衝心脚気	一九二五・〇六・二八	ー	ー		龍仁郡駒城面上下里
五二三	第四海軍施設部	メレヨン島	一九四五・〇五・〇六	金本誠助	軍属	戦病死	江華郡江華面新門里五七六
		衝心脚気	一九一九・〇七・〇一	喜俊	父		ー
三〇三	第四海軍施設部	メレヨン島	一九四五・〇八・〇六	廣田奉海	軍属	戦病死	驪州郡大神面甫通里
		衝心脚気	一九一八・〇七・〇九	行周	父		
五四二	第四海軍施設部	パラオ島	一九四四・〇七・一六	金益成	軍属	戦死	開豊郡上道面羊司里九三
			一九一四・一一・二三	弘九	父		ー
二七五	第四海軍施設部	ナウル島	一九四五・〇六・三〇	米山建燮	軍属	戦病死	安城郡一竹面注川里
			一九一七・一〇・一五	益燮	兄		江原道鐵原郡鐵原邑外村里五八六
三七四	第四海軍施設部	グァム島南南西	一九四四・〇五・一〇	平山泰雲	軍属	戦死	加平郡加平面梨花里一三三
			一九一一・〇八・一八	四順	妻		江原道華川郡華川面下里四八
一二二	第四海軍施設部	サイパン島	一九四四・〇七・〇八	徳山淳琓	軍属	戦死	京城府池町五三二
			一九二〇・〇六・一九	淳八	兄		黄海郡延白郡延安邑鳳南里三七五
二三六	第四海軍施設部	サイパン島	一九四四・〇六・一五	西原学鳳	軍属	戦死	安城郡安城邑東盛
			一九〇八・〇三・一八	貞錫	ー		ー
二五五	第四海軍施設部	サイパン島	一九四四・〇六・一五	和田中煥	軍属	戦死	安城郡薇陽面古池里
			一九二一・〇九・一〇	正成	ー		ー
一四八	第四海軍施設部	サイパン島	一九四四・〇六・一五	松原炯燮	軍属	戦死	開城府北本町七三

			一九一五・〇四・一八	—	—		—
四四三	第四海軍施設部	サイパン島	一九四四・〇六・一五 一九一三・一一・二七	金山千壽 玉姫	軍属 妻	戦死	平澤郡平澤邑平澤里一五〇
二三	第五海軍建築部	サイパン島	一九四四・〇七・〇八 一九一一・〇六・〇九	吉野栄二 栄	軍属 兄	戦死	仁川府桃山町一三 仁川府朱安町四一
八四	第五海軍建築部	サイパン島	一九四四・〇七・〇八 一九二六・〇四・三〇	清水聖俊 仁淳	軍属 父	戦死	京城府永登浦区芳山町四－七八 —
四七六	第五海軍建築部	サイパン島	一九四四・〇七・〇八 一九二一・〇三・一一	平山鳳鳴 鳳君	軍属 兄	戦死	楊州郡蘆海面倉洞里七三五 —
五二九	第五海軍建築部	サイパン島	一九四四・〇七・〇八 一九一九・一一・二二	白川容範 蟾	軍属 妻	戦死	江華郡喬桐面古亀里一四〇四 黄海道延白郡延安邑山陽里三一九
五四一	第五海軍建築部	サイパン島	一九四四・〇七・〇八 一九一七・〇九・三〇	平田三玉 順永	軍属 母	戦死	開豊郡興教面領井里二三九 黄海郡延白郡海龍面錦山里
五九一	第五海軍建築部	サイパン島	一九四四・〇七・〇八 一九一六・一二・一二	柳寅泳 順禮	軍属 妻	戦死	漣川郡百鶴面九尾里一五一 群山府昭和通二－一一一
六四八	第五海軍建築部	サイパン島	一九四四・〇七・〇八 一九二一・〇八・一六	谷山昶熙 丁熙	軍属 —	戦死	漣川郡漣川面古文里三一 開城府東本町二五二
六八一	第八海軍根拠地隊	サイパン島	一九四四・〇七・〇八 —	金井奥男 趙有成	軍属 —	戦死	善山郡駒城面彦南里一一九 始興郡新東面蚕寶里一三四
二二八	第八海軍建築部	ニューギニア、タルヒア沖	一九四四・〇四・二二 —	徐敬淳 —	軍属 —	戦死	不詳 —
五三六	第八海軍建築部	ニューギニア、タルヒア沖	一九四四・〇四・二二 —	韓永俊・横田竹一 —	軍属 —	戦死	不詳 江華郡玉山面席毛里
一一一	第八海軍建築部	ニューギニア、サルミ島	一九四四・〇六・一五 一九二二・〇五・一八	景永鉱 —	軍属 —	戦死	京城府龍山区東水庫町二三〇 京城府龍山区東水庫町二三〇
四三七	第八海軍建築部	ニューギニア、パマイ	一九四四・〇六・二五 一九一一・〇二・一七	松江文学 松江コスギ	軍属 妻	戦死	楊平郡西宗面汶湖里四一五
四〇五	第八海軍建築部	ニューギニア、サルミ島	一九四四・一一・一〇 一九一五・一一・二三	岩本基貞 —	軍属 —	戦死	利川郡栢沙面道立里七二〇 利川郡栢沙面道立里七二〇
八七	第八海軍建築部	四国南方海面	一九四三・一一・〇二 一九一七・〇五・一五	藤島琴光 錫基	軍属 父	戦死	京城府東大門区条基町一四七 —
一七一	第八海軍施設部	四国南方海面	一九四三・一一・〇二 一九一八・〇九・〇八	吉田昌儀 聖儀	軍属 弟	戦死	高陽郡元堂面道乃里一〇九 —
九六	第八海軍施設部	ラバウル	一九四五・〇五・一五 一九一一・〇五・三一	宮本敬男 干蘭	軍属 妻	戦病死	京城府永登浦町六八 忠清北道堤川郡鳳陽面九曲里五三一

番号	所属	死亡場所	死亡年月日 生年月日	氏名 遺族	身分 続柄	死因	本籍 遺族住所
九九	第八海軍施設部	ラバウル	一九四五・〇九・一五 一九一六・〇二・〇九	祐藤 栄 左田金剱	軍属 ｜	戦病死	京城府新堂町二一四 忠清北道丹陽郡丹陽面北下里
二三四	第一〇設営隊	ニューギニア、ギルワ	一九四二・〇九・〇二 一九二五・〇七・二四	大原東漢 興	軍属 母	戦死	安城郡大徳面素内里五六 ｜
二三八	第一〇設営隊	ニューギニア、ギルワ	一九四二・〇九・〇二 一九一二・〇二・一五	千代再京 聖女	軍属 妻	戦死	安城郡安城邑昭和町二－二〇七 ｜
二五〇	第一〇設営隊	ニューギニア、ギルワ	一九四二・〇九・〇二 一九一三・〇四・二六	巖本鍾奭 相順	軍属 妻	戦死	安城郡元谷面七谷里六一八 ｜
二六一	第一〇設営隊	ニューギニア、ギルワ	一九四二・〇九・〇二 一九一八・〇五・〇八	松本弘淳 栄姫	軍属 妻	戦死	安城郡三竹面真村里五八二 ｜
二六二	第一〇設営隊	ニューギニア、ギルワ	一九四二・〇九・〇二 一九一八・〇五・二六	張田順教 應植	軍属 妻	戦死	安城郡三竹面栗谷里八〇八 ｜
二六四	第一〇設営隊	ニューギニア、ギルワ	一九四二・〇九・〇二 一九一九・〇六・一五	尹栄根・伊栄根 奇鉉	軍属 妻	戦死	安城郡寶×面洑坪里一九九 安城郡二竹面斗橋里
二六九	第一〇設営隊	ニューギニア、ギルワ	一九四二・〇九・〇二 一九二二・一一・二〇	岩本時烈 順徳	軍属 妻	戦死	安城郡孔道面中洑里四〇八 ｜
二一〇	第一〇設営隊	ソロモン諸島ランド島	一九四二・一二・一〇 一九一四・一二・〇四	茂原庚薫・茂村 吉元	軍属 庶子男	戦死	広州郡実馬面亭子里一四八 龍仁郡器興面新萬里一二四九
五九九	第一〇設営隊	現住地 喉頭結核	一九四三・〇三・一一 一九一四・〇七・一四	平沼喜一 貞江	軍属 妻	戦病死	開豊郡北面一三所里八七六 開城府南山町七七〇－六
二五四	第一五設営隊	ニューギニア	一九四二・〇九・〇二 一九二〇・〇七・〇五	原田漢秉 福乭	軍属 兄	戦死	安城郡瑞雲面洞村里一六四 ｜
二八五	第一五設営隊	ニューギニア、ギルワ	一九四二・〇九・〇二 一九二四・〇三・〇六	宮本甲得 乭伊	軍属 父	戦死	漣川郡南面進祥里五二一 ｜
三八九	第一五設営隊	東部ニューギニア	一九四二・〇九・〇二 一九二二・〇六・二〇	陽元文光 鳳哲	軍属 父	戦死	長端郡津東面省里九〇七 ｜
四三〇	第一五設営隊	東部ニューギニア	一九四二・〇九・〇二 一九一六・〇五・〇五	高山五龍 熙連	軍属 妻	戦死	楊平郡楊平面倉垈里四七一 ｜
四三二	第一五設営隊	東部ニューギニア	一九四二・〇九・〇二 一九一八・〇七・二五	山下完植 氏	軍属 母	戦死	楊平郡江下里旺倉里一九七 ｜
四四五	第一五設営隊	東部ニューギニア	一九四二・〇九・〇二 一九二三・一一・一三	新井英夫 高精	軍属 父	戦死	平澤郡青北面玄谷里三二五 ｜
四五五	第一五設営隊	東部ニューギニア	一九四二・〇九・〇二 ｜	松源撥載 容厚	軍属 父	戦死	水原郡日旺面芭長里四一八 ｜
四五七	第一五設営隊	東部ニューギニア	一九四二・〇九・〇二	赤城光根	軍属	戦死	水原郡八難面葛場里五八六

			一九二一・〇五・二〇	吉根	兄		平澤郡玄徳面駐在所
五四三	第一五設営隊	東部ニューギニア	一九四二・〇九・〇二	清原栄洙	軍属	戦死	開豊郡青効面炭洞里七六二
			一九二一・〇八・一四	順任	母		ー
五四四	第一五設営隊	東部ニューギニア	一九四二・〇九・〇二	金本永海	軍属	戦死	開豊郡青効面裕陵里七五三
			一九二四・一〇・〇五	鐘鎮	父		ー
一〇七	第一五設営隊	ニューギニア、ギルワ	一九四三・〇一・二二	三井禧瀅	軍属	戦死	京城府鍾路区瑞麟町一二〇
			一九一七・〇六・一七	禧柱	兄		全羅北道南原郡雲峰面西川里
一	第一五警備隊	バシー海峡	一九四四・〇九・〇九	金澤勝信	上水	戦死	京城府中区太平通二丁目二七二
			一九二四・〇六・一三	基玉	父		京城府中区南米倉町四ー一三
二	第一六海軍警備隊	バシー海峡	一九四四・〇九・〇九	金彦昌旭	上水	戦死	京城府鍾路区瑞麟町一〇〇ー一
			一九二四・〇四・一五	昌福	兄		京城府鍾路区鳳翼町九〇ー四
二六	第二八海軍建築部	西部ニューギニア	一九四四・〇七・一三	松岡英雄	軍属	戦死	仁川府桃山町二四
			一九一七・〇三・一三	修徳	ー		仁川府桃山町二四
一〇九	第二八海軍建築部	ビアク島	一九四四・〇七・三一	金泰栄・松浦栄	軍属	戦死	京城府三坂通二七三
			一九〇一・〇七・二二	金善用	ー		京城府三坂通二七三
一一〇	第二八海軍建築部	ビアク島	一九四四・〇七・三一	金本聖基	軍属	戦死	京城府楽安町一七三
			一九二二・〇三・二〇	ー	ー		京城府楽安町一七三
三八六	第二八海軍建築部	ビアク島	一九四四・〇七・三一	宮本撥龍	軍属	戦死	始興郡君子面仙府里七〇五
			一九二二・一一・〇六	賛鍾	父		始興郡君子面仙府里七〇五
三九七	第二八海軍建築部	ビアク島	一九四四・〇七・三一	金城正國	軍属	戦死	利川郡新屯面龍眠里二七七
			一九二一・〇二・〇二	ー	ー		ー
四四二	第二八海軍建築部	ビアク島	一九四四・〇七・三一	平本寛	軍属	戦死	平澤郡玄徳面徳睦里五一〇
			一九一八・〇五・三〇	昌緒	ー		ー
二二二	第三〇海軍建築部	ペリリュウ島	一九四四・〇二・〇六	陽村用云	軍属	戦死	広州郡西部面項里
			一九一三・〇六・〇二	点學	兄		ー
二二三	第三〇海軍建築部	ペリリュウ島	一九四四・〇二・〇六	國本承然	軍属	戦死	広州郡西部面甘一里
			一九二二・〇八・一三	然環	兄		ー
三三	第三〇海軍建築部	ペリリュウ島	一九四四・〇九・一五	忠本炳泰	軍属	戦死	抱川郡郡内面下城北里
			一九一八・〇五・〇六	順吉	父		ー
三四	第三〇海軍建築部	ペリリュウ島	一九四四・〇九・一五	李一雨	軍属	戦死	抱川郡郡内面上城北里
			一九二〇・〇九・〇二	裕順	妻		ー
三五	第三〇海軍建築部	ペリリュウ島	一九四四・〇九・一五	崔享燮	軍属	戦死	抱川郡郡内面龍井里
			一九一九・〇八・一五	巌	父		ー
三六	第三〇海軍建築部	ペリリュウ島	一九四四・〇九・一五	松平洙原	軍属	戦死	抱川郡郡内面榎頭里
			一九二一・〇四・二一	晋錫	父		ー

三七	第三〇海軍建築部	ペリリュウ島	一九四四・〇九・一五	山本壱男	軍属	戦死	抱川郡郡内面柳橋里
			一九二三・〇六・〇六	福男	兄		ー
三八	第三〇海軍建築部	ペリリュウ島	一九四四・〇九・一五	山本旭煥	軍属	戦死	抱川郡郡内面旧邑里
			一九二一・一一・〇六	東煥	兄		ー
四六	第三〇海軍建築部	ペリリュウ島	一九四四・〇九・一五	木村建學	軍属	戦死	抱川郡抱川面魚龍里一九二
			一九〇七・一〇・二六	三乭	父		ー
四七	第三〇海軍建築部	ペリリュウ島	一九四四・〇九・一五	平原舜奎	軍属	戦死	抱川郡方川面魚龍里五五六
			一九二〇・一〇・一一	宋栄	父		ー
五八	第三〇海軍建築部	ペリリュウ島	一九四四・〇九・一五	菊村五淵	軍属	戦死	抱川郡蘇屹面古毛里六三
			一九一八・〇八・〇六	寧貫	父		ー
五九	第三〇海軍建築部	ペリリュウ島	一九四四・〇九・一五	揖川鍾烈	軍属	戦死	抱川郡蘇屹面二東橋里三一五
			一九二二・〇二・二八	仲基	父		ー
六六	第三〇海軍建築部	ペリリュウ島	一九四四・〇九・一五	兪田長福	軍属	戦死	抱川郡加山面鼎橋里
			一九二二・〇五・〇六	興俊	三男		ー
六七	第三〇海軍建築部	ペリリュウ島	一九四四・〇九・一五	金澤泰景	軍属	戦死	抱川郡加山面防築里
			一九二五・〇一・一八		父		ー
六八	第三〇海軍建築部	ペリリュウ島	一九四四・〇九・一五	松山茂成	軍属	戦死	抱川郡加山面鼎橋里
			一九一八・〇九・一九	三遊	三男		ー
六九	第三〇海軍建築部	ペリリュウ島	一九四四・〇九・一五	西原光東	軍属	戦死	抱川郡加山面甘岩里
			一九一一・〇一・一二	斗源	長男		ー
七六	第三〇海軍建築部	ペリリュウ島	一九四四・〇九・一五	國本昌録	軍属	戦死	京城府典農町三六〇
			一九二五・〇八・一八	現培	父		江原道淮陽郡東草面東草里
一四九	第三〇海軍建築部	ペリリュウ島	一九四四・〇九・一五	金海春雄	軍属	戦死	高陽郡崇仁面水踰里九〇
			一九〇五・一一・一七	文弘	孫		ー
一五一	第三〇海軍建築部	ペリリュウ島	一九四四・〇九・一五	國本鎮鳳	軍属	戦死	高陽郡中面楓里六二二
			一九一三・〇九・一二	桂用	ー		ー
一五三	第三〇海軍建築部	ペリリュウ島	一九四四・〇九・一五	元田壽範	軍属	戦死	高陽郡恩平面高峴里三二六
			一九二一・〇四・一一	慶熙	父		ー
一六三	第三〇海軍建築部	ペリリュウ島	一九四四・〇九・一五	柳城興鎮	軍属	戦死	高陽郡碧蹄面仙遊里三一五
			一九〇七・一二・〇五	基春	叔父		ー
一六四	第三〇海軍建築部	ペリリュウ島	一九四四・〇九・一五	新井仁淑	軍属	戦死	高陽郡碧蹄面方峰里二五〇
			一九二一・〇四・〇六	貞淑	父		ー
一六五	第三〇海軍建築部	ペリリュウ島	一九四四・〇九・一五	上原上得	軍属	戦死	高陽郡碧蹄面奈遊里二二二
			一九二一・一二・〇四	上文	兄		ー
一六九	第三〇海軍建築部	ペリリュウ島	一九四四・〇九・一五	金崗秀春	軍属	戦死	高陽郡元堂面倉井里三一〇

			一九一一・一一・〇二	岩林勝天	面長		—
一七〇	第三〇海軍建築部	ペリリュウ島	一九四四・〇九・一五	張松順龍	軍属	戦死	高陽郡元堂面元興里四四
			一九二五・一二・一五	岩林勝天	面長		—
一七四	第三〇海軍建築部	ペリリュウ島	一九四四・〇九・一五	南原安俊	軍属	戦死	高陽郡知道面幸州外里三五
			一九一八・〇六・〇二	夫一	父		—
一八〇	第三〇海軍建築部	ペリリュウ島	一九四四・〇九・一五	秋野龍學	軍属	戦死	廣州郡中垈面可楽里
			一九一四・一一・一〇	六萬	父		—
一八二	第三〇海軍建築部	ペリリュウ島	一九四四・〇九・一五	金山敬順	軍属	戦死	龍仁郡浦谷面三渓里
			一九二一・〇二・二一	李茂七	父		龍仁郡都大面楸谷里
一八七	第三〇海軍建築部	ペリリュウ島	一九四四・〇九・一五	谷山奎石	軍属	戦死	広州郡都天面楸谷里
			一九一八・××・××	東俊	父		—
一九〇	第三〇海軍建築部	ペリリュウ島	一九四四・〇九・一五	金演植	軍属	戦死	広州郡退村面元堂里
			一九二三・〇五・二〇	夫志晄	叔父		—
一九一	第三〇海軍建築部	ペリリュウ島	一九四四・〇九・一五	安村賢才	軍属	戦死	広州郡退村面雙龍里
			一九一二・一一・二六	深川左棹	兄		—
一九四	第三〇海軍建築部	ペリリュウ島	一九四四・〇九・一五	東原雲吉	軍属	戦死	広州郡広州面墻枝里
			一九二一・一二・〇一	喜鎮	父		—
一九五	第三〇海軍建築部	ペリリュウ島	一九四四・〇九・一五	木山哲遠	軍属	戦死	広州郡広州面墻枝里
			一九二〇・一二・〇一	客漩	父		—
二〇一	第三〇海軍建築部	ペリリュウ島	一九四四・〇九・一五	金田黄龍	軍属	戦死	広州郡実材面長深里
			一九一二・〇九・二四	方溜湯	妻		—
二〇四	第三〇海軍建築部	ペリリュウ島	一九四四・〇九・一五	柳一福	軍属	戦死	広州郡大旺面金土里
			一九二三・〇三・一七	崔泰準	司大		—
二一六	第三〇海軍建築部	ペリリュウ島	一九四四・〇九・一五	平山長根	軍属	戦死	広州郡中部面山城里
			一九二二・〇五・二二	長壽	兄		—
二二五	第三〇海軍建築部	ペリリュウ島	一九四四・〇九・一五	松山喜在	軍属	戦死	広州郡彦州面廉谷里
			一九一四・〇八・二〇	喜壽	兄		—
二二六	第三〇海軍建築部	ペリリュウ島	一九四四・〇九・一五	金興乭	軍属	戦死	広州郡彦州面新院里四四八
			一九二一・一二・一三	福丹	母		高陽郡嘉島面華陽里一三二
三八五	第三〇海軍建築部	ペリリュウ島	一九四四・〇九・一五	金景漢	軍属	戦死	始興郡君子面城谷里
			一九二六・一二・〇二	聖玉	父		—
四四六	第三〇海軍建築部	ペリリュウ島	一九四四・〇九・一五	金大淳	軍属	戦死	坡州郡泉峴面梧峴里二六四
			—	大興	兄		楊州郡白石面梧山里
四六四	第三〇海軍建築部	ペリリュウ島	一九四四・〇九・一五	金川鐘順	軍属	戦死	楊州郡瓦阜面陵内里六五
			一九〇四・〇二・一八	申興	父		—

四六六	第三〇海軍建築部	ペリリュウ島	一九四四・〇九・一五 一九一三・〇一・一〇	鄭運亨 玄梓	軍属 兄	戦死	楊州郡隠県面雲岩里 ー
四六七	第三〇海軍建築部	ペリリュウ島	一九四四・〇九・一五 一九二〇・一二・一〇	木村壽男 壽山	軍属 兄	戦死	楊州郡伊淡面保山里四〇 ー
四六九	第三〇海軍建築部	ペリリュウ島	一九四四・〇九・一五 一九二三・〇五・一六	鄭葵植 尹士允	軍属 祖父	戦死	楊州郡九里面上鳳里三〇七 ー
四七〇	第三〇海軍建築部	ペリリュウ島	一九四四・〇九・一五 一九二五・〇五・〇一	金永寛 李萬龍	軍属 父	戦死	楊州郡魚乾面梧南里四七 ー
四七一	第三〇海軍建築部	ペリリュウ島	一九四四・〇九・一五 一九二〇・〇四・一五	宋栄鶴 三道	軍属 父	戦死	楊州郡魚乾面龍井里四三三 ー
四七四	第三〇海軍建築部	ペリリュウ島	一九四四・〇九・一五 一九二三・〇二・〇五	完山点用 福長	軍属 父	戦死	楊州郡州内面三崇里三四〇 ー
四七七	第三〇海軍建築部	ペリリュウ島	一九四四・〇九・一五 一九二三・〇三・二六	嘉川元衡 景宅	軍属 父	戦死	楊州郡槇接面榛代里二九五 ー
四七九	第三〇海軍建築部	ペリリュウ島	一九四四・〇九・一五 一九一二・一一・二四	山野徳周 炳柱	軍属 父	戦死	楊州郡別内面高山里八一五 ー
六三七	第三〇海軍建築部	ペリリュウ島	一九四四・一二・三一 一九一二・〇七・二六	吉原吉龍 山岳	軍属 父	戦死	驪州郡驪州面驪州里 ー
六五四	第三〇海軍建築部	ペリリュウ島	一九四四・一二・三一 一九〇三・〇九・〇六	善川元昌 光陽	軍属 ー	戦死	利川郡清渓面松山里 ー
六八三	第三〇海軍建築部	パラオ島	一九四四・〇三・三〇 一九二二・〇一・一二	田村一龍 ー	軍属 ー	戦死	龍仁郡古三面文芝里 ー
一九八	第三〇海軍建築部	パラオ島	一九四四・〇六・一一 一九〇九・一〇・〇八	文城容弼 光謨	軍属 父	戦死	広州郡実村面鳳峴里 ー
三三一	第一〇二海軍軍需部	ブーゲンビル島ブイン	一九四二・一一・二一 一九二三・〇二・一〇	辛柱栄 基弘	軍属 父	戦病死	驪州郡北内面五今里三七 ー
三三六	第一〇二海軍軍需部	ウオット島	一九四三・〇四・二七 一九一三・〇八・一〇	大原自根奉 氏	軍属 母	戦病死	龍仁郡南四面元岩里四九 ー
一一七	第一〇二海軍軍需部	カガヤン諸島南東	一九四三・〇四・二八 ー	徳永永植 順任	軍属 妻	戦死	仁川府花水町三二 仁川府萬石町四五
一二三	第一〇二海軍軍需部	カガヤン諸島南東	一九四三・〇四・二八 ー	金海允錫 元春	軍属 父	戦死	京城府永登浦区永登浦町一二一 京城府永登浦区永登浦町一二一
一二四	第一〇二海軍軍需部	カガヤン諸島南東	一九四三・〇四・二八 ー	廣田容興 慶来	軍属 父	戦死	京城府永登浦区永登浦町二五七 京城府永登浦区永登浦町二五七
一二五	第一〇二海軍軍需部	カガヤン諸島南東	一九四三・〇四・二八	金原龍淳	軍属	戦死	京城府永登浦区堂山町一五〇

番号	所属	死亡場所	死亡年月日	氏名	身分	死亡事由	本籍・住所
			—	錫洛	父		京城府永登浦区堂山町一五〇
一二六	第一〇二海軍軍需部	カガヤン諸島南東	一九四三・〇四・二八	白川大鳳	軍属	戦死	京城府永登浦区永登浦町六二
			—	淳禮	妻		京城府永登浦区永登浦町五五—三
一二七	第一〇二海軍軍需部	カガヤン諸島南東	一九四三・〇四・二八	白川泰益	軍属	戦死	京城府永登浦区永登浦町六二
			—	三禮	妻		京城府永登浦区永登浦町五五—三
一二八	第一〇二海軍軍需部	カガヤン諸島南東	一九四三・〇四・二八	安東義雄	軍属	戦死	京城府永登浦区本洞町四三〇
			—	成元	母		京城府永登浦区本洞町四三〇
一二九	第一〇二海軍軍需部	カガヤン諸島南東	一九四三・〇四・二八	永野俊成	軍属	戦死	京城府永登浦区永登浦町一八
			—	大成	兄		京城府永登浦区堂山町三〇五
一三〇	第一〇二海軍軍需部	カガヤン諸島南東	一九四三・〇四・二八	宮本黄吉	軍属	戦死	京城府永登浦区新吉町一四七
			—	氏	母		京城府永登浦区新吉町一四七
一三一	第一〇二海軍軍需部	カガヤン諸島南東	一九四三・〇四・二八	弓長熙晟	軍属	戦死	京城府鍾路区公平町一三七
			—	斗成	兄		京城府鍾路区貫鐵町一四五
一三二	第一〇二海軍軍需部	カガヤン諸島南東	一九四三・〇四・二八	石原鍾徳	軍属	戦死	京城府龍山区二村町二八九
			—	千蘭	母		京城府永登浦区黒石町九〇
一三三	第一〇二海軍軍需部	カガヤン諸島南東	一九四三・〇四・二八	金顕瑞	軍属	戦死	京城府龍山区永庫町一七七
			—	一龍	兄		京城府永登浦区新吉町
一三四	第一〇二海軍軍需部	カガヤン諸島南東	一九四三・〇四・二八	朴相吉	軍属	戦死	京城府龍山区山手町四
			—	浩吉	弟		平安北道雲山郡東信面利洞五三三
一三五	第一〇二海軍軍需部	カガヤン諸島南東	一九四三・〇四・二八	朴守吉	軍属	戦死	京城府龍山区山手町四
			—	浩吉	弟		平安北道雲山郡東信面利洞五三三
一三六	第一〇二海軍軍需部	カガヤン諸島南東	一九四三・〇四・二八	青山貴童	軍属	戦死	京城府龍山区青葉町三—一一六
			—	炳檀	妻		京城府龍山区大島町二五
一三七	第一〇二海軍軍需部	カガヤン諸島南東	一九四三・〇四・二八	岐山相夫	軍属	戦死	京城府西大門区孔徳町三六九—四八
			—	滋海	父		京城府西大門区蓬莱町
一三八	第一〇二海軍軍需部	カガヤン諸島南東	一九四三・〇四・二八	平沼大徳	軍属	戦死	京城府西大門区桃花洞五二五
			—	裕仁	妻		京城府西大門区大興町六九五
一三九	第一〇二海軍軍需部	カガヤン諸島南東	一九四三・〇四・二八	佳山應安	軍属	戦死	京城府西大門区桃花町九八
			—	福成	父		京城府西大門区龍江町四八
一四〇	第一〇二海軍軍需部	カガヤン諸島南東	一九四三・〇四・二八	山本光雄	軍属	戦死	京城府西大門区桃花町四
			—	甲禮	妻		京城府龍山区清水町六三
一四一	第一〇二海軍軍需部	カガヤン諸島南東	一九四三・〇四・二八	金城敏夫	軍属	戦死	京城府永登浦区永登浦町五四—一
			—	順永	妻		京城府永登浦区永登浦町五四—一
一九七	第一〇二海軍軍需部	カガヤン諸島南東	一九四三・〇四・二八	木村圭燦	軍属	戦死	広州郡広州面駅三里六三
				今禮	妻		京城府永登浦区新吉町

三二八	第一〇二海軍軍需部	カガヤン諸島南東	一九四三・〇四・二八	安田五福	軍属	戦死	驪州郡驪州邑弘門里八二一
			｜	鶴雲	弟		京城府龍山区青葉二―七五張谷方
三八二	第一〇二海軍軍需部	カガヤン諸島南東	一九四三・〇四・二八	岡村龍雄	軍属	戦死	金浦郡金浦面場基里四〇四
			｜	忠雄	兄		京城府岡崎町五八
三八三	第一〇二海軍軍需部	カガヤン諸島南東	一九四三・〇四・二八	大島奉男	軍属	戦死	金浦郡金東陽面加陽里二三八
			｜	日成	母		京城府永登浦区新吉町
四八四	第一〇二海軍軍需部	カガヤン諸島南東	一九四三・〇四・二八	平木命吉	軍属	戦死	楊州郡渓金面加雲里一〇〇
			｜	立分	母		楊州郡渓金面加雲里一〇〇
五三七	第一〇二海軍軍需部	カガヤン諸島南東	一九四三・〇四・二八	金本壽鎬	軍属	戦死	江華郡西島面注文島九四六
			｜	正龍	父		仁川府松峴町
三一九	第一〇二海軍軍需部	ケゼリン島	一九四四・〇二・〇六	李原壽男	軍属	戦死	驪州郡北内面外龍里一六九
			一九一六・〇四・二五	再順	妻		｜
三三〇	第一〇二海軍軍需部	ケゼリン島	一九四四・〇二・〇六	白川鼎燮	軍属	戦死	驪州郡北内面堂隅里一三九
			一九二一・〇一・二三	順童	母		廣州郡広州面炭茂里
三三三	第一〇二海軍軍需部	ケゼリン島	一九四四・〇二・〇六	玉川福成	軍属	戦死	龍仁郡龍仁面駅北里三
			一九一八・〇八・一五	庚順	妻		廣州郡都尺面柳井里三三四
三三五	第一〇二海軍軍需部	ルオット島	一九四四・〇二・〇六	木村聖元	軍属	戦死	龍仁郡龍仁面古林里七五四
			｜	善鎔	父		｜
三三四	第一〇二海軍軍需部	マリアナ諸島近海	一九四四・〇五・一〇	國本範三郎	軍属	戦死	龍仁郡龍仁面南里五五六
			一九一九・一二・一三	姓女	母		高陽郡恩平面大×東里
三三二	第一〇二海軍軍需部	メレヨン島	一九四五・〇四・二九	長弓達煥	軍属	戦病死	龍仁郡龍仁面三街里一〇四
		脚気	｜	庄杓	父		｜
七五八	第一〇三海軍施設部	フィリピン	一九四四・〇八・二三	松山鍾禹	軍属	戦病死	楊州郡議政府新谷里二三七
			一九二二・一一・一二	東玉	叔父		京城府東大門区安岩町一六六―三一
七三二	第一〇三海軍施設部	東沙島東南岸	一九四四・一一・〇一	星山花燮	軍属	戦死	仁川府千代田町四二一
			一九二一・一二・一五	相崇			仁川府千代田町四二一
七一七	第一〇三海軍施設部	ルソン島北部	一九四五・〇六・一〇	吉田啓山	軍属	戦死	京城府光照町一―二〇四
			一九二三・一一・二三	｜	｜		
七一八	第一〇三海軍施設部	ルソン島北部	一九四五・〇六・一〇	成　進	軍属	戦死	京城府桂洞町一二六
			一九一五・〇九・二〇	｜	｜		｜
七一九	第一〇三海軍施設部	ルソン島北部	一九四五・〇六・一〇	成田炳勳	軍属	戦死	京城府中区花園町一〇二
			一九二三・一〇・一一	｜	｜		｜
七二〇	第一〇三海軍施設部	ルソン島北部	一九四五・〇六・一〇	平沼達成	軍属	戦死	京城府鳳翼町一四一
			一九二五・一二・〇一	｜	｜		｜
七二九	第一〇三海軍施設部	ルソン島北部	一九四五・〇六・一〇	國本太郎	軍属	戦死	仁川府長森町五二

			一九一八・〇八・一五	―	―		―
七四七	第一〇三海軍施設部	ルソン島北部	一九四五・〇六・一〇	寧城祭起	軍属	戦死	開城府京末四三
			一九二二・〇九・〇八	金福点	義姉		開城府元町六四
七七四	第一〇三海軍施設部	ルソン島北部	一九四五・〇六・一〇	陽津順玉	軍属	戦死	驪州郡驪州邑弘内里二〇八
			一九一八・〇六・二二	元植	父		驪州郡驪州邑弘内里二〇八
七七五	第一〇三海軍施設部	ルソン島北部	一九四五・〇六・一〇	金本春慶	軍属	戦死	驪州郡陵西面龍陰里
			―	慶伊	―		驪世郡驪州邑下里二六五
七七七	第一〇三海軍施設部	ルソン島北部	一九四五・〇六・一〇	金村正夫	軍属	戦死	龍仁郡器興面新葛里四
			一九二三・一一・二〇	―	―		―
七七八	第一〇三海軍施設部	ルソン島北部	一九四五・〇六・一〇	玉川慶来	軍属	戦死	安城郡一竹面花鳳里
			一九一五・一二・一五	斗伊	妻		―
七九〇	第一〇三海軍施設部	ルソン島北部	一九四五・〇六・一〇	平林康夫	軍属	戦死	始興郡南面衿井里五二六
			一九二〇・〇三・一〇	―	―		―
七一四	第一〇三海軍施設部	ルソン島マニラ	一九四五・〇六・三〇	細井常吉	軍属	戦死	京城府鍾路区三―三八
			一九〇八・〇六・〇四	―	―		―
七一五	第一〇三海軍施設部	ルソン島マニラ	一九四五・〇六・三〇	鄭奉得	軍属	戦死	京城府沙十町
			一九一四・〇三・〇四	―	―		―
七一六	第一〇三海軍施設部	ルソン島マニラ	一九四五・〇六・三〇	李鍾徹	軍属	戦死	京城府西大門区中林町一五五―一
			一九一九・〇七・〇一	―	―		―
七一七	第一〇三海軍施設部	ルソン島マニラ	一九四五・〇六・三〇	松岡英男	軍属	戦死	仁川府松林町二二五
			一九二七・一〇・一五	兪昌根	父		仁川府松林町二二五
七一八	第一〇三海軍施設部	ルソン島マニラ	一九四五・〇六・三〇	富成圭辰	軍属	戦死	仁川府浅間町六七一
			一九二一・〇六・二二	李亀福	弟		仁川府住佐洞六七七
七六二	第一〇三海軍施設部	ルソン島マニラ東方山中	一九四五・〇六・三〇	金澤玉鉉	軍属	戦死	楊州郡瓦阜面八堂里
			一九二三・〇五・二五	―	―		―
七二一	第一〇三海軍施設部	ミンダナオ島	一九四五・〇四・〇二	横山健太郎	軍属	戦死	京城府西大門区大興町七七四
			一九〇八・〇九・〇九	―	―		―
七一三	第一〇三海軍施設部	ミンダナオ島	一九四五・〇八・二〇	安東徳熙	軍属	戦病死	京城府桃花町九一
			一九一六・〇七・二一	春植	父		京城府桃花町九一
七一二	第一〇三海軍施設部	ミンダナオ島	一九四五・〇九・一四	金本光隆	軍属	戦病死	京城府義州通二―一九六
			一九二〇・〇一・二二	昌治	父		京城府西大門区峴府町七―三一
七二三	第一〇三海軍工作部	ルソン島中部	一九四五・〇六・一五	川島慶一	軍属	戦死	京城府東大門区回基町六一
			一九一三・一〇・一一	永祐	父		京城府東大門区回基町六一
七七六	第一一一設営隊	ギルバート諸島タラワ	一九四三・一一・二五	金奇玉	軍属	戦死	利川郡大月面松羅里一一三
			一九一四・〇六・〇三	炳斗	父		―

六〇九	第二〇二設営隊	本州南方海面	一九四三・一二・二一 一九二三・〇九・二八	吉田英二 —	軍属 —	戦死	京城府龍山区三阪通三七〇 —
六一二	第二〇四設営隊	硫黄島 マラリア	一九四四・一〇・二五 一九二一・一二・一二	平岡 修 珍	軍属 父	戦病死	京城府清道町八 全羅南道光州府石町三六
六二六	第二〇四設営隊	硫黄島	一九××・××・×× 一九二三・〇一・〇七	金西韓 —	軍属 —	戦死	京城府 —
六〇五	第二〇七設営隊	サイパン島	一九四四・〇七・〇八 一九二四・一一・二六	金部憲一 —	軍属 —	戦死	開城府高麗町七五四 —
六一一	第二〇七設営隊	サイパン島	一九四四・〇七・〇八 一九二二・一一・〇三	松本玉秀 渡辺南吉	軍属 父	戦死	京城府道林町大字一八 東京都大田区池上徳持町九四—一
六九〇	第二二二設営隊	ビスマルク諸島ラバウル	一九四三・一二・一九 一九一五・〇八・一五	高岡茂吉 株玉	軍属 妻	戦死	京城府蛤洞一—一七 京城府京町二七九
六九一	第二二二設営隊	ビスマルク諸島ラバウル	一九四三・一二・一九 一九二三・〇五・二七	柳本基洞 周福	軍属 父	戦死	京城府京町二七九 漣川郡南面郷永里一四九
六九二	第二二二設営隊	ビスマルク諸島ラバウル	一九四三・一二・一九 一九二一・〇七・〇九	嘉川炳喆 東俊	軍属 父	戦死	京城府唐洙町八〇 —
六九三	第二二二設営隊	ビスマルク諸島ラバウル	一九四三・一二・一九 一九二二・〇五・一二	大原光造 相俊	軍属 父	戦死	京城府城北町一四三 京城府鍾路区鍾路六—二五—二
六九四	第二二二設営隊	ビスマルク諸島ラバウル	一九四三・一二・一九 一九二三・〇八・一四	木山永玉 永萬	軍属 兄	戦死	京城府官町五—一 京城府官町五—一
六九五	第二二二設営隊	ビスマルク諸島ラバウル	一九四三・一二・一九 一九二六・〇八・二七	結城文雄 永女	軍属 父	戦死	京城府南山町四四八—四 京城府南山町四四八—四
六九六	第二二二設営隊	ビスマルク諸島ラバウル	一九四三・一二・一九 一九二六・〇三・二一	井垣壽鍾 宗熙	軍属 父	戦死	京城府南山町六九六 京城府南山町六九六
六九七	第二二二設営隊	ビスマルク諸島ラバウル	一九四三・一二・一九 一九二二・〇五・二九	露木普善 昌壽	軍属 父	戦死	京城府水標町六〇 京城府水標町六〇
六九九	第二二二設営隊	ビスマルク諸島ラバウル	一九四三・一二・一九 一九二一・一〇・二三	眞崎磁徳 鳳金	軍属 父	戦死	京城府蓮池町二〇〇 京城府蓮池町二〇〇
七〇〇	第二二二設営隊	ビスマルク諸島ラバウル	一九四三・一二・一九 一九二三・〇四・一五	金井光平 音吉	軍属 父	戦傷死	京城府北阿峴町一〇三 京城府北阿峴町一〇三
七二五	第二二二設営隊	ビスマルク諸島ラバウル	一九四三・一二・一九 一九二五・〇九・一九	白川斗錫 基俊	軍属 父	戦死	仁川府花平町四七二 仁川府松林町四一七
七四四	第二二二設営隊	ビスマルク諸島ラバウル	一九四三・一二・一九 一九二二・一一・一四	盛谷一郎	軍属 父	戦死	開城府京町三三二—三 開城府京町三三二—三
七五七	第二二二設営隊	ビスマルク諸島ラバウル	一九四三・一二・一九	松本壽龍	軍属	戦死	楊州郡議政府邑自逸里二三〇

			一九一九・〇二・二二	圭錫	父		ー
七八四	第二一二設営隊	ビスマルク諸島ラバウル	一九四三・一二・一九	大倉賢輝	軍属	戦死	水原郡半月面乾上里五三九
			一九二〇・〇五・一三	百暉	父		水原郡半月面乾上里五三九
七二六	第二一二設営隊	ビスマルク諸島ラバウル	一九四四・〇二・二九	金澤元憲	軍属	戦傷死	仁川府西京町一三八ー一
			一九一四・一〇・一三	永井	父		仁川府金谷町三九二
六九八	第二一二設営隊	南太平洋	一九四四・一〇・一七	大川潤錫	軍属	戦死	京城府紅杷一六ー二
			一九二一・一二・〇五	延甲	父		京城府西大門区紅加一六ー二
七二三	第二一三設営隊	ビスマルク諸島ラバウル	一九四三・一二・一九	竹田敏夫	軍属	戦死	京城府中区御成町三四
			一九一三・一〇・二六	聖根	父		京城府龍岩元町四ー一三三
七九二	第二一三設営隊	南太平洋	一九四五・〇八・〇八	矢本鎮根	軍属	戦死	始興郡東面魚方里一七
			一九一八・〇四・一一	福順	妻		始興郡東面魚方里一七
七〇五	第二一四設営隊	パラオ島	一九四五・〇五・二七	金谷農秀	軍属	戦病死	京城府弼雲町一三ー一
			一九一九・一二・〇四	鳳鍾	父		京城府弼雲町一三ー一
七七九	第二一四設営隊	ペリリュウ島	一九四四・〇二・一四	利川正男	軍属	戦死	安城郡安城邑西里三三一
			一九二三・〇五・一三	長太郎	父		ー
七〇九	第二一四設営隊	ペリリュウ島	一九四四・一二・三一	金井鍾権	軍属	戦死	京城府新設町二三二
			一九二一・〇九・二四	永鐘	叔父		京城府新設町二五三ー三一
七一〇	第二一四設営隊	ペリリュウ島	一九四四・一二・三一	西田吉雄	軍属	戦死	京城府鍾路区孝子町一六七
			一九二〇・一二・一九	武雄	父		龍仁郡外四面柏峰里×林
七一一	第二一四設営隊	ペリリュウ島	一九四四・一二・三一	呉原準根	軍属	戦死	京城府鍾路六ー一〇三
			一九一六・〇二・〇九	黄順	母		京城府忠信町一八ー五四
七三〇	第二一四設営隊	ペリリュウ島	一九四四・一二・三一	平本享根	軍属	戦死	仁川府松林町二四一
			一九一八・〇五・一五	應範	父		仁川府松林町二四一
七三一	第二一四設営隊	ペリリュウ島	一九四四・一二・三一	西山壽英	軍属	戦死	仁川府西京町六八
			一九二二・〇七・〇五	淑子	母		京城府蓮池町四九
七六〇	第二一四設営隊	ペリリュウ島	一九四四・一二・三一	茶山正夫	軍属	戦死	楊州郡瓦阜面陶谷里
			一九一五・〇二・〇二	秋夫	弟		京城府北町一七五ー一五
七六一	第二一四設営隊	ペリリュウ島	一九四四・一二・三一	成山百秀	軍属	戦死	楊州郡長興面日迎里四〇一
			一九一八・〇三・二一	泰基	ー		楊州郡長興面日迎里四〇一
七九一	第二一四設営隊	ペリリュウ島	一九四四・一二・三一	金澤鳳鎮	軍属	戦死	始興郡君子面元時里五八九
			一九二〇・〇六・一九	順根	妻		京城府龍山区桃花町二四五ー二
七六三	第二一四設営隊	ペリリュウ島	一九四五・〇五・〇八	森原聖泰	軍属	戦死	漣川郡根城面興遊里二七三
			一九一七・〇四・〇一	ー	ー		漣川郡金谷面隠岱里五ー六二
七〇六	第二一四設営隊	ペリリュウ島	一九四五・〇六・一六	金村慶善	軍属		京城府本町五ー七二
			一九二三・〇六・一六	×用	父		京城府業麟村一二九ー二

七九六	第二一四設営隊	ペリリュウ島	一九四五・〇六・一七	玉山錫玉	軍属	戦死	始興郡東面新梅里八六
			一九二二・一〇・〇一	錫政	兄		始興郡東面新梅里八六
七〇八	第二一四設営隊	ペリリュウ島	一九四五・〇八・一九	木村順吉	軍属	戦死	京城府城東区新堂町三六七－八
			一九一九・〇六・〇二	教和	父		京城府城東区新堂町三六七－八
七〇七	第二一四設営隊	ペリリュウ島	一九四五・〇八・二八	白川載珍	軍属	戦死	京城府仁壽町一九九
			一九二三・〇一・一七	又吉	父		京城府鍾路区明倫町二
七九五	第二一五設営隊	ダバオ	一九四五・〇七・二八	張村基容	軍属	戦病死	始興郡東面始興里蛤洞一九八
			一九二一・〇六・一六	林英順	母		始興郡東面始興里蛤洞一九八
七〇三	第二一五設営隊	ダバオ	一九四五・〇七・三一	鄭海龍	軍属	戦病死	京城府舟橋町三八
			一九一五・一一・一二	海性	父		京城府元陰町一－三
七〇四	第二一五設営隊	ダバオ	一九四五・〇七・三一	大達修三	軍属	戦病死	京城府西大門区倉前町八五
			一九二三・一一・二六	浩平	父		忠清南道禮山郡揷橋面×橋町
七四九	第二一五設営隊	ダバオ	一九四五・〇八・一〇	韓一鎬	軍属	戦病死	高陽郡崇仁面弥阿里×六四－二
			一九一三・〇四・二六	泰鎬	弟		高陽郡崇仁面弥阿里×六四－二
七四八	第二一五設営隊	ダバオ	一九四五・〇八・一六	新井英鍾	軍属	戦病死	開城府元町八八
			一九一九・〇八・一五	鴻鍾	兄		開城府元町八八
七八二	第二一五設営隊	ダバオ	一九四五・〇八・二九	松山範相	軍属	戦死	平澤郡松炭面西井里三一八
			一九一八・〇九・〇六	富原正雄	叔父		－
七五〇	第二一五設営隊	ペリリュウ島	一九四四・一二・三一	柳村鎮馨	軍属	戦死	高陽郡纛島面宣里一二一六
			一九一九・〇七・〇七	海龍	父		高陽郡纛島面宣里一二一六
七五一	第二一五設営隊	ペリリュウ島	一九四四・一二・三一	安田俊圭	軍属	戦死	高陽郡纛島面中谷里
			一九一五・〇七・一八	金四	父		楊平郡青雲面飛龍里栗洞
七五二	第二一五設営隊	ペリリュウ島	一九四四・一二・三一	金田允山	軍属	戦死	高陽郡纛島面雌温場里五四
			一九二〇・〇二・二四	－	－		高陽郡纛島面雌温場里五四
七五三	第二一五設営隊	ペリリュウ島	一九四四・一二・三一	池田浩奉	軍属	戦死	高陽郡恩平面旧基里二五五
			一九二三・〇四・二九	－	－		高陽郡恩平面旧基里二五五
七九四	第二一七設営隊	グァム島	一九四四・〇八・一〇	林大順	軍属	戦死	始興郡東面×方里
			一八九九・〇四・三〇	－	－		－
七五九	第二一九設営隊	ルソン島中部	一九四五・〇七・一〇	西原基山	軍属	戦死	楊州郡瓦阜面陶谷里四八二
			一九一九・〇三・〇四	徳治	兄		楊平郡楊西面両水里六五一－四
七六六	第二一九設営隊	ルソン島中部	一九四五・〇七・一〇	松林聖潤	軍属	戦死	楊平郡丹月面杏蘇里三二二
			一九二三・〇一・〇九	泰壽	父		楊平郡丹月面杏蘇里三二二
七六七	第二一九設営隊	ルソン島中部	一九四五・〇七・一〇	金村龍徳	軍属	戦死	楊平郡楊西面両水里二四八
			一九二二・〇三・一三	福鎮	父		楊平郡楊西面両水里二四八
七六八	第二一九設営隊	ルソン島中部	一九四五・〇七・一〇	草原康朝	軍属	戦死	楊平郡楊東面石谷里五五五

			一九二三・〇六・〇七	東	父		楊平郡楊東面石谷里五五五
七八五	第二一九設営隊	宮崎県	一九四五・〇七・一〇	黄慶元	軍属	戦死	水原郡水原郡本町三―六〇
			一九一九・一二・〇六	寛順	母		水原郡水原郡本町三―六〇
七八六	第二一九設営隊	ルソン島中部	一九四五・〇七・一〇	松村今哲	軍属	戦死	水原市梅松面野牧里玄川
			一九一九・一二・〇六	元哲	兄		水原市梅松面野牧里玄川
七九三	第二一九設営隊	ルソン島中部	一九四五・〇七・一〇	海安賢基	軍属	戦死	始興郡西面駕鶴里四七九
			一九二三・一一・二三	炳俊	父		始興郡西面駕鶴里四七九
七六五	第二一九設営隊	ルソン島中部	一九四五・〇七・三〇	金本在辰	軍属	戦死	楊平郡丹月面杏蘇里一〇八
			一九二三・〇三・一五	才明	兄		―
八一一	第二二三設営隊	パラオ島東方	一九四四・〇一・三一	西村信也	軍属	戦死	京城府旭町一五〇
			一九〇八・〇二・一四	幸子	内妻		―
八一九	第二二三設営隊	父島西北	一九四四・〇二・二三	金五釗	軍属	戦死	利川郡長湖院邑長湖院里一〇二
			―	氏	母		
八一八	第二二六設営隊	本州南東海面	一九四四・〇五・〇五	安東泰根	軍属	戦死	水原郡台草面半月里五二二
			―	童學	父		―
八三二	第二二六設営隊	サイパン島	一九四四・〇七・〇九	金澤明吾	軍属	戦死	龍仁郡古三面三隠里
			一九一八・〇四・〇七	―	―		―
八三三	第二二六設営隊	サイパン島	一九四四・〇七・〇九	李田在龍	軍属	戦死	龍仁郡器興面上葛里
			一九二〇・〇八・〇三	成龍	兄		―
六〇〇	第三〇九設営隊	父島	一九四五・〇七・一七	西原孝錫	軍属	戦死	開城府満月町四〇四
			一九二四・〇一・〇二	仁教	父		開城府満月町四六八
六〇一	第三〇九設営隊	父島	一九四五・〇七・一七	石山南根	軍属	戦死	開城府満月町二六一―二
			一九一四・〇三・一〇	順洙	妻		―
六〇二	第三〇九設営隊	父島	一九四五・〇七・一七	國本殷玉	軍属	戦死	開城府京町六九〇―六
			一九二四・〇七・二四	貞姫	妻		
六〇三	第三〇九設営隊	父島	一九四五・〇七・一七	山本鳳安	軍属	戦死	開城府東本町一五―四
			一九一九・〇二・一一	仁順	姉		―
六〇四	第三〇九設営隊	父島	一九四五・〇七・一七	金岡基雄	軍属	戦死	開城府北本町五〇五
			一九二三・〇一・二四	泳鐘	父		元山府斗山里七六
五七八	ちた丸	本邦東北方海面	一九四二・〇九・〇四	張本世栄	軍属	戦死	富川郡龍游面舞衣里六
			一九二三・〇七・一五	張本順潭	―		富川郡龍游面舞衣里六
八〇四	盛京丸	本州東方海面	一九四二・一〇・二三	金川　麓	軍属	戦死	仁川府平町
			―		―		―
八一〇	盛京丸	本州東方海面	一九四二・一〇・二三	星本次郎	軍属	戦死	京城府竹添町三―一二〇―六二
			―	―	―		―

番号	艦船	場所	年月日	氏名	身分・続柄	事由	本籍・住所
八一五	盛京丸	本州東方海面	一九四二・一〇・二三 —	徳山性仁 —	軍属 —	戦死	廣州郡退村面覌音里 —
八一六	盛京丸	本州東方海面	一九四二・一〇・二三 —	金山守龍 —	軍属 —	戦死	漣川郡積城面長左里 —
八一七	盛京丸	本州東方海面	一九四二・一〇・二三 —	松本唯中 —	軍属 —	戦死	水原郡正南面鉢山里 —
八二〇	盛京丸	本州東方海面	一九四二・一〇・二三 —	綾城滋松 —	軍属 —	戦死	開城府京町二三八 —
八〇六	昭運丸	ソロモン諸島	一九四三・〇二・〇四 —	國丁鳳玉 —	軍属 —	戦死	仁川府花水町 —
八二三	昭運丸	ソロモン諸島	一九四三・〇二・〇四 —	陽村正助 —	軍属 —	戦死	江華郡 —
五七〇	日通丸	本邦西方海面	一九四三・〇三・二一 一九二三・〇四・二〇	吉山泰鎬 —	軍属 —	戦死	江華郡吉祥面吉穆里一〇三九 —
五六七	保山丸	黄海	一九四三・〇三・一八 一九二二・〇九・一〇	高山　駿 —	軍属 —	戦死	利川郡大月面大垈里四三三 —
五四八	錦江丸	黄海	一九四三・〇五・〇五 一九二五・〇八・二一	新井國弘 —	軍属 —	戦死	京城府鍾路区済洞町七四 —
五四九	錦江丸	黄海	一九四三・〇五・〇五 一九〇六・〇九・二四	金田裕次 —	軍属 —	戦死	京城府鍾路区遠路町六八 —
五七二	錦江丸	黄海	一九四三・〇五・〇五 一九一九・〇三・一〇	河村敬采 —	軍属 —	戦死	江華郡吉詳面温水里五三四 江華郡吉詳面温水里五三四
五七六	錦江丸	黄海	一九四三・〇五・〇五 一九二二・〇八・二九	金海栄培 —	軍属 —	戦死	富川郡灵興面紫月里七五六—二 仁川府旭町二七
五八〇	錦江丸	黄海	一九四三・〇五・〇五 一九二五・〇三・二〇	平原炳玉 —	軍属 —	戦死	水原郡長安面水村里六八 —
八二五	金泉丸	トラック海面	一九四三・〇七・二一 —	金淳権 洙濱	軍属 叔父	戦死	坡州郡泉峴面
八〇五	金泉丸	トラック海面	一九四三・〇七・二五 —	金甲甫 朴氏	軍属 母	戦死	仁川府萬石町 —
五七九	松江丸	本邦西南方海面	一九四三・〇九・〇五 一九二二・〇二・〇七	伊原丙里 —	軍属 —	戦死	驪州郡古東面徳坪里四七九 —
五四六	加智山丸	本邦南海面	一九四三・〇九・〇九 一九二一・〇二・〇一	千葉石基 —	軍属 —	戦死	京城府中区武橋町一一 —
五六五	万世丸	朝鮮清津	一九四三・〇九・二三	呉海龍	軍属	戦死	仁川府新花水里七三

			一九〇〇・〇五・三〇	－	－		－
五五一	第二正木丸	本邦西方海面	一九四三・一〇・〇一	青木福禧	軍属	戦死	京城府元町一－一七七
			一九二三・〇八・一二	－	－		－
五七一	第二正木丸	本邦西方海面	一九四三・一〇・〇一	西原普昌	軍属	戦死	江華郡吉祥面船頭里一〇〇五
			一九二二・〇九・一七	－	－		－
七四一	興西丸	九州南方海	一九四三・一一・一一	眞田高明	軍属	戦死	京城府鍾路区慶雲町一〇〇
			一九二四・一一・〇五	又一	兄		
七四二	興西丸	九州南方海	一九四三・一一・一一	金本錫柱	軍属	戦死	仁川府桃山町二八
			一九二六・〇九・一二	東柱	兄		－
七四三	興西丸	九州南方海	一九四三・一一・一一	海本起鎬	軍属	戦死	仁川府大和町三〇八
			一九二三・〇八・二〇	順根	父		－
五八四	日鈴丸	南支那海	一九四四・〇三・〇九	金本辰治	軍属	戦死	廣州郡中岱面石村里九六
			一九二三・〇九・二〇		－		－
八二四	第八京仁丸	ビスマルク島	一九四四・〇二・二三	裵島亀郁	軍属	戦死	江華郡江華面
			－		－		－
八三九	い号龍代丸	南東海面	一九四四・〇四・二六	高山吉三郎	軍属	戦死	廣州郡九川面上一里三五八
			一九二五・一〇・〇八	高山炳奎	父		廣州郡九川面上一里三五八
七五四	白根丸	潮岬南西	一九四四・〇五・〇五	新井栄一	軍属	戦死	高陽郡毒絲面新川里
			一九二六・一二・一三	英雄	叔父		－
八三五	泰国丸	南洋群島	一九四四・〇五・一七	柳川豊喆	軍属	戦死	開豊郡
			－		－		
八〇七	第二興東丸	南支那海	一九四四・〇七・〇八	水田源志	軍属	戦死	高陽郡毒丘島面西毒島里一三六
			－	源作	兄		－
八〇八	第二興東丸	南支那海	一九四四・〇七・〇八	北條信芳	軍属	戦死	高陽郡毒弥島面毒西弥島里六五六
			－	逸二	父		－
八一一	第二興東丸	南支那海	一九四四・〇七・〇八	三井壽雄	軍属	戦死	京城府池蓮町一七三
			－	根善	妻		－
八一三	第二興東丸	南支那海	一九四四・〇七・〇八	曹原龍得	軍属	戦死	京城府龍山区元町四－九
			－	舜在	父		－
八〇二	第三興東丸	南支那海	一九四四・〇七・〇八	北川時敏	軍属	戦死	安城郡安城邑大和町二－一〇
			－		－		－
七八八	龍江丸	小笠原諸島	一九四四・〇八・〇四	平岡正雄	軍属	戦死	水原郡梅松面野牧里一七七
			一九二二・〇六・一〇	尚伊	父		－
七三四	興新丸	東支那海	一九四四・〇八・〇九	権藤完哲	軍属	戦病死	京城府鍾路区八判町一六〇
			一八九九・〇三・一二	鳳柱	父		－

八〇九	第三日吉丸	インド洋	一九四四・〇八・〇九	國本雄吉	軍属	戦死	金浦郡月串面
			—	—	—		—
七三五	広順丸	ダバオ湾	一九四四・〇八・一三	牧山成遠	軍属	戦死	京城府中区太平通二—三六六
			一九二一・〇三・一三	秀	父		高陽郡恩平面弘済外里三六—三〇
八三六	東安丸	南支那海	一九四四・〇八・二四	李成錫	軍属	戦死	仁川府花平町一四二
			一九二三・〇四・〇一	李孝夫	父		—
八三七	東安丸	南支那海	一九四四・〇八・二四	金澤潤昌	軍属	戦死	京城府中区吉野町二—六〇
			一九二三・〇九・〇三	金澤覌王	父		京城府西大門区孔徳町三二三
八四〇	東安丸	南支那海	一九四四・〇八・二四	弘川淳澤	軍属	戦死	富川郡北島面長峰里一二〇
			一九二二・〇六・〇一	弘川氏	母		富川郡北島面長峰里一二〇
五五八	真洋丸	ミンダナオ島	一九四四・〇九・一七	朴賢植	軍属	戦死	仁川府方石洞四六
			一九〇七・一〇・二一	—	—		—
七八七	八郎潟丸	ウルップ島	一九四四・〇九・二六	白石　晃	軍属	戦死	水原郡水原邑本町二—一〇三
			一九二二・〇六・一〇	金井春吉	父		—
五四七	大海丸	本邦西南方海面	一九四四・一〇・一〇	北條博義	軍属	戦死	京城府鍾路区昭裕町一三一
			一九二三・一〇・二三	—	—		—
五五七	×州丸	南東海面	一九四四・一〇・一〇	茂原　忠	軍属	戦死	仁川府桜町二四四
			一九一七・〇二・一二	—	—		—
五六四	第八南進丸	ボルネオ島	一九四四・一〇・三〇	金井光雄	軍属	戦死	仁川府花平洞二四八
			一九一七・〇二・〇一	—	—		—
八二九	日邦丸	サンジャック沖	一九四四・一一・〇三	山本大蔵	軍属	戦死	京城府冷泉町五〇
			—	茂蔵	父		—
五五〇	大仁丸	本邦西南海面	一九四四・一一・〇四	金本康岩	軍属	戦死	京城府西大門町一—一七七
			一九〇五・〇三・二三	—	—		—
七三六	八光丸	九州南方海面	一九四四・一一・〇八	青山幸之助	軍属	戦死	京城府鍾路区清達町二二六
			一九二三・一〇・〇三	寅	妻		—
七三七	八光丸	九州南方海面	一九四四・一一・〇八	神田秋宗	軍属	戦死	京城府東大門区昌信町三四五—一
			一九二六・一二・〇九	和日天	父		—
七三九	八光丸	九州南方海面	一九四四・一一・〇八	吉村信夫	軍属	戦死	京城府中区明治町
			一九二二・〇九・一一	信太郎	兄		—
七四〇	八光丸	九州南方海面	一九四四・一一・〇八	西原通雄	軍属	戦死	京城府城東区新堂町三五三
			一九二五・〇九・一一	康坪	—		—
七六九	八光丸	九州南方海面	一九四四・一一・〇八	徳田慶一	軍属	戦死	楊平郡楊東面梅月里二九二
			一九二一・〇八・二三	恒太郎	父		—
七八〇	八光丸	九州南方海面	一九四四・一一・〇八	金山容善	軍属	戦死	安城郡大徳面新今里一四五

			一九二一・〇五・二四	昌善	兄		ー
七九七	八光丸	九州南方海面	一九四四・一一・〇八	金澤永三	軍属	戦死	金浦郡月串面冬乙山里二一八四
			一九二六・〇二・一八	哲夫	父		ー
八〇〇	八光丸	九州南方海面	一九四四・一一・〇八	西村徳俊	軍属	戦死	江華郡吉祥面温水里四九
			一九〇四・一二・〇九	栄	母		ー
八〇一	八光丸	九州南方海面	一九四四・一一・〇八	清城炳熙	軍属	戦死	江華郡華道面文山里二〇〇
			一九二三・〇四・一〇	昌植	父		ー
五七五	京城丸	東支那海	一九四四・一一・〇八	林喜三郎	軍属	戦死	富川郡灵興面内里六五七
			一九一八・一〇・二七	ー	ー		ー
五八二	京城丸	東支那海	一九四四・一一・〇八	江原泰植	軍属	戦死	平澤郡古徳面東古里一四八
			一九一九・〇九・二五	ー	ー		ー
五八一	天草丸	東支那海	一九四四・一一・二三	金光富雄	軍属	戦死	坡州郡衛東面検山里五四五
			一九二五・〇六・一六	ー	ー		ー
五六〇	神安丸	台湾近海	一九四四・一一・二三	青松喜吉	軍属	戦死	仁川府龍岡町二七
			ー	ー	ー		ー
五六一	神安丸	台湾近海	一九四四・一一・二三	平沼福萬	軍属	戦死	仁川府松林町二五七
			一八八八・〇五・一一	ー	ー		ー
五六二	神安丸	台湾近海	一九四四・一一・二三	平田玉二	軍属	戦死	仁川府旭町七二
			一九二一・〇一・二一	ー	ー		ー
五五六	第三一南山丸	南東海面	一九四五・××・〇三	金壽福	軍属	戦死	仁川府松峴町七二
			一九一九・一二・〇七	ー	ー		ー
五五九	第一〇南進丸	ルソン北西	一九四五・〇一・〇六	鄭明淳	軍属	戦死	仁川府花水町三二
			一八八七・一〇・二一	ー	ー		ー
五五五	大陸丸	黄海	一九四五・〇二・二〇	安田清六	軍属	戦死	仁川府松峴町七五
			一九二三・〇五・一〇	ー	ー		ー
五七七	第二つけ丸	台湾近海	一九四五・〇三・〇六	金基鴻	軍属	戦死	富川郡永宗面雲南里六七一
			一九二四・〇六・一四	ー	ー		ー
八三〇	第七朝日丸	沙頭沖	一九四五・〇三・〇六	金本東壽	軍属	戦死	京城府西大門区杏村町
			一九二〇・一〇・二九	甲富	兄		ー
八三八	慶山丸	南西諸島	一九四五・〇三・一〇	今川謙次郎	軍属	戦死	京城府鍾路区慶雲町四七ー二
			一九二一・一〇・一八	今川海高	父		京城府鍾路区昭格町四六ー三
五六九	第一南隆丸	南支那海	一九四五・〇三・一六	金俊培	軍属	戦死	利川郡清美面長湖院里一〇
			一九二一・〇一・二九	ー	ー		ー
七五五	荘河丸	東支那海	一九四五・〇三・二四	金原龍根	軍属	戦死	高陽郡碧蹄面仙遊里四三
			一九一三・一一・二五	龍福	兄		ー

番号	所属	死亡場所	死亡日／生年月日	氏名	区分	死因	本籍
七六四	荘河丸	東支那海	一九四五・〇三・二四 一九一六・〇七・〇五	平川祐喆 山伊	軍属 父	戦死	加平郡外西面上泉里一二六五 ｜
八二七	第二九播州丸	五島沖	一九四五・〇四・一七 ｜	安川百萬 鎮早	軍属 父	戦死	安城郡安城面楊基里
五七四	辰鳩丸	台湾近海	一九四五・〇四・二一 一九二四・〇六・二五	河本吉成 ｜	軍属 ｜	戦死	江華郡両寺面鐵山里二五五 ｜
七九八	第五津神丸	ハワイ	一九四五・〇四・二四 一九〇九・〇八・二九	漢南鳳益 宗甲	軍属 父	戦死	金浦郡大串面碑岩里四九二 ｜
五四五	仁王山丸	黄海	一九四五・〇五・〇六 一九三〇・〇九・一七	義本鍾春 ｜	軍属 ｜	戦死	京城府新孔徳面一二九
五八三	昌福丸	下関海峡	一九四五・〇五・〇七 一九一九・〇五・〇九	柳本龍雄 ｜	軍属 ｜	戦死	龍仁郡龍仁面麻坪里三八六 ｜
五五四	第二神影丸	大分県近海	一九四五・〇五・二三 一八九九・一二・二五	白川好則 ｜	軍属 ｜	戦死	京城府三清町三一 ｜
五五三	第七快進丸	山口県近海	一九四五・〇六・〇七 一九二四・〇九・二五	岩谷永喆 ｜	軍属 ｜	戦死	京城府清進町二四七 ｜
八一四	第三四日の丸	平戸島近海	一九四五・〇六・〇七	金澤武雄 ｜	軍属 ｜	戦死	京城府西大門区紅杷町一三六 ｜
五七三	第八雲海丸	北海道西岸	一九四五・〇六・一一 一九一六・〇三・〇五	徳山政一 ｜	軍属 ｜	戦死	江華郡良道面霞逸里一〇四 ｜
五六三	牡鹿山丸	日本海	一九四五・〇六・一三 一九一六・〇五・一二	高杉松郎 ｜	軍属 ｜	戦死	仁川府旭町五 ｜
七三八	菱形丸	ルソン島北部	一九四五・〇六・一五 一九二三・一二・一一	三山容奎 春煥	軍属 父	戦死	京城府西大門区竹添町二―六五―二 ｜
五六六	第七快進丸	山口県近海	一九四五・〇六・二七 一九二三・〇九・一〇	長田一夫 ｜	軍属 ｜	戦死	利川郡長湖院邑尾峴里二二九 ｜
七三三	第二九新生丸	ルソン島マニラ東方沖	一九四五・〇六・三〇 一九二二・一〇・二六	新井昌煥 ｜	軍属 ｜	戦死	京城府光照町一 ｜
五六八	坤利丸	黄海	一九四五・〇七・〇一 一九二三・一〇・二六	平田永鎮 ｜	軍属 ｜	戦死	利川郡暮加里面×英里五二三 ｜
八三一	第五三国丸	対馬沖	一九四五・〇七・〇三 ｜	山川炳五 ｜	軍属 ｜	戦死	京城府鍾路区内資町七五 ｜
五五二	筑前丸	日本海	一九四五・〇七・二七 一九二九・〇六・〇一	谷山栄一 ｜	軍属 ｜	戦死	京城府花洞町八九 ｜
八三四	第八京仁丸	ラバウル	一九四五・〇七・二九	木村應永	軍属	戦病死	富川郡北島面矢島里二一一

		肺結核	―	―	―		―
八二八	第九八播州丸	舞鶴湾口	一九四五・〇七・三〇	白川元吉	軍属	戦死	仁川府花水町二七六
			―	順培	妻		―

◎江原道　五四三名

原簿番号	所属	死亡場所 死亡事由	死亡年月日 生年月日	創氏名・姓名 親権者	階級 関係	死亡区分	本籍地 親権者住所
三八一	大湊海軍施設部	千島列島	一九四三・〇八・一二 一九一九・〇五・二八	白川載勳 干鳳	軍属 父	戦傷死	伊川郡東面井岩里四二一 —
三三〇	大湊海軍施設部	千島片岡湾	一九四四・〇三・〇七 —	松原士雲 —	軍属 —	死亡	平昌郡大和面火和里 —
三一六	大湊海軍施設部	千島片岡湾	一九四四・〇三・一〇 —	池田龍生 —	軍属 —	死亡	洪川郡化村面也×岱里 —
三一七	大湊海軍施設部	千島片岡湾	一九四四・〇三・〇六 —	金源錫重 —	軍属 —	戦死	洪川郡瑞石面 —
三一五	大湊海軍施設部	千島列島	一九四五・〇五・〇一 一九一七・〇一・〇一	朴覚枯	軍属 父	戦死	洪川郡南面上蒼峰里 —
三八四	大湊海軍施設部	北千島	一九四四・〇四・二六 一九二〇・一二・一八	茂山萬伍 玉順	軍属 妻	戦死	麟蹄郡麟蹄面徳積里二六五 —
三一二	大湊海軍施設部	北千島	一九四四・〇九・二六 一九一七・一〇・一四	山井植程 —	軍属 —	戦死	洪川郡瑞石面 —
三一三	大湊海軍施設部	北千島	一九四四・〇九・二六 一九二四・一二・〇四	郭喜福 —	軍属 —	戦死	洪川郡北方面花實里 —
三一四	大湊海軍施設部	北千島	一九四四・〇九・二六 一九一七・〇六・一〇	龍山學文 —	軍属 —	戦死	洪川郡南面上蒼峰里 —
三一八	大湊海軍施設部	北千島	一九四四・〇九・二六 一九一七・一〇・一八	金大龍 —	軍属 —	戦死	三陟郡北三面泥岩 —
三三三	大湊海軍施設部	北千島近海	一九四四・〇九・二六 一九二三・〇九・一四	山雄振丸 —	軍属 —	戦死	旌善郡新東面宋浦里 —
三三四	大湊海軍施設部	北千島近海	一九四四・〇九・二六 一九〇六・〇三・〇五	田在善 在鳳	軍属 母	戦死	旌善郡臨渓面骨尺里五一二 —
三四二	大湊海軍施設部	北千島近海	一九四四・〇九・二六 —	朴永柱 亨雄・永根	軍属 兄・母	戦死	洪川郡瑞石面笠谷里二七 —
三四九	大湊海軍施設部	北千島近海	一九四四・〇九・二六 一九二三・〇九・二五	徳原應桂 —	軍属 —	戦死	春川郡東面品保里二区 —
三七七	大湊海軍施設部	北千島近海	一九四四・〇九・二六 一九二四・一〇・二九	金城龍洙 —	軍属 —	戦死	淮陽郡下北面鐵里 —
三八〇	大湊海軍施設部	北千島近海	一九四四・〇九・二六 一九二一・〇九・一〇	西海日煥 秀春	軍属 妻	戦死	伊川郡楽壌面九峰里四一〇 —

三八六	大湊海軍施設部	北千島近海	一九四四・〇九・二六	林炳順	軍属	戦死	楊口郡水入面大井里四二〇
			一九二二・〇四・一七	花仙	母		―
三八八	大湊海軍施設部	北千島近海	一九四四・〇九・二六	松原聖叅	軍属	戦死	楊口郡水入面大井里七〇六
			一九〇八・一一・二七	聖信	妻		―
三八九	大湊海軍施設部	北千島近海	一九四四・〇九・二六	山田三郎	軍属	戦死	通川郡歙谷面東陰里
			一九二三・〇一・二六	―	―		―
四三八	大湊海軍施設部	北千島近海	一九四四・〇九・二六	柳井春允	軍属	戦死	原州郡原州邑上泊里一一二〇
			一九二〇・〇六・〇一	―	―		原州郡原州邑上泊里一一二〇
四三九	大湊海軍施設部	北千島近海	一九四四・〇九・二六	檜山中春	軍属	戦死	原州郡文幕面蹯渓里七五五
			一九一二・〇一・一五	玉喜	母		原州郡文幕面蹯渓里七五五
四四〇	大湊海軍施設部	北千島近海	一九四四・〇九・二六	金海天柄	軍属	戦死	原州郡地正面安昌里三六八
			一九二〇・〇三・〇二	興達	父		原州郡地正面安昌里三六八
四四一	大湊海軍施設部	北千島近海	一九四四・〇九・二六	金村学淳	軍属	戦死	横城郡隅川面鳥谷里
			一九二三・〇二・〇八	順女	妻		横城郡隅川面鳥谷里
四四二	大湊海軍施設部	北千島近海	一九四四・〇九・二六	八渓淳時	軍属	戦死	横城郡公根面下草院里二七六
			一九二二・一一・一二	顕愚	父		横城郡公根面鶴澤里二七六
四四三	大湊海軍施設部	北千島近海	一九四四・〇九・二六	林熙洙	軍属	戦死	横城郡安興面下安興里二〇
			一九一九・一二・一三	文基	父		横城郡安興面下安興里二〇
四四四	大湊海軍施設部	北千島近海	一九四四・〇九・二六	新井淳弼	軍属	戦死	横城郡横城面邑下里一〇七
			一九一九・〇五・二三	順姫	―		横城郡横城面邑下里一〇七
四七三	大湊海軍施設部	北千島近海	一九四四・〇九・二六	金子利成	軍属	戦死	華川郡華川面下里六五
			一九二〇・一二・〇九	徹秀	父		華川郡華川面下里六五
四七四	大湊海軍施設部	北千島近海	一九四四・〇九・二六	洪原承琦	軍属	戦死	華川郡華川面上里七一
			一九二三・〇八・二〇	顕圭	父		華川郡華川面街里
四七五	大湊海軍施設部	北千島近海	一九四四・〇九・二六	金本仲國	軍属	戦死	華川郡下南面啓星里一二〇
			一九二二・〇三・二八	千萬	父		華川郡華川面街里
四七六	大湊海軍施設部	北千島近海	一九四四・〇九・二六	金田東一	軍属	戦死	華川郡下南面原川里七七
			一九一六・一一・〇五	東秀	兄		華川郡下南面原川里七七
四七七	大湊海軍施設部	北千島近海	一九四四・〇九・二六	碧珍鍾洙	軍属	戦死	華川郡下南面龍岩里三六二
			一九二一・〇二・二四	開基	父		華川郡下南面助吾×里一五
四七八	大湊海軍施設部	北千島近海	一九四四・〇九・二六	吉本健植	軍属	戦死	華川郡下南面龍岩里七五六
			一九一五・〇一・一〇	徳弼	兄		華川郡下南面龍岩里七五六
四七九	大湊海軍施設部	北千島近海	一九四四・〇九・二六	吉本俊植	軍属	戦死	華川郡下南面居礼里一五七四
			一九二二・〇四・〇五	浩文	父		華川郡下南面居礼里一五七四
四八〇	大湊海軍施設部	北千島近海	一九四四・〇九・二六	金山東錫	軍属	戦死	華川郡上西面巴浦里七二四

			一九一八・〇二・一七	景河	父		華川郡上西面巴浦里七二四
四八一	大湊海軍施設部	北千島近海	一九四四・〇九・二六	呉川筍煥	軍属	戦死	華川郡局東面楡村里九六
			一九一四・〇二・二六	｜	｜		華川郡×東面楡村里四八四
四八四	大湊海軍施設部	北千島近海	一九四四・〇九・二六	平沼鍾七	軍属	戦死	楊口郡南面晴里九四二
			一九一九・〇五・〇五	梧鳳	妻		楊口郡南面晴里九四二
四八五	大湊海軍施設部	北千島近海	一九四四・〇九・二六	谷原相潤	軍属	戦死	楊口郡楊口面竹谷里一一一
			一九二二・〇四・二五	泰助	父		楊口郡楊口面竹谷里一一一
四八六	大湊海軍施設部	北千島近海	一九四四・〇九・二六	豊原學宰	軍属	戦死	楊口郡楊口面泥里一四〇
			一九一五・〇四・二五	油鎬	父		楊口郡楊口面松青里一三五
五〇七	大湊海軍施設部	北千島近海	一九四四・〇九・二六	安川清一	軍属	戦死	鐵原郡於雲面二吉里一一四七
			一九二一・〇三・二〇	貞姫	妻		｜
五〇八	大湊海軍施設部	北千島近海	一九四四・〇九・二六	平林貴童	軍属	戦死	鐵原郡北面外臨里七九八
			一九二二・〇四・二六	聖根	父		｜
五〇九	大湊海軍施設部	北千島近海	一九四四・〇九・二六	牟田成一	軍属	戦死	鐵原郡寅目面承陽里七一五
			一九二一・〇四・〇二	成吉郎	兄		｜
三八三	大湊海軍施設部	北太平洋	一九四三・〇八・一二	山原元燁	軍属	戦死	伊川郡内橋面茂文里二五二
			一九二五・〇八・二三	學信	父		｜
三三二	大湊海軍施設部	北太平洋	一九四四・〇三・〇二	金徳根・金本徳根	軍属	戦死	旌善郡東面豊岩里五〇九
			一九二一・〇二・〇二	萬壽	父		｜
三二〇	大湊海軍施設部	北太平洋	一九四四・一〇・二五	朴億萬	軍属	戦死	洪川郡北方面城明里
			一九一三・〇三・二七	｜	｜		｜
三二一	大湊海軍施設部	北太平洋	一九四四・一〇・二五	成山允圭	軍属	戦死	洪川郡東面
			一九一六・一一・二〇	｜	｜		｜
三三一	大湊海軍施設部	北太平洋	一九四四・一〇・二五	金本教俊	軍属	戦死	平昌郡芳林面芳林里七〇九
			｜	一粉	妻		｜
三三五	大湊海軍施設部	北太平洋	一九四四・一〇・二五	金村相俊	軍属	戦死	旌善郡北面北坪里
			一九二〇・〇四・一七	｜	｜		｜
三四三	大湊海軍施設部	北太平洋	一九四四・一〇・二五	金本徳龍	軍属	戦死	原州郡文幕面文幕里
			一九二三・一二・一三	｜	｜		｜
三四五	大湊海軍施設部	北太平洋	一九四四・一〇・二五	金村徳用	軍属	戦死	原州郡文幕面文幕里一二
			｜	光永	父		｜
三四七	大湊海軍施設部	北太平洋	一九四四・一〇・二五	藤原芳雄	軍属	戦死	蔚珍郡蔚珍面湖月里
			一九〇七・〇一・一四	朴老味	妻		｜
三五三	大湊海軍施設部	北太平洋	一九四四・一〇・二五	青松孝欽	軍属	戦死	麟蹄郡南面藍田里四二七
			一九二二・〇九・〇九	在彬	父		｜

三五七	大湊海軍施設部	北太平洋	一九四四・一〇・二五 一九二二・〇九・二三	栗本震逑 ××	軍属 ｜	戦死	寧越郡上東面九東里 ｜
三六六	大湊海軍施設部	北太平洋	一九四四・一〇・二五 一九二三・〇三・一五	大谷均赫 ｜	軍属 ｜	戦死	楊口郡楊口面泥里二三六
三六七	大湊海軍施設部	北太平洋	一九四四・一〇・二五 一九一三・〇三・〇二	金石金逑 ｜	軍属	戦死	楊口郡南面竹里
三七〇	大湊海軍施設部	北太平洋	一九四四・一〇・二五 一九二五・〇六・二六	金山容寛 淳洙	軍属 父	戦死	鐵原郡東松面長興里二五 ｜
三七九	大湊海軍施設部	北太平洋	一九四四・一〇・二五 一九二五・〇九・〇八	高山忠男 俊彦	軍属 父	戦死	金化郡金城面芳忠里二三五 ｜
三八五	大湊海軍施設部	北太平洋	一九四四・一〇・二五 一九一八・〇六・二三	國本在鎬 春成	軍属 父	戦死	麟蹄郡麟蹄面加見里二四二 ｜
三八七	大湊海軍施設部	北太平洋	一九四四・一〇・二五 一九二六・〇三・一四	東山龍信 三宗	軍属 父	戦死	楊口郡水入面邱湖里七五七 ｜
三五五	大湊海軍施設部	北太平洋	一九四五・〇六・一八 ｜	宮本萬奉 多権	軍属 妻	戦死	寧越郡水月面方法興里 ｜
三三九	大湊海軍施設部	青森県大湊	一九四五・〇八・〇九 ｜	文岩鶴逑	軍属 ｜	戦死	江陵郡星湖邑×蘭里 ｜
五四三	大湊海軍施設部	青森県大湊	一九四五・〇八・〇九 ｜	金村南斗	軍属 ｜	戦死	寧越郡西面廣我里五四二 ｜
五三四	沖縄根拠地隊司令部	沖縄、豊見城村	一九四五・〇六・一四 一九一五・〇三・一五	金川海龍	軍属 ｜	戦死	旌善郡東面尾乙里 ｜
四六五	呉海軍施設部	呉市 頭蓋底骨折	一九四五・〇三・〇三 一九二二・一二・二一	平岡吉龍 ｜	軍属 ｜	死亡	江原道 ｜
四六六	呉海軍施設部	大分県 脳打撲傷	一九四五・〇三・一二 一九〇六・一〇・二二	長原岩田 ｜	軍属 ｜	戦死	江原道 ｜
四五八	呉海軍施設部	小豆島 急性発性関節炎	一九四五・〇四・〇六 一九二〇・一一・一一	松原在浩 ｜	軍属 ｜	死亡	横城郡安興面昇金里 ｜
四三〇	呉海軍施設部	宮崎県	一九四五・〇四・一八 一九一七・〇三・二六	近田五鳳 先奉	軍属 兄	戦死	平昌郡珍富面都事里八五 ｜
三九四	呉海軍施設部	宮崎県	一九四五・〇四・二八 一九一四・〇三・〇二	松山明熙 朴順伊	軍属 妻	戦死	春川郡東山面甑里 京城府興農町三五七
四三二	呉海軍施設部	小豆島 急性腹膜炎	一九四五・〇五・〇二 一九一九・〇九・〇二	平山平既 ｜	軍属 ｜	死亡	平昌郡美灘面倉里 ｜
三九三	呉海軍施設部	福岡県	一九四五・〇七・二五	南宮昌龍	軍属	戦死	春川郡東面萬泉里五九

			一九一一・〇一・一八	永奉	妻		洪川郡北方面上花漢里
四六〇	呉海軍施設部	福岡県	一九四五・〇七・二五	李富伊	軍属	戦死	洪川郡南面花田里一区
			一九二二・一一・〇一	池英淑	妻		｜
四六一	呉海軍施設部	福岡県	一九四五・〇七・二五	李一龍	軍属	戦死	洪川郡北方面城洞里六五三
			一九一一・〇三・〇七	萬雨	父		洪川郡北方面基坪里二四
四六二	呉海軍施設部	福岡県	一九四五・〇七・二五	高山永九	軍属	戦死	洪川郡西面垈谷里二一四一
			一九二八・〇二・一一	正喜	父		洪川郡西面垈谷里二一四一
五〇六	呉海軍施設部	不詳	一九四五・〇七・二五	海島栄玉	軍属	戦死	金化郡金化面生昌里四六
			一九一六・一一・〇六	昌禮	妻		金化郡金化面生昌里四六
五一八	佐世保海軍施設部	鹿児島県串長町	一九四四・〇九・一四	青松英欽	軍属	死亡	麟蹄郡龍面藍沙里四四一
			一九一五・一二・一七	奇玉	妻		麟蹄郡南面藍田里四四三
七	佐世保八特別陸戦隊	バシー海峡	一九四四・〇九・〇九	玉川河起	上水	戦死	平昌郡道岩面虎鳴里二一六二
			一九二五・〇七・二三	××	父		｜
二一	佐世保八特別陸戦隊	バシー海峡	一九四四・〇九・〇九	井村英福	上水	戦死	蔚珍郡遠南面全梅里八三五
			一九二六・〇八・二七	炳碩	父		｜
四五	芝浦海軍補給部	東京都深川	一九四四・〇六・二八	金田聖春	軍属	死亡	寧越郡南面助田里四八一六
			一九二〇・〇四・一八	栄植	父		｜
四六	芝浦海軍補給部	東京都	一九四五・〇八・〇五	嘉川炳佑	軍属	死亡	洪川郡化村面外三浦里八六
			一九二一・〇五・二九	東允	母		｜
二三	上海特別陸戦隊	済州島翰林面沖	一九四五・〇四・一四	瑞原炳哲	上水	戦死	高城郡水洞面新垈里三〇六
			一九二七・〇八・一〇	元模	父		｜
二六	上海特別陸戦隊	済州島翰林面沖	一九四五・〇四・一四	富春雨受	上水	戦死	金化郡金化面鶴研里五三八
			一九二四・〇二・二六	経應	父		京畿道仁川府台鳥野六
一四	鎮海海軍施設部	鎮海	一九四五・〇三・二〇	國本大鏞	上工	死亡	江陵郡邱井面×別里一二八一
		尿毒症	一九二七・一二・一八	圭鳳	父		｜
一〇	鎮海海軍施設部	鎮海	一九四五・〇四・〇八	金敦基	一技	死亡	三陟郡上長面竹道里四二
		脳梗塞	一九二六・〇三・一二	光玉	母		｜
一	鎮海海軍施設部	鎮海	一九四五・〇六・二四	竹原光義	一技	死亡	洪川郡化村面長坪里一六
		複雑骨折	一九二七・〇一・二六	相錫	父		洪川郡乃村面道寛里四五八
八	鎮海海軍海兵団	鎮海	一九四五・〇八・〇二	井村吉永	一水	死亡	横城郡安興面安興里一〇二一一
		クループ性肺炎	一九二八・一一・二八	××	母		｜
三三	鎮海海軍海兵団	鎮海	一九四五・〇五・一七	清水世高	一技	死亡	平康郡県内面文山里二〇五
		発疹チブス	一九二三・一二・〇八	永寛	父		平康郡縣内面白龍里二〇五
一三	鎮海海軍海兵団	鎮海	一九四五・〇六・二四	松岡起弘	上整	死亡	襄陽郡県南面遠浦里五四
		左胸膜炎	一九二六・〇六・一五	圭煥	母		××

二〇	鎮海海軍海兵団	鎮海 心臓麻痺	一九四五・〇八・一五 一九二四・〇七・〇六	平沼仁甲 鶴磯	一水 父	死亡	蔚珍郡近南面食福里二四八 —
三〇	鎮海海軍海兵団	鎮海 頭蓋底骨折	一九四五・一二・三〇 一九二七・〇三・二九	金原明植 泰山	一水 父	死亡	淮陽郡蘭谷面下公館里六三四 —
二	鎮海防備隊	鎮海	一九四五・〇八・〇六 一九二五・〇五・〇三	安李植 淑子	水兵長 妻	戦死	寧越郡南面淵堂里一〇五四 寧越郡北面磨磋里一一八〇
二二	内海海軍航空隊	山口県岩國市	一九四五・〇八・一一 一九二七・一二・一二	南正宣 春子	整備長 義母	戦傷死	高城郡杆城面逢水里八〇 春川郡××尺倉里三六四
四〇〇	光海軍工廠	山口県光市	一九四五・〇八・一四 —	松山海洼 大玉	軍属 妻	戦死	麟蹄郡南面亭石里 —
四〇一	光海軍工廠	山口県光市	一九四五・〇八・一四 —	完山萬石 三坤	軍属 妻	戦死	麟蹄郡麟蹄面北里 —
四〇二	光海軍工廠	山口県光市	一九四五・〇八・一四 —	全寧正洙 成南	軍属 父	戦死	麟蹄郡南面斗武里 —
四〇三	光海軍工廠	山口県光市	一九四五・〇八・一四 —	松村東欽 玉姫	軍属 妻	戦死	麟蹄郡南面新月里 —
四〇四	光海軍工廠	山口県光市	一九四五・〇八・一四 —	金矢鎮東 在自	軍属 父	戦死	麟蹄郡南面新月里 —
四〇五	光海軍工廠	山口県光市	一九四五・〇八・一四 —	松山在俊 玉姫	軍属 妻	戦死	麟蹄郡南面富坪里 —
四〇六	光海軍工廠	山口県光市	一九四五・〇八・一四 —	江村福南 己同	軍属 父	戦死	麟蹄郡内面美山里 —
四〇七	光海軍工廠	山口県光市	一九四五・〇八・一四 —	金城億吉 ×波	軍属 母	戦死	麟蹄郡麟蹄面上南里 —
四〇八	光海軍工廠	山口県光市	一九四五・〇八・一四 —	李奉守 奉三	軍属 兄	戦死	麟蹄郡麟蹄面上留里 —
四〇九	光海軍工廠	山口県光市	一九四五・〇八・一四 —	金川盤喆 在雲	軍属 父	戦死	麟蹄郡内面美山里 —
四一〇	光海軍工廠	山口県光市	一九四五・〇八・一四 —	金山達培 鳳誉	軍属 父	戦死	麟蹄郡内面美山里 —
四二二	光海軍工廠	山口県光市	一九四五・〇八・一四 —	平山大鉉 福徳	軍属 父	戦死	平昌郡道岩面事項里 —
四二三	光海軍工廠	山口県光市	一九四五・〇八・一四 —	趙永禄 壽	軍属 父	戦死	平昌郡芳林面桂村里 —
四二四	光海軍工廠	山口県光市	一九四五・〇八・一四	楊山炳華	軍属	戦死	平昌郡美正面桓城里

			—	奉桂	父		—
四二五	光海軍工廠	山口県光市	一九四五・〇八・一四	金海永洙	軍属	戦死	平昌郡芳林面雲播里
			—	昌淑	母		—
四二六	光海軍工廠	山口県光市	一九四五・〇八・一四	栄昌禄	軍属	戦死	平昌郡逢坪面坪林里
			—	鳳洙	兄		—
四二七	光海軍工廠	山口県光市	一九四五・〇八・一四	楠山寧澤	軍属	戦死	平昌郡芳林面
			—	鳳鶴	父		—
四二八	光海軍工廠	山口県光市	一九四五・〇八・一四	金川石龍	軍属	戦死	平昌郡平昌面上昇里
			—	煥南	父		—
四二九	光海軍工廠	山口県光市	一九四五・〇八・一四	全山順熙	軍属	戦死	平昌郡美灘面倉洞里
			—	相漢	父		—
四三一	光海軍工廠	山口県光市	一九四五・〇八・一四	江本貴龍	軍属	戦死	平昌郡道巌面虎鳴里
			—	干鳳	父		—
四六七	光海軍工廠	山口県光市	一九四五・〇八・一四	金正學	軍属	戦死	麟蹄郡瑞西面加田里
			—	福徳	妻		—
四六八	光海軍工廠	山口県光市	一九四五・〇八・一四	國本基善	軍属	戦死	麟蹄郡麟蹄面合江里
			—	淑子	妻		—
四六九	光海軍工廠	山口県光市	一九四五・〇八・一四	延原永根	軍属	戦死	麟蹄郡北面龍岱里
			—	敏子	父		—
四七〇	光海軍工廠	山口県光市	一九四五・〇八・一四	朱夏梧純	軍属	戦死	麟蹄郡瑞西面加田里
			—	化順	妻		—
四七一	光海軍工廠	山口県光市	一九四五・〇八・一四	韓星俊	軍属	戦死	麟蹄郡瑞和面伊布里
			—	春實	母		—
四七二	光海軍工廠	山口県光市	一九四五・〇八・一四	金元龍振	軍属	戦死	麟蹄郡北面月鶴里
			—	×花	妻		—
三六	舟山警備隊	黄海	一九四五・〇三・一九	星元×夫	上水	戦死	麟蹄郡瑞和面西希里五六
			一九二七・〇一・二七	用豊	父		—
九	舞鶴一特別陸戦隊	バシー海峡	一九四四・〇九・〇九	平川智士	上水	戦死	麟城郡甲川面梅月里六六四
			一九二七・〇六・二四	判雄	父		—
一五	舞鶴警備隊	福井県福井療養所	一九四五・一二・〇三	久原豊次郎	上水	死亡	江陵郡鏡浦面竹軒里二八六
		肺結核	一九二八・〇二・一〇	良雄	父		京畿道楊州郡九昌面上鳳里一四〇—八
四九六	マニラ海軍運輸部	ルソン島	一九四五・〇六・三〇	宮本仁煥	軍属	戦病死	高城郡外金剛面豊津里一一一
			一九二三・〇四・一五	—	—		—
三七四	横須賀海軍運輸部	サイパン島	一九四三・〇七・〇八	岡本義夫	軍属	戦死	高城郡長箭邑長箭里四四五
			一九二二・一一・一七	×周	母		通川郡通川邑西中里林雲次方

三六八	横須賀海軍運輸部	本州東海海面	一九四三・〇九・〇一 一九〇八・〇四・一四	金山萬大 彩玉	軍属 妻	戦死	— 蔚珍郡近南面山浦里五七四
三九〇	横須賀海軍運輸部	本州南方	一九四四・〇八・〇四 一九一九・一〇・〇六	金運熙 喜景	軍属 兄	戦死	伊川郡安峡面福田里 咸南道元山府朝日町表本仁秀方
三九一	横須賀海軍運輸部	南洋群島	一九四四・〇二・〇一 一九二二・〇一・一三	山口祥瑾 —	軍属 —	戦死	淮陽郡淮陽面曲石里三〇二 淮陽郡淮陽面松時里一五三
三七三	横須賀海軍運輸部	ルソン島	一九四五・〇六・三〇 一九二二・〇四・〇七	茂松燦杓 哲峰	軍属 叔父	戦病死	高城郡県内面麻浜津里一一五 —
三三八	横須賀海軍施設部	東京湾南方	一九四四・〇一・二七 一九一九・一一・〇七	金村泰雄 栄善	軍属 継母	戦死	江陵郡鏡江陵邑本町六 —
三五〇	横須賀海軍施設部	南洋群島	一九四四・〇一・二七 一九一八・一一・一二	山本允基 熙春	軍属 父	戦死	春川郡春川邑花園町一−二六 京畿道高陽郡中面一山里六〇五
三五六	横須賀海軍施設部	南鳥島東方海面	一九四四・〇三・二〇 一九一八・一二・一二	元山了錫 —	軍属 —	戦死	寧越郡水周面武陵通 —
三五一	横須賀海軍施設部	小笠原	一九四四・〇五・二〇 一九一六・〇一・〇六	徳山　勇 信一	軍属 父	戦死	春川郡遥渓里一−五八 —
三四六	横須賀海軍施設部	サイパン島	一九四四・〇七・〇八 一九一八・〇四・一七	南徳七 元淑	軍属 妻	戦死	蔚珍郡蔚珍面湖月里 —
三五二	横須賀海軍施設部	サイパン島	一九四四・〇七・〇八 一九二二・〇九・〇九	吉海榑隆 とみ	軍属 妻	戦死	春川郡南面玄岩里七三 —
三七八	横須賀海軍施設部	サイパン島	一九四四・〇七・〇八 一八八七・〇四・三〇	松村敏永 —	軍属 —	戦死	金化郡遠東面長湖里二四 —
三三六	横須賀海軍施設部	比島	一九四四・〇七・一六 一九一一・〇二・一〇	金富起 元道	軍属 妻	戦死	江陵郡玉陵面山渓里一五四二 —
三四八	横須賀海軍施設部	父島北方海面	一九四四・〇七・二〇 一九二四・〇二・一七	春木鳳根 —	軍属 —	戦死	蔚珍郡平海面三達里 —
三七一	横須賀海軍施設部	神奈川県 左頭部アクチノバコーゼ	一九四五・〇二・一二 一九二三・〇一・二五	良川成熙 —	軍属 —	死亡	鐵原郡新西面杏谷里一五〇 —
三七五	横須賀海軍施設部	硫黄島	一九四五・〇三・一七 一九二三・一〇・二八	安山茂雄 —	軍属 —	戦死	襄陽郡東草邑大浦里二五 —
三五四	横須賀海軍施設部	東京都	一九四五・〇四・〇四 一九一七・〇三・一二	安東溶三 春女	軍属 母	戦死	麟蹄郡南面藍田里四二七 春川郡北山面照橋里
三四一	横須賀海軍施設部	三重県上野市	一九四五・〇七・〇八 一九二六・一二・二〇	月山源福 —	軍属 —	戦傷死	洪川郡化村面長坪里八〇三 —
一六	横須賀四特別陸戦隊	バシー海峡	一九四四・〇九・〇九	石谷百天	上水	戦死	江陵郡星湖邑星湖津里九 —

			一九二六・〇三・三〇	順弼	父		—
三二	横須賀四特別陸戦隊	バシー海峡	一九四四・〇九・〇九	金林知勲	上水	戦死	淮陽郡上北面道納里一八四
			一九二六・〇五・一四	根碩	父		淮陽郡上北面枢機里二九〇
三五	横須賀四特別陸戦隊	カムラン湾	一九四四・一一・一五	真島鳳淳	上水	戦死	麟蹄郡麟蹄面合希里一
			一九二四・〇九・〇一	秀	父		—
五	横須賀海兵団	神奈川県鎌倉市	一九四五・〇五・〇一	定村明和	上水	死亡	平昌郡芳林面桂村里一三四九
		頭蓋底骨接	一九二五・〇四・二〇	基石	妻		平昌郡芳林面桂村里一三一八
二九	横須賀防備隊	東京湾	一九四五・〇七・三〇	小林璋燮	上水	戦死	襄陽郡土襄面城岱里二四一
			一九二六・〇二・〇一	桂天	父		—
三	第二出水海軍航空隊	鹿児島県出水郡	一九四五・〇三・二八	綾本馨之	一整	死亡	原州郡貴来面闇浦里二八六一
		流行性脳炎	一九二八・一二・〇二	實	父		—
六	第二出水海軍航空隊	鹿児島県出水郡	一九四五・〇四・一七	木戸鐘哲	上整	戦死	平昌郡平昌面下里一七五
			一九二五・一〇・一四	海星	父		—
一九	第二出水海軍航空隊	鹿児島県出水郡	一九四五・〇四・一七	文平壽雄	上整	戦死	旌善郡南面文谷里四四
			一九二六・〇九・一〇	永徴	父		—
二八	第二出水海軍航空隊	鹿児島県出水郡	一九四五・〇四・一七	金川義男	上整	戦死	襄陽郡東草邑天浦里二四二
			一九二七・〇七・二六	重正	父		—
三四	第二出水海軍航空隊	鹿児島県出水郡	一九四五・〇四・一七	徳山度文	上整	戦死	平康郡西面化岩里一六八
			一九二八・〇六・一七	弘石	父		—
一七	第二出水航空隊	鹿児島県出水郡	一九四五・〇四・二〇	梅原茂玉	上整	死亡	旌善郡東面鳳岩里三九四
		心臓麻痺	一九二八・〇四・一九	四幹	父		旌善郡東面北洞里一一五
四一一	第三海軍燃料廠	山口県徳山市	一九四五・〇五・一〇	光本茂昌	軍属	戦死	江陵郡注文津邑橋項里
			—		—		—
四四八	第三海軍燃料廠	山口県徳山市	一九四五・〇五・一〇	延川考水	軍属	戦死	横城郡春日面前川里
			—	徳容	父		—
四四九	第三海軍燃料廠	山口県徳山市	一九四五・〇五・一〇	安金奉漢	軍属	戦死	横城郡早川面早川里九七二
			—	玉璋	妻		—
四五〇	第三海軍燃料廠	山口県徳山市	一九四五・〇五・一〇	金田任乭	軍属	戦死	横城郡早川面花田里
			—	柳鳳	母		—
四五一	第三海軍燃料廠	山口県徳山市	一九四五・〇五・一〇	寧本鍾基	軍属	戦死	横城郡邑内面
			—	順保	妻		—
四五二	第三海軍燃料廠	山口県徳山市	一九四五・〇五・一〇	西原甲洙	軍属	戦死	横城郡邑内面邑坊里
			—	福善	妻		横城郡邑内面邑坊里
四五三	第三海軍燃料廠	山口県徳山市	一九四五・〇五・一〇	李富淵	軍属	戦死	横城郡横城面介田里
			—	金	妻		横城郡横城面介田里

番号	所属	死亡場所	死亡年月日／生年月日	氏名	続柄・身分	死因	本籍・住所
四五四	第三海軍燃料廠	山口県徳山市	一九四五・〇五・一〇	國本光時	軍属	戦死	横城郡隅川面文岩里
			—	貞淑	妻		横城郡隅川面文岩里
四五五	第三海軍燃料廠	山口県徳山市	一九四五・〇五・一〇	元村鍾寛	軍属	戦死	横城郡隅川面陽赤里
			—	三禮	妻		横城郡隅川面陽赤里
四五六	第三海軍燃料廠	山口県徳山市	一九四五・〇五・一〇	金本明洙	軍属	戦死	横城郡公根面鶴谷里三四一
			—	致俊	父		横城郡公根面鶴谷里三四一
四八二	第三海軍燃料廠	山口県徳山市	一九四五・〇五・一〇	張成夏鳳	軍属	戦死	楊口郡方山面長坪里一八七
			—	成氏	妻		楊口郡方山面長坪里一八七
四八三	第三海軍燃料廠	山口県徳山市	一九四五・〇五・一〇	金海福環	軍属	戦死	楊口郡方山邑松峴里一六三
			—	時中	父		楊口郡方山邑松峴里一六三
四九〇	第三海軍燃料廠	山口県徳山市	一九四五・〇五・一〇	城山演燮	軍属	戦死	伊川郡方丈面寺洞里二区
			—	×女	妻		伊川郡方丈面寺洞里二区
四九一	第三海軍燃料廠	山口県徳山市	一九四五・〇五・一〇	藤江亨植	軍属	戦死	伊川郡方丈面佳
			—	泰根	母		伊川郡方丈面佳
二九五	第四海軍施設部	広島県呉市	一九四三・〇一・二一	松永泰栄	軍属	戦死	伊川郡安峡面邑内里六三三
			一九二四・一二・一〇	昌姫	母		—
六一	第四海軍施設部	釜山	一九四三・〇九・二八	圓川逢春	軍属	戦病死	洪川郡南面陽徳院里七〇〇
				守徴			—
一七一	第四海軍施設部	八丈島	一九四三・一二・〇四	張間翊華	軍属	戦死	金化郡金化邑岩井里一一六—一
			一九二一・一二・〇三	春景	妻		—
二一七	第四海軍施設部	マリアナ諸島近海	一九四三・〇三・二三	朴澤富安	軍属	戦死	淮陽郡南谷面下陽里二一
			一九一五・一〇・三一	氏	父		—
一七九	第四海軍施設部	マリアナ諸島近海	一九四三・〇五・一〇	金澤炳憲	軍属	戦死	金化郡任南面永洞里四五
			一九一五・〇九・〇七	玉姫	妻		忠清北道徳山郡上老面安保里一六二
二九四	第四海軍施設部	神奈川県野比	一九四四・〇六・〇七	金海聖権	軍属	戦病死	伊川郡安峡面下水田里三六三
			一九二二・〇一・一四	容植	父		—
二九六	第四海軍施設部	東京巣鴨	一九四四・〇七・一七	柳川泰華	軍属	戦病死	伊川郡楽壌面支下里一七一
			一九一九・〇八・〇三	永錫	父		—
一三二	第四海軍施設部	長崎県佐世保市	一九四三・〇八・一〇	長谷允奉	軍属	戦病死	麟蹄郡麟蹄面西里
			一九一〇・〇四・二二	干蘭	妻		—
一八一	第四海軍施設部	ギルバート諸島タラワ	一九四三・〇九・一九	朝本正治	軍属	戦死	金化郡近北面栢徳里七〇〇
			一九一六・〇八・〇八	彩玉	妻		—
一四五	第四海軍施設部	ギルバート諸島タラワ	一九四三・〇九・二〇	吉山昌根	軍属	戦死	春川郡西面錦山里二八一
			一九一五・〇一・二八	銀徳	弟		—
一二〇	第四海軍施設部	ギルバート諸島タラワ	一九四三・一一・二五	山本四重	軍属	戦病死	原州郡文幕面文幕里二四〇

			一九二二・一一・一九	丙洛	父		｜
二一三	第四海軍施設部	ギルバート諸島タラワ	一九四三・一一・二五 一九一六・〇六・二三	松本光成 容燮	軍属 妹	戦死	襄陽郡襄陽面松岩里二五八 鐵原郡鐵原面西要里
二一五	第四海軍施設部	ギルバート諸島タラワ	一九四三・一一・二五 一九二四・〇二・〇八	上村柄熔 基俊	軍属 父	戦死	淮陽郡安豊面佳洞里 黄海道遂安郡大梧面楠亭里
二一六	第四海軍施設部	ギルバート諸島タラワ	一九四三・一一・二五 一九二一・〇八・〇五	木村永東 基善	軍属 父	戦死	淮陽郡安豊面佳洞里一一八 淮陽郡安豊面佳洞里一三七
二九八	第四海軍施設部	ギルバート諸島タラワ	一九四三・一一・二五 一九二〇・〇一・二〇	西村紫鳳 文道	軍属 父	戦死	伊川郡鶴鳳面箕峴里一六八 黄海道新渓郡古面丁峰里五五二
三〇三	第四海軍施設部	ギルバート諸島タラワ	一九四三・一一・二五 一九二二・〇三・二〇	駒城漢根 高壽	軍属 父	戦死	楊口郡南面野村里八六 平北道厚昌郡厚昌面郡内洞一〇一八
一〇〇	第四海軍施設部	ピケロット島	一九四四・〇一・三一 一九二一・一一・一四	山江錫吉 江徳禮	軍属 妻	戦死	横城郡甲川面楡坪里一一二 ｜
一二一	第四海軍施設部	ピケロット島	一九四四・〇一・三一 ｜	松山奉生 忠永	軍属 父	戦病死	原州郡文幕面達路里四五二 ｜
一二七	第四海軍施設部	ピケロット島	一九四四・〇一・三一 一九二一・〇七・〇六	洪岡大藏 命現	軍属 父	戦死	原州郡原州邑白庄里七〇七 ｜
一三四	第四海軍施設部	ピケロット島	一九四四・〇一・三一 一九一八・〇五・三〇	金川青龍 順伊	軍属 妻	戦死	麟蹄郡南面新月里七〇五 ｜
一三五	第四海軍施設部	ピケロット島	一九四四・〇一・三一 一九一一・〇四・〇一	南陽長壽 順男	軍属 妻	戦死	麟蹄郡南面藍田里一八三〇 麟蹄郡南面新川里
一三六	第四海軍施設部	ピケロット島	一九四四・〇一・三一 一九〇六・〇七・〇三	金源尚俊 順女	軍属 妻	戦死	麟蹄郡南面藍田里八〇二 麟蹄郡南面南田里
一三九	第四海軍施設部	ピケロット島	一九四四・〇一・三一 一九二一・一一・〇六	南川海水 守玉	軍属 母	戦死	平昌郡美津面白雲里二七五 ｜
二一八	第四海軍施設部	ピケロット島	一九四四・〇一・三一 一九一八・〇六・二〇	咸鍾桂明 金在順	軍属 ｜	戦死	鐵原郡葛末面芝浦里四五六 ｜
三〇二	第四海軍施設部	ピケロット島	一九四四・〇一・三一 一九二二・一一・一五	朝本柄澤 鶴光	軍属	戦死	楊口郡南面晴里 楊口郡南面晴里
三〇四	第四海軍施設部	ピケロット島	一九四四・〇一・三一 一九二二・〇四・〇九	平山鉱春 平山一雄	軍属 ｜	戦死	楊口郡方山面塔田里 京城府×泰院町渡辺土木出張所
三〇七	第四海軍施設部	ピケロット島	一九四四・〇一・三一 一九〇九・一〇・〇三	昌本山中 ×順	軍属 妻	戦死	楊口郡楊口面上里二六九 楊口郡楊口面上里二六九
三〇八	第四海軍施設部	ピケロット島	一九四四・〇一・三一 一九一四・〇六・二三	松山順得 金順	軍属 妻	戦死	楊口郡楊口面松青里一八〇一 楊口郡楊口面松青里一八〇一

三〇九	第四海軍施設部	ピケロット島	一九四四・〇一・三一	金福礼	軍属	戦死	楊口郡水入面点方里
			一九一一・一一・一五	×武×	―		楊口郡水入面点方里
一一二	第四海軍施設部	グァム島南南西方	一九四四・〇五・一〇	金村烔信	軍属	戦死	××郡北三面松房里八一一
			一九一八・一〇・〇九	×采	父		通川郡谷面××
一八〇	第四海軍施設部	グァム島南南西方	一九四四・〇五・一〇	張山雲燮	軍属	戦死	金化郡任南面水洞里二五〇
			一九一五・〇一・二九	香姫	妻		華川郡春東面梧陰里
二一二	第四海軍施設部	グァム島南南西方	一九四四・〇五・一〇	金城文光	軍属	戦死	襄陽郡襄陽面松岩里四〇一―一
			一九一四・〇八・二六	順女	妻		襄陽郡襄陽面松岩里四〇一―一
二三一	第四海軍施設部	グァム島南南西方	一九四四・〇五・一〇	平沼文基	軍属	戦死	麟蹄郡瑞和面長承里一〇三
			一九二一・〇九・二一	弘根	父		通川郡臨南面陵月里
二三三	第四海軍施設部	グァム島南南西方	一九四四・〇五・一〇	金村輝雄	軍属	戦死	通川郡臨海面陵月里二五八
			一九二一・〇七・〇五	鎗	妻		―
二三六	第四海軍施設部	グァム島南南西方	一九四四・〇五・一〇	長村箕範	軍属	戦死	通川郡鶴一面七堅里八一
			一九二三・〇六・二四	媛仁	妻		―
二三七	第四海軍施設部	グァム島南南西方	一九四四・〇五・一〇	廣山重球	軍属	戦死	通川郡鴞養面新店里五三
			一九一八・〇九・二九	肇	父		通川郡鴞養面新店里五三
二三八	第四海軍施設部	グァム島南南西方	一九四四・〇五・一〇	新井東鎬	軍属	戦死	通川郡碧養面新興里一五二
			一九二〇・〇一・二八	甲×	妻		―
二三九	第四海軍施設部	グァム島南南西方	一九四四・〇五・一〇	利川龍九	軍属	戦死	通川郡碧養面新興里一四九
			一九二〇・〇五・〇八	順女	妻		―
二四〇	第四海軍施設部	グァム島南南西方	一九四四・〇五・一〇	茂村鶴掌	軍属	戦死	通川郡碧養面新興里一四八
			一九二〇・一二・二〇	連珪	妻		―
二四一	第四海軍施設部	グァム島南南西方	一九四四・〇五・一〇	方山載淳	軍属	戦死	通川郡碧養面佳新星六
			一九二三・一二・〇一	秉権	父		通川郡臨海面外源城里
二四三	第四海軍施設部	グァム島南南西方	一九四四・〇五・一〇	金木晃圭	軍属	戦死	通川郡通川面西里三一
			一九一八・〇二・二八	銀河	妻		―
二四四	第四海軍施設部	グァム島南南西方	一九四四・〇五・一〇	金海成律	軍属	戦死	通川郡通川面西里一七―一
			一九二一・〇六・一五	龍文	父		―
二四五	第四海軍施設部	グァム島南南西方	一九四四・〇五・一〇	金江春栄	軍属	戦死	通川郡通川面西面三〇
			一九〇八・〇三・一六	玉姫	妻		―
二四六	第四海軍施設部	グァム島南南西方	一九四四・〇五・一〇	金澤正鎮	軍属	戦死	通川郡通川面中里三一五
			一九一三・〇九・××	河伊	母		―
二四七	第四海軍施設部	グァム島南南西方	一九四四・〇五・一〇	玉川淳也	軍属	戦死	通川郡通川面中里三〇〇
			一九〇四・〇五・〇五	涼子	妻		―
二四八	第四海軍施設部	グァム島南南西方	一九四四・〇五・一〇	金村炳烈	軍属	戦死	通川郡通川面西里四

			一九二一・〇五・〇五	興洙	父		—
二四九	第四海軍施設部	グアム島南南西方	一九四四・〇五・一〇	金山永起	軍属	戦死	通川郡通川面馬岩里二〇三
			一九一九・〇六・一五	福順	妻		—
二五一	第四海軍施設部	グアム島南南西方	一九四四・〇五・一〇	青山興徳	軍属	戦死	通川郡松田面松田里五五
			一九二一・〇五・一〇	東建	父		—
二五二	第四海軍施設部	グアム島南南西方	一九四四・〇五・一〇	玉川東郁	軍属	戦死	通川郡松田面致昌里二一四
			一九二〇・一〇・二七	鳳日	父		—
二五三	第四海軍施設部	グアム島南南西方	一九四四・〇五・一〇	鄭田暻昕	軍属	戦死	通川郡松田面松田里五九
			一九二二・〇七・〇九	貞守	母		通川郡松田面石×里
二五四	第四海軍施設部	グアム島南南西方	一九四四・〇五・一〇	岩本時信	軍属	戦死	通川郡庫底邑五柳里一八
			一九二二・〇六・〇五	鍾浩	父		—
二五五	第四海軍施設部	グアム島南南西方	一九四四・〇五・一〇	村井秉奎	軍属	戦死	通川郡庫底邑上庫底里一二二
			一九一五・〇九・〇五	仁喆	父		—
二五六	第四海軍施設部	グアム島南南西方	一九四四・〇五・一〇	山梨清正	軍属	戦死	通川郡庫底邑叢石里二〇
			一九二二・一〇・〇一	義定	父		—
二五八	第四海軍施設部	グアム島南南西方	一九四四・〇五・一〇	崔栄淳	軍属	戦死	華川郡下南面原川里三二九
			一九二一・〇二・一七	英喆	母		華川郡上西面新豊里一〇八
二五九	第四海軍施設部	グアム島南南西方	一九四四・〇五・一〇	金豊然壽	軍属	戦死	華川郡下南面伍羅里三四四
			一九二三・〇一・一六	富根	妻		—
二六〇	第四海軍施設部	グアム島南南西方	一九四四・〇五・一〇	松本××	軍属	戦死	華川郡下南面伍羅里二六〇
			一九一二・〇一・三〇	茂順	妻		—
二六一	第四海軍施設部	グアム島南南西方	一九四四・〇五・一〇	山中哲東	軍属	戦死	華川郡下南面論味里一二七六
			一九二二・〇四・〇七	幸通	妻		—
二六二	第四海軍施設部	グアム島南南西方	一九四四・〇五・一〇	廣山競苦	軍属	戦死	華川郡下南面席礼里七三六
			一九二〇・〇八・二七	學實	妻		—
二六三	第四海軍施設部	グアム島南南西方	一九四四・〇五・一〇	青柳泰永	軍属	戦死	華川郡下南面論味里八一六
			一九一四・〇五・一四	福姫	妻		—
二六四	第四海軍施設部	グアム島南南西方	一九四四・〇五・一〇	池田河大	軍属	戦死	華川郡下南面論味里一〇五
			一九二三・〇六・〇八	氏	母		—
二六五	第四海軍施設部	グアム島南南西方	一九四四・〇五・一〇	金山仁秀	軍属	戦死	華川郡下南面伍羅里二七二
			一九二〇・〇八・二七	湯姫	妻		—
二六六	第四海軍施設部	グアム島南南西方	一九四四・〇五・一〇	林甲乭	軍属	戦死	華川郡下南面論味里四五二
			一九一二・一一・二〇	氏	妻		—
二七〇	第四海軍施設部	グアム島南南西方	一九四四・〇五・一〇	安村栄燮	軍属	戦死	華川郡上南面蘆洞里六五五
			一九一八・〇八・一二	永女	妻		—

二七一	第四海軍施設部	グァム島南南西方	一九四四・〇五・一〇	安本東哲	軍属	戦死	華川郡上南面蘆洞里一〇五〇
			一九二三・〇三・二〇	玉錬	妻		｜
二七二	第四海軍施設部	グァム島南南西方	一九四四・〇五・一〇	玉川春根	軍属	戦死	華川郡上南面馬峴里七一四
			一九二三・〇九・一五	基浩	父		｜
二七三	第四海軍施設部	グァム島南南西方	一九四四・〇五・一〇	金本逢春	軍属	戦死	華川郡上南面山陽里五一二－二
			一九一八・〇二・〇七	賢培	妻		｜
二七四	第四海軍施設部	グァム島南南西方	一九四四・〇五・一〇	清韓賢愚	軍属	戦死	華川郡上南面池浦里六三三
			一九一九・〇三・〇二	雞林	妻		｜
二七五	第四海軍施設部	グァム島南南西方	一九四四・〇五・一〇	新本國雄	軍属	戦死	華川郡華川面上里三一五
			一九二三・〇三・一四	龍子	母		｜
二七六	第四海軍施設部	グァム島南南西方	一九四四・〇五・一〇	國本栄祚	軍属	戦死	華川郡華川面新邑里
			一九二三・〇二・〇二	孝承	父		華川郡上西面山陽里三〇六
二七七	第四海軍施設部	グァム島南南西方	一九四四・〇五・一〇	松村南山	軍属	戦死	華川郡華川面下里一六－一
			一九一〇・〇二・二五	福順	妻		｜
二七八	第四海軍施設部	グァム島南南西方	一九四四・〇五・一〇	吉山成俊	軍属	戦死	華川郡華川面上里四〇
			一九一七・〇三・二三	伊順	妻		｜
二七九	第四海軍施設部	グァム島南南西方	一九四四・〇五・一〇	吉山釣培	軍属	戦死	華川郡華川面太山里五七四
			一九一九・一〇・〇三	×順	妻		｜
二八〇	第四海軍施設部	グァム島南南西方	一九四四・〇五・一〇	白川昌徳	軍属	戦死	華川郡華川面中里二四九－一四
			一九一六・〇一・二〇	明徳	長男		｜
二八一	第四海軍施設部	グァム島南南西方	一九四四・〇五・一〇	李家明俊	軍属	戦死	華川郡華川面上里七〇
			一九一五・一二・二〇	順女	妻		｜
二八二	第四海軍施設部	グァム島南南西方	一九四四・〇五・一〇	柳井亀瑀澤	軍属	戦死	華川郡華川面下里六六
			一九一三・〇四・二八	缶順	妻		｜
二八三	第四海軍施設部	グァム島南南西方	一九四四・〇五・一〇	香山始煥	軍属	戦死	華川郡華川面上里四七
			一九一七・一二・一〇	大根	父		｜
二八四	第四海軍施設部	グァム島南南西方	一九四四・〇五・一〇	金海成龍	軍属	戦死	華川郡華川面中里二四三
			一九一九・〇八・一二	元淑	母		｜
二八五	第四海軍施設部	グァム島南南西方	一九四四・〇五・一〇	南基濬	軍属	戦死	華川郡華川面衛里二四〇－一
			一九一七・〇三・二八	甲姫	妻		｜
二八六	第四海軍施設部	グァム島南南西方	一九四四・〇五・一〇	新井昌慶	軍属	戦死	華川郡華川面上里三〇八
			一九一八・〇一・一四	先順	妻		華川郡上西面新豊里
二九一	第四海軍施設部	グァム島南南西方	一九四四・〇五・一〇	星野載根	軍属	戦死	華川郡看東面芳川里一九五七
			一九一五・〇八・〇一	魯彦	妻		｜
二九二	第四海軍施設部	グァム島南南西方	一九四四・〇五・一〇	呉川中雲	軍属	戦死	華川郡看東面梧陰里三七三

番号	所属	死亡場所	年月日	氏名	区分	死因	本籍・住所
			一九一六・〇九・二四	貞玉	妻		—
二九三	第四海軍施設部	グァム島南南西方	一九四四・〇五・一〇 一九一七・〇三・〇三	金村燮謙 甲光	軍属 妻	戦死	華川郡看東面九萬里三八一 —
三〇一	第四海軍施設部	グァム島南南西方	一九四四・〇五・一〇 一九一八・一一・〇七	玉川明徳 化晋	軍属 父	戦死	楊口郡北面月明里五三四 通川郡劔谷面新基里
三〇六	第四海軍施設部	グァム島南南西方	一九四四・〇五・一〇 一九二三・〇一・一一	國本丙福 學實	軍属 父	戦死	楊口郡楊口面月明里六一四 華川郡春東面梧陰里
一三一	第四海軍施設部	グァム島南南西方	一九四四・〇九・一〇 一九一一・〇三・〇三	善元大河 彩鳳	軍属 妻	戦死	江陵郡城徳面笠岩里一五三 通川郡通川面中里×本方
一八二	第四海軍施設部	トラック島	一九四三・一〇・〇四 一九一八・〇五・二八	伊南貴萬 興培	軍属 父	戦病死	金化郡近北面金谷里一三〇七 —
一六四	第四海軍施設部	トラック島	一九四三・一〇・一一 一九一五・〇四・〇五	李賢秀 萬興	軍属 兄	戦病死	金化郡近東面下所里五五 —
二三〇	第四海軍施設部	トラック島	一九四三・一二・〇四 —	平澤秀夫 甲女	軍属 妻	戦死	麟蹄郡北面光通里四七七 —
一五三	第四海軍施設部	トラック島	一九四四・〇二・一七 一九一九・〇四・一五	金海鎮徳 奇根	軍属 妻	戦死	金化郡西面清陽里一〇四三 —
二九七	第四海軍施設部	トラック島北水道外	一九四四・〇二・一七 一九一七・〇五・三〇	安村善奎 和栄	軍属 妻	戦死	伊川郡鶴鳳面銀杏亭里一八六 —
二九九	第四海軍施設部	トラック島	一九四四・〇四・三〇 一九二三・〇八・一〇	三山春洙 日奇	軍属 父	戦死	楊口郡東面林塘里八五 楊口郡東面林塘里八五
三〇五	第四海軍施設部	トラック島	一九四四・〇四・三〇 一九二三・〇八・一〇	山本東夏 頭淑	軍属 妻	戦死	楊口郡楊口面上里三三五 楊口郡東面林塘里五五六
二〇二	第四海軍施設部	トラック島	一九四四・〇六・〇八 一九一六・〇一・二六	金本官培 —	軍属 —	戦死	襄陽郡降峴面下梧里三〇八 高城郡外××
一六三	第四海軍施設部	トラック島	一九四四・〇八・一七 一九一〇・〇四・〇四	任炳宰・西川炳宰 英鎬	軍属 父	戦病死	金化郡近東面牙沈里五八二 —
一一三	第四海軍施設部	トラック島	一九四四・〇八・二一 一九一九・〇七・二〇	柳福童 鳳文	軍属	戦病死	原州郡地正面別×里二九〇 京畿道驪州郡陵西面内×里
二二三	第四海軍施設部	トラック島	一九四四・一二・一三 一九二一・〇二・一〇	金村昌楷 龍阿	軍属 妻	戦病死	淮陽郡淮陽面素豊里六九 —
五七	第四海軍施設部	トラック島	一九四四・一二・二六 一九二二・〇二・一七	松田相國 鉉	軍属 母	戦病死	洪川郡瑞石面豊岩里二三七 —
三一四	第四海軍施設部	トラック島	一九四五・〇一・〇八 一九一八・一一・二一	玉山仁漢 清×・基大	軍属 ×・父	戦病死	高城郡県内面草島里三五―一 —

三一二	第四海軍施設部	トラック島	一九四五・〇三・〇二	金元在壽	軍属	戦病死	高上郡外金剛面温井里三〇
			一九一四・〇一・一〇	在玉	妻		—
五五	第四海軍施設部	トラック島	一九四五・〇三・〇四	趙萬金	軍属	戦病死	洪川郡乃村面瑞谷里一三
			一九一六・一〇・一八	鳳九	妻		洪川郡璃石面豊岩里
一一一	第四海軍施設部	トラック島	一九四五・〇三・一六	裵順吉	軍属	戦病死	蔚珍郡蔚珍面花城里一二五
			一九〇二・〇七・一七	江九	妹		—
三九	第四海軍施設部	トラック島	一九四五・〇三・一九	中原栄一	軍属	戦死	寧越郡水南面陵里九三五
			一九一四・〇三・一五	東元	父		—
二〇三	第四海軍施設部	トラック島	一九四五・〇三・二五	岩岡邦義	軍属	戦病死	襄陽郡降峴面降仙里四七六
			一九二二・一〇・〇二	雲相	父		—
一一九	第四海軍施設部	トラック島	一九四五・〇三・二七	安田相根	軍属	戦病死	原州郡文幕面碑頭里一八三九
			一九一四・〇三・二七	秋江	妻		原州郡貴来面貴丙里
一〇五	第四海軍施設部	トラック島	一九四五・〇三・二八	浦山圭禹	軍属	戦病死	横城郡甲川面楡甲里一二一
			一九〇五・一一・二三	相女	妻		—
一一八	第四海軍施設部	トラック島	一九四五・〇四・〇一	岩本徳俊	軍属	戦病死	原州郡文幕面學用里三九七
			一九一一・〇四・〇四	睦雨	兄		—
三一六	第四海軍施設部	トラック島	一九四五・〇四・〇一	國本益成	軍属	戦病死	高城郡高城邑松島津里三
			一九一九・〇三・〇一	陶三	兄		—
三八	第四海軍施設部	トラック島	一九四五・〇四・〇六	金本昌男	軍属	戦病死	寧越郡水周面××里四三七
			一九〇七・〇三・一〇	順在	父		—
六三	第四海軍施設部	トラック島	一九四五・〇四・〇八	星山壽淳	軍属	戦病死	洪川郡北方面上花渓里三一九
			一九一四・〇九・一五	順内	妻		—
二八九	第四海軍施設部	トラック島	一九四五・〇四・〇八	金川是鍾	軍属	戦病死	華川郡看東面芳川里五六二
			一九二二・〇四・〇九	在轍	父		洪川郡化村面長坪里
五八	第四海軍施設部	トラック島	一九四五・〇四・一〇	平木載興	軍属	戦病死	洪川郡瑞席面徳山里二三七
			一九一六・〇三・〇五	百萬	父		—
六二	第四海軍施設部	トラック島	一九四五・〇四・一〇	茂山荀薫	軍属	戦病死	洪川郡北方面下花渓里五一一
			—	承春	父		—
一一七	第四海軍施設部	トラック島	一九四五・〇四・一九	平沼栄明	軍属	戦病死	原州郡文幕面文幕里二五七
			一九一一・〇六・一五	福成	長男		—
二一八	第四海軍施設部	トラック島	一九四五・〇四・二三	平山正熙	軍属	戦病死	淮陽郡南谷面×里三八二
			一九二二・一〇・一〇	在淵	父		—
五一	第四海軍施設部	トラック島	一九四五・〇四・二五	孟山世永	軍属	戦病死	洪川郡斗村面遠洞里三六五
			一九二二・〇八・二二	盛安	父		—
五四	第四海軍施設部	トラック島	一九四五・〇四・三〇	白川日龍	軍属	戦病死	洪川郡乃村面廣岩里七五四

番号	所属	場所	年月日	氏名	続柄	事由	本籍
			一九二三・〇三・一二	日壽	兄		—
三一五	第四海軍施設部	トラック島	一九四五・〇五・〇四 一九二三・〇六・一九	松岡金龍 承浩	軍属 父	戦病死	高城郡高城邑松島津里三一－一四 —
二一九	第四海軍施設部	トラック島	一九四五・〇五・〇八 一九一三・一二・一〇	金川夏植 鉉大	軍属 父	戦病死	淮陽郡下北面 —
一二五	第四海軍施設部	トラック島	一九四五・〇五・〇九 一九二一・〇四・二七	安田鍾憲 壽山	軍属 兄	戦病死	原州郡富論面法泉里一五八七
二二一	第四海軍施設部	トラック島	一九四五・〇五・一〇 一九一四・一〇・三〇	李村鎬植 光原・雙童	軍属 嫁・父	戦病死	襄陽郡降峴面金鳳里二〇五 高城郡縣内面草島里六〇一
一四一	第四海軍施設部	トラック島	一九四五・〇五・一二 一九一三・〇三・〇二	松田大月 文心	軍属 父	戦病死	平昌郡珍富面東沙里七九八 —
四三	第四海軍施設部	トラック島	一九四五・〇五・一六 一九一七・〇四・〇一	山本常太 三鎮	軍属 父	戦病死	寧越郡下東面大野里八二五 —
一六九	第四海軍施設部	トラック島	一九四五・〇五・一七 一九〇九・〇一・一六	金漢秀 金川圓弘	軍属 兄	戦病死	金化郡金城面漁川里五〇七 金化郡金城面芳忠里
七七	第四海軍施設部	トラック島	一九四五・〇五・一八 一九一九・〇六・一八	平沼礼重 玉京	軍属 妻	戦病死	横城郡安興面池丘里一－四三五 寧越郡酒泉面板雲里
四一	第四海軍施設部	トラック島	一九四五・〇五・二五 一九〇九・一二・一〇	張山豊学 聖達	軍属 弟	戦病死	寧越郡水周面武陽里四五七 —
五九	第四海軍施設部	トラック島	一九四五・〇五・二七 一九二〇・一一・二五	東権良源 長×	軍属 父	戦病死	洪川郡東面逢雲里一一九八 —
五〇	第四海軍施設部	トラック島	一九四五・〇六・〇一 一九一四・〇二・二〇	高島昌寛 徳寛	軍属 兄	戦病死	洪川郡洪川面洪雲里一三五 —
一二四	第四海軍施設部	トラック島	一九四五・〇六・〇二 一九〇五・〇九・〇七	木村栄學 千蘭	軍属 妻	戦病死	原州郡富論面昇山里一五九 原州郡貴東面貴来里一二七四
四〇	第四海軍施設部	トラック島	一九四五・〇六・〇四 一九一〇・〇六・一九	慶山容遠 容錫	軍属 弟	戦病死	寧越郡水周面彌林里一三二三－二 —
六四	第四海軍施設部	トラック島	一九四五・〇六・〇四 一九一四・〇四・〇九	宮元× 珪	軍属 姪	戦病死	洪川郡北方面菱坪里一四五 洪川郡北方面上花渓里
一二三	第四海軍施設部	トラック島	一九四五・〇六・〇五 一九二二・〇九・二四	西原基輔 基成	軍属 兄	戦病死	原州郡富論面深谷里三四〇 —
四九	第四海軍施設部	トラック島	一九四五・〇六・〇六 一九二一・一〇・一五	蜜山銀学 成根	軍属 父	戦病死	洪川郡化村面城山里三四五 —
一六〇	第四海軍施設部	トラック島	一九四五・〇六・〇八 一九一七・〇五・〇一	金忠昌根 氏	軍属 母	死亡	金化郡通口面県里六五〇 —

番号	所属	場所	年月日	生年月日	氏名	親族氏名	身分	続柄	死因	住所	親族住所
三一一	第四海軍施設部	トラック島	一九四五・〇六・〇八	一九二二・一二・二八	張谷國鎮	文一	軍属	父	戦病死	高城郡外金剛面雲谷里五九六	ー
五二	第四海軍施設部	トラック島	一九四五・〇六・一〇	一九二二・一二・二九	金田孝元	官甫	軍属	父	戦病死	洪川郡斗村面哲亭里七〇二	ー
一二三	第四海軍施設部	トラック島	一九四五・〇六・一四	一九一六・〇八・〇七	金島鍾漢	鍾徳	軍属	兄	戦病死	原州郡富論面法泉里一三七三	ー
二二五	第四海軍施設部	トラック島	一九四五・〇六・一八	一九一八・一一・一八	李本萬在	××	軍属	父	戦病死	淮陽郡淮陽面舘里二二四	ー
四四	第四海軍施設部	トラック島	一九四五・〇六・三〇	一九二二・〇四・一六	金川源極	永鎬	軍属	父	戦病死	寧越郡寧越面玉洞里二〇五	ー
一一六	第四海軍施設部	トラック島	一九四五・〇七・〇一	一九〇九・〇二・〇一	原岡善一郎	善有	軍属	父	戦病死	原州郡文幕面文幕里二八六	ー
二二六	第四海軍施設部	トラック島	一九四五・〇七・二二	一九一二・一二・二八	宮本炫中	容學	軍属	父	戦病死	淮陽郡内金剛面順甲里八八六	淮陽郡内金剛面順甲里八八六
二二〇	第四海軍施設部	トラック島	一九四五・〇八・〇八	一九一四・〇六・二五	松山宗善	宗仁	軍属	弟	戦病死	淮陽郡下北面鐵峰里三三六	ー
六〇	第四海軍施設部	トラック島	一九四五・〇八・二一	一九二三・〇三・二五	權藤泰云	泰成	軍属	兄	戦病死	洪川郡南面上吾安里三九六	ー
四八	第四海軍施設部	トラック島	一九四五・〇九・一五	一九一五・一二・〇八	新山道煥	氏	軍属	母	戦病死	洪川郡化村面城山里四六七	ー
二二四	第四海軍施設部	トラック島	一九四五・〇九・二五	一九二一・〇七・一五	邦本正順	允輯	軍属	父	戦病死	淮陽郡淮陽面長碧洞里四八	ー
五三	第四海軍施設部	トラック島	一九四五・〇九・二九	一九一八・〇四・一六	安田裕成	守明	軍属	ー	戦病死	洪川郡乃村面廣岩里七五四	ー
一一五	第四海軍施設部	トラック島	一九四五・一〇・〇三	一九二二・〇一・一八	金海相玉	順文	軍属	父	戦病死	原州郡文幕面碑頭里一〇五九	原州郡興×面茂美里
三一三	第四海軍施設部	トラック島	一九四五・一〇・〇三	一九一二・一一・一六	新木富吉	××	軍属	父	戦病死	高城郡長新邑青里四四一	ー
八九	第四海軍施設部	トラック島	一九四五・一〇・一七	一九一二・一二・〇三	松本官玉	學林	軍属	父	戦病死	横城郡横城面邑下里六二	原州郡神林面松桂里
四七	第四海軍施設部	トラック島	一九四五・一〇・二七	一九一六・一〇・一五	泰山章煥	相徹	軍属	父	戦病死	洪川郡化村面城山里四八七	ー
三一〇	第四海軍施設部	トラック島	一九四五・一一・一八	一九一九・〇八・二〇	金永云風	龍喆	軍属	父	戦病死	高白郡外金剛面倉×里一〇七	ー
二二二	第四海軍施設部	トラック島	一九四五・一一・三〇		清水学祚		軍属		戦病死	淮陽郡上光面新明星	

			一九二一・〇九・〇七	正祚	父		淮陽郡上光面新明星
二二一	第四海軍施設部	トラック島	一九四五・一二・〇三 一九二二・〇二・二四	蘆村敬善 光変	軍属 父	戦病死	淮陽郡上北面上新正里一二七 ―
一四二	第四海軍施設部	ナウル島	一九四三・〇七・二七 一九〇九・〇六・〇九	岩村正鎮 ×蘭	軍属 妻	戦病死	春川郡東面鶴×里七四 ―
一五一	第四海軍施設部	ナウル島	一九四四・〇九・二七 一九一九・〇一・一〇	大源興周 在元	軍属 父	戦病死	旌善郡臨渓面穆院里 ―
一二九	第四海軍施設部	ナウル島	一九四四・一〇・三一 一九一一・〇九・二〇	山本壽甲 氏	軍属 母	戦死	江陵郡江陵邑龍岡町 江陵郡城徳面×岩里
一二八	第四海軍施設部	ナウル島	一九四四・一一・一六 一九二三・〇二・二三	徳山基範 基成	軍属 弟	戦病死	原州郡原州邑上洞里五六 ××郡×東面
九九	第四海軍施設部	ナウル島	一九四四・一一・二三 一九一四・〇九・〇三	桂山三甲 順成	軍属 妻	戦病死	横城郡甲川面新垈里一四五 平昌郡珍富面下珍里
一四七	第四海軍施設部	ナウル島	一九四五・〇一・一二 一九二二・〇八・二四	福川玄圭 炳箕	軍属 父	戦病死	春川郡南面光坂里一〇〇三 ―
一四八	第四海軍施設部	ナウル島	一九四五・〇一・二五 一九二一・〇五・一〇	青山鍾雲 丙姫	軍属 妻	戦病死	春川郡南面楸谷里一一八 ―
二九〇	第四海軍施設部	ナウル島	一九四五・〇三・一二 一九一六・一〇・〇三	金本敬萬 自熙	軍属 父	戦病死	華川郡看東面看天里五六
二二九	第四海軍施設部	ナウル島	一九四五・〇五・二六 一九二二・一〇・〇三	金山煥鳳 仁培	軍属 ―	戦病死	鐵原郡畝長面大馬里八四〇 鐵原郡畝長面大馬里陽馬洞
一三八	第四海軍施設部	ナウル島	一九四五・〇六・二七 一九一九・一一・一六	石山富三 富太	軍属 兄	戦病死	平昌郡平昌面下里一〇六 ―
一三〇	第四海軍施設部	ナウル島	一九四五・〇七・二七 一九一六・一〇・〇三	杵村炳煥 良云	軍属 父	戦病死	江陵郡沙川面沙器幕里
一四四	第四海軍施設部	ナウル島	一九四五・一〇・一〇 一九二二・〇二・二五	松本元泰 昌龍	軍属 父	戦病死	春川郡北山面清平里五九 ―
一三七	第四海軍施設部	ナウル島	一九四五・一〇・二四 一九一〇・〇八・二六	松田茂根 遠五	軍属 ―	戦病死	平昌郡平昌面鍾阜里四四五 ―
三七	第四海軍施設部	メレヨン島	一九四五・〇二・一九 一九〇九・〇一・一二	金斗成 ×野・眞烈	軍属 ―	戦病死	寧浦郡海泉面海星里
六七	第四海軍施設部	メレヨン島	一九四五・〇三・三一 一九二五・〇六・〇三	重光國連 ―	軍属 ―	戦病死	横城郡晴日面柳洞里八四九―一 ―
六六	第四海軍施設部	メレヨン島	一九四五・〇五・〇七 一九二三・一一・二五	新井鍾燮 彦教	軍属 ―	戦病死	横城郡晴日面柳洞里 ―

一四九	第四海軍施設部	サイパン島近海	一九四四・〇六・一五	一九一九・一〇・三〇	柳田壽干	甲姫	軍属	妻	戦死	春川郡新化面栗文里五六七	—
五六	第四海軍施設部	静岡県沼津市	一九四五・一一・一八	一九一四・〇五・〇七	申本用漢	用石	軍属	父	戦病死	洪川郡瑞古面豊岩里七四九	—
六五	第五海軍建築部	サイパン	一九四四・〇七・〇八	一九一六・一二・二三	金本忠烈	氏	軍属	母	戦死	洪川郡北方面上花渓里九七	黄海道延白郡銀川面瀬川里
三四四	第五海軍建築部	サイパン	一九四四・〇七・〇八	一九一九・〇六・一三	柳村星九	興載	軍属	—	戦死	原州郡地正面良提峴七九九	—
三七二	第五海軍建築部	サイパン	一九四四・〇七・〇八	一九一九・〇三・一九	徐周丹	—	軍属	—	戦死	高城郡巨津面蓬坪里三一六	—
一四三	第五海軍建築部	グァム島	一九四四・〇八・一〇	一九一八・〇九・二四	洪聖燮	秉同	軍属	父	戦死	春川郡東面邑安里三二六	華川郡華川面×安里三二六
一五〇	第五海軍建築部	グァム島	一九四四・〇八・一〇	一九二三・〇三・〇三	武山仁達	秉権	軍属	父	戦死	旌善郡臨渓面盤川里	旌善郡北面北坪里
二三三	第五海軍建築部	グァム島	一九四四・〇八・一〇	一九二〇・〇六・一九	芳山敦熙	相段	軍属	父	戦死	通川郡歙谷面龍川里	通川郡歙谷面西旺里
二三四	第五海軍建築部	グァム島	一九四四・〇八・一〇	一九二〇・〇九・〇一	朴東奎	×梅	軍属	母	戦死	通川郡歙谷面松陽里三〇一	—
二三五	第五海軍建築部	グァム島	一九四四・〇八・一〇	一九一五・〇七・一〇	平川昇湖	乙年	軍属	妻	戦死	通川郡鶴一面沛川里	—
二五〇	第五海軍建築部	グァム島	一九四四・〇八・一〇	一九二一・〇七・二〇	平川鳳雲	黄順	軍属	妻	戦死	通川郡通川面馬岩里七五	—
二五七	第五海軍建築部	グァム島	一九四四・〇八・一〇	一九二一・〇六・二五	金本興國	敬林	軍属	母	戦死	通川郡庫底邑叢石里一六	—
二六七	第五海軍建築部	グァム島	一九四四・〇八・一〇	一九二六・〇三・一一	金福南	長春	軍属	父	戦死	華川郡下南面原川里七七	—
二六八	第五海軍建築部	グァム島	一九四四・〇八・一〇	一九二二・〇八・一九	松本義弘	基思	軍属	妻	戦死	華川郡下南面伍羅里三二二	—
二六九	第五海軍建築部	グァム島	一九四四・〇八・一〇	一九二三・〇五・一〇	松本俊吉	姓女	軍属	妻	戦死	華川郡下南面伍羅二五一	—
二八七	第五海軍建築部	グァム島	一九四四・〇八・一〇	一九二二・〇五・二六	林景學	鳳洙	軍属	父	戦死	華川郡華川面中里二一一	—
二八八	第五海軍建築部	グァム島	一九四四・〇八・一〇	一九二一・〇一・一五	張田春興	宇昌	軍属	父	戦死	華川郡華川面上里四七	—
三六九	第六根拠地隊	南洋群島	一九四四・〇二・〇六		森岡石山		軍属		戦死	蔚珍郡箕沙面邱山里九九	

			一九一九・一二・〇七	順平	妻		—
一二六	第八海軍建築部	四国南方海面	一九四三・一一・〇二 一九一三・〇八・一〇	金本文光 求子	軍属 母	戦死	原州郡原州邑旭町一五〇 —
一三三	第八海軍建築部	ニューギニア、タルヒヤ沖	一九四四・〇四・二一 —	朴本太郎 —	軍属 —	戦死	不詳 江陵郡億佐面田泉里
一六二	第八海軍施設部	四国南方海面	一九四三・〇七・〇二 一九二三・一二・〇一	金澤吉龍 仲変	軍属 父	戦死	金化郡遠東面栗沙里五一六 —
一八四	第八海軍施設部	四国南方海面	一九四三・一一・〇二 一九二三・〇二・二四	岩原松雨 鍾晟	軍属 父	戦死	襄陽郡東草邑麓里一一九 咸北道會寧郡會寧邑四洞二区四〇六
二四二	第八海軍施設部	四国南方海面	一九四三・一一・〇二 一九一二・〇七・〇三	林守業 雲連	軍属 妻	戦死	通川郡通川面西里六九 咸鏡南道文川郡文川面玉坪里
一一	第一五海軍警備隊	バシー海峡	一九四四・〇九・〇九 一九二五・一二・二五	豊川隆夫 玉氏	上水 母	戦死	三陟郡併連面古土里一〇二 —
二四	第一五海軍警備隊	バシー海峡	一九四四・〇九・〇九 一九二六・一二・二八	美本澤俊 氏	上水 父	戦死	通川郡臨海面雲岩里三六九 —
二五	第一五海軍警備隊	バシー海峡	一九四四・〇九・〇九 一九二五・〇八・一〇	金本栄萬 任準	上主 父	戦死	華川郡上南面峰吾里六三二 春川郡新北面×文里三三八
二七	第一六海軍警備隊	バシー海峡	一九四四・〇九・〇九 一九二四・〇四・二〇	清原昌雄 應嬅	上水 母	戦死	金化郡昌道面灰峴里三三九 —
四六三	第二一海軍燃料廠	ルソン島中部	一九四五・〇七・〇八 一九一六・〇一・一八	島一壽昌 三禮	軍属 妻	戦死	洪川郡北方面下花渓里一三五 —
四六四	第二一海軍燃料廠	ルソン島中部	一九四五・〇七・〇八 一九二三・〇四・一〇	平李啓昇 李岏	軍属 兄	戦死	洪川郡南面楡時里一三五八 洪川郡南面楡時里一二三八
四二	第三〇海軍建築部	ペリリュー島	一九四四・〇九・一五 一九二一・〇二・二九	松本連花 圭容	軍属 —	戦死	寧越郡水周面法興里六三一 横城郡安興面松寒里
六八	第三〇海軍建築部	ペリリュー島	一九四四・〇九・一五 一九一九・〇三・二〇	漢松秉善 徳五	軍属 父	戦死	横城郡晴日面春蘆里四二九 —
六九	第三〇海軍建築部	ペリリュー島	一九四四・〇九・一五 一九二二・〇四・〇一	三山柄大 柄仁	軍属 兄	戦死	横城郡晴日面兵之坊里 —
七〇	第三〇海軍建築部	ペリリュー島	一九四四・〇九・一五 一九一八・〇七・〇九	山本仁徳 相禹	軍属 父	戦死	横城郡晴日面革峴里一八七 —
七一	第三〇海軍建築部	ペリリュー島	一九四四・〇九・一五 一九一九・一一・〇二	洪仁福 文南	軍属	戦死	横城郡晴日面春蘆里一五六 —
七二	第三〇海軍建築部	ペリリュー島	一九四四・〇九・一五 一九一九・一二・〇五	穂積吉燦 時顕	軍属 父	戦死	横城郡晴日面革峴里一四八 —

七三	第三〇海軍建築部	ペリリュー島	一九四四・〇九・一五 一九二二・一一・〇七	平沼明均 炳×	軍属 父	戦死	横城郡公根面陶谷里二三一 ―
七四	第三〇海軍建築部	ペリリュー島	一九四四・〇九・一五 一九二二・一一・〇八	李容寛 昌成	軍属 父	戦死	横城郡公根面清谷里二五三 ―
七五	第三〇海軍建築部	ペリリュー島	一九四四・〇九・一五 一九二三・〇三・三〇	新井鍾學 英珍	軍属 父	戦死	横城郡書院面楡峴里六六四 ―
七六	第三〇海軍建築部	ペリリュー島	一九四四・〇九・一五 一九二二・〇九・二五	安田聖俊 鍾翊	軍属 父	戦死	横城郡書院面倉村里五九一 ―
七八	第三〇海軍建築部	ペリリュー島	一九四四・〇九・一五 一九一八・〇四・〇五	原岡圭喜 學善	軍属 兄	戦死	横城郡安興面上大里三八六 ―
七九	第三〇海軍建築部	ペリリュー島	一九四四・〇九・一五 一九一六・一一・二一	金谷長× ×興	軍属 父	戦死	横城郡安興面池錦里一七五 ―
八〇	第三〇海軍建築部	ペリリュー島	一九四四・〇九・一五 一九二一・一一・一〇	金山學洙 興地	軍属 父	戦死	横城郡安興面上安興里一二三 ―
八一	第三〇海軍建築部	ペリリュー島	一九四四・〇九・一五 一九二〇・〇九・〇六	國本應達 寧載	軍属 妻	戦死	横城郡安興面安興里一二三 ―
八二	第三〇海軍建築部	ペリリュー島	一九四四・〇九・一五 一九二一・〇六・一五	梅原學斗 在植	軍属 父	戦死	横城郡安興面松寒里一六九 ―
八三	第三〇海軍建築部	ペリリュー島	一九四四・〇九・一五 一九二一・〇八・一〇	梅原允吉 五×雲	軍属 父	戦死	横城郡安興面安興里九二 ―
八四	第三〇海軍建築部	ペリリュー島	一九四四・〇九・一五 一九一三・〇九・〇八	池村昌淳 貴奉	軍属 妻	戦死	横城郡安興面池邱里五九六 ―
八五	第三〇海軍建築部	ペリリュー島	一九四四・〇九・一五 一九一九・〇二・二四	松岩競雨 香蘭	軍属 母	戦死	横城郡安興面池邱里四一三 ―
八六	第三〇海軍建築部	ペリリュー島	一九四四・〇九・一五 一九二三・〇二・〇八	恩宋栄元 清連	軍属 父	戦死	横城郡隅川面陽赤里一四五 ―
八七	第三〇海軍建築部	ペリリュー島	一九四四・〇九・一五 一九一六・〇一・〇八	都壽萬 千蘭	軍属 妻	戦死	横城郡隅川面陽赤里五八一 ―
八八	第三〇海軍建築部	ペリリュー島	一九四四・〇九・一五 一九〇九・〇四・〇一	石哲石 二國	軍属 ―	戦死	横城郡隅川面陽赤里八三一 ―
九〇	第三〇海軍建築部	ペリリュー島	一九四四・〇九・一五 一九一八・〇一・一五	松田才泳・戊泳 金村漢淳	軍属 父	戦死	横城郡横城面邑上里三七三 ―
九一	第三〇海軍建築部	ペリリュー島	一九四四・〇九・一五 一九二三・〇二・二八	松岩清雨 鳳業	軍属 父	戦死	横城郡横城面永洞里五一七 ―
九二	第三〇海軍建築部	ペリリュー島	一九四四・〇九・一五	金本光正	軍属	戦死	横城郡横城面橋頂里一四

			一九〇九・〇七・二八	順香	妻		横城郡横城面邑上里二八四
九三	第三〇海軍建築部	ペリリュー島	一九四四・〇九・一五 一九一八・〇九・一一	金城吉玉 吉哲	軍属 兄	戦死	横城郡横城面邑下里三二九 ―
九四	第三〇海軍建築部	ペリリュー島	一九四四・〇九・一五 一九二〇・〇一・〇二	世林龍順 朴栄順	軍属 父	戦死	横城郡横城面邑下里 横城郡隅川面正庵里
九五	第三〇海軍建築部	ペリリュー島	一九四四・〇九・一五 一九一六・〇五・二八	岡本春実 明石	軍属 父	戦死	横城郡比内面屯坊内里八一 ―
九六	第三〇海軍建築部	ペリリュー島	一九四四・〇九・一五 一九一六・〇四・〇六	松山鳳君 龍吉	軍属 父	戦死	横城郡比内面屯坊内里四五 ―
九七	第三〇海軍建築部	ペリリュー島	一九四四・〇九・一五 ―	白川承福 ―	軍属 ―	戦死	横城郡比内面屯坊内里四一五 ―
九八	第三〇海軍建築部	ペリリュー島	一九四四・〇九・一五 一九二五・一二・〇二	佳川成録 春澤	軍属 父	戦死	横城郡比内面屯坊内里四一五 ―
一〇一	第三〇海軍建築部	ペリリュー島	一九四四・〇九・一五 一九二〇・一一・三〇	金村炯慶 溶奎	軍属 父	戦死	横城郡甲川面甲川里二八二 ―
一〇二	第三〇海軍建築部	ペリリュー島	一九四四・〇九・一五 一九二〇・〇八・二三	遂安栄喜 福成	軍属 兄	戦死	横城郡甲川面梅月里二九 ―
一〇三	第三〇海軍建築部	ペリリュー島	一九四四・〇九・一五 一九二〇・〇五・一四	金田昌煥 東星	軍属 父	戦死	横城郡甲川面楡坪里 ―
一〇四	第三〇海軍建築部	ペリリュー島	一九四四・〇九・一五 一九二〇・〇四・一五	金澤炳基 聖姫	軍属 母	戦死	横城郡甲川面古時里三九一 横城郡横城面邑内里
一〇六	第三〇海軍建築部	ペリリュー島	一九四四・〇九・一五 ―	金田昌河 容海	軍属 父	戦死	襄陽郡県南面元津里一三〇 ―
一〇七	第三〇海軍建築部	ペリリュー島	一九四四・〇九・一五 一九二〇・〇五・〇三	金山盛夫 元成	軍属 父	戦死	襄陽郡県南面笠巌里九一 ―
一〇八	第三〇海軍建築部	ペリリュー島	一九四四・〇九・一五 一九二一・〇二・〇六	浅井定井 浅井淳玉	軍属 父	戦死	襄陽郡県北面箕恃里七八 ―
一〇九	第三〇海軍建築部	ペリリュー島	一九四四・〇九・一五 一九二三・〇五・二一	安本明諸 鎔洙	軍属 父	戦死	襄陽郡県北面箕恃里一三七 ―
一一〇	第三〇海軍建築部	ペリリュー島	一九四四・〇九・一五 一九二二・〇五・二一	平沼　旭 斗柄	軍属 父	戦死	襄陽郡県北面箕恃里一三七 ―
一一四	第三〇海軍建築部	ペリリュー島	一九四四・〇九・一五 一九二一・一二・一〇	呉原仁山 ×氏	軍属 母	戦死	原州郡神村面黄屯里五九五 横城郡××面玄川里九一六
一四〇	第三〇海軍建築部	ペリリュー島	一九四四・〇九・一五 一九二一・一一・〇五	金城鎮煥 玉順	軍属 妻	戦死	平昌郡芳林面桂村里四二 横城郡安興面安興里

番号	所属	場所	年月日	氏名	身分・続柄	区分	本籍・住所
一四六	第三〇海軍建築部	ペリリュー島	一九四四・〇九・一五 一九一七・〇三・一八	島園昇和 昇吉	軍属 —	戦死	春川郡春川邑壽町四三一 —
一五四	第三〇海軍建築部	ペリリュー島	一九四四・〇九・一五 一九二二・一〇・一四	金井潤泰 逢泰	軍属 兄	戦死	金化郡西面清陽里九八四 —
一五五	第三〇海軍建築部	ペリリュー島	一九四四・〇九・一五 一九一五・一〇・〇八	木野根泰 王男	軍属 妻	戦死	金化郡西面清陽里一〇〇九 —
一五六	第三〇海軍建築部	ペリリュー島	一九四四・〇九・一五 一九二三・〇一・〇六	金平錬洙 洪基	軍属 父	戦死	金化郡西面清陽里九八八 —
一五七	第三〇海軍建築部	ペリリュー島	一九四四・〇九・一五 一九一八・〇三・〇九	金原鎮豊 姓女	軍属 妻	戦死	金化郡西南面清陽里一〇三五 —
一五八	第三〇海軍建築部	ペリリュー島	一九四四・〇九・一五 一九一五・〇四・〇一	金本星斗 永斗	軍属 従兄	戦死	金化郡近南面春谷里八四 —
一五九	第三〇海軍建築部	ペリリュー島	一九四四・〇九・一五 一九二二・〇三・二四	松江雲基 ×貞	軍属 母	戦死	金化郡近南面陽池里四三二 —
一六五	第三〇海軍建築部	ペリリュー島	一九四四・〇九・一五 一九一七・〇二・一六	柳章烈 弼永	軍属 祖父	戦死	金化郡近東面牙沈里七一五 —
一六六	第三〇海軍建築部	ペリリュー島	一九四四・〇九・一五 一九二一・〇四・二〇	原田君錫 萬山	軍属 父	戦死	金化郡近東面芳通里二〇六 —
一六七	第三〇海軍建築部	ペリリュー島	一九四四・〇九・一五 一九一七・〇七・〇三	新井玄錫 萬石	軍属 兄	戦死	金化郡近南面馬峴里九〇一 —
一六八	第三〇海軍建築部	ペリリュー島	一九四四・〇九・一五 一九一九・〇三・一三	金海昌玉 貞玉	軍属 妻	戦死	金化郡近東面牙沈里二一一 —
一七二	第三〇海軍建築部	ペリリュー島	一九四四・〇九・一五 一九二〇・〇一・一六	西原龍信 徳基	軍属 妻	戦死	金化郡金化邑生昌里六六 —
一七三	第三〇海軍建築部	ペリリュー島	一九四四・〇九・一五 一九二三・〇三・一〇	木村壽夫 ×泳	軍属 父	戦死	金化郡金化邑岩井里五〇 —
一七四	第三〇海軍建築部	ペリリュー島	一九四四・〇九・一五 一九一九・一〇・二〇	長谷川仁植 命吉	軍属 叔父	戦死	金化郡金化邑岩井里五〇 金化郡金化邑岩井里三四
一七五	第三〇海軍建築部	ペリリュー島	一九四四・〇九・一五 一九一〇・〇四・二一	金原永足 弘×	軍属 妻	戦死	金化郡金化邑岩井里三四 —
一七六	第三〇海軍建築部	ペリリュー島	一九四四・〇九・一五 一九一五・〇四・〇一	宮本啓陽 鶴在	軍属 父	戦死	金化郡金化邑岩井里二三 —
一七七	第三〇海軍建築部	ペリリュー島	一九四四・〇九・一五 一九一八・〇一・二九	元川基浩 鎮鉉	軍属 父	戦死	金化郡金化邑岩井里二九 —
一七八	第三〇海軍建築部	ペリリュー島	一九四四・〇九・一五	金村大観	軍属	戦死	金化郡金化邑岩井里三一

番号	所属	死亡場所	死亡年月日 生年月日	氏名	身分 続柄	死因	本籍 住所
			一九二一・〇三・〇三	寶玉	妻		ー
一八三	第三〇海軍建築部	ペリリュー島	一九四四・〇九・一五 一九一六・〇二・二五	星山千根 春孫	軍属 父	戦死	襄陽郡東草邑東草里一三 横城郡甲川面楡坪里
一八五	第三〇海軍建築部	ペリリュー島	一九四四・〇九・一五 一九二二・一一・〇六	金山丁信 丁種	軍属 兄	戦死	襄陽郡東草邑東草里一一九 ー
一八六	第三〇海軍建築部	ペリリュー島	一九四四・〇九・一五 一九二三・〇一・二九	富田雲奉 敬心	軍属 母	戦死	襄陽郡東草邑東草里六八 ー
一八七	第三〇海軍建築部	ペリリュー島	一九四四・〇九・一五 一九二二・〇一・〇四	金山茂盛 仁元	軍属 兄	戦死	襄陽郡東草邑東草里一八 ×城郡××
一八八	第三〇海軍建築部	ペリリュー島	一九四四・〇九・一五 ー	河本永春 永×	軍属 兄	戦死	襄陽郡東草邑東草里一〇五 ー
一八九	第三〇海軍建築部	ペリリュー島	一九四四・〇九・一五 一九二二・〇八・〇五	原田元釟 玉×	軍属 母	戦死	襄陽郡東草邑東草里一二二 ー
一九〇	第三〇海軍建築部	ペリリュー島	一九四四・〇九・一五 ー	岩本清雄 富行	軍属 父	戦死	襄陽郡東草邑東草里三六一 ー
一九一	第三〇海軍建築部	ペリリュー島	一九四四・〇九・一五 一九二二・一二・一四	三原永吉 ×甫	軍属 父	戦死	襄陽郡土城面沙津里一〇四 ー
一九二	第三〇海軍建築部	ペリリュー島	一九四四・〇九・一五 一九二〇・一二・〇九	平山世垣 應祚	軍属 父	戦死	襄陽郡土城面我也津里一五八 ー
一九三	第三〇海軍建築部	ペリリュー島	一九四四・〇九・一五 一九二二・〇三・〇四	金本道仁 興福	軍属 父	戦死	襄陽郡竹旺面我也津里三五 ー
一九四	第三〇海軍建築部	ペリリュー島	一九四四・〇九・一五 一九二〇・〇六・二〇	金宮在鉉 龍乙	軍属 父	戦死	襄陽郡竹西面五峰里六七九 ー
一九五	第三〇海軍建築部	ペリリュー島	一九四四・〇九・一五 一九二三・〇三・二四	金山丙植 應珉	軍属 父	戦死	襄陽郡竹旺面文岩津里一九七 ー
一九六	第三〇海軍建築部	ペリリュー島	一九四四・〇九・一五 一九二二・一一・一六	松田興林 秉鶴	軍属 父	戦死	襄陽郡竹旺面文岩津里四六 ー
一九七	第三〇海軍建築部	ペリリュー島	一九四四・〇九・一五 一九二三・〇九・二〇	平沼孟漢 鳳鉉	軍属 父	戦死	襄陽郡竹旺面三浦里五一〇 ー
一九八	第三〇海軍建築部	ペリリュー島	一九四四・〇九・一五 一九二三・〇四・〇一	吉村栄益 在祐	軍属 父	戦死	襄陽郡共陽面柯坪里九四 襄陽郡共陽面柯坪里九四
一九九	第三〇海軍建築部	ペリリュー島	一九四四・〇九・一五 一九二三・〇四・〇一	中山靖栄 順用	軍属 父	戦死	襄陽郡巽陽面水山里九〇 ー
二〇〇	第三〇海軍建築部	ペリリュー島	一九四四・〇九・一五 一九二三・〇八・二六	松山良洙 良根	軍属 兄	戦死	襄陽郡巽陽面水山里 ー

番号	所属	場所	年月日	氏名	続柄	事由	本籍
二〇一	第三〇海軍建築部	ペリリュー島	一九四四・〇九・一五 一九二三・〇七・〇七	慶山東煥 徳俊	軍属 父	戦死	襄陽郡巽陽面清山里 ー
二〇四	第三〇海軍建築部	ペリリュー島	一九四四・〇九・一五 一九一八・〇四・一九	秋田昌燁 秋峴學	軍属 父	戦死	襄陽郡降峴面松田里七四 ー
二〇五	第三〇海軍建築部	ペリリュー島	一九四四・〇九・一五 一九一九・〇四・一八	松山勤植 學祚	軍属 父	戦死	襄陽郡降峴面前津里一三 ー
二〇六	第三〇海軍建築部	ペリリュー島	一九四四・〇九・一五 一九一六・〇三・二八	常本斗星 ー	軍属 ー	戦死	襄陽郡降峴面前津里一三 ー
二〇七	第三〇海軍建築部	ペリリュー島	一九四四・〇九・一五 一九二〇・〇三・〇五	金山國煥 東源	軍属 父	戦死	襄陽郡降峴面石橋里 ー
二〇八	第三〇海軍建築部	ペリリュー島	一九四四・〇九・一五 一九二一・一二・二五	香山永春 錦花	軍属 母	戦死	襄陽郡降峴面沕淄里 ー
二〇九	第三〇海軍建築部	ペリリュー島	一九四四・〇九・一五 一九一八・〇四・二〇	良源在萬 在明	軍属 兄	戦死	襄陽郡降峴面石橋里一六一 ー
二一〇	第三〇海軍建築部	ペリリュー島	一九四四・〇九・一五 一九二一・一一・一一	鄭仁和 順女	軍属 妻	戦死	襄陽郡降峴面沕淄里九 ー
二一四	第三〇海軍建築部	ペリリュー島	一九四四・〇九・一五 一九二三・〇五・〇二	浅原光福 鳳順	軍属 父	戦死	襄陽郡襄陽面連昌里一〇八 襄陽郡襄陽面連昌里一〇八
二一七	第三〇海軍建築部	ペリリュー島	一九四四・〇九・一五 一九二一・一二・〇一	公山致相 龍雲	軍属 父	戦死	平康郡南面芝岩里三三五 金化郡近北面城岩里
三〇〇	第三〇海軍建築部	ペリリュー島	一九四四・〇九・一五 一九一五・一二・一二	龍仁昌圭 申昭明	軍属 叔母	戦死	楊口郡東面林塘里四四 金化郡
三四〇	第三〇海軍建築部	ペリリュー島	一九四四・一二・三一 一九一四・〇四・二五	金先奉 仁成	軍属 ー	戦死	洪川郡南面陽徳院里 ー
三五八	第三〇海軍建築部	ペリリュー島	一九四四・一二・三一 一九〇九・〇七・一九	村野鳳仁 在慶	軍属 ー	戦死	寧越郡下東面大野里 ー
三五九	第三〇海軍建築部	ペリリュー島	一九四四・一二・三一 一九〇〇・〇四・二一	方山在規 容徳	軍属 ー	戦死	寧越郡魚上川面在県里 寧越郡上東面内徳里
三六〇	第三〇海軍建築部	ペリリュー島	一九四四・一二・三一 一九〇六・一一・一九	韓周泰 相元	軍属 ー	戦死	寧越郡魚上川面在県里 寧越郡上東面内徳里
三六一	第三〇海軍建築部	ペリリュー島	一九四四・一二・三一 一九二〇・〇六・一六	田海成 仁洙	軍属 ー	戦死	寧越郡下東面角洞里 ー
三六二	第三〇海軍建築部	ペリリュー島	一九四四・一二・三一 一九二〇・〇六・二二	金壽元 ー	軍属 ー	戦死	寧越郡下東面大野里 ー
三六三	第三〇海軍建築部	ペリリュー島	一九四四・一二・三一	高相樂	軍属	戦死	寧越郡上東面高頭石里

			一九一四・〇三・二七	鳳西	—		—
三六四	第三〇海軍建築部	ペリリュー島	一九四四・一二・三一 一九一四・〇六・〇七	張宗鎬 —	軍属 —	戦死	寧越郡北面磨磋里 —
三六五	第三〇海軍建築部	ペリリュー島	一九四四・一二・三一 —	蔡奎殷 俊黙	軍属 —	戦死	寧越郡酒泉面新日里 —
一七〇	第三〇海軍建築部	パラオ島	一九四五・〇六・三〇 一九〇九・〇一・一六	東島永吉 中立	軍属 父	戦病死	金化郡金城面上里一〇四 —
一六一	第三〇海軍建築部	パラオ島	一九四五・〇七・二〇 一九一四・一一・二〇	森野文雄 忠	軍属 四男	戦病死	金化郡遠東面長湖里七六一 —
五三五	第三三特別根拠地隊	比島サマル島	一九四四・〇九・〇九 一九二五・一一・二四	新井相勳 在本	軍属 父	戦死	襄陽郡県南面銅山里一八〇 江陵郡注文津面注文津邑
五〇一	第一〇三海軍施設部	東沙島東南海面	一九四四・一一・〇一 一九一六・〇二・一六	申鍾俊 泰旭	軍属 父	戦死	金化郡昌道面昌道里一〇八 金化郡昌道面昌道里一〇八
四三七	第一〇三海軍施設部	ルソン島北部	一九四五・〇六・一〇 一九二三・〇九・二二	金納在吉 —	軍属 —	戦死	原州郡原州邑下洞里 —
四四六	第一〇三海軍施設部	ルソン島北部	一九四五・〇六・一〇 一九二三・〇七・一〇	金澤鶴来 —	軍属 —	戦死	横城郡隅川面下水南里一二一 —
三九五	第一〇三海軍施設部	ルソン島マニラ東方山中	一九四五・〇六・三〇 一九一六・〇八・二〇	大峰甘態 甲成	軍属 弟	戦死	春川郡東山面朝陽里三四五 春川郡東山面朝陽里三四五
四三四	第一〇三海軍施設部	ルソン島マニラ東方山中	一九四五・〇六・三〇 一九二二・〇七・二五	利原永修 範伊	軍属 父	戦死	原州郡原州邑沙川里五五 原州郡原州邑鳳山町
四四五	第一〇三海軍施設部	ルソン島マニラ東方山中	一九四五・〇六・三〇 一九二一・〇二・二八	徳澤明永 —	軍属 —	戦死	横城郡隅川面下水南里六七 —
四九二	第一〇三海軍施設部	ルソン島マニラ東方山中	一九四五・〇六・三〇 一九一八・〇九・〇一	松本俊鉉 —	軍属 —	戦死	淮陽郡泗東面下支石里 —
四一四	第一〇四海軍施設部	ルソン島	一九四五・〇六・一〇 一九二五・〇三・一〇	金本東寶 右河	軍属 父	戦死	三陟郡未老面下上田里 —
四一七	第一〇五海軍施設部	ルソン島	一九四五・〇六・一〇 一九二七・〇四・一〇	金富鉉・吉田義明 —	軍属 —	戦死	蔚珍郡宜南面春谷里六二八 —
四三六	第一〇六海軍施設部	ルソン島北部	一九四五・〇六・一〇 一九二〇・〇三・一〇	金城庄泰 —	軍属 —	戦死	原州郡興業面梅芝里三四八 —
四五九	第一〇九海軍施設部	ルソン島	一九四五・〇六・一〇 一九二三・一二・〇三	平木健徳 —	軍属 —	戦死	洪川郡南面詩洞里一〇三四 —
五〇二	第一一〇海軍施設部	ルソン島	一九四五・〇六・一〇 一九二三・一一・一〇	金江泰壽 —	軍属 —	戦死	金化郡金化邑鶴沙里 —

五〇三	第一一一海軍施設部	ルソン島	一九四五・〇六・一〇 一九一七・〇六・〇四	金海俊基 —	軍属 —	戦死	金化郡西面清陽里九七九 —
三一九	第二〇二設営隊	本州南東方海面	一九四三・一二・一二 一九二五・〇二・一八	張間俊廣 亮助	軍属 兄	戦死	金化郡遠東面長淵里 —
三三七	第二〇二設営隊	ビアク島	一九四四・〇八・〇一 一九二二・〇六・〇九	昌本圭卓 ×煥	軍属 父	戦死	江陵郡鏡浦面雲亭里四五一 —
一八	第二〇三海軍航空隊	鹿児島県笠原 急性心臓炎	一九四五・〇七・一八 一九二七・一二・一五	原本武一 宇助	上整 父	死亡	旌善郡臨渓面松渓里七二五 —
四	第二出水海軍航空隊	鹿児島県笠原	一九四五・〇八・〇七 一九二七・〇二・〇二	豊野恒義 月龍	上整 母	戦死	原州郡貴来面貴来里一七九九 寧越郡下東面玉洞里
三七六	第二〇四設営隊	硫黄島近海	一九四三・一二・〇八 一八九一・一一・二〇	林清一郎 —	軍属 —	戦死	淮陽郡淮陽面呂内里 —
三八二	第二〇四設営隊	硫黄島	一九四五・〇三・一七 一九二三・〇四・二九	金井孝一 —	軍属 —	戦死	伊川郡龍洞面龍秋里四四六 —
五〇五	第二一二設営隊	ラバウル	一九四三・一二・一九 一九二四・〇二・〇四	金村光夫 光政	軍属 兄	戦死	金化郡道南道白陽里 —
四三五	第二一四設営隊	ペリリュー島	一九四四・一二・三一 一九二一・一二・二八	元村昌富 —	軍属 —	戦死	原州郡興業面茂実里九二四 原州郡興業面茂実里九二四
四八七	第二一四設営隊	ペリリュー島	一九四四・一二・三一 一九二〇・〇九・二一	平沼致相 ×相	軍属 兄	戦死	楊口郡南面晴里九七二 楊口郡南面晴里九七二
三九六	第二一五設営隊	ダバオ	一九四四・一〇・三〇 一九一六・〇九・一七	木本千吉 聖弼	軍属 父	戦病死	春川郡文内面昭月里二二五 —
三九七	第二一五設営隊	ダバオ	一九四四・一一・〇六 一九二二・〇八・一五	山城海洙 春化	軍属 父	戦病死	春川郡東面品安里一二一 —
五〇四	第二一五設営隊	ダバオ	一九四五・〇五・二六 一九一七・〇九・一五	完福里 粉金	軍属 —	戦死	金化郡通口面県里 —
四九九	第二一七設営隊	グァム島	一九四四・一二・二八 一九二三・一二・〇六	星山壮憲 壮周	軍属 兄	戦死	金化郡遠南面南石里 —
四四七	第二一九設営隊	ルソン島	一九四五・〇七・〇八 一九一九・〇八・一六	平原金龍 ×女	軍属 妻	戦死	横城郡公根面清谷里 横城郡公根面清谷里
四八八	第二一九設営隊	ルソン島	一九四五・〇七・〇八 一九一五・〇八・〇四	洪原基燮 東圭	軍属 父	戦死	楊口郡水入面文登里一区一〇二 楊口郡東面林塘里八四
四八九	第二一九設営隊	ルソン島	一九四五・〇七・〇八 一九一七・〇七・二九	豊山白元 白龍	軍属 兄	戦死	楊口郡東面林塘里一区六〇八 楊口郡東面林塘里一区六〇八
五〇〇	第二一九設営隊	ルソン島中部	一九四五・〇七・〇八	金海栄煥	軍属	戦死	金化郡達南面南屯里一二四

[番号]	[所属]	[死亡場所]		[氏名]	[身分・続柄]		
			一九二二・〇七・〇七	炳泰	父		金化郡達南面南屯里一二四
五一七	第二三三設営隊	父島西方	一九四四・〇二・二三	新木隆輝	軍属	戦死	春川郡新北面栗文里五五二
			一九二三・〇五・一七	隆宗	兄		春川郡新北面栗文里五五二
五二三	第二二六設営隊	沖縄小禄	一九四五・〇六・〇三	長弓徳逸	軍属	戦死	蔚珍郡平海面平海里八八八
			一九〇七・〇九・一四	金英	妻		—
五四一	第二三三設営隊	テニアン島マルポ	一九四四・〇七・二七	金本　勇	軍属	戦死	蔚珍郡箕城面黄堡里七四一
			一九二五・一一・二三	有太郎	父		—
五三九	第二三三設営隊	テニアン島東海岸	一九四四・〇七・二九	義城相允	軍属	戦死	蔚珍郡平海面平海
			一九一四・〇三・一四	淳	妻		—
五四二	第二三五設営隊	セブ島	一九四五・〇四・〇七	豊原萬國	軍属	戦病死	高城郡外金剛面温井里
			一九一六・一一・一〇	發順	妻		高城郡外金剛面温井里
五三八	第二三五設営隊	セブ島	一九四五・〇四・二八	金本良治	軍属	戦死	蔚珍郡平海面直山里一一六四
			一九一二・〇七・〇四	左郎	父		蔚珍郡平海面直山里一一六四
五三六	第二三五設営隊	セブ島	一九四五・〇五・二九	三本東龍	軍属	戦死	蔚珍郡温井面廣品里三一八
			一九一七・一二・〇七	貞淑	妻		—
五三七	第二三五設営隊	ネグロス島	一九四五・〇八・〇四	伊山斗植	軍属	戦死	蔚珍郡平海面三栗里
			一九二一・〇五・〇二	金童	妻		蔚珍郡平海面三栗里
五四〇	第二三五設営隊	ネグロス島	一九四五・〇九・二三	安田正禄	軍属	戦病死	蔚珍郡箕城面烽山里二六一
			一九一二・〇七・〇七	壽子	妻		—
一二	第二五四航空隊	バシー海峡	一九四四・〇九・〇九	陽島眞行	工整	戦死	襄陽郡来南面遠浦里一二四
			一九二四・〇五・一二	泰吉	父		—
三一	第二五四航空隊	バシー海峡	一九四四・〇九・〇九	木本啓東	上整	戦死	淮陽郡蘭谷面泥浦里二八〇
			一九二五・〇二・〇二	源栄	父		咸鏡南道元山府新村洞三一
五一三	盛京丸	本州東方海面	一九四二・一〇・二三	木原海明	軍属	戦死	原州郡好楮面加峴里五五
			—	慶周	父		京畿道京城府蓬東町三丁目
五一五	第五播州丸	トラック近海	一九四三・〇四・一二	池本逸道	軍属	戦死	蔚珍郡西面
			—	池本仁植	父		—
五一六	第五播州丸	トラック近海	一九四三・〇四・一二	李有福	軍属	戦死	蔚珍郡平海面厚洞里
			—	—	—		—
三一七	錦江丸	黄海	一九四三・〇五・〇五	新森七星	軍属	戦死	淮陽郡上北面道納里六九八
			一八九七・一二・二四	—	—		—
四二一	荒神丸	ラバウル	一九四三・〇七・二五	大城錫起	軍属	戦死	蔚珍郡平海面白雲里一四九
			一九一七・〇五・〇一	李昷永	父		—
五一二	第五濤江丸	ソロモン諸島	一九四三・〇八・〇四	林田二郎	軍属	戦死	江陽郡注文津邑注文里
			—	—	—		—

一五二	加智山丸	本邦南方海面	一九四三・〇九・一八 一九一六・〇二・二〇	木好春植 —	軍属 —	戦死	江陵郡江東面正東津里一九五 —
四九七	興西丸	九州南方海面	一九四三・一一・一一 一九二一・〇一・〇六	呉山文守 贇奉	軍属 父	戦死	高城郡長箭邑長箭里六〇一 —
三一八	第八多聞丸	南支那海	一九四四・〇一・〇四 一九〇〇・〇八・〇三	玉山金太郎 —	軍属 —	戦死	通川郡庫底邑新月里五七 —
五三一	第五華中丸	ソロモン諸島 マラリア	一九四四・〇一・二五 —	×田俊均 淳赫	軍属 父	戦病死	襄陽郡襄陽面仁邱里一六 —
三九二	北陸丸	南支那海	一九四四・〇三・一八 一九〇五・一一・〇五	大本謙一 —	軍属 —	戦死	楊口郡東面八郎里四九八 忠清南道論山郡江景里邑
五三二	第二一心丸	ソロモン諸島	一九四四・〇三・一九 一九一九・〇二・二八	金本鍾大 春禮	軍属 妻	戦死	通川郡庫底邑浦堤里二 —
五二四	第二七日之出丸	ソロモン諸島 マラリア	一九四四・〇四・〇九 一九二五・〇九・一五	山本奇元 萬碩	軍属 叔父	戦病死	蔚珍郡平海面厚浦里二七 —
五二〇	第二一心丸	ソロモン諸島 マラリア	一九四四・〇五・〇三 一九二六・〇六・二〇	大川福守 泰仁	軍属 父	戦病死	江陵郡沙川面沙川津里 —
五三三	第三三重丸	ソロモン諸島	一九四四・〇五・〇四 一九一八・〇一・二五	新井華植 ×植	軍属 弟	戦死	通川郡庫底邑寶通里三八 —
五二一	第六大勝丸	ソロモン諸島	一九四四・〇五・二四 一九〇八・一〇・〇七	金讃琦 熙淑	軍属 妻	戦病死	麟蹄郡内面栗田里三九二 —
四一五	麗海丸	南洋群島	一九四四・〇六・一二 一九二五・〇二・〇二	金森秀吉 芳元	軍属 —	戦死	三陟郡蘆谷面古月里二〇八 —
五二八	第二興東丸	南支那海	一九四四・〇七・〇八 —	和田昌植 守針	軍属 母	戦死	高城郡県内面緒津里一五 —
四九八	第一一大和丸	南洋群島	一九四四・〇七・一六 一九二五・一一・〇七	松原尚基 亀伊	軍属 父	戦死	高城郡長箭邑岬町二五一九—一 —
四九四	第一二伊勢丸	小笠原諸島	一九四四・〇七・一九 一九二〇・〇三・二〇	伊瀬長太郎 —	軍属 —	戦死	通川郡庫底邑下庫底里七七 —
五一四	第一泰豊丸	ビルマ	一九四四・〇七・二三 —	山井光燮 —	軍属 —	戦死	洪川郡瑞石面 —
五二六	第六住吉丸	ビスマルク諸島 脚気	一九四四・〇八・〇一 —	金先栄 濱松月	軍属 母	戦病死	三陟郡北三面九湖里 —
三九九	第七大源丸	東支那海	一九四四・〇八・一四 一九一八・〇七・二一	藤原正雄 久雄	軍属 弟	戦死	春川郡春川邑壽町四〇四 —
四三三	第三佳隆丸	フィリピン	一九四四・〇八・二九	大山延玉	軍属	戦死	寧越郡南面蒼虎里六二九

			一九二三・一〇・〇二	岩平	｜		｜
四一六	第一長保丸	フィリピン、サランガニ島	一九四四・〇九・一〇	林学奎	軍属	戦死	三陟郡遠徳面湖山里三〇
			一九二一・〇一・一七	｜	｜		｜
五一一	第三大里丸	南西諸島	一九四四・〇九・一七	平沼永河	軍属	戦病死	鐵原郡鐵原邑外村里
			一九二八・一一・三〇	永鎬	｜		｜
四一三	第一神勢丸	台湾	一九四四・一〇・一二	山田昌壽	軍属	戦死	江陵郡玉渓面県内里四一二
			一九二四・〇九・一五	｜	｜		｜
四九五	第二神勢丸	台湾	一九四四・一〇・一二	清元学元	軍属	戦死	通川郡庫底邑前川里三九〇
			一九一一・〇二・〇四	學根	兄（弟）		｜
五一〇	第八桐丸	本州南岸	一九四四・一一・〇七	山本延植	軍属	戦死	鐵原郡鐵原邑竹浦里六〇四
			一九二四・〇五・〇二	敬煥	父		｜
三九八	八光丸	九州南方海面	一九四四・一一・〇八	西原昌愚	軍属	戦死	春川郡西面×里
			一九二五・〇六・二〇	愚東	父		｜
四九三	八光丸	九州南方海面	一九四四・一一・〇八	邦本東次郎	軍属	戦死	淮陽郡淮陽面邑内里五〇六二
			一九二七・一一・〇三	徳鉉	父		｜
四一八	大朝丸	ジャワ、ジャカルタ	一九四四・一二・二七	金城柄震	軍属	戦病死	蔚珍郡平海面三築里三六五
			一九一七・〇五・二五	在逸	伯父		｜
四一九	第一一基盛丸	蘭印	一九四五・〇一・〇九	山住大祖	軍属	戦死	蔚珍郡平海面進里
			一九二四・〇三・二七	柏瞳	父		
四二〇	第一新興丸	蘭印	一九四五・〇一・〇九	山住東弘	軍属	戦死	蔚珍郡北面羅奎里二区七一〇
			一九二三・〇三・一四	茂元	弟		｜
五一九	第二金剛丸	中支沿岸	一九四五・〇一・二一	金山玉郷	軍属	戦死	江陵郡旺山面大基里
			｜	氏	母		｜
四五七	東亜丸	南西諸島	一九四五・〇一・二三	崔龍煥	軍属	戦死	横城郡屯内面法川里五〇八
			一九一九・〇一・二三	蘭宋	妻		｜
五三〇	梅丸	仏領インドシナ	一九四五・〇三・〇六	李志吉	軍属	戦死	襄陽郡巽陽面水山面五一
			一九二三・〇八・一五	延煥	父		襄陽郡巽陽面水山面五一
五二九	第三東洋丸	台湾	一九四五・〇三・二九	岩岡俊植	軍属	戦死	襄陽郡襄陽面南門里二一
			一九〇五・〇三・一五	龍雨	父		襄陽郡襄陽面南門里二一
五二二	第五華中丸	中支沿岸	一九四五・〇四・一五	長弓徳逸	軍属	戦死	蔚珍郡平海面三達里四八
			｜		｜		
四一二	第二京進丸	ミンダナオ島	一九四五・〇四・三〇	高山桐華	軍属	戦死	江陵郡注文津邑中門里五三〇
			一九一九・〇一・一五	永徳	妻		｜
五二五	第一一快進丸	伊万里湾	一九四五・〇七・二四	林池奉	軍属	戦死	蔚珍郡迎南面沙浦里一七
			一九二五・一二・二五	栄幸	父		｜

三一九	雄進丸	朝鮮海峡	一九四五・〇七・二九	木村海峰	軍属	戦死	麟蹄郡麟蹄面合辺里二二〇
			一九二六・一二・二〇	―	―		―
五二七	第七良洋丸	ラバウル	一九四五・〇八・一七	華山良次郎	軍属	戦死	高城郡西面松灘里二九六
					父		高城郡長箭邑長箭里

◎黄海道　五三六名

原簿番号	所属	死亡場所 死亡事由	死亡年月日 生年月日	創氏名・姓名 親権者	階級 関係	死亡区分	本籍地 親権者住所
四四六	大湊海軍施設部	北千島近海	一九四四・〇九・二六 一九二二・〇八・二五	安岡義信 良順	軍属 妻	戦死	延白郡柳谷面東成里一六四 —
四五三	大湊海軍施設部	北千島近海	一九四四・〇九・二六 —	金山貞淳 阿只	軍属 母	戦死	平山郡金岩面緒灘里 金川郡金川邑岑城里馬峴洞
五一二	大湊海軍施設部	北千島近海	一九四四・〇九・二六 一九二二・〇七・〇九	安東五洙 寧亀	軍属 妻	戦死	信川郡北部面開川里一四 信川郡山川面境地里一五九
四五一	大湊海軍施設部	北太平洋	一九四四・一〇・二五 一九二一・一二・〇六	武本章平 建正	軍属 父	戦死	平山郡南川邑新南千里五七 —
四五四	大湊海軍施設部	北太平洋	一九四四・一〇・二五 —	山口三郎 徳順	軍属 兄妻	戦死	平山郡積岩面位洞里 —
四六一	大湊海軍施設部	北太平洋	一九四四・一〇・二五 一九二一・〇四・一九	島田國助 月男・金子	軍属 兄・母	戦死	金川郡金川面金陵里二一二 平安郡南面芝岩里三三六
四六二	大湊海軍施設部	北太平洋	一九四四・一〇・二五 —	宮本栄吉 金田政夫	軍属 叔父	戦死	金川郡西泉面下南里 —
五〇七	大湊海軍施設部	ルソン島マニラ東方山中	一九四四・一〇・二五 一九二三・〇四・二三	金海炳圭 栄祐	軍属 父	戦死	安岳郡龍順面兪順里一九五 安岳郡龍順面兪順里一九五
二	大湊海軍施設部	大湊 腸捻転	一九四五・〇五・二八 一九二五・〇四・二八	大山永教 昌燮	上水 父	死亡	安岳郡安谷西萬月里一三五〇 平安南道鎮南浦麻大頭町二七八
七	北フィリピン（菲）航空隊	ルソン島バヨンボン マラリア	一九四五・〇六・〇一 一九二五・〇七・一一	富永直治 弘造	整備長 父	戦病死	信川郡信川邑校塔里一〇七 海州府××洞一五六－五
四七九	呉海軍施設部	山口県岩國市	一九四五・〇六・一〇 一九一七・〇六・一五	山本龍水 —	軍属 —	死亡	碧城郡秋花面月鶴里一七四 —
一二	佐世保八特別陸戦隊	海南島	一九四四・〇九・〇九 一九二三・一二・二五	林政男 澤	上水 父	戦死	松禾郡松禾面富旺里七三 松禾郡松禾面龍井里四〇七
一三	佐世保八特別陸戦隊	海南島	一九四四・〇九・〇九 一九二四・〇二・一〇	金本鳳二 洙植	上機 父	戦死	長淵郡牧甘面基洞里四三五 信川郡信川邑佼塔里二四〇
五三二	佐世保海軍工廠	ピゲロット島	一九四四・〇一・三一 一九一五・〇九・〇二	三井幸三 桂一	軍属 父	戦死	鳳山郡沙里院邑東里一六〇 鳳山郡沙里院邑東里一六〇
五二九	佐世保海軍工廠	佐世保庁	一九四五・〇四・〇八 —	池村観植 —	軍属 —	戦死	黄州郡兼二浦邑坂本町五六七 黄州郡兼二浦邑坂本町五六七
五三〇	佐世保海軍工廠	佐世保庁	一九四五・〇四・〇八 —	宮本相植 元植	軍属 弟	戦死	黄州郡東豊面冷川里安心四八九 黄州郡東豊面冷川里安心四八九

五三一	佐世保海軍工廠	佐世保庁	一九四五・〇五・二四 一九二二・〇五・〇七	朴礼根・松田汝根 貞根	軍属 ｜	戦死	黄州郡亀洛面月移里四九〇 ｜
三九六	芝浦海軍補給部	サイパン	一九四三・〇八・〇七 一九二三・〇三・一五	××東浩 宋協	軍属 父	戦死	金川郡西泉面螭邱里二六〇 延日郡延安邑柴陽里二六〇
九	舘山海軍砲術学校	千葉県舘山市 急性肺炎	一九四五・〇二・〇二 一九二四・一一・〇二	遠山繁森 炳玉	上水 妻	死亡	遂安郡公浦面岐内里三二三 ｜
三	青島海軍航空隊	青島	一九四五・〇七・二〇 ｜	晋山東瑞 天馨	水長 父	戦死	安岳郡龍門面上茂里六七九 ｜
一〇	鎮海海軍施設部	鎮海 発疹チフス	一九四五・〇六・〇七 一九二六・〇八・二五	海原國鉉 基俊	上技 父	死亡	磐城郡代車面江亭里三一七 碧城郡月移面三×里九二八
四二	南方政務部	廈門東方海面	一九四三・〇六・二〇 一九二三・〇二・〇一	安田地利 守×	軍属 叔父	戦死	平山郡×岩邑細×里一二七 京畿道京城府鐘路区××
二八四	南方政務部	廈門東方海面	一九四三・〇六・二〇 一九一四・〇三・二二	金子義雄 仁淑	軍属 母	戦死	鳳山郡山水面高麗里一七〇 ｜
七八	南方政務部	ジャワ島スラバヤ	一九四五・〇六・二六 一九二六・〇四・一八	金木柄禮 智淳	軍属 兄	戦死	瑞興郡内徳面上石里五一二 鳳山郡徳在面勺詩里二二八
四八〇	光海軍工廠	光市	一九四五・〇八・一四 ｜	柳澤錫吉 ｜	軍属 ｜	戦死	延白郡海城面海南里一二三一 ｜
五二三	光海軍工廠	光市	一九四五・〇八・一四 ｜	金本銀洙 ｜	軍属 ｜	戦病死	載寧郡三江面倉井里四〇六 ｜
五二六	光海軍工廠	光市	一九四五・一二・一九 ｜	木村仁俊 又奉	軍属 父	戦死	瑞興郡龍坪面金川里二四 瑞興郡龍坪面金川里二四
五	舞鶴一特別陸戦隊	海南島	一九四四・〇九・〇九 一九二五・〇五・〇二	金本修光 淑玉	上水 母	戦死	甕津郡龍泉面麻蛉里六 ｜
八	舞鶴一特別陸戦隊	海南島	一九四四・〇九・〇九 一九二四・〇九・〇一	廣田培成 致運	上水 父	戦死	殷栗郡西郡面佳泉里一七一 ｜
四六六	横須賀海軍施設部	父島	一九四四・一二・二四 一九一九・一一・二五	松田光実 善玉	軍属 ｜	戦死	新渓郡多栗面石谷橋里四六四 ｜
四七二	横須賀海軍施設部	比島近海	一九四四・〇七・一六 一九二六・〇一・一二	金津永春 ｜	軍属 ｜	戦死	殷栗郡二道面西海里三五三 ｜
四四八	横須賀海軍施設部	サイパン	一九四四・〇七・〇八 一九二一・〇五・二九	金炳浩 東鎮	軍属 父	戦死	遂安郡大城面月淵里一九五 新栄郡河芝面幕岱里
四五五	横須賀海軍施設部	硫黄島	一九四五・〇三・一七 一九二二・〇九・一〇	申信植・勝×信一 勝亦	軍属 父	戦死	平山郡細岩面梧津里二九〇 ｜
四	横須賀四特別陸戦隊	海南島	一九四五・〇三・〇五	岡山日炳	上主	戦死	安岳郡入山面合岡里六四二

			一九二六・〇一・二三	峻炳	兄		安岳郡安岳邑端山里一〇三
一四	横須賀四特別陸戦隊	海南島	一九四四・〇九・〇九 一九二五・〇五・〇九	松川眞空 和夫	上機 父	戦死	延白郡雲山面虎山里三六六 延白郡銀川面飛鳳里
四七五	横須賀海軍運輸部	南洋群島	一九四三・〇一・一三 ｜	金城應× ｜	軍属 ｜	戦死	黄州郡永豊面東山里一三七 ｜
四七一	横須賀海軍運輸部	南洋群島	一九四四・〇二・二二 一九一四・〇一・〇一	池田致國 四俊・英子	軍属 父・妻	戦死	黄州郡黄州邑東天里四〇二 黄州郡三浦邑栄町七八
一一	第二出水海軍航空隊	鹿児島県出水郡	一九四五・〇五・〇八 一九二五・〇一・〇一	有島光春 キコ	上整 母	戦死	瑞興郡新幕邑新幕里三二二 瑞興郡新幕邑新幕里二五六
五三六	第三南遣艦隊司令部	ルソン島ウミライ	一九四五・〇六・一五 一九二一・〇三・〇一	清水在俊 熙烈・桂花	軍属 父・母	戦死	載寧郡清川面富泉里三六九 ｜
一九一	第四海軍施設部	南洋群島近海	一九四二・一〇・一〇 一九二〇・一二・二六	春野基燁 基充	軍属 兄	死亡	長淵郡華澤面葛井里 ｜
一七三	第四海軍施設部	マリアナ諸島	一九四三・〇三・二三 一九一七・〇四・一八	林世鋒 明徳	軍属 母	戦死	黄州郡州南面正方里七二五 ｜
三八一	第四海軍施設部	ナウル島	一九四三・〇四・一六 一九二一・〇一・二八	伊藤基萬 學得	軍属 父	戦病死	金川郡古東面紙洞里二〇一 金川郡古東面紙洞里二〇一
三九四	第四海軍施設部	ラバウル	一九四三・〇四・一六 一九一八・〇八・二九	金城胎吉 氏	軍属 母	戦死	金川郡西北面助邑里一五五 金川郡西北面助邑里一五五
二九六	第四海軍施設部	海南島	一九四三・〇六・二四 一九〇一・一〇・〇七	平林仁先 ｜	軍属 ｜	戦死	松禾郡松禾面邑内里 ｜
二一四	第四海軍施設部	メレヨン島	一九四三・〇七・二六 ｜	××× 大淑	軍属 父	戦死	長淵郡長淵邑南里一〇五 長淵郡長淵邑南里三四九
三四	第四海軍施設部	ブラウン島	一九四三・〇九・一九 一九一三・〇二・二八	永川義雄 求月	軍属 妻	戦死	平山郡安城面雪峴里一二〇 ｜
四一	第四海軍施設部	ブラウン島	一九四三・〇九・一九 一九一〇・〇一・一六	松本七福 乙順	軍属 妻	戦死	平山郡×岩邑温中里三〇八 平山郡安×面××
九一	第四海軍施設部	ブラウン島	一九四三・〇九・一九 一九二〇・〇二・〇七	永田倫模 基文	軍属 兄	戦死	瑞興郡木村面興水里六四五 鳳山郡亀淵面新院里
二三二	第四海軍施設部	ブラウン島	一九四三・〇九・一九 一九一六・〇八・一七	木村昌五 武得	軍属 妻	戦死	碧城郡東雲面徳達里二二五 海州府北×町二四四
二三三	第四海軍施設部	ブラウン島	一九四三・〇九・一九 一九二〇・一一・一五	廣田文杓 妙鮮	軍属 妻	戦死	碧城郡東雲面周山里四三六 ｜
二六三	第四海軍施設部	ブラウン島	一九四三・〇九・一九 一九二三・一〇・〇一	松山昇文 性離	軍属 父	戦死	鳳山郡沙里院邑東里七六 鳳山郡沙里院邑東里五五

二六四	第四海軍施設部	ブラウン島	一九四三・〇九・一九	一九二三・〇一・〇七	金山正男	華徳	軍属	母	戦死	鳳山郡沙里院邑西里一三四	鳳山郡沙里院邑上下里一八
二六五	第四海軍施設部	ブラウン島	一九四三・〇九・一九	一九一二・〇八・二九	白川官一	波多江次雄	軍属	邑長	戦死	不詳	鳳山郡沙里院邑東里一一六
二七五	第四海軍施設部	ブラウン島	一九四三・〇九・一九	一九二五・〇三・〇六	金子龍善	正順	軍属	妻	戦死	鳳山郡舎人面桂東里九七一	ー
二八〇	第四海軍施設部	ブラウン島	一九四三・〇九・一九	一九一六・〇三・二五	金川東範	善名	軍属	妻	戦死	鳳山郡亀淵面塔村里一〇一六	鳳山郡上城面要里二〇五
三四五	第四海軍施設部	ブラウン島	一九四三・〇九・一九	一九一三・〇一・〇八	倉本佳朗	真理子	軍属	妻	戦死	海州府南旭町四三五	京畿道京城府鳳翼町三八－一
三四六	第四海軍施設部	ブラウン島	一九四三・〇九・一九	一九一六・〇二・一〇	青松良忠	明子	軍属	妻	戦死	海州府南旭町四四三	海州府南旭町九二
三四七	第四海軍施設部	ブラウン島	一九四三・〇九・一九	一九二一・一〇・〇五	清國家康	神鹿	軍属	父	戦死	海州府西栄町五	海州府北幸町三二四
一八四	第四海軍施設部	ブラウン島	一九四三・〇九・二五	一九一六・〇二・二一	西村弼淳	晋生	軍属	母	戦傷死	長淵郡龍川面石橋里三三	碧城郡検丹面温泉里九五二
二五〇	第四海軍施設部	タロア	一九四三・一一・一八	一九二〇・〇三・二八	松岡景雄	良順	軍属	妻	戦死	延白郡柳谷面永成里一六四	ー
一六	第四海軍施設部	ギルバート諸島マキン	一九四三・一一・二五	一九二〇・〇六・〇一	平山昌順	泰姫	軍属	妻	戦死	磐城郡青龍面迎陽里九四八	海州府東友里五七
二四	第四海軍施設部	ギルバート諸島マキン	一九四三・一一・二五	一九二一・〇八・二七	密山大淳	壬生	軍属	妻	戦死	平山郡細谷面漏川里七二	ー
二五	第四海軍施設部	ギルバート諸島マキン	一九四三・一一・二五	一九一四・〇五・一八	瑞川相顕	×信	軍属	妻	戦死	平山郡新岩面長洞里一六〇	ー
二六	第四海軍施設部	ギルバート諸島マキン	一九四三・一一・二五	一九一二・〇三・一〇	義野東秀	應七	軍属	父	戦死	平山郡南川邑葛灘里一二	平山郡××
二八	第四海軍施設部	ギルバート諸島マキン	一九四三・一一・二五	一九二六・一一・一六	國本台燮	元相	軍属	ー	戦死	平山郡古之面晋梧里四一九	平山郡南川邑南川×里
二九	第四海軍施設部	ギルバート諸島マキン	一九四三・一一・二五	一九二〇・〇八・〇一	高田正光	××	軍属	父	戦死	平山郡龍山面坪村里三六五	ー
三〇	第四海軍施設部	ギルバート諸島マキン	一九四三・一一・二五	一九二一・〇八・〇四	豊山元植	承岩	軍属	父	戦死	平山郡龍山面坪村里五九〇	ー
三一	第四海軍施設部	ギルバート諸島マキン	一九四三・一一・二五	一九二三・〇二・二一	文田武輝	武光	軍属	兄	戦死	平山郡文武面才明里二六九	ー
三二	第四海軍施設部	ギルバート諸島マキン	一九四三・一一・二五		慶林勝業		軍属		戦死	平山郡馬山面桃坪里八八	

			一九〇五・〇四・一五	俊信	—		碧城郡西南面蓮根里一〇三〇
三三	第四海軍施設部	ギルバート諸島マキン	一九四三・一一・二五	平川一雄	軍属	戦死	平山郡安城面×秀里五二七
			一九二二・一〇・二〇		父		—
三七	第四海軍施設部	ギルバート諸島マキン	一九四三・一一・二五	金村栄洛	軍属	戦死	平山郡金岩面岱村里七六
			一九〇九・〇一・二〇	×元	兄		平山郡南山邑×南明里三
四〇	第四海軍施設部	ギルバート諸島マキン	一九四三・一一・二五	國本玹萬	軍属	戦死	平山郡麟山面麒麟里七六九
			一九二一・〇二・一〇	××	母		—
四三	第四海軍施設部	ギルバート諸島マキン	一九四三・一一・二五	金山甲成	軍属	戦死	平山郡西峰面現灘里一九〇
			一九二四・〇七・二四	龍善	叔父		平山郡××
五〇	第四海軍施設部	ギルバート諸島マキン	一九四三・一一・二五	崔鳳鶴	軍属	戦死	載寧郡西湖面新灘里五二六
			一九一八・一〇・三一	花卜	父		碧城郡検丹面温泉里八九八
二二九	第四海軍施設部	ギルバート諸島マキン	一九四三・一一・二五	山本明善	軍属	戦死	碧城郡茄佐面翠野里一二三
			一九二二・一〇・〇七	世仁	父		碧城郡月禄面三峴里八〇
二八一	第四海軍施設部	ギルバート諸島マキン	一九四三・一一・二五	金原裕善	軍属	戦死	鳳山郡亀淵面新院里二二—三
			一九一八・一〇・〇四	孝順	妻		—
二八二	第四海軍施設部	ギルバート諸島マキン	一九四三・一一・二五	金澤成澤	軍属	戦死	鳳山郡亀淵面新院里五
			一九一五・〇三・〇一	貞九	父		—
二八三	第四海軍施設部	ギルバート諸島マキン	一九四三・一一・二五	松本淳益	軍属	戦死	鳳山郡亀淵面新院里二二
			一九一八・〇二・〇八	初月	妻		—
三三五	第四海軍施設部	ギルバート諸島マキン	一九四三・一一・二五	西平雪景	軍属	戦死	海州府西栄町三一四
			一九一七・××・××	晞東	父		海州府仙山町二区二九四
三三六	第四海軍施設部	ギルバート諸島マキン	一九四三・一一・二五	×××	軍属	戦死	海州府旭町一六八
			一八九一・一二・〇二	正子	妻		海州府旭町六三
三三七	第四海軍施設部	ギルバート諸島マキン	一九四三・一一・二五	×××	軍属	戦死	海州府中町一二三
			一九一七・××・二八	徳順	妻		京畿道京城府鳳翼町三八—一八鶴谷方
三三八	第四海軍施設部	ギルバート諸島マキン	一九四三・一一・二五	野里川島市	軍属	戦死	海州府中町二〇六—二
			一九二〇・〇五・一四	尹貞節	母		海州府××町四四一—四六
三三九	第四海軍施設部	ギルバート諸島マキン	一九四三・一一・二五	善木嘉善	軍属	戦死	海州府石渓里九一
			一九二一・一二・三〇	世仁	父		海州府石渓里七一
三四〇	第四海軍施設部	ギルバート諸島マキン	一九四三・一一・二五	那宮英雄	軍属	戦死	海州府北幸町二七六
			一九二三・〇一・〇四	祥子	母		海州府北幸町二七六
三四一	第四海軍施設部	ギルバート諸島マキン	一九四三・一一・二五	和田将夫	軍属	戦死	海州府石渓町三二四
			一九一九・〇二・〇二	明子	妻		海州府北幸町四五六
三四二	第四海軍施設部	ギルバート諸島マキン	一九四三・一一・二五	金村　繁	軍属	戦死	海州府廣石町八二
			一九一四・〇三・一七	根済	父		平安北道平壌府寺洞第二町五六二一

三四三	第四海軍施設部	ギルバート諸島マキン	一九四三・一一・二五	川原洪鎮	軍属	戦死	海州府南旭町一二五
			一九一八・〇五・一〇	春江	妻		海州府仙山里区二五九
三九二	第四海軍施設部	ギルバート諸島マキン	一九四三・一一・二五	江村秉南	軍属	戦死	金川郡金川面慶前里一四二
			一九二三・一一・二二	貞鍬	母		平山郡南山邑新南川里五七六
三九五	第四海軍施設部	ギルバート諸島マキン	一九四三・一一・二五	大村泰禎	軍属	戦死	金川郡西北面江陰里九八二
			××××・〇六・一九	好男	兄		金川郡西北面江陰里九八二
五七	第四海軍施設部	ギルバート諸島タラワ	一九四三・〇九・一九	三上昌実	軍属	戦死	載寧郡三×面上海里七三
			一九一九・〇五・〇七	善×	妻		安岳郡××新村里
一〇八	第四海軍施設部	ギルバート諸島タラワ	一九四三・〇九・一九	林鐘煥	軍属	戦死	信川郡弓興面三泉里二五〇
			一九二〇・一二・二九	京花	母		―
一三一	第四海軍施設部	ギルバート諸島タラワ	一九四三・〇九・一九	豊山信九	軍属	戦死	安岳郡銀紅面雪鳳里二八七
			一九二二・一二・一一	能俊	母		―
一三二	第四海軍施設部	ギルバート諸島タラワ	一九四三・〇九・一九	南陽聖吉	軍属	戦死	安岳郡銀紅面温井里二一
			一九二〇・〇四・〇四	載鳳	父		―
一五五	第四海軍施設部	ギルバート諸島タラワ	一九四三・〇九・一九	森山元弼	軍属	戦死	安岳郡安岳邑上龍里六二
			一九一九・〇四・〇五	順善	妻		―
一九〇	第四海軍施設部	ギルバート諸島タラワ	一九四三・〇九・一九	吉田昌弘	軍属	戦死	長淵郡華澤面上左里四〇九
			一九二〇・〇三・〇六	瑞分	妻		―
一四七	第四海軍施設部	ギルバート諸島タラワ	一九四三・〇九・一九	義城金次郎	軍属	戦死	安岳郡安岳邑燃谷里三六六
			一九一四・〇六・一〇	春子	妻		安岳郡安岳邑小川里二七二
二八五	第四海軍施設部	ギルバート諸島タラワ	一九四三・〇九・一九	長崎龍男	軍属	戦死	松禾郡松禾面邑内里四六
			一九一六・〇六・一〇	文子	妻		―
二八六	第四海軍施設部	ギルバート諸島タラワ	一九四三・〇九・一九	松山俊相	軍属	戦死	松禾郡松禾面江島岩里四七三
			一九一八・一〇・〇二	鉉七	父		―
二八七	第四海軍施設部	ギルバート諸島タラワ	一九四三・〇九・一九	金田徳秀	軍属	戦死	松禾郡松禾面禾堂里一八一
			一九一九・〇一・一二	萬錬	父		―
三一一	第四海軍施設部	ギルバート諸島タラワ	一九四三・〇九・一九	金原辦亮	軍属	戦死	松禾郡泉洞面大也里六五八
			一九二一・〇三・二五	基永	父		―
三一三	第四海軍施設部	ギルバート諸島タラワ	一九四三・〇九・一九	松本日富	軍属	戦死	松禾郡蓮井面温水里一八八―二
			一九二五・〇六・〇七	應斗	父		―
三一四	第四海軍施設部	ギルバート諸島タラワ	一九四三・〇九・一九	松原聖彬	軍属	戦死	松禾郡蓮井面温水里二〇八
			一九二三・〇二・〇一	秉周	父		―
三一六	第四海軍施設部	ギルバート諸島タラワ	一九四三・〇九・一九	平田富祚	軍属	戦死	松禾郡長陽面銭山里四四八
			一九一八・〇八・〇四	慶洙	妻		―
三一七	第四海軍施設部	ギルバート諸島タラワ	一九四三・〇九・一九	安村寧龍	軍属	戦死	松禾郡蓮芳面青沙里二〇

番号	所属	場所	年月日	氏名	身分・続柄	事由	本籍・住所
			一九一七・〇六・〇七	昌植	妻		松禾郡蓬莱邑永場里
三五一	第四海軍施設部	ギルバート諸島タラワ	一九四三・〇九・二〇	命村究×	軍属	戦死	谷山郡覔美面文岩里
			一九二五・〇二・〇七	福栄	父		平安南道平原郡漢川面甘二里一二
四二四	第四海軍施設部	ギルバート諸島タラワ	一九四三・〇九・二〇	河島世権	軍属	戦死	遂安郡大梧面遠新里三二〇
			一九二一・〇四・〇二	寶女	妻		遂安郡大梧面遠新里三二〇
四二五	第四海軍施設部	ギルバート諸島タラワ	一九四三・〇九・二〇	松岡義享	軍属	戦死	遂安郡大梧面社倉里一二六
			一九二二・一一・一一	寛	父		遂安郡大梧面社倉里一二六
二〇八	第四海軍施設部	ギルバート諸島タラワ	一九四三・一一・〇五	宮本徳治	軍属	戦死	長淵郡候南面南湖里三〇四
			一九一〇・〇八・二六	弼女	妻		｜
一九四	第四海軍施設部	ギルバート諸島タラワ	一九四三・一一・一四	金田 實	軍属	戦死	長淵郡薪花面休東里三七三
			一九二〇・〇一・〇二	鎮華	父		｜
一七	第四海軍施設部	ギルバート諸島タラワ	一九四三・一一・二五	黄村明俊	軍属	戦死	碧城郡秋花面潤明里二四六
			一九二〇・〇三・一〇	聖東	母		載寧郡上聖面冠岩里
一八	第四海軍施設部	ギルバート諸島タラワ	一九四三・一一・二五	高山敬照	軍属	戦死	碧城郡秋花面鶴南里三四〇
			一九二三・〇四・〇九	文成	父		信川郡新川邑校塔里
一九	第四海軍施設部	ギルバート諸島タラワ	一九四三・一一・二五	高山殷大	軍属	戦死	碧城郡秋花面月鶴里四八九
			××××・一〇・一三	貞錫	父		｜
二〇	第四海軍施設部	ギルバート諸島タラワ	一九四三・一一・二五	高野範賢	軍属	戦死	瓮津郡東南面葛項里一七
			一九一六・一二・〇八	玉女	妻		安岳郡安岳邑壽三里
二一	第四海軍施設部	ギルバート諸島タラワ	一九四三・一一・二五	金海泰植	軍属	戦死	瓮津郡馬山面亀渓里
			一九一六・〇三・二八	｜	｜		載寧郡長壽面墻菊里
二三	第四海軍施設部	ギルバート諸島タラワ	一九四三・一一・二五	宮田聖洙	軍属	戦死	平山郡細谷面涌川里一〇四
			一九一三・一一・〇三	金×	妻		平××
三九	第四海軍施設部	ギルバート諸島タラワ	一九四三・一一・二五	朴京煥	軍属	戦死	平山郡麟山面麒麟里
			一九二二・〇八・二四	××××	親族		｜
四五	第四海軍施設部	ギルバート諸島タラワ	一九四三・一一・二五	福森夏積	軍属	戦死	載寧郡南原面津曲里三四一
			一九一五・〇八・〇七	承女	妻		｜
四六	第四海軍施設部	ギルバート諸島タラワ	一九四三・一一・二五	大山徳俊	軍属	戦死	載寧郡南原面左曲里一八六
			一九二二・〇三・一九	永春	母		｜
四七	第四海軍施設部	ギルバート諸島タラワ	一九四三・一一・二五	高田益輔	軍属	戦死	載寧郡南原面海昌里一七二
			一九二二・〇一・一一	姑玉	母		安岳郡銀江面清川里一五七
四八	第四海軍施設部	ギルバート諸島タラワ	一九四三・一一・二五	孔部聖任	軍属	戦死	載寧郡銀章面亀遠里
			一九一二・一二・二五	勲詔	妻		｜
四九	第四海軍施設部	ギルバート諸島タラワ	一九四三・一一・二五	徳山良淳	軍属	戦死	載寧郡西湖面武徳里六九五
			一九二一・一二・一二	有変	父		｜

番号	所属	地域	年月日	氏名	関係	状況	本籍
五一	第四海軍施設部	ギルバート諸島タラワ	一九四三・一一・二五	呉村奉澤	軍属	戦死	載寧郡長壽面鶴峴里三〇〇
			一九一七・〇二・〇九	丁女	妻		—
五二	第四海軍施設部	ギルバート諸島タラワ	一九四三・一一・二五	康本仲立	軍属	戦死	載寧郡長壽面鶴峴里六九九
			一九二二・〇五・一五	××	母		載寧郡長壽面××
五三	第四海軍施設部	ギルバート諸島タラワ	一九四三・一一・二五	金山仁俊	軍属	戦死	載寧郡北東面太洪里一六六
			一九一七・〇三・〇五	××	妻		—
五四	第四海軍施設部	ギルバート諸島タラワ	一九四三・一一・二五	大村正夫	軍属	戦死	載寧郡北東面石浦里一四七
			一九一五・〇二・二七	××	父		—
五五	第四海軍施設部	ギルバート諸島タラワ	一九四三・一一・二五	結城亨周	軍属	戦死	載寧郡北東面西新光里四三
			一九二三・一二・二八	××	父		—
五六	第四海軍施設部	ギルバート諸島タラワ	一九四三・一一・二五	新井永俊	軍属	戦死	載寧郡北東面太洪里
			一九二一・〇八・一五	×喜	父		載寧郡新垈里一〇五
五九	第四海軍施設部	ギルバート諸島タラワ	一九四三・一一・二五	金海鐘声	軍属	戦死	載寧郡新院面新院里二四六
			一九〇七・〇七・一七	東根	妻		—
六〇	第四海軍施設部	ギルバート諸島タラワ	一九四三・一一・二五	平伊孝次郎	軍属	戦死	載寧郡新院面新院里二四八
			一九一〇・一二・一七	初徳	妻		—
六一	第四海軍施設部	ギルバート諸島タラワ	一九四三・一一・二五	宮本祐明	軍属	戦死	載寧郡新院面佳南里二二一
			一九二二・一二・一〇	祐栄	兄		—
六二	第四海軍施設部	ギルバート諸島タラワ	一九四三・一一・二五	長田聖勳	軍属	戦死	載寧郡新院面新院里二〇一
			一九二三・〇一・〇一	光春	母		—
六三	第四海軍施設部	ギルバート諸島タラワ	一九四三・一一・二五	洪川明學	軍属	戦死	載寧郡新院面松鶴里一八
			一九二一・〇九・〇七	銀祚	父		載寧郡新院面松林里
六四	第四海軍施設部	ギルバート諸島タラワ	一九四三・一一・二五	岩田元実	軍属	戦死	載寧郡載寧邑文昌里三六
			一九二〇・〇九・二八	善玉	妻		載寧郡載寧邑碧山里六五〇
六五	第四海軍施設部	ギルバート諸島タラワ	一九四三・一一・二五	水原龍瑞	軍属	戦死	載寧郡載寧邑柳花里四
			一九二一・〇一・二四	栄善	父		—
六六	第四海軍施設部	ギルバート諸島タラワ	一九四三・一一・二五	山本成権	軍属	戦死	載寧郡載寧邑楠亭里一八五
			一九一一・〇八・一三	泰俊	父		載寧郡載寧邑菊花里一一八
六七	第四海軍施設部	ギルバート諸島タラワ	一九四三・一一・二五	杉原天雨	軍属	戦死	載寧郡載寧邑石井里八九
			一九二二・〇二・二四	仙洙	姉		載寧郡載寧邑菊花里七
六八	第四海軍施設部	ギルバート諸島タラワ	一九四三・一一・二五	徳川殷亀	軍属	戦死	載寧郡載寧邑柳花里一一三
			一九二〇・〇五・二五	宗夏	父		載寧郡載寧邑柳花里一一三
七〇	第四海軍施設部	ギルバート諸島タラワ	一九四三・一一・二五	國本正洙	軍属	戦死	載寧郡上聖面上新里六
			一九二一・〇六・〇一	東億	父		載寧郡上聖面青石頭里二四七
七一	第四海軍施設部	ギルバート諸島タラワ	一九四三・一一・二五	呉平吉禄	軍属	戦死	載寧郡上聖面水源里四三〇

			一九二二・〇四・〇二	仁淑	父		載寧郡上聖面水源里四三一
七二	第四海軍施設部	ギルバート諸島タラワ	一九四三・一一・二五	木村鳳和	軍属	戦死	載寧郡下聖面大庁里七九
			一九二一・〇四・一一	成壽	父		載寧郡長壽面社水里
七三	第四海軍施設部	ギルバート諸島タラワ	一九四三・一一・二五	平海鳳和	軍属	戦死	載寧郡下聖面山我洋里八五二
			一九一八・〇八・〇六	淑九	祖母		—
八九	第四海軍施設部	ギルバート諸島タラワ	一九四三・一一・二五	香川元奉	軍属	戦死	瑞興郡瑞興面暎波里二六
			一九二一・一〇・二四	氏	祖母		鳳山郡亀淵面新院里
九〇	第四海軍施設部	ギルバート諸島タラワ	一九四三・一一・二五	李夏景	軍属	戦死	瑞興郡瑞興面暎波里五〇
			一九二三・〇三・一〇	善兄	兄		—
九八	第四海軍施設部	ギルバート諸島タラワ	一九四三・一一・二五	東原星萬	軍属	戦死	信川郡龍門面三皇里三〇四
			一九二〇・〇五・一五	斗熙	父		松禾郡××面孝村里三一五
九九	第四海軍施設部	ギルバート諸島タラワ	一九四三・一一・二五	山木丙陸	軍属	戦死	信川郡温泉面雪峰里四二七
			一九一三・〇二・二二	明玉	妻		信川郡温泉面温水里五一七
一〇〇	第四海軍施設部	ギルバート諸島タラワ	一九四三・一一・二五	田中鴻植	軍属	戦死	信川郡温泉面楸山里三五七
			一九二〇・〇四・〇九	東林	妻		信川郡弓興面欒弓里
一〇一	第四海軍施設部	ギルバート諸島タラワ	一九四三・一一・二五	平川致烈	軍属	戦死	信川郡温泉面温泉里五九九
			一九一六・〇七・〇七	永珠	父		信川郡温水面温水里一三
一〇二	第四海軍施設部	ギルバート諸島タラワ	一九四三・一一・二五	金田有正	軍属	戦死	信川郡文化面東閣里二八一
			一九一七・〇六・〇五	豪俊	父		信川郡文化面東閣里三二一
一〇四	第四海軍施設部	ギルバート諸島タラワ	一九四三・一一・二五	野島張弘	軍属	戦死	信川郡文武面陽岩里一三九
			一九一一・一一・一七	一倬	妻		—
一〇五	第四海軍施設部	ギルバート諸島タラワ	一九四三・一一・二五	吉川泳玉	軍属	戦死	信川郡文武面陽乾山里四四二
			一九二三・〇四・二二	石堂	母		—
一〇六	第四海軍施設部	ギルバート諸島タラワ	一九四三・一一・二五	中村利根	軍属	戦死	信川郡弓興面龍川里
			一九一四・〇五・〇三	—	—		載寧郡西湖面新換浦里一六七
一〇七	第四海軍施設部	ギルバート諸島タラワ	一九四三・一一・二五	黄原致旭	軍属	戦死	信川郡弓興面弯弓里七二
			一九一四・一一・〇三	俊三	妻		—
一〇九	第四海軍施設部	ギルバート諸島タラワ	一九四三・一一・二五	木戸斗三	軍属	戦死	信川郡信川邑校塔里二三七
			一九二三・〇三・一三	炯順	父		—
一一〇	第四海軍施設部	ギルバート諸島タラワ	一九四三・一一・二五	木村載弘	軍属	戦死	信川郡信川邑武井里一七九
			一九二一・〇六・二四	載模	弟		信川郡信川邑武井里一一五
一一一	第四海軍施設部	ギルバート諸島タラワ	一九四三・一一・二五	金元基聞	軍属	戦死	信川郡信川邑校塔里一一五
			××××・××・××	春植	母		信川郡信川邑社穆里六一
一一二	第四海軍施設部	ギルバート諸島タラワ	一九四三・一一・二五	和田伊琦	軍属	戦死	信川郡信川邑社穆里九八
			一九二二・一〇・一八	守態	父		信川郡新川邑社穆里九八

番号	所属	場所	年月日	氏名	続柄	区分	住所
一一三	第四海軍施設部	ギルバート諸島タラワ	一九四三・一一・二五	金田永熙	軍属	戦死	信川郡信川邑社稷里五七
			一九二一・一一・〇一	寶姫	父		信川郡新川邑社稷里二七一
一一四	第四海軍施設部	ギルバート諸島タラワ	一九四三・一一・二五	吉田昌善	軍属	戦死	信川郡信川邑社稷里六一
			一九一九・〇九・二四	允玉	母		―
一一五	第四海軍施設部	ギルバート諸島タラワ	一九四三・一一・二五	月峰文武	軍属	戦死	信川郡信川邑社稷里三四
			一九一〇・〇九・〇五	順誕	妻		信川郡信川邑社稷里〇〇―七
一一六	第四海軍施設部	ギルバート諸島タラワ	一九四三・一一・二五	金澤周煥	軍属	戦死	信川郡信川邑滌暑里五三
			一九二三・一一・二四	永達	父		―
一一七	第四海軍施設部	ギルバート諸島タラワ	一九四三・一一・二五	青山京鉉	軍属	戦死	信川郡信川邑社稷里二三〇
			一九二三・二・三（ママ）	徳鵬	妻		―
一一八	第四海軍施設部	ギルバート諸島タラワ	一九四三・一一・二五	松平應根	軍属	戦死	信川郡信川邑社稷里一〇九
			一九一六・〇九・〇九	文元	母		―
一一九	第四海軍施設部	ギルバート諸島タラワ	一九四三・一一・二五	竹山光昇	軍属	戦死	信川郡戸月面五眉里一九二
			一九一四・〇三・二八	允哲	父		―
一二〇	第四海軍施設部	ギルバート諸島タラワ	一九四三・一一・二五	平山丘漢	軍属	戦死	信川郡戸月面雪梅里一〇七
			一九二一・〇三・二五	基施	兄		信川郡西部面西部里二二四
一二一	第四海軍施設部	ギルバート諸島タラワ	一九四三・一一・二五	松村斗華	軍属	戦死	信川郡北部面東倉里一五一
			一九二三・〇一・一五	享錫	父		―
一二二	第四海軍施設部	ギルバート諸島タラワ	一九四三・一一・二五	山木徳永	軍属	戦死	信川郡北部面東倉里八四
			一九一五・〇七・一一	仁全	妻		信川郡北部面東倉里七七
一二三	第四海軍施設部	ギルバート諸島タラワ	一九四三・一一・二五	春山萬豪	軍属	戦死	信川郡北部面西湖里一五四
			一九一九・〇一・〇九	鳳奎	父		―
一二四	第四海軍施設部	ギルバート諸島タラワ	一九四三・一一・二五	英井相鶴	軍属	戦死	信川郡加蓮面白山里二〇一
			一九二三・〇三・一三	化京	母		―
一二五	第四海軍施設部	ギルバート諸島タラワ	一九四三・一一・二五	春木鳳湖	軍属	戦死	信川郡山川面漢陽里八五
			一九〇九・〇八・〇八	益淳	妻		信川郡蘆月面宜屯里
一二六	第四海軍施設部	ギルバート諸島タラワ	一九四三・一一・二五	松川熙義	軍属	戦死	信川郡南部面天峰里三二四
			一九一八・〇一・一五	順燦	妻		―
一二七	第四海軍施設部	ギルバート諸島タラワ	一九四三・一一・二五	平山済根	軍属	戦死	信川郡南部面天峰里五五六
			一九二二・〇四・〇三	貞守	父		安岳郡銀紅面温井里
一二八	第四海軍施設部	ギルバート諸島タラワ	一九四三・一一・二五	共田武雄	軍属	戦死	信川郡南部面鳳凰里八八
			一九〇六・〇六・一八	信子	妻		信川郡信川邑滌暑里五三
一二九	第四海軍施設部	ギルバート諸島タラワ	一九四三・一一・二五	文屋昌賢	軍属	戦死	安岳郡龍門面東倉里一三
			一九二三・〇一・一六	鳳舜	父		載寧郡載寧邑弧山里三五
一三〇	第四海軍施設部	ギルバート諸島タラワ	一九四三・一一・二五	西原参五	軍属	戦死	安岳郡龍門面上徳里二二三

			一九二一・〇二・〇二	韓姚赦	妻		ー
一一三三	第四海軍施設部	ギルバート諸島タラワ	一九四三・一一・二五 一九一三・一一・一〇	林龍澤 龍基	軍属 兄	戦死	安岳郡銀紅面薬峰里一〇九 信川郡山川面東山里
一一三四	第四海軍施設部	ギルバート諸島タラワ	一九四三・一一・二五 一九一九・〇六・〇九	吉田弘奎 桂元	軍属 妻	戦死	安岳郡銀紅面温井里六三五 ー
一一三五	第四海軍施設部	ギルバート諸島タラワ	一九四三・一一・二五 一九二一・〇一・一八	元村貞周 貞培	軍属 妻	戦死	安岳郡銀紅面内坪里九〇八 ー
一一三六	第四海軍施設部	ギルバート諸島タラワ	一九四三・一一・二五 一九一七・〇三・〇四	洪洋信徳 應仁	軍属 父	戦死	安岳郡銀紅面温井里一一二 ー
一一三七	第四海軍施設部	ギルバート諸島タラワ	一九四三・一一・二五 一九二一・〇四・二七	秋岡弼浩 西分	軍属 妻	戦死	安岳郡西河面徳日里六三〇 ー
一一三八	第四海軍施設部	ギルバート諸島タラワ	一九四三・一一・二五 一九一九・一〇・一三	西川仁慶 玉石	軍属 妻	戦死	安岳郡西河面徳日里六七一 ー
一一三九	第四海軍施設部	ギルバート諸島タラワ	一九四三・一一・二五 一九二三・〇五・〇六	徳原鎰模 連周	軍属 父	戦死	安岳郡西河面徳日里六六九 ー
一一四〇	第四海軍施設部	ギルバート諸島タラワ	一九四三・一一・二五 一九二三・〇九・〇四	富田裕吉 秋三	軍属 母	戦死	安岳郡西河面板井里三一五 ー
一一四一	第四海軍施設部	ギルバート諸島タラワ	一九四三・一一・二五 一九二一・一〇・〇三	密木昌雲 龍汝	軍属 妻	戦死	安岳郡西河面玉井里五三五 ー
一一四二	第四海軍施設部	ギルバート諸島タラワ	一九四三・一一・二五 一九二二・〇九・一九	林澤浩 永権	軍属 母	戦死	安岳郡西河面新栗里六二三 ー
一一四三	第四海軍施設部	ギルバート諸島タラワ	一九四三・一一・二五 一九二三・〇五・〇三	藤原淳根 済伯	軍属 母	戦死	安岳郡西河面新栗里六二三 ー
一一四四	第四海軍施設部	ギルバート諸島タラワ	一九四三・一一・二五 一九二二・一二・二〇	豊山泰封 善玉	軍属 妻	戦死	安岳郡西河面路岩里八〇八 ー
一一四五	第四海軍施設部	ギルバート諸島タラワ	一九四三・一一・二五 一九一九・一一・二四	元野益雄 順浩	軍属 妻	戦死	安岳郡西河面路岩里一七五 ー
一一四八	第四海軍施設部	ギルバート諸島タラワ	一九四三・一一・二五 一九一〇・一二・二〇	楊川貞煥 蓮花	軍属 妻	戦死	安岳郡安岳邑瑞山里一二九 信川郡信川邑猿岩里八
一一四九	第四海軍施設部	ギルバート諸島タラワ	一九四三・一一・二五 一九一〇・一二・二三	杉山廣峻 銀簪	軍属 妻	戦死	安岳郡安岳邑小川里一六六 安岳郡安岳邑壽三里二八〇
一一五〇	第四海軍施設部	ギルバート諸島タラワ	一九四三・一一・二五 一九一六・〇五・二五	岡山泰浩 貞順	軍属 妻	戦死	安岳郡安岳邑新長里四二七 ー
一一五一	第四海軍施設部	ギルバート諸島タラワ	一九四三・一一・二五 一九一四・一〇・〇一	長山百順 富子	軍属 妻	戦死	安岳郡安岳邑南岩里四九八 安岳郡安岳邑壽三里一五五

一五二	第四海軍施設部	ギルバート諸島タラワ	一九四三・一一・二五	天野鐘哲・大野	軍属	戦死	安岳郡安岳邑坪井里一〇八
			一九二一・一一・一二	升負	父		—
一五三	第四海軍施設部	ギルバート諸島タラワ	一九四三・一一・二五	柳川致淳	軍属	戦死	安岳郡安岳邑新長里二八〇
			一九二三・〇二・〇三	東郁	父		—
一五四	第四海軍施設部	ギルバート諸島タラワ	一九四三・一一・二五	青山貞善	軍属	戦死	安岳郡安岳邑枝方里二
			一九二六・〇三・〇三	南祚	姉		安岳郡文山面金岡里八五〇
一五六	第四海軍施設部	ギルバート諸島タラワ	一九四三・一一・二五	島原炳基	軍属	戦死	安岳郡安岳邑鶴浦里九七一
			一九二三・〇一・二五	明植	妻		—
一五七	第四海軍施設部	ギルバート諸島タラワ	一九四三・一一・二五	河島龍祚	軍属	戦死	安岳郡安谷面北三里一三三
			一九二一・〇一・〇九	應模	妻		—
一五八	第四海軍施設部	ギルバート諸島タラワ	一九四三・一一・二五	松村承潤	軍属	戦死	安岳郡大杏面松堂里四七五
			一九二二・一一・一八	桂煥	父		—
一五九	第四海軍施設部	ギルバート諸島タラワ	一九四三・一一・二五	元田祚燮	軍属	戦死	安岳郡大杏面届山里五六五
			一九二一・一一・三〇	用賢	父		安岳郡大杏面倉雲里
一六〇	第四海軍施設部	ギルバート諸島タラワ	一九四三・一一・二五	金賛洙	軍属	戦死	安岳郡大杏面届山里四八一
			一九一八・〇一・一〇	尚安	父		—
一六一	第四海軍施設部	ギルバート諸島タラワ	一九四三・一一・二五	張永洙	軍属	戦死	安岳郡大遠面元龍里一四五
			一九一五・一一・〇四	永伯	兄		—
一六二	第四海軍施設部	ギルバート諸島タラワ	一九四三・一一・二五	田村恵熙	軍属	戦死	安岳郡大遠面元龍里三九三
			一九二〇・〇六・一四	東根	兄		安岳郡文山面新村里六
一八五	第四海軍施設部	ギルバート諸島タラワ	一九四三・一一・二五	武山相萬	軍属	戦死	長淵郡牧甘面木水原里七一四
			××××・〇五・××	彦蓮	妻		—
一八六	第四海軍施設部	ギルバート諸島タラワ	一九四三・一一・二五	金山×植	軍属	戦死	長淵郡牧甘面桃源里二八六
			××××・××・二五	珏	母		—
一八七	第四海軍施設部	ギルバート諸島タラワ	一九四三・一一・二五	慶野泰里	軍属	戦死	長淵郡牧甘面芝村里三〇四
			一九一一・〇四・一三	仁會	妻		—
一八八	第四海軍施設部	ギルバート諸島タラワ	一九四三・一一・二五	徳山秉河	軍属	戦死	長淵郡×安面夢浦里一六四
			一九二二・〇四・一三	燁儀	父		—
一八九	第四海軍施設部	ギルバート諸島タラワ	一九四三・一一・二五	金村東燁	軍属	戦死	長淵郡海安面夢金浦里二八一
			一九二〇・〇三・〇七	潤奎	父		—
一九二	第四海軍施設部	ギルバート諸島タラワ	一九四三・一一・二五	石川允萬	軍属	戦死	長淵郡華澤面汪済里五〇一
			一九二一・〇四・〇七	院燮	父		—
一九三	第四海軍施設部	ギルバート諸島タラワ	一九四三・一一・二五	金澤尚奎	軍属	戦死	長淵郡華澤面杜峴里五三
			一九一八・〇四・一二	済五	父		—
一九五	第四海軍施設部	ギルバート諸島タラワ	一九四三・一一・二五	金原潤五	軍属	戦死	長淵郡薪花面桃山里四九八

			一九二一・〇六・一六	李仁根	母		長淵郡薪花面大社里七九
一九六	第四海軍施設部	ギルバート諸島タラワ	一九四三・一一・二五	松原鍾南	軍属	戦死	長淵郡薪花面大杜里七九
			一九二一・〇三・一五	極	母		—
一九七	第四海軍施設部	ギルバート諸島タラワ	一九四三・一一・二五	桑田慶煥	軍属	戦死	長淵郡薪花面休西里一三二
			一九二〇・〇八・〇六	順愛	妻		—
一九八	第四海軍施設部	ギルバート諸島タラワ	一九四三・一一・二五	明原元錫	軍属	戦死	長淵郡新花面休西里一八三
			一九一一・一〇・二〇	京玉	妻		—
二〇〇	第四海軍施設部	ギルバート諸島タラワ	一九四三・一一・二五	富田豊野	軍属	戦死	長淵郡楽道面地境里一七九
			一九二〇・〇一・一七	承龍	妻		—
二〇一	第四海軍施設部	ギルバート諸島タラワ	一九四三・一一・二五	吉田松本	軍属	戦死	長淵郡楽道面石長里五四五
			一九二一・一〇・一〇	月玉	妻		—
二〇二	第四海軍施設部	ギルバート諸島タラワ	一九四三・一一・二五	城山泰祥	軍属	戦死	長淵郡楽道面楽興里二九八
			一九二二・一〇・〇八	蓮植	妻		長淵郡楽道面楽興里二一二
二〇三	第四海軍施設部	ギルバート諸島タラワ	一九四三・一一・二五	金岡龍在	軍属	戦死	長淵郡楽道面五×里四一四
			一九一八・〇七・一九	花鳳	妻		松禾郡眞凡面鶴渓里四八七
二〇四	第四海軍施設部	ギルバート諸島タラワ	一九四三・一一・二五	金村淳鎔	軍属	戦死	長淵郡候南面院村里五〇九
			一九一九・〇七・二七	蘭花	妻		—
二〇五	第四海軍施設部	ギルバート諸島タラワ	一九四三・一一・二五	金城秉済	軍属	戦死	長淵郡候南面南湖里四一九
			一九二三・〇五・〇八	秉翼	兄		長淵郡候南面松川里
二〇六	第四海軍施設部	ギルバート諸島タラワ	一九四三・一一・二五	大林槇玉	軍属	戦死	長淵郡候南面中坪里四二一
			一九一二・〇八・一〇	根春	妻		—
二〇七	第四海軍施設部	ギルバート諸島タラワ	一九四三・一一・二五	呉本成煥	軍属	戦死	長淵郡候南面石県里四五三
			一九一九・〇五・二二	任順	父		長淵郡候南面南湖里四五三
二〇九	第四海軍施設部	ギルバート諸島タラワ	一九四三・一一・二五	森川明俊	軍属	戦死	長淵郡速達面下苔灘里七九
			一九一三・〇七・一八	南福	妻		—
二一〇	第四海軍施設部	ギルバート諸島タラワ	一九四三・一一・二五	豊野南壽	軍属	戦死	長淵郡速達面下苔灘里七四
			一九一五・〇七・一七	奉三	母		—
二一一	第四海軍施設部	ギルバート諸島タラワ	一九四三・一一・二五	神徳大元	軍属	戦死	長淵郡速達面下苔灘里三四
			一九一八・一一・一三	郁	祖母		—
二一二	第四海軍施設部	ギルバート諸島タラワ	一九四三・一一・二五	吉田善壽	軍属	戦死	長淵郡速達面下苔灘里九六
			一九二〇・〇八・二三	岨峿	母		—
二一三	第四海軍施設部	ギルバート諸島タラワ	一九四三・一一・二五	光山××	軍属	戦死	長淵郡速達面下苔灘里二九
			一九一七・〇七・一二	莫徳	母		—
二一五	第四海軍施設部	ギルバート諸島タラワ	一九四三・一一・二五	×××	軍属	戦死	長淵郡長淵邑南里二九六
			—	京禧	妻		長淵郡長淵邑南里六九六

番号	所属	場所	年月日	氏名	身分・続柄	事由	本籍・住所
二一六	第四海軍施設部	ギルバート諸島タラワ	一九四三・一一・二五	×××	軍属	戦死	長淵郡長淵邑邑内里一五八
			一九二一・××・○七	正哲	父		―
二一七	第四海軍施設部	ギルバート諸島タラワ	一九四三・一一・二五	麻田鳳求	軍属	戦死	長淵郡長淵邑邑内里六八○
			一九一七・○六・○五	淑英	妻		―
二一八	第四海軍施設部	ギルバート諸島タラワ	一九四三・一一・二五	國本龍軫	軍属	戦死	長淵郡長淵邑右里一八二
			一九二三・○五・三一	泰計	父		安岳郡安谷臨浦里
二一九	第四海軍施設部	ギルバート諸島タラワ	一九四三・一一・二五	徳山　隆	軍属	戦死	長淵郡長淵邑邑内里三○○
			一九二○・一○・二○	重吉	父		長淵郡長淵邑邑内里三五二
二二○	第四海軍施設部	ギルバート諸島タラワ	一九四三・一一・二五	上村周哲	軍属	戦死	長淵郡大救面九美里五五
			一九二○・○三・三○	明玉	妻		―
二二一	第四海軍施設部	ギルバート諸島タラワ	一九四三・一一・二五	岩原相補	軍属	戦死	長淵郡大救面九美里四五二
			一九二○・○五・二八	玄愛	母		―
二二二	第四海軍施設部	ギルバート諸島タラワ	一九四三・一一・二五	金村在國	軍属	戦死	長淵郡大救面龍蟠里一四三
			一九二○・○二・一五	順福	妻		長淵郡大救面九味里
二二三	第四海軍施設部	ギルバート諸島タラワ	一九四三・一一・二五	安呂良雄	軍属	戦死	長淵郡大救面龍蟠里
			一九二一・○四・二○	昌守	父		―
二二五	第四海軍施設部	ギルバート諸島タラワ	一九四三・一一・二五	山本熙相	軍属	戦死	碧城郡雲山面堂洞里五六
			一九二三・○三・○八	岩石	母		信川郡信川邑校塔里三三
二二六	第四海軍施設部	ギルバート諸島タラワ	一九四三・一一・二五	國本泰善	軍属	戦死	碧城郡壯谷面東峰里九五八
			一九一九・○一・一三	香文	妻		長淵郡長淵邑東里五四四
二二七	第四海軍施設部	ギルバート諸島タラワ	一九四三・一一・二五	三登貞愚	軍属	戦死	碧城郡西席面席洞里五四四
			一九一四・○一・二八	箕東	父		海州府西梁町山三
二二八	第四海軍施設部	ギルバート諸島タラワ	一九四三・一一・二五	高島健吉	軍属	戦死	碧城郡錦山面新昌里一○五一
			一九二一・○六・一一	明珠	祖母		―
二三○	第四海軍施設部	ギルバート諸島タラワ	一九四三・一一・二五	松谷大成	軍属	戦死	碧城郡東江面舎人里
			一九二二・○三・○五	仙女	母		載寧郡新院面新院里二一六
二三九	第四海軍施設部	ギルバート諸島タラワ	一九四三・一一・二五	申海鋭	軍属	戦死	―
			一九一六・○二・二七	光哲	庶子		新渓郡村面梨灘里四五四
二四六	第四海軍施設部	ギルバート諸島タラワ	一九四三・一一・二五	國本楽均	軍属	戦死	新渓郡新渓面郷校里一九二
			一九一一・一一・一二	玉山	妻		平山郡寶山面新南川里二三五
二六○	第四海軍施設部	ギルバート諸島タラワ	一九四三・一一・二五	坡平徳余	軍属	戦死	鳳山郡洞化面朝湯里一一七
			一九一二・一○・二○	土化	母		―
二六一	第四海軍施設部	ギルバート諸島タラワ	一九四三・一一・二五	長城燎東	軍属	戦死	鳳山郡双山面葛峴里六六四
			一九一六・○六・○二	成一	庶子		―
二六二	第四海軍施設部	ギルバート諸島タラワ	一九四三・一一・二五	安金瑞成	軍属	戦死	鳳山郡双山面銭山里二五二

			一九二二・一一・二四	温金	妻		ー
二六七	第四海軍施設部	ギルバート諸島タラワ	一九四三・一一・二五	金子眞公	軍属	戦死	鳳山郡沙里院邑上下里六〇
			一九二三・〇五・一〇	善妣	妻		ー
二六九	第四海軍施設部	ギルバート諸島タラワ	一九四三・一一・二五	山本泰民	軍属	戦死	鳳山郡沙里院邑上下里一五
			一九一五・一二・〇六	永姸	妻		ー
二七〇	第四海軍施設部	ギルバート諸島タラワ	一九四三・一一・二五	龍宮千日	軍属	戦死	鳳山郡沙里院邑景岩里三八一
			一九二二・〇九・一七	順×	母		ー
二七一	第四海軍施設部	ギルバート諸島タラワ	一九四三・一一・二五	福富泰鉉	軍属	戦死	鳳山郡沙里院邑景岩里三三三
			一九二三・一〇・三〇	×物	母		海州府玉神町三六一
二七二	第四海軍施設部	ギルバート諸島タラワ	一九四三・一一・二五	金元順吉	軍属	戦死	鳳山郡沙里院邑東里八五
			一九二二・〇四・二五	寶妣	母		黄海郡黄州邑禮洞里片倉
二七六	第四海軍施設部	ギルバート諸島タラワ	一九四三・一一・二五	金山吉興	軍属	戦死	鳳山郡舎人面桂東里一九二
			一九二三・〇四・一〇	明璜	妻		ー
二七七	第四海軍施設部	ギルバート諸島タラワ	一九四三・一一・二五	富原正雄	軍属	戦死	鳳山郡舎人面桂東里二五六
			ー	慶淳	妻		ー
二七八	第四海軍施設部	ギルバート諸島タラワ	一九四三・一一・二五	福原基煥	軍属	戦死	鳳山郡舎人面銀波里二一五
			一九二三・〇六・一四	時達	父		
二七九	第四海軍施設部	ギルバート諸島タラワ	一九四三・一一・二五	良原燎模	軍属	戦死	鳳山郡舎人面亀岩里二六六
			一九一八・〇九・一〇	ー	ー		載寧郡×聖面大方里
二九一	第四海軍施設部	ギルバート諸島タラワ	一九四三・一一・二五	松島貞吉	軍属	戦死	松禾郡松禾面鴻岩里五三五
			一九二三・〇四・二九	龍雲	妻		ー
二九二	第四海軍施設部	ギルバート諸島タラワ	一九四三・一一・二五	石山栄造	軍属	戦死	松禾郡松禾面鴻岩里二九二
			一九二三・〇九・一七	應女	妻		ー
二九三	第四海軍施設部	ギルバート諸島タラワ	一九四三・一一・二五	白川秉浩	軍属	戦死	松禾郡松禾面龍井里五一九
			一九二二・〇七・一七	××	妻		ー
二九四	第四海軍施設部	ギルバート諸島タラワ	一九四三・一一・二五	白川鳳源	軍属	戦死	松禾郡松禾面生旺里一三六
			一九二一・〇九・二八	佳月	妻		×××
二九五	第四海軍施設部	ギルバート諸島タラワ	一九四三・一一・二五	松田明英	軍属	戦死	松禾郡松禾面生旺里三〇八
			一九二二・〇五・二四	宗煥	父		ー
二九八	第四海軍施設部	ギルバート諸島タラワ	一九四三・一一・二五	松村根頂	軍属	戦死	松禾郡蓬莱面鶯柯里四四
			一九〇四・〇二・一二	貞出	妻		松禾郡蓬莱面水橋里
二九九	第四海軍施設部	ギルバート諸島タラワ	一九四三・一一・二五	松本仁旭	軍属	戦死	松禾郡蓬莱面水槁里六九
			一九二四・〇九・〇九	元信	父		ー
三〇〇	第四海軍施設部	ギルバート諸島タラワ	一九四三・一一・二五	安藤徳三	軍属	戦死	松禾郡蓬莱面水槁里七二
			一九一一・一二・二三	秀連	妻		ー

番号	所属	場所	年月日	氏名	身分・続柄	事由	本籍・住所
三〇一	第四海軍施設部	ギルバート諸島タラワ	一九四三・一一・二五	森山岩雄	軍属	戦死	松禾郡蓬莱面水檣里九〇
			一九二三・〇三・二〇	寧奎	父		松禾郡蓬莱面水檣里六六
三〇三	第四海軍施設部	ギルバート諸島タラワ	一九四三・一一・二五	李園東済	軍属	戦死	松禾郡雲遊面沙村里四四二
			一九二四・〇八・二二	永童	父		―
三〇六	第四海軍施設部	ギルバート諸島タラワ	一九四三・一一・二五	×××	軍属	戦死	松禾郡栗里面細道里二九
			―	光善	妻		長淵郡長淵邑東里六五四
三〇七	第四海軍施設部	ギルバート諸島タラワ	一九四三・一一・二五	×××	軍属	戦死	松禾郡栗里面新村里五五一
			―	良和	父		松禾郡栗面新村里三八四
三〇八	第四海軍施設部	ギルバート諸島タラワ	一九四三・一一・二五	星本載淳(荏淳)	軍属	戦死	松禾郡栗面新村里三八四
			一九一四・一〇・〇五	天命	妻		長淵郡候南面三×里三一六
三一二	第四海軍施設部	ギルバート諸島タラワ	一九四三・一一・二五	明本橒豊	軍属	戦死	松禾郡泉洞面大也里九四
			一九二四・〇五・一四	陽淑	母		―
三一八	第四海軍施設部	ギルバート諸島タラワ	一九四三・一一・二五	高松峰春	軍属	戦死	松禾郡長陽面孝村里二四八
			―	恵善	妻		―
三二一	第四海軍施設部	ギルバート諸島タラワ	一九四三・一一・二五	平山俊益	軍属	戦死	松禾郡豊海面川北里九〇四
			一九二一・〇九・一七	享玉	母		―
三二三	第四海軍施設部	ギルバート諸島タラワ	一九四三・一一・二五	山本承作	軍属	戦死	松禾郡豊海面細橋里七六
			一九一四・〇三・二六	光玉	妻		―
三二五	第四海軍施設部	ギルバート諸島タラワ	一九四三・一一・二五	國本成赫	軍属	戦死	松禾郡上里面薪坪里五三一
			一九二一・〇六・二六	東禮	父		松禾郡豊海面細橋里
三二六	第四海軍施設部	ギルバート諸島タラワ	一九四三・一一・二五	宮田俊雄	軍属	戦死	松禾郡上里面道隠里九七一
			一九二四・〇二・〇五	初基	母		松禾郡豊洞面石灘里一六四二一
三二八	第四海軍施設部	ギルバート諸島タラワ	一九四三・一一・二五	岡山學淳	軍属	戦死	松禾郡蓮芳面完川里二八五
			一九二三・〇九・二二	眷赫	父		信川郡信川邑校塔里一八
三三二	第四海軍施設部	ギルバート諸島タラワ	一九四三・一一・二五	秋田成吉	軍属	戦死	松禾郡下里面清涼里二八九
			一九二三・〇一・一五	明守	父		―
三三三	第四海軍施設部	ギルバート諸島タラワ	一九四三・一一・二五	武田貞道	軍属	戦死	松禾郡下里面生旺里一三九
			一九二五・〇八・一九	順草	母		―
三三四	第四海軍施設部	ギルバート諸島タラワ	一九四三・一一・二五	盤口翔九	軍属	戦死	松禾郡下里面清涼里三〇〇
			一九一八・〇一・二〇	連束	父		―
三四八	第四海軍施設部	ギルバート諸島タラワ	一九四三・一一・二五	金海昌教	軍属	戦死	谷山郡谷山面南川里九五
			一九一六・一〇・〇二	益化	母		谷山郡谷山面富坪里九〇
三四九	第四海軍施設部	ギルバート諸島タラワ	一九四三・一一・二五	金山斗鎮	軍属	戦死	谷山郡谷山面南川里一一一
			一九一九・〇七・二〇	學娃	妻		谷山郡谷山面南川里一一一
三五〇	第四海軍施設部	ギルバート諸島タラワ	一九四三・一一・二五	大山徳鐘	軍属	戦死	谷山郡谷山面南川里一二

番号	所属	死亡場所	年月日	氏名	続柄	事由	本籍・住所
			一九一九・〇二・二七	鎮玉	父		谷山郡谷山面南川里一二
三五二	第四海軍施設部	ギルバート諸島タラワ	一九四三・一一・二五	谷康昌鎮	軍属	戦死	谷山郡覔美面文岩里六五七
			一九二二・〇五・〇六	仁順	妻		谷山郡覔美面文岩里六五七
三五三	第四海軍施設部	ギルバート諸島タラワ	一九四三・一一・二五	松原錫和	軍属	戦死	谷山郡覔美面摩訶里四四一
			一九一五・〇五・二五	龍姐	妻		谷山郡伊寧面巨利所里二五
三五四	第四海軍施設部	ギルバート諸島タラワ	一九四三・一一・二五	金山徳普	軍属	戦死	谷山郡桃花面山陽里三六一
			一九一七・〇五・二七	音錮	妻		谷山郡桃花面山陽里三六一
三五五	第四海軍施設部	ギルバート諸島タラワ	一九四三・一一・二五	金海永寶	軍属	戦死	谷山郡桃花面武陵里二五六
			―	光基	父		谷山郡桃花面武陵里二五六
三五六	第四海軍施設部	ギルバート諸島タラワ	一九四三・一一・二五	千田達洙	軍属	戦死	谷山郡桃花面武陵里一七八
			一九二三・〇二・一〇	龍三	庶子		谷山郡桃花面武陵里一七八
三五七	第四海軍施設部	ギルバート諸島タラワ	一九四三・一一・二五	豊原成國	軍属	戦死	谷山郡桃花面平原里一一五
			一九一九・〇九・二九	龍化	妻		谷山郡桃花面平原里一一五
三五八	第四海軍施設部	ギルバート諸島タラワ	一九四三・一一・二五	金城炳植	軍属	戦死	谷山郡桃花面月渓里一〇一
			一九一二・〇四・二一	確實	妻		谷山郡桃花面月渓里一〇一
三五九	第四海軍施設部	ギルバート諸島タラワ	一九四三・一一・二五	金村永國	軍属	戦死	谷山郡東村面閉達里一八五
			一九一四・〇六・二六	元華	妻		谷山郡東村面閉達里一八五
三六〇	第四海軍施設部	ギルバート諸島タラワ	一九四三・一一・二五	水原聖道	軍属	戦死	谷山郡東村面閉達里一八五
			一九一八・〇七・二〇	逢女	妻		谷山郡東村面閉達里一八五
三六一	第四海軍施設部	ギルバート諸島タラワ	一九四三・一一・二五	栗林　隆	軍属	戦死	谷山郡東村面五倫里二二六
			一九一四・〇三・〇三	福子	妻		谷山郡東村面五倫里二二六
三六二	第四海軍施設部	ギルバート諸島タラワ	一九四三・一一・二五	咸興命祥	軍属	戦死	谷山郡下図面鳴灘里七一二
			一九二二・〇八・二五	達嬅	妻		谷山郡下図面鳴灘里七一二
三六三	第四海軍施設部	ギルバート諸島タラワ	一九四三・一一・二五	金澤錫文	軍属	戦死	谷山郡上図面坊洞里二二四
			一九二三・〇一・一五	璋憲	兄		谷山郡上図面坊洞里二二四
三六四	第四海軍施設部	ギルバート諸島タラワ	一九四三・一一・二五	國本根培	軍属	戦死	谷山郡上図面熊澤里二一〇
			一九二三・〇二・二〇	基成	父		谷山郡上図面熊澤里二一〇
三六五	第四海軍施設部	ギルバート諸島タラワ	一九四三・一一・二五	松山植烈	軍属	戦死	谷山郡雲中面完井里二四八
			一九一三・一一・一九	富金	妻		谷山郡雲中面完井里二四八
三六六	第四海軍施設部	ギルバート諸島タラワ	一九四三・一一・二五	盧州殷善	軍属	戦死	谷山郡雲中面柳村里一一六〇
			一九二二・〇四・〇二	荊玉	妻		谷山郡雲中面柳村里一一六〇
三六七	第四海軍施設部	ギルバート諸島タラワ	一九四三・一一・二五	賀川義雄	軍属	戦死	谷山郡雲中面草坪里三三三
			一九一一・〇九・〇九	京天	妻		谷山郡雲中面草坪里三三三
三六八	第四海軍施設部	ギルバート諸島タラワ	一九四三・一一・二五	徳山灑澤	軍属	戦死	谷山郡雲中面草坪里八〇〇
			一九一一・〇五・二五	得實	妻		谷山郡雲中面草坪里八〇〇

番号	所属	場所	年月日	氏名	続柄	区分	本籍
三七〇	第四海軍施設部	ギルバート諸島タラワ	一九四三・一一・二五	山本致福	軍属	戦死	谷山郡清渓面青松里一一四
			一九一七・一二・〇六	仙女	妻		谷山郡清渓面青松里一一四
三七一	第四海軍施設部	ギルバート諸島タラワ	一九四三・一一・二五	木元文燮	軍属	戦死	谷山郡清渓面古老里八三九
			一九一六・〇九・二二	文嬅	妻		谷山郡清渓面古老里八三九
三七二	第四海軍施設部	ギルバート諸島タラワ	一九四三・一一・二五	金山基白	軍属	戦死	谷山郡清渓面青松里九三
			一九二二・〇八・〇一	京一	妻		谷山郡清渓面青松里九三
三七三	第四海軍施設部	ギルバート諸島タラワ	一九四三・一一・二五	金城得権	軍属	戦死	谷山郡清渓面青松里四四九
			一九〇二・〇二・二八	麗燁	妻		谷山郡清渓面青松里四四九
三七四	第四海軍施設部	ギルバート諸島タラワ	一九四三・一一・二五	梁原英網	軍属	戦死	谷山郡清渓面城谷里四三九
			一九××・〇八・〇五	花春	妻		谷山郡清渓面城谷里四三九
三七五	第四海軍施設部	ギルバート諸島タラワ	一九四三・一一・二五	金城隆太郎	軍属	戦死	谷山郡清渓面青松里六一九
			一九二二・〇四・一一	基化	妻		谷山郡清渓面青松里六一九
三七六	第四海軍施設部	ギルバート諸島タラワ	一九四三・一一・二五	廣田昌成	軍属	戦死	谷山郡花村面長坪里五二
			一九一九・一二・三一	吉春	妻		谷山郡花村面長坪里五二
三七七	第四海軍施設部	ギルバート諸島タラワ	一九四三・一一・二五	山川承鎬	軍属	戦死	谷山郡花村面廣川里九九六
			一九二一・一〇・三一	寶化	継母		谷山郡花村面廣川里九九六
三七八	第四海軍施設部	ギルバート諸島タラワ	一九四三・一一・二五	富原秉杰	軍属	戦死	谷山郡花村面桃挙里一八六
			一九二二・〇九・一一	寛徳	庶子		谷山郡花村面桃挙里一八六
三八二	第四海軍施設部	ギルバート諸島タラワ	一九四三・一一・二五	兪明濬	軍属	戦死	金川郡古東面羅城里六四八
			一九一四・〇一・二〇	弘濬	弟		谷山郡極花面平原里七九〇
三九八	第四海軍施設部	ギルバート諸島タラワ	一九四三・一一・二五	河島参應	軍属	戦死	遂安郡公浦面馬山里三八九
			一九一七・〇三・二四	録	妻		遂安郡公浦面馬山里三八九
三九九	第四海軍施設部	ギルバート諸島タラワ	一九四三・一一・二五	中村大雲	軍属	戦死	遂安郡公浦面馬山里二〇二
			一九二三・〇三・〇一	富女	妻		遂安郡公浦面馬山里二〇二
四〇〇	第四海軍施設部	ギルバート諸島タラワ	一九四三・一一・二五	清川尚鎮	軍属	戦死	遂安郡公浦面馬山里七二九
			一九一七・〇三・二八	寶善	妻		遂安郡公浦面馬山里七二九
四〇一	第四海軍施設部	ギルバート諸島タラワ	一九四三・一一・二五	遼山海洙	軍属	戦死	遂安郡公浦面大達里五五
			一九二三・〇二・二六	嬣	母		遂安郡公浦面大達里五五
四〇二	第四海軍施設部	ギルバート諸島タラワ	一九四三・一一・二五	平山鎮基	軍属	戦死	遂安郡公浦面飯泉里一一三
			一九一七・一〇・一〇	永煥	妻		遂安郡公浦面飯泉里一一三
四〇三	第四海軍施設部	ギルバート諸島タラワ	一九四三・一一・二五	松山夢輝	軍属	戦死	遂安郡遂安面石橋里三〇一
			一九二〇・〇三・一五	處俊	父		遂安郡遂安面石橋里三〇一
四〇四	第四海軍施設部	ギルバート諸島タラワ	一九四三・一一・二五	三土翔東	軍属	戦死	遂安郡遂安面下府里六六
			一九一六・〇四・〇四	初月	妻		遂安郡遂安面下府里六六
四〇五	第四海軍施設部	ギルバート諸島タラワ	一九四三・一一・二五	張鎬善	軍属	戦死	遂安郡遂安面石橋里二五七

			一九二一・〇五・〇二	鶯仁	祖父		遂安郡遂安面玉峴里一八二
四〇六	第四海軍施設部	ギルバート諸島タラワ	一九四三・一一・二五	松本秀男	軍属	戦死	遂安郡遂安面龍潭里二五
			一九〇八・〇六・一六	斗玉	妻		遂安郡遂安面龍潭里二五
四〇七	第四海軍施設部	ギルバート諸島タラワ	一九四三・一一・二五	斉藤道三	軍属	戦死	遂安郡遂安面倉後里四五四
			一九二三・一一・一八	萬淑	母		遂安郡遂安面龍潭里六〇
四〇八	第四海軍施設部	ギルバート諸島タラワ	一九四三・一一・二五	金衣慶巡	軍属	戦死	遂安郡遂安面下有里六九八
			一九一八・〇一・〇三	寶妃	妻		遂安郡遂安面下有里六九八
四〇九	第四海軍施設部	ギルバート諸島タラワ	一九四三・一一・二五	信川義太郎	軍属	戦死	遂安郡遂安面下有里二四九
			一九二二・〇五・一四	佳珠	妻		遂安郡遂安面下有里二四九
四一〇	第四海軍施設部	ギルバート諸島タラワ	一九四三・一一・二五	徳山根萬	軍属	戦死	遂安郡遂安面守洞里三六六
			一九一八・〇七・二六	璋守	妻		遂安郡遂安面守洞里三六六
四一二	第四海軍施設部	ギルバート諸島タラワ	一九四三・一一・二五	新井昌玉	軍属	戦死	遂安郡栗界面守洞里一二
			一九一九・〇三・〇二	炳奎	父		遂安郡栗界面守洞里一二
四一三	第四海軍施設部	ギルバート諸島タラワ	一九四三・一一・二五	清水應洙	軍属	戦死	遂安郡遂安面陶河里一〇×
			一九二三・一〇・二八	淳鳳	父		遂安郡遂安面陶河里一〇×
四一四	第四海軍施設部	ギルバート諸島タラワ	一九四三・一一・二五	永川俊成	軍属	戦死	遂安郡大城面月閔里一八五
			一九二一・〇六・〇九	時玉	母		遂安郡大城面月閔里一八五
四一五	第四海軍施設部	ギルバート諸島タラワ	一九四三・一一・二五	慶田正行	軍属	戦死	遂安郡大城面済洞里一八九
			一九一八・一〇・一五	×煥	妻		遂安郡大城面済洞里一八九
四一六	第四海軍施設部	ギルバート諸島タラワ	一九四三・一一・二五	箕原義元	軍属	戦死	遂安郡遂安面陶河里一九九
			一九二二・一二・二一	奉干	父		×××
四一七	第四海軍施設部	ギルバート諸島タラワ	一九四三・一一・二五	源本東雄	軍属	戦死	遂安郡泉谷面坪院里×二一
			一九一四・〇五・二六	××	妻		遂安郡泉谷面坪院里×二一
四一八	第四海軍施設部	ギルバート諸島タラワ	一九四三・一一・二九	田村鳳五	軍属	戦死	遂安郡泉谷面柳村里三三二
			一九二二・一一・〇五	娃浩	父		×××
四一九	第四海軍施設部	ギルバート諸島タラワ	一九四三・一一・二五	三井鳳道	軍属	戦死	遂安郡泉谷面柳村里一八九
			一九一六・〇六・一五	孝俊	妻		遂安郡大梧面×南亭里四五
四二〇	第四海軍施設部	ギルバート諸島タラワ	一九四三・一一・二五	金山善智	軍属	戦死	遂安郡泉谷面柳村里一八九
			一九二一・一二・三〇	福實	妻		遂安郡泉谷面柳村里一八九
四二一	第四海軍施設部	ギルバート諸島タラワ	一九四三・一一・二五	松島東燮	軍属	戦死	遂安郡泉谷面坪院里三三三
			一九一九・〇四・〇四	貞根	父		遂安郡泉谷面坪院里三三三
四二二	第四海軍施設部	ギルバート諸島タラワ	一九四三・一一・二五	平原致善	軍属	戦死	遂安郡水口面楡峴里二一
			一九一三・〇六・三〇	善玉	妻		遂安郡大梧面木南亭里二七八
四二三	第四海軍施設部	ギルバート諸島タラワ	一九四三・一一・二五	平田元周	軍属	戦死	遂安郡大梧面社倉里二〇六
			一九二一・〇九・一〇	大徳	父		遂安郡遂安面石橋里二〇一

番号	所属	死亡場所	年月日	氏名	続柄	死因	本籍
四二六	第四海軍施設部	ギルバート諸島タラワ	一九四三・一一・二五	×寶煥	軍属	戦死	遂安郡大梧面楽峴里二七三
			一九一八・〇七・〇一	李氏	母		遂安郡大梧面下朝陽里三四九
四二七	第四海軍施設部	ギルバート諸島タラワ	一九四三・一一・二五	富原致綱	軍属	戦死	遂安郡大梧面下朝陽里三四九
			一九一一・〇八・一七	致化	妻		遂安郡大梧面下朝陽里三四九
四二八	第四海軍施設部	ギルバート諸島タラワ	一九四三・一一・二五	延原龍潭	軍属	戦死	遂安郡大梧面社倉里四四
			一九一七・一二・二九	衙玉	妻		遂安郡大梧面社倉里四四
四二九	第四海軍施設部	ギルバート諸島タラワ	一九四三・一一・二五	廣田得権	軍属	戦死	遂安郡大梧面社倉里三六九
			一九〇八・一一・一六	光燮	子		遂安郡大梧面社倉里三六九
四三〇	第四海軍施設部	ギルバート諸島タラワ	一九四三・一一・二五	李白三・井田八豊	軍属	戦死	遂安郡大梧面玉原里四八三
			一九二一・〇九・〇九	秋月	妻		遂安郡大梧面玉原里四八三
四三一	第四海軍施設部	ギルバート諸島タラワ	一九四三・一一・二五	福島昌福	軍属	戦死	遂安郡大梧面遠新里三九二
			一九二二・〇四・一二	春夏	妻		遂安郡大梧面遠新里三九二
四三二	第四海軍施設部	ギルバート諸島タラワ	一九四三・一一・二五	延原正洙	軍属	戦死	遂安郡大梧面遠新里三九二
			一九一八・一二・〇九	×宗	妻		遂安郡大梧面遠新里三九二
一〇三	第四海軍施設部	ギルバート諸島タラワ	一九四四・〇七・〇八	平沼大用	軍属	戦死	信川郡文化面
			一九〇七・一〇・一〇	源奎	父		新渓郡多美面宋陵里
四四	第四海軍施設部	八丈島東方海面	一九四三・一二・〇四	廣田京花	軍属	戦死	載寧郡南原面野頭里三五八
			一九一八・〇九・二六	秉業	叔父		—
三八〇	第四海軍施設部	八丈島東方海面	一九四三・一二・〇四	林燦祚	軍属	戦死	金川郡外柳面石頭里五七八
			一九一八・〇一・一三	允明	母		金川郡外柳面石頭里五七八
二六八	第四海軍施設部	ピケロット島北方	一九四四・〇一・三一	木谷海権	軍属	戦死	鳳山郡沙里院邑北里三四五
			一九一九・〇八・〇一	鳳植	妻		遂安郡大梧面楠亭里二三五
一五	第四海軍施設部	ケゼリン島	一九四四・〇二・〇六	高島鎮亢	軍属	戦死	碧城郡青龍面鶴月里八二
			一九二三・一二・一九	昌順	父		—
一九九	第四海軍施設部	ルオット島	一九四四・〇二・〇六	金田澤壽	軍属	戦死	長淵郡薪花面休東里四一二
			一九二三・〇二・一六	根享	父		—
九二	第四海軍施設部	グァム島南西方	一九四四・〇五・一〇	木本昌樺	軍属	戦死	瑞興郡木村面興水里六四八
			一九一二・〇一・二七	義	妻		襄陽郡襄陽面松岩里
七九	第四海軍施設部	トラック島	一九四二・〇三・三一	永嘉泰烈	軍属	戦病死	瑞興郡東部面泉谷里一九三
		癩濬	一九二四・〇一・二〇	錫俊	父		—
二三四	第四海軍施設部	トラック島	一九四四・〇三・二七	梅村栄奎	軍属	戦死	碧城郡東雲面徳達里一二五
			一九一七・〇九・二八	英子	長女		—
二九〇	第四海軍施設部	サイパン島	一九四三・一一・二五	松田喜助	軍属	戦死	松禾郡松禾面邑内里八三九
			一九二三・一二・一五	信子	母		—
三五	第四海軍施設部	サイパン島	一九四三・一一・二五	良原永先	軍属	戦死	平山郡安城面楡川里一三八

			一九二三・〇六・一五	敬文	父		載寧郡青川面昌徳里
二三六	第四海軍施設部	サイパン島	一九四四・〇七・〇八	金澤栄得	軍属	戦死	新渓郡多東面宋陵里
			一九一五・〇七・一〇	昌得	父		新渓郡多東面宋陵里
二四八	第四海軍施設部	サイパン島	一九四四・〇七・〇八	張永浩	軍属	戦死	延城郡鳳西面磻渓里二八五
			一九一六・〇二・一三	文三			延城郡鳳西面磻渓里二八五
二五三	第四海軍施設部	サイパン島	一九四四・〇七・〇八	白川光濬	軍属	戦死	延白郡延安邑延城里三五
			一九二三・一一・二〇	玉順			—
二五五	第四海軍施設部	サイパン島	一九四四・〇七・〇八	白原元基	軍属	戦死	延白郡湖南面湖西里一七三
			一九一八・〇一・一五	順蟾	妻		—
二五九	第四海軍施設部	サイパン島	一九四四・〇七・〇八	梅村命萬	軍属	戦死	延白郡海城面海南里一九六
			一九一六・〇五・一三	小女	妻		—
三九一	第五海軍建築部	トラック島	一九四二・一二・一七	長野浩成	軍属	戦病死	金川郡金川面金陵里一三三
			一九一二・〇二・一六	吉	妻		金川郡金川面金陵里一三三
四七四	第五海軍建築部	セレベス島	一九四三・〇二・一四	阜山小児	軍属	戦死	長淵郡海安面新安里三二
			—	世仁	兄		長淵郡海安面屏山里四四〇
一八一	第五海軍建築部	ナウル島	一九四三・〇三・二九	廣谷允浩	軍属	戦死	殷東郡二道面甘井里一一二
			一九一三・一一・二五	音徳	妻		—
一八二	第五海軍建築部	ギルバート諸島タラワ	一九四三・一一・二五	原田相鎬	軍属	戦死	殷東郡北部面金山里一五七
			一九二三・〇一・〇五	漢龍	父		松禾郡豊海面城上里
三〇四	第五海軍建築部	ギルバート諸島タラワ	一九四三・一一・二五	陽山長淳	軍属	戦死	松禾郡栗里面新村里五六三
			一九一四・一二・二八	永愛	父		—
三〇五	第五海軍建築部	ギルバート諸島タラワ	一九四三・一一・二五	山川善済	軍属	戦死	松禾郡栗里面保徳里二三八
			一九二三・〇六・二三	鏞成	父		—
三八	第五海軍建築部	サイパン島	一九四三・一一・二五	清水益俊	軍属	戦死	平山郡迎月面倉洞里三×四
			一九二三・〇一・〇二	××	妻		×××
二二	第五海軍建築部	サイパン島	一九四四・〇七・〇八	谷野斗燮	軍属	戦死	延白郡牡丹面灘纓里一七
			一九一三・一〇・〇八	金陰	妻		—
二七	第五海軍建築部	サイパン島	一九四四・〇七・〇八	張川基周	軍属	戦死	平山郡南川邑葛灘里二二
			一九一九・〇三・一一	秀徳	妻		瑞興郡瑞興面月農里一九五
六九	第五海軍建築部	サイパン島	一九四四・〇七・〇八	松江雲栄	軍属	戦死	載寧郡上聖面上新里二六
			一九二八・〇三・一六	雲秀	兄		黄州郡兼浦邑旭町二四
七四	第五海軍建築部	サイパン島	一九四四・〇七・〇八	安藤承逸	軍属	戦死	瑞興郡内徳面大和里四七一
			一九一六・〇一・二三	謹鎬	父		—
七五	第五海軍建築部	サイパン島	一九四四・〇七・〇八	松原善雨	軍属	戦死	瑞興郡内徳面某棠里五五六
			一九一七・〇六・二〇	玉梅	妻		—

七六	第五海軍建築部	サイパン島	一九四四・〇七・〇八	張尾啓燮	軍属	戦死	瑞興郡内徳面石蓮里七〇七
			一九一四・〇九・〇四	立粉	妻		ー
七七	第五海軍建築部	サイパン島	一九四四・〇七・〇八	高村根澤	軍属	戦死	瑞興郡内徳面石蓮里六〇〇
			一九二二・〇三・〇四	中妊	妻		ー
八一	第五海軍建築部	サイパン島	一九四四・〇七・〇八	長谷川致案	軍属	戦死	瑞興郡栗里面上栗里六六九
			一九〇八・一二・二八	漢模	二男		瑞興郡栗里面上栗里六七四
八二	第五海軍建築部	サイパン島	一九四四・〇七・〇八	文川允活	軍属	戦死	瑞興郡栗里面松月里三
			一九一五・〇一・一七	奎鎬	兄		瑞興郡栗里面松月里一〇〇
八三	第五海軍建築部	サイパン島	一九四四・〇七・〇八	安村龍成	軍属	戦死	瑞興郡栗里面松月里一一〇
			一九〇七・〇六・二五	昌祚	長男		瑞興郡栗里面松月里一〇五
八八	第五海軍建築部	サイパン島	一九四四・〇七・〇八	大宮東杉	軍属	戦死	瑞興郡瑞興面曳雲里一五八
			一九二一・〇一・〇一	玄粉	妻		瑞興郡瑞興面曳雲里一五八
九三	第五海軍建築部	サイパン島	一九四四・〇七・〇八	松原昌三	軍属	戦死	瑞興郡龍坪面全泉里一〇六
			一九一六・〇二・二三	昌祚	兄		ー
九五	第五海軍建築部	サイパン島	一九四四・〇七・〇八	金本二郎	軍属	戦死	瑞興郡新暮邑新暮里三四五
			一九一三・一一・二二	干蘭	妻		ー
九六	第五海軍建築部	サイパン島	一九四四・〇七・〇八	白村鐘徳	軍属	戦死	瑞興郡新暮邑新暮里二二八
			一九一三・〇三・二六	雲善	父		ー
九七	第五海軍建築部	サイパン島	一九四四・〇七・〇八	張間良男	軍属	戦死	瑞興郡新暮邑新暮里
			一九二一・一一・〇四	順徳	母		ー
一六三	第五海軍建築部	サイパン島	一九四四・〇七・〇八	金川延燦	軍属	戦死	黄州郡仁橋面文秀里四五三
			一九一八・〇二・〇九	致奎	父		安岳郡文山面龍田里一七五
一六四	第五海軍建築部	サイパン島	一九四四・〇七・〇八	金川東淳	軍属	戦死	黄州郡仁橋面陵山里
			一九二五・一〇・二九	弘典	父		ー
一六五	第五海軍建築部	サイパン島	一九四四・〇七・〇八	金本敬逸	軍属	戦死	黄州郡九聖面和洞里五四八
			一九二二・一一・二五	龍熙	父		黄州郡兼二浦邑本町
一六六	第五海軍建築部	サイパン島	一九四四・〇七・〇八	富田利峻	軍属	戦死	黄州郡清水面金光里四二五
			一九一八・一〇・三〇	慧善	妻		ー
一六七	第五海軍建築部	サイパン島	一九四四・〇七・〇八	安川泰善	軍属	戦死	黄州郡黄州邑城南里四二
			一九二一・〇四・二五	寶仁	妻		黄州郡亀洛面徳陽里一〇三
一六八	第五海軍建築部	サイパン島	一九四四・〇七・〇八	豊川布鐘	軍属	戦死	黄州郡亀洛面徳陽里一〇一六
			一九一五・〇四・二〇	俊浩	父		ー
一六九	第五海軍建築部	サイパン島	一九四四・〇七・〇八	宮本鳳官	軍属	戦死	黄州郡青龍面華山里一五八
			一九二五・〇六・一六	尚女	母		黄州郡青龍面小串里
一七〇	第五海軍建築部	サイパン島	一九四四・〇七・〇八	渭川奉俊	軍属	戦死	黄州郡青龍面華山里四－三八

番号	所属	死亡場所	年月日	氏名	身分・続柄	死因	本籍・住所
			一九二六・〇三・三一	鎮守	父		—
一七一	第五海軍建築部	サイパン島	一九四四・〇七・〇八 一九二五・〇八・二〇	香山永昌 布善	軍属 父	戦死	黄州郡青龍面華山里一 —
一七二	第五海軍建築部	サイパン島	一九四四・〇七・〇八 一九二六・〇八・一五	篠田致文 致玉	軍属 兄	戦死	黄州郡山青面芦洞里九九 —
一七四	第五海軍建築部	サイパン島	一九四四・〇七・〇八 一九二三・〇九・二五	柳南福 州南面長	軍属 —	戦死	黄州郡州南面内咸里六〇七 —
一七五	第五海軍建築部	サイパン島	一九四四・〇七・〇八 一九二〇・一〇・〇一	金田文國 東八	軍属 父	戦死	黄州郡兼二浦邑五柳里八一二 黄州郡青龍面小串里四七
一七六	第五海軍建築部	サイパン島	一九四四・〇四・〇九 一九二六・〇八・二一	宮田昌云 淳淑	軍属 母	戦死	黄州郡水豊面咸財里三二七 —
一七七	第五海軍建築部	サイパン島	一九四四・〇七・〇八 一九二三・一〇・〇一	正谷興穆 成五	軍属 父	戦死	黄州郡黒福面水梁里一三八七 —
一七八	第五海軍建築部	サイパン島	一九四四・〇七・〇八 一九二三・〇八・二三	平山明煥 奉玉	軍属 父	戦死	黄州郡天柱面内東里一五一八 —
一七九	第五海軍建築部	サイパン島	一九四四・〇七・〇八 一九一八・〇三・〇九	金田亨淳 徳範	軍属 父	戦死	黄州郡天柱面外下里五九四 —
一八〇	第五海軍建築部	サイパン島	一九四四・〇七・〇八 一九二一・一〇・一〇	金陵光烈 秉勲	軍属 父	戦死	黄州郡天柱面外下里五九四 —
二三七	第五海軍建築部	サイパン島	一九四四・〇七・〇八 一九二〇・〇三・二七	金山龍淳 斗煥	軍属 父	戦死	新渓郡古面丁峰里四八七 新渓郡赤金面黒川里
二三八	第五海軍建築部	サイパン島	一九四四・〇七・〇八 一九二〇・〇二・〇八	固山寅奎 音全	軍属 妻	戦死	新渓郡村面梨灘里一六三 —
二四一	第五海軍建築部	サイパン島	一九四四・〇七・〇八 一九一七・〇五・三〇	徳原寛鳳 南情	軍属 父	戦死	新渓郡沙芝面花城里 —
二四二	第五海軍建築部	サイパン島	一九四四・〇七・〇八 一九一五・〇二・二三	水原敦植 金女	軍属 妻	戦死	新渓郡麻西面新村里一九〇 —
二四三	第五海軍建築部	サイパン島	一九四四・〇七・〇八 一九一九・〇四・〇五	安藤鍾燮 泰俊	軍属 兄	戦死	新渓郡麻西面葛峴里 —
二四四	第五海軍建築部	サイパン島	一九四四・〇七・〇八 一九二一・〇一・二九	吉永思輔 秉燁	軍属 父	戦死	新渓郡新渓面城北里一八一 —
二四五	第五海軍建築部	サイパン島	一九四四・〇七・〇八 一九一五・〇八・一〇	大城貞福 英子	軍属 妻	戦死	新渓郡新渓面郷校里三三一 —
二四九	第五海軍建築部	サイパン島	一九四四・〇七・〇八 一九二五・〇九・〇三	新車龍國 君三	軍属 父	戦死	延白郡石山面月岩里六五 —

二五二	第五海軍建築部	サイパン島	一九四四・〇七・〇八	松本 馨	軍属	戦死	延白郡延安邑延城里四八
			一九一一・一一・一一	君子	妻		—
二五四	第五海軍建築部	サイパン島	一九四四・〇七・〇八	釜山炳銀	軍属	戦死	延白郡松逢面老亭里
			一九二二・〇五・〇一	—	—		延白郡龍道面清渓里一〇二九
二五六	第五海軍建築部	サイパン島	一九四四・〇七・〇八	平山徳吉	軍属	戦死	延白郡銀川面玉山里一二六
			一九二一・〇五・一五	歩得	妻		—
二五七	第五海軍建築部	サイパン島	一九四四・〇七・〇八	松本光烈	軍属	戦死	延白郡道村面兎月里四六七
			一九一四・一二・一四	鐘植	父		—
二五八	第五海軍建築部	サイパン島	一九四四・〇七・〇八	大崎大駿	軍属	戦死	延白郡龍道面天台里三〇七
			一九二六・一一・二七	徳錫	父		延白郡鳳白面韶成里七四三
二八八	第五海軍建築部	サイパン島	一九四四・〇七・〇八	西河鳳國	軍属	戦死	松禾郡松禾面龍虎里五二七
			一九二二・〇九・二八	千萬	妻		—
二八九	第五海軍建築部	サイパン島	一九四四・〇七・〇八	慶田徳鎬	軍属	戦死	松禾郡松禾面龍井里五一九
			一九一八・〇九・二八	五福	祖父		—
二九七	第五海軍建築部	サイパン島	一九四四・〇七・〇八	金山漢喆	軍属	戦死	松禾郡蓬莱面水槁里八六
			一九二〇・〇一・〇一	寶妧	妻		—
三〇二	第五海軍建築部	サイパン島	一九四四・〇七・〇八	滑川秉鎬	軍属	戦死	松禾郡雲遊面松谷里
			一九一三・一二・二四	昌彬	父		松禾郡豐海面川南里五六
三〇九	第五海軍建築部	サイパン島	一九四四・〇七・〇八	山本正滇	軍属	戦死	松禾郡栗面保徳里三五二
			一九一三・一二・〇一	香亨	妻		—
三一〇	第五海軍建築部	サイパン島	一九四四・〇七・〇八	新島泳萬	軍属	戦死	松禾郡漢風面席島里五五二
			一九二三・〇四・一九	基順	妻		—
三一五	第五海軍建築部	サイパン島	一九四四・〇七・〇八	木本翰相	軍属	戦死	松禾郡蓮井面廣大里二一
			一九一六・〇一・〇三	善昌	妻		松禾郡蓮井面廣大里二五
三一七	第五海軍建築部	サイパン島	一九四四・〇七・〇八	山木元益	軍属	戦死	松禾郡長陽面億沼里一八
			一九一九・〇八・一〇	青鶴	妻		—
三一九	第五海軍建築部	サイパン島	一九四四・〇七・〇八	青木貞淳	軍属	戦死	松木郡豐海面川南里二五八
			一九一四・〇七・二七	用叔	母		—
三二〇	第五海軍建築部	サイパン島	一九四四・〇七・〇八	金村吉雄	軍属	戦死	松禾郡豐海面川南里六二〇
			一九一一・一一・三〇	萩舟・筕	妻		—
三二三	第五海軍建築部	サイパン島	一九四四・〇七・〇八	康根本	軍属	戦死	松禾郡桃源面東村里一五〇
			一九一九・一一・二三	安吉	母		—
三二四	第五海軍建築部	サイパン島	一九四四・〇七・〇八	西河台鍾	軍属	戦死	松禾郡上里面道隠里六〇五
			一九一三・一〇・二〇	善慶	妻		—
三二九	第五海軍建築部	サイパン島	一九四四・〇七・〇八	豊原俊彬	軍属	戦死	松禾郡下里面芦井里五三八

番号	所属	死亡場所	年月日	氏名	区分	事由	本籍・住所
			一九二〇・〇六・〇一	仙鎬	父		松禾郡豊海面細橋里
三三〇	第五海軍建築部	サイパン島	一九四四・〇七・〇八	安本光浩	軍属	戦死	松禾郡下里面長泉里五五六
			一九二五・〇四・二〇	玉女	妻		
三三一	第五海軍建築部	サイパン島	一九四四・〇七・〇八	寓國勝雄	軍属	戦死	松禾郡下里面長泉里三〇四
			一九二〇・〇三・二四	順女	妻		ー
三九〇	第五海軍建築部	サイパン島	一九四四・〇七・〇八	柳田承八	軍属	戦死	金川郡雄徳面大灘里四四八
			一九一二・〇三・〇一	東来	妻		新渓郡多美面木秋川里六
四四三	第五海軍建築部	サイパン島	一九四四・〇七・〇八	山本寛模	軍属	戦死	延白郡延安面延白里七三
			一九二二・一二・一五	申成	ー		ー
四四四	第五海軍建築部	サイパン島	一九四四・〇七・〇八	張本龍煥	軍属	戦死	延白郡延安邑美山里五一
			一九一八・一一・一一	ー	ー		ー
四四五	第五海軍建築部	サイパン島	一九四四・〇七・〇八	青松秀吉	軍属	戦死	延白郡掛弓面古浦里七六七
			一九二一・一二・一一	秀次郎	ー		ー
四四七	第五海軍建築部	サイパン島	一九四四・〇七・〇八	松村光龍	軍属	戦死	延白郡松逢面青松里
			一九二八・〇六・〇一	鍾泰	ー		延白郡柳谷面水×里
四四九	第五海軍建築部	サイパン島	一九四四・〇七・〇八	廉東重基	軍属	戦死	鳳山郡沙里院邑北里二四
			一九二二・〇五・一五	禹術	ー		鳳山郡沙里院邑鐵山里一区六班
四五〇	第五海軍建築部	サイパン島	一九四四・〇七・〇八	福本一郎	軍属	戦死	鳳山郡沙里院邑北里九〇
			一九二〇・〇八・二三	弘斗	ー		鳳山郡沙里院北里四〇ー一八
四五二	第五海軍建築部	サイパン島	一九四四・〇七・〇八	山本秀雄	軍属	戦死	千山郡南川邑新南里五〇ー一
			一九二二・〇五・一七	文成	ー		金川郡半峰面罔明里基倉洞二〇三
四五六	第五海軍建築部	サイパン島	一九四四・〇七・〇八	車田興雲	軍属	戦死	瑞興郡水甘面水曲里三八
			一九一九・一一・〇一	興電	ー		ー
四五八	第五海軍建築部	サイパン島	一九四四・〇七・〇八	横山徳淳	軍属	戦死	瑞興郡龍坪面三川里三一〇
			一九二三・〇七・二〇	仁決	ー		ー
四五九	第五海軍建築部	サイパン島	一九四四・〇七・〇八	岩井炳淳	軍属	戦死	瑞興郡龍坪面瑞谷里五八三
			一九二三・〇二・二〇	ー	ー		ー
四六三	第五海軍建築部	サイパン島	一九四四・〇七・〇八	平山東淳	軍属	戦死	金川郡金川面葛県里四五六
			一九二一・〇一・一六	秉録	父		ー
四六四	第五海軍建築部	サイパン島	一九四四・〇七・〇八	岩村相根	軍属	戦死	新渓郡多美面新星里三五
			一九二三・〇八・〇五	ー	ー		ー
四六五	第五海軍建築部	サイパン島	一九四四・〇七・〇八	新田宗民	軍属	戦死	新渓郡多栗界面三美里四一
			一九一四・〇二・〇八	ー	ー		ー
四六七	第五海軍建築部	サイパン島	一九四四・〇七・〇八	金龍成	軍属	戦死	新渓郡新渓面城北里六五
			一九二二・〇七・一九	仁河	妻		新渓郡沙芝面院橋里水口洞

四六八	第五海軍建築部	サイパン島	一九四四・〇七・〇八 一九二〇・〇一・一五	平山在浩 泰淳	軍属 ―	戦死	新渓郡沙芝面幕岱里五六 ―
四六九	第五海軍建築部	サイパン島	一九四四・〇七・〇八 一九二三・一二・〇四	池原禹徳 ―	軍属 ―	戦死	新渓郡沙芝面幕岱里三八〇―一 ―
四七〇	第五海軍建築部	サイパン島	一九四四・〇七・〇八 一九一八・〇五・一三	白川光鉉 文鉉	軍属 ―	戦死	新渓郡麻西面銀店里四六 ―
四七三	第五海軍建築部	サイパン島	一九四四・〇七・〇八 一九二三・〇八・〇三	李山錫萬 ―	軍属 ―	戦死	延白郡花城面松川里一六六 ―
二三五	第五海軍建築部	サイパン島	一九四四・〇七・〇九 一九二〇・一〇・一二	平岩鎬徳 青山	軍属 兄	戦死	新渓郡多美面奇岩里 新渓郡多美面奇岩里七八四
八四	第五海軍建築部	サイパン島	一九四四・一二・二六 一九一一・一二・〇三	康本炳一 蘭郁	軍属 妻	戦死	瑞興郡九雨面雲川里一九一 瑞興郡所沙面長岩里六三六
二二四	第六海軍通信学校	ケゼリン島	一九四四・〇二・〇六 ―	青松文三 アキ	軍属 妻	戦死	長淵郡大救面松川里三八二 ―
八七	第八海軍施設部	四国南方海面	一九四三・一一・〇二 一九一六・〇六・三〇	長谷川栄信 順金	軍属 妻	戦死	瑞興郡瑞興面暎波里一八 鎮南浦府新興町一〇二
二四〇	第八海軍施設部	四国南方海面	一九四三・一一・〇二 一九二五・〇八・一〇	金海光動 順利	軍属 母	戦死	新渓郡村面東岩里六五二 咸鏡南道安辺郡衛益面新岱里二区
二六六	第八海軍施設部	四国南方海面	一九四三・一一・〇二 一九二六・〇一・一五	南川淳極 ―	軍属 ―	戦死	鳳山郡沙里院邑東里一一三 平安南道平壌府仁興町四
三六九	第八海軍施設部	四国南方海面	一九四三・一一・〇二 一九二二・〇七・一〇	松山善出 萬壽	軍属 父	戦死	谷山郡西村面貨泉里一一四 平安南道平壌府×北町二〇
二五一	第八海軍施設部	ラバウル	一九四四・〇四・一三 一九二二・一一・〇三	文本忠根 淳學	軍属 ―	戦死	延白郡延安邑鳳舞里三五 ―
三八四	第八海軍施設部	ラバウル	一九四四・〇四・一三 一九二〇・一〇・二五	松浦鍾東 癸玉	軍属 妻	戦病死	金川郡左面松細里一六九 金川郡左面松細里一六九
三八九	第八海軍施設部	ラバウル	一九四四・〇四・一三 一九二三・〇一・一五	黄村銀秀 長福	軍属 父	戦死	金川郡雄徳面文灘里二一 金川郡雄徳面文灘里二一
四一一	第八海軍施設部	ラバウル	一九四四・〇四・一三 ―	徳山淳顕 淳徳	軍属 妻	戦死	遂安郡栗界面深寝里一〇二 鳳山郡沙里院邑鐵山里八二八
三九三	第八海軍施設部	ラバウル	一九四四・〇四・一六 一九一六・〇六・一四	林慶奎 欝湖	軍属 母	戦死	金川郡西花面白萬里三七 金川郡西花面白萬里三七
三八八	第八海軍施設部	ラバウル	一九四四・〇四・一七 一九二〇・〇一・二五	新井済允 興象	軍属 父	戦傷死	金川郡兎山面堂官里 金川郡兎山面堂官里
三八六	第八海軍施設部	ラバウル	一九四四・〇五・二三	金川煥鎮	軍属	戦傷死	金川郡山外面新明里四六九

番号	所属	死亡場所	死亡年月日 生年月日	氏名 親族	身分 続柄	死亡事由	本籍 親族住所
			一九一九・〇三・一八	未永	—		金川郡山外面新明里四六九
三八七	第八海軍施設部	ラバウル	一九四四・〇六・一〇 一九一四・〇二・〇一	平山昌龍 徳化	軍属 —	戦死	金川郡兎山面長浦里 金川郡兎山面長浦里
三八三	第八海軍施設部	ラバウル	一九四四・〇六・一七 一九二〇・〇一・二九	陸林長錫 音全	軍属 妻	戦病死	金川郡左面松洞里一七九 金川郡口年面冠門里三三七
三八五	第八海軍施設部	ラバウル	一九四四・〇九・二二 一九二二・〇五・二〇	新井景喆 永楽	軍属 父	戦病死	金川郡左面白花里二〇二 金川郡左面白花里二〇二
三七九	第八海軍施設部	ラバウル	一九四四・一〇・二二 一九二一・〇七・二七	木下樂善 文岩	軍属 母	戦病死	金川郡外柳面石頭里一二八 金川郡外柳面石頭里一二八
三六	第八海軍施設部	ラバウル	一九四四・一〇・二九 一九二五・〇九・〇一	眞山忠範 茂木	軍属 父	戦病死	平山郡金岩面斉宮谷里四四七 延白郡温井面錦咸里
八〇	第八海軍施設部	ラバウル	一九四四・一二・一五 一九二五・〇二・一〇	金澤致勳 吉龍	軍属 父	戦病死	瑞興郡栗里面新芳里四八一 —
八六	第八海軍施設部	ラバウル	一九四五・〇三・〇四 一九二二・〇九・二二	夏山炳烈 光承	軍属 父	戦病死	瑞興郡瑞興面臥柳里三四二 瑞興郡瑞興面臥柳里三七七
二四七	第八海軍施設部	ラバウル	一九四五・〇三・一四 一九二五・〇四・〇四	松村山五 成俊	軍属 父	戦病死	延白郡鳳西面鳳凰里八三五 —
二七四	第八海軍施設部	ラバウル	一九四五・〇四・〇六 一九一六・一二・〇六	河田成福 亨淳	軍属 父	戦病死	鳳山郡岐川面瀁川上里 鳳山郡亀淵面新院里
三四四	第八海軍施設部	ラバウル	一九四五・〇五・一〇 一九一三・〇九・二七	平山武男 春枝	軍属 妻	戦病死	海州府上町四七 海州府上町四七
二三一	第八海軍施設部	ラバウル	一九四五・〇五・二四 一九一八・〇五・〇九	南宮東忠 灵	軍属 父	戦死	碧城郡泳泉面葛山里三三五 海州府仙山町三七七
八五	第八海軍施設部	ラバウル	一九四五・〇六・〇七 一九一六・一〇・一〇	張本圭喆 仁杓	軍属 妻	戦病死	瑞興郡瑞興面臥柳里三九六 瑞興郡瑞興面臥柳里三三
一八三	第八海軍施設部	ラバウル	一九四五・〇九・〇三 一九一二・〇七・一二	木村允夫 今川舜穆	軍属 父	戦病死	長淵郡龍淵面新梧里四四五 松禾郡下里面安農里二二四
一四六	第八海軍建築部	ニューギニア、トル河	一九四四・〇五・三〇 —	安田豊光 —	軍属 —	戦死	不詳 安岳郡龍順面新谷里
五八	第八海軍建築部	ギルバート諸島タラワ	一九四四・〇九・二〇 —	堀口元徳 —	軍属 —	戦死	不詳 載寧郡三江面龍楽里
二七三	第八海軍建築部	ニューギニア、パマイ	一九四四・〇六・二五 —	西村金三 —	軍属 —	戦死	不詳 鳳山郡沙里院邑北町四〇
五三三	第一四海軍設営隊	ニューギニア	一九四三・〇二・二三 —	横山昌植・清一 姸姪	軍属 母	戦死	鳳山郡洞仙面龍岩里二二一

番号	部隊	場所	年月日	氏名	続柄	区分	住所
六	第一五海軍警備隊	海南島	一九四四・〇九・〇九	宜野廣穏	上水	戦死	鳳山郡沙里院邑北里四八
			一九二六・〇九・一五	在熙	父		載寧郡載寧邑石井里七五
九四	第三〇海軍建築部	ペリリュー島	一九四四・〇九・一五	新井三斗	軍属	戦死	瑞興郡亀坪面三川里
			一九二二・一二・〇六	芝原茂蔵	面長		高陽郡贏島面嶋馬場面
一	第四九海軍掃海隊	黄海	一九四五・〇四・一一	池田龍人	上機	戦死	平山郡南川邑新南川里四四
			一九二七・一二・一五	東弼	父		金川郡雄徳面文灘里二七三
四七八	第一〇三海軍施設部	東沙島東南沖	一九四四・一一・〇一	青木龍鉉	軍属	戦死	碧城郡秋花面月鶴里
			一九一七・〇二・〇二	斗鉉	兄		―
四七六	第一〇三海軍施設部	ルソン島北部	一九四五・〇六・一〇	金松泰亭	軍属	戦死	碧城郡東城面
			一九二五・一二・三一	仁俊	父		―
四七七	第一〇三海軍施設部	ルソン島北部	一九四五・〇六・一〇	安田允吉	軍属	戦死	碧城郡南面丹溶里
			一九一四・〇五・〇七	―	―		―
四八三	第一〇三海軍施設部	ルソン島北部	一九四五・〇六・一〇	平山次郎	軍属	戦死	海川郡東栄町一六五
			一九一六・〇一・〇三	―	―		―
四八五	第一〇三海軍施設部	ルソン島北部	一九四五・〇六・一〇	日高発和	軍属	戦死	碧城郡月緑面日谷里三八一
			一九二六・〇一・二八	―	―		―
四八七	第一〇三海軍施設部	ルソン島北部	一九四五・〇六・一〇	高山庚徳	軍属	戦死	平山郡西峰面進浦里
			一九一三・〇七・一二	―	―		平山郡西峰面進浦里
四八八	第一〇三海軍施設部	ルソン島北部	一九四五・〇六・一〇	高島相均	軍属	戦死	平山郡安城面物閉里木代洞二七
			一九二六・〇五・一〇	炳基	父		平山郡安城面物閉里木代洞二七
四八九	第一〇三海軍施設部	ルソン島北部	一九四五・〇六・一〇	高木伯賢	軍属	戦死	平山郡安城面漢村里七五七
			一九二三・〇九・一一	昌範	父		平山郡安城面漢村里七五七
四九〇	第一〇三海軍施設部	ルソン島北部	一九四五・〇六・一〇	平松養瑞	軍属	戦死	平山郡南川面芦洞里一四三
			一九二三・一二・一八	申龍×	従兄		平山郡南川面南川邑三一
四九九	第一〇三海軍施設部	ルソン島北部	一九四五・〇六・一〇	長田秀雄	軍属	戦死	平山郡積岩面温井里二一七〇
			一九二二・〇一・〇四	張昌変	父		平山郡積岩面温井里二一七〇
五〇〇	第一〇三海軍施設部	ルソン島北部	一九四五・〇六・一〇	呉本張基	軍属	戦死	平山郡二月面東幕里六九〇
			一九二五・〇一・〇二	―	―		―
五〇一	第一〇三海軍施設部	ルソン島北部	一九四五・〇六・一〇	梁川還亀	軍属	戦死	平山郡細谷面湧川里九八
			一九二五・〇五・一二	―	―		―
五〇二	第一〇三海軍施設部	ルソン島北部	一九四五・〇六・一〇	×山清×	軍属	戦死	平山郡金岩面汗浦里三〇九
			××××・〇四・二六	―	―		―
五〇四	第一〇三海軍施設部	ルソン島北部	一九四五・〇六・一〇	柳原樂鉉	軍属	戦死	長淵郡長淵邑右里
			一九一四・一一・二六	―	―		―
五〇九	第一〇三海軍施設部	ルソン島北部	一九四五・〇六・一〇	平山達龍	軍属	戦死	安岳郡大遠面巖串里東王

			—	—	—		—
五一〇	第一〇三海軍施設部	ルソン島北部	一九四五・〇六・一〇 一九二二・〇六・〇八	山本哲秀 —	軍属 —	戦死	安岳郡安岳邑訓練里二五〇 —
五一一	第一〇三海軍施設部	ルソン島北部	一九四五・〇六・一〇 一九一九・〇一・三〇	白川永栄 —	軍属 父	戦死	安岳郡安岳邑瑞山里 —
五一五	第一〇三海軍施設部	ルソン島北部	一九四五・〇六・一〇 一九二三・〇五・一五	國本尚煕 —	軍属 —	戦死	信川郡蘆月面高草里一二二〇 —
五一六	第一〇三海軍施設部	ルソン島北部	一九四五・〇六・一〇 一九二三・〇七・一五	平山成九 —	軍属 —	戦死	載寧郡載寧邑新井里馬下洞三六〇 —
五一七	第一〇三海軍施設部	ルソン島北部	一九四五・〇六・一〇 一九二三・一二・一一	加平致雄 龍権	軍属 兄	戦死	載寧郡載寧邑新井里三六二一 —
五一八	第一〇三海軍施設部	ルソン島北部	一九四五・〇六・一〇 一九二五・〇八・三〇	森田達弼 —	軍属 —	戦死	載寧郡院面新岱里七二九 —
五二〇	第一〇三海軍施設部	ルソン島北部	一九四五・〇六・一〇 一九二五・〇四・二四	高山永洙 京燦	軍属 父	戦死	載寧郡載寧邑紙山里三七九 載寧郡載寧邑紙山里三七九
四八一	第一〇三海軍施設部	ルソン島マニラ東方山中	一九四五・〇六・三〇 一九一九・〇四・〇九	石川世倫	軍属 —	戦死	瓮津郡富民面聖道里 碧城郡茄佐面蘭崎里一一二九一二
四八四	第一〇三海軍施設部	ルソン島マニラ東方山中	一九四五・〇六・三〇 一九二二・〇五・一七	朴川壽成 —	軍属 —	戦死	碧城郡月緑面沙川里 碧城郡月緑面沙川里
四九一	第一〇三海軍施設部	ルソン島マニラ東方山中	一九四五・〇六・三〇 一九一三・〇九・〇九	徳山次杓 淳國	軍属 父	戦死	平山郡積志面温川里七五七 平山郡積志面温川里七五七
四九二	第一〇三海軍施設部	ルソン島マニラ東方山中	一九四五・〇六・三〇 一九二二・〇三・二〇	金山陽鎬 仁岩	軍属 父	戦死	平山郡古之面鳳岩里五四九 平山郡古之面鳳岩里五四九
四九三	第一〇三海軍施設部	ルソン島マニラ東方山中	一九四五・〇六・三〇 一九二五・〇七・一五	大野義壽 京煥	軍属 父	戦死	平山郡麟山面麒麟里七六九 平山郡麟山面麒麟里七六九
四九四	第一〇三海軍施設部	ルソン島マニラ東方山中	一九四五・〇六・三〇 一九二五・〇九・二三	李貴善 紅変	軍属 —	戦死	平山郡文武面文区里四五六 平山郡文武面文区里四五六
四九五	第一〇三海軍施設部	ルソン島マニラ東方山中	一九四五・〇六・三〇 一九一七・〇一・一〇	張川基淳 徳守	軍属 父	戦死	平山郡南川邑斗武里九四四 平山郡寶山面斗武里
四九六	第一〇三海軍施設部	ルソン島マニラ東方山中	一九四五・〇六・三〇 一九二五・〇二・〇四	岩本俊龍 淳玉	軍属 父	戦死	平山郡金岩面汗浦里一二八 平山郡金岩面汗浦里一二八
四九七	第一〇三海軍施設部	ルソン島マニラ東方山中	一九四五・〇六・三〇 一九一三・〇九・一一	岩本春祥 今石	軍属 —	戦死	平山郡西峰面鳳洞里六一五 平山郡西峰面鳳洞里六一五
五〇三	第一〇三海軍施設部	ルソン島マニラ東方山中	一九四五・〇六・三〇 一九二一・一一・〇六	新井龍東 —	軍属 —	戦死	平山郡積岩面温井里一八四 —

五〇五	第一〇三海軍施設部	ルソン島マニラ東方山中	一九四五・〇六・三〇 一九一八・〇五・〇六	徳山東善 時守	軍属 ―	戦死	松禾郡蓮薬面水橋里 松禾郡蓮薬面水橋里
五〇六	第一〇三海軍施設部	ルソン島マニラ東方山中	一九四五・〇六・三〇 一九一一・〇九・〇八	松本一郎・済川 ―	軍属 ―	戦死	殷栗郡一道面榑里二八九四 ―
五〇八	第一〇三海軍施設部	ルソン島マニラ東方山中	一九四五・〇六・三〇 一九一九・一〇・〇一	金澤済勳 ―	軍属 ―	戦死	安岳郡大遠面巖串里東王 ―
五二一	第一〇三海軍施設部	ルソン島マニラ東方山中	一九四五・〇六・三〇 一九二三・〇二・二〇	大山成平 元吉	軍属 父	戦死	載寧郡載寧邑馬山洞 載寧郡載寧邑馬山洞
四九八	第一一一海軍設営隊	ギルバート諸島タラワ	一九四三・一一・二五 一九二六・〇二・二五	金相徳・金井重夫 清	軍属 父	戦死	平山郡南川邑月下里一四九〇 ―
三九七	一三一南	カガヤン諸島南東方	一九四三・〇四・二八 ―	呉東植 己福	軍属 妻	戦死	金川郡合灘面梅後里二三四 咸州郡興南面雲中里五五一
四五七	第二〇九海軍設営隊	父島	一九四四・〇七・一九 一九二三・〇六・一〇	水原基時 徳疇	軍属 兄	戦死	瑞興郡瑞興面興水里四三八 ―
四六〇	第二〇九海軍設営隊	父島	一九四四・〇八・〇四 一九二二・〇二・〇九	上村秋雄 ―	軍属 ―	戦死	瑞興郡新幕面新幕里二二九 ―
五二七	第二一二海軍設営隊	ラバウル	一九四三・一二・一九 一九二六・〇七・二六	西原允培 子允	軍属 弟	戦死	遂安郡遂安面倉後里一〇七 開城府満月町四二二
四八二	第二一五海軍設営隊	ダバオ	一九四五・〇八・二三 一九二〇・一二・〇三	安東永植 長谷川尚正	軍属 兄	戦病死	海州郡仙山面一二三六 ―
五二二	第二一五海軍設営隊	ダバオ	一九四五・〇八・三一 一九二一・〇二・二五	清山花植 野金	軍属 ―	戦死	載寧郡載寧邑新井里 載寧郡載寧邑新井里
五一三	第二一七海軍設営隊	ラバウル	一九四三・一二・一九 一九二二・一〇・一七	高本元模 明子	軍属 父(ママ)	戦死	信川郡信川邑校塔里 信川郡信川邑校塔里
五一四	第二一七海軍設営隊	グァム島	一九四四・〇八・一〇 一九一三・〇七・二一	山本信坤 炳玄	軍属 ―	戦死	信川郡信川邑校塔里四九 信川郡信川邑校塔里四九
四八六	第二一九海軍設営隊	ルソン島	一九四五・〇七・一〇 一九二〇・〇三・一三	金原學鳳 ―	軍属 ―	戦死	延白郡花城面梧鳳里九六四 延白郡花城面梧鳳里九六四
五一九	第二一九海軍設営隊	ルソン島中部	一九四五・〇七・一〇 一九二三・〇三・二一	康原鳳権 康錫潤	軍属 父	戦死	載寧郡載寧邑富城里三八八 載寧郡載寧邑富城里三八八
五三五	第二二三海軍設営隊	父島西北	一九四四・〇二・二三 一九〇五・〇九・〇三	山本菊次郎 ―	軍属 ―	戦死	金川郡西泉面栗洞里一五八 ―
四三五	会明丸	岩手県久慈湾	一九四二・〇九・〇四 一九一一・一一・二〇	安禧佛 ―	軍属 ―	戦死	金川郡西泉面洪墓里 ―
四三四	近江丸	マラッカ海峡	一九四二・一二・二七	平川商燦	軍属	戦死	金川郡土峰面長×里二八八

			｜	｜	｜		｜
四四〇	錦江丸	黄海	一九四三・〇五・〇五	釜山郁男	軍属	戦死	瑞光郡栗里面松月里四六六
			一九二六・〇一・〇三	｜	｜		｜
五二八	金泉丸	トラック南方海面	一九四三・〇七・二五	金森明洙	軍属	戦死	黄州郡仁橋面
			｜	｜	｜		｜
四三九	熱河丸	本邦西南方海面	一九四三・一一・二三	松谷慶燦	軍属	戦死	殷栗郡長運面西部里一四三
			一九二七・〇二・二八	｜	｜		｜
四三八	三伏見丸	西南太平洋	一九四四・〇一・〇七	清川慶根	軍属	戦死	遂安郡栗海面芸石里三三一
			一九二〇・〇七・〇九	｜	｜		｜
五二五	松祐丸	蘭印	一九四四・〇一・一八	豊川玉寧	軍属	戦死	黄州郡三田面鐵島里五六七
			一九二二・〇八・〇一	東鎬	父		｜
五二四	会東丸	東支那海	一九四四・〇二・二七	白川基澤	軍属	戦死	黄州郡永豊面冷井里二六四
			一九二〇・〇三・二一	國信	弟		｜
四四一	多聞丸	本邦西南方海面	一九四四・〇三・三一	漢陽仁福	軍属	戦死	平山郡積岩面温井里二二五
			｜	｜	｜		｜
四四二	三秋田丸	南洋群島近海	一九四四・〇三・三一	金森明洙	軍属	戦死	平山郡積岩面祚洞里三六二
			一九一七・一二・一二	｜	｜		｜
五三四	壽山丸	済州島翰林面沖	一九四五・〇四・一四	平沼泰植	軍属	戦死	殷栗郡二道面雲田里四一四
			一九二三・〇四・一八	文植	兄		平壌府新里三三九－一
四三六	消珠丸	南支那海	一九四五・〇一・〇八	江村一雄	軍属	戦死	鳳山郡楚巨人面柳亭里八五〇
			一九一六・〇七・二九	｜	｜		｜
四三七	高砂丸	マレー半島	一九四五・〇四・二八	山永淳峯	軍属	戦死	長淵郡白合羽面大青里九九七
			一九一五・〇四・〇八	｜	｜		｜
四三三	七洋丸	北海道北方海面	一九四五・〇七・一五	白川義伯	軍属	戦死	海州府南旭町三八
			一九二六・〇四・二〇	｜	｜		｜

◎咸鏡南道　二二一七名

原簿番号	所属	死亡場所 死亡事由	死亡年月日 生年月日	創氏名・姓名 親権者	階級 関係	死亡区分	本籍地 親権者住所
一七九	大湊海軍施設部	北千島	一九四四・〇九・二六 一九一六・一一・一〇	張江東赫 眞烈	軍属 妻	戦死	永興郡徳奥面亀平里五一八 ー
一八〇	大湊海軍施設部	北千島	一九四四・〇九・二六 一九二三・〇四・二〇	平沼炳連 秉嬅	軍属 母	戦死	永興郡鎮坪面乾川里八四八 ー
一八一	大湊海軍施設部	北千島	一九四四・〇九・二六 一九二一・〇九・〇八	金本淵雄 清湲	軍属 祖母	戦死	定平郡定平面浦陽里三〇 ー
一八八	大湊海軍施設部	襟裳岬沖	一九四五・〇五・〇一 一九一二・〇九・二一	江原秀一 ー	軍属 ー	戦死	元山府 ー
一二一	海南島特別陸戦隊	海南島	一九四三・〇二・〇一 ー	金村昇成 ー	軍属 ー	戦死	咸州郡上技川面中上里八二六 ー
一〇	北フィリピン（菲）航空隊	ルソン島バヨンボン マラリア	一九四五・〇六・〇一 一九二六・〇二・一八	新井林彪 英實	整備長 父	戦病死	北青郡北青邑東里二〇九 ー
一四	北フィリピン（菲）航空隊	ルソン島バヨンボン マラリア	一九四五・〇六・〇一 一九二七・〇二・〇五	金海雲教 祐聞	整備長 父	戦病死	豊山郡熊耳面端里七八 豊山郡豊山面新豊里六四
二二六	佐世保海軍施設部	種子島	一九四四・〇八・二五 一九一八・一二・二三	清湖受恩 麗玉	軍属 妻	死亡	咸興府楽民町九三 咸興府峯町二丁目三二〇七
九	佐世保八特別陸戦隊	バシー海峡	一九四四・〇九・〇九 一九二四・一一・二三	安川興仁 年順	上水 母	戦死	三水郡好仁面仁山里五一 ー
一八	佐世保八特別陸戦隊	バシー海峡	一九四四・〇九・〇九 一九二六・〇四・二五	新井春渉 千元	上水 父	戦死	甲山郡山南面新成里三 ー
一	築城海軍航空隊	福岡県築城村	一九四五・〇八・〇七 一九二五・〇二・二八	宮本璟城 性直	整備長 父	戦死	北青郡新浦邑文治里四〇 ー
四	鎮海海軍施設部	鎮海	一九四五・〇八・〇二 一九二五・一二・二五	水村汶河 昌鉉	一技 母	死亡	永興郡鎮坪面鎮興里四三四 ー
一三	鎮海海兵団	鎮海 クレープ性肺炎	一九四五・〇三・〇七 一九二五・〇九・二八	清原乾熙 巖石	一水 母	死亡	北青郡新昌邑景安培里一五五三 咸州郡興南邑興徳里一七六
一八二	トラック海軍運輸部	南洋群島	一九四三・一〇・〇七 一九二三・〇二・二八	高山　巖 義市	軍属 父	戦病死	定平郡定平面元奥里一九 徳栄郡赤田面岡牛里五一
二一	戸塚病院	横浜市戸塚病院 ジフテリア	一九四五・〇二・二四 一九二四・一一・〇六	金澤吉淳 昌旭	上衛 父	死亡	恵山郡普天面新奥里六二 慶南道遠南海郡三東面弥助里一六四
九三	南方政務部	ニューギニア・ウウェワク	一九四三・〇八・一八 一九二二・一一・〇九	宮本仁吉 春渉	軍属 父	戦死	高原郡上山面防築里一六 高原郡上山面防築里一六

一三一	南方政務部	海南島 マラリア	一九四三・〇六・一一 一九一二・〇四・三〇	島本成哲 ー	軍属 ー	戦病死	咸州郡興南邑九童里一号
一三二	南方政務部	海南島 マラリア	一九四三・〇七・三〇 一九一九・〇四・二四	元村吉男 ー	軍属 ー	戦病死	咸州郡興南邑天機里一七八
一三三	南方政務部	海南島 マラリア	一九四三・一一・〇三 一九二一・〇一・一七	石山天駿 ー	軍属 ー	戦病死	咸州郡岐谷面上里二五三
一〇一	南方政務部	海南島 マラリア	一九四四・〇一・二六 ー	安川昌男 ー	軍属 ー	戦病死	咸州郡川西面隠谷里八三三
三七	南方政務部	海南島 マラリア	一九四四・〇五・三〇 一九一一・〇八・一八	西元用譯 ー	軍属 ー	戦病死 ー	豊山郡熊安山面老隠里一八二八 ー
五二	南方政務部	海南島 マラリア	一九四四・〇六・〇一 一九二三・〇二・一四	長本光三 ー	軍属 ー	戦病死	咸興府福富町一ー二 ー
五八	南方政務部	海南島 マラリア	一九四四・〇七・〇九 一九二二・〇一・一四	國本正石 ー	軍属 ー	戦病死	文川郡明亀面五人里九五 ー
一三〇	南方政務部	海南島	一九四五・〇三・二一 一九〇七・〇一・〇七	松　京茂 由美子	軍属 妻	戦死	咸州郡興南邑龍南里九七
四〇	南方政務部	海南島 脳溢血	一九四五・〇五・一一 一九〇九・〇二・〇三	金山國光 明洙	軍属 父	戦病死	三水郡好仁面嶺城里一一五 ー
五七	南方政務部	海南島	一九四五・〇九・〇一 ー	山本漢亀 ー	軍属 ー	戦死	文川郡明亀面 ー
四八	南方政務部	台湾東北海面	一九四四・一一・二三 一九一二・〇八・一八	金田　稔 錫連	軍属	戦死	咸興府本町二ー七〇 咸興府黄金町一ー八九
四九	南方政務部	台湾東北海面	一九四四・一一・二三 一九二一・一一・二四	佳山光順 永喜	軍属 父	戦死	咸興府山手通二ー八二 咸興府山手通三ー五八
六三	南方政務部	台湾東北海面	一九四四・一一・二三 一九〇九・〇二・二五	河村炯國 玉主叟	軍属 妻	戦死	北青郡陽化面陽化里一〇七 北興南府新興町二八班内
九四	南方政務部	台湾東北海面	一九四四・一一・二三 一九一六・〇四・二八	新井鳳喆 鳳　牻	軍属 兄	戦死	高原郡上山面豊南里五六一九 咸州郡興南邑九龍里一五
一〇四	南方政務部	台湾東北海面	一九四四・一一・二三 一九一二・一一・二〇	清原國穆 甲順	軍属 妻	戦死	咸州郡下朝陽面仁興里二四二 咸州郡下朝陽面仁興里二四二
一一〇	南方政務部	台湾東北海面	一九四四・一一・二三 一九一一・〇八・〇七	金山亨律 福徳女	軍属 妻	戦死	咸州郡宜徳面中里一四 咸州郡宜徳面宜徳場里三一二
一二〇	南方政務部	台湾東北海面	一九四四・一一・二三 一九一七・〇九・一三	佳山澤雄 連實	軍属 妻	戦死	咸州郡奥南邑東奥里一二九 咸州郡奥南邑東奥里一二九
一三九	南方政務部	台湾東北海面	一九四四・一一・二三	三峰承熙	軍属	戦死	定平郡新上面禾洞里二五七

			一九一六・〇一・二九	守歌	—		定平郡新上面禾洞里二五七
一四〇	南方政務部	台湾東北海面	一九四四・一一・二二	中山永侑	軍属	戦死	定平郡新上面宜徳里
			一九二一・一〇・〇一	玉淑	妻		定平郡新上面宜徳里
二〇	沼津工作学校	沼津市	一九四五・〇四・一一	金本裕乙	上工	死亡	新興郡東上面達阿里山一
		流行性脳膜炎	一九二六・〇一・一八	七夕	父		新興郡東上面元豊里四〇
一	舞鶴一特別陸戦隊	バシー海峡	一九四四・〇九・〇九	清水浩司	上水	戦死	元山府上洞五二
			一九二六・〇一・二三	泰平	父		元山府上洞六七
七	舞鶴一特別陸戦隊	バシー海峡	一九四四・〇九・〇九	金田環俊	上水	戦死	安辺郡釈王寺面梧山里一二一
			一九二七・〇一・二六	昌晋	父		—
一六	舞鶴一特別陸戦隊	バシー海峡	一九四四・〇九・〇九	清原安雄	上機	戦死	咸州郡興南邑車引里一一七
			一九二四・一一・二八	鍾杰	父		三水郡自西面上巨里
二	舞鶴二特別陸戦隊	バシー海峡	一九四四・〇九・〇九	金川永熙	上水	戦死	長津郡東門面東門巨里四〇
			一九二五・〇一・三一	尚河	父		長津郡北面梨上里
二二五	舞鶴海軍運輸部	ルソン島ソラノ	一九四五・〇四・二七	平上富廣	軍属	戦死	定平郡新上面新豊里二二二
			一九二四・一二・〇七	長興	父		咸州郡興南邑一五－一五九
八	横須賀砲術学校	横須賀市	一九四五・〇七・〇八	吉本勇雄	水長	戦死	端川郡端川邑曾山里二四
			一九二八・〇二・二八	政雄	父		—
一七	横須賀四特別陸戦隊	バシー海峡	一九四四・〇九・〇九	金城康夫	上水	戦死	咸州郡三平面西成里三〇
			一九二四・一〇・二一	昌成	父		—
一九〇	横須賀海軍施設部	神奈川県	一九四三・〇六・一一	大山鎬湜	軍属	死亡	洪原郡雲鶴面山陽里三五七
		心臓麻痺	一九二〇・〇一・一九	—	—		—
一八五	横須賀海軍施設部	硫黄島近海	一九四三・一二・〇八	渓城精	軍属	戦死	甲山郡鎮東面南大里二六六
			一九一七・一〇・二〇	—	—		—
一八六	横須賀海軍施設部	八丈島北西方	一九四四・〇一・二七	金川洙鳳	軍属	戦死	甲山郡甲山面南部里一七八
			一九二六・一〇・一五	學連	母		—
一八七	横須賀海軍施設部	八丈島北西方	一九四四・〇一・二七	金本明廣	軍属	戦死	甲山郡甲山面北部里一七
			一九二六・〇四・〇四	洛均			—
一八四	横須賀海軍施設部	サイパン島	一九四四・〇七・〇八	金本徳修	軍属	戦死	文川郡明都徳源面三台里六八
			一九一一・〇五・〇九	—	—		—
一七六	横須賀海軍施設部	モルッカ諸島	一九四四・〇八・一二	井上禹欽	軍属	戦病死	咸興府中保町一五七
		急性腸カタル	一九一三・〇五・一二	俊突・會欽	妻・兄		—
一七八	横須賀海軍施設部	ビアク島	一九四四・〇八・三〇	白川興浩	軍属	戦死	北青郡俗厚面下天里六七八
			一九一四・〇九・一五	鎮乙			—
一七七	横須賀海軍施設部	南洋群島	一九四五・〇七・二八	平原龍一	軍属	戦病死	北青郡徳城面水東里九〇五
		赤痢	一九二三・〇六・二七	旺	父		—

番号	所属	死亡場所	死亡年月日／生年月日	氏名／親族	身分／続柄	死因	本籍／親族住所
一九三	横須賀海軍施設部	パラオ島 脚気	一九四五・〇九・二六 一九一七・〇三・〇七	金海逑龍 炳坤	軍属 父	戦病死	洪原郡雲鶴面秋洞里 ―
二六	第四海軍施設部	ギルバート諸島タラワ	一九四三・〇九・二〇 一九二四・〇一・〇一	遠山凞鏞 重郷	軍属 父	戦死	端川郡端川邑龍城里一三 瑞川郡瑞川邑大成里二八
三〇	第四海軍施設部	ギルバート諸島タラワ	一九四三・一一・二五 一九二一・一〇・〇六	平山用洙 玟	軍属 母	戦死	安辺郡安辺面鶴城里一一四 黄海道遂安郡大梧面遂安鉱山社宅
一三七	第四海軍施設部	ギルバート諸島タラワ	一九四三・一一・二五 一九一八・〇五・二五	清原秀雄 錫妹	軍属 妻	戦死	定平郡文山面中興里一三一 定平郡文山面中興里一三一
七〇	第四海軍施設部	マリアナ諸島	一九四三・〇四・一六 一九二〇・一〇・一〇	平原大槙 桂先	軍属 母	戦死	北青郡徳城面水西里五九二 北青郡徳城面水西里五九二
一三八	第四海軍施設部	クサイ島	一九四三・一一・〇五 一九一九・〇四・一五	元鵬年 會極	軍属 父	戦病死	定平郡定平面東川里一－一二 咸鏡北道羅津府仲町三－三五
八二	第四海軍施設部	クサイ島	一九四四・〇一・一五 一九二三・〇六・〇五	永山茂松 秀松	軍属	戦病死	永興郡横川面山城里四六五 咸鏡北道茂山邑彰列洞九〇
一六〇	第四海軍施設部	クサイ島	一九四五・〇六・一五 一九一九・一〇・〇八	平山亨春 元春	軍属 長兄	戦病死	新興郡東上面元豊里 咸北道慶興郡阿吾町邑農料洞三部
四七	第四海軍施設部	本州南方	一九四四・〇一・一四 一九一七・〇四・二二	白石建・姜健童 斉世	軍属 父	戦死	咸興府有楽町二四 咸興府有楽町二四
一四九	第四海軍施設部	ブラウン島	一九四四・〇二・二四 一九一八・〇六・〇六	宮本吉雄 幸松	軍属 三女	戦死	洪原郡洪原邑岐陽里八 咸州郡興南邑仲町一五－三二
四一	第四海軍施設部	グァム島	一九四四・〇五・一〇 一九一八・〇二・〇三	清原鳳萬 銀生	軍属 妻	戦死	元山府中里洞七 江原道通川郡歙谷面東山里
一六四	第四海軍施設部	メレヨン島 栄養失調	一九四五・〇四・〇八 一九〇七・〇五・〇五	金本守源 ―	軍属 ―	戦病死	新興郡東上面新成里 新興郡東上面新成里
七五	第四海軍施設部	ピケロット島	一九四四・〇一・三一 一九二〇・〇七・一一	金川裕景 周植	軍属 父	戦死	北青郡新昌邑上里二 北青郡新昌邑上里二
一三五	第四海軍施設部	ピケロット島	一九四四・〇一・三一 一九二二・〇四・二七	延川道植 泰林	軍属 父	戦死	定平郡朱伊面五里坪里三八〇 咸州郡興南邑松山里一八
一五五	第四海軍施設部	トラック島	一九四四・〇六・一二 一九〇八・一二・一一	野崎義雄 貞淑	軍属 妻	戦病死	長津郡東門面邑下里一五 長津郡東門面邑下里一五
一五六	第四海軍施設部	トラック島	一九四五・〇一・一〇 一九二〇・一二・一三	高山大河 鐘渉	軍属 父	戦病死	長津郡中南面福洞里 長津郡中南面福洞里
八〇	第四海軍施設部	トラック島	一九四五・〇一・三一 一九〇八・一二・〇九	泉山秉洙 金女	軍属 妻	戦病死	永興郡鎮坪面龍川里 永興郡鎮坪面龍川里
四二	第四海軍施設部	トラック島	一九四五・〇五・二五	松原秀雄	軍属	戦病死	咸興府中興町二一二

			一九〇九・〇八・一一	福吉	妻		咸州郡退潮面新豊里一一八
一三四	第四海軍施設部	トラック島	一九四五・〇八・二六	中山東俊	軍属	戦病死	定平郡長原面洞大里二七一
			一九二二・〇五・一〇	東昌			定平郡長原面洞大里二七一
一六二	第四海軍施設部	ナウル島	一九四三・一二・〇九	林容弼	軍属	戦死	新興郡下元川面興城里一四五
			一九一一・〇一・一〇	漢王	庶子女		新興郡元李面中相里
一五一	第四海軍施設部	ナウル島	一九四四・〇五・二六	安山（田）孝均	軍属	戦病死	洪原郡普賢面龍豊里四七八
			一九二三・一一・〇九	基烈	妻		洪原郡普賢面龍豊里四七八
九九	第四海軍施設部	ナウル島	一九四四・〇八・〇四	高山用済	軍属	戦病死	高原郡郡内面上右淵里六四
			一九一八・〇七・三一	金玉	妻		高原郡郡内面上右淵里六四
三一	第四海軍施設部	ナウル島	一九四四・〇九・一五	松岡辰丸	軍属	戦病死	安辺郡釈王寺面梧山里三二二
			一九二五・〇九・〇九	鐘淑	父		安辺郡釈王寺面梧山里三二二
二七	第四海軍施設部	ナウル島	一九四四・〇九・二三	牧山容穆	軍属	戦死	端川郡端川邑独坪里六二六
			一九二〇・〇五・一七	承侊	父		―
二三	第四海軍施設部	ナウル島	一九四四・一一・一五	安田成権	軍属	戦病死	端川郡何多面松坡里四三八
			一九一九・〇一・二八	秉禄	甥		端川郡何多面松坡里四三八
六一	第四海軍施設部	ナウル島	一九四四・一一・二六	永浦政夫	軍属	戦死	北青郡陽化面湖満浦里九六二
			一九〇七・〇八・〇九	壬子春	妻		北青郡陽化面湖満浦里九六二
一一三	第四海軍施設部	ナウル島	一九四五・〇一・一二	星山武翼	軍属	戦病死	咸州郡東川面興京里三四三一
		栄養失調	―	―	―		―
六〇	第四海軍施設部	ナウル島	一九四五・〇二・二四	西原泰鉉	軍属	戦病死	北青郡陽北面東里一二三四
			一九〇九・〇八・〇三	喆承	父		北青郡陽北面東里一二三四
八三	第四海軍施設部	ナウル島	一九四五・〇三・一〇	李鳳國	軍属	戦病死	永興郡横川面美白牙里
			一九一三・〇二・二八	仁国	弟		高原郡雲谷面龍坪里
八一	第四海軍施設部	ナウル島	一九四五・〇三・二〇	金城栄云	軍属	戦病死	永興郡鎮坪里榴川面
			一九〇八・〇三・二〇	元好	不詳		永興郡鎮坪里榴川面
九二	第四海軍施設部	ナウル島	一九四五・〇三・二五	金原乙慶	軍属	戦病死	高原郡上山面珠璃里
			一九一五・〇二・二三	熙女	母		高原郡上山面珠璃里
七七	第四海軍施設部	ナウル島	一九四五・〇四・二六	梁川正柱	軍属	戦病死	北青郡泥谷面済中里九三
			一九〇七・〇一・二〇	金桃花	妻		北青郡新北面青駅前
九一	第四海軍施設部	ナウル島	一九四五・〇四・二七	金澤龍瀘	軍属	戦病死	永興郡億岐面美陽里
			一九〇八・〇八・〇一	宗淳	祖父		永興郡億岐面美陽里
六六	第四海軍施設部	ナウル島	一九四五・〇五・二一	豊本健一	軍属	戦病死	北青郡下車書面月近坮里
			一九一八・一二・二一	益洙	父		北青郡下車書面松洞
一四一	第四海軍施設部	ナウル島	一九四五・〇六・〇七	忠本達忠	軍属	戦死	利原郡東面楊坪里一四五
			一九二一・〇三・〇六	達孝	兄		利原郡東面楊坪里一一〇

一四二	第四海軍施設部	ナウル島	一九四五・〇六・〇八	金澤鐘林	軍属	戦死	利原郡東面大禾里一〇五
			一九二一・一〇・二八	泰権	父		利原郡利東面校洞里
一〇三	第四海軍施設部	ナウル島	一九四五・〇七・〇六	金山麒学	軍属	戦病死	咸州郡下潮陽面楸洞里
			一九二四・一二・一〇	林貞淑	母		咸州郡下潮陽面楸洞里
一八三	横須賀海軍軍需部	ブカ島	一九四四・〇九・〇六	松平宗善	軍属	戦病死	文川郡文川面磻渓里五七
		脚気	一九一七・一一・〇八	寛秀	父		ー
一九二	横須賀海軍運輸部	サイパン島	一九四四・〇六・一三	石原助秀	軍属	戦死	永興郡順寧面万田里一九八
			一九二三・〇三・〇七	泰一	父		ー
一八九	横須賀海軍運輸部	南洋群島	一九四五・〇五・一〇	高島龍善	軍属	戦死	元山府緑町七九
			一九〇三・〇二・一七	龍金	妻		元山府臥牛里八九
一五七	第五海軍建築部	サイパン島	一九四四・〇七・〇八	宮本東吾	軍属	戦死	長津郡中南面美滝里
			一九二六・〇一・一五	學進	父		長津郡中南面美滝里
三四	第五海軍建築部	グァム島	一九四四・〇八・一〇	李村桂苾	軍属	戦死	豊山郡安水面米田里五〇四ー二
			一九二一・一二・二七	蓮玉	妻		江原道通川郡臨南面淩月里
一二	第八海軍施設部	四国南方海面	一九四三・一一・〇二	坪田亨龍	軍属	戦死	端川郡利中面水田洞里五八二ー二
			一九一八・一一・一一	義俊	父		端川郡利中面水田洞里五八二ー二
一四	第八海軍施設部	四国南方海面	一九四三・一一・〇二	平山學淳	軍属	戦死	端川郡新満面開坪里一二〇〇
			一九一五・一〇・二五	竹節	妻		端川郡新満面開坪里一二〇〇
二五	第八海軍施設部	四国南方海面	一九四三・一一・〇二	山本應龍	軍属	戦死	端川郡新満面貞洞里二〇五
			一九二五・〇五・二三	宇根	父		端川郡新満面貞洞里二〇五
二八	第八海軍施設部	四国南方海面	一九四三・一一・〇二	金尚一	軍属	戦死	安辺郡新茅面中漁池里二四ー二
			一九二三・〇六・一七	永善	父		安辺郡新茅面中漁池里二四ー二
二九	第八海軍施設部	四国南方海面	一九四三・一一・〇二	李家源鎮・李元鎮	軍属	戦死	安辺郡安道面中坪里四九六
			一九二〇・一一・〇五	常煥	父		安辺郡安道面中坪里四九六
三二	第八海軍施設部	四国南方海面	一九四三・一一・〇二	趙漢慶鎬	軍属	戦死	安辺郡文山面西上里二一二
			一九一八・〇三・一〇	汝錫	妻		安辺郡文山面西上里二一二
三三	第八海軍施設部	四国南方海面	一九四三・一一・〇二	中村盛郁	軍属	戦死	豊山郡安水面水東里一〇五六
			一九二一・〇二・〇六	洪信	父		恵山郡雲興面仲坪里三〇九
三五	第八海軍施設部	四国南方海面	一九四三・一一・〇二	善山昌玉	軍属	戦死	豊山郡天南面金倉里一〇統一〇戸
			一九二五・〇七・〇一	泰允	父		豊山郡天南面洪昌里五二
三六	第八海軍施設部	四国南方海面	一九四三・一一・〇二	良宮周元	軍属	戦死	豊山郡豊山面新豊里四三八
			一九一九・〇一・一五	五孫	妻		豊山郡豊山面新豊里四三八
三八	第八海軍施設部	四国南方海面	一九四三・一一・〇二	宮本竹島	軍属	戦死	三水郡襟水面城内里三一
			一九二〇・〇五・二一	古粉女	妻		三水郡襟水面城内里三一
三九	第八海軍施設部	四国南方海面	一九四三・一一・〇二	圓山成本	軍属	戦死	三水郡三水面華山中里一〇七

			一九一二・〇五・二七	五月女	妻		三水郡三水面華山中里一〇七
四三	第八海軍施設部	四国南方海面	一九四三・一一・〇二	新木鳳浩	軍属	戦死	咸興府福富町一丁目九三
			一九二一・〇三・二八	致國	父		咸興府下新興町一二〇
四四	第八海軍施設部	四国南方海面	一九四三・一一・〇二	松原松鶴	軍属	戦死	咸興府城川町四丁目二三三
			一九二六・〇五・〇五	泰焠	父		咸興府城川町二—七七
四五	第八海軍施設部	四国南方海面	一九四三・一一・〇二	早川昌富	軍属	戦死	咸興府東雲町二〇四
			一九二一・〇四・二八	秉周	父		咸鏡北道慶興郡阿吾地邑貴洛洞五
四六	第八海軍施設部	四国南方海面	一九四三・一一・〇二	新井敏夫	軍属	戦死	咸興府軍営通り二—六四
			一九一五・〇五・〇四	静江	妻		高原郡山谷面檜洞里一一
五三	第八海軍施設部	四国南方海面	一九四三・一一・〇二	大原武信	軍属	戦死	文川郡文川面玉坪里一九五—二
			一九二三・〇三・一四	實	父		文川郡文川面玉坪里一九五—二
五四	第八海軍施設部	四国南方海面	一九四三・一一・〇二	金川鎮洪	軍属	戦死	文川郡川内邑川内里二八七
			一九二三・〇二・一五	善聞	妻		文川郡川内邑川内里二八七
五五	第八海軍施設部	四国南方海面	一九四三・一一・〇二	清原興烈	軍属	戦死	文川郡川内邑川内里二八〇
			一九一四・〇三・〇二	泰國	父		文川郡川内邑川内里二八〇
五六	第八海軍施設部	四国南方海面	一九四三・一一・〇二	金山清一・金得賢	軍属	戦死	文川郡北城面文坪里四五
			一九一八・〇二・〇二	順徳	妻		文川郡北城面文坪里二五
五九	第八海軍施設部	四国南方海面	一九四三・一一・〇二	李洙禹・木村鼎禹	軍属	戦死	北青郡新浦邑新浦里九二八
			一九二一・〇五・二五	木村元順	母		北青郡新浦邑新浦里六〇八平海方
六二	第八海軍施設部	四国南方海面	一九四三・一一・〇二	木村舜在	軍属	戦死	北青郡陽化面南安培里一五二
			一九二一・〇四・〇七	今玉	妻		北青郡陽化面南安培里一五二
六四	第八海軍施設部	四国南方海面	一九四三・一一・〇二	岩本善壹	軍属	戦死	北青郡居山面坪里四一六
			一九二四・一二・〇九	權燮			北青郡居山面坪里四一六
六五	第八海軍施設部	四国南方海面	一九四三・一一・〇二	新井東興	軍属	戦死	北青郡下車書面片上里八〇
			一九〇一・〇五・〇九	龍楊	妻		豊山郡天南面下洪君里七
六七	第八海軍施設部	四国南方海面	一九四三・一一・〇二	西原善龍	軍属	戦死	北青郡下車書面荏子洞里一二一七
			一九一八・〇三・〇一	松竹	妻		北青郡下車書面荏子洞里一二一七
六八	第八海軍施設部	四国南方海面	一九四三・一一・〇二	安田尚龍	軍属	戦死	北青郡下車書面徳支坮里四八三
			一九二五・〇二・二四	釜鉉	父		北青郡下車書面徳支坮里四八三
六九	第八海軍施設部	四国南方海面	一九四三・一一・〇二	平昌鐘琪	軍属	戦死	北青郡下車書面荏子洞里三七九
			一九二〇・一二・三一	珉均	父		北青郡下車書面荏子洞里三七九
七一	第八海軍施設部	四国南方海面	一九四三・一一・〇二	永島炳俊	軍属	戦死	北青郡徳城面西庄内里一四三二
			一九一五・一一・一一	金烈	妻		城津府旭町二八一—二
七二	第八海軍施設部	四国南方海面	一九四三・一一・〇二	松田鵠鎮	軍属	戦死	北青郡新北青面新北青里一七〇二
			一九一〇・一一・一〇	時俊	父		北青郡新北青面新北青里一七〇二

七三	第八海軍施設部	四国南方海面	一九四三・一一・〇二 一九一七・〇三・一一	崔周英・佐井周英 斗鳳	軍属 庶子男	戦死	北青郡北青邑西里一二八 北青郡北青邑六五
七四	第八海軍施設部	四国南方海面	一九四三・一一・〇二 一九二一・一二・〇二	金山　鎰 宗瑯	軍属 母	戦死	北青郡北青邑東里一五〇 北青郡北青邑東里一五〇
七六	第八海軍施設部	四国南方海面	一九四三・一一・〇二 一九二六・〇四・〇五	牧野権洙 錫傑	軍属 父	戦死	北青郡泥谷面上里五五〇 豊山郡安山面内中里二九九六
七八	第八海軍施設部	四国南方海面	一九四三・一一・〇二 一九二三・〇三・〇四	金山栄在 承熙	軍属 父	戦死	北青郡上車書面水西里一三五二 北青郡上車書面水西里一三五二
八四	第八海軍施設部	四国南方海面	一九四三・一一・〇二 一九二五・〇三・二五	江本源錫 東鶴	軍属 父	戦死	永興郡順寧面處羅里七五二 永興郡宣興面城里二二五
八五	第八海軍施設部	四国南方海面	一九四三・一一・〇二 一九二二・一〇・〇六	牙山基燮 雲媟	軍属 母	戦死	永興郡仁興面元東里二一二 永興郡仁興面元東里二一二
八六	第八海軍施設部	四国南方海面	一九四三・一一・〇二 一九二五・一二・二四	平沼鎦煥 琪曄	軍属 母	戦死	永興郡仁興面永豊里一七四 永興郡仁興面永豊里一七四
八七	第八海軍施設部	四国南方海面	一九四三・一一・〇二 一九二一・〇二・一〇	裵瓊植・星山沼平 斗萬	軍属 妻	戦死	永興郡仁興面聖視里五三〇 永興郡仁興面聖視里五三〇
八八	第八海軍施設部	四国南方海面	一九四三・一一・〇二 一九一九・〇五・〇三	金山幸得 欽	軍属 妻	戦死	永興郡永興邑雲坪里 永興郡仁興面聖峴里七五一
九五	第八海軍施設部	四国南方海面	一九四三・一一・〇二 一九二一・〇四・〇五	木村昌根 景信	軍属 父	戦死	高原郡山谷面倉里一二七 高原郡山谷面倉里一二七
九六	第八海軍施設部	四国南方海面	一九四三・一一・〇二 一九二五・〇二・〇三	平山永福 成禄	軍属 父	戦死	高原郡山谷面上景屯里一五二 高原郡山谷面上景屯里一五二
九七	第八海軍施設部	四国南方海面	一九四三・一一・〇二 一九一八・〇三・二六	大山森弘 鳳八	軍属 父	戦死	高原郡水洞面仁興里一二 高原郡水洞面仁興里一二
九八	第八海軍施設部	四国南方海面	一九四三・一一・〇二 一九二一・〇四・二四	金海東鉉 熙淳	軍属 父	戦死	高原郡郡内面上加南里一九〇 咸州郡興南邑天機里四〇
一〇〇	第八海軍施設部	四国南方海面	一九四三・一一・〇二 一九二五・〇一・一二	清原秉有 允國	軍属 父	戦死	咸州郡川西面雲洞里三四六 咸州郡川西面雲洞里三四六
一〇二	第八海軍施設部	四国南方海面	一九四三・一一・〇二 一九二二・〇一・一〇	松山純彬 淳表	軍属 弟	戦死	咸州郡三平面松湖里一九 咸興府本町五―六七
一〇五	第八海軍施設部	四国南方海面	一九四三・一一・〇二 一九二〇・〇三・〇七	安原長玉 劉順	軍属 妻	戦死	咸州郡州北面盤松里二七 咸州郡州北面盤松里二七
一〇六	第八海軍施設部	四国南方海面	一九四三・一一・〇二 一九二二・〇二・二九	松原鳳祚 氏	軍属 母	戦死	咸州郡州北面鳳賀里九二 洪原郡洪原面富興里
一〇七	第八海軍施設部	四国南方海面	一九四三・一一・〇二	松田一煥	軍属	戦死	咸州郡州北面盤松里三

			一九二〇・一〇・一九	仲秋	妻		咸州郡州北面盤松里三
一〇八	第八海軍施設部	四国南方海面	一九四三・一一・〇二	忠山繁夫	軍属	戦死	咸州郡州北面双松里二二
			一九二二・〇七・一五	致烈	父		咸州郡州北面双松里二二
一〇九	第八海軍施設部	四国南方海面	一九四三・一一・〇二	平原永昌	軍属	戦死	咸州郡宜徳面大徳里五五
			一九二五・〇二・一九	富億	母		定平郡新上面新下里三一
一一二	第八海軍施設部	四国南方海面	一九四三・一一・〇二	李丁根・龍本植根	軍属	戦死	咸州郡退湖面興慶里二三二
			一九二二・〇五・二四	漢薫	父		咸州郡退湖面興慶里二三二
一一四	第八海軍施設部	四国南方海面	一九四三・一一・〇二	金城星彬	軍属	戦死	咸州郡連浦面中里二七四
			一九二三・〇三・〇一	國龍	父		咸州郡連浦面中里二七四
一一五	第八海軍施設部	四国南方海面	一九四三・一一・〇二	朱本道榎	軍属	戦死	咸州郡連浦面慶興里三五
			一九二二・一〇・〇二	福荀	継母		咸州郡連浦面慶興里三五
一一七	第八海軍施設部	四国南方海面	一九四三・一一・〇二	新井申甲	軍属	戦死	咸州郡徳山面新豊里一六三
			一九一五・〇五・〇二	貳淳	妻		咸州郡徳山面新豊里一六三
一一九	第八海軍施設部	四国南方海面	一九四三・一一・〇二	大島尚珉	軍属	戦死	咸州郡州西面三岩里一三六
			一九〇五・〇七・一四	土星	妻		咸州郡州西面三岩里一三六
一三六	第八海軍施設部	四国南方海面	一九四三・一一・〇二	松本克軒	軍属	戦死	定平郡文山面元峯里三四一
			一九二三・〇一・三〇	春嬅	妻		定平郡文山面元峯里三四一
一四三	第八海軍施設部	四国南方海面	一九四三・一一・〇二	金江起烈	軍属	戦死	利原郡東面場門里六六七
			一九二二・〇五・〇五	振海	父		利原郡東面場門里六六七
一四四	第八海軍施設部	四国南方海面	一九四三・一一・〇二	大間奎煥	軍属	戦死	利原郡南松面文湖里一四一九
			一九二五・〇八・二九	河珉	父		利原郡南松面文湖里一四一九
一四五	第八海軍施設部	四国南方海面	一九四三・一一・〇二	高村心濬	軍属	戦死	利原郡利原面院洞里二〇一
			一九二三・〇二・二八	允金	妻		利原郡利原面院洞里二〇一
一四六	第八海軍施設部	四国南方海面	一九四三・一一・〇二	岡村栄彰	軍属	戦死	利原郡利原面西門里六三
			一九二五・〇七・二一	允逑	母		咸州郡退潮面呂湖里一六三―四
一四七	第八海軍施設部	四国南方海面	一九四三・一一・〇二	安田正烈	軍属	戦死	恵山郡雲興面中峯里一三七
			一九二二・〇一・三〇	順成	母		恵山郡雲興面中峯里一三七
一四八	第八海軍施設部	四国南方海面	一九四三・一一・〇二	金谷富資	軍属	戦死	恵山郡普天面保田里一四九
			一九二五・〇一・二〇	光烈	父		恵山郡普天面保田里一四九
一五〇	第八海軍施設部	四国南方海面	一九四三・一一・〇二	新井昌燮	軍属	戦死	洪原郡普賢面龍林里一〇七
			一九二三・一一・一八	四鳳	父		新興郡上元川面新豊里
一五二	第八海軍施設部	四国南方海面	一九四三・一一・〇二	金城溶赫	軍属	戦死	洪原郡龍浦面外上里五二七
			一九一二・〇九・〇五	淑男	妻		咸州郡上岐川面王老里八九八
一五三	第八海軍施設部	四国南方海面	一九四三・一一・〇二	金本基業	軍属	戦死	洪原郡三湖面松山里二四五
			一九二三・〇五・一八	光栄	父		洪原郡三湖面松山里二四五

一五四	第八海軍施設部	四国南方海面	一九四三・一一・〇二 一九二六・〇六・〇六	山本學根 敏植	軍属 父	戦死	洪原郡雲鶴面雲祥里一一九 洪原郡雲鶴面雲祥里一一九
一五八	第八海軍施設部	四国南方海面	一九四三・一一・〇二 一九一二・〇九・一八	金城吉春 基女	軍属 妻	戦死	新興郡永高面舊上里二〇六 咸州郡宜徳面宜徳場里
一六一	第八海軍施設部	四国南方海面	一九四三・一一・〇二 一九一四・〇九・二八	鄭基柳 崔　南	軍属 妻	戦死	新興郡下元川面興慶里三四八 新興郡永興面松興里一二
一六三	第八海軍施設部	四国南方海面	一九四三・一一・〇二 一九〇八・〇二・〇四	龍野昇豊 純子	軍属 妻	戦死	新興郡上元川面新成里一四五 新興郡上元川面新成里一四五
七九	第八海軍施設部	ニュギニア・パマイ	一九四四・〇六・二五 一九二一・〇三・二〇	新井昊善 不詳	軍属	戦死	北青郡厚昌面富洞里二〇九 北青郡厚昌面富洞里二〇九
五〇	第八海軍建築部	東部ニューギニア アミーバ性赤痢	一九四三・〇八・二八 ―	李政英 政根	軍属 ―	戦病死	咸興府咸興町四四 咸興府咸興町四四
三	第一五海軍警備隊	カムラン湾	一九四四・一一・一五 一九二四・〇六・一九	金田武博 明宰	上主 父	戦死	長津郡長津面邑下里一六一 忠清北道丹陽郡大嵐面末老里二〇
一九	第一五海軍警備隊	カムラン湾	一九四四・〇九・〇九 一九二六・〇二・二六	青松宗郁 和咎	上水 父	戦死	甲山郡同仁面新興里一三一 豊山郡豊山面新豊里二六三
一二	第一六海軍警備隊	バシー海峡	一九四四・〇九・〇九 一九二七・〇一・〇三	青山澤燮 庚南	上水 父	戦死	北青郡居山面坪里四二八 三水郡好仁面上屛風里五統弐戸
一五	第一六海軍警備隊	バシー海峡	一九四四・〇九・〇九 一九二七・〇三・二三	原邊洪喆 炳允	上主 父	戦死	豊山郡安水面平山里三九五 ―
二三四	第二三特別根拠地隊	ボルネオ・バリックパオアン	一九四四・一〇・二七 一九一九・〇一・一一	金坂 崔基田	軍属 妻	戦病死	北青郡陽化面富昌里 元山縣銘石町一七五
二二七	第一〇一海軍燃料廠	南支那海	一九四四・〇三・一八 一九一〇・〇七・一一	趙興郷・松山	軍属 ―	戦死	永興郡鎮坪面翰洞里六九〇 ―
五一	第一〇二海軍軍需部	カガヤン諸島	一九四三・〇四・二八 ―	宮本福次郎 斗劫伊	軍属 妻	戦死	咸興府黄金町一丁目九〇 咸州郡興南邑九龍里一五四二崔方
八九	第一〇二海軍軍需部	カガヤン諸島	一九四三・〇四・二八 不詳	吉山萬宜 継媓	軍属 妻	戦死	永興郡永興邑南星岩里一一 咸州郡興南邑東興里一四九
一一一	第一〇二海軍軍需部	カガヤン諸島	一九四三・〇四・二八 ―	金城秀吉 承亀	軍属 兄	戦死	咸州郡宜徳面湖南里三三 咸州郡宜徳面湖南里三三
一一六	第一〇二海軍軍需部	カガヤン諸島	一九四三・〇四・二八 ―	文岩得成 仁淳	軍属 妻	戦病死	咸州郡連浦面元上里六五 咸州郡連浦面元上里六五
一一八	第一〇二海軍軍需部	カガヤン諸島	一九四三・〇四・二八 ―	申守浩 奎固福	軍属 母	戦病死	咸州郡徳山面東陽里六五 咸州郡興南邑本町一丁目
一一二	第一〇二海軍軍需部	カガヤン諸島	一九四三・〇四・二八	豊川富吉	軍属	戦死	咸州郡岐谷面西原里四三四

			—	初花	妻		咸州郡興南邑松湖里一三九清原實方
一二三	第一〇二海軍軍需部	カガヤン諸島	一九四三・〇四・二八	金澤利燮	軍属	戦死	咸州郡興南邑天機里朝日町
			—	林基春	妻		咸州郡興南邑天機里朝日町
一二四	第一〇二海軍軍需部	カガヤン諸島	一九四三・〇四・二八	金城吉男	軍属	戦死	咸州郡興南邑荷徳里四七
			—	栄助	父		咸州郡興南邑荷徳里四七金應石方
一二五	第一〇二海軍軍需部	カガヤン諸島	一九四三・〇四・二八	林田敏男	軍属	戦死	咸州郡興南邑九童里三二
			—	梅子	妻		咸州郡興南邑九童里中央町
一二六	第一〇二海軍軍需部	カガヤン諸島	一九四三・〇四・二八	文岩春洙	軍属	戦死	咸州郡興南邑復興里八七
			—	福子	妻		咸州郡興南邑復興里八七
一二七	第一〇二海軍軍需部	カガヤン諸島	一九四三・〇四・二八	安川鐘倫	軍属	戦死	咸州郡興南邑天機里三八二
			—	春子	妻		咸州郡興南邑天機里三八二
一二八	第一〇二海軍軍需部	カガヤン諸島	一九四三・〇四・二八	吉田一雄	軍属	戦死	咸州郡興南邑天機里一〇六
			—	竹子	妻		咸州郡興南邑天機里一〇六
一二九	第一〇二海軍軍需部	カガヤン諸島	一九四三・〇四・二八	野田泰渉	軍属	戦死	咸州郡興南邑松上里
			—	金順	妻		咸州郡興南邑松上里松江町
一五九	第一〇二海軍軍需部	カガヤン諸島	一九四三・〇四・二八	清原植相	軍属	戦死	新興郡永高面塘福里
			—	玉燮	妻		咸州郡興南邑中央町
一九五	第一〇三海軍施設部	ルソン島マニラ東方山中	一九四五・〇六・三〇	松原吉鉉	軍属	戦病死	咸興府知楽町四五
			一九一四・一〇・一六	—	—		—
一九六	第一〇三海軍施設部	ルソン島マニラ東方山中	一九四五・〇六・三〇	金森春雄	軍属	戦死	元山府南村洞一四五
			一九〇八・〇八・二九	—	—		—
二〇三	第一〇三海軍施設部	ルソン島マニラ東方山中	一九四五・〇六・三〇	高原信夫	軍属	戦死	洪原郡龍浦面新興里
			一九一八・〇七・〇四	—	—		—
二〇四・二二六	第一〇三海軍軍需部	ルソン島イラガン	一九四五・〇七・一五	徳松錫夏	軍属	戦死	甲山郡鎮東面南大里二二三
			—	秀子	妻		甲山郡珍東面南大里二二三
二〇五	第二一二設営隊	ラバウル	一九四三・一二・一九	柳村栄一	軍属	戦死	新興郡上元川面中陽里一四九
			一九〇二・〇三・二一	月扇	妻		豊山郡天南面洪吉里
一九四	第二一五設営隊	ダバオ	一九四五・〇六・二六	金子政吉・神前信水	軍属	戦病死	咸興府黄金町一三〇
			一九〇八・〇九・一四	岡田マサ子	内妻		—
二二二	第二二三設営隊	父島西北	一九四四・〇二・二三	豊原鐘燁	軍属	戦死	洪原郡洪原邑南洞里二〇—一
			一九二〇・〇二・二四	—	—		—
五	第二五四航空隊	バシー海峡	一九四四・〇九・〇九	光山定良	上整	戦死	永興郡虎島面松浜里二八
			一九二三・一二・二九	定子	母		咸州郡興南邑荷徳里四七—七
六	第二五四航空隊	バシー海峡	一九四四・〇九・〇九	金林茂雄	上整	戦死	永興郡徳興面内洞里五〇二
			一九二五・〇八・二七	宅治	父		元山府明沙町七一—一

番号	艦船	場所	年月日	氏名	身分	区分	本籍
一六九	第五雲海丸	舟山列島	一九四三・〇六・三〇 一九二三・一〇・〇三	岩村茂本 —	軍属 —	戦死	安辺郡新高山面三防里八二 —
一九一	ぶらじる丸	南洋群島	一九四二・〇八・〇五 —	金本得順 福美	軍属 妻	戦死	文川郡徳源面三台里六八〇
二〇八	盛京丸	本州東方海面	一九四二・一〇・二三 —	平松　元 明喜	軍属 妻	戦死	永興郡憶岐面両上里一三三 元山府臥牛里二七五－五
二〇九	盛京丸	本州東方海面	一九四二・一〇・二三 一九一三・〇七・一五	鳥川清一・鳥川芝永 曽燐	軍属 妻	戦死	永興郡順寧面葛田里六四五（六五二） —
二一〇	盛京丸	本州東方海面	一九四二・一〇・二三 —	豊村金吉 子金	軍属 妻	戦死	永興郡順寧面豊陽里 京畿道仁川市白馬町一－二区
二一二	盛京丸	本州東方海面	一九四二・一〇・二三 —	中原武善 宗琳	軍属 父	戦死	文川郡都草面新坪里九九 —
二一八	盛京丸	本州東方海面	一九四二・一〇・二三 —	車原炯善 聲振	軍属 父	戦死	新興郡東上面元豊里 —
一七〇	高千穂丸	台湾北方	一九四三・〇三・一九 一九一八・〇二・〇六	青山鐘五 —	軍属 —	戦死	高原郡雲谷面雲興里六一〇
一六八	錦江丸	黄海	一九四三・〇五・〇五 一九一六・〇四・〇一	大本在英 —	軍属 —	戦死	安辺郡釋王子面南山駅里八六四 —
二〇六	第五太平丸	東南太平洋	一九四三・〇七・二六 —	李有玄 伊粉	軍属 妻	戦死	元山府上洞 —
二〇七	金泉丸	トラック島南方海面	一九四三・〇七・二五 —	大山繁司 時子	軍属 妻	戦死	元山府栄町 —
二一四	第五萬壽江丸	ソロモン諸島	一九四三・〇八・〇四 —	金斗鎮 —	軍属 —	戦死	咸州郡上岐川面五老里九四七
二三三	第三三重丸	ソロモン諸島 マラリア	一九四三・〇八・〇六 一九一〇・一〇・〇三	寧原京訓 能興	軍属 兄	戦病死	咸興府 —
二一三	第六大勝丸	東南太平洋	一九四三・〇九・一九 —	平山順瑞 二汝	軍属 妻	戦傷死	文川郡明×面新陽里
二一一	大和川丸	南支	一九四三・一〇・二六 —	木戸顕澤 —	軍属 —	戦死	永興郡虎島面 —
二一五	日吉丸	小笠原諸島	一九四三・一二・〇三 —	安原鎮済 斗瑳	軍属 父	戦死	咸興府沙浦町一丁目一二六 —
二一九	第二一心丸	ソロモン諸島 急性腸炎	一九四三・一二・二一 一九一五・〇九・〇二	金井基弘 珀女	軍属 妻	戦病死	元山府連斗島里九－二三 江原道通川郡庫底邑浦功里
二一七	巨港丸	東インド	一九四三・一二・二七	林應何	軍属	戦死	安辺郡衛益面

			―	―	―		―
一六七	長良川丸	静岡県南方海面	一九四四・〇一・二三	金原景華	軍属	戦死	文川郡明亀面明文里一八六
			一九二四・〇二・二四	―	―		―
一七四	北安丸	西南太平洋	一九四四・〇二・一四	高島仁宗	軍属	戦死	永興郡徳興面鵲洞里一六六
			一九二五・〇二・〇九	―	―		―
一七一	旭丸	本邦西方	一九四四・〇二・二一	松本清治・黄世昊	軍属	戦病死	洪原郡洪原邑穿中里一五七
			一八九二・〇七・一七	斎藤静子	―		―
二三〇	瑞川丸	ソロモン諸島	一九四四・〇四・〇八	清水永範	軍属	戦病死	永興郡鎮坪面新塘里
		マラリア	一九一三・一二・〇二	小田	兄		―
一六五	河蘭丸	西南太平洋	一九四四・〇六・二一	杉本雄男	軍属	戦死	元山府銘石洞二〇二
			一九二一・〇七・二七	―	―		―
一七三	日錦丸	黄海	一九四四・〇六・三〇	宮本箕鐘	軍属	戦死	定平郡定平面東川里三九九―四
			一九〇六・〇九・一三	―	―		―
一九九	龍江丸	小笠原諸島	一九四四・〇八・〇四	高島益三郎	軍属	戦死	元山府臥牛里
			一九〇七・一〇・一三	鳳女	妻		元山府銘石町一四三三
二〇二	多佳山丸	インドネシア（蘭印）	一九四四・〇九・三〇	金田炳圭	軍属	戦死	安辺郡釋王寺面沙器里三二
			一八八七・〇一・〇九	―	―		―
二〇〇	第八桐丸	本州南方海面	一九四四・一一・〇七	池田麗源	軍属	戦死	高原郡雲谷面雲興里拾統七
			一九二三・〇五・一八	萬珠	父		―
二〇一	大邦丸	南洋群島	一九四四・一一・〇七	宮本源一	軍属	戦死	文川郡北城面透達里三一一
			一九一九・〇一・二九	昌太郎	父		―
一六六	湘東丸	サイゴン港	一九四五・〇二・二二	福間常雄	軍属	戦病死	元山府上洞二〇
			一八九三・〇一・一八	―	―		―
一七五	第一一相生丸	下関海峡	一九四五・〇四・二九	金城武雄	軍属	戦死	永興郡永興邑南山里七四
			―	―	―		―
一七二	第二昭海丸	下関海峡	一九四五・〇七・一九	平文基徳	軍属	戦死	洪原郡洪原邑南興里
			一九二一・〇二・〇五	―	―		―
二三一	第一一快進丸	伊万里湾	一九四五・〇七・二四	李栫弼	軍属	戦傷死	咸州郡下岐川面
			一九二〇・〇七・三一	珍大	父		江原道鐵原郡鐵原邑中里一二七
一九七	鹿島丸	釜山沖	一九四五・〇八・一四	金井賢郷	軍属	戦死	元山府松興洞五三
			一九二六・一一・二二	寅徳	父		―
一九八	八光丸	九州南方海面	一九四五・一一・〇八	平山載徳	軍属	戦死	元山府松興里銘石洞一四三―三
			一九〇六・一一・一四	小児	妻		―

◎咸鏡北道　四三名

原簿番号	所属	死亡場所 死亡事由	死亡年月日 生年月日	創氏名・姓名 親権者	階級 関係	死亡区分	本籍地 親権者住所
六	大湊防備隊	津軽海峡	一九四五・〇七・一四 一九二五・〇四・二四	方山藤政 貴娘	上水 母	戦死	富寧郡富居面坂長洞二七三 會寧郡會寧邑四洞一〇七
二八	大湊海軍施設部	北太平洋	一九四四・一〇・二五 一九二七・一二・二七	林勇太郎 承九	軍属 父	戦死	吉州郡吉州邑吉南洞二八〇 ー
三九	海南島海軍施設部	海南島	一九四五・〇一・〇二 一九一二・〇四・二五	中山晃一 岩城在奎	軍属 父	戦死	鏡城郡鏡城面朴下洞一三二 鏡城郡鏡城面朴下洞一三二
二一	海南島特別陸戦隊	海南島	一九四三・〇二・〇一 ー	梧川先植 清江	軍属 妻	戦死	富寧郡富寧面富寧道二〇七 ー
四	航空学校	横須賀市	一九四五・〇七・一八 一九二八・〇三・一三	陽川春吉 政雄	上水 父	戦死	慶原郡阿山面新阿山洞四八 穏城郡美浦面月波洞三
二	青島航空隊	釜山沖	一九四五・〇八・〇八 一九二五・〇三・〇九	秀山天錫 性女	整備長 母	戦死	穏城郡穏城面東和洞四一七 ー
七	鎮海海兵団	横須賀市 腸閉塞	一九四五・〇三・一九 一九二七・一一・二一	金田澈淳 鐘錫	上水 父	死亡	富寧郡富寧面柳坪洞二五八 ー
九	鎮海海兵団	鎮海	一九四五・〇五・〇二 一九二四・一〇・一二	松山淳昌 鐘春	整備長 父	死亡	鏡城郡朱北面龍仲洞二四七 清津府西松錦町五〇五
一八	南方航路部	西南太平洋	一九四四・一一・二五 一九二一・〇八・一四	富永勳錫 海龍	軍属 父	戦死	会寧郡碧城面五鳳洞三九三 会寧郡碧城面五鳳洞三九三
二〇	南方政務部	奄美大島	一九四四・〇一・〇二 一九一一・〇六・一五	浅野仲吉 谷口冬子	軍属 妻	戦死	城津郡羅南面新洞一八一 ー
三二	ニューギニア民政部	ジャワ海	一九四三・一〇・二一 一九二二・〇九・二〇	北村仁淳 仁用	軍属 弟	戦死	清津府浦項町五〇二 元山府栄町一九
一〇	沼津工作学校	静岡県 クループ性肺炎	一九四五・〇七・二三 一九二八・一一・一七	安川吉鳳 春方	上工 父	死亡	鏡城郡鏡城面鳳南洞二三三 鏡城郡東乙邑温川洞八四
二六	マニラ海軍運輸部	ルソン島 マラリア	一九四五・〇二・二五 一九一九・〇九・二三	金海百練 壽國	軍属 兄	戦病死	鏡城郡鏡城面壽星里二三四 ー
八	舞鶴一特別陸戦隊	バシー海峡	一九四四・〇九・〇九 一九二五・一二・〇一	三渓乾栄 益泰	上水 父	戦死	慶興郡慶興面赤池洞三八三ー二 慶興郡雄基邑雄基洞三八三ー二
一	横須賀四特別陸戦隊	カムラン湾	一九四四・一一・一五 一九二六・〇九・二六	富山秀元 竹男	上水 父	戦死	穏城郡南陽面南陽洞一〇〇 ー
三	横須賀四特別陸戦隊	カムラン湾	一九四四・一一・一五 一九二六・〇三・二八	平山哲夫 基守	上水 父	戦死	鏡城郡華方面鹿野洞六六八 慶興郡雄基邑雄基洞四三七

二七	横須賀海軍施設部	神奈川県 盲腸炎	一九四三・〇五・二三 —	金谷致紋	軍属 —	死亡	鏡城郡漁大津邑松新洞八五 —
二五	横須賀海軍施設部	サイパン島	一九四四・〇七・〇八 一九二一・〇六・二三	金山恒吾 —	軍属 —	戦死	鏡城郡鏡城面一里洞一〇 —
三一	横須賀海軍運輸部	本州南方海面	一九四四・〇六・三〇 一九二四・一二・〇八	南郷徳太郎 正之助・昌金	軍属 父・妻	戦病死	慶興郡豊海面大楡洞一三〇—一 —
一六	第四海軍施設部	ボナペ島	一九四二・〇八・一八 一九〇七・〇一・一四	原山善郎 在洪	軍属 父	戦死	會寧郡會寧邑一洞 會寧郡會寧邑一洞
一九	第四海軍施設部	ギルバート諸島タラワ	一九四三・一一・二五 一九二三・一二・二三	金本鉉翊 忠一	軍属 父	戦死	慶興郡雄基邑松坪洞七七 慶興郡雄基邑松坪洞七七
二三	第四海軍施設部	メレヨン島 衝心脚気	一九四五・〇五・〇七 一九二一・〇九・一五	京村一正 —	軍属 —	戦病死	鏡城郡鏡城面壽里洞一五五 —
一七	第四海軍施設部	クサイ島	一九四五・〇七・二五 一九一九・一二・一八	平沼清利 國弘	軍属 父	戦病死	会寧郡会寧邑四洞五七 会寧郡会寧邑四洞五七
一四	第八海軍建築部	ニューギニア、タルヒア沖	一九四四・〇四・二一 一九一五・〇九・〇三	池原成松 —	軍属 —	戦死	鏡城郡漁大津邑松新洞一〇八 鏡城郡漁大津邑松新洞一〇八
一一	第八海軍施設部	四国南方方面海面	一九四三・一一・〇二 一九一八・〇五・一七	平海鳳澤 粉玉	軍属 妻	戦死	清津府初瀬町一三七 會寧郡會寧邑四洞一三〇
一五	第八海軍施設部	四国南方方面海面	一九四三・一一・〇二 一九一二・〇六・〇七	清河英浩 基哲	軍属 長男	戦死	鶴城郡鶴東面関洞二四九 東満給省間島市長安村仁坪長上稗四号
三〇	第一一航空艦隊司令部	ダバオ	一九四五・〇三・二四 一九二〇・〇三・一六	金得珠 —	軍属 —	戦病死	明川郡下加面浦項洞二六二 —
五	第一六海軍警備隊	バシー海峡	一九四四・〇九・〇九 一九二六・一〇・一七	中山成翼 金石	上機 父	戦死	茂山郡漁下面蘆彦洞一七七—三 羅南府豊谷里一区一班崔方
四三	第一六海軍警備隊	海南島	一九四五・〇三・三〇 一九〇一・一二・一四	宮本一郎 —	軍属 —	戦死	清津府曙町一二 釜山府広安里五四五
一二	第一八海軍建築部	ビアク島	一九四四・〇七・三一 一九一六・〇四・一〇	鄭京五・平昌登 忠雄	軍属 兄	戦死	清津府港町六四 —
二九	第二〇二設営隊	九州東方海面	一九四三・一二・二一 一九二三・〇四・二五	吉川勇夫 —	軍属 —	戦死	慶興郡雄基面雄基洞一五八 —
二四	第二〇五設営隊	南洋群島 アミーバ性赤痢	一九四五・〇一・〇二 一九二三・〇六・一〇	金城發雨 完吉・現玉	軍属 父・妻	戦病死	鏡城郡豊谷面東浦洞一九四 —
三四	第二二二設営隊	ラバウル	一九四三・一二・一九 一九二六・〇四・二〇	金恩澤・金子一男 蘇昌変	軍属 叔父	戦死	鐘城郡南山面三峯洞 東浦徳省江清縣汪清衛大旺川区四班二組
三八	盛京丸	本州東方海面	一九四二・一〇・一八	金澤永雄	軍属	死亡	慶興郡雄基邑雄基洞一一四

		スチール急性中毒	—	—	—		—
三六	咸京丸	本州東方海面	一九四二・一〇・二三	國本重雄	軍属	戦死	清津府浦項洞一四二
			—	貞子	妻		清津府静山町一四二
四一	第三吉雄丸	ソロモン諸島	一九四四・〇二・二三	方永福	軍属	戦病死	慶興郡雄基邑雄尚洞五七一
			一九二四・一〇・一二	仁燮	父		—
四〇	第三吉雄丸	ソロモン諸島	一九四四・〇四・〇四	李家根植	軍属	戦病死	慶興郡雄基邑松坪洞八一
		マラリア	一九一三・〇二・一一	龍錫	父		—
四二	第六金盛丸	ニューギニア	一九四四・〇六・二五	元村尚哲	軍属	戦死	鏡城郡漁郎面松薪里一八五
			一九二一・〇九・二四	—	—		—
三七	第一一公海丸	ラバウル	一九四四・〇八・三一	國本英俊	軍属	戦病死	清津府新岩洞二―八〇
			—	—	—		—
三三	八光丸	九州南方海面	一九四四・一一・〇八	吉田文三	軍属	戦死	清津府南静山町一四
			一九一八・一一・〇七	杉鳳	妻		—
三五	八光丸	九州南方海面	一九四四・一一・〇八	山金消拭	軍属	戦死	鏡城郡朱南面龍田洞五二五
			一九二三・一一・一〇	曾岩	父		—
二二	坤利丸	黄海	一九四五・〇七・〇一	金山実一	軍属	戦死	鏡城郡大津邑松郷洞一〇五―六
			一九一九・〇八・〇一	—	—		—
二三	広利丸	関東半島南岸	一九四五・〇八・〇五	金澤正雄	軍属	戦死	鏡城郡朱乙邑温川洞
			—	—	—		—

原簿番号	所属	死亡場所 死亡事由	死亡年月日 生年月日	創氏名・姓名 親権者	階級 関係	死亡区分	本籍地 親権者住所
一四九	大湊海軍施設部	北千島武蔵	一九四四・〇八・一九 —	李潤道・大山潤道 —	軍属 —	死亡	江西郡新井面三里一六四 —
一五五	大湊海軍施設部	北千島近海	一九四四・〇九・二六 一九一四・一一・一三	金成玉 —	軍属 —	戦死	成川郡三興面九浜里 —
一五一	大湊海軍施設部	北千島近海	一九四五・〇五・〇一 一九二〇・〇八・二二	大山利雄 —	軍属 —	戦死	平壌府平戻里二 —
一五六	大湊海軍施設部	北太平洋	一九四四・〇九・二六 一九二四・一二・二一	金谷天光 斗俊	軍属 母	戦死	大同郡往京面永庄里七九七 —
一四八	大湊海軍施設部	北太平洋	一九四四・一〇・二五 —	松本號錫 張姫	軍属 妻	戦死	平原郡永柔面紫逸里一一五 —
一六	大湊海軍防備隊	青森県大湊	一九四五・〇六・二九 一九二五・〇五・一五	安東世角 泰國	上水 父	死亡	大同郡龍岳面上里七一五 —
一七二	呉海軍工廠	広島県呉市	一九四五・〇七・二六 一九二二・一二・〇四	夏山慶善 —	軍属 —	戦死	大同郡東里面柳新町 大同郡東里面柳新町
一七三	呉海軍工廠	広島県呉市	一九四五・〇七・二六 一九二二・〇二・一一	青松応燁 —	軍属 —	戦死	大同郡金祭面隠跡里三六二 —
一七九	呉海軍工廠	広島県呉市	一九四五・〇六・二二 一九二二・〇四・一八	金田俊珉 —	軍属 —	戦死	成川郡四佳面龍興里二四九 成川郡四佳面龍興里二四九
一八〇	呉海軍工廠	山口県光市	一九四五・〇八・一四 —	金海大吉 —	軍属 —	戦死	成川郡四佳面下部里三六九 —
二〇一	佐世保海軍施設部	長崎県大村市	一九四四・一〇・二五 —	竹本永鎬 —	軍属 —	戦死	大同郡大同江面船橋里 —
一七	佐伯海軍航空隊	大分県佐伯市 頭蓋底骨折	一九四五・〇四・〇六 一九二四・一〇・一一	池田相淇 宗鳳	一整 父	死亡	順天郡順天邑初松里四〇一 —
一九五	佐世保海軍工廠	佐世保市	一九四五・〇四・〇八 一九二二・〇四・〇四	韓炳造 韓伯中	軍属 父	戦死	大同郡斧山面下三里 —
九四	芝浦海軍補給部	高砂丸船中 マラリア	一九四三・一〇・二〇 一九一八・〇八・二二	安田文源 錫萬	軍属 —	戦病死	龍岡郡三和面舟林里八三三 龍岡郡金谷面牛登里二六〇
一二一	芝浦海軍補給部	神奈川県戸塚病院 肺結核	一九四五・一一・三〇 一九一九・〇六・〇三	柳春萬・安川春萬 英滋	軍属 姪	死亡	平壌府港街一一二 平壌府新里町二三二—一
一九	鎮海海兵団	大津赤十字病院 肺浸潤	一九四五・〇五・一九 一九二八・〇二・二〇	権東億容 養根	上水 父	死亡	寧遠郡新城面吉峴里六 寧遠郡新城面吉峴里七〇

番号	所属	死亡場所・事由	死亡年月日・生年月日	氏名	階級・続柄	区分	本籍・住所
二二	鎮海海兵団	鎮海 発疹チフス	一九四五・〇七・一三 一九二四・〇九・一四	平山益淳 贇成	一機 父	死亡	徳州郡徳州面山陽里二三九 ―
一〇二	南方政務部	廈門東方海面	一九四三・〇六・二〇 一九一九・〇六・〇二	大金宗成 健玉	軍属 母	戦死	寧遠郡寧遠面永寧里二六〇 寧遠郡寧遠面永寧里二六〇
一二〇	南方政務部	廈門東方海面	一九四三・〇六・二〇 一九二一・〇八・〇六	新井信吾 倚潤	軍属 父	戦死	平壌府新倉町六八 平壌府西城町七九―二八
一三一	南方政務部	廈門東方海面	一九四三・〇六・二〇 一九〇九・〇八・二四	西本正雄 玉枝	軍属 妻	戦死	江西郡江西面徳興里四八四 平壌府大新町四五
一三三	南方政務部	廈門東方海面	一九四三・〇六・二〇 ―	結城清秀 道俊	軍属 父	戦死	江西郡星台面星大里五二二 平壌府上需町八〇―二
五〇	南方政務部	台湾方面	一九四三・〇六・二〇 一九二三・〇一・一七	廣川善済 鎮三	軍属 父	戦死	成川郡霊泉了波里三一九 平壌府坎興町三―一〇五
一一九	南方政務部	台湾方面	一九四三・〇六・二〇 一九一二・一二・二七	月山寛栄 應井	軍属 妻	戦死	平壌府倉日町二〇四 平壌府新倉町七九―二
三九	南方政務部	本州南方	一九四三・〇七・二一 一九〇六・〇二・二一	巌島桂泌 桂華	軍属 兄	戦死	安州郡安州邑元豊里七六 安州郡安州邑元豊里七六
七四	南方政務部	奄美大島北方	一九四四・〇一・〇二 一九一九・一二・二四	牧野光雄 鋟	軍属 父	戦死	大同郡大×面龍澤里一一三八 平壌府東大院町五七一―一―三
三七	南方政務部	台湾東北	一九四四・一一・二二 一九一六・一一・〇五	金村龍益 寶喆	軍属 妻	戦死	平原郡海蘇面龍峴里二二〇一 平原郡海蘇面龍峴里二二〇一
九七	南方政務部	台湾東北	一九四四・一一・二二 一九一七・〇六・一六	新井寅雄 思吉	軍属 妻	戦死	陽徳郡陽徳邑龍渓里二五七―一 陽徳郡陽徳邑龍渓里二五七―一
一〇一	南方政務部	台湾近海	一九四四・一一・二二 一九二〇・一一・一二	金山秀男 基鉉	軍属 父	戦死	寧遠郡寧遠面交谷里八七 寧遠郡寧遠面交谷里八七
四	戸塚病院	舞鶴市 急性気管支炎	一九四五・〇七・〇八 一九二八・〇二・二七	花田鳳基 永隣	上衛 継母	死亡	孟山郡鶴泉面召倉里一八九 孟山郡鶴泉面加里一八五
三	舞鶴一特別陸戦隊	バシー海峡	一九四四・〇九・〇九 一九二五・〇九・一六	島山春吉 豊	上機 父	戦死	孟山郡鶴泉面五峰里九九 平安北道義州郡廣坪面青水洞七〇〇
八	舞鶴一特別陸戦隊	バシー海峡	一九四四・〇九・〇九 一九二四・一〇・三一	山田允熙 龍雲	上水 父	戦死	龍岡郡多美面瑞赤里九六 黄海道黄州郡兼二浦邑旭町一一
九	舞鶴一特別陸戦隊	バシー海峡	一九四四・〇九・〇九 一九二四・〇九・一九	松原元基 炳極	上機 父	戦死	龍岡郡新寧面松山里六〇一 ―
一一	舞鶴一特別陸戦隊	バシー海峡	一九四四・〇九・〇九 一九二六・〇五・一五	金山浩渉 奉九	上水 父	戦死	安州郡安州面元興里一七一 ―
一四	舞鶴一特別陸戦隊	バシー海峡	一九四四・〇九・〇九	平山武三	上機	戦死	江西郡城岩面舟山里一二〇

			一九二四・〇六・〇一	東勉	父		龍岡郡池雲面眞池里三三二
二一	舞鶴一特別陸戦隊	バシー海峡	一九四四・〇九・〇九	金岡永漢	上水	戦死	中和郡海鴨面崖谷里三四二
			一九二四・〇一・二五	利鎭	父		黄海道黄州郡兼二浦邑栄町五三―四
二〇四	舞鶴海軍施設部	石川県小松市	一九四五・〇二・二〇	小林仁権	軍属	戦死	平壌府羊角町四〇
			一九一五・〇六・二八	―	―		平壌府羊角町四〇
一六五	横須賀海軍施設部	神奈川県	一九四三・〇八・一五	木村正一	軍属	死亡	徳川郡豊徳面新徳里一七六
			一九二二・一〇・一七	―	―		―
一五二	横須賀海軍施設部	サイパン	一九四四・〇七・〇八	山崎道源	軍属	戦死	安州郡安州面雲興里一一三〇
			一九二三・〇四・二二	充黙	―		安州郡安州駅内合谷承崦気付
一五四	横須賀海軍施設部	ペリリュー島	一九四四・一二・三一	金岡正浩	軍属	戦死	龍岡郡龍岡面王桃里
			一九〇一・〇四・二九	―	―		―
一五三	横須賀海軍施設部	硫黄島	一九四五・〇三・一七	光山寛三	軍属	戦死	龍岡郡龍岡面義山里四二三
			一九二〇・〇六・二〇	―	―		―
六	横須賀海軍病院	神奈川県戸塚病院 急性肺炎	一九四五・〇八・〇九	安東良雄	衛長	死亡	龍岡郡龍岡面芳漁里七一二
			一九二五・〇六・三〇	星斗	父		
二〇	横須賀海軍防備隊	横須賀市	一九四五・〇四・二八	鄭本碩溶	上水	戦死	寧遠郡徳化面中興里二〇九一
			一九二六・〇四・一八	基普	父		―
二三	横須賀海軍鎮守府	カムラン湾	一九四五・〇三・二八	金海淇燁	大尉	戦死	龍岡郡瑞和面長岩峴里四五九
			一九二〇・一一・〇五	秉錫	父		―
一六三	横須賀海軍運輸部	南洋群島(ミクロネシア)	一九四三・一一・一九	星山翼沼	軍属	戦死	鎮南浦府億両磯町一四
			一九一七・〇二・〇一	欽徳	母		鎮南浦府元町二―四
一五七	横須賀海軍運輸部	南洋群島(ミクロネシア)	一九四四・〇二・〇六	海原昌億	軍属	戦死	平壌府上需町一九八
			一九二七・〇三・一二	意心	父		平壌府慶上町一一四―一五
一五八	横須賀海軍運輸部	南洋群島(ミクロネシア)	一九四四・〇二・二二	新井正善	軍属	戦死	龍岡郡吾新面楡洞里八五五
			一九二六・〇一・〇七	清一	父		鎮南浦府新興町四一
一六〇	横須賀海軍運輸部	南洋群島(ミクロネシア)	一九四四・〇二・二五	結城文鐸	軍属	戦死	龍岡郡三和面栗下里五一九
			一九二六・〇一・一〇	然道	父		鎮南浦府麻沙町八四
一五九	横須賀海軍運輸部	本州東南方会面	一九四四・〇八・〇四	延岡弼模	軍属	戦死	龍岡郡多美面梧井里六〇三
			一九二二・一一・二一	洛英	父		―
一六一	横須賀海軍運輸部	大鳥島	一九四四・〇八・一〇	金海炳奭	軍属	戦死	龍岡郡貴城面大領里四八四
			一九二〇・〇四・二五	丙斗	継母		―
一四七	横須賀海軍運輸部	ニューギニア マラリア	一九四五・〇二・〇九	金川成培	軍属	戦病死	江西郡普林面和鶴里七二三
			一九二二・〇三・〇九	斗煥	父		江西郡普林面和鶴里七二五
一	第二出水航空隊	鹿児島県出水郡	一九四五・〇四・一七	白石清吉	上整	戦死	平壌府新陽町一八一
			一九二五・〇七・〇七	南洙	母		平壌府新陽町一七七―三六

一二	第二出水航空隊	長崎県佐世保市 不馴化性全身衰弱	一九四五・〇六・一二 一九二五・〇一・一四	瑞原溶七 正淑	上整 妻	死亡	安州郡東面鳳翔里一七一 ―
一三	第二出水航空隊	鹿児島県 不馴化性全身衰弱	一九四五・〇七・〇四 一九二五・〇五・二五	朴原泳倶 鳳	上整 父	死亡	成川郡霊泉面芦洞里五九九 ―
一五〇	第二海軍航空工廠	硫黄島	一九四五・〇三・〇七 ―	木村在録 ―	軍属 ―	戦死	平壌府太新町一町会五区三班二一 ―
一九六	第二海軍軍需部	南支方面	一九四五・〇一・〇三 一九〇八・一一・〇三	高山雙釜 ―	軍属 ―	死亡	大同郡栗里面紘橋里五〇八 ―
一一八	第四海軍施設部	御蔵島東方海面	一九四三・〇二・〇八 一九二一・〇七・一九	松野春発 應善	軍属 父	戦死	平壌府柳町一番地 平壌府新陽町一八五
八〇	第四海軍施設部	ギルバート諸島マキン	一九四三・〇三・二三 一九二三・〇一・〇二	木村光作 文彦	軍属 父	戦死	龍岡郡池雲面両院里二八二 鳳山郡沙里院駒泉里四四一
二六	第四海軍施設部	ギルバート諸島タラワ	一九四三・一一・二五 一九二二・〇八・〇一	金宮仁亀 福女	軍属 妻	戦死	平原郡漢川面甘五里一八三 黄海道谷山郡×美面文岩里四九九
四九	第四海軍施設部	ギルバート諸島タラワ	一九四三・一一・二五 一九二二・〇六・〇一	岩村達善 徳基	軍属 妻	戦死	成川郡成川面上部四四三―三 平安北道熙川郡南面富成洞八一
八二	第四海軍施設部	ギルバート諸島タラワ	一九四三・一一・二五 一九二一・一〇・〇四	徳川炳根 顕淳	軍属 父	戦死	龍岡郡吾新面佳龍里三一〇 黄海道松禾郡蓬莱面水橋里
九二	第四海軍施設部	ギルバート諸島タラワ	一九四三・一一・二五 一九二一・〇一・〇五	徳山泰潤 淳旭	軍属 父	戦死	龍岡郡金谷面内城里三〇二 龍岡郡金谷面内城里三〇二
一一七	第四海軍施設部	ギルバート諸島タラワ	一九四三・一一・二五 一九二一・〇九・二四	大山賢浩 光玉	軍属 妻	戦死	平壌府橋口町四〇―八 黄海道載寧郡長壽面青泉里
六〇	第四海軍施設部	トラック	一九四四・〇六・一二 一九二五・一一・一五	箕山仁和 済	軍属 父	戦死	大同郡斧山面花谷里八四 大同郡斧山面花谷里八四
四〇	第四海軍施設部	トラック	一九四五・〇五・三〇 一九二五・〇九・〇二	大山奉鎬 奉賛	軍属 ―	戦病死	安州郡安州邑建仁里四二―一 安州郡東面延豊里三三九
五八	第四海軍施設部	メレヨン 脚気	一九四五・〇四・〇三 一九一八・〇一・二六	平島鎮琛 英子	軍属 妻	戦病死	順川郡内南面秀峯洞六五九 平安北道義州府初音町一―五日城泰錫方
一一六	第五海軍建築部	サイパン	一九四四・〇七・〇八 一九二六・一〇・三〇	金本成浩 永煥	軍属 父	戦死	平壌府鯊村里四三九 黄海道黄州郡青龍面峯山里三五
一六四	第六海軍根拠地隊	南洋群島	一九四四・〇二・〇六 一九二〇・〇九・二五	三井慶燮 昌鉉	軍属 父	戦死	鎮南浦府億両機町六六 ―
七三	第八海軍建築部	ニューギニア・トル河	一九四四・〇五・三〇 一九二一・〇一・一〇	岡本省吾 ―	軍属 ―	戦死	大同郡栗里面藍塘里四八 大同郡栗里面藍塘里四八
二四	第八海軍施設部	四国南方海面	一九四三・一一・〇二	松原泰竣	軍属	戦死	鎮南浦府後浦町三

			一九二三・〇六・二〇	正浩	母		鎮南浦府新興町四三
二五	第八海軍施設部	四国南方海面	一九四三・一一・〇七	高峰晃彬	軍属	戦死	平原郡漢川面甘八里四二〇
			一九二五・〇九・二四	八云	父		平原郡漢川面甘八里四二〇
二七	第八海軍施設部	四国南方海面	一九四三・一一・〇二	清水桂賢	軍属	戦死	平原郡順安面郡上里五八
			一九二二・一〇・一九	昌燁	母		平原郡順安面郡上里五八
二八	第八海軍施設部	四国南方海面	一九四三・一一・〇二	永田基善	軍属	戦死	平原郡公徳面長財里七五〇
			一九二六・〇三・〇一	世昌	父		平原郡公徳面興雲里一九一
二九	第八海軍施設部	四国南方海面	一九四三・一一・〇二	新井道三	軍属	戦死	平原郡公徳面槐田里一三九
			一九二六・〇三・一一	泉俊	父		平原郡東岩面山陰里一三九
三〇	第八海軍施設部	四国南方海面	一九四三・一一・〇二	林徳善	軍属	戦死	平原郡青山面旧院里三七三
			一九一七・一二・一三	元俊	父		平原郡青山面旧院里三七三
三二	第八海軍施設部	四国南方海面	一九四三・一一・〇二	平山春湜	軍属	戦死	平原郡粛川面道徳里三一七
			一九二二・〇三・〇一	國善	子		平原郡粛川面道徳里三一七
三四	第八海軍施設部	四国南方海面	一九四三・一一・〇二	木山壽岩	軍属	戦死	平原郡鷺池面大洲里一九三
			一九一九・〇七・一七	處謙	父		平原郡鷺池面大洲里一九三
三五	第八海軍施設部	四国南方海面	一九四三・一一・〇二	松島瑞葭	軍属	戦死	平原郡鷺池面大洲里六一〇
			一九二六・〇八・一二	載夏	父		平原郡鷺池面大洲里六一〇
三六	第八海軍施設部	四国南方海面	一九四三・一一・〇二	池波順吉	軍属	戦死	平原郡平原面梨華里一七六
			一九二三・一一・〇五	龍	父		平原郡平原面月坪里四七七
四一	第八海軍施設部	四国南方海面	一九四三・一一・〇二	清谷正錬	軍属	戦死	安州郡安州邑栗山里三八五
			一九二一・〇八・二五	大勲	父		安州郡安州邑栗山里三八五
四二	第八海軍施設部	四国南方海面	一九四三・一一・〇二	江川光植	軍属	戦死	安州郡安州邑建仁里一九四
			一九一六・一一・〇一	貞健	父		安州郡安州邑建仁里一九四
四三	第八海軍施設部	四国南方海面	一九四三・一一・〇二	申載鶴	軍属	戦死	安州郡新安州面新里三二
			一九二二・〇五・三〇	雲奎	妻		安州郡新安州面新里三二
四四	第八海軍施設部	四国南方海面	一九四三・一一・〇二	慶本利燮	軍属	戦死	安州郡大尼面漁龍里四二三
			一九二一・〇三・一一	海淑	妻		安州郡大尼面漁龍里四二三
四五	第八海軍施設部	四国南方海面	一九四三・一一・〇二	三川漢成	軍属	戦死	安州郡立石面中興里六二六
			一九一八・〇六・二〇	國煥	妻		安州郡立石面中興里六二六
四六	第八海軍施設部	四国南方海面	一九四三・一一・〇二	忠成 濬	軍属	戦死	成川郡四佳面支石里三六五
			一九一六・一〇・一八	寶富	妻		成川郡四佳面支石里三六五
四八	第八海軍施設部	四国南方海面	一九四三・一一・〇二	金山宗光	軍属	戦病死	成川郡三興面卵山里六九六
			一九一七・一二・〇五	元玉	妻		平壌府上×町八九
五一	第八海軍施設部	四国南方海面	一九四三・一一・〇二	松下龍國	軍属	戦死	徳川郡蚕上面楼鶴里三〇六
			一九二二・〇五・二四	花奉	妻		平壌府東大院町五七二一―一

番号	所属	死亡場所	年月日	氏名	身分・続柄	死亡区分	本籍・住所
五六	第八海軍施設部	四国南方海面	一九四三・一一・〇二 一九二一・〇八・二六	中川永根 信行	軍属 庶子男	戦死	順川郡仙沼面東林里一七 成川郡四佳面長林里三五五
五七	第八海軍施設部	四国南方海面	一九四三・一一・〇二 一九二三・〇二・二一	松山昌傑 福淑	軍属 妻	戦死	順川郡舎人面舎人里四八 順川郡順川邑倉里二一二
六一	第八海軍施設部	四国南方海面	一九四三・一一・〇二 一九二〇・〇七・一五	金田実 順徳	軍属 妻	戦死	大同郡斧山面下三里一三一 平壌府南町四二日産生命平壌支店
六二	第八海軍施設部	四国南方海面	一九四三・一一・〇二 一九二五・〇四・一六	山本成段 成徳	軍属 兄	戦死	大同郡青龍面法水里四七〇 大同郡青龍面法水里四七〇
六六	第八海軍施設部	四国南方海面	一九四三・一一・〇二 一九二一・〇八・〇二	康山基淳 仁國	軍属 父	戦死	大同郡兄弟山面内里九九 大同郡兄弟山面内里九九
六七	第八海軍施設部	四国南方海面	一九四三・一一・〇二 一九二五・一〇・一五	松岡長吉 ―	軍属 ―	戦死	大同郡林原面上東里二〇七 平壌府龍興街五六〇
六八	第八海軍施設部	四国南方海面	一九四三・一一・〇二 一九一七・一〇・二八	白川元傑 仁子	軍属 母	戦死	大同郡龍岳面馬山里三六九 大同郡龍岳面馬山里三六九
六九	第八海軍施設部	四国南方海面	一九四三・一一・〇二 一九一五・一一・〇三	吉村雲善 和順	軍属 妻	戦死	大同郡龍淵面検浦里六三四 大同郡龍淵面検浦里六三四
七〇	第八海軍施設部	四国南方海面	一九四三・一一・〇二 一九〇六・〇四・一六	金村根声 氏	軍属 母	戦死	大同郡龍淵面香木里三九八 大同郡龍淵面香木里三九八
七一	第八海軍施設部	四国南方海面	一九四三・一一・〇二 一九二二・〇四・一二	杉本正二郎 仁三	軍属 父	戦死	大同郡龍淵面香木里三九四 大同郡龍淵面香木里三九四
七六	第八海軍施設部	四国南方海面	一九四三・一一・〇二 一九一四・〇一・一七	江原尚禹 寶徳	軍属 妻	戦死	中和郡中和面華峴里六三 大同郡龍淵面検浦里三二五
七七	第八海軍施設部	四国南方海面	一九四三・一一・〇二 一九一九・〇六・〇三	平川達雄 貞子	軍属 母	戦死	中和郡翠原面外五岩里七六 中和郡翠原面外五岩里七六
七八	第八海軍施設部	四国南方海面	一九四三・一一・〇二 一九二〇・〇一・一二	丹山祥五郎 應洛	軍属 父	戦死	中和郡看東面支石里八七 中和郡看東面支石里八七
七九	第八海軍施設部	四国南方海面	一九四三・一一・〇二 一九二一・〇三・一〇	金村正煥 元亨	軍属 父	戦死	中和郡看崇面東峙里七五 中和郡春崇面廣済院里三二五
八一	第八海軍施設部	四国南方海面	一九四三・一一・〇二 一九二六・〇三・一五	桑林鎮善 有華	軍属 母	戦死	龍岡郡吾新面松城里三二三 龍岡郡吾新面佳龍里一四六
八三	第八海軍施設部	四国南方海面	一九四三・一一・〇二 一九二三・〇一・二七	白川春根 寛永	軍属 父	戦死	龍岡郡海雲面温井里六八〇 龍岡郡海雲面温井里六八〇
八六	第八海軍施設部	四国南方海面	一九四三・一一・〇二 一九二三・一〇・二〇	安岡昌渉 鳳聲	軍属 父	戦死	龍岡郡多美面大安里九二一 龍岡郡多美面大安里九二一
八七	第八海軍施設部	四国南方海面	一九四三・一一・〇二	金澤元吾	軍属	戦死	龍岡郡火代面梧山里一五二六

			一九二三・〇四・一〇	鳳	父		龍岡郡火代面×谷里五七七
八八	第八海軍施設部	四国南方海面	一九四三・一一・〇二	大山炳五	軍属	戦死	龍岡郡陽谷面葛川里四九二一
			一九二六・一二・一六	基萬	父		龍岡郡×岡面玉桃里五二
八九	第八海軍施設部	四国南方海面	一九四三・一一・〇二	桑林昌徳	軍属	戦死	龍岡郡新×面馬塩里六一
			一九二二・〇六・〇五	貞進	父		龍岡郡新×面馬塩里六一
九三	第八海軍施設部	四国南方海面	一九四三・一一・〇二	表善次郎	軍属	戦死	陽徳郡×龍面北倉里七一
			一九二五・〇九・二一	楽	母		平壌府桜町四一
一〇三	第八海軍施設部	四国南方海面	一九四三・一一・〇二	金城吉太郎	軍属	戦死	寧遠郡永楽面門岩里一六七
			一九二一・一一・一六	春子	妻		徳川郡豊徳面楸洞里三四六
一〇四	第八海軍施設部	四国南方海面	一九四三・一一・〇二	木村瀅根	軍属	戦死	寧遠郡温和面温陽里二〇一
			一九二五・〇五・一一	昌海	父		徳川郡徳川面邑南里一八〇
一〇七	第八海軍施設部	四国南方海面	一九四三・一一・〇二	松島基載	軍属	戦死	平壌府水玉町二三三
			一九二三・〇四・二三	一煥	父		大同郡古平面廣灘里一五三
一〇九	第八海軍施設部	四国南方海面	一九四三・一一・〇二	金村龍燮	軍属	戦死	平壌府下水口町二一九
			一九二三・一〇・二〇	仲甫	父		平壌府西城町七七—一八
一一一	第八海軍施設部	四国南方海面	一九四三・一一・〇二	青木瀅植	軍属	戦死	平壌府倉日町一九
			一九二三・〇七・二三	燦聖	父		平壌府倉日町一九
一一二	第八海軍施設部	四国南方海面	一九四三・一一・〇二	廣田性培	軍属	戦死	平壌府八千代町七〇
			一九二五・一〇・三〇	華植	父		平壌府船橋町二四—一—一〇
一一三	第八海軍施設部	四国南方海面	一九四三・一一・〇二	金岡正道	軍属	戦死	平壌府船橋町三三
			一九二三・〇四・一五	達伸	父		平壌府新里町二一五
一一四	第八海軍施設部	四国南方海面	一九四三・一一・〇二	國本俊培	軍属	戦死	平壌府上需町三一七
			一九二六・〇八・三〇	忠勇	叔父		平壌府上需町二五一
一一五	第八海軍施設部	四国南方海面	一九四三・一一・〇二	伊藤一夫	軍属	戦死	平壌府大察町六三
			一九二二・〇三・三〇	清一	父		平壌府新倉町八五—一
一二三	第八海軍施設部	四国南方海面	一九四三・一一・〇二	金澤泰煥	軍属	戦死	江西郡普林面大和里二一五
			一九二三・〇七・三〇	根禹	父		江西郡普林面肝城里四七五
一二四	第八海軍施設部	四国南方海面	一九四三・一一・〇二	伊藤声九	軍属	戦死	江西郡普林面羽山里二六六
			一九〇四・〇七・一〇	永善	妻		江西郡普林面砺山里一九二
一二五	第八海軍施設部	四国南方海面	一九四三・一一・〇二	平田亨七	軍属	戦死	江西郡斑名面上四星二二〇
			一九二六・〇七・一三	近路	父		江西郡雙龍面新慶里一〇七
一二六	第八海軍施設部	四国南方海面	一九四三・一一・〇二	西川亨燮	軍属	戦死	江西郡斑名面上四里四八六
			一九二三・〇六・一七	養信	母		江西郡甑山町灵泉里四八六
一二七	第八海軍施設部	四国南方海面	一九四三・一一・〇二	木下信奎	軍属	戦死	江西郡水山面古鶴里一三〇三
			一九二一・〇七・二一	佳萬	兄		江西郡雙龍面柳明里一五三一

一二八	第八海軍施設部	四国南方海面	一九四三・一一・〇二 一九二二・〇三・一九	富山秉鶴 仁淳	軍属 母	戦死	江西郡水山面可生里五四四 江西郡水山面可生里五四四
一二九	第八海軍施設部	四国南方海面	一九四三・一一・〇二 一九二五・〇二・〇一	三井保孝 義隆	軍属 父	戦死	江西郡芿次面朝陽里二八四 江西郡芿次面朝陽里二八四
一三〇	第八海軍施設部	四国南方海面	一九四三・一一・〇二 一九二五・〇九・一〇	金富応漸 麗玉	軍属 母	戦死	江西郡芿次面花石里六五九 江西郡草里面浦里一一三
一三一	第八海軍施設部	四国南方海面	一九四三・一一・〇二 一九二五・一一・〇一	金富應潤 永祚	軍属 父	戦死	江西郡芿次面花石里 ―
三八	第八海軍施設部	ニューギニア、タルヒヤ沖	一九四四・〇四・二一 ―	上村静男 ―	軍属 ―	戦死	不詳 安州郡安州邑古城里宅南川
五四	第八海軍施設部	ニューギニア、サルミ	一九四四・〇五・三〇 ―	韓東成 ―	軍属 ―	戦死	不詳 孟山郡封仁面柳内里一一〇
八四	第八海軍施設部	ラバウル	一九四二・一二・二七 一九一八・〇二・一二	春山泰興 敬洙	軍属 父	戦死	龍岡郡龍日面桂明里三一七 龍岡郡龍日面桂明里三一七
一〇八	第八海軍施設部	ラバウル	一九四三・〇二・一四 一九〇八・〇三・〇八	大山長洙 文淑	軍属 妻	戦死	平壌府紋繍町四三三 平壌府紋繍町四三三
五五	第八海軍施設部	ラバウル	一九四三・〇三・一三 一九一五・一一・〇三	菊田武雄 曲實	軍属 妻	戦病死	順川郡仙沼面甑山里三五四 順川郡仙沼面甑山里三五四
七二	第八海軍施設部	ラバウル	一九四三・〇八・〇四 一九二三・〇九・〇四	南本鐘國 河一	軍属 父	戦病死	大同郡金祭面院場里三三六 大同郡金祭面院場里三三六
一〇六	第八海軍施設部	ラバウル	一九四三・〇八・〇五 一九一九・〇五・三〇	平津富雄 正×	軍属 父	戦病死	平壌府美林町五〇〇 大同郡青柳面梨峴里六四
七五	第八海軍施設部	ラバウル	一九四四・〇八・一七 一九一二・一二・一三	高野華旭 蓮玉	軍属 ―	戦死	中和郡唐井面石橋里二五七 中和郡唐井面石橋里二五七
九五	第八海軍施設部	ラバウル	一九四四・〇九・〇九 一九二三・〇二・一二	清水享淳 文赫	軍属 ―	戦病死	陽徳郡温泉面温井里 陽徳郡温泉面温井里
八五	第八海軍施設部	ラバウル	一九四四・一一・一五 一九一九・〇八・三〇	山本順賢 源禹	軍属 父	戦病死	龍岡郡多美面大安里一二六 龍岡郡多美面大安里一二六
九八	第八海軍施設部	ラバウル	一九四四・一二・〇九 一九一七・〇四・二七	永城成亀 ―	軍属 ―	戦死	寧遠郡大興面龍岩里八四 ―
九六	第八海軍施設部	ラバウル	一九四四・一二・一九 一九一二・〇四・二六	金本士亭 士益	軍属 兄	戦病死	陽徳郡陽徳邑細洞里六七 陽徳郡陽徳邑細洞里六七
五九	第八海軍施設部	ラバウル	一九四五・〇二・一九 一九二二・〇七・二〇	金熙斗 應集	軍属 ―	戦死	大同郡南串面大松里二五一 慶尚南道釜山府永洞五八八
五三	第八海軍施設部	ラバウル	一九四五・〇四・〇六	金川光福	軍属	戦病死	陽徳郡陽徳邑龍渓里三〇

			一九一七・〇八・二五	錫在	｜		陽徳郡陽徳邑龍渓里三〇
三一	第八海軍施設部	ラバウル	一九四五・〇五・〇八	清水寛淳	軍属	戦死	平原郡朝雲面葛山里
			一九一七・一二・二〇	炳倫	父		平原郡朝雲面葛山里
六四	第八海軍施設部	ラバウル	一九四五・〇五・二五	金村基璿	軍属	戦病死	大同郡兄弟山面柴柳里八六
			一九二一・〇八・一四	允燦	父		大同郡兄弟山面柴柳里八六
六五	第八海軍施設部	ラバウル	一九四五・〇五・二六	高山愚琺	軍属	戦死	大同郡兄弟山面二渓里二四七
			一九一三・〇一・一八	明護	長男		大同郡兄弟山面二渓里二四七
六三	第八海軍施設部	ラバウル	一九四五・〇五・二七	張田永玉	軍属	戦死	大同郡南兄弟山面下堂里二四六
			一九二〇・〇七・一三	基軫	｜		大同郡南兄弟山面下堂里二四六
一〇〇	第八海軍施設部	ラバウル	一九四五・〇五・二七	金陵碧山	軍属	戦死	寧遠郡寧遠面方山里四三六
			一九二〇・〇九・二四	鶴山	弟		寧遠郡寧遠面永寧里三五九
一〇五	第八海軍施設部	ラバウル	一九四五・〇六・一八	黒川貞夫	軍属	戦病死	平壌府竹典町一〇一
			一九一七・〇七・〇二	鳳燁	｜		平壌府倉日町九－二
九九	第八海軍施設部	ラバウル	一九四五・〇七・一六	廣川泰敬	軍属	戦病死	寧遠郡寧遠面永寧里三〇〇
			一九一二・〇三・一〇	台廣	兄		寧遠郡寧遠面永寧里三〇〇
四七	第八海軍施設部	ラバウル	一九四五・〇七・二五	金浦湟翼	軍属	戦病死	成川郡四佳面長林里八一五
			一九二一・一〇・〇二	東鉉	｜		成川郡四佳面長林里八一五
五二	第八海軍施設部	ラバウル	一九四五・〇七・二八	山目徳洙	軍属	死亡	孟山郡玉泉面松壽里五六九
			一九一九・〇二・一一	宗星	父		順川郡慈山面豊徳里三六六
一一〇	第八海軍施設部	ラバウル	一九四五・〇八・〇七	川本清秀	軍属	戦死	平壌府二魚町八七
			一九〇四・一二・〇九	少女	妻		忠清北道槐山郡沼壽面吉善里二九一
九〇	第八海軍施設部	ラバウル	一九四五・〇八・二一	江華永俊	軍属	戦病死	龍岡郡金谷面乳洞里一二〇
			一九一九・一二・二〇	近豊	｜		龍岡郡金谷面乳洞里一二〇
一二三	第八海軍施設部	ラバウル	一九四五・〇八・二八	廣本金次	軍属	戦病死	江西郡普林面楼鶴里
			一九〇五・〇六・〇六	龍成	妻		平壌府箕林町一七六－八三
五	第一五海軍警備隊	バシー海峡	一九四四・〇九・〇九	木村享濬	上水	戦死	孟山郡智徳面上和里三四五
			一九二五・〇四・〇二	信弼	父		｜
一五	第一五海軍警備隊	バシー海峡	一九四四・〇九・〇九	徳永昌勲	上機	戦死	平原郡龍湖面雷松里一〇九
			一九二四・〇二・一九	鳳雲	母		新義州府西麻田洞二一五
一〇	第一六海軍警備隊	カムラン湾	一九四四・一一・一五	山本成國	上水	戦死	安州郡安州邑華陽里二〇
			一九二四・〇二・二五	根	母		安州郡安州邑栗山里二八三
二〇二	第一〇一海軍工作部	サイゴン	一九四五・〇四・二三	伊藤観鉱	軍属	戦死	平安郡永楽面月坪里
			｜	｜	｜		｜
九一	第一〇一海軍燃料廠	サンジャック港	一九四五・〇一・一二	加　興億	軍属	戦死	龍岡郡瑞和面竹本里四五八
			一九一二・〇二・〇六	順熙	妻		平壌府紋浦町海軍日ノ出官舎七〇号

番号	所属	死亡場所	死亡年月日 / 生年月日	氏名	身分・続柄	死因	本籍・住所
三三	第一〇一海軍燃料廠	ボルネオ、バリックパパン	一九四五・〇七・〇三 / 一九一四・〇八・二六	金鎮成・永川一成 / 千代子	軍属 / 妻	戦死	平原郡粛川面平禧板里八六 / 平原郡検山面検陽里一〇六
一七六	第一〇三海軍施設部	比島	一九四四・一一・二三 / 一九二三・一一・一四	金山元柱 / 弼俊	軍属 / 父	戦傷死	孟山郡孟山面永昌里八二 / 孟山郡孟山面永昌里八二
一七八	第一〇三海軍施設部	ルソン島北部	一九四五・〇六・一〇 / 一九二二・一一・一六	平川淳鳳 / ―	軍属 / ―	戦死	西川郡西川面上部里 / ―
一九一	第一〇三海軍施設部	ルソン島マニラ東方山中	一九四五・〇六・一〇 / 一九二四・一二・〇二	中村仲吾 / ―	軍属 / ―	戦死	徳川郡徳川面済南里一三六 / ―
一八一	第一〇三海軍施設部	ルソン島マニラ東方沖	一九四五・〇六・三〇 / 一九二五・〇三・〇一	金澤成浩 / 孝昌	軍属 / 父	戦死	江東郡江東面阿達里 / 安州郡安州邑健仁里七七―一
一八八	第一〇三海軍施設部	ルソン島マニラ東方沖	一九四五・〇六・三〇 / 一九二三・〇七・二九	木村孝鎮 / ―	軍属 / ―	戦死	价川郡中南面龍源里三七五 / ―
一八九	第一〇三海軍施設部	ルソン島マニラ東方沖	一九四五・〇六・三〇 / 一九二〇・〇八・〇九	呉潤幸 / ―	軍属 / ―	戦死	徳川郡城陽面南下里二七一 / ―
一九〇	第一〇三海軍施設部	ルソン島マニラ東方沖	一九四五・〇六・三〇 / 一九二六・〇五・二七	原田基善 / ―	軍属 / ―	戦死	徳川郡徳川面済南里一八一 / 徳川郡徳川面北里二六〇
一七四	第一〇三海軍施設部	ルソン島マニラ東方山中	一九四五・〇六・三〇 / 一九二五・〇二・二八	梁川國彬 / 炳燁	軍属 / 叔父	戦死	潤川郡順川邑倉里二八五 / 順川郡順川邑倉里二六六
一七七	第一〇三海軍施設部	ルソン島マニラ東方山中	一九四五・〇六・三〇 / 一九二五・〇一・二〇	金川河原 / ―	軍属 / ―	戦死	成川郡成川面上部里 / 成川郡成川面上部里
一八三	第一〇三海軍施設部	ルソン島マニラ東方山中	一九四五・〇六・三〇 / 一九二三・〇六・〇八	金川善孝 / 晋権	軍属 / 父	戦死	江西郡新井面後県里二一八 / 平壌府仁興町一〇七―一
一八四	第一〇三海軍施設部	ルソン島マニラ東方山中	一九四五・〇六・三〇 / 一九二一・一一・〇八	金山善泰 / 錫恒	軍属 / 父	戦死	江西郡江西面賢鳳里 / ―
一八五	第一〇三海軍施設部	ルソン島マニラ東方山中	一九四五・〇六・三〇 / 一九二二・〇七・二三	新井孝龍 / ―	軍属 / ―	戦死	安州郡安州邑健仁里二一六 / 安州郡安州邑健仁里一五六
一八六	第一〇三海軍施設部	ルソン島マニラ東方山中	一九四五・〇六・三〇 / 一九二二・一一・二四	志村日壽 / ―	軍属 / ―	戦死	安州郡安州邑南川里一七〇 / ―
一九二	第一〇三海軍施設部	ルソン島マニラ東方山中	一九四五・〇六・三〇 / 一九二一・〇五・〇二	金山光一 / ―	軍属 / ―	戦死 / ―	寧遠郡永楽面中興里六三 / ―
一七五	第一〇三海軍施設部	ルソン島マニラ東方山中	一九四五・〇七・三〇 / 一九一九・一〇・一二	伊平廷一 / ―	軍属 / ―	戦病死 / ―	潤川郡徳山面青龍里一七七 / ―
一六七	第一〇三設営隊	ルソン島マニラ東方山中	一九四五・〇六・一〇 / 一九一四・〇一・〇一	山本斗煥 / ―	軍属 / ―	戦死 / ―	平壌府景昌町九〇 / ―
一六九	第一〇三設営隊	ルソン島マニラ東方山中	一九四五・〇六・一〇	白原楽永	軍属	戦死	平壌府西城町二六

番号	所属	死亡場所	年月日	氏名	階級・続柄	事由	本籍・住所
			一九二五・〇一・三一	―	―		―
一六六	第一〇三設営隊	ルソン島マニラ東方山中	一九四五・〇六・三〇	林壽喆	軍属	戦死	平壌府舘後町二八
			一九二五・一二・二四	―	―		―
一六八	第一〇三設営隊	ルソン島マニラ東方山中	一九四五・〇六・三〇	北村茂雄	軍属	戦死	平壌府船橋町九九
			一九二三・一一・一〇	―	―		―
七	第二〇三海軍航空隊	大分県別府市	一九四五・〇八・〇九	金城熙庸	上整	戦傷死	龍岡郡龍岡面西部里二八九
			一九二六・〇一・一七	元福	父		鎮南浦府元町一六六
一九三	第二二一設営隊	ピケロット島	一九四四・〇一・三〇	矢野守吉	軍属	戦死	平壌府南門町一三九
			一九一〇・〇一・一四	桂花	妻		―
一九九	第二三三設営隊	父島西北	一九四四・〇二・二三	金子重雄	軍属	戦死	龍岡郡吾新面九龍里四五三七一
			一九一〇・〇二・二五	―	兄		―
二〇〇	第二三三設営隊	サイパン	一九四四・〇五・一〇	崔鳳道・荒牧幸雄	軍属	戦死	中和郡新興面眞山里二三一
			一九一六・〇二・一五	鳳翔	兄		中和郡新興面眞山里二三一
二〇三	第二三三設営隊	テニアン	一九四四・〇八・〇一	伊藤常夫	軍属	戦死	安州郡安州邑長興里一
			一九〇九・〇七・〇七	竹本順三	―		―
二	第三五一設営隊	朝鮮巨済島	一九四五・〇八・一三	棉本明朝	上技	死亡	平壌府鰲村町四七五
			一九二七・〇四・一九	光鎬	父		平壌府栗里町一六六
一八	第七〇一海軍航空隊	鹿児島県霧島病院	一九四五・〇四・一九	葛山文奎	上整	戦病死	順天郡順川邑元別里四一三
			一九二五・〇三・一三	氏	母		―
一九四	豊原丸	小里山島	一九四二・〇五・一八	江本仙吉	軍属	戦死	平原郡朝雲面
			―	縫子	妻		―
一六二	三日の丸	本州南方海面	一九四二・一二・〇七	桂錫俊	軍属	戦死	鎮南浦府後浦里一五六
			―	錫仁	兄		―
一四一	東生丸	黄海	一九四三・〇五・〇七	兪村相濬	軍属	戦死	平原郡粛川面堂下里一〇五
			一九〇六・〇一・〇八	―	―		―
一四二	多聞丸	本邦西南	一九四三・〇五・〇二	金森末吉	軍属	戦死	平原郡順安面都上里九一
			一九〇六・一〇・二〇	―	―		―
一九七	正栄丸	セレベス島マカッサル	一九四三・〇九・一八	岩谷洛洞	軍属	戦死	江西郡咸促面
			―	正鍵	父		―
一八七	宇治川丸	ブーゲンビル島キエタ沖	一九四三・一〇・三〇	金村庄一	軍属	戦死	安州郡東面延豊里
			一九二〇・〇七・三〇	庄三	父		―
一三六	東裕丸	本邦南方海面	一九四三・一二・二四	谷川武雄	軍属	戦死	平壌府倉田町一二三
			一九二〇・一二・〇三	谷川隆造	―		京畿道京城府×雲町二〇八
一三七	一宇丸	西南太平洋	一九四三・一二・二九	崔鳳道	軍属	戦死	鎮南浦府元町二二
			一九一四・〇二・一〇	―	―		―

一四六	丹後丸	西南太平洋	一九四四・〇二・二五 一九一九・一一・一一	高山應龍 ｜	軍属 ｜	戦死	大同郡南兄弟山面下堂里二〇六 ｜
一八二	松山丸	サイパン	一九四四・〇六・二七 一九一七・〇三・一八	林用三 ｜	軍属 ｜	戦死	龍岡郡吾新面内徳里 ｜
一九八	二興東丸	南支那海	一九四四・〇七・〇八 ｜	新河龍根 ｜	軍属 ｜	戦死	价川郡中南面青谷里八四七× ｜
一七一	興新丸	東支那海	一九四四・〇八・〇九 一九二一・〇九・〇六	平山明信 範贇	軍属 父	戦死	鎮南浦府元町一八七 ｜
一七〇	旭邦丸	東支那海	一九四四・一〇・〇一 一九〇二・〇二・一六	木村　清 来渉	軍属 母	戦死	鎮南浦府元町六六 ｜
一四五	一四南進丸	ミンダナオ島ザンボアンガ	一九四四・一〇・〇三 ｜	金永泰勲 ｜	軍属 ｜	戦死	龍岡郡陽谷面文芝里六三一 ｜
一三八	江龍丸	南西諸島近海	一九四四・一〇・一〇 一九一〇・一二・二二	富田鳳瑞 ｜	軍属 ｜	戦死	鎮南浦府億両磯町一四〇 ｜
一三九	柳栄丸	比島近海	一九四四・一〇・二二 一九二四・〇九・〇四	山本清一郎 ｜	軍属 ｜	戦死	順川郡厚灘面五灘里五四三 ｜
一四三	江戸川丸	黄海	一九四四・一一・一七 一九二九・〇九・二三	竹下成吉 ｜	軍属 ｜	戦死	平原郡漢川面二七里一〇八九 ｜
一四〇	予州丸	カムラン湾	一九四五・〇一・一二 一九〇五・一二・〇七	栗田義雄 ｜	軍属 ｜	戦死	順川郡舎人面安國里一一〇 ｜
一三五	一九南進丸	南太平洋	一九四五・〇二・〇二 一九〇六・一二・〇三	竹山成雲 ｜	軍属 ｜	戦死	平壌府上水口町一三六 ｜
一三四	東隆丸	黄海	一九四五・〇五・〇二 一九二三・一二・二三	金田泰敏 ｜	軍属 ｜	戦死	平壌府箕林町三九 ｜
一四四	光安丸	釜山沖	一九四五・〇五・〇七 一九〇六・〇六・二三	山本次郎 ｜	軍属 ｜	戦傷死	安州郡新安州面元興里一五 ｜

原簿番号	所属	死亡場所 死亡事由	死亡年月日 生年月日	創氏名・姓名 親権者	階級 関係	死亡区分	本籍地 親権者住所
二一八	大湊海軍施設部	舞鶴湾内 —	一九四五・〇八・二四 —	林　信夫 —	軍属 —	死亡	博川郡博川面笠村里 —
二	佐世保八特別陸戦隊	バシー海峡	一九四四・〇九・〇九 一九一六・〇三・一六	東崗敬熙 龍輝	上水 父	戦死	鐵山郡西林面元玉洞一二六 —
一三	佐世保八特別陸戦隊	バシー海峡	一九四四・〇九・〇九 一九二四・〇五・〇一	白木彩男 長男	上水 父	戦死	定州郡大田面雲山洞一〇六 —
一七	佐世保八特別陸戦隊	バシー海峡	一九四四・〇九・〇九 一九二六・〇五・一九	延州高明 —	上水 —	戦死	楚山郡松面松亭洞三四一 —
五二	芝浦海軍補給部	東京都目黒	一九四四・〇七・三一 一九二三・〇八・二六	安田景淳 敬秀	軍属 兄	死亡	泰川郡西面岱興洞一三〇 泰川郡西面岱興洞一三〇
七	西海海軍航空隊	福岡県築城村	一九四五・〇七・二五 一九二四・〇四・二〇	金山志煥 應浩	整兵 母	戦死	義州郡水鎮面梨花洞四七六
一二〇	船舶救難本部	香港沖	一九四五・〇三・〇六 一九二一・〇六・一二	金川箕星 應星	軍属 兄	戦死	定州郡玉泉面堂下洞 定州郡玉泉面堂下洞
一二	舘山砲術学校	千葉県館山市 急性肺炎	一九四五・〇一・二八 一九二六・〇二・〇四	南　光茂 永福	上水 母	戦死	厚昌郡東興面古邑洞松田里九五 —
一三	鎮海海軍施設部	鎮海 クループ性肺炎	一九四五・〇四・一七 一九二六・〇二・二一	金川文璧 應日	一技 父	死亡	熙川郡東面魚許川洞一四八 —
三	鎮海海軍海兵団	鎮海 肺結核	一九四五・〇五・三〇 一九二四・一一・一九	平田健市 義化	上整 父	死亡	鐵山郡扶西面星岩洞一四八 —
六	鎮海海軍海兵団	鎮海 ループ性肺炎	一九四五・〇二・〇九 一九二五・〇五・三〇	古山廷昊 新淑	一機 母	死亡	義州郡廣坪面沸汀洞八四 —
一一	鎮海海軍海兵団	佐世保市 栄養失調症	一九四五・一一・二九 一九二四・〇五・二三	晋州明雍 謂赫	二技 父	死亡	江界郡前川面長興洞五六九 —
二三	鎮海海軍海兵団	鎮海 敗血症	一九四五・〇一・〇三 一九二五・〇三・〇一	金島柳泳 希晋	一工 父	死亡	雲山郡委延面豊下洞九六 江界郡城北面別河洞五一二
二〇三	南方政務部	海南島 マラリア	一九四三・〇二・〇七 一九〇八・〇七・一二	清原忠國 —	軍属 —	戦病死	朔州郡九曲面水豊洞四四 —
三〇	南方政務部	廈門東方	一九四三・〇六・二〇 一九一七・〇一・一二	岩本英賢 求女	軍属 妻	戦死	龍川郡東上面沙岳洞三七三 新義州府若竹町二
二四一	光海軍工廠	山口県光市	一九四五・〇八・一四 —	大山國宅 河村玉子	軍属 妻	戦死	宣川郡宣川邑旭町五五三 —

二五五	舞鶴海軍施設部	京都府福知山市 敗血症	一九四五・〇六・一八 一九二三・〇三・一六	明村利禄 資國	軍属 父	死亡	朔州郡外南面松南洞八四二 朔州郡外南面松南洞八四二
二五四	舞鶴海軍施設部	福知山市 心臓麻痺	一九四五・〇八・〇四 一九二三・〇四・〇六	呉川應珍 允模	軍属 父	死亡	熙川郡新豊面東洞三二 熙川郡新豊面東洞三二
一六	舞鶴海軍海兵団	石川県石川療養所 全身衰弱症	一九四五・〇八・三〇 一九二六・〇五・〇七	松山旭男 泰翊	上整 父	戦死	亀城郡沙器面旺堂洞二〇七 —
九	舞鶴一特別陸戦隊	バシー海峡	一九四四・〇九・〇九 一九二五・〇九・二三	安田亀吉郎 清藤	上水 父	戦死	黄海郡江界邑東部洞二八 咸鏡南道長津郡北面梨上洞
一二	舞鶴一特別陸戦隊	バシー海峡	一九四四・〇九・〇九 一九二七・〇八・二〇	大原春薫 道元	上主 父	戦死	博川郡両嘉面瑞東洞一七二 —
一五	横須賀砲術学校	横須賀市	一九四五・〇七・一八 一九二八・〇一・〇一	徳富義治 龍三	水長 父	戦死	定州郡古徳面日新洞五九八 定州郡烏山面益城里七三
二〇	横須賀海軍警備隊	横須賀市	一九四五・〇七・二〇 一九二六・〇一・〇六	長島三允 基一	一水 父	戦死	慈城郡中江面晩興洞五八 慈城郡慈城面邑内洞三〇七
二五六	横須賀四特別陸戦隊	バシー海峡	一九四四・〇九・〇九 一九二四・〇八・一三	羅井正次郎 鄭洙	軍属 父	死亡	定州郡大田面雲田洞二九八 —
二二八	横須賀海軍施設部	神奈川県 脳膜炎	一九四三・〇九・一六 一九一七・〇三・一四	朴村炳戢 —	軍属 —	戦死	宜山郡南面建山洞八五 —
二二九	横須賀海軍施設部	小笠原諸島近海	一九四四・〇七・一三 一九一七・〇四・一九	朝川武雄 政次郎・明敬	軍属 兄・妻	戦死	義州郡義州邑弘西洞七七 —
二三〇	横須賀海軍施設部	小笠原諸島近海	一九四四・〇七・一三 一九一九・一一・二〇	平山祐徳 仲一	軍属 父	戦死	義州郡義州邑弘西洞一八 —
二三一	横須賀海軍施設部	小笠原諸島近海	一九四四・〇七・一三 一九二三・〇五・二一	長原忠盛 栄三	軍属 父	戦死	義州郡宜州邑東部洞二〇七 —
二三三	横須賀海軍施設部	小笠原諸島近海	一九四四・〇七・一三 一九二一・〇六・一四	金光炳浩 應禄	軍属 父	戦死	義州郡義州邑弘西洞一〇五 —
二三四	横須賀海軍施設部	小笠原諸島近海	一九四四・〇七・一三 一九一六・〇二・〇三	西原正文 政國・富淑	軍属 父・妻	戦死	義州郡月華面合下洞三六八 —
二三二	横須賀海軍施設部	硫黄島	一九四五・〇三・一七 一九一四・〇七・〇二	金村乃文 政次郎・明敬	軍属 兄・妻	戦死	義州郡義州邑弘西洞九四 —
二二七	横須賀海軍施設部	硫黄島	一九四五・〇三・一七 一九二三・〇二・〇九	清水政栄 —	軍属 —	戦死	定州郡郭山面造山洞五三七 —
二二六	横須賀海軍施設部	サイパン島	不詳 一九二〇・〇九・一四	金井勝太郎 —	軍属 —	戦死	定州郡定州邑城内洞二五二 —
一	第二出水航空隊	鹿児島県	一九四五・〇五・一六	延川隣国	整備長	死亡	鐵山郡鐵山面中部洞七〇

二三三	第三海軍燃料廠	敗血症	一九二七・〇一・二四	履観	父		｜
		山口県徳山市	｜一九四五・〇五・一〇	宋山天花	軍属	戦死	熙川郡西面上西洞四五〇
				弘現	父		昌城郡新倉面完豊洞
二二七	第四海軍気象隊	サイパン	一九四四・〇七・〇八	桂勳亀	軍属	戦死	宣川郡深川面附里洞三一二
			一九二六・〇二・〇五	淵果	父		京畿道京城府嘉會町六一一
二二五	第四海軍気象隊	グァム島	一九四五・〇一・〇五	森本清一	軍属	戦死	義州郡月華面月下洞一六三
			｜	台精	父		｜
一九四	第四海軍施設部	四国南方海面	一九四三・一一・〇二	金應浩	軍属	戦死	寧辺郡独山面箕城洞一四二
			一九二三・〇一・〇四	保圭	父		平安南道安州郡安州邑栗山里三二
三二	第四海軍施設部	ギルバード諸島タラワ	一九四三・〇九・一九	富永俊錫	軍属	戦死	龍川郡龍岩浦邑中興洞三三七
			一九一四・〇九・三〇	致祐	母		｜
九九	第四海軍施設部	ギルバード諸島タラワ	一九四三・〇九・一九	古山興坤	軍属	戦死	江界郡高山面南上洞二一四
			一九〇七・一〇・一〇	尚永	妻		江界郡高山面浦上洞一六九
一二五	第四海軍施設部	ギルバード諸島タラワ	一九四三・〇九・一九	金山龍保	軍属	戦死	楚山郡楚山面城東洞二三八
			一九二四・〇一・一五	永洙	父		楚山郡楚山面城東洞二三八
六四	第四海軍施設部	ギルバード諸島タラワ	一九四三・〇九・一九	松山正七	軍属	戦死	雲山郡北鎮邑諸仁上洞一七八
			一九〇八・〇一・〇三	徳實	妻		雲山郡北鎮邑諸仁上洞一七八
七九	第四海軍施設部	ギルバード諸島タラワ	一九四三・〇九・一九	香村尚和	軍属	戦死	慈城郡長土面湖下洞二五四
			一九二二・〇九・二二	文賢	庶子男		慈城郡長土面湖下洞二五四
一八八	第四海軍施設部	ギルバード諸島タラワ	一九四三・〇九・一九	金山龍均	軍属	戦死	寧辺郡鳳山面亀山洞七一二
			一九二〇・〇三・一〇	學姫	妻		寧辺郡鳳山面亀山洞七一二
二五七	第四海軍施設部	ギルバード諸島タラワ	一九四三・〇九・一九	柳原炳翼	軍属	死亡	熙川郡熙川邑駅坪洞五九九
			一九二〇・〇九・二四	鳳月	妻		熙川郡熙川邑駅坪洞五九九
五七	第四海軍施設部	ギルバード諸島タラワ	一九四三・〇九・二〇	豊山善喜	軍属	戦死	碧潼郡碧潼面一洞一七〇
			一九二二・〇四・三〇	善元	父		碧潼郡碧潼面一洞一七〇
五八	第四海軍施設部	ギルバード諸島タラワ	一九四三・〇九・二〇	廣田秀雄	軍属	戦死	碧潼郡碧潼面平外洞七〇
			一九二一・〇二・一七	東明	父		碧潼郡碧潼面平外洞七〇
五九	第四海軍施設部	ギルバード諸島タラワ	一九四三・〇九・二〇	豊山享三	軍属	戦死	碧潼郡碧潼面陰平洞四四
			一九二三・一〇・二五	正河	父		碧潼郡碧潼面平外洞一八八
八〇	第四海軍施設部	ギルバード諸島タラワ	一九四三・〇九・二〇	石川弼賢	軍属	戦死	慈城郡中江面晩興洞七六三
			一九二三・〇五・二六	碩栄	母		慈城郡中江面晩興洞七六三
九一	第四海軍施設部	ギルバード諸島タラワ	一九四三・〇九・二〇	伴田達錫	軍属	戦死	江界郡満浦邑文岳洞七一四
			一九一六・〇九・二九	龍化	父		江界郡満浦邑文岳洞七一四
九六	第四海軍施設部	ギルバード諸島タラワ	一九四三・〇九・二〇	呉城喜奎	軍属	戦死	江界郡時中面深貴洞一三二
			一九二一・〇三・二〇	贇模	父		江界郡時中面深貴洞一三二

九七	第四海軍施設部	ギルバード諸島タラワ	一九四三・〇九・二〇	金和永輝	軍属	戦死	江界郡時中面外時川洞五一一
			一九二一・〇三・〇二	始文	妻		江界郡時中面外時川洞五一一
一〇八	第四海軍施設部	ギルバード諸島タラワ	一九四三・〇九・二〇	金光大永	軍属	戦死	江界郡公平面公仁洞五五八
			一九一五・〇八・〇二	鮮明	妻		江界郡公平面公仁洞五五八
一〇九	第四海軍施設部	ギルバード諸島タラワ	一九四三・〇九・二〇	清原君善	軍属	戦死	江界郡城千面別河洞六七
			一九二四・一一・二五	五鳳	父		江界郡城千面別河洞六七
一一〇	第四海軍施設部	ギルバード諸島タラワ	一九四三・〇九・二〇	清島吉雄	軍属	戦死	江界郡城千面梧毛老洞八三二
			一九二三・〇七・二五	永済	父		江界郡城千面梧毛老洞八三二
一一四	第四海軍施設部	ギルバード諸島タラワ	一九四三・〇九・二〇	神江炳汝	軍属	戦死	江界郡龍林面龍林洞一四二
			一九二〇・〇八・一五	雙登	妻		江界郡龍林面龍林洞一四二
一七六	第四海軍施設部	ギルバード諸島タラワ	一九四三・〇九・二〇	金田炳模	軍属	戦死	宣川郡台山面吉星洞六五三
			一九二一・〇六・一二	基明	父		宣川郡台山面吉星洞六五三
一七七	第四海軍施設部	ギルバード諸島タラワ	一九四三・〇九・二〇	金山明植	軍属	戦死	宣川郡台山面五星洞七六八
			一九二〇・〇二・一九	文珍	父		宣川郡台山面五星洞七六八
二四	第四海軍施設部	ギルバード諸島タラワ	一九四三・一一・二五	金井淳一	軍属	戦死	龍川郡外上面停車洞一一七
			一九二〇・〇一・三〇	淳子	妻		龍川郡外上面停車洞一一七
二五	第四海軍施設部	ギルバード諸島タラワ	一九四三・一一・二五	林繁雄	軍属	戦死	龍川郡外上面安平洞七七
			一九一一・〇二・〇八	永實	妻		龍川郡外上面安平洞七七
二六	第四海軍施設部	ギルバード諸島タラワ	一九四三・一一・二五	綿本徳次郎	軍属	戦死	龍川郡東上面西部洞九九
			一九二〇・〇六・一一	順観	母		龍川郡東上面西部洞九二
二七	第四海軍施設部	ギルバード諸島タラワ	一九四三・一一・二五	平沼永熙	軍属	戦死	龍川郡東上面西部洞一〇五
			一九二一・一一・二〇	永煥	弟		龍川郡東上面西部洞一〇五
二八	第四海軍施設部	ギルバード諸島タラワ	一九四三・一一・二五	坂田弘錫	軍属	戦死	龍川郡東上面西部洞一五二
			一九一〇・〇四・一八	寶具	妻		龍川郡東上面西部洞一五二
二九	第四海軍施設部	ギルバード諸島タラワ	一九四三・一一・二五	李村長年	軍属	戦死	龍川郡東上面鳳谷洞三六六
			一九一七・〇一・一九	潤盛	妻		龍川郡東上面鳳谷洞三六六
三一	第四海軍施設部	ギルバード諸島タラワ	一九四三・一一・二五	丹山勲圭	軍属	戦死	龍川郡外下面雙校洞三四八
			一九二三・一二・〇八	恒柱	父		龍川郡外下面雙校洞三四八
三三	第四海軍施設部	ギルバード諸島タラワ	一九四三・一一・二五	金山成彬	軍属	戦死	龍川郡龍岩浦邑石城洞二四四
			一九二五・〇四・一二	永河	母		龍川郡龍岩浦邑石城洞二四四
三四	第四海軍施設部	ギルバード諸島タラワ	一九四三・一一・二五	金谷宗允	軍属	戦死	龍川郡龍岩浦邑龍岩洞一五四
			一九一五・〇三・二四	俊洪	妻		龍川郡龍岩浦邑龍岩洞一五四
三五	第四海軍施設部	ギルバード諸島タラワ	一九四三・一一・二五	大山載詠	軍属	戦死	龍川郡龍岩浦邑徳峰洞五一九
			一九二四・一〇・〇四	貞錫	妻		龍川郡龍岩浦邑徳峰洞五一九
三六	第四海軍施設部	ギルバード諸島タラワ	一九四三・一一・二五	桂一夫	軍属	戦死	龍川郡府羅面中端洞一一二

			一九二一・〇六・一四	栄善	父		龍川郡府羅面中端洞一一二
三七	第四海軍施設部	ギルバード諸島タラワ	一九四三・一一・二五	金海利動	軍属	戦死	龍川郡府羅面中端洞七五
			一九一二・〇五・一二	英子	妻		龍川郡府羅面中端洞七五
三八	第四海軍施設部	ギルバード諸島タラワ	一九四三・一一・二五	長岡志煥	軍属	戦死	龍川郡北中面楸亭洞六二
			一九二六・〇五・一三	健梅	母		龍川郡北中面楸亭洞六二
三九	第四海軍施設部	ギルバード諸島タラワ	一九四三・一一・二五	大巖一奉	軍属	戦死	龍川郡北中面秀峰洞一二三
			一九一六・〇四・二九	志學	父		龍川郡北中面秀峰洞一二三
四〇	第四海軍施設部	ギルバード諸島タラワ	一九四三・一一・二五	金山載煥	軍属	戦死	龍川郡北中面梅長洞三五
			一九二三・一一・一七	景華	父		龍川郡北中面中城洞
四一	第四海軍施設部	ギルバード諸島タラワ	一九四三・一一・二五	具原文伯	軍属	戦死	龍川郡北中面龍州洞二四二
			一九一九・〇七・一三	孝淑	妻		龍川郡北中面龍州洞二四二
四二	第四海軍施設部	ギルバード諸島タラワ	一九四三・一一・二五	金光永鉉	軍属	戦死	龍川郡北中面秀峰洞二二八
			一九一六・〇七・一六	日禎	妻		龍川郡北中面秀峰洞二二八
四三	第四海軍施設部	ギルバード諸島タラワ	一九四三・一一・二五	安川明善	軍属	戦死	龍川郡内中面大成洞三〇七
			一九二四・〇九・二〇	俊烈	母		龍川郡内中面大成洞三〇七
四四	第四海軍施設部	ギルバード諸島タラワ	一九四三・一一・二五	丹山仁學	軍属	戦死	龍川郡内中面大成洞二九二
			一九二四・〇九・二三	日元	母		龍川郡内中面大成洞二九二
四五	第四海軍施設部	ギルバード諸島タラワ	一九四三・一一・二五	方山徳巖	軍属	戦死	龍川郡内中面松山洞三七八
			一九二一・〇七・一六	英艾	妻		龍川郡内中面松山洞三七八
四六	第四海軍施設部	ギルバード諸島タラワ	一九四三・一一・二五	金山若明	軍属	戦死	龍川郡内中面松山洞一四八
			一九一三・〇一・〇二	金麗	妻		龍川郡内中面松山洞一四八
四七	第四海軍施設部	ギルバード諸島タラワ	一九四三・一一・二五	金城在鳴	軍属	戦死	龍川郡楊下面市西洞一六一
			一九二三・一二・二九	信吉	妻		龍川郡楊下面市西洞一六一
四八	第四海軍施設部	ギルバード諸島タラワ	一九四三・一一・二五	長山道殷	軍属	戦死	龍川郡楊下面市西洞一七九
			一九一八・一〇・一五	東實	妻		龍川郡楊下面市西洞一七九
四九	第四海軍施設部	ギルバード諸島タラワ	一九四三・一一・二五	東島性三	軍属	戦死	鐵山郡站面月安洞一〇三
			一九二二・〇五・〇八	玉明	妻		碧潼郡碧潼面二洞一六六
五〇	第四海軍施設部	ギルバード諸島タラワ	一九四三・一一・二五	金山栄燮	軍属	戦死	鐵山郡西林面先峰洞三一四
			一九二四・〇二・二八	敬純	父		鐵山郡西林面先峰洞三一四
五一	第四海軍施設部	ギルバード諸島タラワ	一九四三・一一・二五	金山鐵雄	軍属	戦死	亀城郡方峴面下圓洞
			一九一四・〇二・二二	鳳花	妻		黄海郡松禾郡松禾面鴻岩里
五三	第四海軍施設部	ギルバード諸島タラワ	一九四三・一一・二五	山原仁権	軍属	戦死	碧潼郡松西面松一洞二四九
			一九二一・〇七・一四	玉彬	妻		碧潼郡松西面松一洞二四九
五四	第四海軍施設部	ギルバード諸島タラワ	一九四三・一一・二五	平林済潤	軍属	戦死	碧潼郡城南面城下洞一三五
			一九二〇・〇二・〇四	杵植	母		碧潼郡城南面城下洞一三五

五五	第四海軍施設部	ギルバード諸島タラワ	一九四三・一一・二五 一九二四・〇七・〇四	忠川東俊 変亨	軍属 父	戦死	碧潼郡加別面別上洞四五六 碧潼郡加別面別上洞四五六
五六	第四海軍施設部	ギルバード諸島タラワ	一九四三・一一・二五 一九一七・一二・一二	忠川燮信 三女	軍属 妻	戦死	碧潼郡加別面別上洞四二八 碧潼郡加別面別上洞四二八
六一	第四海軍施設部	ギルバード諸島タラワ	一九四三・一一・二五 一九二一・〇七・一〇	大田春吉 炯玉	軍属 妻	戦死	碧潼郡碧潼面平外洞九〇 碧潼郡碧潼面平外洞九〇
六二	第四海軍施設部	ギルバード諸島タラワ	一九四三・一一・二五 一九二四・〇六・二一	金海輝男 道淑	軍属 父	戦死	雲山郡北鎮邑鎮洞八七 雲山郡北鎮邑鎮洞八七
六三	第四海軍施設部	ギルバード諸島タラワ	一九四三・一一・二五 一九一五・〇三・二五	新川秉殷 麗玉	軍属 妻	戦死	雲山郡北鎮邑鎮洞一七八―二 雲山郡北鎮邑鎮洞一七八―二
六五	第四海軍施設部	ギルバード諸島タラワ	一九四三・一一・二五 一九二一・〇二・二三	松山鳳林 徳済	軍属 妻	戦死	雲山郡北鎮邑桂林洞一〇三 雲山郡北鎮邑桂林洞一〇三
六六	第四海軍施設部	ギルバード諸島タラワ	一九四三・一一・二五 一九二三・〇五・二〇	康本仁學 源海	軍属 父	戦死	雲山郡北鎮邑玄石下洞四三七 雲山郡北鎮邑玄石下洞四三七
六七	第四海軍施設部	ギルバード諸島タラワ	一九四三・一一・二五 一九二〇・〇七・一一	門孝栄茂 瑞淑	軍属 妻	戦死	雲山郡雲山面朝陽洞二〇五 雲山郡雲山面朝陽洞二〇五
六八	第四海軍施設部	ギルバード諸島タラワ	一九四三・一一・二五 一九二五・〇五・〇二	松山正崇 春影	軍属 父	戦死	雲山郡雲山面北翁洞四三 雲山郡雲山面北翁洞四三
六九	第四海軍施設部	ギルバード諸島タラワ	一九四三・一一・二五 一九二一・〇四・二二	平川鐘禹 寶富	軍属 妻	戦死	雲山郡城面草下洞二四七 雲山郡城面草下洞二四七
七〇	第四海軍施設部	ギルバード諸島タラワ	一九四三・一一・二五 一九二三・一一・〇三	車元根 銀子	軍属 妹	戦死	雲山郡城面鷹峰洞 寧越郡寧辺面西部洞一二八
七一	第四海軍施設部	ギルバード諸島タラワ	一九四三・一一・二五 一九一九・一〇・二一	白川淳一郎 玉璨	軍属 妻	戦死	雲山郡委延面上院洞二〇二 黄海郡信川郡温泉面温泉里一一六
七二	第四海軍施設部	ギルバード諸島タラワ	一九四三・一一・二五 一九二三・〇二・二七	伊藤炳賢 承靖	軍属 父	戦死	長州郡義州邑青田洞八六〇 長州郡義州邑青田洞八六〇
七四	第四海軍施設部	ギルバード諸島タラワ	一九四三・一一・二五 一九二一・一〇・一〇	白井允田 玉順	軍属 妻	戦死	厚昌郡南新面佳山洞三七一 厚昌郡南新面佳山洞三七一
七五	第四海軍施設部	ギルバード諸島タラワ	一九四三・一一・二五 一九二三・〇三・〇三	星川鳳雲 宮福・鴻来	軍属 父・妻	戦死	厚昌郡南新面佳山洞二一一 厚昌郡南新面佳山洞二一一
七六	第四海軍施設部	ギルバード諸島タラワ	一九四三・一一・二五 一九二〇・〇一・一七	金井正一 玉龍	軍属 妻	戦死	厚昌郡東新面葡三洞一四七 厚昌郡東新面葡三洞一四七
七七	第四海軍施設部	ギルバード諸島タラワ	一九四三・一一・二五 一九二二・一一・〇四	金村昇客 昇根	軍属 兄	戦死	厚昌郡厚昌面郡内洞一〇三 厚昌郡厚昌面郡内洞一〇三
七八	第四海軍施設部	ギルバード諸島タラワ	一九四三・一一・二五	金城三龍	軍属	戦死	厚昌郡厚昌面郡内洞一〇三

			一九二二・一〇・〇九	鳳花	妻		厚昌郡厚昌面郡内洞一〇三
八一	第四海軍施設部	ギルバード諸島タラワ	一九四三・一一・二五	金谷正雄	軍属	戦死	慈城郡中江面中坪洞五〇八
			一九二三・一〇・一三	原吉	父		慈城郡中江面中坪洞五〇八
八二	第四海軍施設部	ギルバード諸島タラワ	一九四三・一一・二五	梁川萬義	軍属	戦死	慈城郡中江面中坪洞六〇二
			一九二一・一〇・二六	承吉	父		慈城郡中江面×興洞
八三	第四海軍施設部	ギルバード諸島タラワ	一九四三・一一・二五	岩村鳳禹	軍属	戦死	慈城郡中江面上長洞二九六
			一九二一・〇四・〇三	—	—		慈城郡中江面上長洞二九六
八四	第四海軍施設部	ギルバード諸島タラワ	一九四三・一一・二五	木村太山	軍属	戦死	慈城郡楽坪面楽城洞五三八
			一九二三・〇五・〇四	金川贇永	父		慈城郡慈城面邑内洞
八五	第四海軍施設部	ギルバード諸島タラワ	一九四三・一一・二五	江本鳳國	軍属	戦死	慈城郡楽坪面楽坪洞五三八
			一九二三・一二・〇三	碩玉	妻		慈城郡楽坪面楽坪洞五三八
八七	第四海軍施設部	ギルバード諸島タラワ	一九四三・一一・二五	金澤正奉	軍属	戦死	江界郡江界邑西部洞七八
			一九一九・〇三・二七	賢子	妻		厚昌郡南新面佳山洞三一一－一四
八八	第四海軍施設部	ギルバード諸島タラワ	一九四三・一一・二五	柳玄範九	軍属	戦死	江界郡南新面千石町五一
			一九一四・〇九・一二	宗男	母		京畿道京城府安國町一二九
八九	第四海軍施設部	ギルバード諸島タラワ	一九四三・一一・二五	野村繁次	軍属	戦死	江界郡江界邑千石町五一
			一九一五・一二・二四	金子	妻		京畿道京城府阿峴町三八七－四九
九〇	第四海軍施設部	ギルバード諸島タラワ	一九四三・一一・二五	前川　炅	軍属	戦死	江界郡江界邑栄町三〇八
			一九二一・〇六・二六	鎮男	父		江界郡江界邑壽町一〇五二
九二	第四海軍施設部	ギルバード諸島タラワ	一九四三・一一・二五	上田鳳梧	軍属	戦死	江界郡満浦邑文興洞五七七
			一九一四・〇三・〇三	京淑	妻		江界郡満浦邑文興洞五七七
九三	第四海軍施設部	ギルバード諸島タラワ	一九四三・一一・二五	森木鳳吉	軍属	戦死	江界郡満浦邑文興洞六〇五
			一九一九・〇二・一〇	金善	妻		江界郡満浦邑文興洞六〇五
九四	第四海軍施設部	ギルバード諸島タラワ	一九四三・一一・二五	金山郷郎	軍属	戦死	江界郡満浦邑雲峰洞四二一
			一九一六・一二・〇六	贇奴	妻		江界郡満浦邑仁豊洞
九五	第四海軍施設部	ギルバード諸島タラワ	一九四三・一一・二五	岡本興模	軍属	戦死	江界郡満浦邑文興洞五六六
			一九一五・〇八・二六	李淳	妻		江界郡大玉面棒松洞
九八	第四海軍施設部	ギルバード諸島タラワ	一九四三・一一・二五	山本璟燮	軍属	戦死	江界郡××面豊龍洞一一四
			一九二二・〇九・二〇	容根	父		江界郡××面豊龍洞一一四
一〇〇	第四海軍施設部	ギルバード諸島タラワ	一九四三・一一・二五	金澤清三	軍属	戦死	江界郡高山面南上洞三七八
			一九二二・〇四・二五	清源	兄		江界郡高山面南上洞三七八
一〇一	第四海軍施設部	ギルバード諸島タラワ	一九四三・一一・二五	森山永実	軍属	戦死	江界郡高山面浦上洞二五六
			一九一九・一二・〇四	正善	妻		江界郡高山面浦上洞二五六
一〇二	第四海軍施設部	ギルバード諸島タラワ	一九四三・一一・二五	南原允成	軍属	戦死	江界郡外黄面乾下洞五八八
			一九一七・〇九・三〇	時球	母		江界郡外黄面乾下洞五八八

一〇三	第四海軍施設部	ギルバード諸島タラワ	一九四三・一一・二五	西原龍賢	軍属	戦死	江界郡外黄面乾下洞八九七
			一九二三・〇四・〇一	龍桃	兄		江界郡外黄面乾下洞八九七
一〇四	第四海軍施設部	ギルバード諸島タラワ	一九四三・一一・二五	金星喜洙	軍属	戦死	江界郡吏西面松鶴洞七五二
			一九二一・一二・一七	元消	父		江界郡高山面延上洞三七七
一〇五	第四海軍施設部	ギルバード諸島タラワ	一九四三・一一・二五	金澤宗勳	軍属	戦死	江界郡吏西面咸富洞三二〇
			一九二五・〇九・二九	明煥	父		江界郡吏西面咸富洞三二〇
一〇六	第四海軍施設部	ギルバード諸島タラワ	一九四三・一一・二五	文元義光	軍属	戦死	江界郡従西面黄清洞七五五
			一九二三・〇六・一七	承洙	父		江界郡従西面開田洞七〇八
一〇七	第四海軍施設部	ギルバード諸島タラワ	一九四三・一一・二五	織田文奉	軍属	戦死	江界郡従南面成章洞二四〇
			一九二一・一二・一二	氏	母		江界郡従南面成章洞二四〇
一一一	第四海軍施設部	ギルバード諸島タラワ	一九四三・一一・二五	松崗泳奎	軍属	戦死	江界郡城千面別河洞五六〇
			一九二二・〇五・二四	世浩	妻		江界郡城千面別河洞五六〇
一一二	第四海軍施設部	ギルバード諸島タラワ	一九四三・一一・二五	金山學鳳	軍属	戦死	江界郡前川面長興洞四〇八
			一九二三・〇三・〇九	玉善	妻		江界郡前川面長興洞四〇八
一一三	第四海軍施設部	ギルバード諸島タラワ	一九四三・一一・二五	池田達洙	軍属	戦死	江界郡化京面黄鱗洞八五
			一九二二・〇四・一一	信淳	母		熙川郡東倉面新竹洞一六三
一一五	第四海軍施設部	ギルバード諸島タラワ	一九四三・一一・二五	木子根柏・李根柏	軍属	戦死	江界郡龍林面南興洞五七三
			一九二一・〇六・〇九	昌俊	父		江界郡龍林面南興洞五七三
一一七	第四海軍施設部	ギルバード諸島タラワ	一九四三・一一・二五	金田萬弼	軍属	戦死	博川郡嘉山面新沙洞三五七
			一九一〇・〇四・三〇	道賢	母		博川郡嘉山面新沙洞三五七
一一八	第四海軍施設部	ギルバード諸島タラワ	一九四三・一一・二五	崔徳潤	軍属	戦死	定州郡玉泉面林岩洞六一八
			一九二二・〇二・一七	根秀	母		定州郡玉泉面林岩洞六一八
一一九	第四海軍施設部	ギルバード諸島タラワ	一九四三・一一・二五	島田在順	軍属	戦死	定州郡玉泉面君山洞三八
			一九一九・一〇・一三	珍媛	母		定州郡玉泉面君山洞三八
一二三	第四海軍施設部	ギルバード諸島タラワ	一九四三・一一・二五	松元基仁	軍属	戦死	楚山郡東面化豊洞三九
			一九二二・〇九・二一	確実	妻		楚山郡東面化豊洞三九
一二四	第四海軍施設部	ギルバード諸島タラワ	一九四三・一一・二五	金豊測希	軍属	戦死	楚山郡東面亀童洞二七〇
			一九一七・〇六・一七	成信	妻		楚山郡東面亀童洞二七〇
一二六	第四海軍施設部	ギルバード諸島タラワ	一九四三・一一・二五	柱木青鶴	軍属	戦死	楚山郡楚山面城東洞二五七
			一九二五・〇八・一三	栄嫌	妻		楚山郡楚山面城東洞二五七
一二七	第四海軍施設部	ギルバード諸島タラワ	一九四三・一一・二五	木本允阿	軍属	戦死	楚山郡楚山面城東洞二一六
			一九二一・〇四・二二	昌熙	父		渭原郡西泰面新川洞〇五
一二八	第四海軍施設部	ギルバード諸島タラワ	一九四三・一一・二五	白川増雄	軍属	戦死	楚山郡楚山面城東洞一三一
			一九二一・一二・〇二	奉燁	妻		楚山郡楚山面城東洞一三一
一二九	第四海軍施設部	ギルバード諸島タラワ	一九四三・一一・二五	金國俊熙	軍属	戦死	楚山郡楚山面城東洞三九九

番号	所属	場所	年月日	氏名	続柄	事由	本籍
			一九二〇・一一・二〇	貞姐	妻		楚山郡楚山面城東洞三九九
一三〇	第四海軍施設部	ギルバード諸島タラワ	一九四三・一一・二五	東島平二	軍属	戦死	楚山郡楚山面城東洞三四二
			一九一五・〇三・一八	碩五	妻		楚山郡楚山面城東洞三四二
一三一	第四海軍施設部	ギルバード諸島タラワ	一九四三・一一・二五	金浦東翼	軍属	戦死	渭原郡栄正面只山洞一〇九
			一九二二・〇三・〇三	有姫	妻		渭原郡栄正面只山洞一〇九
一三二	第四海軍施設部	ギルバード諸島タラワ	一九四三・一一・二五	國本正博	軍属	戦死	熙川郡東倉面石浦洞一五〇
			一九二一・一〇・〇七	基成	父		熙川郡東倉面石浦洞一五〇
一三三	第四海軍施設部	ギルバード諸島タラワ	一九四三・一一・二五	康川禹範	軍属	戦死	熙川郡東倉面石倉洞三一〇
			一九一八・〇八・一一	利花	妻		熙川郡新里面西洞一五七
一三四	第四海軍施設部	ギルバード諸島タラワ	一九四三・一一・二五	梁川梓珏	軍属	戦死	熙川郡長洞面館洞四四三
			一九二二・〇八・〇五	甲娘	母		熙川郡長洞面館洞四四三
一三五	第四海軍施設部	ギルバード諸島タラワ	一九四三・一一・二五	雙城京湖	軍属	戦死	熙川郡長洞面生洞二六四
			一九一四・一一・一五	承玉	妻		熙川郡長洞面生洞二六四
一三六	第四海軍施設部	ギルバード諸島タラワ	一九四三・一一・二五	雙城京錫	軍属	戦死	熙川郡長洞面生洞二六四
			一九二三・〇六・二七	吉嬅	妻		熙川郡長洞面生洞二六四
一三七	第四海軍施設部	ギルバード諸島タラワ	一九四三・一一・二五	金海錫琪	軍属	戦死	熙川郡長洞面元興洞八二三
			一九二一・〇七・〇三	龍翼	父		熙川郡長洞面元興洞八二三
一三八	第四海軍施設部	ギルバード諸島タラワ	一九四三・一一・二五	成川成根	軍属	戦死	熙川郡眞面長坪洞五三八
			一九一四・〇三・〇六	龍玉	妻		熙川郡眞面長坪洞五三八
一三九	第四海軍施設部	ギルバード諸島タラワ	一九四三・一一・二五	成川永根	軍属	戦死	熙川郡眞面長坪洞六八三
			一九二一・〇四・一九	熙権	母		熙川郡眞面長坪洞六八三
一四〇	第四海軍施設部	ギルバード諸島タラワ	一九四三・一一・二五	山佳昌浩	軍属	戦死	熙川郡眞面杏川洞五五二
			一九二四・〇三・二六	俊昇	父		平北郡眞面杏川洞五五七
一四一	第四海軍施設部	ギルバード諸島タラワ	一九四三・一一・二五	大原炳燮	軍属	戦死	熙川郡新豊面東洞三四八－二
			一九二二・〇六・一〇	翰律	父		熙川郡新豊面東洞三四八－二
一四二	第四海軍施設部	ギルバード諸島タラワ	一九四三・一一・二五	金澤海寛	軍属	戦死	熙川郡西面克城洞九四〇
			一九一九・一二・一五	炳道	妻		熙川郡西面平院洞
一四三	第四海軍施設部	ギルバード諸島タラワ	一九四三・一一・二五	豊山元京	軍属	戦死	熙川郡西面克城洞一六四
			一九一六・一〇・一七	松竹	妻		熙川郡西面克城洞一六四
一四四	第四海軍施設部	ギルバード諸島タラワ	一九四三・一一・二五	松田道彬	軍属	戦死	熙川郡北面館垈洞九一
			一九一七・〇二・〇二	徳麟	母		熙川郡北面館垈洞一五〇
一四五	第四海軍施設部	ギルバード諸島タラワ	一九四三・一一・二五	金海長隣	軍属	戦死	熙川郡熙川邑上洞一四六
			一九一一・〇二・二五	永松	妻		熙川郡熙川邑上洞一四六
一四六	第四海軍施設部	ギルバード諸島タラワ	一九四三・一一・二五	長谷川隆三	軍属	戦死	熙川郡熙川邑上洞四二
			一九二一・〇六・二八	烔雲	母		熙川郡熙川邑上洞四二

一四七	第四海軍施設部	ギルバード諸島タラワ	一九四三・一一・二五 一九二二・〇九・二二	山根得鸞 京玉	軍属 妻	戦死	熙川郡熙川邑上洞一三六 熙川郡熙川邑上洞一三六
一四八	第四海軍施設部	ギルバード諸島タラワ	一九四三・一一・二五 一九二一・〇二・一一	金川譲二 大河	軍属 父	戦死	熙川郡熙川邑上洞五五 熙川郡熙川邑下洞
一四九	第四海軍施設部	ギルバード諸島タラワ	一九四三・一一・二五 一九〇八・一一・〇五	清川景根盛 奎憲	軍属 妻	戦死	熙川郡熙川邑上洞一九〇 熙川郡熙川邑上洞一九〇
一五〇	第四海軍施設部	ギルバード諸島タラワ	一九四三・一一・二五 一九二五・〇三・〇五	崔本洛奎 熙琬	軍属 父	戦死	熙川郡熙川邑下洞二七－三 熙川郡熙川邑下洞二四七
一五一	第四海軍施設部	ギルバード諸島タラワ	一九四三・一一・二五 一九二一・〇六・一七	安藤炳善 浩善	軍属 母	戦死	熙川郡南面宋串只洞四五二 熙川郡南面宋串只洞四五二
一五二	第四海軍施設部	ギルバード諸島タラワ	一九四三・一一・二五 一九二三・〇四・〇一	金海清川 紅蓮	軍属 妻	戦死	熙川郡東面葛峴洞三四二 —
一五三	第四海軍施設部	ギルバード諸島タラワ	一九四三・一一・二五 一九二一・〇九・二一	水谷信男 孝益	軍属 父	戦死	宣川郡水清面古邑洞六〇九 宣川郡水清面古邑洞六〇九
一五四	第四海軍施設部	ギルバード諸島タラワ	一九四三・一一・二五 一九一八・〇二・〇九	田中箕暇 健吾	軍属 妻	戦死	宣川郡水清面雁山洞一〇四五 宣川郡水清面雁山洞一〇四五
一五五	第四海軍施設部	ギルバード諸島タラワ	一九四三・一一・二五 一九一二・一一・一四	永田斗鉉 忠淑	軍属 妻	戦死	宣川郡水清面雁山洞九八七 宣川郡水清面雁山洞九八七
一五六	第四海軍施設部	ギルバード諸島タラワ	一九四三・一一・二五 一九一九・〇二・一六	平山敬浩 玉均	軍属 妻	戦死	宣川郡南面石和洞一三六 宣川郡南面石和洞一三六
一五七	第四海軍施設部	ギルバード諸島タラワ	一九四三・一一・二五 一九二四・〇五・一〇	梧谷坦均 鳳熙	軍属 父	戦死	宣川郡南面三峰洞五七 宣川郡南面三峰洞五七
一五八	第四海軍施設部	ギルバード諸島タラワ	一九四三・一一・二五 一九二二・一二・二九	吉原武雄 次郎	軍属 弟	戦死	宣川郡南面石和洞 奉天市青葉町一九スピード館
一五九	第四海軍施設部	ギルバード諸島タラワ	一九四三・一一・二五 一九二二・〇二・一七	高山徳潤 —	軍属 —	戦死	宣川郡南面三峰洞九二 —
一六〇	第四海軍施設部	ギルバード諸島タラワ	一九四三・一一・二五 一九〇七・〇九・一〇	金澤　浩 用鍵	軍属 父	戦死	宣川郡新府面院洞一一三〇 宣川郡新府面院洞一一三〇
一六一	第四海軍施設部	ギルバード諸島タラワ	一九四三・一一・二五 一九二四・〇七・二八	西村延哲 賢文	軍属 父	戦死	宣川郡新府面院洞七九六－一 宣川郡新府面院洞七九六－一
一六二	第四海軍施設部	ギルバード諸島タラワ	一九四三・一一・二五 一九一八・〇三・〇四	木村芝鎬 芝永	軍属 兄	戦死	宣川郡新府面大陸洞八八 宣川郡新府面大陸洞五九－一
一六三	第四海軍施設部	ギルバード諸島タラワ	一九四三・一一・二五 一九二二・〇三・二三	金城泰俊 泰元	軍属 妻	戦死	宣川郡東面月影洞二一二 宣川郡東面月影洞二一二
一六四	第四海軍施設部	ギルバード諸島タラワ	一九四三・一一・二五	青山政重	軍属	戦死	宣川郡東面月影洞六七九

			一九二三・〇四・二一	鳳徳	父		宣川郡東面月影洞六七九
一六五	第四海軍施設部	ギルバード諸島タラワ	一九四三・一一・二五	龍坂雅彦	軍属	戦死	宣川郡山面沙橋洞二六五
			一九一九・〇二・一六	道弘	妻		宣川郡山面沙橋洞二六五
一六六	第四海軍施設部	ギルバード諸島タラワ	一九四三・一一・二五	金森元成	軍属	戦死	宣川郡山面沙橋洞三七
			一九二四・〇四・〇二	善嬅	母		宣川郡山面沙橋洞三七
一六七	第四海軍施設部	ギルバード諸島タラワ	一九四三・一一・二五	金光昌奉	軍属	戦死	宣川郡山面長公洞九四二
			一九二一・〇七・二四	永三	父		宣川郡山面長公洞九四二
一六八	第四海軍施設部	ギルバード諸島タラワ	一九四三・一一・二五	天本鶴雲	軍属	戦死	宣川郡山面古府洞七〇七
			一九二三・〇七・二九	泉生	母		宣川郡山面古府洞七〇七
一六九	第四海軍施設部	ギルバード諸島タラワ	一九四三・一一・二五	岩村徳浩	軍属	戦死	宣川郡山面保岩洞三五〇
			一九一六・一〇・二八	賢	妻		宣川郡山面保岩洞三五〇
一七〇	第四海軍施設部	ギルバード諸島タラワ	一九四三・一一・二五	岩本武雄	軍属	戦死	宣川郡山面聖蹟洞七六五
			一九二四・〇八・二四	信用	父		宣川郡山面聖蹟洞七六五
一七一	第四海軍施設部	ギルバード諸島タラワ	一九四三・一一・二五	呉山國男	軍属	戦死	宣川郡山面聖蹟洞一四五
			一九二四・一一・〇五	建男	父		宣川郡山面聖蹟洞一四五
一七二	第四海軍施設部	ギルバード諸島タラワ	一九四三・一一・二五	安井昌吾	軍属	戦死	宣川郡宣川邑錦町一〇四五－四
			一九二一・〇五・〇九	季淑	妻		宣川郡宣川邑錦町一〇四五－四
一七三	第四海軍施設部	ギルバード諸島タラワ	一九四三・一一・二五	梁川金吉	軍属	戦死	宣川郡宣川邑昭和町二八五
			一九二三・〇五・二三	翰昇	父		宣川郡宣川邑昭和町二八五
一七四	第四海軍施設部	ギルバード諸島タラワ	一九四三・一一・二五	田中政男	軍属	戦死	宣川郡宣川邑大睦町四五二－一
			一九二三・〇三・二七	賛學	父		宣川郡宣川邑大睦町四五二－一
一七五	第四海軍施設部	ギルバード諸島タラワ	一九四三・一一・二五	洪原吉守	軍属	戦死	宣川郡宣川邑旭町三六－四
			一九一四・〇四・一三	英順	妻		宣川郡宣川邑本町二五八
一七八	第四海軍施設部	ギルバード諸島タラワ	一九四三・一一・二五	金澤萬植	軍属	戦死	宣川郡宣川邑五星洞六五三
			一九二二・〇六・〇一	明子	妻		宣川郡宣川邑五星洞六五三
一七九	第四海軍施設部	ギルバード諸島タラワ	一九四三・一一・二五	金澤禹植	軍属	戦死	宣川郡台山面仁岩洞六八三
			一九二二・〇六・〇一	義俊	父		宣川郡台山面仁岩洞六八三
一八〇	第四海軍施設部	ギルバード諸島タラワ	一九四三・一一・二五	白川宮千	軍属	戦死	寧辺郡百嶺面大豊洞五〇七一
			一九一六・〇二・一〇	正夫	弟		寧辺郡百嶺面大豊洞五〇七一
一八一	第四海軍施設部	ギルバード諸島タラワ	一九四三・一一・二五	國本肇栄	軍属	戦死	寧辺郡北薪峴面下杏洞三九四
			一九二四・一一・二〇	炳勲	父		寧辺郡北薪峴面下杏洞三九四
一八二	第四海軍施設部	ギルバード諸島タラワ	一九四三・一一・二五	建川碩鳳	軍属	戦死	寧辺郡龍山面球場洞二三一－一五
			一九一八・〇六・二〇	信	妻		寧辺郡龍山面球場洞二三一－一五
一八四	第四海軍施設部	ギルバード諸島タラワ	一九四三・一一・二五	新井國仙	軍属	戦死	寧辺郡寧辺面館下洞一七七
			一九二三・一〇・一〇	寶兼	妻		寧辺郡寧辺面館下洞一七七

一八五	第四海軍施設部	ギルバード諸島タラワ	一九四三・一一・二五 一九一四・〇一・〇七	海城奇庚 ―	軍属 ―	戦死	寧辺郡南松面馬尚洞四四四 寧辺郡南松面馬尚洞四四四
一八六	第四海軍施設部	ギルバード諸島タラワ	一九四三・一一・二五 一九一五・一〇・二六	松田雲渉 成海	軍属 母	戦死	寧辺郡南薪峴面長洞一一二 寧辺郡南薪峴面長洞一一二
一八七	第四海軍施設部	ギルバード諸島タラワ	一九四三・一一・二五 一九一八・〇一・一五	柳本成熙 瑞花	軍属 妻	戦死	寧辺郡南薪峴面都舘洞 寧辺郡南薪峴面都舘洞
一八九	第四海軍施設部	ギルバード諸島タラワ	一九四三・一一・二五 一九二一・一〇・二六	五山英夫 小嬅	軍属 母	戦死	寧辺郡八院面龍頭洞三〇〇 寧辺郡八院面龍頭洞三〇〇
一九〇	第四海軍施設部	ギルバード諸島タラワ	一九四三・一一・二五 一九二三・〇八・〇五	松井希道 達嬅	軍属 妻	戦死	寧辺郡八院面龍頭洞六七七 寧辺郡八院面龍頭洞六七七
一九一	第四海軍施設部	ギルバード諸島タラワ	一九四三・一一・二五 一九二二・〇八・一一	松鳳禄 河	軍属 妻	戦死	寧辺郡八院面龍頭洞九二四 寧辺郡八院面龍頭洞九二四
一九二	第四海軍施設部	ギルバード諸島タラワ	一九四三・一一・二五 一九二一・一一・一〇	康川泉壽 銀球	軍属 妻	戦死	寧辺郡少林面角秋洞二五五 寧辺郡少林面角秋洞二五五
一九三	第四海軍施設部	ギルバード諸島タラワ	一九四三・一一・二五 一九一六・〇二・二七	海原應釣 字良	軍属 妻	戦死	寧辺郡少林面龍江洞二五三 寧辺郡少林面龍秋洞
一九五	第四海軍施設部	ギルバード諸島タラワ	一九四三・一一・二五 一九二四・〇八・一三	金田光男 徳蔵	軍属 父	戦死	寧辺郡独山面豊興洞七〇〇 寧辺郡独山面豊興洞七〇〇
一九六	第四海軍施設部	ギルバード諸島タラワ	一九四三・一一・二五 一九一九・一〇・二一	林茂三郎 圓柱	軍属 父	戦死	寧辺郡梧里面墨時洞四六〇 寧辺郡梧里面墨時洞四六〇
一九七	第四海軍施設部	ギルバード諸島タラワ	一九四三・一一・二五 一九二三・〇八・〇五	丹山鐘倫 賢嬪	軍属 妻	戦死	寧辺郡梧里面墨時洞七三四 寧辺郡梧里面墨時洞七三四
一九八	第四海軍施設部	ギルバード諸島タラワ	一九四三・一一・二五 一九二四・〇四・二一	良原基賢 呂祥	軍属 父	戦死	寧辺郡梧里面大峰洞一四〇 寧辺郡梧里面大峰洞一四〇
一九九	第四海軍施設部	ギルバード諸島タラワ	一九四三・一一・二五 一九一二・〇三・一九	白川芳野 小確実	軍属 妻	戦死	寧辺郡寧辺面西部洞三六九 寧辺郡寧辺面西部洞三六九
二〇〇	第四海軍施設部	ギルバード諸島タラワ	一九四三・一一・二五 一九一四・〇五・一〇	田村永済 翼済	軍属 兄	戦死	寧辺郡寧辺面東外城洞一七二一 寧辺郡寧辺面東外城洞一七二一
二〇一	第四海軍施設部	ギルバード諸島タラワ	一九四三・一一・二五 一九二三・〇八・二六	玉川　徹 哲	軍属 兄	戦死	寧辺郡寧辺面西部洞二五八 寧辺郡寧辺面西部洞二五八
一八三	第四海軍施設部	八丈島東方海面	一九四三・一一・二五 一九一四・〇二・二八	金河三逑 善寶	軍属 妻	戦死	寧辺郡泰平面館北洞八二一 寧辺郡泰平面館北洞八二一
六〇	第四海軍施設部	八丈島東方海面	一九四三・一二・〇四 一九一二・一〇・二四	松本明雄 好子	軍属 妻	戦死	碧潼郡碧潼面二洞一二七 碧潼郡碧潼面二洞一二七
一一二	第四海軍施設部	ボナペ島	一九四四・〇三・一四	松田億錫	軍属	戦死	定州郡南西面下端洞七一九

			一九二二・〇八・〇四	景春	妻		定州郡南西面下端洞七一九
七三	第四海軍施設部	メレヨン	一九四四・〇四・〇一 一九二二・〇九・〇三	吉田永壽 聖實	軍属 父	戦死	新義州府弥勒洞二一四 慶北道安東郡安東邑安幕洞一〇八
八六	第八海軍施設部	四国南方	一九四三・一一・〇二 一九一七・〇三・一〇	呉山永禧 明子	軍属 妻	戦死	江界郡江界邑壽町七八三 咸鏡南道定平郡定平面東川里元山旅館
二〇二	第八海軍建築部	ニューギニア・サルミ	一九四四・〇九・一〇 一九〇九・一二・一九	張城宗奎 ―	軍属 ―	戦死	寧辺郡吉城面沙嶋里三三(一一二) ―
一一六	第一五海軍設営隊	ニューギニア	一九四三・〇一・二二 一九〇七・一二・一六	西山寶國 成洙	軍属 妻	戦死	博川郡博川面 忠清北道清州郡芙蓉面芙蓉里金賢洙方
一〇	第一五海軍警備隊	バシー海峡	一九四四・〇九・〇九 一九二三・一二・二〇	安東慶明 炳奎	上機 父	戦死	江界郡城干面福毛老洞三五三 江原道金化郡昌通面第城里三六
一九	第一五海軍警備隊	バシー海峡	一九四四・〇九・〇九 一九二六・〇四・二八	松本富雄 新一	上水 父	戦死	寧辺郡龍山面水口洞五五七 寧辺郡寧辺面東部洞一三四
八	第一六海軍警備隊	バシー海峡	一九四四・〇九・〇九 一九二五・〇五・一五	長川慶俊 東昕	上水 父	戦死	義州郡成遠面西下洞四八四 龍川郡朱上面新龍洞二〇二
四	第一六海軍警備隊	バシー海峡	一九四四・〇九・〇九 一九二五・一〇・一七	柱 栄作 成日	上水 父	戦死	宣川郡南面石湖洞一三二 ―
五	第一六海軍警備隊	バシー海峡	一九四四・〇九・〇九 一九二五・〇五・三〇	松田実順 容天	上水 父	戦死	宣川郡台山面吉星洞六四八 ―
一四	第一六海軍警備隊	バシー海峡	一九四四・〇九・〇九 一九二五・〇四・〇三	金田炳祐 栄球	上水 父	戦死	定州郡臨浦面天台洞二三九五 ―
一二二	第一〇二海軍軍需部	カガヤン諸島	一九四三・〇四・二八 ―	康田仁成 洪穆	軍属 妻	戦死	定州郡定州邑外洞三三 京畿道仁川府花水町二六六
二三〇	第一〇三海軍施設部	ミンダナオ島	一九四五・〇三・二〇 一九一九・〇五・三〇	河山元辰 貴女	軍属 母	戦死	亀城郡亀城面右部洞一五五 亀城郡亀城面右部洞一五五
二三二	第一〇三海軍施設部	ルソン島北部	一九四五・〇六・一〇 一九一八・〇四・〇六	金石道 ―	軍属 ―	戦死	雲山郡城面古城洞松林站 ―
二三一	第一〇三海軍施設部	ルソン島マニラ東方山中	一九四五・〇六・三〇 一九二三・一一・一七	松井秀一 ―	軍属 ―	戦死	雲山郡城面南山上洞一八六 ―
二四五	第一〇三海軍施設部	ルソン島マニラ東方山中	一九四五・〇六・三〇 一九二一・一〇・〇二	原田元淑 ―	軍属 ―	戦死	鐵山郡鐵山面中部洞四四鐵小邑 ―
二四六	第一〇三海軍施設部	ルソン島マニラ東方山中	一九四五・〇六・三〇 一九二一・〇三・〇九	大山利泰 ―	軍属 ―	戦死	鐵山郡栢梁面壽富洞三七五 ―
二三四	第二二二海軍設営隊	ラバウル	一九四三・一二・一九 一九二一・一二・二八	梁川正雄 熺均	軍属 父	戦死	寧辺郡泰平面館北洞亀山一五五 ―

二四八	第二一四海軍設営隊	ペリリュー島	一九四四・一二・三一 一九二〇・〇三・一六	三山松肥 憲美	軍属 妻	戦死	江界郡前川面長興洞四一三 京畿道京城府鍾路区桜下町二七七
二三七	第二一四海軍設営隊	ペリリュー島	一九四五・〇七・二七 一九一八・〇四・〇六	松田光根 ―	軍属 ―	戦病死	定州郡徳彦面大成洞九一九 ―
二三九	第二一七海軍設営隊	グァム島	一九四四・〇八・一〇 一九一六・〇一・一八	金山吉中 ―	軍属 ―	戦死	義州郡義州邑 ―
二四四	第二一九海軍設営隊	ルソン島中部	一九四五・〇七・〇八 一九二一・一一・二一	山本昌珍 ―	軍属 ―	戦死	鐵山郡西林面化炭洞八九 ―
一八	第二五四海軍航空隊	バシー海峡	一九四四・〇九・〇九 一九二六・一一・一九	松井鳳華 志営	上整 父	戦死	龍川郡府羅面元城洞山一一四 ―
二五一	盛京丸	本邦東方	一九四二・一〇・二三 ―	信川珍鉉 裁鶴	軍属 父	戦死	寧辺郡北新峴面上杏洞三一五 ―
二四九	盛京丸	本邦東方	一九四二・一〇・二三 ―	豊川車三 俊根	軍属 父	戦死	定州郡馬山面東倉洞九一四 慶尚南道釜山府佐川町九五八
二二六	一あまかす丸	ウェーキ島	一九四二・一二・二四 ―	金川相辰 昇源	軍属 父	戦死	博川郡嘉山面龍羅洞四八九 ―
二〇八	日通丸	黄海	一九四三・〇三・二一 一九二四・〇六・一八	安允植 ―	軍属 ―	戦死	龍川郡外上面東鉢洞一四四 ―
二〇九	日通丸	黄海	一九四三・〇三・二一 一九二三・〇八・二八	金村明洙 ―	軍属 ―	戦死	鐵山郡西林面檜×洞一一三 ―
二〇六	錦江丸	黄海	一九四三・〇五・〇五 ―	金田晴渭 ―	軍属 ―	戦死	江界郡公北面香河洞五三七 ―
二五三	比　良	中支	一九四三・〇五・三一 ―	朴長雲・三村一元 信子	軍属 母	戦死	新義州府初音町三八 新義州府弥勒町一二七
二三九	日遠丸	蘭印	一九四三・一二・〇一 一九一九・一一・二一	水原洛允 ―	軍属 ―	戦死	定州郡古徳面葛峴洞七三四 ―
二五〇	隆栄丸	ボルネオ近海	一九四四・〇一・〇二 ―	金子正一 成大	軍属 父	戦死	鐵山郡站面柳亭洞八〇 ―
二〇五	南栄丸	南支那海	一九四四・〇二・一九 一九一六・一一・一九	山本敏有 敏永	軍属 兄	戦死	新義州府弥勒洞九九一一
二三六	共栄丸	比島	一九四四・〇二・三一 ―	張山日産 ―	軍属 ―	戦死	博川郡西嘉面洙台洞二区四六 ―
二一〇	日新丸	西南太平洋	一九四四・〇五・〇一 一九〇五・〇四・〇三	金子光男 ―	軍属 ―	戦死	鐵山郡抬面柳亭洞八一 ―
二四二	東豊丸	中部太平洋	一九四四・〇六・〇一	金城承澤	軍属	戦死	宣川郡東面路上洞一八五

			一九一六・一一・一九	—	—		—
二五二	山陽丸	長崎県野母崎沖	一九四四・〇六・二四 一九〇九・〇二・〇八	金澤石崇 今安	軍属 姉	戦死	義州郡義州邑南門洞三五一 —
二三五	竜江丸	小笠原諸島近海	一九四四・〇八・〇四 一九二〇・一二・二〇	呉村澤龍 —	軍属 —	戦死	寧辺郡南薪峴面上長洞三八八 —
二四〇	七大源丸	東支那海	一九四四・〇八・一四 一九二二・〇一・〇二	日川松次郎 —	軍属 —	戦死	定州郡臨浦面濂湖洞一五〇 —
二四三	日営丸	シブヤン湾	一九四四・〇九・二四 一九〇三・〇九・一八	高山相俊 —	軍属 —	戦死	宣川郡新府面安上洞七〇九 —
二三八	大朝丸	ジャワ島ジャカルタ湾	一九四四・一二・二七 一九〇六・〇五・〇五	荒木清次 —	軍属 —	戦死	定州郡徳彦面石山洞六五九 —
二〇七	永万丸	仏印キノン湾	一九四五・〇一・一二 一九一八・〇七・〇六	金光奉植 —	軍属 —	戦死	定州郡南西面 —
二四七	荘河丸	東支那海	一九四五・〇三・二四 一九二五・〇三・一六	白川大鉉 —	軍属 —	戦死	龍川郡楊光面亀龍洞五五五 —
二一二	一五高砂丸	朝鮮海峡	一九四五・〇五・〇四 一九二七・一二・〇七	東山武雄 —	軍属 —	戦死	義州郡松長面大門洞二五八 —
二一一	神奈川丸	朝鮮南岸	一九四五・〇五・二〇 一九二七・〇八・一三	方山載照 —	軍属 —	戦死	鐵山郡餘閑面元世平洞二二〇 —
二〇四	七快進丸	山口県	一九四五・〇六・二七 一九二四・〇一・一六	松村應鳳 —	軍属 —	戦死	朔州郡朔州面龍泳洞六四九 —
二一三	済通丸	黄海	不詳 一九〇七・〇八・一七	伊東奎吾 —	不詳 —	戦死	寧辺郡龍山面洙賜洞一〇一 —
二一四	帝欣丸	南支那海	不詳 一九〇六・〇一・二〇	金山一男 —	不詳 —	戦死	寧辺郡小林面龍秋洞八三五 —
二一五	銀洋丸	本邦西南	不詳 一九二〇・〇七・二八	明村致祥 —	軍属 —	戦死	寧辺郡寧辺面燈山里四七一 —

Ⅲ　解説・ほか

●分析・「被徴用死亡者連名簿」目次

第Ⅱ部　陸軍　1306

はじめに

・「被徴用死亡者連名簿」（韓国財務部）の特徴

韓国政府は、一九七一年一月、日本政府にたいし、日本国によって軍人・軍属に召集または徴用され、死亡した者の名簿の交付要請をおこなった。七一年九月四日、日本政府は要請にこたえる名簿を引き渡した。日本政府は南朝鮮に「名簿」を引き渡した後も、名簿の公開を拒絶してきた。現在この「名簿」は、韓国政府の「政府記録保存所」で電算入力作業を終え、ホームページ上で、名前、生年月日、本籍地、死亡場所を入力し、検索することができる。二万一六九二名分となっている（金哲秀・「朝鮮人軍人・軍属死亡者名簿の分析」）。

「被徴用死亡者連名簿」を編集したのは、韓国政府財務部である。この「被徴用死亡者連名簿」の元になった資料は、日本国政府から韓国政府にわたされた。この資料の名前は「旧日本軍在籍朝鮮出身死亡者連名簿」、と思われる。「被徴用死亡者連名簿」の各道の冒頭に、〝旧日本軍在籍朝鮮出身死亡者連名簿〟と表示されているからだ。

「おくづけ」がなく、発行日は不明である。発行のいきさつなども書かれていない。戦没者が、陸軍五冊、海軍五冊に十三道別に記載されている。大きさはB四の横組みで、一ページに一六名ずつ記載。ガリ版刷りのものをコピーして、製本してある。

氏名は創氏改名によるものがすくなくない。氏名、地名とも、判読するしかないものもあり、判読できないものも多くあった。二重記載も多く、ひとつにしたが、死亡場所が異なっていてひとつにできないものもあった。

この名簿にある戦死者は「太平洋戦争韓国人犠牲者慰霊碑」（釜山霊園・鄭琪永氏創立）をもって、一九九五年釜山廣域市金井区西二洞一八四―四に祀られている。

ここに掲載した「被徴用死亡者連名簿」では、海軍死亡者数は一万三〇六名、陸軍死亡者数八四〇四名であり、陸海軍合計死亡者数は二万一七一〇名となっている。靖国神社に〝祭神〟とされた、二万一一八一名より多い人数になっている。自殺者、〝処刑者〟などがふくまれたままだからだろうか。「被徴用死亡者連名簿」の表紙に記載されている、各道ごとの陸海軍死亡者数は、全羅南道四一五〇名、全羅北道二八二六名、慶尚北道二七七六名、慶尚南道一一〇九名、京畿道九四一名、咸鏡南道三六五名、咸鏡北道三九七名、黄海道六四一名、平安北道四九六名、平安南道三九九名、忠清北道三九六名、忠清南道二〇四名、江原道四一九名である。百分率で示すと、全南一九・一二%、全北一三・〇二%、慶北一二・七九%、慶南一三・一六%、京畿八・二一%、咸南二・七二%、咸北二・〇二%、黄海五・四二%、平北三・四六%、平南二・二二%、忠北五・三五%、忠南七・四七%、江原四・四三%となる。全羅道、慶尚道、京畿道、忠清道からの徴用者の死亡割合がおおい。

◎戦死書類作成者

常設師団の歩兵連隊ごとにおかれた連隊区司令部には、司令官のもとに副官がいて、連隊の事務処理をおこなった。歩兵第二〇師団の場合、平壤、龍山、大邱に兵事区司令部があった。朝鮮の師団は連隊区を兵事区としていた。各連隊区司令部には総務、徴兵、動員の三課がおかれた。動員のばあい、師団司令部の動員担当者は、部隊の動員の人員、どの軍管区から何人召集するかを決めて割り振る。それを受けて、連隊区司令部区ごとに何人召集するかを決めた。地域ごとの召集者の人数が決まると、担当である下士官は在郷軍人名簿から、氏名をピックアップして、名簿に赤紙を挟み込んでいった。赤紙配布による、動員の事務処理である。

召集した兵員が、戦闘などで戦死したばあい、部隊内の書類処理は、連隊区副官の任務である。「死亡区分」など、記載内容は上部機関からの命令にしたがう。戦死者書類は、戦死当時の状況まで詳しく書かなければならない。書くのは連隊本部の事務担当下士官で、彼等を総動員して作成にあたる。できあがった書類にしたがい、戦死の連絡は、連隊司令部からまず電報によって役場に伝えられる。これは「内報」と呼ばれた。「内報」からしばらくして、軍から遺族にたいし、正式の通達である「公報」がおくられた。日中戦争のころは、克明な戦死概況が家族におくられていたが、大東亜戦争末期の戦死者については、かんたんな「戦死公報」しか届けられなかった。家族は、一通の公報で出征者の死亡を知らされた。役場では兵事係が、在郷軍人名簿にある戦死者名に、赤線を引き、名簿から抹消した。役場の戸籍課は、戸籍抹消をおこなった。

◎記載事項

「被徴用死亡者連名簿」の記載事項は、靖国神社の「祭神名票」と基本的におなじである。以下の一三項目である。

① 連番号　二万一七一〇名を道別に分類し、番号をつけたもの。陸軍、海軍はわけられている。重複があって正確ではない。

② 階級　所属する部隊での階級である。朝鮮王族の李鍝公は「大佐」とある。フィリピン俘虜収容所所属の洪思翊は「中尉」とあった。洪思翊は第一四方面軍兵站監で「中将」であった。山下奉文司令官、武藤章参謀長に次ぐ地位にいたといえる。「死亡区分」には「死亡」とある。マニラでの判決は絞首刑であり、皇軍でのあつかいは「法務死」となっている。特攻機に乗ったものは尉官であり、尉官、下士官の曹長、兵長、一等兵、二等兵、一等水兵、上等水兵などがある。海軍では、軍属が圧倒的多数である。軍人は少数である。陸軍は七〇%が、軍人である。

海軍軍人は、忠清南道一三名、慶尚南道三七名、慶尚北道三三名、全羅南道九名、全羅北道八名、京畿道二二名、江原道二八名、黄海道一二名、咸鏡南道二一名、咸鏡北道八名、平安南道二二名、平安北道二五名である。総数二三八名で、海軍「被徴用者」の一・七八%にすぎない。将校は三名しかいない。全羅南道出身で、西カロリン航空隊にいた松本活史中尉、四四年七月二十六日、グァムで戦死している。京畿道出身の攻七〇四航空隊にいた西村勇之進大尉、四五年六月二十五日、南西諸島で戦死。平安南道出身で、横須賀鎮守府所属の金海淇燁大尉は、四五年三月二十八日、カムラン湾で戦死している。

陸軍の軍属・傭人などは、全羅南道五二九名、全羅北道八八名、慶尚北道三八七名、慶尚南道四〇五名、京畿道三六六名、咸鏡南道八三名、咸鏡北道八二名、黄海道一七四名、平安北道八七名、平安南道七六名、忠清北道七三名、忠清南道九六名、江原道一二三名で、陸軍「被徴用」者の約三〇%にあたる。したがって、七〇%が軍人ということになる。将校は見習士官をふくめても、三十余名の少数。一覧にしておく。

全羅北道　高射砲一二三連隊　金本文太郎　見習士官　──～四五、一、九　戦死

全羅北道　独歩四七大隊　金田光雅　見習士官　──～四四、一二、一一　戦病死

慶尚北道　航空二戦隊　戸山秀雄　中尉　──～四五、四、六　戦死　沖縄

慶尚北道　三一教育飛行隊　金城炳浩　見習士官　──～四四、七、一〇　戦死

慶尚南道　六航空軍司令部　光山文博　大尉　──～四五、

五、一一　戦死　沖縄
慶尚南道　独立飛行二三中隊　岩本光守　少尉　—〜四五、
三、二六　戦死　沖縄
慶尚南道　八六飛行中隊　市野靖道　中尉　—〜四四、
八、一三　戦死　アイタペ
京畿道　海挺一四戦隊　金山秀雄　大尉　二三、五、
二三〜四五、四、一六　戦死　ルソン島　頭部貫通銃創
京畿道　独警歩二五大隊　茂山浩清　少尉　二〇、一二、
一一〜四五、八、一七　戦死　河南省
京畿道　独歩一九大隊　井垣寿禎　見習士官　二一、三、
一〇〜四五、三、二八　戦死　山東省
京畿道　独歩四五大隊　岩村　墉　見習士官　二二、六、
二三〜四五、二、六　戦死　山東省
京畿道　独歩三八六大隊　伊東啓介　少尉　二三、七、
七〜四五、四、一五　戦死　湖北省
京畿道　飛行二〇戦隊　石橋志郎　少尉　一八、二、
八〜四五、五、二九　戦死　沖縄
京畿道　歩兵二八連隊　安倍連二郎　少佐　〜三九、九、
一三　戦死
京畿道　歩兵六六連隊　岩本啓義　大尉　一九、一二、
二八〜四四、二、八　戦死　ニューギニア
京畿道　歩兵七三連隊　木村俊雄　准尉　〜四五、八、
六　戦死　アンテボロ
京畿道　歩兵七八連隊　高山武雄　准尉　〜四五、五、
一三　戦死　ニューギニア
京畿道　第二総軍司令部　李　鍝　大佐　一二、一一、
一五〜四五、八、六　戦死　広島市（＊朝鮮王族）

京畿道　四航空軍司令部　松井秀雄　少尉　—〜四四、
二、九　戦死　レイテ
京畿道　三〇師団衛生隊　清河英夫　大尉　一七、三、
一九〜四五、六、二八　戦死　ミンダナオ島
京畿道　—　河田清治　大尉　—〜四五、
五、二一　戦死　静岡県
京畿道　比島俘虜収容所　洪思翊　（中尉）　—〜四六、九、
二六　（死亡）比島俘虜収容所　＊マニラで法務死階級は中将
京畿道　六航空軍司令　広岡賢載　少尉　二六、八、
四〜四五、五、二七　戦死　沖縄
京畿道　船工一五連隊　国長夏雄　巡尉　〜四四、五、
一三——服南病院
咸鏡南道　八飛行師団　大河清明　少尉　二八、四、
二一〜四五、三、二九　戦死　沖縄
咸鏡北道　飛行六六戦隊　高山　昇　少佐　二一、一、
一一〜四五、四、二　戦死　沖縄
咸鏡北道　ロ戦隊　本田源一　中尉　—〜四二、
三、一七　戦死　—
黄海道　独歩三三大隊　安岡英雄　見習士官　二四、三、
二七〜四五、七、八　戦病死　石門陸軍病院
黄海道　独警歩一四大隊　南谷賢教　見習士官　二一、一、
一一〜四五、五、一八　戦死　河北省
平安北道　歩兵四一連隊　池口亀佐　中尉　—〜四四、
一一、三　戦死　レイテ
平安北道　六航空軍司令部　川東正一　少尉　二六、六、
三〇〜四五、六、六　戦死　沖縄
平安北道　六航空軍司令部　清原鼎実　少尉　二五、四、

一二~四五、五、四　戦死　沖縄
平安北道　一四方面軍司令部　新井幹雄　見習士官　一九、八、
二三~四五、五、一〇　戦死　ルソン
平安北道　独混七〇旅司令　春木鎮治郎　中尉　二一、六、
一五~四五、六、四　戦病死　タイ
平安南道　独歩一三四大隊　賀川龍雲　見習士官　二一、八、
二七~四五、二一、一二　戦死　准河省
平安南道　野高砲四八大隊　青木根哲　少尉　一七、一、
一七~四一、一二、二五　生死不明　ビルマ
平安南道　八飛行師団司　結城尚弼　大尉　二〇、一二、
六~四五、四、三　戦死　沖縄
平安南道　歩兵七四連隊　太田有泰　大尉　一九、三、
一九~四二、四、六　戦死ビルマ
忠清南道　六航空軍司令部　林　長守　少尉　—~四四、
一二、一〇　戦死　レイテ
忠清南道　六航空軍司令部　金田元永　少尉　—~四五、
五、二八　戦死　沖縄
忠清南道　九六師団工兵隊　井上　赫　見習士官　—~四五、
七、四　戦死　海没
江原道　一船舶輸司令部　松川忠正　少尉　一九、六、
二九~四五、八、八　戦死　羅津

③
「氏　名」　一九四〇年の創氏改名の後の「氏名」が多数ある。兵役の者は、この名前で二〇年間管理される筈であった。将校になった者のほとんどは、創氏名で記載されている。朝鮮王族の李鍝公と、第一四方面軍兵站監洪思翔は、本名である。洪思翔中将を中尉とある。

④
「生年月日」が記載されている。兵役二〇年間の管理、年金・恩給の基礎になるデータであるため、基本的に漏れなく記載されている。一九二四年出生で、徴兵第一期のものが多い。二十歳での死亡者がじつに多い。一九四五年八月二十四日、舞鶴湾で「死亡」した「軍属」四六四名には、生年月日の記載がない。したがって、何歳で死亡したのかはわからない。ここには日本人ふうの「氏名」で「死亡」した、朝鮮人女性もふくまれている。

「生年月日」から、幼くして死亡した戦死者をひろってみる。

慶尚北道　船舶輸送司令部　林　奉順　操機手　一九三四年一月
~四五年三月二十六日　セブ島　戦死（十一歳）
慶尚南道　大八州丸　木下龍讃　司厨員　一九二九年二月十二日
~四四年六月十一日　ハルマヘラ島　戦死（十五歳）
黄海道　船舶輸送司令部　豊川正夫　軍属　一九二九年八月二日
~四四年九月十二日　比島　戦死（十五歳）

また、一九四四年九月九日、バシー海峡で満州丸をふくむ船団が海没する。横須賀第四特別陸戦隊、佐世保第八特別陸戦隊、舞鶴第一特別陸戦隊、第一五海軍警備隊、第一六海軍警備隊に所属する九四名の上等水兵、機関兵が戦死している。「生年月日」は、二四年出生の二十歳を最長に、二五、二六、二七年生まれがほとんどである。徴兵第一期の一九二四年生まれ以下の世代が、陸戦隊隊員にされている。特別陸戦隊は、米軍で言う海兵隊に該当する。

⑤
所　属　陸軍、海軍とも四〇〇ほどの所属部隊名があった。陸軍では歩兵第七四連隊、歩兵第七八連隊など、ニューギニア島で多数戦死した部隊の所属者がおおい。海軍では、「設営隊」に所属した軍属が多数いた。輸送船に乗船していて、撃沈などで「戦死」したばあい、船舶名が所属部隊になっている。これが二重記

載の主な原因のようである。

⑥ 死亡年月日　一九三八年から四二年までの中国戦線での戦死・戦病死者。四二年から敗戦までの太平洋戦線での死亡者と大別できる。太平洋戦線では、四四年、四五年に戦死者が集中している。それも、二十歳前後の若者がほとんどである。

⑦ 死亡場所　中国戦線にくわえ、米軍が攻勢をとった太平洋戦線の激戦地、戦略要衝地などが、戦死・戦病死の場所となった。ガダルカナル、ギルバート諸島からはじまり、サイパン、北太平洋、そして沖縄と、死亡場所は移動しつつ、拡大している。

　一九四四年七月、日本陸海軍は、〝天王山〟としたサイパン島争奪戦・マリアナ海戦に敗れる。戦線はフィリピン攻防戦へとむかう。この時から、日本内地や満州方面から陸軍部隊の増援輸送が十月にピークをむかえる。海軍の徴用輸送船に乗船中の戦死者は一三一九名であるが、その七七・五%が四四年、四五年に集中。陸軍では、乗船中の一四六七名が戦死し、八六・六%がやはり四四、四五年に集中する。

⑧ 死亡区分　戦死者は、おもに「戦死」「戦病死」「戦傷死」「死亡」と四大別に「死亡区分」される。この四大別に、いろいろ作為がなされていた。

　連隊司令部の司令官のもとで連隊副官が、動員・徴兵・経理など事務作業を統括する。戦死者の書類上の処理は、徴兵課の仕事である。書式に戦死区分、戦死事由、死亡日時、死亡場所などを書き込んでいった。徴兵課では、軍人恩給、国防婦人会の業務も担当していた。戦地の連隊司令部では、連隊区副官が戦死者書類を完成させる。これは旅団司令部、師団司令部をつうじて日本本土へ送られる。そして、各留守宅に戦死「公報」が送られる。同時に各役場戸籍課で、戸籍抹消がおこなわれる。兵事係では在郷軍人名簿から削除される。さらに靖国神社に祀られることになる。靖国神社に戦死者として名簿が納められると、この名簿にたいし護国の英霊として、天皇も頭をさげた。

　建前上の事務処理に、〝遺棄兵〟として処刑した軍属などの、事務上の処理もくわわった。「被徴用死亡者連名簿」に「死亡」とされているが、じつは銃殺、斬殺された事実などがうかんでいる。

⑨ 「死亡事由」　戦死、戦病死、死亡にいたった理由がしめされる。戦病死の死亡事由は、「栄養失調」「マラリア」「脚気」などである。戦死・戦傷死の死亡事由には、「頭部爆創」「頭蓋骨複雑骨折」「腹部貫通銃創」などがある。軍医の判断で記載されるのだろうが、記載されていない例がおおい。「栄養失調」は、「餓死」の別名といえそうである。「玉砕」という「自殺」の例もある。「自殺」もある。

⑩ 「本籍地」　本籍地徴兵を建前としていたので、氏名、生年月日、本籍地は欠かさず記入されている。激戦地タラワやサイパンなどの「戦死」者の本籍地には、全羅南道長城郡、忠清南道禮山郡など、特定地域がならぶ。国民徴用令が適用され、徴用が各道に割り振られた事態がうかぶ。書かれている住所が現在では使われていない。日本が朝鮮を植民地支配したときの住所である。

・親権者

⑪ 関　係　死亡者の親権者が父母であり、妻であり、子供であるなど。内縁の妻、などもそのまま記入されている。

⑫ 姓　名　父の名、母の名、内縁者の名などである。地域の有力者が複数の者の、親権者になっているケースもある。

⑬ 住　所　記載されている住所は、現在は通用しない。日本が植民

地支配のための強制区分でできた住所である。

以上が記載事項であるが、「氏名」「生年月日」「本籍地」は、よく記入されている。「不詳」の欄も相当ある。舞鶴湾で「死亡」した四六四名については、「親権者」の記載がない。

◎編　集

「被徴用者死亡者連名簿」の死亡者名を、海軍、陸軍それぞれを、各道ごとに分類していった。まず⑤の「所属」によって集計するところからはじめた。所属部隊の部隊名が略記されているので、これを正式名になおした。「二〇二設」を「第二〇二設営隊」というように。変えた部隊名を、五十音順にならべた。数字のはいった部隊名は、数列順にならべた。ここまでの作業で、いろいろな特徴があらわれてきた。たとえば、芝浦海軍補給部では、一九四五年三月十日、東京大空襲の日に慶尚北道出身「軍属」が、一二三名「戦死」している。大湊海軍施設部所属の忠清南道出身の「軍属」が、八月二十四日、舞鶴湾内で約一四〇名が「死亡」している。激戦地部隊では、毎日のように数名ずつ「戦死」している。戦闘はないのに、ニューギニアなどでは日々死者がたえず「戦病死」している、などである。

所属部隊は地域ごとにあつめた。フィリピンはたくさんの島々から構成されている国である。マニラ島、ルソン島は激戦地であった。ここに日本軍は五〇万からの兵員を配置した。ミンダナオ島。セブ島などもあり、地図でも見つけにくい島があり、これらを一地域とし、まとめた。日本軍の将兵、軍属、民間人は「比島決戦」の名のもとに五二万人弱が戦死した（保坂正康『昭和陸軍の研究』下・p二四二）。

所属部隊、死亡地域ごとの死亡者を、死亡年月日順にならべた。そしてこれを、米軍が攻撃をかけた年月日の順にならべた。ここまでの作業で、二重に記載されている者など、整理した。日本軍がひどい敗北の過程にいたことが、あらわになった。「死亡事由」に玉砕、の記録もある。

厚生省にあった「戦没者身分等調査票」の段階で二万一七〇〇名ほどの戦没者には、銃殺刑にされた者、自殺者などをふくむ。このままでは靖国神社の祭神にはなりえない。刑死者、自殺者などをのぞいた数が二万一一八一の英霊にされたものと推量する。

「被徴用死亡者連名簿」には、財務部により、各道ごとの死亡者数が記されている。これはこのまま示しておいた。実際はダブって記載されていたり、記載されているのに生きているなどがあった。是正もかなわず財務部の表示をそのまま利用した。

◎「南方方面離島状況調査表」

太平洋戦争の一つの局面は、ニミッツ米海軍大将の指揮する太平洋方面艦隊である。中部太平洋の島づたいを横断する進攻作戦。本格的作戦は、一九四三年十一月二十一日ギルバート諸島のマキン、タラワ両島への強襲上陸にはじまった。このあと十二月八日、大東亜戦争開始二年目をむかえるが、日本軍には不吉な予測がぬぐえなかった。四四年二月一日マーシャル群島、ケゼリン環礁のケゼリン、ルオット、ナムル三島への上陸、二月十九日同群島のブラウン環礁への上陸とつづいた。いずれも日本軍守備隊は数日で敗北した。さらに四四年五月には、サイパン島攻撃前の、牽制攻撃がマッカーサー軍団により、ビアク島にくわえられた。ニミッツ艦隊はマリアナ諸島にむかい、六月十五日にはサイパン島、七月二十一日にはグァム島、七月二十四日にはテニアン島に上陸した。これらの島に配備された日本陸軍部隊の抵抗は、一カ月ほどつづいたが、各島とも相次いで敗北した。四四年九月十五日には、パラオ諸島のペリリュウ島、同十七日にはアンガウル島に米軍は上陸。日本軍の洞窟に立てこもっての勇戦奮闘があったが、一カ月後に敗北。そのうえで、四四年十月、ニミッツ提督の艦隊は、マッカーサー軍団とともにフィリピン

＊○「南方方面離島状況調査表」

	給食人員			糧食保有状況	補給状況
	海軍	陸軍	総計		
ウォッゼ	一九一六	一〇一四	二九三〇	米麦一二〇g、粥食で四月二十日まで	実施せず
マロエラップ	一〇五七	一八三三	二八九〇	四四年九月まで以後皆無	実施せず
ミレ	二三九一	一九〇九	四三〇〇	四四年八月まで以後皆無	実施せず
ヤルート	一一一八	九四二	二〇六〇	四四年九月まで以後皆無	実施せず
ナウル	四一七〇		四一七〇	四四年九月まで潜水艦補給四四年十一月まで	四四年九月以降実施せず
オーシャン	五一〇		五一〇	四四年八月まで以後皆無	実施せず
クサイ	四八九	四五六一	五〇五〇	四四年五月まで以後皆無	実施せず
エンダービ（タロア）	七〇	五三〇	六〇〇	四五年四月二十五日より二〇日分	実施せず
パガン	四〇〇	二〇〇〇	二四〇〇	米麦二二〇gで三月中旬まで	四四年十二月以降実施せず
メレヨン（フララップ）	一六〇〇	二九〇〇	四五〇〇	三〇〇gで四五年七月まで	四四年四月潜水艦で
大島（ウェーキ）	三一〇六	一一四四	四二五〇	四五年六月三日まで	四五年四月潜水艦で
南鳥島		三二一一	三二一一	三割減食で六月下旬まで	四五年四、六月潜水艦で
	五二九一五	六七九五〇	一二〇八六五		

のレイテ島に進攻する。

「被徴用死亡者連名簿」を海軍、陸軍とみていく。まずつぎの表をみておきたい。藤原彰著『餓死した英霊たち』に掲載されたものである。一九四五年四月十四日に、海軍軍令部が調査した「南方方面離島状況調査表」がある。〃南方方面離島〃とは、日本軍守備隊を配置した、中部太平洋上の島々で、一二の島の名前が示されている。その島で給食が必要とされる「給食人員」、その「糧食保有状況」と「補給状況」が記載されているが、「給食人員」は、島のそれぞれに陸軍、海軍とその合計が示されている。総計一二万名余になっている。「糧食保有状況」が事態の深刻さを示しているが、「補給状況」には、補給を〃実施せず〃との記載がならぶ。太平洋上の制海権、制空権は米国におさえられていて、輸送船での補給ができなくなっていた。潜水艦で、わずかに補給したが、それも難しいということだ。この「南方方面離島状況調査表」は、「戦史叢書」六二・中部太平洋海軍作戦〈二〉による。「餓死した英霊たち」、「戦史叢書」六二のいずれにも、朝鮮出身軍人・軍属についての指摘はなにもない。

一二の島々のうち、ウェーキ島についてみてみる。「戦史叢書」中部太平洋方面海軍作戦二によれば、ウェーキ島には一九四五年四月ごろに、陸軍・独立混成第一三連隊の将校九八、下士官兵一八四一名。海軍・海軍第六五警備隊の約二〇〇〇名。ここに海軍第四施設部約五〇〇名の軍属、総計約四〇〇〇名がいた。八月十六日夜、同島守備隊は終戦を確認。九月四日米駆逐艦が来島し、艦上で降伏調印し、同島を米軍にひきわたす。十月五日病院船橘丸で七〇〇名（内　陸軍出口武大尉以下三五〇名を含む病弱者と、海軍第四施設部軍属約三〇〇名）を内地に送還した、とある（「戦史叢書」）。のこりの者は、海軍・八九七名が十一月十四日浦賀に上陸。陸軍・一〇九三名は十一月十七日までに上陸した。陸海軍合計一九九〇名である。ウェーキ島にいた約四〇〇〇名のうち、帰還者は約半数ということになる。ここにも、朝鮮出身軍人・軍属についての指摘はなにもない。

「被徴用死亡者連名簿」の記載では、ウェーキ島では、全羅北道出身の「第四海軍施設部」所属の「軍属」六五名が、「戦死」もしくは「戦病死」している。「死亡日時」は一九四三年五月から四五年六月にわたる二年間である。約五〇〇名いた軍属のうち三〇〇名が生還し、二〇〇名が「戦死」「戦病死」したことになるが、そのうち六八名の「氏名」が確認できる。全羅北道のほか、慶尚南道出身者二名、慶尚北道出身者一名もある。二〇〇名のうち六八名が朝鮮半島出身者。あとは日本人軍

＊〇各道別離島死亡者表　海軍軍令部の調査に、「被徴用死亡者連名簿」をかさねたのが、次表である。

	忠南	忠北	慶南	慶北	全南	全北	京畿	江原	黄海	咸南	咸北	平南	平北	計
ウォッゼ	一			四二	二五	一								八九
マロエラップ	二八													二八
ミレ	二		二		二一五									二一九
ヤルート				二										二
ナウル	三〇	一	一	五	一	一	一	一三	一	一八				七二
オーシャン									一					一
クサイ				五						三	一			九
エンダービ（タロア）	二九			一	一	一			一					三三
メレヨン（フララップ）	一四	四	六四	一〇	一〇	一三	三〇	三	一	一	一	一	一	一五三
大鳥島（ウェーキ）			二	一		六五								七〇
南鳥島			四											四
	一〇四	五	七三	六六	二五二	八三	三一	一六	四	二二	二	一	一	六六〇

・島の名前は、日本軍が守備隊をおいたが、補給ができなかったところ。
・パガン島をのぞき、どの島にも朝鮮出身軍属がいた。ミレ島に異常がみられる。朝鮮人叛乱と処刑があったようである。
・メレヨン島がもっとも飢餓がひどかった、といわれる。ウェーキ島には、一九四三年十月六日に米軍上陸。

＊海軍道別出身者一覧（一万三二七六名）

忠南	忠北	慶南	慶北	全南	全北	京畿	江原	黄海	咸南	咸北	平南	平北	計
一一七三	七六七	一七四九	一六九三	二八八九	二三五四	八四一	五四三	五三六	三二七	四三	二〇四	二五七	一万三二七六

属なのだろう。

堀栄三著『大本営参謀の情報戦記』には、太平洋の島々は日本の小笠原諸島をふくめて、日本が守備隊を配備したのが大小二五島、そのうち米軍が上陸して占領した島は、わずかに八島にすぎず、残る一七島は放ったらかしにされた、とある。一七島のうち、一三島のありさまが、海軍軍令部によって調べられていた。

「南方方面離島状況調査表」のウェーキ島以外の島々での、「被徴用死亡者連名簿」にみる朝鮮出身軍人・軍属の死亡状況は以下のとおりである。朝鮮出身軍人・軍属は、パガン島をのぞく一一の島に配属されている。そして総員六六〇名余の「戦死」「戦病死」者がいた。ミレ島で全羅南道出身者が二一五名、ウェーキ島で全羅北道者六四名が、「戦死」「戦病死」「死亡」しているのが目をひく。ミレ島では人肉食事件があり、これをきっかけに、朝鮮人軍属の反乱がおこった。武力鎮圧した日本軍は、反乱者六〇人ほどを銃殺刑、斬殺刑にした。処刑日は一九四五年三月十八日のようである。処刑された死亡者たちは、「被徴用死亡者連名簿」の死亡区分では「死亡」として、記載されている。反乱のリーダー朴鍾元は、陸戦隊に鎮圧されるとき、海に逃れる。米軍に救出され、ハワイ捕虜収容所に送られる。帰国して一九九一年、アジア太平洋戦争犠牲者補償請求事件の原告となった。

○海軍主要部隊の朝鮮出身軍属死亡者　朝鮮出身軍人・軍属は、多数海軍部隊に配属されたが、そのなかでとくに死亡者の多かった部隊を、概観しておく。

大湊海軍施設部、横須賀海軍施設部、第四海軍施設部、第五海軍建築部、第八海軍建築部、第一五設営隊、第三〇海軍建築部、第一〇三海軍施設部、以上の部隊に「所属」した「軍属」の「戦死」「戦病死」者がとりわけ多い。以上の部隊は、第一五設営隊以外は、施設庁として「軍属」の徴用にあたった。第一五設営隊は、第四艦隊に所属し、呉施設部により一九四二年六月十五日編成され、東北ニューギニアに派遣された。まだ大東亜戦争の初期段階にニューギニアに「進出」するが、とりわけ「戦死」「戦病死」の多かった部隊である。

大湊海軍施設部一四六二名（北千島・北太平洋での戦死）、横須賀海軍施設部五五二名（硫黄島・サイパンでの戦死）、第四海軍施設部四〇一八名（ギルバート諸島・マーシャル諸島・トラック島・マリアナ諸島での戦死）、第五海軍建築部七二〇名（サイパン島での戦死）、第八海軍建築部四一七名（ニューギニア地域での戦死）、第一五設営隊一一八一名（ニューギニア地域での戦死）、第三〇海軍建築部五三一名（パラオ諸島・ペリリュウー島での戦死）、第一〇三海軍施設部三七一名（ルソン島での戦死）、計九二五二名である。海軍の「被徴用死亡者連名簿」の死亡者総数は一万三二七二名である。ここに挙げた部隊だけで、「被徴用死亡者連名簿」記載の死亡者の七割ちかくをしめる。

＊注　第四海軍施設部　第四艦隊に所属。本部はトラック島にあり、東京支部が、東京芝浦におかれた。一九四〇年十二月十五日第四海軍建築部を設置。四三年八月十八日第四海軍施設部に改名。四七年五月三日廃止。東京支部は四一年六月十日設置、七月十二日より芝浦海軍建築支部と通称した。四三年四月二十三日廃止され、施設本部芝浦補給部となった。

第I部　海　軍

一　ニミッツ艦隊の総反攻・太平洋横断

一　一九四二年八月　ガダルカナル島攻防

南太平洋西部ソロモン海にうかぶガダルカナル島では、第八艦隊所属第一三設営隊と連合艦隊所属第一一設営隊が、四四年七月以来、飛行場建設にあたった。飛行場はほぼできあがっていた。ガダルカナル守備隊は、第八警備隊の二五〇名、第八四警備隊ガダルカナル島派遣隊二四七名であり、第一一設営隊の隊員は一三五〇名、第一三設営隊は一二二一名であった。ガダルカナル島の海上二〇キロメートルほどにツラギ島があり、ここにもツラギ航空基地が建設されていた。朝鮮人軍属に関する記録がない。幾冊かの本に断片的記録がある。

千田夏光著『俘虜になった大本営参謀』には、第一一設営隊隊員一三二一名、第一三設営隊隊員一三五〇名とある。第一一設営隊は、北陸丸をふくむ輸送船団で、当初ミッドウェー島にむかった。ところが連合艦隊の敗北で、北陸丸をふくむ輸送船団はトラック島に方向をかえた。北陸丸は横須賀から出発するが、日本人徴用者三五〇名が乗船させられていた。六月四日のことである。上陸はゆるされずにいると、六月十四日ごろ大型輸送船ぶらじる丸が、トラック島に到着した。ぶらじる丸からは、約七〇〇人の朝鮮人徴用者が、北陸丸に移された、とある。

四二年八月七日、米軍は上陸部隊を乗せた二三隻の輸送船を、航空母艦三隻、戦艦一隻、巡洋艦一四隻、駆逐艦三一隻で護衛し、基地航空機二九三機の陣容で、ガダルカナル島を強襲した。上陸兵力は約二万名。航空機爆撃につづき、艦砲射撃があって、上陸部隊の一万九千名が上陸した。米軍強襲のはじめの攻撃目標にされたのは、設営隊であった。隊員はジャングルのなかに逃げ込むのが精一杯であった。夜になって、設営隊長とその部下、陸戦隊長などが合流した。しかし設営隊員の九割までは、合流せず、密林のなかに離散した。第一三設営隊の朝鮮出身者約八〇〇名のうち、生還し得たのは十数名とされている。

四二年八月から十一月までの間に、第二師団、第三八師団、歩兵第三五旅団、一木支隊など総計三万一千余名がガダルカナル島に派兵された。うち一万五千余名が餓死、四千余名が戦死、生還者はわずか一万余名といわれる。米軍の目をかすめるようにして、四三年二月一、四、七日の三回、駆逐艦で退却がおこなわれた。退却に際し、第一七軍宮崎周一参謀長は、〝行動不如意ニアル将兵ニ対シテハ皇国伝統ノ武士的道義ヲ以テ万遺憾ナキヲ期スルコト〟と命じていた。〝行動不如意〟の者は、自決をせまられ、薬殺もなされた。駆逐艦に乗れない、多数傷病兵がガダルカナル島に置き去りにされた。この兵たちは、〝遺棄兵〟であり、書類上は戦死とされたようである。しかし米軍の俘虜になったものも少なくなかった。

ガダルカナル島争奪戦は、六カ月間の戦闘だ。米軍がこの島を攻略してきた戦略的理由を、大本営は読まなかった。そして、まずい逐次派兵をくりかえし大敗北を喫する。米軍上陸兵員の数を下算し、兵器・食糧の輸送船確保、制空権の確保などいずれも失敗。ガダルカナル島からの退却の直接の理由は、輸送船の確保ができなかったことによる。食糧の輸送失敗は、軍隊の規律を寸断していた。部隊を失った遊兵による泥棒の横行で、戦闘などおこないえなかった。傷病兵に医薬品もなかった。

米連合軍の意図を読んだのは、山本連合艦隊司令長官であった。ミッドウェー海戦に敗れ、山本は瀬戸内海の柱島にひきこもっていたが、ガダルカナル島をうしなっては、全局の主導権をうしなうと奮起。ガダルカナル島に第二師団の派兵が実現したのは、連合艦隊の支援があったためである。日本軍戦艦による基地砲撃には、米軍基地部隊をふるえあがらせている。しかし、制空権をうしないつつあった日本軍は、輸送船の運用が不可能になっていた。制空権を確保できるほどの航空機もなくなっていた。

米軍のガダルカナル島攻略の意図は、米国の政治的意図の開示である。ハル・ノートに示された、三国同盟からの脱退、中国からの撤兵、蒋介石政権の容認を、戦争によって明示したのである。自存自衛・大東亜共栄圏・八紘一宇だのという、南方資源の掠奪など、日本は米国の意図を認めないことを、戦争によってしめした。戦争を継続していく。

米海軍はガダルカナル島での勝利のあと、南西太平洋での戦いを、極東米軍司令部長官ダグラス・マッカーサーにひきついだ。一九四二年初頭から四四年半ばまで、マッカーサーはソロモン諸島からフィリピンへの進攻計画を立案し、実行していく。（ケネス・J・ヘイガン、イアン・J・ビッカートン著「アメリカと戦争」一八七頁）ガダルカナル島を占拠した米軍は、以後、五カ月にわたりソロモン諸島での激戦をつづける。

ソロモン諸島は、南緯六度から一〇度の間に、東経一六〇度の左上から右下に一千キロメートルにわたって二列につらなっている。大小二〇個ほどの島で、大きなものは、ブーゲンビル島、チョイセル島、ニュージョージア島、ガダルカナル島、サントクリストバル島と左上から右下につらなっている。ブーゲンビル島のすぐ上にちいさなブカ島があり、ブーゲンビル島にはブイン基地がある。連合艦隊司令長官山本五十六が、死の飛行に飛びたった基地である。ニュージョージア島にはムンダ基地があり、ガダルカナル島の右上にはツラギ島がある。ニュージョージア島のムンダ基地では、全羅北道出身の第四施設部所属「軍属」一九名が、「戦死」「戦傷死」している。四三年の一月から四月の時期である。

マッカサー軍団は、ガダルカナル島につづき、米軍戦闘機に運用可能距離圏につぎつぎに飛行場を設定していった。ニューブリテン島のラバウルから、ガダルカナル島までやく一〇二〇キロメートル。ラバウルを飛びたったゼロ戦は、この距離を往復することはできたが、爆撃や空中戦闘の余力はなかった。したがって、米軍としてはラバウルとガダルカナル島のあいだに、日本軍航空基地を作らせなかった。ゼロ戦の優勢な機能に翻弄されながらも、米戦闘機P38はやがて地歩を確保していく。ゼロ戦は強かったとはいえ、無敗ではないし、損耗の補充がなされなければならない。水上艦隊どうしの戦闘でも、日本軍の善戦はあったが、損耗の補充ができなくなっていた。日本軍は、ソロモン群島での戦闘機の空中戦の五カ月ほどの戦いで、航空機・兵器の補充の不足が目立ちだした。ぎゃくに、米国の航空機生産など兵器生産能力はたかまっていった。日本軍の戦力、国力は、開戦いらい一年半ほどの戦闘で急速に低下していった。

ソロモン諸島の北端にブーゲンビル島・ブカ島があり、そのさきにニューブリテン島がある。ニューブリテン島は東西にながいが、これに平行するようにビスマルク諸島がある。ニューブリテン島の西側に、ダンピール海峡をはさんでニューギニア島がある。ニューギニア島は日本の二倍もの面積をもつ大きな島である。しかも万古斧鉞（ふえつ）のジャングルにおおわれている。

ニューブリテン島にはラバウルがあった。ラバウルは日本軍のこの地域の兵力の拠点であり、陸軍の第一七軍司令部があった。トラック島、ラバウル、サイパン島など、日本軍は戦略拠点を陣地として防衛を維持しようとしていた。米軍は全軍あげて制海権、制空権を拡大しようとしていた。

これらの諸島に、朝鮮出身軍人・軍属も配属された。『被徴用死亡者連名簿』をみてみると、ビスマルク島には第二一二設営隊が配置されている。忠清南道出身六名、慶尚南道出身二名、京畿道出身一六名、全羅北道、江原道、咸鏡南道、咸鏡北道出身各一名、計二八名が「死亡場所」ソロモン諸島である。一九四四年五月から四五年六月にかけ、「戦死」「戦病死」している。日本軍が降伏した四五年八月以降にも「戦病死」がつづく。慶尚北道出身で第三二設営隊に配属された「軍属」は、ブカ島にいたのであろう。四四年から四五年にかけ六名「戦死」、一人「戦病死」である。この地区でこの時期、ラバウルでは三二二名の死亡があった。

『被徴用死亡者連名簿』では、ソロモン諸島には第一九設営隊、横須賀施設部派遣設営隊、第四海軍施設部派遣設営隊、第三二設営隊が配されていた。第一九設営隊所属の軍属は、忠清南道出身五名、忠清北道出身二名、慶尚南道出身四二名、慶尚北道出身三三名、全羅南道出身一六名、計九八名が「死亡場所」南西太平洋で「戦死」している。「死亡日」は四四年三月十八日である。

・第一九設営隊の九八人、横須賀施設部一一人、第三二設営隊二二人など「戦死」「戦病死」としている。この他に、ソロモン諸島海域で、船舶に乗船中の「戦死者」は五二名をかぞえる。慶尚南道出身九名、慶尚北道出身七名、全羅南道出身一四名、全羅北道出身三名、京畿道出身二名、江原道出身七名、黄海道出身四名、咸鏡南道出身四名、咸鏡北道出身二名である。

以下、ソロモン諸島に進出した部隊を列記する。『海軍施設系技術官の記録』から摘記した。『海軍施設系技術官の記録』は、同書刊行委員会の編集・発行で一九七二年に出版され、非売品とある。「特設施設部及外地設営隊配置図」と「海軍設営隊・施設部など一覧」がある。海軍設営隊の所属、編成年月日、進出先など記載されている。人事記載に重点がおかれているが、編成年月日、進出先の記載がまとめられている書籍は、ほかに見当たらず、参考にした。同書では、設営隊に朝鮮出身者が配属されていたことは、基本的に記されていない。第一一、一三設営隊に朝鮮出身者がいたことは、ここの記載をみるかぎりわからない。ギルワで米濠軍に包囲され、現地解隊した第一五設営隊については、〃全員工員部隊で、高砂義勇隊、南、北鮮、南支の隊員もあり〃とある。

同書から、この時期に編成され、ニューギニア、ニューブリテン島に進出した設営隊を略記する。それら部隊のうち、「被徴用死亡者連名簿」にあるものも略記しておいた。

○ニューアイルランド島カビエンに進出

・第一二設営隊　第一一航空艦隊所蔵、呉建築部派遣。一九四二年五月一日編成、五月九日呉発。ニューアイルランド及びカビエンに進出。四三年十月二十五日横須賀帰着、三十日解隊。ミッドウェー作戦失敗

○西南太平洋地区死亡者

	忠南	忠北	慶南	慶北	全南	全北	京畿	江原	黄海	咸南	咸北	平南	平北	計
ラバウル	二六	二九	三三	五	七	二三	二〇	一	二二			二五	一	一九三
ソロモン	二		三四	二五	一七	一〇	二	六		六	二	二		一〇四
ブーゲンビル・ブイン	一	一一			四	一三	一							三〇
ビスマルク・ニューブリテン	七		三	二	二	一		一						一六
	三六	四〇	七〇	三二	三〇	四七	二三	八	二二	六	二	二七	一	三四三

後カビエンに転じ、一部はキスカ島に転進。

・第一八設営隊　第一一航空艦隊所属、横須賀建築部派遣。一九四二年八月二十五日編成。八月二十八日横須賀発、カビエンに進出。四六年三月二十五日解隊。

○ニューブリテン島ラバウルに進出

・第八海軍施設部　南東方面艦隊所属。一九四二年八月十五日第八海軍建築部設置。四三年八月十八日第八海軍施設部に改名。四七年五月三日廃止。ニューブリテン島ラバウルの施設設営にあたった。

・『被徴用死亡者連名簿』では、ラバウルに第四海軍施設部派遣設営隊、横須賀施設部派遣設営隊、第八海軍施設部、第二一二設営隊などが配置されている。第八海軍施設部所属の「軍属」が、一九四四年三月から四五年十二月にかけ、忠清南道二二名、忠清北道一七名、慶尚南道二九名、慶尚北道一名、全羅北道一九名、京畿道四名、江原道二二名、黄海道二三名、咸鏡南道六七名、平安南道八一名、計二八五名がラバウルで「戦死」「戦病死」。咸鏡南道、平安南道の「軍属」のおおくは、四三年十一月二日に四国南方海面で「戦死」している。海没したものと思われる。四五年末の軍属はほとんどが「戦病死」となっている。

・第七設営班　第四艦隊所属、第四海軍建築部東京支部派遣。一九四一年十一月二十日編成、十二月十六日東京港発、ラバウルに進出。四二年四月二十七日、第七設営隊に改編。四二年五月一日、第四建築部にて解散。四二年一月二十三日、モレスビー、ツラギで航空基地設営。

・第一〇設営班　第四艦隊・第一一航空艦隊所属、第四建築部東京支部派遣。一九四二年二月十日編成、二月十五日、十七日東京港発、ラバウルに進出。四七年四月二十七日第一〇設営隊に改編。

・『被徴用死亡者連名簿』では、第一〇設営隊所属の京畿道出身「軍属」一名、四二年十二月十日、「死亡場所」ソロモン諸島で「戦死」。

・第一四設営隊　第一一航空艦隊所属、佐世保建築部派遣。一九四二年五月十五日編成、六月十日佐世保発、ラバウル・ツラギ・ラエに進出。ツラギ分遣隊、ラエ分遣隊にわかれる。八月七日ツラギ分遣隊玉砕。四三年八月十五日解隊。ラエ分遣隊は第七根拠地隊に編入。

・第二八設営隊　第一一航空艦隊所属、呉建築部派遣。一九四三年二月一日編成。二月二十三日呉発、ラバウルに進出。四七年五月三日解隊。

・第三四設営隊　第八艦隊所属、舞鶴建築部派遣。一九四三年四月二十日編成、五月二十三日佐世保発、ラバウル、ブインに進出。航空基地設営。四七年五月三日解隊。

・第一〇一設営隊　南東方面艦隊所属、横須賀建築部派遣。一九四二年十一月一日編成、十二月十二日横須賀発、ラバウルに進出。ラバウル、ブイン、トロボイルで航空基地設営。四七年五月三日解隊。

・第二一一設営隊　第一一航空艦隊所属、呉施設部派遣。四三年六月十五日編成、八月二十四日呉発。一部八月二十六日呉発、ラバウルに進出。ラバウル第五航空基地設営、ブカ第二航空基地設営。四七年五月三日解隊。

・第二一二設営隊　第一一航空艦隊所属、呉施設部派遣。一九四三年十月十八日編成、十一月十六日呉発、ラバウルに進出。ラバウル第一、第二航空基地設営。四七年五月三日解隊。

・『被徴用死亡者連名簿』では、第二一二設営隊所属の「軍属」、京畿道出身一六名、慶尚北道六名、忠清南道出身五名、慶尚南道出身三名、全羅南道二名、忠清北道、全羅北道、江原道、咸鏡南道、咸鏡北道出身各一名、計三七名が一九四三年十二月十九日、「死亡場所」ビスマルク島ラバウルで「戦死」「戦傷死」。

○ブカ島に進出

・第二〇設営隊　第一一航空艦隊所属、呉建設部派遣。一九四二年九月十五日編成。十月二日呉発、ブカ島に進出。四五年六月二十五日ブカで解隊、第八七警備隊に編入。四六年二月浦賀上陸、解散。

・第三二設営隊　第一一航空艦隊所属、呉建設部派遣。一九四三年四月二十日編成、五月九日呉発、ブーゲンビル島に進出。四五年六月二十五日現地で解隊し、第八七警備隊に編入。

・『被徴用死亡者連名簿』では、第三二設営隊所属「軍属」は、慶尚南道出身一四名、慶尚北道出身八名、全羅南道出身一名、計二三名が、「死亡場所」ソロモン諸島で「戦死」「戦病死」。年長者で三十歳、二十歳を少しこえた者がおおく、妻帯者もみうけられる。

○ブーゲンビル島ブインに進出

・第一六設営隊　第一一航空艦隊所属、佐世保建設部派遣。一九四二年八月三十一日編成。九月三日佐世保発、ブインに進出。四四年一月五日現地にて解隊。

・第二六設営隊　第八艦隊所属、佐世保建築部派遣。一九四三年二月一日編成、三月十一日佐世保発、ブインに進出。四六年二月一日解隊。

・第一二一設営隊　第八艦隊所属、横須賀建築部派遣。一九四三年三月二十八日編成、四月八日横須賀発、ショウートランドに進出。ブイン、トクレイ、バラレ、ソロモンに転戦し防備諸施設設営。四七年五月三日解隊。

・第一三一設営隊　第八艦隊所属、舞鶴施設部派遣。一九四一年十一月十日編成、四三年一月十七日舞鶴発、ブインに進出。ブインの陸上防備施設設営。四七年五月三日解隊。

○ニュージョージア島に進出

・第一七設営隊　第一一航空艦隊所属、佐世保建設部派遣。一九四二年十一月十五日編成、十一月二十五日、四二年十二月六日佐世保発。

○ロンバンガラに進出。四四年一月五日現地にて解隊。

・第二二設営隊　第一一航空艦隊所属、芝浦建築部支部派遣。一九四二年十月十五日現地ムンダで編成。一部十月十九日横須賀発、ムンダに進出。四四年一月五日解隊し、第二一二設営隊に編入。一部は四四年二月東京帰還、豊洲にて解散。

○ガダルカナル島に進出

・第一一設営隊　連合艦隊所属、横須賀建築部派遣。四二年五月一日編成、ガダルカナル島に進出、十一月三十日解隊。駆逐艦便乗撤退。

　ガダルカナル島航空基地滑走路整備、飛行可能の滑走路をつくる。爆弾、燃料等すべて揚陸、日本海軍航空隊の上陸寸前に米軍上陸。当隊は防空壕施設の不備と上陸地点が近かったため、部隊の集結が困難で、約六〇％が戦死又は病死、残余はラバウルに引揚。

・第一三設営隊　第八艦隊所属、佐世保建築部派遣。一九四二年五月十五日編成、六月十日佐世保発、ガダルカナルに進出。八月八日米軍上陸により、陸上戦闘に参加。約三五％の戦没者をだす。ツラギ分遣隊は、玉砕。十一月三十日解隊。駆逐艦便乗でラバウルへ。四三年二月二十六日横浜着。

　当初ニューカレドニア島進出予定がミッドウェー島攻撃失敗で、ガダルカナル島へ進出。航空基地設営、主に付属設備に従事。飛行場、陸上用電探二基、航空魚雷調整施設などを完成。

二　一九四二年十二月　ニューギニア島の航空基地設営の攻防

　一九四二年五月、珊瑚海海戦があり、海路による日本軍のポートモレスビー攻略はなくなった。七月、ニューギニアの陸路からポートモレスビー攻略がはじまった。しかしたちまち、濠洲軍とジャングルに阻まれ、計画は失敗であった。四二年八月、日本海軍はニューギニアの南端にちかい東海岸に、ブナ基地の建設をはじめた。ブナ基地のちかくにギルワがある。陸軍第一七軍のガダルカナル戦でのもたつきや、ポートモレスビー攻略の失敗から、この時期、この地域の航空基地建設は海軍が主力であった。主力とは第一五設営隊である。設営隊は、航空基地設営にとりくんでいた。

こんなときの十二月三日、ブナの一拠点パサブアに、米濠軍が空陸一体となった攻撃をかけてきた。航空機の機銃掃射・爆撃のあとに、一個師団の濠軍が戦車砲を発射しながら攻撃。いったん引いた米濠軍は、十二月十二日ギルワ攻撃をはじめた。高砂義勇隊は、台湾出身の軍属であるが、この戦闘中の勇猛ぶりがつたえられている。四三年一月九日には、日本軍はブナ、ギルワを放棄せざるを得なかった。そしてジャングルに逃げこみ、敗走中に第一五設営隊は解隊する。結果は『被徴用死亡者連名簿』が語っている。約一二〇〇名の戦死である。

四三年一月二十二日、ガダルカナル戦に勝利した米軍は、ニューギニア東海岸の攻略にふみだす。四三年十一月に、米機動部隊がギルバート諸島を攻略するまでの間、日米両軍の主戦場はソロモン諸島、ニューギニア東海岸一帯であった。

日本軍の敗北の運命を象徴するように、四三年四月十八日、「海軍甲事件」がおこる。日本軍のガダルカナル島争奪戦の敗北は決定していても、ソロモン群島の戦闘の帰趨はまだきまっていない。ソロモン諸島の日本戦闘部隊の最前線を激励すると、連合艦隊司令長官山本五十六は、ラバウルからボーゲンビル島ブイン基地にむかった。連合艦隊司令長官山本五十六の搭乗した飛行機は、米軍機の待ちぶせ攻撃をうけ、ブインのジャングルに撃墜された。すでにガダルカナル島をうしない、数次のソロモン海戦で多数の航空機と、練達の操縦者をうしなっていた時期である。ソロモン諸島、ブーゲンビル島沖海戦で、日本軍は戦力・国力を急速にうしなっていく。

ニューギニア島に航空基地を設営すべく、進出させられた海軍部隊を『海軍施設系技術官の記録』からひろっておく。一二七一名の犠牲者をだした、第一五設営隊もとうぜん記録されている。

○ニューギニア島ブナに進出

・第一五設営隊　第四艦隊所属、呉施設部派遣。一九四二年六月十五日編成。ラバウルに進出。四三年二月十日、ギルワにて米濠兵包囲中に現地解隊。数グループに分かれて行動。隊長は海上をラエにむかう。護衛海兵は大部分山岳部をめざす。篤朝太郎技師は、建設工員約四〇名とともに、海岸線をラエにむかい、第一六海軍根拠地隊司令官に状況報告。後ラバウル海軍病院に転送された。

ミッドウェー敗戦後、日本軍はニューギニアのスタンレー山系をこえ、背後からポートモレスビーを攻撃しようとした。第一五設営隊は、このポートモレスビー作戦に参加し、輸送、建設道、クムシ河架橋を任務とした。ラバウルより、パサブア、ブナ、ギルワ、クムシに転戦。護衛の海兵一中隊、のこり全員が工員の部隊で、高砂義勇隊、南、北鮮、南支の隊員もいた。海軍では軍属を工員と呼んでいた。

・『被徴用死亡者連名簿』からは、死屍累々の状況がうかびあがってくる。ニューギニアの第一五設営隊全体では、さきにみたように一二七一名の死亡者があった。そのうち、四二年十二月三十一日、「死亡場所」ブナで、全羅北道出身の「軍属」九七名、全羅南道出身の「軍属」六〇名が「戦死」している。九七名は年齢は二十代がほとんどで、三七名が「妻」を親権者としている。全羅北道の六〇名の戦死者の年齢は、四十一歳の者がいるが、やはり二十代の者がほとんどで、四〇人の親権者が「妻」となっている。

四二年六月以降ギルワに配属され、四二年九月八日、十七日、二十四日、二十七日と米軍機の攻撃をうけ、数人ずつ「戦死」していた。十二月三十、三十一日には艦砲射撃、急襲上陸があったのだろう。全羅南道の二三六人、全羅北道の二四四人が「戦死」している。四三年一月中には全羅南北道で約三四〇名の「戦死者」をみている。米濠軍の攻撃のなかったときには、「戦病死」者がでている。「死亡事由」はマラリアとなっている。四二年六月以降にニューギニアに配置され、そのときから四三年末にいたるまで所在した。

「死亡場所」ギルワでは、全羅南道出身「軍属」三四四名、全羅北道出身「軍属」二三六名が「戦死」「戦病死」していて、四三年一月二十二日の「戦死」者がおおい。妻帯者もおおい。

○ニューギニア島ホンランディアに進出

・第一九設営隊　南西方面艦隊・第一一航空艦隊所属、呉建設部派遣。一九四二年十二月一日編成。三班にわかれ、十二月八日、一班は呉発、ソロモン諸島に進出。十二月十一日、二班は呉発、ビスマルク島に進出。四四年一月二十六日、一班は解隊して第一〇二海軍施設部に編入。二班は四四年二月二十四日、横須賀着。ニューギニア地区航空基地設営を任務とし、一班はホーランヂア、カイマナ基地を設営。二班はコロンバンガラ基地設営にあたった。

・『被徴用死亡者連名簿』では、ソロモンにむかった第一九設営隊の朝鮮出身「軍属」は、忠清南道五名、忠清北道二名、慶尚南道四二名、慶尚北道三三名、全羅南道一六名、計九八名が「戦死」。輸送途中の輸送船が、「南西太平洋」で雷撃にあったのだろう。四三年三月十八日、海没したものと思われる。

○ニューギニア島ワクデ進出

・第一〇三設営隊　第二南遣艦隊所属、第一〇三建築部派遣。一九四二年十二月二日、ニューギニア現地で編成。四三年十月三十日解隊。ワクデ基地、カウ基地設営にあたった。

○ニューギニア島ナビレ進出

・第二四設営隊　第四南遣艦隊所属、佐世保建設部派遣。一九四三年一月十五日編成、二月十二日佐世保発、ニューギニア、アンボン島に進出。四四年九月五日解隊し、第二〇一設営隊に編入。

○ニューギニア島マノクワリ進出

・第二八海軍建設部　第二八海軍根拠地隊所属。一九四四年五月二十日、第一〇四海軍建設部マノクワリ支部を改編。西部ニューギニアの設営にあたる。四五年一月十日廃止。

○ニューギニア島サガ進出

・第二四一設営隊　第四南遣艦隊所属、芝浦補給部派遣。一九四四年十月一日編成、十一月六日東京発、ニューギニア島サガ進出をめざす四四年九月五日解隊。

三　一九四三年十一月　ニミッツ艦隊、ギルバート諸島タラワ・マキン攻略

中部太平洋からニューギニア、ジャワ、スマトラ、マレー半島をむすぶ線を占領している日本軍。日本軍が確保をめざした、南方資源の要域である。米連合軍の反撃は、南太平洋、南西太平洋からはじまった。米国統合参謀本部・米連合艦隊司令長官A・Jキング海軍大将、米太平洋艦隊司令長官ニミッツ大将、太平洋地区米陸軍総司令官R・Cリチャー

○ニューギニア地区死亡者

	忠南	忠北	慶南	慶北	全南	全北	京畿	江原	黄海	咸南	咸北	平南	平北	計
ニューギニア地区	一五	三二	八〇	六二	八一	四〇	二一	一	三	三	一	四	二	三四五
ニューギニア・ギルワ	一七〇	二		六	三四四	二三六	九							七六七
ニューギニア・ブナ			二		六〇	九七								一五九
	一八五	三四	八二	六八	四八五	三七三	三〇	一	三	三	一	四	二	一二七一

ドソン中将、極東米軍司令長官マッカーサー元帥らが反撃の指揮官であった。南太平洋をかため、ガダルカナル島占領。ニューギニア島攻略の中心はニミッツ大将であり、マッカーサー元帥であった。

ニミッツ艦隊は、一九四三年十一月、ギルバート諸島においてガルバニック（電撃）作戦をおこなう。三日間の作戦であったが、米海軍の総力をあげ、中部太平洋を東から西に横断する米海軍の本格的反攻の開始であった。

ギルバート諸島のタラワ環礁は、ハワイの南西四〇〇〇キロメートル、中部太平洋の日本海軍の最大の要衝トラック島から南東二〇〇〇キロメートルにある。

タラワ環礁の北方にはマーシャル諸島、西方にはカロリン諸島がある。東方にはハワイと米本土があり、南方にはニュージーランド、オーストラリアがある。その位置の戦略的価値から、日本海軍は基地を建設した。太平洋の占領地域の最東端にある基地であり、日本軍守備隊の司令部をおき、飛行場が建設されていた。

谷浦英男著『タラワ、マキンの戦い』によると、日本軍のタラワ島守備隊は、第三特別根拠地隊一〇五九名、佐世保鎮守府第七特別陸戦隊一五二〇名、残留航空隊員七〇名、第一一一設営隊一〇三六名（軍属工員九一三名）、第四施設部タラワ派遣隊八九六名（軍属工員八八八名）、その他軍属二一名であった。軍属工員の大半は、朝鮮出身軍属である。防衛庁戦史では日本軍四六〇一名中、戦死者四四五五名、捕虜一四六名（日本人一四、朝鮮人軍属工員一三二名）という。

マキンには、第三特別根拠地隊マキン分遣隊二六一名、航空隊五六名、第四施設部マキン分遣隊一七八名（技手・軍属工員一七八名）、横須賀海軍工廠二三名、水路部マキン派遣班六名。アパママには、第三特別根拠地隊アパママ分遣隊二四名が配置されていた。

谷浦氏が厚生省資料から拾った数字と、防衛庁戦史ではことなっている。防衛庁戦史では日本軍六九三名中、戦死者五八八名、捕虜一〇五名（日本人一、朝鮮人軍属工員一〇四）となっている。

米軍の強襲上陸時、タラワ島南岸中央部に、第一一一設営隊本部と宿舎があった。砲隊陣地と滑走路とのあいだである。「将校の率いる部隊で、隊員一〇〇〇名余の一割、約一〇〇人は応召の機関兵、工作兵、整備兵であり、小銃武装をしていた。軽機も若干持っていたかもしれない。手榴弾は各自二、三個は持っていたろう。」「設営隊は砲爆撃に備えて大型の退避壕を二、三基構築していて、これを戦時治療所にして多数の負傷者が退避していたところを、問答無用と戦車砲をぶちこみ、TNTで爆破し、火炎放射器で焼き尽くし、黒焦げ死体を数えた」とは、谷浦英男氏の推測である。ここでも小銃も手榴弾もあたえられなかった、朝鮮出身軍属についてはなにも記述はない。この人たちこそ、『被徴用死亡者連名簿』の当事者である。

ギルバート諸島の日本軍守備隊にたいし、強襲した米軍の地上兵力は、タラワ上陸部隊一万六七九八名。マキン上陸部隊六四七二名、アパママ上陸部隊七八名。航空兵力は、邀撃空母部隊として、正規空母二隻　軽空母一隻　戦艦三隻　駆逐艦六隻。北部空母部隊が、正規空母一隻、軽空母二隻、戦艦三隻　駆逐艦六隻。南部空母部隊が、正規空母二隻、軽空母一隻、重巡洋艦三隻、軽巡洋艦五隻、駆逐艦二隻。さらに救助空母部隊八隻であった。海上兵力は、タラワ攻略部隊として、輸送船一七隻。火力支援部隊として、戦艦三隻、重巡洋艦二隻、軽巡洋艦二隻、駆逐艦九隻、護衛空母五隻。マキン攻略部隊は、輸送艦 数隻。火力支援部隊は、戦艦二隻、重巡洋艦二隻、軽巡洋艦二隻、駆逐艦六隻、護衛空母五隻であった。鶏頭を割くに、牛刀をもってあたる戦略であった。

タラワ攻略以後米軍は、中部太平洋地域のすべてで海陸空合同作戦をおこなった。米海軍進撃の中心は、エセックス級の航空母艦であった。エセックスは四二年十二月三十一日就役。四三年九月一日には南鳥島の日本軍守備隊攻撃で、航空母艦の役割を確認。機動部隊の有効性を確認したうえで、タラワ攻略をおこなった。ニミッツ艦隊は、マッカーサーの戦法を踏襲し、戦略的に重要でない日本統治下の島々を迂回。戦略上重要な島嶼を獲得するようにつとめた。ギルバート諸島、マーシャル諸島と攻略し、カロリン諸島を迂回して、マリアナ諸島にむかうことになる。マリアナ諸島の日本軍防衛体制の中枢へ、直接侵攻する作戦であった。このときニミッツ提督ひきいる太平洋艦隊の第一の目標は、サイパン島であった（ケネス・J・ヘイガン、イアン・J・ビッカートン著『アメリカと戦争』一八六頁）。

『海軍施設系技術官の記録』には、ギルバート諸島進出の第一一一設営隊につき、以下の記録を摘録した。

・第一一一設営隊　第三南遣艦隊所属、呉建築部派遣。一九四二年十月二十日編成、十二月十日芝浦発、タラワに進出。十二月二十日ケゼリン着、十二月二十六日タラワ着。四三年十一月二十二日米軍上陸。他島派遣隊員以外は全員玉砕。残存部隊一百名たらずは、四四年二月十五日帰還。三月三十一日解隊。

任務はタラワ島防備施設設営。耐弾工事および一部兵装工事。弾火薬庫、発電所、冷却水槽、砲員退避所、無線施設なども完成。標高一・八メートルの島であるため、木造建築および兵舎以外は、地下に鉄筋コンクリートの耐弾構造とした。

谷浦『タラワ、マキンの戦い』では、第一一一設営隊一〇三六名、第四施設部タラワ派遣隊八九六名、その他軍属二一名。第四施設部マキン分遣隊、技手・軍属工員一七八名、横須賀海軍工廠の技手・軍属工員二二名、計二一五二名。軍属工員はほとんどが朝鮮出身者。一〇九六名の「戦死」者が朝鮮出身者で、生き残りは一百名というのだが。

『被徴用死亡者連名簿』では、タラワ環礁の第四海軍施設部派遣隊所属者には、黄海道二五〇名、全羅南道一六三名、全羅北道一四九名、平安北道一六八名、慶尚南道一一一名、計八四一名の「戦死」者がある。全員「軍属」で、一九四三年十一月二十五日に「戦死」したとある。十一月二十五日の「戦死者」は一〇七五名である。マキン環礁の戦死者九二名とあわせると、一一六七名となる。

さらに『被徴用死亡者連名簿』では、タラワに第四海軍施設部と第一一一設営隊、第五建設部が、マキンには第四施設部が配置されている。タラワの第四施設部所属の「軍属」は、忠清南道出身七五名、忠清北道出身三名、慶尚北道出身二名、全羅南道出身一六八名、全羅北道出身一四九名、京畿道出身四名、江原道出身八名、黄海道出身二五〇名、咸鏡南道出身三名、平安南道出身一六八名、計八三〇名が「戦死」。「死亡日時」は四三年十一月二十五日となっている。二十歳、二十三歳といった若い妻帯者の「戦死」がおおい。

「タラワ、マキンの戦い」が示す、第四海軍施設部の「軍属」の約九四％の「戦死」が、朝鮮出身者ということになる。

タラワの第一一一設営隊所属の「軍属」は、忠清北道出身一名、忠清

○ギルバート諸島戦死者

	忠南	忠北	慶南	慶北	全南	全北	京畿	江原	黄海	咸南	咸北	平南	平北	計
ギルバート諸島ギルワ	二〇	九	一一九	六八	一九三	一七四	五	八	二五二	三	一	五	一六八	一〇七五
ギルバート諸島マキン	五六	一		三			五		二九			一		九五
	七六	一〇	一一九	七一	一九三	一七四	一〇	八	二八一	三	一	六	一六八	一一六七

北道出身七名、慶尚南道出身一一一名、慶尚北道出身六六名、全羅南道出身二五名、慶尚北道四名、京畿道出身一名、黄海道出身一名、計二三六名が「戦死」。このほかに、第五建設部所属の、黄海道出身三名の「軍属」が「戦死」している。タラワ島では一〇七八名の「軍属」が、四三年十一月二十五日「戦死」となっている。

マキン島の第四施設部所属の「軍属」は、忠清南道五六名、慶尚南道出身一名、京畿道出身五名、黄海道出身二九名、平安南道出身一名、計九二名が、四三年十一月二十五日に「戦死」している。

四　一九四四年一月　マーシャル群島、日本軍守備隊崩壊

一九四三年十二月五日、空母五隻基幹のニミッツ艦隊の米機動部隊は、マーシャル群島を攻撃。一群は十二月九日、ナウル島を攻撃した。

四三年十二月八日、大東亜戦争開戦から二年目をむかえる。越えて四四年一月三十日からニミッツ艦隊は、マーシャル群島に、またまた大規模の空襲と砲撃を浴びせた。メジェロ、ケゼリン、マロエラップ、ウォッゼ、ミレ、ヤルート、ブラウン、などが目標になった。二月一日、ケゼリン、メジェロには同時上陸が開始された。第四海兵師団・陸軍第七師団からなる米上陸軍は、二月八日までに上陸占領をはたした（高木惣吉著『太平洋海戦史』）。

二月二十三日にはブラウン環礁を攻略し、ひきつづき日本軍が強力に守備していたヤルート、ミレ、マロエラップ（タロワ）、ウォッゼの四島をのぞき、おおむね四月上旬までにマーシャル諸島の小さな島々を、掃討または占領した。日本軍は、マーシャル群島をうしない、戦線はカロリン、マリアナの国防圏に移動させざるをえなくなった。マーシャル諸島に残された守備部隊は、その後補給線をたたれ、敗戦の日まで米軍の空襲と飢餓により戦闘力を失ったばかりか、地獄を体験することになった。

マーシャル諸島には、一九四二年から海軍が基地建設に着手。滑走路は四三年一月に完成。航空隊が進出。六月には第六六警備隊（司令志賀正成大佐）がおかれた。「当時のミレ島海軍兵力は第六六警備隊一二〇〇、第四施設部派遣員約一二〇〇のほか、第五五二航空隊航空基地員等であった」（「戦史叢書」一三・中部太平洋陸軍作戦〈二〉参考）。

四三年九月二十日、陸軍歩兵第一二二連隊第一大隊がミレ島に上陸し、第六六警備隊の指揮下にはいった。その後の三ヵ月ほどのあいだに、歩兵第一二二連隊本部、海軍戦闘機一六機など、守備隊の強化がはかられた。同時に米軍大型機による本格的空襲もはじまった。四四年一月から、米軍機の来襲がはげしくなる。滑走路ほか地区ごとの桟橋が標的にされた。一月三十日には、ケゼリン方面に米軍機動部隊の来襲の報がはいった。二月三、五、七日には米軍の各種航空機九四機が、一日に六回も滑走路に時限爆弾を投下した。二月二十七日にはケゼリン、ルオット島が敗北の状況にはいった。ミレ島は米軍に包囲され、生き残っていた。その後、中断された米軍の攻撃は、八月中旬になって再開する。連日のべ四〇機から八〇〇機の米軍機が大爆撃。日本軍の全砲台、残存基地施設の全部が破壊された。鬱蒼と茂っていたヤシ林も裸にされた。

日本軍の復旧は不可能となる。米軍は上陸することなく、上陸用舟艇や護衛駆逐艦で放送宣伝、投降勧告をくりかえした。このため離島にいた島民三〇〇名ほどが米軍に収容され、つぎに海軍の施設部派遣の設営隊軍属、そして陸海軍の兵員も収容された。陸軍兵約四〇名、海軍兵約六〇名であった（「戦史叢書」四四〇頁）。

日本軍守備隊は四四年一月以降、給食定量をへらし、現地自活につとめる。しかし連日の空襲と、一人当たり耕作面積がせまく、天候不良、蔬菜の種子不足、土質不良などで十分な成果はえられるはずもなかった。陣地構築による体力の消耗、薬品の不足、現地特有の天候、風土の悪影響もあって、四四年五月中旬には、栄養失調やA型パラチフスによる死

亡者が多発した。ミレ島の死亡者の大部はこの時「死亡」と指摘されている。以後、栄養失調死亡者が続発した。

四四年六月末には非常用糧食数日分をのこして、糧秣は皆無の状態になる。七月中には離島からのヤシの実や、南海丸から引きあげた腐敗米などもたべた。野生草木の葉やヤシが主食になるにいたった。守備隊は現地自活と、基地確保の作戦的見地から、第四艦隊司令長官に兵力分散を上申。八月中旬以降、総兵員の四分の一を環礁内離島に分散した。さらに十一月、さらに四分の二を分散し、のこり四分の一で本島防備にあたった。当初、陸軍約二二四〇名、海軍約二〇四五名であった陸海軍兵力は、終戦時には約二二四〇名となり、損耗のうち戦死者は約九〇〇名、戦病死は約一〇〇〇名であった。

一九四五年八月十五日守備隊は、ラジオにより終戦を知った。八月二十二日までに米軍との降伏調印を終わり、部隊は九月二十八日病院船氷川丸で同島を撤収した。第六九警備隊司令志賀大佐、南洋第一支隊長大石大佐及び寶田、中尾両少佐以下若干名が戦犯容疑に問われたが、志賀大佐は九月二十八日自決し、大石大佐以下は減刑され、のち内地に帰還した。

以上、「戦史叢書」を要約しながらの状況把握であるが、公刊戦史ともいえる「戦史叢書」には書かれていない事実が明らかになっている。

一九九一年十二月六日、東京地方裁判所あて、「アジア太平洋戦争韓国人犠牲者保障請求事件」(原告　朴七封他三九名、被告　日本国、訴訟代理人　弁護士高木健一ほか)の訴状が提出された。

三九名の原告のなかには、文炳煥氏、朴鍾元氏、李潤宰氏がいて、ミレ島での生活について原告として法廷陳述している。法廷陳述では、文書資料はなにもなく、記憶と体験だけの証言となった。日時の記憶ちがいなど、誤りもあったが、看過することのできない証言であった。

「訴状」を要約摘記する。

・文炳煥原告は、ミレ島到着後、毎朝八時から日没まで飛行場建設などの土木作業に使役された。一九四三年十月ころ、軍幕舎の建設作業中、雨に濡れた木材を加工していた時、製材鋸に手を巻き込まれ、両手指に入院加療一カ月の障害を負い、野戦病院に入院したが、退院後、左手第三指と第四指が欠け、右手第三指、第四指、第五指が用をなさなくなった。

一九四四年一月ころ、ミレ島では食糧が底をついたため、日本軍は各小島にばらばらに分かれて食糧を採集し、飢えを凌ぐことになった。文炳煥は日本人軍人二名、朝鮮人軍属六名で本島近くの無人島に移り、飢

○中部太平洋地域戦死者

	忠南	忠北	慶南	慶北	全南	全北	京畿	江原	黄海	咸南	咸北	平南	平北	計
ミレ	二		二		二一五									二一九
ウォッゼ	一			四二	二五	一								六九
マロエラップ（タロワ）	二八													二八
ブラウン	一三		一	一一	七六		一		一四	一				一一七
ケゼリン	二五	四	二七	三	二〇	五二	七五		三					二〇九
ボナペ	六	一									一	一		一八
	七五	五	三〇	五六	三三六	五三	七六		一七	一	一	一		六五一

餓状態で約一年間、食糧採集生活を送った。文炳煥らは、自分たちの食糧を確保するだけでなく、月に一～二回椰子の実を焼いて本島の警備隊司令部に運ぶ任務を課せられた。

一九四五年春ころ、文炳煥らは米艦艇から攻撃を受けたさい、島の八名全員が投降した。この時には、文炳煥らは飢餓のために腹が膨れて内臓が透けて見える状態であった。その後、ハワイ捕虜収容所に収容されたあと、一九四六年ころ帰国した。以下略

・朴鍾元原告　一九四二年二月ころ、全羅南道潭陽郡大田面の面長から「軍属に行け。一年の期間で、月給は一三五円だす」と執拗に誘導された。本意ならずも同意し、同年三月二十日ころミレ島に到着した。当時ミレ島では約一万名の朝鮮人軍属が、警備隊司令部のある本島において、日本人軍属らによる暴力的監督の下で飛行場建設工事に使役されていた。四三年春ころ、食糧輸送船が到着したさい、米軍機による大規模な空襲があり、日本人約一〇名、朝鮮人約八〇名の犠牲者をだした。そのさい朴鍾元は、鼓膜損傷の障害を負い、難聴の障害がのこった。

四四年一月ころ、補給が絶たれて食糧がほとんどなくなったため、ミレ島の日本軍は、環礁の各小島に分かれて生活することになり、朴鍾元は日本人軍属約二〇名、朝鮮人軍属約一二五名とともに、チェルボン島へ移った。チェルボン島では、鼠、蛇、魚等の食物を採集する毎日であった。同年二月二十三日および二十七日、隣接する無人島に食糧探しに行った朝鮮人軍属一名が日本人軍属二名に殺害された。日本人軍属二名は、被害者の肉を食ったうえ、残った肉をチェルボン島に持ち帰り、〝くじら肉〟と称して同僚に食べさせた。

二月二十八日、被害者となった二名が帰ってこないのを気遣った朝鮮人軍属数名が、その無人島にいって食人の事実を知った。朝鮮人軍属らは、このまま食物が乏しくなっていけば、武器を多く持っている日本人が朝鮮人を殺して食糧にするのは必至であることを思い、これを避けるためには日本人らを殺害することも止むを得ないと考え、日本人に信用の高かった朴鍾元をリーダーとして結社し、同年三月一日未明、右殺害計画を実行に移そうとした。しかし、計画は中途で発覚し、日本人と朝鮮人の間で銃撃戦となり、日本人軍属らは、島から脱出して救援を求めた。

同日午後三時ころ、環礁内ルクノール島の海軍陸戦隊約六〇名が、チェルボン島を攻撃し、波打ち際で、島内の朝鮮人軍属およびワータック酋長以下マーシャル人と銃撃戦になったが、武器の多い日本側が圧倒的に優勢であり、朝鮮人・マーシャル人側は弾が尽きた。しかし、日本人陸戦隊員らは、降参して手を挙げる朝鮮人をも銃撃し、朝鮮人軍属約一〇〇名およびマーシャル住民約三〇名を捕えて、全員を銃殺または斬殺にした。これにより、チェルボン島に住んでいたマーシャル人は、女、子ども、老人まで皆殺しにされたため、チェルボン島は無人島となっている。

このとき、朴鍾元は、朝鮮人軍属一四名とともに脱出し、沖にいた米軍に助けを求めて救助された。

以上の朝鮮人軍属およびマーシャル人住民に対する鎮圧と迫害は、ミレ島警備隊司令志賀大佐の指揮監督下に行われた。以下略

訴状では、食人の事実と、朝鮮人叛乱、そしてその処刑がでている。

マーシャル諸島のブラウン島の戦闘が、いがいなところからあらわれた。一九九一年七月三十一日、朝日新聞は〝問われる日本の戦後責任〟という見出しで、〝強制連行された朝鮮人のブラウン島玉砕〟を報じた。朝日新聞社が、全国抑留者補償協議会（全抑協）の斉藤六郎会長から、「ブラウン玉砕名簿」を入手したことにちなむ記事である。旧海軍省功績調査部員（少佐）の青木勉氏は「この名簿は、海軍の書式通りで間違いない。トラック島の海軍第四施設部が作成したものだろう」とコメントしている。そして、ブラウン玉砕の朝鮮人二三五名の名前も掲載され

ている。

玉砕したはずの、全羅北道金堤郡の李潤宰氏も記載されている。李潤宰氏は、『被徴用死亡者連名簿』には記載されていず、海軍第四施設部でつくったとみられる「ブラウン玉砕者名簿」に記載されている。記載は〃国本潤宰〃の創氏名になっている。そして、横須賀鎮守府司令官塚原二四三の名前で、〃国本潤宰〃君宛てに「弔辞」がとどいている。〃忠烈ナル戦死ニ対シ深甚ナル弔意ヲ表ス　昭和二十年四月十一日〃という内容である。李潤宰氏は生きて、故国の土をふんだばかりか、「アジア太平洋戦争韓国人犠牲者補償請求事件」の原告のひとりである。「訴状」を略記する。

・李潤宰原告　一九四二年十一月ころ、第四施設部所属海軍工員として徴用され、(認識番号一一五五二)、同月十八日、朝鮮人軍属約二三五名とともに釜山を出発し、トラック島を経て、同年十二月初め、マーシャル群島中ブラウン環礁エンチャビ島に到着した。

エンチャビ島において、李潤宰ら朝鮮人軍属は日本人らの暴力による監督の下で飛行場拡張工事に使役され、海岸埋め立て、滑走路拡張のための土石の運搬などに従事していた。日本人軍属らは、李潤宰らの作業が遅いと、角棒で殴打し、作業が速いと、ノルマを一層重くした。朝鮮人軍属の食事としては、腐敗した少量の麦飯と梅干などを支給されるのみであり、住居としては、南京虫等の巣食う組み立て式のバラックに、各部屋二〇名あまりずつ入れられた。発狂した者は、監禁して食事を与えず、負傷した者が医務室に行って治療を求めれば、棒で殴って追い返した。そのため、朝鮮人軍属は、傷の手当てもできず化膿させるほかなかった。

一九四三年九月初めころ、李潤宰が仕事中、同僚と韓国語で会話したところ、監督者である日本人平山から角棒で殴打され、左脚に打撲傷を負ったが、十分な手当てがないまま化膿した。

エンチャビ島は、一九四四年一月三十一日ころから同年二月十九日ころまで、米軍の激しい攻撃を受け、約二〇日間の空爆、艦砲射撃によって、同島の日本軍はほとんど全滅した。そのさい李潤宰は、他の朝鮮人軍属三名とともに、傾斜地に穴を掘って隠れ、軍に命じられた自決を敢えてせず、米軍の捕虜となり、ハワイ捕虜収容所に収容された。

一九四五年四月ころ、家族らは、李潤宰の戦死公報と、横須賀鎮守府司令長官名の弔辞(現物のコピーがある)を受け取り、突然の訃報に接して悲嘆に暮れた。

李潤宰氏は、日本敗戦後捕虜収容所から釈放され、一九四六年一月五日帰宅し、抹消されていた戸籍を復活させた。しかし、日本政府当局は、ブラウン島に徴用された朝鮮人軍属を一括して「戦死」として「ブラウン玉砕名簿」に記録するのみで、正確な生死の調査確認すら行なわず、戦死者遺族に対する死亡通知も不備極まりなく、あるいは死亡通知すら行なわず、李潤宰氏については、現在に至るまで死亡者として取り扱っている。

『被徴用死亡者連名簿』では、マーシャル諸島のミレ環礁では、第四海軍施設部所属の「軍属」、全羅南道出身軍属二一五名が死亡している。忠清南道の二名のほか、他道の戦死者はない。四二年六月のミレ島上陸から敗北撤退の三年ほどのあいだに、米軍の強襲をうけた。そして、飢餓の中を生きされず、死亡した。「死亡区分」は「戦病死」四名、「戦死」一四五名、四五年三月十八日、「死亡」五五名、四五年四月、「死亡」一二名となっている。「死亡事由」は未記載である。銃殺、斬殺など処刑があったと思われる日とかさなっていないだろうか。五五名の年齢は十九歳から四十五までさまざまだが、二十代が大部分。妻帯者もおおい。四五年四、五月の「死亡」者は、十九歳から二十五歳まで。妻が親権者になっている人は一名である。

ケゼリン島では第四海軍施設部所属「軍属」で、忠清南道の二五名、

○ナウル島戦死者

	忠南	忠北	慶南	慶北	全南	全北	京畿	江原	黄海	咸南	咸北	平南	平北	計
ナウル	二九	一	一				一	一三		一八				六三

慶尚南道の二五名、全羅北道五二名、全羅北道一九名、京畿道一七二名などが、「死亡日時」四四年二月六日の「戦死」者となっている。計三〇七名が記載されている。

ブラウン環礁では第四海軍施設部所属の「軍属」二四二名が、「戦死」「戦傷死」「戦病死」している。四四年二月二十四日の「戦死」がとりわけおおい。忠清南道出身一三名、慶尚北道出身六名、全羅南道出身七六名、全羅北道出身一三一名、京畿道出身一名、黄海道出身一四名である。三十代の年長者をふくみ、妻帯者もおおい。

ウォッゼ　第四施設部所属「軍属」、忠清南道出身一名、慶尚北道出身四一名、全羅南道出身二五名、計六六名が「戦死」している。ウォッゼ島には米軍の上陸はなく、四三年七月から四五年八月まで、たえず航空機爆撃にさらされていたようである。

マロエラップ（タロア）　第四施設部所属「軍属」、忠清南道出身五五名、全羅北道出身一名が「戦死」「戦病死」。一九四四年八月から四五年八月まで、米軍機の継続した空爆にさらされていた。

五　一九四四年二月　ナウル島の飢餓

ニミッツ艦隊は、マーシャル諸島攻略から、カロリン諸島へとすすむ。ここでいずれの地域からも離れているが、米軍がソロモン攻略など、作戦のたびに攻撃したナウル島をとりあげておく。米軍は、作戦途中に、ナウル島航空基地からの日本軍の航空攻撃を予期していた。米軍は、ナウル島上陸作戦を敢行することはなかったが、日本軍の敗戦のときまで、攻撃がくりかえされた。

ナウル島の日本軍守備隊は、どんな状態であったか。朝鮮人軍属の体験記がある。筆者の李道載氏は日本語が堪能で、日本語で書かれている。守備隊の朝鮮人軍属にたいする暴力と、その暴力をこえた、李道載氏の所属した君島設営隊隊長への敬愛の念がかかれている。読めばその敬愛の念に胸をうたれるし、〝立派な日本人もいたのだ〟という思いもわく。一九九八年十一月二十七日に書かれたものである。

・『被徴用死亡者連名簿』では忠清南道出身「軍属」二九人、「死亡場所」ナウルで、咸鏡南道出身一八名、江原道出身「軍属」一三人、忠清北道出身、慶尚北道出身、江原道出身各一名の「軍属」三人、総計六九人の「戦死」「戦病死」である。圧倒的に「戦病死」がおおい。死亡の様相は、李道載「体験記」に書かれている。年長者は三十七歳、若年者で二十歳での「戦死」「戦病死」がみられる。死亡事由に「栄養失調」が記入されている。

朝鮮人軍属と直接関係はないが、二〇〇八年十二月六日、共同通信配信の新聞記事がでた。〝旧海軍、ハンセン病の三九人砲撃　ナウルで患者虐殺の実態判明〟の見出しがある。記事には「太平洋戦争中に日本が占領した南太平洋の環礁ナウルで一九四三年七月、旧日本海軍の警備隊が現地のハンセン病患者三九人を海上に連れ出し、砲撃や銃撃を加え虐殺していた事件の詳細な実態が六日、オーストラリア国立公文書館に所蔵されているBC級戦犯法廷の裁判記録などから明らかになった」とある。

六　一九四四年三月　海軍拠点、トラック島潰滅

一九四四年二月十七日、トラック島の北東から、米軍中部太平洋機動部隊・スプルアンス中将指揮の空母九、戦艦六、その他艦艇三群五三隻の米国部隊が来襲。南洋群島の最大の要衝トラックは、日本海軍作戦の枢軸であり、前進根拠地の位置にあった。陸海空の兵力集中の要となっていたところである。だが、米艦隊の近接を予知することもできなかった（高木惣吉『太平洋海戦史』）。スプルアンス中将は、ミッドウェー海戦のときの米海軍の司令官であった。

第一次世界大戦のとき、日本海軍は第一、第二南遣支隊が、ドイツ領だった南洋諸島を占領。臨時南洋群島防備隊を創設し、司令部をトラック諸島夏島においた。全南洋諸島を六民政区にわけ、各管区に守備隊を配置し、各守備隊長は軍政庁長として民政事務にあたった。トラック島にも守備隊一個がおかれた。南洋群島は、一九二〇年十二月二十七日、国際連盟による日本の委任統治領となった。委任統治条項では同諸島の軍備は禁止されていたが、日本海軍は極秘に航空基地建設をすすめた。二一年四月一日、勅令で、民生部はトラックからパラオに移転。十一月南洋庁が創設され、その後南洋海軍区として横須賀鎮守府の管下にはいり、海軍の出先機関的性格をもった。三一年〝満州事変〟から、日本国は三三年、国際連盟を脱退。同十一月にはワシントン条約を廃棄した。一九三七年〝支那事変〟で、日米関係がしだいに悪化。これとともに、南洋群島は海の生命線として、その戦略的重要性がました。なかでもトラック諸島は、太平洋方面における戦略中枢基地としてその価値は倍化した。

一九三九年十一月、南洋方面を主担任海域とする第四艦隊が新編され、連合艦隊に編入された。第四艦隊はただちに、その隷下に第五根拠地隊などをサイパンに新設。同根拠地隊第四防備隊がトラックに、同防備隊派遣隊がボナペに配置された。トラック諸島には、第四海軍建設部、第四特設経理部、第四特設軍需部など特設官衙を新設。一九四一年八月にはトラックに第四根拠地隊が新設され、ボナペ以西、メレヨン以東の、東カロリン諸島、西カロリン諸島などの海域の防備を担任した。

一九四三年九月、大本営は絶対国防圏を設定。日本軍は、ガダルカナル島の敗北のあと、ニューギニアのラエ、サラモア地域を退却。九月三十日御前会議は、〝国内の決戦体制を確立し、大東亜の結束を強化する〟としつつ、絶対確保すべき要域として「絶対国防圏」を設定する。このため、マリアナ・濠北・フィリピン方面で、陸海軍が米軍を邀撃する「あ号作戦」をたてた。陸軍ではサイパン島に司令部をおく第三一軍が編成される。この作戦の拠点は、メレヨン島とされた。同年十一月、さきにみたようにギルバート諸島陥落。そして中部太平洋、南東方面で日本軍は海洋主導権をうしなう。大本営は、島嶼防衛の方法の転換を余儀なくされ、中部太平洋方面外郭要地に、陸軍兵力の本格的投入がすすめられた。絶対国防圏決戦構想にもとづき、東西カロリン諸島への陸軍兵力の急速増強もなされようとした。

しかし、四四年二月十七日、スプルアンス米軍機動部隊は、早朝から九回にわたり、延べ四五〇機の航空機でトラック島を空襲。翌十八日にも、四回にわたり約一〇〇機が空襲。大型空母五、軽空母四、戦艦六、巡洋艦一〇、その他五三隻の陣容による攻撃であった。

日本海軍の損害は、港外で沈没した艦船の乗員はふくまないが、死傷者約六〇〇名。輸送船沈没三四をふくむ、艦船五二隻の損傷。飛行機は地上損耗約二〇〇機、戦闘行動による損耗約七〇など、損耗約二七〇機。貯油タンク三個破壊で、燃料一・七万トン、糧食二〇〇〇トン喪失。その他軍需倉庫、航空廠建物の一部、戦車、削岩機海没など大損害をうけた。

この米機動部隊は、トラック島とメレヨン島をひとつにして攻撃をつづけた。同年三月以降、米大型機によるメレヨン島、トラック島にたい

○トラック地区死亡者

	忠南	忠北	慶南	慶北	全南	全北	京畿	江原	黄海	咸南	咸北	平南	平北	計
トラック地区	一一一	一六	四一	一〇八	六八	四一	五六	六五	三	五		二		五一九
メレヨン（フララップ）	一四		五八	七	六	一三	二八	三	一	一	一	一	一	一三四
（二一六設）			七	三	四	五								一四
	一二五	一六	一〇六	一一八	七八	五九	八四	六八	四	六	一	三	一	六六九

する空襲が激化。そして、パラオ方面を攻撃した米機動部隊が、四月一日メレヨン島を空襲。米機動部隊は、空襲を繰りかえすが、トラック島、メレヨン島に強襲上陸することはなかった。

七月にはいり、米機の来襲が激化。連日B二四など大型機で、飛行場のあるフララップ島など爆撃をうけた。八月中旬には、グァム島も潰滅し、第三一軍司令部の機能がうしなわれた。この間、メレヨンの主食給養定量は、食糧欠乏状態におちいり、衛生状態も悪化。ついに栄養失調死亡者が発生。八月三一名。九月五七名、十月六五名に達した。四五年一月には四六七名、二月三五二名に達し、独立混成第五〇旅団の現員は、メレヨン進出時の約二分の一の一七六二名に減少した。

メレヨン島守備部隊（北村旅団・海軍部隊）は、その給養、衛生状態からみて、日本軍敗北後、一番はやく内地に復員させられることになった。北村部隊は、南方戦線からの引揚第一陣として、一九四五年九月、九州に帰還復員し、久留米で解散した。

北村勝三少将の部隊につき、連合軍総司令部が陸軍省に、北村旅団の秩序整然とした撤退ぶりを報告。その後の復員業務の模範をしめしたといわれた北村少将は、四七年八月十五日、長野市の自宅で自決している。宮田嘉信海軍大佐も四六年七月十八日自決。

メレヨン部隊の生還者および死没者の状況は以下の表が示されている。三二二一名のうち八四〇名が生環。生存率二六％である。

『海軍施設系技術官の記録』から、カロリン群島に進出した設営隊をひろう。

○ポナペ島進出

・第二二一設営隊　第一一航空艦隊所属、佐世保施設部派遣。一九四三年七月二十五日編成、九月八日、九月十八日佐世保発、ポナペ島進出。トラック島南方サタワン環礁（ピケロット）に基地設営。四四年一月マーシャル諸島エニウェトク航進中に被雷。ポナペ島に転じ、四四年二月五日解隊。二月二十日、旧第二二一設営隊、第二二二設営隊を併合して再編成。四六年一月十二日解隊。

・『被徴用死亡者連名簿』では、第四海軍施設部所属の忠清南道出身六名、忠清北道出身五名、慶尚南道出身一九名、慶尚北道出身一〇名、全羅南道出身六名、全羅北道出身五名、京畿道出身一五名、江原道出身一三名、黄海道出身一名、咸鏡南道出身二名、平安南道出身一名、計八二名が「戦死」している。平安南道出身の一名は、第二二二設営隊所属。四四年一月三十一日、ピケロット付近での海没による「戦死」である。

○トラック島進出

・第二二二設営隊　南東方面艦隊所属、佐世保施設部派遣。一九四三年十二月十日編成、アドミラル諸島マヌス島むけ進出予定。四四年一月二十四日先発の輸送船隊、横須賀発。一月三十一日トラック付近で撃沈され、生存者十数名。後発隊派遣の意味がなくなり解隊。
・『被徴用死亡者連名簿』の「死亡場所」トラックでは、第四海軍施設部所属の忠清南道出身一一三名、忠清北道出身一六名、慶尚南道出身四一名、慶尚北道出身一〇八名、全羅南道出身六八名、全羅北道出身四一名、京畿道出身五六名、江原道出身六五名、黄海道出身二名、咸鏡南道出身五名、平安南道出身二名、計五一九名の「戦死」「戦病死者」があった。米軍は日本海軍の要衝を破壊したが、上陸することはなく、継続して航空機爆撃をつづけた。四五年にはいってからはおおく「戦病死」している。「死亡事由」には「栄養失調」、「アメーバ性赤痢」、「衝心脚気」がみられる。
・第二二七設営隊　第四艦隊所属、佐世保施設部派遣。トラック島よりエンダービーに進出。一九四三年十一月三日佐世保施設部で編成。発進した第四施設部隊を四四年三月一日、トラック島で全員そのまま設営隊に編成。四六年五月二十五日解隊。

○メレヨン島進出

・第二一六設営隊　第四艦隊所属、呉施設部派遣。一九四四年三月一日編成。三月十五日呉発、三月二十三日トラック着、四月十三日メレヨン着。四六年一月十二日解散。
・『被徴用死亡者連名簿』では、第二一六設営隊所属で、慶尚南道出身七名、慶尚北道出身三名、全羅南道出身四名、計一四名の「軍属」が全員「戦病死」。「死亡事由」の記載はない。「軍属」で、四十五歳の者もいるが、十八歳の者もいる。
　第四施設部所属の「軍属」は、忠清南道出身一四名、慶尚南道出身五八名、慶尚北道出身七名、全羅南道出身六名、全羅北道出身一三名、

○「メレヨン部隊死没者及び生還者状況表」（『戦史叢書』・中部太平洋方面海軍作戦二　五八九頁より）

		戦死	戦病死								合計	生還者
			伝染病	脚気	栄養失調	結核	消化器病	デング熱	その他	計		
陸軍	将校	五	一	三四	一九	二	〇	〇	一	五七	六二	一二六
	准士官	一	〇	三	四	〇	〇	〇	一	九	三〇	
	下士官	一九	五七	一二五	一〇八	九	六	一	五	三一一	三三〇	一八五
	兵	一〇四	四一一	七三〇	五六九	九九	四四	四	五四	一九一一	二〇一八	四四五
	計	一三二	四六九	八九二	七〇〇	一一〇	五〇	五	六一	二二八七	二四一九	七八六
海軍	第四四警備隊	八七								九二四		一〇一一
	第二一六設営隊	三〇								六八三		七一三
	四施の一部	五〇								四二四		四七四
	西カロリン空	八								四四		五二
	七五五空									二二		二二
	その他									一〇九		一〇九
	計	一七五								二二〇六	二三八一	八四〇

京畿道出身二八名、江原道出身三名、黄海道、咸鏡南道、咸鏡北道、平安南道、平安北道出身各一名、計一三四名「戦死」。四四年四月から四五年十一月にいたる間、「衝心脚気」「アメーバ性赤痢」による「戦病死」である。

「メレヨン部隊死没者及び生還者状況表」では、海軍の第二一六設営隊は、「戦死」三〇、内地後送その他五、戦病死七二五、生還二四〇となっている。第二一六設営隊の規模が、約一千名だったことがわかる。戦死者三〇名のうち、一四名が朝鮮出身軍属ということになる。

・第四海軍施設部所属の「軍属」で、メレヨン島で「戦死」「戦病死」者。忠清南道出身一四名、慶尚南道出身五八名、慶尚北道出身七名、全羅南道出身六名、全羅南道出身一三名、京畿道出身二八名、江原道出身三名、黄海道、咸鏡北道、平安南道、平安北道出身各一名、計一三三名である。四五年以後はほとんどが「戦病死」で、「死亡事由」に「衝心脚気」とおおく書きこまれている。

七　一九四四年五月　ビアク島、「絶対国防圏」の中間点突破される

ギルバート諸島、マーシャル諸島は攻略された。トラック島、サイパン島、テニヤン島、パラオ島は空襲された。ニミッツ艦隊は、トラック島に上陸しなかった。だが、四四年四月一日にはニミッツ艦隊の第二次トラック空襲。四月二十二日にはニューギニア北岸ホーランジャ、アイタペに米濠連合軍が上陸。二十九日から二日間、空母一二隻をふくむ米機動部隊の第三次トラック空襲があり、五月二十七日ビアク島とモロタイ島への上陸となった。ビアク島攻略は、ニミッツ艦隊のサイパン攻略のための牽制攻撃であった。ビアク島西北八〇〇キロほどに、ミンダナオ島がある。モロタイ島からは、北上すればミンダナオ島となる。

東部ニューギニア戦線が緊迫化。ビアク島をふくむ濠北、つまりオーストラリア大陸の北側の重要性がたかまった。ビアク島は、位置的に「絶対国防圏」の中央にあたる。もともと海軍が、四二年四月ビアク島を無血占領し、約三〇〇から五〇〇キロの間隔をおいて、ワクデ、ホーランジャ、ウエワクに飛行場をつくっていた。第一九警備隊が配置されていたが、四三年四月、第三三防空隊、第一〇五防空隊、第二〇二設営隊（永田亀雄技術少佐以下八六〇名）などを増援。第二八特別根拠地隊が指揮する約三七〇〇名が総員であった。

大本営陸軍部は、四三年一月、濠北に南方軍隷下の第一九軍を創設。第五師団、第四八師団を配置した。四三年九月、「絶対国防圏」が設定されたことから、四三年十月、〝満州〟にいた第二方面軍（司令官阿南惟幾大将）と、間島にいた麾下の第二軍をビアク島に転用。第三六師団が派遣され、隷下には歩兵第二二二連隊、歩兵第二二三連隊、歩兵第二二四連隊があった。第二二二連隊は四月二十八日、ビアク島モクメルに上陸している。飛行場の造成作業が主要な目的であった。

日本陸海軍が戦略的配置をすすめるなか、四四年三月三十日、米機動部隊はパラオに大空襲をしかけた。トラック島をうしなった連合艦隊は、パラオに集結していた。ここを攻撃され、艦船一八隻、航空機一四七機をうしない、兵員二四六人が死傷。さらに四四年三月三十一日、「海軍乙事件」がおきた。前年四三年四月十八日ブーゲンビル島上空で、山本連合艦隊司令長官山本の搭乗機が撃墜された。日本軍の敗北を象徴する事件で、国民に絶望感をあたえていた。つづいて、連合艦隊司令長官古賀峯一大将、参謀長福留繁中将らは米軍の空襲がおわるや、幕僚らと大型飛行艇二機に分乗した。フィリピンのミンダナオ島ダバオ飛行場に避難しようとしたのである。ところが悪天候で、古賀長官らが乗った一番機が消息を絶った。全員殉職と断定された。二番機はセブ島沖に不時着し、福留参謀長ら生存者九人は、フィリピン人ゲリラの捕虜となってしまう。セブ島の陸軍守備隊に救出されるが、携えていた暗号書など、機密書類がゲリラの手にわたり、米国にわたった。この機密書類により、

ニミッツ艦隊は、レイテ作戦発起のとき、邀撃にあたる日本軍艦船のすべてを知ることができた。

日本海軍の基地は、ビアク島南岸モクメルの後方の東洞窟と西洞窟に散在していた。第二八根拠地隊司令部と第一九警備隊は西洞窟にいた。西洞窟は天井の高さ約五メートル、内部の広さは五〇〇坪ほど。人間が千人もはいれるほどの天然の大洞窟であった。洞窟はコウモリ、トカゲ、ヘビ、ハエの巣でもあった。何百という鍾乳石がたれさがり、水がしたたっている。乾パンの空き缶が大便つぼの代用で、重病者、傷病兵がうめき声をあげていた。糞尿はあたりにちらばり、手をよごしても洗うこともできず、その手で乾パンを食べ、銃をとらなければならなかった。第一燃料廠、第二〇二設営隊、第二八建築部の軍属をあわせ、約二〇〇〇人がいた。現在も骸骨がヘルメットをかぶり、洞窟に坐している。放置されているのである。

一九四四年五月二十七日、米軍がビアク島に強行上陸。サイパン島を攻撃するために、近隣の日本軍守備隊を一掃するためであった。六月末には守備隊員の大半が戦死し、七月末には全員〝玉砕〟した、とされる。

六月二十五日、日本陸海軍は「あ号作戦」の失敗から、孤立したサイパン島の放棄をきめている。〝絶対不敗〟のサイパン島がうしなわれ、絶対国防圏構想が事実上崩壊し、東条首相の更迭のきっかけとなった。ビアク島の日本軍には、ビアクにたいする増援は中止され、〝持久戦〟に移るよう命令がだされた。六月二十七日に第二軍経由で発令されたが、ビアク島は通信不能の状態にあった。

海軍部隊約一九〇〇人のうち、生き残った約六百数十名が、モクメルから北西約二〇キロのワホール河上流の水源地に集結していた。

田村洋三著『玉砕ビアク島』を参考にさせてもらった。同書には、学ばざる軍隊・帝国陸軍の戦争〟の副題がある。

『海軍施設系技術官の記録』から、ビアク島に進出した部隊をひろう。

○ニューギニア・ビアク島進出

・第二八海軍建設部　第二八海軍根拠地隊所属、ニューギニア西部方面の建設業務を担当、本部マノクワリ。一九四四年五月二十日、第二六海軍建設部マノクワリ支部を第二八海軍建設部に改編。四五年一月十日廃止。

・第二〇二設営隊　第四南遣艦隊所属、横須賀施設部派遣。一九四三年十一月十五日編成、十二月十五日横須賀発、ビアク島に進出。十二月二十一日、船団の一部沈没。生存者は横須賀に帰還後、再編成。四四年二月二十一日横須賀発、ビアク島着。四四年五月二十七日、米軍上陸。六月末、隊員の大半が戦死。七月末、全員玉砕。ハルマヘラ島にいた分遣隊は第二〇三設営隊に合流。

・『被徴用死亡者連名簿』では、横須賀施設部所属「軍属」二九名、第二八建築部所属「軍属」四名、計三三名が「戦死」。横須賀施設部所属「軍属」では、忠清南道出身二名、忠清北道出身一名、慶尚南道出身一一名、慶尚南道出身一一名、全羅南道出身三名、咸鏡南道出身一名、計二九名が「戦死」。第二八海軍建設部所属「軍属」は、忠清北道出身二名、慶尚北道出身一名、咸鏡北道出身一名である。いずれも四四年七月から九月にかけ「戦死」。

○ビアク島死亡者

	忠南	忠北	慶南	慶北	全南	全北	京畿	江原	黄海	咸南	咸北	平南	平北	計
ビアク島	二	二	一三	一一	四	一	五	一		一	一			四一

八　一九四四年六月　サイパン島、テニヤン島守備隊陥落・「あ号作戦」

マリアナ諸島のサイパン島は、東京から南東へ約二五〇〇キロ。面積は一八五平方キロ、霞ヶ浦ほどのひろさで、熱帯圏の常夏の島である。マリアナ諸島には一四の島々があり、グァム島五六八平方キロ、テニヤン島九八平方キロ、ロタ島一二五平方キロなどで、東経一四〇度〜一五〇度、北緯一〇〜二〇度に点在する火山岩の島々である（「戦史叢書」）。

一九四四年二月二十八日、第三一軍司令官小畑英良中将がサイパン島に着任。国内は軍備増産ののぞみはなく、航空戦力は消耗していた。米機動部隊の太平洋での作戦行動はかっぱつであった。制海権、制空権をうしなった戦局を打開しようと第三一軍が新編された。第三一軍には第二九師団、第五二師団、第三五師団、第一四師団、第四三師団などが配置されていた。

大東亜戦争のはじめ、南洋群島のトラックに、連合艦隊（山本五十六海軍大将）麾下の第四艦隊司令部（井上成美海軍中将）があって、サイパンには第四艦隊麾下部隊の第五根拠地隊があった。これとは別にテニアン島には、機動部隊の第一航空艦隊（南雲忠一海軍中将）、基地部隊の第一一航空艦隊司令部（塚原二四三海軍中将）があった。（平櫛孝『サイパン肉弾戦』）サイパン島にさらに第五建設部があり、第二〇七設営隊、ロタ島に第二二三設営隊、第二三三設営隊、グァム島に第二一七設営隊、第二一八設営隊が配置されていた。

一九四四年六月十一日、スプルアンス大将麾下の米機動部隊が、グァム島の東方にあらわれた。米軍艦載機二百余機が、四日間にわたりサイパン、テニアン、グァムの日本海軍航空基地を爆撃。連続三日間の空襲と、各種軍艦の猛烈な砲撃が繰り返された。十五日未明からはサイパン島は米戦艦八隻、巡洋艦、駆逐艦など三〇隻に包囲され、艦砲射撃がはじまった。十五日、スミス中将の指揮する第二、第四海兵師団と第二七歩兵師団が、約三〇隻の輸送船でサイパン上陸をはじめた。陸上戦闘参加兵員は七万一千名であった。〝この島はサンドバッグのようになった〟といわれる（保坂正康『昭和陸軍の研究』下・一七七頁）。

日本軍の守備兵員四万五千名、うち四万三千名が「戦死」。在留邦人約二万五千名がいたが、うち一万三千名が死亡している。米軍は、七万余の兵員を艦艇で運んできている。そのうえ圧倒的な航空機と、艦砲射撃で攻撃していた。まず航空機で爆撃・機銃掃射を三日間ほどつづける。そのあと艦砲射撃をやはり三日間ほどつづけ、強襲上陸部隊がつづき、陸上戦闘にうつる。この戦闘パターンは、ギルバート諸島攻略のときから、沖縄戦にいたるまでかわらなかった。

米軍のサイパン上陸と並行して、マリアナ諸島とフィリピン諸島の間の海域で、日米海軍の大海戦がたたかわれた。連合艦隊司令部が総力をあげてすすめた、「あ号作戦」と名づけられた戦闘であった。大本営は、マリアナ諸島は日本本土にたいする「太平洋の防波堤」、と位置づけていた。第一機動艦隊は、空母三、改装空母六、戦艦五、重巡洋艦一一、軽巡洋艦二、駆逐艦三二、潜水艦一五、空母艦載機四五〇機からなり、小沢治三郎中将が指揮していた。マリアナ海域で米海軍を潰滅させるという、太平洋戦争中の日本海軍の最大の作戦であった。結果は、日本軍の空母がほとんど失われる、惨敗であった。

空中と海上の決戦に敗れてマリアナの大勢は去った。サイパンにあった中部太平洋艦隊長官南雲中将、第六艦隊長官高木中将はじめ幾多の司令部は第四三師団、海軍地上部隊と共に七月六日、最後の電報発信後消息が絶えた。二十一日にはグァム島、二十四日テニヤン島に米軍上陸、第一航空艦隊長官田中中将の司令部においたテニヤン島は八月一日、グァム島は十日いずれも通信連絡をたつに至った。

サイパン島・マリアナ海戦は、大本営海軍部の全海上艦艇の全滅を覚悟で戦われた。その結果は、大元帥以下の大本営の戦争指導構想を根底から覆すほどの敗北をこうむることになった。端的には、米機動部隊のこれほど大規模の攻撃をうけたというのに、米軍の攻撃規模を予知していなかった。偵察、哨戒がまったく不足していたのである。「敵を知る」という思想がかけていた。

七月九日、米ターナー海軍中将、サイパンの完全占領を宣言。上陸総指揮官はターナー少将であった。〝テリブル・ターナー〟のあだ名をもち、ギルバート諸島強襲のときも海兵隊も指揮していた。約一カ月の戦闘で、サイパン島は米軍の占領にうつった。日本海軍の〝不沈母艦〟の信頼も消えた。サイパン島から西進二〇〇〇キロほどで、マニラに到着する。

『海軍施設系技術官の記録』から、マリアナ諸島に進出した海軍部隊をひろっておく。

○マリアナ諸島サイパン進出

・第五海軍建設部　第五海軍根拠地隊所属、南洋群島方面の海軍建設業務にあたる。本部をサイパン島、グァム島にグァム支部をおいた。

一九四四年三月一日、第四海軍軍需部サイパン支部を、第五海軍建設部に改編。四四年七月十日、グァム支部ともに玉砕。

・第二〇七設営隊　中部太平洋艦隊所属、横須賀施設部派遣。一九四四年三月一日編成、本隊は三月三日木更津発、三月三十日サイパン着。後発隊は四月一日木更津発、四月十日サイパン着。四四年七月十日玉砕。四四年七月十八日解隊。

○マリアナ地区死亡者

	忠南	忠北	慶南	慶北	全南	全北	京畿	江原	黄海	咸南	咸北	平南	平北	計
マリアナ諸島	二四	六二	四八	四三	七九	五三一	五八	二	一	一				八四九
サイパン	一一一	五	五五	一八七	三七三	二五五	二五	四	九一	二	一	三	二	一一一四
グァム	四	五	六五	三五	一六九	一〇	一	六八	二	二			二	三六三
ヤップ	二〇	六		一										二七
	一五九	七八	一六八	二六六	六二一	七九六	八四	七四	九四	五	一	三	四	二三五三

『被徴用死亡者連名簿』では、横須賀施設部、第四海軍施設部、第五海軍建設部、第二二六設営隊、二一七設営隊、第二二三設営隊所属者がある。「軍属」は、ほとんど七月八日、七月九日「戦死」、「死亡場所」サイパンとなっている。

・横須賀海軍施設部では忠清北道出身二名、慶尚南道出身二名、慶尚北道出身一六名、全羅南道出身七名、全羅北道出身四名、京畿道出身二名、江原道、平安北道出身各一名、計三五名が「戦死」。第四海軍施設部所属では、忠清南道出身九四名、忠清北道出身二名、慶尚南道出身四五名、慶尚北道出身一三四名、全羅南道出身七名、全羅北道出身一四名、京畿道出身一三名、黄海道出身七名、計三一六名が「戦死」。

・第五海軍建築部所属では、忠清南道出身一四名、慶尚南道出身八名、慶尚北道出身三一名、全羅南道出身二九二名、全羅北道出身二一七名、江原道出身三名、黄海道出身八二名、計六四九名が「戦死」。慶尚北道の一三四名は「死亡場所」サイパン島近海で、四四年六月十五日「戦死」となっている。十八歳、十九歳、二十歳の若者も多数まじっている。妻帯者もおおい。

・第二二六設営隊は、沖縄配置の部隊だが、一九四四年五月五日、七月八日に「死亡場所」本州南東海面で「戦死」している。忠清南道出身二名、慶尚南道出身二五名、慶尚北道出身五名、全羅南道出身二二名、全羅北道出身六名、京畿道出身三名、計三五名が「戦死」。

二一七設営隊、第二二三設営隊所属の「軍属」は、ほとんど七月八日、七月九日の「戦死」となっている。

サイパン島では九六五名が「戦死」「戦病死」していて、ほとんどが「戦死」である。

○マリアナ諸島ロタ島進出

・第二二三設営隊　第四艦隊所属、佐世保施設部派遣。一九四三年十二月十日編成。四四年三月四日佐世保発、三月十二日トラック着、のちロタ進出。四六年一月十二日解隊。

・二三三設営隊　第四艦隊所属、舞鶴施設部派遣。一九四四年三月四日編成、三月、四月の間に硫黄島、アキーガンの間で輸送船団潰滅。残存部隊はロタ島に上陸。六月十一日マリアナ海戦当日、被弾沈没した松運丸の乗組員約六〇名、これを第二二三設営隊に合併。約三〇〇名隊員は、終戦までロタ島で奮戦。四五年九月四日ロタ島よりグァム島に移され、四六年十二月末解隊。

○マリアナ諸島グァム島進出

・第二一七設営隊　第四艦隊所属、呉施設部派遣。一九四四年三月一日編成、四月一日呉発、グァム島に進出。八月十日玉砕。十月十五日解隊。グァム航空基地緊急設営。

・第二一八設営隊　第四艦隊所属、呉施設部派遣。一九四四年三月一日編成、四月一日呉発、グァム島に進出。八月十日玉砕。十月十五日解隊。グァム航空基地緊急設営。

・『被徴用死亡者連名簿』には、第四海軍施設部、第五海軍建築部、第二一七設営隊、第二一八設営隊、第四気象部隊の「所属」者が、グァム島で三六八名「戦死」「戦病死」している。第四海軍施設部所属の全羅南道出身者一〇一名、江原道出身者五六名、計一五八名。全羅南道の一〇一名は全員一九四四年五月十日、グァム南南西海面で「戦死」している。江原道出身の五六名も同様に「戦死」である。

○ヤップ島進出

・第二〇五設営隊　第三南遣艦隊所属、横須賀施設部派遣。一九四四年二月五日編成、三月二十二日横須賀発、三月三十日サイパン着、ヤップへ。四五年十二月二十五日解隊。

・『被徴用死亡者連名簿』では、第二〇五設営隊所属の忠清南道出身の二〇名が、一九四五年五月から九月まで「戦死」「戦病死」している。年長者は三十八歳。年少者は十九歳である。

九　一九四四年九月　パラオ地区の崩壊

マリアナ諸島が潰滅する四カ月前。四四年三月三十日、ニミッツ艦隊の機動部隊・第五艦隊長官のスプルアンス提督は、三群の機動部隊（空母一一、戦艦五、巡洋艦一一基幹）で、マッカーサー軍団のニューギニア進攻部隊の掩護をおこなった。アドミラルティー、エミロワ両島上陸部隊にたいする、日本軍の反撃をたつためであった。西カロリン諸島に進入し、パラオ諸島にせまった。パラオ空襲は三月三十、三十一の両日。古賀連合艦隊長官は、三月二十九日司令部を武蔵艦上から陸上にうつし、水上艦艇は北西海面に退避していた。米軍空襲は、艦載機のべ一千一〇〇機にのぼる猛襲であった。日本海軍は、各種艦船四〇隻（一一万一千五〇〇トン）、飛行機二〇三機をうしない、戦死傷二四六名をだした。おまけに、米軍の上陸を懸念し、三十一日フィリピンにむけ空路退避した連合艦隊司令部の、長官以下全員が搭乗機とともに行方不明となった。（『太平洋戦争海戦史』）「海軍乙事件」である。

パラオ諸島防衛の日本軍主力は、歩兵第一四師団であった。満州からの転用師団でもあった。井上貞衛中将が師団長であり、パラオ諸島、ヤップ島を管轄し、パラオ地区集団の司令官でもあった。パラオの行政府があったコロール島に司令部をおいた。この島はバベルダオブ島のすぐ南に位置し、ペリリュー島からは約四〇キロ北にあった。三万五千名の将兵が配属され、これ以外に八千名がヤップ島に展開していた。ペリリュー島配置の日本軍守備隊のほかに、約四千一〇〇名の海軍将兵がいた。第四五警備隊、第一四四機関砲隊、第一二六機関砲隊約七〇〇名の軍人であり、約一千四〇〇名は整備などの飛行場支援要員、のこり約二千名は、日本人の飛行場設営隊と朝鮮人労働者からなっていた（ジェームス・H・ハラス著・猿渡青児訳『ペリリュー島戦記』）。

マリアナ諸島攻略のあと、米連合軍のつぎの攻略目標はパラオ諸島であった。九月六日からヤップ、パラオ諸島がミッチャー機動部隊に攻撃された。九月十五日には、米第一海兵師団と陸軍部隊がモロタイ島、ペリリュー島。九月十七日第八一歩兵師団が、アンガウル島上陸をはじめた。米軍は防禦堅固なラバウルを攻撃しようとはせず、防御手薄なアドミラルティー島を攻略したように、日本軍が拠点として防備を強化しているところを強襲しようとはしなかった。パラオ諸島本島のベルダオブ島への上陸は避けられている。

米軍がパラオにむかう上陸部隊の輸送と護衛は、ブル・ハルゼー提督の第三艦隊の役目であった。輸送と護衛にくわえ、上陸部隊が海岸を確保するまでの艦砲射撃、空爆、そして補給任務もうけもっていた。作戦計画のコードネームは、「スティルメイト二」であった。この作戦が終了するまで、ハルゼー提督は、太平洋にあるすべての主要な指揮系統に携わることになっていた。「スティルメイト二」は最終的に八〇〇隻の艦船と、一六〇〇機の航空機、推定二五万名の陸軍、海軍、海兵隊の将兵が参加。この時点で、太平洋戦域での最大規模の上陸作戦であった。攻撃部隊だけでも、一四隻の戦艦、一六隻の空母、二〇隻の護衛空母、二二隻の巡洋艦、一三六隻の駆逐艦、三一隻の護衛駆逐艦、くわえて相当数の上陸用艦艇や支援艦からなっていた。膨大な人員と艦船にたいする補給は、連合国側全体の支援により支えられていた。

ペリリュー島上陸作戦において、オルデンドルフ提督ひきいる支援群は、戦艦メリーランド、アイダホ、ミシシッピー、ペンシルバニアの四隻。重巡洋艦はルイスビル、ポートランド、インディアナポリスの三隻、軽巡洋艦はホノルルであり、駆逐艦は九隻であった。航空支援は護衛空母艦隊の任務であり、日によって七隻から一一隻の航空母艦が動員された。

九月十二日から艦砲射撃が開始され、同月十五日ペリリュー島上陸作戦がはじまった。上陸はたちまち終わり、航空基地が整備された。洞窟を拠点にした、日本軍の執拗な抵抗があったが、大勢をかえられない。パラオ諸島から八〇〇キロほど西進するとミンダナオ島になる。米軍は、モロタイ島、ビアク島、パラオ諸島、アドミラルティ諸島に航空基地を整備。これにウルシー環礁の整備をくわえ、フィリピン攻略の戦略的配置がととのう。

パラオ諸島の攻略と同時に、東経一六〇度、北緯一〇度の交点にある

○パラオ地区死亡者

	忠南	忠北	慶南	慶北	全南	全北	京畿	江原	黄海	咸南	咸北	平南	平北	計
パラオ地区	五五	一九六	五二	一一五	一四〇	二七五	七四	一〇〇	五	一		一	二	一〇一六
南洋群島・南太平洋	四	一	二八	二一	五五	六一	一一	一	二	五	一	六		一九六
ピケロット	六	七	一九	一一	九	一三	一五	一三	三	二				九八
	六五	二〇四	九九	一四七	二〇四	三四九	一〇〇	一一四	一〇	八	一	七	二	一三一〇

ウルシー環礁の攻略がおこなわれた。攻略のあと米軍は、同環礁を船舶係留港として整備。ここから、西進すればレイテ島まで一五〇〇キロほど、北西にむかうならば、沖縄島、台湾、フィリピン北部を見渡す位置につける。米海軍の太平洋戦争後期の重要拠点となった。

『海軍施設系技術官の記録』から、海軍部隊をひろう。

○パラオ諸島進出

・第二設営班　海軍設営隊のさきがけである。第三艦隊所属で呉建設部派遣、パラオ（南洋群島）に進出。一九四一年十一月二十日編成され、十一月二十九日呉港発。四二年三月十日パリクパパンで解隊し、ジャワ島スラバヤに本部をおく第一〇二建築部に改編された。

・『被徴用死亡者連名簿』では、第四海軍施設部所属「軍属」は、慶尚南道出身四名、全羅南道出身五八名、全羅北道出身二六二名、京畿道出身一名、計三二五名が四四年八月八日に、全員「戦死」している。米軍の上陸前の航空機爆撃、艦砲射撃の犠牲であろう。

・第三〇海軍建設部　第三〇海軍根拠地隊所属、任務は南洋諸島方面の基地設営、所在地はパラオである。四四年三月一日、第四海軍軍需部パラオ支部、トラック運輸部、第四施設部パラオ派遣隊を統合改編。四七年五月三日廃止。

・『被徴用死亡者連名簿』では、第三〇建設部所属の「軍属」一〇〇名は、四四年三月から四五年十月まで「戦死」「戦病死」をつづける。「死亡年月日」四四年九月十五日、十二月三十一日に多数「戦死」があり、その間には「戦病死」もある。

「死亡場所」パラオの、第三〇建設部所属「軍属」は忠清南道出身八名、忠清北道出身二二名、慶尚南道出身六名、慶尚北道出身二四名、全羅南道出身二八名、全羅北道出身八名、京畿道出身二名、江原道二名、計一〇〇名が一九四四年九月十五日に全員「戦死」。

○パラオ諸島ペリリュー島進出

・『被徴用死亡者連名簿』には、パラオ諸島で四四六名、ペリリュー島で五三八名、計九八四名の死亡者が記載されている。所属部隊は横須賀海軍施設部、第三〇海軍建設部、第四海軍施設部、第二一四設営隊などである。

「死亡場所」ペリリューの、第三〇建設部所属「軍属」四二七名の出身地は、忠清北道二〇名、忠清北道一七三名、慶尚南道二名、慶尚北道四九名、全羅南道三三名、全羅北道二名、京畿道五一名、江原道九六名、黄海道一名である。「死亡年月日」は四四年十二月三十一日で、「死亡区分」は「戦死」である。

・第二一四設営隊　第三南遣艦隊に所属し、呉施設部派遣でペリリュー島に進出。四四年二月五日編成で、四月二十三日サイパン着。ペリリュー島玉砕後、他島派遣の五～六〇〇名がパラオ本島に集結した。四七年五月三日解隊（『海軍施設系技術官の記録』）。二一四設営隊は、民間の鉱山技師やトンネル技師を動員していて、彼らが構築した陣地は、縦横に交差した巨大な坑道と、濠の出入り口が外部からの直接的な攻撃を避けるように工夫されていた。

・『被徴用死亡者連名簿』の第二一四設営隊所属の「戦死」者は九五名。忠清南道出身二二名、忠清北道出身五名、慶尚南道出身一八名、慶尚北道出身九名、全羅南道出身二〇名、全羅北道出身三名、京畿道出身一四名、江原道出身二名である。「死亡年月日」は四四年十二月三十一日、「戦死」。慶尚北道出身の四名が、第二一五設営隊所属「軍属」として「戦死」している。十二月三十一日である。

○モロタイ島

・第二〇三設営隊　第四艦隊所属、横須賀施設部派遣、ハルマヘラ島に進出。四三年十一月一日編成、四四年二月五日横浜出発。四六年六月五日、帰国後解隊。任務はハルマヘラ島にてカウ、マリフット、ワシ航空基地設営、派遣隊はニューギニアのソロン基地整備及び防備施設設営。

・第二二四設営隊　第四南遣艦隊所属、佐世保施設部派遣、ハルマヘラ島に進出。四三年十月十日編成、十一月十五日佐世保出発。後発隊は十二月一日佐世保発。四七年五月三日解隊。任務はハルマヘラ島カウ付近航空基地設営。

十　一九四四年十月　北千島・北太平洋での惨状

四四年二月十八日、米機動部隊がトラック島を攻撃する。太平洋最大の海軍基地が攻略され、大本営は同日、第五方面軍司令部（札幌）、第二七軍司令部（千島）、第三一軍（司令部）の編成を命令する。さらに大本営は、四四年七月二十四日「今後の作戦指導大綱」で、アリューシャン列島から千島、北海道にわたる第一線の強化もうちだした。十月末にかけ、決戦準備をいそぐよう命令。「捷四号作戦」である。四四年の配備変更は、東（マーシャル）、太平洋正面（サイパン）に致命的反撃をこうむり、国防の要衝はついえていた。それでも、アジア大陸の西にビルマ、大陸正面に湘桂の二大作戦を強行した。兵力の転用と輸送の過重負荷にならざるをえなかった（高木惣吉『太平洋海戦史』一一六頁）。アリューシャン列島から、千島列島にかけた、米軍の攻略も予想された。

千島列島のうち、北緯五〇度をこえた占守島、幌莚島を北千島とよんだ。ここに海軍は第五艦隊、第一二航空艦隊の戦闘部隊と施設部隊を配置した。占守島には片岡基地、別飛基地、幌莚島には武蔵基地、摺鉢基地、加熊別基地が建設された。陸軍は幌莚島北端の柏原に主力をおき、各地に警備隊を配置していた。千島方面の基地設営は、横須賀海軍建築部大湊出張所の工事として、一九三九年ころから始まり、武蔵基地が最初に完成した。大湊海軍施設部となった一九四三年からは、片岡、摺鉢、加熊別が本格的に建設され、ぞくぞく現地に人員が投入された。各基地の建設は、直轄部隊と請負により施工された。作業は主として五、六月より十二月はじめまでで、冬は一部越冬者をのぞき、引きあげた。これら基地設営に、多数朝鮮出身軍属が徴用されていた。所属は「大湊海軍施設部」である。

武蔵基地は一九四四年二月四日、六月二十四日に米軍の艦砲射撃をうけている。片岡基地に出入りした輸送船白陽丸（五七四二トン）は、四四年十月二十五日、出港した途端に雷撃により沈没している。五〇・二一N、一五〇・二〇Nの地点とされる。この船をふくむ船団に乗船していたためか、多数朝鮮出身軍属が「戦死」している。九月二十六日にも、朝鮮出身軍属の多数「戦死」がある。

『海軍施設系技術官の記録』から、海軍部隊をひろう。

○大湊海軍施設部　北海道、千島、アリューシャン方面を管轄する大湊海軍施設部は、大湊警備府管内の海軍施設の建設を業務としていた。青森県大湊に所在し、一九三八年九月十日、横須賀海軍建築部大湊出張所として発足した。四一年四月一日、大湊海軍建築部と改編され、四三年八月十八日、大湊海軍施設部とされた。四五年十二月一日に廃止されている。

・第五七一設営隊　大湊警備隊所属、大湊施設部派遣。一九四五年五月十五日編成、北海道千歳に進出。四五年八月二十二日解隊。

・第五七六設営隊　大湊警備所所属、大湊施設部派遣。一九四五年六月一日編成、北海道美幌に進出。四五年八月二十二日解隊。

・『被徴用死亡者連名簿』では、大湊海軍施設部所属の朝鮮出身軍属が、九三六名「戦死」している。船団が雷撃をうけて、一時に船が沈没し、多数死亡者がでたものとおもわれる。「死亡場所」は、北千島で、「死亡日時」は一九四四年九月二十六日と十月二十五日に集中している。忠清南道出身一五名、忠清北道出身六名、慶尚南道出身二一名、慶尚北道出身一一名、全羅南道出身一六名、全羅北道出身三六六名、京畿道出身一二名、江原道出身四一名、黄海道、咸鏡南道、平安南道出身各三名が「戦死」。

○北千島・北太平洋地区死亡者

	忠南	忠北	慶南	慶北	全南	全北	京畿	江原	黄海	咸南	咸北	平南	平北	計
北千島地区	一六	六	二〇	一〇	一六	二六六	一二	四一	三	三		三		三九六
北太平洋	一一	二三	八五	一二四	五六	一〇五	九	一八	四		一	二		四三八
	二七	二九	一〇五	一三四	七二	三七一	二一	五九	七	三	一	五		八三四

「死亡場所」北太平洋では、忠清南道出身一一名、忠清北道出身二二名、慶尚南道出身八六名、慶尚北道出身一二四名、全羅南道出身五八名、全羅北道出身一〇四名、京畿道出身九名、江原道出身一八名、黄海道出身四名、咸鏡北道出身一名、平安南道出身二名が、四四年三月二日、九月二十六日、十月二十五日に多数「戦死」している。「生年月日」と「親権者」の記載は、全員ない。

十一　一九四五年一月　フィリピン攻防・レイテ海戦

四四年七月マリアナ列島、九月パラオ諸島、モロタイ島、ウルシイ環礁と、日本軍は米連合軍に敗北をつづける。ウルシイ環礁は東経一六〇度、北緯一〇度にあるが、米軍太平洋艦隊の最大の係留港になっていく。これらの島嶼は、いずれもフィリピンを東側から取り囲むように位置している。ちなみに、モロタイ島からレイテ島までは八〇〇キロである。サイパン防衛守備隊の崩壊とマリアナ沖海戦の敗北で、日本軍の敗戦は決定的であった。しかし、大元帥をはじめとする大本営に、敗北を口にする者はいなかった。東条内閣の更迭は避けられなかった。代わった小磯内閣も、軍略に政略を奉仕させることに変わりなかった。米軍の攻勢をうけながらも大本営は、敗勢をフィリピンで挽回するとばかりに、可能性のない連合艦隊を再建しようとしていた。南雲中将が自決してまもない四四年七月二十八日、陸軍はフィリピンにいた第一四軍を第一四方面軍とした。フィリピンを目指す米軍を阻止するというのである。「捷一号作戦」と名づけられていた。

「捷一号作戦」準備に重大な支障となったものは、米軍潜水艦の跳梁であった。兵員・軍需物資をつんだフィリピンむけ船団で、目的地に到着しえたものは、半数にすぎなかった。到着した部隊でも、武器類は海没しているなどの理由で、その機能を発揮できなかった。航空戦準備中とはいいながら、基地の整備はおくれ、八月にダバオ、セブ地区の基地がようやく整備されたにすぎなかった。

九月九日からはミンダナオ方面が攻撃された。九月初旬いらい、フィリピン地区は米軍の昼間爆撃さえ受けるようになっていた。米機動部隊は九月十二日から十四日にかけ、フィリピン中部の航空基地の多くあるヴィサヤ地区を奇襲。再建早々の第一航空艦隊は、またまた潰滅させられた。

米軍のフィリピンへの最初の上陸作戦は、一九四四年十月二十日、レイテ島でおこなわれた。レイテ湾に進入した米艦艇は、マッカーサー元帥指揮下の南西太平洋方面海軍部隊。キンケード中将が指揮をとっていた。艦艇一五〇隻（戦艦六、重巡洋艦六、軽巡洋艦五、護送空母一八隻基幹）をふくむ船舶約四二〇隻からなっていた。レイテ島へ強襲上陸するが、ミンダナオ島への上陸はなかった。

レイテ沖では史上最大の日米海軍による、レイテ沖海戦がたたかわれた。海軍特別攻撃隊が登場したのはこのときである。航空機がたりないばかりか、搭乗訓練未熟の操縦士にドッグファイトはできない。第一航空艦隊の大西滝次郎司令長官は、戦闘機搭乗者に特攻を命じた。この特攻攻撃は、すでに四四年八月二十五日交付の「勅令第五二八号」で、任務として組み込まれていたという（NHKスペシャル取材班「日本海軍四〇〇時間の証言」一七三頁）。

レイテ湾に殺到する米機動部隊にたいし、連合艦隊は豊後水道から南下する小沢機動部隊、フィリピン中部の海を東進する栗田第二艦隊、レイテとミンダナオの間を進む志摩・西村部隊で邀撃する作戦であった。志摩部隊はレイテ島に逆上陸の予定であった。栗田部隊の艦艇には、戦艦武蔵・大和をふくむ戦艦五隻、大型巡洋艦一〇隻、軽巡洋艦二隻、駆逐艦一五隻があった。連合艦隊は航空兵力不足のため、洋上作戦の自由を企図できなくても、自滅するよりは超弩級戦艦武蔵以下の海上部隊主力を、米軍上陸地点に突入させようとしていた。豊田連合艦隊司令長官は、三方面部隊に「天佑を確信し全軍突撃せよ」の命令をおくっていた。米海軍は、栗田艦隊の東進の情報をえるや、十月二十四日、第三艦隊の快速空母群をサンベルナルジノ海峡方面に集結。レイテ上陸を担当した第七艦隊の掩護砲撃部隊を、レイテ湾の南端、スリガオ海峡に展開させた。さらに多数の魚雷艇を海峡の内側、南側付近に配置した。しかし、海戦のはじまる直前に、米軍の攻撃をうけるや連合艦隊の三部隊は反転してしまった。〝反転〟の語に、高木惣吉氏は〝遁走〟の語をつかっている。〝勝負度胸の弱い指揮官、自信喪失した一般の士気沈滞に開戦時の俤（おもかげ）〟はなかった、と高木氏はいう。

戦艦武蔵は二〇発以上の魚雷、一七発以上の爆弾命中で沈没。大和、長門。重巡妙高、羽黒いずれも雷撃で傷をおっていた。レイテ沖海戦三日間に戦艦三、空母一、重巡六、軽巡四、駆逐艦一二隻、計二九隻が沈没し、参加艦艇の六割をうしない、大破巡洋艦四隻その他多数の損傷艦を生じた連合艦隊は、海上決戦の戦闘力をうしなっていた（高木『太平洋海戦史』、服部卓四郎『大東亜戦争全史』）。

大本営海軍部は、フィリピンに大東亜戦争の開戦初期から、第一〇三海軍施設部をはじめ、一九隊もの設営隊を送った。解隊、改編もあった。一九四四年三月、マニラ防衛のために編成された第二〇六設営隊。これ以降の設営隊は、四四年に急設した設営隊である。フィリピンにどんどん設営隊はじめ軍需品を輸送する。米軍潜水艦はそれら輸送船を次々雷

○フィリピン地区死亡者

	忠南	忠北	慶南	慶北	全南	全北	京畿	江原	黄海	咸南	咸北	平南	平北	計
フィリピン地区		三	六七	一一	二〇	一	五	三	一	二		一		一一四
ミンダナオ地区			一	四	一		四	一			一			一二
ダバオ	六		三九	一四	五	一四	一一	三	二	一	一			九六
セブ	一二	一	六	五	一		四							二九
ネグロス	六	一	七	八	三		二	二						二九
ルソン	三六	二七	一二一	一二八	一〇二	一六	三五	一八	四〇	七	一	一八	五	五五四
セレベス	一	一		一三	八				一					二四
カガヤン	五	一	二		一		二六		一	一四				五〇
	六六	三四	二四三	一八三	一四一	三一	八七	二七	四五	二四	三	一九	五	九〇八

撃し、沈没させていた。レイテ島での陸海戦がはじまるまえの九月、米軍潜水艦は台湾とフィリピンの間のバシー海峡で待ちかまえていた。ここを通過する輸送船を片っ端から雷撃、沈没させていた。バシー海峡は〝海の墓場〟となっていた。

『被徴用死亡者連名簿』では、一九四四年九月九日付で、バシー海峡で「戦死」した朝鮮出身軍人は八四名である。「階級」は「上水」、「上機」であり、上等水兵、上等機関兵だろう。「所属」は、佐世保第八特別陸戦隊、舞鶴第一特別陸戦隊、横須賀第四特別陸戦隊、第一五海軍警備隊、第一六海軍警備隊、第一七海軍警備隊、第一八海軍警備隊、第二五四航空隊である。艦艇に植民地出身者を乗船させることをためらっていた海軍だが、陸戦隊ならば兵士にしてもよい、ということだったのだろうか。慶尚南道一七名、慶尚北道一五名、平安北道一二名、全羅南道一一名が、軍人として「戦死」している。四四年十一月一日には、興業丸で二人の「軍属」が「戦死」している。

米軍強襲部隊がレイテ島に上陸する四四年十二月上旬、そして十二月十五日、ミンドロ島に上陸し。十二月二十六日、米軍はレイテ、サマール両島作戦の終了を声明する。

一九四五年一月六日から、米艦隊はリンガエン湾の掃海と沿岸砲撃をおこない、ルソン島への上陸作戦をはじめる。一月九日からは、キンケイド中将の第七艦隊約八五〇隻の大小艦艇による揚陸がはじまった。この時期の日本海軍のフィリピン方面兵力は、航空機実働一九五機、潜水艦五隻、水上軽艦艇一〇余隻、低速魚雷艇一〇三隻、巡洋艦四隻にすぎなかった。

『海軍施設系技術官の記録』第五編海軍設営隊・施設部等一覧から、フィリピンに渡った海軍部隊名を摘記する。そこに『被徴用死亡者連名簿』から、朝鮮出身軍人・軍属の死亡者数を付記しておく。

○マニラに進出

・第一〇三海軍施設部　第三南遣艦隊所属、所在地マニラ。一九四二年三月十日第一設営班を改編、第一〇三海軍建築部設置。四三年八月十八日第一〇三海軍施設部に改名。四七年五月三日廃止。

○レガスピーに進出

・第一設営班　第三航空艦隊所属　佐世保建築部派遣　一九四一年十月五日編成　十一月二十九日レガスピーを目指す。四二年三月十日現地で解隊。第一〇三建築部に改編。四三年八月十八日第一〇三海軍施設部に改名。四七年五月三日廃止。

・第一〇三海軍施設部　第三南遣艦隊所属　第一設営班を改編し第三海軍建築部に。四三年八月第一〇三海軍施設部に。四七年五月廃止。四五年六月以降、第一〇三海軍施設部所属。

・『被徴用死亡者連名簿』では、忠清南道出身二九名、忠清北道出身二一名、慶尚南道出身一〇七名、慶尚北道出身八一名、全羅南道出身四八名、全羅北道出身一一名、京畿道出身一九名、江原道出身一三名、黄海道出身三六名、咸鏡南道出身四名、平安南道出身一九名、平安北道出身四名、計三九二名「戦死」。四五年六月十日「ルソン島北部」で、六月三十日「ルソン島東方山中」で多数「戦死」。

○バギオに進出

・第三二八設営隊　第三南遣艦隊所属、佐世保施設部派遣　四四年八月十五日編成。

・第三〇一設営隊　横須賀鎮守府所属　横須賀施設部派遣　四四年十月十五日編成　四七年五月三日解隊。

○コレヒドールに進出

・第二〇六設営隊　第三南遣艦隊所属、横須賀施設部派遣。一九四四年三月一日編成、七月十四日横浜発、進出途次海没。九月三十日現地解隊、第一〇三施設部に編入。

・第三一五設営隊　南西方面艦隊所属、呉施設部派遣。一九四四年八月十五日編成。九月十五日呉発。

○レイテ島に進出

・第三一一設営隊　第三南遣艦隊所属、呉施設部派遣。一九四四年九月二日編成　オルモックに進出。四七年五月三日解隊。

○ダバオに進出

・第二一五設営隊　第三南遣艦隊所属、呉施設部派遣。一九四四年三月一日編成、五月十八日呉発、ダバオに進出。四七年五月三日解隊。

・『被徴用死亡者連名簿』では、忠清南道出身三名、慶尚南道出身一三名、慶尚北道出身九名、全羅北道出身二名、京畿道出身六名、江原道出身三名、咸鏡南道出身一名、計三七名の「軍属」が四五年八月から九月にかけて、おおくが「戦病死」。

・第三〇一設営隊、第三南遣艦隊所属　横須賀施設部派遣　四四年五月十五日編成　サランガニの後ダバオに転身。四七年五月三日解隊。

・第三〇二設営隊、第三南遣艦隊所属　横須賀施設部派遣　四四年六月十五日編成　八月十二日船団の一部、南西諸島付近で沈没。生存者は第三〇八設営隊に編入。十二月十五日解隊。ほとんど〃全員「戦死」〃。

・第二二五設営隊　第四南遣艦隊所属、佐世保施設部派遣。一九四四年二月五日編成、デゴス進出。四七年五月三日解隊。

・『被徴用死亡者連名簿』では、慶尚南道出身一〇名、慶尚北道出身五名、全羅南道出身二〇名、全羅北道出身七名、計四二名の「軍属」が四四年七月から四五年九月まで、ダバオで「戦死」「戦病死」。

○クラークに進出

・第三〇八設営隊、横須賀鎮守府所属、横須賀施設部派遣。一九四四年八月十五日編成。十一月一日後発の第三〇二設営隊と合併。〃隊員の大部分はフィリピンにて戦死〃。

・第三一二設営隊　第三南遣艦隊所属、呉施設部派遣。一九四四年七月三十一日呉発。船団が南支那海で海没。九月五日高雄にて解隊、第三〇八設営隊に編入。

・第三一八設営隊　第三南遣艦隊所属、呉施設部派遣。一九四四年八月十五日編成、九月十五日呉発。サンボアンガを目指すが、リンガエン沖で潜水艦の雷撃をうけ、クラークに変更進出。注記に〃四五年一月二日山中にはいる。二月初旬糧食尽き、二六航戦司令官の命により部隊は解散。各自自活体制に入れしめらる。〃四七年三月三日解隊。〃隊員大半戦死にて四五〇名の編成のうち生還者は僅か一四名なり〃とある。

・『被徴用死亡者連名簿』では、朝鮮出身「軍属」、慶尚北道八名、全羅南道出身三名がサンボアンガ沖で、十月十八日「戦死」。船名は第一三東海丸、第三一東海丸、第六大栄丸となっている。

・第三三一設営隊　第三南遣艦隊所属、舞鶴施設部派遣。一九四四年六月十五日編成、七月十五日舞鶴発、クラーク地区に進出。四七年五月三日解隊。〃隊員の大部分は比島で戦没〃〃玉砕〃。

・第三三二設営隊　第三南遣艦隊所属、舞鶴施設部派遣。一九四四年七月十五日編成、七月十五日舞鶴発、クラーク地区に進出　四七年五月三日解隊。〃隊員の大部分は比島で戦没〃。

○コレヒドールに進出

・第二一九設営隊　第三南遣艦隊所属　呉施設部派遣　四四年十月三日編成　十一月四日ルソン島西海岸にて敵潜により輸送船沈没、十一月八日哨戒艇にてマニラ着。十二月十五日米軍上陸を前にして、設営隊解隊。第一〇三施設部に編入される。〃生存者数名。〃

『被徴用死亡者連名簿』では、朝鮮出身軍属、忠清南道四名、忠清北道五名、慶尚南道一四名、慶尚北道一一名、全羅南道一二名、京畿道七名、江原道四名、計五八名。四五年七月十日、おもにマニラで「戦死」。

・第三三三設営隊　第三南遣艦隊所属　舞鶴施設部派遣　四四年八月十五日編成　レガスピーを目指すがコレヒドールに変更。十月二十三日

バシー海峡で被雷するが被害僅少。十二月十五日解隊し、第三三一設営隊と合隊。〃コレヒドールにて玉砕。〃

○ネグロス島に進出

・第二三五設営隊　第三南遣艦隊所属　舞鶴施設部派遣　四四年三月一日編成　四月二十三日舞鶴発　四七年五月三日解隊。

・『被徴用死亡者連名簿』では、朝鮮出身軍属　忠清南道一七名、忠清北道一名、慶尚南道六名、慶尚北道一三名、全羅南道二名、全羅北道一名、江原道五名、計四五名「戦死」。四五年四月から八月にかけ、四五名「戦死」。

十二　一九四五年二月　小笠原列島・硫黄島の陥落

一九四二年八月、ガダルカナル島争奪戦から約一年半。四三年十一月、米軍のギルバート諸島攻略から約一年。二年半あまりで、太平洋に米軍の制海権・制空権が確立された。サイパン島・テニヤン島・グァム島に強固な航空基地を構築。さらにパラオ地区、ビアク島、モロタイ島の三カ所にも強固な基地を構築した。ウルシイ環礁は、米艦隊の投錨地、またば前進基地として占領した。フィリピン、台湾、硫黄島、日本本土いずれも攻撃できる構えであった。広島、長崎に原爆投下したB－二九は、テニヤン島から出撃している。サイパン島からの日本本土空襲は日常化していた。

四四年十月のレイテ沖海戦後、大本営は組織的対応力をうしなっていた。米統合参謀本部は、直接東京を攻撃目標とする戦略をたてた。その意をうけ十月三日、ニミッツ提督は、太平洋地域の全軍にむけて、台湾進攻作戦は中止と命じた。「マッカーサー元帥がルソン島を十二月二十日に占領してのち、太平洋地区の全軍は、四五年一月二十日に硫黄島を占領、三月一日には琉球に地歩を確保すべし」と命令を下した（米国陸軍省編『沖縄』二〇頁）。

日本海軍の航空機は一九四四年七月二二七六機、陸軍航空機は一〇八五機（五月）で、海軍の八月の航空機完成計画は二四一〇機であった。

大本営は、米軍のフィリピン攻略のあとは支那海周辺に攻撃があると予測していた。根拠のある情報収集がまったくできていなかった。

しかし米攻略部隊は小笠原方面にむかった。二月十六日早朝から関東一円にたいし、ミッチャー機動部隊の大空襲がはじまった。輸送船をともなう他の有力艦隊は、連日、硫黄島の砲撃をつづけた。十八日、関東空襲を終えた機動部隊は南下。戦艦隊の砲撃と協同して、硫黄島にたいし延べ一千機以上の猛爆をあびせた。全島噴火するかに見えた。このとき米軍の直接、間接の上陸援護艦は、空母一六、軽空母一一、戦艦一四、巡洋戦艦一、巡洋艦二〇、駆逐艦九六隻の大勢力であった。十九日、第四、第五海兵師団が第一飛行場南側海岸に上陸を開始した。海兵は約六万で、総指揮はスプルアンス大将であった。

硫黄島はサイパンから約一一六五キロ、東京から約一三〇〇キロ、沖縄から約一四〇〇キロの要衝であった。米軍攻撃の前六月、大本営は防備強化として、第一〇九師団を編成し栗林師団長を配置した。栗林師団長は海軍根拠地隊もあわせて指揮することになった。第二七航空戦隊も進出。兵力は陸軍一万五千五〇〇名、海軍七千五〇〇名にたっした。

『海軍施設系技術官の記録』から、硫黄島、小笠原諸島、伊豆諸島に進出した海軍部隊を摘記する。

○硫黄島進出

・第二〇四設営隊　第三南遣艦隊所属　横須賀施設部派遣　四四年一月五日編成、藤沢基地機械設営後、硫黄島に進出し、航空基地設営。父島に派遣隊があった。四五年三月十七日、沖縄の総員は突撃し〃玉砕〃。忠清北道出身の「軍属」一名、慶尚北道出身の「軍属」四名、突撃に参加している。派遣隊は四五年四月三十日解隊。

・『被徴用死亡者連名簿』では、横須賀海軍施設部、第二〇四設営隊、第二海軍航空工廠の所属がある。第二〇四設営隊所属「軍属」は、忠清南道出身三名、忠清北道出身一名、慶尚北道出身四名、全羅南道出身二名、京畿道出身二名、計一二名の「戦死」。

・横須賀施設部　横須賀鎮守府に所属　本部は横須賀市、青森県大湊に大湊出張所、愛知県名古屋市に名古屋支部を配置。一九三二年一月二十八日横須賀海軍建築部設置。四三年八月十八日横須賀海軍施設部に改編。四五年十二月一日廃止。大湊出張所は三七年七月七日設置。四一年四月一日、大湊海軍建築部に改編。名古屋支部は四三年八月十八日設置。四五年十二月一日廃止。

・『被徴用死亡者連名簿』では、一九四二年十月から四五年三月十七日にかけ、朝鮮出身海軍「軍属」一二五名が沖縄で「玉砕」している。三月十七日の「戦死」者がほとんどである。忠清南道三名、慶尚南道四八名、慶尚北道四六名、全羅南道一七名、全羅北道七名、京畿道一名、黄海道一名、平安南道二名などである。

・『被徴用死亡者連名簿』では、一九四四年一月二十七日、第四海軍施設部、横須賀海軍施設部所属の五八名が「戦死」している。横須賀施設部所属で「戦死」した者の「死亡場所」は八丈島北西で、「生年月日」の記載がなされていない。慶尚南道出身二八名、慶尚北道出身二一名、全羅南道、咸鏡南道出身各二名、計五三名である。米潜水艦の魚雷攻撃によるのだろう。

○小笠原諸島父島進出

・第二〇九設営隊　横須賀鎮守府所属　横須賀施設部派遣。四四年十二月一日編成、父島に進出。四五年七月十九日、八月四日雷撃にあった模様。四五年七月十九日、八月四日に黄海道出身の「軍属」が一名ずつ「戦死」。四六年一月二十三日解隊。

・第三〇三設営隊　横須賀鎮守府所属、横須賀施設部派遣。一九四四年七月十五日編成、父島に進出。四六年一月三十一日解隊。

・第二二三設営隊　第四艦隊所属、佐世保施設部派遣　四三年十二月十日編成。先発隊が佐世保発、ロタ島にむかうが、四四年二月二十三日、父島西北で雷撃をうけた模様。忠清南道五名、忠清北道三名、慶尚南道三〇名、慶尚北道二一名、全羅南道一四名、全羅北道一三名、京畿道、江原道、黄海道が各一名の、計八九名が「戦死」している。後発隊は三月十二日トラック島に到着。ロタ島陸上防備強化にあたる。

○小笠原諸島母島進出

・第三〇四設営隊　横須賀鎮守府所属、横須賀施設部派遣。一九四四年七月十五日編成、八月三日木更津港発、母島に進出。四五年十二月二十五日解隊。

・第三〇九設営隊　横須賀鎮守府所属、四四年八月十五日編成。四五年六月三日横須賀発、母島にむかうが七月十七日、父島西北で雷撃にあい海没の模様。京畿道出身の「軍属」五名「戦死」。残存部隊は母島の防備築城に従事。

・横須賀施設部　一九三二年一月二十八日横須賀海軍建築部設置。四三年八月十八日横須賀海軍施設部に改編、四五年十二月一日廃止。

・『被徴用死亡者連名簿』に、四四年一月二十七日、横須賀施設部所属の朝鮮出身「軍属」五三名、八丈島海域だろうか「戦死」。出身地は、慶尚南道二八名、慶尚北道二一名、全羅南道二名、咸鏡南道二名である。

○伊豆諸島八丈島進出

・第二〇八設営隊　横須賀鎮守府所属、横須賀施設部派遣。一九四四年十月一日編成、八丈島戸塚に進出。四五年八月二十二日解隊。

・第三〇五設営隊　横須賀鎮守府所属、横須賀施設部派遣。一九四四年七月十五日編成、八丈島に進出。四五年十一月二十日解隊。

・『被徴用死亡者連名簿』では、第四海軍施設部、横須賀海軍施設部所属者の記載がある。

・第四海軍施設部　一九四三年十二月四日、忠清南道、忠清北道、慶尚

○小笠原諸島死亡者

	忠南	忠北	慶南	慶北	全南	全北	京畿	江原	黄海	咸南	咸北	平南	平北	計
小笠原地区	一三	三	四一	五六	一四	一〇	六	一	二	一			五	一六二
硫黄島	八	一	一八	五〇	一九	七	三	一	一	一		二	二	一一三
八丈島			二九		六		一		四	三		一	二	四六
	二一	四	八八	一〇六	三九	一七	一〇	二	七	五		三	九	三二一

北道各一名、全羅北道三名の「軍属」が「戦死」。

・横須賀海軍施設部　一九四四年一月二十七日、横須賀施設部所属の「軍属」、慶尚南道二八名、慶尚北道二一名、全羅南道二名、計五三名「戦死」。

十三　一九四五年三月　深川・沖縄・舞鶴湾の惨劇

一九四四年十月三日、太平洋地区米軍は、沖縄列島（南西諸島）を確保せよ、と米軍総参謀本部からの指令をうけとった。沖縄進攻を決定したことは、米国が日本侵攻の用意ができたことを意味する。四二年ガダルカナル島、四三年ギルバート諸島と、米軍は牽制攻撃で日本軍を敗退させた。四四年には、日本軍が部分的な防御作戦の態勢にでた。パラオ諸島、硫黄島などの熾烈な島嶼作戦が展開されたとはいえ、米軍は日本軍を大幅に防衛線の内部に追いこんでいた。沖縄の占領がそのしあげであった。とどめを刺すべく動員された米軍は、戦闘部隊が約一八万、支援部隊二六万、総勢約四五万の大軍。日本軍の沖縄守備隊は第三二軍基幹の約一〇万であった。四五年三月二十四日、米軍の慶良間諸島上陸にはじまり、九〇日間にわたる死闘で、日本軍人・軍属約一五万名、一般人約九万五千名が死亡した。米軍兵士の死亡者が約一万一千名。日米の死亡者の総計は、約二五万五千名になる。九〇日間、毎日約三千名が死んでいたことになる。

四五年四月一日、沖縄近海に進攻した米艦隊は、一千三〇〇隻からなる大艦隊であった。読谷飛行場、嘉手納飛行場のある沖縄島西海岸から米軍の上陸がはじまった。午前四時一〇分である。夜があける二〇分前から戦艦一〇隻、巡洋艦九隻、駆逐艦二三隻そして一七七隻の砲艦が、いっせいに総攻撃直前の掩護射撃をはじめていた。日本軍の抵抗はなく、米軍の静かな上陸になった。ふたつの飛行場は難なくおちた。

四五年五月三十一日、首里戦線陥落。日本軍は豊富な大砲、砲弾、機銃をそなえていた。〝満州〟から南方に移動する師団などが、台湾近海、バシー海峡などの航行を考え、武器を沖縄においていったのである。米軍は苦戦する。五月中は、日本軍特攻機の特攻が最高潮にたっしていた。四月六日から六月二十二日まで、特攻回数は陸軍機、海軍機で一四六五回にのぼった（米国陸軍省編『沖縄・日米最後の戦闘』三九七頁）。

米国陸軍省編・外間正四郎訳『沖縄・日米最後の戦闘』の、沖縄駐屯の日本海軍部隊の記述もある。

小禄半島は、幅三キロ、長さほぼ五キロ。そこにある飛行場と那覇を守るための防衛陣地は、四月一日まで日本の海軍が守っていた。米軍が上陸する二、三日前、この海軍は沖縄根拠地隊として統合された。

海軍はほとんどが小禄に集結していた。沖縄根拠地隊の司令官は大田実海軍少将で、陸軍第三二軍の指揮下に入ることになっていた。大田少将もこれに対し全面的に協力の態度を示していた。

沖縄駐屯の日本海軍の全兵力は一万。だが、正規の海軍軍人はその三分の一たらずで、その他は大部分が現地召集や防衛隊であった。そして、設営隊。航空隊、海上挺身隊、その他の部隊要員からなる根拠地隊も、陸地の訓練をうけたのは二、三〇〇人たらずで、しかもその訓練というのもお義理ていどの申しわけ的な訓練でしかなかった。」（『沖縄・日米最後の戦闘』四五七頁）

『被徴用死亡者連名簿』では、沖縄根拠地隊所属の朝鮮出身「軍属」の、四五年六月十四日の「戦死」者は、忠清南道二名、慶尚南道三名、慶尚北道八名、全羅南道二名、全羅北道七名、江原道一名、計二三名である。

『海軍施設系技術官の記録』から、東京地区、沖縄への海軍進出部隊を摘記しておく。

○深川宿舎

・第四海軍施設部　第四艦隊に所属、本部トラック島、東京支部、東京芝浦。一九四〇年十二月十五日第四海軍建築部設置。四三年八月十八日第四海軍施設部に改名。四七年五月三日廃止。東京支部は四一年六月十日設置、七月十二日より芝浦海軍建築支部と通称した。四三年四月二十三日廃止され、施設本部芝浦補給部となった。

・『被徴用死亡者連名簿』では、芝浦補給部所属の朝鮮出身「軍属」、忠清南道四名、慶尚北道一一九名、計一二三名が、一九四五年三月十日の東京大空襲の日に、「深川宿舎」で「戦死」している。「生年月日」の記載はない。妻帯者が多く見受けられる。

・第三〇〇設営隊　海軍省所属、施設本部派遣。一九四五年一月五日編成。八月二十二日（現実には十月三十日）解隊。横須賀、東京高輪、長野に進出。四四年七月十五日横須賀海軍第一部隊編成直後、日吉台G・F地下作戦室設営。館山航空基地飛行機隧道、艦上爆撃機五機分設営。第三〇〇設営隊に改編し、横須賀航空基地夏島飛行機隧道、ゼロ戦四〇機分設営。主滑走路直結野島超大型飛行機銀河二〇機分、ゼロ戦二〇機分隧道設営。高輪御殿防空地下室設営。長野大本営海軍側地下作戦室に極秘着工したが終戦。

・第五〇五設営隊　一九四五年五月二十五日編成。東京地区に進出。東京地区防備施設築城に従事。八月二十二日解隊。

・第三〇一〇設営隊　海軍省所属、施設本部派遣。一九四四年八月十五日編成、四五年八月二十二日解隊。施設本部担当地区に進出。日吉海軍総隊司令部の特別防備施設設営。

・第三〇一八設営隊　横須賀鎮守府所属、横須賀施設部派遣。一九四五年三月二十五日編成。東京地区に進出。八月二十二日解隊。小石川方面海軍省緊急施設設営。

・第三〇二二設営隊　横須賀鎮守府所属、横須賀施設部派遣。一九四五

○深川・沖縄・舞鶴地区死亡者

	忠南	忠北	慶南	慶北	全南	全北	京畿	江原	黄海	咸南	咸北	平南	平北	計
深川宿舎	四	一	一	一二二	三	二	三	二						一三八
沖縄地区	二	一	二〇	一二	一〇	二一	一	二						六九
舞鶴湾内	一二八	八五	五八	二二	九四	五七	二〇						一	四六五
	一三四	八七	七九	一五六	一〇七	八〇	二四	四					一	六七二

年五月十五日編成。東京地区に進出。八月二十二日解隊。台東区根岸小学校に本部をおき、艦砲格納用の洞窟を観音崎に掘る作業に従事。

・第三〇二四設営隊　横須賀鎮守府所属、横須賀施設部派遣。東京地区に進出。

・第五〇一一設営隊　横須賀鎮守府所属、横須賀施設部派遣。一九四五年六月一日編成。東京地区に進出。八月二十二日解隊。目黒区代官山に軍令部防空施設建設。

・第五〇一七設営隊　横須賀鎮守府所属、横須賀施設部派遣。一九四五年七月一日編成。東京都南多摩に進出。八月二十二日解隊。航空機工場防護施設に従事。

○沖縄に進出

・第二二六設営隊　佐世保鎮守府所属、佐世保施設部派遣。一九四四年三月一日編成。サイパンをめざし編成され、先発隊は佐世保発。サイパンに到着したものは、ここで玉砕。後発部隊は沖縄近海で雷撃にあい（五月五日のことだろうか）、佐世保にもどり再編成。四四年七月三十一日佐世保発、八月十日那覇着。沖縄小禄で玉砕。

・『被徴用死亡者連名簿』では、慶尚北道出身の四名、全羅南道三名、全羅北道一四名、京畿道、江原道各一名計二三名が沖縄小禄で「戦死」。五月五日〝本州南東〟で慶尚北道出身五名、全羅北道出身「軍属」一八名が「戦死」。

・第三二一〇設営隊　佐世保鎮守府所属、佐世保施設部派遣。一九四四年十月二十日編成。四五年一月三日先発隊、沖縄県小禄をめざし鹿児島発。二月十九日本隊佐世保発。七月三十日総員突撃玉砕。

○宮古島に進出

・第三一三設営隊　宮古島警備隊所属、呉施設部派遣。一九四四年七月十五日編成。八月三十一日呉発、宮古島に進出。九月十四日宮古島着。後発部隊は九月九日呉発、九月三十日着。四五年六月二十五日設営隊は宮古島警備隊に編入。

○石垣島に進出

・第三二二設営隊　石垣島警備隊所属、佐世保施設部派遣。一九四四年六月十五日編成、九月二日石垣島着。四五年六月二十五日解隊し、石垣島警備隊に編入。

○舞鶴海軍施設部

・舞鶴海軍設営隊　舞鶴鎮守府所属、舞鶴施設部派遣。一九四五年六月十五日編成。舞鶴地区に進出。九月三十日解隊。

・第三三五設営隊　舞鶴鎮守府所属、舞鶴施設部派遣。一九四四年十二月十五日編成、福知山・高岡地区に進出。四五年八月二十二日解隊。

・第五三一設営隊　舞鶴鎮守府所属、舞鶴施設部派遣。四五年五月十五日編成、福井県高浜・京都府峰山地区に進出。四五年八月二十二日解隊。高浜・峰山回天特攻基地緊急整備が任務。

・第三三一〇設営隊　舞鶴鎮守府所属、舞鶴施設部派遣。一九四五年五月十五日編成。京都府福知山市石原に進出。四五年八月二十二日解隊。

○大湊海軍施設部　青森県大湊町に所在。一九三八年九月十日横須賀海軍建築部が大湊出張所を設置。四一年四月一日大湊海軍建築部に改編。四三年八月十八日大湊海軍施設部に改編。四五年十二月一日廃止。五七二、五七三、五七五、五七七、大湊設営隊　大湊警備隊所属、大湊施設部派遣。一九四五年六月一日編成。大湊地区に進出。九月三十日解隊。

　一九四五年八月十五日、大本営はポツダム宣言受諾を表明し、全軍の戦闘中止を命令している。大本営は連合国の意により、早急な戦闘中止をねがっていた。そんな八月二十四日、朝鮮人軍属をのせた「浮島丸」が、舞鶴湾で機雷に触雷する。大湊海軍施設部所属の忠清南道一二八名、忠清北道八五名、慶尚南道五八名、慶尚北道二二名、全羅南道九四名、全羅北道五七名、京畿道二〇名、平安北道一名、計四六五名が「死亡」している。全員、「生年月日」は記載されていない。慶尚北道に女性名がある。幼児についてはわからない。

大湊海軍施設部所属で、「死亡場所」北千島、北太平洋、舞鶴湾の「戦死」者は一四〇一名にのぼる。

十四　船舶

太平洋上の守備隊をおいた島々はもとより、決戦のフィリピンに、大本営は兵員と軍需物資を送ろうとした。しかし二千隻もの船舶で、七万名余の兵員を輸送する、米軍との輸送力の差はいかんともしがたかった。日本軍の兵員と軍需物資を満載した、多数輸送船の海没は、目をおおうばかりであった。「日本の商船隊は太平洋戦争の開戦時には六〇〇万総トンを超える世界第三位の船舶を保有していた。」「軍部が本格的な商船の急速建造に対策を打ち出したのは、戦争も中盤の一九四三年であった」「わずか三年九カ月の間に開戦時の商船保有量を上回る八〇〇万総トン以上の商船を失い、日本の戦時海上輸送計画は完全に破綻した」(大内建二著『悲劇の輸送船』)。

絶対国防圏の内側に追い詰められた日本軍。フィリピンに兵員・軍需物資輸送をいそいだ。だがその実績は、四四年「九月中旬、日本から第一期発送済みのもの計画一一万八千トンの八九％の内、比島着二一％、人員三万二千人中出発済み八八％の内、比島到着一五％で、第二期の計画は人員二万五千、物件七万四千トンが中旬以降発送の予定で、その実情は頗る乱脈を極めた」「十月中旬頃米機動部隊は沖縄、台湾、ルソン北部に来襲して、一刻を惜しんで戦力向上を急いでいたわが戦線を容赦なく荒らしまわった」(高木惣吉『太平洋海戦史』一一九頁)。

乗船中に、雷撃で海没したり、航空機の機銃掃射、爆撃で「戦死」した朝鮮出身「軍属」は、海軍だけで一三一九名におよぶ。一九四一年から年度ごとに四五年まで集計してみた。徴用船の数がおおく、地域もひろく、年度ごとの集計しかできなかった。

・『被徴用死亡者連名簿』によれば、忠清南道出身五九名、忠清北道出身二六名、慶尚南道出身三〇九名、慶尚北道出身一七五名、全羅南道出身四五七名、全羅北道出身五四名、京畿道出身九二名、江原道出身四三名、黄海道出身一四名、咸鏡南道出身三三名、咸鏡北道出身一〇名、平安南道出身二一名、平安北道出身二六名、計一三一九名の輸送船上での死亡者がある。年度ごとの集計では、四一年度二名、四二年度八〇名、四三年度二一四名、四四年度五一七名、四五年度五〇六名となる。四四、四五年度で一〇二三名となり、この二年間で約七八％が「戦死」している。〝東支那海〟、〝南支那海〟、台湾海峡、バシー海峡など、米潜水艦が待ち伏せている海域に、つぎつぎに輸送船を送った結果である。一度や二度のことではない。一年半以上つづけていた結果である。

○輸送船死亡者

	忠南	忠北	慶南	慶北	全南	全北	京畿	江原	黄海	咸南	咸北	平南	平北	計
一九四一				一		一								二
一九四二	三	一	一四	五	二九	五	七	一	二	六	二	二	三	八〇
一九四三	一〇	八	四四	二〇	七三	八	一九	七	三	一一	−	六	五	二一四
一九四四	二六	一〇	一〇九	七五	一七三	二二	三九	二四	五	一〇	六	八	一〇	五一七
一九四五	二〇	七	一四二	七四	一八二	一八	二七	一一	四	六	二	五	八	五〇六
	五九	二六	三〇九	一七五	四五七	五四	九二	四三	一四	三三	一〇	二一	二六	一三一九

第Ⅱ部　陸　軍

一　一九三七年七月　中国地区、戦線膠着状態に

日本軍の中国侵略を概観しておく。一九三七年七月二十八日、支那駐屯軍、中国国民党軍への全面攻撃開始し、二十九日にはほぼ永定河以北の北京・天津地区を占領。八月十五日には、海軍航空隊が、南京渡洋爆撃。非武装都市への不法爆撃であった。これで「暴支膺懲」をスローガンにした戦争が一気に拡大。九月二十五日、平型関で、第五師団（板垣征四郎）・三千余名、八路軍第一一五師団により殲滅される。十一月二十日大本営が設置され、国民党軍の「戦争意志の挫折」、「戦局終結の動機の獲得」が提起される。十一月二十七日大本営が設置される。十二月十三日、上海派遣軍（一三師団、一六師団、九師団）、第一〇軍（一一四師団、六師団）が南京城内を制圧。外務省局長が「掠奪・強姦、目もあてられぬ惨状、嗚呼、これが皇軍か」の日記をのこす。南京大虐殺があった。三八年一月十六日、国民党政府にたいし、「国交断絶・国民政府否認」を近衛首相声明。十一月には「対日協力よびかけ・東亜新秩序」声明。十二月には対日協力派にあわせて「近衛三原則」声明とつづけた。日本軍の停滞がつづく。

国民党軍・中共軍は、対日反攻準備で対峙をつづける。三八年三月、大本営は、北支那方面軍の第二軍、第五師団、第一〇師団に、天津より浦口（南京の対岸）の国民党軍攻撃を許可。日本軍七、八万と国民党軍四〇万で対決することになる。毛沢東「持久戦論」が三八年五月に出ている。「日本は強い帝国主義国であってその軍事力、経済力、政治組織力は東方第一級のもの、その戦争は退歩的、野蛮なもの」日本軍は「この目的をとげるため、少なくとも五十個師団約百五十万の兵員を派遣し、一年半ないし二年半の時間をかけ、百億円以上の費用をあてることとなろう」と予測。妥当な予測であった。中国国民党軍と中国赤軍は、国共合作があって、八月華北の中共軍を、国民革命軍第八路軍に編成する。十月、中共軍は国民革命軍新編第四軍（新四軍と略称）に再編された。十月、日本軍第一〇軍、国民党軍の退却戦術にのり、徐州作戦から武漢・広東にまで攻勢。日本軍の戦面不拡大方針が崩壊する。

国民党軍、中国赤軍は対日反攻の時期をむかえた。日本軍の作戦に対し、国民党軍、共産党軍それぞれに反攻をはじめた。三九年十二月、国民党軍は、冬季大攻勢をはじめる。北は内蒙古の包頭から南は南寧まで、全戦線で攻勢にでる。

四〇年八月、中国赤軍は、〝百団大戦〟を展開する。一一五団（連隊）、四〇万の中国赤軍が、華北全般にわたって一斉蜂起したのだ。中国大陸での日本軍は戦闘力を失っていき、戦闘の膠着化がはじまり、見通しをうしなっていく。日本では見通しのないまま、戦争をさらに拡大させる。四〇年九月二十七日独伊との三国同盟条約の締結に。

『被徴用死亡者連名簿』では、一九三七年七月の日中戦争の開始の時期には、朝鮮出身者はすくない。独立歩兵大隊に所属する、咸鏡南道、平安北道出身者がわずかにみられる。「傭人」「通訳」という階級でしめされている。「戦死」がほとんど。『被徴用死亡者連名簿』から、中国大陸での歩兵連隊所属、独立歩兵大隊所属者の死亡者を抜き出してみる。掲載した部隊では、すべて朝鮮出身者の「戦死」「戦病死」「戦傷死」をみている。

○**全羅南道**　七九補充　一九四五年一月九日、台湾高雄沖で、一等兵六三名が「戦死」。ほとんどが一九二四年生まれ。海没とみられる。

八〇連隊　一五三連隊　二二五連隊　二三四連隊　二三五連隊　二三六連隊　四六一連隊　二二連隊　四二連隊　四七連隊　四八連隊

独立歩兵五九八大隊　四五年九月二十四日、湖南省長沙で、「雇員」

が「戦病死」。死亡年月日はことなるが、他に三名上等兵が「戦病死」。独立歩兵六二二大隊　独立歩兵六二五大隊。

○全羅北道　二三一連隊　四五年二月十七日、湖北省で、「上等兵」が「戦死」。

三六六連隊　四五年九月十二日、「兵長」が「戦死」。「死亡事由」は頭部貫通銃創。

独立歩兵四七大隊　四五年九月十一日、江蘇省陸軍病院で、「見習士官」が「戦病死」。一九二一年生まれ。

独立歩兵二二大隊　独立歩兵四二大隊　独立歩兵四八大隊　独立歩兵二八一大隊　独立歩兵五九一大隊　独立歩兵五九二大隊　独立歩九三大隊　独立歩兵六〇六大隊。

○慶尚北道　一〇六連隊　一五三連隊　一六八連隊　二一六連隊　二二七連隊　二二一連隊　二三四連隊　二三五連隊　二三六連隊。

独立歩兵一一五大隊　四六年一月、山東省で、「上等兵」、回帰熱で「戦病死」。一九二四年生まれ。他一〇名、「戦死」、「戦病死」、「公務死」など。

独立歩兵一一七大隊　四五年六月二十三日、湖南省で、「上等兵」が戦死。一九二三年生まれ。他六名、「戦死」、「戦病死」。

独立歩兵三二大隊　独立歩兵三九大隊　独立歩兵四一大隊　独立歩兵四二大隊　独立歩兵四三大隊　独立歩兵四四大隊　独立歩兵四七、独立歩兵五七大隊　独立歩兵六一大隊　独立歩兵六二大隊　独立歩兵六三大隊　独立歩兵六四大隊　独立歩兵六五大隊　独立歩兵九四大隊　独立歩兵九五大隊　独立歩兵九六大隊　独立歩兵一〇九大隊　独立歩兵一一一大隊　独立歩兵一一六大隊　独立歩兵二三七大隊独　歩兵三八一大隊　独立歩兵五一四大隊　独立歩兵五一五大隊　独立歩兵五一七大隊独立歩兵五一八大隊　独立歩兵五四一大隊。

○慶尚南道　一三七連隊　一三九連隊　一六三連隊　一六八連隊　四四年九月、雲南省で「兵長」が「戦死」。他七名、「兵長」、「伍長」が戦死。一九二三、二四年生まれで、ビルマでの戦死。

独立歩兵一〇六大隊　四五年一月、湖南省で、「兵長」が「戦病死」。一九二四年生まれ。他二名、「戦病死」。いずれも一九二四年生まれ。

独立歩兵一〇八大隊　四四年十月十八日、広西省で兵長が「戦病死」。一九二五生まれ。投下爆弾破片創による。他五名、「戦死」、「戦病死」。

独立歩兵一大隊　独立歩兵二大隊　独立歩兵四大隊　独立歩兵一八大隊　独立歩兵三四大隊　独立歩兵五一大隊　独立歩兵九二大隊。

独立歩兵九三大隊　独立歩兵一〇二大隊　独立歩兵一〇八大隊　独立歩兵一二一大隊　独立歩兵一二二大隊　独立歩兵一二三大隊。

独立歩兵一二四大隊　独立歩兵一八〇大隊　独立歩兵一九二大隊　独立歩兵一九七大隊　独立歩兵五五四大隊　独立歩兵五五七大隊　独立歩兵六〇九大隊　独立歩兵六一三大隊　独立歩兵六一九大隊。

○京畿道　一九連隊　七四連隊　七五連隊　二一六連隊　二一七連隊　二三八連隊

七八連隊補充隊　四五年一月九日、台湾高雄沖で、「上等兵」二〇名が「戦死」。一九名が一九二四年生まれ。

独立歩兵八七大隊　四五年八月十九日、湖南省で「上等兵」が「戦死」。一九二四年生まれ。他二名は「戦病死」。マラリアなど。一九二

○中国での戦死者

	全南	全北	慶北	慶南	京畿	咸南	咸北	黄海	平北	平南	忠北	忠南	江原	計
中国	九九	二七	一六四	一六三	二〇三	四四	四二	八七	一二三	五七	五八	四六	一二六	一一四九

四年生まれ。

独立歩兵三八六大隊　四五年四月十五日、湖北省で「少尉」が「戦死」。一九二二年生まれ。

独立歩兵一〇大隊　独立歩兵一九大隊　独立歩兵二〇大隊　独立歩兵四三大隊　独立歩兵四五大隊　独立歩兵六〇大隊　独立歩兵九一大隊　独立歩兵九三大隊　独立歩兵一一二大隊　独立歩兵四六九大隊　独立歩兵四九六大隊　独立歩兵五一七大隊。

独立歩兵五一八大隊　独立歩兵六一〇大隊。

○咸鏡南道　二七連隊　七六連隊　六二七連隊

二九連隊　四四年九月、雲南省で「上等兵」、「兵長」ら三名「戦死」、「戦傷死」。生年月日は不詳。

独立歩兵四六大隊　四五年七月一日、江蘇省で、「伍長」が「戦死」。他二名の「伍長」、「兵長」が戦死。全員一九二四年生まれ。

独立歩兵二二大隊　独立歩兵二三大隊　独立歩兵二五大隊　独立歩兵四四大隊　独立歩兵四八大隊　独立歩兵五二大隊　独立歩兵五四大隊　独立歩兵六七大隊　独立歩兵八四大隊　独立歩兵八五大隊　独立歩兵八六大隊　独立歩兵八二大隊　独立歩兵一一三大隊　独立歩兵一一四大隊　独立歩兵二〇〇大隊　独立歩兵四六八大隊　独立歩兵四六九大隊。

○咸鏡北道　四連隊　三六六連隊

七五連隊　四五年一月九日、台湾安平沖で、「上等兵」七名「戦死」。海没、久川丸に乗船中遭難。五名が一九二四年生まれ。

二九〇連隊　四五年四月二十五日、會寧陸軍病院で「幹部候補生」が戦病死。クレープ性肺炎による。一九二四年生まれ。

独立歩兵八二大隊　四三年八月、山西省で「兵長」が「戦死」。生年月日、不詳。

独立歩兵八四大隊　四四年五、六月、河南省で「兵長」、「伍長」が「戦死」。生年月日は不詳。

独立歩兵七大隊　独立歩兵一九大隊　独立歩兵二八大隊　独立歩兵七三大隊　独立歩兵七四大隊。

○黄海道　一〇四連隊　四五年二月七日、湖北省で「一等兵」が「戦病死」。脳脊髄膜炎。他五名、全員が「戦病死」。みな一九二四年生まれ。

八四連隊　八五連隊　一一六連隊

独立歩兵五一九大隊　四五年七月十五日、広西省で「兵長」が「戦死」。手榴弾破片創。一九二三年生まれ。他六名、敗戦後の病院での「戦病死」も。

独立歩兵五二〇大隊　四五年七月十五日、広西省で「伍長」が「戦死」。一九二三年生まれ。他六名が「戦死」、三名が「戦病死」。

独立歩兵五二一大隊　四六年一月十七日、河北省で「兵長」が「戦病死」。一九二三年生まれ。他七名が「戦病死」、四名が「戦死」。

独立歩兵五二二大隊　四五年七月三十日、一八一兵站病院で「兵長」が「戦死」。一九二四年生まれ。他五名が「戦病死」。一九二四年生まれ。

独立歩兵二大隊　独立歩兵二二大隊　独立歩兵二八大隊　独立歩兵三一大隊　独立歩兵三三大隊　独立歩兵三五大隊　独立歩兵七八大隊　独立歩兵一一三大隊　独立歩兵一一八大隊　独立歩兵二八六大隊　独立歩兵五一一大隊　独立歩兵五九〇大隊　独立歩兵六二一大隊。

○平安北道　一連隊　三六年九月三十日、安東省で「傭人」が「戦死」。他二名も傭人で、いずれも「生年月日」は不詳。

一六連隊　四四年九月二日、雲南省で「兵長」が「戦死」。手榴弾破片創。九月中、他五名も「戦死」。「生年月日」は不詳。

一三一連隊　四四年十二月十八日、湖北省で「二等兵」が「戦死」。顔面手榴弾破片創。「生年月日」不詳。他三名は、湖北省で「戦病死」。「死亡事由」は急性肺炎、回帰熱など。一九二四年生まれ。

三連隊　一七連隊　一八連隊　七七連隊　八三連隊　九一連隊　九六連隊　一〇五連隊一一〇連隊　一六三連隊　二二七連隊。

独立歩兵　七大隊　四〇年二月二十三日、山西省で「雇員」が「戦死」。「生年月日」は不詳。

独立歩兵一七大隊　三八年七月六日、山西省で「通訳」が「戦死」。「生年月日」は不詳。

独立歩兵一八大隊　四一年十一月九日、山西省で通訳が「戦死」。「死亡事由」は頭部貫通銃創。「生年月日」は不詳。

独立歩兵一九大隊　独立歩兵二七大隊　独立歩兵三一大隊　独立歩兵三八大隊　独立歩兵三九大隊　独立歩兵四七大隊　独立歩兵四九大隊　独立歩兵五七大隊　独立歩兵六二大隊　独立歩兵六三大隊　独立歩兵六四大隊　独立歩兵六五大隊　独立歩兵七二大隊　独立歩兵八〇大隊　独立歩兵八二大隊　独立歩兵八三大隊　独立歩兵八四大隊　独立歩兵八六大隊　独立歩兵一〇四大隊　独立歩兵一一〇大隊　独立歩兵一一二大隊　独立歩兵一一四大隊　独立歩兵一一五大隊　独立歩兵一一六大隊　独立歩兵一一九大隊　独立歩兵二一一大隊　独立歩兵三九二大隊　独立歩兵六一四大隊。

○**平安南道**　五二連隊補充隊　四五年十月二十四日、山西省で「兵長」が「戦死」。「死亡事由」はマラリア。「生年月日」は不詳。

六八連隊　七四連隊。

独立歩兵六一二大隊　四五年六月二十九日、浙江省で伍長が「死亡」。一九二二年生まれ。他二名、浙江省で六月中に「戦死」。いずれも一九二二年生。

独立歩兵六大隊　独立歩兵七大隊　独立歩兵九大隊　独立歩兵一〇大隊　独立歩兵八五大隊　独立歩兵一三四大隊　独立歩兵二〇二大隊　独立歩兵二〇三大隊　独立歩兵二一七大隊　独立歩兵二七〇大隊　独立歩兵四七〇大隊　独立歩兵五〇五大隊　独立歩兵五二一大隊。

○**忠清北道**　一二〇連隊　四五年二月十五日、湖南省で「上等兵」が「戦死」。一九二四年生まれ。他の三名、五月中に「戦死」・「戦病死」。

二一七連隊　四四年七月二十六日、「上等兵」が「不慮死」。「死亡事由」は手榴弾自殺とある。「生年月日」は不詳。

二一八連隊　四四年七月二十二日、湖南省で「伍長」が「戦傷死」。他の二名、「戦病死」、「戦傷死」。いずれも生年月日は不詳。

二一六連隊　七連隊　一〇九連隊　一三三連隊　二三四連隊　二三五連隊　三一七連隊　三三四連隊。

独立歩兵六大隊　四五年八月十六日、安徽省で「伍長」が「戦死」。一九二四年生まれ。

独立歩兵一七大隊　四五年三月十一日、青島膠州郷で「伍長」が「戦死」。一九一四年生まれ。

独立歩兵三〇大隊　独立歩兵四七大隊　独立歩兵四九大隊　独立歩兵五〇大隊　独立歩兵五一二大隊　独立歩兵五一三大隊。

○**忠清南道**　七四連隊　四五年一月二十五日、河南省で兵長が「戦死」。「死亡事由」は投下爆弾の爆風による。一九二二年生まれ。

七九連隊補充隊　四五年一月九日　台湾高雄沖で「一等兵」一〇名が「戦死」。全員一九二四年生まれ。海没。

独立歩兵六一三大隊　四五年三月十五日、浙江省で「一等兵」が「戦病死」。一九二三年生まれ。他の四名も、「戦病死」、「戦死」。いずれも一九二三、二四年生まれ。

独立歩兵一六大隊　三七年十月十八日、山西省で「通訳」が「戦死」。「生年月日」は不詳。

独立歩兵一七大隊　独立歩兵一八大隊　独立歩兵一九大隊　独立歩兵四二大隊　独立歩兵一一〇大隊　独立歩兵二〇六大隊　独立歩兵六〇九大隊　独立歩兵六一四大隊　独立歩兵六三大隊。

○**江原道**　七八連隊補充隊　四五年一月十九日、台湾高雄沖合で「上等

兵」二六名が「戦死」。艦載機攻撃、沈没による。全員一九二四年生まれ。

独立歩兵二〇七大隊　四五年五月十三日、安徽省で「上等兵」が「戦死」。爆弾破片創。他の一名は「戦病死」。いずれも一九二四年生まれ。

独立歩兵二〇九大隊　四五年九月二十三日、江蘇省で「上等兵」が「戦病死」。肋膜炎。他の二名も「戦病死」。いずれも一九二四年生まれ。

独立歩兵四六九大隊　四五年八月二日、台北で「上等兵」が「戦病死」。マラリア。他の一名もマラリアで「戦病死」。一九二四、二五年生まれ。

二　一九四二年十二月　マッカーサー軍団、ニューギニア島攻略開始

ニューギニア島の東端にちかく、オーストラリアに近隣するポートモレスビーは、日本軍が資源獲得をめざす要域の北方の要衝としていた。五月珊瑚海海戦で、モレスビーを海路攻略は不可とさとった日本軍は、七月ニューギニア島の南端を横断する、陸路攻略をめざした。この作戦は失敗。攻略にあたった第一七軍は十一月、ブナ付近に退却してくる第一七軍は、すでにガダルカナル島争奪戦に突入している。大本営は十一月十六日第一八軍を編成し、東部ニューギニア作戦に専念させた。ブナ、ラエ、サラモア付近に作戦拠点を確保するのが任務であった。隷下師団は二〇師団、四一師団、五一師団。

十一月末、優勢な米濠連合軍がブナ付近に上陸した。四三年末まで、米濠連合軍はブナ、ラエなどを占領。日本軍は、四三年一月、海軍艦船で第二〇師団、第四一師団をウエワクに上陸させた。だが四四年三月米濠連合軍は、ニューギニア島とニューブリテン島がつくるダンピール海峡を突破。さらに四四年四月二十一、二十二日、米陸軍部隊がホーランジアとアイタペに上陸。四四年五月、ビアク島、モロタイ島に、米軍は強襲上陸。さらに八月十七日、米軍航空部隊、ニューギニア島の日本軍航空基地に延べ一七〇機で攻撃。うち一〇〇機のB－二五爆撃機の攻撃は、日本軍に大打撃をあたえた。これで日本軍の、ニューギニアにおける補給体制はなくなる。ジャングルのなかの日本軍は、戦闘力をうしない一年以上の期間を、ジャングルのなかを逃げまどうだけの集団になる。

第一八軍隷下の第二〇師団に所属した朝鮮出身兵士はおおいので、記載しておく。

○第一八軍　一九四二年十一月十六日編成。ニューギニア専従軍団

・第二〇師団　一九一七年編成、編成地龍山。隷下連隊、第七八連隊（龍山）・第七九連隊（龍山）・第八〇連隊（大邱）・第七七連隊（平壌）。

終戦地　ニューギニア　四三年一月ニューギニアへ進出。

・第五一師団　一九四〇年九月編成、動員四一年八月。隷下連隊、第六九連隊（宇都宮）・第一〇二連隊（水戸）・第一一五連隊（高崎）。

終戦地　ニューギニア・ウエワク　四三年一月ニューギニアへ進出。

『被徴用死亡者連名簿』から、ニューギニアに進出した部隊をひろう。カッコのなかは、死亡者数である。

○全羅南道　海上輸送二大隊（二）、工兵第二〇連隊（四）、輜重兵第二〇連隊（三一）、水上勤務第五九中隊（一三）、飛行第二〇戦隊（一）、歩兵第三八連隊（九）、歩兵第三九連隊（一）、歩兵第四〇連隊（一）、歩兵第七八連隊（三九）、歩兵第七九連隊（一二〇）、歩兵第八〇連隊（七）、歩兵第八四連隊（一）、歩兵第一〇〇連隊（二）、野砲兵第二連隊（一）、野砲兵第二六連隊（三三）、野砲兵第三〇連隊（二）、野戦重砲第二〇連隊（一）、第一四軍貨物廠（三）、第二〇師団第一野戦病院（七）、第二〇師団衛星隊（三）、第二三軍野戦貨物廠（三）、第二

九軍司令部（一）、歩兵七九連隊補充隊（六二）。

・輜重兵第二〇連隊　四二年二月から四五年八月、テリアタ岬、マルジップなど移動。一九一八年から一九二四年生まれの「上等兵」が多い。一九名が「戦死」、「死亡事由」の記載なし。一二名が「戦病死」、「死亡事由」の一部にマラリア。

・歩兵第七八連隊　四四年一月、マダン、ブーツ、六、七月坂東川などで激戦。全員「兵長」か「伍長」、生年月日の記載はない。「戦死」一三名、「戦病死」一六名、死亡事由の一部にマラリア。

・歩兵七九連隊　四三年三月、ハンサ、四四年一月、ガリ、カブトモンなど激戦。二一九名が「戦死」、「死亡事由」の記載なし。一一名が「戦病死」。階級は「軍曹」一一名、「准尉」一名、他は「伍長」で、全員「生年月日」の記載がない。

・歩兵七九連隊補充隊　四四年一月九日、台湾高雄沖で輸送船が海没。「一等兵」六二名が「戦死」。例外的に記載がないものの他は、一九二三、二四年生まれ。船団のなかには、六八八六トンの久川丸があり、航空攻撃で二二八七名が犠牲者になっている。この船だったかもしれない。

・野砲兵第二六連隊　四四年二月から四五年六月まで、アフア、坂東川など転戦。階級は「軍曹」一名、「一等兵」三名あとは「上等兵」。「戦死」二三名、「戦病死」一〇名。「戦病死」の「死亡事由」には、大腸炎の記載がある。一九一八年と二四年出生の二名の記載があるが、他は「生年月日」の記載なし。

○全羅北道　工兵第二〇連隊（四）、輜重兵第二〇連隊（三三）、水上勤務第五九中隊（四）、歩兵第七八連隊（八九）、歩兵第七九連隊（三三）、歩兵第八〇連隊（一〇）、歩兵第二三八連隊（二）、野砲兵第二六連隊（二一）、第二〇師団司令部（一）、第二〇師団防疫給水部（一）、第四一師団司令部（三）。

・輜重兵二〇連隊　四三年一月、デリアタ岬から、四五年七月ウルプまで転戦。一九一九～二三年生まれ。「上等兵」一七名、一六名が「兵長」、「伍長」、「軍曹」。戦病死者は一一名で、「死亡事由」に脚気・マラリアがあり、栄養失調症もある。「戦死」二二名の「死亡事由」には、貫通銃創・全身爆創がある。ウルプの四名については、「玉砕」とある。

・歩兵第七八連隊　四三年九月から四四年十二月まで、各地を転戦。階級は全員が兵長以上の「伍長」、「軍曹」などである。「生年月日」の記載はない。

「戦死」六八名、「死亡事由」は各部貫通銃創、盲管銃創、砲弾破片創など。「戦病死」二一名、「死亡事由」はマラリア。

・歩兵第七九連隊　四三年十月ハンサから、四四年一月カブトモン、四四年三月ハンサ、四四年七月アフア、四五年八月マレンゲと転戦。階級は全員が「兵長」、「伍長」、「軍曹」で、「生年月日」の記載はない。「戦病死」者は三名で、「死亡事由」は、頭部貫通銃創、腹部貫通銃創など。「戦死」三〇名、「死亡事由」は、マラリア・脚気である。

○慶尚北道　海上輸送二大隊（七）、海上輸送四大隊（一）、工兵第二〇連隊（五）、輜重兵第二〇連隊（二一）、輜重第四九連隊（一）、上勤

○ニューギニアでの戦死者

	全南	全北	慶北	慶南	京畿	咸南	咸北	黄海	平北	平南	忠北	忠南	江原	計
ニューギニア	四一二	二〇六	三六七	二七九	一一〇	五	四	三四	八九	九二	七九	一〇七	三九	一八二三

務第五九中隊（三七）、歩兵第七八連隊（七四）、歩兵第七九連隊（八三）、歩兵第八〇連隊（八四）、歩兵第二二一連隊（六）、野砲兵二六連隊（八）、野砲兵第二二連隊（三）、野戦高射砲第八五大隊（一）、第一八軍道路構築隊（四）、第一九師団第一野戦病院（一）、第二〇師団第一野戦病院（一）、第二〇師団衛生隊（二）、第二〇師団司令部（一）、第二〇師団防疫給水部（二）。

・輜重兵第二五連隊　四三年八月、四四年二月カブトモン、四四年六月ウエワク、四四年十一月バロン、四五年九月クレンと転戦。階級は「上等兵」七名、兵長、「伍長」が一八名。「生年月日」は一九一九年生まれから二三年生まれまで。未記載もある。「戦死」一〇名の「死亡事由」は、全身爆創、機関砲破片など。戦病死の「死亡事由」は、マラリア、熱帯熱、脚気、大腸炎など。

・水上勤務第五九中隊　四四年ブーツ、四四年八月パラム、四五年六月スクペンと転戦。階級は全員「上等兵」か「兵長」。「生年月日」は、徴兵令の該当年齢をすぎる者のようで、一九一九年から二三年までの出生者。「戦病死」は一名だけで、「死亡事由」はマラリアとなっている。「戦死」者三六名の「死亡事由」には、全身爆創一名、頭部貫通銃創と、二名だけの記載がある。

・歩兵第七八連隊　四二年五月坂東川、四三年二月サイパ、四三年九月カイアピット、四四年二月マダン、四四年三月ウエワク、四四年七月坂東川、四四年八月アフア、四五年七月坂東川と転戦。階級は「上等兵」が四名で、「傭人」が一名、あとは「兵長」、「伍長」、「軍曹」である。「生年月日」は、例外的に数名一九一九、二一年生まれが記載されていて、あとは未記載。「戦病死」者は八名で、全員「死亡事由」はマラリア。「戦死」者は六六名で、腹部貫通銃創などの記載がおおい。マラリアの死亡事由もおおい。

・歩兵第七九連隊　四三年八月ラエ、四四年一月ガリ、カブトモン、四四年三月ハンサ、四四年六月アフア、四五年四月ウエワク、四五年六月イリヤンと転戦する。ハンサだけで、三〇名の「戦死」。全員が「戦死」で、階級はやはり全員が「伍長」。「死亡事由」は二名に、頭部貫通銃創とある。「生年月日」は記載がない。

・歩兵第八〇連隊　四三年五月ウエワク、四四年一月ガリ、四四年五月ブーツ、四四年七月アフア、四五年一月ブーツ、四五年三月ソナム、四五年十一月ムッシュ島と転戦、移動。階級は全員「兵長」以上、「伍長」、「軍曹」で、「生年月日」の記載はない。「戦病死」者はすくなく五名。マラリア、急性腸炎、腸炎などである。「戦死」者七九名の死亡事由は、頭部爆弾破片創、各部貫通銃創、全身爆創などである。

○**慶尚南道**　海上輸送二大隊（九）、工兵第二〇連隊（八）、輜重兵第二〇連隊（二五）、輜重兵第四九連隊（一）、水上勤務第五九中隊（三七）、歩兵第八〇連隊（一六五）、歩兵第一〇〇連隊（一）、野砲兵第二六連隊（一一）、第二〇師団衛生隊（三）、第二〇師団防疫給水部（五）、野戦高射砲第五八大隊（二）、第一八軍道路構築隊（二二）、第三八碇司令部（一）、第三九師団兵器部（一）。

・輜重兵第二〇連隊　四四年一月ノコボ、四四年三月ハンサ、四四年八月サルサップ、ソナム、四五年一月ボイキン、バナギ、ヌンボーグと転戦。階級は五名が「上等兵」、十一名が「兵長」であり、「生年月日」は一九一九〜二四年。「戦病死」四名、「死亡事由」はマラリア、大腸炎など。「戦死」一二名の「死亡事由」は、爆弾破片創など。

・水上勤務五九中隊　四四年パラム、四四年八月サルプ、パラム、四四年十月ソナム、四五年一月パラムと移動。死亡区分は全員「戦死」。階級は二名が「兵長」で、一七名は「上等兵」。一九一九〜二五年生まれ。「死亡事由」の記載はない。

・**歩兵第八〇連隊**　四三年ノコボ、四三年七月サラモア、四三年九月フィンシュハーフェン、四四年一月ガリ、四四年二月マダン、四四年三月ハンサ、四四年四月ウッワク、四四年七月アクア、四四年十月ブーツと激戦を繰り返した。「戦病死」者一四名、「死亡事由」はマラリアである。一五一名は「戦死」・「戦傷死」で、胸部・頭部貫通銃創、全身爆創が「死亡事由」である。「生年月日」の記載はないが、一名に例外的に記載されている。一九二四年である。階級は、ほとんどが「兵長」、「伍長」である。

・**第一八軍臨時道路構築隊**　四二年十二月ギルワで「戦死」し、四三年一月ギルワで「戦死」している。全員、「軍属」であり、二カ月間の間で、全員ギルワでの戦死である。「生年月日」は、一九一二〜二二年であり、「死亡事由」の記載はない。

○**京畿道**　輜重兵第二〇連隊（二）、輜重兵第二六連隊（一）、歩兵第六六連隊（一）、歩兵第七八連隊（三八）、歩兵第七九連隊（三）、歩兵第二二一連隊（四）、歩兵第二八三連隊（一〇）、野砲兵第二六連隊（二二）、第二〇師団第一野戦病院（五）、第二〇師団衛生隊（五）、第二〇師団司令部（二）、第二〇師団防疫給水部（三）、第四一師団司令部（三）、独立野戦高射砲三八中隊（五）。

・**歩兵第七八連隊**　四三年九月カイセピット、四三年十二月マダン、四四年二月ウエワク、四四年三月マダン、四四年六月坂東川、四四年十月バロン、四四年十二月ボイキン、四五年六月マルンバと転戦、移動。

「戦病死」者一〇名、「死亡事由」はマラリア。「戦死」者二八名、「死亡事由」の記載はない。全員、「生年月日」の記載もない。階級は「兵長」一五名、「曹長」一名、「伍長」二〇名で、「准尉」が二名ある。

・**歩兵第二三八連隊**　四四年二月ホルランジャ、四四年六〜八月セビック。

「戦病死」者は一名。「戦死」者九名。「生年月日」、「死亡事由」の記載はない。階級は「上等兵」二名、九名が「兵長」、「伍長」である。

・**野砲兵第二六連隊**　四四年一月ナバリバ、四四年五月ウエワク、四四年十月ブーツ、四四年十一月ボイキン、四五年六月ウイフンと転戦。

「戦病死」者二名。「戦死」者二四名。「生年月日」と「死亡事由」の記載はない。階級は「上等兵」が五名、あとは「兵長」、「伍長」である。

○**咸鏡南道**　海上輸送二大隊（一）、海上輸送四大隊（一）、第二〇師団野戦気象隊（二）、野戦機関砲第一九中隊（四）。

○**咸鏡北道**　野戦高射砲第五八大隊（二）、野戦機関砲第一九中隊（一）。

○**黄海道**　輜重兵第一二連隊（三）、歩兵第三〇連隊（二）、歩兵第七八連隊（二）、歩兵第七九連隊（二）、野砲兵第二六連隊（九）、野砲兵第二六三連隊（二）、第一二野戦気象隊（一）、独立野戦高射砲第二六中隊（九）、独立高射砲第二八中隊（一）、独立守備歩兵第一四大隊（二）、第二〇師団防疫給水部（九）。

・**野砲兵第二六連隊**　四四年八月アフア、四五年五月カラクを転戦。

「戦死」九名、「死亡事由」、「生年月日」の記載はない。階級は「上等兵」五、「兵長」三、「伍長」一名。

・**第二〇師団防疫給水部**　四四年二月ベナム、四四年六月ザルップ、四五年二月ベナム、四五年七月エバノムを転戦。

全員「戦死」。「生年月日」、「死亡事由」の記載はない。階級は「上等兵」二、「伍長」が七名。

○**平安北道**　輜重兵第二〇連隊（五〇）、水上勤務第五九中隊（四）、歩兵第七八連隊（五）、第二〇師団司令部（一）、第二〇師団防疫給水部

(二)、野戦高射砲第五八大隊（一）、独立野戦高射砲第二六中隊（三）、独立野戦高射砲三八中隊（六）。

・輜重兵第二〇連隊　四三年九月アレキシス、四四年二月パーペン、ノコボ、ヨガヨガ、ケンブン、四四年四月ウエワク、四四年六月ボイキン、四四年九月ザップ、四五年六月、四五年十一月ムッシュウ島を転戦。

「戦病死」一八名、「死亡事由」はマラリア、急性腸炎、脚気など。「戦死」・「戦傷死」者三二名。「死亡事由」は胸部盲管銃創、腹部貫通銃創。四月六日ウルプで玉砕もはいっている。四五年十一月のムッシュウ島は、収容所である。階級は「上等兵」一六名、三四名が「兵長」、「伍長」である。

戦死者のなかには、マラリア、脚気などが「死亡事由」になっている者もいる。

○**平安南道**　輜重兵第二〇連隊（三二）、水上勤務第五九中隊（一二）、歩兵第七八連隊（一八）、歩兵第七九連隊（一四）、野砲兵第二六連隊（七）、第二〇師団衛生隊（四）、第二〇師団防疫給水部（三）、独立野戦高射砲第二六中隊（二）。

・輜重兵第二〇連隊　四三年十一月テリアタ、四四年二月カブトモン、四四年六月ウエワク、四四年八月サルプ、四四年十月テリアタ、四四年十一月スマイン、四五年六月ウルプ、四五年七月プルセニオを転戦。

「戦病死」一二名、「死亡事由」はマラリア、脚気など。「戦死」二〇名の「死亡事由」は、貫通砲弾破片創、貫通迫撃砲弾創など。玉砕もある。「生年月日」は一九二〇～二四年までの者がほとんど。

・水上勤務第五九中隊　四四年六月ブーツ、四四年九月パラム、四四年十二月ソナムと転戦。

全員「戦死」。「生年月日」は一九一九～二四年まで。二十五歳以前に戦死していることになる。「死亡事由」の記載はない。階級は「上等兵」が七名、「兵長」四名、「伍長」が一名。

・歩兵第七八連隊　四三年十月サイパ、四四年四月アイタペ、四四年五月ヤカムル、四四年六月坂東川、四四年十月ボイキン、四五年五月チンベンガを転戦。

「戦病死」四名、死亡事由はマラリア、脚気。「戦死」者一四名、「死亡事由」は各部貫通銃創、全身砲弾破片創など。「生年月日」の記載はない。階級は「兵長」四名、「伍長」一四名。

・歩兵第七九連隊　四三年十月ラコナ河、四三年十二月ワレオ、四四年二月カブトモン、四四年三月ハンサ、四五年三月ブーツ、四五年八月アフアを転戦。

「戦病死」一名、「死亡事由」はマラリア・脚気。「戦死」者一三名、「死亡事由」は各部貫通銃創、全身砲弾破片創など。階級は、「上等兵」二名、「曹長」一名、「伍長」一一名。「生年月日」の記載はない。

○**忠清北道**　輜重兵第二〇連隊（一六）、水上勤務第五九中隊（一六）、歩兵第七八連隊（八）、歩兵第七九連隊（一一）、歩兵第八〇連隊（四）、歩兵第二三八連隊（六）、第二〇師団第一野戦病院（三）、第二〇師団衛生隊（四）、第四一師団司令部（四）。

・輜重兵第二〇連隊　四三年八月フベール、四三年十月テラアタ岬、四四年二月テラアタ岬、四四年九月ザルップ、四五年七月ウルプと転戦。

「戦病死」三名。「死亡事由」はマラリア、腹膜炎。「戦死」一三名、「死亡事由」は貫通銃創など。ウルプでは玉砕とある。「生年月日」は一九一五年生まれが一名、他は二二年生まれまで。階級は「上等兵」八名、他は「兵長」、「伍長」。

・水上勤務第五九中隊　四二年五月ブーツ、四四年八月サルプ、四四年九月パラム、四五年三月ブーツ、四五年五月サルプと転戦。

全員「戦死」、「死亡事由」の記載はない。「生年月日」は一九一七、一八、一九年など、二一年生まれまで。階級は「上等兵」一〇名、「兵長」六名。

・歩兵第八〇連隊　四三年十月パンサ、四四年一月ガリ、四四年三月ハンサ、四四年八月アファと転戦。

　全員「戦死」。「生年月日」の記載なし。階級は「上等兵」二名、「伍長」八名、「曹長」一名。

○**忠清南道**　海上輸送二大隊（一）、海上輸送第八大隊（二）、輜重兵第二〇連隊（二）、輜重兵第四九連隊（一二）、水上勤務第五九中隊（一）、歩兵第七八連隊（二〇）、歩兵第七九連隊（三七）、歩兵第八〇連隊（四）、野砲兵第二六連隊（一〇）、第二〇師団第一野戦病院（二）、第二〇師団衛生隊（二）、第二〇師団防疫給水部（五）、第一八軍道路構築隊（三）。

・輜重兵第四九連隊　四三年九月ベアー、四四年一月ガル、四四年三月マダン、四四年九月ブーツ、四五年六月ウマヤンと転戦。

「戦病死」四名、「死亡認定」一名、「戦死」七名。「死亡事由」に腹部貫通銃創、機関砲弾破片創の二つだけ記載がある。「生年月日」は、一九一七年、一九二〇年の二名のみ記載され、他はなし。階級は「上等兵」八名、「雇員」一名、「兵長」三名。

・歩兵第七八連隊　四三年八月アファ、四三年十月マダン、四四年四月ハンサ、四四年六月ヤカムル、四四年七月坂東川、四四年十月ボイキン、四五年一月バマン、四五年五月ガリップなど転戦。

　「戦病死」六名。「死亡事由」はマラリア。「戦死」一四名。「死亡事由」は腹部貫通銃創、全身爆弾創など。「生年月日」は一名だけ一九二四年とあり、他は記載なし。階級は「軍曹」、「曹長」各一名。ほかは「兵長」、「伍長」。

・歩兵第七九連隊　四三年十月ワレオ、四四年一月ガリ、カブトモン、四四年三月ハンサ、四四年四月セピック河、四四年十月ウラウ、四四年九月ウエワクを転戦。

　「戦病死」者六名。「死亡事由」はマラリア・大腸炎。「戦死」三一名。「死亡事由」は下腹部手榴弾破片創、大腿部爆弾破片創、貫通銃創など。「生年月日」は一九二二年、一九二四年の二名のみで、他は記載なし。階級は全員「伍長」である。

・野砲兵第二六連隊　四三年十二月スゼン、四四年二月タービン、四四年六月ウエワク、四四年八月ヤカムル、四四年十二月ボイキン、五年一月ダンダカ、四五年二月ダクアと転戦。

　「戦病死」二名。「死亡事由」は大腸炎、脚気。「戦死」八名、「死亡事由」は腹部穿透性銃創、全身爆弾創など。「生年月日」の記載なし。階級は「上等兵」五、「兵長」三名、「不詳」三名。

○**江原道**　輜重兵第二〇連隊（一三）、歩兵第七八連隊（八）、歩兵第七九連隊（一）、歩兵第八〇連隊（二）、歩兵第二三八連隊（五）、第二〇師団第一野戦病院（二）、第二〇師団衛生隊（一）、野戦高射砲第五八大隊（三）

・輜重兵第二〇連隊　四四年三月ワオキア、四四年七月ダンイエ、四四年八月パラム、四五年十一月カラシプ、四四年十二月オクナール、四五年五月ニエルクムと転戦。

「戦病死」四名、「死亡事由」はマラリア、脚気、大腸炎。「戦死」九名、「死亡事由」は貫通銃創、迫撃砲弾創、ウルプでは玉砕。「生年月日」は一九二一年から一九二三年生まれ。階級は「上等兵」二名、他は「兵長」、「伍長」。

・歩兵第七八連隊　四三年九月カイヤビワク、四四年七月坂東川、四四年九月ボイキン、四五年十月ムッシュウ島を転戦。

「戦傷死」一名、他は全員「戦死」。「死亡事由」は貫通銃創、爆

○ビルマ・ボルネオ・スマトラでの死亡者

	全南	全北	慶北	慶南	京畿	咸南	咸北	黄海	平北	平南	忠北	忠南	江原	計
ビルマ地区	五九	四	五三	八一	六三	五	六	七	一七	六	二八	二七	五	三六一
ボルネオ地区	一四	四	一四	一七	八	二	一	二						六二
スマトラ	一五	六	九	一	二	一		三	二					三九
	八八	一四	七六	九九	七三	八	七	一二	一九	六	二八	二七	五	四六二

弾破片創。「生年月日」は記載なし。階級は「准尉」一名、「上等兵」三名、「伍長」四名。

三　一九四四年一月　インパール作戦

一九四二年三月八日、日本軍はビルマのラングーンを占領する。しかし大東亜戦争開戦一年目にして、ガダルカナル島争奪戦に敗北。この敗北には、日本軍の戦力・国力の急速な低下がともなっていた。輸送船がたりず、航空機の補給ができなくなっていた。四三年二月、日本軍はガダルカナル島撤退。おなじ二月スターリングラードでは、独軍が潰滅する。ビルマ方面での英軍の動勢が気づかわれた。大本営は、四三年三月ビルマ方面軍を設置。第一五軍司令部をあてた。ビルマ方面軍の隷下師団は、第一八師団、第三三師団、第五六師団、第三一師団、第一五師団、第五五師団の六個師団であった。ビルマの安定確保のため、防衛線は雲南（サルウィン河）、フーコン盆地、ジュピー山系、アラカン山系を連ねる線とされた。しかしこの防衛線は四二年末から、連合軍の反攻作戦でつぎつぎに突破されていた。そんなときに、インパール作戦がでてきた。英軍の戦力を軽視し、補給を無視した、近代軍にはありえない作戦計画だが、実行された。惨敗ぶりは以下の数字で確認できる。

○ビルマ方面軍

・第五六師団（方面軍直轄）一九三九年編成。編成地久留米。隷下連隊　第一一三連隊、第一四六連隊、第一四八連隊。

・独立混成第二四旅団。

○第一五軍

参加兵力一万七〇〇〇名　残存兵力約二二〇〇名　損耗率八四％　戦死者四〇〇二　戦傷病死者一八五三名。

・第三三師団、一九三九年編成。編成地仙台／宇都宮。隷下連隊第二一三連隊、第二一四連隊、第二一五連隊。

参加兵力約一万六〇〇〇名　残存兵力約三三〇〇名　損耗率七八％　戦死者三六七八　戦病死者三八四三名。

・第三一師団（新設）、一九四三年編成。編成地東京。隷下連隊　第五八連隊、第一二四連隊、第一三八連隊。

参加兵力約一万六六〇〇名　残存兵力約五〇〇〇名　損耗率六七％　戦死者三七〇〇　戦傷病死者二〇六四名。

・第一五師団（新設）、一九三八年編成。編成地名古屋／京都。隷下連隊　第六〇連隊、第五一連隊、第六七連隊。

・第二八軍　一九四四年一月十八日新設。

・第五四師団一九四〇年編成。編成地姫路。隷下連隊　第一一一連隊、第一二一連隊、第一五四連隊。

・第五五師団一九四〇年編成。編成地善通寺。隷下連隊　第一一二連隊、第一四三連隊、第一四四連隊。

・第二師団　ガダルカナル島の敗北のあと、再編中であった。

○第三三軍

・第一八師団　一九二三年編成。編成地久留米。隷下連隊　第五五連隊、第五六連隊、第一一四連隊、第一二四連隊。

・第五三師団　一九四一年編成。編成地京都。隷下連隊　第一一九連隊、第一二八連隊、第一五一連隊。

・第四九師団（方面軍直轄）一九四四年編成。編成地京城。隷下連隊一〇六、一五八、一六八。

ビルマ方面軍兵站参謀倉橋武夫中佐によれば、第一五軍の状況は、インパール作戦前の総兵力一五万五〇〇〇名、生還者総数三万一〇〇〇名、犠牲者総数一二万三〇〇〇名、犠牲者率八〇％である（丸山静雄『インパール作戦従軍記』）。

『被徴用死亡者連名簿』にある、ビルマ地区、スマトラ、ボルネオ地区の朝鮮出身者の所属した部隊は、以下のとおりである。カッコの中は死亡者の数である。

○全羅南道　工兵第四九連隊（一）、山砲第兵第三一連隊（五）、山砲兵第四九連隊（六）、独立工兵第六中隊（一）、独立工兵第八中隊（一）、独立自動車第六一大隊、第一五軍司令部（一）、歩兵第一一六連隊、（一）、歩兵第五六連隊（一）、歩兵打一〇〇連隊（六）、歩兵第一〇六連隊（三）、歩兵第一一九連隊（三）、歩兵第一五三連隊（七）、歩兵第一六八連隊（九）、歩兵第二二五連隊（三）。

・山砲兵四九連隊　四四年十月雲南省マンパツ、四五年三月カンギイ、ラングーン、四五年七月ニドワ、パブフ、四五年八月トングン一一八兵病と転戦。

「戦病死」二名、「戦死」六名。「死亡事由」の記載はない。「生年月日」は一九一九年から二五年まで。ただし、二四年生まれはいない。階級は「上等兵」二名、「兵長」六名。

・歩兵第一五三連隊　四五年一月九日、台湾沖で四名「戦死」。「生年月日」はなく、全員「一等兵」。四五年三月レッセ陣地、四五年七月カナンビン、四五年八月ペグンと転戦。

「戦病死」一名、「死亡事由」はマラリア。「戦死」七名の「死亡事由」の記載なし。「生年月日」は一九一九～二五年まで。階級は「大尉」一名、他は「兵長」、「伍長」。

・歩兵第一六八連隊　四四年十二月バーモ、四五年二月センウイ、四五年三月スパコック、四五年四月インドウと転戦。

「戦病死」一名、「死亡事由」はマラリア。「戦死」七名、不明一名の「死亡事由」は記載なし。階級は「軍曹」一名、「一等兵」一名、他七名は「兵長」、「伍長」。

○全羅北道　独立工兵第六中隊（一）、歩兵第一〇〇連隊（一一）、歩兵第一五三連隊（一四）、歩兵第一六八連隊（一）、歩兵第七連隊（七）、第四九師団衛生隊（七）、騎兵第四九連隊（一）、独立自動車第六〇大隊（三）。

・歩兵一〇〇連隊　四五年二月キニー高地、四五年三月ビンナマ、カンギー、四五年四月ヤメセン、サダン、ミヤ、四五年八月タイ国ソワと転戦。

「戦病死」一名、「死亡事由」はマラリア。「戦死」一一名、「死亡事由」は各部砲弾破片創、榴弾破片創、迫撃砲弾破片創。「生年月日」は一九二〇～二三年まで。階級は「軍曹」一名、他は「兵長」、「伍長」。

・歩兵一五三連隊　四五年二月エナジャン県、四五年三月バコック県、四五年七月シッタン河、四六年三月ウエダレイと転戦。

「戦病死」二名、「死亡事由」はマラリア。「戦死」一二名、「死亡事由」は全身投下爆弾創、砲弾破片創、貫通銃創など。全員、一九二三、二四、二五年生まれ。階級は「一等兵」一名、他は「兵長」、

「伍長」。

○慶尚北道　工兵第四九連隊（一）、独立自動車第六一大隊（六）、歩兵第一〇六連隊（二）、歩兵第一五三連隊（二）、歩兵第一六八連隊（二四）、歩兵第八一連隊（一）、第四九師団衛生隊（四）、騎兵第四九連隊（一）、独立工兵第一〇中隊（三）、独立歩兵第三〇大隊（一）、第四九師団（一）、輜重第四九連隊（八）。

・歩兵第一六八連隊　四四年九月雲南省龍陵、四四年十月ムセ、四四年十二月モパリン、四五年一月ナンカッパ、四五年二月メイクテーラ、四五年三月ヤンマイ、四五年四月インドウと転戦。

「戦病死」二名、「死亡事由」はマラリア、脚気。「戦死」・「戦傷死」一二名。「死亡事由」は腹部貫通銃創、頭部貫通銃創、砲弾破片創など。「生年月日」は一九二一〜二四年生まれ。年長で二十四歳、年少で二十一歳の戦死。階級は「上等兵」二名、二二名が「伍長」。

・輜重兵第四九連隊　四四年七月ニューギニア・ヘカムルで「伍長」が「戦死」。「死亡事由」、「生年月日」の記載なし。四四年八月二十一日、ベトナム・カムラン湾で「上等兵」五名「戦死」。「死亡事由」の記載はなく、生年月日は一九一八〜二二年生まれ。

四五年四月バンナ、四五年五月ペイヨウと移動。「戦死」一名で、「死亡事由」の記載はなく、「生年月日」は、一九二二、二四年生まれ。階級は「伍長」。

○慶尚南道　工兵第四九連隊、山砲第三一連隊（三）、山砲第四九連隊（一）、独立工兵第九中隊（二）、独立工兵第一〇中隊（一）、独立自動車第六一大隊（二）、歩兵第一〇六連隊（三）、歩兵第一五三連隊（一）、歩兵第一六八連隊（三五）、第四九師団衛生隊（一四）、独立速射砲第一三大隊（二）、第八砲兵隊司令部（一）、第三八碇司令部（一二）、第四四碇司令部（一）、第四九師団野戦病院（二）、輜重兵三〇連隊（一）。

・歩兵第一六八連隊　四四年二月バーモ、四四年九月龍陵、四四年十二月バーモ、四五年一月ムセ、四五年三月メイクテーラ、四五年四月インドウ、四五年五月メイクテーラ、四五年八月タイ国・チェンマイと転戦。

「戦病死」二名、「死亡事由」はマラリア。「戦傷死」・「戦死」三三名。「死亡事由」は頭部砲弾破片創、貫通銃創、手榴弾破片創など。四五年四月には〃叛乱軍の襲撃により〃という記載がある。「生年月日」は、一九一八〜二四年生まれ。二四年生まれがおおい。階級は「上等兵」が二名、他は「兵長」、「伍長」。

・第四九師団衛生隊（含む四九師団野戦第一病院二名）　四四年十月マニテ西南、四四年十一月雲南、四五年二月マンダレー、エナジャン、四五年三月レッセ、四五年三月マンダレー、四五年四月タビン、四五年五月グーダック、四五年七月チテヨキン、四五年九月アナクインと転戦。海没者もふくむ。

「戦病死」二名、「死亡事由」はマラリア・脚気。「戦死」一二名、「死亡事由」は頭部貫通銃創、迫撃砲弾創、砲弾破片創など。「生年月日」は一九二〇、二二、二三年生まれ。階級は「一等兵」、「上等兵」各一名、「兵長」一二名。

○京畿道　工兵第四九連隊（一）、山砲第三一連隊（四）、道立工兵第六中隊（六）、独立工兵第七中隊（一）、独立工兵第九中隊（一）、歩兵第一〇〇連隊（二一）、歩兵第一〇六連隊（六）、歩兵第一五三連隊（五）、独立自動車第六〇大隊（二）、輜重兵第四九連隊（四）。

・歩兵第一〇〇連隊　四五年三月インドウ、メイクテーラ、トーマ、四五年四月メイクテーラ、サダン、ミヤ、四五年五月カドワー、四五年七月パプと転戦。激戦をくりかえす。

「戦病死」二名、「死亡事由」はマラリア。「戦死」・「戦傷死」一九名、「死亡事由」は腰部砲弾破片創、腹部貫通銃創など。「生年月日」は一九一八〜二六年生まれ。二三、二四年生まれがおおい。階級は「軍曹」一名、他は「兵長」、「伍長」。

・歩兵第一〇六連隊　四五年四月ヤメセン、サダン、タメセン、四五年五月カドワーと激戦。

「戦病死」一名、「死亡事由」マラリア。「戦死」五名、一名のみ「死亡事由」に腹部貫通銃創。他は記載なし。「生年月日」は一九一九〜二四年。階級は「軍曹」一名、「兵長」五名。

○咸鏡南道　独立自動車第六〇大隊（二）。

○咸鏡北道　歩兵第四連隊（二）。

○黄海道　山砲第四九連隊（三）、歩兵第一六八連隊（一）。

○平安北道　山砲第三一連隊（二）、歩兵第一五連隊（四）、歩兵第一六連隊（六）。

○平安南道　歩兵第一〇六連隊（一）、歩兵第一五三連隊（一）。

○忠清北道　山砲第三一連隊（一）、歩兵第一〇六連隊（二四）、歩兵第一六八連隊（一）。

・歩兵第一〇六連隊　四五年三月メイクテーラ、カンダン、カンギー、四五年四月タビエン、ヤメセン、メイクテーラ、トングー、四五年五月ナロポリ、四五年六月タビエンと激戦。

「戦病死」一名、「死亡事由」はマラリア。「戦死」二二名、「戦傷死」一名、「死亡事由」は右大腿部砲弾破片創、腹部迫撃砲弾創、全身爆弾破片創など。「生年月日」は、一九一五〜二四年。二四年生まれがおおい。階級は一等兵一名、「上等兵」一名、「伍長」二二名。

○忠清南道　山砲第四九連隊（一）、独立工兵第六中隊（一）、独立自動車第六一大隊（一）、歩兵第一〇〇連隊（一）、歩兵第一五三連隊（一八）、輜重第一九連隊（一）。

・歩兵第一五三連隊　四五年二月レッセ陣地、四五年レッセ陣地に張りつく。

「戦傷死」一名で、「死亡事由」は胸部火創とある。「戦死」一七名の「死亡事由」は、胸部貫通銃創、頭部貫通銃創、左下肢砲弾破片創など。「生年月日」は、一九一三年生まれが三名いて、二四年生まれまで。階級は「伍長」一名、「兵長」一七名。

四　一九四四年五月　ビアク島失陥

一九四三年十二月八日、大東亜戦争開始二年目は、ニミッツ艦隊のギルバート諸島攻略でおわった。四四年二月からは、マーシャル諸島、カロリン諸島攻略と、太平洋西進反攻がはじまる。ニミッツ艦隊の攻略の焦点は六月マリアナ諸島であった。マリアナ諸島を攻略するために、マッカーサー軍団は、ビアク島の牽制攻撃をおこなう。

ビアク島は、ニューギニア島の北端部にある。位置的に、絶対的国防圏のちょうど中央にあたる。マッカーサー軍団は、ガダルカナル島、ボーゲンビル島、アドミラルティ諸島と、航空基地を設定してきた。航空機の航続距離から、つぎに航空基地が設定されるべき適地はビアク島であった。ビアク島に、日本軍は三本の滑走路をつくっていた。

一九四三年十月七日、第一八軍（二〇師団、四一師団、五一師団）は

○ビアク島死亡者

	全南	全北	慶北	慶南	京畿	咸南	咸北	黄海	平北	平南	忠北	忠南	江原	計
ビアク島			七		六						二			一五

ニューギニアで作戦を展開していた。四三年十一月十八日、大本営は、満州チチハルにいた第二方面軍と、間島にいた隷下の第二軍をビアク島に転用を決定。兵員、武器、弾薬の輸送が困難になってきている。第二方面軍は、ラバウルの第八方面軍と協同して、ニューギニア島のホンランジヤを確保しようとした。

米軍は、航空機爆撃のあと艦砲射撃、そして四四年五月二十七日、ビアク島上陸を開始した。三つの飛行場はたちまち占領され、六月二十二日から使用された。四四年一月には、第一八軍はダンピール海峡を突破されていた。さらにビアク島の喪失で、第二方面軍と第一八軍との連絡が遮断された。第一八軍は南方軍の直轄軍とされたが、補給を絶たれた。三万五千名の兵員は一万三千名になり、残りの兵員はジャングルのなかで遊兵化しながら、四五年八月の敗戦をむかえる。補給を考えない戦争指導は、人肉食もひきおこしていた。

○**第二方面軍**　一九四四年三月二十七日戦闘序列（服部卓四郎『大東亜戦争全史』五三〇頁、五四二頁、五五〇頁）

・第三六師団　一九三九年三月編成。隷下連隊、第二二二連隊（弘前）・第二二三連隊（秋田）・第二二四連隊（山形）。

・第七飛行師団・第二野戦根拠地隊、野戦高射砲一中隊、飛行場設定隊三隊、海軍第一九警備隊。

『被徴用死亡者連名簿』にある朝鮮出身者の所属部隊。

○**慶尚北道**　歩兵第二二〇連隊（一）、歩兵第二二一連隊（六）。

・歩兵第二二一連隊　一九四四年六月十五日、ビアク島モクメルで、「兵長」六名戦死。「死亡事由」の記載はない。「生年月日」は、一九二二〜二四年生まれ。

○**京畿道**　歩兵第二一九連隊（二）、歩兵第二二一連隊（二）、歩兵第二三八連隊（一）

○**忠清北道**　歩兵第二二一連隊（一）、歩兵第二三八連隊（一）

・歩兵第二二一連隊の「伍長」は、一九四四年六月十五日、ビアク島モクメルにおいて、〝玉砕〟と「死亡事由」にある。歩兵第二三八連隊の「一等兵」は、「戦死」とあるが「死亡事由」は記載されていない。

五　一九四四年六月　サイパン・マリアナ　ニミッツ艦隊、絶対国防圏粉砕

マーシャル諸島、カロリン諸島など中部太平洋海域のニミッツ提督の艦隊と、ニューギニア海岸域のマッカーサー軍団は、二方面から、日本軍にたいする反攻をつづけていた。米軍は攻撃の必要のないところは、素通りする〝飛石作戦〟をとっていた。米軍は、ビアク島の次にマリアナ諸島に侵攻。サイパン島を、日本軍が太平洋の防波堤としていることを、米軍は知っている。六月十三日、七時間にわたりサイパン、テニヤン両島を艦砲射撃。十五日朝から、サイパン島西岸に上陸。

六月十九日には、日本海軍が戦勢挽回をかけて、「あ号作戦」を展開。米艦隊とのマリアナ沖海戦となる。連合艦隊に戦果はなにもなく、空母およびその航空兵力をうしない、戦場離脱。制空権・制海権はまったく米海空軍のにぎるところとなった。米海空軍は、テニヤン島をB二九の航空基地として整備。同基地は、広島、長崎に原爆投下の爆撃機基地となった。

米軍の反攻に押される大本営は、一九四三年二月二十五日、第三一軍を編成し、米軍の来攻にそなえていた。四五年五月、第三一軍の配置は以下のとおり。

○第三一軍（司令部・サイパン）『大東亜戦争全史』五二五頁

・トラック地区集団　第五二師団、独立混成第五一旅団、独立混成第五二旅団。

・北部マリアナ地区集団　第四三師団、独立混成第四七旅団。

・南部マリアナ地区集団　第二九師団、独立混成第四八旅団。
・パラオ地区集団　第一四師団、独立混成四九旅団、独立混成五三旅団。
・小笠原地区集団　第一〇九師団。
・直轄部隊　独立混成五〇旅団、海上機動第一旅団。
四四年七月五日、第四三師団長は七月七日の攻撃と、〝全員玉砕すべし〟の命令を出した。グァム島は、八月十日、軍司令官以下全員戦死。テニヤン島は。八月一日、守備隊長以下全員戦死。

『被徴用死亡者連名簿』にある朝鮮出身者所属の部隊名は以下のとおりである。

○**トラック島**　第三一軍司令部、平安南道（一）。

○**マリアナ地区**　独立混成第九旅団、全羅南道（一）、独立混成第一〇旅団、全羅南道（二）、特別勤務一二中隊、咸鏡北道（五）。
独立守備歩兵第一四大隊、黄海道（二四）、独立守備歩兵第二八大隊、黄海道（二一）。
・独立守備歩兵第一四大隊　四四年七月十八日二四名全員「戦死」、「死亡事由」の記載なし。「生年月日」の記載もなし。階級は全員「上等兵」。
・独立守備歩兵第二八大隊　四四年七月十八日二一名全員「戦死」。「死亡事由」の記載なし。「生年月日」は二三、二四、二五年うまれ。階級は全員「上等兵」。

○**サイパン島**　独立高射砲第四三中隊、慶尚北道（一）、咸鏡南道（二）、咸鏡北道（三）、平安南道（一）、忠清南道（三）。
独立歩兵一四大隊、黄海道（二）、歩兵第八九連隊（一）。
・独立高射砲第四三中隊　記載の一〇名は、全員四四年七月十八日「戦死」。「死亡事由」の記載はないが、忠清南道には、玉砕の記載が二名ある。「生年月日」の記載はあったり、なかったり。記載されたものは、一九一八年など。階級は「兵長」など。
・独立歩兵一四大隊　四四年七月十八日、「兵長」と「上等兵」戦死。「死亡事由」、「生年月日」の記載なし。

六　一九四四年七月　北太平洋地区・輸送船八割海没

一九四三年二月、ガダルカナル島から第一七軍は退却する。同年五月にはアッツ島の日本軍守備隊が全滅し、キスカ守備隊も退却。千島方面の戦備を強化するには、船舶のあらたな徴備が必要であった。「船腹面より観て国力、戦力の破綻を来すことは明瞭ではあったが、一方中部太平洋及び北東方面の防衛全からずして戦争遂行の確実確算はあり得なかった。」「先ず端末輸送に充当するため機帆船を徴備すべしとの議が起こ

○**マリアナ諸島死亡者**

	全南	全北	慶北	慶南	京畿	咸南	咸北	黄海	平北	平南	忠北	忠南	江原	計
マリアナ地区								四八	一					四九
サイパン島			二			二	四		二				二	一二
			二			二	四	四八	三				二	六一

○**北太平洋地区死亡者**

	全南	全北	慶北	慶南	京畿	咸南	咸北	黄海	平北	平南	忠北	忠南	江原	計
北太平洋地区	四	一七	二	一	一九	三		一〇三	一				六一	二一一

った。陸軍としては、千島方面に一〇〇隻、濠北方面に一一〇隻、海軍としてはマーシャル方面に一〇〇隻」の希望が政府との調整ののち、認められた。北太平洋に機帆船が軍艦として投入されたのである（服部卓四郎『大東亜戦争全史』四九四頁）。

一九四四年五月、第五方面軍が発足し、第二七軍とその隷下第四二師団、第九一師団、独立混成第四三旅団、海上機動第三旅団、海上機動第四旅団。第七師団、第七七師団、樺太混成旅団、第一飛行師団が基幹として配置された。

四四年七月、八月にはサイパン、テニヤン、グァムと崩壊する。おなじころ『被徴用死亡者連名簿』によれば、北太平洋では、七月九日、太平丸に乗船の雇員・技術雇員らが約一八〇名戦死している。北千島幌筵島北方の阿頼度島のあたりらしい。四五年五月二十九、三十日には、独立歩兵第二八五大隊の「兵長」二名、「上等兵」一一名が「戦死」。「死亡事由」は海没とある。太平丸である。

○**全羅北道**　第五方面軍（四）、第二八五大隊（一三）、○**京畿道**　第五方面軍（一六）、○**咸鏡南道**　第五方面軍（二）○**黄海道**　第五方面軍（一〇三）、○**平安北道**　第五方面軍（一）、**江原道**　第五方面軍（六一）。

七　一九四四年九月　パラオ地区・ニミッツ艦隊、マッカーサー軍団パラオで合流

一九四四年四月二十四日、第一四師団パラオに到着。第四派遣隊、第九派遣隊、海上機動第一旅団など配置。パラオ、ヤップ方面の防備にあたる。七月、サイパン島の第三一軍潰滅のあと、九月一日南方軍の隷下にはいり、連合艦隊司令長官の指揮により動くことになった。九月六日、ニミッツ提督の艦隊は、スプルアンス指揮の機動部隊による空襲をはじめた。日本軍陸海軍が、パラオ諸島を太平洋における軍需品の中継地点、訓練地として利用していたことから、米軍の攻略は大規模で周到であった。防備のかたいアンガウル島ではなく、ペリリュー島から攻撃ははじまった。アンガウル島は、捨石にされた。猛烈な爆撃、機銃掃射のあと、九月十日艦砲射撃をはじめた。九月十五日、強襲上陸がはじまり、十六日までに飛行場を占領してしまった。十七日にはアンガウル島に上陸。日本軍は二十日には島の大部分をうしない、米軍は重爆撃機用の飛行場を構築。

日本軍の第一四師団の歩兵三個大隊と砲兵一個大隊の守備隊は、ペリリュー島の洞窟陣地の利用と夜間斬りこみ戦法で抵抗したが、大勢はうごかなかった。二か月ほどの抵抗であった。九月十五日、マッカーサー兵団もモロタイ島に上陸。モロタイ守備の第二遊撃隊は、特別に遊撃戦を訓練した四個中隊編成で、隊員は主として台湾の高砂青年であった。米軍はパラオ諸島、モロタイ島を占領することで、フィリピン攻略の戦略態勢をかためた。モロタイ島からミンダナオ島までは北上して五〇〇キロほどであるし、レイテ島までは一〇〇〇キロほどだ。

○パラオ諸島死亡者

	全南	全北	慶北	慶南	京畿	咸南	咸北	黄海	平北	平南	忠北	忠南	江原	計
パラオ地区	二二	五	五七	三一	七六			一			二〇	五		二一七
ペリリュー					三			一					三	七
	二二	五	五七	三一	七九			二			二〇	五	三	二二四

ウルシイ環礁が攻略され、ここが米海軍の艦船係留港にされた。西進すればフィリピンにあたり、戦略的価値はおおきかった。

『被徴用死亡者連名簿』にある朝鮮出身者の所属した部隊は以下のとおりである。

○**全羅南道**　歩兵第一四師団司令部（七）、歩兵第一四師団管理部（一二）、歩兵第一九師団衛生隊（二）。

・一四師団司令部　四五年二～五月、「軍属」四名「戦死」。「死亡事由」、「生年月日」の記載なし。

・一四師団管理部　四五年三～八月、ガスパン一二三兵站病院で傭人九名が戦病死。死亡事由、生年月日の記載なし。

○**全羅北道**　歩兵第一四師団管理部（二）、歩兵第七八連隊（三）。

・歩兵第七八連隊　四四年一月二十一日、パラオ島東南で「軍曹」一名、「兵長」二名が戦死。「死亡事由」は海没。「生年月日」の記載はなし。

○**慶尚北道**　歩兵第一四師団司令部（一一）、歩兵第一四師団管理部（一九）、歩兵第一四師団経勤隊（四）、第三船舶輸送司令部（一二）。

・一四師団司令部　ガスパン一二三兵站病院で、「傭人」一一名が「戦病死」。「死亡事由」は脚気、マラリア、熱帯熱など。「生年月日」は一九〇八年の一名のほか記載なし。

・一四師団管理部　ガスパン一二三兵站病院で、「傭人」一九名「戦病死」。「死亡事由」はマラリア、回帰熱など。「生年月日」の記載なし。

・一四師団経勤隊　四五年六～八月、「軍属」一名、「傭人」三名が「戦死」、「戦病死」。一名のみマラリアと記載あり。

・第三船舶輸送司令部　四四年十月から四五年五月にかけ、「軍属」・「傭人」一一名「戦死」。「死亡事由」の記載はないが、各人の「生年月日」の記載はある。

○**慶尚南道**　歩兵第一四師団司令部（五）、歩兵第一四師団管理部（六）、歩兵第一四師団経勤隊（二）、第三船舶輸送司令部（二四）。

・第三船舶輸送司令部　四四年十月から四五年十一月まで、「操舵手見習」、「運輸工」、「傭人」、「軍属」などさまざまな階級の者が、「戦死」、「戦病死」、「不慮死」している。「生年月日」の記載はあるが、「死亡事由」の記載はない。

・一四師団司令部　四五年二月から九月まで、「軍夫」一名「戦死」、「傭人」四名「戦病死」。「生年月日」、「死亡事由」の記載はない。

・一四師団管理部　四五年一月から九月まで、「傭人」三名「戦死」、「軍属」一名「戦傷死」、「軍夫」、「傭人」一名ずつ「戦病死」。「傭人」三名の「死亡事由」は全身爆創と記載がある。「生年月日」の記載は全員ない。

○**京畿道**　第三船舶輸送司令部（七〇）、歩兵第二〇連隊（一）、独立歩兵第三五〇大隊（一）、ペリリュー・独立歩兵第三四六大隊（三）。

・第三船舶輸送司令部　四三年五月から四五年十一月までの死亡者がある。とくに四四年八月からの死亡者が激増する。四三年「軍属」一名だった「戦死者」が、四四年には一七名、四五年五二名となる。四四年「傭人」七名戦死、一〇名「戦病死」。四五年「傭人」八名「戦死」、四四名「戦病死」になっている。「死亡事由」はほとんど記載がないが、脚気が一名記載されている。「生年月日」は基本的に記載されている。

○**黄海道**　独立歩兵第三五一大隊（一）、ペリリュー・独立歩兵第三四六大隊（一）。

○**忠清北道**　歩兵第一四師団司令部（一〇）、歩兵第一四師団経勤隊（九）、独立混成第九旅団（一）。

・一四師団師団司令部　四五年一月から八月、パラオ諸島で「軍属」一名が「戦死」、「軍夫」八名が「戦病死」。「生年月日」と「死亡事

○フィリピン死亡者

	レイテ島	ミンダナオ地区	ルソン島	フィリピン地区	
全南	一六	四三	九	三四	一〇二
全北	七	一六	一三		三六
慶北	二	九	四二	一四	六七
慶南	三	三九	一六	一八	七六
京畿	八七	七二	一四	一八	一九一
咸南		一一	八	一二	三一
咸北		一	一〇	四	一五
黄海	三六	一三一	八		一七五
平北	五四	一〇六	一〇		一七〇
平南	五〇	六三	八		一二一
忠北	八	六四		六	七七
忠南	二七	六四	五	五	一〇四
江原	五	六二	一三	八	八八
	二九五	六八一	一五六	八	一二五九

由」の記載はない。「生年月日」は「兵長」のほかはなく、「死亡事由」の記載もない。

・一四師団経勤隊　四五年四月から八月まで、パラオ諸島で「兵長」一名、「傭人」二名が「戦死」。「軍属」、「雇員」各一名と「傭人」五名が「戦病死」。

○**忠清南道**　歩兵第二二〇連隊（一）、独立歩兵第三三〇大隊（二）、独立歩兵第二三〇大隊（一）。

○**江原道**　ペリリュー・独立歩兵第三四六大隊（二）、独立歩兵第三四八大隊（一）。

八　一九四四年十月　レイテ・フィリピン地区・決戦から持久戦へ

一九四三年九月三十日、御前会議において、絶対確保すべき要域を千島、小笠原、内南洋、西部ニューギニア、スンダ、ビルマと確認した。絶対国防圏の設定である。四四年八月、第一四軍が第一四方面軍に格上げされた。このとき第一四方面軍の下に新しく第三五軍が編成され、ミンダナオ島を担当した。航空は南方軍直轄の第四航空軍が、第一四方面軍の作戦に協力することになった。四四年十二月に大東亜戦争勃発三か年をむかえる。米連合軍のパラオ諸島攻略のあと、フィリピンでの戦闘のさなかのことである。すでにニミッツ艦隊、マッカーサー軍団に「絶対的国防圏」は突破され、十月フィリピンでの戦闘がはじまる。「捷一号作戦」の開始である。戦闘はまず航空戦であった。海軍航空隊はすでに戦力を消失している。陸軍航空隊の航空機が奮戦するも、戦闘機の補充がつかない。操縦員の補充はもっと難しかった。

第一四方面軍はルソン島決戦を練っていた。ここに九月、台湾沖で海軍航空隊が米機動部隊に大打撃をあたえた、との誤報がまいこんだ。大本営は、ルソン島決戦をレイテ決戦にうつすよう下令した。戦略の混乱であった。「絶対国防圏」死守の捷一号作戦は、十二月二十七日中止され、決戦は持久作戦に変更された。

そして十月末、レイテ島沖で、〝世界の海戦史上、最も惨憺たるものの一つ〟といわれる、レイテ沖海戦がはじまった。西村艦隊部隊の最後、〝レイテ突入という最高の作戦任務の放棄〟をした栗田艦隊部隊。連合艦隊にすでに航空隊はなく、機動部隊も見せかけだけであった。水上部隊には戦艦武蔵、大和があったが、武蔵は魚雷二〇発をうけスルアン海に沈没している。残存の航空隊は、攻撃の成果をあげんものと、〝神風特別攻撃〟をはじめる。十月二十五日のことであるが、すでに八月二十五日「勅令第五二八号」「海軍特修兵令中改正の件」を公布。『特攻』は、この文書をもって、最高指揮官である天皇の名の下、任務として組織にくみこまれた」、と指摘されている（『日本海軍四〇〇〇時間の証言』）。

帝国海軍の「あ号作戦」の敗北のあと、十月末から米軍のレイテ上陸がはじまり、四五年六月末までの持久戦がつづく。

○第一四方面軍

・在ルソン島、陸軍主力

在ビサヤ地区（レイテ・ミンダナオ）第三五軍主力

・第一〇三師団　四四年六月十五日、第三二独立混成旅団を改編。

第一六師団　在レイテ守備隊。

・第一〇五師団　四四年六月十五日、第三三独立混成旅団を改編。

第一師団　四四年十一月二日、レイテに増援。

・第五五独立混成旅団　四四年八月四日、満州より到着。

第二六師団　四四年十一月二日、レイテに増援。

・第五八独立混成旅団

第六八独立混成旅団　四四年十一月二日、レイテに増援。

・第六一独立混成旅団

第一〇二師団　四四年六月十五日、旅団を改編。レイテとセブに。

・第二三師団　四四年十一月四日、ハイラルより到着。

第一〇〇師団　在ミンダナオ島守備隊。四四年六月十五日、旅団改編。

・第一〇師団　四四年十一月二十日、台湾より到着。

第三〇師団　在ミンダナオ島守備隊。四四年六月十五日、旅団改編。

・第一九師団　四四年十一月二十日、朝鮮より到着。

第五四独立混成旅団　同上。

・第八師団　四四年八月四日、満州より到着。

・戦車第二師団　四四年八月四日、満州より到着。

『大本営参謀の情報戦記』では、以上一三個師団＋五個旅団、基幹部分だけで三七万五千人の兵員になる。このほかに第三一海軍特別根拠地隊があって、総兵力二万とされていた（『大東亜戦争全史』）。

『被徴用死亡者連名簿』にある朝鮮出身者の所属した部隊。

◎**在ルソン島・陸軍主力**

○**全羅南道**　海上輸送八大隊（四）、海上輸送九大隊（四）、海上一五戦隊（一）、海上輸送一〇船舶司令部（二）、工兵第四九連隊（二）、輜重兵第一〇連隊（六）、電信第二七連隊（一）、特設自動車三三中隊（一）、独立自動車六二大隊（三）、歩兵第七四連隊（一）、歩兵第七五連隊（一）、第一一野戦貨物廠（一）、第一四師団司令部（二）、第二〇師団防疫給水部（二）。

・輜重兵第一〇連隊　四五年六月から八月まで、「上等兵」一名、「兵長」五名が全員「戦病死」。「死亡事由」は、マラリア。「生年月日」は一名に一九二三年とあり、他は記載なし。

○**全羅北道**　歩兵第七五連隊（三）、輜重兵第一〇連隊（二）、独立歩兵第一八一大隊（一）、独立歩兵第一八五大隊（一）、南方軍航空部（一）。

○**慶尚北道**　海上輸送二大隊（一）、海上輸送八大隊（三）、海上輸送九大隊（一）、海上輸送一〇大隊（一）、歩兵第七三連隊（一）、歩兵第七四連隊（一）、歩兵第七五連隊（四）、歩兵第七六連隊（二）、歩兵第七七連隊（六）、海上挺身一一戦隊（一）、山砲兵第二五連隊（四）、山砲兵第四九連隊（三）、捜索第一九連隊（一）、南方軍通信隊（三）、野砲兵三〇連隊（一）、第七野戦航空補給廠（一）、第一〇航空情報連隊（一）、第一四師団司令部（一）、第三四師団輜重隊（一）。

○**慶尚南道**　第三〇師団防疫給水部（三）、輜重兵第二〇連隊（一）、輜重兵第三〇連隊（二六）、輜重兵第四七連隊（一）、歩兵第七七連隊（一）、第三〇師団衛生隊（七）、挺身第三連隊（一）、独立歩兵第五七六大隊（一）、飛行第二〇〇戦隊（一）、第一挺身機関砲隊（一）、第一四師団臨時野戦補給廠（一）、第一四師団情報部（一）、第三〇師団一野戦病院（一）、第三〇戦闘飛行団（一）、第四四碇司令部（一）、第四九師団兵器勤務隊（一）、第九一飛行大隊（一）、第一一四飛行大隊（一）。

○**京畿道**　歩兵第六三連隊（一）、歩兵第七三連隊（二六）、歩兵第七五連隊（二一）、歩兵第七六連隊（一〇）、歩兵第七七連隊（三）、山砲兵第二五連隊（一三）、捜索第一九連隊（一）、海上挺身第一四戦隊（一）、船舶工兵第二〇連隊（一）独立混成第一一旅団（一四）、独立混成第一三旅団（七）、独立歩兵第一一大隊（一一）、第七航空修理廠（三）、第一〇野戦飛行場設定隊（一）、第一九師団衛生隊（五）、船舶工兵二二連隊（一）、船舶工兵二四連隊（二）。

・独立混成第一一旅団　四三年九月カイヌビット、四四年六月戸里川、四五年一月タフラン、四五年二月バンダバンカン、四五年五月ツエベル峠、四五年六月カラングランと転戦。

「戦病死」二名、「死亡事由」はマラリアと心臓麻痺。「戦死」一二名、「死亡事由」の記載なし。「生年月日」は一九一七年から二七年まで。一七、二七年は各一名で、二二、二五年生まれがおおい。

・山砲兵第二五連隊　四五年五、六月ルソン島タクボ、マンヤカンと転戦。ズセットでの「戦死」は、収容所での死亡と思われる。全員「戦死」であり、「死亡事由」は二名だけ頭部貫通銃創、全身爆創とあり、他は記載なし。「生年月日」は、一九二二、二三、二四年生まれのみ。

・歩兵第七三連隊　四五年四月タクボ、四五年五月セルバンテス、バギオ、四五年七月マンカヤンと転戦。

「戦病死」二名、「死亡事由」はマラリア・脚気。「戦死」二四名、「死亡事由」なし。「生年月日」は一九一八年から一九二四年まで。大半は二一年生まれ。

階級は、「上等兵」一名、「伍長」一三名、「曹長」、「軍曹」各一名、「准尉」二名、兵長九名。

・歩兵第七五連隊　四五年一月ロザリオ、四五年二月バギオ、四五年三月サンジェルナンド、四五年四月アジン、四五年七月ロー地区と転戦。

「戦病死」三名、「公病死」一名、「戦死」一七名。「死亡事由」は記載なし。「生年月日」は一九一八～二六年まで。一八、二六年は一名ずつ。階級は「一等兵」一名、「伍長」一名、ほかは「上等兵」、「兵長」。

○**咸鏡南道**　歩兵第三九連隊（一）、歩兵第四一連隊（二）、歩兵第六三連隊（一）、歩兵第七一連隊（一）、飛行第七二連隊（一）、歩兵第七三連隊（四七）、歩兵第七五連隊（三六）、歩兵第七六連隊（一三）、輜重兵第一九連隊（二）、山砲兵第一五連隊（一五）、山砲兵第四九連隊（一）、南方軍通信隊（三）、飛行第二〇〇戦隊（一）、第七野戦航空修理廠（一〇）、第一〇野戦飛行場設定隊（一）、第一九師団衛生隊（三）、第五一飛行中隊（一）、第二航空通信隊（一）、第一二野戦航空補給廠（三）、第一九師団通信隊（二）。

・山砲兵第二五連隊　四五年五月タクボ、四五年六月タクボ、四五年七月タテノアン、マンカヤン、四五年八月マンカヤンと転戦。四五年一月には、台湾安平沖で、一三名が海没「戦死」している。階級は「伍長」三名、兵長二名ほか不詳。

「死亡事由」の記載はなし。「生年月日」は一九二二年から二五年まで。二四年生まれが多い。階級は「軍曹」一名、「兵長」七名、「上等兵」七名。

・歩兵第七三連隊　四五年二月トラライ、四五年三月バギオ、四五年四月タクボ、四五年五月セルバンテス、マンカセン、タクボ、四五年八月トッカン、バギオと転戦。タクボが長い。

「戦病死」二名。一名は「一等兵」で、「死亡事由」はマラリア。「戦死」四五名、「死亡事由」の記載なし。「生年月日」は一九二二年から二六年まで。ほとんどが、二三、二四年生まれ。階級は、「伍長」七名、「兵長」二七名、「上等兵」九名など。

・歩兵第七五連隊　四五年一月ロザリオ、四五年二月ナキリヤン、四五年三月ギアナン、四五年四月ボントカ、カラット、アシン、四五年六月フユ、四五年七月バギオと転戦。

「戦病死」三名、「死亡事由」にマラリア一名、脳炎一名の記載がある。「戦死」三三名、「死亡事由」の記載はない。「生年月日」は一九一五年から二六年まで。二三、二四年生まれがおおい。階級は「軍曹」一名、「伍長」七名、「兵長」一〇名、「上等兵」一六名、「一等兵」二名。

・歩兵第七六連隊　四五年一月ナギリヤン、四五年二月アリンガイ、四五年三月パラライ、四五年四月アシン、四五年五月バギオ、四五年六月マンカヤン、四五年七月ウマヤン、四五年八月ブギヤスと転戦。

「戦病死」二名、「戦死」二一名。「死亡事由」の記載なし。「生年月日」は一九一九年～二七年まで。一九、二七年は一名ずつ。二三、二四年生まれが多い。

・第七野戦航空修理廠　四五年五月ネグロス島。「戦病死」一名、「死亡事由」はマラリア。「戦死」九名で、「死亡事由」、「生年月日」なし。全員「雇員」。

○**咸鏡北道**　工兵第一九連隊（一）、歩兵第七三連隊（一一二）、歩兵第七五連隊（四五）、歩兵第七六連隊（一〇）、滑空歩兵第二連隊（一）、輜重兵第一九連隊（二）、山砲兵二五連隊（二二）、捜索第一九連隊（六）、第四飛行師団司令部（一）、第一〇野戦航空修理廠（八）、第一九師団衛生隊（五）第一九師団司令部（二）。

・山砲兵第二五連隊　四五年五月九日、台湾安平沖で二二名海没「戦死」。四五年四月タクボ、四五年五月マンガヤン、四五年六月アルリン、四五年七月マンガヤン、四五年八月カブリガン山、バクロガンと転戦。台湾安平沖海没いがいは、全員「戦死」、「死亡事由」は胸・腹部砲弾破片創、頭部貫通銃創、全身爆創など。「生年月日」は一九二四年生まれがおおい。階級は「上等兵」一〇名、「軍曹」一名、「兵長」一一名。

・歩兵第七三連隊　四四年七月タクボ、四五年一月トフライ、四五年二月セルバンテス、四五年三月バギオ、四五年四月タクボ、四五年五月セルバンテス、四五年六月バギオ、タクボ、マンカヤン、四五年七月カヤン、四五年八月バラヤンと転戦。

「戦病死」七名、「死亡事由」はマラリア。「戦死」一一四名、「死亡事由」は胸部盲管銃創、腹部迫撃砲弾創、腰部砲弾破片創など。六名が玉砕とある。「生年月日」は一九二一～二六年まで。二四年生まれがおおい。

・歩兵第七五連隊　四五年一月九日、台湾安平沖で七名が海没戦死。四五年一月ロザリオ、四五年二月サンフェルナンド、四五年三月キアナン、四五年四月バサオ、アシン、四五年七月ボントック、ロー地区、四五年八月バクロンガルを転戦。

「戦病死」九名、「死亡事由」はマラリア。「生年月日」は一九二二～二六年まで。二四年生まれがおおい。階級は「一等兵」三名、「伍長」一名、「兵長」六名、「上等兵」三六名。

○**黄海道**　工兵第四九連隊（二）、歩兵第一九連隊（一）、歩兵第三二連隊（二）、歩兵第六三連隊（一）、歩兵第七三連隊（四）、歩兵第七五連隊（六）、歩兵第七六連隊（一四）、歩兵第七七連隊（二六）、輜重兵第一九連隊（四）、マニラ高射砲隊司令部（一）、独立混成第二六旅団（四）、第七野戦航空修理廠（三）、第一九師団衛生隊（四）、第一九師団司令部（二）、第一〇師団防疫給水部（三）、第三〇師団防疫給水部（三）、第五二飛行中隊（四）、第一四八飛行大隊（一）、第一五一飛行大隊（七）。

・歩兵第七六連隊　四五年二月ルソン。地名の記載なし。「戦病死」四名、「死亡事由」はマラリア・赤痢。「戦死」一〇名、「死亡事由」は頭部貫通銃創、大腿部砲弾創の二名の記載があるだけ。「生年月日」は一九一七～二五年まで。階級は「准尉」一名、「伍長」五名、「兵長」七名、「軍属」一名。

・歩兵第七七連隊。

○**平安北道**　山砲兵第二五連隊（三）、第七野戦航空補給廠（二）、第一○航空情報連隊（一）、第一四師団司令部（一）、第一九師団司令部（一）、第三〇師団防疫給水部（三）、第三〇師団一野戦病院（一）、第三〇師団衛生隊（五）、第三一飛行大隊、第五一飛行中隊（一）、第九八飛行大隊（一）。

○**平安南道**　海上輸送第一一九大隊（一）、工兵第三〇連隊（一）、工兵第四九連隊（二）、山砲兵第二五連隊（三）、捜索第一九連隊（一）、歩兵第四一連隊（二）、歩兵第七三連隊（二）、歩兵第七六連隊（一三）、挺身第一七連隊（一）、第一九師団衛生隊（七）、第一九師団司令部（三）、第一九師団防疫給水部（二）、第三開拓勤務隊（五）。

・歩兵第七六連隊　四五年四月カラット、四五年五月チボ、スタック、四五年六月タクボ、四五年七月リンガエンと転戦。

全員「戦死」。「死亡事由」は頭部貫通銃創、腹部盲管銃創など。「生年月日」は、一九二二、二三年生まれがほとんど。階級は「上等兵」五名、「軍曹」一名、「伍長」四名、「兵長」三名。

○**忠清北道**　山砲兵第二五連隊（二五）、特設一〇機関砲隊（一）、特設一一機関砲隊（二）、特設一三機関砲隊（二）、特設一五機関砲隊（二）、第五四飛行中隊（一）、第九八飛行中隊（二）、第一一四飛行中隊（三）。

○**忠清南道**　海上輸送第八大隊（一）、船舶工兵第三二連隊（二）、歩兵第四一連隊（三）、第九八飛行大隊（三）、第一一四飛行大隊（一）、タイ俘虜収容所（三）。

○**江原道**　工兵第四九連隊（二）、捜索第一九連隊（一）、歩兵第六三連隊（一）、歩兵第七三連隊（三二）、歩兵第七五連隊（九）、歩兵第七六連隊（一二）、歩兵第七九連隊（四）、第七野戦航空補給廠（二）、第一〇野戦航空修理廠（一）、第一九師団衛生隊（九）。

・歩兵第七三連隊　四五年一月バアン、四五年四月マンカヤン、タクボ、四五年六月マンカヤン、四五年七月カヤンと転戦。

「戦病死」一名、「死亡事由」は後頭部投下爆弾破片創となっている。「戦死」三一名、「死亡事由」は左腰部砲弾破片創、胸部盲管銃創など。「生年月日」は、一九二〇～二六年まで。階級は「伍長」一七名、「軍曹」一名、「曹長」二名、「兵長」一二名。

・歩兵第七六連隊　四五年三月バギオ、四五年五月ブタロク、四五年六月タクボ、四五年七月マンカヤンと転戦。

「戦病死」三名、「死亡事由」はマラリア。「戦死」八名、「死亡事由」は右胸部貫通銃創、全身爆弾破片創など。「生年月日」は一九二〇～二六年生まれ。階級は、「上等兵」三名、「伍長」一名、「兵長」八名。

◎在ビサヤ地区（レイテ島・ミンダナオ島）

〈レイテ島〉

○**全羅南道**　輜重兵第一〇連隊（六）、輜重兵一九連隊（一）、歩兵第七七連隊（一）、野砲兵第一連隊（一）、野砲兵第二六連隊（一）、第九八飛行大隊（一）、第一一四飛行大隊（一）、第一五四飛行大隊（一）、鉾田教導団司令部（一）。

○**全羅北道**　歩兵第七七連隊（二）、第九八飛行大隊（三）、第一一四飛行大隊（一）。

○**京畿道**　歩兵第四一連隊（一）、歩兵第七四連隊（四）、歩兵第七七連隊（一）、独立混成第一一旅団（二六）、独立歩兵第一一大隊（一）、独立歩兵第一二大隊（一）、独立歩兵第一三大隊（七）、第三〇師団衛生隊（四）。

・独立混成一二旅団　四四年十二月オルモック、四四年十二月アルベラ、四五年七月三日カルブゴスを転戦。

全員「戦死」、「死亡事由」の記載なし。「生年月日」は、一名、一九一五年生まれで他は二二、二三、二四年生まれ。階級は「伍長」四名、「兵長」二二名。

○**黄海道**　歩兵第四一連隊（三）、歩兵第七七連隊（二七）、第二野戦飛行場設定隊（一）、第三〇師団司令部（三）、第三〇師団衛生隊（二）、第五四飛行中隊（一）。

・歩兵第七七連隊　四四年十一月レイテ島。以下地名表記なし。

「戦病死」一名、「死亡事由」マラリア。「戦死」二五名、「死亡事由」の記載なし。「生年月日」は一名だけ、一九二四年生まれの記載があり、他はなし。階級は、「上等兵」一一名、「兵長」二名、「伍長」一一名。

○**平安北道**　歩兵第四一連隊（一）、歩兵第七七連隊（五三）。

・歩兵第七七連隊　四四年十二月オルモック、四五年三月ナグアン、と転戦。

「戦死」五三名。九名につき腹部貫通銃創、全身投下爆弾創など記載。他は記載なし。「生年月日」は九名につき記載なく、他は一九二四年前後生まれ。階級は「伍長」一九名、「軍曹」二名、「上等兵」九名、「兵長」二三名。

○**平安南道**　歩兵四一連隊（一）、歩兵第七七連隊（四七）、第三〇師団衛生隊（三）。

・歩兵第七七連隊　戦闘地域の記載なし。全員、四五年七月一日「戦死」の記載になっている。「死亡事由」は一七名だけあり、みな頭部貫通銃創になっている。「生年月日」は、一七名につき記載なく、他は一九二三年前後生まれ。階級は「伍長」一五名、「軍曹」一、「曹長」各一名、「上等兵」一五名、「兵長」一五名。

○**忠清北道**　第三〇師団司令部（一）、第三〇師団衛生隊（一）、歩兵第七七連隊（六）。

○**忠清南道**　歩兵第四一連隊（一九）、歩兵第四九連隊（七）、歩兵第七七連隊（二〇）

・歩兵第七七連隊　四四年十二月オルモック、四五年一月ベレンシヤ、四五年三月ナグアン、以後地名記載なし。

四五年七月一日、全員「戦死」。六名だけ「死亡事由」があり、五名が頭部貫通銃創、一名が全身爆弾創。「生年月日」は五名につき記載なく、一九一八、一九年が一名ずつ、他は二二年前後生まれ。階級は「伍長」一名、「兵長」一六名、不詳三名。

〈ミンダナオ島〉

○**全羅南道**　輜重兵第三〇連隊（四）、輜重兵第三一連隊（一）、輜重兵第三二連隊（一）特設自動車二四中隊（三）、歩兵第七四連隊（三〇）、歩兵第七六連隊（一）、歩兵第七七連隊（二）。

・歩兵七四連隊　四四年十月サンボアンガ、四四年十一月サランガン、四五年二月マンジャ、四五年五月ウマヤン、スマシオ、四五年六月ミラエ、四五年七月サランガン、ウマヤン、四五年八月アグサンを転戦。

「戦病死」三名、「死亡事由」は一名のみマラリア。「戦死」二七名、「死亡事由」の記載なし。「生年月日」は一九一六〜二五年生まれ。階級は「一等兵」、「上等兵」各一名、「伍長」三名、「兵長」二五名。

○**全羅北道**　輜重兵第三〇連隊（九）、海上挺身第三〇連隊（一）、歩兵第七四連隊（四）。

○**慶尚北道**　歩兵第七四連隊（一）、歩兵第七七連隊（三）、野砲兵第二六連隊（一）、野砲兵第三〇連隊（四）。

○**慶尚南道**　輜重兵第二〇連隊（一）、輜重兵第三〇連隊（二六）、輜重兵第四七連隊（一）、歩兵第七七連隊（一）、第三〇師団防疫給水部（三）、第三〇師団衛生隊（七）。

・輜重兵第三〇連隊　四四年六月二日、台湾火焼島で「上等兵」一〇名「戦死」。「死亡事由」は全員、全身爆雷創。「生年月日」は記載なし。階級は「伍長」、「兵長」それぞれ五名ずつ。四四年十月カミギ、四四年十一月サバカン、四五年六月バンコット、シラエ、ウマヤン、四五年七月マライバライ、ダバオと転戦。

　全員「戦死」、「死亡事由」は砲弾破片創、頭部貫通銃創、左腹部穿透性銃創など。「生年月日」は記載なし。階級は「伍長」三名、「兵長」一三名。

○**京畿道**　工兵第三〇連隊（一二）、歩兵第七四連隊（二〇）、歩兵第七七連隊（一七）、歩兵第四一連隊（八）、歩兵第四五連隊（一）、歩兵第七六連隊（一）、第三〇師団衛生隊（五）、独立混成第一三旅団（八）。

・工兵第三〇連隊　四四年十一月サスンガン、四五年六～八月ウマヤン川を転戦。「戦病死」一名、「戦死」一一名。「死亡事由」は二名が、頭部貫通銃創。他は「生年月日」とともに記載なし。階級は「伍長」九名、「兵長」三名。

・歩兵第七四連隊　四五年三月サランガニ、四五年四月カロマン、四五年五月スンシン、四五年六月アロマン、アグサン、四五年七月ウマヤン、四五年八月フンガアンと転戦。

　全員「戦死」。「生年月日」は一九一七～二三年まで。階級は「軍曹」、「曹長」各一名、「伍長」三名、「兵長」五名。

・歩兵第七七連隊　四四年九月スリガヤ、四五年三月タラカグ、四五年四～七月ウマヤン、四五年八月アグサンと転戦。

「戦病死」八名、「死亡事由」はマラリア。「戦死」九名、「死亡事由」は「生年月日」とともに記載なし。階級は「伍長」一〇名、「上等兵」五名、「兵長」六名。

○**咸鏡南道**　歩兵第七四連隊（七）、歩兵第七七連隊（四）。

○**咸鏡北道**　歩兵第七四連隊（一）。

○**黄海道**　工兵第三〇連隊（三）、輜重兵第三〇連隊（九）、歩兵第四一連隊（二）、歩兵第一四連隊（四）、歩兵第五四連隊（一）、歩兵第七一連隊（一）、歩兵第七四連隊（五一）、歩兵第七七連隊（一三）、第一九師団防疫給水部（一）、第三〇師団司令部（二）、第三〇師団衛生隊（六）、第三〇師団防疫給水部（三）、野砲兵第三〇連隊（二五）。

・歩兵第七四連隊　四四年八月ワンダグ、四五年五月カバカン、あと地名記載なし。

「戦病死」五名、「死亡事由」マラリア。「戦死」四六名、頭部貫通銃創三名、全身爆創一名のほか、「死亡事由」記載なし。「生年月日」は一九一九～二五年まで。階級は「上等兵」二名、「兵長」三一名、「伍長」一二八名。

・歩兵第七七連隊　四四年九月～四五年八月、地名の記載なし。「戦病死」四名、「戦死」一九名についても、「死亡事由」、「生年月日」の記載なし。

　階級は「上等兵」一二名、「伍長」八名、「兵長」三名。

・野砲兵第三〇連隊　四四年九月～四五年十月の地名記載なし。全員「戦死」、「死亡事由」は魚雷攻撃、全身爆弾破片創、両大腿部貫通銃創など一四名につき記載。「生年月日」の記載なし。階級は「伍長」一名、「兵長」二四名。

○**平安北道**　歩兵第七四連隊（三）、歩兵第七七連隊（八五）、第三〇師団衛生隊（八）、第三〇師団防疫給水部（八）、野砲兵第二六連隊（一）。

・歩兵第七七連隊　四四年七月ウマヤン、四五年四月タグロカン、四五年五月カガヤン、ウマヤン、四五年六月シライ、ウマヤン、四五年八月ワロエと転戦。

「戦病死」二七名、「死亡事由」はマラリア。「戦死」五八名、「死亡事由」は二名のほか全部記載。腹部貫通銃創、頭部貫通銃創など。「生年月日」は一九一八年から二四年まで。階級は「上等兵」六名、「伍長」二八名、「軍曹」三名、「曹長」二名、「兵長」四六名。

○平安南道　工兵第三〇連隊（二）、輜重兵第三〇連隊（一一）、歩兵第四一連隊（一）、歩兵第七四連隊（一三）、歩兵第七七連隊（三〇）、野砲兵第三〇連隊（一）。

・輜重兵三〇連隊　四四年六月二日、台湾火焼島で「兵長」三名、全身爆創で戦死。四四年六月から四五年八月まで、地名記載なし。全員「戦死」で、「死亡事由」は全身爆創、銃創。「生年月日」の記載なし。階級は「伍長」三名、「兵長」八名。

・歩兵第七四連隊　四四年十月ミンダナオ島、四五年六月マグサン、四五年七月ウマヤン、四五年八月ウマヤンと転戦。

「戦病死」二名、「死亡事由」はなし。「戦死」一一名、九名につき頭部貫通銃創、胸部貫通銃創、腹部貫通銃創の記載がある。「生年月日」は一九一三〜二四年生まれ。

階級は「上等兵」二名、「伍長」二名、「兵長」九名。

・歩兵第七七連隊　四四年六月ウマヤン、四五年六月ウマヤンのほか地名記載なし。「戦病死」一二名、「死亡事由」はマラリア。「戦死」一八名、「死亡事由」は各部貫通銃創、全身投下爆弾創など。「生年月日」は一九一五〜二五年。階級は「准尉」一名、「伍長」一〇名、「軍曹」、「曹長」各一名、「上等兵」一四名、「兵長」三名。

○忠清北道　輜重兵第三〇連隊（二）、輜重兵第三一連隊（二）、歩兵第七四連隊（四八）、歩兵第七七連隊（三）、歩兵第五四連隊（三）、野砲兵第三〇連隊（一〇）、第一九師団防疫給水部（三一）、第三〇師団司令部（一四）。

・歩兵第七四連隊　四四年八月カベングラサン、四五年一月サラングム、四五年二月タゴアン、四五年五月マラマグ、アナマック、四五年六月タコロボン、四五年七月アナマック、ウマヤン、ダバオと転戦。

「戦病死」三名、「死亡事由」はマラリア。「戦死」・「戦傷死」四五名、「死亡事由」は各部貫通銃創。「生年月日」は一九一八〜二九年生まれ。二九年生まれの「兵長」は、十五歳で戦死している。階級は「上等兵」六名、「一等兵」一名、「傭人」、「兵曹」各一名、「伍長」二一名、「兵長」一七名。

○忠清南道　歩兵第五四連隊（三）、歩兵第七四連隊（三〇）、歩兵第七七連隊（一三）、野砲兵第三〇連隊（一〇）、第三〇師団衛生隊（三）。

・歩兵第七四連隊　四四年六月ウマヤン、四四年十一月サランガン、四五年一月タゴアン、四五年四月アロマン、四五年五月マラマグ、マンジャ、四五年六月タロア、四五年七月ブツアン、ウマヤン、四五年十一月ワロエと転戦。

「戦病死」五名、「死亡事由」はマラリア。「戦死」二五名、「死亡事由」は各部貫通銃創、全身手榴弾破片創、全身爆弾創など。「生年月日」は一九一九〜二三年生まれ。階級は「伍長」一七名、「兵長」一三名、「上等兵」一名。

・歩兵第七七連隊　四五年一月サンタクエ、四五年六月シラエ、カガヤン、ミライ、ウマヤン、四五年八月ワロエと転戦。

「戦病死」三名、「死亡事由」はマラリア。「戦死」一〇名、「死亡事由」は全身投下爆弾創、左胸部貫通銃創など。「生年月日」は、一九一九〜二三年生まれ。

階級は「兵長」七名、「伍長」二名、「不詳」四名。

・野砲兵第三〇連隊　四五年三月マウォ、四五年五月マウイハウイ、ミラエ、四五年六月クモガン、バンダドン、ウマセンを転戦。

全員「戦死」。「死亡事由」は各部貫通銃創、全身砲弾破片創など。「生年月日」は六名の記載がなく、他は二一～二五年生まれ。階級は、「軍曹」一名、「兵長」四名、「伍長」五名。

○江原道　輜重兵第三〇連隊（一二）、輜重兵第三一連隊（二）、歩兵第七四連隊（三四）、歩兵第七七連隊（七）、歩兵第四一連隊（三）、山砲兵第二五連隊（一）。

・輜重兵第三〇連隊　四四年六月二日、台湾火焼島で、「兵長」四名戦死。「死亡事由」は全身投下爆弾創。四四年九月カミンギン、四五年四月バンコット、四五年五月カブロカナン、四五年六月バタンダ、ウマヤン、四五年八月ブシンケ河、四五年九月シンガアンを転戦。

全員「戦死」。「死亡事由」は各部貫通銃創、全身投下爆弾創など。「生年月日」の記載はない。階級は「兵長」八名、「伍長」四名。

・歩兵第七四連隊　四四年十月バウンデンマン、四四年十二月サランガニ、四五年四月シラエ、四五年五月カヘブラサンナ、ウマヤン、四五年六月アロマン、四五年七月ウマヤン、四五年八月ワロエと転戦。

全員「戦死」。「死亡事由」は各部貫通銃創。「生年月日」は、一名が一九一三年生まれで、他は二二年前後生まれ。階級は「上等兵」二名、「兵長」二一名、「伍長」一一名。

○硫黄島死亡者

	全南	全北	慶北	慶南	京畿	咸南	咸北	黄海	平北	平南	忠北	忠南	江原	
硫黄島											一三			一三

九　一九四五年二月　硫黄島・全滅の惨敗

大本営は、ルソン島決戦を持久戦にかえたが、四五年一月、米軍のマニラ突入をゆるすことになった。分散化した日本軍は六月まで戦闘をつづける。米軍はルソン島での戦闘の帰趨がみえると、次の攻略にうつった。硫黄島の攻略である。

硫黄島は、東京から約一三〇〇キロ、小笠原群島の中核で、東西八キロ、南西四キロである。二つの飛行場があった。マリアナ諸島と東京をつなぐ、戦略的中間地点にある。日本本土は、すでにマリアナ諸島米軍基地からの、爆撃機による空襲にさらされている。米軍がさらにこの島を入手すれば、日本の東部要域は戦闘機・爆撃機からなる戦略爆撃連合軍の攻撃にさらされる。硫黄島は死守されなければならない。東部日本に配備されていた陸軍の航空軍と海軍の第三航空艦隊で、硫黄島の航空戦を担任させるはずであった。ところがフィリピン方面の敗戦により、航空戦力の精鋭を失っていた。かくて、硫黄島守備隊は、空海の支援のない、孤立無援で守備にあたることになった。

○硫黄島守備隊の編組

歩兵第一〇九師団主力　独立混成第二旅団　歩兵第一四五連隊　ごく立混成第一七連隊第三大隊　戦車第二六連隊　独立機関銃第一、二大隊、独立速射砲第八、一二大隊　中迫撃砲第二、三大隊　海軍部隊約七千五〇〇名。

『被徴用死亡者連名簿』にある、朝鮮出身者で陸軍部隊の所属者はすくない。四五年三月十七日、独立自動車二〇大隊の「上等兵」一二名が戦死している。「死亡事由」は全員、「玉砕」である。「生年月日」の記載はない。

十　一九四五年四月　沖縄・百の地獄が

沖縄では三〇〇名ほどの朝鮮人軍夫が死亡している。特設水上難勤務隊などに組織動員された人たちが多い。食料の欠乏にくるしむが、あげくに銃殺刑にされた七人の名前があがっている(海野福寿・権丙卓『恨・朝鮮人軍夫の沖縄戦』)

○**第三二軍**　一九四四年四月一日編成。隷下師団。

・歩兵第二四師団　兵員一万五千名。

・歩兵第六二師団　兵員一万四千名。

・歩兵第二八師団　宮古島・八重山駐屯。

・独立混成第四四旅団、第五砲兵司令部、第二八師団　兵員五千名。

・海軍陸戦隊　沖縄根拠地隊、小禄に集結。　兵員一万名。

・防衛隊　約二万名の沖縄人が動員された。武器貸与はなく、労務・使役部隊であった。

・郷土防衛軍　四五年一月以降、戦闘にも参加。三二軍は、陸軍自約七万七千名、総体で約一〇万名。

『被徴用死亡者連名簿』で、朝鮮出身者の所属した第三二軍の部隊。

○**全羅南道**　戦車第二七連隊（一）、独立工兵第六六大隊（二）、第三二軍構築隊（二）。

○**沖縄・台湾、死亡者**

	全南	全北	慶北	慶南	京畿	咸南	咸北	黄海	平北	平南	忠北	忠南	江原	
沖縄地区	五	○	一〇三	二六	九	二六	五	三六	四	三	一	五	三	二二六
台　湾	一〇四	一七	一七	一二	三〇	二〇	三一	六	三		六	一四	三二	二九二
	一〇九	一七	一二〇	三八	三九	四六	三六	四二	七	三	七	一九	三六	五一八

○**慶尚北道**　第三二軍防衛築城隊（四）、特設水上勤務第一〇〇中隊（二）、特設水上勤務第一〇一中隊（七〇）、特設水上勤務第一〇二中隊（一〇）、特設水上勤務第一〇三中隊（一二）、特設水上勤務第一〇四中隊（四）、第三二軍貨物廠（一）。

○**慶尚南道**　特設水上勤務第一〇一中隊（一）、特設水上勤務第一〇五中隊（一）、特設水上勤務第一〇六中隊（一）、特設水上勤務第一〇七中隊（一）、特設水上勤務第一〇九中隊（一）第三二軍防衛築城隊（二四）、輜重兵第二八連隊

○**京畿道**　第三二軍防衛築城隊（八）、船舶工兵第二六連隊。

○**咸鏡南道**　第三二軍防衛築城隊（一）、船舶工兵第二六連隊（二）、第五野戦航空修理廠（二）、第一七船舶航空廠（一）、第一一八独立整備隊（一）。

○**咸鏡北道**　第三二軍防衛築城隊（一）。

○**黄海道**　第三二軍防衛築城隊（一〇）、歩兵第二二連隊（三）、歩兵第三二連隊（九）、歩兵第八九連隊（一四）。

○**平安北道**　第三二軍防衛築城隊（二）、第六航空群司令部（二）。

○**平安南道**　第三二軍防衛築城隊（三）。

○**忠清北道**　独立工兵第六六大隊（一）。

○**忠清南道**　第三二軍防衛築城隊（四）、独立工兵二六連隊（一）。

○**江原道**　第三二軍防衛築城（三）。

・特設水上勤務第一〇一中隊　四四年八月沖縄、四四年十二月宮古、

石垣島、四五年三月宮古島、と転戦。

「公病死」・「戦病死」一二名、「死亡事由」は五名につきマラリア、他は記載なし。「病死」、「不慮死」各一名、病死の死亡事由は急性肺炎。「戦死」五七名、「死亡事由」の記載はない。「生年月日」は一九一五〜二三年まで。階級は「軍属」が七名で、他は「傭人」である。四五年三月一日には、宮古島で「傭人」五四名が戦死している。

・特設水上勤務第一〇二中隊　四五年四月からの地名記載なし。全員「戦死」一〇名。「死亡事由」の記載なし。「生年月日」は一九一六〜二一年。階級は全員「傭人」。

・特設水上勤務第一〇三中隊　一二名中三名の「死亡場所」が不詳。「戦病死」三名、「死亡事由」記載なし。「戦死」九名、「死亡事由」は「死亡場所」那覇の四名が、脊髄損傷、下腹部砲弾破片創など。他は記載なし。「生年月日」は一九〇〇年〜二二年生まれ。四十五歳の高年齢者が一名いた。階級は、「軍属」四名、「傭人」八名。

・第三二軍防衛築城隊　四五年五月松川、首里、四五年六月本島と転戦。

全員「戦死」二四名、「死亡事由」の記載なし。五名のみ玉砕の記載がある。「生年月日」は一九〇五〜二八年生まれ。二八年生まれの「雇員」は十七歳での戦死になる。六月二十日には、一〇名が「戦死」となっている。階級は全員「雇員」。

・歩兵第八九連隊　四五年四月以来の地名記載なし。

「戦病死」一名、「戦死」一三名だが、「死亡事由」の記載はない。「生年月日」は一九二一〜二四年生まれ。階級は全員、「兵長」。

『被徴用死亡者連名簿』の台湾近海で死亡した、朝鮮出身者は次のとおり。

○**全羅南道**　工兵第二〇連隊（四）輜重第三三連隊〜三七連隊（五）船舶輸送司令部（一六）捜索第一九、二〇連隊（一四）歩兵第七九連隊補充隊（六五）。

・工兵第二〇連隊　四五年一月九日　高雄沖にて、「一等兵」四名「戦死」。「生年月日」は一九二四年生まれ。「死亡事由」なし。

・歩兵第七九連隊補充隊　四五年一月九日、高雄沖にて「一等兵」六三名「戦死」、二名「戦病死」。「生年月日」はほとんどが一九二四年うまれ。「死亡事由」は記載なし。

工兵第二〇連隊　四五年一月九日、高雄沖にて一等兵一二名「戦死」。「生年月日」は、一九二五年生まれがおおい。

○**全羅北道**　工兵二〇連隊（一二）山砲二五連隊（四）。

・工兵第二〇連隊　四五年一月九日、高雄沖にて「一等兵」一二名「戦死」。「生年月日」はほとんど一九二五年生まれ。「死亡事由」なし。

・山砲第二五連隊　四五年一月四日、安平沖にて、「上等兵」・「兵長」四名「戦死」。一九二一、二三年生まれ。「死亡事由」なし。

○**慶尚北道**　捜索第七〇連隊補充隊（一四）。

・捜索第七〇連隊補充隊　四五年一月九日、高雄沖にて「一等兵」一二名「戦死」。一九二三、二四年生まれ。「死亡事由」に二名「溺水」と。

○**慶尚南道**　輜重第三〇連隊（九）。

・輜重第三〇連隊　四四年六月二日、火焼島にて「上等兵」四名・「兵長」七名「戦死」。「生年月日」記載なし。

○**京畿道**　山砲第二五連隊（四）捜索第七〇連隊補充隊（四）歩兵第七八連隊補充隊（二一）。

・山砲第二五連隊　四五年一月九日、安平沖にて「伍長」一名・「兵長」三名「戦死」。一九二二、二三、二五年うまれ。「死亡事由」なし。

・歩兵第七八連隊補充隊　四五年一月九日、高雄沖にて「二等兵」一名「死亡」。「一等兵」一名「戦死」、「上等兵」一九名「戦死」。「生年月日」は一九二四年生まれ。「死亡事由」なし。

○**咸鏡南道**　捜索一九連隊（二）山砲第二五連隊（一八）。

・山砲第二五連隊　四五年一月九日、安平沖にて「上等兵」・「兵長」一八名「戦死」。「階級」不詳七名。「生年月日」「死亡事由」なし。

○**咸鏡北道**　山砲第二五連隊（二四）歩兵第七五連隊（七）。

・山砲第二五連隊　四五年一月九日、安平沖にて「一等兵」・「上等兵」・「兵長」・「伍長」二四名「戦死」。一九一八年、二三、二四、二五年生まれ。

・歩兵第七五連隊　四五年一月九日、安平沖にて「上等兵」六名・「兵長」一名「戦死」。一九二二、二四年生まれ。「死亡事由」に「海没」と。

○**平安北道**　捜索第一九連隊（一）山砲第二五連隊（二）。

○**黄海道**　山砲第二五連隊（六）。

・山砲第二五連隊　四五年一月九日、安平沖にて「伍長」・「上等兵」・「兵長」二名「戦死」。一九二一、二二、二三年生まれ。「死亡事由」なし。

○**忠清北道**　京城師管区歩兵第二連隊補充隊（六）。

・京畿歩兵二連隊補充隊　四五年一月九日、高雄沖にて「一等兵」四名・「二等兵」・「上等兵」「戦死」。一九二四、二五、二六年生まれ。

○**忠清南道**　歩兵第七九連隊補充隊（一〇）山砲第二五連隊（三）歩兵第七五連隊補充隊（一）。

・歩兵第七九連隊補充隊　四五年一月十九日、高雄沖にて「一等兵」五名・「上等兵」五名「戦死」。一九二四、二五、二七年生まれ。

○**江原道**　歩兵第七八連隊補充隊（二六）輜重第三〇連隊（一四）捜索第二〇連隊補充隊（五）。

・歩兵第七八連隊補充隊　四五年一月九日、高雄沖にて「上等兵」二六名「戦死」。一九二四年生まれ。「死亡事由」に艦載機攻撃沈没と。

・輜重第三〇連隊　四四年六月二日、火焼島にて「兵長」四名「戦死」。「生年月日」なし。「死亡事由」に全身投下爆弾創とある。

・捜索第二〇連隊補充隊　四五年一月九日、高雄沖で「一等兵」四名・「上等兵」一名「戦死」。一九二一～二五年生まれ。「死亡事由」に敵艦載機の攻撃とある。

十一　船舶

○海没・機銃掃射・爆撃による船舶犠牲者

この船舶に乗船中の犠牲者には、一九四四年七月九日、北千島で海没した太平丸の第五方面軍所属部隊、四五年一月九日、台湾沖で海没した工兵第二〇連隊、歩兵第七〇連隊補充隊、歩兵第七八連隊補充隊、歩兵第七九連隊補充隊など、部隊ごとの犠牲数はふくまれていない。輸送船などが、魚雷攻撃、航空機の機銃掃射、爆撃などをうけたことによる犠牲者である。この表の総犠牲者の八六％が、四四年、四五年に集中しているのは、大きな特徴のひとつだ。

背景には、四四年にはいると、日本国の労働力不足が深刻になったことがある。朝鮮半島では勤労報国隊、官斡旋が強化された。四三年にはじまった学徒、女子労働者の動員を強化した。学徒勤労令、女子挺身勤労令がだされ、八月に学徒勤労報国隊、女子挺身隊がつくられた。四四年二月の閣議は「朝鮮人労務者活用に関する方策」を決定。四月には厚生省勤労局長、健民局長、内務省警保局長、、軍需省総動員局長より、地方長官、鉱山監督局長、軍需管理部長あての「移入朝鮮人労務者の契約期間延長の件」がだされた。八月閣議ではさらに「半島人労務者の移入に関する件」がだされ、九月からは連行朝鮮人労働者に一般徴用令が適用されるようになった（朴慶植『朝鮮人強制連行の記録』）。

○船舶での死亡者

	全南	全北	慶北	慶南	京畿	咸南	咸北	黄海	平北	平南	忠北	忠南	江原	計
一九三六	一	一												二
一九三八	一													一
一九三九		一			一									三
一九四〇	一			一										二
一九四一	二											三		五
一九四二	一七	一	八	一〇	三			一	三			三		四六
一九四三	四三	一一	三一	三一	七	五	二	三	一			四	一	一三九
一九四四	一九四	七二	一三四	一三四	六三	九	八	一二	八	三	一〇	二四	一〇	六八一
一九四五	一二八	六七	一二五	一二四	七〇	八	一一	一五		四	八	一〇	二〇	五九〇
	三八八	一五二	二九八	三〇〇	一四四	二二	二一	三一	一二	七	一八	四四	三一	一四六七

船舶での死亡者を整理すると、十一歳の戦死者がいた。慶尚北道出身で、船舶輸送司令部に所属し、階級は操機手となっている。一九三四年一月生まれで、四五年三月二十六日セブ島で戦死している。注意して船舶での死亡者をみると、十五歳での戦死者もすくなくない。

船の名前だけでは、船の大きさはわからない。ただ四四年三月から、絶対国防圏戦備強化のために機帆船を、陸軍は千島方面に一〇〇隻、濠北方面に一一〇隻、海軍はマーシャル方面に一〇〇隻を計画した。「機帆船の徴傭量は九牛の一毛にすぎなかった」とは、「大東亜戦争全史」に記載されている。近代の戦争に機帆船で進出するが、機帆船が攻撃をうけ海没したケースもあるのではないだろうか。兵員、兵備を満載した輸送船を、米潜水艦が待ち伏せているところに、つぎつぎ送りこむ。大本営の勝利の目算のない戦争指導は、船舶運用においても多数の犠牲者をだしていた。「兵器弾薬類の集積は、一九年夏ごろから輸送船の約八割が沈められた」とは、林三郎『太平洋戦争陸戦史』（二一一頁）の一文である。

おわりに

ニューギニア　三一九八名、船舶　二七八八名、フィリピン　二五〇二名、北太平洋　一六一二名、サイパン島、一四三二名、ギルバート諸島　一〇九六名、パラオ諸島　九八四名、マーシャル諸島　八八七名、南西太平洋方面　八四七名、カロリン諸島　六六七名、舞鶴湾　四六四名、硫黄島　三八七名、沖縄諸島　三〇五名、深川宿舎　一一九名。

朝鮮出身者の死亡者がおおかった順にならべた数字である。太平洋戦争三年八か月の戦闘は、米軍の対日反攻の日時順にならべた。「海軍の部」の目次にしめされている。死亡者の数は、日時順にはならないが。ただ、一年目、二年目、三年目と、死亡者数が戦争の節目を、うつしている。

一九四二年八月十二日、開戦一年目はニューギニア島での戦闘が節目だ。南西太平洋方面のガダルカナル島争奪戦からはじまった、米軍の反攻に、日本軍の敗北は決定的になっていた。そればかりか、日本軍の戦力・国力の急速な低下が表れはじめた。戦闘機と輸送船の補充ができなくなったのである。

一九四三年十二月八日、開戦二年目。ニューギニア島での戦闘に、日本軍の制海権・制空権はきえていた。歩兵第二〇師団が、航空基地を設営したとしても、たちまち破壊されてしまった。米濠軍の圧倒的な戦力に、日本軍はジャングルのなかをさまようだけであった。武器・糧食の補充はとだえ、人肉食までおこっている。この一か月ほど前、四三年十一月二十一日には、米太平洋艦隊のギルバート諸島への大攻略があった。わずか三日間の戦闘で、朝鮮人軍属一〇九六人が「戦死」している。攻略の規模の大きさ、投下される兵員・弾薬の豊富さは、米軍の太平洋戦争にむけた、軍需生産の本格化があらわれていた。

一九四四年十二月八日、開戦三年目はフィリピンの戦場が主舞台であった。十月二十一日にはじまった米軍のレイテ島強襲上陸から、二か月ほどである。同時にすすんだ海軍の「捷号作戦」は、レイテ沖海戦である。日本海軍の象徴、戦艦武蔵が二〇発の魚雷をうけて、スルアン海に沈没している。四四年六月、太平洋の防波堤とした、サイパンでの決戦。マリアナ海戦「あ号作戦」では、日本海軍はすでに航空母艦をうしなっている。

ニューギニア戦線、フィリピンの戦場についで、死亡者のおおかったのは、北太平洋地区である。大本営は太平洋・南方地域についで米軍の攻略を恐れたのは、アリューシャン列島、千島列島地区である。太平洋の防波堤・サイパン島の潰滅いご、大本営は千島列島・北海道地域の防禦強化を指揮していた。機帆船まで徴用した、北太平洋地区への軍人・軍属の動員は、米潜水艦の恰好の目標になっていた。

地区ごとの戦場での「戦死」「戦病死」者にならんで、船舶・輸送船に乗船中の犠牲者のおおさである。その海没が、四四年、四五年に集中しているのも特徴である。四五年九月中旬に出発した三万八千人の兵員のうち、フィリピンに到着できたのは約五千人という数字がしめされている（高木惣吉『太平洋海戦史』一一九頁）。台湾近海、バシー海峡、フィリピン沿岸に海没が集中している。

日本軍の大戦闘のたびに、日本兵とともに犠牲を強いられた朝鮮出身軍人・軍属であった。

二〇〇八年秋夕・「あとがき」にかえて

菊池英昭
死亡者名簿をつづりながら
いつも思った
　戦争をするのは国家　民衆は戦争が嫌いだ
　戦争をするのは国家　民衆は戦争が嫌いだ

三・一独立運動のころ
男たちは生まれた
邑・面・郡ごとにまとめられ
闇に投げ込まれた
貨車に乗せられ
船倉に詰め込まれ
行く先などは聞かばこそ
殴られるだけだった

着いたところは
赤道直下の密林の島（ナウル島）
住民は飛行機を〝怪鳥〟と呼んだ
原始からの病を患う者は（ハンセン氏病）
海上に連れ出され
機関銃の銃弾を浴びせられた

この島に飛行場をつくり
皇恩を扶育するという

戦争は飛行機で決着しようとしていた
制空権を失えば制海権を失う
制海権を失った部隊は
爆弾を見舞われる日はあっても
糧食の届く日はない

この島のいくつかの部隊は
ある日　幹部会議をひらいた
司令官は諮った
　戦力保持のため
　半島人軍属を抹殺する
若き海軍中尉が立って
決然と言い放った
　自分は半島人と共に闘う
設営隊の隊長であった（君島博次氏）

男たちの虐殺は消えたが
飢餓は消えることがなかった

米軍機の爆撃を受けるたびに
五人　六人と死んだ
男たちは思った
　明日はオレの番か

死んでいった男たちに
仏教徒　クリスチャン　天道教徒がいた
社会主義者も民主主義者もいた
だが独立した民族の国家など
夢見るいとまもなかった

ここは二十世紀の
本物の地獄なのだ

知りそめた恋を胸に
故郷の母や父　兄弟姉妹
また妻や子に思いをはせながら
ただ死んでいくだけだった

そのことはもう六〇余年も前のこと
でも男たちの死んだ日も死んだ場所も
故郷に知らされることはなかった

皇恩が扶育されることはなかったが
若き設営隊長の殺身成仁
その勇気と義侠は
わずかに生きのびた
男たちの胸にのこった

その隊長も鬼籍に入り
男たちの敬愛の念も消えていく

「死亡者名簿」の創氏名だけを頼りに
男たちははじめて
秋夕の供養を受ける

在日同胞たちが国平寺に集い
住職の読経を聴き
手を合わせてくれる
秋夕の舞もあるという
よい一日であるに違いない

現在、小平にある国平寺（住職＝尹碧巌師）において犠牲者供養の読経がなされている。

跋文

前（さき）を訪（とぶら）え

戸次公正

「戦後七〇年」余りを過ぎて、この『名簿』の持つ意味の深重さに想いを致すとき、こと改めてこの事態をもたらした時間軸が現前する。

それは、一九一〇年に「日韓併合」という名のもとに朝鮮半島を植民地支配し皇民化政策を行ってきた日本国家の罪責である。一九四五年の敗戦による大日本帝国の崩壊は、支配されてきた側にとっては解放であった。そして今年は植民地支配から数えて一〇七年になる。

それにしてもこの罪責への責任はどのようにとられてきたのか？　否あまりにも無責任な日本の戦後体制ではなかったのか。政府も国民も一人ひとりにおいても……。

顧みれば、日本社会においては、一九四五年から十数年間は、おのれの「被害者」意識にしか目が向いていなかった。そこからの厭戦平和と原水爆禁止運動はそれなりに盛り上がったのだが。

その運動の限界に直面せざるを得なくなった時に、ようやく「加害者」としての日本国家と日本人の「戦争責任」を問う思潮が意識化されはじめた。「戦争責任」、それは、あの戦争で「何があったのか」「何をしたのか」という侵略の個別的事象を掘り起こし検証することである。

やがて、「なぜ戦争を起こしたのか」「国民はなぜ賛成したのか」という批判的分析を通して、国家の道義的社会的責任の所在を明らかにしようという動きにもなる。

しかし、一九六〇年代からは、このような潮流に竿差して流れをせき止め、心の壁をも築こうとする勢力が顕在化する。

それは、かつては軍事的宗教施設であった、戦後は一宗教法人化された「靖国神社」を「国家護持」させようとするナショナリズム運動である。それは「靖国の英霊」への「顕彰」を国家儀礼にすることで国家の宗教性を「普遍化」しようとするたくらみである。それが国会で廃案にされると、その運動は、日本の侵略を「正当化」するだけでなく、侵略の個別事象も「なかったこと」にしてしまう歴史の捏造をするようになった。

一方で、「戦争責任」を課題化し荷なっていこうとする自発的な動きも起こり始めた。それは有名無名の民衆の側から内発する意欲としての「非戦」の精神であり魂の蜂起である。

宗教者の側からも、これに呼応する取り組みが催されるようになった。真宗大谷派（東本願寺）教団では、一九八七年の「全戦没者追弔法要」において、初めて「戦争責任」を表白（告白）した。そして、戦後五〇年に当たる一九九五年には、教団の最高議決機関である「宗会」で「不戦決議」を議決した。それは過去の罪責への自己批判であると共に、今まさに起こりうる戦争の危機に対する警鐘を内容としている。

そして、現代、仏教者としてすべての戦死者とこの『名簿』に対峙する時、なにをなすべきか？と自問せざるを得ない。それは、いわゆる「慰霊」や「鎮魂」や、「回向」といった「供養」をすることで事が済むのか？という問題である。

ここに立ち現れる仏教語がある。それは「前を訪え」という言葉である。

「訪う」という語は、「おとずれる」「問いたずねていく」ことであり、人の死の意味を深く訪ねていくことである。それは、死者の沈黙の声に全身全霊をあげて耳を澄まし聴き採り、聞き得たことを報せていくことである。さらにはそれによって死者に報いることである。

その営みは一人ひとりの内心喚起されるものであり、我々を呼び覚ます声こそ目覚めたひと阿弥陀仏の本願の力である。それは死者たちの名に厳かに出遇い直すことであり、そこから個の自覚と尊厳が導かれる。

「前を訪え」の原典をここに掲げておこう。

「前に生まれん者は後を導き、後に生まれん者を訪え」

（中国浄土教の祖・道綽の『安楽集』より）

【意訳】先立っていった死者は、後に生きる者に道しるべを遺して導いている。後に生まれてきて今を生きる人は、過去の死者たちの想いや誓いや願いを訪ねていくのだ。生者の務めとは、死者の願いを受け継ぎ伝え未来の人々に託していくことである。

（べっき・こうしょう／真宗大谷派、南溟寺住職）

跋文

二万二千人の死者が蘇る書

尹　碧　巖

二万二千人の夢が蘇る。人は夢を見る。いい夢も嫌な夢も生きているから夢を見る。永眠とは、夢を見られない事。すなわち死である。生きるとは、夢を描き持つこと。軍人は国家の為、命を懸けて闘う。誰もが生きて親、兄弟、妻、子どもたちのもとへ戻る夢を持ちながら戦い命を懸ける。この書は、プライバシーも人権もなく戦死した、朝鮮半島出身の軍人・軍属二万二千人の夢を時を越えて叶えてあげられる有り難い名簿です。私はこの名簿を故国朝鮮の土に埋葬してあげたい。軍国の植民地支配から完全に解放独立し、帝国による分断から自主的平和統一された朝鮮の土に墓を立てたい。軍事境界線三十八度線と非武装地帯ＤＭＺの中に今すぐにもこの名簿を埋めてあげられる有り難い書だ。

二万二千人の声が蘇る。仏様はこの世から戦争を永久に無くし、人と人とが殺し合わなくても幸せに生きていけることを唱えて下さった。この書は二万二千人の思いが、喜びが、叫びが、恨が、音となって声となって私の耳に煩いなく聞こえてくる不思議な書だ。

（ユン・ピョガム／禅宗国平寺住職）

跋文

韓日両民族の和解のために
——「戦没者名簿」を前にして

金　定　三

はじめに

本書は、日本帝国の韓民族に対する皇民化教育によって、皇軍として戦場で倒れた青年たちの名簿である。

私は本書の発刊に際し、改めて皇国史観とは何を根拠にしているのか、次に、なぜ今、韓日間の精神的和解が求められているのか、最後に韓日間の和解にはどのような精神的規範が求められているのかについて考えてみたい。

（一）皇国史観の本質

戦前における皇国史観は、古事記と日本書紀を神典としている。

1．両書の三つの特徴

a．神話と歴史との関係があいまいである。

b．執筆者には新羅によって滅んだ百済からの帰化人が多数参加している。

c．上記両書の史料が漢字で書かれたものである。

以上のことからもわかるように、古代日本の王権の思想は統一新羅との関係で、自己優越性と排他的差別性をもって構想されている。[①]

2．神道理論と明治維新

a．神道理論

鎌倉後期以降になると、日本書紀は史料としてではなく、神道理論の神典とみなされていた。神道理論が神の国の理論として成立するのはこの時期で、神儒仏諸思想の融合によるものである。[②]

b．明治維新と国家神道の成立

一八六八年に明治維新が成立すると、神道を国教化し、「廃仏毀釈」を行い、すべての宗教を神道のもとに従属させた。これにより日本国民は皇民とされ、天皇の統制下におかれた。[③]

3．韓民族の皇民化

日清・日露戦争後、日本帝国は韓国を植民地として併合し、青少年に皇民化教育を実施し、太平洋戦争に動員した。今回の戦没者は主に戦争末期に、中国大陸や太平洋沿岸で犠牲になった青年たちである。

（二）いま、なぜ精神的和解か

いま、韓日間で争われている過去史問題をこのまま放置すれば、両民族と国家の未来の根が掘り起こされかねない状況にある。一方、客観的国際情勢は両民族間の精神的和解と共同を求めている。その理由は次の三つに要約できる。

1．中国の世界戦略

現中国にとっての基本課題は、14億国民の生活問題にある。中国はこの課題を解決するために、ユーラシア大陸に対する「一帯一路」開発構想のもと、軍備を拡張しつつ海洋膨張戦略をとっている。この構想による開発が進展すると、ユーラシア大陸における大陸と海洋、特に南、東シナ海と東海・日本海の自然破壊のみならず、中国の軍事的独占をもたらし、韓日両国の命運を制することになるであろう。

2．北朝鮮の核戦略

北朝鮮は「抗日・民族解放」という名分の上に立つ軍国的兵営国家である。目下推進中の北朝鮮の核戦略の目的は、東北アジアの米軍基地を解体し、韓半島と東海・日本海における政治軍事的主導権を確保するところにあると考えられる。

3．日本の動向

最近の日本政府の動向から窺うと、中国の海洋膨張戦略と北朝鮮の核戦略に対抗する構想として、日米同盟を軸にロシアやインドとの連携を模索しているようにみえる。この構想は戦前の日本軍部の発想と似ている。

日本の軍部は、植民地時代が崩壊期に入っていることへの政治的認識を欠き、軍事力の過剰拡大戦略をとった。そして敗れた。

中長期的に見て、アメリカやその同盟国の帝国主義的覇権はすでに絶望的な衰退期に入っており、ロシアにしてもインドにしても、現状では地政学的制約により反中国封鎖戦略に加担することはありえない。時代は独善的大陸勢力のほうへ決定的転換を始めている。

それでは日本に活路はないのか。そうではない。足もとを固めることが活路を生み出すであろう。ここに太平洋戦争の教訓がある。つまり韓民族との精神的和解が先である。同じことは韓民族側にもいえる。ここにリムランド（大陸周辺部）の文明的、地政学的未来がある。

（三）韓日和解の精神的規範

韓日両民族が和解する国際法的規範は存在しない。国連憲章には旧植民地と宗主国間の精神的和解の条項は存在しない。この課題をこれ以上放置すれば、宗主国の故郷である欧米の文明は今世紀の前半までに衰退し、東方にも大きな混乱を招くことであろう。

1．田中二論

戦後の日本を代表するギリシア哲学者・田中美智太郎は一九六三年に「現代歴史主義の批判」[④]を発表している。彼は近代の西洋文明の根底にある、ユダヤ・キリスト教的「世界創造」の神話や「進化論」、その延長上の「歴史発展法則」への信仰に厳しい批判を加え、自然の独立性と自然と神の一体性を主張した。

反面彼は、「善のイデア」論、つまり古代ギリシアのソクラテスを例にとって、「よく生きる」ことを主張している。ソクラテスにつながる哲学者たちの主張は二つに分けられる。一つは「一なるもの」（真の存在）との関係で階級的全体主義の思想を説いた。もう一つは、貴族的「正義・公正性」に基づく生き方を主張した。

このような思想は、古代アテナイ奴隷制民主政の堕落と悲惨な解体過程の中で生まれた集権的主張である。

2. 韓日両国間の過去史問題は重荷

韓日間の過去史問題は、日本外交のみならず、日本国の安全保障の幅をも大きく制限している。しかし、韓日間の過去史問題は韓民族にとってこそより重荷となって現在を圧迫している。

北朝鮮の核開発による東北アジアの平和への脅威や韓国国論の分裂と停滞、これらのことは韓半島の分断がもたらしたものである。分断の直接的原因は、米ソ両軍による韓半島占領とそれにともなう親米、親ソの二つの国家の成立にある。

それではなぜ米ソ両軍が韓半島を軍事占領したのか。その理由は一九四五年に入って、日本の大本営がいわゆる「決号作戦」として突如韓半島の南北に二三万の兵力を対米、対ソ作戦として配置したことに由来する。これは戦後の冷戦秩序を想定した大本営の政略によるものである。

韓民族にとって過去史は現在形として続いている。日本国民にはこのことに対する認識が欠けているように思える。今回発表された戦没者たちの名簿は、皇軍として戦場で倒れ、しかも帰る祖国と故郷も失ったことで、死後も「失郷民」として韓民族の過去史と現在を象徴している。

3. 文化的造形力

ニーチェは重荷である過去史から未来を解き放すのは関係民族の文化的造形力にかかっていることを強調している。[5] ニーチェは造形力を、「傷をいやし、失われたものの償いをし、壊れた形を自分から造り補ってゆく力」だと定義している。

文化を宗教・学問・芸術・言論だとすれば、韓日両民族は類似した文化的遺産を保持している。これは文化的造形力の基礎となりうる。それでは文化的造形力の対象はなにか。それは言うまでもなく過去史であり本書にほかならない。本書は過去史の実体であり、その他の過去史は本書から派生した従属史である。次に文化的造形力はいかなる方法論を持つのか。一つは両民族の関係史が客観的に見直されること。もう一つは関係史の主体と客体である両国史の検討が未来志向でなされること。これが文化的造形力の弁証法（和解の手順）的方法論である。

さらにニーチェは文化的造形力には「時点」性が重要であることを説いている。「時点」性とは、契機性のことであり、過去史の呪縛から新しい未来を解き放つためには、必ず通らなければならない関門であり条件をなすものである。そしてその「時点」とは今のことである。今、韓日両国は共に岐路に立っている。

韓日両民族は、本書を正面から直視し、文化的造形力を掘り起こし、歴史的事実とその因果関係を明らかにしながら二十一世紀を堪えうる規範の下に精神的和解を実現し、歴史的に意義のある協同の時代を築かなければならない。これが両民族と国家にとっての国際関係における基本課題だと考える。

終わりに、長い年月をかけて本書を準備して下さった菊池英昭氏、そして戦後70年に際し本書を刊行された新幹社の高二三氏、このお二方の志の高さと勇気に対し心から敬意を表したい。

参考文献

① 山尾幸久『古代の日朝関係』塙書房、一九八九年

② 上横手雅敬「日本の歴史思想」『講座哲学大系第四巻』人文書院、昭和三十八年

③ 藤谷俊雄『神道信仰と民衆・天皇制』法律文化社、一九八〇年

④ 田中美智太郎「現代歴史主義の批判」『講座哲学大系第四巻』

⑤ ニーチェ「生に対する歴史の利害について」『筑摩世界文学大系44』昭和四十七年

（キム・ジョンサム／東北アジア問題研究所代表）

菊池英昭（きくち・ひであき）
1942年1月　岩手県盛岡市で出生。父の任地「満州国」へ。
1946年　中国から引き揚げ。山形県、宮城県で小学生時代を終える。中学生のときから東京に在住。転々とする。
1967年　明治大学大学院商学研究科修了。連合報道社勤務。
1974年　参議院選挙があり、三里塚空港反対同盟委員長・戸村一作氏を擁立。選挙運動のスタッフになる。
1991年　韓国の太平洋戦争犠牲者遺族会が日本政府を東京地裁に告訴、93年からこの裁判に参加。原告40人の経歴、送られた部隊、戦地などの調査を担当。裁判は2003年に結審するが、調査はその後も続行。現在にいたる。

旧日本軍朝鮮半島出身軍人・軍属死者名簿

定価●本体価格 30,000円＋税

2017年7月30日　第1刷発行

編著者　©菊池英昭

発行者　高二三

発行所　有限会社 新幹社

〒101-0061 東京都千代田区三崎町3-3-3 太陽ビル301
電話：03(6256)9255　FAX：03(6256)9256

装丁・白川公康

本文制作・閏月社／印刷・製本 シナノパブリッシングプレス